滇版精品出版工程专项资金资助项目

云南树木图志

西南林业大学
云南省林业和草原局 编著

下

云南出版集团
YNK 云南科技出版社
·昆明·

图书在版编目（CIP）数据

云南树木图志：上、中、下 / 西南林业大学, 云南省林业和草原局编著. —— 昆明：云南科技出版社, 2023.10
ISBN 978-7-5587-3409-0

Ⅰ.①云… Ⅱ.①西…②云… Ⅲ.①树木—植物志—云南—图集 Ⅳ.①S717.274-64

中国版本图书馆CIP数据核字(2021)第031787号

云南树木图志（下）
YUNNAN SHUMU TUZHI（XIA）

西南林业大学　云南省林业和草原局　编著

出 版 人：温　翔
策　　划：李　非
责任编辑：李凌雁　杨志能　杨梦月　陈桂华
封面设计：长策文化
责任校对：秦永红
责任印制：蒋丽芬

书　　号：ISBN 978-7-5587-3409-0
印　　刷：昆明理煋印务有限公司
开　　本：787mm×1092mm　1/16
印　　张：217.75
字　　数：5500千字
版　　次：2023年10月第1版
印　　次：2023年10月第1次印刷
定　　价：960.00元（上、中、下）

出版发行：云南出版集团　云南科技出版社
地　　址：昆明市环城西路609号
电　　话：0871-64190973

编写领导小组

组　长　王春林　吴广勋

副组长　徐永椿　伍聚奎

成　员（按姓氏笔画排序）

李文政　李廷辉　张宗福　陈　介　周宝康

薛纪如

编写委员会

主　编　徐永椿

副主编（按姓氏笔画排序）

毛品一　伍聚奎　吴广勋　陈　介

编　委（按姓氏笔画排序）

王春林　李文政　李廷辉

何丕绪　张宗福　周宝康

本册整编人员（按姓氏笔画排序）

毛品一　李乡旺　李文政　徐永椿

编写办公室主任　李文政

编写办公室成员　毛品一　李乡旺　薛嘉榕　孙茂盛

审稿校订　曾觉民　邓莉兰　杜　凡　孙茂盛　李文政

李双智　柴　勇　马长乐　石　明

编写说明

云南处于东亚植物区系与喜马拉雅植物区系的交汇地区，又是泛北极植物区系与古热带植物区系的交错地带，生态环境极为复杂，是全球罕见的众多植物区系的荟萃之地。全国木本植物8000余种，云南就有5300余种，组成云南森林的乔木种类多达800余种，云南特有的珍稀树种数量在全国亦居首位，素有"植物王国"之称。如此丰富的木本植物资源，在整治国土、繁荣经济、振兴中华、改善生态环境等方面，有开发利用的广阔前景。

一、本图志记载云南野生和栽培有成效的乔木树种，经济价值较大的灌木和藤本植物适当列入。

二、本书裸子植物的科号顺序采用郑万钧系统，被子植物则采用哈钦松系统；各科按原系统科号，后来另立的科并为我们采用的，均列于原科之后，其科号后加a、b、c……表示。但各册收载的科未按系统顺序连续排列。

三、属和种的检索表采用定距（二歧）式检索表。检索特征明确，简单易懂，便于查阅。

四、形态术语采用《中国高等植物图鉴》的术语。特殊的术语，均加注解。

五、科、属名称不列别名、异名。种的名称仅列重要的别名。拉丁学名有发表年代。

六、门、纲、目等分类等级不列，不描述；族、亚属、组等不列，不描述。

本图志荟萃省内外同行专家、学者编写。编入的种类除有形态描述、地理分布外，还有生境简介、繁殖方法、材性用途等。除单种属外，均有分属、分种检索表。本图志每种均配有线描图，图文并茂，易于识别、鉴定。可作为林业教育、科学研究、生产建设等方面的参考书及工具书。后附有拉丁学名及中文索引，便于查阅。

本书在编写过程中，承蒙中国科学院昆明植物研究所、中国科学院西双版纳热带植物园、云南省林业和草原科学院的支持和帮助，西南林业大学木材科学研究室、森林培育研究室提供了资料和帮助，谨此致谢！

《云南树木图志》编委会

云·南·树·木·图·志

目 录

绘图人员：李　楠　王红兵　范国才　李锡畴　吴锡麟　肖　溶　曾孝濂
　　　　　刘　泗　杨建昆　刘怡涛　张宝福　张大成　张泰利

81.瑞香科 THYMELAEACEAE

灌木或小乔木，稀草本。叶全缘，互生或对生，单叶，无托叶。花两性，辐射对称，组成顶生或腋生的总状花序、状、穗状花序、头状花序或伞形花序，稀单生；花萼管状，类似花瓣，顶端4—5（6）稀2或1，花瓣无或退化为鳞片状；雄蕊4—5或8—10，稀2或1，花丝分离；子房上位1（2）室，每室有胚珠1；花柱1，柱头头状或棒状，浆果、核果或坚果，稀蒴果。

本科约50属，800种，分布于热带及温带地区，主产于南非、澳大利亚及地中海地区，少数产南美及太平洋诸岛。我国有10属，90种，主产长江流域以南；云南产6属，28种。本志收载3属6种。

分 属 检 索 表

1.花盘2—4深裂呈鳞片状；叶对生少有互生；花序总状或穗状 ……… 1.荛花属 Wikstroemia
1.花盘盘状或偏斜环状；叶互生少有簇生；花序头状或短总状。
  2.花柱极短，柱头头状；花序顶生头状或短总状 ………………… 2.瑞香属 Daphne
  2.花柱长，花柱圆柱形，柱头线形；花序腋生头状 ……………… 3.结香属 Edgeworthia

1. 荛花属 Wikstroemia Endl.

灌木或小乔木，多分枝。叶对生少有互生。花两性，无花瓣，顶生或腋生的短总状花序或穗状花序；花萼管状，顶端4（5）裂；雄蕊为萼裂片的2倍，2列排列于萼管的近顶部，无花丝；子房1室，胚珠1，下位花盘膜质，2—4裂，裂片鳞片状。核果，果皮肉质或膜质。

本属约70种，分布于亚洲东南部、大洋洲及太平洋诸岛。我国有38种，8变种；云南产13种、2变种。

分 种 检 索 表

1.花萼裂片5；穗状花序组成纤细疏散的圆锥花序，花淡黄绿色；叶对生与互生同株并存
…………………………………………………………………………… 1.长花荛花 W.dolichantha
1.花萼裂片4；头状花序，花黄色；叶互生 ………………… 2.丽江荛花 W.lichiangensis

1.长花荛花 狼毒（元谋）图1

Wikstroemia dolichantha Diels（1912）

灌木，高达2米，多分枝。花序及花萼密被细绒毛。叶薄纸质，对生与互生出现在同株上，长圆形或倒披针状长圆形，长15—30毫米，宽8—10毫米，先端钝，基部楔形，上面绿色，下面淡绿色，侧脉细密，向上倾斜，不明显，全缘；叶柄长1—2毫米，密被细绒毛。

花淡黄绿色，穗状花序组成纤细疏散的圆锥花序，顶生；花萼管状，长约10毫米，裂片5，长约1毫米；雄蕊10，花丝短，花盘鳞片1，线状，长2—3毫米，薄膜质；子房棒状，柱头头状。核果，黑色。花、果期8—9月。

产鹤庆、剑川、弥勒、昆明、蒙自、文山、砚山、元谋，生于海拔1300—1900米的山坡疏林下或灌丛中。分布于四川。

喜排水良好的土壤。种子或扦插繁殖。种子繁殖可用营养袋育苗。扦插可于雨季进行，剪当年枝条按常规扦插于荫棚内，生根容易，1年后即可移栽。

茎皮纤维为造纸原料。

2.丽江荛花（中国高等植物图鉴补编）图3

Wikstroemia lichiangensis W. W. Smith（1913）

灌木，高达2米，多分枝。嫩枝、花序、子房、花萼及叶柄均密被细柔毛。叶薄纸质，互生，长圆形或长圆状倒披针形，长15—30毫米，宽5—10毫米，先端钝或近圆形，基部楔形，两面脉上被细柔毛或近无毛，上面绿色，下面淡绿色，侧脉3—4对，纤细，不明显，全缘；叶柄长约1毫米。花芳香，淡黄色，顶生头状花序；花序梗长1—5毫米，花萼管状，长8—10毫米，裂片4，卵形，长约2毫米；雄蕊8，2列，花药长圆形，黄色，花丝极短；子房椭圆形，柱头头状。核果绿色。花、果期6—8月。

产大理、鹤庆、丽江、香格里拉，生于海拔2700—3300米的山坡松林下或灌丛中。分布于四川。

2.瑞香属 Daphne L.

灌木或亚灌木。叶互生，稀对生，常群集于小枝上部。头状花序或短总状花序，无小总苞；花萼管状，4（5）裂，无花瓣；雄蕊8（10），2列，着生于萼管的近顶部，花丝极短，下位花盘盘状或杯状；子房1室，1胚珠，花柱极短或无，柱头头状。核果，外果皮肉质或干燥，萼在果时宿存或脱落。

本属约95种，分布于欧洲、北非及亚洲温带及亚热带地区至大洋洲。我国有35种，产西南至西北部。云南产11种，2变种。

分 种 检 索 表

1.花萼外面无毛或近无毛；花白色，芳香，5—7组成顶生头状花序；叶长圆状披针形，长3—7厘米，宽1—2.5厘米 ································· 1.尖瓣瑞香 D. acutiloba

1.花萼外面密被短柔毛；花无香味，2—5簇生，近头状，顶生和侧生。

  2.叶长圆形，长9—16厘米，宽1—4厘米；花白色，萼片卵形，长约5毫米；花盘环状 ································· 2.雪花构 D. papyracea

  2.叶披针形，长2—6厘米，宽1—2厘米；花淡黄色，萼片披针形，长6—7毫米；花盘盘状 ································· 3.长瓣瑞香 D. longilobata

图1　长瓣瑞香和长花荛花

1—4.长瓣瑞香 *Daphne longilobata*（Lecomte）Turrill

1.花枝　2.花　3.花展开（示雌、雄蕊）　4.果

5—8.长花荛花*Wiksfroemia dolichantha* Diels

5.花枝　6.花　7.子房及鳞片　8.茎（示毛被）

1.尖瓣瑞香（中国高等植物图鉴） 小构皮（保山）图2

Daphne acutiloba Rehd.（1916）

常绿灌木，高达3米，多分枝，全植株近无毛。叶互生，常群集小枝顶端，革质，长圆状披针形或椭圆状倒披针形，长3—7厘米，宽1—2.5厘米，先端钝或短渐尖，基部渐狭；叶柄长2—5毫米。花白色，芳香，5—7组成顶生头状花序，苞片膜质，卵形，长约13毫米，早落；花萼管状，外面被绢毛，下部较密，内面无毛，长约11毫米，萼片4，卵形，长约8毫米，先端尖，宽4—5毫米；雄蕊8，花丝极短，花药椭圆形，长约2毫米；子房椭圆形，长约3毫米，无毛，下位花盘环状。核果球形，深红色。花期11—12月，果期4—5月。

产蒙自、西畴、大姚、石屏、金平、大理、漾濞、耿马、保山、腾冲，生于海拔1200—2400米的山坡疏林下。分布于湖北、四川。

喜阴，忌阳光曝晒，耐寒性差，喜肥沃，湿润而排水良好的土壤。压条或扦插繁殖。扦插可于雨季进行，取插穗切成10—15厘米，上部保留2—3叶，剪去下部叶。

茎皮纤维可造纸，种子可榨油，叶和花为杀虫剂。

2.雪花构（中国高等植物图鉴补编） 小构皮（景东及保山）、麻皮树（景东）、小黑构（禄劝）、山辣子皮（昭通）图2

Daphne papyracea Waall. ex Steud.（1841）

灌木，高达4米，多分枝，全植株近无毛。叶互生，革质，长圆形或长圆状披针形，长9—16厘米，宽1—4厘米，先端渐尖，基部狭楔形，全缘；叶柄长2—5毫米。花白色，2—5簇生小枝顶端，头状，无柄；苞片早落，花萼管状，外面密被短柔毛，长约16毫米，萼片4，卵形，长约5毫米；雄蕊8，花丝纤细，长约1毫米，花药长圆形，长约2毫米，花盘环状；子房长圆形，长3—4毫米，无毛。核果球形。花期10—12月，果期2—5月。

产昭通、镇雄、西畴、广南、麻栗坡、禄劝、石屏、景东、保山等地，生于海拔800—2400（3000）米的山坡林下或林缘。分布于广东、广西、四川、贵州、湖南。

茎皮纤维为蜡纸原料；根入药，治跌打及内脏出血。

3.长瓣瑞香（中国高等植物图鉴）图1

Daphne longilobata（Lecomte）Turrill（1959）

D. altaica Pall. var. *longilobata* Lecomte（1916）

灌木，高达9米，多分枝。嫩枝、花序及花萼密被灰色短柔毛。叶互生，纸质，披针形，稀倒披针形，长2—6厘米，宽1—2厘米，先端钝或渐尖，基部渐狭，侧脉不明显，全缘；叶柄长1—2毫米。花淡黄色，无香味，2—5成头状簇生小枝顶端和侧生；无苞片，花萼管状，长16—17毫米，萼片4，披针形，长6—7毫米；雄蕊8；子房卵形，无毛，花盘盘状。核果深红色，球形。花期11—12月，果期4—5月。

产维西、德钦、贡山，生于海拔2000—3400米的灌丛中。分布于西藏、四川。

图2　雪花构和尖瓣瑞香

1—3.雪花构*Daphne papyracea* Wall. ex Steud.

1.花枝　2.花　3.花展开（示雌、雄蕊）

4—5.尖瓣瑞香　*D. acutiloba* Rehd.

4.花枝　5.花

3. 结香属 Edgeworthia Meissen.

灌木。叶互生，常群集于小枝顶端，全缘，具柄。花两性，头状花序腋生，具柄或无柄；苞片总苞状或无，花萼管状，萼片4，开展；雄蕊8，2列；子房1室，胚珠1，花柱长，柱头线形，密生乳头状突起，下位花盘盘状。核果，包藏于宿存的萼管基部。

本属约4种，分布于喜马拉雅地区至日本。我国4种均产；云南有2种。

滇结香（中国高等植物图鉴）图3

Edgeworthia gardneri（Wall.）Meissn.（1841）

Daphne gardneri Wall.（1820）

灌木，高达3米。小枝棕褐色，嫩枝叶、叶柄、叶下面脉上及花萼密被贴伏的细长柔毛。叶互生，纸质，椭圆状披针形或披针形，长4—12厘米，宽1—3厘米，先端渐尖，基部狭楔形，侧脉纤细，8—10对，向上倾斜，两面密被疏柔毛或近光滑无毛，全缘；叶柄粗壮，长约1厘米。腋生头状花序，花序梗粗壮，长2—5厘米，下垂；花白色微红，芳香，多花，呈半球形，径达4—5厘米；总苞1轮，叶状，苞片披针形，长10—30毫米，花萼管状，长12—15毫米，萼片4，卵圆形，长约3毫米；雄蕊8，2列；子房球形，密被细长硬毛，柱头圆柱状线形，长约5毫米，下位花盘盘状，边缘不规则波状。核果，包藏于宿存花萼的基部。花期10—12月，果期1—5月。

产大理、漾濞等地，生于海拔1000—2600（3000）米的疏林下或灌丛中。

种子或扦插繁殖也可分株繁殖。分株繁殖宜在春季萌动之前进行。扦插宜在夏季进行，插条长12—20厘米，插入土中1/2，遮阴或半遮阴，易成活，当年苗高可达50—70厘米。

茎皮纤维可造纸。

图3 滇结香和丽江荛花

1—3.滇结香*Edgeworthia gardneri*（Wall.）Meissn.

1.花枝 2.花 3.花展开（示雌、雄蕊）

4—7.丽江荛花*Wikstroemia lichiangensis* W. W. Smith

4.花枝 5.花 6.花展开（示雌、椎蕊） 7.叶背面部分

84.山龙眼科 PROTEACEAE

乔木或灌木。单叶互生，稀对生或轮生，全缘或各式的分裂，无托叶。总状花序或穗状花序，花两性，稀单性异株，辐射对称或两侧对称，单被花；花被花瓣状，4数，分离或合生，镊合状排列，雄蕊4，与花被对生，花丝通常与花被管贴生或与裂片贴生，花药2室，分离，内向，纵裂，子房上位，1室，基部常具鳞片或花盘，无柄或具柄，胚珠2，侧膜胎座或独立胚珠下垂，花柱1，不分裂。果为一坚果、核果、翅果、蒴果或蓇葖果。种子无胚乳，常有翅。

本科约60属，1200种以上，主产大洋洲和非洲南部的干燥地区，热带亚洲和南美洲也有。在非洲北达埃塞俄比亚，在亚洲北达我国长江流域和日本。我国有4属（其中2属为引种栽培），约25种，分布于西南部至台湾。云南有4属，16种，主要分布于南部和西南部。

分 属 检 索 表

1.叶3—4轮生 ·· 1.澳洲坚果属 Macadamia
1.叶互生。
  2.叶多次羽状分裂；果为开裂的蓇葖果 ································ 2.银桦属 Grevillea
  2.叶不分裂，间有一次羽状分裂；坚果。
    3.叶一型花两性，胚珠倒生，着生于子房基部，果皮分化不明显 ······ 3.山龙眼属 Helicia
    3.叶常二型花单性异珠，胚珠直立，悬垂于子房上部，果皮分化明显 ··················
    ·· 4.假山龙眼属 Heliciopsis

1. 澳洲坚果属 Macadamia F. Muell.

乔木或大灌木，叶3—4轮生，全缘或有锯齿。顶生或腋生的总状花序，花小，两性，成对，具短柄；苞片小，早落；花被辐射对称或近对称；雄蕊着生于花被稍下部，花丝短；子房无柄，花柱长而直，柱头细小，胚珠2，下位腺体分离或合生成一环状或环状体围绕着子房。坚果球形，内含一单生有厚壳的种子。

本属约10种，主产澳大利亚，1种产马达加斯加，3种产新喀里多尼亚，1种产苏拉威西。我国（广东、云南）栽培1种。

澳洲坚果 图4

Macadamia ternifolia F. Muell.（1858）

乔木，高达12米；树皮淡绿灰色。幼枝和花被短柔毛。叶4—5轮生，革质，披针形或稀为长圆形，长12—36厘米，宽2.5—5.5厘米，两面无毛而有光泽，边缘有疏离、刺状的锯齿，先端急尖，具刺尖，基部钝圆，中脉在两面明显，侧脉10—20对，在下面隆起；叶柄极短或几乎无柄。总状花序腋生，与叶等长或更长，花序轴及小花梗、花被外面被褐色柔毛；花橙黄色，花梗长约1.5毫米，花被长8—10毫米。坚果球形，径约3厘米，外果皮革质。

原产大洋洲东北部。栽培于昆明植物研究所及云南热带植物园，广州中山大学校园内也有栽培。

木材赤色，坚硬而美丽，为细工、家具和农具等用材。为著名坚果，种子香甜。

2. 银桦属 Grevillea R. Br.

乔木或灌木。叶互生，全缘，有齿或各式分裂。花两性，成对生在一苞腋内，为顶生或腋生总状花序或丛生花序状；花被管常弯曲，4裂，裂片线形或线状匙形，顶端凹陷，开裂时反卷，花药无柄，藏于花被裂片的凹陷处；子房具柄，胚珠2；花柱长，柱头头状。果为一硬木质的蓇葖果。种子具翅或无翅。

本属约200种，大部产大洋洲。我国（云南及广州）栽培1种，为良好的城市绿化及行道树种之一。

银桦　图4

Grevillea robusta Cunn.（1810）

常绿大乔木，高达20米。幼枝被锈色绒毛。叶二回羽状深裂，裂片5—13对，披针形，两端均渐狭，长5—10厘米，裂片边缘加厚，上面无毛而光亮，下面密被浅褐色的丝状毛。总状花序单生或数个聚生于无叶的短梗上，长7—15厘米，多花，花橙黄色，花梗长8—13毫米，向花轴两边展开或稍下弯，花被长7—10毫米，易脱落；子房卵圆形，外面光滑，具柄花柱长15毫米，微弯，橙色，光滑。蓇葖果卵状长圆形，微倾斜，干后黑色，长12—16毫米，径6—12毫米，稍压扁，先端常具宿存花柱，内具2种子；种子卵形，压扁，周边具膜质翅。花期滇南为3月，滇中为5月。结果甚少。

原产大洋洲。云南中部（昆明市）、南部和西南部各城镇引种为行道树，生长情况良好。

种子繁殖。种子贮存育苗或随采随播，播前冷水浸种24小时，育苗每亩用种6千克，播后适当遮阴，注意浇水，中耕除草，保持土壤湿度。

木材粗糙，坚硬，断面斑纹美丽，耐朽力强，可作家具和造车辆之用。树形美观，开花季节，花色金黄，美丽，为云南省城镇绿化树种之一。在昆明出现早衰，应逐渐更替。

3. 山龙眼属 Helicia Lour.

乔木，稀灌木。叶互生，稀近对生或3—4叶轮生，全缘或有锯齿，稀分裂，无柄或具柄。花两性，整齐；花序总状，腋生或在老枝叶痕腋部着生，极少近顶生。苞片小，通常钻形，稀叶状。花梗常双生，分生或常在基部贴生。花被直立，极稀微弯，筒细，基部稍膨大；冠片直，裂片4，在开花后分离，外卷，雄蕊4，花丝短，在冠片基部稍下着生，下

图4 澳洲坚果和银桦
1.澳洲坚果*Macadamia ternifolia* F. Muell花枝
2—3.根桦*Grevillea robusta* Cunn.
2.花枝 3.花

位腺体4，子房无柄，胚珠2，倒生，在子房基部或沿腹缝线内侧中部以下着生。坚果球形或椭圆形，不裂，或沿腹缝线纵向极迟开裂，缝线突出或下陷，通常可见，果皮革质，外果皮有时肉质，内部多少革质，有时硬木质，成真果皮而形成核果。种子1—2，球形或半球形而上部微皱；种皮膜质，子叶肉质。

本属87种以上，分布于大洋洲东部，热带东南亚至印度及中南半岛、马来半岛。我国有19种，主产南部和西南部，其中有1种分布于我国江南各省延至日本。云南有12种，主产南部及西南部。

分 种 检 索 表

1.苞片大，叶状，披针形或线状披针形，长5—20毫米 ……… 1.瑞丽山龙眼 H. shweliensis
1.苞片极小，钻形。
　2.子房具毛；花序和花被外面密被锈色绒毛，腺体贴生；叶下面密被锈色绒毛，后变疏毛
　…………………………………………………………… 2.浓毛山龙眼 H. vestita
　2.子房无毛。
　　3.叶两面至少下面具绒毛。
　　　4.叶倒披针形，长20—35厘米，宽9—12厘米，叶下面及芽上被柔毛，基部宽楔形，
　　　　叶柄长5毫米，果径约3.3厘米 ……………………… 3.大山龙眼 H. grandis
　　　4.叶卵状长圆形至倒卵状披针形，或常匙形，长40—55厘米，宽9—18厘米，叶下面
　　　　及芽被贴生的绒毛，基部狭而下延至柄，叶柄长2—3.5厘米；果径约2.5厘米 ……
　　　　………………………………………………… 4.焰序山龙眼 H. pyrrhobotrya
　　3.叶两面无毛或幼时被疏毛，后变无毛。
　　　5.花序顶生或腋生。
　　　　6.叶常集生枝顶，长圆状披针形或倒卵状长圆形，疏具锯齿，长11—18厘米，宽
　　　　　2.8—6厘米 ………………………………………… 5.潞西山龙眼 H. tsaii
　　　　6.叶不集生枝顶，镰状披针形或长圆状披针形，全缘，极稀疏生浅锯齿…………
　　　　　………………………………………………… 6.镰叶山龙眼 H. falcata
　　　5.花序生于落叶腋或叶腋。
　　　　7.花序轴及花梗被锈色绒毛。
　　　　　8.叶纸质，多为狭倒披针形，长14—28厘米，宽3—7厘米，花序长约15厘米 …
　　　　　　………………………………………………7.林地山龙眼 H. silvicola
　　　　　8.叶近革质，倒卵状椭圆形或宽披针形，长10—19厘米，宽8—12厘米，花序长
　　　　　　达20厘米 ………………………………………8.山地山龙眼 H. clivicola
　　　　7.花序轴无毛或近无毛。
　　　　　9.叶近轮生，纸质，几无柄；花白色 …………… 9.海南山龙眼 H. hainanensis
　　　　　9.叶互生。
　　　　　　10.叶的侧脉及二级脉在下面隆起，在上面不隆起。
　　　　　　　11.叶纸质，长圆形，叶柄长6—15毫米；果长椭圆状球形，长1—1.2厘米，
　　　　　　　　径约8毫米 ……………………………… 10.羊仔屎 H. cochinchinensis

11.叶近革质，倒卵状长圆形或椭圆形，叶柄长1.5—3.5厘米；果稍扁球形，长达3.5厘米，径达4.2厘米 ·····················**11.母猪果 H. nilagirica**

10.叶的侧脉及二级脉在两面相等的隆起，叶长圆形至倒卵状椭圆形，长5.5—27厘米，宽2—9.5厘米················ **12.网脉山龙眼 H. reticulata**

1.瑞丽山龙眼　图5

Helicia shweliensis W. W. Smith（1918）

乔木，高达10米。小枝干后淡黄绿色，几无毛，仅在叶着生处被锈色绒毛。幼叶膜质，几无毛，倒卵状长圆形或长圆形，稀倒披针形，长6—9厘米，先端急尖或钝圆，具短的骤渐尖，边缘具向前的细齿，顶具略厚腺体，齿间相距4—8（10）毫米，侧脉6—8对；叶柄长2—3毫米，无毛；老叶长达12厘米，宽达5厘米。总状花序多生于小枝落叶腋部，长7—12厘米，无毛，苞片显著，叶状，无毛，披针形至线状披针形，长5—10（20）毫米，宽1.5—3（5）毫米，早落，小苞片长约2毫米，花长约13毫米，无毛，黄色，腺体分生；子房无毛。幼果倒卵形或近球形，有细纵纹，具槽。

产景东、龙陵、瑞丽、陇川至腾冲，生于海拔1800—2800米的山坡疏林中。

2.浓毛山龙眼　图5

Helicia vestita W. W. Smith（1918）

乔木，高达10米。小枝圆柱形，初密被褐色绒毛，后变无毛，褐色。叶近革质，倒卵状长圆形或倒披针形，长达25厘米，宽达8厘米，先端急尖，稀渐尖，基部楔形，渐狭成柄，边缘近全缘、波状或中部以上具疏生细锯齿，上面绿色，有光泽，仅在中脉基部长期被锈色微绒毛，下面幼时密被卷曲红锈色绒毛，以后除沿主脉及侧脉迟迟不脱外，几乎全面近无毛，老则完全无毛，并转红褐色，侧脉7—12对，中脉侧脉两面隆起，网脉两面明显；叶柄长1—3厘米，密被锈色绒毛。花序腋生，长8—14厘米；序轴、花梗、苞片和花被密被锈色绒毛；苞片不显著，狭卵形，花梗长1—2毫米，花长约1.8厘米，花药长4毫米，长圆形；子房长约2.5毫米，密被锈色绒毛，腺体贴生或分生。果稍扁球形，长3—4厘米，径2.5—3厘米，被锈色柔毛，先端急尖，具短尖，成熟时二裂；果梗粗壮，长7—10毫米，近无毛。

产普洱至西双版纳，常生于海拔650米左右的山坡次生林中。

3.大山龙眼（云南植物志）　培枝（屏边瑶族语）、猫蛋果（屏边）图6

Helicia grandis Hemsl.（1900）

乔木，高达10米，胸径达20厘米。小枝和叶柄被锈色短绒毛，老枝上则渐落。叶倒披针形，长20—35厘米，宽9—12厘米，先端急尖，基部宽楔形，边缘被牙齿状锯齿，上面无毛，下面被锈色绒毛，在脉腋尤多，主脉在上面明显，侧脉多数，连同主脉在下面隆起；叶柄粗而短，长约5毫米。总状花序生于枝上或叶腋，长约30厘米，序轴、花梗和花被外面密被锈色短绒毛；花长1.8—2.5厘米，花梗多双生，基部贴生，花被裂片4，在开花后外卷，下位腺体4，下部贴生。果长圆形或近球形，长约4厘米，径约3.3厘米，顶端具小突尖，且被黄色柔毛；果梗粗壮，长约7毫米。花期3—8月，果期10—12月。

图5　瑞丽山龙眼和浓毛山龙眼
1—2.瑞丽山龙眼 *Helicia shweliensis* W. W. Sm.
1.叶背面　2.果实
3—4.浓毛山龙眼 *H.vestita* W.W. Sm.
3.果枝　4.果实

产蒙自、屏边、金平、马关、麻栗坡、文山，生于海拔1100—1800米的山箐、林中阴湿地。越南北部也有。

4.焰序山龙眼（云南植物志）图6

Helicia pyrrhobotrya Kurz（1873）

乔木，高约10米，稀达20米；树皮青灰色。枝条粗壮。叶大，坚纸质，卵状长圆形或倒卵状披针形，或匙形，长40—55厘米，宽9—22厘米，先端钝圆，基部渐狭而下延至柄，在两面近中脉处，特别是下面被锈色贴生绒毛，边缘具疏锯齿，侧脉约17对，中脉及侧脉上面可见，下面隆起；叶柄粗壮，长2—3.5厘米，基部被贴生短绒毛，后脱落。花序生于枝上或叶腋，长达42厘米，序轴和花梗密被锈色贴生短绒毛，花单生或2—3并列，花梗基部贴生，花淡黄色，长2.2—3厘米；花被裂片4，外面被锈色绒毛；雄蕊4，花丝短；子房长约2.5毫米，腺体合生成环状花盘，4浅裂。果球形，干后褐黄色，径2.5—4厘米，顶端具尖头。花期3—8月，果期9月。

产河口、金平、屏边、勐海、普洱，生于海拔700—1630米的山谷密林中阴湿处。分布于广东、海南；越南北部、缅甸南部也有。

5.潞西山龙眼　图7

Helicia tsaii W. T. Wang（1956）

乔木，高达10米。小枝圆柱形，无毛。叶常聚生枝顶，坚纸质或近革质，长圆状披针形，或倒卵状长圆形，长11—18厘米，宽2.8—6厘米，先端急尖或短渐尖，基部渐狭成柄，两面无毛，全缘或疏具锯齿，侧脉11对，连同主脉在下面隆起，网脉明显；叶柄长1—3.2厘米，无毛。总状花序1—2，腋生或顶生，长达12厘米，花在轴上密集，花序轴被锈色短柔毛，花被直立，裂片4，雄蕊4，花丝短，花药狭长圆形，具短尖，长约3.5毫米，腺盘4裂，裂片卵形，子房和花柱无毛。花期2—3月。

产芒市、龙陵、双江、凤庆、勐海，生于海拔1400—2100米的密林阴湿处。

散孔材。木材红褐色，有光泽，实心髓，圆形，小，心边材区别不明显；生长轮明显，宽度不均匀；木材纹理直，结构粗而均匀，重量及强度中，径、弦面射线花纹美丽。可作家具、室内装修、房建及胶合板等用材。

6.镰叶山龙眼　图7

Helicia falcata C. Y. Wu（1977）

乔木，高约10米，稀达20米。小枝粗壮，棕褐色，具纵条纹，无毛，有光泽。叶互生，坚纸质，镰状披针形，长圆状披针形或宽披针形，长13—20厘米，宽3—6厘米，上面绿色，下面浅褐色，下部全缘，上部具疏生浅锯齿，先端渐尖或长渐尖，基部渐狭，两面无毛，主脉和侧脉在下面隆起；叶柄粗壮，长8—20毫米，基部稍膨大，无毛。总状花序腋生，较叶长，长达25厘米，无毛，花在花序轴上疏生，花绿白色，微带红色；花梗双生，基部稍贴生，长约13毫米，花被直立，裂片4；雄蕊4，花丝短；子房无毛，腺体4，分离。果椭圆状球形，黑绿色，长13—15毫米，径12—14毫米，几无梗，花柱基部宿存，在果的

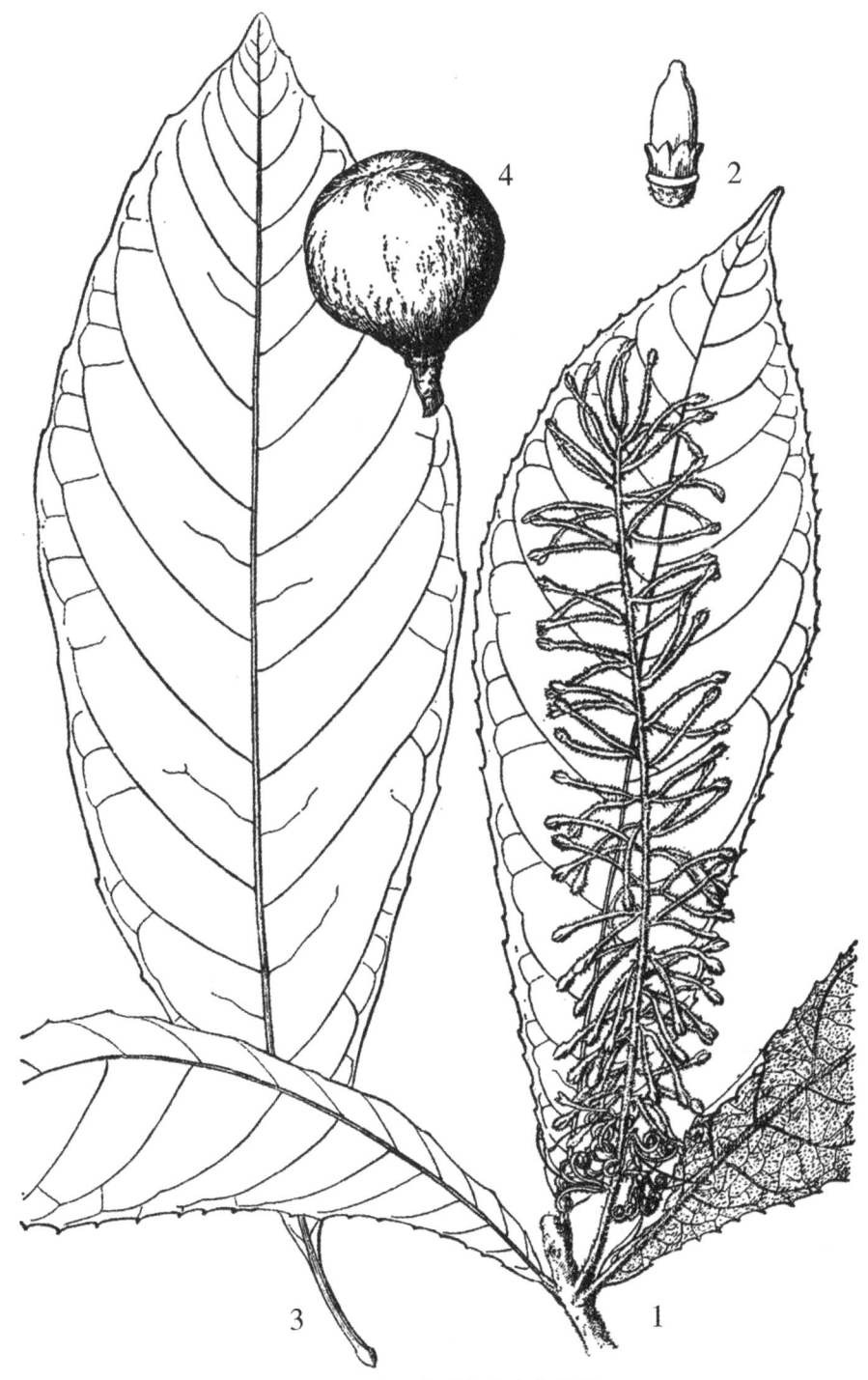

图6 大山龙眼和焰序山龙眼
1—2.大山龙眼 *Helicia grandis* Hemsl.
1.花枝 2.除去花被之花（示子房和腺体）
3—4.焰序山龙眼 *H. pyrrhobotrya* Kurz
3.叶片表面 4.果实

顶端成咀状。花期4—7月，果期8—10月。

产屏边、麻栗坡、马关，生于海拔1200—1900米的林中湿润地。

7.林地山龙眼　图8

Helicia silvicola W. W. Smith（1918）

小乔木，高达6米。小枝和叶柄初时密被锈色绒毛，后变无毛。叶互生，纸质，倒披针形，长10—28厘米，宽3—7厘米，先端渐尖，基部楔形或渐狭成柄，两面无毛，边缘具向前弯曲锯齿，侧脉10—12对，主侧脉两面明显，网脉显著；叶柄纤细，长5—25毫米，无毛。总状花序腋生，长12—17厘米，花序轴和花梗密被锈色短绒毛，苞片卵状披针形或线形，长2—3毫米，被柔毛，花长1.1—1.2厘米；花被4裂，无毛；雄蕊4，花丝短，花药长2毫米；子房无毛，腺体4，稍贴生。果近球形，长约1.7厘米，径约2.2厘米，果皮木质，厚约0.6毫米。花期5月开始，果期10—12月。

产普洱、金平，生于海拔1650—1950米的林中。

8.山地山龙眼　图8

Helicia clivicola W. W. Smith（1918）

灌木或小乔木，高达15米。小枝初密被红锈色绒毛，后渐变无毛，老枝及树皮均带黑褐色。叶互生，近革质，宽倒卵状长圆形或卵形，长12—24厘米，宽6—11厘米，全缘或疏生锯齿，先端短钝或近锐尖的渐尖，基部宽楔形至柄，上面绿色，除沿中脉被毛外，无毛，下面在中脉及脉上较长期被红锈色绒毛，后渐变无毛，侧脉6—10对，连同网脉在上面平坦或微陷，在下面微突起；叶柄长1.5—2.5厘米，密被锈色绒毛，后渐变无毛。花序自上部叶腋生出，长达20厘米，序轴密被锈色绒毛；苞片近卵形至线状披针形，长1—2毫米，被柔毛，花梗通常双生，基部连合，长2—3毫米，花被4裂；雄蕊4，花丝短；子房无毛，腺体4，分生。果近球形，径2—2.5厘米，顶端钝圆，果皮革质，厚约1.5毫米，梗长6—7毫米。花期5月开始，果期7—9月。

产腾冲、瑞丽，常生于海拔1800—2130米的山坡上。

9.海南山龙眼　中舌头树（河口）图9

Helicia hainanensis Hayata（1920）

小乔木，高达10米；树皮灰白色。小枝黄褐色，无毛。叶互生至近轮生，纸质，倒披针形、倒卵状长圆形或匙形，长10—27厘米，宽2.5—6.5厘米，先端尾状突渐尖，基部楔形至钝圆，边缘常具疏锯齿，上面青绿色，下面苍白色，两面无毛，侧脉7—8对，上举，纤细，两面明显；几无柄。花序腋生或顶生，长约23厘米，无毛；苞片极小，长仅1毫米，花梗双生，基部贴生，长约3毫米，花白色，长1.5—2.2厘米，花被4裂；雄蕊4，花丝短；子房无毛，花盘4裂。果椭圆状球形，幼时绿色，熟时紫色，长约2.5厘米，径约1.6厘米，顶端咀状，基部具短柄。花期4—6月，果期7月至翌年3月。

产河口、金平、马关、麻栗坡、西畴，生于海拔420—1800米的常绿阔叶林内的潮湿地。分布于广东、广西；越南也有。

图7 潞西山龙眼和镰叶山龙眼

1.潞西山龙眼*Helicia tsaii* W. T. Wang叶片

2—3.镰叶山龙眼*H. falcata* C. Y. Wu

2.花枝 3.果实

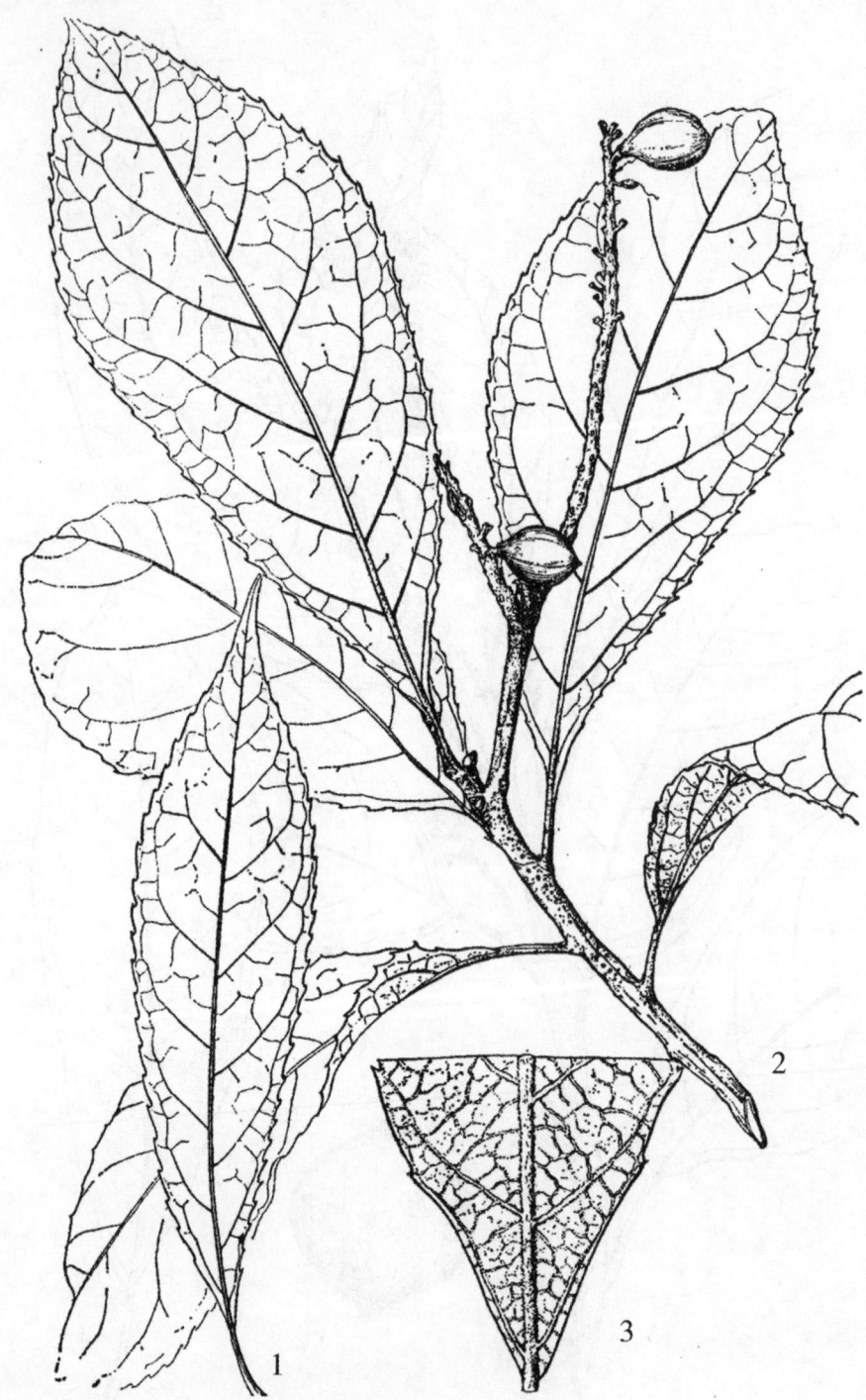

图8 林地山龙眼和山地山龙眼

1.林地山龙眼*Helicia silvicola* W. W. Sm.叶上面

2—3.山地山龙眼 *H. clivicola* W. W. Sm.

2.果枝 3.叶背之一部分（示毛被）

种皮可作染料。

10.羊仔屎　图9

Helicia cochinchinensis Lour.（1790）

乔木，高达20米，树皮红褐色；小枝无毛。叶互生，坚纸质，长圆形或椭圆形，长7—17厘米，宽2—6厘米，先端渐尖或长渐尖，基部渐窄，同一株上的叶全缘或中部以上疏具锯齿，二者皆有，两面无毛，主脉和侧脉在上面明显，下面隆起；叶柄长6—15毫米。总状花序单生叶腋，偶有顶生，长达16厘米，序轴无毛，花密集，花梗长2—4毫米，无毛或疏被短硬毛；苞片卵形至披针形，疏被短柔毛，小苞片长为苞片的1/2；花被淡黄色，长10—12毫米，无毛，4裂，分离或基部贴生；雄蕊4，花丝短；子房无毛。果长椭圆状球形，长10—12毫米，径约8毫米，无毛，幼时绿色，后变深蓝色，顶端钝，具短尖。花期7—8；果期9—11月。

产西畴、河口、屏边、金屏、景洪、勐海、腾冲、盐津，生于海拔550—1700米的山谷疏林阴湿处。我国长江以南各省区均有分布；也产于日本、越南。

种子可榨油，为制皂及润滑油的原料。

11.母猪果（龙陵）　山葫芦（普洱）、母猪烈果（芒市）、苦梨梨（景东）、罗罗果（瑞丽）、"木札"（景颇族语）图10

Helicia nilagirica Badd.（1864）

乔木，高达10米。小枝和幼叶柄初被锈色短毛，很快变无毛。叶革质，倒卵状长圆形、椭圆形、卵状椭圆形至长圆状披针形，长5—17（23）厘米，宽（2.8）4.5—9厘米，先端钝或渐尖，基部楔形或下延，两面无毛，或很快变无毛，全缘或具疏锯齿，侧脉5—8对，渐上升，连同主脉在上面明显，在下面隆起；叶柄长（0.5）1.5—3.5厘米，无毛。总状花序生于枝上或落叶腋部，长12—16厘米，序轴初被锈色短毛，很快变无毛；苞片长1—2毫米；花浅黄色或白色，长1.2—1.9厘米，花被4裂；雄蕊4枚，花丝短；子房无毛；花盘腺体4裂，基部贴生成环，有时其中1或2腺体延长成丝状，在中部以下成螺旋状变曲的附肢。果稍扁球形，长2.5—3.5厘米，径达4.2厘米，无毛，果皮木质，厚约4毫米，果柄粗，长约4毫米。花期4—5月，果期6—12月。

广布于云南省南部及西南部，常见于海拔1100—2100米的山坡阳处或疏林中。印度也有。

种子繁殖。

散孔材。木材灰褐色微红，心边材区别明显；生长轮明显，宽度不均匀；纹理直，结构粗而均匀，重量、硬度及强度中，干缩性大，不耐腐，切削容易，径面及弦面射线斑纹美丽，油漆性能良好。可作家具、室内装修等用材。种子、种皮、叶、茎均含单宁，可提取栲胶。

12.网脉山龙眼　图10

Helicia reticulata W. W. Smith（1956）

乔木，高达10米。小枝无毛，芽卵状球形，长约2毫米，被锈色短毛。叶互生，近革

图9　海南山龙眼和羊仔屎

1—2.海南山龙眼 *Helicia hainanensis* Hayata

1.花枝　2.果实

3—4.羊仔屎 *H. cochinchinensis* Lour.

3.叶片上面　4.果实

图10 母猪果和网脉山龙眼
1—2.母猪果 *Helicia nilagirica* Bedd.
1.花枝 2.果实
3—4.网脉山龙眼 *H. reticulata* W. T. Wang
3.叶片上面 4.果实

质或革质，长圆形、卵状长圆形、倒卵状椭圆形或倒披针形，长5.5—27厘米，宽2—9.5厘米，先端钝的短渐尖或急尖，基部楔形，两面无毛，全缘或具疏锯齿，侧脉10—12对，中脉、侧脉及二级脉在两面均隆起，网脉明显；叶柄粗壮，长1—3.2厘米，无毛。总状花序腋生或生于落叶腋部，长7—14厘米，无毛，或序轴及花梗初疏被锈色短毛，但很快变无毛；苞片线状钻形，长约2毫米，无毛，小苞片丝状；花梗多双生，基部贴生；花白色，长13—15毫米，花被4裂；雄蕊4，花丝短，子房卵形，无毛，花柱细，顶端膨大，花盘4裂，裂片钝。果椭圆状球形，无毛，长达1.8厘米，径达1.5厘米，顶具短尖，果皮木质，厚约1毫米。花期5月开始；果期10—11月。

产西畴、麻栗坡、马关，生于海拔1000—2100米的林中阴湿处。分布于贵州、湖南、广西、广东和福建。

种子繁殖。宜随采随播。

散孔材。木材有光泽，心边材区别明显；木材纹理直，结构粗，均匀，材质硬重，干缩大，不耐腐，可作一般建筑、家具等用材。

4. 假山龙眼属 Heliciopsis Sleum.

乔木。叶互生，单叶、羽状分裂或全缘，无柄或具柄。雌雄异株，总状花序，多花，腋生或着生老枝；苞片钻形，小，常宿存，小苞片微小，常脱落；花梗多双生、分生，或常贴生，花被直，筒细，花被片棒状或椭圆形，在雄花，基部常细，在雌花，由于子房发育，基部膨大，开花时4裂片分离，外卷，花药长圆形；在雄花中，花粉粒外壁网状，在雌花中，无花粉粒；下位腺体4，分生或贴生，子房无柄，胚珠2，直立，着生于子房顶部，在雄花中退化或无，花柱细，先端棒状。坚果，外果皮革质，薄，常分离，中果皮常由辐射的纤维形成，时有分离，内果皮硬，内部木质，外部具网状洼。种子1—2，种皮薄，子叶肉质。

本属约8种。分布于东南亚，印度东北部的阿萨姆，印度尼西亚的爪哇、菲律宾。我国产2种，分布于广东、广西及云南。云南有1种1变种。

分 种 检 索 表

1.叶通常倒披针形，稀分裂；雄花序长达24厘米，花白色，花梗长（4）6—8毫米；外果皮相当薄但宿存，中果皮海绵状纤维质，常分离，内果皮厚约0.5毫米，近木质，外面具粗而深的网状洼穴 ·················· 1.假山龙眼 H. terminalis
1.叶常二型；雄花花序长10（17）厘米，花淡黄色，花梗长0.5毫米；外果皮薄，常分离，中果皮硬，不分离 ·················· **2.小果调羹树 H. lobata var. microcarpa**

1.假山龙眼 老鼠核桃（沧源）、人字树（勐海）、"埋棍"（勐腊傣语）图11

Heliciopsis henryi（Kurz）Sleum.（1955）

Helicia terminalis Kurz（1877）

乔木，高达15米，胸径达1.5米，树皮灰绿色。叶薄革质，倒披针形或长圆形，长13—

34厘米，宽4—9厘米，先端短钝尖，或钝圆，基部渐狭，两面光亮，无毛，全缘，中脉在两面隆起，侧脉7—14对，与网脉两面均明显突出；叶柄长（2）8—20毫米，无毛，羽状裂叶稀见，长达35—60厘米，宽达18—25厘米，3—5裂。总状花序生于老枝落叶腋部，稀近顶生，单生或较稀双生，稍下垂；苞片线状或芒状，长1—2毫米，花序轴和花梗幼时疏被锈色伏毛，后变无毛，稀一直无毛；花梗通常双生，贴合至1/3—1/2，花后长达4—8毫米，密被锈色伏毛，或稀无毛；雄花白色，干时变黑色，长1.2—1.4厘米，外面疏被锈色伏毛，花药长2.5毫米，腺体4，分生；雌花子房无毛。果椭圆状球形，长3—3.5（4）厘米，径约2.5厘米，光滑，无毛，亮绿色，熟时黑色，顶端尖，基部略钝，外果皮革质，中果皮海绵状纤维质，成熟时分离；内果皮近木质状革质，外而具网状洼穴；果梗粗壮，长5—8毫米，具明显的皮孔。花期3—6月；果期7—11月。

产普洱、西双版纳、澜沧、沧源、芒市，生于海拔930—1800米的山坡阳处林中。分布于广东、海南、广西；印度东北部（阿萨姆）、缅甸、泰国、柬埔寨、越南也有。

果可食。据说茎皮有避孕作用，兼可抑菌。

2.调羹树（海南）图11

Heliciopsis lobata（Merr.）Sleum.（1955）

云南不产。产海南、广东、广西；马来群岛也有。

2a.小果调羹树

var. microcarpa C. Y. Wu et T. Z. Hsu（1977）

乔木，高达15米，小枝仅顶端多少密被红锈色微绒毛其余无毛。叶二型，近革质，羽状分裂叶的轮廓椭圆形，羽状裂片中裂或近深裂，每侧2—5（8），稀近掌状三浅裂，基部楔形或宽楔形，长28—58厘米，宽21—29厘米，叶柄长6—12厘米；不裂叶常生于枝顶，长圆形，长16—24，稀达32厘米，宽6—13厘米，全缘或浅波状，顶端钝，叶柄长1—5厘米。雄花序生老枝落叶腋内，长8—17厘米，花序轴和花梗均被锈色伏毛，花梗长0.5毫米，苞片极小，披针形，长约1毫米，密被锈色伏毛，花淡黄色，花长5—12毫米；退化雌蕊无毛，下位腺体4，分生，卵状椭圆形。果序多生老茎上，果椭圆形或长圆形，有1纵棱，无毛，顶端具略弯曲的喙，长2.8—4厘米，径2—2.2厘米，外果皮革质，薄，常很快分离，中果皮厚1—1.5毫米，内果皮厚1.3毫米，外面微具网状洼穴，种子1—2，椭圆球形或半球形。花期8—10月，果期11—12月。

产河口、屏边，生于海拔120—1000米的山谷林中。

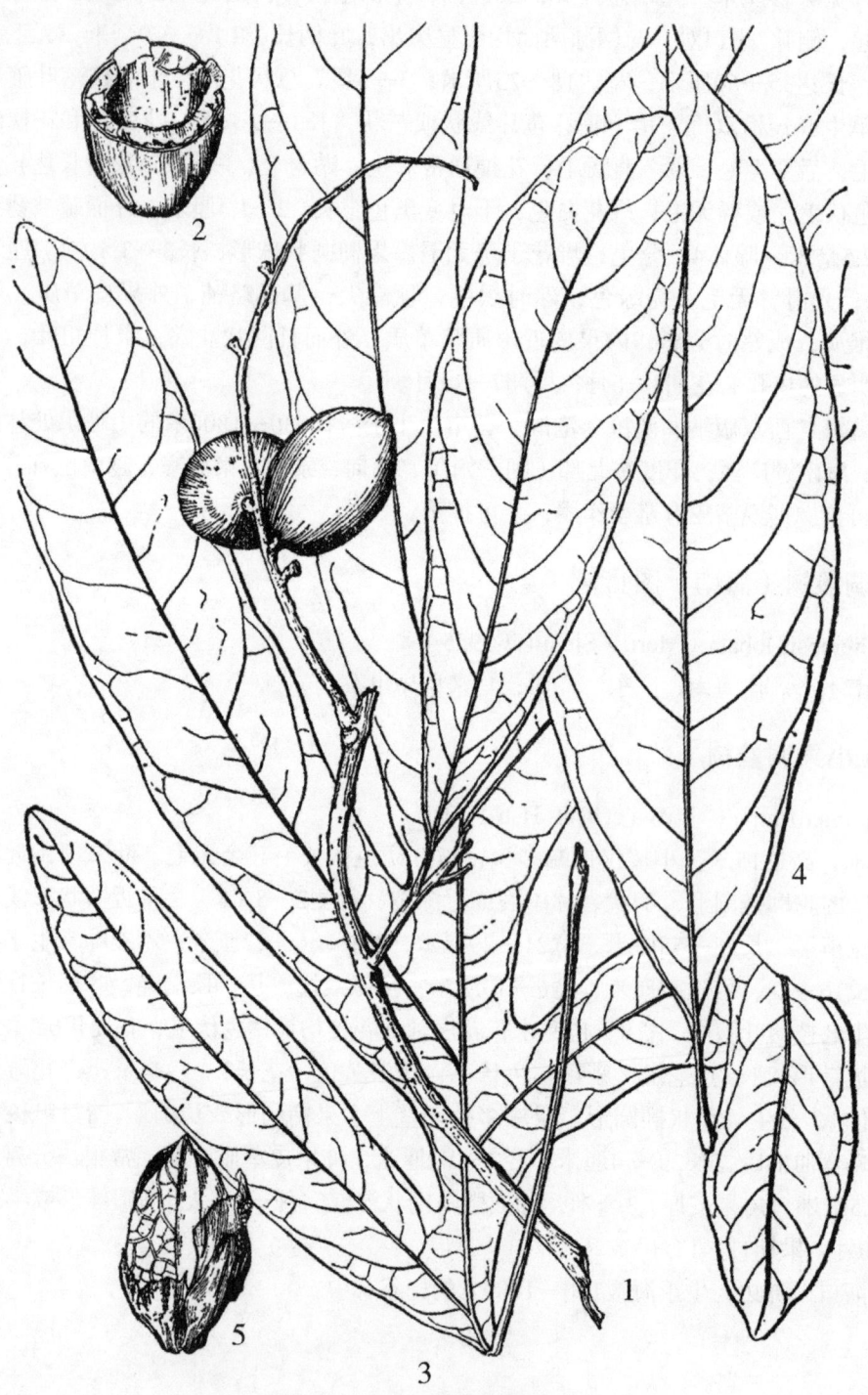

图11 假山龙眼和小果调羹树

1—2.假山龙眼*Hiliciopsis henryi*（Kurz）Sleum.

1.果枝 2.果横切面（示中果皮分离状）

3—5.小果调羹树*H. lobata* var. *microcarpa* C. Y. Wu et T. Z. Hsu

3.二型叶之一 4.二型叶之二 5.果实（示外果皮分离状）

87.马桑科 CORIARIACEAE

灌木、小乔木或亚灌木状草本；小枝具棱角。单叶，对生或轮生，全缘，无托叶。花小，两性或单性，辐射对称，单生或排列成总状花序；萼片5，覆瓦状排列；花瓣5，小于萼片，里面龙骨状，肉质，宿存，花后增大而包于果外；雄蕊10，分离或与花瓣对生的雄蕊贴生于龙骨状突起上，花药大，2室，伸出，纵裂；心皮5—10，分离，子房上位，每心皮有1自顶端下垂的倒生胚珠，花柱顶生，线形，分离，柱头外弯。浆果状瘦果，成熟时红色至紫黑色。种子无胚乳，胚直立。

本科1属，约15种，分布于地中海、新西兰、中南美洲、日本和中国。我国有3种1变种，分布于西北、西南及台湾。云南有2种1变种。

马桑属 Coriaria L.

属的特征同科。

马桑 水马桑 图12

Coriaria nepalensis Wall.（1832）

Coriaria sinica Maxim.（1881）

落叶灌木或小乔木，高达6米；分枝平展。小枝四棱形或成四狭翅，幼枝疏被微柔毛，后变无毛，常带紫色，老枝紫褐色，具显著圆形突起的皮孔。叶对生，纸质至薄革质，椭圆形或宽椭圆形，长2.5—8厘米，宽1.5—4厘米，先端急尖，基部圆形，全缘，两面无毛或沿脉上疏被毛，基出3脉，弧形伸至顶端，在上面微凹，下面突起；叶柄短，长2—3毫米，疏被毛，紫色。总状花序生于二年生的枝条上，雄花序先叶开放，长1.5—2.5厘米，多花密集，序轴被腺状微柔毛；花梗长约1毫米，萼片卵形，长1.5—2毫米，宽1—1.5毫米；花瓣卵形，长约0.3毫米；雄蕊10，花丝线形长约1毫米，花药长圆形，长约2毫米；雌花序与叶同放，长4—6厘米；花梗长1.5—2.5毫米；萼片与雄花同；花瓣肉质，较小，龙骨状；心皮5，耳形，侧向压扁，花柱长约1毫米，柱头上部外弯。果球形，果期花瓣肉质增大包于果外，成熟时红色变紫黑色，径4—6毫米。种子卵状长圆形。花期3—4月，果期5—6月。

产云南省各地，生于海拔400—3200米的山坡灌丛中。贵州、四川、湖北、陕西、甘肃及西藏均有分布；印度、尼泊尔也有。

喜光，对土壤要求不严，耐干旱瘠薄。在荒坡、稀疏灌丛及沟边生长较好，为水土保持植物。

果可提酒精。种子榨油可作油漆和油墨。茎叶可提栲胶。全株含马桑碱，有毒，可作土农药。

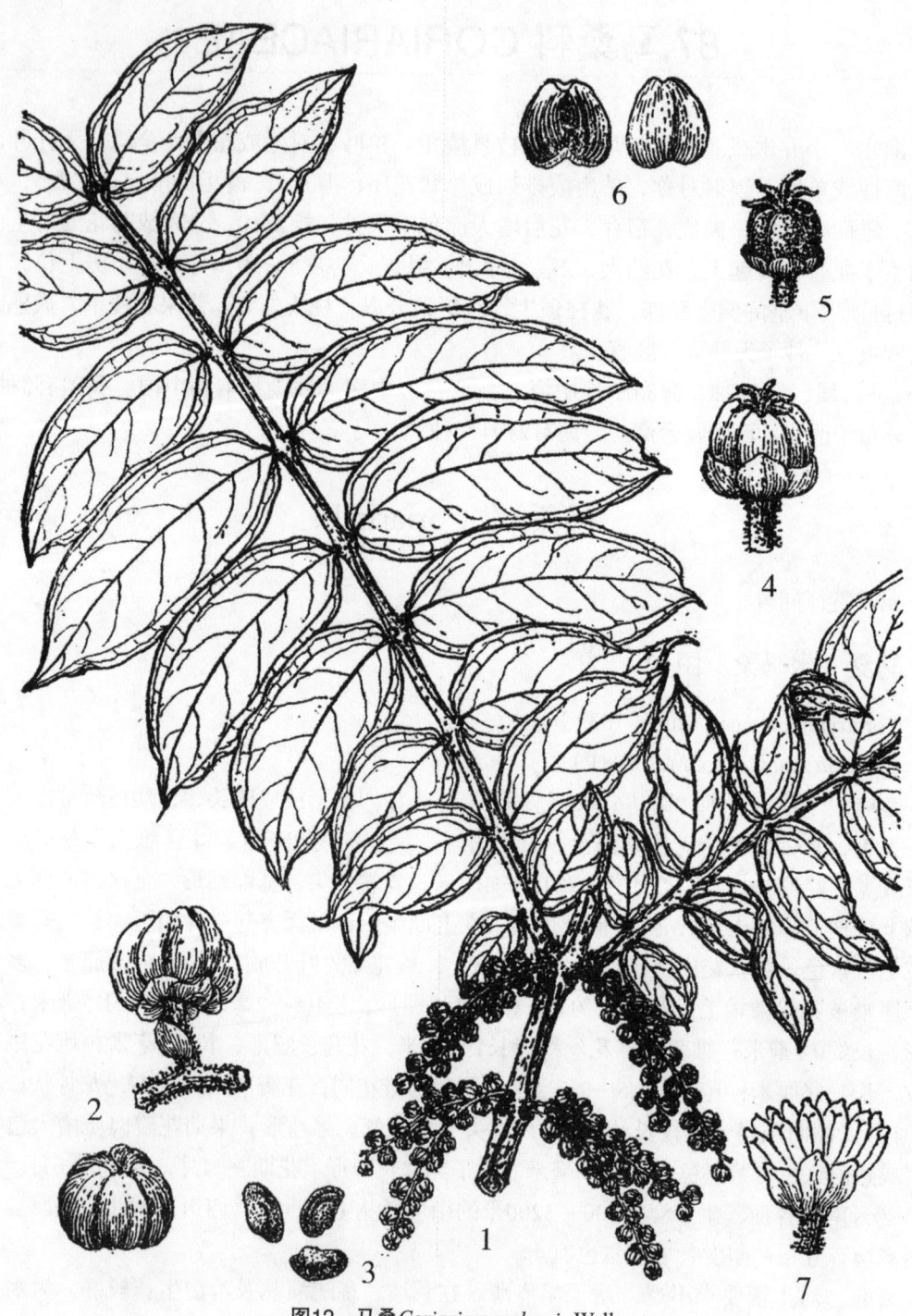

图12 马桑*Coriaria nepalensis* Wall.

1.果枝 2.果 3.种子 4.雌花
5.去花瓣的雌花（示子房） 6.花瓣 7.雄花

108.山茶科 THEACEAE

常绿乔木或灌木，少有落叶。单叶互生，通常革质，具锯齿，稀全缘；无托叶。花两性，少有单性异株，辐射对称，通常单生或2—3簇生，稀为短总状，腋生或顶生；小苞片通常2；萼片5，少有较多，覆瓦状排列，分离或基部稍合生，宿存或花后脱落，有些种类小苞片和萼片分化不明显；花瓣5，稀较多，覆瓦状排列，分离或基部合生；雄蕊多数，排成2至数轮，稀较少，花丝分离或不同程度合生，常贴生于花瓣基部，花药背部或基部着生，2室纵裂；子房上位。稀半下位，中轴胎座，果期中轴宿存或脱落，3—5室，每室有胚珠2至多数，稀1，花柱分离或不同程度合生。果多为蒴果，也有浆果或核果，种子每室1至数颗，稀较多；种子有翅或无翅，胚大，直或弯生，成各式折叠或卷曲，胚乳少量或无。

本科约30属500余种，分布全球热带和亚热带地区。我国有15属，约300余种，主要分布于长江以南各省区，以云南、广西和广东种类最丰富。云南有12属，约15种。本志中收载11属64种。

分 属 检 索 表

1.花两性，较大；果为蒴果，少数为核果或浆果。
　2.子房上位。
　　3.果为蒴果或核果；雄蕊通常多轮，花药背着，花丝远较花药长。
　　　4.果为蒴果。
　　　　5.蒴果有中轴；宿萼不包住果；叶柄无翅。
　　　　　6.种子无翅。
　　　　　　7.芽鳞多数，蒴果从上部开裂；种子不压扁，种脐小 …… 1. 山茶属 Camellia
　　　　　　7.芽鳞少数，蒴果从下部开裂；种子多少压扁，种脐大 …………………………
　　　　　　　………………………………………………………… 2.石笔木属 Tutcheria
　　　　　6.种子有翅。
　　　　　　8.果长圆形；种子一端有长翅 ………………………… 3.大头茶属 Gordonia
　　　　　　8.果球形或扁球形；种子周边具翅 ………………………… 4.木荷属 Schima
　　　　5.蒴果无中轴；宿萼紧包住果；叶柄具翅，呈舟状对折 ………… 5.舟柄茶属 Hartia
　　　4.果为不开裂的核果 ………………………………………… 6.核果茶属 Pyrenaria
　　3.果为浆果；雄蕊1—2轮，花药基着，花丝与花药近等长。
　　　9.花药无毛；胚珠每室少数，生于室顶而下垂 ………… 7.厚皮香属 Ternstroemia
　　　9.花药有毛；胚珠每室多数，生于中轴胎座上。
　　　　10.顶芽有毛；萼片较大；花丝合生；种子极多 ………… 8.杨桐属 Adinandra
　　　　10.顶芽无毛；萼片小；花丝离生；种子较少 ………… 9.红淡比属 Cleyera
　2.子房半下位；花萼宿存，萼筒肉质与子房贴生 …………… 10.茶梨属 Anneslea
1.花单性异株，细小；果为浆果，较小 ………………………… 11.柃属 Eurya

1. 山茶属 Camellia L.

灌木或小乔木。叶互生，革质或薄革质，边缘常具锯齿。花单生或2—3簇生上部叶腋，少有顶生；无花梗或明显具梗；小苞片和萼片不分化，自下而上逐渐增大，多达21片，覆瓦状密集排列，或小苞片和萼片明显区分，小苞片生于花梗中部，宿存或早落；花白色、红色或黄色，花瓣5—12，基部合生；雄蕊多数，排成2—6轮，外轮花丝多少合生成肉质管，稀分离，基部与花瓣多少贴生，花药背部着生，纵裂；子房上位，3—5室，每室有胚珠4—6，花柱3—5裂或离生。蒴果球形或扁球形，3—5室或仅1室发育，中轴存在或缺，果皮厚或薄；种子与果圆球形或半球形。

本属约200种，分布于亚洲东部和东南部。我国近190种，分布于长江以南各省区。云南约60种。

分 种 检 索 表

1.花无梗；小苞片和萼片不分化，多达21片，覆瓦状密集排列，自下而上逐渐增大。
　2.子房5室，花柱5，离生 ……………………………………………… 1.猴子木 C. yunnanensis
　2.子房3室，花柱3裂或3条离生。
　　3.苞、萼花期宿存。
　　　4.花白色，较小；苞、萼无毛，果期宿存；花柱3，离生。
　　　　5.幼枝被长柔毛；叶基部圆形或楔形；子房无毛 ………… 2.光果山茶 C. henryana
　　　　5.幼枝无毛；叶基部楔形；子房被绒毛 ……………… 3.滇缅离蕊茶 C. wardii
　　　4.花红色，较大；苞、萼密被绒毛，果期脱落；花柱先端3浅裂。
　　　　6.幼枝被白色长柔毛；花丝被长柔毛 ……………… 4.毛蕊山茶 C. mairei
　　　　6.幼枝无毛；花丝无毛。
　　　　　7.叶长3—5厘米，宽1—2厘米，先端急尖 ……… 5.怒江山茶 C. saluenensis
　　　　　7.叶长6.5—11.5厘米，宽2.5—5.5厘米，先端短渐尖至长渐尖。
　　　　　　8.叶宽椭圆形，边缘具细锯齿，齿端不呈芒刺状伸长，两面具光泽，网脉两面明显隆起 ……… 6.滇山茶 C. reticulata
　　　　　　8.叶长圆状椭圆形，边缘具尖锐锯齿，齿端呈芒刺状伸长，上面无光泽或略具光泽，两面网脉不显 ……… 7.野山茶 C.pitardii
　　3.苞、萼早落。
　　　9.花瓣长8—12毫米；雌、雄蕊长不过1厘米；花柱3深裂几达基部 ……………
　　　　……………………………………………………………… 8.落瓣油茶 C. kissi
　　　9.花瓣长2.5—3.5厘米；雌、雄蕊长1—1.5厘米；花柱先端3浅裂…… 9.油茶 C. oleifera
1.花通常明显具花梗；小苞片和萼片可明显区分，小苞片通常2，萼片5—6，稀较多。
　10.子房3（5）室，均发育，花柱3（5）深裂或离生；花丝仅基部合生；果3（5）室。
　　11.花梗细长，长2.5—3.5厘米；花柱3深裂几达基部，子房无毛 ……………
　　　……………………………………………………… 10.河口超长柄茶 C.hekouensis

11.花梗短粗，长5—10毫米。

  12.花黄色；子房无毛；花柱3深裂几达基部 ·················

    ···························· **11.云南金花茶 C. euphlebia** var. **yunnanensis**

  12.花白色；子房被绒毛，花柱3—5深裂至近中部。

    13.子房4—5室，花柱4—5裂 ··············· **12.大理茶 C. taliensis**

    13.子房3室，花柱3裂。

      14.幼枝和叶下面无毛；叶椭圆形或长圆状椭圆形，长8—16厘米，宽4—6厘米，

      先端渐尖或尾尖 ··············· **13.普洱茶 C. assamica**

      14.幼枝和叶下面多少有毛；叶长圆形，长5—9厘米，宽2—3.5厘米，先端钝···

      ·· **14.茶 C. sinensis**

10.子房通常仅1室发育，花柱先端3（稀5）裂；花丝通常下半部合生或肉质管，果通常1
（稀3）室。

  15.子房无毛。

    16.外轮花丝基部合生；花柱3深裂至近中部。

      17.叶先端尾尖，基部楔形；花梗长约4毫米；小苞片和萼片外面被柔毛···········

      ·· **15.粗柄山茶 C. crassipes**

      17.叶先端急尖，基部圆形或宽楔形；花梗长2—2.5毫米；小苞片和萼片外面无毛

      ································· **16.小花山茶 C. forrestii**

    16.外轮花丝下半部合生成肉质管；花柱先端3浅裂（稀5深裂）。

      18.外轮花丝被长柔毛；花柱先端3浅裂；幼枝被长柔毛 ··· **17.屏边山茶 C. tsingpienensis**

      18.外轮花丝无毛；花柱4—5深裂；幼枝被短柔毛 ····· **18.元江山茶 C. stuartiana**

  15.子房密被绒毛；花丝被长柔毛。

    19.幼枝被长柔毛；叶先端短渐尖，基部圆形 ······· **19.文山山茶 C. wenshanensis**

    19.幼枝被短柔毛；叶先端长尾尖，基部宽楔形 ······· **20.尾叶山茶 C. caudata**

1.猴子木（中国高等植物图鉴）图13

Camellia yunnanensis（Pitard ex Diels）Cohen Stuart（1916）

Thea yunnanensis Pitard ex Diels（1912）

Camellia liberistyla Chang（1981）

灌木至小乔木，高达7米。幼枝浅棕色，被柔毛，老枝红棕色，树皮条状纵裂。叶薄革质，椭圆形、椭圆状卵形至宽卵形，长3.7—6.5厘米，宽1.5—3.5厘米，先端急尖至短渐尖，顶端钝，基部圆形，边缘具细锯齿，上面深绿色，沿中脉有短柔毛，下面淡绿色，初有柔毛，成叶仅中脉被短柔毛，两面有小疣状突起，中脉在下面凸起，侧脉两面清晰或略凸；叶柄长3—6毫米，红棕色，被柔毛。花单生枝顶，白色，花梗为小苞片覆盖，小苞片和萼片不分化，约10片，自下向上增大，钝三角形至半圆形，长2—12毫米，边缘膜质，外面无毛，里面被白色绢毛；花冠大小变化较大，花瓣8—12，基部合生，长2—5毫米，宽椭圆形、宽倒卵形，长1—3.4厘米，宽1.3—3厘米，无毛；雄蕊长1.4—2.5厘米，无毛，外层花丝基部合生，长2—5毫米；雌蕊长1.4—1.7厘米，子房无毛，先端5浅裂，花柱5，离

生，无毛，长1.2—1.6厘米。果球形或扁球形，径3.5—4厘米，5室，每室2—3种子，果皮厚7—10毫米，干后约3毫米；种子不规则4棱形，外侧半圆形，长1—1.3厘米，宽1—1.6厘米，棕色。

产武定、大姚、楚雄、宾川、鹤庆、丽江、宁蒗、洱源、大理、腾冲、昌宁、凤庆、镇康、普洱，生于海拔2000—2850米的阔叶林或灌丛中。四川西南部有分布。

种子繁殖。

2.光果山茶（中山大学学报）图14

Camellia henryana Cohen Stuart（1916）

灌木或小乔木，高达9米。幼枝纤细，被长柔毛和短柔毛，老枝变无毛。叶纸质，宽椭圆形、宽卵形至卵状披针形，长7—11.5厘米，宽2.5—4.8厘米，先端长渐尖至长尾尖，尾长达2厘米，基部圆形至截形，边缘具细锯齿，上面深绿色，下面淡绿色，干后变红棕色，上面沿中脉密被短柔毛，下面中脉有稀疏长柔毛，侧脉7—9对，在边缘内弧形网结，中脉和侧脉两面凸起；叶柄长约5毫米，被开展长柔毛和短柔毛。花单生枝顶和上部叶腋，少有成对，无花梗；苞片和萼片不分化，9—11片，下部的较小，三角形或卵形，长2—4毫米，外面被白色绢毛，里面疏生短柔毛，上部的较大，近圆形，径13—14毫米，边缘膜质，外面疏生白色绢毛，里面有短柔毛；花冠长3—3.5（5.3）厘米，白色，花瓣7—8（10），基部合生达6毫米，最外2片近圆形，径约1.5厘米，无毛，里面花瓣宽倒卵形或卵形，长2.5—4厘米，宽1.4—3.5厘米，先端圆形；雄蕊群长1.8—2厘米，无毛，外轮花丝基部合生，长4—6毫米，与花瓣基部贴生；雌蕊长1.6—2.1厘米，子房扁球形，无毛，花柱3，离生，长1.4—2厘米。果扁球形，高1.3—2厘米，径3—3.5厘米，无毛，果皮薄，厚约1.5毫米，3室，每室1（2）种子；种子黄棕色，长12—16毫米，宽11—16毫米，被卷曲柔毛。

产楚雄、蒙自、砚山、广南、屏边、元阳、元江、普洱、勐海、景东、福贡，生于海拔1880—2100米的常绿阔叶林中。

种子繁殖，育苗造林。

3.滇缅离蕊茶（中山大学学报）图13

Camellia wardii Kobuski（1941）

小乔木，高达12米。幼枝灰褐色，无毛，叶椭圆形或倒披针形，长7—11厘米，宽2—4厘米，先端尾尖，基部楔形，边缘具尖锐细锯齿，上面深绿色，无毛，无光泽，下面淡绿色，具小疣状突起，无毛或沿中脉有稀疏柔毛，中脉黄色或变红色，中脉和侧脉两面凸起；叶柄长8—10毫米，无毛，淡黄色。花单生枝顶或上部叶腋，白色，径3.5—4厘米；小苞片和萼片不分化，约8片，花期宿存，下部的较小，半圆形，长2—2.5毫米，上部的圆形，径10—12毫米，外面无毛或近先端有稀疏柔毛，里面被微柔毛，边缘具细睫毛；花瓣6—8，基部与外轮花丝贴生，长约3毫米，长圆形或长圆状椭圆形，长1.5—2厘米，宽约1厘米，最外面1—2片较小，先端圆形或微凹，无毛；雄蕊长10—13毫米，无毛，外轮花丝基部合生，长3—5毫米；雌蕊长约1厘米，子房密被绢状绒毛，花柱3，离生，长6—8毫米，无毛。

产腾冲；生于海拔2400—2600米的灌丛或杜鹃林中。缅甸北部有分布。

种子繁殖。

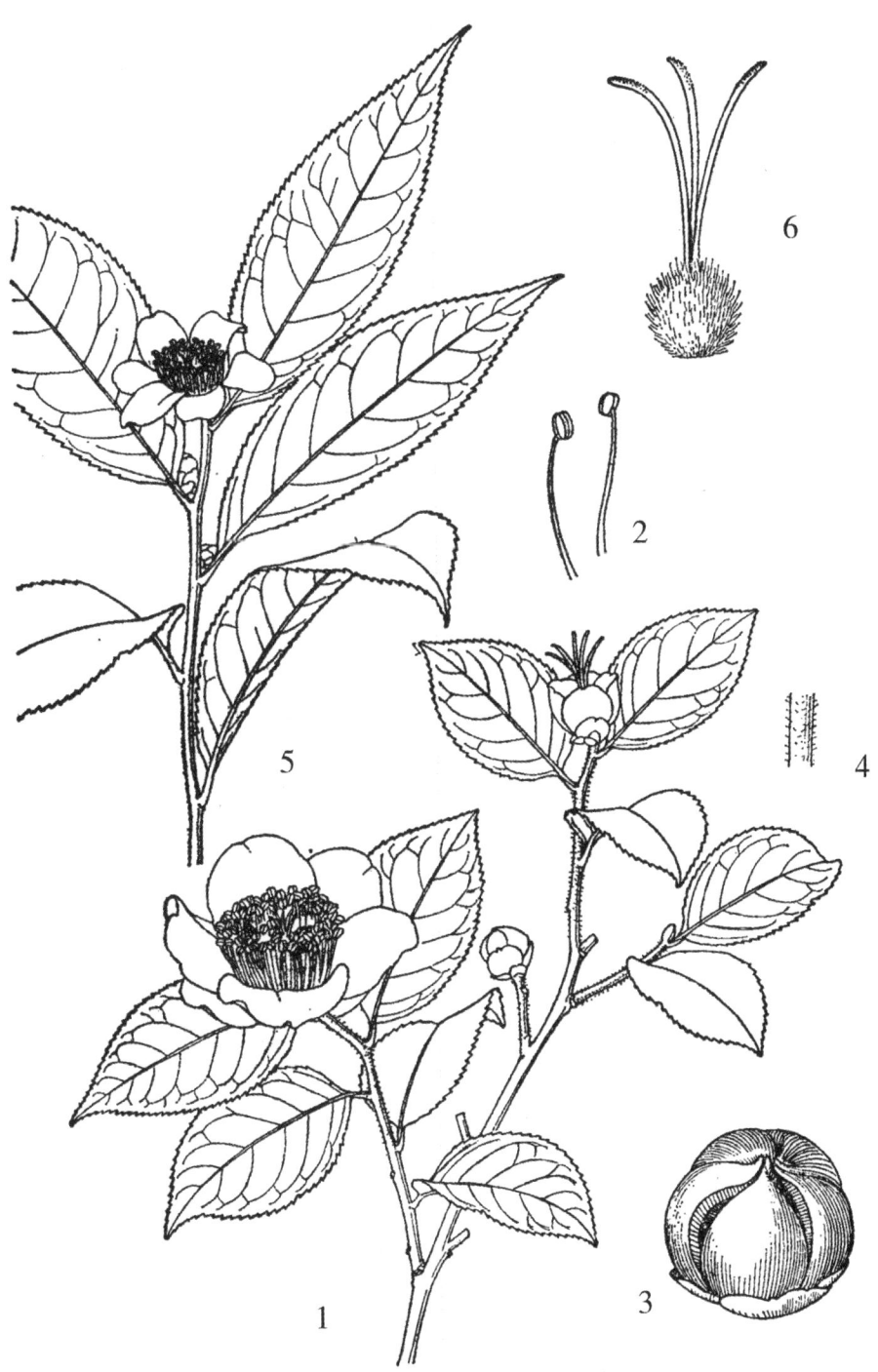

图13 猴子木和滇缅离蕊茶

1—4.猴子木 *Camellia yunnanensis*（Pitard ex Diels）Cohen Stuart

1.花枝 2.雄蕊 3.果 4.小枝毛被放大

5—6.滇缅离蕊茶 *C.wardii* Kobuski

5.花枝 6.雌蕊

图14　大理茶和光果山茶

1—3.大理茶*Camellia taliensis*（W. W. Smith）Melchior
1.花枝　2.雌蕊　3.果
4—6.光果山茶*C. henryana* Cohen Stuart
4.花枝　5.雌蕊　6.小枝毛被放大

4.毛蕊山茶 成凤山茶（云南种子植物名录）、毛蕊红山茶（中山大学学报）图15

Camellia mairei（Lévl.）Melchior（1925）

Thea mairei Lévl.（1916）

乔木，高达8米。小枝纤细，暗红棕色，幼枝被白色开展长柔毛，后变无毛。叶薄革质，椭圆形或长圆状椭圆形，长6.5—9.5厘米，宽2—3厘米，先端尾状渐尖，基部楔形或宽楔形，边缘具钝锯齿，上面暗绿色，无毛，有光泽，下面淡绿色，疏生长柔毛，侧脉6—7对，中脉和侧脉在上面而凹陷，下面凸起；叶柄长4—5毫米，被柔毛。花单生枝顶，无花梗；苞片和萼片不分化，14—16片，由下至上逐渐增大，最下部的新月形，长1.5—2.5毫米，最上部的圆形，径1.5—1.7厘米，两面密被白色短柔毛；花鲜红色，长3.5—4厘米，花瓣约8，基部合生达1.7厘米，筒部外面疏生长柔毛，裂片倒卵形或宽椭圆形，长2—2.5厘米，宽2—2.2厘米，先端凹入，两面被白色短柔毛或里面近无毛；雄蕊长达3厘米，花丝基部合生，长1.5—2厘米，分离部分被长柔毛；雌蕊长2—2.5厘米，子房密被淡黄色绒毛，花柱长约2厘米，密被毛，先端3浅裂。果球形，径约3.5厘米，果皮厚约1毫米。

产盐津，生于海拔550米的山坡上。

种子繁殖。

5.怒江山茶（云南种子植物名录）图15

Camellia saluenensis Stapf ex Bean（1933）

灌木至小乔木，多分枝，高达5米。幼枝疏生短柔毛，淡棕色或麦秆黄色，老枝灰褐色，无毛。叶革质，长圆形或长圆状椭圆形，长（2.5）3—5厘米，宽1—2.2厘米，先端急尖，基部宽楔形至圆形，边缘具细密锯齿，上面深绿色，有光泽，下面淡绿色，两面沿中脉被柔毛，上面较稀疏，中脉在两面凸起，侧脉在上面微凹，下面凸起；叶柄长4—5毫米，被柔毛。花单生或成对，红色，径5—6厘米，无花梗；苞片和萼片不分化，约10片，排成高杯状，高2—2.2厘米，最下部1—2片呈星月形，长约2毫米，两面无毛，向上逐渐增大，最上部的倒卵形或卵状圆形，长1.5—2厘米，宽约1.5厘米，外面被灰白色绢毛，近边缘无毛，边缘具睫毛；花瓣倒卵形至倒卵状圆形，长3—4厘米，宽1.6—3厘米，先端凹入，基部合生达1厘米，外面近先端有绢毛；雄蕊群长1.5—2.5厘米，无毛，外层花丝合生成高1.2—1.5厘米的肉质杯；雌蕊长2—2.3厘米，子房密被白色绢毛，花柱长1.7—2厘米，无毛或基部有毛，先端3浅裂。果近球形，径约2.5厘米，3室，每室1—2种子；种子褐色，长约1.1厘米。

产镇雄、昭通、东川、寻甸、嵩明、昆明、富民、武定、禄劝、大姚、楚雄、祥云、下关、大理、宾川、丽江、巍山、腾冲、景东、临沧、双江、元江、双柏、峨山、玉溪、通海、元阳，生于海拔1300—2100（2800）米的常绿阔叶林或混交林中。四川有分布。

花大，鲜红色，为重要的观赏花卉。

种子繁殖、压条或扦插繁殖均可。

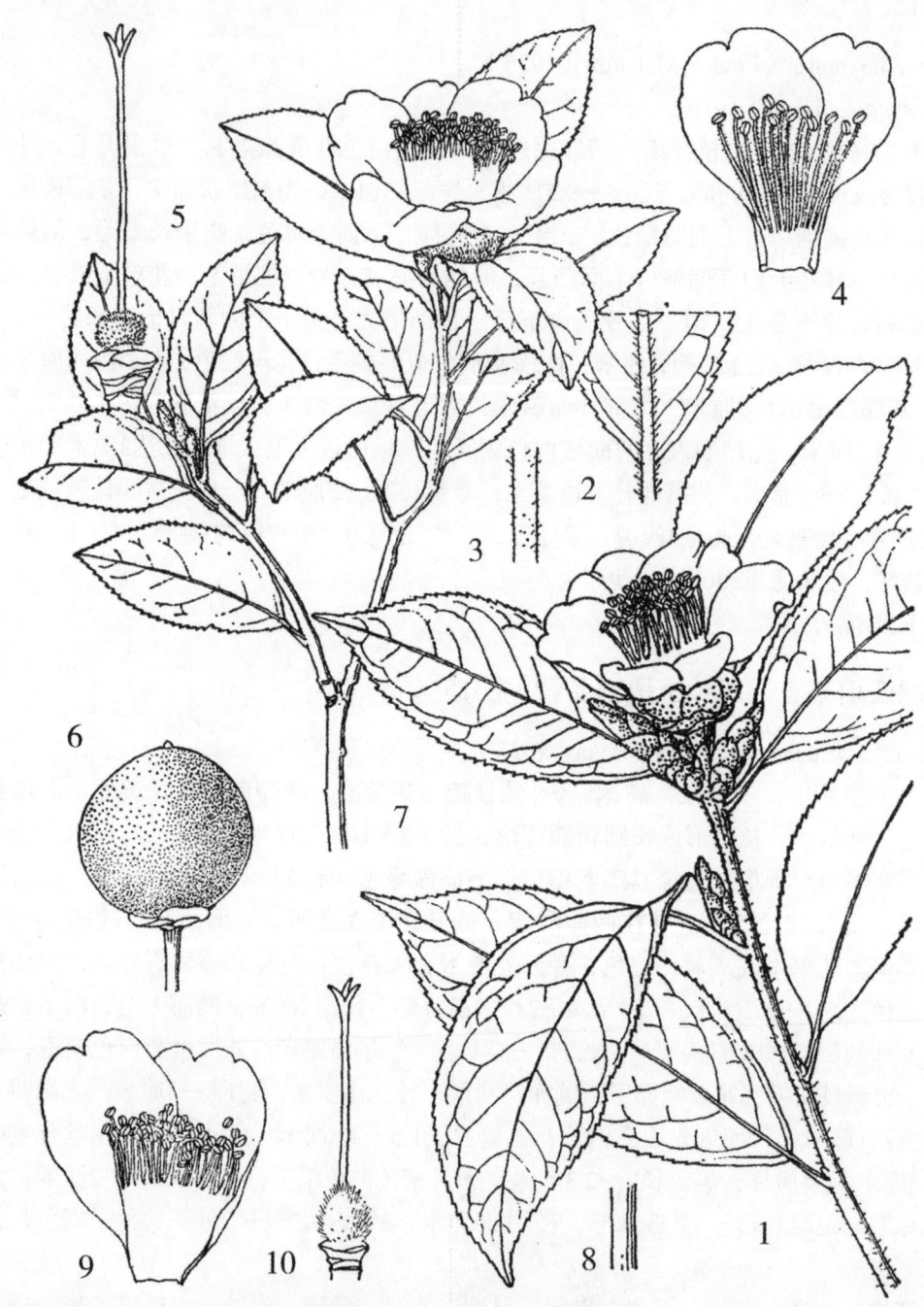

图15 毛蕊山茶和怒江山茶

1—6.毛蕊山茶Camellia mairei（Lévl.）Melchior
1.花枝 2.叶下面毛被 3.小枝毛被放大 4.雄蕊群和花瓣 5.雌蕊 6.果
7—10.怒江山茶C. saluenensis Stapf ex Bean
7.花枝 8.小枝放大 9.花瓣和雄蕊群 10.雌蕊

6.滇山茶（云南种子植物名录） 南山茶（中国高等植物图鉴）图16

Camellia reticulata Lindl.（1827）

乔木或小乔木，高达15米。幼枝无毛，粗壮，淡棕色，老枝灰褐色，叶革质，宽椭圆形，稀长圆状椭圆形，长7.5—11.5厘米，宽（2.5）3—5.5厘米，先端急尖或短渐尖，顶端钝，基部楔形、宽楔形，稀圆形，边缘具细锯齿，齿尖不伸长，上面深绿色，下面淡绿色，常具小疣状突起，两面无毛，具光泽，中脉和侧脉两面凸起，网脉显著，两面明显凸起；叶柄粗壮，长约1厘米，无毛。花顶生或腋生，单生或2花簇生，红色，无梗；小苞片和萼片不分化，开花时宿存，最下部的较小，圆形，径3—4毫米，内凹，绿色，无毛，向上逐渐增大，最上部的宽卵形或近圆形，长达2厘米，边缘膜质，两面被黄色绢毛；花冠径达9—11厘米，花瓣5—6（7），基部与花丝管贴生，长约1.3厘米，倒卵形或近圆形，长5—6厘米，宽3—5厘米，先端凹入，外层花瓣多少被绢毛；雄蕊长3—3.5厘米，无毛，外轮花丝合生成长7—10毫米的肉质管；雌蕊长3—3.5厘米，子房球形，长约4毫米，被白色绒毛，花柱长2.5—3厘米，无毛或基部被绒毛，先端3裂，长达5毫米。果扁球形，长约3.5厘米，径约4.5厘米，淡褐色，3室，3瓣裂，每室1—2种子，果瓣木质，厚达7毫米；种子宽椭圆形，长1—1.5厘米，宽1.5—1.7厘米，栗褐色，无毛。

产凤庆、龙陵、腾冲，生于海拔2000—2300米的松林或阔叶林中。

嫁接、压条或种子繁殖均可。

本种在云南栽培，历史悠久，品种多达百余个，花大繁茂，花姿多样，花色绚丽，为驰名中外的观赏名花；种子含油量高，可食用。

7.野山茶（云南种子植物名录） 西南山茶（中国高等植物图鉴）图16

Cameliia pitardii Cohen Stuart（1919）

灌木或小乔木，高达7米。幼枝圆柱形，灰色或麦杆黄色，无毛，老枝灰褐色。叶长圆状椭圆形，长圆状披针形，长6.5—10厘米，宽2.5—3.5厘米，先端渐尖或尾尖，具细尖头，基部楔形至宽楔形，边缘锐尖细锯齿，上面深绿色，无光泽或略具光泽，下面淡绿色，两面无毛，中脉两面凸起侧脉在上面凹陷，下面凸起，网脉两面凸起；叶柄长7—15毫米，粗壮，上面疏生柔毛或无毛。花单生枝顶，红色至粉红色，少有白色；小苞片和萼片不分化，开花时宿存，下部的较小，星月形或半圆形，长2—10毫米，两面无毛或几无毛，上部的近圆形或宽倒卵形，两面被白色绢毛，近边缘无毛或近无毛；花冠长3—5.5厘米，花瓣5—6，倒卵形或宽倒卵形，宽2.5—3厘米，基部与花丝管贴生，长1—1.5厘米，最外面1—2片近先端多少被绢毛；雄蕊长2—3厘米，外轮花丝下半部合生成长1—1.5厘米的肉质管；子房密被白色绒毛，花柱长2.5—3厘米，基部被白色绢毛，先端3浅裂。果扁球形或近球形，高2.5—3厘米，径约3.5厘米，3室3瓣裂；种子褐色，无毛，半圆形或圆形，长约1.5厘米，径1—2厘米。

产蒙自、镇雄、彝良、大关、盐津、永善、绥江，生于海拔1150—2100米的常绿阔叶林中。四川、贵州、广西和湖南均有。

种子繁殖为主。可育苗造林或直播造林。采回的种子宜放干燥阴凉处阴干脱壳，当年

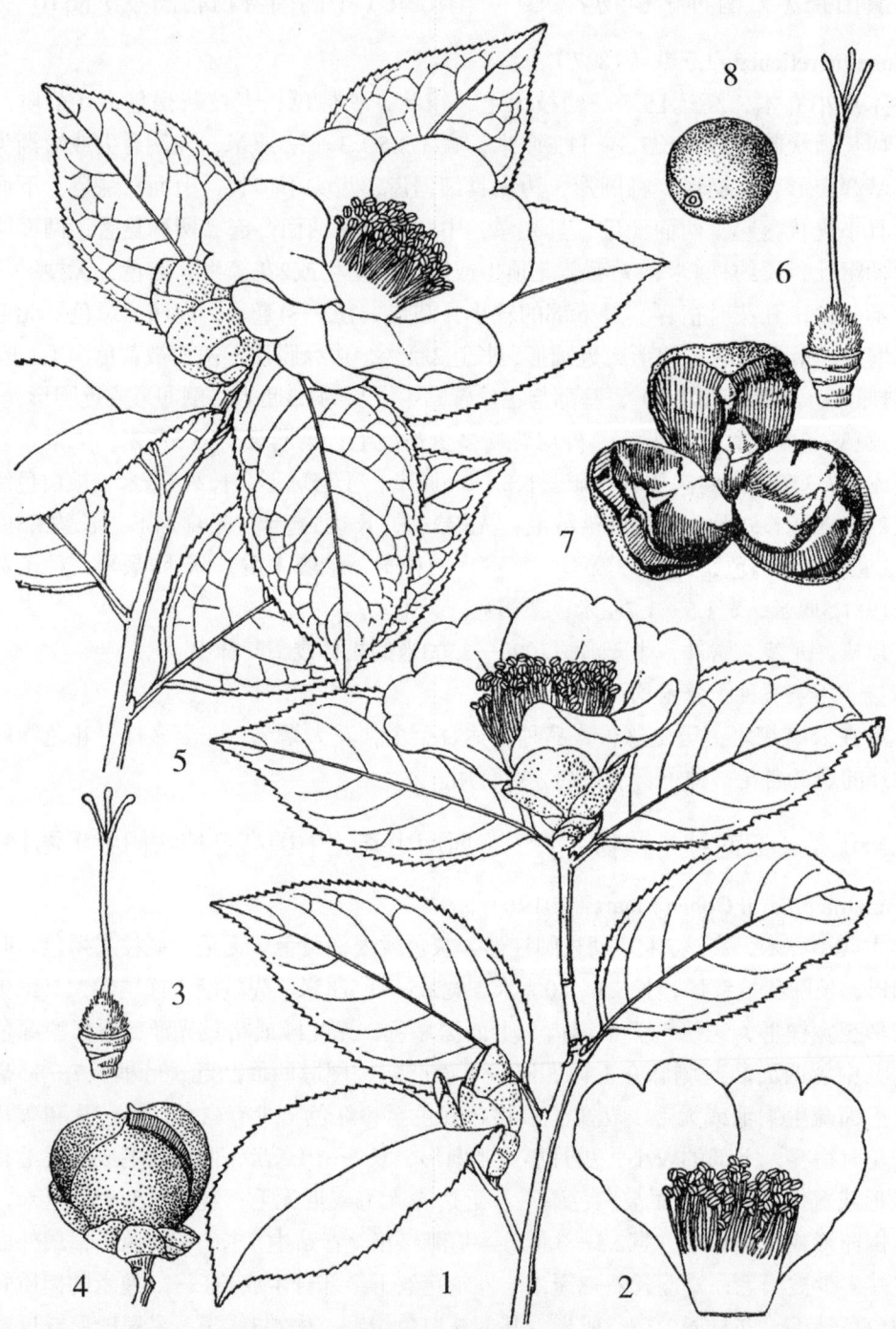

图16 野山茶和滇山茶

1—4.野山茶*Catnellia pitardii* Cohen Stuart

1.花枝 2.花瓣和雄蕊群 3.雌蕊 4.果

5—8.滇山茶*C. reticulata* Lindl.

5.花枝 6.雌蕊 7.果瓣 8.种子

播种或翌年春播均可。

本种及其变种（云南野山茶var. *yunnanica* Sealy）花大，色泽艳丽，为重要的观赏花卉。

8.落瓣油茶（海南植物志）图17

Camellia kissi Wall.（1820）

灌木或乔木，高达9米。幼枝灰褐色，被柔毛，后变无毛，老枝灰白色。叶革质，椭圆状卵形、长圆状椭圆形或长圆状披针形，长4.5—9厘米，宽1.7—3.5厘米，先端渐尖，稀急尖，顶端尖或钝，基部宽楔形或圆形，边缘具钝锯齿，上面深绿色，具光泽，沿中脉被微硬毛，下面淡绿色，幼时疏生长柔毛，后变无毛或沿中脉有毛，具小疣状突起，中脉两面凸起，侧脉在上面微凹，下面多少凸起；叶柄长3—5毫米，密被柔毛。花1—2生于枝顶，白色、芳香，径约2厘米，无花梗；下面的芽麟小，星月形，长1.2—2毫米，其余的半圆形或宽椭圆形，长5—9毫米，褐色，内凹，具膜质边缘，外面近先端被灰色绢毛或近无毛，里面无毛，开花时芽鳞脱落；花瓣7—8，基部分离，倒卵形，长8—12毫米，宽7—8毫米，先端圆形或凹入，外面1—2片较小，近先端有毛；雄蕊长6—8毫米，外轮花丝基部合生，长1—3毫米；雌蕊长5—7毫米，子房球形，密被白色绢状绒毛，花粒长3—5毫米，3深裂几达基部，无毛。果近球形，长1.5—2厘米，外面被毛，3室，通常仅1室发育，有种子1—2，3瓣裂，果瓣较薄；种子褐色，半圆球形或球形，长1—1.5厘米，褐色，无毛。

产福贡、龙陵、芒市、腾冲、临沧、勐腊、景东、砚山、文山、马关，生于海拔1050—2000米的灌丛和常绿阔叶林中。广西、广东和海南有分布；尼泊尔、印度、不丹、印度和中南半岛也有。

种子繁殖。

9.油茶（海南植物志）图17

Camellia oleifera Abel.（1825）

灌木或小乔木，高达8米。幼枝被短硬毛，后变无毛，老枝暗褐色，树皮条状纵裂。叶厚革质，宽椭圆形或长圆状椭圆形，长3.5—9厘米，宽2—4厘米，先端急尖或渐尖，顶端钝，基部宽楔形或钝，边缘具锯齿，上面深绿色，具光泽，沿中脉多少有微硬毛，下面淡绿色，无毛或沿中脉有稀疏长柔毛，有小疣状冲起，中脉两面凸起，侧脉在上面略凸，下面不显；叶柄长4—7毫米，粗壮，被短硬毛。花生于小枝顶端，单生或成对，白色，芳香，径3.5—4厘米，无花梗；芽鳞新月形、半圆形或倒卵形，长1.5—3毫米或9—11毫米，内凹，边缘膜质，外面被黄色绢状绒毛，近边缘无毛，里面无毛，具光泽，开花时脱落；花瓣5—7，分离，倒卵形或狭倒卵形，长2.5—3.5厘米，宽1.5—2.5厘米，先端常凹入，外面1—2片近先端有黄色绢毛；雄蕊长1—1.5厘米，外层花丝基部合生，长2—5毫米；雌蕊长约1厘米，子房密被白色绢状绒毛，花柱长约8毫米，无毛或近基部有毛，先端3裂，臂长约2毫米。果球形，径1.8—2.2厘米，外面被柔毛，通常1—2室发育，3瓣裂，木质；种子背圆腹扁，长约2厘米，褐色，无毛。

产绥江、永善、盐津、大关、彝良、广南、砚山、文山、富宁、西畴、马关、蒙自、

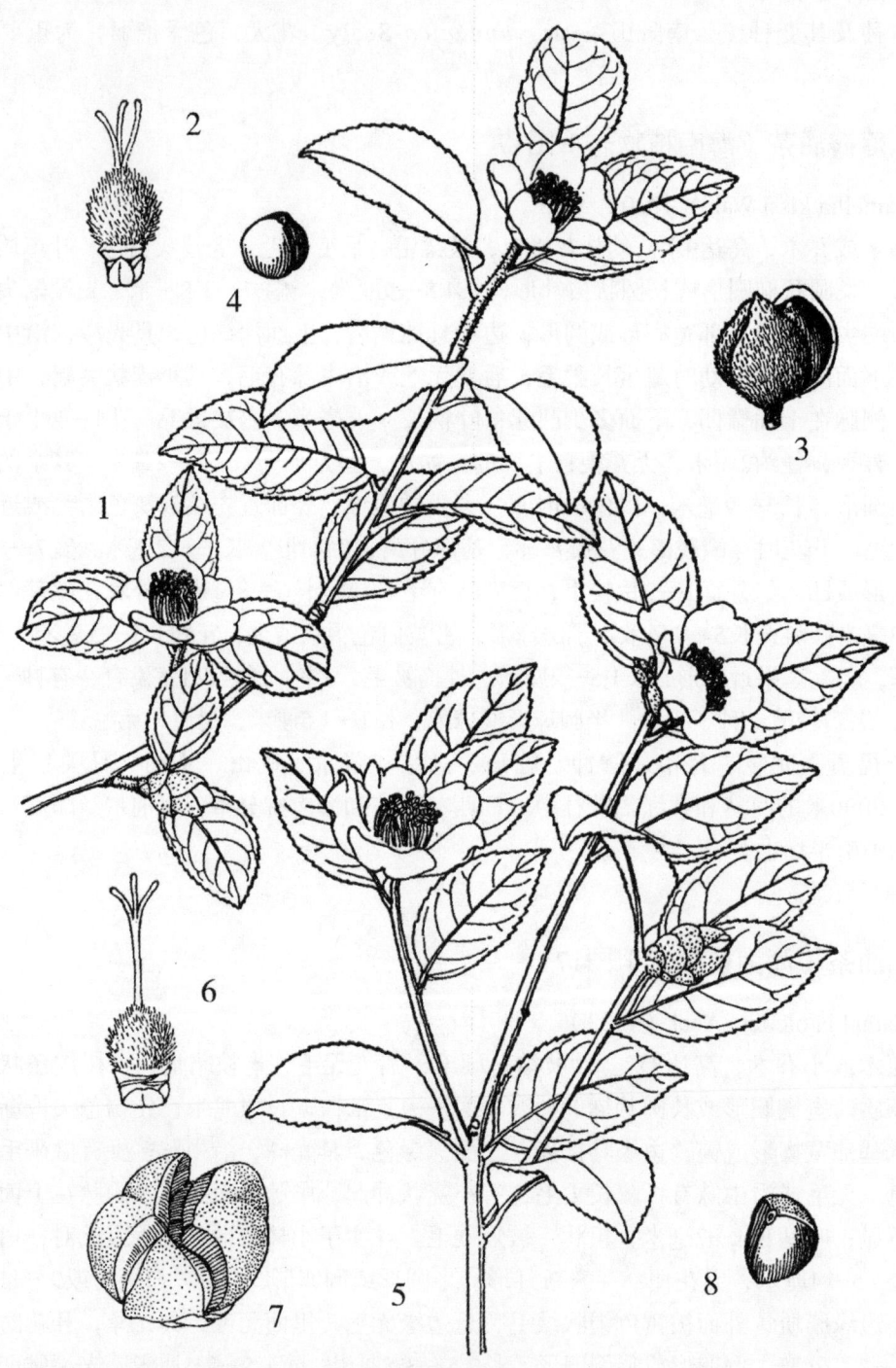

图17 落瓣油茶和油茶

1—4.落瓣油茶*Camellia kissi* Wall.

1.花枝 2.雌蕊 3.果 4.种子

5—8.油茶*C. oleifera* Abel.

5.花枝 6.雌蕊 7.果 8.种子

屏边、河口、金平、元阳、勐腊、景洪、双江、芒市，生于海拔700—2050米的阔叶林或灌丛中。长江以南各省区均有野生或栽培；也分布于越南和缅甸北部。

压条、扦插、嫁接或种子繁殖。压条繁殖可用伞状压条、堆土压条、卧式压条等法，全年均可进行。扦插用短穗扦插法，穗长3厘米左右。带1腋芽及1叶片即可。嫁接法用本种实生苗作砧木，接穗用优良母树或采穗园中的穗条均可。

为重要的栽培木本油料植物，种子含油量高，可供食用和工业用；果壳可提栲胶、皂素。

10.河口超长柄茶（云南植物研究）图18

Camellia hekouensis Wang et Fan（1988）

小乔木，高达4.5米。幼枝褐色，无毛。叶薄革质，狭长圆形，长16—25厘米，宽3.5—6.5厘米，先端急缩尾尖，基部圆形或钝，边缘具锯齿，两面无毛，上面深绿色，无光泽，下面淡绿色，中脉两面突起，侧脉14—19对，边缘内弧形网结，在上面凹，下面凸起；叶柄短，长5—8毫米。花1—3腋生，花梗长2.5—3.5厘米，向先端略增粗，无毛；小苞片3，散生于花梗近中部，卵形，长约1毫米；萼片5，宽卵形或近圆形，长3—5毫米，无毛；花瓣7—8，倒卵状椭圆形或倒卵状披针形，长10—13毫米，宽5—8毫米，先端圆形；雄蕊长6—7毫米，花丝基部合生，长约2毫米，无毛，子房密被绒毛，花柱3，分离，长约5毫米，近基部有毛。

产河口，生于海拔360—410米的沟谷雨林中。

与超长柄茶C. longissima Chang et Liang的区别是本种叶狭长圆形，子房密被绒毛，花柱3深裂几达基部。

11.显脉金花茶　图18

Camellia euphlebia Merr.（1949）

产广西南部。越南北部有分布。云南不产。

11a.云南金花茶（变种）　云南显脉金花茶（云南植物研究）图18

var. yunnanensis Wang et Fan（1988）

灌木至小乔木，高达4.5米。幼枝黄绿色，无毛，老枝灰褐色。叶革质或薄革质，长圆状椭圆形或椭圆形，长13—18厘米，宽5—8厘米，先端急缩尾尖，基部宽楔形或钝，边缘具浅钝锯齿，上面深绿色，无光泽，下面淡绿色，中脉黄绿色，两面无毛，中脉和侧脉在上面凹陷，下面凸起；叶柄长1—1.5厘米，上面具槽，花单生上部叶腋，金黄色，径约3.5厘米；花梗粗壮，长5—8毫米，向上增粗，下弯，无毛；小苞片3—4，新月形或半圆形，长1—2毫米，外面疏生短柔毛，边缘具细睫毛；萼片5，宽卵形或近圆形，长3—5毫米，宽3—6毫米，边缘膜质，外面疏生短柔毛，里面被白色绢毛；花瓣6—8，宽椭圆形，长2—2.5厘米，宽1.5—2厘米；雄蕊长约1.5厘米，无毛，花丝几分离；子房圆锥形，无毛，花柱长约2.5厘米，3裂几达基部。果大，径4—8厘米，3室，3瓣裂，果皮木质，厚7—8毫米，每室有种子1—4；种子近球形或半球形，栗色，密被褐色绢毛。

产河口，生于海拔360—480米的沟谷雨林中。

图18 云南金花茶和河口超长柄茶

1—4.云南金花茶*Camellia euphlebia* Merr. var. *yunnanensis* Wang et Fan

1.花枝 2.花瓣和雄蕊群 3.雌蕊 4.果

5—7.河口超长柄茶*C. hekouensis* Wang et Fan

5.花枝 6.花瓣和雄蕊群 7.雌蕊

与原变种的区别是萼片两面有毛，种子密被褐色绢毛。

压条繁殖成种子繁殖。压条繁殖用高压法，种子繁殖应随采随播。花金黄色，为名贵观赏花卉，也是杂交育种的重要材料。

12.大理茶（中山大学学报）图14

Camellia taliensis（W. W. Smith）Melchior（1925）

Thea taliensis W. W. Smith（1917）

Camellia irrawadiensis P. K. Barua（1956）

灌木或小乔木，高达7米。幼枝无毛，紫红色，干后变棕褐色，老枝灰褐色。叶革质至薄革质，椭圆形或宽椭圆形，稀为椭圆状披针形，长8—15厘米，宽3.5—7.5厘米，先端急尖或渐尖，顶端钝，基部楔形，边缘具宽钝锯齿，上面深绿色，具光泽，干后多少变褐色，下面淡绿色，干后变棕色，两面无毛，中脉和侧脉两面凸起；叶柄长0.5—1厘米，上面具槽。花1或2—3生于上部叶腋；花梗长1—1.5厘米，向上增粗，绿色，无毛；小苞片2—3，早落；萼片5，宿存，不等大，宿存，半圆形至卵状圆形，长3.5—4厘米，宽4—5厘米，绿色，外面无毛，里面被短柔毛，边缘具睫毛；花白色，径4—6厘米，花瓣7—8，基部合生，长3—4毫米，裂片倒卵形至圆形，外面2—3片较小，长1—1.5厘米，宽约1.5厘米，边缘有睫毛，里面的较大，长1.8—2厘米，宽2—2.4厘米，边缘无毛；雄蕊长约2厘米，花丝基部合生达7毫米，与花瓣贴生，无毛；雌蕊长1.6—2.7厘米，子房密被白色绒毛，5室，花柱长1.4—2.5厘米，无毛或基部被毛，4—5裂达中部。果扁球形，高2—2.5厘米，径3—4厘米，成熟后红色，每室有种子1—2；种子长和宽1.5—1.8厘米，褐色无毛。

产宾川、大理、龙陵、瑞丽、镇康、景东、元阳、屏边、文山、广南、麻栗坡，生于海拔1300—2400米的常绿阔叶林或杂木林中。

种子繁殖。

13.普洱茶（海南植物志）图19

Camellia assamica（Mast.）Chang（1984）

Thea assamica Mast，（1844）

Thea chinensis Sims var. *assamica*（Mast.）Pierre（1887）

Camellia sinensis（L.）O. Kuutze var. assamica（Mast.）Kitamura（1950）

小乔木至乔木，高达17米。幼枝紫色，被灰色柔毛，老枝麦秆黄色，无毛。叶革质或薄革质，椭圆形或长圆状椭圆形，长8—16厘米，宽4—6厘米，先端渐尖或尾尖，基部楔形至宽楔形，边缘具粗锯齿，上面深绿色，无毛，具光泽，干后黑褐色，下面黄绿色，疏生平伏柔毛，沿中脉毛被较密，两面具小疣状突起，中脉和侧脉两面凸起；叶柄短，长4—6毫米，被柔毛。花单生或成对生于上部叶腋，花梗短，长约5毫米，向上增粗，无毛；小苞片生于花梗中部，早落；萼片5，宽卵形或近圆形，长3—5毫米，边缘膜质，外面无毛，里面有细绢毛，边缘具睫毛；花白色，径达4厘米，花瓣5—6，宽倒卵形或近圆形，长达2厘米，宽1.5—2厘米，先端圆形，基部稍合生，无毛；雄蕊长8—15毫米，无毛，外轮花丝基部稍合生，长1—2毫米；雌蕊长约10毫米，子房密被绒毛，花柱长约8毫米，无毛，3深裂，长约3毫米。果球形，多少扁，长2.5—3厘米，宽1.5—2厘米，每室1种子；种子球形，种皮黄棕色。

产龙陵、凤庆、耿马、双江、勐海、景洪、勐腊、普洱、景东、红河、屏边、河口、麻栗坡、文山、西畴，生于海拔120—1500米的常绿阔叶林中。贵州、广西、广东有分布，中南半岛也有。

野生普洱茶在云南有成片林地或散见于亚热带常绿阔叶林中，由于引种广泛、栽植历史悠久和民间半野生状态下的管理，近年来在茶叶资源的调查中，出现了人为制造的多数新种。

种子繁殖或扦插、嫁接繁殖均可。当前应注意加强技术管理，建立正规化茶园，改变半野生状态，提高质量及产量。

本种与茶同为著名饮料。

14.茶（植物名实图考）图19

Camellia sinensis（L.）O. Kuntze（1887）

Thea sinensis L.（1753）

T. chinensis Sims（1807）

落叶灌木或小乔木，高达9米。幼枝粗壮，紫褐色，无毛或近无毛，老枝灰白色或麦秆黄色。叶革质，长圆形，长5—9厘米，宽2—3.5厘米，先端钝，基部楔形，边缘具钝锯齿或深波状锯齿，上面暗绿色，具光泽，下面淡绿色，两面无毛或幼叶下面疏生平伏柔毛，后变无毛，中脉两面突起，侧脉粗壮，上面明显凸起，下面略凸：叶柄长4—7毫米。花1—3生于上部叶腋，花梗长6—10毫米，无毛，下弯；小苞片2，生于花梗中部，卵形，长约2毫米，边缘具睫毛，早落；萼片5（6），不等大，薄革质，内凹，宽卵形或近圆形，长3—5毫米，绿色，两面无毛，边缘具睫毛，果期宿存；花白色，径2.5—3.5厘米，花瓣7—8，基部稍与外轮花丝贴生，宽倒卵形或近圆形，长1.5—2厘米，宽1.2—2厘米，先端圆形；雄蕊长8—13毫米，花丝分离或外轮花丝基部稍合生，无毛；雌蕊长达12毫米，子房密被白色绒毛，花柱长约10毫米，无毛，先端3裂，长3—4毫米。果近球形，径1—1.5厘米，每室1—2种子，果瓣薄。种子球形或半球形，长1—1.4厘米，褐色或红褐色，无毛。

产贡山、腾冲、梁河、盈江、芒市、龙陵、凤庆、临沧、耿马、景东、易门、镇雄、河口、西畴、富宁，生于海拔（130）1300—2100米的常绿阔叶林下或灌丛中。长江以南各省区均有，并广为栽培；也分布于印度、中南半岛北部和日本。

种子繁殖、短穗扦插和压条育苗均可。种子繁殖采用条播，冬季播种。短穗扦插以夏插为好。压条法全年可进行。

顶芽和幼叶供制茶，为我国行销世界的重要饮料资源；根可入药，有清热解毒之效。

15.粗柄山茶（云南种子植物名录）图20

Camellia crassipes Sealy（1949）

灌木或小乔木，高达6米。幼枝灰褐色，被短柔毛。叶革质，椭圆形，长3.5—6.5厘米，宽1.5—2.5厘米，先端尾尖，基部楔形或宽楔形，边缘具细锯齿，上面深绿色，无光泽，下面淡绿色，具小疣状突起，两面沿中脉有短柔毛，中脉两面凸起，侧脉不显；叶柄长2—3毫米，被短柔毛。花单生枝顶，白色，花梗长约4毫米，被短柔毛；小苞片2，卵形或半圆形，长约2毫米，边缘膜质，具睫毛，两面被柔毛；花瓣6，外面2片较小，近圆形，

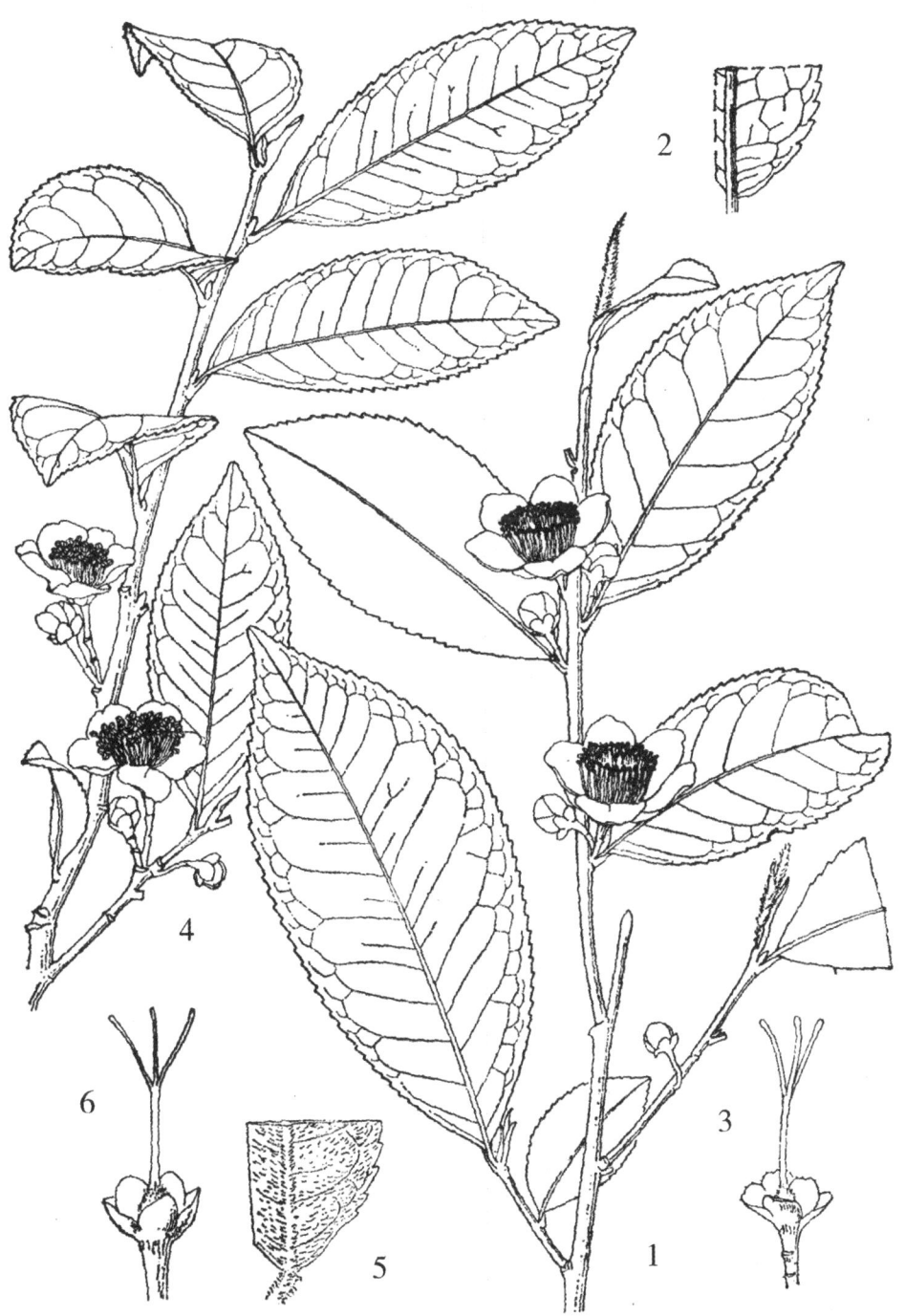

图19 普洱茶和茶

1—3.普洱茶*Camellia assamica*（Mast.）Chang

1.花枝 2.叶脉序放大 3.雌蕊

4—6.茶*C. sinensis* Linn. O. Kuntze

4.花枝 5.叶背毛被放大 6.雌蕊

径1—1.2厘米，外面被柔毛，边缘具睫毛，里面4片倒卵形，长1.2—1.7厘米，宽约1.2厘米，先端圆形或微凹，外面近中部有柔毛；雄蕊长1.6—1.8厘米，外层花丝基部合生达3毫米，无毛；雌蕊长1.5—1.7厘米，无毛，子房卵状球形，花柱长1.3—1.5厘米，3（4）深裂至中部，臂长6—9毫米。

产楚雄、东川、镇雄、盐津、绥江，生于海拔（650）900—1600米的灌丛中。四川和贵州有分布。

16.小花山茶（云南种子植物名录）图20

Camellia forrestii（Diels）Cohen Stuart（1926）
Thea forrestii Diels（1912）

灌木至小乔木，高达5米。幼枝被黄褐色短硬毛，二年生枝毛被多少宿有；树皮灰褐色，条状剥落；顶芽芽鳞被长柔毛。叶纸质，卵形，长2.5—3厘米，宽1—2.5厘米，先端钝，基部宽楔形，边缘具细锯齿，上面深绿色，下面淡绿色，具小疣状突起，两面沿中脉被短硬毛，中脉在下面凸起，侧脉两面不显；叶柄长2—4毫米，被短硬毛。花单生或成对腋生或顶生；花梗短，长2—2.5毫米；小萼片3—4，革质，卵形或近圆形，长1—2.5毫米，外面无毛，边缘具睫毛；萼片5，不等大，卵形或半圆形，长2—4毫米，先端圆形或微凹，边缘宽膜质，外面无毛，边缘具睫毛，里面被绢毛；花冠白色，花瓣5—6，不等大，外面1—2片宽倒卵形或近圆形，长6—10毫米，里面4片宽倒卵形，长8—15毫米，基部合生，长2.5—4毫米，先端微凹，边缘具睫毛；雄蕊长9—11毫米，比花瓣短，外层花丝基部合生；长2—3.5毫米；雌蕊长1—1.4厘米，无毛，子房球形，花柱3浅裂，臂长2.5—5毫米。蒴果球形，径约1.8厘米，果皮薄，厚约1毫米，成熟时三瓣裂，种子1；种子球形，径约1.5厘米，淡棕色。

产楚雄、景东、凤庆、临沧、云县、永德、双江、新平、易门、峨山、玉溪、石屏、砚山、文山，生于海拔1100—2700（3200）米常绿阔叶林、混交林或灌丛中。

17.屏边山茶（云南种子植物名录）图21

Camellia tsingpienensis Hu（1938）

灌木至小乔木，高达8米。幼枝密被开展长柔毛，二年生毛被多少宿存，褐色。叶纸质至薄革质，卵形至卵状披针形，长5.5—8厘米，宽2—2.8厘米，先端尾状渐尖或短尾尖，顶端钝，基部圆形，边缘具锯齿，上面深绿色，具小疣状突起，沿中脉被微硬毛，下面淡绿色，沿中脉被长柔毛；叶柄长3—5毫米，被长柔毛和短柔毛。花白色，花梗为小苞片覆盖；小苞片4，覆瓦状排列，半圆形，长1—2毫米，边缘膜质，具睫毛，外面无毛；萼片5，不等大，长2—3毫米，外面无毛，近边缘膜质，具睫毛；花瓣5，基部合生达3毫米，分离部分倒卵形或宽椭圆形，长9—11毫米，宽6—7毫米；雄蕊长8—11毫米，外层花丝合生成长4—5毫米的肉质管，分离花丝被白色长柔毛；雌蕊长10—14毫米，无毛，花柱长9—12毫米，先端3浅裂。果球形，径约1.5厘米，1室，1种子，果皮厚约1毫米；种子与果同形，径约1.3厘米。

产屏边、蒙自、文山、西畴、麻栗坡，生于海拔1000—1800米的常绿阔叶林中。广西

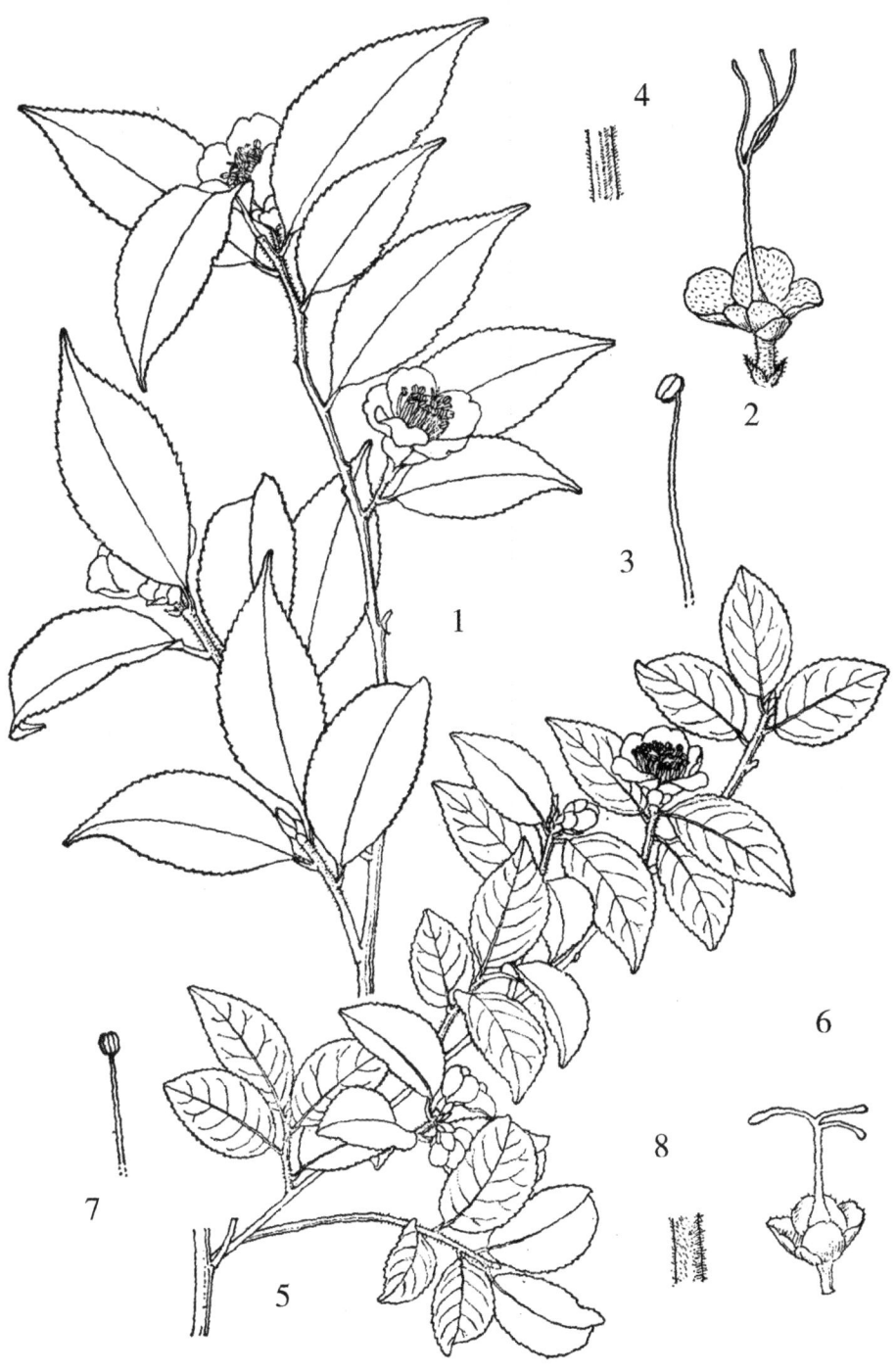

图20 粗柄山茶和小花山茶

1—4.粗柄山茶 *Camellia crassipes* Sealy

1.花枝 2.花萼及雌蕊 3.雄蕊 4.小枝毛被放大

5—8.小花山茶 *C. forrestii* Cohen Stuart

5.花枝 6.雌蕊 7.雄蕊 8.小枝毛被放大

有分布；越南北部也有。

种子繁殖，宜随采随播。

18.元江山茶（云南种子植物名录）图21

Camellia stuartiana Sealy（1949）

灌木或小乔木，高达6米。幼枝麦秆黄色，被短柔毛，老枝褐色。叶纸质至薄革质，长圆状椭圆形，长7—12厘米，宽3—4厘米，先端长渐尖或尾尖，基部宽楔形，边缘具尖锐细锯齿，上面深绿色，沿中脉被短柔毛，下面淡绿色，有小疣状突起，幼时疏生长柔毛，后变无毛，中脉两面凸起，侧脉在下面凸起；叶柄长6—8毫米，被短柔毛。花单生或成对，顶生或腋生，花梗长约3毫米；小苞片3—5，卵状三角形，长0.5—1.5毫米，外面被绒毛；萼片5，宽卵形或近圆形，长3—4毫米，外面密被绒毛，里面无毛，花冠白色，花瓣6—7，外层花瓣近圆形，长6—10毫米，近离生，里面花瓣宽椭圆形或倒卵形，长达1.5厘米，宽约1厘米基部合生约4毫米，先端微凹，外面近先端疏生柔毛；雄蕊长1.2—1.4厘米，无毛，外轮花丝下部合生成肉质管；雌蕊长约1.8厘米，无毛，花柱上部4—5深裂，臂长7—9毫米。果球形，径约1.8厘米，1室，有时3室，每室1种子；种子与果同形，径约1.5厘米，栗色，无毛。

产元江、河口，生于海拔1500米以下的疏林中。

种子繁殖。

19.文山山茶（云南种子植物名录）图22

Camellia wenshanensis Hu（1938）

灌木或小乔木，高达7米。幼枝密被开展长柔毛，二年生枝毛被多少宿存，老枝灰褐色。叶薄革质，长圆状卵形或长圆状椭圆形，长4—7厘米，宽1.5—2.5厘米，先端短渐尖，基部圆形，边缘具锯齿，上面深绿色，沿中脉被短柔毛，下面淡绿色，具小疣状突起，沿中脉被长柔毛；叶柄长2.5—5毫米，密被长柔毛。小苞片和萼片不分化，10片，不等大，下部的呈半圆形，长约1.5毫米，上部的长圆状椭圆形，长达6毫米，外面中部被绢状柔毛，近边缘无毛，里面无毛，边缘具睫毛；花冠白色，花瓣5，基部合生达3毫米，最外1片近圆形，长约7毫米，宽约6毫米，里面的长圆状椭圆形，长9—10毫米，宽5—8毫米，外面近先端有绢毛；雄蕊长约10毫米，外层花丝2/3合生，分离花丝被长柔毛；雌蕊长约13毫米，密被长柔毛，花柱先端3浅裂，臂长约1毫米。果近球形，长约1.5厘米，径约1.2厘米。

产文山、蒙自、屏边、马关，生于海拔1300—2000米的常绿阔叶林中。分布于越南北部。

20.尾叶山茶（中国高等植物图鉴）图22

Camellia caudata Wall.（1829）

灌木至小乔木，高达8米，幼枝被短柔毛，二年生枝无毛，麦秆黄色，老枝灰褐色。叶纸质，长圆状椭圆形，长圆形或长圆状披针形，长7—10（12）厘米，宽1.8—3（5）厘米，先端长尾尖，基部宽楔形，边缘具圆齿，上面深绿色，略具光泽，沿中脉被短柔毛，下面

图21 屏边山茶和元江山茶

1—4.屏边山茶 *Camellia tsingpienensis* Hu

1.花枝　2.花瓣和雄蕊群　3.雌蕊　4.小枝毛被放大

5—7.元江山茶 *C. stuartiana* Sealy

5.花枝　6.雌蕊　7.果

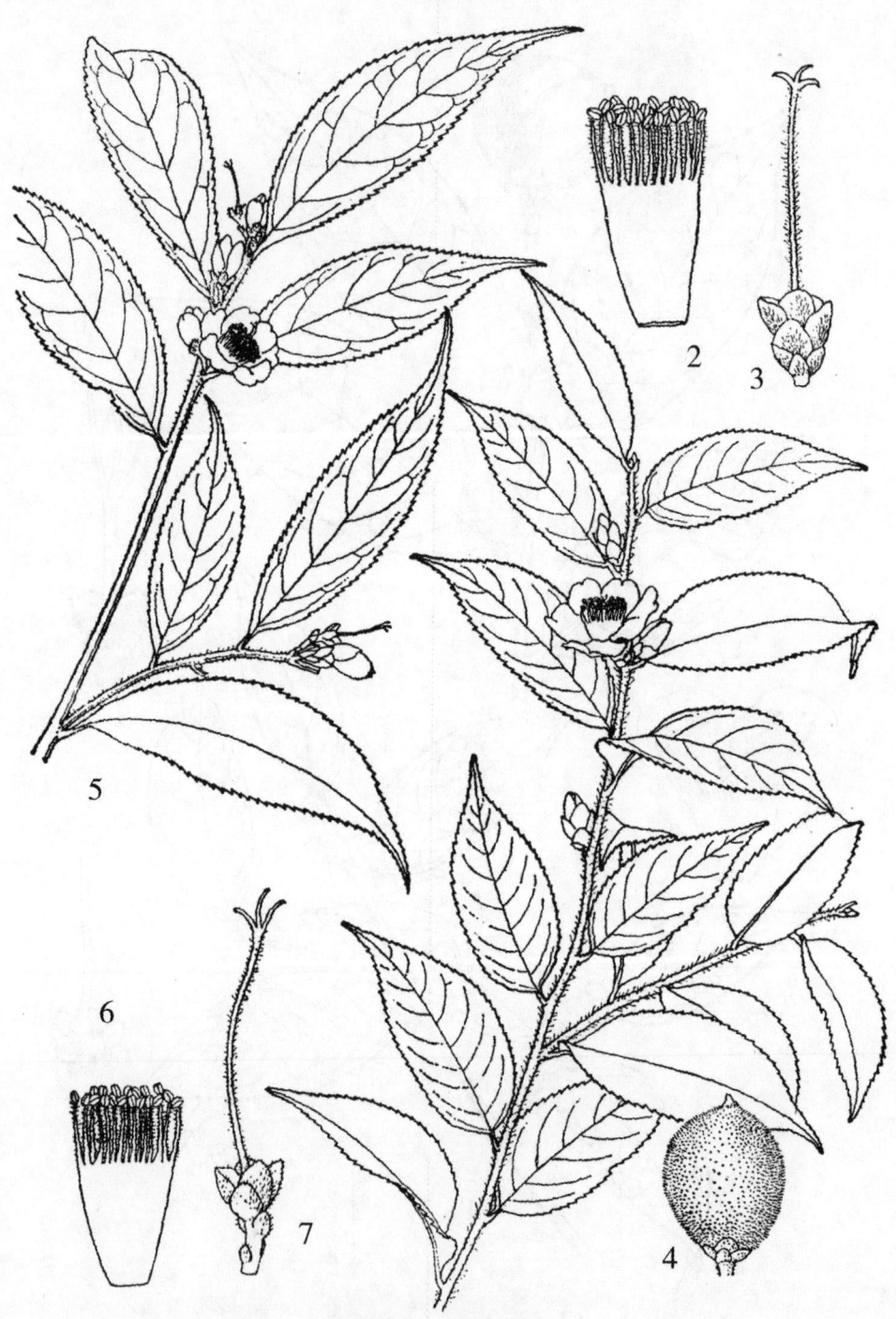

图22 文山山茶和尾叶山茶

1—4.文山山茶 *Camellia wenshanensis* Hu

1.花枝 2.雄蕊群 3.雌蕊 4.果

5—7.尾叶山茶 *C. caudata* Wall.

5.花枝 6.雄蕊群 7.雌蕊

淡绿色，其小疣状突起，沿中脉疏生长柔毛；叶柄长3—7毫米，被短柔毛，上面具槽。花白色，花梗长3—4毫米，向上增粗；小苞片3—5，宽卵形，长1—2毫米，外面被绢毛，边缘具睫毛；萼片5，宽卵形至半圆形，长2—3毫米，外面中部被绢状长柔毛，边缘有长毛，花瓣5，宽倒卵形至宽椭圆形，长7—14毫米，宽5—12毫米，基部合生达3毫米，先端圆形，具凸尖头，外面2—3片有绢毛；雄蕊长9—12毫米，外层花丝下部合生成短管，长5—8毫米，分离花丝密被白色长柔毛；雌蕊长10—15毫米，子房和花柱密被白色长柔毛，花柱长9—13毫米，先端3浅裂，臂长1—2毫米。果椭圆状，长12—17毫米，宽12—15毫米，先端具凸尖头，1室，1种子；种子与果同形，长10—12毫米，褐色。

产金平、屏边，生于海拔1500—1680米的林中。广西、广东和海南均有分布；印度东北部、缅甸北部和越南北部也产。

2. 石笔木属 Tutcheria Dunn.

常绿乔木。叶革质，边缘有锯齿，具柄。花单1或数花簇生叶腋；小苞片2，生于花萼基部；萼片10，2—3列，覆瓦状排列，密被绒毛；花大；花瓣5，白色或淡黄色；雄蕊多数，基部合生成短管，与花瓣基部贴生；子房上位，3—6室，密被绒毛，花柱1，密被绒毛，先端3—6浅裂。蒴果球形或椭圆形，先端锥尖，成熟后由基部向上开裂，3—6瓣，中轴宿存，果基部具宿萼或无；每室2—3种子；种子长圆形，有棱，无毛，具光泽。

本属约15种，产我国和越南北部。我国约14种，主产华南至西南。云南有3种。

分 种 检 索 表

1.幼枝密被绒毛；叶下面疏生柔毛，干后两面绿色。
  2.花径4—8厘米，白色；花梗长达7毫米；叶柄长2—4毫米 …… **1.云南石笔木 T. sophiae**
  2.花径约2.5厘米，淡黄色；花梗长1—2毫米；叶柄长约1厘米 ………………………………
  ………………………………………………………… **2.短梗石笔木 T. subsessiliflora**
1.幼枝和叶下面均无毛；叶干后褐色或红褐色 ………… **3.屏边石笔木 T. pinpknensis**

1.云南石笔木（中山大学学报）图23

Tutcheria sophiae（Hu）Chang（1983）

Camellia sophiae Hu（1938）

乔木。幼枝密被黄色绒毛，二年生枝上毛被多少宿存，老枝紫褐色或黑褐色；顶芽被与幼枝相同毛被；叶革质，长圆形，长6.5—10.5厘米，宽2.5—3.5厘米，先端长渐尖，基部圆形，边缘上半部疏生腺齿，上面黄绿色，干后多少带褐色，无毛，下面干后褐色，疏生平伏柔毛，中脉和侧脉在上面凹陷，下面凸起，网脉也多少凸起；叶柄短粗，长2—4毫米，被平伏柔毛。花白色，花梗长达7毫米；小苞片匙形，长约6毫米，外面被黄色绒毛，里面褐色无毛；萼片肾状横椭圆形，长约9毫米，宽约13毫米，外面被黄色绢毛，里面褐色无毛；花瓣倒心形，长约3.5厘米，宽3—3.5厘米，外面被黄色绢毛，里面无毛，基部稍合生；雄蕊长约2厘米，花丝无毛，基部稍合生，并与花瓣基部贴生；子房球形，被黄色绒毛，花柱长约1厘米，基部被毛，先端3浅裂。

产石屏，生于海拔1600米的山谷中。

种子繁殖，育苗造林。

2.短梗石笔木　图24

Tutcheria subsessiliflora Chang（1933）

小乔木，高达6米。幼枝被黄棕色绒毛，后变无毛；顶芽小，密被黄色绒毛。叶革质，长圆形，长7—11厘米，宽2.5—3.5（4）厘米，先端急尖至渐尖，基部宽楔形，边缘具疏锯齿，上面黄绿色，无毛，略具光泽，下面淡绿色，疏生平伏柔毛，沿中脉上毛被较密，中脉在上面凹陷，下面凸起，侧脉在上面不显，下面凸起；叶柄长约1厘米，被毛。花单生叶腋，淡黄色，径约2.5厘米；花梗极短，长1—2毫米：小苞片卵状圆形，长4—5毫米，外面被黄色绢毛，里面褐色无毛；萼片宽椭圆形，长5—7毫米，宽5—10毫米，外面被黄色绢毛，里面无毛，花瓣倒卵形，长1.2—1.5厘米，外面被黄色绒毛，里面无毛；雄蕊长7—8毫米，无毛，花丝基部与花瓣贴生；子房密被淡棕色绒毛，花柱长6—8毫米，密被淡棕色绒毛，先端3浅裂。

产马关、麻栗坡，生于海拔1600—1800米的阔叶林中。

种子繁殖，随采随播。

3.屏边石笔木（中山大学学报）图23

Tutcheria pingpienensis Chang（1983）

乔木，高达15米。幼枝紫色，无毛，老枝黑褐色；顶芽被黄色绒毛。叶革质，椭圆形或长圆形，长9—14（17）厘米，宽2.5—5厘米，先端渐尖或尾状渐尖，基部楔形，边缘具疏锯齿，上面深绿色，干后变褐色，略具光泽，下面黄绿色，干后变红褐色，两面无毛，上面中脉凹陷，侧脉和网脉多少凸起，下面中脉极隆起，侧脉和网脉明显凸起；叶柄长1—1.5厘米，无毛。花单生叶腋，白色，花梗长约2毫米；小苞片卵形，长约7毫米，外面被黄色绒毛，里面褐色无毛；萼片圆形，径约1厘米，外面被黄色绒毛，里面褐色无毛；花瓣倒心形，长2.5—3厘米，宽约3厘米，外面被黄色绢毛；雄蕊长约1.8厘米，花丝无毛，基部稍合生，并与花瓣基部贴生；子房和花柱均被黄色绒毛，花柱长约1.2厘米，先端3浅裂。蒴果球形，径约2.5厘米，成熟后由下向上3瓣裂，每室具1—3种子，基部不具宿萼。

产屏边、西畴，生于海拔1340—2250米的阔叶林中。

种子繁殖，随采随播。

3.大头茶属　Gordonia Ellis.

常绿乔木或灌木。叶互生，全缘或具齿。花单生叶腋或组成腋生短总状花序，大；小苞片2—5，早落；萼片5（6），覆瓦状排列，宿存；花瓣5（6），基部稍合生或分离，覆瓦状排列；雄蕊多数，花丝连成5束或基部稍合生，花药"丁"字着生；子房（3）5（6）室，每室有胚珠4—8，花柱1，柱头盘状。蒴果木质开裂，长圆形，中轴宿存；种子

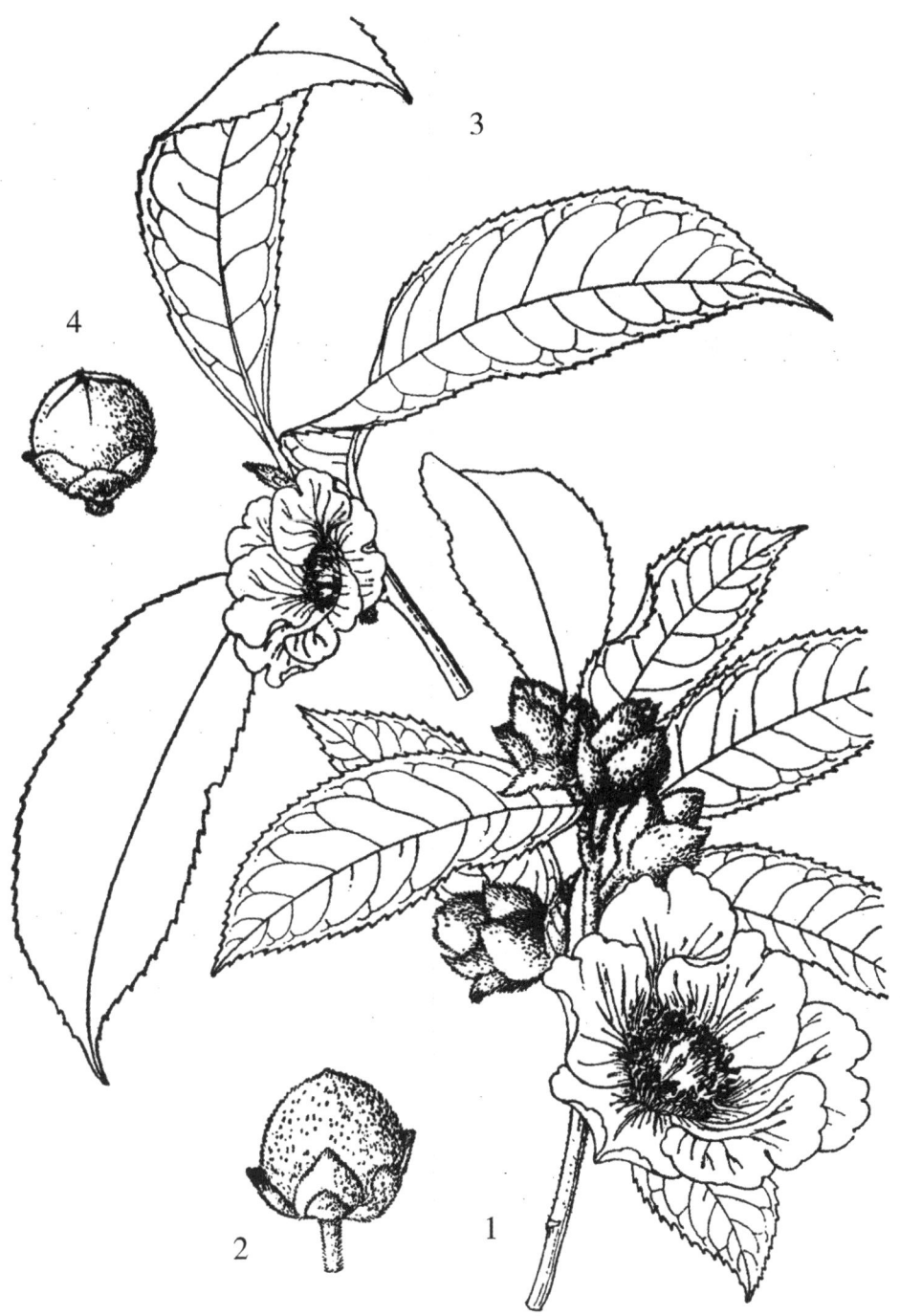

图23 云南石笔木和屏边石笔木
1—2.云南石笔木 *Tutcheria sophiae*（Hu）Chang
1.花枝 2.果
3—4.屏边石笔木 *T. pinpienensis* Chang
3.花枝 4.果

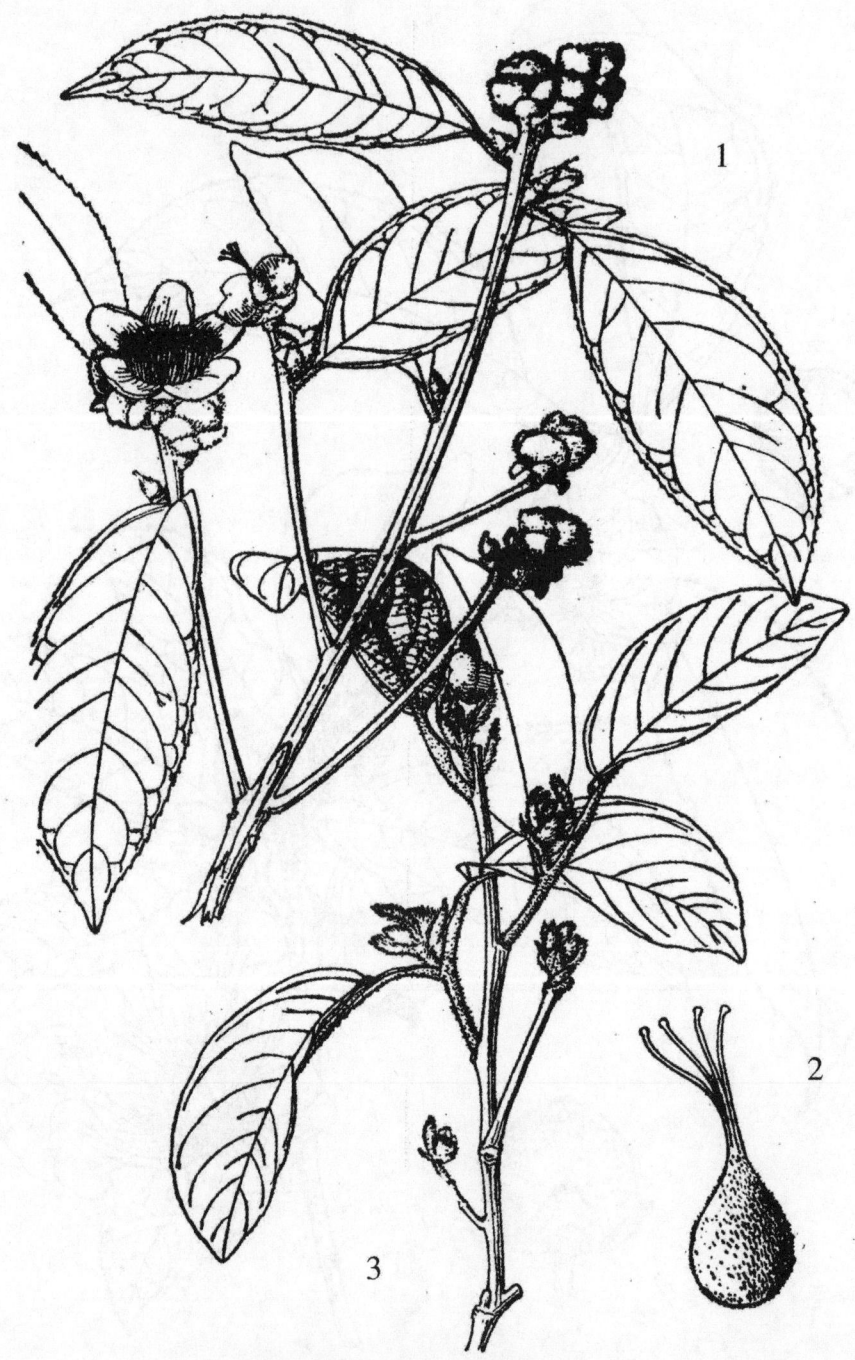

图24 短梗石笔木和狭萼舟柄茶

1—2.短梗石笔木 *Tutcheria subsessiliflora* Chang

1.花枝 2.雌蕊

3.狭萼舟柄茶 *Hartia densivillosa* Hu 花枝

扁平，先端具长圆形的大膜质翅，无毛，胚乳铁，胚直，长圆形，子叶卵形，扁平。

本属约40种，除2种产美国东南部外，其余均分布于热带亚洲。我国约10种，分布于西南、华南至台湾。云南有7种。

分 种 检 索 表

1.顶芽和幼枝均无毛。

  2.叶椭圆形，长超过15厘米，宽超过5厘米，先端渐尖，边缘具明显粗齿，侧脉两面不显；花瓣长达5厘米；果长3—3.5厘米 ·················· 1.四川大头茶 G. acuminata

  2.叶长圆形，长9—11厘米，宽3—4.5厘米，先端急尖，边缘具波状浅齿，侧脉密，在上面多少突起；花瓣长2—3厘米；果长约2.5厘米 ········· 2.广西大头茶 G. kwangsiensis

1.顶芽密被绢状绒毛。

  3.幼枝无毛；叶倒卵形，先端钝或圆形，干后下面绿色；花常3—5排成短总状花序；花径4—5厘米；果长约3厘米 ·················· 3.云南山枇花 G. chrysandra

  3.幼枝被绒毛；叶长圆形，先端急尖或渐尖，干后下面变褐色；花单生，径达14厘米；果长约5厘米 ·················· 4.长果大头茶 G. longicarpa

1.四川大头茶（中山大学学报）图25

Gordonia acuminata Chang（1983）

G. axillaris（D. Don）Scyscyl. var. *acuminata* Pritz.（1900）

乔木或大乔木，高达25米。小枝粗壮，褐色，幼枝灰绿色，无毛；顶芽紫褐色，无毛。叶革质，宽大，椭圆形或长圆状椭圆形，长12—17.5厘米，宽5—6.5厘米，先端渐尖或短渐尖，基部楔形，边缘上半部具波状粗锯齿，上面深绿色，下面淡绿色，两面无毛，中脉在上面凹，下面隆起，侧脉两面不显；叶柄长1.5—2厘米，粗壮，无毛。花单生叶腋，白色，径8—10厘米；花梗长4—5毫米，粗壮；苞片早落；萼片圆形，径5—10毫米，外面基部被绢毛，里面被细绢毛；花瓣宽倒卵形，长（3）4—5厘米，宽3—4.5厘米，先端圆形或凹入，外面被绢状微柔毛；雄蕊长约2厘米，基部与花瓣贴生；子房密被白色状绒毛，花柱长约1.6厘米，粗壮，密被白色绢毛，柱头5裂。蒴果长圆柱状，长3—3.5厘米，径1.2—1.5厘米，基部具宿萼，5室；种子长约2厘米。

产盐津、绥江、大关，生于海拔850—1100米的杂木林中。四川西部和贵州西北部有分布。

种子繁殖，育苗造林。

2.广西大头茶（中山大学学报）图25

Gordonia kwangsiensis Chang（1983）

乔木，高达11米。幼枝和顶芽均无毛，小幼粗壮，红棕色。叶革质，长圆形，长9—11厘米，宽3—4.5厘米，先端急尖，基部楔形，边缘具波状浅齿，上面黄绿色，具光泽，下面粉绿色，具小疣状突起，两面无毛，中脉在上面凹陷，下面隆起，侧脉密，11—14对，在上面略凸；叶柄长1—2厘米，无毛。花单生叶腋，近无梗；小苞片2—3，早落；萼片5，近圆形，长7—10毫米，外面基部被绢状柔毛；花瓣宽倒卵形，长2—3毫米，宽1.5—2.5厘

图25 四川大头茶和广西大头茶

1—2.四川大头茶 *Gordonia acuminata* Chang

1.花枝 2.雌蕊

3—4.广西大头茶 *G. kwangsiensis* Chang

3.花枝 4.雌蕊

米；雄蕊长约1.2厘米；子房密被绒毛，5室，花柱纤细，长约1.7厘米，被绒毛。蒴果圆柱形，长2.5（3）厘米；种子每室5，长约1.8厘米，宽5—6毫米。

产文山、金平，生于海拔1800—2000米的混交林中。广西有分布。

种子繁殖，育苗造林。

3.云南山枇花（中国高等植物图鉴）图26

Gordonia chrysandra Cowan（1931）

Polyspora chrysandra（Cowan）Hu. "图鉴"（1972）

乔木，高达10米。小枝灰色，幼枝无毛；顶芽密被绢状绒毛。叶薄革质，叶倒卵状长圆形，长5—10.5厘米，宽2.5—4.5厘米，先端钝或圆形，基部楔形，边缘上半部具锯齿，上面深绿色，下面淡绿色，干后两面黄绿色，无毛，侧脉和网脉不显；叶柄长3—5毫米，无毛。花大，径4—5厘米，淡黄白色，芳香，单生或3—5排成短总状；小苞片早落；萼片5，革质，内凹，宽卵形，长8—10毫米，外面下部被白色细柔毛；花瓣5（6），近圆形，径2—3厘米，先端凹入，基部稍合生；花丝长约1.5厘米，基部稍合生并与花瓣贴生；子房卵形，密被白色绒毛，花柱1，粗壮，长8—10毫米，具槽，下部多少被毛，柱头盘状。蒴果长约3厘米，径约1.3厘米；种子先端具长圆形膜质翅，长约2厘米，宽约4毫米。

产腾冲、龙陵、临沧、双江、凤庆、漾濞、下关、澜沧、勐海、景洪、普洱、景东、江城、墨江、元江、石屏、玉溪，生于海拔1500—1800米的阔叶林中。缅甸北部有分布。

种子繁殖。

4.长果大头茶（中山大学学报）图26

Gordonia longicarpa Chang（1983）

乔木，高达15米。幼枝的顶芽密被白色绒毛，小枝粗壮，褐色。叶革质，长圆形或长圆状倒披针形，长7—14厘米，宽3—4厘米，先端急尖，具细尖头，基部楔形，边缘上部疏生几个锯齿，上面深绿色，下面淡绿色，干后明显变褐色，两面无毛，中脉在上面凹陷，下面隆起，侧脉两面不显；叶柄长约1厘米，粗壮，无毛。花单生叶腋，白色，大，径达14厘米；花梗长6—8毫米；小苞片早落；萼片革质，卵形，长2—2.5厘米，外面被灰色绢状绒毛；花瓣5—6，宽倒卵形，长和宽6—7厘米，基部多少合生；雄蕊长2.5—3厘米，花丝基部稍合生并与花瓣贴生；子房密被绒毛，花柱长约2.5厘米，先端5浅裂，无毛。蒴果长圆形，长达5厘米，宽约2厘米。

产腾冲、瑞丽、龙陵、镇康、凤庆、漾濞、景东，生于海拔1800—2700米的常绿阔叶林或混交林中。缅甸北部和泰国北部有分布。

种子繁殖。

4. 木荷属 Schima Reinw.

常绿乔木。叶革质或薄革质，全缘或有锯齿，具柄。花单生叶腋或在小枝近顶端排列成短总状，花梗明显；小苞片2，早落；萼片5，覆瓦状排列，圆形或半圆形，宿存；花瓣

图26 云南山枇花和长果大头茶

1—3.云南山枇花 *Gordonia chrysandra* Cowan
1.花枝 2.花 3.果

4—6.长果大头茶 *Gordonia longicarpa* Chang
4.果枝 5.花 6.雄蕊

5，覆瓦状排列，较大，基部合生：雄蕊多数，长约为花瓣的1/2，花丝无毛，基部合生并与花瓣基部贴生；花药背着；子房5（稀4—6）室，花柱1，先端头状5浅裂，胚珠每室2—6。蒴果木质，扁球形，室背开裂，中轴宿存；种子扁平，肾形，周围具宽膜质翅；胚乳薄，子叶叶状，平或皱褶。

本属约30种，分布于中南半岛、印度、马来西亚和琉球群岛。我国有14种，分布于长江以南各省区。云南有9种。

分 种 检 索 表

1.叶全缘。

  2.花梗长2—4厘米；萼片长10—12毫米，外面密被绒毛；幼枝、叶柄和叶下面沿中脉密被开展长柔毛 ·············· 1.柔毛木荷 S.villosa

  2.花梗长1—2厘米：萼片长不超过3.5毫米，外面上半部无毛；幼枝、叶柄被平伏绢毛或绒毛，叶下面疏生平伏柔毛。

   3.叶狭长圆形或长圆状披针形，先端长渐尖，上面显著具光泽，下面有白霜，侧脉不显或在下面略凸起；萼片圆形，径2—3.5毫米 ·············· 2.银木荷 S.argentea

   3.叶椭圆形或长圆状椭圆形，先端急尖或短渐尖，上面无光泽，下面淡绿色，侧脉在上面通常凹陷，下面明显凸起，网脉略凸；萼片半圆形，长约1.5毫米，宽3—3.5毫米 ·············· 3.红木荷 S. wallichii

1.叶边缘具锯齿。

  4.幼枝、叶，花梗和萼片外面均无毛；花梗粗壮，长（2.5）4—6厘米；叶边缘具粗钝齿 ·············· 4.华木荷 S. sinensis

  4.幼枝、叶下面多少被毛；花梗和萼片外面被绢状绒毛。

   5.叶椭圆形或卵状椭圆形，边缘具粗而尖的锯齿直达基部；花梗长1.5—2厘米；花较大，径5—6厘米；果径2.5—3厘米 ·············· 5.尖齿木荷 S. khasiana

   5.叶长圆状椭圆形或长圆形，边缘具浅钝齿，常不达基部；花梗长（2.5）4—6厘米；花径4—5厘米；果径1.8—2厘米 ·············· 6.贡山木荷 S. sericans

1.柔毛木荷（云南种子植物名录）　大萼木荷（中山大学学报）、毛木荷（中国高等植物图鉴补编）图27

Schima villosa Hu（1938）

S.macrosepala Chang（1983）

乔木，高达25米。幼枝被灰棕色绒毛；顶芽密被灰色绢毛。叶革质，长圆状椭圆形或长圆形，长16—26厘米，宽5—8.5厘米，先端短尾尖或渐尖，顶端钝，基部楔形，全缘，上面无毛，略具光泽，干后带褐色，下面被白霜，干后淡棕色，沿中脉密被绒毛，其余被平伏柔毛，中脉和侧脉在上面平，下面明显凸起；叶柄长1.5—2厘米，密被绒毛。花单生叶腋，白色；花梗粗壮，长2—3厘米，密被绒毛，向上增粗；小苞片2，披针形，长约12毫米，宽3—4毫米，外面密被灰色绢状绒毛，里面被细绒毛或近无毛；萼片宽卵形或近圆形，长（7）10—12毫米，外面被灰色绢状绒毛，里面被细绢毛；花瓣近圆形，径约2.5厘米，外面下半部被绢毛；雄蕊长8—10毫米，花丝无毛，基部与花瓣贴生；子房球形，密被绢状绒毛，花柱粗壮，与雄蕊等长，无毛或下半部疏生柔毛，先端略5裂。果扁球形，高1.5—2厘米，径2—2.5厘米，成熟后5瓣裂；种子长约1厘米，宽约6毫米。

产金平、屏边、河口，生于海拔1300—1550米的阔叶林中。

张宏达教授（1983）发表的大萼木荷*S.macrosepala*，其特征与本种完全一致，所称小苞片4，属观察错误，应予归并。

种子繁殖，营养袋育苗，宜随采随播。

2.银木荷（中国高等植物图鉴）图28

Schima argentea Pritz.（1900）

乔木，高达10米。幼枝和顶芽被银灰色绢状柔毛，老枝无毛，褐色，疏生白色小皮孔。叶薄革质，狭长圆形或长圆状披针形，长8—14厘米，宽2.5—5厘米，顶端长渐尖，具细尖头，基部楔形，边缘软骨质，全缘，略反卷，上面绿色，具光泽，无毛，下面被白霜，疏生平伏柔毛，中脉在上面平，下面隆起，侧脉约10对，上面平，下面不显；叶柄长约1厘米，被柔毛。花腋生，单生或4—8排列成假总状或假伞形花序；花梗长1—1.5厘米，被灰白色平伏柔毛；小苞片2，早落；萼片圆形，小，径2.5—3.5毫米，外面基部被绢毛，中上部无毛，里面被平伏短柔毛，边缘具睫毛，全缘；花瓣倒卵形或近圆形，长1.5—1.8厘米，宽1.3—1.6厘米，先端圆形，外面近基部被白色绢毛，其余无毛；雄蕊长8—10毫米，无毛，花丝基部与花瓣贴生；子房球形，中下部密被绒毛，上部无毛，花柱粗壮，无毛，先端近头状，略5裂。果球形，径1.5—1.8厘米；种子长8—9毫米，宽4—4.5毫米。

产丽江、香格里拉、维西、福贡、泸水、剑川、兰坪、鹤庆、洱源、大理、宾川、漾濞、腾冲、盈江、龙陵、凤庆、临沧、镇康、耿马、双江、景东、勐海、景洪、勐腊、元江、新平、易门、大姚、禄劝、昆明、通海、绿春，生于海拔1600—2800（3200）米的常绿阔叶林中。四川西南部有分布；缅甸和泰国北部也有。

种子繁殖。蒴果曝晒后取出种子即可收藏或育苗造林。

散孔材。木材纹理斜，结构细而均匀，重量、硬度、干缩性及强度中，不易开裂。为纺织纱管及走棱板的良材，还可作建筑、军工、家具及胶合板等用树。

3.红木荷（图考）　峨眉木荷（中国高等植物图鉴）图28

Schima wallichii（DC）Korthals（1839）

Gordonia wallichii DC.（1824）

乔木，高达20米。小枝红棕色，密生白色小皮孔，幼枝密被灰黄色绒毛，老枝具条纹；顶芽密被灰白色绒毛。叶革质，椭圆形或长圆状椭圆形，长（8）10—17.5厘米，宽4—6（7.5）厘米，光端急尖或短渐尖，基部宽楔形，略下延，边缘全缘，常呈皱波状，上面绿色，略具光泽，无毛，下面淡绿色，疏生平伏柔毛，沿中脉密被平展柔毛，中脉和侧脉在上面凹陷，下面凸起，网脉在下面凸起；叶柄长1—1.7厘米，被灰黄色柔毛。花单生或数花簇生叶腋，白色，芳香，径3.5—4厘米；花梗长1—2厘米，被灰黄色柔毛，向上多少增粗，常生白色小皮孔，果期伸长；小苞片2，早落；萼片半圆形，长约1.5毫米，宽3—3.5毫米，

图27 柔毛木荷和贡山木荷
1—3.柔毛木荷 Schima villosa Hu
1.花枝 2.果 3.叶下面毛被放大
4—5.贡山木荷 S. sericans（Hand. -Mazz.）Ming
4.果枝 5.花

图28 银木荷和红木荷

1—3.银木荷 *Schimaar gentea* Pritz.

1.花枝 2.雌蕊 3.果

4—6.红木荷 *S. wallichii*（DC.）Korthals

4.花枝 5.果 6.叶下面放大

外面无毛或基部被柔毛，里面被细绢毛，边缘具睫毛，花后宿存；花瓣宽椭圆形或近圆形，长1.3—1.8厘米，宽1.2—1.4厘米，先端圆形，外面近基部被绢毛，其余无毛；雄蕊长约8毫米，无毛，花丝基部与花瓣贴生；子房卵状圆形，径约2毫米，下半部被绢状柔毛，上半部无毛，花柱长约5毫米，粗壮，无毛，柱头盘状，略5裂。蒴果球形，径约1.8厘米，褐色，具白色小皮孔，木质5瓣裂，每室具2种子；种子肾形，长8—10毫米，宽5—6毫米，无毛，从种脐处放射伸展着细脉纹。

产盈江、陇川、梁河、瑞丽、芒市、腾冲、保山、龙陵、镇康、凤庆、双江、临沧、耿马、沧源、澜沧、勐海、景洪、勐腊、普洱、景洪、元江、新平、双柏、峨山、玉溪、石屏、建水、元阳、绿春、金平、蒙自、屏边、河口、砚山、文山、马关、麻栗坡、金平、西畴、富宁、师宗、罗平，生于海拔300—2700米的常绿阔叶林或混交林中。贵州南部和广西南部有分布，东喜马拉雅地区和中南半岛北部也有。

种子繁殖。蒴果呈黄褐色，果壳尚未裂开时采种，晒后种子落出即可去杂收集。宜随采随播。

本种和银木荷材质优良，蕴藏量大，为较好的木材资源和用材树种。

4.华木荷（中国高等植物图鉴补编）　滇木荷（中国高等植物图鉴）图29

Schima sinensis（Hemsl. et Wils.）Airy-Shaw（1936）

Gordonia sinensis Hemsl. et Wils.

Schima grandiperulata Chang（1983）

S. noronhaeauct-non Reinw ex Blume: Hand.-Mazz.（1931）

乔木，高达25米。幼枝紫色，无毛，小枝灰褐色，疏生白色皮孔；顶芽圆锥形，被绢状绒毛。叶厚革质，长圆状椭圆形或长圆形，长9—16厘米，宽3.5—5.5厘米，先端短渐尖，顶端尖，基部圆形至宽楔形，边缘具波状粗钝齿，上面深绿色，具光泽，下面淡绿色，干后黄褐色，两面无毛，中脉在上面微凹，下面凸起，侧脉12—14对，两面凸起，网脉两面略凸；叶柄粗壮，长1—1.5厘米，无毛。花单生上部叶腋，白色，径约5厘米；花梗长2.5—6.5厘米，无毛，粗壮，向上增粗；小苞片2，宽倒卵形或近圆形，长1.2—1.5厘米，无毛，早落；萼片近圆形，径5—6.5毫米，外面无毛，里面被白色绢毛，边缘具睫毛；花瓣倒卵形，长2—3厘米，宽1.5—2厘米，外面近基部被白色绢毛，其余无毛，基部合生；雄蕊长1—1.5厘米，无毛，花丝基部与花瓣贴生；子房球形，密被白色绢毛，花柱比雄蕊短，柱头头状，大。果球形，径约2厘米，木质5瓣裂，每室有2种子；种子肾形，具宽膜质翅，长约1.2厘米，宽约7毫米。

产绥江、永善、盐津、大关、彝良、镇雄、昭通，生于海拔1400—2200米的阔叶林中。四川和贵州有分布。

种子繁殖，育苗造林或直播造林均可。

5.尖齿木荷（中国高等植物图鉴补编）　印度木荷（云南种子植物名录）图29

Schima khasiana Dyer（1874）

乔木，高达25米。幼枝紫红色或暗紫色，无毛或近无毛，具少数白色小皮孔，小枝褐

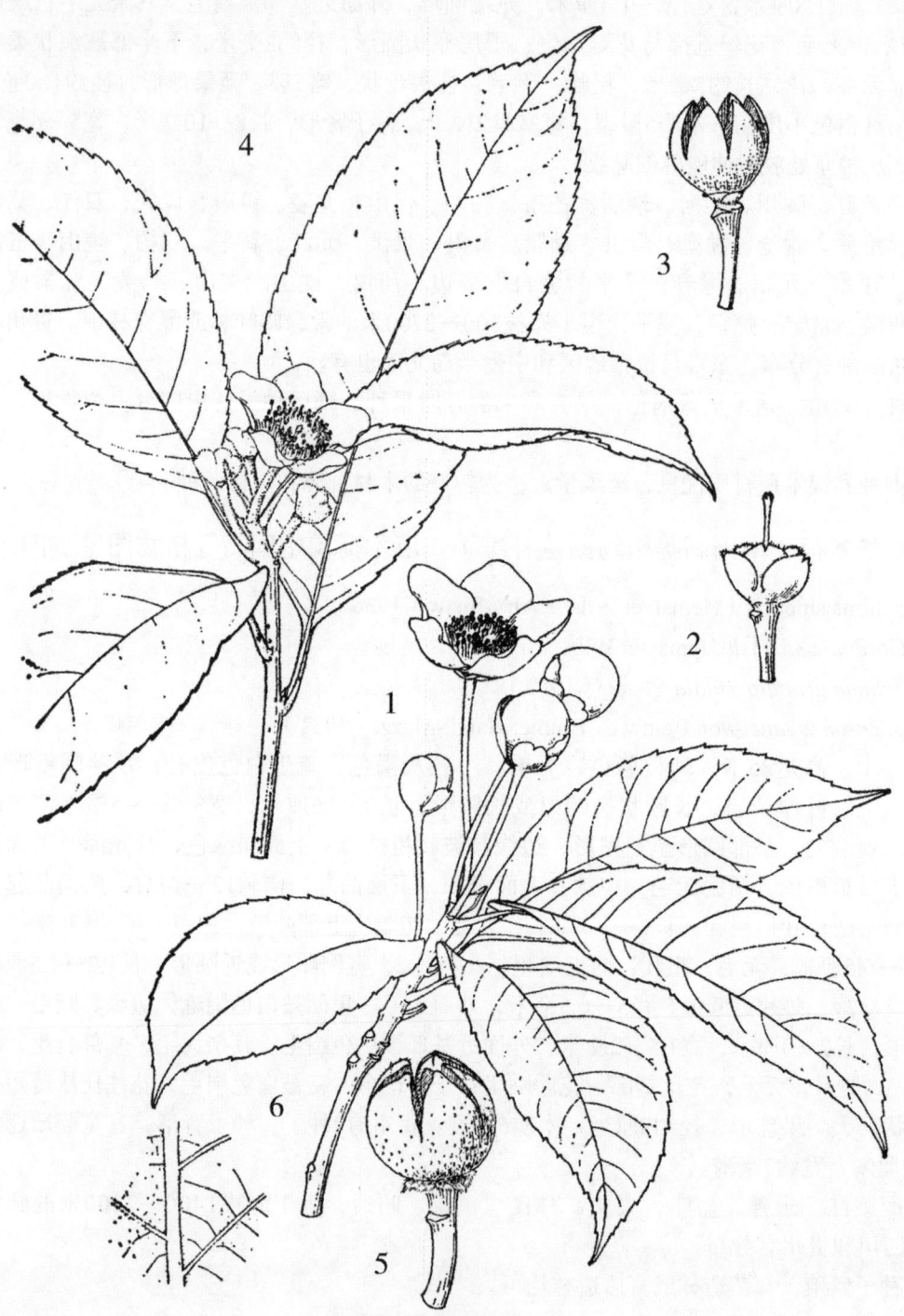

图29　华木荷和尖齿木荷

1—3.华木荷 *Svhima sinensis*（Hemsl. et Wils.）Airy-Shaw

1.花枝　2.雌蕊　3.果

4—6.尖齿木荷 *S. khasiana* Dyer

4.花枝　5.果　6.叶背放大

色；顶芽长圆锥形，密被灰白色绢毛。叶革质，椭圆形或卵状椭圆形，长12.5—18厘米，宽5—6.5（9）厘米，先端短渐尖，顶端钝，基部宽楔形，边缘具尖锐粗锯齿，上面绿色，无毛，略具光泽，下面淡绿色，干后变褐色，起初疏生柔毛，后变无毛，中脉在上面凹陷，下面隆起，红色，侧脉约12对，纤细，侧脉和网脉在上面清晰，下面略凸；叶柄纤细，红色，长1.5—2厘米，起初被柔毛，后变无毛。花单生上部叶腋，径5—6厘米；花梗粗壮，长1.5—2厘米，粗约3毫米，向上增粗，被灰黄色细绒毛，苞片2，远比萼片大，宽倒卵形，长1—1.2厘米，宽8—9毫米，两面被短绒毛；花萼基部膨大，多少合生，裂片近圆形，长4—5毫米，宽5—6毫米，两面被绢毛，边缘具流苏状腺齿和睫毛；花瓣外面被绢毛，基部合生；花丝基部与花瓣贴生；子房球形，基部被绒毛，花柱粗壮，无毛，柱头近盘状。蒴果球形，径2.5—3厘米，木质5瓣裂，褐色，具白色小皮孔；种子具宽膜质翅，长约12毫米，宽约8毫米。

产泸水、保山、龙陵、永德、临沧、景东、元阳、金平、屏边、文山、西畴、富宁，生于海拔900—2800米的常绿阔叶林中。西藏有分布；印度东北部和越南北部也有。

6.贡山木荷（新拟）图27

Schima sericans（Hand.-Mazz.）T. L. Ming，comb. nov.

S. khasiana Dyer var. *sericans* Hand. Mazz.（1924）

乔木，高达15米。幼枝被灰白色短柔毛，小枝褐色，无毛，疏生白色小皮孔；顶芽密被白色绢毛。叶纸质至薄革质，长圆状椭圆形或长圆形，长12—16厘米，宽4—6厘米，先端渐尖、基部楔形至宽楔形、边缘具浅钝齿，上面绿色，无毛，具光泽，下面干后常变褐色，被稀疏平伏柔毛，中脉在上面凹，下面隆起，侧脉和网脉两面隆起；叶柄长1—1.5厘米，被短柔毛。花单生上部叶腋，白色，芳香，径4—5厘米；花梗长（2.5）4—6厘米，被绒毛；苞片2，宽倒卵形或近圆形，长约12毫米，宽约9毫米，两面疏生柔毛；萼片近圆形，长4—4.5毫米，两面被灰白色绢毛，边缘具睫毛；花瓣椭圆形或倒卵形，长约2.5厘米，宽1.5—2厘米，基部合生，外面基部被白色绢毛，其余无毛；雄蕊长1—1.2厘米，无毛，花丝基部与花瓣贴生；子房密被灰白色绢毛，花柱比雄蕊短，无毛或近无毛，柱头头状，微5裂。蒴果球形，径1.8—2厘米，木质5瓣裂种子具膜质翅，长约9毫米，宽约6毫米。

产贡山、福贡、泸水、文山，生于海拔1600—2800米的常绿阔叶林或混交林中。西藏察瓦龙有分布。

种子繁殖，直播造林或育苗造林均可。

5.舟柄茶属 Hartia Dunn.

常绿灌木或乔木。冬芽不具芽鳞，藏于扩大呈舟状对折的叶柄内。叶革质，具锯齿或全缘；叶柄具宽翅，呈舟状对折。花单生或数花组成短总状花序，腋生；小苞片2，着生花萼基部；宿存；萼片5，宿存；花瓣5，白色或淡黄色，基部稍合生；雄蕊多数，花丝下半部合生成肉质管，基部与花瓣贴生；子房上位，5室，每室有胚株4—7，花柱1，先端常5浅裂。果为开裂的蒴果，扁球形或圆锥形，无毛，5瓣裂，有退化中轴残迹；种子双凸镜状，无翅或周围有狭翅。

本属约12种，分布于我国和越南北部。我国有11种，分布于西南、华南至华东。云南有3种。

分 种 检 索 表

1.萼片圆形，径4—5毫米，边缘具流苏状长腺齿 ……………… **1.云南舟柄茶 H. yunnanensis**
1.萼片长卵形，长1—1.5厘米，先端尖，边缘全缘或有疏锯齿。
  2.叶边缘疏生锯齿；幼枝、叶下面中脉和叶柄被平伏短柔毛，成叶下面无毛或近无毛（除中脉外），细脉网状 ……………………………………………… **2.舟柄茶 H. sinensis**
  2.叶全缘或近全缘；幼枝，叶下面中脉和叶柄被长柔毛，成叶下面被长柔毛，细脉密，平行伸展 ……………………………………………… **3.狭萼舟柄茶 H. densivillosa**

1.云南舟柄茶（中国高等植物图鉴）图30

Hartia yunnanensis Hu（1983）

H. yunnanensis Hu var. *gracilis* Yau（1981）

乔木，高达25米。小枝紫褐色，幼枝被灰色柔毛。叶革质，长圆状椭圆形，长8—16.5厘米，宽3.5—6.3厘米，先端急尖或短渐尖，基部圆形或宽楔形，边缘具疏锯齿，上面深绿色，沿中脉有短柔毛，下面淡绿色，幼时疏生柔毛，后仅中脉有毛，中脉在上面凹陷，下面隆起，侧脉和网脉两面隆起；叶柄长约1.5厘米，翅呈舟状对折，宽约3毫米，被灰色柔毛。花单生，淡黄色；花梗短，长2—5毫米，被灰色柔毛，苞片2，早落；萼片圆形，径4—5毫米，基部稍合生，外面被灰色绢毛，边缘具流苏状长腺齿。果圆锥形，长1.5—2厘米，径约1厘米，先端锥尖，基部具宿存反卷萼片，成熟时5裂；种子双凸镜状，褐色无毛，径3—4毫米。

产金平、屏边、麻栗坡，生于海拔900—2000米的混交林中。

种子繁殖。蒴果开裂后取出种子，随采随播。

散孔材。木材纹理直，结构甚细而均匀，木材强度大，重，干缩大，易开裂。可作电柱横档、算盘、秤杆、玩具、工艺美术品及家具等用材。

2.舟柄茶（中国高等植物图鉴）图30

Hartia sinensis Dunn（1902）

乔木，高达15米。小枝紫色，被灰色柔毛，二年来枝毛被多少宿存。叶革质，椭圆形长6—13厘米，宽2.5—5厘米，先端急尖或短渐尖，基部圆形，边缘软骨质，具疏锯齿，上面深绿色，无毛，略具光泽，下面黄绿色，幼时疏生柔毛，后仅沿中脉疏生白色丝状柔毛，中脉在上面凹，背面隆起，侧脉和网脉在上面微凹，下面凸起，下面脉腋有明显腋窝，具髯毛；叶柄长1—1.5厘米，翅宽约3毫米，被灰色柔毛。花单生，白色，径约3厘米；花梗长8—10毫米，被灰色柔毛；苞片2，椭圆形，长5—7.5毫米，被白色绢毛；萼片长卵形，长1—1.5厘米，宽7—9毫米，常带紫红色，先端急尖，边缘有疏锯齿，外面被绢状柔毛，里面疏生短柔毛；花瓣卵形，长1.5—1.8厘米，宽1—1.3厘米，先端圆形，外面被白色绢毛，基部稍合生；雄蕊长7—9毫米，花丝下半部合生成肉质短管，基部与花瓣贴生；子房卵形，长3—4毫米，无毛，花柱合生成柱状，长约5毫米。蒴果圆锥形，长1.5—2.5厘

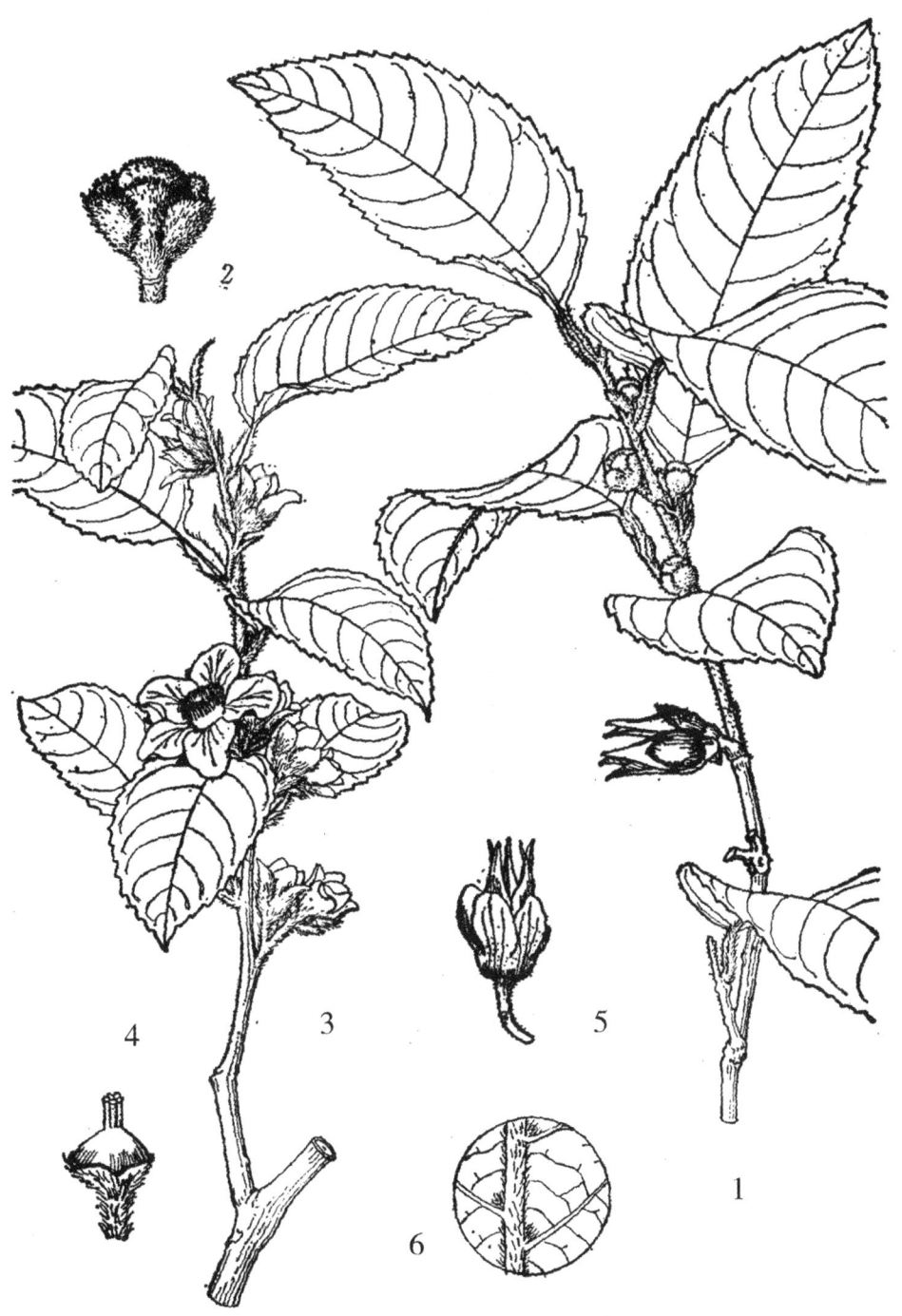

图30 云南舟柄茶和舟柄茶

1—2.云南舟柄茶 *Hartia yunnanensis* Hu

1.花及果枝 2.花蕾

3—6.舟柄茶 *H. sinensis* Dunn

3.花枝 4.雌蕊 5.果 6.叶下面放大

米，径9—12毫米，褐色，先端锥尖，成熟后5裂，基部具宿存苞片和萼片；种子双凸镜状，褐色，径4—6毫米，周围有不明显狭翅。

产腾冲、梁河、龙陵、凤庆、临沧、双江、澜沧、景东、普洱、元江和新平，生于海拔1600—2600米的常绿阔叶林或混交林中。

种子繁殖。

3.狭萼舟柄茶（中国高等植物图鉴补编）图24

Hartia densivillosa Hu（1935）

小乔木，高达5米。小枝棕褐色，幼枝密被黄色开展长柔毛。叶厚革质，长卵形，长6—7厘米，宽2.5—3.5厘米，先端钝急尖，基部圆形至浅心形，边缘全缘或先端有不明显的钝齿，上面深绿色，幼时疏生平伏柔毛，老叶仅沿中脉被毛，下面黄褐色，沿中、侧脉上被长柔毛，其余疏生平伏柔毛，中脉和侧脉在上面凹陷，下面极凸起，细脉平行，两面清晰；叶柄长1.5—2.5厘米，翅宽约3毫米，被开展长柔毛。花2—3组成短总状花序，腋生，序梗长4—5毫米；苞片狭披针形，长约1厘米，密被绒毛；小苞片狭披针形，长7—8毫米，外面和边缘密被绒毛；萼片长卵形，长约10毫米，宽约5毫米，顶端具长约1毫米的凸尖头，全缘，外面和边缘密被绒毛。

产富宁，生于海拔800米的沟谷林中。

6.核果茶属 Pyrenaria Bl.

乔木或灌木。叶纸质或革质，具锯齿。花单生叶腋，无梗或具短梗；小苞片2，与萼片相似，生于花萼基部，通常绿色、叶状；萼片5，不等大，果期宿存；花瓣通常5，基部稍合生；雄蕊多数，长约为花瓣的1/2，花丝基部多少合生并与花瓣基部贴生，花药"丁"字着生；子房上位，通常5室，每室有胚珠2，花柱分离。果为不开裂的核果；具5棱和5槽，先端凹陷，5浅裂，基部具宿存萼片；种子长圆形，压扁，无翅，种脐大。

本属约20种，分布于热带亚洲。我国有5—6种，分布于云南、广西和西藏。云南有3种。

分 种 检 索 表

1.叶基部楔形，多少下延。
　2.叶纸质；苞片和萼片披针形；果倒卵状长陀螺形 ·············**1.云南核果茶 P.garrettiana**
　2.叶革质；苞片和萼片卵形，果球形 ·····················**2.车里核果茶 P.cheliensis**
1.叶基浅心形或圆形；果长卵状圆锥状 ·····················**3.长核果茶 P.oblongicarpa**

1.云南核果茶（中国高等植物图鉴补编）矩叶核果茶、短萼核果茶（同上）图31

Pyrenaria garrettiana Craib（1924）

P. yunnanensis Hu（1938）

Sinopyrenaria yunnanensis（Hu）Hu（1956）

P. brevisepala Chang（1983）

小乔木，高6—7米。小枝圆柱形，幼枝密被淡棕色绒毛，叶纸质，椭圆形或长圆状椭圆形，长8—14.5厘米，宽3—5厘米，先端急尖或短渐尖，顶端钝，基部楔形，边缘具不明显细钝齿，多少下延，上面绿色，沿中脉密被短柔毛，其余无毛或近无毛，下面淡绿色，沿中脉密被平展柔毛，其余疏生平伏柔毛，中脉在上面凹陷，下面隆起，侧脉8—10对，边缘内弧形网结，侧脉和网脉在下面隆起；叶柄长5—10毫米，密被绒毛。花白色，花梗长约5毫米，密被绒毛；苞片2，披针形或卵状披针形，长1—1.5厘米，绿色，叶状，先端钝，外面被平伏柔毛，里面无毛或近无毛；萼片5，狭三角状披针形，长1—1.2厘米，宽约5毫米，上部边缘疏生腺齿，先端钝，反卷，绿色，叶状，外面密被绒毛；花瓣5，近圆形，径1—1.4厘米，外面密被淡黄色绢毛，基部合生达2毫米；雄蕊长7—8毫米，花丝无毛，基部合生成短管，与花瓣基部贴生；子房密被绒毛，先端5浅裂，花柱5，离生，下半部多少被毛。核果倒卵状长陀螺形，长3.5—4厘米，径约2.5厘米，向下渐狭伸长，基部具宿萼，先端凹陷，外面多少有残存毛，5室；种子长圆形，压扁，长约2厘米，宽约9毫米，具栗色光泽。

产勐海、澜沧、勐连、沧源，生于海拔1300—2000米的杂木林中。分布于泰国北部。

种子繁殖，育苗造林。苗木出土后设荫棚遮阴。

2.车里核果茶（中国高等植物图鉴补编）图32

Pyrenaria cheliensis Hu（1938）

Sinopyrenaria cheliensis（Hu）Hu（1956）

Pyrenaria menglaensis G. D. Tao（1983）

乔木，高7—10米。小枝圆柱形，幼枝被黄色绒毛。叶革质，倒卵状椭圆形或倒卵状披针形，长16—24（33）厘米，宽6—10（14）厘米，先端钝渐尖或急尖，基部楔形，边缘具锯齿，两面黄绿色，上面沿中脉和侧脉被短柔毛，下面疏生平伏柔毛，中脉上毛被较密，中脉在上面凹陷，下面极隆起，侧脉和网脉在上面清晰或微凹，下面隆起；叶柄长约1厘米，被黄色绒毛。花白色，花梗长约9毫米，被绒毛；苞片2，卵状披针形，长约1厘米，外面被柔毛；萼片5—6，卵形，长达2厘米，外面被绒毛；花瓣7—9，外面被绢毛；花丝基部多少合生并与花瓣基部贴生；子房密被绒毛，先端5浅裂，花柱离生，5—6，基部被绒毛。核果球形，径3.5—5（8）厘米，先端凹，5—6浅裂，具花柱残迹，基部具宿萼；种子压扁，长约13毫米，宽约6毫米，栗色，具光泽。

产景洪、勐腊、勐海，生于海拔720—1800米的林中。

种子繁殖，育苗造林。注意随采随播。

3.长核果茶（中山大学学报）图32

Pyrenaria oblongicarpa Chang（1983）

乔木，高达10米。小枝圆柱形，幼枝被绒毛，后变无毛。叶纸质，倒卵形或倒卵状披针形，长14—21厘米，宽5—8（11）厘米，先端急尖或短尾尖，具钝头，基部浅心形或圆形，边缘疏生钝锯齿，上面绿色，干后变淡棕色，无毛，下面淡绿色，疏生平伏柔毛，两面具小疣突，中脉在上面凹陷，下背极隆起，侧脉11—13对，在上面平而略显，下面明显隆起；叶柄短，长5—7毫米，被绒毛。果长卵状圆锥状，长4.5—7厘米，下部径2.5—3.5厘米，向上渐狭，先端凹陷，5浅裂，具5残存花柱；种子长圆形，压扁，长2.5—3厘米，褐

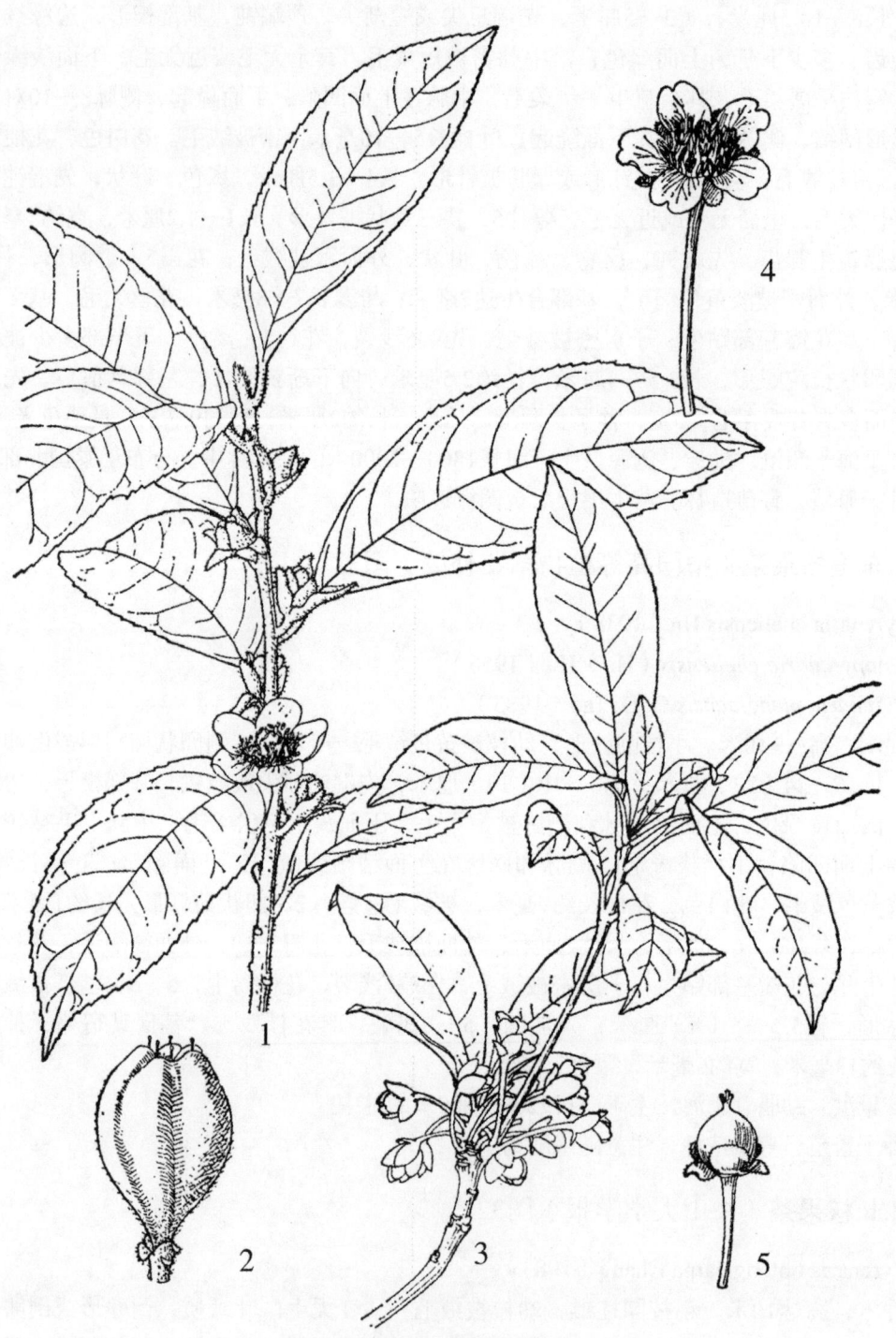

图31 云南核果茶和尖叶厚皮香

1—2.云南核果茶 *Pyrenaria garrettiana* Craib

1.花枝 2.果

3—5.尖叶厚皮香 *Ternstroemia gymnanthera*（Wight et Arn.）Sprague var. *wightii*（Choisy）H.-M.

3.花枝 4.花 5.果

图32 车里核果茶和长核果茶

1.车里核果茶*Pyrenaria cheliensis* Hu果枝

2.长核果茶 *P. oblongicarpa* Chang果枝

色，具光泽；果近无梗。

产屏边、马关，生于海拔700—800米的沟谷常绿阔叶林中。

种子繁殖，苗床地选择在近水、较阴湿的地方，土壤须肥沃深厚。

7.厚皮香属 Ternstroemia Mutis ex Linn. f.

常绿乔木或灌木。叶互生，常密集排列在小枝顶端，呈假轮生状，革质，全缘或具钝圆齿。花单生上部叶腋或数花簇生，具梗；小苞片2，紧接花萼之下；萼片5，覆瓦状排列，基部稍合生，宿存；花瓣5，覆瓦状排列，基部合生；雄蕊多数，花丝贴生于花瓣基部，花药长圆形，药隔伸出或不伸出；子房上位，2—3或4室，每室有胚珠2或多数，花柱先端2—3或4浅裂，柱头头状。果球形或卵形，不开裂；种子肾状长圆形，压扁。

本属约100种，间断分布于亚洲、中南美洲和非洲。我国约11种，分布于长江以南各省区。云南有6种。

1.厚皮香（植物名实图考）

Ternstroemia gymnanthera（Wight et Arn.）Sprague（1923）

Cleyera gymnanthera Wight et Arn.（1834）

灌木或小乔木，高可达15米。小枝紫褐色，无毛，具条纹，老枝灰白色，具突起小皮孔。叶革质，倒卵形、倒卵状长圆形或倒披针形，长5—9厘米，宽1.5—3.5厘米，先端急尖或渐尖，基部楔形，全缘，上面深绿色，干后常变褐色，下面淡绿色，干后呈红棕色，两面无毛，中脉在上面凹陷，下面隆起，侧脉通常不显；叶柄长8—12毫米，上面具槽。花单生上部叶腋，乳黄色，径1.5—1.8厘米，芳香，花梗长1—1.5厘米；小苞片卵形或卵状披针形，长约2毫米；萼片卵形或卵圆形，长3.5—4.5毫米，先端圆形，边缘有腺体；花瓣倒卵形，长7—10毫米，先端圆形或凹入；花药长圆形，与花丝等长，长约2毫米，药隔不伸出；子房球形，花柱先端2裂，柱头头状。果球形，径1—1.5厘米。

产镇雄、马关，生于海拔1750—2300米的林中。四川东部、贵州、广西、广东、海南、湖南、湖北、江西、福建、台湾、浙江、安徽均有分布；中南半岛、印度、马来西亚、菲律宾和日本也有。

种子繁殖。果实去肉洗净后荫干收藏。育苗造林。

散孔材。木材红褐色，心边材区别多不明显；有光泽，无特殊气味和滋味。干燥时有翘曲现象；切削不难，切面光滑；胶黏容易，握钉力中等。木材细致，带红色，为家具、雕刻、仪器箱、秤杆、船舶、房屋建筑、胶合板等用材。

1a.齿叶厚皮香（变种）　阔叶厚皮香（中国高等植物图鉴补编）图31

var. wightii（Choisy）Hand.-Mazz.（1931）

Cleyera wightii Choisy（1855）

Ternstroemia japonica Thunb. var. *wightii*（Choisy）Dyer（1874）

T. parvifolia Hu（1938）

与原变种的区别是叶边缘明显有锯齿，侧脉两面略隆起。

产宜良、马龙、寻甸、嵩明、昆明、富民、禄劝、武定、楚雄、大姚、祥云、下关、大理、漾濞、剑川、鹤庆、丽江、永胜、永平、腾冲、昌宁、凤庆、镇康、临沧、双江、澜沧、勐海、景洪、勐腊、普洱、景东、元江、双柏、峨山、玉溪、通海、屏边、麻栗坡、文山，生于海拔（760）1100—2700米的常绿阔叶林中和云南松林下。四川西南部有分布。

该变种广布全省，过去不少学者均误定为种，其实二者容易区分和识别。

种及变种均花色绚丽芳香，为民间喜爱的观赏花卉。

8. 杨桐属 Adinandra Jack.

常绿乔木或灌木。叶互生，革质。花单1或2—3腋生；小苞片2，宿存或早落；萼片5，覆瓦状排列，内凹，宿存；花瓣5，宿瓦状排列，基部合生；雄蕊多数，1—5轮，与花瓣基部贴生，花丝有毛或无毛，花药长圆形，被毛，稀无毛，药隔伸出；子房被毛或无毛，3—5室，每室有胚珠多数，稀较少，花柱1，宿存，先端3—5浅裂。果不开裂；种子多数至少数，通常小，暗褐色，有光泽，具蜂窝状凹点，胚内折。

本属约80种，间断分布于亚洲和非洲热带、亚热带地区。我国约15种，分布于长江以南各省区，以广东、广西和云南种类较为集中。云南有6种。

分 种 检 索 表

1.子房和果被绢状绒毛；叶下面无褐色点子。
  2.花柱无毛；小苞片宿存；叶下面被平伏柔毛，沿中脉和边缘毛被较密，并伸出边缘之外 …… 1.阔叶杨桐 A. latifolia
  2.花柱被柔毛直达顶端；小苞片早落或宿存。
    3.叶长达28.5厘米，宽4—8.5厘米，边缘有锯齿，上面沿中脉有柔毛；叶柄长1—1.5厘米 …… 2.大叶杨桐 A. megaphylla
    3.叶长不过13厘米，宽在4厘米以下，全缘，上面中脉无毛；叶柄长5—6毫米。
      4.幼枝，叶柄和花梗被开展长柔毛，叶下面密被长柔毛，并伸出边缘之外；花梗4—6毫米；小苞片宿存；花瓣外面无毛 …… 3.粗毛杨桐 A. glischroloma var. hirta
      4.幼枝、叶柄和花梗被紧贴短柔毛；叶下面疏生平伏柔毛或近无毛，毛被不伸出边缘之外；花梗长2—3厘米；小苞片早落；花瓣外面被绢毛 …… 4.长梗杨桐 A. longipedicellata
1.子房和果无毛，花柱无毛；叶下面有褐色点子。
  5.幼枝、叶柄和花梗疏生平伏柔毛；叶长圆状披针形，全缘，上面侧脉不显；萼片圆形，径约1.5毫米，边缘具睫毛 …… 5.屏边杨桐 A. pinbianensis
  5.幼枝、叶柄和花梗无毛；叶长圆状椭圆形，边缘有锯齿，上面侧脉明显隆起；萼片宽卵形，长约4毫米，边缘有腺体和睫毛 …… 6.腺叶杨桐 A. nigrograndulosa

1.阔叶杨桐　阔叶黄瑞木（中国高等植物图鉴补编）图34

Adinandra latifolia Hu ex L. K. Ling（1983）

乔木，高达15米。幼枝密被黄色紧贴柔毛，二年生枝灰褐色，毛被多少宿存；顶芽密被黄色绢毛。叶革质，长圆形，长16.5—20.5厘米，宽4.5—6.5厘米，先端渐尖或长渐尖，基部宽楔形，全缘而多少反卷，上面绿色，无毛，下面黄褐色，被平伏柔毛，沿中脉和近边缘毛被较密，并伸出边缘之外，中脉在上面极凹陷，下面隆起，侧脉密，26—30对，两面隆起，网脉两面略隆起；叶柄长约5毫米，粗壮，密被黄色柔毛。花单1或成对生于上部叶腋，白色，花梗长5—8毫米，密被黄色柔毛；小苞片三角状卵形，长约5毫米，外面密被柔毛，里面无毛，宿存；萼片宽卵形，长约10毫米，宽7.5—8.5毫米，急尖，外面被黄色柔毛，里面无毛，宿存；花瓣卵形，长约7毫米，宽约5毫米，外面中部被绢毛，近边缘无毛；雄蕊2轮，长约4.5厘米，花药和花丝背部有柔毛，花丝长约1毫米，花药长圆形，长约3毫米，药隔钻形伸出，长约0.5毫米；子房密被黄色绒毛，3室，花柱长约4毫米，无毛、果球形，径约1.5厘米，外面被毛；种子长约1毫米，具栗色光泽。

产贡山，生于海拔1300—1400米的常绿阔叶林中。

种子繁殖。果实去肉洗净阴干后可播种。

2.大叶杨桐（云南种子植物名录） 大叶红淡（中国高等植物图鉴）、大叶黄瑞木（中国高等植物图鉴补编）图33

Adinandra megaphylla Hu（1935）

乔木，高达20米。幼枝圆柱形，密被紧贴锈色柔毛，老枝灰褐色；顶芽密被锈色绢毛。叶革质，长圆状披针形，长14—28厘米，宽4—8.5厘米，先端渐尖，基部圆形至宽楔形，边缘具细锯齿，外卷，上面绿色，干后变褐色，沿中脉被短柔毛，其余无毛，下面黄绿色，干后变棕褐色，疏生平伏柔毛，沿中脉毛被较密，中脉在上面极凹陷，下面隆起，侧脉细密，22—26对，水平伸展，两面隆起，网脉不显；叶柄长1—1.5厘米，密被锈色柔毛，上面具槽。花单生叶腋，花梗长2—4厘米，被柔毛；小苞片长圆形，长6—7毫米，宽约3毫米，两面被毛；萼片宽卵形，长11—13厘米，宽8—10厘米，急尖，外面被黄色绢毛，里面无毛；花瓣椭圆状卵形，长约13毫米，宽约7毫米，外面中部被绢毛，近边缘无毛，上部边缘有3—4小齿，基部合生；雄蕊长约6毫米，花丝短，无毛，花药长4毫米，背部被柔毛；子房密被绒毛，5室，花柱长约9毫米，被毛，先端5浅裂。果球形，径约2厘米，被毛；种子斜卵形，长约1.3毫米，具光泽。

产屏边、河口、马关、麻栗坡、西畴、富宁，生于海拔1200—1900米的常绿阔叶林或混交林中。广西南部有分布；越南北部也有。

种子繁殖。苗床应于播前筑好，床面土壤须平整、细碎。苗木出土后应设荫棚。

3.粗毛杨桐 粗毛黄瑞木（中国高等植物图鉴补编）、粗毛亮叶杨桐（云南种子植物名录）图34

Adinandra hirta Gagnep.（1942）

A. glischroloma H. -M. var. *hirta*（Gagnep.）Kobuski（1952）

乔木，高达25米。幼枝密被开展长硬毛，毛长约3毫米，二年长枝毛被多少宿存；顶芽密被锈色绢毛。叶革质，长圆状披针形，长8—13厘米，宽3—4.5厘米，先端渐尖，基

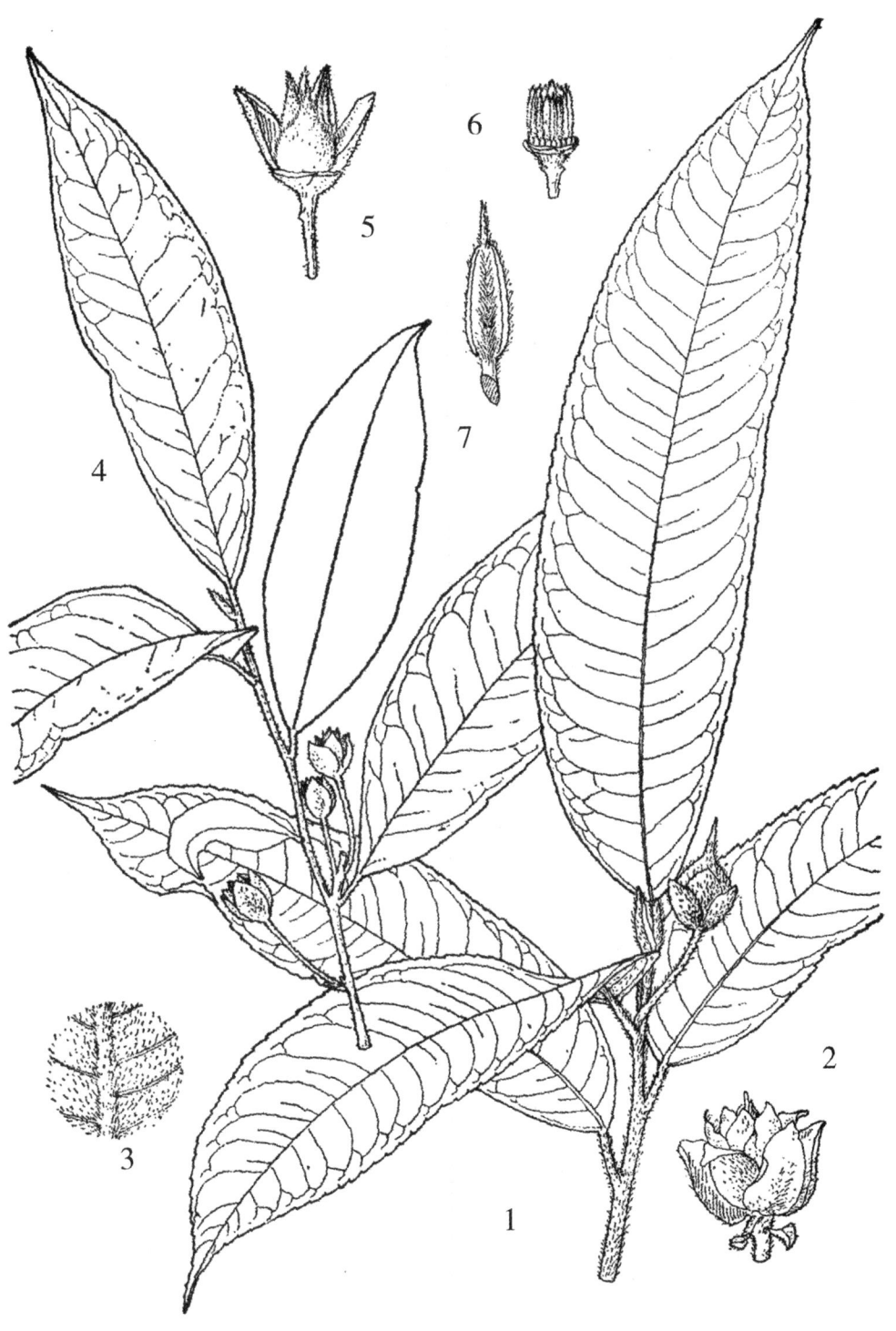

图33　大叶杨桐和长梗杨桐

1—3.大叶杨桐 *Adinandra megaphylla* Hu

1.果枝　2.花　3.叶背放大

4—7.长梗杨桐 *A. longipedicellata* Hu

4.花枝　5.花　6.雄蕊群　7.雄蕊放大

图34 粗毛杨桐和阔叶杨桐
1—4.粗毛杨桐 *Adinandra hirta* Gagnep.
1.果枝 2.花 3.雄蕊 4.子房
5—6.阔叶杨桐 *Adinandra latifolia* Hu
5.果枝 6.果

部圆形，全缘，上面具光泽，无毛，下面密被糙伏毛，沿中脉和边缘毛被较密，伸出边缘之外，中脉在上面凹陷，下面隆起，侧脉和网脉两面略凸；叶柄长5—6毫米，被开展长硬毛。花单1或2—3簇生上部叶腋，花梗长4—6毫米，被开展长硬毛；苞片卵状三角形，长约4毫米，急尖，外面被平伏硬毛，宿存；萼片卵形，长8—9毫米，宽约5毫米，先端尖，外面被平伏硬毛，里面无毛；花白色，花瓣长卵形，长10—11毫米，宽约5毫米，先端钝，两面无毛，基部合生；雄蕊长约8毫米，被微硬方，花丝长约3.5毫米，花药长圆形，长约3毫米，药隔钻形伸长；子房卵状圆形，密被毛，花柱长约7毫米，毛被几达顶端。

产蒙自、金平、屏边、河口、文山、西畴、麻栗坡，生于海拔1150—1900米的常绿阔叶林或混交林中。分布于越南北部。

种子繁殖。苗圃地应近水源，果实采集后应去肉洗净保存。

4. 长梗杨桐　图33

Adinandra longipedicellata Hu ex L. K. Ling（1983）

乔木，高达15米。幼枝被锈色紧贴柔毛，二年生枝无毛；顶芽被锈色绢毛。叶革质，长圆形或长圆状披针形，长8.5—12.5厘米，宽3—3.5厘米，先端渐尖，顶端钝，基部宽楔形，全缘，下面深绿色，无毛，有光泽，下面淡绿色，疏被平伏柔毛，上面中脉凹陷，下面隆起，侧脉和网脉两面隆起；叶柄长约5毫米，疏生短柔毛。花单1或2—3簇生上部叶腋，花梗长2—3厘米，疏生短柔毛；小苞片早落；萼片卵形，长10—11毫米，宽约8毫米，外面疏生短柔毛，里面无毛，边缘疏生腺体；花瓣卵形，长约9毫米，宽约6毫米，外面中部有绢毛，近边缘无毛；雄萼长约5毫米，花丝短，长约1毫米，无毛，花药长圆形，被柔毛，药隔伸出；子房密被白色绒毛，花柱长约5毫米，密被绒毛。果近球形，径1.2—1.4厘米，被毛。

产沧源、孟连、勐海、景洪、元阳，生于海拔760—1600米的常绿阔叶林中。

种子繁殖，随采随播。

5. 屏边杨桐　屏边黄瑞木（中国高等植物图鉴补编）图35

Adinandra pinbianensis L. K. Ling（1983）

乔木，高达25米。幼枝疏生紧贴黄色柔毛，二年生枝无毛，黑褐色；顶芽密被黄色绢毛。叶革质，长圆形或长圆状披针形，长8.5—12.5厘米，先端尾尖，具钝头，基部宽楔形，全缘，上面无毛，具光泽，下面疏糙伏毛，毛被脱落后残留有褐色点状基座，中脉在上面凹陷，下面隆起，侧脉在上面不显，下面隆起；叶柄长约1厘米，被柔毛。花2—3腋生；小苞片早落；萼片近圆形，径约1.5毫米，两面无毛或有时外面基部疏生柔毛，边缘具睫毛；花瓣倒卵形，长约6毫米，宽约4毫米，无毛；雄蕊长约4.5毫米，花丝上半部和花药被长柔毛，花丝长约3毫米，花药卵形，长约1毫米，花药伸出；子房扁球形，无毛，花柱长约3毫米，先端3浅裂。果球形，径4—5毫米，褐色；种子倒卵形，长约1毫米，具光泽。

产屏边，生于海拔1260—1300米的林中。

种子繁殖。

6.腺叶杨桐　腺叶黄瑞木（中国高等植物图鉴补编）图35

Adinandra nigroglandulosa L. K. Ling（1983）

乔木，高达10米。幼枝褐色无毛；顶芽被黄色绢毛。叶革质，长圆状椭圆形，长9—15厘米，宽3.5—5.5厘米，先端尾尖或短尾尖，基部宽楔形或近圆形，边缘具细圆齿，上面无毛，具小疣突，下面疏生微硬毛，毛被脱落后常残留褐色腺点状基座，中脉在上面凹陷，下面隆起，侧脉纤细而密，24—28对，两面隆起，叶柄长1—2厘米，有稀疏柔毛。花2—3腋生，花梗长约1厘米，无毛；小苞片早落；萼片宽卵形，长约4毫米，外面基部疏生柔毛，里面无毛，边缘有腺体和睫毛；花瓣宽卵形，长约5毫米，宽约3.5毫米，无毛；雄蕊长约4毫米，花丝无毛，花药卵形，长约1毫米，被柔毛，药隔伸出；子房球形，无毛，花柱先端3浅裂。果径6—6.5毫米，无毛。

产河口、麻栗坡、西畴，生于海拔1300—1700米的阔叶林中。

种子繁殖。

9.红淡比属　Cleyera Thunb.

常绿灌木或小乔木。顶芽大，无毛。叶革质，全缘或具疏钝齿。花两性，单生或数花簇生叶腋；花梗先端有小苞片2，互生，早落；萼片5，覆瓦状排列，边缘具睫毛，花瓣5，覆瓦状排列，开花时反折，基部合生；雄蕊约25，花丝基部与花瓣贴生，花药被长柔毛；子房2—3室，胚珠多数，花柱伸长，先端2—3浅裂。果为浆果状，长卵形或近球形；种子多数，胚乳薄，胚弯生。

本属约25种，间断分布于东亚和中美洲。我国有9种，分布于西南、华南至华东。云南省2种。

凹脉红淡比（中国高等植物图鉴补编）图36

Cleyera incornuta Y. C. Wu（1940）

小乔木，高达7米。幼枝绿色，圆柱形，无毛；顶芽无毛。叶革质，长圆形或长圆状披针形，长9—12厘米，宽2.5—3.5厘米，先端渐尖或尾状渐尖，基部楔形，边缘上半部有疏钝齿，常反卷，上面深绿色，无光泽，下面黄绿色，两面无毛，中脉在上面平，下面隆起，侧脉不显；叶柄长1.2—1.8厘米，无毛，上面具槽。花单1或2—3簇生叶腋，花梗长1—1.4厘米，粗壮，无毛；小苞片2，早落；萼片宽卵形，长3—4毫米，宽3—3.5毫米，先端圆形，两面无毛，边缘具睫毛；花瓣长圆形，长10—12毫米，宽约5毫米，先端圆形，无毛；雄蕊长约8毫米，花丝无毛，花药卵形，长约1.5毫米，疏生长柔毛，药隔伸出，长约0.5毫米；子房球形，径3—3.5毫米，无毛，2—3室，花柱长约6.5毫米，无毛，先端2—3浅裂。果球形，径7—10毫米，紫褐色；种子黑褐色，卵状圆形，径约2毫米，具光泽，表面有蜂窝状凹点。

产西畴、广南，生于海拔1500—1630米的常绿阔叶林中。贵州东南部和广西北部有分布。

图35　屏边杨桐和腺叶杨桐

1—3.屏边杨桐 *Adinandra pinbianensis* Ling

1.花枝　2.花　3.雄蕊

4—5.腺叶杨桐 *A. nigrograndulosck* L. K. Ling

4.果枝　5.叶背放大

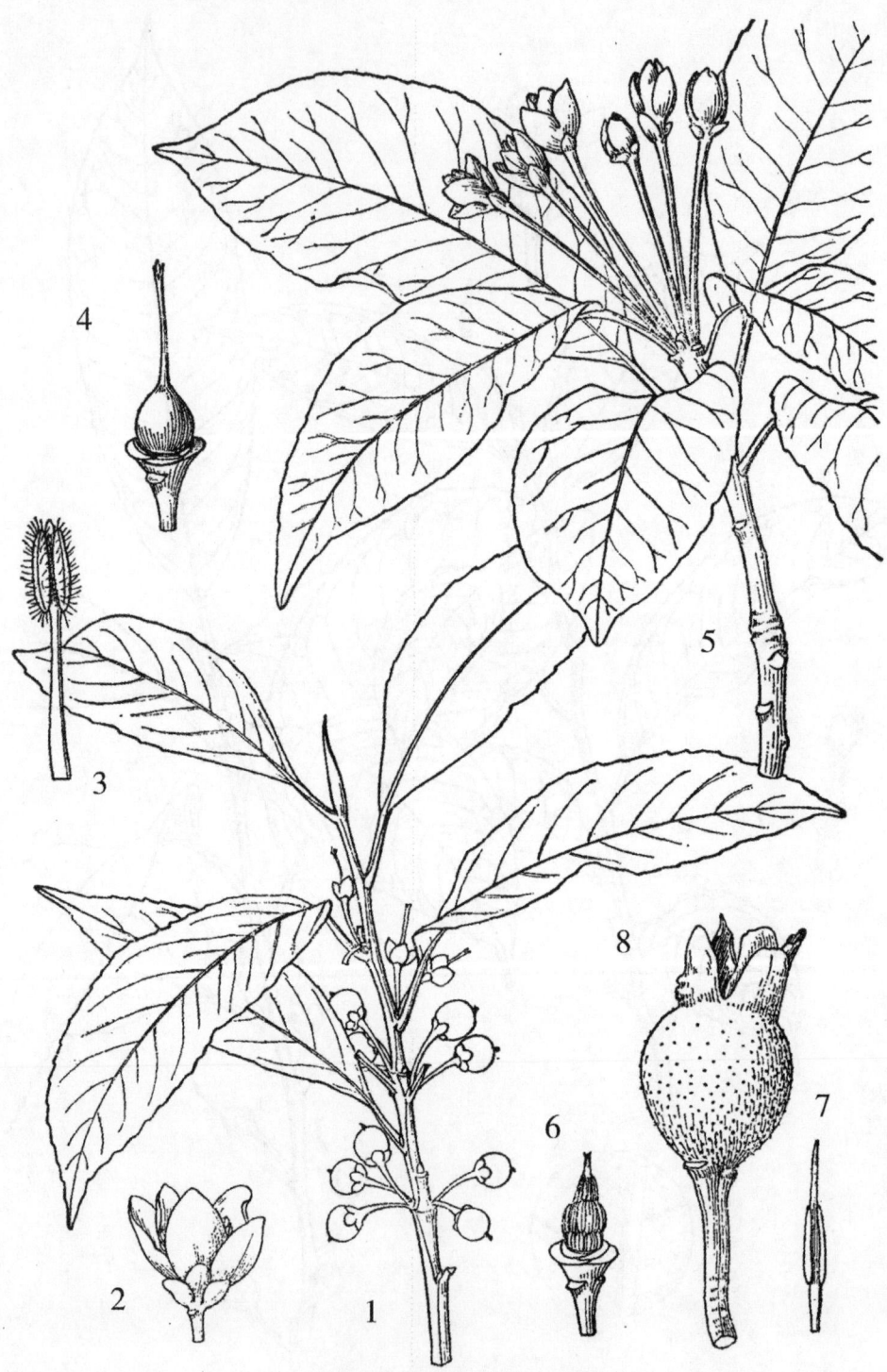

图36 凹脉红淡比和茶梨

1—4.凹脉红淡比 *CJeyera incornuta* Wu

1.果枝 2.花 3.雄蕊 4.雌蕊

5—8.茶梨 *Anneslea fragrans* Wall.

5.花枝 6.雄蕊群 7.雄蕊 8.果

种子繁殖。

10. 茶梨属 Anneslea Wall.

常绿乔木或小乔木。叶革质，全缘或具齿。花较大，单生叶腋或密集排列于小枝近顶端组成伞形花序式；花梗较长，先端有小苞片，宿存；萼片5，覆瓦状排列，基部合生成杯状，与子房下半部贴生，宿存；花瓣5，覆瓦状排列，基部合生；雄蕊多数，花丝基部与花瓣贴生，药隔通常伸长；子房半下位，埋藏于杯状下凹的花托中，2—3室，每室有少数胚珠，由室顶下垂，花柱先端3浅裂。果下位，浆果状，近球形，果皮近木质，上部冠以宿存萼片，2—3室，每室有1—3种子；种子有假种皮，胚弯生。

本属约4种，分布于热带亚洲，自我国南部和东南部分布到中南半岛至苏门答腊。我国有2种，分布于西南、华南至华东。云南1种。

茶梨（中国高等植物图鉴）图36

Anneslea fragrans Wall.（1829）

乔木，高达20米。小枝粗壮，圆柱形，无毛，灰褐色；顶芽卵形，无毛。叶革质，常密集于小枝近顶端，长圆形或长圆状披针形，稀椭圆形，长8—15（18）厘米，宽3—5（8）厘米，先端急尖或钝，稀圆形，基部楔形，边缘上部具波状浅齿，常多少反卷或略呈皱波状，上面深绿色，无光泽或略具光泽，下面淡绿色，具褐色腺点，两面无毛，中脉在叶面微凹，下面隆起，侧脉10—12对，两面略隆起，有时不显；叶柄长2—3.5厘米，无毛。花密集排列于小枝近顶端，呈伞形花序状，花乳白色，花梗长（2）3—6厘米，粗壮，径2—3毫米，无毛；小苞片宽卵形或三角形，长4—4.5毫米，宽约3毫米，先端急尖，边缘有腺体，两面无毛；萼片卵状圆形，长1—1.5厘米，革质，边缘膜质，具腺体，无毛；花瓣长约2厘米，下部合生成管，长5—7毫米，中部缢缩，上部宽卵形，宽5—6毫米，先端渐尖或急尖；雄蕊长12—15毫米，花丝长约5毫米，基部与花冠管贴生，花药线形，长5—7毫米，药隔针状伸长，长2—3毫米；子房半下位，2—3室，花柱长1.5—2厘米，先端2—3裂。果半下位，中部以下与萼筒合生，近球形，径约2.5厘米，稀达4厘米，上部冠以宿存萼片，2—3室；种子长圆形，长9—10毫米，径约5毫米，种皮乳白色。

产瑞丽、陇川、腾冲、芒市、龙陵、凤庆、镇康、耿马、沧源、澜沧、勐海、景洪、勐腊、普洱、景东、元江、新平、双柏、峨山、绿春、石屏、建水、蒙自、金平、屏边、西畴，生于海拔（700）1100—2000米的常绿阔叶林或混交林中。贵州、广西、广东西北部和江西南部有分布；缅甸、泰国、老挝和越南北部也有。

种子繁殖。

11. 柃属 Eurya Thunb.

常绿灌木或小乔木。小枝圆柱形或2—4棱。叶互生，常呈二列状，通常具齿。花单性，异株，较小，1至数花腋生；小苞片2，紧连萼片之下；萼片5，覆瓦状排列，宿存；

花瓣5，覆瓦排状排列，基部稍合生；雄蕊5—28（35），花丝基部与花瓣稍连生，花药无分格或有2—9分格，药隔伸出，雌花无退化雄蕊；子房上位，有毛或无毛，3—5室，每室有胚珠3—60，花柱3—5，分离或不同程度合生，雄花有退化子房。浆果球形或卵形；种子小，褐黑色，具蜂窝状纹饰，胚弯曲。

本属约140种，分布于亚洲东部、东南部至夏威夷群岛。我国约80种，分布于长江以南各省区。云南有34种和2变种。

分 种 检 索 表

1.幼枝和顶芽被毛。
  2.子房和果显著被毛。
    3.幼枝被开展长柔毛，花柱5深裂 ……………………………………1.华南毛柃 E. ciliata
    3.幼枝被短柔毛，花柱3浅裂 ……………………………… 2.毛果柃 E. trichocarpa
  2.子房和果无毛。
    4.幼枝密被开展长柔毛；花柱3裂 …………………………………… 3.岗柃 E. groffii
    4.幼枝被短柔毛。
      5.花柱5裂。
        6.叶侧脉在上面显著凹陷；萼片外面有短柔毛；花柱5深裂；果球形 ……………
        ……………………………………… 4.大叶五室柃 E. guinquelocularis
        6.叶侧脉在上面不凹陷；萼片外面无毛；花柱5浅裂；果卵形 ……5.桃叶柃 E. pruifolia
      5.花柱3裂。
        7.叶基部不对称心形 ………………………………………… 6.云南柃 E. obliquifolia
        7.叶基部楔形至宽楔形。
          8.叶几全缘或近先端有疏齿；子房初时略有稀疏柔毛，很快变无毛 ……………
          ………………………………………………………… 7.樱叶柃 E. cerasifolia
          8.叶边缘密生锯齿；子房无毛。
            9.幼枝圆柱形；花药无分格 ………………………………… 8.滇西柃 E. tsaii
            9.幼枝2棱；花药具分格 ………………………………… 9.景东柃 E. jintungensis
1.幼枝和顶芽无毛。
  10.幼枝有棱。
    11.幼枝具4棱。
      12.叶上面侧脉显著凹陷，边缘具细密小圆齿。
        13.叶纸质，长圆状椭圆形，长6—11厘米，先端渐尖；叶柄长5—8毫米；萼片边缘
          有腺体 ………………………………………… 10.凹脉柃 E. impresinervis
        13.叶革质，长圆形，长12—15厘米，先端长尾尖；叶柄长1—1.5厘米；萼片边缘
          无腺体 ……………………………………… 11.贡山柃 E. gungshanensis
      12.叶上面侧脉不显，边缘锯齿略疏而尖锐，叶长8—11厘米；叶柄长约5毫米；萼片
        边缘无腺体 ……………………………… 12.滇四角柃 E. paratetragonoclada
    11.幼枝具2棱。

14.果卵形，长达13毫米；萼片外面有短柔毛，边缘具睫毛 ……………………………… **13.大果柃 E. chukiangensis**

14.果球形，径3—5毫米。

15.萼片外面无毛，边缘具腺体，子房无毛 ………… **14.云南凹脉柃 E. cavinervis**

15.萼片外面被短柔毛，边缘有睫毛；子房初时有稀疏柔毛 …………………………… **15.坚桃叶柃 E. persicaefolia**

10. 幼枝圆柱形；叶基部楔形，边缘上部有锯齿；雄蕊33—35 …… **16.大花柃 E. magniflora**

1.华南毛柃（植物分类学报）图37

Eurya ciliata Merr.（1923）

灌木或小乔木，高达10米。幼枝圆柱形，密被黄褐色开展长柔毛，二年生枝毛被多少宿存。叶革质，长圆状披针形，长（5）7—12厘米，宽（1.5）2—3厘米，先端长渐尖，基部圆形或近心形，偏斜，边缘上半部有疏齿或近全缘，常反卷，上面绿色，有金黄色腺点，无毛，有光泽，下面沿中脉密被开展长柔毛，其余被平伏柔毛，中脉在上面凹陷，下面隆起，侧脉在上面不显或微凹，下面隆起；叶柄长1—2毫米，被长柔毛。雄花1—3腋生，花梗长约1毫米，被柔毛；小苞片2，卵形，长约1毫米；萼片宽卵形，干后褐色，长2—2.5毫米，先端钝或圆形，外面密被柔毛；花瓣长圆形，长4—4.5毫米；雄蕊22—28，花丝长约2.5毫米，花药长圆形，长约1毫米，具5—8分格，退化子房略被毛；雌花1—3腋生；花梗长约1毫米，被柔毛；萼片与雄花同形而略小；花瓣披针形，长3—4毫米；子房卵形，密被长柔毛，花柱长4—5毫米，（4）5深裂，无毛。果球形，径6.5—7毫米，被黄褐色长柔毛。

产屏边、河口，生于海拔100—1300米的常绿阔叶林中。广西南部和海南有分布，越南北部也有。

种子繁殖，随采随播。

2.毛果柃（植物分类学报）图38

Eurya trichocarpa Korthals（1840）

灌木或小乔木，高达7米。幼枝圆柱形，被短柔毛，二年生枝褐色，无毛。叶薄革质，狭长圆形或倒披针形，长5—10厘米，宽1.5—2.8厘米，先端尾尖，具钝头，基部宽楔形，边缘具胼胝质浅锯齿，上面深绿色，无毛，有光泽，下面黄绿色，有稀疏短柔毛，中脉在上面凹陷，下面隆起，侧脉在上面不显，下面多少隆起；叶柄长2—4毫米，被短柔毛，上面具槽。雄花1—4腋生，花梗长约3毫米，被短柔毛；小苞片卵形，长约0.7毫米，被短柔毛；萼片圆形，径1.5—2毫米，外面疏生短柔毛，边缘具睫毛；花瓣长圆形，长4—4.5毫米，宽1.5—2毫米，基部合生，无毛；雄蕊13—16，长约3毫米，花丝长约1.5毫米，花药长圆形，具5—6分格，先端药隔伸出；退化子房圆锥形，被短柔毛；雌花1—2腋生，花梗长1.5—2毫米，被短柔毛；小苞片卵形，长约0.5毫米，外面被短柔毛；萼片圆形，径约1毫米，先端具胼胝质硬尖头，外面疏生短柔毛，边缘具睫毛；花瓣长圆状披针形，长2—2.5毫米，宽约1毫米，无毛，基部合生；子房被短柔毛，花柱长约3毫米，先端3浅裂，臂外卷，

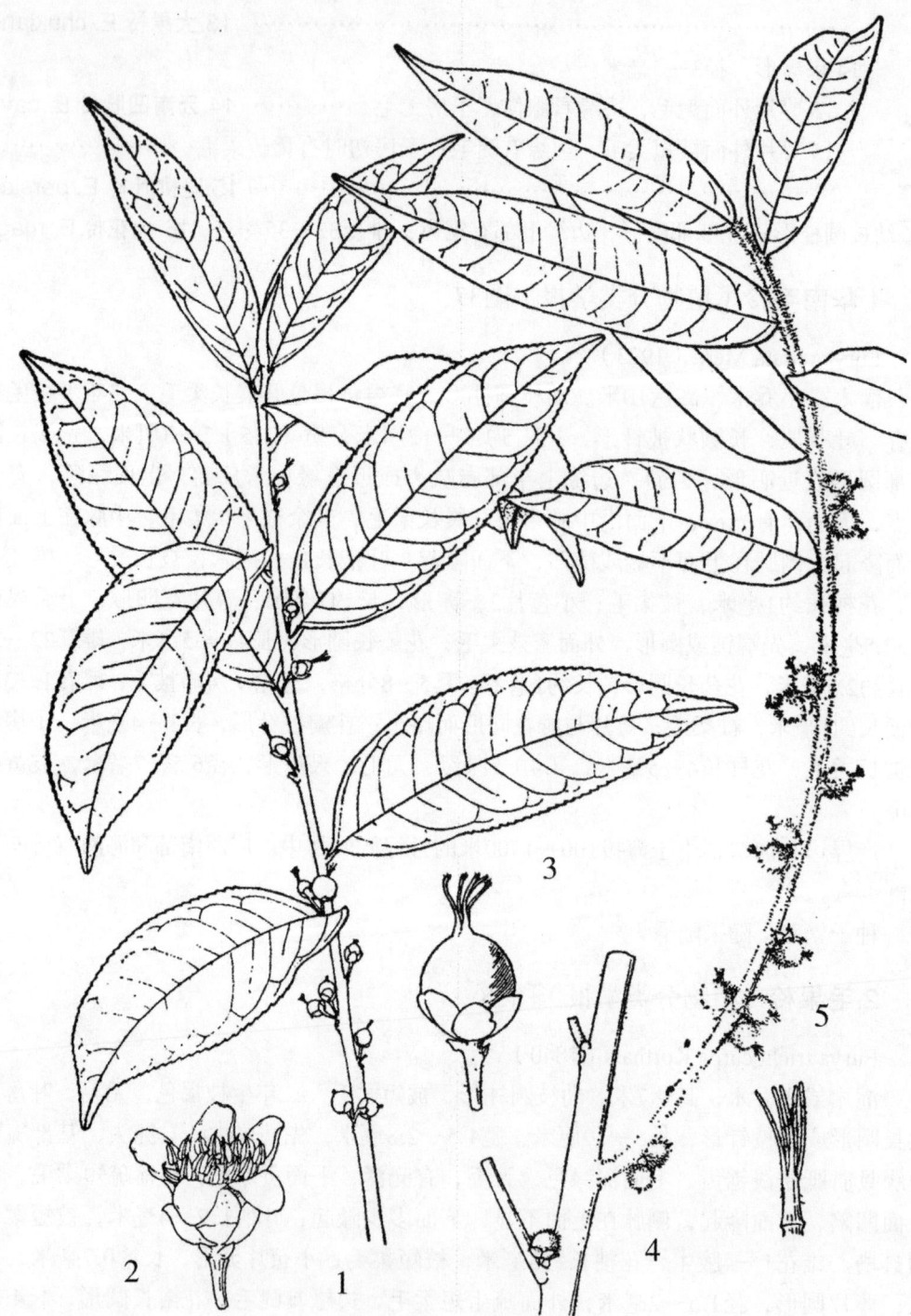

图37 大叶五室柃和华南毛柃

1—3.大叶五室柃 *Eurya quinquelocularis* Kobtiski

1.果枝 2.雄花 3.果

4—5.华南毛柃 *E. ciliata* Merr

4.果枝 5.雌蕊

图38 毛果柃和岗柃

1—4.毛果柃 *Eurya trichocarpa* Korthals

1.果枝 2.雄花 3.雌蕊 4.雄蕊

5—7.岗柃 *E. groffii* Merr.

5.果枝 6.雄花 7.雌蕊

长约0.5毫米，无毛。果球形，径3—4毫米，被短柔毛。

产屏边、麻栗坡、西畴，生于海拔1300—1600（2000）米的常绿阔叶林中。广西和广东有分布；中南半岛和印度也有。

3.岗柃（植物分类学报）图38

Eurya groffii Merr.（1919）

E. acuminata DC. var. *groffii*（Merr.）Kobuski（1937）

灌木或小乔木，高达8米。幼枝圆柱形，密被黄色开展长柔毛，二年生枝黑褐色，无毛，具白色小皮孔。叶薄革质，披针形，长5—10厘米，宽1.5—2.5厘米，先端长渐尖，基部宽楔形或钝，边缘具细锯齿，上面深绿色，略具光泽，无毛，下面淡绿色，沿中脉密被开展长柔毛，其余疏生平伏柔毛，中脉在上面凹陷，下面隆起，侧脉在上面不显，下面隆起；叶柄长1—2毫米，被柔毛。雄花1—8腋生；花梗长2—2.5毫米，疏生微柔毛；小苞片卵形，长约0.7毫米，外面疏生微柔毛；萼片卵形，长约2.5毫米，宽约1.7毫米，先端钝，具硬尖头，外面疏生微柔毛；花瓣倒卵形，长约3.5毫米，宽约2.5毫米；雄蕊约20，长约2.5毫米，花丝长约1.5毫米，花药卵形，长约0.7毫米，药隔锥尖伸出；退化子房圆锥形，无毛；雌花1—8生于叶腋；花梗长约1毫米；小苞片与雄花同；萼近卵状圆形，径约1.8毫米，外面被微柔毛，革质，内凹；花瓣倒卵形，长约2.5毫米，宽约1.5毫米；子房圆锥形，长约1.5毫米，无毛，花柱长约2毫米，3深裂几达基部。果球形，径3.5—4毫米。

产贡山、福贡、丽江、大理、泸水、腾冲、梁河、盈江、陇川、芒市、龙陵、临沧、双江、耿马、沧源、澜沧、孟连、勐海、景洪、勐腊、普洱、景东、墨江、元江、新平、峨山、石屏、建水、绿春、元阳、蒙自、金平、屏边、河口、砚山、文山、马关、麻栗坡、西畴、富宁，生于海拔600—2100（2500）米的常绿阔叶林中。西藏、四川、贵州、广西、广东均有分布；越南北部也有。

种子繁殖。

4.大叶五室柃（植物分类学报）图37

Eurya quinquelocularis Kobuski（1939）

灌木或小乔木，高达8米。幼枝圆柱形，被短柔毛。叶纸质，长圆状披针形，长8—13厘米，宽2—4厘米，先端长渐尖，基部宽钝或近圆形，边缘具细锯齿，上面深绿色，无毛，略具光泽，下面黄绿色，被稀疏平伏柔毛，中脉和侧脉在上面凹陷，下面隆起；叶柄长3—4毫米，被柔毛。雄花1—4腋生；花梗长约3毫米，被短柔毛；小苞片卵状三角形，长约1毫米，外面疏生微柔毛；萼片宽椭圆形，长约2.5毫米，宽约2毫米，外面疏生微柔毛；花瓣宽卵形，长4—4.5毫米，宽约3毫米，无毛，基部合生，长1.5毫米；雄蕊16—18，长3—3.5毫米，花丝长约2.5毫米，花药长卵形，长约1毫米，不具分隔，先端锥尖；退化子房圆锥形，无毛；雌花2—5腋生；花梗长约2.5毫米，被稀疏微柔毛，纤细；小苞片长卵形，长约0.8毫米，外面疏生微柔毛；萼片与雄花同；花瓣倒卵形，长约3.5毫米；子房卵状圆形，无毛，花柱长2.5毫米，无毛，5深裂。果球形，径约5毫米。

产金平、屏边、西畴、麻栗坡，生于海拔900—1500米的溪边疏林中。广西和广东有分布；越南北部也有。

5.桃叶柃（植物分类学报）图39

Eurya prunifolia Hsu（1964）

小乔木，高达8米。幼枝圆柱形，黑褐色，疏生短柔毛，二年生枝无毛；顶芽被黄色短柔毛。叶薄革质，长圆形或长圆状椭圆形，长7—12.5厘米，宽2.5—4.5厘米，先端短尾尖，基部宽楔形，边缘具疏而浅的锯齿，上面绿色，无毛，有光泽，下面黄绿色，有稀疏平伏柔毛或至少沿中脉有毛，中脉在上面凹陷，下面隆起，侧脉在上面清晰，下面隆起；叶柄长3—4毫米。雌花1—4腋生，无毛，花梗长2.5—3.5毫米；小苞片卵形，长约0.5毫米；萼片圆形，径2—2.5毫米；花瓣椭圆形，长约2.5毫米；子房卵形，花柱长约2毫米，先端5裂。果卵形，长约7毫米，宽约4毫米。

产河口，生于海拔120—220米的疏林中。

6.云南柃（植物分类学报）图40

Eurya obliquifolia Hemsl.（1903）

灌木或小乔木，高达7米。幼枝圆柱形，密被开展长柔毛；顶芽密被长柔毛。叶薄革质，长5—12厘米，宽2—4厘米，长圆形或长圆状披针形，先端尾状渐尖或短尾尖，基部不对称心形，边缘密生细锯齿，上面深绿色，无毛，下面淡绿色，沿中脉被长柔毛，中脉在上面凹陷，下面隆起，侧脉密，约14对，水平开展，在上面凹，下面隆起；无柄或近无柄。雄花1—3腋生，花梗长约2.5毫米，被短柔毛；小苞片三角状卵形，长约1毫米，被短柔毛；萼片圆形，长约2.5毫米，内凹，外面被短柔毛，边缘具睫毛；花瓣倒卵状长圆形，长约5.5毫米，下部合生成短管；雄蕊约15，长约3.5毫米，花药不具分格，退化子房无毛；雌花1—3腋生，花梗长约1.5毫米，被短柔毛；小苞片与雄花同；萼片较小，长1.5—2毫米；花瓣长约4毫米、子房球形，无毛，花柱长约3毫米，先端3浅裂。果球形，径约7.5毫米。

产凤庆、景东、元江、新平、蒙自、屏边、马关、文山，生于海拔1500—2800米的常绿阔叶林或混交林中。

7.樱叶柃（植物分类学报）   桃叶柃、肖樱叶柃   图41

Eurya cerasifolia（D. Don）Kobuski（1937）

E. pseudocerasifolia Kobuski, syn. nov.

灌木或小乔木，高达6米。幼枝圆柱形，被短柔毛。叶革质，长圆形或长圆状椭圆形，长7—11厘米，宽2.5—4厘米，先端短尾尖，顶端钝，基部宽楔形或纯，全缘或稀近先端有不明显锯齿，上面绿色，具光泽，无毛，下面幼时疏生短柔毛，老叶仅沿中脉多少有毛，中脉在上面凹陷，下面隆起，侧脉密，约20对，两面隆起，网脉两面略凸；叶柄长约5毫米，被短柔毛，上面具槽。雄花1—3腋生，花梗长2—3毫米，被短柔毛；小苞片卵状圆形，长约1毫米，外面被短柔毛，边缘具睫毛；萼片圆形，长约2毫米，宽2—2.5毫米，外面被短柔毛，边缘有睫毛；花瓣长圆形或倒卵状长圆形，长4—4.5毫米，宽约2.5毫米；雄蕊15—17，花丝长2—2.5毫米，花药长圆形，长约2毫米，具5—10分格，药隔伸出；退化子房

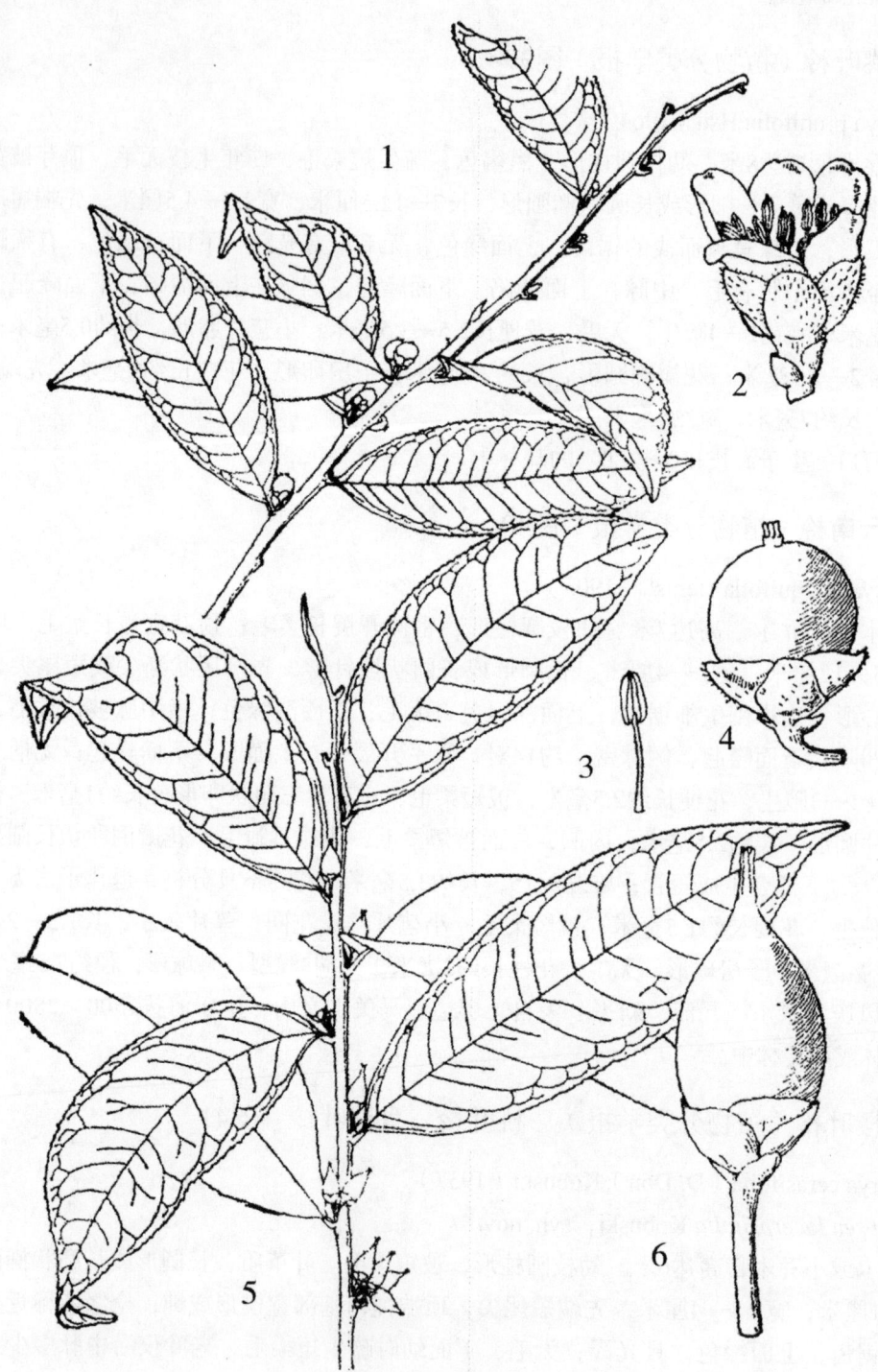

图39 滇西柃和桃叶柃

1—4.滇西柃 *Eurya tsaii* Chang

1.果枝 2.雄花 3.雄蕊 4.果

5—6.桃叶柃 *E. prunifolia* Hsu

5.果枝 6.果

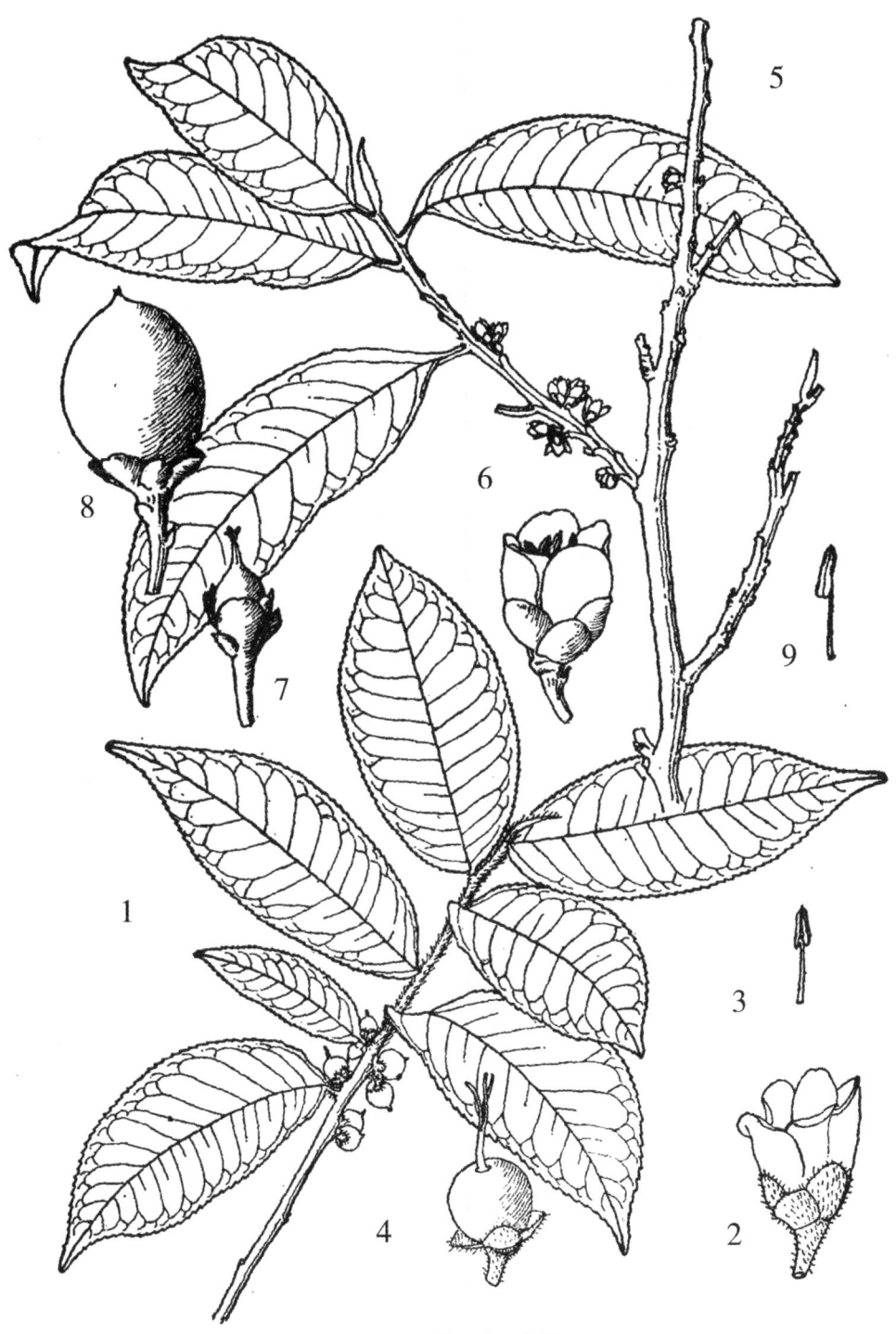

图40 云南柃和滇四角柃

1—4.云南柃 *Eurya obliquifolia* Hemsl.

1.果枝 2.雄花 3.雄蕊 4.雌蕊

5—9.滇四角柃 *E. paratetragonoclada* Hu

5.花枝 6.雄花 7.雌蕊 8.果 9.雄蕊

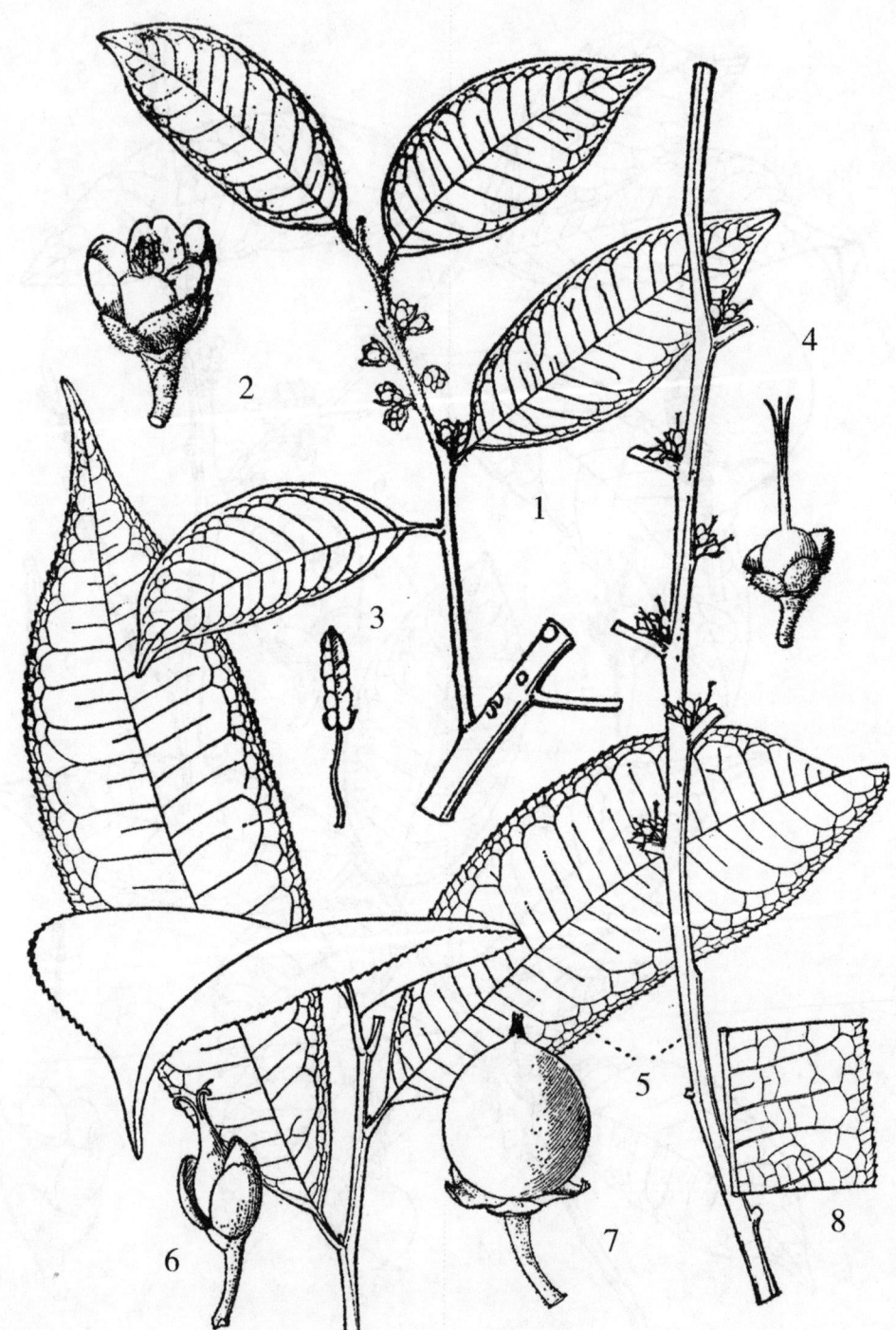

图41 樱叶柃和坚桃叶柃

1—4.樱叶柃 *Eurya cerasifolia*（D. Don）Kobuski

1.花枝 2.雄花 3.雄蕊 4.雌蕊

5—8.坚桃叶柃 *E. persicaefolia* Gagnep.

5.花枝 6.雌蕊 7.果 8.叶下面放大

被柔毛；雌花2—5生于叶腋和小枝上，花梗长约2毫米；小苞片近圆形，长约0.7毫米，外面被短柔毛，边缘具睫毛；萼片圆形，径1.5—2毫米；外面被短柔毛，边缘具睫毛；花瓣披针形，长约3毫米；子房球形，无毛或疏生短柔毛，花柱长3—5毫米，先端3深裂。果球形，无毛，径约4.5毫米。

产腾冲、芒市、龙陵、镇康、永德、耿马、双江、景洪，生于海拔1700—2400米的常绿阔叶林中。分布于尼泊尔、不丹、印度东北部和缅甸北部。

Kobuski（1953）发表的肖樱叶柃Eurya pseudocerasifera与本种的主要区别是子房被毛和花柱较长，长达5毫米。作者在英国看到了本种的模式和东喜马拉雅地区的大量标本，发现子房从无毛到有极稀几根毛至疏生短柔毛，果期均无毛，花柱多数长4—5毫米，这些均不是稳定的特征，应予归并。

8.滇西柃　蔡氏柃（植物分类学报）图39

Eurya tsaii Chang（1954）

E. taronensis Hu，syn. nov.

灌木或小乔木，高4—7.5米。幼枝圆柱形，密被短柔毛，老枝灰褐色；顶芽密被短柔毛。叶革质，长圆形，长5—10厘米，宽1.8—3.2厘米，先端渐尖或短尾尖，顶端钝，基部宽形或近圆形，边缘具细锯齿，上面深绿色，无毛，有光泽，下面淡绿色，疏生平伏柔毛，沿中脉毛被较密，中脉在上面凹陷，下面隆起，侧脉和网脉在上面多少凹陷，下面隆起；叶柄长约2毫米，被短柔毛。雄花1—3腋生，花梗长1—1.5毫米，被短柔毛；小苞片圆形，径约1毫米，外面被短柔毛；萼片圆形，径1.5—2毫米，外面被短柔毛，边缘具睫毛，稀混生少数腺体；花瓣椭圆形，长约3.5毫米，基部合生、雄蕊14—16，无毛，花丝长约2毫米，花药长卵形，长约1毫米，不具分格；退化子房无毛；雌花1—3腋生，花梗长2.5毫米，被短柔毛；小苞片和萼片与雄花同，较小；花瓣长约2.5毫米；子房球形，无毛，花柱长约1.5毫米，3浅裂。果球形，径约5毫米。

产贡山、福贡、泸水、维西，生于海拔2400—3200米的常绿阔叶林或混交林中。

9.景东柃（植物分类学报）图42

Eurya jintungensis Hu et L. K. Ling（1966）

灌木或小乔木，高达10米。幼枝具二棱，淡绿色，被稀疏短柔毛，很快脱落变无毛，老枝灰褐色，无毛；顶芽被短柔毛。叶革质，长圆状椭圆形，椭圆形或长圆状倒披针形，长6—9厘米，宽2—3.2厘米，先端短渐尖或急尖，基部楔形，边缘具细锯齿，上面绿色，有光泽，下面淡绿色，两面无毛或沿下面中脉有稀疏短柔毛，中脉在上面凹陷，下面隆起，侧脉7—10对，两面略隆起；叶柄长2—5毫米，上面具槽。雄花2—5腋生，花梗长约2毫米，无毛；小苞片卵状圆形，长约0.5毫米；萼片圆形，长2—2.5厘米，无毛，边缘常有几个腺体；花瓣倒卵状长圆形，长约4毫米；雄蕊15—18，花丝长约2.5毫米，花药长圆形，长约2毫米，具分格，药隔伸出；退化子房无毛；雌花2—3腋生，花梗长1—1.5毫米；小苞片与雄花同；萼片较小，长约1.5毫米；花瓣长圆形，长2—2.5毫米；子房球形，无毛，花柱

图42　贡山柃和景东柃

1—5.贡山柃 *Eurya gungshanensis* Hu et L. K. Ling

1.花枝　2.花蕾　3.雄蕊　4.果　5.叶背放大

6—8.景东柃 *E. jintungensis* Hu et L. K. Ling

6.果枝　7.雄花　8.果

长约2毫米，先端3裂。果球形，径约4.5毫米。

产盈江、梁河、腾冲、龙陵、保山、凤庆、沧源、孟连、普洱、景东，生于海拔800—2800米的常绿阔叶林或混交林中。

10.凹脉柃（植物分类学报）图43

Eurya impressinervis Kobuski（1939）

E. pseudopolyneura Chang（1954）

灌木或小乔木，高达8米。小枝2—4棱，无毛；顶芽无毛。叶纸质，长圆形或长圆状椭圆形，长6—11厘米，宽2—3.8厘米，先端渐尖，具钝头，基部宽楔形，边缘具细密锯齿，上面深绿色，略具光泽，下面淡绿色，两面无毛，中脉和侧脉在上面凹陷，下面隆起，侧脉在边缘内网结；叶柄长5—8毫米，无毛，上面具槽。雄花1—3腋生，花梗长2—3毫米；小苞片卵形，长约0.7毫米，边缘有腺体或无，无毛；萼片近圆形，径约2毫米，边缘常有腺体；花瓣倒卵形，长约5毫米，基部合生；雄蕊15—19，花丝长2—2.5毫米，花药长1.5毫米，具分格；雌花1—5腋生，花梗长约1.5毫米；萼片近圆形，径约1.5毫米，边缘常有腺体，无毛；花瓣长圆形，长约3毫米；子房球形，无毛，花柱长约3毫米，3深裂。果球形，径约4毫米。

产文山、麻栗坡，生于海拔800—1800米的阔叶林中。贵州、广西、广东有分布。

11.贡山柃（植物分类学报）图42

Eurya gungshanensis Hu et L. K. Ling（1966）

小乔木，高达6米，全株无毛。幼枝粗壮，淡绿色，具4棱，老枝褐色，棱显著。叶革质，长圆形，长12—15厘米，宽3—4.5厘米，先端尾状渐尖，基部宽楔形，边缘具细密锯齿，上面绿色，下面黄绿色，中脉在上面凹陷，下面极隆起，侧脉11—13对，在上面凹陷，下面隆起，网脉在上面微凹，下面略隆起；叶柄长1—1.5厘米，上面具槽。雄花1—3腋生，花梗长2—4毫米；小苞片卵状圆形，长约1毫米；萼片圆形或近圆形，长约3毫米；花瓣倒卵状长圆形，长约4毫米；雄蕊约19，花丝长约2毫米，花药长圆形，长约2毫米，不具分格；退化子房无毛；雌花3—7腋生，花梗长3—4毫米；小苞片长约1毫米；萼片长约2毫米；花瓣卵状长圆形，长约2.5毫米；子房球形，径约1.2毫米，无毛，花柱短，长约0.5毫米，3裂。果椭圆形，径约5毫米，长6—6.5毫米。

产福贡、贡山，生于海拔1300—2850米的阔叶林或灌丛中。西藏（墨脱）有分布。

12.滇四角柃（植物分类学报）图40

Eurya paratetragonoclada Hu（1938）

灌木或小乔木，高达6米。小枝具4棱，幼枝无毛，紫褐色；顶芽无毛。叶革质，长圆形或长圆状披针形，长8—11厘米，宽2—3厘米，先端渐尖或长渐尖，基部楔形，边缘具细尖锯齿，上面深绿色，有光泽，下面黄绿色，两面无毛，中脉在上面凹陷，下面隆起，侧脉在上面凹陷，下面隆起；叶柄长5—7毫米，上面具槽。雄花1—2腋生，花梗长2.5—3.5厘米；小苞片近圆形，长约1毫米；萼片圆形，径约2毫米，无毛；花瓣倒卵状长圆形，长约

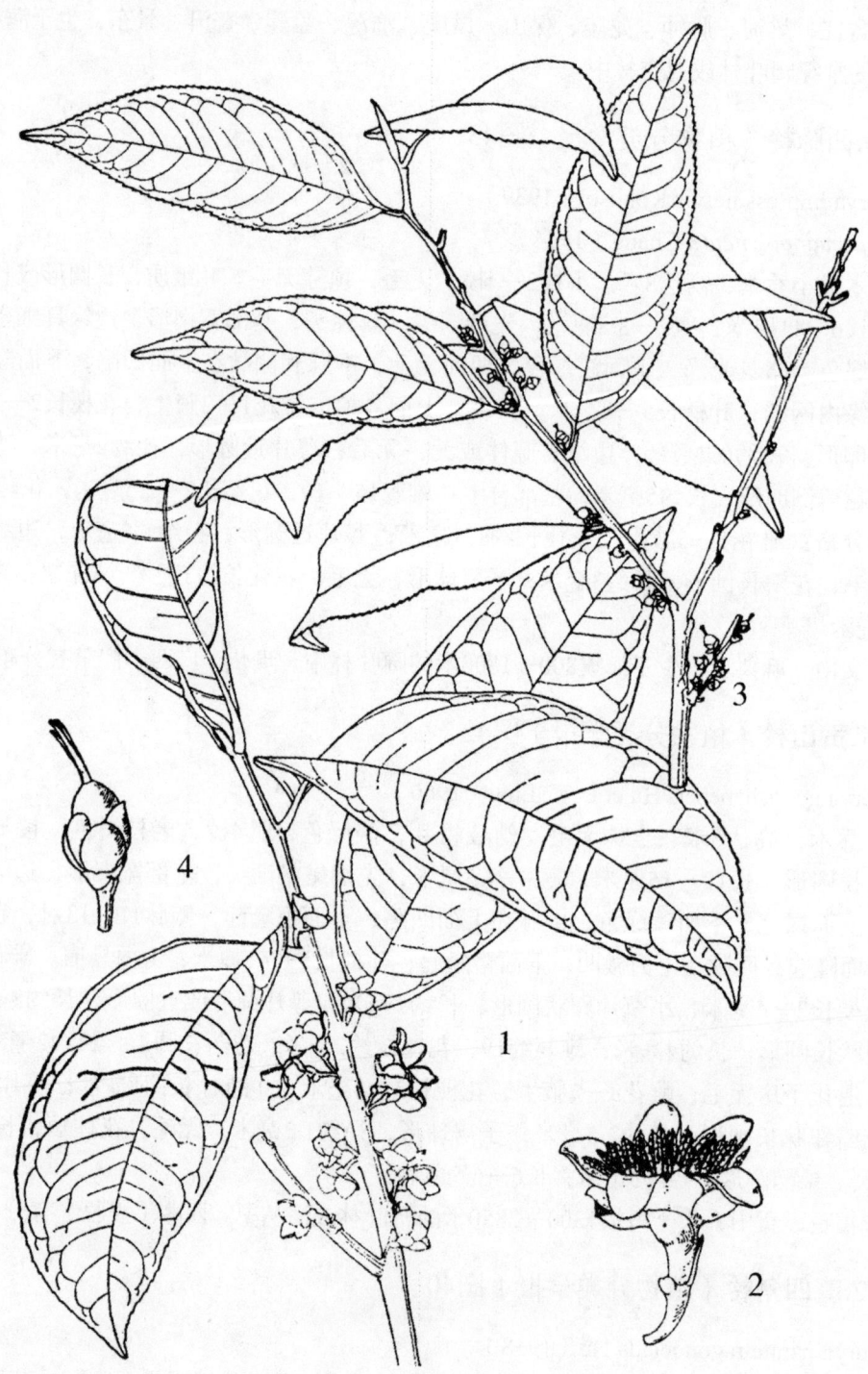

图43　大花柃和凹脉柃

1—2.大花柃 *Eurya magniflora* Mao et P. X. He

1.花枝　2.雄花

3—4.凹脉柃 *E. impressinervis* Kobuski

3.果枝　4.幼果

3.5毫米；雄蕊11—15，花丝长约1.5毫米，花药长圆形，长约1毫米，不具分格；退化子房无毛；雌花花梗长2—2.5毫米；小苞片长约0.5毫米；萼片径约1.5毫米；花瓣长圆形，长约3毫米；子房无毛，花柱长约1.5毫米，3深裂。果椭圆形，长约8.5毫米，宽约6毫米。

产大理、漾濞、福贡、维西、贡山、德钦，生于海拔2500—3100米的混交林和铁杉林下。西藏（察隅）有分布。

13.大果柃（植物分类学报）图44

Eurya chukiangensis Hu（1938）

灌木或小乔木，高达5米。小枝具2棱，幼枝黄绿色，无毛。叶革质，长圆状披针形，长6—14厘米，宽2—4.5厘米，先端渐尖，基部圆形至宽楔形，边缘具细密锯齿，上面黄绿色，下面干后常变灰褐色，两面无毛，中脉、侧脉和网脉在上面凹陷，下面隆起；叶柄长2—4毫米，上面具槽。花1—2腋生，花梗长2—3毫米；雄花小苞片卵状圆形，长约1毫米，外面被短柔毛，边缘具睫毛；萼片卵形或卵状圆形，长3—4毫米，外面被短柔毛，边缘具睫毛；花瓣倒卵状长圆形或长圆形，长约4毫米，无毛；雄蕊5，长约3毫米，无毛，花药长圆形，不具分格；退化子房无毛；雌花小苞片卵形，长约1.5毫米；萼片卵形，长约4.5毫米；花瓣长圆形，与萼片近等长；雌蕊长约4毫米，子房圆锥形，3室，无毛，花柱短，先端3浅裂。果圆锥形，长达13毫米，径约6毫米。

产泸水、贡山，生于海拔2200—3000米的灌丛或铁杉林中。

14.云南凹脉柃（植物分类学报）图44

Eurya cavinervis Vesque（1895）

E. fangii Rehd. var. *glaoerrima* Hsu（1964）

灌木或小乔木。小枝具2棱，幼枝无毛，紫色；顶芽无毛。叶厚革质，长圆形或倒披针形，长3.5—7厘米，宽1.5—2.5厘米，先端急尖或短渐尖，顶端钝，凹入，基部宽楔形或楔形，边缘具细锯齿，两面黄绿色，无毛，中脉、侧脉和网脉在上面显著凹陷，下面隆起；叶柄长3—4毫米，上面具槽。雄花1—2腋生，花梗长约2毫米，粗壮；小苞片卵状圆形，长约0.7毫米；萼片圆形，径1.5—2毫米，无毛，边缘有腺体；花瓣倒卵形，长约4毫米；雄蕊5—7，花丝长约1毫米，花药长圆形，长约1.5毫米，不具分格；退化子房无毛；雌花1—3腋生，花梗长约2毫米；小苞片长约0.5毫米；萼片圆形，径约1.5毫米，边缘具腺体；花瓣倒卵形，长约3毫米；子房球形，无毛，花柱短，长0.5—1毫米，先端3裂。果球形，径约4毫米。

产贡山、维西、香格里拉、鹤庆、泸水、漾濞、大理、凤庆、景东，生于海拔2600—3500米的杂木林或铁杉林中。西藏东南部和四川西南部有分布。

15.坚桃叶柃（植物分类学报）图41

Eurya persicaefolia Gagnep.（1941—1942）

E. chienii Hsu（1964）

小乔木，高达15米。小枝具二棱，无毛；顶芽疏生平伏柔毛。叶革质，长圆状披针

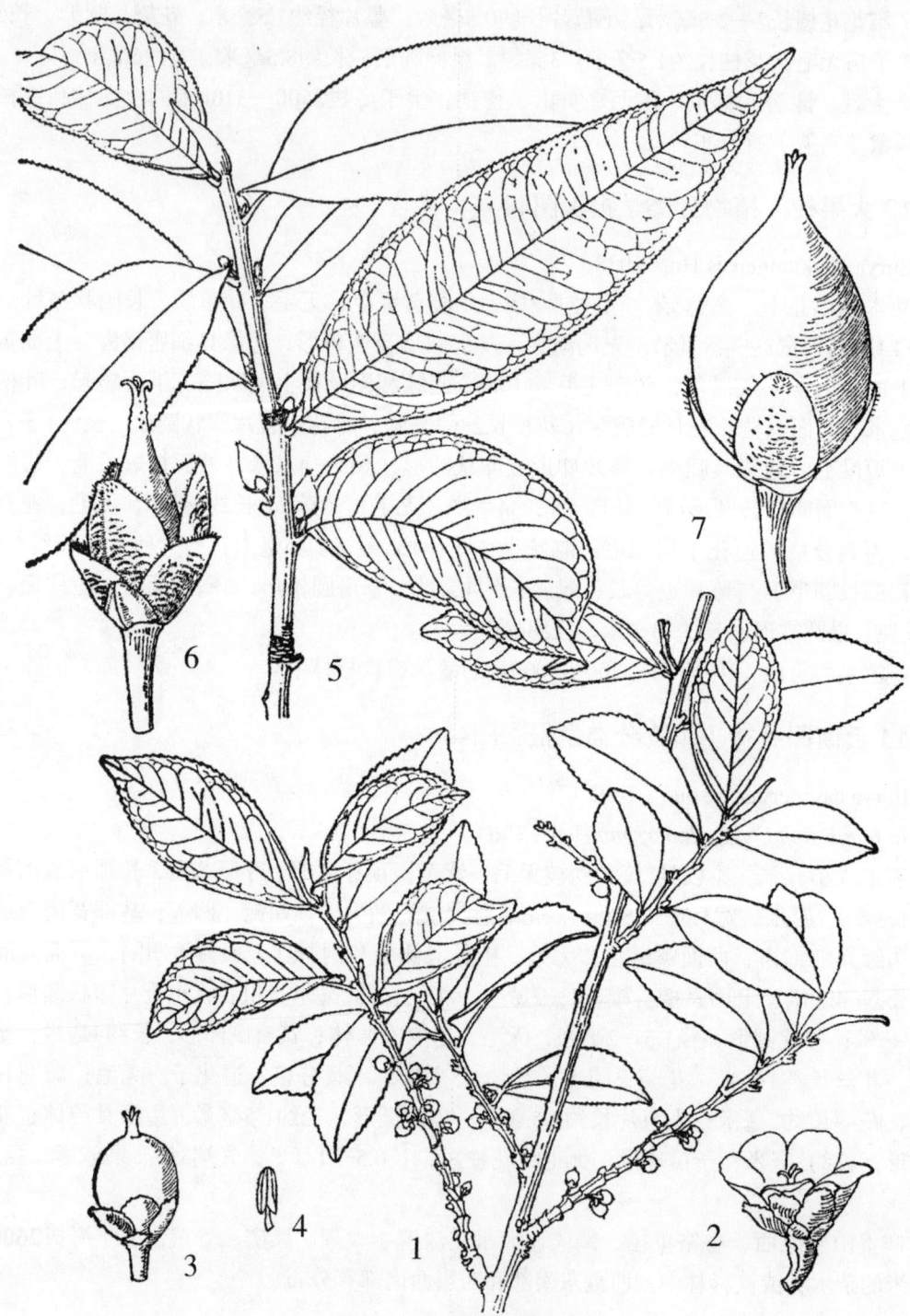

图44 云南凹脉柃和大果柃

1—4.云南凹脉柃*Eurya cavinervis* Vesque

1.果枝 2.雌花 3.果 4.雄蕊

5—7.大果柃 *E. chukiangensis* Hu

5.果枝 6.雌花 7.果

形，长12—20厘米，宽3—5.5厘米，先端尾尖或长尾尖，基部宽楔形或钝，边缘密生细锯齿，上面深绿色，无毛，几无光泽，下面沿中脉有稀疏短柔毛或近无毛，中脉在上面凹陷，下面极隆起，侧脉16—20对，两面隆起，在边缘内弧形网结，网脉两面略隆起；叶柄长约1厘米，无毛，上面具槽。雄花2—3腋生，花梗长约3毫米，被微柔毛；小苞片卵形，长约1.5毫米，外面被微柔毛，边缘具睫毛，萼片圆形，径约4毫米，外面被短柔毛，边缘具睫毛；花瓣长圆状披针形，长8—9毫米；雄蕊15—16，花丝较短，长约2毫米，花药长圆形，长约3毫米，具5—9分格，药隔呈凸尖头状伸出；退化子房被柔毛；雌花2—5腋生，花梗长约3.5毫米，被微柔；小苞片卵形，长约1毫米，被毛；萼片圆形，径约3毫米，外面被短柔毛，边缘具睫毛；花瓣长圆形，长约5毫米，基部合生；子房卵形，起初有稀疏柔毛，后变无毛，花柱长约2.5毫米，3深裂，臂反卷。果球形，径约5毫米，无毛。

产金平、屏边、麻栗坡，生于海拔1300—2000米的常绿阔叶林或混交林中。分布于越南北部。

16.大花柃（云南植物研究）图43

Eurya magniflora Mao et P. X. He（1984）

小乔木，高达8米。幼枝粗状，圆柱形，无毛，暗紫色；顶芽无毛。叶革质，长圆状椭圆形或长圆形，长8—15厘米，宽3.5—5（7.5）厘米，先端渐尖或短尾尖，基部楔形至宽楔形，上部边缘具细锯齿，中下部全缘，上面深绿色，无光泽，下面淡绿色，两面无毛，中脉紫红色，在上面凹陷，下面隆起，侧脉密，约25对，在上面明显凹陷，下面隆起，在边缘内网结；叶柄长5（8）毫米，无毛，上面具槽。花1—4腋生，花梗长3—5毫米，被短柔毛；小苞片卵形，长约1.5毫米，外面被短柔毛，边缘具睫毛；雄花较大，萼片圆形，径约4毫米，两面被短柔毛，边缘具睫毛；花瓣长圆形，长达9毫米，宽约4毫米，无毛；雄蕊33—35，花丝长约5毫米，基部与花瓣贴生，花药长圆形，长约3毫米，具4—8分格；退化子房无毛；雌花较小，萼片与雄花同形，径约3毫米；花瓣长约7毫米，宽约3毫米；子房无毛，花柱长5—5.5毫米，3深裂。

产马关，生于海拔1740米的阔叶林中。

112.猕猴桃科 ACTINIDIACEAE

攀援灌木，髓实心或片状。单叶互生，无毛或被糙伏毛，或被星状毛，具羽状脉；有柄而无托叶。花两性、杂性或雌雄异株，成束或组成聚伞花序，稀单生；萼片5，稀较少，覆瓦状排列，宿存；花瓣5，偶4或6，覆瓦状或螺旋状排列，脱落；雄蕊多数或10，花丝在花蕾时内折，花药"丁"字着生，纵裂或顶孔开裂；子房上位，5至多室，每室有倒生胚珠10或多数，花柱5或多数，分离或合生。浆果肉质或干燥，有种子少数或多数；种子小，无假种皮，富含胚乳和大的具短子叶的直胚。

本科2属，约50余种，分布于亚洲热带至温带。我国2属均产，约50种，主产长江流域及其以南各省区；云南有2属25种。

该科最早被置于山茶科中，后多数学者主张移置第伦桃科中，1809年Van Tieghem 开始，后哈钦松也提出，成立一个独立的科。其亲缘关系无疑与第伦桃科、水冬哥科和山茶科等相近。Gilg及Werdermann（1925）认为本科包括水冬哥属Saurauia及毒药树属Sladenia，哈钦松（1959）在属检索表中虽包括毒药树属，但在科的描写中则仅限于猕猴桃及藤山柳2属。近年来，有些学者也怀疑毒药树属应否归入本科，有人则主张分立新科。兹从最新意见。

分 属 检 索 表

1.髓片状，稀实心；花单性异株或杂性，雄蕊多数，花柱离生；浆果，无棱，具多数种子 ··1.猕猴桃属 Actinidia
1.髓实心；花两性，雄蕊10，花柱合生；果浆果状，成熟后有5棱，通常具5种子 ············
···2.藤山柳属 Clematoclethra

1. 猕猴桃属 Actinidia Lindl.

落叶或半落叶攀援灌木，无毛或被糙伏毛、绒毛、单毛或星状毛。茎、枝常具皮孔，髓片状少实心。单叶互生，膜质，纸质或革质，边缘具锯齿，稀全缘，具羽状脉，具柄；托叶缺。花单性、雌雄异株或杂性，多组成腋生聚伞花序，稀单生；小苞片1—2；萼片5，稀2—4，覆瓦状排列，宿存；花瓣5，稀4或6，白色、黄色或淡红色，覆瓦状排列，稀螺旋状排列；雄蕊多数，花丝细长，花药"丁"字着生，基部常叉开，纵裂；花盘缺；子房上位，卵形、圆柱形或瓶状，多室，每室具多数胚珠，花柱多数，分离，宿存。浆果长圆形或椭圆形，或卵状球形，有毛或无毛，具多数种子，种子小，长圆形，褐色，种皮骨质，具蜂窝状网纹；胚乳丰富，肉质，胚圆柱形，直立，子叶短。

本属约40余种，分布于俄罗斯东西伯利亚，经日本和我国至印度，中南半岛及印度尼西亚，主产我国长江流域及其以南各省区，我国40余种，云南有20余种。

猕猴桃（开宝本草） 中华猕猴桃（中国植物志）、毛桃子（盐津）、阳桃、洋桃（永善）、羊桃（镇雄）图45

Actinidia chinensis Planch.（1847）

攀援灌木，长达10余米。幼枝和叶柄密被褐色柔毛或刺毛，老枝变无毛，具浅色皮孔；髓大，白色，片状。单叶互生，纸质，宽卵形，倒卵形至椭圆形（不孕枝上）或圆形（花枝上），长9—15厘米，宽7.5—13.5厘米，先端突尖，微凹或平截，基部圆形或心形，边缘具刺毛状锯齿，上面深绿色，仅沿脉被疏柔毛，下面淡绿色，密被白色星状毛，侧脉6—8对，第三次脉平行；叶柄多少被柔毛，长3.5—7.5（10）厘米。聚伞花序腋生，密被淡褐色柔毛，花序梗长5—15毫米，花梗长10毫米；萼片5，卵形，长5—10毫米，宽4—7毫米，先端钝，两面被淡褐色绒毛；花瓣5，初时白色，后变黄色，倒卵形，长9—15毫米，宽8—9毫米，先端圆形；雄蕊多数，花丝长5—7毫米，花药长圆形，黄色，长约2毫米；子房近球形，径6—7毫米，密被褐色长柔毛。浆果近球形至椭圆形，长5厘米，径3—4厘米，褐色，密被褐色长硬毛。花期5—6月，果期8—9月。

产永善、盐津、镇雄、马龙、罗平等地，生于海拔1100—1850米的林中或灌木丛中。分布于陕西和甘肃南部、河南以及长江流域及其以南各省区。现已作为多维果类，广为栽培。

种子，扦插，埋根，嫁接繁殖。种子繁殖用湿沙催芽处理，春播育苗，播后注意搭棚遮阴。扦插用粗壮的1年生枝作接穗。埋根繁殖用平埋或直插均可。

果富含维生素C和糖类、酸甜适度，风味特美，其鲜果和加工品果酱、果脯等均已成为国内、国际市场的商品之一。其根、藤及叶药用，清热利水，散瘀止血；茎枝纤维可制高级纸，其胶质可以造纸用胶料。花芳香，可提食品工业用香精，又是优良的蜜源植物。

2. 藤山柳属 Clematoclethra（Franch.）Maxim.

落叶攀援灌木。小枝具皮孔，无毛，或被糙伏毛或被绒毛。髓实心。单叶互生，纸质或革质，全缘或具纤毛状或胼胝质状锯齿，侧脉羽状，细脉网状，具长柄；无托叶。花两性，排列为腋生聚伞花序，有时单生；小苞片2，生于花序梗的顶端；萼片5，覆瓦状排列，果时宿存；花瓣5，覆瓦状排列；雄蕊10，花丝短，基部加粗，花药"丁"字着生，内向，基部常叉开，顶孔开裂；花盘缺；子房上位，近球形，无毛，5室，每室具倒生胚珠8—10，花柱细长，柱头小，近球形。果浆果状，具5棱，成熟时近球形，顶端具宿存花柱，5室，每室有1种子；种子倒三角形，光滑，具胚乳。

本属约20种，全产我国西南（四川、云南、贵州）和西北（陕西、甘肃），以及河南、山西、湖北和广西。云南有2种，产东北部。

刚毛藤山柳（中国高等植物图鉴）图45

Clematoclethra scandens（Franch.）Maxim.（1890）

Clethra scandens Franch.（1887）

Clematoclethra maximoviczii Baillon（1890）

攀援灌木，高2—5米。幼枝密被黄褐色刚毛，基部具革质、卵圆形芽鳞；老枝褐色，

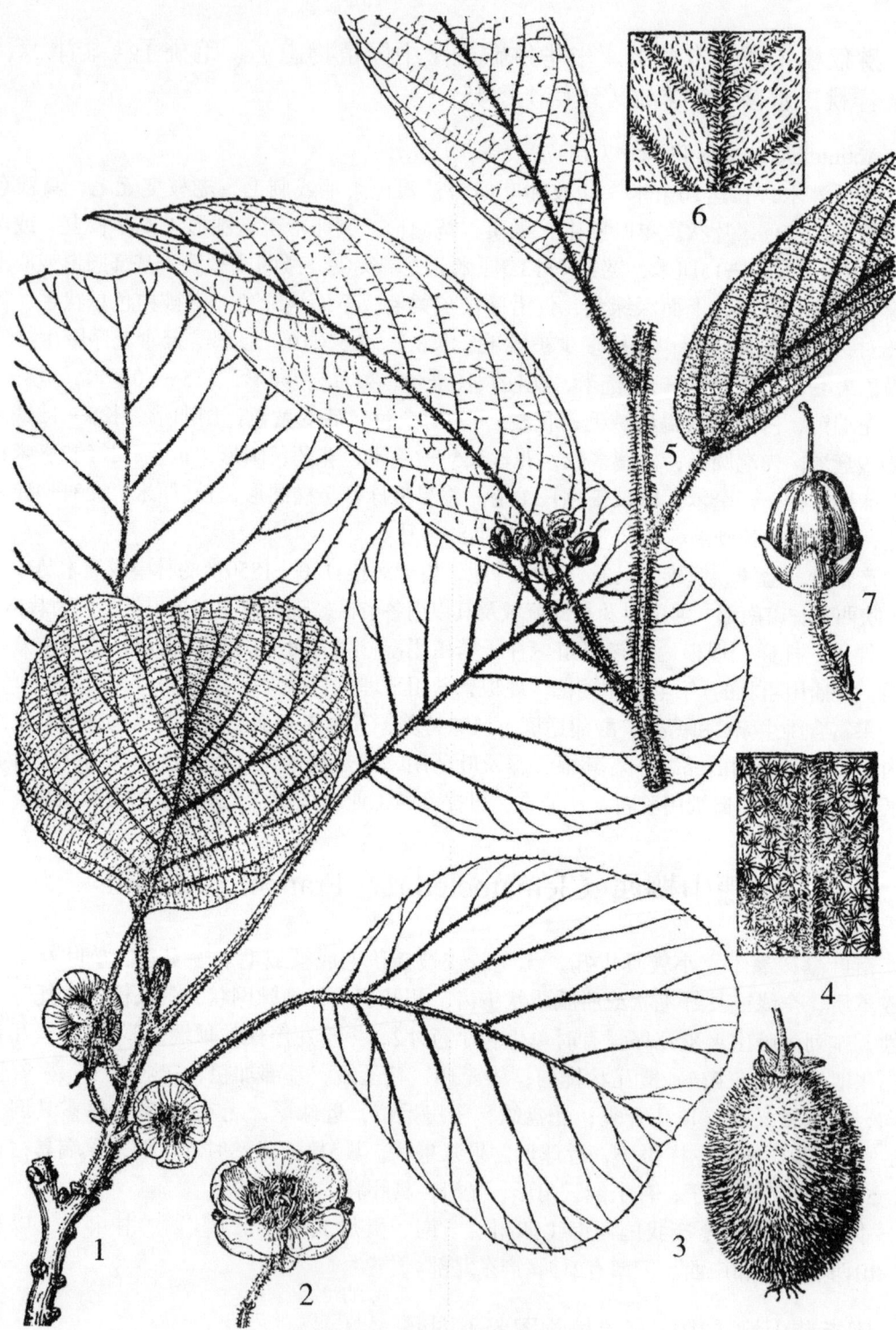

图45 猕猴桃和刚毛藤山柳

1—4.猕猴桃 *Actinidia chinensis* Planch.

1.花枝 2.花 3.果实 4.叶下面部分放大（示毛被）

5—7.刚毛藤山柳 *Clematoclethra scandens*（Franch.）Maxim.

5.果枝 6.叶下面部分放大（示毛被） 7.果实

无毛，髓褐色，实心。单叶互生，纸质，长圆状卵形至卵形，长7—14厘米，宽3—6厘米，先端短渐尖至渐尖，基部圆形至心形，偏斜，边缘具纤毛状细齿，上面绿色，仅沿主脉和侧脉被刺毛，下面淡绿色，沿脉被刺毛，余被疏至密的白色至淡黄色绒毛；叶柄被刚毛，长1—5.5厘米。聚伞花序腋生或生于落叶腋内，常具3花，被毛；花序梗长2厘米，花梗长5—10毫米；小苞片2，卵形，长约2毫米，被红锈色绵毛；萼片5，卵状圆形，长约3毫米，外面被红锈色绵毛，果时宿存；花瓣5，白色，长圆形，长5毫米，宽3毫米，先端圆形；雄蕊10，花丝长约3毫米，花药卵形，黄色；子房5室。果球形，浆果状，径约6毫米，熟时红色，干时具五棱。花期6—7月，果期8—9月。

产彝良、大关，生于海拔1750—1900米的山坡灌木丛中。分布于贵州、四川、陕西和甘肃。

果熟时可食；茎皮含鞣质，可提制栲胶。

113.水东哥科 SAURAUIACEAE

乔木或灌木。小枝常被爪甲状或钻状鳞片。单叶，互生，无托叶，侧脉常多而密，下面具绒毛或否，边缘具锯齿。花两性，排成聚伞花序、圆锥花序或单生，花梗具近对生的苞片2枚；萼片5，不等大；花瓣5，白色、淡红色或紫色；覆瓦状排列，基部常合生；雄蕊多数，花药孔裂或纵裂；子房上位，3—5室，每室胚珠多数，花柱3—5，中部以下合生，稀分离。浆果球形或扁球形，白色，稀红色，常具棱；种子多数，细小，褐色。

本科1属约300种，分布于亚洲热带和亚热带及美洲。我国有13种，6变种，主产云南、广西，少数产四川、贵州、广东及台湾。云南有9种及3变种。本志记载6种1变种。

水东哥属 Saurauia willd.

属的特征同科。

分 种 检 索 表

1.叶下面密被绒毛。
　2.叶下面密被厚层锈色绒毛；聚伞花序生于老枝落叶叶腋 ……… 1.砾毛水东哥 S.miniata
　2.叶下面密被薄层淡褐色秕糠状绒毛。
　　3.圆锥花序，长12—32厘米 ……………………………… 2.尼泊尔水东哥 S.napaulensis
　　3.聚伞花序，长2.5—5厘米 ……………………………… 3.红果水东哥 S.erythrocarpa
1.叶下面不被绒毛。
　4.叶上面至少中脉上有偃伏刺毛；聚伞花序。
　　5.叶上面侧脉间有1—2行偃伏刺毛 ………………………………… 4.水东哥 S. tristyla
　　5.叶上面侧脉间无刺毛，成长叶仅中脉上有少量刺毛 ……………………………………
　　………………………………………… 4a.河口水东哥 S. tristyla var. hekouensis
　4.叶上面完全无刺毛；花单生或成聚伞花序。
　　6.花单生或簇生于落叶叶腋；叶倒卵形 ………………………5.蜡质水东哥 S. cerea
　　6.花成聚伞花序；叶狭倒卵状披针形 ………………………6.云南水东哥 S. yunnanensis

1.砾毛水东哥（中国植物志）图46

Saurauia miniata C. F. Ling et Y. S. wang（1984）

灌木或小乔木，高达8米。小枝密被锈色绒毛和疏生爪甲状鳞片。叶革质，长圆状椭圆形，长19—28厘米，宽6—14厘米，先端急尖或短渐尖，基部钝或近圆形，叶缘有锯齿，齿具短刺尖，侧脉23—30对，上面无毛，仅中脉上疏生钻状鳞片，下面密被厚层锈色绒毛，中、侧脉上疏生钻状鳞片；叶柄长2—4厘米，密被锈色绒毛并疏生鳞片。花序为三歧聚伞花序，3—4簇生于老枝落叶叶腋，花序长2.5—7厘米，被锈色短绒毛和鳞片；花序梗纤细，

图46 楱毛水东哥 *Saurauia miniata* C. F. Liang et Y. S. Wang
1.枝、叶 2.叶下面一部 3.花枝 4.枝

长5—10毫米，顶部具4—5苞片；苞片宽卵形或卵状三角形，边缘具纤毛；花梗具锈色短绒毛和鳞片，近基部具苞片2，苞片长约1毫米；花小，径约8毫米，粉红色；萼片椭圆形或宽椭圆形，长3—4毫米，花瓣长圆形，长约5毫米，雄蕊45—75；子房近球形，无毛，花柱5，中部以下合生。果小，绿色或白色，扁球形，径3—5毫米。花期5—6月，果期10月。

产贡山、芒市、临沧、双江、沧源、景谷、元阳、绿春、屏边、马关、西畴、麻栗坡，生于海拔500—1500米的山地沟谷林下或河边灌丛中。广西西北部有分布；越南北部也产。模式标本采自屏边。

种子繁殖。10月采集成熟果实后去肉洗净阴干即可播种。苗床宜近水源，覆土宜用过筛腐殖土或细土，苗床应搭棚遮阴。造林地宜选择阴湿处。

散孔材，结构细，纹理直，材质轻软，易加工，握钉力弱。可作包装箱、火柴杆、普通家具等用材。

2.尼泊尔水东哥（中国植物志） 鼻涕果（云南种子植物名录）、锥序水冬哥（中国高等植物图鉴）图47

Saurauia napaulensis DC.

乔木，高约10米；小枝被细小爪甲状鳞片并疏生褐色短柔毛。叶薄革质，狭长圆形，长18—35厘米，宽7—13厘米，先端短渐尖至突尖，基部圆或钝，边缘有细锯齿，上面无毛，下面被薄层淡褐色秕糠状绒毛，脉上疏生爪甲状鳞片，侧脉35—40对；叶柄被鳞片和短柔毛。圆锥花序生枝条上部叶腋，长12—32厘米，疏生鳞片，有短柔毛，中部以上分枝；苞片卵状披针形；花粉红色，径1.5厘米；萼片5，不等大，外3枚稍小，无毛；花瓣5，长约8毫米，基部合生；雄蕊多数，花药孔裂；子房球形，花柱4—5，中部以下合生。浆果扁球形，径约1.2厘米，有5棱。花、果期7—12月。

产腾冲、保山、西盟、孟连、漾濞、景东、新平、普洱、绥江、屏边等地，生于海拔900—2400米的山地及沟谷林中。广西西部有分布，印度、尼泊尔、缅甸、老挝、泰国、越南和马来西亚也产。

种子繁殖。

木材浅黄褐微红，心、边材区别不明显，光泽弱。散孔材，纹理直，结构细而均匀，甚轻软，强度低，干燥容易，易切削，切面不光滑，易胶黏，握钉力弱，不劈裂。可作包装箱、火柴杆、造纸原料及绝缘材料、普通家具等用材。叶作牲畜饲料；果味甜，可食。

3.红果水东哥（中国植物志）图48

Saurauia erythrocarpa C. F. Liang et Y. S. Wang（1984）

乔木，高达6米。小枝被锈色或褐色短绒毛，疏被爪甲状鳞片。叶狭椭圆形，长15—25厘米，宽5—10厘米，先端短渐尖，基部钝或近圆形，边缘具重锯齿，齿端具尖头或刺状尖头，侧脉22—28对，上面无毛，下面脉上疏被爪甲状鳞片，但网脉上无鳞片，并薄被褐色或淡褐色短绒毛；叶柄长1.5—4.5厘米，被鳞片。花序1—2回分歧聚伞式，1—3簇生于叶腋或老枝落叶叶腋，长2.5—5厘米，粗状；花序分枝处具2枚苞片；苞片长卵形；花柄长1.2—1.7厘米；花粉红色，直径1—1.3厘米；萼片5，宽椭圆形，外3枚较小，长7—8毫米，内2枚

图47 尼泊尔水东哥 *Saurauia napaulensis* DC.
1.花枝　2.花　3.果

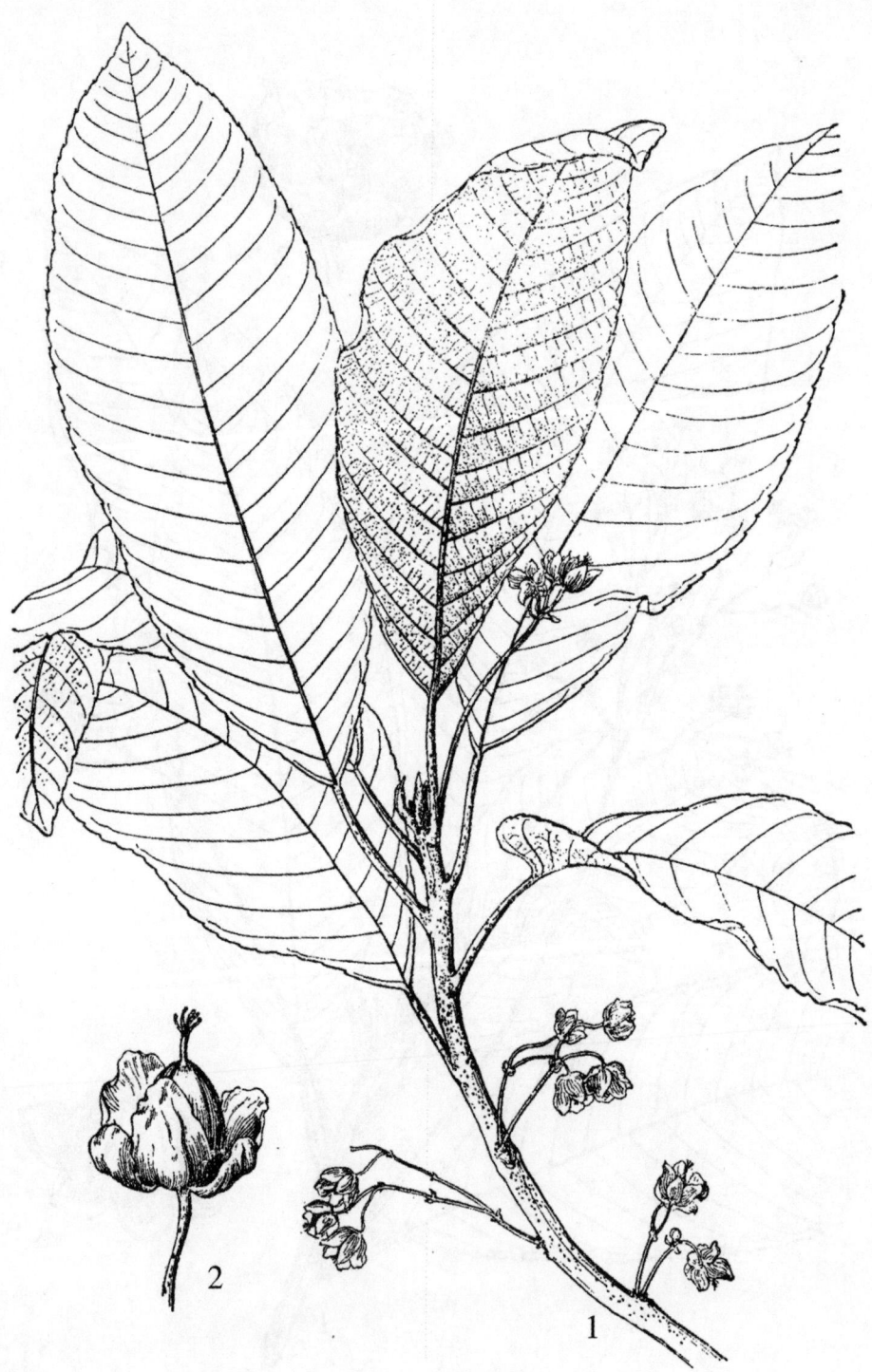

图48 红果水东哥 *Saurauia erythrocarpa* C. F. Liang et Y. S. Wang
1.花枝 2.果

较大，长7—10毫米；花瓣近圆形；雄蕊多数；子房近球形，无毛，花柱中部以上4—5裂，下部合生。果粉红色，扁球形或近球形，直径7—8毫米。花、果期9—11月。

产贡山、腾冲、盈江、瑞丽、龙陵等地。生于海拔1350—1800米的山地沟谷林中。种子繁殖。

4.水东哥（中国植物志）图49

Saurauia tristyla DC.

灌木或小乔木，高约6米，稀达12米。小枝淡红色，粗状，被爪甲状鳞片。叶纸质或薄革质，倒卵状椭圆形，稀宽椭圆形，长18—28厘米，宽4—11厘米，先端短渐尖，基部宽楔形，稀钝，边缘具刺状锯齿，侧脉10—26对，上面侧脉间具1行，稀有2—3行偃伏刺毛；叶柄具钻状刺毛。花序聚伞式，1—4簇生于叶腋或老枝落叶叶腋，被鳞片，并被绒毛和钻状刺毛，分枝外有苞片2—3，卵形，长1—1.5毫米，花梗基部具2枚近对生小苞片；花粉红色或白色，小，直径7—16毫米；萼片宽卵形或椭圆形，长3—4毫米；花瓣卵形，长8毫米，先端反卷；雄蕊多数；子房无毛，花柱3—4，稀5，下部合生。果球形，白色、绿色或淡黄色，直径6—10毫米。

产普洱、西双版纳、金平、屏边、河口、砚山、西畴、麻栗坡、富宁等地，生于海拔200—1300米的山地及沟谷林下或灌丛中。广东、广西、贵州有分布；印度、马来西亚也有。

种子繁殖，育苗造林。

木材轻软，色浅；气干容重0.391克/立方厘米，干缩系数径面0.161%、弦面0.270%、体积0.468%，硬度径面189千克/平方厘米、弦面176千克/平方厘米、端面305千克/平方厘米。木材利用与尼泊尔水东哥略同。叶可作猪饲料。

4a.河口水东哥（中国植物志）（变种）　鼻涕果（滇东南）图49

Saurauia tristyla DC. var. *hekouensis* C. F. Liang et Y. S. Wang（1984）

乔木，高可达10米。小枝被爪甲状鳞片，无毛。叶倒卵形，长13—18厘米，宽5—9厘米，边缘具细锯齿，侧脉10—14对，侧脉间无刺毛。

产蒙自、屏边、金平、河口，生于海拔130—1300米山地林下及沟谷中。

5.蜡质水东哥（中国植物志）图50

Saurauia cerea Griff. ex Dyer

乔木，高5—15米。小枝密被钻状刺毛和爪甲状鳞片，无绒毛。叶革质，倒卵形，长17—40厘米，宽12—20厘米，先端短急尖，基部楔形，稀钝，边缘密生刺状锯齿，侧脉23—29对，两面中、侧脉具爪甲状鳞片，老叶两面无毛；叶柄粗，长1.1—3.5厘米，被鳞片。花单生，或数朵簇生于落叶叶腋；花大，径约3厘米；萼片外3枚椭圆形，内2枚近圆形，外面被黄褐色长绒毛并疏生鳞片；花瓣长圆形，白色至粉红色，基部带紫色；雄蕊多数；子房近球形，被黄褐色长绒毛，花柱4—5，分离。果扁球形，绿白色，径约8毫米，有5钝棱，被黄褐色长绒毛，果梗长可达2厘米。花、果期7—11月。

产西双版纳、屏边、金平等地，生于海拔400—1300米的山地沟谷林中。印度、缅甸有

图49 水东哥和河口水东哥

1—2.水东哥 *Saurauia tristyla* DC.

1.叶 2.果

3—4.河口水东哥 *Saurauia tristyla* var. *hekouensis* C. F. Liang et Y. S. Wang

3.花枝 4.花

图50 蜡质水东哥和云南水东哥

1—2.蜡质水东哥 *Saurauia cerea* Griff. ex Dyer

1.枝，叶 2.叶下面一部

3—6.云南水东哥 *Saurauia yunnanensis* C. F. Liang et Y. S. Wang

3.花枝 4.叶下面一部 5.雄蕊 6.雌蕊

分布。

种子繁殖。

木材纹理直，结构细，质轻软，干燥易，切削易，油漆后光亮性差；握钉力弱，不劈裂。

6.云南水东哥（中国植物志）图50

Sauraia yunnanensis C. F. Liang et Y. S. Wang（1984）

乔木或灌木，高4—10米。小枝疏被细小爪甲状鳞片。叶薄革质，狭倒卵状披针形，长6—23厘米，宽1.2—6厘米，先端渐尖，基部钝，边缘具锯齿，齿端具短尖头，侧脉12—14对，稀18对，两面中、侧脉疏生爪甲状鳞片，无毛；叶柄长1.5—2.5厘米，疏生鳞片。花序聚伞式，长2.5—3厘米，少花；花梗长1.2厘米；花粉红色，径约8毫米；萼片5，外面2枚椭圆形，内面3枚近圆形，雄蕊多数；子房近扁球形，花柱4—5，中部以下合生。果熟时白色，径5毫米。花、果期4—11月。

产瑞丽、西双版纳及河口等地，生于海拔130—1700米山地沟谷林或灌丛中。

120.野牡丹科 MELASTOMATACEAE

　　草本、灌木或小乔木,陆生或少数附生,直立、攀援或具匍匐茎。枝条对生,通常四棱形。单叶对生,稀轮生,全缘或具锯齿,常具缘毛,通常有3—5(7)基出脉,稀为9,侧脉平行,少数具羽状脉,具柄或无柄;无托叶。花两性,辐射对称,4—5数,稀3或6数;伞形花序、聚伞花序或由聚伞花序组成的各式花序,稀穗状花序、单生或簇生,有苞片或无,小苞片成对;花萼通常与子房合生,稀分离,常具棱,具裂片,稀平截;花瓣通常具鲜丽的颜色,分离,着生于花萼喉部,与萼片互生,呈覆瓦状或螺旋状排列;雄蕊通常为花瓣的1倍或与花瓣同数,分离,着生于花萼喉部,花蕾时内折,花丝丝状常向基部渐膨大;花药2室,极少4室(我国不产),单孔开裂,稀2孔开裂,极少纵裂,基部有或无附属体,药隔常膨大,下延成距或各式形状;子房下位、半下位,稀上位,子房室与花被同数,稀为1室,顶端具冠或无,常具隔片;花柱单生,丝状,柱头点尖;中轴胎座或特立中央胎座,稀侧膜胎座,胚珠多数。蒴果或浆果,通常与萼管贴生;种子细小,常楔形,无胚乳,胚小而直,或与种子同形。

　　本科约240属,3000余种,分布于热带及亚热带地区,其中以美洲最多。我国约24属,160余种,分布于西藏南部至长江流域以南各省区;云南有17属75种,以南部最多。本志记载5属15种。

分 属 检 索 表

1.叶边缘具齿或多少具齿,基出脉;子房通常4—5室,胚珠极多;种子极多。
　2.花瓣长1.5—4厘米或更长;种子马蹄状弯曲。
　　3.雄蕊同形,等长,药隔基部不伸延呈短柄状;花萼具篦状刺毛突起,刺毛突起或多轮刺毛状的有柄星状毛 ·················· 1.金锦香属 Osbeckia
　　3.雄蕊异形,有长、短雄蕊;花萼被毛及鳞片状糙伏毛 ········· 2.野牡丹属 Melastoma
　2.花瓣长1厘米以下;种子非马蹄状弯曲。
　　4.蒴果,室背开裂;花瓣常于右侧突出1小片 ····················· 3.尖子木属 Oxyspora
　　4.浆果,不开裂;花瓣无突出小片 ····················· 4.酸脚杆属 Medinilla
1.叶全缘,羽状脉;子房1室,胚珠通常约9;种子1 ················· 5.谷木属 Memecylon

1.金锦香属 Osbeckia Linn.

　　草本,亚灌木或灌木。茎四或六棱形,通常被毛。叶对生或3枚轮生,通常被毛,全缘,具3—7基出脉;具叶柄或无柄。头状花序或总状花序或组成圆锥花序,顶生;花4—5数,萼管坛形或长坛形,通常具有刺毛的突起(或星状附属物),篦状刺毛的突起(或篦状鳞片)或多轮刺毛状的有柄星状毛,裂片线形、披针形至卵状披针形,具缘毛,花瓣紫色、紫红色、红色至粉红色或白色,倒卵形至广卵形,具缘毛或无;雄蕊8—10,等长或近等长，花蕾时折褶，花开时伸出花冠，常偏于1侧，花丝较花药短或近相等，花药长圆状卵形，弯曲，有长喙或较短，顶端单孔开裂，药隔下延，向前方伸延成2小瘤体，向后方微膨大或成短距，距端有1—2刺毛，花后花被从萼管口部全部脱落；子房半下位（前人误为下位），4—5室，顶端通常具1圈刚毛。蒴果卵形或长卵形，4—5纵裂，顶孔最先开裂，宿存萼坛形或长坛形，顶端平截，中部以上常缢缩成颈，常具纵肋；种子小，近马蹄状弯曲，具密小突起。

本属约100种，分布于澳大利亚至热带非洲。我国10余种，遍布于长江流域以南各省区；云南有10种。

分 种 检 索 表

1.花4数；宿存萼长坛形，中部略上缢缩成颈，外被多轮刺毛状的有柄星状毛 ……………
……………………………………………………………… **1.假朝天罐 O. crinita**
1.花5数；宿存萼坛形，不缢缩，外被篦状刺毛突起。
　2.花冠红色、粉红色或稀紫红色 …………………………………**2.蚂蚁花 O.nepalensis**
　2.花冠白色 ………………………………………**2a.白蚂蚁花（变种）var. albiflora**

1.假朝天罐（云南植物志）　罐罐花、茶罐花、张天师、小尾光叶、阿不答石（河口瑶族语）、九果根（保山）图51

Osbeckia crinita Benth. ex Triana（1971）*

O. stellata Ham. ex D. Don var. *crinita* C. Hansen（1977）P. P.

灌木，高达2.5米。茎四棱形，被疏或密平展的刺毛，有时从基部或从上部分枝。叶坚纸质，长圆状披针形。卵状披针形至椭圆形，顶端急尖至近渐尖，基部钝或近心形，长4—9厘米，稀达13厘米，宽2—3.5厘米，稀达5厘米，全缘，具缘毛，两面被糙伏毛，基出脉5，上面脉上无毛，下面仅脉上被糙伏毛；叶柄长2—10（15）毫米，密被糙伏毛。总状花序，顶生，或每节有2花，常仅1花发育，或由聚伞花序组成圆锥花序；苞片2；卵形，长约4毫米，具刺毛状缘毛，背面无毛或被疏糙伏毛；花梗短或几无，花萼长约2厘米，具多轮刺毛状的长柄星状毛，毛长达2.5毫米，裂片4，线状披针形或钻形，长约8毫米；花瓣4，紫红色，倒卵形，先端圆形，长约1.5厘米，具缘毛；雄蕊8，分离，常偏向1侧，花丝与花药等长，花药具长喙，药隔基部微膨大，向前微伸，向后呈短距；子房卵形，4室，顶端有刚毛20—22，上部被疏硬毛。蒴果卵形，4纵裂，宿存萼坛形，近中部缢缩，顶端平截，长1.1—1.6（1.8）厘米，上部常具毛脱落后的斑痕，下部密被多轮刺毛状的有柄星状毛。花期8—11月，果期10—12月。

产云南中部以南地区，生于海拔800—2300米的山坡草地、田埂或矮灌木丛中阳处，有时生于山谷溪边、林缘湿润的地方。四川、贵州有分布；印度、缅甸也有。

种子繁殖。

全株入药，有清热收敛止血的功效；根治痢疾及淋病。又用根与生姜、大蒜、甜酒（又称白酒）煎服，治疯狗咬伤。叶含单宁。

本种以前曾被大多数人误认为分布于我国广西以东各地，实际上仅分布于我国西南各省以西，其主要特点是叶两面仅被糙伏毛，于下面仅脉上才有；花萼仅具多轮刺毛状的长柄星状毛，萼片线状披针形或钻形，可以与广西以东的相近种区别。

2.蚂蚁花（滇东南）　窄腰泡（云南）、"扳楷"（屏边瑶族语）图51

Osbeckia nepalensis Hook. f.（1823）*

直立亚灌木或灌木，高达1.5米。茎四棱形，密被糙伏毛。叶坚纸质，长圆状披针形或卵状披针形，顶端渐尖，基部心形至钝，长（5）7—13厘米，宽（1.5）2.5—3.8厘米，全缘，具缘毛，两面密被糙伏毛，基出脉5；叶柄极短，长1—4毫米，密被毛。由聚伞花序组成的圆锥花序，顶生，长5—8厘米或更长；小苞片2，紧包萼基部，宽卵形，外面的中脉两侧被细绢毛；花梗短或几无，花萼长约2厘米，萼管及裂片间具篦状刺毛突起，裂片5，长卵形，与萼管等长，两面无毛，具缘毛；花瓣5，红色至粉红色，稀紫红色，广倒卵形，长1.5—2厘米，具缘毛；雄蕊10，花丝较花药略长，花药具短喙，药隔基部微膨大呈盘状，有短距；子房卵状球形，5室，顶端具1圈短刚毛，上半部密被糙伏毛。蒴果卵状球形，5纵裂，宿存萼坛形，顶端平截，长约8毫米，密被篦状刺毛突起。花期8—10月，果期9—12月。

产滇东南至滇西南海拔550—1900米的开朗山坡草地、灌木丛边，路旁及田边，也见于林缘、溪边湿润的地方，林中少见。喜马拉雅山脉东部至泰国均有。

2a.白蚂蚁花（云南植物志）（变种）

var. albiflora Lindl.（1831）*

产腾冲，生于海拔1300—1600米的山坡阳处，田沟边或路边疏林下。尼泊尔也有分布。

2. 野牡丹属　Melastoma Linn.

灌木。茎四棱形或近圆形，通常被毛或鳞片状糙伏毛。叶对生，被毛，全缘，具5—7基出脉，罕为9；具叶柄。花顶生或生于分枝顶端，单花或组成圆锥花序，5数；萼管坛状球形，被毛或鳞片状糙伏毛，裂片披针形至卵形，裂片间有或无小裂片；花瓣淡红色至红色，或紫红色，通常为倒卵形；雄蕊10，5长5短，长者通常较大，带紫色，药隔基部伸长，弯曲，末端2裂，短者通常较小，黄色，药隔不伸长，花药基部前方具1对小疣体；子房半下位，5室，顶端通常被密毛；花柱与花冠等长，柱头不裂；胚珠多数，着生于中轴胎座上，有时果时胎座呈肉质，多汁。蒴果卵形，顶孔最先开裂，宿存萼坛状球形，顶端平截，密被毛或鳞片状糙伏毛；种子小，近马蹄形，常密布小突起。

本属约50种，分布于亚洲南部至大洋洲北部，以及太平洋诸岛。我国约8种，分布于长江流域以南各省区；云南4种。

分 种 检 索 表

1.叶柄长不超过1.5厘米，叶较小，最长10.5厘米，宽6厘米。
  2.茎被平展的长粗毛及短柔毛 ………………………………… 1.展毛野牡丹 M. normale
  2.茎被紧贴的鳞片状糙伏毛。

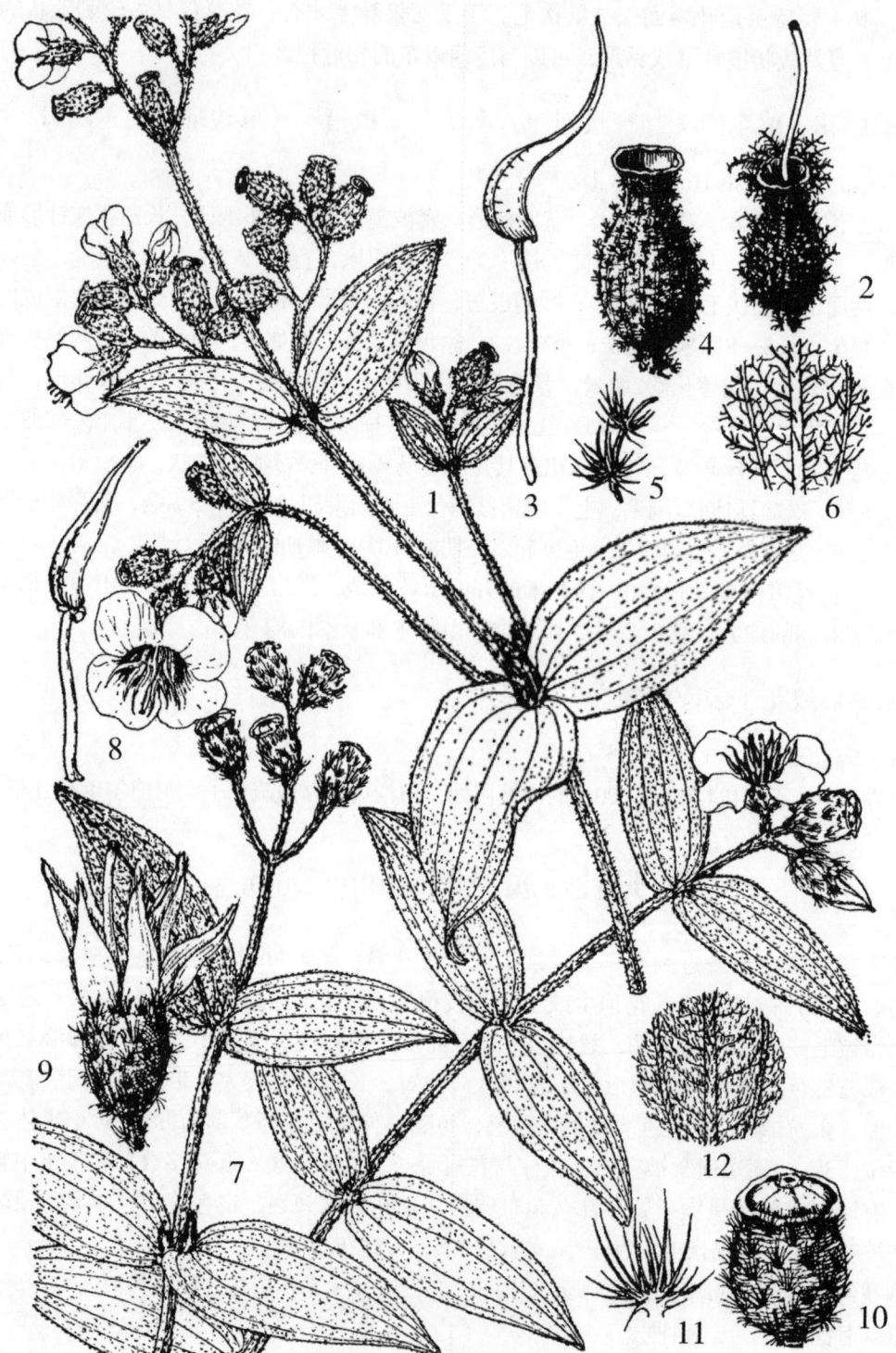

图51 假朝天罐和蚂蚁花

1—6.假朝天罐 *Osbeckia crinita* Benth. ex Thiana

1.花果枝　2.雌花　3.雄蕊　4.果　5.有柄刺毛状星状毛　6.叶背面

7—12.蚂蚁花 *Osbeckia nepalensis* Hook. f.

7.花果枝　8.雄蕊　9.萼管与雌蕊　10.果　11.篦状刺毛　12.叶背面

1.展毛野牡丹（中国高等植物图鉴） 麻叶花（屏边）、毡帽泡花（西畴）、洋松子（河口）、蚂蚁花、肖野牡丹（广州植物志）、毛稔（海南植物志）图52

Melastoma normale D. Don.（1825）

灌木，高达3米；茎钝四棱形或近圆柱形，密被平展的长粗毛及短柔毛。叶坚纸质，卵形至椭圆形或椭圆状披针形，先端渐尖，基部圆形或近心形，长4—10.5厘米，宽1.4—3.5（5）厘米，全缘，基出脉5，上面密被糙伏毛，下面密被糙伏毛及密短柔毛；叶柄长5—10毫米，密被糙伏毛。伞房花序生于分枝顶端，具化3—7（10），基部具叶状总苞2；苞片披针形至钻形，密被糙伏毛；花梗长2—5毫米，被毛；花萼长1—1.6厘米，密被鳞片状糙伏毛，毛扁平，边缘流苏状，有时分枝，裂片披针形，稀卵状披针形，与萼管等长或较萼管略长，各部均被鳞片状糙伏毛及短柔毛，裂片间具1小裂片；花瓣紫红色，倒卵形，长2—7厘米，仅具缘毛；雄蕊长者药隔基部伸长，弯曲，末端2裂，短者药隔不伸长，花药基部具1对小瘤体；子房密被糙伏毛，顶端被密刚毛。蒴果坛状球形，顶端平截，长6—8毫米，直径5—7毫米，密被鳞片状糙伏毛。花期春季或夏初（滇南有时9—11月），果期秋季（滇南有时5—6月）。

产云南西部至东南部，生于海拔150—2800米的开朗山坡灌木丛或疏林中。我国西南至台湾各省区有分布；尼泊尔、印度、缅甸、马来西亚至菲律宾也有。

种子繁殖。

果可食。全株有收敛作用，可治消化不良，腹泻，痢疾等症，也作利尿药；外敷可止血。可作饲料。

2.多花野牡丹（广州植物志） 酒瓶果（勐仑）、催生药（景东）、炸腰果、野广石榴 图52

Melastoma affine D. Don（1823）

Melastoma polyanthum Bl.（1831）（1849）*

灌木，高约1米。茎钝四棱形或近圆形，多分枝，密被紧贴的鳞片状糙伏毛，毛扁平边缘流苏状。叶坚纸质，披针形、卵状披针形或近椭圆形，先端渐尖，基部圆形近楔形，长5.4—13厘米，宽16—44厘米，全缘，基出脉5，上面密被糙伏毛，脉下凹，下面被糙伏毛及密短柔毛，脉隆起，脉上糙伏毛较密：叶柄长5—10毫米或略长，密被糙伏毛。伞房花序生于分枝顶端，近头状，有花10以上，基部有叶状总苞2；苞片狭披针形至钻形，长2—4毫米，密被糙伏毛；花梗长3—8（10）毫米，密被糙伏毛；花萼长约1.6厘米，密被上述鳞片状糙伏毛，裂片广披针形，与萼管等长或略长，先端渐尖，具细尖头，里面上部，外面及边缘均被鳞片状糙

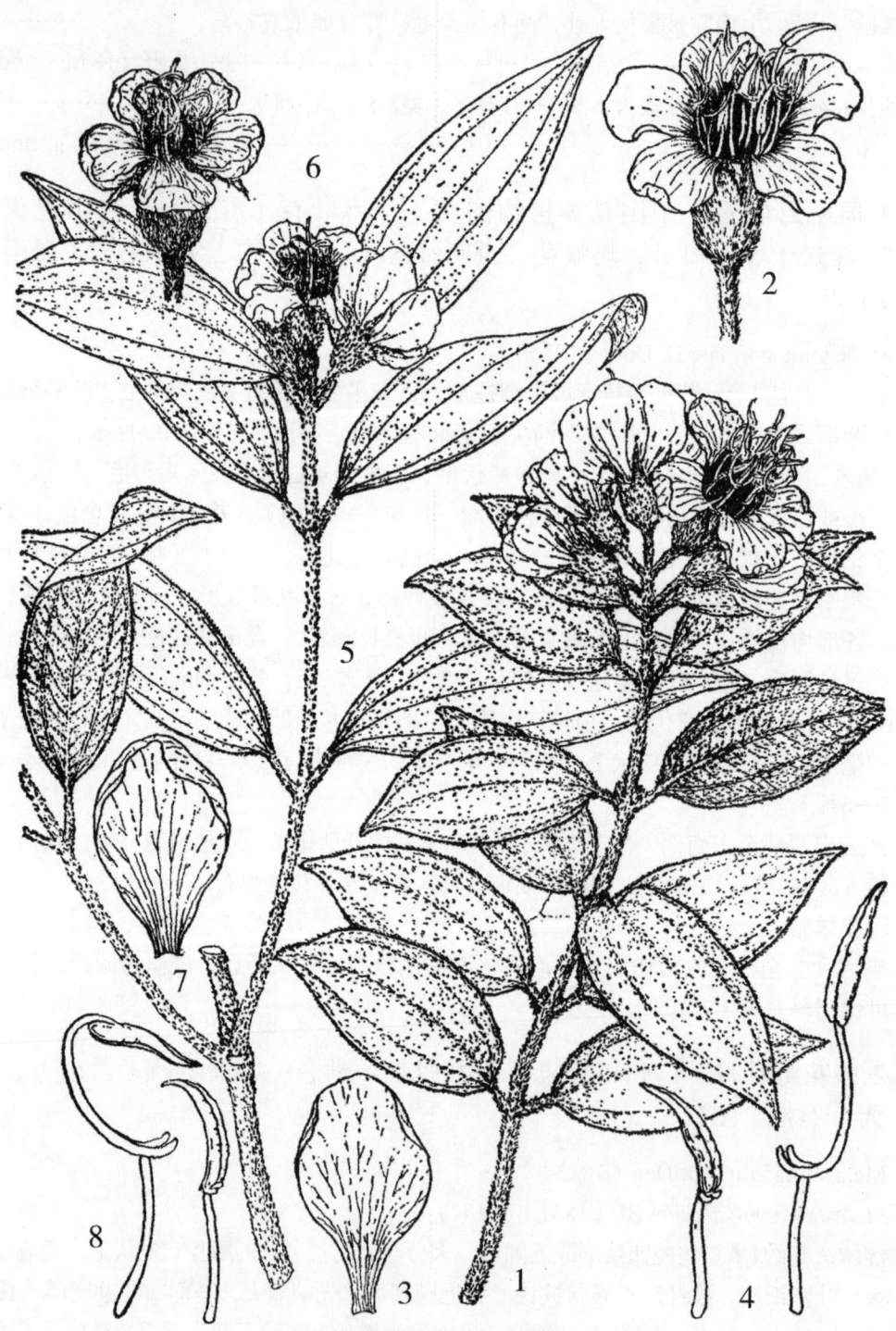

图52 展毛野牡丹和多花野牡丹

1—4.展毛野牡丹 *Melastoma affine* D. Don
1.花枝 2.花 3.花瓣 4.雄蕊

5—8.多花野牡丹 *Melastoma normale* D. Don.
5.花枝 6.花 7.花瓣 8.雄蕊

伏毛及短柔毛，裂片间具1小裂片，稀无，花后全部脱落；花瓣粉红色至红色，稀紫红色，倒卵形，长约2厘米，先端圆形，仅上部具缘毛；雄蕊长者带紫色，药隔基部伸长，弯曲，末端2深裂，短者黄色，药室基部各具1小瘤，药隔不伸长；子房密被糙伏毛，顶端具1圈密刚毛。蒴果坛状球形，顶端平截，长6—8毫米，直径5—7毫米，与宿存萼贴生；宿存萼密被鳞片状糙伏毛；种子镶于肉质胎座内。花期2—5月，果期8—12月，稀1月。

产梁河、景东至西双版纳，生于海拔300—1830米的山坡、山谷林下或疏林下，湿润或干燥的地方，或刺竹林下、路边、溪旁灌木草丛中；我国从云南、贵州至台湾各省区均有；中南半岛至澳大利亚等地也有。

种子繁殖。

果可食；全株具消积滞，收敛止血，散瘀消肿；治消化不良，肠炎腹泻，痢疾；捣烂外敷或研粉，治外伤出血，刀枪伤。根煮水，用胡椒作引，内服有催生作用，故名催生药。

本种与展毛野牡丹（*M.normale* D. Don）极相近，但茎上被紧贴的鳞片状糙伏毛及萼片较宽等特征，可与之区别。

3.野牡丹（广东）"豹牙兰"（河口瑶族语）图53

Melastoma candidum D. Don（1823）

灌木，高达1.5米，分枝多。茎钝四棱形或近圆形，密被紧贴的鳞片状糙伏毛，毛扁平边缘流苏状。叶坚纸质，卵形或广卵形，先端急尖，基部浅心形或近圆形，长4—10厘米，宽2—6厘米，全缘，基出脉7，两面被糙伏毛及短柔毛，下面尤密，基出脉于上面下凹，于下面隆起，被上述鳞片状糙伏毛，侧脉被密长柔毛；叶柄长5—15毫米，密被鳞片状糙伏毛。伞房花序生于分枝顶端，近头状，有花3—5，稀单生，基部具叶状总苞2；苞片披针形或狭披针形，密被鳞片状糙伏毛；花梗长2—30毫米，密被鳞片状糙伏毛；花萼长约22厘米，密被鳞片状糙状毛及柔毛，裂片卵形或略宽，与萼管等长或略长，先端渐尖，具细尖头，两面均被毛，花后与花瓣一齐脱落；花瓣玫瑰红色或粉红色，倒卵形，长3—4厘米，先端圆形，密被缘毛；雄蕊长者带紫色，药隔基部伸长，弯曲，末端2深裂，短者黄色，药隔不伸延，花药基部各具1小瘤；子房密被糙伏毛，顶端具1圈刚毛。蒴果坛状球形，长1—1.5厘米，直径8—12毫米，与宿存萼贴生；宿存萼密被鳞片状糙伏毛；种子多数，镶于肉质胎座内。花期5—7月，果期1—12月。

产河口，生于海拔约120米的山坡马尾松林下或开旷的山坡灌木草丛中，是酸性土的指示植物。我国云南、广西至台湾沿海各省区均有；中南半岛也有。

种子繁殖，随采随播。

叶、根消积滞，收敛止血，治消化不良，肠炎腹泻，痢疾便血等症；叶捣烂或研粉外敷，治外伤止血。也可作提制栲胶的原料。

4.大野牡丹（云南植物志）　"大暴牙兰"（河口）图53

Melastoma imbricatum Wall. ex Triana（1871）

大灌木或小乔木，高达7米。茎四棱形或钝四棱形，通常具槽，分枝多，密被紧贴的鳞

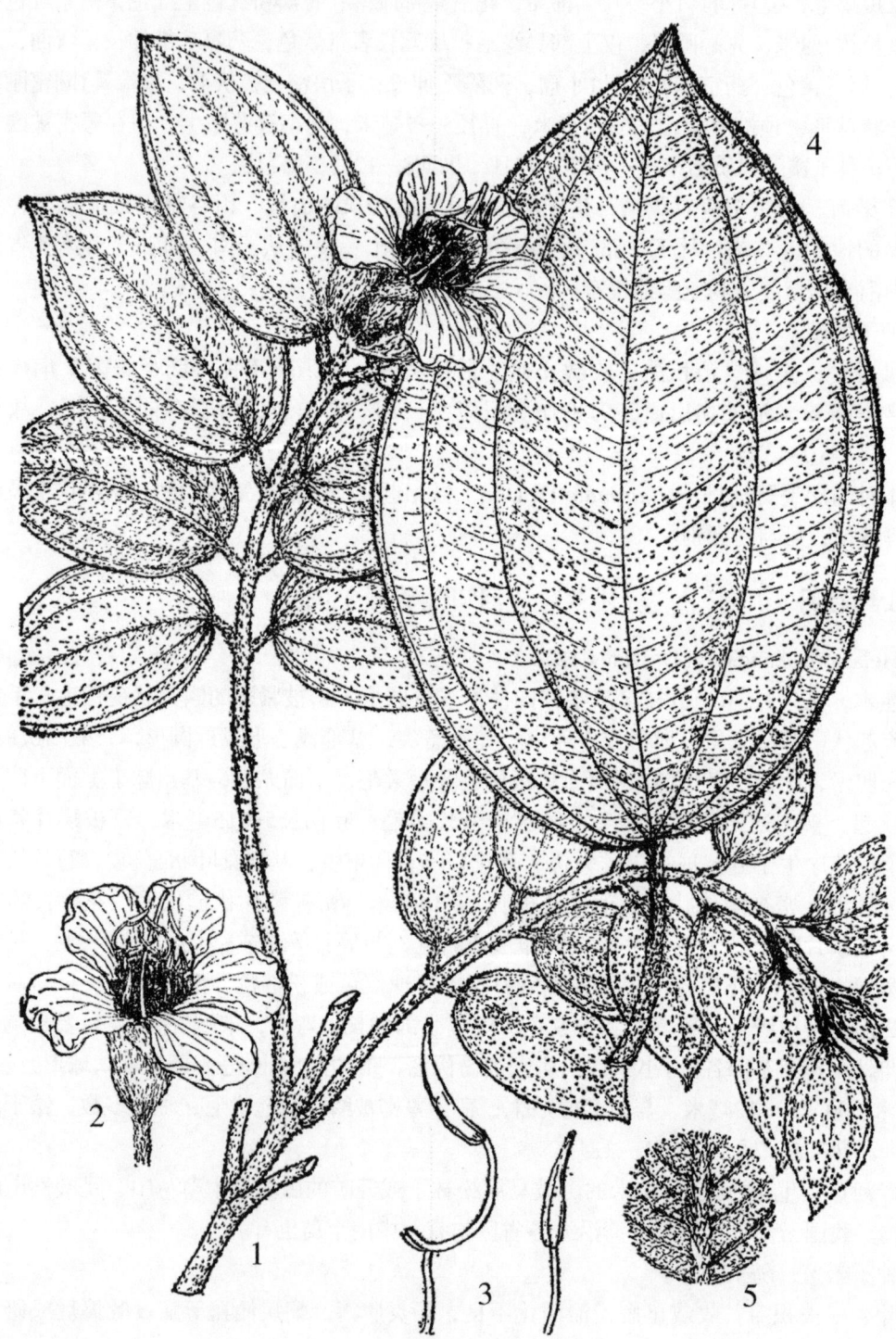

图53 野牡丹和大野牡丹

1—3.野牡丹 *Metastoma candidum* D. Don

1.花枝 2.花 3.雄蕊

4—5.大野牡丹 *Melastoma imbricatum* Wall. ex Triana

4.叶片 5.叶背

片状糙伏毛。叶坚纸质，广卵形至广椭圆形，先端急尖，基部圆形或钝，长8—21厘米，宽5.5—13.5厘米，全缘，具紧贴边缘的缘毛，基出脉7，稀5，上面被糙伏毛及短柔毛，脉下凹，下面密被糙伏毛及短柔毛，脉明显隆起，且夹有鳞片状糙伏毛；叶柄长1.8—6.5厘米，密被卵形及披针形鳞片状糙伏毛。伞房花序生于分枝顶端，有花约12，基部具叶状总苞2；苞片无或极小，密被糙伏毛；花梗长3—12毫米，密被鳞片状糙伏毛；花萼长2—2.3厘米，密被鳞片状糙伏毛，裂片卵状披针形或略宽，较萼管长或近等长，先端渐尖，边缘较薄，里面密被糙伏毛，裂片间常具1钻形小裂片，花后脱落；花瓣浅红色或红色，倒卵形，长约2厘米，先端圆形，密被缘毛；雄蕊长者药隔基部伸长，弯曲，末端2深裂，短者药隔不伸长，花药基部具1对小瘤；子房密被糙伏毛，顶端具1圈密刚毛。蒴果坛状球形，顶端平截，长约1.3厘米，直径约9毫米，与宿存萼贴生，宿存萼密被鳞片状糙伏毛。花期6—7月，果期12月至翌年2—3月。

产勐仑、屏边、河口，生于海拔140—1420米的密林中湿润的地方。我国广西西南部有分布；印度东部、中南半岛等处也有。

3. 尖子木属 Oxyspora DC.

灌木。茎钝四棱形，具槽。叶对生，边缘具细齿，5—7基出脉；具叶柄。由伞房花序组成圆锥花序，顶生；苞片极小，早落；花4数，花萼狭漏斗形，具8脉，萼片短，宽三角形或扁三角状卵形，先端常具小尖头；花瓣粉红色至红色，或深玫瑰色，卵形，先端通常具突起小尖头并被微柔毛；雄蕊8，花蕾时内折，4长4短，长者通常紫色，药隔不伸长或伸长成短距（我国不产），短者黄色，药隔基部伸长成短距；子房通常为椭圆形，4室，顶端无冠。蒴果倒卵形或卵形，有时呈钝四棱，顶端伸出胎座轴，4孔裂；宿存萼较果略长，通常为漏斗形，具纵肋8条；种子多数，近三角状披针形，有棱。

本属约20种，分布于我国西南；尼泊尔、印度及中南半岛。我国有3种，云南均产。

分 种 检 索 表

1.叶上面被秕糠状鳞片或几无，下面仅沿脉被秕糠状星状毛；幼枝被秕糠状星状毛及疏刚毛，刚毛上具微柔毛3大圆锥花序，宽10厘米以上 ················ 1.尖子木 O. paniculata
1.叶两面被细小的秕糠状鳞片或仅上面被基部膨大的细微柔毛，下面无毛；幼枝被平展的刚毛或无毛；圆锥花序较狭，宽7厘米以下。
　2.叶基部浅心形至圆形或钝，两面被细小的秕糠状鳞片，幼时下面仅沿基出脉被刚毛 ···
　·············· 2.刚毛尖子木 O.vagans
2.叶基部楔形或近圆形，有时略偏斜，上面被基部膨大的细微柔毛，下面无毛 ··············
　·············· 3.滇尖子木 O. yunnanensis

1.尖子木（中国树木分类学）　　酒瓶果、砚山红　　图54

Oxyspora paniculata（D. Don）DC.（1828）

Arthrostemma paniculatum D. Don（1823）

灌木，高达6米。茎四棱形或钝四棱形，通常具槽，幼嫩者被秕糠状星状毛及具微柔毛的疏刚毛。叶坚纸质，卵形或狭椭圆状卵形或近椭圆形，先端渐尖，基部圆形或浅心形，长12—24厘米，宽4.6—11厘米，稀长32厘米，宽15.5厘米，边缘具不整齐的小齿，基出脉7，上面被秕糠状鳞片或几无，脉下凹，下面通常仅于脉上被秕糠状星状毛，侧脉极多，平行，细脉与侧脉垂直；叶柄长1—7.5厘米，有槽，通常密被秕糠状星状毛，槽内被具微柔毛的刚毛。由伞房花序组成的圆锥花序，顶生，被秕糠状星状毛，长20—30厘米，稀较短，基部具叶状总苞2；苞片和小苞片小，披针形或钻形，长1—3毫米；花萼长约8毫米，幼时密被星状毛，以后渐脱落，狭漏斗形，具钝四棱，有纵脉8，裂片扁三角状卵形，长约1毫米，先端急尖，具突起的小尖头；花瓣红色至粉红色或深玫瑰红色，卵形，长约7毫米，于右上角突出1小片，先端具突起的小尖头并被微柔毛；雄蕊较长的4枚紫色，药隔隆起而不伸长，较短的4枚黄色，药隔隆起，基部伸长成短距；子房无毛。蒴果倒卵形，长约8毫米，直径约6毫米；宿存萼较果长，漏斗形。花期7—9月，稀10月，果期1—3月，稀达5月。

产泸水、腾冲、景东、临沧、双江、双柏、普洱、勐海、小勐养、文山、西畴、富宁等地，生于海拔500—1900米的山谷密林下，阴湿处或溪边，也长于山坡疏林下，灌木丛中湿润的地方。贵州、广西、西藏东南部有分布；尼泊尔经缅甸至越南北部也有。

种子繁殖。

全株清热止痢；治痢疾、腹泻、疮疖等。

2.刚毛尖子木（云南植物志）图55

Oxyspora vagans（Roxb.）Wall.（1829），nom. mid.（1824）

Melastoma vagans Roxb.（1814），nom. nud.（1824）

Oxyspora paniculata（D. Don）DC. var. vagans（Roxb.）Maxw.

灌木，高1—2米。茎略四棱形或圆柱形，无槽或稀具浅槽，幼嫩时密被平展的刚毛。叶薄坚纸质或近膜质，卵形或椭圆形，先端渐尖，基部浅心形至圆形或钝，长11—16.5厘米，宽5—7.5厘米，边缘具不整齐小齿，通常具缘毛，基出脉5—7，两面被细小的秕糠状鳞片，上面基出脉和侧脉平而不凹，下面主脉密被刚毛（幼时），侧脉多数，平行，细脉不明显；叶柄长1.5—5.5厘米，密被刚毛。由伞房花序组成圆锥花序，顶生，长12—25厘米，宽2.5—6厘米，基部具叶状总苞2，花序轴，花梗及花萼均被密秕糠状星状毛；苞片和小苞片小，钻形，长约1毫米，早落；花萼长约6毫米，狭坛形，具钝四棱，有纵脉8，其中4条不明显，裂片极小，几不明显，先端具突起的小尖头；花瓣红色或粉红色，卵形，长约6毫米，于右上角突出1小片，先端具突起的小尖头，无毛；雄蕊4长4短，药隔隆起，基部均伸长成短距；子房纺锤形，4室。蒴果椭圆形，顶端具胎座轴，长约5.5毫米，顶孔开裂；宿存萼较果长，坛形，颈部缢缩。花期约10月，果期约3月。

图54 北酸脚杆和尖子木

1—3.北酸脚杆 Medinilla septentrionalis

1.花果枝　2.花纵剖　3.果

4—8.尖子木 Oxyspora paniculata

4.花枝　5.花蕾　6.花瓣　7.雄蕊　8.雌蕊

产景洪、西盟等地，生于海拔700—930米的林下湿润的地方、溪边河旁等处。印度、缅甸至泰国均有分布。

3.滇尖子木（云南植物志）图55

Oxyspora yunnanensis H. L. Li（1944）

Oxyspora paniculata（D. Don）DC. var. *yunnanensis*（H. L. Li）Maxw.（1982）

灌木，高达2米。茎钝四棱形，具槽，幼时被平展的刚毛或脱落变无毛。叶坚纸质或较薄，披针状长圆形至长圆状卵形，先尖渐尖，基部楔形或近圆形，有时略偏斜，长6—13厘米，宽2.5—4.2厘米，边缘具不整齐小齿，或几全缘，基出脉5，上面被基部膨大的细微柔毛，幼时较明显，基出脉下凹，下面无毛，基出脉，侧脉明显，隆起；叶柄长5—15毫米，有槽，与叶片连接处及基着生处约1簇刚毛。由伞房花序组成狭圆锥花序，顶生，长10—21厘米，宽达7厘米，被微柔毛或脱落成无毛，基部具1对叶状总苞，通常早落；苞片极小，披针形，早落；花梗长约5毫米，被微柔毛或无毛；花萼长约6毫米，被微柔毛或无毛，狭漏斗形，具钝四棱，裂片宽三角形，长1—1.5毫米，先端急尖，具突起的小尖头；花瓣玫瑰红色，卵形，长约1厘米，先端具突起的小尖头，具缘毛；雄蕊4长4短，长者紫色，药隔基部微伸长，短者黄色，药隔基部伸长成短距；子房卵形，4室。蒴果四棱状卵形，顶端伸出胎座轴，长约6毫米，直径约4毫米，顶孔开裂；宿存萼较果略长，漏斗状，颈部缢缩。花期约8月，果期10—11月。

产滇西北，生于海拔1300—2800米的密林下或江边岩石缝中。模式标本采自贡山独龙江。

4.酸脚杆属 Medinilla Gaud.

直立或攀援灌木，或小乔木，陆生或附生。茎常四棱形，有时有翅。叶对生或轮生，全缘或具齿，通常3—5基出脉，稀9，侧脉平行，细脉网状，通常不明显；具叶柄或无。聚伞花序或由聚伞花序组成的圆锥花序，顶生、腋生、生于老茎上或根茎的节上；苞片小，早落；花通常4数，稀5数，极少6数；花萼杯形，漏斗形、钟形或圆柱形，檐部具裂片或不明显，通常裂片具小尖头或小突尖；花瓣倒卵形至卵形或近圆形，有时上部偏斜；雄蕊为花瓣的1倍，等长或近等长；花丝丝状，较花药长或等长或较短；花药线形或披针形或长圆形，顶端通常具缘，单孔裂，基部具小瘤或线状突起，药隔微膨大，下延呈短距；子房下位，卵形，4室，稀5室，顶端平截，冠以与子房室同数的裂片，有时具隔片；花柱丝状，常较雄蕊短，柱头点尖。浆果坛形、球形或卵形，顶端常冠以宿存萼檐部，不开裂，通常具小突起；种子多数，小，倒卵形，或短楔形，具明显的小突起或光滑。

本属约400种，分布于热带非洲、马达加斯加、印度至太平洋诸岛。我国约15种，分布于云南、广西、广东及台湾等省（自治区）的南部。云南约10种。

分 种 检 索 表

1.小枝圆柱形，无毛；聚伞花序腋生，通常有3花，稀1或5，长3.5—5.5厘米 ……………
……………………………………………………………1.北酸脚杆 M. septentrionalis

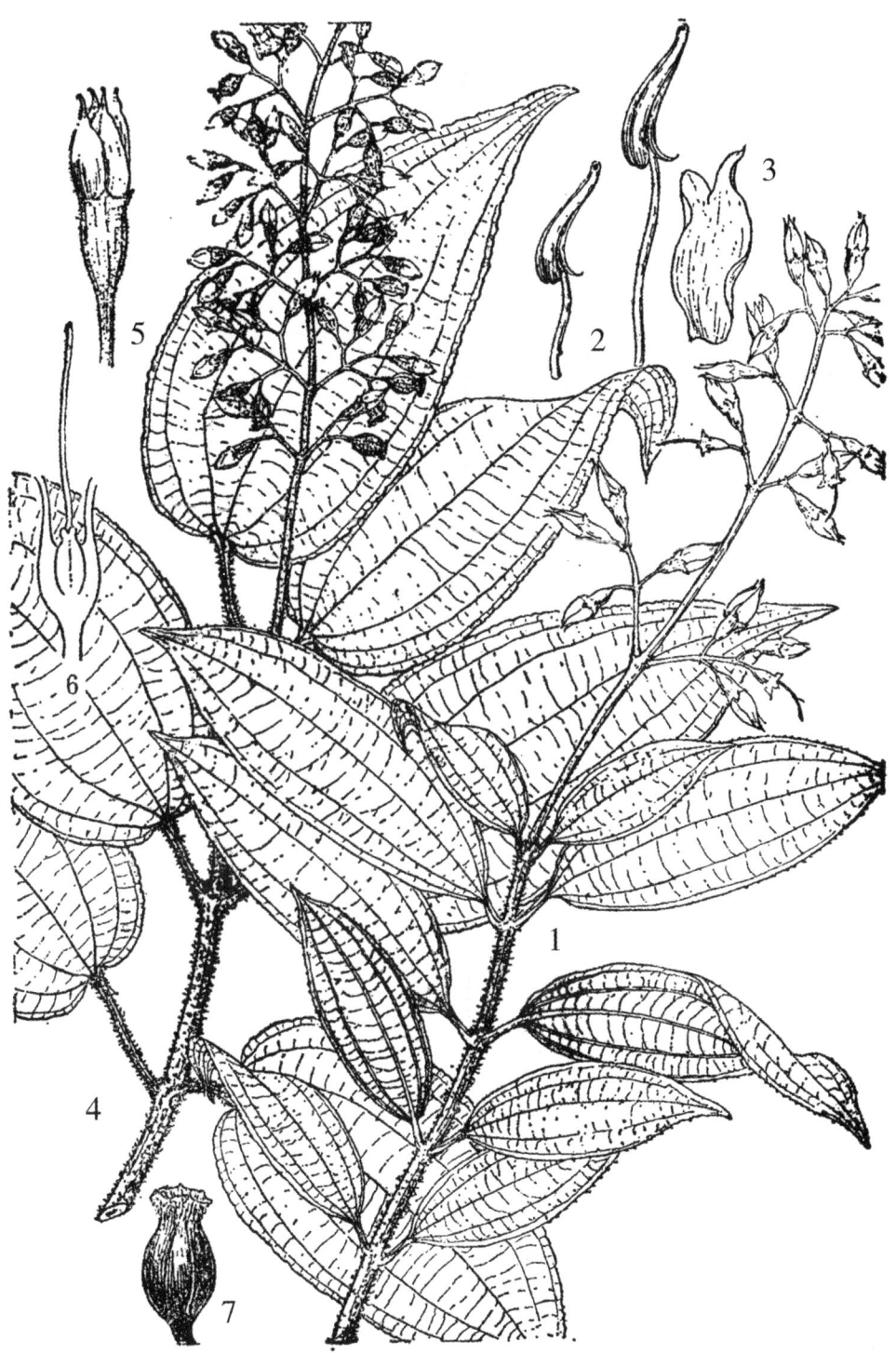

图55　滇尖子木和刚毛尖子木

1—3.滇尖子木 *Oxyspora yunnanensis* H. L. Li

1.花枝　2.雄蕊　3.花瓣

4—7.刚毛尖子木 *Oxyspora vagans*（Roxb.）Wall.

4.花果枝　5.花　6.雌蕊　7.幼果

1.小枝幼时钝四棱形，后呈圆柱形，皮木栓化；由聚伞花序组成的圆锥花序，着生于老茎或根茎的节上，有15花以上，长8—25厘米 ……………………………… **2.酸脚杆 M. lanceata**

1.北酸脚杆（云南植物志）图54

Medinilla septentrionalis（W. W. Sm.）H. L. Li（1944）

Oritephes septentrionalis W. W. Sm.（1911）

Pseudodissochaeta septentrionalis（W. W. Sm.）Nayar（1969）*

灌木或小乔木，高达7米，有时呈攀援状灌木，分枝多。小枝圆柱形，无毛。叶纸质或坚纸质，披针形、卵状披针形至广卵形，先端尾状渐尖，基部钝或近圆形，长7—8.5厘米，宽2—3.5厘米，边缘在中部以上具疏细锯齿，基出脉5，上面无毛，脉下凹，下面多少具秕糠，脉隆起；叶柄长约5毫米，聚伞花序腋生，通常有3花，稀1或5，长3.5—5.5厘米，无毛，花序梗长1—2.5厘米；花梗长不到1毫米；花萼钟形，长4—4.5毫米，密布小突起，具极疏的腺毛或几无毛，具钝棱，裂片不明显，有小突尖头；花瓣浅紫色或紫红色或粉红色，三角状卵形，先端钝急尖，下部略偏斜，长8—10毫米；雄蕊4长4短，长者花丝长约4.5毫米，花药长约7毫米，短者花丝长约3毫米，花药长约6毫米，花药基部均具小瘤，药隔基部均微伸延呈短距；子房卵形，顶端具4波状齿。浆果坛形，长约7毫米，直径约6毫米；种子楔形，密具小突起。花期6—9月，果期2—5月。

产滇西南至滇东南，生于海拔500—1760米的密林中或林缘阴湿的地方。广西、广东有分布；缅甸、越南、泰国也有。

种子繁殖。

果可食。

2.酸脚杆（云南植物志）图56

Medinilla lanceata（Nayar）C. Chen（1983）

Pseudodissochaeta lanceata Nayar（1969）

Medinilla radiciflora C. Y. Wu（1979）

大灌木或小乔木，高达5米。小枝钝四棱形，以后圆柱形，树皮木栓化，纵裂。叶纸质，披针形至卵状披针形，先端尾状渐尖，基部圆形或钝，长15—24厘米，宽3—5.5厘米，边缘具疏细浅锯齿或近全缘，3或5基出脉，5脉时其中2脉极细且近叶缘，两面无毛或仅背面被微柔毛，略被秕糠，上面仅中脉下凹，下面脉隆起；叶柄长5—10毫米，有时略被柔毛。由聚伞花序组成圆锥花序，着生于老茎或根茎的节上，长2—25厘米，宽6—22厘米，被微柔毛；苞片极小，卵形，花梗长约4毫米，与花萼均被微柔毛；花萼钟形，具不明显的棱，长5.5—6毫米，密布小突起，边缘浅波状，具小突尖头，花瓣扁广卵形（花蕾时），顶端钝或圆形，长约4.5毫米，宽约6毫米；雄蕊几等长，花丝长约2毫米（花蕾时），花药长约7毫米，基部具小瘤，药隔基部下延呈短距；子房卵形，顶端具4齿。浆果坛形，长约8毫米，直径约7毫米，密布小突起，被微柔毛；种子短楔形，具疏小突起。花期约8月，果期10月。

产绿春、金平、屏边，生于海拔420—950米的山地林中阴湿的地方。海南有分布。模式标本采于屏边。

图56 酸脚杆*Medinilla lanceata*（Nayar）C. Chen
1.叶枝 2.果枝 3.果

种子繁殖。

果可食，味甜。

5. 谷木属 Memecylon Litm.

灌木或小乔木，植株通常无毛。小枝圆柱形，分枝多。叶通常革质，全缘，羽状脉，具柄或无。聚伞花序或伞形花序，腋生或生于落叶的叶腋，或近顶生；花小，4数，花萼杯形、钟形、近漏斗形或半球形，浅4裂或呈浅波状；花瓣圆形、长圆形或卵形，有时1侧偏斜；雄蕊8，等长，下弯，花丝常较花药略长；花药椭圆形，纵裂，药隔基部膨大，伸长呈圆锥形，较花药大2—3倍，背面中部常有1环状体；子房下位，半球形，1室，顶端平截，具8放射状的槽，槽边缘隆起或呈狭翅；胚珠6—12，特立中央胎座。浆果状核果，通常为球形，顶端具环状宿存萼檐，外果皮通常肉质，有种子1；种子光滑，种皮骨质，子叶折皱，胚弯曲。

本属约300种，分布于世界各大洲热带地区，其中以东南亚太平洋诸岛为最多。我国约9种，分布于云南、广西、广东等省（自治区）南部；云南4种。

近些年来，有人主张按A.P. de Candolle的概念，将本属与另3个属（番谷木属*Mouriri*，顶腺谷木属*Votomita*，斧蕊木属*Axinandra*，我国不产）独立成谷木科，（*Memecylaceae* DC.），由于便于叙述，我们仍置于本科中，未予更动。

本属常被人误认作桃金娘科，木樨科和茜草科的植物，其中除茜草科有托叶可区别外，和其余两科，在无花无果的情况下，确实不易区别。

分 种 检 索 表

1.叶侧脉明显，在下面微隆起。

  2.果直径约1.3厘米，紫蓝色；花梗长约1毫米，花萼长约1.5毫米 ……………………………………………………………………………………… 1.蓝果谷木 M. cyanocarpum

  2.果直径7—9毫米，黄绿色；花梗长约2毫米，花萼长约3.5毫米 …………………………………………………………………………………… 2.海南谷木 M. hainanensis

1.叶侧脉不明显，在下面不隆起。

  3.聚伞花序，花序梗长约3毫米，苞片卵形，长约1毫米；果直径约1厘米 ………………………………………………………………………… 3.谷木 M. ligustrifolium

  3.伞形花序，花序梗极短或近无梗，苞片披针形，长约0.5毫米；果直径5—6毫米 ……………………………………………………………………… 4.滇谷木 M. polyanthum

1.蓝果谷木（云南植物志）图57

Memecylon cyanocarpum C. Y. Wu ex C. Chen（1979）*

大灌木或小乔木，高达12米。小枝圆柱形，无毛，分枝多。叶革质，椭圆形或广椭圆形，先端渐尖，基部楔形，长8.5—11（14.5）厘米，宽3.8—6（7.5）厘米，全缘，两面无毛。上面中脉下凹，侧脉微隆起，近边缘网结呈边缘脉，下面脉隆起，细脉不明显；叶柄长5—7毫米，具槽。聚伞花序腋生，稀近顶生，长约3厘米，无毛；苞片披针形，基部两侧多少具髯毛，长约0.5毫米；花梗长约1毫米，花萼杯形，长约1.5毫米，无毛，裂片广卵形，具小尖头；花瓣白色或黄绿色，基部浅蓝色，披针形或略宽，中下部略偏斜，先端渐尖，长约3毫米；雄蕊等长，蓝色，药室及膨大的圆锥形的药隔，长约1毫米；子房无毛。浆果状核果球形，外皮多汁，紫蓝色，直径约1.3厘米。花果期约4月。

产普文、景洪、勐海，生于海拔950—1060米的密林中阴湿处。模式标本采自普文。

种子繁殖，随采随播。

果可食，味甜。

2.海南谷木（海南植物志）图57

Memecylon hainanensis Merr. et Chun（1934）

大灌木或乔木，高15米。小枝圆柱形，无毛，分枝多。叶革质或薄革质，椭圆形至长圆状椭圆形，先端短渐尖，基部楔形，长6—8（15）厘米，宽3—3.8（6.5）厘米，全缘，侧脉约9对，两面无毛，上面中脉下凹，侧脉不甚明显，下面中脉隆起，侧脉微凸；叶柄长约5毫米。聚伞花序腋生或生于落叶的叶腋，无毛，花序梗长1—2厘米，略四棱形；小苞片披针形，长约1.5毫米，早落；花梗长达2毫米，花萼宽杯形，长约3.5毫米，无毛，边缘浅波状4裂；花瓣白色，卵形，先端急尖，长约3.5毫米；雄蕊等长，长约3.5毫米，蓝色，药室及膨大的圆锥形的药隔，长约1.5毫米；子房无毛。浆果状核果，球形，密布小瘤状突起，直径7—9毫米。花期约5月，果期约2月。

产麻栗坡，生于海拔约1000米的山坡坡脚灌丛中。海南有分布。

3.谷木（广州植物志）　壳木（中国高等植物图鉴）图58

Memecylon ligustrifolium Champ.（1852）

大灌木或小乔木，高7米。小枝圆柱形或略四棱形，无毛，分枝多。叶革质，椭圆形至卵形，或卵状披针形，先端渐尖，钝头，基部楔形，长5.5—8厘米，宽2.5—3.5厘米，全缘，两面无毛，粗糙，除中脉外脉不明显；叶柄长3—5毫米。聚伞花序腋生或生于落叶的叶腋，长约1厘米，花序梗长约3毫米；苞片卵形，长约1毫米，基部及节上具髯毛；花梗长约1毫米；花萼半球形，长约1.5毫米，无毛，边缘浅波状4裂；花瓣白色或黄绿色，圆形，先端圆形，长约3毫米；雄蕊等长，蓝色，药室及膨大的圆锥形的药隔，长约1毫米；子房无毛。浆果状核果球形，直径约1厘米，密布小瘤状突起。花期6—7月。

产勐海，生于海拔1370—1540米的密林下。广西、广东、海南有分布。

4.滇谷木（云南植物志）图58

Memecylon polyanthum H. L. Li（1944）

大灌木或小乔木，高1—8米。小枝圆柱形或四棱形，无毛，分枝多。叶革质，卵形至卵状披针形，或椭圆形，先端渐尖或尾状渐尖，基部楔形，长5.5—8厘米，宽2—2.5厘米，两面无毛，粗糙，除中脉外脉不明显；叶柄长3—5毫米。伞形花序，花序梗极短，花密集呈球形，生于落叶的叶腋或腋生，长约1厘米；苞片披针形，长约0.5毫米；花梗长约1.5毫

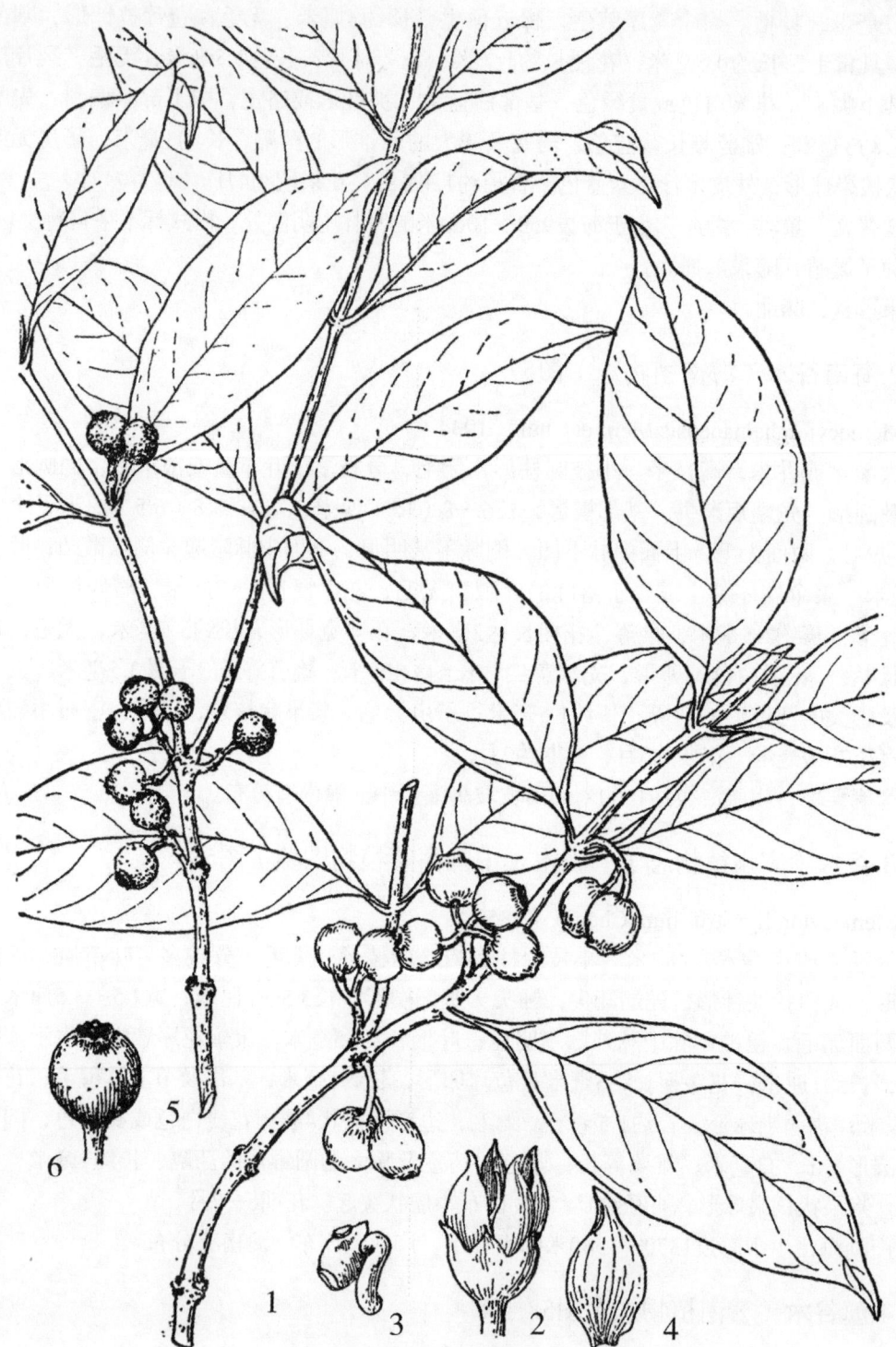

图57　蓝果谷木和海南谷木

1—4.蓝果谷木 *Memecylon cyanocarpum* C. Y. Wu ex C. Chen

1.果枝　2.花　3.雄蕊　4.花瓣

5—6.海南谷木 *M. hainanensis* Merr. et Chun

5.果枝　6.果

图58 滇谷木和谷木

1—5.滇谷木 *Memecylon polyanthum* H. L. Li

1.果枝 2.花 3.花瓣 4.雄蕊 5.果

6—9.谷木 *M. ligustrifolium* Blume

6.花枝 7.花 8.花去花冠 9.雄蕊

米；花萼近漏斗形，中下部略小，长约2毫米，无毛，边缘浅波状4裂；花瓣紫红色或白色、浅黄绿色，卵形，上部偏斜，先端急尖，长约1毫米；雄蕊等长，药室及膨大的圆锥形的药隔，长约1毫米；子房无毛。浆果状核果球形，直径5—6毫米，无毛。花期8—10月，果期3—5月。

产西双版纳（小勐养至勐腊），生于海拔600—1000米的密林下阴湿的地方或路旁沟边。模式标本采自景洪小勐养。

本种与谷木（*M.ligustrifolium* Chamo.）十分相似，若无花果的情况下，二者极不易区分，有花果的情况下，本种为伞形花序，花序梗极短，常着生于落叶的叶腋，苞片披针形，果直径5—6毫米，可以区别。

123.金丝桃科 HYPERICACEAE

草本，灌木或小乔木。单叶，对生或轮生，全缘，常具腺点；无托叶。花两性，辐射对称，单生或排成聚伞花序，顶生或腋生；萼片4—5，等大或不等大，覆瓦状排列：花瓣4—5，覆瓦状或旋转排列，宿存或脱落；雄蕊多数，通常合生成3—5束；子房1—5室，成中轴胎座或为1室成侧膜胎座，每胎座有多数胚珠；花柱3—5，离生或合生，柱头小或多呈头状。果为一室背开裂或室间开裂的蒴果或浆果；种子小，有翅或无翅，无胚乳。

本科10属，约400种，分布于北半球的温带和亚热带地区。我国有4属，约50余种，主产地为西南各省；云南产4属，全省大部分地区有分布。

黄牛木属 Cratoxylum Bl.

灌木或小乔木。叶对生，全缘。聚伞花序或总状花序，顶生或腋生，花白色或红色；萼片5，革质，宿存；花瓣5，基部有时有鳞片；雄蕊3—5束，有肉质、下位的腺体与雄蕊束互生；子房3室，每室有胚珠多数，花柱3，分离，柱头头状。蒴果成熟时室背开裂；种子具翅。

本属约6种，分布于热带亚洲南部，东南部至马来西亚西部。我国有3种；云南产2种。

分 种 检 索 表

1.叶无毛，花深红色，蒴果宿存花萼长7—8毫米 ················· 1.黄牛木 C. cochinchinense
1.叶有毛，花粉红色，蒴果宿存花萼长5—6毫米 ········· 2.苦丁茶 C. formosum subsp. pruniflorum

1.黄牛木（经济植物志） 越南黄牛木（海南植物志）图59

Cratoxylum cochinchinense（Lour.）Bl.（1852）

Hypericum cochinchinense Lour.（1790）

乔木或灌木，高达8米；树皮创伤部位常有黄褐色透明树脂；枝对生，圆柱形，略扁，四棱形。叶纸质或坚纸质，长椭圆形或椭圆状披针形，长4—8厘米，宽1.5—2.5厘米，先端钝或急尖，具小尖头，基部圆形或宽楔形，有透明腺点，两面无毛，中脉上面下陷，下面隆起，侧脉8—10对；叶柄长3—6毫米。花单1或数花聚生于叶腋，红色，直径约13毫米；花梗长2—4毫米；萼片5，不等大，卵形或长椭圆状披针形，长约6毫米，宽3—4毫米；花瓣5，等大，倒卵状长椭圆形或倒卵形，长8—12毫米，基部细爪状，鳞片不明显；雄蕊3束，长约8毫米；腺体3，长约2毫米，与雄蕊束互生；子房椭圆形，长约4毫米，无毛。蒴果椭圆形，顶端尖，长约13毫米，3瓣开裂，基部花被宿存；种子具翅，连翅长6—8毫米，褐色，具光泽。花期5—6月，果期11—12月。

产金平、河口、富宁、景洪、勐腊、勐海。广西、广东有分布；印度、马来半岛、菲律宾群岛和越南等地也有。

图59 黄牛木和苦丁茶

1—5.黄牛木 *Cratoxylum. cochinchinense* (Lour.) Bl.

1.花枝 2.花 3.雄蕊群及腺体 4.雌蕊 5.果

6—8.苦丁茶 *C. formosum*（Jack）Dyer subsp. *pruniflorum*（Kurz）Gogelelh

6.果枝 7.果 8.叶下面

　　嫩叶可代茶，叶可提芳香油，茎皮含树脂，木材为良好的建筑、家具用材，根、树皮入药。

2.苦丁茶（亚种）（云南种子植物名录）　　"黑丢唧"（西双版纳傣语）图59

Cratoxylum formosum（Jack）Dyer subsp. pruniflorum（Kurz）Gogelein（1967）

Tridesmis pruniflorum Kurz（1872）

　　乔木，高达8米，幼枝密生褐色柔毛。叶对生，纸质，椭圆形或披针形，长5—12厘米，宽2—4厘米，先端渐尖或钝圆，基部楔形或近圆形，全缘，上面具褐色柔毛，下面密被褐色柔毛；叶柄长3—6毫米，密生褐色柔毛。花4—6聚集或成4—8花的总状花序腋生；花梗长约4毫米，密生柔毛；花粉红色，直径约1.5厘米，萼片5，长椭圆形，长约5毫米，宽约3毫米，密生柔毛；花瓣5，长椭圆形或勺形，长约10毫米，宽约5毫米；雄蕊多数，花丝合生成3束，长约5毫米，花药"丁"字着生；花柱三分叉，长约6毫米。蒴果椭圆形，长约1厘米，顶端具小突尖，花萼宿存。

　　产河口、金平、沧源、耿马、勐腊、景洪、勐海、景谷、墨江，生于海拔200—1100米的山地疏林中。分布于越南、印度、马来西亚。

　　根、叶、树皮药用，叶可代茶。

133.金虎尾科 MALPIGHIACEAE

灌木、小乔木或木质藤本。单叶，对生，基部或叶柄上有腺体；有托叶。花两性，左右对称或辐射对称，有各式的排列。萼片5，有或无腺体；花瓣5，具爪；雄蕊10，常有数枚退化；子房上位，3（2—5）室，每室有胚珠1，花柱1—3。翅果或蒴果状。

本科约60属，800种，分布全世界热带地区，主产南美洲。我国连引入栽培的有6属，17种；云南产2属，10种，3变种；本志收载1属，3种。

飞鸢果属 Hiptage Gaertn.

灌木、小乔木或木质藤本。叶对生，托叶分生。总状花序顶生或腋生；花两性，左右对称，萼片5，基部常有1大腺体；花瓣5，具爪，边缘具齿或流苏状，有毛；雄蕊10，不等长，其中1枚最大；子房3浅裂，花柱单生。翅果，有3狭长翅，中央的翅比两侧的长。

本属约20种，分布于毛里求斯至南亚及东南亚各地。我国有5种，产台湾、广东、广西和云南；在云南5种均有。

分 种 检 索 表

1.花大，花蕾径5—7毫米，花萼基部有1黑色长圆形腺点。

  2.叶两面均光滑无毛；攀援灌木 ………………………………………… 1.风筝果 H. benghalensis

  2.叶下面密被细绒毛，小乔木 ………………………………………2.白花风筝果 H. candicans

1.花小，花蕾径约3毫米，花萼基部无黑色腺点 ………………………… 3.小花风筝果 H.minor

1.风筝果（云南种子植物名录）图60

Hiptage benghalensis（L.）Kurz（1874）

Banisteria benghalensis L.（1753）

灌木，攀援，长达10米。花序、子房、花萼及花瓣外面密被极细短柔毛。叶革质，椭圆形至椭圆状披针形，长7—15厘米，宽3—7厘米，先端突渐尖，基部阔楔形至近圆形，上面亮绿色，下面淡绿色，两面均无毛，侧脉7—9对，向上斜生，至近边缘处互相连结，细网脉明显，全缘；叶柄短，长约5毫米。总状花序顶生及腋生，长3—10厘米；花大，粉红色，花蕾圆球形，径5—7毫米，花梗长约10毫米，有关节，萼片长圆形，长约3毫米，基部微连合，有1黑色长圆形大腺点，花瓣卵状圆形，径约10毫米，边缘流苏状；雄蕊10，花药椭圆形，基着，花丝细长，伸出花冠外，最长达10毫米，子房球形，花柱1，细长，长达10毫米，向下弯曲。翅果，翅倒卵状长圆形或长圆形，薄革质，中间的长3—4（6）厘米，两侧的长1—3厘米。花期3—4月；果期4—6月。

产景洪、景东、双江、镇康、勐连、墨江，生于海拔1000—1700米的常绿阔叶密林或疏林中。分布于广东、广西、台湾、贵州；印度、斯里兰卡、马来西亚、菲律宾也有。

图60　风筝果 Hiptage Benghalensis（L.）Kurz
1.花枝　2.花　3.花萼及腺点　4.花瓣　5.果

2.白花风筝果（云南种子植物名录）图61

Hiptage candicans Hook. f.（1874）

小乔木，高达10米。嫩枝、幼叶、叶背、花序、萼片及花瓣外面密被极细短柔毛。叶椭圆形，革质，长7—11厘米，宽4—8厘米，先端钝或短尖，基部近圆形，上面亮绿色，下面密被灰色细绒毛，老叶毛稍脱落，侧脉5—6对，全缘；叶柄粗壮，长约5毫米。总状花序顶生及腋生，长3—7厘米，花大，白色或粉红色；花蕾球形，径5—7毫米，花梗长约10毫米，有关节；萼片长圆形，长约3毫米，基部有1黑色大腺点，花瓣卵圆形，径约10毫米，边缘流苏状；花药椭圆形，花丝细长，长5—10毫米，伸出花冠外；子房球形，花柱1，细长，长约10毫米，向下弯曲。翅果，翅长圆形，薄革质，中间的长3—4厘米，两侧的长1—2厘米。花期3—4月，果期4—5月。

产景洪、双江、耿马、镇康，生于海拔570—1480米的阳坡常绿阔叶林下或灌丛中。分布于印度、越南。

种子繁殖宜随采随播。

花白色，果具3翅，形似风筝，可供观赏。

3.小花风筝果（云南种子植物名录）图61

Hiptage minor Dunn（1905）

小乔木，高2—7米，全植株近光滑无毛，仅花序、花萼及子房密被细短柔毛，小枝具明显圆形皮孔。叶薄革质，卵圆形或卵状披针形，长5—9厘米，宽2—4.5厘米，先端突渐尖或尾状突渐尖，基部楔形至宽楔形，两面无毛，侧脉5—6对，至近边缘处内弯而互相连结，全缘；叶柄长约5毫米。花小，白色或黄白色，花蕾球形，径约3毫米，腋生及顶生的总状花序，长3—10厘米，纤细；花梗纤细，长约10毫米，有关节；萼片卵形，基部无黑色腺点，长约2毫米，花瓣倒卵状圆形，长约7毫米，宽约5毫米，边缘具细齿；雄蕊微伸出花冠外，花药椭圆形；子房球形，花柱单生，细长，长约7毫米，向下弯曲。翅果小，淡绿色，微红色，中间的翅长15—20毫米，两侧的翅长约10毫米。花期3—4月，果期4—5月。

产路南、蒙自、富宁、西畴、文山、元江，生于海拔200—1400米的阳坡石灰岩疏林下。

图61 白花风筝果和小花风筝果

1—4.白花风筝果 *Hiptage candicans* Hook. f.

1.果枝 2.花 3.花萼（示雄蕊及雌蕊） 4.叶背（示毛被）

5—6.小花风筝果 *Hiptage minor* Dunn

5.花枝 6.花

135a.粘木科 IXONANTHACEAE

乔木或灌木。单叶互生，全缘或具齿，羽状脉；托叶细小或缺。芽、花蕾和幼果通常具黏液。花小，两性，排成聚伞花序、总状花序或圆锥花序；萼片5，分离或基部合生；花瓣5，分离，宿存而常变硬；雄蕊5、10或20，花丝基部合生，花药2室，纵裂；花盘明显，环状或浅杯状；子房3—5室，中轴胎座，每室具悬垂胚珠2或1，花柱1或5。蒴果室间开裂，有时具假隔膜；种子具假种皮或假种皮痕，胚乳肉质，胚通常偏斜或侧生。

本科有2属，约23种，多分布于热带美洲、非洲和亚洲。我国产1属，分布于东南沿海至云南；多生低、中海拔季风常绿阔叶林中。

粘木属 Ixonanthes Jack.

乔木。叶互生，全缘或偶有钝齿锯。花小，排成腋生二歧聚伞花序；萼片5，基部合生，花瓣5，宿存，包围蒴果的基部；雄蕊10或20，着生于环状或浅杯状花盘的外缘；子房与花盘分离，5室，每室有胚珠2，花柱单一，柱头头状或盘状。蒴果革质或木质，长圆形或圆锥形，室间开裂；种子有翅或顶端冠以僧帽状假种皮，胚乳肉质，胚侧生。

本属约11种，分布于热带亚洲，自喜马拉雅山经中南半岛至伊里安岛、菲律宾群岛和巴布亚新几内亚。我国有2种，产云南、广东、广西和福建等省（自治区）。云南有1种。

越南粘木（云南种子植物名录）　　"埋南旺"（西双版纳傣语）

Ixonanthes cochinchinensis Pierre（1892）

乔木，高达20米，胸径可达1米。小枝具纵条纹，棕褐色。叶革质，长圆形至长圆状披针形，长8—13厘米，宽4—6厘米，先端急尖，微镰形，基部楔形，干后呈红褐色，两面无毛，侧脉10—17对，中脉在上面下陷，下面隆起，侧脉两面隆起，网脉明显；叶柄长1—2厘米，有狭边，托叶内卷，长约4毫米，早落。二歧聚伞花序，着生于枝条上部叶腋内，约与叶等长或更长，直立，花序梗长7—10厘米；花白色或淡黄色，直径约8毫米，萼片三角状卵形，长4—6毫米，钝头；花瓣卵状长椭圆形，稍长于萼片；雄蕊10—20，花丝纤细，刚开放时上半部迂回曲折，后渐伸直，突出于花冠之外，长达3厘米，花药长椭圆形，内弯。花盘浅杯状，紫色；子房卵球形，无毛，5室，每室有胚珠2，稀10室，每室胚珠1；具不完全的假隔膜，花柱丝状，稍长于雄蕊，柱头盘状。蒴果卵状长圆形，渐尖，长2.5—3厘米，宽1.5—1.6厘米，黑褐色，5瓣裂；种子圆锥形，长约1.2厘米，下端有膜质的翅，翅长约与种子相等；果成熟开裂后，种子随风飞扬。花期4—5月，果期12月至翌年1月。

产景洪、勐腊和屏边等地，生于海拔1000米以下低丘热带季风常绿阔叶林中。老挝、越南和柬埔寨也有分布。

木材淡黄色，心、边材不明显，硬度中等，易加工，产地作建筑、家具、农具等用材，但耐腐性较差，易受热带白蚁蛀食。

图62 越南粘木 *Ixonanthes cochinchinensis* Pierre

1.结果枝　2.花纵切面　3.花刚开放时的雄蕊　4.子房横切面　5.种子

143.蔷薇科 ROSACEAE

乔木、灌木及草本；有刺或无刺。冬芽常具数枚鳞片，有时2枚。叶互生，稀对生3单叶或复叶；具柄；通常有托叶。花两性，稀单性，整齐，辐射对称，单生、簇生或为总状花序、圆锥花序、伞房花序或伞形花序；萼片4—5，稀更多，覆瓦状排列，有时具副萼；花盘贴生萼筒内壁；花瓣4—5，稀缺，覆瓦状排列；雄蕊5至多数，稀4或1—2，花丝离生，稀合生，花药2室，纵裂；花萼、花瓣、雄蕊均生于花托边缘，心皮1至多数，离生或合生，有时与花托连合；花柱与心皮同数，有时连合，顶生、侧生或基生；子房上位、下位或半下位，每室含1至多枚胚珠，胚珠直立或悬垂。果实为蓇葖果、瘦果、梨果或核果，稀蒴果；种子通常不含胚乳；子叶肉质，背部隆起，稀对折或席卷。

本科分为4亚科，有124属，约3300余种，广布于世界各地，尤以温带地区较多。我国有51属，1000余种，分布全国各省区；云南约有37属，500余种。本志记载2亚科，19属，126种。

分 亚 科 检 索 表

1.子房下位或半下位，如上位，则花柱侧生；果为梨果或浆果状，如小核果状，则大部为萼管包藏，成熟时种子外露 ·· 1.苹果亚科 Maloideae
1.子房上位；果为核果 ··· 2.李亚科 Prunoideae

1.苹果亚科 Maloideae Weber

乔木或灌木。枝条有刺或无刺。叶为单叶或复叶，常绿或脱落，有托叶。心皮（1）2—5，多数与杯状花托内壁连合；子房下位、半下位，稀上位，（1）2—5室，每室具2（稀1或多数）直立胚珠。果为肉质梨果，稀浆果状或小核果状。

本亚科共20属，我国有16属，290余种。云南有14属，近130种。

分 属 检 索 表

1.心皮在成熟时变为革质或纸质；梨果，1—5室，每室有1至多数种子。
　2.花簇生，偶有单生或为伞形花序。
　　3.心皮含3至多数种子。
　　　4.伞形花序，萼筒外面密被毛，萼片宿存，子房每室有3—10胚珠 ·················
　　　　··· 1.栘栦属 Docynia
　　　4.花单生或簇生；萼筒外面光滑无毛，萼片脱落；子房每室有多数胚珠 ············
　　　　··· 2.木瓜属 Chaenomeles
　　3.心皮含1—2种子。
　　　5.花柱离生；果实常有多数石细胞 ································· 3.梨属 Pyrus

5.花柱基部合生；果实大多无石细胞 ………………………………… 4.苹果属 Malus

2.花为复伞房状或圆锥状花序。

6.常绿乔木或灌木；单叶。

7.心皮部分离生，子房半下位。

8.叶全缘或有细锯齿；花序梗和花梗无瘤状突起，心皮在果成熟时上半部与萼筒分离，裂开成5瓣 …………………………………… 5.红果树属 Stranvaesia

8.叶有锯齿，稀全缘，花序梗及花梗常有瘤状突起；心皮在果成熟时仅顶端与萼筒分离，不裂开 ………………………………………… 6.石楠属 Photinia

7.心皮全部合生，子房下位；花序圆锥状，有时总状 …………… 7.枇杷属 Eriobotrya

6.落叶乔木或灌木。单叶或复叶。花序梗及花梗无瘤状突起；心皮2—5，全部或部分与萼筒合生，子房下位或半下位 ………………………… 8.花楸属 Sorbus

1.心皮在成熟时变为坚硬骨质；果实含小核1—5。

9.叶全缘；枝无刺。心皮1，成熟时革质，子房上位，1室，含2并生胚珠 ………………
……………………………………………………… 9.牛筋条属 Dichotomanthus

9.叶有锯齿或裂片；枝通常具刺。心皮1—5，成熟时为骨质，子房下位或半下位，1—5室，每室具2胚珠，其中1枚常不发育 ……………………… 10.山楂属 Crataegus

1.栘衣属 Docynia Decne

常绿或半常绿乔木。冬芽小，卵形，具数枚鳞片。单叶，互生，全缘或具齿；具叶柄与托叶。花2—5，簇生，与叶同时开放或先叶开放；花梗短或近于无梗；苞片小，早落，萼筒钟状，外被绒毛，5裂；花瓣5，基部有短爪，白色；雄蕊30—50，两轮排列；花柱5，基部合生；子房下位，5室，每室有3—10胚珠。梨果近球形、卵形或梨形，直径2—3厘米，具宿存直立萼片。

本属约有5种，主产亚洲。我国有2种，产西南地区，云南均有。

分 种 检 索 表

1.叶坚纸质，椭圆形或长圆状披针形，边缘有锯齿，稀全缘；雄蕊约30；果近球形或椭圆形，具短梗 ……………………………………………………… 1.栘衣 D. indica

1.叶革质，披针形至卵状披针形，全缘或微有锯齿，雄蕊40—50，果卵形或长圆形，具长梗 ………………………………………………………… 2.云南栘衣 D. delavayi

1.栘衣（中国植物志）图63

Docynia indica（Wall.）Dene（1874）

Pyrus indica Wall.（1831）

Docynia rufifolia（Levl.）Rehd.（1932）

落叶或半常绿乔木，高达5米。小枝粗短，通常圆柱形，幼时密被柔毛，后渐脱落；冬芽卵形，红褐色，被柔毛。叶椭圆形或长圆形至长圆披针形，长3.5—8厘米，宽1.5—2.5厘米，先端急尖，基部宽楔形或近圆形，通常有钝锯齿，上面无毛；深绿色，有光泽，下面被有薄层柔毛或近于无毛；叶柄长5—20毫米，通常被毛；托叶小，早落；花3—5，簇生，花梗短或近于无梗，萼筒钟状，外面被柔毛，萼片披针形或三角状披针形，全缘，内外两面均被柔毛；花瓣白色，长圆形或长圆状倒卵形，基部有短爪，雄蕊约30；花柱5，基部合生，被柔毛，与雄蕊近等长。果近球形或椭圆形，直径2—3厘米，黄色，幼果微被柔毛；萼片宿存，直立，被毛，果梗粗短，被柔毛。花期3—4月，果期8—9月。

产昆明、石屏、景东、香格里拉、勐海、屏边、西畴，生于海拔1200—2400米的山坡、溪旁及灌丛中。分布于四川；印度、巴基斯坦、尼泊尔、不丹、缅甸、泰国、越南均有。

材性及经济用途略同云南栘㯷。

2. 云南栘㯷（中国植物志） 桃梗、小木瓜（普洱）、酸多李皮（丽江）、楂子树（玉溪）图63

Docynia delavayi（Franch.）Schneid.（1906）

Pirus delavayi Franch.（1890）

常绿乔木，高达10米。小枝红褐色，粗壮，圆柱形，幼时密被黄白色绒毛，后逐渐脱落。叶革质，披针形或卵状披针形，长6—8厘米，宽2—3厘米，先端急尖或渐尖，基部宽楔形或近圆形，全缘或稍有浅钝齿，上面深绿色，有光泽，下面密被黄白色绒毛；叶柄长约1厘米，被毛。花3—5，簇生于小枝顶端，花梗短粗，近于无毛；萼筒钟状，外面密被黄白色绒毛；萼片披针形或三角状披针形，长5—8毫米，全缘，被毛；花瓣白色，宽卵形或长圆状倒卵形，长12—15毫米，宽5—8毫米，基部有短爪；雄蕊40—45，花丝长短不等；花柱5，基部合生，密被绒毛，柱头棒状。果卵形或长圆形，直径2—3厘米，黄色，幼果密被绒毛，成熟后脱落；萼片宿存，直立或合拢。花期3—4月，果期5—6月。

产嵩明、建水、沾益、禄劝、易门、石屏、丽江、凤庆、双柏、鹤庆、龙陵、镇康、邓川、景东、临沧、西双版纳、河口、沧源、广南、金平，生于海拔1500—2900米的山谷、溪旁灌丛中。四川、贵州有分布。

果实入药，有舒筋活血、和脾燥湿、舒肝止痛、清暑消毒等功效。果实味酸，可作柿果的催熟剂用，也可作庭园观赏植物。

造林方法参阅栘㯷。

散孔材。木材黄白色微红，心边材无区别；纹理斜，结构细而均匀，材质重，干缩小；可作雕刻、工艺品、文具等用材。

2. 木瓜属 Chaenomeles Lindl.

灌木或小乔木，落叶或半常绿；有或无枝刺。冬芽小，具2外露鳞片。单叶，互生，全缘或具齿，有短柄与托叶。花单生或簇生；萼片5，全缘或有齿；花瓣5，大形；雄蕊20或更多，排成两轮；花柱5，基部合生，子房5室，每室有多数胚珠，两行排列。梨果大形，萼片脱落，花柱常宿存，内含多数褐色种子，种皮革质，无胚乳。

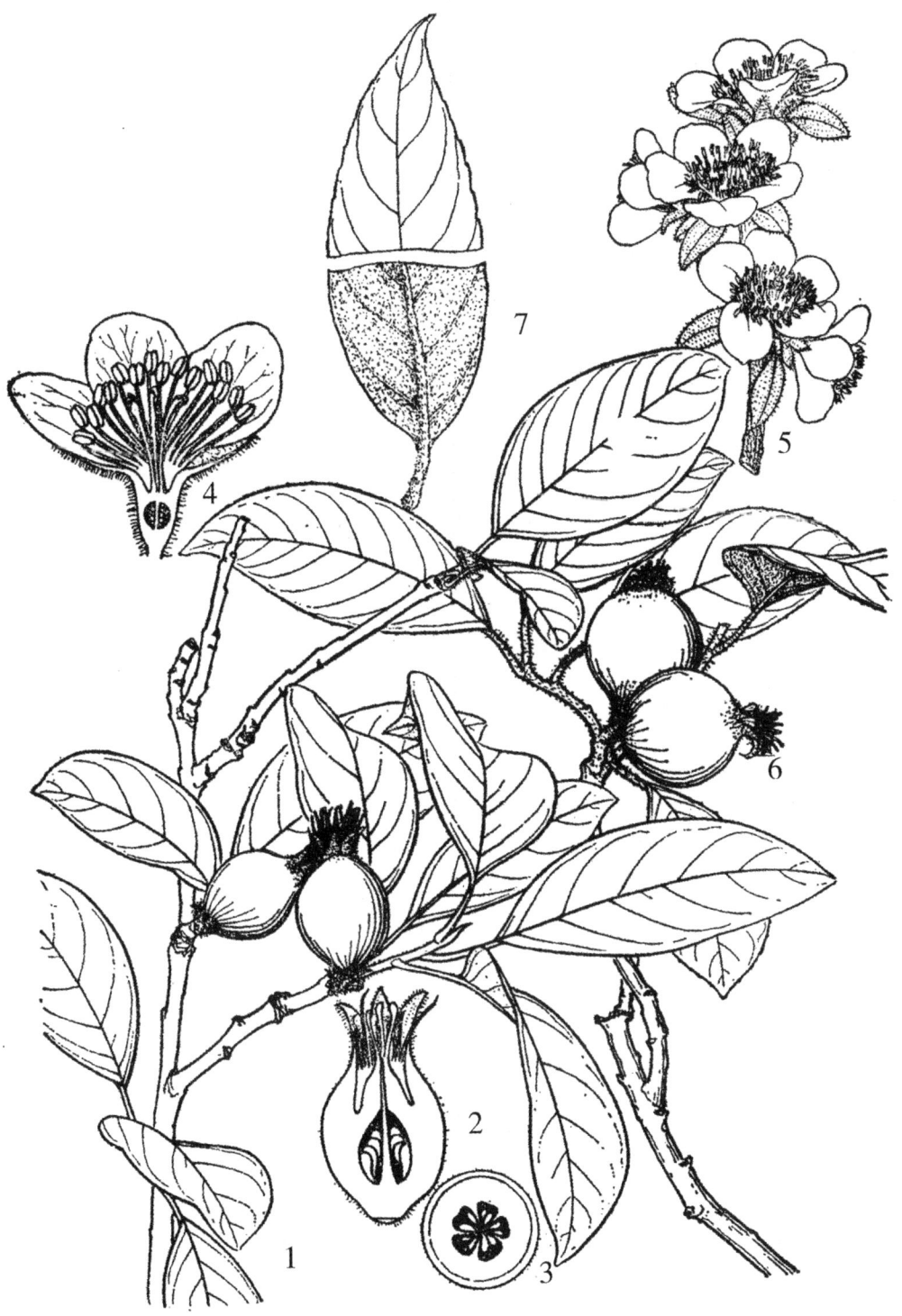

图63 栘核和云南栘核

1—4.栘核 *Docynia indica* (Wall.) Dene.

1.果枝　2.果纵剖　3.果横剖　4.花纵剖

5—6.云南栘核 *Docynia delavayi* (Franch.) Schneid.

5.花枝　6.果枝　7.叶的正反面

本属约有5种，产亚洲东部；我国均产。云南有2种。

毛叶木瓜（中国植物志） 木桃（诗经）、木瓜海棠（群芳谱）图64

Chaenomeles cathayensis（Hemsl.）Schneid.（1906）

Cydonia cathayensis Hemsl.（1901）

落叶小乔木，高达6米；枝条具短枝刺，小枝微弯曲，紫褐色，有稀疏浅褐色皮孔。冬芽三角状卵形。叶椭圆形、披针形至倒卵状披针形，长5—11厘米，宽2—4厘米，先端尖，基部楔形，边缘有芒状细尖锯齿，幼时上面无毛，下面密被褐色绒毛。花先叶开放，2—3簇生于二年生枝上。花直径2—4厘米；萼筒钟状，萼片直立，卵形至椭圆形，长3—5毫米，宽3—4毫米；花瓣淡红色或白色，倒卵形或近圆形，长10—15毫米，宽8—15毫米；雄蕊40—45，长约为花瓣之半，花柱5，下部被毛，柱头头状。果卵形或近圆柱形，顶端有突起，长8—12厘米，直径6—7厘米，黄色有红晕，味芳香。花期3—5月，果期9—10月。

产昆明、易门、维西，生于海拔1900—2600米的山坡、林缘或栽培。

喜光，喜温暖，稍耐寒，对土壤要求不严，宜选排水良好地栽植。种子和嫁接繁殖。野外或庭园栽培均可。

木材纹理直，结构细，坚硬致密，可供家具、工具柄等用。果入药，有解酒、祛痰、顺气、去风湿、镇痛等功效；炖鸡、炖肉有滋补作用。经加工可制果酱、果冻供食用。

3. 梨属 Pyrus Linn.

落叶乔木或灌木，稀为半常绿乔木；有时具枝刺。单叶互生，有锯齿或全缘，稀分裂，在芽中呈席卷状；具叶柄与托叶。花两性，组成伞形总状花序，先叶或与叶同时开放；萼筒钟状，萼片5；花瓣5，白色，稀粉红色，近圆形或宽椭圆形，具爪；雄蕊20—30，花药深红色至紫色；花柱2—5，基部离生；子房下位，2—5室，每室有2胚珠。梨果，具石细胞，子房壁软骨质；种子褐色至黑色；种皮软骨质；子叶平凸。

本属约有25种，产亚洲、欧洲东南部及非洲北部。我国有14种。云南约有6种，4变种。

分 种 检 索 表

1.成果时萼片宿存。果直径1.5—2.5厘米，3—4室；雄蕊约25；花柱3—4 ………………
………………………………………………………………… 1.滇梨 P. pseudopashia
1.成果时萼片脱落或仅少数部分宿存。
  2.叶边缘有刺芒状尖锐锯齿；花柱4—5 ……………………………… 2.沙梨 P. pyrifolia
  2.叶边缘有钝状锯齿；花柱2—4（—5）
    3.雄蕊20；花柱2—3；叶、花序均无毛 ……………………… 3.豆梨 P.calleryana
    3.雄蕊25—30；花柱3—5；叶、花序初时有毛，后渐脱落 …………… 4.川梨 P. pashia

图64 毛叶木瓜和牛筋条

1—4.毛叶木瓜 Chaenomeles cathayensis（Hemsl.）Schneid.

1.花枝 2.叶被毛放大 3.果实 4.示叶锯齿及叶脉

5—7.牛筋条 Dichotomanthus trisfaniaecarpa Kurz.

5.果枝 6.花纵剖 7.果纵剖

1.滇梨（中国果树志）图65

Pyrus pseudopashia Yu（1963）

乔木，高达10米。小枝具稀疏黄色绵毛，老枝紫褐色，具稀疏皮孔。叶卵形或长卵形，长6—8厘米，宽3.5—4.5厘米，先端急尖或圆钝，基部圆形或宽楔形，边缘具圆钝细齿，上面无毛，下面被黄色绵毛，后渐脱落近无毛；叶柄长1.5—3.5厘米，被毛。花序为伞形总状，有花5—7；花梗长2—3厘米。萼片三角状卵形，边缘具稀疏腺齿，外面被疏毛，内面较密；花瓣白色，宽卵形，长6—8毫米，基部具短爪，先端全缘或不规则开裂；雄蕊25，为花瓣长度之半；花柱3—4，无毛。果近球形，褐色，直径1.5—2.5厘米，顶端具宿存萼片，外面有斑点，3或4室，果梗长3—4.5厘米，种子深褐色，倒卵形，长5—6毫米，微扁。花期3—4月，果期8—9月。

产兰坪、鹤庆、维西，生于海拔2800—3000米的杂木林中。

2.沙梨（中国树木分类学）图65

Pyrus pyrifolia（Burm. f.）Nakai（1926）
Pirus pyrifolia Burm. f.（1768）

乔木，高达15米。幼枝被绒毛，二年生枝紫褐色，具稀疏皮孔。叶卵状椭圆形或卵圆形，先端长渐尖，基部圆形或近心形，长7—12厘米，宽4—6厘米，边缘具刺芒状锯齿，幼叶两面被褐色绵毛，老叶光滑，叶柄长3—4厘米。花序为伞形总状，有花6—9；花梗长达5厘米；萼片三角状卵形，先端渐尖，具腺齿，外面无毛，内面密被褐色绒毛；花瓣白色，卵形，长15—17毫米，先端啮齿状，基部具短爪；雄蕊20，长为花瓣之半；花柱5，稀为4，与雄蕊等长，无毛。果近球形，顶端微下陷，萼片脱落；果皮褐色，有浅色斑点；具长梗；种子卵状圆形，微扁，长8—10毫米，深褐色。花期4月，果期8月。

产昆明、沧源、勐海、河口，生于海拔100—1950米。适宜栽培温暖多雨地区。果入药，可清热解渴，生津收敛；叶代茶饮，有明目之效。

木材纹理直，结构细而均匀，为优良的器具和雕刻用材。各品种的果肉脆嫩，味甜酸适中，可加工成罐头、梨汁、梨膏及梨脯等食品；果入药，并有药用价值，能治慢性气管炎、止咳等。

梨栽培时间长久，分类不易，过去有人把萼片宿存与脱落，叶缘锯齿的锐钝，作为分类的根据，现在看来变化很大，均不可靠。云南的梨子，其来源主要为川梨与沙梨。根据吴耕民先生的《中国温带果树分类学》，对于云南的梨子也只提了一个酸大梨为*Pyrus pashia* var. *culta* Hu杂交性梨的一种。其他的如海东梨、宝珠梨、呈贡麻梨等都只提了品种名。

3.豆梨（中国树木分类学） 鹿梨（本草图经）、檖（尔雅）、山梨、鼠梨（陆玑《诗疏》）、树梨《本草纲目》、酸梨（植物名实图考）图66

Pyrus calleryana Dene（1871—1872）

乔木，高达8米；小枝无毛。叶宽卵形至卵圆形，长4—8厘米，宽3—6厘米，先端渐尖，基部圆形至宽楔形，边缘有钝齿，两面无毛；叶柄长2—4厘米。花序为伞房总状，有

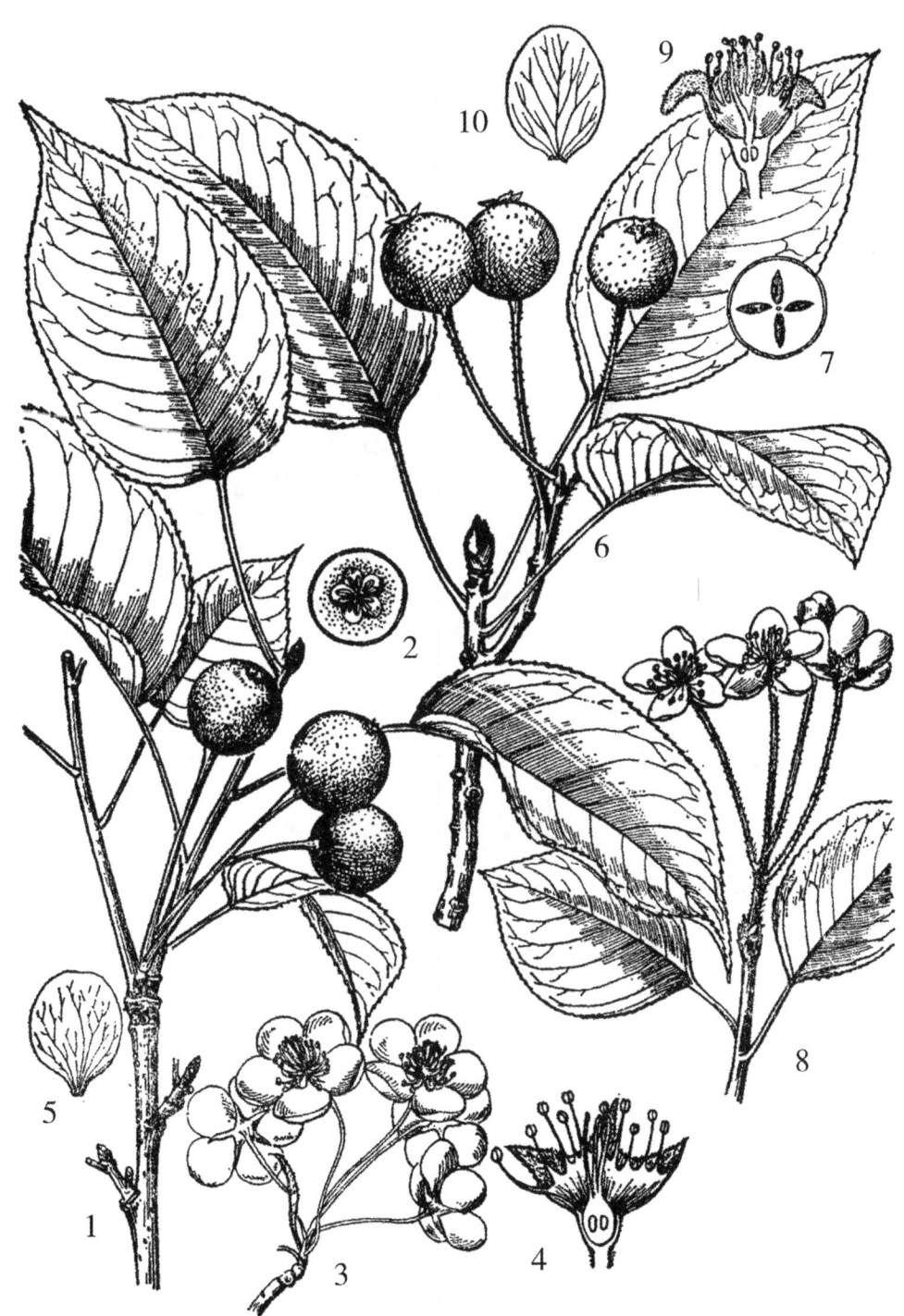

图65 沙梨和滇梨

1—5.沙梨 *Pyrus pyrifolia*（Burm. f.）Nakai.

1.果枝　2.果横剖　3.花枝　4.花纵剖　5.花瓣

6—10.滇梨 *Pyrus pseudopashia* Yu.

6.果枝　7.果纵剖　8.花枝　9.花纵剖　10.花瓣

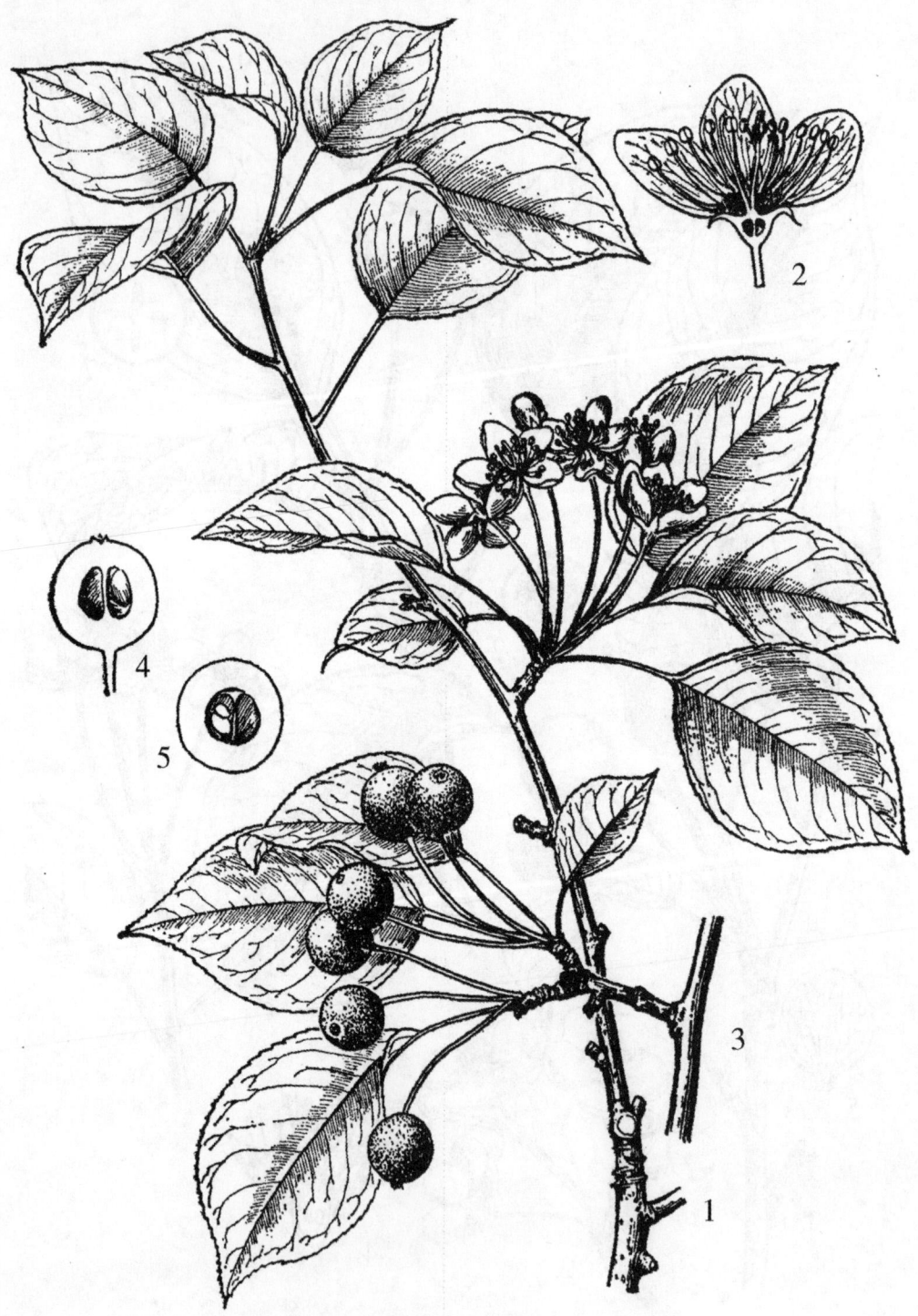

图66 豆梨 *Pyrus calleryana* Dene.
1.花枝　2.花纵剖　3.果枝　4.果纵剖　5.果横剖面

花6—12，无毛；花梗长1.5—3厘米。萼片披针形，外面无毛，内面有疏毛；花瓣白色，卵圆形，具短爪；雄蕊20，略短于花瓣，花柱2，稀3，基部无毛。果球形，直径约1厘米，果皮褐色，有斑点，2（3）室；具细长果梗；萼片脱落。花期4月，果期8—9月。

产东川、富宁，生于海拔650—1900米的山坡、山谷杂木林中。长江南北的多数省区均有分布。

耐涝，耐黏重土壤，根系发达，对西洋梨的腐烂病有一定的抗力；但耐寒性差。种子繁殖。也有可分蘖繁殖，可作西洋梨和沙梨的砧木。

散孔材。木材深黄褐色微红，心边树区别不明显；斜纹理；结构甚细，均匀；干燥时有翘裂趋势，故干燥宜慢；略耐腐，易加工，适于雕刻，车旋，切面光滑，油漆后光亮性好；胶黏容易；握钉力大，不劈裂。适于作印章、装饰品、算盘珠、烟斗、木梭、玩具、丁字尺、曲线板、木梳、二胡等用材。又是紫胶虫的寄主植物。根、叶入药，有润肺止咳、清热解毒之功效，主要用于干燥咳嗽、急性眼结膜炎。果健胃止痢。

4.川梨（中国树木分类学）　郁李仁（滇南本草）、棠梨刺（云南）、波沙梨（中国果树分类学）图67

Pyrus pashia Buch.-Ham ex D. Don（1825）

乔木，高达12米，常具枝刺。叶卵形至长卵形，长4—7厘米，宽2—5厘米，先端渐尖基部圆形，边缘有钝锯齿；叶柄长1.5—3厘米。花序为伞形总状，被绒毛，有花7—13，被毛；花直径2—2.5厘米；萼片三角形，先端急尖，与萼筒近等长；花瓣白色，倒卵形，具短爪；雄蕊25—30，略短于花瓣；花柱3—5，无毛。果近球形，直径1—1.5厘米，果皮褐色，有斑点，萼片早落；果梗长2—3厘米。花期3—4月，果期8—9月。

产昆明、嵩明、建水、禄劝、楚雄、景东、广南、文山、蒙自、屏边、西畴、盈江、龙陵、鹤庆、丽江、德钦、凤庆、香格里拉等，生于海拔1000—2700米。广东、四川、贵州、江西有分布；印度、缅甸、不丹、尼泊尔、老挝、越南、泰国也有。

果实入药，具有润肠通便、消肿止痛之效。果可生食，也可酿酒，制作蜜饯、果酱、果糕等。本种果实品质欠佳，在云南仅有少量栽培，多用作栽培品种梨的砧木。

4a.光梨（中国树木分类学）

var. kumaoni Stapf（1909）
产昆明附近；印度北部也有。

4b.钝叶川梨

var. obtusata Card. in Lecte（1918）
产昆明、景东，生于海拔1900米。四川也有。

4c.大花川梨　图67

var. grandiflora Card.（1918）
产昆明、西双版纳，生于海拔1100米。贵州也有。

图67 川梨和大花川梨

1—5.川梨 *Pyrus pashia* Bach.-Ham ex D. Don.

1.花枝 2.花（纵剖面） 3.花瓣 4.果枝 5.果（横切面）

6—7.大花川梨 var. *grandiflora* Card.

6.花枝 7.枝叶

4. 苹果属 Malus Mill.

乔木或灌木，落叶或半常绿，通常不具枝刺。冬芽卵形，鳞片覆瓦状排列。单叶，互生，边缘有锯齿或分裂，在芽中呈席卷状或对折状；具叶柄和托叶。花两性，呈伞形总状花序；萼筒钟状，萼片5，卵形或披针形；花瓣白色、淡红色或鲜红色，近圆形或倒卵形；雄蕊15—50，花药黄色；花柱3—5，基部合生，有毛或无毛；子房下位，3—5室，每室含2胚珠。梨果，萼宿存或脱落，果肉通常不具石细胞；子房壁软骨质；种子尖卵形，种皮褐色或近黑色；子叶平凸。

本属约有35种，主要分布于北温带的亚洲、欧洲和北美。我国有20余种，云南约有13种。

分 种 检 索 表

1.叶不分裂，在芽中呈席卷状，果实无石细胞，无宿存萼片或有。

  2.萼片脱落；花柱3—5，果较小，直径通常在1.5厘米以下。

    3.萼片披针形，比萼筒长。

      4.花白色；叶边缘具紧贴锯齿，下面密被短柔毛，果卵形或接近球形 ……………
…………………………………………………1.丽江山荆子 M. rockii

      4.花粉色；叶边缘具锐尖锯齿，下面初时被短柔毛，老时变光滑无毛；果近球形 …
………………………………………2.西府海棠 M. micromalus

    3.萼片三角状卵形，与萼筒等长或稍短。

      5.叶边缘有细锐锯齿；萼片先端渐尖或急尖；花柱3，稀为4；果椭圆形或近球形 …
………………………………………3.湖北海棠 M. hupehensis

      5.叶边缘有钝细锯齿；萼片先端圆钝；花柱4或5；果梨形或倒卵形 …………
………………………………………………4.垂丝海棠 M. halliana

  2.萼片宿存；花柱（4—）5；果大，直径通常在2厘米以上。

    6.叶被茸毛，边缘有钝锯齿；果扁球形或球形，顶端常有隆起 ……… 5.苹果 M. pumila

    6.叶下面密被短柔毛，边缘为尖锐锯齿；果卵形，顶端渐窄，不或微隆起 ……………
………………………………………………6.花红 M. asiatica

1.叶通常分裂，稀不分裂，在芽中呈对折状；果实有少量石细胞或无，具宿存萼片。

  7.果直径1.5—2.5厘米，顶端隆起，果心分离；果梗长3.5厘米，无毛 ………………
…………………………………………7.尖嘴林檎 M. melliana

  7.果顶端有杯状浅洼，果心不分离。

    8.花序近总状；花梗密被绒毛；叶3—6浅裂，下面密被绒毛 …………………
…………………………………………8.滇池海棠 M. yunnanensis

    8.花序近伞形；叶不分裂。

      9.叶边缘具有细锯齿，下面无毛或微被短柔毛；果直径1—1.5厘米；果梗无毛 ……
…………………………………………9.川滇海棠 M. prattii

9.叶边缘为重锯齿，下面密被绒毛；果直径1.5—2厘米；果梗有长柔毛 ……………
………………………………………………………………… 10.沧江海棠 M.ombrophila

1.丽江山荆子（中国植物志）图68

Malus rockii Rehd.（1933）

乔木，高达10米。枝多下垂，嫩枝被长柔毛，后渐脱落。叶椭圆形、卵状椭圆形或长
圆状卵形，长6—12厘米，宽3.5—7厘米，先端渐尖，基部圆形或宽楔形，边缘有不等的
紧贴细锯齿，上面沿中脉有毛，下面沿中脉、侧脉和网脉均有毛；叶柄长2—4厘米，被柔
毛。花序近伞形状，有花4—8；花梗长2—4厘米，被毛。花白色，直径2.5—3厘米。萼片三
角状披针形，比萼筒略长或近等长；花瓣长倒卵形；雄蕊25，花丝长不及花瓣之半；花柱
4—5，基部合生，有柔毛。果卵状圆形或近球形，长1—1.5厘米，红色；果梗长2—4厘米，
有柔毛。花期5—6月，果期9—10月。

产维西、宁蒗、兰坪、丽江、香格里拉、德钦、昭通，生于海拔2500—3300米的山谷
杂木林中。四川西南部和西藏东南部有分布。

喜光，抗寒。适生于排水良好沙壤土上，对土壤肥力要求不严。根系发达，生长较
快，与苹果，花红嫁接亲合力较强。第二年种子苗即可嫁接。

木材可供农具、家具及细木工用材。果能酿酒；叶及树皮含鞣质，可提制栲胶。也可
作园林观赏树种。

2.西府海棠（群芳谱）　海红（饮膳正要）、海棠梨（本草纲目）图69

Malus micromalus Makino（1908）

小乔木，高达7米。嫩枝被短柔毛，老时脱落。叶长椭圆形或椭圆形，长5—10厘米，
宽2—4厘米，先端渐尖，基部楔形，边缘有细锯齿，幼叶下面被短柔毛，老时脱落；叶柄
细长，长2—3厘米。花序伞形总状，有花4—7；花梗长2—3厘米，微有短柔毛。花粉红
色，直径约4厘米；萼筒内外均被白色绒毛；萼片卵形至长卵形，与萼筒等长或略长；花
瓣近圆形或长椭圆形，长达2.5厘米，宽达1.5厘米；雄蕊20；花柱5，与雄蕊近等长。果红
色，近球形，直径1—1.5厘米，萼片脱落，少数宿存。花期4—5月，果期8—9月。

产昆明、大理，多为栽培。

喜光，耐寒，耐旱。对土壤要求不严，适应能力强。根系发达，树势强健，寿命长。
种子繁殖。也可扦插，压条，分根等方式繁殖。为苹果，花红的优良砧木。

果味酸甜，生吃或加工成果酱、蜜饯及糖水罐头等食品。树姿秀丽，花绚丽鲜艳，很
有观赏价值。

3.湖北海棠（中国植物志）　茶海棠（中国高等植物图鉴）图70

Malus hupehensis（Pamp.）Rehd.（1933）
Pirus hupehensis Pamp.（1910）

乔木，高达8米。幼枝被毛，不久脱落。叶卵形至卵状长椭圆形，长5—10厘米，宽
2.5—4厘米，先端渐尖，基部宽楔形，边缘有细锐锯齿，下面沿叶脉有柔毛。伞房花序，有

图68　丽江山荆子和滇池海棠

1—5.丽江山荆子 *Malus rockii* Rehd.

1.花枝　2.花纵剖　3.果枝　4.果纵剖　5.果横剖

6—10.滇池海棠 *Malus yunnanensis*（Fr.）Schneid.

6.花枝　7.花纵剖　8.果枝　9.果纵剖　10.果横剖

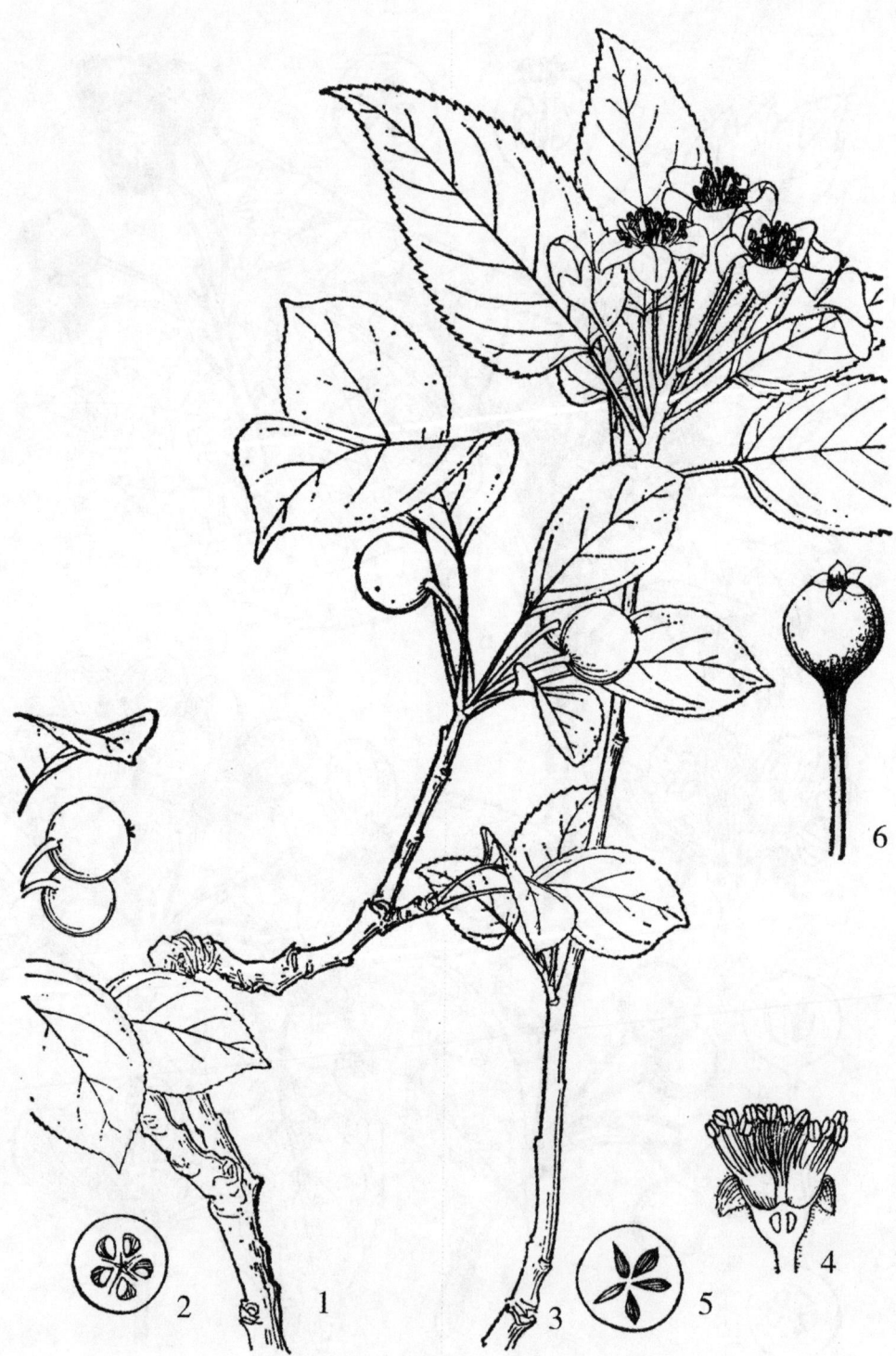

图69 西府海棠和沧江海棠

1—2.西府海棠 *Malus micromalus* Makino.

1.果枝 2.果横剖

3—6.沧江海棠 *Malus ombrophila* Hand.-Mazz.

3.花枝 4.花纵剖 5.果横剖 6.果实

图70　尖嘴林檎和湖北海棠

1—5.尖嘴林檎 *Malus melliana*（Hand.-Mazz.）Rehd.

1.花枝　2.花纵剖　3.果实　4.果纵剖　5.果横剖

6—10.湖北海棠 *Malus hupehensis*（pamp.）Redh.

6.花枝　7.花纵剖　8.果枝　9.果纵剖　10.果横剖

花4—6；花梗长3—6厘米。花白色或近白色，直径达4厘米；萼片三角状卵形，与萼筒等长或稍短，先端急尖或渐尖，略带紫色，外面光滑，内面有毛；花瓣倒卵形，长约1.5厘米，基部有短爪；雄蕊20，长为花瓣之半；花柱3或4，较雄蕊稍长。果球形或椭圆形，直径约1厘米，黄绿色稍带红晕；果梗长2—4厘米。花期4—5月，果期8—9月。

产昆明、景东、镇雄、腾冲、丽江，生于海拔1800—2400米的山谷、山坡杂木林中。

喜光，耐寒，但不耐旱，常生于山地湿润壤土。种子繁殖，嫁接分蘖和扦插繁殖也可。

嫩叶味稍苦涩，晒干可代茶。果生吃，酿酒，入药代山楂。树冠宽广，枝叶茂密，春季白花满树，秋季红果累累，为优良的园林观赏树种。

4.垂丝海棠（群芳谱）图71

Malus halliana Koehne（1890）

小乔木，高达5米。枝条纤细，树冠开展；嫩枝紫色，初时被毛，后渐脱落。叶卵形、椭圆形或长卵形，长3.5—8厘米，宽2.5—4.5厘米，先端长尾状渐尖，基部宽楔形，边缘有圆钝细锯齿，上面深绿色，有光泽，常带紫晕，下面沿叶脉疏生柔毛，老时脱落；叶柄长5—20毫米。伞房花序，有花4—6；花梗细弱，紫红色，长2.5—5厘米，下垂，有疏毛。花粉红色，直径3—4厘米；萼片先端圆钝，内面密生绒毛；花瓣倒卵形，长约1.5厘米，基部有短爪；雄蕊20—25，长约为花瓣之半；花柱4—5，较雄蕊长，基部有长柔毛。果倒卵形，直径6—8毫米，紫红色；果梗细长，萼片脱落。花期3—4月，果期9—10月。

产昆明、丽江、香格里拉，生于海拔2000—3200米的山坡灌丛中。江苏、浙江、安徽、陕西、四川、贵州均有分布。

繁殖多用分蘖或嫁接，砧木常用山荆子或其他海棠。喜光，喜温暖湿润气候，不耐寒冷、干旱。适生于排水良好的深厚肥沃的壤土及沙壤土。嫩叶带红紫色，早春期间粉花垂挂，艳丽多姿，是我国著名的园林观赏树种。花入药，有调经活血之功能。

5.苹果（采兰杂志） 奈（西京杂志）、西洋苹果（中国树木分类学）、频婆、超凡子（滇南本草）图72

Malus pumila Mill.（1768）

乔木，高达15米。嫩枝多被绒毛。叶椭圆形至卵形，长4—10厘米，宽3—5厘米，先端急尖，基部宽楔形，边缘有钝锯齿，嫩叶两面被毛，老叶上面无毛，下面被短柔毛；叶柄长达3厘米。伞房花序，有花3—7。花白色；萼片披针形，较萼筒略长，内外均被绒毛；花瓣倒卵形，长1.5—2厘米；雄蕊20，花丝长短不齐；花柱5，下半部有毛，略长于雄蕊。果扁圆形，直径2厘米以上，两端微下陷，成熟时红色，黄色或绿色；果梗粗短，萼片宿存。花期4—5月，果期7—10月。

栽培于昆明、昭通、广南、维西、双柏、丽江，生于海拔1550—3200米。原产于欧洲和中亚广大地区。我国古代栽培的"绵苹果"也属本种。由于苹果栽培历史悠久（1400年前的《齐民要术》已有关于苹果栽培的详细记载），因此变种、变型和栽培品种繁多。

喜光，耐寒，不耐湿热。适生于较干冷的气候和土层深厚、排水良好的沙壤土地上，对

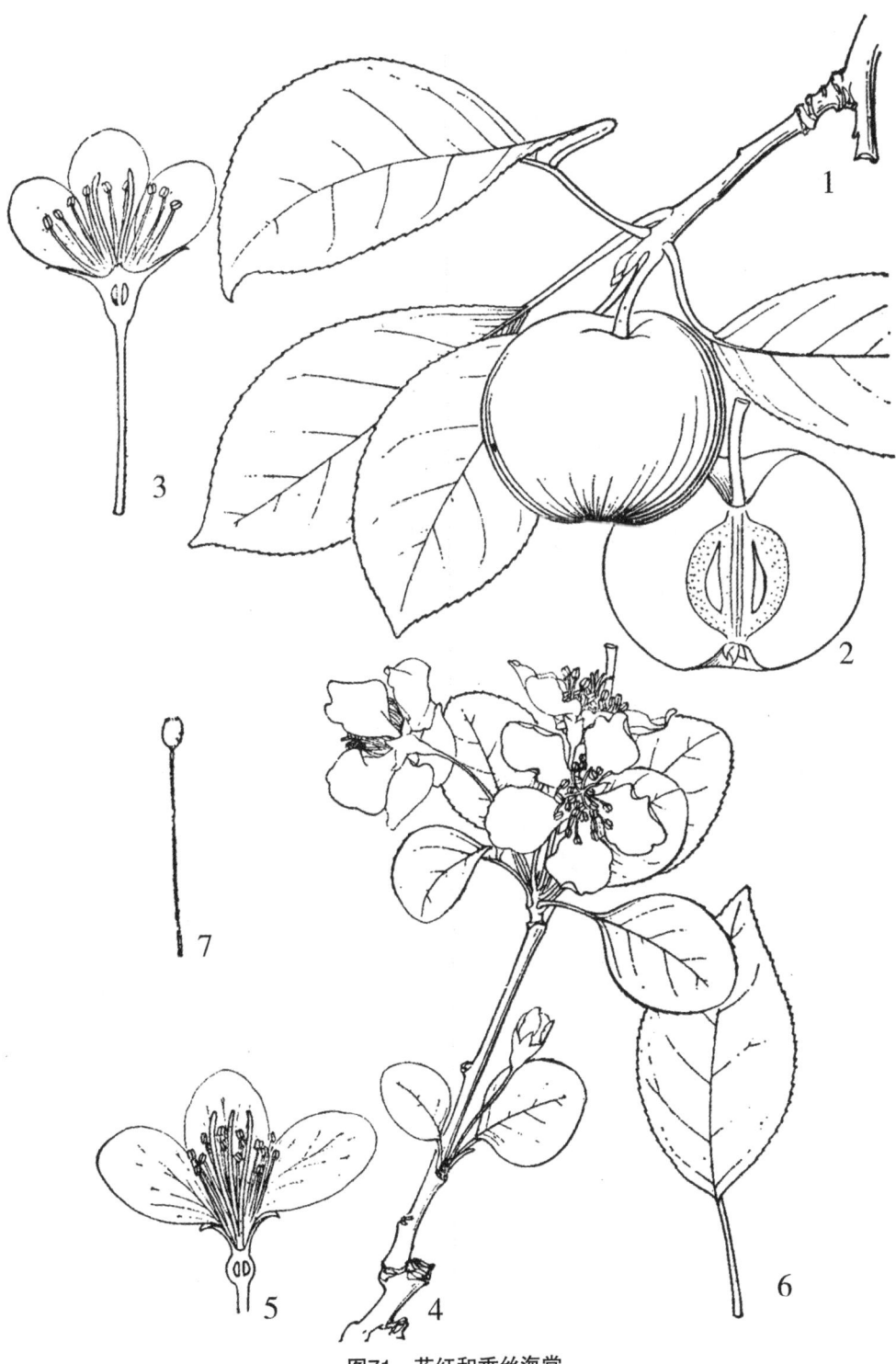

图71 花红和垂丝海棠

1—3.花红 *Malus asiatica* Nakai.

1.果枝 2.果纵剖 3.花纵剖

4—7.垂丝海棠 *Malus halliana* Koehne.

4.花枝 5.花纵剖 6.叶形 7.果

图72 川滇海棠和苹果

1—4.川滇海棠 *Maias pratii*（Hemsl.）Schneid.

1.果枝 2.花纵剖 3.果纵剖 4.果横剖

5—7.苹果 *Maius pumila* Mill.

5.花枝 6.花纵剖 7.果实纵剖

土壤肥力要求较严，肥料缺乏，产量及品质均下降。主要用嫁接繁殖。在苗圃种植砧木，两年后则可嫁接，加强管理，育成健壮果苗。砧木在山地多采用山荆子，坝区多用海棠果。

果实大，营养丰富，生吃或加工成罐头、果脯、果酱、果酒等。经济价值高，为世界著名的优良水果。

云南原产苹果没有优良品种，许多优良品种都是引进栽培的。

6.花红（中国树木分类学）　文林郎果（本草纲目）图71

Malus asiatica Nakai（1915）

落叶小乔木，高达7米。嫩枝具短柔毛，老枝暗紫褐色，无毛。叶椭圆形、长倒卵形或倒卵形，长4.5—9厘米，宽4—5厘米，先端急尖或渐尖，基部宽楔形或近圆形，边缘有细锐锯齿，幼叶上面有短柔毛，下面密生短柔毛，老时仅沿脉被稀疏柔毛；叶柄长1—5厘米，被柔毛。伞房花序，有花4—7，花梗长1.5—2.5厘米，被毛。花淡红色，直径3—4厘米；萼筒钟状，外被柔毛，萼片宽披针形，长6—9毫米，内外密被柔毛；花瓣椭圆形或长倒卵形，具短爪；雄蕊20；花柱4（5），基部被长绒毛，略长于雄蕊。果扁球形，黄色或红色，直径4—5厘米，基部凹陷，宿存萼片肥厚隆起。花期4—5月，果期8—9月。

产昆明、建水、景东、双柏、丽江，常见栽培于海拔1400—2500米的山坡阳处。长江南北各省区均有栽培。原产我国西北地区，现已不见野生种。

较喜光，抗寒，耐旱。适应性强，适于各种气候土壤条件。根系发达，萌蘖性强。

种子或分蘖繁殖。优良品种用嫁接繁殖。果含多种营养，供生吃，也可加工成果干、果脯、果酱等各种果制品，并可代山楂入药。花大，淡红色。树姿优美，可作园林观赏树种。

7.尖嘴林檎（中国植物志）图70

Malus melliana（Hand.-Mazz.）Rehd.（1939）

Pirus melliana Hand.-Mazz.（1923）

乔木，高达10米。幼枝微具柔毛，老枝脱落，呈暗灰褐色。叶椭圆形至卵状椭圆形，长5—10厘米，宽2.5—4厘米，先端急尖或渐尖，基部圆形至宽楔形，边缘有钝锯齿，幼叶微具柔毛，老叶脱落；叶柄长1.5—2.5厘米，初时被毛，后渐脱落。花序近伞形状，有花5—7；花梗长3—5厘米；花粉白色，直径约2.5厘米；萼片三角状披针形，内面具毛，较萼筒长；花瓣倒卵形，长1—2厘米；雄蕊30，比花瓣短；花柱5，基部具绒毛，比雄蕊长，柱头棒状。果球形，直径1.5—2.5厘米，宿存萼有长筒，长5—8毫米；果梗长2—3厘米。花期5月，果期8—9月。

产富宁、文山，生于海拔800—1400米的路边杂木林中。

果可生食，也可酿酒和作各种果制品。幼树可作苹果砧木。

8.滇池海棠（中国树木分类学）　云南海棠（经济植物手册）图68

Malus yunnanensis（Franch.）Schneid.（1906）

Pyrus yunnanensis Franch.（1890）

乔木，高达10米。小枝粗壮，幼时密被绒毛，老时脱落，暗紫色或紫褐色。叶卵形、宽卵形至长椭圆状卵形，长6—12厘米，宽4—7厘米，先端渐尖，基部圆形至心形，两侧各有3—5裂片，边缘具尖锐重锯齿，上面近无毛，下面密被绒毛；叶柄长2—3厘米，具绒毛。花序伞形总状，有花8—12；花梗长1—2厘米；花白色，直径约1.5厘米；萼片三角状卵形，先端渐尖，约与萼筒近等长，内外两面被毛；花瓣近圆形，长约8毫米，基部具爪；雄蕊8—25，比花瓣略短；花柱5，基部无毛，约与雄蕊等长。果球形，红色，有白点，直径1—1.5厘米，萼片宿存；果梗长2—3厘米。花期5月，果期8—9月。

产宁蒗、剑川、维西、丽江、香格里拉，生于海拔2500—3600米的山坡杂木林中。四川有分布；缅甸也有。

喜光，耐寒。适应性强，对气候、土壤条件要求不严。种子繁殖。也可嫁接、分蘖繁殖。

果可加工成果干、果脯或作饮料原汁。白花满树，红叶迎秋，红果累累，可供庭园观赏。在西南地区可作苹果砧木。

9.川滇海棠（中国高等植物图鉴） 西蜀海棠（中国树木分类学）图72

Malus prattii（Hemsl.）Schneid.（1906）

Pyrus prattii Hemsl.（1895）

乔木，高达10米。幼枝密被柔毛，老时脱落，暗红色或紫红色，有稀疏黄褐色皮孔。叶卵形、椭圆形至长卵形，长6—15厘米，宽3—7厘米，先端渐尖，基部圆形，边缘具细密重锯齿，幼叶两面被柔毛，老叶仅下面微被短柔毛或无毛；叶柄长2—3厘米。伞形总状花序，有花5—12；花梗长2—2.5厘米；花白色，直径1.5—2厘米；萼片三角形，略短于萼筒，内面被毛；花瓣近圆形，基部具短爪；雄蕊20，比花瓣略短，花柱5，稀4，基部无毛。果卵形或近球形，红色或黄色，直径1—1.5厘米，有石细胞，萼片宿存；果梗长2.5—3厘米，无毛。花期6月，果期8月。

产维西，生于海拔2900米的杂木林中。四川西部有分布。

10.沧江海棠（中国植物志）图69

Malus ombrophila Hand.-Mazz.（1926）

乔木，高达10米。幼枝密被短柔毛，老时脱落，暗紫色，具稀疏皮孔。叶卵形，长9—11厘米，宽5—6.5厘米，先端渐尖，基部圆形、截形或微心形，边缘具尖锐重锯齿，下面被白色绒毛；叶柄长约3厘米，被毛。伞形总状花序，有花4—12；花梗长2—2.5厘米。花白色；萼片三角形，略短于萼筒，外面被毛；花瓣卵形，长约8毫米，基部有短爪；雄蕊15—20，略短于花瓣；花柱3—5，基部无毛。果近球形，直径1.5—2厘米，红色，顶端有环状浅注，花萼宿存；果梗长约3厘米，有柔毛。花期6月，果期8月。

产彝良、巧家、大关、剑川、维西、贡山，生于海拔1800—2700米的山谷、沟边杂木林中。

5. 红果树属 Stranvaesia Lindl.

常绿乔木或灌木。冬芽小，卵形，有数枚鳞片。单叶，互生，革质，全缘或有锯齿；有叶柄与托叶。花两性，成顶生伞房花序或复伞房花序；萼筒钟状；萼片5；花瓣5，白色；雄蕊20；花柱5，中部以下合生，成果时分离，5室，每室具2胚珠。梨果小，橙黄色或深红色，萼片宿存，内曲，含5枚种子；种子椭圆形，种皮软骨质，子叶扁平。

本属约有5种，产中国、缅甸、印度。我国有4种，产中南及西南地区。云南有3种。

分 种 检 索 表

1.叶缘有锯齿。

  2.叶柄宽而短，长不及1厘米；叶椭圆形、长圆形至长圆状倒卵形，伞房花序，有花3—9；花萼、花梗被绒毛；果卵形，红黄色，直径1—1.4厘米·················
·················· **1.毛萼红果树 S. amphidoxa**

  2.叶柄细长，常在1厘米以上，叶倒卵形，倒卵状长圆形或倒披针形；花序复伞形状，多花；花萼、花梗无毛，果球形，橘黄色，直径6—8毫米
·················· **2.滇南红果树 S. oblanceolata**

1.叶全缘，长圆形、长圆状披针形至倒披针形，长5—12厘米；花序为复伞房状，密具多花，总花梗和萼筒外被柔毛，果近球形，橘黄色，直径7—8毫米 ·········· **3.红果树 S.davidiana**

1.毛萼红果树（中国植物志）图73

Stranvaesia amphidoxa Schneid.（1906）

灌木或小乔木，高达8米。小枝粗壮，初时被黄褐色柔毛，以后逐渐脱落，老枝黑褐色，疏生浅褐色皮孔。叶椭圆形、长圆形或长圆状倒卵形，长4—10厘米，宽2—4厘米，先端渐尖或尾状渐尖，基部楔形或宽楔形，边缘具带短芒的细锐锯齿，下面褐黄色，沿中脉具柔毛；叶柄短而宽，长2—4毫米，有柔毛。花序伞房状，有花3—9，花序梗和花梗均密被黄褐色绒毛。花白色，直径约8毫米；萼片三角状卵形，长2—3毫米，比萼筒约短一半，外面被黄色绒毛；花瓣近圆形，基部具短爪；雄蕊20，比花瓣稍短；花柱5，比雄蕊略短，柱头头状。果卵形，红黄色，直径1—1.4厘米，外面微被柔毛，具浅色斑点；萼片宿存，直立或内弯。花期5—6月，果期9—10月。

产彝良、昭通、镇雄、大关、盐津，生于海拔1500—1850米的山坡、路旁灌丛中。浙江、江西、湖北、湖南、四川、贵州有分布。

2.滇南红果树（中国植物志）图73

Stranvaesia oblanceolata（Rehd. et Wils.）Stapf（1924）

Stranvaesia nussia var. *oblanceolata* Rehd. et Wils.（1912）

灌木或小乔木，高达9米。小枝粗壮，无毛，当年枝紫红色，老枝暗紫褐色，具散生圆形皮孔。叶革质，有光泽，倒披针形或倒卵状长圆形，长8—13厘米，宽3.5—5厘米，先端

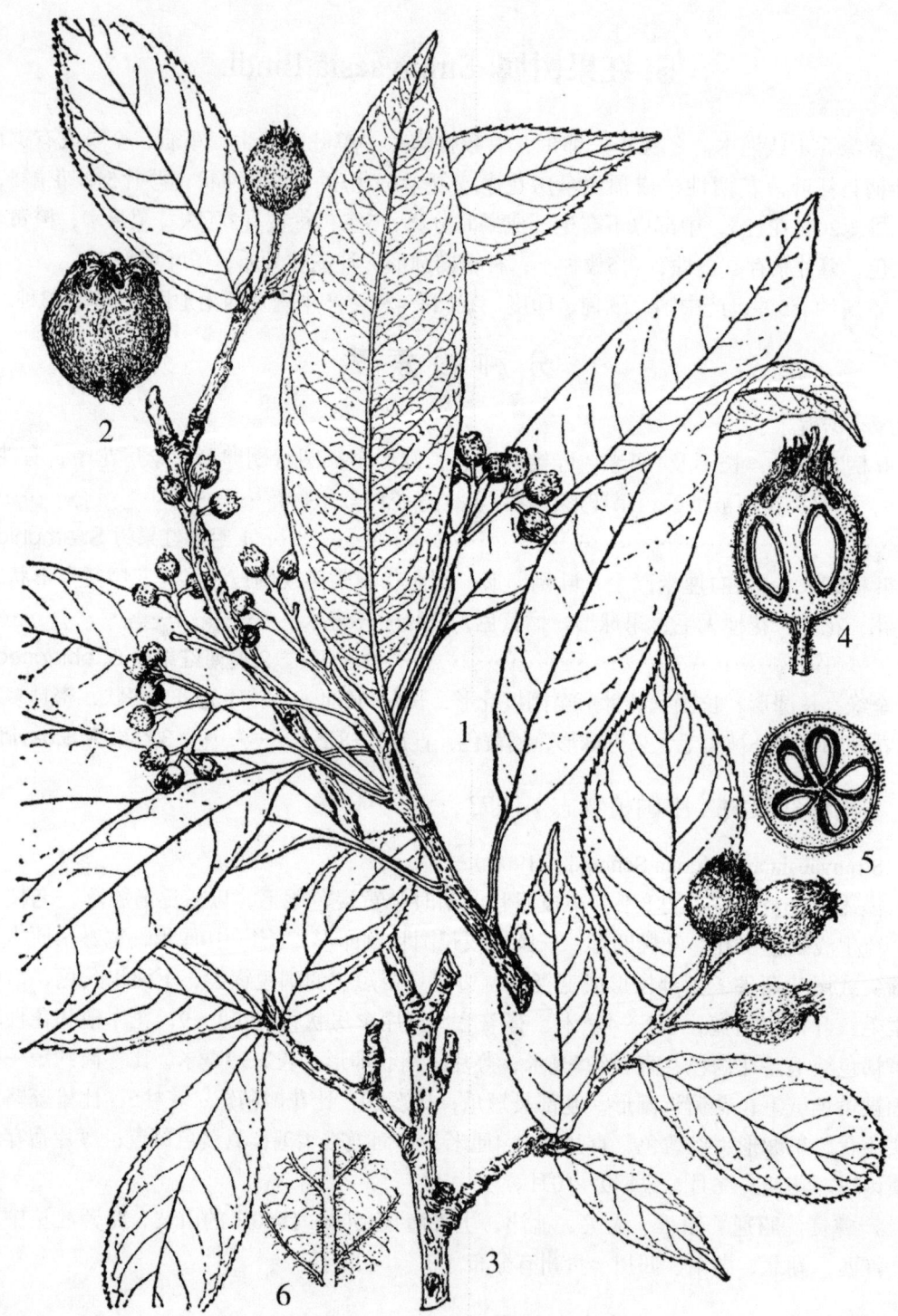

图73 滇南红果树和毛萼红果树

1—2.滇南红果树 *Stranvaesia oblanceolata*（Rehd. et Wils.）Stapf.

1.果枝 2.果实

3—6.毛萼红果树 *Stranvaesia amphidoxa* Schneid.

3.果枝 4.果纵剖 5.果横剖 6.叶下面部分放大（示毛被）

急尖，基部楔形，边缘有不显著圆钝锯齿，两面无毛；叶柄长1.5—4厘米，无毛。花序为复伞房状，具多花；花梗长3—5毫米。花白色，直径5—10毫米；萼片三角状卵形，长约2毫米，比萼筒约短2/3，先端急尖，无毛；花瓣近圆形；雄蕊20；花柱5；子房被柔毛，基部与花托连合。果卵形，直径6—8毫米；萼片宿存，直立。花期4月，果期6月。

产勐海、勐腊、普洱，生于海拔760—1570米的常绿混交林中。泰国、缅甸和老挝有分布。

3.红果树（中国植物志）图74

Stranvaesia davidiana Dene（1874）

灌木或小乔木，高达10米。小枝粗壮，当年枝紫褐色，老枝灰褐色，具稀疏不显著皮孔。叶长圆形、长圆状披针形或倒披针形，长5—12厘米，宽2—4.5厘米，先端急尖或突尖，基部楔形至宽楔形，全缘，两面沿中脉有稀疏柔毛；叶柄长1.2—2厘米。花序为复伞房状，具多花；花序梗与花梗均被柔毛，花梗短，长2—4毫米；花白色，直径约4毫米；萼片三角状卵形，长不及萼筒之半，外被稀疏柔毛；花瓣近圆形，基部具短爪；雄蕊20；花柱5，比雄蕊略短，柱头头状。果近球形，橘红色，直径7—8毫米；萼片宿存，直立。花期5—6月，果期9—10月。

产昭通、镇雄、大关、景东、文山、屏边、元江、云龙、维西、兰坪、丽江、香格里拉、德钦，生于海拔1800—3000米的山地杂木林中。陕西、甘肃、江西、广西、四川、贵州有分布；越南北部也有。

3a.柳叶红果树（变种）

var. salicifolia（Hutch.）Rehd.（1926）
Stranvaesia salicifolia Hutch.（1920）
产大关、香格里拉，生于海拔1850—2400米的杂木林中。四川、台湾有分布。

3b.波叶红果树（变种）图74

var. undulata（Dene）Rehd. et Wils.（1912）
Stranvaesia undulata Dene（1874）

与正种的区别在本变种叶较小，椭圆形至长圆披针形，边缘呈波状，长约3厘米，宽1.5—2.5厘米；花序近无毛；果橘红色，直径6—7毫米。

产彝良、马关、兰坪、香格里拉，生于海拔1700—3700米的山坡丛林中。广东、湖北、四川、贵州有分布。

6.石楠属 Photinia Lindl.

乔木或灌木，落叶或常绿。冬芽小，卵形，具鳞片，覆瓦状排列。单叶互生，革质或纸质，边缘具多数锯齿，稀全缘；具叶柄和托叶。花序为伞形状、伞房状或复伞房状，偶有聚伞状；萼筒杯状、钟状或筒状，具5短裂片；花瓣5，白色，开展，在芽中成覆瓦状或

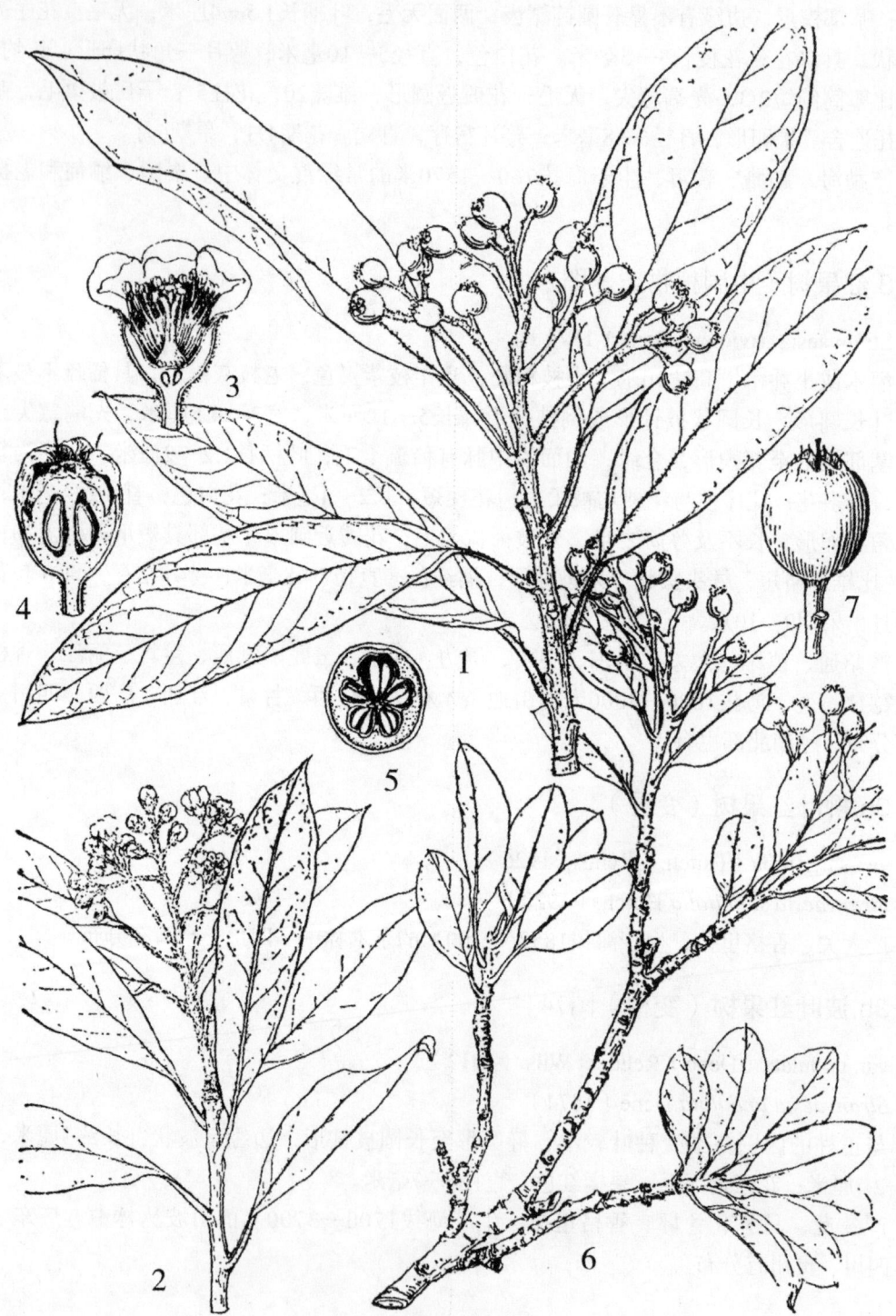

图74 红果树和波叶红果树

1—5.红果树 *Stranvaesia davidiana* Dcne.

1.果枝 2.花枝 3.花纵剖 4.果纵剖 5.果横剖

6—7.波叶红果树 *Stranvaesia davidiana* var. *undulata*（Dcne.）Rehd. et Wils.

6.果枝 7.果实

卷旋状排列；雄蕊20，稀更多；心皮2，稀3—5，花柱离生或基部合生；子房半下位，2—5室，每室具2胚珠。果为小梨果，略肉质，成果时不开裂，顶端与萼筒分离，具宿存萼片，每室具1—4种子；种子直立，子叶平凸。

本属约有60余种，产亚洲东部及南部，北美也有。我国有40余种，产华中、西南至东南部。云南约有20种，7变种。

分 种 检 索 表

1.叶凋落。花序梗与花梗在果期有明显的疣点。

  2.叶长圆形、倒卵状长圆形、倒卵状披针形，边缘疏生锐锯齿；果梗长1—2厘米 …………
  …………………………………………………………… 1.中华石楠 P. beauverdiana

  2.叶披针形或长圆形，边缘密生细锯齿；果梗长2—5毫米 ………… 2.福贡石楠 P. tsaii

1.叶常绿；花序梗和花梗在果期无疣点。

  3.叶全缘。

    4.花序无毛或疏被柔毛，叶革质，不外卷，两面无毛；叶柄长1—4厘米 ……………
    ……………………………………………………………3.缘叶石楠 P. integrifolia

    4.花序密被绒毛；叶厚革质，微外卷，上面无毛，下面沿中脉密被绒毛；叶柄短而粗壮
    或近无柄 …………………………………………………4.厚叶石楠 P. crassifolia

  3.叶有锯齿。

    5.花序无毛或疏被柔毛。

      6.叶柄长2—4厘米；叶长椭圆形、长倒卵形或倒卵状椭圆形 …… 5.石楠 P. serrulata

      6.叶柄长0.5—2厘米。

        7.花瓣内面有毛；叶椭圆形、长圆形或长圆状倒卵形，先端渐尖 …………………
        ………………………………………………………… 6.光叶石楠 P. glabra

        7.花瓣内面无毛；叶长圆形，倒披针形，偶有椭圆形，先端急尖，边缘有腺齿。
        …………………………………………………… 7.楞木石楠 P. davidsoniae

    5.花序有绒毛、绵毛或柔毛。

      8.叶柄长2—4厘米；叶缘有浅锯齿 ………………………… 8.球花石楠 P. glomerata

      8.叶柄长在2厘米以下。

        9.叶缘有锐齿，近基部全缘。长圆形、椭圆形或长圆状倒卵形 …………………
        ………………………………………………………9.椭圆叶石楠 P. beckii

        9.叶缘有刺状锯齿，倒卵形或椭圆状倒卵形 ………… 10.刺叶石楠 P. prionophylla

1.中华石楠（中国植物志）图75

Photinia beauverdiana Schneid.（1908）

落叶灌木或小乔木，高达10米。小枝无毛，紫褐色，具散生灰色皮孔。叶薄纸质，长圆形、倒卵状长圆形或卵状披针形，长5—10厘米，宽2—4厘米，先端突渐尖，基部宽楔形，边缘有疏腺锯齿，上面光亮，无毛，下面沿中脉疏被柔毛；叶柄长5—10毫米。花序为复伞房状，具多花；花序梗及花梗无毛，密生疣点。花白色，直径5—7毫米；萼片三角状

图75　中华石楠和椭圆叶石楠

1—4.中华石楠 *Photinia beauverdiana* Schneid.

1.果枝　2.花（放大）　3.花纵剖　4.叶背面部分放大（示中脉毛）

5—6.椭圆叶石楠 *Photinia beckii* Schneid.

5.果枝　6.果实（放大）

卵形，长约1毫米，与萼筒近等长，外面被毛；花瓣卵形或倒卵形，长约2毫米，无毛；雄蕊20；花柱（2）3，基部合生。果卵形，长7—8毫米，直径5—6毫米，紫红色，无毛，微有疣点，顶端萼片宿存；果梗长1—2厘米。花期5月，果期7—8月。

产彝良、大关、镇雄、双江、景东、勐海、景洪、屏边、富宁、西畴、砚山，生于海拔750—2000米的山坡杂木林中。陕西、河南、江苏、江西、湖南、湖北、四川、贵州、广西、福建均有分布。

木材褐色微红，结构致密，质硬，刻削性能优良。

1a.厚叶中华石楠（变种）

var. notabilis（Schneid.）Rehd. et Wils.（1912）

Photinia notabilis Schneid.（1906）

产景东、双江、西双版纳、文山、富宁，生于海拔800—1800米的杂木林中。浙江、湖北、湖南、四川、贵州、台湾有分布。

2.福贡石楠（中国植物志）图76

Photinia tsaii Rehd.（1938）

灌木或小乔木，高达7米；幼枝密被灰色丛卷绒毛，老时脱落，紫褐色，具皮孔。叶纸质，披针形或长圆形，长4—8.5厘米，宽1—2厘米，先端渐尖，基部渐窄成楔形，边缘具密细齿，上面微皱，无毛，下面有丛卷毛，后脱落；叶柄长3—10毫米。果序为伞房状，果序梗和果梗无毛，密生显著疣点。果梗长2—5毫米，果卵形，直径6—8毫米，红色，无毛，顶端具有直立三角形宿存萼片，微被柔毛；种子2—6，黄棕色，长约4.5毫米。果期9月。

产双江、福贡、双柏，生于海拔750—1500米的山坡杂木林中。

3.缘叶石楠（中国植物志）　蓝靛树（云南）图77

Photinia integrifolia Lindl.（1822）

常绿乔木，高达7米。幼枝无毛，老枝黑灰色，具散生皮孔。叶革质，长圆形、披针形或倒披针形，长6—12厘米，宽3—5厘米，先端渐尖或短渐尖，基部楔形，全缘，两面无毛；叶柄粗壮，长10—15毫米，无毛。花多数，组成顶生复伞房花序；花序梗和花梗无毛；花白色，直径4—5毫米；萼片宽三角形，长约0.3毫米，短于萼筒，先端圆钝，内外均无毛；花瓣圆形，基部有短爪；雄蕊20，与花瓣近等长；花柱2；子房顶部有柔毛。果近球形，直径5—6毫米，紫红色。花期5—6月，果期10月。

产昆明、景东、元阳、泸水、腾冲、维西、双柏、漾濞、丽江、镇康、龙陵、鹤庆、贡山、凤庆、金平、马关、西畴、屏边、麻栗坡，生于海拔1300—2580米的常绿林中。印度、不丹、尼泊尔、缅甸、越南及泰国均有分布。

本种还有2变种：①长柄缘叶石楠*P.integrifolia* var. *notoniana*（Wight et Arn.）Vidal（1965）；②黄花缘叶石楠*P. integrifolia* var. *flavidiflora*（W. W. Smith.）Vidal（1965）。均产腾冲，生于海拔1350—3000米的常绿阔叶林中。

图76 福贡石楠和石楠

1—4.福贡石楠 *Photinia tsaii* Rehd.

1.果枝 2.果纵剖 3.果横剖 4.叶下面部分放大（示毛被）

5—7.石楠 *Photinia serrulata* Lindl.

5.果枝 6.果形 7.花纵剖

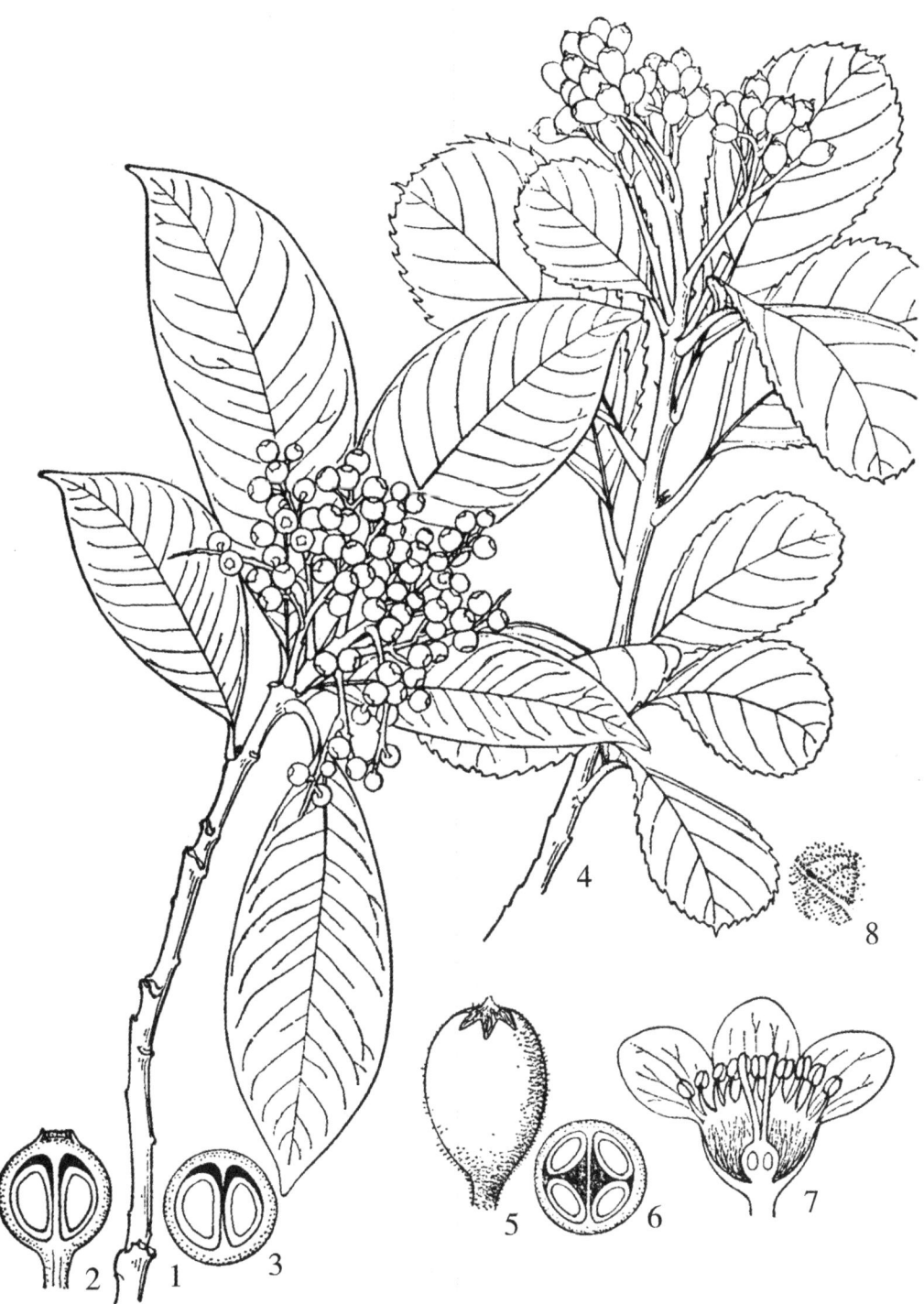

图77 缘叶石楠和刺叶石楠

1—3.缘叶石楠 *Photinia integrifolia* Lindl.
1.果枝 2.果纵剖 3.果横剖

4—8.刺叶石楠 *Photinia prionophylla*（Franch.）Schneid.
4.果枝 5.果实（放大） 6.果横切 7.花纵剖 8.叶下面部分放大（示毛被）

4.厚叶石楠（中国植物志）图78

Photinia crassifolia Lévl.（1915）

常绿灌木，高达5米。幼枝被锈色绒毛，老时无毛，棕灰色，皮孔不显著。叶厚革质，长圆形，长6—15厘米，宽1.5—4.5厘米，先端急尖或圆钝，基部圆形，边缘向外反卷，全缘或有不显著锯齿；叶柄长1.5—2毫米，被绒毛。花多数，成顶生复伞房花序；花序梗和花梗密生绒毛；花梗长2—3毫米；花白色，直径5—6毫米；萼片三角形，短于萼筒，无毛；花瓣倒卵形，长约2毫米，先端圆钝，无毛；雄蕊20，较花瓣短，花柱2，离生；子房顶端具白色绒毛。果棕红色，直径约5毫米。花期5月，果期9—11月。

产广南、富宁、屏边，生于海拔1100—1550米的阳坡丛林中。广西、贵州有分布。

5.石楠（广群芳谱）图76

Photinia serrulata Lindl.（1822）

常绿灌木或小乔木，通常高4—6米，有时可达12米。枝条灰褐色，无毛。叶革质，长椭圆形、长倒卵形或倒卵状椭圆形，长9—22厘米，宽3—6厘米，先端尾尖，基部圆形或宽楔形，边缘具疏生细腺齿，基部近全缘，两面无毛；叶柄粗壮，长2—4厘米。复伞房花序顶生，直径10—16厘米；花序梗和花梗无毛，花梗长3—5毫米；花稠密，白色，直径6—8毫米；萼片宽三角形，长约1毫米，与萼筒近等长，先端急尖，无毛；花瓣近圆形，两面无毛；雄蕊20，花药带紫色；花柱2，有时为3，柱头头状。果球形，直径5—6毫米，红色，后变成褐紫色，含1种子。花期4—5月，果期10—11月。

产昆明、武定、楚雄、大姚、景东、漾濞、泸水、兰坪、石屏、鹤庆、维西、丽江、香格里拉、德钦、砚山、西畴、麻栗坡，生于海拔1200—3700米的山坡、疏林、沟边。我国长江南北大部地区均有分布。

喜光，喜温暖气候，不耐严寒。耐干旱、瘠薄土壤。种子繁殖。采种育苗，两年生苗即可出圃。

木材红褐色，坚硬，致密，纹理直，可作车轮、器具等用材。果有小毒，可入药，有清热解毒、祛风活络等功效，用于月经不调、风湿麻痹、腰酸背疼等。种子可榨油，供工业用。苗木可作枇杷砧木。又枝叶秀丽，春秋叶色红艳，花白，果红，可作庭园观赏树种。

6.光叶石楠（中国树木分类学）图79

Photinia glabra（Thunb.）Maxim.（1873）

Crataegus glabra Thunb.（1784）

常绿乔木，高达7米。老枝灰黑色，无毛，具有散生棕黑色的近圆形皮孔。叶革质，椭圆形、长圆形或长圆状倒卵形，长5—9厘米，宽2—4厘米，先端渐尖，基部楔形，边缘具稀疏浅钝细齿，两面光滑；叶柄长1—1.5厘米，无毛。花多数，成顶生复伞房花序；花序梗与花梗无毛；花白色，直径7—8毫米；萼片三角形，长约1毫米，外面无毛，内面有柔毛；花瓣倒卵形，长约3毫米，先端圆钝，内面基部有白色绒毛，雄蕊20，与花瓣等长或较短，

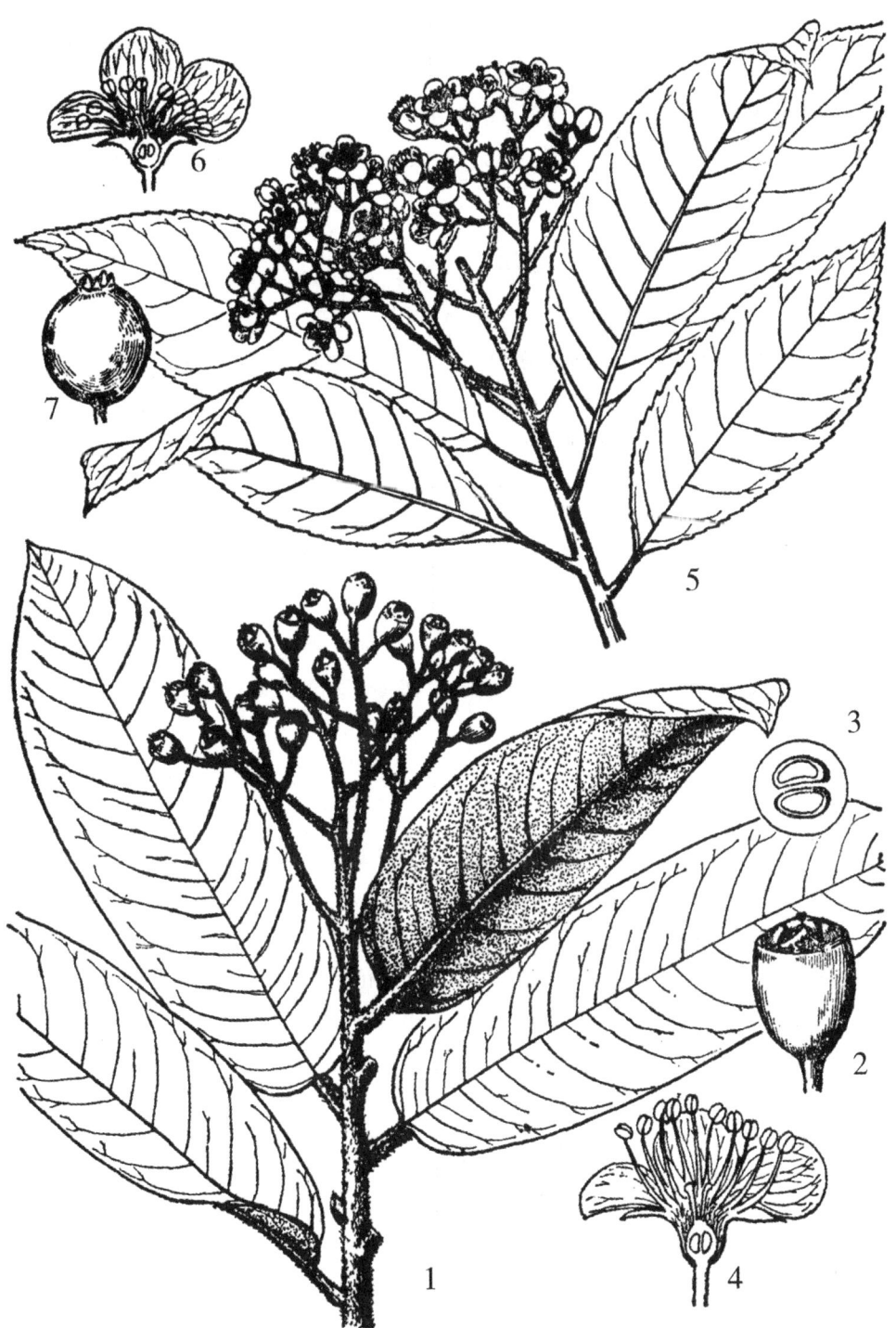

图78 厚叶石楠和楞木石楠

1—4.厚叶石楠 *Photinia crassifolia folia* Lévl.

1.果枝 2.果实 3.果纵剖 4.花纵剖

5—7.楞木石楠 *Photinia davidsoniae* Rehd. et Wils.

5.花枝 6.花纵剖 7.果实（放大）

花柱2（3），柱头头状。果卵形，长约5毫米，红色，无毛。花期4—5月，果期9—11月。

产昆明、峨山、禄劝、大姚、广南、砚山、西畴、富宁、耿马、西双版纳、丽江、德钦，生于海拔800—2500米的山坡杂木林中。长江以南大部分地区均有分布。

木材坚硬致密，可作农具、车辆、船泊用材。果、叶入药，有解热、利尿、镇痛等功效，用于久痢不止、痔漏下血、小儿疳蛇、心腹胀满等症。种子可榨油、制皂和润滑油。也适宜作庭园绿化树种。

7. 椤木石楠（中国植物志）图78

Photinia davidsoniae Rehd. et Wils.（1912）

常绿乔木，高达15米。幼枝初时黄红色，后变紫褐色，有稀疏平贴柔毛，老时灰色，光滑、无刺。叶革质，长圆形，倒披针形，偶有椭圆形，长5—15厘米，宽2—5厘米，先端急尖或渐尖，基部楔形，边缘其细腺齿；叶柄长8—15毫米，光滑。花序为复伞房状，顶生，花稠密；花序梗和花梗有平贴短柔毛，花梗长5—7毫米。花白色，直径10—12毫米；萼片宽三角形，长约1毫米，有柔毛；花瓣圆形，先端圆钝，两面无毛；雄蕊20，较花瓣短；花柱2，基部密被白色长柔毛。果球形或卵形，直径7—10毫米，黄红色，无毛，含2—4种子；种子卵形，褐色。花期5月，果期9—10月。

产富民、禄劝、兰坪、龙陵、丽江、普洱、西双版纳，生于海拔1300—2500米的山坡灌丛中。我国西北、华东、华南、西南有分布。越南、缅甸、泰国也有。

8. 球花石楠（中国植物志）图79

Photinia glomerata Rehd. et Wils.（1912）

常绿灌木或小乔木，高达10米。幼枝密生黄色绒毛，老枝无毛，紫褐色，具多数散生皮孔。叶革质，长圆形、披针形、长圆状披针形，长6—18厘米，宽2.5—6厘米，先端短渐尖，基部楔形至圆形，常偏斜，边缘具内弯腺锯齿，两面初时被毛，后渐脱落；叶柄长2—4厘米。花序为复伞房状，顶生，花稠密；花序梗及花梗被黄色绒毛；花近无梗，白色，直径约4毫米；萼片卵形，直立，外面有绒毛；花瓣近圆形，先端圆钝，内面被疏毛；雄蕊20，与花瓣近等长；花柱2，平房顶端密生绒毛。果卵形，长5—7毫米，红色。花期5月，果期9月。

产昆明、嵩明、寻甸、武定、禄劝、易门、路南、景东、普洱、新平、邓川、双柏、昭通、宁蒗、鹤庆、丽江、德钦、香格里拉、文山、西畴、屏边，生于海拔1400—2700米的山坡杂木林中。四川有分布。

9. 椭圆叶石楠（中国植物志）图75

Photinia beckii Schneid.（1906）

乔木，高达5米。小枝灰褐色，初时被毛，老时光滑无毛。叶革质，长圆形、椭圆形或长圆状倒卵形，长5—8厘米，宽2—3厘米，先端急尖，基部圆形或宽楔形，边缘微外卷，具浅钝锯齿，上面光亮，两面无毛；叶柄长8—15毫米，无毛。花序为复伞房状，顶生，花稠密；花序梗和花梗均密生黄色绒毛；花梗长1—2毫米；花直径5—7毫米；萼片三角状卵

图79　球花石楠和光叶石楠

1—3.球花石楠 *Photinia glomerata* Rehd. et Wils.

1.果枝　2.果实（放大）　3.花纵剖

4—5.光叶石楠 *Photinia glabra*（Thunb.）Maxim.

4.果枝　5.果实

形，长约1毫米，无毛，边缘具细腺齿；花瓣圆形，直径约2毫米，内面基部有柔毛：雄蕊20，较花瓣短；花柱2，中部以下合生。果椭圆形，长6—7毫米。花期4月，果期10月。

产蒙自、文山、屏边、西畴，生于海拔1100—1800米的灌丛中。

10.刺叶石楠（中国植物志）图77

Photinia prionophylla（Franch.）Schneid.（1906）

Eriobotrya prionophylla Franch.（1889）

灌木或小乔木，高达6米。幼枝被灰色短绒毛，老时脱落变无毛。叶革质，倒卵形或椭圆状倒卵形，长4—7厘米，宽4—5厘米，先端圆钝，基部楔形，边缘有刺状锯齿，上面初时疏被绒毛，后逐渐脱落，下面密被灰色绒毛。花序为复伞房状，顶生，花序梗与花梗密被绒毛；花白色，直径7—9毫米；萼片三角形，长1—2毫米，略短于萼筒，边缘有黑色腺体，密被绒毛；花瓣近圆形，直径约3毫米，内面有绒毛；雄蕊20，通常较花瓣短；花柱2，下部合生。果卵形或倒卵形，直径6—8毫米，红色，被毛。花期5月，果期9—11月。

产大理、鹤庆、洱源、丽江、香格里拉，生于海拔2500—3200米的干燥多石的山坡或路边杂木林中。

昆明附近还有1变种，无毛刺叶石楠*Photinia prionophylla*（Franch.）Schneid. var. *nudifolia* Hand.-Mazz.生于海拔1800米的杂木林中。

7. 枇杷属 Eriobotrya Lindl.

常绿乔木或灌木。单叶，互生，厚革质，全缘或有锯齿，侧脉直达齿端，网脉明显；通常具叶柄；有托叶，披针形或宽披针形，早落。花两性，成顶生圆锥花序，密被绒毛，萼筒杯状或钟状；萼片5，宿存；花瓣5，白色或乳黄色，倒卵形或圆形，无毛或有毛，在芽内呈卷旋状或双盖覆瓦状排列；雄蕊20—40，花柱2—5，基部合生，通常具绒毛；子房下位，2—5室，每室有2胚珠。梨果肉质或干燥，内果皮膜质，具宿存反折萼片；果梗较短；种子大形，1至数枚，黑褐色。

本属约有30余种，主产亚洲温带和亚热带地区。我国有13种，产西南至东南部。云南有9种，2变型。

分 种 检 索 表

1.幼叶下面被棕色或黄棕色绒毛，老时脱落，变近无毛。
  2.叶缘中部以上有4—10疏锯齿，中部以下全缘 ·············1.腾冲枇杷 E. tengyuehensis
  2.叶缘全部有锯齿。
    3.叶柄长1.5厘米以上。
      4.叶倒卵形或倒披针形，长5—15厘米，宽2—6厘米，边缘有内湾尖锐锯齿 ·········
      ···2.倒卵叶枇杷 E. obovata
      4.叶长圆形、椭圆形、长圆披针形、长圆倒披针形，边缘有深刻尖锐锯齿 ·········
      ··· 3.南亚枇杷 E. bengalensis

3.叶柄短于1.5厘米。

　5.叶披针形或倒披针形，偶有带状长圆形，长5—11厘米，宽1—3厘米，先端渐尖，边缘疏生尖锯齿；雄蕊10；花柱2 ……………………………… 4.窄叶枇杷 E.henryi

　5.叶长圆形或倒卵状长圆形，长3—6厘米，宽1.2—2厘米，先端圆钝或急尖，边缘有紧贴内弯锯齿；雄蕊15；花柱3或4 ……………… 5.小叶枇杷 E. seguinii

1.幼叶下面有疏柔毛或绒毛，老时不脱落。

　6.叶缘中部以上有疏齿，中部以下全缘；花瓣较小，先端截形，微缺或2裂 …………………………………………………………………… 6.怒江枇杷 E. salwinensis

　6.叶缘有疏齿或波状齿，仅基部近全缘。

　　7.叶缘有疏锯齿。

　　　8.叶上面多皱，下面密被灰棕色绒毛；花柱5 ……………… 7.枇杷 E. japonica

　　　8.叶上面不皱，下面密被锈色绒毛；花柱3—5 ……… 8.麻栗坡枇杷 E. malipoensis

　　7.叶缘有波状齿，下面密被灰色绒毛；花柱2（3）…………… 9.栎叶枇杷 E. prinoides

1.腾冲枇杷（中国植物志）图80

Eriobotrya tengyuehensis W. W. Smith.（1917）

常绿乔木，高达20米。幼枝暗灰色，密被锈色绒毛，后渐脱落近无毛。叶革质，长圆形、椭圆形或近倒卵形，长10—17厘米，宽4—7厘米，先端渐尖，基部宽楔形或近圆形，边缘中部以上有少数稀疏锯齿，中部以下全缘，上面光亮，无毛，下面有棕色柔毛，老时脱落变无毛；叶柄长2—3.5厘米。圆锥花序顶生，长10—12厘米；花序梗与花梗密生棕黄色绒毛；花梗极短；花乳黄色，直径约2厘米；萼筒杯状，外面有棕黄色绒毛，萼片卵形，长约2毫米；花瓣倒卵形，长6—8毫米，先端圆钝或微缺，无毛；雄蕊20，短于花瓣；花柱2—3，有棕色长柔毛；子房2—3室。果近球形，直径约7毫米，密被棕黄色绒毛。花期4—5月，果期9—10月。

产泸水、腾冲、怒江、贡山，生于海拔1700—2500米的山坡杂木林中。

2.倒卵叶枇杷（中国植物志）图81

Eriobotrya obovata W. W. Smith.（1917）

乔木，高达10米。幼枝暗灰色，初时被锈色绒毛，后逐渐脱落变无毛。叶革质，倒卵形或倒披针形，长5—15厘米，宽2—6厘米，先端圆形或短渐尖，基部楔形，边缘有尖锐而内弯锯齿，两面光亮无毛；具柄，长1.5—3厘米，无毛。花序圆锥状，顶生，长约6厘米；花序梗、花梗及花萼密被棕色绒毛；花梗粗壮，长2—4毫米；花白色，直径1—1.5厘米；萼片三角状卵形，长3—4毫米，与萼筒近等长；花瓣倒卵形，长5—7毫米，先端圆钝或微缺，基部具爪并有棕色绒毛；雄蕊20，比花瓣短；花柱2—3，与雄蕊近等长，中部以下有白色柔毛；子房密被柔毛。花期3—4月。

产富民、贡山，生于海拔2200—2880米的山坡灌丛中。

图80 腾冲枇杷和栎叶枇杷

1—3.腾冲枇杷 *Eriobotrya tengyuehensis* W. W. Smith.

1.果枝 2.果实 3.叶下面部分放大（示毛被）

4—7.栎叶枇杷 *Eriobotrya prinoides* Rehd. et Wils.

4.花枝 5.花纵剖 6.果实 7.果横剖

图81 怒江枇杷和倒卵叶枇杷

1—3.怒江枇杷 *Eriobotrya salwinensis* Hand.-Mazz.
1.花枝　2.花纵剖　3.叶下面部分放大（示毛被）

4—5.倒卵叶枇杷 *Eriobotrya obovata* W. W. Smith
4.果枝　5.幼果（放大）

3.南亚枇杷（中国植物志）

Eriobotrya bengalensis（Roxb.）Hook. f.（1878）

Mespilus bengalensis Roxb.（1814），nom. nud.，（1832）descr.

常绿乔木，高达10米以上。叶长圆形、椭圆形或披针形，长10—20厘米，宽4—8厘米，先端渐尖，基部楔形，边缘有深刻锐齿，两面无毛；叶柄长2—4厘米。花序圆锥状，开展，长、宽达12厘米，有绒毛；花梗长3—5毫米；花白色；萼片长1毫米，较萼筒短，先端钝或略尖；花瓣倒卵形或近圆形，长4—5毫米，先端圆钝或微缺；雄蕊约20；花柱2—3，基部有毛。果卵形，直径10—15毫米，含1—2大形种子。

产印度、缅甸、泰国、柬埔寨、老挝、越南、印度尼西亚，生于热带阔叶林中。我国仅云南有2变型。

3a.窄叶南亚枇杷（变型）图82

forma angustifolia（Card.）Vidal（1965）

Eriobotrya bengalensis var. *angustifolia* Card.（1918）

与正种的区别，在本变型的叶为披针形，长7—12厘米，宽2—3.5厘米。

产玉溪、路南、保山、盈江、易门、双柏、景东、西双版纳、屏边、文山、广南、麻栗坡，生于海拔850—2200米的山坡杂木林中。

3b.四柱南亚枇杷（变型）图81

forma intermedia Vidal（1965）

与正种的区别在于本变型的花柱为4。

产泸水、金平、河口、屏边、景洪、普洱、西双版纳，生于海拔740—2000米的疏林中。

4.窄叶枇杷（中国植物志）图83

Eriobotrya henryi Nakai（1924）

常绿灌木或小乔木，高8—25米。幼枝纤细，灰色，被绒毛，后渐脱落。叶革质，披针形或倒披针形，长5—11厘米，宽1—3厘米，先端渐尖，基部楔形，边缘有稀疏的尖锐锯齿，初时两面被锈色绒毛，后脱落变无毛；叶柄长5—13毫米，近无毛。顶生花序圆锥状，长达5厘米；花序梗及花梗密被锈色绒毛；花梗长2—4毫米；萼片披针形，长约2.5毫米，与萼筒近等长，外面被绒毛；花瓣白色，倒卵形，长7—8毫米，先端圆钝，全缘或分裂，基部有毛；雄蕊10，较花瓣短；花柱2，离生，与雄蕊近等长；子房被毛。果卵形，长7—9毫米，外被锈色绒毛，顶端有宿存反折萼片。花期3—4月，果期6—8月。

产易门、泸水、双柏、西畴，生于海拔800—2000米的山坡灌木丛中。

5.小叶枇杷（中国植物志）图84

Eriobotrya seguinii（Lévl.）Card. ex GuiHaumin（1924）

Symplocos seguinii Lévl.（1912）

常绿灌木，高达4米。幼枝棕灰色，无毛。叶革质，长圆形或倒披针形，长3—6厘米，

图82 窄叶南亚枇杷和四柱南亚枇杷

1—3.窄叶南亚枇杷 *Eriobotrya bengalensis* forma *angustifolia*（Card.）Vidal.

1.花枝（花梗被毛） 2.花（放大，纵剖；花萼被毛；花柱3） 3.果（放大）

4—6.四柱南亚枇杷 *E. bengalensis* forma *intermedia* Vidal.

4.果序 5.花（纵剖，花梗有毛，花柱4） 6.果（放大）

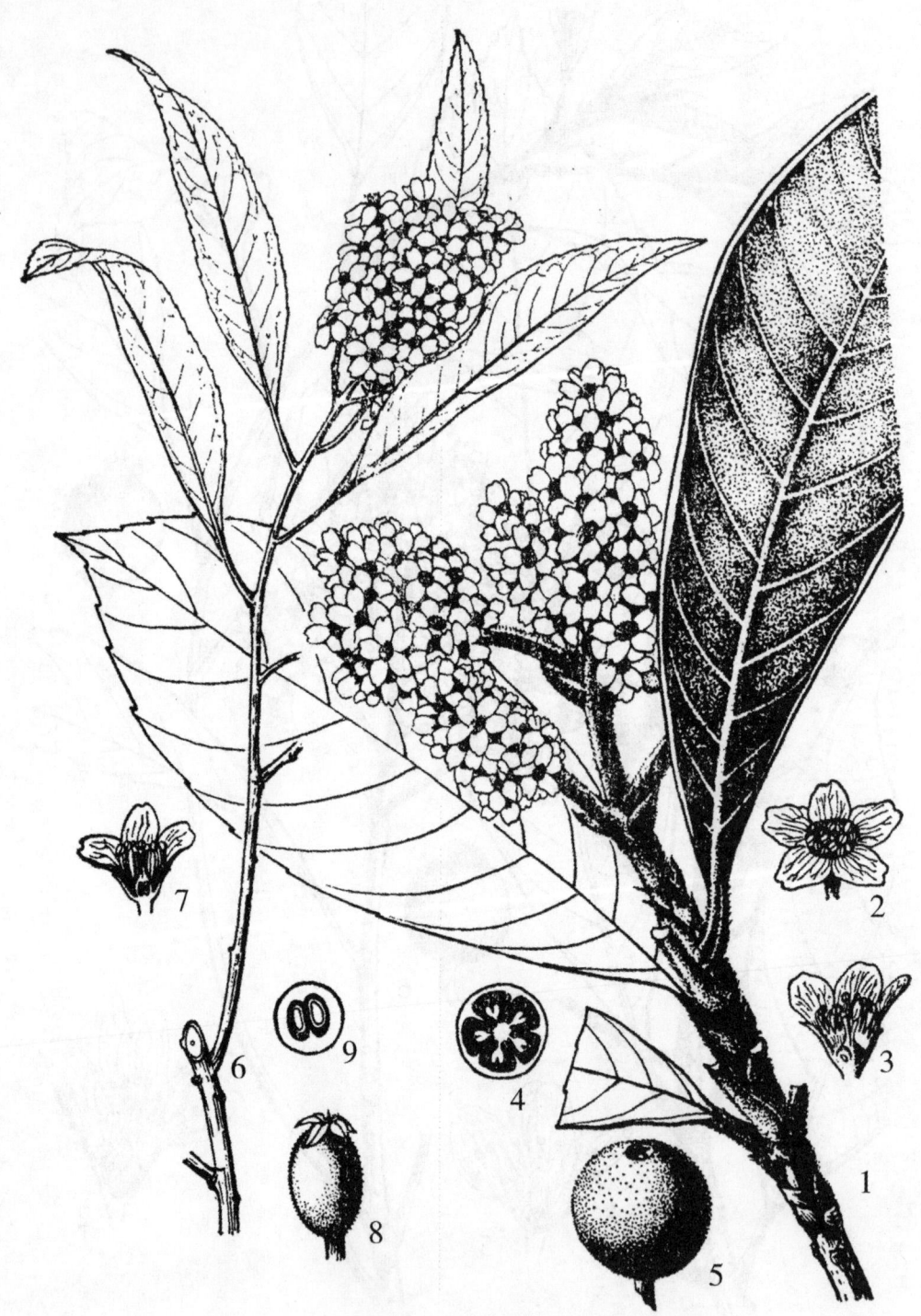

图83 枇杷和窄叶枇杷

1—5.枇杷 *Eriobotrya japonica*（Thunb.）Lindl.

1.花枝 2.花 3.花（纵剖面） 4.子房横切 5.果

6—9.窄叶枇杷 *Eriobotrya henryi* Nakai.

6.花枝 7.花（纵剖） 8.果形 9.子房横切

宽1.2—2厘米，先端圆钝，基部渐窄，下延成窄翅状的短叶柄，边缘具内弯钝齿，上面光亮，下面初时被毛，以后脱落；叶柄长1—1.5厘米，无毛。顶生花序圆锥状或总状，长1—4厘米，密被锈色绒毛；花直径约5毫米；萼片短，长约2毫米，短于萼筒，外卷；花瓣近圆形或倒心形，直径约3毫米，先端微缺，无毛；雄蕊15；花柱3—4，离生，下部有柔毛；子房3—4室，每室有2胚珠。果卵形，长约1厘米，微有柔毛。花期3—4月，果期6—7月。

产文山、西畴、富宁，生于海拔700—1600米的山坡阔叶林下。贵州西南部有分布。

6.怒江枇杷（中国植物志）图81

Eriobotrya salwinensis Hand, -Mazz.（1933）

小乔木，高达5米。幼枝密被棕色绒毛，后脱落变无毛，呈黑灰色。叶厚革质，倒卵状披针形，长10—20厘米，宽2—6厘米，先端渐尖，基部楔形，边缘上部有浅锯齿，上面有光泽，下面被黄色长柔毛；叶柄肥厚，被棕色绒毛，长2—3厘米。花序为塔形圆锥状，直径达15厘米，花序梗及花梗粗厚，密被棕色绒毛；花乳黄色；萼片卵形，与萼筒等长，先端圆钝；花瓣倒卵形，长5毫米，先端截形，常2深裂，有黄色长柔毛；雄蕊20，短于花瓣；花柱2—3，离生，长约2毫米，基部及子房有棕色长柔毛。果球形，直径约15毫米，肉质，具粒状突起，基部和顶部均被棕色柔毛；种子1，褐色，光亮。花期4—5月，果期6—8月。

产泸水、贡山、永善，生于海拔1480—1700米的常绿阔叶林中。缅甸、印度有分布。

7.枇杷（名医别录）图83

Eriobotrya japonica（Thunb.）Lindl.（1822）

Mespilus japonica Thunb.（1784）

小乔木，高达8米。小枝粗壮，幼时黄褐色，密被锈色绒毛，老时灰褐色至暗黑色，变无毛。叶革质，倒卵形至长椭圆形，长12—25厘米，宽3—9厘米，先端急尖，基部楔形，边缘有稀疏锯齿，上面暗绿色，有光泽，多皱，下面密被锈色绒毛；叶柄短而粗壮，长3—10毫米，被锈色毛。花序圆锥状，多花而紧密，长7—11厘米，密被锈色绒毛，花梗长2—8毫米，被锈色毛；花白色，直径1.2—1.5厘米，芳香；萼片5，卵形，略短于萼筒，外面被毛；花瓣卵形至圆形，长约7毫米，先端圆钝或微具缺刻，基部具爪，内面有绒毛，雄蕊20，长约5毫米；花柱5，长3毫米，下部被锈色绒毛；子房5室，每室含2—3胚珠。果球形或长圆形，直径2.5厘米，淡黄色、黄色或橘黄色，初时被锈色柔毛，后脱落，含1—3种子。花期10—11月，果期翌年5—6月。

产昆明、广南、砚山、蒙自、丽江，生于海拔1200—2300米，大多栽培。我国长江以南地区及甘肃、陕西也普遍栽培。据资料记载，原产四川、湖北山地。果小肉薄，后经多年栽培，果大肉厚，形状不一。目前，我国栽培品种不下百余种。

喜温湿，怕干寒，稍耐荫，对土壤要求不严，在深厚肥沃排水良好的中性、微酸性土壤上生长良好。种子繁殖或嫁接繁殖。

木材坚硬，结构细，比重0.69—0.81，可供细木工用材。果可鲜食，味甜，微酸，为我国南方的重要水果之一。种子可榨油。叶、根、花、种仁均可药用，具有止咳、化痰、清热解毒的功效，对胃病有疗效。

8.麻栗坡枇杷（中国植物志）图84

Eriobotrya malipoensis Kuan（1963）

乔木，高达15米。枝被锈色绒毛。叶革质，长圆形或长圆状倒卵形，长30—40厘米，宽10—15厘米，先端急尖，基部渐窄，边缘有波状齿，上面光亮，无毛，下面密被锈色绒毛；叶柄长约1厘米，被锈色毛。顶生圆锥花序，直径8—10厘米；花序梗与花梗密被锈色绒毛；花梗长2—4毫米；花白色，直径约1厘米；萼片卵形，长2—3毫米，略短于萼筒，外面被毛；花瓣倒卵形，长5—6毫米，先端圆钝，内面有锈色柔毛，基部具短爪；雄蕊20，短于花瓣；花柱3—5，离生，被毛。花期1月。

产西畴、麻栗坡，生于海拔1100—1200米的山谷密林中。

9.栎叶枇杷（中国植物志）图80

Eriobotrya prinoides Rehd. et Wils.（1912）

常绿乔木，高达10米。幼枝紫褐色或灰褐色，初时被毛，后渐脱落。叶革质，长圆形或椭圆形，长7—15厘米，宽3—7厘米，先端急尖，基部楔形，边缘具稀疏波状齿，上面光亮，下面密被灰色绒毛；叶柄长1.5—3厘米，被棕灰色毛。顶生圆锥花序，长6—10厘米；花序梗与花梗有棕灰色绒毛；花梗长2—4毫米；花白色，直径1—1.5厘米；萼片长圆状卵形，长2—3毫米，与萼筒等长，先端圆钝，外面被毛，花瓣卵形，长4—5毫米，先端深裂，基部具短爪，内面基部有毛；雄蕊20，略短于花瓣；花柱2（3），离生，或中部以下合生，无毛。果卵圆形，直径6—7毫米，暗褐色，含1种子。花期9—11月，果期翌年4—5月。

产禄劝、石屏、文山、砚山、蒙自、河口、丽江，生于海拔1200—1400米的湿润林中。

散孔材。木材浅褐色，心边材不明显，有光泽，纹理直或斜，结构细而均匀，材质坚实，硬重，干缩性小。可作日用器皿、小农具等用材。

8. 花楸属 Sorbus Linn.

落叶乔木或灌木。冬芽具数枚覆瓦状鳞片。叶互生，单叶或奇数羽状复叶；具叶柄；托叶膜质或纸质，脱落或宿存，有锯齿或分裂。花两性，花序为顶生复伞房状；萼筒钟状，萼片5，脱落或宿存；花瓣5，白色，稀为粉红色；雄蕊15—25；心皮2—5，部分或全部与花托合生；子房半下位或下位，2—5室，每室具2胚珠；花柱2—5，中部以下多少合生。梨果小，圆球形或倒卵形，红色、褐色或白色，2—5室，每室含1—2种子，子房壁软骨质。

本属约有80余种，主要产于北温带。我国有50余种，产东北、西北和西南地区。

图84 麻栗坡枇杷和小叶枇杷

1—2.麻栗坡枇杷 *Eriobotrya malipoensis* Kuan

1.花枝 2.花（纵剖）

3—5.小叶枇杷 *Eriobotrya seguinii*（Lévi.）Card. ex Guillaumin

3.花枝 4.花（纵剖） 5.果

分 种 检 索 表

1.羽状复叶；果顶端具宿存萼片；心皮2—4（5），大部分与花托合生；花柱2—4（5），通常离生。

 2.羽状复叶通常有15—43小叶。

  3.羽状复叶的小叶常在25以下；小叶长2厘米以上。

   4.小叶边缘锯齿稀疏，仅在先端有齿，其余全缘。

    5.果红色。

     6.花梗、花序梗和叶轴具锈褐色毛；小叶长圆状带形或带状长卵形；托叶披针形至卵形 ·················· 1.蕨叶花楸 S. pterldophylla

     6.花梗、花序梗和叶轴具灰白色绒毛；小叶长圆形；托叶半圆形或卵形，有锯齿 ·················· 2.梯叶花楸 S. scalaris

    5.果白色；花梗、花序梗和叶轴无毛或近于无毛 ····· 3.球穗花楸 S. glomerulata

   4.小叶边缘锯齿较多，全部有锯齿或仅基部全缘。

    7.果淡红色。

     8.小枝粗厚；花序梗及花梗被锈褐色柔毛；萼筒无毛 ··· 4.西南花楸 S. rehderiana

     8.小枝细弱；萼筒外面被柔毛。

      9.小叶边缘具4—8齿；托叶膜质，早落；花序梗和花梗被锈褐色柔毛 ········· ·················· 5.川滇花楸 S. vilmorinii

      9.小叶边缘具15—20齿；托叶草质，宿存；花序梗和花梗有柔毛，不为锈褐色 ·················· 6.维西花楸 S. monbeigii

    7.果白色。小叶下面苍白色，被稀疏柔毛，叶轴，花序被稀疏黄色柔毛 ·········· ·················· 7.西康花楸 S. prattii

  3.羽状复叶有17—25（35）小叶；小叶椭圆形或长椭圆形，长2厘米以下，边缘具6—10齿；花序梗、花梗、叶轴具锈红色柔毛。 ·················· 8.红毛花楸 S. rufopilosa

 2.羽状复叶通常仅具5—15（19）小叶。

  10.小叶先端圆钝，边缘微反卷，具浅钝锯齿 ·················· 9.巨叶花楸 S. harrowiana

  10.小叶先端急尖或渐尖，边缘不反卷，具明显锯齿。

   11.托叶膜质，早落；果白色或带红晕。小叶两面无毛，边缘具2—10锯齿 ········· ·················· 10.少齿花楸 S. oligodonta

   11.托叶草质，迟落；果红色。

    12.小叶边缘具8—20浅钝齿，叶轴、叶下面无毛或仅沿中脉具少数柔毛 ········· ·················· 11.华西花楸 S. wilsoniana

    12.小叶边缘有28—52锯齿，叶轴、叶下面初时密被绒毛 ·················· ·················· 12.晚绣花楸 S. sargentiana

1.单叶，边缘有锯齿或浅裂片。

 13.果顶端萼片宿存；心皮大部与花托合生，仅顶端游离。

  14.叶无毛或仅下面脉腋间有少数柔毛；果直径1—2厘米。

   15.叶椭圆状倒卵形或倒卵状长椭圆形，两面无毛 ····· 13.大果花楸 S. megalocarpa

15.叶长圆状卵形或卵状披针形，下面脉腋间有少数绒毛 ······ **14.锐齿花楸 S. arguta**

14.叶下面密被绒毛，边缘有尖锐锯齿和重锯齿；果直径不及1厘米。

16.叶基部下延为楔形，有些近圆形；叶柄宽而短，长3—10毫米，果卵形，2室 ··· ······ **15.康藏花楸 S. thibetica**

16.叶基部圆形或宽楔形；叶柄长5—20毫米。

17.伞房花序花疏，长2.5厘米以下。叶长6—10厘米，下面沿中脉及侧脉具黄棕色柔毛；果表面无斑点，2—3室 ······ **16.灰叶花楸 S. pallescens**

17.伞房花序花密，长在3厘米以上。叶长8—13厘米，下面密被灰白色绒毛；果表面有斑点，2—5室 ······ **17.冠萼花楸 S. coronata**

13.果顶端萼片脱落，心皮全部与花托合生。

18.叶下面无毛或微被柔毛。

19.侧脉（6）10—20（24）对，直达齿端。

20.叶缘为单锯齿。

21.叶缘锯齿圆钝，侧脉10—18对；花柱4—5 ········ **18.美脉花楸 S. caloneura**

21.叶缘锯齿尖锐，侧脉12—17对；花柱2—3 ······ **19.鼠李叶花楸 S. rhamnoides**

20.叶缘为重锯齿，侧脉16—24对；花柱3—4 ······ **20.泡吹叶花楸 S. meliosmifolia**

19.侧脉7—11对，至边缘略弯曲。

22.叶柄长1—3厘米；果直径在1厘米以上，表面有斑点。

23.花序及叶无毛，果实3—4室；叶基部圆形，边缘锯齿圆钝 ······ ······ **21.疣果花楸 S. granulosa**

23.花序及叶下面沿中脉有褐色柔毛；果实2—3室，叶基部楔形，边缘锯齿尖细 ······ **22.圆果花楸 S. globosa**

22.叶柄长0.5—1厘米；果直径在1厘米以下，表面平滑或有极少斑点。

24.花序被白色绒毛；叶倒卵形或长圆状倒卵形，边缘锯齿圆钝 ······ ······ **23.毛序花楸 S. keissleri**

24.花序无毛；叶椭圆形、长椭圆形至椭圆状倒卵形，边缘锯齿尖锐 ······ ······ **24.毛背花楸 S. aronioides**

18.叶下面密被绒毛。

25.叶下面密被锈褐色绒毛。

26.侧脉，直达锯齿尖端。

27.侧脉6—8对；叶柄长10—15毫米 ················· **25.锈色花楸 S. ferruginea**

27.侧脉12—15对；叶柄长5—10毫米 ············· **26.附生花楸 S.epidendron**

26.侧脉近边缘处略弯曲网结。

28.叶卵形，椭圆状卵形或椭圆状倒卵形，长9—14厘米，侧脉10—12对；叶柄长2—3厘米；果近球形，直径约10毫米 ················· **27.褐毛花楸 S. ochracea**

28.叶卵状披针形，长4—7厘米，侧脉6—8对；叶柄长5—7（—10）毫米；果卵形，直径5—10毫米 ················· **28.多变花楸 S.astateria**

25.叶下面密被白色绒毛。

29.果椭圆形，表面平滑；叶下面中脉和侧脉均有毛 ······ **29.石灰花楸 S. folgneri**

29.果近球形，表面有少数斑点；叶下面中脉和侧脉均无毛 ······························
··· **30.江南花楸 S. hemsleyi**

1.蕨叶花楸（中国植物志）图85

Sorbus pteridophylla Hand.-Mazz.（1933）

灌木或小乔木，高达7米。小枝褐色或黑褐色，具少数皮孔。奇数羽状复叶，具19—29
小叶；叶柄长1—1.5厘米；小叶带状卵形或带状长圆形，长15—28毫米，宽6—8毫米，先端
圆钝或急尖，基部圆形，边缘仅先端具4—10细锐锯齿，其余全缘，上面深绿色，光亮，下
面浅绿色，密被小乳突，沿中脉有褐色柔毛。花序为伞房状，花疏，花序梗及花梗有锈色
柔毛；花梗长3—5毫米；花白色，萼片宽三角形，无毛，花瓣宽卵形或椭圆形，长、宽约3
毫米，先端圆形，无毛；雄蕊20，比花瓣短；花柱3—5，与雄蕊近等长，基部有毛。果卵
形，红色，直径6—8毫米，顶端具宿存闭合萼片。花期6—7月，果期8—9月。

产禄劝、泸水、剑川、维西、丽江、德钦、贡山，生于海拔2900—3500米的山谷杂木
林中。四川、西藏有分布。

贡山还有1变种，灰毛蕨叶花楸*Sorbus pteridophylla* var. *tephroclada* Hand. -Mazz.
（1933），区别为叶轴、叶下面中脉及花序有稀疏灰白色柔毛。生于海拔2700米悬崖上。
缅甸北部也有。

稍喜光，耐寒，适应性强，在湿润肥沃土层深厚的山谷地带生长良好。种子繁殖。育
苗及直播均可。

木材供雕刻及细木工用。初夏白花满树，入秋叶紫果红，园林丛植，可形成景观。

2.梯叶花楸（中国植物志）图86

Sorbus scalaris Koehne（1913）

灌木或小乔木，高达7米。二年生小枝黑灰色，近无毛，有皮孔。奇数羽状复叶，具
（17）21—29小叶；叶柄长1—2.5厘米；小叶长圆形或近宽线形，长2—4厘米，宽6—14毫
米，先端圆钝或急尖，基部圆形或偏斜，边缘近先端有2—8细锐锯齿，其余全缘，上面暗
灰绿色，光滑，下面浅绿，具有灰白色绒毛和小乳突；叶轴带紫色，上面具沟，下面有灰
白色绒毛。伞房花序，多花而稠密，直径5—11厘米；花序梗和花梗均被灰白色绒毛；花梗
长2—4毫米；花白色；萼片三角形，先端圆钝，内外均无毛，花瓣卵形或近圆形，长约3毫
米，先端圆钝，无毛；雄蕊20，与花瓣近等长；花柱3—4，略短于雄蕊，基部密被柔毛。
果卵状圆形，直径5—6毫米，红色，顶端具宿存闭合萼片。花期5月，果期8—9月。

产大关，生于海拔2000米的杂木林中。云南新记录。原产四川西部瓦山，海拔1600—2600米。

3.球穗花楸（中国植物志）图85

Sorbus glomerulata Koehne（1913）

灌木或小乔木，高达7米。小枝暗灰色，有皮孔，无毛。奇数羽状复叶，具21—29（37）
小叶；叶柄长1.5—2.5厘米；小叶长圆形或卵状长圆形，长1.5—2.5厘米，宽不及1厘米，先端

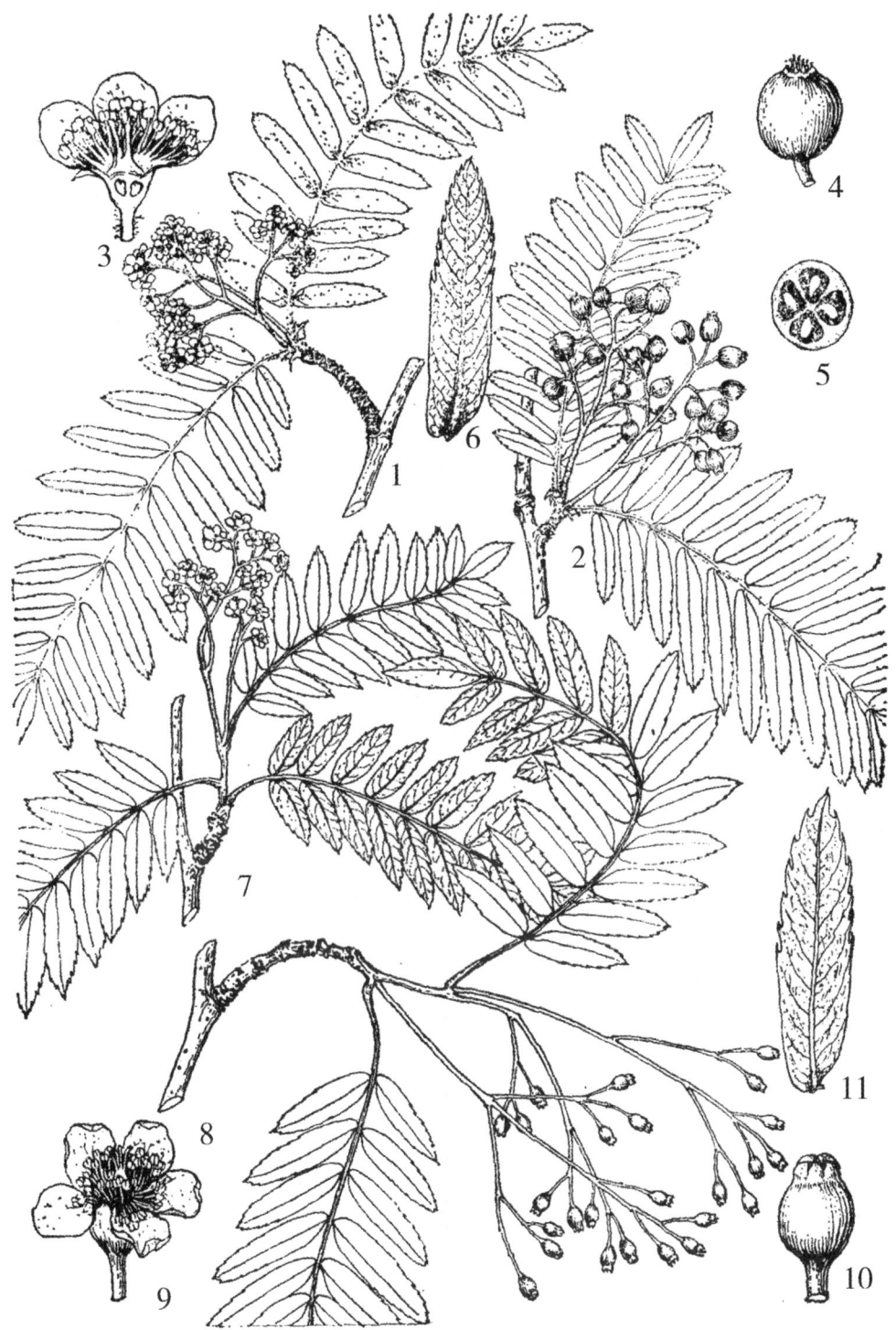

图85 蕨叶花楸和球穗花楸

1—6.蕨叶花楸 *Sorbus pteridophylla* Hand.-Mazz.

1.花枝 2.果枝 3.花纵剖 4.果实 5.果横剖 6.小叶下面部分放大（示毛被）

7—11.球穗花楸 *Sorbus glomerulata* Koehne

7.花枝 8.果枝 9.花（放大） 10.果实（放大） 11.小叶下面部分放大（示中脉被毛）

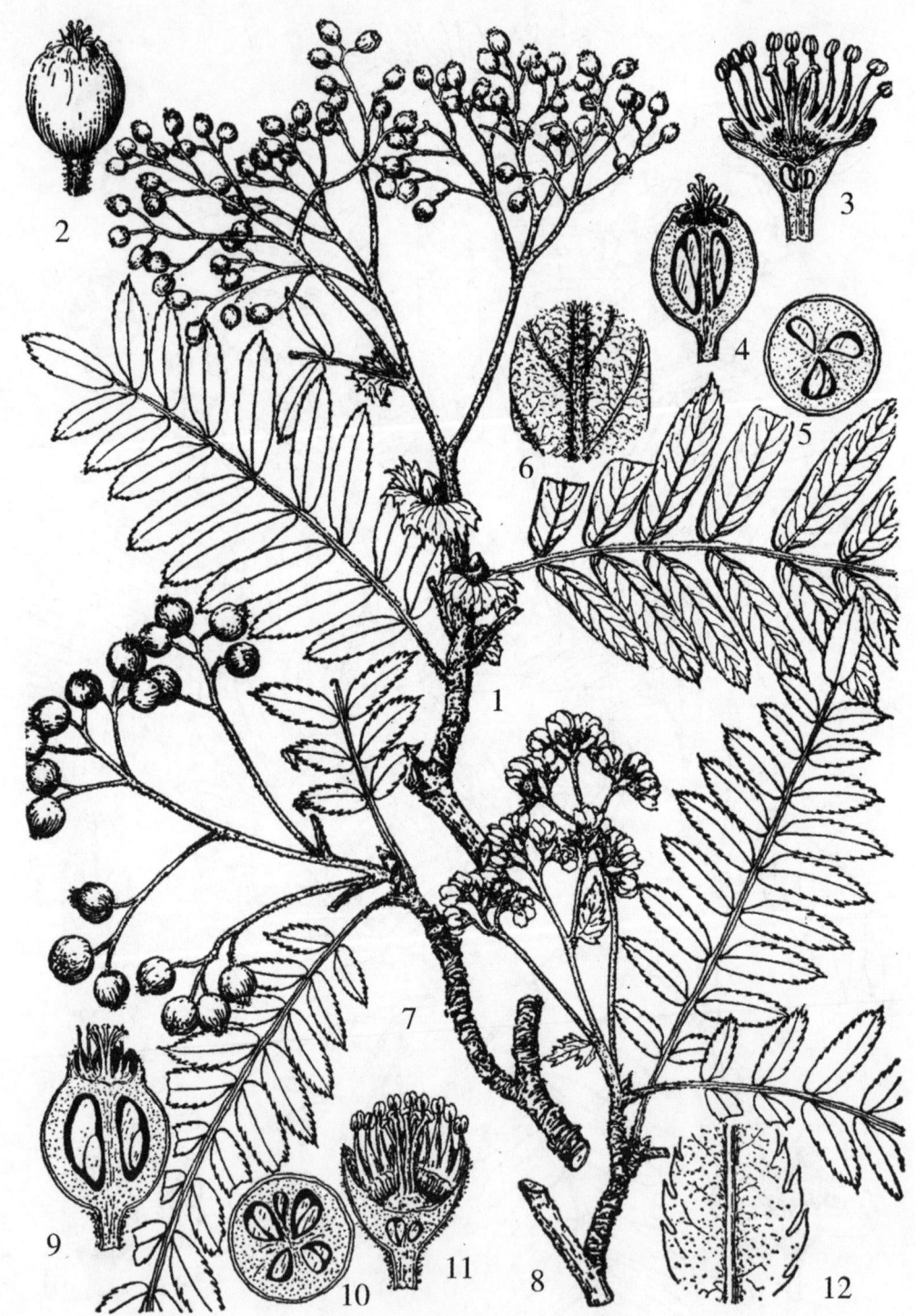

图86 梯叶花楸和川滇花楸

1—6.梯叶花楸 Sorbus scalaris Koehne.

1.果枝 2.果（放大） 3.花纵剖 4.果纵剖 5.果横剖 6.叶下面部分放大（示毛被）

7—12.川滇花楸 Sorbus vilmorinii Schneid.

7.果枝 8.花枝 9.果纵剖 10.果横剖 11.花纵剖 12.叶下面部分放大（示毛被）

急尖或稍钝，基部偏斜，边缘中部以上有5—8细锐锯齿，上面暗绿色，无毛，下面色浅，仅在中脉基部具柔毛；叶轴具窄翅。花序伞房状，多花而稠密；花序梗及花梗近无毛；花梗长2—3毫米；花白色；萼片三角状卵形，外面无毛，内面近先端微具柔毛，花瓣卵形，长达3.5毫米，宽2—3毫米，先端圆钝，无毛；雄蕊20，短于花瓣，花柱5，与雄蕊近等长，无毛。果卵形，直径6—8毫米，白色，顶端具宿存闭合萼片。花期5—6月，果期9—10月。

产云南东北部，海拔1900—2700米。湖北、四川有分布。

4.西南花楸（中国植物志）图87

Sorbus rehderiana Koehne（1913）

灌木或小乔木，高达8米。小枝粗壮，暗灰褐色或暗红褐色，光滑，具皮孔。奇数羽状复叶，具15—19小叶；叶柄长1—2.5厘米；小叶长圆形、长圆状披针形，长2.5—5厘米，宽1—1.5厘米，先端通常急尖或圆钝，基部偏斜，圆形或宽楔形，边缘上部2/3有10—20内弯尖锐锯齿，初时两面被毛，后渐脱落，仅在下面沿中脉残留少许柔毛。花序伞房状，多花而密集；花序梗和花梗被稀疏锈褐色柔毛，果成熟时脱落近无毛；花梗极短，长1—2毫米；花白色；萼片三角形，外面无毛，内面微被锈褐色柔毛；花瓣宽卵形或椭圆状卵形，长达5毫米，宽达3.5毫米，先端圆钝，无毛；雄蕊20，稍短于花瓣；花柱5或4，与雄蕊近等长，基部微具柔毛。果卵形，直径6—8毫米，粉红色至深红色，顶端有宿存闭合萼片。花期5—6月，果期8—9月。

产禄劝、镇康、泸水、维西、丽江、香格里拉、德钦，生于海拔3000—3750米的山坡杂木林中。四川、西藏有分布。

5.川滇花楸（经济植物手册）图86

Sorbus vilmorinii Schneid.（1906）

小乔木或灌木，高达6米。当年枝细弱，密被锈褐色柔毛，二年枝暗黑灰色，微被柔毛，有皮孔。奇数羽状复叶，有19—27小叶；叶柄长1.2—2厘米；小叶长圆形或长椭圆形，长1.5—2.5厘米，宽不及1厘米，先端渐尖，基部楔形或近圆形，边缘有4—8细锐锯齿，上面无毛，下面沿中脉有锈褐色短柔毛，叶轴微具窄翅。花序复伞房状，较小；花序梗和花梗密被锈色短柔毛；花梗长达3毫米；花白色；萼片三角状卵形，内外均被锈褐色短柔毛；花瓣卵形或近圆形，先端圆钝，内面微被柔毛；雄蕊20，长为花瓣之半；花柱5，略长于雄蕊或近等长，无毛。果球形，直径约8毫米，淡红色，顶端具宿存闭合萼片。花期6—7月，果期8—9月。

产禄劝、大理、泸水、维西、丽江、香格里拉、德钦、贡山，生于海拔2800—4400米的杂木林中。四川西南部有分布。

6.维西花楸（中国植物志）图87

Sorbus monbeigii（Gard.）Yu（1974）

Pirus monbeigii Gard.（1918）

乔木，高达10米。枝条灰褐色，无毛，具细小皮孔。奇数羽状复叶，有13—17（21）小叶；叶柄长2—3.5厘米；小叶长圆形或椭圆状长圆形，长2—4厘米，宽1—1.2厘米，先端

图87 西南花楸和维西花楸

1—7.西南花楸 *Sorbus rehderiana* Koehne

1.花枝 2.果枝 3.花（放大） 4.花纵剖 5.果（放大） 6.果横剖

7.小叶下面部分放大（示毛被）

8—13.维西花楸 *Sorbus tnonbeigii*（Gard.）Yü

8.花枝 9.花纵剖 10.花瓣 11.苞片 12.果实 13.小叶下面部分放大（示毛被）

通常圆钝，基部宽楔形，偏斜，边缘具15—20锯齿，上面暗绿色，下面浅绿色，沿中脉有柔毛；叶轴具窄翅，有柔毛。复伞形花序，多花而密集；总花序梗和花梗被柔毛；花梗长2—4毫米；花白色，直径8—10毫米；萼片三角形，内外均被柔毛；花瓣近圆形，基部具爪，内面微被柔毛或无毛；雄蕊近20，短于花瓣；花柱4，与雄蕊等长，无毛。果卵形，直径6—8毫米，橘红色，顶端有宿存闭合萼片。花期5—6月，果期7—8月。

产泸水、维西，生于海拔2900—3500米的山坡杂木林中。模式标本采自维西茨柯。

7.西康花楸（中国植物志）图88

Sorbus prattii Koehne（1913）

小乔木，高达6米；小枝暗灰色，具稀疏不显著皮孔。奇数羽状复叶，有19—27（35）枚小叶；叶柄长1—2厘米；小叶长圆形，偶有长圆状卵形，长1.5—2.5厘米，宽不及1厘米，先端圆钝或急尖，基部圆形，偏斜，边缘仅上部有5—10尖锐锯齿；叶轴有窄翅，微被柔毛。花序为复伞房状，大多生于侧生短枝上，松散；花序梗及花梗被白色或黄色柔毛，果时脱落变无毛；花梗长2—3毫米；花白色；萼片三角形，外面无毛，内面微具柔毛；花瓣宽卵形，长约5毫米，宽约4毫米，先端圆形，无毛；雄蕊20，短于花瓣；花柱5或4，与雄蕊等长，基部微具柔毛或无毛。果球形，直径7—8毫米，白色，顶端宿存闭合萼片。花期5—6月，果期8—9月。

产永善、剑川、维西、香格里拉、德钦、贡山，生于海拔2400—3700米的高山杂木林中。四川西部、西藏东南部有分布。

8.红毛花楸（中国植物志）图88

Sorbus rufopilosa Schneid.（1906）

小乔木或灌木，高达5米。小枝细弱，暗灰色，具稀疏不显著皮孔，幼枝被锈红色柔毛，老时脱落无毛。奇数羽状复叶，有17—29（35）小叶；叶柄长约1厘米；小叶椭圆形或长椭圆形，长10—20毫米，宽5—7毫米，先端急尖，基部宽楔形或近圆形，边缘在中部以上具6—10细锐锯齿，上面初时被稀疏柔毛，下面沿中脉密被锈红色柔毛，老时脱落；叶轴具窄翅。花序为伞房状或复伞房状，通常具花3—8；花序梗及花梗均被红色柔毛；花梗长3—5毫米；花粉红色；萼片三角形，外面无毛，内面微被锈红色柔毛；花瓣宽卵形，长4—5毫米，宽3—4毫米，无毛；雄蕊20，比花瓣短；花柱3—4（5），与雄蕊近等长，基部微被疏毛。果卵状圆形，直径8—10毫米，红色，顶端具宿存直立萼片。花期5—6月，果期8—9月。

产大理、鹤庆、禄劝、维西、剑川、丽江、德钦、贡山，生于海拔2800—3700米的山地林中或沟谷旁边。四川、贵州、西藏有分布。

9.巨叶花楸（中国植物志）图89

Sorbus harrowiana（Balf. f. et W. W. Smith.）Rehd.（1920）

Pyrus harrowiana Balf. f. et W. W. Smith.（1917）

乔木，高达15米。小枝粗壮，红褐色，幼枝被锈褐色绒毛，逐渐脱落，具少数大形皮孔。奇数羽状复叶，长20—30厘米，具7—9（13）小叶；小叶长圆形或长圆状披针形，长

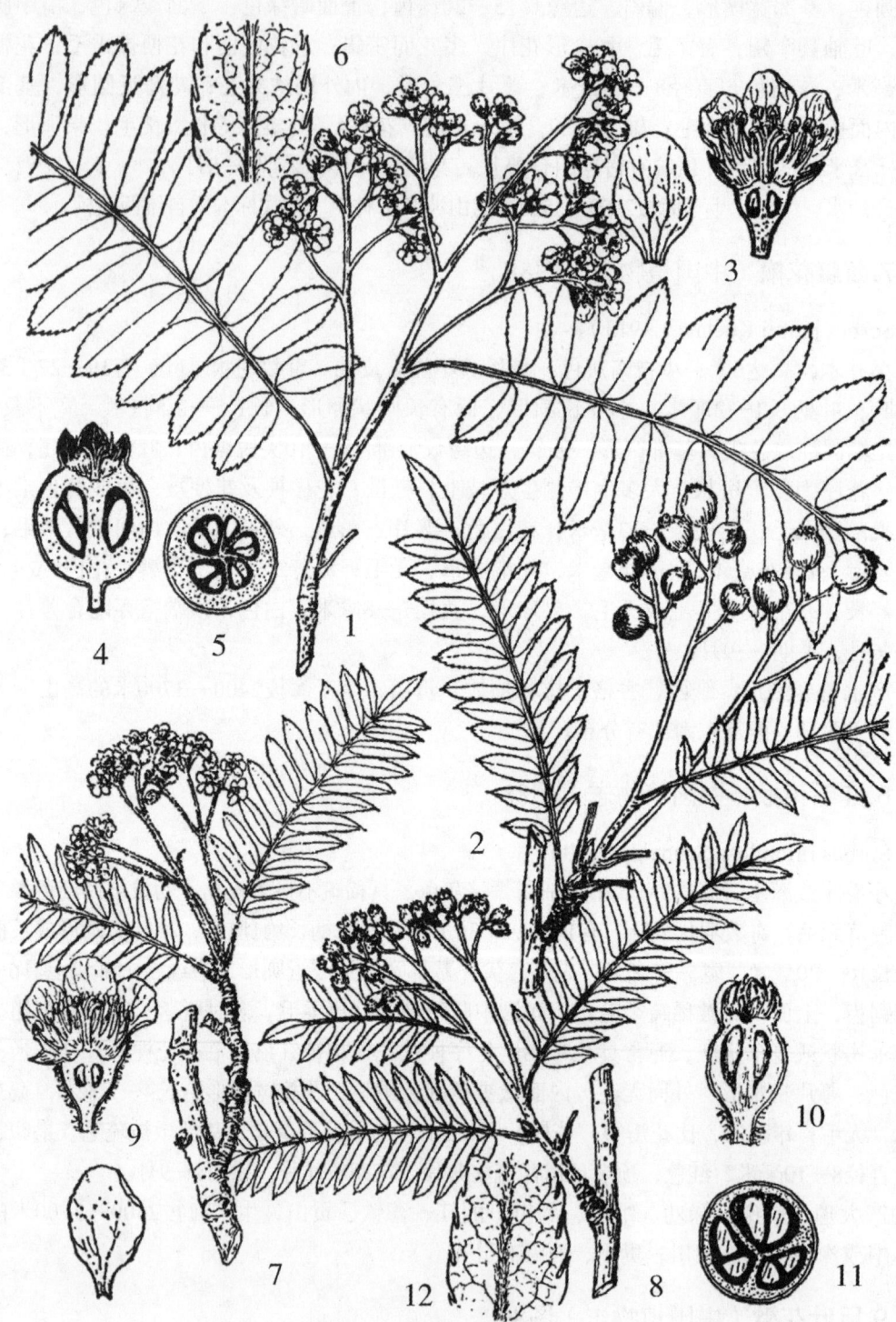

图88　西康花楸和红毛花楸

1—6.西康花楸 *Sorbus prattii* Koehne

1.花枝　2.果枝　3.花纵剖及花瓣　4.果纵剖　5.果实横剖　6.小叶下面部分放大（示毛被）

7—12.红毛花楸 *Sorbus rufopilosa* Schneid.

7.花枝　8.果枝　9.花纵剖及花瓣　10.果纵剖　11.果横剖　12.小叶下面部分放大（示毛被）

10—15（20）厘米，宽2.5—4（5）厘米，先端圆形，基部圆形或偏心形，边缘具圆钝锯齿，上面深绿色，下面苍白色，两面无毛。花序复伞房状，多花而密集；花序梗与花梗有毛；萼片三角形；雄蕊20；花柱2—3，与雄蕊近等长。果卵形，直径约5毫米，顶端具宿存直立萼片；果梗长2—5毫米。花期5—6月，果期9—10月。

产维西、泸水、德钦、贡山，生于海拔2800—3300米的沟边阔叶林中。西藏东部有分布。

10.少齿花楸（中国植物志）图89

Sorbus oligodonta（Card.）Hand.-Mazz.（1932）

Pyrus oligodonta Card.（1918）

乔木，高达15米。小枝细弱，红褐色，具稀疏皮孔。奇数羽状复叶，有11—17小叶；叶柄长2.5—3.5厘米；小叶椭圆形或长圆状椭圆形，长3—6厘米，宽1—2厘米，先端圆钝或有短尖头，基部楔形至圆形，边缘仅顶端有少数锯齿，其余大部全缘，两面无毛，或仅在下面中脉基部有少数柔毛。花序为复伞房状，多花而稠密；花梗极短，长约2毫米；花黄白色，直径6—7毫米；萼片宽卵形，外面无毛，内面近顶端有柔毛；花瓣卵形，长约4毫米，宽约3毫米，先端圆钝；雄蕊20，比花瓣短；花柱4—5，基部有柔毛，短于雄蕊。果卵形，直径6—8毫米，成熟时白色而有红晕；顶端有宿存闭合萼片。花期5—6月，果期8—9月。

产鹤庆、兰坪、维西、丽江、香格里拉、德钦、贡山，生于海拔2300—3200米的山坡、沟边杂木林内。四川西部、西藏东南部有分布。

11.华西花楸（中国植物志）图90

Sorbus wilsoniana Schneid.（1906）

乔木，高达10米。小枝粗壮，暗灰色，无毛，有皮孔。奇数羽状复叶，长20—52厘米，具13—15小叶；叶柄长5—6厘米；小叶长圆形或长圆状披针形，长5—8厘米，宽1.8—2.5厘米，先端急尖或渐尖，基部宽楔形或圆形，边缘具8—20细锯齿，两面无毛，或仅下面沿中脉有短柔毛。花序复伞房状，多花而稠密，花序梗和花梗均被短柔毛；花梗长2—4毫米；花白色，直径6—7毫米；萼片三角形，先端微钝，外面通常被毛，内面无毛；花瓣卵形，长、宽约3毫米，先端圆形，内面无毛或微有柔毛；雄蕊20，短于花瓣；花柱3—5，较雄蕊短，基部有柔毛。果卵形，直径5—8毫米，橘红色，顶端具宿存闭合萼片。花期5—6月，果期9—10月。

产昭通、镇雄、大关、丽江，生于海拔2000—3400米的山坡阔叶林中。湖南、湖北、四川、贵州、广西均有分布。

本种枝叶繁茂，秋季变红，大形橘红色果穗经久不落，甚为美观，可作庭园观赏树种。

12.晚绣花楸（中国植物志） 晚绣球（中国树木分类学）、余坚花楸（经济植物手册）图90

Sorbus sargentiana Koehne（1913）

乔木，高达10米。小枝粗壮，暗灰色，具多数皮孔，初时被毛，老时脱落。奇数羽状复叶，长18—28厘米，有7—11小叶；叶柄长达6厘米；小叶椭圆状披针形，长7—13厘

图89 巨叶花楸和少齿花楸

1—3.巨叶花楸 *Sorbus harrowiana*（Balf. f. et W. W. Smith）Rehd.

1.花枝　2.花纵剖　3.果实

4—6.少齿花楸 *Sorbs oligodonta*（Card.）Hand.-Mazz.

4.果枝　5.果（放大）　6.花纵剖

图90 华西花楸和晚绣花楸

1—4.华西花楸 *Sorbus wilsoniana* Schneid.

1.花枝 2.花纵剖 3.果纵剖 4.果横剖

5—11.晚绣花楸 *Sorbus sargentiana* Koehne.

5.果枝 6.果（放大） 7.果纵剖 8.果横剖 9.花（放大） 10.花纵剖 11.雄蕊（放大）

米，宽2—4.2厘米，先端渐尖，基部圆形或偏心形，边缘有28—52尖锐锯齿，上面被疏柔疏毛，逐渐脱落，下面幼时密被绒毛，老时仅沿中脉和侧脉有少数绒毛；叶轴具灰白色绒毛。花序为复伞房状，多花而密集；花序梗和花梗被灰白色绒毛，老时近无毛；花梗长1—3毫米；花白色；萼片三角形，外面被毛，内面无毛；花瓣宽卵形，长2.5—3.5毫米，先端圆形，无毛；雄蕊20，略短于花瓣；花柱3—4（5），较雄蕊短，基部有灰白色绒毛。果球形，直径5—6毫米，红色，顶端具宿存闭合萼片。花期5—7月，果期8—9月。

产彝良、大关，生于海拔1850—2000米的杂木林中。四川西南部有分布。

13.大果花楸（经济植物手册）图91

Sorbus megalocarpa Rehd.（1915）

灌木或乔木，高达8米，有时附生在其他乔木上。小枝粗壮，黑褐色，具明显皮孔。叶椭圆状卵形或倒卵状长椭圆形，长10—18厘米，宽5—8厘米，先端渐尖，基部楔形或近圆形，边缘有浅裂片或圆钝细锯齿，两面无毛，有时在下面脉腋间有少量柔毛；叶柄长1—1.8厘米，无毛。复伞房花序，多花；花序梗和花梗被短柔毛；花梗长5—8毫米；花白色，直径5—8毫米；萼片宽三角形，先端急尖，外面被短柔毛，内面无毛；花瓣宽卵形至近圆形，长约3毫米，先端圆形；雄蕊20，与花瓣近等长；花柱3—4，基部合生，与雄蕊等长，无毛，果卵状圆形或扁圆形，直径1—1.5厘米，暗褐色，密被绣色斑点，3—4室，顶端残存有短筒状萼片。花期4—5月，果期7—8月。

产镇雄、大关，生于海拔1600—2100米的山谷、岩石坡地。湖北、湖南、四川、贵州、广西有分布。

14.锐齿花楸（中国植物志）图91

Sorbus arguta Yü（1963）

小乔木，高达5米。小枝黑灰色，具有少数不显著皮孔。叶长圆状卵形或卵状披针形，长6—10厘米，宽2.5—4厘米，先端渐尖，基部宽楔形至近圆形，边缘具尖锐重锯齿或有浅裂片，上面无毛，下面仅在脉腋间有少数绒毛；叶柄长约1厘米，无毛。果序为复伞房状；果序梗及果梗被稀疏柔毛；果近球形，直径1—1.2厘米，红褐色，有多数细小斑点，4室；果梗长7—8毫米。

产彝良、大关，生于海拔1600—1700米的杂木林中。四川有分布。

15.康藏花楸（中国植物志）图92

Sorbus thibetica（Card.）Hand.-Mazz.（1933）

Pyrus thibetica Card.（1918）

乔木，高达7米。小枝粗壮，有少数皮孔。叶椭圆状卵形、椭圆倒卵形或椭圆形，长9—15厘米，宽4—8厘米，先端急尖或短渐尖，基部楔形，边缘有不整齐的浅重锯齿，上面深绿色，无毛，下面被灰白色绒毛；叶柄扁而宽，长3—10毫米，被灰白色绒毛。花序为复伞房状，有花20—30；花序梗与花梗均被灰白色绒毛；花梗长不及1厘米；花白色，直径达1厘米；萼片三角状披针形，先端长渐尖，外面近无毛，内面顶端微具柔毛；花瓣匙形或长

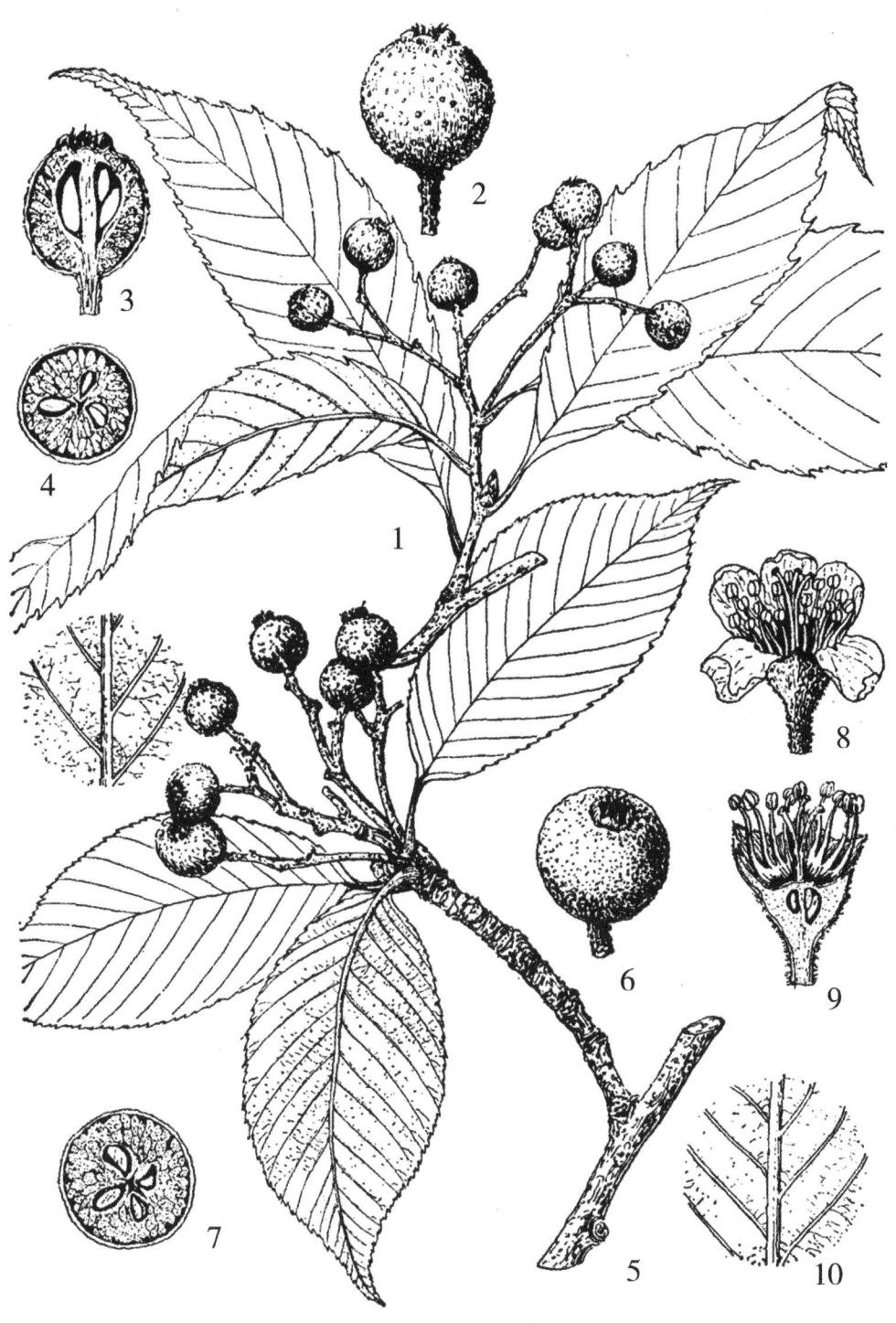

图91 锐齿花楸和大果花楸

1—4.锐齿花楸 *Sorbus arguta* Yü

1.果枝 2.果（放大） 3.果纵剖 4.果横剖

5—10.大果花楸 *Sorbus megalocarpa* Rehd.

5.果枝 6.果（放大） 7.果横剖 8.花（放大） 9.花纵剖 10.叶下面部分放大（示毛被）

倒卵形，长约6毫米，宽4毫米，先端圆形，内面顶端具灰白色绒毛；雄蕊15—20，略短于花瓣；花柱2，基部合生，无毛。果卵形，直径7—10毫米，深红色，有少数斑点，2室，顶端具宿存萼片。花期6—7月，果期9—10月。

产漾濞、维西、泸水、丽江、香格里拉、德钦、贡山，生于海拔2800—3400米的杂木林中。西藏东南部有分布。

16.灰叶花楸（中国植物志）图92

Sorbus pallescens Rehd.（1915）

乔木，高达7米。小枝紫褐色，老枝暗灰褐色，具有稀疏显著皮孔。叶椭圆形、卵形或椭圆状倒卵形，长6—10厘米，宽3—5厘米，先端急尖或短渐尖，基部楔形至圆形，边缘有不整齐的重据齿，幼叶两面被绒毛，老叶下面被灰白色绒毛；叶柄长5—12毫米，具稀疏绒毛或近无毛。花序为复伞房状，有花10—25，长1.5—2.5厘米；花序梗和花梗被黄白色绒毛；花梗长3—4毫米；花白色，直径达9毫米；萼片三角形，先端急尖，内外顶部有少数绒毛；花瓣倒卵形，长约4毫米，宽约3毫米，先端圆形或微缺，内面有黄色绒毛；雄蕊20，通常短于花瓣；花柱2—3，基部合生并有黄白色绒毛，通常略短于雄蕊。果近球形，直径6—8毫米，白色微带红晕，通常不具斑点或具极少斑点，2—3室，顶端具短筒状宿存萼片。花期5—6月，果期8—9月。

产兰坪、泸水、香格里拉，生于海拔2000—2600米的阔叶林中。

17.冠萼花楸（中国植物志）图93

Sorbus coronata（Card.）Yü et Tsai（1935）
Pyrus coronata Card.（1918）

乔木，高达20米。小枝紫褐色，无毛，具显著皮孔，幼枝密被绒毛，后渐脱落。叶长圆状椭圆形、长圆状卵形或卵状披针形，长8—13厘米，宽4—6厘米，先端渐尖，基部宽楔形至圆形，边缘具有不整齐的细锯齿或重锯齿，上面深绿色，无毛，下面密被灰白色绒毛，叶柄长1—2厘米，具疏毛或近无毛。花序为复伞房状，长3—4厘米，有花20—30；花序梗和花梗均密被灰白色绒毛；花梗长3—5毫米；花白色；萼片卵状三角形，外面被稀疏灰白色绒毛，内面无毛；花瓣倒卵形或近圆形，长3—4毫米，内面具绒毛；雄蕊20，与花瓣近等长；花柱2—3，短于雄蕊。果近球形，直径8—10毫米，红色，具斑点，2—3室，顶端宿存短筒萼片。花期4—5月，果期8—9月。

产禄劝、会泽、昭通、镇雄、大关、宾川、双柏、剑川、维西、鹤庆、丽江、香格里拉、德钦、贡山、麻栗坡，生于海拔1300—3100米的杂木林中。

18.美脉花楸（经济植物手册）　川花楸（中国森林植物志）图93

Sorbus caloneura（Stapf.）Rehd.（1915）
Micromeles caloneura Stapf.（1910）

乔木或灌木，高达10余米。小枝暗红褐色，无毛，具少数不明显皮孔。叶长椭圆形、长椭圆状卵形至长椭圆状倒卵形，长7—12厘米，宽3—5.5厘米，先端渐尖，基部宽楔形

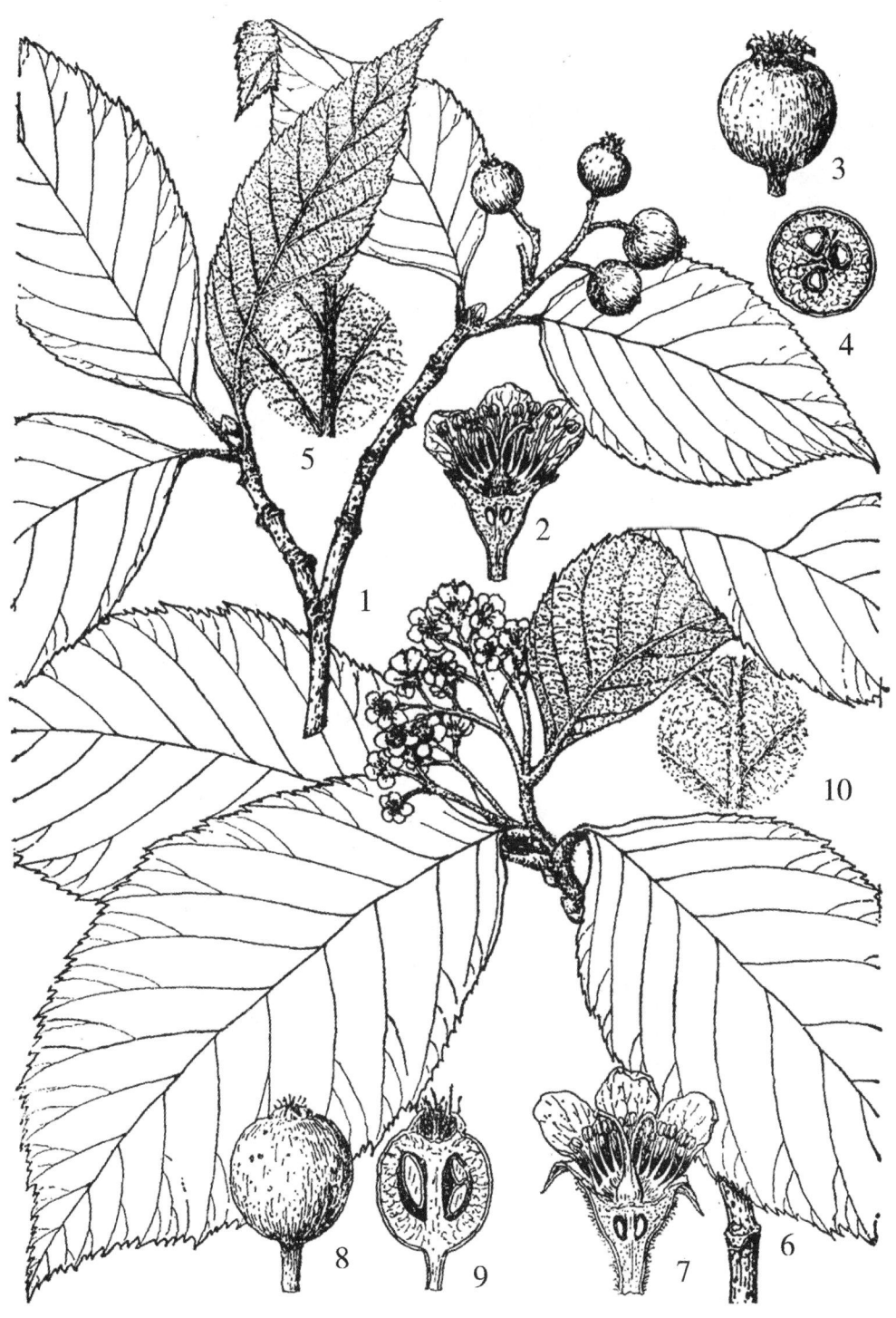

图92 灰叶花楸和康藏花楸

1—5.灰叶花楸 *Sorbus pallescens* Rehd.

1.果枝 2.花纵剖 3.果（放大） 4.果横剖 5.叶下面部分放大（示毛被）

6—10.康藏花楸 *Sorbus thibetica*（Card.）Hand.-Mazz.

6.花枝 7.花纵剖 8.果（放大） 9.果纵剖 10.叶下面部分放大（示毛被）

图93 美脉花楸和冠萼花楸

1—5.美脉花楸 *Sorbus caloneura* Rehd.

1.花枝 2.花纵剖 3.果枝 4.果（放大） 5.果横剖

6—11.冠萼花楸 *Sorbus coronata* Yü et Tsai.

6.花枝 7.花纵剖 8.果枝 9.果（放大） 10.果横剖 11.叶下面部分放大（示毛被）

至圆形，边缘有圆钝锯齿，上面无毛，下面沿脉有稀疏柔毛；叶柄长1—2厘米，无毛。复伞房花序，多花；花序梗及花梗被稀疏黄色柔毛；花梗长5—8毫米；花白色，直径6—10毫米；萼片三角状卵形，外面被稀疏柔毛，内面无毛；花瓣宽卵形，长3—4毫米，先端圆形；雄蕊20，略短于花瓣；花柱4—5，短于雄蕊。果球形，稀倒卵形，长1—1.4厘米，褐色，具显著斑点，4—5室，顶端有萼片脱落后的圆斑。花期4月，果期8—10月。

产广南、西畴、麻栗坡，生于海拔1300—1600米的杂木林中。

19.鼠李叶花楸（中国植物志）图94

Sorbus rhamnoides（Dene）Rehd.（1915）

Micromeles rhamnoides Dene（1874）

乔木，高达12米。小枝暗灰色或灰褐色，具多数显著皮孔，幼枝被白色绒毛，老时无毛。叶卵状椭圆形、长圆状椭圆形，长10—17厘米，宽5—8厘米，先端渐尖，基部楔形或近圆形，边缘有尖锐单锯齿，幼叶被白色绒毛，老叶两面无毛或仅在下面沿脉残留少数绒毛；叶柄长1—2厘米；圆锥状复伞房花序，花多数；花序梗及花梗被白色绒毛，果时脱落变无毛；花白色，直径约8毫米；萼片三角形；花瓣宽长圆形，无毛；雄蕊20，花柱2—3，无毛。果球形或卵形，直径6—8毫米，绿色，通常无斑点，偶有少数细小斑点，2—3室，顶端残留有萼片脱落后的圆斑；果梗长3—8毫米。花期5—6月，果期7—9月。

产嵩明、鹤庆、镇康、凤庆、贡山，生于海拔1400—2600米的潮湿阔叶林中。贵州有分布；印度也有。

20.泡吹叶花楸（中国植物志）图94

Sorbus meliosmifolia Rehd.（1915）

乔木，高达10余米。小枝黑褐色或暗红褐色，无毛，幼枝被短柔毛，后渐脱落。叶长椭圆状卵形至长椭圆状倒卵形，长9—13厘米，宽3—6厘米，先端渐尖或急尖，基部楔形，边缘有重锯齿，上面无毛，下面在脉腋间具绒毛；叶柄长5—8毫米，无毛或微有柔毛。花序为复伞房状，多花；花序梗和花梗有黄色短柔毛，果期脱落无毛；花梗长6—12毫米；花白色，直径达1厘米；萼片三角状卵形，两面被毛；花瓣卵形，长3—4毫米，先端圆形；雄蕊20，与花瓣近等长；花柱3（4），无毛，与雄蕊等长。果近球形或卵形，直径1—1.4厘米，褐色，具多数锈色斑点，顶端残留有萼片脱落后圆斑。花期4—5月，果期8—9月。

产镇雄，生于海拔2000米的杂木林中。

21.疣果花楸（中国植物志）图95

Sorbus granulosa（Bertol.）Rehd.（1915）

Pyrus granulosa Bertol.（1864）

乔木，高达18米。小枝具显著皮孔，幼枝被锈色绒毛，后渐脱落无毛。叶卵形或椭圆状卵形，长9—13厘米，宽4.5—6厘米，先端渐尖，基部圆形，边缘有浅钝锯齿，幼叶两面被锈褐色柔毛，老时脱落变无毛。花序为复伞房状，多花；花序梗和花梗被毛，老时无毛；花梗长3—4毫米；花白色，直径6—7毫米；萼片三角状卵形，先端急尖；花瓣卵形，

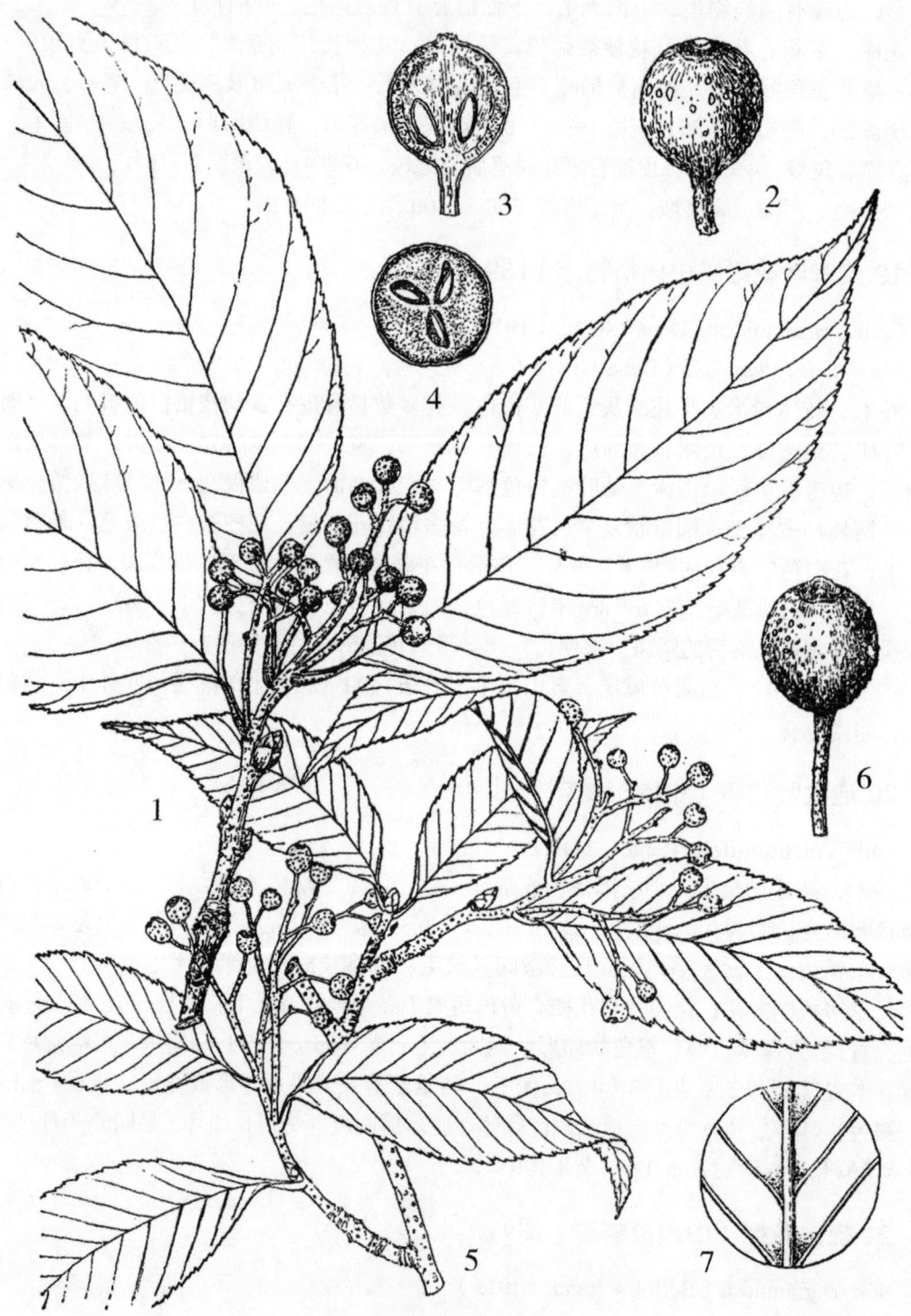

图94 鼠李叶花楸和泡吹叶花楸

1—4.鼠李叶花楸 *Sorbus rhamnoides* Rehd.

1.果枝 2.果（放大） 3.果纵剖 4.果横剖

5—7.泡吹叶花楸 *Sorbus meliosmifolia* Rehd.

5.果枝 6.果（放大） 7.叶下面部分放大（示毛被）

长约3毫米，宽2—3毫米，先端圆形，内面微具柔毛；雄蕊20，与花瓣等长或略短；花柱3—4，毛无，略短于雄蕊。果球形或卵形，直径约1.5厘米，红褐色，外被锈色疣点，3—4室，顶端有萼片脱落后的圆穴。花期1—2月，果期8—9月。

产维西、耿马、屏边、西畴，生于海拔1400—2550米的湿润混交林中。分布于贵州、广东、广西；印度、缅甸、泰国、越南、老挝、柬埔寨也有。

22.圆果花楸（中国植物志）图95

Sorbus globosa Yü et Tsai（1936）

乔木，高达7米。小枝黑褐色，无毛，具少数皮孔，幼枝通常具锈褐色柔毛。叶卵状披针形或椭圆状披针形，长8—10厘米，宽3—4.5厘米，先端渐尖，基部楔形，边缘上半部具稀疏尖锐锯齿，下半部近全缘，上面深绿色，无毛，下面沿中脉和侧脉有锈褐色短柔毛，后逐渐脱落；叶柄长1—1.5厘米，微具柔毛或无毛。花序为复伞房状，有花15—21；花序梗和花梗均被锈色柔毛；花梗长5—9毫米；花白色，直径7—8毫米；萼片卵状三角形，先端圆形，外面被稀疏褐色柔毛，内面无毛；花瓣卵形至倒卵形，长4—5毫米，宽3—3.5毫米；雄蕊20，长短不齐；花柱2—3，无毛，短于雄蕊。果球形，褐色，直径约1.2厘米，有斑点，2—3室，顶端残留有萼片脱落后的圆穴。花期4—5月，果期8—9月。

产芒市，生于海拔2100米的丛林中。贵州、广西有分布。模式标本采自芒市、勐嘎。

23.毛序花楸（中国植物志）　凯旋花（中国树木分类学）图96

Sorbus keissleri（Schneid.）Rehd.（1915）

Micromeles keissleri Schneid.（1906）

乔木，高达15米。小枝黑褐色，具显著皮孔，幼枝具白色绒毛，后渐脱落。叶倒卵形或长圆状倒卵形，长7—12厘米，宽4—6厘米，先端短渐尖，基部楔形，边缘具圆钝细锯齿，两面被绒毛，不久脱落，或仅在下面沿中脉残留有稀疏绒毛；叶柄长约5毫米，被毛，后脱落变无毛。花序为复伞房状，多花而密集；花序梗和花梗密被灰白色绒毛；花柄长2—5毫米；萼片三角状卵形，内外两面无毛；花瓣卵形或近圆形，长约3毫米，白色；雄蕊20，与花瓣等长；花柱2—3，无毛，略短于雄蕊。果卵形，直径约1厘米，具少数不明显的细小斑点，2—3室，顶端萼片脱落，残留一圆穴。花期5—6月，果期8—9月。

产彝良、镇雄、大关，生于海拔1850—2000米的山谷、山坡疏林中。湖北、湖南、江西、广西、四川、贵州、西藏有分布。

24.毛背花楸（中国植物志）图96

Sorbus aronioides Rehd.（1915）

灌木或乔木，高达12米。小枝紫黑紫色，有稀疏皮孔，无毛。叶椭圆形长圆状椭圆形或椭圆状倒卵形，长6—12厘米，宽2—6厘米，先端短渐尖，基部楔形，边缘有尖锐细锯齿，上面深绿色，无毛，在微陷的中脉具有稀疏腺点，下面沿中脉和侧脉具稀疏绒毛，老时逐渐脱落；叶柄长5—10毫米，无毛。复伞房花序，多花；花序梗与花梗均无毛；花梗长2—5毫米；花白色，直径7—8毫米；萼片卵状三角形，先端急尖，边缘有稀疏柔毛，内面

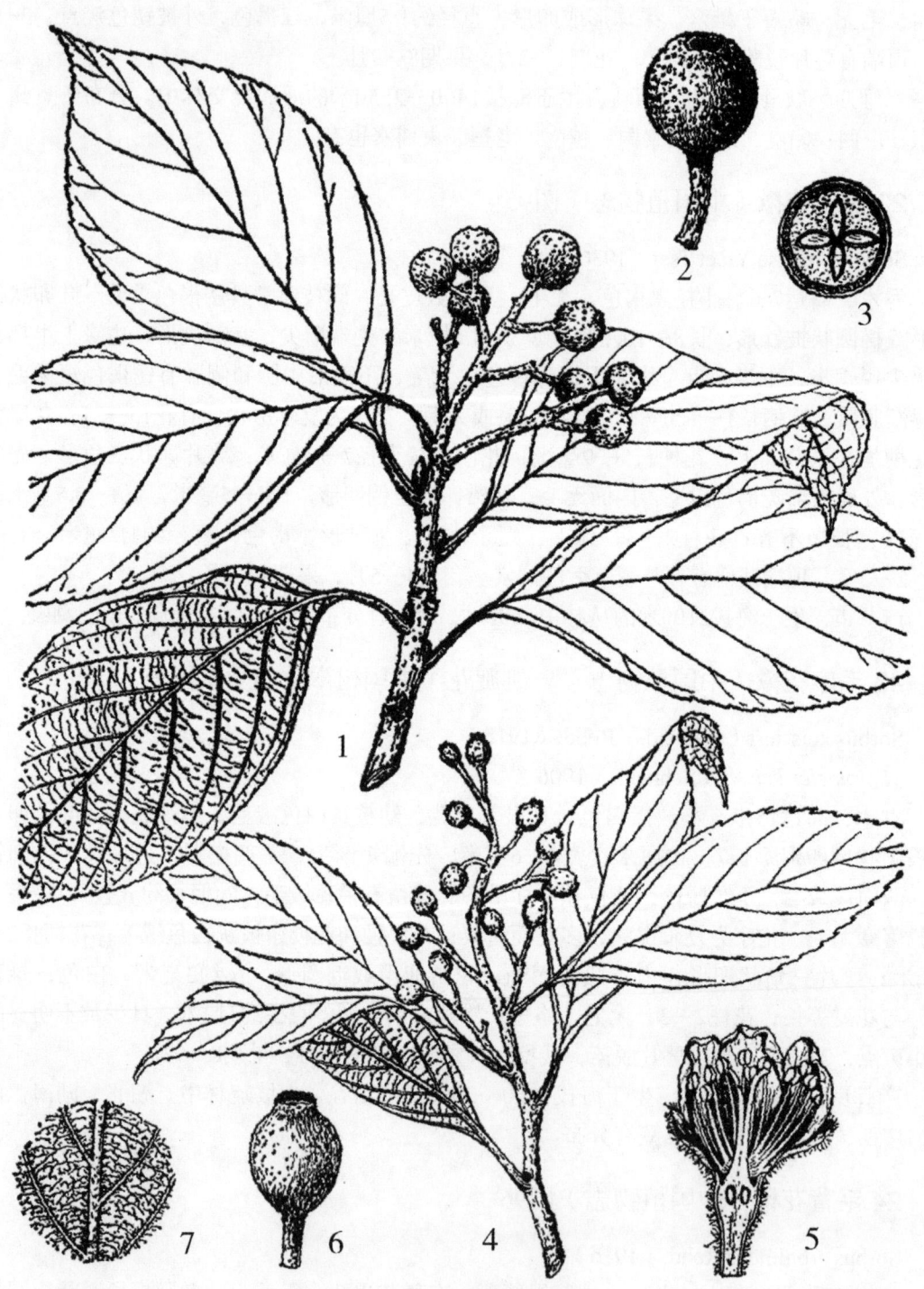

图95 疣果花楸和圆果花楸

1—3.疣果花楸 Sorbus granulosa（Bertol.）Rehd.

1.果枝 2.果（放大） 3.果横剖

4—7.圆果花楸 Sorbus globosa Yü et Tsai

4.果枝 5.花纵剖 6.果（放大） 7.叶下面部分放大（示毛被）

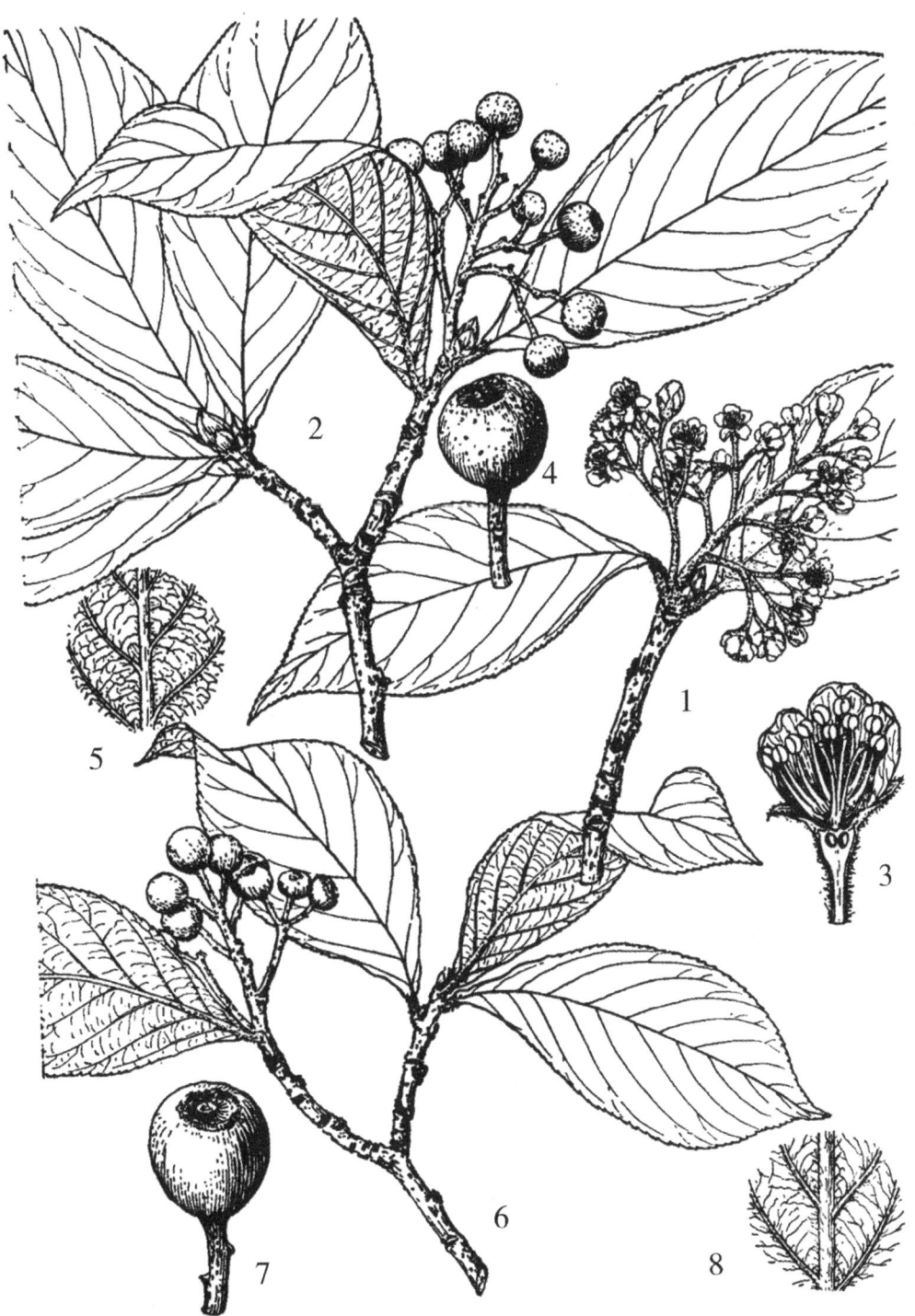

图96 毛序花楸和毛背花楸

1—5.毛序花楸 *Sorbus keissleri*（Schneid.）Rehd.

1.花枝 2.果枝 3.花纵剖 4.果（放大） 5.叶下面部分放大（示毛被）

6—8.毛背花楸 *Sorbus aronioides* Rehd.

6.果枝 7.果（放大） 8.叶下面部分放大（示毛被）

有柔毛；花瓣卵形，长达3.5毫米，宽达3毫米，先端圆钝；雄蕊20，与花瓣等长或略长；花柱2—3（4），无毛，短于雄蕊。果卵形，直径约1厘米，红色，表面光滑，2—3室，顶端残留有萼片脱落后的圆穴。花期5—6月，果期8—10月。

产昆明、大理，生于海拔1000—3600米的杂木林中。分布于广西、贵州、四川；缅甸北部也有。

25.锈色花楸（中国植物志）图97

Sorbus ferruginea（Wenzig.）Rehd.（1915）

Sorbus sikkimensis Wenzig var. *ferruginea* Wenzig.（1874）

乔木或灌木，高达10米。小枝灰褐色，具多数显著皮孔，幼枝被毛，后渐脱落。叶卵形、椭圆形或倒卵形，长5—8厘米，宽3—5厘米，先端短渐尖或急尖，基部楔形或圆形，边缘具细锐锯齿，幼叶两面密被锈色绒毛，老时脱落，仅在下面中脉及侧脉具锈色绒毛；叶柄长1—1.5厘米，近于无毛。复伞房花序，多花，花序梗及花梗有锈色绒毛；花梗长3—5毫米；花白色，直径7—8毫米；萼片三角状卵形，先端钝，内面有稀疏柔毛；雄蕊20，略长于花瓣；花柱3—4，无毛，短于雄蕊。果球形，直径5—8毫米，表面具极少斑点，顶端萼片脱落后留有圆痕。花期4—5月，果期9—10月。

产安宁、嵩明、沾益、禄劝、大关、维西、丽江，生于海拔1800—2800米的杂木林中。印度、不丹有分布。

26.附生花楸（中国植物志）图97

Sorbus epidendron Hand.-Mazz.（1923）

灌木或乔木，高达15米。小枝粗壮，黑褐色，具有少数不显著皮孔，幼枝密被锈色绒毛，老时脱落。叶长椭圆形、长椭圆状卵形或长椭圆状倒卵形，长7—12厘米，宽3.5—6厘米，先端短渐尖或急尖，基部楔形，边缘有细锐锯齿，上面被稀疏柔毛，下面被锈褐色绒毛。复伞房花序，多花；花序梗及花梗密被锈褐色绒毛；花梗长4—7毫米；花直径8—10毫米；萼片三角状卵形，先端急尖，两面被毛；花瓣卵形，长3—4毫米，先端圆钝，内面微具柔毛；雄蕊15—20，略短于花瓣或与花瓣近等长；花柱2—3，无毛，较雄蕊略短。果球形或卵形，直径5—8毫米，表面有许多细小斑点，顶端萼片脱落后残留有圆痕。花期5月。果期8—9月。

产文山、维西、泸水、丽江、香格里拉、德钦、贡山，生于海拔1800—3000米的山谷、河旁杂木林中，有时附生于其他大乔木上。越南北部及缅甸北部有分布。

27.褐毛花楸（中国植物志）图98

Sorbus ochracea（Hand.-Mazz.）Vidl（1965）

Eriobotrya ochracea Hand.-Mazz.（1933）

Sorbus rubiginosa Yü（1963）

乔木或灌木，高达15米。幼枝密被锈褐色绒毛，后渐脱落，二年生枝无毛，紫褐色；老枝黑褐色，有灰白色皮孔。叶卵形、椭圆状卵形，长9—14厘米，宽5—8厘米，先端短渐尖，基部宽楔形至圆形，边缘自基部1/3以上有圆钝浅锯齿，以下全缘，初时两面被锈褐

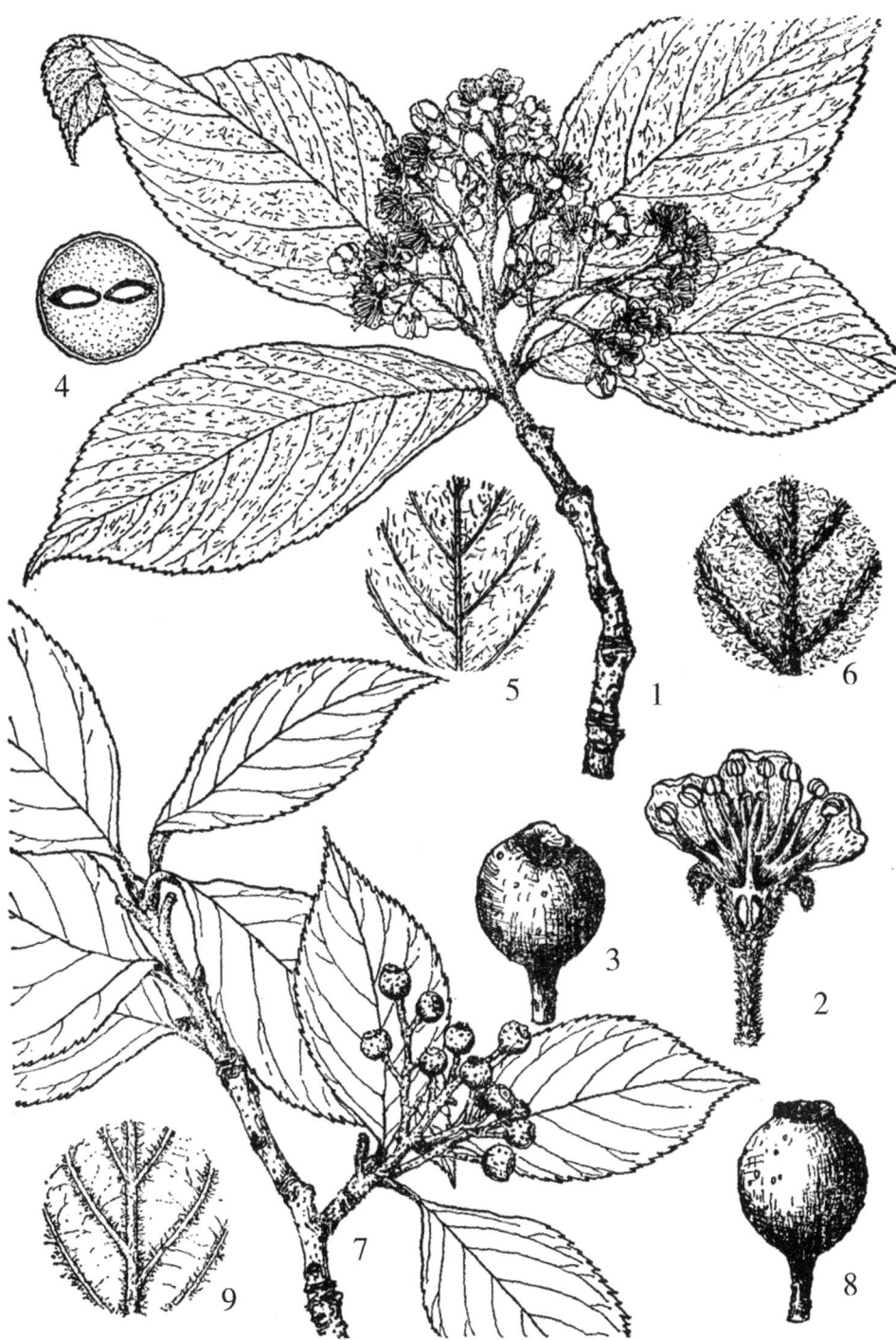

图97　附生花楸和锈色花楸

1—6.附生花楸 *Sorbus epidendron* Hand.-Mazz.

1.花枝　2.花纵剖　3.果（放大）　4.果横剖　5.叶上面部分放大（示毛被）

6.叶下面部分放大（示毛被）

7—9.锈色花楸 *Sorbus ferruginea*（Wenzig.）Rehd.

7.果枝　8.果（放大）　9.叶下面部分放大（示毛被）

色绒毛，后渐脱落，老时仅下面残存少许绒毛；叶柄长2—3厘米，被毛。复伞房花序，有花20—30；花序梗及花梗均密被锈色绒毛；花梗粗壮而短，长2—4毫米；花黄白色，直径达8毫米；萼片三角状卵形，先端急尖，外面被锈褐色绒毛，内面无毛；花瓣宽卵形或椭圆形，长3—4毫米，宽约3毫米，先端圆钝或微凹，内面有稀疏柔毛；雄蕊15—20，长短不齐；花柱3—4，无毛，略短于雄蕊。果近球形，直径约1厘米，表面具明显斑点，顶端残留有萼片脱落后的圆穴。花期3—4月，果期7—8月。

产楚雄、景东、景洪、临沧、蒙自、广南、漾濞、洱源、鹤庆、龙陵、镇康、香格里拉，生于海拔1300—2500米的杂木林中。

28.多变花楸（中国植物志）图98

Sorbus astateria（Card.）Hand.-Mazz.（1933）

Pyrus astateria Card.（1918）

小乔木，高达8米；小枝细弱，灰褐色，具皮孔，被稀疏锈褐色绒毛，后渐脱落。叶卵状披针形，长4—7厘米，宽2—4厘米，先端短渐尖或长渐尖，基部楔形至圆形，边缘自中部以上有细小锯齿，初时两面被毛，后逐渐脱落，老时仅下面沿中脉和侧脉残留少许绒毛；叶柄长5—7毫米，被锈褐色毛。花序为圆锥状复伞房花序，花多数；花序梗和花梗具锈色绒毛；花梗长4—7毫米；花白色，直径约1厘米；萼片三角形，先端急尖，外面有锈色绒毛；花瓣倒卵形或近圆形，长4—5毫米，宽2.5—3毫米，先端圆钝，内面有毛；雄蕊20，长短不齐；花柱3—4，无毛。果卵形，直径5—10毫米，表面无斑点，顶端萼片脱落留有一圆穴。花期3—5月，果期9—10月。

产丽江、贡山，生于海拔1500—2700米的密林中。

29.石灰花楸（中国植物志）图99

Sorbus folgneri（Schneid.）Rehd.（1915）

Micromeles folgneri Schneid.（1906）

乔木，高达10米。小枝黑褐色，有少数皮孔，幼枝被白色绒毛。叶卵形至椭圆状卵形，长5—8厘米，宽2—3.5厘米，先端急尖或短渐尖，基部宽楔形或圆形，边缘有锯齿或浅裂片，上面深绿色，无毛，下面密被白色绒毛；叶柄长5—15毫米，密被白色绒毛。复伞房花序具多花；花序梗及花梗均被白色绒毛；花梗长5—8毫米；花白色，直径7—10毫米；萼片三角状卵形，两面被毛；花瓣卵形，长3—4毫米，先端圆钝；雄蕊18—20，与花瓣等长或略长；花柱2—3，基部有毛，短于雄蕊。果椭圆形，直径6—7毫米，红色，光滑或有少许不明显斑点，2—3室，顶端萼片脱落后留有圆穴。花期4—5月，果期7—8月。

产昆明、禄劝、镇雄、剑川，生于海拔1900—2800米的山坡阔叶林中。陕西、甘肃、河南、湖北、湖南、安徽、江西、广东、广西、贵州、四川有分布。

30.江南花楸（中国植物志）图99

Sorbus hemsleyi（Schueid.）Rehd.（1915）

Micromeles hemsleyi Schneid.（1906）

图98 褐毛花楸和多变花楸

1—5.褐毛花楸 *Sorbus ochracea*（Hand.-Mazz.）Vidl.

1.果枝 2.花枝 3.花纵剖 4.果纵剖 5.果横剖

6—8.多变花楸 *Sorbus astateria*（Card.）Hand.-Mazz.

6.果枝 7.果（放大） 8.叶下面部分放大（示毛被）

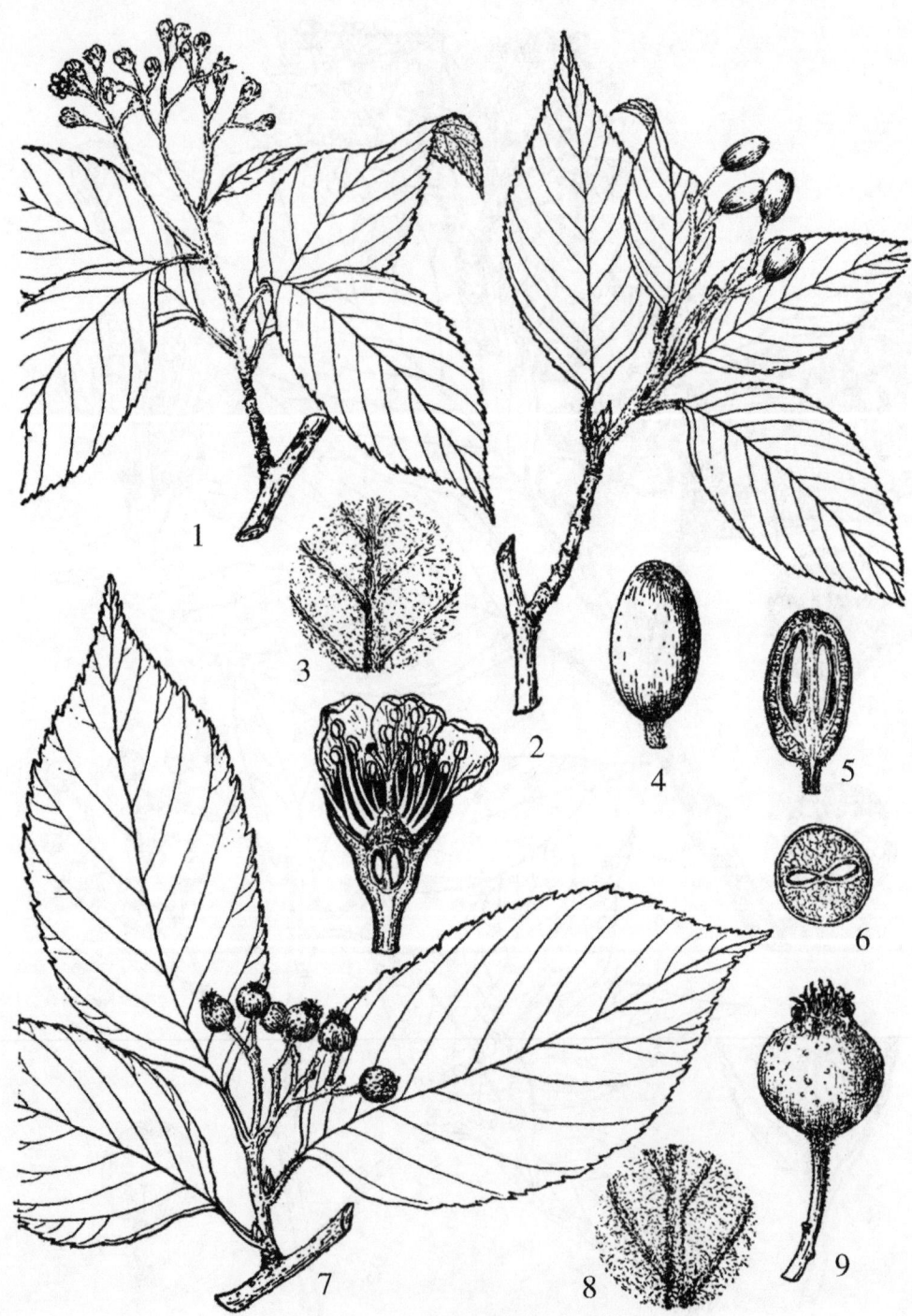

图99 石灰花楸和江南花楸

1—6.石灰花楸 *Sorbus folgneri* (Schneid.) Rehd.

1.花枝 2.果枝 3.叶下面部分放大(示毛被) 4.果(放大) 5.果纵剖 6.果横剖

7—9.江南花楸 *Sorbus hemsleyi* (Schneid.) Rehd.

7.果枝 8.叶下面部分放大(示毛被) 9.果(放大)

乔木或灌木，高达10米；小枝暗红褐色，无毛，有明显皮孔。叶卵形至长椭圆状卵形，长5—11厘米，宽2.5—5.5厘米，先端急尖或短渐尖，基部楔形，边缘有锯齿，上面深绿色，无毛，下面除中脉和侧脉外有灰白色绒毛；叶柄长1—2厘米，微有绒毛或无毛。花序伞房状，有花20—30；花梗长5—12毫米，被白色绒毛；花白色，直径10—12毫米；萼片三角状卵形，先端急尖，两面被毛；花瓣宽卵形，长4—5毫米，宽约4毫米，先端圆钝，内面有绒毛；雄蕊20，长短不齐；花柱2，基部有白色绒毛，短于雄蕊。果近球形，直径5—8毫米，表面有少许斑点。花期5—6月，果期8—9月。

产禄劝、维西、丽江，生于海拔2900—3100米的常绿混交林中。湖北、湖南、江西、安徽、浙江、广西、四川、贵州有分布。

9. 牛筋条属 Dichotomanthus Kurz.

常绿灌木或小乔木；叶互生，全缘；具短柄；托叶细小，早落。花多数，组成顶生复伞房花序；萼筒钟状，萼片5；花瓣5，白色；雄蕊15—20，花丝长短不齐，着生在萼筒边缘，花药2室；心皮1，着生萼筒基部，花柱侧生，柱头头状；子房上位，1室，有2并生胚珠。成熟果心皮干燥，革质，成小核果状，含1种子，突出在肉质萼筒的顶端，子叶平凸，通常无胚乳或有少许胚乳。

本属仅有1种，1变种，产我国西南地区。云南均有。

牛筋条（中国植物志） 白牛筋 图64

Dichotomanthus tristaniaecarpa Kurz（1873）

常绿灌木或小乔木，高达4米。幼枝密被黄白色绒毛，老时灰褐色，无毛，密具皮孔。叶长圆状披针形，有时为倒卵形、倒披针形至椭圆形，长3—6厘米，宽1.5—2.5厘米，先端急尖或圆钝并有突尖，基部楔形，全缘，上面无毛，或仅在中脉有少数柔毛，光亮，下面被白色绒毛；叶柄粗壮，长4—6毫米，密被黄白色绒毛。顶生复伞房状花序，花多而密集；花序梗与花梗被黄白色绒毛；花柄长2—3毫米；花白色，直径不及1厘米；萼片三角形，先端圆钝，边缘有腺齿，外面密被绒毛，内面无毛；花瓣近圆形或宽卵形，长3—4毫米，先端圆钝或微凹，基部具短爪；雄蕊20，短于花瓣，花丝无毛；子房被柔毛，花柱侧生，无毛，柱头头状。果时心皮干燥，革质，长圆柱形，顶端稍具短柔毛，长5—7毫米，褐色至黑褐色，突出于红色肉质杯状萼筒顶端。花期4—5月，果期8—11月。

产昆明、嵩明、寻甸、玉溪、楚雄、禄劝、漾濞、腾冲、芒市、双柏、蒙自、屏边、西畴、麻栗坡、景东、普洱、昭通，生于海拔930—3000米的杂木林中。四川、贵州有分布。模式标本采自蒙自。

在云南南部还有1变种，光叶牛筋条D.tristaniaecarpa var. glabrata Rehd.（1916）。模式标本采自普洱。

10. 山楂属 Crataegus Linn.

落叶灌木或小乔木，稀半常绿，通常有枝刺，稀无刺。单叶、互生，有锯齿，分裂或不分裂；具叶柄和托叶。花两性，组成伞房花序或伞形花序，极少单生；萼筒钟状，萼片5，全缘或具腺齿，宿存或脱落；花瓣5，白色，极少为粉红色；雄蕊5—25，花药黄色、白色，粉红色或紫红色；心皮1—5，大部分与花托合生，仅在顶端与腹面分离；子房下位或半下位，每室含2胚珠，其中1枚常不发育；花柱1—5，分离。梨果球形扁球形；至卵状圆形，红色，稀黄色，果肉粉质或肉质，心皮成熟时骨质，呈小核尖状，各含1种子；种子扁而直立；子叶平凸。

本属约有100余种，主要产于北温带，尤以北美最丰富，亚洲种类较少，中国大约有17种，产长江南北各省区。云南有5种。

分 种 检 索 表

1.枝通常无刺；叶卵状披针形或卵状椭圆形，边缘具圆钝锯齿，通常不分裂；花序梗及花梗无毛；果球形，黄色带红晕，直径1.5—2厘米，含5小核⋯⋯⋯⋯**1.云南山楂 C. scabrifolia**
1.枝通常具刺；叶常3—7裂，稀顶端3浅裂。
　2.花序梗及花梗具柔毛或绒毛；果近球形或扁球形。
　　3.叶宽倒卵形至倒卵状长圆形，基部楔形，先端有缺刻或3浅裂；果直径1—1.2厘米，小核4—5，内面两侧平滑 ⋯⋯⋯⋯⋯⋯⋯⋯⋯⋯⋯⋯⋯⋯⋯**2.野山楂 C.cuneata**
　　3.叶卵形、倒卵形或三角状卵形，基部宽楔形至圆形，3—7裂；果直径约6毫米，小核2—3，内面两侧有凹痕 ⋯⋯⋯⋯⋯⋯⋯⋯⋯⋯⋯⋯⋯⋯⋯⋯⋯⋯**3.滇西山楂 C. oresbia**
　2.花序梗及花梗无毛；叶宽卵形，3—4浅裂，顶端圆钝；果椭圆形，红色，含1—3小核
　⋯⋯⋯⋯⋯⋯⋯⋯⋯⋯⋯⋯⋯⋯⋯⋯⋯⋯⋯⋯⋯**4.中甸山楂 C. chungtienensis**

1.云南山楂（中国植物志）　古禅、山楂子（滇南本草）、山林果（云南）图100

Crataegus scabrifolia（Franch.）Rehd.（1931）
Pyrus scabrifolia Franch.（1889）
落叶乔木，高达10米。树皮黑灰色，枝通常无刺，无毛或近无毛，具散生长圆形皮孔。叶卵状披针形至卵状椭圆形，长4—8厘米，宽2.5—4.5厘米，先端急尖，基部楔形，边缘具稀疏不整齐圆钝重锯齿，幼时，上面微被伏贴短柔毛，老时，逐渐脱落，下面沿中脉及侧脉具柔毛；叶柄长1.5—4厘米。花序伞房状或复伞房状；花序梗及花梗无毛，花梗长5—10毫米；花白色，直径约1.5厘米；萼片三角状卵形或三角状披针形，约与萼筒等长，花瓣近圆形或倒卵形，长约8毫米，宽约6毫米，雄蕊20，较少花瓣；花柱3—5，基部被毛，柱头头状。果扁球形，直径1.5—2厘米，黄色带红晕，表面有稀疏褐色斑点；萼片宿存，小核5，内面两侧平滑，无凹痕。花期4—6月，果期8—10月。

产昆明、富民、沾益、嵩明、呈贡、禄劝、易门、宾川、大理、漾濞、泸水、双柏、

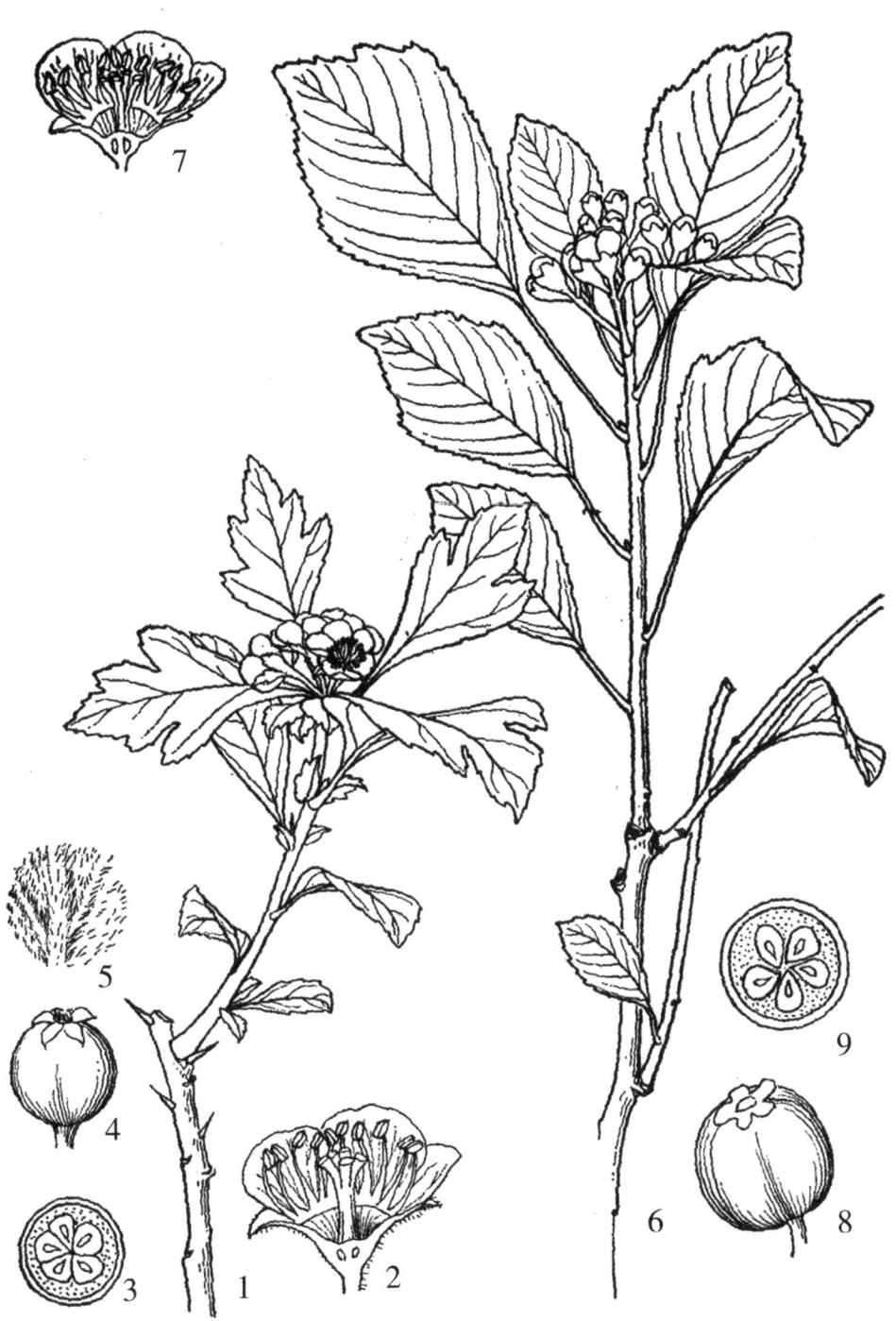

图100　野山楂和云南山楂

1—5.野山楂 *Crataegus cuneata* Si eb. et Zucc.

1.花枝　2.花纵剖　3.果横剖　4.果（放大）　5.叶下面部分放大（示毛被）

6—9.云南山楂 *Crataegus scabrifolia*（Franch.）Rehd.

6.花枝　7.花纵剖　8.果（放大）　9.果横剖

耿马、龙陵、屏边、蒙自、文山、砚山、富宁，生于海拔1000—2800米的杂木林中。云南中部常见栽培的还有土黄果、大白果、小白果等品种。种子繁殖。贵州、四川、广西有分布。模式标本采自大理。

木材结构细密，为细木工用材。果实入药，有消食健胃、破气行瘀的功效，多用于积食、腹胀、胃下垂、支气管炎、风湿筋骨疼痛等症。树皮用于痢疾和水、火烫伤。果可鲜食、酿酒、制作果制品等。

2.野山楂（中国树木分类学）图100

Crataegus cuneata Sieb. et Zucc.（1845）

落叶灌木或乔木，高达15米，通常具细刺，刺长5—8毫米。小枝细弱，幼时被毛，老时灰褐色，无毛，具散生圆形皮孔。叶宽倒卵形至倒卵状长圆形，长2—6厘米，宽1—4.5厘米，先端急尖，基部楔形，边缘有不规则重锯齿，先端常3裂，稀5—7裂，上面无毛，有光泽，下面被稀疏柔毛，沿叶脉较密，逐渐脱落；叶柄两侧有翼，长4—15毫米。花序伞房状，有花5—7，花序梗及花梗均被柔毛；花梗长约1厘米，花白色，直径约1.5厘米；萼片三角状卵形，长约4毫米，先端尾状渐尖，两面被柔毛；花瓣近圆形或倒卵形，长6—7毫米，基部有短爪；雄蕊20，花药红色；花柱4—5，基部被绒毛。果实近球形或扁球形，直径1—1.2厘米，红色或黄色，常具宿存反折萼片，小核4—5，内面两侧平滑。

产滇东北。江苏、江西、福建、湖北、湖南、广东、广西均有。

喜光、喜温暖湿润气候、耐寒、耐旱。适生各种土壤，但以土层深厚，通气良好的沙质壤土为好。种子繁殖。也可用根蘖苗分株繁殖。可作苹果的砧木。

果生吃，酿酒或制果酱；嫩叶加工后可代茶；果实药用健胃消积、收敛止血，散瘀止痛。树冠浓郁，白花朵朵，深秋红、黄、果实挂满枝头，有观赏价值。可用于园林栽培。

3.滇西山楂（中国植物志）图101

Crataegus oresbia W. W. Smith.（1917）

灌木，高达6米。枝具刺，幼时密被白色柔毛，老时灰褐色无毛，具散生长圆形浅褐色皮孔。叶宽卵形，长4.5—6厘米，宽3—5厘米，先端圆钝或急尖，基部楔形或宽楔形，3—5浅裂，边缘有稀疏重锯齿，上面暗绿色，具散生柔毛，下面浅绿色，被稀疏柔毛，沿叶脉较密；叶柄长1.8—2.8厘米，近无毛。花序为伞房状，多花而密集；总花序梗及花梗被白色柔毛；花梗长4—8毫米；花白色，直径约1厘米；萼片三角状卵形，先端圆钝，两面被柔毛；花瓣近圆形，雄蕊20，与花瓣等长或略长；花柱2（3），柱头头状。果近球形，直径5—6毫米，红黄色，表面微被柔毛或近无毛，萼片宿存，反折，小核2—3，两侧有凹痕。花期4—5月，果期8—9月。

产维西、香格里拉、宁蒗，生于海拔2600—3000米的灌木丛中。

繁殖、材性及经济用途与野山楂略同。

图101 滇西山楂和中甸山楂

1—4.滇西山楂 *Crataegus oresbia* W. W. Smith.

1.果枝 2.花枝 3.花纵剖 4.果纵剖

5—8.中甸山楂 *Crataegus chungtienensis* W. W. Smith

5.果枝 6.花枝 7.花纵剖 8.果

4.中甸山楂（中国植物志）图101

Crataegus chungtienensis W. W. Smith.（1917）

灌木，高达6米；枝具刺，粗壮，长约1.5厘米。小枝紫褐色，无毛或近无毛，有疏生长圆形皮孔。叶宽卵形，长4—7厘米，宽3.5—5厘米，先端圆钝，基部圆形，通常3—4浅裂，边缘具细锐锯齿，齿尖有腺体，上面深绿色，近无毛，下面疏生柔毛，沿叶脉较密；叶柄长1.2—2厘米，无毛。花序伞房状，多花而密集；花序梗和花梗无毛或近无毛；花梗长4—6毫米；花白色，直径约1厘米；萼片三角状卵形，先端钝，全缘，内外无毛或仅在先端微有柔毛；花瓣宽倒卵形；雄蕊20，长于花瓣；花柱2—3，基部无毛。果球形或椭圆形，直径6—8毫米，红色，萼片宿存，反折，小核1—3，两侧有凹痕。

产宁蒗、维西、香格里拉，生于海拔2500—3300米的灌木丛中。模式标本采自香格里拉。果实入药，具有健胃开嗝、破气消积、散瘀化痰之功效。

2.李亚科 Prunoideae Focke

落叶稀常绿，乔木或灌木；无刺，稀有刺。单叶，互生，有锯齿，稀全缘；具托叶。花两性，稀杂性，单生，簇生或排成伞状、伞房状及总状花序；雄蕊10至多数；子房上位，由1（稀2）心皮组成，具2胚珠。核果，肉质，多汁，具1（稀2）种子。

本亚科共10属，我国有9属，约1000余种。云南9属均产，约有50余种。

分 属 检 索 表

1.萼片和花瓣区别明显。
  2.植株有刺，刺上常有叶；花柱侧生 ……………………………………… 11.扁核木属 Prinsepia
  2.植株无刺，或短枝顶端转变成刺状，但刺上无叶；花柱顶生。
    3.果实有沟。
      4.果有毛。
        5.果核有深沟纹和孔穴或仅具浅纹；叶多为披针形 …………… 12.桃属 Amygdalus
        5.果核平滑或蜂窝状；叶多为卵形 ……………………………… 13.杏属 Armeniaca
      4.果无毛，常有蜡粉；叶多为长圆倒卵形或椭圆形 ………………… 14.李属 Prunus
    3.果实无沟、无毛、无蜡粉。
      6.花序伞形、伞房状或短伞房总状，具1—9花 …………………… 15.樱属 Cerasus
      6.花序长总状，具10至多花。
        7.叶脱落；花序生于侧枝顶端，下部有叶，如无叶则萼片果期宿存 ………………
          ……………………………………………………………………… 16.稠李属 Padus
        7.叶常绿；花序生于叶腋，序梗无叶 ……………… 17.桂樱属 Laurocerasus
1.萼片和花瓣区别不明显或无花瓣。
  8.叶全缘；花序单1或2—4簇生于叶腋 ……………………………… 18.臀果木属 Pygeum
  8.叶有锯齿；花序生于侧枝顶端 ……………………………………… 19.臭樱属 Maddenia

11. 扁核木属 Prinsepia Royle

灌木，稀小乔木，有时攀援状；具刺。小枝髓心片状；冬芽小，鳞片被稀疏柔毛或近无毛。叶互生或簇生，全缘或有细锯齿，有短柄；托叶早落。花两性，单1或2—4簇生于叶腋，或排成总状花序生于叶腋、侧枝顶端或枝刺顶端；萼筒杯状，萼片5；花瓣5，白色或淡黄色，着生于萼筒喉部；雄蕊10至多数；子房1室，具2胚珠，花柱通常侧生或近顶生。核果肉质；种子1，子叶平凹，含油质。

本属有5种，分布于喜马拉雅至东亚。我国有4种，分布于西南部至东北部和台湾。云南有1种。

扁核木（经济植物手册）　青刺尖（滇南本草）图102

Prinsepia utilis Roylc（1835）

常绿灌木至小乔木，高可达10米，胸径20厘米。小枝绿色或灰绿色，有纵条纹，幼时被褐红色短柔毛，后渐脱落；枝刺长2—5厘米，有褐红色针状刺尖，初被短柔毛，后无毛，有时具叶；冬芽褐红色，卵状长圆形，侧扁，被短柔毛。叶长圆形或卵状披针形，长3—9厘米，宽1.5—3厘米，先端急尖或渐尖，基部宽楔形或近圆形，全缘或有不规则浅锯齿，两面无毛或幼时有缘毛，中脉和侧脉在上面平或微下凹，在下面凸起；叶柄长5—10毫米，幼时褐红色，疏被短柔毛。总状花序长3—9厘米，腋生，顶生或生于枝刺顶端，被短柔毛；花直径约1.5厘米，花梗长5—10毫米，小苞片披针形；花萼被褐色短柔毛，萼片近圆形，不等大；花瓣白色，倒卵状圆形，先端有时啮蚀状；雄蕊多数，2—3轮着生于花盘上，花盘盘状，浅紫黄色；子房无毛，花柱生于房顶端的一侧，膝屈向上。核果长圆形或倒卵状长圆形，成熟时紫褐色或黑紫色，有白粉。花期1—2月，果期8—9月。

产昆明、大理、丽江、香格里拉、昭通、蒙自，生于海拔1300—3000米的山坡荒地或路边灌丛中。四川、贵州、西藏均有分布；巴基斯坦、印度、不丹、尼泊尔也有。

喜光，喜温凉湿润的气候，但也耐干旱。种子繁殖，直播或育苗移栽均可。

为有多种用途的经济植物：根用于治疗虚咳；茎、叶可治牙痛；嫩尖用于腌渍咸菜；果治消化不良，又可酿酒；种仁含油率达30%，油可食用。又因枝密，刺多，可栽培为绿篱植物。

12. 桃属 Amygdalus Royle

落叶乔木或灌木。枝条无刺或有刺。叶在芽中呈对折状，后于花或于花同时开放，齿尖和叶柄常具腺体。花通常单坐，稀2花并生，粉红色，少为自色，几无梗或有短梗，稀具长梗；萼片5；花瓣5；雄蕊多数；子房有柔毛，1室，具2胚珠。核果被柔毛或无毛，腹部有沟，成熟时果肉多汁不开裂或干燥开裂；核具深浅不同的沟纹和孔穴，稀较平滑，内有1种仁。

本属约有40余种，分布于亚洲中部至地中海，栽培品种广布于寒温带，暖温带和亚热

图102 扁核木*Prinsepia utilis* Royle
1.花枝 2.果枝 3.花 4.花纵剖 5.果核 6.果子横剖

带地区。我国约有12种；云南连同栽培的约4种。

分 种 检 索 表

1.果成熟时果肉多汁；叶披针形或卵状披针形。

　　2.核有孔穴和纵横深沟纹。

　　　　3.叶下面沿脉有毛，萼片有毛；果核顶端渐尖 ······················ 1.桃 *A. persica*

　　　　3.叶下面无毛，萼片无毛；果核顶端圆钝 ······················ 2.山桃 *A. davidiana*

　　2.核无孔穴，仅有纵向浅沟纹；叶下面幼时沿中脉有疏柔毛；萼片无毛或仅具疏缘毛

　　·· 3.光核桃 *A. mira*

1.果成熟时果肉干燥无汁，核具不整齐浅网纹；叶宽椭圆形或卵形，先端常3裂 ··········

　　··4.榆叶梅 *A. triloba*

1.桃（诗经）图103

Amygdalus persica L.（1753）

Persica vulgaris Mill.（1768）

Prunus persica（L.）Batsch（1801）

乔木，高达8米。小枝无毛；冬芽被短柔毛。叶椭圆形，椭圆披针形，长圆披针形或倒卵状披针形，中部或中部以上较宽，长7—15厘米，宽2—4厘米，先端渐尖，基部宽楔形，边缘具疏密不等的小锯齿，齿处微凹，两面无毛或下面脉腋被短柔毛；叶柄长8—20毫米，无毛，有腺体。花单生，先叶开放，直径2.5—3.5厘米，有短梗；萼筒钟形，萼片卵形或长圆形，绿色，外面被短柔毛；花瓣长圆状椭圆形或宽倒卵形，粉红色；雄蕊20—30；子房被短柔毛，花柱与雄蕊近等长或稍短。果卵形或卵状球形，直径3—12厘米，被短柔毛，腹缝明显，肉厚多汁，离核或黏核；核顶端渐尖或骤尖而成短尖头，表面有深孔穴和沟纹。花期3—4月，果期7—9月。

栽培于昆明、呈贡、大理、丽江、芒市、临沧、普洱、景洪、文山等地，生于海拔200—2000米的地带。全国各省区均有；汉朝时期从新疆传至欧美各国，日本、朝鲜也有栽培。

喜光，适应性强，耐旱，耐寒，抗盐碱。种子繁殖，优良品种用嫁接繁殖。

果生食或制果脯；种仁治高血压及子宫肿痛，树脂俗称桃胶，为黏合剂和赋形剂，入药有破血、活血、益气之效。

桃的食用类群，尚有离核毛桃var. *aganopersica* Reich.，离核光桃var. *aganonu-cipersica*（Schuler et Martens）Yü et Lu，黏核毛桃 var. *scleropersica*（Reich.）Yü et Lu，黏核光桃var. *scleronucipersica*（Schubler et Martens）Yü et Lu，以及蟠桃var. *compressa*（Loud.）Yü et Lu等。另有很多观赏树种，常见的有花淡红色重瓣的碧桃 f. *duplex* Rehd，花鲜红色重瓣的绯桃f. *magnifica* Schneid，花红色半重瓣的红花碧桃f. *rubroplena* Schneid，花深红色半重瓣的绛桃f. *camelliaeflora*（Van Houtte）Dipp，花淡红色半重瓣的千瓣红桃f. *dianthiflora*（van Houtte）Dipp，花白色单瓣的单瓣白桃f. *alba*（Lindl.）Schneid，花白色半重瓣的千瓣白桃f. *albo-plena* Schneid，花在同枝上有红色和白色或白色而有红色条纹半重瓣或单瓣的日月桃

（撒金碧桃）f. *versicolor*（Sieb.）Voss，叶紫色的紫叶桃花f. *atropurpurea* Schneid，以及树形矮小，芽节短缩，花淡红色重瓣的寸金桃（寿星桃）var. *densa* Makino等。

2.山桃（经济植物手册）图103

Amygdalus davidiana（Carr.）C. de Vos ex Henry（1902）

Persica davidiana Carr.（1872）

Prunus davidiana（Carr.）Franch.（1884）

乔木，高达10米。小枝无毛；冬芽被疏柔毛。叶窄卵状披针形或椭圆状披针形，长5—13厘米，宽1.5—4厘米，先端渐尖，基部楔形，边缘有小锯齿，齿具小腺尖，两面均无毛；叶柄长1—2厘米，无毛，有时具腺体。花单生，先叶开放，直径2—3厘米，有短梗或近无梗，萼筒钟形，有短柔毛，萼片卵形至卵状长圆形，花瓣倒卵形或近圆形，浅红色或近白色；雄蕊多数，与花瓣近等长或稍短；子房被柔毛，花柱长于雄蕊或近等长。果近球形，直径2.5—3.5厘米，成熟时带黄色，被短柔毛，肉薄汁少，与核分离；核近球形，顶端钝圆，表面有深孔穴和沟纹。花期3—4月，果期7—8月。

产昆明等地，生于海拔2000米上下的山坡疏林或灌丛中。河北、山西、陕西、甘肃、山东、河南、四川有分布。

耐寒、抗旱。种子繁殖。

木材细致硬重，适于各种细木器具用材。树干含桃胶；果核用于雕刻各种玩具或做念珠；种仁含油率约50%，油可食用。

3.光核桃（中国树木分类学）图104

Amygdalus mira（Koehne）Yü et Lu（1986）

Prunus mira Koehne（1912）

乔木，高达10米。小枝开展，无毛；冬芽无毛。叶披针形或卵状披针形，长5—11厘米，宽1.5—4厘米，先端长渐尖，基部宽楔形或近圆形，边缘有圆钝浅锯齿，齿具小腺尖，上面无毛，下面幼时沿中脉有柔毛；叶柄长8—15毫米，顶端有褐色腺体；托叶线状披针形，羽状齿裂，早落。花单生或2花并生，先叶开放，直径2—3厘米，有短梗或近无梗，萼筒钟形，紫褐色，无毛，萼片卵形或长卵形，无毛或边缘有疏柔毛；花瓣倒卵状近圆形，白色或粉红色；雄蕊多数，短于花瓣；子房密被柔毛，花柱长于雄蕊或近等长。果近球形，直径约3厘米，密被短柔毛；果梗长2—7毫米；核扁，卵状近圆形，长约22毫米，宽约17毫米，腹棱具扁平窄边，背棱钝，有浅沟，顶端圆钝或急尖，基部近截形，微凹陷，表面平滑，仅具不明显浅纵纹。

产丽江、宁蒗、永胜、德钦、维西，生于海拔2000—3400米的山坡疏林中或林缘。四川、西藏有分布。

为较耐寒的树种，可用于培养抗寒桃。种子繁殖。

木材纹理细致，为良好的工艺品用材。果含糖量高达11.6%，宜食用；种仁含油率约43%，入药有发表斑疹，牛痘的功效。

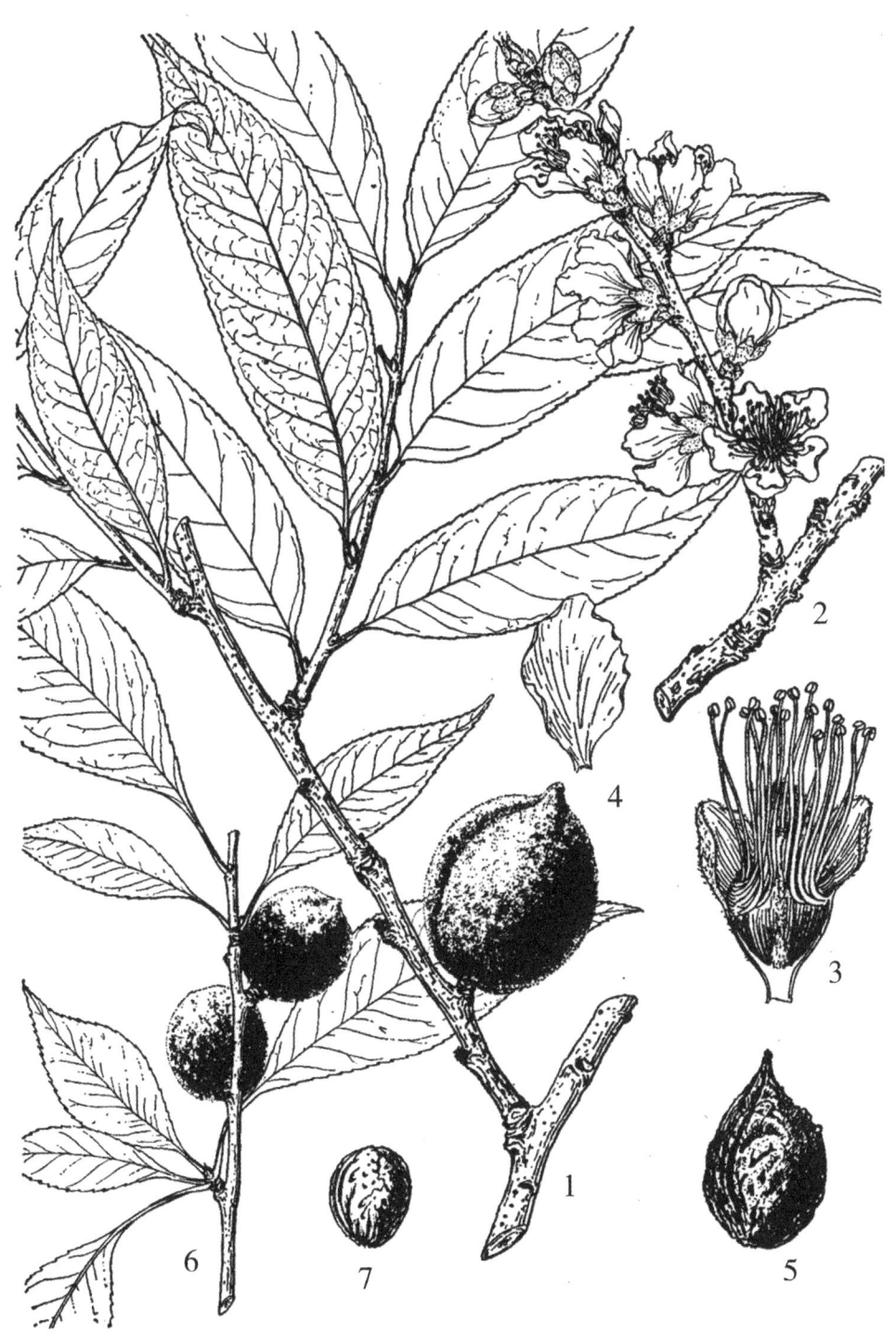

图103 桃和山桃

1—5.桃 *Amygdalus persica* Linn.

1.果枝 2.花枝 3.花纵剖 4.花瓣 5.果核

6—7.山桃 *Amygdalus davidiana*（Carr.）C. de Vos ex Henry

6.果枝 7.果核

4.榆叶梅（中国树木分类学）

Amygdalus triloba（Lindl.）Ricker（1917）

Prunus triloba Lindl.（1857）

栽培于昆明、大理、丽江等地的庭园中；东北、华北、西北、华东均产，全国各地多数公园均有栽培。俄罗斯中亚也有。常见栽培类型有重瓣榆叶梅 *f. multiplex*（Bge.）Rehd.和萼片、花瓣各10枚的鸾枝var. *petzoldii*（K. Koch）Bailey等。

13.杏属 Armeniaca Mill.

落叶乔木，稀灌木。小枝无刺，稀有刺。叶在芽中呈席卷状，后于花开放；叶柄常有腺体。花单生，稀2花并生，近无梗或有短梗，稀具长梗；萼片5；花瓣5；雄蕊15—45；子房有毛，1室，具2胚珠，花柱顶生。核果被短柔毛，稀无毛，腹面有明显纵沟，肉质部分有汁液，稀干燥，离核或黏核；核平滑或具网状纹，稀具蜂窝状孔穴。

本属约8种，分布于东亚、中亚、小亚细亚和高加索。我国有7种，5变种，淮河以北较多，以南较少；云南有2种，2变种。

分 种 检 索 表

1.果核平滑；当年生枝红褐色；叶宽卵形，两面无毛或幼时下面脉腋有毛 ……1.杏 A. vulgaris
　2.果核有蜂窝状孔穴；当年生枝绿色；叶卵状长圆形，幼时两面被短柔毛。
　2.花梗长1—3毫米。
　　3.核椭圆形，基部楔形 ………………………………………2.梅 A.mume
　　3.核近球形，基部钝圆 ……………… 2a.厚叶梅 A.mume var. pallescens
　2.花梗长达1厘米 ……………………… 2b.长梗梅 A. mume var. cernua

1.杏（山海经）图104

Armeniaca vulgaris Lam.（1783）

Prunus armeniaca L.（1753）

乔木，高达12米。小枝淡红褐色，无毛；冬芽被疏柔毛，鳞片边缘较密。叶宽卵形或卵状近圆形，长5—10厘米，宽4—8厘米，先端急尖或短渐尖，基部圆形或浅心形，边缘有圆钝锯齿，两面无毛或下面脉腋有柔毛；叶柄长2—3厘米，无毛，常具腺体。花单生，先叶开放，直径2—3厘米，梗长1—3毫米，被短柔毛；萼管圆筒形，外面基部被短柔毛，萼片卵形或卵状长圆形，花后反折；花瓣白色或带红色，圆形或倒卵形；雄蕊20—25，稍短于花瓣；子房被短柔毛，花柱稍长于雄蕊或近等长。果近球形，直径约2.5厘米，微被短柔毛，成熟时肉质部分多汁；核卵状椭圆形，两侧稍扁，顶端圆钝，基部有凹穴，腹棱龙骨状，背棱钝，表面平滑。花期3—4月，果期6—7月。

栽培于昆明、大理等地，生于海拔1700—2000米的村旁或庭园。全国各地多为栽培，仅新疆伊犁一带有野生，世界各地均有栽培。据《农艺植物考源》记载，恐系"张骞出使

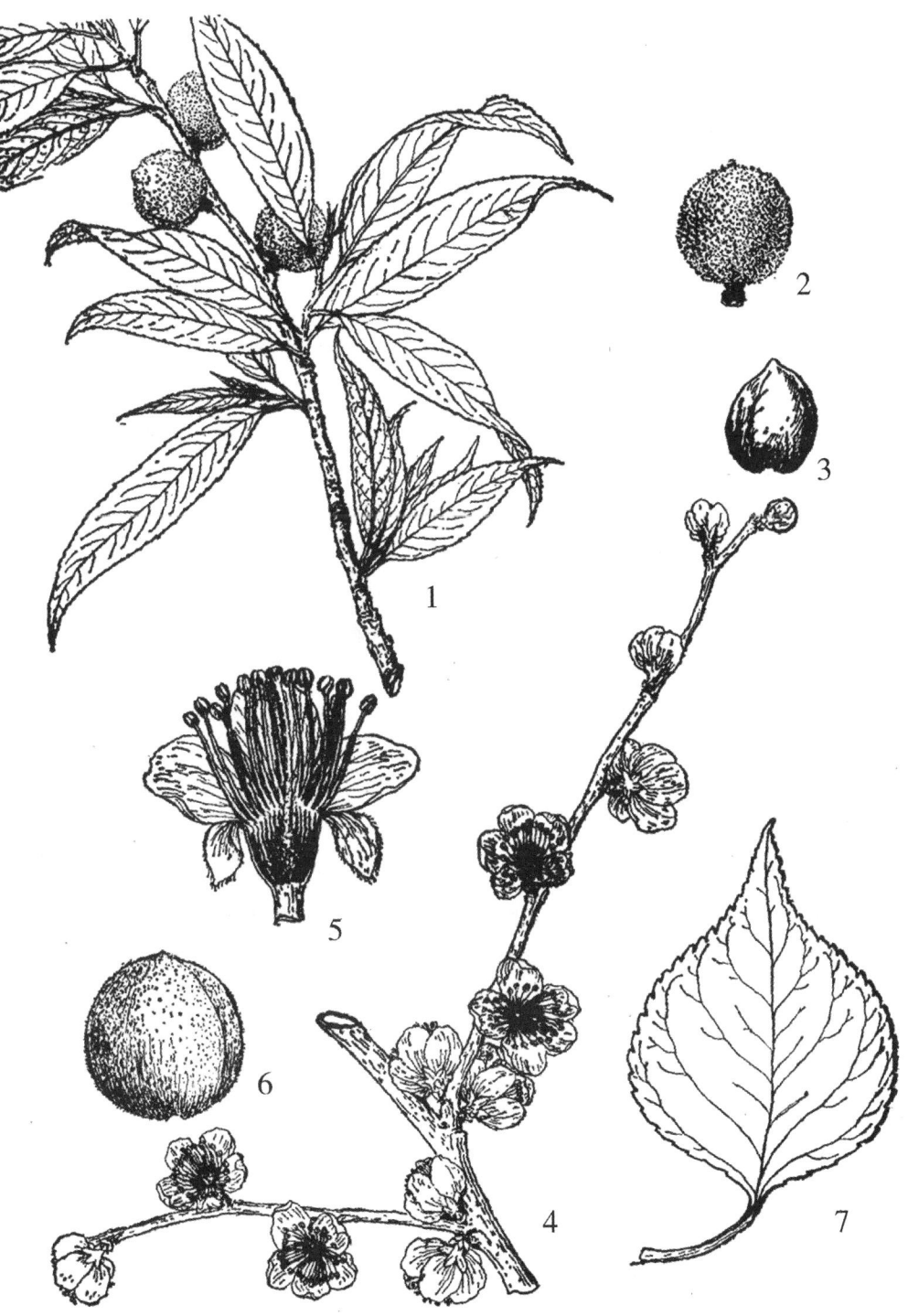

图104 光核桃和杏

1—3.光核桃 *Amygdalus mira*（Koehne）Yü et Lu

1.果枝　2.果　3.果核

4—7.杏 *Armeniaca vulgaris* Lam.

4.花枝　5.花纵剖　6.果　7.叶片

西域时传入印度"后被广泛引种。

喜光、耐寒。种子繁殖，优良品种用嫁接繁殖。

木材坚实，纹理美观，适于制作家具。果肉生食或制果脯；种仁入药有止咳、定喘、祛痰和治疗支气管炎之效。

杏栽培历史悠久，《山海经》中就有杏的记载，所以品种繁多，除食用类、仁用类、加工用类等经济用途的杏外，尚有观赏类型的垂枝杏 f. *pendula*（Jager）Rehd. 和斑叶杏 f. *variegata*（West.）Zabel 常见于各地庭园。

2.梅（诗经）图105

Armeniaca mume Sieb.（1830）

Prunus mume Sieb. et Zucc.（1836）

乔木，高达10米。小枝绿色，无毛，短枝有时转化成刺状。叶宽卵形或卵形，稀椭圆形，长4—10厘米，宽2.5—5厘米，先端尾尖，基部宽楔形至圆形，边缘有小锯齿，幼时两面被短柔毛，后渐脱落，仅下面沿脉或脉腋具短柔毛；叶柄长1—2厘米，幼时有毛，老时脱落，常有腺体。花单生，有时双生，先叶开放，直径2—2.5厘米，芳香；花梗长1—3毫米；萼管宽钟形，无毛或有时被短柔毛，萼片卵形或近圆形；花瓣倒卵形，粉红色或白色；雄蕊多数，短于或稍长于花瓣；子房密被柔毛，花柱与雄蕊近等长。果近球形，直径2—3厘米，被短柔毛，腹部有浅纵沟，成熟时淡黄色或绿白色，肉质部分多汁，黏核；核顶端有骤尖头，基部渐狭成楔形，表面具蜂窝状浅穴。花期12月至翌年1月，果期5—6月。

栽培于昆明、大理、丽江、临沧、个旧、昭通等地的庭园。全国各省区均有种植；朝鲜、日本也有。

适应性强。用种子或嫁接繁殖。

木材为细木工雕刻及算盘珠等用材。花可提取芳香油；果生食、盐渍或制成话梅、陈皮梅，以及雕梅等，加工成乌梅入药，治疗肺虚久咳、虚热烦渴、久泻、久痢便血、呕吐等症。树形雅致，花有香气，是良好的园林绿化树种。

2a.厚叶梅（中国植物志） 苍白梅（云南种子植物名录）、野梅子（安宁）图105

var. pallescens（Franch.）Yü et Lu（1986）

Prunus mume Sieb. et Zucc. var. *pallescens* Franch.（1890）

叶近革质，卵形或卵状椭圆形；花微香，有时半重瓣，直径约2.5厘米；萼管淡绿色，萼片淡红色，近无毛，仅边缘具疏毛；花瓣白色，微有红晕。

产昆明、安宁、大理、宾川、丽江、宁蒗等地，生于海拔1700—3100米的山坡疏林或沟谷灌丛中。四川有分布。模式标本采自宾川。

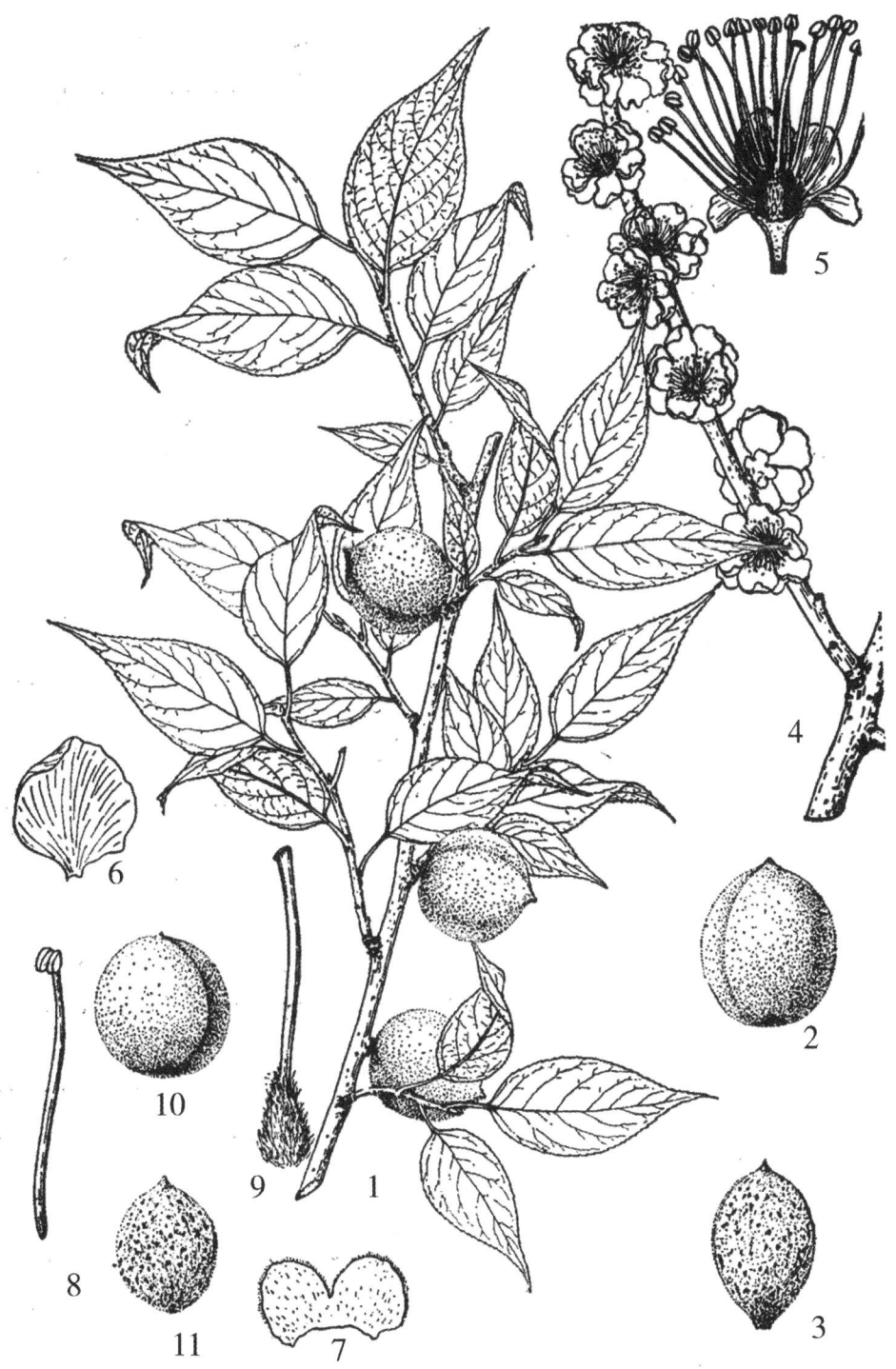

图105 梅和厚叶梅

1—3.梅 *Armeniaca mume* Sieb.

1.果枝　2.果　3.果核

4—11.厚叶梅 *Armeniaca mume* Sieb. var. *pallescens*（Franch.）Yü et Lu

4.花枝　5.花（去部分花瓣）　6.花瓣　7.花萼（部分）　8.雄蕊　9.雌蕊　10.果　11.果核

2b.长梗梅（中国植物志） 垂枝梅（云南种子植物名录）

var. cernua（Franch.）Yü et Lu（1986）

Prunus mume Sieb. et Zucc. var. *cernua* Franch.（1890）

产昆明、宾川、勐腊（勐远）等地，生于海拔600—2600米的山坡疏林中，并有栽培。越南、老挝有分布。

此外云南各地庭园栽培的观赏梅类型，尚有花纯白、水红、肉红、桃红等色单瓣的江梅f. *simpliciflora* T. Y. Chen，花粉红色半重瓣或重瓣的宫粉梅f. *alphandii*（Carr.）Rehd.花具浓香，大红色半重瓣或重瓣的大红梅f. *rubriflora* T. Y. Chen；花紫红色半重瓣或重瓣的朱砂梅f.purpurea（Makino）T. Y. Chen，花萼绛紫色，花瓣白色重瓣的玉蝶梅f. *albo-plena*（Bailey）Rehd.花萼绿色，花瓣白色单瓣或半重瓣的绿萼梅f. *viridicalyx*（Makino）T. Y. Chen。还有在同一植株上花色多样，近白色、粉红色或白底红条与白底红斑等的洒金梅f. *versicolor* T. Y. Chen et H. H. Lu等许多品种。

14. 李属 Prunus L.

落叶乔木或灌木，常无顶芽，腋芽单生。叶在芽中席卷或内折，后于花或与花同时开放，叶片基部或叶柄顶端常有2小腺体；托叶早落。花单生或2—3簇生，有梗；萼片5，花瓣5；雄蕊20—30，子房无毛，1室，具2胚珠。核果无毛，被蜡粉，腹部有浅纵沟，具1种子，核两侧压扁，平滑，稀有纹饰。

本属约有30余种，主要分布于北半球温带。我国原产及栽培的约有7种；云南连同引进种植的约有3种，1变种，1变型。

分 种 检 索 表

1.侧脉直出，基部与主脉成锐角；花梗长2—5毫米；果为顶端压扁的球形 ························· 1.杏李 P. simonii

1.侧脉斜出，基部与主脉成钝角；花梗长1—2厘米。

  2.叶下面被短柔毛；果卵状球形或卵状长圆形，被浅蓝黑色果粉 ······2.欧洲李 P. domestica

  2.叶下面无毛或仅沿脉有毛；果被蜡粉。

    3.叶紫褐色；花单生，稀2花并生；果近球形或椭圆形，微被蜡粉 ························ 3.紫叶李 P. cerasifera f. atropurpurea

    3.叶绿色；花2—3簇生，稀单生；果球形、卵状球形或近圆锥形，被蜡粉。

      4.小枝、花梗、果梗均无毛 ·············· 4.李 P.salicina

      4.小枝、花梗、果梗均有毛 ·············· 4a.毛梗李 P. salicina var. pubipes

1.杏李（中国植物志） 红杏（河北习见树木图说）

Prunus simonii Carr.（1872）

栽培于昆明、大理、昭通等地；原产河北，现广泛栽培。果有浓香味，栽培品种有香扁李、荷包李、雁过红、腰子红等。

2.欧洲李（中国植物志）　洋李（中国高等植物图鉴补编）

Prunus domestica L.（1753）

栽培于昆明、大理、昭通等地。原产西亚和欧洲，我国引种。有绿李、黄李、红李、紫李、蓝李等品种。

3.紫叶李（中国植物志）图106

Prunus cerasifera Ehrh. f. atropunpurea（Jacq.）Rehd.（1949？）

Prunus cerasifera Ehrh. var. *atropurpurea* Jacq.（1786？）

小乔木，高达8米。小枝红褐色，无毛，冬芽卵状圆形，鳞片红色。叶紫褐色，通常椭圆形，稀倒卵状椭圆形，长4—8厘米，宽2—4厘米（短枝上的叶较小），先端急尖，基部宽楔形或近圆形，边缘单锯齿间混有重锯齿，齿尖有腺体，上面无毛，下面沿中脉有柔毛，中部以下较密，中脉在上面微卜凹，在下面连同侧脉凸起，侧脉约7对在上面平；叶柄长8—14毫米，腹面有疏毛；托叶紫红色，披针形，长约3毫米，边缘有腺齿。花单生，稀2花并生；花梗长1.5—2厘米，无毛；花萼红色，无毛，萼管钟形，萼片边缘有细齿；花瓣白色，微带红晕；雄蕊着生于萼管上，短于花瓣；花柱长于雄蕊、无毛。果通常长圆带，长约2.5厘米，径约2厘米，自幼红色，微被蜡粉，腹面有浅纵沟；核椭圆形或卵状球形，顶端急尖，表面平滑或粗糙，有时蜂窝状。花期2—3月，果期4—5月。

栽培于昆明、安宁等地的庭园。原产新疆，各地栽培为观赏树。

果味酸，可食。

4.李（诗经）图106

Prunus salicina Lindl.（1828）

小乔木，高达8米。幼枝绿色，有光泽，无毛；冬芽卵状近圆形，鳞片无毛。叶倒卵状椭圆形或长圆形，长4—8（12）厘米，宽（1.5）3—5厘米，先端渐尖，急尖或短尾尖，边缘具钝小重锯齿间有单锯齿，两面无毛或下面沿脉有疏毛，侧脉约9对，斜伸，与主脉成45度角，在边缘内网结；叶柄长1（2）厘米，无毛；托叶线状披针形，长约3毫米，边缘有腺齿。花2—3并生，稀单生；花梗长（0.5）1（2）厘米，无毛，花萼绿色，外面无毛，萼管钟形，萼片长圆状卵形，边缘有细腺齿；花瓣白色；雄蕊多数，长短不等；花柱与长雄蕊近等长。果幼时常为圆锥状卵形，成长后多为卵状球形，稀球形，直径3—5厘米，黄色、绿色、红色或紫色，被蜡粉；核侧扁，卵形或长卵形，长约2厘米，宽约1.5厘米，腹棱龙骨状，顶端有短尖头，表面有不显著网纹。花期2—3月，果期5—6月。

产昆明、马龙、易门、大理、丽江、泸水、腾冲、河口、西畴、镇雄等地，生于海拔200—2400米的灌丛或疏林中，常栽培于庭园或村旁。我国栽培已3000余年，甚为普遍。日本、美国也有引种。

喜光，稍耐阴，对土壤适应性强。种子或嫁接繁殖。

树干产树胶，果为水果；种仁入药，有活血祛痰、润燥滑肠之效。

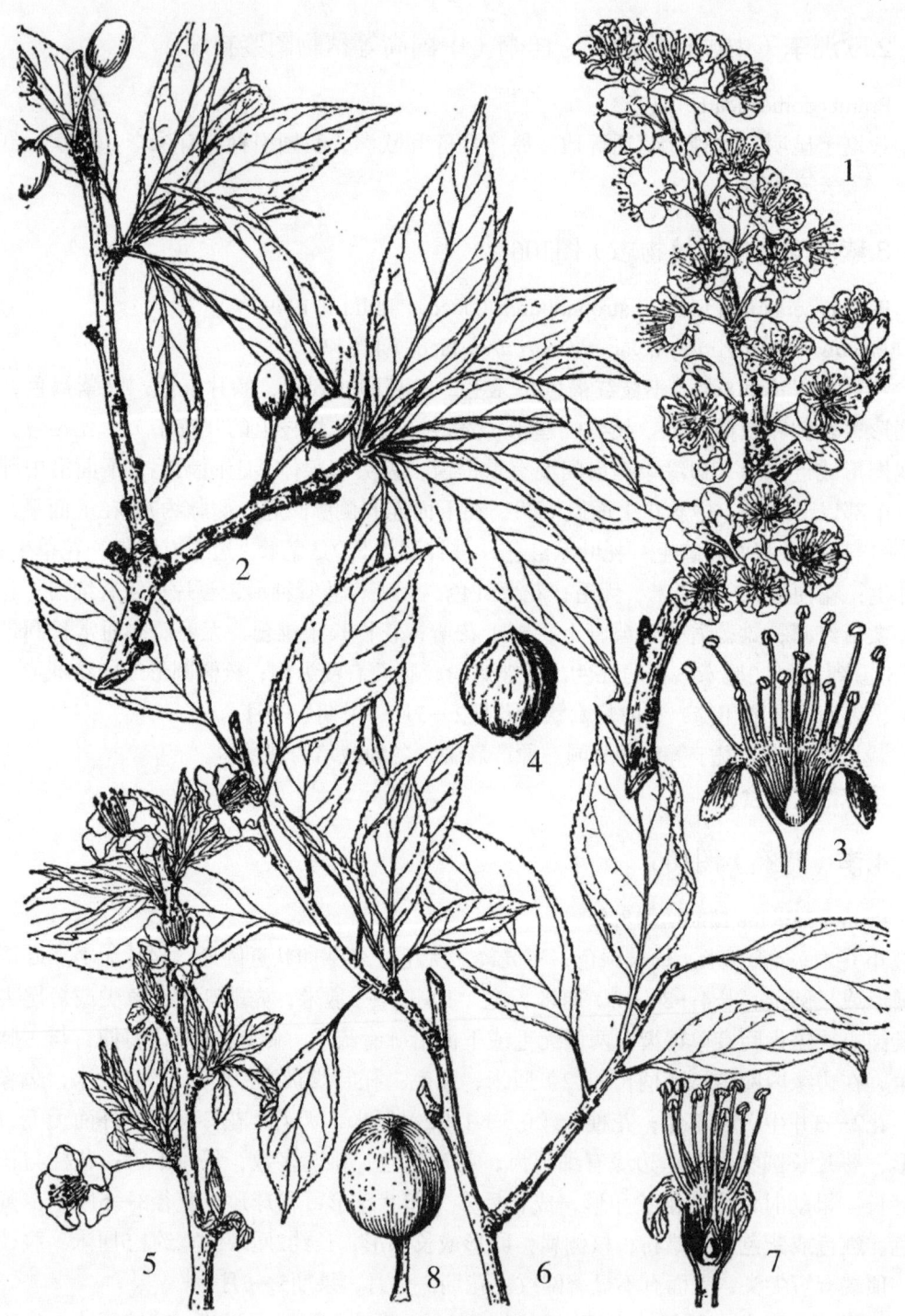

图106　李和紫叶李

1—4.李 *Prunus salicina* Lindl.

1.花枝　2.幼果枝　3.花纵剖　4.果核

5—8.紫叶李 *Prunus cerasifera* Ehrh. f. *atropurpurea*（Jacq.）Rehd.

5.花枝　6.叶枝　7.花纵剖　8.果

4a.毛梗李（中国植物志） 苦李子（安宁）

var. pubipes（Kochne）Bailey（1916）

Prunus triflora Roxb. var. *pubipes* Koehne（1912）

产昆明、安宁、鹤庆、云龙等地，生于海拔1600—2000米的林边或灌丛中；常栽培为李的砧木。模式标本采自鹤庆。

15.樱属 Cerasus Mill.

落叶乔木或灌木。叶在芽中呈对折状，后于花或与花同时开放；有具腺或无腺的叶柄；托叶常早落。花通常组成伞形、伞房状、短总状花序或仅1—2花生于叶腋，苞片宿存或花后脱落；萼筒钟形或管状，萼片反折或直展；花瓣白色或粉红色；雄蕊15—50；雌蕊1，子房和花柱有毛或无毛。核果成熟时果肉多汁；核球形或卵状球形，表面平滑或稍有皱纹。

本属约有100余种，亚洲、欧洲、北美洲均有。我国约有45种，9变种，分布各省区，云南连同引进栽培的约有20余种，3变种。

分 种 检 索 表

1.腋芽1，单生。
　2.果期苞片宿存。
　　3.花序伞形或近伞形；叶齿尖腺体明显或不明显 …………… 1.微毛樱桃 C. clarofolia
　　3.花序近伞房总状。
　　　4.叶齿尖腺体头状或截头状，托叶披针形，长约5毫米；花梗密被柔毛，萼片长约为萼管的1/3 …………… 2.散毛樱桃 C.patentipila
　　　4.叶齿尖腺体圆锥状；托叶卵形，长约10毫米；花梗疏被柔毛或无毛，萼片与萼管等长或稍短。
　　　　5.叶两面有稀疏柔毛或老时近无毛，边缘有重锯齿；花梗常被疏柔毛 …………… 3.锥腺樱桃 C. conadenia
　　　　5.叶两面无毛或下面脉腋有簇毛，边缘有细浅锯齿；花梗无毛 …………… 4.雕核樱桃 C. pleiocerasus
　2.果期苞片脱落。
　　6.叶齿尖腺体位于齿端凹陷处 …………… 5.欧洲甜樱桃 G.avium
　　6.叶齿尖腺体位于齿端凸出处。
　　　7.花序伞房总状。
　　　　8.花序具2—4花；叶缘锯齿有长芒尖。
　　　　　9.花单瓣；叶缘单锯齿间有重锯齿 …………… 6.山樱花 C.serrulata
　　　　　9.花重瓣；叶缘为重锯齿 …………… 6a.日本晚樱 C. serrulata var. lannesiana
　　　　8.花序具3—7花；叶缘锯齿无长芒尖。
　　　　　10.花梗有密硬毛 …………… 7.云南樱桃 C. yunnanensis

10.花梗无毛 ·· **8.蒙自樱桃 C.henryi**

7.花序伞形。

11.叶缘单锯齿或间有重锯齿。

12.花序具3—5花。

13.序梗长4—15毫米，花期伸出芽鳞外，无毛；小枝和叶均无毛 ··············
·· **9.华中樱桃 C.conradinae**

13.序梗长0—4毫米，花期包藏于芽鳞内；叶或多或少有毛。

14.小枝、花梗均无毛；叶侧脉约12对 ·········· **10.细花樱桃 C. pusilliflora**

14.小枝、花梗均有毛；叶侧脉约9对 ·········· **11.西南樱桃 C. duclouxii**

12.花序具1—3花。

15.花白色，花梗有疏柔毛 ·································· **12.细齿樱桃 C. serrula**

15.花粉红色，花梗无毛。

16.花单瓣，10—12月开花 ························ **13.冬樱花 C.cerasoides**

16.花半重瓣，2—3月开花 ········ **13a.重瓣冬樱花 C. cerasoides var. rubea**

11.叶缘有重锯齿。

17.乔木。

18.花序具3—6花，花梗疏被柔毛，花柱无毛 ····· **14.樱桃 C. pseudocerasus**

18.花序具1—3花。

19.序梗长3—14毫米，连同花梗和小枝均被锈色柔毛；花柱无毛 ···········
·· **15.尖尾樱桃 C.caudata**

19.序梗长0—5毫米，连同花梗和小枝均无毛或疏被非锈色柔毛；花柱有毛
·· **16.川西樱桃 C. trichostoma**

17.灌木。

20.叶缘尖锐重锯齿常分裂或小裂片 ·········· **17.山楂叶樱桃 C. crataegifolius**

20.叶缘尖锐重锯齿不分裂或小裂片 ··············**18.偃樱桃 C. mugus**

1.腋芽3，并生，中间为叶芽，两侧为花芽。

21.叶上面疏被柔毛，下面密被绒毛；花梗长1—2.5毫米··············· **19.毛樱桃 C. tomentosa**

21.叶两面无毛或仅下面脉上疏被柔毛。

22.叶缘有细钝重锯齿，侧脉4—5对 ·················· **20.麦李 C. glandulosa**

22.叶缘有缺刻状尖锐重锯齿，侧脉5—8对 ·················· **21.郁李 C. japonica**

1.微毛樱桃（秦岭植物志）图107

Cerasus clarofolia（Schneid.）Yü et Li（1986）

Prunus clarofolia Schneid.（1905）

小乔木，高约8米。小枝多少被疏柔毛或无毛；冬芽卵形，无毛。叶卵形或卵状椭圆形，长3—6（8）厘米，宽2—4厘米，先端渐尖，稀骤尖，基部近圆形，边缘具单或重锯齿，齿尖腺体明显或不明显，上面绿色，疏被短柔毛或无毛，下面淡绿色，被疏柔毛或近无毛，侧脉7—12对；叶柄长约1厘米，无毛或有疏柔毛；托叶披针形，边缘具腺齿或羽裂

状腺齿。花序伞形或近伞形，有2—4花，与叶同时或稍于叶后开放，序梗长4—12毫米；苞片果期宿存，卵形或卵状长圆形，直径2—5毫米（有时序梗下部的一对较大），边缘有锯齿，齿尖腺体锥状或头状；花梗长1—2厘米，无毛或有疏毛，萼管钟形，萼片卵状三角形，边缘有腺齿或全缘；花瓣白色或粉红色，倒卵形或近圆形；雄蕊20—30；花柱基部有疏柔毛，与雄蕊近等长。果红色，长椭圆形，长约8毫米，径约5毫米，果梗长达2.5厘米；核表面微具棱纹。花期4—5月，果期6—7月。

产丽江，生于海拔2400—3000米的疏林或灌丛中。河北、山西、陕西、甘肃、湖北、四川、贵州均有分布。

2.散毛樱桃（中国植物志） 展毛樱（云南种子植物名录）、野桃（丽江）图107

Cerasus patentipila（Hand.-Mazz.）Yü et Li（1986）

Prunus patentipila Hand.-Mazz.（1933）

乔木，高达10米。幼枝密被柔毛，毛被有时为黄褐色；冬芽卵状椭圆形，无毛。叶倒卵状椭圆形或卵状椭圆形，长4—12厘米，宽3—5厘米，先端尾尖或骤尾尖，基部宽楔形、近圆形或微心形，边缘具尖锐重锯齿，齿尖腺体头状或截头状，上面初被柔毛，后渐脱落近无毛。下面密被短柔毛（有时黄褐色），侧脉8—11对，在两面微凸起；叶柄长8—20毫米，被柔毛，顶端两侧叶片基部，有带柄的盘状或截头状腺体；托叶披针形，长约5毫米，边缘有带柄腺体。花序伞房总状，有2—6花，单生于苞片腋内；苞片果期宿存，卵形或卵状椭圆形，长8—20毫米，宽5—10毫米，两面有毛或脱落近无毛，边缘有带柄的盘状或截头状腺体，花序下部的1—2苞片无花；花梗长1.5—2.5厘米，被疏柔毛，萼管近管状，长约6毫米，萼片三角形，长约2毫米，两面被疏毛，边缘有疏腺齿；花瓣白色，长椭圆形，先端圆钝或急尖，有或无疏齿；雄蕊30—36，与花瓣近等长，子房无毛，花柱中下部有毛，长于雄蕊。果熟时红色，卵状球形，长约10毫米，径约8毫米；核表面有皱纹。花期4—5月，果期7月。

产丽江、维西、香格里拉等地，生于海拔2400—3000米的疏林中。模式标本采自维西。

3.锥腺樱桃（中国植物志） 合腺樱（云南种子植物名录）

Cerasus conadenia（Koehne）Yü et Li（1986）

Prunus conadenia Koehne（1912）

产丽江、维西、德钦、香格里拉，生于海拔2100—3600米的疏林中。甘肃、四川、西藏有分布。

4.雕核樱桃（经济植物手册）

Cerasus pleiocerasus（Koehne）Yü et Li（1986）

Prunus pleiocerasus Koehne（1912）

产丽江、宁蒗、维西、东川等地，生于海拔2000—3400米的林中或林缘。四川有分布。

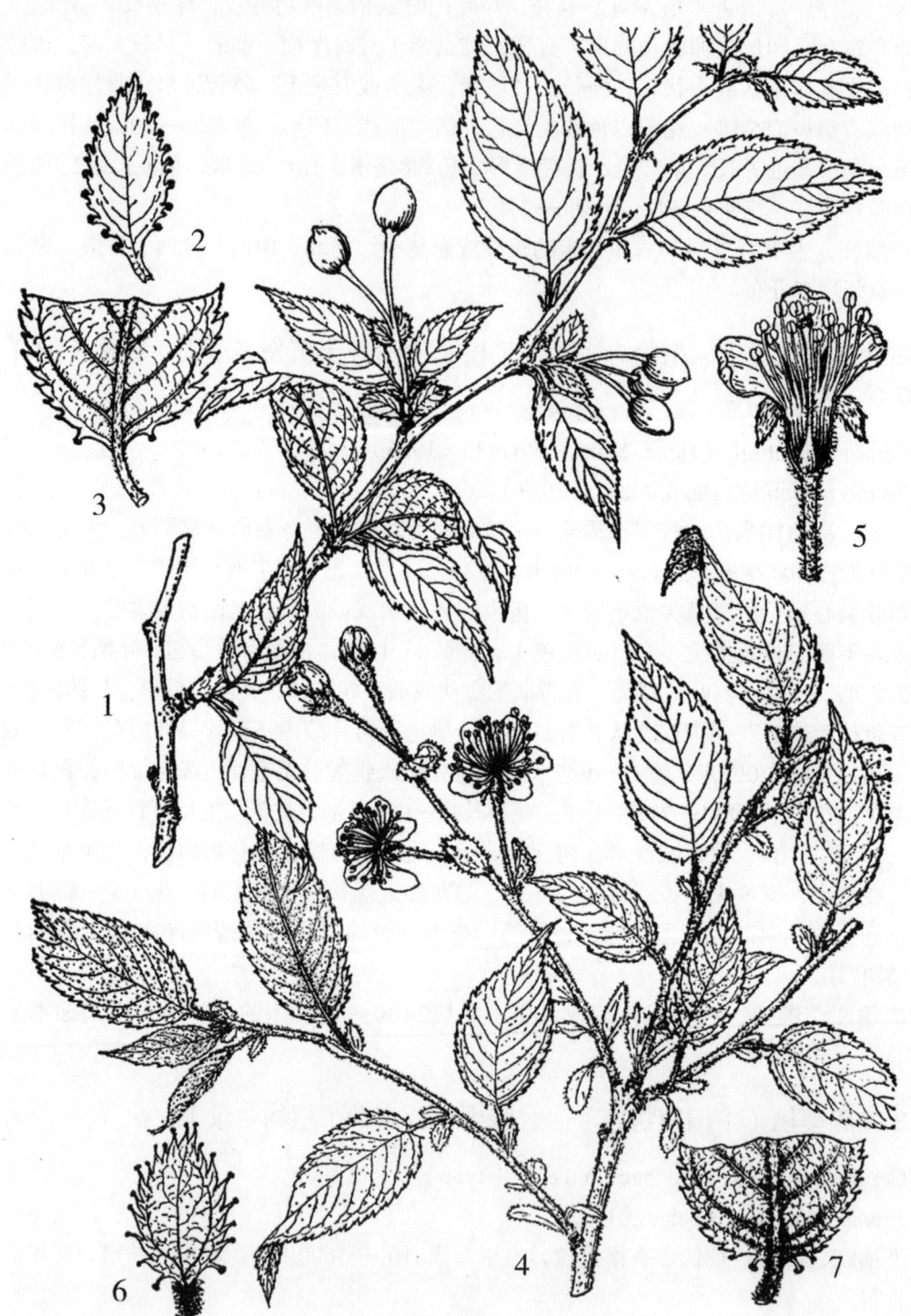

图107　微毛樱桃和散毛樱桃

1—3.微毛樱桃 *Cerasus clarofolia*（Schneid.）Yü et Li

1.果枝　2.苞片　3.叶下部

4—7.散毛樱桃 *Cerasus patentipila*（Hand.-Mazz.）Yü et Li

4.花枝　5.花纵剖　6.苞片　7.叶下部

5.欧洲甜樱桃（拉汉种子植物名称）图108

Cerasus avium（L.）Moench.（1794）

Prunus avium L.（1755）

乔木，高达20余米。小枝粗壮，无毛。叶长圆状卵形或椭圆状倒卵形，长5—12（18）厘米，宽3—6厘米，先端短渐尖或骤短尖，基部楔形或近圆形，边缘有圆钝重锯齿，齿尖腺体位于齿端凹陷处，上面无毛，下面被稀疏长柔毛，侧脉约12对，在边缘内分杈，直达齿端；叶柄长1.5—4（7）厘米，无毛，有腺体；托叶狭带形或披针形，边缘有腺齿。花序伞形，有2—4花，先于叶或与叶同时开放，序梗包藏于芽鳞内；花梗长1—2（3）厘米，无毛；萼管钟形，无毛，萼片长椭圆形，全缘，与萼管近等长；花瓣白色，倒卵状圆形，先端常有微缺；雄蕊约34，短于花瓣；花柱无毛，长于短雄蕊，短手长雄蕊。果成熟时红色或紫黑色，近球形或卵状球形，直径1.5—2.5厘米，核表面平滑。花期3—4月，果期5—6月。

栽培于昆明、安宁，我国东北和华北均有引种。原产欧洲及亚洲西部。

果大，用于生食或制罐头，液汁可制糖浆、糖胶及果酒；种仁含油，油食用和药用。

6.山樱花（中国树木分类学） 樱花（中国高等植物图鉴）、野生福岛樱（经济植物手册）

Cerasus serrulata（Lindl.）G. Don ex London（1830）

Prunus serrulata Lindl.（1828）

产黑龙江、河北、山东、江苏、安徽、浙江、江西、湖南、贵州等省；日本、朝鲜也有。云南仅栽培1变种。

6a.日本晚樱（拉汉种子植物名称）图109

var. lannesiana（Carr.）Makino（1928）

Cerasus lannesiana Carr.（1872）

小乔木，高达8米。小枝灰白色或淡褐色，无毛；冬芽卵状圆形，无毛。叶卵状椭圆形或倒卵状椭圆形，长5—9厘米，宽2—5厘米，先端渐尖或骤尾尖，基部近圆形，边缘有渐尖重锯齿，齿具长芒尖，叶柄长1.5—2.5厘米，无毛，顶端有腺体；托叶线形，长约15毫米，有时羽裂状，边缘有流苏状腺齿。花序伞形或近伞房总状，有2—4花，略先于叶或与叶同时开放，序梗长1—2厘米，无毛，苞片花后脱落，倒卵状钝三角形，先端近截形，长5—8毫米，边缘有腺齿；花梗长1.5—3厘米，无毛，萼管盘状浅钟形，长约2毫米，无毛，萼片长三角形，长约7毫米，全缘；花瓣重瓣，白色、粉红色或淡黄色，略有香味，雄蕊退化为花瓣；雌蕊退化为绿色叶状体。花期4—5月。

栽培于昆明、大理等地的庭园和风景区；我国各地多有引种。原产日本，在日本栽培历史悠久，有国花之誉。

图108 欧洲甜樱桃和樱桃

1—4.欧洲甜樱桃 *Cerasus avium*（L.）Moeuch.

1.花枝　2.花纵剖　3.叶　4.叶下面一部分（示毛被及腺体）

4—7.樱桃 *Cerasus pseudocerasus*（Lindl.）G. Don

4.幼果枝　5.花序　6.花纵剖　7.托叶

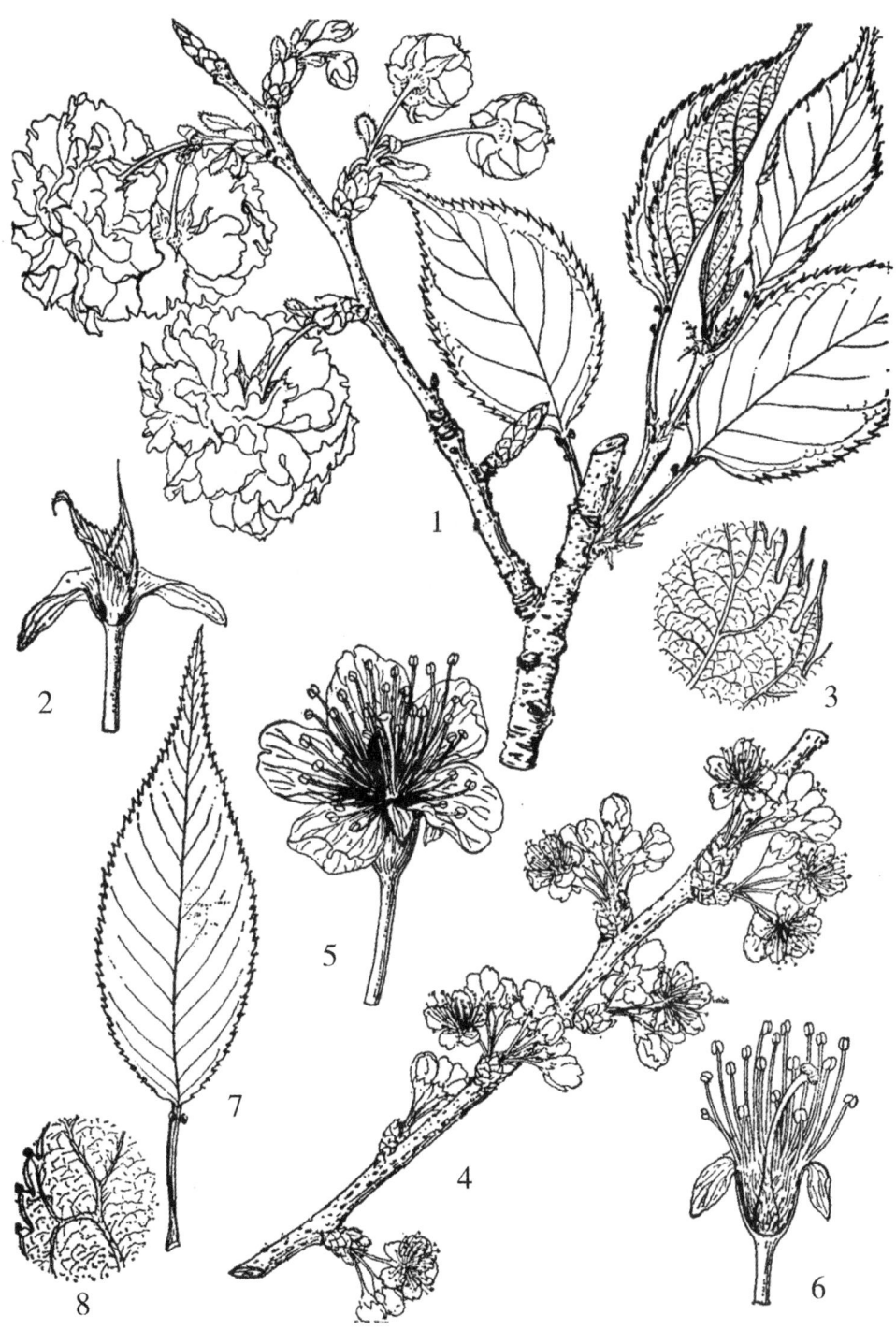

图109　日本晚樱和细花樱桃

1—3.日本晚樱 Cerasus serrulata（Lindl.）G. Don ex London var.

lannesiana（Carr.）Makino

1.花枝　2.花纵剖　3.叶下面一部分

4—8.细花樱桃 Cerasus pusilliflora（Card.）Yü et Li

4.花枝　5.花　6.花纵剖　7.叶　8.叶下面一部分

7.云南樱桃（拉汉种子植物名称）图110

Cerasus yunnanensis（Franch.）Yü et Li（1986）

Prunus yunnanensis Franch.（1889）

小乔木，高达8米。小枝幼时密被微硬毛，毛被灰黄褐色所变暗棕色，老时逐渐脱落；冬芽卵状圆形，长约2毫米。叶长圆形、倒卵状长圆长或卵状长圆形，长4—9厘米，宽2—4厘米，先端渐尖或骤尖，基部近圆形，边缘有尖锐细锯齿间具少数重锯齿，齿尖腺体头状，上面被稀疏糙伏毛，下面被微硬毛，除沿脉外常逐渐脱落，侧脉11—14对；叶柄长6—12毫米，密被微硬毛，顶端有腺体；托叶带状钻形，边缘有流苏状腺齿。花序近伞房总状或短伞形总状，有3—5（7）花，与叶同时或略先于叶开放，序梗长4—9毫米，被微硬毛；苞片花后脱落，倒卵形或卵形，直径约2毫米，边缘有不整齐的腺齿；花梗长8—15毫米，密被微硬毛；萼管管状钟形，密被微硬毛，萼片卵状三角形，两面有毛；花瓣白色，倒卵状近圆形；雄蕊38—45，长短不等；子房无毛或顶端有毛，花柱基部有毛，与长雄蕊近等长。果成熟时紫红色，卵状球形，长约10毫米，径约8毫米；核表面微有棱纹。花期3—4月，果期5—6月。

产昆明、洱源、鹤庆、泸水、永仁、维西等地，生于海拔2000—2600米的沟谷疏林中。模式标本采自泸水。

8.蒙自樱桃（中国植物志）

Cerasus henryi（Schneid.）Yü et Li（1986）

Cerasus yunnanensis Franch. var. *henryi* Schneid.（1905）

产蒙自，生于海拔约1800米的疏林中。模式标本采自蒙自。

9.华中樱桃（中国植物志） 野樱桃（植物名实图考）图110

Cerasus conradinae（Koehne）Yu et Li（1986）

Prunus conradinae Koehne（1912）

乔木，高达10米。小枝无毛；冬芽卵形，无毛。叶椭圆形或倒卵形，稀卵状椭圆形，长5—9厘米，宽2.5—4厘米，先端骤尖或渐尖，基部近圆形，边缘有细锯齿，齿尖腺体较小，上面绿色，下面淡绿色，两面均无毛，侧脉7—9对；叶柄长6—10毫米，无毛，顶端有腺体；托叶线形，长约6毫米，边缘有腺齿。花序近伞形，有3—5花，先叶开放，序梗长4—15毫米，无毛；苞片花后脱落，宽扇形，长约1.3毫米，有腺齿；花梗长1—1.5厘米，无毛；萼管管状钟形，无毛，萼片卵状三角形；花瓣白色或粉红色，先端凹陷，有时呈2裂状；雄蕊32—43，花柱无毛。果成熟时红色，卵状球形，长8—11毫米，径5—9毫米；核表面棱纹不明显，近平滑。花期3月，果期4—5月。

产会泽、东川、大姚、腾冲等地，生于海拔2000—2400米的沟谷疏林中。陕西、河南、湖北、湖南、广西、四川、贵州均有。

图110 云南樱桃和华中樱桃

1—4.云南樱桃 *Cerasus yunnanensis*（Franch.）Yü et Li

1.幼果枝　2.花序　3.花纵剖　4.幼果

5—6.华中樱桃 *Cerasus conradinae*（Koehne）Yü et Li

5.果枝　6.果

10.细花樱桃（中国植物志）图109

Cerasus pusilliflora（Card.）Yü et Li（1986）

Prunus pusilliflora Card.（1920）

小乔木，高达7米。小枝无毛或近无毛；冬芽卵状圆形，无毛。叶倒卵状长圆形或卵状椭圆形，长4—6厘米，宽2—3.5厘米，先端渐尖或急尖，基部近圆形，边缘有尖锐单锯齿或间有重锯齿，齿尖腺体小，明显，上面无毛，下面幼时沿脉有疏毛，侧脉约12对；叶柄长5—8毫米，无毛或被稀疏柔毛，顶端或两侧叶片基部有腺体；托叶狭带状钻形，有时羽裂，与叶柄近等长，边缘有腺齿。花序伞形总状，有3—5花，先叶开放，序梗包藏于芽鳞内，或后期稍增长；苞片花后脱落，卵状圆形，长约1.5毫米，边缘有长腺齿；花梗长5—15毫米，无毛；萼管钟形，无毛，萼片长卵形，先端急尖，边缘有不明显的疏齿；花瓣白色，卵状圆形，先端圆钝或微凹；雄蕊25—40，稍长于花瓣；花柱基部有疏柔毛或无毛，与雄蕊近等长。果成熟时红色，卵状球形，直径约6—7毫米；核表面略有棱纹。花期2—3月，果期4—5月。

产昆明、安宁、大理等地，生于海拔1400—2100米的山坡疏林或灌丛中。

11.西南樱桃（中国植物志）　昆明樱（云南种子植物名录）图111

Cerasus duclouxii（Koehne）Yü et Li（1986）

Prunus duclouxii Koehne（1912）

小乔木，高达6米。小枝灰色或灰褐色，无毛；冬芽长卵形，无毛。叶倒卵状椭圆形或椭圆形，长3—6厘米，宽1.5—3厘米，先端渐尖或骤尖，基部宽楔形或近圆形，边缘有细小单锯齿，齿尖腺体细小，上面被稀疏短柔毛或近无毛，下面疏被柔毛或仅沿脉有毛，侧脉约9对，在上面平，下面稍凸起；叶柄长约9毫米，被短柔毛或无毛，顶端有腺体；托叶线形，边缘有腺齿，花序近伞形，有3—5花，先叶开放，序梗长1—5毫米，包藏于芽鳞内，被柔毛；苞片花后脱落，倒卵状长圆形，长约1毫米，边缘有腺齿；花梗长3—9毫米，被柔毛；花萼被短柔毛，萼管钟形，萼片卵状三角形，基部边缘常有腺点；花瓣白色，卵形，先端常凹陷，或有时不明显；雄蕊约33；花柱基部有稀疏柔毛。果成熟时黄红色，卵状球形或椭圆状球形，长7—8毫米，径5—6毫米；核表面略有棱纹。花期3月，果期5月。

产昆明、安宁、沾益等地，生于海拔1900—2300米的沟谷疏林或灌丛中。四川有分布。

12.细齿樱桃（中国植物志）　云南樱花（经济植物手册）、锯齿樱（云南种子植物名录）图111

Cerasus serrula（Franch.）Yü et Li（1986）

Prunus serrula Franch.（1890）

乔木，高达12米。小枝紫褐色，无毛或幼时有疏柔毛；冬芽尖卵形，鳞片外面无毛或有疏伏毛。叶披针形或卵状披针形，长4—8厘米，宽1—2.5厘米，先端长渐尖或渐尖，基部近圆形或宽楔形，边缘具尖锐单锯齿，间有重锯齿，齿尖腺体小，上面无毛或幼时被疏柔毛，下面无毛或中脉下部两侧被疏柔毛，侧脉11—16对，在上面不明显，下面明显；叶柄

图111　西南樱桃和细齿樱桃

1—2.西南樱桃 *Cerasus duclouxii*（Koehne）Yü et Li

1.果枝　2.花序

3.细齿樱桃 *Cerasus serrula*（Franch.）Yü et Li 果枝

长5—8毫米，疏被柔毛或无毛；托叶线形，早落。花单生或2花并生，与叶同时开放；苞片花后脱落，卵状狭长圆形，长约2.5毫米，边缘有腺齿；花梗长6—12毫米，初被疏柔毛，后渐脱落；萼管管状钟形，基部被稀疏柔毛，萼片倒卵状三角形，长约为萼筒之半；花瓣白色，倒卵状椭圆形；雄蕊38—44，花柱无毛，长于雄蕊。果成熟时紫红色，卵状圆形，长约1厘米，径约7毫米；核表面有显著棱纹。花期4—5月，果期6—7月。

产洱源、丽江、会泽，生于海拔2600—3900米的疏林或林缘灌丛中。四川、西藏有分布。模式标本采自洱源。

13.冬樱花（云南绿化造林手册） 云南欧李（中国高等植物图鉴）、高盆樱桃（中国植物志）、箐樱桃 图112

Cerasus cerasoides（D. Don）Sok.（1954）

Prunus cerasoides D. Don（1825）

P. majestica Moehne（1912）

乔木，高达10米。幼枝被短柔毛，后渐脱落变无毛。叶宽椭圆形、卵状披针或长圆披针形，长6—12厘米，宽3—5厘米，先端长渐尖，基部钝圆，边缘具细锐单锯齿，杂有重锯齿，齿尖腺体头状，上面无毛，下面幼时疏被柔毛，后渐脱落变无毛，侧脉10—15对，在上面平，在下面凸起；叶柄长1—2厘米，顶端有腺体；托叶线形，有时基部羽裂，边缘有腺齿。花序伞形，有时伞房状，有1—3花，先叶或与叶同时开放，序梗长约1厘米，稍伸出芽鳞，无毛；苞片花后脱落，近圆形，长约2毫米，边缘有腺齿；花梗长1—2厘米，无毛，花萼无毛，萼管钟形，紫红色，萼片三角形，全缘；花瓣粉红色，卵状圆形；雄蕊多数，短于花瓣；花柱与雄蕊近等长，无毛。果成熟时紫红色，长圆形或近圆形，长15—25毫米，径8—12毫米，果梗长可达3厘米；核表面有棱纹，腹侧龙骨状，背侧钝圆。花期10—12（翌年1）月，果期3—4月。

产大理、永平、云龙、腾冲、沧源、弥勒、峨山、新平、蒙自、普洱、景东、墨江、绿春、金平、屏边、河口、文山、麻栗坡等地（昆明、安宁栽培），生于海拔700—2000米的疏林或密林中。分布于西藏；缅甸、尼泊尔、印度、不丹均有。

喜温凉湿润气候，耐干热。用种子或嫁接繁殖，也可采用高枝包条法繁殖。

木材结构细致，纹理美观，为优良美术工艺用材。皮、叶、花、果均作药用，有清热解毒、止痛止血及止咳之效；种仁可降血压，常为郁李仁代用品。樱花类群大都在阳春三月开放，唯它在隆冬季节繁花似锦，是很好的城市绿化和园林风景树种。

13a.重瓣冬樱花 红花高盆樱桃（中国植物志）图112

var. rubea（C. Ingeram）Yu et Li（1986）

Prunus cerasoides D. Don var. *rubea* C. Ingram（1947）

本变种叶长圆状卵形或长圆状倒卵形，侧脉较少（8—10对），锯齿较大（长1.5—2毫米）。花序有2—4花，花多半重瓣等与种不同。花期2—3月。

栽培于昆明各地的庭园和风景区。缅甸、尼泊尔、不丹有分布。开花时节，叶未萌发，花团锦簇，累累满枝，为优良庭园绿化树种之一。

图112 冬樱花和重瓣冬樱花

1—4.冬樱花 *Cerasus cerasoides*（D. Don）Sok.

1.果枝 2.花 3.花纵剖（去花瓣）4.花瓣

5—7.重瓣冬樱花 *Cerasus cerasoides*（D. Don）Sok. var. *rubea*（C. Ingram）Yü et Li

5.花枝 6.花纵剖（去花瓣） 7.叶

14.樱桃（名医别录）图108

Cerasus pseudocerasus（Lindl.）G. Don（1830）

Prunus pseudocerasus Lindl.（1826）

小乔木，高达6米。小枝无毛或幼时疏被柔毛。叶宽卵形或长圆状卵形，长5—12厘米，宽3—7厘米，先端渐尖或骤尾尖，基部圆形，边缘有不等大的尖锐重锯齿，齿尖腺体圆点状，上面暗绿色，无毛，下面淡绿色，沿脉或脉腋有疏柔毛，侧脉9—11对；叶柄长7—15毫米，无毛或幼时有疏毛，顶端有腺体；托叶披针形常羽裂状，边缘有腺齿。花序伞形或近伞房状伞形，有2—6花，先叶开放，序梗包藏于芽鳞内；花梗长5—10（20）毫米，被疏柔毛；萼管钟形，外面被疏柔毛，萼片三角状卵形或卵状长圆形，长约为萼筒的一半；花瓣白色，先端凹陷或2裂状；雄蕊多数；花柱无毛，与雄蕊近等长。果成熟时红色，近球形，直径9—13毫米。花期2—3（4）月，果期4—5（6）月。

栽培于昆明等地。产辽宁、河北、陕西、甘肃、山东、江苏、浙江、江西、河南、四川等省。

我国栽培历史悠久，品种以朱樱、紫樱最好，腊樱、樱珠次之。果生食，也可制果酱、果酒及清凉饮料；种仁能发表麻疹；树皮收敛镇咳。也是很好的园林树种。

15.尖尾樱桃（中国植物志）图113

Cerasus caudata（Franch.）Yu et Li（1986）

Prunus caudata Franch.（1890）

小乔木，高达7米。小枝紫褐色，幼时密被锈色短柔毛，后渐脱落变无毛。叶卵状圆形、卵状椭圆形或卵状披针形，长2—6.5厘米，宽1.5—3厘米，先端尾尖或渐尖，基部楔形或近圆形，边缘有重锯齿，齿尖腺状，上面暗绿色，被短柔毛或无毛，下面淡绿色，被锈色柔毛或仅沿中脉有毛，侧脉6—9对；叶柄长约5毫米，被锈色杂毛；托叶线形，边缘有长腺齿。花序近伞形，有1—3花，与叶同时开放，序梗长3—14毫米，被锈色柔毛；苞片条状近匙形，长约2.5毫米，边缘有腺齿；花梗长5—25毫米，被锈色柔毛；萼管管状钟形，长约5毫米，被锈色柔毛，萼片卵状三角形，长2—3毫米，全缘或有腺齿；花瓣白色，卵状长圆形；雄蕊约25；花柱无毛，稀基部有疏毛，长于雄蕊。果成熟时红色，椭圆形，长约1.5厘米，径约1厘米；核表面有显著棱纹。花期5月，果期7月。

产洱源、丽江、德钦、香格里拉，生于海拔300—3200米的山坡疏林中或林缘。模式标本采自洱源。

16.川西樱桃（中国植物志）　毛孔樱桃（湖北植物志）图113

Cerasus trichostoma（Koehne）Yu et Li（1986）

Prunus trichostoma Koehne（1912）

小乔木，高达8米。小枝幼时疏被柔毛或无毛；冬芽卵形或长卵形，无毛。叶卵形、倒卵形或椭圆披针形，长2—5厘米，宽1—2.5厘米，先端急尖或渐尖，有时尾尖，基部楔形、宽楔形或近圆形，边缘有重锯齿，齿尖有或无腺体，上面暗绿色，疏被柔毛或无毛，下面

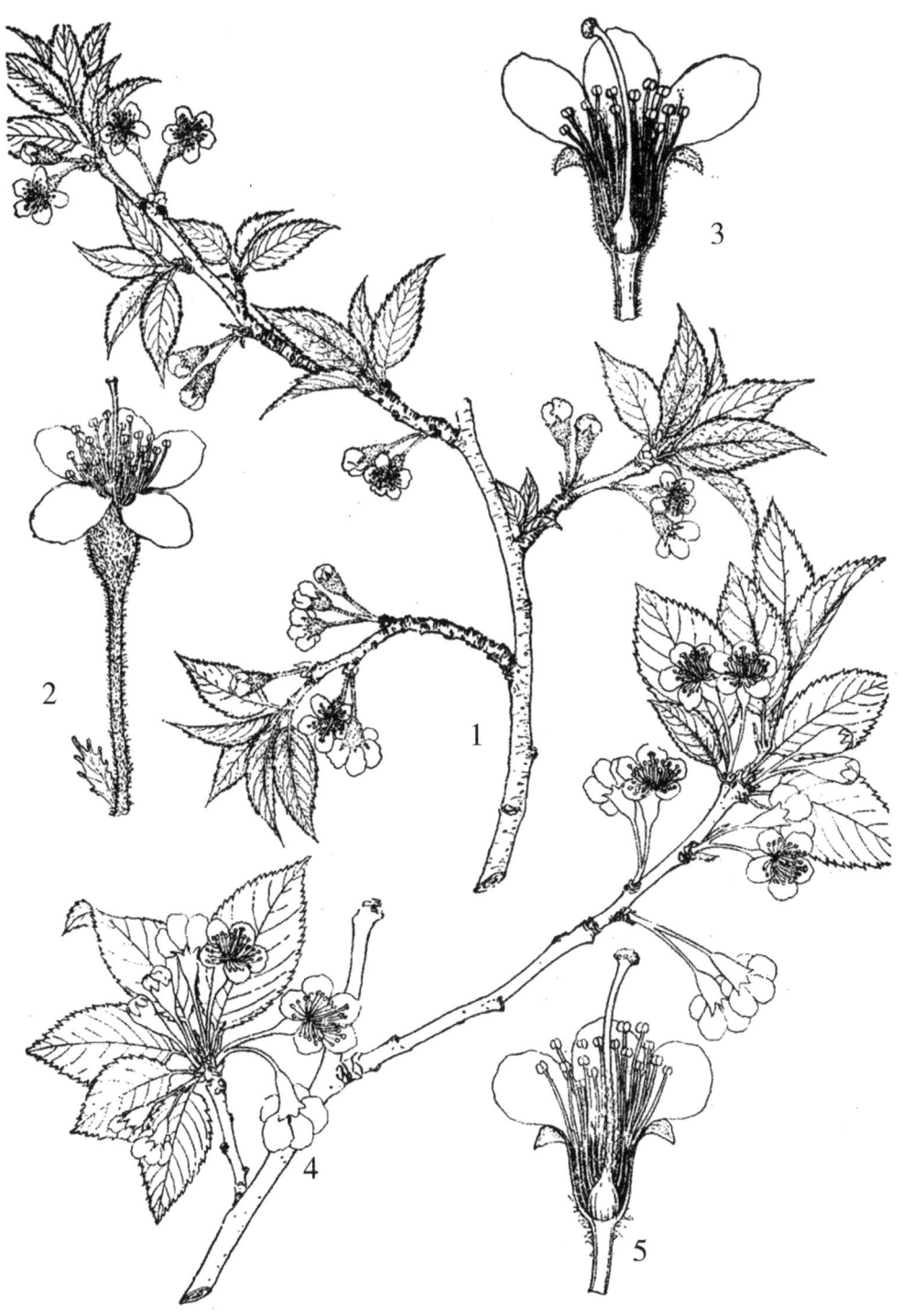

图113　尖尾樱桃和川西樱桃

1—3.尖尾樱桃 *Cerasus caudata*（Franch.）Yü et Li

1.花枝　2.花　3.花纵剖

4—5.川西樱桃 *Cerasus trichostoma*（Koehne）Yü et Li

4.花枝　5.花纵剖

淡绿色，至少沿中脉被柔毛，侧脉6—10（12）对，在下面微凸起；叶柄长6—8毫米，被疏柔毛或近无毛；托叶带形或长披针形，边缘有长腺齿。花序近伞形，有1—3花，与叶同时或稍于叶后开放，序梗长0—5毫米；苞片卵形或卵状长圆形，长约4毫米，边缘有长腺齿；花梗长1—2厘米，被稀疏柔毛；萼管钟状，被稀疏柔毛或无毛，萼片卵状三角形，长2—3毫米，边缘有腺齿；花瓣红色或白色，倒卵形，先端圆钝，边缘常有锯齿；雄蕊25—36，稍短于花瓣或与花瓣近等长；花柱下部有毛，长于雄蕊约1/2。果成熟时紫红色，卵状球形，直径1.3—1.5厘米；核表面有凸起棱纹。

产云龙、丽江、贡山、香格里拉等地，生于海拔2000—3000米的疏林或灌丛中。甘肃、湖北、四川、西藏有分布。

17.山楂叶樱桃（中国植物志）

Cerasus crataegifolius（Hand.-Mazz.）Yü et Li（1986）

Prunus crataegifolius Hand.-Mazz.（1923）

产丽江、贡山、维西、德钦，生于海拔3500—4200米的疏林下或石坡灌丛中。西藏有分布。

18.偃樱桃（中国植物志）

Cerasus mugus（Hand.-Mazz.）Yü et Li（1986）

Prunus mugus Hand.-Mazz.（1923）

产贡山，生于海拔3200—4000米的林缘或灌丛中。模式标本采自贡山。

19.毛樱桃（河北习见树木图说）　梅桃（中国树木分类学）

Cerasus romentosa（Thunb.）Wall.（1829）

产丽江、宁蒗、永胜、维西，生于海拔1500—2800米的山坡林缘或灌丛中。黑龙江、辽宁、内蒙古、河北、山西、甘肃、青海、山东、四川、西藏等省（自治区）有分布。

果实含糖11%，味酸甜，可生食及酿酒；种仁含油43%，可制皂及作润滑油，入药有润肠利尿之效。常见栽培于庭园供观赏。

20.麦李（中国树木分类学）　小粉团（昆明）

Cerasus glandulosa（Thunb.）Lois.（1812）

Prunus glandulosa Thunb.（1784）

栽培于昆明各地庭园的多为花重瓣，有粉红色、白色等品种。陕西、山东、江苏、安徽、浙江、福建、河南、广东、广西、四川、贵州均产；日本也有。

21.郁李（植物名实图考）

Cerasus japonica（Thunb.）Lois（1812）

Prunus japonica Thunb.（1784）

栽培于昆明、大理、丽江等地的庭园。黑龙江、吉林、辽宁、河北、山东、浙江均产；朝鲜、日本也有。

喜光、耐寒，适应性强，一般酸碱性土壤均可栽培。用种子、分株、压条或嫁接繁殖。

16. 稠李属 Padus Mill.

落叶小乔木或灌木。叶在芽中呈对折状，通常有锯齿，稀全缘；叶柄有或无腺体；托叶常早落。总状花序，下部通常有叶，稀无叶；苞片早落；花瓣5，萼片5，雄蕊10至多数，子房上位，心皮1，具2胚珠，核果无纵沟，具1种子；子叶肥厚。

本属约有20余种，主要分布于北温带。我国约有14种；云南约有10种。

分 种 检 索 表

1.花序下部无叶，基部有宿存芽鳞；雄蕊10；花萼果期宿存 ············1.宿鳞稠李 P. perulata
1.花序下部有叶，基部无宿存芽鳞；雄蕊20以上；花萼果期脱落。
  2.花序梗和花梗果期明显增粗，并有明显增大的皮孔。
    3.小枝和叶下面无毛；果梗直径达3毫米 ······················ 2.粗梗稠李 P.napaulensis
    3.小枝和叶下面被绒毛；果梗直径1—1.5毫米 ··················· 3.绢毛稠李 P. wilsonii
  2.花序梗和花梗果期不增粗，也无明显增大的皮孔。
    4.花梗无毛，花柱长于雄蕊或近等长；叶缘齿尖腺体不明显 ······ 4.灰叶稠李 P.grayana
    4.花梗有毛，花柱短于雄蕊，至少短于长雄蕊；叶缘齿尖腺体明显。
      5.叶下面密被黄褐色柔毛 ······················ 5.褐毛稠李 P. brunnescens
      5.叶下面仅脉腋有簇毛或无毛。
        6.叶下面脉腋有簇毛，基部常浅心形 ··················· 6.短梗稠李 P.brachypoda
        6.叶下面无毛，基部常宽楔形 ····················· 7.细齿稠李 P.obtusata

1.宿鳞稠李（中国植物志）　鳞芽稠李（云南种子植物名录）图114

Padus perulata（Koehne）Yu et Ku（1986）

Prunus perulata Koehne（1911）

乔木，高达12米，胸径达40厘米。小枝幼时被短绒毛，后渐脱落近无毛；冬芽卵状圆形，鳞片无毛或仅边缘有短柔毛。叶长圆形或倒卵状披针形，稀椭圆形，长5—11厘米，宽2.5—3.5厘米，先端渐尖或急尖，基部宽楔形或近圆形，边缘有内弯细锯齿，齿尖腺状，上面深绿色，幼时脉上有短柔毛，上面淡绿色，疏被柔毛，沿中脉较密，老时两面近无毛；叶柄长1—1.5（2.5）厘米，幼时疏被短柔毛，后渐脱落，无腺体，有时叶片基部两侧近叶柄处各有1腺体；托叶线状披针形，边缘有腺齿。总状花序长5—12厘米，无叶，基部有宿存芽鳞；花梗长约2毫米，有短柔毛；萼管钟形，萼片三角状卵形，与萼筒近等长或稍短，均外面无毛，内面有短柔毛，边缘有腺齿，花瓣白色，近圆形或倒卵形，先端边缘波状；雄蕊10，与花瓣近等长；花柱无毛，稍短于雄蕊。果近球形，直径5—8毫米，顶端有短尖头，有宿存花萼和花丝；果梗长约8毫米。花期4—5月，果期5—6月。

产大理、云龙、鹤庆、丽江，生于海拔1800—3000米的杂木疏林中或林缘。四川有分布。

图114　宿鳞稠李和褐毛稠李

1—2.宿鳞稠李 *Padus perulata*（Koehne）Yü et Ku

1.果枝　2.果

3—5.褐毛稠李 *Padus brunnescens* Yü et Ku

3.花枝　4.花纵剖　5.叶下面一部分（示毛被）

2. 粗梗稠李（中国植物志） 尼泊尔稠李（云南种子植物名录）图115

Padus napaulensis（Ser.）Schneid.（1905）

Cerasus napaulensis Ser.（1825）

乔木，高达20余米。小枝红褐色，无毛，老枝黑褐色，有灰白色皮孔；冬芽卵状圆形，无毛。叶长椭圆形、椭圆披针形或卵状椭圆形，长6—14厘米，宽2—6厘米，先端渐尖或急尖，基部楔形或近圆形，边缘具大小疏密不等的锯齿，有时波状，齿尖腺状，上面无毛，下面无毛或幼时有稀疏短柔毛，侧脉约20对，连同中脉在下面凸起；叶柄长1—2厘米，无毛，无腺体，有时叶片基部一侧或两侧有腺体，托叶线状披针形，边缘有腺齿。总状花序长7—15厘米，初时有短柔毛，后渐脱落，下部有2—4叶，比枝生叶小，上部具多花；花直径约1厘米，花梗长4—6毫米；萼管杯形，萼片三角状卵形，短于萼管，均两面有短柔毛；花瓣白色，倒卵状长圆形，上部啮蚀状或近全缘；雄蕊22—27，长的与花瓣近等长；花柱短于长雄蕊，基部无毛或有微柔毛。果卵状球形，直径1—1.3厘米，顶端有微凸起的小尖头；果梗显著增粗，长7—10毫米，径约3毫米，无毛或有不显著的短毛，具皮孔。花期秋季，果期翌年3—4月。

产腾冲、龙陵、普洱等地，生于海拔1500—2500米的阴坡混交林中。陕西、安徽、江西、四川、贵州、西藏有分布；缅甸、印度、不丹、印度、尼泊尔也产。

3. 绢毛稠李（秦岭植物志） 川西稠李（云南种子植物名录）图115

Padus wilsonii Schneid.（1905）

Prunus napaulensis var. *sericea* Batal.（1895）

Prunus sericea（Batal.）Koehne（1911）

乔木，高达30米，胸径达80厘米。小枝红褐色，被短柔毛，老时紫褐色，近无毛，有明显皮孔；冬芽卵状圆形，鳞片无毛或边缘有短柔毛。叶椭圆形、长圆形或长圆倒卵形，稀卵状披针形，长6—14（17）厘米，宽3—8厘米，先端渐尖或短尾尖，基部楔形、宽楔形或近圆形，边缘有锯齿，齿尖腺状，内向，上面深绿或带紫色，近无毛，下面淡绿色，幼时被白色绢毛，后渐变为棕色，侧脉约20对，连同中脉在上面下凹，下面凸起；叶柄长约1厘米，有短柔毛或无毛，顶端或叶片基部两侧各有1腺体；托叶线形。总状花序长7—15厘米，被短柔毛，下部有2—4叶，上部具多花；花直径6—8毫米，花梗长5—8毫米；萼管钟形或杯形，有柔毛，萼片卵状三角形，短于萼管2倍，外面被绢状短柔毛，内面被疏柔毛；花瓣白色，倒卵状长圆形，先端啮蚀状；雄蕊约20，长的与花瓣近等长，花柱短于长雄蕊。果幼时红褐色，老时黑紫色，卵状球形或长圆形，长10—15毫米，径8—10毫米；果梗明显增粗，长约5毫米，径约1.5毫米，有短柔毛，皮孔明显。花期4—5月，果期6—10月。

产麻栗坡、富宁、文山、广南等地，生于海拔1000—2500米的沟谷阔叶林中。陕西、安徽、浙江、江西、湖北、湖南、广东、广西、四川、贵州、西藏有分布。

4.灰叶稠李（中国树木分类学）

Padus grayana（Maxim.）Schneid.（1906）

Prunus grayana Maxim.（1883）

图115 粗硬稠李和绢毛稠李

1—4.粗梗稠李 *Padus napaulensis*（Ser.）Schneid.

1.花枝 2.花纵剖 3.果序 4.叶下面（部分放大）

5—6.绢毛稠李 *Padus wilsonii* Schneid.

5.果枝 6.叶下面（部分放大）

产丽江一带，生于海拔2000—3000米杂木林中。浙江、江西、湖北、湖南、四川、贵州有分布；日本也有。

5.褐毛稠李（植物分类学报）图114

Padus brunnescens Yü ct Ku (1985)

乔木，高达15米，胸径达22厘米。小枝红褐色，幼时被黄褐色短柔毛，后脱落变无毛；冬芽卵形，鳞片无毛。叶椭圆形，倒卵状椭圆形或卵状长圆形，长8—14厘米，宽4—8厘米，先端急尖或短尾尖，基部浅心形或圆形，边缘有细密锐锯齿，齿尖腺状，上面深绿色，无毛，下面淡绿色或黄褐色，密被黄褐色柔毛；叶柄长1—2.5厘米，无毛或有黄褐色短柔毛，顶端有或无腺体。总状花序长15—22厘米，密被黄褐色短柔毛，下部有1—3叶，多为长圆形，较枝生叶小，上部具多花；花直径5—7毫米，花梗2—4毫米，花萼外面被黄褐色短柔毛，内面仅基部被黄褐色长毛，萼管宽钟形，萼片卵状三角形，密被黄褐色缘毛；花瓣白色，卵状近圆形；雄蕊约25，稍长于花瓣；花柱无毛，短于雄蕊。果球形或卵状球形，直径约5毫米，顶端急尖。花期5月，果期6—7月。

产大关，生于海拔1900—2000米的常绿阔叶林中或林缘。四川有分布。

6.短梗稠李（中国植物志）图116

Padus brachypoda（Batal.）Schneid.（1905）

Prunus brachypoda Batal.（1892）

乔木，高达10米，胸径达40厘米。小枝无毛或幼时被粉末状微柔毛；宽芽卵状圆形，通常无毛。叶长圆形，稀椭圆形，长6—16厘米，宽3—7厘米，先端急尖或渐尖，基部微心形或圆形，边缘有外伸或稍内弯细锯齿，齿尖腺状，两面无毛或下血脉腋有黄褐色簇毛；叶柄长1—2.5厘米，无毛，顶端两侧各有1腺体；托叶线形，边缘有腺齿。总状花序长16—30厘米，有短柔毛，下部有叶，较枝生叶小，上部具多花；花直径5—7毫米，花梗长5—7毫米；萼管钟形，外面疏被短柔毛，内面仅基部有毛，萼片三角状卵形，外面被疏毛，边缘有腺齿；花瓣白色，倒卵形，上部啮蚀状或波状；雄蕊25—30，长短不等，长的与花瓣近等长；花柱短于长雄蕊。果幼时紫红色，老时黑褐色，近球形，直径5—7毫米。花期4—5月，果期5—6月。

产大姚、禄丰、鹤庆、丽江、宁蒗、景东，生于海拔2000—3500米的沟谷杂木林或山坡灌丛中。陕西、甘肃、湖北、四川、贵州均有。

7.细齿稠李（中国植物志） 西南稠李（云南种子植物名录）图116

Padus obtusata（Koehne）Yü et Ku（1986）

Prunus obtusata Koehne（1911）

Prunus vaniotii Lévi.（1915）

乔木，高达15米，胸径达40厘米。小枝幼时红褐色，被短柔毛或无毛，老时暗棕色，有稀疏的灰色皮孔；芽卵状圆形，无毛。叶长圆形、卵状长圆形、椭圆形或倒卵状长圆形，长4—11厘米，宽2—4厘米，先端急尖或钝，有时渐尖，基部宽楔形、楔形、近圆形，稀亚心形，边缘有细锯齿，齿尖腺体内弯，上面暗绿色，下面淡绿色，两面均无毛；叶柄长1—2厘米，无毛或有短柔毛；托叶线形，边缘有腺齿。总状花序长10—15厘米，有短柔

图116 短梗稠李和细齿稠李

1—3.短梗稠李 Padus brachypoda（Batal.）Schneid.

1.幼果枝 2.幼果 3.叶下面（部分放大）

4—6.细齿稠李 Padus obtusata（Koehne）Yü et Ku

4.花枝 5.花纵剖 6.叶下面（部分放大）

毛，下部有叶，上部具多花；花直径约7毫米，花梗长3—7毫米；萼管钟形，萼片卵状三角形，短于萼管2—3倍，均被短柔毛；花瓣白色，近圆形或长圆形，上部啮蚀状或波状；雄蕊20—29，长短不等，长的与花瓣近等长；花柱稍短于长雄蕊。果卵状球形，直径6—8毫米，顶端有短尖头；果梗有短柔毛。花期4—5月，果期6—7月。

产云龙、鹤庆、丽江、大关，生于海拔2000—3000米的沟谷疏林中。陕西、甘肃、安徽、浙江、江西、台湾、湖北、湖南、四川、贵州有分布。

17. 桂樱属 Laurocerasus Tourn. ex Duh.

常绿乔木或灌木。叶在芽中对折，全缘或有锯齿；托叶小，早落。总状花序单一，稀成簇生于叶腋或去年生枝的叶痕腋；花两性，有时雌蕊退化形成单性雄花；苞片小，早落，花序下部的苞片常不孕，先端3裂或有3齿；萼片5；花瓣5，通常长于萼片2倍；雄蕊10—50，排成2轮，内轮稍短；子房上位，心皮1，有2并生胚珠。果为核果，干燥；种子1，下垂。

本属约80余种，主要产于热带，少数分布于亚热带和冷温带。我国约有13种，9变型，以华南和西南地区较多；云南约有9种，8变型。

分 种 检 索 表

1.叶下面有黑褐色腺体。
　2.叶下面全部散生黑褐色小腺点，全缘 ················· 1.腺叶桂樱 L. phaeosticta
　2.叶下面中部以下有少量零星分散的褐色扁平腺点，边缘中部以上有时有疏锯齿 ········
　　··· 2.尖叶桂樱 L. undulata
1.叶下面无腺点。
　3.叶下面密被柔毛。
　　4.叶下面被灰白色柔毛，边缘全部有粗锯齿，叶柄顶端有腺体；果顶端急尖 ···········
　　　·· 3.毛背桂樱 L. hypotricha
　　4.叶下面被浅黄色柔毛，边缘中部以上有不明显的浅锯齿，叶柄顶端无腺体；果顶端圆钝 ·· 4.勐海桂樱 L. menghaiensis
　3.叶下面无毛。
　　5.花序无毛；叶缘疏生不明显浅锯齿，近基部的齿常转化为腺体 ···················
　　　·· 5.云南桂樱 L. andersonii
　　5.花序有毛。
　　　6.叶柄有腺体。叶缘有粗锯齿；果长圆形，长18—24毫米，径8—11毫米，核具平坦的网纹 ·· 6.大叶桂樱 L. zippeliana
　　　6.叶柄无腺体。
　　　　7.叶下面基部中脉两侧各有1黑色扁平腺体，边缘有刺状尖锯齿；花梗长2—3毫米；果宽椭圆形，长17—20毫米，径14—16毫米，核具凸起粗网纹 ···········
　　　　　·· 7.坚核桂樱 L. jenkinsii
　　　　7.叶下面基部中脉两侧无腺体，边缘有粗锐锯齿；花梗长5—8毫米，果卵状球形，

长12—14毫米，径9—11毫米，核无网纹 ………… **8.长叶桂樱** L. dolichophylla

1.腺叶桂樱（中国树木志） 腺叶野樱（广州植物志）图117

Laurocerasus phaeosticta（Hance）Schneid.（1906）

Pygeum phaeosticta Hance（1870）

Prunus phaeosticta（Hance）Maxim.（1883）

小乔木，高达8米。小枝褐色，无毛，有稀疏不显著的黄褐色皮孔；冬芽卵形，鳞片内面基部有浅黄色丛毛。叶椭圆形、长圆披针形或长圆倒披针形，长6—12厘米，宽2—4厘米，先端尾状渐尖，基部楔形或宽楔形，全缘或萌枝上的叶具尖锐锯齿，两面无毛，上面有光泽，下面散生黑色小腺点，近基部中脉两侧各具1枚大腺点；叶柄长4—8毫米，无毛，无腺体；托叶早落。花序长4—6厘米，无毛，单生于叶腋或小枝下部叶痕腋，具5—11花；花梗长2—6毫米；萼管杯形，无毛，萼片卵状三角形，边缘有毛和不明显小齿；花瓣白色，倒卵状近圆形，长约2.5毫米；雄蕊20—35，长于花瓣；花柱无毛，与雄蕊近等长。果紫黑色，近球形，直径6—10毫米；核表面平滑。花期4—6月，果期7—10月。

产腾冲、景东、金平、屏边、文山，生于海拔1500—2500米的山坡或沟谷杂木林中。分布于浙江、江西、福建、台湾、湖南、广西、贵州；越南、缅甸、泰国、印度、孟加拉国均有分布。

本种在云南产区内尚有4变型。①小枝被浅黄色柔毛，叶上半部具不明显疏锯齿的微齿毛枝桂樱f. *lasioclada*（Rehd.）Yü et Lu；②小枝被柔毛，叶上半部具明显稀疏粗锯齿的粗齿桂樱f. *dentigera*（Rehd.）Yü et Lu；③小枝被柔毛，叶几全部具稀疏针状锐锯齿的微毛锐齿桂樱f. *puberula* Yü et Lu；④小枝和花序均被柔毛，叶上半部或全部具稀疏小锯齿的毛序桂樱f. *pubipedunculata* Yü et Lu。

木材细致，纹理清晰，为良好的工艺品用材。种仁含干性油34.5%，为工业用油。可作适生地区的庭园栽培树种。

2.尖叶桂樱（中国树木志） 水桃树（金平）图117

Laurocerasus undulata（D. Don）Roem.（1847）

Cerasus undulata（D. Don）Ser.（1825）

Prunus undulata Buch.-Ham. ex D. Don（1825）

乔木，高达10米，胸径达30厘米。小枝紫褐色或灰褐色，无毛，有不明显的皮孔。叶椭圆形或长圆披针形，长6—15毫米，宽2—5厘米，先端渐尖或近尾尖，基部楔形、宽楔形或近圆形，全缘或中部以上有稀疏不明显的小锯齿，两面无毛，上面有光泽，下面中部以下常有少数零星分散的褐色扁平腺点，侧脉6—10对，在上面平坦，下面微凸起；叶柄长5—12毫米，无毛，无腺体；托叶长4—6毫米，无毛，早落。花序长5—10厘米，无毛，单1或2—4簇生于叶腋，具10—30花，两性花与单性雄花有时在同一花序上；花梗长2—5毫米；萼管宽钟形，萼片卵状三角形，均无毛；花瓣浅黄白色，椭圆形或倒卵形，长2—4毫米；雄蕊10—30，稍长于花瓣或近等长；子房有柔毛，花柱短于雄蕊。果卵状近球形或椭圆形，长10—16毫米，径7—11毫米，顶端急尖或稍钝，无毛；核表面平滑。花期7—11月，果期9月至翌年1月。

图117　腺叶桂樱和尖叶桂樱

1—4.腺叶桂樱 *Laurocerasus phaeosticta*（Hance）Schneid.

1.果枝　2.花枝　3.花纵剖　4.叶下面（示腺点）

5—8.尖叶桂樱 *Laurocerasus undulata*（D. Don）Roem.

5.花枝　6.果枝　7.花纵剖　8.叶下面（基部以上一部分示腺点）

产云龙、临沧、沧源、双江、西盟、景东、金平、广南，生于海拔1400—2300米的常绿阔叶林中。分布于江西、湖南、广东、广西、四川、贵州、西藏；越南、老挝、缅甸、泰国、印度、孟加拉国、不丹、尼泊尔也有。

本种在云南产区内尚有3变型。①叶狭披针形，基部楔形的狭尖叶桂樱f. *elongata*（Koehne）Yü et Lu；②叶缘具稀疏浅钝锯齿，基部近圆形的钝齿尖叶桂樱f. *microbo-trys*（Koehne）Yü et Lu；③花序微被细短柔毛的毛序尖叶桂樱f. *pubigera* Yü et Lu。

3.毛背桂樱（中国植物志）图118

Laurocerasus hypotricha（Rehd.）Yü et Lu（1984）
Prunus hypotricha Rehd.（1917）

小乔木或乔木，高达15米。小枝幼时被黄灰色柔毛，后渐脱落，有皮孔。叶椭圆形、宽椭圆形或椭圆状长圆形，长10—18厘米，宽4—9厘米，先端短渐尖或骤尖，基部宽楔形或近圆形，边缘有粗锯齿，齿尖腺体黑褐色，上面无毛，有光泽，下面被灰白色短柔毛，侧脉9—12对，在上面平坦，下面凸起；叶柄粗壮，长6—10毫米，径2—3毫米，被柔毛或老时脱落，上部近顶端有2腺体。花序长2—5厘米，被柔毛，单1或2—3簇生于叶腋，具数花；花直径5—6毫米，花梗长5—10毫米；苞片卵状披针形，长5—6毫米，被柔毛，早落；萼管钟状杯形，萼片卵状三角形，均被柔毛；花瓣白色，宽倒卵形或近圆形；雄蕊20—30，长于花瓣；子房有毛，花柱稍长于雄蕊。果卵状长圆形，长15—25毫米，径7—17毫米，无毛。花期8—9月，果期10—11月。

产贡山，生于海拔1500—2000米的沟谷疏林或山坡灌丛中。江西、福建、广东、广西、四川、贵州有分布。

4.勐海桂樱（植物分类学报）

Laurocerasus menghaiensis Yü et Lu（1984）
产勐海，生于海拔1800米的阔叶林中。模式标本采自勐海。

5.云南桂樱（中国植物志）图118

Laurocerasus andersonii（Hook. f.）Yü et Lu（1984）
Pygeum andersonii Hook. f.（1878）

小乔木，高达6米。小枝褐色或灰褐色，无毛。叶长圆形或卵状长圆形，长6—16厘米，宽2—5厘米，先端短渐尖或急尖，基部宽楔形或近圆形，边缘除近基部具小腺体外，以上疏生小浅锯齿，齿尖腺体黑色，两面均无毛，侧脉8—12对，在上面不明显，下面稍明显；叶柄长7—15毫米，无毛，无腺体；托叶长1.5—2.5毫米，早落。花序长2—5厘米，无毛，约具数至10余花；花梗长3—6毫米；萼管钟形，萼片三角形，均无毛，花瓣白色，椭圆形，长2—3毫米，微具柔毛；雄蕊25—30，与花瓣近等长；子房无毛，花柱稍短于雄蕊。果球形或扁球形，长7—10毫米，径8—10毫米；核表面具不明显网纹。花期7—8月，果期9—10月。

产文山、马关，生于海拔1000—1500米的石山疏林中。

图118　毛背桂樱和云南桂樱

1—3.毛背桂樱 *Laurocerasus hypotricha*（Rehd.）Yü et Lu

1.果枝　2.果　3.叶下面（示毛被）

4—6.云南桂樱 *Laurocerasus andersonii*（Hook. f.）Yü et Lu

4.果枝　5.果　6.叶下面（示无毛）

6. 大叶桂樱（中国树木志）　大叶野樱（广州植物志）、大叶樟樱（云南种子植物名录）图119

Laurocerasus zippeliana（Miq.）Yü et Lu（1984）

Prunus macrophylla Sieb. et Zucc.（1845），non Poir.（1816）

Prunus zippeliana Miq.（1855）

乔木，高达25米。小枝黑褐色，无毛，有小皮孔。叶宽长圆形、椭圆状长圆形或宽卵形，长10—19厘米，宽4—8厘米，先端渐尖或短渐尖，基部宽楔形或近圆形，边缘具粗锯齿，齿尖腺体黑色，两面无毛，侧脉7—13对，在上面不明显，下面明显；叶柄长1—2厘米，无毛，近顶端有腺体；托叶线形，早落。花序长2—6厘米，被短柔毛，单一或2—4簇生于叶腋，具多花；花梗长1—3毫米；萼管钟形，萼片卵状三角形，均被柔毛；花瓣白色，近圆形，长约4毫米；雄蕊20—25，长于花瓣；子房无毛，花柱与雄蕊近等长。果长圆形或卵状长圆形，长18—24毫米，径8—11毫米，顶端急尖；核表面具平坦的褐色网纹。花期7—8月，果期11—12月。

产宾川、耿马，生于海拔400—1800米的常绿阔叶林中。分布于陕西、甘肃、浙江、江西、福建、台湾、湖北、湖南、广东、广西、四川、贵州；越南、日本也有。

本种尚有1变型，为叶椭圆披针形或长圆披针形的狭叶桂樱 f. *angustifolia* Yü et Lu，产安宁、凤庆、文山等地。

7.坚核桂樱（中国植物志）图119

Laurocerasus jenkinsii（Hook. f.）Yü et Lu（1984）

Prunus jenkinsii Hook. f.（1878）

乔木，高达20米。小枝红褐色或黑褐色，幼时有微柔毛，后渐变无毛，有不明显的小皮孔。叶长圆形，稀倒卵状长圆形，长6—16厘米，宽2—5厘米，先端短渐尖或尾尖，基部楔形或宽楔形，边缘有针状尖锐浅锯齿，有时中下部全缘，齿尖腺状，两面无毛，上面有光泽，下面基部中脉两侧各有1黑色扁平腺体，侧脉10—14对，在上面平坦或微凹，下面凸起；叶柄长5—10毫米，无毛，无腺体。花序长5—8厘米，被短柔毛，单生（稀双生）于叶腋，具数花；花梗长2—3毫米；苞片长约2.5毫米，被短柔毛，生于花序基部的常无花，先端3裂或具3齿；花萼具微柔毛；花瓣白色，近圆形，长约3毫米；雄蕊20—30，长于花瓣；子房无毛，花柱稍长于雄蕊。果宽椭圆形或卵状近球形，长约2厘米，径约16毫米；核表面具粗而凸起的网纹。花期9—10月，果期翌年1—2月。

产盈江、勐海，生于海拔1000—1800米的疏林或密林中。缅甸、印度、孟加拉国有分布。

8.长叶桂樱（植物分类学报）图120

Laurocerasus dolichophylla Yü et Lu（1984）

乔木，高达20米。小枝紫褐色或灰褐色，幼时被疏柔毛，后渐变无毛，有稀疏小皮孔。叶狭长圆形或倒卵狭长圆形，长9—14厘米，宽2.5—4.5厘米，先端急尖或短渐尖，基

图119 大叶桂樱和坚核桂樱

1—2.大叶桂樱 *Laurocerasus zippeliana*（Miq.）Yü et Lu

1.果枝　2.果

3—5.坚核桂樱 *Laurocerasus jenkinsii*（Hook. f.）Yü et Lu

3.果枝　4.果　5.叶下面（示基部中脉两侧的腺体）

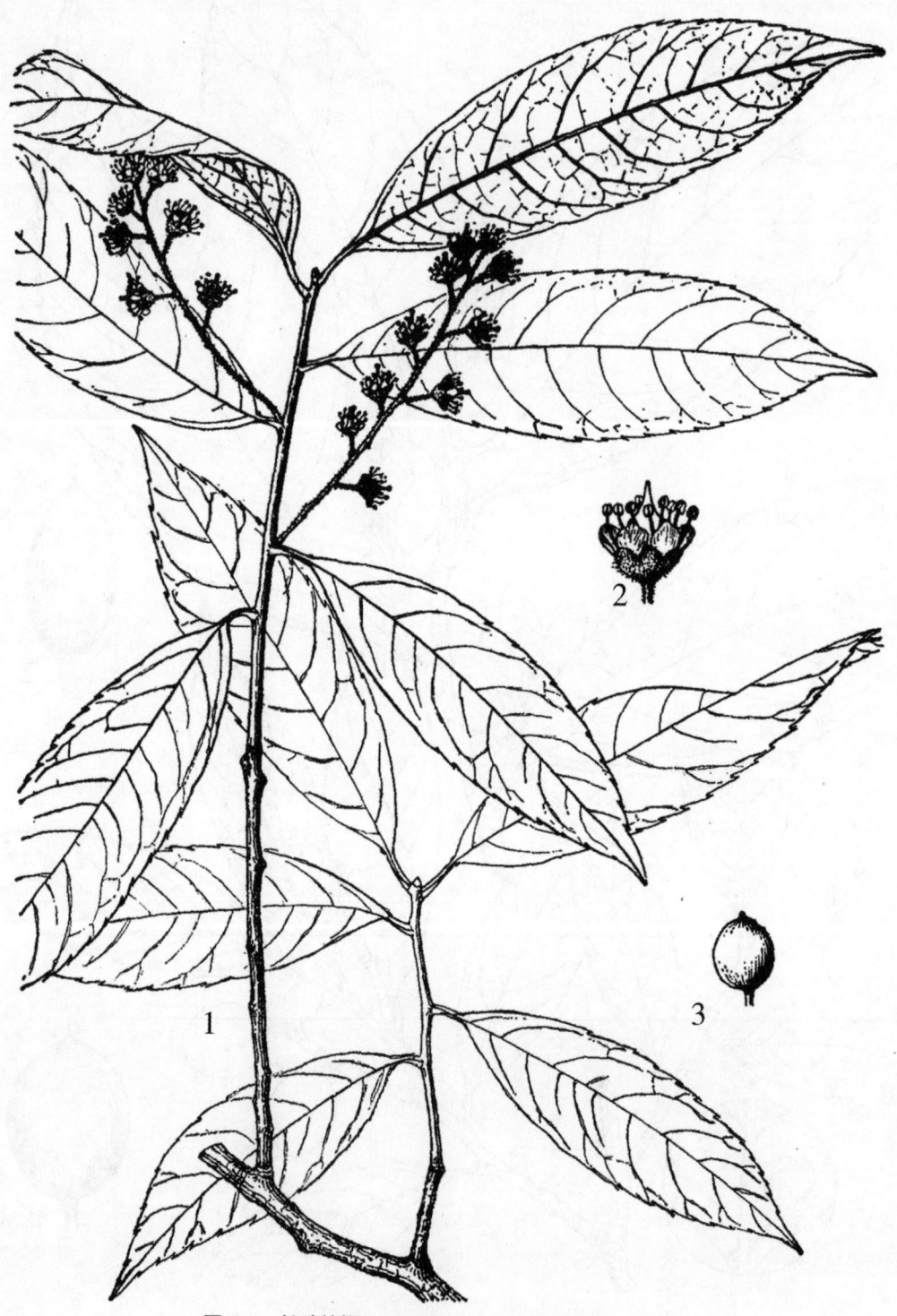

图120 长叶桂樱 *Laurocerasus dolichophylla* Yü et Lu
1.花枝 2.花 3.果

部楔形，常一侧偏斜，边缘有粗锐锯齿，齿尖内弯，两面无毛，上面有光泽，下面色淡，近基部有时有腺体，侧脉10—14对，在上面凹陷，下面凸起；叶柄长6—8毫米，无毛，无腺体。花序长7—9厘米，被黄棕色短柔毛，单生于叶腋，具10—20余花；花梗长5—8毫米；花萼外面被棕黄色短柔毛，萼管钟形，长2—3毫米，萼片卵状三角形，长约2毫米；花瓣白色，圆形或倒卵形，长2—3毫米；雄蕊20—30，长于花瓣；子房无毛，花柱稍长于雄蕊或近等长。果卵状球形，长12—14毫米，径9—11毫米，顶端急尖；果核表面无网纹。花期8—9月，果期12月至翌年1月。

产麻栗坡、西畴，生于海拔1300—1500米的石山混交林中。模式标本采自西畴。

18. 臀果木属 Pygeum Gaertn.

常绿乔木或灌木。叶全缘，稀有细小锯齿。托叶小，早落，稀宿存。总状花序单1（有时分枝）或2—4簇生于叶腋；花两性或单性，有时杂性异株；萼管倒圆锥形、钟形或杯形，果时脱落；花被片5—10（15），萼片与花瓣同数，常不易区分，有时无花瓣；雄蕊10—30（85），一列或多列；子房上位，由单心皮所成，无毛或有毛，具2胚珠。果为核果，多为横向长圆形，稀长圆形；种子1，子叶肥厚。

本属约有40余种，分布于东半球热带地区。我国约有6种，产东南部至西南部；云南约有5种。

分 种 检 索 表

1.成熟叶无毛；果实扁卵状球形，长和径均15—18毫米或长稍短于径 ·····················
·· 1.大果臀果木 P. macrocarpum
1.成熟叶有毛。
　2.叶两面有毛，网脉在上面凹陷；子房有毛，果卵状球形，长和径近相等 ·················
··· 2.云南臀果木 P. henryi
　2.叶仅下面有毛，网脉在上面不凹陷；子房无毛。
　　3.叶卵状椭圆形或椭圆形，下面基部中脉两侧各有1腺体；果臀形，长明显短于宽扁面的径 ···································3.臀果木 P. topengii
　　3.叶披针形，下面基部无腺体，稀有2腺体；果长圆形，长大于径 ·····················
··· 4.长圆臀果木 P. oblongum

1.大果臀果木（植物分类学报）图121

Pygeum macrocarpum Yü et Lu（1985）

乔木，高达10米。小枝紫褐色或灰褐色，幼时被褐色柔毛，后渐变无毛，具多数皮孔。叶纸质或近革质，椭圆形或长圆椭圆形，长10—18厘米，宽5—9厘米，先端突然收缩成短尖头，基部近圆形，全缘，上面绿褐色，下面较浅，两面无毛，或很少下面脉上有稀疏的褐色柔毛，近基部有或无2扁平腺体，侧脉6—8对，在下面凸起；叶柄长10—12毫米，幼时被短柔毛，后渐脱落，无腺体。花序单一或2—3簇生于叶腋，序梗、花梗、花萼均被

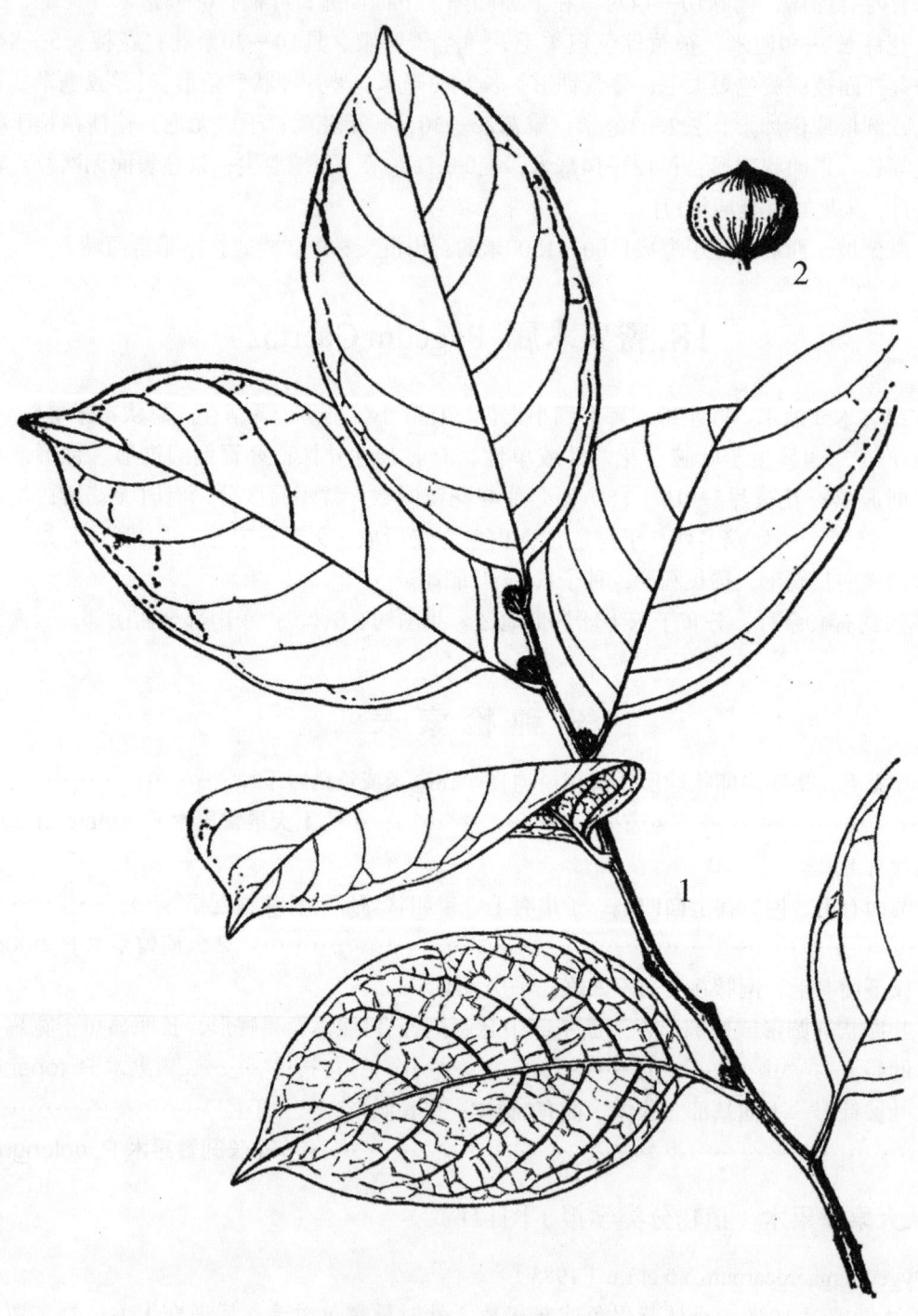

图121　大果臀果木 *Pygeum macrocarpum* Yü et Lu
1.叶枝　2.果

褐色柔毛；苞片早落。果紫褐色，扁卵状球形，长15—18毫米，径稍大于长，顶端具小尖头，成熟后有时开裂；种子具杏仁味。果期冬季至翌年春季。

产金平、麻栗坡，生于海拔500—1000米的沟谷林中或林缘。模式标本采自金平。

2.云南臀果木（中国植物志）图122

Pygeum henryi Dunn（1903）

小乔木至乔木，高达15米。小枝幼时密被锈褐色柔毛，后渐脱落，被稀疏皮孔。叶长圆披针形或椭圆形，长9—20厘米，宽4—8厘米，先端短渐尖、急尖或渐尖，基部宽楔形或近圆形，全缘，上面深绿色，初被锈色柔毛，后渐脱落，下面淡绿色，密被锈色柔毛，基部中脉两侧常各有1凹陷腺体，侧脉9—12对，连同第三次小脉在上面下凹，下面凸起；叶柄长6—11毫米，被锈色柔毛。花序长3—6厘米，被锈色密柔毛，单1（有时分枝）或2—3簇生于叶腋，具多花；花梗长1—2毫米，苞片卵形或三角状卵形，与花梗等长或稍短，有时稍长；萼管杯形，萼片5—6，狭三角形，长约1毫米；花瓣5—6，狭长圆形，稍长于萼片或与萼片不易区别；雄蕊20—30，长于花瓣约3倍；子房有毛，花柱与雄蕊近等长或稍短。果卵状球形或稍侧扁，长7—10毫米，宽扁面直径稍大于长，幼时具柔毛，老时近无毛。花期8—11月，果期12月至翌年5月。

产沧源、耿马、景东、普洱等地，生于海拔600—2000米的疏林中或林缘。模式标本采自普洱。

喜温热湿润气候，不耐荫。种子繁殖。

散孔材。边材灰褐色，心材红褐色，区别明显。木材纹理直或斜，结构细，硬度及强度中等，干缩性一般，不耐腐，可作普遍家具及室内装修用材。

3.臀果木（中国植物志） 臀形果（中国高等植物图鉴）图122

Pygeum topengii Merr.（1919）

乔木，高达25米。小枝幼时被褐色柔毛，后渐变无毛，具皮孔。叶椭圆形、宽椭圆形或卵状椭圆形，长6—16厘米，宽3—8.5厘米，先端短渐尖，有时钝，基部宽楔形，有时略不对称，全缘，上面亮绿色，无毛，下面淡绿色，幼时被褐色柔毛，后渐脱落，或仅沿脉有毛，基部中脉两侧通常各有1扁平腺体，侧脉5—8对，在上面明显，下面凸起；叶柄长5—8毫米，被褐色柔毛，或老时近无毛。花序长约3厘米，密被褐色柔毛，具10余花；花直径2—3毫米，花梗长1—3毫米；苞片披针形或线状披针形，早落；萼管倒圆锥形，萼片5—6，三角状卵形，花瓣5—6，长圆形，稍长于萼片，或二者区别不明显；雄蕊约35；子房无毛，花柱短于雄蕊。果臀形，长8—12毫米，宽扁面径10—17毫米，顶端凹陷处常有小尖头；种子1，下垂。花期9—10月，果期翌年4—5月。

产普洱、景洪、勐腊、屏边、文山、西畴，生于海拔500—1000米的沟谷密林或由坡疏林中。福建、广东、广西有分布。

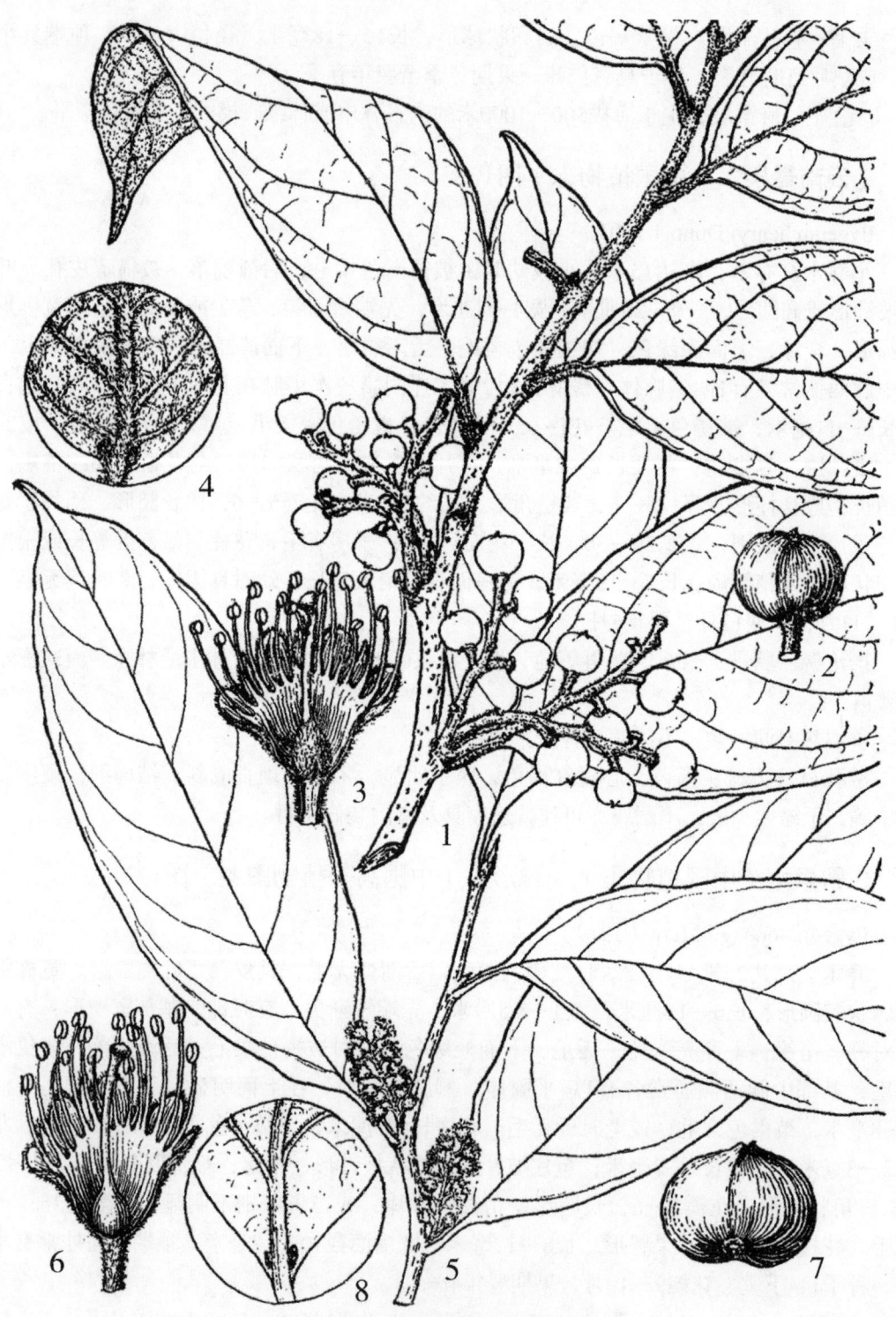

图122 云南臀果木和臀果木

1—4.云南臀果木 *Pygeum henryi* Dunn

1.果枝 2.果 3.花纵剖 4.叶下面（示基部腺体和毛被）

5—8.臀果木 *Pygeum topengii* Merr.

5.花枝 6.花纵剖 7.果 8.叶下面（示基部腺体和毛被）

4.长圆臀果木（植物分类学报）图123

Pygeum oblongum Yu et Lu（1985）

乔木，高达10米，胸径达30厘米。小枝幼时被锈褐色柔毛，后渐脱落，有不明显的稀疏小皮孔。叶披针形，长8—16厘米，宽2—4厘米，先端渐尖或尾尖，基部楔形或宽楔形，全缘，上面无毛，下面被锈色柔毛，基部通常无腺体，稀有2扁平腺体，侧脉6—8对，在上面平或微凹，下面凸起，三次脉不明显；叶柄长约1厘米，被锈色柔毛。花序长1—3厘米，密被锈褐色柔毛，单1或2—3簇生于叶腋，具数花；花直径2—3毫米，有时达5毫米，花梗长1—2毫米；苞片卵状披针形或卵形，早落；花萼外面密被锈褐色柔毛，萼筒杯形，萼片5，三角状披针形，长1—1.5毫米；花瓣5，长圆形，与萼片近等长，有时二者近似；雄蕊10—18，长约5毫米；子房无毛，花柱与雄蕊近等长或稍长。果长圆形，长16—20毫米，径10—12毫米。花期9—10月，果期12月至翌年1月。

产金平、屏边，生于海拔2000—2100米的常绿阔叶林中。模式标本采自屏边。

19. 臭樱属 Maddenia Hook. f. et Thoms.

落叶小乔木或灌木。叶边缘有单锯齿、重锯齿或缺刻状重锯齿，齿尖有腺体；托叶显著，有腺齿。花序总状，稀伞房总状，生于小枝顶端，具多花；花杂性异株，花梗短，苞片早落；萼管钟形，萼片10—12，有时延长呈花瓣状；花瓣无；雄蕊20—40，着生于萼管口部；子房上位，在雄花中为1心皮所成，花柱远短于雄蕊，柱头头状，在两性花中为2（稀1）心皮所成，花柱与雄蕊近等长，柱头盘状，有2下垂胚珠。核果具1种子；核骨质，有3棱；子叶平凸。

本属约有6种，分布于喜马拉雅山区。我国有5种，分布于中部和西部；云南有1种。

四川臭樱（中国植物志）　金背李（云南种子植物名录）图124

Maddenia hypoxantha Koehne（1911）

小乔木或灌木，高可达7米。小枝初时黄褐色，被棕褐色柔毛，二年生枝呈紫褐色，无毛，有光泽；冬芽宽卵形，鳞片外面被褐色柔毛，内层鳞片在花期常增大，边缘有腺齿。叶长圆形或椭圆形，稀披针形，有时卵形，长4—16厘米，宽2—6厘米，先短渐尖、急尖或短尾尖，基部近圆形或宽楔形，边缘除近基部为带柄腺体外，余为重锯齿，或间有缺刻状三角形复锯齿，上面深绿色，无毛，下面黄绿色，初时被浅褐色柔毛，沿脉较密，侧脉12—20对，在上面微下凹，下面凸起；叶柄长2—7毫米，被浅褐色柔毛；托叶披针形，长约1.5厘米，中上部全缘，下部有带柄腺体。总状花序长2—5厘米，生于侧枝顶端，被浅褐色柔毛，具多花；花淡绿黄色，有臭味；花梗长约2毫米；苞片卵状披针形，长可达5毫米，有毛或仅先端有疏缘毛，花萼有毛，下部较密，萼管钟形，萼片10—12，无花瓣；雄蕊约26，长约4.5毫米，子房无毛，花柱长于雄蕊。果卵形，成熟时黑色，长和径均约8毫米；果梗长3—5毫米，被锈色柔毛。花期4—5月，果期7—8月。

产维西、贡山、镇雄、大关，生于海拔2100—3200米的杂木林中。四川有分布。

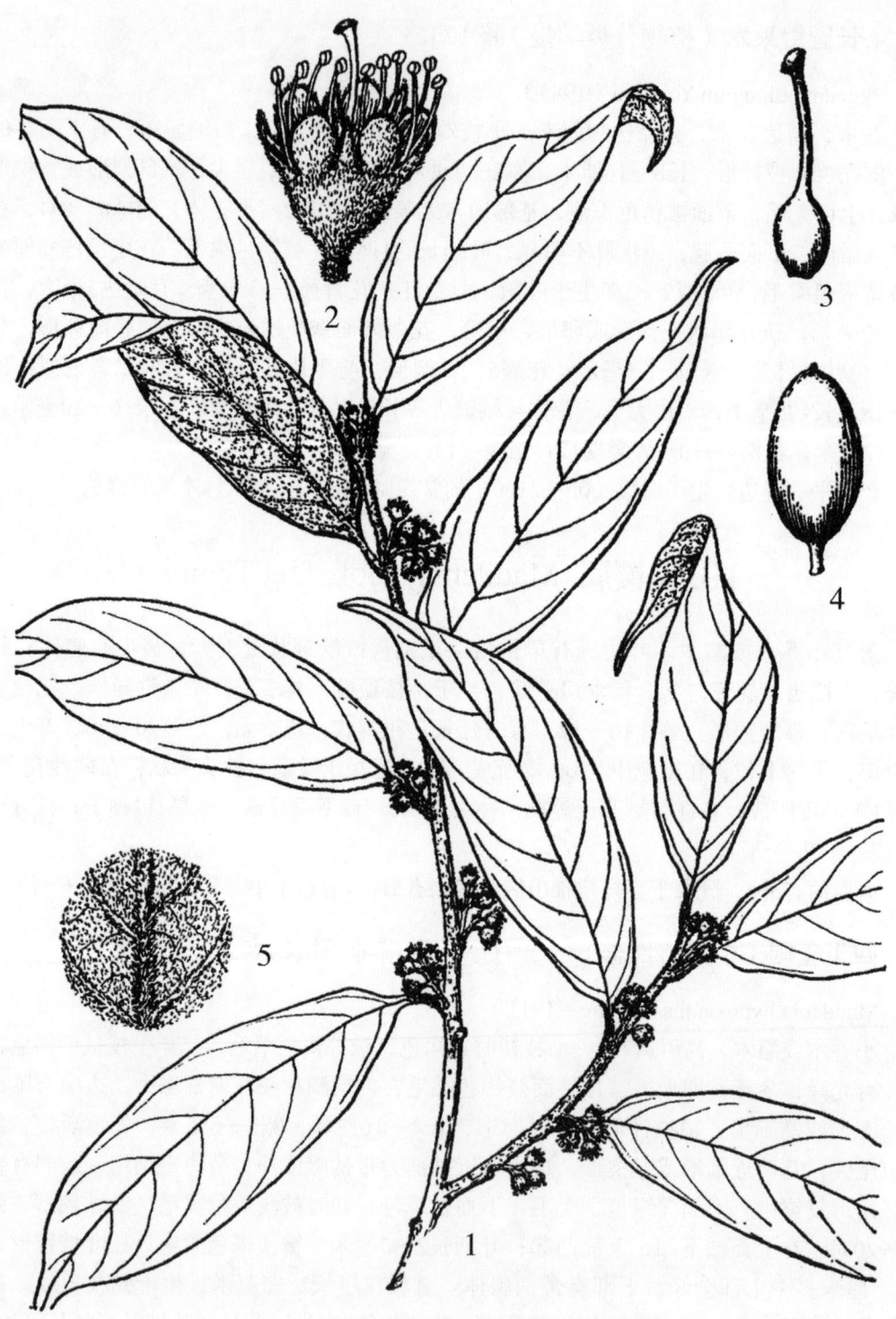

图123 长圆臀果木 *Pygeum oblongum* Yü et Lu
1.花枝 2.花 3.雌蕊 4.果 5.叶下面（示毛被）

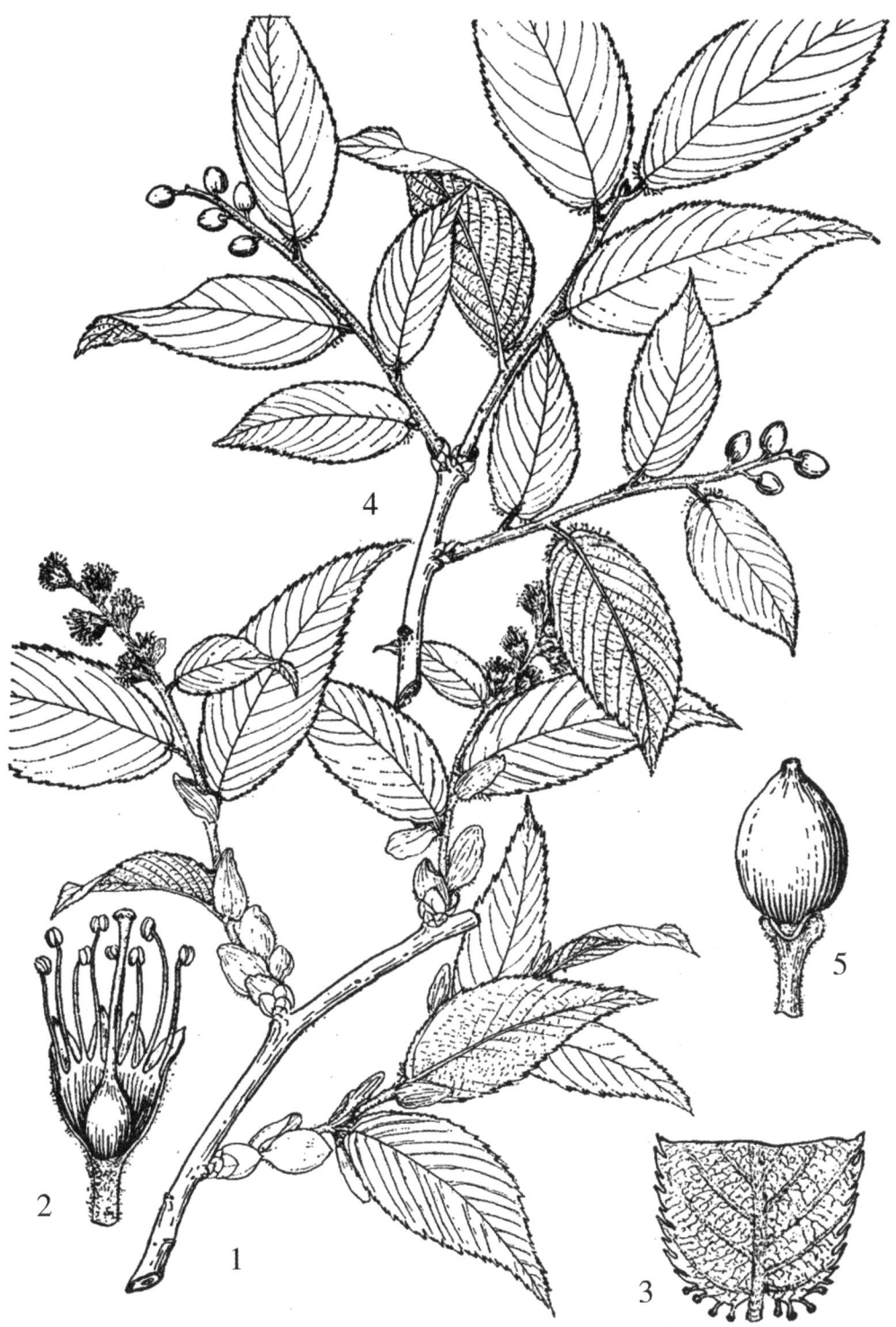

图124 四川臭樱 *Maddenia hypoxantha* Koehne

1.花枝 2.花纵剖 3.叶下面（示叶缘下部具柄腺体和脉上毛被） 4.果枝 5.果

144.毒鼠子科 DICHAPETALACEAE

小乔木或灌木，有时攀援状。单叶互生，全缘；托叶小，早落。聚伞花序腋生，序梗常与叶柄粘连；花5数，两性或单性，辐射对称或微左右对称；萼片分离或稍合生，覆瓦状排列；花瓣与萼片互生，分离或与雄蕊粘连，2浅裂或深裂；雄蕊与花瓣互生，花丝分离或与花瓣粘连，花药2室，纵向开裂，药隔背部通常宽厚；花盘腺体与花瓣对生；子房上位或下位，被柔毛或长柔毛，2—3室，稀1室，每室具2下垂胚珠，花柱单生，顶端2—3裂。核果被柔毛或糙硬毛，干燥，稀肉质，外果皮不裂或部分开裂，1—3室，每室1种子；种子无胚乳，种脐明显；子叶厚。

本科约4属200余种，分布于热带地区。我国1属4种。

毒鼠子属 Dichapetalum Thou.

花两性，稀单性，辐射对称；萼片5，相等或近相等，分离或基部稍粘连；花瓣5，近相等，先端2裂，雄蕊5，有时花丝基部与花瓣粘连；花盘分裂为5腺体或波状相连成浅杯状；子房上位，2—3室，每室2胚珠，花柱顶端2—3裂。果常偏斜，被短柔毛，外果皮革质，内果皮硬壳质。

本属约150种，分布于热带亚洲、非洲和美洲。我国约有4种，产海南、四川和云南。云南1种。

毒鼠子（中国高等植物图鉴）图125

Dichapetalum gelonioides（Roxb.）Engl.（1896）

Moacurra gelonioides Roxb.（1832）

Chailletia gelonioides Bedd.（1871）

小乔木，高达4米。小枝紫褐色，具皮孔，被暗黄色柔毛。叶椭圆形，倒卵状椭圆形或椭圆状披针形，长5—11厘米，宽2—5厘米，先端突然渐尖或短尾尖，基部楔形，上面无毛，下面幼时有绢质柔毛，老时无毛，侧脉约6对，网脉细弱；叶柄长约3毫米，被平伏柔毛；托叶有柔毛。花单生或2—4排成聚伞花序，腋生；萼片5，近相等，被灰白色短柔毛；花瓣5，窄倒卵形，无毛，先端2裂，内面基部各具1近方形鳞状腺体；雄蕊着生于萼片基部，稍短于花瓣，药隔宽；子房2室，无梗，花柱短，2裂，柱头小，头状。果横长圆形，侧扁，直径2—2.5厘米，通常仅1室发育完全，另1室较小，形成偏斜的椭圆形，外果皮沿室缝开裂，被淡黄色柔毛；种子长圆形，外种皮薄。

产普洱，生于海拔1500米的林中。海南、四川有分布；印度、苏门答腊也有。

种子有毒，可作杀虫剂。

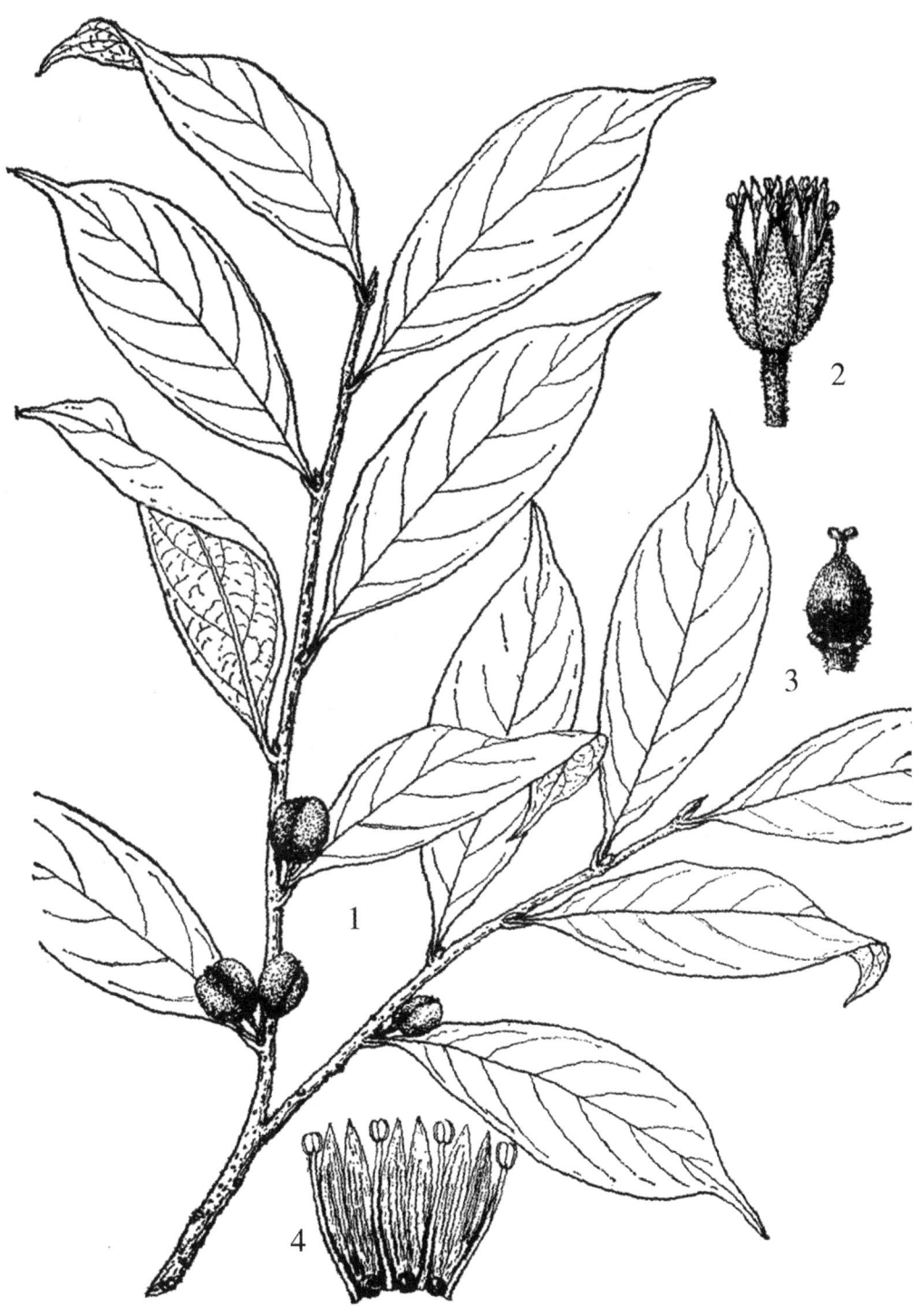

图125 毒鼠子 *Dichapetalum gelonioides* (Roxb.) Engl.
1.果枝 2.花 3.子房

145.蜡梅科 CALYCANTHACEAE

落叶或常绿灌木。小枝四方形至近圆柱形，有油细胞。芽具鳞片或无鳞片而被叶柄的基部所包围。单叶对生，全缘或近全缘，羽状脉；有叶柄；无托叶。花两性辐射对称，单生于叶腋或侧枝顶端，通常芳香，黄色、黄白色或褐红色或粉红白色，先叶开放；花梗短；花被片多数，成螺旋状着生于杯状的花托外围，形状各式，最外轮的似苞片，内轮的呈花瓣状；雄蕊两轮，外轮的能发育，内轮的败育，发育的雄蕊5—30，着生于杯状花托顶端，花丝短而离生，药室外向，2室，纵裂，药隔伸长或短尖，退化雄蕊5—25，线形至线状披针形，被短柔毛；心皮少数至多数，离生，着生于中空的杯状花托内面，每心皮有胚珠2，或仅1胚珠发育，倒生，花柱丝状，伸长。聚合瘦果着生于坛状的果托之中，瘦果有种子1，种子无胚乳；胚大；子叶叶状，席卷。

本科2属，7种，2变种，分布于亚洲东部和美洲北部。我国有2属，4种，1变种，分布于西北、华东、华中、华南及西南等省（区）；云南1属，2种。

蜡梅属 Chimonanthus Lindl.

直立灌木，落叶或常绿鳞芽裸露。叶纸质或近革质，叶面粗糙。花腋生，芳香，直径0.7—4厘米；花被片15—25，黄色或黄白色，有紫红色条纹，膜质；雄蕊5—6，着生于杯状的花托上，花丝丝状，基部宽而连生，通常被微毛，花药2室，外向，退化雄蕊少数至多数，长圆形，被微毛，着生于雄蕊内面的花托上；心皮5—15。果托坛状，被短柔毛，瘦果长圆形，内有种子1。

本属3种，我国特产。云南2种。

分 种 检 索 表

1.叶椭圆形至宽椭圆形或卵形，落叶；花直径2—4厘米；花被片外面无毛，内部花被片基部有爪；花丝比花药长或等长 ·······················1.蜡梅 C. praecox
1.叶卵状披针形，常绿；花直径7—10毫米；花被片外面被微毛，内部花被片基部无爪，花丝比花药短 ·······················2.山蜡梅 C. nitens

1.蜡梅（本草纲目）图126

Chimonanthus praecox（L.）Link.（1822）

落叶灌木，高达3米；树皮灰色有椭圆形明显皮孔。芽长椭圆形，具有多数覆瓦状鳞片。叶坚纸质，椭圆状卵形至卵状披针形，长7—15厘米，宽2—8厘米，先端急尖至渐尖，有时具尾尖，基部圆形或宽楔形，上面绿色，密生圆形凸点，粗糙，下面色较淡，除脉上被疏微毛外无毛，网脉明显；叶柄长2—5毫米。冬春先叶开花，鲜黄色，芳香，生于第二年生枝条叶腋内，径2—4厘米，花被片多数，圆形、长圆形、倒卵形、椭圆形或匙形，长

图126　蜡梅 *Chimonanthus praecox*（L.）Link
1.果枝　2.花纵剖　3.花托纵剖　4—5.雄蕊　6.退化雄蕊　7—9.花瓣

5—20毫米，宽5—15毫米，无毛，有蜡质光泽，外层较小，中层大，内层又渐小，基部密布紫褐色条纹；雄蕊5—6，长4毫米，花丝比花药长或等长，花药向内弯，无毛，药隔顶端渐尖，退化雄蕊长3毫米；心皮，基部被疏硬毛，花柱长于子房3倍，基部被毛，着生于壶形的花托内；花托随果实的发育而增大，成熟时长椭圆状壶形，呈蒴果状，半木质化，长2—5厘米，口部收缩，并有刺状附属物，外被黄褐色绒毛，内包瘦果3—5，各含种子1。瘦果长圆柱形，微弯，长1—1.5厘米，径5—6厘米，栗褐色。花期11月至翌年3月，果期4—11月。

产昆明、大理、丽江等地。山东、江苏、安徽、浙江、福建、江西、湖南、湖北、河南、陕西、四川、贵州均有，广东、广西等省（自治区）栽培；日本、朝鲜和欧洲、美洲也有栽培。

喜光树种，稍耐阴。耐寒、耐旱、忌水湿，喜深厚而排水良好的壤土，在黏性土及盐碱地生长不良。耐修剪，发枝力强。

种子繁殖，也可嫁接、插条、分根繁殖。实生苗可用作栽培品种的砧木。

花经烘制加工后为名贵药材，有解毒生津之效；采花蕾浸入生油中，可敷治烫伤。并可提芳香油。根、茎、叶均可药用，理气止痛，散寒解毒，治跌打、腰痛、风湿麻木、刀伤出血。花纯黄，香气浓，加之腊月开花，先花后叶，色娇香隽，乃寒中绝品，庭园、窗前栽培，尤觉可人。

2.山蜡梅（中国树木分类学）　野蜡梅、雪里花　图127

Chimonanthus nitens Oliv.（1887）

常绿灌木，高1—3米。幼枝四方形，老枝近圆柱形，初被微毛，后渐无毛。叶纸质至革质，长椭圆形至卵状披针形，少数为长圆状披针形，长2—13厘米，宽1.5—5.5厘米，先端渐尖，基部钝至急尖，上面略粗糙，有光泽，基部有不明显的腺毛，下面无毛，或有时在叶缘，叶脉和叶柄上被短柔毛，叶脉在上面扁平，在下面凸起，网脉不明显。花小，直径7—10毫米，黄色或黄白色；花被片圆形、卵形、倒卵形、卵状披针形或长圆形，长3—15毫米，宽2.5—10毫米，外面被短柔毛，内面无毛；雄蕊长2毫米，花丝短，被短柔毛，花药卵形，向内弯，比花丝长，退化雄蕊长1.5毫米；心皮长2毫米，基部及花柱基部被疏柔毛。果托坛状，长2—5厘米，直径1—2.5厘米，口部收缩，稀扩大，成熟时灰褐色，被短柔毛，内藏聚合瘦果。花期10月至翌年1月，果期4—7月。

产会泽、禄劝、昆明、麻栗坡等地，生于海拔1800—2100米的疏林中。安徽、浙江、江苏、江西、福建、湖北、湖南、广西、贵州、陕西等省（自治区）有分布。

喜光树种。耐寒、耐旱。

种子繁殖。

根药用，可治跌打损伤、风湿、劳伤咳嗽、寒性胃痛、感冒头痛、疗疮毒疮等。花美丽，叶常绿，可作园林绿化树种，但因花具臭味，观赏价值受到一定限制。种子含油脂。

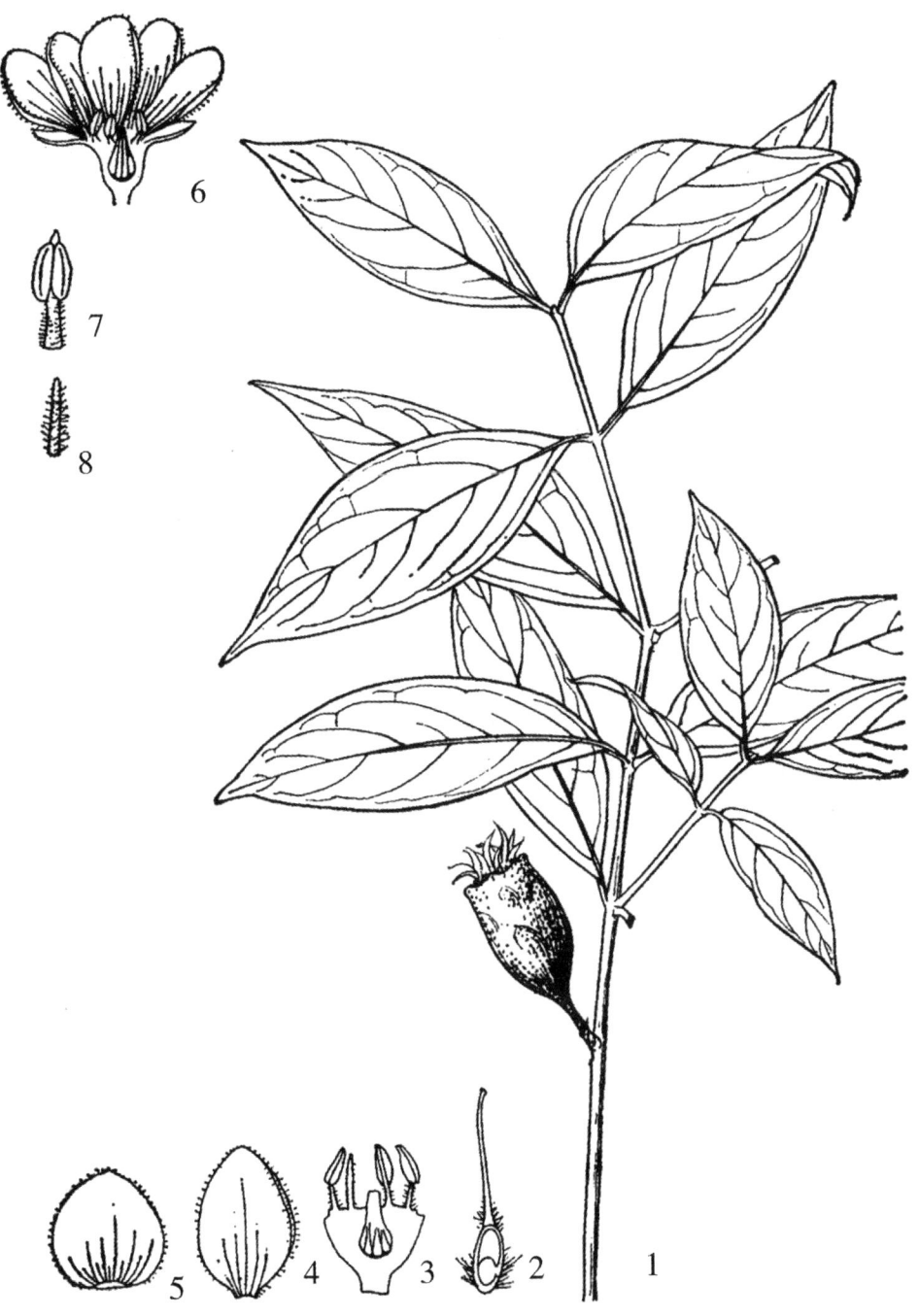

图127 山蜡梅 *Chimonanthus nitens* Oliv.

1.果枝 2.子房纵切 3.花托纵切 4.花被片 5.花纵切

146.苏木科 CAESALPINIACEAE

乔木或灌木，稀草本，有时为藤本。一或二回羽状复叶，通常具多数小叶，或仅1对合生小叶（如羊蹄甲属*Bauhinia* Linn.），稀为单叶，互生，具柄；无托叶或极小，早落。花两性，稀单性或杂性异株，左右对称，稀辐射状，通常排列成顶生或腋生，以及侧生的总状花序或圆锥花序。花萼通常漏斗形，萼片5，分离或基部合生或上部2片合生，覆瓦状排列，稀镊合状排列；花瓣5，稀较少或无，近轴的1瓣位于最里面，其余呈覆瓦状排列；雄蕊10，或略少，稀多数，等长或不等长，分离或部分连合；花丝通常丝状；花药纵裂或孔裂，2室；雌蕊单1，子房1室，无子房柄或具多少贴生于花盘的子房柄，具花盘或无。荚果开裂或不开裂，常有隔膜，通常为扁平的长圆形，稀圆柱形或含珠状（云南不产）；种子各式，通常无胚乳。

本科156属，约2200种，广布于热带及亚热带地区，少数种生长于温带地区。我国有22属（包括引进的属），90—110种，主要分布于长江流域以南；云南有13属，约62种，主要分布于滇中以南，少数分布于滇西北或滇东北。本志记载13属32种。

本科在系统位置上，学者们常持不同的见解，有人认为本科较含羞草科（Mimosaceae）为原始，有的持相反的意见，但一般认为是豆目三个科中最为原始的一个科，据报道有人在第三纪古新世找到Crudia Schreber的花粉，在上白垩纪发现皂荚属（*Gleditsia* L.）一类植物的化石，这些都较其他二科为早，同时，也有人（如R.M. Polhiil）从花的结构方面推论认为皂荚属一类植物是本科较为原始的类群，其他类群似乎均由它衍生而来。

从植物分布的情况看，大致形成这样一种规律，本科的木本群类，以分布于热带地区为主，而小灌木和草本群类，则以分布于温带地区为主。本科的起源似乎是热带。

分 属 检 索 表

1.二回羽状复叶，偶有一回羽状复叶。
　2.雄蕊6—10。
　　3.花两性。
　　　4.植株常具皮刺，萼片覆瓦状排列；种子无胚乳；荚果卵形或矩圆形 …………………………………………………………………………………… **1.云实属 Caesalpinia**
　　　4.植株无皮刺，萼片镊合状排列；种子有胚乳；荚果带状 ……… **2.凤凰木属 Delonix**
　　3.花杂性以至雌雄异株；种子具角质胚乳。
　　　5.植株无刺；顶生圆锥花序；荚果肥厚肉质 ……………… **3.肥皂荚属 Gymnocladus**
　　　5.植株具分枝的刺；侧生穗形总状花序；荚果带状革质；老枝一回羽状复叶 ………………………………………………………………………………… **4.皂荚属 Gleditsia**
　2.雄蕊5，花两性，总状花序；荚果带状，腹缝具窄翅 ………… **5.顶果树属 Acrocarpus**
1.一回羽状复叶或单叶。
　6.一回羽状复叶。

7.花萼宽种形或杯形，萼齿分裂几达花萼基部，萼管短。
  8.偶数羽状复叶，雄蕊（5）10 ……………………………………… **6.决明属 Cassia**
  8.奇数羽状复叶，雄蕊4（5）…………………………………… **7.翅荚木属 Zenia**
7.花萼管状或漏斗状，萼齿分裂仅达花萼上部，萼管较长。
  9.花有明显的花瓣，萼管长15毫米以下。
    10.花瓣5，上面3片发达，2片退化；能育雄蕊3以下。荚果圆形或扁形。
      11.小叶最长2（3）厘米，宽7（10）毫米，7—20对，荚果圆形 ………………
      ………………………………………………… **8.酸角属 Tamarindus**
      11.小叶最短4厘米，宽25毫米，3—4（6）对，荚果扁形 ………… **9.仪花属 Lysidice**
    10.花瓣1片发达，其余退化；能育雄蕊3—8，荚果长方形、厚木质 ………………
    ………………………………………………… **10.缅茄属 Afzelia**
  9.花无花瓣，萼4裂花瓣状，萼管长22毫米以上，可达40毫米 ……**11.无忧花属 Saraca**
1.叶为单叶或顶先端2裂，或2全裂呈蹄状。
  12.叶顶端2裂或2全裂呈羊蹄状，罕不裂；伞房状总状或圆锥花序，顶生或腋生于小枝顶
  部；花略不整齐，辐射状；荚果缝线无翅 ……………………… **12.羊蹄甲属 Bauhinia**
  12.叶不裂、短总状花序或花簇生，着生于老茎叶腋；花近左右对称；荚果腹缝线具狭翅
  ………………………………………………… **13.紫荆属 Cercis**

1. 云实属 Caesalpinia Linn.

多数为藤本，也有乔木及灌木，通常具刺。二回偶数羽状复叶，小叶全缘，多数；托叶各式，小托叶无或呈刺状。花通常明显，色彩艳丽，组成顶生或腋生的总状或圆锥花序；苞片早落；萼片5，呈覆瓦状排列；花瓣5，稍不对称，常具爪；雄蕊10，2轮，分离，花丝基部通常略粗，花药背着或近基部着生；子房无柄或具短柄，通常具1—7胚珠，稀更多。荚果扁平或肿胀，光滑或有时有刺或刚毛；种子无胚乳。

本属约100种，分布于热带及亚热带地区。我国约18种，分布于长江流域以南；云南约10种，以滇中以南为多。

分 种 检 索 表

1.荚果具刺；攀援藤本，攀援大灌木或小乔木。
  2.花黄色；小枝除刺外，密被腺毛及刚毛；植株具特殊的"臭"味
  ………………………………………………… **1.草云实 C. mimosoides**
  2.花白色或上面的1花瓣带紫红色；小枝除刺外，被柔毛；植株无特殊的气味 …………
  ………………………………………………… **2.南蛇簕 C. minax**
1.荚果无刺；大灌木或小乔木。
  3.小枝被毛；小叶10—16对，两面被疏毛，基部极不对称；花梗长约1.5厘米…………
  ………………………………………………… **3.苏木 C. sappan**
  3.小枝无毛；小叶（4）6—9（12）对，无毛，基部偏斜；花梗长约7毫米 …………

1.草云实（中国主要植物图说）　"哑冬""密朵湖"（傣语）、臭云实（西双版纳植物名录）、臭菜（云南种子植物名录）

Caesalpinia mimosoides Lam.（1783）

产腾冲、景东、建水、麻栗坡一线以南地区，生于海拔1000米以下的林缘灌木丛中或小树林中，光线充足的地方。印度、缅甸、越南及老挝有分布。

幼嫩枝叶可供食用。

2.南蛇簕（中国经济植物志）　鬼棒头（腾冲）、"嘛嘎郎"（傣语译音）、喙荚云实（中国主要植物图说）

Caesalpinia minax Hance（1884）

产于滇中以南热区和丽江、昭通以南干热河谷，生于海拔200—1500米的杂木林缘、疏林内或阳光充足的小树，灌丛中。四川南部、贵州南部、广西、广东有分布；越南也有。

根、叶入药，有清热解毒、消肿去瘀的作用；种子可补脾去热毒，药名为石莲子或苦石莲子；植株也常被利用作绿篱。

3. 苏木（本草纲目）　苏方木（唐本草，植物名实图考）、苏枋（南方草木状）、棕木、苏方（中国高等植物图鉴）、"郭埋方"（傣语）图128

Caesalpinia sappan Linn.（1753）

大灌木或小乔木，高达13米。枝条具皮刺，小枝被毛。二回偶数羽状复叶，长30—45厘米，叶轴具疏小刺，被柔毛，有羽片9—14对；羽片具短柄，长9—13厘米，对生，小托叶锥刺状，有小叶10—16对，小叶纸质，长圆形，长10—17毫米，宽6—11毫米，先端平截或近圆形，有时微凹，基部偏斜，全缘，两面略被疏毛，下面具腺点，几无柄。圆锥花序生于小枝顶端，被柔毛，长约40厘米，苞片披针形，早落；花梗长约1.5厘米，被柔毛；花萼浅钟形，长约10毫米，被疏微柔毛，裂片卵状披针形，仅基部连合；花瓣黄色，宽倒卵形，长约9毫米，先端圆形或微凹，基部具短爪，最上面1瓣基部浅红色；雄蕊较花瓣略长，花丝中上部以下被柔毛；子房密被绒毛，花柱略伸出雄蕊外。荚果倒卵状长圆形，革质，长7—10厘米，宽3.2—4厘米，先端平截，具镰状短喙，被毛；种子卵圆形，略扁，浅褐色，长约1.8厘米。花期5—7月，果期10—12月。

在滇中以南海拔1500米以下的地区，常见栽培。贵州、广西、广东、台湾有分布，印度至马来西亚也有。

种子繁殖，育苗造林。

木材坚实，不易扭裂，边材白色，是制作小提琴弓最好的材料；心材红色，可提红色染料，即苏木色素，根可提取黄色染料；枝干除提取染料外，尚有大量的单宁及没食子酸；心材尚可供药用，有清血解热、收敛祛痰的功效。可作干旱地区的先锋造林树种及房前屋后、庭园的观赏树种。

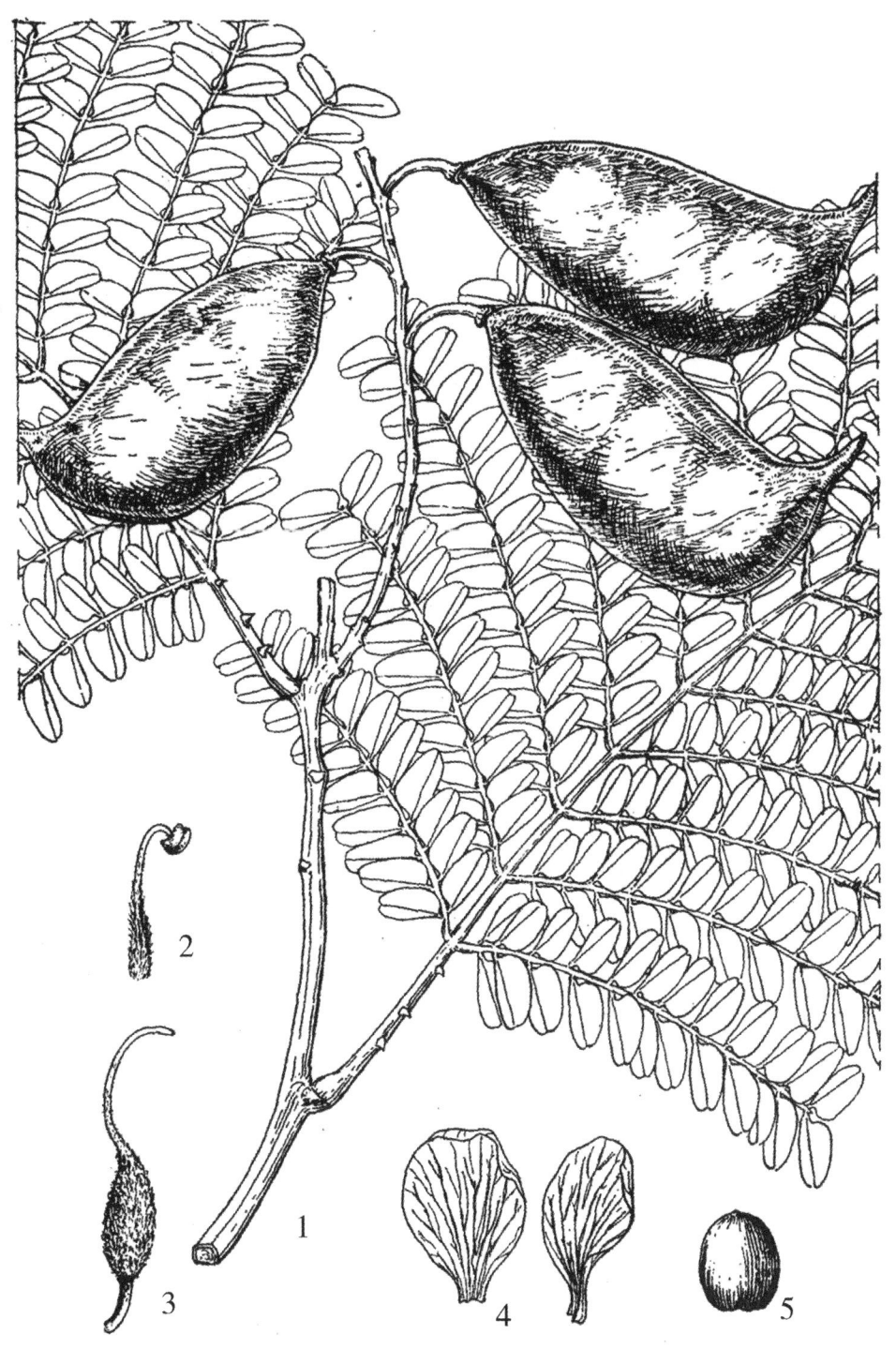

图128 苏木 *Caesalpinia sappan* Linn.

1.果枝 2.雄蕊 3.雌蕊 4.花瓣 5.种子

4.金凤花（台湾府志） 黄蝴蝶（中国主要植物图说，豆科）图129

Caesalpinia pulcherrima（Linn.）Swartz（1791）

Poinciana pulcherrima Linn.（1753）

大灌木或小乔木，高达5米。小枝无毛，绿色或粉绿色，具疏刺。二回偶数羽状复叶，长12—25厘米，宽8—18厘米，叶轴无毛，有羽片6—9对；羽片具短柄，长6—9厘米，对生小托叶狭三角形，二羽片之间有时具小凹点或簇毛，或小托叶状刺，具小叶（4）6—9（12）对；小叶纸质，长圆形或长圆状倒卵形，长1—2（2.7）厘米，宽4—8（13）毫米，先端圆形或微凹，基部钝或圆形，不对称，无毛；近无柄。伞房状总状花序顶生，稀同时腋生，松散，长约25厘米，有时达40厘米；花梗长约7厘米，下部的可达10厘米，无毛；花萼长10—12（14）毫米，萼筒短漏斗形；花瓣黄色、橙黄色或橙红色，宽卵形或近圆形，先端近圆形，长2—2.7厘米，边缘呈波状皱褶，具爪，爪与瓣片近等长；花丝橙红色，基部具毛，长出花瓣2—3倍；子房无毛，花柱与花丝几等长，橙红色。荚果近条形，扁平，长5—9厘米，宽1.5—1.8厘米，顶端有喙；种子6—9（12）。花果期全年。

产普洱、开远以南地区，均栽培作观赏；广西、广东、台湾有极少野生，生于海拔1000米以下地区，有时可达1700米。为世界热带地区广泛栽培的观赏树种，据说原产中美洲，大约在十八世纪引入中国台湾。

种子繁殖，容器育苗为佳。

是世界级著名的观赏树种，四季均开花，花色艳丽，栽培种的花色尚有纯黄或红色的；在东南亚等地豆荚及叶入药；在安哥拉用根治疗热病。

2. 凤凰木属 Delonix Rafin.

落叶乔木，无刺。二回偶数羽状复叶，羽片多对；小叶甚多且小；托叶小，小托叶缺。伞房状总状花序，顶生或腋生；花大，艳丽，萼管短，萼片5，深裂，镊合状排列；花瓣5，通常有爪或柄，边缘皱波状；雄蕊10，分离，常伸出花瓣外；花丝基部被毛；花药呈"丁"字着生，子房无柄或近无柄，胚珠多数。荚果扁平，长带状，木质，开裂；种子多数，横生，长圆形。

本属2—3种，产于非洲和热带亚洲。我国引入1种，常见于我国东南及西南部热区；云南有引种栽培。

凤凰木（广州） 凤凰花（植物名实图考）图130

Delonix regia（Bojer）Rafin.（1837）

Poinciana regia Bojer（1829）

落叶大乔木，高达20米或更高；树皮灰褐色，粗糙。小枝略被毛或近无毛，平展。偶数二回羽状复叶，长20—40厘米，有呈羽状分裂的托叶，托叶常早落；羽片对生，15—23对，长7—15厘米，羽片之间有腺体，每羽片有小叶20—40对；小叶长圆形，长4—8毫米，宽1.5—2.5毫米，先端钝，基部圆，略偏斜，全缘，两面被柔毛或略被毛；几无柄。伞房状

图129 金凤花 *Caesalpinia pulcherrima*（Linn.）Swartz
1.花果枝 2.雄蕊 3.雌蕊 4.花萼 5.花瓣 6.退化雄蕊 7.叶背面

总状花序，着生于近小枝顶部叶腋，长20—40厘米，疏散，无毛；花鲜红色，艳丽，具长梗；花萼盘状或短陀螺形，深裂，裂片5，长圆形，先端渐尖，外面绿色，里面暗红色；花瓣与萼片互生，匙形，长约5厘米，宽约3厘米，先端圆形，边缘微波状，近中部或中部以下骤然渐狭，基部成爪，爪长约2厘米或略长，上面一瓣略大，有黄色或白色斑纹；雄蕊10，红色，花药腹面红色，花丝基部被微柔色；子房无柄或具短柄，被微柔毛。荚果镰刀状长圆形，长达50厘米，宽约5厘米，顶端有宿存花柱，成熟时黑褐色；种子长圆形，压扁，长约1.5厘米，暗褐色。花期5月，果期10—11月，往往悬至翌年春季。

栽培于开远、西双版纳、金平、河口、元江、元谋等南部热区；广西、广东、海南、福建、台湾均有栽培。原产马达加斯加及热带非洲，如今世界热区均有引种。

种子繁殖。播前开水烫种。造林时宜修剪部分枝叶。

木材为散孔材，黄白色，轻软，强度弱，易腐，气干密度0.519克/立方厘米，干缩小，有弹性和特殊的木纹，可作细工原料，用于工艺雕刻、火柴杆、造纸等原料。（由于树冠开展，花色艳丽，是世界有名的庭园观赏和行道树种）

3.肥皂荚属 Gymnocladus Lam.

落叶乔木，无刺；小枝粗壮。二回偶数羽状复叶，大型，羽片互生近对生；托叶早落；小叶长圆形至长圆状披针形，坚纸质，互生近对生，全缘；小托叶极小，不明显。总状花序，顶生，雌雄同株或异株，或杂性；花辐射对称，花萼管状，具5齿；花瓣略长于萼齿，着生于萼管喉部，与萼齿互生；雄蕊5长5短，花药同型；子房与花柱通常被毛，具4—8胚珠，柱头头状。荚果长圆形，微扁，臌胀，果瓣厚，革质或近木质；种子圆形扁平，外种皮革质。

本属约5种，主要分布于亚洲东部如印度北部、缅甸及我国，计4种。北美1种，我国3种。云南1种。

肥皂荚（本草纲目） 四月红（河口）图131

Gymnocladus chinensis Baill.（1875）

落叶乔木，高可达25米，胸径达1米；树皮灰褐色，粗糙。小枝灰绿色，无刺。幼叶带红色，叶长30—40厘米或略长，有羽片3—6（10）对；羽片互生近对生，叶轴及羽片轴均密被锈色柔毛，每羽片有小叶20—26（30），小叶片长圆形或长圆状披针形，长1.5—3.6（5）厘米，宽9—15（20）毫米，先端钝圆或宽微凹，基部圆形而偏斜，两面密被短柔毛，尤以下面为密；小叶柄长约1毫米，被毛；小托叶钻形，小，被毛。总状花序顶生，长约5厘米，密被短柔毛；花杂性，花萼长5—6毫米，有10脉，密被短柔毛，齿披针形至狭三角形；花瓣长圆形或近匙形，较萼齿略长，浅紫色；子房无柄，被毛。荚果长约8厘米，宽约3厘米，厚约1厘米，暗褐红色，有种子2—4。花期4—5月，果期9—11月。

产河口等地，生于海拔约200米的山谷密林中，土质湿润、排水良好。江苏南部、浙江、安徽、江西、福建、湖北、湖南、四川、贵州、广西、广东、陕西南部有分布。

阳性树种，喜日光充足，土质肥沃的地方。种子繁殖。

图130 凤凰木 *Delonix regia* (Bojer) Rafin.

1.花枝　2.花瓣　3.雄蕊　4.雌蕊　5.萼片　6.荚果　7.复叶的羽片基部（示对生羽片间的腺体）

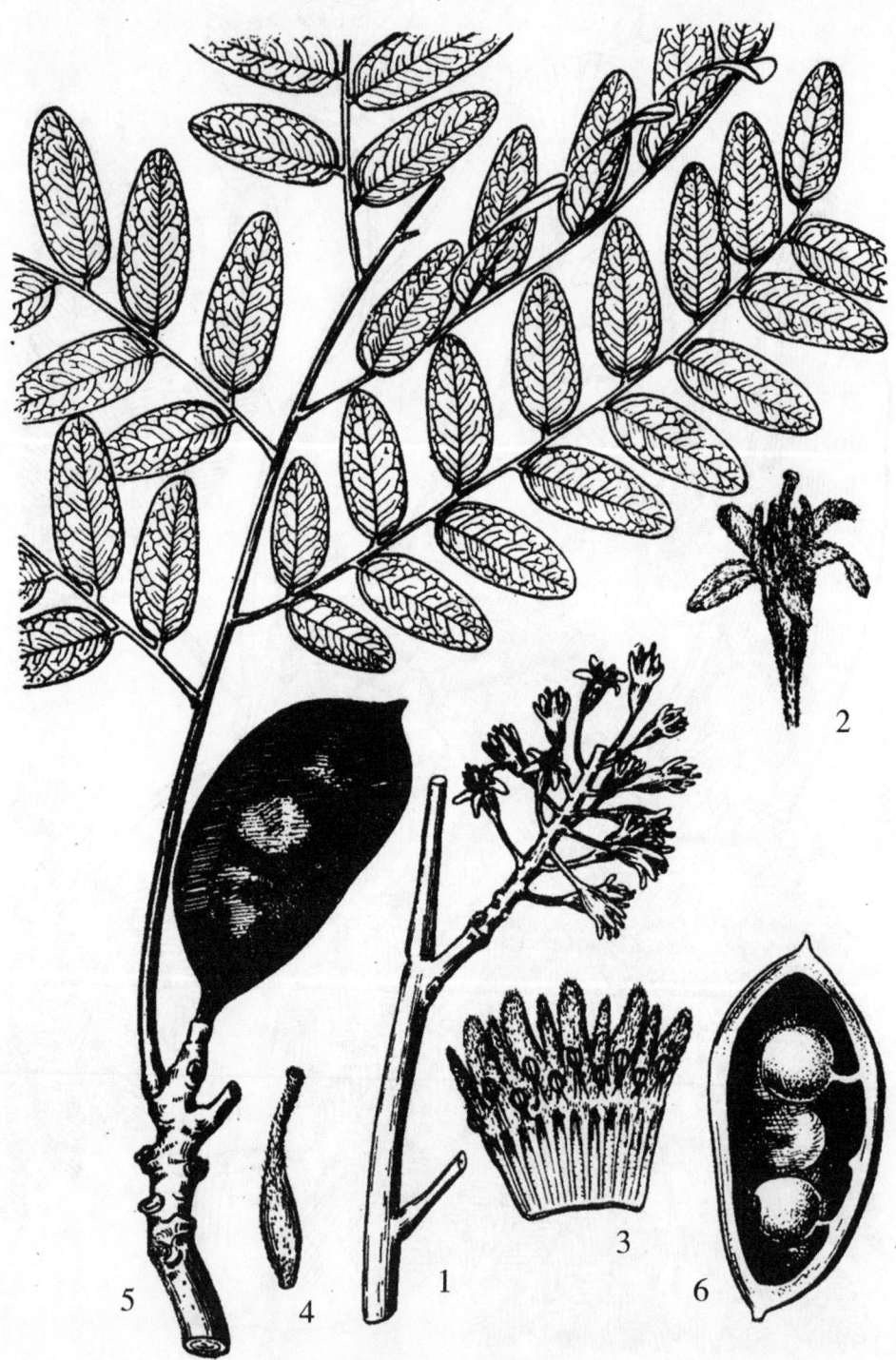

图131 肥皂荚 *Gymnocladus chinensis* Baill.

1.花枝 2.花放大 3.花冠展开（示雄蕊） 4.雌蕊 5.果枝 6.荚果纵剖

木材优良，为环孔材至半环孔材，边材浅黄褐色，心材深红褐色，有光泽，纹理细致，通直，坚硬，是极好的家具等方面用材；荚、种子可代肥皂，有毒，含皂素，可入药，有止咳祛痰，用于咳嗽、风湿、痢疾、便血、疮癣、消肿等；种子油可供油漆工业原料；初春时，幼芽萌发，幼叶红色，十分美观，故有"四月红"的美称，可供观赏。

4. 皂荚属 Gleditsia Linn.

落叶乔木、小乔木或灌木，树干或老枝有单生或分枝的粗刺。叶互生，一面或二面羽状偶数复叶，常成簇生于短枝上；小叶对生或互生，通常长圆形或长椭圆形，边缘有不规则的钝或细齿，罕全缘。花单性异株或杂性，组成总状花序或穗状花序，有时略有少数短分枝，常与叶簇生于短枝上；萼片及花瓣3—5，雄蕊6—10，伸出花冠；花药2室，纵裂，背着；子房具极短的柄，花柱丝状，柱头大，盾状；胚珠2至多数。荚果带状，扁平，不开裂或极少开裂；种子通常多数，罕1。

本属约16种，分布于热带及亚热带地区。我国有8种，另引种1种；云南2种。

分 种 检 索 表

1. 小枝无毛；圆锥花序，花瓣通常5；小叶两面无毛；荚果长10—30厘米，宽2.5—5厘米……
………………………………………………………………… **1. 华南皂荚 G. fera**

2. 小枝被柔毛；总状花序或穗状花序，有时在花序下部有1—2短分枝；小叶上面中脉及下面沿脉被疏柔毛；荚果长30—50厘米，宽4—7厘米 ………… **2. 云南皂荚 G. delavayi**

1. 华南皂荚（中国主要植物图志·豆科）图132

Gleditsia fera（Lour.）Merr.（1918）

Mimosa fera Lour.（1790）

乔木，高达27米，胸径28厘米；老枝及茎干具粗刺，小枝无毛。叶长约15厘米，宽约8厘米，有时在萌枝上出现二面羽状复叶，有小叶5—8（10）对；小叶坚纸质或薄草质，菱状长圆形，长2.5—5厘米，宽1.3—1.8厘米，先端圆形或微凹，基部楔形或钝，有时略偏斜，边缘具波状齿，两面无毛；小叶柄极短。圆锥花序，萼片较花瓣略短，花瓣5，长圆状卵形；花丝基部有长柔毛。荚果几无梗，带状，扁平，革质，黑棕色，有光泽，不开裂，无毛，长10—30厘米，宽2.5—5厘米，有种子6—10余粒；种子卵形或近长圆形，扁平，棕褐色。花期6—7月，果期11月至翌年1月。

产勐海、景洪等地，生于海拔700—1200米的常绿阔叶林中。广东、广西有分布；越南也有。

本种对土壤要求不苛，在透光较好，温暖及湿度较高的地方，可自然更新；萌发力强，也可用萌芽更新。

木材坚硬，结构细致，散孔材，淡棕色，纹理局部交错，易加工，但不甚耐腐，可供器具用材。荚果含皂素，可代肥皂，也可作杀虫药；荚果、种子、树皮有毒。

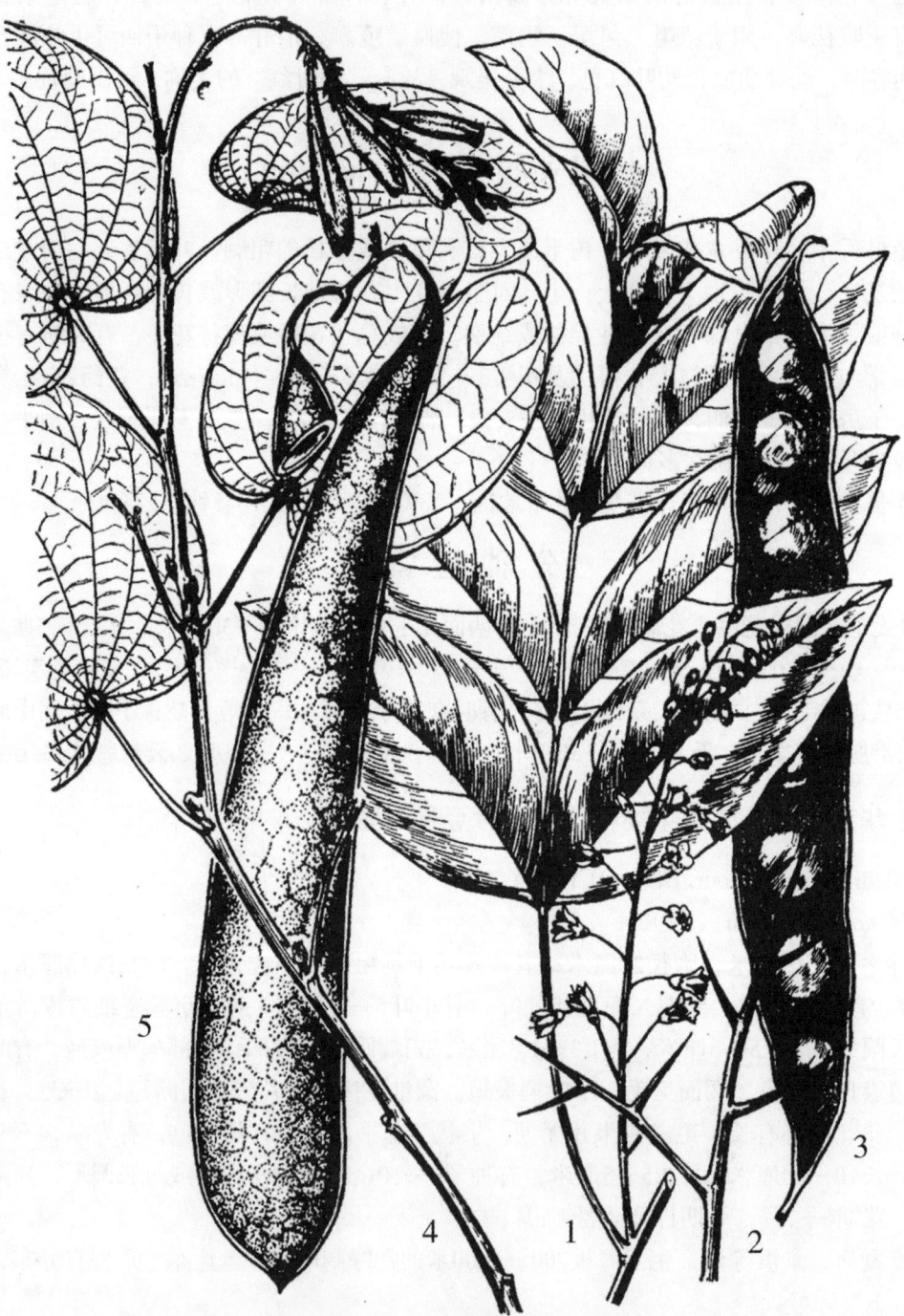

图132 华南皂荚和紫羊蹄甲

1—3.华南皂荚 *Gleditsia fera*（Lour.）Merr.

1.花枝 2.茎刺 3.荚果

4—5.紫羊蹄甲 *Bauhinia purpurea* Linn.

4.花枝 5.荚果

2.云南皂荚（中国主要植物图说，豆科） 天丁、猪牙皂、皂角、滇南皂角树（植物名实图考）、滇皂角（云南种子植物名录）图133

Gleditsia delavayi Franch.（1890）

乔木，高达18米，胸径达60厘米，小枝被柔毛；茎干及老枝基部有粗刺。一回羽状复叶，有时于萌枝上有二回羽状复叶，羽片2—4簇生，具6—10对小叶；叶轴上面下凹，两侧被疏柔毛；小叶椭圆形或长圆状椭圆形，长2.5—5.5厘米，宽1.3—1.8厘米，先端圆形或微凹，基部宽楔形，钝或近圆形，偏斜，上面中脉及下面脉上被疏柔毛，边缘具浅波状锯齿，具疏缘毛；小叶柄极短，被柔毛。花两性及杂性，总状花序或穗状花序，有时于花序近基部处有1—2短分枝；萼片3—4；花瓣3—4，略较萼片为长；雄蕊10，花丝下部被长柔毛；子房具极短的柄。荚果带状，扁平，长30—50厘米，宽4—7厘米，具短梗，有时长可达6—8厘米，革质，黑褐色，有光泽，不开裂，无毛，有种子10余粒；种子卵形、扁平、棕褐色。花期5—6月，果期11月至翌年1月。

产维西、会泽、昌宁、景东、罗平等地，生于海拔1000—2500米的山坡杂木林中或开旷的地带，通常栽培于园边，房前屋后。四川南部、贵州西部也有。

种子繁殖。播前浸种1月，5—7天换水一次，混沙催芽后播种。

荚果可代肥皂用；种仁称为皂角米，可食用，也可用于祛痰利尿、清热健胃；粗刺可杀虫，外用治消肿、恶疮等症。

木材坚实，质地优良，是较好的建筑、家具及器具用材，边材浅黄褐色，心材红褐色。

5.顶果树属 Acrocarpus Wight ex Arn.

乔木，无刺。叶大，互生，二面羽状复叶；托叶极小，早落。花序通常密集，多花，呈腋生或顶生总状花序；花萼钟形，裂片5，近相等，宿存；花瓣5，近相等，通常长圆形；雄蕊5，分离；花丝细长，直伸出花冠外，等长，与花瓣互生；花药椭圆形，呈"丁"字着生，纵裂；子房长圆形，略扁，具长柄，胚珠多数，花柱极短，微弯；柱头点尖。荚果带状或长舌状，扁平，沿腹缝具狭翅，具长梗；种子多数，通常倒卵形，扁平。

本属约3种，分布于热带亚洲及热带非洲。我国有1种，分布于云南及广西。

顶果树（中国种子植物科属词典） "格郎央"（瑶族语）、泡椿、挎叶豆（云南种子植物名录）图134

Acrocarpus fraxinifolius wight ex Arn.（1839）

落叶大乔木，高达50米，胸径达1.2米；树干通直，具板状根；树皮黑褐色，微纵裂。幼枝、芽、叶轴及花序轴均密被褐色绒毛。复叶大型，长80—120厘米，有羽片4—5对；羽片偶数，长13—24厘米，有小叶5—7（9）对；小叶坚纸质，对生，卵形至椭圆状卵形，长6—10.5厘米，宽2.5—4.5厘米，先端渐尖或短渐尖，基部圆形，一侧略偏斜，全缘；幼叶两面被微柔毛，下面脉上被柔毛，以后渐脱落；小叶柄极短，长约2毫米。密被褐色绒毛，

图133 云南皂荚 *Gleditsia delavayi* Franch.
1.花枝一段 2.杂性花（雌蕊退化） 3.雄蕊 4.荚果 5.种子

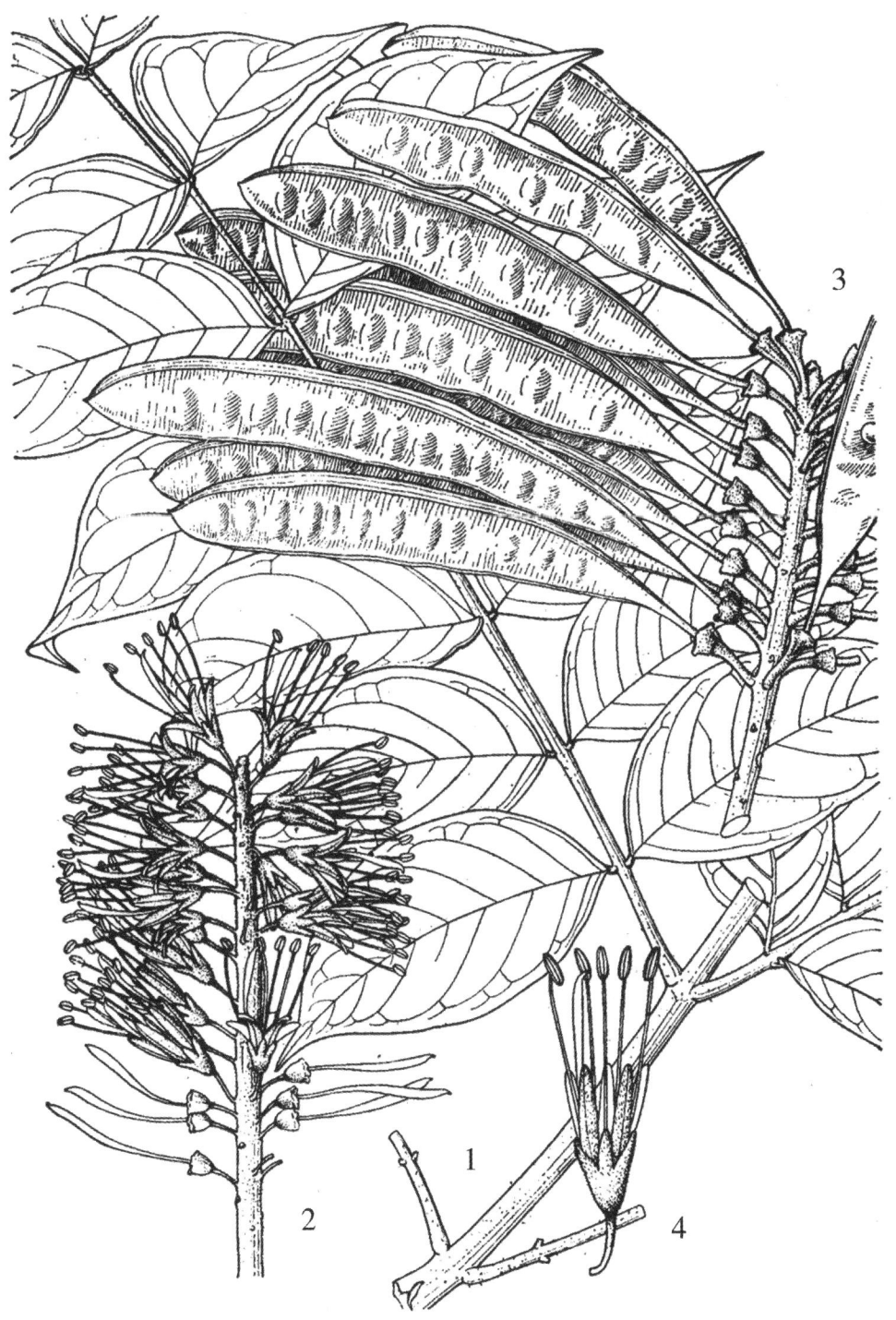

图134 顶果树 *Acrocarpus fraxinifolius* Wight ex Arn.
1.复叶的一段 2.花序 3.果序 4.花

花大，绯红色，组成总状花序，2—3生于小枝顶部叶腋，花序长20—25厘米，花通常着生于花序上半部，花梗长约1厘米，被绒毛；花萼钟形，5齿，裂片披针形或近卵状披针形，密被绒毛，长3—4毫米，先端略钝；花瓣5，狭长圆形或披针状长圆形，长8—12厘米，外面被柔毛；雄蕊及子房长于花瓣，子房具柄；花萼在果时裂片脱落，萼管呈杯状。荚果带状，长10—15（20）厘米（连梗），宽1.5—2（2.3）厘米，腹缝具狭翅，翅宽约3毫米；种子6—12，倒卵形，扁，长约7毫米，宽约4毫米，厚约1.5毫米，黑褐色，光滑。花期4—5月，果期9—11月。

产临沧、景东、元江、建水等地以南地区，生于低、中海拔的沟谷雨林中，在其南缘，与龙脑香料的望天树等树共生在一些土层深厚，水湿热条件良好的地方或石灰岩地区。广西西南部有分布；印度东部、缅甸、老挝、泰国至印度尼西亚（爪哇、苏门答腊）也有。

种子繁殖，播后遮阴覆盖。

木材为散孔材，边材黄白色，不耐腐，材性较差；心材暗红褐色，纹理通直，具褐色条纹，坚韧，少开裂。可作建筑、家具、茶叶箱等方面用材；木纤维壁薄、细长，为纤维工业的优质原料；又是速生用材树种，也是热区庭园的观赏树种或造林树种。

6. 决明属 Cassia Linn.

乔木、灌木或草本。偶数羽状复叶，叶轴的成对小叶间常具1腺体，此外，叶柄上也常具1腺体；具托叶；小叶全缘，对生；无小托叶。花两性，单生或数花簇生或组成总状或圆锥花序；花萼宽钟形或杯形，萼片5，深裂，覆瓦状排列；花瓣5，近左右对称，通常黄色，通常上面3瓣略大或近相等，常具短爪；雄蕊5—10，常不等长，分离，有的花药退化不育，花药顶孔开裂或短纵裂；子房无柄或有短柄；胚珠多数，花柱下弯，柱头平截，有时具毛。荚果各式，扁平或膨胀，或圆柱形，或四棱具狭翅，开裂，稀不开裂，果瓣木质、革质，种子间常具隔膜；种子各式，多数。

本属约600种，多分布于热带及亚热带，温带也有。我国原产约10种，引种栽培约10种；云南约12种（包括栽培种）。

分 种 检 索 表

1.小叶片卵形至披针形，顶端渐尖，若顶端钝或微凹则小叶片非倒卵形至长圆形，叶轴无翅。
　2.总状花序或伞房状圆锥花序，长达50厘米；叶轴、叶柄无腺体。
　　3.总状花序，下垂，长达50厘米；荚果圆柱形，长40—80厘米，种子间具隔膜；长雄蕊花丝中部肿胀。
　　　4.花黄色；小叶片卵形或椭圆状卵形 ………………………… 1.腊肠 C. fistula
　　　4.花粉红色；小叶片椭圆形或宽披针形 ……………………… 2.神黄豆 C.agnes
　　3.伞房状圆锥花序，长达40厘米；荚果镰状条形，扁，长达30厘米，种子间无隔膜，长雄蕊花丝丝状 ……………………………………………… 3.铁刀木 C.siamea

2.伞房花序或总状花序，极短至长6—9厘米；叶轴及叶柄具腺体。

　5.叶轴具腺体，位于两小叶之间。

　　6.荚果带状，扁，边缘波状，有时有1—2处缢缩 ················· **4.黄槐** C. surattensis

　　6.荚果圆柱形，肿胀，边缘不呈波状 ·························· **5.光叶决明** C. floribunda

　5.叶柄上具腺体。荚果圆柱形，略扁，肿胀，直径约1厘米 ····· **6.茳茫决明** C.sophera

1.小叶片倒卵形、倒卵状长圆形或长圆形，顶端钝或近圆形或圆形。叶轴及荚果具翅······

·· **7.翅荚决明** C. alata

1.腊肠 腊肠树（广州）、"郭聋孃"（西双版纳傣族语）、"容冷"（德宏傣族语），"拉买""愣"（德昂族语）、阿勃勒（本草拾遗）、波斯皂荚（酉阳杂俎）图135

Cassia fistula Linn.（1753）

落叶乔木，高达20米，胸径达33厘米；树皮灰白色、平滑；小枝无毛。偶数羽状复叶，具小叶4—6对，叶轴及叶柄无毛，无腺体；小叶对生，卵形或椭圆状卵形，长8—15（20）厘米，宽3.5—8（9）厘米，先端短渐尖，具钝头，基部楔形，有时略偏斜，全缘，两面被微柔毛，平贴；小叶柄长约4毫米。总状花序腋生，下垂，长30—50厘米；无苞片，花梗长3—5厘米；花冠黄色，5瓣近相等，直径约4厘米；雄蕊10，分离，其中3枚较长，花丝中部肿胀。荚果长，圆柱形，长30—80厘米，直径2—2.5厘米，不开裂，黑褐色；种子卵形，扁平，极多，种子间具横隔。花期5—8月，果期9—11月。

产景东、耿马、双江、孟连及西双版纳均有栽培，见于房前屋后、村边路旁，海拔约1000米以下。广东、海南、广西、福建及台湾均有栽培；原产印度一带，如今各大洲热带及亚热带南缘均有。

种子繁殖。

木材坚重，纹理美观，耐腐，有光泽，不易加工，为极好的器具、桥梁、车辆等用材。树皮可提取红色染料及栲胶；果瓤及种子入药，作缓泻剂。又为观赏树种，开花季节，全树黄色，十分美观。

2.神黄豆（本草纲目拾遗）　树黄鳝、黑"朋大解"（德宏傣族语）、"聋亮啷"（西双版纳傣族语）、雄黄豆、腊肠豆（普洱）图135

Cassia agnes（De Wit）Brenan.（1958）

Cassia javanica Linn. var. *indochinensis* Gagnep.（1913）

Cassia javanica Linn. var. *agnes* De Wit（1955）

落叶乔木，高达20米，胸径达40厘米。小枝灰褐色，密被柔毛。偶数羽状复叶，具小叶4—8对；小叶对生或互生，椭圆形或宽披针形，长3.5—9厘米，宽2—3.3厘米，先端渐尖或宽短渐尖，有时近钝，基部宽楔形或钝，全缘，两面被微柔毛；小叶柄长2—3毫米或略长；叶轴及叶柄均无腺体，被柔毛。圆锥花序顶生，长约13厘米；苞片卵形、先端近尾状渐尖；花冠粉红色，5瓣近相等；雄蕊10，分离，其中3枚较长，花丝有时中下部肿胀。荚果长，圆柱形，长40—80厘米，直径2—2.5厘米，不开裂，黑褐色。花期4—6月，果期8—

图135 箫豆和神黄豆
1—4.箫豆 *Cassia fistula* Linn.
1.花枝　2.花　3.荚果　4.荚果的一段纵剖
5—6.神黄豆 *Cassia agnes*（De Wit）Brenan.
5.复叶　6.花

11月。

产滇西南至滇南，生于海拔600—1800米的常绿阔叶林中，有时栽培。广州有栽培；越南、老挝、柬埔寨、马来西亚均有。

种子繁殖，宜随采随播。

种子及荚果入药，用于治胃痛、感冒、麻疹、水痘及便秘等。

3. 铁刀木（台湾有用树木志） 黑心树、挨刀树（西双版纳）、"眉席栗列""埋席列""哈坑懒"（西双版纳傣族语）图136

Cassia siamea Lamk.（1784）

常绿乔木，高达20米，胸径达40厘米或更粗；树皮黑灰色，细纵裂。小枝被疏柔毛，有皮孔。偶数羽状复叶，有小叶6—11对；小叶椭圆形、长椭圆形或长圆状椭圆形，长3.5—8厘米，宽1.5—2.5厘米，先端钝至微凹，有小尖头，基部圆形或钝，全缘，幼时两面毛被明显，后渐脱落，几无毛，下面被白粉；小叶柄长2—4毫米，托叶早落，线形。伞房状圆锥花序，顶生，长达40厘米，总轴及花梗均密被柔毛；苞片线形，被毛；萼片近圆形，大小不相等，被毛；花冠黄色，花瓣倒卵形，有爪；雄蕊10，其中能育雄蕊7，退化雄蕊3；子房无柄，被毛，花柱无毛，柱头弯尖。荚果镰状条形，长15—30厘米，宽1—1.5厘米，扁平，密被褐色柔毛，开裂；种子多数，近圆形，扁平，有光泽，黑褐色。花期7—12月，果期1—4（6）月。

栽培于盈江、景谷、勐海、景洪、勐腊等地，多见于村寨附近或房前屋后小片空地。广东、海南、广西、福建、台湾等均有栽培；印度、斯里兰卡、缅甸，越南、泰国、柬埔寨、菲律宾等也有。

喜暖热气候，不耐霜冻，要求年平均气温高于19.5℃，绝对低温在0℃以上，否则生长不良，甚至呈落叶状灌木。种子繁殖选7—8年生的健壮母树采种，应选深褐色而有光泽的充分成熟的籽粒，播种前需用热水浸种催芽；1年生苗一般高达1.6—3米。2—3年生，即能砍伐枝条作薪柴，可长60—70年。

木材边材呈黄褐色，心材栗褐色或黑褐色，故有黑心树之称，纹理斜或交错，结构细致、坚硬，属重材，强度大，易翘裂，干缩性大，但心材耐腐，常被选用作高级家具、器具、桥梁、房柱、雕刻工艺等用材，同时，木材有火力强，易燃，出炭率高，萌发力强等优点，又是极好的薪炭柴树种；树皮含鞣质4%—9%，果荚含6%，可作栲胶原料；也是放养紫胶虫的寄主树；枝条茂密也是极好的防风树和行道树。

4. 黄槐（广西） 粉叶决明、黄槐决明（中国主要植物图说，豆科）、凤凰花（植物名实图考）图136

Cassia surattensis Burm. f.（1768）

大灌木或小乔木，高达10米；树皮灰褐色，平滑。小枝被柔毛或近无毛，多少有棱。偶数羽状复叶，有小叶6—9对，叶轴下部2或3对小叶间各有1棍棒状腺体；托叶线形，早落；小叶坚纸质，椭圆形或卵状椭圆形，长6—9厘米，宽2.5—3厘米，全缘，先端钝或微凹，基部圆形或钝，有时微偏斜，以最顶部的1对小叶最明显，下面被白粉及疏微柔毛；小

图136 铁刀木和黄槐

1—7.铁刀木 *Cassia siamea* Lamk.

1.花枝 2.托叶 3.花瓣 4.能育雄蕊（较长者） 5.退化雄蕊 6.雌蕊 7.荚果

8—12.黄槐 *C. surattensis* Burm. f.

8.花枝 9.花瓣 10.雄蕊 11.雌蕊 12.种子

叶柄极短。伞房花序，生于小枝顶部叶腋，长6—9厘米，被柔毛；花瓣金黄色，倒卵形，其中1瓣略大；雄蕊10，能育者10，罕为8（7），其中有2—3略长；子房密被柔毛。荚果带状，黄褐色，长7—13厘米，宽1—1.3（2）厘米，顶端有喙，基部具6—8毫米的梗，边缘波状，有时有1—2处缢缩，具种子约20；种子椭圆形或略卵状椭圆形、扁，有光泽。花期约10月或4月，果期8月或12月。

栽培于西双版纳等地，用作行道树；广东、海南、广西、四川、贵州、福建、台湾均有引种。原产西印度，如今各大洲热带地区均广为栽培。

种子繁殖。

木材坚重，可作农具、家具等；叶药用，作缓泻剂。也是南方城市及庭园极好的观赏、绿化树种。

5.光叶决明（广州植物志） 槐花米（临沧）图137

Cassia floribunda Cavan.（1802）

Cassia laevigata Willd.（1809）

灌木或大灌木，高达4米。小枝略具棱，光滑，无毛。偶数羽状复叶，有小叶3—4对，叶轴于每对小叶间具1腺体，其余无腺体；托叶线形，早落；小叶坚纸质或纸质，卵形或卵状披针形，长4—8厘米，宽2—3.5厘米，先端渐尖，基部宽楔形或钝，有时略偏斜，两面无毛，下面被白粉；小叶柄短，长约2毫米或略长。总状或伞房花序，顶生和腋生于小枝顶部，长7—10厘米；花瓣宽倒卵形，先端圆形或略凹；雄蕊10，能育者7，其中2—3略长、大，不育者花药退化，子房被毛。荚果圆柱形，肿胀，长5—9厘米，直径约1厘米，黑褐色，开裂；种子多数，深棕褐色，扁，倒卵状椭圆形，基部具偏斜的短喙，光亮。花期3—4月，果期11—12月。

栽培及逸生于江城、盈江、瑞丽、耿马、勐海等地村寨边开朗空地灌草丛中。广东、海南、广西等地也有栽培和逸生。原产热带美洲，如今各热带地区常见。

种子繁殖，随采随播。

根、叶及种子入药，有清热通便，明目的功效；用于角膜云翳、慢性结膜炎、便秘等，还有用治感冒、胃痛、牙痛、喉痛等症。

6. 茳芒决明（尔雅注） 苦参（江川）、野苦参、豆瓣叶（华宁）图137

Cassia sophera Linn.（1753）

灌木或亚灌木，高达2米；小枝无毛。偶数羽状复叶，有小叶6—10对，仅叶柄近基部有1腺体；叶轴多少被毛，尤其是上面槽内；托叶线形，早落；小叶坚纸质或纸质，卵形、卵状披针形或披针形，长2.5—8厘米，宽1—3厘米，先端渐尖，基部宽楔形或钝，有时略偏斜，全缘，具疏缘毛，小叶柄短，长1—2毫米，多少被毛。伞房花序，稀疏，有花3—5，顶生和腋生于小枝顶部；花瓣黄色倒卵形，有1瓣略大；雄蕊10，能育者7，其中2—3略长、大，不育者3，药室退化；子房被毛。荚果圆柱形，略扁，肿胀，长6—9厘米，直径约1厘米，开裂，被疏毛或几无毛；种子多数。花期9—10月，果期10—11（—12）月。

栽培或逸生于西双版纳、德宏、禄劝、石屏、个旧、屏边等地；陕西、湖北、山东、

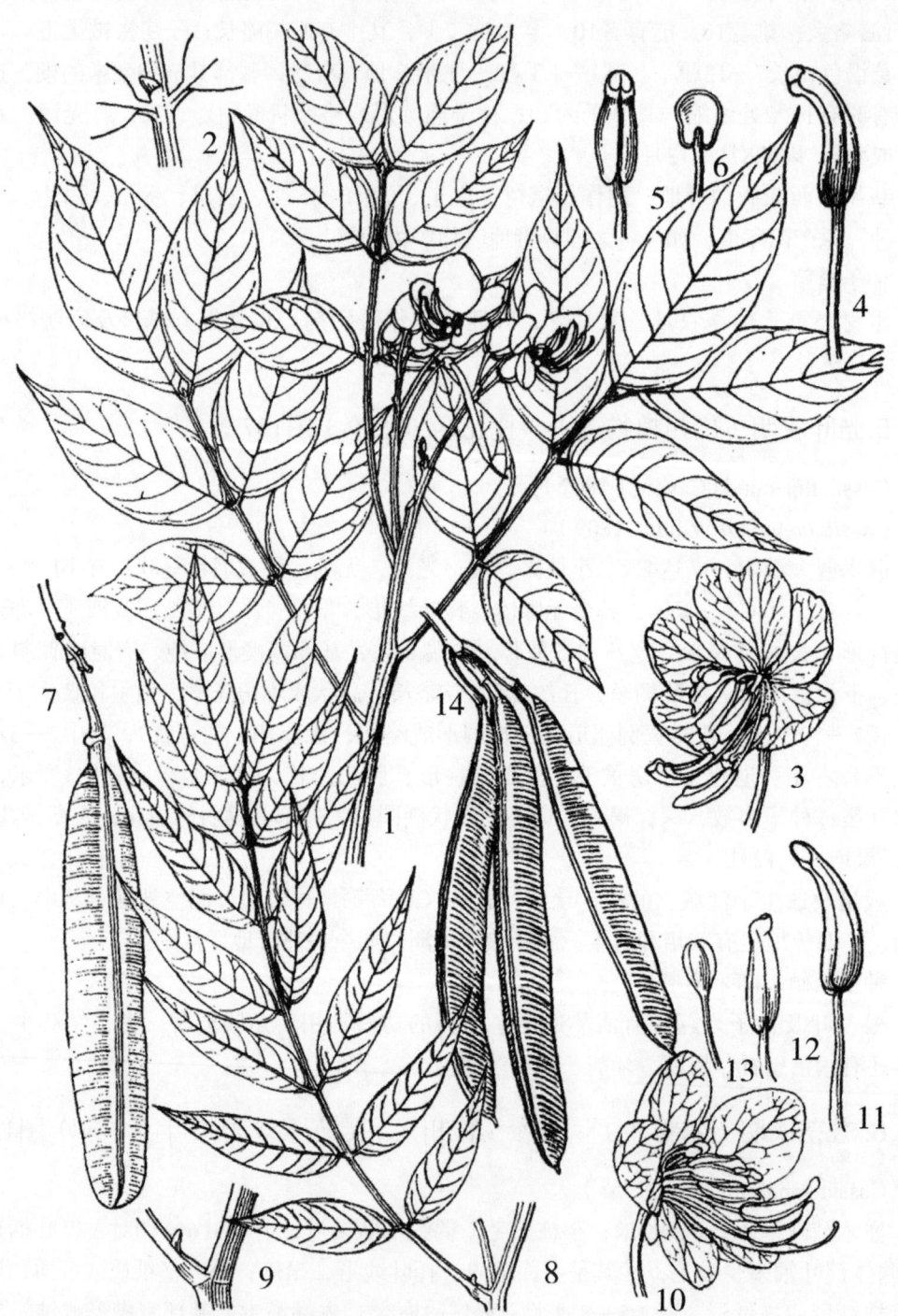

图137 光叶决明和茳茫决明

1—7.光叶决明 *Cassia floribunda* Cavan.

1.花枝 2.对生小叶间叶轴上的腺体 3.花 4.长雄蕊 5.短雄蕊 6.退化雄蕊 7.荚果

8—14.茳茫决明 *C. sophera* Linn.

8.复叶及茎的一段 9.叶柄基部（示腺体） 10.花 11.长雄蕊 12.短雄蕊 13.退化雄蕊 14.荚果

浙江、四川、贵州、广西、广东、海南、福建均有。原产亚洲热带。

种子繁殖，宜播前浸种。

幼嫩部分及幼嫩荚可食；种子供药用，可止痛、祛痰止咳；根亦可止痛、健胃和止痢，也有强壮利尿作用；叶外敷消肿毒。

7.翅荚决明（海南植物志）　有翅决明（中国主要植物图说，豆科）、"牙嘟满聋"（西双版纳傣族语）、对叶豆（普洱）图138

Cassia alata Linn.（1753）

灌木，高达3米。小枝粗壮，绿色，无毛。偶数羽状复叶，大型，长30—60厘米，有小叶6—12对；托叶三角形；叶轴四棱形，具狭翅；小叶坚纸质或近革质，长圆形或倒卵状长圆形，长6—10（15）厘米，宽3—5（7）厘米，先端圆形或钝，具小尖头，基部圆形，1侧偏斜；小叶柄短，具狭翅。总状花序，长达30厘米或略长；苞片卵形，花后脱落；花瓣倒卵形或卵状椭圆形，黄色，脉明显，带紫色；雄蕊10，能育者7，其中3略长，大，不育雄蕊3，小；子房无毛，具短柄。荚果带状，略肿胀，长15—23厘米，宽1.3—2厘米，果瓣中央各具1翅，从基部全顶端；种子间有隔膜；种子多数，卵状三角形，扁。花期11月—翌年1月，果期12月—翌年2月。

栽培于西双版纳及广东等地，海南有分布。产美洲热带，现已遍及各地热带地区广为栽培。

种子繁殖、育苗造林。宜播前浸种。

为热带常见、闻名的树种，生长快，花美观，既是观赏植物，也是药用植物，种子可作咖啡代用品或驱蛔虫；叶内服作缓泻剂，外治神经性皮炎、牛皮癣、湿疹、疮疖肿疡、皮肤发痒等。

7.翅荚木属 Zenia Chun

落叶乔木，无刺，腋芽具芽鳞。奇数羽状复叶；无托叶；小叶互生，全缘，无小托叶。由聚伞花序组成顶生圆锥花序，花两性，近辐射对称；萼片5，覆瓦状排列，不相等，花瓣5，双盖覆瓦状排列，有显明的龙骨状突起；能育雄蕊4（5），分离；花药基着，退化雄蕊花丝极短；花盘小，深波状；子房扁圆柱形，具短柄，有数胚珠；花柱钻形，柱头点尖。荚果椭圆状长圆形，扁，膜质，不开裂，腹缝有宽翅，有种子数粒；种子扁圆形。

本属1种，分布于我国南部。

翅荚木（中国高等植物图鉴）　任木　图139

Zenia insignis Chun（1946）

落叶乔木，高达25米；树皮棕褐色，纵裂。小枝黑棕色，有皮孔。芽纺锤状椭圆形，密被柔毛。叶长25—45厘米，有短柄，叶轴被柔毛；小叶纸质，9—13对，长圆状披针形，有时略弯，先端渐尖或近急尖，基部圆形，长6—10厘米，宽1.5—2.5厘米，上面无毛，下面密被糙伏毛；小叶柄短，长2—3毫米，被疏柔毛。花序梗及花梗被糙伏毛，苞片狭卵

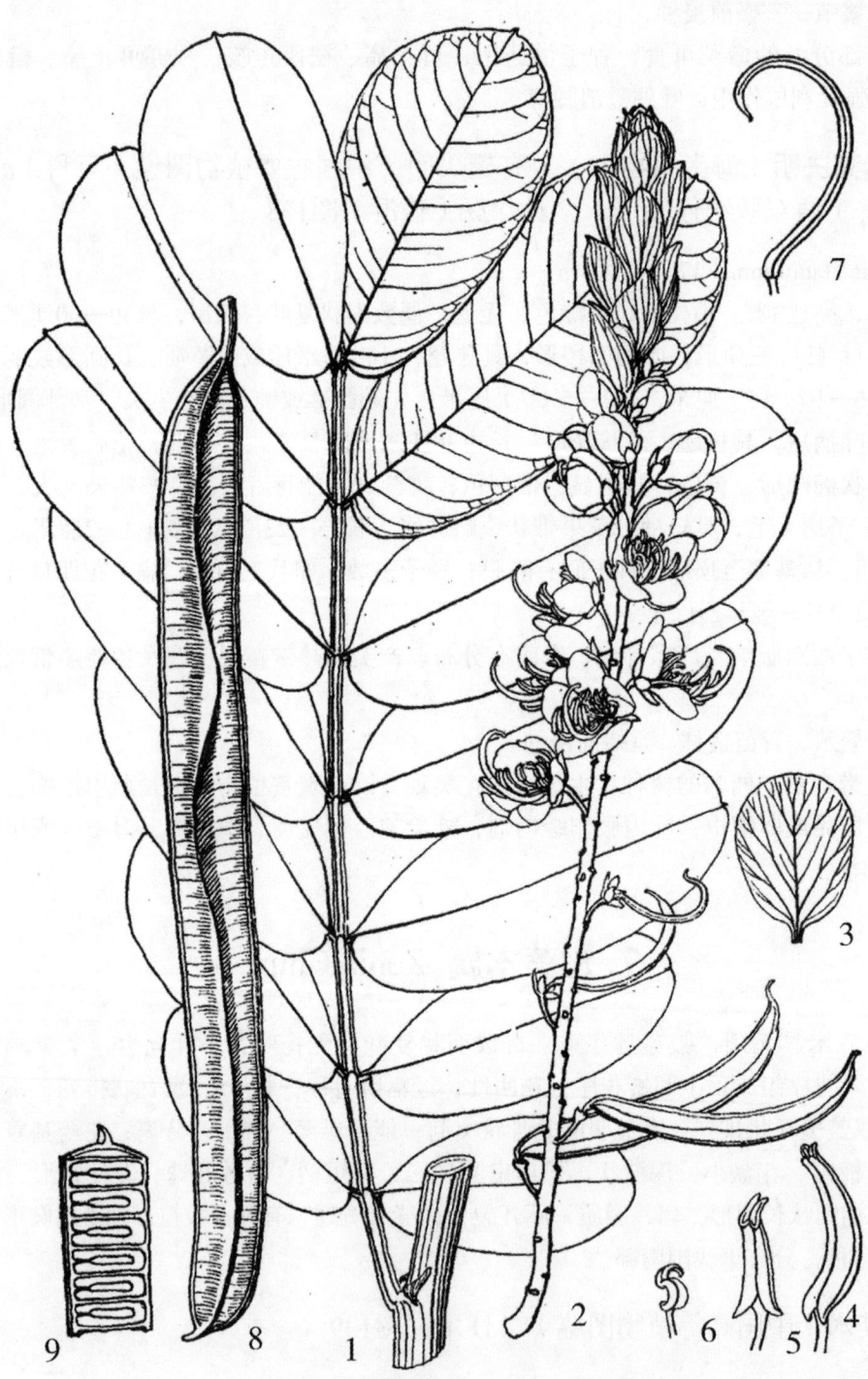

图138 翅荚决明 *Cassia alata* Linn.
1.复叶及茎的一段　2.花序　3.花瓣　4.长雄蕊　5.短雄蕊
6.退化雄蕊　7.雌蕊　8.荚果　9.荚果的一段纵剖

形，小，与小苞片均早落；花梗长约6毫米；花长约14毫米，萼片长圆形，长10—12毫米，略不等，被糙伏毛，里面无毛；花瓣红色，较萼略长，长12—14毫米，最上面1瓣宽约8毫米，倒卵形，其余的宽5—6毫米，椭圆状长圆形或倒卵状长圆形；雄蕊在花丝上被柔毛；子房扁，边缘被疏柔毛，有胚珠6—8，通常7，具子房柄。荚果长圆形或椭圆状长圆形，红棕色，长10—15厘米，宽3—4厘米（其中翅宽约5毫米），具明显的网纹；种子6—8，扁圆形，有光泽，棕黑色，长径约5毫米，花期5—7月，果期9—11月。

产滇东南及滇西南，生于海拔230—1000米的山谷或山坡林中。广西、广东、贵州西南部及湖南南部有分布。

种子繁殖。木材淡黄色，耐湿耐腐，不易变形，纹理清晰，坚实，是珍贵木材之一，可用于船舶、桥梁、农具、家具、胶合板等工业；木纤维长而韧，也是较好的造纸原料；叶可作饲料，枝可以放养紫胶虫，也是较好的观赏树木和蜜源植物。

萌芽率强，速生，抗病虫害力强，是绿化石灰岩山地的理想树种。

8. 酸角属* Tamarindus Linn.

乔木，无刺。偶数羽状复叶，互生，托叶小，早落；小叶对生，小托叶缺。总状花序，顶生于小枝上；花中等大小，花萼陀螺形，萼管狭，萼片4，覆瓦状排列；花瓣5，黄色或淡黄色，上面3瓣发达，下面2瓣退化，呈针刺状或鳞片状，着生于雄蕊管的基部；雄蕊1束，仅3枚发育，其余退化呈毛状或钻状，着生于雄蕊管顶部；子房圆柱形，有柄；花柱丝状，柱头点尖；胚珠多数。荚果长圆柱形，微弯，不开裂，外果皮薄，脆革质，中果皮肉质有脉状纤维，内果皮革质；种子近圆形或卵状圆形，扁，其间有隔膜。

本属仅1种，原产可能是中非，世界各洲热带地区有栽培。我国四川、云南至台湾以南沿海各地均有栽培。

酸角（海南） 酸饺（滇南本草）、酸豆、"木罕"（傣语）、酸梅（海南）图139

Tamarindus indica Linn.（1753）

大乔木，高达25米，胸径达1.2米。树皮灰褐色，纵裂，幼时灰黄色。小枝无毛，略平展。小叶7—20对，对生，长圆形，长1—2（3）厘米，宽4.5—7（10）毫米，先端圆形或有时微凹，基部圆形或微偏斜，两面无毛；柄极短。总状花序顶生或腋生，有时呈圆锥状；花萼长15—17毫米，无毛，萼片长圆状倒披针形，先端急尖，长约10毫米，宽约5毫米，里面被疏毛；花瓣黄色或淡黄色，有紫红色条纹，长圆状倒披针形，边缘褶皱，两面近基部均被绒毛，长约14毫米，宽约7毫米，2枚退化花瓣丝状，被绒毛；子房几无毛，柄上被毛；花柱一侧略被毛。荚果长5—10厘米或略长，略四棱形，略扁，有种子4—9；种子暗褐色，光滑，扁平。花期4—6月，果期12月—翌年2（3）月。

栽培于永仁、禄劝、元谋、禄丰以南地区的坝区屋边村旁和路旁；四川南部、广西南

---

* 本属及种的中文名称曾误用《本草纲目拾遗》中的罗晃子

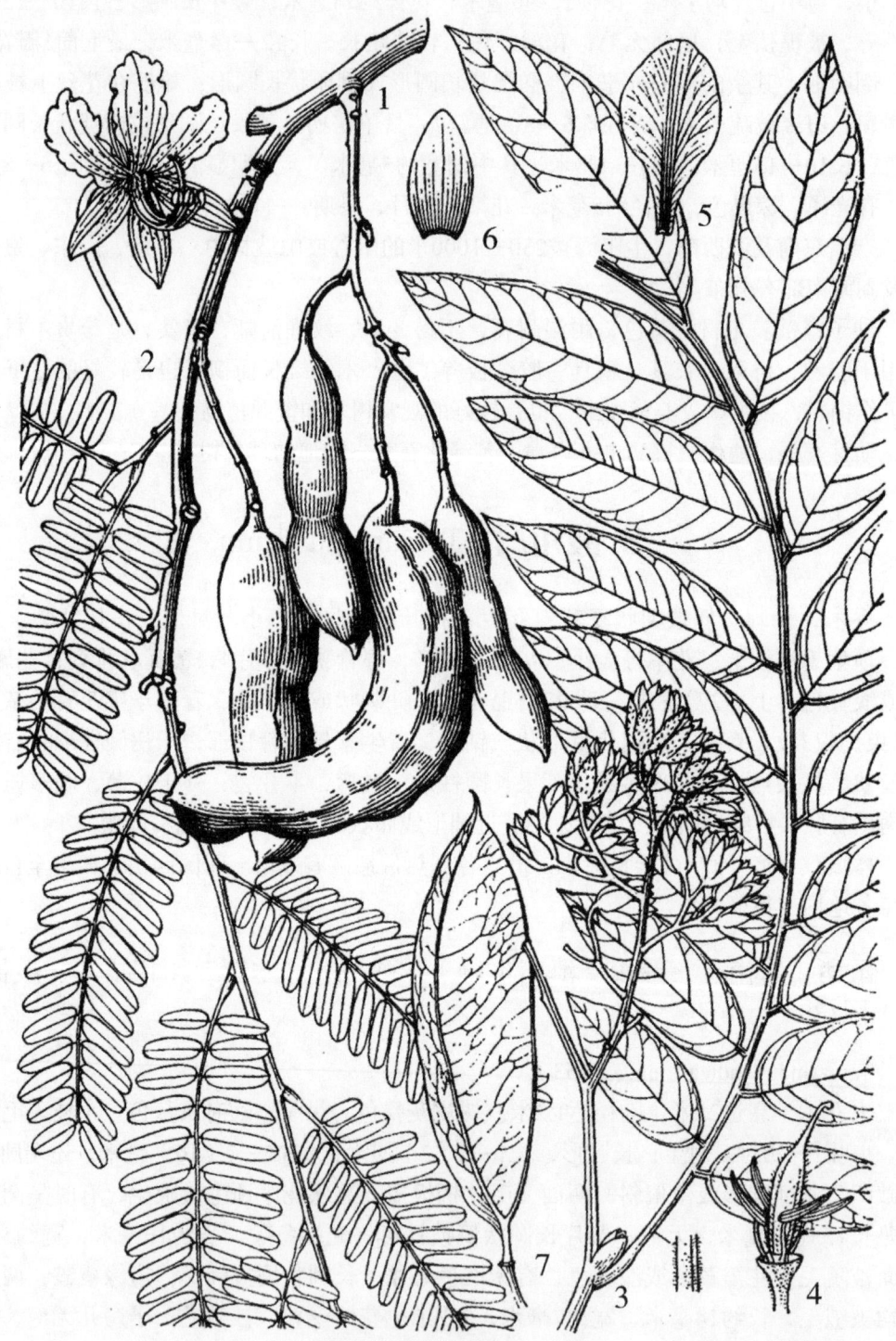

图139 酸角和翅荚木

1—2.酸角 *Tamarindus indica* Linn.

1.果枝 2.花

3—7.翅荚木 *Zenia insignis* Chun

3.花枝 4.花去花瓣及萼片 5.花瓣 6.萼片 7.荚果

部、广东南部、福建南部及台湾均有栽培。印度及各洲热带地区均有栽培。

种子繁殖。温水浸种后湿藏处理。

木材为散孔材，边材黄白色，心材黄褐色，有光泽，纹理斜，结构细致，硬重，易加工，易变形，干后稍裂，不耐腐。可作建筑、车辆、农具等用材。肉质中果皮酸甜可食，也可用作饮料冲剂，入药用于缓泻和退烧；嫩叶漂制后可食，也可用作饮水澄清剂。

9. 仪花属 Lysidice Hance

乔木，常绿。偶数羽状复叶，小叶对生，花组成圆锥花序，顶生或腋生，具有颜色的苞片，通常为红色；花萼漏斗状，具4齿，齿等大圆形，花时常反折，花瓣5，上面3瓣发达，近相似，有爪，下面2瓣退化，极小；能育雄蕊2，稀1或3，长出花冠，其余均为不育雄蕊，通常较花冠短，花丝仅基部连合，花药背着；子房具短柄，花柱细长，丝状，常有毛；胚珠9—12。荚果长倒卵状带状，扁平，革质或近木质，基部楔形，顶端有喙；种子扁平。

本属1种，产我国云南至海南；越南也有。

仪花（中国主要植物图说，豆科）　马扎木（广东）、广檀木　图140

Lysidice rhodostegia Hance（1867）

乔木，高达20米，胸径达50厘米；树皮灰白色至暗灰色。小枝无毛。复叶具小叶3—4（6）对；小叶长椭圆形或椭圆形，坚纸质或近革质，长4—12（15）厘米，宽2.5—4.5（6）厘米，先端急尖或骤然渐尖，基部宽楔形或钝，有时近圆形，两面无毛；小叶柄短，与叶轴均无毛。总状花序腋生或呈圆锥花序顶生或腋生，长15—30厘米；苞片卵形或近椭圆形，长14—22毫米，宽9—11毫米，小苞片近椭圆形，长约10毫米，宽约5毫米，均为绯红色，被微柔毛；花梗长约1厘米，被微柔毛；花萼狭漏斗状，长16—20毫米，齿与管等长或略短，条形，先端钝，反折；花瓣紫红色或初时白色，上面3瓣发达者为匙形，长约3厘米，最宽处约1厘米，具长爪；能育雄蕊2，罕1或3；子房具短柄，花柱细长，均被疏微柔毛。荚果倒卵状长带形，扁平，长15—25厘米，宽3.3—5.5厘米，灰色，开裂，旋卷；种子卵状椭圆形，扁，长约23毫米，宽15毫米，栗褐色，光亮。花期5—7月，果期9—11月。

产师宗、文山、西畴、广南、富宁、河口等地，生于海拔1000（1200）米以下的山谷、山坡阔叶林中或开阔的山林或村旁，常见于石灰岩地区。贵州、广西、广东有分布，海南有栽培；越南也有。

木材浅褐色，质地坚硬，属重材，为珍贵良材，常用作高级家具或室内装饰。根、茎、叶供药用，有小毒，用于消肿散瘀，止血止痛；树皮富含纤维可代麻或造纸原料。植株可放养紫胶虫或作行道树，庭园观赏树。

图140 仪花 *Lysidice rhodostegia* Hance
1.花枝 2.花放大 3.荚果

10. 缅茄属 Afzelia Smith

常绿乔木，无刺。偶数羽状复叶，互生；小叶对生，全缘；托叶、苞片和小苞片早落。圆锥花序，有梗或近无梗，顶生；花萼管状，倒圆锥形，裂片4，覆瓦状排列，最里面两片略大；花瓣1，有爪，其余退化或缺；雄蕊3—8，分离或基部连合，有退化雄蕊2—4，花丝丝状，花药卵圆形，纵裂；子房圆柱形，具柄，花柱丝状，柱头平截或略呈头状，有胚珠3—7。荚果木质，长圆形，扁平，开裂；种子有像柄的大种阜（珠柄），无胚乳。

本属约14种，分布于热带亚洲及非洲（包括马达加斯加北部）。我国1种，分布广西、广东（引种）及云南。

缅茄（高濂珍异药品） 沔茄（高濂珍异药品）、木茄（粤志）图141

Afzelia xylocarpa（Kurz）Craib（1912）

Pahudia xylocarpa Kurz（1877）

常绿乔木，高达40米，树冠开展；树皮灰褐色，粗糙。小枝被白粉，幼枝略被微柔毛。偶数羽状复叶，长7—15厘米；小叶2—4对，对生，宽椭圆形或近卵状椭圆形，长5—8厘米，宽3—6厘米，近革质，先端钝或微凹，基部圆形，无毛，下面略被白粉；小叶柄长3—5毫米。圆锥花序，有2—3分枝，顶生，被微柔毛；花几偏向一侧，淡紫色；萼片里外均被微柔毛，与萼管近等长，倒卵形，外面的两片较里面的两片短；花瓣淡紫色，较萼片长，长约2厘米，能育雄蕊7—8。荚果长圆形，扁平，厚，木质，长10—14厘米，宽6—8厘米，厚约4厘米，二瓣裂，暗褐色，无毛，有种子2—3，种子钝三棱状长圆形，略扁，长约2.5厘米，宽1.8厘米，厚1.3厘米，顶端具小尖头，黑棕色，光亮；种阜角质，长约1.8厘米，与种子同形而略大。花期5月，果期11—12月。

产西双版纳勐腊（勐满乡），在海拔约600米的村寨亦有栽培；或逸生于村寨附近次生林中。广东（茂名）、广西有栽培；缅甸、越南、泰国亦有。

种子繁殖，温水浸种。

材质优良，可作建筑及家具用材。种子供药用（主要是种阜部分），有明目去翳，解毒镇痛的效果；种阜作雕刻用，制成工艺品和装饰品，又为村边寨旁的良好观赏和遮阴树种。

11. 无忧花属 Saraca Linn.

大乔木，枝条粗壮。叶为偶数羽状复叶；小叶对生，通常革质，长圆形或长圆状披针形，3—5对，全缘，无毛。花大，两性或杂性具退化子房，无花瓣，组成圆锥花序或伞房状圆锥花序；苞片花瓣状，早落；花萼长喇叭状，具长管，檐部4（6）裂，裂片花瓣状；无花梗，小苞片1对，着生于萼管中下部，花瓣状或小；雄蕊（3）6—8（10），花药长圆形，背着，花丝长丝状；子房具柄，套于萼管内；胚珠多数，花柱丝状，柱头点尖。荚果长圆形或带状，扁平，果瓣革质或近木质，开裂后卷扭；种子长圆形或近卵状长圆形，扁。

本属约20种，分布于热带亚洲。我国约3种，云南2种。

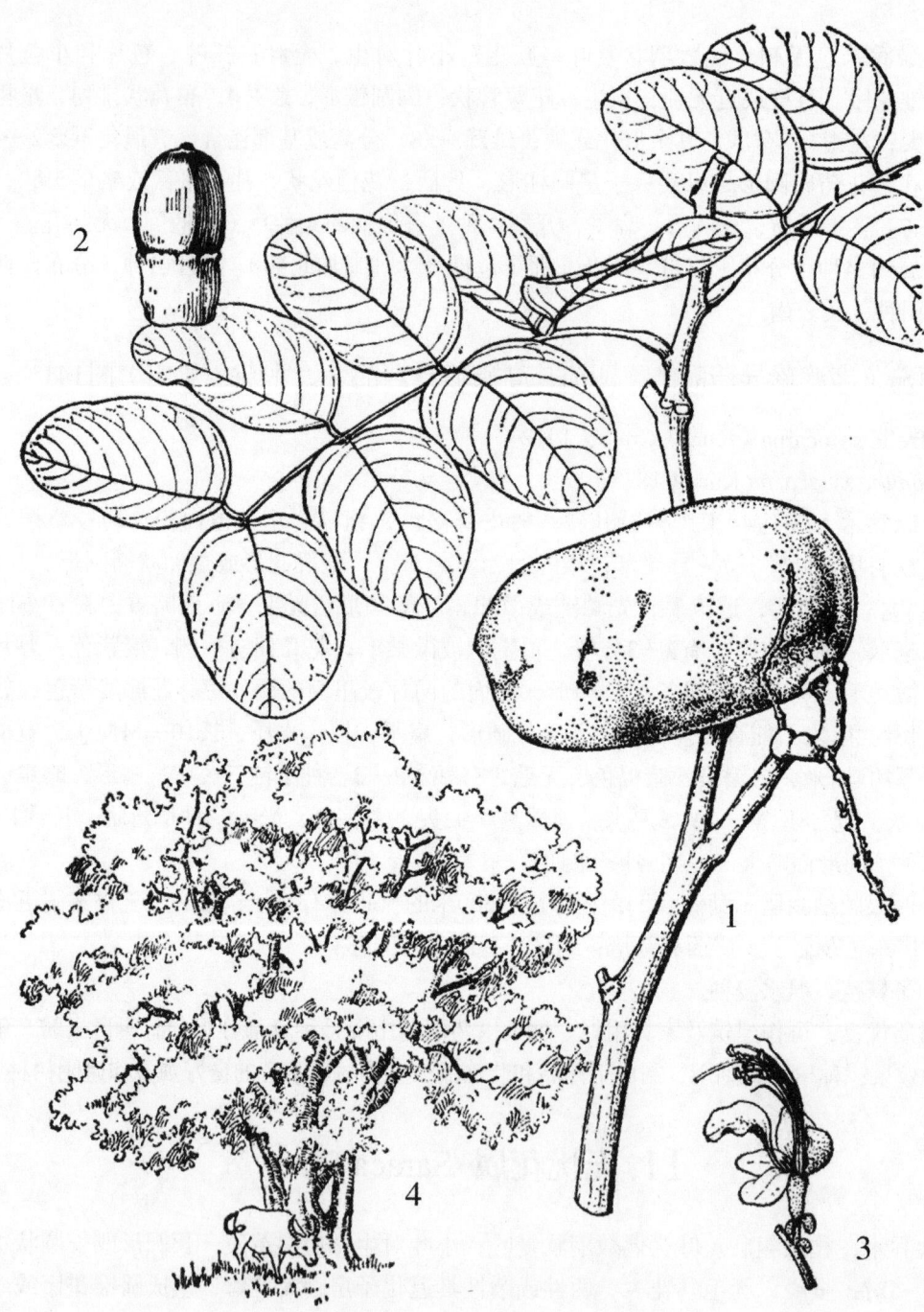

图141 缅茄 *Afzelia xylocarpa* (Kurz) Craib
1.果枝 2.种子 3.花 4.树形

分 种 检 索 表

1.小苞片长1—2毫米，卵形，先端急尖；萼管长22—28毫米；雄蕊（3）4（5）花丝长20—40毫米，花药长1—1.5毫米 …………………………………………………1.缅无忧花 S. griffithiana
1.小苞片长10—20毫米，倒卵形或倒卵状披针形，先端钝或近圆形；萼管长25—32（40）毫米；雄蕊7—9（10），花丝长约20毫米，花药长3—4毫米 …………………… 2.无忧花 S. dives

1.缅无忧花（云南种子植物名录）

Saraca griffithiana Prain（1897）
产泸水、腾冲等地。缅甸有分布。

2.无忧花（中国种子植物科属词典） 马树（金平）、马叶树、酸角果（河口）、黄莺花（云南种子植物名录）、云南无忧花（中国树木志）图142

Saraca dives Pierre（1899）*
Saraca indica auct. non Linn：中国高等植物图鉴（1972）*
S. thaipingensis auct. non Cantley ex Prain：云南种子植物名录（1984）

大乔木，高达30米，胸径达100厘米，小枝粗壮，髓部中空，无毛。叶长26—40厘米或略长，有小叶4—5（6）对；小叶对生，卵形至长圆形，罕倒卵形，以顶端1对最大，长16—25（30）厘米，宽6—8.5（13）厘米，全缘，两面无毛，先端渐尖或急尖，基部楔形或钝；小叶柄长5—8毫米。圆锥花序，长达30厘米或更长，幼时密被短柔毛，以后无毛，多花，常渐凋落而密集于分枝顶端，苞片倒卵形，长约3厘米，宽1.6厘米，两面密被短柔毛；萼管长25—32（40）毫米，径2—3毫米，裂片花瓣状，卵形或略倒卵形，长约1.6厘米，宽7毫米，先端钝或圆形，金黄色、橙黄色或橙红色；小苞片倒卵形或倒卵状披针形，长10—20毫米，先端钝或近圆形，着生于萼管中下部（有人误认小苞片以下为花梗）；子房具长柄，柄伸入萼筒，子房伸出萼筒，几与萼片等长，花柱常略生于雄蕊（两性花），无毛。荚果长15—40厘米，宽4—6厘米，具长梗，为宿存萼筒所包；种子长圆形或卵状长圆形，扁，长约4厘米，宽约2厘米，厚8毫米，褐色，种脐着生于顶部。花期4—5月，果期7—10月。

产元阳、绿春、金平、屏边、马关、麻栗坡、河口、富宁等地，生于海拔150—800（1000）米的山谷、山坡及溪旁的热带阔叶密林或疏林中，是常见的树种及建群树种。其伴生树种有：榕树属、韶子、大叶山棣、葱臭木、细子龙、大叶白颜树、糖胶树、红椿、龙果、橄榄、麻棣、番龙眼、木奶果、人面子、仪花、长柄金刀木、八宝树、东京梭子果、云树、钝叶桂、见血封喉、大叶红光树、风吹楠、野树菠萝及婆罗双等。广西有分布；越南、老挝也有。

花期较长，花色艳丽，可作庭园观赏树种。

图142 无忧花 *Saraca dives* Pierre
1.花枝 2.小苞片 3.苞片 4.花序 5.花 6.荚果 7.种子

12. 羊蹄甲属 Bauhinia Linn.

乔木、灌木或攀援藤本，有时具卷须。单叶，互生，通常先端2裂，稀不裂或全裂为2小叶，掌状脉。通常为伞房状总状花序、圆锥花序或总状花序；花萼圆柱形、钟形或陀螺形，檐部全缘呈佛焰状或裂为2或5齿；花瓣5，分离，略不相等，常上面1瓣有异色或斑纹，通常有明显的爪；雄蕊10，但通常为5或3，罕为1，如为10，则常具不育或退化雄蕊，分离，花药纵裂；子房具柄，有多胚珠，花柱近顶生或偏向一侧，柱头头状、点尖或盾状。荚果线形或长圆形，扁平，无隔膜，开裂或不开裂，有数种子；种子扁，有胚乳。

本属约570种，分布于各大洲热带及亚热带。我国约35种；云南约25种，其中较多的为藤本，少数为灌木或乔木。

分 种 检 索 表

1.花冠白色或淡黄色，雄蕊10；小乔木或大灌木，高不超过8米。
　2.花冠白色，花瓣长1厘米以上，伞房状总状花序。
　　3.叶宽卵形或卵状圆形，长9—14厘米，宽8—13厘米，基出脉9—11，叶下面被短柔毛；荚果长8—11厘米 ……………………………………1.白花羊蹄甲 B. acuminata
　　3.叶肾状圆形或近肾形，长3—7厘米，宽4—9厘米，基出脉7—9，叶下面被柔毛并杂有树脂质丁字毛；荚果长4—5（7）厘米 …………………2.马鞍叶羊蹄甲 B. faberi
　2.花冠淡黄色，花瓣长8毫米，总状花序 …………………………3.总序羊蹄甲 B. racemosa
1.花冠淡粉红色、粉红色或玫瑰红色，若为白色，其上面的1瓣粉红色，雄蕊5或3—4，乔木，高10米以上。
　4.花冠非玫瑰色，花萼被柔毛并杂有黄色腺体 ………………………4.羊蹄甲 B. variegata
　4.花冠玫瑰色，花萼被微柔毛 ……………………………………5.紫羊蹄甲 B. purpurea

1.白花羊蹄甲（广州常见经济植物、广州植物志）　渐尖羊蹄甲（云南种子植物名录）图143

Bauhinia acuminata Linn.（1753）

小乔木，高达4米。小枝深褐色，幼时被微柔毛，以后渐脱落。单叶宽卵形或卵状圆形，长9—14厘米，宽8—13厘米，先端2裂达叶长的1/3，裂片先端宽渐尖，头钝，基部心形，上面无毛，下面被短柔毛，基出脉9—11；托叶狭披针形，叶柄被短柔毛。伞房状总状花序，顶生及腋生；花萼管状，檐部偏斜，1侧开裂，有5短细齿，开花时反卷；花瓣白色，倒卵状长圆形，无爪，长约4厘米，先端急尖；雄蕊10；子房被疏毛，有柄；花柱盾形。荚果条状披针形，长8—11厘米，宽1.2—1.5厘米，无毛，黑褐色，有种子8—12；种子卵形，扁。花期4—6月，果期7—9月。

产蒙自、金平等地，生于海拔约1200米以下的山坡，庭园中有栽培；广东、广西有引种。印度、越南有分布。

种子繁殖。播前温水浸种，种子不宜久藏。

图143　白花羊蹄甲和羊蹄甲

1—2.白花羊蹄甲 *Bauhinia acuminata* Linn.

1.花枝　2.叶背局部放大（示毛被）

3—4.羊蹄甲 *B. variegata* Linn.

3.花枝　4.荚果

2.马鞍叶羊蹄甲（中国主要植物图说，豆科） 马鞍叶、夜关门（昆明、曲靖）、白花散、合掌叶（大姚）

Bauhinia faberi Oliv.（1888）*

产昭通、东川、昆明、曲靖、楚雄、玉溪、德钦、丽江、大理等地州，生于海拔1000—2800（3200）米的荒坡灌丛、林缘或疏林内；甘肃、陕西、四川、贵州、湖北、湖南、广西、西藏等地均有。

全株入药，有消炎理气、祛风解毒、收敛安神的功效。

3.总序羊蹄甲（云南种子植物名录） 总状花羊蹄甲（中国主要植物图说，豆科）、硬叶羊蹄甲（中国树木志）图144

Bauhinia racemosa Lam.（1784）

Piliostigma racemosa（Lam.）Benth.（1852）

落叶小乔木，高达8米；树皮粗糙，深黑褐色或近黑色，小枝细弱，幼时被柔毛，以后渐无毛；叶肾形或扁圆形，革质，长2.5—5厘米，宽3—6.5厘米，先端2裂，裂片达叶长的1/3，裂片先端圆形，基部平截、钝或微凹，基出脉7—9，上面无毛，下面密被柔毛或毛渐脱落。总状花序顶生或与叶对生，长8—10厘米，被柔毛；花萼钟形，长约3毫米，被柔毛；花冠淡黄色，长约8毫米；雄蕊10，均能育；子房被柔毛，具短柄。荚果条形，扁，略肿胀，长20—30厘米，宽2—2.5厘米，梗长约2.5厘米；种子多数。花期4—5月，果期10—11月。

产元江等地，生于海拔300—500米的河边冲积台地，阳光充足的灌丛中。印度、斯里兰卡、缅甸、越南、柬埔寨、泰国、马来西亚等地均有。

木材棕色，坚硬，细致，是极好的薪炭柴；树皮富纤维，可制绳索。

4.羊蹄甲（中国主要植物图志，豆种） 老白花（滇南）、白花树（凤庆）、白豆花（墨江）、"埋朽"（傣族语）、玲甲花（植物名实图考）、变色羊蹄甲（西双版纳植物名录）、洋紫荆（中国树木志）图143

Bauhinia variegata Linn.（1753）

Bauhinia chinensis Vogel.（1843）

落叶乔木，高达15米；树皮暗褐色或灰褐色，纵细浅裂。小枝多少有毛。叶圆形至宽卵形，长4—12（17）厘米，宽5—14（16）厘米，先端2裂，裂达叶长的1/3—1/4，裂片先端钝或圆形，基部心形至圆形，基出脉11（13），上面无毛，下面被柔毛或几无毛。总状花序，短，有花3—5；花大，直径通常达8—9厘米；花萼钟形，佛焰苞状，被柔毛且杂有黄色腺体；花瓣倒卵形或倒卵状长圆形，白色其中仅有上面1瓣粉红色或淡粉红色，常有深色（近红色或蓝紫色）条纹及斑点；能育雄蕊5；子房被柔毛，具柄。荚果条形，扁平，长20—30厘米，宽约2厘米，开裂；种子多数。花期3—5月，果期9—10月。

产泸水、龙陵、镇康、勐海、蒙自以南地区，生于海拔750—1900米的山谷、坡地、沟边等的疏、密林中或灌丛中，阳光充足的地方。

常见的伴生树种有红椿、八宝树、重阳木、千张纸、垂叶榕、四数木、多花白头树、

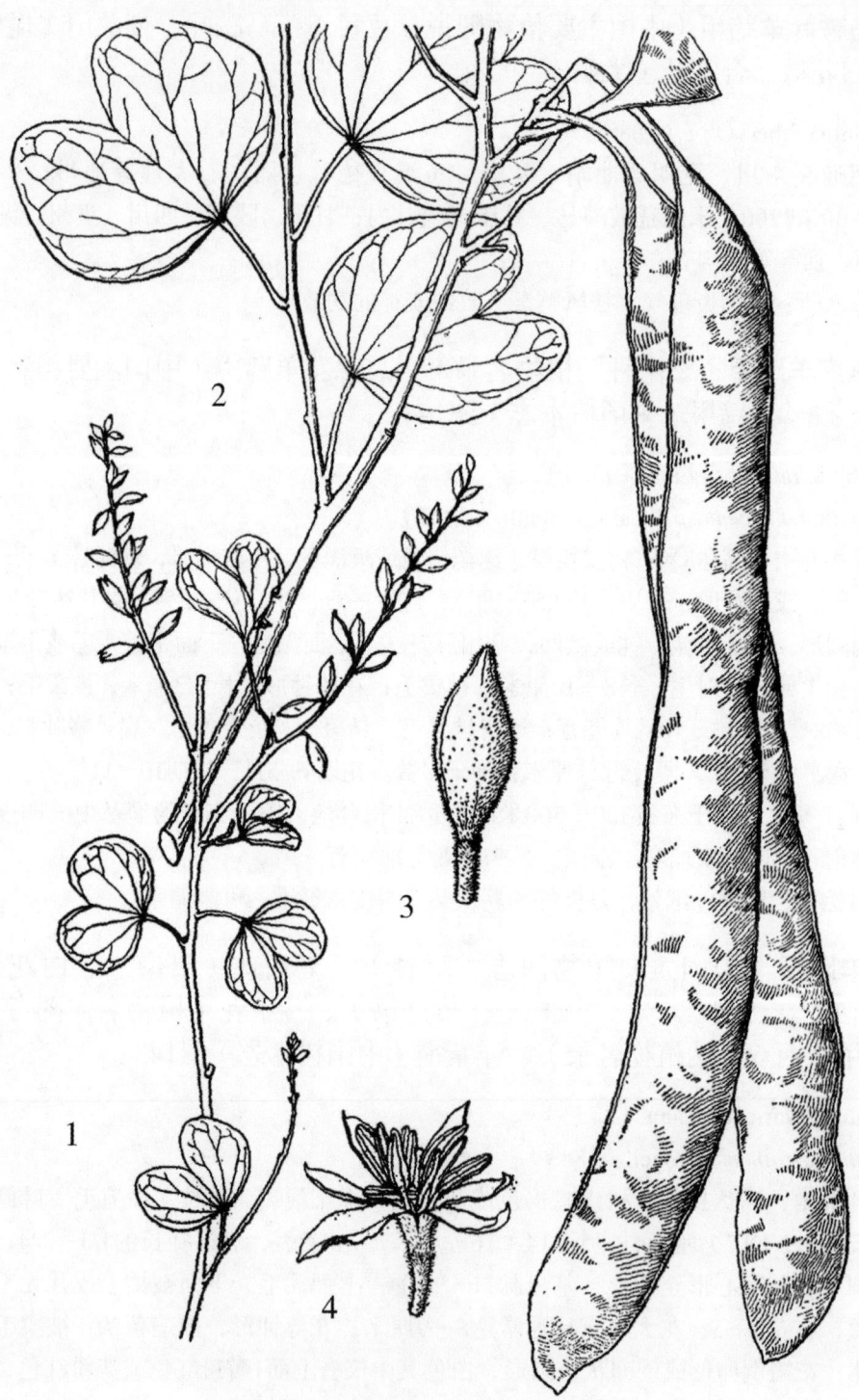

图144　总序羊蹄甲*Bauhinia racemosa* Lam.
1.花枝　2.果枝　3.花苞　4.花

火烧花、楹树、西南猫尾木、对叶榕、葱臭木及九层皮等。

种子繁殖，育苗造林。温水浸种后再播种。广西、广东、海南、福建、台湾有分布；印度、缅甸、越南、老挝、泰国也有。木材坚硬，是极好的器具和雕刻用材；花、花芽、幼果及嫩叶均可食用；根皮可治消化不良；树皮含鞣质10%—15%，专治肝炎、肺炎、支气管炎、热咳等。

花大芳香，每年多次开花，是极好的观赏树种。

5.紫羊蹄甲（中国主要植物图志，豆科） 羊蹄甲（中国树木志）图132

Bauhinia purpurea Linn.（1753）

小乔木，高达10米；树皮灰褐色至褐色，略有纵纹，近平滑。小枝多少被柔毛。叶近革质或坚纸质，圆形或卵状圆形至近宽椭圆形，长及宽8—14（18）厘米，先端2裂，裂达叶长的1/3—1/2，裂片先端钝或圆形，基部圆形至心形，基出脉9—11（13），上面无毛，下面被短柔毛或几无毛；叶柄长3—5（6.5）厘米，通常无毛。伞房花序组成圆锥花序，顶生，被微柔毛；花萼管状钟形、2深裂，裂片反卷，被微柔毛，1裂片顶端微凹，另1裂片具3齿；花瓣侧披针形，淡红色至玫瑰红色，长4—5厘米；能育雄蕊3—4；子房被柔毛，具柄。荚果条形，长15—25厘米，宽约2厘米或略宽，扁平，有柄；种子多数，扁平。花期约8月，果期12月。

产西双版纳，生于海拔200—700米的开朗、阳光充足的疏林、路边或灌丛中。广西、广东、福建、台湾有布分；中南半岛、马来半岛、印度、斯里兰卡也有。

种子繁殖。

木材红褐色，坚硬、有光泽，可作器具、雕刻、装饰及农具等用材；叶可作饲料；嫩叶可入药，治咳嗽；树皮煎水，洗烫伤及疮疖；树皮含鞣质，可作染料；根皮有剧毒。花色艳丽，可作行道树及园林观赏树种。

13. 紫荆属 Cercis Linn.

落叶乔木或灌木，芽叠生。单叶，互生，具基出脉，全缘；托叶小，早落。通常为先花后叶，花略呈左右对称，排列成总状花序或簇生于叶腋，着生于老茎上，基部具覆瓦状排列的苞片或1花1片；花萼钟状，微偏斜，具短而宽的5齿；花瓣通常为卵形或长圆形，不等大，有爪；雄蕊10，分离；花丝丝状，花药通常卵形；子房具短柄；胚珠10余枚。荚果长圆形或带状，扁，腹缝线具狭翅，通常不开裂或迟开裂；种子10余枚，倒卵形。

本属约8种，分布于东亚、北美及南欧。我国6种：云南3种，其中1种为引种栽培。

分 种 检 索 表

1.总状花序；小枝被柔毛，尤以幼枝为多 ·······················1.垂丝紫荆 C. racemosa
1.花簇生于老茎叶腋；小枝无毛。
  2.叶下面主脉被柔毛，以下部尤密；花8—24成1簇，花梗长9—23毫米 ·············
  ···2.云南紫荆 C. glabra

2.叶下面无毛；花5—8成1簇，花梗长6—15毫米 ·························· **3.紫荆 C. chinensis**

1.垂丝紫荆（中国树木分类学）图145

Cercis racemosa Oliv.（1889）*

小乔木，高达12米。枝幼被微柔毛，以后变无毛。叶坚纸质，宽卵形或略近圆形，长5—11厘米，宽4.5—9厘米，先端宽急尖，基部平截或略心形，上面无毛，下面被疏柔毛，基出脉三；叶柄长2—3厘米；托叶长圆形至披针形或倒披针形，早落。总状花序下垂，腋生；花萼宽钟形，略偏斜，长约3毫米，萼不等大，最下面1齿最大且略尖，其余渐小且略钝，与花瓣通常1色；花瓣红色，旗瓣椭圆状长圆形，有深紫红色斑点，翼瓣与旗瓣似同大，无斑点，龙骨瓣舟形，略大，无斑点；子房有极短的柄。荚果披针状腺形，扁平，长6—12厘米，宽1.2—1.7厘米，具明显的网纹；种子宽椭圆形，扁。花期4—5月，果期9—10月。

产镇雄，生于杂木林中；四川、贵州及湖北有分布。

2.云南紫荆（中国主要植物图说，豆科）图146

Cercis glabra Pampan.（1910）
Cercis yunnanensis Hu et Cheng（1948）

小乔木，高可达10米；树皮灰黑色，呈不规则的薄片状剥落，小枝无毛。叶坚纸质，心形或宽心形，长6—15厘米，宽5.5—13（16）厘米，先端急尖，略钝，基部心形，5基出脉，上面无毛，下面主脉被柔毛，龙以中上部为密。花紫红色，着生于长约8毫米的总梗长，似簇生，具覆瓦状苞片，有花8—24，花梗长9—23毫米，无毛；子房几无柄。荚果长达12厘米，宽1—1.2厘米，顶端渐尖。花期2—3月，果期8—9月。

产滇中及大理、大姚、丽江一带，生于海拔1500—2000米的石灰岩山地杂木林中。陕西、四川、贵州有分布。

常见伴生的树种有滇青冈、盐肤木、鸡嗉子果、八角枫、檞栎、厚皮香、石楠及马鞍叶羊蹄甲等。

种子繁殖，浸种并湿沙催芽后播种。分蘖、压条繁殖也可。

花艳丽，适于庭园栽培。

3.紫荆（开宝本草）图145

Cercis chinensis Bunge（1833）

常为灌木，偶有小乔木，高达10米，通常分枝较低，呈丛生状；小枝无毛。叶坚纸质，通常卵状圆形，长6—13厘米，宽5—11厘米，先端急尖，略钝，基部浅心形或心形，5基出脉，两面无毛。花紫红色，簇生，每簇有5—8花，花梗长6—15毫米。荚果长5—11厘米，宽1.1—1.5厘米，顶端短渐尖。花期3—4月，果期8—9月。

各地均有栽培，但滇南较少。

种子、分蘖、压条繁殖均可。

于园庭中最为常见的早春观赏花木，我国除东北、内蒙古等地外，大部分地区均有栽培，野生状态的植株不易见。

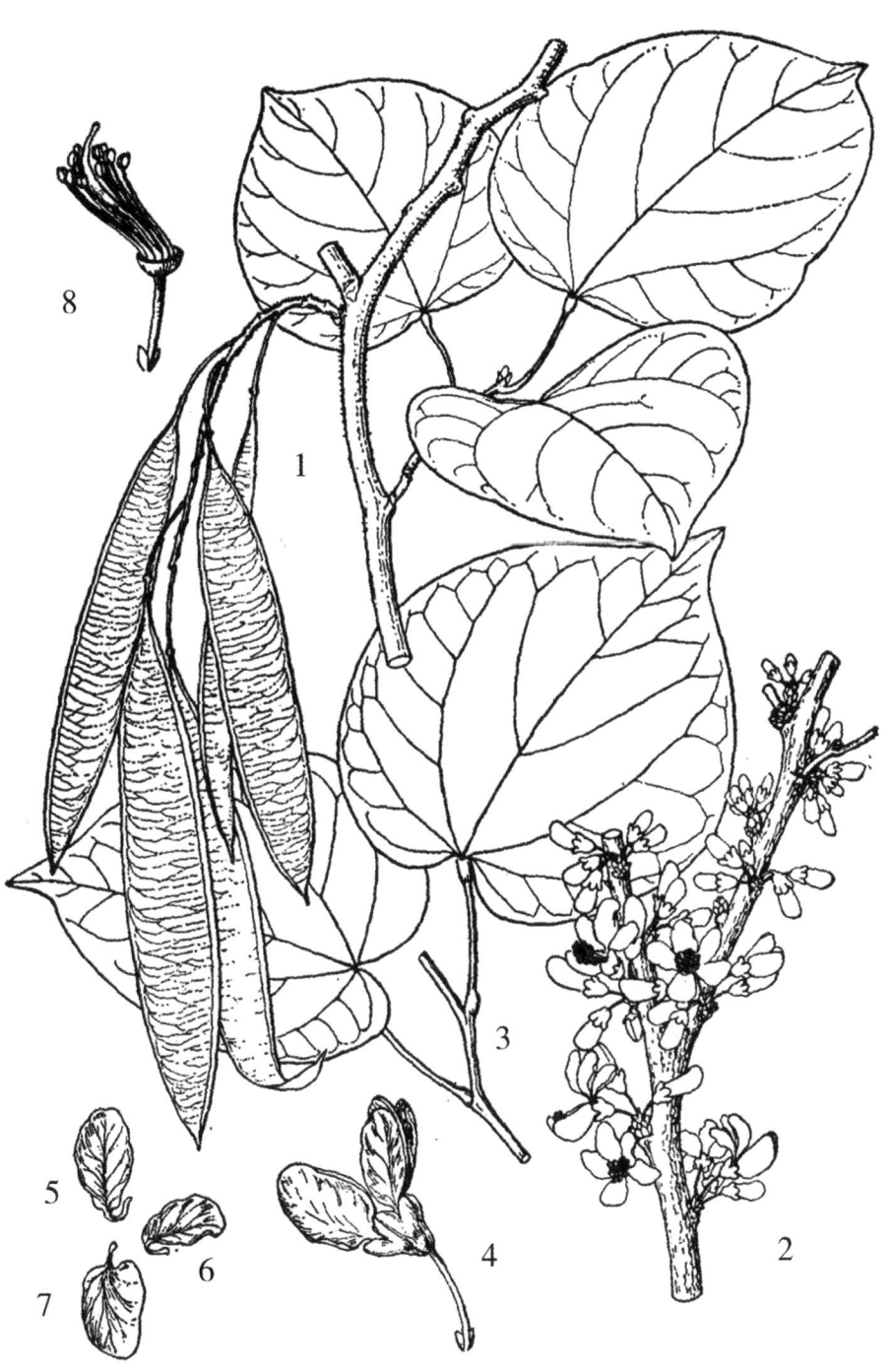

图145 垂丝紫荆和紫荆

1.垂丝紫荆 *Cercis racemosa* Oliv.果枝

2—8.紫荆 *C. chinensis* Bunge

2.花枝一段　3.枝叶　4.花　5.旗瓣　6.翼瓣　7.龙骨瓣　8.花去花瓣（示雌蕊、雄蕊）

图146 云南紫荆 *Cercis glabra* Pampan.
1.花枝一段 2.花 3.旗瓣 4.翼瓣 5.龙骨瓣 6.花去花冠 7.果枝一段

147.含羞草科 MIMOSACEAE

乔木或灌木，有时为攀援藤本，少有草本；茎有刺或无刺。叶为偶数二回羽状复叶，有时为一回羽状复叶，或小叶退化；叶柄呈叶状，复叶者叶柄基及叶轴上常具腺点；托叶不明显或呈刺状，稀膜质。花较小，两性或杂性，辐射状，通常5基数，常为黄色，排列成头状、穗状或总状花序，或由头状花序组成总状或穗状花序；苞片及小苞片小或无，常早落；花萼钟形，萼片5，有时3、4或6，镊合状或覆瓦状排列，基部合生或有时分离；花瓣与萼片同数，镊合状排列，分离或合成短管；雄蕊多数或与花瓣同数，或为花瓣的倍数，分离或合生；花药小，纵裂，有时顶端具1腺体；子房上位，胚珠多数。荚果通常为长圆形或条形，有时有节，开裂或不开裂，扁平但也有少数为卵形或近圆柱形；种子有时有假种皮，有或无胚乳。

本科约56属，2,800余种，广布于热带、亚热带及部分温带地区。我国约17属，60余种（包括引入种类），主要分布于南部及西南部；云南约11属，40—50种（包括引入种）。本志记载9属33种。

在系统位置上，本科曾被认为较苏木科原始，因此，在较早期的一些书籍中，均将本科排列于苏木科之前，后来经过多方面的研究证实，应略晚于苏木科，故而在近期的一些书籍中将本科置于苏木科之后，因此，在J. Hutchinson的早期（1926年）的系统中，将本科置于苏木科之前，于1959年修订的系统，接受了这一论点，而将本科排列于苏木科之后。

分 属 检 索 表

1.萼片覆瓦状排列；叶长30—40厘米，羽片20—30对，小叶40—80对 ……1.球花豆属 Parkia
1.萼片镊合状排列；叶长30厘米以下，羽片20对以下，小叶30对以下。
  2.雄蕊10至多数。
    3.花丝分离 ……………………………………………… 2.金合欢属 Acacia
    3.花丝基部多少合生或连合成管。
      4.荚果常扭卷或卷成螺旋状或环状，扁，或者不扭卷，柱状，均开裂。
        5.荚果扁，扭卷或卷成螺旋状或环状；种子因具假种皮，常悬挂于果瓣边缘……
        ……………………………………… 5.围诞树属 *Pithecellobium*
        5.荚果膨胀，卵形或圆柱形，直或微弯，果开裂后，种子不悬挂，因无假种皮 …
        ……………………………………… 7.棋子豆属 Cylindrokelupha
      4.荚果直或微弯，不开裂。
        6.荚果于种子间多少缢缩，内有横隔膜 …………… 4.雨树属 Samanea
        6.荚果于种子间不缢缩，内无横隔膜 …………… 6.合欢属 Albizia
  2.雄蕊10。
    7.花药顶端无腺体；荚果条形，扁平，直 …………… 3.银合欢属 Leucaena
    7.花药顶端具1腺体；荚果不扁平、弯曲。

8.乔木，小叶互生；荚果旋卷，开裂，果瓣革质；种子小，三角状圆形，直径不超过8毫米，鲜红色 ·· **8.海红豆属 Adenanthera**

8.大木质藤本，小叶对生；荚果弯曲，长达1米，不开裂；果瓣木质；种子大，近圆形或圆形，直径4—7厘米，褐棕色 ································· **9.榼藤子属 Entada**

1. 球花豆属 Parkia R. Br.

乔木，常落叶，无刺。偶数二回羽状复叶，通常羽片及小叶极多，对生，小叶无柄或近无柄。花小，极多，常组成单一的棒状头花花序或头状花序，花序上部为两性花，黄色或红色，下部为雄花或中性花（通常不育），白色或红色，5基数；花萼管状，具5齿，齿等大，覆瓦状排列；花瓣分离或中部以下，合生，裂片等大，分离时花瓣通常为线状匙形；雄蕊为花冠数的2倍，基部常与花冠贴生或分离；花药顶端常具1腺体；子房无柄或具短柄。荚果带状或长圆形，扁，直或弯曲，果瓣木质或带肉质；种子卵状圆形或扁，略厚。

本属约40种，广布于各大洲热带地区。我国引种1种（台湾及云南）。

球花豆（中国高等植物图鉴） 白球花（云南种子植物名录）图147

Parkia roxburghii G. Don（1832）

落叶乔木，高达30米，胸径约60厘米。偶数二回羽状复叶，长30—40厘米或更长，羽片及小叶极多，羽片20—30对，小叶40—80对，条形或微镰形，长7—10毫米，宽约2毫米，先端急尖，基部圆形，1侧偏斜成三角形，具缘毛。花小，极多，组成紧密的倒葫芦形的头状花序，长5—10厘米，直径2—2.5厘米；花序梗长25—40厘米或略长，花序上部为两性花，下部为雄花和不孕花；花萼管状，长约6毫米，密被黄色绒毛，5齿，齿三角形，顶端钝；花瓣连合成管，黄白色或黄色，裂片5；花丝基部与花冠管贴生；子房具短柄，胚珠多数。荚果带状，长30—50厘米，宽约4厘米，扁，略膨胀，具长梗（即子房柄）；种子12—20。花期10—11月，果期8月至翌年1月。

西双版纳、河口有栽培。印度、马来西亚有分布。

种子含油量约20%。

2. 金合欢属 Acacia Mill.

乔木、灌木或攀援藤本，有刺或无刺。二回偶数羽状复叶或有时叶片退化，叶柄变成假叶（或称叶状体）；托叶刺状或不明显；羽片通常多对，成对羽片间和叶柄常有腺体；小叶小，通常多对。头状花序或穗状花序，单生或组成圆锥花序，顶生或腋生；花萼钟状或漏斗状，具齿；花瓣黄色，分离或连合，有时缺；雄蕊多数，伸出花冠；花丝分离，丝状；花药卵形，常易落；子房有柄或无柄，胚珠多数，花丝丝状，柱头点尖或头状。荚果条形、带状，扁平，少有肿胀或呈圆柱状，无节，缝线直或波状或部分缢缩，开裂或不开裂。

本属约1200种，分布于热带及亚热带。我国约10种，还有少数引入种；云南约8种，另有4为引入种。

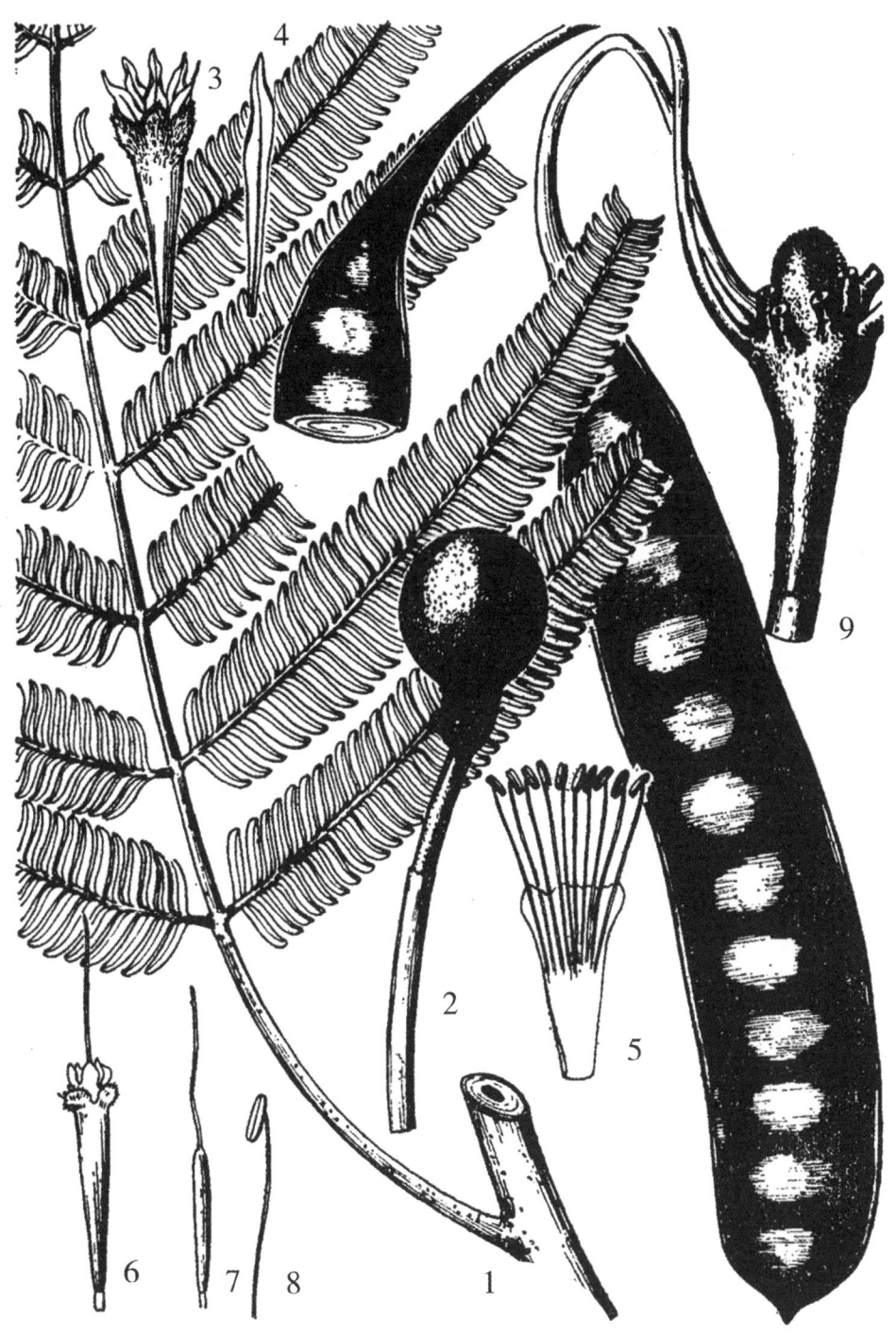

图147 球花豆 *Parkia roxburghii* G. Don
1.枝叶 2.头状花序 3.花放大 4.花瓣放大 5.贴生于花冠上的雄蕊
6.花冠及雌蕊 7.雌蕊 8.雄蕊 9.果枝

分 种 检 索 表

1.直立乔木或灌木。
  2.植株无刺，果扁平。
    3.叶退化为单叶状，镰状披针形；花头状1—3腋生 ……………………… 1.台湾相思 A. richii
    3.二回羽状复叶。
      4.头状花序组成复总状；羽片8—25，荚果宽0.8—1.3厘米 …… **2.鱼骨槐 A. dealbata**
      4.头状花序组成穗状，羽片10—15，荚果宽2—3厘米 ……**3.滇金合欢 A. yunnanensis**
  2.植株具刺，荚果圆柱形或扁平。
    5.头状花序簇生叶腋；羽片4—8，荚果近圆柱形 ……………… **4.金合欢 A. farnesiana**
    5.头状花序组成穗状；羽片10—27；荚果扁形 …………………………**5.儿茶 A. catechu**
1.攀援藤本。
    6.小枝、叶轴被锈褐色毛；羽片8—24，小叶宽0.5—1.5毫米；头状花组成圆锥花序
    ……………………………………………………………………**6.蛇藤 A. pennata**
    6.小枝、叶轴不被锈褐色毛；羽片3—9，小叶宽2—3毫米；头状花序1—2腋生 ……
    ……………………………………………………… **7.丽江金合欢 A. delavayi**

1.台湾相思（广东）　相思树（福建）（中国主要植物图说，豆科）、相思仔（台湾）图148

Acacia richii A. Gray.（1862）

Acacia confusa Merr.（1910）

常绿乔木，高达16米，胸径达60厘米，有达1米者（中国台湾）。树皮灰褐色，枝、干无刺。叶互生，叶柄变宽成假叶，革质，镰形或镰状披针形，长6—11厘米，宽0.6—1.2厘米，有5—7平行脉；托叶三角形；幼苗期叶为偶数羽状复叶，小叶长圆形或近长方形，先端平截，基部略偏斜。头状花序1—3腋生；苞片倒披针形或线形；具缘毛；花萼小，檐部浅裂；花瓣浅绿色，倒披针形或近倒卵形；雄蕊多数，金黄色，伸出花冠；子房被微柔毛。荚果带状，扁平，长5—11厘米，宽7—11毫米，幼时被微柔毛，以后渐脱落，不开裂；种子间略缢缩。花期4—6月，果期9—11月。

栽培于西双版纳、普洱、临沧、玉溪，用作行道树。浙江、江西、四川、贵州、广西、广东、海南、福建、台湾均有栽培或引种。菲律宾、印度尼西亚等有分布。

阳性树种，喜光热，不耐寒，耐旱，耐瘠薄土壤，深根，树干坚韧，抗风力强，根系发达，有根瘤，萌发力强，适生于排水良好的沙壤土中。

木材为散孔材，边材黄褐色，心材黑褐色，纹理交错，结构细匀，坚韧，干燥后少开裂，易加工，切面光滑，富弹性，耐冲击，耐腐，是较好的船橹、桨、工具、雕刻、木船等的用材；由于萌发力强，木材发火力强，又是较好的薪炭材树种；树皮含鞣质；种子含胶质。由于有很多较好的特性，因此，常被用作防风林、水土保持林、薪炭林、行道树、庭园树及干旱瘠地造林的先锋树种。

图148 海红豆和台湾相思

1—7.海红豆 *Adenanthera pavonina* Linn.

1.花枝一段 2.花 3.花瓣 4.雌蕊 5.雄蕊 6.荚果 7.种子

8—10.台湾相思 *Acacia richii* A. Gray.

8.花枝 9.花 10.雄蕊

2.鱼骨槐（云南种子植物名录） 圣诞树（昆明）、鱼骨松（四川及昆明）、银荆树（中国树木志）图149

Acacia dealbata Link.（1821）

Acacia decurrens Willd. var. *dealbata* F. V. Muell.（1880）

常绿乔木，高达15米。树皮黑褐色或黑绿褐色，粗糙；小枝具棱，密被柔毛。二回偶数羽状复叶，羽片8—20对，对生羽片间均具1腺体；叶轴密被柔毛；小叶30—50对，条形，长3—4毫米，宽约1毫米，先端略钝，基部1侧偏斜，两面被柔毛；无柄。由20—30头状花序组成总状花序式；花萼钟状，檐部具5钝齿，被微柔毛；花瓣卵形或卵状披针形，黄绿色；雄蕊多数，鲜黄色。荚果条形，扁平，常在1—2种子间成不规律缢缩，长3—8厘米，宽8—12毫米，开裂或少数不开裂，种子间无横隔，有种子处微微肿胀；种子椭圆形，略扁，黑色，种脐着生于1侧，白色。花期1—3月，果期9—10月。

栽培于昆明、大理、丽江等地，通常生长于土壤干湿适当、排水良好的地方。四川、贵州、广西、浙江等地均有栽培。原产澳大利亚。

树皮含鞣质约24%，纯度达75%，是较好的鞣料原料树种；生长快，萌发力强，有的有根瘤，开花时满树黄花，昆明附近用于荒山造林，效果较好，是较好的造林先锋树种、薪柴树种、固土树种和行道树种。但在昆明等地有时为介壳虫的寄主树，种植时应加以注意防治。

3.滇金合欢（云南种子植物名录） 云南相思树（中国主要植物图说，豆科）图150

Acacia yunnanensis Franch.（1890）

小乔木，高约10米。幼枝无刺，老枝有刺；小枝被短柔毛，有棱。二回偶数羽状复叶，有羽片10—16对，于顶部的2—3对羽片间具1腺体，以下渐消失；叶轴被短柔毛，叶柄具1腺体；托叶长圆状披针形，早落；羽片具小叶16—42对，小叶长圆状披针形，一侧偏斜，长3—5毫米，宽约1毫米，先端钝或近圆形，基部近圆形，偏斜，两面被短柔毛，毛有光泽。密集的穗状花序，单生或2—3簇生于叶腋，长可达2厘米或略长，密被短柔毛；苞片线形，被毛；花萼钟状，被短柔毛，里面无毛，檐部3深裂及2浅裂；花瓣倒披针状长圆形或近匙形，被短柔毛及缘毛，较花萼略长，长约3毫米；子房被短柔毛，有短柄。荚果带状，扁平，有种子处略隆起，长6—10（15）厘米，宽约2.5厘米，顶端急尖或略圆形，具小尖头，边缘微波状，有时有1—2处缢缩，有种子3—8。

产滇西北，生于海拔1600—3200米的山坡疏林下、林缘及灌木丛中。四川西南部有分布。

4.金合欢（海南） 杨梅花刺根（普洱）、牙皂、大黄豆（玉溪）、牛角花、金线梅、鸭皂树（中国主要植物图志，豆科）图151

Acacia farnesiana（Linn.）Willd.（1806）

Mimosa farnesiana Linn.（1753）

大灌木或小乔木，多刺，高可达9米。小枝呈"之"字形，有皮孔。二回偶数羽状复叶（幼时，有时顶端具1羽片），有羽片4—8对，单生或2—3片簇生于节上；叶轴无毛，顶端

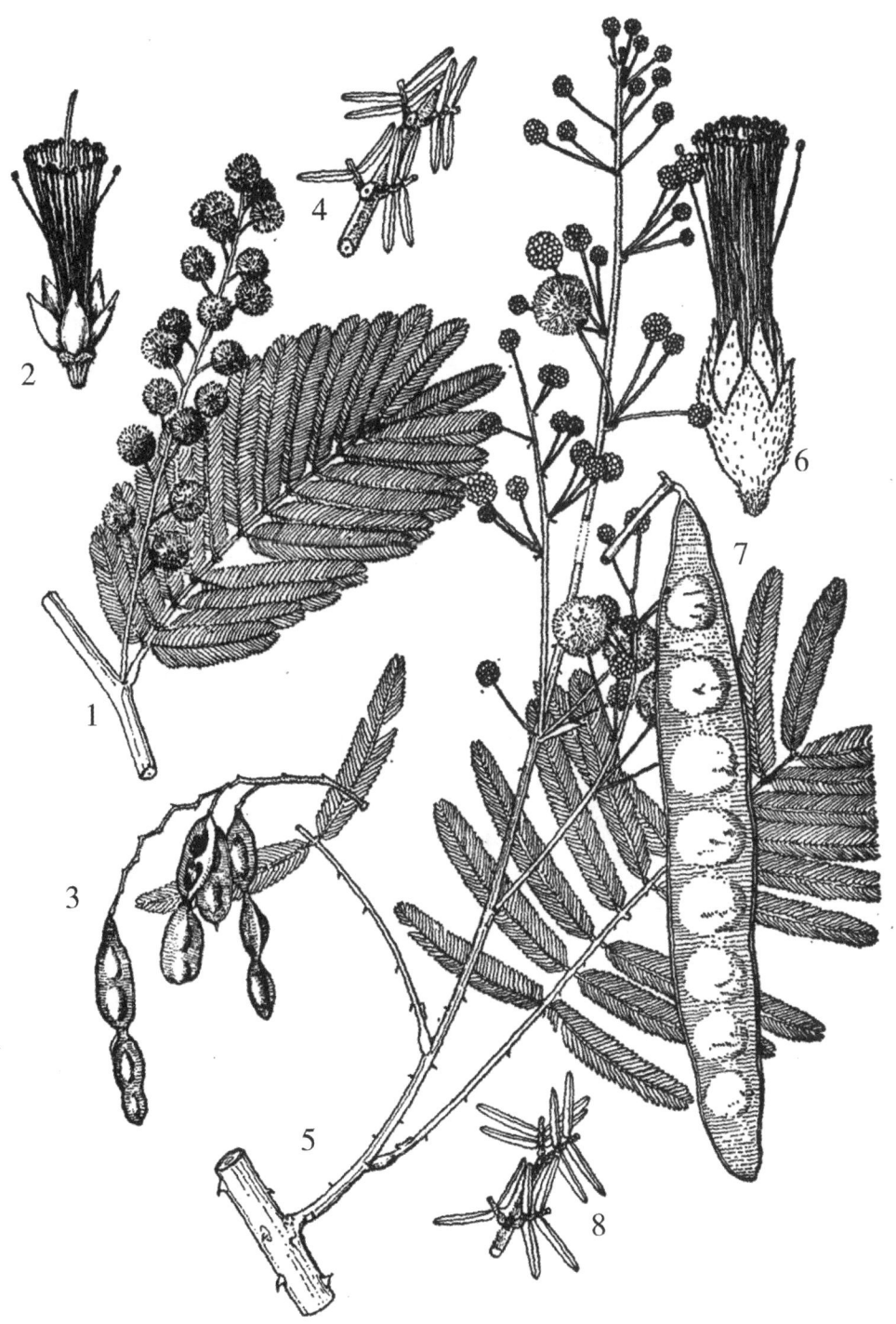

图149　鱼骨槐和蛇藤

1—4.鱼骨槐 *Acacia dealbata* Link

1.花枝一段　2.花　3.果序　4.叶轴一段（示羽片间腺体）

5—8.蛇藤 *A. pennata*（Linn.）Willd.

5.花枝一段　6.花　7.荚果　8.顶部羽片（示羽片间腺体）

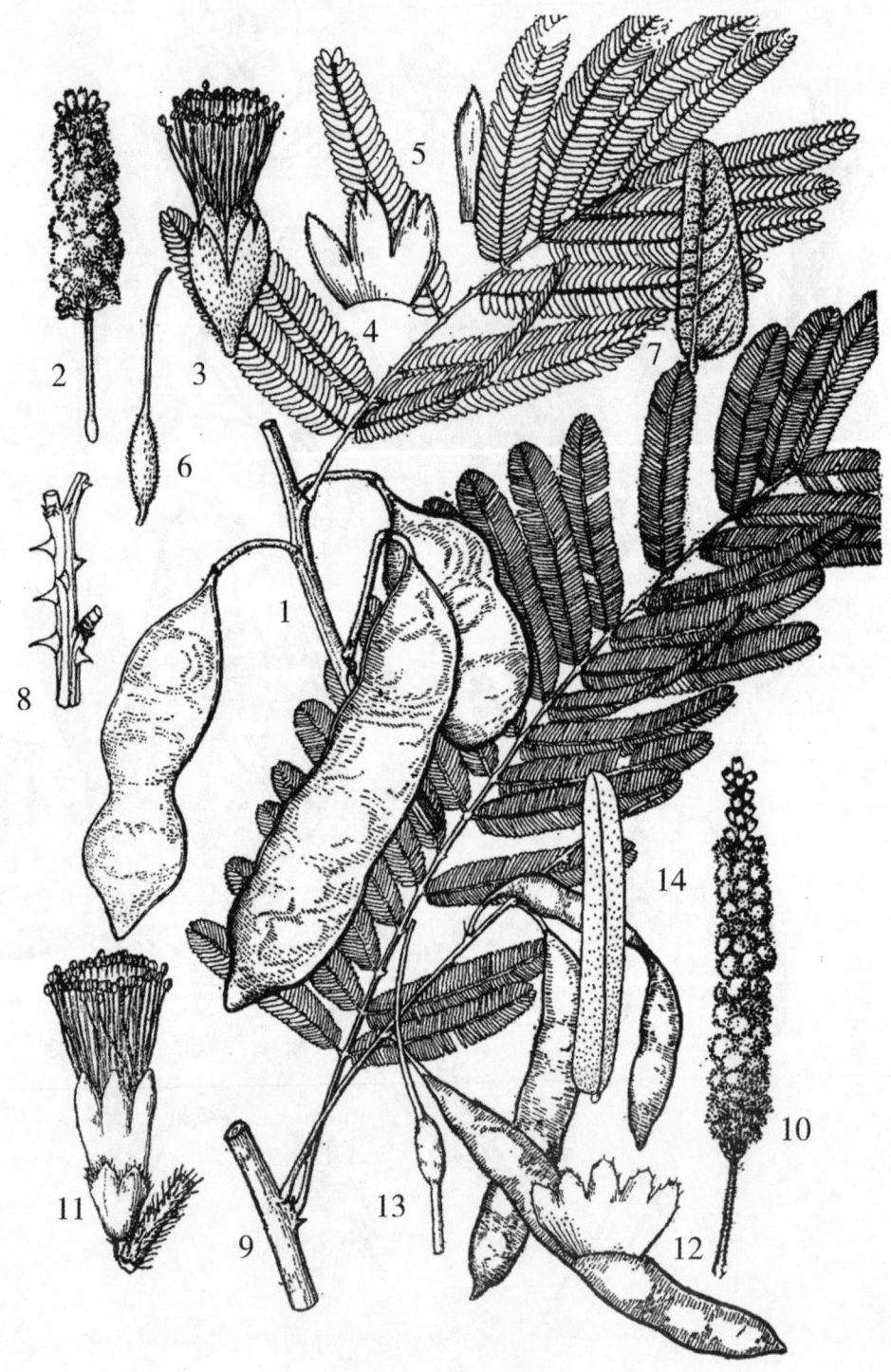

图150　滇金合欢和儿茶

1—8.滇金合欢 *Acacia yunnanensis* Franch.

1.果花　2.花序　3.花　4.花萼展开　5.花瓣　6.雌蕊　7.小叶　8.老茎上的刺

9—14.儿茶 *A. catechu*（Linn. f.）Willd.

9.果枝　10.花序　11.花　12.萼片开展　13.雌蕊　14.小叶

常呈刺状，叶柄基部具1腺体；托叶刺状；每羽片有小叶20—30（40）对；小叶狭长圆形，长约5毫米，宽1毫米，无毛或几无毛，羽片轴被柔毛，无腺体。头状花序，单生或2—3簇生于节上，总花梗长1—3厘米；花萼钟状，5齿，花冠黄色，管状，檐部5齿；雄蕊多数，长为花冠的1倍。荚果近圆柱形，肉质，肿胀，不开裂，长5—8厘米，粗1.2厘米，无毛，有数种子。花期3—4月，果期4—5（11）月。

产红河、玉溪、保山、文山、金沙江、西双版纳等地州的干热河谷以及河谷。生于海拔200—1650米的干热的坡地、林缘的灌草丛中。伴生植物有滇刺枣、土密树、虾子花、余甘子、红花柴、灰毛浆果楝、假虎刺、假木豆、白饭树等。

四川、广西、广东、海南、福建、台湾均有，已从人工栽培转为逸生。原产热带美洲，现在已广布于热带地区。

木材坚实，边材黄色，心材红褐色，可作高级家具及雕饰用材。树干可分泌胶液，可代替部分阿拉伯胶，用于糖果、墨水、制药、美术工艺等工业的胶接剂、混悬剂或乳化剂；花提出的浸膏具紫罗兰及橙花混合香型，可用作高级香水及化妆品的原料；果荚、根皮、茎皮均含单宁，可作提取鞣料的原料；并可作黑色染料，入药有收敛清热或消炎的作用，还可截疟或表发麻疹。

5. 儿茶（本草纲目）　孩儿茶、乌爹泥（本草纲目）、"西谢"（西双版纳傣语）图150

Acacia catechu（Linn. f.）Willd.（1806）

Mimosa catechu Linn. f.（1781）

落叶乔木，高10—15米。树皮灰棕色，片状剥落。小枝纤细，有或无刺。二回羽状复叶，具10—20（27）对羽片，顶部的1—2对羽片间通常具1腺体，叶轴被柔毛；叶柄近羽片具1腺体，每羽片有小叶30—50对；小叶条形，长3—4毫米，宽0.5—1毫米，先端钝，基部平截，1侧偏斜，两面无毛，具缘毛。穗状花序，腋生，长约6厘米，梗序长约1.8厘米，被柔毛；花萼钟状，被疏柔毛，具5齿，齿三角形，花冠淡黄色，钟状，长为花萼的2倍，5裂，裂片披针形，外面脊上被疏柔毛，长为花冠长的1/4—1/3，雄蕊伸出花冠。荚果带状，扁且薄，有短梗，长6—12厘米，宽1—1.8厘米，边缘微波状，顶端渐尖，有种子3—8。花期5—8（9）月，果期9月至翌年1月。

栽培于西双版纳、金平以南地区海拔160—1000米的土壤湿润排水良好阳光充足的地方；广西、广东、海南等均有栽培。原产印度。

心材是极好的鞣料原料和染料原料，浸出液浓缩后即儿茶膏，可供药用，内服治水泻、肠黏膜炎、小儿消化不良、肺热咳嗽、咯血、口腔炎、扁桃体炎等；外用治刀伤外伤、止血生肌、皮肤溃烂、口疮、湿疹等。是珍贵用材树种，边材黄白色至金黄色，心材淡红色至深红色，结构细致，坚硬、耐腐、抗虫蛀，是极珍贵的工具、装饰、雕刻用材。

本种喜光，不耐荫、在土壤湿润肥沃的地方生长快，在较干旱的地方生长缓慢。

6.蛇藤（中国主要植物图说，豆科） 红藤（勐腊）、倒钩藤（西双版纳）、羽叶金合欢（中国树木志）图149

Acacia pennata（Linn.）Willd.（1806）

Mimosa pennata Linn.（1753）

藤本，长约5米或更长。小枝密被柔毛，多刺。二回偶数羽状复叶，有羽片8—20（24）对，在上部的2—4对羽片间有1腺体，渐向下渐小，以至无，叶轴被柔毛，叶柄近基部具1长圆形腺体；每羽片有小叶30—50对；小叶条形，一侧偏斜，长4—6毫米，宽0.5—1毫米，先端钝或略钝，基部平截，偏斜，两面无毛，具缘毛，羽片被柔毛。由头状花序组成圆锥花序或2—3簇生的总状花序腋生，被柔毛；花萼钟状，被柔毛，5齿；花瓣白色，较萼长，长约2毫米，被疏柔毛；雄蕊长出花冠很多，子房被微柔毛，具短柄。荚果带状，扁，仅有种子处隆起，边缘略有微波，长9—20厘米，宽2—4厘米，开裂，有种子8—12。花期3—5月或10月，果期9—11月或4月。

产云南省除滇东北和滇西北外的广大地区，大理、东川以南地区均有，生于（200）1000—1500（2000）米的山谷、山坡及溪边的疏、密林中或灌木丛中。浙江、湖南、广西、广东、海南、福建有分布；印度、斯里兰卡、缅甸、越南、泰国等也有。

茎皮可供药用，有收敛消炎，消肿止痛，止痒生肌等功效；取液或制成软膏，外用于急性、过敏性、渗出性皮炎及皮肤过敏、慢性溃疡、阴囊湿疹等。

7. 丽江金合欢（云南种子植物名录） 老虎刺（丽江）、酸格或酸格刺（玉溪）、阔叶相思树（中国主要植物图志，豆科）、阔叶金合欢（中国树木志）图151

Acacia delavayi Franch.（1890）

攀援灌木或藤本状，长4—5米或略长，有刺；小枝具棱，无毛。二回偶数羽状复叶，有羽片4—10对，顶生的1对羽片间及叶柄近基部具腺体；羽片具小叶20—40对；小叶披针状长圆形或近长圆形，一侧偏斜，长7—10毫米，宽约2毫米，先端钝，基部平截，偏斜，无毛或上面被疏微柔毛，边缘具疏缘毛。头状花序单1或2着生于叶腋，花序梗长2—4厘米；花萼钟状，5齿；花瓣较萼长，长约3.5毫米，花丝伸出花冠很多；子房被微柔毛，具短柄。荚果带状，扁平，有种子处微隆起，长8—16厘米，宽约3.5厘米，顶端急尖，边缘微波状，有种子6—11。花期6—7月，果期9—11月。

产丽江、鹤庆、大理、漾濞、腾冲、楚雄、昆明、呈贡、玉溪、华宁、江川、双柏、澄江等地，生于海拔1600—2200米的山坡、山谷杂木林中，有时也出现于灌木丛中。贵州、广西有分布。

叶、嫩枝、根、荚果均有消炎解毒、健胃止呕的作用，常用于妇女妊娠期止呕、腮腺炎、乳腺炎、扁桃体炎等症；茎皮含纤维70%，可作填充及造纸等原料。

3. 银合欢属 Leucaena Benth.

小乔木或灌木，无刺。偶数二回羽状复叶，羽片约8对以下，小叶小，多对。花小，通

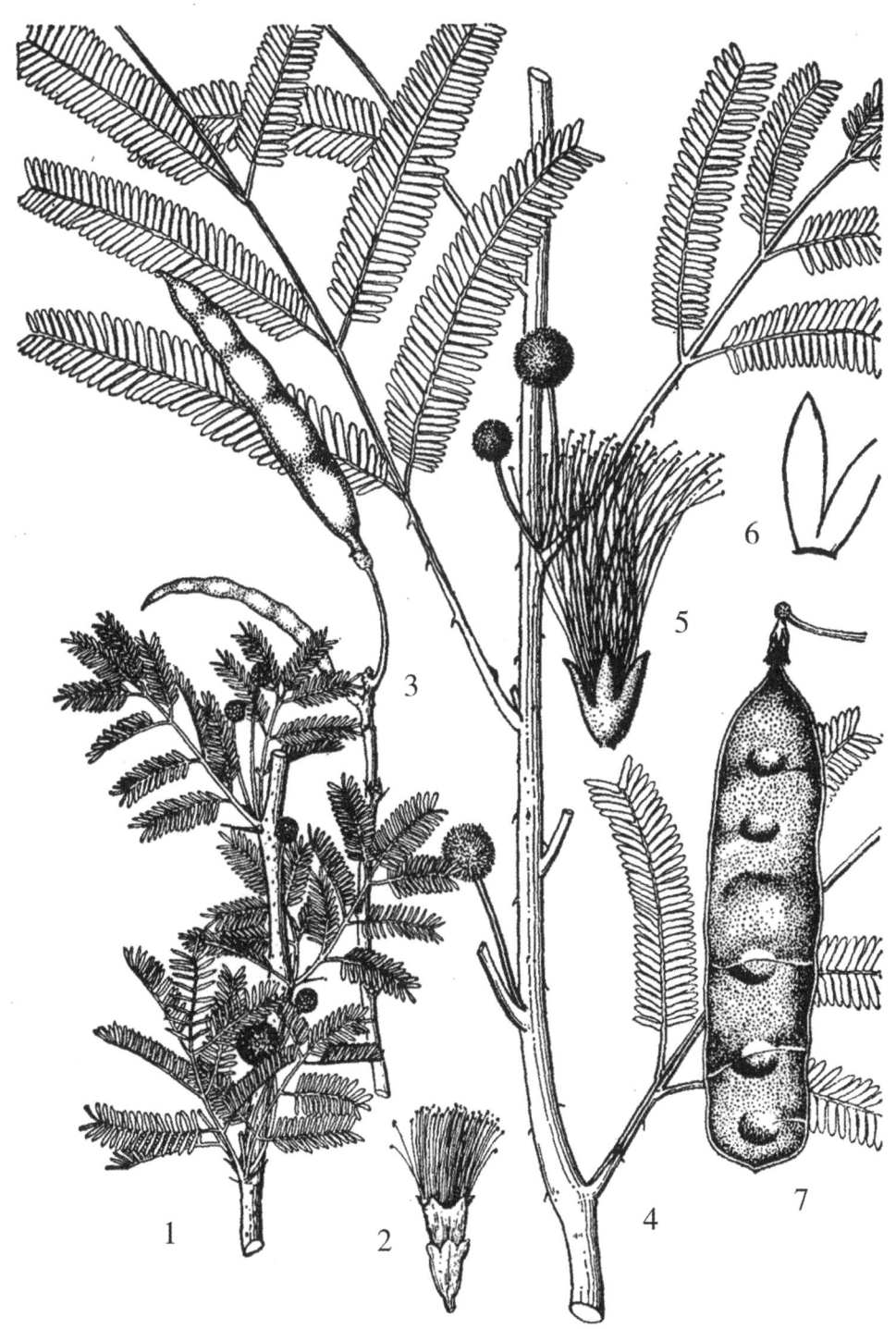

图151 金合欢和丽江金合欢

1—3.金合欢 *Acacia farnesiana*（Linn.）Willd.

1.花枝一段　2.花　3.果枝

4—7.丽江金合欢 *A. delavayi* Franch.

4.花枝一段　5.花去花冠　6.花冠一部分　7.荚果

常两性，5基数，无花梗，排列成紧密的头状花序，常1—3着生于叶腋；花萼狭钟形，萼齿短，等大；花瓣分离，同形等大；雄蕊10，分离，伸出于花冠；花药卵形或长卵形，顶端无腺体，有时被疏毛；子房具短柄，花柱丝状，柱头略膨大，顶端下凹，胚珠多数。荚果带状，扁平，薄，果瓣革质，开裂；种子扁平，多数。

本属约40种，分布于美洲和大洋洲，以美洲为多。我国有1种，分布于南部各省区，云南也有。

银合欢（台湾） 假皂角（河口）图152

Leucaena leucocephala（Lam.）de Wit.（1961）

Mimosa leucocephala Lam.（1783）

Leucaena glauca（Linn.）Benth.（1842）

小乔木，高达10米，胸径达20厘米，有时呈灌木状，枝冠宽展，分枝多。小枝被短柔毛，后渐脱落。叶轴长8—20厘米，具6—10（16）对羽片，各羽片具小叶8—15对；小叶长圆状椭圆形，长6—13毫米，宽1.5—3毫米，先端短急尖，基部近圆形，偏斜，两面无毛，边缘具疏短柔毛；小叶柄无或几无，与叶轴均被短柔毛，在第一对羽片之间有1腺体。头状花序1—3腋生，直径2—3厘米，有长梗；花萼钟状，长约3毫米，被微柔毛，尤其是檐部，檐部5浅齿，齿宽三角形，顶端钝；花瓣白色，狭倒披针形或近匙形，长约4毫米；雄蕊比花冠长得多，花药多少被微柔毛；子房具短柄，上部被柔毛，花柱细长，柱头微凹如浅杯状，荚果带状，扁，薄，深褐色，无毛，略具光泽，长10—18厘米，宽15—20毫米，种子间无横隔膜，开裂，果瓣革质，不反卷；种子8—20，卵状椭圆形，长约7.5毫米，深褐色，光亮，扁。花果期1—10月，通常是边开花边果熟。

产盈江、泸水、芒市、瑞丽、西双版纳、蒙自、河口等地，昆明的公园有栽培，长势欠佳，生于海拔100—1200米稀树灌木丛中，路边等一些光照较强的地方。广西、四川、广东、福建、台湾有分布。

本种喜光耐旱，根深，抗风力强，萌生力强，砍伐后有较强的萌发力，生长旺盛，是优良的薪炭柴树种；种子的萌发力也较强，适合于荒山造林。

边材黄白色，心材灰褐色，材质细致坚硬。嫩美及种子可食；树皮可提取鞣料；树胶作食品乳化剂或代替阿拉伯胶，同时也是极好的观赏树种。

4. 雨树属 Samanea Merr.

大乔木，无刺。二回偶数羽状复叶，羽片间具腺体；托叶针形，早落。头状花序常生于小枝上部叶腋，具两型花；中心花花冠裂片7—8。

荚果直或微弯，坚硬，多少缢缩，不裂或稍裂，种子间具隔膜。

本属约18种，分布于热带美洲；我国引种1种，云南引种1种。

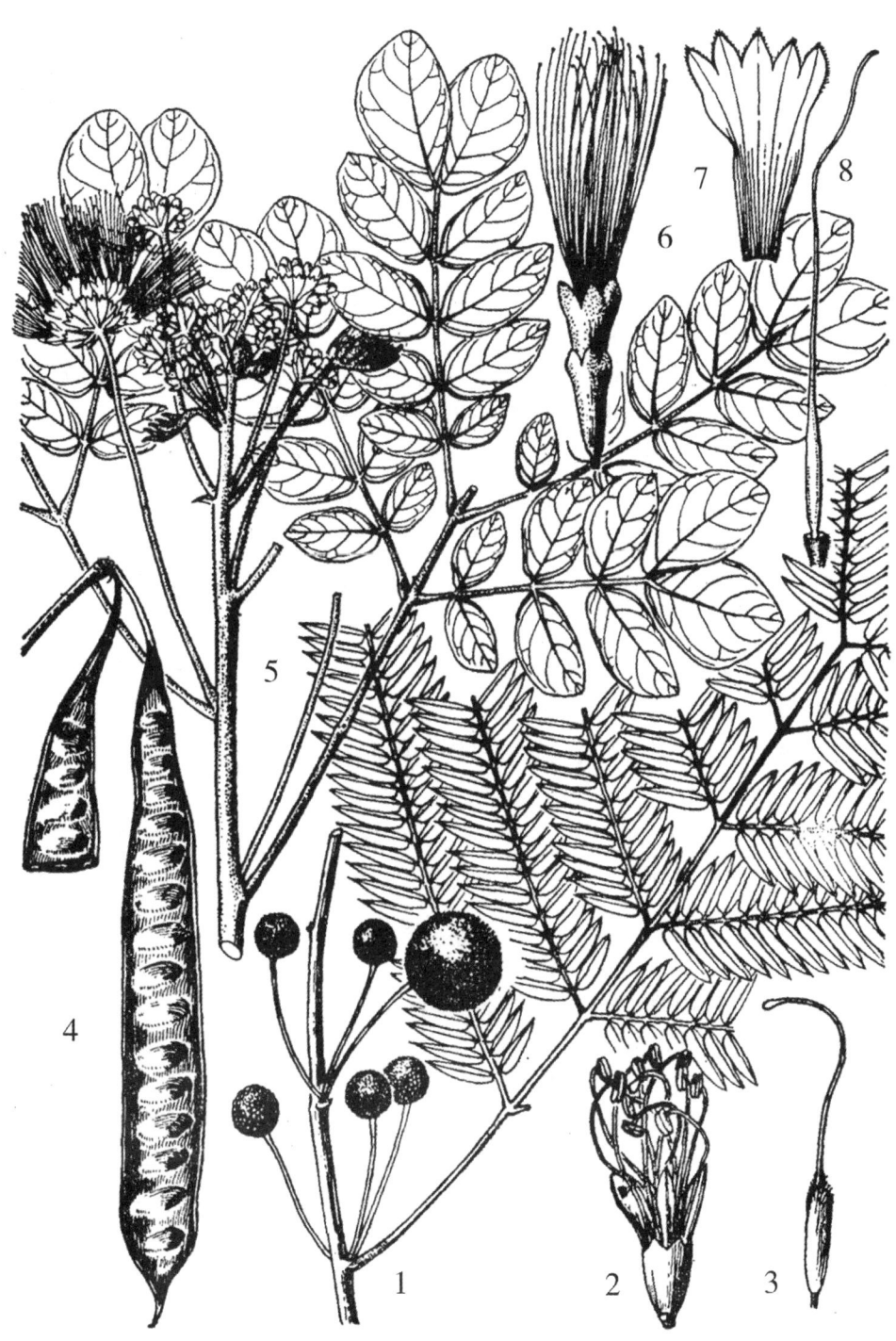

图152 银合欢和雨树

1—4.银合欢 *Leucaena leucocephala*（Lam.）de Wit

1.花枝 2.花放大 3.雌蕊 4.荚果

5—8.雨树 *Samanea saman*（Jacq.）Merr.

5.花枝 6.花外形 7.花冠展开 8.雌蕊

雨树（中国树木志）图152

Samanea saman（Jacq.）Merr.（1916）

Mimosa saman Jacq.（1800）

大乔木，高达30米，小枝密被黄柔毛。二回羽状复叶，叶柄无腺体，被密柔毛，叶轴上每对羽片着生位置有一中凹圆形腺体；羽片2—5对；小叶3—7对，斜方形或卵状长圆形，长3—4厘米，宽1.8—2.4厘米，先端渐尖或钝，具小尖头，基部偏斜，主脉偏向上侧，下部被柔毛。花序为头状花序生于上部叶腋，被密柔毛；花长约1厘米，具花梗，长约2毫米，花萼钟状，长约4毫米，密被柔毛；花冠长近1厘米，下部合生成管状，裂片7—8，锐尖，被黄柔毛；雄蕊多数，下部合生成管状，雄蕊管长4—5毫米；子房无毛，长2.5毫米。荚果直，长15—20厘米，宽1.5—2.5厘米，稍厚或臌胀，边缘厚，革质或肉质；种子10—12。

原产南美。云南西双版纳等地引种栽培；广东、海南、福建、台湾也有栽培。

木材轻软，不翘不裂，为家具、雕刻等用材；叶、果可做饲料，果肉含糖分，可制酒精。

5. 围诞树属 Pithecellobium Mart.

乔木、小乔木，稀灌木。二回偶数羽状复叶，羽片有小叶多对，稀1—2对。花通常两性，由头状或近聚伞花序组成圆锥花序，单生或簇生，腋生或生于枝顶；花萼钟状，具5短齿；花冠筒状，中部以上分离5瓣；雄蕊多数，基部合生成短管，伸出花冠外；子房有或无柄，基部有不发达的花盘或无；花柱丝状，柱头点尖；胚珠多数。荚果带状，扭卷或卷成螺旋状或环状，通常开裂，种子悬挂；种子扁，种柄丝状或膨大成肉质的假种皮。

本属约100（120）种，分布于亚洲、美洲热带。我国的5种；云南约5种，其中引种1种。

分种检索表

1.小叶先端急尖或短渐尖，羽片具2对以上小叶；枝无刺。
  2.小叶互生，通常3—4对；荚果宽2厘米以上 ················· **1.亮叶围诞树 P. lucidum**
  2.小叶对生，通常4对以上；荚果宽1.5厘米以下。
    3.小枝及叶轴无棱；小叶膜质，4—7对 ················· **2.薄叶围诞树 P. utile**
    3.小枝及叶轴具明显的棱；小叶坚纸质，8—12（16）对 ········ **3.围诞树 P. clypearia**
1.小叶先端圆形或宽钝，羽片具1对小叶 ································· **4.牛蹄豆 P. dulce**

1.亮叶围诞树（中国主要植物图志，豆科） 亮叶猴耳环（广州植物志）、亮叶牛蹄豆（云南种子植物名录）图153

Pithecellobium lucidum Benth.（1844）

Abarema lucida（Benth.）Kosterm.（1954）

Archidendron lucidum（Benth.）I. Nielsen.（1979）

乔木，高达17米。树皮灰褐色或深棕褐色，老时呈片状剥落。小枝通常被柔毛，近圆柱形或有不明显的棱。二回偶数羽状复叶；叶柄近基部具1圆形腺体，有2—4羽片，每对羽片近基部的叶轴上具1腺体；小叶通常3—4对，互生，罕对生，每对小叶下面在羽片轴上具1腺体，小叶斜卵形、近菱形或倒披针形，两侧不相等，长2—11厘米，宽1.4—4厘米，先端急尖或短渐尖，基部楔形或略钝，偏斜；小叶柄短，长1—2毫米。头状花序组成圆锥花序，顶生或腋生；花萼钟状，檐部5齿，与花冠均被柔毛；花冠白色，2/3为花冠管，裂片5，椭圆形或卵状椭圆形；子房具丝状花柱，长为子房长的2或近3倍。荚果条形，旋卷呈环状，宽2—3厘米；种子蓝黑色或黑色，椭圆形。花期4—6月，果期8—12月。

产滇东南及滇南，生于海拔650—1500米的杂木林中；溪边、草地略干燥的地方也有，是这一带常见的树种。四川、贵州、广西、广东、海南、湖南、江西、浙江、福建、台湾等省（区）有分布。印度、越南也有。

本种在《云南种子植物名录》中，误并入*Pithecellobium bigeminum*（Linn.）Benth.其实该种仅产于尼泊尔、不丹、斯里兰卡、印度及马来西亚等，我国不产。边材黄白色，心材黄色，无异常气味，有用作箱板或薪炭柴；枝叶供药用，用于消肿祛湿；荚果有毒。

2.薄叶围涎树（植物分类学报）图154

Pithecellobium utile Chun et How（1958）

Abarema utile（Chun eit How）Kostermans（1966）

Archidendron utile（Chun et How）I. Nielsen（1979）

灌木或大灌木，稀小乔木，高达3米。小枝褐色被柔毛。叶长25—40（55）厘米，叶轴被略弯卷的柔毛；羽片2—3对，长15—20厘米；小叶3—6（7）对，长方菱形，膜质，最上部的一对最大，长4—9厘米，宽2—4厘米，其余渐小，先端渐尖，基部楔形或钝，除最上部的1对小叶外，其余基部偏斜，上面无毛，下面略被微柔毛；小叶柄极短，长约1毫米，每对小叶间略下具1腺体，以最上部小叶间者最大。由头状花序组成圆锥花序，近顶生；花无梗，白色、芳香；花萼钟形，长1.5—2毫米，萼齿卵状三角形，与花冠均被柔毛；花冠管状漏斗形，裂片卵状长圆形，长约2毫米；花丝长12—15毫米或略长；子房具短柄，被疏微柔毛；花柱长约12毫米。荚果初时旋卷，以后伸展几呈"镰刀"形，长6—10厘米，宽10—13毫米，暗红色至黑褐色，被微柔毛；种子扁球形，黑色。花期3—8月，果期4—12月。

产于滇东南，生于山坡杂木林中。广东、广西有分布。

3.围涎树（中国主要植物图志，豆科） 猴耳环（广州植物志）图154

Pithecellobium clypearia（Jack）Benth.（1844）

Inga clypearia Jack.（1822）

Abarema clypearia（Jack）Kosterm.（1954）

Archidendron clypearia（Jack）I. Nielsen（1979）

乔木，高可达18米，胸径45厘米；树皮灰褐色，纵裂。小枝具明显的棱，密被黄褐色柔毛。叶长12—25厘米，叶轴近基部、羽片间及小叶间均具1隆起的浅杯状腺体，叶轴及羽片轴均有棱，常四棱形，被黄褐色柔毛，羽片4—7对，有小叶8—14（16）对；小叶坚纸质，菱状四边形，以顶部的1对小叶最大，其余依次渐小，长1—6（9）厘米，宽7—20（34）毫米，先端渐尖或短渐尖，基部宽楔形，1侧极偏斜，全缘，两面均被微柔毛，背面

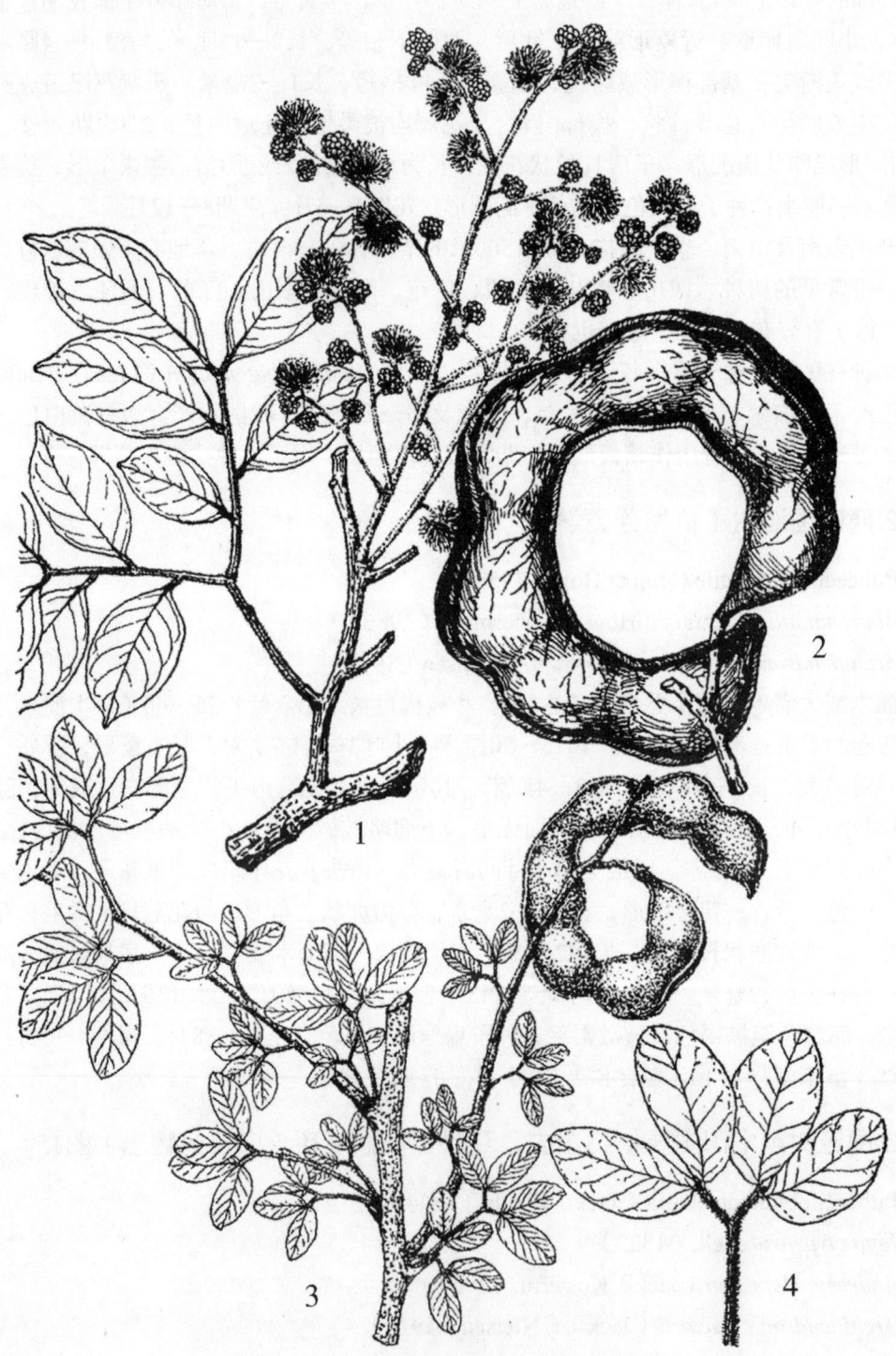

图153 亮叶围涎树和牛蹄豆

1—2.亮叶围涎树 *Pithecellobium lucidum* Benth.

1.花枝 2.果

3—4.牛蹄豆 *Pithecellobium dulce* Benth.

3.果枝 4.叶

图154 围涎树和薄叶围涎树

1—3.围涎树 *Pithecellobium clypearia* Benth.

1.叶 2.果序 3.种子

4.薄叶围涎树 *Pithecellobium utile* Chun et How 枝叶

通常灰绿色，毛被略密。头状花序组成圆锥花序，花轴具明显的棱或四棱形，密被柔毛，顶生或腋生；花萼钟形，长约2毫米，与花冠均密被褐黄色微柔毛，萼齿宽三角形；花冠白色或淡黄色，长4—5毫米，管长为花冠长的1/2，裂片卵状长圆形；雌、雄蕊超出花冠；子房被微柔毛，具短柄。荚果初时伸长扭卷，后旋卷呈环状，随种子的有无边缘呈波状，密被褐黄色柔毛，长约15厘米或略长，宽约1.2厘米；种子8—10，椭圆形，长约1厘米，荚果开裂后，悬于荚果边缘。花期2—4月，果期4—8月。

产瑞丽、临沧、景东、新平、元阳、富宁一线以南地区，生于海拔650—1800米的阔叶杂木林、常绿阔叶林或灌丛中。与其伴生的树种有蒙自朴、西南猫尾木、印度栲、高山榕、竹叶楠、铁力木、番龙眼、山乌桕、粗糠柴、三桠苦、银叶巴豆、灰毛浆果楝、山黄麻等。浙江、湖南、广东、广西、福建、台湾、四川有分布；缅甸、老挝、越南、马来西亚、印度尼西亚等地也有。

4. 牛蹄豆（海南岛）　甜肉围涎树（经济植物手册）、洋酸角（美）、洋皂荚（开远）图153

Pithecellobium dulce（Roxb.）Benth.（1844）

Mimosa dulcis Roxb.（1798）

常绿乔木，高达20米。枝条略下垂，小枝密被白色柔毛及皮孔。叶簇生于枝条上；托叶状短刺腋，仅有1对羽片，每羽片通常仅有1对小叶，羽片及小叶间均有1隆起的腺体，叶幼时密被白色柔毛，以后渐脱落，有时呈几无毛；叶柄细，长2—4厘米；托叶逐渐呈刺状，坚硬；小叶卵形或倒卵状椭圆形，1侧偏斜，长1.2—3厘米，稀达5厘米，宽7—20毫米，稀达28毫米，先端圆形或钝，有时微凹，基部钝，偏斜；小叶柄极短，不到1毫米。由头状花序组成总状或狭圆锥花序，顶生和腋生，长达20厘米，密被白色柔毛；花萼及花冠均密被白色柔毛，白色或淡黄色。荚果条形，旋卷，暗红色，长10—15厘米，宽约1厘米，有种子数枚；种柄膨大，肉质。花期3—4月，果期7—8月。

栽培于开远及河口等地房前屋后及庭园中；广西、广东、福建、台湾也有栽培。原产中美洲（墨西哥），如今已广布热带地区。

木材质硬、略脆，不易加工，耐腐，可供一般建筑和箱板、器具用材。荚果内肉质种柄可食，故有洋酸角之称；荚果暗红色，美观可供观赏，树皮含鞣质，是极好的单宁原料和黄色染料；可作紫胶虫寄主。

6. 合欢属 Albizia Durazz.

乔木或灌木，常落叶，无刺。偶数二回羽状复叶，叶轴常具腺体，羽片及小叶对生，小叶无柄或近无柄。花无梗或近无梗，组成头状花序或由头状花序再组成伞房花序、总状花序或圆锥花序，以及圆柱状穗状花序，两性，通常5基数；花萼钟状或漏斗状，萼齿等大；花瓣常于中部以下合生成管，裂片等大；雄蕊多数，20—50，伸出于花瓣，花丝细长，在蕾中卷曲，花药小；子房无柄或近无柄。荚果舌状或带状，扁平，薄，缝线不增厚，通常不裂或少数开裂；种子无假种皮，种子间无横隔膜。

本属约150种，广布于热带及亚热带地区，极少种类达温带；我国约16种，以南部及西南部地区为多；云南约10种。

分 种 检 索 表

1.小叶长在2厘米以上。

  2.羽片常1对，稀2对；小叶长5—10厘米，宽3—5厘米 ·············· 1.光叶合欢 A. lucidior

  2.羽片2对以上；小叶长2.5—5.5厘米，宽1—3厘米。

    3.小叶主脉偏向下缘；雄蕊长1—1.3厘米 ·············· 2.菲律宾合欢 A. procera

    3.小叶主脉偏向上缘或近中间；雄蕊长1.8毫米以上。

      4.小叶3—6对，小叶主脉不平行于上部边缘，斜上伸出。

        5.叶柄，叶轴上腺体明显下凹 ·············· 3.蒙自合欢 A. bracteata

        5.叶柄，叶轴上腺体平坦，不下凹 ·············· 4.白花合欢 A. crassiramea

      4.小叶6—19对，小叶中脉平行于上部边缘，平直伸出。

        6.叶柄、叶轴上腺体被黄柔毛 ·············· 5.山合欢 A. kalkora

        6.叶柄、叶轴上腺体无毛。

          7.小叶长为宽的3倍以上；花序为头状花序组成的大型圆锥花序 ·············
          ·············· 6.香须树 A. odoratissima

          7.小叶长为宽的2倍，稀为2.5倍；花序为头状花序 ········ 7.滇南合欢 A. henryi

1.小叶长在1.5厘米以下，稀达2厘米。

  8.托叶比小叶大，宽耳形，小叶长不及1厘米，宽不超过3毫米 ········ 8.楹树 A. chinensis

  8.托叶比小叶小，线形，小叶长1—1.5厘米，宽3.5毫米以上

    9.小叶长不足1.2厘米，宽不足4毫米；花序轴呈"之"形弯曲；花丝粉红色 ·············
    ·············· 9.合欢 A. julibrissin

    9.小叶长1.2—1.8厘米，宽5—7毫米；花序轴不呈"之"型弯曲；花丝淡黄色 ·············
    ·············· 10.毛叶合欢 A. mollis

1.光叶合欢（中国主要植物图说，豆科）　喜马合欢（云南种子植物名录）图155

Albizia lucidior（Steud.）Nielsen（1979）

Inga lucidior Steud.（1840）

Albizia meyeri Ricker（1918）

大乔木，高达30米；树皮灰色。二回羽状复叶；叶柄近顶端有一长椭圆形或椭圆形腺体，径2—3毫米，中间下凹；羽片1对，稀2对，通常在每对小叶着生处略下方位置具1与叶柄腺体相似的腺体，直径1—2毫米；小叶1—3对，无毛，椭圆形，长3—9厘米，宽2.5—4厘米，先端渐尖，基部宽楔形，小叶柄长2—3毫米。花序为头状排成顶生的圆锥花序；花萼钟形，长1.8毫米，具5微齿，花冠漏斗状，长约6毫米，裂片5，卵形，锐尖，长约1.5毫米；雄蕊多数，下部合生成管状，雄蕊管长约4.5毫米；子房无毛，长1.8毫米。荚果扁平，带形，长达15厘米，宽约2.5厘米；种子扁圆形。

图155 蒙自合欢和光叶合欢

1—3.蒙自合欢 *Albizia bracteata* Dunn

1.花枝 2.花外形 3.果枝

4—6.光叶合欢 *Albizia lucidior*（Steud.）Nielsen

4.花枝 5.花 6.果序

产云南西部、西南部至南部，生于海拔200—1000米的林中、林缘、路边。主要伴生树种有四数木、番龙眼、八宝树、见血封喉、白花合欢、楹树、显脉棋子豆等。广西、海南有分布；东喜马拉雅、缅甸、泰国至马来西亚也有。

木材坚实，心材棕色，有深色纹理，为优质用材，也是紫胶虫重要的宿主。

2.菲律宾合欢（中国树木分类学）　红荚合欢（中国树木志）图156

Albizia procera（Roxb.）Benth.（1844）

Mimosa procera Roxb.（1832）

乔木，高达30米；树皮淡灰色。羽状复叶；叶柄具腺体，腺体长6—10毫米，下凹；叶轴长10—30厘米，具腺体；羽片2—5对，轴长12—20厘米：小叶5—11对，卵形、长圆形或近椭圆形，长3—4.5厘米，宽1.2—2.2厘米，先端圆或微凹或具短尖头，基部宽楔形，不对称，两面无毛，小叶主脉偏朝下缘。花序为头状排成顶生或腋生的大型圆锥花序，长达30厘米，被微柔毛，头状花序约由20花组成，花无梗；花萼钟形或漏斗状，长2.5—3毫米，无毛；花冠漏斗状，长6—6.5毫米，裂片5，椭圆形，尖锐，长2—2.5毫米；雄蕊多数下部合生成管状；子房无毛。荚果扁平，长约17厘米，宽约2.5厘米；种子长卵形，扁平，长约7.5毫米，宽约4.5毫米。

产云南西部至南部，生于海拔300—1200米的林缘、路边。主要伴生树种有麻楝、楹树、白花合欢、围涎树、多种榕树、西南猫尾木、印度栲等。广西、海南、广东等地有分布；喜马拉雅至中南半岛、菲律宾也有。

边材淡红褐色，心材深褐棕色，结构细致，用于家具、工具柄、装饰等。树皮产树胶、单宁；其叶可作杀虫剂，用作治溃疡等疾病的敷料。

3.蒙自合欢（中国主要植物图说，豆科）图155

Albizia bracteata Dunn（1903）

乔木，高达25米。小枝具许多皮孔，幼嫩部分被锈色柔毛。二回羽状复叶；叶柄具腺体，腺体椭圆形，中凹；羽片2—4对，羽轴长3—17厘米，顶端1对小叶着生处稍下方具1椭圆形腺体，直径1—4毫米，中凹；小叶2—6对，椭圆形、长圆形至倒卵形，长2.7—7厘米，宽1.8—3.5厘米，先端渐尖，基部楔形或宽楔形，歪斜，中脉偏上或近中，两面被柔毛。花序为头状排成顶生或腋生的圆锥花序，被短柔毛；花具梗，长约1毫米；花萼钟状，长3毫米，被短柔毛，具5微齿；花冠长6—9毫米，下部合生成管状，裂片5，长2—3毫米，锐尖；雄蕊多数，下部合生成管状，雄蕊管长约4毫米；子房无毛，长约2毫米，无毛。荚果扁平，长条形，长达20厘米，宽3—3.5厘米；种子扁平，卵形，长约7毫米，宽约3毫米。

产云南中部至南部地区及泸水、漾濞、大理等地，生于海拔400—2100米的林中、林缘、路边、山坡、河边。主要伴生树种有蒙自朴、榕多种、栲多种、楹树、粗糠柴、山黄麻等。广西有分布；越南北部、老挝等地也有分布。

边材浅黄褐色，心材灰黄褐色，有光泽，纹理交错，结构均匀，气干密度0.492克/立方厘米，边材易遭病虫害，心材耐腐，供农具、包装箱等用材，也是紫胶虫之寄主。

图156 菲律宾合欢和香须树

1—4.菲律宾合欢 *Albizia procera*（Roxb.）Benth.

1.复叶 2.花序 3.花蕾 4.荚果

5—7.香须树 *A. odoratissima*（L. f.）Benth.

5.花枝 6.荚果 7.花外形

4.白花合欢（植物分类学报） 滇桂合欢（中国树木志）图157

Albizia crassiramea Lace（1915）

Albizia yunnanensis T. L. Wu（1981）

乔木，高达25米。小枝幼嫩时被柔毛。二回羽状复叶；叶柄具腺体，腺体圆形至椭圆形，直径2.5毫米平坦；羽片2—4对，长4.5—11厘米，顶端一对小叶着生处下方3毫米以外的位置具一与叶柄腺体相似的腺体，直径1—2毫米；小叶3—6对，椭圆形、倒卵形或长圆形，歪斜；长1.5—6厘米，宽1—3厘米，先端渐尖，基部楔形或宽楔形，歪斜，中脉偏上或近中，小叶柄长1—1.5厘米。花序为头状组成圆锥花序；花长约7.5毫米，几无梗；花萼较小，钟形，长约1毫米，被柔毛，具5微齿；花冠长约7毫米，被柔毛，裂片5，长2.5—3毫米；雄蕊多数，下部合生成管状，雄蕊管长约6.5毫米；子房无毛，长约2毫米。荚果扁平，长带状，长达20厘米，宽3—3.5毫米；种子卵形，扁平，长7.5毫米，宽3—3.5毫米。

产云南西部、西南部至东南部，生于海拔100—1600米的林中、林缘、河边、路边。主要伴生树种有四数木、西南猫尾木、印度栲、番龙眼、光叶合欢、老挝棋子豆、长叶棋子豆、楹树、中平树、麻楝、榕树多种、山黄麻等。广西有分布；缅甸、泰国、老挝等地也有。

5.山合欢（中国树木志） 山槐（中国树木分类学）图158

Albizia kalkora Prain（1897）

Albizia macrophylla（Bunge）P. C.Huang（1985）

Albizia duclouxii Gagnep.（1911）

Albizia macrophylla（Bunge）P. C.Huang var. *duclouxii*（Gagnep.）P. C.Huang（1985）

乔木，高达15米。二回羽状复叶；叶柄具腺体，腺体被密柔毛；羽片2—4（6）对，长6—15厘米；小叶5—14对，长圆形，长1.5—5厘米，宽1—1.5厘米，先端圆或钝，具短尖头，基部近圆形，偏斜，中脉偏向上缘，两面被短柔毛。头状花序2—3生于小枝上部叶腋或多数排成顶生伞房状；花淡黄色，花梗长约2毫米，花萼钟状，长约4毫米，裂齿5，长0.5—0.8毫米，被短柔毛；花冠长近1厘米，下部合生成管状，被柔毛，裂片5，长3.5毫米，锐尖；雄蕊多数，下部合生成管状；子房无毛，长约4毫米；荚果扁平，条形，长7—17厘米，宽1.5—2.3厘米；种子扁平，卵形。

产云南西部、中部至东南部，生于500—2200米的常绿阔叶林中或林缘。主要伴生树种有滇青冈、滇石栎、毛叶合欢、波罗栎、栓皮栎、麻栎、元江栲、高山栲、山樱花、红果树及旱冬瓜等。陕西、山东、河南、安徽、江苏、湖南、江西、浙江、四川、贵州、广西、广东、福建等地有分布；越南北部、印度、缅甸、日本也有。

木材为环孔材，边材淡黄色，心材深褐色，气干密度0.532—0.585克/立方厘米，耐腐，为家具、农具等用材；花、根、皮药用，可安神；树皮含鞣质，可提制栲胶；也可做观赏树种，为优良的蜜源植物。

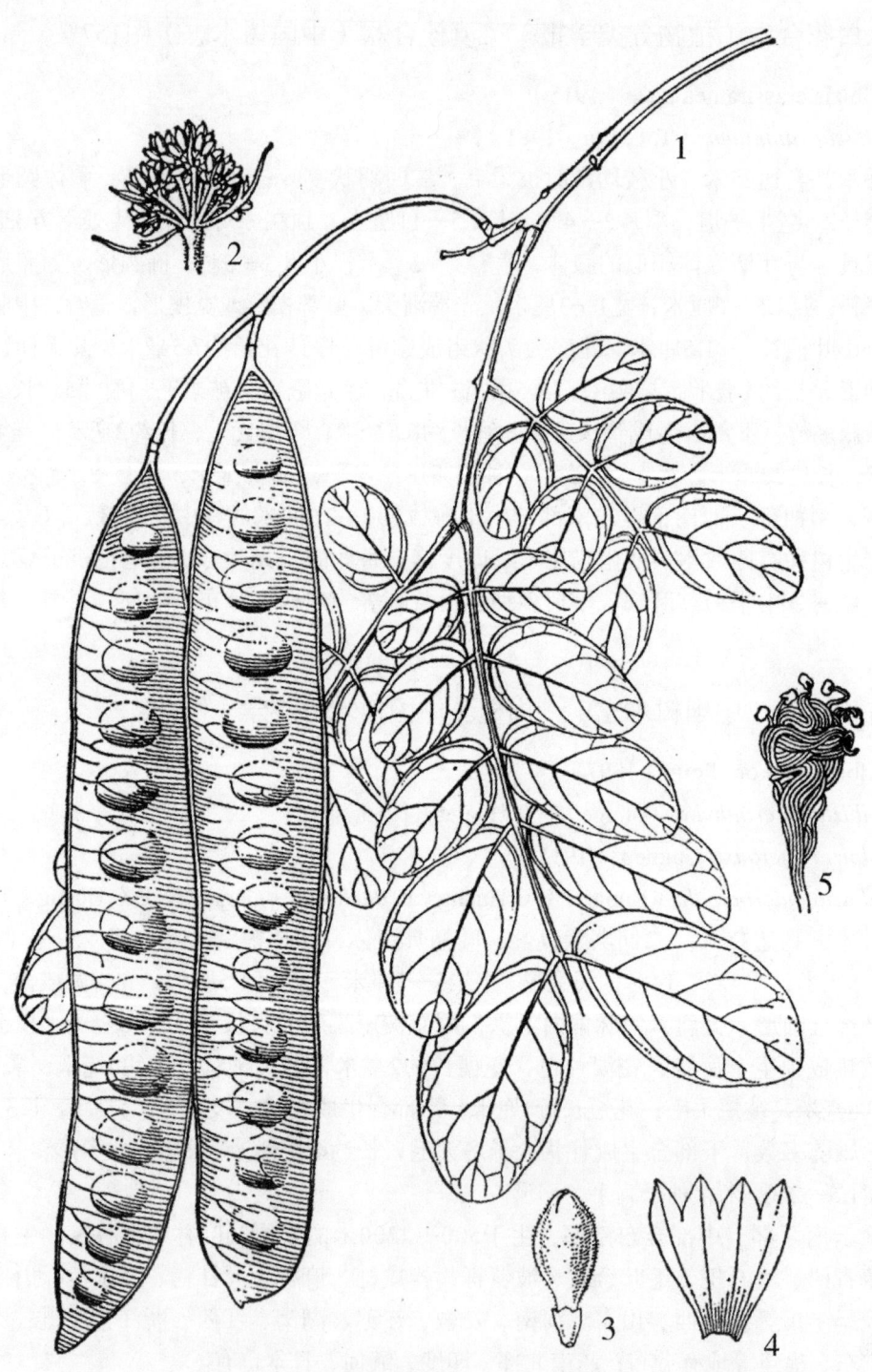

图157　白花合欢 *Albizia crassiramea* Lace
1.果枝　2.花序一段　3.花蕾　4.花冠展开　5.尚未展开的雄蕊

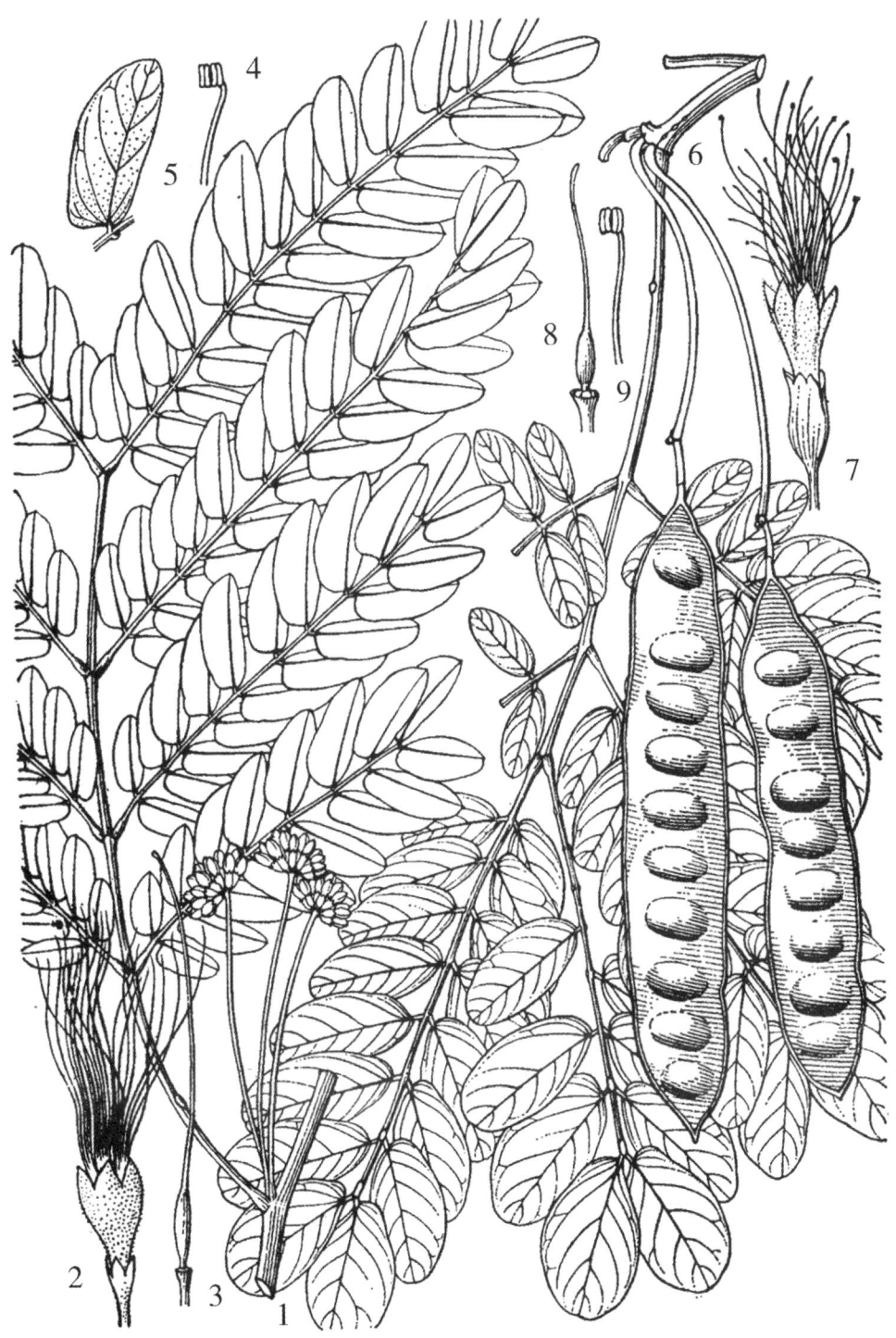

图158　山合欢和滇南合欢

1—5.山合欢 *Albizia kalkora* Prain

1.花枝　2.花外形　3.雌蕊　4.雄蕊　5.小叶片

6—9.滇南合欢 *A. henryi* Rick.

6.果枝　7.花外形　8.雌蕊　9.雄蕊

6.香须树（中国主要植物图说，豆科） 香合欢（中国树木志）图156

Albizia odoratissima（L. f.）Benth.（1844）

Mimosa odoratissima L. f.

乔木，高达20米。树皮灰色。小枝被柔毛。二回羽状复叶；叶柄近基部具腺体，腺体直径1—2毫米；羽片2—4对，长6—17厘米；小叶6—16对，长圆形，歪斜，长1.5—3厘米，宽6—9毫米，先端钝，基部圆形或近心形，偏斜，两面被疏柔毛，或近于无毛，中脉偏上缘。花序为头状组成的大型圆锥花序；花淡黄色，芳香无柄；花萼钟状，长1—1.2毫米；花冠长5—6毫米，下部合生成管状，裂片5，锐尖，长约1毫米；雄蕊多数，下部合生成管状；子房长1—1.2毫米，被柔毛。荚果扁平，带状长10—24厘米，宽2—4厘米；种子扁平，椭圆形，长约9毫米，宽约5.5毫米。

产邓川以南广大地区，生于海拔500—1300米的疏林、灌丛。主要伴生树种有：围涎树、楹树、粗糠柴、木姜子、石栋等。四川、广西、海南、广东有分布；喜马拉雅至中南半岛也有。

边材黄白至黄褐色·心材黑褐色，常有暗红紫色条纹，有光泽；纹理斜，结构细匀，气干密度0.697克/立方厘米，易加工，干燥后不裂，心材耐腐，为优良用材；树皮含鞣质12%—15%，可提制栲胶。为紫胶虫的寄主，叶也是优良的牲畜饲料。

7.滇南合欢 图158

Albizia henryi Rick.（1918）

Albizia simeonis Harms（1921）

小乔木，高达8米。二回羽状复叶；叶柄近基处有1腺体，直径1—3毫米；羽片2—3对，长7—15厘米；小叶5—10对，长圆形，长1.5—3厘米，宽0.8—1.5厘米，先端圆，微凹，有时具小尖头，基部近圆形，歪斜，两面无毛或近于无毛。花序为头状生于小枝上部叶腋，花白色，具梗，长达4毫米；花萼钟状，长3—4.5毫米；花冠长约9毫米，下部合生成管状，裂片5，锐尖，长2.5—3毫米；雄蕊多数，下部合生成管状，雄蕊管长约6毫米；子房无毛，长2毫米。荚果扁平，带状，长10—14厘米，宽2—2.5厘米；种子椭圆形，长约9毫米，宽5.5—6毫米。

产泸水、大姚、禄劝、元谋、双柏、蒙自，生于海拔800—1640米的山箐杂木林中。

8.楹树（中国树木分类学）图159

Albizia chinensis（Osb.）Merr.（1916）

Mimosa chinensis Osb.（1757）

乔木，高达30米。树皮灰色。二回羽状复叶；托叶心形，长约2厘米，宽1—1.5厘米；叶柄具腺体，隆起，直径2—3毫米，高1毫米；羽片8—12对，长2.5—8厘米，被锈色柔毛；小叶10—30对，镰形，长6—9毫米，宽1.8—3毫米，先端锐尖，基部歪斜，两面被柔毛，主脉紧贴小叶上缘。花序为头状组成圆锥花序，密被锈色柔毛；花淡黄色，几无梗，长7.5毫米；花萼钟形，长3毫米，被柔毛；花冠长7毫米，下部合生成管状，裂片5，长1.5—2毫米，被柔毛；雄蕊多数，下部合生成管状，雄蕊管长2.5—3毫米；子房无毛，长近2毫米。荚果扁平，带状，长7—15厘米，宽1.5—2.5厘米；种子椭圆形。

产云南西部、南部、东部广大热带、亚热带山地，生于海拔200—2200米的山坡疏林。主要伴生树种有：旱冬瓜、围涎树、印度栲、石栎、白花合欢、麻栎等。四川、贵州、广西、海南、广东有分布；喜马拉雅至中南半岛一带也有。

木材为散孔材，边材黄白色，心材红褐色或紫褐色，心材耐腐，边材易受虫害，为家具等用材；树皮含鞣质16%—22%，可提制栲胶；还可做茶园等经济作物的上层遮阴树种，枝叶为优良牲畜饲料，树皮入药。

9.合欢（神农本草经）图160

Albizia julibrissin Durazz.（1772）

乔木，高达20米。树冠开展，树皮灰褐至黑褐色。二回羽状复叶；叶柄上具腺体；羽片4—10对；小叶10—30对，镰形，长6—13毫米，宽1.5—4毫米，先端锐尖，基部平截，歪斜，下面被柔毛，中脉紧贴上缘。花序为头状排成缩短的圆锥花序；花淡红色；花萼钟形，长3.5—4毫米；花冠长8—10毫米，下部合生成管状，裂片5；雄蕊多数，下部合生成管状；子房无毛。荚果扁平，长8—17厘米，宽1.2—2.5厘米。

产云南东北部；我国黄河流域以南，北至北京，西北至陕西秦岭，甘肃天水地区，西至四川东部，南起广西、广东北部，东达台湾均有。朝鲜、日本、土耳其，亚洲温带至亚热带地区也有分布。

木材为散孔材，边材黄褐色，心材红褐色，结构细，干燥开裂，耐久用，为家具及建筑等用材；树皮药用，具有强壮、利尿及驱虫等功效，浸膏外敷治骨折、痈疽肿痛等；花可安眠；树皮含鞣质可提栲胶。也是优美的行道树及观赏树种。

10.毛叶合欢（中国主要植物图说，豆科） 大毛毛花（植物名实图考）、滇合欢（云南种子植物名录）图161

Albizia mollis（Wall.）Boiv.（1838）

Albizia julibrissin Durazz var. *mollis*（Wall.）Benth.（1844）

乔木，高达20米。树皮深灰色至灰褐色，平滑至纵列。小枝被密毛。二回羽状复叶；叶柄具腺体；羽片4—10对；小枝9—18对，镰状长圆形长1.2—1.7厘米，宽5—7毫米，先端锐尖，基部圆而偏斜，中脉偏向上缘，下面被灰黄色长柔毛。头状花序生于上部叶腋或在枝顶排成伞房状；花淡黄色，几无梗；花萼钟形，长3—3.5毫米，被柔毛；花冠长8—10毫米，下部合生成管状，裂片5，锐尖，长1.8毫米，被柔毛；雄蕊多数，下部合生成管状，雄蕊管长6毫米；子房长2毫米左右。荚果扁平，带状，长10—16厘米，宽2.5—3厘米，种子椭圆形，扁平，长8毫米，宽4.5毫米。

产云南西北部、西部、中部至东北部广大地区，生于海拔1000—2600米的山坡、林中、河边。四川、贵州有分布，喜马拉雅至缅甸一带也有。

木材坚硬，为家具、模型、器具等用材；树皮含鞣质，可提栲胶；树形优美可做庭园观赏树种，也是紫胶虫的寄主。

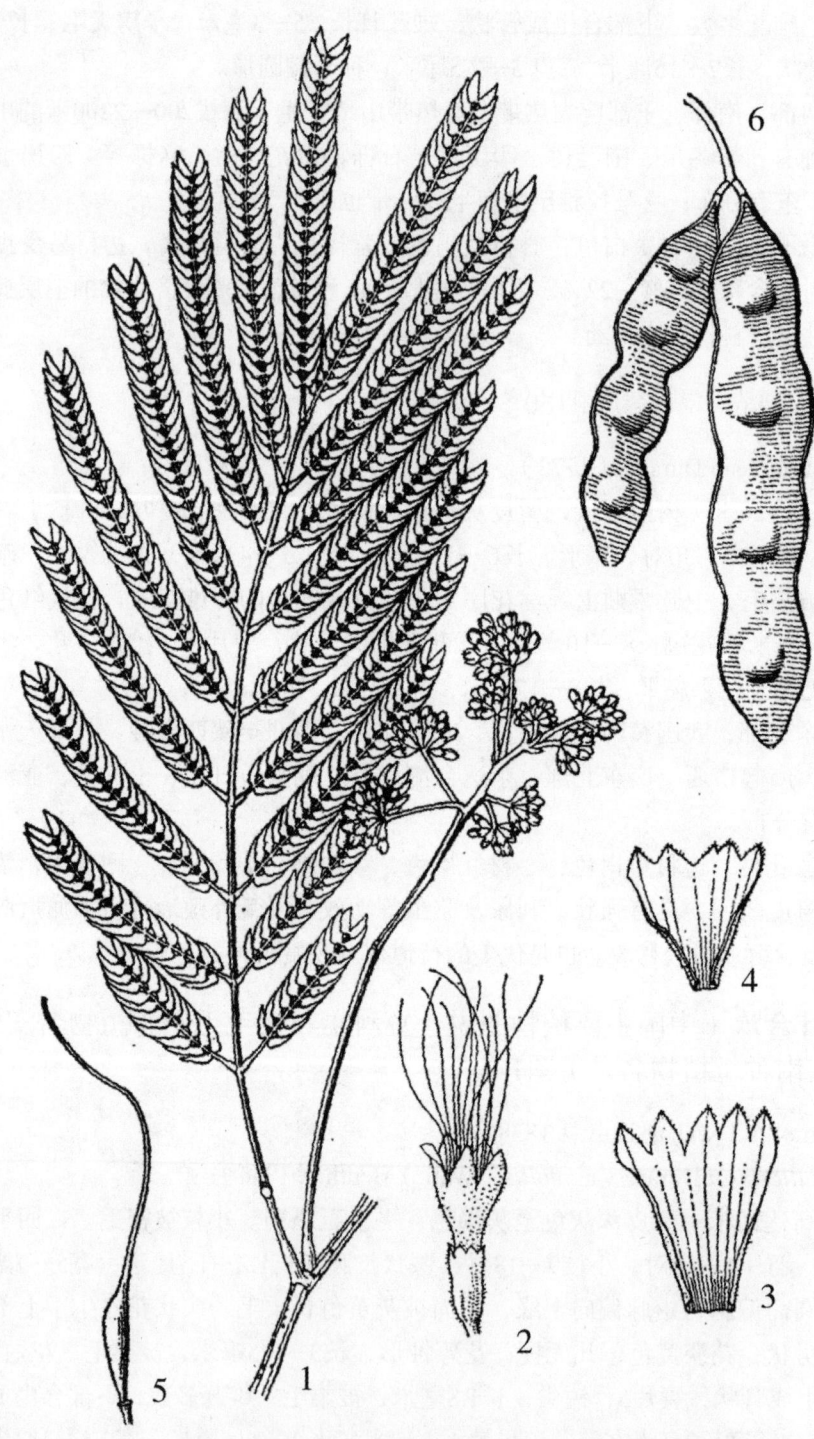

图159 楹树 *Albizia chinensis*（Osb.）Merr.
1.花枝 2.花外形 3.花冠展开 4.花萼展开 5.雌蕊 6.荚果

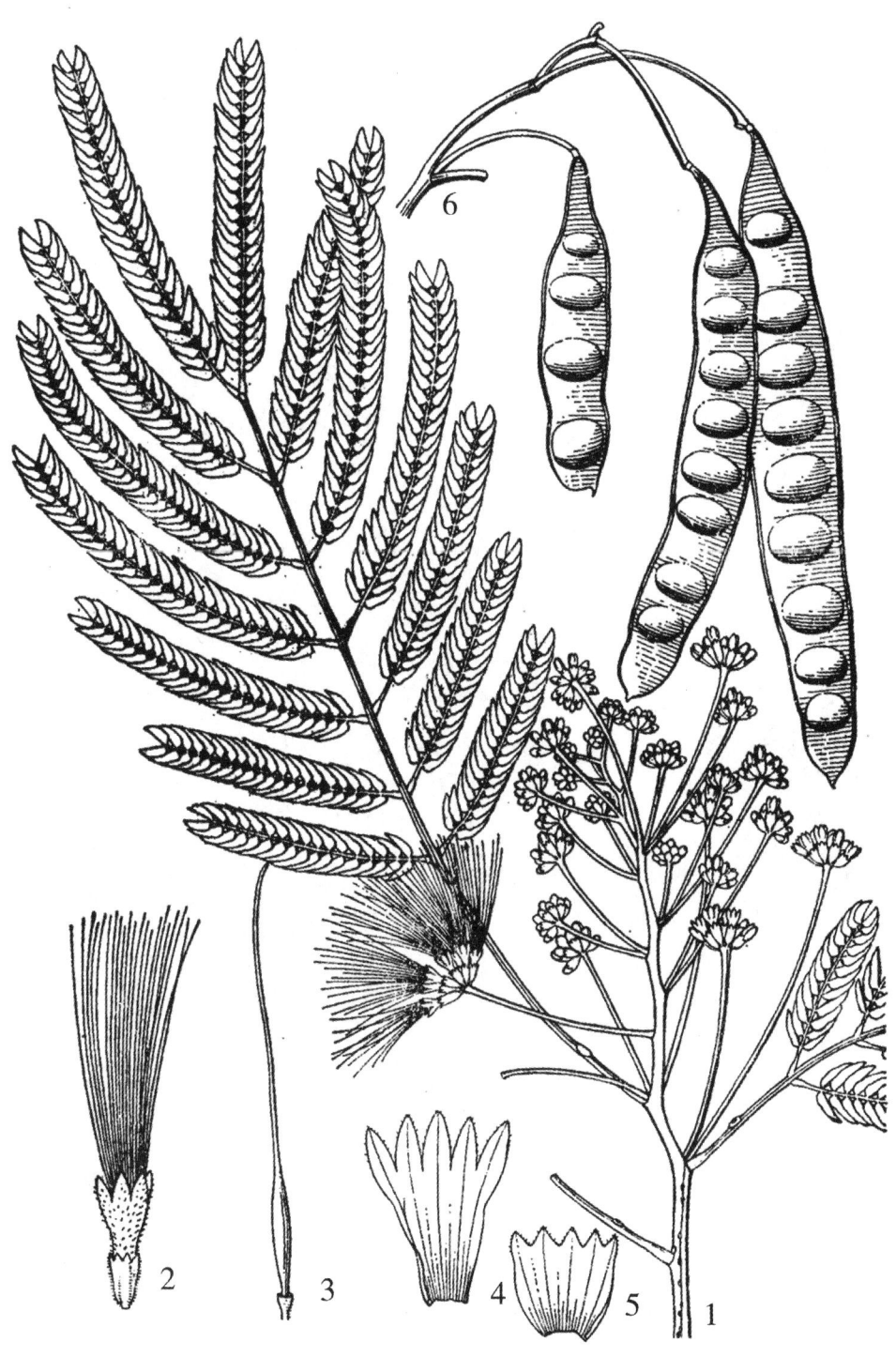

图160 合欢 *Albizia julibrissin* Durazz.
1.花枝 2.花外形 3.雌蕊 4.花冠展开 5.花萼展开 6.荚果

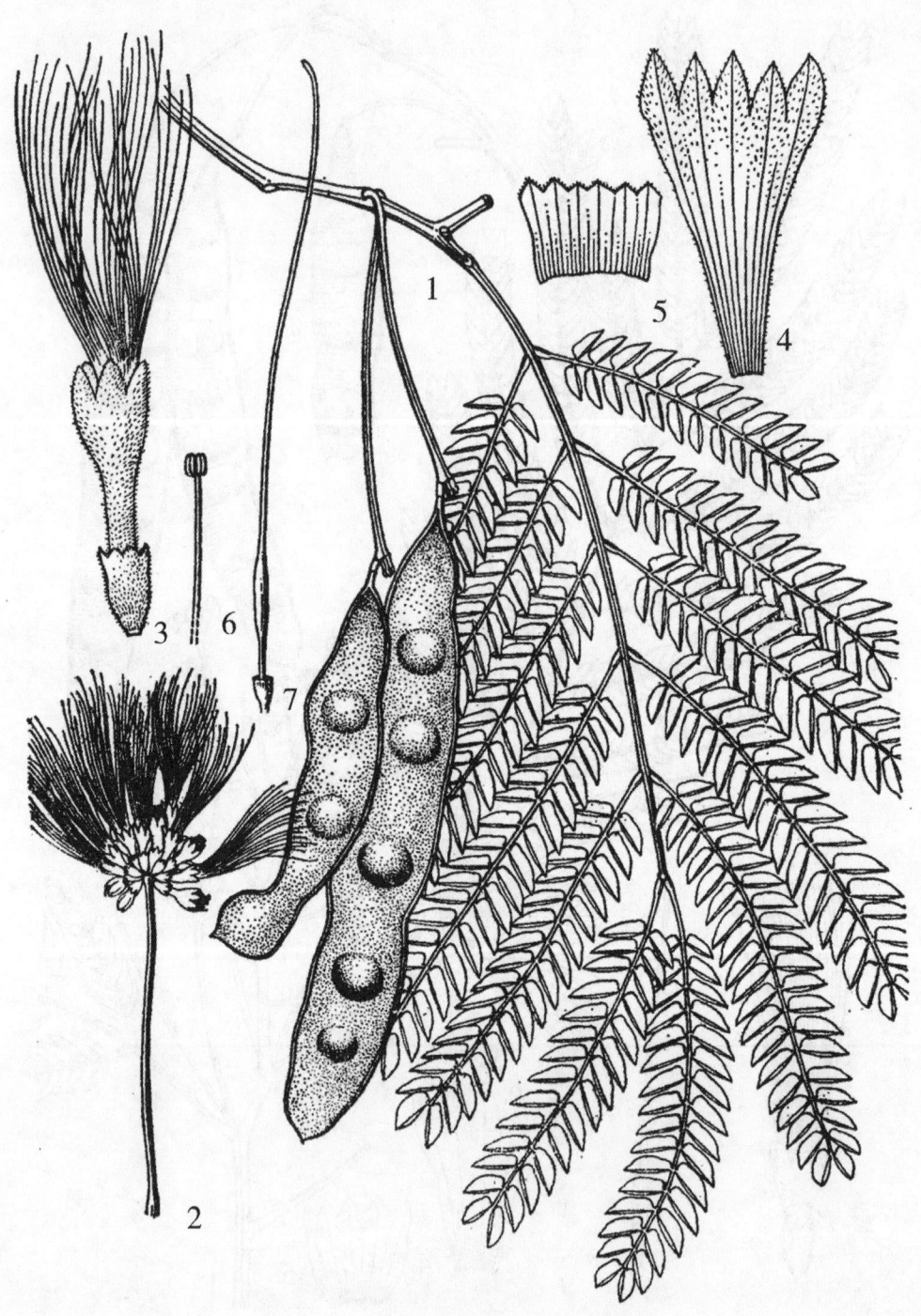

图161　毛叶合欢 *Albizia mollis* (Wall.) Boiv.
1.果枝　2.花序一枝　3.花外形　4.花冠展开　5.花萼展开　6.雄蕊　7.雌蕊

7. 棋子豆属 Cylindrokelupha Kosterm.

乔木。叶为二回羽状复叶，叶轴通常具腺体；小叶一至数对。花两性，头状花序排成顶生或腋生的圆锥花序；花萼钟状或管状，具5短齿；花冠合生成管状，具5裂片；雄蕊多数基部合生成管状；花柱线形；子房具柄。荚果圆柱形，果瓣革质或近木质，成熟后沿背、腹缝线开裂，不卷曲；种子短圆柱状或平凸形，平截。

本属约20种，主产中南半岛北部。我国约12种；云南约8种。

分 种 检 索 表

1.叶柄上腺体明显隆起，中空。
  2.小叶第二级侧脉近平行相连，三级侧脉不明显 ……………… 1.坛腺棋子豆 C.chevalieri
  2.小叶第二级侧脉不平行相连，三级侧脉和二级侧脉一样明显   2.老挝棋子豆 C. laoticum
1.叶柄上腺体微隆起，平坦，稀腺体略凹入叶柄内。
  3.叶柄或叶轴上腺体较大，呈三角形，常略凹入叶柄内 ……… 3.锈毛棋子豆 C. balansae
  3.叶柄或叶轴上腺体较小，圆形，略隆起。
    4.羽叶常两对，稀1对，小叶2—4对，除顶端1对外，其余各对均互生 …………………
    …………………………………………………… 4.长叶棋子豆 C. alternifoliolata
    4.羽片1对，小叶1—3对，对生。
      5.头状花序中花较少，仅6—8花，花冠长达10—12毫米，萼长达7毫米 …………
      …………………………………………………… 5.棋子豆 C. robinsonii
      5.头状花序中花较多，10—15花，花冠长8毫米，萼长3毫米 … 6.云南棋子豆 C.kerrii

1.坛腺棋子豆（云南植物研究）图162

Cylindrokelupha chevalieri Kosterm.（I960）

Archidendron chevalieri（Kosterm.）Nielsen（1979）

Albizia chevalieri（Kosterm.）Y. H. Huang（1983）

乔木，小枝圆形，常有明显的皮孔，无毛。羽片1对，对生，在羽片着生处下方叶轴有1腺体，高约2.5毫米，直径约1.7毫米，中空；小叶两对，对生，椭圆形，长9.5—12厘米，宽4.5—5.5厘米，先端渐尖，基部楔形，侧脉3—4对，上面微凹，下面隆起，第二级侧脉明显，近平行相连，第三级侧脉不明显。头状花序组成腋生的圆锥花序；头状花序由10—20花组成；花萼钟状，长2.5—3毫米，花冠钟形7—8毫米，裂片卵形或椭圆形；雄蕊管与花冠管近等长，子房无毛。荚果圆柱形。

产屏边，生于林中潮湿处海拔1640米。广西有分布；越南也有。

2.显脉棋子豆（植物分类学报）图163

Cylindrokelupha laoticum（Gagnep.）C. Chen et H. Sun

Pithecellobium laoticum Gagnep.（1952）

乔木，小枝近圆形，幼枝常被疏锈色毛，羽片1对，对生；叶柄腺体隆起，高约2毫

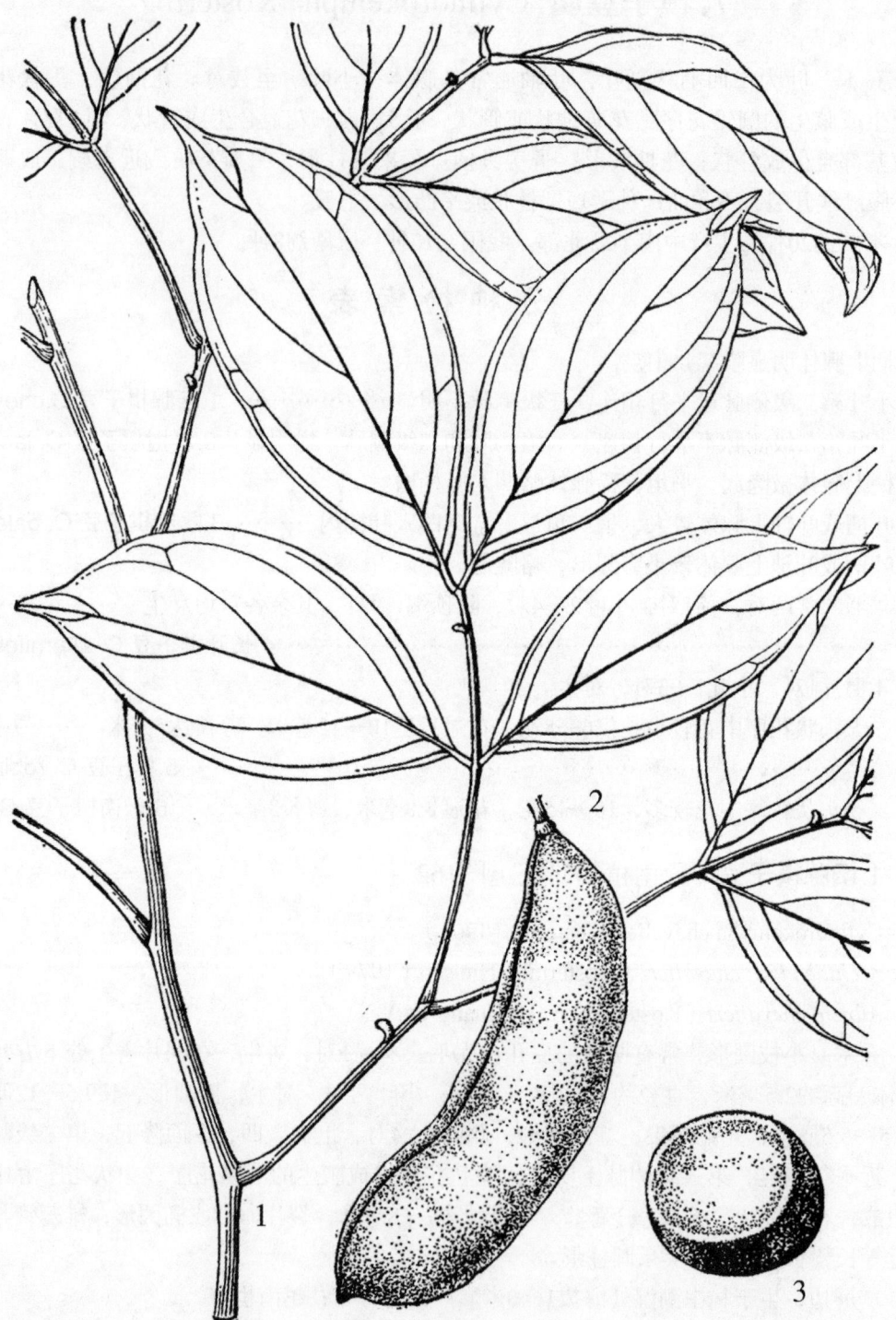

图162 坛腺棋子豆 *Cylindrokelupha chevalieri* Kosterm.
1.叶枝 2.荚果 3.种子

米，直径约2.5毫米，中间具孔。小叶常3对，椭圆形或长椭圆形，长4—18厘米，宽2.5—6.5厘米，先端渐尖或急尖：叶脉常5—7对，上面明显略隆起，下面隆起，第二级侧脉连成网状。花序为头状花序组成腋生的圆锥花序，被锈毛疏柔毛；花萼钟状长2—2.5厘米，齿长0.1—0.2厘米，花冠漏斗状，长4.5—5.5厘米，裂片卵形，锐尖，长约1.5毫米；雄蕊管与花冠管近等长，子房无毛。荚果圆柱形，长约15厘米，直径长约4厘米；种子短圆柱状，高1.5—2厘米，直径达3毫米。

产西双版纳，生于海拔500—600米的沟谷林中、林缘、河边。主要伴生树种有光叶合欢、四数木、千果榄仁、番龙眼、榕树、紫金牛、九节木、云南龙船花等。老挝有分布。

3.锈毛棋子豆（植物分类学报）图164

Cylindrokelupha balansae（Oliv.）Kosterm.（1954）

Pithecellobium balansae Oliv.（1891）

Archidendron balansae（Oliv.）I. Nielsen（1979）

Albizia balansae（Oliv.）Y. H Huang（1983）

乔木，小枝被锈色柔毛，尤以幼枝突出。羽片常2对，叶柄长3—6厘米，上面着生一近三角形状的腺体，略下凹，长4—15毫米，宽1.5—3毫米；叶轴长3—5厘米，被锈色柔毛；长7—18厘米，常在末端3—4对小叶着生处有一与叶柄腺体相似的腺体；小叶常4—5对，卵状圆形、椭圆形至长椭圆形，长5—15厘米，宽2—6厘米，先端渐尖，基部常楔形，上面被疏柔毛或近于无毛，下面被锈色柔毛，尤以脉上为多，侧脉5—7对，明显，上面略凸起，下面明显隆起。头状花序常3—5着生在花序轴上形成圆锥花序，被密锈色柔毛，每一头状花序常由15—20花组成；花萼长约2.5毫米，被锈色柔毛，花萼裂片长约0.25毫米；花冠漏斗状或近钟状，长约4.5—5毫米，被锈色柔毛，裂片卵形，锐尖，长2—2.5毫米；雄蕊管与花冠管等长：子房无毛，长2毫米。荚果圆柱形，长10—25厘米，直径3.5—4.5厘米；种子圆柱形，两端平截，高2—4厘米，直径3—3.5厘米；种皮坚硬，棕色。

产滇东南一带，生于海拔650—1500米的山谷潮湿密林、林缘等地。常见主要伴生树种有罗浮栲、杯状栲、狭叶杜英、大叶合欢、紫金牛、尾叶鹅掌柴以及茜草科、芸香科等种类。越南北部也有分布。

4.长叶棋子豆（植物分类学报）图165

Cylindrokelupha alternifoliolata T. L. Wu（1981）

Albizia alternifoliolata（T. L. Wu）Y. H. Huang（1983）

Archidendron alternifoliolatum（T. L. Wu）I. Nielsen（1983）

乔木，高达6米。小枝棕色，被黄色短柔毛。羽片1—2对，叶柄长2.5—6厘米，中部以上有1略突起的圆形腺体，直径1毫米左右；羽片轴长10—13厘米，被疏的短柔毛；小叶2—3对，除顶端1对小叶对生外，余互生，椭圆形到长圆形，长5—15厘米，宽3—8厘米，先端渐尖，基部常楔形，小叶柄长5—7毫米；侧脉4—5对。头状花序排成圆锥花序，每一头状花序由20余花组成；花萼管状，长约4毫米，裂齿5，被疏短柔毛：花冠长6.5毫米，花冠管长4.5—5毫米，裂片披针形，长3毫米左右，被黄色短柔毛；雄蕊基部合生成管状，略短于

图163 显脉棋子豆 *Cylindrokelupha laoticum*（Gagnep.）C. Chen et H. Sun
1.花枝 2.叶轴顶端及小叶柄基部（示腺体） 3.小叶一段 4.花外形
5.花展开 6.花萼展开 7.荚果 8.种子

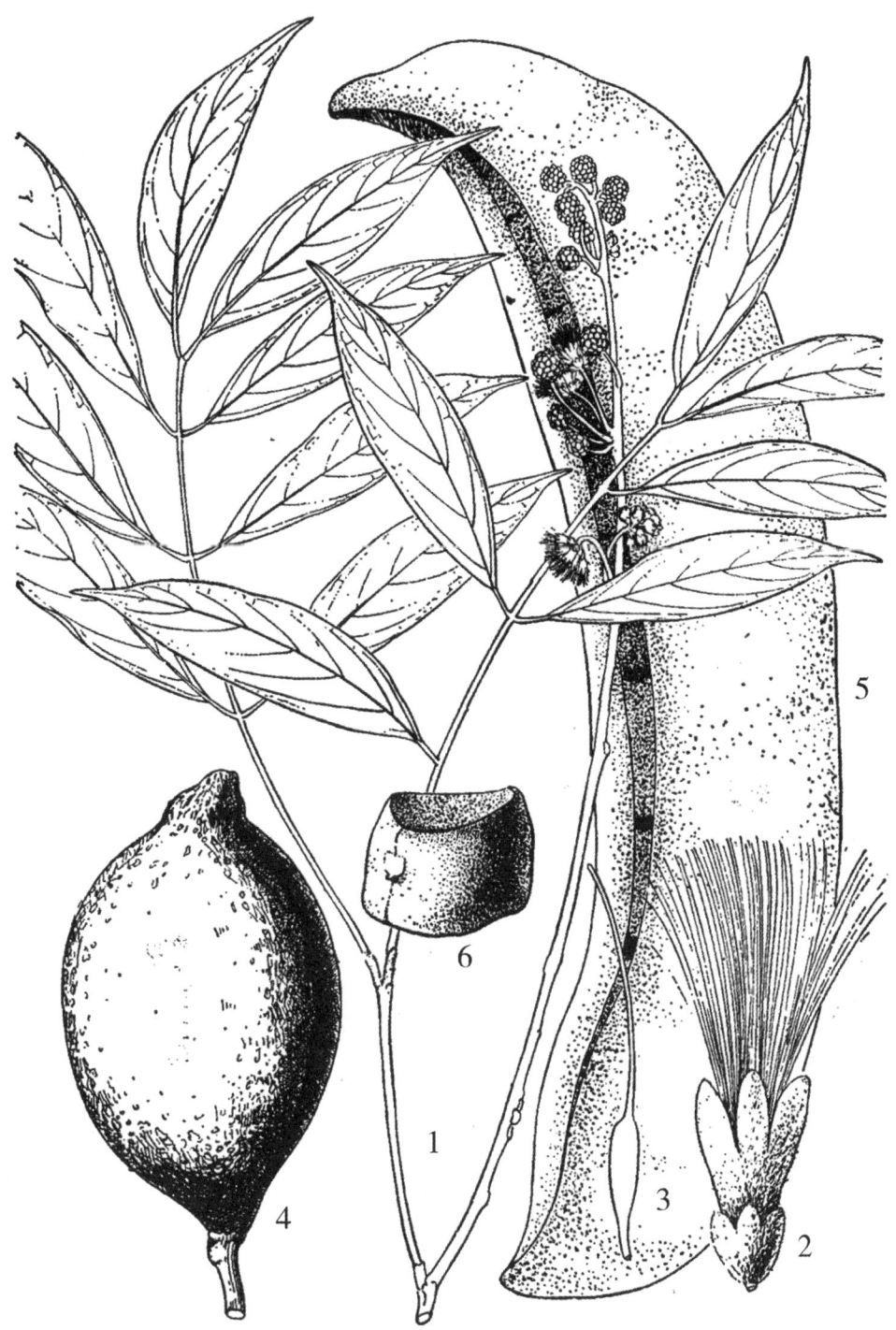

图164　锈毛棋子豆 *Cylindrokelupha balansae*（Oliv.）Kosterm.
1.花枝　2.花外形　3.雌蕊　4.荚果　5.另一形式荚果　6.种子

图165 长叶棋子豆 *Cylindrokelupha alternifoliolata* T. L. Wu
1.花枝 2.花外形 3.花冠展开 4.花萼展开 5.雌蕊 6.荚果

花冠管；子房无毛，长1.5毫米，荚果圆柱形，长18—25厘米，直径4—5厘米；种子短圆柱形，直径3.5厘米，高约2.5厘米。

产于云南南部至东南部，生于海拔650—1350米的潮湿密林中。主要伴生树种有榕树多种、千果榄仁、番龙眼、光叶合欢、老挝棋子豆、紫金牛数种、九节木、杜英等。

5.棋子豆（植物分类学报）图166

Cylindrokelupha robinsonii（Gagnep.）Kosterm.（1966）

Pithecellobium robinsonii Gagnep.（1913）

Archidendron robinsonii（Gagnep.）I. Nielsen（1979）

Albizia robinsonii（Gagnep.）Y. H. Huang（1983）

乔木，高达6米。小枝被疏柔毛。羽片一对；叶柄长3—5厘米；在羽片着生位置有1小的圆形腺体，直径约0.8毫米；羽轴长10—12厘米，小叶3对，椭圆形，长6—10厘米，宽3—5厘米，先端渐尖，基部楔形；小叶柄长约5毫米；侧脉2—3对，上面略隆起，下面明显隆起。花序为头状花序组成的圆锥花序，头状花序由6—8花组成；花萼钟形，长4.5—6.5毫米，被疏柔毛，具5裂齿，长约0.5毫米；花冠长约1.2厘米，被柔毛，裂片卵状椭圆形，锐尖，长约4.5毫米；雄蕊下部合生成管状，雄蕊管与花冠管近等长；子房无毛。荚果圆柱形，长17厘米左右，直径约3.5厘米；种子短圆柱形，长约3厘米，宽约2.5厘米。

产河口，生于海拔200—300米的山谷密林中。广西有分布；越南也有。

6.云南棋子豆（植物分类学报）图167

Cylindrokelupha kerrii（Gagnep.）C. Chen et H. Sun comb. nov.

Pithecellobium kerrii Gagnep.（1952）

Archidendron kerrii（Gagnep.）I. Nielsen（1979）

Abarema yunnanensis Kosterm.（1966）

Cylindrokelupha yunnanensis（Kosterm.）T. L. Wu（1981）

Albizia yunnanensis（Kosterm.）Y. H. Huang（1983）

乔木，高达8米。小枝具明显的皮孔，无毛。羽片1对；叶柄顶端有1枚圆形腺体，直径常不超过1毫米，微凹或扁平。羽轴长1.5—5厘米，无毛；小叶1—2对，对生，椭圆形至长椭圆形，长4—10厘米，宽3.5—5.5厘米，顶端渐尖，基部楔形，小叶柄长3—5毫米；侧脉4—5对，上面微凹，下面明显隆起。花序为头状花序组成的圆锥花序，每一头状花序中有10—15花；花萼钟形，长2—3毫米，无毛，花冠漏斗状长6—8毫米，无毛，裂片近三角形，锐尖，长2—3毫米，先端被柔毛；雄蕊下部合生成管状，雄蕊管与花冠管等长；子房无毛。荚果圆柱形，长9—18厘米，直径约2厘米；种子圆柱形，高2—3厘米，直径约3厘米。

产于云南南部至东南部，生于海拔1000—1800米的山坡密林中。主要伴生树种有罗浮栲、杯状栲、石栎、马蹄荷、木莲、柳叶紫金牛、偏瓣花、密毛野海棠等。老挝、越南有分布。

图166 棋子豆 *Cylindrokelupha robinsonii* (Gagnep.) Kosterm.
1.花枝 2.花外形 3.花冠展开 4.花萼展开 5.雌蕊 6.荚果 7.种子

图167　云南棋子豆 *Cylindrokelupha kerrii*（Gagnep.）C. Chen et H. Sun
1.花枝　2.花外形　3.雄蕊（示基部连合）　4.花冠展开
5.花萼展开　6.雌蕊　7.荚果　8.小叶（小型）

8. 海红豆属 Adenanthera Linn.

乔木，通常常绿。二回羽状复叶，羽片通常为奇数。总状花序1—2腋生或腋外生；花小，两性，辐射状；花萼通常钟状，具5齿等大；花瓣5，通常为长圆状椭圆形或倒披针形，近基部合生；雄蕊10，分离，伸出花冠或与花冠近等长；花药卵形，纵裂，顶端通常具1腺体；子房具柄，胚珠多数。荚果带状，通常扭曲，开裂；种子通常红色，扁。

本属8—10种，分布于热带亚洲、太平洋及澳大利亚北部。我国1种，引种1变种；云南均有。

本属是否应归入含羞草科（或含羞草亚科），还是应归入苏木科（或苏木亚科），学者们有不同的看法。

1.海红豆（植物名实图考） 孔雀豆、红豆（广东及其他部分地区）图148

Adenanthera pavonina Linn.（1753）

Adenanthera tamarindifolia Pierre（1899）*

落叶乔木，高达30米，胸径达70厘米。树皮灰黄褐色，片状剥落，树干通直，平滑。小枝灰绿色，被疏柔毛或几无毛。羽片2—6对，对生，叶轴通常被疏柔毛，每羽片有小叶4—8对，常因顶生的1片退化而成奇数（即最顶端的小叶单1，不成对）；小叶互生，革质，长圆形至近卵形，长2—5.5厘米，宽1—3厘米，先端钝或近圆形，基部宽楔形或钝，全缘，两面被柔毛。总状花序，长12—20厘米，单生或2—3簇生于叶腋；花萼钟形，具相等同形的5齿，长约1毫米，被柔毛；花瓣5，淡黄色或白色，长椭圆形，长约3.5毫米，先端急尖，基部微微连合，无毛；雄蕊10，分离，与花冠等长或略长；花药顶端具1腺体；子房无毛，胚珠多数。荚果带状，扁，长13—20厘米，宽约1.5厘米，黑褐色，无毛，扭曲，开裂；种子凸透镜状，略四菱或三菱，鲜红色，光亮。花期5—7月，果期9—11月。

产西双版纳，生于低海拔，低山常绿阔叶林或次生林中，石灰岩山地也生长良好。广西、广东、海南、福建均有分布，台湾有栽培；热带亚洲及非洲也有。

本种在幼树期略耐荫蔽，以后渐喜光，通常为常绿阔叶林、热带季雨林的上层树种，常生长于土层肥厚、湿润、排水良好、日光充足的地方，能自然更新，人工栽培生长较快，也是一速生树种，播种前需用温汤浸种，水温约60℃。

木材为散孔材，边材浅黄褐色，不耐腐，易遭虫蛀，心材暗黄褐色或红褐色，有光泽、耐腐、易加工，干后微裂，是极好的建筑装饰、造船、油榨、家具及雕刻工具等用材，也是红色染料的原料。种子美观可供装饰品制作工艺品。

1a.小籽海红豆（云南种子植物名录）

var. microsperma（Teijsm. et Binn.）I. Nielsen（1980）

Adenanthera microsperma Teijsm. et Binn.（1864）

与种的区别是花较小，花序长12厘米，种子长圆形，较小，深红色。

栽培于西双版纳，台湾有分布。

9. 榼藤属 Entada Adans.

无刺、木质大藤本，有卷须，攀援。偶数二回羽状复叶，顶端一对顶生羽片简常有卷须；叶柄无腺体；托叶刚毛状，早落。花小，两性或杂性，无梗，排列成长穗状花序，单生、数条簇生或呈圆锥花序，着生于小枝叶腋；花萼钟状，5齿裂，齿相等大；花瓣5，分离或仅基部合生；雄蕊10，着生于花瓣基部或近基部，花药顶端具1腺体，花丝上部常略膨大；子房近无柄，有数胚珠。荚果木质，扁平，大且长，荚缝厚，果瓣可逐节脱落，每节有种子1；种子大，扁平，通常为圆形，无胚乳。

本属约30种，分于非洲、美洲及亚洲的热带地区。我国约3种；云南有2种。

分 种 检 索 表

1.小叶1—2（3）对，上面及边缘、叶轴均无毛，小叶革质 ⋯⋯ 1.榼藤子 E. phaseoloides
1.小叶4—5对，上面及边缘、叶轴均被毛，小叶坚纸质⋯⋯⋯⋯⋯⋯⋯⋯⋯⋯⋯⋯

⋯⋯⋯⋯⋯⋯⋯⋯⋯⋯⋯⋯⋯⋯⋯ 2.云南榼藤子 E. pursaetha subsp. sinohimalensis

1.榼藤子（植物名实图考）　饭盒豆、眼镜豆（云南）、"不裂耙" "麻耙" "秃哈啪"（西双版纳傣语）、"买里"（德宏傣语）、"拉和"（阿昌语）、"给长" "康先"（景颇语）、过江龙、大扁藤

Entada phaseoloides（L.）Merr.（1914）

Lens phaseoloides Linn.（1754）

产镇康至文山一线以南地区，生于海拔590—1600米的杂木林中或林缘。西藏、贵州、广西、广东、福建、台湾有分布；从喜马拉雅东部至我国台湾以南，澳大利亚北部以北地区均有。

藤及种子入药，有祛风除湿、舒筋活络止痛等功效，也作催吐下泻剂。

榼藤子与云南榼藤子相似，其不同处，枝叶无毛。

2.云南榼藤子（中国树木志）　酸浆藤（泸水）、"腊活"（景东彝语）图168

Entada pusaetha DC. subsp. sinohimalensis Griers. et Long（1979）

大藤本，木质，攀援，长达10余米。小枝圆形，有时有糟，有毛。羽片2对，顶生羽片之间具卷须；卷须2疏分枝；每羽片有小叶4—5对；托叶早落；小叶长圆形或长圆状椭圆形，坚纸质或近革质，有时两侧略不相等，长3—5厘米，宽1.5—2厘米，先端宽钝或近圆形，基部圆形或略偏斜，上面中脉密被柔毛，其余几无毛，下面中脉略被微柔毛，有时几无毛，其余无毛，边缘具缘毛；叶轴密被柔毛。穗状花序7—8组成圆锥花序，生于老枝叶腋，每叶腋有圆锥花序2—3，稀仅1穗状花序，穗长约12厘米，密被柔毛；花黄色或黄绿色，近无梗；花萼杯状，密被柔毛。其余与榼藤子相似。花期4—5月，果期10—12月。

产腾冲、景东、景洪以南及西南等地，生于海拔506—1320米的山地或石灰岩山地林中或密林中。尼泊尔、印度、缅甸、老挝、越南北部有分布。

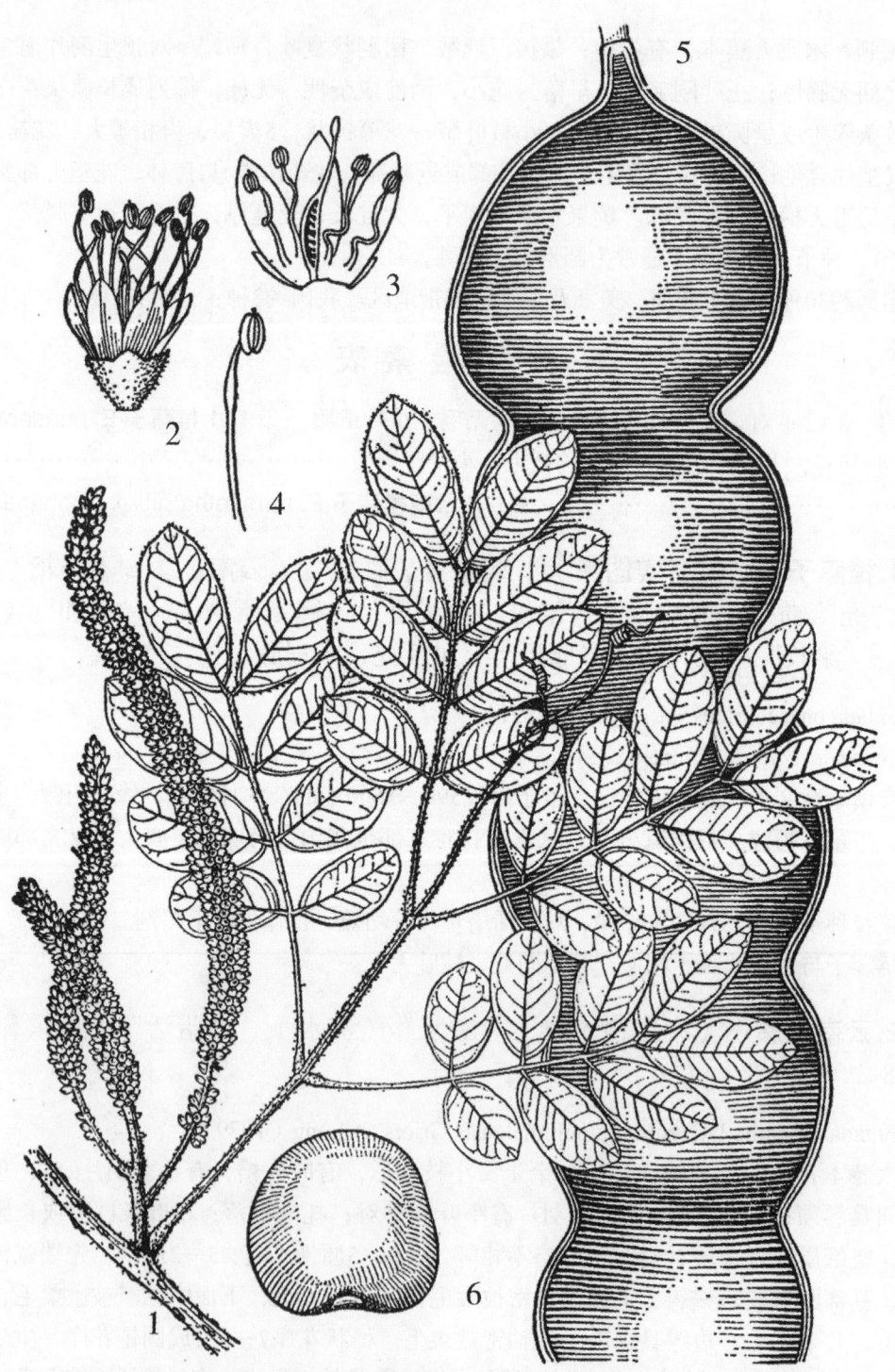

图168 云南榼藤子 *Entada pusaetha* DC. subsp. *sinohimalensis* Griers.et Long
1.花枝 2.花 3.花纵剖 4.雄蕊 5.荚果 6.种子

148.蝶形花科 PAPILIONACEAE（FABACEAE）

草本，灌木或乔木，直立或攀援，叶互生，稀对生或轮生，常为复叶，罕单叶，或有时顶端小叶成卷须；托叶明显，或呈刺状。花两性，两侧对称，具蝶形的花冠，常组成总状或圆锥花序，罕为头状或穗状花序；花萼常为钟状或管状，具5齿或5裂片，常2唇形或近2唇形，上面2齿有时合生或多少合生；花瓣5，覆瓦状排列，蝶形，上面1瓣为旗瓣较大，排列于花瓣最外面，两侧为翼瓣，于旗瓣与龙骨瓣之间，下面为龙骨瓣，成对，排列于花瓣的最里面，分离或沿下缘合生；雄蕊10，合生为单体或二体，罕分离，二体时成9+1或5+5，花药2室；雌蕊1，常为雄蕊管和龙骨瓣所包，子房上位，1室，胚珠1至多数，沿腹缝线着生，侧膜胎座。荚果各式，有或无节，开裂或不开裂，或各节脱落，通常劲直，少旋扭或弯曲，或呈念珠状等；种子通常多颗，罕1颗，常无胚乳，胚具弯曲且贴生于子叶下缘的胚根；子叶厚。

本科约480余属，12000余种，世界各地均有。我国约118属（包括引种植物），1100余种；云南约80余属，520余种。本志记载11属，44种。

分属检索表

1.叶为羽状复叶。
  2.小叶对生或近对生。
    3.托叶不为刺状。
      4.荚果扁形。
        5.荚果皮厚，种皮常为红色 ·····························1.红豆树属 Ormosia
        5.荚果皮不厚，种皮不为红色。
          6.荚果沿腹缝线有窄翅或两侧均有窄翅。花呈圆锥花序，单生、簇生叶腋·····
          ··2.鱼藤属 Derris
          6.荚果无翅，花呈总状花序着生于老茎或小枝顶部叶腋 ········3.干花豆属 Fordia
      4.荚果圆柱形，念珠状；常绿或落叶，乔木或灌木 ·············4.槐属 Sophora
    3.托叶刺状，荚果带状扁平；落叶乔木 ························ 5.刺槐属 Robinia
  2.小叶互生。
    7.芽被叶柄基部覆盖，荚果扁平，线状披针形或长椭圆状披针形；落叶乔木 ············
    ··6.香槐属 Cladrastis
    7.芽不被叶柄基部覆盖。
      8.荚果圆形，边缘具宽翅；花黄色，半常绿乔木 ·············7.紫檀属 Pterocarpus
      8.荚果带状或矩形，扁而薄；边缘无翅；花白色或带黄紫色；乔木、灌木或藤本···
      ··8.黄檀属 Dalbergia
1.叶为三小叶。
  9.灌木；小叶窄，披针形或长圆状披针形，宽3厘米以下 ··············9.木豆属 Cajanus

9.乔木；小叶宽，倒卵状菱形、卵形或宽卵形，宽5厘米以上。

10.枝干被皮刺；花冠旗瓣最大，较翼瓣龙骨瓣长，叶柄常具腺点 ……………………

……………………………………………………………………………… **10.刺桐属 Erythrina**

10.枝干无皮刺；花冠旗瓣与翼瓣、龙骨瓣等长，叶柄无腺点 ………… **紫铆属 Butea**

1.红豆树属 Ormosia Jacks.

乔木，罕灌木。树皮幼时淡绿色，光滑，后成灰绿褐色；芽裸露，均被毛。奇数羽状复叶，罕单叶或三小叶顶端小叶较大；托叶早落；小叶对生，全缘，羽状脉。圆锥花序顶生或腋生，腋生的花序常呈总状，花序轴常被毛；花萼钟形或宽钟形，檐部微微二唇形，具5齿，齿近等长，同形或上面2齿连合；花瓣5，长于花萼，具爪，白色、橙红色或紫红色；旗瓣常扁圆状卵形，具胼胝体或无，无胼胝体时，基部略厚，翼瓣、龙骨瓣具耳，龙骨不合生；雄蕊10，花丝分离或基部微微连合成极短的管，或能育雄蕊5，退化雄蕊5；子房具柄或无，具胚珠1—10；花柱长，略卷曲，柱头偏斜。荚果革质、木质或略肉质，扁平或膨胀，开裂，有时具隔膜，缝线无翅，通常具梗；种子椭圆形或长圆形，种皮革质或壳质，鲜红色、暗红色或褐色，若为壳质，干时则脆，易与子叶分离，有时在荚中呈白色或黄白色，开裂后变鲜红色。

本属约100余种，分布于各大洲热带及亚热带。我国约35种；云南12种。

分 种 检 索 表

1.幼枝、叶下面、花萼及荚果（至少在幼时）均密被绒毛 ………… **1.云开红豆 O.merrilliana**

1.幼枝、叶下面，花萼及荚果被毛或无毛，但毛被非绒毛，若被绒毛，荚果则无毛。

  2.荚果木质，通常较厚，罕厚革质，通常膨胀，罕扁平，若扁平，果瓣则反卷。

    3.荚果膨胀，开裂，果瓣不反卷，厚3毫米以上。

      4.种子长圆状圆柱形，长2厘米以上；种皮脆壳质，易破裂，与种仁（即子叶）极易分离；荚果膨胀，厚2厘米以上。

        5.萼片深裂几达花萼基部；小枝圆柱形；小叶7对，椭圆形、长圆形或卵状椭圆形，叶下面除幼时被毛外，以后无毛；种子长2—2.5厘米，淡褐色 ……………

……………………………………………………………………………… **2.纤柄红豆 O. longipes**

        5.萼片裂达花萼的1/2；小枝常具棱；小叶9—11，倒卵形或长圆状椭圆形，罕椭圆形，叶下面被短柔毛或微柔毛；种子长约3厘米，鲜红色 ……………

………………………………………………………………………… **3.河口红豆 O. hekouensis**

      4.种子扁，近圆形或卵形，长约1.4厘米；种皮坚韧，与种仁紧贴，不易分离；荚果扁平或仅具种子处隆起，厚不到1厘米。

        6.小枝无毛或几无毛；小叶5—9（11），两面无毛或多少被微柔毛。

          7.荚果长3.5—8厘米，宽2.5—3.5厘米；果瓣厚约5毫米；种子椭圆状球形，红色，长约1厘米 ……………………………… **4.秃叶花榈木 O.nuda**

          7.荚果长2.5—4厘米，宽1.5—2厘米；果瓣厚约3毫米；种子卵形，褐红色，长约

14毫米 ·································· **5.槽纹红豆 O.striata**

　6.小枝密被锈色柔毛：小叶17—19，叶背密被柔毛 ········ **6.橄绿红豆 O. olivacea**

3.荚果扁平，开裂，果瓣反卷，厚3毫米以下。

　8.小叶3，罕5；果瓣厚约1.5毫米；种子椭圆形，长1.4—1.8厘米，种皮与种仁不易分离 ·································· **7.那坡红豆 O. napoensis**

　8.小叶5—9；果瓣厚约3毫米；种子长圆状椭圆形或卵状长圆形，长约3厘米，种皮与种仁易分离 ·························· **8.肥荚红豆 O.fordiana**

2.荚果革质或厚革质，扁平或具种子处隆起。

　9.小叶9以下。

　　10.小叶两面、小叶柄及叶轴均无毛 ··············· **9.屏边红豆 O. pingbianensis**

　　10.小叶下面、小叶柄及叶轴均被毛。

　　　11.荚果不开裂，卵状圆形或近椭圆形长3—4厘米，宽约3毫米，通常仅有种子1，罕2；种子大，近圆形，长宽15—20毫米；种脐长12—20毫米 ················· **10.长脐红豆 O.balansae**

　　　11.荚果开裂，长圆状宽条形，长5—8.5厘米，宽2.5—3.2厘米，有种子2—7；种子略小，椭圆状长圆形，长约1.2厘米，宽约8毫米；种脐长约2毫米 ·············· **11.花榈木 O.henryi**

　9.小叶11—25 ··································· **12.云南红豆 O. yunnanensis**

1.云开红豆（植物分类学报）　梅氏红豆（中国主要植物图说，豆科）、两广红豆（中国树木志）图169

Ormosia merrilliana L. Chen（1943）

乔木，高达23米，胸径达50余厘米；树皮平滑，有灰白色斑纹。小枝密被锈色短绒毛，老枝渐脱落，但仍略被毛。小叶5—7（9），倒卵形、倒披针、长圆状倒披针或近椭圆形，顶生小叶最大，余依次递减，长4—20厘米，宽3—7.5厘米，先端骤然急尖，基部楔形或宽楔形，上面无毛，中脉下凹，下面密被锈色短绒毛，中脉、侧脉隆起，网脉明显；小叶柄粗壮，长约5毫米，与叶轴均密被锈色短绒毛；托叶宽披针形，被毛，早落。圆锥花序顶生，长约30厘米，密被锈色短绒毛；花梗短，长约2毫米，密被绒毛；花萼杯形，密被锈色短绒毛，长约5毫米，花瓣白色，长约1.2厘米，无毛，旗瓣宽圆形或扁圆形，先端2裂，具短爪，外面中部以下被柔毛，翼瓣长圆形，有长爪及耳，龙骨瓣1侧具耳；雄蕊10，分离；子房密被柔毛，柄极短，有胚珠1；花柱细长，无毛，柱头2。荚果椭圆状卵圆形或略倒卵形，膨胀，厚革质，长2.5—3.5厘米，厚1.5厘米，密被锈色绒毛，几无梗；种子1，几圆形或倒卵形，略扁，暗栗色，略具光泽，坚硬，长1.5—2厘米，种脐长约1毫米。花期2—3月，果期11月至翌年1月。

产富宁，生于海拔700米左右的密林中或灌木丛中。伴生的树种有黄牛木、山橘子、刺栲、大合欢、西南紫薇、圆锥水锦树、木奶果、大叶藤黄、见血封喉、细青皮、长柄桢楠等。在广东有28年生的树木，高达23米，胸径24厘米。

用种子繁殖，宜条播，播种前用50℃的温汤浸种一昼夜，1个月可发芽，发芽率达

图169　云开红豆 *Ormosia merrilliana* L. Chen
1.幼枝　2.花枝　3.叶下面部分放大（示毛被）
4.旗瓣　5.翼瓣　6.龙骨瓣　7.雄蕊　8.雌蕊

90%；生长于深厚疏松的沙壤土中，长势较快。

木材呈黄褐色，边、心材无明显区别，纹理通直美观，坚重，不开裂，易加工，每立方米气干木材重约650千克，是极好的建筑、装饰及家具用材。

2. 细柄红豆（云南种子植物名录） 纤柄红豆（中国主要植物图说、豆科）、马蛋果（屏边）图170

Ormosia longipes L. Chen ex Merr. et L. Chen（1943）

乔木，高达30米，胸径达50厘米，小枝粗壮，被微柔毛，以后渐无毛，有疏皮孔。小叶7，纸质，顶生小叶及顶端的1对小叶近同大，椭圆形、长圆形或卵状椭圆形，长10—22厘米，宽3.5—6.5厘米，先端渐尖，基部楔形或宽楔形，初时两面被短柔毛，以后渐无毛，尤其是上面，上面中脉下凹，侧脉不明显，下面中脉、侧脉明显，隆起；小叶柄长约5毫米，与叶轴均被短柔毛，以后脱落。圆锥花序顶生，分枝少几呈总状花序，长15—20厘米，初时被短柔毛，果时脱落，有花不多；花梗长约6毫米，纤细，花萼漏斗状，密被短柔毛，长约1.2厘米，具5齿，深裂，齿长椭圆形，先端急尖，近相等；子房椭圆形，密被褐色短柔毛，胚珠1—3，花柱与子房等长。荚果宽椭圆形或长圆形，膨胀，厚革质近木质，长宽4厘米×3厘米或5厘米×3.2厘米，厚约2厘米，略具残存的柔毛，具短梗，果瓣厚约3毫米，有皱纹，有种子1—2；种子长圆状圆柱形或近卵形，长2—2.5厘米，种皮薄，脆壳质，淡褐色。花期4—5月，果期约3月。

产蒙自、屏边、河口等地，生于海拔1200—1600米的阔叶林中及土壤肥厚、湿润的山坡、山谷或溪边。

3.河口红豆（植物分类学报）图170

Ormosia hekouensis R. H. Chang（1984）*

乔木，高达12米，胸径达30厘米小枝密被褐色短柔毛，以后变无毛，常有棱。小叶9—11，坚纸质，倒卵形或长圆状椭圆形，罕椭圆形，长13—18厘米，宽5—6.5厘米或长7—11厘米；宽约3.5厘米，先端急尖，基部楔形或宽楔形，上面无毛，下面被短柔毛或微柔毛，通常顶生小叶最大；小叶柄长约4毫米，与叶轴均被短柔毛或微柔毛。果序顶生，圆锥状，通常仅每分枝顶端具1荚果；荚果橙黄色，厚木质，光滑或皱缩，长圆形，膨胀，长约8.5厘米，宽约3.5厘米，厚约2.5厘米，果瓣厚约6毫米，开裂，约具3种子；长圆状椭圆形荚果，长5—6.5厘米，宽约3.2厘米，厚约4厘米，种子长圆状圆柱形，长约3厘米，宽约1.5厘米，种皮脆，薄革质，成熟后鲜红色；种脐着生1侧的近顶端。果期5月或12月。

产河口、沧源，生于海拔280—700米的阔叶林中及山坡、山谷土壤湿润的地方。云南特有。

4.秃叶花榈木（中国主要植物图说，豆科） 秃叶红豆（植物分类学报）、光叶花榈木（中国树木志）图171

Ormosia nuda（How）R. H. Chang et Q. W. Yao（1984）

Ormosia henryi Prain var. *nuda* How（1951）

乔木，高达10米，胸径达50厘米。小枝无毛或几无毛，棕褐色。小叶5—9，坚纸质或

图170 纤柄红豆和河口红豆

1—2.纤柄红豆 *Ormosia longipes* L. Chen ex Merr. et L. Chen

1.果枝　2.进入果期的花（子房已增大）

3—4.河口红豆 O. *hekouensis* R. H. Chang

3.果枝　4.种子

薄革质，倒披针形、披针状椭圆形或长圆状椭圆形，长7—18厘米，宽2—4厘米，先端急尖或渐尖，基部楔形或略钝，两面无毛或下面多少被微柔毛，上面中脉下凹，侧脉不明显，下面中脉隆起，侧脉微隆起，小叶柄长5—6毫米，与叶轴均无毛或多少具微柔毛。圆锥花序顶生，无毛，有时被微柔毛。荚果长圆形，罕有卵形，扁平，长3.5—8厘米，宽2.5—3.5厘米，先端有喙，基部宽楔形，果瓣木质，厚约5毫米，干时黑褐色；种子2—5，椭圆状球形，长0.8—1厘米，红色，种脐着生于近先端处，长约2毫米。花期7—8月，果期9—11月。

产景东，生于海拔约2000米的常绿阔叶林中。湖北、广东、贵州有分布。

5.槽纹红豆（自然科学）图172

Ormosia striata Dunn（1903）

Fedorovia striata（Dunn）Yakovl.（1973）

乔木，高达20米。小枝灰褐色，无毛，芽密被柔毛。小叶7—11，坚纸质，顶生小叶最大，长圆形、长圆状椭圆形或倒卵状椭圆状，长7—15厘米，宽2.5—4.7厘米，先端短渐尖或渐尖，基部钝，两面无毛，上面中脉下凹，侧脉不明显，下面中脉、侧脉隆起，网脉细致，微隆起；小叶柄长约2毫米，与叶轴均无毛。总状花序数枝，着生于枝顶叶腋；花通常在花序上端，长约1厘米，花萼外面无毛，内面被柔毛，具5齿，齿宽三角形，长为花瓣的1/3，先端钝；花瓣黄色，旗瓣有条纹；子房具柄，无毛。荚果长圆形或长圆状卵形，木质，于种子处隆起，长2.5—4厘米，宽1.5—2厘米，厚约8毫米，顶端平截，偏向1侧，有喙，具种子处膨胀，无毛，有柄基部楔形，果瓣厚约3毫米；种子1—2，卵形，褐红色，长约14毫米，宽10毫米；种脐长约2毫米。花期7—8月，果期10—11月。

产普洱、西双版纳、屏边，生于海拔1000—1700米的常绿阔叶林密林中，或生溪边、河旁阴湿的地方。缅甸、泰国有分布。

6.榄绿红豆（中国主要植物图志，豆科）图171

Ormosia olivacea L. Chen ex Merr. et L. Chen（1943）

乔木，高达20米，胸径达1.2米；树皮灰白色。幼枝密被锈色柔毛，以后渐脱落至几无毛。小叶17—19，坚纸质，顶生小叶与其余小叶等大，宽披针形至长椭圆形、长圆形或倒卵形，长5—8（15）厘米，宽1.8—2.4（5）厘米，先端渐尖或急尖，有时骤然急尖，基部宽楔形或钝，或近圆形，幼时两面被柔毛，下面极密，以后上面变无毛，中脉下凹，侧脉不明显，下面仍密被柔毛，中脉及侧脉明显，隆起或略隆起，小叶柄长2—4毫米，与叶轴初时密被柔毛，以后略疏。圆锥花序顶生，长约8厘米，与花梗、花萼均密被柔毛，但萼上最密；花萼漏斗形，长约1.1厘米，具5齿；齿三角形，长3—4毫米，先端钝，近相等；花瓣鲜黄色或淡绿黄色，长约1.2厘米，有爪，旗瓣倒卵形，先端微缺；翼瓣长圆形，有耳，一侧具1小裂片；龙骨瓣长圆形，一侧有耳及1小裂片，脊上中部至顶端一侧被微柔毛；子房密被柔毛，花柱无毛。荚果斜倒卵形或倒卵形，有时为宽椭圆状纺锤形，厚革质或木质，扁平，长约7.5厘米或5厘米，宽约3厘米，顶端骤然急尖或宽急尖，有短喙，果瓣厚约3毫米；种子1—3（4）个，红色，扁长圆形或近圆形，光亮，长约1.1厘米，宽约9.5毫米，厚约5毫米；种脐白色，长约5毫米，着生于顶端的一侧。花期3—4月，果期约11月。

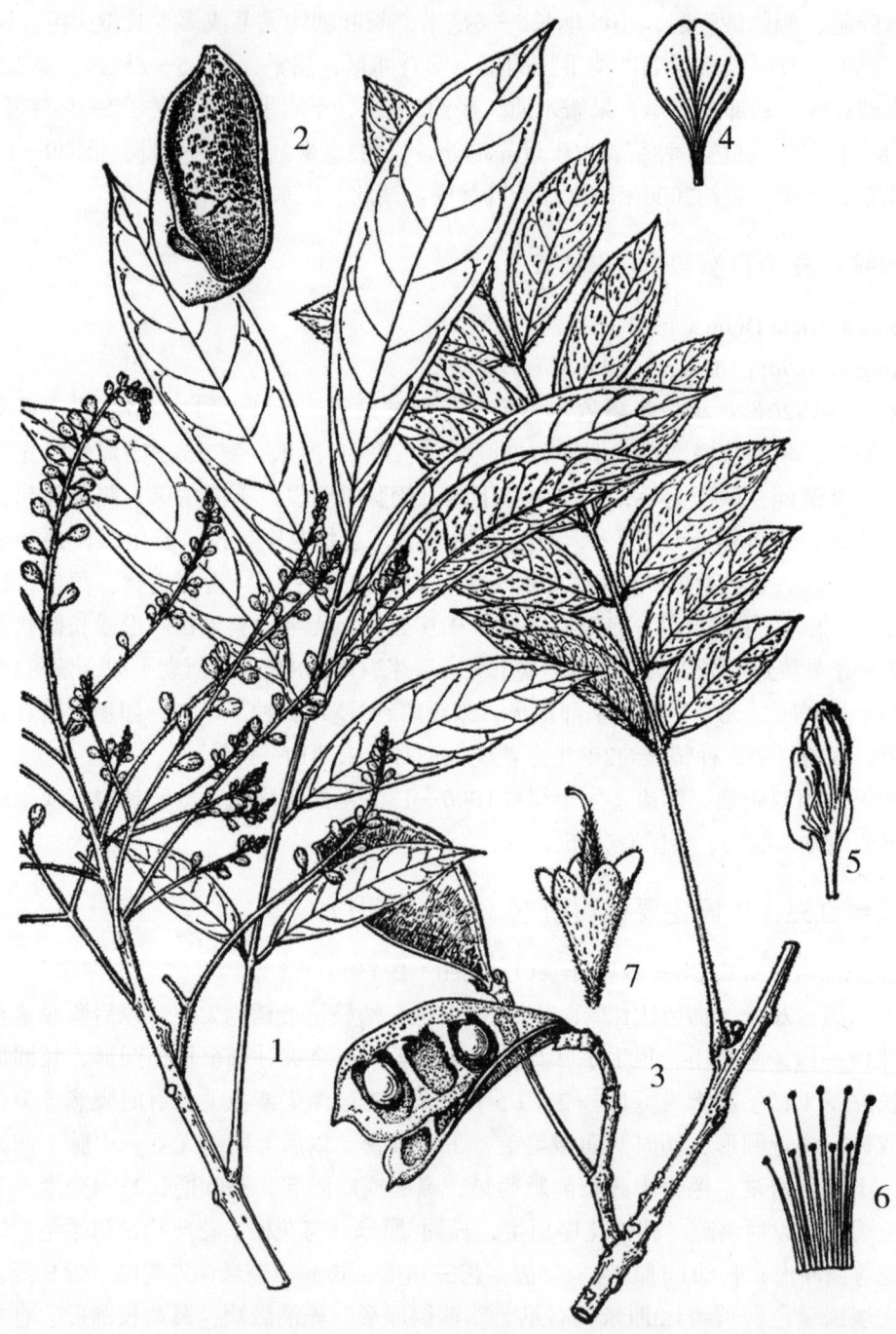

图171 秃叶花榈木和榄绿红豆

1—2.秃叶花榈木 Ormosia nuda（How）R. H. Chang et Q. W. Yao

1.花枝 2.荚果

3—7.榄绿红豆 O. olivacea L. Chen ex Merr. et L. Chen

3.果枝 4.旗瓣 5.龙骨瓣 6.雄蕊 7.雌蕊及花萼

图172　槽纹红豆和那坡红豆

1—2.槽纹红豆 *Ormosia striata* Dunn

1.果枝　2.种子

3—4.那坡红豆 *O. napoensis* Z. Wei et R. H. Chang

3.果枝　4.荚果已裂开

产景东、勐海、屏边、富宁等地，生于海拔700—1700米的石灰岩山地或其他山地常绿阔叶林中。广西、贵州有分布。

优良珍贵木材，边材浅黄色，心材红色或暗红色，纹理美观，坚重，是家具、装饰或雕刻良材。

7.那坡红豆（植物分类学报）图172

Ormosia napoensis Z. Wei et R. H. Chang（1984）

小乔木，高达10米，胸径达25厘米。幼枝披微柔毛，后渐脱落。小叶通常3，罕5，坚纸质，椭圆形、椭圆状长圆形或倒卵状椭圆形，顶生小叶最大，长6—13.2厘米，宽1.5—4厘米，先端渐尖或尾状渐尖，基部楔形或钝，两面无毛或下面略被微柔毛，上面中脉微凹，侧脉不明显，下面中脉隆起，侧脉微隆起，均无毛；小叶柄长2—3毫米，与叶轴均无毛或几无毛。圆锥花序顶生，长10—12厘米，略被微柔毛或几无毛。荚果短长圆形或近圆形，扁平，木质，长宽2.4—4.8厘米，梗长约5毫米，果瓣厚约1.5毫米，顶端有喙，基部宽楔形；种子椭圆形，长1.4—1.8厘米，宽1.0—1.2厘米，暗红色，光亮；种脐在顶端的1侧。果期约2月。

产麻栗坡，生于海拔约1000米的灌丛草坡。广西有分布。

8.肥荚红豆（中国树木分类学）图173

Ormosia fordiana Oliv.（1895）

乔木，高达16米，胸径达40厘米。小枝密披棕色或褐色短柔毛，以后渐疏。小叶5—9，罕11，少有互生，坚纸质，顶生小叶最大，倒卵形、倒卵状长圆形或长椭圆形，长8—15厘米，宽2.5—6.5厘米，先端急尖或骤然短渐尖，基部楔形至钝，上面幼时被疏微柔毛，以后几无毛，中脉下凹，侧脉不明显，下面密被微柔毛，中脉、侧脉隆起或微隆起，网脉不明显；小叶柄长约5毫米，与叶轴被微柔毛；托叶早落。圆锥花序顶生，长达20厘米，密被棕褐色或锈毛短柔毛；花梗长约8毫米，密被短柔毛；小苞片披针形，生于花萼基部的钻形，与花萼均密被短柔毛；花长2.5—3厘米；花萼漏斗状，长约1.2厘米，具5齿，深裂，齿长圆状披针形，最上面的1齿略长；花冠紫红色，旗瓣圆形或扁圆形，先端微凹或近圆形，有短爪；雄蕊10，分离；子房被短柔毛，有胚珠2—4。荚果扁，长圆形或近圆形，顶端具弯喙，长宽4.5厘米，或长8.5厘米，宽6厘米，革质，果瓣厚约3毫米；种子1—3，长圆状椭圆形或卵状长圆形，长约3厘米，直径2厘米，成熟后枣红色，种皮革质，脆，光滑，有皱纹；种脐着生于1端，近椭圆形或近圆形，长宽约3毫米。花期6—7月，果期9—11月。

产滇东南至西双版纳，生于海拔1000—2200米的阔叶林中土壤湿润肥厚的地方。广东、广西有分布；越南也有。

木材呈淡黄色，纹理通直，结构粗糙，材质中等。

9.屏边红豆（植物分类学报）　　"姊到羊"（屏边苗族语）图175

Ormosia pingbianensis Cheng et R. H. Chang（1984）

乔木，高达15米。幼枝密被锈色柔毛，以后渐无毛。叶互生，极少对生，小叶5—7，

图173 长脐红豆和肥荚红豆

1—2.长脐红豆 *Ormosia balansae* Drake

1.果枝 2.种子

3—9.肥荚红豆 *O. fordiana* Oliv.

3.花枝 4.花去花瓣剖开（示雄蕊及雌蕊） 5.旗瓣 6.翼瓣 7.龙骨瓣

8.果裂开（示种脐着生处及果瓣里面） 9.种子去皮（示子叶）

坚纸质，顶生小叶略大或与其余小叶等大，长圆形至长圆状椭圆形，长5.2—8.5厘米，宽1.7—2.6厘米，先端短渐尖，钝头，基部宽楔形或钝，两面无毛，上面中脉下凹，侧脉、网脉明显，微隆起，下面中脉隆起，侧脉、网脉微隆起，网脉细致；小叶柄长2—3毫米，与叶轴均无毛。圆锥花序顶生，被柔毛。荚果倒卵形或长圆形，扁，具种子处臌胀，长2.5—4.4厘米，宽1.8—2厘米，厚约8毫米，顶端近圆形略尖，具短喙，基部楔形或报钝，具短梗，宿存萼杯状，被柔毛，果瓣薄，革质，厚约1厘米，有种子1—3，种子近圆形，扁，鲜红色，光亮，长1—1.1厘米，宽8—9毫米，厚约7毫米；种脐长约2毫米，着生于顶端一侧。果期3—4月。

产屏边，生于海拔约900米的山谷或坡地疏林中，土壤排水良好，略干燥的地方。

10.长脐红豆（中国主要植物图说，豆科） 长眉红豆（海南经济树木、海南植物志）图173

Ormosia balansae Drake（1891）

乔木，高达25米，胸径达1.5米。树皮平滑，灰白色。枝条密被灰褐色短柔毛。小叶5—7，坚纸质，顶生小叶最大，椭圆形或长椭圆形，长8—5厘米，宽3—7厘米，先端急尖或短渐尖，有时具钝尖头，基部宽楔形或近圆形，上面成熟时无毛，中脉下凹，下面密背褐色微柔毛，脉隆起或网脉微微隆起；小叶柄长约5毫米，与叶轴均密被微柔毛；托叶小，早落。圆锥花序顶生，长20—30厘米，密被褐色微柔毛；花萼杯形，密被褐色微柔毛，具5齿，上面的2齿略宽、短，三角形，其余的3齿略狭，长，披针形；花瓣白色，旗瓣近圆形或扁圆形，具短爪，翼瓣与龙骨瓣长圆形或长圆状椭圆形，有爪和耳；雄蕊10，分离；子房被微柔毛，有胚珠1—2。荚果卵状圆形或近椭圆形，革质，长3—4厘米，宽约3厘米，具种子处隆起，厚约1厘米，顶端有喙，略弯，基部具增大的宿存萼，全部密被褐色微柔毛；果梗粗壮，长约8毫米；种子1，极罕2，近圆形，扁，待成熟时鲜红色，以后变暗红色，略有光泽，长宽15—20毫米，厚约10毫米，种脐长12—20毫米。花期5—7月，果期10—12月。

产河口，生于海拔约100米的热带阔叶林中，土壤肥厚湿润的地方。海南有生长17年左右的植株，高15.2米，胸径23.9厘米；1993年生的大树，高31米，胸径达50.7厘米。

可用种子直播造林或育苗，播种前用冷水浸种1—2天，1年生苗即可移植。

木材黄褐色，边材与心材无明显区别，纹理直或斜，结构细匀，有光泽，易加工，切面光滑，但强度弱，微开裂，不耐腐，轻软，干缩性小至中等，气干密度0.5克/立方厘米。为一般家具、建筑、造纸等用材。

11.花榈木（本草纲目） 红豆树（西畴）图174

Ormosia henryi Prain（1900）

乔木，高达13米，胸径达36厘米。幼枝密被黄褐色绒毛。小叶5—9，坚纸质或近革质，顶生小叶最大，长圆形、长圆状倒卵形或椭圆形，长5—13厘米，宽2—5.5厘米，先端急尖或宽急尖，具钝头，基部钝或圆形，上面无毛，下面密被黄褐色绒毛或柔毛，中脉于上面下凹，侧脉不明显，于背面隆起，侧脉微隆起；小叶柄长4—5毫米，与叶轴均密被黄褐色绒毛或柔毛。圆锥花序顶生，仅有一次分枝，与花梗、花萼均密被黄褐色绒毛或柔毛；花萼宽钟形，长约1.2厘米，具5齿，齿卵状三角形，长约7毫米，上面的2齿略大；花冠白色或带淡紫色，长约1.8厘米，具爪，旗瓣近圆形或圆形，先端微凹，基部具耳，翼瓣及龙骨瓣长圆形，有耳；雄蕊10，长短不等，常卷曲；子房密被长柔毛，花柱先端略弯曲。荚果长圆状宽条形，扁平，厚革质，长5—8.5厘米，宽2.5—3.2厘米，先端有时略宽，急尖，有喙，有种子2—7，荚内常有种子间隔发育的情况；种子椭圆状长圆形，长约1.2厘米，宽约8毫米，厚约6毫米，鲜红色，光滑；种脐长圆形，白色，长约2毫米，着生于近顶端。花期6—7月，果期9—11月。

产西畴等地，生于海拔600—1200米或较低的常绿阔叶林中，见于溪边、坡地潮湿的地方。浙江、江西、安徽、湖北、湖南、四川、贵州、福建、广东、广西均有分布；越南和泰国也有。

边材淡红褐色，心材由黄色变橘红色，最终呈深栗褐色，结构细致，为坚硬的重材，花纹美观，是优质装饰、家具良材。据《本草纲目》记载：气味辛、温，无毒。主治产后妇科病。另有记载：枝叶药用，能祛风解毒；用根枝捣烂，可治跌打损伤。植株亦为极好的观赏植物，已有栽于庭园。

12.云南红豆（自然科学）图175

Ormosia yunnanensis Prain（1900）

乔木，高达25米，胸径达80厘米。幼枝密被锈色绒毛，以后渐脱落，仅略疏。小叶9—13对，革质，长圆形或长圆状披针形，顶生小叶与其余小叶等大，长7—11厘米，宽2.5—3厘米，先端短渐尖，具钝头，基部宽楔形或钝，上面无毛，中脉下凹，侧脉微凹，下面密被锈色柔毛，中脉及侧脉均隆起，网脉明显，微隆起；小叶柄长约3毫米，与叶轴初时密被锈色柔毛，以后渐疏。圆锥花序顶生，长达25厘米，多花，与花梗密被锈色绒毛；花萼钟形，长约5毫米，具5齿，齿卵状三角形，先端钝，两面均被微柔毛或绒毛；花瓣长约9毫米，有爪，旗瓣扁圆形，先端微凹，翼瓣倒卵状长圆形，耳不甚明显，龙骨瓣长圆形，基部微具耳；子房密被微柔毛，花柱无毛。荚果倒卵形或长圆形，于种子处膨胀，长3—5厘米，宽约2厘米，顶端平截，偏向1侧有喙，基部楔形，具短梗，果瓣革质或厚革质；厚约1.5毫米；种子长圆形，扁，长约8毫米，宽约6毫米，厚约4毫米，鲜红色，光亮，有1种子时，果倒卵形，有2种子时果长圆形，边缘子种之间微缢缩或缢缩；种脐着生于顶端，略偏1侧，长约2毫米。花期约3月，果期9—10月。

产景东、普洱、西双版纳、耿马、广南，生于海拔500—1100米的常绿阔叶林疏林中及土壤湿润的地方。

2. 鱼藤属 Derris Lour. nom. conserv.

藤本，罕乔木。奇数羽状复叶；托叶小；小叶对生，无小托叶。花簇生或为顶生圆锥花序，罕单生子叶腋；花萼钟形，萼齿短，近平截；花冠旗瓣无耳，翼瓣有爪，龙骨瓣内弯，先端钝；雄蕊10，单体或二体（9+1）；花药一式；子房无柄或具短柄，有数胚珠；花

图174 花榈木 *Ormosia henryi* Prain
1.花枝 2.花 3.花去花冠 4.旗瓣 5.翼瓣 6.龙骨瓣 7.果序 8.种子

图175 云南红豆和屏边红豆

1—8.云南红豆 *Ormosia yunnanensis* Prain

1.花枝 2.花萼展开（示雌蕊） 3.旗瓣 4.翼瓣 5.龙骨瓣 6.雄蕊 7.具一粒种子的荚果 8.种子

9—11.屏边红豆 *O. pingbianensis* Cheng et R. H. Chang

9.果序及果枝一段 10.种子 11.枝叶

柱内弯，柱头点尖。荚果长圆形或纺锤形，扁，沿腹缝线有狭翅或有时两边均有翅；种子1或数个，扁，肾形或近圆形，种脐小。

本属约80种，分布于全世界热带地方，有的种达亚热带地区。我国约20种；云南约12种。

大鱼藤树（植物分类学报）　树硬藤（云南勐崙）、硕大鱼藤（中国主要植物图说，豆科）、坚茎鱼藤（中国树木志）图176

Derris robusta（Roxb.）Benth.（1860）

Dalbergia robusta Roxb.（1814）nom. nud. DC，（1825）

落叶乔木，高达18米，直径达40厘米。小枝密被微柔毛，幼时较多。叶长10—18厘米，叶轴密被柔毛；托叶披针形，密被柔毛，早落；小叶11—19，坚纸质，长圆形，长1—4厘米，宽0.5—1.5厘米，全缘，先端钝，具小尖头，基部圆形或钝，常偏斜，幼时两面被绢毛，下面尤密，以后上面渐脱落，呈几无毛；小叶柄长约2.5毫米，被毛。花2—3簇生组成总状花序，腋生，花序梗、花梗及花萼均密被绢毛，长4—11厘米；花萼长约3毫米，萼短，三角形或钝宽三角形，花冠白色，旗瓣椭圆形，长约8毫米；子房被紧贴绢毛，有胚珠约11。荚果条形，长4—6.5厘米，宽0.9—1.1厘米，具短梗，腹缝线1侧具翅，翅宽约2毫米，密被紧贴的绢毛。花期5—6月，果期9—10月。

产普洱以南、西双版纳等地，生于海拔800—1600米的疏阔叶林中或路边及湿润或略干燥的地方。

本种为我国该属植物中为数极少的乔木种类，云南特有。

3. 干花豆属 Fordia Hemsl.

灌木或攀援，罕大灌木，分枝多。奇数羽状复叶；具托叶；小叶对生，具小托叶。总状花序着生于老茎或小枝顶部叶腋，多花；花萼杯状或宽钟形，檐部平截或萼齿5，短，几呈浅波状或宽三角形，上部2齿连合；花冠均有爪，旗瓣无耳，翼瓣及龙骨瓣耳不明显，龙骨瓣先端钝或圆形；雄蕊二体（9+1）或单体；花药同型；子房无柄，通常有胚珠2，柱头头状，小。荚果倒披针形，常1侧偏斜，扁，革质，开裂；种子通常着生于前部较宽的部位，微盘状，有小种阜。

本属约12种，分布于东亚热带（中国、泰国、马来西亚至菲律宾）。我国2种；云南1种。

小叶干花豆（中国种子植物科属辞典）图177

Fordia microphylla Dunn ex Z. Wei植物分类学报27（1），1989

灌木或大灌木，高达3米，萌枝多。小枝绿色密被短柔毛，以后呈深褐紫色，毛被渐落脱。叶变化极大，长15—27（36）厘米，叶轴密被紧贴短柔毛；托叶钻形，长约1.5毫米，密被毛；小叶15—23（33），坚纸质，近圆形、卵形、长圆形至披针形，长1.3—5.5厘米，宽1—1.5厘米，先端钝、急尖至渐尖，基部圆形或宽楔形，两面均密被紧贴短柔毛，下面

图176 大鱼藤树 *Derris robusta* (Roxb.) Benth.
1.花枝 2.花 3.旗瓣 4.翼瓣 5.龙骨瓣 6.雄蕊
7.花萼展开（示雌蕊） 8.果枝

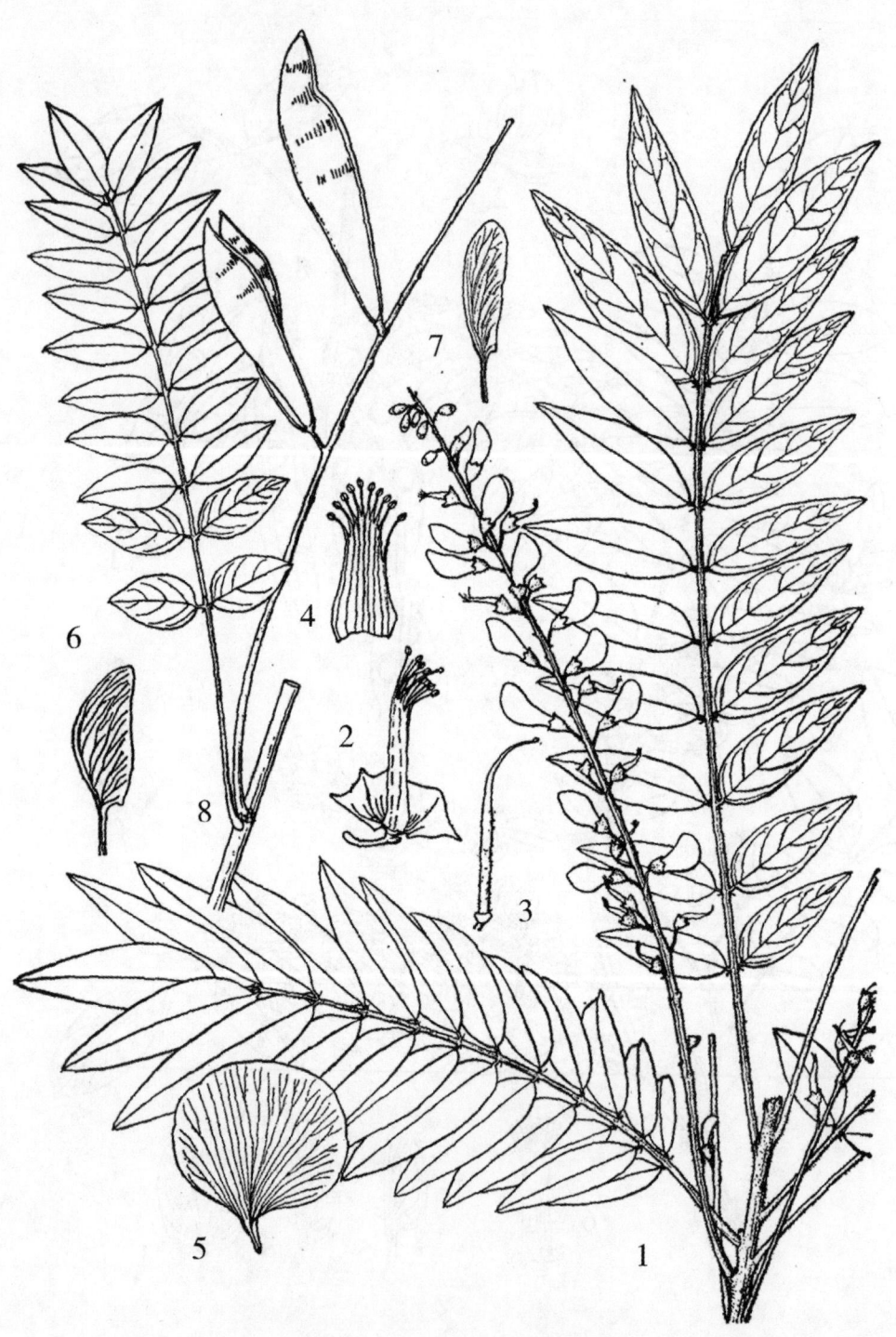

图177　小叶干花豆 *Fordia microphylla* Dunn ex Z. wei
1.花枝　2.花萼展开（示雄蕊及雌蕊）
3.雌蕊　4.雄蕊　5.旗瓣　6.翼瓣　7.龙骨瓣　8.果枝

尤多；小叶柄长约1毫米，被毛；小托叶钻形，被毛。总状花序长7—20厘米，生于上部叶腋，序轴、花梗、花萼均被紧贴短柔毛，有小苞片贴生于基部；花长1—1.4厘米，花萼杯状，长3—4毫米，檐部近平截，萼齿宽三角形，上面2齿连合；花冠白色后变紫色或紫红色，旗瓣圆形，无耳，长1—1.3毫米；雄蕊10，单体；子房密被短柔毛，花柱无毛。荚果长约5.5厘米，最宽约1.5厘米，几无毛，有种子2（1）；种子椭圆形，扁，褐色，种脐着生于种子一侧的中部，有种阜。花期4—5月或10—11月，果期9—10月。

产双江、景东、瑞丽、龙陵、镇康、普文、砚山、蒙自、六顺、建水、西畴、麻栗坡、勐海、普洱等地，生于海拔1100—2300米的山坡、山谷，疏、密阔叶林中或灌木丛中，有时见于溪边、河旁润湿或略干燥的地方。云南特有。

4. 槐属 Sophora Linn.

乔木或灌木，稀草本。冬芽小，芽鳞不明显；有时侧枝退化呈刺状。奇数羽状复叶，小叶对生或近对生，全缘；托叶小，有时成刺，早落或宿存。总状或圆锥花序，顶生或腋生；花萼通常钟形，具5齿，齿不整齐；花冠白色或黄色，稀蓝紫色，各瓣近等长，旗瓣圆形或阔倒卵形，翼瓣斜长圆形，龙骨瓣微弯；雄蕊10，分离或稀基部微合生；子房被毛，有短柄，胚珠数枚。荚果圆柱形，念珠状或略扁，不开裂或迟开裂，革质或肉质，具短柄；种子倒卵形或球形。

本属50余种，分布于温带和亚热带地区；我国20余种；云南有10余种。

分 种 检 索 表

1.圆锥花序，稀总状花序。
  2.乔木，高达25米；荚果肉质，无毛，不开裂，种子深褐色 …………… 1.槐 S. japonica
  2.灌木，高达4米；荚果革质，外被黄褐色柔毛，开裂，种子亮黑色 …………………
  …………………………………………………………… 2.越南槐 S. tonkinensis
1.总状花序。
  3.小枝顶端不退化成刺。
    4.花冠白色或黄白色；小枝，花序及叶下面被柔毛。
      5.羽片顶端小叶宽不过1.5厘米；荚果细瘦，径不到1厘米，被柔毛；种子褐色 ……
      …………………………………………………………… 3.苦参 S. flavescens
      5.羽片顶端小叶宽2.5—4厘米，荚果较粗，径约1厘米，密被棕色短绒毛，种子红色
      …………………………………………… 4.西南槐 S. prazeri ssp. mairei
    4.花冠紫色；小枝、花序及叶下面密被灰棕色绢毛 ………………… 5.灰毛槐 S.glauca
  3.小枝顶端退化成刺，小叶长在1.2厘米以下；花白色或蓝白色；荚果近革质，开裂……
  …………………………………………………………… 6.白刺花 S. davidii

1.槐（本草经）　家槐、国槐（山东）、槐、櫰（尔雅）、守宫槐（群芳谱）图178

Sophora japonica Linn.（1753）

落叶乔木，高达25米，胸径达1.5米。树皮灰黑色，纵裂，粗糙。无顶芽，侧芽为叶柄所覆盖，被毛；小枝绿色，幼时略被微柔毛，以后无毛。叶长15—25厘米，叶轴被柔毛或脱落，有小叶9—17，小叶坚纸质，全缘，卵形、披针状卵形或近长圆形，长3—8厘米，宽1.2—1.8厘米，先端短渐尖或急尖，基部圆形或钝，上面无毛，下面被柔毛，后渐脱落，几无毛；小叶柄长约2.5毫米，被毛；小托叶针状，早落。圆锥花序，着生于分枝顶端，长10—20厘米，多少被毛，花萼长3—4毫米，萼齿钝宽三角形，被微柔毛；花冠白色或白黄色，长1—1.5厘米，旗瓣圆形，先端凹，基部略耳形，有爪，瓣有时微带紫脉，翼瓣与龙骨瓣同形，但翼瓣略小；雄蕊10，不等长，基部微微连合；子房无柄，密被柔毛。荚果长2.5—8厘米，念珠状，肉质，不开裂，有种子1—4（6）；种子深棕色，肾形。花期5—8月，果期9—11月。

产永善、昆明、楚雄、禄丰、大理、维西、洱源、临沧等地，生于路边、坡脚及庭园、房前屋后，海拔1000—2400米的阳处。原产我国，从东北至两广均有但以华北平原及黄土高原常见；日本、朝鲜也有。

种子繁殖。水浸去皮，洗净晾干收藏。播前温水浸种。边材黄色或浅灰褐色，心材深褐色或浅栗褐色，有光泽、富弹性、耐湿性能好，可供建筑、车辆、农具、雕刻等用材；花和芽可食，花也可作黄色染料，花、果药用，有收敛止血的功效；根皮煎水外涂，治疗水、火烫伤等；同时，也是极好的蜜源植物。又可为道路、庭园绿化和观赏树种，对二氧化硫、氯气、氯化氢及烟尘等有较强的抗性。

本种栽培品种或变种较多，近年来云南引种栽培的有龙爪槐（*S.japonica* Linn. var. *pendula* Lond.）等。

2.越南槐（中国主要植物图说，豆科）　北越苦参（云南种子植物名录）图179

Sophora tonkinensis Gagnep.（1914）

灌木或攀援灌木，高4米。小枝绿色，密被柔毛，多少有棱。叶长9—15厘米，叶轴具槽，密被柔毛；托叶针状；小叶15—25，革质，卵形至披针形，长1.5—4厘米，宽0.5—1.5厘米，先端渐尖或钝，基部圆形或钝，上面被柔毛及疏柔毛，后脱落，有密小点，下面密被平贴柔毛；小叶柄长约1毫米，密被毛。总状花序顶生或腋生构成圆锥花序，长13—22（30）厘米，密被柔毛；花长10—12毫米，花萼钟形，长5—6毫米，齿短三角形，长1—2毫米；花冠淡黄色，旗瓣近圆形，长约8毫米，翼瓣有耳，龙骨瓣微弯；子房密被柔毛，花柱无毛，柱头具簇毛；胚珠约4。荚果念珠状，长2.5—5厘米，厚不到1厘米，密被褐黄色柔毛，有种子1—4，开裂；种子椭圆形，长约7毫米，黑色，种脐小，着生于种子近顶端。花期4—5月，果期10—11月。

产文山、砚山、西畴、麻栗坡等地，生于海拔1100—1500米的石灰岩山，稀疏的乔、

图178 槐和西南槐

1—8.槐 *Sophora japonica* Linn.

1.花枝 2.叶背示毛被 3.旗瓣 4.翼瓣 5.龙骨瓣 6.雄蕊 7.雌蕊与花萼 8.荚果

9—16.西南槐 *S. prazeri* Prain, ssp. *raairei* (Pamp.) Yakovl.

9.花枝 10.叶下面示毛被 11.旗瓣 12.翼瓣 13.龙骨瓣 14.雄蕊 15.雌蕊及花萼 16.荚果

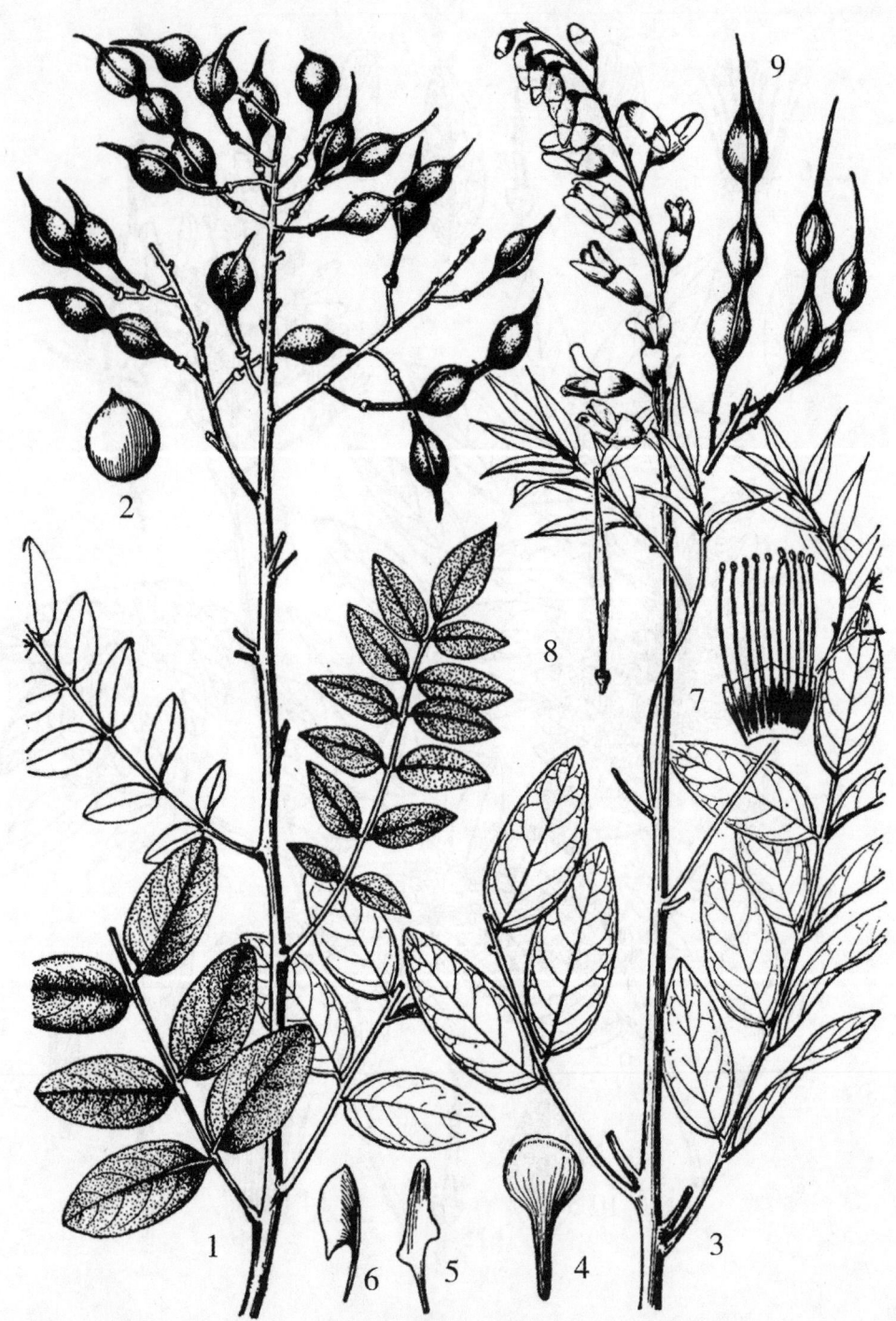

图179 越南槐和苦参

1—2.越南槐 *Sophora tonkinensis* Gagnep.

1.果枝 2.种子

3—9.苦参 *Sophora flavescens* Alt.

3.花枝 4.旗瓣 5.翼瓣 6.龙骨瓣 7.雄蕊 8.雌蕊 9.果枝

灌木丛中，向阳开朗的地方。贵州、广西有分布；越南也有。

3. 苦参（神农本草经） 水槐（神农本草经）、野槐、苦槐子根、牛人参（滇南本草）、地槐（本草纲目）图179

Sophora flavescens Alt.（1789）

灌木，高达3米，小枝绿色，被柔毛，以后脱落。叶长20—25厘米，叶轴被柔毛，有槽；托叶芒状；小叶15—21，坚纸质，对生或互生，椭圆形、长圆形或长圆状披针形，长2.5—5.5厘米，宽0.8—1.5厘米，顶端渐尖或略钝，基部钝或圆形，上面几无毛，下面被密或疏平贴柔毛；小叶柄长约1毫米，被柔毛；小托叶早落。总状花序顶生，长15—25（46）厘米，密被柔毛，花密集，花梗长3—5（8）毫米，与花萼均被柔毛；花萼钟形，基部呈兜状偏斜，长约7毫米，具5齿，萼齿短三角形，基中上面，齿最宽，花冠白色、淡黄色，长1.2—1.4厘米，旗瓣匙形，翼瓣无耳，龙骨瓣较翼瓣略短，微内弯；雄蕊基部连合达长度的1/4；子房密被紧贴柔毛。荚果念珠状，略扁和多少有棱，有长梗，长5—8（11）厘米，宽或厚6—8毫米，密被柔毛，有时略脱落，开裂，有种子1—5；种子长圆形，褐色，长约5毫米，无种阜，种脐着生于上端。花期5—6月，果期9—10月。

产滇西北、滇中、滇西、滇西南至滇南普洱等地，生于海拔1200—2300米的路边、田头地脚、林缘、疏林内或开朗透光较好的溪边，土壤肥润的地方。北至内蒙古、黑龙江，东至台湾，西至青海，南至广西、福建均有。

根供药用，有清热解毒、抗菌消炎的功效，用于健胃、驱虫、便秘、消化不良及神经衰弱等症；根、茎、种子的浸出液或根皮粉末可制成杀虫剂，对稻螟、蚜虫、浮尘子、菜蚜虫有效，对麦锈病及马铃薯晚疫病也有抑制作用；全草煎水外用，可除牛马皮肤寄生虫；花可作黄色染料，对棉、丝效果好；茎皮纤维可制麻袋、绳索及造纸原料；种子含脂肪油约14.76%，可制皂及润滑油；也是较好的蜜源植物。

4. 西南槐（中国主要植物图说，豆科） 西南苦参（云南种子植物名录）图178

Sophora prazeri Prain ssp. mairei（Pamp.）Yakovl.（1967）.

Sophora mairei Pamp.（1910），non Lévi.（1915）.

灌木，高5米。小枝密被锈色柔毛，略具棱，老枝无棱。叶长11—23厘米，叶轴密被锈色柔毛；托叶芒状；小叶11—17，最上面的小叶最大，披针形、椭圆形或倒卵状披针形，其余的小叶依次渐小，长圆状披针形或椭圆形，长2—8厘米，宽1.5—4厘米，先端急尖或短渐尖，基部除最上面的小叶楔形外，其余为圆形或钝，有时略偏斜，上面仅中脉及边缘被柔毛，其余无毛，下面密被锈色柔毛，以中脉为密且毛被略长。总状花序于枝顶部腋外生或与叶对生，长5.5—8（14）厘米，稀达20厘米，密被柔毛，花通常聚于中部以上；花长约1.8厘米，花萼钟状，檐部具不明显的5齿，基部兜状偏斜，被柔毛长约9毫米，萼齿波状；花冠白色、绿白色或黄色，长约1.7厘米，旗瓣卵形，具爪，翼瓣有耳，龙骨瓣镰形，短于翼瓣；子房密被棕色柔毛，花柱几无毛，柱头具微簇毛；胚珠2—4。荚果念珠状，革质，不开裂，长4—9厘米，宽约1厘米，厚约7毫米，略扁，缝线明显，密被柔毛及微柔毛，有种子1—4；种子椭圆形，红色，长约1厘米；种脐生于中上部。花期5—8月，果期11月至翌年4月。

产绥江、彝良、巧家、凤庆、双江、江川、新平、元江、建水、蒙自、砚山、富宁、勐连、勐腊等地，生于海拔（450）680—1500米的石灰岩或土山的山谷、溪边湿润的阔叶林中。甘肃、江西、四川、贵州、广西、广东有分布。

种子繁殖，播前温水浸种。

根药用，有清热除湿、活血化瘀之功效，用于痨伤、水泻等症。

5.灰毛槐（中国主要植物图说，豆科） 紫花苦参（云南种子植物名录） 图180

Sophora glauca Lesch. ex DC.（1825）

Sophora velutina Lindl.（1828）

灌木，高达3米。小枝密被绒毛。叶长约15厘米，叶轴密被锈色绒毛，幼时尤盛；托叶针状，被绒毛，早落；小叶坚纸质，15—25，椭圆形至长圆形，稀长卵形或披针形，长1.5—2.5（4）厘米，宽0.6—1.2（2）厘米，先端圆形或钝，有时短渐尖，有短尖头，基部楔形或钝，有时近圆形，幼时两面均被毛，下面密，以后上面被紧贴的柔毛，下面被绒毛，有时略有脱落或几无毛，中脉上通常较密；叶柄长约1.5毫米，密被绒毛。总状花序，于小枝顶部与叶对生，长4—15厘米，密被绒毛；花长约1.5厘米，花萼钟形，长约1厘米，密被绒毛，有时略疏，檐部5齿，上面二齿连合呈缺刻状，其余三齿呈三角形，基部呈兜状偏斜，常节紫红色；花冠旗瓣卵形，先端微凹，基部有爪，紫色或紫红色，长约1.4厘米，翼瓣微弯，具耳，基部紫色，先端近白色，或全部浅紫色，龙骨瓣内弯，浅黄绿色或微紫色；雄蕊基部连合，但有3组，每组2枚，连合高度不一；子房密被绒毛，有柄。荚果念珠状，略扁，有长或略短的梗，初时密被绒毛，以后略脱落，长3.5—8厘米，缝线明显，开裂，有种子1—4；种子长圆形或近椭圆形，褐色或褐色略带橙色，种脐小，着生于中上部。花期4—6月，果期9—11月。

产鹤庆、永仁、大理、禄丰、禄劝、宾川、双江、嵩明、大姚、武定、元江、普洱等地，生于海拔1130—2300米的山坡、山脚、路边、河旁向阳的疏林中或灌草丛中。四川有分布。

全株煎水灌服，治牛马瘟病。

6.白刺花（植物名实图考） 苦刺、苦豆刺、苦刺花 图180

Sophora davidii（Fr.）Komarov ex Pavol.（1908）

Sophora moorcroftiana Benth. var. *davidii* Fr.（1883）

S.viciifolia Hance（1881）

灌木，达2.5米；分枝多。小枝长1—4（5）厘米，通常顶端退化呈尖刺，被柔毛或脱落几无毛。叶长3—5厘米，叶轴密被柔毛或有时脱落，托叶披针形，长约1毫米，被毛；小叶11—21，坚纸质，椭圆形或通常为长倒卵形，长5—8（12）毫米，宽2—6毫米，先端圆形、平截或微凹，具小尖头，基部楔形或钝，有时略偏斜，上面多少被极疏柔毛或无毛，

图180　灰毛槐和白刺花

1—8.灰毛槐 *Sophora glauca* Lesch

1.花枝　2.花萼展开　3.旗瓣　4.龙骨瓣　5.翼旗　6.雄蕊　7.雌蕊　8.果序部分

9—16.白刺花 *Sophora davidii*（Fr.）Komarov ex Pavol.

9.花枝　10.花外形　11.旗瓣　12.翼瓣　13.龙骨瓣　14.雄蕊　15.雌蕊　16.果枝

中、侧脉下凹，下面被柔毛或略有脱落；小叶柄长0.5毫米，密被柔毛。总状花序生于当年生新枝顶端，长2—4厘米，被柔毛，小苞片钻形；花长约1.5厘米，花萼钟形，长约6毫米，被短柔毛和微柔毛，檐部具5齿，齿短三角形，下面两齿紧连，齿略小且浅，基部呈兜状偏斜，有时带浅紫色，花冠浅紫色或白色或黄白色，旗瓣倒卵形或近匙形，常上反，长约1.5厘米，翼瓣有耳，与龙骨瓣等长，龙骨瓣微内弯，雄蕊基部连合达1/3；子房密被柔毛。荚果念珠状，略扁，纤细，长3—8厘米，宽约4毫米，厚约3毫米，被紧贴柔毛，有种子2—4（5）；种子椭圆形，褐黄色，长约4毫米。花期西北部5—6月，南部12月至翌年1月，果期西北部9—10月，南部约5月。

产德钦、维西、丽江、大理、邓川、剑川、宾川、大姚、禄劝、昆明、玉溪、峨山、通海、陆良、新平、蒙自等地，生于海拔1300—3200米的林缘、路边、山谷等灌草丛中或疏林内，比较干燥开朗的地方。我国西北、华北、华东、西南等省已均有。

耐旱性好的阳性植物，在沙壤土中生长良好，在阳坡常形成小块群落，可用种子或插条繁殖。

花可食；根、花、荚果、叶有清热解毒、燥湿健胃、驱虫等功效，根用于治各种炎症、血尿、痢疾、水肿、胃痛等和驱虫；荚果治消化不良；叶治疮疥；花治盗汗、中暑；植株也可作水土保持植物。

5. 刺槐属 Robinia Linn.

落叶乔木或灌木。芽为膨大的叶柄基部所包被，冬芽小，裸露。奇数羽状复叶，常有刺状托叶；小叶互生或对生，全缘，具小托叶。花白色、淡红色或淡紫色，两性，有时具有少数闭花受精的花组成总状花序，花序腋生，下垂；花萼钟状，具5齿，略二唇形；花瓣均具爪，旗瓣通常圆形，反举，翼瓣弯曲，龙骨瓣钝，内弯；雄蕊10，二体或近二体，中部以下连合或近分离（指二体雄蕊），花药同型，或其中5枚略长；子房具柄，有胚珠多枚。荚果条形，扁平，沿腹缝有狭翅，2瓣裂，果瓣有时被毛；种子长圆形或肾形，偏斜，无种阜。

本属约20种，产美洲，后各洲有引种。我国1种，20世纪初引入青岛，如今几遍布全国，后来又引入别的种及一些品种；云南1种。

刺槐（华北） 洋槐（通称）、德国槐（青岛）图181

Robinia pseudoacacia Linn. (1753)

乔木，高达25米，胸径达1米；树皮暗褐色，纵裂。老枝具扁刺，幼枝多少被柔毛，以后脱落。小叶9—19，卵形或长圆形，长2.5—5.5厘米，宽1.4—2.5厘米，先端圆形或微凹，基部钝或圆形，上面幼时被糙伏毛，以后脱落，下面被短柔毛；小叶柄长约2.5毫米，被短柔毛，小托叶针状。花芳香，长1.5—2厘米，组成总状花序，花序下垂，腋生，长10—20厘米或略长，与花梗、花萼均密被柔毛；萼齿内面被柔毛；花冠白色或淡黄色，旗瓣近圆形，基部具黄斑，翼瓣镰状长圆形，龙骨瓣镰形，内弯。荚果条状长圆形，扁平，长5—10厘米，无毛，腹缝具狭翅。花期4—5月，果期10—11月。

图181　刺槐 *Robinia pseudoacacia* Linn.
1.花枝　2.果序　3.花去花瓣（示雌、雄蕊及花萼内面）
4.雄蕊　5.雌蕊　6.旗瓣　7.翼瓣　8.龙骨瓣

引入云南年代不详，在滇中以北地区常见，多栽于房前屋后及作行道树等。

为阳性树种，萌发性强，适应性强，用种子和根蘗繁殖。

木材纹理直，易干燥，耐腐性强，坚硬，难切削，强度大，抗冲击，是较好的工具用材和各种机座垫木；叶可作饲料及绿肥；花可食或提取芳香油，也是较好的蜜源植物；茎皮纤维韧性强，可供编织和造纸原料，并含鞣质，可提取单宁；种子含油量12%—13.9%，可供制皂和油漆；茎皮、根煎水内服，可利尿、止血；也是良好的改土、固沙、水土保持和行道、庭园绿化树种。

6.香槐属 Cladrastis Rafin.

落叶乔木；芽为叶柄基部膨大部分所包。奇数羽状复叶互生；小叶通常坚纸质，互生，全缘。花红色、紫红色或白色，排成顶生圆锥花序；花萼通常钟形，5齿；花冠旗瓣圆形，外反，翼瓣具耳，龙骨瓣微弯；雄蕊10，分离；子房具柄，有胚珠1—9。荚果狭长圆形、纺锤形或狭椭圆形，扁平，皮薄，坚纸质，两侧缝线具膜质狭翅或几无翅而边缘略增厚；种子1—9，长椭圆形，扁平。

本属约12种，分布于东亚及东、北美洲。我国约4种，从东部至西南部；云南有3种。

分 种 检 索 表

1.小叶通常5—7，小叶柄基部具明显针状小托叶；荚果狭椭圆形或纺锤形，长约5.5厘米，荚缝具明显的狭翅，通常仅有1种子 ………………………………… **1.翅荚香槐 C. platycarpa**

1.小叶通常7—15，小叶柄基部无小托叶；荚果狭长圆形，荚缝翅不明显，有3—7种子。

  2.羽片轴及小叶下面成熟时无毛或几无毛，小叶7—11，长通常为宽的1倍；花萼钟形 …
…………………………………………………………………………… **2.香槐 C. wilsonii**

  2.羽片轴及小叶下面成熟时有毛，小叶11—15，长通常为宽的2倍，花萼杯形 …………
………………………………………………………………………… **3.小花香槐 C.sinensis**

1.翅荚香槐（中国树木分类学）图182

Cladrastis platycarpa（Maxim.）Makino（1901）

Sophora platycarpa Maxim.（1877）

乔木，高达20米，胸径达100厘米；树皮暗灰色。小枝通常无毛，浅绿色，具皮孔。羽片轴上面有槽，槽边缘及槽内被毛，其余无毛；小叶通常5—7，稀达9或更多，卵形或椭圆形，长5—12厘米，宽3—5厘米，先端渐尖或短渐尖，基部圆形或宽楔形，有时1侧偏斜，叶两面沿脉被柔毛；小叶柄长约5毫米，密被柔毛；小托叶通常为2，着生于小叶柄基部，针芒状，长1—3毫米。花长约1.5厘米，组成10—30厘米的圆锥花序，花序被绢毛，以后毛被脱落，花梗、花萼均密被短绢毛，紫红色，萼片有2片略小，略呈二唇形；花冠白色，基部有黄色小点。荚果狭椭圆形或纺锤形，长4—6（7.5）厘米，宽约1.7厘米，翅宽约2.5厘米，无毛或几无毛；种子1（3）。花期4—5月，果期9—10月。

产滇东南，常生于海拔1000—1400米的石灰岩山上的阔叶林中。湖南、广东、广西、贵州、江苏、浙江有分布；日本也有。

木材可作建筑、家具等用材。本种对土壤的要求不苛刻，可考虑选为石灰岩山地或一些山地的造林树种。

2.香槐（中国树木分类学）图182

Cladrastis wilsonii Takeda（1913）

乔木，高达16米，胸径达40厘米。树皮灰褐色，或黄灰色。小枝灰褐色，具小皮孔。小叶7—11，长圆形，椭圆状长圆形或卵形，长6—15厘米，宽3—5厘米，先端渐尖或短渐尖，基部楔形或钝，有时偏斜，成熟时叶轴、叶柄及叶下面无毛或几无毛；无小托叶。花长约1.7厘米，组成顶生圆锥花序，花序密被绢毛或略有脱落，花萼钟形，密被短绢毛，萼齿近相等；花冠白色或紫红色；子房被柔毛。荚果狭长圆形，长3—8厘米，被疏粗毛，有种子4—5。花期5—6月，果期约10月。

产永胜，生于海拔约2750米的杂木林中，常见于石灰岩山地较湿润土质肥厚的地方。浙江、安徽、江西、湖北、湖南、广西、陕西、四川等亦有分布。

种子繁殖。

木材可供建筑和家具等用材；种子炒食有催吐作用；根煎水服，可治关节疼痛和寄生虫及食物不洁引起的腹泻。

3.小花香槐（中国树木分类学）　香槐（中国主要植物图说，豆科）图183

Cladrastis sinensis Hemsl.（1892）

乔木，高达25米；树皮浅绿灰色，枝条平展，小枝绿色，老时褐棕色，具皮孔。小叶11—15，披针形、长圆形或长圆状披针形，长4—9厘米，宽2—4厘米，先端渐尖，基部圆形，幼嫩时，上面无毛，下面密被柔毛，以后渐脱落，仅沿中脉被毛；小叶柄长约2毫米，密被柔毛，无小托叶。花长约1.2厘米，组成顶生的圆锥花序，花序密被柔毛，长12—40厘米；花萼紫红色，密被短柔毛，杯形，萼片近相等；花冠白色，子房密被短柔毛。荚果狭长圆形，长4—9厘米，宽约1厘米，初时被紧贴的粗毛，以后渐脱落，有种子3—9。花期6—7月，果期10—11月。

产宾川、嵩明、腾冲、蒙自、文山等地，生于海拔700—2500米的山谷密林中或石灰岩山坡阔叶林中。陕西、甘肃（天水）、湖北、四川、贵州有分布。

本种适应性较强，在酸性土及中性土中均能生长良好，是石灰岩山地造林的好树种，也是林园的观赏树种。

7.紫檀属 Pterocarpus Jacq.

乔木。叶互生，奇数羽状复叶；托叶小，早落；小叶互生，通常坚纸质，全缘；无小托叶。总状花序顶生和腋生或圆锥花序，小苞片2，早落；花萼钟形，微弯，具5齿，上面2齿近于合生；花瓣均有长爪，边缘通常具细齿，旗瓣通常圆形，翼瓣及龙骨瓣倾斜，均略

图182 翅荚香槐和香槐

1—8.翅荚香槐 *Cladrastis platycarpa*（Maxim.）Makino

1.果枝 2.花 3.旗瓣 4.翼瓣 5.龙骨瓣 6.花萼展开 7.雄蕊展开 8.雌蕊

9—16.香槐 *Cl. wilsonii* Takeda

9.花枝 10.果枝一段 11.花 12.旗瓣 13.翼瓣 14.龙骨瓣
15.雄蕊展开 16.雌蕊（花去花冠及雄蕊）

图183　小花香槐*Cladrastis sinensis* Hemsl.
1.果枝　2.花　3.旗瓣　4.翼瓣　5.龙骨瓣　6.花去花冠（示雌、雄蕊）

小；雄蕊10，单体或2体（9+1或5+5）；子房具柄或无，有胚珠2—6，花柱丝状，内弯，柱头点尖。荚果圆形，扁，边缘有宽翅，花柱变宽三角形，向子房柄方向下弯；种子1，罕2，长圆形或近肾形，种脐小。

本属约20—100种，分布于热带地区。我国引种有4种；云南引种有2种。

分 种 检 索 表

1.荚果中央隆起部分无芒刺 ·· 1.紫檀 P. indicus

1.荚果中央隆起部分具芒刺 ·· 2.菲律宾紫檀 P.vidaliana

1.紫檀（古今注）　蔷薇木（中国树木分类学）、青龙木（植物学大辞典）图184

Pterocarpus indicus Willd.（1803）

乔木，高达30米，胸径达1.5米。树皮浅褐色，粗糙，具板状根。小枝通常具皮孔。叶长约27厘米，具小叶5—7；小叶以顶生者最大，长达14厘米，宽7.5厘米，椭圆形至卵状椭圆形，有时卵形，坚纸质，先端急尖，尖头钝，基部圆形或宽钝，上而无毛，下面多少被微柔毛，幼时较明显；小叶柄短，长约5毫米，被短柔毛。圆锥花序顶生或腋生，多花，被密短柔毛；花芳香，长10—13毫米；花萼长5—7毫米，密被棕色细绢毛，萼齿短，波状，上面2齿最大；花冠旗瓣长约13毫米，宽约10毫米；雄蕊单体，很少呈9+1的2体；子房密被细绢毛。荚果翅果状，圆形，常偏斜，有明显的梗，幼时密被棕褐色细绢毛，直径约7厘米，翅宽约2厘米，具脉，有生于1倾的三角形花柱；种子1，罕2枚。花期4—5月，果期10—11月。

栽培于河口，海拔120—140米的土质肥沃湿润的地方。广西、广东、台湾有栽培。原产印度至东南亚各地。

用种子和扦插繁殖，采种时待荚果转为浅褐色时即可，苗圃应选择较温暖日光充足的地方，否则幼苗在3—5℃则受冻害，用于插条的小枝，应选1—1.5厘米粗的枝条为好，成活率较高，有的地方光照充足，温湿，也可自然更新。

木材称紫檀木，边材在30厘米粗时，呈浅灰色渐带红色，心材棕红色，纹理交错、美观，质地坚硬，属重材，但易加工，通常用作高级家具用材，也有用于室内装饰或雕刻工艺品，高级乐器部件等；树脂及木材药用，有收敛的功效。

2.菲律宾紫檀（台湾植物志）图184

Pterocarpus vidalianus Rolfe（1883）中国树木志（1985）*

本种与紫檀（*P.indicus* Willd.）极近似，二者最显著的区别在于本种荚果中央部分具明显的芒刺或皮刺。

栽培于河口海拔160米的日光充足，土质肥沃的地方，当地也称紫檀；台湾亦有栽培。原产菲律宾、琉球群岛等地。

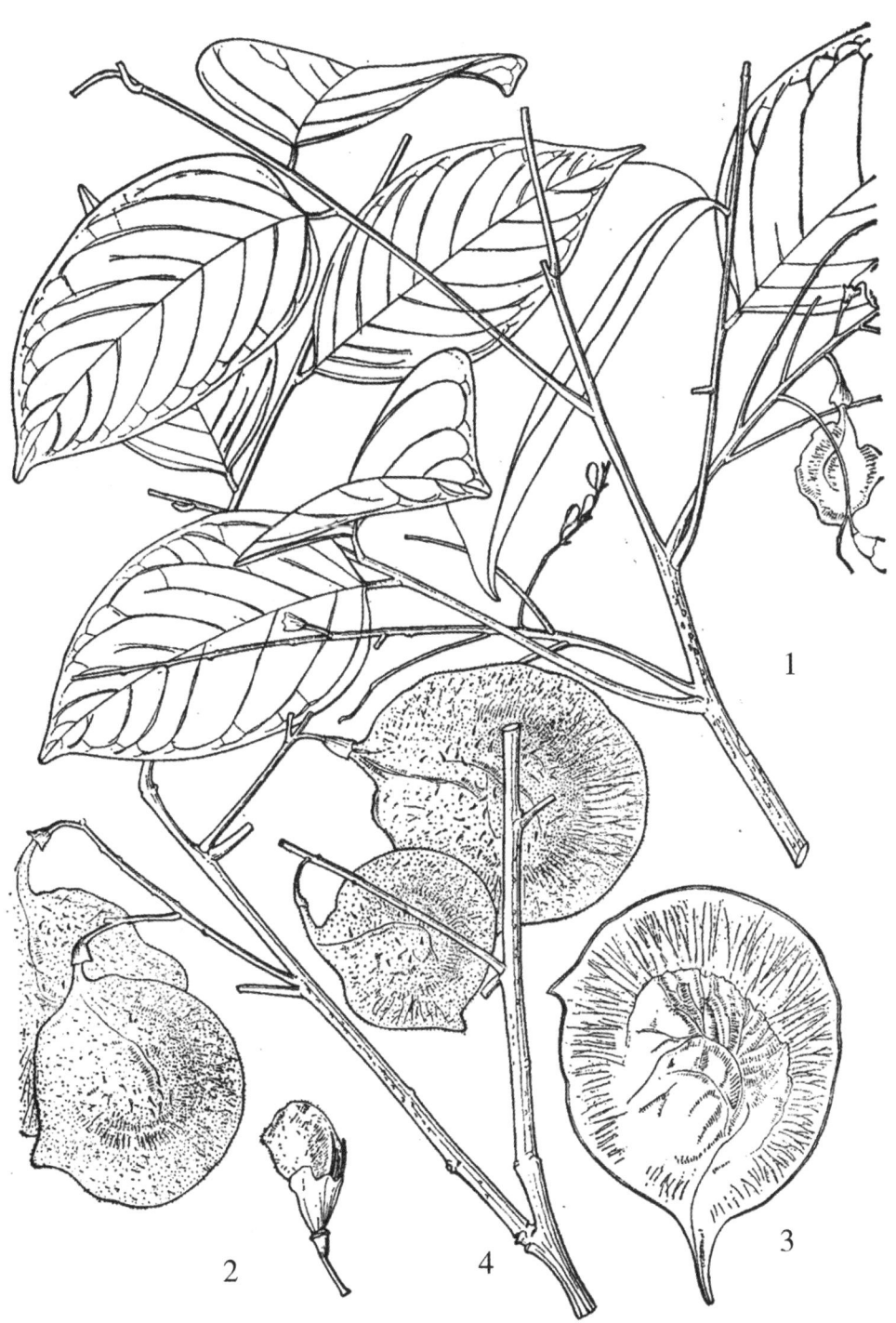

图184 紫檀和菲律宾紫檀

1—3.紫檀*Pterocarpus indicus* Willd.

1.幼果枝 2.带花萼等的幼果 3.果

4.菲律宾紫檀*P.vidalianus* Rolfe果序

8. 黄檀属 Dalbergia Linn. f.

乔木、灌木或攀援灌木。无顶芽，腋芽具2芽鳞。奇数羽状复叶，罕为单叶三小叶；托叶常早落；小叶互生，全缘，基部通常不偏斜，羽状脉。花小，排列成顶生或腋生的二歧聚伞花序、近聚伞花序或圆锥花序；苞片极小，常宿存；小苞片小，常脱落；萼钟形，具5齿，上面2齿常较宽，常部分合生，最下的1齿通常最长；花瓣通常白色或淡黄色，罕紫色；旗瓣卵形或圆形，先端常微凹，有爪；翼瓣长圆形，基部楔形或戟形，有爪；龙骨瓣多少合生，先端钝、圆形或狭；雄蕊10，罕9，单体或二体（5+5，罕9+1）；花药小，药室顶孔开裂；子房长圆形，具柄，有1至数枚胚珠；花柱弯曲，柱头小。荚果通常短带状翅果，薄而扁平，不开裂，果瓣在种子部分常增厚且具网脉，荚缝薄，无翅；种子肾形，扁，通常1，有时3，极少3以上。

本属约120种，分布于热带及亚热带地区。我国约25种；云南约16种。

分 种 检 索 表

1.乔木或灌木。
  2.小叶13以下。
    3.小叶7以下，椭圆形或倒卵形，长5—13厘米；落叶乔木 ………1.牛肋巴 D. obtusifolia
    3.小叶7以上，长2—6厘米。
      4.小枝几无毛；小叶倒卵形，先端微凹，长2—4厘米；乔木 ………2.黑黄檀 D. fusca
      4.小枝密被黄色柔毛；小叶椭圆状披针形先端渐尖，长3—6厘米；小乔木……
        ……………………………………………………… 3.多体蕊黄檀 D.polyadelpha
  2.小叶13以上。
    5.小枝几无毛；小叶长圆形或长椭圆形，先端圆钝或突尖，长4—5厘米；荚果常为带
      形，宽约1.3厘米…………………………………………4.紫花黄檀 D. assamica
    5.小枝密被黄色柔毛；小叶长圆形或倒卵状长圆形，先端圆钝或微凹；荚果常为长圆
      形，宽1.5—2.5厘米 ……………………………………5.秧青 D.szemaoensis
1.攀援灌木。
  6.小叶15以下。
    7.小叶长4厘米以上。
      8.小枝被锈色柔毛；小叶卵形或椭圆形，先端急尖，基部宽楔形，长5—9厘米……
        ……………………………………………………… 6.多裂黄檀 D. rimosa
      8.小枝微被柔毛；小叶长圆形，倒卵长圆形，先端圆钝或微凹，基部圆形，长4—5厘
        米 ………………………………………………… 7.缅甸黄檀 D. burmanica
    7.小叶长4厘米以下。
      9.叶轴、叶柄均无毛；小叶倒卵形或倒卵状长圆形，先端圆或微凹………………
        ……………………………………………………… 8.大金刚藤黄檀 D. dyeriana
      9.叶轴、叶柄均被灰色柔毛；小叶窄长圆形或卵状长圆形，先端钝尖偶微凹………
        ……………………………………………………… 9.高原黄檀 D. collettii

6.小叶15以上。

　10.小枝密被柔毛。

　　11.小枝、叶片密被锈色柔毛；小叶长圆形或倒卵状长圆形，先端圆钝偶微凹，长
　　　1.5—3.2厘米 ··· 10.托叶黄檀 D. stipulaca

　　11.小枝、叶片被褐色柔毛；小叶斜长圆形，先端圆而微凹，长1.2—1.8厘米 ········
　　　·· 11.斜叶黄檀 D. pinnata

　10.小枝无毛或几无毛。

　　12.小叶长圆形或长椭圆形，下面被锈褐色柔毛长2.5—5厘米 ·····················
　　　··· 12.滇黔黄檀 D. yunnanensis

　　12.小叶条状长圆形，两端圆钝；下面疏被白色柔毛，长0.8—2.2厘米 ·············
　　　··· 13.含羞草黄檀 D. mimosoides

1.牛肋巴（滇南） 牛筋木（滇南）、钝叶黄檀（中国主要植物图说，豆科） （图185）

Dalbergia obtusifolia Prain（1901）

乔木，高达20米，胸径达100厘米，多分枝，枝条开展，微下垂，幼枝粗壮，无毛。小叶5，罕7，坚纸质，椭圆形至倒卵形，罕近圆形（叶轴基部的小叶），先端圆形，有时微凹，基部宽楔形，钝或近圆形，顶端的小叶最大，长5—13厘米，宽4.5—7.7厘米，两面无毛，上面中脉下凹，下面中脉、侧脉隆起；小叶柄长7—9毫米，与叶轴均无毛；托叶早落。圆锥花序顶生或腋生，长15—20厘米，幼嫩部分及花梗、小苞片脊上被柔毛，其余无毛；小苞片卵形或长圆形，先端钝或近圆形，花开时脱落；花梗极短；花萼钟形，无毛，长约5毫米，具5齿，齿具缘毛或几无毛，最上面的2齿略宽，卵形，两侧的齿最小，卵形，均先端钝，最下面的1齿，最长最大，卵形，先端钝或近圆形；花瓣白色，有爪，长约7毫米，旗瓣倒卵形，先端圆形；翼瓣长圆形，有耳；龙骨瓣宽镰形，有耳；雄蕊9，单体；子房无毛，有柄。荚果长圆形或条形，罕长圆状椭圆形，顶端钝或近圆形，长4—10厘米，宽12—18毫米，无毛，薄，扁，坚纸质，有种子1—2，也常有3；种子长圆状肾形，扁。花期2—3月，果期5—6月。

产滇西南、滇南，生于海拔460—1600米的山地、山谷阔叶林中或田边、路旁阳光充足的地方。

用种子繁殖。当年成熟的种子，随采随播效果较好，移植时选雨季将临的时候成活率高，用1—2年生健壮苗木造林为好。又以萌发力强，可作薪炭林，也是很好的紫胶虫寄主树种。

图185　多裂黄檀和牛肋巴

1—6.多裂黄檀 *Dalbergia rimosa* Roxb.

1.果枝　2.花　3.雄蕊　4.旗瓣　5.翼瓣　6.龙骨瓣

7—12.牛肋巴 *Dalbergia obtusifolia* Prain

7.花枝　8.果　9.花　10.旗瓣　11.翼瓣　12.龙骨瓣

2.黑黄檀（中国主要植物图说、豆科）　"埋啥啷"（西双版纳傣语）、"奢啦"（瑶族）图193

Dalbergia fusca Pierre ex Prain（1904）

乔木，高达18米，枝条扩展，胸径达50厘米。小叶7—11，卵形，长2—4厘米，宽13—19毫米，先端钝且微凹，基部楔形，上面无毛，下面被微柔毛；小叶柄长约5毫米，与叶轴均被疏微柔毛；托叶小，早落。圆锥花序腋生，长约4厘米，被疏微柔毛；小苞片小，钻形，被疏毛；花萼钟形，具5齿，最上面的2齿略宽，圆形，两侧的齿宽三角形，先端急尖，较小，最下面的1齿最长，狭三角形，齿均具缘毛；花瓣白色，有爪；雄蕊9，单体。荚果舌状披针形，坚纸质或近革质，顶端宽急尖，有小尖头，基部宽楔形，长6—11厘米，宽约15毫米，有种子1—2，网脉细密，在有种子处较明显，且边缘有时微凹；种子肾形，扁。

产普洱、西双版纳等地的中海拔次生阔叶林中。

材质极佳，作特等用材。

3.多体蕊黄檀（中国主要植物图说，豆科）图186

Dalbergia polyadelpha Prain（1901）

乔木或小乔木，高达10米，多分枝。小枝幼时被黄色柔毛，以后渐脱落，幼芽被柔毛。小叶7—9，有时11，坚纸质，椭圆形，卵形或卵状披针形，先端急尖，钝尖或有时微凹，基部楔形、宽楔形或近羽片基部的小叶基部圆形，长3—6厘米，宽1—2.5厘米，上面仅中脉，有时侧脉被微柔毛，其余无毛，下面被微柔毛，中脉几无毛；小叶柄与叶轴被微柔毛，小叶柄长约3毫米；托叶卵状披针形，被微柔毛，早落。由聚伞花序组成的圆锥花序，腋生或腋外生，长约6.5厘米，被微柔毛；花梗细，被微柔毛，长约5毫米：着生于花梗基部的小苞片早落，着生于花萼基部的小苞片卵状披针形，被微柔毛，脱落；花萼钟形，通常上半部被微柔毛，下半部无毛；萼齿5，最上面的2齿较大，略合生，最下面的1齿最长，呈披针形，其余萼齿先端钝或近急尖，长约5毫米；花瓣白色，有明显的条纹，具爪，长约8毫米，旗瓣阔倒卵形，先端微凹，翼瓣长圆形，有耳；龙骨瓣合生，有耳；雄蕊10，仅基部连合；子房无毛，具子房柄，柄被微柔毛，胚珠1—3；花柱钻形，弯曲，柱头点尖。荚果长圆形，顶端急尖或极钝，基部楔形，边缘有时具1—2圆形波，长6.5—10厘米，宽1.7—2.5厘米，有种子1—2，在种子处网脉明显或隆起；种子肾状长圆形，长约8毫米，扁。花期3—4月或10月，果期6—12月。

产峨山、景东、双江、临沧、澜沧、镇康、普洱、元江、富宁等地，生于海拔980—1700米的阔叶林密林中或林缘。广西有分布。

可作紫胶虫寄主树。

4.紫花黄檀（中国树木分类学）图187

Dalbergia assamica Benth.（1852）

乔木，枝条开展，分枝多。小枝无毛或略被疏柔毛。小叶13—21，坚纸质，长圆形或长椭圆形，先端钝或微凹，基部宽楔形，长4—5厘米，宽2—2.8厘米，幼时两面被柔毛，

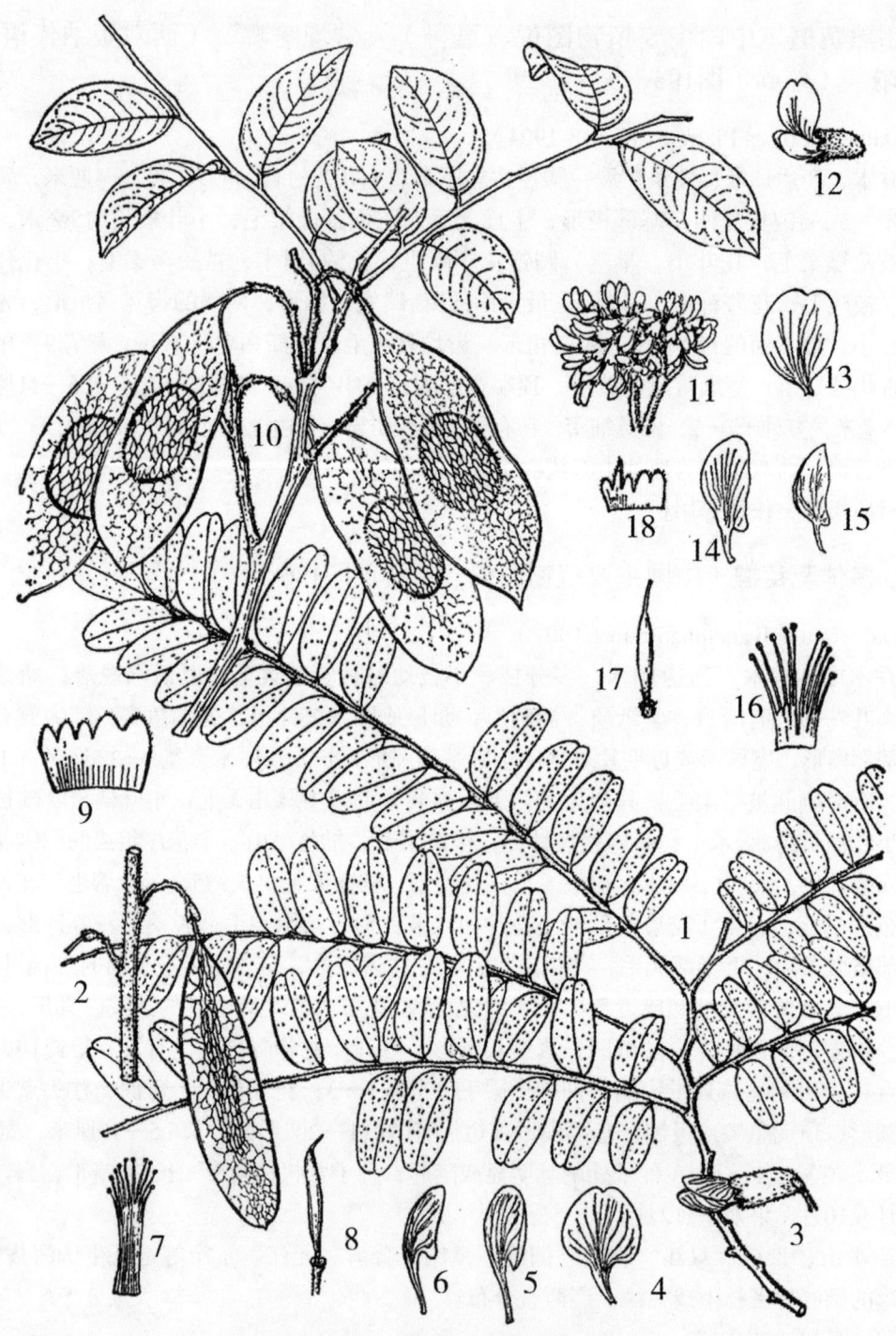

图186 斜叶黄檀和多体蕊黄檀

1—9.斜叶黄檀 *Dalbergia pinnata*（Lour.）Prain

1.小枝 2.果枝一段 3.花外形 4.旗瓣 5.翼瓣 6.龙骨瓣 7.雄蕊 8.雌蕊 9.花萼展开

10—18.多体蕊黄檀 *D. polyadelpha* Prain

10.果枝 11.花序 12.花外形 13.旗瓣 14.翼瓣 15.龙骨瓣 16.雄蕊 17.雌蕊 18.花萼展开

以后仅下面被柔毛，以中脉略多；小叶柄长约5毫米，与叶轴初时被柔毛，以后渐脱落，几无毛，托叶披针形，早落。圆锥花序腋生，长10—16厘米，花序枝及花梗被疏微柔毛，其余无毛或几无毛；小苞片卵形，早落；花萼钟形，被微柔毛，上面的2齿略宽，先端钝；两侧的齿三角形，先端急尖；最下面的1齿最长，披针形，各齿均具缘毛；花瓣白色，有爪，旗瓣圆形，先端微凹；雄蕊10（5+5），二体；子房有柄，被柔毛；花柱具不甚明显的头状柱头。荚果长圆形或舌形，长5—8厘米，宽约1.3厘米，顶端急尖，基部楔形，坚纸质，无毛，有种子1—2，罕3，极少有4，具种子处微微隆起，网脉不甚明显；种子肾形，扁。花期3—5月，果期9—11月。

产普洱、西双版纳、麻栗坡等地，生于海拔700—1500米的次生阔叶林中。印度有分布。

5.秧青（普洱、云南种子植物名录） 普洱黄檀（中国主要植物图说 豆科）、紫梗树 图188

Dalbergia szemaoensis Prain（1901）

乔木或小乔木，高达20米，胸径达80厘米，树皮灰白色，浅纵裂，分枝多；幼枝密被柔毛，以后渐无毛或几无毛。小叶17—21，罕达23，长圆形或倒卵状长圆形，有时卵状椭圆形，先端圆形或钝、微凹，基部圆形或钝，长18—45毫米，宽16—22毫米，幼时两面均密被柔毛，以后渐疏，有时上面几无毛，下面被疏柔毛；小叶柄长2—3毫米，与叶轴均被柔毛或疏柔毛；托叶长圆形，先端圆形，密被柔毛，长约15毫米，早落。圆锥花序腋生，长8—15厘米，密被柔毛；小苞片倒卵形或倒卵状长圆形，先端圆形密被柔毛，早落；花萼钟形，长约3毫米，密被柔毛，具5齿，最上面的2齿较宽，两侧的齿最短，均三角形，最下面的1齿最长，狭三角形；花瓣紫色，有时呈白色，长约7毫米，有爪，旗瓣圆形，先端微凹，反折；翼瓣倒卵形，有耳；龙骨瓣宽镰形，有耳；雄蕊10（5+5），二体；子房有长柄，密被微柔毛，通常有胚珠2—3，花柱无毛，柱头点尖。荚果椭圆形、长圆形或条形，薄、扁、坚纸质，顶端钝或急尖，基部楔形，长4.5—7厘米，宽1.5—2.5厘米，有种子1—2。花期约4月，果期9—11月。

产泸水、临沧、保山、德宏、楚雄、玉溪、普洱、西双版纳、红河、文山、麻栗坡等，生于海拔500—1800米的山地、山谷、沟边、河边的阔叶林中，土壤潮湿肥厚的地方。

种子和扦插繁殖。

播种后7—10天萌发出土，1年生苗高达1.5米，造林后3—4年可郁闭。用1—2年生实生苗枝条扦插，成活率可达70%，分根造林成活率80%—90%。

是极好的紫胶虫寄主树，放养紫胶虫固虫率70%—80%，紫胶质量含胶量约80.5%。

6.多裂黄檀（中国主要植物图说，豆科）图185

Dalbergia rimosa Roxb.（1832）

攀援灌木或攀援藤本状灌木，有时有直立植株，长或高达5米。小枝密被微柔毛。小叶（5）7（9）个，纸质，卵形、椭圆形或近倒卵形，先端急尖或钝，基部钝或宽楔形，长5—9厘米，宽2.5—6厘米，上面无毛或中脉略被微柔毛，下面被疏微柔毛或于中脉较密；小叶柄长约5毫米，与叶轴均被微柔毛。由二歧或聚伞花序状组成的圆锥花序，顶生或有时

图187　紫花黄檀和缅甸黄檀

1—8.紫花黄檀 *Dalbergia assamica* Benth.

1.果枝　2.花蕾　3.花萼展开　4.旗瓣　5.翼瓣　6.龙骨瓣　7.雄蕊　8.雌蕊

9—16.缅甸黄檀 *Dalbergia burmanica* Prain

9.花枝　10.花蕾　11.萼片展开　12.旗瓣　13.翼瓣　14.龙骨瓣　15.雄蕊　16.雌蕊

图188 秧青 *Dalbergia szemaoensis* Prain
1.花枝 2.花外形 3.旗瓣 4.翼瓣 5.龙骨瓣 6.雌蕊 7.果枝

间有腋生，长20—25厘米，与花梗、花萼均密被微柔毛；小苞片狭卵形或卵形，着生于花梗基部及花萼基部，被微柔毛及缘毛；花小，花萼钟形，长约2毫米，具5齿，上面2齿近合生，最下面1齿较长，其余萼齿均短，先端钝；花瓣白色，有爪，长约3.5毫米，旗瓣倒卵形，先端微缺；雄蕊9或有时为10，单体；子房长圆形，有短柄，被微柔毛，有1—2胚珠，花柱短于雄蕊。荚果椭圆形（具种子1），两端宽急尖，长圆形（具种子2）两端圆形或近圆形，无毛，长5.5—7厘米或8厘米，宽2—2.5厘米，革质，扁，具明显的脉，深褐色；种子肾形，长约8毫米。花期3—4月，果期9—11月。

产易门、普洱、孟连、西双版纳、蒙自、屏边、西畴、金平、河口等地，生于海拔500—1700米的阔叶林中或荒地，溪边或阴湿的地方。广西有分布；印度、越南也有。

7.缅甸黄檀（中国主要植物图说，豆科）图187

Dalbergia burmanica Prain（1897）

乔木，高达8米，枝条开展或攀援状。小枝被微柔毛。小叶9—13，幼时卵形或披针形，先端急尖，两面密被柔毛，成熟时，长圆形，先端钝或微凹，基部钝，略不相等，上面几无毛，下面被疏短柔毛，长4—5厘米，宽1.3—2厘米；小叶柄长约2.5毫米，无毛；小托叶披针形，早落。圆锥花序侧生，分枝伞房状，长约4厘米，密被短柔毛；小苞片着生于花梗基部和花萼基部，披针形；花密集，花萼钟形，被短柔毛，萼齿5，近相等，长约3毫米，上面2齿较下面3齿略宽，具缘毛；花瓣紫色，有爪，长约7毫米，旗瓣圆形，先端微凹；翼瓣长圆形，有耳；龙骨瓣上部合生，有耳；雄蕊9，有时10，单体；子房无毛，具柄，通常有胚珠1；花柱弯曲，柱头点尖。荚果长圆形，有梗，无毛，长7—10厘米，宽约1.8厘米，两端圆形；种子长圆形，扁，1—2，长约13毫米，宽7毫米，黑棕色。花期3—4月，果期11—12月。

产普洱等地，生于海拔1300—1700米的阔叶林中。

8.大金刚藤黄檀（中国主要植物图说，豆科）图189

Dalbergia dyeriana Prain ex Harms（1900）

大藤本或乔木，长或高20米，分枝多。小枝幼肘被柔毛，以后渐脱落，具皮孔。小叶11—15，倒卵状长圆形或长圆形，先端圆形或平截，微凹，基部宽楔形或钝，长2.5—3厘米或略长，宽7—13毫米，两面均被柔毛，上面略疏，脉不明显，下面脉明显隆起；小叶柄短，长1—2毫米或略长，与叶轴均被柔毛或近无毛。圆锥花序腋生，长5—10厘米，被柔毛，花松散；花梗长2—2.5毫米；小苞片早落，卵形或披针形，被柔毛；花萼钟形，被微柔毛，具5齿，上面的2齿较大，最下面的1齿最长，披针形，先端近急尖，其余均短，卵形或三角状卵形；花瓣黄白色，有爪，旗瓣长圆形或近圆形，先端微凹，翼瓣长圆形，有耳；龙骨瓣合生，有耳；雄蕊9，单体；子房微被柔毛，有柄，有胚珠1—2（3）；花柱弯，柱头头状。荚果长圆形，顶端钝或圆形，基部楔形，有长梗，无毛，坚纸质，长4.5—8厘米，常有种子1，少达3；种子长圆状肾形。花期4—5月，果期8—10月。

产普洱、蒙自等地，生于海拔650米左右的阔叶林中。浙江、安徽、湖南、湖北、陕西、四川、贵州有分布。

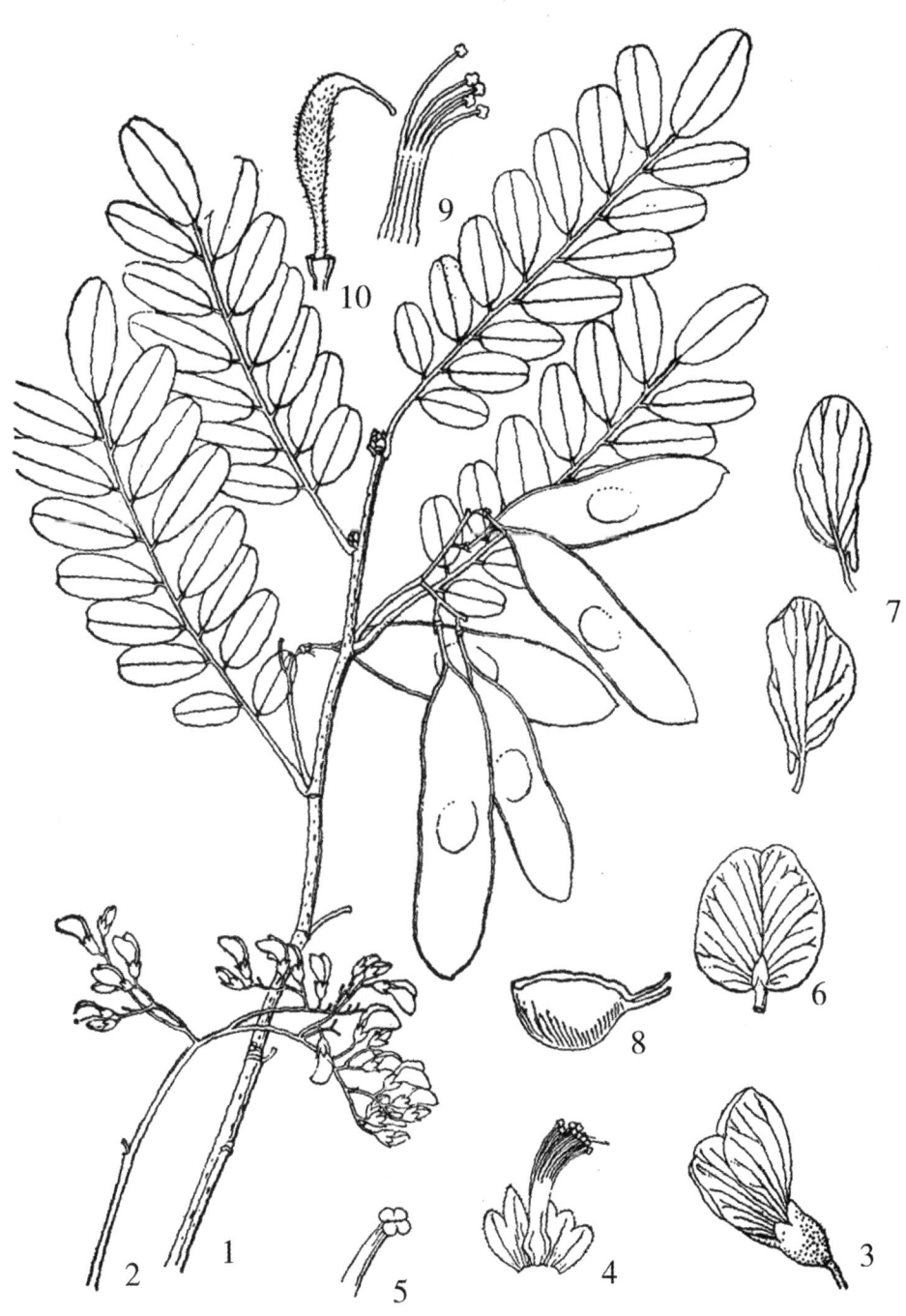

图189 大金刚黄檀 Dalbergia dyeriana Prain ex Harms
1.果枝 2.花序 3.花外形 4.花除花瓣（花萼展开，示雄蕊）
5.裂开的药室 6.旗瓣 7.翼瓣 8.龙骨瓣 9.雄蕊一部分 10.雌蕊

9.高原黄檀（云南种子植物名录）　郭来得黄檀（中国主要植物图说，豆科）、昆明黄檀（中国树木志）图190

Dalbergia collettii Prain（1897）

蔓性小乔木，分枝多，高达5米。幼枝被疏柔毛，常具长皮孔。小叶13—15，坚纸质，长圆形或卵状长圆形，先端钝，有时微凹，基部圆形或钝，长2—3.5（4）厘米，宽9—11毫米，上面被疏柔毛或几无毛，下面被柔毛较密，上面中脉平坦，侧脉略隆起，下面中脉及侧脉均隆起，网脉细致；小叶柄短，长约1毫米，与叶轴密被柔毛或有时呈几无毛。伞房状圆锥花序顶生或腋生，长5—10厘米，密被柔毛；花萼基部的小苞片舌状或长圆形，先端圆形，早落；花萼钟形，长约2毫米，被疏微柔毛，具5齿，最上面的2齿近合生，较宽，两侧的齿最短，均先端圆形，最下面的1齿最狭最长，狭披针形，齿均具缘毛；花瓣白色，有爪，长4—5毫米，旗瓣宽倒卵形，先端微凹，翼瓣倒卵形，龙骨瓣上部合生，均具短耳；雄蕊9，单体；子房具长柄，柄上被微柔毛，其余无毛，具1—2胚珠。荚果椭圆形，薄，扁，坚纸质或近革质，先端钝，基部楔形，具梗，长约8厘米，宽2—2.5厘米，有种子处网脉明显且微隆起，有种子1（2）；种子扁，肾状圆形。花期约5月，果期约10月。

产漾濞、大姚、昆明、罗次、景东至麻栗坡一带，生于海拔1300—1800米的阔叶落叶林中或开朗的疏林、山谷、路边、田边等土质良好的地方。

10.托叶黄檀（中国主要植物图说，豆科）图191

Dalbergia stipulacea Roxb.（1832）

蔓性落叶小乔木或灌木状，分枝多。枝条开展，幼时被柔毛，以后渐脱落呈疏微柔毛或几无毛。小叶17—21，对生或间有互生，坚纸质，长圆形或倒卵状长圆形，罕近倒卵状长圆形，长1.5—3.2厘米，宽8—13毫米，先端圆形或微凹，基部圆形或钝，两面被柔毛，以后上面几无毛或较疏；小叶柄长约3毫米，与叶轴均被柔毛或微柔毛；托叶早落，卵状披针形。圆锥花序腋生或假顶生，与叶同时抽出于短枝上，基部常具一簇复瓦状排列的鳞片，花序梗密被柔毛，且有散生的卵形小苞片，这类苞片无花，通常着生于分枝的中部或中上部以下，着生于花梗基部及萼基部者同形，均被微柔毛；花萼钟形，被微柔毛或柔毛，长约4毫米，具5齿，花瓣蓝色或近紫色，长约7毫米，有爪，旗瓣扁圆形，先端微凹，翼瓣倒卵状长圆形，基部1侧略下延，耳不明显，龙骨瓣上半部合生，有耳；雄蕊10（5+5），二体；子房仅1侧缝线及子房柄被柔毛，其余无毛，有胚珠1，罕2。荚果舌状或近椭圆状长圆形，顶端圆形，基部楔形或近圆形，长9—12厘米，宽2.5—4厘米，革质，具种子处厚达8—10毫米，无毛，网脉明显，微隆起；种子肾形，长约15毫米，宽9毫米。花期3—4月，果期11—12月或翌年1月。

产丽江、临沧、腾冲、耿马、西双版纳、金平等地，生于海拔500—1000米的阔叶林中或路边、竹林中。常见的伴生树种有大叶白颜树、云南白颜树、梭果金刀木、大叶藤黄、小叶红光树、云树、云南银钩花、桃叶杜英、降真香、肉托果、见血封喉、尤果、暹罗黄叶树、翅子树、毛银柴、滨木患、木奶果等。贵州有分布；缅甸、印度及越南也有。

图190　滇黔黄檀和高原黄檀

1—3.滇黔黄檀 *Dalbergia yunnanensis* Franch.

1.果枝　2.花序　3.花外形

4—11.高原黄檀 *D. collettii* Prain

4.花枝　5.花外形　6.旗瓣　7.翼瓣　8.龙骨瓣　9.雄蕊　10.雌蕊　11.荚果

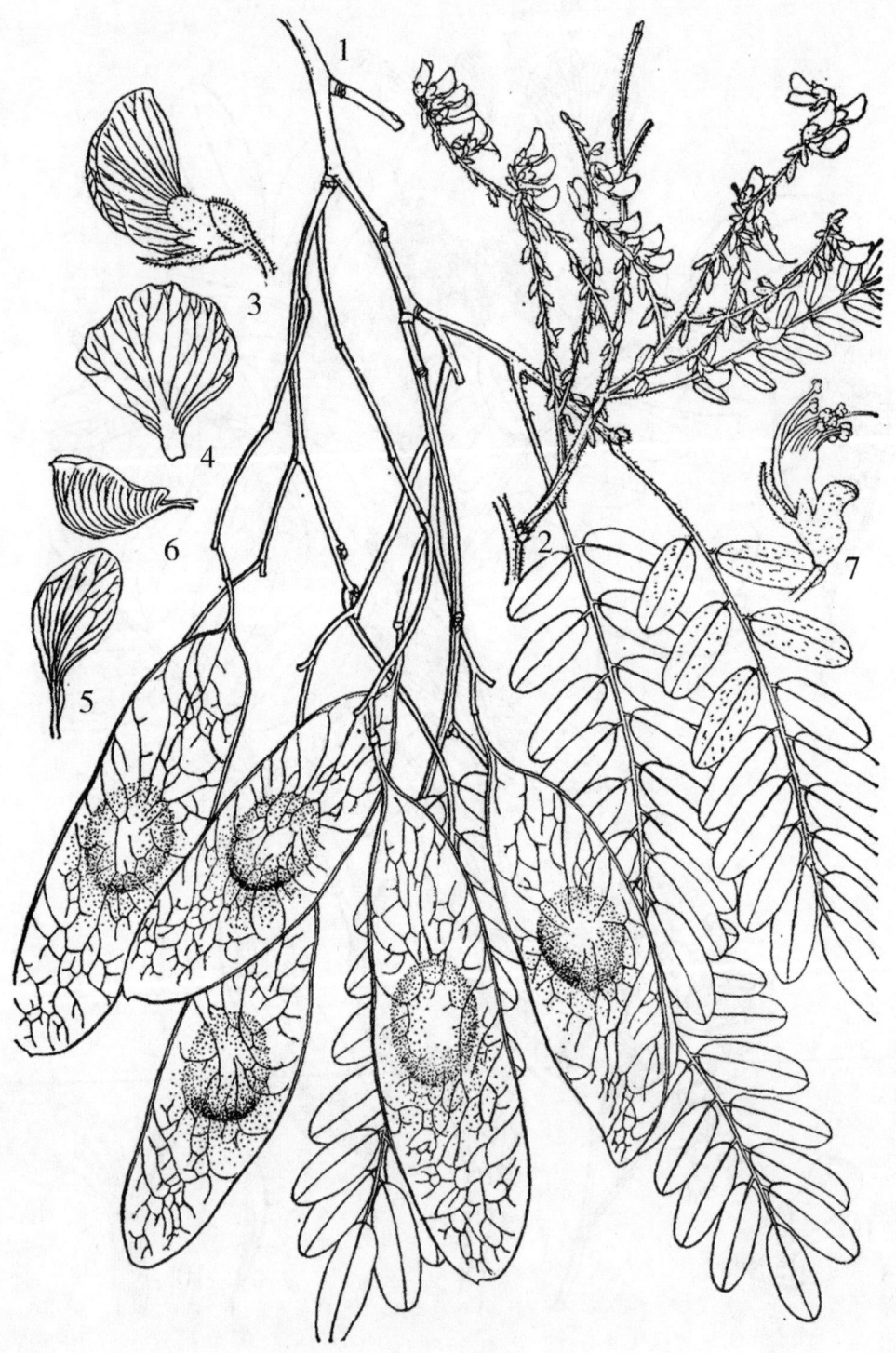

图191 托叶黄檀 *Dalbergia stipulacea* Roxb.
1.果枝 2.花序 3.花外形 4.旗瓣 5.翼瓣 6.龙骨瓣 7.花去花瓣

11.斜叶黄檀（中国树木志）　罗望子叶黄檀（中国主要植物图说，豆科）、斜叶檀（海南植物志）、羽叶黄檀（云南种子植物名录）图186

Dalbergia pinnata（Lour.）Prain（1904）

Derris pinnata Lour.（1790）

Dalbergia tamarindifolia Roxb.（1832）

落叶乔木，高达13米，分枝多，有时呈攀援状。小枝密被短柔毛，以后渐脱落，常具小皮孔。小叶15—27（41）个，纸质，长圆形，先端圆形、平截或微凹，基部钝或圆形，偏斜，长1.5—1.9（2.2）厘米，宽约8毫米，两面被短柔毛，幼时较密；小叶柄极短，长不超过1毫米，与叶轴均密被短柔毛；托叶披针形，长约5毫米，密被短柔毛。圆锥花序腋生，与叶同时抽出，长约3厘米，有时达5厘米，密被短柔毛；着生于花梗基部及花萼基部的小苞片披针状卵形，被短柔毛；花萼钟形，被短柔毛，长约5毫米，具5齿，上面的两齿略长，其余3齿略短；花瓣白色，长约8毫米，具长爪，旗瓣宽卵形，先端微凹，翼瓣卵状椭圆形，有耳；龙骨瓣不连合，卵状三角形，有耳；雄蕊10（9），单休；子房无毛，有柄，胚珠1—2（3）。荚果狭椭圆形、长圆形或有时条形，薄，坚纸质，两端急尖或顶端钝、近圆形，长5—9厘米，宽1.3—1.7厘米，有的长达10厘米，网脉细致，有时不甚明显；种子1—2（3），狭长圆形。花期2—4月，果期约4月。

产泸水至西双版纳及临沧等地，生于海拔500—1800米的阔叶林疏林中或林缘小树丛中，以及村边、路旁的灌木丛中，土质湿润的地方。与之伴生的树种有红木荷、肉托果、暹罗黄叶树、尤果、琼楠、刺栲、南酸果等。

可作紫胶虫寄主树。

12.滇黔黄檀（中国树木分类学）图190

Dalbergia yunnanensis Franch.（1890）

大灌木，有时呈攀援状，高达7米。枝条披散攀援，幼时密被微柔毛，具皮孔，以后渐无毛。小叶13—19，坚纸质，长圆形或卵状长圆形，先端宽急尖、钝或近圆形，微凹，基部圆形，有时略偏斜，长2—5厘米，宽1—2厘米，两面被疏柔毛，以边缘及下面中脉尤密；小叶柄短，长1—2毫米，与叶轴均被微柔毛。由聚伞花序组成圆锥花序，生于小枝顶端及近顶端腋生，长4—8（14）厘米，多花，被微柔毛；花萼钟形，被微柔毛，长约2.5毫米，具5齿，具缘毛，上面的2齿近圆形合生或微分离，两侧的齿圆形，最下面的1齿狭披针形，较其余的齿长；花瓣白色，有爪，长4.5—5毫米，旗瓣倒卵状长圆形，顶端圆形，微凹；翼瓣长圆形，耳不明显；龙骨瓣上半部合生；有耳，雄蕊9（10），单体；子房仅1侧缝线及子房柄被微柔毛，有胚珠1—2（3），子房柄长，花柱短。荚果椭圆形或舌形，顶端急尖或钝，基部楔形，具长梗，坚纸质，薄，有种子1，罕2，在种子处网脉明显隆起，长5—6（8.5）厘米，宽1.8—2.3厘米；种子肾状圆形，极扁。花期4—5月，果期10—12月。

产滇西北至滇中等地，生于海拔1400—2400米的山谷丛林中及土质疏松湿润的地方。广西、四川有分布。

13.含羞草叶黄檀（中国主要植物图说，豆科） 象鼻藤（植物名实图考）、小黄檀（中国树木分类学）图192

Dalbergia mimosoides Franch.（1890）

落叶小乔木，高达8米，多分枝。小枝幼时被柔毛，以后渐脱落，常有小皮孔。小叶15—25，罕达31，长圆形，两端圆形，纸质，长约1.5厘米，宽约5毫米，幼时两面被柔毛，以后脱落，上面无毛，下面几无毛，带白色；中脉于下面明显，侧脉与网脉细致，于下面极为明显；小叶柄极短，最长不超过1毫米，与叶轴均被微柔毛；托叶宽披针形，果时脱落。圆锥花序腋生，与叶几乎同时抽出，长2.5—4（5）厘米，密被柔毛；花萼钟形，具5齿，被柔毛，长约2.5毫米；最上面的两萼齿较大近圆形，两侧的三角形，最下面的1齿披针形，较其他为长；花瓣白色，有爪，长4.5毫米，旗瓣倒卵形，先端圆形，翼瓣长圆形，有耳，龙骨瓣不连合，有耳；雄蕊9，单体；子房无毛，有柄。荚果椭圆形或近长圆形，有柄，无毛，长2—5厘米，宽8—14毫米，两端急尖或宽急尖，常有1种子。花期4—5月，果期9—11月。

产滇西北至滇东南（蒙自），生于海拔800—2200米的灌木丛中。西藏、四川、贵州、广西、湖北、湖南、浙江、江西、福建有分布。

是较好的蜜源植物。

9. 木豆属 Cajanus DC.

灌木，多分枝。复叶，3小叶；小叶全缘，下面有小腺点。总状花序，腋生；花萼钟形，具5齿，二唇，下唇仅先端2微裂；花冠黄色或常带紫色线纹；旗瓣与翼瓣具耳，龙骨瓣钝，内弯；雄蕊10，二体；子房无柄，具数胚珠。荚果条状披针形，扁，2瓣裂，在种子间有深缢的斜槽；种子褐棕红色或黄绿色，扁圆形。

本属约2种，分布于热带非洲和热带亚洲。我国栽培1种；云南1种，引种。

木豆（临高县志） 三叶豆、树豆 图193

Cajanus cajan（Linn.）Millsp.（1893）

Cytisus cajan Linn.（1753）

Cajanus flavus DC.（1825）

灌木，高达3米。小枝有棱，密被柔毛，多分枝。小叶披针形或长圆状披针形，长4—10厘米，宽1.5—3厘米，先端渐尖，基部楔形或略钝，两面密被柔毛；下面具散生腺点；叶柄长1—3厘米，两侧略具翅，与花序、花梗、花萼、子房及荚果均密被柔毛，托叶披针形；小叶柄长约2毫米，针状。花萼内外均具腺点；花冠黄色，有时有紫色线纹。荚果长5—6厘米，宽约1厘米，密被粗毛及微柔毛；种子近圆形，光滑，种脐几达1侧。花期和果期除冬季外，几乎都有，但通常是8—9月开花，3—4月果熟。

栽培于滇南各地，海拔可达1600米，有的热区农场大面积套种，长江流域以南各省区均有栽培。

图192　含羞草叶黄檀 *Dalbergia mimosoides* Franch.
1.果枝　2.花枝　3.果　4.花外形　5.旗瓣　6.翼瓣　7.龙骨瓣　8.雌蕊

图193 黑黄檀和木豆

1—6.黑黄檀 *Dalbergia fusca* Pierre ex Prain

1.花枝 2.果枝 3.花萼展开 4.翼瓣 5.龙骨瓣 6.结合雄蕊

7—12.木豆 *Cajanus cajan*（Linn.）Millsp.

7.花枝 8.果枝 9.花萼展开 10.旗瓣 11.翼瓣和龙骨瓣 12.结合雄蕊

繁殖力强，结实率高，产量大，且耐旱：种子含大量淀粉，蛋白质和脂肪，可制豆腐、粉条及其他食品，且可榨油；叶为良好的饲料；根可入药，有清热利湿，消肿止痛的功效，用于解毒散瘀、跌打损伤、便血衄血、瘀血肿痛、黄疸型肝炎、风湿关节痛、喉肿等症；又是良好的紫胶虫寄主树。

10. 刺桐属 Erythrina Linn.

乔木、小乔木或灌木。枝具皮刺，髓大，白色。叶大型，互生，羽状3小叶，具长柄，托叶早落；小叶全缘，除中间小叶外，有时两侧小叶基部略偏斜，三出脉；小托叶腺体状，着生于小叶柄基部。花通常较大，通常先花后叶，排列呈总状花序，向序轴顶部渐密集；花萼钟状，檐部具2齿，呈二唇形或齿不明显，偏斜，花冠红色，花瓣大小极不相等，旗瓣大于龙骨瓣1—2倍，翼瓣极小或无；雄蕊10，单体或二体（9+1）；子房有柄，胚珠多数；花柱无毛，丝状；柱头头状。荚果带状或近线形，具长梗，有时于种子间缢缩，种子椭圆形。

本属约200种，分布于热带或亚热带地区。我国有6种；云南4种。

分 种 检 索 表

1.花序轴密被柔毛，花萼明显二唇形，密被柔毛；花冠长5厘米以上。
  2.小叶卵形，基部宽钝或平截，不偏斜，叶下面无毛 ………… **1.翅果刺桐 E. lithosperma**
  2.小叶宽卵形或近菱状卵形，两侧小叶基部偏斜，叶下面被毛 ……… **2.劲直刺桐 E.stricta**
1.花序轴被微柔毛或几无毛花萼檐部平截，萼齿不明显或微二唇形，被疏微柔毛或几无毛，花冠长4厘米以下 …………………………… **3.乔木刺桐 E.arborescens**

1.翅果刺桐（云南种子植物名录）　硬核刺桐（中国树木志）图194

Erythrina lithosperma Blume ex Miq.（1855）
落叶乔木，高达20米，胸径达70厘米。小枝粗壮，幼嫩部分密被微柔毛，以后渐脱落。小叶卵形，顶生者最大，长10.5—15厘米，宽7—11厘米，先端渐尖，基部宽钝或平截，不偏斜，几心形，两面无毛，两侧小叶与顶生小叶同型，但略小。总状花序多个，着生于小枝顶部，斜上升，密被柔毛，长约20厘米，花梗长达3毫米；花萼钟形，檐部偏斜，1侧开裂，长约1.1厘米，密被褐色柔毛；花红色，旗瓣倒卵形或狭倒卵形，长约5厘米，宽2.5厘米，先端下凹；翼瓣倒卵形，长约1.5厘米，略偏斜；龙骨瓣合生，檐部具三齿，中齿最宽，几呈半圆形，与翼瓣等长；子房密被褐色柔毛；花柱无毛，柱头点尖。荚果带状，开裂，基部略宽，扁，如翅，中部略缢缩，均无种子，顶部略肿胀，有种子1—2，具长梗；种子黑色。花期3—4月或12月，果期11月或4月。

产西双版纳、金平等地，生于海拔600—1000米的常绿阔叶林及季雨林中，通常见于山谷、沟边、路旁土质肥厚、湿润的地方。伴生树种有千果榄仁、红椿、木棉、八宝树、四数木、美脉杜英、番龙眼、楹树、常绿榆、西南紫薇、槟榔青、异序乌桕、川桑等。印度、泰国、印度尼西亚（爪哇）及菲律宾有分布。

图194 翅果刺桐和劲直刺桐

1—4.翅果刺桐 *Erythrina lithosperma* Blume ex Miq.

1.花序 2.花 3.侧生小叶叶柄基部腺体 4.果序

5—10.劲直刺桐 *E. strica* Roxb.

5.复叶 6.花序 7.花 8.雄蕊 9.花丝上段及花药 10.雌蕊

花鲜艳，为早春的观赏树种。

2.劲直刺桐（云南种子植物名录）图194

Erythrina strica Roxb.（1814），nom. nud.，（1832），descr.
Micropteryx stricta（Roxb.）Walp.（1850）

落叶乔木，高达12米，胸径达25厘米。小枝粗壮，幼嫩时密被微柔毛，以后渐脱落，具多且明显的皮刺。顶生小叶宽卵形，长14—20厘米，宽13—17厘米，先端渐尖，基部宽楔形或平截，上面无毛，下面被柔毛，以脉上最明显，两侧小叶略小，菱状卵形，1侧偏斜。总状花序多个，着生于小枝顶部，常平展或略下弯，花向上直立，密被微柔毛，长20—25厘米，花梗长达1厘米；花萼钟形，檐部偏斜，1侧开裂，长约1.3厘米，密被褐色柔毛；花红色，旗瓣椭圆形，长约5厘米，宽1.8厘米，先端钝；翼瓣缺；龙骨瓣下部连合，长约2.4厘米，全缘；子房密被柔毛。荚果带状线形，有数种子。花期约3月，果期约10月。

产禄劝、双柏、普洱、景洪、孟定、勐腊、屏边等地，生于海拔200—1320米或略高的常绿阔叶林中或开朗及土质肥润，排水良好的地方。西藏有分布；印度、尼泊尔、缅甸、越南、老挝、柬埔寨等也有。

花色艳丽，可供观赏。

3.乔木刺桐（中国主要植物图说，豆科）　鹦哥花、红咀绿鹦哥、刺桐（凤庆及云南种子植物名录）、刺木通（中国高等植物图鉴）图195

Erythrina arborescens Roxb.（1814），nom. nud.，（1819）*，descr.
Erythrina tienensis Wang et Tang（1955）*

落叶乔木，高达25米，胸径达30厘米。树皮灰褐色。小枝幼嫩时密被褐色柔毛，以后渐脱落；枝干具皮刺。顶生小叶肾状扁圆形，长15—24厘米，宽20—30厘米，先端骤然渐尖，基部平截或微宽心形，两面无毛；两侧小叶基本与顶生小叶同型，略小，但1侧偏斜。大圆锥花序，枝条平展，先端向上弯，花密集于分枝上部，幼嫩部分密被柔毛，下部的分枝长达40厘米；花红色，旗瓣长约4厘米，翼瓣长约1厘米；龙骨瓣长约1.3厘米；仅近基部连合；子房密被褐色柔毛。荚果镰形，扁平，仅中间部分有1种子；种子椭圆形，黑色，长约2厘米，宽约1.5厘米。花期7—10或3月，果期10—11月。

产贡山、维西、洱源、丽江、大理、弥渡、禄劝、富民、昆明、罗平、景东、凤庆、元江、蒙自等地，生于海拔1400—2600米山谷、山坡的常绿阔叶林中。湖北、四川、贵州、西藏等有分布；印度、不丹、缅甸等也有。

木材淡黄白色，几无边、心材之分，纹理通直，结构均匀，轻软，强度弱、易加工、易干燥、不耐腐、无异味，可作茶叶箱、绝缘材料、水桶及一般器具用材等；树皮可治风湿病；花艳丽，也可作庭园树种，供观赏。

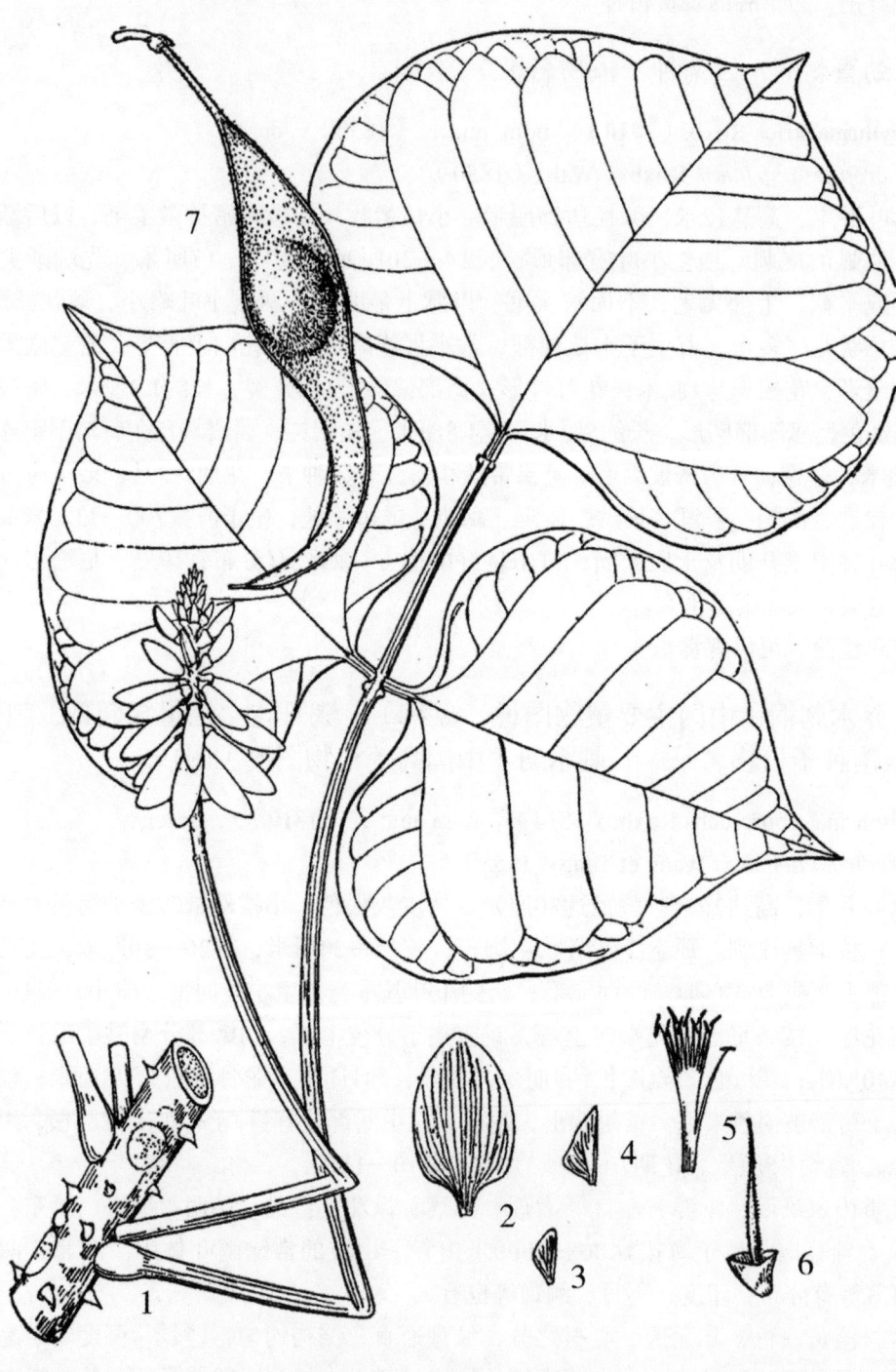

图195 乔木刺桐*Erythrina arborescens* Roxb.

1.花枝一段　2.旗瓣　3.翼瓣　4.龙骨瓣　5.雄蕊　6.雌蕊及花萼　7.荚果

11. 紫铆属 Butea Roxb. ex Willd.

乔木或攀援大灌木。叶为3小叶，小叶大，全缘，具羽状脉；托叶小，钻形，早落。花大，明显，排列成总状花序或圆锥花序，腋生或顶生；苞片和小苞片早落；花萼宽钟状，檐部二唇形，上唇2齿小，合生，下唇3齿大，明显三角形；花冠橙黄色或红色，花瓣近等长，旗瓣卵形或近披针形，先端急尖，外反，翼瓣镰形，紧贴龙骨瓣，龙骨瓣略长，弯曲；二体雄蕊（9+1），花药卵球形，同型；子房狭长，通常被毛，渐向上形成花柱，渐无毛，柱头小，点尖；胚珠约2。荚果长圆形或宽条形，具短梗（子房柄）基部扁平如翅，顶端开裂，有1扁形种子，种脐小。

本属3—4种，分布于印度、我国至东南亚。我国1种，产于云南南部及西南部。

紫铆树（本草纲目）＊　紫铆、紫铆（中国主要植物图说"豆科"误用）图196

Butea monosperma（Lam.）Kuntze（1891）

Erythrina monosperma Lam.（1785）

乔木，高达18米或略高。树皮灰黑色，枝条平展。小枝被银灰色或浅棕色绢毛，以后渐脱落。叶坚纸质或近革质，叶柄长8—21厘米，顶生小叶倒卵状菱形，长10—21厘米，宽8—19.5厘米，先端圆形或微凹，基部宽楔形，上面近无毛或无毛，下面密被绢毛；小叶柄长3—8厘米，近顶端具2小托叶；侧生小叶倒卵形，长9—18厘米，宽7—14厘米，先端圆形，基部偏斜；小叶柄短，约1毫米或略长。总状花序顶生，腋生或生于无叶的枝条节上；花萼杯状或宽钟状，密被深棕褐色绢毛，长约1.5厘米，萼齿宽三角形，上唇微2齿，下唇3齿，明显；花瓣橙黄色或橘红色，外面密被银灰色绒毛，里面仅基部被银灰色绒毛，旗瓣卵形，上举，翼瓣披针形，1侧有耳，具短爪，龙骨瓣宽卵形，中部以下分离，1侧有耳，基部具爪；二体雄蕊，基部被柔毛；子房线形，弯曲，中部以下被毛。荚果长圆形，扁平，中部有时略宽，长15—20厘米，宽4—5.5厘米，顶端圆形，被微柔毛，子房柄长0.5—1厘米，萼宿存；果梗长2—4厘米，被柔毛。花期3—4月，果期约10月。

产元谋、景东、芒市、耿马、景洪等地，生于海拔400—600米的坝区、路边、村旁，有时见于灌木丛中，多为栽培或逸生路旁。印度、斯里兰卡、喜马拉雅东部、缅甸、越南、泰国有分布，在喜马拉雅地区的分布可上升达海拔1300米。

种子繁殖。

是较好的观赏树种；木材优良，耐腐，可作建筑用材，又是极佳的薪炭柴；树皮有收敛性的红色树脂，可供药用；内皮纤维及根皮纤维可作绳索和造纸；花可作染料；是放养紫胶虫的好寄主。也是较好的观赏树种。

＊ 本种中文名在一些书籍中均作"紫铆"，据考证该名称出自《本草纲目》虫部，紫铆条，乃紫胶的别名，本应予以更正，另取合适的名称，但这一名称用于本属、本种已久，而各书又以误传误，今日的紫胶也不用这一名称，同时，在《本草纲目》该条中，尚提及紫铆树一名，虽然紫胶虫寄主树的泛称不一定是本属、本种，但在本属中也有放培紫胶虫的寄主树，因此，名称虽不合理，为避免新的混乱，仍沿用该名称中的紫铆树，而不用紫铆故也。

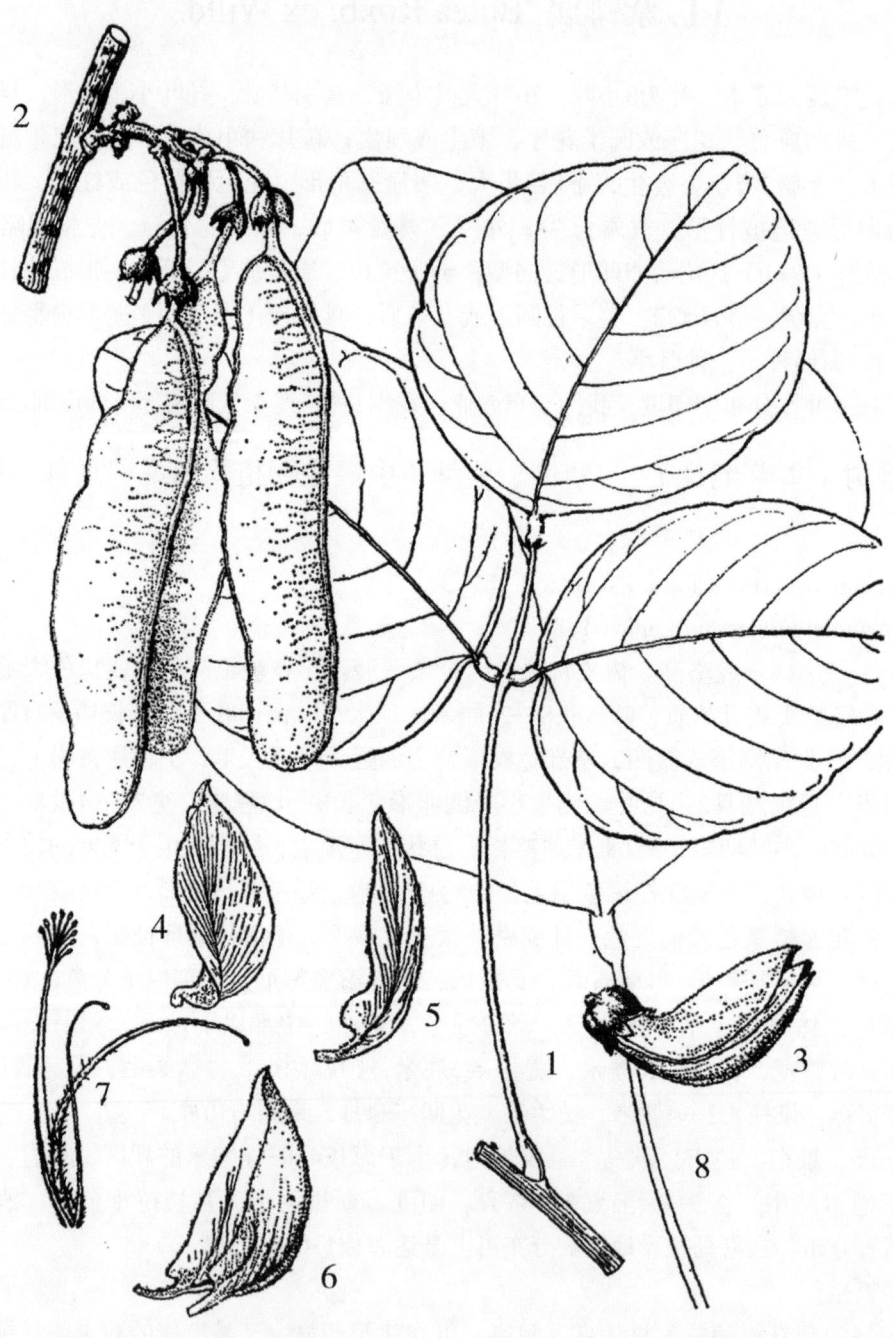

图196 紫铆树 *Butea monosperma* (Lam.) Kuntze.
1.叶枝一段 2.果序一段 3.花 4.旗瓣 5.翼瓣 6.龙骨瓣 7.雌蕊及雄蕊

150.旌节花科 STACHYURACEAE

灌木或小乔木，有时攀援状；落叶或常绿，常具极叉开的分枝。单叶，互生，膜质至革质，边缘具锯齿；托叶线状披针形，早落。总状花序或穗状花序腋生，直立或下垂；花两性或杂性，整齐，无柄或具短梗，具苞片1，小苞片2，基部连合；萼片4，覆瓦状排列；花瓣4，覆瓦状排列，靠合；雄蕊8，2轮，花丝钻状，花药小，丁字着生，内向纵裂；子房上位，4室，胚株多数，着生于中轴胎座上；花柱短而单生，柱头头状，4浅裂。果为浆果状，4室，外果皮革质，有种子多数；种子小，具假种皮，胚乳肉质，子叶椭圆形，胚根短。

本科和猕猴桃科Actinidiaceae、大风子科Flacourtiaceae有亲缘关系。

仅1属。

旌节花属 Stachyurus Sieb. et Zucc.

属的特征同科。

约13种，分布于喜马拉雅山区至日本。我国约有9种8变种，产西南地区。云南有8种6变种。

分 种 检 索 表

1.叶坚纸质至革质，长圆形至长圆状披针形，先端尾状渐尖或渐尖，边缘具密而锐尖的细齿；花序较长，长5—10厘米 ……………………………………1.西域旌节花 S.himalaicus

1.叶膜质至纸质，卵形至长圆状卵形，先端渐尖至突然渐尖，边缘具钝齿；花序较短，长3.5—8厘米 …………………………………………………2.中华旌节花 S. chinensis

1.西域旌节花（峨眉植物图志） 喜马山旌节花（中国高等植物图鉴）、小通草、小通花 图197

Stachyurus himalaicus Hook. f. et Thoms ex Benth.（1861）

S. sigeyoii Masam.（1938）

灌木或小乔木，高2—5米。小枝栗褐色，具浅色皮孔。单叶互生，坚纸质至革质，长圆形至长圆状披针形，长4—18厘米，宽3.5—5.5厘米，先端尾状渐尖或渐尖，基部圆形至近圆形，边缘具密而锐尖的细齿，齿尖骨质加粗，侧脉5—7对，在两面凸起；叶柄紫红色，长0.5—1.5厘米。穗状花序腋生，长5—10厘米，无花序梗，直立或下垂；花黄色，长约6毫米，无梗；苞片1，三角形，长不及2毫米，小苞片2，宽卵形，长约2毫米，先端急尖，基部连合；萼片4，宽卵形，长约6毫米，先端钝；花瓣4，倒卵形，长约7毫米；雄蕊8，短于花瓣；子房卵状长圆形，连花柱长约6毫米，柱头头状。果近球形，径7—8毫米，无柄或具短柄，顶端具宿存花柱。花期3—4月，果期5—8月。

图197　中华旌节花和西域旌节花

1.中华旌节花 *Stachyurus chinensis* Franch. 果枝

2—4.西域旌节花 S. *himalaicus* Hook. f. et Thoms ex Benth.

2.叶枝　3.花枝　4.花

产云南省各地，生于海拔1700—2900米的山坡林中或沟谷灌木丛中。分布于我国西南地区和广东、广西、台湾、陕西、湖北、湖南、江西等省（区）；印度、缅甸也有。

茎髓白色，入药称"通草"。有利尿、催乳、清湿热之功效，主治水肿、淋病等症。

本种尚有翅柄旌节花 S. himalaicus Hook. f. et Thoms, ex Benth. var. alatipes C. Y. Wu（产滇西北和滇东南，主要特征是叶柄具翅）；小叶旌节花 S. himalaicus var. microphyllus C. Y. Wu（产景东和贡山，主要特征为叶很小，卵形或卵状长圆形，花序短）；以及产于西畴和富宁的毛轴旌节花 S. himalaicus var. dasyrachis C. Y. Wu（其特征是幼枝、花序轴以及叶下面沿脉均被黄褐色短柔毛）三变种。

种子繁殖，种子去肉洗净阴干后收藏，春播育苗。

2. 中华旌节花　图197

Stachyurus chinensis Franch.（1898）

S. praecox auct. non Sieb. et Zucc.j Diels（1900）

S. duclouxii Pitard ex Chung（1924）

灌木，高1.5—5米。树皮暗灰色。小枝具淡色椭圆形皮孔，无毛。单叶互生，膜质或纸质，卵形至长圆状卵形，长4—13厘米，宽3—6厘米，先端渐尖至突然渐尖，基部圆形至近心形，边缘具钝齿，侧脉5—6对，两面凸起，细脉网状，两面无毛，或下面沿主脉及侧脉疏被短柔毛；叶柄长1—2厘米。穗状花序腋生，先叶开放，长3.5—8厘米，无柄；花黄色，长约7毫米，近无柄或具短柄；苞片1，三角状卵形，长约3毫米，先端急尖，小苞片2，卵形，长2毫米，急尖；萼片4，卵形，长约3.5毫米，先端钝；花瓣4，倒卵形，长约6.5毫米，宽约5毫米，先端圆形；雄蕊8，长5.5毫米，花药长圆形，纵裂；子房瓶状，连花柱长5.5毫米，径约2毫米，被短柔毛，柱头头状。果球形，径约7毫米，无毛，顶端具或不具宿存花柱，基部具花被残留物。花期3—4月，果期5—7月。

产丽江和镇雄，生于海拔1580—2890米的沟谷灌木丛中或林缘。分布于四川、贵州、陕西、甘肃、河南、湖北、湖南、安徽、江西、浙江、福建、广西和广东等省（区）；越南也有。

种子繁殖。茎髓供药用。主治尿路感染，尿闭或尿少，热病口渴，小便赤黄，乳汁不通等症。

本种之变种短穗旌节花 S. chinensis Franch. var. brachystachyus C. Y. Wu et S.K.Chen（1981）分布于丽江、香格里拉和西藏察隅，其主要特征是叶缘具密而细的锐齿；果密集无柄，呈密穗状，顶端喙不明显，基部有显著的宿存花瓣和花丝。

159.杨梅科 MYRICACEAE

常绿或落叶，乔木或灌木。单叶互生，全缘或有锯齿，稀浅裂或羽状中裂，具柄；无托叶或稀有托叶。花单性，风媒，无花被，有时基部具小苞片，雌雄异株或同株异枝，稀同序，很少杂性同株，排成单穗状或复穗状花序；雄花序生于当年枝基部或去年枝叶腋，雄花单生于苞片腋，不具或具2—4小苞片，雄蕊2—20，通常4—8，花丝离生或稍合生，花药2室，分离，外向纵裂，药隔不显著，有时有钻形退化子房；雌花序通常生于叶腋，雌花单一或2—4生于苞片腋，通常具2—4小苞片，子房上位，1室，具一直立基生胚珠，花柱短或无，柱头2，稀1或3。果为核果或小坚果，种子1，无胚乳或胚乳极少；子叶肥厚。

本科2属（一单种属Comptonia Banks ex Gaerth.产北美洲）约50余种，分布于两半球的热带、亚热带和温带。我国有1属。

杨梅属 Myrica L.

乔木或灌木。叶常集生于小枝上部，全缘或有锯齿；无托叶。雄花有或无小苞片，雄蕊2—8，稀达20，花丝离生或基部合生；雌花具2—4小苞片，与子房贴生并同时增大，或与子房分离而不增大，子房具略规则的小凸起，随子房发育增大，形成腊质腺体或肉质乳头状凸起。外果皮薄或肉质，内果皮坚硬；种子具膜质种皮。

本属约有50种，分布于东、西两半球的热带、亚热带和温带。我国有4种1变种，产长江以南各省区及台湾；云南有3种。

分 种 检 索 表

1.小枝及叶柄被毡毛；雄花序由多数小穗组成复穗状圆锥花序，雌花序有短分枝；具数果，果椭圆形，果肉剥离后核表面有绒毛 ·················· 1.毛杨梅 M. esculenta
1.小枝及叶柄无毛或被稀疏柔毛；雄花序无分枝或分枝短小，呈单穗状花序，雌花序仅基部有短而不明显的分枝；具1—2果，果近球形。
　2.乔木，叶长6—16厘米，全缘或中部以上有稀疏小锯齿；雄花具2—4小苞片，雌花具4小苞片；果肉剥离后核表面无毛 ·················· 2.杨梅 M. rubra
　2.灌木，叶长2—8厘米，中部以上有粗锯齿；雄花无小苞片，雌花有2苞片；果肉剥离后核表面有密柔毛 ·················· 3.云南杨梅 M. nana

1.毛杨梅（中国树木分类学）　　火杨梅（峨山）、杨梅树（红河）图198

Myrica esculata Buch.-Ham.（1825）

常绿乔木，高达10米，胸径达40厘米。小枝密被毡毛，有明显皮孔。叶长椭圆状倒卵形，披针状倒卵形或楔状倒卵形，长5—18厘米，宽1.5—4厘米，先端钝圆或急尖，基部楔形，全缘或中部以上有疏齿，上面深绿色，无毛或近基部中脉有毛，下面浅绿色，有金黄色腺体和疏柔毛；叶柄长3—20毫米，被毡毛。花雌雄异株，雄花序由多数小穗组成复穗状圆锥花序，长6—8厘米，序轴密被短柔毛及稀疏的金黄色腺体，小穗长5—10毫米，具紧密覆瓦状排列的苞片，每苞片腋具1雄花，基部无小苞片，雄蕊3—7；雌花序长2—3.5厘米，小穗短小，仅具1—4花，因而整个花序呈单穗状，每苞片腋具1雌花，基部有2小苞片，子房被短柔毛，柱头2，细长，鲜红色，每一花序有数花发育成果实。果椭圆形，长约2.5厘米，径约1厘米，具乳头状凸起，成熟时红色；核卵状椭圆形，长约2厘米，径约1.2厘米，两侧有龙骨状凸棱，表面有绒毛。花期9—10月，果期翌年3—4月。

产禄劝、腾冲、盈江、龙陵、临沧、沧源、景东、普洱、勐海、峨山、新平、石屏、文山等地，生于海拔1400—2300的沟谷密林或山坡疏林中，也常见于干燥山坡上。广东、广西、四川、贵州有分布。

繁殖参阅杨梅。

木材坚硬，为建筑、农具等用材。树皮含单宁10%—27%，可作染料及医药上的收敛剂；根皮入药，治腹泻。果食用。

2.杨梅（植物名实图考）　大杨梅（峨山）图198

Myrica rubra（Lour.）Sieb. et Zucc.（1846）

常绿乔木，高达15米，胸径达60厘米。小枝无毛，有稀疏金色腺体和皮孔，叶倒披针形，倒卵长椭圆形或倒卵形，长5—16厘米，宽1—4厘米，先端渐尖、急尖或短尖，基部楔形，两面无毛，上面有光泽，下面有金黄色腺体，全缘或中部以上有稀疏小锯齿；叶柄长2—10毫米，无毛，下面有稀疏金黄色腺体。花雌雄异株，排成穗状花序；雄花序长1—3厘米，单一或簇生于叶腋，无分枝，稀基部有极端分枝，除基部的苞片无花外，每苞片腋具1雄花，花基部有2—4小苞片，雄蕊4—6；雌花序长5—15毫米，单生于叶腋，每苞片腋具1雌花，花基部有4小苞片，子房卵形，无毛，花柱短，柱头2，鲜红色，每一花序仅1花发育成果实。果球形，长和径近相等，约2厘米，具乳头状凸起，成熟紫红色、深红色或白色；核宽椭圆形，略侧扁，长约1.2厘米，宽扁面径约1厘米，表面无毛。花期4月，果期6—7月。

产峨山、马关、麻栗坡、富宁、广南，生于海拔1800—2400米的疏林中。江苏、浙江、江西、福建、台湾、湖南、四川、贵州均有分布；朝鲜、日本、菲律宾也有。

喜酸性土壤，在江南各省区常栽培，为著名水果之一，有许多园艺品种。种子繁殖，优良品种用嫁接繁殖。

果肉多汁，生食或制作清凉饮料、果酒及果酱等，入药治痢疾，盐渍外敷医疗创伤；核烧炭可治牙痛；树皮含单宁11%—19%。

3.云南杨梅（中国树木分类学）　矮杨梅（中国高等植物图鉴）、酸杨梅（云南）

Myrica nana Cheval.（1901）

产昆明、富民、安宁、楚雄、祥云、大理、永胜、会泽、曲靖、沾益、宣威、宜良、峨山等地，生于海拔1500—3000米的山坡灌丛中或针阔叶混交疏林下；贵州也有。

种子繁殖。

果味酸，生食。常用于制作话杨梅、清凉饮料、杨梅酱等，酱可久储，为醋的代用品，味浓而清香，夏季食用有消毒杀菌之功能，入药治疗痢疾、腹泻、胃痛、消化不良等；树皮含单宁30%，可用作赤褐色染料和医药上的收敛剂。又以枝叶繁茂，为良好的绿篱植物。

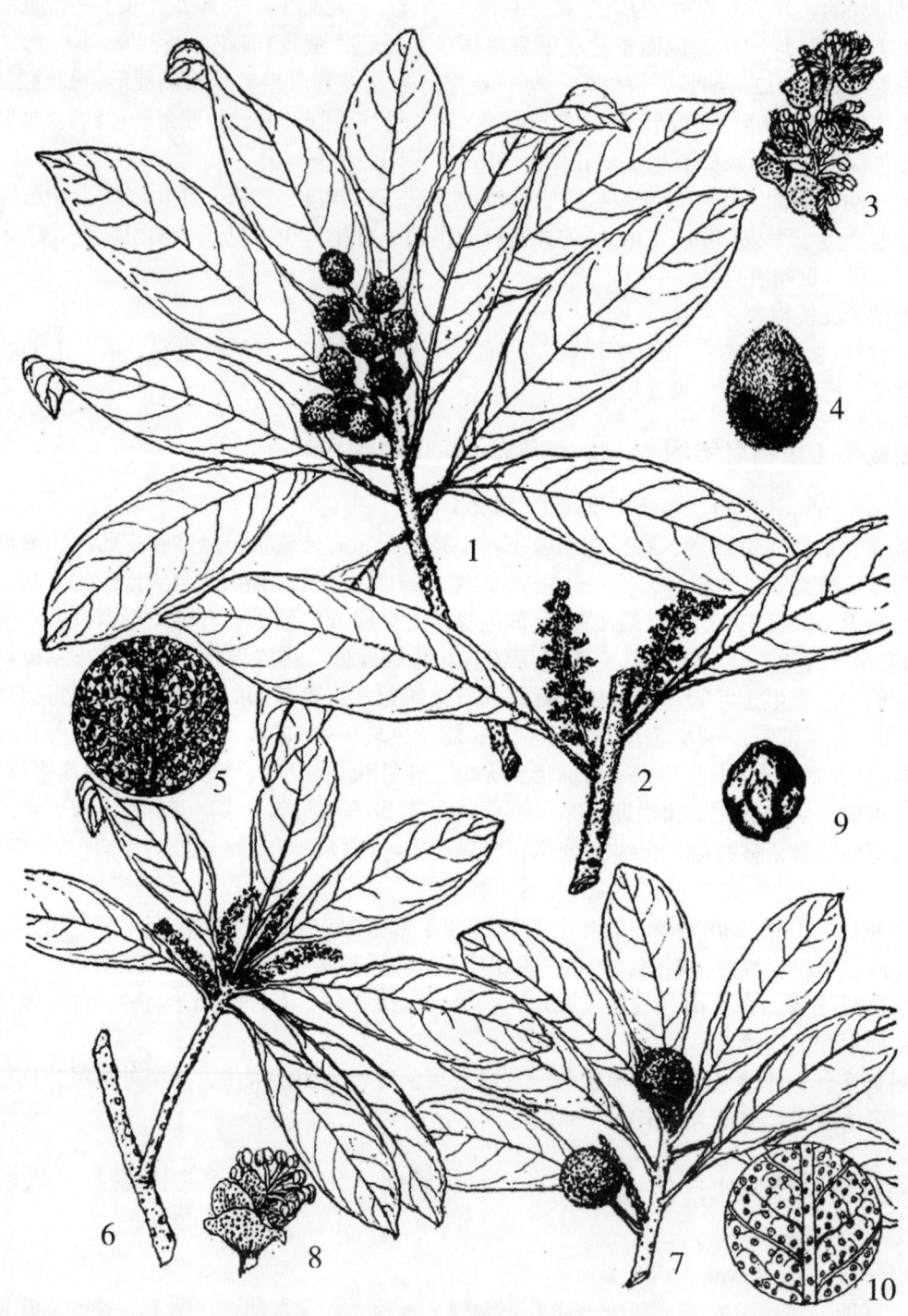

图198 毛杨梅和杨梅

1—5.毛杨梅 *Myrica esculata* Buch.-Ham

1.果枝 2.雄花序 3.雄花 4.果核 5.叶下面

6—10.杨梅 *Myrica rubra*（Lour.）Sieb. et Zucc.

6.雄花枝 7.果枝 8.雄花 9.果核 10.叶下面

164.木麻黄科 CASUARINACEAE

常绿乔木或灌木。小枝细长，绿色，多节，节间具细纵棱脊。叶甚小，齿状，4—12轮生，基部连合为鞘状。花单性，无花被，雄花具1雄蕊，外被2苞片及2小苞片，多数集生枝梢，成顶生柔荑花序状，风媒传粉；雌花成头状花序，生于短枝之顶，雌蕊由2心皮合成，外被2小苞片，子房上位，1室，2胚珠，花柱1，较短，柱头2，细长。果序球形或椭圆形，每果基部之2小苞片均木质化，在果实成熟后开裂；坚果形小，上部具翅，扁平；种子1，无胚乳，有根瘤。

本科1属65种，原产澳大利亚、马来西亚、波利尼西亚。我国引入7—8种；我省引入2种。本志记载1种。

木麻黄属 Casuarina Adans.

形态特征同科。

木麻黄（驳骨松）图199

Casuarina equisetifolia L. ex Forst.（1759）

乔木，高达40米，树皮暗褐色，纤维质，纵裂成长片脱落。小枝细长下垂，灰绿色，径约0.8毫米，节间长4—8毫米，具6—8棱脊。齿状叶6—8轮生。果序球形，径1—1.6厘米，木质苞片有毛，无棱脊；坚果连翅倒卵形，长5—7毫米。花期5月，果期7—8月。

栽培于元江、蒙自、新平、临沧、河口、景洪、勐腊等地。福建、广东、广西、台湾均有栽培。原产澳大利亚及太平洋群岛等热带地区。

喜光、喜炎热气候、抗风、耐盐碱、耐瘠薄、耐干旱、也耐潮湿。速生，在广东3年生高可达8—9米。种子及插条繁殖。采种母树以10—12年生为好，果序采集后曝晒2—3天，种子自行脱落。如密封贮藏，发芽期可保持1年。

木材为建筑、枕木、电杆、桩木、薪炭用材；树皮含单宁8.8%—18%，小枝可作饲料。因树干坚硬，根系发达，可为护岸林、防风林树种；又以树干通直，枝条斜出，小枝似松树的针叶，也常作观赏树木栽培。

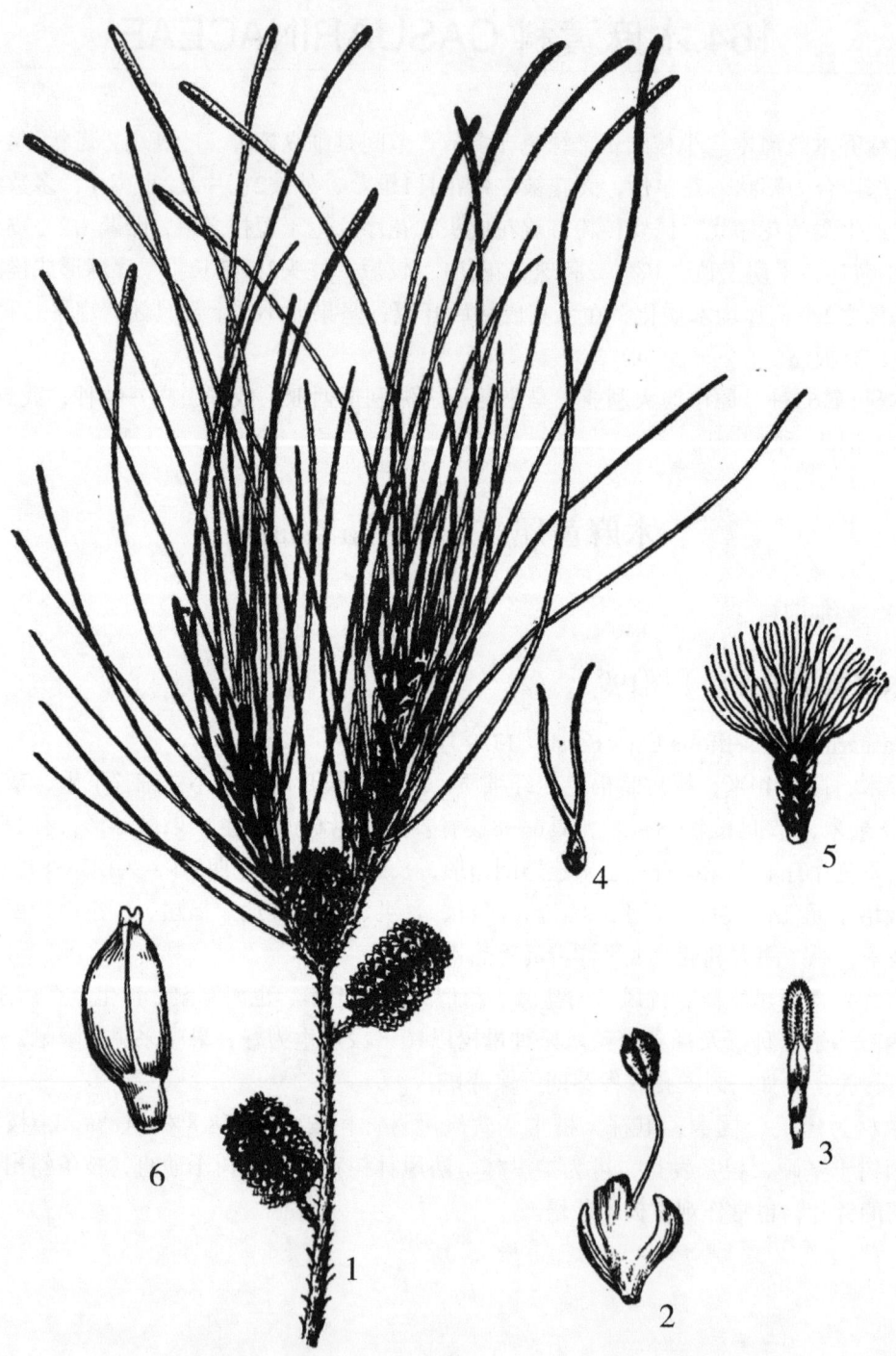

图199 木麻黄 *Casuarina equisetifolia* L. ex Forst.（1759）
1.果枝 2.雄花 3.花丝未伸出的雄花 4.雌花 5.雌花序的一部分 6.果

167.桑科 MORACEAE

乔木或灌木，稀为草本，通常具乳汁，有或无刺。叶互生，稀对生，全缘或具锯齿，有时分裂成掌状或羽状；托叶2，通常早落。花单性，雌雄同株或异株，无花瓣，花序穗状，聚伞，头状等；花序托有时肉质，增厚或封闭而为隐头花序，或张开为头状或圆柱状或盘状；雄花花被片2—4（1）或更多，雄蕊与花被片同数而对生，花丝在芽时内折或直立，退化雌蕊有或无；雌花花被片4，稀更多或更少，宿存，子房上位、下位、半下位，每室有胚珠1，胚珠倒生，花柱2裂或单1。瘦果或核果，围以肉质变厚的花被片，或藏于花被片内形成聚花果，或隐藏于壶形花序托内壁，形成隐花果（简称"榕果"），或陷入发达的花序轴内，形成大型的聚花果。胚珠悬垂，子叶折叠。

本科约55属，1000种，分布于热带、亚热带地区，少数种属分布于温带。我国有9属，150余种和亚种，主要分布于长江流域以南各省区。云南产9属，104种。本志收载6属51种。

分 属 检 索 表

1.雄蕊在芽时内折。
  2.头状花序或穗状花序。
    3.雌雄花序均为穗状；叶基部3—5脉；核果为肉质花被片包被 ……………1.桑属 Morus
    3.雄花序为穗状花序，雌花序为头状花序，叶基部三出脉；核果自花被内弹出…… …
    ……………………………………………………………2.构属 Broussonetia
  2.雌花单生，或2—4聚生，雄花为排成具柄的小头状花序；叶羽状脉 ………………………
  ………………………………………………………… 3.鹊肾树属 Streblus
1.雄蕊在芽时直立。
  4.花序托张开为盘状、球形头状、圆柱状。
    5.雄花序为假柔黄花序，雄蕊 n雌花序为假头状花序 ………………4.桂木属 Artocarpus
    5.雄花序生于盘状花序托上，雄蕊3—4；雌花单生于梨形花托内 …………………………
  ………………………………………………… 5.见血封喉属 Antiaris
  4.雌花、雄花、瘿花均生于球形花序托或榕果内壁，雄蕊1—3，稀更多 …………………
  ………………………………………………………… 6.榕属 Ficus

1.桑属 Morus Linn.

落叶乔木或灌木，无刺。冬芽具3—6芽鳞，呈覆瓦状排列。叶互生，边缘具锯齿，全缘至分裂，基出3—5脉明显，侧脉羽状；托叶侧生，早落。花雌雄异株或同株，或同株异序，雌雄花序均为穗状；雄花花被片4，覆瓦状排列，雄蕊4，与花被片对生，在芽时内折，退化雌蕊陀螺形；雌花花被片4，覆瓦状排列，结果时增厚为肉质；子房1室，花柱有或无，柱头2裂，内面被毛或为乳头状。聚花果（俗称桑根）为无数包藏于肉质被内的小核果组成，外果皮稍肉质，内果皮壳质；种子近球形，胚乳丰富，胚内弯，子叶椭圆形，胚根向上。

本属约16种，主要分布于北温带，但在亚洲南达印度尼西亚，在非洲南达热带，在美洲可达安第斯山脉。我国有16种（包括主要引进种），各地均有分布；云南产8种。

分 种 检 索 表

1.雌花无花柱或具极短的花柱，柱头里面具乳头状突起。
  2.雌花无花柱。
    3.叶下面脉腋被丛毛或柔毛，先端钝尖，边缘锯齿钝；聚花果卵状椭圆形或短圆柱形。
      4.聚花果卵状椭圆形，长1—2厘米，成熟时紫黑色；叶纸质，长5—15厘米 ………
………………………………………………………………………… 1.桑 M. alba
      4.聚花果短圆柱形，长1.5—2厘米，成熟时白色透明；叶厚纸质，长达30厘米 ……
………………………………………………………………… 2.鲁桑 M. multicaulis
    3.叶下面脉腋无丛毛，先端渐尖，具尖尾，边缘锯齿细密；聚花果狭圆柱形，长7—15厘米，直径5—9厘米，成熟时黄绿色 ………………… 3.光叶桑 M. macroura
  2.雌花具短花柱叶心形，长10—20厘米，宽10—17厘米；聚花果长圆筒形，长达4厘米，直径1.2厘米………………………………………… 4.滇桑 M. yunnanensis
1.雌花具长花柱，柱头里面具乳头状突起或被毛。
  5.柱头里面具乳头状突起；叶边缘锯齿有刺芒尖 ………………… 5.蒙桑 M. mongolica
  5.柱头里面被毛；叶边缘锯齿无刺芒尖 ………………………… 6.鸡桑 M. australis

1.桑 桑树 图200

Morus alba L.（1753）

乔木或灌木，高达15米。树皮厚，黄褐色，有纵裂。叶卵形至宽卵形，长5—15厘米，宽5—12厘米，先端急尖或钝尖，基部圆形至浅心形，稍偏斜，边缘锯齿粗钝，分裂或不分裂，上面无毛，下面脉腋有丛生毛；叶柄长1.5—2.5厘米。雄花序下垂，长2—3.5厘米，绿白色，花被片4，宽椭圆形，密被微柔毛，花丝在开花时伸出花被片外，花药球形，黄色；雌花序长1—2厘米，被毛；雌花无梗，花被片倒卵形，外面和边缘被毛，子房无花柱，柱头2裂，里面有乳头状突起。聚花果卵状椭圆形，长1—2厘米，直径约1厘米，成熟时紫黑色。花期4月，果期5月。

栽培于海拔200—2800米的平原或山地。全国各地均有栽培。

木材坚硬，可作家具、乐器、雕刻等用材。桑叶为饲蚕重要饲料。茎皮纤维可为纺织、造纸原料；根、皮、叶、果、枝条入药。

2.鲁桑

Morus multicaulis Perr.（1825）

栽培于昆明、楚雄、蒙自等地。浙江、江苏、四川、陕西等地有分布。

3.光叶桑 图200

Morus macroura Miq.（1851）

小乔木，高达12米，胸径达20厘米。小枝幼时被柔毛。叶膜质，宽卵圆形至卵形，长

图200　桑和光叶桑

1—3.桑 *Morus alba* Linn.

1.雌花枝　2.雄花枝　3.雄花

4.光叶桑*M. macroura* Miq.雄花枝

7—15厘米，宽5—9厘米，先端渐尖至尾尖，尾长1.5—2.5厘米，基部圆形至浅心形，两面无毛，幼时脉上疏被柔毛，基生侧脉延伸至叶片中部，侧脉4—6对；边缘锯齿细密；叶柄长2—4厘米。雄花序穗状，单生或成对腋生，长4—8厘米，花序梗长1—1.5厘米；雄花具短梗，花被片卵形，外面被毛，雄蕊4，退化雌蕊陀螺形；雌花序狭圆柱形，长6—12厘米，花被片被毛；子房斜卵形，无花柱，柱头2裂，里面具乳头状突起。聚花果狭圆柱形，长7—15厘米，直径5—9毫米；小核果卵状球形，微扁。花期3—4月，果期4—5月。

产金平、河口、文山、屏边、富宁、普洱、西双版纳、瑞丽、景东、临沧，生于海拔300—1300米的河谷或热带季雨林中。印度、尼泊尔、马来西亚有分布。

树皮可造纸；木材和叶可以提取桑色素。

4.滇桑　图201

Morus yunnanensis Koidz.（1930）

小乔木或灌木，高达14米。小枝圆柱形，灰褐色，无毛。叶心形，长10—20厘米，宽10—17厘米，先端具短尖，基部心形，上面无毛，下面初时被微柔毛，侧脉3—4对，边缘锯齿三角形；叶柄长4—6厘米，无毛或被微柔毛。聚花果长圆筒形，单生叶腋，长约4厘米，直径1.2厘米；花序梗长约5厘米，疏生短柔毛；花被片宿存，肉质，紫红色，先端钝，内卷；花柱宿存，短，柱头内面具乳头状突起。小核果扁球形，直径约2毫米，干后栗褐色。

产福贡、德钦、普洱、景东，生于海拔1850—2800米的疏林中。

5.蒙桑

Morus mongolica（Bur.）Schneid.（1916）
M. alba L. var. *mongolica* Bur.（1874）

产昆明、大姚、宁蒗，生于海拔1700—3100米地带。

6.鸡桑　图201

Morus australis Poir.（1797）

灌木或乔木，高达15米。枝开展，无毛，树皮褐灰色，纵裂。叶卵状圆形，有时3—5裂，长6—15厘米，宽4—10厘米，先端锐尖或渐尖，基部近心形，具粗锯齿，上面粗糙，下面疏被短柔毛；具柄，长1.5—4厘米。花单性，雌雄异株；雄柔黄花序长1.5—3厘米；雌花序较短，花柱与柱头等长，柱头2裂。聚花果长1—1.5厘米，幼时红色，后变暗紫色。花期4—5月，果期6—7月。

产昆明、禄劝、宜良、师宗、大姚、宁蒗、丽江、大理，生于海拔1450—2700米的山坡上。

枝皮纤维可制蜡纸和绝缘纸；果实酿酒；种子可榨油。

2. 构属　Broussonetia L'Hert. ex Vent.

落叶乔木或为蔓生性灌木，有乳汁。芽小。叶互生，分裂或不裂，边缘具锯齿，基生三出脉，侧脉羽状；具叶柄；托叶侧生，分离，披针形或卵状披针形，早落。花雌雄异株

图201 滇桑和鸡桑
1.滇桑 *Morus yunnanensis* Koidz.果枝
2—3.鸡桑 *M. australis* Poir.
2.果枝 3.雄花

或同株；雄花为穗状花序或球状花序，花被片4，稀为3，镊合状排列，雄蕊与花被片同数而对生，芽时内折，退化雌蕊小，雌花密集成球状花序，苞片棍棒状，宿存，花被管状，顶端3—4齿裂，宿存，子房内藏，具柄，花柱侧生，线形，胚珠自室顶悬垂。聚花果球形，肉质，由多数小核果组成；外果皮骨质或木质，胚弯曲；子叶圆形，扁平或对褶。

本属约7种，分布于亚洲东部和太平洋岛屿。我国有3种，主要分布于西南部和东南部，云南均产。

构树　图202

Broussonetia papyrifera（L.）Vent.（1794）

Morus papyrifera L.（1753）

落叶乔木，高可达16米。树皮暗灰色而光滑。小枝被毛，有乳汁。叶宽卵形至长圆状卵形，长7—20厘米，宽4—8（15）厘米，先端渐尖，基部略偏斜，心形，边缘具粗锯齿，幼时常2—3深裂，上面粗糙，下面灰绿色，密被柔毛，基部三出脉，侧脉明显；叶柄长2.5—8厘米；托叶膜质，大而脱落。花单性，雌雄异株，雄花为柔荑花序，腋生，下垂，雄蕊与萼片同数，花丝长，药2室，花梗短，有2—3小苞片；雌花序为稠密的头状花序，雌蕊为苞片所包围，柱头细长丝状，有刺，子房筒状。聚花果球形，径约3厘米，肉质，红色。

产全省各地。多生长在丘陵、山坡、平坦地、村落附近或房前屋后。

构树皮是高级纤维，可制复写纸、蜡纸、绝缘纸及人造棉；种子含油44.83%，种子油供制皂、润滑油及油漆用；叶可作农药。

3. 鹊肾树属　Streblus Lour.

灌木或小乔木，稀为藤状灌木，具乳汁，有刺或无刺。叶互生，排成两列，全缘或具锯齿，无腺体，羽状脉，具叶柄。花两性或单性，雌雄同株或异株；花序聚伞状、总状、穗状或头状，腋生，具花序梗；雌花单生或生于雄花序上；雄花花被片4（5或3），镊合状排列，分离或基部合生，退化雌蕊存在，雄蕊与花被片同数而对生，花丝在芽时内折，花药小，肾形，外向；雌花花被片4，覆瓦状排列，子房上位，花被片包围子房或不包围子房，花柱2裂。核果球形，果皮膜质，基部一边肉质或不为肉质，成熟时开裂或不开裂；种子球形，为薄膜质的内果皮所包，子叶大小相等或不等，有或无胚乳，胚根弯曲。

本属约22种，分布于斯里兰卡、中南半岛、马来西亚、印度尼西亚、菲律宾。我国有7种。云南产6种。

分 种 检 索 表

1.雄花序聚伞状，通常近球形；雄花单生于雄花序中央。
　2.雌雄同株或异株，花4数；雌花生于雄花序中央，果时花被片包围核果；核果不开裂；叶粗糙，全缘或具锯齿 ······························· 1.鹊肾树 S.asper
　2.雌雄同株，花4—5数，雌花单生叶腋，内轮花被片与核果连合成鞘状；核果成熟时开裂；叶光滑，中部以上有3—4锯齿······ 2.米扬噎 S. tonkinensis
1.雄花序总状、穗状或为蝎尾状聚伞花序；雌花序穗状或单生 ········ 3.假鹊肾树 S. indicus

1.鹊肾树　图203

Streblus asper Lour.（1790）

乔木或灌木，高达20米。树皮深灰色，粗糙。幼枝被短毛，皮孔明显。叶革质，椭圆状倒卵形或椭圆形，长2.5—6厘米，宽2—2.5厘米，先端钝或具短尖，全缘或具不规则钝锯齿，基部钝或两侧近耳状，两面均粗糙，侧脉4—7对；叶柄极短或近无柄。雌雄异株或同株；雄花序为头形聚伞花序，单生或成对腋生，雌花单生于雄花序中央，花序梗长8—12毫米，被细柔毛，苞片长圆形；雄花近无梗，花被片4，卵形或宽三角形，长约4毫米，外面疏被短柔毛，雄蕊长约3毫米，花药近球形；雌花具梗，梗长5—13毫米，中部以下有苞片1枚，顶部有2—3枚，花被片4，交互排列，子房球形，花柱在中部分枝，果时增长至6—12毫米。核果近球形，径约6毫米，成熟时黄色，为宿存花被片所包围。花期2—4月，果期4—5月。

产金平、河口、西双版纳，生于海拔200—950米的山坡、路边、村旁。广东、广西、海南有分布；东南亚各国也有。

2.米扬噎　图202

Streblus tonkinensis（Dub. et Eberh.）Corner（1962）

Bleekrodea tonkinensis Dub. et Eberh.（1907）

常绿乔木，高达20米。树皮白色，分枝甚多。叶倒卵状长圆形或长圆状披针形，长8—15厘米，宽2.5—5厘米，基部楔形，先端尾状渐尖，常在中部以上有3—4对粗锯齿，上面无毛，下面被疏毛；叶柄长5—7毫米。花单性，雌雄同株，雄花序为头状花序，腋生，约有7花；花被片和雄蕊均为4—5；雌花单生，长约1厘米，有2—4不等苞片；萼片4，几相等，排成2轮，外轮2个长圆形，内轮2个以边缘连合成鞘状包围子房，密生短毛，花后增大；子房无毛，花柱2，线状，屈曲，基部连合，柱头延长。果微带肉质，近球形，径7—10毫米，为4片增大之萼片所包围；种子球形。

产滇东南，生于海拔400米以下的石灰岩山或石灰山间小盆地的阴坡湿润地。

米扬噎胶乳制成的橡胶耐酸碱及耐水性能都很强，能在较低的温度下塑炼、混炼，可用以制造胶管、胶板、垫圈、车胎及胶鞋等。

3.假鹊肾树　图203

Streblus indicus（Bur.）Corner

Pseudostreblus indicus Bur.（1873）

乔木，高达15米。树皮灰褐色，近无毛。叶革质，长圆形、倒卵状长圆形或长圆状披针形，长6—15厘米，宽2.5—4厘米，先端急尖，基部楔形，全缘，上面有光泽，侧脉多数；叶柄长1—2.5厘米；托叶卵状披针形，早落。花单性，雌雄同株；雄花排成短的腋生聚伞花序，苞片3；花被片5，近圆形，雄蕊5，内弯；退化雌蕊小，线形；雌花单生于叶腋或雄花序上，具4小苞片，花被片4—5，近圆形，被柔毛；花柱顶生，二分枝，具短毛。果近球形，包藏于增大的花被内。

图203　鹊肾树和假鹊肾树

1—2.鹊肾树 *Streblus asper* Lour.

1.果枝　2.雄花

3.假鹊肾树 *S. indicus*（Bur.）Corner 果枝

产金平、景东、普洱、西双版纳、双江，生于海拔650—1500米的林中或潮湿地。分布于广东、广西、海南；泰国、印度也有。

4. 桂木属 Artocarpus J. R. et G. Forst.

乔木，具乳汁。单叶互生，螺旋状排列或二列，革质，全缘或羽状分裂，极稀为羽状复叶，叶脉羽状，稀三出；托叶成对，大而抱茎或小而不抱茎或生于叶柄内，脱落后有遗痕；花小，单性同株，生于一肉质的总轴上；雄花为假柔荑花序；花被2—4裂，雄蕊1，位于中央；花丝在花蕾中直立，基部粗大，花药2室，无退化雌蕊；雌花为假头状花序；花被管状，且埋藏于总轴内，顶端收缩而齿裂；子房1室，花柱顶生至侧生，2裂或不裂，胚珠倒生，悬垂于室顶或侧生。果为聚花果，由多数、扩大、肉质的花被和心皮组成，外果皮膜质至薄革质；种子无胚乳，胚根直立或弯曲，子叶肉质，相等或不等，萌发时不出土。

本属约60种，分布于印度、马来半岛至我国。我国约14种，产长江流域以南；云南有12种。

分 种 检 索 表

1.叶螺旋状排列，托叶抱茎、托叶痕环状。
　　2.小枝、叶下面密被淡褐色硬毛；雄花序外面苞片密集 …………… 1.野树菠萝 A. chama
　　2.小枝、叶下面无毛；雄花序外面苞片稀少或无 ……………… 2.树菠萝 A. heterophyllus
1.叶二行排列，托叶侧生，托叶痕非环状。
　　3.叶有毛。
　　　　4.叶上面疏被短毛或近无毛。
　　　　　　5.叶先端尾状渐尖，下面被粉末状绒毛，网脉间无腺点 … 3.二色菠萝蜜 A. styracifolius
　　　　　　5.叶先端短渐尖，下面被密柔毛，网脉间具深褐色腺点 ……… 4.野菠萝蜜 A. lacucha
　　　　4.叶上面无毛或仅中脉有毛。
　　　　　　6.叶下面被灰色粉沫状柔毛，侧脉6—7对 …………………… 5.白桂木 A. hypargyreus
　　　　　　6.叶下面被红褐色短绢毛，侧脉7—11对 …………… 6.短绢毛桂木 A. petelotii
　　3.叶无毛。
　　　　7.叶下面无秕糠状鳞片 …………………………… 7.桂木 A. nitidus ssp. lingnanensis
　　　　7.叶下面有秕糠状鳞片 …………………………… 8.鸡脖子 A. tonkinensis

1. 野树菠萝　山菠萝（河口）、萝蜜　图204

Artocarpus chama Buch.-Ham.（1831）

乔木，高10—15米。小枝幼时密被淡褐色粗硬毛，后变无毛。叶宽椭圆形或卵状椭圆形，长25—30厘米，宽15—20厘米，全缘或具细锯齿，先端钝尖，基部宽楔形或微钝，上面粗糙，下面密被浅褐色刚毛，侧脉10—11对；叶柄长2—3厘米，密被褐色刚毛。雄花序卵形或椭圆形，长15—20毫米，具花序梗；苞片盾形，边缘具缘毛，花被片2深裂。聚花果近球形，直径约7厘米，干后红褐色，外面密被圆柱形凸体，粗糙，被毛。花果期2—7月。

产金平、西双版纳，生于海拔130—650米的石灰岩山地林中。越南、老挝有分布。
木材通直，宜作建筑用材。

2.树菠萝 "蜜用""蜜浪"（傣语）、木菠萝 图204

Artocarpus heterophyllus Lam.（1789）

常绿乔木，高8—15米，全体有乳汁。叶厚革质，椭圆状长圆形至倒卵形，长7—15厘米，基部短尖，先端钝而短尖，全缘，不裂，或生于幼枝上的有时3裂，两面无毛，上面有光泽，下面略粗糙；叶柄长1—2.5厘米；托叶大。花单性，雌雄同株；雄花序顶生或腋生，圆柱形或棍棒状，长5—8厘米，直径2.5厘米，萼片2；雌花序圆柱形或长圆形，生于干上或主枝上。成熟的多花果长25—60厘米，大者重达20千克，外皮有稍作六角形的瘤状突起；种子长圆形，直径1.8—2厘米。

分布于滇南、滇东南，生于海拔70—700米的丘陵地区。

木材黄色，坚硬，可作家具，也可作黄色染料。花被肉质，淡黄色，可作水果生吃，蜜甜，有特殊味。种子富含淀粉，煮熟后可食，与板栗味相似。

3.二色菠萝蜜 奶浆果、二色桂木（云南种子植物名录）图205

Artocarpus styracifolius Pierre（1905）

乔木，高15—20米；树皮暗灰色，粗糙。小枝幼时蜜被白色短柔毛。叶排为二列，坚纸质，椭圆形或倒卵状披针形，长4—8厘米，宽2.5—3厘米，先端尾状渐尖，基部楔形，全缘，或幼树之叶常分裂，上面疏生短毛，下面被灰色粉末状绒毛，在脉上尤密，侧脉4—8对，网脉明显；叶柄长8—14毫米，被毛；托叶钻形，脱落。花序具梗，雄花序椭圆形，长6—12毫米，密被灰白色短柔毛；苞片盾形或圆形；雄花花被片被柔毛，2—3裂。花丝纤细，花药球形。聚花果球形，直径约4厘米，黄色，干后红褐色，被毛，外面密被圆柱形弯曲的凸体，果梗长18—25毫米。

产西畴、麻栗坡、河口、屏边，生于海拔200—1600米的林中。分布于广东、海南、广西；中南半岛北部也有。

木材松软，可作家具用材；果酸甜，可制果酱。

4.白桂木 图205

Artocarpus hypargyreus Hance（1861）

大乔木，高10—25米，胸径达40厘米。树皮深紫色，片状剥落。幼枝被贴伏柔毛。叶排为2列，坚纸质，倒卵状椭圆形，长8—15厘米，宽4—7厘米，先端渐尖，基部楔形，全缘，幼树之叶常羽状浅裂，上面无毛或仅中脉被微柔毛，下面浅绿色，被灰色粉末状柔毛，侧脉6—7对，弯拱向上展出，在下面明显，网脉明显；叶柄长1.5—2厘米，被柔毛；托叶线形，脱落。花序单生叶腋，雄花序椭圆状倒卵形或棒状，长1.2—2厘米，直径1—1.5厘米；花序梗长2—4.5厘米，被柔毛；雄花花被片匙形，密被微柔毛。聚花果近球形，直径3—4厘米，外面被褐色柔毛及微具乳头状凸起；果梗长3—5厘米，被短柔毛。

产广南、富宁、麻栗坡、河口、屏边，生于海拔600—1600米的常绿阔叶林中。福建、

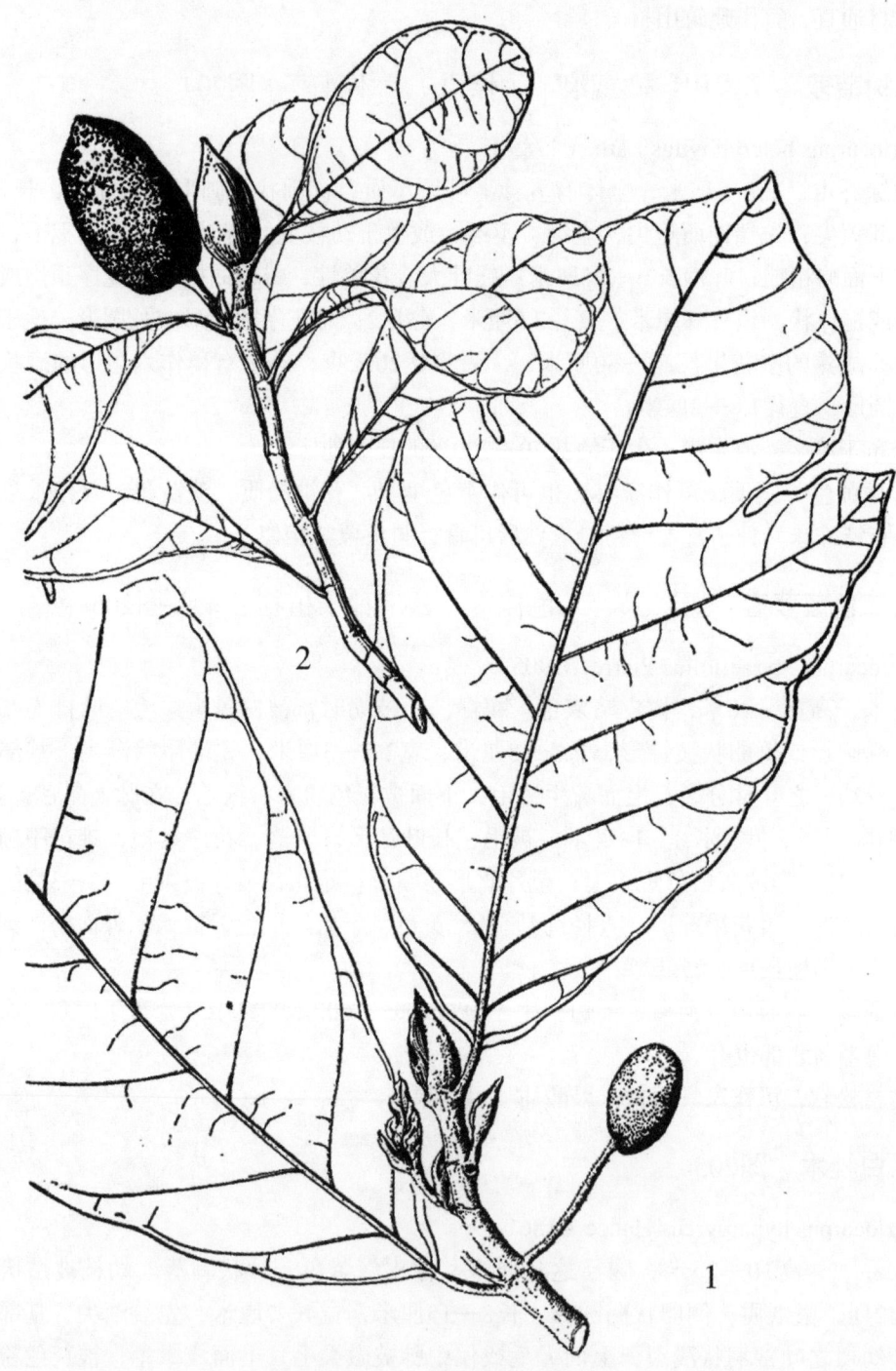

图204 野树菠萝和树菠萝

1.野树菠萝 *Artocarpus chama* Buch.-Ham.幼果枝

2.树菠萝 *A. heterophyllus* Lam.幼果枝

图205　二色菠萝蜜和白桂木
1.二色菠萝蜜 *Artocarpus styracifolius* Pierre 果枝
2.白桂木 *A. hypargyreus* Hance 果枝

江西、湖南、广东、海南、广西有分布。

乳汁可提取硬性胶；木材通直，坚硬，为良好的建筑用材。已列为国家重点保护植物。

5.短绢毛桂木　图206

Artocarpus petelotii Gagnep.（1926）

乔木，高8—12米。小枝疏生白色或红色短柔毛。叶坚纸质，长圆形至狭椭圆形，长9—23厘米，宽4—9厘米，先端渐尖至急尖，基部渐狭或钝圆，全缘或上部具疏锯齿，上面除中脉外，无毛，背面被红褐色短绢毛，侧脉7—11对，与网脉在背面明显；叶柄长1.3—1.8厘米，被白色或污红色柔毛；托叶披针形，长7—12毫米，外面密被短柔毛，早落。花序单生叶腋；雄花序倒卵状长圆柱形，长1.8—2.3厘米，密被灰白色短柔毛；苞片盾形，花被2裂；总梗长7—10毫米，密被微柔毛；雌花序头状，表面具不规则绉纹和乳头状凸体，花被管状，顶端2—3裂。聚花果近球形或分裂，直径约3厘米，干后红色，肉质，表面被柔毛。

产马关、麻栗坡、西畴、金平、河口、砚山、丘北。生于海拔1000—1900米的山地林中。越南北方有分布。

6.野菠萝蜜　图206

Artocarpus lacucha Buch.-Ham.（1825）

落叶乔木，高达20米。树皮粗糙。小枝密被锈褐色或黄红色长毛。叶椭圆形、长椭圆形或卵形，长12—37厘米，宽5—21厘米，先端短渐尖，基部宽楔形或钝圆，全缘或疏具浅锯齿，上面近无毛，下面密被柔毛，沿脉尤密，侧脉9—18对，网脉之间具深褐色腺点；叶柄长15—45毫米，密被褐色柔毛。花序单生叶腋；雄花序椭圆形，或为棒状，长1.2—2.3厘米，直径1—1.8厘米；花被2—3裂，花丝短，苞片盾状，具柄；花梗长约2毫米，被短毛；雌花序椭圆形或球形，花柱伸出花被外。聚花果近球形，直径5—6厘米，鲜时黄色，具多数宿存苞片；果梗长1.5—4.5厘米，被褐色短毛。

产滇东南至滇西，生于海拔350—2400米的山谷。中南半岛有分布。

7.桂木

Artocarpus nitidus Trec. ssp. lingnanensis（Merr.）Jarr.（1960）

A. lingnanensis Merr.（1929）

产滇南各地，生于中海拔湿润的杂木林中。分布于广东、广西和四川；越南、柬埔寨、泰国也有。

木材坚硬，纹理细致，可供建筑或家具等用材；果可食。

8.鸡脖子　图207

Artocarpus tonkinensis A. Chev. ex Gagnep.（1926）

乔木，高14—16米。树皮褐色，粗糙。小枝常被平伏柔毛或卷曲毛。叶革质，椭圆

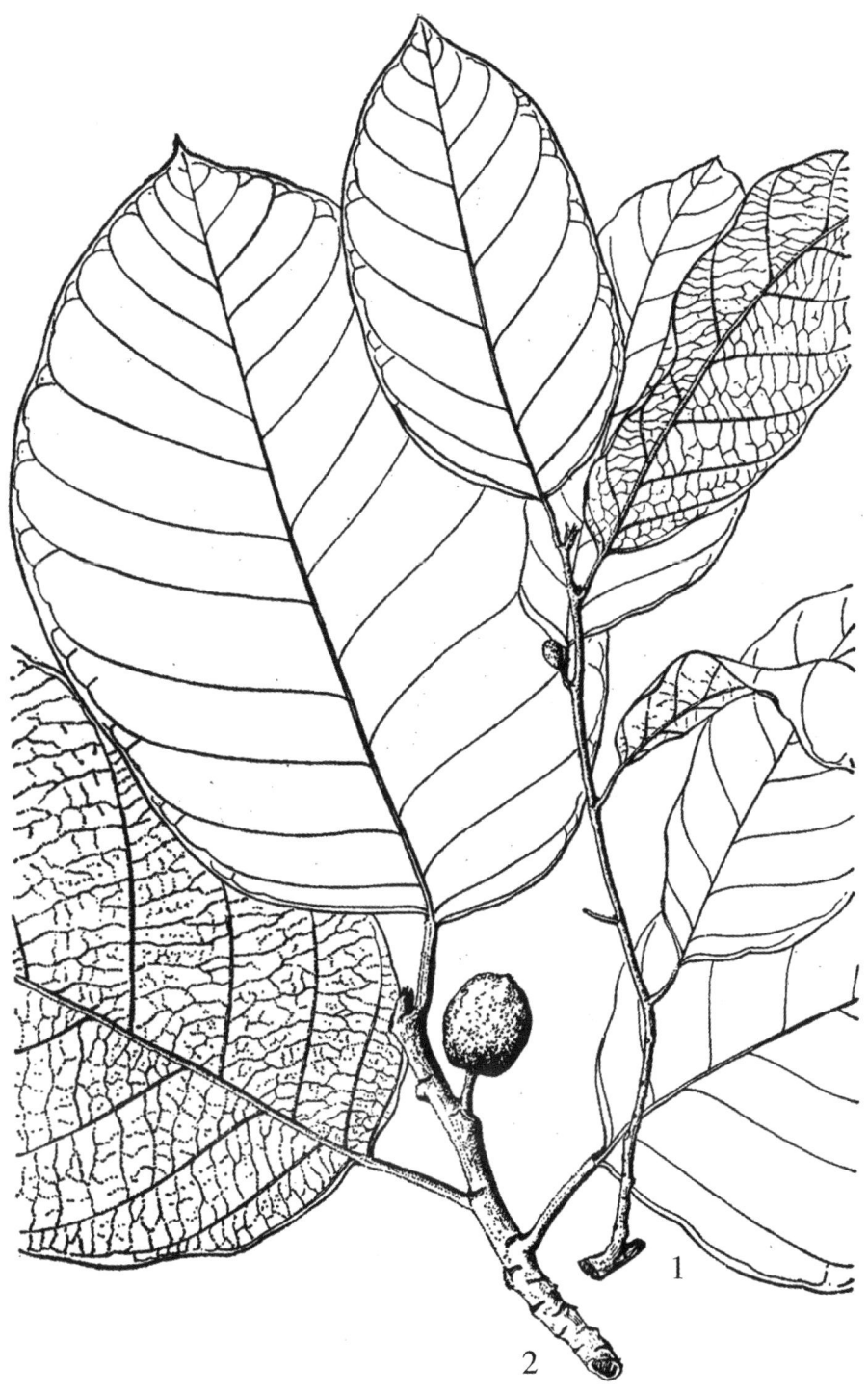

图206 短绢毛桂木和野菠萝蜜
1.短绢毛桂木 *Artocarpus petelotii* Gagnep.果枝
2.野菠萝蜜 *A. lacucha* Buch.-Ham.幼果枝

形、倒卵形或长圆形，长8—20厘米或更长，宽4—10厘米，先端具短尖，基部楔形至圆形，全缘或上部具浅锯齿，上面无毛，下面散生秕糠状鳞片，主脉在下面明显，侧脉6—9对；叶柄长4—10毫米，微被柔毛。花序腋生，雄花序倒卵球形或椭圆形，长1—1.5厘米，直径8—15毫米，花序梗短于花序；雄花花被2—3裂，花药椭圆形；雌花序球形，花柱伸出于盾形苞片外，花被片完全融合。聚花果近球形，微2裂，直径5—6厘米。小核果椭圆形，长1.2—1.5厘米，直径9—12毫米，成熟时黄色，干后红褐色。

产西畴、马关、麻栗坡、河口、西双版纳，生于海拔400—1300米的山坡阳处。广东、广西、海南有分布；中南半岛也有。

木材坚硬，为良好硬木；果成熟时味甜，可食。

5. 见血封喉属 Antiaris Lesch.

常绿乔木。叶互生，排为两列，全缘或具锯齿，叶脉羽状；有托叶，2裂或在叶柄内合生，早落。雌雄同株；雄花序腋生，头状，或盘状，肉质，围以覆瓦状排列的苞片；花序梗短；雄花花被片4（3），匙形，覆瓦状排列，雄蕊3—8，芽时直立，生于覆瓦状苞片内，无退化雌蕊；雌花单生，藏于梨形花托内，为多数苞片包围，无花被，子房1室，胚珠悬垂，花柱2裂，丝状。核果肉质，苞片宿存；种皮坚硬，子叶肉质，胚根细小。

本属约7种，主要分布于东南亚。我国产1种，分布于广东、广西、海南。云南产1种。

见血封喉 箭毒树、"埋光"（傣语）图207

Antiaris toxicaria（Pers.）Lesch.（1810）

Ambora toxicaria Pers.（1807）

常绿乔木，高达30米；基部有周长达8米的板根。小枝粗糙有节疣，初时黄色，有柔毛，后变灰色，无毛。叶长圆形或椭圆状长圆形，长6—15（23）厘米，宽3.5—8厘米，基部圆形或楔形，不对称，先端渐尖或有小突尖，全缘或有粗锯齿，两面粗糙，下面脉上有时有睫毛；叶柄长8—10毫米；托叶披针形，早落。花单性，雌雄同株，雄花序单一或2—3，球形，径约1厘米，生于一肉质、盘状、有短柄的花序托上；花序托为覆瓦状的苞片所围绕，花被片和雄蕊各4；雌花单一，长6毫米，生于带鳞片的卵状花托上，子房下位，1室，具有1例生胚珠，花柱2，线形，长2—3毫米。果肉质，长达1.8厘米，卵形，红色。

产景洪、勐腊，生于海拔1500米以下的低山干性雨林中。广东、广西、海南有分布；南亚各国也有。

树皮纤维细长柔软，强力大，易脱胶，可为麻类代用品。树干流出白色乳汁有剧毒，供涂箭头猎兽。

6. 榕属 Ficus Linn.

常绿乔木或灌木，稀为落叶灌木，有时为攀援或匍匐状灌木，有乳状液汁，有的种类具气生根、附生或绞杀现象。叶互生，少对生，全缘或具锯齿或分裂，有或无毛，钟乳体

图207　鸡脖子和见血封喉

1.鸡脖子*Artocarpus tonkinensis* A. Chev. ex Gagnep.果枝

2.见血封喉 *Antiaris toxicaria*（Pers.）Lesch.果枝

有或无；托叶合生，宿存或早落，脱落后留有环状疤痕。花单性；雌雄同株或异株，花生于肉质球形或梨形花序托（简称榕果）内壁，如为同株则雄花、瘿花，雌花生于同一榕果内壁；榕果腋生或生于老茎或无叶小枝上，具苞片，有或无花序梗；雄蕊1—3（—5），花丝在花芽时直立、花药2室，纵裂；子房直或歪斜，柱头顶生或侧生，单1或2裂，瘿花与雌花相似，仅花柱短于雌花，其子房为膜翅目黄蜂类的蛹所占据，胚珠不能发育，花柱短，顶端膨大。瘦果，果皮骨质。

本属1000种，主产热带地区。我国约100余种，分布于南部、西南部，东部较少，西北和东北几无分布。云南有67种。本志记载32种。

分 种 检 索 表

1.侧脉多数，羽状，细密平行；榕果几无梗。

  2.叶厚革质，长椭圆形，长10—30厘米；榕果圆柱形、径0.6—0.8厘米 …………………………………………………………………… 1.印度榕 F. elastica

  2.叶革质、椭圆形、长5—10厘米；榕果近球形、径1—1.8厘米。

    3.小枝劲直；榕果椭圆状球形，基生苞片明显 …………………… 2.劲直榕 F.stricta

    3.小枝下垂；榕果球形，基生苞片不明显 ……………………3.垂叶榕 F. benjamina

1.侧脉不为多数，羽状或掌状，不平行，榕果有梗或无梗。

  4.榕果着生于小枝叶腋或叶痕腋。

    5.榕果明显有梗。

      6.叶缘具疏钝锯齿、两面粗糙。

        7.叶脉掌状、3—5裂或不裂；榕果梨形、直径2.5—3厘米 ………4.无花果 F. carica

        7.叶脉羽状或基出三脉。

          8.叶脉羽状，叶对生，椭圆形或倒卵形，先端钝尖或短尾尖；小枝及叶被短硬毛；榕果倒梨形，径约1.5厘米…………………………………… 5.对叶榕 F.hispida

          8.叶基出三脉，叶互生，网脉明显。

            9.叶偏斜，倒卵状长圆形；小枝、叶、榕果均被硬毛；榕果球形，直径0.6—1厘米 ………………………………………… 6.歪叶榕 F.cyrtophylla

            9.叶不偏斜，倒卵状长披针形，两面被点状钟乳体；榕果球状椭圆形，直径1—2厘米 ………………………………………… 7.尖叶榕 F. henryi

      6.叶全缘，叶上面光滑。

        10.小枝粗壮、直径在4毫米以上。

          11.小枝无棱；叶先端圆形、钝尖或短渐尖。

            12.榕果直径1—2厘米；叶长椭圆形。

              13.叶两端近圆形，长9—15厘米，榕果球形 ……… 8.东南榕 F. orthoneura

              13.叶先端短渐尖，基部楔形，长13—20厘米，叶下面沿脉带锈色；榕果卵形或椭圆形 ……………………………………… 9.环纹榕 F. annulata

            12.榕果直径0.7—1.1厘米；叶倒卵椭圆形或长椭圆形，先端圆钝或钝尖 ……………………………………………………………… 10.华丽榕 F. superba

11.小枝具棱，叶长窄椭圆形，长10—22厘米，先端渐尖，基部楔形；榕果球
形，直径0.7—1厘米 ················· **11.大叶水榕** F.glaberrima
10.小枝纤细，直径在3毫米以下。
14.叶偏斜，粗糙，菱状椭圆形；长5—15厘米，先端急尖，基部楔形；榕果球
形，直径0.6—0.8厘米 ············· **12.斜叶榕** F. tinctoria subsp. gibbosa
14.叶不偏斜，不粗糙。
15.叶先端渐尖或急尖。
16.侧脉2—3对，叶椭圆状披针形，长6—15厘米；榕果球形，直径0.7—0.8
厘米 ······················ **13.尖尾榕** F. langkokensis
16.侧脉6对以上。
17.侧脉7—11对，叶长椭圆形；倒卵形或菱形，长4—14厘米；榕果球
形，直径0.8—1.3厘米 ··········· **14.突脉榕** F. vasculosa
17.侧脉7—17对，叶窄椭圆披针形长5—12厘米；榕果球形，直径0.9—1.2
厘米，表面具疣体 ·············· **15.变叶榕** F.variolosa
15.先端长尾尖，叶长圆状椭圆形，长8—14厘米；榕果球形，径约1厘米
···················· **16.线尾榕** F. filicauda
5.榕果无梗或近无梗。
18.叶基3—5主脉，分裂或不分裂；枝、叶、榕果均被黄色硬毛。
19.叶卵形或卵状长圆形或具深裂，长8—25厘米，宽5—12厘米；榕果球形，径约1.5厘
米，毛被较短 ······················ **17.掌叶榕** F. hirta
19.叶宽卵形，或有浅裂，长16—30厘米；榕果球形，径约2厘米，毛被较长 ··········
··················· **18.黄毛榕** F. esquiroliana
18.叶基3主脉，或无三主脉，不分裂，无长硬毛。
20.基部侧脉外边具分枝细脉。
21.叶先端长尾尖，三角状卵形，叶柄细长；榕果小，径不及1厘米 ·············
···················· **19.菩提树** F. religiosa
21.叶先端圆钝，叶柄粗短；榕果直径1.5—2厘米。
22.叶长椭圆形至圆形；榕果基部苞片宿存 ········· **20.大青树** F. hookeriana
22.叶卵状圆形至宽卵形；榕果基部苞片脱落 ········· **21.高山榕** F. altissima
20.基部两侧脉外边无分枝细脉或呈羽状脉。
23.榕果直径在1厘米以上。
24.叶先端圆钝，长窄椭圆形，长8—16厘米；榕果球形或椭圆形，直径1.5—2厘
米，表面光滑 ·············· **22.钝叶榕** F. curtipes
24.叶先端尾尖，叶长椭圆形或倒卵长圆形；榕果直径1—1.2厘米，外被疣状体···
··················· **23.森林榕** F. neriifolia
23.榕果直径在1厘米以下。
26.叶之网脉明显，叶长椭圆形，先端短渐尖，长5—13厘米。
27.小枝被疣状突起；榕果扁球形，直径0.6—8厘米，表面被疣点·············

....24.瘤枝榕 F. maclellandi

27.小枝无疣状突起；榕果球形，直径0.4—0.6厘米，表面无疣点 ....

....25.万年青 F. concinna

26.叶之网脉不明显，叶先端钝尖或渐尖。

28.叶较小，长4—8厘米，叶柄长2厘米以下，先端钝尖。

29.叶先端钝尖，脉稍平行，叶长椭圆形至倒卵椭圆形，榕果球形 ....

....26.榕树 F. microcarpa

29.叶先端钝圆，脉向上弯曲，叶卵状椭圆形，榕果陀螺状球形 ....

....27.豆果榕 F. pisocarpa

28.叶较大，长9—15厘米，叶柄长2—5厘米，先端渐尖 ....

....28.黄葛树 F. virens var. sublanceolata

4.榕果着生于老茎无叶的枝上，呈序状。

30.叶互生。

31.基出脉5条成掌状，叶宽卵形或近圆形，长15—40厘米，基部心形或圆形。榕果梨形或扁球形，直径3—5厘米 ....29.大果榕 F. auriculata

31.基出脉三条或成羽状。

32.叶长圆状披针形，长15—25厘米，先端渐尖，基部偏心形；榕果对生于无叶下垂枝条上，直径1—1.5厘米..............30.鸡嗉子果 F. semicordata

32.叶椭圆状倒卵披针形，先端钝尖，长10—18厘米；榕果聚生于瘤状枝上，直径2—2.5厘米 ....31.聚果榕 F.racemosa

30.叶对生，有时互生。

33.叶长椭圆形或倒卵椭圆形，全缘或有细锯齿，长6—20厘米；榕果生于从老茎生出的无叶枝上，榕果倒梨形，直径1.5—2.5厘米 ....32.对叶榕 F.hispida

33.叶倒卵状长圆形，长7—25厘米，先端急尖，基部钝圆；榕果近球形，簇生于老茎生出的短枝上，直径1—1.5厘米..............32.水同木 F. fistulosa

1.印度榕 图208

Ficus elastica Roxb.（1814）

常绿大乔木，高达35米。叶互生，具长柄，厚革质，长圆形或椭圆形，长8—30厘米，宽约10厘米，先端短锐尖，基部钝圆或渐狭，全缘，侧脉多而细，平行而稍直，近边缘处汇合成一边脉，主脉粗，在下面显著凸起；叶柄粗壮，长2—5厘米；托叶单生，大，披针形，脱落后在枝上留下一环状痕迹。花单性同株，极多数，生于肉质花托的内壁；花托无梗，口部为复瓦状排列的苞片所封闭，成对生于叶腋内，最初为风帽状的总苞所包围，不久此总苞脱落而于基部为一截头状的杯所围绕，熟时卵状长圆形，长约1厘米，平滑；雄花具梗，萼片4，卵形；雌花大部无梗，瘿花的萼片4。

分布于滇南、滇西南，为云南省热带河谷森林植物之一，喜生于高温高湿、土壤肥沃地区，但耐寒耐旱力较强，在0℃低温和雨量在1000毫米左右的亚热带地区能正常生长。

通常采用插枝和压条繁殖。插枝在阴历三月初从大树梢上切取上年抽出枝条三段，每

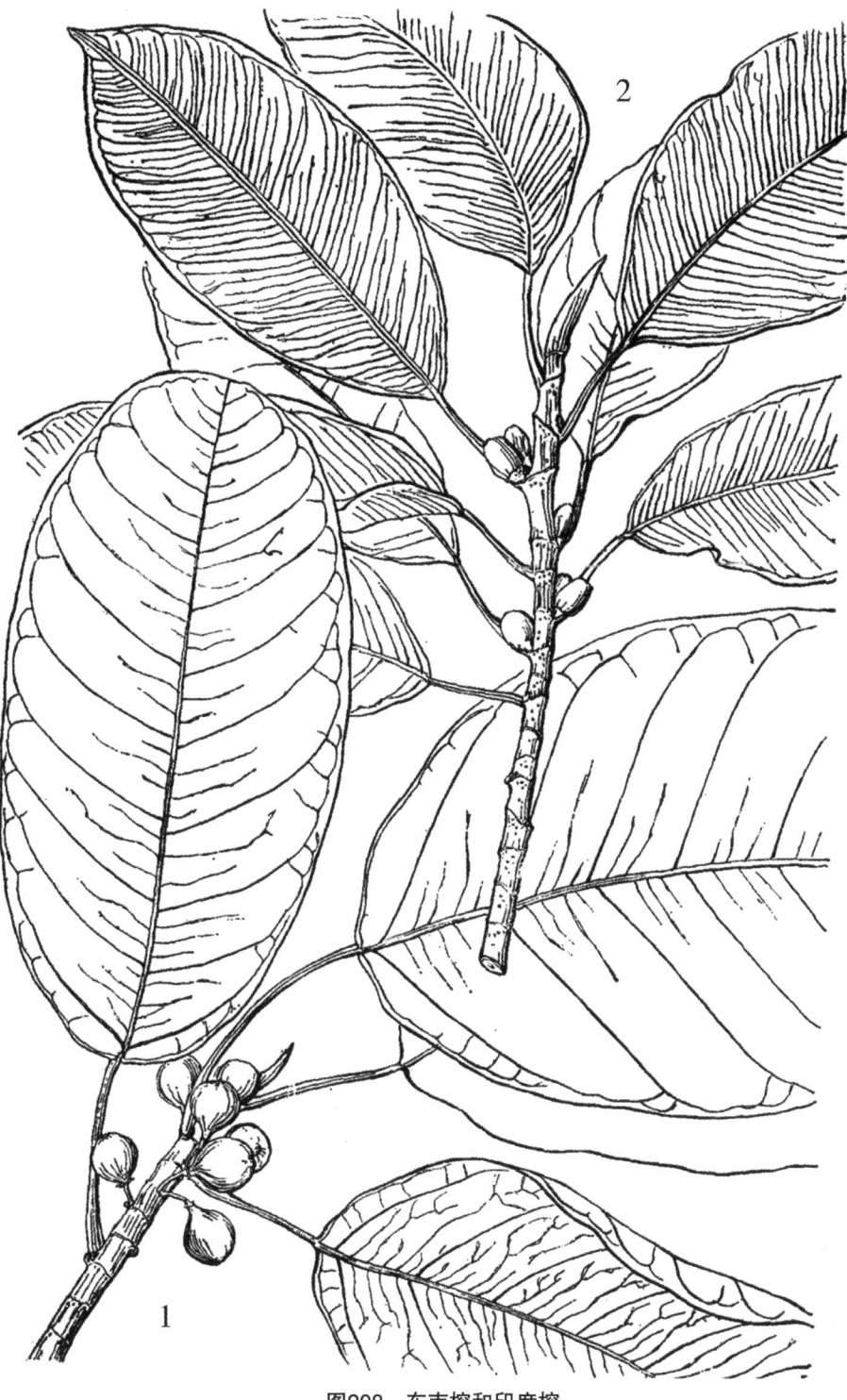

图208 东南榕和印度榕

1.东南榕 *Ficus orthoneura* Levl. et Vant.果枝

2.印度榕 *F. elastica* Roxb.果枝

段20厘米长，待伤口流胶凝固后，插入疏松苗床里，大约8厘米深，地面上保留2—3片叶子。插枝后需遮阴3个月，待生根后移植栽培。

从胶液中可提炼硬性橡胶，用途与杜仲胶相似。

2.劲直榕　图220

Ficus stricta Miq.（1867）

乔木，高达20米；树皮灰色，平滑。小枝直立斜上。叶薄革质，长圆形至卵形，长4—12厘米，宽3—6厘米，先端渐尖，基部钝圆或宽楔形，侧脉与网脉细而密，直达边缘，网结成厚边；叶柄短；托叶披针形，膜质，长1.5—2.5厘米。榕果无花序梗，成对或单生叶腋，球形至椭圆状球形，直径1.5—2厘米，光滑，成熟时黄色，顶生苞片唇形，基生苞片3，卵形；雄花极少，无梗，花被片；雄蕊1，花药心形，较花丝长；瘿花花被合生，顶端4裂；子房光滑，花柱近侧生，短；雌花花花被片4，花柱长。瘦果表面具瘤体。花期5—7月，果期7—10月。

产金平、西双版纳、普洱、孟连、镇康、双江、云县、凤庆、龙陵、盈江，生于海拔350—1800米的阔叶林中，有时成为绞杀植物，印度、马来西亚、印度尼西亚有分布。

3.垂叶榕

Ficus benjamina Linn.（1767）

形态特征与习性与劲直榕近似，唯枝叶下垂。

产地与分布同劲直榕。

4.无花果　图209

Ficus carica L.（1753）

乔木或灌木，高达10米。树皮灰色，皮孔圆形，深灰色。小枝粗状，节间短。叶厚纸质，广卵形，长宽几相等，10—20厘米，通常3—5裂，裂片卵形，边缘具不规则锯齿，上面粗糙，下面密被钟乳状突起和灰色短柔毛，基部浅心形，基出脉3—5，侧脉5—7对；叶柄粗壮，长2—5厘米；托叶卵状披针形，绿色带微红，长约1.5厘米。雌雄异株，榕果单生叶腋，梨形，有短柄、径约2.5厘米，雄花和瘿花同生于一榕果内壁，雄花生于近口部，白色，花梗长2—3毫米，花被片4—5，倒披针形，雄蕊2—3（1）；瘿花花被片与雄花同，子房倒卵形，花柱短；雌花与不育花被片4—5，白色，子房卵状圆形，光滑，花柱侧生，柱头2裂，线形；不育花子房萎缩。榕果（雌花果）大梨形，直径3—5厘米，顶部压平，苞片覆盖，中部以下收缩成长1—3厘米的柄，基生苞片3，宽卵形，花序梗短，榕果成熟时紫红或黄色。

昆明、宾川、新平、石屏等地有栽培。我国南北均有栽培，新疆南部栽培尤多。一般栽培的均为雌株，很难见到雄株。原产地中海沿岸，品种甚多，果形变化很大。

繁殖容易，通常扦插、压条均可。

榕果成熟时味甜可生食或作蜜饯；鲜叶捣烂用以治痔疮。

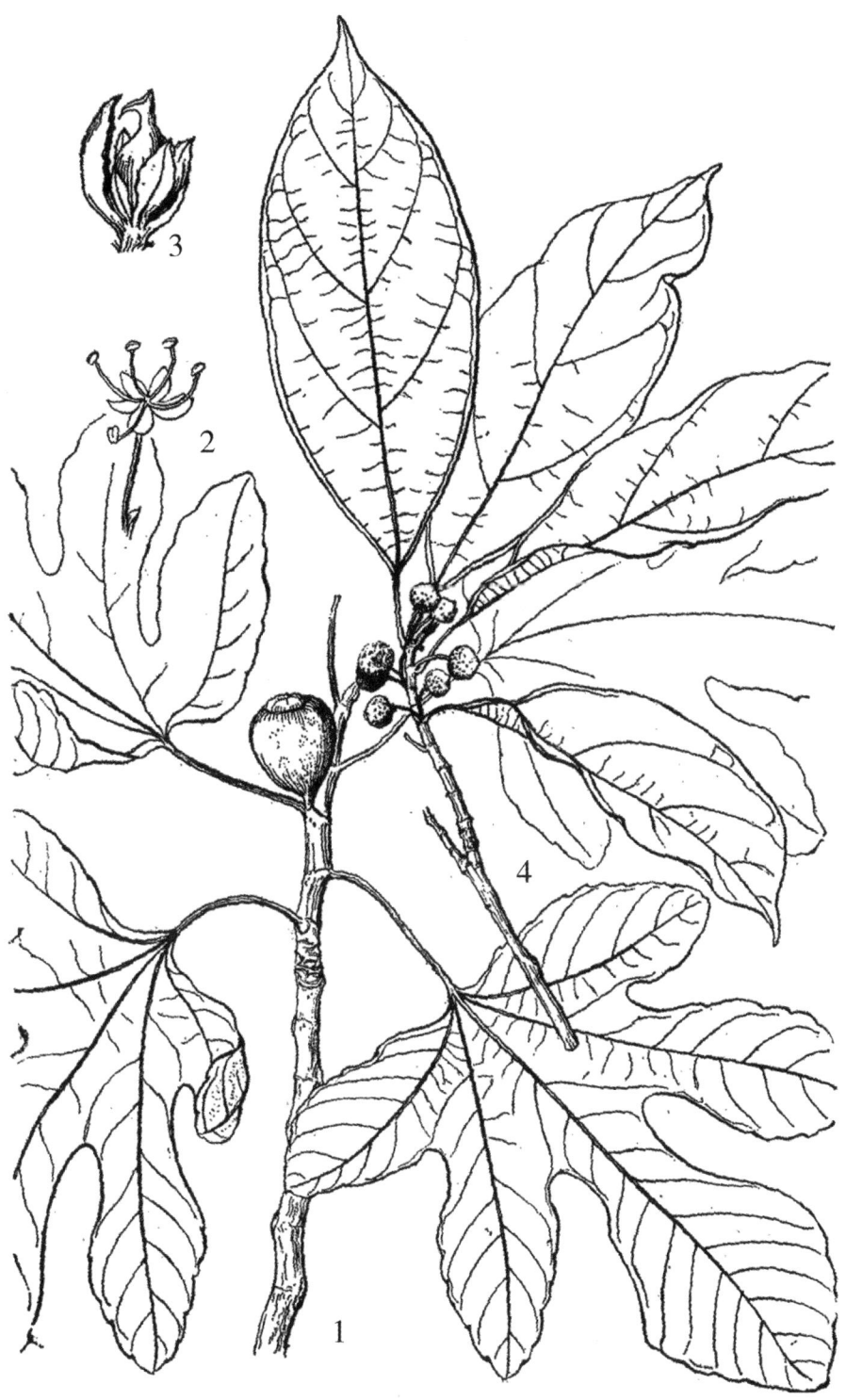

图209 无花果和尖尾榕
1—3.无花果 *Ficus carica* Linn.
1.果枝 2.雄花 3.雌花
4.尖尾榕 *F. langkokensis* Drake 果枝

5.对叶榕　图210

Ficus hispida L. f.（1781）

小乔木或灌木，高达5米。幼枝被糙毛，中空。叶通常对生，厚纸质、卵状长椭圆形或倒卵状长圆形，长8—25厘米，宽4—12厘米，全缘或有不规则细锯齿，先端急尖或具短尖，基部圆形或楔形，上面粗糙，被短硬毛，下面密被短硬毛，侧脉6—9对；叶柄长1—4厘米，被短粗毛；托叶卵状披针形，在果枝上通常4枚交互对生。榕果腋生或生于落叶枝上，或生于老茎发出的下垂无叶枝上，陀螺形，直径1.5—2.5厘米，表面散生苞片和糙毛；雄花与瘿花生于雄株榕果内，雄花生于近口部，多数，无花被，雄蕊1，瘿花生雄花之下，无花被；雌花生于雌株榕果内，无花被；子房红色，花柱长，被毛，花间有刚毛。瘦果短椭圆形，多少具龙骨，表面光滑或粗糙。

产富宁、西畴、麻栗坡、马关、金平、河口、峨山、建水、元阳、西双版纳、凤庆、龙陵、泸水、瑞丽、盈江，生于海拔120—160米的山谷潮湿地及次生阔叶林中。广东、海南、广西、贵州有公布；不丹、印度、泰国、越南、马来西亚至澳大利亚也有。

茎皮纤维供编织用；根、叶、皮入药，治感冒、支气管炎。可用作护堤植物。

6.歪叶榕　图215

Ficus cyrtophylla Wall. ex Miq.（1867）

小乔木或灌木，高达8米。树皮灰色，平滑。小枝、叶柄、榕果密被短硬毛。叶排为两列，纸质，两侧极不对称，长圆形至长圆状倒卵形，长9—15厘米，宽5—8厘米，先端渐尖或为尾状，基部歪斜，基生脉三出，侧脉4—5对，上面粗糙，具乳头状钟乳体，沿脉被短硬毛，下面密被褐色短硬毛，成长渐脱落；叶柄长1—1.4厘米，被短硬毛；托叶披针形，下面被毛，早落。榕果成对或簇生叶腋，椭圆状球形，直径8—10毫米，基部收缩成柄，成熟时黄色，表面被短硬毛，基生苞片3，被短硬毛，总花梗长3—5毫米，有短硬毛；雄花和瘿花生于雄株榕果内壁，花间有丰富刚毛；雄花花被片4，雄蕊1枚，无退化雌蕊；雌花生于雌株榕果内壁，花被片5，线形或披针形，被毛，子房白色，花柱长，柱头膨大。

产滇西南、滇西北，生于海拔300—2300米的山地疏林中。分布于广西、贵州、西藏（墨脱）；印度、印度东北部、缅甸北部、泰国北部、越南北部也有。

7.尖叶榕　图211

Ficus henryi Warb. ex Diels（1900）

小乔木，高达10米。幼枝黄褐色，无毛。叶倒卵状长圆形至长圆状披针形，长7—16厘米，宽2.5—5厘米，先端渐尖或尾尖，基部楔形，两面被点状钟乳体，粗糙，全缘或中部以上具疏锯齿，侧脉5—7对，网脉在下面明显；叶柄长1—1.5厘米。榕果单生叶腋，球形或椭圆状卵形，直径1—2厘米；花序梗长5—6毫米，顶生苞片脐状突起，基生苞片3，三角状卵形；雄花生内壁近口部，稀散生，具长花梗；花被片4—5，椭圆状披针形，被微毛；雄蕊4—3，花药椭圆形；瘿花散生内壁，具梗，花被5，卵状披针形；子房肾形，花柱侧生，柱头短，浅2裂；雌花生于雌株榕果内壁，花被片与瘿花同数；子房卵状圆形，花柱侧生，

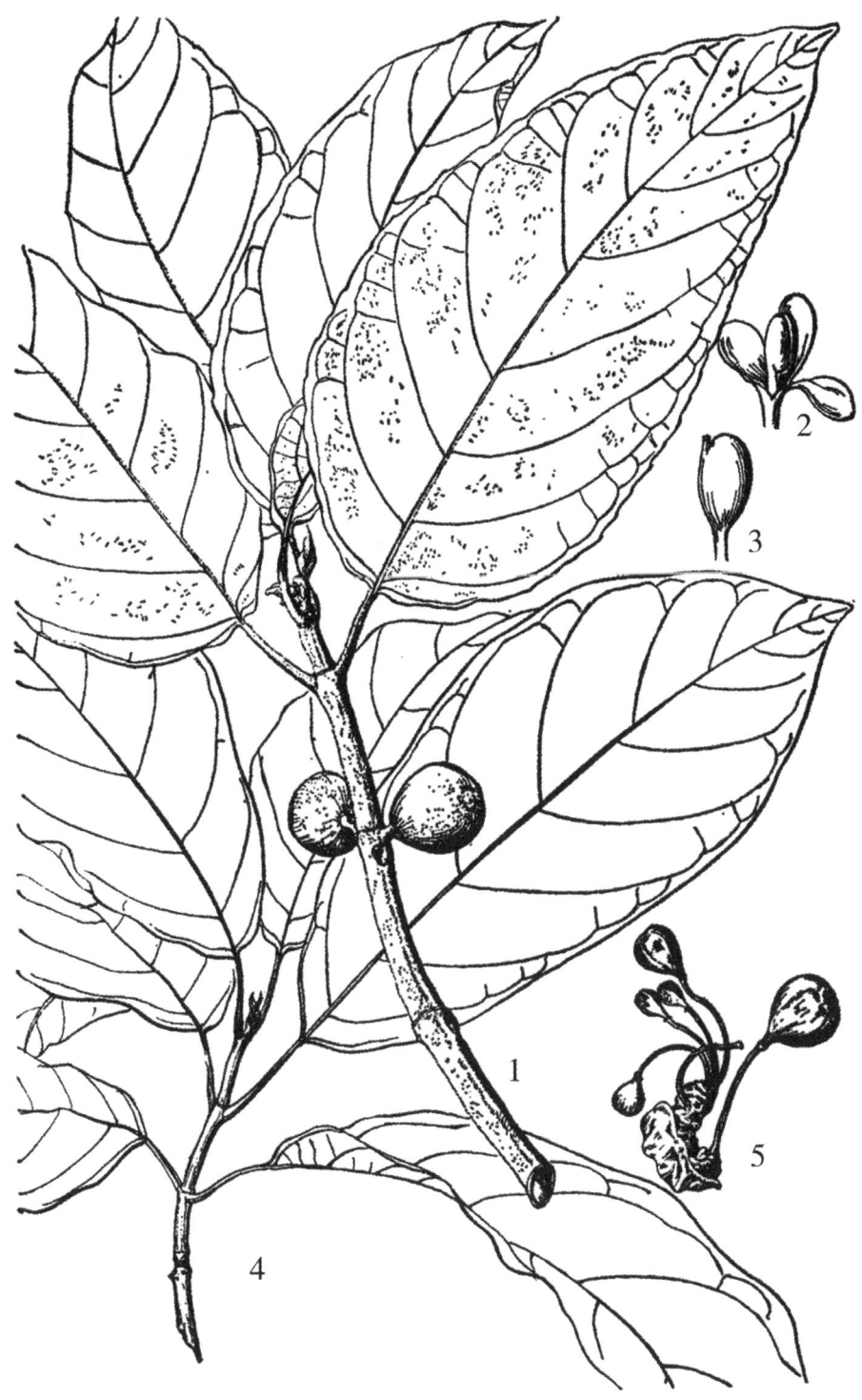

图210 对叶榕和水同木

1—3.对叶榕 *Ficus hispida* L. f.

1.果枝 2.雄花 3.雌花

4—5.水同木 *F. fistulosa* Reinw. ex Bl.

4.枝叶 5.果序

图211 聚果榕和尖叶榕
1—2.聚果榕 *Ficus racemosa* Linn.
1.枝叶 2.老茎及果序
3—5.尖叶榕 *F. henryi* Warb.
3.果枝 4.雄花 5.雌花

长，柱头2裂；榕果成熟时橙红色，表面粗糙。瘦果卵状圆形，光滑，背部具龙骨状突起。花期5—6月，果期7—9月。

产广南、富宁、西畴、麻栗坡、屏边、景东、贡山，生于海拔900—2000米的沟边潮湿处或疏林中。分布于湖北西部、广西、四川西南部、贵州西南及东北部。

榕果成熟时可生食。

8.东南榕（云南种子植物名录）图208

Ficus orthoneura Levl. et Vant.（1907）

乔木，高达10米。小枝干后略具皱纹。叶集生枝顶，革质或坚纸质，椭圆形或倒卵状圆形，长9—15厘米，宽6—9厘米，先端钝圆或具短尖头，基部圆形或浅心形，上面深绿色，无毛，下面浅绿色，全缘，侧脉7—15对，略呈平行展出至边缘网结；叶柄长2—3厘米，微扁；托叶膜质，绿白色，披针形，长达5厘米。榕果常单生叶腋或具花序梗；榕果球形或倒卵状球形，直径1—2厘米，顶生苞片微呈脐状，基部收缢为短柄，或不收缩；基生苞片3，披针形；雄花散生内壁，少数，具梗，花被片4，披针形，雄蕊1，花药椭圆形，长于花丝；雌花花被长4—5；子房斜卵状圆形，花柱近侧生，线形，柱头浅2裂；瘿花相似于雌花，花柱甚短。瘦果近球形，平滑。花果期4—9月。

产文山、富宁、金平、西畴、麻栗坡、河口、元江、普洱、西双版纳，生于海拔240—1650米的石灰岩山地。分布于广西、贵州；越南、泰国、缅甸也有。

9.环纹榕　图212

Ficus annulata Bl.（1825）

乔木，高达15米；幼时附生。叶薄革质，长椭圆形或长圆状披针形，长13—20厘米，宽5—8厘米，全缘，先端短渐尖，基部楔形，稀钝圆，上面无毛，下面无毛或被微柔毛，侧脉12—17对，在下面隆起；叶柄长3—4厘米；托叶披针形，长2.5—6厘米，下面被柔毛，早落。榕果成对腋生，卵形或长圆状椭圆形，长2—2.5厘米，宽1.5—2厘米，顶生苞片明显，基生苞片长3—11毫米，基部具环纹；花序梗长1—1.5厘米；雄花散生内壁，具梗，花被片，雄蕊1；雌花花被顶端4齿裂，子房卵圆形；瘿花极多数，花被顶端3裂，子房光滑，柱头扁平。瘦果表面具瘤体。

产金平、河口、屏边、普洱、西双版纳，生于海拔200—500米的山地林中。中南半岛、菲律宾有分布。

10.华丽榕

Ficus superba Miq.（1851）

本变种茎、花、托叶外面被绒毛；榕果直径18—25毫米。

产中南半岛。云南不产。

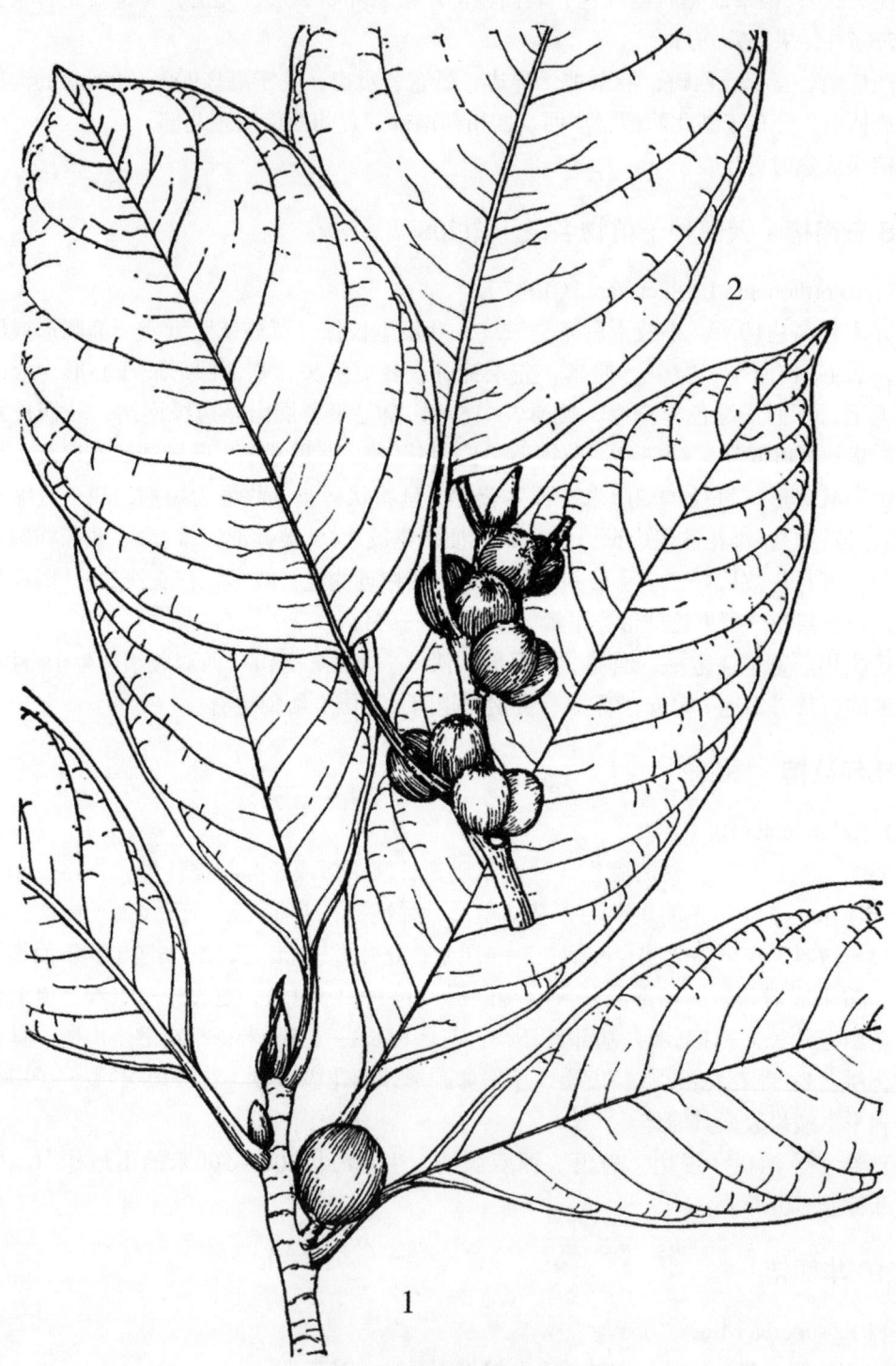

图212 环纹榕和高山榕
1.环纹榕 *Ficus annulata* Bl.果枝
2.高山榕 *F.altissima* Bl.果枝

10a.笔管榕（变种）图213

Ficus superba var. japonica Miq.

落叶乔木，高达9米。树皮黑褐色；有时具气生根。小枝淡红色。叶互生或集生于枝顶，近纸质，椭圆形、长圆形或倒卵披针形，长5—15厘米，宽3—6厘米，先端短渐尖或急尖，基部圆形或楔形，全缘或微波状，侧脉7—9对；叶柄长3—9厘米，近无毛；托叶披针形，长约2厘米，外面被微毛，早落。榕果单生或成对簇生于叶腋或无叶的枝上，球形，直径7—11毫米，光滑，成熟时红色，总梗长约3毫米；基生苞片3，花序梗长3—5毫米，雌雄同株；雄花极少数，生于内壁近口部，无梗，花被片2—3，雄蕊1，花丝短；瘿花具梗，散生，花被片3—4，子房球形，光滑，花柱短，柱头膨大；雌花无梗，花被片4，宽披针形。瘦果球形，花柱纤细，宿存。

产河口、勐海，生于海拔140—1400米的山坡林中或河岸。分布于福建、台湾、浙江、广东、海南；日本、马来西亚、中南半岛也有。

11.大叶水榕　池树（景东）、万年青（河口）图214

Ficus glaberrima Bl.（1825）

乔木，高达15米，胸径15—30厘米。树皮灰色。叶薄革质，长窄椭圆形，长10—22厘米，宽5—10厘米，全缘，先端渐尖，基部宽楔形至圆形，干后褐色至浅褐色，上面无毛，下面沿脉被微柔毛，侧脉8—12对，两面明显；叶柄长1—3厘米；托叶线状披针形，长约1.5厘米，早落。榕果成对腋生，球形，直径7—10毫米，雄花、雌花、瘿花生于同一榕果内壁；雄花生内壁近口部或散生，少数，花被片4，卵状披针形，雄蕊1；雌花花被片2或3；子房卵状圆形，花柱近侧生，微弯曲；瘿花无梗或具短粗梗，花被片4，子房近球形，花柱粗短。瘦果卵状球形。花果期5—9月。

产文山、富宁、麻栗坡、西畴、河口、屏边、普洱、西双版纳、景东、临沧、双江、瑞丽、芒市、双柏，生于海拔550—2800米的山谷疏林中。

本种为紫胶虫优良寄主树。

12.斜叶榕（亚种）（云南种子植物名录）图215

Ficus tinctoria ssp. gibbosa（Bl.）Corner（1960）

Ficus gibbosa Bl.（1825）

乔木，高达20米。叶近革质，斜菱状椭圆形或倒卵状椭圆形，长4—17厘米，宽3—6厘米，先端急尖或短渐尖，基部楔形，不对称，全缘或中部以上偶有疏生粗锯齿；叶柄长6—15毫米。榕果单生，成对或伞状腋生，球形，直径8—10毫米，熟时红色。

广布于云南省南部地区，常附生于其他树上，成为绞杀植物。广东、广西、贵州、福建、台湾均有分布；越南、缅甸、印度、斯里兰卡、马来西亚等处也有。

图213 笔管榕和万年青树
1.笔管榕 *Ficus superba* var. *japonica* Miq.果枝
2.万年青树*F. concinna* Miq.果枝

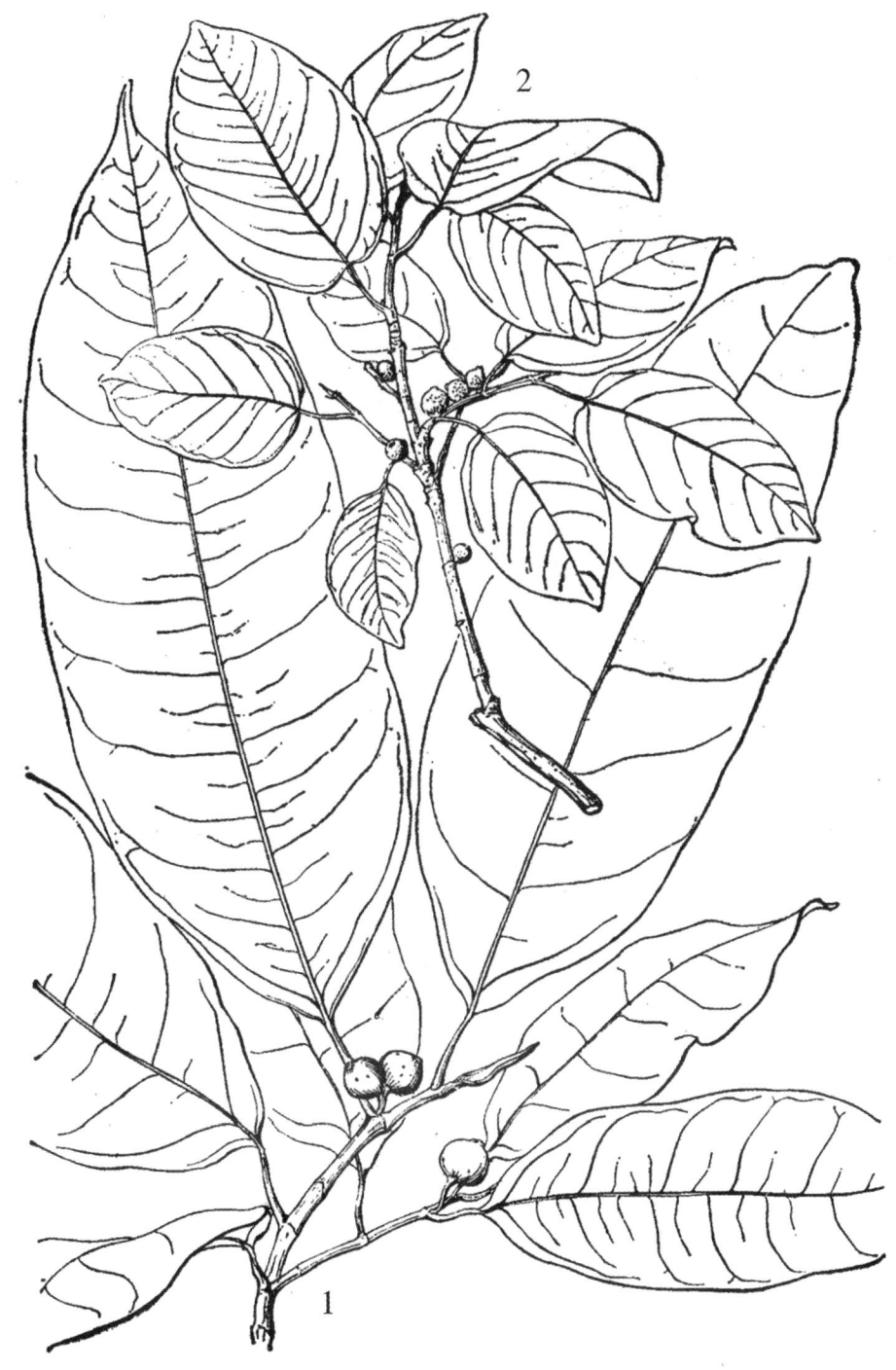

图214　大叶水榕和豆果榕
1.大叶水榕 *Ficus glaberrima* Bl.果枝
2.豆果榕 *F.pisocarpa* Bl.果枝

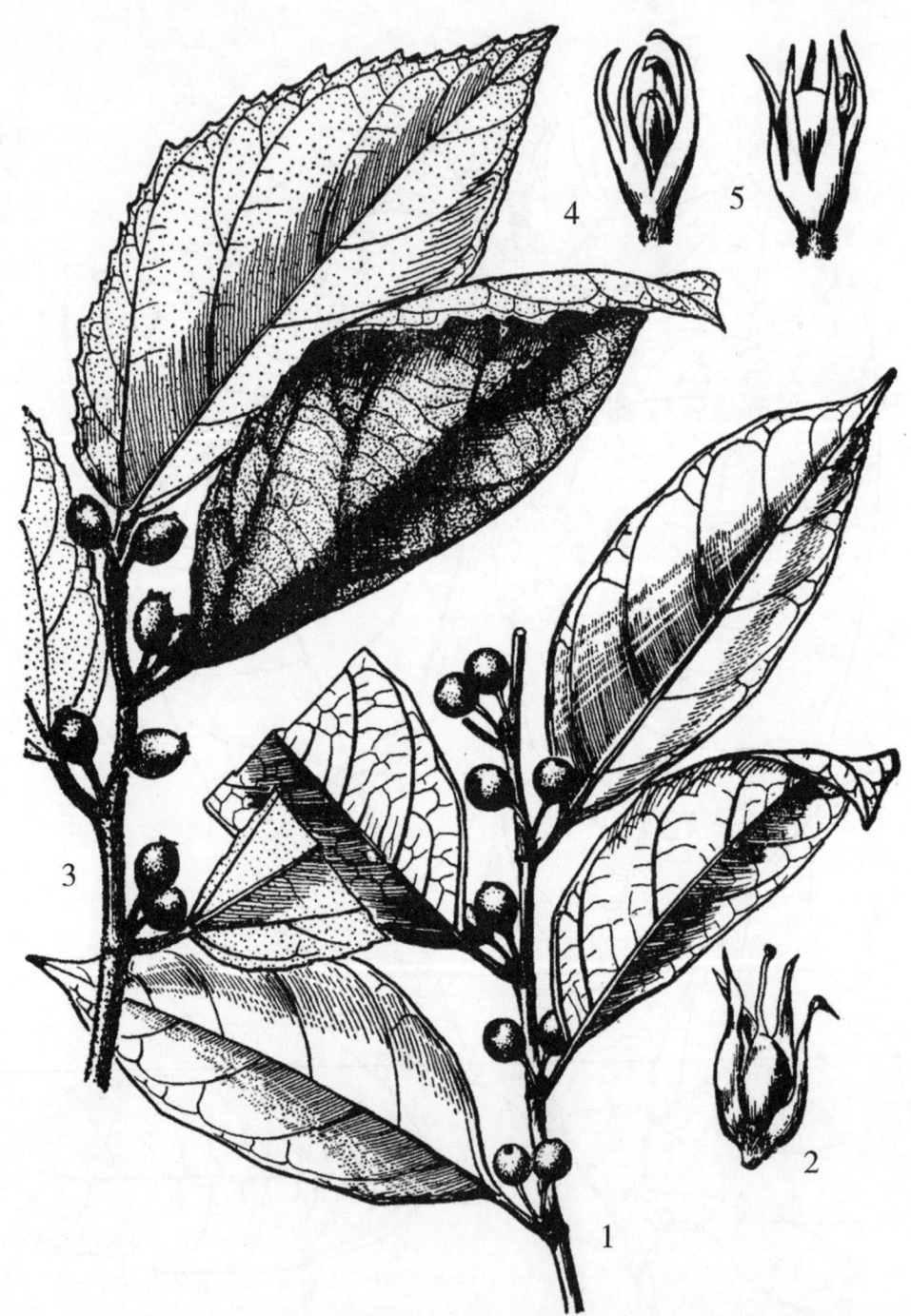

图215 斜叶榕和歪叶榕

1—2.斜叶榕 *Ficus tinctoria* ssp. *gibbosa*（Bl.）Corner
1.果枝　2.瘿花

3—5.歪叶榕 *F. cyrtophylla* Wall.ex Miq.
3.果枝　4.雄花　5.雌花

13.尖尾榕　青藤公（海南植物志）图209

Ficus langkokensis Drake（1896）

Ficus harmandii Gagnep.（1927）

小乔木，高达15米，胸径15—20厘米。树皮灰黄至红褐色，平滑。小枝幼时被红色秕糠状小鳞片，后脱落，有时被微柔毛。叶纸质，椭圆状披针形，长6—15厘米，宽3—4厘米，先端渐尖为尾状，基部楔形或宽楔形，全缘，基出脉3，延伸达叶片中部以上，侧脉2—3对；叶柄长1—4.5厘米，疏生短柔毛；托叶披针形，长约1厘米。榕果成对或单生叶腋，球形，直径7—8毫米，幼时被柔毛，后脱落，干后具红褐色秕糠状鳞片，顶生苞片微呈脐状突起，基生苞片3，卵形，花序梗长1—1.5厘米；雌雄异株，雄花与瘿花生于同一榕果内壁；雄花生近口部，具梗，花被片3—4，近匙形，雄蕊2，稀1，花丝短，花药椭圆形；瘿花具梗，花被片4，倒披针形；子房卵状圆形，具小瘤体，花柱侧生，极短，柱头2裂；雌花生于另一植株榕果内，具梗，花被片与雄花同。瘦果卵状圆形，花柱侧生，长，柱头2裂。

产富宁、马关、西畴、麻栗坡、金平、河口、屏边、景洪、临沧，生于海拔200—1750米的季雨林中，有时成为绞杀植物。分布于福建、广西、广东、海南；越南也有。

14.突脉榕（云南种子植物名录）　白肉榕（中国高等植物图鉴补编）图216

Ficus vasculosa Wall.（1828）

Ficus championii Benth.（1854）

乔木，高达80米，植株无毛。叶革质，长椭圆形、卵形、倒卵形，有时菱形，长4—14厘米，全缘，有时两侧各有1圆裂或波状齿，先端急尖或短渐尖，基部宽楔形，羽状脉在近边缘处网结成边脉，脉两面隆起；叶柄长1—2.5厘米。榕果球形，单生或成对生于叶腋，直径8—13毫米，果梗纤细，长1—1.5厘米。雄花少集中在榕果孔口，雌花和瘿花相似，紫红色。

产金平、河口。广东、广西、台湾有分布；泰国、越南、马来西亚也有。

15.变叶榕　图217

Ficus variolosa Lindl. ex Benth.（1842）

小乔木或灌木，高达10米。树皮灰褐色，平滑。小枝节间短。叶薄革质，狭椭圆形至椭圆状披针形，长5—12厘米或更长，宽1—4厘米，先端渐尖或钝尖，基部楔形，全缘，两面无毛，侧脉7—15对，与中脉略呈直角伸展；叶柄长6—10毫米；托叶三角形，长约8毫米，无毛，早落。榕果成对或单生叶腋，球形，直径9—12毫米，表面具小瘤体；顶生苞片脐状，基生苞片3，卵状三角形，近基部合生；花序梗长8—12毫米，雄花与瘿花生于同一榕果内壁；雄花散生，花被片3—4，线形，长短不等；雄蕊2—3，花药椭圆形，长于花丝；瘿花花被片4—6，舟状披针形，子房卵状圆形，花柱侧生，短；雌花生雌株之榕果内，花被片3—4；子房卵状圆形，花柱侧生，长，柱头2裂。瘦果球形，歪斜。

产文山、马关、麻栗坡、西畴、金平、河口、屏边、勐海、勐腊，生于海拔120—1800米的平坝、山坡、丘陵地疏林中。分布于浙江、福建、广东、海南、广西、贵州；越南、老挝也有。

图216 突脉榕和掌叶榕

1—4.突脉榕 *Ficus vasculosa* Wall.

1.果枝　2.本种另一叶型　3.雌花　4.雄花

5—6.掌叶榕 *F. hirta* Vahl

5.果枝　6.另一叶型

图217　森林榕和变叶榕

1.森林榕 *Ficus neriifolia* J. E. Sm. 果枝

2—4.变叶榕 *F. variolosa* Lindl. ex Benth.

2.果枝　3.雄花　4.雌花

16.线尾榕　图218

Ficus filicauda Hand.-Mazz.（1923）

小乔木或乔木，高达10米。小枝纤细，被微毛。叶纸质，长椭圆形，长8—14厘米，宽2—3.5厘米，全缘，先端急尖，延长为长达4厘米的尾状，侧脉9—12对，与中脉成直角伸出，至边缘联结；叶柄长7—10毫米，被微毛；托叶披针形，长1—1.5厘米。榕果单生或成对生于叶腋，椭圆状球形，直径约1厘米，表面无毛，疏被白色斑点，顶生苞片微呈脐状，基生苞片3，卵圆形，边缘膜质，花序梗长4—7毫米；雌雄异株，雄花和瘿花生于同一榕果内壁；雄花具梗，生于近口部，花被片4，倒卵形；雄蕊2；花丝极短；瘿花生于雄花之下，花被与雄花同数；子房近球形，花柱侧生，柱头2深裂。

产贡山（独龙江）、泸水、双江，生于海拔2100—2800米的阔叶林中。分布于西藏（墨脱）；印度、缅甸也有。

17.掌叶榕（中国高等植物图鉴）　佛掌榕（云南种子植物名录）图216

Ficus hirta Vahl（1806）

小乔木，高达8米，小枝、叶及榕果密被深黄色长硬毛。叶卵形、卵状长圆形，或长圆状披针形，长8—25厘米，宽4—13厘米，先端渐尖，基部心形，不裂或3—5裂，边缘有锯齿，两面粗糙，基出脉3—5；叶柄长2—7厘米，榕果近球形，直径1—2厘米；雄花和瘿花同生于一榕果内，雌花生另一榕果。

滇南广泛分布。广东、广西、贵州均有分布；越南、印度也有。

18.黄毛榕　图218

Ficus esquiroliana Lévl.（1914）

Ficus fulva Keinw.（1825）

小乔木或灌木，高达10米。树皮灰褐色，具纵棱。幼枝中空，被黄褐色硬长毛。叶纸质，宽卵形，长17—27厘米，宽10—20厘米，先端急尖，具长约1厘米的尖尾，基部浅心形，全缘或3—5裂，边缘具细锯齿，齿尖具长柔毛，上面疏生贴伏长糙毛，背面密被黄褐色长毛，尤以中脉和侧脉稠密，余均密被黄色或灰白色绵毛；叶柄长5—11厘米，细长，密生长硬毛；托叶披针形，长1—1.5厘米，早落。榕果腋生，无梗，球形，直径20—25毫米，表面密生黄褐色长毛；顶生苞片脐状突起，基生苞片卵状披针形，长约8毫米；雄花生于榕果内壁近口部，具梗，花被片4，顶端不分裂，雄蕊2；瘿花生于雄花之下，花被片与雄花同数；子房球形，光滑，花柱侧生，短，柱头漏斗状；雌花花被片4；子房卵状圆形，柱头棒状。瘦果斜卵状圆形，表面具瘤点。花期5—6月，果期6—7月。

产富宁、西畴、麻栗坡、金平、河口、屏边、绿春、西双版纳、新平、孟连、澜沧、云县、临沧、瑞丽、盈江，生于海拔500—2100米的山坡阔叶林中。广东、海南、广西、四川、贵州、西藏（墨脱）有分布；越南（北方）、老挝、泰国北部也有。

19.菩提树　图219

Ficus religiosa Linn.（1753）

大乔木，幼时附生它树，高达25米，胸径30—50厘米。树皮灰色，平滑或微具纵棱，

图218 线尾榕和黄毛榕

1.线尾榕 *Ficus filicauda* Hand.-Mazz.果枝

2—4.黄毛榕 *F. esquiroliana* Lévl.

2.果枝　3.雄花　4.雌花

冠幅广展。幼枝被微柔毛。叶革质，三角状卵形，长9—17厘米，宽7—12厘米，上面深绿色、光亮，下面绿色，无毛，先端骤尖，具2—5厘米的尾尖，基部宽楔形至浅心形，全缘或波状，侧脉5—7对；叶柄纤细，具关节，与叶片等长；托叶小，卵形，先端急尖。榕果成对腋生，无花序梗，扁球形，径7—10毫米，基生苞片宽卵形；雌雄同株；雄花很少，生内壁近口部，无梗，花被片，宽卵形，雄蕊1，花丝粗短，花药卵圆形；雌花无梗或具短梗，花被片3—4，花柱近顶生；瘿花多数，花被片4—5，披针形；子房有柄，花柱线形。花果期4—5月。

产普洱、景东、西双版纳，生于海拔400—630米的丘陵地带。村寨附近旷地或寺庙普遍种植。也可附生在其他乔木上。

20.大青树　图219

Ficus hookeriana Corner（I960）

大乔木，高达25米，胸径40—50厘米。主干通直；树皮深灰色，有纵槽。幼枝绿色微红，粗壮，平滑，无毛。叶大，坚纸质，长椭圆形至广卵状椭圆形，长15—20厘米或更长，宽8—12厘米，先端钝圆或具短尖，基部宽楔形至圆形，上面深绿色，下面绿白色，两面无毛，全缘，侧脉6—9对，与主脉成直角伸出，在边缘处网结，干后网脉在两面均明显；叶柄粗壮，长3—5厘米，无毛；托叶披针形，深红色，长10—13厘米。榕果成对腋生，无花序梗，长2—2.7厘米，径1—1.5厘米，顶生苞片脐状突起，基生苞片合生成杯状；雄花散生于内壁，花被片4，披针形，雄蕊1，花药椭圆形，与花丝等长；雌花与雄花混生，花被片与雄花同数，花柱近顶生，柱头膨大，单1；瘿花与雌花相似，花柱短而粗。花期4—10月。

产金平、麻栗坡、富宁、普洱、西双版纳、昆明、大理、凤庆、临沧，生于海拔500—1800（2200）米的丘陵地区，在寺庙中常栽培。贵州有分布；印度也有。

21.高山榕　图212

Ficus altissima Bl.（1825）

大乔木，高达30米，胸径40—90厘米，稀达1.8米。幼枝被微柔毛。叶厚革质，宽卵形或宽卵状椭圆形，长8—21厘米，宽5—12厘米，先端钝，急尖，基部宽楔形，全缘，两面平，无毛，侧脉5—8对，基出1对延长；叶柄长2—5厘米；托叶厚革质，长2—3厘米，外面被灰色绢状毛。榕果成对腋生，椭圆状卵形，直径17—28毫米，幼时包藏于早落风帽状苞片内，顶生苞片脐状突起，基生苞片宽而短，脱落后遗留环状疤痕；雄花散生榕果内壁，花被片4；雄蕊1；瘿花具梗，花被片4，花柱近顶生，较短；雌花无梗，花被片与瘿花同数，花柱长，柱头棒状，子房斜卵状圆形。瘦果表面具瘤体。

产新平、邓川、大理、德宏、腾冲、临沧、西双版纳，生于海拔100—2000米的山地林中或林缘。分布于广东、海南、广西；印度、不丹、缅甸、越南、泰国、菲律宾也有。

本种为优良的庭园风景树。

22.钝叶榕　图220

Ficus curtipes Corner（1960）

Ficus obtusifolia Roxb.（1832）

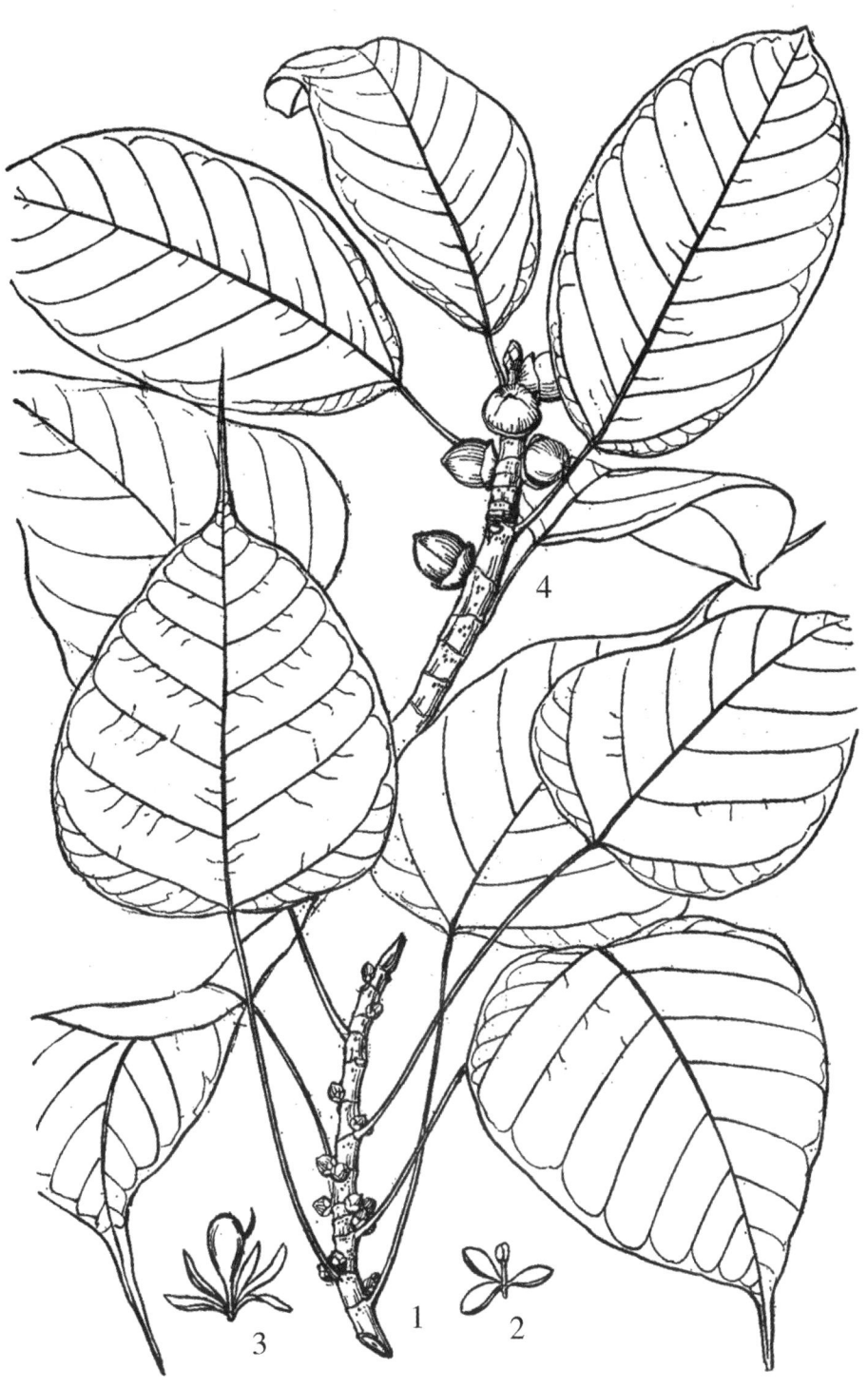

图219 菩提树和大青树

1—3.菩提树 *Ficus religiosa* Linn.

1.果枝 2.雄花 3.雌花

4.大青树 *F. hookeriana* Corner 果枝

乔木，高15米。树皮平滑，浅灰色。叶厚革质，长椭圆形或倒卵状椭圆形，长8—16厘米，宽5—6厘米，两面无毛，先端钝圆，基部楔形，侧脉8—12对，在两面均不明显；叶柄长1.5—2厘米，粗壮；托叶披针形或卵状披针形，长1—2厘米。榕果成对腋生，无花序梗，球形或椭圆形，直径1.5—2厘米；雄花具梗，花被片3，披针形，雄蕊1；瘿花花被片4，子房白色，花柱近顶生；雌花与瘿花相似，无花梗，柱头膨大。瘦果卵状圆形，表面具瘤体和黏膜，花柱与瘦果等长。花蒴果期9—11月。

产泸水、芒市、孟连、普洱、西双版纳，生于海拔500—1350米的石灰岩山地，常为绞杀植物。偶见栽培于庭园。印度、越南、马来西亚有分布。

秋末冬初，榕果成熟时深红至紫红色，极为美观，为庭园优良观赏树。

23.森林榕　图217

Ficus neriifolia J. E. Sm.（1810）

小乔木，高达15米。树皮深灰色，平滑；叶迹和托叶环甚明显。叶纸质至皮纸质，长圆形至卵状椭圆形，长8—18厘米，宽3—6.5厘米，全缘，先端渐尖或为尾状，基部楔形至钝圆，上面平滑，无毛，背面密生点状钟乳体，侧脉7—15对，与主脉成直角展出，至边缘连结向上，网脉与侧脉平行；叶柄长1—2厘米，无毛；托叶披针形，无毛。花雌雄异株，榕果成对腋生或生于落叶枝叶痕腋，球形，直径8—10毫米，无花序梗，果皮厚，表面散生瘤体，顶生苞片脐状，基生苞片3，宽卵形，近基部合生；雄花和瘿花生于雄株榕果内壁，雄花具梗，多数，花被片3—4，卵状披针形，雄蕊2—3；瘿花较少，花被片与雄花同，子房卵状圆形，花柱侧生，短；雌花和中性花花被片3—4，子房球形，花柱侧生，细长，柱头2裂。瘦果光滑，无毛。

产景东、普洱、大理、漾濞、龙陵、保山、泸水、福贡、腾冲、贡山，生于海拔1200—2500米的阔叶林中。西藏有分布。

23a.薄果森林榕（变种）

Ficus neriifolia var. fieldingii（Miq.）Corner（1960）

榕果近球形，直径8—10毫米，果皮薄，石细胞少，近无花序梗。

产景东、普洱、凤庆、临沧、双江、镇康、耿马、漾濞、龙陵、腾冲、泸水、福贡、贡山，生于海拔1400—3200米的阔叶林中；分布于西藏（波密）；印度（阿萨姆）、缅甸也有。

24.瘤枝榕　图221

Ficus maclellandii King（1888）

乔木，高达20米。树皮灰色，平滑。小枝具棱、密被疣状突起。叶革质，长圆形至卵状椭圆形，长8—13厘米，宽4—6厘米，先端渐尖至短尖，基部渐狭或钝圆，基生脉三出，侧脉11—13对，网脉明显；叶柄长约1厘米；托叶披针形，长约10毫米，被柔毛。榕果成对腋生，球形，微扁，径6—8毫米，表面有瘤体，成熟时紫红色，无花序梗，基生苞片2—3，卵形，不等大；雄花极少数，生于内壁近口部，花被片2，雄蕊1；瘿花花被片3，子房光滑，花柱顶生，短；雌花花被片3，裂皮披针形，子房卵状圆形，花柱顶生，长于瘿花花柱。瘦果卵状圆形，表面被瘤状体。

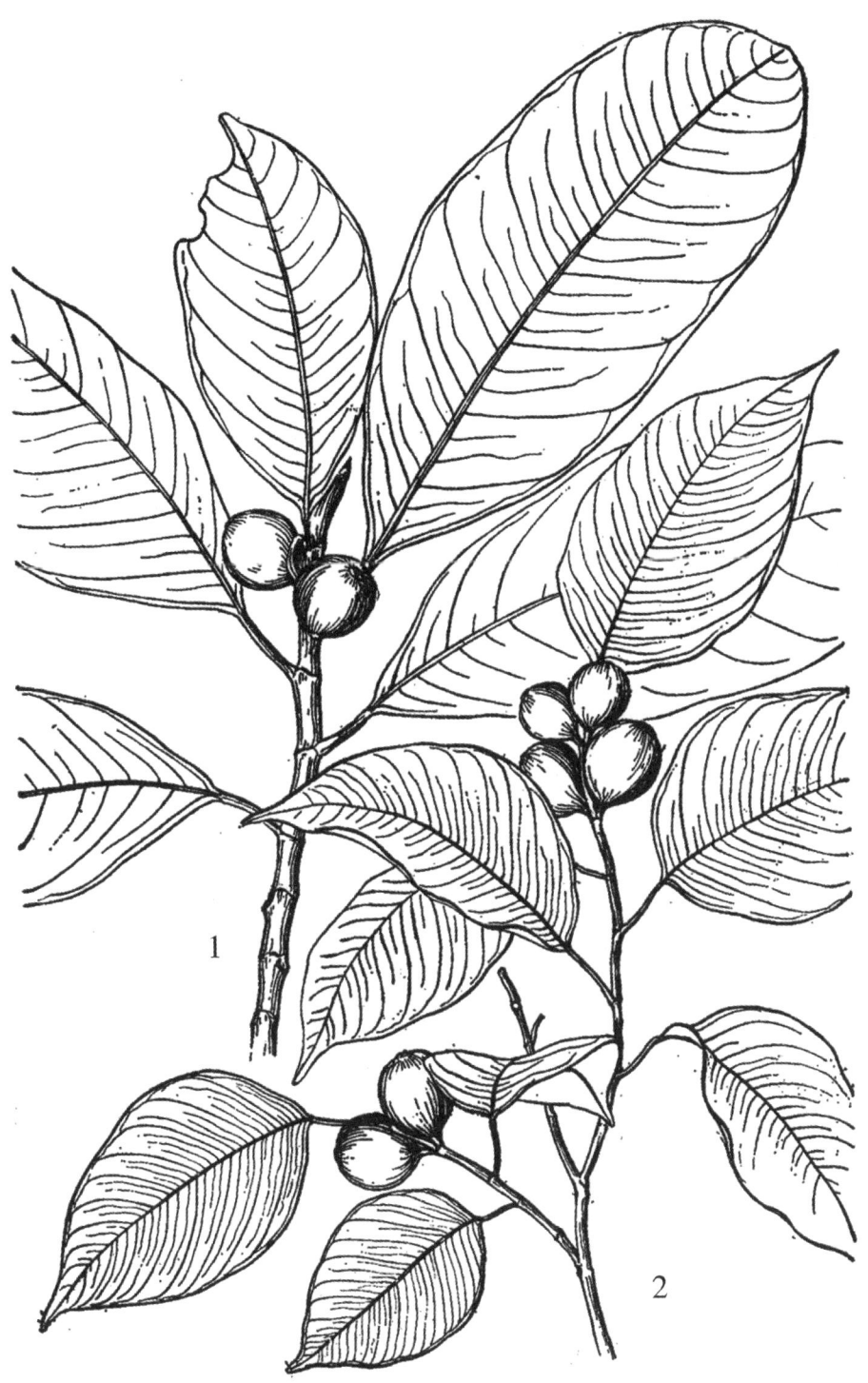

图220 钝叶榕和劲直榕

1.钝叶榕 *Ficus curtipes* Corner 果枝

2.劲直榕*F.stricta* Miq.果枝

产麻栗坡、元江、景东、泸水、普洱、西双版纳，生于海拔700—1200米的溪边或山坡阔叶林中。印度、缅甸、泰国、越南、马来西亚有分布。

为紫胶虫寄主树。

25.万年青树 小叶榕（中国高等植物图鉴补编）图213

Ficus concinna Miq.

常绿乔木，高达20米，胸径25—40厘米。小枝粗壮，无毛。叶狭椭圆形，长5—10厘米，宽1.5—4厘米，先端渐尖至短渐尖，基部楔形，两面无毛，网脉明显，侧脉4—8对；叶柄长1—2厘米；托叶披针形，无毛，长约1厘米。榕果成对腋生或3—4簇生于落叶枝叶痕腋，球形，直径4—5毫米，花序梗长0.3—0.4毫米，雄花、瘿花、雌花生于同一榕果内壁，雄花极少数，生于近口部，常与瘿花混生，花被片2，披针形，雄蕊1；雌花花被片3，与雄花相似，子房斜卵形，花柱近顶生，柱头棒状；瘿花相似于雌花，但花柱线形而短。花果期5—9月。

产玉溪、双柏、弥渡、临沧、大理、漾濞、龙陵、景东、西双版纳、普洱、蒙自、文山、丘北、师宗、麻栗坡、屏边，生于海拔800—2000米的密林中或村寨附近。贵州、广东、广西、浙江有分布。

26.榕树 图221

Ficus microcarpa L. f.（1781）

乔木，高达25米，胸径达50厘米。树皮灰色，冠幅广展；老树常具气生根。叶薄革质，长椭圆形、卵状椭圆形或倒卵形，长4—8厘米，宽2—4厘米，先端钝尖，基部楔形或圆钝，全缘或微波状，两面无毛，基出脉3，侧脉5—6对；叶柄长7—15毫米，无毛；托叶小，披针形，长约8毫米。榕果成对腋生，扁球形，径6—8毫米，无花序梗，顶生苞片唇形，基生苞片3，宽卵形；雄花、雌花、瘿花生于同一榕果内壁，花间有少数刚毛；雄花散生内壁，花被片3，近匙形，雄蕊1，花丝与花药等长，花药心形；瘿花花被片3，阔匙形，花柱侧生，短；雌花与瘿花相似，唯花被片较小，花柱较长。瘦果卵状圆形，花柱近顶生，短于子房，柱头棒状。花果期5—7月。

产富宁、文山、河口、麻栗坡、元阳、峨山、建水、石屏、砚山、普洱、西双版纳、澜沧，生于海拔174—1900米的山坡常绿阔叶林中。我国长江流域以南有分布。广布于亚洲东南部大陆和众多岛屿以及澳大利亚东部和北部。

树皮可提栲胶；也为良好的庭园及行道树种。

27.豆果榕 图214

Ficus pisocarpa Bl.（1825）

乔木，高达10米。树皮灰色，平滑。叶厚革质，椭圆形至卵形，长4—8厘米，宽2.5—4厘米，全缘或为波状，先端钝圆，具短尖，基部楔形或钝圆，侧脉5—8对，上面绿色，侧脉在下面突起；叶柄短，长1—1.5厘米，粗壮无毛；托叶卵状披针形，膜质，长约8毫米，被柔毛。榕果成对腋生，或生于落叶腋部，无花序梗，榕果体陀螺状球形，径5—7毫米，顶生苞片唇形，基生苞片3，卵形，雄花生内壁近口部，少数，无梗，花被片4，雄蕊1，花药卵状圆形，花丝甚短，瘿花和雌花相似，花被片1或2，倒卵状披针形，子房倒卵形。瘿

图221 瘤枝榕和榕树

1.瘤枝榕 *Ficus maclellandii* King 果枝

2—4.榕树 *F. microcarpa* Linn.

2.果枝　3.雄花　4.雌花

果斜卵状圆形，花柱延长。花果期5—7月。

产金平、屏边、蒙自、文山、元江、墨江、普洱、西双版纳，生于海拔1100—2300米的石灰岩山地。广西、贵州有分布；缅甸、泰国南部、马来西亚、印尼也有。

28.黄葛树　图222

Ficus virens Ait. var. sublanceolata（Miq.）Corner（I960）

落叶乔木，具板根和支柱根。叶薄革质，长圆状披针形或近披针形，长达20厘米，宽4—6厘米，先端渐尖，基部钝圆，全缘，两面无毛，侧脉每边7—10；叶柄长3—5厘米；托叶披针形或卵状披针形，长4—10厘米，早落。榕果单生或成对生于落叶枝叶痕腋，球形，径8—10毫米，熟时紫红色，无花序梗，基部苞片3，宿存；雄花、瘿花、雌花生于同一榕果内壁；雄花无梗，少数，生于内壁近口部，花被片3—5，披针形，雄蕊1，花药广卵状圆形，花丝很短；瘿花具梗，花被片3—4，花柱短于子房；雌花相似于瘿花，仅花柱长于子房。瘦果有皱纹。花期4月，果期5—6月。

产屏边、河口、景洪、勐海、泸水、临沧、凤庆、景东、盐津、彝良、巧家、会泽、宾川、元谋、邓川、鹤庆、大理、漾濞，生于海拔450—2200（—2700）米的山地阳处；盈江拉邦有大果类型。陕西、湖北、贵州、广西、四川有分布。

29.大果榕　木瓜榕（云南种子植物名录）、大木瓜（屏边）、蜜枇杷（河口）图223

Ficus auriculata Lour.（1790）

小乔木或灌木，高达10米；树冠扩展，树皮灰褐色，粗糙。幼枝中空，被柔毛。叶厚纸质，宽卵状心形，长15—40厘米，宽12—30厘米，先端钝，具短尖头，基部心形，稀近圆形，边缘具整齐细锯齿，上面仅中脉及侧脉被微柔毛，下面被开展短柔毛，基出脉5—7，侧脉3—4对，在上面凹陷或平坦，在下面突起；叶柄长5—8厘米；托叶三角状卵形，长1.5—2厘米，紫色，下面被柔毛。榕果簇生于老茎，梨形或扁球形，直径3—5厘米，具明显的纵棱8—12条，顶部截形，脐状突起大；基生苞片3；花单性；雄花和瘿花同生于一花序托内；雄花无梗，花被片3，匙形，薄膜质，雄蕊2—3；稀1；瘿花花被片下部合生，上部2—3裂；雌花生于雌株榕果内壁，常与不育花混生，花被片3，花柱侧生，弯曲。瘦果具黏液。

产金平、河口、西畴、屏边、绿春、西双版纳、建水、双柏、禄劝、华坪、漾濞、沧源、临沧、泸水、福贡、瑞丽，生于海拔70—1500米的沟谷林中。广东、广西、贵州有分布。

榕果成熟时味甜可生食。

30.鸡嗉子果　山枇杷果（中国高等植物图鉴）图223

Ficus semicordata Buch.-Ham. ex J. E. Sm.（1810）

Ficus cunia Buch.-Ham. ex Roxb.（1832）

小乔木，高达10米。树皮灰色，平滑，冠幅广展为伞状。幼枝密被褐色硬毛。叶椭圆形至长圆状披针形，长15—28厘米，宽9—11厘米，纸质，先端渐尖，基部偏心形，一侧耳状，边缘具细锯齿或全缘，上面粗糙，脉上被硬毛，下面密生短硬毛和黄褐色小瘤点，侧脉10—14对，耳状部分有3—4脉；叶柄粗壮，长5—10厘米，密被硬毛；托叶披针形，长2—3.5厘米。榕果成对生于无叶小枝痕腋，果枝下垂至根部或穿入土中；榕果球形，直径

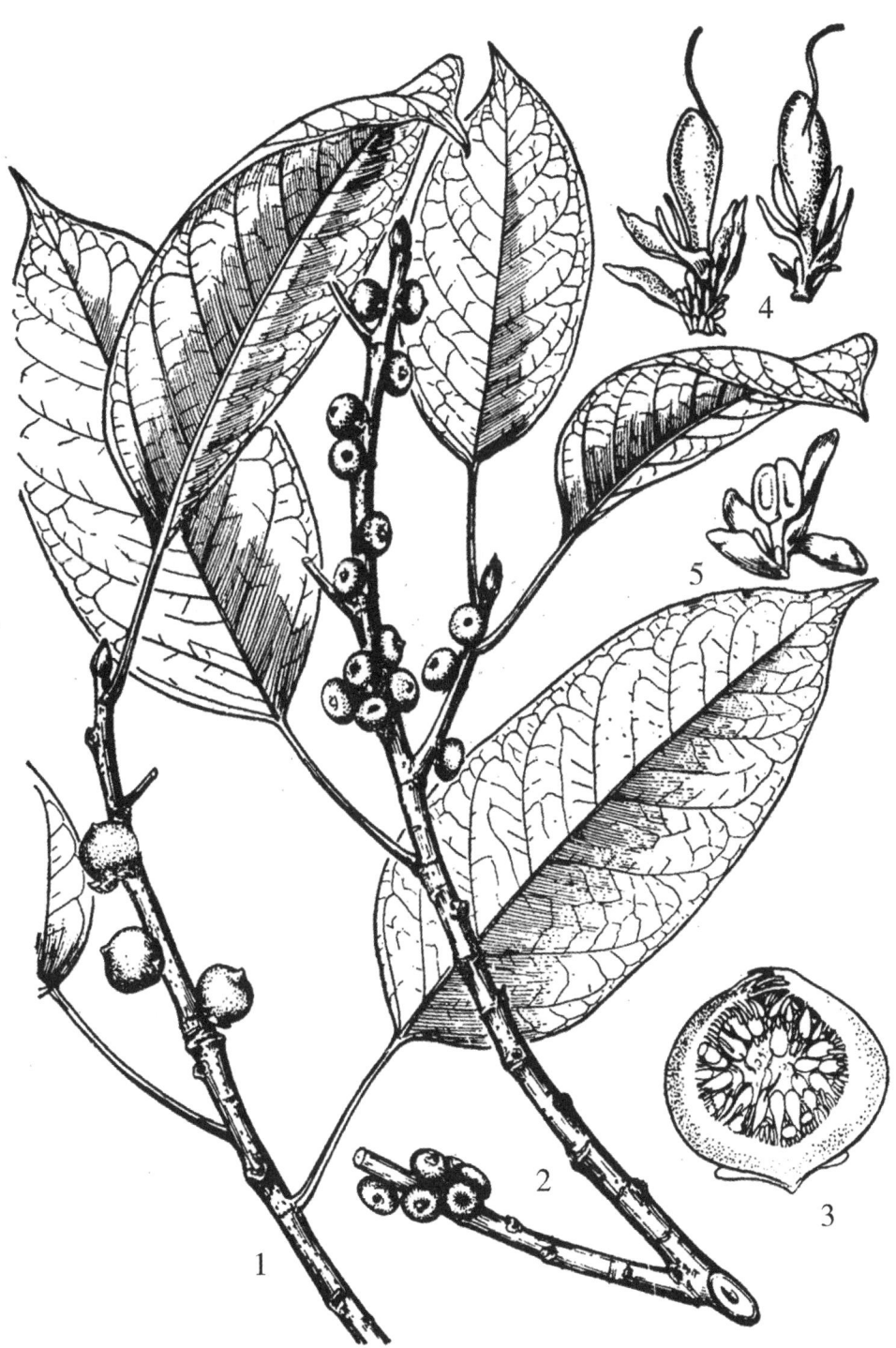

图222 黄葛树 *Ficus virens* Ait. var. *sublanceolata*（Miq.）Corner
1.果枝（大果型） 2.果枝（小果型） 3.榕果纵剖 4.雌花 5.雄花

1—1.5厘米，被短硬毛，常有侧生苞片，顶生苞片脐状，基生苞片3，被毛，花序梗长5—10毫米，被硬毛；雄花和瘿花生雄株榕果内壁；雄花生于近口部，花被片3，雄蕊1—2；瘿花花被片4—5，线状披针形，花柱侧生，短；雌花生于雌株榕果内，花被片与瘿花同，子房红色，花柱侧生，长，花柱圆柱状，柱头2浅裂。瘦果表面具瘤体。

产蒙自、普洱、西双版纳、德宏，生于海拔1000—1150米的山地林缘。广西、贵州、西藏有分布；亚洲东南部也有。

31.聚果榕　图211

Ficus racemosa L.（1753）

Ficus glomerata Roxb.（1798）

大乔木，高达30米，胸径50—90厘米。树皮褐色，平滑。幼枝、嫩叶和果实被贴伏柔毛。叶薄革质，椭圆状倒卵形至椭圆形或长椭圆形，长10—15厘米，宽3.5—4.5厘米，先端钝或渐尖，基部楔形或微钝，全缘，上面无毛，下面稍粗糙，侧脉4—8对；叶柄长2—3厘米；托叶卵状披针形，膜质，下面被微柔毛，长1.5—2厘米。榕果聚生于老茎的瘤状短枝上，稀成对生于落叶枝叶腋，梨形，直径2—2.5厘米，顶端平，基生苞片3，三角状卵形，花序梗长约1厘米；雄花生内壁近口部，无梗，花被片3—4，雄蕊2；瘿花和雌花同生于一榕果内壁，具梗，花被带状，先端3—4齿裂，花柱侧生，柱头棒状。榕果成熟时橙红色。

产金平、河口、屏边、元阳、普洱、西双版纳、孟连、福贡，生于海拔400—1200米的溪边河畔。分布于广西、贵州南部；越南、印度、新几内亚也有。

31a.柔毛聚果榕（变种）

Ficus racemosa var. miquelli（king）Corner（1965）

本变种幼枝、嫩叶、榕果密被柔毛。

产禄劝、开远、峨山、新平、丘北、蒙自、元阳、绿春、河口、景东、西双版纳、双江、泸水、龙陵、盈江、贡山，生于海拔130—750米的沟边潮湿处。

榕果成熟时可生食，味甜。也为紫胶虫优良寄主树。

32.水同木　图210

Ficus fistulosa Reinw. ex Bl.（1851）

Ficus harlandii Benth.（1861）

小乔木，高达8米；小枝被疏硬毛。叶互生，有时对生，纸质，倒卵状长圆形，长7—25厘米，宽3—9厘米，先端钝或急尖，基部宽楔形或钝圆，全缘或微波状，上面无毛，下面被微柔毛和乳突，基出脉三，侧脉6—9对；叶柄长1—4.5厘米；托叶卵状披针形，长约1.7厘米。榕果簇生于老茎生出的短枝上，近梨形，直径1—1.5厘米，雄花与瘿花生于雄株榕果内壁；雄花生于近口部，具短梗，花被片3—4，雄蕊1；瘿花具梗；雌花生于雌株榕果内，花被短管状，围绕子房柄下部。瘦果斜卵状球形，表面具小瘤体，花柱长，柱头棒状。

产富宁、麻栗坡、金平、河口、弥勒、红河和西双版纳，生于海拔250—1200米的溪边岩石上或山地林中。广东、海南、广西有分布；印度、孟加拉国、缅甸、泰国、马来西亚、印度尼西亚、菲律宾也有。

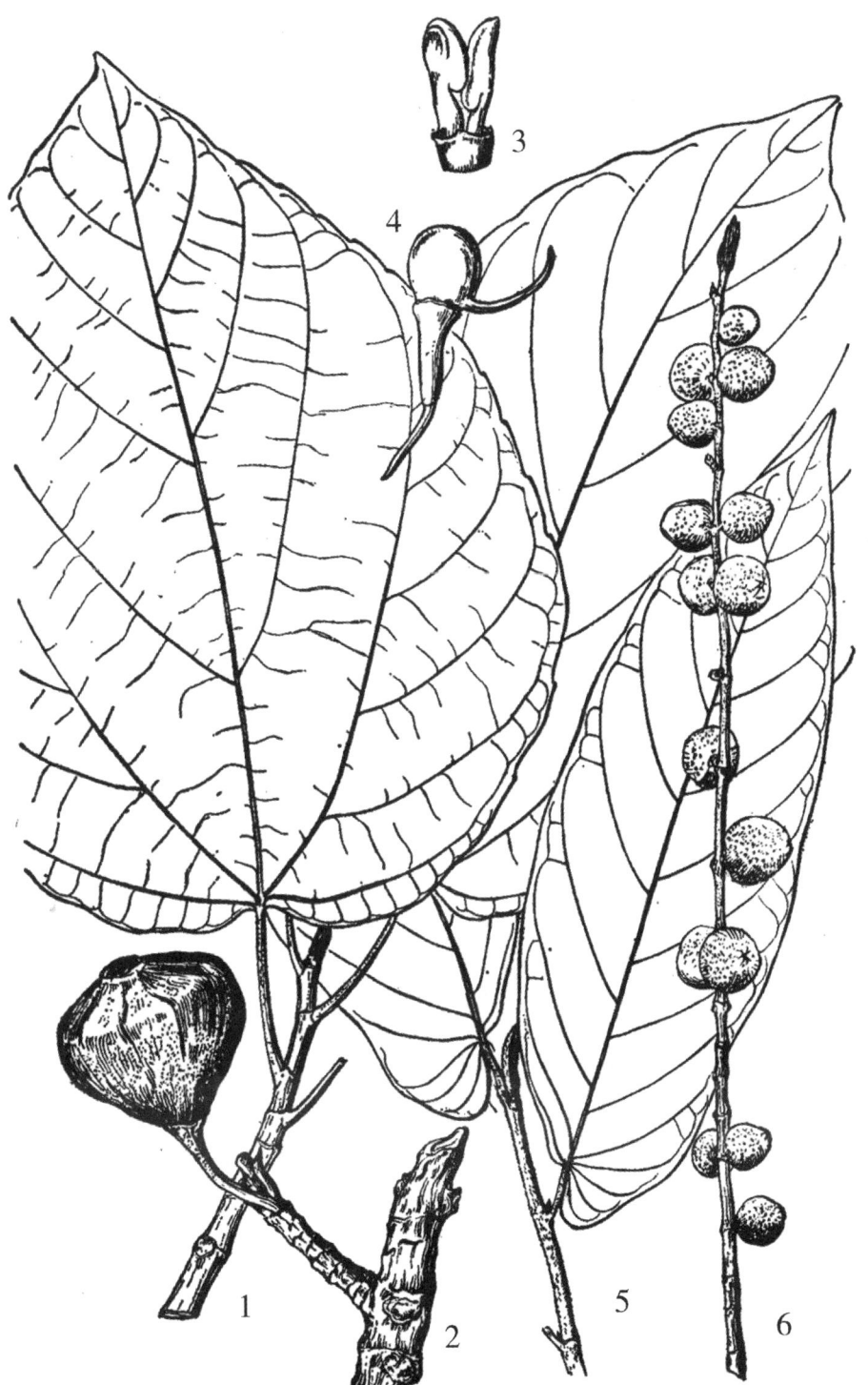

图223 大果榕和鸡嗉子果

1—4.大果榕 *Ficus auriculata* Lour.

1.枝叶 2.果枝 3.雄花 4.雌花

5—6.鸡嗉子果 *F. semicordata* Buch.-Ham. ex J. E. Sm.

5.枝叶 6.果序

169.荨麻科 URTICACEAE

草本、灌木、稀乔木，有或无刺毛，常有显著的点状、条形或纺锤形钟乳体。单叶，对生或互生。花小、单性或两性，雌雄同株或异株，头状聚伞花序、穗状花序或圆锥花序，稀生于肉质花序托上；雄花萼片4—5，无花瓣，雄蕊4—5，花药2室，纵裂，花丝在芽时直立或内弯，常有退化雌蕊；雌花花被片2—5；子房上位，1室，与花被离生或合生，胚珠单生，有或无花柱，柱头线形、钻形、头状、盘状或画笔状，退化雄蕊无或鳞片状。瘦果，多少被包于干燥或肉质的花被内。

本科约45属，550种，分布于全世界热带及温带地区。我国约产22属，250种，全国均有分布；云南有17属，150种以上。本志收载5属12种。

分 属 检 索 表

1.植株有刺毛；雌花被4裂，仅基部合生 ·················· 1.艾麻属 Laportea
1.植株无刺毛；雌花被合生，仅顶端2—5齿裂，或无雌花被。
  2.雌花被无或小 ·· 2.水丝麻属 Maoutia
  2.雌花被管状或坛状。
    3.雌花被果时干燥或膜质；柱头线形········· 3.雾水葛属 Pouzolzia
    3.雌花被果时肉质；柱头盘状或头状。
      4.柱头盘状，周围有纤毛 ···················· 4.紫麻属 Oreocnide
      4.柱头头状，顶端有画笔状毛 ············ 5.水麻属 Debregeasia

1. 艾麻属 Laportea Gaudich.

草本、灌木或乔木，常有刺毛，钟乳体点状。叶互生，全缘或具齿，托叶腋生。花小，雌雄同株或异株，腋生圆锥花序；雄花花被片4—5，雄蕊5，具退化雌蕊；雌花花被片4，不等大，基部合生，子房偏斜，柱头线形或钻形。瘦果偏斜，光滑，扁平，常肉质。

本属约59种，分布于热带及温带地区。我国产8种，主产西南及中南，华南及华东较少。云南有5种。

分 种 检 索 表

1.雌花无梗或近无梗，数花呈1列着生于稍膨大的团伞花序托上（果时不明显）；叶心形
··· 1.火麻树 L. urentissima
1.雌花多少具梗，1至数花簇生于序轴上。
  2.叶宽卵形或宽椭圆形，基部圆形；雄花被片与雄蕊5，瘦果卵形 ·········
··· 2.圆基叶火麻树 L. basirotunda
  2.叶大，椭圆形或椭圆状披针形，基部楔形，稀近圆形；雄花被片与雄蕊4；瘦果倒卵形

1.火麻树（中国高等植物图鉴补编） 大树火麻（西畴）、树火麻（麻栗坡）图224

Laportea urentissima Gagnep.（1928）

小乔木，高达15米。小枝具刺毛，刺手极痛。叶宽卵状心形，纸质，长15—25厘米，宽13—22厘米，先端渐尖，基部深心形，上面绿色，密被稀疏细刺毛及点状钟乳体，下面淡绿色，密被稀疏短柔毛，基出脉3—5，侧脉6—8对，全缘或有不明显细齿；叶柄长7—15厘米，托叶早落。花雌雄异株，聚伞花序圆锥状，具刺毛，腋生，长与叶近相等；雄花无柄，花被片5，雄蕊5，具退化雌蕊；雌花数花着生于肉质的团伞花序托上（果时因花梗增长，花序托不明显），柱头线形。瘦果近球形，径约3毫米，扁平，柱头宿存，贴生。花期6—7月，果期10—12月。

产西畴、麻栗坡、勐腊、凤庆，生于海拔850—1900米的常绿阔叶林中向阳处。分布于广西；越南也有。

种子繁殖宜随采随播。混沙条播、播后覆土稍镇压。

2.圆基叶火麻树（中国高等植物图鉴补编）图225

Laportea basirotunda C. Y. Wu（1957）

乔木，高达20米，小枝中空，具刺毛。叶宽卵形或宽椭圆形，纸质，长11—22厘米，宽7—16厘米，先端渐尖至短渐尖，基部圆形至浅心形，上面绿色，下面淡绿色，两面均被点状钟乳体及稀疏刺毛，基出脉3，侧脉5—9对，向上斜生，至近边缘处互相连结，下面细网脉明显，全缘；叶柄长3—11厘米，细长。花雌雄异株，聚伞状圆锥花序，具刺毛，腋生，花序梗长达6厘米；雄花小，绿色，无梗，花被片3，卵形，雄蕊5；雌花绿色，具短梗，单花或数花簇生于序轴上，团伞花序梗不膨大呈花序托，柱头线形，长约2毫米。瘦果卵形，扁平，径约2毫米，花柱宿存，下弯。花、果期10—12月。

产景洪、勐腊，生于海拔1000—1200米的常绿阔叶林中。

3.全缘叶火麻树（中国高等植物图鉴补编）图226

Laportea sinuata（Bl.）Miq.（1857）

Urtica sinuata Bl.（1826）

灌木或小乔木，高达8米。小枝中空，上部稍肉质，疏生刺毛。叶大，纸质，椭圆形、椭圆状披针形或倒卵状披针形，长10—35厘米，宽5—16厘米，先端突尖或长渐尖，基部宽楔形或近圆形，稀深心形，全缘或上部具波状浅圆齿，上面绿色，近光滑无毛或脉上被稀疏小刺毛，密被细点状钟乳体，下面淡绿色，被稀疏细柔毛，羽状脉，侧脉8—15对，近边缘处互相连结；叶柄长4—8厘米。花雌雄异株，腋生聚伞状圆锥花序，具刺毛，雄花序长5—10厘米，无花梗，花被片4，白色，雄蕊4，具退化雌蕊；雌花序长10—20厘米，花梗长1—2毫米，常单生，花柱线形。瘦果卵形，扁平，径约4—5毫米，平滑。花、果期10—12月。

产勐腊、景洪、麻栗坡、绿春，生于海拔550—1600米的山谷、沟边潮湿处或阔叶林

图224　火麻树和水丝麻

1—4.火麻树 *Laportea urentissima* Gagnep.

1.果枝　2.花枝　3.雄花　4.瘦果

5—7.水丝麻 *Maoutia puya*（Hook.）Wedd.

5.花枝　6.雄花　7.瘦果

图225 红雾水葛和圆基叶火麻树

1—3.红雾水葛 *Pouzolzia sanguinea*（Bl.）Merr.

1.花枝　2.雄花　3.瘦果

4.圆基叶火麻树 *Laportea basirotunda* C. Y. Wu 花枝

中。分布广东、广西、西藏。

2. 水丝麻属 Maoutia Wedd.

灌木，植株无刺毛。叶互生，具齿，托叶合生。头状花序排成腋生2歧聚伞状圆锥花序，雌雄同株或异株，花小；雄花花被片5，雄蕊5，具退化雌蕊，雌花花被极小或无，子房直立，柱头画笔状。瘦果卵形，3棱，果皮脆壳质或肉质。

本属约15种，分布亚洲热带及波利尼西亚。我国产2种，1种产西南各地，1种产台湾；云南有1种。

水丝麻（中国高等植物图鉴）　山麻（河口）、沅麻（云南种子植物名录）图224

Maoutia puya（Hook.）Wedd.（1854）
Urtica puya Buch.（1831）

灌木，高达2米，植株无刺毛，多分枝。幼枝、叶柄密被开展的细长柔毛。叶椭圆形或卵形，纸质，长4—15厘米，宽2—9厘米，先端长渐尖，基部宽楔形，上面绿色，密被稀疏的腺毛，具点状钟乳体，细网脉间呈泡状凸起，粗糙，下面密被白色极细绒毛，细横脉明显，基出脉3，侧脉2—3对，边缘具粗钝齿；叶柄长2—7厘米；托叶披针形，长10—18毫米，早落。花小，雌雄同株或异株，腋生头状花序再排成2歧聚伞状小圆锥花序，花序梗长2—4厘米，纤细，苞片三角形，长约1毫米；雄花径约1毫米，淡绿色或白色；雌花无花被，子房直立，无花柱，柱头画笔状。瘦果小，长约1毫米，具3棱。花、果期4—8月。

产蒙自、屏边、河口、普洱、凤庆、镇康，生于海拔1300—1500米的山谷常绿阔叶林向阳处。分布于四川、贵州、广西；印度、越南也有。

茎皮含纤维28%—71%，纤维质量好，有光泽，用于织麻线、麻袋、渔网等。

3. 雾水葛属 Pouzolzia Gaudich.

草本或灌木，植株无刺毛，钟乳体点状。叶互生，基出3脉，侧出2脉在上部分枝，不达叶尖，全缘或具齿；具柄。腋生团集聚伞花序，花单性同株或同序，稀异株；雄花花被4—5裂，背面凸圆，雄蕊4—5；雌花花被管状，顶端2—4齿裂，无退化雄蕊，子房有花柱，柱头线形，脱落。瘦果卵形，为花被裂片所围绕。

本属约50种，分布于热带地区，我国有11种，产西南部至东部；云南有4种，1变种。

红雾水葛（中国高等植物图鉴）　红水麻（麻栗坡）、小粘榔（曲靖）、血升麻（文山）、大粘药、土升麻（昆明）、铁箍散、粘药根（红河）图225

Pouzolzia sanguinea（Bl.）Merr.（1921）
Urtica sanguinea Bl.（1826）

图226 全缘火麻树和全缘叶紫麻

1—3.全缘叶火麻树 *Laportea sinuata*（Bl.）Miq.

1.果枝 2.雄花 3.部分雌花序

4.全缘叶紫麻 *Oreocnide integrifolia*（Gaudich.）C. J. Chen 果枝

灌木，高达3米，多分枝。幼枝密被短柔毛。叶互生，卵形或卵状披针形，纸质，长3—11厘米，宽2—5厘米，先端渐尖或长渐尖，基部楔形至宽楔形，两面被疏或密的短毛，基出脉3，侧脉2—3对，边缘具粗齿；叶柄长1—5厘米，托叶小，三角状披针形。雌雄同株，花多数簇生叶腋，淡绿色，无柄，苞片钻形，长达4毫米；雄花花被片4，雄蕊4；雌花花被管状，外面有糙毛，柱头线形，脱落。

产蒙自、腾冲、贡山、临沧、凤庆等地，生于海拔1750—2200米的林缘或疏林中。分布西藏、广东、广西、四川、贵州、江西；印度、越南也有。

种子繁殖、采集的种子去杂晾干并收藏于通风干燥处。高床育苗，圃地应选择于水源方便处。混沙条播、经常保持苗床湿润。小苗期应勤除草。

茎皮纤维可制麻线、麻布、麻袋。根入药，治痢疾、肠炎、尿路感染；外用治疖肿，乳腺炎等。

4. 紫麻属 Oreocnidc Miq.

灌木或小乔木。叶互生，羽状脉或基部3出脉，托叶早落。花雌雄异株，头状花序排成2歧聚伞状，腋生；雄花花被3—4裂，雄蕊3—4，突出，退化雌蕊棒状；雌花花被管状，与子房合生，4—5齿裂，子房1室，胚珠1，无花柱，柱头盘状，周围有纤毛。瘦果小，与肉质的花被黏合。

本属约20种，分布于斯里兰卡、印度、日本。我国有10种，产长江流域以南；云南有7种。

分 种 检 索 表

1. 叶羽状脉；雄花被片4，雄蕊4。
  2. 叶全缘，两面密被点状钟乳体 ························· 1. 全缘叶紫麻 O.integrifolia
  2. 叶中部以上具浅齿，仅上面密被点状钟乳体 ···················· 2. 红紫麻 O. rubescens
1. 叶基部三出脉；雄花被片3，雄蕊3。
  3. 叶卵形或卵状披针形；雌花为头状聚伞花序，无梗，或二叉分枝具短梗 ·················
  ··· 3. 紫麻 O. frutescens
  3. 叶倒卵形或倒卵状披针形；雌花为二歧聚伞花序，有长10—15毫米的梗 ···············
  ··· 4. 倒卵叶紫麻 O. obovata

1. 全缘叶紫麻（中国高等植物图鉴补编）　白叶子　图226

Oreocnide integrifolia（Gaudich.）C. J. Chen（1981）

Villebrunea integrifolia Gaudich.（1847—1848）

灌木或小乔木，高达6米。小枝、叶柄、叶下面密被短细柔毛或近无毛。叶薄纸质、椭圆形或长圆形，长9—21厘米，宽3—7厘米，先端突尾状渐尖或渐尖，基部宽楔形，上面近无毛，两面密被凸起点状钟乳体，侧脉6—11对，向上斜生，全缘；叶柄长2—4厘米，托叶早落。花雌雄异株，头状2歧聚伞花序；雄花花序梗长约5毫米，花被片4，雄蕊4；雌花花序梗长约10毫米。瘦果小，卵形，径约2毫米，基部具1浅杯状的肉质鞘。花、果期4—12月。

产马关、金平、瑞丽，生于海拔380—1100米的山谷常绿阔叶林中。分布于西藏、广东、广西；印度、缅甸也有。

2.红紫麻（中国高等植物图鉴补编）图227

Oreocnide rubescens（Bl.）Miq.（1854）

Urtica rubescens Bl.（1825）

小乔木，高达12米。嫩枝、叶柄、叶下面背脉上被稀疏细柔毛。叶纸质，长圆形或倒卵状长圆形，长5—22厘米，宽3—7厘米，先端渐尖或短尾状渐尖，基部宽楔形或近圆形，上面近无毛，密被点状凸起钟乳体，侧脉6—10对，向上斜生，近边缘处互相连结，边缘上半部具浅齿；托叶披针形，膜质，长约10毫米，早落。花雌雄异株，头状2歧聚伞花序；雄花花被片4；雄蕊4；雌花长约1毫米。瘦果小，卵形，径约2毫米，基部具1浅杯状的肉质鞘。花、果期5—12月。

产富宁、麻栗坡、蒙自、河口、建水、屏边、勐腊、勐海、景洪、景东等地，生于海拔150—1500米的常绿阔叶林中。分布于广东、海南、广西；印度尼西亚、菲律宾也有。

3.紫麻（中国高等植物图鉴）　紫苎麻、大叶麻、大毛叶　图227

Oreocnide frutescens（Thunb.）Miq.（1867）

Urtica frutescens Thunb.（1784）

灌木或小乔木，高达4米。小枝近无毛，嫩枝、叶柄、叶下面脉上密被开展的细长柔毛。叶纸质，卵形或卵状披针形，长4—12厘米，宽2—5厘米，先端渐尖或突尾状渐尖，基部圆形或宽楔形，上面绿色，密被稀疏的刺毛及点状钟乳体，粗糙，下面密被灰白色毡毛，老叶毛被多少脱落，基出脉3，侧脉2—3对，边缘具粗齿；叶柄纤细，长1—4厘米；托叶薄膜质，棕色，披针形，长约8毫米，早落。花小，雌雄异株，无柄，簇生于落叶腋部；雄花白色，花被片3，雄蕊3，伸出花冠外；雌花长约1毫米。瘦果卵形，长约1毫米。花期3—4月，果期5—8月。

产大姚、蒙自、普洱、金平、文山、景洪各地，生于海拔150—1850米的常绿阔叶林中。分布于台湾、福建、广东、广西、江西、安徽、江苏、浙江、湖南、湖北、西藏、四川、贵州、陕西；印度、越南也有。

种子繁殖、随采随播、种子宜混沙条播，适时分床以节省种子并保证幼苗健壮生长。造林地宜选择阴湿处。

茎皮含纤维40%，可织麻袋。根入药，接骨，透麻疹等。

4.倒卵叶紫麻（中国高等植物图鉴补编）　懒皮棍（红河）图228

Oreocnide obovata（C. H. Wright）Merr.（1937）

Debregeasia obovata C. H. Wright（1899）

灌木，高达3米。小枝近无毛，嫩枝、叶柄密被短柔毛。叶纸质，倒卵形或倒卵状披针形，长5—15厘米，宽2—9厘米，先端突尾状渐尖，基部圆形或宽楔形，上面绿色，密被稀疏刺毛，老叶毛被多少脱落，极粗糙，下面密被灰白色毡毛，基出脉3，侧脉2—4对，向

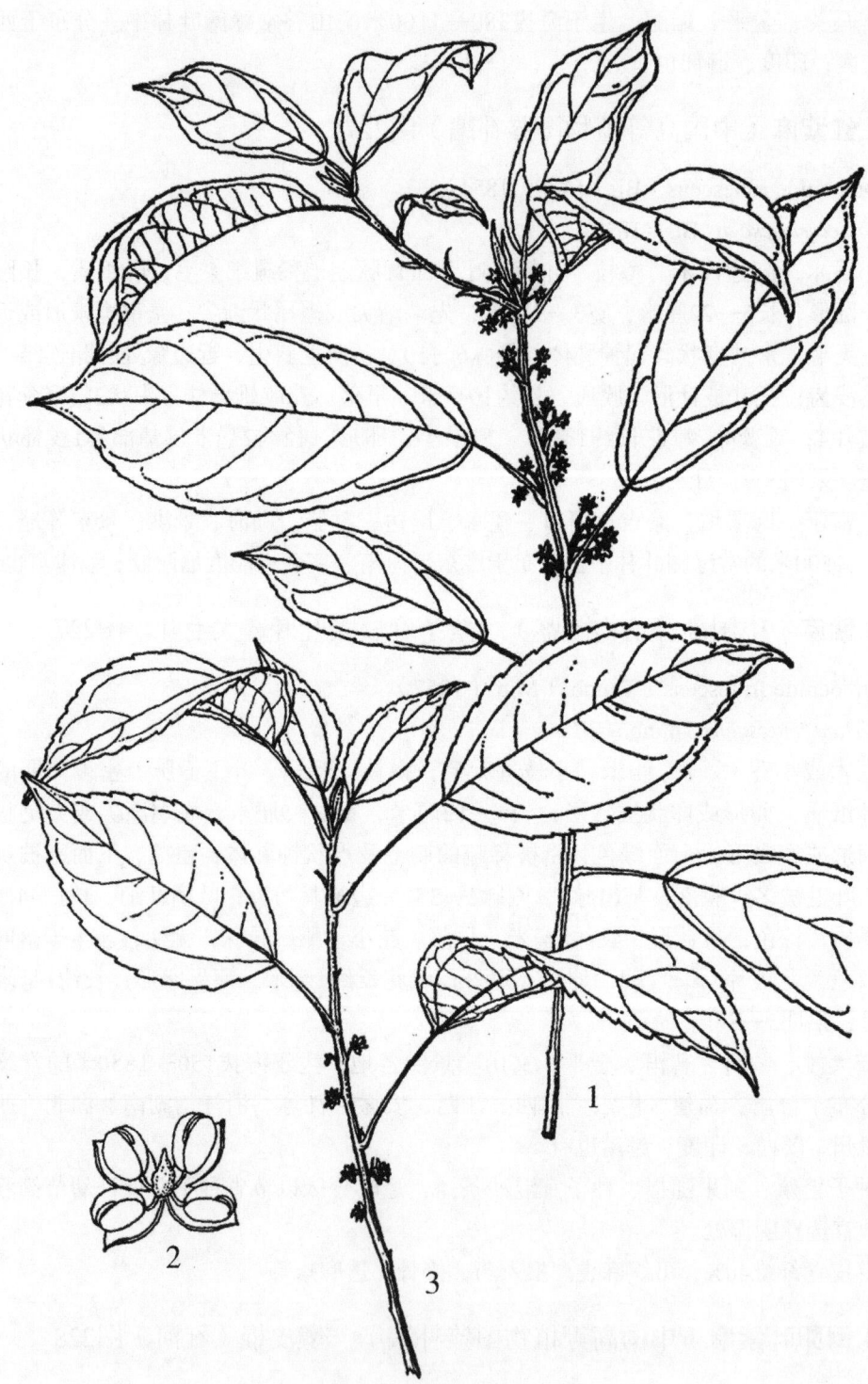

图227　红紫麻和紫麻
1—2.红紫麻 *Oreocnide rubescens*（Bl.）Miq.
1.果枝　2.雄花
3.紫麻 *O. frutescens*（Thunb.）Miq.果枝

上斜生，近边缘处互相连结，边缘上半部具粗齿；叶柄长1—7厘米，纤细，托叶膜质，棕色，披针形，长约8毫米，早落。瘦果卵形，长约1毫米，微扁，基部具1浅杯状肉质鞘。花期4—5月，果期11—12月。

产蒙自、屏边、河口、红河、文山、马关、西畴、砚山、麻栗坡，生于海拔（180）1000—1800米的山谷常绿阔叶林中。分布于广东、广西、湖南；越南也有。

5. 水麻属 Debregeasia Gaudich.

灌木或小乔木，多分枝。植株无刺毛，钟乳体点状。叶互生，基出3脉，托叶2裂。花雌雄同株或异株，头状花序排成2歧聚伞状；雄花花被4裂，雄蕊4，具退化雌蕊；雌花花被坛状，果时增大，多少肉质，子房直立，花柱短或无，柱头头状，其上着生的毛呈画笔状。瘦果，多个组成1球状体。

本属约5种，分布北非及东南亚各地。我国产4种，产西南至东南部；云南有4种。

分 种 检 索 表

1.小枝、叶柄密被细柔毛；叶披针形或椭圆状披针形。
 2.叶柄长3—10毫米；花序梗长0—5毫米；侧脉3—5对 ⋯⋯⋯⋯⋯⋯⋯ 1.水麻 D.edulis
 2.叶柄长1—4厘米；花序梗长10毫米以上；侧脉5—9对 ⋯⋯⋯⋯ 2.长叶水麻 D. longifolia
1.小枝、叶柄密被开展的肉质皮刺及贴生短柔毛；叶宽卵形 ⋯⋯⋯⋯ 3.鳞片水麻 D.squamata

1.水麻（植物名实图考）图228

Debregeasia edulis（Sieb. et Zucc.）Wedd.（1856）

Morocarpus edulis Sieb. et Zucc.（1846）

灌木，高达2.5米，多分枝。嫩枝、叶柄密被贴伏短柔毛。叶纸质，披针形至狭披针形，长4—16厘米，宽1—3厘米，先端渐尖，基部宽楔形或圆钝，基出脉3，侧脉3—5对，上面绿色，粗糙，下面灰白色，密被极短绒毛，细网脉明显，边缘具细齿；叶柄长3—10毫米。花早春开放，雌雄异株，头状2歧聚伞花序，花序梗长0—5毫米，雌花簇直径约2毫米。果序球形，径约7毫米，瘦果小，宿存坛状花被橙黄色，肉质。花期3—4月，果期5—11月。

产西畴、马关、广南、富宁、师宗、建水、景东、金平、镇康、昆明、禄劝、大姚、威信、镇雄、永善、丽江、香格里拉、维西、宁蒗、漾濞、永仁、贡山、盈江，生于海拔1300—3000米的河谷、灌丛中。分布于西藏、台湾、广西、四川、贵州、甘肃、湖北、湖南。

种子繁殖。瘦果去杂晾干后收藏。春播，幼苗出土后应适时分床。造林时应选择河谷等湿润处。

果可食；叶作饲料，茎皮纤维可制麻线、麻袋。全株入药，清热利湿、止血解毒，治小儿惊风、风湿关节炎、无名肿毒等。

2.长叶水麻（中国高等植物图鉴）　麻叶树、水珠麻（云南）图229

Debregeasia longifolia（Burm. f.）Wedd.（1869）

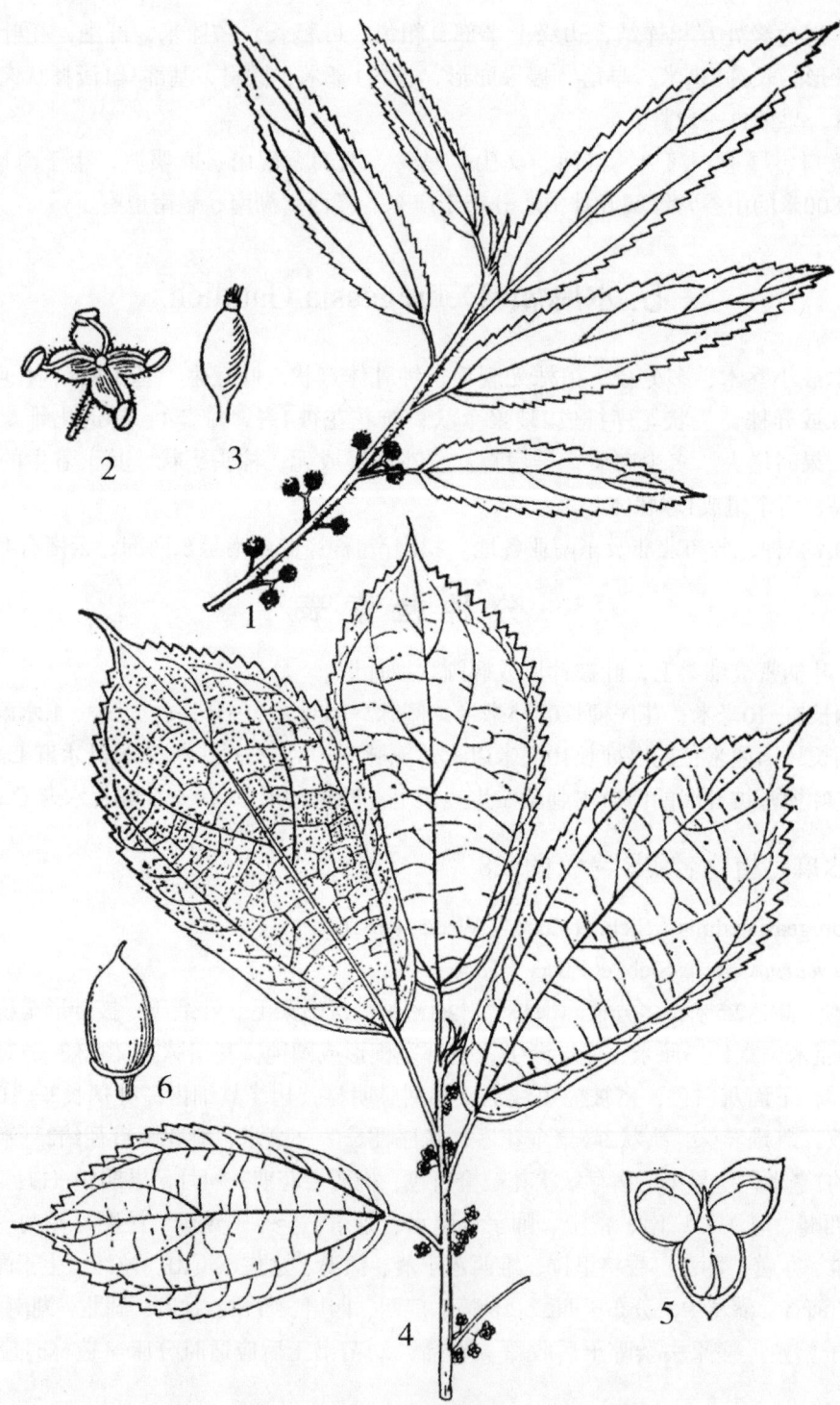

图228 水麻和倒卵叶紫麻

1—3.水麻 *Debregeasia edulis* (Sieb. et Zucc.) Wedd.

1.花枝 2.雄花 3.瘦果

4—6.倒卵叶紫麻 *Oreocnide obovaia* (C. H. Wright) Merr.

4.花枝 5.雄花 6.瘦果

Urtica longifolia Burm. f.（1768）

灌木，高达3米，多分枝。嫩枝，叶柄密被向上伸展的长柔毛。叶纸质，椭圆状披针形或披针形，长8—21厘米，宽3—6.5厘米，先端长渐尖，基部圆形，上面绿色，密被白色腺毛及点状钟乳体，粗糙，下面密被灰白色毡毛，细网脉明显，基出脉3，侧脉5—9对，边缘具细齿；叶柄长1—4厘米，托叶披针形，顶端尾状渐尖，2裂，棕色，长约10毫米，早落。雌雄异株，花夏秋开放，头状2歧聚伞花序，花序梗长10毫米以上，雄花被裂片长过小苞片。果序球形，径约5毫米，瘦果小，宿存花被橙红色。花、果期6—12月。

产昆明、蒙自、元江、泸水、勐腊、普洱，生于海拔1300—2400米的生长于山谷、沟边、疏林下。

果可食；茎皮纤维可制麻袋。根入药，除风湿。

3.鳞片水麻（中国高等植物图鉴）图229

Debregeasia squamata King in Hook. f.（1888）

灌木，高达3米。小枝、叶柄具开展的肉质皮刺及贴生短柔毛。叶宽卵形，长6—16（22）厘米，宽4—12（18）厘米，先端突尖或短渐尖，基部圆形至微心形，边缘具粗齿，上面绿色，具稀疏的短腺毛，钟乳体点状，下面密被灰褐色毡毛，基出脉3，侧脉3—4对，向上斜生，近边缘处互相联结；叶柄长2—7（14）厘米，托叶宽披针形，2裂，长达8毫米，早落。花雌雄同株同序，头状2歧聚伞花序，花序梗长10—17毫米；雄花花被片3（4），雄蕊3（4）；雌花花被包被子房，果时与果离生。瘦果橙红色。花、果期10—12月。

产勐腊、西畴，生于海拔600—1500米的常绿阔叶疏林中或林缘阴湿处。分布于广东、广西；越南、印度、马来半岛也有。

茎皮纤维可制麻线、麻袋及人造棉原料。

图229 鳞片水麻和长叶水麻

1—2.鳞片水麻 *Debregeasia squamata* King

1.花枝 2.雄花

3.长叶水麻 *D. longifolia*（Burm. f）Wedd.花枝

173.卫矛科 CELASTRACEAE

乔木或灌木，常攀援状。单叶互生或对生，具柄；托叶小而早落或无。花通常两性，有时单性，辐射对称，淡绿色极稀他色，排列成腋生或顶生的聚伞花序或圆锥花序，有时单生；花萼4—5裂，宿存；花瓣4—5，稀不存在，分离，通常覆瓦状排列；雄蕊常与花瓣同数，着生于花盘上面、边缘或下面，与花瓣互生，花药2室，纵裂；花盘肉质，全缘或分裂；子房上位，与花盘分离或贴生，1—5室，每室具1—2胚珠，花柱短或缺，柱头全缘或3—5裂。果为开裂的兰果、浆果、核果或翅果；种子通常有假种皮稀无。

本科55属，约850种。分布于温带、亚热带和热带。我国有12属200种以上，分布于全国各地，云南10属约有90种。本志记载4属30种。

分 属 检 索 表

1.子房、蒴果常为4—5室，与花的其他部分同数。
  2.果熟时果皮全裂；雄蕊药隔不肥大，花药基着，每室胚珠及种子1—2 ·····················
··1.卫矛属 Euonymus
  2.果熟时内层果皮不裂与外层分离；药隔肥大，花药个字着生，每室胚珠及种子1 ······
··2.沟瓣木属 Glyptopetalum
1.子房、蒴果常为2—3室，比花的其他部分少，每室胚珠及种子1—2。
  3.叶对生；枝无刺；蒴果有宿存花萼 ·····················3.假卫矛属 Microtropis
  3.叶互生、枝常有刺；蒴果无宿存花萼 ·····················4.美登木属 Maytenus

1. 卫矛属 Euonymus L.

乔木或灌木，直立，稀攀援。枝无毛，圆柱形或具4棱或棱上有木栓质翅。叶对生，稀互生或轮生。聚伞花序顶生或腋生，具梗。花淡绿色或紫色或黄色；花萼4—5裂；花瓣4—5，分离；雄蕊4—5，有花丝至无花丝；花盘扁平，4—5浅裂，肉质；子房3—5室，第硕晚盘内，每室有胚珠1—2，花柱短或无花柱，柱头3—5裂。果为圆果，3—5裂，稀不裂，有棱或翅，稀无；种子有假种皮。

本属约180种。主要分布于亚洲热带和亚热带，少数种类分布于欧洲和北美。中国有90种左右，主要分布于西南部和南部；云南有70余种和变种。

分 种 检 索 表

1.蒴果各心皮不呈翅状。
  2.蒴果具刺或在心皮接缝处不内凹，具棱或翅状棱。

3.果皮具密的红色软刺，刺长5—7毫米；叶灰绿色，长圆状椭圆形至长圆形，长8—15
厘米，宽3—5厘米 ··· 1.黄刺卫矛 E. aculeatus
3.果皮平滑不具刺，具翅状棱或棱；叶革质或近革质。
　　4.花黄白色；叶狭倒卵形或椭圆状披针形，长4—10厘米，宽2—5厘米，先端急尖或
　　　钝，基部宽钝，边缘具细锐锯齿，叶柄长0.5—1厘米；蒴果具4条翅状窄棱，种子
　　　黑色 ··· 2.大花卫矛 E. grandiflorus
　　4.花黄绿色；叶长圆状椭圆形至长圆状披针形，长5—15厘米，宽3—7厘米，先端钝
　　　至突然短渐尖，基部楔形，边缘具粗圆锯齿，叶柄长达2厘米；蒴果具4棱，种子红
　　　紫色 ··· 3.肉花卫矛 E.carnosus
2.蒴果在心皮接缝处内凹呈半裂或近全裂或有时浅棱状。
　　5.花4基数；蒴果具4棱。
　　　6.小枝不具细小疣状皮孔。
　　　　7.雄蕊花丝细长。
　　　　　8.蒴果倒卵形或倒圆锥形。
　　　　　　9.叶长椭圆形、长圆状卵形至椭圆状披针形，长7—12厘米，宽3—7厘米，先
　　　　　　　端急尖至短渐尖，基部楔形，全缘或上半部有疏锯齿，下面沿脉被柔毛 …
　　　　　　　·· 4.西南卫矛 E.hamiltonianus
　　　　　　9.叶宽卵形至宽椭圆形或椭圆状卵形，长4—7厘米，宽2—5厘米，先端长渐
　　　　　　　尖，基部钝圆，全缘，稀有细浅锯齿，下面沿脉无毛 ··········
　　　　　　　·· 5.白杜 E. bungeanus
　　　　　8.蒴果近球形；小枝近4棱形；叶倒卵形至椭圆形，长3—6厘米，宽2—3厘米，
　　　　　　先端钝，基部楔形，边缘具细锯齿 ·········· 6.冬青卫矛 E. japonicus
　　　　7.雄蕊无花丝或花丝极短。
　　　　　10.蒴果具4棱；花序有花20花以上。
　　　　　　11.叶倒卵状披针形、狭长圆形至倒披针形；花较大，直径8—16毫米；蒴果直
　　　　　　　径1.5厘米 ·································· 7.多花卫矛 E. myrianthus
　　　　　　11.叶长圆状椭圆形至椭圆形；花较小，直径5—7毫米；蒴果直径约8毫米 …
　　　　　　　·· 8.长圆叶卫矛 E. oblongifolius
　　　　　10.蒴果4深裂，往往1—3瓣发育成熟；花序有1—10花。
　　　　　　12.小枝圆柱形；叶柄长约1厘米 ·········· 9.裂果卫矛 E.dielsianus
　　　　　　12.小枝四棱形；叶柄短或无。
　　　　　　　13.枝棱具宽翅；聚伞花序3—9花 ·········· 10.卫矛 E.altus
　　　　　　　13.枝棱无翅或具窄翅；聚伞花序1—3花 ······· 11.百齿卫矛 E. centidens
　　　6.小枝具细小疣状皮孔 ·························· 12.小果卫矛 E.microcarpus
　　5.花5基数；蒴果具5棱 ···························· 13.脉瓣卫矛 E.tingens
1.蒴果各心皮外展呈翅状。

14.花4基数。

　15.花紫色，花与叶同时开放；叶卵形或长圆状椭圆形，长3—7.5厘米，宽2—3.5厘米，先端长渐尖；蒴果悬垂于细长柄上，具4窄翅 ……………… **14.紫花卫矛 E. porphyreus**

15.花淡绿或淡黄色。

　16.花淡黄色；小枝绿色，具棱；叶缘具圆齿状锯齿，先端急尖或短渐尖，基部圆形；花瓣椭圆状披针形或倒披针形，花序梗长0.5—1厘米；果翅长三角形，翅长6—12毫米 ………………………………………… **15.狭翅卫矛 E. monbeigii**

　16.花淡绿色或绿白色；小枝紫色，圆柱形；叶缘具细尖锯齿或重锯齿，先端渐尖，基部楔形；花瓣长卵形，花序梗长1.5—3厘米；果翅短三角形，翅长4—7毫米…………………………………………………………… **16.血色卫矛 E. sanguineus**

14.花5基数，绿色；叶披针形，长6—12厘米，宽1.5—3厘米，先端长渐尖，基部楔形；蒴果具5翅，翅长5—10毫米 ……………………………………… **17.丘生卫矛 E. clivicolus**

1.黄刺卫矛　图230

Euonymus aculeatus Hemsl.（1893）

灌木或小乔木，稀攀援状，高达8米，全株无毛。小枝灰黄色，具4棱；顶芽小。叶革质至厚革质，长圆状椭圆形、椭圆形至长圆形，长8—15厘米，宽3—5厘米，先端渐尖至长渐尖，基部圆钝或宽楔形，上面灰绿，下面淡黄绿，两面无光泽，边缘反卷呈窄边，具疏离浅锯齿，侧脉6—7对，两面显著；叶柄长5—15毫米，粗壮。聚伞花序3—4回分枝；花序轴长3.5—7厘米，粗壮而具棱；花黄绿色，4数，直径1厘米；花丝短，花药个字着生。蒴果球形，直径1.2—1.5厘米，密生红色软刺，刺长5—7毫米；每室具种子2，有橘黄色假种皮。

产凤庆、蒙自、广南等地，生于海拔1650—2550米山坡或山谷杂木林中。四川、湖北、湖南、贵州、广西、广东等省（区）有分布。

2.大花卫矛　图230

Euonymus grandiflorus Wall.（1824）

半常绿灌木或乔木，高达10米。小枝圆柱形，灰绿色，光滑无毛。叶对生，近革质，狭倒卵形，长圆形至椭圆状披针形，长4—10厘米，宽2—5厘米，先端钝或急尖，基部圆钝，边缘具细锐锯齿，两面无毛，侧脉细密；叶柄长0.5—1厘米。腋生聚伞花序有花5—7；花序梗长达5厘米；花大，黄白色，直径达2厘米，4数；花瓣圆形；雄蕊具细长花丝；花盘肥大，直径达1厘米。蒴果球形，具4翅状窄棱，初为黄色，后变红色；种子黑色，平滑有光泽，假种皮橘红色。花期6月，果期9—10月。

产德钦、贡山、香格里拉、永宁、昭通、维西、丽江、兰坪、沾益、嵩明、昆明、双柏、龙陵、腾冲、新平、建水、文山等地，生于海拔1700—3000米山坡或山谷林中。分布于甘肃、陕西、河南、安徽、西藏、四川、湖北、贵州、江西、福建等省；印度、缅甸、不丹、尼泊尔也有。

图230　黄刺卫矛和大花卫矛

1—3.黄刺卫矛 *Euonymus aculealus* Hemsl.

1.花枝　2.果实　3.种子

4—6.大花卫矛 E. *grandiflorus* Wall.

4.花枝　5.花　6.雄蕊

种子含油约50%，供制皂和作润滑油；树皮可提取硬性橡胶。

种子或插条繁殖。将成熟果实阴干炸开后，搓去假种皮收藏，待春季播种；插条用3—4节的嫩枝，插入土1/2，压紧浇水，搭盖荫棚。

3.肉花卫矛　图231

Euonymus carnosus Hemsl.（1893）

落叶小乔木或灌木，高达5米。树皮灰黑色，纵裂。叶对生，无毛，长圆状椭圆形，宽椭圆形至长圆状倒卵形，长5—15厘米，宽3—7厘米，先端钝或突然短渐尖，基部宽楔形，边缘具粗圆锯齿，侧脉较疏；叶柄长2厘米。聚伞花序腋生，疏散；花黄白色，直径约1.5厘米，4数；花瓣圆形。蒴果球形，有4棱，初黄绿色，后红紫色；种子红色，假种皮橙黄色。花期5—7月，果期9—10月。

产维西、丽江、洱源、宾川、嵩明、昆明等地，生于海拔1600—2300米林中。分布于安徽、四川、湖北、江苏、浙江、江西、福建、台湾等省。

树皮入药，作土"杜仲"用，可活血祛瘀，治腰膝痛等症；根入药，能软坚散结，通经活络，祛风除湿，治淋巴结核；树皮又可提取硬橡胶；种子榨油，供制皂和润滑油用。

4.西南卫矛　图231

Euonymus hamiltonianus Wall.（1824）

落叶乔木，高达15米。叶长圆状椭圆形、长圆形至椭圆状披针形，长7—12厘米，宽3—7厘米，先端渐尖至短渐尖，基部楔形，全缘或上半部有疏锯齿，下面沿脉被短毛；叶柄长1.5—5厘米。聚伞花序腋生，有花5至多数；花序梗长1—2.5厘米；花白绿色，直径约1厘米，4数；花瓣长圆状披针形；花丝细长，花药紫色；花柱短而明显。蒴果倒三角形，粉红带黄色，直径1厘米，上部浅4裂，每室有种子1—2；种子红棕色，假种皮橘红色。花期5—6月，果期8—10月。

产云南西北部、东北部至西南部，生于海拔1550—2800米林中。分布于甘肃、陕西、安徽、湖北、四川、西藏、贵州、湖南、江西、广东等省（区）；印度及日本也有。

5.白杜　丝棉木　图232

Euonymus bungeanus Maxim.（1859）

灌木或小乔木，高达8米。树皮灰色或灰褐色。小枝细长，灰褐色，无毛。叶宽卵形、椭圆状卵形至宽椭圆形，长4—7厘米，宽2—5厘米，先端长渐尖，基部近圆形，边缘全缘，稀具细锯齿；叶柄长2—3.5厘米。花序聚伞状，有3—7花，花黄绿色，4数；花药紫色。蒴果倒圆锥形，粉红色，4浅裂，直径1厘米；种子淡黄色或淡红色，假种皮橘红色。花期5—6月；果期9—10m。

昆明引种栽培。分布于辽宁、山西、河北、山东、甘肃、陕西、河南、四川、湖北、安徽、浙江、江西、福建等省。

木材细韧，可供雕刻、制帆杆或滑车等。树皮含硬性杜仲胶；种子和根药用，治疗关节痛。常栽培于庭园作绿化树种。

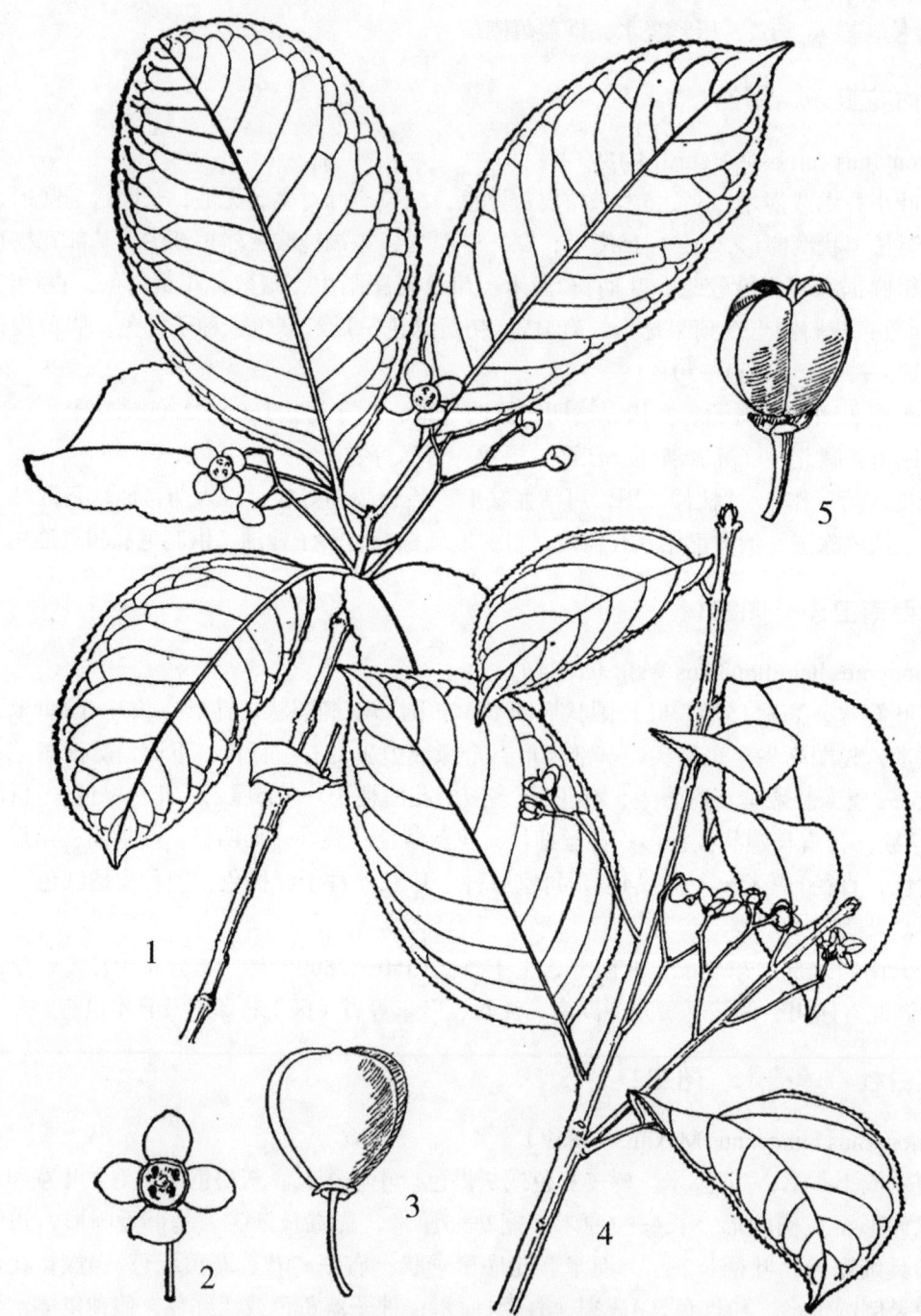

图231 肉花卫矛和西南卫矛

1—3.肉花卫矛 *Euonymus carnosus* Hemsl.

1.花枝　2.花　3.果实

4—5.西南卫矛 *E. hamiltonianus* Wall.

4.果枝　5.果实

图232 白杜和冬青卫矛

1—3.白杜 *Euonymus bungeanus* Maxim.

1.花枝 2.花 3.蒴果

4—5.冬青卫矛 *E. japonicus* L.

4.果枝 5.花

喜肥沃土壤，对有害气体抗性较强，种子及播条繁殖，宜选疏松肥沃阴湿土壤。

6.冬青卫矛 大叶黄杨 图232

Euonymus japonicus L.（1780）

常绿灌木或小乔木，高达8米。小枝近四棱形，绿色，光滑无毛。叶革质，倒卵形至椭圆形，长3—6厘米，宽2—3厘米，先端钝或突尖，基部楔形，边缘有细锯齿，上面深绿色，有光泽，下面淡绿色；叶柄长6—10毫米。聚伞花序腋生，有5—12花，密集；花序梗长2—3.5厘米；花4数，白绿色，直径约7毫米；花丝细长；花盘肥大。果梗四棱形，较粗壮；蒴果近球形，直径约1厘米，4浅裂，成熟后淡红色；每室有种子1—2，假种皮橙红色。花期5—6月，果期9—10月。

云南各地栽培。分布于河北、山东、陕西、四川、江苏、浙江、江西、广东等省，全国各地栽培作绿篱供观赏；日本、朝鲜也有。

根入药，有利尿、强壮之效。树皮含硬性橡胶；种子可榨油供工业用。本树种对二氧化硫的抗性强，是很好的净化环境树种。

7.多花卫矛 图233

Euonymus myrianthus Hemsl.（1893）

常绿小乔木或灌木，高达6米；小枝黄绿色。叶革质，倒披针形、狭长圆形至倒卵状披针形，长5—13厘米，宽2.5—4.5厘米，先端渐尖至长渐尖，基部楔形，边缘有圆齿状细锯齿，下部1/4全缘，上面深绿色，下面淡绿色，无毛；叶柄长4—10毫米。聚伞状圆锥花序，顶生，多回分枝，有花多数；花4数、黄色，直径8—16毫米，雄蕊具极短花丝。蒴果宽倒卵形至倒卵状圆锥形，金黄色，直径1.5厘米，有4棱；种子假种皮橙黄色。花期5—6月，果期8—10月。

产云南。分布于陕西、安徽、四川、湖北、浙江、江西、广西、广东。

果实民间做黄色染料；茎皮及根皮、枝叶均含硬性橡胶。

8.长圆叶卫矛 图233

Euonymus oblongifolius Loes. et Rehd.（1913）

常绿乔木，高达13米。叶革质，光亮，长圆状椭圆形或椭圆形，稀长倒卵形，长6—15厘米，宽2—4.5厘米，先端渐尖至长渐尖，基部楔形，边缘有细锯齿，网脉明显；叶柄长5—8毫米。聚伞花序多回分枝，分枝平展；花序梗长3—4.5厘米，四棱形，粗壮；花4数，黄绿色，直径5—7毫米；花丝极短；花盘方形。蒴果倒圆锥形，直径约8毫米，成熟后黄色，具4棱，顶端截平；种子假种皮橘红色。花期5—6月，果期9—10月。

产富宁，生于海拔700米常绿阔叶林中。分布于安徽、四川、湖北、浙江、江西、福建、广西、广东。

图233 多花卫矛和长圆叶卫矛

1.多花卫矛*Euonymus myrianthus* Hemsl.果枝

2—3.长圆叶卫矛 *E. oblongifolius* Loes.et Rehd.

2.花枝 3.花

9.裂果卫矛　图234

Euonymus dielsianus Loes.（1900）

常绿小乔木或灌木，高达6米。树皮灰褐色。叶革质，狭椭圆形、狭卵形至狭倒卵形，长6—12厘米，宽2—4厘米，先端长渐尖，基部楔形或钝，边缘除基部外有疏浅锯齿，叶脉不甚明显；叶柄粗壮，长1厘米。短小的聚伞花序，密生于当年枝先端叶腋，有花2—7，稀1；花序梗纤细，长1—1.6厘米；花4数，黄绿色，直径7—6毫米，花丝极短，花药近顶裂；花盘肥大。蒴果肉红色，扁球形，4深裂，往往1—3室发育成瓣裂，每裂瓣有种子1—2；种子近黑色，假种皮橙黄色。花期5—6月，果期8—10月。

产富宁、西畴等地，生于海拔700米左右密林中。分布于四川、湖北、贵州、湖南、江西、福建、广西、广东。

种子繁殖为主。种子用草木灰洗去假种皮然后播种，苗木两年可出圃定植。

10.卫矛　图234

Euonymus alatus（Thunb.）Sieb.

落叶灌木，高达3米。小枝开展，四棱形，棱上具木栓质宽翅。叶椭圆形至倒卵形，长2—6厘米，宽1.5—3.5厘米，先端短渐尖，基部楔形，边缘有小锐锯齿，暗绿色，早春及秋后变紫红色，侧脉在下面明显；叶柄短或近无。聚伞花序腋生，有花3—9；花淡绿色，直径5—7毫米，4数；雄蕊具短花丝；花盘肥厚，四方形。蒴果紫褐色，深4裂，往往只1—3心皮发育成熟为裂瓣，裂瓣长卵形，长6—8毫米，每裂瓣有种子1—2；种子紫棕色，假种皮橙红色。花期5—6月；果期9—10月。

产云南西北部、中部地区，生于海拔2800—3000米山坡针叶林、杂木林中。遍布全国各省区，多栽培于庭园中供观赏；日本、朝鲜也有。

本种树皮、根、叶可提取硬橡胶；枝上的木栓翅供药用，做活血散瘀药，有破血、止痛、通经、泻下、杀虫等功效；种子含油40%以上，为供工业用油。

11.百齿卫矛　图235

Euonymus centidens Lévl.（1914）

灌木，高达6米。小枝四棱形，棱有时窄翅状；全株无毛。叶长圆状椭圆形至狭椭圆形，长5—11厘米，宽2—4厘米，先端渐尖至长渐尖，基部钝或宽楔形，边缘密生锐尖锯齿；叶柄极短至无。聚伞花序腋生，有花1—3；花序梗近方形，长约1厘米；花4数，暗黄色，直径约7毫米；雄蕊无花丝，着生于方形肉质花盘的角上面。蒴果4深裂，常1—2裂瓣发育成熟；种子红褐色，假种皮橙黄色，顶端呈脊状，只包围种子向轴面的一半。花期5—7月，果期9—11月。

产西畴，生于海拔1000米左右山坡林缘或林中。分布于四川、贵州、湖南。

可入药，有散寒、平气喘之功效。

图234 裂果卫矛和卫矛

1.裂果卫矛 *Euonymus dielsianus* Loes.果枝

2—3.卫矛 *E. alatus* (Thunb.) Sieb.

2.果枝　3.蒴果

图235 百齿卫矛和小果卫矛
1—2.百齿卫矛 *Euonymus centidens* Lévl.
1.果枝　2.花蕾
3.小果卫矛 *Euonymus microcarpus*（Oliv.）Spragus 果枝

12.小果卫矛 图235

Euonymus microcarpus（Oliv.）Sprague（1908）

小乔木或灌木，高达6米。树皮灰褐色。小枝具细小瘤状皮孔。叶薄革质至纸质，灰绿色、卵形、椭圆形或卵状长圆形，长3—8厘米，宽1.5—3厘米，先端渐尖，基部楔形，全缘或上半部有疏离锯齿，侧脉6—8对，明显；叶柄长7—25厘米。二歧聚伞花序腋生，分枝平展；花序梗长2—4厘米。花4数，黄绿色，直径5—8毫米，雄蕊有明显的花丝；雌蕊有时退化不育。蒴果扁球形，顶端微凹入，直径6—8毫米，4深裂；种子红色，假种皮橘红色。花期5—6月，果期8—10月。

产云南西北部，生于海拔2000—2400米林中。分布于四川、湖北、陕西。

13.脉瓣卫矛 图236

Euonymus tingens Wall.（1824）

常绿小乔木或灌木，高达8米。小枝紫红色。叶革质，椭圆形至狭倒卵形，长4—6厘米，宽1—2.5厘米，先端短渐尖，基部宽楔形，边缘有细锯齿，侧脉及网脉明显，在上面下陷，下面凸起；叶柄长3—5厘米。聚伞花序腋生，有3至数花，花序梗纤细，长2—3厘米；花白绿色，直径1厘米，5数；萼片圆形，具缘毛；花瓣近圆形，具紫色脉纹，边缘啮蚀状；花丝基部增宽，着生于花盘边缘；子房与花盘合生。蒴果倒圆锥状，具5棱，直径1.5厘米。花期5—6月，果期7—9月。

产德钦、贡山、香格里拉、维西、丽江、易门等地，生于海拔2500—3300米山谷混交林或灌木林中。分布于西藏、四川、广西；缅甸北部、尼泊尔、印度也有。

种子含油40%以上，可供制作肥皂和润滑油用。

14.紫花卫矛 图236

Euonymus porphyreus Loes.（1913）

灌木，落叶，高达6米。延长枝平滑无毛，缩短枝有叶痕；冬芽长而尖，芽鳞灰色。叶与花同时生出，结果期为革质，卵形至椭圆形，长3—8厘米，宽2—3.5厘米，先端长渐尖，基部宽楔形，稀近圆形，边缘密生细锯齿；叶柄长5—8毫米。聚伞花序腋生或侧生，有花3—12，花序梗纤细，长达4.5—5.5厘米；花4数，深紫红色；萼片卵状圆形至半圆形；雄蕊无花丝，花药顶端开裂。蒴果紫红色，球形，下垂，具4长狭翅；种子假种皮红色。花期5—6月，果期8—10月。

产贡山、香格里拉、丽江等地，生于海拔2000—3300（3600）米山地密林或灌木林中。分布于甘肃、陕西、河南、西藏、四川、湖北、贵州。

15.狭翅卫矛 图237

Euonymus monbeigii W. W. Smith（1917）

灌木或小乔木，高达5米。幼枝绿色，具棱。叶纸质，卵形至近圆形，长3—5（7）厘米，宽3—4厘米，先端渐尖，基部近圆形，边缘具细圆齿状锯齿，侧脉4—5，两面显著；

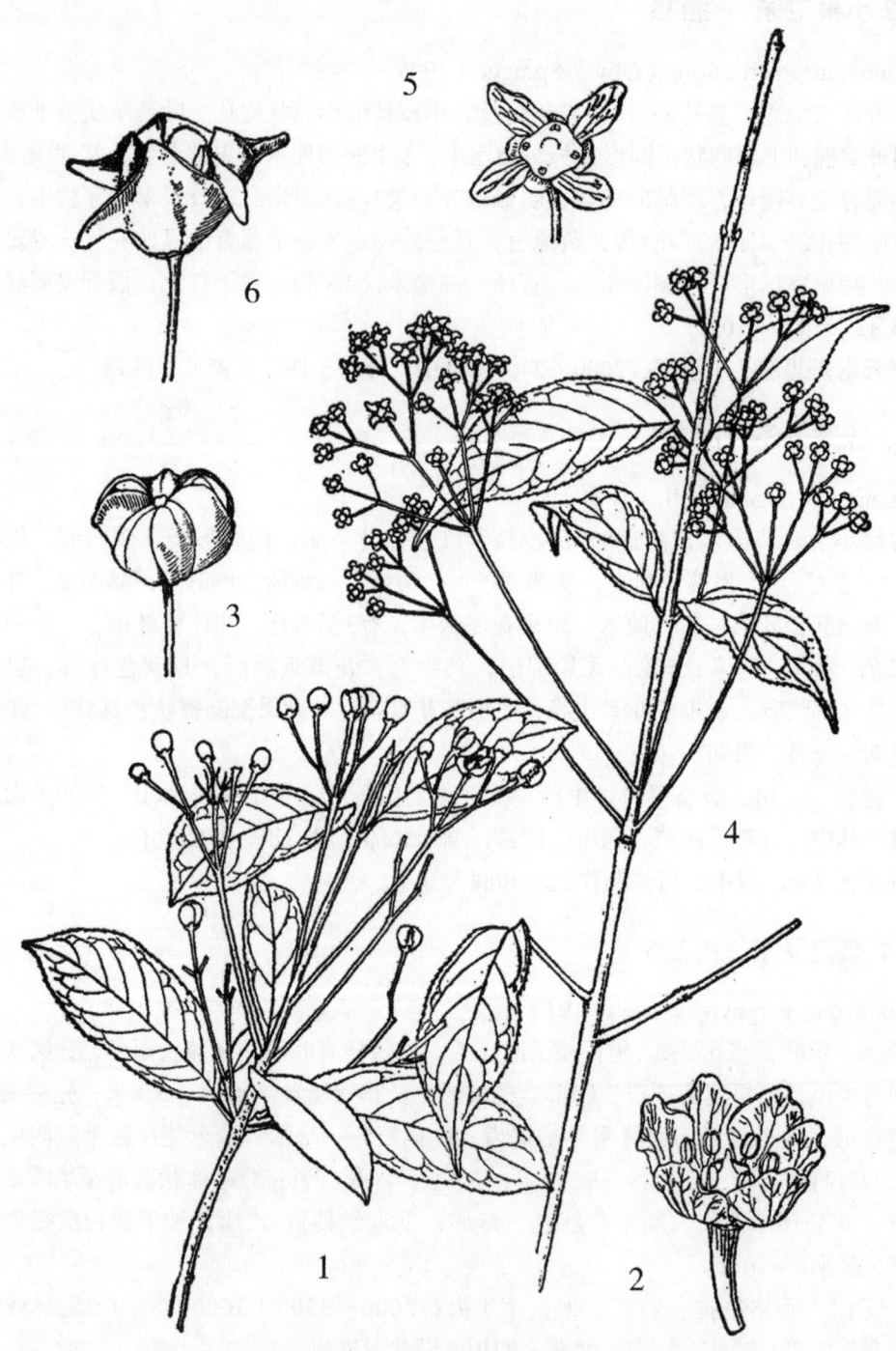

图236 脉瓣卫矛和紫花卫矛

1—3.脉瓣卫矛 *Euonymus tingens* Wall.

1.花枝 2.花 3.果

4—6.紫花卫矛 *Euonymus parphyreus* Loes.

4.花枝 5.花 6.果

叶柄长5—7毫米。聚伞花序腋生，有花13以上，稀更少；序轴长2—3厘米，花序梗长0.5—1厘米；花4数；淡黄色，直径7毫米；花萼裂片卵圆形；花瓣椭圆状披针形，基部较窄；雄蕊短，着生于花盘上面；花盘四边形；子房与花盘合生，无花柱，柱头头状。蒴果具4翅，翅长1—1.2厘米，基部宽9毫米，呈长三角形，先端圆，有种子2—4。花期5—6月，果期7—8月。

产德钦、贡山、香格里拉、维西、丽江等地，生于海拔（2200）2700—3100米山坡、山谷林中。分布于四川西南部至西藏东南部；不丹也有。

16.石枣子　图237

Euonymus sanguineus Loes.（1900）

小乔木或灌木，高达7米。小枝近圆柱形，紫褐色或灰褐色，无毛；冬芽长卵形，灰色，较大，长6—14毫米。叶革质，长圆状卵形或卵状椭圆形，长4—10厘米，宽2.5—5厘米，先端渐尖，基部近圆形，边缘密生细锯齿，上面深绿色，下面灰绿色；叶柄长5—10毫米。聚伞花序腋生，有花3—15，排列松散；花序梗长3—5厘米；花4数，稀5数，淡绿色或绿白色，直径约5毫米；花瓣长卵形；雄蕊无花丝，花药1室；花盘方形。蒴果扁球形，直径约1厘米，具4翅，翅三角形，成熟后红色；种子黑色，假种皮红色。花期5—6月，果期8—10月。

产贡山、维西、兰坪、泸水等地，生于海拔2500—3500米山地落叶或常绿阔叶林中或针叶林中。分布于山西、甘肃、陕西、河南、西藏、四川、湖北。

17.丘生卫矛　图238

Euonymus clivicolus W. W. Smith（1917）

灌木，高达9米。小枝灰绿或褐色。叶薄纸质或膜质，披针形至椭圆状披针形，长6—12厘米，宽1.5—3厘米，先端渐尖，基部楔形或近圆形，边缘具细锯齿，侧脉5—6对，显著；叶柄长3—5毫米。聚伞花序腋生；花序梗丝状，长3.5—5厘米；花绿色，5数；萼片5，宽圆形，边缘啮蚀状；花瓣近圆形或卵形，长4—5毫米；雄蕊5，着生于花盘近边缘，子房与花盘合生，几无花柱，柱头头形。蒴果具5狭翅，翅长5—10毫米。花期6—7月，果期8—10月。

产香格里拉等地，生于海拔3300米的冷杉林中。分布于西藏东南部。

2. 沟瓣木属 Glyptopetalum Thw.

灌木或乔木，叶对生，具柄，无托叶。聚伞花序腋生或顶生；花4数；花萼分裂；花瓣离生,雄蕊着生于花盘上，药隔肥大，药室叉开；花盘3裂；子房陷入花盘内，4室，每室具1胚珠，花柱短，蒴果近球形，外果皮与内果皮分离，有种子1—4。

本属27种，分布于亚洲南部和东南部。我国有8种，产云南、贵州、广西和广东。云南有1种。

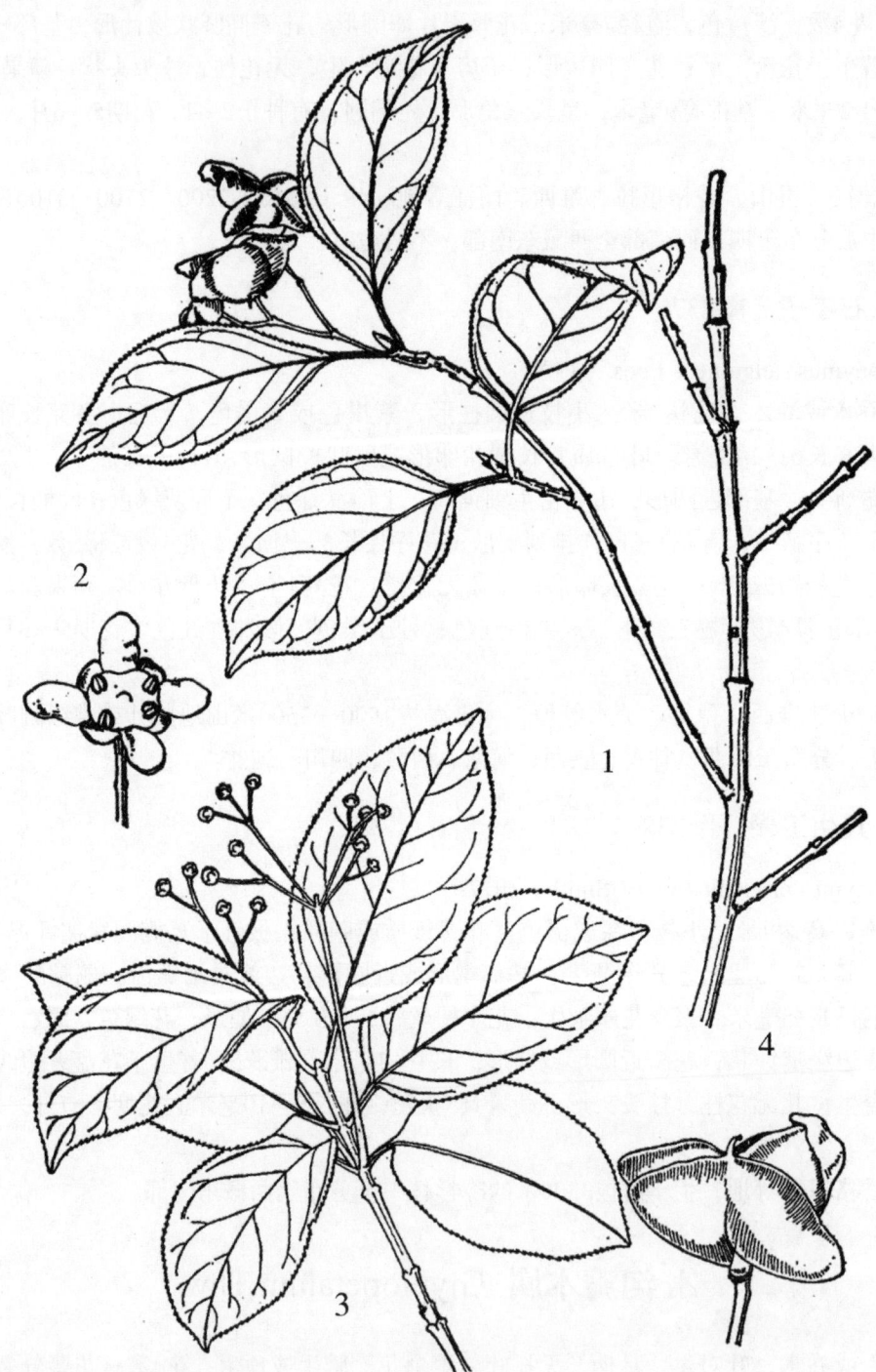

图237 狭翅卫矛和石枣子

1—2.狭翅卫矛 *Euonymus monbeigii* W. W. Smith

1.果枝 2.花

3—4.石枣子 *Euonymus sanguineus* Loes

3.花枝 4.果

图238 丘生卫矛 *Euonymus clivicolus* W. W. Smith
1.花枝 2.花

硬果沟瓣木　图239

Glyptopetalum sclerocarpum（Kurz.）Laws（1875）

常绿乔木或灌木，高达12米。小枝黄绿色，近圆柱形或稍扁。叶革质至厚革质，狭长椭圆形、椭圆形，稀为倒卵形，长12—27厘米，宽4.5—9厘米，顶端渐尖或钝，基部宽楔形至近圆形，边缘全缘或具疏浅齿，侧脉10对以上，在两面明显但不凸出；叶柄长0.8—4.5厘米，较粗壮。花序1—3，着生于短枝顶端，1—2次分枝；花序梗长2—6厘米，宽扁有纵纹；花黄白色，4数；萼片2大2小；花瓣较厚，近圆形，大部内曲呈兜状；花盘肥厚，包围子房大部并与之贴合；雄蕊着生于花盘边缘上，花丝极短，花药个字着生，花药背部药隔膨大，下部有宽阔白色药隔；花柱短粗，头状。蒴果近球形，直径1.2—2.2厘米，果皮极厚而硬。

产于云南南部，生于海拔900—1200米山坡密林中。分布于广西、广东；印度也有。

3. 假卫矛属 Microtropis Wall. ex Meissn.

乔木或灌木。叶具柄或近无柄，全缘，纸质或革质；无托叶。花两性或单性，排列成聚伞花序或无柄花束，腋生或腋上生；花通常5数，稀4数，花瓣基部合生，很少没有；花盘环状或无；子房卵形，1—3室，每室具1—2胚珠。蒴果椭圆形至卵形，革质，2瓣裂，基部有宿存花萼。

本属约70种。分布于亚洲南部、东南部及中美洲至南美洲。我国有30种，产西南至台湾。云南约有11种。

分 种 检 索 表

1.果实卵状球形至卵状椭圆形；聚伞花序有花7—10以上。
　2.果卵状球形至近球形，直径1—1.4厘米；叶椭圆形，先端长渐尖至短尾状渐尖；花梗长约3毫米 ································**1.异色假卫矛 M. discolor**
　2.果稍扁的卵状椭圆形，长1.6—1.8厘米，宽1.3—1.4厘米；叶狭倒卵形、宽倒披针形或倒卵状长圆形，先端渐尖；花梗极短至几无 ·················· **2.短梗假卫矛 M. sessiliflora**
1.果实长圆状椭圆形或狭椭圆形。
　3.聚伞花序简单，有花3。
　　4.叶狭椭圆形至披针形，先端长渐尖至尾状渐尖，弯曲；叶柄长1—1.5厘米；花瓣、雄蕊4—5 ································ **3.三花假卫矛 M. triflora**
　　4.叶长椭圆形至长圆状椭圆形，先端渐尖；叶柄长5—8毫米；花瓣，雄蕊6 ··········
　　································ **4.六蕊假卫矛 M. hexandra**
　3.聚伞花序具分枝，有花7以上。
　　5.叶卵状椭圆形至椭圆形，叶柄长约1厘米；花直径约5毫米；果长圆状椭圆形，长约2厘米，宽9—10毫米 ················ **5.方茎假卫矛 M. tetragona**
　　5.叶长圆状椭圆形至狭椭圆形，叶柄长1.2—2.5厘米；花直径约10毫米；果狭椭圆形，

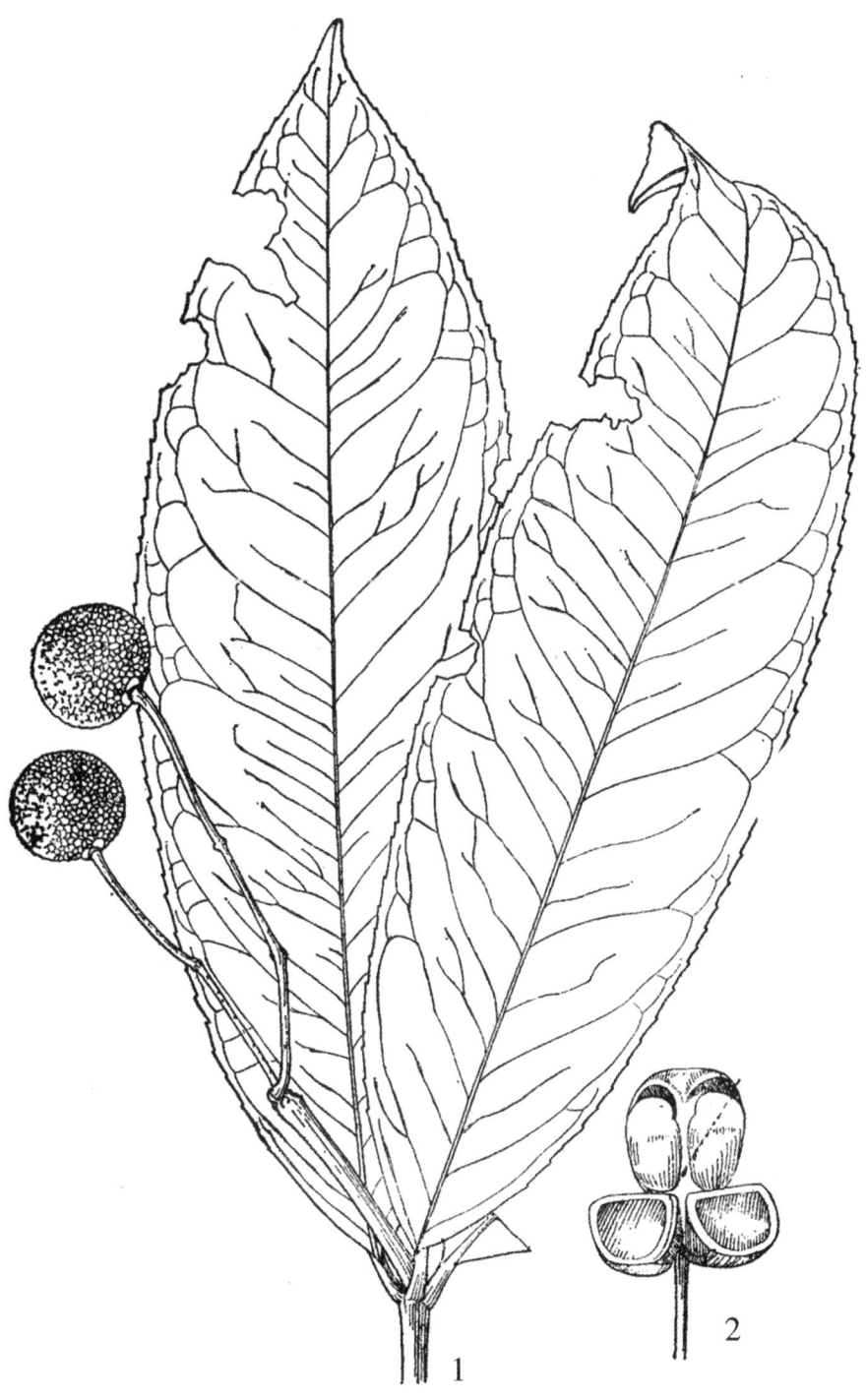

图239 硬果沟瓣木 *Glyptopetalum sclerocarpum*
1.果枝 2.蒴果

长1.2—1.7厘米，宽0.8—1厘米……………………………………**6.广序假卫矛 M. petelotii**

1.异色假卫矛　图240

Microtropis discolor Wall.（1829）

小乔木，高达12米。小枝红棕色，折断后有香味。叶纸质或薄革质，无光泽，椭圆形，长9—16厘米，宽4.5—11厘米，先端渐尖至短尾状渐尖，基部宽楔形，全缘，侧脉约9对，两面明显；叶柄长1—6厘米。聚伞花序腋生，有7—10花；花序轴长2.5—6毫米；花淡黄色，4—5数；花瓣椭圆形，长2—8毫米；花盘杯状；雄蕊花丝短；子房长圆状椭圆形，顶端圆钝，花柱不明显，柱头4裂，反折。果为宽倒卵形至近球形，直径1—1.4厘米，顶端突尖，白绿色，具细疣点。花期4—5月，果期9—10月。

产贡山、普洱、西双版纳、麻栗坡等地，生于海拔800—1300米的常绿阔叶林中。分布于印度、不丹、印度、缅甸、泰国、越南。

种子繁殖，随采随播。果实阴干开裂后取出种子即可播种。育苗造林，苗床适当遮阴。

2.短梗假卫矛　图240

Microtropis sessiliflora Merr. et Freem.（1940）

灌木成小乔木。小枝紫褐色。叶革质或近革质，狭倒卵形、宽倒披针形或倒卵状长圆形，长6—15厘米，宽3—7厘米，先端渐尖，基部楔形，下延，边缘稍反卷，侧脉5—6对，明显；叶柄长5—12厘米。聚伞花序有7—10花以上，花序轴粗壮，长2—5毫米；花4数；萼片肉质，半圆形，边缘具深褐色锯齿；花瓣长圆状椭圆形，长3毫米；花盘箨环形；雄蕊花丝极短，花药卵状三角形，顶端药隔凸起呈小凸尖；子房宽卵形，花柱不明显，柱头稍凹。果稍扁的卵状椭圆形，长1.6—1.8厘米，宽1.3—1.4厘米，具4沟；种子近卵形，长1.5厘米。

产屏边、文山，生于海拔1000—1500米的山坡密林中。分布于广西西北部。

3.三花假卫矛　图241

Microtropis triflora Merr. et Freem.（1940）

常绿灌木或小乔木，高达5米。叶薄革质至纸质，灰绿色，无光泽，狭椭圆形至披针形，长5—10厘米，宽2—4厘米，先端长渐尖至尾状渐尖，稍弯曲，基部渐狭，下延，全缘，两面无毛，侧脉约8对，在上面显著，下面不明显；叶柄长1—1.5厘米。聚伞花序腋生，有3花；中央花无梗，花白色，4—5数，直径约4毫米；花丝短；子房顶端具粗短花柱，柱头小。果狭椭圆形至倒卵状狭椭圆形，长1.2—1.8厘米，宽0.6—0.8厘米；种子1。花期4—5月，果期7—9月。

产镇雄，生于海拔1800米的山坡密林中。分布于四川、湖北和贵州。

种子或扦插繁殖。种子可洗净阴干保存于通风干燥处。造林地宜选择在阴湿肥沃处。扦插繁殖时应注意保持土壤湿度以利生根。

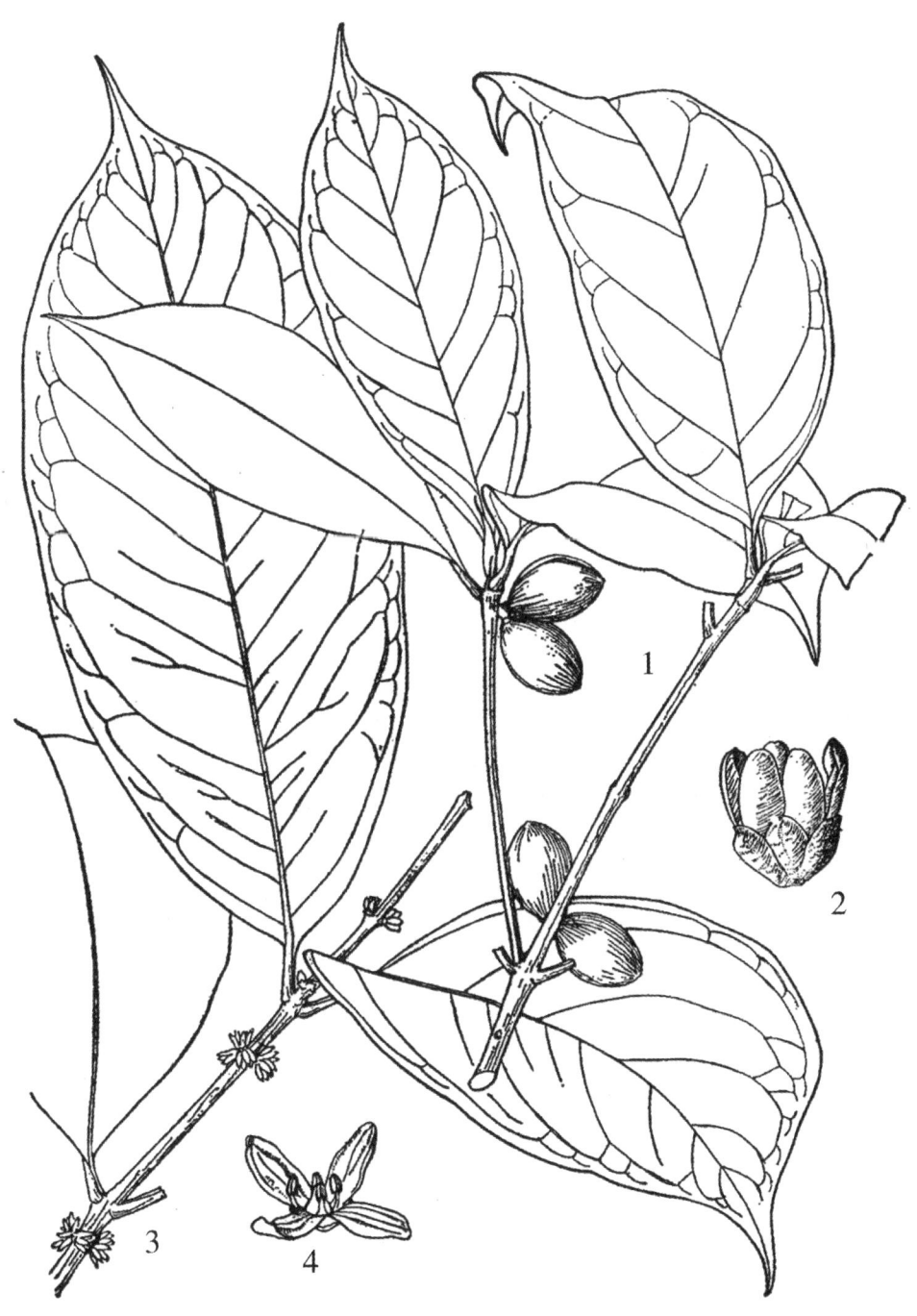

图240 异色假卫矛和短梗假卫矛

1—2.异色假卫矛 *Microtropis discolor* Wall.

1.果枝 2.花外形

3—4.短梗假卫矛 *Microtropis sessiliflora* Merr et Freem.

3.花枝 4.花

图241 三花假卫矛和六蕊假卫矛

1—2.三花假卫矛 *Microtropis triflora* Merr.et Freem.
1.果枝　2.果

3—4.六蕊假卫矛 *Microtropis hexandra* Merr.et Freem.
3.花枝　4.花

4.六蕊假卫矛　图241

Microtropis hexandra Merr. et Freem.（1940）

灌木，高达3米。叶坚纸质，椭圆形、长圆状椭圆形至长椭圆形，长4—7.5厘米，宽1.5—3厘米，先端渐尖，基部钝至宽楔形，侧脉6—8对，上面明显；叶柄长5—8毫米。聚伞花序腋生，有3花；花白色，萼片4，稀5，半圆形；花瓣6，稀5，倒卵状椭圆形至长圆状椭圆形，长3毫米；花盘浅杯状；雄蕊5，稀5，花药长方形，药隔顶端具小突尖；子房卵状椭圆形，几无花柱，柱头微裂。

产屏边，生于海拔1400米山谷林中。

5.方茎假卫矛　图242

Microtropis tetragona Merr. et Freem.（1940）

小乔木或灌木。小枝带紫色，四棱形。叶卵状椭圆形至椭圆形，长8—13厘米，宽3—5厘米，先端渐尖，基部宽楔形，全缘；叶柄长约1厘米。聚伞花序二歧分枝，有3—7花或更多，花序梗长5—10毫米；花白色，直径5毫米，5数；花盘薄环形，5浅裂；雄蕊着生于花盘裂片内凹处，花药长5毫米，无花丝；子房宽卵形，柱头4深裂或微裂。果长圆状椭圆形，长约2厘米，直径9—10毫米，先端有粗壮尖头；种子1，灰棕色。花期4—5月，果期7—9月。

产贡山，生于海拔1300—1500米山坡常绿阔叶林中。分布于广西。

6.广序假卫矛　图242

Microtropis petalotii Merr. et Freem（1940）

乔木，高达15米。小枝紫褐色，近四棱形。叶纸质，平展，无光泽，长圆状椭圆形或狭椭圆形，长8—13厘米，宽2.5—5厘米，先端渐尖至近急尖，基部钝或宽楔形，侧脉8—10对，上面显著，下面稍明显；叶柄长1.2—2.5厘米。聚伞花序多为3—4次分枝，较疏松，腋生或腋上生，花序梗较粗壮，长2—2.5厘米；花5数，直径约1厘米；萼片平截；花盘杯状或浅杯状，5浅裂；花丝较短，背部附着于花盘边缘下，花药小；子房近三角形。果狭椭圆形，长1.2—1.7厘米，宽0.8—1厘米，有种子1。花期5—6月，果期7—9月。

产蒙自、屏边、西畴等地，生于海拔1500—1900米常绿阔叶林或混交林中。分布于广西；越南北部也有。

4.美登木属　Maytenus Molina

小乔木或灌木，稀攀援状，有刺或无刺。单叶互生，通常螺旋状排列；无托叶。聚伞花序簇生，稀单生叶腋；花梗上有关节或无关节；花小，两性；花萼5（4）裂；花瓣5（4）；雄蕊5，着生于花盘上；子房为完全或不完全的3（2）室，基部与花盘合生，每室具胚珠1—2。蒴果室背开裂为2—3果瓣；种子有假种皮，完全或不完全包被种子。

本属约225种，分布于亚洲、非洲及南、北美洲的热带、亚热带地区。我国有23种1变

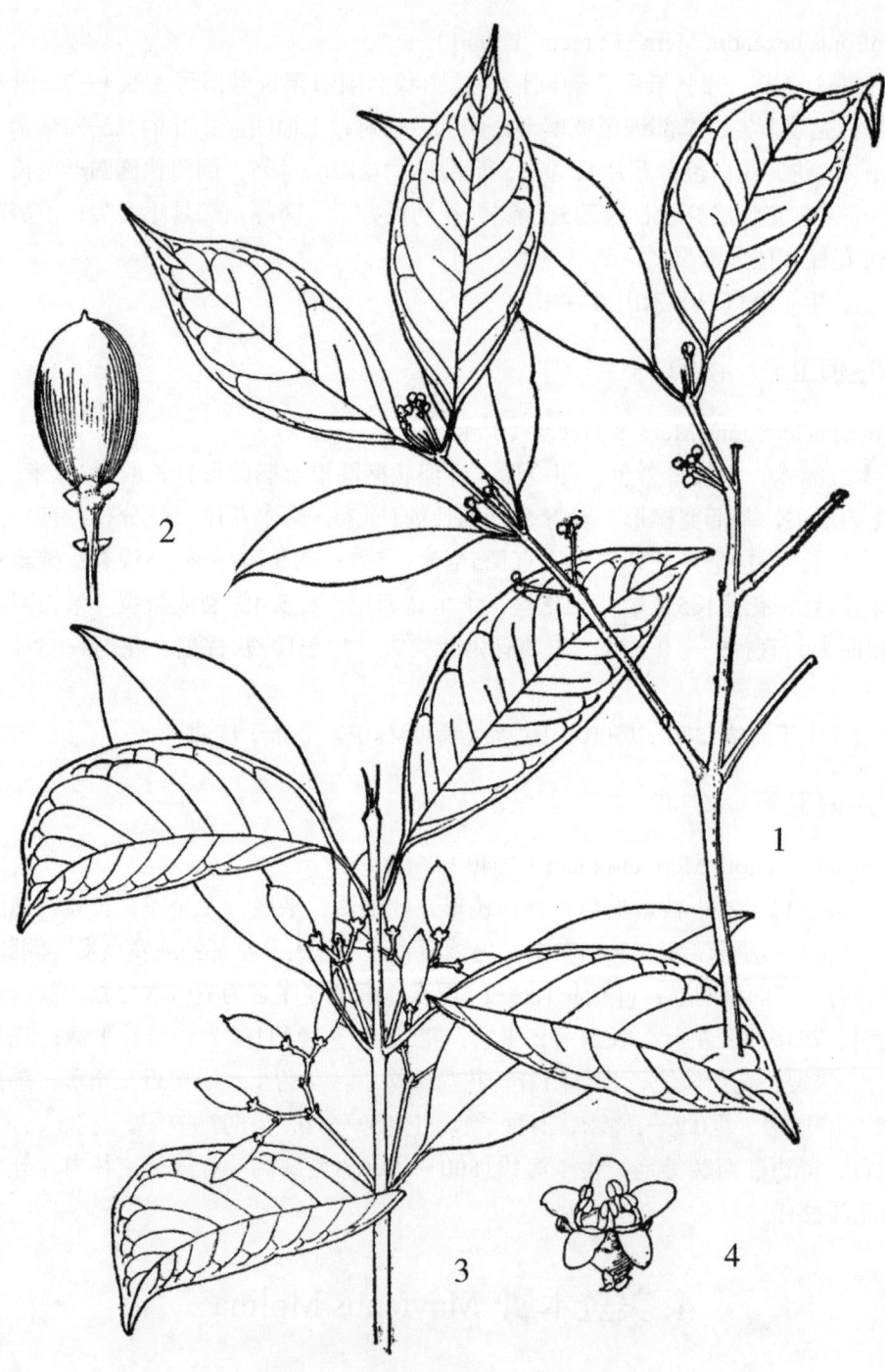

图242 方茎假卫矛和广序假卫矛

1—2.方茎假卫矛 *Microtropis tetragona* Merr. et Freem.

1.花枝　2.果

3—4.广序假卫矛 *Microtropis petalotii* Merr.

3.果枝　4.花

种，分布于西南部至东南部，主产于云南、广西南部山区。云南有13种和1变种。

分 种 检 索 表

1.假总状花序，花梗极短或不明显 …………………………… 1.疏花美登木 M. pseudoracemosa
1.2—3歧聚伞花序组成的圆锥花序或有时为单生，花梗明显。
  2.子房通常2室，稀3室，聚伞花序短，分枝1—2，苞片全缘，花盘扁平，无棱 …………
  …………………………………………………………………………… 2.美登木 M. hookeri
  2.子房通常3室，稀2室。
    3.花序通常腋生或侧生，有时着生于粗壮无刺的短枝上。
      4.聚伞花序同型，2—3歧式。
        5.枝条微"之"字形，果膨大，近球形，裂瓣薄革质 …… 3.胀果美登木 M. inflata
        5.枝条不为"之"字形，果长圆形，裂瓣近木质 …… 4.厚果美登木 M. pachycarpa
      4.聚伞花序二型，顶生和腋生，花序梗粗壮，远长于花梗 ……………………………
      …………………………………………………………… 5.异序美登木 M. divercymosa
    3.花序生于具刺的短枝上，有时腋生或侧生 ……… 6.滇南美登木 M. austroyunnanensis

1.疏花美登木　图243

Maytenus pseudoracemosa S. J. Pei et Y. H. Li（1981）
　　灌木，高达3米。小枝灰褐色，具突起的棱，不具刺，叶革质，披针形或狭椭圆形，稀倒卵形或倒披针形，长2.5—6厘米，宽1—3厘米，先端短渐尖或钝圆，基部楔形，边缘具钝锯齿，中脉在两面凸起，侧脉不显著。花序1—3生于短枝顶端，假总状花序长1.5—2厘米，有花2—4，花白色，直径2毫米；花梗极短或近于无。蒴果三室，倒卵形，直径5—7毫米。花期5月，果期9—10月。
　　产云南勐腊，生于海拔500米江边疏林下。

2.美登木　图243

Maytenus hookeri Loes.（1942）
　　无刺灌木，高达4米。小枝无长、短枝之区别。叶宽椭圆形或倒卵形，长10—20厘米，先端短渐尖或急尖，基部渐窄，边缘有极浅疏齿，叶脉在两面突起；叶柄长5—10毫米。聚伞状圆锥花序2—7枝丛生，每花序具3至多花，无明显的花序梗；花淡绿色，5数，直径3—4毫米。蒴果倒卵形，长约1厘米，直径约8毫米，3—4室；种子每室1—2，长卵形，棕色，基部具淡黄色杯状假种皮。
　　产景洪、勐腊，生于海拔500—700米的山地丛林或山谷密林中。印度也有。
　　种子繁殖或扦插繁殖。采种选由绿变褐的果实采集，室内阴干至果实开裂后取出种子，随采随播或混沙贮藏。播前用40—50℃温水浸种24小时可提高发芽率，播后覆土0.5厘米并覆草以利出苗。出苗后搭棚遮阴。3—4个月后分床或移入营养袋，次年可出圃定植。扦插繁殖用一年生粗壮枝条，插前用50ppm吲哚丁酸或a-萘乙酸处理24小时更好。
　　药物化学临床验证，美登木植物中含美登素、美登普林和美登布丁等三个抗癌有效成

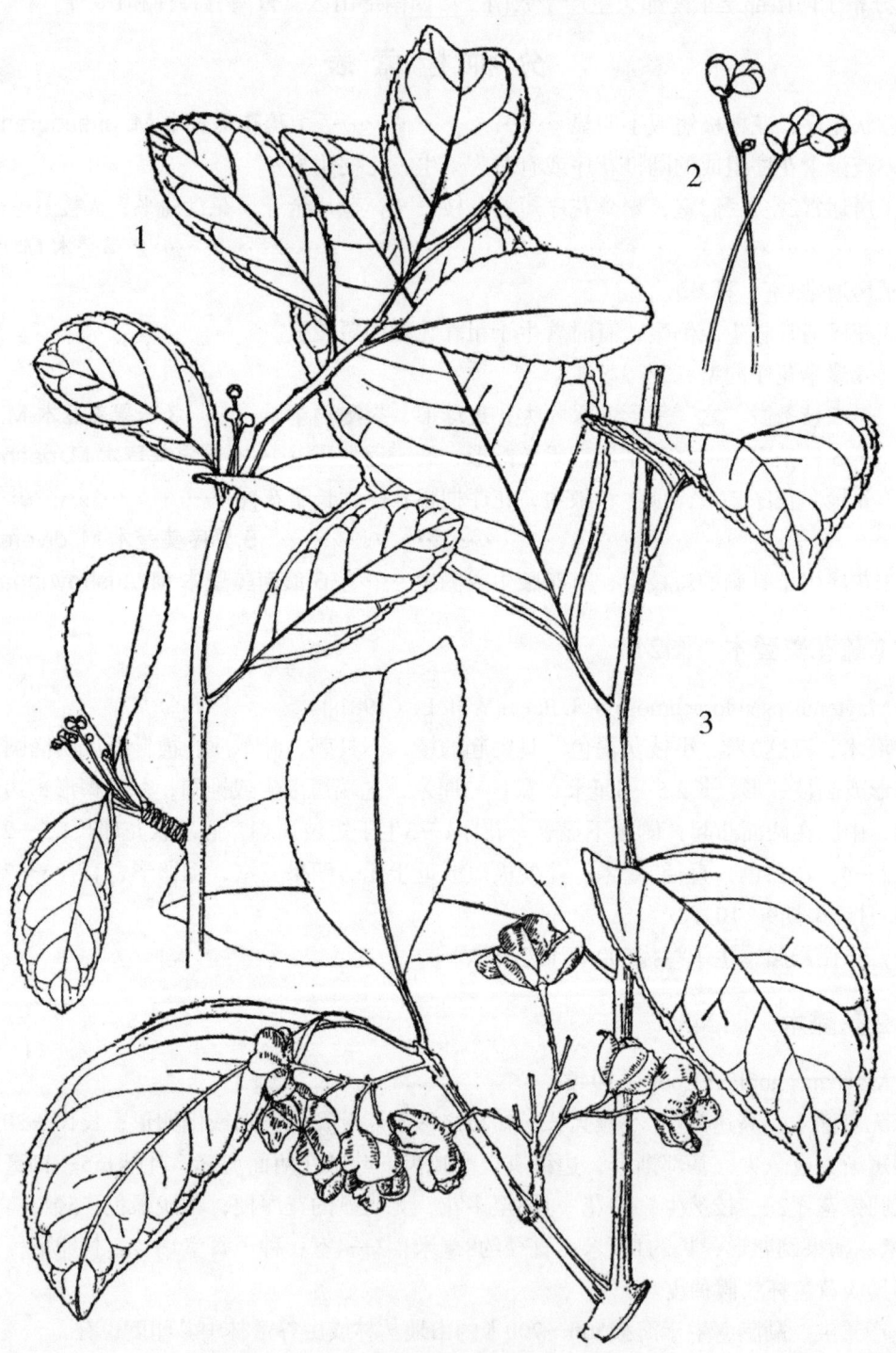

图243 疏花美登木和美登木

1—2.疏花美登木 *Maytenus pseudoracemosa* S. J. Pei et、Y. H. Li

1.花枝 2.花序枝

3.美登木 *Maytenus hookeri* Loes.果枝

分，对多种癌症具有一定疗效。其制剂无明显毒性，副作用小，是很有希望的抗癌植物。

3.胀果美登木　图244

Maytenus inflata S. J. Pei et Y. H. Li（1981）

灌木，高达4米。小枝棕灰色或灰色。叶膜质，椭圆形至椭圆状披针形，长7—14厘米，宽3—7厘米，先端渐尖，基部楔形，边缘具钝锯齿，侧脉8—13对，连同网脉在两面显著。花序为2—3歧聚伞花序，顶生。果序长约4厘米；果序梗与果梗近等长、果膨胀，近球形，长约1.5厘米。果期12月。

产景洪，生于海拔1200米山坡。

4.厚果美登木　图244

Maytenus pachycarpa S. J. Pei et Y. H. Li（1981）

灌木，高达5米。小枝灰棕色，有刺或无刺。叶薄纸质，椭圆形，长7—10厘米，宽4—4.5厘米，先端钝，具突尖头，基部楔形，边缘具圆齿，侧脉约8对，在上面不显著的网结。聚伞花序较短，腋生。果序长约2厘米；果序梗与果梗几乎等长；果长圆形，长1.5厘米。果期1月。

产景洪，生于海拔550米灌丛中。

5.异序美登木　图245

Maytenus diversicymosa S. J. Pei et Y. H. Li（1981）

灌木，高3米。小枝具纵棱，暗灰褐色，不具刺。叶薄纸质，椭圆形或椭圆状披针形，长7—13厘米，宽4—7厘米，先端渐尖，基部楔形，边缘具细圆齿，侧脉8—15对，网脉在上面不显著。花序顶生或腋生，二型，成粗壮多花枝的聚伞花序和单一的假总状花序；花序梗粗壮，长约2厘米；花梗长0.5—2厘米；花白色，直径5—6毫米。花期5月。

产勐腊，生于海拔500米澜沧江边疏林中。

6.滇南美登木　图245

Maytenus austroyunnanensis S. J. Pei Y. H. Li（1981）

灌木，高达3米。小枝灰色，刺状短枝长3—4厘米，粗壮。叶近革质，椭圆形至长圆形，长8—14厘米，宽4—7厘米，先端钝渐尖，基部楔形，下延，边缘具锯齿，侧脉7—9对，网脉在上面不显著。2—3歧聚伞花序生于短枝顶端，稀腋生，长1—2厘米；花序梗长4—6厘米；花白色，直径6—8毫米，子房3室。蒴果呈陀螺状，长1.2厘米。花期5月，果期8—9月。

产景洪、双江、耿马等地，生于海拔780—900米林中。

为抗癌植物，用它制成的片剂、针水或中草药复方、单方、水煎剂经临床验证均有一定的疗效。

图244 胀果美登木和厚果美登木

1.胀果美登木 *Maytenus inflata* S. J. Pei et Y. H. Li 果枝

2—3.厚果美登木 *Maytenus pachycarpa* S. J. Pei et Y. H. Li

2.果枝 3.果

图245 异序美登木和滇南美登木

1—2.异序美登木 *Maytenus diversicymosa* S. J. Pei et Y. H. Li

1.花枝 2.花

3—4.滇南美登木 *Maytenus austroyunnanensis* S. J. Pei et Y. H. Li

3.果枝 4.刺状短枝先端的聚金花序

173a.十齿花科 DIPENTODONTACEAE

落叶乔木。单叶互生，有托叶。花两性，通常整齐，排成伞形花序；萼筒壶状，先端5裂，附着于花盘上；花瓣5，与萼片相似；雄蕊5，插生于花盘上，与花盘腺体互生；子房上位，上部1室，基部3室，每室2胚珠。蒴果钝三角形，通常有1种子。种子有胚乳。

本科仅1属1种，分布于印度、缅甸及我国。

十齿花属 Dipentodon Dunn

属的特征同科。

十齿花（中国高等植物图鉴）图246

Dipentodon sinicus Dunn（1911）

小乔木，高可达11米。小枝幼时被锈褐色柔毛，后渐脱落，有稀疏皮孔。叶长椭圆形或披针形，长7—12厘米，宽2—5厘米，先端长渐尖或尾状渐尖，基部楔形、宽楔形或近圆形，边缘有细锯齿，上面绿色，下面淡绿色，侧脉约10对，叶柄长约5毫米，有时达10毫米。花序伞形，腋生，花序梗长2—4（5）厘米，被锈褐色短柔毛，花白色，萼片与花瓣排列成一轮，不宜区分；花盘具5黄色腺体；子房被褐色绒毛，花柱细长。蒴果革质，被褐色柔毛，顶端具宿存花柱，基部有宿存花被，果梗弯曲；种皮肉质，黑褐色。

产贡山、福贡、云龙等地，生于海拔1500—2400米的疏林中。贵州、广西有分布；印度、缅甸也有。

种子繁殖。采收成熟果实摊凉至开裂后取出种子，去肉洗净阴干用布袋贮藏于通风干燥处。春播。种子于播前消毒，40—50℃温水浸种24小时后播种可加快萌发速度。苗床应保持湿润，以利苗木生长。雨季前分床，或将幼苗移栽于营养袋中。

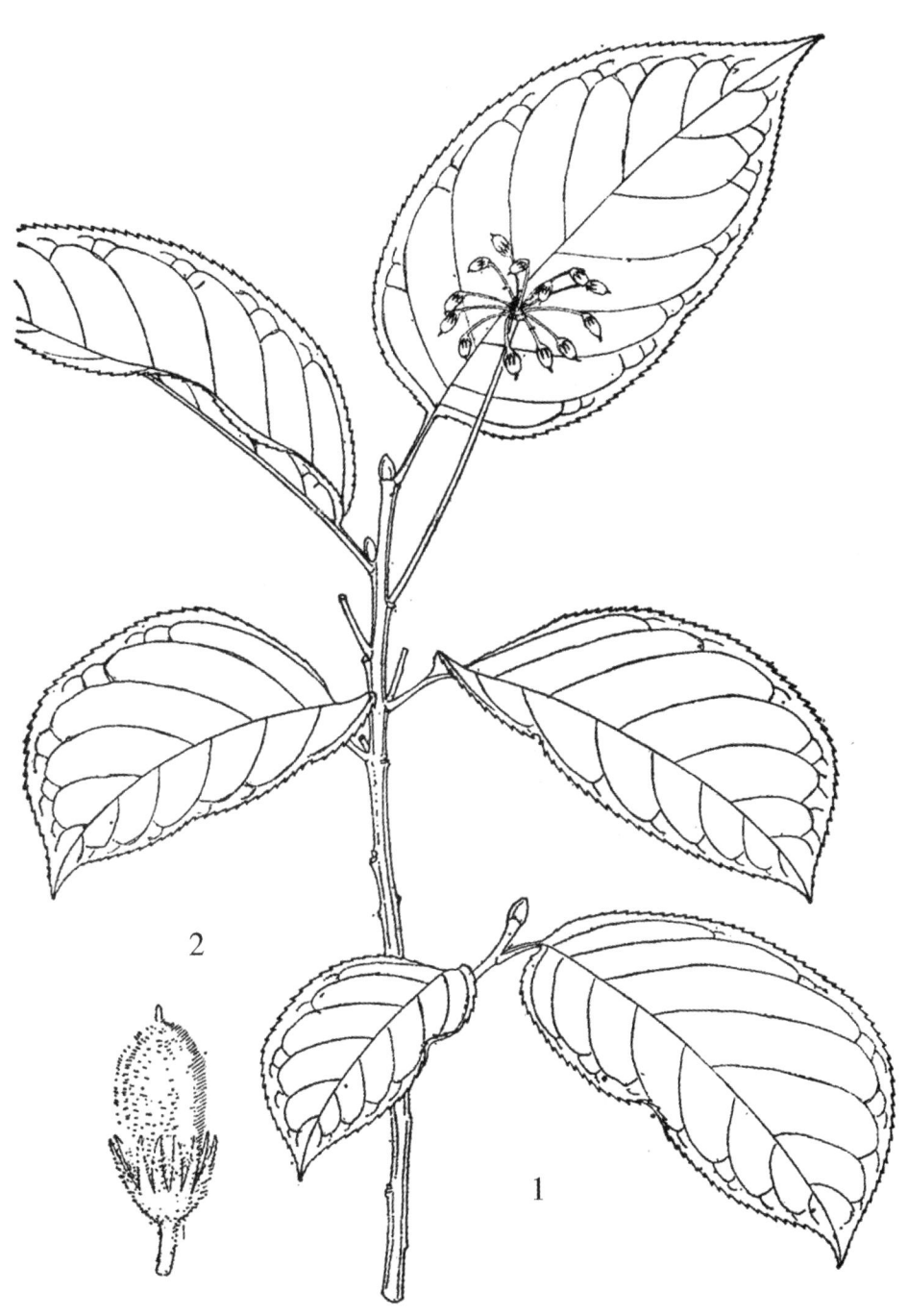

图246　十齿花 *Dipeniodon sinicus* Dunn
1.果枝　2.果

186.檀香科 SANTALACEAE

乔木或灌木、多年生草本，寄生或半寄生。叶互生，稀对生，全缘，有时退化成鳞片状，无托叶。花两性或单性（雌雄同株或异株），辐射对称，单生或成总状、穗状花序。单被花、花被片（3）4—5（8），肉质，贴生于子房，镊合状或稍作覆瓦状排列，下部多少、联合成管，常与周位或上位花盘黏合；雄蕊与花被裂片同数并生，插生于花被管上或基部；花丝极短，花药纵裂或稀孔裂；子房下位或周位半上位；花柱顶生，柱头头状或分裂；胚珠1—3（5），悬垂于中央，倒生或稀半倒生，特立中央胎座。果为坚果或核果；种子单生；胚乳丰富、肉质，含油脂或淀粉、白色，其内埋藏一个胚根朝上而伸直的胚；子叶2，多为圆柱形。

本科35属，约400种，广布全球，但通常见于热带、亚热带地区、少数属种可达温带，约一半的种类产非洲及地中海地区。我国有7属约30种，大部分种类产长江以南。云南有7属20种。本志收载4属4种。

分 属 检 索 表

1.落叶乔木，叶互生，侧脉明显。
　2.枝有节，通常具短刺；柔荑状穗状花序生于无叶的节上或叶腋 … 1.硬核属 Scleropyrum
　2.枝无节，无刺；总状花序顶生或腋生 ……………………… 2.檀梨属 Pyrularia
1.常绿灌木或小乔木；叶对生或互生，侧脉明显或不明显。
　3.叶对生，侧脉明显；半寄生小乔木：聚散圆锥花序顶生；核果熟时紫黑色 ……………
　……………………………………………………………… 3.檀香属 Santalum
　3.叶互生，侧脉不明显；非寄生小灌木；雌花单生于叶腋，核果熟时红色 … 4.沙针属 Osyris

1.硬核属 Scleropyrum Arn.

乔木或灌木，节上常具硬刺。叶互生、革质，全缘。花杂性，排成柔荑状穗状花序、生于叶腋或无叶的节上；花被在雄花中为线形，在两性花中卵状；裂片5；雄蕊5，着生于裂片的基部，花丝短而宽，2裂；花盘环状；子房下位，1室，花柱短，柱头盾状；胚珠3，悬垂。核果梨形，外果皮肉质，内果皮薄，坚硬，顶端冠以宿存的花被；种子球形，具胚乳。

本属6种，分布于印度、马来西亚、越南。我国广东、海南、广西产1种及1变种；云南仅产1变种。

湄公硬核　"烙目楼"（傣名）、葫芦果　图247

Scleropyrum wallichianum（W. et A.）Arn. var. mekongense（Gagn.）Lecte（1915）
Scleropyrum mekongense Gagn.（1912）

乔木，高达15米。树皮灰色。小枝粗壮，通常节上无刺。叶互生，长圆形，先端渐尖，长8—18厘米，宽5—7厘米，纸质，全缘，两面无毛，叶脉在上面下陷，下面稍突起，侧脉3—4对。穗状花序腋生；花杂性，无花梗，黄绿色；雄花被裂片5，外面被毛，花被管实心；两性花花被管与子房贴生，裂片5，卵状三角形，裂片内有毛丛；雄蕊5，着生于裂片基部，花丝长1.5毫米，宽1.5毫米，顶端二叉，花药2室、内向2纵裂；花盘环形；子房下位，1室、胚珠3；花柱短粗、柱头5浅裂。核果卵状梨形，有纵纹，直径约28毫米、外果皮肉质，内果皮坚硬；种子球形。花期2—3月；果期8—9月。

产普洱、景东、景洪、勐腊、孟连，生于海拔450—1500米的箐沟丛林及热带沟谷季雨林中。印度、马来西亚、越南有分布。

本变种与广东、海南所产的硬核Scleropyrum wallichianum（W. et A.）Arn.的区别点在于本变种无枝刺，雄花花被裂片外面被茸毛。

种子繁殖。

果实去肉洗净后即可播种。种仁含油67.57%，油宜作肥皂及润滑油。

2. 檀梨属 Pyrularia Michx.

落叶乔木或灌木。单叶互生，纸质全缘。花杂性，聚伞花序腋生，或者顶生的穗状、总状花序，稀单生；两性花常单一或成对位于花序的顶端。花具小苞片；萼管与子房合生；花被裂片5，镊合状排列；雄蕊4—5，着生于花被管基部；子房下位，有胚珠2—3。核果大，梨状，倒卵形；种子球形或倒卵状椭圆形，内果皮坚硬、骨质；胚短、圆柱状，位于胚乳的顶端。

本属约4种，间断分布于北美及东南亚直至喜马拉雅地区。我国产长江以南各省区。云南产1种。

油葫芦 酒醉果（元江）、野胶桃（文山及金平）、野葫芦（临沧）图248

Pyrularia edulis（Wall.）A. DC.（1857）

落叶乔木，高达15米，小枝脆而易断，表皮黄绿色；腋芽大，被棉毛。单叶互生，革质，椭圆形，长9—15厘米，宽4—7厘米，先端渐尖，基部宽楔形，常偏斜，具短柄，长8—10毫米；侧脉斜上升，3—5对、明显。雄花排成聚伞状总状花序；花被裂片5，镊合状排列，被毛；雄蕊4—5，着生于花被管基部；花盘4—5裂；雌花或两性花常单生，子房下位，有胚珠2—3。核果梨形，长约3.5厘米，粗约2.5厘米。顶端冠以宿存的花被；内果皮薄，骨质；种子球形或倒卵状椭圆形，果期8—10月。

产漾濞、大理、凤庆、保山、盈江、梁河、瑞丽、沧源、临沧、双江、景东、屏边及西双版纳，生于海拔1500—2700米的疏林中。福建、广东、广西、四川、湖北有分布；喜马拉雅中部及东部，尼泊尔、印度、印度北部也有。

果肉可食，微酸；种仁含油量达65.62%，有轻微毒，多食头晕，宜作工业用油。

种子繁殖。

果实去肉洗净后、保存，春季育苗。

3. 檀香属 Santalum L.

常绿乔木或灌木，常具寄生或共生习性。叶对生，稀互生，革质。花两性，排成腋生或顶生的三歧圆锥状聚伞花序；花萼钟状或卵形，4—5裂，镊合状排列；苞片1—3；雄蕊4—5，甚短；花盘鳞片状，生于雄蕊之间；子房最初离生，最后成半下位。核果球形。

本属25种，分布于印度、马来西亚、澳洲及太平洋群岛。我国产于广东、台湾。云南栽培1种。

檀香 图247

Santalum album L.（1753）

半寄生常绿小乔木，主干光滑，灰白色。叶对生，稀互生，狭椭圆形至卵状披针形，长7.5—10厘米，宽3—4厘米，先端尖，基部窄，羽状脉在上面浮凸、清晰；具叶柄，长0.5—3.5（5）厘米。聚伞圆锥花序顶生或侧生，花梗约与花萼管等长；苞片1—3，披针形，长2—2.5毫米，宽约1毫米；花苞时草黄色，后变红色。花被裂片4，三角形，外卷长宽约2毫米，厚肉质内面暗红色，无毛；雄蕊4，与裂片对生，花丝几无，花药内藏；子房初时离生，凸起，柱头3裂或十字形；花盘环状、具鳞片。核果近球形，直径1厘米，似樱桃，紫黑色。上面留有宿存的花被痕迹。种子1，白色。

栽培于勐腊、景洪，广东也有栽培。该植物常与樟科植的根共生或寄生于其他植物的根部。原产印度，经东南亚扩展到大洋洲及太平洋岛屿。现已在热带广为栽培。

木材芳香，为珍贵香料，可蒸馏檀香油及制檀香扇的扇骨。国际市场所称檀香，即指此。

4. 沙针属 Osyris L.

灌木，小枝广展，有棱角。叶互生、单叶全缘。花小、雌雄异株或杂性，组成聚伞花序或单生；花被管通常在雄花为实心，在雌花中与子房合生，裂片3—4，三角形，雄蕊3—4，花盘星状3裂，裂片三角形，与雄蕊相间；子房下位，一室，有胚珠2—4，柱头3—4裂。核果球形或卵形，熟时红色，外果皮多汁，内有1种子。

本属6—7种，分布于地中海、非洲及印度、中南半岛至我国西南部。我国产1种。

沙针（云南种子植物名录）　香疙瘩　图248

Osyris wightiana Wall.（1829）

直立灌木，高达3米。枝条伸展，幼时淡绿色，具棱纹。叶螺旋式散生在小枝顶端，长圆状披针形，长2.5—4.5厘米，宽1—1.5厘米，先端锐尖，基部楔形；叶柄下延；侧脉不明显，中脉在叶两面突起。花小，雌雄异株或杂性；雄花成聚伞花序，生于小枝顶端或叶腋；苞片早落；花被裂片3—4；雄蕊3—4，与苞片对生，着生于裂片基部；药室平行；花盘3裂，在雄蕊间成三角形；雌花单生于叶腋，具短柄；苞片2，两面无毛；花被裂片3—4，镊合状排列，稍肉质；花柱短，柱头3裂，子房近圆锥形，外面被微柔毛，1室，胚珠

图247　湄公硬核和檀香

1—2.湄公硬核 *Scleropyrum wallichianum* （W. et. A.）Arn. var mekongense（Gagn.）Lecte
1.花枝　2.果横剖

3—6.檀香 *Santalum album* L.

3.花枝　4.花序　5.花纵剖　6.果

图248 油葫芦和沙针

1—2.油葫芦 *Pyrularia edulis*（Wall.）A. DC.

1.果枝　2.果

3—4.沙针 *Osgris wightiana* Wall.

3.果枝　4.雌花

2—4，仅1枚发育。核果球形，熟时红色，外果皮肉质、多浆；内果皮薄而脆；胚乳丰富，粉质、含油脂。花期6—7月，果期9月。

全省均产，生于海拔1550—2500米的灌丛及林缘。西藏东南部、四川西南部、贵州、广西有分布；印度、不丹、中南半岛、斯里兰卡也产。

种子繁殖，育苗造林。

根部含芳香油，似檀香油，作调香原料；根也可代檀香，佛教徒常烧香拜佛用，燃烧时香气宜人；并有消肿止痛之效，治跌打损伤。

190.鼠李科 RHAMNACEAE

灌木，藤状灌木或乔木，稀草本，通常具刺或无刺。单叶互生或近对生，全缘或有齿，羽状脉，或具3—5基出脉；托叶小，早落或宿存，或有时变为刺。花小，整齐，两性，稀杂性或单性雌雄异株，组成聚伞花序、穗状花序、伞形花序、总状花序、圆锥花序，或有时单生或簇生；花萼钟状或管状，檐部通常5裂，稀4裂，裂片镊合状排列；花瓣通常5，稀4，较萼裂片小，匙形或兜状，基部常具爪，着生于花盘下的萼筒上，或无花瓣；雄蕊5，稀4，与花瓣对生，通常为花瓣所抱持，花药2室，纵裂；花盘通常发育，填满于萼管内，或贴生于萼管，杯状、壳斗状或盘状，全缘或分裂；子房上位、半下位至下位，通常3或2室，稀4室，每室具1倒生胚珠，花柱粗短，不分裂或上部3裂。核果、浆果状核果、蒴果状核果或蒴果，有时具翅，基部为宿存萼管所包围；种子具少而薄的胚乳，或无胚乳，胚大而直，黄色或绿色。

本科约58属，900种，广布于温带至热带地区。我国产14属133种32变种，广布于南北各地，以西南和华南地区的种类最丰富。云南13属70种13变种，分布于全省各地。本志记载12属20种1变种。

分属检索表

1.子房上位或半下位；果实无翅或具不开裂的翅；直立灌木、藤状灌木或乔木，无卷须。
  2.果实无翅；或围以木栓质或木质化的圆翅。
    3.果为浆果状核果或蒴果状核果，无翅，外果皮柔软或革质，内果皮革质或纸质，具2—4分核（1.鼠李族 Trib. Rhamneae）。
      4.子房明显上位；核果浆果状，不开裂，基部与宿存萼筒分离。
        5.花序轴果期不变成肉质；具羽状脉。
          6.花无梗或几无梗，排列成穗状花序或穗状圆锥花序 …… **1.雀梅藤属 Sageretia**
          6.花具梗，排列成聚伞花序，不为穗状花序。
            7.花萼筒短钟状或稀半球形；核果之分果瓣不开裂；种子无沟；常绿藤状灌木，茎常具1对钩状皮刺 ………………………………**2.对刺藤属 Scutia**
            7.花萼筒深钟状；核果的分果瓣常沿内棱裂缝开裂或稀不开裂，种子具沟；落叶或稀常绿灌木或乔木，枝无刺或小枝顶端变为针刺 … **3.鼠李属 Rhamnus**
        5.花序轴果期变为肉质；叶具基生三出脉 ……………… **4.枳椇属 Hoveia**
      4.子房半下位；核果蒴果状，熟时室背开裂，基部至中部与宿存萼筒合生；落叶灌木或藤状灌木 ………………………………………… **5.蛇藤属 Colubrina**
    3.果为一干或肉质的核果，无翅或具翅；内果皮厚骨质或木质，坚硬，1—3室，无分核；种皮膜质或纸质（2.枣族 Trib. Zizipheae Brongn.）。
      8.叶具3—5出掌状脉，通常具托叶刺；核果球形、长圆形。
        9.果实具向周围平展的革质杯状或草帽状翅 ……………… **6.马甲子属 Paliurus**

9.果实无翅，为肉质核果 ·················· **7.枣属 Ziziphus**

8.叶具羽状脉，无托叶变成的刺；果实通常圆柱形。

10.藤状灌木，稀直立矮灌木；叶基部对称，全缘萼片内面中肋仅顶端增厚，中部无喙状突起；花盘10裂，齿轮状，果时明显增大成盘状 ·················· **8.勾儿茶属 Berchemia**

10.直立灌木或小乔木；叶基部多少对称；全缘或具不明显的细锯齿；萼片内面中肋中部具喙状突起；花盘薄或稍厚，浅杯状，果时不增大。

11.常绿灌木或小乔木；叶革质；聚伞花序生于具有苞叶的花枝上；花盘圆形，稍厚 ·················· **9.苞叶木属 Chaydaia**

11.落叶灌木或小乔木；叶纸质；聚伞花序无苞叶：花盘五边形，薄 ·················· **10.猫乳属 Rhamnella**

2.果实球形，顶端具长圆形的翅，不开裂（3.翼核果族 Trib. Ventilagineae Hook.f.）·················· **11.翼核果属 Ventilago**

1.子房下位，3室；花盘5裂，在子房上部与子房合生；果实具纵向而与假壁连接的翅；攀援灌木，具卷须（4.咀签族 Trib. Gouanieae）·················· **12.咀签属 Gouania**

1. 雀梅藤属 Sageretia Brongn.

直立或攀援状灌木，稀小乔木；无刺或具枝刺。小枝互生或近对生。叶互生或近对生，纸质至革质，边缘具锯齿，稀近全缘，羽状脉；具柄；托叶小，早落。花两性，排成腋生或顶生的穗状花序或常呈圆锥花序式，稀为总状花序；通常无花梗或近无梗；花萼5裂，萼片三角形，先端尖，内面有龙骨状凸起；花瓣5，匙形，先端2裂，具爪；雄蕊5，与花瓣等长或略长；花盘厚，肉质，壳斗状，全缘或5裂；子房上位，藏于花盘内，彼此分离，2—3室，每室具1胚珠，花柱短，2—3裂，柱头头状。浆果状核果，倒卵状球形或球形，具2—3不分裂的分核，基部为宿存的萼筒包围；种子扁平，两端凹陷，种皮膜质或近革质。

本属约34种，分布于亚洲南部和东部与美洲北部。我国有16种。云南有10种3变种。

雀梅藤（中国树木分类学）图249

Sageretia thea（Osbeck）Johnst.（1968）

Rhamnus thea Osbeck（1757）

R. theezans L.（1777）

S. theezans（L.）Brongn.（1826）

藤状或直立灌木。小枝褐色、被短柔毛，具刺。单叶近对生或互生，纸质，椭圆形、长圆形或卵状椭圆形，长1—4.5厘米，宽0.6—2.5厘米，先端锐尖或钝圆，基部圆形或近心形，边缘具细齿，上面绿色，下面淡绿色，无毛或仅下面沿脉被柔毛，侧脉3—4（5）对；叶柄被短柔毛，长2—7毫米。花芳香、无梗，2至数花组成疏散的顶生或腋生穗状花序或圆锥状穗状花序，密被短柔毛或绒毛；花序轴长2—5厘米；花萼5裂，外面被疏柔毛，裂片三角形或三角状卵形，长约1毫米；花瓣5，黄色，匙形，先端2浅裂，内卷，长不及1毫米；

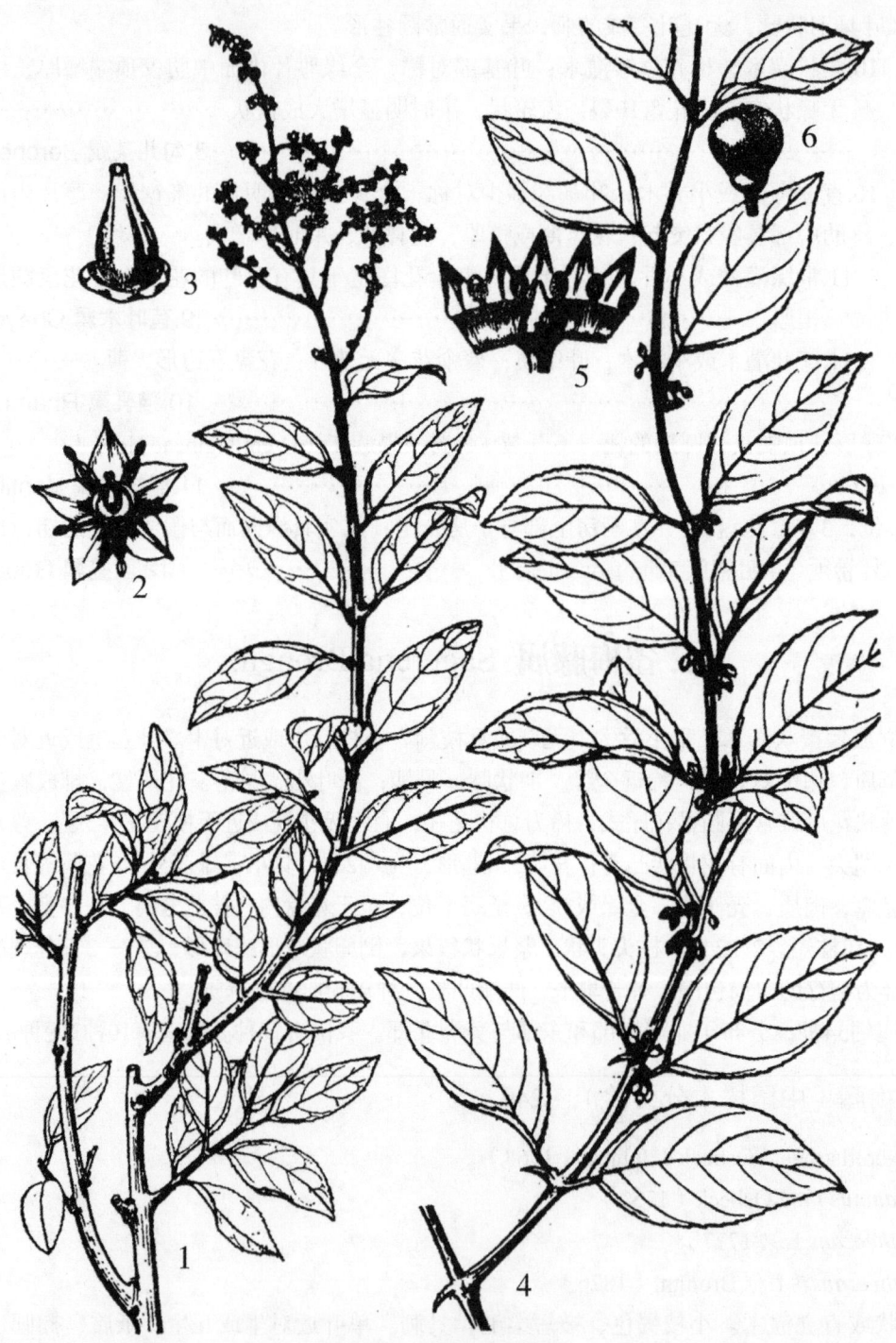

图249　雀梅藤和对刺藤

1—3.雀梅藤 *Sageretia thea*（Osbeck）Johnst.

1.花枝　2.花　3.雌蕊

4—6.对刺藤 *Scutia eberhardtii* Tard.

4.花柱　5.花解剖　6.果实

雄蕊5，较花瓣稍长；花盘肉质，杯状；子房3室，每室具1胚珠，花柱极短，柱头3浅裂。核果近球形，熟时紫黑色或黑色，径约5毫米，具1—3分核；种子扁平，两端微凹。花期7—11月，果期翌年2—5月。

产滇中、滇西北、滇东北及临沧、红河地区，生于海拔（900）1300—3000米的山地林下或灌木丛中。分布于江苏、浙江、安徽、江西、福建、台湾、湖北、湖南、广东、广西和四川；印度、越南、朝鲜和日本也有。

种子或扦插繁殖。成熟果实去肉洗净阴干，随即播种。幼苗期需遮阴。休眠枝扦插于3月进行，选二年生枝剪成插条，入土2/3揿实压紧，充分浇水后适当遮阴。

本种果实酸甜、可食；嫩叶可代茶，入药治疮疡肿毒。常栽培作绿篱。

2. 对刺藤属 Scutia Comm. ex Brongn.

藤状或直立灌木，具刺或无刺。叶对生或近对生，革质，具平行羽状脉，全缘或具不明显的锯齿。花两性，数花簇生于叶腋或组成具短梗的聚伞花序，花梗短；花萼5裂，萼筒倒锥形或半球形；花瓣5，先端微凹，基部具爪；雄蕊5，与花瓣等长；花盘贴生于萼筒内，边缘离生；子房球形，藏于花盘内，2—4室，每室具1胚珠，花柱短，2—4裂。浆果状核果，倒卵形或近球形，顶端具残留的花柱，中部以下为宿存的萼筒包围，有种子2—4，种子无沟，种皮近革质，薄。

本属约9种，分布于热带美洲、非洲和亚洲东南部。我国有1种，分布于广西和云南。

对刺藤（中国植物志）　对刺藤、钩刺藤（中国植物志）图249

Scutia eberhardtii Tard.（1946）

常绿藤状或直立灌木。小枝褐色或红褐色。幼时被短柔毛，后无毛，常具1下弯的钩状皮刺。单叶对生或近对生，革质，椭圆形，长3—5.5厘米，宽1.5—3厘米，先端短渐尖，基部宽楔形，边缘具模糊的细齿，上面深绿色，有光泽，下面淡绿色，两面无毛，侧脉5—8对；叶柄长3—5毫米；托叶线状披针形，脱落。数花簇生于叶腋或组成具短梗的腋生聚伞花序；花梗长1—2毫米；萼片5，稀4，狭三角形，长约2毫米，锐尖，内面中肋中部以上增厚，中央具小喙；花瓣5，稀4，黄绿色，兜状，短于萼片，先端2浅裂，基部具爪；雄蕊5，与花瓣等长，且为其抱持；子房基部贴生于萼筒底部，2室，每室具1胚珠，花柱短，柱头不裂。浆果状核果倒卵形，长约5毫米，径4毫米，基部具宿存萼筒，有种子2；种子倒心形，扁平，无沟。花期3—6月；果期5—9月。

产西双版纳；生于海拔500—550米的林中。

种子或扦插繁殖。

3. 鼠李属 Rhamnus L.

落叶或常绿，灌木或乔木，无刺或小枝顶端变成刺。芽裸露或具鳞片。单叶互生或近对生，羽状脉，全缘或有齿；托叶小，早落。花小，两性，或单性异株，稀杂性，单生或数花簇生，或排成腋生聚伞花序，稀聚伞总状或聚伞状圆锥花序；花萼钟状，4—5裂，裂片内面有凸起的中肋；花瓣4—5，短于萼片，稀无花瓣，先端常2浅裂；雄蕊4—5，为花瓣包围，与花瓣等长或稍短；花盘杯状，薄；子房上位，球形，不为花盘包围，2—4室，每室具1胚珠，花柱2—4裂。果为浆果状核果，倒卵状球形或球形，基部具宿存萼筒，具2—4分核，每分核有1种子；种子倒卵形或长圆状倒卵形，背面或背侧具纵沟，或无沟。

本属约200种，分布于温带至热带，主要集中于东亚和北美洲的西南部，少数种类分布欧洲和非洲。我国有57种14变种，全国各地均有分布，而以西南和华南种类最多。云南约22种和3变种。

分 种 检 索 表

1.顶芽裸露无鳞片，被锈色或棕褐色绒毛；叶下面密被灰白色或淡黄色绒毛；花两性，5基数，花瓣倒心形；核果倒卵状球形，具3分核，种子平滑无沟 ………1.毛叶鼠李 R.henryi
1.顶芽具鳞片；叶下面仅脉腋具髯毛；花杂性，4基数，无花瓣；核果球形，具4分核，种子腹面具棱，背面具与种子等长的纵沟 ……………………………2.亮叶鼠李 R. hemsleyana

1.毛叶鼠李（中国高等植物图卷）　黄柴（云南种子植物名录）图250

Rhamnus henryi Schneid.（1914）

Frangula henryi（Schneid.）Grub.（1949）

Rhamnella laui Chun（1971）.

乔木，高达10米，无刺。幼枝被短柔毛，或后渐脱落；顶芽裸露，被锈色或棕褐色绒毛。单叶互生，纸质，长椭圆形或长圆状椭圆形，长7—18.5厘米，宽2.5—8厘米，先端渐尖，基部楔形，边缘全缘或具不明显的疏浅齿，上面绿色，无毛或沿中肋疏被柔毛，下面淡绿色，密被灰白色或浅黄色绒毛，侧脉9—13对；叶柄长1—3.5厘米，被短柔毛。腋生聚伞花序或聚伞总状花序，花序梗被短柔毛，长2—12毫米，或近无序梗，花梗长3—6毫米，被毛；萼片5，三角形，被短柔毛；花瓣5，倒心形，先端2浅裂，短于雄蕊；子房球形，无毛，稀有毛，3室，每室具1胚珠，花柱3深裂，柱头不明显。核果倒卵状球形，径约5毫米，成熟时紫黑色，具3分核，每核具1种子。种子倒卵形，长约5毫米，平滑，无沟。花期5—8月；果期7—10月。

产贡山、福贡、景东、蒙自、屏边、河口、文山等地；生于海拔1260—2800米的山谷杂木林或灌木丛中。分布于西藏、四川和广西。

种子繁殖。

2.亮叶鼠李（中国高等植物图鉴）　草叶鼠李（云南种子植物名录）图250

Rhamnus hemsleyana Schneid.（1908）

常绿小乔木，高达8米，无刺。幼枝无毛。叶互生，革质，长椭圆形，偶有倒披针状椭圆形或狭长圆形，长6—19厘米，宽2—6厘米，先端渐尖至长渐尖，基部楔形或圆形，边缘具锯齿，齿尖具黑色腺点，上面亮绿色，无毛，下面淡绿色，仅脉腋具髯毛，侧脉9—14对；叶柄长4—7毫米，疏被短柔毛；托叶线形，早落。花杂性，2—8簇生于叶腋。萼片4，

图250 毛叶鼠李和亮叶鼠李

1—5.毛叶鼠李 *Rhamnus henryi* Schneid.

1.花枝 2.花 3.花解剖（示雄蕊、雌蕊） 4.果实 5.种子

6—10.亮叶鼠李 *Rhamnus hemsleyana* Schneid.

6.果枝 7.花 8.花解剖（示雄蕊） 9.雌蕊 10.果实

三角形，中肋不明显；花瓣无；雄蕊4，短于萼片；两性花之子房球形，4室，每室具1胚珠，花柱4中裂；雄花具退化雌蕊；子房球形，无胚珠，花柱短而不裂；花盘盘状，稍厚，边缘离生。核果球形，径4—5毫米，熟时红变黑，具4分核，各具1种子；种子倒卵形，紫黑色，腹面具棱，背面具与种子等长的纵沟。花期4—5月；果期6—10月。

产镇雄、大关，生于海拔1800米的沟谷林中或林缘。分布于陕西西南部、四川和贵州西部。

高山亮叶鼠李（变种）var. *yunnanensis* C. Y. Wu ex Y. L.Chen（1979）

主要区别在于叶两面无毛；叶柄较长，长8—15毫米，无毛。

产丽江、香格里拉、漾濞、鹤庆、贡山，生于海拔2200—2800米的亚高山混交林中或林缘。分布于四川西南部。

4. 枳椇属 Hovenia Thunb.

落叶无刺乔木，稀灌木；冬芽及幼枝通常被短柔毛或茸毛。单叶互生，基部有时偏斜，边缘有锯齿，基生3出脉；叶柄细长；托叶小。花小，两性，5基数，组成顶生或腋生的二歧聚伞花序；花萼宽倒圆锥形，5裂，裂片三角形，透明或半透明；花瓣白色或黄绿色，与萼片互生，生于花盘下，基部具爪，抱持雄蕊；雄蕊5，花丝披针状线形，背着药；花盘肉质，盘状，下部与萼管合生，上部分离，有毛；子房上位，基部与花盘合生，3室，每室具1胚珠，花柱3浅裂至深裂。浆果状核果近球形，外果皮革质，内果皮纸质或膜质，两者分离，3室，每室有种子1。种子扁球形，褐色或紫黑色，有光泽；花序轴在结果时膨大，呈"之"字形扭曲，肉质。

本属3种2变种，分布于中国、朝鲜、日本和印度。我国除东北、内蒙古，西北的宁夏、青海和新疆及台湾无分布外，各省均产。世界各地也常有栽培。云南有1种1变种。

1.枳椇（唐本草）　拐枣（救荒本草）图251

Hovenia acerba Lindl.（1820）

Hovenia parviflora Nakai et Y. Kimura（1939）

乔木，高达20米。幼枝红褐色，被褐色短柔毛或无毛，具白色皮孔。单叶互生，纸质，宽卵形、椭圆状卵形或心形，长8—16厘米，宽6—11厘米，先端渐尖，基部心形或截形，稀近圆形或宽楔形，边缘具整齐浅而钝的细锯齿，稀近全缘，上面无毛，下面沿脉或脉腋被短柔毛，或无毛，三出脉；叶柄红褐色，长2—5厘米，无毛。二歧聚伞花序顶生或腋生，被褐色短柔毛；花两性，淡黄绿色，径5—6.5毫米，宽萼裂片三角状卵形，长1.9—2.2毫米，1.3—2毫米，具网状脉纹；花瓣椭圆状匙形，长2—2.2毫米，宽1.6—2毫米，具短爪；花盘肉质，扁平，被柔毛；花柱长1.7—2.1毫米，半裂，稀浅裂或深裂，无毛。浆果状核果近球形，径5—6.5毫米，无毛，熟时黄褐色；种子暗褐色或黑紫色，径3.2—4.5毫米。果序轴肥厚肉质，扭曲，红褐色。花期夏季；果期秋季。

产滇中、昭通、临沧和普洱地区，生于海拔2100米左右的开旷地、山坡林缘或疏林中；庭院宅旁常有栽培。分布于西北的甘肃和陕西、华东、中南、西南地区；印度、尼泊

图251 枳椇和毛蛇藤

1—5.枳椇 *Hovenia acerba* Lindl.

1.花枝 2.花 3.果枝 4.果横切面 5.种子

6—8.毛蛇藤 *Colubrina pubescens* Kurz

6.果枝 7.花 8.种子

尔、不丹和缅甸北部也有。

本种与北枳椇H.dulcis Thunb相似，唯后者的叶具不整齐的深粗锯齿，花序为不对称的聚伞花序，顶生，稀兼有腋生；花柱浅裂；果实较大，径6.5—7.5毫米；而本种之叶具整齐的浅而钝的细锯齿，花序为顶生和腋生的二歧式聚伞花序，花柱半裂或几深裂至基部，果实径5—6.5毫米，易于区别。

木材细致坚硬，为建筑和家具的良好用材。果序轴肥厚，含丰富的糖，可生食、酿酒、熬糖，民间常用以浸制"拐枣酒"，能治风湿。种子清凉利尿，解酒毒，用于热病消渴、酒醉、烦渴、呕吐、发热等症。

1a.毛叶拐枣（云南种子植物名录） 俅江枳椇（中国植物志）

var. kiukiangensis（Hu et Cheng）C. Y. Wu ex Y. L. Chen（1979）

H. kiukiangensis Hu et Cheng（1948）

本变种与枳椇的主要区别在于果实及花柱下部疏被柔毛。

产怒江、贡山、景洪、勐海、西畴、富宁和屏边，生于海拔650—1800米的山谷常绿阔叶林或混交林中。

种子繁殖或扦插、分蘖繁殖。采种后去果梗晒干碎壳，筛出种子沙藏。条播，苗期应加强水肥管理和除草松土。扦插可于雨季进行。

5. 蛇藤属 Colubrina Rich.ex Brongn.

直立或藤状灌木，无刺。叶互生，边缘具齿，羽状脉，具柄；托叶小，早落。花小，两性，辐射对称，组成腋生聚伞花序；花萼5裂，萼筒半球形；花瓣5，兜状，着生于花盘边缘；雄蕊5，背着药，为花瓣所抱持；花盘肉质，圆形，与萼筒合生；子房藏于花盘内，3室，每室具1胚珠，花柱3浅裂或中裂，柱头反折。蒴果近球形，中部以下与萼筒愈合，3室，每室具种子1，成熟时沿室背开裂；种子平滑、光亮，无假种皮，胚乳薄，肉质，子叶平坦或内弯。

本属约23种，分布于热带和亚热带沿海地区。我国有2种，分布于广东、广西、台湾和云南。云南有1种。

毛蛇藤（中国植物志）图251

Colubrina pubescens Kurz（1872）

灌木。叶柄、小枝和花序均被柔毛。单叶互生，近膜质或薄纸质，卵状椭圆形，长4—8厘米，宽1.5—3厘米，先端渐尖，基部圆形或宽楔形，边缘具不明显的疏细锯齿，上面绿色，无毛，下面淡绿色，沿脉被柔毛，侧脉3—5对，两面略凸起，细脉不明显；叶柄密被柔毛，长1—1.5厘米。花两性，组成腋生聚伞花序，花序梗长1—3毫米，花梗长2—3毫米，被柔毛；花萼5裂，裂片三角形，内面中肋中部以上凸起；花瓣5，倒卵形，兜状；雄蕊5，与花瓣等长；花盘圆形，肥厚；子房藏于花盘内，3室，每室具1胚珠，花柱3半裂。蒴果球形，径8毫米，成熟时室背开裂，具3分核，每核具1种子，果中部以下具宿存萼筒，并与其愈合。果梗长8—12毫米。花期7—8月；果期8—10月。

产开远和元江，生于海拔450—650米的山坡疏林或灌木丛中。

种子繁殖。

6. 马甲子属 Paliurus Tourn ex Mill.

落叶乔木或灌木，是由托叶变成的利刺。单叶互生，有锯齿或近全缘，具基生三出脉。花两性，5基数，组成腋生或顶生聚伞花序或聚伞圆锥花序，花梗短，果时常延长；花萼5裂，裂片中肋凸起，具网状脉；花瓣5，匙形或扇形，两侧常内卷；雄蕊5，基部与花瓣爪离生；花盘肉质，与萼筒贴生，五边形或圆形，边缘5或10浅齿或浅裂，中央下陷与子房上部分离；子房上位，大部分藏于花盘内，基部与花盘愈合，3室，稀2室，每室具1胚珠，花柱柱状或扁平，常3浅裂。核果干燥，杯状或草帽状，周围具木栓质或革质翅，基部具宿存之萼筒，有种子3。

本属6种，分布于欧洲南部和亚洲东部及南部。我国有5种及1栽培种，主产西南、中南和华东地区。云南有3种。

分 种 检 索 表

1.聚伞花序或聚伞圆锥花序顶生，或兼有腋生；雄蕊长于花瓣；果径2.5—3.5厘米；叶仅基生三出脉，中肋两侧无明显侧脉，叶柄无毛或近无毛，长1—2厘米 ……………………………………………………………… 1.铜钱树 P. hemsleyanus
1.聚伞花序腋生；雄蕊略短于花瓣；果径1.8—2.6厘米；叶片除具基生三出脉外，中肋两侧各有1—3条明显的侧脉；叶柄密被短柔毛，长不超过0.8毫米… 2.短柄铜钱树 P. orientalis

1.铜钱树（中国树木分类学）图252

Paliurus hemsleyanus Rehd.（1931）

乔木，稀灌木，高达13米。小枝无毛，黑褐色或紫褐色。单叶互生，纸质或厚纸质，宽卵形或椭圆状卵形，长4—11厘米，宽2.5—8厘米，先端渐尖或尾状渐尖，基部偏斜，宽楔形或近圆形，边缘具圆锯齿或钝细锯齿，两面均无毛，具基生三出脉；叶柄长1—2厘米，上面被短柔毛或近无毛；幼树叶柄基部具2斜向直立的针刺。聚伞花序或聚伞圆锥花序顶生或兼有腋生，无毛；花小，黄绿色；花萼5裂，裂片三角形或宽卵形，长约2毫米，宽约1.7毫米；花瓣匙形，长约1.8毫米，宽约1.2毫米；雄蕊5，长于花瓣；花盘五边形，5浅裂；子房3室，每室具1胚珠，花柱3深裂。核果草帽形，周围具革质阔翅，红褐色或紫红色，无毛，径2.5—3.5厘米；果柄长约1.5厘米。花期4—6月，果期7—9月。

产禄劝，生于海拔1900米的山地林中。分布于甘肃、陕西、华东、华中、华南和西南。

种子繁殖。果实去翅晒干后保存。条播，播前温水浸种。

树皮含鞣质，可提制烤胶。又可作观赏树种。

图252 铜钱树和短柄铜钱树

1—4.铜钱树 *Paliurus hemsleyanus* Rehd.

1.花枝 2.花 3.果枝 4.种子

5—6.短柄铜钱树 *Paliurus orientalis*（Franch.）Hemsl.

5.花枝 6.果枝

2.短柄铜钱树（中国植物志）　蒙自铜钱树（中国树木分类学）、川滇铜钱树（云南种子植物名录）图252

Paliurus orientalis（Franch.）Hemsl.（1890）

P. australis Gaertn var. *orientalis* Franch.（1890）

乔木，稀灌木，高达12米；小枝被毛，褐色或黑褐色，幼枝基部两侧具斜向直立的皮刺。单叶互生，纸质，宽卵形、卵状椭圆形或宽椭圆形，长5—12厘米，宽3—5（7）厘米，先端渐尖，稀圆钝，基近圆形或宽楔形，稍偏斜，边缘具钝锯齿，上面无毛，下面幼时被灰白色密毛，后渐脱落，仅沿脉被黄色短柔毛或无毛，具基生三出脉，且中肋两侧各具1—3明显的侧脉；叶柄被短柔毛，长3—5（8）毫米。聚伞花序腋生，花序梗被短柔毛，余无毛；花萼5裂，裂片三角形，长约1.8毫米，宽约1.6毫米；花瓣5，椭圆状匙形，长约1.5毫米，宽约0.75毫米；雄蕊5，略短于花瓣；花盘圆形或五边形，5齿裂；子房2—3室，每室具1胚珠，花柱柱状或扁平，2—3深裂。核果草帽状，红色或紫红色，周围具革质阔翅，径1.8—2.6厘米，无毛；果梗无毛，长1—1.7厘米。花期4—6月；果期7—10月。

产禄劝、大姚、宾川、洱源、蒙自，生于海拔1000—1500米的山地林中。分布于四川西南部。

7. 枣属 Ziziphus Mill.

落叶或常绿乔木，或藤状灌木。枝通常具皮刺。叶互生，具柄，边缘具齿，稀全缘，具基出脉3—5；托叶通常变成刺。花两性，黄绿色，具梗或无梗，密集成腋生聚伞花序，或有时呈聚伞圆锥花序；花萼5裂，裂片卵状三角形或三角形，广展，具凸起的中肋；花瓣5，倒卵形或匙形，具爪，稀无花瓣；雄蕊5，与花瓣等长；花盘肉质，平坦或凸起，5或10裂；子房球形，下半部或大部藏于花盘内，且部分与其合生，2室，稀3—4室，每室有1胚珠，花柱2，稀3—4，分离或多少连合。核果圆形或长圆形，不开裂，顶端具小尖头，基部具宿存萼筒，中果皮肉质或软木栓质，内果皮硬骨质或木质，1—2室，稀3—4室，每室具1种子；种子无胚乳，稀有胚乳，子叶肥厚。

本属约100种，分布于温带至热带，主产亚洲和美洲的热带地区。我国有12种3变种，主产西南和华南地区。枣和无刺枣广泛栽培于全国各地。云南有9种。

分 种 检 索 表

1.花序由聚伞花序组成顶生或腋生圆锥花序或聚伞状总状花序；核果幼时被毛，后变无毛，内果皮脆壳质，薄，易碎；幼枝，叶下面，叶柄及花序各部均密被锈色或黄褐色绒毛 ……………………………………………………………………… 1.皱枣 Z.rugosa

1.花序为聚伞花序；核果无毛，内果皮硬骨质，不易破碎；幼枝、叶柄及花序无毛或被毛。

  2.总花序梗长5—16毫米；幼枝、叶柄和花序梗被棕色短柔毛；花瓣匙形，兜状 ……… …………………………………………………………………… 2.滇枣 Z. incurva

2.总花梗几无或长不超过2毫米；幼枝、叶柄及花梗无毛或被非棕色绒毛；花瓣不为匙形。

3.核果大，径1.5—3厘米；叶背面无毛或仅沿脉被毛。

    4.当年生小枝常2—7簇生于矩状短枝上；花梗、花萼无毛；核果矩圆形或长卵状圆形，中果皮肉质，厚 ··3.枣 Z. jujuba

    4.当年生小枝不着生矩状短枝上；花梗、花萼有毛；核果球形或倒卵形，中果皮不为肉质，薄。

     5.幼枝无毛；叶卵状披针形，先端长渐尖；内果皮较中果皮厚，基部边缘增厚 ·· **4.大果枣 Z. mairei**

     5.幼枝被绒毛；叶椭圆形或卵状椭圆形，先端钝或近圆形；中果皮厚于内果皮，基部边缘不增厚 ···5.山枣 Z.montana

3.核果小，径1厘米；叶长圆形或椭圆形，先端圆形，下面密被黄色或灰白色绒毛 ··6.缅枣 Z. mauritiana

1.皱枣（海南植物志）　皱叶枣（云南种子植物名录）、弯腰果、弯腰树
图253

Ziziphus rugosa Lam.（1789）

常绿灌木或小乔木，高达9米。幼枝密被黄褐色绒毛，老枝红褐色，具条纹及明显的皮孔，常具1（2）紫红色的下弯短刺。单叶互生，纸质或近革质，宽卵形或宽椭圆形，长4—17厘米，宽4.5—10厘米，先端圆形，基部圆形或近心形，偏斜不对称，边缘具细齿，上面绿色，幼时被长毛，后变无毛，或仅脉腋有疏柔毛，下面淡绿色，密被黄褐色绒毛，基出脉3—5，网脉明显；叶柄长5—9毫米，密被黄褐色绒毛。花两性，绿色，常数至10余花组成聚伞花序，再排成顶生或腋生的圆锥花序或总状花序，长20厘米，花序梗、花梗、萼片外面及子房均密被锈色绒毛，萼片5，卵状三角形或三角形，先端尖，与萼筒近等长；花瓣缺；花盘圆形，5裂；子房球形，基部1/3与花盘合生，2室，每室具胚珠1，花柱深裂或中裂。核果倒卵形或近球形，熟时黑色，长9—12毫米，径8—10毫米，幼时被绒毛，后变无毛，有种子2；种子球形，红褐色，径6—7毫米。花期3—5月，果期4—6月。

产临沧、西双版纳、红河，生于海拔140—1320米的山地疏林或灌木丛中。分布于广西和海南；斯里兰卡、印度、缅甸、老挝和越南亦有。

种子繁殖或根蘖繁殖。

本种为紫胶虫的良好寄主。

2.滇枣（中国树木分类学）　印度枣（中国植物志）图253

Ziziphus incurva Roxb.（1824）

Z. yunnanensis Schneid.（1914）

乔木，高达15米。幼枝被棕色短柔毛，老枝紫黑色或黑褐色，具皮刺。单叶互生，纸质，卵形或长圆状卵形，稀长圆形，长4.5—14厘米，宽3.5—6毫米，先端渐尖，基部近圆形或微心形，边缘具圆齿，上面深绿色，无毛或仅中脉被疏柔毛，下面淡绿色，无毛或沿脉被疏柔毛，基出3脉，稀5脉，网脉仅在下面明显；叶柄被棕色短柔毛，长5—10毫米；托叶刺2，直立，早落。花数至10余组成腋生二歧聚伞花序，花序梗被棕色短柔毛，长5—15

图253 皱枣和滇枣

1—4.皱枣 *Ziziphus rugosa* Lam.

1.花枝　2.花萼片展开及子房纵切面　3.雌蕊　4.果枝

5—7.滇枣 *Ziziphus incurva* Roxb.

5.花枝　6.花　7.果枝

毫米；萼片5，卵状三角形，外面被短柔毛；花瓣5，兜状匙形；雄蕊5，与花瓣近等长；花盘肉质，10裂；子房球形，顶端被微毛，2室，每室具1胚珠，花柱2中裂。核果近球形或球状椭圆形，长1—1.3厘米，径0.7—1.1厘米，熟时红褐色，基部具宿存萼筒；中果皮薄，内果皮厚骨质，具种子1或2；种子平滑有光泽，黑褐色。花期4—5月，果期6—10月。

产鹤庆、兰坪、景东、景谷、普洱、耿马、勐海、景洪等地，生于海拔1000—2500米的混交林中；分布于贵州南部、广西、西藏东南部；印度、尼泊尔、不丹也有。

种子或根蘖繁殖。

3.枣（诗经） 枣树、枣子、大枣 图254

Ziziphus jujuba Mill.（1768）

落叶乔木，高达10余米。树皮褐色或灰褐色。长枝紫红色或灰褐色，呈"之"字形曲折，具托叶，刺2，长刺粗直，长达3厘米，短刺下弯；短枝自老枝生出，短粗；当年生小枝绿色，下垂，单生或2—7簇生于短枝上。叶纸质，卵形、卵状长圆形或卵状椭圆形，长3—6厘米，宽1.5—4厘米，先端钝圆，具小尖头，基近圆形，稍不对称，叶缘具圆齿状锯齿，上面深绿色，下面淡绿色，两面无毛或仅下面沿脉被微柔毛，基出三脉；叶柄长约5毫米。花两性，黄绿色，单生或2—8花密集成具短花序梗的聚伞花序，腋生，无毛；花梗长约3毫米；萼片5，卵状三角形，花瓣5，倒卵形，具爪，几与雄蕊等长；花盘肉质圆形，5裂；子房下部与花盘合生，2室，每室具1胚珠，花柱2裂。核果长圆形或长卵形，长2—3.5厘米，径约2厘米，熟时红色，中果皮肉质，肥厚，果核先端锐尖，基部钝，具种子1—2，种子椭圆形，长约10毫米，径约7毫米。花期5—6月；果期7—9月。

栽培于昆明、宜良、大姚、宾川、丽江、永胜等地。分布于东北、华北、西北、华东、华中、西南地区。现亚洲、欧洲和美洲均有栽培。

根蘖或嫁接繁殖。根蘖繁殖在健壮母树下取苗，忌在枣疯病严重的地方挖取根蘖。嫁接繁殖多用酸枣作砧木。枣树修剪整形宜早进行。

本种果实富含维生素C、P，味甜，既可鲜食，又可作蜜饯和果脯，还可作枣泥等，为食品工业原料。枣、枣仁及根均可入药，为重要药品之一。枣之花期长，且芳香多蜜，为良好的蜜源植物。

4. 大果枣（中国植物志） 鸡蛋果 图254

Ziziphus mairei Dode（1908）

乔木，高达15米。小枝紫红色，具刺无毛。单叶互生，纸质，卵状披针形，长7—14厘米，宽3—7厘米，先端长渐尖，基部近圆形，偏斜不等侧，边缘具圆齿状锯齿，上面深绿色，下面淡绿色，两面无毛，基出脉3或5，在上面凹陷，网脉明显；叶柄长约8毫米，无毛；托叶刺2。花小，两性，黄绿色，常数至10余花组成腋生二歧聚伞花序，花序梗长约2毫米，被锈色绒毛，花梗长3—4毫米；萼片5，卵状三角形，外面疏被毛；花瓣倒卵状圆形，先端微凹，基部具爪；雄蕊与花瓣等长；花盘5裂；子房藏于花盘内，1/3与花盘合生，2室，每室具胚珠1，花柱中裂至深裂。核果球形或略倒卵状球形，黄褐色，长2.5—3.5厘米，径2—3厘米，顶端具宿存花柱，基部凹入，边缘常增厚，中果皮木栓质，内果皮硬骨

图254 枣和大果枣

1—4.枣 *Ziziphus jujuba* Mill.

1.花枝 2.花 3.果 4.种子

5—8.大果枣 *Ziziphus mairei* Dode

5.花枝 6.花 7.果 8.果之横切面

质，具种子1或2。种子扁平，长12毫米，宽10毫米。花期4—6月；果期6—8月。

产昆明、德钦、开远，生于海拔1900—2000米的河边灌丛或林缘。

种子繁殖。

5.山枣（中国树木分类学）图255

Ziziphus montana W. W. Smith（1917）

乔木或灌木，高达14米。当年生幼枝被红褐色绒毛，小枝紫黑色或褐色，具皮孔。单叶互生，纸质，椭圆形、卵状椭圆形或卵形，长4.5—7.5厘米，宽3—4.5厘米，先端钝，偶具短突尖，基部圆形，偏斜不对称，边缘具圆齿状锯齿，上面绿色，无毛，下面淡绿色，仅沿脉疏被锈色柔毛，基出脉3，稀5；叶柄幼时略被疏柔毛，后变无毛，长7—15毫米；具紫色托叶刺2；花两性，绿色，数至10余花组成腋生二歧式聚伞花序，花序梗及花梗几等长，长1—2毫米，密被短柔毛；萼片5，三角形，长约2毫米，先端尖，外面被褐色柔毛；花瓣5，兜状倒卵形，长约2毫米；花盘肉质，5裂，子房球形，大部藏于花盘内，2室，每室具1胚珠，花柱2浅裂。核果球形或近球形，径2.5—3厘米，基部凹陷，边缘不增厚；中果皮海绵质，厚6—7毫米，内果皮硬骨质，2室，具种子2。种子倒卵形，扁平，长宽9—10毫米。花期4—6月；果期5—8月。

产滇中和滇西北地区，生于海拔1900—2400（2900）米的山谷疏林中。分布于四川西部和西南部，西藏东南部（察瓦龙）。

种子繁殖。

6.缅枣（云南种子植物名录） 滇刺枣（中国树木分类学）、酸枣（云南及广东）图255

Ziziphus mauritiana Lam.（1789）

常绿乔木或灌木，高15米。幼枝密被灰黄色绒毛，老枝紫红色。叶纸质至厚纸质，卵形、长圆状椭圆形，偶近圆形，长2.5—6厘米，宽2—4.5厘米，先端近圆形，基部近圆形，略偏斜不等侧，边缘具细齿，上面深绿色，有光泽，无毛，下面淡色绿色，被绒毛，基出3脉，网脉在下面明显；叶柄密被灰黄色绒毛；具托叶刺2，1个直而斜生，1个钩状下弯。花两性，绿黄色，数至10余花组成腋生二歧聚伞花序，花序梗短或几无，花梗长约3毫米，被绒毛；萼片5，卵状三角形，外面被毛；花瓣5，长圆状匙形，具爪；雄蕊5，与花瓣近等长；花盘肉质，10裂；子房球形，花柱2浅裂至中裂。核果球形或长圆形，径约1厘米，成熟时黑色；中果皮木栓质，薄，内果皮硬革质，厚。种子红褐色，有光泽。花期8—11月；果期9—12月。

产禄劝、元谋、元江、西双版纳，生于海拔130—1500（1800）米的山坡林中或灌木丛中。分布于四川、广西、广东；斯里兰卡、印度、阿富汗、越南、缅甸、马来西亚、印度尼西亚、澳大利亚及非洲也有。

种子繁殖。

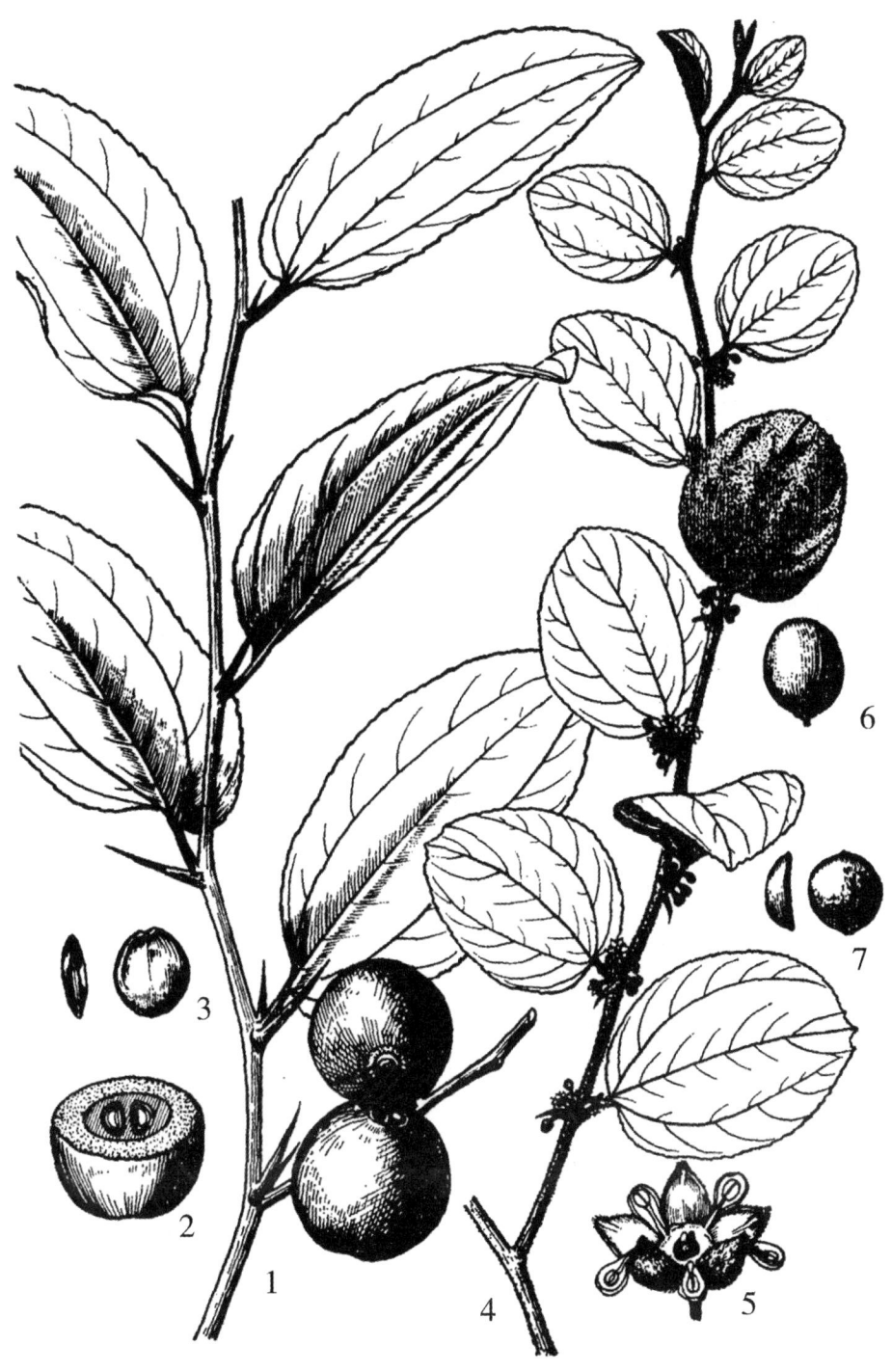

图255　山枣和缅枣

1—3.山枣 *Ziziphus montana* W. W. Smith

1.果枝　2.果横切面　3.种子

4—7.缅枣 *Ziziphus mauritiana* Lam.

4.花枝　5.花　6.果　7.种子

8. 勾儿茶属 Berchemia Neck.

直立或攀援灌木或小乔木；无托叶刺。单叶互生，全缘，侧脉羽状，斜直而平行；托叶钻形，基部合生，宿存。花两性或杂性，簇生或组成聚伞花序，再排呈顶生或腋生的总状花序式或圆锥花序；花萼5裂，萼筒半球形或盘状，裂片三角形，内面中肋顶端增厚，无喙状突起；花瓣5，匙形或兜状，两侧内卷，基部具爪，与萼片等长或稍短；雄蕊5，与花瓣等长或稍短；花盘厚，齿轮状，10不等裂，边缘离生；子房上位，藏于花盘内，但彼此分离，2室，每室有1胚珠，花柱短，通常2浅裂。核果浆果状，长圆形或圆柱形，成熟时紫红色或紫黑色，基部为宿存萼筒所包围；内果皮硬骨质，2室，每室具1种子。

本属约31种，分布于亚洲、非洲和美洲热带地区。我国有18种，主产于西南部、中南部至东部，云南有10种4变种。

分 种 检 索 表

1. 聚伞花序排成宽的顶生圆锥花序，下部者为腋生聚伞总状花序，长达15厘米，侧枝长5厘米；花芽先端急窄成突尖，核果圆柱状椭圆形，长8—10毫米，基部具宿存的盘状花盘 ············ ·· **1. 多花勾儿茶 B.floribunda**
1. 聚伞花序排成狭的顶生圆锥花序或总状花序式，长2—5厘米；花芽先端钝或锐尖；核果圆柱形，长7—8毫米，基部具宿存的皿状花盘 ······ ·············· **2. 云南勾儿茶 B. yunnanensis**

1. 多花勾儿茶（江苏南部种子植物手册）图256

Berchemia floribunda（Wall.）Brongn.（1826）

Ziziphus floribunda Wall.（1824）

直立或攀援灌木，或小乔木。幼枝黄绿色，无毛。单叶互生，纸质，卵形、卵状椭圆形或椭圆形至长圆形，长5—10厘米，宽3—4.5（6）厘米，先端急尖或钝，基部圆形，稀心形，全缘，上面深绿色，下面灰白色，干时栗色，两面无毛，侧脉8—12对，两面稍凸起；叶柄长1—1.5厘米，无毛；托叶披针形，宿存。花多数，簇生成聚伞花序，再排成宽的顶生圆锥花序，下部者为腋生聚伞总状花序，长达15厘米，侧枝长约5厘米，无毛或疏被微毛；花芽卵状球形，先端急收窄成突尖；花萼5裂，裂片三角形；花瓣5，倒卵状匙形，两侧内卷而抱雄蕊；雄蕊5，与花瓣等长；子房卵形，2室，花柱短粗。核果圆柱状椭圆形，长8—10毫米，径4—5毫米，深紫色，基部具宿存的盘状花盘。花期5—7月；果期8—10月。

产全省各地，生于海拔750—2100米的沟谷林缘或灌木丛中。分布于华东、华中、西南地区和陕西；印度、尼泊尔、不丹、越南、日本也有。

种子繁殖。

根入药，有祛风除湿，散瘀消肿、止痛之功效。嫩叶可代茶。

图256 多花勾儿茶和云南勾儿茶

1—7.多花勾儿茶 *Berchemia floribunda*（Wall）Brongn.

1.花枝　2.花　3.花瓣抱持着雄蕊　4.雄蕊　5.子房纵切面　6.果枝　7.果

8.云南勾儿茶 *Berchemia yunnanensis* Franch.果枝

2.云南勾儿茶（中国高等植物图鉴） 黄鳝藤（云南种子植物名录）、鸦公藤、黑果子（中国植物志）图256

Berchemia yunnanensis Franch.（1886）

攀援灌木，高达5米。幼枝黄褐色，无毛。单叶互生，纸质，卵形或椭圆形，或卵状椭圆形，长2—5（7）厘米，宽1—3厘米，先端钝，具短尖头，全缘，基部圆形，偶有宽楔形，上面绿色，下面淡绿色，干时变黄色，两面无毛，下面有乳突状凸起，侧脉8—10（12）对，两面凸起；叶柄被微毛，长2—3厘米，托叶膜质，披针形。花两性，常2—3簇生于短序梗上，再排成顶生狭的聚伞圆锥花序或总状花序式，无毛，长2—5厘米；花梗长3—4毫米；花芽卵状球形，先端钝或锐尖，长宽相等；花萼5裂，裂片三角形，锐尖或短渐尖；花瓣5，黄色，倒卵形，先端钝；雄蕊5，略短于花瓣。核果圆柱形，长7—8毫米，径4—5毫米，熟时红色，后变黑色，先端钝，基部具宿存的皿状花盘。花期6—8月；果期8—10月。

产滇西北和滇中地区，生于海拔2000—2800（3500）米的沟谷疏林中或灌丛中。分布于陕西、甘肃东南部、四川、贵州和西藏东部。

9. 苞叶木属 Chaydaia Pitard

常绿灌木或小乔木，或藤状灌木。单叶互生，革质，边缘具不明显的疏锯齿或近全缘，羽状脉。花两性，5基数，组成腋生聚伞花序，具叶状苞叶；萼片卵状三角形，内面中肋突起，中部以下具喙状突起；花瓣倒卵形，先端常波状或分裂，基部具短爪，花盘圆形，稍厚，不包围子房；子房球形，2室，每室具1胚珠，花柱2浅裂。核果近圆柱形或卵状圆柱形，基部为宿存萼筒所包围，1室，具种子1，或为完全的2室，具发育的种子和不完全发育的种子各1。

本属2种，分布于越南和我国。我国1种，产广东、广西、贵州和云南。

苞叶木（中国高等植物图鉴） 红脉麦果（海南植物志）图257

Chaydaia rubrinervis（Lévi.）C. Y. Wu ex Y. L. Chen（1979）

Embelia rubrinervis Lévl.（1912）

Chaydaia crenulata（Hand.-Mazz.）（1921）

常绿灌木或小乔木，高达8米。小枝灰褐色或红褐色，幼时被短柔毛，后无毛。单叶互生，叶片革质或薄革质，椭圆形或长圆形，或卵状长圆形，长5—12厘米，宽2—4.5厘米，先端渐尖至长渐尖，基部圆形，边缘近全缘或具极不明显的疏锯齿，上面深绿色，有光泽，无毛，下面淡绿色，无毛或沿脉有疏微柔毛，侧脉5—10对，中脉在上面下陷，下面凸起，网脉明显，叶柄长5—10毫米，无毛或被短柔毛；托叶宿存，披针形。聚伞花序腋生或生于具苞叶的花枝上，苞叶与营养枝叶相同，但较小；花两性，黄绿色，梗长2—4毫米，疏被短柔毛；花萼5裂，萼片三角形，内面中肋凸起，中部以下具小喙；花瓣5，倒卵形，具短爪；雄蕊5，与花瓣等长，且为花瓣所抱持；花盘圆形，稍厚；子房球形，仅基部贴生于花盘上，2室，每室具1胚珠，花柱2浅裂。核果卵形，紫红色或红褐色，径5—6毫米，长

8—10毫米，基部具宿存萼筒，具种子1或发育和不发育的种子各1。花果期7—11月。

产勐腊、富宁、广南，生于海拔500—1400米的山地林中或灌木丛中。分布于广东、海南、广西和贵州。

10. 猫乳属 Rhamnella Miq.

落叶灌木或小乔木。叶互生，具短柄，叶缘具细锯齿，羽状脉；托叶三角形或披针状线形，常宿存。花两性，5基数，组成簇生于叶腋的聚伞花序；萼片三角形，中肋内面凸起，中下部具喙状突起；花瓣黄绿色，倒卵状匙形或圆匙形，两侧内卷，先端全缘或明显的凹入，基部具爪；雄蕊背着药；花盘薄，肉质，贴附于萼管内；子房上位，仅基部着生于花盘上，1室或不完全的2室，有2胚珠，花柱顶端2浅裂。核果浆果状，长椭圆形，黑色或紫黑色，顶端具残留花柱，基部为宿存的萼筒所包围，具一硬骨质的分核，分核1—2室，通常有1种子。

本属约7种，分布于亚洲东南部；我国全产，主要分布于西南至中南部。云南有4种。

多脉猫乳（中国高等植物图鉴）图257

Rhamnella martinii（Lévi.）Schneid.（1914）

Rhamnus martinii Lévl.（1912）

落叶灌木或小乔木，高达8米。小枝纤细，无毛，具皮孔。单叶互生，纸质，椭圆形或长圆状椭圆形，长4—10厘米，宽1.5—3厘米，先端渐尖，基部圆形，稍偏斜，边缘具细锯齿，上面深绿色，下面淡绿色，两面无毛，侧脉6—8对；叶柄长3—4毫米，无毛或被疏柔毛；托叶钻形，宿存。花单生或2—5花组成腋生聚伞花序，花序梗无毛，长不超过2毫米；花梗长2—3毫米；花两性，黄绿色，萼5裂，萼片卵状三角形，先端锐尖；花瓣5，倒卵形，先端微凹。核果圆柱形，长5—7毫米，径3—3.5毫米，紫黑色。顶端具宿存花柱。花期4—6月；果期6—9月。

产滇中地区，生于海拔800—2800米的山坡林中或灌木丛中。分布于湖北西部、四川、西藏东南部及广东北部。

11. 翼核果属 Ventilago Gaertn.

藤状灌木，稀小乔木。单叶互生，革质或近革质，全缘或具齿，基部常不对称，羽状脉，具明显的网状脉。花两性，5基数，数花簇生或为聚伞花序再排成顶生或腋生的总状花序式或圆锥花序式；花萼5裂，萼片三角形，内面中肋中部以上凸起；花瓣倒卵形，先端凹缺，稀无；雄蕊5；花盘肉质，厚，五边形；子房球形；埋藏于五角形的花盘内，2室，每室具1胚珠，花柱2裂。核果球形，不开裂，基部具宿存萼筒，顶端具1扁平、长圆形的翅，有种子2。种子无胚乳，子叶肥厚。

本属约12种，分布于各大陆热带地区；我国有6种，产西南部和南部。云南有5种。

图257 苞叶木和多脉猫乳

1—5.苞叶木 *Chaydaia rubrinervis*（Lévl.）C. Y. Wu ex Y. L. Chen

1.花枝 2.花 3.花的纵切面 4.果枝 5.果

6—8.多脉猫乳 *Rhamnella martinii*（Lévl.）Schneid.

6.花枝 7.果枝 8.果

翼核果（海南植物志）　光果翼核藤（云南种子植物名录）、青筋藤、血风根（海南植物志）图258

Ventilago leiocarpa Benth.（1860）

攀援藤木。小枝褐色，有条纹，幼时被短柔毛，后变无毛。单叶互生，革质，卵形或卵状长圆形或卵状椭圆形，长4.5—8厘米，宽2—3厘米，先端短渐尖或渐尖，基部钝圆，近全缘或具波状疏细齿，上面绿色，有光泽，下面淡绿色，两面无毛，侧脉4—6对，横脉密而平行；叶柄短，长3—5毫米，疏被短柔毛。花小，两性，2至数花簇生于叶腋，上部的常组成总状花序式或圆锥花序，无毛或疏被短柔毛，萼5裂，萼片三角形；花瓣绿白色，倒卵形，先端微凹；雄蕊5，短于花瓣；花盘五边形，厚；子房球形，全藏于花盘内，2室，每室具1胚珠，花柱2浅裂。核果径4—6毫米，中下部为宿存萼筒所包围，顶端具1长3—5厘米，宽7—8毫米的长椭圆状的翅，翅具明显而凸起的中脉，顶端具短尖头，有种子1。花期4—5月；果期4—7月。

产滇西南和南部，生于海拔360—1200米的山坡疏林中或灌木丛中。分布于广西、广东、湖南、福建和台湾；印度、缅甸和越南也有。

12. 咀签属 Gouania Jacq.

攀援灌木，无刺，常具卷须。小枝细而延伸。单叶互生，纸质，全缘或具齿，羽状脉或3基出脉，具柄；托叶早落。花朵性，组成腋生或顶生的聚伞总状花序或聚伞圆锥花序，花序轴基部常有1卷须。花萼5裂，萼筒短，倒锥状，与子房贴生；花瓣5，着生于花盘边缘之下，兜状或平坦；雄蕊5，为花瓣所抱持，花药背着，纵裂；花盘厚，五边形或5裂；子房下位，藏于花盘内，3室，每室具1胚珠，花柱3裂。蒴果革质，近球形，两端凹入，顶端具宿存萼，具3个有圆翅的分核，成熟时自中轴上分离，分核不开裂；种子3，倒卵形，有光泽，胚乳薄，子叶圆形，大，略扁平。

本属约40种，主产热带美洲，少数分布于非洲和亚洲及大洋洲，我国有2种2变种，分布西南部和南部。云南有2种2变种。

毛咀签（海南植物志）　爪哇下果藤（云南种子植物名录）图258

Gouania javanica Miq.（1855）

攀援灌木。小枝、叶柄、叶背、总花梗、花梗及花萼外面均密被锈色绒毛。叶互生，纸质，卵形或宽卵形，长4—10厘米，宽3—7厘米，先端短渐尖，基部圆形或心形，全缘或近全缘，上面疏被紧贴短柔毛，下面密被锈色绒毛，侧脉6—7对；叶柄长10—20毫米。花杂性同株，单生或数花簇生或聚伞花序再组成腋生或顶生的总状花序式或圆锥花序式，长达25—30厘米，基部常具卷须。雄花花萼5裂，萼片三角形，与萼筒等长；花瓣5，倒卵形，与雄蕊等长，具爪；雄蕊5；花盘五角形，包围退化子房；雌花和两性花，花被片同雄花；子房下位，藏于花盘内，3室，每室有1胚珠，花柱3裂。蒴果扁圆形，两端凹，具3个宽的半圆形翅，翅宽3—5毫米，有种子3。种子倒卵形，长约3毫米，宽约2.5毫米，红褐

图258　翼核果和毛嘴签

1—4.翼核果 *Ventilago leiocarpa* Benth.

1.花枝　2.花正面观（示雄蕊及花瓣）　3.花背面　4.果枝

5—10.毛嘴签 *Gouania javanica* Miq

5.花枝　6.雄花　7.两性花　8.两性花纵切面　9.果枝　10.果

色，背面凸起。花期10—11月；果期11月至翌年3月。

产滇西南、南部和东南部，生于1500—1900（2800）米的山坡疏林中或溪边。分布于福建、广东、广西、贵州西南部；越南、老挝、柬埔寨、泰国、印度尼西亚、马来西亚和菲律宾也有。

194.芸香科 RUTACEAE

　　常绿，稀落叶乔木或灌木、藤本，极稀多年生草本，常具皮刺。叶互生或对生，多为羽状复叶或单身复叶，稀单叶，常具透明的油腺点，揉之有香气。花序各式，单生或排成总状、聚伞状、圆锥状；花两性稀单性，整齐，辐射对称或有时略两侧对称；萼片及花瓣4或5；萼片常连合；花瓣分离，覆瓦状或镊合状排列；雄蕊与花瓣同数或成其倍数，或多数，分离稀连合，在柑橘属中出现极多数，连合成束而为多体雄蕊，着生于花盘的基部；花盘明显，环状或垫状；子房上位，稀下位或半下位，由2—5个合生或分离的心皮组成或单生，2—15室；胚珠每室1至多数。果各式，为肉质的浆果、核果或蒴果，稀为翅果；种子具有一个大而伸直或弯曲的胚，有或无胚乳。在柑橘属有多胚现象，在一粒种子中能有30个之多的胚，但能萌发的很少超过3个。在子房的内壁上发育许多毛囊，以后便成为多汁、酸甜的肉瓤。

　　本科150属900余种，分布于热带或温带地区，尤其以非洲南部及澳洲为多。我国约28属154种，南北均产。云南有24属108种，主要分布于滇南和滇西北，为云南热带沟谷雨林，低山常绿阔叶林及亚热带绿阔叶林，石灰岩灌丛植被的重要组成树种。本志收载19属80种6变种1亚种。

分 属 检 索 表

1.心皮离生或部分合生；果为沿心皮腹面或背面开裂的蓇葖果。
　2.叶互生。
　　3.单数羽状复叶；茎枝有刺；子房每室有2胚珠；花序直立 …… 1.花椒属 Zanthoxylum
　　3.单叶；茎枝无刺，子房每室有1胚珠；雄花序下垂 ……………… 2.臭常山属 Orixa
　2.叶对生 ……………………………………………………… 3.吴茱萸属 Euodia
1.心皮合生；果为核果、橙果、浆果。
　4.果为核果。
　　5.攀援藤本，茎枝有刺，指状三出复叶 ………………………4.飞龙掌血属 Toddalia
　　5.乔木或灌木，茎枝无刺。
　　　6.复叶。
　　　　7.雄蕊与花瓣同数。
　　　　　8.花单性；单数羽状复叶 …………………………… 5.黄檗属 Phellodendron
　　　　　8.花两性；指状3—7小叶 …………………… 6.香肉果属 Casimiroa
　　　　7.雄蕊为花瓣的2倍；单身复叶 ……………………… 7.降真香属 Acronychia
　　　6.单叶 ……………………………………………………8.茵芋属 Skimmia
　4.果为浆果。
　　9.茎枝无刺；羽状复叶；浆果具黏胶质，但无汁胞。
　　　10.花瓣镊合状排列 ………………………………… 9.小芸木属 Micromelum

10.花瓣覆瓦状排列。

 11.花柱粗大，宿存；子房每室有1悬垂胚珠 ················· **10.山小橘属 Glycosmis**

 11.花柱纤细，脱落；子房每室有2胚珠，稀1。

  12.花蕾圆球形或宽卵形；花柱比子房短或等长；柱头与花柱等粗 ·············
·· **11.黄皮属 Clausena**

  12.花蕾圆筒状椭圆形；花柱远比子房纤细且长；柱头头状， ·············
······································· **12.九里香属 Murraya**

9.茎枝有刺；单小叶或指状三出复叶；浆果常有汁胞，如无汁胞则为藤本。

13.果皮非硬木质或厚革质。

 14.攀援藤本；果无汁胞。

  15.指状三出复叶；叶柄长5厘米以上 ················· **13.三叶藤橘属 Luvunga**

  15.单叶或单小叶；叶柄长不超过2厘米 ··············· **14.单叶藤橘属 Paramignya**

 14.乔木或灌木；果有汁胞。

  16.雄蕊为花瓣数的2倍；单叶或单小叶 ················· **15.酒饼簕属 Atalantia**

  16.雄蕊为花瓣数的4倍或更多；复叶稀单叶。

   17.落叶小乔木；指状三出复叶；子房和果均被短绒毛 ······ **16.枳属 Poncirus**

   17.常绿小乔木；单身复叶；子房和果常无毛。

    18.子房7—14室或更多，每室有4—12胚珠 ················· **17.柑橘属 Citrus**

    18.子房2—6室，每室有2胚珠 ························· **18.金橘属 Fortunella**

13.果皮硬木质或厚革质 ································· **19.木橘属 Aegle**

1. 花椒属 Zanthoxylum Linn.

  有刺灌木或小乔木，直立或攀援状，常绿或落叶。叶互生，奇数羽状复叶，稀为3小叶；小叶对生或互生，无柄或近无柄，全缘或有锯齿，齿缝中常有透明腺点。花小，单性异株或杂性，组成聚伞花序，聚伞圆锥花序或为伞房状圆锥花序，顶生或腋生。花萼5—8，排列成1轮或2轮；花瓣（3）5—8；雄蕊（3）5—8，附着于萼片上，花丝渐尖；通常与花被等长或稍长；萼片；花瓣及药隔的顶部常有1色泽较深的腺点；雄花有退化雌蕊细小，花盘细小或不明显；雌花通常不具退化雄蕊，雌蕊通常由2—5或5—7心皮所组成，心皮1—5室，每室通常具有2胚珠，子房球形至卵状球形；花柱略侧生，柱头头状；成熟心皮红色至紫红色，具粗大腺点，内果皮薄革质，沿背腹缝线开裂，每心皮2瓣裂开，内有1成熟种子，由珠柄将种子顶托出；种脐线状，种皮硬骨质，种子骨质，黑色，有光泽；胚乳肉质，含油丰富。

  本属约250种，分布于美洲、澳洲、非洲及亚洲。我国约有50种，由辽东半岛至南部的海南岛，西北由秦岭至东南沿海各省，包括台湾，西至西藏的南部。云南产约25种，全省常见。

分 种 检 索 表

1.花被片5—9，一轮排列；雄蕊5—9，心皮2—4；花单性，稀两性，成熟果瓣鲜红色或暗紫红色，油点凸出；花序常生于缩短的侧枝顶端。

  2.叶有明显翼叶；叶轴及小叶中脉上常有扁刺，稀无刺；花序腋生状；果梗长5毫米以内或几无梗。

   3.花序簇生成团伞状，花序梗短，花后不伸长；果密集成团 ……………………………
……………………………………………………………… **1.刺花椒** Z. acanthopodium

   3.花序圆锥状，彼此疏离，有明显的花序梗；果疏散 ………… **2.竹叶花椒** Z. armatum

  2.叶无翼叶；叶轴有或无刺；花序顶生或同时生于侧枝顶端；果梗通常长5毫米。

   4.小叶边缘具细小的圆锯齿，下面沿中脉基部两侧有小毛丛 …… **3.花椒** Z. bungeanum

   4.小叶边缘为波浪形，下面沿中脉基部两侧无毛丛 ……… **4.浪叶花椒** Z. undulatifolium

1.萼片、花瓣、雄蕊均4稀5，非一轮排列；花两性稀单性；雌花不育雄蕊呈鳞片状；果瓣上的油点不凸或微凸起，果瓣非紫红色或褐红色；花序顶生或腋生。

  5.藤状灌木；花序腋生或兼有顶生；花瓣通常长3毫米以上；果梗长约5毫米以内，很少达1厘米；果有明显的喙状芒尖；小叶通常互生，少数对生。

   6.小叶两面被毛，或仅下面有毛；嫩枝、叶轴、小叶柄及花序轴均密被毛 …………………
……………………………………………………………… **5.毡毛花椒** Z. tomentellum

   6.小叶两面无毛，或仅上面中脉有短柔毛，或粉状细毛；嫩枝、叶轴、小叶柄及花序轴无毛或几无毛。

    7.叶轴至少在腹面、小叶柄及小叶上面中脉均密被短毛 ………………………………
……………………………………………………………… **6.刺壳花椒** Z. echinocarpum

    7.叶轴、小叶柄、小叶上面中脉均无毛，或有灰白色甚短的粉状细毛。

     8.圆锥花序顶生，直立 ……………………………………… **7.树花椒** Z. arbosculum

     8.聚伞花序腋生，不直立。

      9.果实缝线不增宽，绝不超过0.5毫米………………… **8.拟山枇杷** Z. dissitoides

      9.果实缝线明显增宽，形成弧形的凸环 ………………… **9.山枇杷** Z. dissitum

  5.直立乔木或灌木；花序顶生或腋生兼顶生；花瓣长约2毫米以内，果梗通常长5毫米以上；果无或几无喙状芒尖。

   10.小叶斜卵形，斜长方形，两侧明显不对称，全缘 ……… **10.勒樘花椒** Z. avicennae

   10.小叶对称，或生于叶轴下部的两侧略不对称。

    11.花序轴及其着生的小枝粗壮且散生劲直的锐刺；当年生嫩枝的髓部大，常中空。

     12.小叶两面不同色，下面灰绿色或灰白色 ………… **11.椿叶花椒** Z. ailanthoides

     12.小叶两面同色。

      13.小叶无毛或叶下面有疏长毛，干后红褐色或暗褐黑色，密生透明油点，叶有钝裂齿 ……………………………………………… **12.大叶臭花椒** Z. myriacanthum

      13.小叶下面密被灰白色至灰黄色毡状绒毛，干后非红褐色或暗褐色，油点不显；叶全缘 ……………………………………………………… **13.朵花椒** Z. molle

11.花序轴及其着生的小枝纤细，前者通常无刺；当年生枝的髓部小，通常不中空
···**14.刺辣树 Z. microranthum**

1.刺花椒　岩椒（富民）、臭椒（西畴）图259

Zanthoxylum acanthopodium DC.（1824）

小乔木或灌木，高达5米。茎干暗褐色，皮刺锋利，近于水平伸出，长可达1.5厘米，基部增宽而压扁。奇数羽状复叶，小叶5—11，通常2—3对，叶轴具翼，无毛，无柄，小叶对生，纸质，披针形，长3—8厘米，宽1—2.5厘米。花小而密集或成团伞状，雌花序更短，不被毛或微被短柔毛；花被裂片5—8，裂片狭线形，长1—1.5毫米，被微柔毛；雄花的雄蕊5—7，略长于花被片，花药广椭圆形，退化心皮短小；雌花心皮2—3，略呈长圆形；花柱约与子房等长，外弯，分离；柱头略呈头状；成熟心皮红色或紫红色，表面有凸起的腺点，直径3.5—4毫米。果梗短，果聚生成簇；种子球形，直径2.5—3毫米，黑色，发亮；种脐窝点状。花期4月；果期9月。

产龙陵、泸水、凤庆、镇康、芒市、瑞丽、屏边、文山、麻栗坡、西畴、广南，生于海拔1000—2500米的林缘山坡空地。分布于贵州；不丹、印度、缅甸、泰国、越南、马来西亚也有。

2.竹叶花椒（本草纲目）　山椒（文山）、狗花椒（砚山）图259

Zanthoxylum armatum DC.（1824）

灌木或小乔木，高达10米。皮刺水平或弯斜射出，基部扁而宽；茎干黑褐色。奇数羽状复叶，叶轴、叶柄具翼，翼宽4—8毫米，下面有时具皮刺，无毛；小叶5—9，对生，披针形或狭椭圆状披针形，稀卵形，长2.5—9.5厘米，宽1.5—4.5厘米，先端渐尖或急尖，基部狭尖或楔形，两面无毛，叶缘具细小的圆锯齿；侧脉不显，在下面微凸起，中脉在上面微凹或近于平坦，在下面基部两侧有毛丛，纸质。聚伞圆锥花序，生于小枝顶部，长2.5—6.5厘米，通常无毛或被微柔毛，花小，淡黄绿色，花枝6—8，三角形，顶端尖，长约1毫米或更小，雄花的雄蕊6—8，花丝细尖，长2—3毫米，花药广椭圆形，药隔顶端有1腺点，退化心皮顶端2裂；雌花的心皮2—3或4，花柱略侧生，外弯，分离，柱头略呈头状，成熟心皮1—2，稀3，红色。外果皮具粗大而凸起的腺点，球形，缝线不显；种子卵状球形，直径3.5—4毫米，黑色发亮。花期3—5月；果期6—8月。

产昆明、富民、嵩明、寻甸、澄江、易门、元江、沾益、武定、双柏、丽江、大理、泸水、鹤庆、洱源、漾濞、维西、德钦、香格里拉、贡山、瑞丽、芒市、腾冲、临沧、双江、景东、普洱、勐腊、景洪、勐海、澜沧、西畴、文山、屏边、富宁、河口，生于海拔600—3100米的山坡及沟边灌丛杂木林中。分布从日本中部以南经我国东南部至西南部，最南至广东，西北至秦岭，其中以东南各省最为普遍；印度东北、缅甸、泰国、越南及克什米尔至不丹也有。

据市场调查，本种是云南省早春时节上市的花椒代用品种之一。分布广、产量高，可以在山区半山区大力种植，以代花椒用。

图259 竹叶花椒和刺花椒

1—5.竹叶花椒 *Zanthoxylum armatum* DC.

1.花枝 2.雄花 3.雌花 4.果序 5.叶下面（放大示腺齿）

6—7.刺花椒 *Zanthoxylum acanthopodium* DC.

6.雄花 7.果实

3.花椒（本草纲目）图260

Zanthoxylum bungeanum Maxim.（1871）

灌木或小乔木，高达7米，分枝密。老茎干上通常有粗壮、锋利的皮刺，嫩枝上有细小的皮孔及皮刺。奇数羽状复叶、小型，叶轴腹面具有不明显的窄翼，无毛或有时被微柔毛、背部常着生小皮刺；小叶5—9，有时为3或11，对生，几无柄，纸质叶面亮绿色，卵形或卵状长圆形至广卵圆形，长1.5—7厘米，宽8—30毫米，先端圆或短渐尖，基部圆形或钝，稍不对称，生于叶轴顶部的小叶通常较大，基部的较小，叶缘具钝锯齿或有时为疏的圆锯齿，齿缝处着生大而透明的腺点，叶下面中脉常斜生软皮刺，基部两侧通常密生长的毛丛，其余均无毛。聚伞圆锥花序顶生于侧枝上或腋生，长2—6厘米，花序轴被疏短柔毛，苞片小，早落，雄花与此同时生出，花梗短，长约1毫米，苞片披针形；花被4—8，排列成一轮，长1—2毫米，狭披针形；雄蕊4—8，花丝钻形，花药广卵圆形，药隔中央顶端有1腺点，退化子房存在，花盘环形而增大；雌花心皮3—6，子房上通常有大而凸起的腺点，花柱侧生，柱头头状，子房无柄。果红色至紫红色，密生粗大而凸起的腺点，成熟心皮2—3，果梗长5毫米；种子球形，黑色发亮。

产全省各地，生于海拔1200—3600米的山坡、河谷两岸及农舍周围，常见栽培。分布于秦岭以南的湖北、四川、贵州。

喜温、喜光、喜深厚湿润土壤，怕涝，忌大风。种子繁殖。果实成熟后采集并摊晾于通风、干燥室内，种子脱出后去杂物保存。秋播可用碱水浸泡2天搓去种皮油脂；春播可用鲜牛粪、草木灰拌播种或温水催芽。圃地以避风向阳的沙壤土为好。造林地选山坡下部的半阳坡或阳坡为好。

4.浪叶花椒　图260

Zanthoxylum undulatifolium Hemsl.（1895）

小乔木，高达4米，皮刺甚多，各部几不被毛。奇数羽状复叶，长13—20厘米；叶轴纤细具棱，被微柔毛，无刺或有时有短刺；小叶5—9，对生，近革质；无柄，顶端的一片有短柄，披针形至披针状长圆形，长3.5—11厘米，宽2—4厘米，先端渐尖，稀急尖，基部常为圆形，边缘为波浪形的圆锯齿，齿缝内有腺点，下面灰褐色，上面被短的粗硬毛。聚伞花序腋生于小枝上部，近无柄，直径2.5—5厘米，花少数。分果瓣2—4，细小、斜卵状球形，直径不超过3毫米，无毛，表面淡红色，具有粗大的腺点；种子黑色，发亮，卵状球形。花期4—5月；果期9—10月。

产昭通、大关，生于海拔1900米的山坡林中。分布于湖北、四川、陕西南部。

5.毡毛花椒　马花椒（漾濞）图261

Zanthoxylum tomentellum Hook. f.（1873）

灌木或小乔木。当年生枝平展，坚木质，灰褐色，幼时通常密被毡状绒毛，皮刺不明显，短小，长1—2毫米。奇数羽状复叶；叶轴浑圆，密被绒毛，背部着生下垂的倒钩刺，长约2毫米；小叶（5）7—15，长圆形或椭圆形，长4—7厘米，宽2—4厘米，先端急短尖或

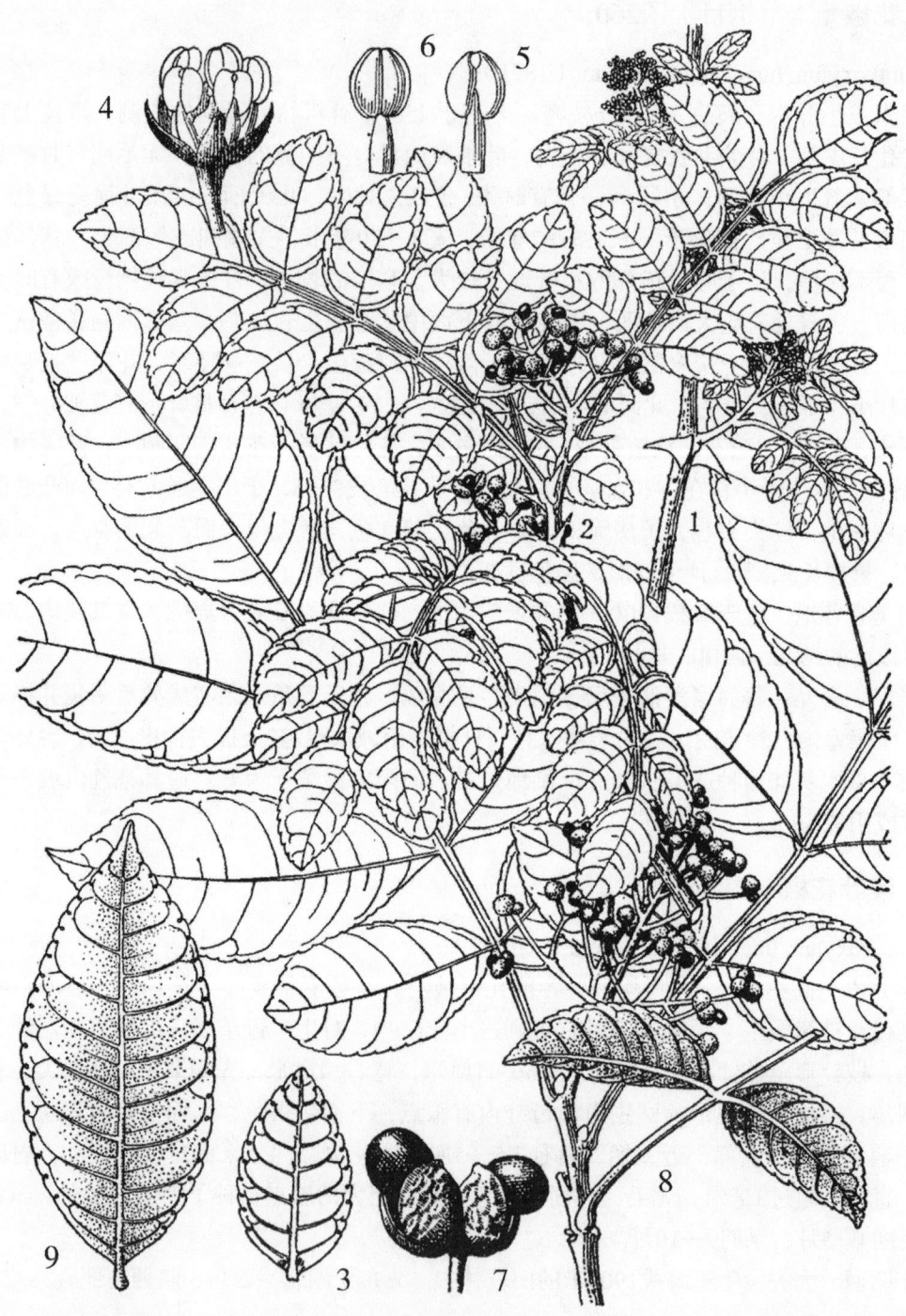

图260 花椒和浪叶花椒

1—7.花椒 *Zanthoxylum bungeanum* Maxim.

1.花枝 2.果枝 3.小叶下面（示基部脉腋毛丛） 4.雄蕊 5.雄蕊背面 6.雄蕊腹面 7.果实

8—9.浪叶花椒 *Zanthoxylum undulatifolium* Hemsl.

8.果枝 9.小叶下面

有时钝，凹缺，基部圆形至楔形，两侧不等，偏斜，厚纸质或革质，上面深绿色，干后有光泽，中脉及侧脉被短的疏柔毛，下面密被淡黄褐色绒毛，全缘或为不规则的浅波状；小叶柄长1—2毫米，粗大，密被柔毛。聚伞圆锥花序、腋生，花序长5—9厘米，花序轴密被绒毛，粗大；花淡黄色，密集；萼片4，三角状卵形，长不及1毫米，被疏毛；花瓣4，长圆形，长2.5—3毫米；雄花的雄蕊4，较花瓣长，花丝线形，花药广椭圆形，药隔顶端有1腺点，退化心皮短小，花柱伸长；雌花的心皮4，花柱短，柱头头状，成熟心皮2—4，黑色或粉红色。分果瓣无柄，先端有喙尖，长约1毫米；种子球形，直径约5毫米，黑色发亮。

产贡山、维西、保山、漾濞、大理，生于海拔1850—3000米的杂木林中及水沟湿润处；分布于贵州罗甸；印度东部、不丹、印度也有。

6.刺壳花椒　图262

Zanthoxylum echinocarpum Hemsl.（1895）

灌木或小乔木，高达4米。皮刺锋利，长2—4毫米，近水平伸出。奇数羽状复叶，稀为偶数，叶轴具倒钩刺及微柔毛；小叶5—9，稀3或11，近对生，长圆形、卵状长圆形或椭圆形，长6—14厘米，宽2.5—5厘米，先端短渐尖或尾状渐尖，钝头或圆而微凹，基部圆或宽楔形，有时心形，中脉在叶上面具微柔毛，下面无毛，坚纸质至革质，全缘；叶具短柄，长1—3毫米，腹面具微柔毛，背部皱褶。聚伞圆锥花序腋生，花序轴伸长，5—8厘米，被短柔毛，花梗甚短，花多而密集；雄花萼片4，卵形，长不及1毫米，先端尖或钝；花瓣4，卵形或卵状长圆形，长2.5毫米，雄蕊4，较花瓣长，花药广卵形，退化心皮无毛，花柱细长，顶端2叉，雌花的萼片和花瓣与雄花相同，无退化雄蕊；心皮4，花柱甚短，柱头头状，均无毛，成熟心皮1—4，通常2—3。果蓇果序增长，可达14厘米。分果瓣球形，黄绿色，表面着生坚硬单刺或分叉的刺，通常长4—7毫米，最长者可达1厘米；种子球形，大如黑豆，直径约6毫米，黑色，放亮；子叶2，平凸，胚乳富含油质。

产麻栗坡、富宁，生于海拔560—800米的山坡。分布于湖北、四川、湖南、广东、广西、贵州。

7.树花椒　图261

Zanthoxylum arbosculum D. D. Tao（1987）

乔木，高达7米，小枝灰褐色，表面有纵沟纹，被稀疏纤毛。奇数羽状复叶，长13—21厘米，小叶7—11，对生，倒卵状椭圆形，长4—6厘米，宽1.5—3厘米，先端尾状渐尖，基部楔形，偏斜，近革质，上面亮绿色，下面淡绿，两面无毛，叶缘有不明显的细齿，叶脉在下面凸起；叶柄长2—3毫米，腹面被微柔毛。圆锥花序顶生或腋生于小枝顶部，长5—12厘米，宽9厘米，花序轴、花梗均被褐色柔毛。雌花具小苞片，半圆形，长宽约1.5毫米，花4数，花萼裂片4，广卵形，长宽约1.5毫米，无毛，花瓣4，长圆形，长3毫米，淡黄色，退化雄蕊钻状；心皮4，分离近基部，紫色，高约3毫米；花柱长1毫米，棒状，柱头头状，全部无毛，具短的子房柄。果幼时紫绿色。花期5月。

产西畴，生于海拔1450米的石灰岩山脊常绿阔叶林内。

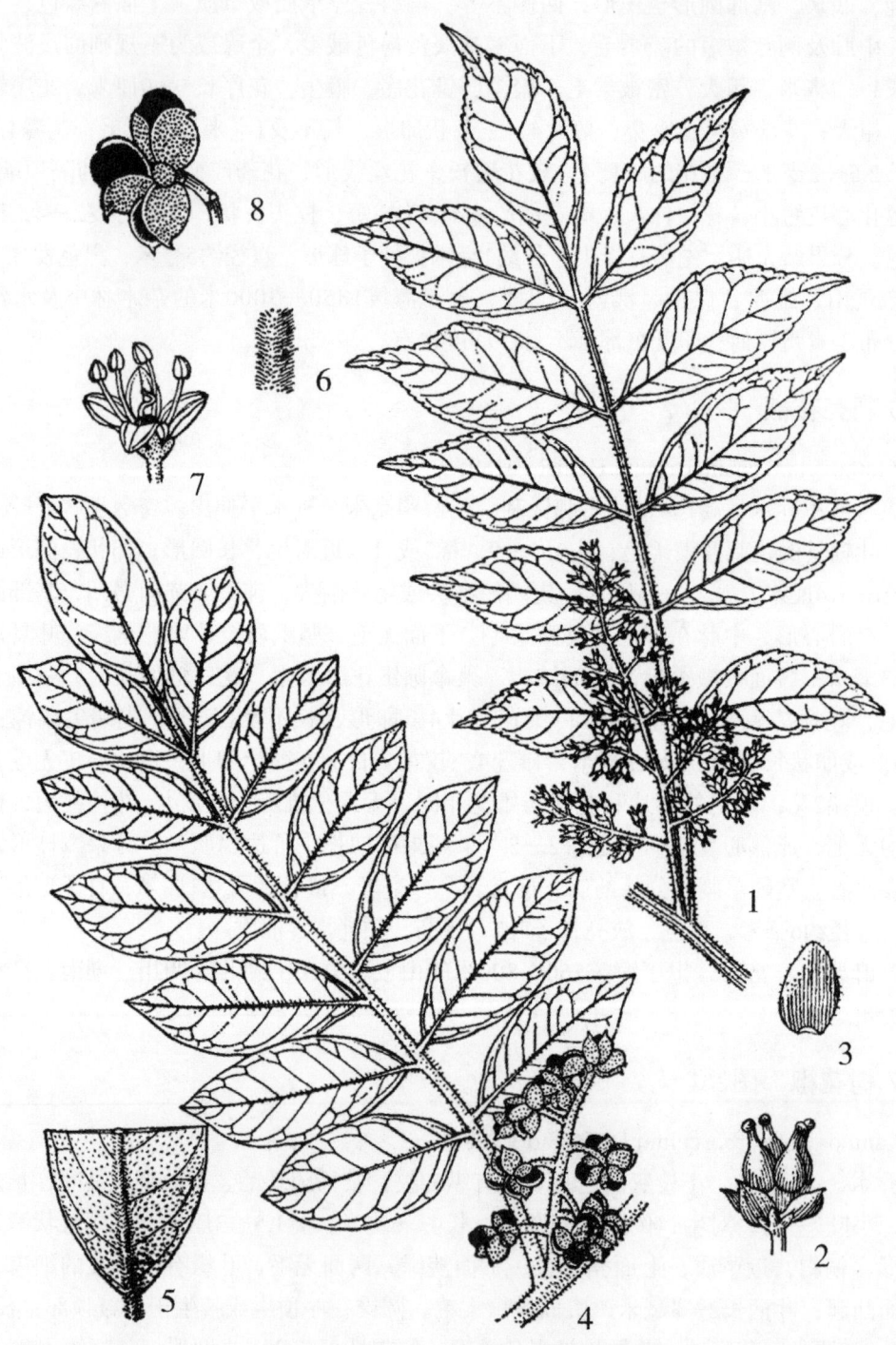

图261 树花花椒和毡毛花椒

1—3.树花花椒 *Zanthoxylum arbosculum* D. D. Tao

1.花枝 2.雌花 3.花瓣

4—8.毡毛花椒 *Zanthoxylum tomentollum* Hook. f.

4.果枝 5.叶片下面（示毛） 6.茎（放大示毛） 7.雄花 8.果实

图262 刺壳椒和拟山枇杷

1—3.刺壳花椒 *Zanthoxylum echinocarpum* Hemsl.

1.果枝 2.果壳上的刺（放大） 3.枝刺

4.拟山枇杷 *Zanthoxylum dissitoides* Huang 果序

8.拟山枇杷　图262

Zanthoxylum dissitoides Huang（1957）

藤状灌木或小乔木，高达8米，小枝及叶轴上着生锋利的皮刺，长1—3毫米，基部增宽而呈黄绿色。奇数羽状复叶，长15—30厘米，小叶5—9，互生或对生，长圆形或长圆状倒披针形或稀为卵形，长6—11厘米，宽2—4厘米，先端短渐尖，基部短尖或狭尖，有时略偏斜，叶脉在下面凸起，有时着生小刺，侧脉及网脉密集而清晰，全缘；小叶柄长6—8毫米。聚伞圆锥花序、腋生，长5—6厘米，花小，暗紫红色，4基数，花蕾时近球形；萼片广卵形，长约1毫米，先端急尖，边缘被短睫毛；花瓣长圆状卵形或卵形，长4—5毫米，宽3—4毫米，先端圆；雄蕊较花瓣长，花丝钻形，与花药等长，花药卵圆形，长1.5—2毫米，顶端尖，退化心皮伸长，顶端4深裂，无毛；果序狭聚伞圆锥状，长8—15厘米，序梗及果梗均无毛。成熟心皮通常1—3，稀为4；分果瓣近圆形，直径7—8毫米，腺点稀少，缝线淡黄色，窄不超过0.5毫米，先端的喙尖长约0.5毫米；种子球形，直径约6毫米，黑色发亮，表皮皱。

产勐腊、勐海、景洪，生于海拔600—1300米的密林灌丛中。分布于广西、海南、四川及贵州。

9.山枇杷

Zanthoxylum dissitum Hemsl.（1886）

产文山、麻栗坡、屏边、广南、富宁、昭通、绥江、威信，生于海拔1000—1400米的常绿阔叶林内。湖北、四川、陕西、贵州、广西、广东、湖南均有分布。

10.簕欓花椒　鹰不沾、鸟不宿（勐腊）图263

Zanthoxylum avicennae（Lam.）DC.（1824）

小乔木高达12米。主干下部着生三角形、红褐色的皮刺，长1—3毫米。奇数羽状复叶，叶轴具有窄的叶翼，腹面成浅沟，小叶9—21，纸质至革质，对生或近于对生，长圆形，倒卵状长圆形，有时为菱形，长2—6厘米，宽1.5—2.5厘米，先端狭尖或短尾尖，钝头常微凹，基部楔形，歪斜，两侧不对称，叶缘有不明显的细齿，中脉下陷。伞房状聚伞花序，顶生；花5基数；萼片5，卵形，长约0.5毫米；花瓣淡青色，长圆形或卵状长圆形，长1.5—2毫米；雄花的雄蕊比花瓣长，药隔端凸尖，退化雄蕊2叉；雌花无退化雄蕊，心皮2，成熟心皮1—2，紫红色，表面有粗大的腺点，顶端有甚短的喙状尖头。种子卵形，长约4毫米。黑色，发亮。

产勐腊、金平，生于海拔400—650米的山坡或平地的疏林或密林中。分布于台湾、福建、广东、广西；越南北部也有。

种子繁殖。育苗造林。

木材淡黄色，可作小型农具及家具用材。根、果、叶入药，有驱风化湿、消肿退热、止痛活血之效；治黄胆型肝炎、肾炎水肿、跌打损伤。种子含油量达25.24%，属干性油，可制油漆、肥皂，树皮可提芳香油。

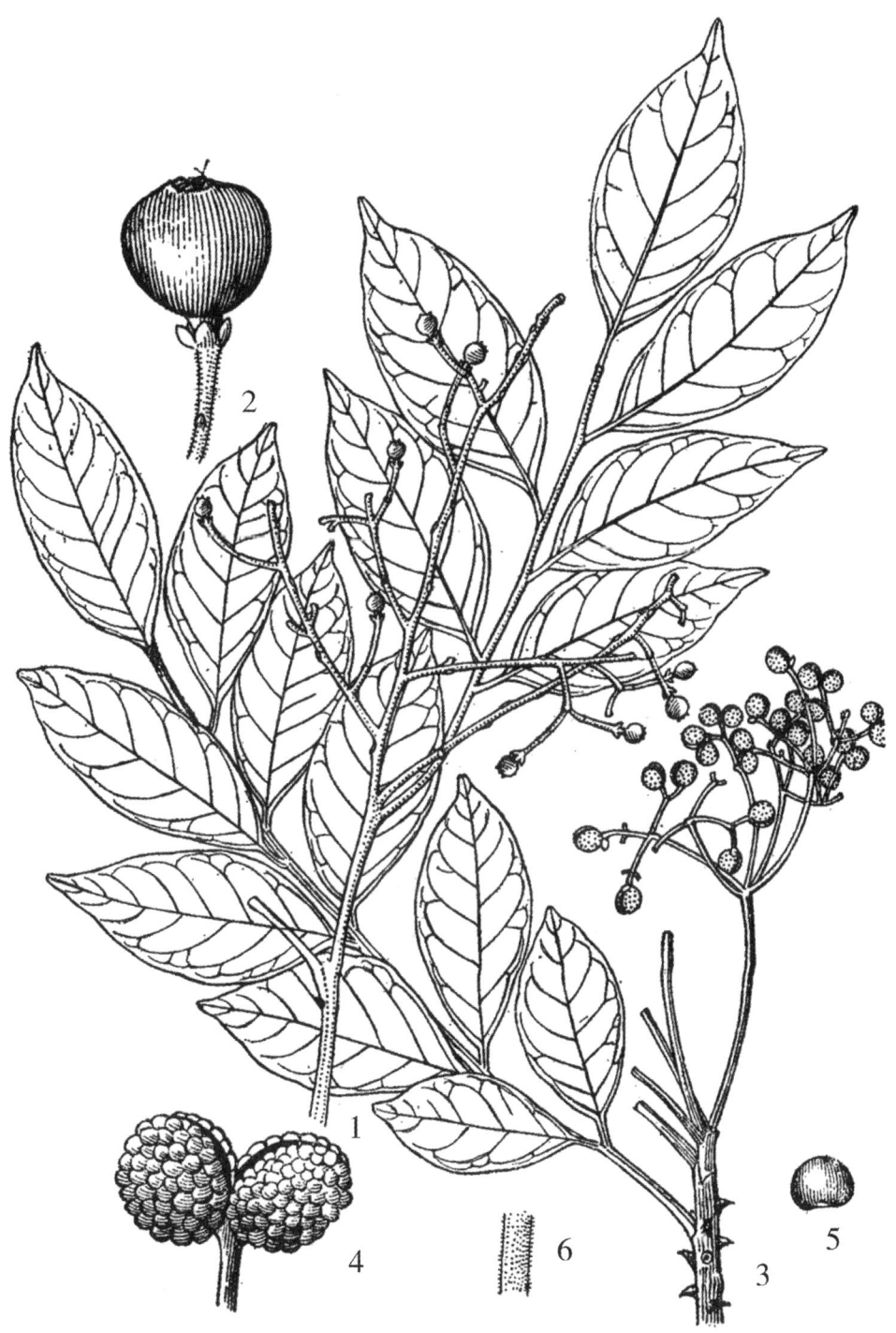

图263 锈毛山小橘和簕欓花椒

1—2.锈毛山小橘 *Glycosmis esquirolii*（Leve.）Tanaka
1.幼果枝　2.幼果放大

3—6.簕欓花椒 *Zanthoxylum avicennae*（Lam.）DC.
3.果枝　4.果放大　5.种子放大　6.茎放大

11.椿叶花椒　图264

Zanthoxylum ailanthoides Sied. et Zucc.（1846）

乔木或灌木，高达15米。当年生枝的髓部中空，树干上具有锐利的皮刺，水平向上伸出。奇数羽状复叶，长20—60厘米，最长可达1米，基部膨大，黑色，腹面下陷成沟，被稀疏微柔毛，其余部分无毛；小叶9—25，对生，纸质，窄长圆形或长圆形或披针状长圆形，长5—13厘米，宽2—4厘米，先端长尖或渐尖，基部近圆形，偏斜，上面深绿色，发亮，下面粉白色至苍青色，干后通常为灰白色粉霜，两面无毛，叶缘具浅的圆锯齿，齿缝内有腺点，叶脉在下面凸起，伞房状聚伞花序，顶生，长15—25厘米，宽13—18厘米，花淡黄绿色或白色，花小而密集，在花序基部着生有单叶1—3；总苞片早落；苞片细小，卵状三角形；花梗较花短；萼片5，广卵圆形，长宽不及1毫米；花瓣5，长圆形，两端尖，长2—3毫米；雄花的雄蕊5，伸出花瓣外，花丝线形，花药广椭圆形，药隔顶端有1腺点，退化心皮钻状，先端2叉裂；成熟心皮2—3，少有4。果瓣暗黄色，小而密集，腹缝线略增宽；顶端喙尖不明显；种子球形或半球形，长约3毫米，厚约3毫米，胎座柄长约1.5毫米，不易脱落，表面棕黑色，有光泽。

产富宁，生于海拔1120米的八角林材缘。分布于四川、贵州、湖南、广西、广东、台湾、浙江；日本也有。

12.大叶臭花椒　辣子树（屏边）、"朵腊"（偬尼语）、"马庆"（傣语）图265

Zanthoxylum myriacanthum Wall. ex Hook. f.（1875）

乔木，高达20米，胸径达20厘米。树干上常具有基部为圆环状凸出的锐刺，树皮淡褐色或黑灰色，幼枝的髓部常中空，奇数羽状复叶，花序下部有单叶现象；叶轴具稀疏柔毛，浑圆，小叶9—15，近于对生，叶柄长2—4毫米；叶广卵形，卵状长圆形或卵形，长7—18厘米，宽3.5—9厘米，先端急尖或骤狭而短尾状尖，钝头而微凹，基部圆形而不对称或狭尖，上面深绿色，稍具光泽，下面淡绿色，干后两面为淡红色或棕红色，均不被毛；叶缘上半部具浅的圆锯齿，齿缝处具腺点，叶脉在下面突起；坚纸质至革质。伞房圆锥花序，顶生，花序基部具有单叶，柄长3—4厘米；花序轴，花梗密被短柔毛。花序长10—30厘米，开展，花多而芳香，淡绿白色；苞片及总苞片小，圆形，长不足1毫米；萼片5，广卵形，长约1毫米；花瓣5，长圆形，长约2.5毫米；雄花的雄蕊5，长约3毫米，花丝线形，花药椭圆形，药隔顶部有1腺点，退化心皮甚细小，先端2—3叉裂；雌花的退化雄蕊极短，心皮3，花柱极短，柱头头状；成熟心皮2—3，稀为1，淡棕色。分果瓣表面具有粗大腺点；种子具棱，卵形，长3—3.5毫米，厚约2毫米，暗棕色，发亮。

产普洱、景洪、勐腊、西畴、屏边，生于海拔560—1400米阳坡疏林中。分布于广东、海南、广西、贵州、湖南、福建。

在普洱地区常见村旁栽培，果作调味品。果实含芳香油7%，具有类似柠檬香味，气味很浓。本植物是热区香料植物，值得保护，繁殖栽种。

图264　香肉果和椿叶花椒

1—2.香肉果 *Casimiroa edulis* L. Lave et Lex

1.花枝　2.花

3—4.椿叶花椒 *Zanthoxylum ailanthoides* Sied. et Zucc.

3.果枝　4.果实

图265 朵花椒和大叶臭花椒

1—3.朵花椒 *Zanthoxylum molle* Rehd.

1.果枝 2.花外形 3.果实

4—5.大叶臭花椒 *Zanthoxylum myriacanthum* Wall. ex Hook. f.

4.果枝 5.去掉花瓣的雌花

13.朵花椒　图265

Zanthoxylum molle Rehd.（1927）

乔木，高达10米，胸径20厘米。树皮灰色，具锋利的皮刺，主干粗大，幼时被短绒毛，皮刺基部增大，成水平方向伸出。奇数羽状复叶，长30—40厘米，叶轴浑圆，紫红色，幼时被短柔毛；小叶9—13，生于茎干下部的叶有17—19小叶，近花序处的有时仅3小叶，小叶几无柄，个别在叶轴上部的柄长2—3毫米；小叶厚纸质，长圆形或卵圆形，长7—12厘米，宽3.5—7.5厘米，先端骤然的短尖，基部圆形或微心形，边缘稍反卷，全缘或具细小的腺齿；上面深绿色，有散生的少数腺点，下面苍青色，密被长绒毛，侧脉12—18对，在下面突起。伞房状圆锥花序顶生，花序轴长12—15厘米，被短柔毛，有微小的短刺；苞片及总苞片卵形，细小；花梗甚短；萼片5，广卵形，长约1毫米，边缘被短睫毛，基部具疏柔毛；花瓣5，长圆形，长2.5毫米，白色至淡黄白色，萼片及花瓣近顶端有1透明腺点；雄花的雄蕊5，花丝长3毫米，下部增宽，花药卵状圆形，药隔先端有1腺点；退化心皮与花瓣等长，顶端2—3叉；雌花的心皮5，了房略呈球形，花柱甚短，柱头盘状甚短，成熟心皮2—3，紫红色。果序梗被毛不脱落，果梗长2—4毫米；分果瓣的表面具细小腺点，下凹成窝状；种子卵球形或为三角状半圆形，长3毫米，宽约2.5毫米，黑色发亮，起皱纹。

产龙陵，生于海拔730—2400米的混交林内及阴坡林缘。分布于江西、安徽、浙江、湖北、贵州。

14.刺辣树（树木分类学）　见血飞

Zanthoxylum micranthum Hemsl.（1895）

产丽江、大理、鹤庆、昭通，生于林中较湿润的地方。分布贵州、湖南、四川、湖北。

根入药。

2. 臭常山属　Orixa Thunb.

落叶灌木，茎枝无刺。叶互生，单叶，有透明腺点。花小，4数，淡黄色，单性异株，雄花序下垂，成半脱落；萼片卵形，下部合生；花瓣椭圆形，芽时覆瓦状排列；雄花为总状形序；花瓣4；雄蕊4；花盘4裂；雌花单生于叶腋内；退化雄蕊4；心皮4，顶部为短花柱所连结；子房每室有1胚珠。果由4个压扁，2瓣开裂的心皮组成，每心皮有1黑色种子。

本属1种，产日本、朝鲜和我国。云南也有。

常山（本草纲目）　日本常山、臭苗（中国药典）图266

Orixa japonica Thunb.（1784）

落叶灌木，高达3米。枝开展无刺，幼时有细毛。单叶、互生，倒卵形至长圆形，长5—12厘米，先端钝尖，基部楔形，叶缘具细圆齿或全缘，上面鲜绿色，下面幼时沿叶脉有细柔毛，具短柄，长约1厘米。花雌雄异株，雄花为总状花序；萼片卵形，下部合生；花瓣

图266 枳壳和常山

1—2.枳壳 *Poncirus trifoliata*（L.）Raf.

1.果枝　2.叶片（放大示叶缘细齿）

3—4.常山 *Orixa japonic a* Thunb.

3.果枝　4.种子

椭圆形，芽时覆瓦状排列；花瓣4；雄蕊4，花盘4裂；雌花单生于叶腋内，退化雄蕊4，心皮4，子房每室有1胚珠。果直径1.3厘米，绿褐色，为4蓇葖，各2裂，仅在基部连合，各有1黑色种子；种子球形，具黑色胚乳。

产丽江、绥江，生于海拔2000—2750米湿润山坡。分布于安徽、江苏、浙江、江西、湖南、湖北、四川、贵州。日本、朝鲜也有。

根供药用，植物体各部煎出的汁用以杀牛马之虱。日本用以抗疟疾，治胃痛及风湿。

3. 吴茱萸属 Euodia J. R. et G. Forst.

乔木或灌木。无刺，幼枝有细小的皮孔。叶对生，1—3数或为奇数羽状复叶，小叶对生，有腺点或无。聚伞圆锥花序或为伞房圆锥花序，顶生或腋生；苞片对生，生于花轴上部的常细小，生于下部的有时为小叶片状；花小，单性异株，稀两性；萼片和花瓣4—5，镊合状或略呈覆瓦状排列；雄蕊4—5，插生于花盘基部，开花时伸出瓣外，花丝线形，中部以下被长柔毛；子房球形或圆锥形，4深裂，花柱黏合，柱头头状，4—5室，每室有上下叠生或略呈并生的2胚珠。果由4个、革质、开裂的成熟心皮组成，每分果瓣有1或2种子，分果瓣开裂时常由增大的珠柄把种子挺举或种子粘着于增大的珠柄上；种子卵状球形、球形或略呈三角形，黑色或栗棕色；子叶卵状圆形，胚乳肉质，含油丰富，胚短，直立。

本属150种，分布于全世界热带、亚热带地区，东至日本，西南至马达加斯加及澳洲。我国约有25种以上，以西南及南部最多。云南有19种。

分 种 检 索 表

1.奇数羽状复叶；萼片和花瓣均5，偶有4，花丝远长于子房，花序顶生；枝叶通常有特殊臭味或无。
  2.每果瓣有2成熟种子，顶端无或有喙状芒尖。
   3.成熟果瓣无或几无喙状芒尖。
    4.小叶下面无毛或在中脉及侧脉上有稀疏的短伏毛，油点明显或否 ………………………… 1.无腺吴萸 E. impellucida
    4.小叶下面密被毛或至少在叶脉上被长柔毛，油点明显可见 ………………………… 2.棱子吴萸 E. subtrigonosperma
   3.成熟果瓣有喙状芒尖，若无，则小叶全缘。
    5.小叶几无柄，全缘，基部圆或略呈心形，下面基部中脉两侧密被束毛；果瓣顶端几无喙状芒尖 ………………………… 3.石山吴萸 E. calcicola
    5.小叶有明显的柄，很少长约1毫米，叶缘有明显细小圆齿，稀全缘；叶基短尖、宽楔形，下面几无毛，很少仅在基部中脉两侧有疏长毛。
     6.成熟果瓣长5—6毫米，喙状芒尖长1—2（2.5）毫米；小叶近于全缘或有细裂齿；雄花序宽10—30厘米 ………………………… 4.臭檀 E. daniellii
     6.成熟果瓣长6—8毫米，喙状芒尖长3—4.5毫米；小叶边缘有明显的裂齿；雄花序通常宽3—6厘米 ………………………… 5.长喙吴萸 E. vestita

2.每果瓣有1成熟种子，顶端无喙状芒尖。

  7.小叶的油点肉眼可见或在扩大镜下清晰可见。

    8.萼片和花瓣均4，偶有5；果序大，果彼此疏离 ‥‥‥‥‥‥ 6.山吴萸 E. trichotoma

    8.萼片和花瓣均5，偶有4；果序或大或小，果彼此疏离或密集 ‥‥‥‥‥‥‥‥‥‥‥‥

    ‥‥‥‥‥‥‥‥‥‥‥‥‥‥‥‥‥‥‥‥‥‥‥‥‥‥‥‥‥ 7.吴茱萸 E. rutaecarpa

  7.小叶片的油点不显或极细小，仅在扩大镜下隐约可见。

    9.小叶下面密被柔毛及白色或棕色半透明腺点。

      10.花及成熟的心皮均较小，呈棕褐色；种子直径不及2毫米 ‥‥‥‥‥‥‥‥‥‥

      ‥‥‥‥‥‥‥‥‥‥‥‥‥‥‥‥‥‥‥‥‥‥‥ 8.华南吴萸 E. austrosinensis

      10.花及成熟的心皮均较大，呈紫红色；种子直径3—4毫米 ‥‥ 9.檫树 E. meliaefolia

    9.小叶下面无毛，或仅在中脉或脉腋上有毛，无腺点，叶下面灰绿或带灰色。

      11.叶轴及小叶柄均无毛，小叶下面沿中脉两侧被长柔毛或至少下半段有长柔毛或

        在脉上有丛毛 ‥‥‥‥‥‥‥‥‥‥‥‥‥‥‥‥‥ 10.臭辣树 E. fargesii

      11.叶轴、小叶柄均有疏柔毛，小叶下面至少沿中脉有疏柔毛，通常侧脉也有柔毛

      ‥‥‥‥‥‥‥‥‥‥‥‥‥‥‥‥‥‥‥‥‥‥‥‥‥‥ 11.云南吴萸 E. balansae

1.单小叶或指状3出叶，或在同一植株同时存在；萼片、花瓣均4；花序腋生，或腋生及顶生；枝、叶有香气。

  12.单小叶、茎叶均无毛 ‥‥‥‥‥‥‥‥‥‥‥‥ 12.单叶吴萸 E. simplicifolia

  12.指状3小叶，稀与单小叶同时存在 ‥‥‥‥‥‥‥‥‥‥‥‥ 13.三桠苦 E. lepta

1.无腺吴萸　狗尿嗅树（景东）图267

Euodia impellucida Hand.-Mazz.（1933）

乔木，高达20米。枝条淡棕色，几无毛，叶轴及花序被微柔毛，有圆形皮孔，表皮具皱纹。奇数羽状复叶，长15—40厘米，小叶7—13，对生，披针形至长圆状披针形，长3—20厘米，宽1.5—8厘米，先端渐尖或短渐尖，基部阔楔形或近圆形、偏斜；小叶柄长约3毫米，边缘有不明显的圆锯齿，齿缝间有腺点，叶下面腺点较明显，淡褐色，叶上面深褐色，薄纸质，两面几无毛，仅在中脉及侧脉上被有疏微柔毛，侧脉明显8—14对。聚伞圆锥花序，顶生，被柔毛；花黄绿色，5数，萼片卵状圆形，长宽约1.5毫米；花瓣狭长圆形，长约5毫米，宽约1.5毫米，无毛；雄蕊5，长于花瓣，花药黑色，花丝下部被疏毛；雌蕊的花柱钻形，3—4条裂，子房半球形，被微毛。果序柄短，长1—8厘米，宽10—12厘米；成熟心皮4，稀为3，褐色，外果皮厚，表面有腺点，有皱褶，果高5—8毫米，直径10—15毫米，内果皮木质，栗棕色，与外果皮不分离，每分果瓣有2种子；种子呈扁的三角形，光滑，亮栗棕色，长3—4毫米，厚2—2.5毫米。

产贡山、端丽、陇川、盈江、龙陵、腾冲、凤庆、泸水、新平、景东，生于海拔1800—2700米的阔叶林及混交林内以及江边湿润处。

2.棱子吴萸　图268

Euodia subtrigonosperma Huang（1957）

乔木，高达25米，胸径达30厘米。当年生枝甚粗大，密被紫褐色绒毛，有明显的圆形皮孔，髓部发达，白色硬海棉质，芽密被紫褐色绒毛。奇数羽状复叶，对生，长40—50厘米，叶柄长10—18厘米，小叶对生，5—13，长圆形或长圆状卵形，长8—20厘米，宽3—8厘米，先端渐尖，基部宽楔形或略为偏斜圆形，叶缘具疏而不明显的圆锯齿，纸质，上面深绿色，略被疏长柔毛，下面青灰色，密被灰色长柔毛，侧脉在下面突起，20—24对。小叶柄长2—5毫米。聚伞圆锥花序，顶生或腋生于小枝顶部，大型，宽20—25厘米，长25厘米，密被淡褐色柔毛；总苞片及小苞片缺；花淡绿色，四数，雄花花萼三角形，长宽不及1毫米，无毛；花瓣长圆形，长2.5—3毫米，两端尖，无毛；雄蕊长于4.5毫米，宽约1毫米；子房近球形，柱头头状，3—4裂，无毛。果梗长3—5毫米，果序梗及果梗密被绒毛；成熟心皮常4，高6—7毫米，直径1.2厘米，有明显的腺点；内果皮近木质，淡红褐色；种子呈三角形，具有1—2条棱肋，每室有2种子，上下叠生，长3—4毫米，栗棕色，具光泽。

产保山、绿春、景东，生于海拔2100—2300米的混交林内及江边湿润处。西藏墨脱有分布。

3.石山吴萸　图267

Euodia calcicola Huang（1957）

小乔木或灌木，高达15米。小枝浑圆，近无毛，暗灰色，幼时被褐锈色微柔毛，有稀疏微凸起的细小皮孔。奇数羽状复叶，长9—16厘米；小叶5—7对，对生，具短柄或几无柄，长圆状卵形，长3—10厘米，宽2.5—6.5厘米，先端骤狭渐尖或尾状渐尖，基部圆形或微呈心形，叶轴顶端中间一片常为椭圆形，全缘，纸质，上面深绿色，下面浅绿色，干后灰绿色或为暗绿色，中脉基部两侧密被锈褐色丛毛。伞房状聚伞圆锥花序，顶生，长8—12厘米，宽9—14厘米，花序梗浑圆，粗大，密被短绒毛，具有微小的三角形总苞片及小苞片；萼片5，卵形，长约1毫米，外面被短微柔毛；花瓣红色或淡紫色，5稀为4，长圆形，长3—4毫米，外面略被疏柔毛，内部较密；雄蕊5稀为4，较花瓣长，花丝中部以下被白色柔毛；雌花的退化雄蕊极短，长不及1毫米；子房近球形，密被银灰色柔毛，花柱圆柱形，长不及0.5毫米，柱头头状。果星芒状，红色或紫红色，高约8毫米，有腺点，成熟心皮4—5，每室具2种子；种子卵状球形，长约4毫米，厚约3毫米，近黑色，具光泽。

产西畴、富宁、麻栗坡，生于海拔700—1600米的石灰岩开阔灌丛中。分布于广西、贵州。

4.臭檀　图269

Euodia daniellii（Benn.）Hemsl.（1886）

落叶乔木，高达15米，胸径约20厘米。枝灰色或灰褐色。奇数羽状复叶，连叶柄长15—30厘米，叶轴浑圆，通常被贴伏微毛；小叶5—11，卵状圆形至长圆状卵形，长4—13厘米，宽3—6厘米，先端短尖或为长渐尖，基部近圆形或宽楔形，两侧常偏斜，薄纸质，

图267　石山吴萸和无腺吴萸

1—6.石山吴萸 *Euodia calcicola* Huang

1.花枝　2.雄花　3.去掉花瓣的雄花（示各部花器官）　4.果实

5.种子　6.叶下面基部（示中脉的毛被）

7—9.无腺吴萸 *Euodia impellucida* Hand.-Mazz.

7.果枝　8.种子　9.叶下面基部

图268　棱子吴萸和吴茱萸

1—4.棱子吴萸 *Euodia subtrigonos perma* Huang

1.花枝　2.花外形　3.果　4.具棱脊的种子

5—8.吴茱萸 *Euodia rutaecarpa* (Juss.) Benth.

5.花枝　6.羽叶　7.花蕾　8.花

图269 大果酒饼簕和臭檀

1.大果酒饼簕 *Atalantia guillauminii*（Guill.）Swingle.果枝

2—3.臭檀 *Euodia daniellii*（Benn.）Hemsl.

2.果枝 3.果（放大）

叶缘有不明显的圆锯齿，上面深绿色，下面青色，在脉上具稀疏长毛或因脱落而变无毛，但在中脉上与侧脉间通常集生成簇；小叶柄长1—4毫米，叶轴顶端一片小叶叶柄长达3厘米。聚伞圆锥花序顶生，花序轴与花梗被短绒毛；苞片对生，叶片状或鳞片状；花常为5数，白色；萼5深裂，稀为4裂，广卵形，长约1毫米；花瓣5，稀为4，长圆形，长2—3.5毫米；雄花花瓣内面被疏柔毛，雄蕊5，花丝中部以下被长柔毛，退化子房圆柱形，5或4浅裂，密被毛；雌花的花瓣内面密被长柔毛，退化雄蕊长约1毫米或更长，子房球形，上部较宽幼时被短毛后脱落变无毛，花柱短，柱头头状，成熟心皮4—5，紫红色，有腺点。分果瓣长6—7毫米，有明显的喙状尖，长2—3.5毫米，外果皮及内果皮被微柔毛，每分果瓣有2种子，长3—4毫米，厚2—2.5毫米黑色，有光亮。

产麻栗坡、德钦、丽江，生于海拔1600米的开阔灌丛中。分布河北、辽宁、山东、河南、山西、陕西、甘肃、湖北、四川，而以秦岭为中心；朝鲜及日本也有。

木材淡黄色，心、边材略明显、有光泽，纹理美丽，木材坚硬，可作耙犁、农具及细木工用材；果实药用。

5.长喙吴萸　图270

Euodia vestita W. W. Smith.（1917）

乔木，高达20米，胸径达20厘米。树皮淡褐色。当年生枝密被灰色绒毛，二年生枝无毛；芽密被棕色绒毛。奇数羽状复叶，连叶柄长20—35厘米，叶轴浑圆，被短柔毛至几无毛；小叶5—9，对生，长圆状披针形，长8—16厘米，宽3—6厘米，先端长渐尖，基部宽楔形，两侧稍不等称，纸质，边缘有不明显的圆锯齿，上面中脉略被柔毛或无毛，下面密被长绒毛，侧脉12—16对，小叶柄长5—8毫米，叶轴顶端的一片小叶柄长3—4厘米。顶生聚伞圆锥果序呈塔形，长8—10厘米，宽10—18厘米，果序轴及果梗几无毛，成熟心皮4—5，暗紫色。分果瓣长6—8毫米，先端的喙状尖长2.5—3.5毫米，每分果瓣有2种子；种子卵状球形，长2—3毫米，黑色发亮。

产贡山、德钦、福贡、丽江，生于海拔2500—3000米地带。四川西南部有分布。

6.山吴萸　牛绉树、吴茱萸、五出味（普洱）、黄皮（西畴）图271

Euodia trichotoma（Lour.）Pierre（1893）

小乔木，高达20米；树皮灰色至灰褐色。枝条淡紫褐色，当年生枝被微毛后变无毛；芽无鳞片，被淡紫褐色柔毛。羽状复叶，长15—30厘米，叶轴略具棱；小叶7—9，稀5—11，长圆形至卵状长圆形，长6—15厘米，宽2.5—6.5厘米，先端渐尖，基部楔尖，全缘，纸质，具透明腺点，干后通常呈黑褐色；小叶柄长4—8毫米，叶轴顶端的一片其柄长约1.5厘米。聚伞圆锥花序，顶生，长可达25厘米，宽可达30厘米；苞片对生，生于花轴基部的较大，花轴及花梗均被短柔毛；花4基数，白色略带黄色；萼片4，与花瓣互生，卵状三角形，长约1毫米，外面被短毛，边缘具睫毛；花瓣4，长圆形，先端披尖，长3—3.5毫米，宽约1.5毫米，两面几无毛；雄蕊4，长6毫米，花丝中下部被疏毛，针状，花药椭圆形；雄花退化子房圆锥形，几与花瓣等长，先端4条裂；雌花的退化雄蕊鳞片状，长及1毫米；子房球形，无毛，花柱较子房短，柱头头状。成熟心皮1—4，红褐色，干后外果皮起皱，腺

图270 云南吴萸和长喙吴萸

1—3.云南吴萸 *Euodia balansae* Dode

1.果枝 2.子房 3.花

4—5.长喙吴萸 *Euodia vestita* W. W. Smith.

4.果枝 5.果实（正面）

图271 华南吴萸和山吴芋

1—4.华南吴萸 *Euodia austrosinensis* Hand.-Mazz.

1.花枝 2.花 3.种子 4.一部分果序

5—8.山吴芋 *Euodia trichoioma*（Lour.）Pierre

5.果枝 6.花瓣 7.雄蕊 8.雌蕊

点甚多，常为黑褐色。种子卵状球形，长5—6毫米，厚约5毫米，黑色、具光泽。花期4—5月；果期8—9月。

产勐腊、景洪、勐海、普洱、元江、江城、绿春、元阳、红河、金平、屏边、河口、马关、麻栗坡、西畴、富宁、广南、砚山、陇川、芒市、双江、耿马、孟连、镇康、临沧、威信、大关，生于海拔700—2700米的溪涧两岸湿润丛林中。分布于海南、广东、广西、贵州；越南中北部也有。

果药用，治腹泻、胃痛；叶外敷治麻疹、湿疹及关节炎。

6a.毛山吴萸（变种）

Euodia trichotoma（Lour.）Pierre var. pubescens Huang（1978）

产楚雄、元江、屏边、富宁、景东，生于海拔350—2200米溪边及沟谷杂木林中，高可达8米。广西隆林有分布。

7.吴茱萸（神农本草） 山茱萸（屏边）图268

Euodia rutaecarpa（Juss.）Benth.（1861）

Boymia rutaecarpa Juss.（1825）

小乔木或灌木，高达5米。小枝暗褐色，幼时被毛，其后脱落，有圆形或长圆形而细小的皮孔及纵皱纹；芽裸露，密被褐色长绒毛。奇数羽状复叶，连叶柄长20—45厘米，叶轴浑圆或具有棱纹；小叶5—9，对生或有时互生，椭圆形至卵形，长6—15厘米，宽3—7厘米，先端骤狭短尖或急尖，基部宽楔形至圆形，全缘，纸质，上面深绿色，脉上密被柔毛，下面青色，密被长柔毛，脉上更明显，腺点大而明显；小叶柄长2—5毫米。聚伞圆锥花序，顶生，花序轴粗壮，密被淡黄褐色柔毛，苞片对生，狭披针形或鳞片状；花5基数，黄白色；萼片广卵形，细小，长约1毫米，密被短柔毛；花瓣长圆形，长4—6毫米，先端尖，直径1.2厘米，有明显的腺点，内面被长柔毛，退化雄蕊鳞片状。蓇葖果紫红色，内果皮近木质；外果皮有粗大腺点，顶端无喙，有2种子，上下叠生，具有1—2棱肋，呈三角形，长3—4毫米，栗棕色，具有光泽。

产全省各地，生于海拔700—2500（2900）米的疏林及林缘旷地，也常见栽培。分布于长江流域及南部各地，西藏（墨脱）也有。

果、叶、根、茎及皮均可入药，但一般都用幼果，据说幼果的药效最大。果含吴茱萸精 $C_{12}H_{17}N_3O$。李时珍《本草纲目》记载"陈久者良"。多用作治心气痛和腹痛。

8.华南吴萸 红花树（植物名实图考）、泡椿、野树胶（河口）、考胆（屏边）图271

Euodia austrosinensis Hand.-Mazz.（1934）

落叶乔木，高达20米，当年生枝密被暗褐色或深黄色绒毛，二年生枝近无毛，具细小、密生而凸起的皮孔；裸芽被锈色绒毛。羽状复叶对生，连叶柄长15—35厘米，叶柄长4—8厘米，叶轴均密被褐色微绒毛；小叶7—9（11），通常对生，卵形或卵状披针形，生于叶轴上部的较大，长6—12厘米，宽3.5—7厘米，先端短渐尖，基部宽楔形至近圆形，略偏斜，全缘或为浅波状，纸质，干后上面暗褐色，下面灰褐色，密被灰白色的短柔毛，在叶脉上尤为稠密，密生极细小的白色鳞片状凸体及少数棕色腺点，小叶柄长2—4毫米。聚伞圆锥花序，顶生，长10—16厘米，宽12—18厘米，花序轴及花梗密被褐色或深黄色绒毛及纤毛；花淡黄色，长3毫米；萼片5，卵状三角形，长宽约0.5毫米，被疏柔毛；花瓣5，近于披针形，长约3毫米，两面均被疏柔毛；雄蕊5，花丝线形，中部以下被长柔毛，花药箭头形；心皮2—5，直径4—6毫米，稀更大，内果皮薄革质，每分果瓣有1种子。种子黑褐，具光泽，卵状球形，长约2毫米，厚不及2毫米，腹面略扁平。花期4—6月，果期9—11月。

产西畴、麻栗坡、屏边、河口、西双版纳、沧源、元阳、绿春及贡山，生于海拔240—1800米的混交林中。分布于广东、广西；越南也有。

果入药，治心痛、滞气、疟疾；果含芳香油。西双版纳傣族菜市上出售果实，作香料佐食用。

9.檫树　图272

Euodia meliaefolia（Hance）Benth.（1861）

乔木，高达20米，胸径达60厘米。树皮暗灰色或灰褐色，皮孔明显，凸出。小枝浑圆，无毛，幼时略被短柔毛至几无毛。叶对生，叶轴浑圆，无毛，小叶5—11，卵状长圆形、披针形或卵形，长5—15厘米，宽2—5厘米，先端长渐尖或为长的尾状尖，基部楔尖，两侧不等而偏斜；小叶柄长4—15毫米，边缘常为浅波状，稀全缘，厚纸质，两面绿色，干后暗苍褐色，下面有时微带白粉，均无毛；叶脉两面浮突。顶生聚伞圆锥花序，长8—14厘米，宽10—26厘米；苞片细小而早落；花序轴被稀疏的短柔毛，雄花的雄蕊5，伸出花瓣外，长5—6毫米，花丝线形，中部以下具长柔毛，花药广椭圆形，长约1.5毫米，退化子房长圆柱形，长2—3毫米，顶端4深裂；雌花花瓣较大，白色，退化雄蕊鳞片状，不易看见，子房球形，无毛，花柱长不及0.5毫米，柱头头状，成熟心皮5，稀3—4，紫红色，表面常呈网状皱褶。每分果瓣有1种子；种子卵状球形，长约3.5毫米或稍大，厚2.5—3毫米，黑色，有光泽。

产砚山，生于海拔500—1300米溪涧两岸丛林中及村庄附近路边湿润处。分布于广东、广西、海南、福建。

10.臭辣树　图272

Euodia fargesii Dode（1908）

乔木，高达20米，树皮暗灰色。小枝淡紫褐色，具有圆形及长圆形的皮孔。奇数羽状复叶，长20—30厘米，小叶通常7—9，稀为5或11，椭圆状披针形或为卵状长圆形至镰刀形，长6—13厘米，宽2—6厘米，先端长渐尖，稀短尖。基部楔尖或短尖，常偏斜，上面深绿色，下面灰白色，干后苍青色或暗褐色，上面中脉及侧脉有时被疏毛，下面沿中脉两侧被长柔毛，尤其在脉腋间更明显并密生成簇，叶缘有不明显的锯齿；小叶柄长2—6毫米，其叶轴中间一片长达3厘米。聚伞圆锥花序顶生，长6—12厘米，宽10—16厘米或更宽，花序轴及花梗被疏柔毛；苞片对生，呈小叶片状；花5基数；萼片卵形，长约1毫米；花瓣长圆形，白色，长2—3毫米，内面被短柔毛；雄花的雄蕊5，长5—6毫米，花丝中部以下被长

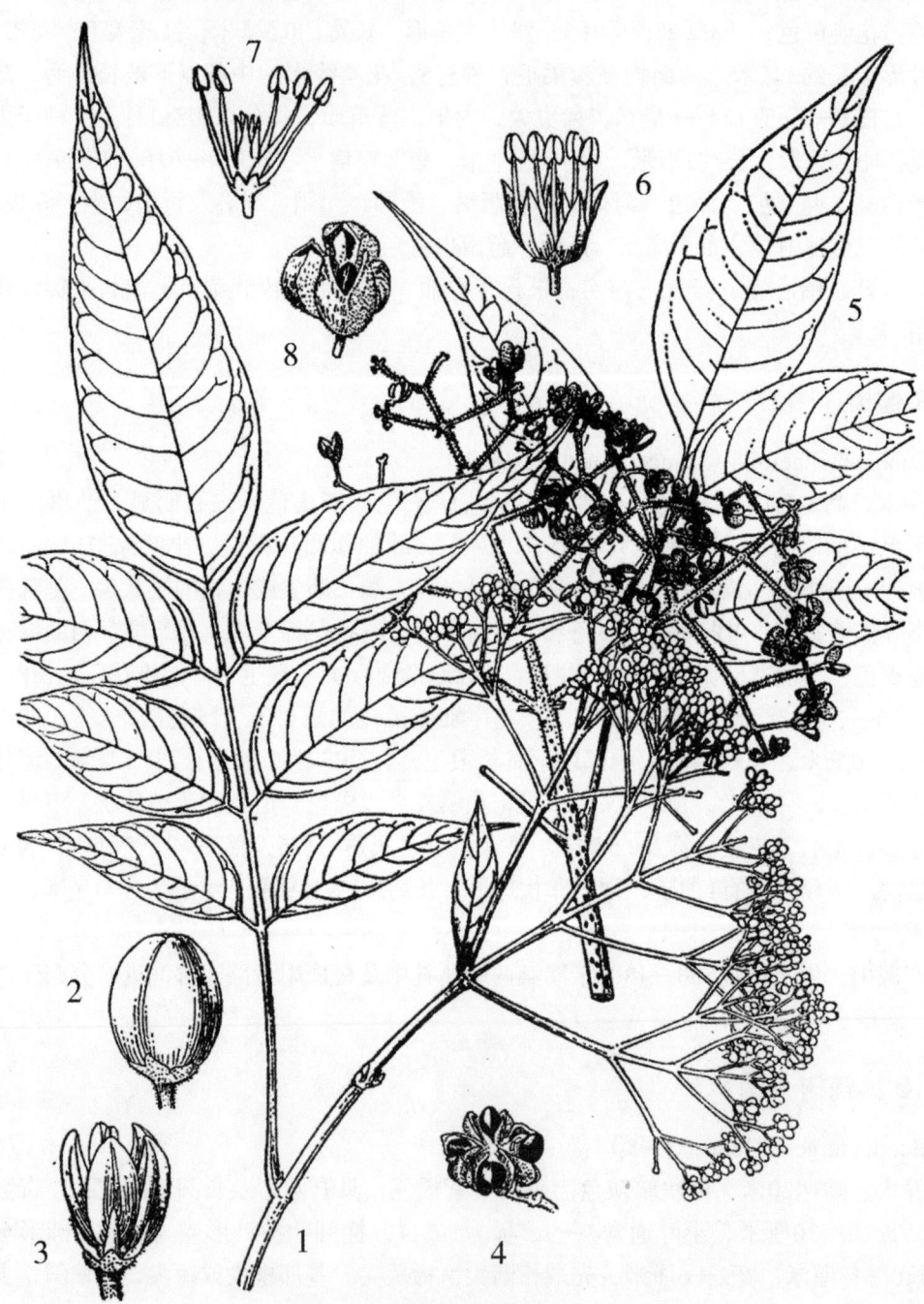

图272 檫树和臭辣树

1—4.檫树 *Euodia meliaefolia*（Hance）Benth.

1.花枝　2.雄花蕾　3.去掉花瓣的雄花　4.果

5—8.臭辣树 *Euodia fargesii* Dode

5.果枝　6.雄花　7.去掉花瓣的雄花　8.果

柔毛；雌花的退化雄蕊极小，子房近球形，无毛，花柱短小，长约0.5毫米，成熟心皮4—5，红色或紫红色，开裂后其心皮断面上被短微柔毛。每分果瓣有1种子；种子卵状球形，长约3毫米，厚约2.5毫米，黑色，有光泽。

产贡山及景东，生于海拔800—2300米的山脊向阳坡地上及村庄路旁。分布于四川、湖北、江西、广西、广东、贵州。

11.云南吴萸　图270

Euodia balansae Dode（1908）

乔木，高达10米，胸径达25厘米。树皮暗灰色，有圆形皮孔。当年生枝被柔毛。奇数羽状复叶，长15—30厘米，小叶对生，长圆形或卵状长圆形或披针形，长5—12厘米，宽2—5厘米，先端渐尖或骤狭长渐尖，基部宽楔形，常偏斜，叶缘具细圆锯齿或全缘，纸质，具柄，小叶柄长3—10毫米，中脉及侧脉被柔毛。聚伞圆锥花序顶生，长10—14厘米，宽14—20厘米，密被疏长柔毛；萼片5，广卵形，长约0.5毫米，外面被微毛；花瓣5，白色，长圆形或长圆状卵形，先端尖，长3—4毫米，宽1.5—2毫米，内面被长柔毛，雄花的雄蕊较化瓣长，花丝中部以卜被长柔毛，退化子房上部密被疏柔毛；雌花的花瓣较宽，退化雄蕊极短，子房无毛。果红绿色，星芒状，有腺点，成熟的心皮通常4，稀5或3，外果皮表面被微柔毛，每室具1种子；种子卵状球形，长约4毫米，厚约3毫米，黑色，具光泽。

产景洪、勐海、勐腊、屏边、富宁，生于海拔620—1630米的箐沟密林湿润处。

12.单叶吴萸　"哄南旺"（傣语）、"笃恩囡"（孟连傣语）图273

Euodia simplicifolia Ridl.（1908）

直立灌木，高达1.2米。小枝灰色或紫褐色、浑圆，初时顶部两侧压扁、无毛。叶为单身复叶，交互对生或有时为不严整的对生，纸质，长圆形或长椭圆形，长6—15厘米，宽2.5—5厘米，先端短急尖，基部楔形，全缘或为浅波状；叶柄长0.8—3.5厘米。聚伞花序腋生，花序轴被稀短柔毛；苞片微小，钻形，被短柔毛；花萼裂片4，广卵形，长约1毫米，外面被柔毛；花瓣4，白色，通常有2片较宽，长圆形，长约2毫米，两端钝；退化雄蕊4，长约1毫米，花丝钻形，基部增宽，花药卵状椭圆形；子房扁圆形，无毛，花柱圆柱形，柱头头状。成熟心皮通常4—3，花瓣及萼片常宿存；外果皮薄革质；种子卵状球形，长约4毫米，厚约3毫米，蓝黑色，有光泽。花期4—5月，果期9—11月。

产普洱、景洪、勐腊、勐海、澜沧、孟连，生于海拔650—1600米的低山及中山密林湿润处及灌丛中。马来西亚、柬埔寨、老挝有分布。

枝、叶提芳香油。

12a.毛单叶吴萸（变种）图273

Euidua sunoku cufikua var. pubescens Huang（1978）

本变种与正种不同处在于嫩枝、叶柄均密被长柔毛，中脉及侧脉也被柔毛。

产勐腊，生于海拔550米低山山坡的丛林中。

图273　毛单叶吴萸和单叶吴萸

1.毛单叶吴萸 *Euodia simplicifolia* Ridl. var. *pubescens* Huang 果枝

2—4.单叶吴萸 *Euodia simplicifolia* Ridl.

2.花枝　3.花　4.果

13.三桠苦（岭南采药录） 小黄散、九节枥（保山及红河）、鸡肉树（屏边）、"狼碗"（傣语）图274

Euodia lepta（Spreng.）Merr.（1935）

小乔木或灌木，高达6米。小枝浑圆，树皮灰色或青灰色，无毛，有细长圆形的皮孔。叶为3数复叶，交互对生；叶柄长3—11厘米，基部稍膨大；小叶长圆形至椭圆形，长6—14厘米，宽2—6厘米，先端渐狭尖而钝头，基部楔形或近圆形，纸质，全缘或为不规则的浅波状，上面深绿色，下面青色，干后苍青或褐青色，两面稀为同色，不被毛，小叶柄长1—4毫米。伞房圆锥花序，生于顶枝下部的叶腋内，花序比叶短或等长，花序轴及花梗初时被短柔毛，花后毛渐脱落，花密集，白色，微芳香；花萼4深裂，广卵形，外面被毛，长宽约0.5毫米；花瓣4，卵状圆形至长圆形，长、宽1.5—2毫米，有腺点，干后黑色，花梗长1—1.5毫米；雄花的雄蕊4—5，与花瓣互生，长3毫米，远露于花瓣之外，退化子房短小，上下压扁，被毛；雌花的退化雄蕊4，较花瓣短，花药不育，花柱与子房等长或稍短，柱头为增大的头状；成熟心皮2—3，稀为1或4。外果皮暗黄褐色至微红棕色，薄膜质，干时内卷与内果皮分离，腺点透明可见；种子卵状球形，长约3毫米，厚约2.5毫米，蓝黑色，具光泽。花期在早春至初夏。

产景洪、勐腊、勐海、普洱、景东、景谷、红河、元阳、西畴、麻栗坡、文山、马关、富宁、砚山、瑞丽、陇川、芒市、腾冲、龙陵、盈江、梁河、西盟、孟连、临沧、双江、耿马、金平、屏边、蒙自、河口等地，生于海拔80—500（1700）米的丘陵或平地上，常见于林缘灌丛中，分布于台湾、福建、海南、广东、广西；马来西亚、印度、缅甸、越南、菲律宾也有。

根和叶药用，有清热解毒，消炎止痛之效，可预防流脑、流感，治肺肿痛、风湿痛、虫蛇咬伤、跌打及各种炎症。

13a.扁枝三桠苦（变种）图274

var. cambodiana（Pierre）Huang（1957）

本变种与正种不同点在于幼枝的顶部及近节处明显的扁平；叶具长柄，小叶具短柄，纸质，干后两面同色；花瓣广椭圆形，花柱及子房通常被疏柔毛。

产河口、屏边、西畴、麻栗坡、盈江、瑞丽、勐腊、景洪等地，生于海拔500—1600米的丘陵或平地、灌丛、密林中。柬埔寨北部也有分布。

4.飞龙掌血属 Toddalia A. Juss.

有刺、木质藤本。叶互生，三小叶复叶。花小、单性，排成腋生或顶生的圆锥花序；萼4—5裂，花瓣4—5，芽时稍覆瓦状排列；雄蕊4—5；雌蕊由8—4合生心皮组成，每室有叠生胚珠2。果为肉质小核果，大如豌豆。

本属1种，分布于热带非洲至亚洲。我国西南部至东南部极常见，云南有分布。

图274 三桠苦和扁枝三桠苦

1—4.三桠苦 *Euodia lepta*（Spreng.）Merr.

1.果枝 2.花 3.去掉花瓣之雌花 4.去掉花瓣的雄花

5—7.扁枝三桠苦 *Euodia lepta* var. *cambodiana*（Pierre）Huang

5.花枝 6.去掉花瓣之雄花 7.去掉花瓣的雌花

飞龙掌血　图275

Toddalia asiatica（L.）Lam.（1793）

木质藤本，常为蔓生。小枝具皮孔，常有斜向下弯的皮刺。叶掌状3小叶；具柄，但小叶无柄；叶倒卵形、倒卵状长圆形或长圆形，长5—9厘米，宽2—2.5厘米，先端尾状尖或急尖而钝头，基部楔形，纸质或近革质，叶脉在边缘网结，叶缘有细钝锯齿。圆锥花序腋生或顶生，花白色或淡黄色；萼片5—4，卵形，先端尖，长不及1毫米，边缘被短缘毛；花瓣5—4，长圆形或卵形，先端尖，长2.5—3.5毫米，幼时外面被短微柔毛；雄花成伞房状圆锥花序，腋生，雄蕊5—4，较花瓣长，花丝线形，通常由上而下逐渐增广而压扁，花药广椭圆形；雌花集生为聚伞花序，花少，不育雄蕊5—4，子房被毛。果直径可达12毫米，橘黄至朱红色，具腺点，果皮肉质，表面平滑，有3—5微凸起的肋纹，5—6室，每室通常有1种子，种子肾形，长5—6毫米，宽约4毫米，厚约2.5毫米，种皮软骨皮，黑色，甚光亮。

花期较长，通常在10—12月。

产全省各地，生于海拔600—2500米的山坡、路旁、灌丛或疏林中。在我国最西北见于陕西南部，南部及中部各省区最常见，直至东南沿海各省均产。

5. 黄檗属　Phellodendron Rupr.

无刺落叶乔木；树皮厚，内皮常淡黄色，木栓有时发达。嫩枝常有细小的皮孔；侧芽密被锈色茸毛，为叶基所包被。叶为对生奇数羽状复叶；小叶对生，5—13，揉之有香味，卵形至狭披针形，边缘常具疏齿，具透明腺点；小叶具短柄。花单性；雌雄异株，淡黄色，组成顶生聚伞圆锥花序或伞房圆锥花序；萼片5，卵形，外面常被毛；花瓣5，覆瓦状排列，内面常被毛；雄花的雄蕊5，较花瓣长，着生在花盘四周，花丝线形，常在两侧被毛，花药大，椭圆形，背着，内向，药囊纵裂，药隔顶端有突尖体，退化雌蕊细小，钻形；雌花的退化雄蕊小，呈鳞片状，子房5室，具短柄，每室有1悬垂胚珠，花柱基短而粗，柱头头状，5浅裂。果为一浆果状核果，黑色，嘴尖，有5个小核；种子卵状长圆形，外种皮半透明的软骨质，内种皮黑色，厚骨质，胚乳薄，子叶长圆形而扁，胚直。

本属12种，分布于东亚。我国东有2种2变种；云南均产。

分 种 检 索 表

1.叶轴腹面被毛，小叶柄及小叶上面中脉，下面沿中脉两侧或全面被毛 ……………………………………………………………………… 1.黄皮树 P. chinense

1.叶轴无毛，小叶柄及小叶通常无毛，稀在小叶柄上面或小叶下面中脉基部两侧被疏毛。

　2.小叶常为镰刀状狭披针形，两侧甚不对称；果倒卵状长圆形；果稀疏 …………………………………………………………… 1a.镰刀叶黄檗 P. chinense var. falcatum

　2.小叶广卵圆形至长卵形，两侧近对称，果甚密 …………………………………………………………… 1b.秃净黄皮树 P. chinense var. glabriusculms

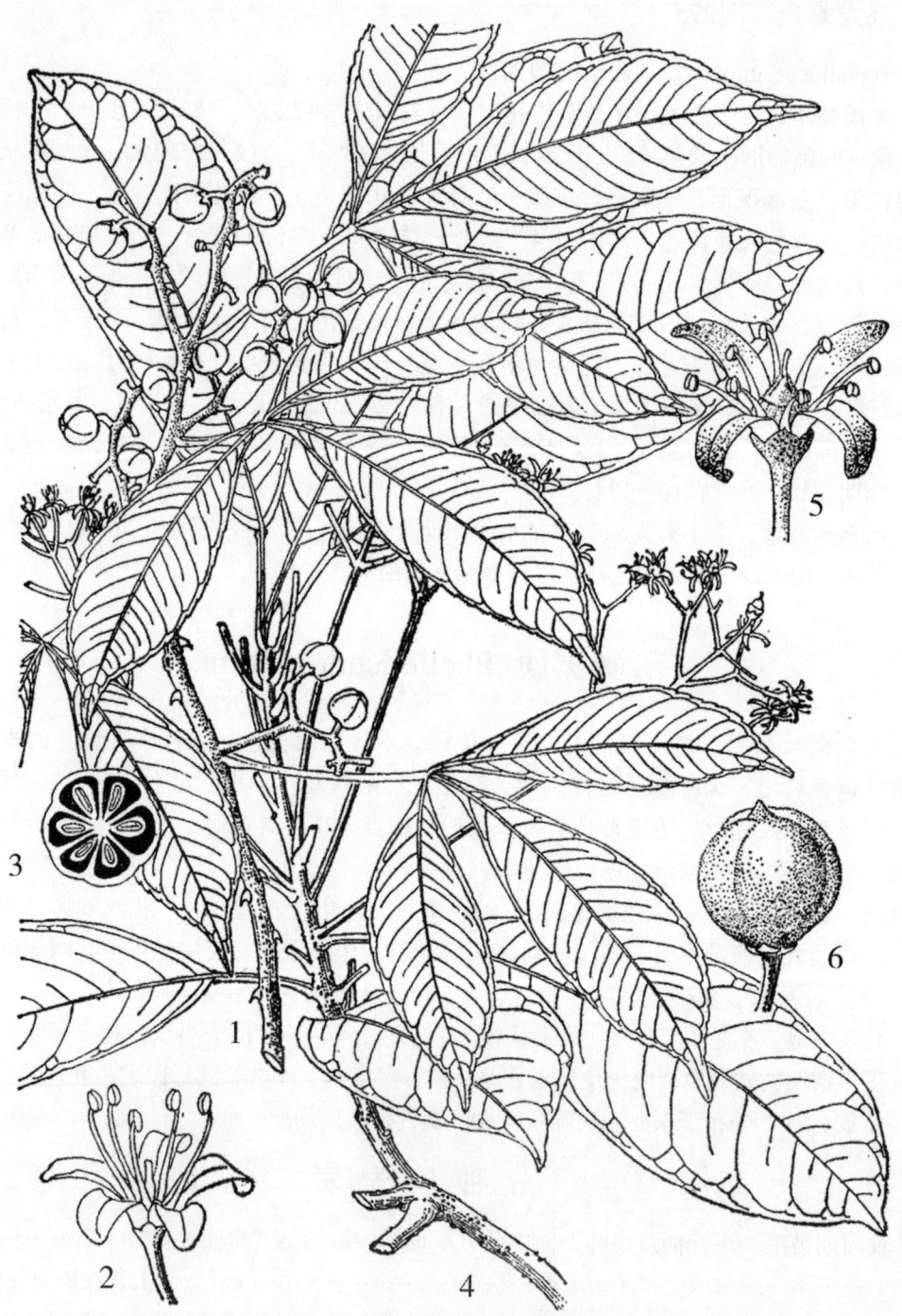

图275 飞龙掌血和降真香

1—3.飞龙掌血 *Toddalia asiatica*（L.）Lam.

1.果枝　2.花　3.果横切面示子房室数

4—6.降真香 *Acronychia pedunculata* Linn. Miq.

4.花枝　5.花　6.果

1.黄皮树 黄檗（云南种子植物名录）、黄柏皮（维西）、灰皮树（大关）图276

Phellodendron chinense Schneid.（1907）

落叶乔木，高达12米。树皮暗灰棕色。小枝紫褐色，粗大。叶轴及叶柄粗大，小叶通常7—13，披针状长圆形至披针状卵形，长（7）9—15厘米，宽3—5厘米，先端渐尖，基部宽楔形，两侧边缘近平行，上面暗黄绿色，仅中脉密被短毛，下面浅绿色密被长软毛；小叶柄长2—3毫米。花序密生细毛，组成密生圆锥状，长5—6厘米。果轴及果枝粗大，常密被短毛，果密集成团，球形，直径1—1.5厘米，黑色，有5—6分核。

产维西、丽江，生于海拔2700—3500米的林中。四川、陕西、湖北等地常栽培。

树皮治疮毒及作凉药；用盐炒可补神，用酒炒治疮；内服治肝炎、口腔炎、痢疾；外洗痔疮、无名肿毒。

营林技术见镰叶黄檗树。

1a.镰叶黄皮树（变种） 黄皮树（镇雄）

var. falcatum Huang（1958）

产大关、镇雄、威信、绥江，生于海拔1400—2100米的河谷、溪流阴凉山坡的杂木林内。四川有分布。

1b.秃净黄皮树（变种）图276

var. glabriusculum Schneid.（1907）

本变种与种的区别在于叶轴及叶柄均无毛，小叶卵形，长6—8.5厘米，宽3—4.5厘米，先端渐尖或骤狭的渐尖，基部圆或为偏斜的宽楔形，叶近革质，两面无毛，叶缘有极少的缘毛；花序大而疏散；总果梗及果梗较粗大，结果时果序长达14厘米，宽11厘米，果甚多。

产西畴法斗，生于海拔1450米的石灰岩密林中。

6.香肉果属 Casimiroa La Llave

有刺常绿乔木或灌木。叶互生，指状3—7小叶，稀为单小叶，革质，具透明腺点。花两性，细小，排成腋生或顶生的圆锥花序或伞房花序；花萼小，5深裂，花瓣5；雄蕊5；子房通常5裂，每室有1胚珠。浆果状核果，近球形，具2—5种子。

本属6种，原产墨西哥及美洲。我国引入栽培1种。

香肉果 美洲柑 图264

Casimiroa edulis L. Lave et Lex

乔木，高达8米。树皮具灰色腊质皮孔。叶互生，指状3—5（7）小叶；小叶革质，具透明腺点，卵状圆形至倒卵形或披针形，长5—10厘米，宽1.5—4.5厘米，先端尖而钝头，基部楔形，两面沿脉具稀疏微毛，叶全缘或具稀疏细齿，叶脉在下面凸起，小叶柄长0.5—

图276 黄皮树和秃净黄皮树

1—5.黄皮树 *Phellodendron chinense* Schneid.

1.果枝 2.花 3.花冠展开 4.雄蕊 5.叶下面基部

6—7.秃净黄皮树 *Phellodendron chinense* var. *glabriusculum* Schneid.

6.果枝 7.叶下面基部

1厘米，具微柔毛。圆锥花序生于短枝顶部，长3.5—7厘米，花序梗及花梗均疏被微柔毛；花萼裂片4—5，三角形，长不及1毫米；花瓣4—5，近长圆形，与花萼互生，花瓣内面被疏柔毛，长5—6毫米，宽2—2.5毫米；雄蕊5，钻形，与花瓣近等长；子房近球形，黑色，柱头平贴于子房顶部，4—5浅裂，5室，每室有1胚珠。果球形，绿色，具香味，可食，味酸甜；种子扁平，肾形。

栽培于勐腊、瑞丽。原产墨西哥及美洲。

7. 降真香属 Acronychia Forst.

乔木或灌木。幼芽常被毛。叶对生或互生，单小叶或5数复叶；叶柄基部常增大为叶枕。聚伞花序腋生，常生于枝的近顶部；花杂性或两性，4基数，具梗。有细小的苞片，萼4裂，基部合生至中部，近卵形，无毛；花瓣4，广展而稍外卷，线形或卵状长圆形，近于覆瓦状排列，内面被毛或否；雄蕊8，着生于细小花盘基部四周，二轮与花瓣互生，花丝线形，中部以下的两侧边缘常被毛，花药广椭圆形；子房4室，被毛或否，花柱棒状，柱头较花柱略广，每室有1—2胚珠。核果近球形，黄色，4室，每室有1—2种子；种子有肉质胚乳，种皮黑色。

本属约50种。分布于亚洲、澳洲热带、亚热带地区。我国有2种；云南产1种。

降真香（名医别录）　山油柑　图275

Acronychia pedunculata（L.）Miq.（1861）

Jambolifera pedunculata Linn.（1753）

乔木，高达10米。单小叶对生，有时互生，长圆形至长椭圆形，长4—17厘米，宽3—8厘米，两端狭尖，先端略圆或钝而微凹，纸质，青绿色，全缘，网脉在两面浮凸；叶柄长1—3.5厘米。花白色，花梗长4—8毫米，被微柔毛，萼片长0.6—0.8毫米，近圆形；花瓣线形或狭长圆形，具油腺，两侧边缘内卷，长约6毫米，近基部内面密被毛；花丝中部以下两侧边缘被毛；子房密被柔毛，花柱细长。果绿色至黄色，球形，果皮平滑，具油腺，被柔毛，顶端常短喙尖，果柄长5—7毫米，萼宿存。花期5月。

产普洱、勐腊、景洪、勐海、沧源、耿马、双江、澜沧，生于海拔500—1600米的疏林或密林中。分布于我国南部各省；印度、缅甸、马来西亚、菲律宾、越南也有。

果入药，助消化；叶治感冒咳嗽；根止血镇痛；果可食。

8. 茵芋属 Skimmia Thunb.

常绿灌木或乔木。叶互生，单叶，全缘，有腺点。花单性、两性或杂性，白色，排成圆锥花序，顶生，具苞片，花辐射对称或略呈两侧对称，4—5数；花瓣4—5，为萼片长的2—4倍，覆瓦状排列，具腺点；雄蕊4—5插生于子房基部四周；雌花的退化雄蕊较子房短；杂性花的发育雄蕊多少有早熟性，花柱圆柱形，柱头为增大的头状，极不明显的4—5浅裂；子房近球形，2—5室，每室有1悬垂胚珠；雄花的退化雌蕊略伸长成棒状或稍微凸起，顶端2—4裂，稀不裂。浆果状核果球形至长圆形，红色至紫黑色，有2—5核，核瓣软骨质；种子有肉质胚乳，子叶略呈扁平的长圆形。

本属7—8种，分布于喜马拉雅至日本。我国有3—4种；云南产2种，1亚种。

分 种 检 索 表

1.果紫黑色，近球形或球形。

  2.叶纸质，侧脉约8对；果有分核2—3，雄花的退化雌蕊先端3叉裂；花瓣不反折 ……… …………………………………………………………………… 1.乔木茵芋 S. arborescens

  2.叶革质至厚革质，侧脉12对以上，有分核3—5，雄花的退化雌蕊长棒状，花瓣反折 … ………………………………………………… 3.多脉茵芋 S. laureola ssp. multinervia

1.果红色，球形、长球形或倒卵形 …………………………… 2.茵芋 S. reevesiana

1.乔木茵芋　图277

Skimmia arborescens T. Andors. ex Gamble（1916）

小乔木，高达7米。分枝密，小枝粗大，灰青色，无毛，常具有清晰的皮孔。叶互生，常集生于枝顶，长圆形或倒披针形，长7—18厘米，宽3—7厘米，先端长渐尖或短渐尖，基部楔尖或渐狭的长尖，两面无毛，全缘，干后表面中脉微凸，侧脉明显，叶柄长1.5—2厘米。聚伞圆锥花序，长2—4厘米，花序轴被微柔毛；苞片及小苞片卵形，长约1.5毫米，宽1.1毫米，具短缘毛；花瓣5，白色转淡黄色；萼片5，卵形，长1.5—2厘米，宽1.5厘米，先端略尖，具短缘毛；花瓣5。倒卵形或倒卵状长圆形，长4—5毫米，先端圆或钝；雄蕊较花瓣长，花丝线形，花药广椭圆形；两性花的雄蕊比花瓣略短；雌花的不育雄蕊比花瓣短，子房近球形，花柱短，长约1毫米，柱头增广。果黑色，近球形，直径约6—8毫米，通常3室，有软骨质分核1—3。花期4—6月；果期10月。

产贡山、福贡、德钦、香格里拉、维西、丽江、鹤庆、宾川、洱源、兰坪、云龙、腾冲、保山、盈江、屏边、金平、文山、麻栗坡、富宁、广南，生于海拔1200—2900（3500）米的阔叶林下沟谷湿润处。分布于广东、广西。

2.茵芋（神农本草经）　黄山桂（上海花圃）图278

Skimmia reevesiana Fort（1852）

灌木，高达2米，分枝密。叶常集生于枝顶，狭长圆形或长圆形，两端渐尖，稀为卵状长圆形，长7—11厘米，宽2—3厘米，全缘，有时沿中部以上有疏离而浅裂的缺刻，中脉在叶上面浮凸且密被微柔毛，有腺点，具短柄，长4—7毫米，有时为浅红色。花白色后转淡黄色，芳香，常为两性，5基数，顶生圆锥花序，花序轴粗大，被微柔毛；苞片细小，卵形；萼片广卵形，具缘毛；花瓣长圆形至卵状长圆形，长3—5毫米，先端圆或钝；雄蕊与花瓣等长或较长，花丝线形，花药广椭圆形；子房近球形，柱头头状，4—5室。果长圆形至卵状长圆形或倒卵状长圆形，长10—15毫米，粗8—11毫米，红色，2—5室，有分核2—3，分核近三角形，长约8毫米，有宿存萼片。

产镇雄、彝良，生于海拔800—1600米林中。分布于东南沿海各省、两广北部、贵州东

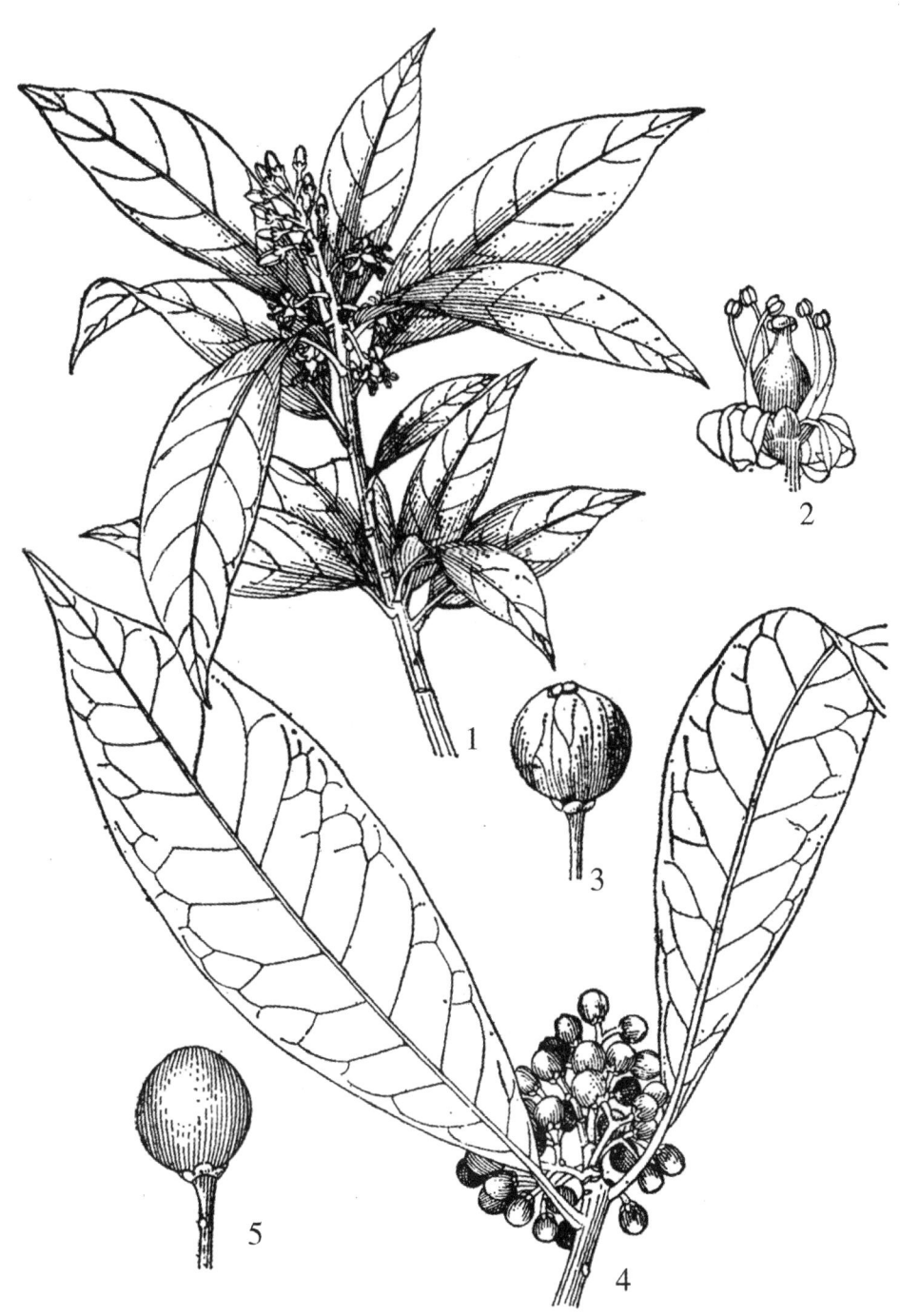

图277 乔木茵芋和多脉茵芋

1—3.乔木茵芋 *Skimmia arborescens* T. Andors. ex Gamble

1.花枝　2.花　3.果

4—5.多脉茵芋 *Skimmia laureola*（DC.）Sieb. & Zucc. ex Walp.

ssp. *multinervia*（Huang.）N. P. Taylor

4.果枝　5.果

图278 茵芋和三叶木橘

1—4.茵芋 *Skimmia reevesiana* Fort

1.枝花 2.花 3.花萼与子房 4.一段果序

5.三叶木橘 *Aegle marmelos*（Linn.）Corr.果枝

部及湖北中部。

3.多脉茵芋（亚种）图277

Skimmia laureola（DC.）Sieb. & Zucc. ex Walp. ssp. multinervia（Huang）N. P. Taylor
（1982）

Skimmia laureola DC.（1824）

Skimmia multinervia Huang（1958）

常绿乔木，高达13米。小枝粗大，淡灰青色，老枝苍灰色，有少数清晰可见的皮孔。叶革质，常集生于枝顶，倒披针形至长圆状倒披针形，长8—18厘米，宽2—5厘米，先端短尖至渐尖或有时长渐尖，基部楔形，全缘，上面深绿色光亮，中脉稍凸，下面浅绿色，中脉明显凸起，两面无毛，侧脉12—18对近叶缘成弧形连接；叶柄长1—2厘米。圆锥花序顶生，长不及6厘米，有时仅2厘米，雄花、两性花异株，花密集，5基数，白色或淡黄色；苞片及小苞片卵形，长1—2厘米，具缘毛；花瓣5，明显反折，长圆形或倒卵状长圆形，长4—5毫米，宽约2毫米，具腺点；雄蕊5，花丝线形，花药卵状圆形；雄花的退化雌蕊棒状；两性花的子房近球形，5室，花柱圆筒形，长约1.5毫米，柱头为粗大的头状。果黑色，密集，近球形或为上下压扁的球形，直径6—8毫米，萼宿存，具有钦骨质的分核2—3，近三角形，长4—6毫米。

产维西、丽江、大理，生于海拔2500—3100米的常绿阔叶林下。分布于四川；阿富汗、巴基斯坦、不丹也有。

9. 小芸木属 Micromelum Bl.

无刺常绿乔木或灌木，幼嫩部分密被褐锈色绒毛。叶为奇数羽状复叶或单身复叶或3数复叶；小叶互生，具短柄，通常不被毛，叶基偏斜。花小，两性，组成大型顶生伞房状圆锥花序，或腋生于枝顶叶腋内；花萼杯状，萼片5—3，基部合生成浅杯状；花瓣5，分离，镊合状或稍覆瓦状排列，椭圆形或卵形；雄蕊10，长短相间，着生于花盘周围，花丝针状；花药细小，通常在药隔背面有1腺点或为伸长的突尖体，花柱甚短而粗，脱落，柱头稍膨大；子房2—5室，每室有2胚珠。浆果小；种子1—2卵状球形，种皮薄，有腺点，子叶肉质，卷褶，胚茎甚短。

木属10种，分布于东南亚及太平洋沿岸。我国约有2种1变种，产广东、广西、福建、台湾及海南；云南也有。

分 种 检 索 表

1.花瓣外面无毛或有毛，长3—4毫米；小叶镰刀形或披针状镰刀形，长在7厘米以内 ……………………………………………………………………………… 1.大管 M. falcatum

1.花瓣外面密被柔毛，长4毫米以上；小叶卵状披针形或近似镰刀形；长在7厘米以上。

  2.小叶上面无毛，下面无毛或初时被微柔毛；子房无毛 ……… 2.小芸木 M. integerrimum

  2.小叶上面密被微柔毛，下面密被长柔毛；子房及花瓣外面被长柔毛 ……………………

1.大管 山黄皮（耿马）图279

Micromelum falcatum（Lour.）Tanaka（1930）

Aulacia falcata Lour.（1790）

常绿小乔木，高达3米，幼枝浑圆，被扩展的短柔毛。奇数羽状复叶；小叶7—11（15），互生，镰刀状披针形，长4—7（10）厘米，宽1.8—3厘米，先端急尖、狭尖或尾状渐尖，基部偏斜，两面无毛或有时在下面被长柔毛，边缘具疏锯齿或成波状，侧脉5—7对。伞房花序几无梗或有梗、顶生；花大小不等，有香气，直径8—12毫米，花萼浅杯形，萼片三角形，长不及1毫米，花瓣5，长圆形，两端狭而钝或稍尖，长约4毫米，外面被毛，内面无毛；雄蕊10，长短相间，花丝线形，花药广椭圆形，花柱圆柱形，较子房长，柱头头状；子房被长毛，5室，每室有2胚珠，花盘短而小。浆果卵状圆形或倒卵形，长约1厘米，厚约7毫米，黄色或朱红色，表面有腺点；种子1—2，种皮膜质。花期12月至翌年3—4月；果期5月。

产普洱、景洪、勐腊、勐海、澜沧、耿马、孟连、西畴、麻栗坡、河口、元阳、绿春，生于海拔500—1200米的热带丛林及林缘。分布于海南、广东、广西；缅甸、泰国、老挝、越南、柬埔寨、马来西亚、新加坡也有。

2.小芸木 野黄皮（普洱）图279

Micromelum integerrimum（Buch.-Ham.）Roem.（1846）

Bergera integerrima Buch.-Hamilt.

乔木，高达6米。小枝浑圆，密被贴伏的短柔毛或长柔毛。奇数羽状复叶，小叶7—15，互生，卵状披针形或卵状长圆形，长7—12厘米，宽3—4厘米，先端渐尖，基部圆或不对称，上面几无毛，下面脉上有时被疏柔毛或无毛，全缘或不规则的浅波状；小叶柄长约5毫米。大型顶生伞房状圆锥花序，花枝互生，基部常有小叶；花淡白色，花梗长2—4毫米；花芽长椭圆形；花萼浅杯形，萼片三角形，长约1毫米，外面密被短柔毛；花瓣5，长圆形，先端钝或尖，长6—8毫米，宽约2毫米，外面被毛；雄蕊10，长短相间，长的约与花瓣等长；花丝线形，花药广椭圆形，花柱圆柱形，约与子房等长或稍长，柱头头状；子房被长毛，5室，每室有2胚珠，子房柄伸长，在成熟果时特别明显。浆果椭圆形或倒卵形，成熟时金黄色或朱红色，长10—12毫米，径6—8毫米，有腺点；种子1—2，种皮薄膜质。花期9月至翌年2月；果期3月至10月。

产景洪、勐腊、勐海、普洱、瑞丽、耿马、双江、腾冲、龙陵、澜沧、孟连、文山、河口、屏边、麻栗坡、西畴、富宁、广南、景东等地，生于海拔3600—1300米丛林及次生林中。分布于广东、广西、贵州；印度、孟加拉国、缅甸也有。

皮及叶可药用，治流感、疟疾；外用治跌打损伤，止血。

2a.毛叶小芸木（变种）图295

var. mollissimum Tanaka（1930）

图279 大管和小芸木

1—2.大管 *Micromelum falcatum*（Lour.）Tanaka

1.果枝 2.果

3—4.小芸木 *Micromelum integerrimum*（Buch.-Ham.）Roem.

3.花枝 4.花蕾

本变种与种的主要区别为叶上面密被微柔毛，下面密被长柔毛。

产建水、金平、河口、镇雄，生于海拔150—1500米的林缘及灌丛中。

10. 山小橘属 Glycosmis Correa

无刺常绿灌木或小乔木。叶有小叶1—5，小叶互生，全缘。花序直立，为腋生的短圆锥花序，苞片缺；花萼4—5齿裂；花瓣4—5，覆瓦状排列；雄蕊8—10，分离，插生于花盘四周；花丝针状，基部扩大，花药小，背部或顶部常有1腺体；子房2—5室，每室有1胚珠，花柱甚短，不脱落。浆果球形，有种子1—3。

本属约43—45种，分布于亚洲东南部及澳洲东北部。我国约有7种1变种，分布于广东、广西、福建、台湾及海南岛；云南产6种，1变种。

分 种 检 索 表

1.叶为单小叶，或有小叶2—7。

  2..叶有小叶2—7或同时兼有单小叶。

    3.小叶边缘有浅锯齿；花丝在近顶部最宽，渐向基部逐渐变狭；子房无毛；小叶通常5，很少同时有3 ························· 1.五叶山小橘 G. pentaphylla

    3.小叶全缘。

      4.花序轴、萼片及花瓣外面及子房均被锈色短绒毛；花蕾背部脊状隆起，故有5条放射状沟纹 ························· 2.锈毛山小橘 G. esquirolii

      4.花序轴、萼片和花瓣外面及子房均无毛；花蕾平滑，无放射状沟纹 ················· ························· 3.光叶山小橘 G. lancelata

  2.叶全为单小叶 ························· 4.华山小橘 G. pseudoracemosa

1.叶为单叶，稀为或绝不为羽叶；子房具有明显的乳状或瘤状腺体 ························· ························· 5.山小橘 G. cochinchinensis

1.五叶山小橘 图280

Glycosmis pentaphylla（Retz.）DC.（1824）

灌木或小乔木，高达3米，胸径达15厘米。小枝具2—3棱，幼嫩部分及芽被褐色短绒毛。叶通常具5小叶，少有3或1；小叶长圆形或为长圆状披针形，长6.5—24厘米，宽2.5—7厘米，先端渐尖或短尖，钝头或尖头，基部狭楔尖，少为钝形，稍偏斜，边缘具细小的疏锯齿，两面无毛，但嫩时在叶脉上多少被疏锈色短绒毛，纸质，薄而脆，上面淡绿色，下面较浅；小叶柄长1—5毫米，基部膨大。花序腋生或顶生，长2—12厘米，最长可达23厘米，幼时被锈色短绒毛，后逐渐脱落；苞片及小苞片卵状，先端尖，长约1毫米，花梗极短或几无；萼片5，广卵形，先端尖，外面被毛；花瓣5，倒卵形或卵状长圆形，长3—4毫米，白色或淡黄色，有细小的腺点；雄蕊10，等长，与花药着生处为针尖状，中下部两侧压扁，花药广椭圆形，背面药隔中部有1圆形凸起的腺点；子房近球形，略长于花柱，均被有凸出的腺点；柱头与花柱略等大，花盘为增大的环形。果球形，淡红色至橘红色，直径

图280　五叶山小橘和光叶山小橘

1—3.五叶山小橘 *Gycosmis pentaphylla*（Retz.）DC.

1.花枝　2.花　3.果枝

4—6.光叶山小橘 *Glycosmis lanceolata*（Bl.）Sprehgel *ex* Teysm. & Bins.

4.花枝　5.花　6.果实

6—8毫米；果皮薄而脆，上面布满棕色腺点。

产勐海、景洪，生于海拔500—1000米的低山常绿林中。印度、缅甸、斯里兰卡、马来西亚、尼泊尔、印度有分布。

2.锈毛山小橘　图263

Glycosmis esquirolii（Levl.）Tanaka（1928）

Clausena ferruginea Haung（1959）

Glycosmis ferruginea（Huang.）Huang（1978）

乔木，高达10米。树皮暗棕色。幼枝被锈色微绒毛，其后脱落。羽状复叶，连叶柄长30厘米；叶柄及叶轴浑圆、无毛；小叶7，互生，长圆形，长10—15厘米，宽4—6厘米，先端渐尖或近圆形，基部狭楔形，两侧对称，纸质，全缘，两面无毛，中脉在上面凸起，侧脉8—13对，网脉密集；小叶柄长4—6毫米。圆锥花序顶生，长约10—12厘米；苞片钻形；花梗长2—3毫米，与萼片、花瓣及花序轴均密被褐锈色短绒毛；花5基数；萼片卵形，先端稍尖，长约1毫米；花瓣5，卵状长圆形，长3—4毫米；雄蕊10，近等长，花丝在中部以下增粗，无毛，花药长约1.5毫米；子房近球形，长约1.5毫米，无毛，有腺点，4—5室，每室有2胚珠，子房柄长约0.25毫米，花柱无毛，长约1毫米，柱头近与花柱同宽。

产麻栗坡黄金印，生于海拔1100米的密林中。分布于贵州；缅甸、泰国也有。

3.光叶山小橘　　"摆夷茶"（河口瑶族）图280

Glycosmis lanceolata（Bl.）Sprehgel ex Teysm. & Binn.（1866）

小乔木，高达10米，胸径达15厘米。小枝无毛。叶具小叶3—5，同时兼有单小叶，小叶长圆形至狭长圆形，长5—15厘米，宽2—6厘米，先端渐尖或尾状尖，钝头，基部狭至楔形，有时两侧不对称，全缘或稀为不明显的浅波状。聚伞花序排列成圆锥状，腋生或腋生于小枝顶部，长1—10厘米，花序轴近于无毛，花梗甚短，与花序梗连接处有明显的节痕，苞片存在，三角形，无毛；萼片5，宽卵状圆形，长3.5—4毫米，两面无毛；雄蕊10，长短相间，药隔背面中部及顶端各有1腺体，花丝略增宽，无毛；子房棒状长圆形，密生腺点，长于花柱，柱头略增大。果长圆球形或倒卵状长圆形，长12—15毫米，径7—8毫米，顶端有宿存柱头；花萼宿存，幼果绿色渐转橙黄色，有香味。花期3—4月；果期5—6月。

产景洪、勐腊、勐海、普洱、澜沧、富宁、河口、耿马、孟连等地，生于海拔200—1500米的热带沟谷季节性雨林及石灰岩密林灌丛中。分布于广东、海南、广西；泰国、越南、印度尼西亚、菲律宾均有。

4.华山小橘　图281

Glycosmis pseudoracemosa（Guill.）Swinge.（1912）

灌木或小乔木高达3米。小枝无毛，浑圆，灰褐色。叶为单叶，小叶片狭长圆形或长圆形，长6—18厘米，宽2.5—7.5厘米，先端渐尖或长的渐尖而钝头或近圆头，基部楔尖或近圆形，纸质或厚纸质，两面无毛，全缘，上面苍绿色，略光亮，下面较淡；侧脉8—12（13）对，在下面浮凸，清晰可见，在边缘网结；叶柄长5—20毫米，叶柄两端稍膨大，顶

芸香科 RUTACEAE | 585

图281　华山小橘和尖叶酒饼簕

1—3.华山小橘 *Glycostnis pseudoracemosa*（Guill.）Swinge.

1.果枝　2.果放大　3.叶下面

4—5.尖叶酒饼簕 *Atalantia acuminata* Huang

4.花蕾枝　5.花外形放大

部有关节，浑圆。花序腋生，有花3至多数，花序轴、花梗、苞片、萼片均被锈色微绒毛，花梗甚短，基部有关节；苞片细尖，长不足1毫米；萼5深裂，裂片卵状三角形，长约1毫米，外面被锈色微柔毛，边缘被短绒毛；花瓣5，白色，卵形或长圆形，长3—4毫米，先端尖或钝，无毛；雄蕊10，几等长，花丝扁平，无毛，花药广椭圆形，药隔背面有腺点2—3，其先端有突出体，无毛，子房近圆球形，有细腺点5室，花柱圆柱形，柱头钝。果近圆球形，棕红色，内有种子1—2粒，直径5—8毫米，子叶厚。

产麻栗坡、富宁、马关、屏边，生于海拔1000米的灌丛林中。分布于广东；越南也有。

5. 山小橘　山橘树（云南种子植物名录）图282

Glycosmis cochinchinensis（Lour.）Pierre ex Engl.（1895）

Toluifera cochinchinensis Lour.

小乔木或灌木，高达3米。树皮灰色或灰褐色。当年生枝略呈扁状。叶为单叶，互生，长圆形、卵形或狭长圆形，长5—22厘米，宽3—9厘米，先端短尖、长渐尖或尾状渐尖，基部狭尖至圆形，纸质至厚革质，全缘，两面无毛，上面深绿色，下面青绿色；叶柄长1—4毫米，无毛，具细小腺点。雄蕊10，近等长，花丝增粗而略扁，顶端锥尖，药隔顶端有伸出的突尖体；子房半球形或近球形，具有明显的乳状或瘤状腺体，柱头与花柱近等宽，花盘环形，子房柄略伸长。果近球形、略扁，直径8—10毫米，淡红色，顶端常遗留凸起的花柱。

产景洪、勐腊、勐海、富宁，生于海拔500—800米的热带丛林中或溪边、旱地上。分布于我国南部；泰国、老挝、越南、缅甸也有。

11. 黄皮属 Clausena Burm. f.

无刺小乔木或灌木，落叶或常绿。叶为奇数羽状复叶，互生，通常有腺点。花小，组成顶生或腋生聚伞、圆锥或疏散总状花序；花萼4—5裂，基部合生成浅杯状；花瓣4—5，覆瓦状排列，广椭圆形；雄蕊8—10，排列成二轮，外轮5或4与萼片对生，通常较长，内轮与花瓣对生，较短，插生于花盘基部四周，花丝下部常增粗，花药宽椭圆形；子房4—5室，稀3—2室，每室有2胚珠；花柱粗而短，脱落，通常与子房等长或较短，子房柄明显。浆果，2—5室，每室有1种子；种子卵形，扁椭圆形至球形，绿色，富含芳香油。

本属约30余种，广布于东半球热带、亚热带地区。我国约有11种2变种，产长江以南各省及台湾。云南有10种2变种。

分 种 检 索 表

1. 叶有小叶15以下；片萼及花瓣均5。

　2. 子房及果皮均无毛；花蕾无隆起的脊棱。

　　3. 花序生于枝的近顶部叶腋间，或同时有顶生并存。

　　　4. 小叶长2—7厘米，宽1—3厘米，先端圆或钝，有明显的凹头，叶缘有圆或钝裂齿；

图282　山小橘*Glycosmis cochinchin*ensis (Lour.) Pierre ex Engl.
1.果枝　2.花　3.花瓣　4.雄蕊　5.雌蕊　6.果　7.果横剖

萼片及花瓣均5；成熟果淡黄色 …………………………………… 1.**小黄皮** C. emarginata

　4.小叶长5—12厘米，宽2—7厘米，先端长或短尖，钝头；萼片及花瓣均4；成熟果蓝黑色。

　　5.小叶两面无毛，很少在嫩叶的叶腋上有稀疏的短细毛，叶缘有明显锯齿………

　　………………………………………………………… 2.**黑果黄皮** C. dunniana

　　5.小叶两面被短柔毛，下面脉上更密，叶缘锯齿不显 …………3.**毛叶黄皮** C. vistita

　3.花序顶生，很少同时有侧生于枝的近顶部。

　　6.果椭圆形，长2厘米以上；花序长达45厘米 ………… 4.**云南黄皮** C. yunnanensis

　　6.果球形或近球形，直径很少达2厘米；花序长通常不超过30厘米。

　　　7.果蓝黑色；花蕾通常卵形；小叶干后红或绿带暗黄色 ……… 5.**光滑黄皮** C. lenis

　　　7.果淡黄色；花蕾球形；小叶干后暗褐或棕色 ………………… 6.**九黄皮** C. indica

　2.子房及果皮均被细毛；花蕾有5隆起的脊棱 ………………………… 7.**黄皮** C. lansium

1.叶有小叶17—31，稀为11。

　8.小枝、叶轴、花序轴及子房均被毛；花序顶生；萼片及花瓣均4 …8.**假黄皮** C. excavata

　8.小枝及子房无毛，叶轴仅腹面被疏短毛；花序生于枝的近顶部叶腋间；萼片及花瓣均5

　………………………………………………………………… 9.**香花黄皮** C. odorata

1.小黄皮　十里香（金平）图283

Clausena emarginata Huang（1959）

小乔木稀为大乔木，高达15米。小枝灰棕褐色，无毛。羽状复叶，长7.5—15厘米；叶柄长1—2厘米，叶柄及叶轴被微柔毛；小叶5—11，互生，近无柄，斜长圆形、菱形或广卵形，长2—5厘米，宽1—2.5厘米，先端渐尖或急尖而近圆头，微凹，基部楔尖或宽楔形，两侧略不对称，纸质，上面绿色，除中脉被疏少的微柔毛外，其余光滑无毛，下面浅绿色，无毛，叶缘具有圆细齿。圆锥花序顶生，长不超过6厘米，花序轴被微柔毛，苞片三角形；花梗长不及1毫米，被极微小的柔毛；萼片5，广卵形，长不超过1毫米，边缘被缘毛；花瓣5，白色，芳香，长圆形或长圆状披针形，长约4毫米，开花时反折，外面无毛，内而有粉粒；雄蕊10，长短相间，花丝长1.5—2.5毫米，钻形无毛，花药长约1毫米；子房长1.5—2.5毫米，近球形，具腺点，子房柄长不及1/3毫米，花柱长0.5毫米，柱头稍膨大。花期4—5月；果期7—8月。

产富宁、勐腊、金平，生于海拔530—600米的石灰岩山上。分布广西。

2.黑果黄皮　鸡皮果、野黄皮（文山）图284

Clausena dunniana Levl.（1912）

小乔木或灌木，高达10米。小枝通常光滑无毛。奇数羽状复叶，长达30厘米；小叶5—13，卵状披针形至披针形，长6—12厘米，宽2.5—5.5厘米，先端急尖或渐尖或尾状尖而钝头，有时微凹，基部宽楔形至楔尖，偏斜，上面深绿色，下面浅绿色，均无毛，厚纸质，边缘有较明显的圆锯齿，叶脉在下面凸起；小叶柄长4—8毫米，脱落后留有叶枕。聚伞圆锥花序腋生，花白色至淡黄色，花梗通常无毛或微被疏毛；萼片4，稀为5，卵状三角形，

图283　九里香和小黄皮

1—3.九里香 *Murraya paniculata*（L.）Jack.

1.果枝　2.花　3.子房横切

4—6.小黄皮 *Clausenia emarginata* Huang

4.花枝　5.花蕾　6.雌蕊

边缘有极细的缘毛，长宽约1毫米；花瓣4—5，卵圆形，长3—4毫米，无毛；雄蕊8，稀为10，近等长，花丝钻形，中下部增宽；子房近圆球形，花柱比子房短，柱头不增大，花盘不明显，子房柄甚短。果近球形，黑色至蓝黑色，直径8—12毫米，有种子1—2；种子长圆形，种皮膜质，子叶2，等大，绿色。花期5—6月；果期10—11月。

产勐腊、景洪、孟连、文山、西畴、麻栗坡，生于海拔500—1600米的混交林缘、石灰岩疏林灌丛。分布于广东、广西、湖南、贵州；印度、缅甸、马来西亚、泰国、越南、柬埔寨也有。

2a.毛黑果黄皮

Clausena dunniana var. robusta（Tan.）Huang（1959）

产广南、砚山、勐海、临沧、威信，生于海拔1350米左右的石灰岩灌丛林中。分布于广西、湖南。

3.毛叶黄皮　图284

Clausena vistita D. D. Tao（1984）

Clausena pscudo-pentaphylla Huang in sched.

小乔木或灌木，高达8米。小枝浑圆，灰色，被微柔毛，密生腺点。奇数羽状复叶，连叶柄长13—16厘米；叶柄长2厘米，叶轴被柔毛及腺体；小叶5—7，互生。卵状圆形至卵状长圆形，长（4）7—10厘米，宽（2）5—7厘米，生于叶轴下部的较小，先端急尖或近圆形，基部宽楔形至楔形，偏斜，叶缘有不明显的细圆齿，齿缝处有腺点，两面被短柔毛，在下面的脉纹上稠密，侧脉7—8对，在下面微凸；小叶柄长约3毫米，被微柔毛。聚伞圆锥花序腋生于当年枝东顶部，花序短而狭，长不超过10厘米，通常为6—9厘米，花序轴、花梗密被淡黄色微柔毛；花萼裂片4，三角形，外面被疏毛；花瓣4，白色，长圆形，长5毫米，宽2.5毫米，外面具腺点；雄蕊10，花丝下半部明显增宽，上半部钻形，无毛，长约5毫米，花药长圆形；花柱粗而弯拐，长1.5毫米，无毛，子房棒状，顶端下凹，无毛，柱头不增大。果长圆状球形，棕色，光滑无毛，果径0.8—1.2厘米，长1.5—1.8厘米，有种子2；种子长圆形，扁平，长7—10毫米，宽5—6毫米，淡棕色；子叶2，肥厚，油腺甚多；胚根具有淡色短毛。花期3—4月；果期7月。

产西北部金沙江、怒江河谷、丽江、泸水，生于海拔800—1700米的干热河谷稀树灌丛；四川普格也有。

果酸甜可食。

4.云南黄皮　番桃果（河口）图285

Clausena yunnanensis Huang（1959）

小乔木，高达8米。树皮灰青色。当年生枝被短小的微柔毛，散生腺点，老枝无毛。叶为奇数羽状复叶，连叶柄长50—70厘米；叶柄长6—9厘米，叶柄及叶轴被极短的柔毛及腺点；小叶5—11，互生，稀近对生，长圆形或斜长圆形，长10—24厘米，宽5.5—10厘米，先端渐尖或急尖而钝头，基部楔形或宽楔形，中脉两侧不对称，纸质，干后淡青色，叶缘

图284 黑果黄皮和毛叶黄皮

1—2.黑果黄皮 *Clausena dunniana* Levl.

1.果枝 2.果

3—4.毛叶黄皮 *Clausena vistita* D. D. Tao

3.花枝 4.花

图285　假黄皮和云南黄皮

1—4.假黄皮 *Clausena excavata* Burm. f.

1.花枝　2.花　3.一段果序　4.果

5—7.云南黄皮 *Clousena yunnanensis* Huang

5.花序　6.叶片　7.果

为不明显的浅波状，两面无毛或变为无毛，下面在中脉及侧脉有时被短毛，侧脉7—12对，在下面微凸起；小叶柄长4—6毫米。顶生圆锥花序，长达45厘米；苞片三角状钻形，被微柔毛；花梗长1.5—2毫米，被微柔毛；萼5裂，裂片卵形，长不及1毫米，外面被微柔毛；花瓣5，长圆状倒卵形或广卵圆形，长2—3毫米，无毛，薄膜质；雄蕊10，几等长，长不超过花瓣，钻形，外拱而内空，腹面有小乳状突起；花药长约1毫米，无毛，有腺点；子房柄不显，无毛，花柱与子房等长，柱头略增大。果卵形至长圆形，长12—15厘米，果径1.7厘米，熟时淡褐红色，果皮薄而脆，有种子1—2。花期5月；果期10月。

产西畴、河口、屏边，生于海拔200—1200米密林中。分布于广西南部；越南、老挝、柬埔寨也有。

5.光滑黄皮 白腊子（植物名实图考）小麻木、鸡皮（新平）图286

Clausena lenis Drake（1892）

小乔木或灌木，高达6米。顶部小枝常被毛。叶常聚生于枝顶，羽状复叶；小叶互生，斜长方形，长4.5—14.5厘米，宽2.5—6厘米，先端渐尖，基部狭楔形，扁斜，极不对称，上面干后茶褐色或暗红褐色，下面苍绿色，薄纸质；中脉被柔毛，叶缘具不十分明显的疏离而粗大的钝齿；小叶柄长4—6毫米。圆锥花序顶生，花序轴、花梗、苞片均被微柔毛；苞片2；花蕾卵形，外面被短微柔毛；花瓣5，稀为4，白色，覆瓦状排列，倒卵形，长4—6毫米，具腺点；雄蕊8；花柱棒状，长为子房的2倍，柱头黑色，略增大，子房近球形，无毛，花盘短小，具腺点，果近卵状球形或近球形，直径0.8—1厘米，布满腺点，有种子1—2。

产景洪、勐腊、勐海、普洱、元阳、绿春、泸水、河口、临沧、镇康、双江、耿马、孟连、龙陵等地，生于海拔600—1500米的林缘、河边灌丛及山坡疏林中。分布于海南；越南也有。

6.九黄皮（文山） 细叶黄皮、黄皮果（河口）、野菩提（金平）图287

Clausena indica（Dalz.）Oliv.（1861）

Piptostylis indica Dalz（1851）

乔木，高达6（20）米。小枝浑圆，暗灰色，无毛。羽状复叶；小叶7—15，斜长圆形或长圆状披针形，长5—12厘米，宽1.5—3.5厘米，先端渐尖而钝头，微凹，基部楔形，两侧不对称，纸质，上面深绿色，稍具光泽，下面淡绿色，两面均无毛，腺点在下面明显，侧脉在两面微凸起，叶缘具细小的圆锯齿；小叶柄长2—4毫米，脱落后留有微小的叶枕。顶生圆锥花序，大型，长达30厘米，花轴，花梗被微柔毛；花白色，芳香，直径3.5—4.5毫米；萼片5，卵形，被毛，先端尖；花瓣5，长圆形，长2—3毫米，无毛；雄蕊10，近等长，钻形，无毛；子房近球形，上部被微柔毛，花柱短而粗，柱头增大。果球形至长圆形，长、径1.3—2厘米，淡棕色至暗紫色，光滑无毛，果皮甚薄，有细小的透明腺点，内有种子1—4；种子扁圆形至球形，长0.2—1.2厘米，厚约0.5厘米，种皮薄膜质；子叶大，淡绿色。花期4月；果期初夏。

河口、马关有栽培，生于山谷、阳处及林缘，海拔190—680米。分布于广西西南部及

图286 黄皮和光滑黄皮

1—3.黄皮 *Clausena lansiurm*（Lour.）Skeels

1.花枝 2.花 3.雌蕊

4—6.光滑黄皮 *Clausena lenis* Drake

4.幼果枝 5.花 6.雌蕊

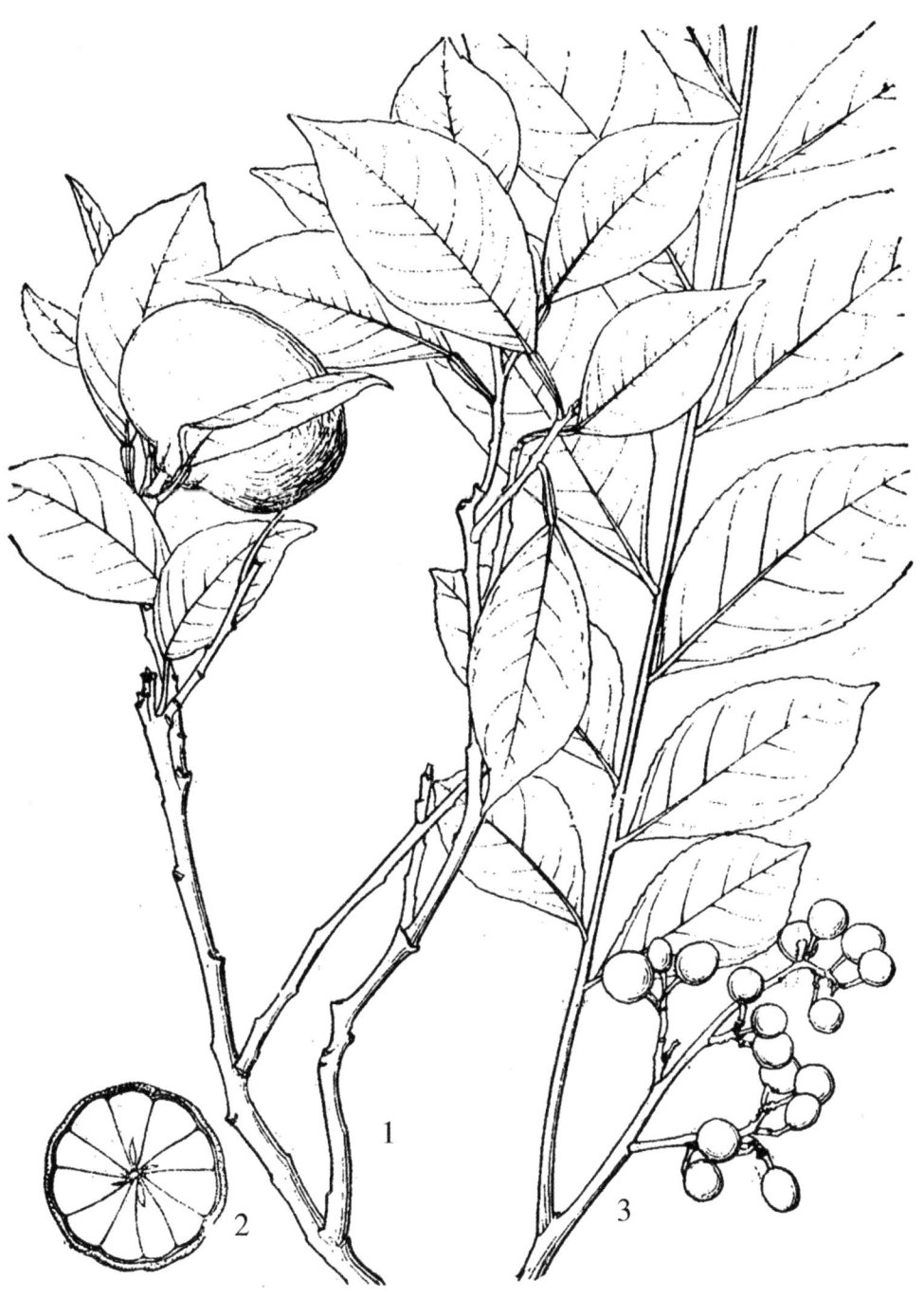

图287　橘和九黄皮

1—2.橘 *Citrus reticulata* Blanco

1.果枝　2.果横切

3.九黄皮 *Clausena indica* (Dalz.) Oliv.果枝

广东南部。

果肉可食，味酸，助消化；果及根入药，能化痰去湿。

7.黄皮（植物名实图考） 黄皮果（本草纲目拾遗）、毛黄皮（河口）图286

Clausena lansium（Lour.）Skeels（1909）

小乔木，高达20米。奇数羽状复叶；小叶11—17，少有5，宽卵形至卵状长椭圆形，长5.5—12厘米，宽2.5—6厘米，先端急尖或短渐尖，基部宽楔形至圆形，偏斜，中脉两侧不对称，薄革质，叶缘浅波状或具浅圆锯齿，无毛或下面中脉被疏柔毛或簇毛。聚伞圆锥花序顶生，密被锈色微柔毛；花白色、芳香，花蕾球形具5棱，星芒状；萼片5，长不及1毫米，广卵形，外面密被淡黄色短柔毛；花瓣5，长不及5毫米，长圆形，多少作舟状拱起，两面均被微柔毛；雄蕊10，长短相间，花丝钻形，无毛；子房密被黄色纤毛，近球形，花柱比子房短，柱头稍膨大、头状，子房4—5室，每室有叠生胚珠2；花盘、子房柄均不明显。果球形、卵形或椭圆形，通常长1.2—3厘米，径1—2厘米，黄色至暗黄色，表面密被紧贴细柔毛，2—5室，每室1—3种子，稀有多室，每室5种子；种子扁平，近椭圆形或近球形。花期2—4月；果期5—6月。

产河口、文山、富宁，生于海拔130—500米的密林阴湿处，常见亚热带地区栽培。

为热区水果，果味酸甜，适口，助消化。皮消风肿，去疳积、通小便；果核治疝气。

8.假黄皮 臭麻木（勐海）、野黄皮（金平）、辣鼻子树（屏边）图285

Clausena excavata Burm. f.（1768）

小乔木，高达10米，胸径达10厘米。小枝、叶轴、花序、花梗通常被散生纤毛，全株有强烈刺激性臭味。奇数羽状复叶；小叶通常（15）19—27，卵状披针形或长圆状披针形，长1.8—7.5厘米，宽1.5—2.5厘米，先端渐尖或急尖，基部偏斜而钝，中脉两侧极不对称，常歪斜，两面被毛或仅在脉上被毛，叶缘有细小的腺齿或不显；小叶柄长约3毫米，被疏毛。聚伞圆锥花序顶生或在小枝上部腋生，花蕾球形；花瓣4，倒卵形或近卵形，长2.5—3毫米，淡黄绿色；雄蕊8，长短相间，中部以下线形，下部增粗，花药椭圆形，子房被长柔毛，花柱棒状，短而粗，柱头稍增大，3—4室，每室有并列胚珠2。浆果卵形至椭圆形，幼时被毛，淡红色或带黄色或黑红色，柱头宿存，有种子1—2。花期3—4月；果期7—9月。有时在7—8月第二次开花，12月成熟。

产景洪、勐腊、勐海、普洱、广南、砚山、红河、绿春、河口、金平、屏边、临沧、沧源、孟连、瑞丽、峨山、双柏等地，生于海拔170—1700米的低山疏林及旷地，灌丛中湿润处。分布于台湾、福建、广东、广西。

根、叶药用。叶散寒、治毒蛇咬伤；根驱风止痛，治胃冷痛、关节炎等。

9.香花黄皮

Clausena odorata Huang（1959）

产墨江，生于海拔1800米的山坡灌丛林中。模式标本采于墨江龙潭。

12.九里香属 Murraya Koenig

灌木至小乔木，无刺。叶互生，奇数羽状复叶，稀为单身复叶。聚伞花序或聚伞圆锥花序，顶生或腋生；萼极小，5—4深裂；萼片广卵形；花瓣5—4，分离，覆瓦状排列，白色，常具腺点；雄蕊10，花丝线形，由基部向上逐渐细小；子房2—5室，近球形，花柱细长，通常较子房长2倍以上，柱头头状，子房柄短或几无，花盘环形，每室有胚珠1—2。浆果，卵状球形，果肉常有粘胶，有种子1—2；种子长圆形或球形；子叶2，平凸。

本属12种，分布于亚洲东部热带、亚热带。我国有6种及2变种，分布南部各省区，而在北回归线以北地区少见；云南产4种1变种。

分 种 检 索 表

1.叶有小叶11以内。
  2.叶有小叶3—5，很少为7；花瓣长1—2厘米。
    3.小叶最宽处在中部以下，先端短尖或渐尖 ………………… 1.九里香 M. paniculata
    3.小叶最宽处通常在中部以上，先端圆或钝 …… 1a.小叶九里香 M. paniculata var. exotica
  2.叶有小叶7—11，很少5；花瓣长4—6毫米 ………… 2.山豆根叶九里香 M. euchrestifolia
1.叶有小叶13—31，很少11 …………………………………… 3.金氏九里香 M. koenigii

1.九里番 千里香（双江）图283

Murraya paniculata（L.）Jack，（1820）

Chalcas paniculata Linn.

常绿灌木，高达1.2米。树皮苍灰色。小枝浑圆，光滑无毛。叶为奇数羽状复叶，叶轴无翼；小叶3—7，倒卵形至披针形，长1.5—9厘米，宽1—3厘米，先端渐尖或尾状渐尖，钝头而微凹，基部宽楔形，上面深绿色，光亮，侧脉不显，下面青绿色，中脉凸出，均无毛，全缘，厚纸质，具短柄。聚伞花序腋生同时也有顶生，花序轴儿无毛，花少而大，直径常达4厘米，花梗细瘦；萼片5，三角形，长约2毫米，疏被微柔毛，宿存；花瓣5，白色，倒披针形或狭长圆形，长2—2.5厘米，宽7—9毫米，通常在下而被微柔毛，有透明腺点；雄蕊10，长短相间，长的可达12毫米，花丝线形而扁，顶端钻状，无毛，花药椭圆形至卵形，花柱长4—6毫米，棒状，柱头增粗，常比子房宽，子房圆柱形，每室有2或1胚珠。果朱红色，纺锤形或橄榄形，长12—20毫米，厚5—10毫米；种子1—2，种皮有棉质毛。花期4—6月。

产河口、金平、泸水、双江、富宁、勐腊、景洪、勐海，生于海拔200—1200米的山地或疏林中。分布于广东、海南、贵州、湖南、广西；尼泊尔、印度、斯里兰卡、缅甸、越南、马来西亚也有。

在热区常被栽种作绿篱，花香、洁白，是理想的绿篱植物。

1a.小叶九里香

Murraya paniculata（L.）var. exotica（L.）Huang（1959）

Murraya exotica Linn.（1771.）

产普洱、澜沧、景洪、河口，生于海拔130—1200米处。分布于福建、台湾；印度、印度尼西亚亦有。

2.山豆根叶九里香

Murraya euchrestifolia Hayata（1916）

产麻栗坡、富宁、西畴、河口、蒙自、建水，生于海拔1400米左右的灌丛中。台湾、广西有分布。

3.金氏九里香

Murraya koenigii（L.）Spreng（1825）

Bergera koenigii L.（1771）

产普洱、勐腊、景洪、勐海、峨山，生于海拔120—1600米的热带丛林。分布于广东、海南；印度、缅甸、斯里兰卡、越南、印度尼西亚也有。

13. 三叶藤橘属 Luvunga（Roxb）Buch. -Ham. ex Wight et Arn.

木质巨大藤本，通常具有腋生的单刺。叶掌状3小叶，革质、全缘。花排成腋生的花束或圆锥花序式的总状花序；花萼杯状，4—5裂；花瓣4—5，线形或披针形；雄蕊8或10，着生于杯状或环状花盘周围；子房2—4室，每室有上下叠生的胚珠2。浆果大，椭圆形，有黏液，皮厚。

本属4种，分布于印度、马来西亚。我国云南南部和海南产1种。

光叶藤橘　图288

Luvunga nitida Pierre（1893）

木质巨大藤本，小枝平滑无毛。叶具3小叶；叶柄长5—7厘米；小叶椭圆形或长圆形，稀卵形，长10—20厘米，宽5—8厘米，先端骤狭急尖，基部常为宽楔形，纸质或近革质，上面深绿色，甚光亮，全缘，两面无毛；上面中脉微凸，侧脉隐约不显；小叶柄长3—8毫米。花序腋生，数花集生成簇；萼片4，合生几至顶端，广卵形至近圆形，先端钝，边缘被短缘毛，肉质；花瓣早落；子房长广卵形，无毛，有腺点，长约2毫米，3—4室，花柱脱落，子房柄长约1/3毫米。果黄色，长圆形，长约5厘米，径约3厘米，基部收狭；种子三角状卵球形，长2.5—3厘米，厚约2厘米，种皮薄膜质；子叶平凸而略弯，肉质，胚直生，粗而短。

产屏边、河口，生于海拔350米的河谷丛林中。柬埔寨有分布。

图288 光叶藤橘和密叶藤橘
1.光叶藤橘 *Luvunga nitida* Pierre 果枝
2—4.密叶藤橘 *Paramignya confertifolia* Swingle
2.叶 3.花蕾 4.子房横剖

14. 单叶藤橘属 Paramignya Wight

木质大藤本，有腋生钩状刺。叶为单叶或单身复叶，全缘，叶柄基部常膨大呈枕状。花腋生，单花或多花集生成簇；萼杯状，萼片4—5；花瓣4—5，分离，覆瓦状排列；雄蕊8—10，插生于花盘基部四周，花丝分离，线形，花药长圆形；子房3—5室，每室有1—2胚珠，子房柄为伸长的圆柱形。浆果，卵状球形或近球形，种子1—5，果皮厚；种子长圆形而扁，种皮薄膜质。

本属约15种，分布于亚洲热带、亚热带地区及澳洲北部。我国有2种，见于云南及海南。

密叶藤橘 图288

Paramignya confertifolia Swingle（1940）

木质大藤本，常攀援于灌木丛中。幼枝细瘦、浑圆，被短柔毛，勾刺生于叶腋间，长3—10毫米，向下弯曲，在果枝上刺常退化。叶互生，椭圆形、卵形或长圆形，长5—8厘米，宽2.5—4厘米，先端骤狭急尖或尾状尖或短尖，基部圆形或楔形，全缘或具细小的圆锯齿，纸质，两面无毛；侧脉明显可见；叶柄长4—12毫米。花腋生，数花集生成簇，或为极短的总状花序或单生；花萼4—5浅裂，裂片长1—5毫米，宽约2毫米，先端尖；花瓣5，白色，卵状长圆形，长7—10毫米，宽3—4毫米；雄蕊10，花丝长5—6毫米，花药线形；子房被粗柔毛，4—5室，每室有胚珠1，子房柄及花盘明显。果近圆形，未成熟时被毛，直径1.5—2厘米，具腺点。

产文山、麻栗坡，生于海拔1000米的中山干旱山坡及石灰岩丛林。分布广东、广西；越南、老挝也有。

15. 酒饼簕属 Atalantia Correa

灌木或小乔木，有刺或无刺。叶互生，单小叶，纸质或革质，全缘或有小钝齿。花腋生，稀顶生，簇生、排成伞房花序或圆锥花序，稀单生；萼浅杯状，4—5裂，稀3或2；花瓣4—5，稀3，分离或与雄蕊合生，覆瓦状排列；雄蕊10或8，稀15—20，分离或合生成筒状或合生成数束，通常长短不等，着生于环状花盘的周围，花药广椭圆形或卵形；子房2—5室，每室有胚珠1—2，花柱圆柱形，柱头头状或略膨大。果为一球形的浆果，瓢瓢厚，具有柄或无柄的汁胞。

本属约18种，分布于热带亚洲和大洋洲。我国5种，产西南至南部；云南5种均有。

分 种 检 索 表

1.单小叶，叶片在关节处容易脱落。

　　2.花序轴及花梗均被细毛，枝叶也有细毛。

　　　3.叶先端渐尖，叶柄长5—10毫米；果径1.5—2厘米，果皮革质，干后坚硬……………

　　　　　　　　　　　　　　　……………… 1.厚皮酒饼簕 A.dasycarpa
　3.叶先端钝或短尖，叶柄长10—12毫米；果径2—3厘米，果皮非革质……………
　　　　　　　　　　　　　　　……………… 2.大果酒饼簕 A. guillauminii
　2.花序轴及花梗均无毛，枝及叶柄也无毛。
　　4.子房棒状，柱头不增大 ………………… 3.尖叶酒饼簕 A. acuminata
　　4.子房球状，柱头增大 ……………… 4.单叶酒饼簕 A. simplicifolia
1.单叶，叶片不易脱落，花小，直径5—6毫米 ……………… 5.酒饼簕 A.buxifolia

1.厚皮酒饼簕　小黄果（河口）图289

Atalantia dasycarpa Huang（1978）
　　小乔木或半直立灌木，高达6米。小枝有小刺，生于小枝近顶部，常与叶对生。叶为单身复叶，椭圆状披针形，长10—17厘米，宽4—7厘米，先端长尾状渐尖，有时微凹，基部楔尖，薄革质，羽状脉及网状脉在两面凸起。总状花序腋生，长1.5—2厘米，被疏柔毛，有数花，花白色，花梗纤细，长4—5毫米，被疏柔毛；花萼4深裂，萼片广卵形，长2毫米，先端尖；花瓣4，倒披针状长圆形，长4—4.5毫米，宽2—2.5毫米，先端弯曲；雄蕊8，4长4短，短的与花瓣对生，中部以下增宽而扁，上部为针尖状，无毛；花药广椭圆形；子房球形，直径约1.5毫米，花柱棒状，长4—5毫米，柱头略膨大。果卵状球形，直径1.4—1.6厘米，长2.1厘米，果皮厚1—2毫米，干后油点明显凹陷；种子1—3，扁圆形，种皮薄，子叶肥大；花萼至果期宿存。花期4月；果期9月。
　　产河口、屏边、富宁，生于海拔140—900米密林箐沟。

2.大果酒饼簕　图269

Atalantia guillaumini（Guill.）Swingl.（1940）
　　小乔木，高达14米，无刺或有刺。单身复叶，叶片与叶柄连接处有骨质关节，广长圆形或广披针形，长9—20厘米，宽5—8厘米，先端短渐尖而钝头或微凹，基部楔尖，上面深绿色，干后苍绿色，有透明油腺；网脉清晰，中脉凸起，侧脉微凸，两面均不被毛，全缘，厚纸质。总状花序腋生，长1—3厘米，花序轴被淡黄褐色微柔毛，有花5—15，花梗细，长2—4毫米；苞片小，边缘被缘毛；萼片4，广卵形，长1.5—2毫米，边缘被缘毛；花瓣4，黄色，长圆形，先端圆形；雄蕊8，花丝不同程度合生成筒状，花药个字形着生，药隔顶端有1凸起腺点；花柱长约4毫米，柱头增大，子房卵状圆形，长约2毫米，4室，平滑，每室有2胚珠。果近球形，直径约15毫米，果皮薄，具下陷腺点；种子1—3，卵状长圆形，长约12毫米，厚6—81毫米。花期4—6月；果8—10月。
　　产普洱、勐腊、景洪、河口、屏边、富宁、金平，生于海拔500—1300米的山坡密林及河谷林下。

3.尖叶酒饼簕　图281

Atalantia acuminata Huang（1978）
　　小乔木，高达6米。小枝无毛，无刺。单身复叶，叶柄与叶片连接处有脱落环；叶柄

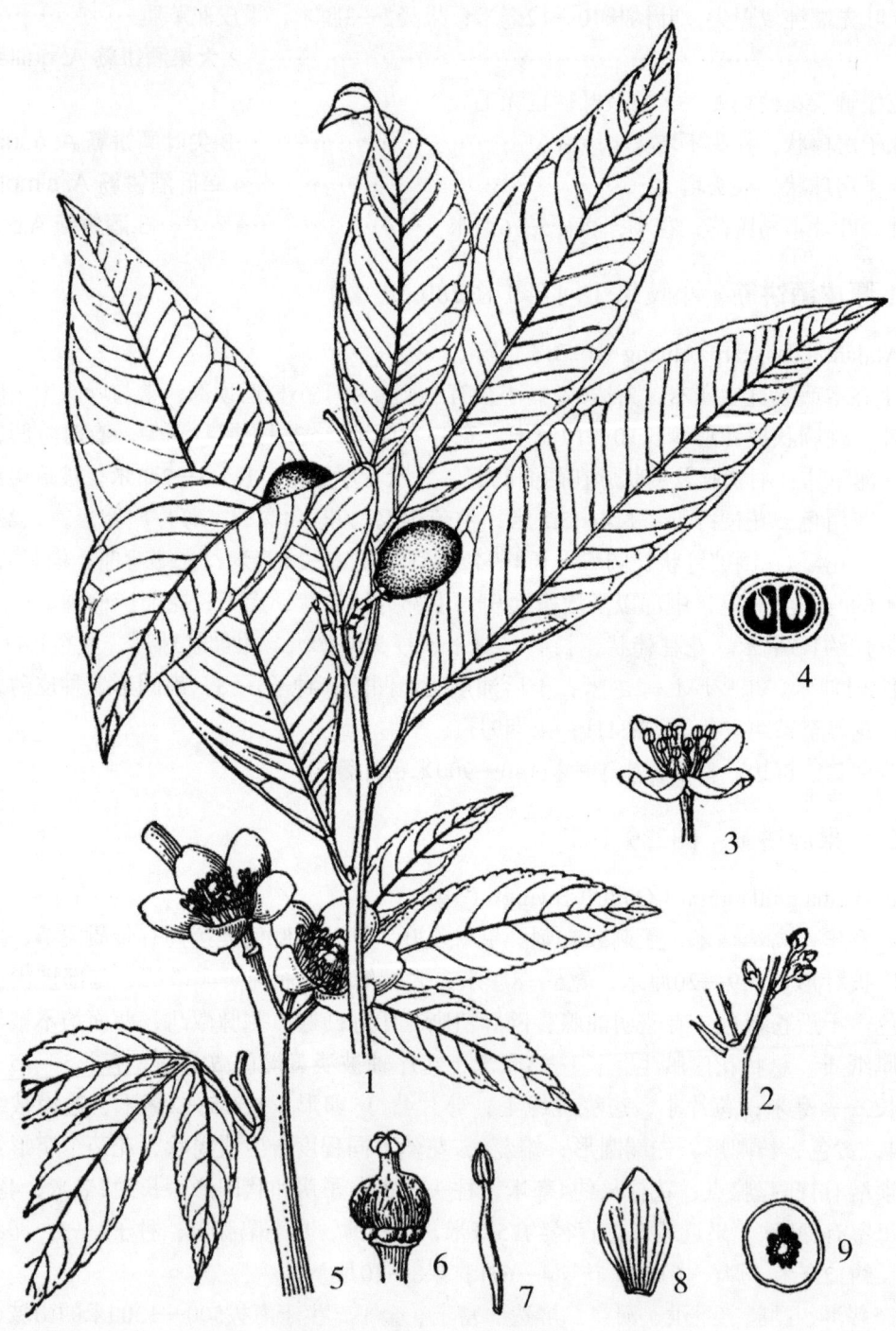

图289 厚皮酒饼簕和富民枳

1—4.厚皮酒饼簕 *Atalantia dasycarpa* Huang

1.果枝 2.花序 3.花放大 4.果横切面

5—9.富民枳 *Poncirus polyandra* S. Q. Ding et al.

5.花枝 6.雌花 7.雄蕊 8.花瓣 9.果横切面

长7—9毫米，无毛；叶椭圆状披针形，长7—14厘米，宽3—5厘米，先端渐尖，基部楔尖，上面绿色，中脉微凸，下面青绿色，网脉清晰，两面均无毛，全缘纸质。总状花序腋生，纤细，长1.5—2厘米，有花5—7，花白色，花梗纤细，几无毛，长7—8毫米；花萼4，长圆形，长2.5—3毫米，宽2毫米，边缘有睫毛，具明显的油点；花瓣5，与萼片互生，覆瓦状排列，长3.5毫米，宽2.5毫米；雄蕊分离，下部略增宽而扁，长短相间，无毛；花药广椭圆形，花药基着；子房粗棒状，长1.5—2毫米，花柱略细，柱头不增大，近黑色，均无毛。花期5月。

产富宁架街，生于海拔700米的密林下。

4.单叶酒饼簕　图290

Atalantia simplicifolia（Roxb.）Engl.（1896）

Ammyris simplicifolia Roxb.

小乔木，高6米。小枝无毛、无刺，平展。单身复叶，叶柄长0.5厘米，常略弯曲，无毛，叶片披针形或椭圆状披针形，长5—9厘米，宽2—3厘米，先端长尾状渐尖，有时微凹，基部楔尖，上面淡绿色，中脉在两面凸起，均无毛，全缘、薄纸质。腋生总状花序，纤细，长12—15厘米，少花；花白色；花梗细而长，长0.7—1.2厘米；苞片1，披针形；花萼裂片4，深裂，长1—1.5毫米，广卵形，先端尖，有极微小的缘毛；花瓣4，倒披针形，长7—9毫米，宽2—3毫米，膜质；雄蕊8，分离，花丝两侧压扁，宽达1.5毫米，顶端尖，中下部连合，长短不齐，无毛，花药广椭圆形，药隔顶端有长的突尖；子房卵球形，长1.5毫米，花柱细长，长4—5毫米，柱头头状，黑色。果球形，直径1—1.5厘米，种子1—2。花期5月。

产富宁，生于海拔700米的石灰岩山上。分布于广西西南部；印度、缅甸也有。

5.酒饼簕　图290

Atalantia buxifolia（Poir.）Oliv.（1861）

Citrus buxifolia Poir.（1861）

小乔木或灌木。小枝坚硬，分枝密，幼枝被微柔毛，针刺锋利，长达4.2厘米，生于叶腋间。单叶，椭圆形，长3—6厘米，宽1.5—2.5厘米，先端椭圆形，钝头，凹入，基部楔形，革质，上面深绿色，下面青绿色，叶缘具圆齿，叶脉在边缘网结，羽状脉在两面凸起而平行，网脉清晰；叶柄长5毫米，被微柔毛。花（1—）3—8集生或单生于叶腋内；花极小，淡绿白色，花梗短或几无；总苞极不明显，淡绿色，边缘具有细小的微柔毛；花萼裂片5，大小不等，卵形至广卵形；花瓣5，倒卵形，长2—3毫米；雄蕊10，分离，插生于花盘基部，花丝长短不齐，钻形，花药广椭圆形；花柱短，长不及子房的1/2，柱头帽状，子房近于不规则球形，淡绿色，无毛。果球形，几无梗，果皮平滑，薄膜质，有透明腺点，成熟时紫黑色，直径7—10毫米；种子1—2，种皮薄膜质。花期4—6月；果期8—10月。

产勐腊、景洪，生于海拔500—700米的低山沟谷雨林及荫蔽的疏林下。分布于广东、海南、广西；越南也有。

图290 单叶酒饼簕和酒饼簕

1—2.单叶酒饼簕*Atalantia simplicifolia*（Roxb.）Engl.
1.花枝 2.去掉一片花瓣的花（示花器官）
3—4.酒饼簕*Atalantia buxifolia*（Poir.）Oliv.
3.果枝 4.叶片（示网脉）

16. 枳壳属 Poncirus Raf.

小乔木，具有粗大、腋生的单刺。枝异型，正常枝的节间与叶柄等长或较长，另一是休眠芽发育而成的短枝。叶为三小叶，叶柄有翅；小叶无柄，有透明腺点。花近无梗，单生于老枝上，春季先叶开放，萼片、花瓣均5数；花瓣长椭圆状卵形；雄蕊8—10，或为花瓣数的4倍，花丝分离；子房6—8（通常7）室，被毛，每室有数胚珠，花柱短而厚，柱头增大。果球形，密被柔毛，几无梗，黄色，具油点；种子卵形，极多数，多胚，子叶不出土，幼苗时有苞片状的低出叶。

本属2种，分布于我国北部、中部及南部。国外有栽培。云南均有。

分 种 检 索 表

1.落叶小乔木；雄蕊通常20或较多，子房6—8室 ···················· 1.枳壳 P.trifoliata
1.常绿小乔木；雄蕊通常35—45，子房10室 ···················· 2.富民枳 P. polyandra

1.枳壳　枳（礼记）　枳实（神农本草经）图266

Poncirus trifoliata（L.）Raf.（1838）

Citrus trifoliata Linn.（1763）

落叶小乔木，高达5米。幼枝起棱，横断面三角形，老枝浑圆，分枝甚多；树冠圆形；枝多刺，刺长2—3厘米；芽扁圆形，直径1.5—2毫米，褐色。叶为3数羽状复叶；具柄，叶柄长1—3厘米，具翼；小叶椭圆状倒卵形，长2.5—4厘米，宽1.5—4厘米，先端圆，基部狭窄，叶缘有小钝齿，纸质，嫩时在下面中脉上被毛。花芽有鳞片苞被，于初夏时形成，翌年开花；单花或成对腋生，通常先叶开放，也有后叶开放的，花白色；花梗甚短；萼片5，卵形，长5—6毫米，宽约3毫米，初时外面被微柔毛，边缘被短缘毛；花瓣5极稀4或6，长倒卵状圆形，长2—3厘米，宽0.8—1.5厘米，基部常具爪，脱落；雄蕊通常20或较多，分离，长短不等，花药椭圆形，先端尖，黄色；子房近球形，密被毛，6—8室，每室有胚珠多数，花柱短，约与子房等长，柱头头状。果球形，直径3—4厘米，表面密被毛，极少无毛；果梗甚短而粗大，宿存于枝上，有时经数季不落；果皮厚5—10毫米，剥皮甚难，有苦的油腺甚多；种子多数，卵形，汁胞具柄，含酸味的汁液及苦味油类；多胚，白色。

大理、丽江有栽培。分布于湖北、陕西、甘肃、四川、贵州、江西、浙江、安徽、山东、河南、广西、广东、福建。

果入药，芳香健胃，治肝胃气、疝毛、食积痰滞、胸肿、痞胀、跌打、乳房结核，解酒毒；叶治反胃、呕吐。本种可作绿篱、观赏；又抗病性强，可用作柑橘砧木，可与多种柑橘类进行嫁接。

枳实和枳壳同属一种植物，在中药上因果的幼、老而有不同药效。枳实是用幼果制成的，枳壳是用成熟果制成，通常把种子挖掉，故皮薄而中空而得名。

2.富民枳　野橘子（富民）图289

Poncirus polyandra S. Q. Ding et al.（1984）

常绿小乔木，高达2.5米，分枝多；树冠圆形，冠幅2米×1.5米，胸径达30厘米。小枝具棱，横断面三角形，有腋生短尖刺。叶为掌状3小叶，小叶椭圆形至倒卵形，长3.5—5厘米，宽0.9—1.4厘米，侧生2小叶较小，长2.7—3.8厘米，宽0.7—1.7厘米；叶柄具窄翅，长10—20厘米。花腋生，单花；花大，径6—7厘米，具花梗，长0.4—0.7厘米；萼片5，卵形，长0.7厘米，宽0.5厘米；花瓣5—9，白色，阔椭圆形，被绒毛，尤以边缘为多，长3.2—3.4厘米，宽1.2—2厘米；雄蕊35—45，长短较一致，花丝分离，上粗下细，长0.4厘米，花药黄色，圆锥形，具乳白色透明的突尖；子房扁球形，被绒毛，直径0.6厘米，10室，柱头头状，微凹，绿黄色，直径约0.3厘米，花柱长2毫米。柑果，幼时扁球形，绿色，被绒毛。花期3—4月。

产富民老菁山东瓜岭附近，生于海拔2100—2400米的山岗丛林中。

本种树型优美，四季常青，花大，为理想的风景树资源之一。当地群众已将果作枳壳的代用品，芳香健胃，治肝胃痛。又据调查，百年大树从不遭病虫，抗病性强，可为我省柑橘优良的砧木。

17. 柑橘属 Citrus Linn.

有刺灌木或小乔木。叶互生，单叶或单身复叶；叶柄有翅或成翼叶，油腺明显。花通常两性，5数，单生或数花簇生或排成总状花序；花萼杯状，2—5裂，宿存，结果时常增大；花瓣4—8，通常白色稀紫红色；雄蕊多数，通常为花瓣的4—5倍或更多，插生于花盘的四周；花盘明显，花丝常合生成束，花药各式；子房7—15室，每室有数胚珠。果大，球形或秤锤形，果皮难或较易剥离，有内瓤，果肉具酸甜、苦、麻等味；子叶及胚白色或绿色、具多胚。

本属约20种，分布于中国南部，印度、马来西亚。我国连引进栽培近20种，少数野生，多数栽培，主产秦岭以南各地。云南近20余种。

分 种 检 索 表

1.无翼叶，或翼叶甚窄，如明显但其长度不及叶身长的一半。

　2.单叶无翼叶，叶先端圆，边缘有明显的圆或钝裂齿；果皮比果肉厚。

　　3.果不分裂 ……………………………………………… 1.香橼 C. medica

　　3.果上部指状分裂 …………………………………… 2.佛手柑 C. sarcodactylis

　2.单身复叶，有明显或甚窄的翼叶；果肉比果皮厚。

　　4.嫩枝上部、叶下面至少在中脉的下半段、花梗、花萼及子房均有柔毛；翼叶大，种子大，有明显的肋状棱 …………………………………………… 3.柚 C. grandis

　　4.各部无毛，或仅嫩叶的翼叶中脉上有稀疏短毛。

　　　5.花瓣背面紫红色；雄蕊25以上。

  6.翼叶甚窄或仅具痕迹；果球形或扁圆形，果皮薄，较易剥离，深橙黄色至橙红色
   …………………………………………………………… 4.黎檬 C. limonia

  6.翼叶较明显；果椭圆形、卵形或两端尖，果皮较厚，较难剥离……5.柠檬 C. limon

 5.花瓣白色，雄蕊25以下。

  7.翼叶通常明显或较宽；总状花序或2至数花簇生，稀单花腋生；果皮难剥离。

   8.总状花序，多达9花；果皮淡黄色；翼叶明显。

    9.花瓣长约1.5厘米；花柱远比子房长；果扁球形或球形，两端圆或顶部略平
    坦，果肉味似柚，但酸，有时带麻味、苦味 …………… 6.葡萄柚 C. paradisi

    9.花瓣长1—1.2厘米；花柱约与子房等长；果近球形或椭圆形，顶端短突尖，
    果肉甚酸，有香气 ……………………………………… 7.来檬 C. aurantifolia

   8.总状花序有花少数，通常数花簇生或单生于叶腋；果皮橙黄色至橙红色；翼叶
   较窄。

    10.果肉味酸，有时带苦味或有特异气味；果皮较粗糙。

     11.花萼在结果时常增大或增厚；果皮难剥离，果实心 …………………
     ………………………………………………… 8.酸橙 C. aurantium

     11.花萼在结果时不增大或稍加厚；果皮较易剥离，果空心或半充实 ……
     ………………………………………………… 9.香橙 C. junos

    10.果肉味甜或酸甜适度，果皮较平滑，不易剥离 ……… 10.甜橙 C. sinensis

  7.翼叶甚窄至仅具痕迹；单花或2—3花簇生于叶腋，很少较多；果皮甚易剥离…
  ………………………………………………………… 11.橘 C. reticulata

1.翼叶大，其长度至少为叶身长的一半以上。

 12.翼叶比叶身长1—2.5倍或更长，总状花序有5—9花；果皮厚1.2—2厘米 …………
 ………………………………………………………… 12.红河橙 C. hongheensis

 12.翼叶与叶身等长或略短，或稍长，但不超过叶身1倍；单花腋生或少花的总状花序；果
 皮厚通常不超过1厘米。

  13.叶革质，叶身先端圆或钝，边缘有明显的疏钝裂齿；果皮粗皱，呈肉瘤状突起 …
  ………………………………………………… 13.马蜂橙 C. hystrix

  13.叶纸质，叶身先端长尖或短尖，全缘或有少数不明显的钝裂齿；果皮平滑或果顶部
  略有皱裂 ………………………………………… 14.宜昌橙 C. ichangensis

1.香橼（南方草本状） 香泡树（砚山）、蜜罗柑（文山）、香橼果（河口）图291

Citrus medica Linn.（1753）

小乔木或灌木，高达5米。嫩枝常呈暗紫红色，叶腋间有短而硬的刺。叶长圆形或椭圆形，长7—15厘米，宽4—7厘米，先端圆或钝或微凹，基部圆或宽楔形，边缘具细齿，无翼叶，叶片与叶柄连接处无关节；叶柄短。花两性，常兼有退化雌蕊的雄花，数花排成短的总状花序；花蕾带淡紫色；萼5浅裂，长3—5毫米，裂片宽三角形，被疏微柔毛；花瓣长圆形或倒卵状长圆形，浅覆瓦状排列，长14—18毫米，外面淡紫色；雄蕊30—40，花丝大

部分合生，兼有个别离生或全部离生；子房10—13室，柱头略增粗。果长椭圆形或卵形或纺锤形，长10—25厘米，果皮甚厚，芳香，表面黄色，通常粗糙，内面白色，瓤囊细小，十分退化，汁胞青白色，汁液少而呈淡黄色，味酸而带苦；种子多数，平滑，内种皮紫红色；子叶乳白色。花期春季；果期秋冬季。

产普洱、景洪、勐腊、勐海、澜沧、盈江、镇康、耿马、双江、金平、屏边、河口、泸水、西畴、大理、漾濞，生于海拔670—1750米山坡丛林中，通常栽培。分布于贵州、西藏、广西、海南。

香橼的果皮甚厚，果皮内面白色，在四川、云南、贵州多供生食，脆、味清甜而香，或作药用，可下气除痰，为芳香健胃剂。又抗旱，抗病虫害能力较强，可用以嫁接柑橘或橙类，可在中、低山干热山坡大量栽培。

1a.云南香橼（园艺学报） 枸橙（宾川）

var. yunnanensis S. Q. Ding（1979）
产宾川，生于海拔1600米的丘陵地。
果实可作药用，枝条扦插作绿篱及柑橘砧木，有矮化及早熟作用。
另有云南野香橼*Citrus medica* var. *ethrog* Engl.产德宏、元江及宾川。

2.佛手柑（本草纲目）图292

Citrus sarcodactylis Noot.（1863）
乔木或灌木，高达3米。嫩枝常呈暗紫色，叶腋间有短而硬的刺。叶圆形或椭圆形，长8—15厘米，宽4—7厘米，先端圆或钝，基部圆或宽楔形，具细圆齿，无翼叶；叶柄短。花两性，总状花序；花蕾淡紫色；萼5浅裂，长3—5毫米，裂片宽三角形，被微柔毛；花瓣5或6，长圆形或倒卵状长圆形，浅覆瓦状排列；雄蕊约40，花丝大部分合生，兼有离生或全部离生；子房10—13室或更多，发育成果时，心皮的离生部分成指状或拳状。果皮芳香，表面黄色；瓤瓣细小，退化，汁胞白色，汁液少，味酸带苦。

云南各地，栽培于海拔1900—2300米的庭园及村边房舍旁；四川、广东、广西、福建、浙江、湖南、湖北等地多见栽培。

果入药，理气化痰、止咳健脾。根也入药，为芳香健胃剂，有镇呕祛痰之功效。

3. 柚（禹贡） 大泡果（景洪、勐腊）图293

Citrus grandis（L.）Osb.（1757）
Citrus aurantium var. *grandis* Linn.（1753）
常绿乔木，高达10米，小枝具棱，断面三角形，密被短柔毛，有长而硬的刺，稀无刺。叶宽卵形至宽椭圆形，长9—20厘米，宽5—12厘米，先端圆或钝而微凹，基部阔楔形至圆形，边缘具明显的圆裂齿，下面至少沿中脉两侧被微柔毛，翼叶倒圆锥形至狭三角状倒圆锥形，长3厘米，宽2—2.5厘米，先端截平而微凹；叶柄甚短或几无柄。花通常数朵排成总状花序，花梗延长，可达10厘米，被毛；花萼浅杯状，萼齿4—5，不规则，长5—6毫米；花蕾卵形至椭圆形，长2.5厘米，宽1.2—1.5厘米，白色带淡绿色；花瓣近匙形，长2—

图291 香橼和葡萄柚

1.香橼 *Citrus medica* Linn.果枝

2—4.葡萄柚 *Citrus paradisi* Macf.

2.果 3.不同形状的叶 4.枝条

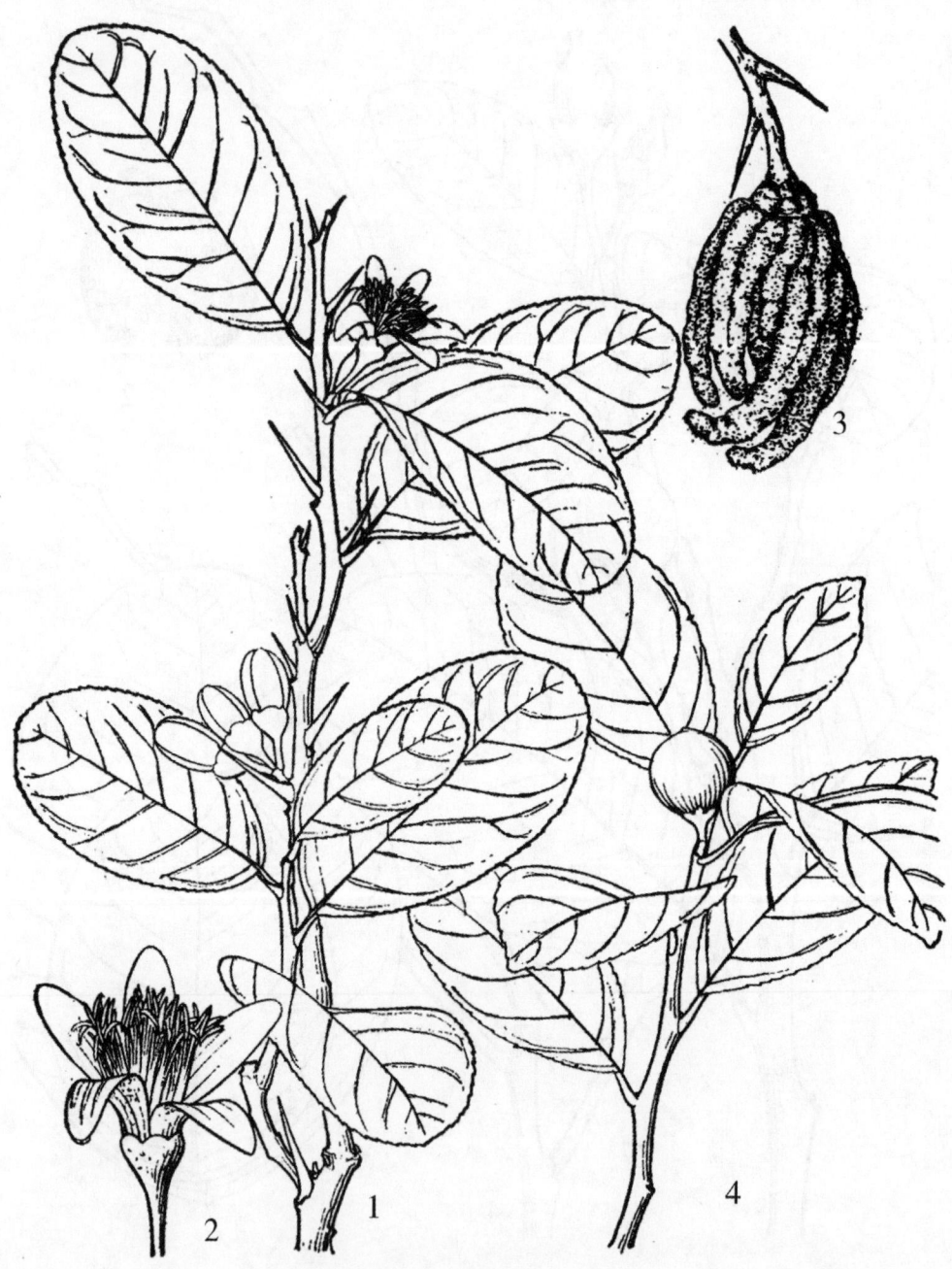

图292 佛手柑和柠檬

1—2.佛手柑 *Citrus sarcodaciylis* Noot.

1.花枝 2.花

3.柠檬 *Citrus limon*（L.）Burm. f.果枝

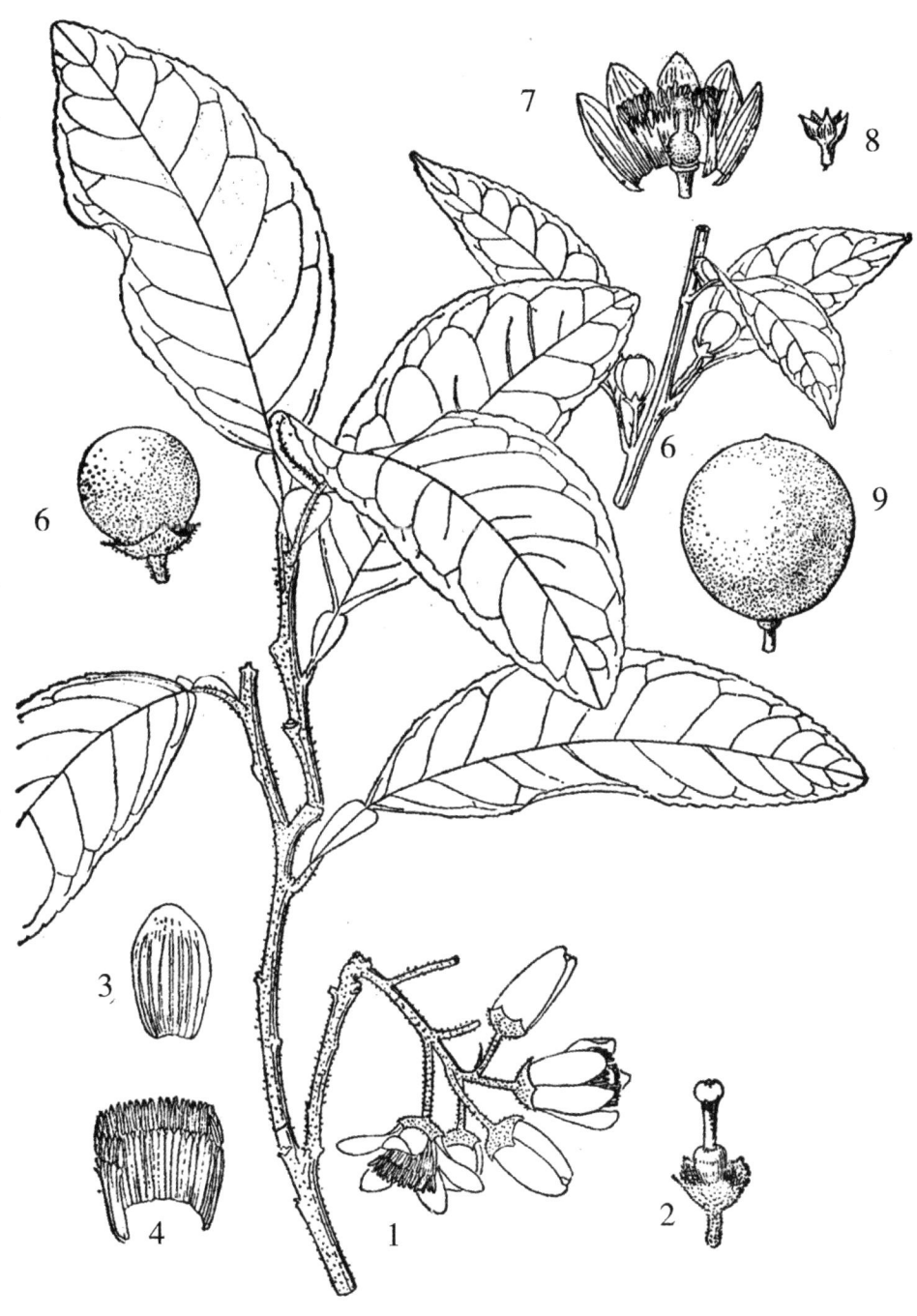

图293 柚和甜橙

1—5.柚 *Citrus grandis*（L.）Osb.

1.花枝 2.雌蕊及萼 3.花瓣 4.雄蕊 5.幼果

6—9.甜橙 *Citrus sinensis*（L.）Osb.

6.一段花枝 7.花冠展开（示花部各器官） 8.花萼 9.果

2.7厘米，宽可达1厘米；雄蕊20—35或更多，比花瓣短；花柱比子房长约1倍，柱头头状，子房倒卵形，长8毫米，径约6毫米，淡黄色。果梨形或球形，扁圆形或圆头形，长18—20厘米，径10—20厘米，淡黄色或黄青色，平滑、美丽，果皮甚厚，海绵质，瓣瓣10—15（—20），不易与果皮剥离，果肉甜、微酸、苦；种子肥大，具纵肋或棱；单胚，白色。花期3—4月；果期10—12月。

普洱、勐腊、勐海、景洪、江城、普洱、金平、屏边、富宁、绿春、红河均有栽培。分布于广东、广西、福建、四川、台湾、湖南、湖北、浙江、贵州。

栽培良种有广西的沙田柚，广东的金兰柚，福建厦门的文旦柚，四川的梁山柚等。柚含维生素C，比甜橙多2倍，营养价值高，适宜鲜食。西双版纳的勐崙早、"曼筛笼"是当地培育的好品种，味甜，水多，肉嫩，是水果佳品。

4.黎檬（岭外代答）　宜母子（植物名实图考）、药果（拾遗）图294

Citrus limonia Osb.（1765）

常绿小乔木，高达5米，胸径达30厘米。小枝三棱状，具刺。叶椭圆形至卵状长圆形或倒卵形，长6—8.5厘米，宽3—4厘米，先端短渐尖，基部楔形，薄革质，叶缘具不明显的腺齿或全缘；叶柄短，几无翅，顶端有节。花单生或簇生于叶腋；花萼裂片5，浅裂；花瓣外面淡紫色，内面白色，早落；雄蕊约20，花丝不同程度连合；子房球形，花柱长8毫米，无毛，柱头头状。果球形，径约4.2厘米，长约4厘米，表皮黄色至朱红色，果皮薄；油胞大，浅凹或平滑，易剥落，胚绿色。

产勐腊、勐海、景洪、蒙自、金平、河口、屏边，生于海拔500—950米灌丛林中及干燥处；分布于广西、贵州、四川、广东、海南、台湾、福建，常见栽培。

果入药，健胃安胎，解渴治咳，通常榨汁作调味及清凉饮料。广东一带将其渣去核蒸熟，俗称柠檬饼，能消食开胃。种仁含油40%左右。

5.柠檬　图294

Citrus limon（L.）Burm. f.（1768）
Citrus medica var. *limon* Linn.（1753）

小乔木，高达5米，具劲刺。叶淡绿色，椭圆状卵形，长6.5—10厘米，宽5—6厘米，先端短渐尖或钝，基部楔形，叶缘具细齿；叶柄短，翅极狭，顶端有关节。花单生或簇生于叶腋；花瓣5，长1.3—1.7厘米，外面淡红色，内面白色，覆瓦状排列；雄蕊20—25；子房上部圆锥形。果椭圆形至卵形，顶端乳头状，长7.5—12.5厘米，径4—5厘米，果皮亮黄色，粗糙，瓣瓣8—10，果肉味酸。

原产亚洲，最初在马来西亚发现，现我国南部各省多有栽培；云南中部及西双版纳有栽培。

6.葡萄柚　朱栾、柚子（屏边、河口）图291

Citrus Paradisi Macf.（1830）

小乔木，高达7米。小枝有棱，叶腋有小刺，长3—5毫米。翼叶大而明显，长3—3.5厘

图294 黎檬和箭叶金橘

1—3.黎檬 *Citrus limonia* Osb.

1.花枝　2.花展开　3.幼果

4—6.箭叶金橘 *Fortunella sagittifolia* Feng et Mao

4.果枝　5.果横切面　6.种子

米，宽2—2.8厘米；叶片宽圆形至狭椭圆形，长7.5—12厘米，宽4—8.5厘米，先端渐尖或圆或微凹。总状花序缩短，有花3—4，最多可达9，花序梗长不足1厘米，花梗长1—1.7厘米；花萼4—5裂，裂片三角形；花瓣长0.7—1.5厘米，近镊合状排列，匙形；雄蕊多数；花柱远比子房长。果扁球形或球形，两端圆或顶部略平坦，果肉味似柚，但酸中带苦、麻；种子形状不规则，近三角形，有较明显的肋状棱；子叶及胚乳白色，多胚。

西双版纳、河口、屏边、蒙自有栽培。生于海拔150—960米的村旁湿润地上及河边沙地灌丛林中；海南有分布。

7.来檬　香檬、山橘（海南）　图295

Citrus aurantifolia（Christ.）Swingl.（1914）

Limonia aurantifolia Christ.

小乔木，高达5米。小枝密生、光滑；三棱状，叶腋内有1—2小刺，果枝通常长3—10厘米。叶椭圆状短圆形，长（5）9.5—11厘米，宽3.5—4.8厘米，先端圆或钝，基部楔形，叶缘具有不明显的二重细齿，上面深绿色，下面青绿色，有散生腺点；叶柄有狭翅，与叶片连接处有明显关节。花单生或2—3集生于小枝顶部叶腋；花萼裂片5，淡绿色，花梗长约4毫米，无毛；花瓣5，长圆形，长0.8—1.2厘米，宽0.4—0.5厘米，先端尖，两面白色，密生小油胞；雄蕊20—25，基部连合，花药长箭形，长3.5毫米，宽0.8毫米，黄色；花柱长4毫米，柱头长球形，径约1.3毫米，子房与花柱近等长。果短椭圆形或卵状球形，长4.5—6厘米，径4—5厘米，顶端平截，基部浑圆，平滑或粗糙，鲜黄色或暗黄色，瓤瓣10，与果皮难于剥离，果肉柔软多汁，味甚酸，具芳香。

产富宁、广南，生于海拔600米的沟谷季雨林中。分布于广东、海南、台湾；印度、日本有栽培。

来檬属栽培柑橘中原始种类之一。树形矮小、枝条纤细、密集，抗寒能力差，有霜地区，繁殖、生长困难。

8.酸橙　酸黄菓（盈江）图296

Citrus aurantium Linn.（1753）

乔木，高达6米，分枝多。小枝具棱，刺细小，树冠为圆头形。翼叶小，不明显，叶片阔卵形至椭圆形，长5—10厘米，宽2.5—5厘米，先端狭而钝或急渐尖，基部宽楔形，革质或具微波状齿，两面无毛；叶柄短或长，具狭翅，关节不明显。花大，白色，两性，常兼有少量雄花，总状花序或兼有腋生单花或2—3花簇生，花芳香，花萼有时被毛，花后增大，呈肉质状，紧贴果皮；萼片5，浅裂；花瓣5，覆瓦状排列，披针形，长1.2—1.4厘米，宽0.4—0.5厘米；雄蕊20—25，花丝基部愈合；花柱棒状，柱头膨大，头状，子房近长圆形，均无毛。果皮橙红，稍厚粗糙，油胞凹入，果直径7—8厘米；果皮厚，瓤瓣10—12瓣，果肉甚酸，常带苦味；种子多，通常单胚；子叶白色，种皮有皱纹。

产西双版纳、富宁、镇康，生于海拔700—1000米林缘。海南及秦岭以南各地栽培；越南、缅甸、印度、日本也有。

抗寒性强，能耐-8℃左右。可作柑类砧木。果入药有去食消积之效。

图295 毛叶小芸木和来檬

1—2.毛叶小芸木 *Micromelum integerrimum*（Buch.-Ham.）Wight et Arn.

ex Roem. var. *mollissimum* Tanaka

1.花枝　2.果

3—4.来檬 *Citrusauranti folia*（Christm.）Swingle.

3.枝叶　4.果实

图296 代代花和酸橙

1—2.代代花 *Citrus aurantium* Linn. var. *crispa* Y. Tanaka

1.花枝 2.花蕾

3—4.酸橙 *Citrus aurantium* Linn.

3.花枝 4.花蕾

8a.代代花（变种）图296

var. crispa Y. Tanaka（1948）

本变种翼叶明显（叶柄两侧有宽翅），花萼外面被微柔毛等与种不同。昆明、大理等地栽培。我国长江流域有栽培，尤以苏州较多。

花芳香，用于熏制茶叶，还可入药；果实美观，是很好的观赏植物。

9.香橙　蟹橙（中国高等植物图鉴）图297

Citrus junos（Sieb.）Tanaka（1925）

Citrus medica Linn. var. *junos* Sieb.（1827）

常绿小乔木，高达6米，在叶腋内有刺，长短不一，枝扁有棱。翼叶小，长0.5—2.5厘米，宽0.5—1.8厘米，倒卵形，叶卵状披针形至卵状椭圆形，长3—7厘米，宽1.8—4厘米，先端渐尖，基部圆形，叶缘具不明显的腺齿或近全缘。花白色，两性，芳香，单生于叶腋内或成短的总状花序；花序轴长约2厘米；花蕾近球形，长1.2厘米，粗1厘米；花萼5浅裂，裂片宽三角形，有微缘毛，长、宽2—3毫米；花瓣5，浅覆瓦状排列，长1.2厘米，宽1.1厘米；雄蕊约20，花丝常黏合，长约1.1厘米，花药背着；花柱无毛，长5—8毫米，柱头头状，子房棒状，光滑无毛，具环状花盘，无毛。果实偏球形，直径4—7厘米，果皮熟时黄色，易剥落，具特殊的香味，果肉味酸；种子大，花期5月中旬。

产弥渡、大理、文山、个旧，在丽江有栽培；分布于湖北、四川、贵州、江西、甘肃、西藏等地。

本种为柑橘属植物中耐寒力强的种类，树势强健颇为长寿。果酸，具有令人愉快的香气，是理想的香料植物，也是作砧木的好材料。

10.甜橙（开宝本草）　新会橙（植物名实图考）、黄果（云南）、广柑（重庆）图293

Citrus sinensis（L.）Osb.（1765）

Citrus aurantium var. *sinensis* Linn.（1753）

小乔木，高达5米，有刺或无刺。小枝具棱，横断面三角形，果枝通常长10—20厘米。叶长椭圆状披针形至宽卵形、卵状披针形，长6.5—12厘米，宽3—5.5厘米，先端狭尖而钝头，基部楔形，边缘具不明显的腺齿；叶柄短，几无翅，顶端具关节。花数朵排成总状花序或兼有腋生单花或2—3花簇生；花蕾倒卵形至长球形；萼浅杯状，5浅裂，稀4浅裂，裂片卵状三角形；花瓣5，白色，浅覆瓦状排列，长圆形或匙形，长达2厘米，反折；雄蕊20—25，不同程度的合生成5束，花药椭圆形，黄色；雌蕊稍比雄蕊长，花柱细长，柱头扁球形，子房椭圆形，绿色，无毛。果球形或扁圆形，橙黄色或带朱红色或淡黄色或橘红色，光滑，径6.5—8.5厘米，果皮与瓣瓣紧贴，不易剥离，瓣瓣10—13；种子常具肋状凸起，子叶乳白色，通常多胚。

丽江、维西、德钦、富宁、临沧、麻栗坡有栽培。原产我国南部，长江以南各省（自治区）均有栽培；越南、缅甸、印度、斯里兰卡也有栽培。

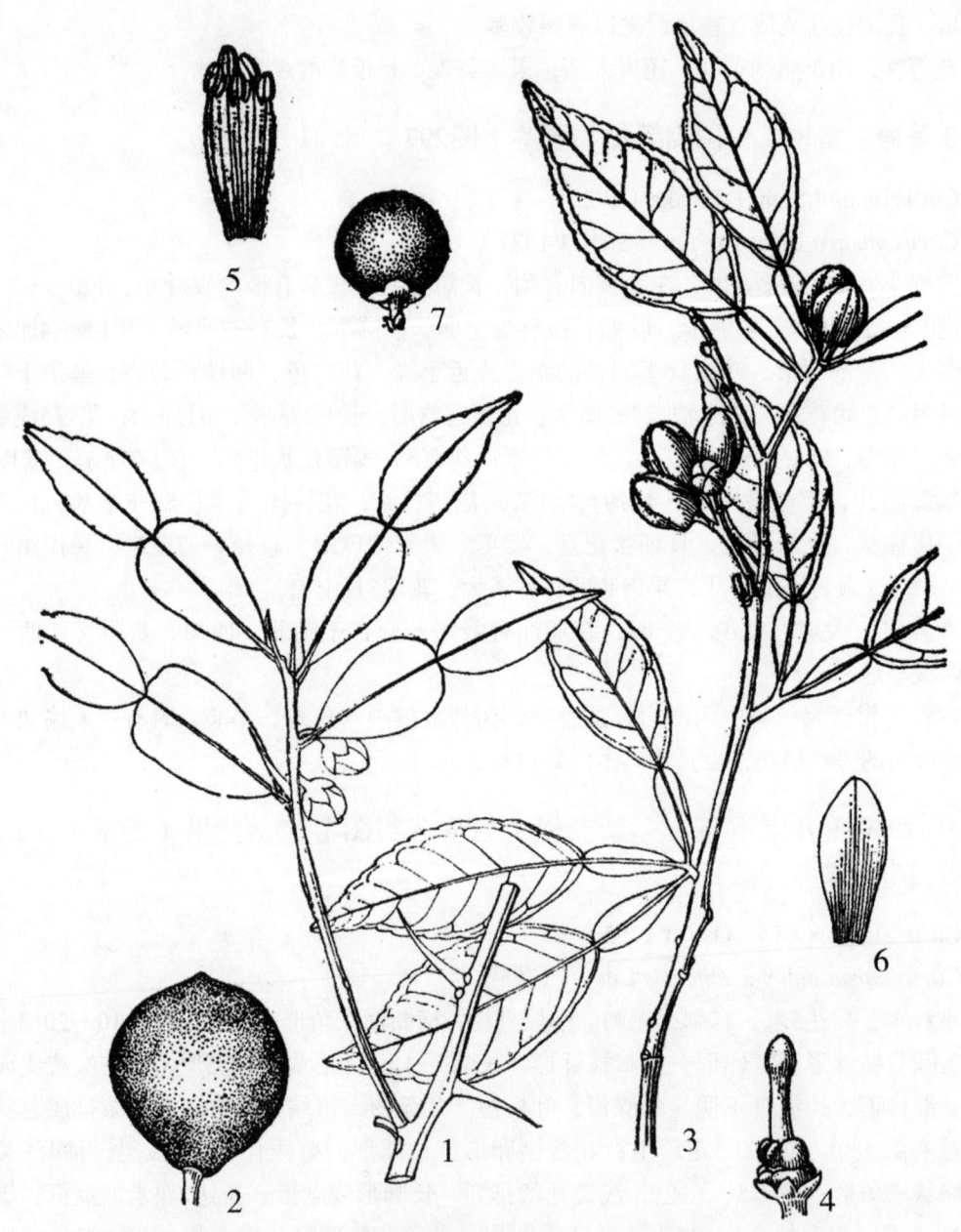

图297 宜昌橙和香橙

1—2.宜昌橙 *Citrus ichangensis* Swing.

1.花枝　2.果

3—7.香橙 *Citrus junos*（Sieb.）Tanaka

3.花枝　4.雌蕊　5.雄蕊　6.花瓣　7.果

甜橙在我国有较长的栽培历史，在汉代以前已栽种，成为我国著名水果之一，果皮供药用；种子含油30%；果肉味甜美，汁多细腻，是重要的保健食品，可润肺化痰，止咳安神。

11.橘（本草经）　柑（南方草本状）、瑞圣奴（群芳谱）、橘子（河口）图287

Citrus reticulata Blanco（1837）

小乔木，高达4米。小枝柔软，通常有小刺。叶披针形至卵状披针形，长5—9.5厘米，宽1.5—4厘米，先端渐尖，基部楔形，全缘或具有细锯齿；叶柄细，长5—7毫米，翅极不明显，顶端有关节；花小，黄白色，单生或簇生于叶腋内；萼片5；花瓣5，椭圆形，先端稍尖，基部狭窄，稍厚，两面同色；雄蕊18—24，长约6毫米，基部连合成管，花药椭圆形，长2毫米，宽1毫米，淡黄色；雌蕊外露，柱头扁球形，直径约3毫米，花柱长5毫米；子房球形9—15室，直径约3.5毫米，淡黄绿色，花盘盘状，直径约4毫米。果扁球形，径6—8厘米，顶端压扁、下凹，基部有宿存的星芒状花萼，熟时橘红色或橙黄色，果皮薄，松软而易剥落，内面白色，纤维多，囊瓣9—13，极易分离，果肉味甜；种子5—6、滑润、卵形，顶端尖，子叶乳白色；多胚，绿色。

全省各地均有栽培，以大理、宾川、宁蒗、丽江、河口、元江、勐腊较多。我国长江流域以南各省（自治区）广泛栽培。

自唐代以来就有栽培，是我国著名的水果之一。

12.红河橙　"阿蕾"（哈尼语）图298

Citrus hongheensis Y. L. D. L.（1976）

大乔木，高达20米。树皮灰黑色，冠幅约14米×14米。嫩枝被稀短柔毛，徒长枝及隐芽枝具刺。单身复叶，叶狭卵状披针形，长5.5厘米，宽1.9厘米，先端渐尖，基部宽楔形；具叶柄；翼叶比叶身长2—3倍，长圆形，先端近截形，基部楔形。总状花序由5—9花组成，被柔毛，偶有单花；花蕾长圆形，带紫色，长1.5厘米，宽0.8厘米；花大，白色，直径3—3.5厘米；花萼浅杯状，5浅裂；花瓣4或5，外面紫色；雄蕊16—18，花丝分离，长短不齐，长约1厘米；花柱细长，长6—7毫米，粗1.2毫米，被疏柔毛，花柱与子房连接处无关节，子房近球形，横径11—12厘米，纵径8—10厘米。果皮较厚，1.5—1.9厘米，表皮黄色，油胞突起；种子大，长1.2厘米，宽1—1.3厘米。厚0.6—0.8厘米，单胚。

产红河县乐育乡，生于海拔1800米的山坡。

红河橙在当地用作中药材枳壳的代用品，哈尼族人民将其叶用作煮食肉类的辛香调料，能防腐去腥气。

13. 马蜂橙　马蜂柑（勐腊）、"玛纠"（勐腊、勐棒）

Citrus hystrix DC.（1875）

乔木，高达6米，树干绿褐色，有细裂纹，具细小刺，长不及2毫米。翼叶与叶身近等长，长4—6厘米，宽1.5—4厘米，倒心形，先端平截或方头形或微凹，基部阔楔形；叶身椭

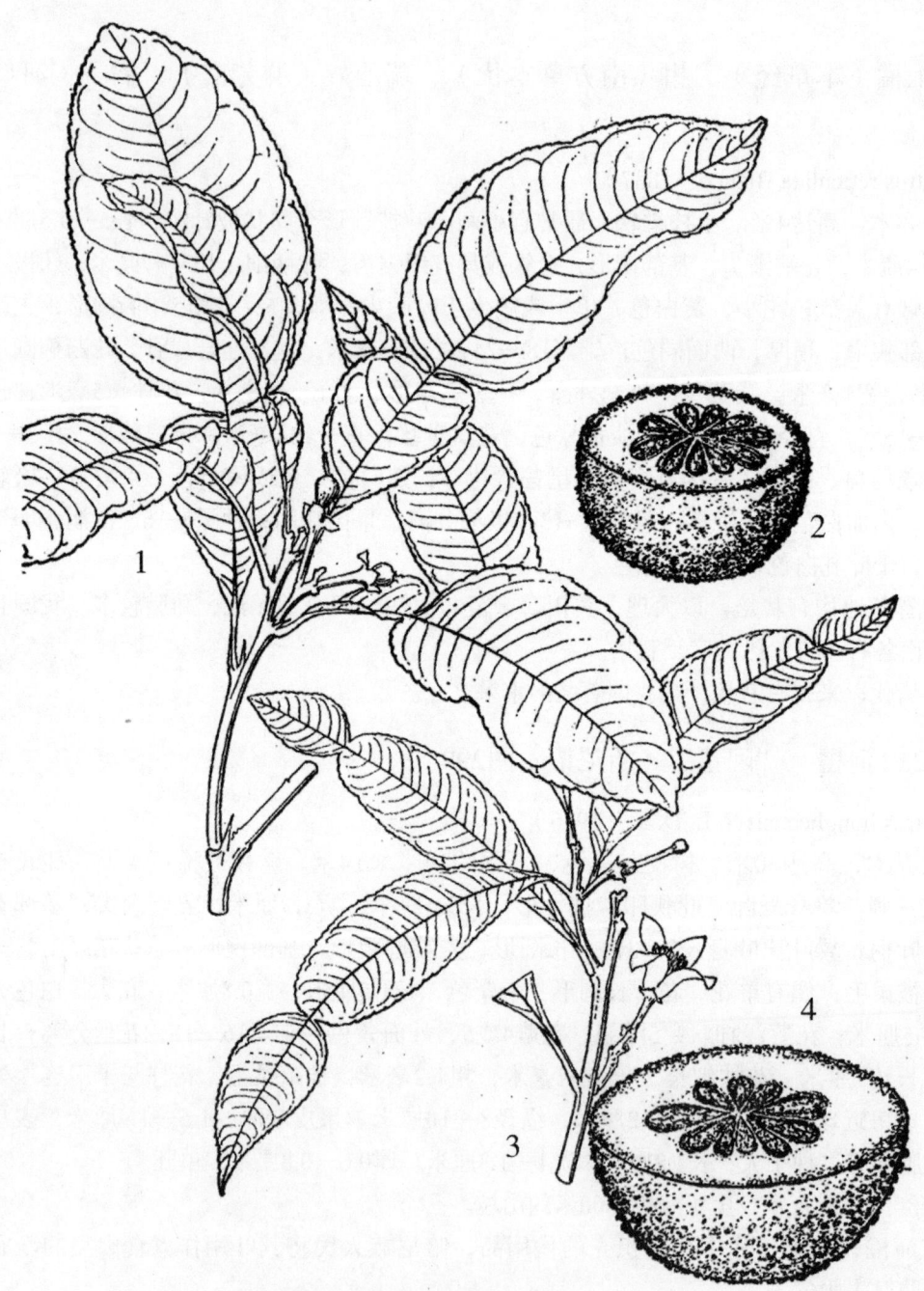

图298 马蜂橙和红河橙

1—2.马蜂橙 *Citrus hystrix* DC.

1.幼果枝 2.果横剖面

3—4.红河橙 *Citrus hongheensis* Y. L. D. L.

3.花枝 4.果横剖面

圆形至卵形，长6—9厘米，宽3.5—5厘米，基部阔楔形或圆形，先端钝或楔形，均有圆齿，薄革质，羽状脉在两面微凸起。花1—2，腋生，花梗长约1厘米，被微柔毛，花萼裂片4—5，近圆形，长宽约0.5厘米，外面被毛；雄蕊及花瓣早落；子房圆头形，基部收缩成柄。果单生，幼果绿色，长圆形，顶端具突尖，基部短尖，长7厘米，径5.5厘米；瓣瓣10—11，果皮具有明显的瘤状突起，厚0.8厘米，果肉甚酸、苦不堪食用。

产勐腊、金平，生于海拔560—1300米的山坡次生林中。傣族常种在竹楼旁，花香并可作配料除腥气。

14.宜昌橙　狗橙子（漾濞）图297

Citrus ichangensis Swing.（1913）

小乔木或灌木，高达5米。翼叶明显，多与叶身等大或超出，先端圆形，基部楔形，叶革质，长5—7毫米，中脉及羽脉在下面凸起；叶腋有小刺，刺长0.5—3厘米。花单生，白色或紫色或淡黄色；花萼5裂，萼片圆形；花瓣5，覆瓦状排列，长圆形，长1.3—1.6厘米，宽5—6毫米；雄蕊24—30，长约1厘米，花药箭头形，背部着生；子房棒状，柱头黑色，膨大；花梗长3毫米。果扁球形至梨形，径4.5—5厘米，顶端呈盘状或锥状隆起，黄色，油胞凸出，瓣瓣9—10，种子30—40，表面光滑，棱脊显著；单胚、白色。

产漾濞、保山、镇雄、绥江、大关，生于海拔600—1820米的阳坡灌丛及山谷密林中。分布于湖北、四川、贵州、广西、湖南。

果实可代枳壳用。

18.金橘属 Fortunella Swingle

灌木或小乔木。嫩枝具棱，老枝浑圆，通常无刺，或刺生于叶腋间。单身复叶，叶片与叶柄连接处有关节，翼叶甚狭小或几无，两面均无毛。单花腋生或数花聚生，花两性，白色，芳香；萼片5，稀4或6，细小；花瓣5，稀为4或6，覆瓦状排列；雄蕊通常为花瓣数的4倍，合生成束，花丝增宽；雌蕊生于花盘上，子房3—6（—7）室，每室有并列的胚珠2，柱头头状，有粗大的油腺。果椭圆形，卵形或球形，果皮肉质而厚，有粗大的腺点，瓣瓣3—6，稀为7，汁胞细小，纺锤形或近球形，基部有细柄；种子卵形，表面平滑；胚青色，子叶青色，广卵形，萌发时露出土面。

本属6种，分布于亚洲东南部及马来亚半岛。我国有5种，产长江流域以南各地；云南产3种。

分 种 检 索 表

1.顶生小叶长圆形至卵形，长2—4.5厘米，宽1.5—3厘米，先端渐尖、基部圆形 ………… ………………………………………………… 1.箭叶金橘 F. sagittifolia
1.顶生小叶狭长披针形或狭长圆形。
　2.叶长10—15厘米；叶柄长1.2—1.8厘米 ……………… 2.长叶金橘 F. polyandra
　2.叶长10厘米以内；叶柄不超过1.2厘米……………………… 3.金橘 F. margarita

1.箭叶金橘　金线吊葫芦（大理）图294

Fortunella sagittifolia Feng et Mao（1984）

小乔木，高达6米，具细尖刺。幼枝微扁稍有棱，老枝略呈圆柱形。叶为单身复叶，顶生小叶长圆形至卵形，长2—4.5厘米，宽1.5—3厘米，先端渐尖，基部近圆形，边缘具不明显的疏细齿，密被腺点，侧脉下面较上面明显；箭叶倒卵形，长2.5—4.5厘米，宽1.5—3.5厘米，先端截形或微心形，基部楔形。果单生于无叶小枝的叶痕腋内，长圆形，长3—6厘米，径2—4厘米，浅橙黄色，5—7室，每室2种子；种子三角状半圆形，长1.5—1.8厘米，宽1—1.2厘米，腹面平滑，背面有蜂窝状网纹。

产安宁，生于海拔1900米灌丛中。大理苍山斜阳峰有分布，当地草医称"金线吊葫芦"，为治疗关节疼、肿瘤、慢性肾炎及皮下出血等的良药。

2.金橘（归田录）　牛奶金柑（汝南圃史）、金枣　图299

Fortunella margarita（Lour.）Swingle（1915）

Citrus margarita Lour.（1790）

小乔木或直灌木，高达2米。树皮灰青色，通常无刺，有时有刺。叶密生于枝顶，椭圆状披针形至长圆形，长5—10厘米，通常6—8厘米，宽2—4厘米，先端尖，有时微钝，基部宽楔形，全缘或具不明显的细锯齿，上面深绿色，光亮，下面青绿色，中脉凸出；翼叶甚狭。单花或2—3花从叶腋间生出，花梗细瘦，长3—5毫米；萼片5，三角形，长1.5—2毫米，先端尖；花瓣5，狭长圆形，长约7毫米，宽约3毫米；雄蕊17—25，长短不等，合生成束，花丝扁而宽，花药椭圆形至卵状圆形，长约1毫米；花柱圆柱形，较子房短，柱头头状，子房近球形。果长圆形或卵状圆形，金黄色，平滑，长4厘米，径2.8厘米；果梗细；果皮厚3毫米，与瓢瓣难剥离，味甜或酸；种子4—6，卵状球形；子叶及胚均青绿色，单胚。

常见栽培，野生甚少。原产我国南部。

3.长叶金橘（中国树木分类学）图299

Fortunella polyandra（Ridl.）Tanaka（1933）

Atalantia polyandra Ridl.（1902）

无刺小乔木或灌木。嫩枝青色，略起棱。单身复叶，叶狭长披针形或狭长圆形，连叶柄长10—15厘米，宽2—4厘米，上部渐狭先端钝或稍尖，基部楔形，稀为宽楔形，上面深绿色，中脉略浮起，侧脉不明显，下面青色，干后常为灰青色或灰黄色，全缘或具细锯齿，箭叶最宽部分为2—2.5毫米，先端钝；雄蕊24，长短不等，合生成束，花药广椭圆形；花柱短而粗，柱头头状，子房长圆形，3—5室，花盘垫状，肉质，有子房栖。果近球形，直径约20毫米，皮薄，平滑，种子卵状球形，顶端略钝，基部圆形，长约15毫米，厚约8毫米，平滑；子叶平凸。

产勐海，生于海拔560米林缘。分布于海南；马来西亚也有。

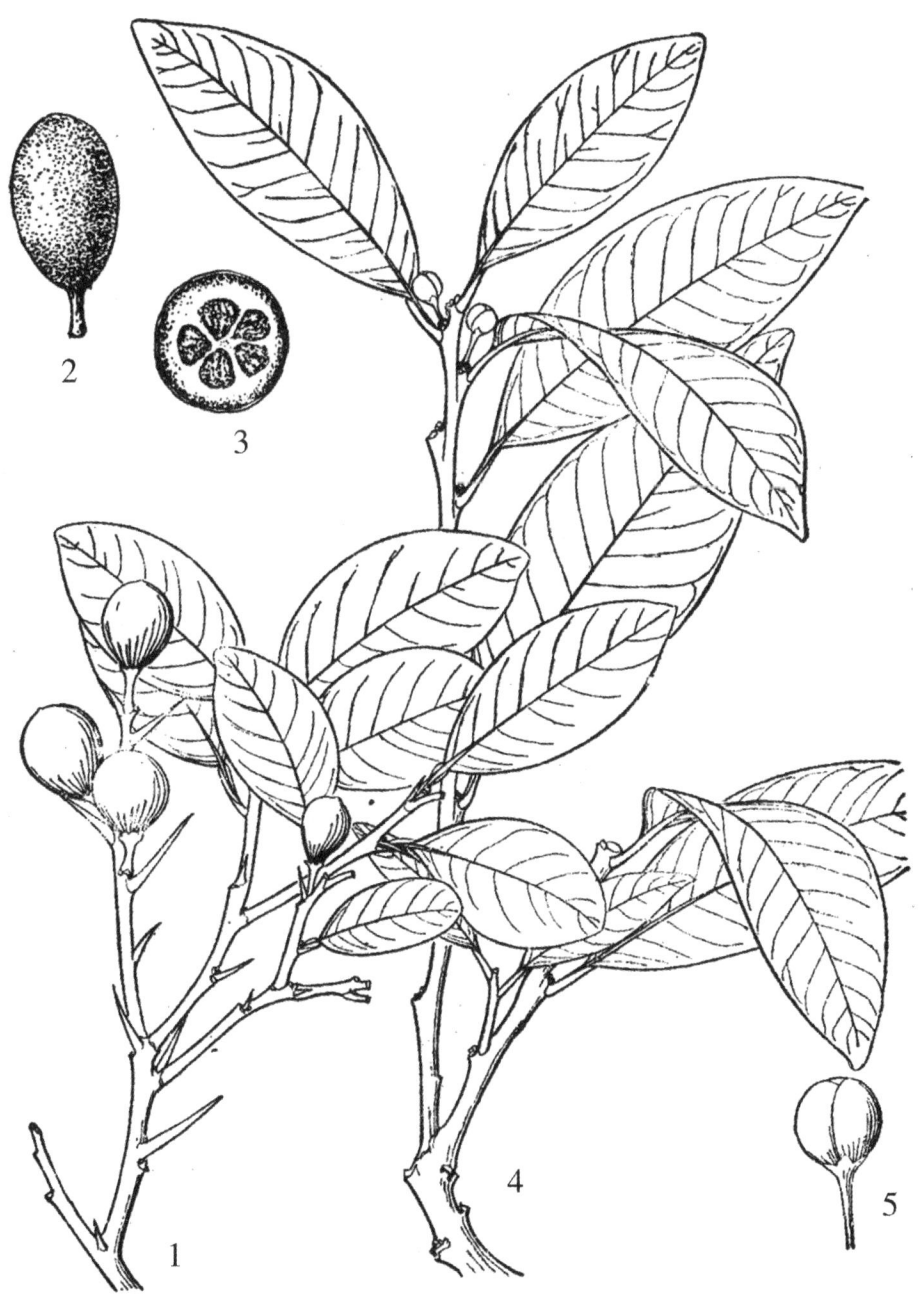

图299 金橘和长叶金橘

1—3.金橘 *Fortunella margarita*（Lour.）Swingle

1.果枝 2.果 3.果横剖

4—5.长叶金橘 *Fortunella polyandra*（Ridl.）Tanaka

4.花枝 5.花放大

19. 木橘属 Aegle Koen

落叶，有刺乔木。叶为指状三出复叶，互生，小叶膜质，边缘略具细圆锯齿，有甚多透明腺点。花两性，白色，稍大，排成腋生的圆锥花序；萼小，4—5齿裂，脱落；花瓣4—5，覆瓦状排列；雄蕊多数；花丝短，钻形，花药甚长，直立；花盘极细小，花柱甚短，柱头纺锤形，有纵沟，脱落；子房圆筒形，8—20室，胚珠多数，排成两列，侧膜胎座，近球形，果皮硬木质，芳香，8—16室，每室有种子多数，长圆形而略扁，无胚乳，瓤瓣的侧壁加厚且成肉质；种皮有软毛；单胚，种子萌发时子叶出土。

本属3种，分布于亚洲热带、亚热带地区。我国云南南部有1种。

三叶木橘 "嘛逼汉"（傣语）图278

Aegle marmelos（Linn.）Corr.（1800）

小乔木，有刺，刺长，坚硬而锐利。叶互生，指状三小叶；小叶披针形或长圆形或椭圆状披针形，长4—8厘米，宽2—4厘米；侧生二小叶无柄或几无柄，中央小叶具长柄；叶柄被微柔毛，长15—25毫米。花白色，芳香；花蕾球形；花梗被柔毛，排成腋生圆锥花序；花萼小，萼片4，卵形，先端略钝或尖，边缘被缘毛；花瓣肉质而厚，分离，长约10毫米或更长；雄蕊约50或更多，常不同程度的合生成2—3束，花药先端尖；子房圆筒形。果近球形或广长圆形，直径5—13厘米，果皮暗黄，果皮硬木质，果肉黄色，具黏质；种子具软毛。

产景洪、勐腊、耿马，生于海拔600—1200米灌丛林中，并有栽培。印度有分布。

未成熟果晒干后治痢疾，成熟果芳香味美，常配作清凉饮料。

195.苦木科 SIMAROUBACEAE

乔木或灌木。树皮常具苦味。枝多粗壮。鳞芽或裸芽。奇数羽状复叶，稀单叶，互生，稀对生；托叶常缺或早落。花单性或杂性，稀两性；雌雄同株或异株；花小，组成总状、穗状、聚伞或圆锥花序，腋生；花被整齐，萼片3—5（—7）裂，离生或合生，覆瓦状排列；花瓣3—5，稀缺，覆瓦状或镊合状排列，多半分离，稀无，或合生成管，花盘在雄蕊和子房之间，环状或杯状，全缘或分裂，稀有时发育成子房柄，雄蕊与花瓣同数或为其2倍，花丝基部常有鳞片，花药2室，纵裂；子房上位，心皮2—5合成复雌蕊，离生或部分连合，常1—5室，中轴胎座，每室1胚珠。核果、蒴果、翅果；种子有胚乳或缺，胚小，子叶肥厚。

本科约30属，200种，分布于热带、亚热带，少数至温带。我国5属，11种和2变种，分布于长江以南各省，少数分布至华北及东北。云南产3属8种3变种。本志全部加以记载。

分 属 检 索 表

1.鳞芽。圆锥花序顶生，雄蕊为花瓣2倍；翅果，无宿存萼；树皮少苦味；小叶13—41，每边基部有1—4腺齿或全缘 ·· 1.臭椿属 Ailanthus
1.裸芽；花序腋生，雄蕊与花瓣同数；核果，具宿存萼；树皮味极苦。
 2.宿存萼不增大；花序狭长；子房被毛 ······················· 2.鸦胆子属 Brucea
 2.宿存萼增大，变厚，包围果实；花序宽展，子房无毛或有时疏被毛 ····················
 ·· 3.苦木属 Picrasma

1.臭椿属 Ailanthus Desf.

乔木，落叶，稀常绿。树皮有苦味。枝粗壮，呈假轴分枝。冬芽多球形，外被2—4芽鳞。奇数羽状复叶，互生，小叶13—41，全缘或仅在基部的两侧有2—3对腺齿。花杂性或单性，具柄，每花基部常有1小苞片；圆锥花序顶生；花萼5裂，基部连合，覆瓦状排列，花瓣5或6，较花萼长，镊合状排列；花盘10裂；雄蕊10，着生于花冠基部，在两性花及雌花中短于花瓣和子房，在雄花中长于花被。复雌蕊，心皮2—6，离生，2—6室，每室1胚珠。翅果1—6聚生在一起，翅扁平，条状矩圆形，在果核的上下两端延生；种子1，扁圆形，位于小翅果中央；胚乳少量，子叶圆形或倒卵形。

本属11种，分布于亚洲东南部和澳洲北部。我国6种，多分布于华南及西南各省（自治区）；云南4种2变种。

分 种 检 索 表

1.小叶全缘。
 2.小叶互生，两面无毛；翅果先端较宽 ······················ 1.常绿臭椿 A.fordii

2.小叶近对生，下面被短柔毛；翅果先端狭长 ························· **2.毛叶南臭椿** A.triphysa

1.小叶基部具1—4对腺齿。

　3.幼枝、叶柄及叶轴均不被微柔毛；叶缘非波状。

　　4.枝干通常无刺；叶形大，复叶长可达1米；叶基具1—2对腺齿。

　　　5.翅果小，长不超过4.5厘米····························**3.臭椿** A.altissima

　　　5.翅果大，长4.5—6厘米 ················· **3a.大果臭椿** A. altissima var. sutchuenensis

　　4.枝干上常有稀疏的短刺；叶形稍小，复叶长通常在70厘米以下；总柄轴上也时有小针
　　　状刺；叶缘基部有2—4对粗腺齿 ······················· **4.刺臭椿** A. vilmoriniana

　3.幼枝、叶柄及叶轴均密被微柔毛；叶缘波状 ········ **5.滇毛臭椿** A. giraldii var. duclouxii

1.**常绿臭椿**（云南植物志）　岭南樗树（中国树木分类学）图300

Ailanthus fordii Nooteboom（1962）

Ailanthus malabarica DC. Hance（1878）

　常绿小乔木，高达4米，叶聚生茎顶似棕榈。树皮暗灰褐色，较厚，粗糙，浅纵裂。小枝粗壮，灰褐色，具纵条纹，密被微柔毛。奇数羽状复叶；叶轴长35—60厘米，叶柄长达叶轴1/4—1/2，密被微柔毛；小叶厚纸质，有光泽，13—27，镰状长圆形，先端短渐尖或钝圆，基部钝圆，极偏斜，长7—13厘米，宽4—6厘米，全缘或增厚而微波状，无毛，下面散生扁平的小腺体，侧脉7—12对，两面明显，至边缘消失，小叶柄长6—8毫米，稍粗壮。大圆锥花序近顶生，长达40厘米，序轴粗壮。具纵棱，密被锈毛；花芽倒卵形，长约3毫米；雌花、两性花的萼杯状，被微毛，萼齿宽三角形、锐尖；花瓣较萼长2倍，长圆形；两面无毛；雄蕊在芽中短于花瓣，花丝无毛；花盘杯状，5浅裂，被微毛；子房倒卵形，密被黄色微柔毛；花柱基部合生。翅果在果枝上极密，先端钝圆，基部楔形，长4—55厘米，宽约1.5厘米，幼时疏生柔毛，老时无毛；种子扁压，卵圆形。果期12月至翌年4月。

　产西双版纳，生于海拔540米的丘陵地带林荫干燥处。广东、福建沿海有分布。

2.**毛叶南臭椿**（云南植物志）图301

Ailanthus triphysa（Dennst.）Alston（1931）

Ailanthus malabarica DC.（1825）

　乔木，高达45米。树皮白色；木材纤维质，白带红色。幼枝被锈色绒毛。叶长48—70厘米；叶轴红褐色，密被微柔毛，疏生皮孔，小叶11—35（—53），近对生，在叶上下两端的较小，卵圆形至长圆状披针形，偏斜，下面密被短柔毛，在下部侧脉分叉处有1毛丛的腺体；小叶柄长5毫米，被短柔毛。圆锥花序腋生，长40—50厘米；花梗纤细，长2—2.5毫米，远比花短，不具关节；花萼外面被微毛，5浅裂，锐尖，略长于萼管；花瓣5，舟形，渐尖，无毛，长2.5毫米，宽1.5毫米，内向镊合状排列；雄蕊10，长于花瓣，花丝纤细，长4.5毫米，无毛；花药卵圆形，背着；花盘小，具细圆齿；雌花心皮1—2，极小，藏于花盘中。翅果长5.5厘米，宽1.7厘米；种子扁平，果柄长达2厘米。

　产西双版纳，生于海拔540米平坝中。分布于南亚至大洋洲、越南南部至中部、泰国、缅甸至印度、斯里兰卡、马来半岛北部至印度尼西亚。

图300 刺臭椿和常绿臭椿
1.刺臭椿 *Ailanthus vilmoriniana* Dode 叶片
2—3.常绿臭椿 *Ailanthus fordii* Nooteboom
2.叶片 3.果枝（部分）

图301　毛叶南臭椿 *Ailanthus triphysa*（Dennst.）Alston
1.复叶　2.果枝（部分）　3.翅果　4.花

树皮和叶药用。木材软而白，可制茶叶箱及各种器具。

3.臭椿（本草纲目） 大果臭椿（曲靖）、龙树（富宁）、臭椿皮（滇南本草）、樗（古称）图302

Ailanthus altissima（Mill.）Swingle（1916）

Toxicodendron altissima Mill.（1768）

Ailanthus glandulosa Desf.（1786）

落叶乔木，高达30米，胸径达1米。树皮灰褐色，平滑或略有浅纵裂。树冠卵圆形、扁球形、伞形。小枝褐黄色至红褐色，初被细毛，后脱落；皮孔点状，灰黄色，呈周高中低的水溅状环形。复叶连总柄长可达1米，小叶13—25，互生或近对生，披针形或卵状披针形，长7—13厘米，宽3—4厘米，先端渐尖，基部圆形，截形或宽楔形，略偏斜，全缘或近波状，近基部约1/4处常有1—4腺齿，散发恶臭味，下面常被白粉及短柔毛。小叶柄短，长0.4—1.2厘米。花序直立，顶生，长10—25厘米；花小，杂性，雄花与两性花异株。花萼三角状卵形，长1—2毫米，绿色；花瓣长约2.5厘米，两面均被柔毛，雄花，雄蕊10，长于花瓣，花丝基部被毛。雌花子房5心皮，柱头5裂。花具恶臭，雄花特浓。翅果扁平，长椭圆形，长3—5厘米，宽0.8—1.2厘米，熟时淡褐色或灰黄褐色；种子1，扁平，圆形或倒卵形，位于翅果中部。花期5—6月；果期7—10月。

产富宁、西畴、文山等地，生于海拔1500米石灰岩上。华北、华中、华南及西北各地均有分布；朝鲜、日本也有。

喜光，耐干旱，耐贫瘠；喜肥沃深厚的土壤，在微酸性、中性及石灰性土壤上均适宜生长；在含盐量0.4%—0.6%的盐碱土中也能成苗。不耐水淹、耐酸碱，抗风沙，抗烟尘能力均强。根蘖力强，寿命可达100—200年。

种子和分根繁殖。种子干藏，发芽力可延续1—2年；最适发芽温度8—14℃。苗期注意及时抹芽、除萌。

木材质地轻韧，硬度适中，有弹性，纹理直，色乳白或淡褐，耐腐，易干燥，为农具、家具、球拍及胶合板内层用材。木纤维含量大，韧性好，是优良造纸原料。种子含油35%—37%，为半干性油，适用于油漆、制皂工业，加工处理庐可食用。叶可作牲畜及蚕的饲料。根皮称"樗根皮"，种实叫"凤眼草"，入药有清热、利湿、收敛止痢、止血、杀虫等效。

3a.大果臭椿（云南植物志） 白家香（维西）图303

Ailanthus altissima（Mill.）Swinglw（1916）var. sutchuenensis（Dode）Rehd. et Wils.（1917）

Ailanthus sutchuenensis Dode.（1907）

与臭椿［*Ailanthus altissima*（Mill.）Swingle］的区别在于：幼枝无毛，红褐色，具光泽。叶柄带紫色；小叶通常较大，长9—14厘米，宽1.5—7.5厘米，叶缘无纤毛，基部楔形至圆形。圆锥果序长35—50厘米；翅果长4.5—6（7）厘米，宽1.5—2厘米。

产昆明、会泽、丽江、维西、德钦、贡山，生于海拔1700—2500米的杂木林或灌丛

图302　臭椿 *Ailanthus altissima*（Mill.）Swingle
1.花枝　2.果序　3.雄花　4.花瓣　5.雄蕊　6.翅果

图303 大果臭椿 *Ailanthus altissima* var. *sutchuenensis*（Dode）Rehd. et Wils
1.复叶 2.果序 3.翅果

中。湖北、四川、湖南、江西有分布。

4. 刺臭椿（云南植物志）图300

Ailanthus vilmoriniana Dodo（1904）

乔木，高达40米。幼枝被无数软刺。叶长50—90厘米，小叶17—25，披针状长圆形，长9—12（—15）厘米，先端渐尖，近基部具2—4粗齿，齿背具腺体，上面无毛或有短柔毛，下面粉白色具短柔毛；叶柄及叶轴有时红色，具软刺。圆锥花序长达30厘米。果长4.5—5厘米，先端扭曲。

产永宁、德钦，生于海拔2800米的干热河谷地带。湖北、四川有分布。

为四旁绿化及饲养樗蚕树种。

5. 滇毛臭椿（云南植物志）图304

Ailanthus giraldii Dode var. duclouxii Dode（1907）

乔木；小枝淡橙黄色。叶大，长50—90厘米，小33—41厘米，长7.5—15厘米，宽2.5—5厘米，幼树上有时更大，披针形，长渐尖，基部楔形，近基部每侧具1—2齿，每齿背面具1腺体，边缘波状，侧脉14—15对，上面深亮绿色，沿中脉及侧脉被小柔毛，下面色较淡，疏被白色柔毛，尤以中脉及侧脉较密，小叶柄长3—5毫米，被微柔毛。圆锥花序长20—30厘米。果长约6厘米，宽约2厘米。

产宾川，即模式标本产地。正种产四川、陕西、甘肃。

2. 鸦胆子属 Brucea J. F. Mill

灌木或乔木，密被淡锈色毛被。树皮及种子极苦。奇数羽状复叶，小叶稍偏斜、卵圆形或披针形，全缘或有粗齿。花细小，杂性，为多数甚短小的聚伞花序组成，雄花较长，雌花较短，腋生的圆锥花序，花梗细，基部具小而披针形的苞片；萼4深裂，覆瓦状排列，花瓣4，小而线形，旋卷，覆瓦状排列，具内折尖头；花盘厚，4裂；雄蕊4，插生于花盘下面，花丝无毛，花药卵形，在雌花中萎缩；子房由4个几分离的心皮组成，被毛，花柱离生或在基部合生，钻形，反折，柱头不增大，每心皮有1个自腹缝线中部以上悬垂、珠孔向上、端尖的胚珠。核果3—4个，离生，卵形，具薄的种皮，无胚乳；胚直，具短幼根和腹平背凸的子叶。本属约6种。我国2种，分布于华南及西南；云南皆产。

分 种 检 索 表

1.小叶卵状圆形，边缘有粗齿；子房无毛；核果长约8毫米，径5—6毫米 ………………
………………………………………………………… 1.鸦胆子 B. javanica
1.小叶卵状披针形至披针形，全缘；子房密被硬毛；核果长10—12毫米，径6—8毫米 ……
………………………………………………………… 2.毛鸦胆子 B. mollis

图304　滇毛臭椿 *Ailanthus giraldii* var. *duclouxii* Dode
1.果枝　2.复叶　3.叶背面

1.鸦胆子（本草拾遗） 苦榛子、苦参子（本草拾遗）图305

Brucea javanica（Linn.）Merr.（1928）

Rhus javanica Linn.（1753）

Brucea sumatrana Roxb.（1814）

常绿灌木或小乔木，高达8米，具臭味。树皮苦；幼时密被淡黄锈柔毛，2—3年始脱落。小枝淡黄色至灰褐色，疏被线形至长圆形黄白色皮孔。奇数羽状复叶，连叶柄长14—30厘米；小叶5—11，对生，卵状披针形（顶生叶有时宽卵形），长4—11厘米，宽2—4.5厘米，先端渐尖，基部圆形或楔形，偏斜，边缘具三角形粗锯齿，上面疏被、下面密被伏柔毛，脉上尤密，侧脉5—10对，在下面隆起，老时在上面下陷，侧生小叶柄短长3—5毫米。花极小，雄花径约1.5毫米，雌花径约3毫米，聚伞状圆锥花序腋生，狭长，可达50厘米，雄花序长过于叶，雌花序短于叶；雄花，花萼4，卵形，长不及1毫米，外面疏被淡黄色硬伏毛，边缘疏生腺体；花瓣4，长圆状披针形，外面疏被硬毛，内面无毛，边缘疏生腺体，长约1.5毫米；雄蕊4，短于花瓣，花药与花丝等长或稍长，红色；花盘发达，半球形；雌花，萼片，花瓣同雄花，但稍大，雄蕊具退化花药；花盘杯状，4浅齿，子房通常4心皮，卵状圆形，花柱反折，密贴子房。核果，椭圆形，紫红色转黑色，长约8毫米，宽5—6毫米，干时被网状皱纹，先端具小尖突，略偏斜。花期4—6月；果期8—10月。

产勐腊，生于海拔950—1000米的石灰岩山疏林中。广东、广西、福建、台湾有分布；印度、斯里兰卡、马来西亚、大洋洲均有。

种子入药，治阿米巴痢疾，也用于抗疟、杀虫、治痔，去赘；叶用于去鸡眼，洗湿疹疮毒、烫伤、毒虫咬伤；内服治脾大。

2.毛鸦胆子（云南植物志）图305

Brucea mollis Wall.（1848）

B. acuminata H. L. Li（1943）

灌木至小乔木，高达4米，苦味。小枝幼时黄绿色，密被白色皮孔及锈色硬伏毛，老时毛渐脱落，枝转紫红色。奇数羽状复叶，长达60厘米；叶柄长7—8厘米，叶轴密被锈毛；小叶5—15，卵状披针形或披针形；先端长渐尖或渐尖，基部阔楔形至楔形，多少下延，长（5—）7—15厘米，宽（1.5—）3—5厘米，薄纸质，全缘，两面被锈毛；中脉两面隆起，侧脉8—10对，仅在下面隆起，小叶柄长3—7毫米。聚伞状圆锥花序狭长，雄花者长与叶相等或稍短，雌花者更短，花轴毛与叶轴相同；雄花径3毫米，紫绿色，萼外面密被硬毛；花瓣卵形，外面疏被硬毛，内面更疏，比雄蕊长，花盘扁球形，无毛；雌花与雄花等大，萼片、花瓣相同；花盘浅盘状，具浅齿，微被毛；子房密被硬毛；花柱平展。核果，卵圆形，长1—1.2厘米，宽约8毫米，熟时紫黑色，先端略喙状，略偏斜，无毛，被浅网纹。花期3月，果期10月至翌年2月。

产西双版纳、新平、西畴、麻栗坡，生于海拔750—1200（—1800）米的疏林或密林中。广西有分布；印度、不丹、印度、缅甸、泰国、柬埔寨、老挝、越南和菲律宾均有。

图305　鸦胆子和毛鸦胆子

1—3.鸦胆子 *Brucea javanica*（L.）Merr.

1.花枝　2.雌花　3.果

4—5.毛鸦胆子 *Brucea mollis* Wall.

4.小叶片　5.叶下面一部分（示毛被）

3. 苦木属 Picrasma Bl.

乔木，全株有苦味。叶为奇数羽状复叶，聚生枝顶，小叶披针形，全缘或具齿，对生，具短柄。花小，黄绿色，杂性，形成腋生聚伞圆锥花序；萼小，4—5齿裂，裂片卵形，覆瓦状排列，花后增大；花瓣4—5，长圆形，镊合状排列；雄蕊着生花盘基部，花丝线形，多半无毛，稀被毛，花药卵形，侧向纵裂；花盘全缘或4—5浅裂；子房具2—5个离生心皮，花柱上部分离，或仅中部合生，柱头微增大或简单，胚珠单生，近无柄。肉质或草质核果1—5，包以宿存果萼；种子具宽的脐，在果的基部无柄着生，种皮膜质，稍硬而厚，无胚乳；子叶厚肉质，腹平背凸。

本属约8种。我国2种1变种，分布于东北至西南各省，云南全产。

分 种 检 索 表

1.常绿；小叶5—9，几全缘；花果均较大；宿存萼片包围核果；核果成熟后红褐色 ………
…………………………………………………………… 1.常绿苦树 P. javanica
1.落叶；小叶9—15片，边缘具圆锯齿；宿存萼不包核果。
    2.花序及果序均密被微柔毛 …………………………………… 2.苦树 P. quassioides
    2.花序果序无毛 ………………… 2a.光序苦树 P. quassioides var. glabrescens

1.常绿苦树（云南植物志）图306

Picrasma javanica Bl.（1825）

P. nepalensis Benn.（1844）

P. javanica var. *nepalensis*（Benn.）Badhwar（1940）

常绿乔木，高达20米。幼枝黄绿色，无毛，疏生皮孔，老枝紫褐色，皮孔明显。叶为奇数羽状复叶；叶柄长2—6厘米；小叶5—9，对生或近对生，全缘，具软骨质边，干后波状微皱，长圆形或卵状长圆形，稀近倒卵形，长8—13厘米，宽3.5—5厘米，先端突尖或尾状突尖，基部钝或渐尖，常偏斜，两面无毛，纸质，侧脉5—8对，与中脉细网脉均两面隆起，明显，向边缘弧状上升，网结，小叶柄长3—9毫米。花序长为叶的一半或更短，花梗长6—8毫米，花白色带黄绿色，径6—10毫米，雌花较大。雄花钟状，雄蕊比花瓣长，花丝基部密被白毛；花盘4裂，密被白毛；雌花花盘疏生短毛；子房花柱无毛。果近球形，长1—1.2厘米，径约1厘米，为增大变厚的宿萼包围。花期4月；果期5—8月。

产富宁、西双版纳、景东，生于海拔600—1400米的山谷林中。西藏、广西有分布；尼泊尔、印度东北部、孟加拉国、中南半岛、马来西亚至所罗门群岛均有。

树皮含苦楝树苷，味极苦，可代金鸡纳，但并不含生物碱。叶可治创伤。

2.苦树（云南植物志） 苦胆树（砚山）图306

Picrasma quassioides（D. Don）Benn.（1844）

Simaba quassioides D. Don（1825）

落叶小乔木，高达10米。树皮薄，暗褐至灰色，平滑，具纵条纹及皮孔，极苦。冬芽

图306 常绿苦树和苦树
1—3.常绿苦树 *Picrasma javanica* Bl.
1.果枝 2.雄花 3.雌花
4—6.苦树 *Picrasma quassioides*（D. Don.）Benn
4.果枝 5.雌花 6.雄花

裸露，密被红锈色毛，幼枝多少被毛，老枝红褐色，具明显黄色皮孔。奇数羽状复叶聚生枝顶；长20—35厘米，叶柄为叶轴长的1/5—1/3，小叶7—15，对生，近无柄，卵形至卵状长圆形，长（4—）7—12厘米，宽2.5—4厘米，先端渐尖，基部阔楔形或渐狭，常偏斜，边缘或至少中部以上的两侧具钝圆锯齿，上面发亮，下面幼时沿中脉甚至侧脉被毛。花小，黄绿色，径达8毫米，聚成腋生的二歧聚伞花序，花轴密被微柔毛；萼片4—5，卵形，先端锐尖，外面被毛；花瓣卵形，与萼片同数而长于3倍，内面略被毛；雄花雌蕊长于花瓣3倍，花丝有毛或无，花盘4—5裂，无毛，退化子房微小；雌花较雄花小，雄蕊较花瓣短得多，花丝下部被毛，花药具小尖突，花盘垫状，无毛，子房具4—5离生心皮，卵形，常无毛或疏被毛，花柱4—5，较子房长约2倍，基部分离；中部常扭转，黏合，顶端分离，微反折。小核果熟时蓝绿色转黑色，阔椭圆形或倒卵形，长6—8毫米，果皮肉质，干时皱缩，着生于增厚的花盘上，并有稍增大的果萼宿存于基部。花期4月；果期6—7月。

产富民、寻甸、禄丰、屏边、砚山、普洱、凤庆、鹤庆，生于海拔1400—2400米的湿润山谷杂木林中。分布于黄河以南各省（自治区）；尼泊尔、不丹、印度、朝鲜、日本也有。

木材稍硬，心材黄色，边材黄白色，刨削后具光泽，为家具用材；树皮及根皮极苦，含苦楝树苷、苦木胺，有毒，入药能促泻、杀虫治疥；亦为园艺上著名农药，多用于驱除蔬菜害虫。

2a.光序苦树（云南植物志）　苦楝子（香格里拉）

var. glabrescens Pamp.（1911）
产德钦、维西、香格里拉。湖北有分布。

198.无患子科 SAPINDACEAE

乔木或灌木，稀为藤本。羽状复叶，少有单叶，互生；通常无托叶。聚伞圆锥花序顶生或腋生；苞片和小苞片小，常早落；花较小，单性、杂性或两性，辐射对称或少有两侧对称；雄花萼片4—5（—6），离生或基部合生，覆瓦状或镊合状排列；花瓣4—5（—6），有时无花瓣或只有1—4发育不全的小花瓣，覆瓦状排列，里面基部通常有鳞片；花盘肉质，全缘或分裂；雄蕊5—10，常伸出，花药背着，纵裂，退化雌蕊小；雌花花萼、花瓣和花盘与雄花相同；不育雄蕊花丝较短；雌蕊2—4心皮组成，子房上位，通常3室，全缘或2—4裂，花柱顶生或生于子房裂片间，单1裂或2—4裂，胚珠每室1—2。果为室背开裂的蒴果或不开裂的核果，全缘或深裂为分果瓣，1—4室，每室有种子1；种子有或无假种皮，胚通常弯拱，无胚乳或有极薄的胚乳，子叶肥厚。

本科约150属，2000余种，分布全球热带和亚热带，温带较少。我国有25属53种，分布于西南和华南，往北种类极少；云南有18属29种，本志收载17属、24种。

分 属 检 索 表

1.单叶，翅果状蒴果 ………………………………………………… 1.坡柳属 Dodonaea
1.复叶。
  2.掌状三小叶。
    3.常腋生总状或圆锥状花序，萼片与花瓣4，每室1胚珠；果核果状椭圆形…… ………
    ………………………………………………………………… 2.异木患属 Allophylus
    3.常顶生聚伞圆锥花序，萼片与花瓣5，每室2胚珠；蒴果倒心形 … 3.茶条木属 Delavaya
  2.羽状复叶。
    4.奇数羽状复叶；果皮纸质，果为囊果状蒴果 ……………… 4.栾树属 Koelreuteria
    4.偶数羽状复叶；果皮不为纸质。
      5.果核果状不开裂。
        6.种子无假种皮，花瓣有鳞片。
          7.落叶乔木；子房3裂3室；种脐线形 ……………… 5.无患子属 Sapindus
          7.常绿乔木或灌木；子房2裂2室；种脐圆形 ……………… 6.赤才属 Lepisanthes
        6.种子有假种皮，花瓣无鳞片或无花瓣。
          8.小叶近无柄，基部一对小叶托叶状 ……………… 7.番龙眼属 Pometia
          8.小叶明显具柄，基部一对小叶非托叶状。
            9.假种皮与种子分离。
              10.小叶3—5对，上面侧脉明显；萼片覆瓦状排列，有花瓣；果皮平滑 …
              ………………………………………………………… 8.龙眼属 Dimocarpus
              10.小叶2—4对，上面侧脉不明显；萼片镊合状排列，无花瓣；果皮具凸起的小瘤体 ………………………………………………… 9.荔枝属 Litchi

9.假种皮与种子粘连。

    11.萼片覆瓦状，花瓣与萼片均4；果皮具小瘤体 ·················

·· **10.干果木属** Xerospermum

    11.萼片镊合状排列，无花瓣，萼片5—6裂；果皮具软刺 ·················

··· **11.韶子属** Nephelium

5.果为蒴果，室背开裂。

    12.小叶全缘，种子有假种皮。

      13.果深裂为分果瓣；小叶下面脉腋有腺孔 ··············· **12.滨木患属** Arytera

      13.果不分裂为分果瓣。

        14.果倒卵状梨形或棒状，有柄；子房3室，每室1胚珠 ·············

·· **13.柄果木属** Mischocarpus

        14.果椭圆形或近球形，无柄；子房2室，每室2胚珠 ·····**14.山木患属** Harpullia

    12.小叶有锯齿；种子无假种皮。

      15.果长7—8毫米，果皮革质，密被绒毛；花瓣无鳞片 ·············

·· **15.伞花木属** Eurycorymbus

      15.果长10毫米以上，果皮木质，无毛；花瓣有鳞片。

        16.叶柄和叶轴圆柱形；果深裂为分果瓣，分果球形，具小瘤状凸起 ·········

·· **16.细子龙属** Amesiodendron

        16.叶柄和叶轴三棱形；果不分裂为分果瓣，果三棱形，无瘤凸 ·············

·· **17.棱果树属** Pavieasia

1. 坡柳属 Dodonaea Mill.

乔木或灌木。幼枝或全株有胶状黏液。叶互生，单叶或羽状复叶，无托叶。花小，杂性或单性异株，单生叶腋或组成腋生或顶生的总状花序、伞房花序或圆锥花序；萼片3—7，镊合状或浅覆瓦状排列，果期脱落；无花瓣；花盘在雄花中不明显，雌花中小而发育成一短柄；雄蕊5—8，花丝极短，花药线状长圆形，药隔伸出；子房椭圆形或倒心形，3—6角，3—6室，每室2胚珠，花柱顶生，线形，长超过子房3倍，先端3—6裂，早落。蒴果翅果状，2—6角，2—6瓣裂，裂瓣侧向压扁，舟状，室背常延伸成半月形扩展的纵翅；种子倒卵状近球形或双凸镜状，无假种皮，种脐厚。

本属约50种，主产大洋洲。非洲南部1种，马达加斯加1种，夏威夷群岛1种，另1种广布全球热带，分布到我国南部，云南也有。

坡柳（云南植物志） 狗闹子、夜闹子、明子柴（武定）、羊不吃（宾川）
图307

Dodonaea viscosa（L.）Jacq.（1760）

Ptelea viscosa L.（1753）

灌木或小乔木，高达5米。树皮棕褐色，有胶质黏液。小枝上部压扁，具棱角或狭翅单叶，纸质，倒披针形或线状披针形，长7—10厘米，宽1.5—2厘米，先端急尖或短渐尖，基部渐狭下延成柄，全缘，略反卷，两面无毛，有黏液，侧脉纤细而密。花序顶生或生于上部叶腋；花黄绿色，花梗纤细，长2—5毫米，果期伸长；萼片4，椭圆形或长圆形，长约3毫米，边缘有睫毛；无花瓣；雄蕊5—9，花丝长约1毫米，花药大，长圆形，长约2.5毫米；子房椭圆形，长约2毫米，无毛，有胶状黏液，花柱长4—6毫米。蒴果具2—3翅，高1.5厘米，连翅宽约2厘米，两端凹入，幼时紫红色成熟时黄色，有脉纹；种子每室1—2，双凸镜状，黑色，径2—3毫米。

产金沙江及其支流河谷地区，生于800—2000（2800）米的干热河谷旷地或灌丛中；四川西南部和广西、福建、台湾、广东滨海地区有分布；广布全球热带地区。

喜光，耐旱，耐瘠薄，为干热地区荒山造林先锋树种；并能在石灰岩山地生长，可保持水土。飞播和人工撒播均可，也可挖穴直播。撒播时间以雨季到来之前5月中旬为宜。

种子油可供制肥皂，民间用以点灯。叶研细可治烫伤和咽喉炎；根有毒，可杀虫，并用以毒鱼；全株可治风湿。在干旱河谷地区还可作薪材树种。

2. 异木患属 Allophylus L.

灌木至小乔木。掌状复叶，通常3小叶；具长柄，无托叶；小叶边缘有锯齿，少有全缘，有柄或近无柄。花序总状或圆锥状，腋生；花小，杂性或单性，同株或异株；萼片4，两两成对，覆瓦状排列，内凹，上面一对较窄；花瓣4，小，匙形，内面基部有1片2裂的鳞片；花盘小，常偏于一侧，4深裂，呈腺体状；雄蕊8，常偏于一侧，伸出，花丝基部通常被毛，花药椭圆形，内向；子房压扁，2裂，2室，很少3裂3室，裂片倒卵形或近球形，花柱基生，单一或2—3深裂几达基部，柱头外弯；胚珠每室1。果深裂为2—3分果瓣，分果瓣核果状，倒卵形或近球形，外果皮肉质；种子与分果瓣同形，无假种皮，子叶大，对折，胚弯拱。

本属约250种，分布于全球热带和亚热带地区。我国约10种，分布于西藏、云南、广西、广东、台湾。云南有3种。

长柄异木患（植物分类学报）图308

Allophylus longipes Radlk.（1908）

乔木，高达10米。小枝无毛，具灰白色皮孔。掌状3小叶，叶柄长4—10厘米；小叶纸质，顶生小叶披针形或长圆状披针形，长8—20厘米，宽3—6厘米，先端尾状渐尖，基部楔形至宽楔形，侧生小叶卵形或宽卵形，较小，两侧不对称，边缘上半部有稀疏小齿，上面无毛，下面沿脉有稀疏柔毛，脉腋具簇毛；小叶柄长5—10毫米。由分枝的总状花序组成圆锥花序，长15—30厘米，被黄色微柔毛；花小，花梗纤细，长约2毫米；萼片卵状圆形，无毛；花瓣小，匙形，长约2毫米，鳞片被白色长柔毛；花盘似4个大腺体状；花丝长约3毫米，无毛；子房被长柔毛；3裂，3室。果椭圆形，长9—10毫米，宽6—7毫米，红色。花期7—8月；果期9—11月。

产云南东南部、南部至西南部，生于海拔1000—2400米的常绿阔叶林中；贵州（兴

图307 棱果树和坡柳

1—3.棱果树 *Pavieasia anamensis* Pierre

1.花枝 2.花 3.果

4—5.坡柳 *Dodonaea viscosa*（L.）Jacq.

4.果枝 5.雄花

图308 长柄异木患和无患子

1—2.长柄异木患 *Allophylus longipes* Radik.

1.花枝 2.果

3—6.无患子 *Sapindus mukorossi* Gaertn.

3.花枝 4.花 5.花瓣腹面 6.花盘和子房 7.果实

义）有分布；中南半岛北部至印度东北部也有。

种子繁殖。种子采集后去杂阴干，以当年播种为宜。

3. 茶条木属 Delavaya Franch.

灌木或小乔木。叶互生，指状3小叶；无托叶。花较大，杂性，排列成疏花的聚伞圆锥花序，生于短枝顶端，萼片5，不等大，深覆瓦状排列，宿存；花瓣5，长于萼片里面基部有1深2裂的鳞片；花盘基部短柱状，上部扩大或杯状，边缘膜质波状皱褶；雄蕊8，着生于花盘内侧，花丝线形，花药椭圆形；子房近球形，具短柄，2—3室，每室2胚珠，花柱顶生，钻形。蒴果倒心形，2—3裂，裂片倒卵形或近球形，果皮革质或木质；种子每室1，倒卵形或近球形，无假种皮，种脐大，圆形。

本属1种，分布于我国西南部至越南北部；云南有分布。

茶条木 黑枪杆（文山）图309

Delavaya yunnanensis Franch.（1889）

D. toxocarpa Franch.（1886）

灌木或小乔木，高达8米。小枝红褐色，无毛。指状3小叶；叶柄长3—5厘米，无毛；小叶薄革质，披针形或长圆状披针形，长7—15厘米，宽2.5—5厘米，侧生小叶稍小，卵形或卵状披针形，先端长渐尖，基部楔形，边缘具粗锯齿，两面无毛，上面有光泽，侧脉和网脉两面隆起；顶生小叶柄长6—10毫米，侧生小叶柄长2—3毫米或近无柄。圆锥花序长6—12厘米，无毛；花大，白色或粉红色，芳香；花梗长4—7毫米；萼片圆形或倒卵形，长3—5毫米，无毛；花瓣长圆形或卵状圆形，长4—8毫米，鳞片2深裂，宽倒卵形，先端流苏状；雄蕊和花盘无毛；子房密被灰白色柔毛和棒状腺毛，花柱无毛。蒴果红褐色，裂片长1.2—2.5厘米，无毛；种子黑色，有光泽。花期4—6月；果期8—10月。

产金沙江、红河及南盘江河谷及宾川、文山等地，生于海拔1000—2000米的河谷或溪边密林中。广西南部有分布；越南北部也有。

种子繁殖。

种子油可制皂，又可用以治疥癣。

4. 栾树属 Koelreuteria Laxm.

落叶乔木或灌木。叶互生，一回或二回奇数羽状复叶，无托叶；小叶互生或对生，常具齿。聚伞圆锥花序顶生，宽大；花杂性，两侧对称；萼片4—5，镊合状排列；花瓣4—5，具爪，里面基部有深2裂的小鳞片；花盘偏于一侧，3—4圆齿裂；雄蕊8或较少，着生于花盘内，花丝线形；子房3室，每室2胚珠，花柱不分裂或3浅裂。蒴果囊状，卵形、长圆形或近球形，具网状脉纹，有3棱，室背开裂为3果瓣，果瓣膜质；种子每室1，近球形，无假种皮。

图309 茶条和栾树

1—2.茶条 *Delavaya yunnanensis* Fr.

1.果枝　2.花盘和雄蕊

3—5.栾树 *Koelreuteria bipinnata* Franch

3.枝叶枝　4.花序　5.果

本属约4种，3种产我国，1种产斐济。云南有2种。

桝树（植物名实图考）　**复羽叶栾树**（植物分类学报）（中国植物志）图
309

Koelreuteria bipinnata Franch.（1886）

乔木，高达20余米。小枝褐色，无毛，密生淡黄色小皮孔。二回羽状复叶，长60—70
厘米，叶轴和叶柄上面具槽，槽间棱上被微柔毛；羽片对生，小叶9—15，互生，纸质或近
革质，斜卵形或斜卵状长圆形，长4.5—9厘米，宽2—3厘米，先端短渐尖，基部圆形，边
缘具锯齿，幼叶锯齿不明显，两面沿中脉和侧脉被微柔毛，下面脉腋有髯毛；小叶柄长约3
毫米。圆锥花序顶生，宽大，长15—25厘米，被黄色微柔毛；花黄色，基部紫色，花梗长
约2毫米，被毛；花萼5深裂，裂片长卵形，长约1.5毫米，外面疏生微柔毛，边缘具睫毛；
花瓣4，线状披针形，长约9毫米，宽约1.5毫米，具长约4毫米的爪，被白色长柔毛，爪上
方具2小鳞片，鳞片无毛，雄蕊8，花4—7毫米，花丝被白色长柔毛，花药毛被稀疏；子房3
棱状长圆形，被白色长柔毛。蒴果椭圆状卵形，具3棱，长6—7厘米，宽4—4.5厘米，顶端
钝，有凸尖头，成熟时紫红色，果瓣外面具网状脉纹；种子球形，径约5毫米，褐色。花期
7月；果期10月。

产云南东北部至西部宾川，东南部蒙自、文山、西畴等处，生于海拔1100—2300米的
疏林中；四川、贵州、广西、广东、湖南、湖北和陕西南部均有分布。

种子繁殖。宜春播，覆土可为2—3厘米。

速生树种，常用于庭园观赏。"图考"云："木性坚重，造船者取之为柁"。根入药，
有消肿、止痛、活血、驱蛔之功；花入药，能清肝明目，清热止咳。种子油供工业用。

5. 无患子属 Sapindus L.

乔木或灌木。偶数羽状复叶；无托叶；小叶对生或互生，全缘。圆锥花序顶生；花
小，杂性；萼片5，覆瓦状排列，外面2片较小；花瓣5或4，具爪，里面基部有1个2裂、顶
端被长柔毛的大鳞片或2小鳞片；花盘全缘，环状或偏于一侧；雄蕊8，伸出，花丝多少被
毛；子房三角状卵形，3浅裂，3室，花柱顶生；胚珠每室1。果深裂为3果瓣，通常仅1个发
育，球形，果皮肉质，富含皂素；种子着生处有绢状长柔毛，不发育的分果瓣附于发育分
果瓣的基部；种子与分果瓣同形，通常黑色，无假种皮，种脐长圆形，子叶肥大，叠生，
背面1片大，胚弯拱。

本属约14种，分布于美洲、亚洲和大洋洲的热带、亚热带地区。我国4种，分布于长江
以南各省（自治区）；云南4种均产。

分 种 检 索 表

1.小叶无毛；花瓣5，里面基部有2被长柔毛的小鳞片；花盘环状 ……1.**无患子 S. mukorossi**
1.小叶下面或仅沿脉被毛；花瓣4，里面基部有1个2裂的大鳞片。
　　2.小叶7—12对，长圆形或长圆状披针形，下面疏生短柔毛；萼片背面密被黄色绒毛、花

瓣外面密被黄色丝状毛 ··· **2.毛瓣无患子 S. rarak**

2.小叶4—7对，卵形至卵状长圆形，上面沿脉上被柔毛，下面疏生微柔毛；萼片仅外面基部
   被毛；花瓣无毛 ··· **3.皮哨子 S.delavayi**

1.无患子（开宝本草） 木患子（本草纲目）图308

Sapindus mukorossi Gaertn.（1788）

落叶乔木，高达15米。小枝圆柱形，幼枝被微柔毛，后变无毛。小叶4—7（一8）对，
互生或近对生；小叶卵状披针形或长圆状披针形，长8—15厘米，宽3—5.5厘米，先端急尖
或渐尖，基部偏斜，楔形，两面无毛，上面略具光泽，侧脉和网脉两面凸起；小叶柄长3—
5毫米。圆锥花序尖塔形，长15—30厘米，被灰黄色微柔毛，分枝开展，纤细；花小，绿
白色；萼片5，卵圆形，外面基部被微柔毛，边缘有白色小睫毛，外面2片较小，长约0.8毫
米，里面3片长约1.5毫米；花瓣5，披针形，长约2毫米，边缘有小睫毛，里面基部有2被白
色长柔毛的小鳞片；花盘环状，无毛；雄蕊8，花丝伸出，下部被白色长柔毛，子房三角状
卵形，无毛，花柱短。果的发育分果瓣近球形，直径2—2.5厘米，橙黄色，干后变黑。花期
3—4月；果期夏秋。

产河口、富宁，生于海拔170—300米的阔叶林中。我国长江以南及台湾广布；分布印
度东北部、中南半岛及朝鲜、日本。

木材质软，边材黄白色，心材黄褐色，可作箱板、玩具，尤宜制木梳。果皮富含无患
子皂素，可代肥皂，尤以洗丝质品最佳；种仁油可制皂或作润滑剂；根和果入药，有清热
解毒、化痰止咳之效。

2.毛瓣无患子（植物分类学报） "买马萨"（西双版纳）图310

Sapindus rarak DC.（1824）

Dittelasma rarak Hiern（1875）

落叶大乔木，高达20米。幼枝被黄色微柔毛。小叶7—12对，对生或互生；叶轴具2
槽，连柄长25—50厘米；小叶斜卵状长圆形或长圆状披针形，长7—12厘米，宽1.5—3.5厘
米，先端渐尖或急尖，基部偏斜，楔形或钝，上面无毛，具光泽，下面被稀疏微柔毛或近
无毛，侧脉细密，两面凸起，小叶柄长2—5毫米。圆锥花序长约25厘米，与叶近等长，多
花密集，密被黄色绒毛；花较大，白色；花梗长约2毫米，被黄色绒毛；萼片长圆形，长
约2.5毫米，外面被黄色绒毛，边缘具睫毛；花瓣4，披针形，长约3厘米，外面密被绢状柔
毛，内侧基部具一膜质2裂的大鳞片，鳞片长约1.5毫米，先端和边缘有长柔毛；花盘偏于一
侧，无毛；花丝线形，中、下部被白毛；子房无毛，3室，花柱长约1毫米。果球形，径2—
3厘米；种子黑色，光亮，径约1厘米。花期5月；果期7月。

产云南东南部、南部至西南部，生于海拔500—1700米沟谷、山坡疏林中。台湾有分
布；印度、马来西亚、中南半岛至印度尼西亚也有。

种子繁殖。条播育苗，一年生苗即可出圃造林。种子大，也可直播造林。

环孔材。木材姜黄色，心边材无区别，有光泽，生长轮明显，宽度不均匀，纹理斜结
构中而不均匀，重而硬，干缩大，强度中，边材易变色。可作家具、鞋楦、砧板、木梳、

图310 皮哨子和毛瓣无患子

1—3.皮哨子 *Sapindus delavayi*（Franch.）Radik.

1.果枝　2.花　3.果

4—6.毛瓣无患子*S. rarak* DC.

4.花枝　5.花瓣腹面　6.花盘和子房

烟斗、工农具柄等用材。

3.皮哨子（滇南本草）　皮皂子、油皂子（四川）图310

Sapindus delavayi（Franch.）Radlk.（1890）

Pancovia delavayi Franch.（1886）

落叶乔木，高达10米。小枝圆柱状，具槽，幼枝被微柔毛。羽状复叶长达35厘米，有小叶4—7对；小叶对生或互生，纸质，卵形至长圆形，长6—12厘米，宽2.5—5.5厘米，先端急尖或短渐尖，基部明显偏斜，宽楔形或钝，上面沿中、侧脉被微柔毛，下面疏被柔毛，脉上较密，中脉和侧脉两面凸起；小叶柄长4—7毫米，被微柔毛。圆锥花序长达16厘米，被黄色绒毛；花黄白色；花梗长约2毫米，被黄色绒毛；萼片5，外面基部被微柔毛，最外2片较小，卵形，长约2毫米，里面3片长圆形，长约3.5毫米；花瓣4（稀5），线状披针形，长约5毫米，两面无毛或近无毛，边缘具细睫毛，基部内侧有1个2裂、先端和边缘被白色长柔毛的大鳞片，长约3毫米；花盘偏于一侧，略呈半月弯形，无毛；雄蕊长约4毫米，花丝线形，被白色长柔毛，花药卵状圆形；子房倒卵形，无毛，花柱短，不分裂。果球形，径约2厘米；种子与果同形，黑色。花期6—7月，果期8—10月。

产云南东南部、中部至西北部，生于海拔2000—2600（—3100）米的沟谷和丘陵地区林中。四川西南部有分布。

阳性树种，喜光性强，根深，可作护堤，护岸，固土保水树种。育苗植树造林。也可直播造林，雨季前，先将种子催芽2—3星期再播种。

木材脆软，不宜作建筑及工程用材，只可作箱板、玩具、家具、小用具等。果肉含皂精可代替肥皂。入药可驱虫，种子油可制硬化油。常于庭园、寺院、房前屋后栽植。

6.赤才属 Lepisanthes Bl. emend. Lecnh.

乔木或灌木，少有攀援状。偶数羽状复叶，互生，无托叶；小叶对生或互生，全缘。聚伞圆锥花序顶生或腋生或生于老茎上，花单性，雌雄同株或异株；萼片5或4；覆瓦状排列，外面2片较小；花瓣5或4，具爪，内面基部有一大型鳞片或两个耳形小鳞片或退化呈一圈毛环；花盘环状或半月形；雄蕊8，稀5，伸出或内藏，花丝通常被毛；子房倒卵形或倒心形，3裂3室或2裂2室，稀1或4室，每室具1胚珠，着生于中轴基部或中部。果深裂为2—3果瓣，通常1—2个发育，椭圆形，基部附着不发育的果瓣，中果皮肉质，内果皮壳质；种子无假种皮，种脐小，胚直，子叶肥厚，并生。

本属约24种，分布于旧大陆热带。我国有3种，分布于华南至云南热带地区。云南3种均产。

分 种 检 索 表

1.小枝、叶轴和小叶柄均无毛；侧脉和网脉在两面显著凸起。

　2.花序顶生或生于上部叶腋，圆锥花序长15—30厘米；花瓣与萼片等长，里面基部有2内弯的耳状小鳞片，被长柔毛 ·················· **1.滇赤才 L.senegalensis**

2.花序着生于无叶的老茎上，总状，长4.5—7厘米；花瓣明显长于萼片，里面基部有1个深2裂的小鳞片，被长柔毛 ……………………………………………2.四叶赤才 L. tetraphylla

1.小枝、叶轴和小叶柄密被锈色绒毛，侧脉和网脉仅在下面凸起 ………3.赤才 L. rubiginosa

1.滇赤才（植物分类学报）图311

Lepisanthes senegalensis（Poir.）Leenh.（1969）

Sapindus senegalensis Poir.（1805）

Sapindopsis oligophylla How et Ho（1955）

乔木或灌木，高达10米。小枝圆柱状，髓部空，外皮灰褐色，无毛，具椭圆突起的皮孔。羽状复叶长20—60厘米，有小叶3—6对；叶轴和叶柄具细条纹或槽，无毛，小叶互生或近对生，纸质至薄革质，长圆状披针形、长圆形或长卵形，长10—35厘米，宽5—15厘米，先端渐尖，基部宽楔形或圆形，全缘，两面无毛，上面略具光泽，中脉两面隆起，侧脉10—14对，排列较疏，向上弯曲，侧脉和网脉两面隆起；小叶柄长5—10毫米，中部以下增粗，棕红色，上面略具槽。圆锥花序顶生或生于上部叶腋，长15—30厘米，被微柔毛；小聚伞花序少花，具柄；苞片三角状卵形，被毛，花中等大，紫红色，径约5毫米；花梗长约1.5毫米；萼片5，覆瓦状排列，卵状圆形，外面2—3枚较小，里面2—3枚较大，径约3毫米，边缘花瓣状，具小睫毛；花瓣4—5，卵形或长圆形，长3.5—4毫米，边缘具小睫毛，具爪，基部内侧具两个内弯的小耳状鳞片，被毛或近无毛；花盘完整，盘形，无毛；雄蕊6—8，在雌花中极短，花丝锥尖，基部被柔毛，花药长卵形，长约2毫米，无毛，子房倒心形，稍压扁，径2—3毫米，无毛，2裂2室，花柱极短，先端2裂，具附属物。果为核果状，2个分果瓣广歧，有时退化为单果瓣，分果瓣椭圆形，长约1.6厘米，宽约8毫米，无毛，深红色；种子椭圆形，无假种皮。花期3月；果期4—5月。

产耿马、沧源、景洪，生于海拔540—1200米的山谷溪边密林中；广东、海南有分布；热带非洲（西至塞内加尔，东达埃塞俄比亚至莫桑比克）和热带亚洲（印度至伊里安岛）也有。

种子繁殖。果实采集后去杂阴干即可播种。苗高30—40厘米可出圃。

2.四叶赤才（云南植物志）图311

Lepisanthes tetraphylla（Vahl）Radlk.（1878）

Sapindus tetraphylla Vahl（1794）

灌木或小乔木，高达3米；小枝圆柱状，黄褐色至红褐色，无毛。羽状复叶长30—80厘米，有小叶3对，叶轴或叶柄具棱或槽，近无毛；小叶大型，对生或近对生，膜质或薄纸质，长圆状披针形或倒卵状披针形，长24—35厘米，宽7—12厘米，最宽处在叶的上部，先端骤然短尖或短渐尖，基部圆形，全缘，两面无毛，中脉两面隆起，侧脉12—16对，斜生，侧脉或网脉两面明显隆起；小叶柄长1—1.5厘米，粗壮，径约3毫米，上面平。总状花序老茎着生，单生，长4.5—7厘米，各部密被灰黄色微绒毛；小聚伞花序具短柄；苞片钻形，长约2毫米；花白色，花蕾径约3毫米；花梗长约1.5毫米；萼片5，覆瓦状排列，卵圆形，密被灰黄色微绒毛，外面2枚较小，径约1.5毫米，里面3枚径约2.5毫米，边缘花瓣状，

图311 滇赤才和四叶赤才

1—3.滇赤才 *Lepisanthes senegalensis*（Poiz.）Leenh.
1.果枝 2.花瓣腹面 3.花盘和子房

4—6.四叶赤才 *L. tetraphylla*（Vahl.）Radik.
4.老树干及花序 5.花瓣腹面 6.花盘和子房

无毛；花瓣5或4，先端略外卷，倒卵形或长圆形，长3.5—4毫米，具柄，外面下半部被绢状微绒毛，基部内侧具1先端略向内卷曲2浅裂被白色长柔毛的鳞片，鳞片背部上方有1无毛微2裂的冠状附属体；花盘边缘等裂为5个腺体，无毛；雄蕊8，花丝细线形，长约2毫米，密被长柔毛，花药小，倒卵圆形，径约0.4毫米；子房近球形。花期6月。

产河口、马关，生于海拔150—800米的山谷密林中。广东、海南有分布；印度、中南半岛、马来西亚、菲律宾、印度尼西亚、伊里安岛均有。

种子繁殖，育苗造林，宜随采随播。

3.赤才（河南）图312

Lepisanthes rubiginosa（Roxb.）Leenh.（1969）

Sapindus rubiginosa Roxb.（1796）

Erioglossum rubiginosum（Roxb.）Bl.（1849）

灌木或乔木，高达7米；小枝略具条纹，密被绣色绒毛。羽状复叶长20—40厘米，有小叶2—8对，叶轴和叶柄密被锈色绒毛；小叶对生或近对生，纸质，长圆形或卵状椭圆形，长8—20厘米，宽2.5—6厘米，下部小叶较小，先端钝而具小尖头，基部稍偏斜，宽楔形或圆形，全缘，上面灰绿色，脉上密被锈色绒毛，其余较疏或近无毛，下面黄棕色，密被锈色绒毛或除脉上外其余较疏，侧脉10—12对，近边缘处弧形网结，侧脉或网脉在下面隆起；小叶柄短，长3—5毫米，粗壮，密被锈色绒毛。圆锥花序顶生或生于上部叶腋，长10—30厘米，多分枝，密被锈色绒毛；小聚伞花序近无梗；花白色，芳香，径约5毫米；具短梗，萼片5，覆瓦状排列，近圆形，长2—2.5毫米，外面2枚较小，边缘具睫毛，外面密被锈色绒毛；花瓣4，倒卵状长圆形，长约5毫米，具爪，外面基部被长柔毛，基部内侧有1被长柔毛鳞片，鳞片背部上方有2裂具柄的冠状附属体；花盘偏于一侧，略呈半月形，无毛；雄蕊8，略下倾，花丝长约4毫米，被长柔毛；子房倒心形，3裂3室，被黄色丝状毛。果为核果状，分裂为1—3果瓣，果瓣不开裂，长圆形，长1.2—1.4厘米，宽5—7毫米，红转紫黑色；种子长圆形，无假种皮。花期3—4月。

产广东、广西（西南），云南西双版纳引种。分布于印度、马来半岛经中南半岛至菲律宾，南至大洋洲西北部。

种子繁殖，育苗造林。

7. 番龙眼属 Pometia J. et G. Forster

高大乔木，木材红色，坚硬。叶为大型偶数羽状复叶，有小叶多对；近无柄，无托叶；小叶对生，自上而下逐渐减小，最下部的呈托叶状，上部小叶基部楔形，下部的近心形，边缘具齿，小叶近无柄或具短柄。圆锥花序顶生或腋生；花很小，杂性，辐射对称，雄花和雌花（两性花）同序；花梗基部或近基部具节；花萼杯状，深5裂，裂片镊合状排列；花瓣5，短于萼片之半或长于萼片，退化鳞片仅在少数种类中的瓣顶以下成增大的线形体或横生被长毛顶端微凹的冠状体；花盘完整，垫状，无毛；雄蕊5，花丝线形，在雄花中常伸出；子房倒心形，2室，每室具1胚珠，花柱生于2心皮之间，线形，伸长，近顶部扭

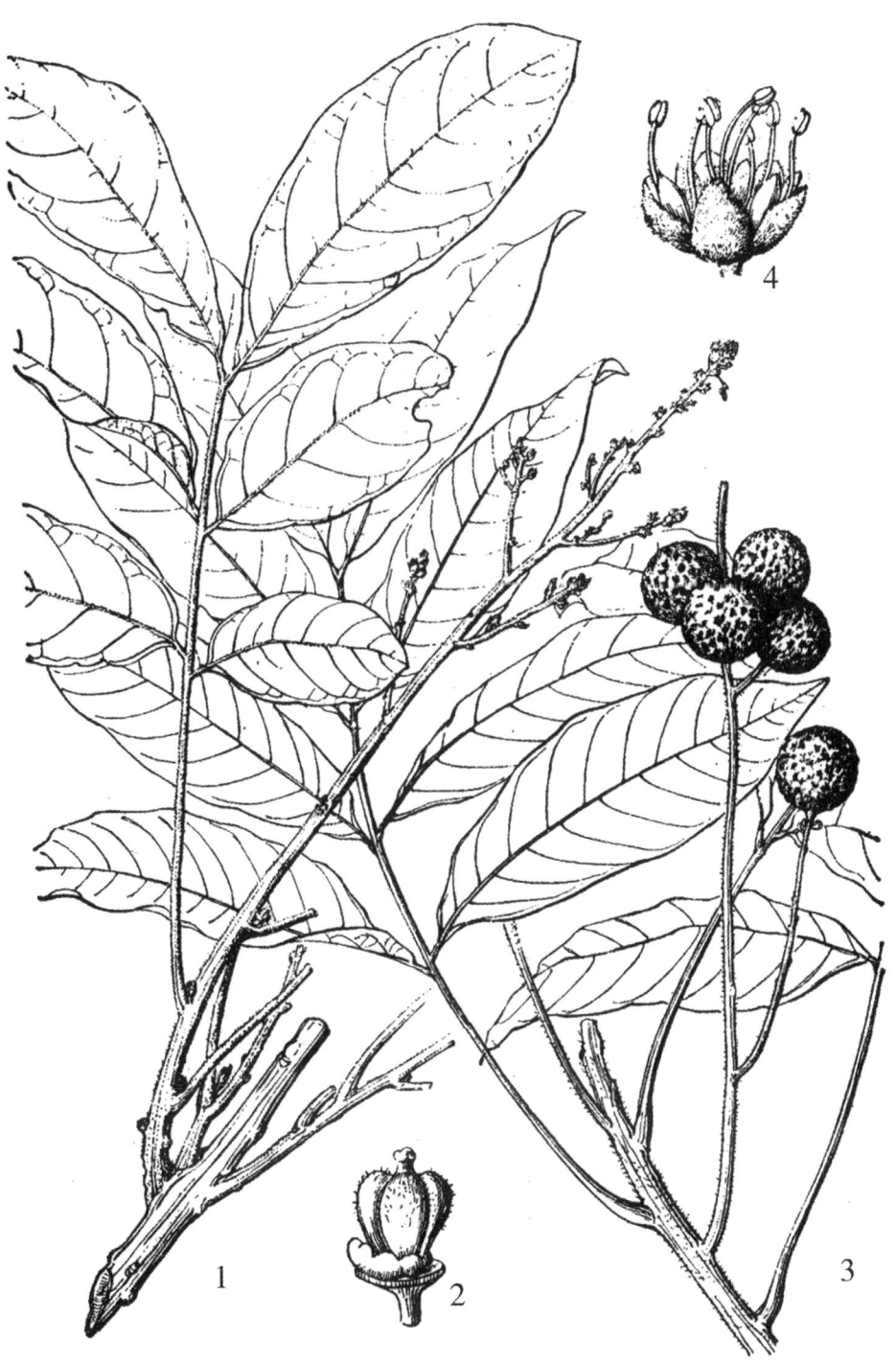

图312 赤才和龙眼

1—2.赤才 *Lepisanthes rubiginosa*（Roxb.）Leenh.

1.花枝　2.花盘和子房

3—4.龙眼 *Dimocarpus longan* Lour.

3.果枝　4.花

曲、柱头钝。果有两个分果瓣，通常仅1个发育，椭圆形，不开裂，外面平滑，里面海绵质；种皮革质，除顶部外，覆以胶质紧贴的假种皮。

本属9—10种，分布从斯里兰卡、印度，经马来半岛、中南半岛、印度尼西亚，东达伊里安岛和太平洋岛屿。我国有两种，一产台湾，一产云南。

绒毛番龙眼（植物分类学报）图314

Pometia tomentosa（Bl.）Teysm. et Binn.（1886）

Irina tomentosa Bl.（1825）

乔木，高达30米，具大板根，小枝圆柱状，具槽，被黄色绒毛。羽状复叶有小叶5—13对，生于花枝上的4—6对，叶轴和叶柄被黄色绒毛，小叶对生，纸质，长圆形或长圆状披针形，长15—21厘米，宽4—8.5厘米，下部的小叶较小，卵形或卵状圆形，最下部的呈托叶状，半月形或退化为钻形，被绒毛，先端渐尖或急尖，基部圆形或浅心形，边缘具疏齿，两面脉上均被黄色绒毛，侧脉较密，中脉或侧脉在下面隆起，网脉在下面略显；小叶柄被黄色绒毛，圆锥花序顶生或腋生，长25—40厘米，密被黄色绒毛，分枝延长，平展或下倾；小聚伞花序具短柄，密集排列而向下倾斜；小苞片长线形，被绒毛；花黄色；花梗长约4毫米，基部具节，被绒毛；花萼浅杯状，5深裂，长约1.5毫米，外被黄色绒毛；花瓣倒卵形或卵状圆形，长约1毫米，里面基部有横生的冠状小鳞片或无，鳞片先端凹入，疏被毛；花盘垫状，无毛；雄蕊5，花丝线形，长约5毫米，基部被柔毛；子房球形，被黄色绒毛。果椭圆形，长3—3.5厘米，径1.6—2.5厘米，果皮光滑，红色，干时近黑褐色；种子除顶部外，覆以胶质黄色假种皮。花期2—5月；果期5—8月。

产西双版纳、普洱、金平、麻栗坡，生于海拔475—1500米的沟谷林中，为高大的上层优势树种。分布于印度、斯里兰卡、安达曼群岛、尼科巴岛、泰国、马来西亚、印度尼西亚（伊里安岛）、菲律宾群岛、东达萨摩亚岛。

种子繁殖，育苗植树造林；直播造林也可，需加强后期管理。

散孔材边，材浅灰红褐色，心材红褐色，有光泽；生长轮明显，宽度略均匀；纹理直，结构细至中，重量、干缩及强度中等，切削容易，切面光滑。可作房建、室内装修及家具、胶合胶、车船等用材。

8. 龙眼属 Dimocarpus Lour. emend. Leenh.

乔木或灌木，被毛或无毛，毛为簇毛或单毛。小枝具皮孔。叶互生，偶数羽状复叶，无托叶，有小叶1—7对，稀仅1小叶，叶柄细弱，基部常膨大或略成杯状，具心形叶痕，叶柄和花序轴不具翅；小叶互生，具柄，中部的小叶稍宽阔，最下部的一对常较小，最上面的一对稍狭长，薄纸质至薄革质，全缘或浅波状或具锯齿，下面脉腋常有腺体或簇毛，圆锥花序或聚伞圆锥花序顶生或腋生；小聚伞花序具梗或无梗；花单性，多半雌雄同株，中等大，芳香，辐射对称，具梗；苞片披针形至钻形；花萼浅杯状，通常5齿裂，裂片覆瓦状排列，外面密被毛；花瓣5，比萼片长或退化为3—4小花瓣或不存，匙形或倒披针形，外面常被毛，无鳞片；花盘完整或微5裂，密被毛；雄蕊6—8（—10），常不伸出，花丝线形，被毛，花药基着，基部微缺，无毛，侧向纵裂，子房2—3室，2—3裂，卵形或广心形，无柄，具小疣体。疣体顶端具簇毛，花柱顶生与子房等长，多被簇毛，先端2—3裂，子房每室具1胚珠。果通常仅1分果瓣发育，球形或广椭圆形，不开裂，外果皮通常具小疣体，有时平滑或具刺，近无毛，常具腺体，成熟时橙红、紫色或褐色；种子球形或椭圆形、光滑，为一层肉质、白色、半透明的假种皮所包围，种脐圆盘状。

本属6种，分布于亚洲南部或东南部，从斯里兰卡和印度到马来西亚东部至菲律宾。我国有3种，分布西南和东南部各省；云南3种均产。

分 种 检 索 表

1.花序被星状绒毛；花瓣5；果皮平滑或近平滑 …………………………………… 1.龙眼 D. longan
1.花序被单毛；无花瓣或有1—4退化小花瓣；果皮密生圆锥状刺凸。
  2.叶下面被柔毛；果径约3.2厘米………… 2.滇肖韶子 D. fumatus subsp. indochiinensis
  2.叶下面无毛；果径约2.1厘米………… 3.滇龙眼 D. yunnanensis

1.龙眼（本经，图考）图312

Dimocarpus longan Lour.（1790）

D. litchi Lour.（1790）

Euphoria longana Lam.（1792）

E. longan（Lour.）Stcud.（1821）

Nephelium longana Camb.（1829）

乔木，高达10余米（偶达40米，胸径1米，有时具板根）。小枝圆柱状，微具槽，暗褐色，幼时被粉状微柔毛，具疣状突起的白色小孔。羽状复叶长10—30厘米，有小叶2—4（—5）对，对生或互生，叶轴稍具棱，被星状绒毛或近无毛；小叶薄革质，披针形或长圆状披针形，长6—15（—20）厘米，宽2—5厘米，先端急尖或短渐尖，基部稍偏斜，楔形至圆形，全缘，略反卷，上面无毛或有时中脉近基部微被毛，具光泽，下面无毛或有时中脉和侧脉微被星状绒毛，脉腋常具腺体，中脉或侧脉在上面下陷，下面隆起，网脉不显；小叶柄短，长2—4毫米，被星毛。圆锥花序顶生或生于上部叶腋，长10—40厘米，多分枝，密被锈色星状绒毛，多花密集；小聚伞花序有3—5花，具短柄；苞片小，狭披针形，长约1.5毫米；花黄白色，径4—5毫米；具短花柄；萼5深裂，裂片卵状长圆形，长2.5—3.5毫米，外面密被星状微绒毛；花瓣5，匙形或倒披针形，与萼片等长，外面近无毛，内面疏被毛；花盘环状，被短柔毛；雄蕊8，花丝线形，长约5毫米，被柔毛，花药无毛；子房倒心形，密被微绒毛，具小疣体，疣体顶端有簇毛。果球形，径1—2.5厘米，外面覆以粗糙的小疣体，成熟时近平滑；种子球形，黑褐色，具光泽，有白色、肉质、透明的假种皮。

产云南东南部至西南部，常生于海拔100—1800米的低山丘陵地区的疏林中，在富宁剥隘为当地主要树种，有时广泛栽培于村寨附近；我国西南和东南部各省均产。分布于斯里兰卡、印度、中南半岛、马来西亚、菲律宾、伊里安岛、日本，多属栽培。

以压条、插条、嫁接繁殖为主。

木材致密，光泽优美，为家具、雕刻、舟车的良好用材。

龙眼为著名水果，可生食，干制或做罐头，其"果肉"（假种皮）味鲜而甜，并有滋补强壮之功。果核可收敛止血，清热止痛；根治丝虫病，白带等。叶可解表，花可利尿，均供药用。嫩叶代茶，食可明目。

2.肖韶子（云南植物志）

Dimocarpus fumatus（Bl.）Leenh.（1971）

产加里曼丹。我国不产。

2a.滇肖韶子　龙荔（中国植物志）图313

subsp. indochiinensis Leenh.（1971）

Pseudonephelium confine How et Ho（1955）

Dimocarpus confinis（How et Ho）Lo（1985）

乔木，高达8米，小枝圆柱状，略具5槽，径5毫米，近无毛，有小皮孔。羽状复叶长30—45厘米，有小叶3—5对，叶轴和叶柄无毛或疏被微柔毛；叶柄长6.5—13.5厘米；小叶互生或近对生，薄革质，长圆状披针形或椭圆形，长（8）10—21（—24）厘米，宽4—7.5（—10）厘米，先端短渐尖，基部楔形或近圆形，偏斜，上面无毛，具光泽，下面沿脉及细网脉密被微柔毛，侧脉及近边缘连续的网脉脉腋均有窝状腺体，中脉在上面略凸，和侧脉在下面隆起，网脉极细密在下面略显；小叶柄长3—8毫米，微被毛。圆锥花序顶生，与叶等长，被黄色微绒毛，分枝穗状花序式，长8—20厘米，小聚伞花序无柄；花白色，径约5毫米；花梗长2—4毫米；苞片钻形，长达3毫米；花萼4—5深裂，裂片卵状圆形，长约2毫米，两面均被黄色微绒毛；有3—4枚退化的小花瓣或缺，长约1毫米，先端平截或微凹，两面被长柔毛；花盘环状，被黄色绒毛；雄蕊7—8（—12），花丝线形，2/3处或下半部被长柔毛；子房倒心形，2裂，稀3裂，密被黄色绒毛，花柱2—3裂。果球形，长2.5厘米，径约3.2厘米，覆以钝圆锥状小疣体；种子半覆以离生的假种皮。

产麻栗坡、西畴、河口、屏边，生于海拔120—1000米的山谷溪边疏林下潮湿处。广西、贵州有分布；越南北部和老挝也有。

种子繁殖。成熟果实去假种皮后随即播种。苗圃地应适当遮阴。

木材为建筑、家具一般用材。种子有毒。树冠浑圆，可供热区庭园栽培树种。

3.滇龙眼（云南植物志）图313

Dimocarpus yunnanensis（Wang）C. Y. Wu et Ming（1977）

Xerospermum yunnanense Wang（1957）

乔木，高约10米。羽状复叶长约40厘米，有小叶3—4对；叶柄圆柱形，长约22.5厘米，径3.5毫米；小叶互生，大型，纸质至薄革质，长圆状披针形或披针形，长23—41厘米，宽6.4—10.2厘米，先端短尖，基部稍不对称，楔形，全缘，两面无毛，上面具光泽，下面脉腋具窝状腺体，中脉在上面平，在下面隆起，侧脉12—19对，在下面隆起，网脉极细，两面均略显；小叶柄长5—8毫米。果褐色，近球形，径约2.1厘米，疣状突起呈金字塔状，钝或尖；种子扁球形，径约1.7厘米，半覆以离生的假种皮。果期8月。

产金平，生于海拔1000米的山坡疏林中。

种子繁殖。

图313　滇肖韶子和滇龙眼

1—3.滇肖韶子 *Dimocarpus fumatus* subsp. *indochinensis* Leenh.

1.花枝　2.叶下面放大　3.果

4—5.滇龙眼 *D. yunnanensis*（Wang）Wu et Ming

4.小叶片　5.果

9. 荔枝属 Litchi Sonn.

常绿乔木。叶互生；具柄，偶数羽状复叶，有小叶2—4对；小叶近对生，全缘。圆锥花序顶生；花小，杂性，辐射对称；花梗，萼片，雄蕊和子房均被短2叉毛形成的锈色微硬毛；花萼杯状，4—5齿裂，裂片镊合状排列，边缘浅波状；无花瓣，花盘完整，环状，无毛或被微柔毛；雄蕊6—8，通常7，伸出，在雌花中较短而不育，花丝锥尖，中部以下被带黄或灰色微硬毛，花药椭圆形，基部叉开；子房具短柄，倒心状，2—3裂，2—3室，密被微硬毛和小疣体，每室具1胚珠，花柱线形，长于子房，被微硬毛，顶端2浅裂。果通常只有1个分果瓣发育，不发育的分果瓣附于发育的基部，果卵形，不开裂，密覆以3—6边的圆锥状小疣体，锐尖或钝；种子卵形，黄褐色，全部或仅基部为白色、肉质、离生的假种皮所包围。

本属2种，1种产菲律宾，1种产我国南部，云南也产。

荔枝（三辅黄图、开宝本草）　丽枝、离枝、元红、丹荔、大荔（古籍）
图314

Litchi chinensis Sonn.（1782）

Nephelium litchi Camb.（1829）

大乔木，高达20米。小枝圆柱状，无毛或先端被细小平伏锈色微柔毛，具苍白色小皮孔。羽状复叶长7—20厘米，有小叶2—4对，通常3对；小叶对生或近对生，近革质，披针形，长6—16厘米，宽2—4厘米，先端渐尖或急渐尖，基部宽楔形，全缘，微反卷，上面无毛，具光泽，下面疏被平伏微毛或近无毛，中脉在上面微凹，在下面凸起，侧脉在下面略显；小叶柄长2—6毫米，粗壮，上面具槽。圆锥花序顶生，长15—30厘米，宽8—12厘米，密被锈色绒毛，小聚伞花序具短柄；花绿白色，径2—3毫米；花梗长约2毫米；花萼杯状，通常4裂齿，裂片镊合状排列，钝三角形，外面被锈色微硬毛；花盘无毛，雄蕊通常8，花丝线状锥尖，长约2.2毫米，中部以下被长柔毛，花药长约1毫米，无毛，子房具短柄，倒心状2—3裂，2—3室，长约1.5毫米，密被锈色硬毛和小疣体，花柱被硬毛，先端2裂。果卵形或近球形，径2—3.5毫米，成熟时鲜红色至暗红色，覆以3—6边的圆锥状小疣体；种子全为白色、肉质、多汁的假种皮所包围。花期2—4月；果期5—7月。

产西双版纳、金平、屏边、河口、马关、麻栗坡、西畴、富宁，生于海拔120—1200米的低山、平坝的林内或广为栽培于村寨附近。广西、广东、福建均产；贵州、四川和台湾有栽培。东南亚各国、非洲南部和美国多有引种。

以压条、插条、嫁接繁殖为主。压条以高压法为宜，插条用二年生健壮枝条经萘乙酸处理后扦插，嫁接以实生苗为砧木。

木质坚硬，纹理致密，可制家具和建筑用材。果肉（假种皮）乳白色，多汁液，味极美，可生食，干制或罐藏。根、核（种子）入药，为收敛止痛剂、治胃痛、睾丸炎肿痛，兼能止痢，治腋臭。果壳亦入药，催痘、治血崩。

图314 荔枝和绒毛番龙眼

1—2.荔枝 *Litchi chinensis* Sonn.

1.果枝　2.花

3—4.绒毛番龙眼 *Pometia tomentosa*（Bl.）Teysm. et Binn.

3.花枝　4.果

10. 干果木属 Xerospermum Bl.

小乔木或灌木。叶互生；无托叶，具柄，偶数羽状复叶；有小叶1—2（稀3）对，最上面1对常有1小叶不发育；小叶对生或近对生，全缘，两面具光泽，通常下面网脉细密而隆起。总状花序或圆锥花序顶生；花小、杂性，辐射对称；萼片4—5，近圆形，覆瓦状排列；花瓣4—5，匙形，短于或稍长于萼片，边缘或全部被具节柔毛；花盘环状，圆齿状浅裂，裂片5萼片相对，无毛；雄蕊8，着生于花盘内，花丝线形，被长柔毛，花药短卵形、小、无毛；子房无柄，倒心状2裂，具小疣体，2室，每室具1胚珠，花柱短而厚。果有分果瓣1—2，分果瓣椭圆形或近球形，不开裂，果皮通常具小疣体；种子无假种皮，种皮红褐色，革质而厚，被毛，极像假种皮。

本属约25种，分布印度东北部（喀西山）、马来西亚、中南半岛至印度尼西亚西部。我国仅1种；产云南。

干果木（云南植物志）　山荔枝（金平）图315

Xerospermum bonii（Lecte.）Radlk.（1922）

Mischocarpus fuscescens Bl. var. *bonii* Lecte.（1912）

乔木，高达6米，胸径28厘米。小枝圆柱状，暗褐色，无毛，略具条纹。羽状复叶有小叶2对，稀3对，叶轴和叶柄红褐色，叶柄长2.5—4厘米；小叶对生，纸质，下部的小叶卵形，上部小叶椭圆形披针形或卵状披针形，长7—16厘米，宽2.5—5.5厘米，先端渐尖，基部楔形，全缘，略反卷，两面无毛，具光泽，侧脉细而较疏，两面微隆起，网脉细密两面隆起；小叶柄长约4毫米。圆锥花序顶生，长约10厘米；花径约4毫米；花萼4，覆瓦状排列，卵状圆形，内凹，外面2枚较小，径约1.5毫米，里面2枚径约2.5毫米，两面无毛，边缘有小睫毛；花瓣4，较小，匙形，长约1毫米，外面无毛，里面和边缘密被近褐色长柔毛；花盘环状，略呈4圆裂，无毛；雄蕊8，花丝线形，长约1.5毫米，除顶部外，密被近褐色长柔毛，花药椭圆形，无毛，长约0.5毫米；子房球形，径约1.8毫米，被白色绒毛和具小疣体。幼果卵状圆形，具钝圆锥形小疣体。

产西双版纳、元江、金平，生于海拔450米的向阳疏林中。分布于越南西北部。

种子繁殖。果实采集后去杂阴干即可播种。造林地应选择热区向阳坡地。

11. 韶子属 Nephelium L.

乔木。小枝、叶柄及花序常被柔毛或绒毛。叶互生，无托叶，偶数羽状复叶；小叶近对生，具柄，全缘。圆锥花序腋生或顶生，多花；花小、杂性，辐射对称；花柄基部具节；花萼小，杯状，4—6裂，裂片镊合状排列，被毛；花瓣缺或4—6，匙形或披针形，短于萼片，被长柔毛，通常基部内侧有小鳞片2；花盘环状或膨胀，无毛或被毛；雄蕊6—10，着生于花盘内侧，伸出，在雌花中较短，花丝线形，无毛或被长柔毛，花药小；子房无柄，倒卵形或倒心形，2—3裂，常具小疣体，每室具1胚珠。果通常有分果瓣2，或仅1

图315 干果木和韶子

1—2.干果木*Xerospermum bonii*（Lecte.）Radlk.

1.花枝　2.果

3—4.韶子*Nephelium chryseum* Bl.

3.花枝　4.果

个发育，椭圆形，不开裂，具或长或短的软刺或疣状体；种子椭圆形，稍侧向压扁，种皮薄，有纵脉，与肉质假种皮黏合。

本属约38种，分布于亚洲东南部。我国有3种，分布于广东、广西和云南。云南仅1种。

韶子（本草拾遗） 山韶子（云南植物志）图315

Nephelium chryseum Bl.（1847）

N. lappaceum var. *topengii* How et Ho（1955）

常绿乔木，高10—20米。小枝具条纹，幼枝被锈色短柔毛。羽状复叶长10—40厘米，有小叶3—5对；小叶对生或近对生，薄革质，长圆形，长6—18厘米，宽3—3.5厘米，先端急尖或短渐尖，基部偏斜，楔形，全缘，上面无毛，有光泽，下面疏生平伏短柔毛；小叶柄长4—6毫米。雄花序与叶近等长，雌花序较短，长约10厘米，密被金黄色微绒毛；花小，淡黄色，花梗长约2毫米，被毛；花萼浅杯状，5—6裂，裂片三角状卵形，长约1.5毫米，外面被锈色柔毛，里面被白色绒毛；无花瓣；花盘环状，无毛；雄蕊8，伸出，花丝线形，长约3毫米（在雌花中较短），下部被长柔毛，花药长圆形，微被毛；子房2裂，2室，被长硬毛，花柱2裂，下弯。果椭圆形，长约4厘米，径约3厘米，密被软刺，刺长7—12毫米，刺扁平，基部阔，顶端尖，弯勾状，果成熟后橙红色。花期2—4月，果期5—7月。

产勐海、景洪、金平、屏边、河口，生于海拔420—1530米的密林中。广西和广东有分布；中南半岛、印尼和菲律宾也有。

种子繁殖，育苗造林注意随采随播。

果实的假种皮味酸甜可食。种子油供工业用。树皮可提栲胶。

12. 滨木患属 Arytera Bl.

常绿乔木或灌木。叶互生，偶数羽状复叶；小叶互生或近对生，全缘。花序顶生或腋生，圆锥状或聚伞圆锥状；花小；杂性；苞片和小苞片小；花萼浅杯状，裂片5，早期开张；花瓣5，里面基部有鳞片状附属物2片；花盘环状，有时分裂；雄蕊8，伸出；子房倒卵形，2—3室，每室有胚珠1。蒴果核果状，通常2个分果发育；种子椭圆形，被假种皮包裹。

本属约25种，分布于热带亚洲至大洋洲。我国华南至云南1种。

滨木患 "麦路"（西双版纳傣语）、扁果木（景洪）图316

Arytera littoralis Bl.（1847）

乔木，高8—20米。小枝具细条纹，有皮孔，幼枝被锈色微柔毛。羽状复叶长12—35厘米，有小叶4—6，小叶对生或近对生，革质，长圆状披针形或卵状披针形，长8—18厘米，宽2.5—7.5厘米，先端渐尖，基部宽楔形至圆形，两面无毛，侧脉7—10对，在上面微凹，下面凸起，脉腋内有1个大腺体；小叶柄长约5毫米。圆锥花序长6—14厘米，多花，被锈色柔毛；花小，黄白色，芳香，径约2毫米；花梗长约2毫米，被柔毛，基部具关节；花萼浅杯状，裂片三角状卵形，长约1毫米，外面被微柔毛；花瓣5，宽卵形，比花萼裂片小，里

图316 滨木患和细子龙

1—2.滨木患 *Arytera littoralis* Bl.

1.果枝 2.花瓣腹面

3—4.细子龙 *Amesiodendron chinense*（Merr.）Hu

3.花枝 4.果

面基部具被长柔毛的2小鳞片，花盘无毛；雄蕊8，花丝长2.5—3厘米，被长柔毛，花药被微柔毛；子房略压扁，倒卵形，被微柔毛，花柱线形。果通常由2分果瓣组成，椭圆形或长椭圆形，长1—1.5厘米，径5—9毫米，成熟时橙红色后变褐色，开裂；种子具褐色假种皮，种皮枣红色，具光泽。

产景洪、勐腊、普洱，生于海拔540—1180米的疏林中。广西和广东有分布，中南半岛和太平洋岛屿也有。

种子繁殖。

木材适作家具；种子油供工业用；嫩芽在傣族地区用以充蔬菜。

13. 柄果木属 Mischocarpus Bl.

常绿灌木或乔木。叶互生，偶数羽状复叶，有小叶1—5对；小叶互生，全缘；具柄。圆锥花序顶生或腋生；花小，杂性，苞片和小苞片小；花萼杯状，裂片5；花瓣5或退化为1—3小花瓣或缺，里面基部有2小鳞片或缺；花盘环状，全缘；雄蕊7—10或较少，伸出；子房具柄，3室，每室有胚珠1，花柱短，3裂或不裂。蒴果倒卵状梨形或棒状，具明显的子房柄；种子椭圆状或球形，具橙黄色假种皮。

本属约25种，分布于热带亚洲和大洋洲东北部。我国有2种，产云南和华南。云南2种均产。

分 种 检 索 表

1.花瓣1—3，极小，里面基部无鳞片而具簇毛；果期子房柄长约1厘米 ·······················
··· 1.柄果木 M. fuscescens
1.花瓣5，与花萼等长或常超过，里面基部有小鳞片2；果期子房柄长约5毫米 ··············
··· 2.五瓣柄果木 M. pentapetalus

1.柄果木（云南植物志）图317

Mischocarpus fuscescens Bl.（1847）

乔木，高达20米。幼枝无毛，紫红色。羽状复叶长20—40厘米，有小叶2—5对；小叶互生或对生，薄革质，长圆形或长圆状披针形，长9—20厘米，宽3—6.5厘米，先端急尖或短渐尖，基部宽楔形，全缘，两面无毛，干后变褐色，上面具光泽，侧脉和网脉两面隆起；小叶柄长约7毫米，无毛。圆锥花序长达30厘米以上，被微绒毛；花小，黄色；花梗长1—2毫米，中部具节，被毛；花萼裂片革质，卵形，长约1.5毫米，外面被微绒毛；花瓣1—3，极小，长0.5—0.7毫米，里面基部无鳞片而被簇毛，常早落；花盘被硬毛；花丝线形，长约3毫米，下半部被长柔毛，花药被微柔毛；子房倒卵状三角形，疏生平伏柔毛，花柱短，柱头3，外弯。蒴果倒卵形，中部以下细缩成柄状，长1.8—2厘米，果梗长约1厘米，成熟时暗红色，基部具宿萼；种子倒卵形，为黄色假种皮包裹。

产金平、屏边、河口、麻栗坡、富宁，生于海拔140—1300米的沟谷常绿阔叶林中。广西和广东有分布；中南半岛、印尼至菲律宾也有。

种子繁殖。

散孔材。边材浅红褐色，心边材区别明显，有光泽；生长轮明显；木材纹理斜，结构细而均匀，材质硬重，干缩及强度大。可作车辆、船舶、房建、家具、仪器盒、工艺美术品、工农具柄等用材。

2.五瓣柄果木（云南植物志）图317

Mischocarpus pentapetalus（Roxb.）Radlk.（1877）

Schleichera pentapetala Roxb.（1832）

乔木，高8—30米，胸径达70厘米。幼枝无毛，小枝具条纹，暗褐色。羽状复叶长20—40厘米，有小叶2—4对；小叶互生或近对生，纸质，狭或宽披针形，长10—20厘米，宽3—6厘米，先端渐尖，基部楔形，两面无毛，侧脉和网脉两面隆起；小叶柄长5—10毫米，无毛。花序长约25厘米，被黄褐色微硬毛；花小，黄绿至绿白色；花梗长1—2毫米，被微硬毛；花萼裂片卵形，长约1.5毫米，先端尖，外面被平伏柔毛；花瓣5，长圆形，比花萼裂片长，里面基部有小鳞片2；花盘疏生柔毛；花丝线形，被长柔毛，花药被微柔毛；子房倒卵状三角形，疏生糙伏毛；花柱短，柱头3，外弯。蒴果倒卵形，具细缩的子房柄，长1.3—1.5厘米，子房柄长约5毫米；种子椭圆形，中下部被黄色假种皮包托。花期3—5月；果期5—7月。

产瑞丽、耿马、澜沧、西双版纳，生于海拔950—1540（—1780）米的常绿阔叶林中。分布于印度东北部、印度、孟加拉国、缅甸、越南、柬埔寨至印度尼西亚（苏门答腊）。

散孔材。边材红褐色，心边材区别明显，有光泽；生长轮略明显，微波形；木材纹理直或斜，结构细而均匀，材质硬重，干缩中，强度大；可供房建、家具、船舶、文具等用材。

14.山木患属 Harpullia Roxb.

灌木或乔木。叶互生，偶数羽状复叶，无托叶；小叶全缘。花序顶生或腋生，聚伞圆锥花序或总状花序；萼片5，覆瓦状排列；花瓣小，楔形式匙形，无鳞片或里面基部有2耳状小鳞片；花盘小，全缘，常被毛；雄蕊5—8，着生花盘内侧，花丝线形，伸出，在雌花中较短，花药长圆形；子房卵形或球形，无柄或有短柄，2室，每室具1悬垂或2叠生胚珠，花柱短或长而扭曲。蒴果两侧稍压扁，2室，室间有凹槽；种子椭圆形，有白色或橙色的肉质假种皮。

本属约34种，分布于热带亚洲和大洋洲。我国仅1种。产广东、海南和云南。

山木患（海南、云南植物志）　假山萝（中国植物志）图318

Harpullia cupanioides Roxb.（1932）

乔木，高达20米；树皮灰褐色。幼枝被黄色柔毛。羽状复叶长15—50厘米，有小叶3—6对，叶轴和叶柄疏生柔毛；小叶互生或近对生，纸质，长圆形或长圆状披针形，长6—16厘米，宽3—6厘米，先端渐尖或短渐尖，基部偏斜，宽楔形，两面沿中脉和侧脉有柔毛，

图317　柄果木和五瓣柄果木

1—2.柄果木 *Mischocarpus fuscescens* Bl.

1.果枝　2.雄花（去花萼）

3—4.五瓣柄果木 *M. pentapetalus*（Roxb.）Radlk.

3.果枝　4.雄花

上面有光泽，干后暗褐色；小叶柄长3—6毫米。聚伞圆锥花序腋生或顶生，长8—20厘米，被短绒毛；萼片卵形，长5—7毫米，两面被短绒毛；花瓣线状匙形，长6—10毫米，具爪，无毛，无鳞片；花盘5圆裂，被微绒毛；雄蕊5，短于花瓣；子房卵形，被绒毛。蒴果近球形或横椭圆形，长1.5—2毫米，宽2—3厘米，先端凸尖，基部有宿萼，成熟时褐色，无毛；种子全为橙红色肉质假种皮包裹。花期6—7月；果期10—11月。

产沧源、西双版纳和普洱，生于海拔500—1500米的疏林中。广东雷州半岛和海南有分布；中南半岛、印度、马来西亚、印度尼西亚、伊里安岛至菲律宾也有。

种子繁殖，宜随采随播。

木材淡橙黄色，切面平滑而有光泽，纹理直，结构细，成坚而重，但干后易变形、易开裂，供建筑、家具或农具用材。

15. 伞花木属 Eurycorymbus Hand.-Mazz.

落叶乔木。叶互生，偶数羽状复叶，无托叶。聚伞圆锥花序呈伞房状或半球形，多分枝，顶生；花小，单性异株；花萼小，5深裂，覆瓦状排列；花瓣5，匙形，具爪，尤鳞片；花盘环状，边缘5圆齿裂；雄蕊8，着生花盘内侧，花丝线形，花药卵形；子房倒心形，3浅裂，3—4室，密被微绒毛，每室2胚珠，花柱线形，先端不裂。蒴果小，通常仅1果瓣发育，球形，成熟时室背开裂；种子每室1，球形，无假种皮。

本属1种，产我国东南至西南部。云南有分布。

伞花木（植物分类学报）图318

Eurycorymbus cavaleriei（Lévl.）Rehd. et Hand.-Mazz.（1934）

Rhus cavaleriei Lévl.（1912）

Eurycorymbus austrosinensis Hand.-Mazz.（1922）

落叶乔木，高达20米。树皮灰色，小枝被灰黄色卷曲短柔毛，羽状复叶长14—15厘米，有小叶4—10对，叶轴和叶柄被卷曲短柔毛；小叶互生或近对生，薄纸质，长圆形或长圆状披针形，长6—10厘米，宽2—3厘米，先端渐尖，基部偏斜，宽楔形至圆形，边缘具疏钝锯齿，两面沿中脉和侧脉被微柔毛，侧脉细密，15—25对；在下面隆起；小叶柄短，长约1毫米，被毛。花序长10—30厘米，宽15—18厘米，密被黄色短绒毛；花小，白色，芳香；花梗长2—5毫米，被毛；萼片卵形，长约1.5毫米，外面被白色短绒毛；花瓣长匙形，长约2毫米，外面被柔毛；花盘无毛；花丝在芽中弯曲，长约4毫米，无毛（在雌花中较短）；子房密被绒毛。蒴果长7—8毫米，宽5—6毫米，被黄褐色绒毛；种子径4—5毫米，黑色，有光泽，种脐朱红色。花期5—6月；果期10月。

产贡山、蒙自，生于海拔1600米的阔叶林中。分布于贵州、广西、广东、湖南、江西、福建和台湾。

种子繁殖，宜育苗造林。

图318 伞花木和山木患

1—2.伞花木 *Eurycorymbus cavaleriei*（Lévl.）Rehd. et Hand.-Mazz.

1.花枝 2.果

3—4.山木患 *Harpullia cupanioides* Roxb.

3.果枝 4.花

16. 细子龙属 Amesiodendron Hu

常绿乔木。叶互生，偶数羽状复叶，无托叶。聚伞圆锥花序顶生或腋生；花单性或杂性同株；苞片和小苞片小；花萼浅杯状，5深裂，裂片覆瓦状排列；花瓣5，里面基部有1大鳞片；花盘浅杯状，边缘膜质，波状；雄蕊7—9，伸出，花丝线形，花药长圆形，花隔伸出；子房陀螺形，3裂，3室，花柱生于子房裂片之间，胚珠每室1。蒴果深裂为3果瓣，仅1—2发育，分果瓣球形或扁球形，果皮木质，有不规则疣状突起，成熟时由背缝线裂为2瓣，种子单生，无假种皮，种脐大，横椭圆形，胚弯拱，子叶叠生。

本属约3种，分布于我国南部和越南北部。我国3种均产。云南有1种。

细子龙（云南植物志）图316

Amesiodendron chinense（Merr.）Hu（1937）

Parancphelium chinense Merr.（1940）

乔木，高5—15米；树皮暗灰色。小枝粗状，被短柔毛，有小皮孔。叶连柄长15—30厘米，叶轴和叶柄被短柔毛，小叶3—7对，叶柄基部膨大；小叶薄革质，长圆形或长圆状披针形，长10—18厘米，宽4—7厘米，先端渐尖，基部宽楔形，边缘具疏锯齿，两面无毛或下面脉上有微柔毛，侧脉10—14对，中脉和侧脉在下面突起；小叶柄长4—8毫米。圆锥花序顶生，长15—30厘米，被锈色绒毛；花梗长2—3毫米，被绒毛；花萼裂片卵圆形，长1—1.5毫米，两面被微绒毛；花瓣椭圆状卵形，长1.5—2毫米，无毛，鳞片与花瓣近等大，全缘，背面和边缘有棕色卷曲毛；雄蕊7—9，花丝长3—4毫米，中部以上被长柔毛，花药有疏柔毛；子房和花柱被黄色绒毛。蒴果发育果瓣近球形，径2—2.5厘米，褐色，有钝疣状突起和小皮孔；种子球形，径约2厘米，棕色，光亮。花期5月；果期8—9月。

产屏边、河口，生于海拔550米石灰山山谷密林中。海南有分布。

种子繁殖。

木林坚硬而重，可作雕刻、家具或建筑用材。

种子含油和淀粉，油供工业用，淀粉充饲料或酿酒。

17. 棱果树属 Pavieasia Pierre

乔木；树皮褐色，有单独或成行分泌皂素的细胞，老枝髓心空。叶互生，偶数羽状复叶，叶轴和叶柄三棱形，上面平，下面龙骨状隆起，无托叶。圆锥花序顶生，宽大；苞片和小苞片小；花小，单性异株；花萼浅杯状，5深裂，覆瓦状排列；花瓣5，具爪，里面基部有1大鳞片，鳞片比花瓣宽而厚，下倾，背面和边缘被毛；花盘浅杯状，边缘膜质，波状；雄蕊8，伸出，花丝线形，被长柔毛，花药短卵形，药隔伸出成腺体状；子房倒卵形，具3条纵棱，3室，每室1胚珠，花柱浅形，比子房长，先端不明显3裂。蒴果梨形或倒卵形，具三槽，先端具三角状喙，3瓣裂；种子褐色，无假种皮，种脐大，半圆形。

本属2种，分布于越南和我国广西、云南。2种我国均有。云南1种。

棱果树（云南植物志） 云南檀栗（中国植物志）图307

Pavieasia anamensis Pierre（1894）

Pavieasia yunnanensis H. S. Lo（1985）

乔木，高达25米。小枝圆柱形，具4—5沟槽和棱，被微绒毛或近无毛，具白色小皮孔。羽状复叶长30—50厘米，有小叶4—7对；叶轴和叶柄三棱形，上面平，下面三角龙骨状突起，被微绒毛；小叶对生，薄革质，下部小叶卵形或卵状披针形，长8—10厘米，宽4—5.5厘米，中上部小叶长圆形或长圆状披针形，长15—24厘米，宽5—9厘米，先端渐尖，基部圆形至浅心形，不对称，边缘有疏钝齿，干后上面暗褐色，下面棕褐色，两面无毛或沿中脉疏生微柔毛，中脉和侧脉在上面凹陷，下面凸起；小叶柄长2—4毫米，被微绒毛。圆锥花序顶生，长30—60厘米，被锈色微绒毛，分枝上举，序轴有棱或稍扩展的翅；花小，杂性，粉红或紫红色；花梗长约2毫米，中下部具关节，被锈色微绒毛；萼片卵状三角形，长1—1.5毫米；花瓣倒卵形至椭圆形，长约1.8毫米（雌花中与萼片等长），无毛，里面有宽而厚的大鳞片，长约为花瓣的1/2，边缘和背面被褐色柔毛；花盘无毛；雄蕊8，花丝线形，长4.5—6.5毫米（雌花中较短），被锈色长柔毛；子房被锈色长柔毛和棒状腺毛，3室，花柱与子房等长或为其2倍，被锈色柔毛。蒴果倒卵状梨形，具3条隆起的纵棱，长3.5—5.5厘米，宽约3.5厘米，先端具三角状喙，下部渐狭，表面微皱，黄褐色，成熟时3瓣裂，果皮木质，厚3—7毫米；种子1—3，半球形，径1—1.5厘米，栗色，有光泽，无假种皮，种脐大，半圆形。花期4—6月；果期8月。

产金平、屏边、河口、马关、麻栗坡，生于海拔100—900米的沟谷密林中。分布于越南北部。

种子繁殖，宜随采随播。

201.清风藤科 SABIACEAE

乔木、灌木或攀援灌木。单叶或奇数羽状复叶，互生；无托叶。花两性或杂性，两侧对称或辐射对称，通常排列为顶生或腋生聚伞花序，或由聚伞花序组成伞房花序或圆锥花序，稀为单花腋生；小苞片宿存或脱落；萼片3—5，分离或于基部合生，覆瓦状排列；花瓣4—5，覆瓦状排列，相等或内面2枚遥小；雄蕊5，稀6或4，与花瓣对生，基部附着在花瓣上或分离，全部发育或外面的3枚不发育，花药2室，药隔厚；花盘小，环状或杯状，具齿或无；子房上位，无柄，通常2室，稀3室，中轴胎座，每室具胚珠2或1，花柱2，通常合生。果为核果或干果，平滑或具蜂窝状凹穴；种子1，胚大，无胚乳或具极薄的胚乳，子叶折叠，胚根弯曲。

本科3—4属，约130种，分布于亚洲和美洲热带地区，少数种分布至亚洲东部温带地区。我国有2属50余种，广布于长江以南各省（自治区），以西南和华南地区最盛，长江以北少见。云南有2属35种、5变种，分布全省各地。本志记载2属，24种。

本科近年来有学者主张分为两个科，即清风藤科Sabiaceae Bl.（仅包括1属）和泡花树科Meliosmaceae Etidl.（2—3属），《中国植物志》编者将该科分为两个亚科，即清风藤亚科Sabioideae和泡花树亚科Meliosmoideae。

分 属 检 索 表

1.攀援木质藤本或攀援灌木；单叶；花轴射对称，排列成聚伞花序，或再组成圆锥花序式，或单生；雄蕊全部发育 ·· 1.清风藤属 Sabla
1.直立乔木或灌木；单叶或奇数羽状复叶；花两侧对称，排成圆锥花序；雄蕊仅有2枚发育 ·· 2.泡花树属 Meliosma

1. 清风藤属 Sabia Colebr.

落叶或常绿攀援灌木。小枝无刺，或稀具刺（如日本清风藤*Sabia japonica* Maxim.）；冬芽小，具宿存的芽鳞。单叶互生，叶纸质或革质，全缘，常具软骨质或狭干膜质边，羽状脉；具柄。花小，两性，5基数，轴射对称，单生叶腋或组成腋生聚伞花序，或再呈总状花序式或圆锥花序式，或有时为伞房花序；具苞片；萼片4—5，覆瓦状排列，宿存；花瓣5，稀6或7，较萼片长且与萼片近对生；雄蕊4—5，与花瓣对生，全部发育，花丝扁平，花药纵向开裂，内向或外向；花盘圆柱形或盘状，肿胀或否；子房上位，2室，基部为肿胀或齿裂之花盘所围绕，花柱2，合生，柱头小；胚珠每室2，半倒生。核果，肾形、圆形或倒卵形，压扁，分果瓣通常仅1枚成熟，成熟时红色或蓝黑色；中果皮薄，常肉质，内果皮坚脆，常具凸起的肋，形成蜂窝状图案，边缘具明显的龙骨突起，内有种子1；种子近肾形，种皮革质，有斑点，子叶扁平，胚根向下，胚弯曲。

本属约30种，分布于亚洲东南部和南部。我国约18种，主要分布于长江流域及其以南各省（自治区），以西南地区为最多。云南有13种2变种，分布于全省各地。

分 种 检 索 表

1.落叶攀援植物；叶膜质至近纸质，两面均被短柔毛或下面沿脉被短柔毛及短刺毛；聚伞花序具2—4花；萼片具紫红色斑点；花盘肿胀，具3—4肋；子房被短柔毛 ……………………………………………………………………… 1.云南清风藤 S.yunnanensis
1.常绿攀援植物；叶纸质至革质，无毛；聚伞花序再排成圆锥花序或伞房状花序；萼片无腺点；花盘杯状，齿裂；子房无毛。
 2.花序为聚伞花序组成的伞房花序，花序梗极短，花芽时呈团伞状 …………………………………………………………………… 2.簇花清风藤 S. fasciculata
 2.花序为聚伞花序组成的圆锥花序或伞房状圆锥花序，花序梗较长，花芽时不为团伞状
  3.叶革质，较大，4—18厘米×3—6厘米；聚伞花序再排成狭长的圆锥花序，长7—15厘米，径约2厘米；核果球形至倒卵状球形，径11—13毫米 ……… 3.柠檬清风藤 S. limoniacea
  3.叶纸质至近革质，5—13.5厘米×1—4厘米；聚伞花序再排成伞房状圆锥花序，长4—10厘米，径大于2厘米，花序梗，花梗均丝状；核果近球形或近肾形，径5—7毫米 ……………………………………………………………… 4.小花清风藤 S. parviflora

1.云南清风藤（拉汉种子植物名称）图319

Sabia yunnanensis Franch.（1886）

Sabia pubescens L. Chen（1943）

落叶攀援灌木，长3—4米。枝褐色或黑褐色，幼时绿色被短柔毛或微柔毛，后无毛，具纵条纹。芽鳞卵形或阔卵形，急尖，中肋隆起，具缘毛。单叶互生，叶膜质或近纸质，披针形至卵状披针形，或长圆状卵形或倒卵状长圆形，长3—9厘米，宽1—3.5厘米，先端渐尖或长渐尖，基部宽楔形至圆形，边缘具狭软骨质，具疏缘毛，上面绿色，下面淡绿色，两面均被短柔毛或下面仅沿脉被短柔毛及短刺毛；侧脉4—6对，细脉网状不明显；叶柄被短柔毛，长4—10毫米。聚伞花序腋生，具2—4花，花序梗长1.5—3厘米，被毛或无，花梗长3—5毫米；具线形苞片；萼片5，宽卵形或近圆形，长约1毫米，无毛，具紫红色斑点；花瓣5，淡绿色或淡黄绿色，宽倒卵形或倒卵状椭圆形，长5—6毫米，宽3—5.5毫米，具7—8脉，基部具紫红色斑点或无；雄蕊5，花丝扁平，长3—4毫米，花药卵状球形，外向；花盘肿胀，具3—4肋，中部具小腺体；子房圆锥形或卵状球形，被短柔毛，花柱长约2.5毫米。核果近圆形或近肾形，径6—8毫米，无毛，具蜂窝状凹穴。花期4—5月；果期5—7月。

产禄劝、嵩明、大关、彝良，生于海拔1500—3800米的山谷溪旁疏林中。四川西部有分布。

2.簇花清风藤（拉汉种子植物名称）图319

Sabia fasciculata Lecomte ex L. Chen（1943）

S.kontumensis Gagnep.（1952）

常绿攀援灌木或藤本，长7—12米。小枝褐色或黑褐色，无毛至疏被微柔毛或短绒毛，

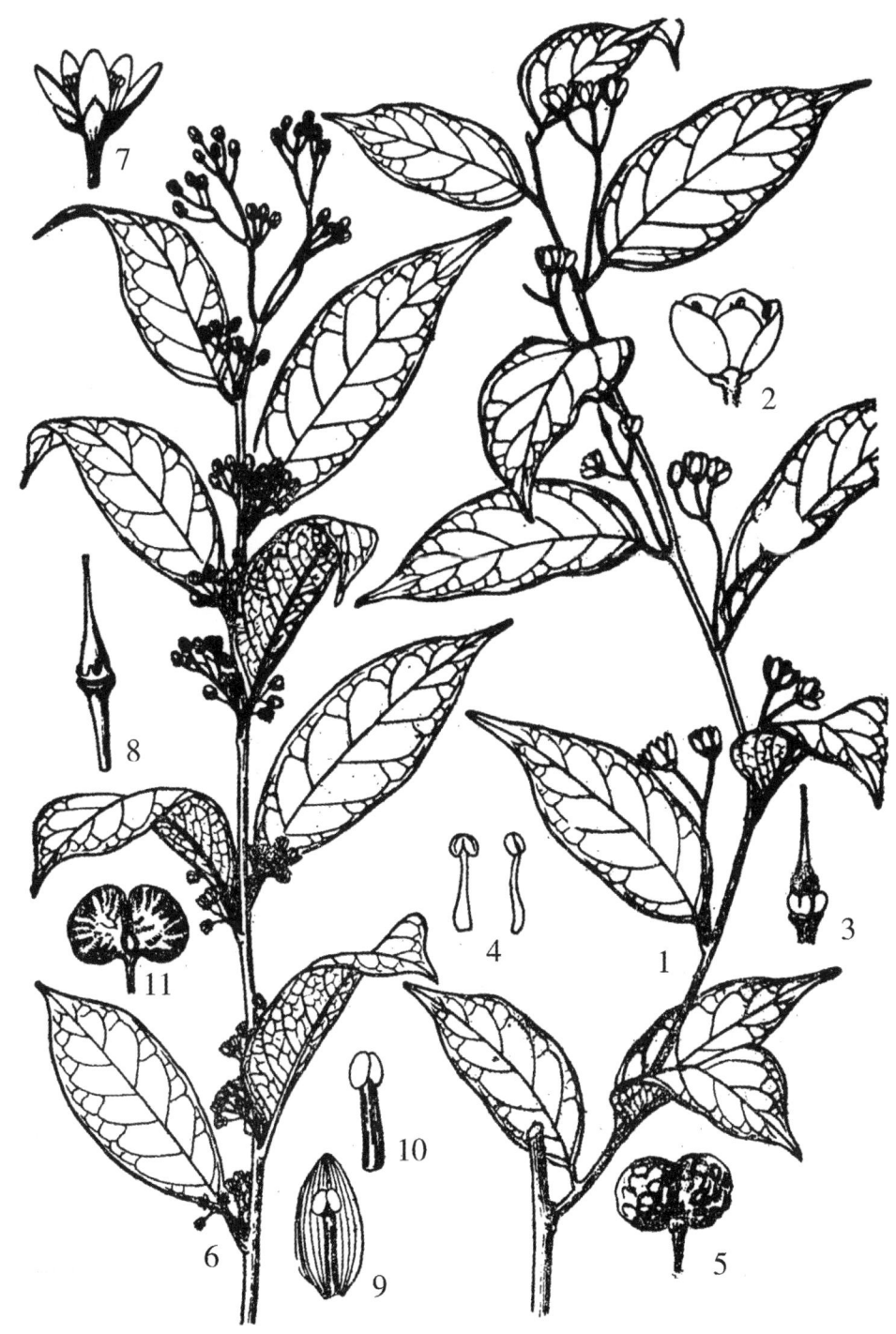

图319　云南清风藤和簇花清风藤

1—5.云南清风藤 *Sabia yunnanensis* Franch.

1.花枝　2.花　3.雌蕊及花盘　4.雄蕊　5.果

6—11.簇花清风藤 *Sabia fasciculata* Lecotnte ex L. Chen

6.花枝　7.花　8.雌蕊及花盘　9.花瓣及雄蕊　10.雄蕊　11.果

具白蜡层；芽卵状球形至球形，长约1.5毫米，芽鳞阔卵形或阔三角形，无毛，具缘毛。叶革质，长圆形、椭圆形、倒卵状长圆形或近披针形，长4—12厘米，宽1.5—4厘米，先端急尖或渐尖，基部楔形或圆形，上面深绿色，下面淡绿色，两面无毛，侧脉（5—）6—8对，伸展，于边缘附近网结，具明显的网状脉；叶柄长1—2厘米。聚伞花序长4厘米，具3—4（—6）花，常再排成伞房状花序，花芽时似团伞状，在盛开时展开，无毛至略被微绒毛；花序梗很短，长1—2毫米，花梗长3—6毫米；萼片5，卵形至长圆状卵形或椭圆形，长1—2毫米，宽1—1.5毫米，中部具红色细微腺点，无毛；花瓣5，淡绿色，长圆状卵形或宽长圆形，长5—6.5毫米，宽2—2.5毫米，具7脉纹，中部具红色斑纹；雄蕊5，不等长，花丝扁平，长3—4.5毫米，花药椭圆体形至长圆状椭圆体形，长0.5—0.9毫米，外向开裂；花盘杯状，具5钝齿，无硬化腺点；子房近肾形，径0.8毫米，无毛，花柱圆锥形，长约3毫米。核果宽卵状球形或近肾形，长6—8毫米，宽7—9毫米，多少压扁，基部具宿存花被片，边缘具蜂窝状凹穴。花期2—5月；果期5—10月。

产滇东南及南部，生于海拔1000—2150米的山谷林中、林缘或灌木丛中。分布于广西、广东及福建；缅甸及越南北部也有。

种子繁殖或扦插繁殖。

3.柠檬清风藤（拉汉种子植物名称）

Sabia limoniacea Wall. ex Hook. f. et Thoms.（1855）

产景洪、勐腊，产于海拔600—1200米的常绿阔叶林中。分布于广西、广东、福建；印度北部、缅甸、泰国、马来西亚和印度尼西亚也有。

4.小花清风藤（拉汉种子植物名称）

Sabia parviflora Wall.（1824）

产漾濞、福贡、瑞丽、沧源、澜沧、普洱、勐海、屏边、文山、师宗等地，生于海拔1300—2800米的山谷林中或山坡灌木丛中。分布于贵州和广西；尼泊尔、印度、不丹、缅甸、越南、老挝、泰国和印度尼西亚也有。

2. 泡花树属 Meliosma Bl.

乔木或灌木，通常被毛；芽裸露，被褐色绒毛。单叶或奇数羽状复叶，全缘或多少具齿。花小或极小，两性或杂性，两侧对称，具短梗或无梗，排列成顶生或腋生的圆锥花序；萼片4—5，覆瓦状排列，其下面常有紧接的小苞片；花瓣5，大小极不相等，外面3枚大，通常近圆形、内凹、镊合状或覆瓦状排列，内面2枚极小，花蕾时全为外面3枚所包围，膜质，2裂或不裂，基部与能育雄蕊花丝合生或分离；雄蕊3，花药2室，球形，纵裂，外面3枚不育，与外花瓣对生，药室张开，无花粉；花盘环状或浅杯状，具小齿；子房无柄，2—3室，花柱单1或稀2裂，柱头钻形，胚珠每室2。核果小，球形、卵形或椭圆形，平滑或具棱，果核硬壳质，具凸起的中肋及网纹。

本属约90种，广布于日本至中国南部，马来西亚、印度南部至印度尼西亚，以及中南美洲。我国有30余种，分布于西南至台湾。云南有22种，分布于全省各地，以南部最多。

分 种 检 索 表

1.叶为单叶；萼片通常5，外面花瓣近圆形至宽椭圆形，宽不超过长；果核腹部具连接
果柄及种子的维管束通道 ···················· **1.泡花树亚属 Subgen. Meliosma**

  2.侧脉劲直，有时或多或少曲折，但不弯拱。

    3.叶缘具锐尖稍弯的重锯齿，叶下面被弯曲长柔毛，脉腋簇毛不明显；内花瓣裂片无缘
毛 ·································· **1.重齿泡花树 M. dilleniifolia**

    3.叶缘具单锯齿，或很少具1—2重锯齿，叶下面被平伏直毛或疏短柔毛，脉腋簇毛显
著；内花瓣裂片具缘毛或流苏状 ·················· **2.泡花树 M. cuneifolia**

  2.侧脉明显的弯拱上升。

    4.圆锥花序狭窄，宽4—7厘米，主轴及侧轴纤细，径不及1毫米。

      5.叶上面无毛，边缘稍外卷，叶柄具狭翅；内花瓣2浅裂，裂片圆形 ···············
······································· **3.狭序泡花树 M. paupera**

      5.叶两面均被平伏毛，边缘外卷，叶柄无翅；内花瓣深裂达中部，裂片披针形，钝
·· **4.二裂泡花树 M. bifida**

    4.圆锥花序宽广，呈金字塔形，宽8厘米以上。

      6.叶较大，长（10—）15—40厘米，宽4—16厘米。

        7.叶下面密被短绒毛或短绒毛状柔毛，或密被锈色卷曲柔毛；侧脉于上面平坦或
凹陷。

          8.叶下面密被短绒毛或短绒毛状柔毛，但不卷曲。

            9.叶革质，长圆形、倒卵状长圆形或倒披针形，宽4.5—7厘米；萼片下紧接有
小苞片4—5。

              10.子房及果无毛 ··············· **5.西南泡花树 M. thomsonii**

              10.子房及果均密被短柔毛 ··
·············· **5a.毛果泡花树（变种）M. thomsonii var. trichocarpa**

            9.叶膜质至纸质，倒披针形至狭倒卵形，宽2.5—6厘米；萼片下无紧接的小苞
片 ······································ **6.绒毛泡花树 M. velutina**

          8.叶下面密被锈色卷曲柔毛。

            11.叶较小，长10—19厘米，宽2—5.5（—8）厘米 ····· **7.华南泡花树 M. laui**

            11.叶较大，长25厘米，宽7.6—9厘米
··················· **7a.大叶泡花树（变种）M. laui var. megaphylla**

        7.叶下面无毛，或疏被柔毛或紧贴微柔毛；侧脉两面凸起。

          12.内花瓣披针形，不分裂。

            13.子房密被柔毛，果时仍有残留毛；叶革质，倒卵状长圆形或倒卵状披针形
至倒披针形，长15—30厘米，宽4—9厘米，先端短渐尖 ···············
······································· **8.山楝叶泡花树 M. thorelii**

            13.子房及果均无毛；叶近革质，椭圆形至椭圆状倒卵形或倒卵状披针形，长

6—15厘米，宽3—5厘米，先端尾状渐尖 ……… 9.丛林泡花树 M. dumicola

    12.内花瓣2裂。

        14.核果球形，较小，径4—6毫米；小枝被短柔毛，皮孔不明显3叶柄长1.5—
           3.5厘米，疏被短柔毛 ………………………… 10.单叶泡花树 M. simplicifolia

        14.核果倒卵形，较大，径8毫米；小枝无毛，具显著的皮孔；叶柄长3—5厘
           米，无毛 ……………………………………… 11.疏枝泡花树 M. longipes

  6.叶片较小，长不超过15厘米，宽不超过5厘米。

    15.叶卵形、椭圆形，稀长圆形，下面被极小的黄褐色鳞片，无毛；果小，径4毫米
      ………………………………………………………… 12.绿樟 M. squamulata

    15.叶倒披针形、狭倒披针形、长圆状倒披针形或倒卵状长圆形至倒卵状披针形，
      下面被短柔毛或沿脉被短柔毛，无鳞片，果大，径6—7毫米。

      16.内花瓣裂片线状披针形，几平行，仅先端具数条柔毛；叶倒披针形或狭倒披
        针形，下面被褐色短柔毛 ……………………………… 13.笔罗子 M. rigida

      16.内花瓣裂片宽披针形或近圆形，极叉开，具缘毛；叶倒卵状长圆形或倒卵状披
        针形，下面仅沿脉具短柔毛，脉腋具簇毛…… 14.云南泡花树 M. yunnanensis

1.叶为奇数羽状复叶。

  17.叶轴顶端常具3小叶，小叶柄无关节。

    18.小叶革质，披针形至狭长圆形，长5—12厘米，宽1.5—3厘米，下面干时红褐色，仅
      沿脉被平伏毛 ……………………………… 15.狭叶泡花树 M. angustifolia

    18.小叶纸质至薄革质，卵形至卵状长圆形，较宽大，下面被疏至密的平展短柔毛。

      19.小叶卵形，卵状长圆形、椭圆状披针形，上面无毛或仅沿脉具短柔毛；小枝
        褐色。

        20.萼片4；内花瓣裂片狭卵形，外侧撕裂，2裂片中间具1小凸起；花盘裂齿仅达子
          房的一半；子房密被短柔毛 ……………… 16.南亚泡花树 M. arnottiana

        20.萼片5；内花瓣裂片条形，外侧不撕裂，具缘毛，2裂片中间无凸起，花盘裂齿
          长于子房；子房无毛或疏被短绢毛 ……… 17.贡山泡花树 M. wallichii

      19.小叶片椭圆形或披针形，上面疏被柔毛或小粗毛；小枝紫褐色 ………………
      ……………………………………………………… 18.红柴枝 M. oldhamii

  17.叶轴顶端常具1小叶，小叶柄具关节；萼片4，外花瓣最外1枚宽肾形，宽过于长；果核
    腹部不具连接果柄和种子的维管束通道 …………………………………………
              2.肾瓣亚属 Subgen. Kingsboroughia（Liebm.）Beus.

  21.小叶下面脉腋具簇毛；圆锥花序腋生，长12—30厘米；轴及侧轴皮孔不显著；内花
    瓣2尖裂；核果小，径6—7毫米 …………………………19.珂楠树 M. alba

  21.小叶下面脉腋无簇毛；圆锥花序顶生，长35—40（—45）厘米，轴及侧轴密具椭圆
    形皮孔；内花瓣2钝裂；核果大，径8—13毫米 ……… 20.暖木 M. veitchiorum

1.重齿泡花树　图320

Meliosma dilleniifolia（Wall. ex W. et A.）Walp.（1842）

Millingtonia dilleniifolia Wall. ex W. et A.（1833）

落叶小乔木，高达8米。幼枝、叶柄及叶下面沿主脉、花序轴均被黄褐色伸展的长柔毛。去年生小枝暗褐色，具皮孔，几无毛。单叶互生，叶纸质，倒卵形、狭倒卵状披针形，倒卵状椭圆形或长圆形，长10—22（—30）厘米，宽6—10（—15）厘米，先端钝圆，骤尖，基部楔形，边缘具锐尖的刺状重齿，稍内弯，上面暗绿色，疏被极短的刚毛状柔毛，沿脉更甚，下面淡绿色，疏被至适度的短柔毛，脉腋无簇毛，侧脉20—25对，径直，平行，直达齿尖，细脉网状；叶柄长1.5—2.5厘米。圆锥花序顶生，直立，长14—28厘米，分枝3—4级，侧轴直立，稀为"之"字形曲折。花淡黄绿色，无柄，径约2.5毫米，具卵形小苞片；萼片5，圆形，径1毫米，具缘毛；花瓣5，外面3枚大，圆形，径2.5毫米，内面2枚小，长1毫米，1/2以上2裂，裂片锐尖，叉开，无毛：能育雄蕊2，花丝与内花瓣等长或稍短，花药卵形，径约0.5毫米；子房卵形，无毛，花柱长约为子房的1/2；花盘杯状，具齿。核果球形，具稍突起的网纹。花期6—8月；果期9—10月。

产贡山，生于海拔1700米的林缘。分布于印度北部、尼泊尔、缅甸北部。种子繁殖。

2.泡花树　图320

Meliosma cuneifolia Franch.（1886）

小乔木，高达6米。当年生幼枝密被淡黄褐色短柔毛，去年生枝无毛，具皮孔。叶纸质，倒卵状楔形或倒卵状椭圆形，长8—18厘米，宽3.5—7厘米，先端渐尖，基部楔形，边缘除基部外几乎全部具锐尖锯齿，有时稍波状，上面绿色，疏被秕糠状柔毛，下面淡绿色，密被白色光亮短柔毛，稀无毛，脉腋具明显的簇毛，侧脉16—20对，劲直，平行，直达齿尖，细脉网状；叶柄密被短柔毛，长1—2厘米。圆锥花序顶生，长10—25厘米，广展，主轴及侧轴直立，有淡黄褐色短柔毛：花小，白色，具柄，具卵形，被短柔毛的小苞片；萼片5，阔卵形，长约1毫米，具缘毛；花瓣5，外面3枚大，径2—2.5（—3）毫米，近圆形，内面2枚小，长1毫米，1/2以上分裂，裂片锐尖，外侧及先端流苏状或具缘毛；能育雄蕊长1.2毫米，贴生于内花瓣基部；子房圆形，径约0.5毫米，无毛，花柱与子房等长；花盘杯状，具齿。核果球形，径4—5毫米，成熟时黑色。花期6—8月；果期9—10月。

产丽江、维西，生于海拔2300—3300米的山坡疏林中。分布于四川、贵州和西藏东南部。

木材红褐色，纹理略斜，结构细致，质轻，为良材之一。叶可提单宁，树皮含纤维；根皮药用，用于治疗无名肿毒、毒蛇咬伤、腹胀水肿等。

本种尚有一变种，光叶泡花树*Meliosma cuneifolia* Franch. var. *glabriuscula* Cufod. 其主要区别为叶背面除脉腋具簇毛及沿脉被疏柔毛外，余无毛，叶柄短粗，长2—15毫米，叶基下延成翅。分布于滇西北和滇东北。

图320　重齿泡花树和泡花树

1—6.重齿泡花树 *Meliosma dilleniifolia*（Wall. ex W. et A.）Walp.

1.花枝　2.花蕾　3.外花瓣　4.内花瓣及雄蕊　5.内花瓣　6.花盘、雌蕊及萼片

7—12.泡花树 *Meliosma cuneifolia* Franch.

7.花枝　8.花蕾　9.外花瓣及退化雄蕊　10.内花瓣及雄蕊　11.内花瓣　12.花盘及雌蕊

3.狭序泡花树　图321

Meliosma paupera Hand.-Mazz.（1921）

常绿灌木或小乔木，高达9米。当年生小枝褐色，被平伏细毛，二年生枝无毛。单叶互生，叶坚纸质至薄革质，长圆形至披针形，倒卵状长圆形至倒卵状披针形，长8—15厘米，宽1.2—3厘米，先端渐尖，基部楔形至渐狭，下延成极狭的翅，边缘自中部以上具稀疏的细齿，上面深绿色，仅沿主脉疏被紧贴微柔毛，下面淡绿色，疏被紧贴微柔毛，侧脉7—15对，两面凸起，细脉网状，明显；叶柄长0.5—1厘米，被短柔毛，具极狭的翅。圆锥花序顶生，长7—15厘米，分枝3级，主轴及侧轴纤细，被短柔毛；花黄绿色，具柄；苞片三角状卵形，长约1毫米，密被短柔毛，萼片4，阔卵形，长约1毫米，具缘毛；花瓣5，外面3片大，圆形，径约1.5毫米，内面2片微小，长约0.75毫米，2浅裂，裂片圆形，叉开，具缘毛；能育雄蕊2，长约1毫米；子房卵形，径约0.5毫米，无毛，花柱锥状，几与子房等长；花盘杯状，具5齿。核果球形，径4—5毫米；内果皮骨质，中央龙骨突起钝，两侧具稍凸起的网纹。花期5月；果期8—9月。

产西畴，生于海拔1450—1550米的常绿阔叶林中及灌丛中。分布于贵州、广西、广东及江西；越南也有。

4.二裂泡花树　图321

Meliosma bifida Law.（1979）

乔木，高达15米。小枝细，密被黄褐色短柔毛。单叶互生，叶近革质，卵状椭圆形，长5—9厘米，宽2—3厘米，先端尾状渐尖，基部楔形，全缘，上面绿色，稍亮，下面淡绿色，两面均疏被硬柔毛，沿脉尤甚，主脉在上面微凹，下面突起，侧脉9—11对，于边缘处网结，细脉网状，两面凸起；叶柄圆柱形，长1—1.5厘米，密被黄褐色短柔毛。圆锥花序顶生或生于上部叶腋，长3—10厘米，分枝1—2级，窄小，轴及侧轴密被短柔毛；花小，几无柄，白色；小苞片卵形，密被短柔毛；萼片4—5，近圆形，径1.5毫米，先端圆形，外面被短柔毛，具缘毛；花瓣5，外面3片大，宽圆形，最外1片径约2毫米，宽过于长，内面2片小，长约1毫米，1/2以上2裂，裂片宽，钝，略叉开，上部具缘毛；能育雄蕊2，长1毫米；子房卵圆形，径约0.5毫米，无毛，花柱短于子房。花期7月。

产屏边，生于海拔940米的村旁疏林中。

本种与狭序泡花树 M. paupera Hand.-Mazz.相似，唯后者的叶上面无毛，外花瓣较小，宽约1毫米，内花瓣先端2浅裂，裂片广叉开而不同。

5.西南泡花树　图322

Meliosma thomsonii King ex Brandis（1906）

M. subverticillaris Rehd. et Wils.（1914）

M. forrestii W. W. Smith（1917）

乔木，高达10米。小枝、叶柄及花序均密被锈色短柔毛。单叶互生，叶革质，长圆形至倒卵状长圆形，或披针形至倒卵状披针形，长12—28（—35）厘米，宽4.5—9厘米，先

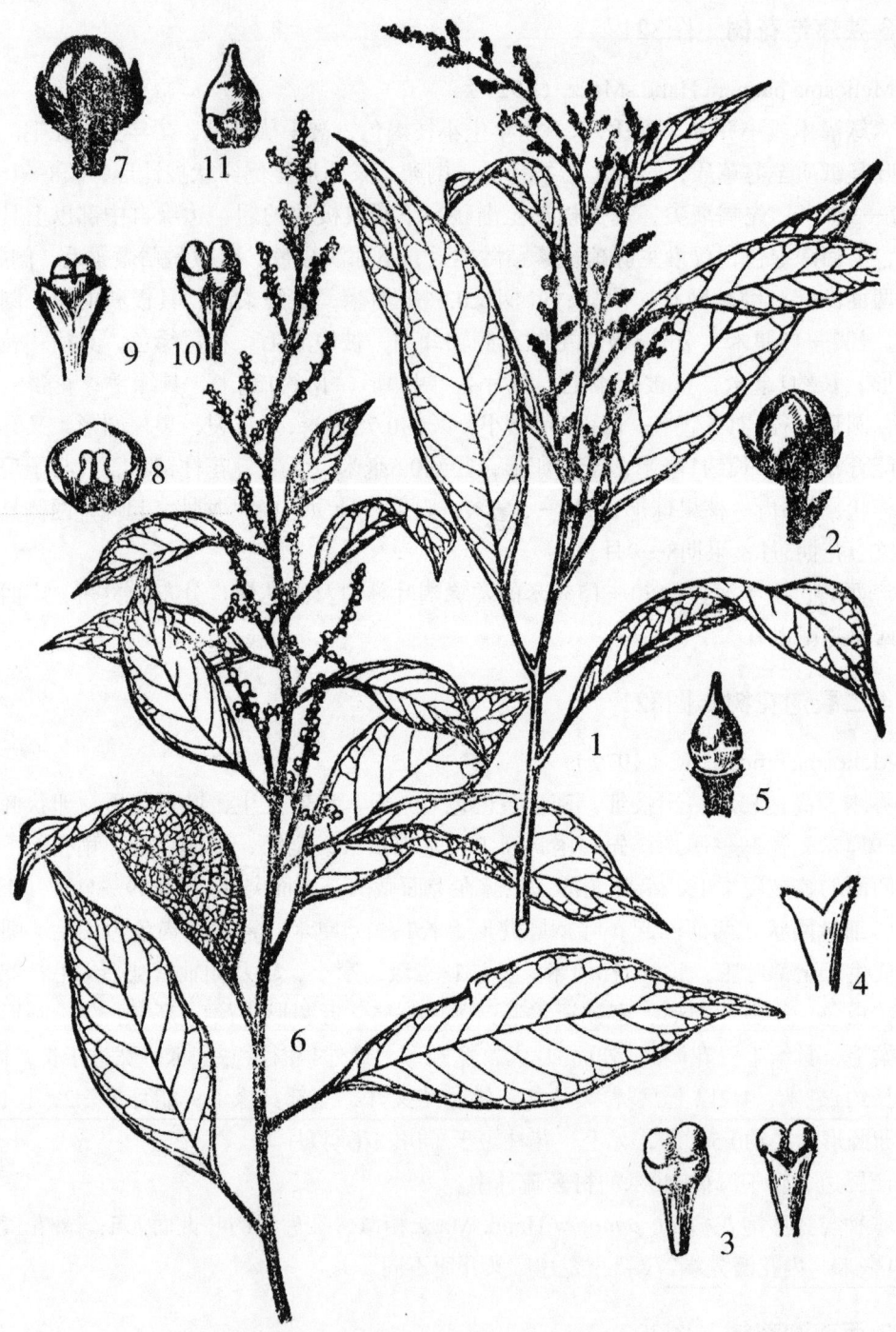

图321 狭序泡花树和双裂泡花树

1—5.狭序泡花树 *Meliosma paupera* Haud.-Mazz.

1.花枝 2.花蕾 3.内花瓣及雄蕊 4.内花瓣 5.花盘及雌蕊

6—11.双裂泡花树 *Meliosma bifida* Law.

6.花枝 7.花蕾 8.外花瓣及退化雄蕊 9—10.内花瓣及雄蕊（背、腹面） 11.雌蕊

端渐尖或钝圆而具短尖头，基部钝，边缘中部以上具粗糙的牙齿，上面绿色，除沿主脉及侧脉被短柔毛外，余无毛，有光泽，下面被淡黄褐色柔毛，沿脉尤甚，侧脉18—23对，上升，直达边缘，但不网结，细脉网状；叶柄长2—4厘米。圆锥花序顶生，3—4次分枝，长30厘米；花黄白色，密挤，无柄；萼片5，宽卵形，径约1.5毫米，具缘毛，紧接萼片具同形较小苞片5，苞片外面被短柔毛；花瓣5，外面3片圆形，径2毫米，无毛，内面2枚微小，长1毫米，于上部2裂，裂片披针形，极叉开，无缘毛；子房近圆形，径约0.5毫米，无毛，花柱几与子房等长；花盘浅杯状，具5齿。花期10月。

产漾濞、贡山，生于海拔1700米的山谷杂木林中。分布于西藏东南部；尼泊尔、不丹、印度北部也有。

本种尚有一变种，毛果泡花树 *M. thomsonii* King ex Brandis var. *trichocarpa*（Hand.-Mazz.）C.Y.Wu et S.K.Chen，其子房被毛，果实被硫磺色短柔毛；分布于泸西。

6.绒毛泡花树　毛泡花树（中国树木分类学）图322

Meliosma velutina Rehd. et Wils.（1914）

M. costata Cufod.（1939）

乔木，高达6米。当年生小枝密被短的黄褐色粗伏毛，去年生小枝变无毛，灰暗棕色。单叶互生，叶纸质，倒披针形或倒卵形，长9—15厘米，宽2.5—4厘米，先端急尖或短渐尖，基部渐狭，全缘或近先端具数齿，上面暗绿色，干时稍具网纹，沿脉具短柔毛，下面灰白色，被短绒毛状柔毛，侧脉10—15对，于边缘处向上弯曲，细脉网状；叶柄长1.5厘米，密被长柔毛。圆锥花序顶生，长20—25厘米，宽15—20厘米，密被黄褐色粗伏毛状长柔毛，分枝纤细，直立伸展；花白色，具短梗，排列在第2级至第4级分枝上；苞片钻形，长2—3毫米，被短柔毛；萼片5，卵形，长1毫米，急尖，被短柔毛，且具缘毛；花瓣5，外面3片圆形，径1.5—2毫米，内面2片微小，长0.75毫米，2裂，裂片急尖；能育雄蕊较内花瓣长，花药球形；子房卵形，压扁，花柱钻形；无毛；花盘杯状，具尖齿。花期4—5月。

产普洱，生于海拔500—1500米的阔叶林中。分布于广西及广东北部；越南也有。模式标本采自普洱。

7.华南泡花树　图323

Meliosma laui Merr.（1935）

M. simplicifolia（Roxb.）Walp. ssp. laui Beus.（1971）

乔木，高达10米。幼枝，叶柄、叶下面及花序均密被锈色毡状短柔毛。单叶互生，叶革质，长椭圆形或椭圆状披针形，长10—19厘米，宽2—5.5（—8）厘米，先端渐尖，基部锐尖至楔形，全缘或上部具疏齿，上面亮深绿色，仅沿主脉及侧脉密被短柔毛，下而密被锈色毡状短柔毛，侧脉14—17对，上面平坦，下面隆起，于边缘处网结，细脉网状，两面突起；叶柄长1.5—2.5（—4）厘米，基部稍增粗。圆锥花序顶生，直立，长1—15厘米，具2—3级分枝；花黄色，无柄，密集，径2—3毫米；小苞片卵形，长1毫米，密被锈色柔毛；萼片5，宽卵形至近圆形，径约2毫米，先端钝圆，外面密被锈色柔毛；花瓣5，外面3片卵状微心形，长约3毫米，先端钝，内面2片长约1毫米，2裂，裂片略叉开，先部略呈流苏

图322 西南泡花树和绒毛泡花树

1—4.西南泡花树 *Meliosma thomsonii* King ex Brandis

1.花枝 2.外花瓣及退化雄蕊 3.内花瓣及雄蕊 4.花盘及雌蕊

5—9.绒花泡花树 *Meliosma velutina* Rehd. et Wils.

5..花枝 6.外花瓣及退化雄蕊 7.内花瓣及雄蕊 8.花盘及雌蕊 9.果

状；能育雄蕊长约1毫米，花药小；子房倒卵形，径约1毫米，无毛。核果倒卵状椭圆形或倒卵形，长约10毫米，径约8毫米，内果皮骨质，近球形，略偏斜，中央龙骨突锐利。花期2月；果期3—4月。

产屏边，生于海拔1260米的干燥疏林中。分布于广西、广东、海南；越南也有。

本种尚有一变种，大叶泡花树 Meliosma laui Merr. var. megaphylla H. W. Li ex S. K. Chen（1986）的叶远较大，长25厘米，宽7.6—9厘米，小枝粗壮，径约8毫米，不同于原变种。分布于西畴。

8.山楝叶泡花树　　图323

Meliosma thorelii Lecomte（1907）

M. buchananifolia Merr.（1923）

乔木，高达15米，胸径25—45厘米。树皮深褐色至灰色。单叶互生，叶革质，长圆状倒披针形或倒披针形，长（13—）15—30厘米，宽4—9厘米，先端短渐尖，基部楔形或渐狭至叶柄，全缘或具锯齿，上面亮绿色，无毛，下面淡绿色，无毛或被紧贴短柔毛，脉腋具簇毛，主脉、侧脉及网脉均两面凸起，侧脉13—18对，弯拱并于边缘网结；叶柄长2.5—4.5厘米，基部增粗，具极狭翅，无毛或被紧贴短柔毛。圆锥花序顶生和生于上部叶腋，直立，长15—30厘米，花序梗及花梗密被紧贴短柔毛；花小，密集，具卵形小苞片1，苞片具缘毛；萼片5，卵形，径约1毫米，先端钝圆，具缘毛；花瓣5，外面3片阔卵形，径2毫米，内面2片披针形，较外花瓣稍短；能育雄蕊长约1毫米；子房卵形，密被短柔毛，花柱长约1毫米；花盘具齿。核果球形，径8—10毫米；内果皮骨质，中央龙骨突极突起，锐利，具突起的网纹。花期4—6月；果期7—8月。

产金屏、屏边、马关、麻栗坡、富宁，生于海拔（200—）300—1000米的山谷疏林中。分布于贵州、广西、广东、福建等省（自治区）；老挝也有。

本种与单叶泡花树 M. simplicifolia Roxb. 相似，但唯花较大，具柄；内花瓣披针形，不裂；子房被短柔毛，果较大，径8—10毫米；叶革质而不同。

9.丛林泡花树　　图324

Meliosma dumicola W. W. Smith（1921）

乔木，高达20米，胸径30—40厘米。树皮灰白色。幼枝粗壮，被短柔毛，具散生皮孔，去年枝条几无毛。叶革质，椭圆形至长圆状倒卵形或倒卵状披针形，长6—15厘米，宽3—5厘米，先端尾状渐尖，基部狭楔形至钝，全缘，上面亮绿色，无毛或有时沿主脉被短柔毛，下面苍白色，疏被短柔毛，稀近无毛，侧脉8—11对，上面稍凸起，下面凸起，于边缘处网结，细脉网状，两面凸起；叶柄长2—4厘米，疏被短柔毛，具极狭的翅。圆锥花序顶生，直立，长10—16厘米，密被黄褐色短柔毛；花小，白色，近无柄，密集；小苞片卵形，密被黄色短柔毛，萼片4—5，宽卵形，长1.5毫米，具缘毛；花瓣5，外面3枚圆卵形，径约2.5毫米，内面2片披针形至舌形，长1—1.5毫米，先端锐尖、钝圆或微缺，偶具小缘毛；能育雄蕊较内花瓣短；子房近球形，径约0.5毫米，花柱长0.5—1毫米；花盘具齿。核果倒卵形，径3—4毫米；花期4—5月；果期10—11月。

图323 华南泡花树和山楝叶泡花树

1—6.华南泡花树 *Meliosma laui* Merr.

1.花枝　2.花蕾　3.外花瓣及退化雄蕊　4.内花瓣及雄蕊　5.雌蕊及花盘　6.果

7—11.山楝叶泡花树 *Meliosma thorelii* Lecomte

7.果枝　8.外花瓣及退化雄蕊　9.内花瓣及雄蕊　10.雌蕊及花盘　11.果核腹面及侧面

产腾冲、景东和西畴，生于海拔1200—2400米的山坡林中。分布于广东、海南和西藏南部；越南北部和泰国也有。模式标本采自腾冲。

种子繁殖。

10.单叶泡花树　图324

Meliosma simplicifolia（Roxb.）Walp.（1842）

Millingtonia simplicifolia Roxb.（1814）

乔木，高达10米。小枝疏被短柔毛，具散生皮孔。单叶互生，叶纸质至薄革质，倒卵形至倒披针形，或倒卵状长圆形至倒卵状披针形，长15—25（—30）厘米，宽4.5—9（10）厘米，先端短渐尖，基部渐狭成长楔形，全缘，稀具不明显的小齿，两面无毛，或仅下面脉腋具髯毛，主脉、侧脉及网脉两面均凸起，曲脉15—18对，弯拱，于边缘处网结；叶柄长1.5—3.5厘米，疏被短柔毛，具狭翅。圆锥花序顶生及生于顶部叶腋，疏松，具3—4次分枝，分枝细弱，密被短硬状柔毛。花小，白色，无柄；小苞片卵状渐尖，长0.75毫米，密被短柔毛及缘毛；萼片5，阔卵形，长约1毫米，先端钝，具缘毛；花瓣5，外面3枚近圆形，长1.5毫米，先端圆形，无毛，内面2枚长1毫米，1/2以上2裂，裂片条形，几平行，无缘毛；能育雄蕊几与内花瓣等长；子房卵状圆形，径约0.5毫米，无毛，花柱圆锥形，几与子房等长；花盘盘状，具4—5浅齿。果球形，径约5毫米，具锐利的肋和粗网纹。花期1—2月；果期4—9月。

产西双版纳、耿马、泸水、芒市，生于海拔460—1400米的沟谷密林、疏林及竹林中。分布于斯里兰卡、印度、尼泊尔、不丹、缅甸、泰国、越南及苏门答腊。

种子繁殖。

11.疏枝泡花树　图325

Meliosma longipes Merr.（1942）

M. depauperata Chun ex How（1955）

灌木至小乔木，高达8米。叶通常密集于小枝顶部，叶近革质，倒卵状长圆形，有时椭圆形，倒卵状披针形或披针形，长13—23（25）厘米，宽（4—）4.5—7（—11）厘米，先端尾状渐尖，基部楔形，全缘，上面绿色，下面淡绿色，两面无毛，主脉和侧脉在上面凹入，下面隆起，侧脉（10—）15—18对，弯曲，于边缘处网结，细脉网状；叶柄基部略膨大，长3—5厘米，无毛。圆锥花序顶生或腋生，长20—30厘米，分枝细，短而少，被微柔毛；花绿色，径1.5—2毫米，花梗长0.5毫米，基部具1宽卵形具缘毛的苞片；萼片5，不等大，宽卵形，径1.2毫米，具缘毛；花瓣5，外面3片圆形，径1.5—2毫米，无毛，内面2片小，长0.7毫米，于1/2处分裂，裂片披针形，先端钝；能育雄蕊2，长1毫米；子房圆形，径1毫米，无毛，花柱短于子房；花盘盘状，具齿。核果倒卵形，径8毫米，长10毫米，干时具棱，果柄短粗。花期2月；果期6—8月。

产屏边、麻栗坡，生于海拔920—1000米的密林中。分布于广东及广西；越南也有。

种子繁殖。

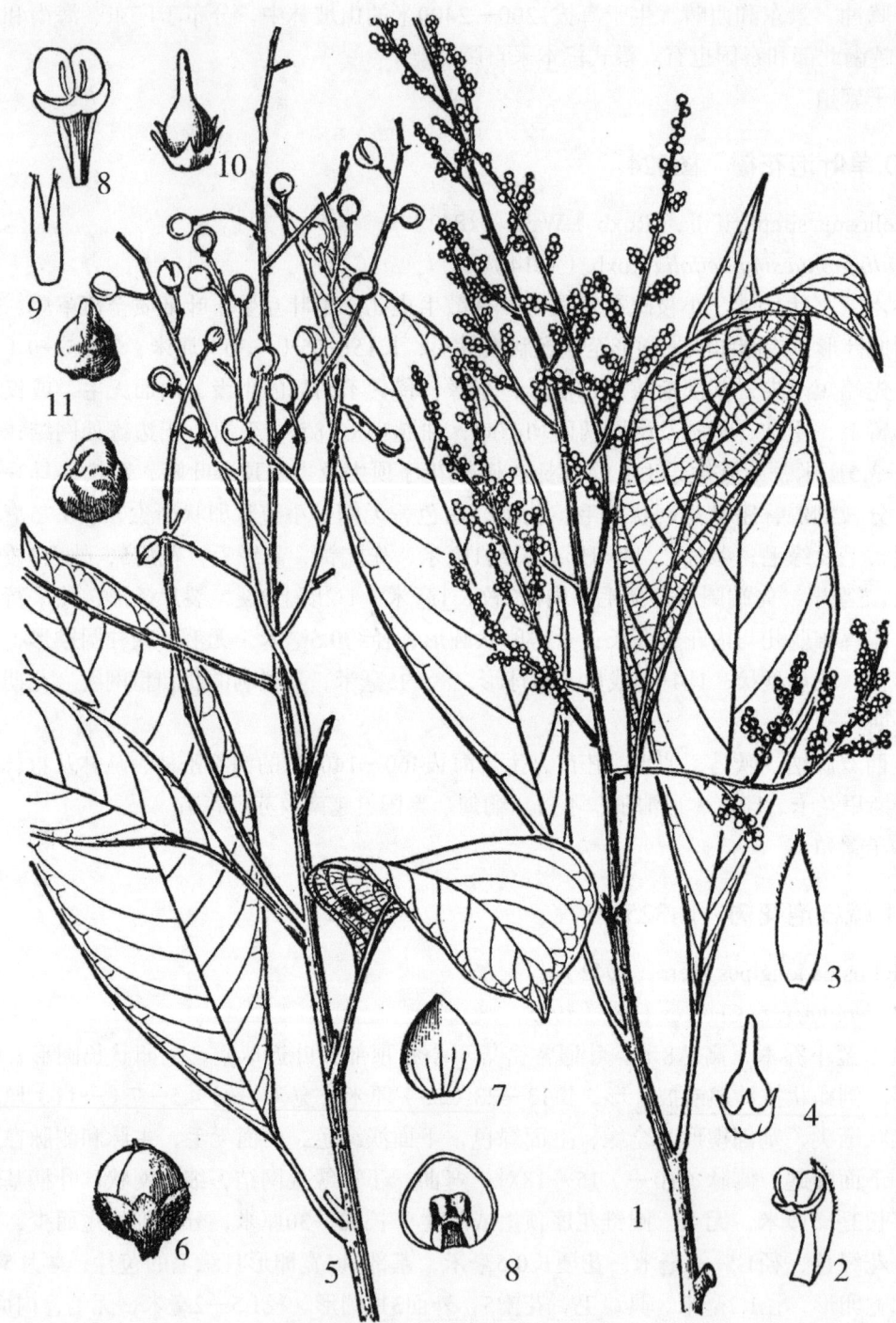

图324 丛林泡花树和单叶泡花树

1—4.丛林泡花树 *Meliosma dumicola* W. W. Smith

1.花枝 2.内花瓣及雄蕊 3.内花瓣 4.花盘及雌蕊

5—11.单叶泡花树 *Meliosma simplicifolia*（Roxb.）Walp.

5.果枝 6.花蕾 7.萼片 8.外花瓣及退化雄蕊

9.内花瓣 10.花盘及雌蕊 11.果核的腹面及侧面

12.绿樟 樟叶泡花树 图325

Meliosma squamulata Hance（1876）

灌木至乔木，高达15米，胸径16厘米。树皮灰白色至灰褐色。小枝无毛或被短柔毛后变无毛，具散生皮孔。单叶互生，叶革质，卵形或椭圆形，稀长圆形，长7—11厘米，宽3.5—5.5（—6）厘米，先端尾状渐尖，基部楔形或近圆形，全缘，上面深绿色，光亮无毛，下面苍白色，密被极微小的黄褐色鳞片，主脉和侧脉上面平坦，下面隆起，侧脉5—8对，弯拱，网结，细脉网状；叶柄纤细，基部膨大，长（2—）5.5—10厘米，无毛。圆锥花序顶生或生于枝上部叶腋，长5—16厘米，密被短柔毛；具2—3级分枝；花小，白色，具短柄；小苞片卵形，密被短柔毛，长约1毫米；萼片5，卵形，长1.5毫米，具缘毛；花瓣5，外面3片圆形，径2.5毫米，无毛，内面2片长1—1.5毫米，1/2以上2裂，裂片宽，叉开，无毛或偶具缘毛；能育雄蕊长1毫米；子房近球形，径0.7—1毫米，无毛，花柱与子房近等长。核果球形或倒卵形，径4毫米，成熟时黑紫色。花期3—6月；果期7—11月。

产文山、西畴、广南、金平，生于海拔1000—2000米的山坡灌丛或密林中。分布于贵州、广西、广东、福建、台湾；琉球群岛也有。

种子繁殖。

散孔材。木材灰褐或黄褐色，心边材区别不明显；生长轮明显，宽度均匀；轴向薄壁组织少；木射线中至多；纹理直；结构细至甚细，均匀；重量，硬度，干缩及强度均中等。干燥快，但易横弯，扭曲和开裂；加工容易，切面光滑，射线花纹美观；油漆及光亮性中等；胶黏性能良好；握钉力中。适于一般房屋建筑，家具、包装箱等用材。

13.笔罗子 图326

Meliosma rigida Sieb. et Zucc.（1844—1845）

乔木，高达9米。树皮暗灰色。小枝粗壮，密被锈色伸展的长柔毛，两或三年生枝被污色短柔毛。单叶，叶革质，倒披针形或狭披针形，长7—15厘米，宽2—4.5厘米，先端渐尖，有时骤尖，基部长楔形，全缘或中部以上具疏齿，上面亮绿色，仅沿主脉和侧脉被短柔毛，下面被黄褐色短柔毛，脉上更甚，侧脉11—15对，于边缘网结或上部者直达齿尖，细脉网状，不明显；叶柄粗壮，长1—2.5厘米，密被黄褐色短柔毛，基部增粗。圆锥花序顶生，直立，多分枝，长15—24厘米，密被黄褐色柔毛，花白色，密集于第三级分枝上，无柄；小苞片卵形，密被长柔毛；萼片4—5，卵形或近圆形，长1.2毫米，被短柔毛，具缘毛；花瓣5，外面3片近圆形，径2—2.5毫米，内面2片长约0.75毫米，约于1/2处2裂，裂片几平行，先端具缘毛；能育雄蕊长约1.5毫米；子房卵形，无毛，花柱较子房长；花盘具齿。核果近球形，径6—8毫米，熟时黑色，内果皮骨质，径5—6毫米，中央龙骨突锐利，至腹部突起呈喙状，具突起的网纹。花期4—5月；果期11—12月。

产景洪、勐腊和富宁，生于海拔650—1000米的沟谷密林或疏林中。分布于贵州、广西、广东、湖南、湖北、江西、浙江、江苏、福建及台湾；老挝、越南、菲律宾及日本也有。

种子繁殖。

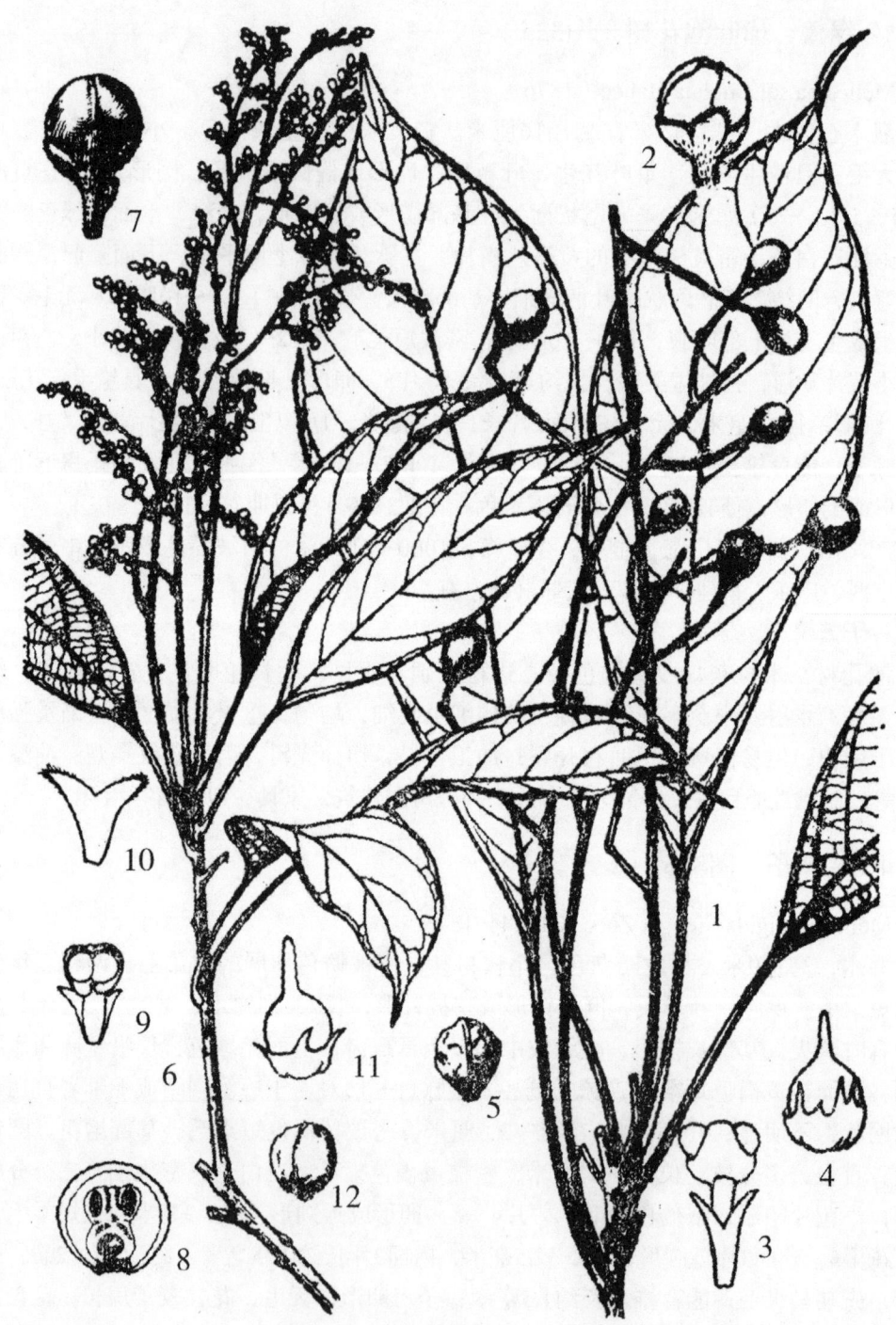

图325 疏枝泡花树和绿樟

1—5.疏枝泡花树 *Meliosma longipes* Merr.

1.果枝 2.花 3.内花瓣及雄蕊 4.花盘及雌蕊 5.果核

6—12.绿樟 *Meliosma squamulata* Hance

6.花枝 7.花蕾 8.外花瓣及退化雄蕊 9.内花瓣及雄蕊 10.内花瓣 11.花盘及雌蕊 12.果核

木材纹理直，结构通常甚细，均匀；重量中至重；木材坚硬；干缩性大；强度中等，加工较难，适于作建筑门窗、农具等用材。

14.云南泡花树　图326

Meliosma yunnanensis Franch.（1886）

M. fischeriana Rehd. et Wils.（1914）

乔木，高达20米，树皮灰色。幼枝密被短柔毛，后近无毛。单叶互生，叶革质，倒卵状长圆形至倒卵状披针形，稀长圆形或披针形，长（4—）8—15厘米，宽2—2.4（—5）厘米，先端骤尖或尾状渐尖，基部渐狭或楔形，边缘中部以上具疏刺状尖齿，上面绿色，仅沿主脉被短柔毛，下面淡绿色，沿主脉和侧脉被短柔毛，脉腋具簇毛，余无毛，侧脉（6—）8—11对，于边缘网结，细脉网状，两面稍突起；叶柄基部肿胀，长1—2.5厘米，密被短柔毛。圆锥花序顶生或生于小枝上部叶腋，长10—18厘米，具2—3次分枝，密被淡黄褐色短柔毛；花白色，无柄或几无柄；萼片下部有紧接的苞片3，卵形，长1—1.5毫米，具缘毛；萼片5，宽卵形，长2毫米，先端圆形，具缘毛；花瓣5，外面3片近圆形，径2—2.5毫米，基部具短爪，内面2片长1.5—2毫米，1/2以上2裂，裂片阔披针形或近圆形，叉开，具缘毛或无；能育雄蕊长约2毫米；子房卵形，径0.5毫米，无毛，花柱锥形，柱头2；花盘杯状，具5齿，齿长约为子房的一半。核果球形，径6—7毫米，熟时紫红色，内果皮骨质，稍偏斜，具稍锐的中央龙骨突和网状突起。花期5—6月；果期8—9月。

产昆明、嵩明、禄劝、大姚、鹤庆、宾川、巍山、丽江、香格里拉、德钦、贡山等地，生于海拔1700—2600米的常绿阔叶林中或沟谷杂木林中。分布于四川、西藏；印度、尼泊尔和不丹也有。

15.狭叶泡花树　图327

Meliosma angustifolia Merr.（1922）

M. crassifolia Hand.-Mazz.（1933）

灌木至乔木，高达12米。小枝幼时被锈色丝毛，后变无毛，具散生皮孔；腋芽密被锈色丝毛。叶为奇数羽状复叶，长20—30厘米，具小叶13—21，叶轴及小叶柄均被锈色短柔毛或变无毛；小叶革质，披针形、狭长圆形或长圆状披针形，长5—12厘米，宽1.5—3厘米，先端渐尖，基部楔形，稍不等侧，全缘或稀上部具1—2小齿，上面亮绿色，下面稍红色，仅沿脉疏被平伏毛，侧脉纤细，仅下面明显；小叶柄长5—7毫米。圆锥花序顶生，与叶等长或稍长，疏被锈色短柔毛；花小，几无柄，具小的卵状三角形苞片；萼片5，近圆形，边缘膜质；花瓣5，芳香，白色或黄色，外面3片卵状圆形或圆形，长约2毫米，内面2片长1毫米，上部2裂；能育雄蕊长为内花瓣的2倍，药隔圆盾，花药圆形；子房近圆形，密被黄色短粗毛，花柱几与子房等长或稍短；花盘杯状，具齿。果球形或倒卵形，长4—5毫米，近无柄。花期3—5月。

产屏边、马关、西畴；生于海拔1000—1900米的沟谷林中。分布于广西、广东；越南北方也有。

种子繁殖。

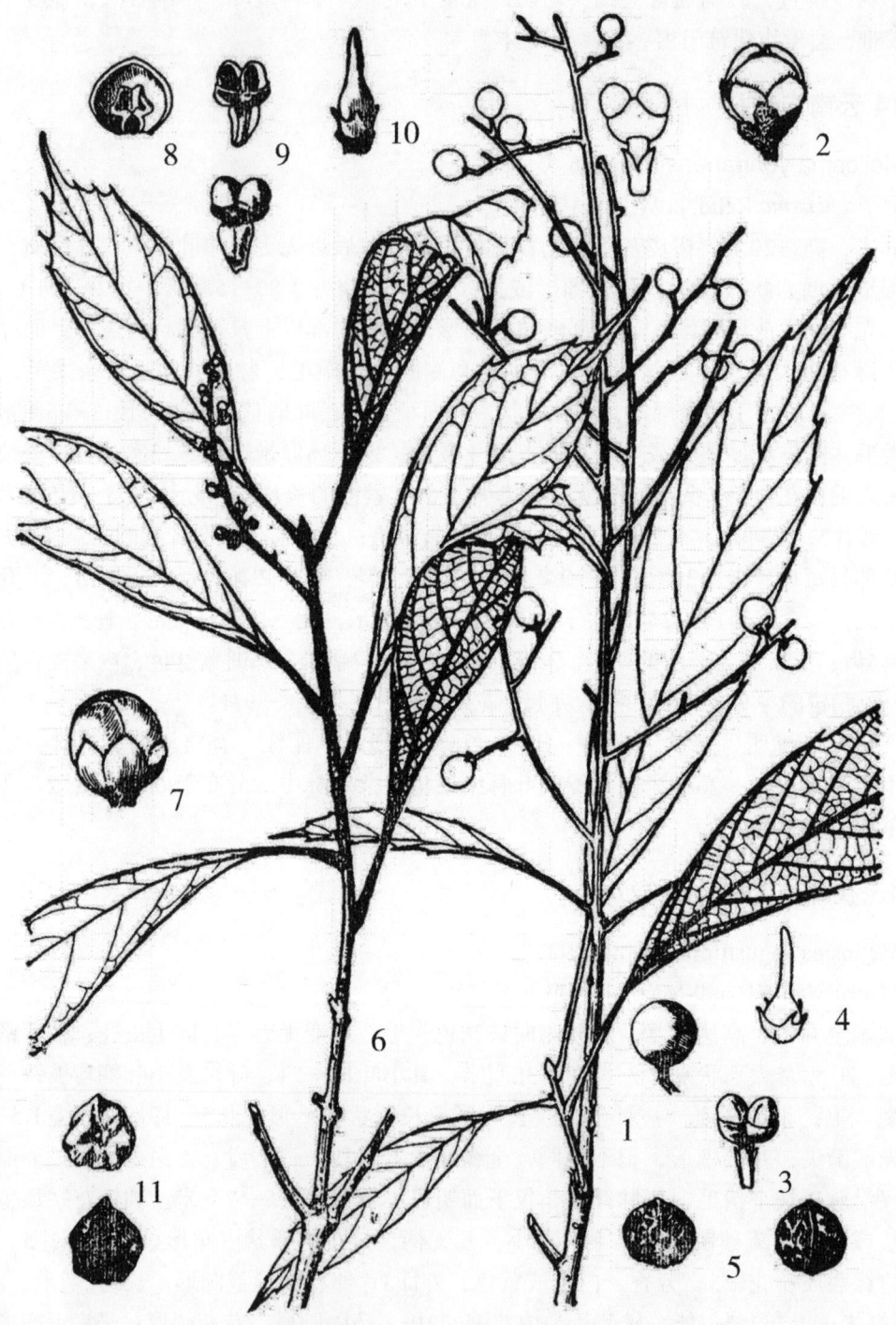

图326 笔罗子和云南泡花树

1—5.笔罗子 *Meliosma rigida* Sieb. et Zucc.

1.果枝 2.花 3.内花瓣及雄蕊 4.花盘及雌蕊 5.果核腹面及侧面

6—11.云南泡花树 *Meliosma yunnanensis* Fraach.

6.果枝 7.花 8.外花瓣及退化雄蕊 9.内花瓣及雄蕊 10.花盘及雌蕊 11.果核腹及侧面

木材纹理直，结构细致而均匀，质硬稍重，易加工，但不耐腐，适合作门、窗、农具，尤适用于家具和美工用材。

16.南亚泡花树　图327

Meliosma arnottiana Walp.（1842）

Millingtonia arnottiana Wight（1840）

Meliosma chapaensis Gagnep.（1952）

乔木，高达25米，胸径30—60（—80）厘米。树皮紫灰色。小枝稍具纵棱，被黄褐短柔毛，具皮孔。叶为奇数羽状复叶，长10—15（—20）厘米，叶轴被锈色短柔毛，具7—9小叶；小叶纸质至革质，卵形至卵状长圆形，长（3—）5—13厘米，宽（2.5—）3—4.5（—5）厘米，先端渐尖，基部宽楔形至圆形，全缘且稍外卷或具疏齿，上面深绿色，无毛，下面淡绿色，被疏至密的褐色伸展柔毛，侧脉7—10对，于边缘处网结，细脉网状；小叶柄长5毫米。圆锥花序顶生和腋生，直立，伸展，长13—18厘米；花小，具短柄；小苞片卵状披针形，具缘毛；萼片5，近圆形，径约1毫米，具缘毛；花瓣5，外面3片圆形，宽过于长，宽2.5毫米，长2毫米，内面2片长0.75毫米，2裂，裂片中间具小裂片，裂片叉开，外侧具缘毛或撕裂；子房密被短柔毛，稀无毛。核果近球形，径5毫米。花期5—8月；果期8—10月。

产文山、富宁、景东、贡山、临沧，生于海拔980—2700米的沟谷阔叶林中。分布于斯里兰卡、印度、缅甸北部、老挝、越南北部、菲律宾及马来半岛。

种子繁殖。

17.贡山泡花树（云南种子植物名录）　蒙自珂楠树（中国树木分类学）图328

Meliosma wallichii Planch. ex Hook. f.（1876）

乔木，高达11米。树皮淡灰褐色，平滑。小枝被锈色短柔毛。叶为奇数羽状复叶，轴长7—19厘米，被锈色短柔毛，具小叶7—11，小叶近革质，长圆形，长圆状卵形或倒卵状楔形，长5—8厘米，宽2.5—4厘米，先端渐尖，基部圆形，且稍偏斜，边缘具疏离的刺状小齿，上面仅沿主脉被短柔毛，下面被平展短柔毛，沿脉更密，脉腋具髯毛，侧脉8—11对，弯拱，下面突起；小叶柄长0.5厘米，顶端一枚长1厘米，被锈色短柔毛。圆锥花序顶生或生于上部叶腋，直立，长20厘米，具3级分枝，主轴及侧轴被锈色短柔毛。花具短梗；萼片5，宽卵形，具钝尖头，长约1毫米，具缘毛；花瓣5，外面3片近圆形，宽约2毫米，内面2片小，长1毫米，1/2以上分裂，裂片条形，略叉开，具缘毛；子房卵形，径约0.5毫米，疏被白色绢毛；花盘膜质，具5齿，齿长于子房。果球形，径4毫米，无毛。花期6月；果期7—8月。

产贡山、泸水，生于海拔1700—2400米的沟谷林中。分布于印度、尼泊尔。

本种与南亚泡花树*M. anoottiana* Walp. 相似，但后者之内花瓣2裂片叉开，裂片中间具突出的小裂片，子房密被短柔毛，稀无毛，花盘裂片短于子房，易于区别。

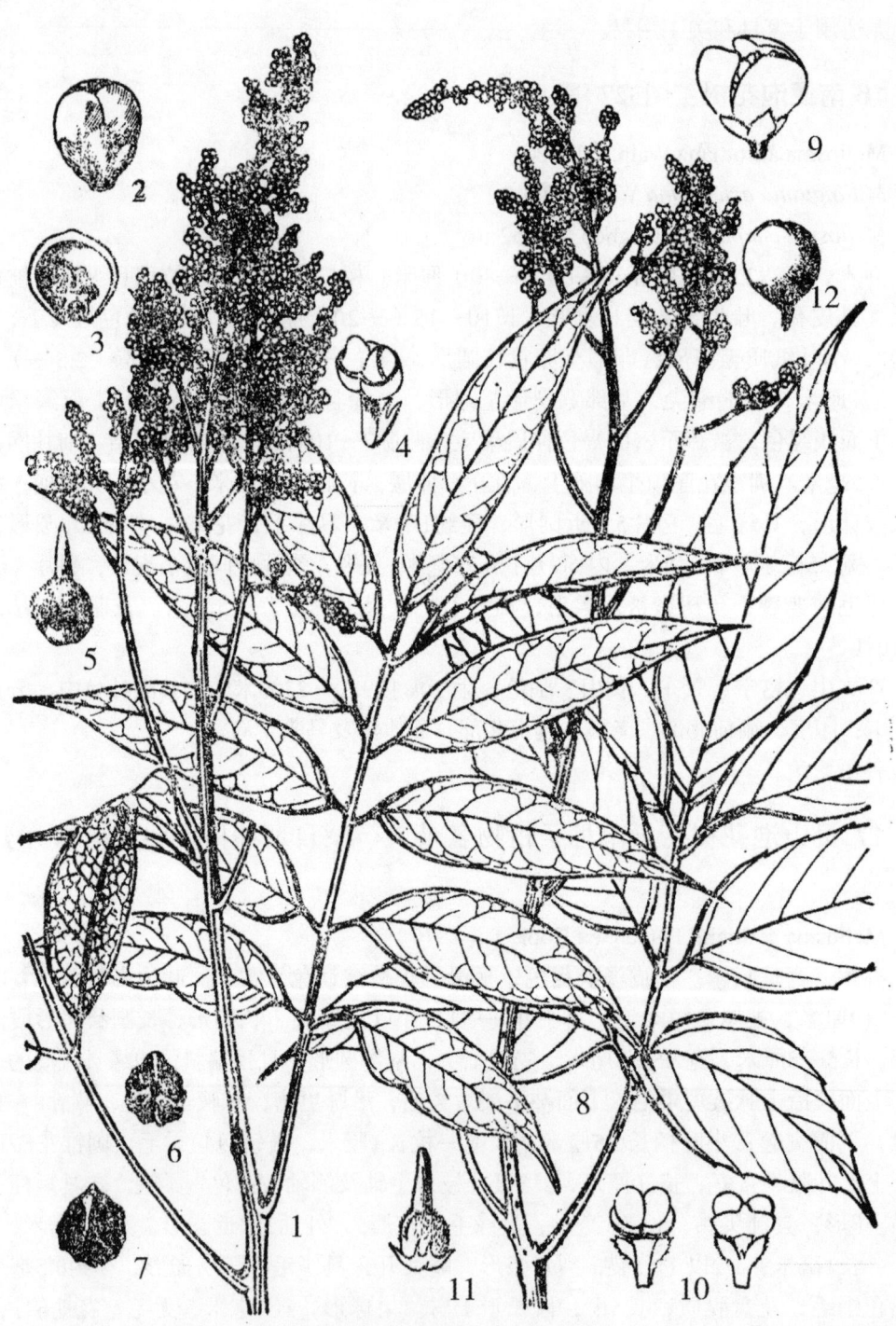

图327　狭叶泡花树和南亚泡花树

1—7.狭叶泡花树 *Meliosma angustifolia* Merr.

1.花枝　2.花　3.外花瓣和退化雄蕊　4.内花瓣和雄蕊　5.雌蕊和花盘　6—7.果核腹、侧面

8—12.南亚泡花树 *Meliosma arnottiana* Walp.

8.花枝　9.花　10.内花瓣及雄蕊　11.雌蕊及花盘　12.果

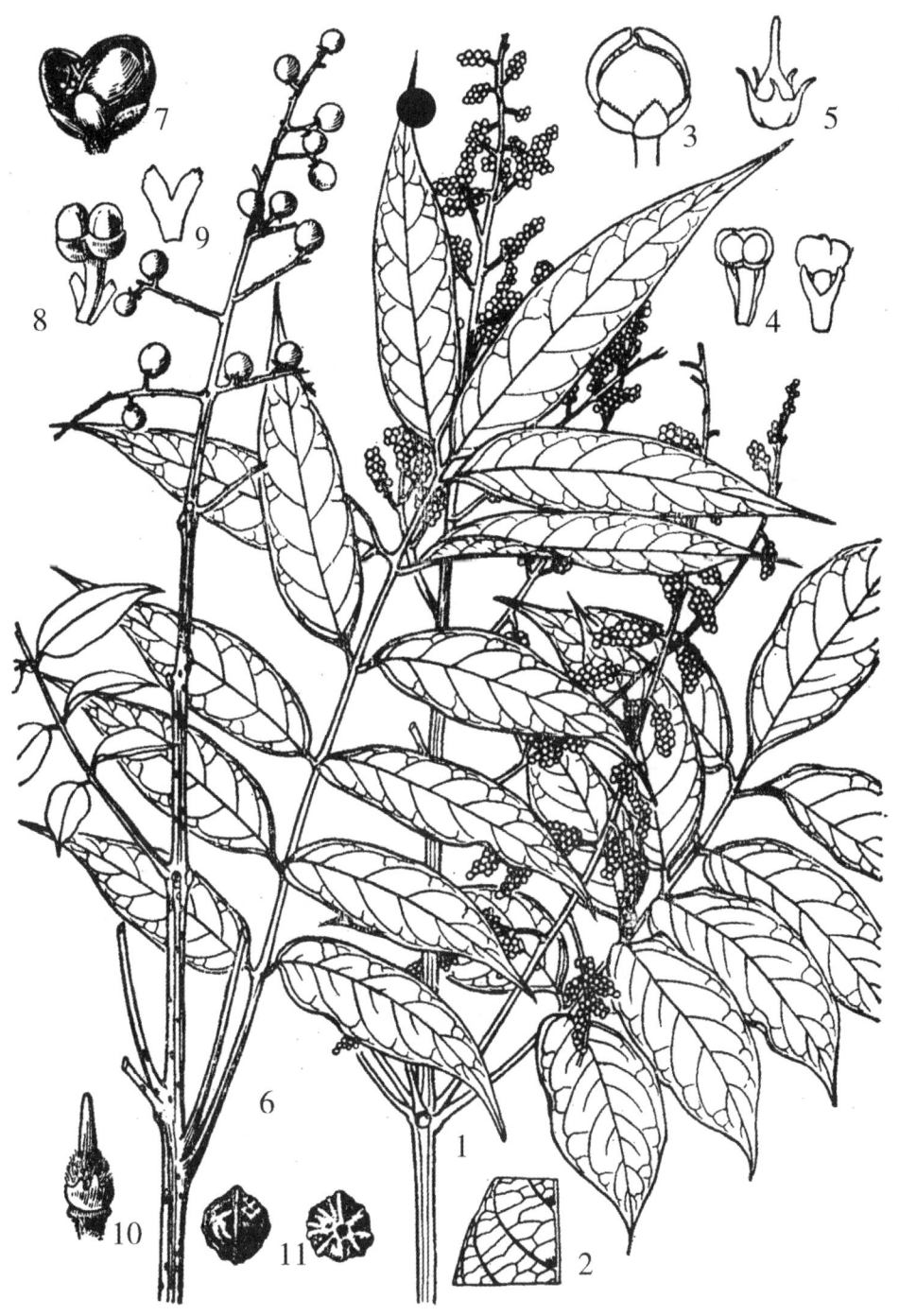

图328 贡山泡花树和红柴枝

1—5.贡山泡花树 *Meliosma wallichii* Planch. ex Hook. f.

1.花枝 2.叶背一部分 3.花 4.内花瓣及雄蕊 5.花盘及雌蕊

6—11.红柴枝 *Meliosma oldhamii* Maxim.

6.果枝 7.花 8.内花瓣及雄蕊 9.内花瓣 10.花盘及雌蕊 11.果核正腹面

18.红柴枝　图328

Meliosma oldhamii Maxim.（1867）

Meliosma sinensis Nakai（1924）

M. oldhamii var. *sinensis* Cufod.（1939）

乔木，高达20米。小枝紫褐色，被锈色短柔毛，老枝灰褐色，变无毛，具皮孔。叶为奇数羽状复叶，叶轴长8—20厘米，被锈色短柔毛，具7—15小叶；小叶坚纸质至革质，下部者卵形；小，长4—5厘米，其余的长椭圆形或披针形，长7—13厘米，宽2.3—4.5厘米，先端锐渐尖，基部圆或钝，稍偏斜，边缘具疏离锐尖小锯齿，上面深绿色，疏被柔毛或小粗毛，沿脉较密，下面淡绿色，近无毛至疏被略紧贴短柔毛，脉腋具簇毛，侧脉7—9对，于边缘弓形网结，细脉网状；小叶柄长2—4毫米，被短柔毛。圆锥花序顶生，直立，长15—30厘米，具3级分枝，被锈色短柔毛；花白色，具柄；萼片5，卵状椭圆形，长约1.5毫米，具缘毛。核果近球形，径约6毫米，幼时被毛，后无毛；果核近球形，稍偏斜，具网状条纹，中央龙骨突起钝。果期9—10月。

产镇雄，生于海拔1500米的疏林中。分布于贵州、广西、广东、江西、浙江、江苏、安徽、河南、湖北和陕西等省（自治区）；朝鲜南部和日本南部也有。

种子繁殖。

19.珂楠树（中国树木分类学）图329

Meliosma alba（Schlechtendal.）Walp.（1843）

Millingtonia alba Schlechtendal.（1842）

落叶乔木，高达25米，胸径达30厘米。树皮灰黄色，龟裂。小枝幼时密被锈色短柔毛，后变无毛，具皮孔。芽被锈色短柔毛。叶为奇数羽状复叶，叶轴长15—25厘米，被短柔毛，具9—11小叶；小叶纸质，对生，卵形至椭圆状披针形，长（4—）5.5—11厘米，宽2—4厘米，先端渐尖，基部宽楔形，稍偏斜，稀圆形，边缘具疏离小锯齿，上面暗绿色，幼时被秕糠状短柔毛，后变粗糙无毛，下面淡绿色，除脉腋具簇毛外，余无毛，侧脉10—13对，于边缘处网结，细脉网状；小叶柄长3—5毫米，具狭翅。花先叶开放，组成腋生圆锥花序，花序直立，长10—23厘米，被锈色短柔毛；花具柄，无苞片；萼片4，卵状长圆形，长2.5毫米，宽2毫米，先端圆形，无毛；花瓣5，白色微黄，芳香，外面3片大，最外1片宽肾形，长约2毫米，宽约4毫米，顶端凹，内花瓣小，长约1毫米，2尖裂，裂片先端具缘毛；能育雄蕊长约1.5毫米，药隔盾形，花药卵形；子房卵形，径1毫米，无毛，花柱长约1.5毫米；花盘杯状，具5—6齿。核果球形，黑色，径5—7毫米，无毛。花期5—6月；果期8—9月。

产维西、贡山，生于海拔2000—2500米的沟谷杂木林中。分布于河南、湖北、湖南、四川、贵州；墨西哥也有。

种子繁殖。

图329 珂楠树和暖木

1—8.珂楠树 *Meliosma alba*（Schlechtend.）Walp.

1.花枝 2.叶下面一部 3.花正面观 4.内花瓣 5.内花瓣及雄蕊

6.花盘及雌蕊 7.果 8.果核的腹面及侧面

9—15.暖木 *Meliosma veitchiorum* Hemsl.

9.果枝 10.花 11.内花瓣 12.内花瓣及雄蕊 13.花盘及雌蕊 14.果 15.果核腹面及侧面

20.暖木（中国高等植物图鉴）图329

Meliosma veitchiorum Hemsl.（1906）

落叶乔木，高达20米。树皮灰色，随年龄增长有不规则的脱落。小枝粗壮，幼时密被锈色柔毛，去年生枝顶端具密而大的叶痕。叶为奇数羽状复叶，聚生于小枝顶端，叶轴长15—55厘米，被锈色短柔毛，具7—15小叶；小叶纸质，下部者卵形、椭圆形或近圆形，长5—8厘米，宽（3—）6—7厘米，上部者卵状长圆形，椭圆形至长圆形，长15—20厘米，宽4—6厘米，先端渐尖，稍钝，基部近圆形，不对称，全缘或具锯齿，上面绿色，除沿主脉疏被微柔毛外，无毛，下面绿白色，被微柔毛，侧脉6—13对，于边缘处网结，细脉网状；小叶柄长5毫米，密被锈色短柔毛。圆锥花序顶生，长35—40（—45）厘米，具3—4级分枝，主轴和侧轴被锈色短柔毛，并密具淡色椭圆形皮孔。花密生于第四级分枝上，花梗长3毫米，密被锈色短柔毛；萼片4，长椭圆形（或卵状椭圆形），长1.5—2毫米，无毛；花瓣5，外面3片肾形，长约1.5毫米，宽约3毫米，先端微凹，内面2片长约1毫米，2/3以上2裂，裂片钝，具缘毛；能育雄蕊2，花丝长1.5毫米；子房卵形，径约0.7毫米，被短柔毛，花柱长约1毫米；花盘5浅裂。核果球形，径8—13毫米，黑紫色，无毛。花期5—6月；果期8—9月。

产丽江、剑川、香格里拉、维西，生于海拔2400—2900米的箐沟杂木林中或密林中。分布于四川东部、陕西南部、河南西部、湖北西部、安徽南部、浙江和江西。

本种与珂楠树*M.alba*（Schlechtend.）Walp.的主要区别是：复叶聚生于小枝顶端，脱落后留下密而大的叶痕，小叶下面虽被柔毛但脉腋无髯毛；圆锥花序大而顶生，主轴和侧轴具密而突起的木栓质皮孔；内花瓣2钝裂；果大，径8—12毫米。

204.省沽油科 STAPHYLEACEAE

乔木或灌木。叶对生或互生，奇数羽状复叶，稀为单叶，有或无托叶。花整齐，两性或杂性，稀为雌雄异株，在圆锥花序上花少（有时花极多），花萼5，分离，或连合，覆瓦状排列，花瓣5，雄蕊5，花丝有时多扁平，花药背着，内向，花盘通常明显，有时缺如，子房上位，3室，稀2或4，联合，或3—4，分离（*Euscaphis*属），每室有1至几个倒生胚珠，花柱各式分离到完全联合。果蒴果状，常有多少分离的蓇葖或不裂的核果或浆果；种子数片，肉质或角质。

本科5属，约60种，产热带亚洲、美洲和北温带。我国有4属，约23种。云南4属12种。

分 属 检 索 表

1.叶互生，奇数羽状复叶；花萼多少联合成管状；花盘小或缺；子房每室1—2胚珠 ………
……………………………………………………………1.银鹊树属 Tapiscia
1.叶对生，奇数羽状复叶，三小叶，稀单叶；花萼多少分离，从不联合为管状；花盘明显；子房每室多数胚珠。
  2.果为膜质肿胀的蒴果。果皮薄，沿复缝线开裂；雄蕊与花瓣互生，生于花盘边缘 ……
…………………………………………………… 2.省沽油属 Staphylea
  2.果为浆果、核果或蓇葖果。
    3.心皮2—3个，仅基部合生，雄蕊着生于花盘上，蓇葖果种子具薄假种皮 ……………
……………………………………………………… 3.野鸦椿属 Euscaphis
    3.心皮3，几完全合生；雄蕊着生于花盘裂齿外面；果实肉质或革质 …………………
……………………………………………………… 4.山香圆属 Turpinia

1. 银鹊树属 Tapiscia Oliv.

落叶乔木。奇数羽状复叶互生，无托叶；小叶具短柄，有锯齿，有小托叶。花极小，黄色，两性或雌雄异株，辐射对称，为腋生的圆锥花序，雄花序由长而纤弱的总状花序组成，花密聚，单生于苞腋内；萼管状，5裂，花瓣5，雄蕊5，突出，花盘小或缺，子房1室，有胚珠1，雄花有退化子房。果实不开裂，为核果状的浆果。

本属3种，均产于我国江南各省（自治区）。云南产2种。

分 种 检 索 表

1.叶两面无毛或仅脉腋被毛，下面带灰白色，密被近乳头状白粉点；花萼花瓣边缘具毛 …
……………………………………………………… 1.银鹊树 T.sinensis
1.叶两面被毛，沿脉较密，下面带绿色，无白粉点；花萼花瓣边缘无毛 …………………
……………………………………………………2.云南银鹊树 T. yunnanensis

1.银鹊树（高等植物图鉴）图330

Tapiscia sinensis Oliv.（1890）

落叶乔木，高达15米。树皮灰黑色或灰白色。小枝无毛；芽卵形。奇数羽状复叶，长达30厘米；小叶5—9，狭卵形或卵形，长6—16厘米，宽3.5—6厘米，基部心形或近心形，边缘具锯齿，两面无毛或仅下面脉腋被毛，上面绿色，下面带灰白色，密被近乳头状白粉点；顶生小叶柄长达12厘米，侧生小叶柄短。圆锥花序腋生，雄花与两性花异株，雄花序长达25厘米，两性花的花序长约10厘米，花小，长约2毫米，黄色，有香气；两性花，花萼钟状，长约1毫米，5浅裂；花瓣5，狭倒卵形，比萼稍长；雄蕊5，与花瓣互生，伸出花冠之外；子房1室，有1胚珠，花柱长过雄蕊；雄花有退化雌蕊。果序长达10厘米；核果近球形或椭圆形，长仅达7毫米。花期4月；果期5月。

产大关，生于海拔1900米左右的山坡杂木林缘。浙江、安徽、湖北、湖南、广东、广西、四川、贵州有分布。

本种为云南新纪录。

种子繁殖，育苗造林。

散孔材。材身具浅小槽沟；木材灰，径切面导管线和年轮线明显；纹理直，结构细，材质轻。可供家具及建筑用材。

2.云南银鹊树　白毛椿（屏边）图330

Tapiscia yunnanensis W. C. Cheng et C. D. Chu（1963）

乔木，高达25米，稀达35米。小枝干后黑褐色，具纵条纹，皮孔明显。奇数羽状复叶，叶轴长15—20厘米，幼时被短绒毛，小叶7—9，对生，纸质，长卵形或卵状，长7—10（15）厘米，宽（3.5—）4—7厘米，先端渐尖，基部钝圆或浅心形，边缘具圆锯齿或锯齿，主脉在两面明显，侧脉8—12，在上面可见，在下面明显，网脉在上面不显，在下面隆起，沿主脉及侧脉密被白色小绒毛，常在脉的交叉处成簇，上面被疏毛，幼时两面毛被极多；侧生小叶柄长2—5（—8）毫米，微被小绒毛，中间小叶柄长1—1.5（—2.3）厘米，纤细，疏生绒毛。圆锥花序腋生，长达14厘米，密被黄色绒毛，分枝多，花极多，极小，梨形，径约1毫米，花萼5，外面浅褐绿色，倒卵状三角形，下部连合，无缘毛；花瓣5，倒卵形，长约1毫米，绿白色，无缘毛；雄蕊5，花丝短，粗壮，长约0.3毫米，花药长约0.7毫米，无花盘，子房上位，壶形，花柱粗短，子房1室，具1胚珠。果倒卵形或椭圆状倒卵形，绿色，径约7毫米，有纵棱。花期3—4月；果期5月。

产澜沧、景东、富民、屏边、麻栗坡、西畴、文山，生于海拔1500—2300米的山谷湿润地的疏林中。

本种为云南省特有。

种子繁殖。

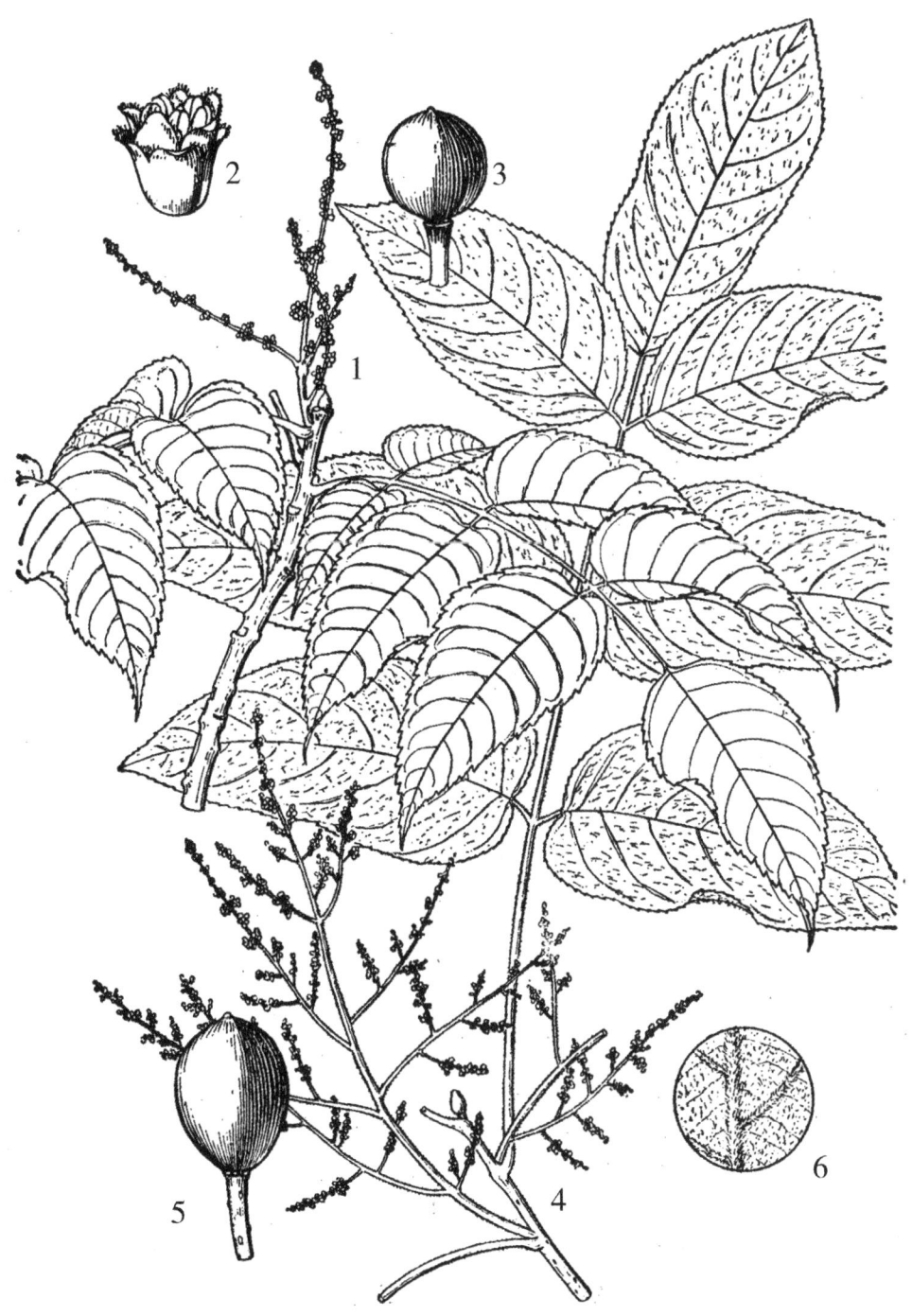

图330 银鹊树和云南银鹊树

1—3.银鹊树 *Tapiscia sinensis* Oliv.

1.花枝 2.雄蕊 3.果

4—6.云南银鹊树 *Tapiscia yunnanensis* W. C. Cheng et C. D. Chu

4.花枝 5.果 6.叶下面部分放大

2. 省沽油属 Staphylea L.

落叶灌木或小乔木。叶对生，有托叶；小叶3—5或羽状分裂，具小托叶。圆锥花序或腋生总状花序；花整齐，两性；花萼5，覆瓦状排列，脱落，花瓣5，直立，与花萼近等大，覆瓦状排列，花盘平截，雄蕊5，花丝等长；子房基部2—3裂，裂片全裂，或稀为齿状，连合为1室；花柱多数，分离或连合，柱头头状，胚珠多数，侧生于腹缝线上，成2列。蒴果薄膜质，小泡状膨大，2—3裂，2—3室，每室1—4种子；种子近球形，无假种皮，胚乳肉质，子叶扁平。

本属11种，产喜马拉雅山区、日本、欧洲及北美洲。我国产4种。云南产3种。

分 种 检 索 表

1.侧生小叶柄长7—14毫米，叶下面淡绿色 ·····················1.元江省沽油 S. yuanjiangensis
1.侧生小叶柄长2—3毫米，叶下面粉白色 ························ 2.嵩明省沽油 S. forrestii

1.元江省沽油（云南植物研究）

Staphylea yuanjiangensis Feng et T. Z. Hsu（1984）
产元江。生于海拔2400米左右的疏林中。

2.嵩明省沽油　枫树（嵩明）图331

Staphylea forrestii Balf. f.（1921）
乔木，高达17米。老枝深黄褐色，具纵条纹，无毛。叶对生，叶轴长4—7厘米，淡灰褐色，无毛，小叶3，稀5，纸质，长圆状椭圆形或长卵形，长6—10厘米，宽2.5—4.5厘米，先端长渐尖，基部宽楔形，边缘微反折，具锯齿，上面深绿色，无毛，下面色淡，向基部脉腋疏生白色微柔毛，余无毛，主脉在两面明显，侧脉6—7，与网脉在两面明显，侧生小叶柄长2—3毫米，中间小叶柄长1—3.5厘米。总状花序腋生，花多数，花梗长4—8毫米，有小苞片，花长9—12毫米；花萼5，线状三角形，长7—9毫米，基部宽约4毫米，两面无毛或外面基部疏被柔毛，花瓣5，着生于花盘边缘，长约9毫米，雄蕊5，与花瓣互生，花丝长约7毫米；花柱3，长（连子房）约7毫米，基部极疏被白色柔毛，柱头头状，子房1室，胚珠多数。果圆柱状钟形，长4.5—6.5厘米，径2—3厘米，基部钝圆；种子长5—7毫米，榄绿色至黄色，有光泽。花期5月；果期6—8月。

产嵩明（果东），生于海拔2300米的干燥山坡上。四川（会东）有分布。
种子繁殖。

3. 野鸦椿属 Euscaphis Sieb. et Zucc.

落叶灌木或小乔木，芽具2鳞片。叶对生，有托叶，脱落，奇数羽状复叶，小叶革质，有细锯齿，具柄及小托叶。圆锥花序顶生，花两性，花萼宿存，5裂，覆瓦状排列；花盘环

图331　嵩明省沽油 *Staphylea forrestii* Balf. f.
1.枝条　2.花纵剖　3.果　4.种子

状，具圆齿；雄蕊5，着生于花盘基部外缘，花丝基部扩大；子房上位，心皮2—3，无柄；花柱2—3，在基部稍连合，柱头头状，胚珠2裂。蓇葖1—3，基部具宿存之花萼，展开，革质，沿内面腹缝线开裂；种子1—2，具假种皮，白色，近革质，子叶圆形。

本属4种，产日本至中南半岛。我国产3种。云南产1种。

野鸦椿（植物名实图考）　小山辣子（镇雄）、山海椒（威信）图332

Euscaphis japonica（Thunb.）Kanitz（1878）

Sambucus japonica Thunb.（1784）

落叶小乔木或灌木，高达8米。树皮灰褐色，具纵条纹。小枝及芽红紫色，枝叶揉碎后有恶臭气味。奇数羽状复叶，长（8—）12—32厘米，叶轴淡绿色，小叶5—9，稀3—11，厚纸质，长卵形或长椭圆形，稀为圆形，长4—6（—9）厘米，宽2—3（—4）厘米，先端渐尖，基部钝圆，边缘具疏短锯齿，齿尖有腺体，两面除下面沿脉有白色小柔毛外无毛，主脉在上面明显，在下面突出，侧脉8—11，在两面可见；小叶柄长1—2毫米，小托叶线形，基部较宽，先端尖，具微柔毛。圆锥花序顶生；花梗长达21厘米，花多，较密集，黄白色，径4—5毫米；萼片与花瓣均5，椭圆形，萼片宿存，花盘盘状，心皮3，分离。蓇葖果1.5—2厘米，每一花发育为1—3个蓇葖，果皮软革质，紫红色，有纵脉纹；种子近圆球形，径约5毫米，假种皮肉质，黑色，有光泽。花期5—6月；果期8—9月。

产镇雄、威信、彝良、盐津，生于海拔900—1800米的疏林或灌丛中。我国除西北外，全国各地均有分布；日本、朝鲜也有。

种子繁殖。

木材可为器具用材；种子油可制皂；树皮可提栲胶；根及干果入药，用于祛风除湿。也栽培作观赏植物。

4. 山香圆属 Turpinia Vent.

乔木或灌木。枝圆柱形。叶对生，无托叶，奇数羽状复叶或稀为单叶；叶柄在着叶处收缩，小叶对生，革质，有时有小托叶。圆锥花序开展，顶生或腋生，花小、白色，两性，整齐；花萼5，覆瓦状排列，宿存，花瓣5，圆形，无柄，覆瓦状排列，花盘伸出，具圆齿或裂片；雄蕊5，着生于花盘裂片外面，花丝扁平；子房无毛，3裂，3室，花柱3，合生或分离，柱头近头状，胚珠在子房室中数枚或更多，排为二列，倒生胚珠。果近圆形，革质，有瘢痕，花柱分离，不裂，3室，每室有几个或多数种子；种子下垂或平行附着于子房壁，种皮硬膜质或骨质，子叶微隆起。

本属30—40种，分布于斯里兰卡到日本、马来西亚及美洲中部和南部热带。我国有13种，产西南部至台湾。云南有8种。

分 种 检 索 表

1.叶为单叶。

　2.叶无柄或近无柄，叶长方状卵形，基部心形 …………… **1.心叶山香圆 T. Subsessilifolia**

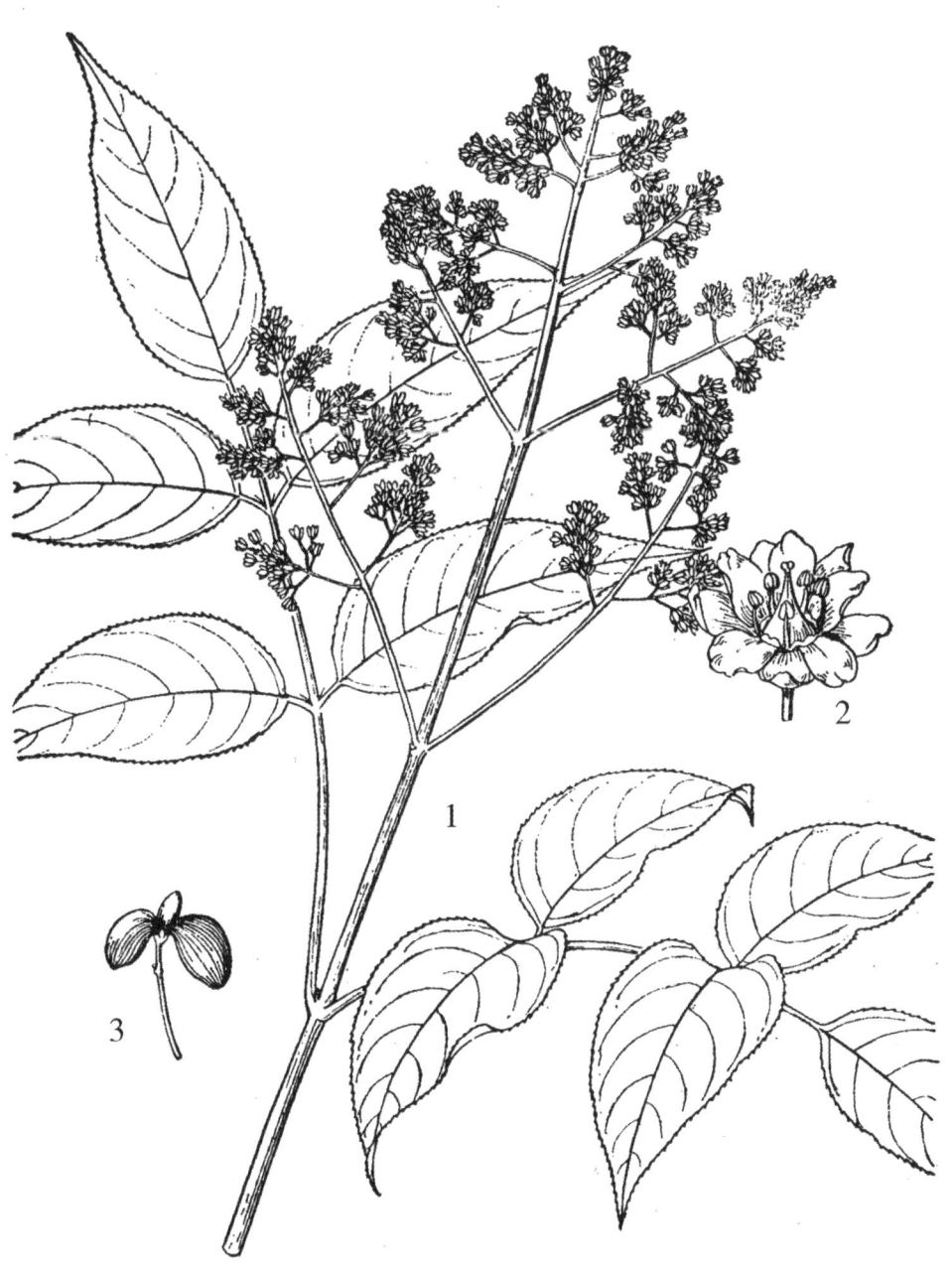

图332　野鸦椿 *Euscaphis japonica*（Thunb.）Kanitz
1.花枝　2.花　3.果

　2.叶具柄，长1—3厘米，叶倒卵状椭圆形，基部宽楔形或钝圆 ……………………
　………………………………………………………… **2.疏脉山香圆** T. indochinensis
1.叶为羽状复叶。
　　3.花柱下部及子房疏被硬毛；果径1—1.5厘米，果皮厚0.5—1.0毫米……………………
　　……………………………………………………………………… **3.硬毛山香圆** T. affinis
　　3.花柱、子房无毛。
　　　4.果皮厚2—5毫米或更厚，果径2—2.5厘米；花药长圆状披针形，常长渐尖 …………
　　　………………………………………………………… **4.大果山香圆** T. pomifera
　　　4.果皮薄，厚0.5—1（—1.5）毫米。
　　　　5.种子大，径约1厘米 ………………………………… **5.大籽山香圆** T. macrosperma
　　　　5.种子小，径仅5毫米。
　　　　　6.小枝红褐色；花序顶端具2片脱落的苞片；花较小，花瓣长2毫米，花萼长1.75毫
　　　　　米 ………………………………………………… **6.粗壮山香圆** T. robusta
　　　　　6.小枝灰白或褐色；花序顶端无苞片。
　　　　　　7.小枝灰白色，叶纸质或近革质，第二次脉易见或多少可见；果紫红色………
　　　　　　………………………………………………… **7.山香圆** T. montana
　　　　　　7.小枝褐色，叶革质，第二次脉不显，花序密，花密集；果褐黑色……………
　　　　　　………………………………………… **8.越南山香圆** T. cochinchinensis

1.心叶山香圆（云南植物志）图333

Turpinia subsessilifolia C. Y. Wu（1979）

灌木或小乔木，高达5米。小枝粗壮，黑灰色或灰褐色，分枝及着叶处膨大，皮孔明显。单叶，或稀有三小叶组成的复叶，厚革质，卵形或长方状卵形，长11—14（—16.5）厘米，宽5.5—7（—8）厘米，先端钝圆，渐尖或具尖尾，尖尾长5—10（15）毫米，边缘具圆齿或锯齿，齿尖有黑色腺体，基部浅心形或稀为钝圆，两面无毛，上面亮绿色，下面稍淡，主脉在下面隆起，在上面明显可见，侧脉5—9（—11），弧形上举，在下面明显，在上面可见，网脉在下面明显，至边缘尚清晰可见，在上面微可见；无柄，或叶柄极短，带紫色，长不及5毫米。圆锥花序顶生或生于叶腋，长约11厘米，花梗紫色，微被小绒毛，花较疏松；花小，黄白色带紫色，开放时长约3毫米；花萼5，长圆形，黄白色，长约1.5毫米，宽约1.1毫米，具缘毛，外面被小绒毛；花瓣5，着生于花盘外，长约2毫米，宽约1.8毫米，具缘毛，花盘有皱褶，无毛；子房上位，花柱3，分离，与花药等高。花期4—6月。

产西畴，生于海拔1700米的林内阴处或石灰岩山上。

种子繁殖，育苗造林。

2.疏脉山香圆　图333

Turpinia indochinensis Merr.（1933）

乔木，高达12米。单叶长卵形、卵形至椭圆形，稀为倒卵形，长11—15（—25）厘米，宽（5—）8—12厘米，先端钝圆，具尖头或渐尖，基部渐狭，边缘具疏锯齿，上面绿

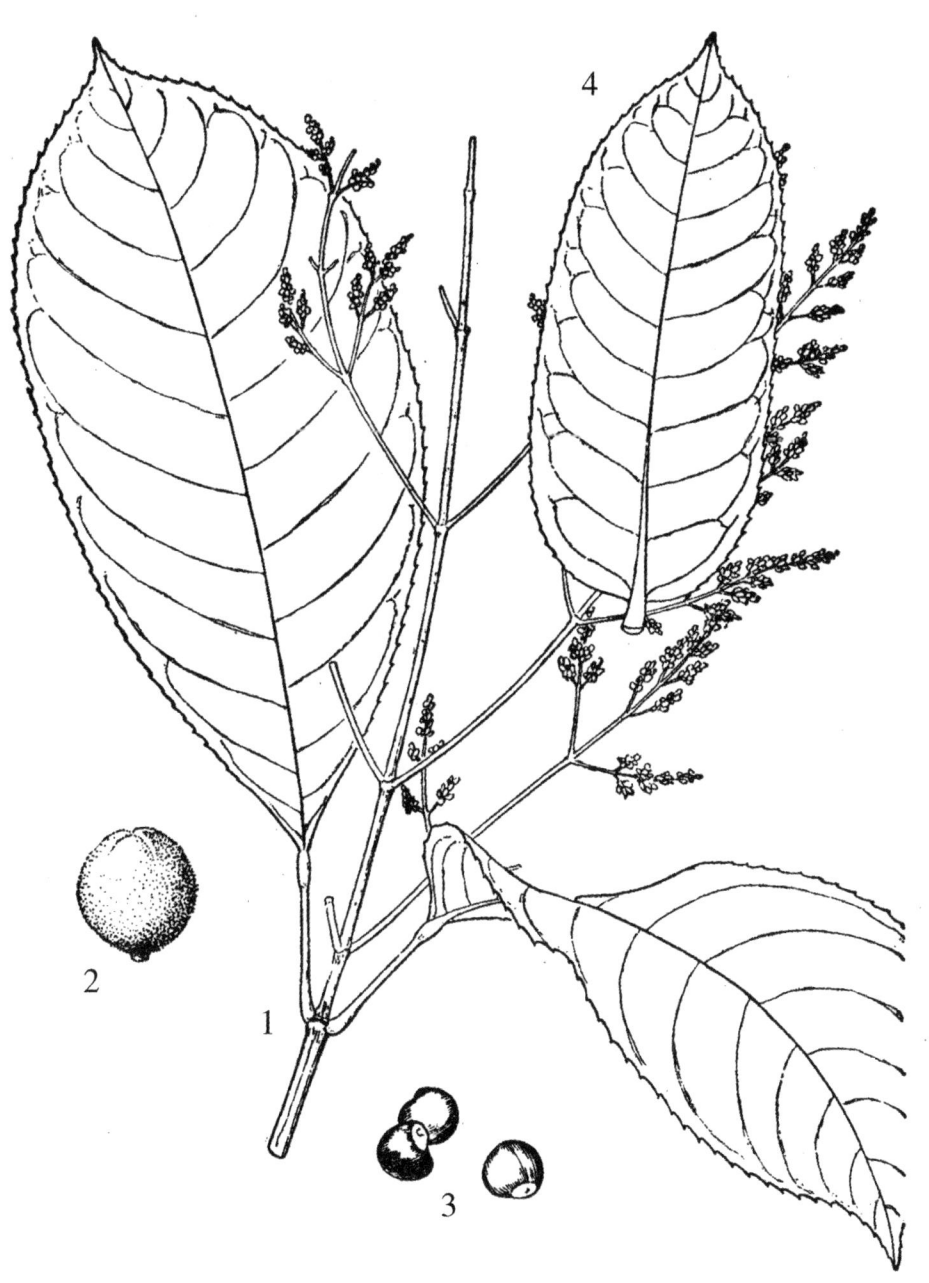

图333 疏脉山香圆和心叶山香圆

1—3.疏脉山香圆 *Turpinia indochinensis* Merr.

1.花枝 2.果 3.种子

4.心叶山香圆 *Turpinia subsessilifolia* C. Y. Wu 叶

色，下面黄绿色，两面无毛，主脉在上面明显，在下面隆起，侧脉7—10，网脉在下面明显，在上面微可见；叶柄长（1—）2—3厘米，无毛。顶生圆锥花序，疏松，长达30厘米，花长4—5毫米，浅黄色；花萼5，倒卵形或卵形，长3.5毫米，除上部边缘有缘毛外，余无毛，或外部极疏被白色短柔毛，花瓣5，倒卵状匙形，与萼片对生，长3.5—4毫米，干后白色，无毛，雄蕊5，与花瓣互生，长约3.5毫米，花丝扁，基部宽约1毫米，被白色微柔毛；花盘明显，有齿裂；子房卵圆形，径约1.5毫米，花柱短，长1.2毫米，连子房外面被白色柔毛，花柱3，分离，子房3室，每室有侧生胚珠4。果近球形，径1—1.2厘米，外果皮厚约1.5毫米，2—3室，每室1—2种子；种子浅黄色，压扁，长5—7毫米，有光泽。花期3—4月；果期6—11月。

产河口、屏边、西畴，海拔78—1300米的山谷湿润的灌木丛中。分布于海南；越南北部也有。

种子繁殖。

3.硬毛山香圆　月亮果、水通果（西畴）图334

Turpinia affinis Merr. et Perry（1941）

小乔木，高达5米。树皮深褐色。小枝无毛。奇数羽状复叶；叶柄长6—14厘米；小叶3—5，革质，椭圆状长圆形，长7—18厘米，宽2.5—6厘米，基部楔形或钝，先端渐尖，尖长1—1.25厘米，边缘大部分密被钝齿，侧脉7—10，弯拱形上升，网脉不显著；小叶柄长1—1.5厘米。圆锥花序长30厘米，分枝展开，被短柔毛，花在花轴上成假总状花序，或伞形花序；小花梗长约1.5毫米，花瓣长4毫米，倒卵状椭圆形，具缘毛，内侧有绒毛，花丝长约3毫米，花药卵状长圆形，长1—1.2毫米，花盘有齿，长为子房的1/2；子房高约1毫米，花柱长2毫米，子房和花柱具长硬毛；胚珠6—8。浆果近圆球形，径1—1.5厘米，有瘢痕，花柱宿存，多数有硬毛，果皮厚0.5—1.5毫米。花期3—4月；果期6—11月。

产泸水、贡山、临沧、耿马、富宁、建水、金平、马关、文山、西畴、屏边，生于海拔1100—2000米的沟边或山箐林中。

种子繁殖。

树干可培养香菇、木耳。

4.大果山香圆　图334

Turpinia pomifera（Roxb.）DC.（1825）

Dalrympelea pomifera Roxb.（1814）

小乔木或灌木，高达8米。小枝灰色，无毛，节处常膨大。奇数羽状复叶，长15—50厘米，托叶在二对生叶柄间，三角形，脱落；小叶3—9，薄革质，长圆状椭圆形，稀近卵形，长8—14（—20）厘米，宽（2.5—）5—8厘米，先端尖或钝有突尖，基部常宽楔形，边缘有锯齿，两面无毛，侧脉7—9，连同网脉在两面明显可见，网脉近平行；顶生小叶柄长达5厘米，侧生小叶柄长仅5—15毫米，小托叶披针状圆形或近卵形，脱落。圆锥花序顶生，花序长短于叶，长达21厘米，粗壮，花大，长3.5—4毫米。果大，径1.5—2.5厘米，幼果果皮粗糙，成熟时厚2—5毫米。花期1—4月；果期5—10月。

图334 硬毛山香圆和大果山香圆

1—3.硬毛山香圆 *Turpinia affinis* Merr. et Perry

1.花枝 2.花 3.果

4—6.大果山香圆 *Turpinia pomifera*（Roxb.）DC.

4.花枝 5.花 6.果

产普洱、西双版纳、麻栗坡，生于海拔350—650米的次生阔叶林或杂木林中，或者村边、路旁。印度至越南北部有分布。

本种尚有一变种山麻风树var. *minor* C. C. Huang（1979），果小，径仅达1厘米。产文山、西畴、屏边、麻栗坡、蒙自、金平、马关、景洪，生于海拔（740—）1400—1500米的常绿阔叶密林中。

种子繁殖。

散孔材。木材灰黄褐色，心边材区别不明显，略有光泽；木材纹理直，结构细而均匀，材质轻软，干缩及强度中。可作房建、室内装修、家具、仪器盒等用材。

5.大籽山香圆 图335

Turpinia macrosperma C. C. Huang（1979）

乔木，高约8米，稀达20米。枝干后黑褐色。羽状复叶，叶轴长达30厘米，小叶5—7，纸质或薄革质，卵形或长卵形，长12—16厘米，宽5.5—7厘米，先端渐尖或钝圆而有短尖，基部钝圆，稀为渐狭，边缘有粗锯齿，两面无毛，侧脉7—9，弧形上举，网脉近平行，在上面可见，在下面明显；叶柄长1—1.5厘米，无毛。顶生圆锥花序。果绿色，不规则圆形，径1—1.2厘米，外果皮薄，厚仅0.2毫米，2—4室，每室1种子；种子黄色，大，长8—10毫米，有光泽。果期8—11月。

产贡山（独龙江），生于海拔1150—1400米的潮湿林中。

种子繁殖。

6.粗壮山香圆 图335

Turpinia robusta Craib（1926）

乔木，高达8米。树皮红褐色。小枝无毛，圆柱形。小叶3—5，叶轴干后灰白色，无毛；叶革质或薄革质，长圆形、长圆状椭圆形或长圆状倒卵形，长12—14厘米，宽5—6厘米，先端渐尖，基部楔形或钝，边缘具小锯齿或圆锯齿，主脉在上面明显，下面突出，侧脉8—10，弧曲上举，近边缘网结，在上面明显，下面突出，网脉在两面可见；小叶柄长3—10毫米，上面具槽，先端有三腺体。圆锥花序腋生，长8—15厘米；花序梗顶端具2苞片，苞片长约6毫米，宽2.5—4毫米，无毛，脱落，小花梗长0.7—4毫米；萼片5，近椭圆形或椭圆状倒卵形，先端钝圆，长1.75毫米，宽1.5毫米，具缘毛；花瓣5，倒卵形，先端钝圆，长2毫米，宽1.5毫米，具短缘毛；雄蕊5，无毛，花丝长1.5毫米，花药长0.75毫米；花盘矮，上部有小齿；子房与花盘近等高，花柱短，柱头3，下部结合，顶部平截。花期1月开始。

产西双版纳，生于海拔850米左右的干燥石灰山密林中。

种子繁殖。

散孔材。木材灰黑褐色，心边材区别不明显；木材纹理较直，结构中而均匀，材质及强度中，刨削面花纹，材色悦目。可作家具、器皿柄把、仪器盒、室内装修等用材。

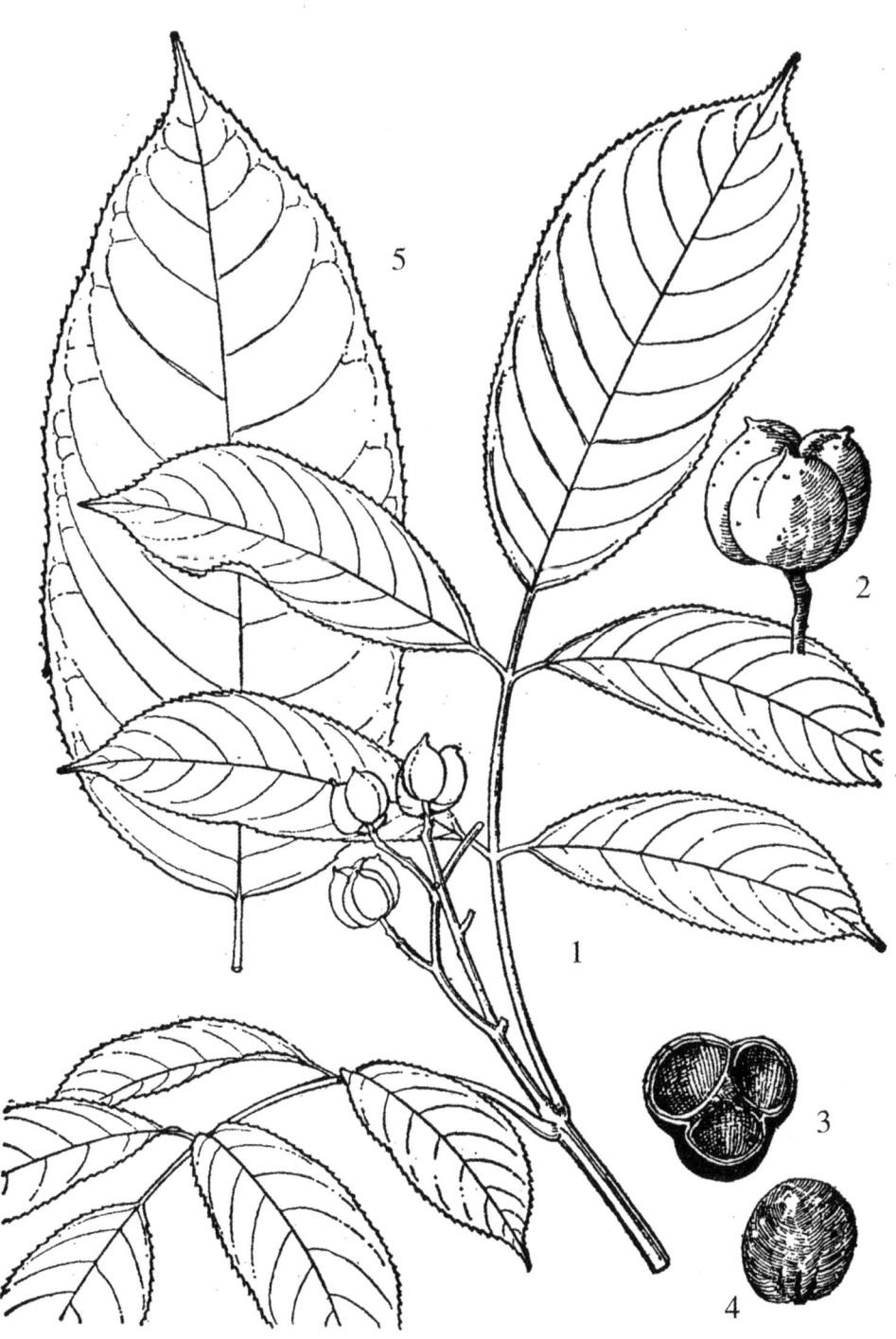

图335 大籽山香圆和粗壮山香圆

1—4.大籽山香圆 *Turpinia macrosperma* C. C. Huang

1.果枝 2.果 3.果横切 4.种子

5.粗壮山香圆 *Turpinia robusta* Craib 叶

7.山香圆　图336

Turpinia montana（Bl.）Kurz（1934）

Zanthoxylum montanum Blume（1825）

小乔木，高达5米。枝和小枝圆柱形，灰白绿色。羽状复叶，叶轴长约15厘米，纤细、绿色，小叶5，对生，纸质，长圆形至长圆状椭圆形，长（4—）5—6厘米，宽2—3厘米，先端尾状渐尖，尖尾长5—7毫米，基部宽楔形，边缘具锯齿，两面无毛，侧脉多，在下面明显，网脉在两面几不可见；侧生小叶柄长2—3毫米，中间小叶柄长可达15毫米，纤细、绿色。圆锥花序顶生，序轴长达17厘米，花较多，疏松，花小，径约3毫米；萼片5，宽椭圆形，长约1.3毫米，无毛；花瓣5，椭圆形至圆形，长约2毫米，被绒毛或无毛；雄蕊5，花丝无毛，子房与花盘等高，柱头3。果球形，径4—7毫米，紫红色，开裂，外果皮薄，厚约0.2毫米，2—3室，每室1种子。

产普洱、景洪、勐海、勐腊，生于海拔500—1500米的林缘。分布于我国南部、西南部；中南半岛、爪哇、苏门答腊也有。

本种有一变种光山香圆 var. *glaberrima*（Merr.）T. Z. Hsu（*Turpinia glaberrima* Merr.）叶稍大稍厚，花序密集，较叶短。

产屏边、西畴、麻栗坡、马关、广南、富宁、砚山，生于海拔1100—1350米的林缘。

种子繁殖。

8.越南山香圆　图336

Turpinia cochinchinensis（Lour.）Merr.（1938）

Triceros cochinchinensis Lour.（1790）

Turpinia nepalensis Wall.（1830）

落叶乔木，高达7米，稀达12米。老枝褐色或黑褐色，幼枝色较淡，皮孔褐色，明显，枝有节。奇数羽状复叶，长15—21厘米，小叶3—5，革质，长卵形或长倒卵形，长（6—）10—13厘米，宽2.5—5厘米，边缘具圆锯齿，两面光亮，无毛，主脉在两面明显，侧脉7—10，近边缘网结，网脉不明显。圆锥花序顶生或腋生，长8—14（—23）厘米；苞片及小苞片小，脱落，花序分枝密集，花密集，花小，萼片5，宽椭圆形，长1—1.5毫米，边缘白色；花瓣5，长圆形，长约2毫米；雄蕊5，与花瓣几等长，花药球形，小，花盘分裂，花柱长约1毫米，柱头近盘状。果常紫色，干后黑褐色，径约7毫米。花期3—5月；果期6月开始。

产泸水、芒市、腾冲、双江、凤庆、龙陵、瑞丽、镇康、临沧、沧源、景东、勐海、易门，生于海拔1200—2100米的湿润密林荫处。分布于广东、广西、四川、贵州；印度、缅甸、越南也有。

种子繁殖。

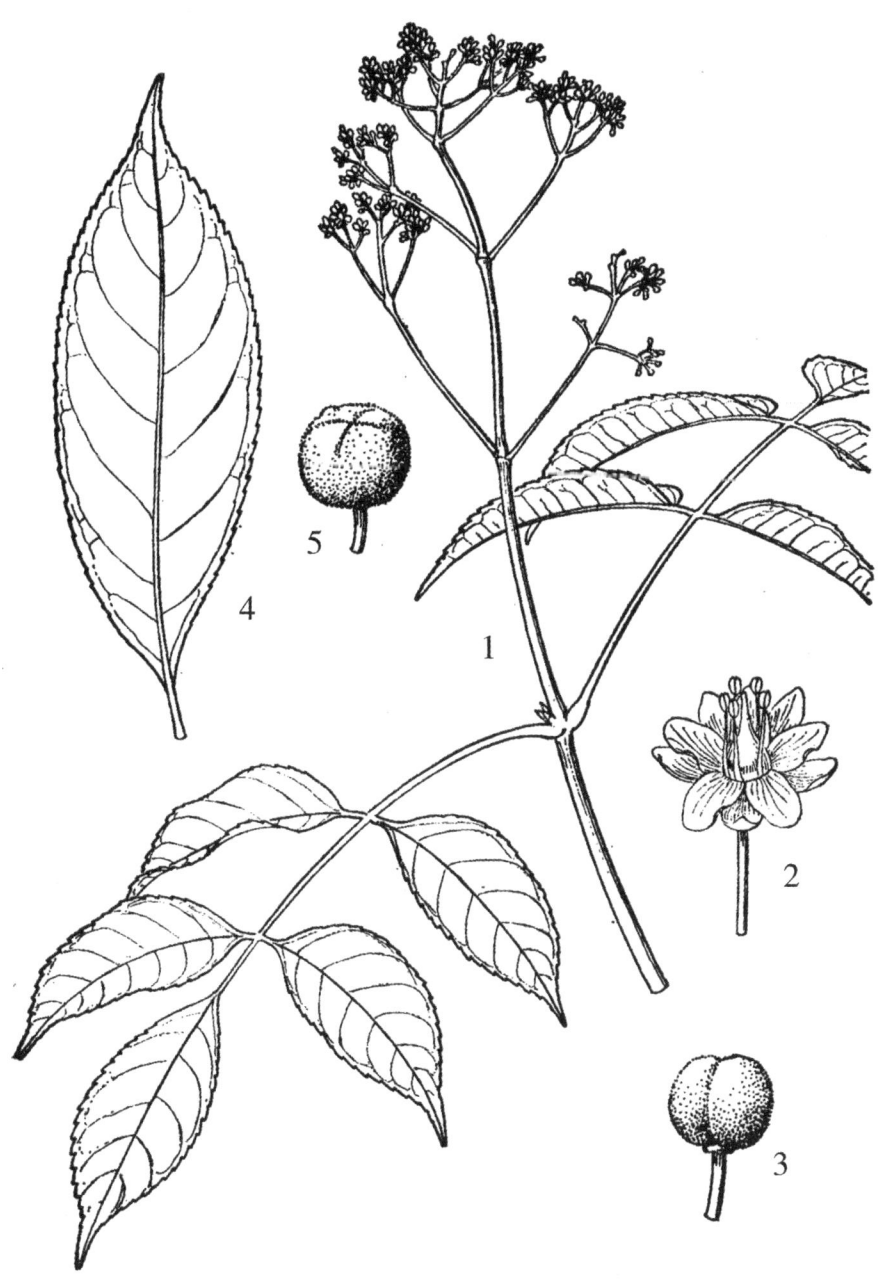

图336　山香圆和越南山香圆

1—3.山香圆 *Turpinia montana*（Bl.）Kurz

1.花枝　2.花　3.果

4—5.越南山香圆 *Turpinia cochinchinensis*（Lour.）Merr.

4.叶下面　5.果

205.漆树科 ANACARDIACEAE

乔木或灌木，少有藤本或亚灌木状草本，韧皮部有裂生性树脂道。叶互生，稀对生，单叶、指状3小叶或奇数羽状复叶，通常无托叶。花小，辐射对称，单性或两性，排列成圆锥花序；花萼3—5裂；花瓣3—5，稀缺；花盘环状或杯状，全缘或5—10浅裂，雄蕊5—10，稀退化为1—3或较多；子房上位，少有半下位或下位，通常1室，少有2—5室，胚珠每室1，倒生，花柱1，稀3—5。果通常为核果，种子具稍大的胚，子叶膜质，无胚乳或有少量胚乳。

本科约60属，600余种，分布全球热带、亚热地区，少数延伸到北温带。我国有16属54种。云南省15属44种。本志收载13属32种。

分 属 检 索 表

1.叶为单叶。
　2.胚珠基生。
　　3.心皮5；雄蕊8—12，全部发育;果双凸镜状 ·················· 1.山楱子属 Buchanania
　　3.心皮1；雄蕊5—10，仅1或2—5发育。
　　　4.果鸡腰子形；花托肉质膨大 ························· 2.腰果属 Anacardium
　　　4.果肾形或斜卵形；花托不膨大 ······················· 3.杧果属 Mangifera
　2.胚珠悬垂于室顶。
　　5.花柱3，子房半下位 ····························· 4.肉托果属 Semecarpus
　　5.花柱1，子房下位 ····························· 5.辛果漆属 Drimycarpus
1.叶为羽状复叶，罕为三小叶。
　6.心皮4—5，子房4—5室。
　　7.花瓣镊合状排列；花柱1，花杂性 ······················ 6.槟榔青属 Spondias
　　7.花瓣覆瓦状排列；花柱4—5。
　　　8.花5基数。花两性或杂性。
　　　　9.花两性；花柱上半部相互贴生，呈尖塔形，下半部分离；果扁球形，果核压扁 ························· 7.人面子属 Dracontomelon
　　　　9.花杂性；花柱完全分离；果椭圆形，果核与果同形，近先端有5小孔 ·········· ················ 8.南酸枣属 Choerospondias
　　　8.花4基数，花单性 ····························· 9.厚皮树属 Lannea
　6.心皮3，子房1室。
　　10.花为单被花 ······························· 10.黄连木属 Pistacia
　　10.花有花萼和花瓣。
　　　11.果被腺毛和柔毛，成熟后红色，中果皮与外果皮连合与内果皮分离，圆锥花序顶生 ······························· 11.盐肤木属 Rhus

11.果无毛或有刺毛，但无腺毛，成熟后黄色，中果皮与外果皮分离，与内果皮连合。

12.圆锥花序腋生；花柱3，基部合生；中果皮白色，蜡质，具褐色树脂道条纹………
………………………………………………… **12.漆树属 Toxicodendron**

12.圆锥花序顶生；花柱3，离生；中果皮红色，胶质 ………… **13.三叶漆属 Terminthia**

1. 山檨子属 Buchanania Spreng.

常绿或落叶乔木。单叶互生，全缘；具柄。圆锥花序顶生，花两性，无梗或有短梗，通常芳香；花萼3—5裂，覆瓦状排列；花瓣3—5，覆瓦状排列，开花时外卷；雄蕊8—12，着生在花盘基部；心皮4—6，通常5，分离，仅1个发育；子房上位，1室，1胚珠，花柱短。核果双凸镜状，外果皮薄，内果皮厚而坚硬；种子一侧膨大。

本属约45种，分布于热带亚洲和大洋洲。我国南部和西南部有4种。云南有2种。

分 种 检 索 表

1.常绿乔木；花序密被锈色绒毛，花药卵形 …………………………… **1.豆腐果 B.latifolia**

1.落叶乔木；花序无毛，花药箭形 …………………………………… **2.云南山檨子 B. yunnanensis**

1.豆腐果（云南植物志）　山檨子（台湾）、天干果（元江）图337

Buchanania latifolia Roxb.（1832）

乔木，高达15米。小枝粗壮，褐色具突起小皮孔，幼枝被锈色绒毛。叶革质，长圆状椭圆形，长12—24厘米，宽6—10厘米，先端圆形或微凹，基部圆形或宽楔形，全缘，多少反卷，幼叶密被锈色长柔毛，后来上面变无毛，下面被长柔毛，中脉、侧脉和网脉在上面凹陷，下面凸起；叶柄长1.5—2.2厘米，被锈色长柔毛。花序密被锈色绒毛，宽大，长达20厘米；花白色，径约2.5毫米，无梗；花萼裂片披针形，长约1.5毫米，外面被锈色柔毛，边缘具睫毛；花瓣长圆形，长约2.5毫米，先端略反卷，无毛；雄蕊10，花丝线形，长约1.2毫米，无毛，花药长圆形，长约0.5毫米；心皮5—6，分离，仅1个发育，不育心皮线形外弯，子房圆锥形，长约1毫米，密被锈色绒毛，花柱长约0.5毫米，无毛。核果双凸镜状，径约9毫米，厚约6毫米，黑色，被毛。

产元江、红河、元阳，生于海拔750—900米的干热河谷的疏林中。海南和台湾有分布；中南半岛、印度、马来西亚也有。

种子繁殖，宜随采随播。

种子可磨豆腐。

2.云南山檨子（云南植物志）图337

Buchanania yunnanensis C.Y. Wu（1979）

落叶小乔木；高达5米。小枝灰褐色，具圆形大叶痕和突起的小皮孔，幼枝无毛。先花后叶。花序长11—20厘米，无毛，分枝疏散，长2—6厘米；花黄绿色，无梗；花萼裂片卵状圆形，长约1.5毫米，无毛；花瓣长卵形，长约3毫米，宽约2毫米，无毛，开花时反卷；

图337　豆腐果和云南山楂子

1—2.豆腐果 *Buchanania latifolia*（Bl.）BL

1.花枝　2.雄蕊

3.云南山楂子 *B. yunnanensis* C. Y. Wu 果枝

雄蕊10，花丝钻形，长约1.5毫米，无毛，花药箭形，基部叉开，长约0.8毫米；心皮5，分离；无毛。

产景洪（普文），生于海拔1060米的路旁疏林中。

2. 腰果属 Anacardium（L.）Rottboell

灌木或乔木。单叶互生，革质，全缘。圆锥花序顶生，多分枝，具苞片；花小，杂性或雌雄异株；花萼5深裂，花瓣5，均为覆瓦状排列，开花时外卷；雄蕊8—10，不等长，通常仅1枚发育，花丝线形，基部多少合生或与伸长的花托合生，花药宽椭圆形，丁字着生，侧向纵裂；子房压扁，1室1胚珠，花柱侧生，线形。核果肾形，压扁，果期花托膨大而成肉质棒状或梨形的假果，托于果的下部；种子肾形，直立。

本属约15种，主产热带美洲，其中1种全球热带广为栽培。我国云南、广西、广东、福建等省（自治区）有少量引种。

腰果（海南植物志）　鸡腰果（云南）、槚如树（植物名实图考）图338

Anacardium occidentale L.（1753）

灌木或小乔木，高4—10米。幼枝黄褐色，无毛或近无毛。叶革质，倒卵形，长8—14厘米，宽6—8.5厘米，先端圆形、平截或微凹，基部宽楔形，全缘，两面无毛，侧脉和网脉两面隆起；叶柄长1—1.5厘米。圆锥花序宽大，多分枝，排成伞房状，长10—20厘米，密被锈色微毛；苞片卵状披针形，长5—10毫米，背面被锈色微柔毛；花黄色，杂性，无梗或有短梗；花萼外面被锈色微柔毛、裂片卵状披针形，先端急尖，长约4毫米；花瓣线状披针形，长7—9毫米，宽约1.2毫米，外面被锈色微柔毛，里面疏被毛或近无毛，开花时外卷；雄蕊7—10，通常仅1枚发育，长8—9毫米，不育雄蕊较短。长3—4毫米；子房倒卵形，长约2毫米，无毛，花柱钻形，长4—5毫米。核果肾形，两侧压扁，长2—2.5厘米，宽约1.5厘米，某部为肉质梨形或陀螺形的假果所托，假果长3—7厘米，最宽处4—5厘米，成熟时紫红色；种子肾形，长1.5—2厘米，宽约1厘米。

原产热带美洲，现全球热带广为栽培。我国云南、广西、广东、福建和台湾均有引种，适于低海拔干热地区栽培。

种子繁殖。直播和育苗造林均可。直播可选土壤肥沃，光照充足的阳坡。播前种子浸泡48小时。育苗前可用沙床催芽。容器育苗最好。

木材耐腐，可供造船。种子含油量高，为上等食用油。果壳是优良的防腐剂和防水剂，又可入药，治牛皮癣，铜钱癣和足癣。假果可食，又可制果汁，果酱，果脯和酿酒。

3. 杧果属 Mangifera L.

常绿乔木。单叶互生，全缘。圆锥花序顶生，花小，杂性，花梗有关节；苞片小，早落；萼片4—5，覆瓦状排列，有时基部略合生；花瓣4—5，稀6，着生在花盘基部，覆瓦状

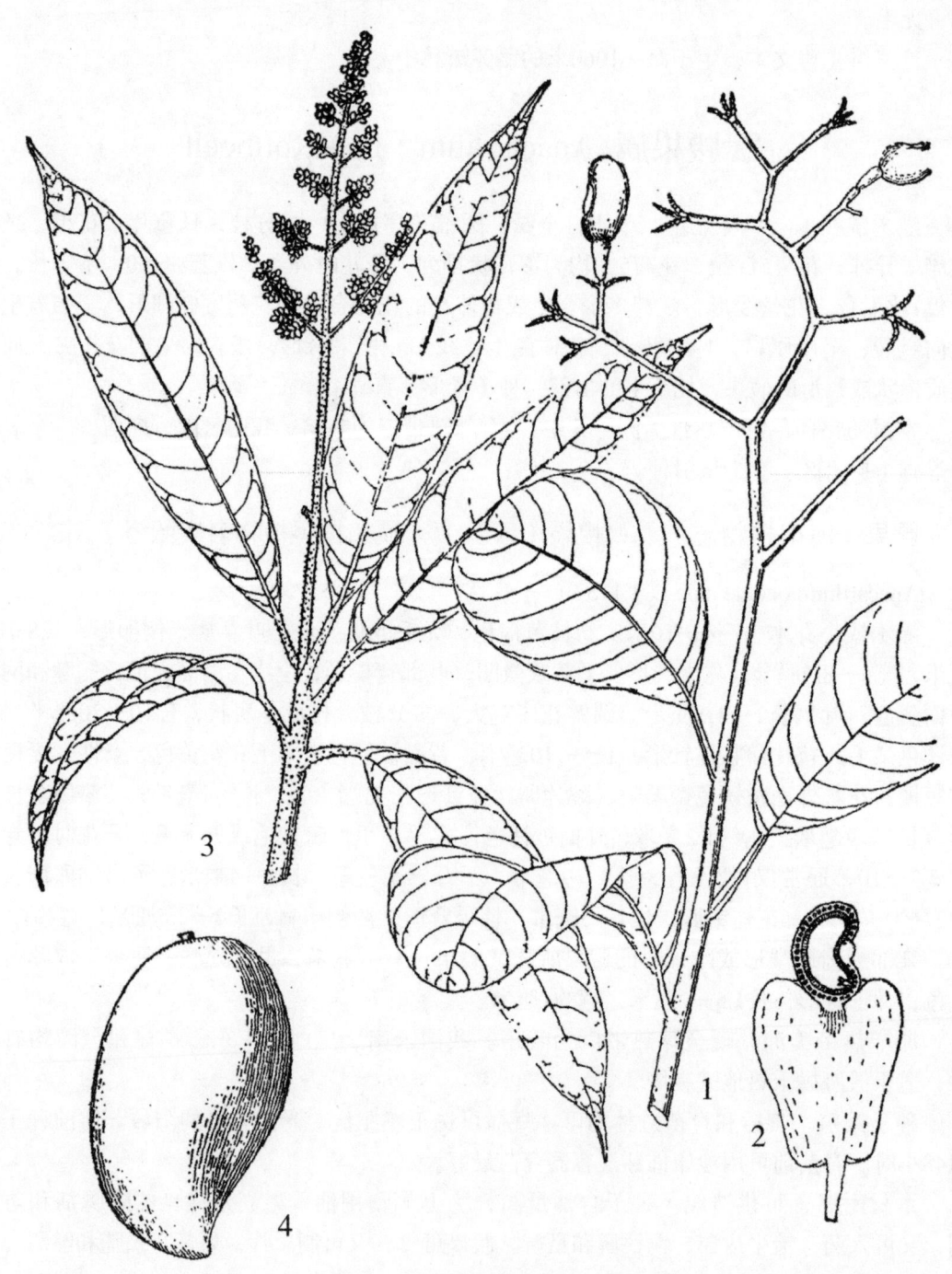

图338 腰果和杧果

1—2.腰果 *Anacardium occidentale* L.

1.果枝　2.果

3—4. 杧果 *Mangifera indica* L.

3.花枝　4.果

排列，里面有1—5或更多的黄褐色突起脉纹，末端有时呈疣状隆起；雄蕊5，稀10—12，着生在花盘里面，分隔或基部与花盘连合，通常仅1，稀2—5发育，花丝线形，花药卵形，侧向纵裂，不育雄蕊小或退化为小齿状，根稀不存；花盘臌胀，垫状，4—5裂；子房偏斜，1室1胚珠，花柱1，与发育雄蕊相对，钻形，内弯。核果大多肾形，中果皮肉质或纤维质，果核木质，种子大，种皮薄，胚直，子叶扁平或上侧有皱纹，常不对称或分裂。

本属约50种，产热带亚洲，马来西亚种类最多。我国南部和西南有5种。云南5种均有。

分 种 检 索 表

1.花序密被黄色微柔毛 ··1.杧果 M.indica
1.花序无毛。
　2.叶狭披针形或线状披针形；果桃形，果核斜卵形或菱状卵形，压扁 ··············
　　···2.扁桃 M. persiciformis
　2.叶长圆状披针形或披针形；果斜长卵形，先端伸长而呈向下弯曲的长喙 ···········
　　···3.林生杧果 M. sylvatica

1.杧果（中国高等植物图鉴）　樣果（植物名实图考）、望果（本草拾遗）图338

Mangifera indica L.（1753）
M. austro-yunnanensis Hu（1940）

常绿大乔木，高达20米。小枝无毛。叶革质或薄革质，常集生枝顶，长圆形或长圆状披针形，长12—30厘米，宽3.5—6.5厘米，先端渐尖、长渐尖或急尖，基部楔形或宽楔形，全缘，多少呈皱波状，两面无毛，上面略具光泽，侧脉20—25对，两面隆起，网脉不显；叶柄长2—6厘米，上面具槽，基部膨大。圆锥花序长20—35厘米，多花密集，被灰黄色微柔毛；花小，黄色或淡黄色，花梗长1.5—3毫米，具关节；萼片卵状披针形，长2.5—3毫米，先端尖，外面被微柔毛，边缘具睫毛；花瓣长圆形或长圆状披针形，长3.5—4毫米，无毛，里面具3—5条褐色突起的脉纹，开花时外卷；花盘肉质膨大，5浅裂；雄蕊仅1枚发育，长约2.5毫米，退化雄蕊3—4，具短花丝和疣状花药原基或缺；子房斜卵形，长约1.5毫米，无毛，花柱近顶生，长约2.5毫米。核果大，肾形（栽培品种果形及大小、果肉的质地和厚薄变化较大），多少侧向压扁，长5—10厘米，宽3—4.5厘米，成熟后黄色，中果皮肉质，具纤维，多汁，鲜黄色，果核坚硬。

产云南东南部至西南部，生于海拔200—1350米的常绿阔叶林中或林缘旷地。广西、广东、福建、台湾有分布；中南半岛和印度、马来西亚也有。现已广为栽培。

种子繁殖或嫁接繁殖均可。种子繁殖宜随采随播。嫁接繁殖多用"T"字芽接或方块芽接，砧木多用杧果实生苗。

散孔树。边材黄褐色，心材金黄色或红褐色，有光泽。木材纹理直，结构细至中，均匀，质轻软，干缩小，强度弱，易腐朽。可作室内装修、家具、包装箱等用材。为著名热带水果，汁多味美，生食；也可制果酱、果干、果脯，也可制酒；果皮可入药，有镇静止咳之效；树冠伞形常绿，为热带庭园和行道树种。

2.扁桃（广西）　酸果、天桃木（广西）图339

Mangifera persiciformis C. Y. Wu et Ming（1979）

常绿乔木，高达15米。幼枝无毛，小枝灰褐色，具条纹。叶薄革质，狭披针形或线状披针形，长11—20厘米，宽2—2.8厘米，先端急尖或短渐尖，基部楔形，全缘，呈皱波状，无毛，中脉、侧脉和网脉两面隆起；叶柄长1.5—3.5厘米，上面具槽，基部增粗。圆锥花序顶生，单生或2—3簇生，长10—19厘米，无毛；苞片小，三角形，长约1.5毫米；花黄绿色，花梗长约2毫米，无毛，中部具关节；萼片4—5，卵形，长约2毫米，无毛；花瓣4—5，长圆状披针形，长约4毫米，宽约1.5毫米，无毛，里面具4—5条褐色突起的脉纹，汇合于基部处；花盘肉质垫状，4—5裂；雄蕊仅1枚发育，长2.5—3毫米，退化雄蕊（1—）2—3，钻形或小齿状，无花药原基；子房球形，径约1毫米，花柱近顶生，与雄蕊等长。果桃形，略压扁，长约5厘米，宽约4厘米，果肉较薄，果核大，斜卵状菱形，压扁，长约4厘米，宽约2.5厘米，具斜向凹槽，灰白色；种子肾形，一端较大，子叶不裂。

产富宁，生于海拔600—800米。贵州和广西有分布。

造林技术和木材性质与杧果同。

果可食，但味酸肉薄；树干笔直，树冠宝塔形，为庭园和行道绿化树种。

3.林生杧果（云南植物志）图339

Mangifera sylvatica Roxb.（1914）

常绿乔木，高达20米。幼枝无毛，暗褐色。叶纸质至薄革质，披针形或长圆状披针形，长15—24厘米，宽3—5.5厘米，先端渐尖，基部楔形，全缘，无毛，上面具光泽，侧脉两面隆起；叶柄长3—7厘米，基部增粗，无毛。圆锥花序长15—33厘米，无毛，花白色，花梗纤细，长3—8毫米，中部具关节；萼片卵状披针形，长3.5毫米，无毛；花瓣披针形或线状披针形，长约7毫米，宽约1.5毫米，无毛，里面下部具3—5条暗褐色脉纹，多少隆起；雄蕊仅1枚发育，花丝线形，长约4毫米，花药卵形，长约0.7毫米，退化雄蕊1—2，钻形或小齿状，无花药原基；子房球形，径约1.5毫米；花柱长约4.8毫米。核果斜卵形，长6—8厘米，最宽处4—5厘米，先端急缩伸长呈向下弯曲的喙，果肉薄，果核大，球形，不压扁，坚硬。

产景东、景谷、临沧、澜沧、景洪、勐腊，生于海拔620—1900米的常绿阔叶林中或林缘。分布于尼泊尔、印度、孟加拉国和中南半岛诸国家。

造林与材性同前。

4. 肉托果属 Semecarpus L. f.

常绿或落叶乔木。单叶互生，常集生小枝顶端；叶柄基部常膨大。圆锥花序顶生或生于上部叶腋，末级分枝总状或穗状；花小，杂性，无梗或具短梗；花萼杯状，5浅裂至5深裂，覆瓦状排列；花瓣，覆瓦状排列；花盘宽，环状；雄蕊5，着生于花盘基部，花丝线

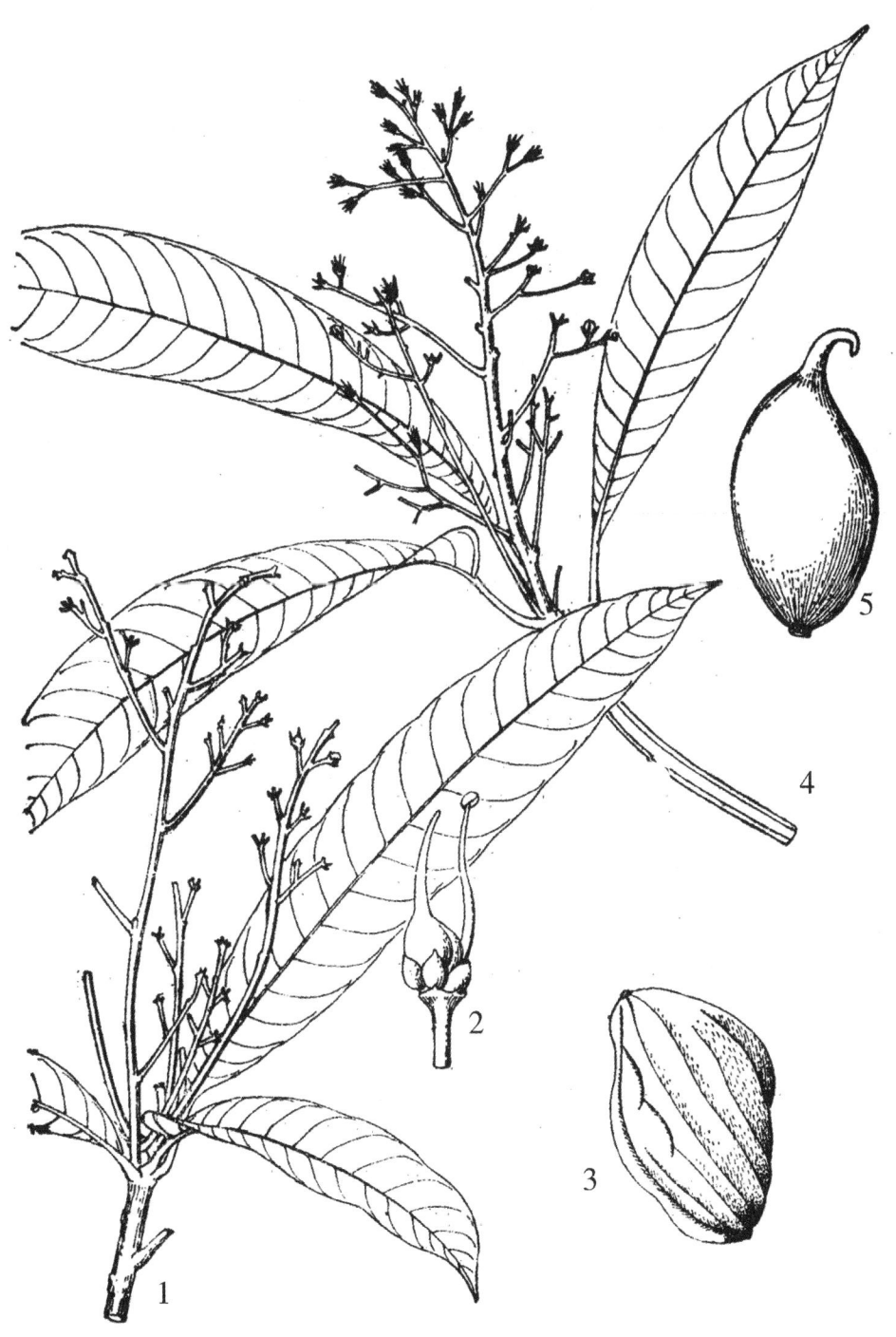

图339 扁桃和林生杧果

1—3.扁桃 *Mangifera persiciformis* C. Y. Wu et Ming

1.花枝　2.花盘、雄蕊和雌蕊　3.果核

4—5.林生杧果 *M. sylvatica* Roxb.

4.花枝　5.果

形，花药卵状心形，丁字着生，药室内向纵裂；子房半下位，1室，1胚珠，室顶悬垂，花柱3，叉开，柱头棒状2裂。核果卵球形，中果皮肉质，多树脂，果期下凹花托肉质膨大包于果的中下部；种子悬垂室顶。

本属约50种，分布于热带亚洲至大洋洲。我国有3种，分布于云南和台湾。云南有2种。

分 种 检 索 表

1.叶倒披针形，先端急尖或短渐尖，下面无毛，上面有光泽，网脉两面极隆起 ……………
…………………………………………………………… 1.网脉肉托果 S.reticulata
1.叶倒卵形或琴形，先端圆形或微凹，上面无光泽，下面被微柔毛，网脉两面略显 ………
………………………………………………………… 2.小果肉托果 S. microcarpa

1.网脉肉托果（云南植物志）图340

Semecarpus reticulata Lecte.（1907）

乔木或大乔木，高达30米；树皮灰白色。小枝无毛，具条纹和有白色突起小皮孔。叶近革质，倒披针形，长15—30厘米，宽4—7.5厘米，先端急尖或短渐尖，基部宽楔形，全缘，略呈皱波状，两面无毛，上面有光泽，下面苍白色，中脉在上面微凹，下面凸起，网脉两面极凸起；叶柄长1.5—5厘米，无毛，基部增粗，具木栓质环裂。圆锥花序顶生或生于上部叶腋，长约15厘米，被微绒毛；花梗长0.5—1毫米，被微绒毛；花萼裂片三角形，长约0.5毫米，外面被微绒毛，边缘具细睫毛；花瓣长圆形或卵状长圆形，长1.5—2毫米，宽约1毫米，外面疏生腺毛和微绒毛，具褐色树脂道条纹；雄蕊5，花丝线形，长约2毫米，花药卵形，长约0.7毫米；花盘扁平，5裂，子房被绒毛。核果卵状圆形，径约1厘米，被微柔毛，果期花托膨大，包于果的下半部。

产景洪、勐腊，生于海拔540—1350米的沟谷林中。分布于越南、老挝和泰国北部。

种子繁殖，宜随采随播。

2.小果肉托果（云南植物志）图340

Semecarpus microcarpa Wall.（1828）

落叶乔木，高达18米。幼枝被锈色微绒毛。叶纸质至薄革质，倒卵形或琴形，长9.5—16厘米，宽5.5—8.5厘米，先端圆形或微凹，基部宽楔形或钝，全缘，略呈皱波状，上面无光泽，沿中脉被微柔毛，下面疏生灰白色微柔毛，网脉两面清晰但不隆起；叶柄长1—1.5厘米，被锈色微绒毛。圆锥花序长约15厘米，密被锈色绒毛；花黄绿色，无梗；花萼裂片钝三角形，外面被微柔毛，长约0.5毫米；花瓣卵形，长1.5—2毫米，外面被灰白色微柔毛，具褐色脉纹；花盘褐色，5裂；雄蕊与花瓣等长，花丝线形，花药卵形，长约0.7毫米；子房被黄色绒毛。

产瑞丽，生于海拔1200米的林下。分布于缅甸北部伊洛瓦底江流域。

种子繁殖。宜随采随播。

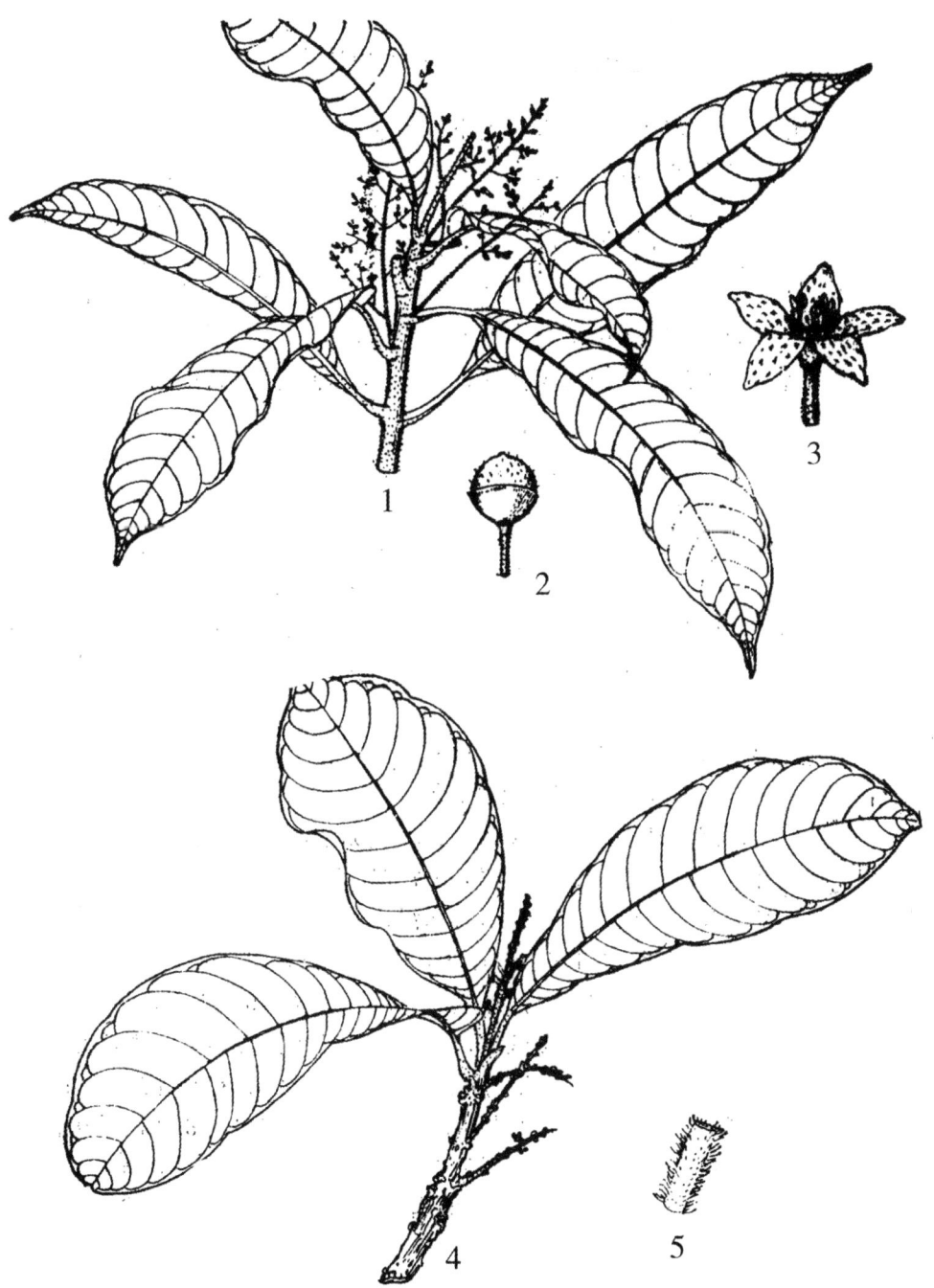

图340 网脉肉托果和小果肉托果

1—3.网脉肉托果*Semecarpus reticulata* Lecte.

1.花枝 2.幼果 3.花

4—5.小果肉托果 *S. microcarpa* Wall.

4.花枝 5.花序轴毛被

5. 辛果漆属 Drimycarpus Hook. f.

大乔木。单叶互生，革质，全缘，具柄。总状花序顶生或腋生；花小，杂性；花萼5裂，裂片覆瓦状排列；花瓣5，上位，直立，覆瓦状排列；雄蕊5，着生于花盘基部，花丝钻形，花药短心形。丁字着生，药室内向纵裂；花盘虾状；子房下位，埋入下凹的花托中，子房壁与花托连合，1室，1胚珠，胚珠室顶悬垂，花柱1，顶生，较短，柱头头状。果期花托肉质膨大，包于果的大部或全部，果扁球形，无毛，具纵条纹，果肉多纤维质，具树脂，果核大；种子与果同形，胚厚，子叶略凸起。

本属2种，分布于东喜马拉雅至中南半岛。我国2种均有，云南也产。

分 种 检 索 表

1.叶椭圆形至长圆形，先端渐尖，边缘皱波状；果径约2厘米 ……　1.辛果漆 D. racemosus
1.叶倒卵形，先端平截或微凹，边缘不呈皱波状，略反卷；果径约2.5厘米……………………
…………………………………………………………………… 2.大果辛果漆 D. anacardiifolius

1.辛果漆（云南植物志）图341

Drimycarpus racemosus（Roxb.）Hook. f.（1862）

Holigarna racemosa Roxb.（1832）

大乔木，高达18米。小枝无毛，具条纹和小皮孔。叶革质，椭圆形或长圆形，长20—34厘米，宽5—10厘米，先端渐尖，基部楔形至圆形，全缘，呈皱波状，两面无毛，上面具光泽，下面苍白色，侧脉在上面凹陷，下面凸起，网脉两面凸起；叶柄长1—2厘米，粗壮。花序长2—10厘米，疏生微柔毛或近无毛，花小，花梗长约1.5毫米；花萼无毛，裂片钝三角形，长、宽约0.7毫米；花瓣卵形或宽卵形，直立，长2.5—3毫米，宽约1.7毫米，无毛，雄蕊着生花盘基部，花丝钻形，花药短心形，长约0.5毫米，与花丝近等长；子房下位，径约2.5厘米，无毛。果横椭圆形，径约2厘米，无毛，具多数纵向条纹，果肉纤维质，多树脂；种子1，与果同形。

产金平、河口、马关，生于海拔130—900米的沟谷林中。分布于不丹、印度、缅甸北部和越南北部。

种子繁殖。

2.大果辛果漆（云南植物志）图341

Drimycarpus anacardiifolius Wu et Ming

乔木，高达15米。小枝四棱形，黄褐色，无毛，有黄色小皮孔。叶厚革质，倒卵形，长9—11.5厘米，宽5.8—6.4厘米，先端截形或微凹，基部楔形，全缘，略反卷，两面无毛，上面绿色，有光泽，中脉粗壮，在上面平，下面隆起，侧脉8—9对，水平伸展达边缘，在下面隆起，网脉两面隆起；叶柄粗壮，扁平，长约2.5厘米，无毛。果序总状，腋生或顶生，长4—6（连果）厘米，无毛，有小皮孔；果梗长约1.5厘米，果近球形，径约2.5厘米，

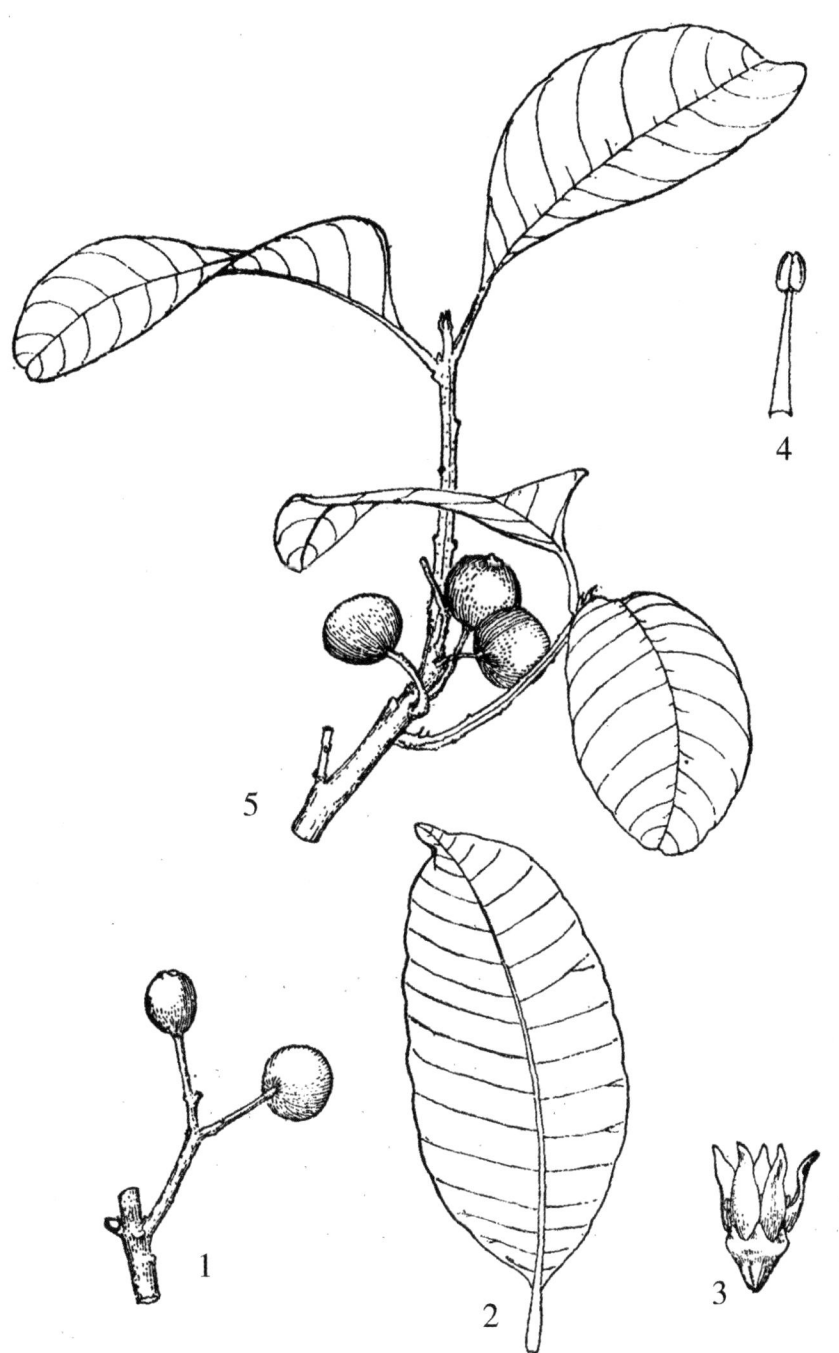

图341　辛果漆和大果辛果漆

1—4.辛果漆 *Drimycarpus racemosus*（Roxb.）Hook. f.

1.果序　2.叶片　3.花　4.雄蕊

5.大果辛果漆 *D. anacardiifolius* C. Y. Wu et T. L. Ming 果枝

黄绿色，具纵向条纹。

产沧源，生于680—700米的沟谷密林中。

种子繁殖。

6. 槟榔青属 Spondias Linn.

落叶乔木。叶互生，单叶或1—2回奇数羽状复叶；小叶对生或互生，全缘或具齿，具边缘脉或无。花序顶生而复出或侧生而单出，先叶开放或与叶同出，花小，排列成圆锥花序或总状花序；花萼小，4—5裂；花瓣4—5，镊合状排列；雄蕊8—10，着生于花盘基部，花丝线形而平滑或宽而具乳突体；心皮4—5（稀1），子房4—5室，每室有胚珠1。果为肉质核果，果核纤维状木质，具坚硬角状或刺状突起或无，核内有薄壁组织消失后的大空腔，与子房室互生。

本属10—12种，间断分布于热带亚洲和热带美洲。我国有3种，分布于云南、广东、广西和福建。云南有2种，1变种。

分 种 检 索 表

1. 小叶3—11，明显有边缘脉，两面无毛；先花后叶，花序无毛；花近无梗；果核椭圆状球形 ·· 1. 槟榔青 S.pinnata
1. 小叶13—21，无边缘脉，两面被微硬毛；花序与叶同出，被灰黄色绒毛，花具梗；果核倒卵状六边形 ································ 2a. 毛叶岭南酸枣 S. lakonensis var. hirsuta

1. 槟榔青（海南植物志）图342

Spondias pinnata（L. f.）Kurz（1875）

Mangifera pinnata L. f.（1781）

落叶乔木，高达15米。小枝粗壮，黄褐色，无毛，具小皮孔。奇数羽状复叶长30—40厘米，有小叶3—11，无毛；小叶对生，纸质，长圆状卵形或长圆状椭圆形，长7—12厘米，宽4—5厘米，先端渐尖或短尾尖，基部截形或近圆形，多少偏斜，边缘全缘，略反卷，两面无毛，侧脉斜生，密而平行，在距边缘约1毫米处彼此连结成边缘脉，在上面微凹，下面凸起；小叶柄短，长3—5毫米。圆锥花序顶生，长25—35厘米，无毛；花小，白色，无梗或近无梗；花萼无毛，裂片宽三角形，长约0.5毫米；花瓣卵状长圆形，长约2.5毫米，先端尖，内卷，无毛；雄蕊10，比花瓣短，长约1.5毫米；花盘大，10裂；子房无毛，长约1.3毫米。核果椭圆状球形，成熟后黄褐色，长3.5—5厘米，径2.5—3.5厘米，中果皮肉质，内果皮外层为纵向密集排列的纤维质和软组织，无刺状突起，果层木质坚硬，有5个大空腔，与子房室互生，5室，每室具1种子，通常仅2—3种子成熟。

产双江、勐海、景洪、勐腊、普洱、普洱、金平，生于海拔（360—）460—1200米的常绿或混交林中。海南有分布；中南半岛和印度、马来西亚也有。

种子繁殖。果实去肉后洗净阴干即可播种育苗。

散孔材。木材黄白色，心边材区别不明显，光泽弱；生长轮明显；木材纹理直，结构中而均匀，材质轻软，干缩小，强度弱，不耐腐；可作包装箱、火柴杆盒、绝缘材料等用材，也可旋切单板。果可食；树皮可提栲胶。

2.岭南酸枣（广州植物志）

Spondias lakonensis Pierre（1898）

Allospondias lakonensis（Pierre）Stapf（1901）

产广西和海南。分布于中南半岛。云南不产。

2a.毛叶岭南酸枣（云南植物志）（变种）图342

var. hirsuta C. Y. Wu et Ming（1979）

落叶乔木，高达28米。小枝被灰黄色微柔毛，具半圆形叶痕和突起的小皮孔。奇数羽状复叶长25—60厘米，有小叶13—21，叶轴和叶柄被黄色微绒毛；小叶对生或近对生，长圆状披针形或披针形，长6—13厘米，宽1.5—4厘米，先端渐尖或长渐尖，基部偏斜，楔形或近圆形，全缘，两面被微硬毛，沿脉上毛被较密，侧脉在边缘处弧形弯曲，不形成边缘脉；小叶柄长约3毫米，被微绒毛。圆锥花序长达30厘米，密被黄色微绒毛；花小，白色，花梗纤细，长约3毫米，被绒毛；花萼与深裂，裂片三角形，长约0.3毫米，外面被白色微柔毛；花瓣5，披针形，长约2毫米，开花时下倾；雄蕊5，长约2.3毫米，花丝线形，花药长圆形；子房4（稀5）室，花柱1，圆锥状四棱形。核果倒卵状或近球形，中果皮肉质，果核木质坚硬，倒卵状六边形，侧面各具4个凹点，上面具4角，4室与4个薄壁组织腔互生，每室有1种子；种子长圆形。

产勐腊、金平、河口，生于海拔200—900米的沟谷林中。

与原变种的区别是羽叶和小叶均较大，小叶两面被微硬毛，花序宽大，被黄色绒毛。

7. 人面子属 Dracontomelon Bl.

常绿乔木。叶互生，奇数羽状复叶大，有小叶多数；小叶对生或互生，具短柄，全缘或稀具齿。圆锥花序腋生或近顶生；花小，两性，具梗；花萼5裂，覆瓦状排列，较大，内凹；花瓣5，比萼片长，在芽中基部镊合状排列，上部覆瓦状排列，先端外卷；雄蕊10，与花瓣等长，花丝线状钻形，花药线状长圆形，丁字着生，内侧向纵裂；花盘碟状，不明显浅裂；心皮5，合生，子房5室，每室1胚珠，胚珠倒生悬垂，花柱5，上部黏生，下部分离，柱头尖塔形，呈5角。核果近球形，中果皮肉质，果核压扁，近五角形，上面具5个卵形凹点，边缘有小孔，形如人面，5室，周围有薄壁组织腔，种子椭圆状三棱形，略压扁。

本属约8种，分布于我国、中南半岛至马来西亚地区。我国有2种，分布于云南至广西、广东。云南2种皆产。

分 种 检 索 表

1.小叶长圆形，两面沿中脉被柔毛；萼片宽卵形，两面被微柔毛；果径2—2.5厘米 ……… ………………………………………………………………… 1.人面子 D. duperreanum

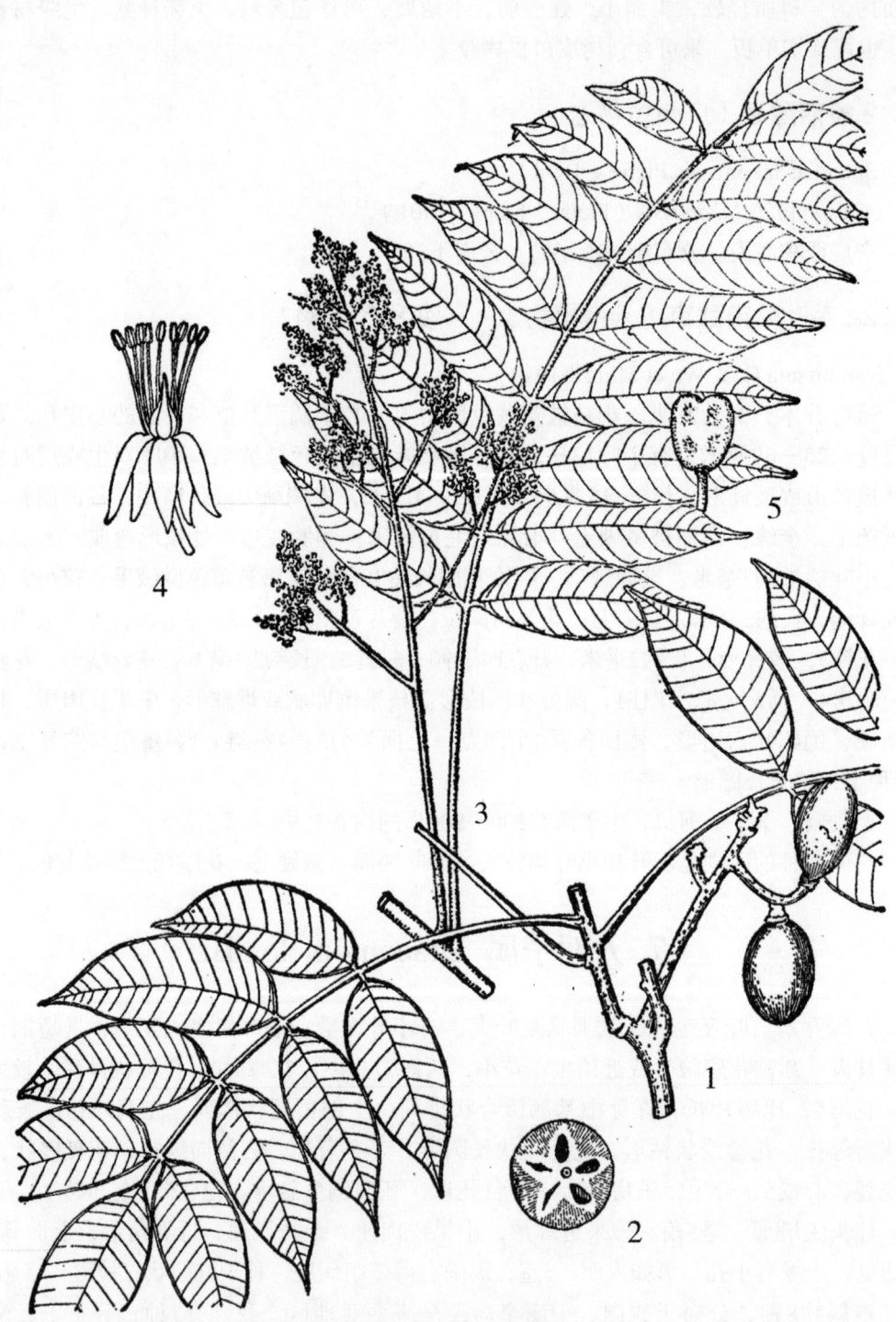

图342 槟榔青和毛叶岭南酸枣

1—2.槟榔青*Spondias pinnata*（L. f.）Kurz

1.果枝 2.果核横切片

3—5.毛叶岭南酸枣 *S. lakonensis* Pierre var. *hirsuta* C. Y. Wu et T. L. Ming

3.花枝 4.花 5.果核

1.小叶斜长圆形，两面脉上无毛，萼片长圆形，两面无毛，边缘有睫毛；果径3.5—4（—5）厘米 ························· **2.大果人面子 D. macrocarpum**

1.人面子（南方本草状）　人面树（中国树木分类学）图343

Dracontomelon duperreanum Pierre（1878）

D. sinensis Stapf（1928）；*D. dao* auct. non Merr. et Rolfe

大乔木，高达20余米。幼枝被灰色绒毛。奇数羽状复叶长30—45厘米，有小叶11—15，叶轴和叶柄被毛；小叶互生，革质，长圆形，自下而上逐渐增大，长5—14.5厘米，宽2.5—4.5厘米，先端渐尖，基部略偏斜，宽楔形至近圆形，全缘，两面沿脉疏被微柔毛，下面脉腋有白色髯毛，侧脉8—9对，倾脉和网脉两面隆起；小叶柄长2—5毫米，被毛。圆锥花序顶生或腋生，长10—23厘米，疏生灰色微柔毛；长2—3毫米，被微柔毛；萼片宽卵形或椭圆状卵形，长3.5—4毫米，先端钝，两面被微柔毛；花瓣披针形或狭披针形，长约6毫米，开花时反卷，花盘边缘浅波状；雄蕊10，花丝线形，长约3.5毫米，花药长圆形，长约1.5毫米；子房无毛，长2.5—3毫米，花柱长约2毫米。核果扁球形，长约2厘米，径约2.5厘米，成熟后黄色，果核压扁，径1.7—1.9厘米，上面盾状凹入，5室，通常1—2室不育；种子3—4。

产金平、河口，生于海拔93—300米的沟谷林中。广西和广东也有栽培。分布于越南北部。

种子繁殖，宜随采随播。

木材致密，具光泽，耐腐，作家具和细工用材。果可食或制食品，入药可解酒毒；种子可榨油。

2.大果人面子（云南植物志）图343

Dracontomelon macrocarpum H. L. Li（1944）

乔木，高达18米。幼枝疏生微柔毛或近无毛。奇数羽状复叶长达50厘米，有小叶15，叶轴和叶柄被微柔毛；小叶互生，革质，斜长圆形，极不对称，长9—13厘米，宽2.5—4厘米，先端渐尖，基部极偏斜，宽楔形或圆形，全缘，上面无毛，下面脉腋有髯毛，侧脉两面隆起，网脉清晰；小叶柄长4—6毫米，被微柔毛。圆锥花序顶生或腋生，长约15厘米，疏生微柔毛；花梗长约3毫米，疏生黄色腺体，上部具关节；萼片长圆形或长圆状披针形，长4—4.5毫米，宽约2.5毫米，两面无毛或外面基部有腺体，边缘具睫毛；花瓣5，披针形或线状披针形，长6—7毫米，宽约2毫米，无毛，开花时外卷；花盘浅盘状，边缘波状；雄蕊10，长约5毫米，花丝线形，花药狭长圆形，长约1.5毫米；子房近球形，无毛，长约2毫米，花柱5棱，长约3毫米，柱头5，头状。果近球形，径3.5—4厘米，稀达5厘米，形如胡桃，但略压扁，果核木质，多少压扁，径约3.5厘米，上面不规则凹陷，4—5室，每室1种子，室周具薄壁组织腔；种子椭圆状三棱形，长约12毫米，棕色光亮。

产勐腊，生于海拔1200米的混交林中。

种子繁殖。宜随采随播。

图343　人面子和大果人面子

1—3.人面子 *Draconiomelon duperreanum* Pierre

1.花枝　2.花　3.果

4—5.大果人面子 *D. macrocarpum* Li

4.小叶片　5.果横切面

8. 南酸枣属 Choerospondias Burtt et Hill

落叶乔木或大乔木。叶互生，奇数羽状复叶；小叶对生，具柄。花单性或杂性异株，雄花或假两性花排列成腋生或近顶生的聚伞圆锥花序，雌花通常单生上部叶腋；花萼5裂；花瓣，覆瓦状排列；雄蕊10，着生于花盘边缘，与花盘裂片互生；花盘盘状，10浅裂；子房上位，5室，每室1胚珠，胚珠悬垂于子房室顶，花柱5，生于子房近顶端，柱头头状。核果椭圆状球形，中果皮肉质浆状，内果皮骨质，坚硬，5室；种子无胚乳，子叶肥厚。

本属仅1种，分布于印度东北部、中南半岛、我国及日本。我国广布于长江以南各省（自治区），云南也有。

南酸枣（中国高等植物图鉴） 五眼睛果、鼻涕果、货榔果（云南、贵州、广西）图344

Choerospondias axillaris（Roxb.）Burtt et Hill（1937）
Spondias axillaris Roxb.（1814）

落叶乔木，高达20米。树皮灰褐色，片状剥落。小枝无毛，暗紫褐色，具小皮孔。奇数羽状复叶长25—40厘米，有小叶7—13，叶轴和叶柄无毛；小叶对生，膜质至纸质，卵形、长圆状卵形或卵状披针形，长4—12厘米，宽2—4.5厘米，先端长渐尖，基部多少偏斜，宽楔形或近圆形，全缘或幼叶有时具粗齿，两面无毛，有时下面脉腋具髯毛，侧脉两面隆起，网脉不显；小叶柄长2—5毫米，无毛。雄花序长4—40厘米，疏被微柔毛或近无毛；花萼外面疏被白色微柔毛或近无毛，裂片三角状卵形，先端钝，长约1毫米，里面被微柔毛，边缘具腺毛；花瓣长圆形，长2.5—3毫米，无毛。开花时外卷；花盘盘状；雄蕊10，与花瓣近等长，花丝线形，长约1.5毫米，花药长圆形，长约1毫米；雌花单生上部叶腋；较大；子房卵球形，长约1.5毫米，无毛，5室，花柱长约0.5毫米。核果椭圆形，成熟时黄色，长2.5—3厘米，径约2厘米，中果皮肉质，鼻涕状，果核骨质坚硬，与果同形，长2—2.5厘米，径1.2—1.5厘米，顶端有5小孔，有膜质盖。

产云南东南至西南部，生于海拔（440—）600—2000米的山坡或沟谷林中。分布于贵州、广西、广东、湖南、湖北、江西、福建、台湾、浙江、江苏、安徽等省（自治区），印度、中南半岛和日本也有。

本种生长快，适应性强，为较好的速生造林树种。树皮和叶可提栲胶。果可食或酿酒；果核可制活性炭，茎皮纤维可制绳索。树皮和果核入药有消炎、止血和镇痛之效。

种子繁殖。果实去肉洗净后晒干收藏于通风处，可于第二年播种。次年春季上山造林，株行距3米×3米。

9. 厚皮树属 Lannea A. Rich.

乔木。树皮厚。叶互生，奇数羽状复叶；小叶对生，全缘。花小，单性同株或异株，排列成顶生圆锥花序或总状花序；花萼4裂，裂片覆瓦状排列；花瓣4，覆瓦状排列；雄蕊

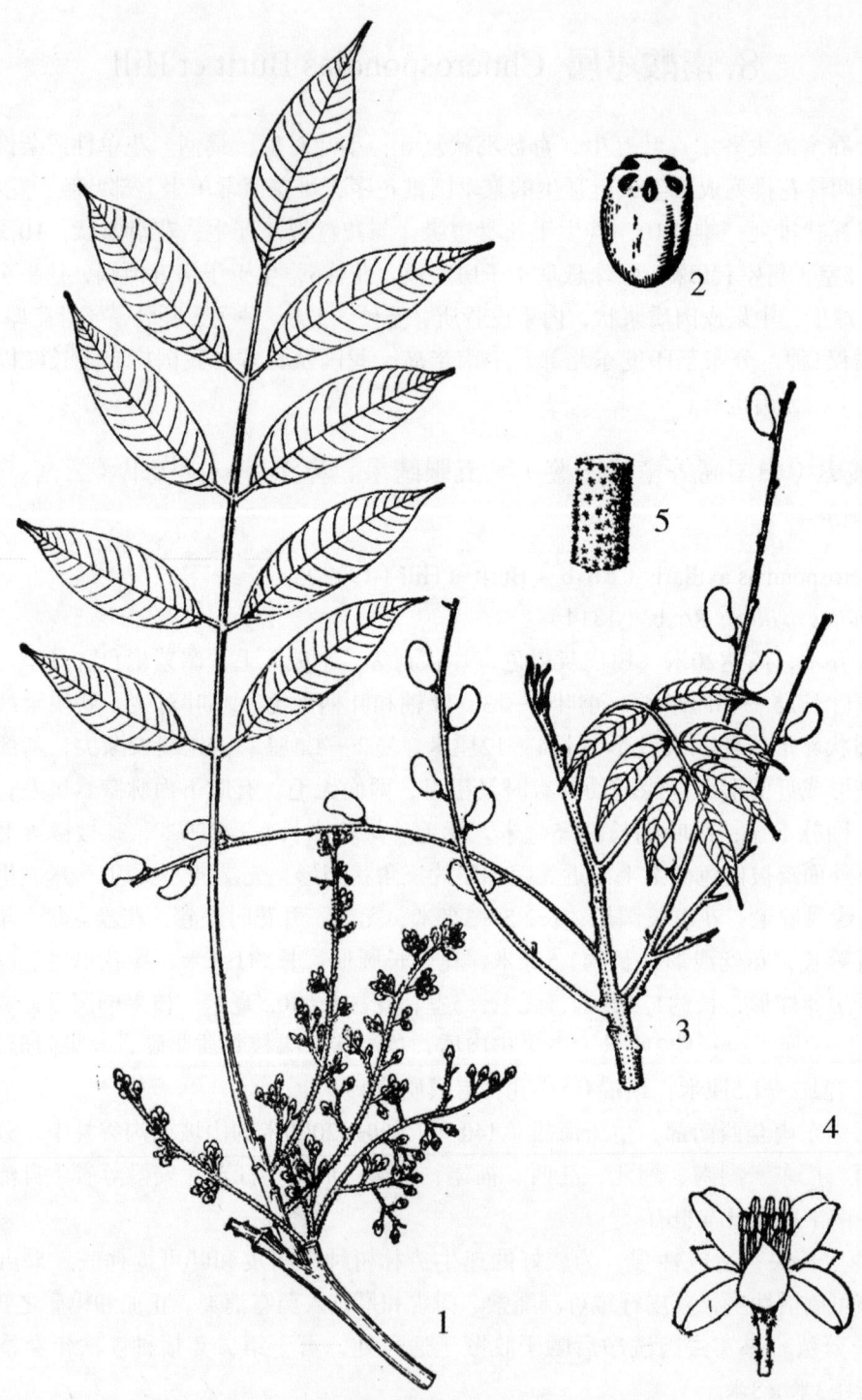

图344 南酸枣和厚皮树

1—2.南酸枣 *Choerospondias axillaris*（Roxb.）Burtt et Hill

1.花枝 2.果核

3—5.厚皮树 *Lannea coromandelica*（Houtt.）Merr.

3.果枝 4.花 5.小枝毛被放大

8，生于花盘边缘，花药卵形或箭形，在雌花中不育雄蕊极短；花盘环状；子房上位，4室，每室1胚珠，室顶悬垂，花柱通常侧生，3—4，柱头盾状，在雄花中退化子房存在。核果小，肾形或卵形，多少侧向压扁，中果皮薄，果核1—4室。

本属约70种，主产热带非洲，仅1种分布于中南半岛至印度尼西亚。我国产1种，云南南部有分布。

厚皮树（中国高等植物图鉴）图344

Lannea coromandelica（Houtt.）Merr.（1938）

Dialium coromandelica Houtt.（1774）

Haberlia grandis Dennst.（1818）

Lannea grandis（Dennst.）Engl.（中国高等植物图鉴）

落叶乔木，高达10米。树皮厚，灰白色。幼枝被锈色星状毛。奇数羽状复叶常集生小枝顶端，长10—33厘米，有小叶7—9，叶轴和叶柄被锈色星状毛；小叶薄纸质，卵形或长圆状卵形，长5.5—9厘米，宽2.5—4厘米，先端长渐尖或尾状渐尖，基部圆形，略偏斜，全缘，干后上面变暗褐色，无毛，下面沿脉上疏生锈色星状毛和混生极稀疏微柔毛，侧脉在上面微凹，下面凸起；小叶柄长1—3毫米，有星状毛。花小，黄色或带淡紫色，排列成顶生总状花序，长15—30厘米，被锈色星状毛；花萼无毛，裂片卵形或宽卵形，长约1毫米，边缘有细睫毛；花瓣长圆状卵形，长约2.7毫米，宽约1.5毫米，无毛，先端和边缘外卷；雄蕊与花瓣近等长，在雌花中极短，不育；子房卵形，无毛，4室，通常仅1室发育，花柱侧生。核果肾形，略压扁，成熟时紫红色，长8—10毫米，宽约0.5毫米，中果皮薄，果核与果同形。

产凤庆、澜沧、景洪、普洱、元江、峨山、建水，生于海拔480—1800米的山地和河谷的稀树乔木林中。我国广西和广东有分布；中南半岛和印度、马来西亚也有。

种子繁殖，宜随采随播。

木材轻软，但不耐腐，可作箱板。树皮可提栲胶，浸出液可染渔网。韧皮纤维可织布。种子可榨油。

10. 黄连木属 Pistacia L.

乔木或灌木，落叶或常绿，具树脂。叶互生，无托叶，奇数或偶数羽状复叶，稀单叶；小叶全缘。总状花序或圆锥花序腋生；花小，单性异株；雄花苞片1；花被片3—9；雄蕊3—5（—7），花药大，长圆形，药隔伸出，基着药，侧向纵裂；退化子房存在或无；雌花苞片1；花被片4—10，膜质，半透明；退化雄蕊缺；花盘小或缺；子房上位，卵形或近球形，1室，1胚珠，花柱短，柱头3，鸡冠状扩展，外弯。核果近球形或椭圆形，外果皮和中果皮薄，干燥，果核骨质，坚硬；种子压扁，无胚乳，子叶厚。

本属约10种，分布于地中海沿岸、中亚至东亚、中美洲等地。我国有2种，广布于长江以南各省（自治区）。云南2种皆有。

分 种 检 索 表

1.落叶乔木，小叶纸质，披针形或卵状披针形，先端渐尖或长渐尖；先花后叶；雄花无退化子房 ·· 1.黄连木 P. chinensis
1.常绿乔木，小叶革质，长圆形或倒卵状长圆形，先端微凹，有芒刺状硬尖头；雄花中退化子房存在 ·· 2.清香木 P. weinmannifolia

1.黄连木（植物名实图考）图345

Pistacia chinensis Bunge（1833）

落叶乔木或大乔木，高达20余米。幼枝疏被微柔毛或近无毛，具小皮孔。奇数或偶数羽状复叶互生，有小叶11—15，叶轴和叶柄被微柔毛；小叶对生或近对生，纸质，披针形或卵状披针形，长5—10厘米，宽1.5—2.5厘米，先端渐尖或长渐尖，基部偏斜，宽楔形或近圆形，全缘，两面沿中、侧脉均被卷曲微柔毛或近无毛，侧脉和网脉两面隆起；小叶柄长1—2毫米。圆锥花序腋生，先花后叶，雄花序排列紧密，长6—7厘米，雌花序排列疏松，长15—20厘米，被微柔毛；花小，花梗长约1毫米，被微柔毛；雄花花被片2—4，披针形或线状披针形，大小不等，长1—1.5毫米，边缘具睫毛；雄蕊3—5，花丝长不到0.5毫米，花药长圆形，长约2毫米；雌蕊缺；雌花花被片7—9，大小不等，长0.7—1.5毫米，外面2—4片披针形或线状披针形，外面被柔毛，边缘具睫毛；里面5片卵形或长圆形，外面无毛，边缘具睫毛；退化雄蕊缺；子房球形，径约0.5毫米，花柱极短，柱头3，鸡冠状外展，红色。干燥核果，倒卵状球形，径约5毫米，成熟时紫红色，干后具纵向细条纹，先端短尖。

产全省各地，生于海拔972—2400米的石灰山疏林中。长江以南各省及华北、西北有分布；菲律宾也有。

种子繁殖。种子用草木灰或石灰水浸泡数日可去种皮蜡质后播种。

木材鲜黄色，可提黄色染料，材质坚硬致密，可作家具和细工用材。种子榨油可作润滑油或制皂。嫩叶可代茶或充蔬菜。

2.清香木（中国高等植物图鉴） 昆明乌木（植物名实图考）、紫油木（东川）图345

Pistacia weinmannifolia J. Poisson ex Franch.（1886）

灌木至乔木，高达15米。小枝具棕色皮孔，幼枝被灰黄色微柔毛。偶数羽状复叶互生，有小叶8—18，叶轴具狭翅，上面具槽，叶轴和叶柄被灰色微柔毛；小叶对生，革质，长圆形或倒卵状长圆形，长1.3—3.5厘米，宽0.8—1.5厘米，稀较大（5厘米×1.8厘米），先端微凹，具芒刺状硬尖头，基部宽楔形，稍偏斜，全缘，稍反卷，两面沿中脉有微柔毛，侧脉在上面微凹，下面凸起；小叶柄极短。圆锥花序腋生，被红色腺毛和黄棕色柔毛，花小，淡紫红色，无梗或近无梗；雄花花被片5—8，长圆形或长圆状披针形，膜质，长1.5—2毫米，先端渐尖或呈流苏状，外面2—3片边缘有睫毛；雄蕊5—7，花丝极短，花药大，长圆形，先端细尖；退化子房存在；雌花花被片7—10，卵状披针形，长1—1.5毫米，膜质，先端细尖或呈流苏状，外面2—3片边缘有睫毛；退化雄蕊缺；子房球形，无毛，花柱极

图345　黄连木和清香木

1—3.黄连木 *Pistacia chinensis* Bunge

1.枝叶　2.雄花　3.果序

4—6.清香木 *P. weinmannifolia* Poisson ex Franch.

4.雄花枝　5.果　6.雄花

短，柱头3裂，外弯。核果球形，径5—6毫米，成熟时紫红色，先端细尖。

产云南全省，生于海拔（580—）1000—2700米石灰岩山中。四川西南部、西藏东南部和贵州西南部有分布；缅甸北部也有。

种子繁殖，种苗2—3年出圃造林。

叶可提芳香油，民间常研粉作香。枝入药有消炎解毒、收敛止泻之效。树脂有固齿祛臭之功。

11. 盐肤木属 Rhus (Tourn.) L. emend. Moench

落叶灌木或乔木。叶互生，奇数羽状复叶，稀单叶；小叶对生或互生，全缘或具齿。花小，杂性或单性，排列成顶生圆锥花序或复穗状花序；花萼5裂，裂片覆瓦状排列，宿存；花瓣5，覆瓦状排列；雄蕊5，着生在花盘基部，在雄花中伸出，花药卵圆形，内向纵裂；花盘环状：子房1室，1胚珠，花柱顶生，先端3裂。核果球形，被腺毛和柔毛，成熟时红色，外果皮与中果皮连合，内果皮分离。

本属约250种，分布于北美洲、亚洲和南欧的亚热带和暖温带地区。我国有6种，除东北、华北和西北部分地区外均有分布。云南有5种。

分 种 检 索 表

1.叶轴具宽翅，小叶具粗齿 ·· **1.盐肤木 R.chinensis**
1.叶轴无翅或仅有狭翅，小叶全缘。
 2.小枝被微柔毛；叶轴先端明显有狭翅；小叶基部圆形或近心形，下面常变红色，被微柔毛，无柄或近无柄 ······················**2.红麸杨 R.punjabensis var. sinica**
 2.小枝无毛，叶轴无翅；小叶基部宽楔形或近圆形，下面绿色，沿中脉有稀疏微柔毛或近无毛，明显具小叶柄·················· **3.青麸杨 R. potaninii**

1.盐肤木（正字通）　五倍子树、盐肤子（开宝本草，植物名实图考）、盐酸树、肤盐渣树　图346

Rhus chinensis Mill. (1768)

R. semialata Murr.（陈嵘）

落叶灌木或小乔木，高达10米。幼枝被锈色柔毛，具圆形小皮孔。奇数羽状复叶有小叶（5—）7—13，叶轴具宽翅，叶轴和叶柄密被锈色柔毛；小叶卵形、椭圆状卵形或长圆形，长6—12厘米，宽3—7厘米，先端急尖，基部圆状，边缘具齿，上面绿色，下面被白粉，上面沿中脉被柔毛，下面被锈色柔毛，脉上较密，侧脉和细脉在上面凹陷，下面凸起；小叶无柄。圆锥花序宽大，密被锈色柔毛；花白色，花梗长约1毫米；雄花花萼外面被微柔毛，裂片长卵形，长约1毫米，边缘具细睫毛；花瓣倒卵状长圆形，长约2毫米，无毛，开花时外卷；雄蕊伸出，花丝线形，长约2毫米，花药卵形，长约7毫米；子房不育，花柱3裂，长约1毫米；雌花花萼裂片短，长约0.6毫米，外面被微柔毛，边缘具睫毛；花瓣椭圆状卵形，长约1.6毫米；雄蕊极短；花盘盘状；子房卵形，长约1毫米，密被微柔毛，花柱3裂，柱头头状。核果扁球形，径4—5毫米，被腺毛和具节柔毛，成熟后红色，果核径3—4毫米。

产全省各地，生于海拔1700—2700米的向阳山坡、丘陵和干性沟谷的疏林或灌丛中。我国除东北和西北外均有分布；中南半岛、印度、马来西亚、朝鲜、日本也有。

种子繁殖。播前用80℃热水浸种24小时后拌草木灰摊放于箕上盖草，每天淋水1次催芽后播种。造林地宜选阴湿沟谷、洼地和溪边。

本种为五倍子蚜虫的主要寄主植物，生产"角倍"，可供医药、鞣革、塑料及墨水等工业上用。根和树皮入药，叶可作杀虫剂。果可代醋，生食，味酸咸，可止渴。

2.旁遮普麸杨（中国植物志）

Rhus punjabensis Stewart（1874）

产印度。我国不产。

2a.红麸杨（中国高等植物图鉴）图346

var. sinica（Diels）Rehd. et Wils.（1914）

Rhus sinica Diels（1900）

落叶乔木或小乔木，高达15米。幼枝被微柔毛。奇数羽状复叶，有小叶7—13，叶轴上部具狭翅；小叶卵状长圆形或长圆形，长5—12厘米，宽2—4.5厘米，先端渐尖或长渐尖，基部圆形或近心形，全缘，下面疏生微柔毛或仅脉上被毛，侧脉密，约20对，在下面明显隆起；小叶无柄或近无柄。圆锥花序长15—20厘米，密被微绒毛；花小，白色，花梗长约1毫米；花萼外面被微柔毛，裂片狭三角形，长约1毫米，边缘具细睫毛；花瓣长圆形，长约2毫米，两面被微柔毛，边缘具细睫毛，开花时外卷；花丝线形，长约2毫米，中下部被微柔毛，在雌花中较短，长约1毫米，花药卵形；花盘厚，紫红色，无毛；子房球形，密被白色柔毛，径约1毫米，雄花中退化子房存在。核果近球形，径约4毫米，成熟后暗紫红色，被腺毛和具节柔毛；种子小，压扁，长、宽各约2.5毫米。

产丽江、东川、会泽、大关、镇雄，生于海拔1900—2700米的石灰山灌丛或密林中。西藏、四川、甘肃、陕西、湖北、湖南和贵州有分布。

种子繁殖。

木材坚硬，白色，可制家具。虫瘿富含鞣质，叶和树皮可提栲胶。种子油作润滑油或制皂，油饼是良好的猪饲料。

与印度产的原种不同是叶轴上部有狭翅。

3.青麸杨（中国树木分类学）图347

Rhus potaninii Maxim.（1889）

落叶乔木，高达8米。树皮灰褐色。幼枝无毛。奇数羽状复叶有小叶7—11，叶轴和叶柄被微柔毛；小叶对生，卵状长圆形或长圆状披针形，长5—10厘米，宽2—4厘米，先端渐尖，基部近圆形，多少偏斜，全缘，两面沿中脉有稀疏微柔毛或近无毛；具短柄。圆锥花序长10—20厘米，被微柔毛；花白色，花梗长约1毫米，被微柔毛；花萼5裂，裂片卵形，

图346 盐肤木和红麸杨

1—4.盐肤木 *Rhus chinensis* Mill.

1.花枝 2.雌花 3.雌花花瓣 4.雄花

5.红麸杨 *R. punjabensis* Stewart var. *sinica*（Diels）Rehd. et Wils.果枝

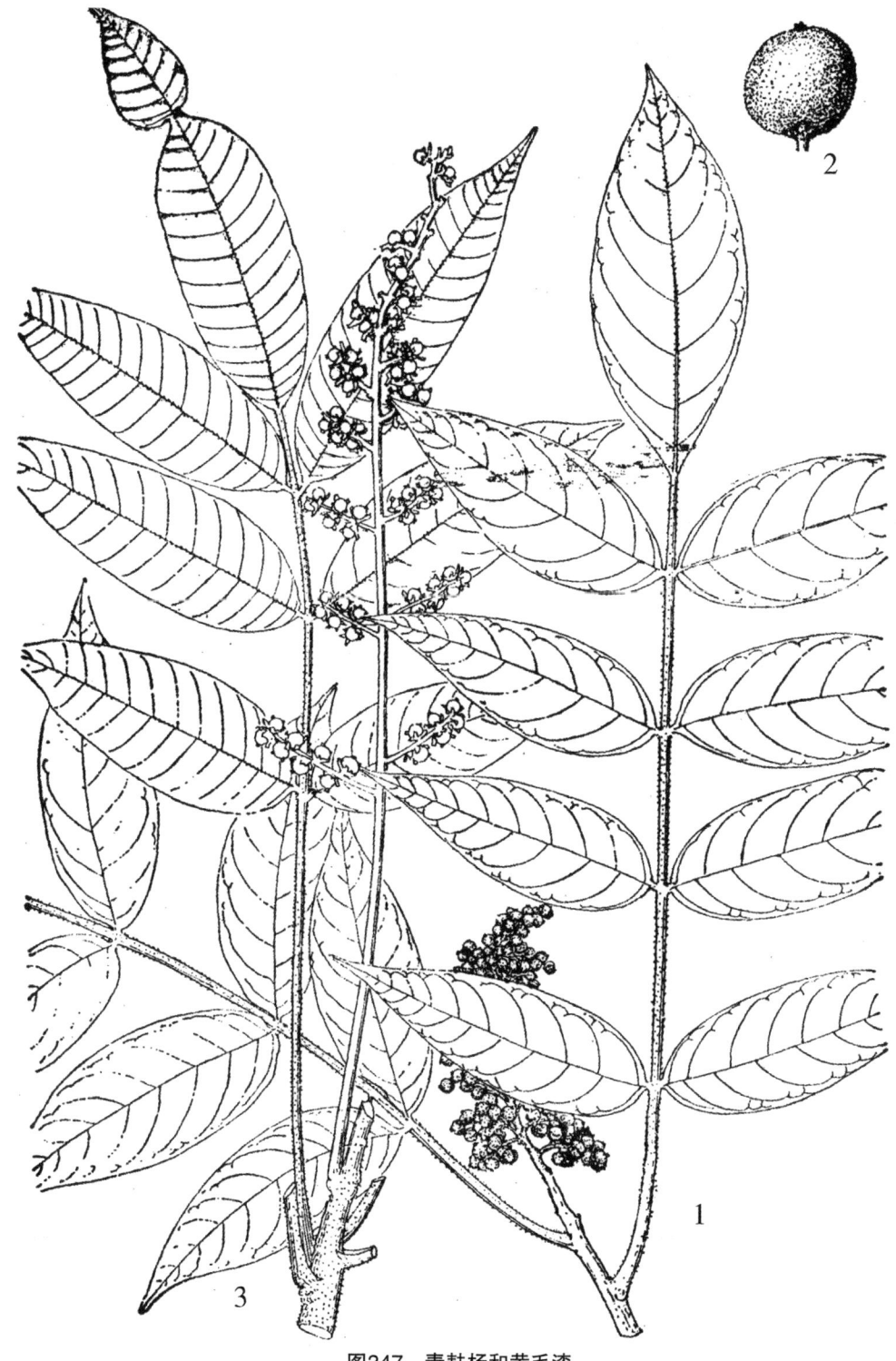

图347　青麸杨和黄毛漆
1—2.青麸杨 *Rhus potaninii* Maxim.
1.果枝　2.果
3.黄毛漆 *Toxicodendron fulvum*（Craib）C. Y. Wu et T. L. Ming 果枝

长约1毫米，两面被微柔毛，边缘具睫毛；花瓣5，卵形或卵状长圆形，长1.5—2毫米，宽约1毫米，两面有微柔毛，边缘具睫毛，开花时外卷；雄蕊5，花丝线形，长约2毫米，在雌花中较短，花药卵形；花盘厚；子房卵形，密被白色绒毛，花柱3裂。核果近球形，径3—4毫米，被腺毛和具节柔毛，成熟时红色；种子压扁，径2—3毫米。

产大姚、武定、禄劝、嵩明、昆明，生于海拔1700—2400米的疏林或灌丛中。西藏、四川、甘肃、陕西、山西、河南、湖北均有分布。

繁殖及用途参阅盐肤木。

12. 漆树属 Toxicodendron（Tourn.）Mill.

落叶乔木或灌木，稀为木质藤本。枝、干有白色乳汁，干后变黑，有毒。叶互生，奇数羽状复叶或掌状3小叶，小叶对生，叶轴通常无翅。花序腋生，聚伞圆锥状或聚伞总状；花萼5裂，裂片覆瓦状排列，宿存；花瓣5，覆瓦状排列，通常有褐色羽状脉纹，开花时常外卷；雄蕊5，着生花盘基部，花丝线形或钻形，花药长圆形或卵形，背着药，内向纵裂；花盘环状、盘状或杯状浅裂；子房基部陷于下凹的花盘中，1室，1胚珠，胚珠悬挂于伸长的珠柄上，花柱3裂。核果近球形，常多少偏斜，无毛、或被柔毛或刺毛，但不被腺毛，外果皮黄色，具光泽，薄且脆，成熟时与中果皮分离，中果皮厚，白色蜡质，具褐色树脂道条纹，与内果皮连合，果核骨质坚硬；种子有胚乳，胚大，通常横生。

本属约20种，分布于亚洲东南部和北美至中美洲。我国有15种，主要分布于长江以南各省（自治区）。云南有13种。

分 种 检 索 表

1.小枝、叶柄和花序轴粗壮；果序直立；外果皮被微柔毛，成熟后不规则开裂。
  2.小叶下面被锈色绒毛。
    3.叶轴、叶柄和花序密被锈色绒毛。
      4.小叶长圆形，下面毛被极密，细脉在上面微凹；花序与叶近等长，总梗长达20厘米
      ………………………………………………… 1.黄毛漆 T. fulvum
      4.小叶卵形或椭圆形，细脉在上面略凸；花序不超过叶长之半，总梗长3—9厘米 …
      ……………………………… 2a.小果绒毛漆 T. wallichii var. microcarpum
    3.叶轴、叶柄和花序均无毛 ………………3a.小果大叶漆 T. hookeri var. microcarpum
  2.小叶无毛，稀沿下面中脉有稀疏微柔毛；花序无毛 ………………… 4.裂果漆 T. griffithii
1.小枝、叶柄和花序轴纤细；果序下垂；外果皮无毛，成熟后不开裂。
  5.小枝、叶轴、叶柄和花序被毛。
    6.圆锥花序与叶等长或超过；小枝、叶轴和花序被微柔毛；小叶仅沿下面中脉被开展毛；核果多少对称 ……………………………………… 5.漆树 T. vernicifluum
    6.圆锥花序长不超过叶长之半；小枝、叶轴和花序均密被黄色绒毛；小叶两面均被柔毛；核果极不对称 ………………………………………6.木蜡树 T.sylvestre
  5.小枝、叶轴、叶柄和花序均无毛（稀花序有微柔毛）。

7.圆锥花序有微柔毛；核果对称，横椭圆形；小叶先端急缩尾尖 ……………………
……………………………………………………………… 7.尖叶漆 T. acuminatum

7.圆锥花序无毛；核果极偏斜；小叶先端急尖或渐尖。

  8.小叶薄革质，先端长渐尖；花序长不超过叶长之半；花瓣无褐色羽状脉纹 ………
…………………………………………………………… 8.野漆 T. succedaneum

  8.小叶膜质至纸质，先端急尖或渐尖；花序与叶等长；花瓣有明显褐色羽状脉纹。

    9.小叶倒卵状椭圆形或倒卵状长圆形；花径3—4毫米 …… 9.大花漆 T. grandiflorum

    9.小叶镰状披针形；花径不超过2毫米 …………………… 10.石山漆 T. calcicolum

1.黄毛漆（云南植物志）图347

Toxicodendron fulvum（Craib）C. Y. Wu et T. L. Ming（1979）

Rhus fulva Craib（1926）

乔木，高达10米。小枝粗壮，径约1厘米，幼枝被锈色绒毛。奇数羽状复叶互生，长30—40厘米，有小叶9—13，叶轴和叶柄被锈色绒毛；小叶对生或近对生，革质，长圆形，长8—14厘米，宽3.5—4厘米，先端渐尖或急尖，基部偏斜，圆形或截形，全缘，稀上部有不明显钝齿，上面干后变褐色，沿中脉疏生微柔毛，下面密被锈色绒毛，侧脉密，约25对，在下面凸起，细脉在上面微凹；小叶无柄或具1—2毫米的短柄。圆锥花序长20—33厘米，与叶近等长，密被锈色绒毛，果期直立；花无梗或近无梗、花萼裂片长圆形至宽卵形，长约0.5毫米，外面疏生微柔毛或近无毛；花瓣长圆形，比萼片稍长，无毛。核果近球形，径5—6毫米，外果皮黄色，具光泽，疏生微柔毛，成熟后不规则开裂，中果皮厚，白色蜡质，具纵向褐色树脂条纹。

种子繁殖或分根繁殖。

产勐腊、孟连，生于海拔1000米的石灰山疏林中。泰国北部有分布。

2.绒毛漆（云南植物志）

Toxicodendron wallichii（Hook. f.）O. Kuntze（1891）

Rhus wallichii Hook. f.（1876）

产西藏。分布于尼泊尔和印度。云南不产。

2a.小果绒毛漆（云南植物志）（变种）图348

var. microcarpum Huang ex Ming（1979）

乔木或小乔木，高达8米。小枝粗壮，径约1厘米，密被锈色绒毛，具条纹和皮孔。奇数羽状复叶长30—50厘米，有小叶7—11，叶轴和叶柄密被锈色绒毛，具小皮孔；小叶对生，革质，下部小叶卵形，上部小叶较大，椭圆形或长圆状椭圆形，长8—18厘米，宽5—8厘米，先端渐尖，基部圆形或近心形，全缘，上面无毛，无光泽，干后变褐色，下面密被锈色绒毛，细脉在上面凸起；小叶柄长1—3毫米。圆锥花序长10—20厘米，不超过叶长之半，密被锈色绒毛，有小皮孔；花黄白色，无梗或具短梗；花萼5裂；裂片宽卵形，长约0.5毫米，无毛；花瓣长圆形，长约1.5毫米，无毛，具褐色脉纹；雄蕊5，与花瓣等长，无毛；

花盘5浅裂，无毛；子房球形，径约5毫米，密被锈色绒毛。花柱1，先端3浅裂。核果小，球形，径4—5毫米，成熟时黄色，有光泽，疏生微柔毛，不规则开裂，中果皮厚，白色蜡质，具纵向褐色树脂道条纹，果核骨质，压扁。

产泸水、凤庆、临沧、普洱、建水、绿春、元阳、红河、金平、屏边、河口、砚山、文山、西畴，生于海拔1100—2400米的阔叶林中。西藏东南部和广西南部有分布。

与种的区别是下部小叶卵形，基部心形。花和果较小。

种子繁殖或分根繁殖。

3.大叶漆（云南植物志）

Toxicodendron hookeri（Sahni et Bahadur）C. Y. Wu et T. L. Ming（1984）

Rhus insignis Hook. f.（1876）

Toxicodendron insigne（Hook. f.）O. Kuntze（1891）

产印度。我国不产。

3a.小果大叶漆（云南植物志）（变种）图348

var. microcarpum（Huang ex Ming）C. Y. Wu et T. L. Ming（1984）

T. insigne（Hook. f.）*O. Kuntze* var. *microcarpum* Huang ex Ming（1979）

小乔木，高达6米。小枝粗壮，径约1厘米，具黄色小皮孔，被绒毛。奇数羽状复叶，小叶7—9，叶轴和叶柄无毛或近无毛；小叶对生，革质，椭圆形或长圆形，长14—23厘米，宽6—9厘米，先端急尖或渐尖，基部圆形或近截形，全缘，上面无毛，干后暗褐色，下面被锈色柔毛，侧脉20—25对，近平行，在下面凸起；小叶柄短，长3—5毫米。圆锥花序长20—35厘米，无毛或近无毛；花小，花梗长约1毫米；花萼无毛，裂片宽卵形，长约0.5毫米；花瓣长圆形，长约2毫米，无毛，具褐色羽状脉纹；雄蕊与花瓣等长，长约2毫米，花丝钻形，花药长圆形；子房球形，被白色绒毛。核果小，球形，径4—5毫米，外果皮黄色，有光泽，疏生微柔毛，成熟时不规则开裂，中果皮厚，白色蜡质，具褐色树脂道条纹，果核坚硬，长2.5—3毫米，宽3.5—4毫米。

产贡山，生于海拔2200—2600米的阔叶林或杂木林中。西藏东南部有分布。

种子繁殖或分蘖繁殖。

4.裂果漆（云南植物志）图349

Toxicodendron griffithii（Hook. f.）O. Kuntze（1891）

Rhus griffithii Hook. f.（1876）

小乔木。幼枝无毛，有小皮孔。奇数羽状复叶，有小叶7—11，叶轴和叶柄无毛；小叶对生，革质，长圆形或长圆状卵形，长9—25厘米，宽4—8厘米，先端渐尖，基部圆形或近心形，全缘，上面干后暗褐色，无毛，下面黄褐色，无毛或近无毛，侧脉和细脉在下面凸起；小叶柄长2—3毫米。圆锥花序长13—18厘米，被微柔毛；花萼5裂，裂片宽卵形，疏生微柔毛或近无毛；花瓣大，线状长圆形；雄蕊伸出；花盘厚。核果近球形，外果皮薄，淡黄色，具光泽，被微柔毛，成熟时不规则开裂，中果皮厚，白色蜡质，具树脂道条纹，果核压扁，横椭圆形，长约3毫米，宽约5毫米，坚硬。

产昆明、师宗，生于海拔1900—2250米的灌丛或石灰岩地区。贵州南部有分布，印度、缅甸和泰国也有。

种子繁殖或分蘖繁殖。

5.漆树（诗经、本草经、植物名实图考）图349

Toxicodendron vernicifluum（Stokes）F. A. Barkl.（1940）

Rhus verniciflua Stokes（1812）

落叶乔木，高达20米。树皮灰白色，粗糙，呈不规则纵裂。幼枝被黄棕色柔毛，具突起的皮孔和半圆形大叶痕；顶芽大而显著，密被绒毛。奇数羽状复叶，有小叶9—13，叶轴和叶柄被微柔毛，小叶膜质或薄纸质，卵形、椭圆状卵形，长6—13厘米，宽3—6厘米，先端急尖或渐尖，基部偏斜，圆形或宽楔形，全缘，上面无毛或近无毛，下面沿中脉被平展黄色柔毛；小叶柄长4—7毫米，被柔毛。圆锥花序长15—30厘米，与叶近等长，被黄色微柔毛，序轴和分枝纤细，果序下垂；花黄绿色，花梗长1—3毫米；花萼无毛，裂片卵形，长约0.8毫米；花瓣长圆形，长约2.5毫米，具细密褐色羽状脉纹，开花时外卷，雄蕊长约2.5毫米，花丝线形，与花药近等长，花药长圆形；花盘5浅裂，无毛；子房球形，无毛，径约1.5毫米，花柱3裂。核果横椭圆形，不偏斜，长5—6毫米，宽7—8毫米，外果皮黄色，无毛，有光泽，成熟后不裂，中果皮蜡质，具褐色树脂道条纹，果核坚硬，棕色，与果同形，长约3毫米，宽约5毫米。

产德钦、贡山、香格里拉、丽江、维西、兰坪、镇雄、彝良、绥江、富民、双柏，生于海拔1300—2800（—3800）米的阳坡或山谷林中。我国黄河以南各省（自治区）均有分布；印度、朝鲜和日本也有。现已广泛人工栽培。

种子、分蘖、嫁接繁殖均可。种子繁殖时应注意种皮去蜡处理。可用草木灰浸泡或马粪拌种。分蘖繁殖时截取1—1.5厘米粗，长12—15厘米长的插穗，切口蘸上草木灰防止根液外流。嫁接繁殖用"丁"字芽接。造林地选择避风的阳坡或半阳坡山谷地。

木材为家具和建筑用材。"中国漆"闻名于世，行销世界各地，生漆为优良的防腐、防锈、绝缘和装饰涂料，并具有耐酸碱和高温的性能，广泛用于建筑、国防、电器等工业方面。种子油供制皂、油墨。果蜡可作蜡烛和蜡纸等。根和叶可作土农药。干漆入药，有通经、驱虫和镇咳之效。

6.木蜡树（中国树木分类学、中国高等植物图鉴）图350

Toxicodendron sylvestre（Sieb. et Zucc.）O. Kuntze（1891）

Rhus sylvestris Sieb. et Zucc.（1846）

落叶乔木或小乔木，高达10米。幼枝和顶芽被黄褐色绒毛，树皮褐色。奇数羽状复叶，有小叶7—13，叶轴和叶柄密被黄褐色绒毛；小叶对生、纸质，卵形、椭圆状卵形或长圆形，长4—10厘米，宽2—4厘米，先端渐尖或急尖，基部圆形或宽楔形，全缘，上面疏生平伏柔毛，沿中脉被卷曲微柔毛，下面密被柔毛，侧脉15—25对，两面凸起；小叶无柄或有短柄。圆锥花序长8—15厘米，密被锈色绒毛；花黄色，花梗长约1.5毫米，被卷曲

图348 小果绒毛漆和小果大叶漆

1—2.小果绒毛漆 *Toxicodendron wallichii*（Hook. f.）O. Kuntze var.
microcarpum Huang ex T. L. Ming
1.花枝 2.叶下面放大
3—4.小果大叶漆 *T. hookeri*（Sahni et Bahadur）C. Y. Wu et T. L. Ming
var. *microcarpum*（Huang ex Ming）C. Y. Wu et Ming
3.果枝 4.花

图349　裂果漆和漆树

1—2.裂果漆 *Toxicodendron griffithii*（Hook. f.）O. Kuntze

1.果序　2.果

3—5.漆树 *T. vernicifluum*（Stokes）B. A. Barkl.

3.果枝　4.花　5.小叶下面

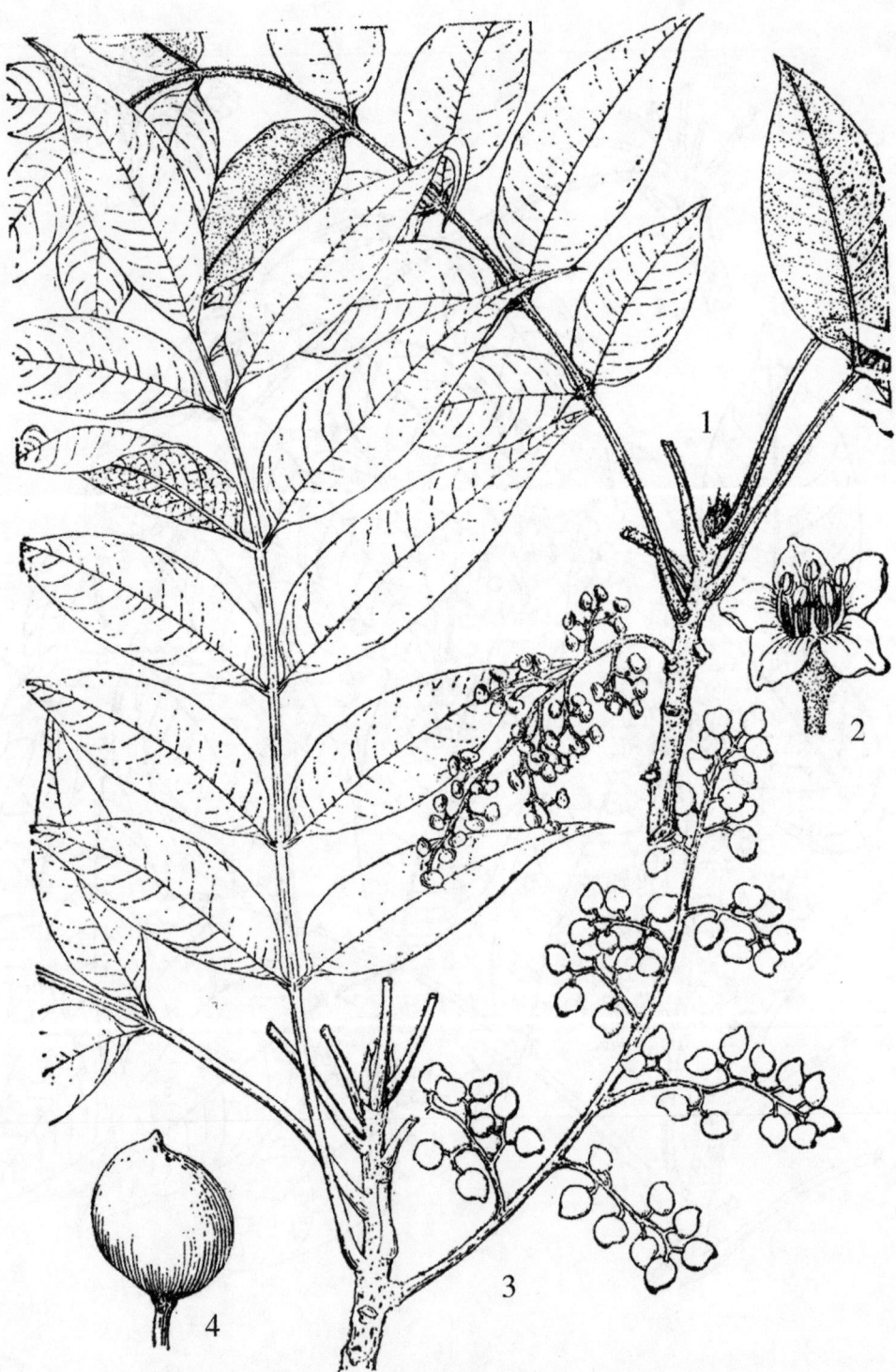

图350　木蜡树和野漆

1—2.木蜡树 *Toxicodendron sylvestre*（Sieb. et Zucc.）O. Kuntze

1.果枝　2.花

3—4.野漆*T. succedaneum*（L.）O. Kuntze

3.果枝　4.果

微柔毛；花萼无毛，裂片卵形，长约0.8毫米，先端钝；花瓣长圆形，长约1.6毫米，无毛，具褐色羽状脉纹；雄蕊伸出，花丝线形，长约1.5毫米，花药卵形，长约0.5毫米；花盘5浅裂；子房球形，径约1毫米，无毛。核果极偏斜，先端钝尖，偏于一侧，长约8毫米，宽6—7毫米，外果皮薄，无毛，有光泽，成熟时不开裂，中果皮蜡质，厚，果核坚硬，长6—7毫米，宽5—6毫米。

产维西，生于海拔2300米的疏林或杂木林中。长江以南各省均有分布；朝鲜和日本也有。种子繁殖或分蘖繁殖。

种子榨油可供制皂、油墨和油漆。叶煎水可作土农药，防治蔬菜和水稻虫害。有毒，易引起皮肤过敏。

7. 尖叶漆（中国植物志） 尾叶漆（云南植物志）图351

Toxicodendron acuminatum（DC.）C. Y. Wu et T. L. Ming（1979）

Rhus acuminata DC.（1825）；*R. succedanea* L. var. *acuminata*（DC.）Hook. f.（1876）

Toxicodendron caudatum Huang ex Ming（1979）

落叶小乔木，高达7.5米。幼枝无毛，灰褐色，具突起小皮孔。奇数羽状复叶，有小叶5—9，叶轴和叶柄纤细，无毛；小叶对生，纸质，椭圆形或长圆形，自下而上逐渐增大，长5—11厘米，宽2—5厘米，先端急缩长尾尖，基部圆形或宽楔形，全缘，两面无毛，下面被白霜，侧脉细密，水平伸展而平行；小叶柄长3—5毫米。圆锥花序长达12厘米，被微柔毛；花黄绿色，花梗长1.5—2毫米，被微柔毛；花萼外面被微柔毛，裂片卵形，长约1毫米；花瓣长圆形，长2.5—3毫米，具褐色羽状脉纹，开花时外卷；雄蕊5，长约2毫米，花药卵形，与花丝近等长；花盘5浅裂；子房卵形，无毛。核果横椭圆形，不偏斜，长4—5毫米，宽5—6毫米，无毛，成熟时黄色，有光泽，不开裂。

种子繁殖或分蘖繁殖。

产镇康、贡山，生于海拔1650米的阔叶林中。西藏东南部有分布；印度、不丹、尼泊尔也有。

8. 野漆（云南植物志） 野漆树（植物名实图考）图350

Toxicodendron succedaneum（L.）O. Kuntze（1891）

Rhus succedanea L.（1771）

Toxicodendron succedaneum（L.）O. Kuntze var. *acuminatum*（Hook. f.）C. Y. Wu et T. L. Ming（1979）

落叶乔木或小乔木，高达10米。小枝和顶芽无毛。奇数羽状复叶常集生小枝顶端，长25—35厘米，有小叶9—15，叶轴和叶柄无毛；小叶对生或近对生，坚纸质至薄革质，长圆状椭圆形、长圆状披针形或卵状披针形，长5—16厘米，宽2—5.5厘米，先端渐尖或长渐尖，基部多少偏斜，圆形或宽楔形，全缘，两面无毛，下面有白霜，侧脉15—22对，弧形上升，两面凸起；小叶柄长2—5毫米。圆锥花序长7—15厘米，为叶长之半，多分枝，无毛；花黄绿色，花梗长约2毫米，无毛；花萼无毛，裂片宽卵形，长约1毫米；花瓣长圆形，长约2毫米，中脉有不明显羽状脉纹或无；无花时外卷；雄蕊伸出，花丝线形，长约2

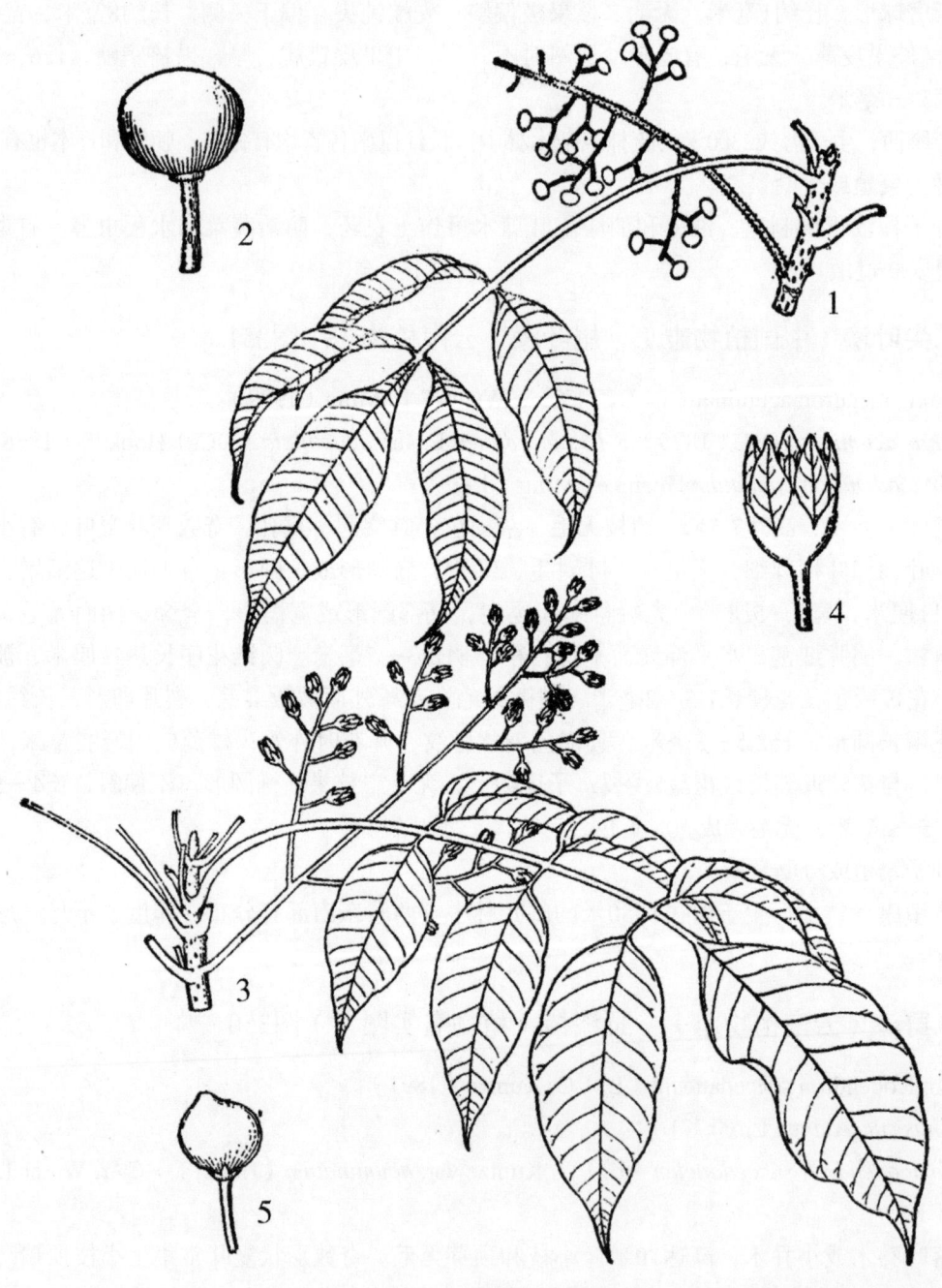

图351 尖叶漆和大花漆

1—2.尖叶漆 *Toxicodendron acuminatum*（DC.）C. Y. Wu et T. L. Ming

1.果枝　2.果

3—5.大花漆 *T. grandiflorum* C. Y. Wu et T. L. Ming

3.花枝　4.花　5.果

毫米，花药卵形，长约1毫米；花盘5裂；子房球形，径约0.8毫米，无毛，花柱3裂。核果大，极偏斜，径7—10毫米，先端钝尖，偏离中心，成熟后淡黄色，无毛，有光泽，不开裂，中果皮厚，白色蜡质，果核坚硬，压扁。

产全省各地，以南部和东南部较多，生于海拔700—2200米的阔叶林或混交林中。华北及长江以南各省（区）均有分布；印度、中南半岛、朝鲜和日本也有。

种子繁殖或分蘖繁殖。

根、叶及果入药，有清热解毒、止血散瘀和杀虫之效，治跌打骨折、湿疹疮毒、蛇毒，又可治尿血、血崩等症。种子油可制皂或掺和干性油作油漆。漆蜡可制蜡烛、发蜡、膏药等。树皮可提栲胶。

9.大花漆（云南植物志）图351

Toxicodendron grandiflorum C. Y. Wu et Ming（1979）

落叶灌木或小乔木，高达8米。幼枝紫褐色，无毛，有白霜。奇数羽状复叶常集生小枝顶端，长20—30厘米，有小叶7—15，叶轴和叶柄纤细，紫色，无毛，常有白霜；小叶对生或近对生，纸质，倒卵状椭圆形或倒卵状长圆形，长5.5—10厘米，宽1.5—3.5厘米，先端急尖至渐尖，基部楔形至宽楔形，多少下延，全缘，两面无毛，下面有白霜，侧脉约20对，两面隆起；小叶柄长约5毫米。圆锥花序与叶近等长，长15—25（—30）厘米，无毛；花较大，淡黄色，径约4毫米；花梗长2—3毫米，无毛；花萼无毛，裂片宽卵形，长约1毫米；花瓣椭圆形，长约3毫米，宽约1.5毫米，具显著的褐色羽状脉，开花时不外卷；雄蕊5，花丝钻形，花药长圆形，长约1.5毫米，与花丝等长；花盘5浅裂；子房近球形，无毛，径约0.5毫米。核果偏斜，先端钝尖，偏离中心，长6—7毫米，宽7—8毫米，成熟时淡黄色，无毛，有光泽，不开裂。

产宁蒗、宾川、永仁、武定、禄劝、楚雄、昆明、大关、峨山、通海、石屏、文山、砚山、保山、龙陵，生于海拔700—2300米的石灰山灌丛或杂木林中。四川西南部有分布。

种子繁殖。

10.石山漆（云南植物志）图352

Toxicodendron calcicolum C. Y. Wu（1979）

灌木或小乔木，高达7米。幼枝紫红色，无毛，有白粉。奇数羽状复叶常集生枝顶，长15—25厘米，有小叶7—9，叶轴和叶柄纤细，无毛；小叶对生，膜质，镰状披针形，长4—8.5厘米，宽1—3.5厘米，先端渐尖，多少弯曲，具细尖头，基部偏斜，圆形至宽楔形，全缘或上部有不明显钝齿，两面无毛，下面苍白绿色，侧脉12—18对，两面清晰；小叶无柄或近无柄。圆锥花序与叶近等长，长12—18厘米，无毛，多分枝，分枝纤细；花小，花梗长约3毫米；花萼无毛，裂片卵形，长约0.7毫米；花瓣长圆形，具褐色羽状脉纹；花盘5浅裂；子房球形，无毛。

产西畴，生于海拔1500米的石灰山林下。

种子繁殖。

图352　石山漆和三叶漆
1.石山漆 *Toxicodendron calcicolum* C. Y. Wu 花枝
2—4.三叶漆 *Terminthia paniculata*（Wall. ex G. Don）C. Y. Wu et Ming
2.花枝　3.花　4.幼果

11. 三叶漆属 Terminthia Bernh.

灌木或小乔木。叶通常指状3小叶，稀5小叶，小叶全缘或具齿。圆锥花序顶生或腋生；花小，杂性；苞片宿存；花萼4—5裂，裂片开展，宿存；花瓣4—5，开花时外卷；雄蕊4—5，花药卵形，纵裂；花盘浅盘状；子房卵圆形，压扁，1室，1胚珠，室顶悬垂，花柱3，离生，柱头头状。核果近球形，压扁，外果皮薄，与中果皮分离，中果皮厚，红色胶质，与内果皮连合，果核坚硬。

本种约70种，产热带非洲、少数种类分布到地中海地区，1种自印度东北部分布到我国云南南部。

三叶漆（云南植物志）图352

Terminthia paniculata（Wall. ex G. Don）C. Y. Wu et T. L. Ming（1979）

Rhus paniculata Wall. ex G. Don（1828）

灌木或小乔木，高达5米。小枝无毛，疏生小皮孔。指状3小叶，叶柄长2.5—4厘米，无毛；小叶坚纸质至薄革质，椭圆形、长圆状椭圆形或长圆状披针形，侧生小叶长3—7厘米，宽1.5—3厘米，顶生小叶长6—11厘米，宽2—4厘米，先端钝，具凸尖头，基部宽楔形，全缘或略成波状，两面无毛，侧脉两面隆起，网脉在上面隆起；小叶无柄。圆锥花序顶生或生于上部叶腋，宽大，被微柔毛，长12—20厘米，多分枝，分枝纤细，下倾；花淡黄色，花梗短，长约1毫米，被微柔毛；花萼无毛，5裂，裂片卵圆形，长约0.5毫米；花瓣5，椭圆形，长约1.5毫米，宽约0.8毫米，无毛，具褐色羽状脉纹；雄蕊5，花丝线形，长约0.5毫米，花药卵形，长约0.3毫米；花盘10浅裂，无毛；子房球形，径0.5—0.8毫米，无毛，花柱3，离生，生于子房近顶端，长约0.5毫米，细线形，柱头头状。核果近球形，略压扁，径约4毫米，成熟后橙红色，无毛，有光泽，中果皮红色胶质。

产元江、新平、石屏及滇西南，生于海拔400—1500米的干热河谷稀树灌丛或疏林中。分布于不丹、印度和缅甸北部。

种子繁殖。播前用草木灰水或洗衣粉水浸泡种子以去蜡。

206a.马尾树科 RHOIPTELEACEAE

落叶乔木。叶互生，一回奇数羽状复叶，小叶互生，有锯齿。托叶早落。花杂性，3花簇生于下垂圆锥花序状的穗状花序，中间为两性花，两侧为不孕性雌花，无柄，有苞片和小苞片；萼片4，覆瓦状排列，宿存；无花瓣；雄蕊6，分离；雌蕊由2心皮组成，子房上位，2室，每室1胚珠；柱头2。小坚果，扁平，周围有膜质翅，顶端2裂。种子1卵形，无胚乳，胚直生。

本科1属1种。

马尾树属 Rhoiptelea Diels et Hand. -Mazz.

形态特征与科同。

马尾树　漆榆（中国树木分类学）、马尾丝（西畴）图353

Rhoiptelea chiliantha Diels et Hand.-Muzz.

落叶乔木，高达20米，胸径达40厘米。小枝褐色，圆柱形，幼时具棱。奇数羽状复叶，互生，小叶9—17，无柄，披针形或长圆状披针形，长5—14厘米，先端渐尖，基部楔形，不对称，边缘有锯齿；托叶叶状，早落。小坚果圆形或卵形，略扁，周围具由外果皮形成的圆翅。花期3—4月；果期7—8月。

产文山、西畴、麻栗坡、屏边、河口、富宁，生于海拔1000—2000米石灰岩地区常绿阔叶林中。广西、贵州有分布；越南也产。

种子繁殖。育苗植树造林或随采随播均可。

木材生长轮明显，界以浅色的木薄壁组织带。木射线异形、单列射线少，复列射线密。管孔不密，单个或数个短径列。木薄壁组织发达。木纤维有小而少的重纹孔。心边材区别不明显，木材纹理直，结构细，易干燥，易切削，不变形。为胶合板、家具、建筑等用材。树皮、果及叶均含鞣质，可提取栲胶。枝繁叶茂，花序形似马尾，可作庭园观赏树种。

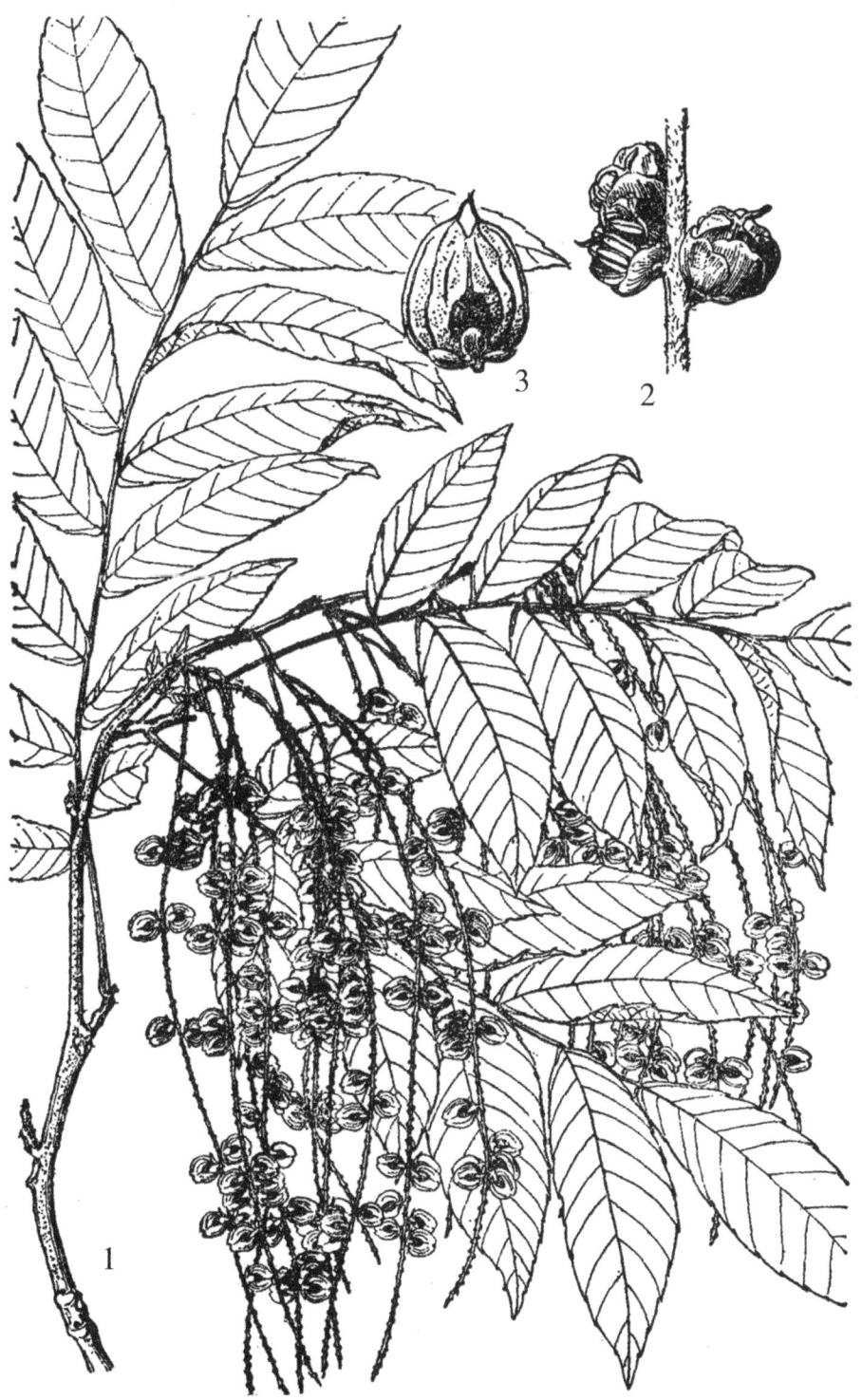

图353 马尾树 *Rhoiptelea chiliantha* Diels et Hand.-Mazt.
1.果枝　2.花序一段　3.翅果

207.胡桃科 JUGLANDACEAE

落叶或常绿乔木，具芳香油腺。芽常数个叠生。奇数稀偶数羽状复叶，通常互生，无托叶。花单性，雌雄同株，稀异株；雄花序为柔荑花序，单独或数条成束下垂，生于叶腋或芽鳞腋内，稀生于枝顶而直立；雄花单生于苞片腋，有2小苞片或无；雄蕊3—40，花丝短，花药2室，纵裂；花被1—4裂，或无花被；雌花序穗状，单生枝顶，具少数雌花而直立，或由多数雌花组成下垂的柔荑花序，雌花具1大苞片及2小苞片；花被2—4裂或无花被片；雌蕊心皮2，花柱短，柱头2裂，稀4裂，子房下位，1室，或基部不完全2—4室，具1直立胚珠，单珠被。果为核果状或坚果状，具翅或不具翅，外果皮肉质，革质或者膜质，内果皮由子房壁形成，坚硬，内有骨质隔膜分成不完全2室或4室；种子1，大形，无胚乳；胚根向上，子叶肥大，肉质，含油脂，子叶出土或不出土。

本科8属约60种，分布北温带至亚热带，少数分布热带。我国有7属27种1变种，主产长以南，少数种类分布到北部。云南有7属17种1变种。

分 属 检 索 表

1.枝具片状髓心。
  2.核果无翅 ·· 1.胡桃属 Juglans
  2.坚果具翅
    3.果翅位于两侧；雄花序常单生叶腋；雄花花被不整齐 ············2.枫杨属 Pterocarya
    3.果翅圆形，果核位于翅中央；雄花序2—4集生叶腋；雄花花被整齐 ····················
    ··· 3.青钱柳属 Cyclocarya
1.枝具实髓心。
  4.雄柔荑花序下垂；核果或球形坚果，无翅。
    5.落叶性，叶纸质；雌花排成直立的穗状花序；核果。
      6.小叶全缘；雄柔荑花序4—9簇生于总花序梗；外果皮木质，4—7瓣裂，果核顶端喙状 ································· 4.喙核桃属 Annamocarya
      6.小叶有锯齿雄柔荑花序3条簇生于总花序梗；外果皮干后革质，常4瓣裂，果核顶端不为喙状 ································· 5.山核桃属 Carya
    5.常绿或半常绿；叶革质或近革质；雌花排成下垂的柔荑花序；坚果具翅 ···········
    ·· 6.黄杞属 Engelhardtia
  4.雄柔荑花序直立；不为核果或球形坚果，为扁平的小坚果，两侧具窄翅 ···············
  ·· 7.化香树属 Platycarya

1.胡桃属 Juglans L.

落叶乔木；小枝髓心呈薄片状。叶互生，奇数羽状复叶；小叶具锯齿，稀全缘。雄柔黄花序有多数雄花，无花序梗，单生于去年生枝叶痕腋内，下垂，雄花具短梗，雄蕊8—40，几乎不具花丝；雄花序穗状，直立，生于当年生小枝顶端，具多数至少数雌花，雌花无梗，花被4裂，柱头2，羽毛状，子房下位。果为核果状，形大，外果皮肉质，由总苞和花被发育而成，内果皮硬骨质，有刻纹及纵脊。

本属约20种，分布于亚洲、欧洲及南北美洲。我国产5种，1变种。云南产3种。

分 种 检 索 表

1.小枝近于无毛；小叶常全缘，叶下面仅脉腋具簇生毛；雌花序具1—4花，簇生；成熟核果无毛，果核具2纵脊。

  2.小叶较宽，椭圆形至卵状椭圆形，顶生小叶较大；果皮光滑，皮孔黄白色，不隆起，果核凹隙浅，淡褐色 ·················· **1.胡桃 J .regia**

  2.小叶较狭，椭圆状或卵状披针形，顶生小叶较小或常退化；果皮粗糙，皮孔锈褐色，隆起，果核凹隙深，深褐色·················· **2.漾濞核桃 J.sigillata**

1.小枝密被毛；小叶常具不规则的细锯齿，叶下面各部均被棕褐色毛；雌花序通常具5—12花，排成稀疏的穗状花序；成熟核果密被毛，果核具6—8（—10）纵脊··················
·················· **3.野核桃 J. cathayensis**

1.胡桃 核桃 图354

Juglans regia L.（1753）

乔木，高达25米，胸径达60厘米。分枝低，树冠庞大；树皮灰色，幼时不裂，老时浅纵裂。小枝无毛。奇数羽状复叶长25—30厘米，叶柄和叶轴幼时有细腺点和腺毛，小叶通常5—9，椭圆状卵形或椭圆形，长6—15厘米，宽3—6厘米，先端钝圆或急尖，短渐尖，基部歪斜，全缘，侧脉11—15对，下面脉腋簇生淡褐色毛。雄柔黄花序下垂，长5—10厘米，稀达15厘米；雌花1—3集生枝顶，总苞被黄褐色腺毛，柱头浅绿色。果序短，簇状，具1—3果，俯垂；果球形，直径4—6厘米，幼时有毛，成熟时光滑无毛，果核具2纵棱，凹隙浅，具皱纹，浅褐色。花期4—5月；果期9—10月。

产全省各地，散生于海拔1300—2600米村旁、路旁、地边、山坡、箐沟等向阳、土壤肥沃之地，多为人工栽培。北从辽宁至新疆，南至长江流域，西南各省均有分布；俄罗斯、吉尔吉斯斯坦、伊朗、阿富汗也有。

喜光，喜温凉气候，不耐湿热，不耐盐碱，适生于微酸性土、中性土及弱碱性钙质土。在深厚肥沃、疏松湿润的沙壤土生长良好，在黏重、地下水位高、排水不良的土壤不能生长，在贫瘠、浅薄的土壤上生长不良。种子、嫁接及分蘖繁殖。种子繁殖，可带外果皮随采随播，育苗，直播均可；若翌年春天育苗，须沙藏于荫凉处。为加速萌芽和提高发芽率，可用晚上浸泡，白天日晒，石灰水浸种，湿沙催芽等方法加以处理。

半环孔材，心边材区别明显，边材红褐色，心材紫褐色，有光泽，生长轮明显，木射线中至多，细至中；木材纹理直，结构细，重量、硬度、干缩及强度中等，干缩性能稳定，不变形，不翘裂，耐腐；可作枪托、航空器材、电视机壳、缝纫机台板、船舱装修、高级家具等用材。种仁营养丰富，含蛋白质17%—27%，脂肪60%—80%，另有钙、磷、

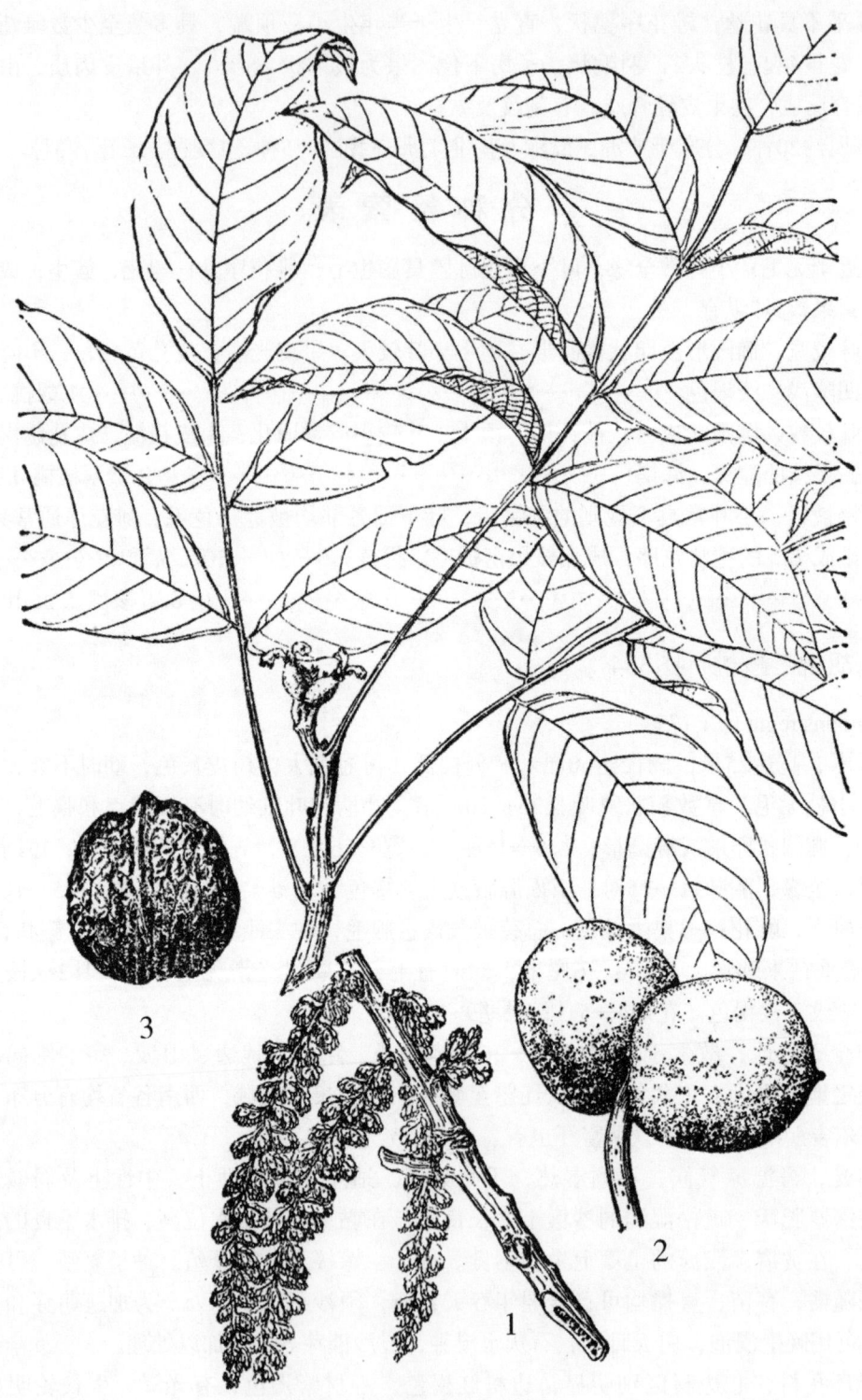

图354　胡桃 *Juglans regia* L.
1.雄花枝　2.果序　3.果核　4.雌花枝

铁、胡萝卜素、核黄素、硫胺素等物质；可生食，也可榨油，油除食用外，还用于高级油漆及绘画颜料的配剂。外果皮可提取栲胶，果核可制活性炭，用于防毒面具。

2.漾濞核桃　泡核桃　图355

Juglans sigillata Dode（1909）

乔木，树干较通直，高达30米以上，胸径约80厘米。幼枝和芽有黄棕色星状毛。奇数羽状复叶，长20—35厘米，总柄及叶轴有黄褐色短柔毛，小叶7—13，稀15，顶生小叶较小，常退化，侧生小叶较大，椭圆状或卵状披针形，先端渐尖，基部偏斜或楔形，全缘，侧脉12—23对，两面凸起，长4—15厘米，宽2—7厘米，下面脉腋簇生柔毛。雄花序粗壮，长10—18厘米；雌花1—3集生枝顶，序轴有褐色腺毛。果序俯垂，通常2—4簇生；核果球形或椭圆形，直径3.5—5.5厘米，幼时被黄褐色绒毛，成熟后无毛，果核具2纵棱，凹隙深刻纹状，深褐色。花期3—4月；果期8—9月。

产楚雄、丽江、大理、漾濞、保山、临沧、景东、蒙自、勐腊等地，生于海拔1300—2700米的沟谷阔叶林内，常与云南松、华山松、栎类、桦木等树种混生。湖南、四川、贵州、西藏有分布。

喜光，耐湿热，不耐干冷；适于年平均气温11.4—18℃，绝对最低气温-5.8℃，年降雨量700—1100毫米的气候环境，在干热河谷地带不宜种植。繁殖技术与胡桃略同。

木材结构细致，坚硬，为军工、家具、建筑等用材。果核壳薄，种仁饱满，品质优良，是一种营养价值很高的干果。

3.野核桃　野胡桃、华胡桃　图356

Juglans cathayensis Dode（1909）

Juglans draconis Dode（1909）

乔木，高达25米，胸径达1—1.5米，树皮灰褐色，有纵裂纹；幼枝灰绿色密被黄棕色腺毛。奇数羽状复叶，长达75厘米，叶柄与叶轴密被棕褐色腺毛；小叶7—21，厚纸质，无柄，卵状长圆形或卵形，先端渐尖，基部圆或近心形，不对称，边缘有不规则的细锯齿，上面密被星状毛，下面被柔毛及星状毛，脉上尤密，侧脉11—18对。雄花序长达15—25厘米，序轴有疏毛，花被腺毛，雄蕊约13枚；雌花序长达15厘米，序轴密生棕褐色腺毛，花排列稀疏，子房卵形，密被棕褐色腺毛。果序下垂，果尖卵形，密被黄褐色长腺毛，果核有6—8纵脊，壳厚，种仁小。花期4—5月；果期8—10月。

产武定、晋宁、楚雄、保山、腾冲、临沧、蒙自、文山等地，生于海拔1800—2000米地带，常与云南樟、麻栗等树种混生。山西、陕西、甘肃、河南、湖北、湖南、四川、贵州均有。

喜光，深根性。繁殖技术参阅胡桃。

种仁含油率达65%，油食用或制肥皂；树皮及外果皮含鞣质，可作栲胶原料；果壳可制活性炭；苗木为嫁接胡桃的砧木。

图355　漾濞核桃 *Juglans sigillata* Dode
1.果枝　2.果核

图356 野核桃 *Juglans cathayensis* Dode
1.幼果枝　2.雄花枝　3.叶下面（部分）　4.果核

2.枫杨属 Pterocarya Kunth

落叶乔木。小枝髓心呈片状分隔；鳞芽或裸芽，具柄，腋芽单生或数个叠生。叶互生，通常奇数羽状复叶，叶缘有细锯齿。柔荑花序下垂，雄花序单生叶腋，花无柄，花被片1—4，雄蕊6—18，雌花序单生新枝上部，花无柄贴生于苞腋，辐射对称，花柱短，柱头2裂，裂片呈羽毛状。果序长而下垂，坚果具翅。种子1，子叶4裂，出土。

本属约8种，分布于欧、亚大陆，我国有7种。云南产4种。

分 种 检 索 表

1.顶生小叶常不存在，通常为偶数羽状复叶，果翅窄，向上斜展。裸芽。
  2.叶轴具窄翅；果翅条状长圆形 ·················· 1.**枫杨 P.stenoptera**
  2.叶轴无翅；果翅披针形 ·················· 2.**越南枫杨 P.tonkinensis**
1.顶生小叶存在，通常为奇数羽状复叶，果翅宽，向两侧平展。芽有芽鳞。
  3.果序轴、坚果及果翅通常具短绒毛，果翅斜卵形 ········· 3.**云南枫杨 P. delavayi**
  3.果序轴、坚果及果翅通常无毛，果翅宽卵形至椭圆形 ········· 4.**华西枫杨 P. insignis**

1.枫杨　水麻柳、魁柳　图357

Pterocarya stenoptera C. DC.（1862）

乔木，高达30米，胸径1米。树皮幼时平滑，老时深纵裂。小枝绿色，无毛，被稀疏褐色皮孔；芽裸露，无鳞，具柄，被褐色盾状腺体。常为偶数羽状复叶，叶轴具窄翅，小叶10—28，纸质，长圆形或长圆状披针形，长4—11厘米，先端短尖或钝，具细锯齿，基部偏斜，上面沿脉疏被星状毛，下面脉上有细毛，脉腋有簇生星状毛。雄花序生于去年生枝叶腋，长7—11厘米；雌花序生于新枝顶端，长8—18厘米、密被星状毛。果序长20—45厘米，序轴有细毛，坚果球形，具2斜展之翅，果翅条状长圆形，有纵平行脉。花期4—5月；果期8—9月。

产昆明、宜良、罗平、禄劝等地，生于海拔1250—1650米河滩、溪边潮湿处。四川、贵州、甘肃、陕西、山东、湖北、江西、浙江、福建、广东、广西等省（自治区）均有分布；朝鲜也产。

喜光，不耐遮阴。喜温暖湿润气候，耐水湿，在溪边、河滩、山谷低湿地生长最好。

木材轻软，纹理均匀，不耐腐，可作火柴杆、农具、家具等用材；树皮含纤维，质坚韧，可制绳索、麻袋，也可作造纸、人造棉原料。幼树作嫁接核桃砧木，大树可放养紫胶虫；种子可榨油供工业用。

2.越南枫杨　麻柳（金平）、"妹宗"（河口）图358

Pterocarya tonkinensis（Franch.）Dode（1929）

Pterocarya stenoptera C. DC var. *tonkinensis* Franch.（1898）

乔木，高达30米；树皮灰白色，光滑。小枝暗灰色，无毛；芽裸露，无鳞。常为偶数

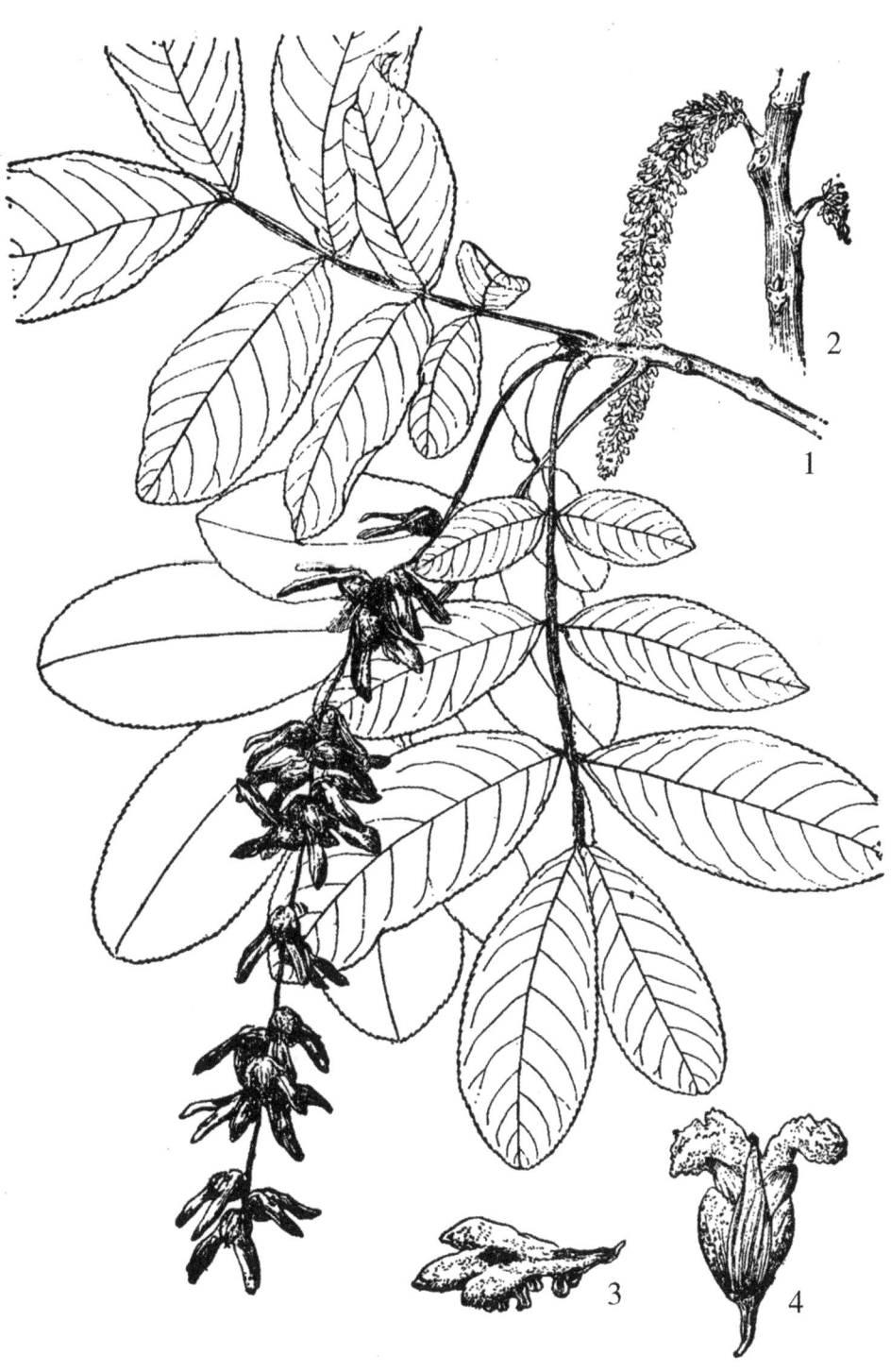

图357 枫杨 *Pierocarya stenoptera* C. DC.
1.果枝 2.雄花枝 3.雄花 4.雌花

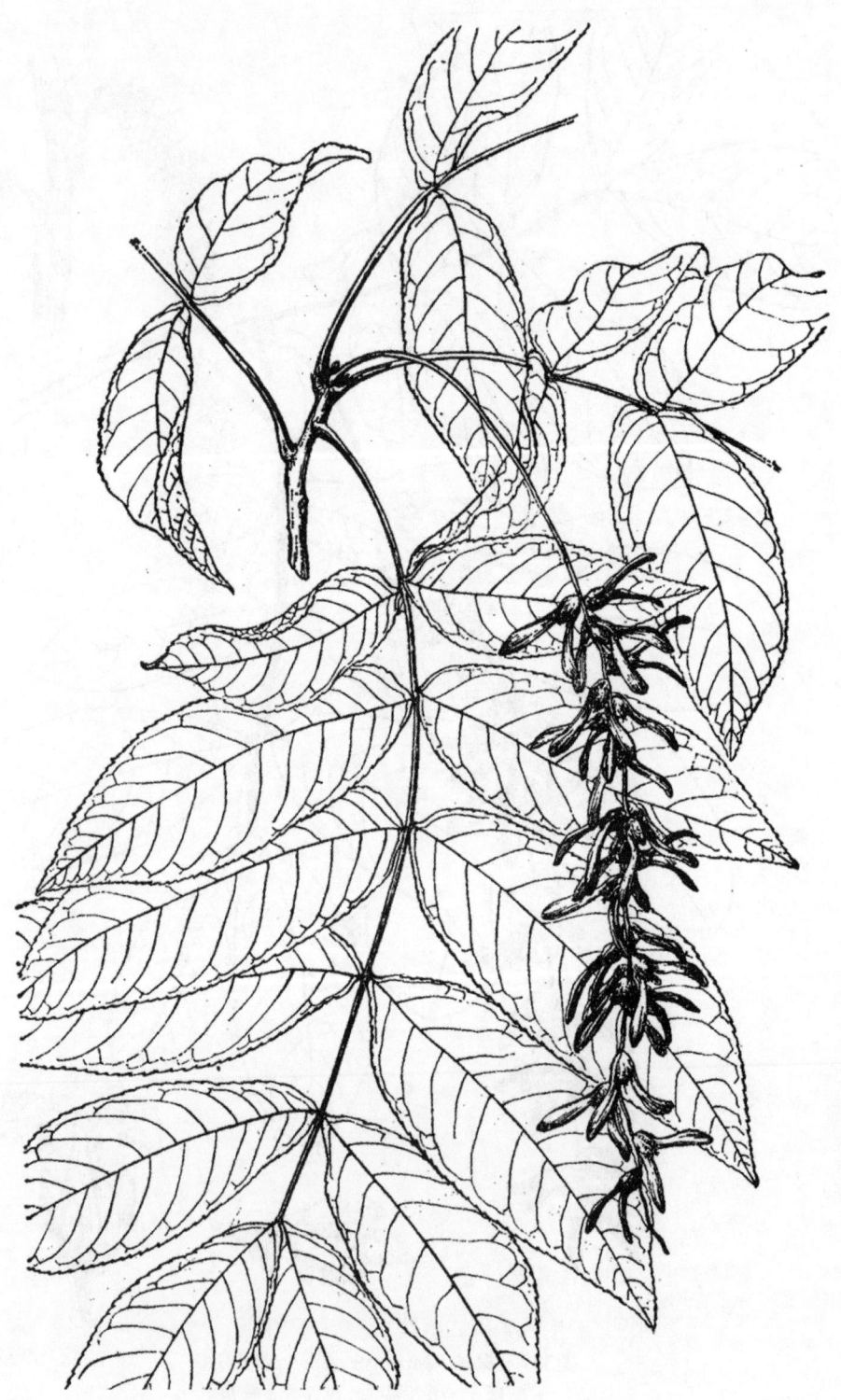

图358　越南枫杨 *Pterocarya tonkinensis*（Franch.）Dode 果枝

羽状复叶，长10—18厘米，叶轴无翅；小叶纸质，8—12对，近无柄对生或互生，卵形或长圆状卵形，长7—16厘米，先端短尖，基部偏斜，具细腺齿，侧脉13—16对，上面无毛或幼时中脉被毛，下面脉腋有簇生毛。雄花序长约6厘米；雄花序长达15厘米。果序长20—30厘米；果近菱形，长约7毫米，两侧有狭翅，翅长1.1—1.5厘米。花期3—4月；果期7—8月。

产文山、西畴、富宁、普洱、景洪、勐腊，生于海拔50—1000米沟谷，河边。四川、贵州、广西有分布；越南、老挝也产。

种子繁殖。育苗植树造林或雨季植播造林。

散孔材。心边材区别不显，不耐腐；供茶箱、农具、家具等用材。树皮纤维可制绳索及造纸原料。树皮可提取栲胶。

3.云南枫杨（中国树木分类学）图359

Pterocarya delavayi Franch.（1898）

Pterocarya forrestii W. W. Smith（1924）

乔木，高达25米；树皮暗灰色，浅纵裂。小枝粗，黄绿色，皮孔圆形，幼时密被毛，后渐脱落；芽具3枚长椭圆状披针形芽鳞。奇数羽状复叶，长25—35厘米，叶轴粗，密被淡黄色毡毛；小叶纸质，7—13，常对生，长椭圆形或长椭圆状披针形，先端急尖或渐尖，基部偏斜，长4—15厘米。雄花序腋生于新枝基部，雌花序腋生于新枝上部。果序长达50厘米左右，密被锈褐色毡毛和短柔毛；果近球形，两端密生锈褐色短柔毛，果翅斜卵形，膜质，有脉纹的短柔毛。花期4—5月；果期8—9月。

产鹤庆、维西、德钦、丽江、贡山、漾濞，生于海拔2400—2700米沟谷或密林中。四川、湖北有分布。

喜光，耐湿，常生于山谷溪旁，适中性及酸性土壤。种子繁殖。育苗植树造林或随采随播均可。

木材轻软，色浅，不耐腐，可供农具、火柴杆、一般家具等用材；树皮纤维可制麻绳。

4.华西枫杨　瓦山水胡桃（中国树木分类学）图360

Pterocarya insignis Rehd. et Wils.（1916）

乔木，高达25米，胸径约80厘米。树皮暗灰色，浅纵裂。小枝粗，黄褐色，皮孔圆形；芽具3枚披针形芽鳞。奇数羽状复叶，长达45厘米，叶轴示具翅；小叶纸质，7—15，卵形或长椭圆形，长10—16（—20）厘米，先端长渐尖，基部偏斜，边缘具细锯齿，上面沿中脉密被星状毛，侧脉上稀疏，下面幼时密被星状毡毛，后仅沿中脉和侧脉被毛，脉腋密被毛。雄花序腋生于新枝基部，长约20厘米，花密生，雄蕊6—10，不具花丝；雌花序长达20—30厘米，花具灰褐色毡毛。果序长约40厘米，果序轴几无毛；果实球形，直径8厘米，果翅宽卵形，有脉纹。花期4—5月；果期8—9月。

产镇雄、大关，生于海拔1800—2400米疏林中，尤以沟谷、溪边较多。四川、贵州、湖北、陕西、甘肃、浙江有分布。

种子繁殖。宜随采随播。

半环孔材。木材浅褐色至灰褐色，微红，心边材无区别，生长轮明显，有光泽，纹理

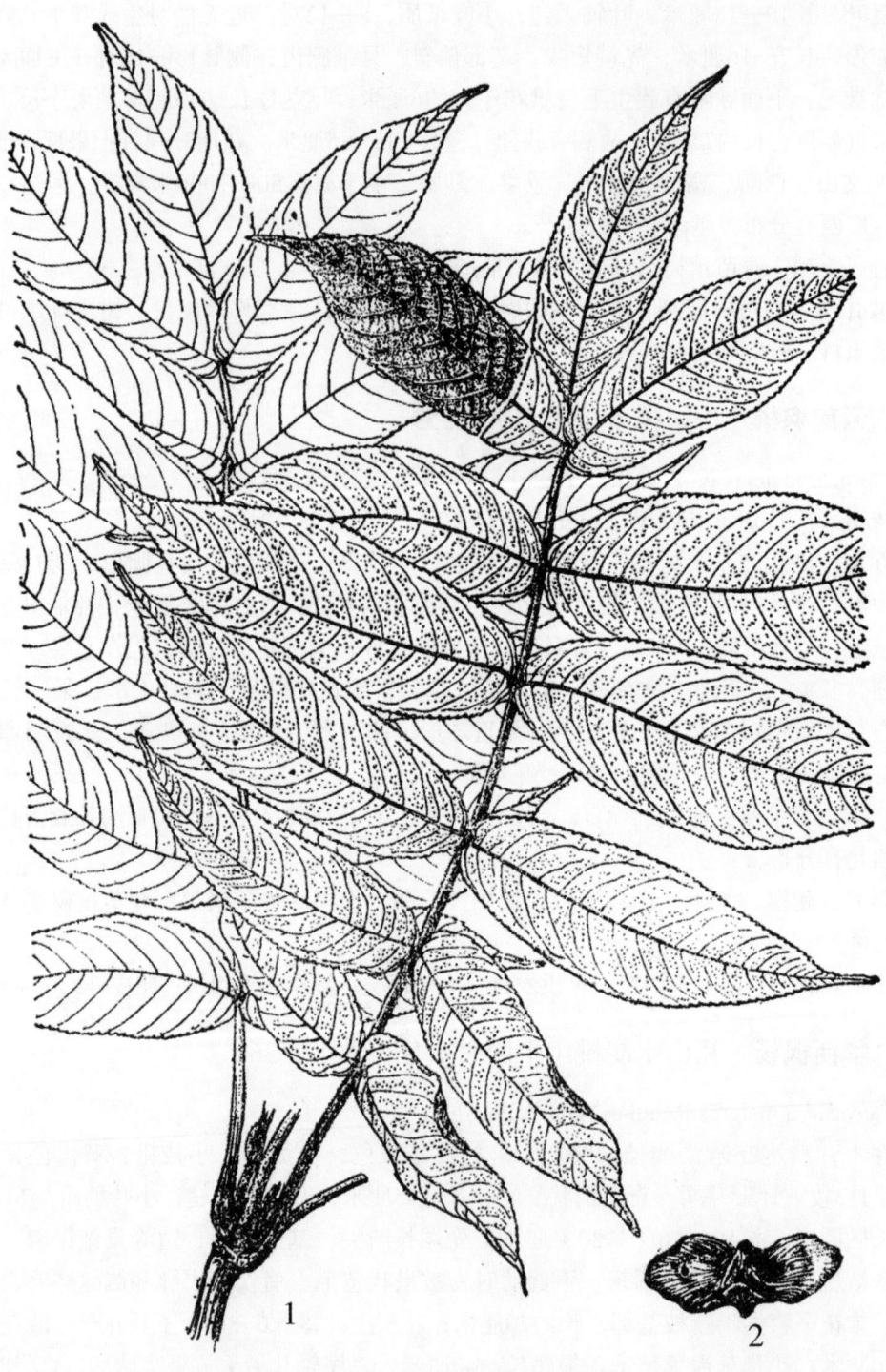

图359　云南枫杨 *Pterocarya delavayi* Franch.
1.枝叶　2.果

图360 华西枫杨 *Pterocarya insignis* Rehd. et Wils. 果枝

交错，结构中，略均匀，重量、硬度及强度中等，易干燥，常翘曲，不耐腐；可作家具、小木船、火柴杆、茶叶箱及其他包装用材。

3. 青钱柳属 Cyclocarya Iljinsk.

落叶乔木；小枝髓心呈薄片状分隔。叶互生，奇数羽状复叶，叶轴无翅。小叶对生或近对生，边缘有锯齿。雌、雄花均为下垂的柔荑花序；雄花序2—4集生于去年生枝叶腋，具多花；雌花序单生于枝的顶端，约具20花，柱头2裂，裂片羽毛状，子房1室。果实坚果状，周围具盘状翅，顶部具4枚宿存的花被片。

本属只有1种，产我国四川、贵州、湖南、湖北、江西、安徽、浙江、福建、台湾、广东、广西和云南。

青钱柳 摇钱树 图361

Cyclocarya paliurus (Batal.) Iljinsk. (1953)

Pterocarya paliurus Batal.

乔木，高达30米。树皮灰褐色，深纵裂。幼枝密被褐色毛，随后脱落。复叶长15—30厘米，叶轴密被淡黄褐色短柔毛，后渐脱落，小叶纸质，7—11，长椭圆状披针形，近无柄长5—11厘米，先端渐尖，基部偏斜，边缘具硬尖细锯齿，侧脉10—16对，上面脉上有短柔毛，下面脉上被短绒毛，脉腋具簇生毛。雄花序长7—17厘米，序轴密被腺点和短柔毛；雌花序长21—26厘米，序轴密被短柔毛。果序下垂，长15—25厘米，序轴有短柔毛，果翅圆形。花期4—5月；果期8—9月。

产富宁，生于海拔850米常绿阔叶林中。长江流域以南各省（自治区）均产。

种子繁殖，育苗植树造林。

材质细，结构均匀，可作家具、农具等用材；树皮含鞣质，可提取栲胶；茎皮纤维可供造纸及制绳索；树形美观，可作园林观赏树种。

4. 喙核桃属 Annamocarya A. Chev.

落叶乔木；小枝髓心充实。奇数羽状复叶，小叶全缘。花单性同株，无花被片；雄柔荑花序下垂，2—3叠生于叶腋，每花序梗具5—8簇生分枝，每分枝具多花，花有短梗，具1苞片，2小苞片，雄蕊5—15，雌穗状花序直立，顶生，具3—5花，花无梗，苞片和小苞片愈合成顶端6—9尖裂的壶状总苞，与子房贴生，子房下位，花柱膨大，柱头2裂，果为核果状，外果皮6—7裂，果核顶端有喙状长尖。

本属1种，产越南和中国。

图361 青钱柳 *Cyclocarya paliurus* (Batal.) Iljinsk.
1.花枝　2.果枝　3—4.雄花　5.雌花

喙核桃（中国植物志）图362

Annamocarya sinensis（Dode）Leroy（1950）

Carya sinensis Dode（1912）

Rhamphocarya integrifoliolata K. Z. Kuang（1941）

乔木，高达20米。树皮灰白色灰褐色，不裂。叶轴初被柔毛及腺鳞，后渐脱落；小叶7—9，长椭圆状披针形，卵状披针形或长椭圆形，长12—18（—29）厘米，先端渐尖，基部宽楔形或钝，全缘，上面无毛，下面脉腋有褐色簇生毛；中脉及侧脉显著凸起；雄柔荑花序长3—15厘米，通常5（稀3—9）条成一束，生于3—6厘米长的花序总梗上；雌穗状花序直立，顶生，具3—5花。果球形或卵状椭圆形，长6—8厘米，顶端尖；外果皮厚，干后木质，厚5—9毫米，黑褐色，果核球形或卵球形，顶端具1鸟喙状渐尖头，径4—5厘米，果脐圆形；内果皮骨质。花期4—5月；果期11—12月。

产西畴、富宁、麻栗坡等地，生于海拔500—1500米地带。贵州、广西有分布，台湾有栽培；越南也产。

喜温暖湿润、土层深厚的环境。种子繁殖，育苗造林。措施参阅胡桃。

木材红褐色，有光泽，纹理直，结构细，可作家具、车厢、农具及一般工业用材。

5. 山核桃属 Carya Nutt.

落叶乔木；小枝髓心充实。奇数羽状复叶，小叶对生或互生，有锯齿。花单性同株，无花被片；雄柔荑花序下垂，生于去年枝的芽鳞腋或叶痕叶，也偶有生于当年枝的叶腋，花序梗具簇生3分枝，每分枝具多花，花有短梗，苞片1与小苞片2愈合贴生于花托，雄蕊3—10；雌穗状花序直立，顶生，具少花，花无梗，苞片1与小苞片；愈合成4浅裂的壶状总苞，贴生于子房，子房下位，无花柱，柱头盘状，2浅裂。果为核果状，外果皮通常4瓣裂，内果皮坚硬。

本属约17种，分布北美洲和亚洲东部。我国产4种，引入栽培1种；云南产1种。

云南山核桃 越南山核桃（中国植物志）图363

Carya tonkinensis Lec.（1921）

乔木，高达25米。小枝褐色或灰褐色。复叶长15—25厘米，具5—7小叶，小叶上面仅中脉稀被柔毛，下面沿中脉及侧脉被褐色柔毛，尤以侧脉腋内为甚，侧脉20—25对；侧生小叶卵状披针形至长椭圆状披针形或倒卵状披针形，基部歪斜，近圆形，先端长渐尖，长7—15厘米，宽2—5厘米，生于下端者较小；顶生小叶通常略大，披针形。雄柔荑花序长12—13厘米，通常2—3条成1束，着生于总梗上；雄蕊5—6，成2轮排列。雌穗状花序直立，具2—3花。果近球形，长2.2—2.4厘米，直径2.6—3厘米；外果皮干燥后革质4瓣裂；内果皮及隔膜骨质，壁内充实。花期4—5月；果期9月。

产河口、景东、怒江等地，生于海拔800—1300米常绿阔叶林中。广西有分布，越南北部也有。

图362 喙核桃 *Annamocarya sinensis* (Dode) Leroy
1.果枝 2.雄花 3.雌花 4.果核

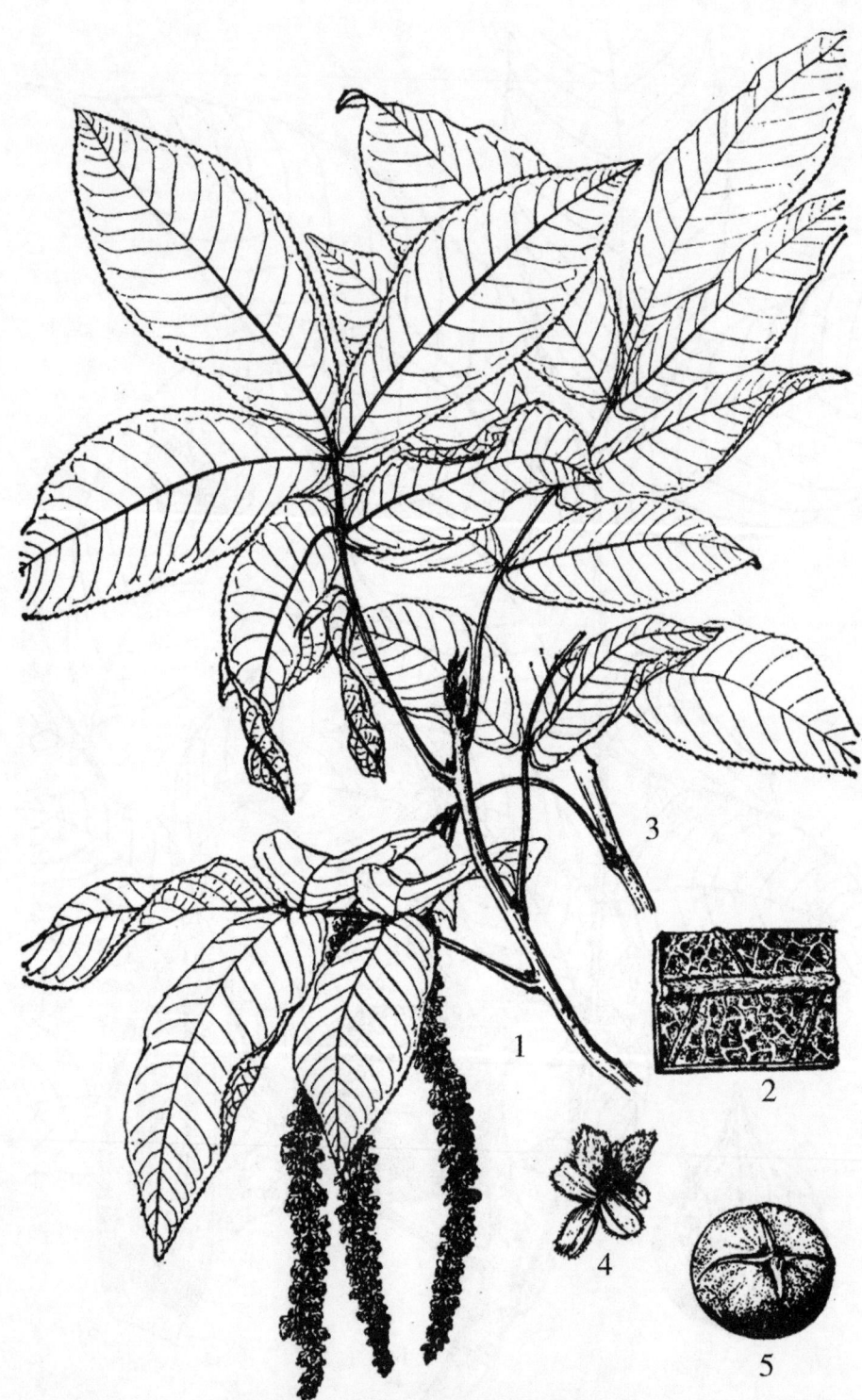

图363 云南山核桃*Carya tonkinensis* Lec.
1.叶枝　2.叶背一部　3.雄花序　4.雄花　5.果

喜温暖湿润气候，适生于深厚疏松排水良好富含腐殖质的沙壤土，不耐干旱瘠薄土壤。喜光，深根性。种子繁殖或嫁接繁殖，可用化香树作砧木。

木材纹理直，结构细，质坚韧，可作车轮、建筑、家具等用材；种仁炒熟供食用，也可榨油、食用或配制假漆；为云南省有发展前途的油料树种。

6. 黄杞属 Engelhardia Leschen. ex Blume

常绿，半常绿乔木与灌木。小枝髓心充实；裸芽有柄。叶互生，常为偶数羽状复叶，小叶全缘，稀有锯齿。花序柔荑状，长而具多数花，俯垂，雄花序数条集生为圆锥式花序束，雌花序生于雄花序的上端或单生，雄花雄蕊3—15，花丝极短。果序长而下垂；果实坚果状，外具由苞片发育成的果翅，翅膜质，3裂，中裂片明显比两侧裂片长，有脉纹。

本属约15种，分布于南亚、东南亚、中美洲。我国6种，产西南部至东南部。云南有5种1变种。

分 种 检 索 表

1.芽、枝、叶及果无毛，花序顶生；果实及苞片基部有腺鳞，果具柄 ……………………
…………………………………………………… 1.黄杞 E. roxburghiana
1.芽、枝、叶及果被毛，花序侧生；果实及苞片基部有刚毛，果无柄。
　2.小叶具锯齿 …………………………………………… 2.齿叶黄杞 E. serrata
　2.小叶全缘。
　　3.小叶先端钝圆，老叶下面密布柔毛 ………………… 3.毛叶黄杞 E.colebrookeana
　　3.小叶先端不钝圆，老叶下面仅中脉被毛或脉腋具簇生毛。
　　　4.小叶无柄或近无柄，叶轴和小叶下面稍有毛，而侧脉腋内有丛毛，革质，侧脉7—
　　　10对 …………………………………………… 4.槭果黄杞 E. aceriflora
　　　4.小叶具长0.5—1厘米的柄，叶轴和小叶下面中脉被疏柔毛，后渐无毛，薄革质，侧
　　　脉10—13对 ……………………………………… 5.云南黄杞 E. spicata

1.黄杞　假玉桂（云南）图364

Engelhardia roxburghiana Wall.（1832）

E. wallichiana Lindl.（1830. nom. nud. ）

常绿乔木，高达30米；全体无毛，被橙黄色腺鳞；小枝细瘦，暗褐色。偶数羽状复叶长10—25厘米，叶柄长3—8厘米；小叶薄革质通常对生，3—5对，长椭圆形或长椭圆状披针形，长5—14（—21）厘米，宽2—5厘米，全缘，先端渐尖或短渐尖，基部偏斜，上面深绿，下面浅绿，两面有光泽，侧脉5—7对。雌花序1条与雄花序数条组成圆锥式花序束，着生于新枝顶端，或雌花序单生，雄花花被片4，雄蕊10—12；雌花花被片4，贴生于子房，子房近球形，无花柱，柱头4裂。果序长约20厘米；坚果球形或扁球形，直径约4毫米，外果皮膜质，内果皮骨质，苞片；裂，中裂片长约为两侧裂片的2倍，长3—5厘米，顶端钝圆。花期5—6月；果期8—9月。

图364 黄杞 *Engelhardia roxburghiana* Wall.
1.果枝 2.花枝 3.雄花 4.雌花 5.果及果苞基部

产绥江、永善、蒙自、个旧、文山、西畴、马关、麻栗坡、富宁等地，生于海拔400—1300米地带。四川、贵州、广西、广东、湖南、福建、台湾有分布；印度、缅甸、孟加拉国、越南、老挝、印度尼西亚也有。

喜光，不耐庇荫，对土壤要求不严，耐瘠薄干旱。可直播造林或1年生苗植树造林，或用营养杯育苗造林；林缘或疏林内天然更新良好，萌发力强，也可萌芽更新。

木材暗紫红色，纹理直，结构细致，耐腐易加工，可作家具、建筑、室内装修、箱板、天花板、车辆等用材。树皮含纤维素20%—30%，纤维可作人造棉或绳索；内皮和根用以毒鱼、制农药防治害虫；树皮含鞣质10%—18%，可提取栲胶。

1a.毛轴黄杞（变种）

Engelhardia roxburghiana Wall. var. dasyrhachis C. S. Ding（1985）
产勐海、金平、屏边、河口、马关、麻栗坡、富宁等地。广西有分布。

2.齿叶黄杞　胖婆娘树　图365

Engelhardia serrata Blumc（1828）
常绿乔木，高达15米。小枝灰褐色，皮孔明显。偶数稀奇数羽状复叶，长15—25厘米，叶轴及叶柄粗壮，密生短柔毛；小叶3—9对，对生或近对生，无柄、薄革质，卵状长圆形，长圆形或长椭圆状披针形，先端突尖或渐尖，基部一边圆，一边宽楔形，具钝锯齿，近基部全缘。雄花密集，花被4裂；雌花苞片或小苞片有柔毛。果序长达25厘米，序轴淡灰褐色，密生短绒毛。坚果卵球形，红褐色，密生刚毛，果梗极短，苞片淡褐色，基部被刚毛，贴生于果实中部以上，裂片倒披针状长圆形，中裂片长2.5—3.1厘米，宽0.5—0.9厘米，侧裂片长1.2—1.8厘米，宽0.4—0.5厘米。

产永德、沧源、耿马、景洪等地，生于海拔600—1600米阳坡或半阳坡、沟谷、林缘、疏林内。四川有分布；缅甸、老挝、泰国、印度、柬埔寨及印度尼西亚也有。

材质优良，可供家具、建筑等用材。树皮含鞣质约11%，可提制栲胶。

3.毛叶黄杞（中国高等植物图鉴）　豆腐渣树（云南）、胖母猪果树　图366

Engelhardia colebrookeana Lindl. ex Wall.（1832）
乔木，高达20米；树皮灰色至黑褐色。小叶2—5对，对生或互生，长圆形或长倒卵形，长5—15厘米，先端钝圆或凹缺，稀短尖，全缘，稀上端具粗齿，上面中脉、侧脉密被毛，下面密被锈黄色柔毛及金黄色腺鳞，侧脉7—12对。花序腋生。果序长7—17（—25）厘米，果序轴较粗，具棱，密被淡黄褐色柔毛；坚果球形，径约4毫米，上部密被黄褐色刚毛，下部与苞片贴生；苞片中裂片长圆形，长2.5—3厘米，侧裂片长约为中裂片之半，基部密被淡褐色刚毛。花期2—3月；果期6月。

产永胜、禄劝、开远、蒙自、勐腊等地，生于海拔300—2300米阳坡疏林中，干旱河谷也常见。贵州、广西、广东、海南有分布。

喜光。耐干热。种子繁殖，育苗植树造林。

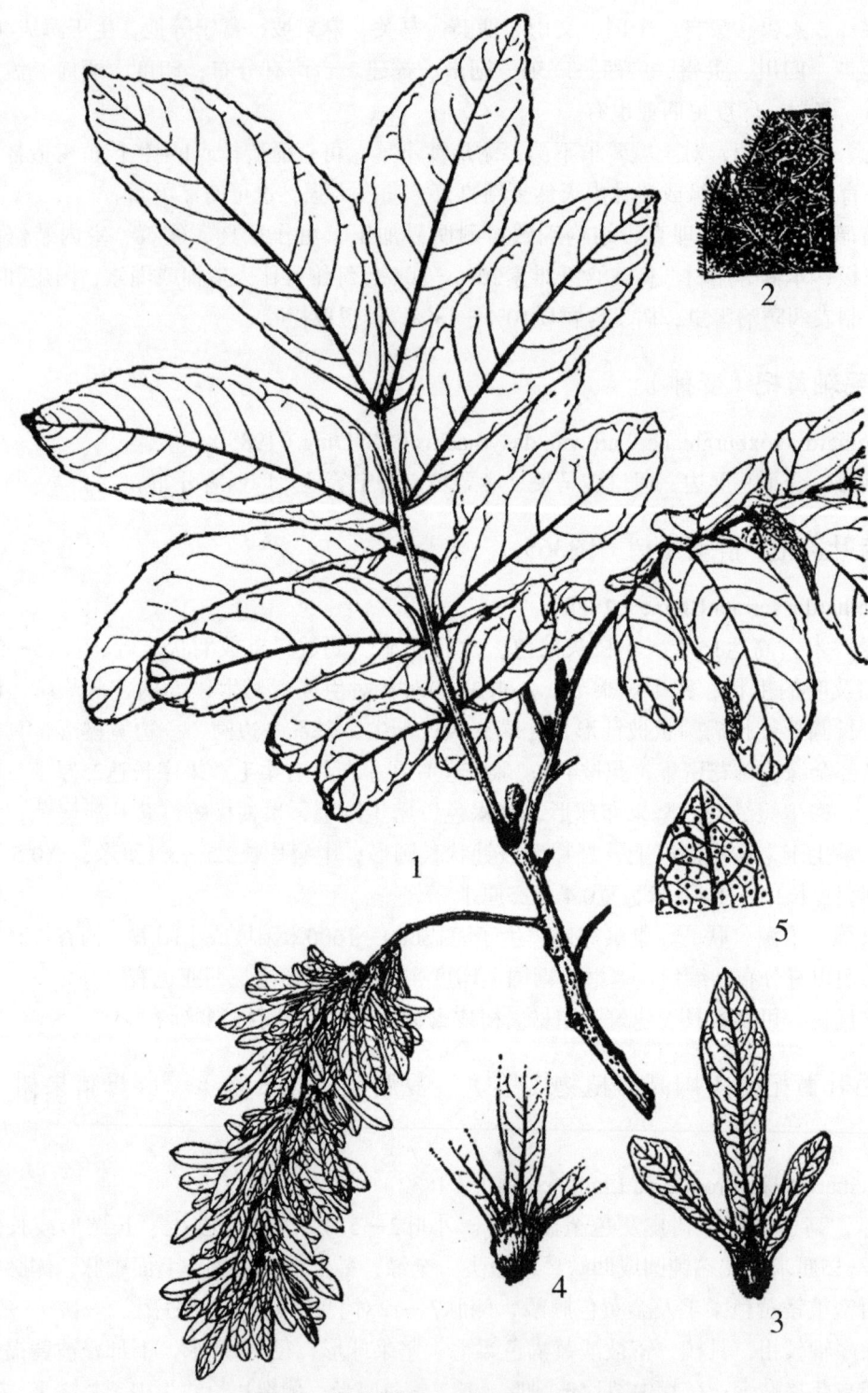

图365　齿叶黄杞 *Engelhardia serrata* Blume
1.果枝　2.叶下面一部分　3.果（腹面）　4.果之一部（背面）　5.果苞片之一部

图366 毛叶黄杞 *Engelhardia colebrookeana* Lindl. ex Wall.
1.叶枝 2.叶（下面） 3.雄花序 4.果枝 5—6.雄花 7.果

树皮富含纤维，也含鞣质，可提取栲胶；根皮、茎皮可入药，能消炎、收敛，有治痢疾、肠炎、外伤出血。还可作紫胶虫寄主树。

4.槭果黄杞　爪哇黄杞　图367

Engelhardtia aceriflora（Reinew.）Blume（1825）

乔木，高达30米。小枝灰褐色，有短柔毛。常为偶数羽状复叶，小叶2—6对，全缘革质，长椭圆形至卵状长椭圆形，长8—15厘米，宽3—6厘米，先端短渐尖或纯尖，基部歪斜，圆形，脉腋有簇生毛，侧脉7—12对。雄花序长4—11厘米，苞片3裂，被疏柔毛和较密的腺体；雌花序轴被锈褐色腺鳞及柔毛。果序长15—30厘米，俯垂，果序梗及果序轴密生短柔毛；坚果近球形，长达6毫米，被刚毛；苞片基部被刚毛，裂片倒披针状长圆形，中间裂片长3—3.8厘米，宽约1厘米，侧裂片长1.5—1.8厘米。

产怒江、澜沧江中下游、元江流域的文山等地。西藏、广西有分布；东南亚也有。喜光、耐旱。种子繁殖或育苗植树造林。

散孔材。木射线中至多，细；木材浅灰褐色或淡灰红褐色，心边材区别不明显；纹理斜，结构细，质轻软，干缩及强度中等，易干燥，微翘曲，不耐腐；可作房建，普通家具、农具、茶箱等用材。树皮含缩合性单宁，可提取栲胶。

5.云南黄杞　图368

Engelhardia spicata Lesch. ex Blume（1825）

常绿乔木，高达20米。树皮灰褐或带黑灰色，细纵裂，小枝皮孔显著。叶通常为偶数羽状复叶，长20—35厘米；小叶4—7对，近对生，长圆形或椭圆状卵形，长7—15厘米，宽2—5厘米，先端短渐尖，基部偏斜，全缘，侧脉10—13对。雄花序被毛，生于新枝基部和叶腋。果序长可达30—45（—60）厘米，果序轴具棱；坚果球形，径4—5毫米，上面密被黄色长刚毛；苞片的裂片倒披针状长圆形，向上端略扩大，顶端钝，中间裂片长2.5—3.5厘米，宽0.7—1厘米，侧裂片长约1.5厘米，花期11月；果期1—2月。

喜光。种子繁殖，育苗植树造林。

产腾冲、龙陵、楚雄、镇雄、丽江、大理、芒市、保山、泸水、维西、武定等地，生于海拔800—2000米的混交林中。四川、贵州、广西、广东、西藏有分布；越南、缅甸、尼泊尔、印度也有。

散孔材。射线中至多，细，木材纹理直或斜，结构中，心边材区别略明显；生长轮明显；木材暗红褐色；气干密度0.39克/立方厘米，不耐腐；供制家具、板材、茶叶箱等用材。树皮可制绳索及提制栲胶。

7.化香树属　Platycarya Sieb. et Zucc.

落叶乔木；小枝髓心充实。奇数羽状复叶互生，小叶3—23，有锯齿。花单性，无花被片；花序单性及两性，单性雄花序及两性雌雄花序束生于小枝顶端，两性雌雄花序通常单1生于中央，上部为雄花序，花后脱落，下部为雌花序，花后发育成球状果序，单性雄花

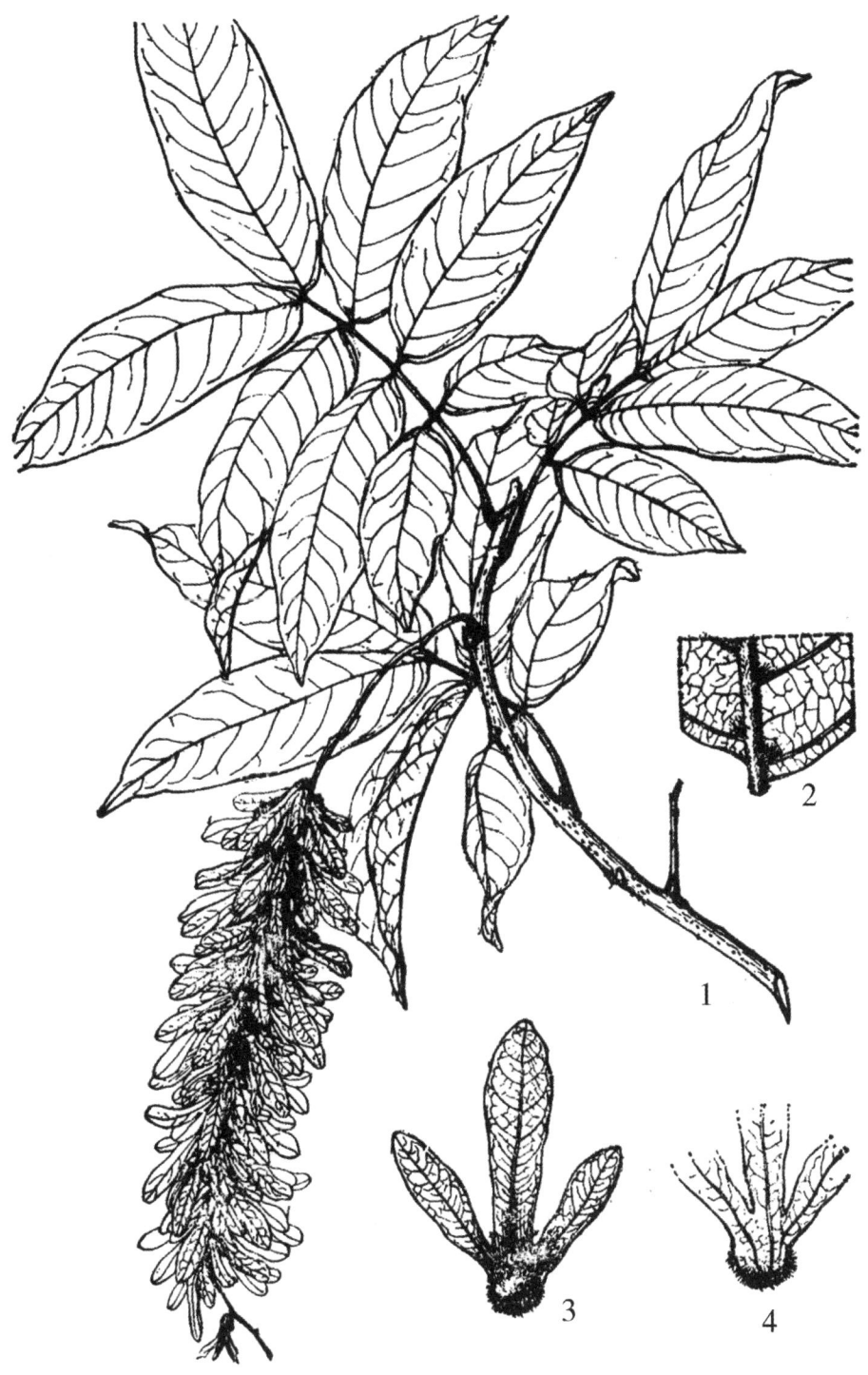

图367 槭果黄杞 *Engelhardia aceriflora* （Reinew.） Blume
1.果枝 2.小叶下面（部分） 3.果（腹面） 4.果之一部（背面）

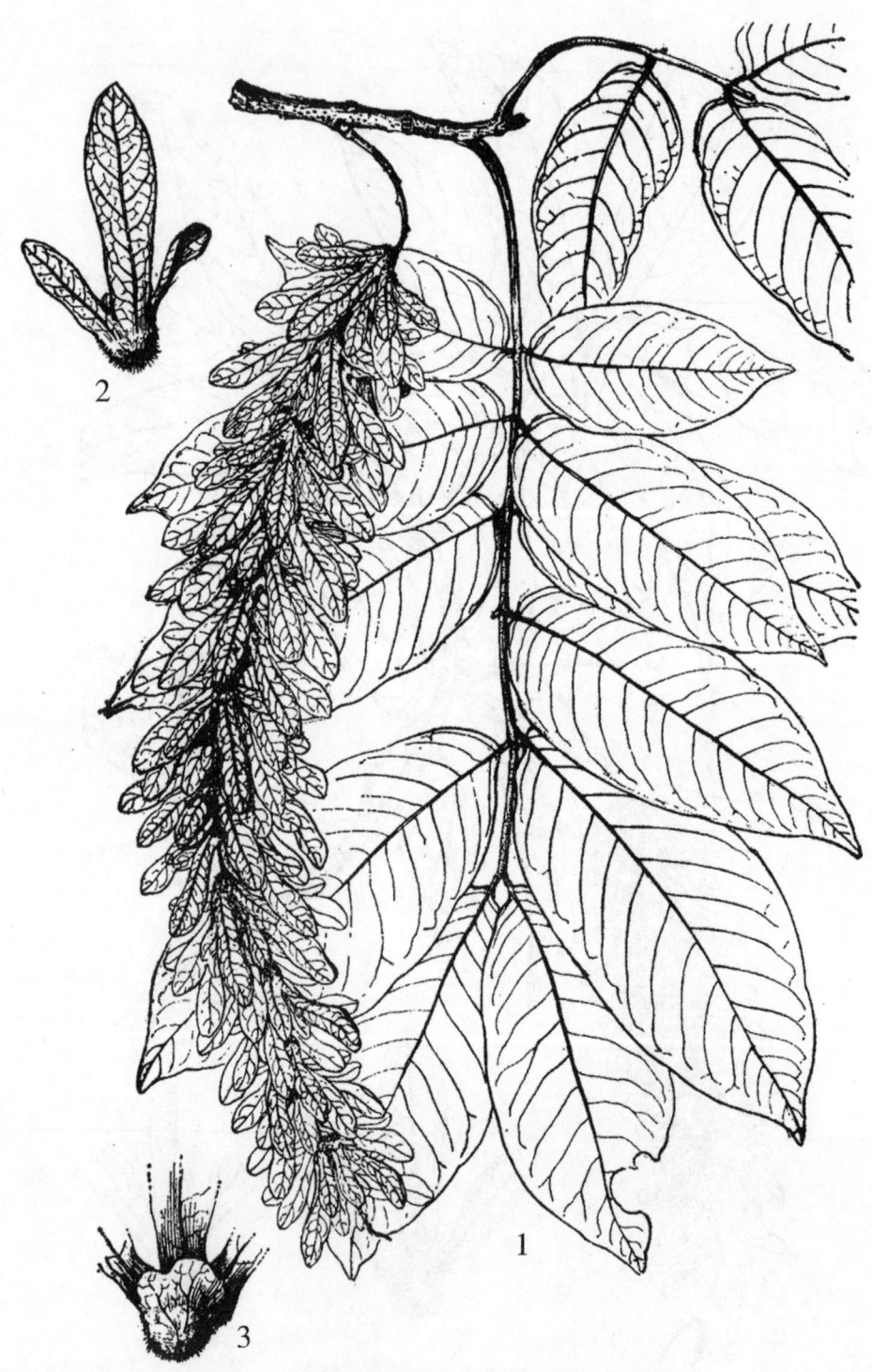

图368 云南黄杞 *Engelhardia spicata* Lesch. ex Blume
1.果枝 2.果（背面） 3.果之一部（腹面）

序位于两性花序下方周围。雄花无小苞片，雄蕊6—8（—10）；雌花有2小苞片，与子房贴生，子房1室，有1直立基生胚珠，小坚果腹背压扁，两侧具由2小苞片发育成的窄翅；种子具膜质种皮，子叶皱褶。

本属2种，分布于中国、朝鲜、日本。云南2种均产。

分 种 检 索 表

1.果序卵状椭圆形或圆柱形，直径2—3厘米；小叶7—23 ············ 1.化香树 P. strobilacea
1.果序近球形，直径1.2—2厘米；小叶3—7 ························ 2.圆果化香 P. longipes

1.化香树　花木香　图369

Platycarya strobilacea Sieb. et Zucc.（1843）

落叶乔木，高达20米。树皮灰色，浅纵裂。小枝绿褐色、嫩枝有褐色绒毛，随后无毛。小叶薄纸质，7—23（发育枝上通常5—9），对生或近对生，侧生小叶无柄，长圆状披针形或卵状披针形，长3—13厘米，宽1—2.5厘米，先端长渐尖，基部偏斜，边缘有细尖的重锯齿，下面沿脉的脉腋被毛。果序卵状椭圆形或长椭圆状圆柱形，长2.5—4.5厘米，直径2—3厘米，深褐色，苞片宿存，坚果连翅近圆形或倒卵状长圆形，两侧有窄翅。花期5—6月；果期10月。

产昆明、武定、楚雄、罗平、弥勒，生于海拔1500—1800米地区。陕西、河南、华中、华东、华南、西南、台湾等地均有分布；朝鲜、日本也有。

喜光，耐干旱瘠薄，在昆明西山石灰岩地区生长良好，酸性土、钙质土也能生长。种子繁殖，为荒山荒地造林的先锋树种。

环孔材。树干断面微波浪形，实心髓；边材浅黄褐色至黄褐色，心边材区别明显，心材浅栗褐色至栗褐色，有光泽，生长轮明显；早材至晚材急变；木射线少、细；木材纹理直，结构细至中；重量、硬度、强度中等，干燥难，易开裂，耐腐性弱；可作家具、胶合板、车厢、工具柄、火柴杆及纤维工业原料用材。富含鞣质，可提取栲胶。树皮纤维供制绳索及纺织原料等用。根及叶可解毒，消肿；果仁顺气化痰；枝叶浸液可作农药，又可毒鱼。

2.圆果化香　图370

Platycarya longipes Y. C. Wu（1940）

乔木，高达10米，胸径达20厘米。树皮淡灰褐色，纵裂。小枝灰褐色，皮孔密生，无毛。小叶厚纸质，3—5（—7），对生或近对生椭圆形或卵状披针形，先端渐尖，基部歪斜，具细锯齿，除下面基部中脉两侧各具一簇锈褐色毡毛外，其他各处几无毛，侧脉10—13对。花序淡黄色；两性花序长3—4厘米，下面的雌花序长约7毫米；雄花序2—6条，长3—5厘米。果序近球形，径1.2—2厘米，苞片长卵形，长5—7毫米，宽约3毫米，先端急尖；坚果扁平倒卵形，两侧具窄翅。花期5—6月；果期9—10月。

产屏边、西畴、麻栗坡，生于海拔1400—1850米疏林中。贵州、四川、湖北、广西、广东等省（自治区）有分布。

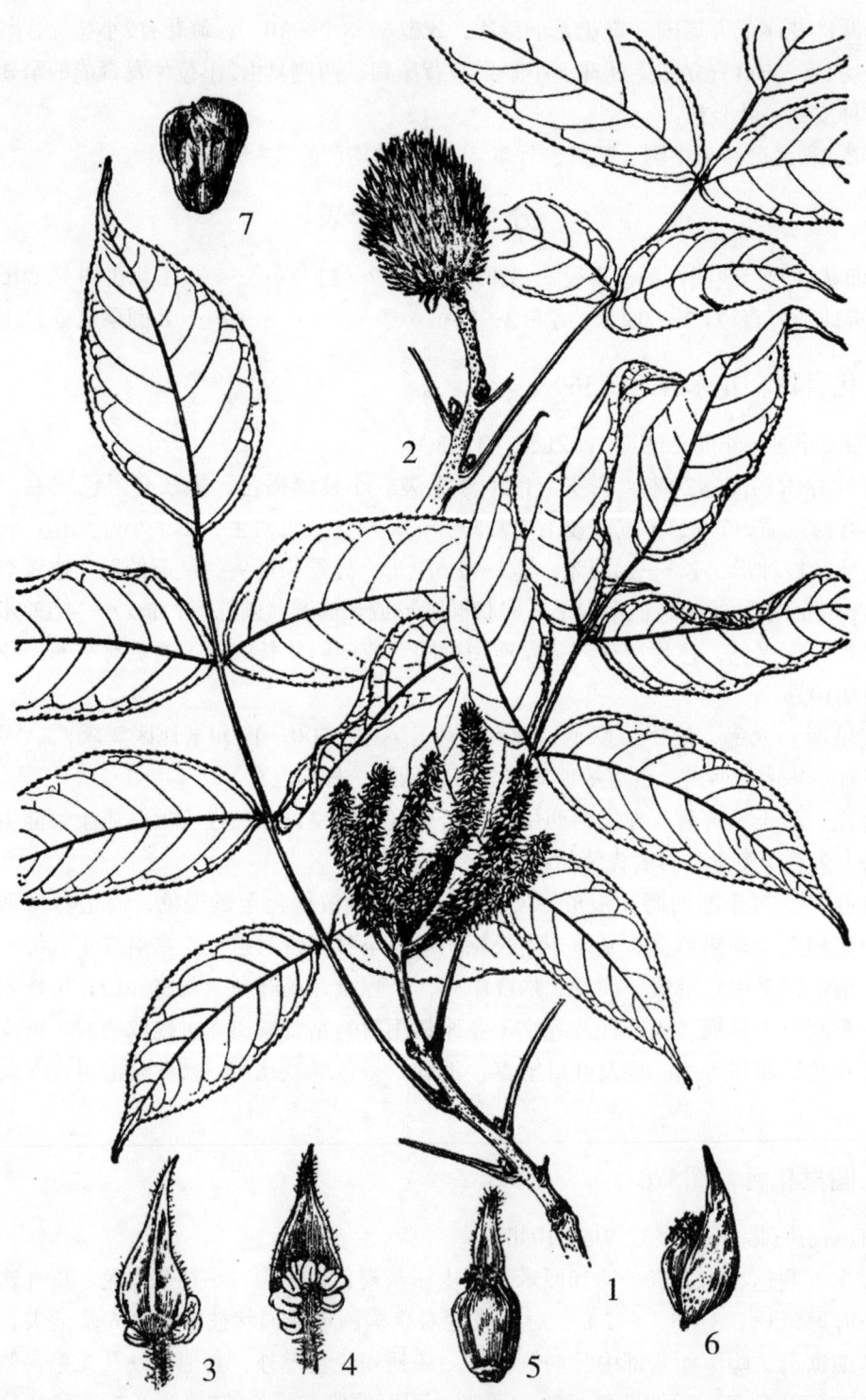

图369 化香树 *Platycarya strobilacea* Sieb. et Zucc.
1.花枝　2.果枝　3—4.雄花　5—6.雌花　7.果

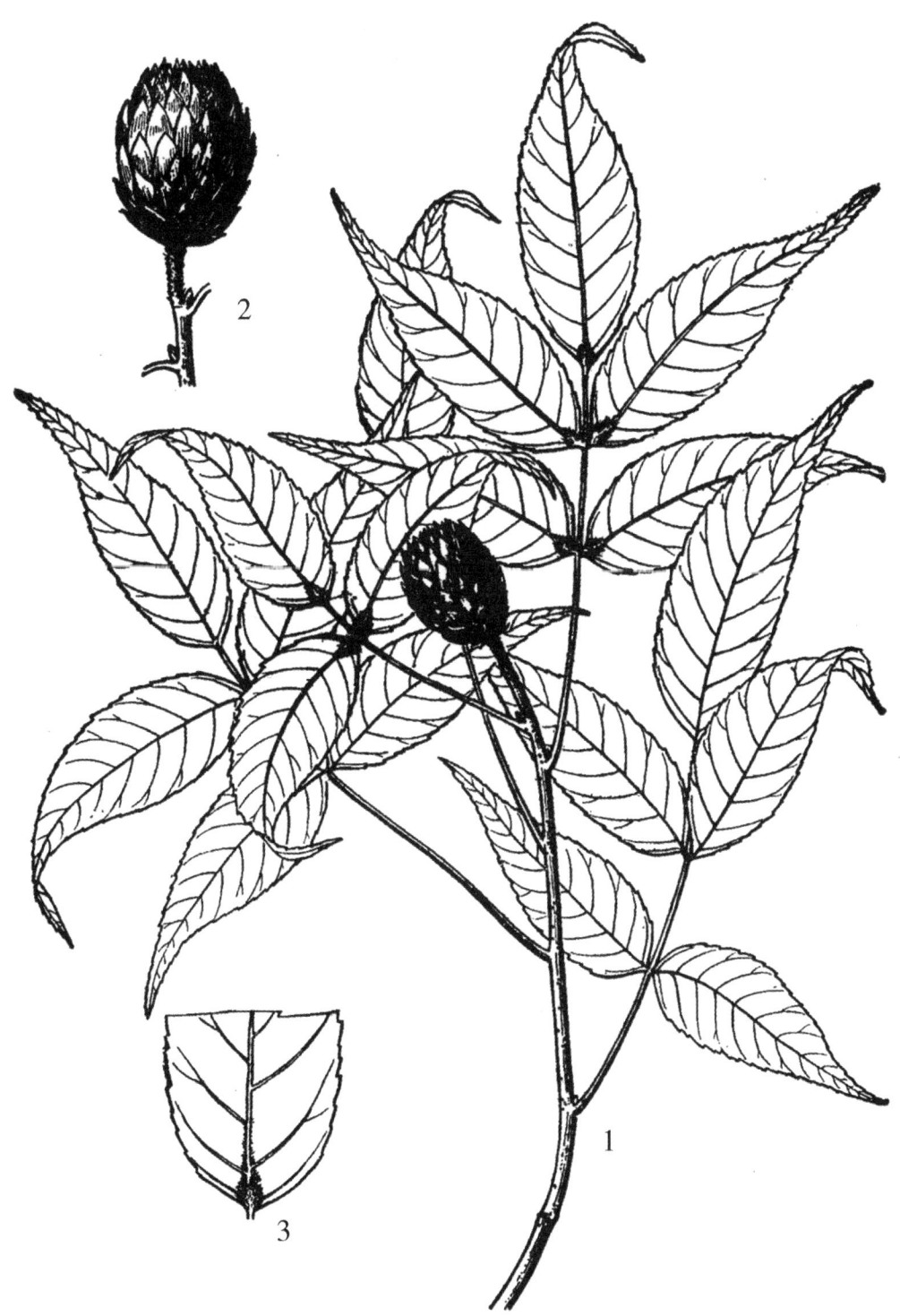

图370 圆果化香 *Platycarya longipes* Y . C. Wu
1.果枝 2.果序 3.叶下面放大，基部两侧被毛

喜光，常生于阳坡，耐干旱瘠薄。石灰岩地区生长良好，酸性土，钙质土均能生长。种子繁殖，一年生苗可出圃造林。

树皮含鞣质，可提取栲胶。木材纹理直，结构细至中，木材为家具、车厢板、火柴杆及纤维工业等用材。

210.八角枫科 ALANGIACEAE

落叶乔木或灌木。小枝伸展，有时略呈"之"字形。单叶互生；无托叶，全缘或掌状分裂，基部常不对称，花序腋生，聚伞状，稀伞形或单生，小花梗常分节；苞片线形、钻形或三角形，早落。花两性，淡白色或淡黄色，通常有香气，花萼小，萼管与子房合生，钟形，具4—10齿状裂片或近截形；花瓣4—10，线形，在花芽中彼此密接，镊合状排列，基部常互相黏合，花开后上部常向外反卷；雄蕊与花瓣同数互生或为花瓣的2—4倍，花丝略扁，线形，分离或其基部和花瓣微黏合，内侧常有微毛，花药线形，2室，纵裂；花盘肉质；子房下位，1—2室，花柱位于花盘的中部，柱头头状或棒状，不分裂或2—4裂，胚珠单生，下垂，有2层珠被。核果椭圆形、卵形或近球形，顶端有宿存的萼齿和花盘；种子1，具大形胚和丰富的胚乳；子叶长圆形至近圆形。

本科仅有1属。

八角枫属 Alangium Lam.

属的特征同科。

本属约30种、分布于亚洲、大洋洲和非洲。我国约9种3亚种7变种。云南7种3亚种4变种。本志记载5种3亚种3变种。

分 种 检 索 表

1.子房2室。
  2.药隔无毛。
    3.花柱有毛；叶两面密生毛 ························· 1.云南八角枫 A. yunnanense
    3.花柱无毛；叶仅下面脉腋有丛毛 ················· 2.八角枫 A. chinense
  2.药隔有毛；叶下面有黄褐色丝状绒毛 ············· 3.毛八角枫 A. kurzii
1.子房1室。
  4.花序有3—5花，花瓣长2.5—3.5厘米，花药基部无毛；叶近圆形 ·············
  ·························· 4.瓜木 A. platanifolium
  4.花序有5—10花，花瓣长5—6毫米，花药基部有毛；叶长圆形，披针形至线状披针形
  ·························· 5.小花八角枫 A. faberi

1.云南八角枫 图371

Alangium yunnanense C. Y. Wu ex Fang et Soong（1979）
落叶小乔木或灌木，高达4米。小枝纤细，淡紫色。叶纸质，近圆形，长7—13厘米，宽5—11厘米，先端渐尖，3—4（—5）裂，基部近心形，上面幼时被细小伏毛或微柔毛，沿脉较密，下面被黄色短柔毛或小硬毛，掌状脉5条，侧脉4—5对；叶柄长2—3厘米。聚伞

花序腋生，具7—15花；花序梗长8—12毫米，花梗长1—3毫米，有黄色微柔毛；花萼近漏斗状，上部9齿，外面有疏毛，花瓣7，线形，基部外面被毛；雄蕊7，花丝长2—3毫米，内面上部密生长柔毛及硬毛，基部与花瓣微黏合，药隔无毛；花柱有黄色疏柔毛，柱头头状；花盘肉质微裂。果序长2厘米，有微柔毛；果梗长5毫米，核果椭圆形，长1厘米，直径5毫米。花期4—5月；果期8—9月。

产双柏、新平、龙陵。

造林技术参阅瓜木。

2. 八角枫（植物名实图考）　华瓜木（中国植物图谱）、橙木（经济植物手册）图372

Alangium chinense（Lour.）Harms（1897）

Alangium chinense var. *taiwanianum*（Mas.）Koidzumi（1936）

Alangium taiwanum Mas.（1938）

落叶乔木或灌木，高达15米，胸径可达20厘米。小枝略呈"之"字形，幼时紫绿色，无毛或稀被柔毛。叶纸质，近圆形、椭圆形或卵形，长13—19（—26）厘米、宽9—15（—22）厘米，不分裂或3—7（—9）裂，先端短锐尖或钝尖，基部常不对称，宽楔形、截形，稀近心形，上面深绿色，下面淡绿色，脉腋有丛毛，掌状脉3—5（—7），侧脉3—5对；叶柄长2.5—3.5（—3.8）厘米，紫绿色或淡黄色。聚伞花序腋生，长3—4厘米，被稀疏微柔毛，有7—30朵花或更多。花序梗长1—1.5厘米；花冠圆筒形，长1—1.5厘米；花萼长2—3毫米，萼齿6—8；花瓣6—8，线形，长1—1.5厘米，基部黏合，上部外卷，外面有微柔毛，初为白色，后变黄色；雄蕊6—8与花瓣近等长，花丝略扁，长2—3毫米，有短柔毛，花药长6—8毫米，药隔无毛；花盘球形；子房2室，花柱无毛或疏被短柔毛，柱头头状，常2—4裂，核果卵状圆形，长5—7毫米，幼时绿色，成熟后黑色，顶端有宿存萼齿及花盘。花期5—10月；果期7—11月。

产全省各地，生于海拔700—3000米的山地或疏林中。河南、陕西、甘肃、江苏、浙江、安徽、福建、台湾、江西、湖北、湖南、四川、贵州、广东、广西和西藏有分布；东南亚及非洲东部也有。

造林技术参阅瓜木。

木材可作家具及天花板用材。根、茎药用，根名白龙须，茎名白龙条，治风湿、跌打损伤，外伤止血用。树皮纤维可制绳。

2a. 伏毛八角枫（亚种）　　（四川大学学报）图372

Alangium chinense（Lour.）Harms subsp. strigosum Fang（1979）

本亚种与原种的区别在于小枝、花序、叶柄均密生漆黄色粗伏毛，花柱有毛。花期6—7月；果期8—9月。

产勐腊、文山、红河等地；四川、陕西、湖北、湖南有分布。

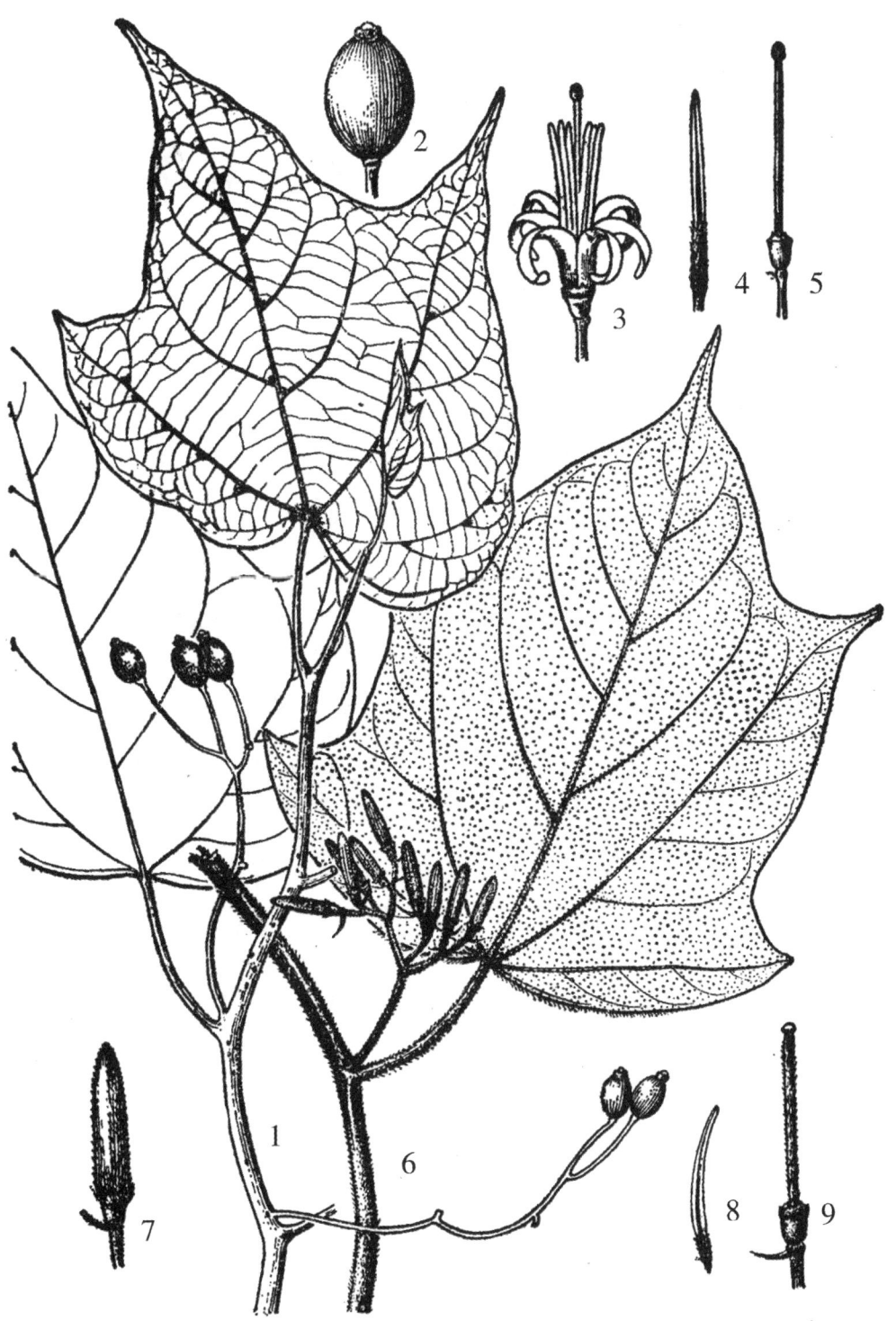

图371　瓜木和云南八角枫

1—5.瓜木 *Alangium platanifolium*（Sieb. et Zucc.）Harms
1.果枝　2.果　3.花　4.雄蕊　5.雌蕊
6—9.云南八角枫 *Alangium yunnanense* C. Y. Wu ex Fang et soong
6.花枝　7.花蕾　8.雄蕊　9.雌蕊

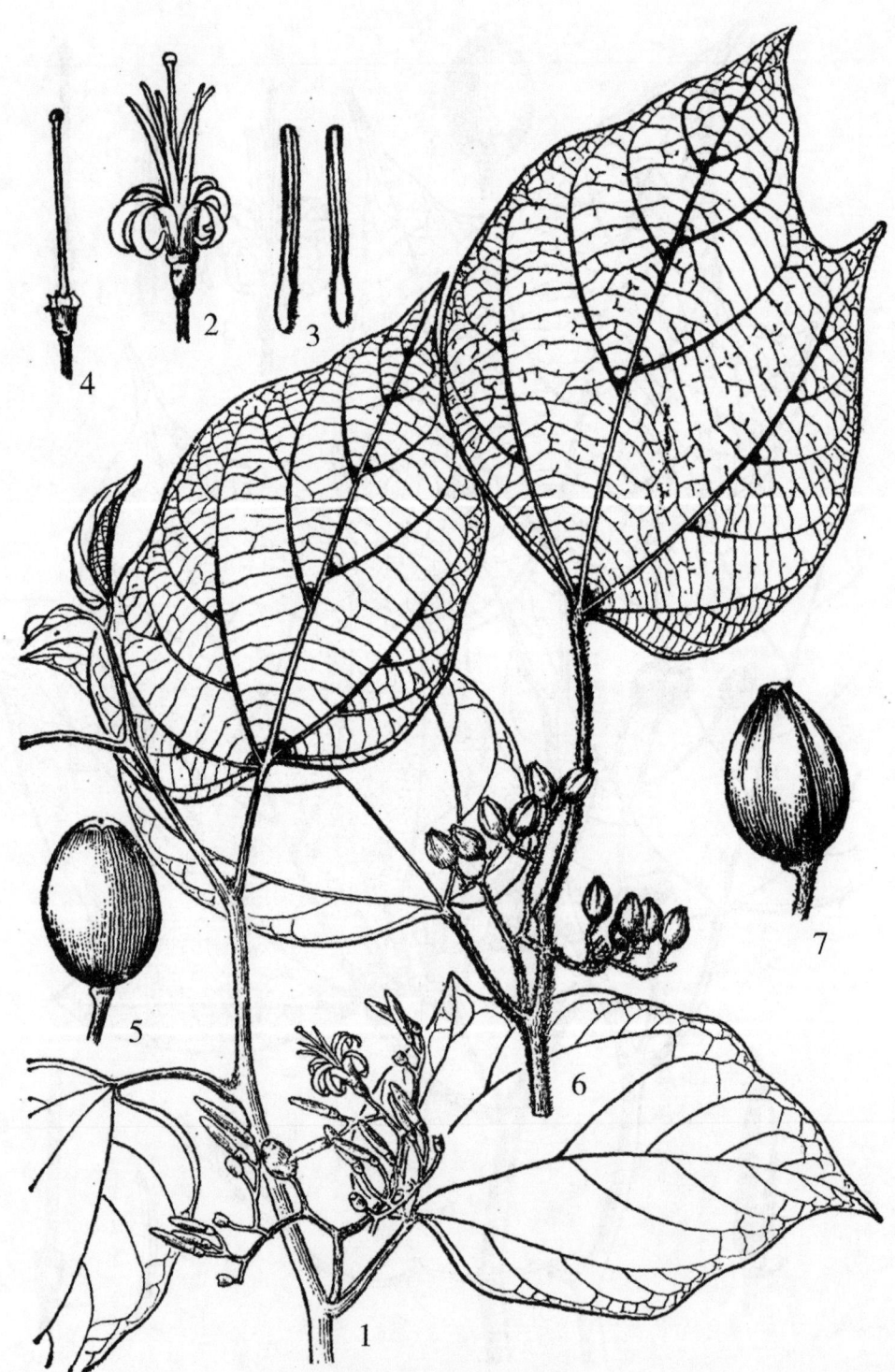

图372　八角枫和伏毛八角枫

1—5.八角枫 *Alangium chinense*（Lour.）Harms

1.花枝　2.花　3.雄蕊　4.雌蕊　5.果实

6—7.伏毛八角枫 *Alangium chinense* subsp. *strigosum* Fang

6.果枝　7.果实

2b.深裂八角枫（亚种） （四川大学学报） 图373

Alangium chinense（Lour.）Harms subsp. triangulare（Wanger.）Fang（1979）

叶较小，具3—5深裂，凹缺达叶片中部。

产昆明、安宁、新平、楚雄等地。陕西、甘肃、安徽、湖南、湖北、四川、贵州有分布。

2c.稀花八角枫（亚种）图373

Alangium chinense（Lour.）Harms subsp. pauciflorum Fang（1979）

叶较小，常不裂，稀3—5浅裂，每花序仅3—6花。

产昆明、景东、新平等地。陕西、湖北、贵州、四川有分布。

3.毛八角枫 图374

Alangium kurzii Craib（1911）

Alangium tomentosum（Bl.）Hand.-Mazz.（1933）

落叶小乔木，稀灌木，高达10米，小枝近圆柱形，幼时有淡黄色绒毛和短柔毛。叶互生，纸质，近圆形或宽卵形，长12—14厘米，宽7—9厘米，先端长渐尖，基部心形或近心形，偏斜，全缘，上面深绿色，下面淡绿色，密被黄褐色丝状绒毛，掌状基出脉3—5条，在上面显著，下面凸起，侧脉6—7对；叶柄长2.5—4厘米，近圆柱形，微被黄褐色绒毛，稀无毛。聚伞花序有5—7花，花序梗长3—5厘米，花梗长5—8毫米；花萼漏斗状，萼齿6—8、花瓣6—8、线形，长2—2.5厘米，基部黏合，上部外卷、外面有淡黄色短柔毛，里面无毛，初时白色，后变淡黄色；雄蕊6—8；花丝长3—5毫米，有疏柔毛，花药长12—15毫米，药隔有长柔毛；花盘近球形，微具裂痕，有微柔毛；子房2室；花柱圆柱形，上部膨大，柱头近球形，4裂。核果椭圆形或长圆状椭圆形，长1.2—1.5厘米，直径8毫米，幼时紫褐色，熟后黑色，顶端有宿存萼齿。花期5—6月；果期9月。

产勐海、勐腊、景洪、河口，生于海拔500—1400米的疏林中。安徽、江西、湖南、广西有分布；缅甸、越南、泰国、马来西亚、印度尼西亚和菲律宾也有。

3a.厚叶八角枫 图375

Alangium kurzii Craib var. pachyphyllum Fang et Su（1979）

本变种主要区别在于小枝，叶、花序常有密而宿存的淡黄色短柔毛，叶革质，叶柄短而粗；花瓣8—10，内面有疏柔毛。

产金平、蒙自、勐海、景洪、勐腊，生于海拔600—1600米疏林中。

3b.心叶八角枫（云南种子植物名录） 云山八角枫（四川大学学报）图374

Alangium kurzii Craib var. handelii（Schnarf）Fang（1979）

Alangium handelii Schnarf（1922）

本变种与正种的区别在于小枝、叶片，叶柄无毛或幼时有毛，后渐无毛，叶片长圆状

图373 稀花八角枫和深裂八角枫

1—3.稀花八角枫 *Alangium chinense*（Lour.）Harms subsp. *pauciflorum* Fang

1.花枝 2.叶下面局部放大 3.雌雄蕊

4—5.深裂八角枫 *Alangium chinense*（Lour）Harms subsp. *triangulare*（Wanger.）Fang

4.果枝 5.果实

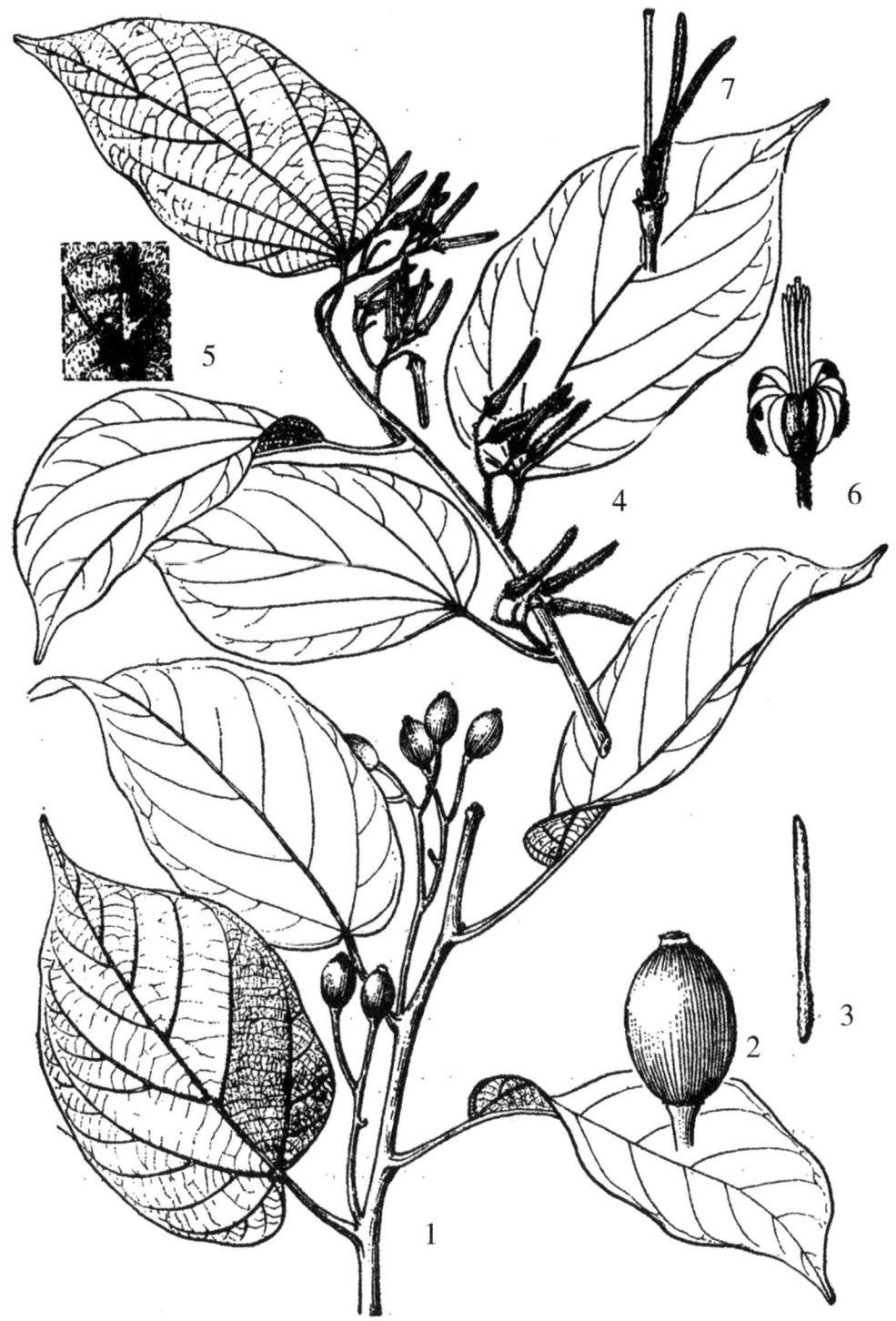

图374 心叶八角枫和毛八角枫

1—3.心叶八角枫 *Alangium kurzii* Craib var. *handelii*（Schnarf）Fang

1.果枝 2.果 3.雄蕊

4—7.毛八角枫 *Alangtum kurzii* Craib

4.花枝 5.叶下面一部（示毛） 6.雌蕊 7.雄蕊

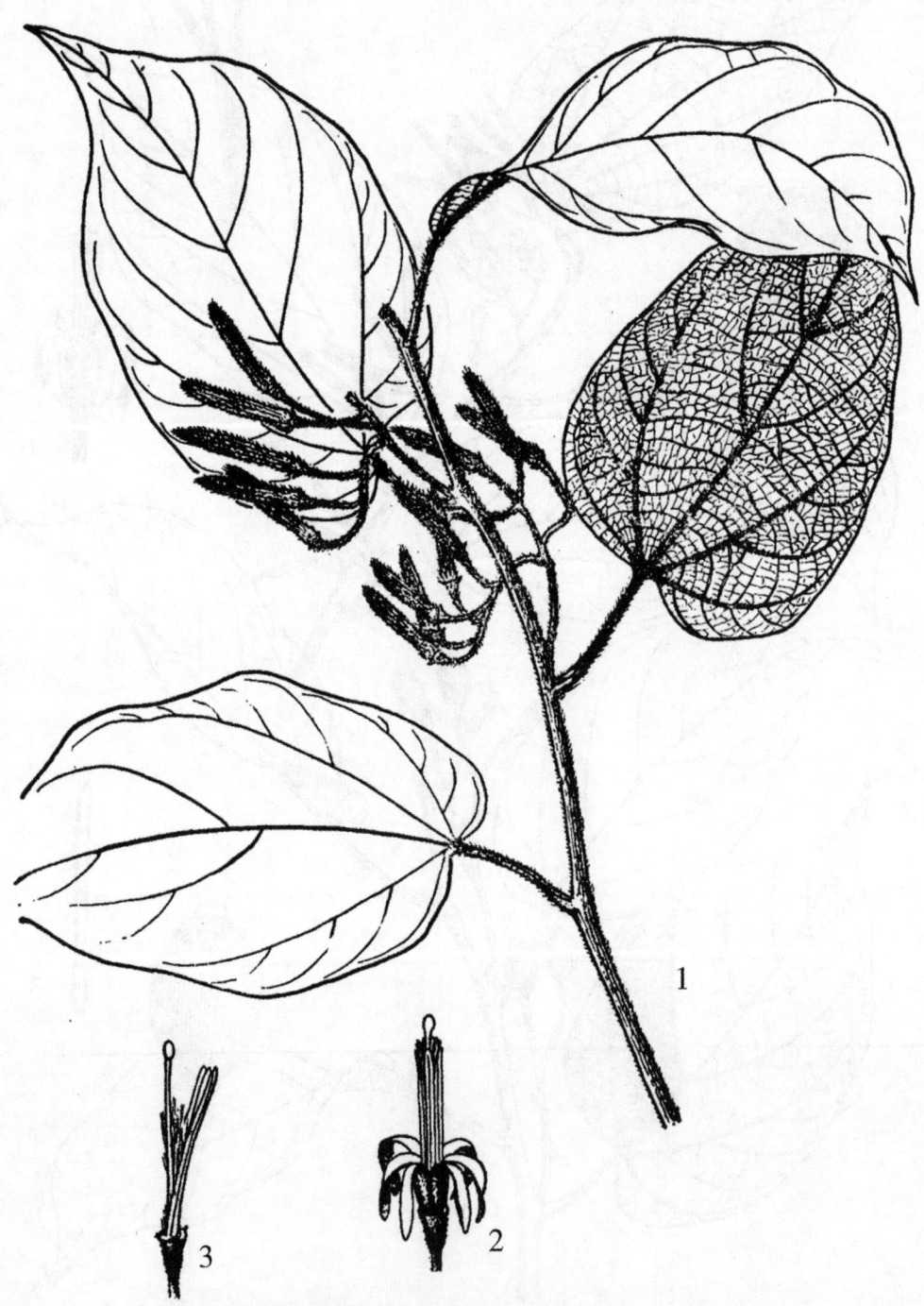

图375 厚叶八角枫 *Alangium kurzii* Craib var. *pachyphyllum* Fang
1.花枝 2.花 3.雌蕊和雄蕊

卵形或椭圆状卵形，基部常心形；花瓣6—7，长2—2.5厘米。

产景东、河口、金平、富宁、文山，生于海拔1000米以下山地疏林中。江苏、浙江、福建、安徽、河南、江西、湖南、贵州、广东、广西有分布。

4.瓜木　八角枫（中国树木分类学）、篠悬叶瓜木（中国植物图谱）图371

Alangium platanifolium（Sieb. et Zucc.）Harms（1898）

落叶灌木或小乔木，高达9米。小枝纤细，稍弯曲，略呈"之"字形，近无毛。叶纸质，近圆形，稀宽卵形或倒卵形，长11—13（—18）厘米，宽8—11（—18）厘米，先端钝尖，基部心形或圆形，有时稍歪斜，不分裂或稀分裂，边缘波状或钝锯齿状，上面深绿色，下面淡绿色，幼时两面沿脉或脉腋有长柔毛或疏柔毛，掌状基出脉3—5条，侧脉5—7对，和主脉相交呈锐角，上面显著，下面微凸起，叶柄长3.5—5（—10）厘米，疏被短柔毛或无毛。聚伞花序腋生，长3—3.5厘米，常有3—5花，花序梗长1.2—2厘米，花梗长1.5—2厘米，近无毛，花梗上有1线形小苞片，早落，外面有短柔毛；花萼近钟形、外面疏被短柔毛，裂片5，三角形长宽均约1毫米；花瓣6—7，线形，紫红色，外面有短柔毛，近基部较密，长2.5—3.5厘米，宽1—2毫米，基部黏合，上部外卷；雄蕊6—7，花丝长8—14毫米，微被短柔毛，花药长1.5—2.1厘米，药隔内面无毛，外面无毛或有疏柔毛；花盘肥厚，近球形，无毛，微现裂痕；子房1室，花柱粗壮，长2.6—3.6厘米，无毛，柱头扁平。核果长卵圆形或长椭圆形，长8—12毫米，顶端有宿存花萼裂片，种子1。花期3—7月；果期7—9月。

产镇雄、绥江、盐津、永善等地，生于海拔2000米以下阳坡或疏林中。吉林、辽宁、河北、山西、河南、陕西、甘肃、山东、浙江、台湾、江西、湖北、四川、贵州有分布；朝鲜、日本也有。

种子及分蘖繁殖。9—10月采种，洗净阴干，冬播或沙藏至翌年早春播种。条播、覆土2厘米，播后盖草。出苗后搭设荫棚遮阴。

树皮含鞣质，纤维可作人造棉，根叶药用，治风湿或跌打损伤，也可作农药。

5.小花八角枫　图376

Alangium faberi Oliv.（1888）

落叶灌木，高达4米。小枝纤细，近圆柱形，幼时有紧贴的粗状毛，后近无毛。叶薄纸质至膜质，不裂或掌状三裂，不分裂者矩圆形或披针形，先端渐尖或尾状渐尖，基部偏斜，近圆形或心脏形，长7—12（—19）厘米，宽2.5—3.5厘米，上面绿色，幼时有稀疏的小梗毛，脉上较密，老时脉上稍有毛，下面淡绿色，幼时有粗伏毛，老时几无毛，或脉上有疏毛，侧脉6—7对；叶柄长1—1.5（—2.5）厘米，近圆柱形，疏生淡黄色粗伏毛。聚伞花序短而纤细，有5—10（—20）花，长2—2.5厘米，被淡黄色粗伏毛，花序梗长5—8毫米；苞片三角形，早落；花萼近钟形、外面有粗伏毛，裂片7，三角形，长1—1.5毫米；花瓣5—6，线形、反卷，长5—6毫米，宽1毫米，外面被紧贴粗伏毛，内面被疏柔毛；雄蕊5—6，和花瓣近等长，花丝长2毫米，微扁，下部和花瓣合生，顶端宽扁，有长柔毛，花药长4—6毫米，基部有刺状硬毛；花盘近球形；子房1室，花柱无毛，柱头近球形。核果近卵形或卵状椭圆形，长6.5—10毫米，直径4毫米，成熟时淡紫色，顶端有宿存的萼齿。花期6月；果期10月。

产文山、马关、西畴，生于海拔500—1000米疏林中。湖北、湖南、广东、广西、四川、贵州有分布。

营林技术与瓜木略同。

根药用，有清热，消积食，解毒的功效。

5a.小叶八角枫（变种）图376

Alangium faberi Oliv. var. perforatum（Lévl）Rehd.（1934）

与正种的区别在于小枝呈紫褐色，幼枝及花序上有柔毛及先端有红褐色硬毛。叶小而窄，长4—7厘米，宽5—8毫米，基部圆形或宽楔形，两侧常对称。雄蕊药隔背面无毛。

产马关、文山等地。贵州有分布。

图376 小花八角枫和小叶八角枫

1—6.小花八角枫 *Alangium faberi* Oliv.

1.花枝 2.花 3.雄蕊 4.雌蕊 5.果枝 6.果

7.小叶八角枫 *Alangium faberi* Oliv. var. *perforatum*（Lévl）Rehd.花枝

211a.珙桐科 DAVIDIACEAE

落叶乔木。单叶，在长枝上互生，在短枝上簇生，羽状脉，有锯齿，无托叶。花杂性，同株。排成顶生的头状花序，花序下部承以2—3白色叶状苞片，花序梗较长；头状花序由1两性花和多数雄花组成或全由雄花组成，雄花无花被，雄蕊1—7，花丝细长，花药卵形，内向；两性花雄蕊5—10（—26），花丝短；子房下位，6—10室，每室胚珠1。核果、果核有沟纹；种子具胚乳。

本科1属。我国特产。

珙桐属 Davidia Baill.

形态特征与科同。
本属1种1变种。

1.珙桐 鸽子树（云南）图377

Davidia involucrata Baill.（1971）

乔木，高达20米，胸径达1米。树皮深灰褐色，呈不规则薄片剥落。芽鳞覆瓦状排列，卵形。叶宽卵形或近圆形，长9—15厘米，宽7—12厘米，先端渐尖，基部心形，边缘粗锯齿具刺状尖头，上面幼时被长柔毛，下面密生淡黄色粗毛；叶柄长4—10厘米。花序球形，花序梗长4—6厘米，苞片纸质，椭圆状卵形，长8—15厘米，中部以上有锯齿，基部心形，呈乳白色，下垂，花后脱落。果长卵形或椭圆形，长3—4厘米，径1.5—3厘米。种子3—5。花期4月；果期10月。

产镇雄、彝良、大关、永善、威信，生于海拔1800—2000米阴湿阔叶林中，常与丝栗、木荷、木瓜红、峨眉栲、槭树、连香树、筇竹等混生。贵州、四川、湖北、湖南均产。

喜冷凉多湿的气候，耐寒性强，喜肥沃湿润的中性或酸性土壤。

种子、插条繁殖或萌芽更新。珙桐萌芽力强，萌条可长成大树；林下天然更新较差。种子繁殖须经处理，果实采收后先用0.5%的高锰酸钾浸泡1星期，然后用湿沙层积，1个多月后种子破裂，便可播种。扦插繁殖，采当年生枝条，用萘乙酸或吲哚丁酸处理插条，可提高成活率。

木材白色，心材淡黄色，心边材区别不明显，有光泽，纹理斜或直，结构甚细，均匀，坚硬美丽，干后不翘不裂，宜作精美器具及雕刻艺术品，也是良好家具用材。又以花序在开花期间形如白鸽，故有"鸽子树"之称，为珍贵的园林观赏树种。

1a.光叶珙桐（变种）

var. vilmoriniana（Dode）Wanger.（1910）

D. vilmoriniana Dode（1908）

叶下面无毛或幼时沿脉疏被毛，有时下面被白粉。

产维西、贡山等地，生于海拔1800—3000米沟谷阔叶林中。四川、贵州、湖北有分布。

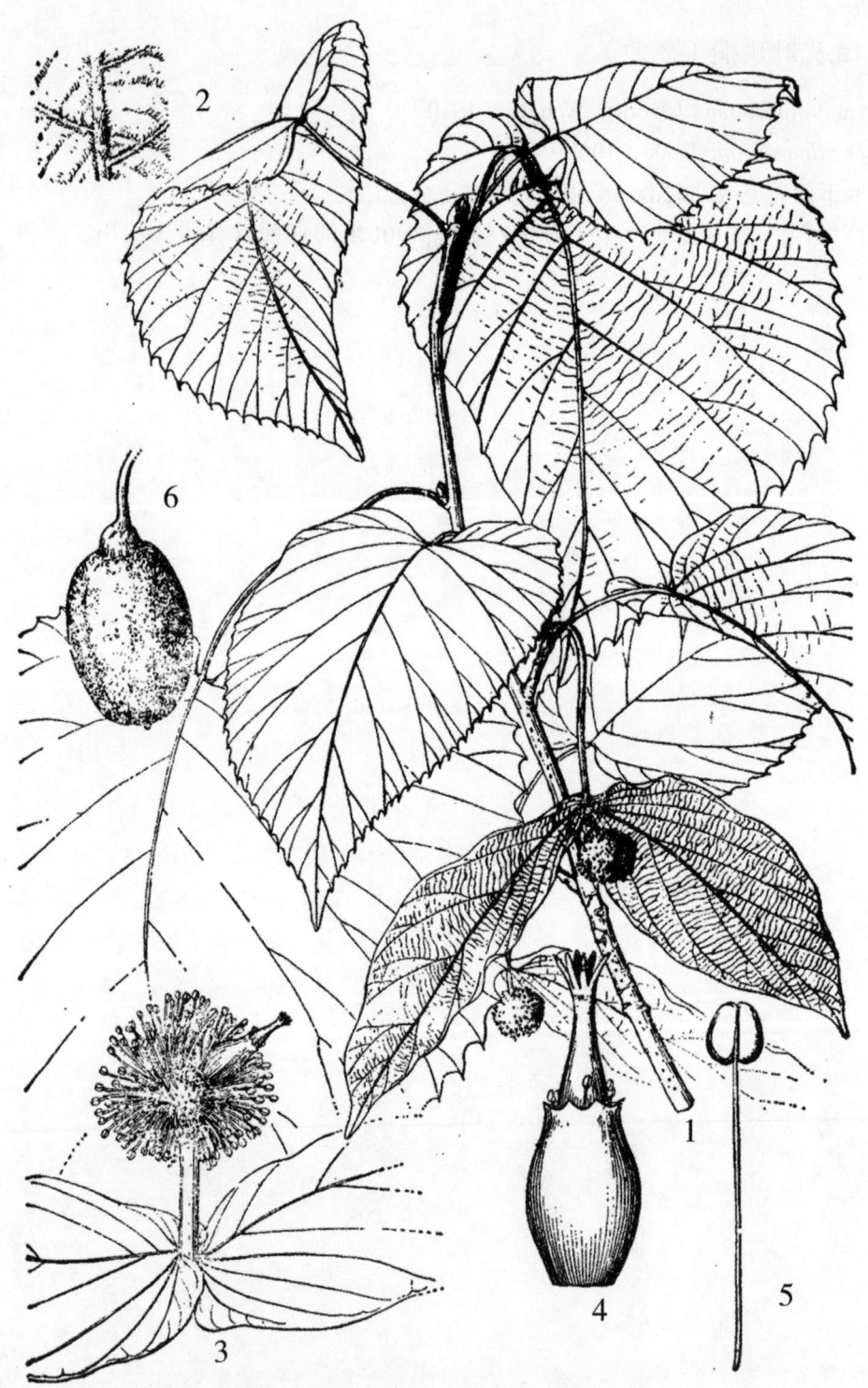

图377 珙桐 *Davidia involucrata* Ball.
1.花枝 2.叶背一部 3.花序 4.两性花 5.雄蕊 6.果实

212.五加科 ARALiACEAE

常绿或落叶，乔木和灌木或宿根草本，有时用气根攀援，茎有刺或无刺。叶互生，稀轮生或对生，单叶、掌状分裂、指状复叶或羽状复叶；托叶存在，稀无托叶。花小，两性或单性，辐射对称，排列成穗状、头状或伞形花序，或再排列成圆锥花序；花萼小，5裂，与子房合生；花瓣5—10，镊合状或覆瓦状排列，分离或合生；雄蕊与花瓣同数或2倍，有时更多，着生于花盘的边缘；子房下位，1—15室，每室有1胚珠，花柱离生或合生成柱状。果为浆果或核果；种子有胚乳与小胚。

本科约80属900种，主产热带和温带地区。我国有23属，160余种，分布于全国，但主产地为西南，尤以云南为多；云南有18属111种和30变种或变型。本志收载15属87种及7变种。

分 属 检 索 表

（一）

1.花瓣在花芽中镊合状排列。

　2.雄蕊多数，通常50—70；子房多室而无定数 ……………………… 1.多蕊木属 Tupidanthus

　2.雄蕊10或较少；子房1—12室而有定数。

　　3.子房4—12室。

　　　4.单叶或掌状分裂。

　　　　5.花瓣、雄蕊5—12；子房5—12室；花柱合生；叶5—9掌状分裂 …………………
　　　　…………………………………………………………………2.刺通草属 Trevesia

　　　　5.花瓣、雄蕊5；子房2—5室，稀4室；花柱离生或基部连合而顶端离生；单叶，不
　　　　分裂或有时掌状2—5裂 ……………………………… 3.树参属 Dendropanax

　　　4.指状复叶。

　　　　6.茎无皮刺；子房5—7室；花柱连合成柱状或柱头无柄 …… 4.鹅掌柴属 Schefflera

　　　　6.茎有皮刺；子房2室、有时3—5室；花柱分离，2—5或在基部连合 ……………
　　　　……………………………………………………………… 5.五加属 Acanthopanax

　　3.子房1—2室，稀3室。

　　　7.子房1室；雄蕊10；单叶 ……………………………… 6.大果五加属 Diplopanax

　　　7.子房2—3室；雄蕊4—5，复叶或单叶。

　　　　8.单叶或掌状分裂。

　　　　　9.无刺灌木；花柱基部分离或稍连合。

　　　　　　10.叶5—12掌状分裂 ……………………………… 7.通脱木属 Tetrapanax

　　　　　　10.叶2—5分裂或浅裂。

　　　　　　　11.花梗明显有节；果实扁平状；单叶和3—5小叶的指状复叶生于同一植株
　　　　　　　上 ……………………………………………… 8.梁王茶属 Nothopanax

11.花梗无节；果实近球形；单叶，不分裂或仅有3浅裂 ························
························· 9.常春木属 Merrilliopanax

9.有刺或无刺乔木，稀为灌木；花柱连合成柱状。

12.花两性；有刺乔木 ··························· 10.刺楸属 Kalopanax

12.花杂性同株或异株；无刺灌木或乔木，稀有刺　11.柏那参属 Brassaiopsis

8.指状复叶或羽状复叶。

13.花梗明显有节；指状复叶。

14.花柱基部连合或分离；果实扁平状；内胚乳形质无变化 ·········
························· 8.梁王茶属 Nothopanax

14.花柱连合成柱状；果卵球形，具肋脊；内胚乳嚼烂状 ·········
························· 12.大参属 Macropanax

13.花梗无节；羽状复叶 ··········· 13.幌伞枫属 Heteropanax

1.花瓣在花芽中覆瓦状排列。

15.草木，灌木或小乔木，有刺或无刺；叶为2—5回羽状复叶；伞形花序；子房2—5室，花柱2—4，分离 ··········· 14.楤木属 Aralia

15.乔木或藤状灌木，无刺；叶为1回或2回羽状复叶；总状花序或伞形花序；子房5室，偶有7—8室，花柱多少合生 ··········· 15.五叶参属 Pentapanax

（ 二 ）

1.藤本植物；叶为掌状复叶。

2.植物体无刺。

3.大藤本（初时为直立小乔木），茎长达15米以上；叶有小叶7—9，小叶宽4—9厘米 ·········
························· 1.多蕊木属 Tupidanthus

3.藤状灌木，茎长10米以下；叶有小叶3—7，如7—9时则小叶宽4厘米以下 ·········
························· 4.鹅掌柴属 Schefflera

2.植物体有刺 ··········· 5.五加属 Acanthopanax

1.直立植物，稀蔓生状灌木。

4.叶为羽状复叶。

5.叶为一回羽状复叶 ··········· 15.五叶参属 Pentapanax

5.叶为2至5回羽状复叶，稀同一植株上有1至2回羽状复叶。

6.植物体无刺；木本植物；小叶边缘全缘 ··········· 13. 幌伞枫属 Heteropanax

6.植物体通常有刺；木本或草本植物；小叶边缘有整齐或不整齐锯齿、细锯齿、重锯齿，稀波状或深缺刻 ··········· 14.楤木属 Aralia

4.叶为单叶或掌状复叶。

7.叶为单叶，不分裂，或在同一植株上有掌状分裂叶。

8.不分裂叶宽圆形或心形，长度与宽度几相等 ··········· 7.通脱木属 Tetrapanax

8.不分裂叶非圆形或心形，长度大于宽度。

9.叶除单叶外，尚有掌状复叶 ··········· 8.梁王茶属 Nothopanax

9.叶全为单叶，无掌状复叶。

  10.叶两型，不分裂和掌状分裂

    11.叶有透明腺点、子房5室 ·············· 3.树参属 Dendropanax

    11.叶无透明腺点、子房2室 ·············· 9.常春木属 Merriliopanax

  10.叶同型，无分裂叶。

    12.单叶或分2—3浅裂；圆锥状伞形花序 ·········· 9.常春木属 Merriliopanax

    12.单叶常不分裂；穗状圆锥花序 ·········· 6.马蹄参属 Diplopanax

7.叶为掌状复叶，或单叶呈掌状分裂。

  13.叶掌状分裂。

    14.常绿植物 ···························2.刺通草属 Trevesia

    14.落叶植物 ······················· 10.刺楸属 Kalopanax

  13.叶为掌状复叶，稀在同一株上有单叶。

    15.植物体无刺；花梗有关节 ·············· 12.大参属 Macropanax

    15.植物体有刺或无刺；花梗无关节。

      16.植物体无刺，子房5—11室，总状，伞形、头状等花序组成圆锥花序·········

      ·· 4.鹅掌柴属 Schefflera

      16.植物体常有刺，子房3—5室。

        17.叶有小叶3—5，叶柄长12厘米以下，托叶不存或不明显，通常无小叶柄或

        有长仅1厘米以下的短柄 ·············· 5.五加属 Acanthopanax

        17.叶有小叶5—9，稀3—5，叶柄长12厘米以上，托叶与叶柄基部合生，小叶

        柄通常较长，长1.5厘米以上 ·········· 11.柏那参属 Brassaiopsis

1. 多蕊木属 Tupidanthus Hook. f. et Thoms.

常绿灌木，初直立，后变为大藤本，无毛。叶大，指状复叶，小叶全缘，有柄；托叶不脱落。伞形花序组成圆锥状或复伞形状；花大，花萼齿不明显；花瓣合生成一早脱落的帽状体；雄蕊多数；花盘隆起；子房下位，多室，无花柱，柱头多数，每室有1下垂胚珠。果为核果状，近球形；种子极多数。

本属仅有1种，分布于印度、缅甸、越南、马来西亚与我国云南、贵州。

多蕊木 图378

Tupidanthus calyptratus Hook. f. et Thoms.（1856）

常绿藤本。叶互生，革质，指状复叶，小叶7—9（—11），狭长圆形至倒卵状长圆形，长10—26厘米，宽3.5—9厘米，先端渐尖至长渐尖，基部圆形至宽楔形，全缘；叶柄长12—60厘米；托叶与叶柄基部合生成短而阔的鞘状，上面有明显的圆形皮孔；小叶柄长3—4.5厘米。花序顶生，3—5个伞形花序组成复伞形花序或圆锥花序，伞形花序有花5—7，花序梗长4—10厘米，被星状毛；小花梗长1—1.5厘米，被星状毛；苞片革质，卵形，长1.5厘米，基部稍抱花梗，外被星状毛；花大，绿色，直径1.5—2.5厘米；萼筒革质，边缘有不明

显齿；花瓣合生成帽状体，革质，早落，外面有皱纹；雄蕊50—70；子房多室，柱头放射状排列，合生成纵的柱状体，无分枝或有3辐射状分枝。果扁球形，外果皮黄绿色，肉质，直径2—3.5厘米，种子半圆形，侧扁，黄白色。花期2—3月；果期4—8月。

产勐海、澜沧、孟连、沧源、耿马、瑞丽、芒市、盈江、腾冲、金平，生于海拔900—1700米的常绿阔叶林或季雨林中，常攀援于树上成藤本。西藏、贵州有分布；印度、马来西亚、缅甸、越南、柬埔寨也有。

稍耐荫，不耐寒，忌霜冻。除种子繁殖外，还可扦播繁殖。

贵州民间用根入药，有解热、止痢之效。在南方热地可试作室内盆景栽培。其叶四季常绿，可供园林观赏。

2. 刺通草属 Trevesia Vis.

常绿小乔木或灌木，有刺或无刺。叶大，互生，掌状分裂或掌状复叶，具长柄；托叶与叶柄基部合生成二裂的鞘状。花序为多花集成的伞形花序，后再组成大圆锥花序；花杂性，花萼边缘波状或具小齿；花瓣7—12，镊合状排列；雄蕊与花瓣同数；子房下位，7—12室，花柱合生成短柱状，每室有1下垂胚珠。果为核果，卵状球形；种子压扁。

本属约2种，分布于印度、尼泊尔、孟加拉国、越南、老挝、柬埔寨、马来西亚及太平洋岛屿。我国有1种和1变种，产云南、西藏、贵州和广西。

1. 刺通草（中国高等植物图鉴） 广叶参（中国种子植物科属辞典）图378

Trevesia palmata（Roxb.）Vis.（1824）

Gastonia palmata Roxb.（1812）

常绿小乔木，高达8米。小枝淡黄棕色，幼时密被棕色绒毛，疏生短刺。叶大，掌状5—9深裂或掌状复叶，直径30（—60）—45（—96）厘米，裂片长椭圆形至披针形，或又具小裂片，常在基部有扇形的弯缺裂片，先端渐尖至长渐尖或钝尖，边缘有粗锯齿，两面或仅在下面散生棕黄色星状鳞片毛；叶柄长30—90厘米，疏生短刺，密被棕色绒毛至无毛或仅基部被毛；托叶与叶柄基部合生成二裂的鞘状。苞片长圆形，长2.5厘米。花序为伞形花序组成的圆锥花序，长30—50厘米，嫩时密被铁锈色绒毛；伞形花序有多数花，直径4—5厘米，花梗长4—9厘米；小花梗长1.5—2厘米；花淡黄绿色，萼长4毫米，被锈色绒毛，边缘有不明显10齿；花瓣7—12，长5毫米，常合生成帽状体，密被锈色绒毛；雄蕊7—12，花丝与花瓣近等长；子房7—12室，花盘肉质，花柱合生成短柱状，柱头呈钝齿状。核果卵状球形，直径1—1.2厘米，无毛，有宿存花柱，内有种子7—12。花期3—5月；果期5—6月。

产西双版纳、普洱、耿马、澜沧、景东、凤庆、泸水、金平、屏边、河口、马关、文山等地，生于海拔200—1500米的常绿阔叶林或季雨林中。广西、贵州、西藏有分布，印度、尼泊尔、孟加拉国、越南、老挝及柬埔寨也有。

喜湿润温暖气候，耐荫，常为常绿阔叶林下第二层下木，忌严霜和冰雪，昆明露地栽培，不易越冬，常受冻害。繁殖用种子。

叶药用，治疗跌打损伤有效。

图378 多蕊木和刺通草

1—4.多蕊木 *Tupidanthus calyptratus* Hook. F. et Thoms

1.复叶 2.花序 3.花 4.幼果

5—9.刺通草 *Trevesia palmata*（Roxb.）Vis.

5—6.掌状分裂叶 7.掌状叶 8.幼果序 9.果横剖

1a.肋果刺通草

var. costata Li（Araliaceae）（1942）

产勐海、景洪、澜沧等地。

3.树参属 Dendropanax Decne & Planch.

常绿无刺乔木或灌木。单叶，稀掌状3—5裂，常有半透明红棕色腺点，有基出三脉；无托叶或为一叶鞘所代替。顶生伞形花序单生，或排列成复伞形花序；小花梗不具关节；苞片小或缺；花两性或杂性，萼5齿裂或全缘；花瓣5，镊合状排列；雄蕊5；子房5室，稀2或4室，花柱短，离生或合生成柱状，柱头5，稀2。果为核果，球形或卵状球形，干时具棱或不具棱，微侧扁；种子侧扁，有胚乳。

本属约80种，分布于热带美洲及亚洲东部。我国有16种，产长江以南各省。云南有5种和1变种1变型。

分 种 检 索 表

1.伞形花序单生或2—3簇生于枝顶；叶卵形至卵状椭圆形，有半透明棕色腺点；网脉不显；果球形具5棱，直径8—10毫米 ·················· **1.大果树参** D. macrocarpus
1.伞形花序排列成复伞形花序，顶生；叶卵状椭圆形，无腺点，网脉在下面较明显；果长圆形或倒卵状长圆形至梨形。
  2.花柱基部或中部以下合生，结果时顶端离生；叶有半透明红棕色腺点。
    3.叶二型，不裂或分裂；伞形花序2—3组成复伞形花序；果长圆形，具5棱 ·········
·· **2.树参** D. dentiger
    3.单叶、不裂；伞形花序单生或3—4簇生枝顶；果近球形或卵状圆形 ···············
·· **3.缅甸树参** D. burmanicus
  2.花柱全部合生成柱状，结果时顶端不离生。
    4.叶革质，椭圆状长圆形、无腺点，无离基三出脉；花序单1顶生 ···············
·· **4.榕叶树参** D. ficifolius
    4.叶坚纸质至薄革质，长圆状椭圆形至长圆状卵形、具半透明红棕色腺点，有离基三出脉；伞形花序3—5排成复伞形花序 ·················· **5.海南树参** D. hainanensis

1.大果树参　图379

Dendropanax macrocarpus C. N. Ho（1952）

乔木，高达12米；小枝灰黄色，具棱，无毛。单叶，厚纸质至革质，长卵形或卵状椭圆形，长9—15厘米，宽5—9厘米，先端渐尖，基部宽楔形，两面无毛，具红棕色半透明腺点；基出3脉伸至叶片长的2/3，侧脉3—5对，在两面明显隆起，网脉不显著；叶柄长2—6厘米，无毛具细条纹，基部扩大而扁，稍成鞘状。伞形花序单1顶生或2—3簇生于枝顶，有花3—20，花序梗粗壮，长0.5—2厘米，少数长3—4厘米；苞片早落；花淡绿色；花萼杯状，具5棱，无毛，长约1毫米；花瓣5，三角状卵，长约2毫米，先端增厚而内曲，秃净；雄蕊5，花丝长2毫米，花药卵形；花盘平至微凸，表面折皱稍带灰色；子房5室，花柱5，分离几达基部，长约0.5毫米。小花梗长3—7毫米，顶端渐扩大连接花萼，有5棱，无毛。果球形，具5棱，直径8—10毫米，幼时绿色，成熟后紫红色；花柱宿存，向外弯曲；果梗粗壮，长6—8毫米。花期8—9月；果期10—11月。

产屏边、马关、西畴、麻栗坡，生于海拔1100—2000米的混交林或密林中。也见于广西西部。

种子繁殖，宜随采随播。11月采集种子后即可育苗、条播，幼时适当遮阴，苗高1米时可出圃造林。

2.树参 图379

Dendropanax dentiger（Harms）Merr.（1941）
Gilibertia dentigera Harms（1900）

乔木，高达7米。小枝灰褐色，有条纹。叶二型，不裂或掌状分裂，厚纸质至革质，无毛，有红棕色半透明腺点，基出二脉明显，网脉在两面明显隆起；分裂叶多生于枝顶，倒三角形，掌状2—3深裂；不裂叶椭圆形至长椭圆形，长7—10厘米，宽1.5—4.5厘米，先端渐尖，基部渐狭至楔形；叶柄长0.5—9厘米，无毛。伞形花序顶生或2—3组成复伞形花序，无毛，有花6—12（—16）；花序梗长1—3.5厘米；小花梗长5—7毫米；花淡绿白色；花萼长2毫米，边缘有5齿；花瓣5，三角形，长2毫米，反折；雄蕊5，花丝长2.5—3毫米；子房5室，花柱5，基部合生，顶端在果期向外反曲。果长圆形，长4—8毫米，具5棱，每棱有纵脊3条，无毛，成熟后紫黑色。花期6—7月；果期8—10月。

产临沧、西畴、马关、昭通、镇雄、新平，生于海拔1650—2800米的山坡、山谷林中。四川、贵州、广西、广东、福建、江西及浙江等省（自治区）有分布，也见于中南半岛。

3.缅甸树参

Dendropanax burmanicus Merr.（1941）

产贡山、福贡，生于海拔1350—1800米林中。缅甸北部有分布。

4.榕叶树参 图380

Dendropanax ficifolius Tseng et Hoo（1965）

小乔木，高达5米。小枝黄褐色，具条纹。单叶革质，不具腺点，椭圆状长圆形，长9—14厘米，宽2—4.5厘米，先端短渐尖，基部渐狭或宽楔形，具三出脉，全缘，边缘向下反卷，呈波状，两面无毛，主脉粗壮，在两面明显凸起，侧脉9—12对，粗壮，隆起，在叶缘网结，网脉极明显；叶柄长1—3厘米，粗壮，无毛。果序为伞形花序式，单1顶生，果序梗粗壮，长2—3厘米，无毛；有12果；果近球形，5室，稍具5棱，径约4毫米，成熟后紫色，花柱宿存，长约1毫米，全部合生；果梗长约7毫米。花期10—12月。

产马关，生于海拔1100—1500米的混交林中。模式标本采自马关。

图379 大果树参和树参

1—3.大果树参 *Dendropanax macrocarpus* C. N. Ho

1.花枝 2.花 3.果实

4—6.树参 *Dendropanax dentiger*（Harms）Merr.

4.花果枝 5.果实 6.花

图380　榕叶树参和海南树参

1—2.榕叶树参 *Dendropanax ficifolius* Tseng et Hoo

1.果枝　2.果

3—5.海南树参 *Dendropanax hainanensis*（Merr. et Chun）Chun

3.花枝　4.花　5.果

5.海南树参　图380

Dendropanax hainanensis（Merr. et Chun）Chun（1940）

Gilibertia hainanensis Merr. & Chun（1935）

乔木，高达18米。小枝灰黄至黄褐色，具条纹。单叶，坚纸质，无毛，长圆状椭圆形至长圆状卵形，长7—13厘米，宽2—4厘米，先端渐尖或稍尾状渐尖，微呈镰形，基部钝至宽楔形，全缘，基出三脉不显著；侧脉约有8对，网脉不显著；叶柄长1—7厘米，无毛。伞形花序顶生，3—5组成复伞形花序，在其中轴上往往有1—2总状排列的伞形花序：花序轴长3—5厘米，伞形花序有花6—10（15），直径1.2—1.5厘米，花序梗长2厘米；花梗长4—6毫米：花萼杯状，边缘近全缘，长1.5—2毫米，无毛；花瓣5，长圆状卵形，长1.5毫米，反折，先端稍增厚而内曲，雄蕊5，花丝与瓣等长；子房5室，花柱合生成1短柱状。果球形，径6—10毫米，具5棱，横切面呈正五角形，花柱宿存，成熟后黑紫色。花期6—8月，果期8—10月。

产西畴，生于海拔（700）1450—1550米的常绿阔叶林中或混交林中。分布于海南、广西、贵州、湖南。

4.鹅掌柴属　Schefflera J. R. et G. Forst.

无刺乔木、灌木或藤本，间有附寄生。叶为指状复叶；托叶连合生于叶柄上。花为伞形花序、总状花序或头状花序，再组成圆锥花序或复总状花序式；苞片宿存或脱落；花梗有或无，无节；花萼具5齿或近于全缘；花瓣5—7，镊合状排列；雄蕊与花瓣同数；子房下位，5—7室，花柱合生成柱状或分离或无花柱，柱头头状或无柄。果为球形核果，具棱或否，种子5—7，侧扁，胚珠整齐或微嚼烂状。

本属约400种，广布于热带地区。我国有37种，集中于东部及西南部。云南产30种和2变种。

分 种 检 索 表

1.总状花序或穗状花序组成圆锥花序；花柱全部合生成柱状。

　2.穗状花序组成圆锥花序；小叶下面密被星状绒毛，将网脉掩盖 ………………………… ……………………………………………………………… 1.穗序鹅掌柴 S.delavayi

　2.总状花序组成圆锥花序；小叶下面平滑，无毛或被星状绒毛，网脉明显。

　　3.小叶12—16，稀7—8。

　　　4.小叶长圆状椭圆形，长6—21厘米，宽1.8—6.5厘米，侧脉8—15对，小叶下面被星状绒毛或几无毛 ……………………………… 2.异叶鹅掌柴 S. diversifoliolata

　　　4.小叶卵形至长圆状卵形，长8—15厘米，宽4—8厘米，侧脉7—10对，小叶下面平滑无毛 ……………………………………… 3.海南鹅掌柴 S. hainanensis

　　3.小叶3—9。

　　　5.小叶柄长不超过1厘米，稀长达1.3厘米，小叶狭倒披针形 …………………………

·· 4.瑞丽鹅掌柴 S. shweliensis

  5.小叶柄长在1.5厘米以上。

    6.小叶革质，长圆状披针形，侧脉16—22对 ··········· 5.多脉鹅掌柴 S. multinervia

    6.小叶纸质，倒披针形、披针形至长圆形，侧脉8—12对，稀16对。

      7.小叶较小，长5—18厘米，宽2.5—7厘米·············· 6.红河鹅掌柴 S. hoi

      7.小叶大，长20—30厘米，宽8—10厘米 ······································

·············· 6a.大叶红河鹅掌柴 S. hoi var. macrophylla

1.伞形花序或头状花序组成圆锥花序；花柱离生或合生成柱状，或无花柱。

  8.伞形花序组成圆锥花序：无花柱或有花柱。

    9.无花柱，柱头生于花盘上。

      10.花明显有梗。

        11.小叶5，卵形至倒卵状长圆形.伞形花序排列成伞房状圆锥花序··············

·······································7.云南鹅掌柴 S. yunnanensis

        11.小叶5—7，长圆形至倒卵形：花序分枝，伞房状排列。

          12.花盘圆锥状，具5棱，果卵状球形 ·············· 8.密脉鹅掌柴 S. venulosa

          12.花盘平压圆锥状，棱不明显，果球形 ············· 9.印度鹅掌柴 S. khasiana

      10.花无梗或近于无梗；小叶倒卵椭圆形或倒卵状长圆形 ·····················

··· 10.球序鹅掌柴 S. glomerulata

    9.有花柱，柱头生于花柱上。

      13.花柱基部合生，顶端离生 ············· 11.拟白背叶鹅掌柴 S. hypoleucoides

      13.花柱全部合生成柱状。

        14.圆锥花序顶生。

          15.小叶干时网脉在上面下凹，小叶长圆形或长圆状披针形，下面密被黄色星状

            绒毛 ··································· 12.文山鹅掌柴 S. fengii

          15.小叶干时网脉在上面不下凹。

            16.小叶下面无毛或几无毛。

              17.小叶长圆状披针形至椭圆状长圆形，中央的叶长20厘米以上。

                18.小叶先端急尖，小叶柄近等长，长2—4.5厘米·····················

·································· 13.高鹅掌柴 S. elata

                18.小叶先端尾状渐尖，小叶柄不等长，长1.5—8厘米·················

······························ 14.红花鹅掌柴 S. rubrifiora

              17.小叶倒披针状长圆形至长圆状披针形或线状披针形，中央的叶长18厘米

              以下。

                19.小叶革质，倒披针状长圆形，先端渐尖至短渐尖，小叶柄近等长，长

                  2.5—4.5厘米 ··························· 15.独龙鹅掌柴 S. yui

                19.小叶膜质，线状披针形至长圆状披针形，先端长渐尖，小叶柄不等

                  长，长1—5厘米 ··············· 16.短席鹅掌柴 S. bodinieri

            16.小叶下面幼时被星状绒毛或短柔毛。

20.叶大，长20—50厘米，宽8—25厘米。

21.灌木或小乔木；小叶下面疏被星状柔毛 ………………
…………………………………… 17.金平鹅掌柴 S. chinpingensis

21.乔木；小叶下面密被白色绒毛 ……… 18.大叶鹅掌柴 S. macrophylla

20.叶较小，长18厘米以下。

22.花瓣有毛。

23.小叶7—11，下面密被灰白色星状绒毛；花序被星状绒毛 …………
………………………………… 19.白背叶鹅掌柴 S. hypoleuca

23.小叶7，下面苍绿色，被极疏细星状柔毛至几无毛；花序被白色绒毛
………………… 19a.绿背叶鹅掌柴 S. hypoleuca var. Hypochlorum

22.花瓣无毛。

24.花柱在果期长不超过1毫米；小叶椭圆形，卵状椭圆形或长圆状椭圆
形，下面幼时被星状短柔毛，后渐脱落至几无毛 …………………
……………………………………… 20.鹅掌柴 S. octophylla

24.花柱在果期长超过1毫米；小叶卵状披针形，长圆状披针形至长圆状
椭圆形，下面密被星状绒毛。

25.小叶6—7，长圆状椭圆形，下面被锈色星状绒毛 ……………
………………………………… 22.麻栗坡鹅掌柴 S. marlipoensis

14.圆锥花序侧生，小叶长圆形或椭圆形，两面无毛，干时黑棕色 …………
………………………………………… 23.多核鹅掌柴 S. polypyrena

8.头状花序组成圆锥花序，花柱离生或基部合生，顶端离生 24.中华鹅掌柴 S. chinensis

1.穗序鹅掌柴　图383

Schefflera delavayi（Fr.）Harms（1900）

Heptaplcurum delavayi Fr.（1896）

乔木，高达8米。小枝粗壮，被灰褐色星状绒毛，具白色片状髓心。叶为指状复叶，连叶柄长20—60厘米，有小叶4—7，革质，不等大，卵状披针形至倒卵状长圆形，长10—25厘米，宽3—12厘米，先端渐尖，基部钝，边缘全缘至具疏离不整齐的粗齿或1—3浅裂至深裂，上面平滑无毛，暗绿色，下面密被灰白色或黄色星状绒毛，侧脉7—13对；小叶柄长1—9厘米，被绒毛或微被绒毛；叶柄圆柱形，长9—30厘米，被绒毛至逐渐变无毛，基部膨大。穗状花序聚生成大圆锥花序顶生，长12—60厘米，密被绒毛至逐渐脱落，分枝长10—30厘米；苞片卵形，长4—5毫米；花无梗；小苞片三角状卵形，长1—2毫米；花小，黄绿色，径约4毫米；萼5齿裂，三角形，被绒毛，花瓣5，三角状卵形，长约2毫米，两面均无毛；雄蕊5，较长于花瓣；子房5室，花柱短，合生成柱状，长约1毫米。果球形，径3—5毫米，黑色，近于无毛至微被绒毛，花柱长约2毫米，柱头头状；果梗极短，长约1毫米，至近于无梗。花期10月；果期12月。

产嵩明、武定、寻甸、双柏、峨山、玉溪、景东、漾濞、邓川、丽江、香格里拉、德钦、贡山、福贡、龙陵、临沧、文山、砚山、蒙自、元江、镇雄、盐津，生于海拔1200—

图381　白背叶鹅掌柴和异叶鹅掌柴

1—2.白背叶鹅掌柴 *Schefflera hypoleuca*（Kurz）Harms

1.果枝　2.幼果

3—4.异叶鹅掌柴 *Schefflera diversifoliolata* Li

3.枝叶　4.花蕾

3000米的沟旁、林缘、山坡疏林中。分布于四川、贵州、湖南、湖北、江西、福建、广东、广西。模式标本采自洱源孟获营。

种子繁殖，种子成熟后即可采集，去杂晒干后收藏于通风干燥处，春季育苗，温水浸种24小时后播种，幼苗出土时适当遮荫。

2.异叶鹅掌柴 图381

Schefflera diversifoliolata Li（1942）

乔木，高达7米。小叶7—12；叶柄圆柱形，长约22厘米或更长，平滑无毛；小叶纸质，不等大，长圆状椭圆形，长6—21厘米，宽1.8—6.5厘米，先端渐尖，基部圆形，边缘全缘，上面平滑无毛，下面被细星状绒毛或几无毛，粉绿色；侧脉8—15对，在上面略明显，下面隆起，网脉在上面不明显，下面略明显；小叶柄不等长，长0.5—6.5厘米，平滑无毛。圆锥花序顶生，近于无毛，侧枝长约20厘米，花序总状排列。果梗长3—4毫米，疏被柔毛；小苞片三角形，长1—2毫米。果球形，径约4毫米，有5棱，花柱长约1.5毫米，柱头头状，5裂。花期9月；果期11月。

产屏边、金平，生于海拔1600—2200米的山谷林中。模式标本采自屏边。

3.海南鹅掌柴 图390

Schefflera hainanensis Merr. et Chun（1935）

乔木，高达4米，树皮褐色。小叶约16；叶柄圆柱形，长约40厘米，平滑无毛；小叶纸质至亚革质，卵形至长圆状卵形，长8—15厘米，宽4—8厘米，先端渐尖，基部宽楔形，全缘，上面橄榄色，下面苍绿色，两面均平滑无毛，侧脉7—10对，在上面明显，下面突起，网脉两面均明显；小叶柄不等长，长2—8厘米，幼时被鳞秕状物。圆锥花序顶生，长约30厘米，密被褐色绒毛至逐渐稀少，分枝总状花序排列，长5—9厘米；苞片三角形，长0.5—1厘米，被绒毛；花梗长2—3毫米，疏被绒毛；小苞片三角形，长约1毫米；花萼被绒毛，不明显5齿裂；花瓣5，绿色，长约2毫米，两面均无毛；雄蕊5，花丝较长于花瓣；子房5室，花柱合生，成柱状。果卵状圆形，长约3毫米，无毛，有5棱，花柱长约1毫米，柱头头状。花期9—10月。

产屏边，生于海拔1600—1700米的丛林中。分布于海南五指山。

4.瑞丽鹅掌柴 图384

Schefflera shweliensis W. W. Smith（1917）

灌木或小乔木，高达16米。小枝具椭圆形皮孔。小叶5—11，叶柄圆柱形，无毛，长7—24厘米；小叶革质，狭倒披针形，长7—15厘米，宽2—4厘米，先端长渐尖，基部狭楔形，全缘，两面均平滑无毛，侧脉7—9对，两面均明显，网脉不明；小叶柄长5—13毫米，平滑无毛。圆锥花序顶生，长15—35厘米，初被白色绒毛，后渐变几无毛，花序下部为圆锥状，上部为总状，侧枝总状排列，长6—15厘米；苞片三角状卵形至披针形，长3—10毫米，被绒毛至几无毛；花梗长约5毫米，被绒毛至几无毛，果时延长；小苞片三角形，极小；花萼被绒毛至几无毛，5齿裂：花瓣5，淡绿黄色，长约2毫米，两面均无毛；雄蕊5，花丝与花瓣近等长；子房5室，花柱合生成柱状，柱头头状。果球形，径5—6毫米，蓝黑色，不明显5棱，花柱长约1.5毫米；果梗长5—8毫米，被细绒毛至几无毛。花期9—10月；果期11月至次年1月。

产维西、贡山、龙陵、腾冲、瑞丽、泸水、临沧、镇康、景东，生于海拔1900—2600米的山坡林中。模式标本采自云南瑞丽。

散孔材。木材黄白色，心边材区别不明显，生长轮明显，横向薄壁组织发达，木射线数中等，略宽，纹理直，结构均匀，轻而软，干缩小，强度弱，不耐腐。可作包装箱、火柴杆、牙签、家具等用材。

5. 多脉鹅掌柴　图382

Schefflera multinervia Li（1942）

乔木，高达8米。叶有5小叶，叶柄圆柱形，长8—12厘米，平滑无毛；小叶革质，长圆状披针形，长15—17厘米，宽5—5.5厘米，顶端急尖，基部宽楔形，全缘，上面光亮，下面苍绿色，两面均无毛，侧脉16—22对，两面均明显，网脉在两面均不明显；小叶柄近等长，长1 2厘米，无毛。圆锥花序顶生，长约25厘米，被锈色短柔毛至几无毛，下部分枝复总状花序排列，长约20厘米，上部分枝总状花序排列，较短；苞片三角形，长约0.5毫米；花萼疏被短柔毛至几无毛，5齿裂；花瓣5，长约2毫米，淡绿色，外面疏被短柔毛至渐无毛，内面无毛；雄蕊5；子房5室，花柱合生成柱状。花期9月。

产泸水，生于海拔3200米林中。模式标本采自云南泸水。

6. 红河鹅掌柴　图383

Schefflera hoi（Dunn）Viguier（1909）
Heptapleurum hoi Dunn（1903）

乔木，高达12米。小叶3—9，叶柄圆柱形，长10—30厘米，无毛；小叶纸质至近革质，倒披针形、披针形至长圆形，长5—22厘米，宽1.3—7厘米，先端尖至渐尖，基部圆形至楔形，全缘，上面绿色，下面苍绿色，两面均无毛，侧脉8—20对，在上面明显，下面突起；小叶柄不等长，长1—5.5厘米，无毛。总状花序聚生成大圆锥花序，顶生，长40—50厘米，下部复总状花序排列；苞片三角状披针形，长5—10毫米，被绒毛至近于无毛；花梗长2—4毫米，被锈色绒毛；小苞片三角形，长约1毫米；花小，淡绿色，直径约4毫米；萼疏被锈色绒毛，不明显5齿裂；花瓣5，长1.5—2毫米，两面均无毛；雄蕊5，与花瓣近等长；子房5室，花柱合生成柱状。果球形，直径4—5毫米，无毛，具5棱，花柱长1.5—2毫米，柱头头状。花期9月；果期10—11月。

产维西、贡山、丽江、兰坪、福贡、德钦、鹤庆、屏边、蒙自、红河。生于海拔2000—3000米密林中。模式标本采自红河。

6a. 大叶红河鹅掌柴

var. macrophylla Li（1942）
产贡山，生于海拔2500米的阔叶林中。

图382　印度鹅掌柴和多脉鹅掌柴

1—3.印度鹅掌柴 *Schefflera khasiana*（C. B. Clarke）Viguier

1.果序　2.叶　3.果

4—5.多脉鹅掌柴 *Schefflera multinervia* Li

4.花序　5.花蕾

图383 穗序鹅掌柴和红河鹅掌柴

1—4.穗序鹅掌柴 *Schefflera delavayi*（Fr.）Harms
1.果枝　2.叶　3.花　4.子房横剖

5—7.红河鹅掌柴 *Schefflera hoi*（Dunn）Viguier
5.幼果枝　6.枝叶　7.果

7.云南鹅掌柴　图384

Schefflera yunnanensis Li（1942）

附生藤状灌木，高达10米。叶有小叶5，叶柄圆柱形，长5—6厘米，平滑无毛；小叶革质，倒卵状长圆形至卵形，长约5.5厘米，宽2.5—3厘米，先端渐尖，基部宽楔形或圆形，平滑无毛，下面苍绿色，无毛，侧脉5—6对，连同网脉在两面均隆起；小叶柄不等长，长1.5—3厘米，无毛。伞形花序排成伞房状圆锥花序，分枝3—4，果时长约8厘米，疏被绒毛，伞形花序在分枝上排列成总状，每伞形花序有果2—7，伞形序梗长7毫米，被绒毛；果梗长约7毫米，疏被绒毛；果卵状球形，有5棱，长约4毫米，具腺点，花盘圆锥状，长为果的1/3，柱头无柄。花期11—12月；果期4—5月。

产贡山、泸水，生于海拔1300—1700米的丛林中。

8.密脉鹅掌柴　图385

Schefflera venulosa（Wight & Arn.）Harms（1894）

Paratropia venulosa Wight & Arn.（1834）

灌木或小乔木，高达10米，有时为附生藤状灌木。叶有小叶5—7；叶柄长10—12厘米；托叶和叶柄基部合生成鞘状；小叶革质，椭圆形或长圆形，长10—16厘米，宽4—6厘米，先端尖或渐尖，基部狭、钝形至近圆形，两面无毛；侧脉5—6对，网脉稠密而隆起；小叶柄长2—5厘米，无毛。伞形花序组成的圆锥花序顶生，幼时密被星状绒毛，后变无毛；伞形花序有花7—10，10—20总状排列在分枝上；苞片卵状三角形，长8毫米，早落；萼无毛；花瓣5，长2毫米，有3脉，无毛；雄蕊5；子房5室，无花柱，花盘略隆起。果卵形或近球形，有5棱，红色，连花盘长4毫米，直径3毫米，花盘隆起成圆锥状，五角形，长约为果实的1/4。花期5月；果期6月。

产文山、红河、玉溪、曲靖、楚雄、西双版纳、临沧、德宏、保山、怒江，生于海拔900—2100米的谷地常绿林中。分布于贵州、广西；印度、巴基斯坦和越南也有。

本种入药，外用治跌打损伤、风湿关节炎。

9.印度鹅掌柴　图382

Schefflera khasiana（C. B. Clarke）Viguier（1909）

Heptapleurum khasianum C. B. Clarke（1879）

乔木。叶有小叶5—7，叶柄圆柱形，无毛，长约20厘米；小叶革质，长圆形至披针形，长15—20厘米，宽6—9厘米，先端渐尖，基部圆形，全缘，两面均平滑无毛；侧脉8—12对，连同网脉在两面均明显；小叶柄长5—10厘米，平滑无毛。伞形花序排列成总状圆锥花序，长20—30厘米，被星状绒毛至几无毛，侧枝总状花序排列，下部的有时为复总状花序；苞片长圆形，长约6毫米，先端渐尖，常早落；伞形花序有8—10花，花梗长2—3毫米，被星状绒毛至几无毛；萼被细绒毛，5齿裂；花瓣5，外面被细毛，内面无毛，长约2毫米；雄蕊5，较花瓣长；子房5室，无花柱。果球形，径约4毫米，有不明显5棱，花盘平压圆锥状，柱头5，无柄。花期6—7月。

图384 瑞丽鹅掌柴和云南鹅掌柴

1—2.瑞丽鹅掌柴 *Schefflera shweliensis* W. W. Smith

1.果枝 2.果

3—4.云南鹅掌柴 *Schefflera yunnanensis* Li

3.果枝 4.果

图385 密脉鹅掌柴和星毛鹅掌柴
1—2.密脉鹅掌柴 *Schefflera venulosa*（Wight & Arn.）Harms
1.果枝　2.果放大
3—5.星毛鹅掌柴 *S. minutistellata* Merr. ex Li
3.枝叶　4.果序　5.果放大

产盈江，生于海拔800—1500米的林中。印度、不丹有分布。

种子繁殖，宜随采随播，苗高1米时可出圃造林。

10.球序鹅掌柴　图386

Schefflera glomerulata Li（1942）

乔木或灌木，有时藤状附生，高达8米。叶有小叶5—7，叶柄圆柱形；小叶长圆形，长8—17厘米，宽3—8厘米，先端钝或急尖，基部楔形至宽楔形，全缘，两面均无毛；侧脉7—8对，在上面明显，微突起，下面突起，网脉在两面微突起；小叶柄不等长，长1.5—5厘米，无毛。花几无梗，常5—8花成簇，排列成总状圆锥花序，顶生，长15—20厘米，被绒毛至几无毛，侧枝长7—12厘米，苞片被毛，常早落；小苞片早落；花小，淡绿色，径约3毫米；萼无毛，全缘或近于全缘；花瓣5，三角状卵形，长约1.5毫米，无毛；雄蕊5，与花瓣近等长；子房5室，花盘微举起，柱头5，无柄。果卵状圆形，直径约4毫米，有5棱，花盘圆锥状，5角形，长为果的1/4—1/3。花期4—5月；果期8月。

产河口、屏边、金平、西畴、麻栗坡、元江、普洱、西双版纳，生于海拔800—1500米的丛林中。分布于贵州、广西、广东。模式标本采自屏边。

种子成熟后即可采种，宜随采随播，苗床适当遮阴，勤除草勤浇水，苗高1米时可出圃。

11.拟白背叶鹅掌柴　图386

Schefflera hypoleucoides Harms（1919）

乔木，高4—10米。小叶5—7；叶柄圆柱形，长20—30厘米，无毛至几无毛；小叶革质至亚革质，长圆形至长圆状披针形，长11—22厘米，宽5—10厘米，先端渐尖，基部近圆形，边缘全缘，有时有疏离钝锯齿，上面无毛，下面苍绿色，近于无毛，侧脉8—16对，在上面明显，下面隆起，网脉在上面不显，下面微隆起；小叶柄不等长，长1—5厘米，无毛。花序为顶生圆锥花序，长20—30厘米，幼时被褐色绒毛，后渐脱落，伞形花序单生或总状花序排列于侧枝上，侧枝长6—10厘米，伞形序梗长2—5厘米，被柔毛至近于无毛；苞片三角形，长2—5毫米，密被绒毛；伞形花序有多花；花梗长3—5毫米，果时延长，长达1.5厘米，被绒毛至近于无毛；小苞片小；花白色，径约4毫米；萼被绒毛，近全缘；花瓣5，三角状卵形，长约3毫米，被柔毛；雄蕊5，花丝长约5毫米；子房5室，花盘平扁，花柱5，基部合生。果球形，紫黑色，径约7毫米，宿存花柱5，向外反曲。花期12月；果期4月。

产文山、金平、屏边、绿春、蒙自、元江，生于海拔1300—2400米的密林中。

12.文山鹅掌柴　图387

Schefflera fengii Tseng et Hoo（1965）

乔木或灌木，高达15米。叶有小叶5—7，叶柄圆柱形，长6—20厘米，被褐锈色的毛，很快变几无毛；小叶革质，不等大，中间的长椭圆形，长13—15厘米，宽5—6厘米，外侧的长椭圆状披针形，长约10厘米，先端渐尖，基部近圆形至圆形，全缘或边缘具疏离锯齿，微反卷，中脉在上面微下陷，被星状柔毛，下面隆起，密被褐黄色绒毛，侧脉8—12

图386 球序鹅掌柴和拟白背鹅掌柴

1—3.球序鹅掌柴 *Schefflera glomerulata* Li

1.果序一部分 2.叶 3.果

4—6.拟白背鹅掌柴 *Schefflera hypoleucoides* Harms

4.果序 5.叶 6.果

对，在上面下陷，下面隆起，网脉在上面下陷，下面隆起；小叶柄长1—2厘米。圆锥花序顶生，长约27厘米，密被锈色绒毛，逐渐脱落近于无毛；伞形花序有花10—20，上部的有花梗6成假轮生状，下部的有分枝3—7成总状花序排列，很少1—2花混杂，很快近于无毛；苞片三角形至三角状披针形，长3—15毫米，密被锈色绒毛至很快变无毛；花梗长约2.5毫米，果时延长达8毫米，密被白色星状柔毛；小苞片小；三角形；花小，淡绿色；萼被白色星状柔毛，长2毫米，边缘不明显5齿；花瓣5，三角状卵形至卵形，长2—2.5毫米，微被白色柔毛，很快变无毛；雄蕊5，较花瓣略短，子房5室，有时4室，花柱长约1毫米，合生成柱状。果球形，黑色，具5棱，直径约4毫米，疏被星状柔毛，宿存花柱长约2毫米，柱头头状。花期8月；果期11—12月。

产文山、麻栗坡、马关、屏边、景东、新平、元江、双柏，生于海拔1800—2500米的丛林中。模式标本采自文山。

13.高鹅掌柴　图388

Schefflera elata（Ham.）Harms（1894）

Hedera elata Buch.-Ham. ex D. Don（1825）

乔木，高达13米。叶有小叶5—7，叶柄圆柱形，长约15厘米，无毛；小叶革质，椭圆状长圆形，长10—20厘米，宽5—7厘米，先端急尖，基部圆形至楔形，全缘，上面无毛，下面被极疏细星状柔毛至几无毛呈苍绿色，侧脉8—11对，在上面不明显，在下面稍隆起，网脉两面均不明显；小叶柄近等长，长2—4.5厘米，无毛。圆锥花序顶生，长30—40厘米，被锈色绒毛至近于无毛，下部分枝复总状花序排列，分枝长20—30厘米；伞形花序有花12—15，成总状花序排列于分枝上；苞片卵形，长约5毫米；伞形序梗长2—4厘米，疏被绒毛至几无毛；花梗长5—7毫米，疏被绒毛；萼几无毛，边缘具5齿；花瓣5，长约2毫米，无毛；雄蕊5，花丝长约2毫米；子房5室，花盘平扁、花柱合生成柱状。果卵状球形，直径4—5毫米，宿存花柱长2毫米；果梗长1—1.5厘米，被微绒毛。花期7月。

产蒙自、福贡。分布于印度、不丹、尼泊尔。

14.红花鹅掌柴

Schefflera rubriflora Tseng et Hoo（1965）

产勐腊，生于海拔980米的山谷密林中。

15.独龙鹅掌柴

Schefflera yui Tseng et Hoo（1965）

产贡山、维西，生于海拔1700米林中。

16.短序鹅掌柴　图389

Schefflera bodinieri（Levl.）Rehd.（1930）

Heptapleurum bodinieri Levl.（1914）

灌木或小乔木，高2—5米。叶有小叶7—9；叶柄细瘦，圆柱形，长8—18厘米，宽1—

图387 金平鹅掌柴和文山鹅掌柴

1—3.金平鹅掌柴 *Schefflera chinpingensis* Tseng & Hoo

1.叶 2.花 3.雌蕊

4—6.文山鹅掌柴 *Schtffltra fengii* Tseng et Hoo

4.叶 5.果序 6.果实

图388　锈毛五叶参和高鹅掌柴

1—2.锈毛五叶参 *Pentapanax henryi* Harms

1.花枝　2.雌蕊

3—5.高鹅掌柴 *Schefflera elata*（Ham.）Harms

3.果枝　4.叶　5.果

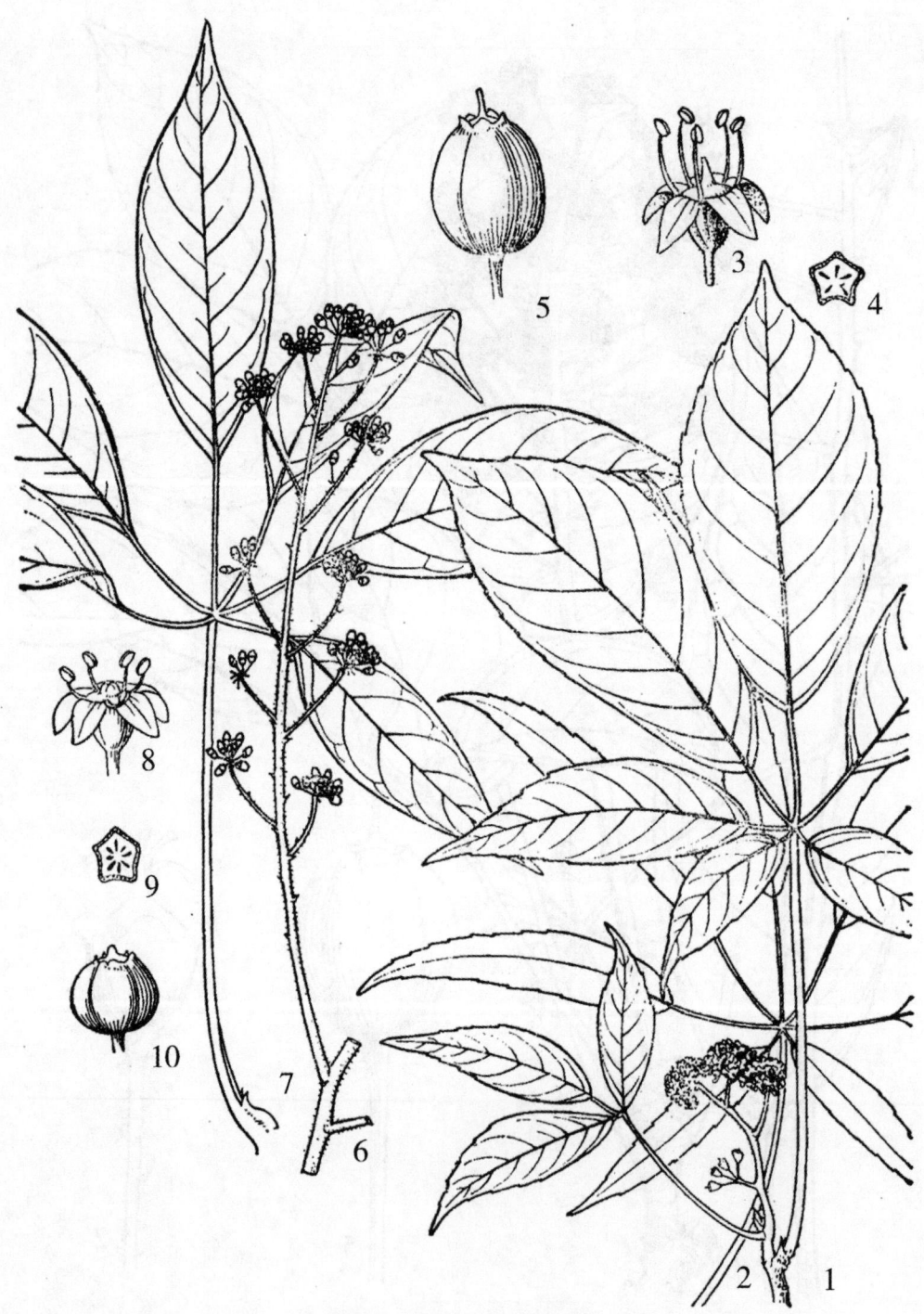

图389 短序鹅掌柴与鹅掌柴

1—5.短序鹅掌柴 *Schefflera bodinieri*（Levl.）Rehd.

1.花枝 2.叶 3.花 4.子房横剖 5.果实

6—10.鹅掌柴 *Schefflera octophylla*（Lour.）Harms

6.花序 7.叶 8.花 9.子房横剖 10.果实

5厘米，先端长渐尖，基部宽楔形至圆形，边缘具疏离锯齿或波状锯齿，稀全缘，两面均无毛，或下面苍绿色，被极疏白色星状短柔毛，侧脉8—16对，在上面略明显，下面明显，网脉不明显；小叶柄不等长，长1—5厘米，无毛。圆锥花序顶生，长7—15（30）厘米，被灰白色星状短柔毛至逐渐变无毛；伞形花序单个顶生或数个成总状花序排列于分枝上；伞形花序有花约20；苞片三角形，长3—5毫米，被星状短柔毛；伞形序梗长1—4厘米，花梗长4—6毫米，均疏被灰白色星状短柔毛；小苞片短；萼长2—2.5毫米，被灰白色星状短柔毛，有5齿；花瓣5，长圆状卵形，长约3毫米，无毛；雄蕊5，花丝较花瓣略长；子房5室，花盘微突起，花柱合生成柱状，长1—2毫米。果球形，红色，直径5—6毫米，微具5棱；萼齿宿存，花柱长2—3毫米，柱头头状。花期8月；果期10—11月。

产文山、蒙自，生于海拔1800—2300米的山谷林中。分布于四川、贵州和广西。

17. 金平鹅掌柴　图387

Schefflera chinpingensis Tseng & Hoo（1965）

灌木，高约5米。小枝粗壮，圆柱形，具黄色皮孔，皮孔椭圆形或长圆形。叶有小叶5—6，叶柄粗壮，圆柱形，长30—40厘米，疏被星状短柔毛至渐无毛；小叶革质，卵状长圆形，长20—30厘米，宽9—14厘米，先端尾状渐尖或钝头，基部圆形，全缘，上面无毛，下面被星状柔毛，中脉两面隆起，侧脉10—13对，连同网脉在两面均隆起；小叶柄不等长，长1.5—7厘米，近于无毛。圆锥花序顶生，长约28厘米，侧枝长10—17厘米，连同序轴密被星状绒毛；伞形花序有花10—20，直径1.2—1.4厘米，在侧枝上有12—20个伞形花序成总状花序排列；伞形序梗长1.5—2厘米，密被星状短柔毛；花梗长1.5—4毫米；苞片长椭圆形，长约5毫米，外面疏被星状短柔毛，内面无毛，早落；小苞片线形，长约1.5毫米；花紫红色，花芽近球形，长约2毫米；萼被星状短柔毛，边缘全缘至具5齿；花瓣5，卵状三角形，长约2毫米，外面疏被星状短柔毛至近于无毛；雄蕊5，长约4毫米；子房5室，花柱合生成柱状，长1—2毫米，花盘微凸起。花期4月。

产金平，生于海拔350—450米的山坡路边或林中。模式标本采自金平。

18. 大叶鹅掌柴　图390

Schefflera macrophylla（Dunn）Viguier（1909）

Heptapleurum macrophyllum Dunn（1903）

乔木，高达13米。叶有小叶5—7，叶柄圆柱形，长45—75厘米，无毛；小叶厚革质，卵状长椭圆形，长20—55厘米，宽8—22厘米，先端短渐尖，基部圆形或心形，全缘至先端有小锯齿，上面无毛，下面密被白色绒毛，中脉在上面平坦，下面隆起，侧脉8—12，下面隆起，网脉在上面下陷，下面微隆起，小叶柄长4—10厘米，疏被绒毛至几无毛。花序为顶生大圆锥花序，长约60厘米，密被褐锈色绒毛至渐脱落，侧枝长约22厘米；苞片披针形，长1—1.5厘米，密被锈色绒毛；伞形花序有多花，在侧枝上总状花序排列；小苞片三角形，长约5毫米；花小，直径约4毫米；萼密被锈色绒毛，5齿裂；花瓣5，长约2毫米，外面被柔毛，内面无毛；雄蕊5，与花瓣近等长；子房5室，花盘扁平，花柱合生成柱状，长0.5毫米。果球形，直径约5毫米，具5棱，宿存萼齿被绒毛，花盘凸起，花柱长约2毫米，柱头

图390 海南鹅掌柴和大叶鹅掌柴

1—2.海南鹅掌柴 *Schefflera hainanensis* Merr. et Chun

1.叶 2.幼果

3—4.大叶鹅掌柴 *Schefflera macrophylla*（Dunn）Viguier

3.花序一部分 4.叶片

5，头状。花期9月；果期12月。

产屏边、绿春、普洱、临沧、景东、福贡等地，生于海拔1900—2600米的森林中。模式标本采自普洱。

19.白背叶鹅掌柴 图381

Schefflera hypoleuca（Kurz）Harms（1894）

Heptapleurum hypoleucum Kurz（1877）

小乔木，高达8米。叶有小叶7—11；叶柄圆柱形，长10—25厘米，无毛；小叶不等大，革质，长椭圆形至长椭圆状披针形，长8—20厘米，宽2.5—8厘米，先端渐尖，基部圆形至宽楔形，全缘至具齿，或有裂片，上面无毛，下面密被灰白色星状绒毛，侧脉8—12对，在上面下陷，在下面隆起，网脉在两面均不明显；小叶柄不等长，长1—8厘米，无毛。伞形花序排列成总状圆锥花序顶生，长30—40厘米，被星状柔毛至几无毛，下部分枝常成复总状花序；苞片三角形，长3—6毫米，外面被星状柔毛，内面无毛，伞形序梗长1.5—5厘米，被星状柔毛；小苞片三角形，长2—3毫米；花梗长6—8毫米，被灰白色绒毛；花淡绿白色，直径约3毫米；萼密被灰白色星状绒毛，具5齿；花瓣5，长2 3毫米，几无毛；雄蕊5，长约3毫米；子房5室，花盘平扁，花柱合生成柱状。果球形，直径3—4毫米，具5棱，宿存花柱长约1毫米，柱头头状。花期9—10月；果期12月。

产西畴、砚山、蒙自、景东等地，生于海拔1200—2000米的密林中。分布于印度、缅甸。

19a.绿背叶鹅掌柴

var. *hypochlorum* Dunn. ex Feng et Y. R. Li（1979）
产蒙自、麻栗坡，生于海拔1300米的密林中。

20.鹅掌柴 图389

Schefflera octophylla（Lour.）Harms（1894）

Aralia octophylla Lour.（1790）

乔木，高达15米。叶有小叶5—9，叶柄圆柱形，长6—20厘米，幼时被短柔毛，后渐脱净；小叶革质或纸质，椭圆形、卵状椭圆形或长圆状椭圆形，长7—17厘米，宽3—10厘米，先端急尖至短渐尖，基部楔形至近圆形，全缘，幼时两面被星状短柔毛，后渐脱落至几无毛，侧脉7—10对，在上面微明显，在下面微突起；小叶柄不等长，长1—4厘米，无毛。伞形花序聚生成大圆锥花序顶生，长20—35厘米，初密被星状柔毛，后渐脱落稀疏，侧枝成总状花序排列，长5—20厘米；苞片三角形，长2—3毫米；伞形序梗长1—2厘米，除基部有小苞片外，在中部有1—2小苞片；伞形花序有多花，花梗长3—7毫米；花小、白色，直径4—5毫米；萼被短柔毛至无毛，边缘具5—6细齿；花瓣5，长2—3毫米，无毛；雄蕊5，较花瓣略长；子房5—8室，花柱合生成极短的柱头。果球形，直径4—5毫米，花盘突起，萼边缘宿存，花柱极短，长不足1毫米，柱头头状。花期2—3月；果期5—6月。

产勐腊、景洪、勐海、普洱、景东、富宁，生于海拔210—1250米的森林中。分布于浙江、福建、台湾、广东、广西等省（区）；中南半岛、日本也有。

种子繁殖，宜随采随播，播后遮阴，第三年苗高1米左右即可出圃造林。

散孔材。木材微黄白；径切面导管线可见；导管细，管径小于射线宽度约一半；纹理直，结构细，材质轻。可供火柴杆、包装箱、一般家具用材。

21.星毛鹅掌柴　图385

Schefflera minutistellata Merr. ex Li（1942）

小乔木，高2—7米。幼枝密被黄棕色星状绒毛，后渐脱落。叶有小叶7—15，叶柄圆柱形，无毛，长15—40厘米；小叶纸质至薄革质，不等大，长圆状披针形至卵状披针形，长10—18厘米，宽2.5—6厘米，先端渐尖，基部圆形或楔形，全缘，上面无毛，下面密被灰色细星状绒毛，侧脉8—12对，上面不明显，微下凹，下面隆起，网脉不明显；小叶柄不等长，长1—7厘米，无毛。花序为伞形花序组成圆锥花序顶生，长30—40厘米，被黄棕色星状绒毛，侧枝成总状花序排列；苞片三角形，长2—5毫米，被绒毛；伞形花序梗长2—4厘米，具多花，花梗长6—7毫米，果时延长，被短柔毛；小苞片小，三角形；花小，绿白色，直径约4毫米；萼倒圆锥形，长1.5—2毫米，密被星状绒毛，有5齿裂；花瓣5，长约2毫米，无毛；雄蕊5，长3—4毫米；子房5室，花盘平扁，花柱合生成柱状。果球形，直径4—5毫米，宿存花柱长约2毫米，柱头头状。花期10月；果期12月。

产临沧、双江、景东、腾冲、龙陵等，生于海拔1800—2700米的山地密林或疏林中。分布于贵州、湖南、广西、广东和福建等省（区）。

22.麻栗坡鹅掌柴

Schefflera marlipoensis Tseng et Hoo（1965）

产麻栗坡，生于海拔1000米密林中。

23.多核鹅掌柴　图391

Schefflera polypyrena Tseng et Hoo（1965）

乔木或灌木，高达10米。小枝圆柱形，疏被皮孔，无毛。叶有小叶5—7；叶柄圆柱形，长12—30厘米，无毛；小叶纸质，长圆形或椭圆形，长12—20厘米，宽5—9厘米，中央的较大，两侧的较小，先端短渐尖至钝头，基部宽楔形或近圆形，全缘，两面均无毛，干时褐色，侧脉8—11对，在上面平坦，下面隆起，网脉不明显；小叶柄中央的长5—7厘米，两侧的长2—3厘米，无毛。圆锥花序侧生，长约20厘米，被秕糠状柔毛，很快变为近于无毛；分枝二叉式；伞形花序有花8—15，总状花序排列于分枝上；伞形序梗扁平，长1—2厘米；苞片宽三角形，长3—4毫米；花梗长1—2毫米；小苞片三角状卵形，长2毫米；萼宽钟形，长约3毫米，微被柔毛，边缘微呈啮蚀状；花瓣7—10，卵状三角形，长2.5—4毫米，无毛；雄蕊与花瓣同数，子房7—11室，花柱合生成柱状，长约1.5毫米，柱头头状，花盘突起。果球形，直径约4毫米，有7—11棱。花期11—12月；果期5月。

产屏边、西畴、麻栗坡，生于海拔800—1300米的阔叶林中。模式标本采自屏边。

24.中华鹅掌柴　图391

Schefflera chinensis（Dunn）Li（1942）

乔木，高达15米。小叶5—7，叶柄圆柱形，长10—34厘米，无毛至近于无毛；小叶亚革质，不等大，卵状长圆形，长8—20厘米，宽3.5—10厘米，先端渐尖，基部宽楔形至近圆形，边缘全缘或被疏锯齿至缺刻，上面无毛，下面疏被星状柔毛至几无毛，侧脉10—12对，在下面隆起，网脉在两面均明显；小叶柄不等长，长1—7厘米，被星状柔毛至几无毛。花序为顶生圆锥花序，长20—35厘米，密被黄褐色绒毛，侧枝长6—14厘米，花无梗或具极短梗，密集成圆球形的头状花序，顶生或总状花序排列于侧枝下；苞片密被绒毛；头状花序直径约2厘米；花白色，萼密被绒毛，边缘近于全缘；花瓣5，长约3毫米，外面被绒毛，内面无毛；雄蕊5，花丝长5毫米；子房5室，花柱5，直立，基部合生。果近球形，直径5—6毫米，疏被绒毛至平滑无毛，具5棱，花柱宿存；果梗长3—5毫米，被绒毛至几无毛。花期11月；果期5月。

产勐海、景东、镇康、泸水、凤庆及易门等地，生于海拔1580—2200米的林中。模式标本采自普洱。

5.五加属　Acanthopanax Miq.

灌木或小乔木，常具皮刺。叶为指状复叶或单叶；托叶稍显著，贴生于叶柄或早落；伞形花序圆锥状或近单生；苞片小或无；花梗不具关节或无梗；花杂性或两性；花萼边缘具齿；花瓣5或4，镊合状排列；雄蕊5或4、花丝丝状，花药卵形或长圆形，子房下位，2室，稀4—3室，花盘凸起或在中间锥形，花柱短，分离或在基部合生，稀在中部以上合生，先端外弯。果侧扁或近球形，近于成双或有棱角，外果皮肉质。种子2—5，稍压扁，胚乳平滑或稍有皱纹。

本属约30多种，分布于东亚至喜马拉雅山山脉地区及菲律宾、马来半岛。我国有26种，广布于南北各省，长江流域最盛；云南有9种和7变种。

分 种 检 索 表

1.子房2室。
　2.花柱完全分离，呈丝状 ……………………………………… 1.五加 A. gracilistylus
　2.花柱基部或至中部合生。
　　3.叶柄无刺；花梗与小序梗连结处簇生白色绒毛，花萼被毛，特别是边缘密被白色绒毛
　　…………………………………………………… 2.康定五加 A. lasiogyne
　　3.叶柄有散生刺；花梗与小序梗连结处无毛，花萼无毛 ………… 3.白簕 A. trifoliatus
1.子房5室，稀2—4室。
　4.子房5室，花柱合生为1短柱。
　　5.总花梗长4—14厘米，小花梗长1—2厘米；果微具棱 ……… 4.藤五加 A. leucorrhizus
　　5.总花梗长1—5厘米，小花梗长4—10毫米；小叶上面有刺毛；果明显具棱 …………

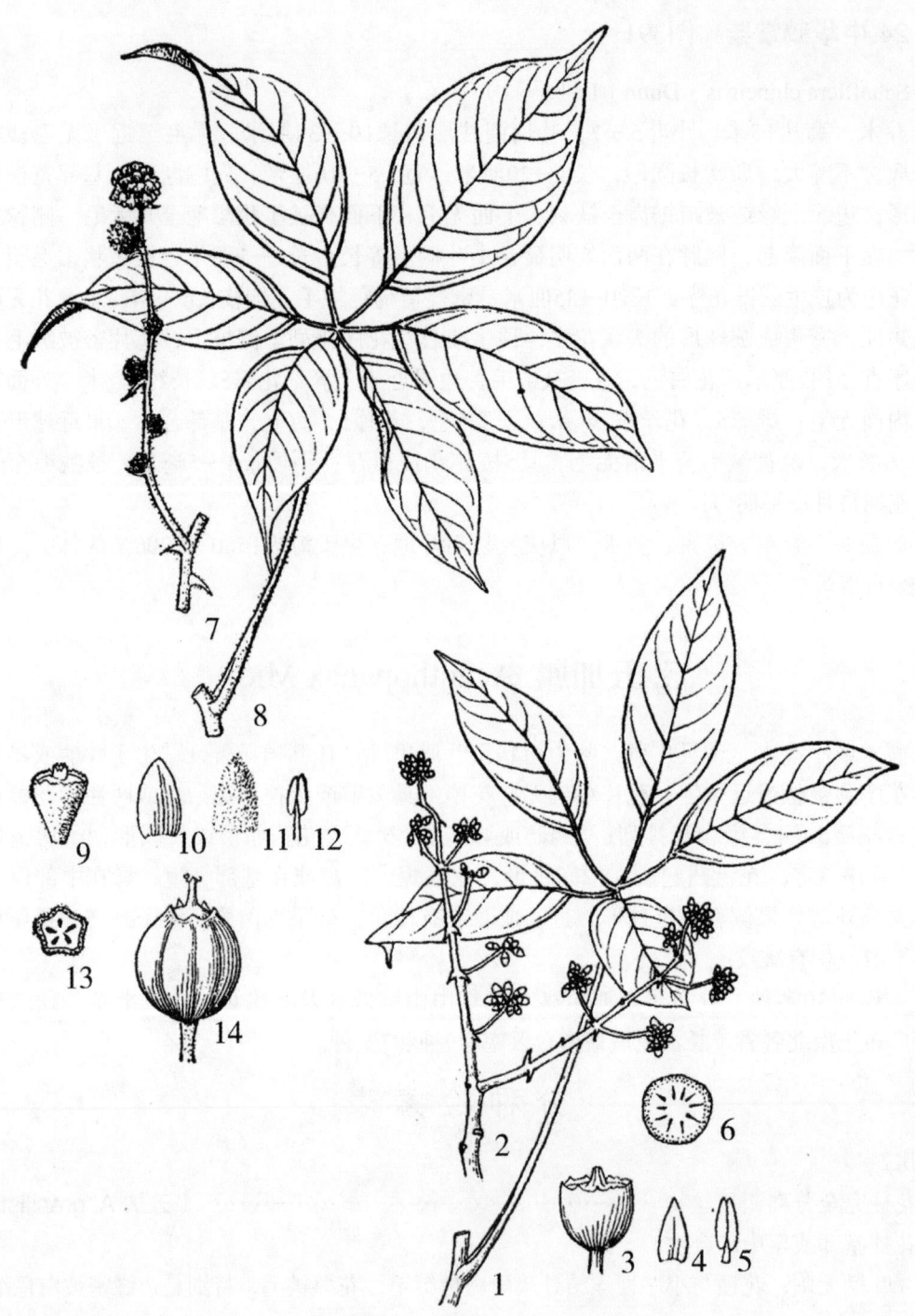

图391　多核鹅掌柴和中华鹅掌柴

1—6.多核鹅掌柴 *Schefflera polypyrena* Tseng et Hoo

1.枝叶　2.花序　3.雌蕊　4.花瓣　5.雄蕊　6.子房横剖

7—14.中华鹅掌柴 *Schefflera chinensis*（Dunn）Li

7.果序　8.枝叶　9.雌蕊　10—11.花瓣腹面背面　12.雄蕊　13.子房横剖　14.果

·· **5.雷五加 A. simonii**

4.子房2—5室。

6.子房2—4室，花柱基部合生。

7.小叶3；伞形花序有花多数。

8.叶椭圆形至椭圆状披针形或卵状披针形；果较小直径约5毫米 ·················

··· **6.吴茱萸叶五加 A. Euodiaefolius**

8.叶长圆形至长圆状披针形；果较大，直径8—10毫米 ·················

·· **6a.假吴茱萸叶玉加 var. pseudo-Euodiaefolius**

7.小叶通常5、稀3；伞形花序有花少数 ·················

·· **6b.细梗吴萸五加 A. Euodiaefolius var. gracilis**

6.子房3—5室，花柱离生 ·················· **7.乌敛莓五加 A. cissifolus**

1.五加　图392

Acanthopanax gracilistylus W. W. Smith（1917）

灌木，有时蔓生状，高达3米。枝无刺或在叶柄基部单生扁平的刺，有时小枝上疏生小刺。小叶5，稀3—4，薄纸质至纸质，倒卵形至倒披针形，长3—6厘米，宽1—2.5厘米，先端钝至短渐尖，基部楔形，边缘有圆齿状细锯齿，两面无毛或沿脉疏被刚毛，下面脉腋稍有淡棕色绒毛；侧脉4—5对，两面都不十分明显，网脉极不明显；无小叶柄或近无柄。伞形花序腋生或单生于短枝顶端，偶有2—3在一起的；有花多数，径约2厘米；花序梗长2—7.5厘米，无毛；花黄绿色，花萼边缘有5齿；花瓣5，卵状长圆形，长约2毫米；雄蕊5，花丝与花瓣等长；子房2室，花柱2，纤细呈丝状，完全分离，开展，长约2毫米；花梗纤细，长0.8—2厘米。果近圆球形，侧扁，成熟时黑色，径5—6毫米，花柱宿存。花期5—6月；果期7—9月。

产鹤庆、丽江、香格里拉、维西、贡山、蒙自、文山、威信，生于海拔1200—2600米河边、灌丛中或杂木林中。四川、贵州、广东、湖北、湖南、江西、安徽、浙江、江苏、河南、陕西等省有分布。

喜肥沃湿润土壤。种子繁殖，采成熟果实去肉洗净晒干，袋藏于通风干燥处，春播，播前温水浸种24小时，幼苗出土后适当遮阴，冬季注意防寒。

根皮供药用，中药称"五加皮"，作祛风湿药；又作强壮药，据称能强筋骨。"人参五加白""五加皮酒"即系五加根皮泡酒制成。

2.康定五加　图392

Acanthopanax lasiogyne Harms（1916）

灌木，高2—6米。枝条光滑或有皮刺散生，皮刺呈扁圆锥形，直立，基部十分扩大，尖端偶有向下微弯。具3小叶的指状复叶，叶柄长1—6厘米，无毛，纤细；小叶无柄或近无柄，纸质，卵形或倒卵形或倒卵状长圆形，长2.5—6厘米，宽1.5—4厘米，先端钝尖至短渐尖，基部阔楔形至圆钝，两侧歪斜，边缘全缘或有疏锯齿，侧脉5—6对，上面不显，下面稍显。伞形花序顶生，单个或4—7个；花序梗长0.5—2厘米，被绒毛或无毛，在其先端与花

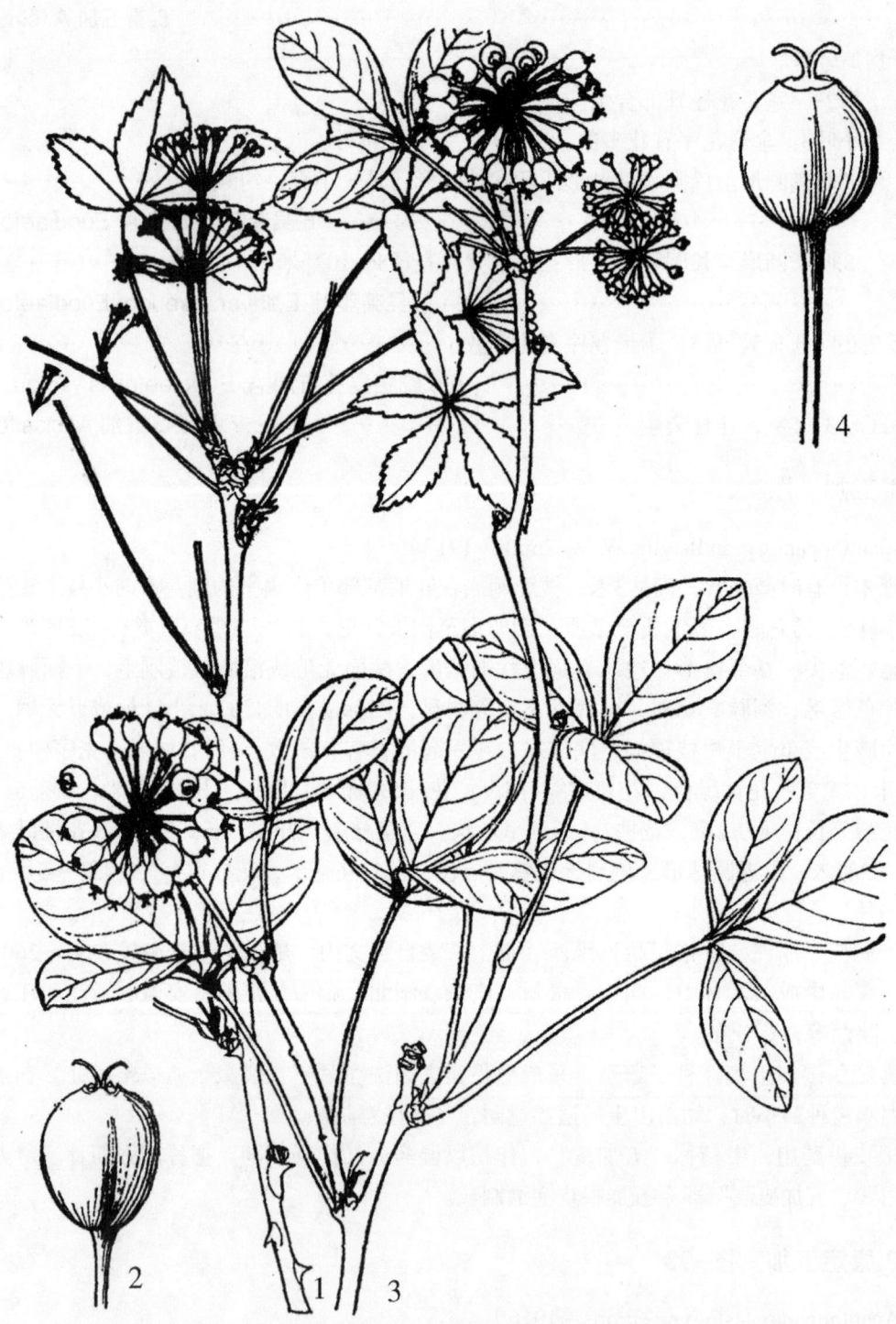

图392 五加和康定五加

1—2.五加 *Acanthopanax gracilistylus* W. W. Smith

1.花枝 2.果

3—4.康定五加 *Acanthopanax lasiogyne* Harms

3.果枝 4.果实

梗连结处有簇生的白色绒毛；花淡绿色，花梗长5—10毫米，无毛或稍被绒毛；苞片卵形，长约2毫米，被白色绒毛，花萼长约1.5毫米，被白色绒毛，特别沿边缘被白色绒毛，全缘；花瓣5，三角状卵形，长2毫米，反折；雄蕊5，花丝长2毫米；子房2室，花柱2，基部合生。果侧扁，径6—8毫米，成熟后黑色，花柱宿存，长1.5—2毫米，中部以下合生，向外反折。花期7—8月；果期9—10月。

产德钦，生于海拔1900—3000米的林中或灌木丛中。四川、西藏有分布。

根皮药用，用以治疗风湿性关节痛及跌打损伤。

3.白簕　图393

Acanthopanax trifoliatus（L.）Merr.（1906）

灌木，高达7米。枝上疏生扁平而先端下弯基部扩大的皮刺，往往在叶柄基部出现1—2刺。指状复叶有小叶3，稀4—5，叶柄长2—6厘米，散生刺，稀无刺；小叶纸质，具短柄，椭圆状卵形或倒卵形至长椭圆形，长4—8厘米，宽2.5—4.5厘米，先端短尖至渐尖，基部楔形，边缘常有疏圆钝齿或细锯齿，无毛或上面脉上疏生刚毛；侧脉5—7对，仅在下面明显。伞形花序3—10或更多组成复伞形花序或总状至圆锥状，稀单一，生于枝顶；花序梗长2—7厘米；花黄绿色；花梗长1—2厘米，纤细；花萼稍5齿，长1.5毫米，无毛；花瓣5，三角状卵形，长约2毫米；雄蕊5，花丝长2—3毫米；子房2室，花柱2，合生至中部。果扁球形，成熟时黑色，径约5毫米，花柱宿存，先端外弯。花期8—10月；果期10—12月。

产云南全省各地，生于海拔700—3200米林缘或灌丛中。西藏、四川、贵州、广西、广东、湖南、湖北、浙江、江西、福建、台湾有分布。喜马拉雅山脉东部地区、日本、越南、菲律宾也有。

民间常用草药之一，根有祛风除湿、舒筋活血、消肿解毒之效，治感冒、咳嗽、风湿、坐骨神经痛等症。

4.藤五加

Acanthopanax leucorrhizus（Oliv.）Harms（1894）
Eleutherococcus leucorrhizus Oliv.（1887）

产维西、丽江、永善、彝良，生于海拔1800—2300米林下。四川、湖北、甘肃等省也有。

5.雷玉加

Acanthopanax simonii Simon-Lauis ex Schneider（1909）

产维西、香格里拉、镇雄、大关，生于海拔1000—3300米森林或灌木丛林中。四川、贵州、湖北和江西有分布。

6.吴茱萸叶五加　图393

Acanthopanax Euodiaefolius Franch.（1895）

落叶乔木，无刺，高达12米。掌状复叶在短枝上簇生，在长枝上互生；小叶3，椭圆

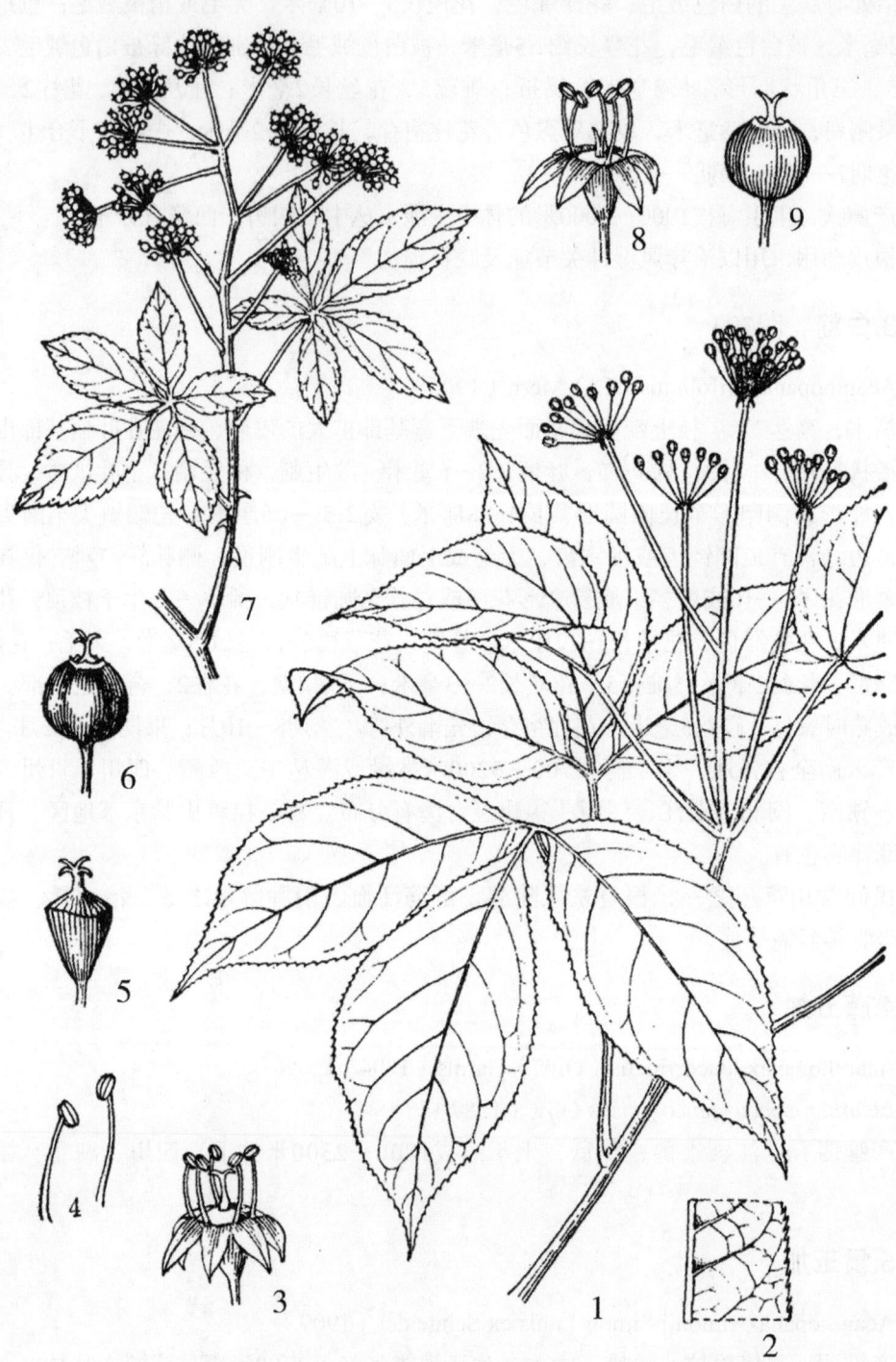

图393 吴茱萸叶五加和白簕

1—6.吴茱萸叶五加 *Acanthopanax Euodiaefolius* Franch.

1.花枝 2.叶背一部分 3.花 4.雄蕊 5.雌蕊 6.果

7—9.白簕 *Acanthopanax trifoliatus*（L.）Merr.

7.花枝 8.花 9.果

形至长椭圆状披针形、长圆状卵形至卵状披针形，长7—17厘米，宽3—7厘米，先端渐尖至长渐尖，基部楔形至宽楔形，两侧歪斜，边缘为钻状锐尖的小锯齿，侧脉8—10对，两面显著，网脉在两面明显，上面无毛，下面脉腋簇生锈色绒毛；小叶无柄或具短柄，在叶柄连结处有锈色绒毛。伞形花序1个或数个簇生于枝顶，排列成复伞形花序；花序梗纤细，长2—16厘米，无毛；伞形花序有花数朵；苞片膜质，线状披针形，长约2毫米；花梗纤细，长1—2.3厘米；小苞片膜质，线形，长约2毫米；花绿色；花萼长约1毫米，边缘有小的5齿或全缘；花瓣4—5，长圆形，长约2.5毫米，反折；雄蕊4（5），花丝与花瓣等长；子房下位，2—4室，花柱2—4，下部合生。果实近球形，径约5毫米，成熟后黑色，有2—4浅棱。花期6—7月；果期8—10月。

产维西、鹤庆、贡山、德钦、丽江、香格里拉、福贡、漾濞、镇雄、禄劝、景东、镇康等地。生于海拔1800—3500米山谷、山坡林中。分布于四川、贵州、广西、江西、浙江、安徽、陕西及西藏等省（区）。模式标本采自洱源。

环孔材。木材黄褐色，心边材区别不明显，心材深黄褐色微红，有光泽，生长轮明显，宽度不均匀，纹理直，结构中且不均匀，质轻软，干缩性小；可作民房、装修、普通家具、包装、火柴杆、生活用具等用材。

6a.假吴茱萸叶玉加（变种）

var. pseudo-Euodiaefolius Feng（1979）
产富宁、西畴、屏边，生于海拔1000—1780米山地密林或混交林中。

6b.细梗吴茱萸叶五加（变种）

var. gracilis W. W. Smith（1917）
产贡山、香格里拉、丽江、大关、彝良；四川、广西、贵州、湖北、江西也有。

7.乌敛莓叶五加

Acanthopanax cissifolius（Giff. ex Semm.）Harms（1897）
Aralia cissifolia Griff. ex Semm.（1868）
产香格里拉、鹤庆、维西，生于海拔2500—3600米灌木丛中。分布于西藏；印度、不丹及尼泊尔也有。

6. 大果五加属 Diplopanax Hand.-Mazz.

光滑无刺乔木。单叶，全缘，无托叶。花序为顶生的单穗状花序式的圆锥花序，上部的单生，下部的排成有柄或无柄的伞形花序。无花梗或具短花梗；苞片早落；花萼边缘5齿裂；花瓣5，镊合状排列；雄蕊10，其中5个常不育，花药长圆形；子房下位，1室，有1胚珠，花柱1。果为木质干果，长圆状卵形，长达4.5厘米。

本属1种，产我国广西、贵州、云南；越南北部也有。

大果五加　图394

Diplopanax stachyanthus Hand.-Mazz.（1933）

大乔木，高达25米；树皮灰褐色，厚达1.5厘米。小枝粗壮，黄褐色至绿褐色，有明显的叶痕。单叶全缘，革质，椭圆形、倒卵状椭圆形至卵状披针形，长9—16厘米，宽3—7厘米，先端钝尖，基部楔形至宽楔形，两面光滑无毛；侧脉6—11对，稍明显，网脉不显；叶柄粗壮，稍扁，无毛，长2—6厘米。圆锥花序单生于枝顶，上部的花排成总状花序式，无花梗，下部的花排列成伞形花序式，具短梗，整个花序密被淡黄色或灰白色绒毛，后变无毛。花序梗粗壮，有条纹；苞片宽卵形，早落。花淡黄色，花萼下面有关节，萼管长3—4毫米，上宽下窄，密被短柔毛，边缘5齿裂，齿呈三角形，钝头；花瓣5，镊合状排列，卵形，长约3毫米，外面被短柔毛，雄蕊10，其中5个不发育，花丝较花瓣短，花药圆形至长圆形；子房下位，1室，花柱圆锥形，果卵形至长圆状卵形，长4.5厘米，宽3.5厘米，光滑无毛，内有种子1。花期6—8月；果期8—10月。

产西畴、屏边，生于海拔1300—1700米潮湿亚热带常绿苔藓林中，为上层优势树种之一。分布于贵州、广西；越南北部也有。

种子繁殖。10月果实成熟后采种，洗去外皮晾干后立即播种育苗或沙藏至翌年早春播种育苗，幼时适当遮阴。

散孔材。外皮薄，淡黄灰色，纵裂；径切面导管线可见，射线不见；导管细，管径与射线宽度近似至略大。纹理直，结构细，材质轻；可作家具及建筑用材。

7. 通脱木属　Tetrapanax K. Kcch

无刺灌木，叶大，具长柄，掌状分裂或不裂，密被厚星状绒毛。伞形圆锥花序顶生，稀腋生，花多数。花萼不具齿至具5齿；花瓣4—5；雄蕊4—5；花柱2；子房下位，2室。果实为核果状浆果。

本属有2种，1种产云南等处外，另1种产西藏。

通脱木　天麻子（丽江）图394

Tetrapanax papyriferus（Hook. f.）K. Koch（1859）

Aralia papyrifcra Hook. f.（1852）

无刺灌木，茎干粗壮，高1—4米，径3—6厘米，木质部疏松，具白色髓心。幼枝密被星状毛或淡黄色茸毛，后脱落。叶极大，集中互生于茎干顶端，长达1米左右，7—11掌状分裂，长15—30厘米，长与宽近等或宽过于长，基部往往呈耳形；叶柄粗而长，有条纹，基部膨大，长近叶片的2倍；托叶2，形大，针状披针形，膜质，基部呈鞘状抱茎；苞片大，披针形，密被星状茸毛。伞形花序密集成总状又排列成大圆锥花序，长30厘米以上；花小，白色，两性，具花梗；花萼无齿，外被易脱落星状茸毛；花瓣4，卵形，外面上部密被易脱落星状茸毛；雄蕊4，花丝较花瓣长；子房下位；2室；花柱2，分离、花盘盘状。果近球形，微扁，径1.5—2毫米，成熟后红色，具种子2。花期9—10月；果期11—12月。

图394 通脱木和大果五加

1—5.通脱木 *Tetra panax papyriferus*（Hook. f.）K. Koch

1.叶 2.嫩枝 3.花序（部分） 4.果 5.花

6—7.大果五加 *Diplopanax stachyanthus* Hand.-Mazz.

6.果枝 7.果纵剖

产西畴、屏边、丽江，生于海拔1300米潮湿密林中，栽培于丽江、昆明、昭通等地。分布于陕西、四川、贵州、广西、广东、江西、湖南、湖北及台湾等省（区）。

种子繁殖，育苗造林。采种后去肉荫干沙藏或立即播种。幼时适当遮阴。

通脱木的茎髓大，质地轻软，颜色洁白，称为通草，切成的薄片称"通草纸"，供精制纸花和小工艺品原料。中药用通草作利尿剂，并有清凉散热功效。

8. 梁王茶属 Nothopanax Miq.

常绿、无刺灌木或小乔木。掌状复叶或单叶常分裂；无托叶或在基部有小的附属物。伞形花序排列成总状或圆锥状；花梗具分离关节或仅具很弱的节；花萼边缘全缘或5齿裂；花瓣5，镊合状排列；雄蕊5，花药卵形或长圆形；子房下位，2室，稀3—4室，花柱2—4，分离或基部合生。果实扁平，稀近球形。种子两侧压扁。

本属约15种，主要分布于大洋洲。我国有2种和1变种，云南均有。

分 种 检 索 表

1.叶通常为单叶，不裂或3裂，很少为3小叶 ……………………… 1.异叶梁王茶 N. davidii
1.叶通常为3—7小叶的掌状复叶，稀为单叶 ……………………… 2.梁王茶 N. delavayi

1.异叶梁王茶　图395

Nothopanax davidii（Franch.）Harms ex Diels（1900）

Panax davidii Franch.（1886）

无刺灌木或乔木，高达12米。叶革质，二型，单叶，掌状分裂或具3小叶的掌状复叶同生于一株上；单叶长椭圆形或椭圆状披针形，有时为三角状卵形或三角形，2—3裂，长6—20厘米，宽2.5—7厘米，先端渐尖至长渐尖，基部宽楔形至圆形，边缘疏生细锯齿，两面无毛，基出三脉明显凸起，网脉在上面凹，明显或不显，下面极不明显；具短或长的柄；掌状复叶有小叶3，披针形，几无柄。花序为顶生圆锥花序，长10—30厘米，花12—15组成伞形花序；伞形序梗长2厘米，稍被短柔毛或几无毛；花白色或淡黄色，芳香；花梗长5—7毫米，在花下有关节，无毛；花萼有小的5齿；花瓣5，三角状卵形，长1.5毫米；雄蕊5、花丝与花瓣等长；子房2室，花盘稍凸起，花柱2，中部以下合生成一柱状，上部分离。果球形，侧扁，熟时黑色，直径5—6毫米，花柱宿存，外弯。花期6—8月；果期9—11月。

产镇雄、大关、盐津、彝良、蒙自、屏边、麻栗坡、砚山、贡山、泸水、腾冲、澄江，生于海拔1200—2600米的山谷或山坡常绿阔叶林或杂木林中。四川、贵州、湖北及陕西等省有分布。

民间用根茎治跌打损伤、风湿关节痛。

2.梁王茶　图395

Nothopanax delavayi（Fr.）Harms ex Diels（1900）

Panax delavayi Franch.（1896）

灌木或小乔木；茎干灰褐色，有稀疏的皮孔。叶一般为具3—5小叶（稀2或7）的掌状复叶，少为单叶，革质，较集中地生于枝的先端，具叶柄；叶柄纤细，长4—12厘米，无毛有条纹；小叶披针形至狭披针形，长6—12厘米，宽1—2.5厘米，先端渐尖至尾状渐尖，基部窄楔形，边缘近全缘至有粗锯齿，侧脉在两面不明显，无毛；小叶无柄或具短柄。花序为顶生的伞形花序组成总状花序或圆锥花序，长5—18厘米；花序轴具条纹；伞形花序有花7—15，直径约2厘米；伞形序梗长1—1.5厘米，果期延长达1.5—5厘米；花梗长3—5毫米，在下面有节；花白绿色或黄绿色；花萼边缘有小的5齿，无毛；花瓣5，三角状卵形，长1.5毫米；雄蕊5，花丝长2毫米；子房2室，花柱2，基部合生，花盘微凸。果近球形，侧扁，直径2—3毫米，花柱宿存，长约2毫米，先端外弯；有种子2。花期9—10月；果期12月至次年1月。

产宾川、洱源、丽江、维西、香格里拉、贡山、德钦、鹤庆、兰坪、大姚、昆明、武定、禄劝、嵩明、玉溪、富民、寻甸、石屏、富宁、永平、镇康，生于海拔1700—3000米山谷阔叶林或混交林中。分布于四川、贵州等省。

耐阴喜湿，需排水良好的土壤。种子采集后晾干收藏。春季育苗，种子经温水浸泡后即可播种。苗床搭设荫棚遮阴。造林地应选阴湿处。

茎皮入药，配方用，有清热、消炎、祛痰、止喘之效。

9. 常春木属 Merrilliopanax Li

常绿无刺灌木。单叶具柄；叶柄基部扩大。圆锥花序顶生，分枝上部的腋生，疏松，直而开张，是由聚生的伞形花序所组成；小花序梗长；花梗无关节；花萼檐有小的5齿；花瓣5，卷叠式，镊合状排列；雄蕊5；子房2室，每室有胚珠1，花柱2，分离或基部合生。核果近球形，有种子2。

本属4种，分布于印度东北部及我国西藏东南部至云南西北部。我国有3种；云南有2种。

分 种 检 索 表

1.叶椭圆状披针形，近全缘或有齿，两面无毛；花梗长6—13毫米 ……………………………………………………………… 1.单叶常春木 M. listeri
1.叶卵形，大部分2—3浅裂，下面疏被星状绒毛；花梗长3—4毫米 ……………………………………………………………… 2.常春木 M. chinensis

图395 异叶梁王茶与梁王茶
1—3.异叶梁王茶 *Nothopanax davidii*（Franch.）Harms ex Diels
1.花枝 2.果实 3.果横剖
4—6.梁王茶 *Nothopanax delavayi*（Fr.）Harms ex Diels
4.花枝 5.花 6.果实

1.单叶常春木　图396

Merrilliopanax listeri（King）Li（1942）

小乔木，高达7米；分枝纤细，灰褐色。单叶，具长柄，纸质，两面无毛，椭圆形至椭圆状披针形，长8—20厘米，宽3—8厘米，先端近尾状渐尖，基部圆形或宽楔形，有明显的基出三脉，边缘有细锯齿，侧脉3—6对，网脉稍明显；叶柄纤细，长6—15厘米，基部膨大。圆锥花序顶生，长6—15厘米，无毛或疏被星状绒毛；伞形花序有花4—12，直径1.5—2.5厘米；伞形序梗长0.5—3厘米；花梗长6—13毫米；花淡绿色；花萼长2毫米，疏被星状绒毛，边缘有小齿；花瓣5，三角形，长1.5—2毫米；雄蕊5，花丝与花瓣等长；子房2室，花柱2，分离或在基部微合生。果近球形，径4—5毫米。花期6—9月；果期10月至次年3月。

产永平、瑞丽、泸水、腾冲、福贡、贡山，生于海拔1600—2800米沟谷、山坡混交林中。印度东北部也有。

2.常春木　图396

Merrilliopanax chinensis Li.（1942）

常绿灌木或小乔木；小枝有短柔毛。单叶，卵形至三角状卵形，长6—11厘米，宽4—9.5厘米，先端渐尖或尾状，基部宽楔形至近圆形，全缘或2—3浅裂，裂片卵状三角形，中央裂片通常较大，上面无毛，下面疏生星状绒毛或几无毛，基部有3主脉，侧脉4—5对，两面隆起，网脉平行，明显；叶柄细长，长5—13厘米，圆锥花序顶生，长约12厘米，主轴及分枝疏生星状绒毛；伞形果序有果实3—7；果梗长3—4毫米。果实椭圆状球形，直径3—4毫米；花盘小，不发达，直径1.5—2毫米；花柱2，离生，先端反曲。

产贡山，生于海拔1450米处的森林中。模式标本采自云南贡山。

种子繁殖，育苗造林。造林地宜选阴湿处。

10. 刺楸属　Kalopanax Miq.

落叶乔木，干、枝具粗刺。叶互生，掌状分裂。花两性，5数；伞形花序排列成广大的圆锥顶生花序，花梗无节；萼5齿裂；花瓣5，镊合状排列；雄蕊5；子房下位，2室，花柱连合成柱状。核果，近球形，具2扁种子。

本属仅1种2变种，特产东亚；我国南北各省区均产。云南有1种1变种。

刺楸　图397

Kalopanax septemlobus（Thunb.）Koidz.（1925）

Acer septemlobum Thunb.（1784）

落叶乔木，高达25米，小枝具刺。叶纸质，掌状分裂，近圆形，径10—35厘米，裂片3—5，宽三角状卵形至长圆状卵形，先端长渐尖，边缘具细锯齿，上面暗绿色，下面淡绿色，幼时被短柔毛，老时仅脉上被毛，脉掌状3—5出，上面微凸起，下面明显隆起；叶柄

图396 单叶常春木和常春木

1—3.单叶常春木 *Merrilliopanax listeri*（King）Li

1.花枝 2.花 3.果实

4—6.常春木 *Merrilliopanax chinensis* Li

4.枝叶 5.果序 6.果实

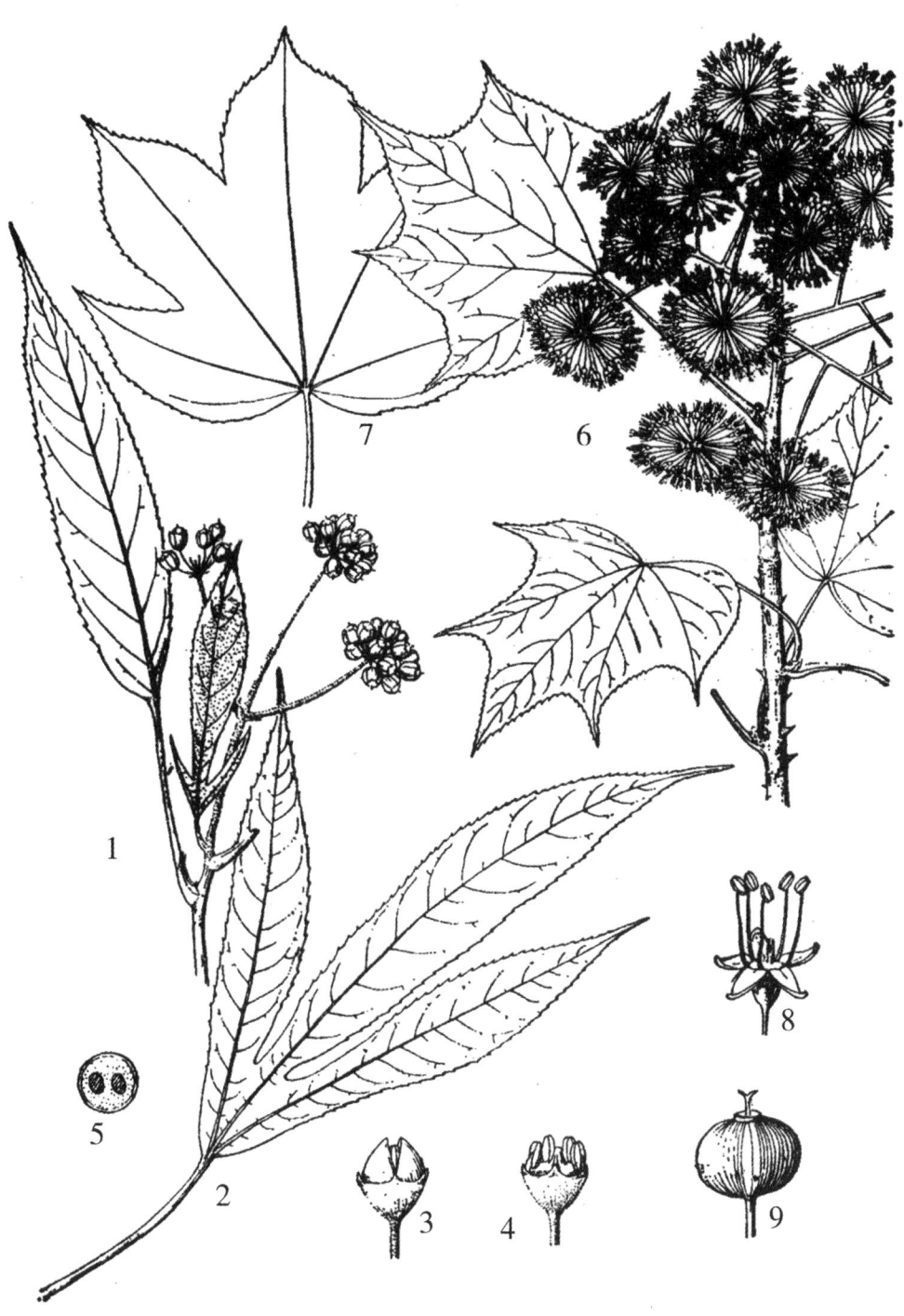

图397 锈毛柏那参和刺楸

1—5.锈毛柏那参 *Brassaiopsis ferruginea*（Li）Hoo.

1.果枝 2.叶 3.花蕾 4.去花瓣的花 5.子房横切面

6—9.刺楸 *Kalopanax septemlobus*（Thunb.）Koidz.

6.果枝 7.叶 8.花 9.果

长7—30厘米。圆锥花序顶生，直径20—30厘米，被微短柔毛，中轴长1—10厘米，上具多数分枝，排列成总状，分枝顶端具多花的伞形花序，单生或几个成总状排列，花梗长5—10毫米，果时延长；萼平滑，边缘微具5齿；花瓣5，三角状卵形，长约2毫米；雄蕊5，花丝长约5毫米；子房2室，花柱连合成柱状，柱头2裂，头状。果近球形，径约4毫米，淡蓝黑色，花柱宿存，柱头2裂。花期9月；果期11月。

产富源、安宁、蒙自、丽江、香格里拉、维西、贡山，生于海拔1800—2400米的山坡、沟谷、杂木林中。分布于我国东北、华北、陕西至江南各省及西藏东南部；日本、朝鲜和俄罗斯西伯利亚也有。

喜光，稍耐荫，忌积水。种子或分蘖繁殖。种子采集后洗净阴干，冬播或沙藏至春季播种育苗。条播，出苗后搭棚遮阴。

环孔材。生长轮明显，宽度略均匀；边材黄白或浅黄褐色，心材黄褐色，区别略明显。木材有光泽，微苦，纹理直，结构中至略大，不均匀，轻而软，干缩中，强度小，干燥容易，不耐腐，切削容易，切面光滑，晚材管孔常在弦断面上呈现美丽的花纹，油漆后光亮性一般，容易胶粘，握钉力弱。适于制作家具、车箱、室内装修、游艇、胶合板等。

根皮为民间草药，有清热祛痰、收敛镇痛之效。嫩叶可食。树皮及叶含鞣酸，可提制栲胶，种子可榨油，供工业用。

11. 柏那参属 Brassaiopsis Decne et Planch.

乔木或大灌木，常有皮刺，被毛或无毛。叶掌状分裂或为指状复叶，稀为单叶；托叶与叶柄合生，显著或早落。花序为伞形花序组成的总状花序又排列成圆锥花序；苞片小或无；花梗无节；花两性或杂性同株；萼边缘5齿；花瓣5，镊合状排列；雄蕊5—6，花药卵状圆形，2室纵裂；子房半下位，2室稀3—5室；花柱2，合生为柱状，花盘凸起。果球形或卵形，外果皮肉质，有种子2，种子半球形。

本属约35种，分布于我国、印度、缅甸至马来西亚。我国约有20余种，分布于华南及西南；云南有20种2变种。

分 种 检 索 表

1.叶掌状分裂。
  2.花序轴有刺。
    3.叶裂片5—7，长不超过叶长之半，基部宽；果近球形 ……… **1.掌裂柏那参** B. hainla
    3.叶片7—11，稀5，长超过叶长:之半，基部狭。
      4.果陀螺形至椭圆形 …………………………………………**2.掌叶柏那参** B. palmata
      4.果球形至近球形 ……………………………………… **3.粗毛柏那参** B. hispida
  2.花序轴无刺。
    5.叶裂片基部形成假小叶柄，边缘具刺状锯齿；子房2—3室。
      6.叶裂片9，深裂达6/7，长圆形至狭长圆形，假小叶柄有狭翅；花瓣外面被绒毛 …
      …………………………………………………………… **4.狭翅柏那参** B. dumicola

6.叶裂片7—11，深裂达4/5，长圆形或长圆状椭圆形，稀卵形，假小叶柄有宽翅；花
瓣外面无毛 ……………………………………………………… 5.阔翅柏那参 B.palmipes
5.叶裂片基部无假小叶柄。

7.叶7—9深裂 ……………………………………………… 6.盘叶柏那参 B. fatsioides
7.叶通常三深裂或二型。

8.叶三深裂。

9.枝无刺；叶裂片倒卵状长圆形，边缘具纤毛状细锯齿；伞形花序少，花序梗被
短柔毛 …………………………………………………… 7.三裂柏那参 B. trilbola
9.枝有刺；叶裂片卵形至长卵形。

10.枝密被黄灰色星状绒毛；圆锥花序，叶及叶柄密被黄灰色星状绒毛，边缘
波状至稍波状；果幼时被星状绒毛 ………………… 8.星毛柏那参 B. stellata
10.枝无毛；圆锥花序被锈色短柔毛；叶及叶柄无毛或几无毛，边缘具粗锯
齿；果无毛 ……………………………………………… 9.榕叶柏那参 B. ficifolia
8.叶二型，不裂或2—3裂，裂片卵状披针形，披针形及狭披针形，小枝无刺，被锈色
绒毛；化序轴、化序梗及花梗被锈色绒毛 ………… 10.锈毛柏那参 B. ferruginea
1.叶为指状复叶。

11.子房3—5室。

12.指状复叶有小叶5，稀3，椭圆状长圆形，边缘疏生细锯齿，上面无毛，下面疏生淡
黄色鳞片；子房3室；果倒卵状不具棱 ……………… 11.鳞片柏那参 B. lepidota
12.指状复叶有小叶4—5，狭长圆形，稀长椭圆形，下面无鳞片，边缘全缘或疏生锯齿：
子房5室，稀4室；果球形，有不明显的3—5棱 …… 12.五室柏那参 B. pentalocula
11.子房2室。

13.圆锥花序长30厘米以上。

14.枝条无毛；小叶5—7，革质。

15.乔木；小叶卵状长圆形至长圆状披针形，被星状毛及刚伏毛，小叶柄长1.5—4.5
厘米；苞片三角状卵形 ………………………… 13.镇康柏那参 B. chengkangensis
15.灌木；小叶长圆形，幼时被锈色星状绒毛，小叶柄长1厘米；苞片舟形 ………
…………………………………………………… 14.瑞丽柏那参 B. shweliensis
14.枝条被红锈色绒毛；小叶5—9，纸质或薄革质 ……… 15.柏那参 B. glomerulata
13.圆锥花序长不超过30厘米。

16.小叶狭长披针形至狭倒披针形。

17.小叶6—7，上部边缘有疏生小锯齿，侧脉9—11对；花瓣外面有栓皮质斑块 …
…………………………………………………… 16.栓瓣柏那参 B. suberipetala
17.小叶5，稀4，边缘有刺状细锯齿，侧脉12—21对；花瓣外面无栓皮质斑块 …
…………………………………………………… 17.狭叶柏那参 B. angustifolia
16.小叶倒卵状长圆形、卵形至椭圆状披针形 ………… 18.细梗柏那参 B. gracilis

1.掌裂柏那参　图398

Brassaiopsis hainla（Ham.）Seem.（1864）

乔木有刺，高达15米。枝棕灰色，有圆锥状短刺，幼时被星状绒毛。叶掌状分裂，纸质，分裂不达叶之半，宽15—25厘米，基部心形；叶柄粗壮，长8—21厘米，稍有星状柔毛或无毛；托叶不显；裂片5—7，三角形，长5—10厘米，宽5—11厘米，先端骤尖，基部宽，边缘近刺状粗锯齿，上面稍被星状短柔毛，不久脱落，下面疏被星状短柔毛或硬毛，侧脉在两面明显。伞形花序组成大圆锥花序顶生，密被绒毛；花序轴疏生短刺；苞片三角形，疏被星状绒毛，宿存；伞形花序有花多数；花序梗长2—5厘米；小苞片长圆形，密被绒毛，长2毫米；花梗长约1厘米，密被星状绒毛；花黄白色；花萼边缘5齿，外面密被星状短柔毛；花瓣5，长3毫米，反折，外面被星状短柔毛；雄蕊5，花丝与花瓣等长；子房2室，花盘微凸，花柱合生为1短柱状。果近球形，直径6毫米，花柱宿存，长2—3毫米。花期2—3月；果期7—8月。

产大理、漾濞、泸水、芒市、龙陵、澜沧、凤庆、景东、普洱，生于海拔1300—2100米山谷林中。不丹、尼泊尔及印度也有。

2.掌叶柏那参　图399

Brassaiopsis palmata（Roxb.）Kurz（1870）
Panax palmata Roxb.（1814）

小乔木，高达5米。枝具刺，刺短圆锥状。叶坚纸质，掌状分裂达叶之半或超过，基部心形或耳形；叶柄长10—30厘米，有极稀疏的小刺或无刺，有条纹；裂片7—9，长圆形，先端突尖，基部以上最窄，至基部稍变宽，两个裂片中间呈圆形凹陷，边缘有刺状粗锯齿，两面幼时被星状短柔毛，后变无毛；托叶不显。花序为伞形花序组成的圆锥花序，被星状柔毛，果时几无毛。伞形果序具梗，长约3厘米，有果多数，果梗长1—2厘米，被星状短柔毛；果陀螺形至椭圆形，长过于宽，长约1厘米，宽约7毫米，成熟后黑色，内有种子1—2，宿存，花柱柱状，长约3毫米。果期7—8月。

产贡山、泸水，生于海拔2300—2600米山谷阔叶林或杂木林中。尼泊尔、印度、缅甸及孟加拉国有分布。

喜湿忌水淹，耐侧方遮阴，采集成熟种子，去肉洗净晾干收藏于通风干燥处。春季播种，高床育苗搭棚遮阴。苗高1米时出圃，造林地宜选择沟谷阴湿处。

3.粗毛柏那参　图401

Brassaiopsis hispida Seem.（1864）

灌木或小乔木，高达6米。枝有刺，刺基部宽扁，长3—6毫米。叶革质，掌状深裂至叶长的5/6；叶柄上密被小刺及褐绒毛，刺呈披针形，反折；叶长20—50厘米，上面无毛，下面被褐色星状毛，沿主脉疏生小刺，叶脉在两面明显隆起；裂片7—11，长圆状披针形，先端渐尖，基部渐窄，边缘刺状锯齿；托叶与叶柄合生，先端分离呈线状披针形，具刺和刺毛，密被褐色绒毛。花序为伞形花序组成的大圆锥花序，具刺、刺毛和褐色绒毛；苞片

图398 掌裂柏那参和阔叶柏那参

1—4.掌裂柏那参 *Brassaiopsis hainla*（Ham.）Seem.

1.叶 2.果序 3.花 4.果

5—7.阔翅柏那参 *Brassaiopsis palmipes* Forrest ex W. W. Sm.

5.果枝 6.叶 7.果

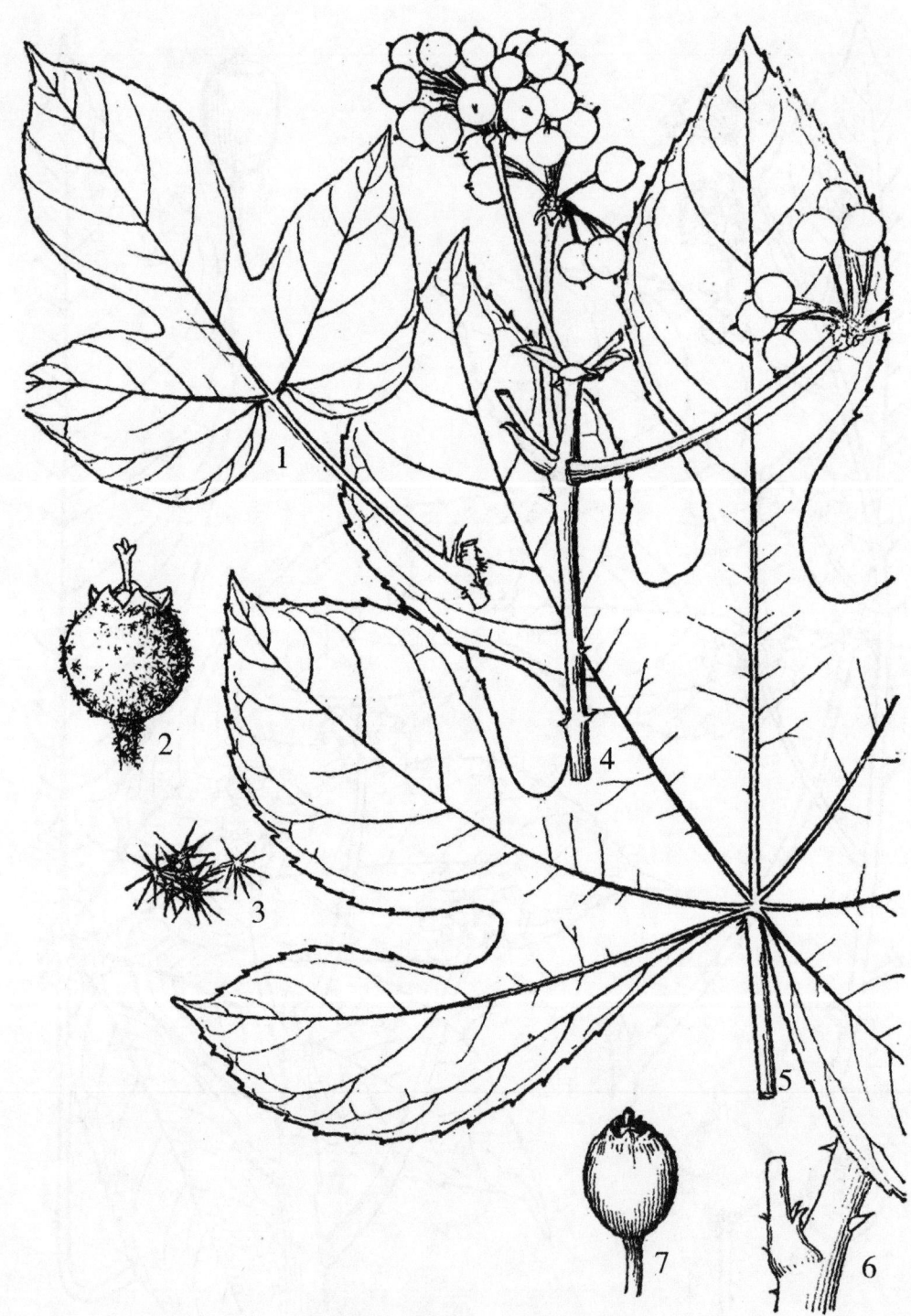

图399　星毛柏那参和掌叶柏那参

1—3.星毛柏那参 *Brassaiopsis stellata* Feng

1.枝叶　2.果实　3.叶背星状毛

4—7.掌叶柏那参 *Brassaiopsis palmata*（Roxb.）Kurz

4.果序　5.叶　6.叶柄　7.果实

披针形，长约1厘米，被绒毛，宿存；伞形花序有花多数，伞形序梗长约5厘米，有刺及绒毛；小苞片线形，长约5毫米，基部稍被毛，宿存；花梗长0.5—1.5厘米，密被锈色绒毛；花淡绿色；花萼密被锈色星状短绒毛，长约2毫米，边缘5齿；花瓣5，长圆状卵形，长约2—3毫米，无毛；雄蕊5，花丝长约2毫米；子房2室，花盘凸起半球形，花柱合生为1短柱状，长约1毫米。花期10—11月。

产福贡、贡山，生于海拔1350—2300米的密林中。不丹、印度及缅甸北部有分布。

4.狭翅柏那参　图400

Brassaiopsis dumicola W. W. Smith（1917）

有刺灌木，高达7米。叶纸质，直径30厘米或更长，掌状深裂至叶长的6/7，有裂片9，裂片狭长圆形，长15—26厘米，宽3.5厘米，先端长渐尖，基部略狭，幼时两面均有白色或锈色星状毛，后渐脱落，边缘有刺状锯齿，侧脉在叶面明显；网脉不显，放射状主脉裸出成假小叶柄，类似掌状复叶，有狭翅将其连成整片；叶柄长15—26厘米，有锈色绒毛；托叶和叶柄基部合生，先端离生的部分线状披针形，长约1厘米，初时被微柔毛或锈色星状毛，后脱落。圆锥花序顶生，长约35厘米，由数个伞形化序组成，主轴及分枝被绒毛或无毛；伞形花序有花数朵，直径约3厘米；花序梗粗壮，长2—5厘米；苞片卵形，长约1厘米；花梗长约1厘米，密生锈色绒毛：花萼有5齿，长约4毫米，被绒毛；花瓣5，三角状卵形，长约3.5毫米，外面有绒毛；雄蕊5；子房2或3室，花盘凸起成半球形，花柱合生为短柱状，长约2毫米。

产腾冲、芒市。生于海拔约1000米的湿热森林中。模式标本采自腾冲。

5.阔翅柏那参　图398

Brassaiopsis palmipes Forrest ex W. W. Sm.（1917）

有刺灌木或乔木，高达25米。叶纸质至坚纸质，掌状深裂至叶长的4/5，基部深心形；叶柄长12—25厘米，幼时被锈色短绒毛，不久变无毛，先端疏生刺，基部与托叶合生；托叶先端与叶柄分离，2裂成披针形；裂片7—11，长圆形或长圆状椭圆形，稀卵形，长10—30厘米，宽3—10厘米，先端微钝尖至渐尖，基部圆形，形成具阔翅的假叶柄，边缘有稍刺状锯齿，两面无毛或微被短绒毛，侧脉6—10对，两面明显隆起，网脉微明显。花序为多数伞形花序组成的圆锥花序，被短柔毛或变无毛；伞形花序有花多数，直径3—5厘米；苞片卵形，大，基部疏生刺；伞形序梗长2—5厘米，疏被短柔毛至无毛；花黄白色；小苞片线形；花梗长1厘米，被锈色短柔毛；花萼长2—3毫米，全缘或微有5齿，稍被短柔毛；花瓣5，无毛，长圆状卵形，长3—4毫米；雄蕊5，花丝长3毫米；子房2室，有时3室，花柱合生成短柱状，长1毫米，花盘凸起。果成熟后黑色，卵状球形，长8—10毫米，宽6—8毫米，花柱宿存，长2毫米。花期10—12月；果期12月至次年5月。

产瑞丽、芒市、贡山、福贡、漾濞、双柏、景东、景洪，生于海拔1700—2000米的杂木林中或林缘。模式标本采自瑞丽。

图400 盘叶柏那参和狭翅柏那参

1—2.盘叶柏那参 Brassaiopsis fatsioides Harms

1.花序 2.叶

3—4.狭翅柏那参 Brassaiopsis dumicola W. W. Smith

3.顶部芽及叶 4.叶

6.盘叶柏那参　图400

Brassaiopsis fatsioides Harms（1916）

灌木或小乔木，高达10米；枝灰色具刺。叶纸质，掌状深裂至叶长的4/5，基部心形；叶柄长20—60厘米，疏生刺或无刺，幼时被微绒毛，后无毛，具条纹，基部与托叶合生；托叶先端2裂成披针形；裂片7—9，倒披针形至长圆状倒披针形，长16—25厘米，宽3—6厘米，先端短渐尖至渐尖，基部稍狭，边缘有锯齿或细锯齿，上面疏被刚毛或无毛，下面被锈色绒毛或无毛，侧脉在两面隆起，网脉上面稍显，下面明显。圆锥花序顶生，长30厘米，被微柔毛，由数个伞形花序组成，主轴较粗壮；伞形花序有数花，直径2.5—4厘米；花序梗长2—8厘米，被微柔毛；苞片长圆状卵形，长约2厘米，被毛；花梗长0.8—2厘米，被毛；小苞片披针形，长1—2毫米；花白色；萼无毛或几无毛，长2.5毫米，有不明显的5齿；花瓣5，长卵形，长3—4毫米，先端尖，无毛；雄蕊5，花丝长约3毫米；子房2室，花盘半球形，花柱合生为柱状，长不到1毫米。果球形，成熟后黑色，直径0.8—1厘米，花柱宿存，长约2毫米。花期3—7月；果期7—9月。

产贡山、凤庆、镇康、勐海、景洪、绿春、金平、砚山、丘北及昭通等地，生于海拔1300—2700米沟谷阔叶林或混交林中。分布于四川、贵州。

7.三裂柏那参

Brassaiopsis triloba Feng（1979）

产富宁、文山、砚山、西畴，生于海拔1000米的石灰岩常绿林中。分布于贵州。

8.星毛柏那参　图399

Brassaiopsis stellata Feng（1979）

小乔木，高达7米。枝条密被黄灰色星状绒毛，散生直立的短皮刺；叶纸质，掌状深裂，长19—25厘米，宽16—26厘米，基部心形；裂片3，卵形，先端渐尖，全缘或稍波状，上面疏被星状绒毛，下面密被黄灰色星状绒毛，侧脉在两面隆起；叶柄长10—40厘米，密被黄灰色星状绒毛；托叶与叶柄基部合生，先端分离，2裂，呈线状披针形，长约1厘米，先端锐尖，密被黄灰色星状绒毛。果序为伞形果序组成的大圆锥果序，较叶为长，长27—40厘米，密被黄灰色星状绒毛；果序轴粗壮，基部疏生小短刺；伞形果序直径3—3.5厘米，有果10—22；果序梗长4—18厘米，密被黄灰色星状绒毛；果柄长1—1.7厘米，密被黄灰色星状毛；苞片小，卵形或披针形，密被星状绒毛；花萼边缘5齿，齿三角形；子房2—3室，花盘稍平凸，花柱合生为短柱状，柱头微膨大。果球形，径约8毫米，幼时被星状绒毛，很快变无毛，花柱宿存，长1—2毫米。花期9—10月；果期11月。

产西畴、麻栗坡，生于海拔1300—1500米的混交林中。模式标本采自麻栗坡。

9.榕叶柏那参　图401

Brassaiopsis ficifolia Dunn（1903）

有刺灌木或乔木，高达10米。叶纸质至坚纸质，通常3深裂，稀4—6深裂，基部深心

图401　榕叶柏那参和粗毛柏那参

1—3.榕叶柏那参 *Brassaiopsis ficifolia* Dunn
1.果枝　2.叶片　3.果实
4—5.粗毛柏那参 *Brassaiopsis hispida* Seem.
4.花枝　5.花蕾

形，长宽约20厘米；叶柄长8—20厘米，具条纹，无毛；托叶与叶柄基部合生，先端分离，在叶柄两侧成2小裂片，无毛；叶裂片卵形至长卵形，长10—26厘米，宽6—10厘米，先端钝或突尖或短渐尖，基部窄，边缘有粗锯齿，上面无毛，下面无毛或稍被星状绒毛。伞形花序组成圆锥花序，顶生，长10—15厘米，被锈色短柔毛；伞形花序有数花，径2.5—3厘米；伞形序梗长2—3.5厘米；花梗长0.5—1.2厘米；苞片卵形至阔卵形，长约1毫米；小苞片多数，卵形，长1—1.5毫米；花黄绿色，花萼全缘或稍5齿，长约2毫米，稍被短柔毛或无毛；花瓣5，长3毫米，长圆形，外面上部疏被短柔毛至近无毛；雄蕊5，花丝长1—2毫米；子房2室，花盘凸起，花柱合生为短柱状，长不足1毫米。果近球形，径约8毫米，成熟时黑色，花柱宿存，长约2毫米，内含种子2粒或1粒不育。花期11月；果期2—3月。

产普洱、西双版纳、芒市、泸水、沧源、贡山，生于海拔1400—1700米林中或林缘。模式标本采自普洱。

10.锈毛柏那参　图397

Brassaiopsis ferruginea（Li）Hoo（1965）

Dendropanax ferrugineus H. L. Li（1942）

无刺灌木，高达2米。小枝灰色，初有锈色星状绒毛，后无毛。叶片纸质或薄革质，二型，不分裂或掌状2—3深裂；不分裂叶披针形、卵状披针形或长圆状披针形，长7—20厘米，宽1.5—5厘米，先端尾状渐尖，基部钝形或近圆形，分裂叶的裂片狭披针形，上面绿色，下面淡绿色，幼时两面均密生锈色星状毛，后上面无毛，下面星状毛变稀，边缘有锐锯齿，主脉3，侧脉8—16对，不明显或不甚明显，网脉不明显；叶柄纤细，长4.5—10厘米。圆锥花序顶生，主轴长1—7厘米，幼时密生锈色星状绒毛，后几无毛；伞形花序2—5，直径约3厘米，有花20—30；花序梗长2—7厘米；苞片卵形至披针形，长5—8毫米，先端3裂，略有毛；小苞片宿存。花瓣5，绿色，长2.5—3毫米；雄蕊5，花丝长1.5—2毫米；子房2室，稀3室；花柱合生成柱状，长1.5毫米。果实球形，黑色，直径8毫米。种子球形。花期6—7月；果期8—9月。

产屏边、麻栗坡，生于海拔1200—1800米的岩石密林中。分布于贵州、广西。

11.鳞片柏那参　图402

Brassaiopsis lepidota Feng et Y. R. Li（1979）

乔木，高达8米；枝上有圆锥状刺。指状复叶，有小叶5，稀3；叶柄长10—18厘米，无毛，具条纹；托叶与叶柄基部合生，先端分离成2个小裂片，刺状，外面有明显的皮孔；小叶椭圆状长圆形，长10—18厘米，宽3.5—6（8）厘米，先端渐尖至镰状长渐尖，基部近圆形，边缘疏生锯齿，上面无毛，下面疏生淡黄色鳞片，侧脉8—12对，在两面明显隆起，网脉在上面显著，下面不十分显著；小叶柄长0.8—3.5厘米，无毛。果序为多数伞形果序组成的圆锥果序，顶生，开展，长约30厘米，花序轴初时有锈色绒毛，后变无毛，基部有数枚鳞片，卵形，被锈色绒毛；伞形果序直径4厘米，有果14—16，苞片生于果序梗的基部，卵状三角形，长约4毫米，被锈色绒毛；小苞片披针形，长2—3毫米，外面密被锈色绒毛；果成熟后黑色，倒卵形，直径9—13毫米，外面被锈色绒毛；萼有不明显的5齿；子房3室，

图402 鳞片柏那参和栓瓣柏那参

1—3.鳞片柏那参 *Brassaiopsis lepidota* Feng et Y. R. Li.

1.果序 2.叶片 3.果实

4—6.栓瓣柏那参 *Brassaiopsis suberipetala* Feng et Y. R. Li

4.花序 5.叶片 6.花

往往有1—2胚珠不发育为种子；花柱合生成短柱状，长约1毫米，基部扩大连合成圆锥状花盘，其上有时具栓皮质斑点。果期11—12月。

产麻栗坡，生于海拔1100—1500米的石山密林中。模式标本采自麻栗坡。

12.五室柏那参　五室罗伞　图403

Brassaiopsis pentalocula Hoo ex Hoo et Tseng（1965）

乔木，高达8米；小枝粗壮，灰色，有刺。指状复叶有小叶4—5；叶柄长33厘米，基部膨大；托叶与叶柄基部合生，先端分离成锥状，长约3毫米；小叶革质，狭长圆形，稀长椭圆形，中央的长11—16厘米，宽5—8厘米，两侧的较小，先端渐尖，基部圆形至宽楔形，幼时两面被锈色绒毛，后变无毛，边缘反卷，全缘有疏锯齿，侧脉8—10对，两面明显隆起，网脉不显著；小叶柄中央的长2—4.5厘米，两侧的长1—1.5厘米，幼时被锈色绒毛，后变无毛。伞形花序组成的圆锥花序顶生，长15—22厘米，花序轴幼时被锈色绒毛，后脱落；伞形花序排列疏松，直径2—2.5厘米，有花6—10朵；苞片三角状卵形，先端渐尖，长5—10毫米，外面被锈色绒毛；小苞片卵状披针形至披针形，长1—3毫米，密被锈色绒毛；花梗长3—7毫米，密被锈色绒毛；花直径5—7毫米；花萼长2—3毫米，被锈色绒毛，边缘有5齿，齿三角形；花瓣5，厚，长圆状卵形，长3—4毫米，外面有绒毛；雄蕊5，花丝长约2毫米；子房5室，稀4室，花柱合生为短柱状，花盘稍平凸。果球形，成熟后黑色，有不明显的3—5棱，径7—8毫米，常有种子（1）2—3粒，其余不发育，宿存花柱，长约2毫米。花期8—9月；果期10—11月。

产西畴、麻栗坡、广南，生于海拔1000—1650米山谷、石山密林或灌丛中。模式标本采自西畴。

13.镇康柏那参　镇康罗伞　图403

Brassaiopsis chengkangensis Hu（1940）

乔木，有刺，高达15米。树皮灰绿色。指状复叶有小叶5—7，稀3；叶柄粗壮，长30—60厘米，有条纹，幼时密被锈色刚伏毛，后脱落至疏被毛；小叶革质，卵状长圆形至长圆状披针形，长15—38厘米，有时长达50厘米，宽6—17厘米，有时达28厘米，先端短渐尖至渐尖，基部圆形至宽楔形，边缘上半部有不整齐的粗齿或全缘，上面幼时密被星状毛，沿脉被短刚伏毛，后脱落至疏被毛，下面密被锈色星状毛及刚伏毛，侧脉约18对，两面明显隆起，网脉显著；小叶柄长1.5—4.5厘米，有时长至10—15厘米，粗壮，密生锈色刚伏毛或绒毛。花序为伞形花序组成的大圆锥花序，顶生，下垂，一般长35厘米，有时长达90厘米，主轴粗壮，密生锈色刚伏毛；伞形花序较大，直径3.5—5厘米；苞片三角状卵形，长约1.5厘米，密被锈色刚伏毛；花梗长约1厘米，果时延长至2.5—3厘米，密被锈色刚伏毛；小苞片舌状，密生锈色刚伏毛；花萼长2.5毫米，5齿，齿线状披针形，密被刚伏毛；花瓣5，卵形，长3毫米，外面密被锈色刚伏毛；雄蕊5，花丝长2毫米；子房2室，花盘厚，花柱合生为短柱状，长约1.2毫米。花期4月。

产镇康、芒市、凤庆、双江、贡山，生于海拔1700—2400米林中。模式标本采自镇康。

图403　五室柏那参和镇康柏那参

1—3.五室柏那参 *Brassaiopsis pentalocula* Hoo ex Hoo et Tseng

1.叶　2.果序　3.果横剖

4—5.镇康柏那参 *B. chengkangensis* Hu

4.叶片　5.果序

14.瑞丽柏那参　瑞丽罗伞

Brassaiopsis shweliensis W. W. Smith（1917）

产瑞丽，生于海拔200米灌丛中。模式标本采自瑞丽。

15.柏那参　罗伞　图413

Brassaiopsis glomerulata（Bl.）Regel（1863）

灌木或乔木，高达20米。树皮灰棕色。上部的枝有刺，当年生枝被红锈色绒毛，髓心大，松软，白色。指状复叶有小叶5—9，叶柄长达70厘米，无毛或疏生红锈色绒毛，具条纹；托叶与叶柄基部合生，先端分离，2裂，裂片披针形，初时被红锈色绒毛，后脱落仅边缘有毛，外面有明显的条纹；小叶纸质至薄革质，椭圆形，阔披针形至卵状长圆形，长15—35厘米，宽6—15厘米，先端渐尖，基部楔形，稀圆形，全缘或疏生锯齿，幼时两面被红锈色星状绒毛，后无毛，侧脉7—12对，显著，网脉不显著；小叶柄粗壮，长3—9厘米，无毛或疏被红锈色绒毛。伞形花序组成大圆锥花序，长达40—70厘米或更长，下垂，分枝多，花序轴有刺或无刺，被红锈色绒毛，后渐脱落；伞形花序直径2—3厘米，有花20—40；苞片三角形至卵形，长3—5毫米，先端尖，宿存，密被红锈色绒毛；小苞片小，被红锈色绒毛；花白色，芳香；花萼筒短，有5尖齿，外被红锈色绒毛；花瓣5，长圆形，长3毫米；雄蕊5，花丝长约2毫米；子房2室，花盘半球形隆起，花柱合生为短柱状。果近球形，成熟后紫黑色，直径7—9毫米，花柱宿存，长1—2毫米。花期4—6月；果期7—12月。

产文山、蒙自、绿春、马关、金平、西畴、屏边、西双版纳、澜沧、景东、福贡、贡山，生于海拔1200—2400米山谷林中。分布于西藏、四川、贵州、广西、广东等省（区）；印度、尼泊尔、越南及印度尼西亚也有。

16.栓瓣柏那参　图402

Brassaiopsis suberipetala Feng et Y. R. Li（1979）

小乔木，高4米；枝条有刺。叶为指状复叶，有小叶6—7，叶柄长18—23厘米，无毛；托叶与叶柄基部合生，先端分裂为二个刺状裂片，长2—4毫米，外面有明显的皮孔，基部散生小刺，初被褐色绒毛，后脱落；小叶坚纸质，狭披针形至狭倒披针形，长10—20厘米，宽1.8—3.5厘米，先端长渐尖至尾状渐尖，基部渐狭至楔形，边缘反卷，上部有疏离小锯齿，下部全缘，幼时两面疏被褐色绒毛，不久变无毛，侧脉9—11对，下面明显，上面不明显，网脉在两面不明显；无小叶柄或具短柄。伞形花序组成的大圆锥花序较窄；花序轴粗壮，被褐色绒毛；伞形花序大，单个生于分枝顶端，直径4.5厘米；花梗长约1.5厘米，密被褐色绒毛；苞片2枚生于花序梗之中部，舟形，木栓质，长4—7毫米，无毛；小苞片膜质，灰黄色，披针形，着生于花梗基部，长3—5毫米，有5齿，齿三角形，栓皮质；花瓣5，厚，三角状卵形，长3—4毫米，外面有栓皮质斑块；雄蕊5，花丝长3毫米；子房2室，花柱合生为短柱状，长约1毫米，花盘半球状凸起。花期6—7月。

产泸水，生于海拔2700米山坡常绿阔叶林中。模式标本采自泸水。

17.狭叶柏那参

Brassaiopsis angustifolia Feng（1979）
产元江，生于海拔2100米的箐沟山坡。

18.细梗柏那参

Brassaiopsis gracilis Hand.-Mazz.（1933）
产砚山，生于海拔1100—1600米的森林中。广西、贵州有分布；越南也有。

12.大参属 Macropanax Miq.

无刺常绿乔木或小乔木。叶为掌状复叶；小叶全缘或有锯齿；托叶短与叶柄基部合生或无托叶。花序为伞形花序组成的圆锥花序；花梗有节；苞片小，早落；花杂性；花萼边缘有5小齿，稀7—10齿或全缘；花瓣5，稀7—10，镊合状排列；雄蕊与花瓣同数；子房2室，稀3室，花柱合生成柱状。果实近球形或卵状球形，种子扁，胚乳嚼烂状。

本属约8种，分布于亚洲东部和南部。我国有7种1变种，分布于云南至海南；云南产5种和1变种。

分 种 检 索 表

1.花序轴、分枝及花梗密被褐色短柔毛或星状短绒毛。
　2.小叶5—7，网脉在下面不明显；圆锥花序较大，分枝平展，伞形花序较紧密 ……………………………………………………………………………………… 1.大参 M. dispermus
　2.小叶3—4，网脉两面均明显；圆锥花序较小而狭，分枝斜上升 ……………………………………………………………………………… 2.粗齿大参 M. serratifolius
1.花序轴、分枝及花梗无毛。
　3.伞形花序较疏松，花大；小叶边缘波状 ………… 3.波缘大参 M. undulatus
　3.伞形花序较紧密，花较小；小叶边缘有向上疏离小锯齿 …… 4.小花大参 M. parviflorus

1.大参

Macropanax dispermus（Bl.）O. Ktze.（1891）
Aralia disperma Bl.（1825）
产勐海、景洪、景东、金平、屏边、西畴、富宁、砚山、瑞丽、龙陵、双江，生于海拔700—2300米山谷混交林或密林中。尼泊尔、印度、缅甸、越南、印度尼西亚及马来半岛有分布。

2.粗齿大参　图404

Macropanax serratifolius Feng et Y. R. Li（1979）
乔木，高达10米；枝灰褐色，有皮孔。掌状复叶具柄；小叶3，纸质，长圆状椭圆形至长圆形，长10—20厘米，宽4—7厘米，先端渐尖，微弯，基部宽楔形至近圆形，边缘有明显的疏离粗锯齿，齿尖呈硬尖头，内弯，两面光滑无毛，侧脉6对，在两面明显隆起，网脉较明显；小叶柄长1—4厘米，无毛。果序为顶生圆锥果序，由数个伞形果序组成；果序轴较粗壮，长25—30厘米，密被黄褐色短柔毛；伞形果序直径约4厘米，有果约20，苞片宿存或早落，卵形，外面密被短柔毛；果梗长1—1.2厘米，密被黄褐色短柔毛，顶端与果连结处具关节。果近球形，径约7毫米，成熟后紫红色，花柱宿存，合生为短柱状，长1.5—2毫米，子房3室，通常有种子2，往往有1胚珠不发育成种子。果期4月。

产金平，生于海拔350米的密林中。模式标本采自金平。

3. 波缘大参　图404

Macropanax undulatus（Wall.）Seem.（1864）

Hedera undulata Wall.（1831—32）

乔木，高达15米；枝条黄褐色，有条纹和灰黄色皮孔。掌状复叶，叶柄长5—15厘米，有条纹；小叶3—5，纸质，椭圆形至椭圆状披针形或椭圆状倒披针形，中间的较大，长8—17厘米，宽2.5—6.5厘米，两侧的较小，长7—10厘米，宽2.2—3.5厘米，先端长渐尖至尾尖，稍弯，基部宽楔形，有时偏斜，全缘呈波状，稀前端有疏离锯龄，两面无毛，侧脉5—8对，下面明显，网脉不明显；小叶柄长0.5—3厘米，有条纹。花序为伞形花序组成的圆锥花序，长15—30厘米，花序轴有条纹，分枝上升。苞片早落。伞形花序梗长1—2.5厘米，有花7—15。花小淡绿色；花梗长3—5毫米，在先端具节，节稍大为不整齐的齿状；花萼不明显齿状，无毛；花瓣5，三角状卵形，镊合状排列；雄蕊5，花丝与花瓣等长；子房下位，2室，花柱合生成柱状，花盘凸起呈半圆形。果卵状球形，有棱，有种子2。花期9月；果期次年2月。

产普洱、贡山、双江，生于海拔1300—1750米河谷密林中。贵州、广西有分布；不丹、印度及孟加拉国也有。

散孔材。木材黄褐色，心边材区别不明显，纹理直，结构细而均匀，材质轻软，干缩小，强度弱。可作家具、包装箱、火柴杆、乐器、生活用具、农具等用材。

4. 小花大参　图405

Macropanax parviflorus Hoo ex Hoo et Tseng（1965）

乔木，高达12米；枝具极稀的褐色皮孔，皮孔长圆形或圆形。叶具柄；叶柄长7—14厘米，无毛；小叶3—5（7），纸质，长圆状椭圆形，长9—12.5厘米，宽3—4.5厘米，先端尾尖或长渐尖，基部宽楔形，两侧的常歪斜，两面无毛，边缘上部偶有疏离小锯齿，侧脉8—10对，凸起，明显，网脉不明显；小叶柄长3—25毫米。圆锥花序长30—60厘米，有伞形花序10—15；伞形花序在分枝顶端轮生，下面总状排列；径1—1.5厘米，有花7—12。苞片早落。花序轴及花梗均无毛。花淡黄色；花萼长约1.5毫米，边缘有5齿，齿三角形，无毛；花瓣5，长约1.5毫米；雄蕊5，长约1.5毫米；子房2室，花柱全部合生，长约0.5毫米，花盘凸起。未成熟幼果为长卵形。花期9月。

产贡山，生于海拔1150米的密林中。模式标本采自贡山独龙江。

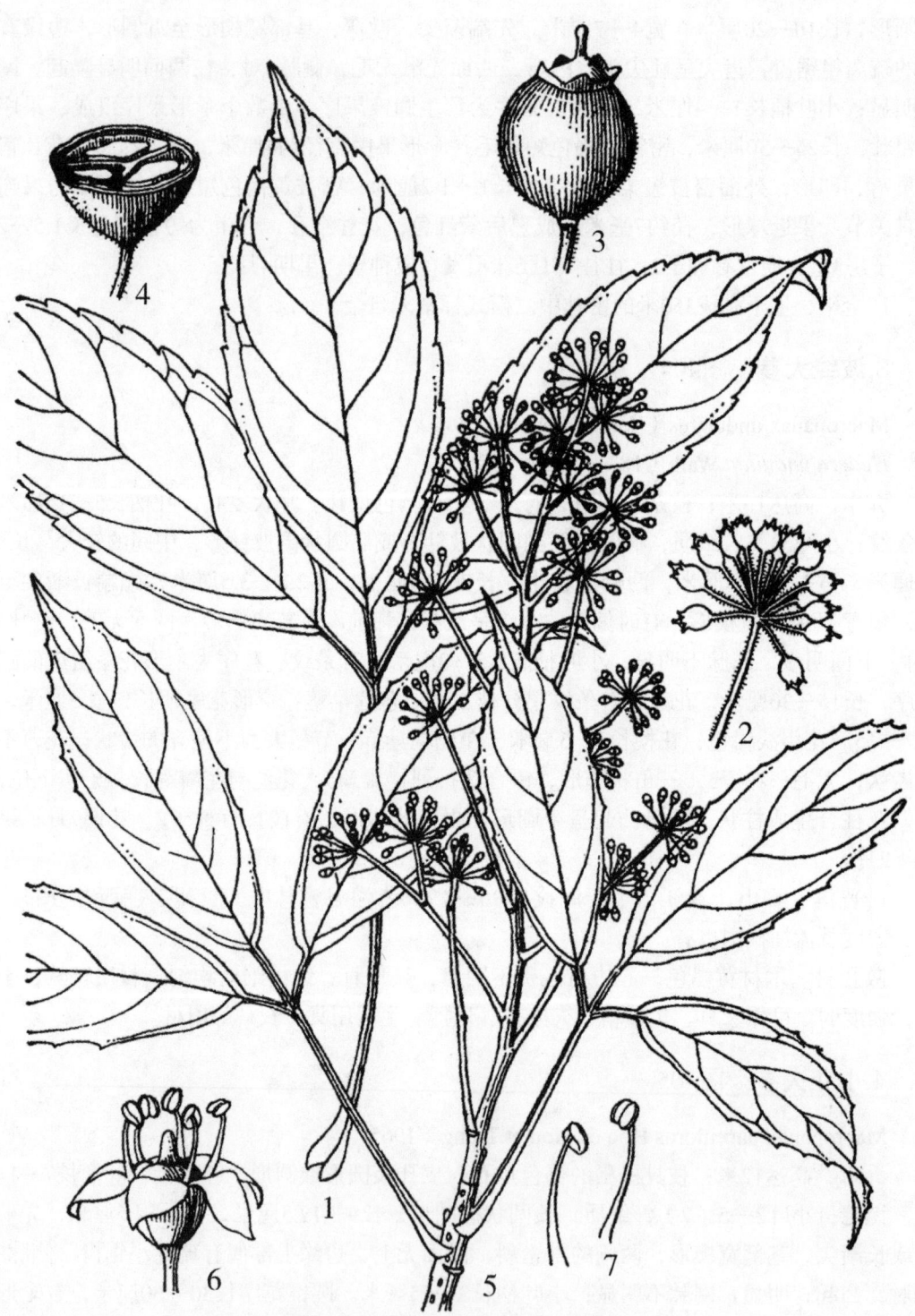

图404　粗齿大参和波缘大参

1—4.粗齿大参 *Macropanax serratifolius* Feng et Y. R. Li

1.叶片　2.果序一部分　3.果　4.果横切

5—7.波缘大参 *Macropanax undulatus*（Wall.）Seem.

5.花枝　6.花　7.雄蕊

图405　小花大参和云南幌伞枫

1—3.小花大参 *Macropanax parviflorus* Hoo ex Hoo et Tseng

1.花枝　2.叶枝　3.花

4—5.云南幌伞枫 *Heteropanax yunnanensis* Hoo ex Hoo et Tseng

4.枝叶　5.果实

13. 幌伞枫属 Heteropanax Seem.

无刺乔木。叶为数回羽状复叶。伞形花序集成大圆锥花序式；苞片小；花杂性，两性花组成顶生伞形花序，雄花侧生；花萼近于全缘，具细齿；花瓣5，镊合状；雄蕊5；子房下位，2室，每室具1胚珠，花柱2，基部分离。果扁圆形，近孪生，种子压扁。

本属约5种，分布于印度、印度尼西亚、越南至我国。我国全产。云南有4种1变种。

分 种 检 索 表

1.小叶较大，椭圆形，长5.5—12厘米，宽3—6厘米；果微扁。

  2.果梗长5毫米以上。

    3.小叶上面无光泽；花梗在开花时长2毫米，宿存花柱长2毫米 ⋯⋯ **1.幌伞枫 H. fragrans**

    3.小叶上面有光泽；花梗在开花时长5—10毫米，宿存花柱3—4毫米 ⋯⋯⋯⋯⋯⋯⋯⋯

    ⋯⋯⋯⋯⋯⋯⋯⋯⋯⋯⋯⋯⋯⋯⋯⋯⋯⋯⋯ **2.亮叶幌伞枫 H. nitentifolius**

  2.果梗长2—3毫米 ⋯⋯⋯⋯⋯⋯⋯⋯⋯⋯⋯⋯⋯⋯⋯ **3.云南幌伞枫 H. yunnanensis**

1.小叶小，椭圆状披针形，长3—5.5厘米，宽1—2.5厘米，果极扁 ⋯⋯ **4.罗汉伞 H. chinensis**

1.幌伞枫　图406

Heteropanax fragrans（Roxb.）Seem.（1865）

Panax fragrans Roxb.（1814）

乔木，高达20米。叶为多回羽状复叶，宽达0.5—1米；小叶纸质，对生，椭圆形，长6—12厘米，宽3—6厘米，先端短渐尖，基部楔形，全缘，两面均平滑无毛，侧脉6—10对，微隆起；叶柄长15—30厘米，小叶柄长1厘米，平滑无毛；托叶小，不明显。圆锥花序顶生，长30—40厘米，被锈色星状绒毛，后渐脱落，伞形花序在分枝上排列成总状花序，分枝长10—20厘米；苞片小，卵形，长2—3毫米，宿存；伞形花序具多花，几为密头状，直径1—1.2厘米，有1—2厘米长的梗，花梗长2毫米，果时延长；花萼被绒毛，长2毫米，几全缘或具不明显的5齿；花瓣5，卵形，长2毫米，微被绒毛；雄蕊5，花丝长3毫米；子房2室，花柱2，离生，开展。果微侧扁，径约7毫米，厚3—5毫米，无毛或有粉霜，果梗长0.8—1.5厘米，花柱长2毫米；种子2，椭圆形而扁，长4毫米。花期3—4月；果期冬季。

产景洪、勐腊、景东、西畴、麻栗坡及耿马等地，生于海拔800—1400米的杂木林、灌丛、山坡沟谷边。分布于广东、广西；印度、缅甸及印度尼西亚也有。

种子繁殖，宜随采随播。条播育苗，幼苗适当遮阴。

根皮入药，治烧伤、疖肿、蛇伤及风热感冒，髓心利尿。树冠圆整，可栽培作为庭园风景树。

2.亮叶幌伞枫　图407

Heteropanax nitentifolius Hoo ex Hoo et Tseng（1965）

乔木，高达7米。叶大，长约1米，2回羽状复叶，小叶革质，长圆形或椭圆形，长8—

图406 幌伞枫 *Heteropanax fragrans*（Roxb.）Seem.
1.叶片（部分） 2.花序部分 3.花 4.花瓣 5.花萼筒及雄蕊 6.果实

12.5厘米，宽3.5—5.8厘米，先端短渐尖，基部宽楔形，边全缘而反卷，上面绿色而光亮，侧脉约8对，上面下陷，下面隆起；叶柄长10厘米，侧生小叶柄长0.3—1.2厘米，顶生小叶柄长2.2厘米，均无毛；托叶贴生。大圆锥花序长80—160厘米，具多枝，密被锈色绒毛，分枝长2—14厘米，主轴有苞片8—16，卵形，分枝总状花序排列，长5—14厘米，伞形花序在顶端着生，单生或轮生状，多花或少花，有长1.5—2厘米的梗，花梗长5—10毫米；花淡绿色；花萼密被锈色绒毛，长2毫米，具5齿，三角形，长0.6毫米；花瓣5，三角状长圆形，长2毫米；雄蕊5，花丝长2毫米；子房2室，花柱2，离生，开展，长3—4毫米。花期11月。

产河口，生于海拔120—740米的路边。分布于越南北部的老街。模式标本采自河口。

种子繁殖，随采随播。苗床宜选择于水源方便处，高床育苗，条播，播后覆土稍镇压，出苗后搭棚遮阴。

3.云南幌伞枫　图405

Heteropanax yunnanensis Hoo ex Hoo et Tseng（1965）

乔木，高达10米。叶为二回羽状复叶，长20—50厘米，叶柄圆筒形，无毛，长6—22厘米，每羽片有2—4对小叶；小叶纸质或薄革质，圆形或卵形，长4.5—5.5厘米，宽3.5—4.2厘米，先端突短尖至渐尖，基部圆形或宽楔形，全缘，侧脉4—5对，两面均明显；侧生小叶柄长2—12毫米，顶生小叶柄长22毫米；托叶与叶柄基部合生，先端分离，阔三角形，长2毫米，密被锈色绒毛。圆锥花序多枝，长20—25厘米，密被锈色绒毛；伞形花序15—25或更多；苞片三角状，密被锈色绒毛。果扁球形，径6—7毫米，厚约1.5毫米，宿存花柱2，离生，下弯。花期11月；果期5月。

产澜沧、景谷，生于海拔1500米林中。模式标本采自澜沧。

散孔材。木材灰赭，年轮可见，导管细，薄壁组织不见，纹理直至略斜，结构细，材质轻。可作包装箱、火柴杆、一般家具、建筑用材。

4.罗汉伞　华幌伞枫　图407

Heteropanax chinensis（Dunn）Li（1942）

Heteropanax fragrans var. *chinensis* Dunn（1906）

乔木，高达8米；小枝被锈色绒毛。叶为数回羽状复叶，长80—100厘米，羽片对生，具节，叶柄长20—35厘米，无毛；小叶对生，纸质，光滑无毛，椭圆状披针形，长2.5—6厘米，宽1—2厘米，先端长渐尖，基部狭楔形，全缘，上面绿色，下面苍绿色，侧脉6对，上面不明显，下面微隆起；小叶柄长3—10毫米。圆锥花序长30—60厘米，被锈色绒毛，果时逐渐脱落，伞形花序在分枝上总状排列，分枝长4—7厘米，苞片卵形，长5毫米，被锈色绒毛；伞形花序具多花，花梗长3—5毫米，果时延长达7—10毫米；花黄色；萼密被锈色绒毛，长2毫米，有5齿；花瓣5，长2毫米，卵形，先端尖；雄蕊5，花丝长3毫米；子房2室，花柱2，离生。果扁圆形，径6—8毫米，红黑色，花柱长2—3毫米。花期9—10月；果期4月。

产普洱，生于海拔760—1600米的山坡密林中、路旁、沟谷中。分布于广西。模式标本采自普洱。

图407　罗汉伞和亮叶幌伞枫

1—4.罗汉伞 *Heteropanax chinensis*（Dunn）Li

1.花序　2.花　3.枝叶　4.果实（放大）

5—7.亮叶幌伞枫 *Heteropanax nitentifolius* Hoo ex Hoo et Tseng

5.果枝　6.枝叶　7.果实（放大）

14. 楤木属 Aralia L.

　　小乔木、灌木或草本，有刺或无刺。叶互生，落叶性，1—3回羽状复叶。花杂性同株，伞形花序排列成圆锥花序式；萼5齿裂；花瓣5，覆瓦状排列；雄蕊5；子房下位，2—5室，花柱2—5，分离或基部合生。果为核果或浆果状，近球形，3—5棱；种子压扁。

　　本属约40余种，分布于亚洲、大洋洲和北美洲。我国有30余种，产南北各省；云南有17种和4变种。

分 种 检 索 表

1.花具明显梗，伞形花序式。

　2.圆锥花序的主轴长，一级分枝在主轴上总状排列。

　　3.植株无刺，叶为2—3回羽状复叶 ……………………………………1.圆叶楤木 A.caesia

　　3.植株有刺，叶为2—3回羽状复叶。

　　　4.叶轴，叶柄和花序均多少有刺。

　　　　5.伞形花序具多花，花梗被柔毛；叶轴和叶柄具刺。

　　　　　6.小叶中脉具长刺毛；花梗长1—1.5厘米；果径约4毫米 … 2.广东楤木 A. armata

　　　　　6.小叶中脉不具长刺毛；花梗长1—2厘米；果径约6毫米 ………………………

　　　　　……………………………………………………… 3.腾冲楤木 A. tengyuehensis

　　　　5.伞形花序具6—15花，花梗无毛或近于无毛；叶轴和叶柄近于无刺或极稀刺。

　　　　　7.小叶椭圆形至卵状椭圆形，长4—9厘米，宽2—3.5毫米；苞片狭长圆形，长

　　　　　　5—10毫米 ……………………………………………… 4.小叶楤木 A. foliolosa

　　　　　7.小叶卵状披针形，长9—12厘米，宽3—5厘米，苞片披针形、长15毫米 ……

　　　　　…………………………………………………… 5.澜沧楤木 A. lantsangensis

　　　4.叶轴、叶柄和花序均无刺或偶有极少散生刺。

　　　　8.小花梗短，长4—8毫米。

　　　　　9.小叶上面无毛或粗糙，下面无毛而粉绿色或仅脉上被短柔毛。

　　　　　　10.小叶下面被短柔毛 ………………………………………… 6.楤木 A. chinensis

　　　　　　10.小叶下面无毛或仅在脉上被微柔毛 …… 6a.白背叶楤木 A. chinensis var. nuda

　　　　　9.小叶上面密被黄色糙伏毛，下面密被黄色糙伏绒毛 …………………………

　　　　　………………………………………………………7.景东楤木 A. gintungensis

　　　　8.小花梗长8—30毫米。

　　　　　11.叶纸质，下面被黄色长柔毛；伞形花序具15—20花 ………………………

　　　　　……………………………………………………… 8.云南楤木 A. thomsonii

　　　　　11.叶革质，下面密被黄色绒毛；伞形花序具30—50花 ……………………

　　　　　……………………………………………………… 9.鸟不企 A. decaisneana

　2.圆锥花序的主轴短，一级分枝在主轴上伞房状排列 ………… 10.粗毛楤木 A. searelliana

1.花不具梗，头状花序式 ……………………………………… 11.毛叶楤木 A. dasyphylla

1.圆叶楤木　图408

Aralia caesia Hand.-Mazz.（1933）

小乔木或灌木，高8米，无刺。叶为一回或二回羽状复叶，长10—25厘米，叶柄长3—11厘米；托叶和叶柄基部合生；羽片有小叶5—7，基部有小叶一对，小叶薄革质或厚纸质，卵形至圆形，长2.5—6厘米，宽2—5.5厘米，先端短尾尖，基部圆形至截形，上面深绿色，下面灰白色，两面均无毛，边缘有细锯齿，侧脉4—6对，两面明显，网脉明显；小叶无柄，或有长达1厘米的柄，顶生小叶柄长达3厘米。圆锥花序稀疏，长达30厘米；伞形花序直径2—2.5厘米，有花5—25；花梗长4毫米，结实后延长至15毫米，无毛；苞片披针形，长约5毫米；小苞片披针形，长约1.5毫米；萼无毛，长约2毫米，边缘有5个卵状三角形尖齿；花瓣5，卵状长圆形，长约2.5毫米，开花时后曲；子房5室；花柱5，离生。果球形，有5棱，黑色，直径4—6毫米。

产丽江、香格里拉及禄劝，生于海拔2400—3000米森林中。模式标本采自香格里拉。

种子繁殖。种子采集后去肉洗净晾干，袋藏于通风干燥处。育苗造林，条播，冬季注意防寒。

2.广东楤木　图409

Aralia armata（Wall.）Seem.（1868）

有刺灌木，有时藤状，高1—4米。叶为3回羽状复叶，长45—70厘米，每羽片有小叶5—9，小叶纸质，卵状长圆形至卵形，长2.5—9厘米，宽1.5—3厘米，先端长渐尖，基部近圆形至心形，略偏斜，边缘具锐锯齿，两面均被疏柔毛，脉上有疏刺，小叶无柄或具极短柄，叶轴各节基部有小叶1对，总叶轴、羽片轴均被柔毛和钩刺。花序顶生，由多数伞形花序组成大圆锥花序，长达50厘米，具刺，花序轴下部近无毛，上部被柔毛；伞形花序有花多数；花白色，径约4毫米；萼具5齿；花瓣5，三角状卵形，无毛，长约2毫米；雄蕊5，长约2.5毫米；子房5室，花柱5，分离而外弯；花梗长1—1.5厘米，被短柔毛。果球形，黑色，径约5毫米，有5棱，花柱宿存。花期8—9月；果期10—11月。

产绿春、屏边、西畴、砚山、富宁、景洪、勐腊，生于海拔210—1400米常绿阔叶疏林或山坡灌丛中。分布于贵州、广西、广东等省（区）；印度、缅甸、越南及马来半岛也有。

种子繁殖，宜随采随播。苗床应近水源，覆土宜用过筛腐殖土，播后镇压，幼时应塔设荫棚。

树皮为民间草药，有消肿散瘀、除风祛湿之效，可治肝炎、肾炎、前列腺炎等症。

3.腾冲楤木

Aralia tengyuehensis C. Y. Wu（1979）

产腾冲，生于海拔1400米松林中。模式标本采自腾冲。

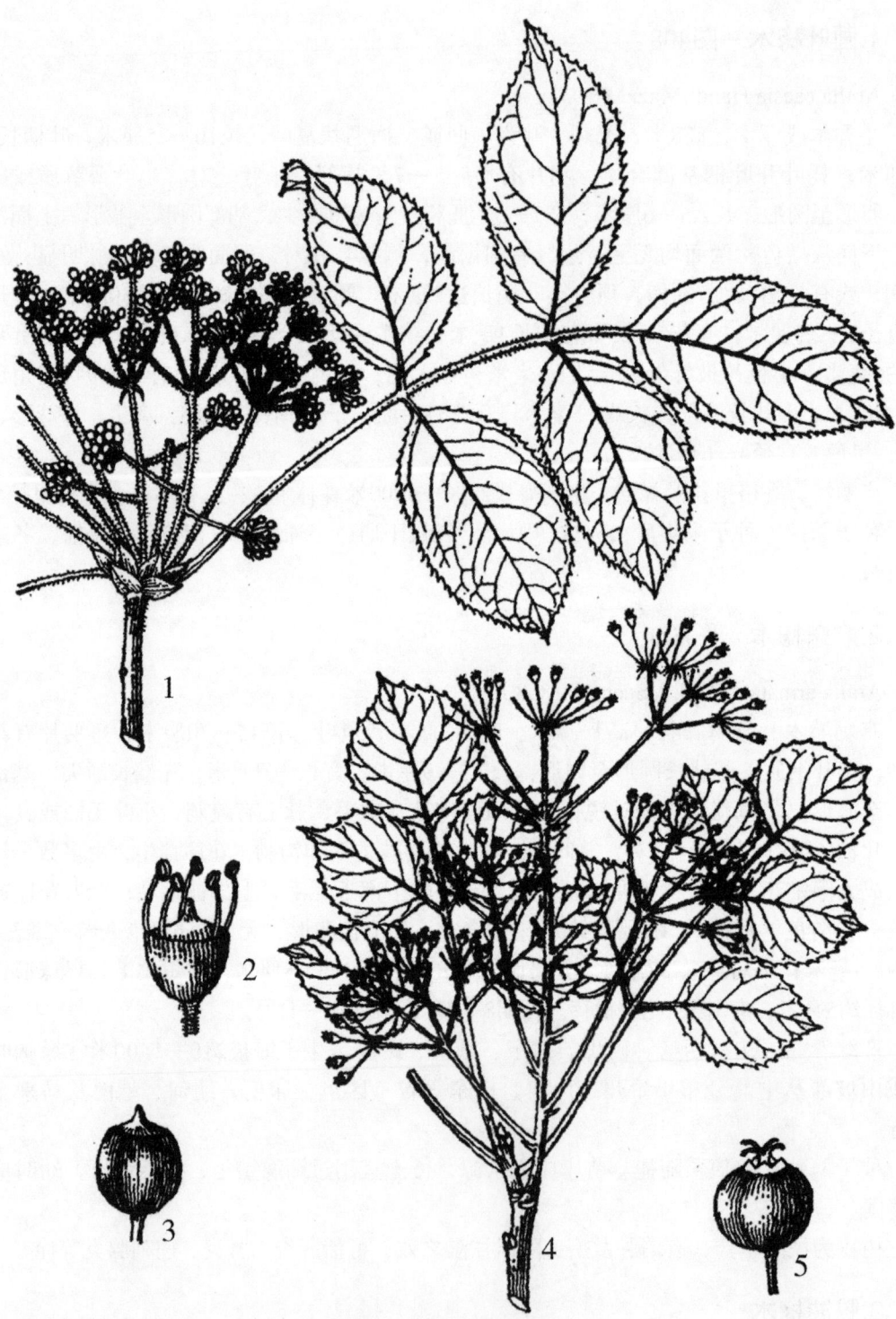

图408 五叶参和圆叶楤木

1—3.五叶参 *Pentapanax leschenaultii*（Wight et Arn.）Seem.

1.花枝 2.花 3.果

4—5.圆叶楤木 *Aralia caesia* Hand.-Mazz.

4.幼果枝 5.果实

图409　广东楤木和毛叶楤木
1—2.广东楤木 *Aralia armata*（Wall.）Seem.
1.果序　2.叶片
3—4.毛叶楤木 *Aralia dasyphylla* Miq.
3.部分叶片　4.果实

4.小叶楤木　图410

Aralia foliolosa（Wall.）Seem.（1868）

Panax foliolosum Wall.（1832）

小乔木，高达3米，具刺。叶为2—3回羽状复叶，连柄长60—100厘米，叶柄各节基部有小叶1对，羽片有小叶5—9，叶轴和羽片轴均有疏刺而无毛；小叶纸质，椭圆形至卵状椭圆形，长4—9厘米，宽2—3.5厘米，先端渐尖，基部圆形，略偏斜，边缘具疏离锯齿，侧脉6—8对，上面略明显，下面明显，被短柔毛，叶两面均疏被小刺毛，小叶柄长0—5毫米，被细柔毛和疏生小刺或无刺。大圆锥花序顶生，长30—50厘米，被细柔毛和疏生小刺或无刺；伞形花序具10—15花，有长1—2厘米的梗，被疏柔毛；苞片和小苞片狭长圆形，膜质，宿存；萼5齿，长约2毫米，无毛；花瓣5，三角状卵形，长约2毫米，无毛；雄蕊5，花丝长约2毫米；子房5室，花柱5，分离。果球形，直径约5毫米，具5棱。花期9月；果期冬季。

产腾冲、普洱，生于海拔1500—1740米的山坡栎林中。分布于不丹、印度和孟加拉国。

5.澜沧楤木　图410

Aralia lantsangensis Hoo ex Hoo et Tseng（1965）

小乔木，高达6米，具刺。叶为2—3回羽状复叶，长约60厘米，叶轴和羽片轴基部有小叶一对，疏生皮刺，刺长1—4毫米，平滑无毛，羽片有小叶5—11，小叶柄长0.5—3厘米；小叶纸质，卵状披针形，长9—12厘米，宽3—5厘米，先端长渐尖，基部浅心形，边缘细圆锯齿，干时上面栗色，无毛，有光泽，下面淡褐色，无毛，侧脉8—10对，上面略显，具极疏刺毛，下面明显突起，具极疏刺毛。大圆锥花序顶生，无毛，具极疏刺，刺长约1毫米；分枝长30—36厘米；伞形花序有花10—15，花序梗长10—15厘米，总状排列，伞形序梗长2.5—4厘米，花梗纤细，长8—15毫米，均无毛；苞片披针形，长约1.5厘米，边缘具纤毛；小苞片狭披针形，长1—3毫米，边缘具纤毛；花绿白色，直径4—5毫米；萼5齿裂，三角状卵形，长约1毫米；花瓣5，长圆状卵形，长约2.5毫米，无毛；雄蕊5，花丝长约3毫米；子房5室，花柱5，分离。幼果具棱。花期12月；果期2—3月。

产西双版纳、耿马，生于海拔730—800米沟旁杂林中。模式标本采自澜沧。

6.楤木　图411

Aralia chinensis Linn.（1753）

落叶灌木或乔木，高达8米；茎干具皮刺，小枝被黄棕色绒毛。叶为2—3回羽状复叶，长40—90厘米；叶轴、羽片轴均被黄棕色绒毛，疏生刺或无刺，基部有小叶片1对，羽片有小叶5—11；小叶纸质或亚革质，卵形，宽卵形至长卵形，长5—11厘米或更长，宽3—8厘米，先端渐尖，基部近于狭圆而偏斜，边缘有锯齿，上面疏被糙伏毛，沿脉较密，下面被黄色或灰色短柔毛，沿脉较密，侧脉6—8对，在上面明显，下面隆起，网脉在两面略明显；小叶柄长0—3毫米，被短柔毛。伞形花序组成的大圆锥花序顶生，长30—60厘米，密被黄棕色至灰色

图410 小叶楤木和澜沧楤木
1—3.小叶楤木 *Aralia foliolosa*（Wall.）Seem.
1.花序 2.枝叶 3.果实
4—5.澜沧楤木 *Aralia lantsangensis* Hoo ex Hoo et Tseng
4.叶片（部分） 5.果实

图411 鸟不企和楤木

1—4.鸟不企 *Aralia decaisneana* Hance

1.叶片（部分） 2.花序（部分） 3.花 4.果实

5—8.楤木 *Aralia chinensis* Linn.

5.叶片（部分） 6.花序（部分） 7.花 8.果实

短柔毛；苞片披针形，膜质，长4—10毫米，边缘被短柔毛，伞形花序具多花；花梗长4—6毫米，被短柔毛；小苞片膜质，线状披针形，长3—4毫米；花白色，径约2—3毫米；萼5齿裂，无毛，长约1.5毫米；花瓣5，三角状卵形，长约1.5毫米；雄蕊5；子房5室，花柱5，分离或基部合生。果球形，径4—5毫米，黑色，具5棱。花期8—9月；果期11月。

产丽江、维西、德钦、贡山、福贡、泸水、昆明、嵩明、富民、峨山、寻甸、盐津、镇雄，生于海拔1600—3300米的沟谷、山坡灌丛或疏林中。分布于秦岭至河北以南各地。

根皮入药，治胃炎、肾炎及风湿疼痛。

6a.白背叶楤木

var. nuda Nakai（1942）

产洱源、丽江、维西、香格里拉、德钦、景东、文山、蒙自、镇雄、嵩明、禄劝，生于海拔1700—3200米荒坡、沟谷、山坡灌丛中。分布于甘肃、陕西、河北、河南等地。

7.景东楤木　图412

Aralia gintungensis C. Y. Wu（1979）

有刺灌木，高达3米，小枝被黄棕色长伏毛和长刺毛，老则渐变稀疏。叶为2回羽状复叶，长25—35厘米；叶轴、羽片轴均被黄棕色绒毛，疏生小刺或无刺，基部有小叶1对，羽片有小叶7—9；小叶亚革质，椭圆形至长圆形，长2—7厘米，宽0.8—3.5厘米，先端渐尖，基部楔形，近于无柄或有极短柄，边缘具疏细锯齿，上面密被红色硬毛，下面被黄色或灰色绒毛，侧脉5—6对，两面均微隆起，网脉两面均明显。伞形花序排列成大圆锥花序，顶生，长15—25厘米，密被黄棕色短柔毛；苞片披针形，长6—10毫米，被短柔毛；伞形花序具多花；花梗长5—8毫米，密被短柔毛；小苞片线状披针形，长约4毫米，花小，绿白色，径2—3毫米；萼5齿裂，卵状三角形，长约0.5毫米，无毛；花瓣5，卵状三角形，长约2毫米；雄蕊5，与花瓣近等长，子房5室，花柱5，分离。果球形，径约3毫米，具5棱。花期8月；果期10月。

产景东、龙陵，生于海拔2400—2900米的混交林或山坡灌丛中。

8.云南楤木　图412

Aralia thomsonii Seem.（1868）

有刺灌木或小乔木，高达10米；全体被暗黄色长柔毛。叶为2—3回羽状复叶，长40—70厘米，叶轴和羽片轴被暗黄色长柔毛，疏生刺，基部有1对小叶，每羽片有小叶5—9；小叶纸质至近革质，椭圆形至卵状椭圆形，长7—18厘米，宽4—8厘米，先端长渐尖，基部圆形至亚心形，边缘有疏离锯齿，两面被暗黄色长柔毛，沿脉尤密，侧脉6—10对，上面明显，下面隆起；小叶柄长0—5毫米，被长柔毛。伞形花序组成的大圆锥花序顶生，长30—50厘米，被暗黄色长柔毛；伞形花序具花15—20，伞形序梗长1—5厘米，被长柔毛；苞片狭披针形，长6—14毫米，被暗黄色长柔毛；花梗长6—10毫米，被长柔毛；小苞片线状披针形，长4—5毫米，被长柔毛；花绿白色，径4—5毫米；萼5齿，齿三角状卵形，长约1.5毫米，无毛；花瓣5，长约1.5毫米；雄蕊5；子房5室，花柱5，分离。果球形，径约4毫米，具

图412 景东楤木和云南楤木

1—4.景东楤木 *Aralia gintungensis* C. Y. Wu

1.果枝 2.花序轴一段（示毛被） 3.叶背1/4示毛被 4.果

5—6.云南楤木 *Aralia thomsonii* Seem.

5.果序一部分 6.果实

5棱，黑色。花期6—8月；果期10月。

产勐海、勐腊、景洪、普洱、景东、凤庆、临沧、芒市，生于海拔1000—2100米沟谷、山坡疏林、灌丛中。分布于印度东北部。

9.鸟不企　图411

Aralia decaisneana Hance（1866）

有刺灌木，高达5米：全株被黄褐色绒毛。叶为2回羽状复叶，叶轴和羽片轴基部具小叶1对；羽片有小叶7—11，小叶革质，卵形至长圆状卵形，长7—14厘米，宽3.5—8厘米，先端渐尖头，基部圆形至亚心形，边缘具细锯齿，上面被黄褐色伏柔毛，下面密被黄褐色绒毛，沿脉尤密，侧脉6—8对，上面稍明显，下面突起；小叶柄长0—5毫米，顶生小叶柄长3—5厘米，密被黄褐色绒毛。伞形花序组成顶生大圆锥花序，伞形花序有花30—50，直径2.5—3厘米；伞形序梗长3—4厘米，被长绒毛；苞片披针形，长6—15毫米，密被长绒毛；花梗长8—12毫米，被长绒毛；小苞片狭披针形，长约3毫米，常宿存；花淡绿白色，径约3毫米；萼5齿裂，无毛；花瓣5，三角状卵形，长约2毫米，无毛；雄蕊5，花丝长约2.5毫米；子房5室，花柱5，基部合生，上部分离。果球形，径约4毫米，具5棱。花期8—9月；果期10—11月。

产西畴、金平、蒙自、普洱、勐海，生于海拔400—1200米杂木林中。分布于台湾、福建、江西、广东、广西、贵州等省（自治区）；越南也有。

根入药，治风湿腰腿痛、急慢性肝炎、跌打损伤、黄炎水肿等症。

10.粗毛楤木　图413

Aralia searelliana Dunn（1903）

有刺乔木，高达10米。叶为2回羽状复叶，长1.5—2.5米，叶轴和羽片轴具疏短刺和被污黄色粗硬毛，羽片具小叶5—9，小叶薄革质，卵形至长圆状卵形，长12—18厘米，宽5—10.5厘米，先端渐尖，基部心形至近心形，边缘具锯齿，上面被污黄色粗硬毛，下面被黄褐色粗硬毛，沿脉更密，侧脉7—10对，在下面微凸起，网脉不明显；小叶无柄或具长3毫米的短柄，顶生小叶柄长4—6厘米，密被污黄色粗硬毛。伞形花序聚生成顶生伞房状大圆锥花序，长约50厘米；伞形花序单生，有时在中部以上另有1—2伞形花序，花序轴，密被污黄色粗硬毛和疏刺；伞形花序有多花，花梗长3—10毫米，密被污黄色粗硬毛；苞片披针形，长1—2厘米，小苞片长6—10毫米，均密被污黄色粗硬毛；萼5齿裂，长约2毫米；花瓣5，三角状卵形，无毛；雄蕊5，花丝长约2.5毫米；子房5室，花柱5，分离。果球形，径约4毫米，黑色，具5棱。花期10月；果期2月。

产河口、绿春、景东、普洱，生于海拔1400—2400米的常绿阔叶林中或沟旁。模式标本采自普洱。

11.毛叶楤木　图409

Aralia dasyphylla Miq.（1855）

有刺灌木或小乔木，高达10米。叶为2回羽状复叶，长达70厘米，羽片轴基部有小叶1对，叶轴和羽片轴具刺或无刺，密被黄色粗硬毛，羽片有小叶5—9，小叶卵形至长圆状卵

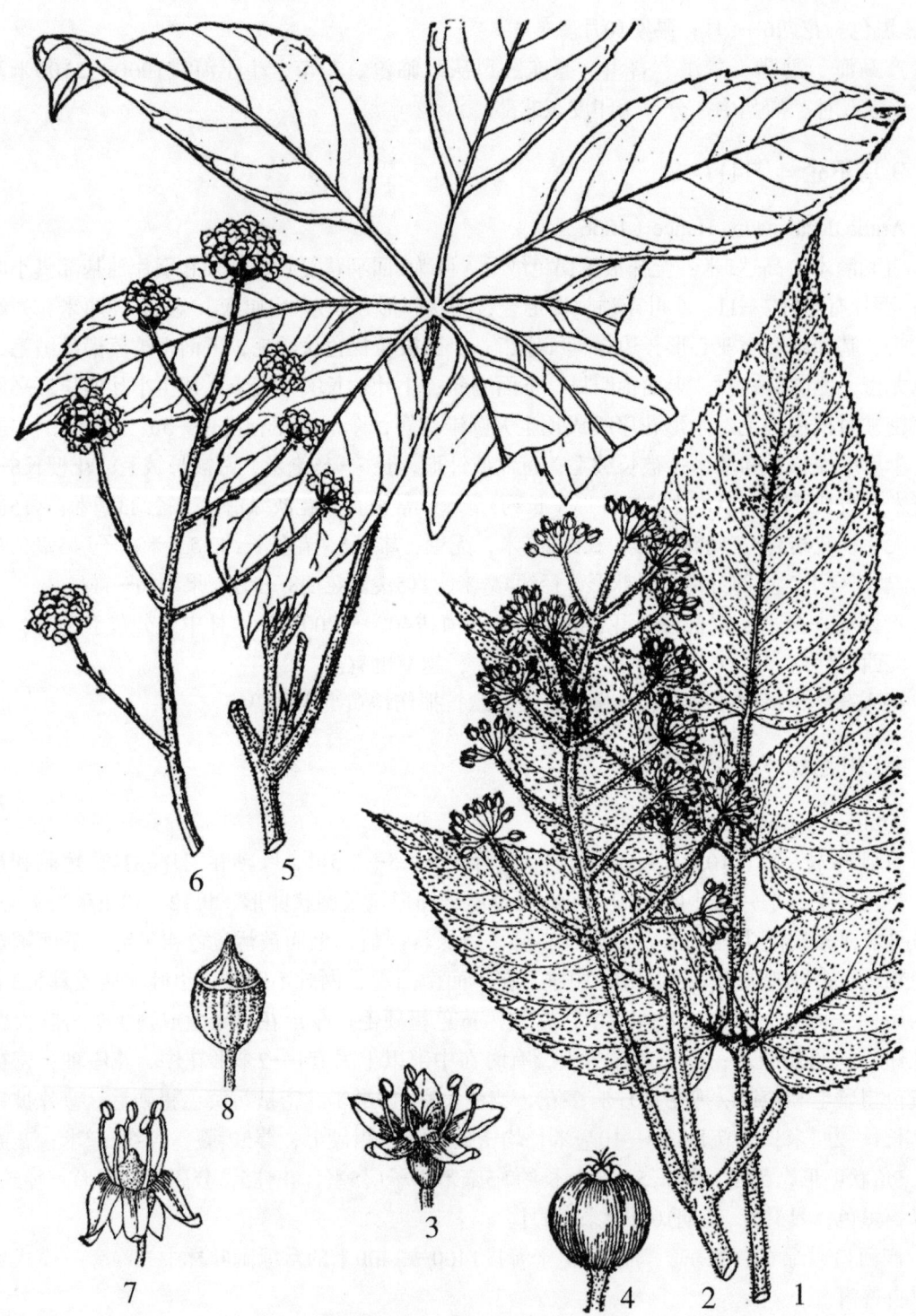

图413　粗毛楤木和柏那参

1—4.粗毛楤木 *Aralia searelliana* Dunn

1.叶片（部分）　2.果枝（部分）　3.花　4.果实

5—8.柏那参 *Brassaiopsis glomerulata*（Bl.）Regel

5.枝叶　6.果序　7.花　8.果实

形，长5—11厘米，宽3—6厘米，先端渐尖，基部近心形至圆形，侧生的偏斜，边缘具细锯齿，齿端有细尖头，上面粗糙，被微硬毛，下面密被黄色或棕色绒毛，沿脉较密，侧脉7—10对，在上面微明显，下面突起，网脉在上面下陷；小叶柄长0—5毫米，顶生小叶柄长达4厘米，密被黄色或棕色绒毛。头状花序排列成大型伞房圆锥花序，长30—60厘米，密被黄色或棕色绒毛；苞片长圆状披针形，长5—8毫米，疏被柔毛；小苞片长圆形，宿存，长约2毫米：花无梗，淡绿白色，径约3毫米；花萼5齿裂，长约1毫米，无毛；花瓣5，长约1.5毫米；雄蕊5，花丝长约1.5毫米；子房5室，花柱5，分离。果球形，径约3.5毫米，紫黑色，具5棱。花期9月；果期11月。

产西畴、砚山，生于海拔1200—1300米山坡林中。分布于湖北、湖南、福建、江西、广东、广西及贵州等省（区）；马来西亚、印度尼西亚也有。

15. 五叶参属 Pentapanax Seem.

无刺乔木或藤状灌木。叶为一回羽状复叶；小叶3—5。花两性或杂性；总状圆锥花序或伞形花序集成总状花序或伞房花序或圆锥花序；花序轴基部具苞片；萼齿5；花瓣5，有时为7或8，芽时覆瓦状排列：雄蕊5，花药长圆形；子房5室，有时7或8室，花柱合生成柱状，稀中部以上2—4裂。核果球形，有棱。

本属约17种，分布于南美洲、大洋洲至亚洲的印度、缅甸和我国。我国约11种，主产西南各省；云南约8种和4变种。

分 种 检 索 表

1.花序为总状花序式的圆锥花序。
　2.花序或多或少被细柔毛，花梗长3毫米，花柱在中部以上分离而外弯 ……………………………………………………………… 1.总序五叶参 P.racemosus
　2.花序无毛，花梗长6毫米，花柱连合成柱状 ……………… 2.心叶五叶参 P.subcordatus
1.花序为小伞形花序排列成圆锥花序式、伞房花序式或总状花序式。
　3.小伞形花序排列成伞房花序，长8—15厘米。
　　4.小叶通常5，叶缘具齿 …………………………………… 3.五叶参 P. leschenaultii
　　4.小叶通常3，全缘或具锯齿。
　　　5.小叶柄长3—10毫米，叶全缘，花序被短柔毛，花梗长5—10毫米 ……………………………………… 3a.全缘五叶参 P. leschenaultii var. forrestii
　　　5.小叶柄长1.7—2.2厘米，叶缘具细锯齿；花序无毛，花梗长1—1.2厘米…………………………………………… 4.独龙五叶参 P.trifoliatus
　3.小伞形花序排列成大圆锥花序长15—30厘米 ……… 5.锈毛五叶参 P. henryi

1.总序五叶参　图414

Pentapanax racemosus Seem.（1864）
乔木，高达20米。树皮光滑、淡绿色。小枝粗壮，具长圆形皮孔。奇数羽状复叶，连叶柄长25—40厘米，小叶5，膜质，卵状长圆形，长6—15厘米，宽3—8厘米，先端渐尖头，基部钝至近心形，边缘几全缘或具疏离锯齿，侧脉8对，两面均明显，两面无毛;侧生小叶柄长0.4—2.5厘米，顶生小叶柄长3—4厘米，无毛。总状圆锥花序生于枝端，长约50厘米，多少被微硬毛，有3—11分枝，分枝基部具膜质披针形的小苞片，每分枝上着生总状花序多数，花梗长约1毫米，果时延长至3—4毫米，被微硬毛；花单性或两性：萼齿5；花瓣5，三角状卵形，长1毫米，无毛，反曲，淡绿白色；雄蕊5，花丝长约1毫米；子房5室、雄花花柱连合成柱状，完全花花柱在基部以上分离为5，外弯。果近球形，微有5棱。花期6—7月。

产凤庆、漾濞、镇康、景东、腾冲、金平，生于海拔1700—2500米的亚热带季雨林中。分布于西藏；尼泊尔、印度也有。

喜温暖湿润气候，种子繁殖。采集种子后即可播种育苗，播种后覆以筛过的腐殖土并覆草保持苗床湿润。幼苗出土后逐步揭去覆草并搭棚遮阴。苗高1米时可出圃造林。

2.心叶五叶参

Pentapanax subcordatus（Wall.）Semm.（1864）

Hedera subcordata Wall.（1832）

产腾冲。分布于印度。

3.五叶参　图408

Pentapanax leschenaultii（Wight et Arn.）Seem.（1864）

Hedera leschenaultii Wight & Arn.（1834）

落叶乔木或灌木，高达8米。小枝粗壮，圆柱形，暗紫褐色。羽状复叶连叶柄长20—30厘米，有小叶3—5；小叶纸质或亚革质，椭圆状卵形，长6—12厘米，宽3—6厘米，先端渐尖，基部近圆形而略偏斜，边缘具刺毛状锯齿，两面无毛，下面仅沿脉腋被短柔毛，侧脉6—10对，上面略明显，下面隆起；小叶柄长3—10毫米，被柔毛。伞房花序顶生，长6—12厘米，有6—12分枝，分枝除顶端1伞形花序外，上端还有1—4伞形花序轮生，被短柔毛。伞形花序有花多数；花梗长5—10毫米，被短柔毛或几无毛；花小，白色，直径约4毫米；萼齿5，长1—1.5毫米；花瓣5，长约2毫米，通常合生成帽状，早落；子房5室，花柱合生为柱状，长约1毫米。核果卵状球形，直径3—4毫米，有5棱，褐黑色。花期5—7月；果期9—11月。

产禄劝、大姚、宾川、鹤庆、丽江、维西、德钦、贡山、泸水、镇康，海拔2200—3300米的林缘灌丛、沟谷中常见。分布于四川；印度、缅甸及斯里兰卡也有。

种子繁殖。春播，播前温水浸种24小时，播后覆土镇压，适当遮阴。苗高1米时可出圃造林。

3a.全缘五叶参（变种）

var. forrestii（W. W. Smith）Li（1942）

Pentapanax forrestii W. W. Smith（1917）

产维西、德钦、贡山，生于海拔2300—3300米的沟谷林中。西藏有分布。

图414 总序五叶参和独龙五叶参

1—5.总序五叶参 *Pentapanax racemosus* Seem.

1.叶片 2.果序 3.花 4.雄蕊（背、正面观） 5.果

6—7.独龙五叶参 *Pentapanax trifoliatus* Feng

6.叶片 7.花序（部分）

4.独龙五叶参　图414

Pentapanax trifoliatus Feng（1979）

灌木高达6米；枝圆柱形，无毛，散生皮孔。叶为3小叶复叶，叶柄长8—12厘米，纤细，无毛；小叶纸质，卵状披针形，长8—13厘米，宽3—5厘米，两面无毛，先端渐尖，基部圆形，边缘具细锯齿，侧脉5—7对，两面隆起，网脉不明显；小叶柄中央的长约5厘米，两侧的长1.7—2.2厘米。伞房花序顶生，有7—8分枝，长约20厘米，分枝排列成总状花序式，无毛；伞形花序具多花，径约3厘米，伞形序梗长3—4厘米；苞片线形，长7毫米；花梗长1—1.2厘米；小苞片钻形，长0.5毫米；萼片5，三角形；花瓣5，三角状卵形，长约1毫米，无毛；雄蕊5；子房5室，花柱连合成柱状。花期11月。

产贡山独龙江，生于海拔1200米杂木林中。

5.锈毛五叶参　图388

Pentapanax henryi Harms（1896）

小乔木或灌木，高达8米。羽状复叶，有小叶3—5，叶柄长5—20厘米；小叶纸质，卵形至卵状长圆形，长6—14厘米，宽3—8厘米，先端锐尖至短渐尖，基部圆形至钝形，有时近于浅心形，边缘具锯齿，上面无毛，下面脉腋间簇生锈色短柔毛，侧脉6—8对，在上面明显，下面凸起，侧生小叶柄长约0.5厘米，顶生小叶柄长1.5—3厘米。花序顶生，多数伞形花序组成大圆锥花序，长20—30厘米，密被锈色长柔毛，侧枝成总状花序式，长4—10厘米，着生3—8伞形花序；伞形花序花多数；苞片卵形，长0.5—1厘米；萼小，5齿裂，裂片卵形；花瓣5，三角状长圆形，长约1.5毫米，白色；雄蕊5，花丝长约2毫米；子房5室，花柱合生成柱状或先端2—5裂。核果卵状圆形，紫黑色，直径6—7毫米。花期8—9月；果期11月。

产蒙自、文山、麻栗坡、丽江、维西、鹤庆、德钦、香格里拉、昆明、嵩明、富民、禄劝、宣威，生于海拔1200—2600米的杂木林中。分布于四川、广西及湖北等省（自治区）。

215.杜鹃花科 ERICACEAE

常绿或落叶，小灌木至小乔木，少有大乔木，多为陆生少有附生。叶革质少有纸质，互生，少有轮生或对生，全缘或有锯齿，不分裂；无托叶。花两性，整齐或两侧对称。单生或组成总状、圆锥状或伞形花序，顶生或腋生，有苞片或2—3小苞片；花萼4—5裂，宿存，有时花后膨大；花冠合生，极少分离，坛状、钟状、漏斗状或高脚碟状，通常5裂，少有4裂或6—8裂，裂片覆瓦状排列；雄蕊为花冠裂片的2倍，少有更多，1轮少有2轮；花丝丝状，分离，下部无毛或被毛；花药2室，顶孔开裂，少有纵裂，后面常有芒状或距状附属物（杜鹃花属除外）；花粉粒为四分体；花盘通常盘状，多数分泌蜜汁；子房上位，4—5室，少有6—20室，中轴胎座，每室有胚珠1至多数；花柱单一，柱头通常头状。蒴果、浆果或浆果状蒴果；种子小，锯屑状，少有小粒状，常有狭翅；胚圆柱形，胚乳丰富。

本科约有54属，1700种。全世界除沙漠外，分布于南、北半球的温带及北半球的亚寒带地区，有一些属或种环北极或北极分布，也分布于热带高山，大洋洲则种类极少。我国有15属，约550种，分布于全国各地，但大部分属、种产西南部的云南、四川、西藏三省（区）。云南有10属，277种，多数分布于西部至西北部。本志收载6属，54种。

分 属 检 索 表

1.果为蒴果，室间或室背开裂。

　2.蒴果室间开裂；花冠漏斗状、钟状、管状或高脚碟状；雄蕊5—10（25），多显著外露 ·· 1.杜鹃属 Rhododendron

　2.蒴果室背开裂；花冠壶状、钟状；雄蕊10，常隐藏于花冠内。

　　3.花药无芒。

　　　4.蒴果缝线不加厚；花序顶生；种子一侧有翅 ·············2.金叶子属 Craibiodendron

　　　4.蒴果缝线加厚成淡白色纵线条；花序多腋生；种子锯屑状 ······ 3.米饭花属 Lyonia

　　3.花药有芒。

　　　5.芒着生于花药顶部，直立；花冠钟状；具轮生枝、叶；果梗常弯曲向上或上升 ···
·· 4.吊钟花属 Enkianthus

　　　5.芒着生于花药背部，反折；花冠壶状；具互生枝、叶；果梗直立 ···············
·· 5.马醉木属 Pieris

1.果为浆果状蒴果，包于花后膨大、肉质的萼筒内，成浆果状 ········ 6.白珠树属 Gaultheria

1.杜鹃属 Rhododendron Linn.

常绿或落叶，灌木或乔木，有的种类成匍匐状，植株有或无毛，无或有鳞片。叶革质少数纸质，通常具叶柄，互生或聚生近似轮生，全缘或少数有小齿；花芽有芽鳞；花序多为顶生少有腋生，通常排列成伞形或短总状花序，少有单花；花萼各式，多数5裂，或环状不裂，宿存；花冠钟状、漏斗状、管状或高脚碟状，整齐或有时略两侧对称，通常5裂，裂片在芽内覆瓦状，直立或开展；雄蕊5—10，少有达25以上，着生花冠基部，或多少不等长，花丝无毛或有柔毛；花药背部无附属物，顶孔开裂或多少偏斜，椭圆形而近似侧生的孔裂；花粉黏结；花盘多少增厚而显著，具圆齿；子房5—7室，少有达20室；花柱与雄蕊等长或不等长，细长劲直或粗短而弯弓状。果开裂，果瓣多为木质；种子极多，锯屑状，常有狭翅，有时两端有尾状附属物。

　　本属约有850种，主要分布于东亚和东南亚，也分布于欧、亚、北美。我国约有470种，主要分布在云南、四川、西藏。云南有227种。

分 种 检 索 表

1.枝叶不具鳞片。
　2.花序腋生。
　　3.花单生，每枝条顶部有2—6花，花冠淡红紫色或蔷薇色；雄蕊5 …………………
　　　………………………………………………………… 1.薄叶马银花 R. leptothrium
　　3.花2—5组成花序，每枝条顶部有2—3花序，花冠白色或带淡红色；雄蕊10。
　　　4.子房有毛。
　　　　5.叶下面被短刚毛；花芽鳞早落 ………………… 2.毛叶滇南杜鹃 R. tucherae
　　　　5.叶下面无毛；花芽鳞花时存在 ………………… 3.滇南杜鹃 R. hancockii
　　　4.子房无毛。
　　　　6.花冠管状；雄蕊长于花冠 ………………… 4.长蕊杜鹃 R. stamineum
　　　　6.花冠漏斗状；雄蕊短于花冠 ………………… 5.丝线吊芙蓉 R. moulmainense
　2.花序顶生。
　　7.叶下面无毛。
　　　8.花冠6—7裂，雄蕊12—20。
　　　　9.子房无腺体。
　　　　　10.雄蕊15—20，花白色带粉红 ………………… 6.美蓉杜鹃 R. calophytum
　　　　　10.雄蕊14，花蔷薇色至深红色 ………………… 7.团花杜鹃 R. anthosphaerum
　　　　9.子房有腺体。
　　　　　11.花柱基部有时有腺体，花冠粉红色 …………………8.腺果杜鹃 R.davidii
　　　　　11.花柱全部有腺体，花冠白色 ………………… 9.大白花杜鹃 R. decorum
　　　8.花冠5裂，雄蕊10。
　　　　12.子房无毛。
　　　　　13.花柱有腺体。
　　　　　　14.子房被短柄腺体，花冠鲜黄色或黄绿色 …………… 10.黄杯杜鹃 R. wardii
　　　　　　14.子房被红色腺体，花冠乳黄色或白带粉红色 …… 11.露珠杜鹃 R. irroantum
　　　　　13.花柱无腺体，子房有时被少数腺体，花冠白色或乳白带红色 …………
　　　　　　………………………………………………………12.蓝果杜鹃 R. cyanocarpum
　　　　12.子房有毛。

15.花柱有毛。子房被刚毛和刚毛状腺体 ………… **13.蒙自杜鹃** R.mengtszense

15.花柱无毛。

  16.子房被红色绒毛，花丝无毛 ……………… **14.红花杜鹃** R.spanotrichum

  16.子房仅基部有毛或无毛，花丝基部被疏柔毛 …… **15.光柱杜鹃** R.tanastylum

7.叶下面有毛，至少沿中脉有毛。

  17.花冠6—8裂，雄蕊12—18。

    18.叶下面被二层毛被。

      19.叶下面毛被锈红色或黄褐色。

        20.叶椭圆形或长圆状椭圆形，复毛下部呈宽杯状，上部呈丝状分裂 ……
          …………………………………… **16.厚叶杜鹃** R. sinofalconeri

        20.叶长圆状倒披针形，复毛杯状或宽漏斗状，边缘齿裂 …………………
          ……………………………… **17.假乳黄杜鹃** R. fictolacteum

      19.叶下面毛被灰白色至淡肉桂色。

        21.叶柄圆柱形，叶基部不下延。

          22.叶狭倒披针形，上层毛被薄，由碗状全缘的小复毛组成；雄蕊12—14
            ……………………………………… **18.革叶杜鹃** R. coriaceum

          22.叶长圆状椭圆形，宽大，上层毛被厚，由大的杯状、边缘齿裂的复毛
            组成；雄蕊16 ……………………… **19.大王杜鹃** R. rex

        21.叶柄扁平，叶基部具下延的狭翅 …………… **20.粗枝杜鹃** R. basilicum

    18.叶下面被一层毛被。

      23.叶下面毛被灰白色至淡黄色，黏结。

        24.叶椭圆形，侧脉在近边缘处多少分开 ………**21.凸尖杜鹃** R. sinogrande

        24.叶狭长圆形，侧脉在近边缘处彼此连结 …… **22.魁斗杜鹃** R. praestans

      23.叶下面毛被绒毛状，黄褐色或肉桂色，不黏结 … **23.翘首杜鹃** R.protistum

  17.花冠5裂；雄蕊10。

    25.花冠基部无密腺囊，不为肉质，白色、黄色至蔷薇色。

      26.子房无毛，果狭长，镰状弯弓。

        27.叶下面毛被灰白色或淡黄色，毛被薄，灰泥质 ………………………
          ……………………………………… **24.紫玉盘杜鹃** R. uvarifolium

        27.叶下面毛被棕色至黄褐色，毡毛状 ……………… **25.镰果杜鹃** R.fulvum

    26.子房密被毛或有毛和腺体；果直或微弯，但不呈镰状弯弓。

      28.花序总轴伸长；花疏松排列；花梗细长；花冠漏斗状钟形。

        29.叶下面被2层毛被。

          30.上层毛被黄色，多少易脱落 ……………**26.皱叶杜鹃** R. denudatum

          30.上层毛被白色或灰白色，宿存 …………………………………………
            ………………………………… **27.繁花杜鹃** R. floribundum

        29.叶下面被一层毛被。

          31.叶下面仅沿中脉被白色丛卷毛 ……… **28.窄叶杜鹃** R. araiophyllum

31.叶下面全部有毛。

32.叶下面被银白色灰泥质毛 ……… **29.银叶杜鹃** R. argyrophyllum

32.叶下面被灰白色不连续蛛丝状毛 ……… **30.迷人杜鹃** R.agastum

28.花序总轴缩短，花紧密排列；花梗短；花冠钟形。

33.叶下面被薄层淡黄色至淡棕色，或淡肉桂色细绒毛；子房密被淡棕色绒毛。

34.叶宽椭圆形，基部心形；花冠乳黄色 ……… **31.乳黄杜鹃** R. lacteum

34.叶长圆状披针形，基部楔形或钝；花冠白色至粉红色 …………………

…………………………………………………………**32.宽钟杜鹃** R. beesianum

33.叶下面被薄层淡棕色至棕色微绒毛；子房无毛或近基部疏生丛卷毛

………………………………………………**33.川滇杜鹃** R. traillianum

25.花冠具明显的密腺囊，通常肉质，蔷薇色、紫丁香色、深红色、红色。

35.叶侧脉14—20对；花序有花10—20。

36.花萼长2毫米，被绒毛和腺体 ………………… **34.马缨花** R.delavayi

36.花萼长5—15毫米。

37.花萼被星状毛和腺体 ……………… **35.绵毛房杜鹃** R. facetum

37.花萼被腺头刚毛 ……………… **36.粘毛杜鹃** R. glischrum

35.叶侧脉8—10对；花序有花5—8，花萼仅边缘具睫毛…………………

…………………………………………………… **37.似血杜鹃** R. haematodes

1.枝叶具鳞片，至少在叶下面有鳞片。……………………………………………

38.花柱短而粗，短于雄蕊，强度弯曲 ………………… **38.硫黄杜鹃** R. sulfureum

38.花柱细长，至少与雄蕊近等长，不弯曲。

39.叶下面无毛或被疏毛，毛被绝不覆盖鳞片。

40.花柱有鳞片。

41.花梗和花萼有鳞片，蒴果长2.5—7厘米。

42.花冠白色，宽漏斗状或管状钟形，外面有鳞片无柔毛。

43.叶顶端钝尖，基部圆形，下面苍白色 ……… **39.大喇叭杜鹃** R. excellens

43.叶顶端钝圆，基部楔形，下面粉绿色 ……… **40.百合花杜鹃** R. liliiflorum

42.花冠淡黄色，宽钟形，外面有鳞片和柔毛 ……**41.大果杜鹃** R. sinonuttallii

41.花梗和花萼无鳞片，蒴果长2厘米………………**42.大萼杜鹃** R. megacalyx

40.花柱无鳞片。

44.叶下面通常有彼此接触或覆瓦状排列大小不等的鳞片 ……………………

…………………………………………………… **43.红棕杜鹃** R. rubiginosum

44.叶下面的鳞片彼此远离，鳞片等大 ………………… **44.亮鳞杜鹃** R. heliolepis

39.叶下面密被绵毛，毛被覆盖鳞片 ……………… **45.泡泡叶杜鹃** R. edgeworthii

1.薄叶马银花（中国高等植物图鉴）图415

Rhododendron leptothrium Balf. f. & Forrest（1919）

灌木至乔木，高达10米；植株不被鳞片。幼枝带红色，密被灰色微柔毛。叶薄革质，披针形、椭圆状披针形或椭圆形，长3.5—8厘米，宽1.5—3厘米，先端渐尖，有明显的短尖头，基部钝或宽楔形，稀楔形渐狭，两面亮绿色，中脉两面或仅上面密被微柔毛，下面无毛，在两面突起，侧脉纤细，网脉在上面微显，在下面不显；叶柄长0.7—2.5厘米，密被微柔毛或短柔毛。花单生枝顶叶腋，每一枝条有2—6花，花梗细长，长1—2.2厘米，密被微柔毛和长而开展的腺毛；花萼显著，5裂至基部，裂片长圆形或卵状圆形，长4—6毫米，外面除基部有微柔毛外其余无毛，边缘密生细齿状短腺毛或短睫毛或二者都有；花冠淡红紫色或蔷薇红色，里面有深红点，长2—2.5厘米，筒部较宽，比花冠裂片短，外面有微柔毛或无毛，花冠裂片长圆形，极开展；雄蕊5，不等长，花丝下部或有时大部被开展的短柔毛；子房5室，近球形，被短毛，花柱长于雄蕊，无毛。蒴果卵状球形，长5—6毫米，被褐色短而粗的刚毛。花期4—6月。

产丽江、维西、贡山、福贡、泸水、腾冲、云龙、永平、漾濞、景东等地，生于海拔1700—2950米的山坡常绿阔叶林、针阔叶混交林或灌木林中。分布于四川会理；缅甸也有。

2.毛叶滇南杜鹃　图415

Rhododendron tutcherae Hemsl. & Wils.（1910）

小乔木至乔木，高达18米；植株不被鳞片。分枝细长，幼枝褐色或淡褐色，被刚毛，老枝灰色无毛。叶聚生幼枝顶部，近似轮生状，革质或薄革质，披针形至长圆状披针形，长9—15厘米，宽2—4厘米，先端渐尖或短尾尖状，基部楔形，上面光亮无毛，下面被短刚毛，在中脉上较密，中脉在上面凹陷，下面隆起，侧脉纤细，两面均不明显；叶柄长0.5—1.2厘米，被开展的刚毛。花序2—3生于枝顶叶腋，每花序有花2—4；花芽鳞早落；花梗长1.5—2.5厘米，密被褐色开展的粗毛或完全无毛；花萼5微裂，裂片圆形，外面及边缘无毛；花冠淡紫色，漏斗状，长3—4.5厘米，花冠筒部比裂片短，裂片倒卵形，开展，外面无毛；雄蕊10，不等长，全部比花冠短，花丝基部无毛，稍上密被短柔毛；子房6室，圆柱形，长约7毫米，被贴生疏柔毛，花柱稍长于雄蕊，不长于花冠或略长于花冠，无毛。蒴果细长，长3—4厘米，径约5毫米，密被粗毛或毛落不见，果瓣肋状突起，顶端渐狭，截平头，花柱宿存呈喙状。花期4月。

产蒙自、屏边、西畴、文山、广南，生于海拔1550—1900米的常绿阔叶林中。

3.滇南杜鹃（中国高等植物图鉴）图416

Rhododendron hancockii Hemsl.（1895）

灌木，高达2.5米，偶为乔木，高达13米。分枝细长，幼枝褐色，不被毛，老枝灰色。叶革质或薄革质，4—5聚生幼枝顶部，近似轮生状，长椭圆形、倒卵状披针形、长圆形或椭圆形，长7.5—45厘米，宽2.5—6厘米，先端锐尖或短渐尖，基部楔形渐狭，两面无毛，中脉在上面下陷，下面隆起，侧脉12对以上，在两面均不显或在下面略隆起；叶柄长0.8—1.5厘米，无毛。花序2—3或1生于枝顶叶腋，每花序有花1（2）；花芽鳞花时通常存在，芽鳞边缘密生短睫毛，背部密被微柔毛或近无毛；花梗稍粗壮，长1.5—2厘米，下部通常无毛，上部被短茸毛；花萼长不到1毫米，5裂，裂片圆形或三角状，外面通常被短茸毛或近

图415　薄叶马银花和毛叶滇南杜鹃

1—4.薄叶马银花 *Rhododendron leptothrium* Balf. f. & Forrest

1.花枝　2.雌蕊　3.雄蕊　4.蒴果

5—7.毛叶滇南杜鹃 *Rhododendron tutcherae* HemsL & Wils.

5.花枝　6.雌蕊　7.雄蕊

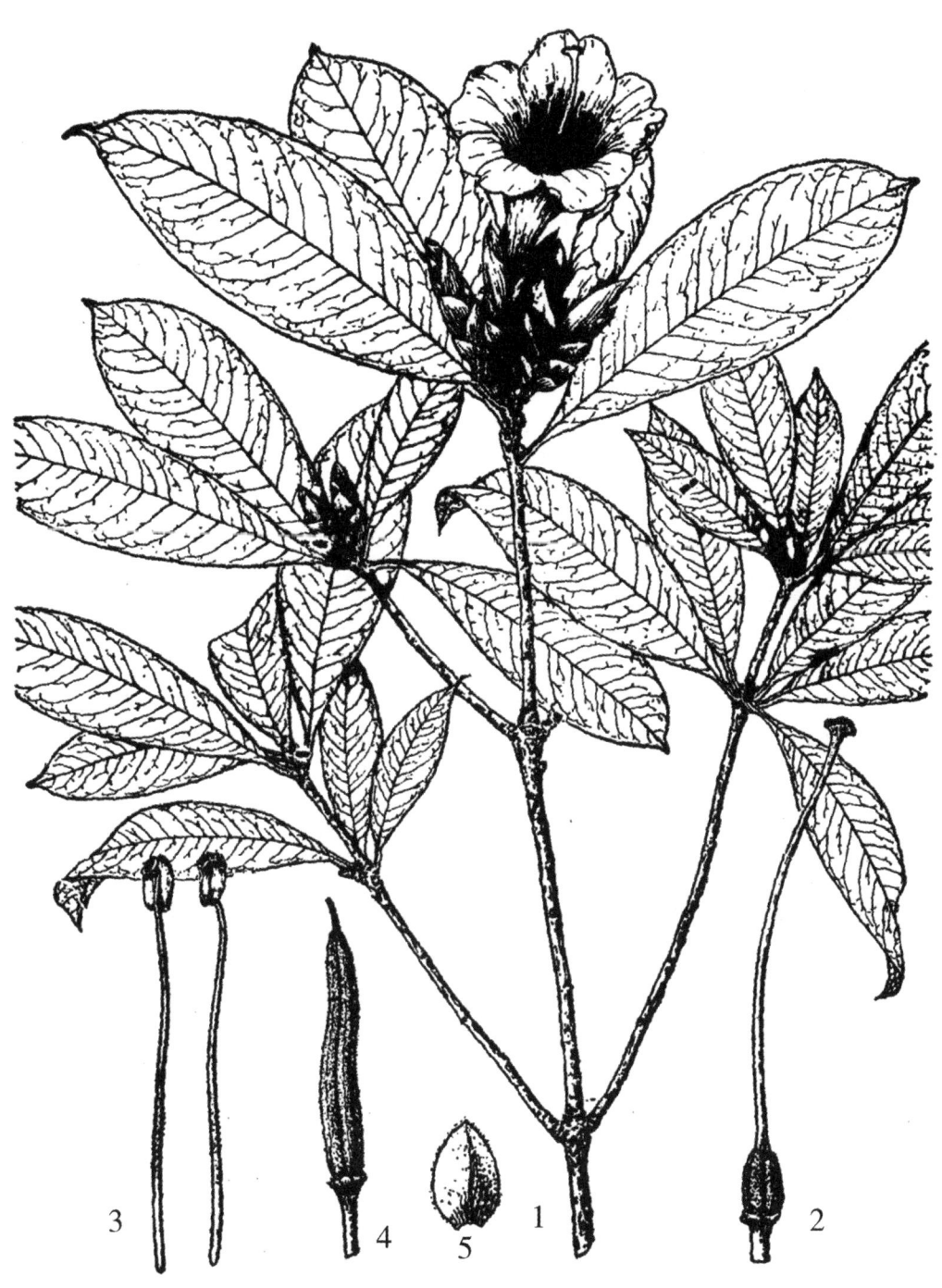

图416 滇南杜鹃 *Rhododendron hancockii* Hemsl.
1.花枝 2.雌蕊 3.雄蕊背腹面 4.蒴果 5.芽舞

于无毛，边缘无毛；花冠白色，上方1裂片里面有黄斑，漏斗状，长5—6厘米，筒部短，长均为整个花冠的1/3，裂片卵形，开展，外面洁净；雄蕊10，不等长，全部比花冠短，花丝基部无毛，稍上密被短茸毛；子房6室，圆柱形，长约7毫米，密被锈色或淡褐色茸毛，花柱长于雄蕊但不长于花冠，无毛。蒴果细长，长4—6厘米，径5—8毫米，密被短的粗毛，果瓣肋状凸出，顶端变细，呈喙状。花期4—5（6）月。

产昆明、易门、禄丰、双柏、新平、峨山、玉溪、建水、蒙自、屏边、文山、砚山、丘北、路南等地，生于海拔1100—2000（2460）米的松林或杂木林中。

4.长蕊杜鹃（峨眉植物图志）（中国高等植物图鉴）图417

Rhododendron stamineum Franch.（1886）

灌木或小乔木，高达7米；全株无鳞片也无毛。分枝细长，幼枝褐绿色，老枝灰色。叶散生或3—5聚生幼枝顶部近似轮生状，薄革质，椭圆形、椭圆状披针形，长6—11厘米，宽1.8—4.5厘米，先端渐尖，基部楔形或钝状宽楔形，上面通常光亮，深绿色，下面浅绿色，中脉在上面下陷，下面隆起，侧脉纤细，6—9对，在两面均不明显；叶柄长0.5—1.5厘米。花序2—3生于枝顶叶腋，每花序有花3—5；花芽鳞除边缘密生短睫毛外，其余无毛，早落；花梗细长，淡红色，长2—2.8厘米；花萼5，微裂；花冠白色，里面有黄斑点，狭漏斗状，长2—3.5厘米，筒部狭窄成管状，与花冠裂片近等长或略短，裂片长圆形，极开展，外面洁净；雄蕊10，花丝细长，伸出花冠外，花丝基部无毛，稍上疏被微柔毛；子房5或6室，圆柱形，长4—5毫米，无毛，花柱伸出花冠很长，与雄蕊等长或更长，无毛。蒴果细长，长2.5—7厘米，径约5毫米，果瓣肋状凸出，顶部变细，与花柱基部相延续而呈喙状。花期5月；果期7—9月。

产绥江、盐津、威信、大关、镇雄、广南等地，生于海拔1000—1500米的杉木竹类混交林或杂木林中。陕西、湖北、湖南、江西、四川、贵州等省有分布。

5.丝线吊芙蓉（中国高等植物图鉴）　毛绵杜鹃花（海南植物志）图417

Rhododendron moulmainense Hook. f.（1856）

Rhododendron oxyphyllum Franch.（1898）

Rhododendron westlandii Hemsl.（1889）

灌木或乔木，高达15米；全株无鳞片和无毛。分枝细长，幼枝褐色，老枝灰色。叶散生或在枝条上部密集近似轮生状，薄革质，长圆状披针形或椭圆形，长7—16（21）厘米，宽2.5—6（7.5）厘米，先端渐尖，基部钝状宽楔形或楔形，中脉在上面下陷，下面隆起，侧脉纤细，10或12对以上，在两面略显；叶柄长1—2厘米，无毛。花序1—3生于枝顶叶腋，每花序有花2—4；花芽鳞早落；花梗长1—2.7厘米；花萼，长1毫米或更短，5裂，裂片三角形；花冠白色或带红色，里面基部有一黄斑，芳香，漏斗状，长3—6厘米，筒部短于裂片，下部狭，向上渐宽，裂片开展，外面洁净；雄蕊10，不等长，短于花冠裂片，花丝基部无毛，稍上被微柔毛；子房6室，圆柱形，长约7毫米，无毛，花柱稍伸出花冠或近于与雄蕊等长，无毛。蒴果细长，长3—6厘米，径4—5毫米，果瓣肋状凸出，顶部变细呈喙状。花期2—4月。

图417 长蕊杜鹃和丝线吊芙蓉

1—3.长蕊杜鹃 *Rhododendron stamineum* Franch.

1.花枝 2.雄蕊 3.雌蕊

4—6.丝线吊芙蓉 *Rhododendron moulmainense* Hook. f.

4.花枝 5.雄蕊 6.雌蕊

产泸水、腾冲、龙陵、大理、凤庆、景东、临沧、沧源、普洱、勐海、新平、金平、屏边、文山、马关、西畴、麻栗坡、富宁、广南等地，生于海拔1060—2700米的常绿阔叶林内或山坡灌木林中，在普洱、富宁可分布在海拔500—1000米的山地。贵州、湖南、广西、广东、海南、福建等省有分布；缅甸、越南、泰国、马来半岛也有。

6.美蓉杜鹃（中国高等植物图鉴）图418

Rhododendron calophytum Franch.（1886）

小乔木至乔木，高达10米。幼枝绿色粗壮，无毛。叶革质，长圆状倒披针形，长18—30厘米，宽4—8厘米，先端渐尖，基部楔形，幼时上面疏被丛卷毛，后变无毛，中脉凹陷，侧脉约20对，微凹，下面黄绿色，无毛，中脉极隆起，侧脉略隆起；叶柄长约2厘米，边缘具狭翅，疏被灰色丛卷毛或近无毛。花序总状伞形，有花15—30，序轴长1—2厘米，被丛卷毛；花梗粗壮，长4—6.5厘米，无毛；花萼盘状，长约1毫米，无毛；花冠宽钟形，长5—6厘米，白色或带粉红色，里面基部具深红斑，外面上方具少数深红点，裂片5—7，长2—2.5厘米，宽3—3.5厘米，先端明显微凹；雄蕊15—20，不等长，长1.5—3厘米，花丝基部被白色微柔毛；雌蕊长4—4.5厘米，子房圆柱状，长6—10毫米，光滑，淡绿色，花柱无毛，柱头大，盘状，径约8毫米。蒴果圆柱形，长1.5—3厘米，径约1厘米。

产彝良、镇雄，生于海拔2000米的常绿阔叶林中。四川西部至西南部有分布。

7.团花杜鹃（中国高等植物图鉴）图419

Rhododendron anthosphaerum Diels（1912）

灌木或小乔木，高达9米。幼枝粗壮，无毛。叶薄革质，长圆状披针形至披针形，长8—15厘米，宽2—4.5厘米，先端钝或急尖，基部楔形或钝，边缘略呈波状，上面无毛，无光泽，中脉凹陷，侧脉18—20对，微凹，下面苍白绿色，无毛，具细小乳突体，散生红色小点，中脉隆起，侧脉略凸，有时沿脉上疏生丛卷毛；叶柄长1—2厘米，无毛，上面略具槽。花序总状伞形，有花8—15，密集排列；序轴长约1厘米，被红棕色丛卷毛；花梗长1—1.5厘米，疏生微柔毛或近无毛；花萼长1—1.5毫米，波状6—7裂，无毛；花冠筒状钟形，蔷薇色至深红色，长3.5—5厘米，宽4—5厘米，里面基部具紫黑斑，筒部上方具少数深红点，裂片6—7，圆形，宽约1.5厘米，先端微凹；雄蕊14，不等长，长2—3厘米，花丝通常无毛或有时基部疏生微柔毛；子房通常无毛，花柱纤细，无毛。果狭圆柱形，长1.5—2厘米，无毛。花期4—5月；果期8—11月。

产大理、鹤庆、丽江、维西、香格里拉、德钦、贡山、泸水、腾冲、漾濞等地，生于海拔2000—3500米的山坡灌丛、阔叶林或针阔叶混交林中。西藏东南部和四川西南部有分布；缅甸东北也有。

8.腺果杜鹃（中国高等植物图鉴）图420

Rhododendron davidii Franch.（1886）

灌木或小乔木，高达10米。幼枝绿色无毛。叶革质，狭倒披针形或倒披针形，长6—17.5厘米，宽2—4厘米，先端急尖或渐尖，基部楔形，上面绿色，无毛，中脉凹陷，侧脉

图418 美蓉杜鹃 *Rhododendron calophytum* Franch.
1.花枝 2.雌蕊 3.雄蕊 4.蒴果

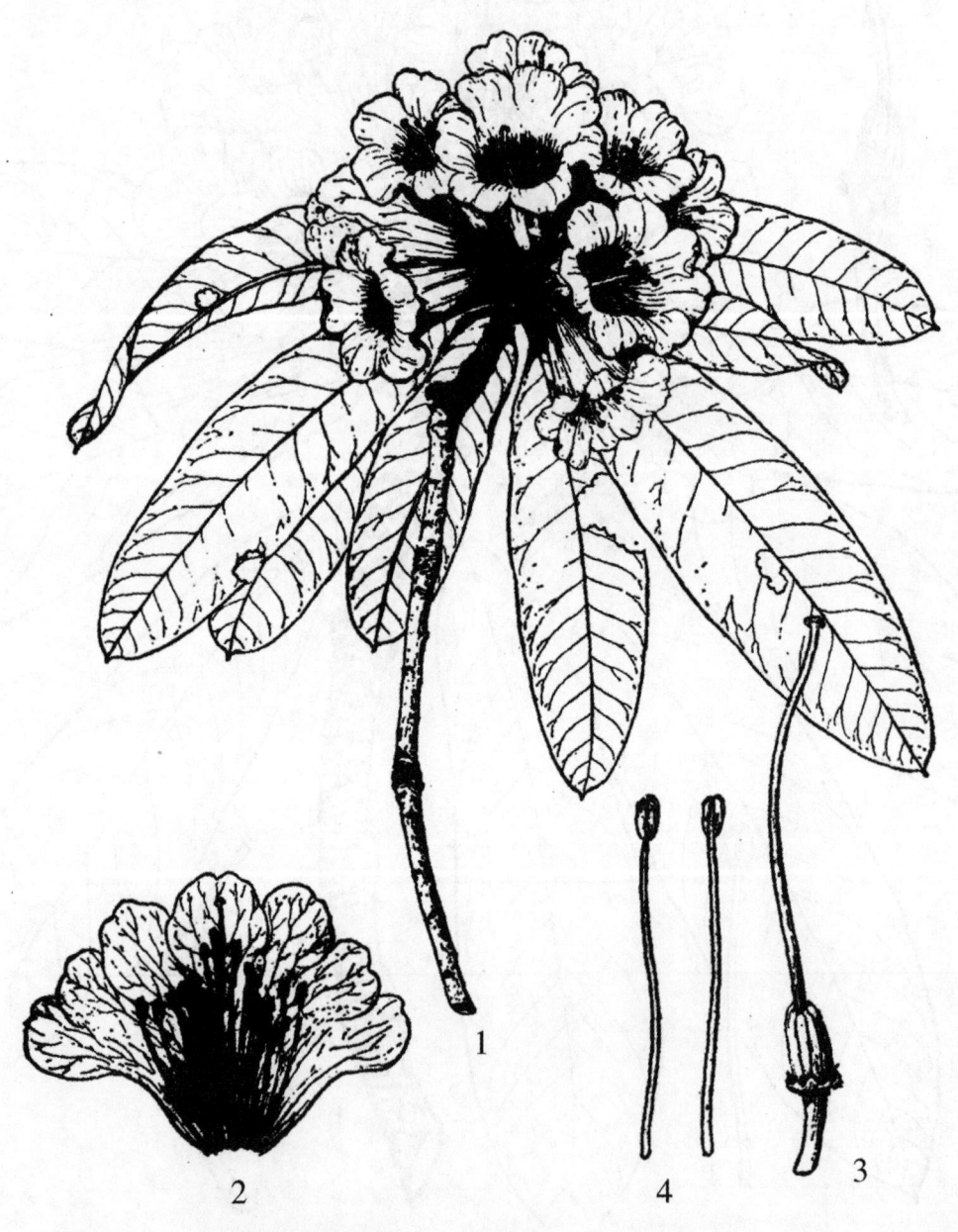

图419 团花杜鹃 *Rhododendron anthosphaerum* Diels
1.花枝 2.花冠及雌雄蕊 3.雌蕊 4.雄蕊

图420 腺果杜鹃 *Rhododendron davidii Franch.*
1.花枝　2.雄蕊　3.雌蕊

12—15对，微凹，下面黄绿色，无毛，中脉隆起，网脉密，多少隆起；叶柄长1—2厘米，无毛，上面具槽。花序总状，有花6—12，稀疏排列；序轴伸长，长4—5厘米，疏生短柄腺体；花冠宽钟形，长4—5厘米，粉红色至蔷薇色，筒部上方具紫点，外面疏生腺体，裂片7—8，长1—1.5厘米，宽1.5—2厘米，先端圆形或微凹；雄蕊14—16，不等长，长2.5—4厘米，花丝无毛；雌蕊长3.5—4.5厘米，子房密生短柄腺体，花柱纤细，无腺体或基部有腺体，稀下半部疏生短柄腺体。蒴果长约2厘米，有腺体。

产永善、大关、彝良，生于海拔1700—3000米的常绿阔叶林或杂木林中。四川西南部有分布。

9.大白花杜鹃（云南植物研究） 大白杜鹃（中国高等植物图鉴）图421

Rhododendron decorum Franch.（1886）

灌木至小乔木，高达8米。幼枝绿色，被白粉。叶革质，长圆形或长圆状倒卵形，长5—15厘米，宽3—5厘米，先端钝或圆形，具凸尖头，基部楔形或钝，有时圆形或近心形，上面无毛，具光泽，中脉凹陷，侧脉12—16对，下面粉绿色，无毛，具细小红点或不显，中脉隆起，侧脉清晰；叶柄长1.5—3厘米，无毛，上面具槽。花序伞房状，有花8—10；序轴长2.5—4厘米，疏生腺体；花梗长2—4厘米，疏生腺体；花萼杯状，长2—4毫米，6—7裂，外面和边缘疏生腺体；花冠漏斗状钟形，长3—5厘米，白色或边缘带淡蔷薇色，里面基部被微柔毛，筒部上方有淡绿或粉红点，外面有时具腺体，裂片6—8，长1.5—2厘米，宽2—2.5厘米，先端微凹；雄蕊12—15，不等长，长2—3.5厘米，花丝基部被微柔毛；雌蕊长4—4.5厘米，子房圆柱形，长约7毫米，密生腺体，花柱全部有白色或淡黄色腺体。蒴果长圆柱形，长达4厘米，径约1.5厘米，具腺体。花期4—7月，果期10—11月。

产云南中部、西部至西北部、东南部，生于海拔1000—3900米，生于松林、杂木林或灌丛中。四川西南部、贵州西部、西藏东南部有分布。

种子或扦插繁殖，方法可参阅马缨花。

10.黄杯杜鹃（中国高等植物图鉴）图422

Rhododendron wardii W. W. Smith（1914）

灌木或小乔木，高达8米。幼枝绿色，有腺体或无。叶革质，阔卵形、卵状椭圆形或长圆形，长4—10厘米，宽2.5—6厘米，先端圆形或钝，具凸尖头，基部通常心形，少有截形，上面暗绿色，无毛，中脉凹陷，侧脉10—14对，微凹，下面无毛，淡绿色或被白粉，多少具细小红点，中脉凸起，侧脉和网脉清晰；叶柄长1—3厘米，粗壮，初有腺体，后变光滑。花序总状伞形，有花5—14；序轴长3—15毫米，疏生腺体或有丛卷毛；花梗长1.5—4.5厘米，疏生腺体或无；花萼5深裂，长4—12毫米，黄色或黄绿色，裂片不等大，卵形或长圆形，外面疏生腺体或无，边缘密生小腺体；花冠杯状，多少肉质，长3.5—4厘米，鲜黄色或黄绿色，裂片5，长1.5—2厘米，宽2—2.5厘米，先端凹入；雄蕊10，不等长，长1—2厘米，花丝无毛或少有基部被微柔毛；雌蕊长2.5—3.5厘米，子房圆锥形，长约5毫米，具短柄腺体，花柱全部有腺体。蒴果粗壮，圆柱形，长1.5—2.5厘米，径0.5—1厘米，直立或弯弓，花萼宿存。花期5—6月；果期10—11月。

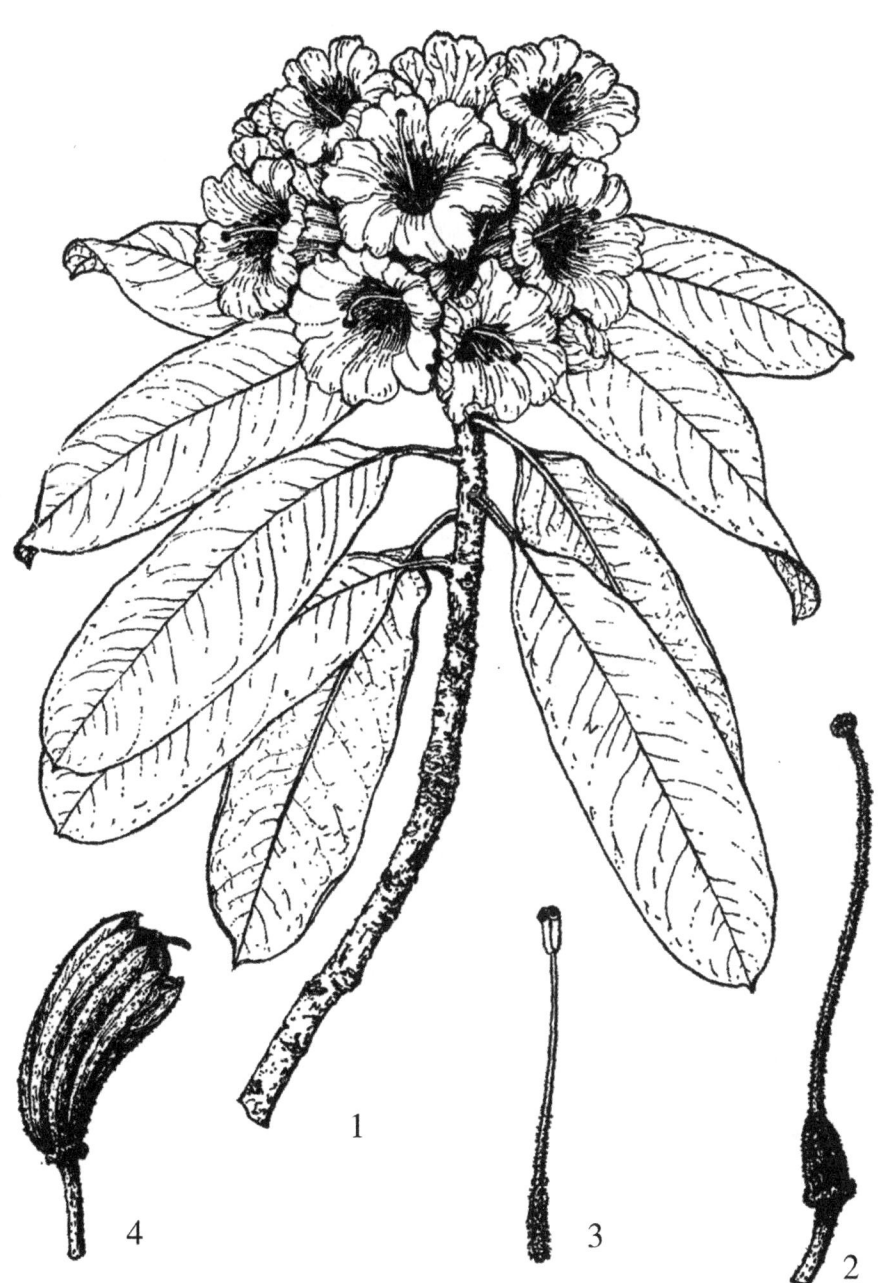

图421 大白花杜鹃 *Rhododendron decorum* Firanch.
1.花枝 2.雌蕊 3.雄蕊 4.蒴果

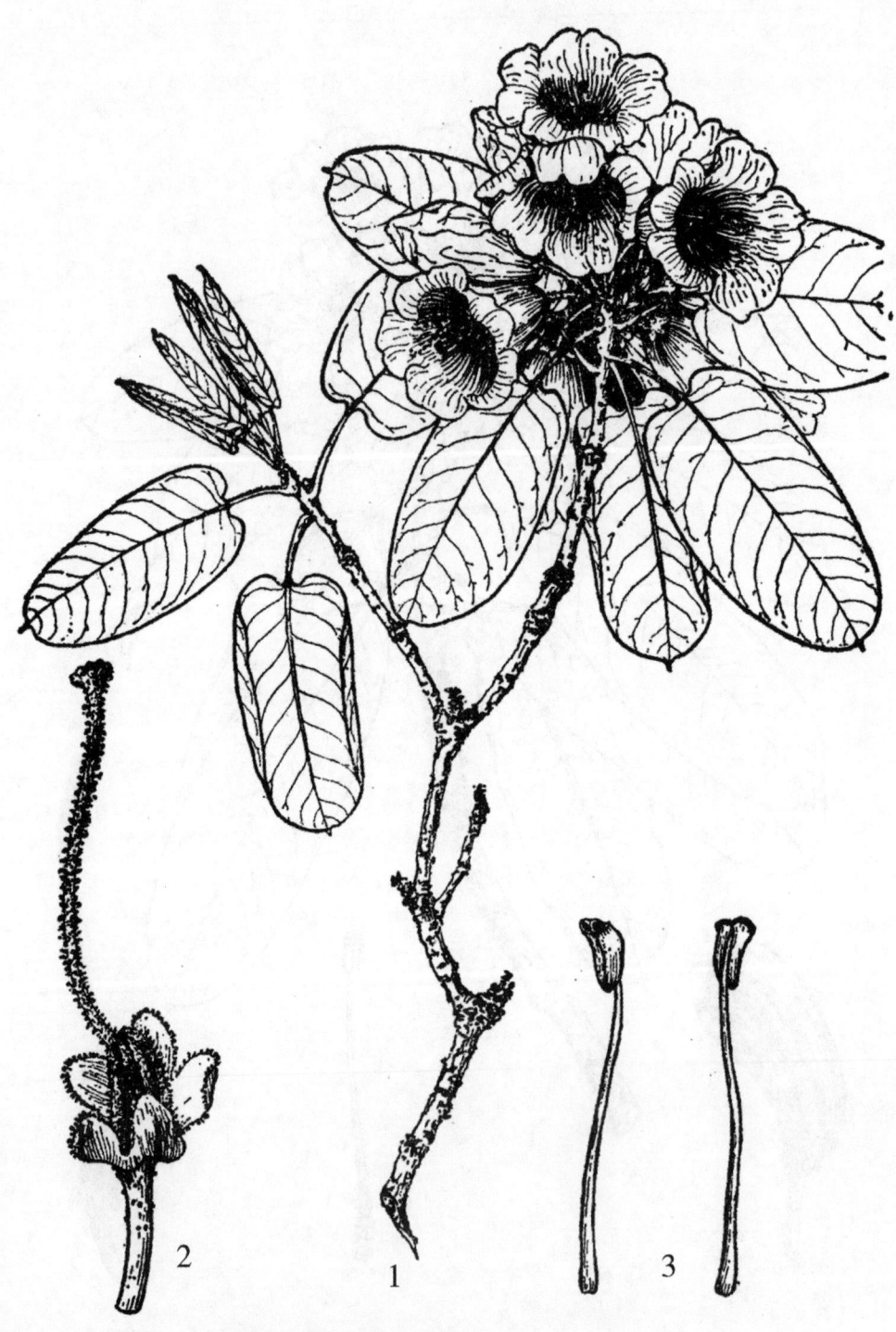

图422 黄杯杜鹃 *Rhododendron wardii* W. W. Smith
1.花枝　2.雌蕊　3.雄蕊

产丽江、维西、香格里拉、德钦，生于海拔3000—4450米的云杉或冷杉林下或高山杜鹃灌丛中。四川西南部和西藏东南部有分布。

11.露珠杜鹃（中国高等植物图鉴）图423

Rhododendron irroratum Franch.（1887）

灌木或小乔木，高达9米。幼枝被绒毛和短柄腺体。叶革质，披针形或倒披形针，长6—12厘米，宽2—3.5厘米，先端急尖，基部钝或楔形，边缘多少皱波状，上面无毛，中脉凹陷，侧脉12—16对，凹陷，下面无毛，具腺体脱落后的红色小点，中脉极隆起，侧脉略隆起；叶柄长1.5—2厘米，具丛卷毛和腺体；后变光滑，上面具槽。花序总状伞形，有花10—15；序轴长1.5—3厘米，疏生红色腺体；花梗长1.2—2.5厘米，密生红色腺体；花萼长约2毫米，密生腺体；5裂，裂片圆形或三角形，边缘具腺体，花冠筒状钟形，长3—5厘米，乳黄色、白色带粉红或淡蔷薇色，筒部上方具绿或红点，外面多少具腺体，裂片5，长1.5—2厘米，宽2.5—3厘米，先端微凹；雄蕊10，不等长，长2.5—3.5厘米，花丝基部被微柔毛；雌蕊长3.5—4.5厘米，子房圆锥形，密生红色腺体，花柱全部有腺体。蒴果长柱形，长2.5—3厘米，径约8毫米有腺体。花期9—11月。

产昆明、嵩明、富民、寻甸、武定、禄丰、禄劝、大姚、宾川、大理、漾濞、鹤庆、剑川、丽江、永平、巍山、凤庆、镇康、临沧、景东、元江、易门等地，生于海拔1800—3000（3600）米的常绿阔叶林、松林或杂木林中。四川西南部有分布。

12.蓝果杜鹃（中国高等植物图鉴）图424

Rhododendron cyanocarpum（Franch.）W. W. Smith（1914）

Rhododendron thomsonii Hook. f. var. *cyanocarpum* Franch.（1895）

灌木或小乔木，高达5米。幼枝无毛，多少被白粉。叶革质，阔椭圆形到长圆形，长5—12厘米，宽4—9厘米，先端圆形，具小凸尖头，基部圆形或近心形，上面无毛，暗绿色，中脉平或微凹，侧脉10—15对，微凹，下面无毛，黄绿色，多少被白粉，中脉隆起，侧脉和网脉清晰或略凸；叶柄长1.5—3厘米，无腺体或有时疏生腺体。花序伞形或短总状，有花6—10，序轴长约0.5厘米，无毛；花梗长1—2厘米，无毛；花萼杯状，淡绿色，长3—10毫米，无毛，5裂，裂片不等大，圆形，边缘无毛或具细睫毛；花冠钟形或宽筒状钟形，长4—6厘米，白色或乳白色带淡红色或淡蔷薇色，里面基部具5深红色密腺囊，裂片5，长1.2—2.2厘米，宽1.8—3.1厘米，先端凹入；雄蕊10，不等长，长2—4厘米，花丝无毛；雌蕊长3—4.5厘米，子房圆锥形，长5—7毫米，无腺体或有少数腺体。蒴果圆柱形，粗壮，长1.5—2.5厘米，径0.6—1厘米，花萼宿存。花期4—5月；果期10月。

产大理、漾濞，生于海拔3000—4050米的铁杉、冷杉林下或高山杜鹃林中。

13.蒙自杜鹃（云南植物研究）图425

Rhododendron mengtszense Balf. f. et W. W. Smith（1917）

灌木或小乔木，高达10米。幼枝密生刚毛状腺体。叶革质，狭披针形或倒披针形，长5—16厘米，宽2.5—3.5厘米，先端急尖或渐尖；基部楔形或钝，上面无毛，有时具白霜，

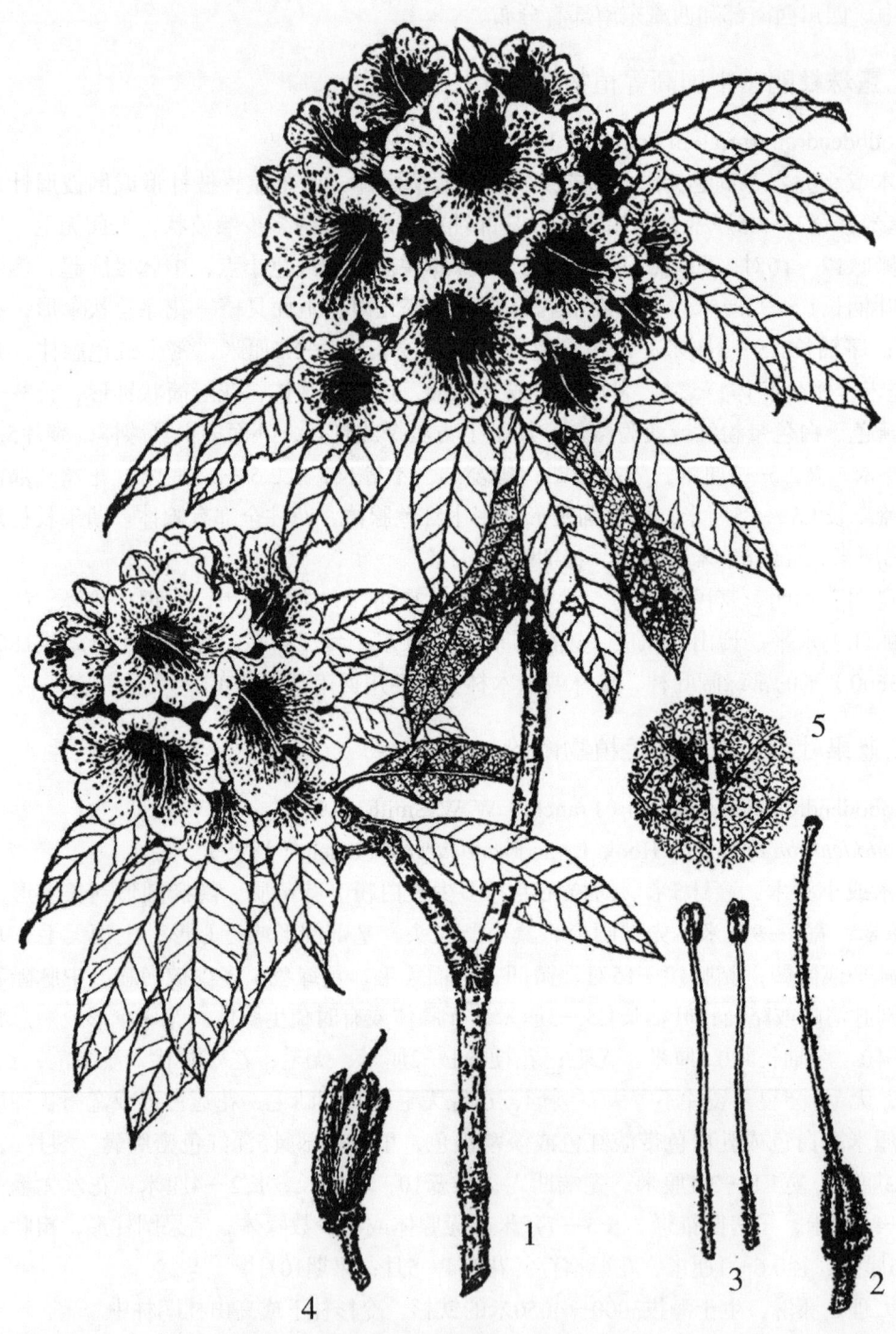

图423 露珠杜鹃 *Rhododendron irroratum* Franch.
1.花枝　2.雌蕊　3.雄蕊背、腹面　4.蒴果　5.叶下面腺点

图424 蓝果杜鹃 *Rhododendron cyanocarpum*（Franch.）W. W. Smith
1.花枝 2.雌蕊 3.雄彦 4.蒴果

图425 蒙自杜鹃和皱叶杜鹃

1—2.蒙自杜鹃 *Rhododendron mengtszense* Balf. f. et W. W. Smith

1.果枝 2.果

3—5.皱叶杜鹃 *Rhododendron denudatum* Levl.

3.果枝 4.果 5.叶下面

中脉凹陷，侧脉14—20对，微凹，下面无毛，具细小红色点，中脉隆起，具刚毛腺体，侧脉多少隆起；叶柄长1—2厘米，具刚毛状腺体，上面具槽。花序总状伞形，有花4—8；序轴长约1厘米，密生腺体；花梗长1.5—2厘米，密生刚毛状腺体；花萼长约2毫米，5裂，外面密生腺体和刚毛状腺体；花冠钟形，长3.8—4.5厘米，紫红色，里面基部具深红斑，裂片5，长约2厘米，宽约2.5厘米，先端微凹；雄蕊10，不等长，长2—3.5厘米，花丝基部疏生微柔毛；雌蕊长3.5—4.3厘米，子房被刚毛和刚毛状腺体，花柱全部有刚毛和刚毛状腺体。蒴果圆柱形，长1—1.7厘米，径5—9毫米，具刚毛和刚毛状腺体。

产蒙自、金平、麻栗坡、西畴、丘北，生于海拔1100—2500米的常绿阔叶林或混交林中。

14.红花杜鹃　图426

Rhododendron spanotrichum Balf. f. et W. W. Smith（1917）

灌木或小乔木，高达12米。幼枝无毛，具腺体脱落后的小斑点。叶革质，倒披针形，长7—15厘米，宽2—3.5厘米，先端呈喙状短渐尖，边缘略呈波状，基部钝或楔形，上面无毛，中脉凹陷，侧脉14—18对，微凹，下面无毛，具细小红点，中脉隆起，侧脉和网脉略凸；叶柄长1—1.5厘米，具细小红点，上面具槽。花序总状伞形，有花8—10，序轴长1.5—2厘米，无毛；花梗长5—7毫米，疏生丛卷毛；花萼长约1.5毫米，无毛或疏生丛卷毛，5齿裂；花冠钟形，长4—4.5厘米，深红色，里面基部具暗紫红斑，裂片5，长1.5—2厘米，宽2—2.5厘米，先端微凹；雄蕊10，不等长，长2—3厘米，花丝无毛；雌蕊长3.5—4.2厘米，子房被红棕色绒毛，有时无毛，花柱无毛。蒴果圆柱形，直，长2—2.5厘米，径约8毫米。花期3月，果期10—11月。

产元阳、马关、麻栗坡、西畴、广南，生于海拔1000—2280米的常绿阔叶林中。

15.光柱杜鹃　图426

Rhododendron tanastylum Balf. f. et Ward（1917）

灌木至小乔木，高达15米。幼枝疏生丛卷毛，老枝灰黄色。叶革质，椭圆形或倒披针形，长7—12厘米，宽2—4.5厘米，先端尾状渐尖，基部楔形或钝，边缘软骨质，略外卷，上面无毛，中脉凹陷，侧脉16—20对，微凹或平，下面无毛，疏生细小红点，中脉极隆起，侧脉略隆起，网脉略凸；叶柄长1.5—2厘米，被疏微柔毛或无毛，上面具槽，花序总状伞形，有花7—8；序轴长1—2厘米，无毛或疏生微柔毛；花梗长约1厘米，无毛或有时疏生丛卷毛；花萼，杯状，长约1.5毫米，裂片5，宽卵形，外面无毛或近无毛，边缘具睫毛；花冠筒状钟形，长4—5.5厘米，粉红色至深红色，多少肉质，里面基部具红紫斑，筒部上方具少数紫红点，裂片5，长1.5—2厘米，宽2—2.5厘米，先端微凹；雄蕊10，长2.5—4厘米，花丝基部疏生白色微柔毛或近无毛；雌蕊长4—5.5厘米，子房无毛或近基部疏生微柔毛，花柱无毛。蒴果长约1.5厘米，径约6毫米，无毛。花期4—5月；果期9—11月。

产腾冲、泸水、维西，生于海拔1600—3300米的常绿阔叶林中。西藏东南部有分布；越南北部、缅甸东北部和印度东北部也有。

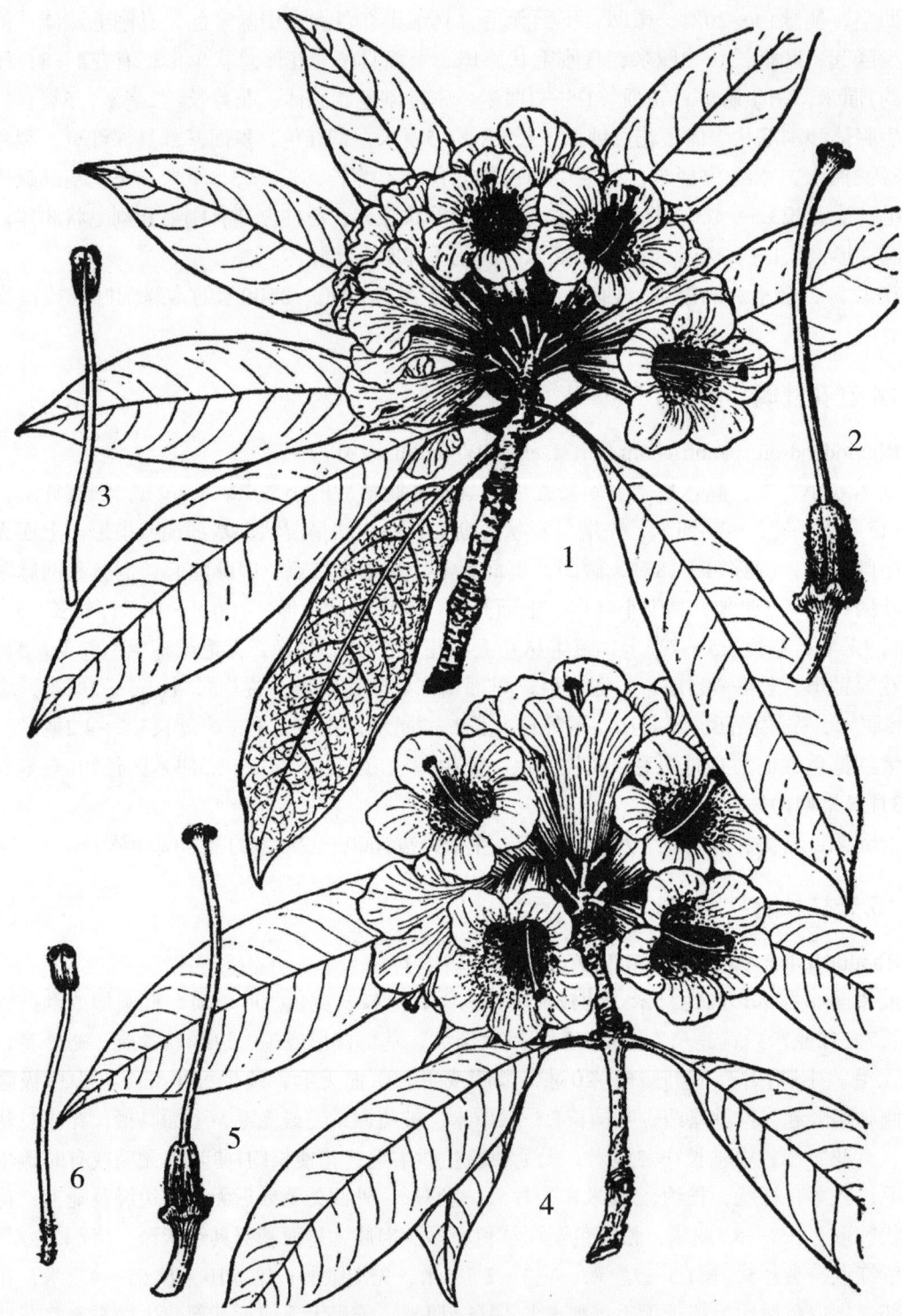

图426 红花杜鹃和光柱杜鹃

1—3.红花杜鹃 *Rhododendron spanotrichum* Balf. f. et W. W. Smith

1.花枝 2.雌蕊 3.雄蕊

4—6.光柱杜鹃 *Rhododendron tanastylum* Balf. f. et Ward

4.花枝 5.雌蕊 6.雄蕊

16.厚叶杜鹃　图427

Rhododendron sinofalconeri Balf. f.（1916）

灌木或小乔木，高达10米。幼枝粗壮，被灰白色至淡黄色紧贴微绒毛，后变无毛。叶厚革质，椭圆形或长圆状椭圆形，长8—27厘米，宽5—13.5厘米，先端圆形或钝，具小凸尖头，基部楔形至圆形，上面无毛，具皱纹，中脉凹陷，侧脉16—22对，和网脉凹陷，下面被灰黄色或淡褐色厚毛被，上层毛被由下部呈宽杯状、上部呈细丝状分裂的复毛组成，老叶常多少脱落，下层毛被灰白色，薄，多少黏结，中脉隆起；叶柄粗壮，长3—4.5厘米，少有达5厘米，径5—7毫米，圆柱形，被灰白色至淡黄色绒毛，后变无毛。花序总状伞形，有花15—20，序轴长4.5—6厘米，稀较短，粗壮，被淡肉淡褐色绒毛；花梗长3—4.5厘米，粗壮，密被淡肉淡褐色绒毛；花冠斜钟形，长3.5—5厘米，淡黄色，里面基部具深紫斑，裂片6—8，长约1厘米，宽约1.8厘米，先端微凹；雄蕊12—16，不等长，长1—3厘米，花丝基部被微柔毛；雌蕊长3.5—4.5厘米，子房圆锥形，长约1厘米，密被淡褐色绒毛，花柱无毛，柱头大，盘状。蒴果长圆柱形，长3—4.5厘米，被绒毛。花期4—5月；果期10月。

产蒙自、金平、屏边、河口、马关、麻栗坡、文山等地，生于海拔1600—2500米的常绿阔叶混交林中。越南北部有分布。

17.假乳黄杜鹃（中国高等植物图鉴）图428

Rhododendron fictolacteum Balf. f.（1916）

灌木或乔木，高达10米。幼枝粗壮，密被淡棕色绒毛。叶厚革质，长圆状倒卵形或长圆状倒披针形，长10—36厘米，宽3.5—11厘米，最宽处通常在叶的中上部，先端钝或圆形，具小凸尖头，基部楔形至圆形，有时近心形，上面无毛，具光泽，明显具皱纹，中脉深陷，侧脉15—20对，凹陷，下面被锈色或黄褐色厚毛被，上层复毛为宽漏斗状或杯状，边缘多少锐裂，下层毛被薄，灰白色，黏结，中脉极隆起，被毛，侧脉为毛被覆盖；叶柄长1.5—3厘米，粗壮，圆柱形，密被淡棕色绒毛。花序伞房状，有花12—20；序轴长1.5—3厘米，密被黄褐色绒毛；花梗长2—4厘米，密被黄褐色绒毛；花萼长1—2毫米，偏斜，具7—8波状小齿，外面被绒毛；花冠斜钟形，长3—4.5厘米，白色、乳白色或淡粉红色，里面基部具深红斑，筒部上方具少数紫红点，裂片7—8，长约1厘米，宽约1.5厘米，先端微凹；雄蕊14—16，不等长，长1.5—3.5厘米，花丝基部被微柔毛；雌蕊长3—4.5厘米，子房圆锥形，长7—10毫米，密被淡棕色绒毛，花柱无毛。蒴果长约3厘米，粗7—10毫米，微弯，基部偏斜，外面被黄褐色绒毛。花期4—6月；果期10—11月。

产大理、洱源、剑川、鹤庆、丽江、维西、香格里拉、德钦、漾濞等地，生于海拔2950—4100米的铁杉阔叶混交林或冷杉杜鹃林中。西藏东南部有分布；缅甸东北部也有。

18.革叶杜鹃（中国高等植物图鉴）图429

Rhododendron coriaceum Franch.（1898）

Rhododendron fovcolatum Rehd. et Wils.（1913）

灌木或小乔木，高达8厘米。幼枝粗壮，被灰白色微柔毛，后变无毛。叶厚革质，狭倒

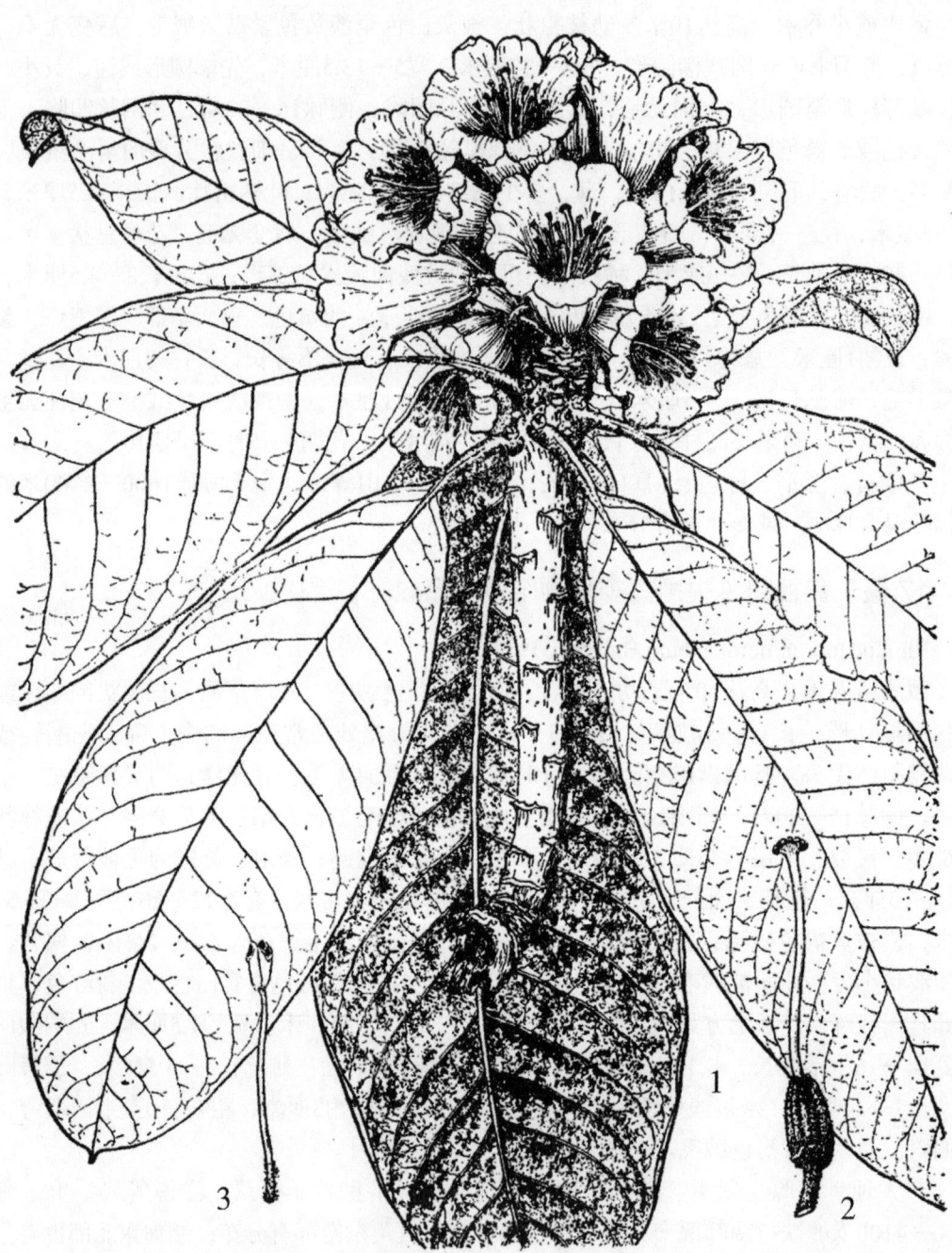

图427 厚叶杜鹃 *Rhododendron sinofalconeri* Balf. f.
1.花枝 2.雌蕊 3.雄蕊

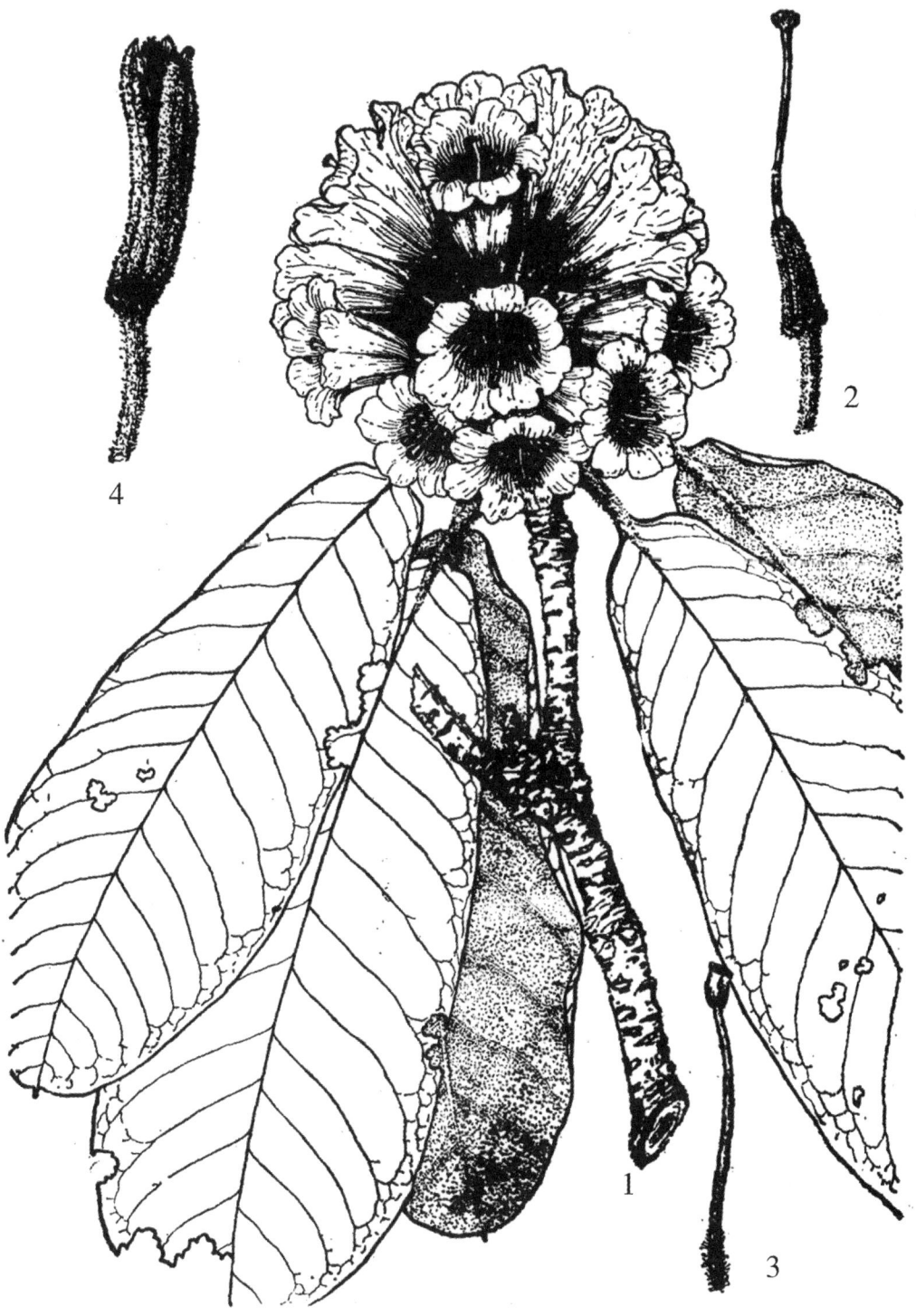

图428　假乳黄杜鹃 *Rhododendron fictolacteum* Balf. f.
1. 花枝　2.雌蕊　3.雄蕊　4.蒴果

披针形，长10—27厘米，宽3.5—7厘米，上部最宽，向下渐狭，先端钝或圆形，具小凸尖头，基部楔形，少有圆形，上面无毛，中脉凹陷，侧脉12—16对，微凹，下面毛被2层，上层灰白至灰黄色，由碗状或蜂窝状的复毛组成，复毛边缘全缘，下层毛被薄、灰白色，黏结状，中脉和侧脉明显突起，网脉在近边缘处清晰可见；叶柄长2—3厘米，圆柱形，被灰色或灰棕色绒毛，上面略具槽。花序总状伞房形，多花，有花15—20；序轴长1—1.5厘米，被淡棕色绒毛；花梗长2—3.5厘米，被淡棕色绒毛；花萼长约2毫米，具6—7三角形小齿；花冠筒状钟形，长3—3.5厘米，白色或白色带蔷薇色，里面基部具深红斑，筒部上方具少数紫红点或无，裂片6—7，长0.8—1厘米，宽1.3—1.5厘米，先端微凹；雄蕊12—14，不等长，长1—2.5厘米，花丝基部被白色微柔毛；雌蕊长2.8—3.4厘米，子房圆锥形，长5—7毫米，密被肉桂色绒毛，花柱无毛。蒴果狭圆柱形，长3—3.5厘米，微弯，被黄褐色绒毛，基部偏斜。花期5—6月；果期9—11月。

产丽江、维西、德钦、贡山、泸水等地，生于海拔2000—3900米的阔叶林或铁杉、冷杉林中，也见于高山杜鹃林中。西藏东南部有分布。

19.大王杜鹃（中国高等植物图鉴）图430

Rhododendron rex Levl.（1914）

小乔木至乔木，高达10米。幼枝密被灰白色绒毛。叶厚革质，长圆状倒卵形或长圆状倒披针形，长11—36厘米，宽4.5—15厘米，先端宽钝，基部宽楔形至圆形，上面深绿色无毛，具皱纹，中脉凹陷，侧脉16—20对，凹陷，下面上层毛被灰黄色至淡黄褐色，厚而宿存，由杯状复毛组成，下层毛被薄而紧贴，灰白色，中脉粗壮，极隆起，侧脉略隆起；叶柄粗壮，长2—6厘米，粗达1厘米，圆柱形被灰白色绒毛。花序总状伞形，多花，有花15—30；序轴长2—2.5厘米，被黄棕色绒毛；花梗长1.5—3.5厘米，被黄棕色绒毛；花萼长1.5—2毫米，具三角形小齿，外面密被绒毛；花冠筒状钟形，淡粉红色至蔷薇色，里面基部具深红斑，筒部上方具红点，裂片8，长约1厘米，宽约1.5厘米，先端凹入；雄蕊16，不等长，长2—4厘米，花丝基部被微柔毛；雌蕊长3.5—4.5厘米，子房圆锥形，长约1厘米，密被灰色绒毛，花柱无毛。蒴果圆柱形，长4—5厘米，径约1厘米，多少弯弓，被锈色绒毛。花期4—5月，果期10—11月。

产禄劝、巧家、大姚、景东，生于海拔2200—3400米的常绿阔叶林、铁杉林或冷杉林中。四川西南部有分布。

20.粗枝杜鹃（云南植物研究）　大叶杜鹃（中国高等植物图鉴）图431

Rhododendron basilicum Balf. f. et W. W. Smith（1916）

灌木或小乔木，高达10米。小枝粗壮，被灰色至黄褐色绒毛，后变无毛。叶厚革质，宽倒卵形或宽披针形，长10—23厘米，宽5—12厘米，先端宽圆形或微凹，上部最宽，向下渐狭，上面无毛，中脉深陷，侧脉约14对，凹陷，下面被2层毛被，上层毛被厚，灰黄色，后变锈红色，海绵状，由宽杯状、边缘略细裂的复毛组成，多少易擦落，下层毛被灰白色薄；中脉极隆起，侧脉多少可见；叶柄长2—3.5厘米，扁平，具下延的狭翅。花序伞房状，有花15—25；序轴长3.5—5厘米，被灰白色绒毛；花梗长2—5厘米，被灰色至锈红色绒毛；

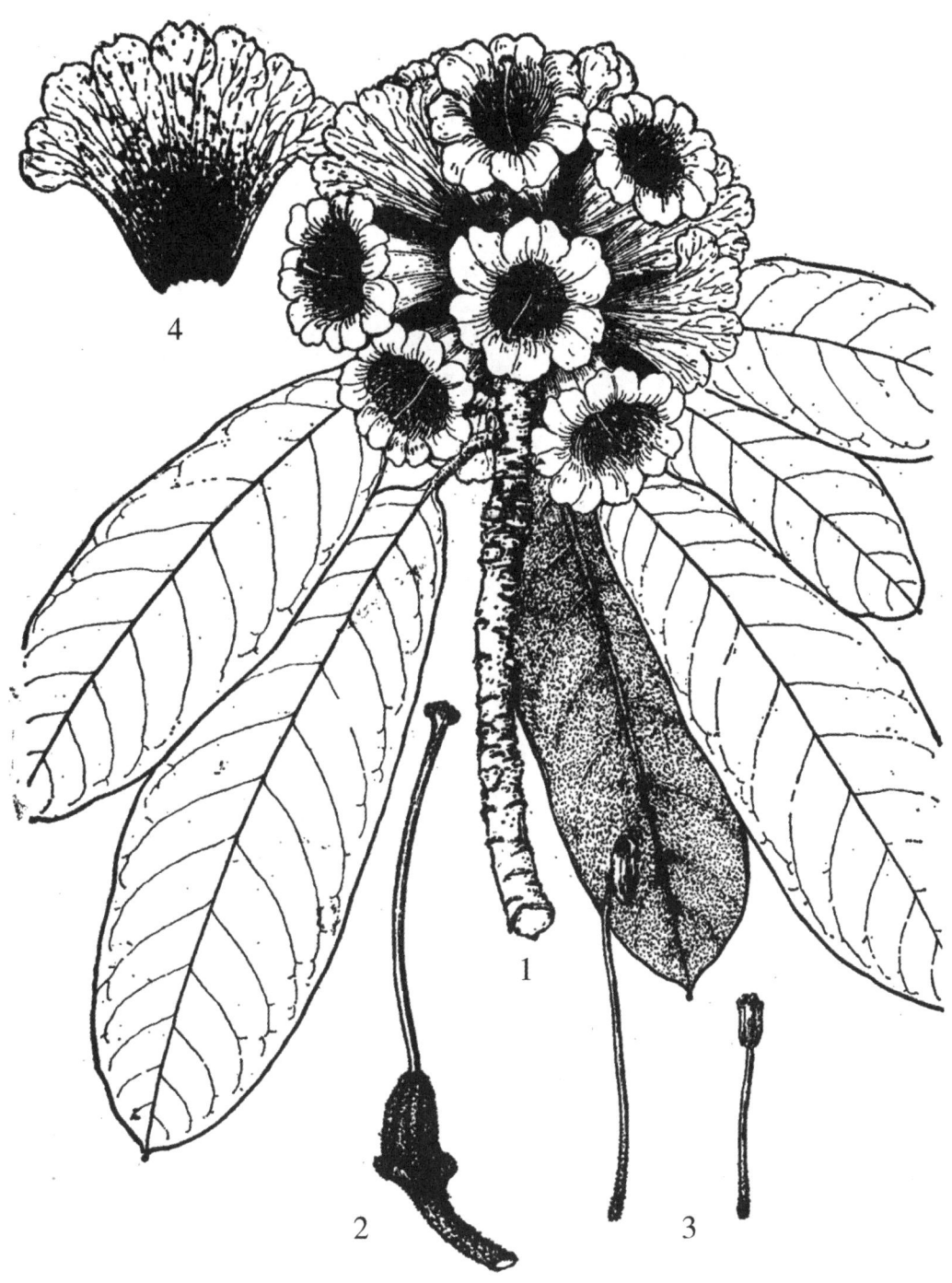

图429　革叶杜鹃 *Rhododendron coriaceum* Franch.
1.花枝　2.雌蕊　3.雄蕊　4.花冠

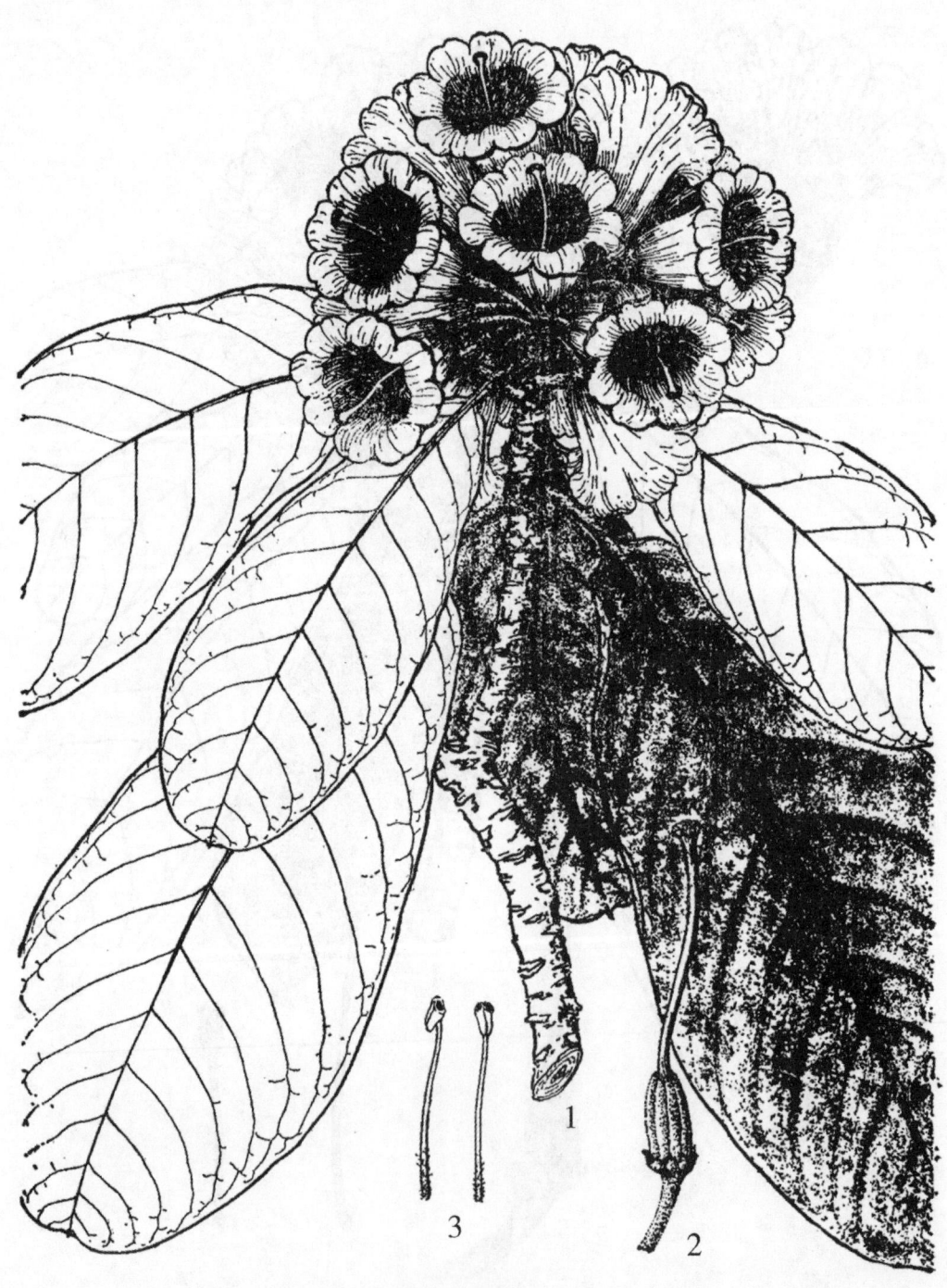

图430 大王杜鹃 *Rhododendron rex* Lévl.
1.花枝 2.雌蕊 3.雄蕊

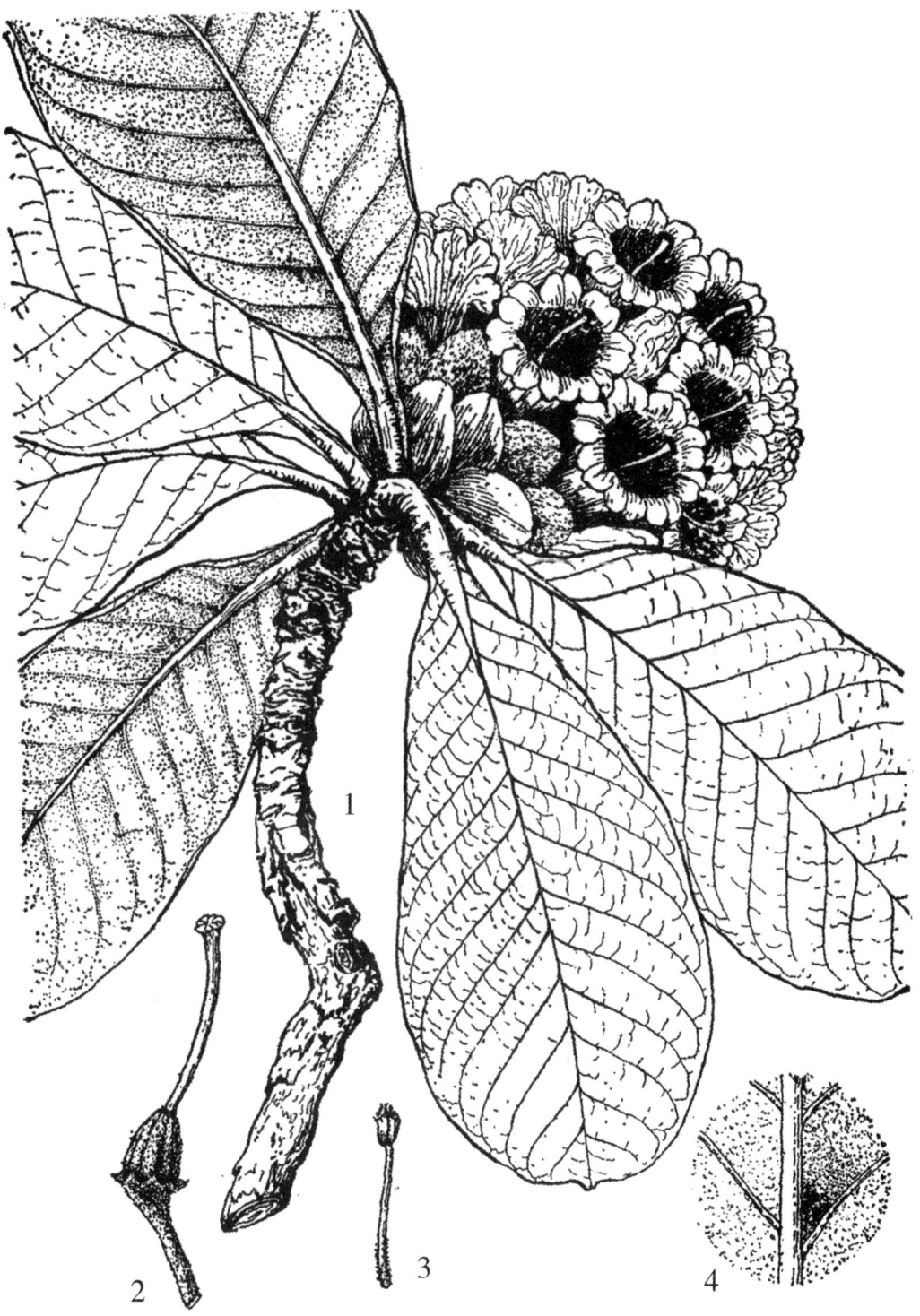

图431 粗枝杜鹃 *Rhododendron basilicum* Balf. f. et W. W. Smith
1.花枝 2.雌蕊 3.雄蕊 4.叶下面

花萼，长1—2毫米，密被绒毛，8裂，裂片三角形或近圆形；花冠斜钟形，长3.5—4厘米，淡黄色，里面基部具深红斑，裂片8，长约1厘米，宽约1.5厘米，先端凹入；雄蕊16，不等长，长2—3厘米，花丝无毛；雌蕊长2.5—3.5厘米，子房卵形，密被锈红色绒毛，花柱无毛。蒴果长2.5—4厘米，粗8—10毫米，密被锈红色绒毛。花期5—6月；果期10—11月。

产景东、腾冲、泸水、贡山、丽江，生于海拔2400—3900米的针阔混交林中或冷杉林中。缅甸东北部有分布。

21.凸尖杜鹃（中国高等植物图鉴）图432

Rhododendron sinogrande Balf. f. et W. W. Smith（1916）

小乔木至乔木，高达12米。幼枝被灰白色紧贴柔毛。叶厚革质，宽大，椭圆形或长圆状椭圆形，长20—70厘米，宽8—30厘米，先端圆形或钝，具小凸尖头，基部宽楔形至圆形，上面无毛，有皱纹，中脉凹陷或平，侧脉14—18对，明显凹陷，下面被灰白至淡黄色黏结状紧贴毛被，中脉粗壮，极隆起，侧脉和网脉略隆起；叶柄长2.5—5厘米，毛被同叶下面。花序总状伞形，有花15—20；序轴长3—7厘米，被微绒毛；花梗长3—5厘米，粗壮，密被淡棕色微绒毛；花萼偏斜，长约2毫米，8—10齿裂，外面被淡棕色微绒毛；花冠宽钟形，长4.5—6厘米，乳白色至淡黄色，里面基部具紫红色密腺囊，裂片8—10，长约1厘米，宽约1.5厘米，先端微凹；雄蕊18—20，不等长，长1.5—2.5厘米，花丝基部被微柔毛；雌蕊长4—5厘米，子房密被淡棕色绒毛，花柱无毛。蒴果大，多少木质，圆柱形，长4—7厘米，径约1.5厘米，被锈色绒毛，基部偏斜。花期4—5月；果期10—11月。

产大理、丽江、香格里拉、德钦、贡山、泸水、腾冲、云龙、漾濞等地，生于海拔1700—3600米的常绿阔叶林至冷杉林中。西藏东南部有分布；缅甸东北部也有。

22.魁斗杜鹃　优秀杜鹃（中国高等植物图鉴）图433

Rhododendron praestans Balf. f. et W. W. Smith（1916）

Rhododendron coryphaeum Balf. f. et Forrest（1920）

灌木或小乔木，高达10米。幼枝粗壮，被灰色丛卷毛。叶革质，长圆状倒卵形至倒披针形，长15—38厘米，宽6.5—14厘米，上部最宽，先端圆形，有时微凹，基部渐狭下延，上面无毛，中脉深凹，侧脉15—18对，多少凹陷，下面被银灰色或淡棕色薄层黏结状毛被，中脉粗壮，极隆起，侧脉略隆起；叶柄具宽翅，长1.5—3厘米，粗壮，下面疏被毛，上面平。花序总状伞形，有花12—20；序轴长3—4厘米，被灰色或淡棕色绒毛；花冠斜钟形，长3.5—4.5厘米，淡黄色、白色带粉红至粉红色，里面基部有深红色密腺囊，裂片7—8，长约1厘米，宽约1.5厘米，先端微凹；雄蕊14—16，不等长，长2.5—3.5厘米，花丝无毛；雌蕊长3.5—4厘米，子房圆柱形，长约1厘米，密被黄褐色绒毛，花柱无毛。蒴果长2.5—4.5厘米，基部极偏斜，密被绒毛。

产丽江、维西、德钦、贡山、泸水，生于海拔3000—3900米的混交林或冷杉林中。西藏东南部有分布。

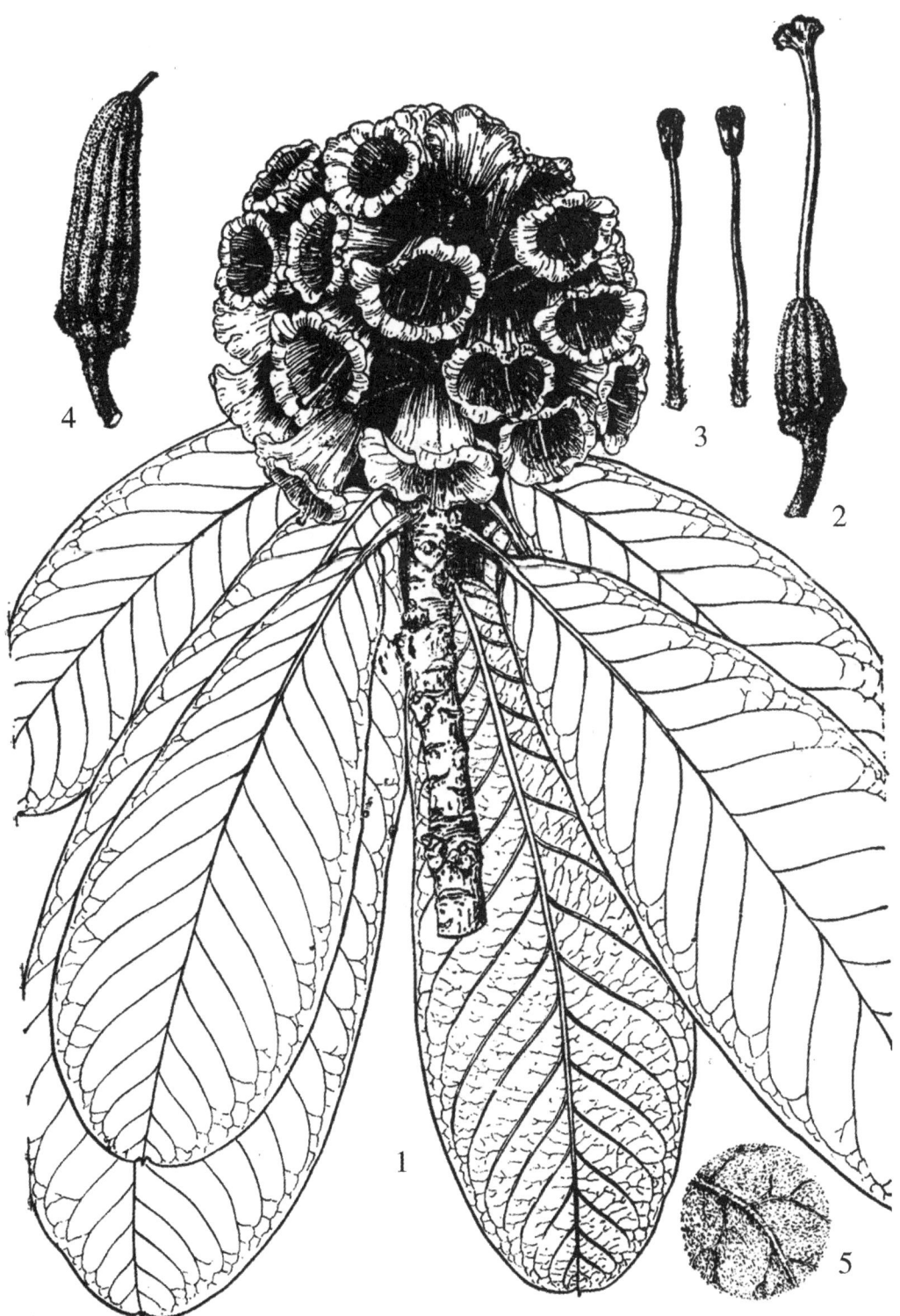

图432 凸尖杜鹃 *Rhododendron sinogrande* Balf. f. et W. W. Smith
1.花枝 2.雌蕊 3.雄蕊背腹面 4.蒴果 5.叶下面毛被

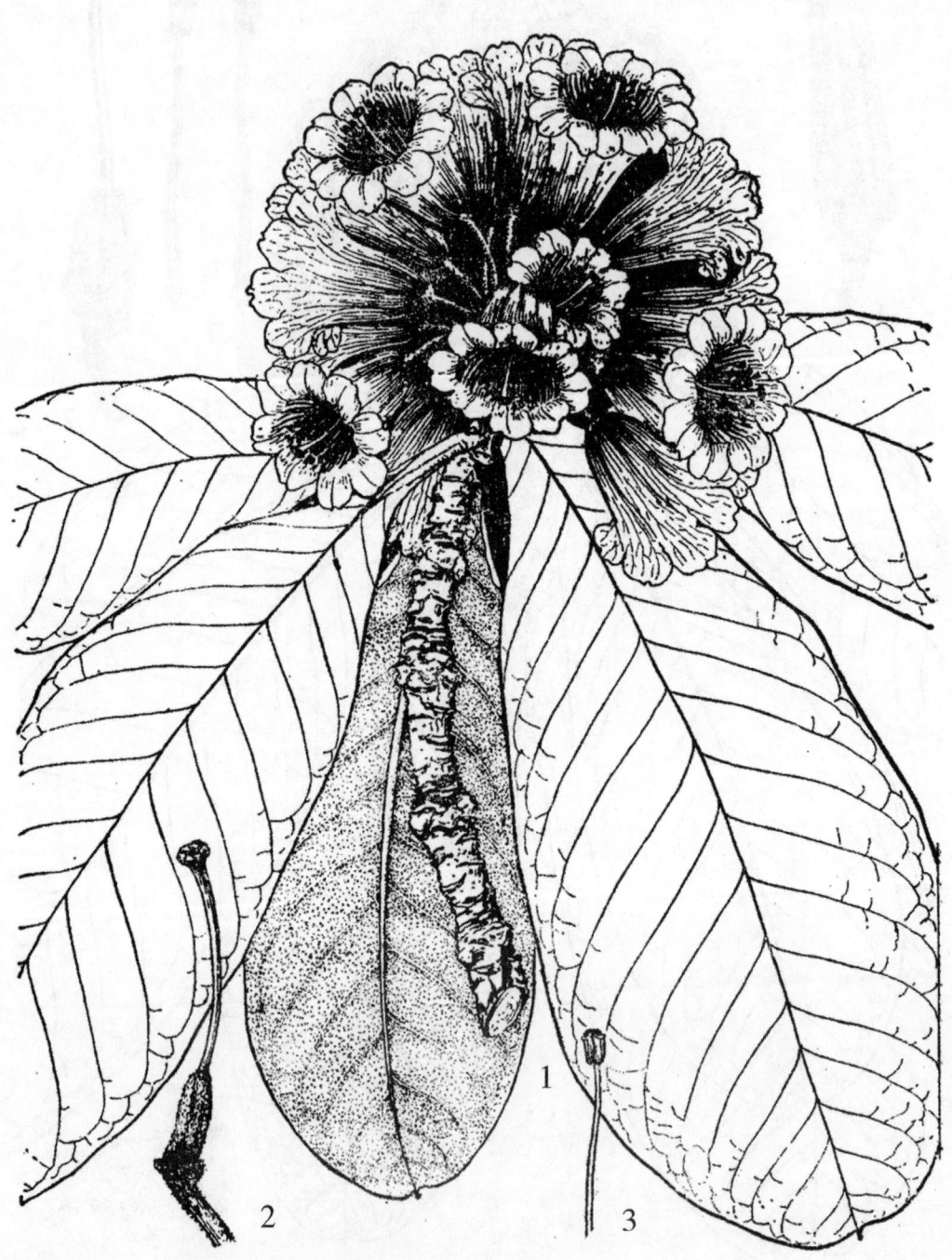

图433 魁斗杜鹃 *Rhododendron praestans* Balf. f. et W. W. Smith
1.花枝　2.雌蕊　3.雄蕊

23.翘首杜鹃（中国高等植物图鉴）图434

Rhododendron protistum Balf. f. et Forrest（1920）

小乔木至乔木，高达15米。幼枝粗壮，密被黄褐色绒毛，叶大，革质，长圆状倒披针形或长圆状披针形，长22—56厘米，宽7.5—25厘米，先端钝至圆形，具小凸尖头，基部钝，上面无毛，中脉深陷，侧脉22—26对，明显凹陷，幼叶下面除中脉附近毛外，其余被黄褐色平伏绒毛，老叶变无毛或近无毛，中脉粗壮，近基部粗约7毫米，极隆起，侧脉和网脉均隆起；叶柄粗壮，圆柱形，长2.5—4.5厘米，粗0.5—0.8厘米。花序总状伞形，有花20—30；序轴长约6厘米，被微绒毛；花梗长1.5—2厘米，被黄褐色绒毛；花萼长约2毫米，8齿裂，裂片三角形，外面被微绒毛；花冠漏斗状钟形，长5—5.5厘米，蔷薇色或基部带白色，里面基部具深红色密腺囊，裂片8，长约1.5厘米，宽约2厘米，先端微凹；雄蕊16，不等长，长3.5—4.5厘米，花丝无毛；雌蕊长4.5—5厘米，子房密被黄褐色绒毛，花柱无毛。蒴果粗圆柱形，长3.5—4.5厘米，粗1—1.5厘米，被黄棕色绒毛。

产贡山、泸水、腾冲，生于海拔2450—3350米的杜鹃灌木林及混交林中。缅甸东北部有分布。尚有一变种大树杜鹃 var. giganteum（Forrest ex Tagg）Chamberlian，叶下面全部被毛，毛肉褐色，宿存。

24.紫玉盘杜鹃（中国高等植物图鉴）图435

Rhododendron uvariifolium Diels（1912）

灌木或小乔木，高达10米。幼枝粗壮，被白色或灰色绒毛。叶革质，侧披针形或长圆状倒披针形，少有倒卵形，长7—24厘米，宽2.5—7厘米，先端钝或急尖，基部通常楔形，有时钝，上面无毛，微皱，中脉凹陷，侧脉14—20对，凹陷，下面密被灰白色至灰褐色绵毛，中脉隆起；叶柄长1—2厘米，有时具狭翅，被灰白色绒毛，上面具槽。花序总状伞形，有10—15；序轴短，长约1厘米，疏生丛卷毛；花梗长1.3—2厘米，纤细，疏生丛卷毛或近无毛；花萼长0.5—1毫米，5齿裂，无毛或疏生丛卷毛；花冠漏斗状钟形，长3—4厘米，白色、粉红色至蔷薇色，里面基部具深红斑，筒部上方具紫红点，裂片5，长1—1.5厘米，宽1.8—2.3厘米，先端凹入；雄蕊10，不等长，长1.5—3.5厘米，花丝基部被微柔毛；雌蕊长3—3.5厘米，子房狭圆柱形，长5—8毫米，无毛，花柱无毛。蒴果狭长，极弯弓，长3—5厘米，径3—4毫米，无毛。花期4—6月；果期9—11月。

产永胜、宁蒗、丽江、维西、香格里拉、德钦等地，生于海拔2200—3900米的阔叶林或针叶林下。四川西南部或西藏东南部有分布。

25.镰果杜鹃（中国高等植物图鉴）图436

Rhododendron fulvum Balf. f. et W. W. Smith（1917）

灌木或乔木，高达9米。幼枝密被灰色至肉桂色微柔毛。叶革质，倒披针形、长圆状倒披针形或倒卵形，长10—20厘米，宽3—7.5厘米，上部最宽，先端短渐尖或钝，基部圆形或楔形，上面无毛，中脉凹陷，侧脉12—21对，微凹，下面密被淡棕色至黄褐色或锈色毡毛，由颗粒状簇毛组成，中脉隆起；叶柄长1—2厘米，密被灰色或黄褐色绒毛。花序总

图434 翘首杜鹃 *Rhododendron protistum* Balf. f. et Forrest
1.花枝 2.雌蕊 3.雄蕊 4.叶下面毛被

图435 紫玉盘杜鹃 *Rhododendron uvariifolium* Diels
1.花枝 2.雌蕊 3.雄蕊 4.叶下面毛被

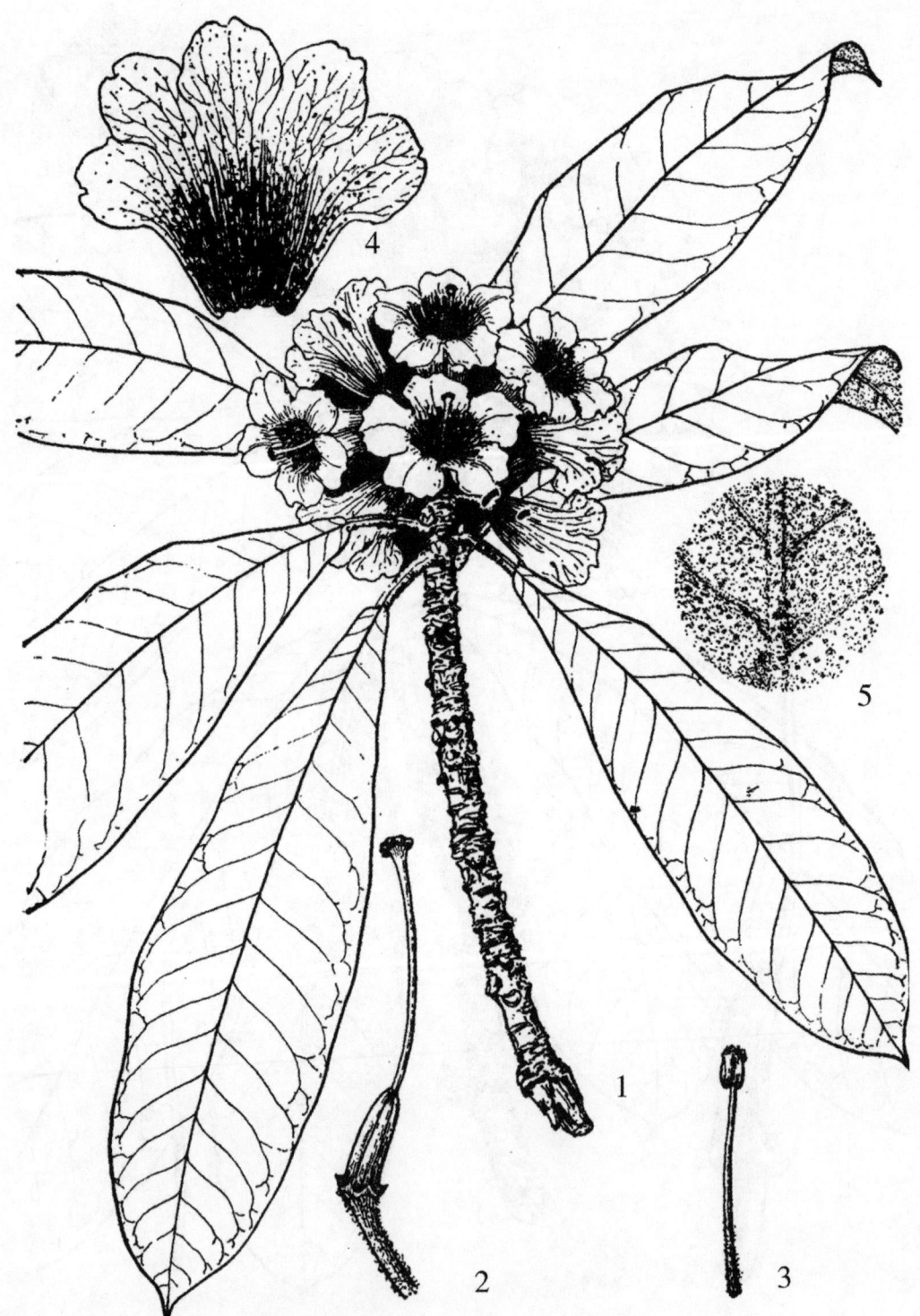

图436 镰果杜鹃 *Rhododendron fulvum* Balf. f. et W. W. Smith
1.花枝 2.雌蕊 3.雄蕊 4.花冠 5.叶下面

状伞形，有花10—15，序轴长1—1.5厘米，无毛或疏生丛卷毛；花梗长1.5—2.5厘米，无毛或疏生丛卷毛；花萼长1—2毫米，边缘波状或钝三角形齿状，无毛；花冠钟形或漏斗状钟形，长2.5—4厘米，白色、粉红色至深蔷薇色，里面基部具深红斑，筒部上方具深红点，裂片5，长1—1.5厘米，宽1.5—2厘米；雄蕊10，不等长，长1.5—2.5厘米，花丝基部被微柔毛；雌蕊长2.5—3.5厘米，子房狭圆柱形，长6—8毫米，无毛，花柱无毛。蒴果长2.5—4厘米，径约3毫米，狭圆柱形，弯弓状，无毛。花期4—5月；果期9—11月。

产鹤庆、丽江、维西、香格里拉、德钦、贡山、云龙、腾冲，生于海拔2500—3900米的阔叶林至冷杉林中。西藏东南部有分布；缅甸东北部也有。

26.皱叶杜鹃（云南植物研究）图425

Rhododendron denudatum Lévl.（1914）

灌木或小乔木，高达8米。幼枝被灰白色星状绒毛。叶革质，披针形或长圆状椭圆形，长10—16厘米，宽3.5—5厘米，先端渐尖，具细尖头，基部楔形，上面无毛，明显具皱纹，中脉凹陷，侧脉14—18对，和网脉凹陷，下面被2层毛被，上层为淡黄色疏松绵毛，由分枝状毛组成，常多少脱落，下层毛被灰白色，薄而紧贴，中脉和侧脉隆起，常变无毛，网脉突起；叶柄长1—2厘米，被淡黄色绒毛。花序总状伞形，有花8—12；序轴长5—7毫米，被绒毛；花梗长1—1.5厘米，密被黄褐色绒毛；花萼长1—1.5毫米，密被绒毛，5齿裂，裂片三角形；花冠钟形，长3.5—4厘米，蔷薇色，里面基部具深红斑，裂片5（6），长1—1.5厘米，宽1.5—2厘米；雄蕊10（13），不等长，长2—3厘米，花丝无毛或基部具稀疏微柔毛；雌蕊长3.5—4厘米，子房被白色柔毛，长约5毫米，花柱无毛。蒴果圆柱形，长1.5—2厘米，径6—8毫米，直，被黄褐色绒毛。

产东川、巧家、大关、镇雄，生于海拔1800—3300米的落叶阔叶林至针阔叶混交林中。四川西南部和贵州西部有分布。

27.繁花杜鹃（中国高等植物图鉴）图437

Rhododendron floribundum Franch.（1886）

灌木或小乔木，高达10米。幼枝被白色星状绒毛，后变无毛。叶厚革质，长圆状披针形至披针形，长7—20厘米，宽2.5—5.5厘米，先端急尖，具细尖头，基部楔形或钝，上面呈泡状隆起，明显具皱纹，无毛，具光泽，脉明显下凹，侧脉12—18对，下面被疏松绵毛，上层毛被由星状毛组成，易擦落，下层毛被薄，黏结状，白色，中脉极隆起，侧脉和网脉明显隆起；叶柄长1.5—2.5厘米，被灰白色星状绒毛，后变无毛。花序总状伞形，有花8—12；序轴长约7毫米，被灰白色星状绒毛；花梗长约1.5厘米，密被灰白色至淡黄色星状绒毛；花萼长约1.5毫米，5齿裂，裂片三角形，外面被星状绒毛，花冠宽钟形，长约4厘米，粉红色，里面基部具深红斑，筒部上方具多数深红点，裂片5，长1—1.5厘米，宽1.5—2厘米；雄蕊10，不等长，长2—3.5厘米，花丝基部疏生微柔毛或近无毛；雌蕊长约4厘米，子房长约5毫米，密被白色平伏绒毛，花柱无毛。蒴果圆柱形，长2—3厘米，径约1厘米，被灰黄色绒毛。花期4月。

产巧家、鲁甸，生于海拔约2600米的疏林中。四川西南部有分布。

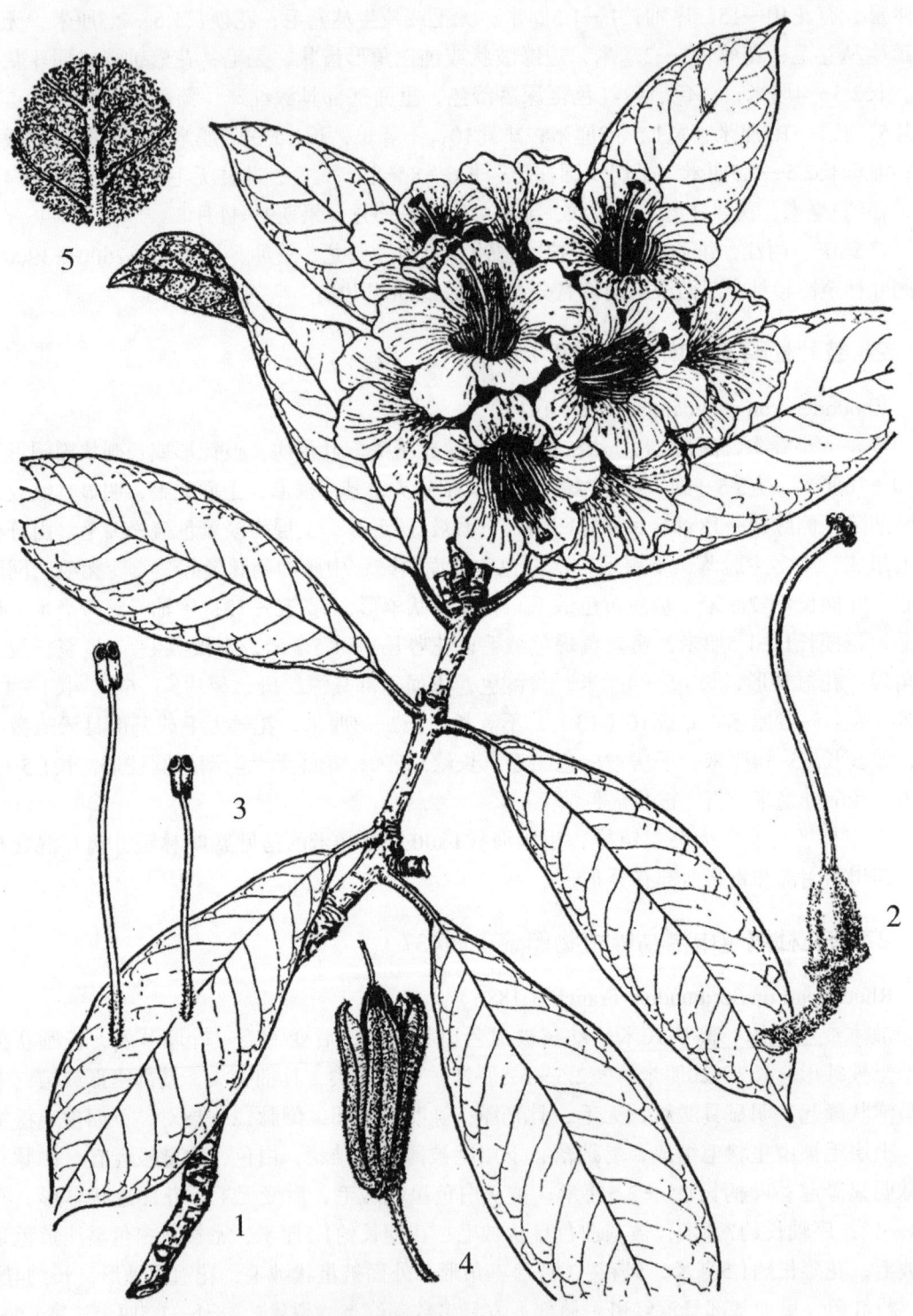

图437 繁花杜鹃 *Rhododendron floribundum* Franch.
1.花枝 2.雌蕊 3.雄蕊 4.蒴果 5.叶下面毛被

28.窄叶杜鹃（云南植物研究）图438

Rhododendron araiophyllum Balf. f. et W. W. Smith（1917）

灌木或小乔木，高达7米。幼枝多少被丛卷毛，后变无毛。叶革质，披针形，长5—13厘米，宽1.5—3.5厘米，先端渐尖或长渐尖，基部楔形或钝，边缘软骨质，上面无毛，中脉凹陷，侧脉12—15对，微凹，下面除沿中脉上被灰白色丛卷绵毛外，其余无毛，具细小红点，中脉隆起，侧脉纤细，略凸；叶柄长约1厘米，无毛或疏生白色丛卷毛。花序总状伞形，有花6—8；序轴长1—2厘米，被白色绒毛；花梗纤细，长1—1.5厘米，疏被丛卷毛或无毛；花萼长约1.5毫米，5裂，无毛；花冠钟形，长2.5—4厘米，白色至淡粉红色，里面基部具深红斑，筒部上方有少数深红点，裂片5，长1—1.5厘米，宽1.5—2.3厘米，先端微凹；雄蕊10，不等长，长1.5—3厘米，花丝基部被微柔毛；雌蕊长2.5—3.8厘米，子房疏生白色平伏柔毛，花柱无毛。蒴果长圆柱形，长1.2—1.8厘米，径约5毫米，外面常被白霜。花期4—5月，果期10—11月。

产腾冲、泸水、云龙、泸水、福贡、贡山等地，生于海拔2000—3400米的常绿阔叶林或冷杉林中。缅甸东北部有分布。

29.银叶杜鹃（中国高等植物图鉴）图438

Rhododendron argyrophyllum Franch.（1886）

灌木或小乔木，高达10米。幼枝被白色或灰白色绒毛，后变无毛。叶革质，长圆状披针形，长5—13厘米，宽1.5—2.5厘米，先端渐尖或急尖，基部楔形或阔楔形，边缘略反卷，上面无毛，中脉凹陷，侧脉12—14对，凹陷，下面被银白色薄层泥质毛被，中脉隆起，无毛，侧脉略凸或不显；叶柄长1—1.5厘米，近无毛，上面具槽。花序总状伞形，有花7—9，序轴长约1厘米，被灰黄色丛卷毛；花梗纤细，长2—3厘米，疏生白色丛卷毛；花萼长1—2毫米，5裂，略被毛；花冠钟形，长3—3.5厘米，白色或带粉红色，筒部上方具紫或蔷薇色点，裂片5，长约1厘米，宽约1.5厘米，先端微凹；雄蕊12—14，稀达16，不等长，长1.5—2.5厘米，花丝基部被白色微柔毛；雌蕊长2.5—3厘米，子房长圆柱形，长约5毫米，密被灰白色或灰黄色绒毛，花柱无毛，柱头头状。蒴果圆柱形，长2—3厘米，多少弯曲，被毛。花期5—6月；果期9—10月。

产巧家、永善、大关、昭通、彝良、镇雄等地，生于海拔1900—2800米的常绿阔叶林或灌丛中。四川西南部和贵州有分布。

30.迷人社鹃（中国高等植物图鉴）图439

Rhododendron agastum Balf. f. et W. W. Smith（1917）

灌木或小乔木，高达6米；幼枝疏生丛卷毛，混生少数腺体。叶革质，倒披针形，长6—14厘米，宽2—4厘米，先端钝或急尖，基部钝或阔楔形，上面无毛，中脉凹陷，侧脉15—18对，微凹，下面被灰白色不连续蛛丝状毛被，中脉极隆起，侧脉纤细，和网脉多少隆起；叶柄长1—2厘米，疏生灰色丛卷毛和腺体，后变光滑，上面具槽。花序总状伞形，有花10—20，序轴长1.5—2.5厘米，具腺体和丛卷毛；花梗长1—1.5厘米，密生腺体和多

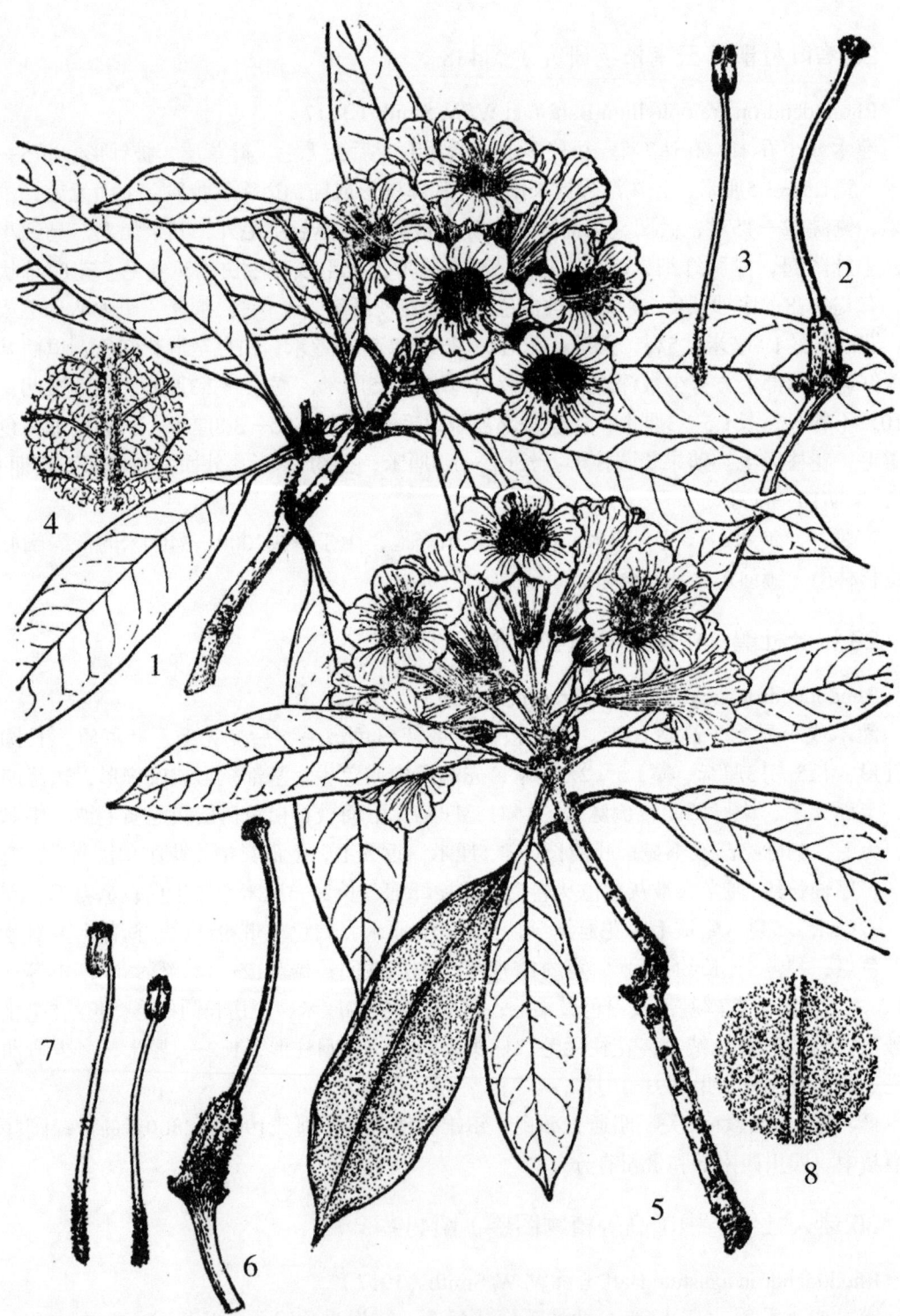

图438 窄叶杜鹃和银叶杜鹃

1—4.窄叶杜鹃 Rhododendron araiophyllum Balf. f. et W. W. Smith
1.花枝 2.雌蕊 3.雄蕊 4.叶下面（示毛被）

5—8.银叶杜鹃 Rhododendron argyrophyllum Franch.
5.花枝 6.雌蕊 7.雄蕊 8.叶下面（示毛被）

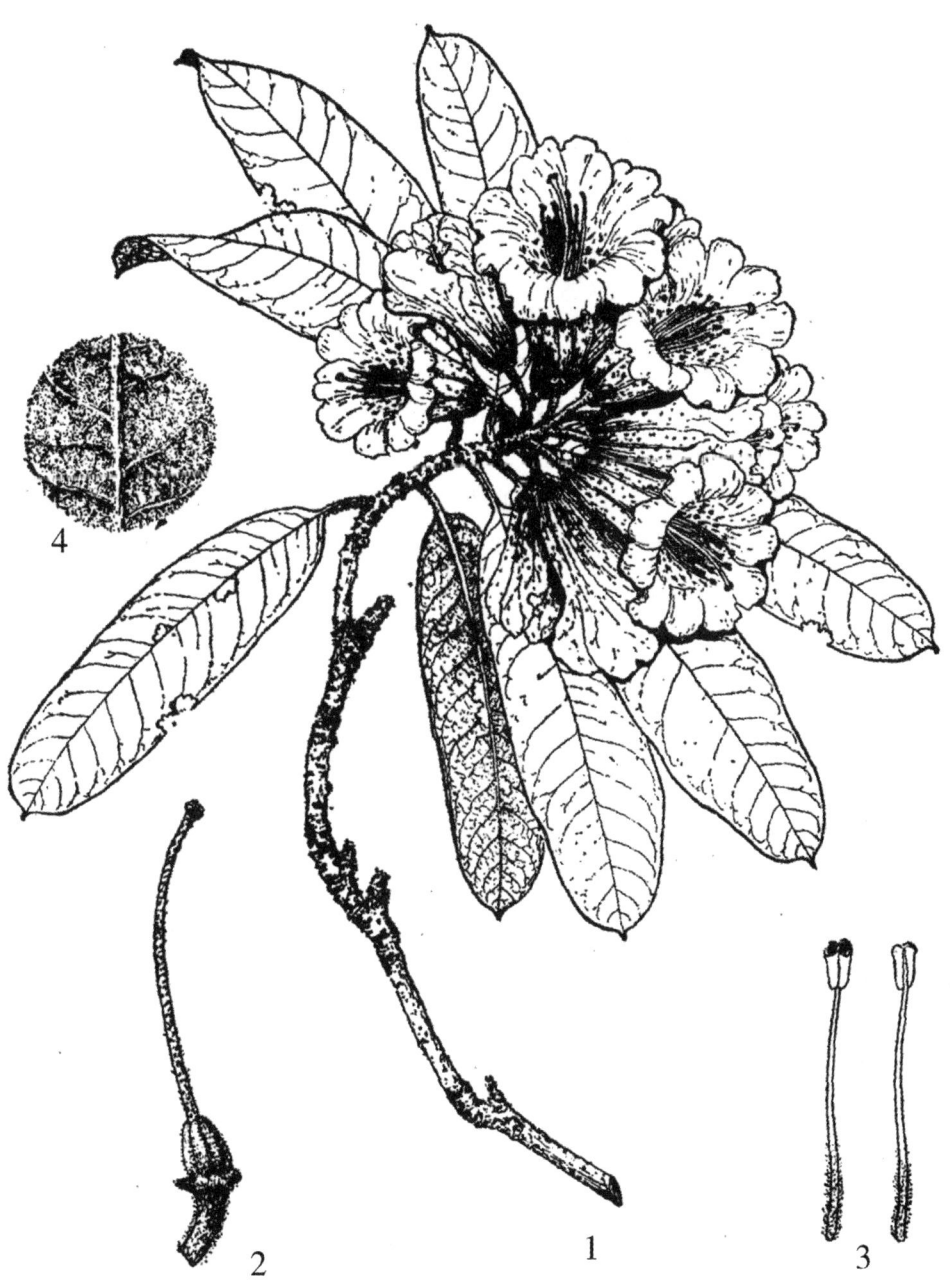

图439 迷人杜鹃 *Rhododendron agastum* Balf. f. et W. W. Smith
1.花枝　2.雌蕊　3.雄蕊　4.叶背毛被

少有丛卷毛；花萼长2—3厘米，5—7裂，裂片宽卵形，外面和边缘具腺体；花冠筒状钟形，长4—5厘米，蔷薇红色，里面基部具深红斑，筒部上方具多数紫红点和条纹，裂片5（7），长约1.5厘米，宽约2厘米，先端微凹；雄蕊10，少有14，长2.5—4.5厘米，花丝下部或基部被白色微柔毛；雌蕊长4—5厘米，子房密生短柄腺体和少数糙伏毛，花柱全部有腺体，有时混生有毛。蒴果长约3厘米，径约9毫米，微弯。花期4—5月。

产寻甸、嵩明、富民、易门、双柏、景东、凤庆、漾濞、永平等地，生于海拔1900—2900米的常绿阔叶林或杂木林中。

31.乳黄杜鹃（中国高等植物图鉴）图440

Rhododendron lacteum Franch.（1886）

灌木或小乔木，高达7.5米。幼枝被灰白色丛卷毛，老枝紫红色无毛，具半圆形的大叶痕。叶厚革质，阔椭圆形或长圆状椭圆形，长8—18厘米，宽6—8.5厘米，先端圆形或钝，具凸尖头，基部心形或近心形，上面无毛，微皱，中脉深陷，侧脉14—18对，微凹，叶下面被薄层淡黄色至淡棕色极细绒毛，中脉粗壮，极隆起，侧脉略凸；叶柄长2.5—4厘米，粗壮，疏被灰白色丛卷毛，上面具槽。花序总状伞形，宽大，多花，有花20—30，序轴长约3厘米，被淡棕色绒毛；花梗长2—3厘米，被丛卷毛，后变无毛；花萼长约1.5毫米，5裂，外面基部被微绒毛，裂片边缘具睫毛；花冠宽钟形，长3.5—4.5厘米，乳黄色，裂片5，长约1.5厘米，宽约2.5厘米，先端凹入；雄蕊10，不等长，长1.5—2.5厘米，花丝基部被白色微柔毛；雌蕊长约3毫米，子房密被淡棕色绒毛，花柱无毛。蒴果圆柱形，长2—3厘米，径约5毫米，多少弯曲，被毛。花期4—5月，果期10月。

产禄劝、巧家、大理、漾濞、泸水，生于海拔（3000）3500—4050米的冷杉林下或杜鹃林中。

32.宽钟杜鹃（中国高等植物图鉴）图441

Rhododendron beesianum Diels（1912）

灌木或小乔木，高达10米。幼枝被白色微柔毛，后变无毛。叶革质，长圆状披针形或倒披针形，长10—30厘米，宽3—8厘米，先端渐尖或短渐尖，基部楔形至圆形，上面无毛，微皱，下面被薄层淡肉桂色细绒毛，易擦落，中脉在上面凹陷，下面隆起，侧脉12—20对，在上面微凹，下面略凸；叶柄长1.5—3厘米，略具狭翅，无毛或近无毛，上面具槽。花序总状伞形，宽大，有花10—25，序轴长达3厘米，被微柔毛；花梗纤细，长1.5—2.5厘米，被灰白色丛卷毛；花萼长约1.5毫米，5裂，外面疏生丛卷毛；花冠宽钟形，长4—5.5厘米，白色带粉红至粉红色，里面基部常具紫斑，筒部上方无或有少数紫点，裂片5，长约1.5厘米，宽约2.5厘米，先端圆形或凹入；雄蕊10，不等长，长1.5—3.5厘米，花丝基部被白色微柔毛；雌蕊长约3.5厘米，子房狭圆柱形，长达7毫米，密被淡棕色绒毛，花柱无毛。蒴果圆柱形，长3—4厘米，径约6毫米，下部多少弯弓，被绒毛。花期5—6月；果期10—11月。

产鹤庆、丽江、维西、香格里拉、德钦、贡山、福贡、泸水，生于海拔2700—4500米的针阔叶混交林、针叶林下或高山杜鹃灌丛中。四川西南部和西藏东南部有分布；缅甸东北部也有。

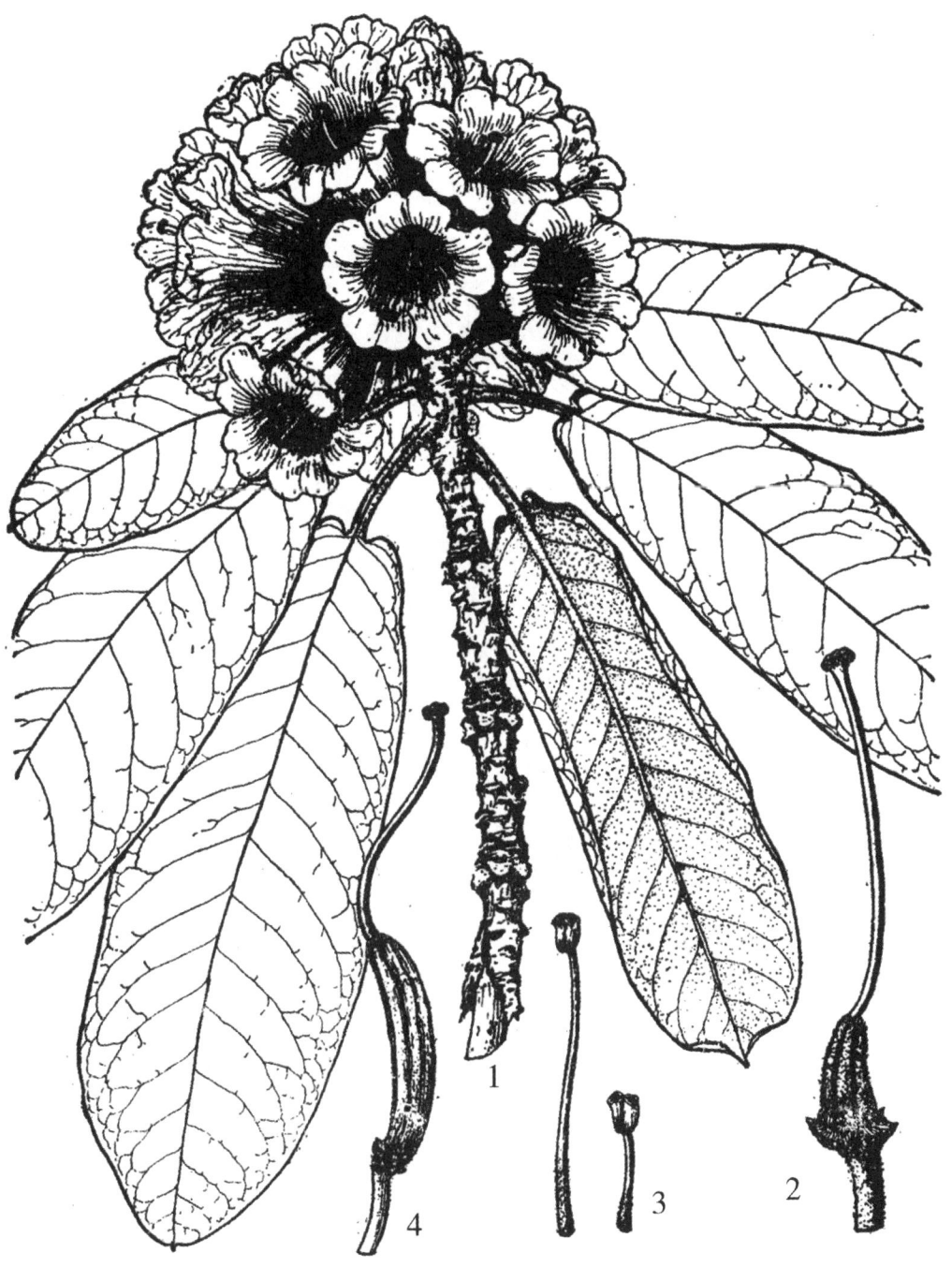

图440 乳黄杜鹃 *Rhododendron lacteum* Franch.
1.花枝 2.雌蕊 3.雄蕊 4.蒴果

图441 宽钟杜鹃 *Rhododendron beesianum* Diels
1.花枝 2.雌蕊 3.雄蕊 4.叶下面

33.川滇杜鹃（中国高等植物图鉴）图442

Rhododendron traillianum Forrest et W. W. Smith（1914）

灌木或小乔木，高达10米。幼枝被灰色至黄褐色绒毛。叶革质，椭圆形或长圆状椭圆形，长6—11厘米，宽2.5—4.5厘米，先端急尖或通常钝，基部圆形，有时心形，上面无毛，常具光泽，微皱，中脉凹陷，侧脉12—14对，微凹，下面被薄层淡棕色至棕色微绒毛，中脉隆起，侧脉不显；叶柄长1.5—2厘米，疏生灰白色至灰褐色丛卷毛，后变无毛。花序总状伞形，有花10—15；序轴长5—10毫米被绒毛；花梗纤细，长1.5—2厘米，疏生丛卷毛；花萼长约1.5毫米，5裂，裂片钝三角形，无毛或近无毛；花冠漏斗状钟形，长2.5—4.5厘米，白色至粉红色，里面基部具紫红斑，筒部上方具深红点，裂片5，长1—1.5厘米，宽1.5—2.3厘米，先端凹入；雄蕊10，不等长，长1.2—2.5厘米，花丝下半部或基部被白色微柔毛；雌蕊长2.5—3厘米，子房圆锥形，长约5毫米，无毛或下半部疏生红棕色丛卷毛，花柱无毛。蒴果狭圆柱形，长1.5—2.5厘米，径5—8毫米。花期5—6月；果期10—11月。

产丽江、维西、香格里拉、德钦，生于海拔3000—4250米的冷杉林下或杜鹃丛中。四川西南部有分布。

34.马缨花（植物名实图考）　马缨杜鹃（中国高等植物图鉴）图443

Rhododendron delavayi Franch.（1886）

灌木或小乔木，高达12米幼枝被灰色绵毛，后变无毛。叶革质，长圆状披针形或长圆状倒披针形，长7—16厘米，宽2—5厘米，先端急尖或钝，基部楔形或近圆形，上面无毛，皱，具光泽，中脉和侧脉显著凹陷，侧脉14—18对，下面被灰白色至淡棕色厚绵毛，表面疏松，中脉隆起，被丛卷毛和有时混生腺体，侧脉不为绵毛所覆盖；叶柄长1.5—2厘米，被灰白色至黄棕色绵毛，多少混生腺体。花序多花密集，有花10—20；序轴长1—2厘米，密被淡棕色绒毛；花梗长约1厘米，密被绒毛，有时混生少数腺体；花萼长约2毫米，被绒毛和腺体，5齿裂；花冠钟形，深红色，多少肉质，长4—5厘米，里面基部具暗红色密腺囊，筒部上方有少数暗红点，裂片5，长约1.5厘米，宽2—2.5厘米，先端极凹入；雄蕊10，不等长，长2—4厘米，花丝无毛；雌蕊3.5—4.5厘米，子房圆锥形，长4—7毫米，密被淡黄至红棕色绒毛，花柱无毛，红色。蒴果长圆柱形，长约2厘米，径约8毫米，被红棕色绒毛。花期3—5月；果期9—11月。

全省均有分布，生于海拔1200—3200米的常绿阔叶林或云南松林中，局部地区成马缨花纯林。贵州西部有分布；越南北部、泰国、缅甸及印度东北部也有。

扦插繁殖；种子繁殖需播于苔藓上进行。

35.绵毛房杜鹃（中国高等植物图鉴）图444

Rhododendron facetum Balf. f. et Ward（1917）

Rhododendron eriogynum Balf. f. et W. W. Smith（1917）

灌木或小乔木，高达10米。幼枝粗壮、被灰色星状毛，后变无毛。叶革质，长圆状椭圆形或倒披针形，长10—20厘米，宽4—7.5厘米，先端钝，具凸尖头，基部圆形或钝，上

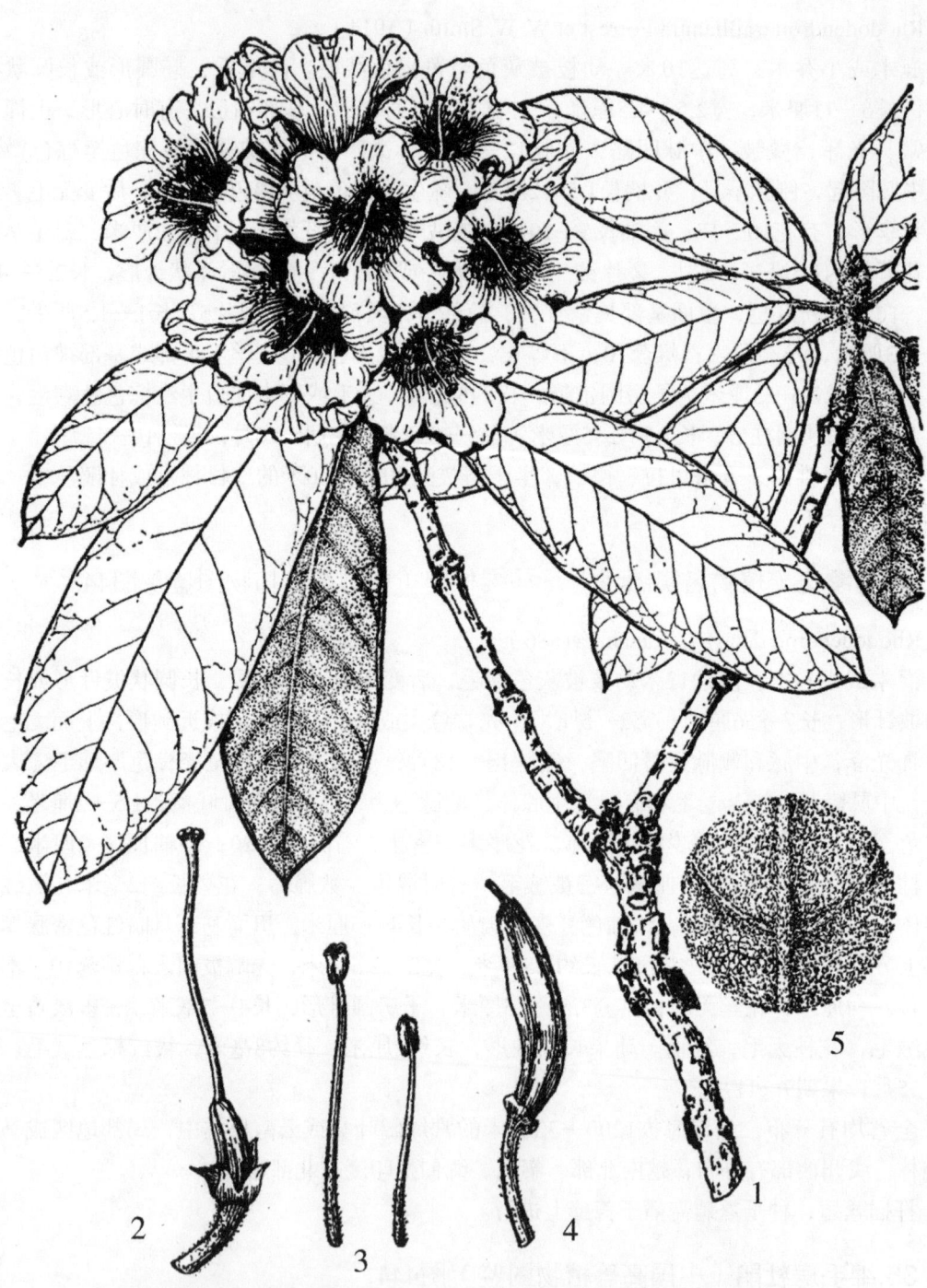

图442 川滇杜鹃 *Rhododendron traillianum* Forrest et W. W. Smith

1.花枝 2.雌蕊 3.雄蕊 4.蒴果 5.叶下面毛被

图443 马缨花 *Rhododendron delavayi* Franch.
1.花枝 2.雌蕊 3.雄蕊 4.蒴果 5.苞片 6.叶下面毛被

面无毛，中脉凹陷，侧脉15—17对，微凹，下面幼时沿中脉附近有灰色疏松星状毛，后变无毛，具细小红点，中脉隆起，侧脉略凸；叶柄长2—3厘米，疏生星状毛，后变无毛，上面具槽。花序总状伞形，有花10—15；序轴长1.5—3.5厘米，被灰色柔毛，有时疏生腺体；花梗长1—1.5厘米，被星状毛，有时有少数腺体；花萼杯状，长约5毫米，肉质，红色，5裂，外面被星状毛或混生少数腺体，边缘具腺体；花冠筒状钟形，长4—4.5厘米，肉质，鲜红色，里面基部具暗紫红色密腺囊，裂片5，长约1.5厘米，宽约2厘米，先端凹入；雄蕊10，不等长，长2.5—3.7厘米，花丝下半部被微柔毛；雌蕊长3.5—4.5厘米，子房密被星状绒毛，花柱下半部密生星状毛，上半部具短柄腺体，多少有星状毛混生。蒴果1.5—2厘米，径6—8毫米，被星状毛。花期5—6月；果期10—11月。

产景东、宾川、大理、漾濞、永平、云龙、腾冲、泸水、福贡、兰坪等地，生于海拔2100—3300米的常绿阔叶林或混交林中。缅甸东北有分布。

36.粘毛杜鹃（中国高等植物图鉴）图445

Rhododendron glischrum Balf. f. et W. W. Smith（1916）

灌木或小乔木，高达10米。幼枝密生长短不等的粗刚毛，上端具黏性的黄色至黑色腺体和不具腺体的短刚毛；芽鳞多少宿存。叶革质或薄革质，长圆状披针形或倒披针形，长11—25厘米，2.8—8厘米，先端渐尖或尾状渐尖，基部钝或圆形，有时近心形，边缘软骨质，具长刚毛，上面无毛，微皱，中脉凹陷，侧脉18—22对，凹陷，下面淡黄褐色，沿中脉和侧脉密生平展的糙伏毛，先端有腺体或无，其余散生糙伏毛，中脉和侧脉显著隆起，网脉略凸；叶柄长1.5—3厘米，粗壮，密生长短不等的粗刚毛。花序总状伞形，有花10—15，序轴长3—5厘米，具腺头刚毛；花梗长1—4厘米，密生黄色腺头刚毛；花萼5深裂近基部，长0.5—1.5厘米，裂片椭圆形或长圆形，外面具腺头刚毛，边缘具长硬毛；花冠钟形，长3.5—4厘米，蔷薇色至紫丁香色，里面基部具深紫斑，筒部上方有时具少数深红点，裂片5，长约1.5厘米，宽约2厘米，先端微凹；雄蕊10，极不等长，长1.5—3厘米，花丝基部被白色微柔毛；雌蕊长约3.5厘米，子房长约4毫米，具腺头刚毛，花柱基部或下半部有刚毛。蒴果长圆柱形，长1.5—2厘米，密生腺头刚毛，7—8室，具宿存花萼。花期5—6月；果期10月。

产丽江、维西、泸水、贡山，生于海拔2800—3600米的冷杉林下或杜鹃灌丛中。西藏东南部有分布；缅甸东北部也有。

37.似血杜鹃（中国高等植物图鉴）图446

Rhododendron haematodes Franch.（1886）

灌木，高达3米。幼枝密被黄棕色丛卷绒毛。叶革质，倒卵形或倒卵状长圆形，长4—8厘米，宽2—3厘米，先端钝或圆形，具凸尖头，基部多少楔形，边缘略反卷，上面无毛，中脉凹陷，侧脉8—10对，微凹，下面密被锈黄色至棕色厚绵毛；叶柄长0.5—1厘米，被绵毛。花序伞形，有花5—8；花梗长1—2厘米，被灰色丛卷绒毛；花萼肉质，深红色，长3—10毫米，大小不等，5深裂，外面无毛，边缘具睫毛；花冠筒状钟形，长3.5—4.5厘米，肉质，深红色，里面基部具黑红色密腺囊，裂片5，长约1.2厘米，宽约2厘米，先端凹入；雄

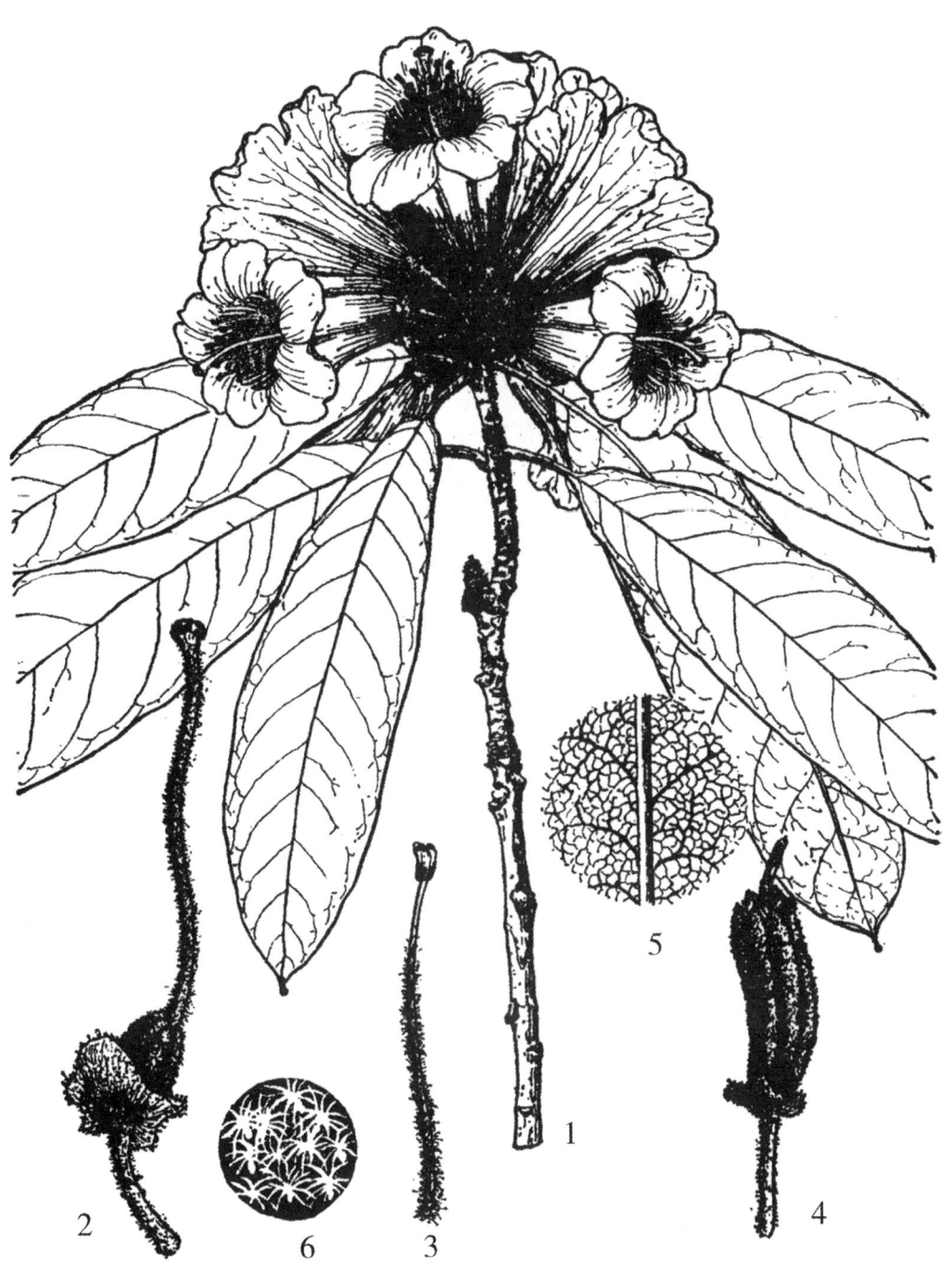

图444 绵毛房杜鹃 *Rhododendron facetum* Balf. f. et Ward
1.花枝 2.雌蕊 3.雄蕊 4.蒴果 5.叶下面 6.叶下面星状毛

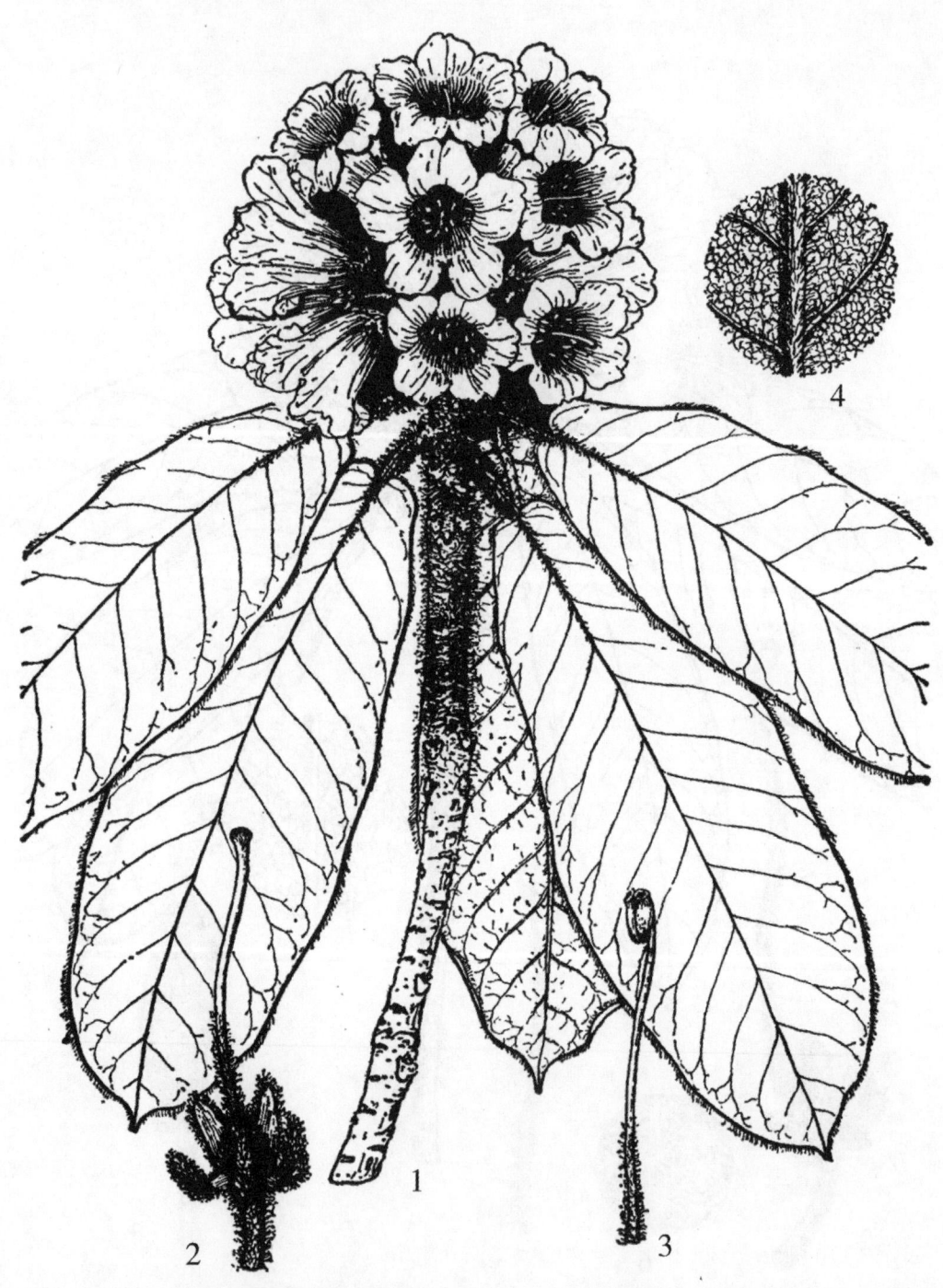

图445 粘毛杜鹃 *Rhododendron glischrum* Balf. f. et W. W. Smith
1.花枝 2.雌蕊 3.雄蕊 4.叶下面毛被

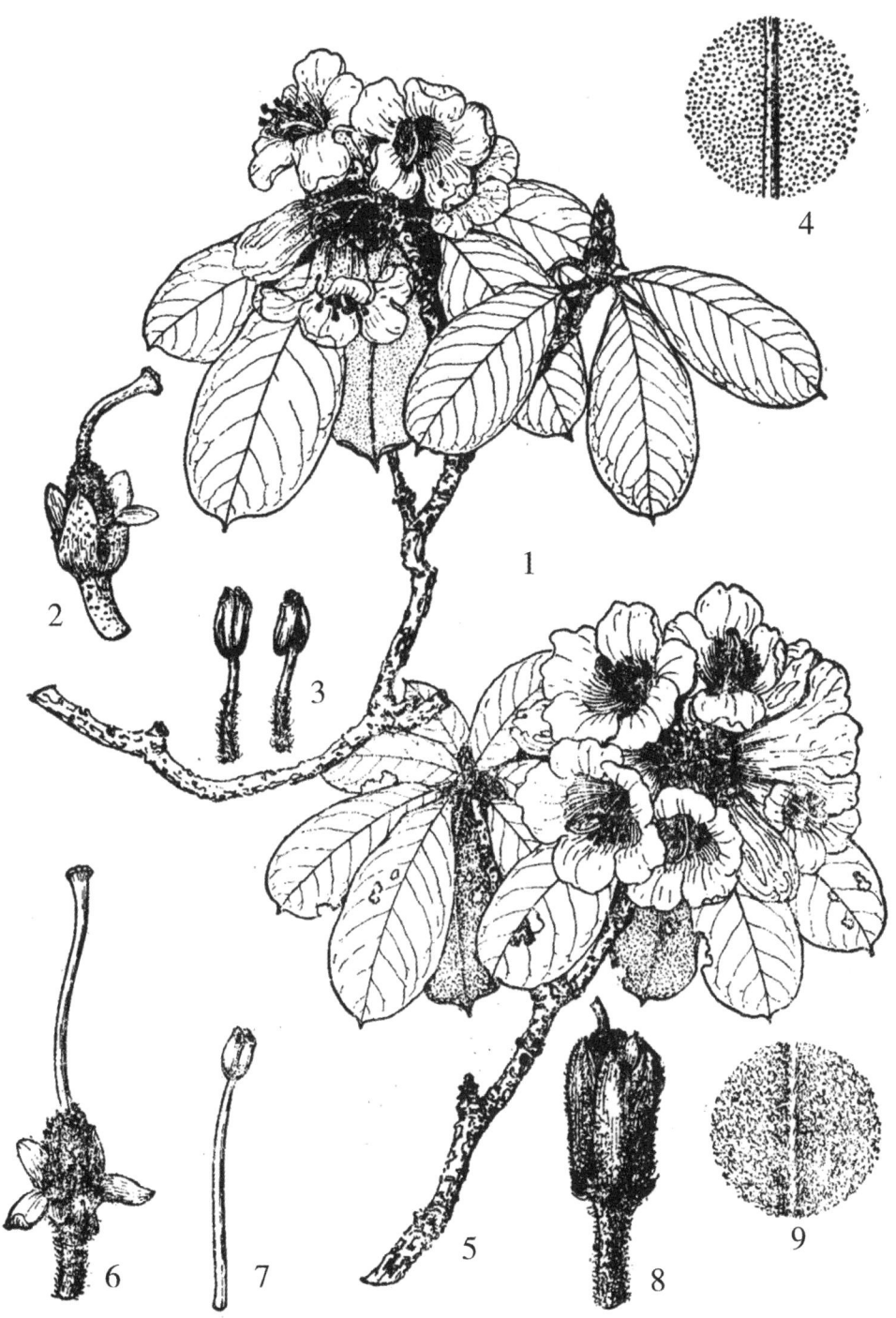

图446 硫黄杜鹃和似血杜鹃

1—4.硫黄杜鹃 *Rhododendron sulfureum* Franch.

1.花枝 2.雌蕊 3.雄蕊 4.叶下面鳞片

5—9.似血杜鹃 *Rhododendron haematodes* Franch.

5.花枝 6.雌蕊 7.雄蕊 8.蒴果 9.叶下面毛被

蕊10，不等长，长1.5—2.7厘米，花丝通常无毛；雌蕊长约3厘米，子房被灰黄色至棕色细绒毛，花柱无毛。蒴果圆柱形，长约1.5厘米，密被绒毛。

产大理、漾濞，生于海拔3270—4050米的冷杉林下或高山杜鹃灌丛中。

38.硫黄杜鹃（中国高等植物图鉴）图446

Rhododendron sulfureum Franch.（1887）

灌木，高达2米。幼枝密被鳞片，有刚毛或无刚毛。叶革质，倒披针形至卵形，或长圆形至椭圆形，长2.6—8.6厘米，宽1.3—4.2厘米，先端圆或钝，具小短尖头，基部钝或渐狭，上面无鳞片或有时疏被鳞片，下面苍白色，密被鳞片，鳞片褐色，大小不等，多数较小，间距为直径的一半或等于直径；叶柄长0.4—1.2厘米，有鳞片，无刚毛或有刚毛。花序顶生伞形，有花4—8，花梗长0.8—2厘米，有鳞片，无刚毛；花萼深5裂，长3—6毫米，外而有鳞片，边缘具睫毛或无睫毛；花冠钟形，5裂，亮黄或深硫磺黄色，少有绿带橙色，长1.5—2厘米，筒部和裂片外面有鳞片，无毛或有时疏被毛；雄蕊10，不等长，稍短于花冠，花丝向基部或下半部密被柔毛；子房5室，密被鳞片，花柱短，粗壮而强度弯弓，基部有鳞片。蒴果长8—11毫米，有鳞片及宿存的花萼裂片。花期4—6月。

产大理、漾濞、贡山，生于海拔3000米处，岩石上或附生树上。西藏东南部有分布；缅甸东北部也有。

39.大喇叭杜鹃（中国高等植物图鉴）图447

Rhododendron excellens Hemsl. & Wilson（1910）

灌木，高约5米的小乔木。幼枝圆柱形，褐紫色，密被暗褐色鳞片。叶革质，长圆状椭圆形，长11—19厘米，宽3.5—8厘米，先端钝尖，基部圆，有时微凹入略呈耳状，幼时上面散生鳞片，后渐脱落，下面苍白色，密被褐色大小不同的鳞片，小鳞片间距等于直径，或为直径的2倍或小于直径，大鳞片散生其间，有时脱落，中脉在上面平坦，下面明显凸起；叶柄长1.5—3厘米，暗紫色，圆柱形无凹槽，密被鳞片；花萼圆状卵形，长0.8—1.2厘米，外面近基部被鳞片，其余部分无鳞片；花冠白色，宽漏斗状，长9—11厘米，外面被鳞片，在筒部更多，裂片圆形；雄蕊10，短于花冠筒，花丝下部被短柔毛，花药长8毫米；子房5室，密被鳞片，花柱略伸出花冠，下部1/2被鳞片，柱头扁球形。蒴果圆柱形，长4.5—5.5厘米，果瓣龙骨状突起，下部被以宿存萼片，宿萼长1.5—1.8厘米。花期5月。

产元江、蒙自、绿春、金平、屏边、马关、麻栗坡、西畴、文山、广南等地，生于海拔1100—2400米的常绿、落叶混交林或灌丛中。贵州有分布。

40.百合花杜鹃（中国高等植物图鉴）图448

Rhododendron liliiflorum Lévl.（1913）

灌木或小乔木，高达8米。幼枝被红棕色鳞片，无毛。叶革质，长圆形，长7—16厘米，宽2—5厘米，先端钝圆，基部楔形、钝形或圆形，上面暗绿色光滑，无鳞片，下面粉绿色，被大小不等的红褐色鳞片，间距约等于直径的1—3倍；叶柄长1.5—3厘米，上面隆起而无凹槽，被鳞片。花序顶生，伞形，有花2—3，花梗粗壮，长1.2—1.6厘米，密被鳞片；

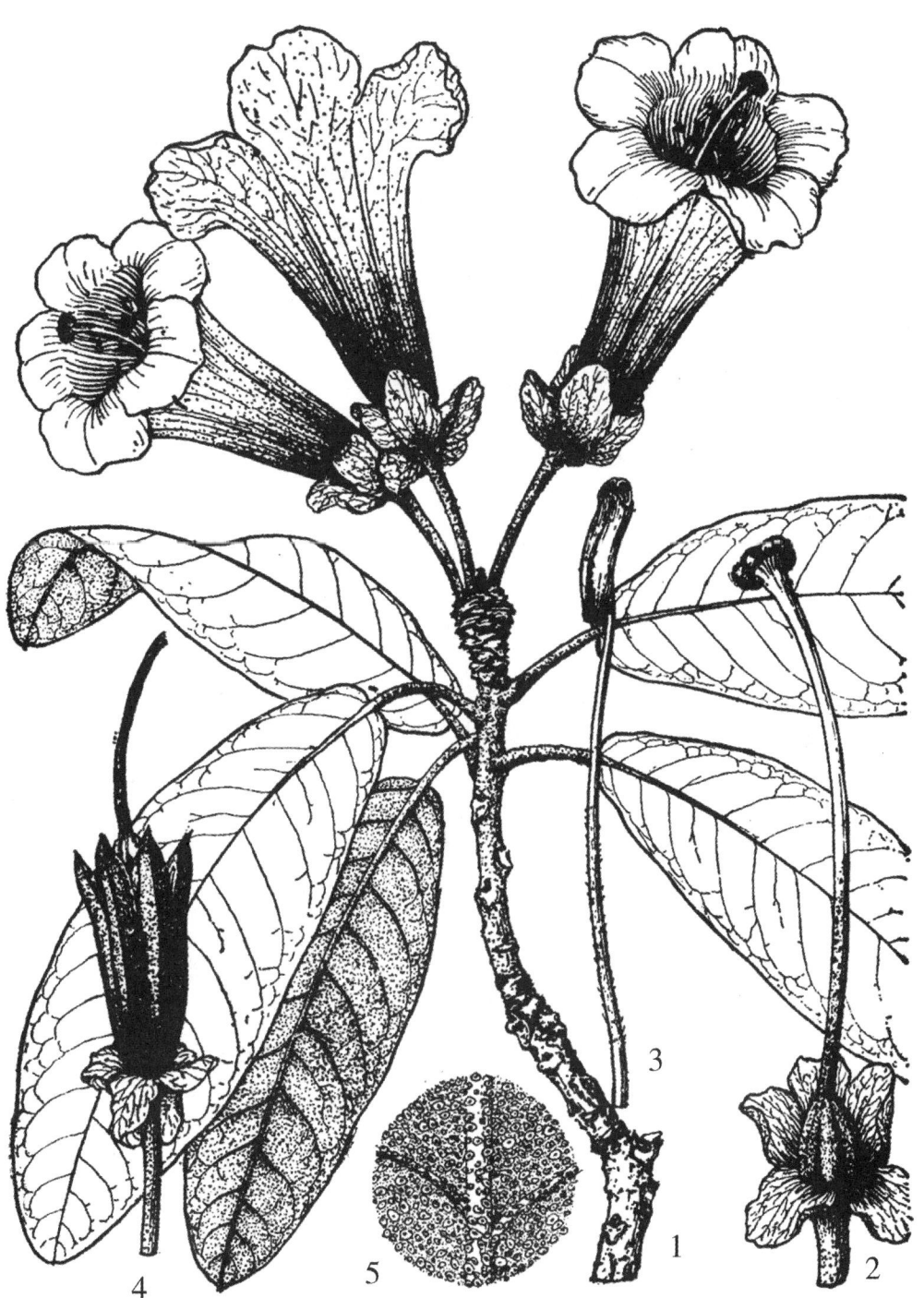

图447　大喇叭杜鹃 *Rhododendron excellens* Hemsl. & Wilson
1.花枝　2.雌蕊　3.雄蕊　4.蒴果　5.叶下面示鳞片

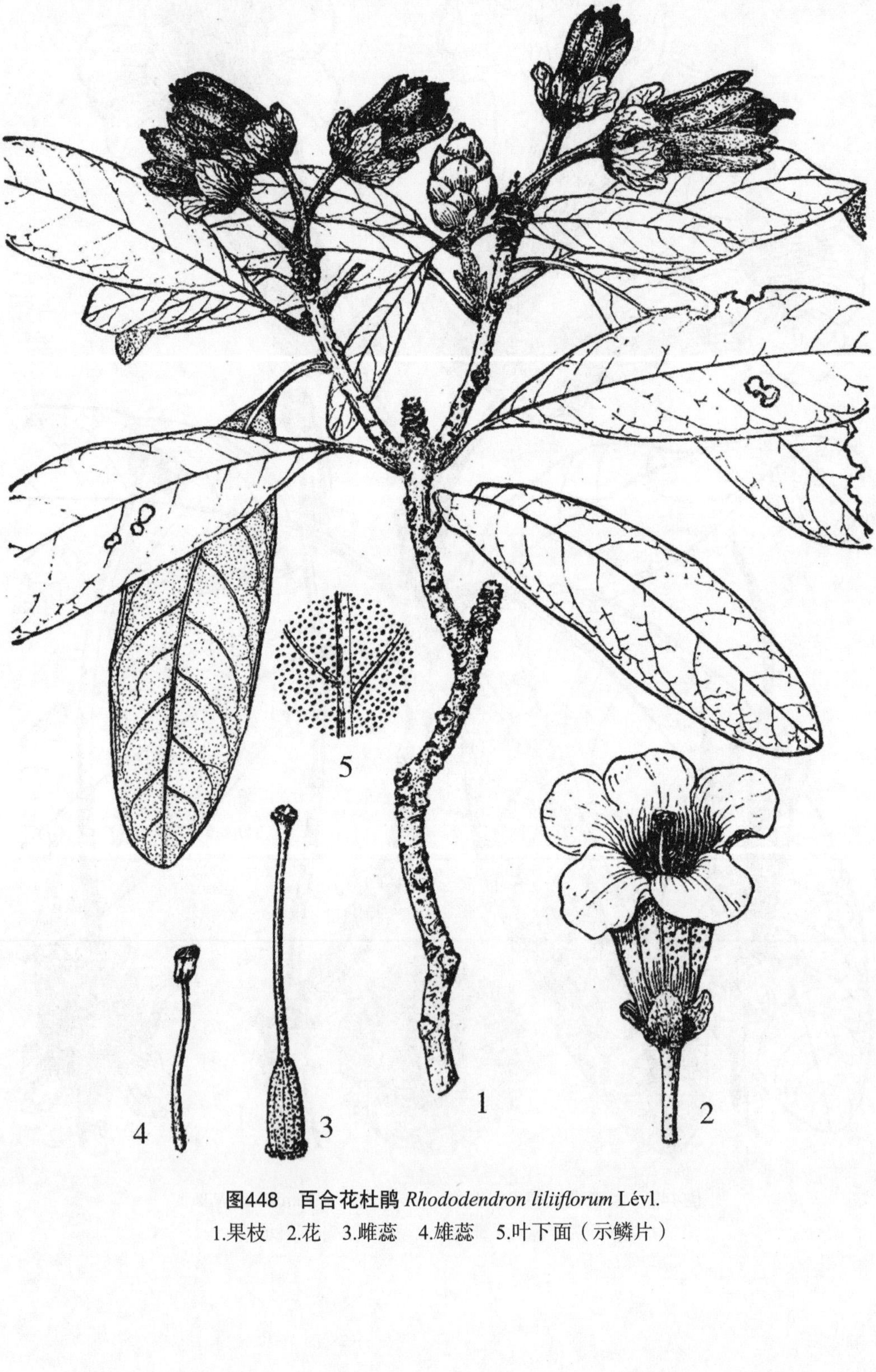

图448　百合花杜鹃 *Rhododendron liliiflorum* Lévl.

1.果枝　2.花　3.雌蕊　4.雄蕊　5.叶下面（示鳞片）

花萼5裂，几达基部，裂片长圆状卵形，长0.8—1厘米，外面或仅基部有鳞片；花冠白色，芳香，管状钟形，长8—9厘米，外面密被鳞片，5裂，裂片全缘；雄蕊10，长4.8—5.7厘米，较花冠短，花丝下部1/3密被毛，花药长6—7毫米；子房5室，密被鳞片，花柱略短于花冠，下半部被较密的鳞片。蒴果长2.6—4.5厘米，有宿存的花萼。

产麻栗坡，生于600—1400米的山坡疏林中。湖南、贵州、广西有分布。

41.大果杜鹃（中国高等植物图鉴）图449

Rhododendron sinonuttallii Balf. f. & Forrest（1920）

灌木，高达5米。枝条粗壮，密被鳞片。叶长椭圆形，长14—26厘米，宽4.5—12厘米，向先端和基部变狭，顶端锐尖，上面暗绿色，有网状皱纹，散生少数鳞片，常脱落，下面灰白色，密被褐色鳞片，大小不一，小的间距小于直径，大鳞片分散其间，具有宽的膜质边缘，中脉、侧脉和网脉在上面下陷，下面明显隆起；叶柄粗壮，长1.5—3厘米，上面无凹槽，密被鳞片。花序顶生，3—6花着生于膨大的、长1.5—2厘米的花序轴上，近似伞形花序；花芽鳞早落；花梗粗壮，长约2.5厘米，密被鳞片和短柔毛；花萼淡红色，深5裂，裂片长圆形，长2—2.8厘米，外面除边缘外，密被鳞片和短柔毛；花冠淡黄色，有香气，花冠筒里面下部黄色，宽钟状，长10.5—13.5厘米，外面密被鳞片，花冠裂片圆形，短于筒部；雄蕊10，与花冠筒部近等长，花丝下部约1/2密被白色短柔毛，花药长1.2厘米；子房5室，密被鳞片，花柱粗壮，长于雄蕊，下部密被鳞片，柱头扁球形，直径6—9毫米；蒴果大，圆柱状，长5—7厘米，径约2.4厘米，果瓣不明显的龙骨状突起，下部被宿存萼片；种子有宽翅。花期5—6月。

产贡山、福贡、维西，生于海拔1200—2800米的箐沟边杂木林、云南松林中或林中岩壁上。

42.大萼杜鹃（中国高等植物图鉴）图450

Rhododendron megacalyx Balf. f. & Ward（1916）

灌木或小乔木，高达5米。幼枝粗壮，褐紫色，圆柱形，密被小鳞片，老枝灰紫色，茎皮光滑易剥落。叶散生革质，倒卵状椭圆形或椭圆形，长7.5—17.5厘米，宽3—7.5厘米，先端圆形具短突尖，基部变狭，上面暗绿色，密被褐色鳞片或老时脱落，下面苍白色，密被鳞片，大小不一，下陷，间距等于直径或小于直径，大鳞片散生，中脉在上面下陷，下面明显隆起，侧脉13—16对，近于平行射出至叶边缘弧形网结；叶柄长1—3厘米，无鳞片；花萼钟状，长2—2.5厘米，外面无鳞片，5裂至中部，裂片宽卵形，上部圆形，无缘毛；花冠白色，芳香，宽漏斗状钟形，长8—11厘米，外面疏生鳞片，花冠筒部长6厘米，长于裂片，裂片半圆形；雄蕊10，稍短于花冠筒部，花丝纤细，不等长，下部1/4被短柔毛，花约长5毫米；子房5室，密被鳞片，花柱上部弯曲，稍长于花冠筒部，基部被有少数白色鳞片，柱头扁球形，微5裂。蒴果长圆状球形，长约2厘米，包于扩大的宿存萼片内。

产贡山、泸水，生于海拔2200—3300米的沟边杂木林中。西藏东南部有分布；缅甸东北部、印度东北部也有。

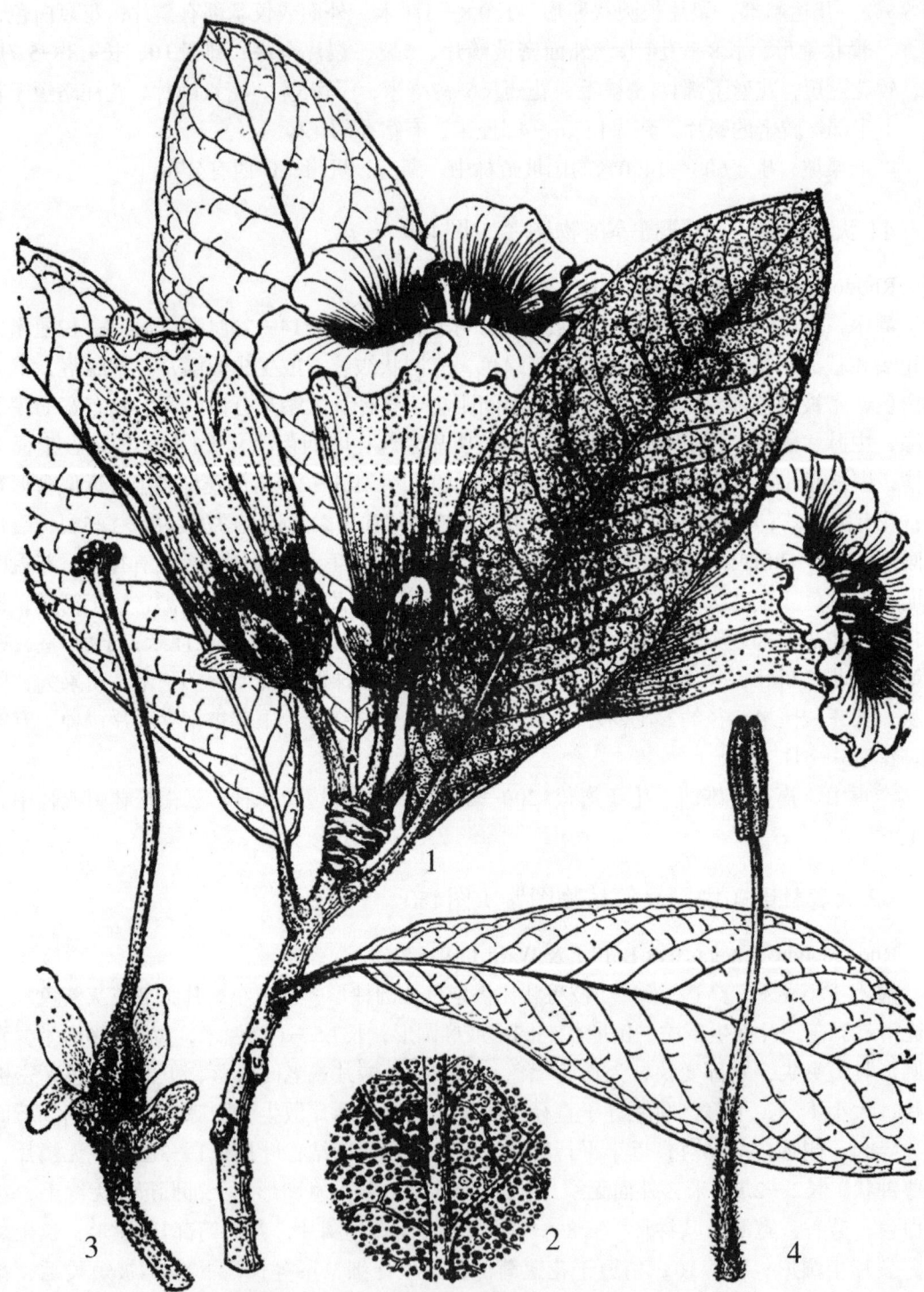

图449 大果杜鹃 *Rhododendron sinonuttallii* Balf. f. & Forrest
1.花枝 2.叶下面（放大示鳞片） 3.雌蕊 4.雄蕊

图450 大萼杜鹃 *Rhododendron megacalyx* Balf. f. & Ward
1.花枝 2.叶下面 3.雄蕊 4.雌蕊

43.红棕杜鹃　茶花叶杜鹃（中国高等植物图鉴）图451

Rhododendron rubiginosum Franch.（1887）

Rhododendron desquamatum Balf. f. et Forrest（1920）

灌木，或成小乔木，高达10米幼枝粗壮，褐色，有鳞片。叶通常向下倾斜，椭圆形、椭圆状披针形或长圆状卵形，长3.5—8厘米，宽1.3—3.5厘米，先端通常渐尖，有时锐尖，基部楔形、宽楔形以至钝圆，上面密被鳞片，以后渐疏，下面密被锈红色鳞片，鳞片通常腺体状或薄片状，大小不等，大鳞片色较深，褐红色或黑褐色，散生而常于中脉两侧较为密集，小鳞片覆瓦状排列或间距为其直径之半；叶柄长0.5—1.3厘米，密生鳞片。花序顶生，总状花序序轴缩短成伞形，有花5—7；花梗长1—2.5厘米，密生鳞片；花萼短小，边缘波状或浅5圆裂，密被鳞片；花冠宽漏斗状，淡紫色、紫红色、玫瑰红色、淡红色，少有白色带淡紫色晕，内有红色或紫红色斑点，长2.5—3.5厘米，外面被疏散的鳞片；雄蕊10，不等长，略伸出，花丝下部被短柔毛；子房5室，有密鳞片，花柱长于雄蕊，无鳞片，无毛。蒴果长圆形，长达1.8厘米。花期（3）4—6月；果期7—8月。

产大姚、宾川、大理、漾濞、丽江、永胜、维西、凤庆、巧家等地，生于海拔2500—3500（4200）米的云杉、冷杉、落叶松林林缘或林间间隙地，或黄栎、杉、针阔叶混交林中，在滇西北大面积生长，成为植物群落中的优势种。四川西南部有分布。

44.亮鳞杜鹃　短柱杜鹃（中国高等植物图鉴）图451

Rhododendron heliolepis Franch.（1887）

Rhododendron brevistylum Franch.（1898）

灌木，高达5米。幼枝短粗，密被鳞片。叶有浓烈的香气，通常向下倾斜着生，长圆状椭圆形、椭圆形或椭圆状披针形，长5—12.5厘米，宽1.7—4厘米，先端锐尖或渐尖，具短尖头，基部渐狭或有时钝圆，上面幼时密被鳞片，以后渐疏，叶下面淡褐色或淡黄绿色，鳞片近等大，薄片状，扁平或中心凹下，大而贴生，淡黄绿色或灰白色，鳞片间的距离变化大，间距等于直径或为直径的0.5—2倍，有时则连续分布；叶柄长0.5—1.5厘米，密生鳞片。花序顶生，总状，序轴缩短成伞形，有花5—7；花梗细长，长1—3厘米，密被鳞片；花萼短小，边缘浅波状，有时萼片长圆形，长约2毫米，外面密生鳞片；花冠钟状，粉红色、淡紫红色或偶为白色，内有紫红斑，长2.5—3.5厘米，外面疏被或密被鳞片；雄蕊10，不等长，通常不超出花冠，花丝下半部有密而长的粗毛；子房5室，偶见6室，有密鳞片，花柱短于雄蕊或与之近等长，偶有略长于雄蕊，下部有柔毛。蒴果长圆形，长1—1.3厘米。花期7—8月；果期8—11月。

产大理、漾濞、洱源、鹤庆、丽江、维西、香格里拉、德钦、贡山、泸水、腾冲、巧家等地，生于海拔3000—4000米的混交林、冷杉林缘、高山杜鹃灌丛中。西藏察隅地区有分布；缅甸东北也有。

图451　红棕杜鹃与亮鳞杜鹃

1—5.红棕杜鹃 *Rhododendron rubiginosum* Franch.

1.花枝　2.雌蕊　3.雄蕊　4.果　5.叶下面鳞片

6—10.亮鳞杜鹃 *Rhododendron heliotepis* Franch.

6.花枝　7.雌蕊　8.雄蕊　9.果　10.叶下面鳞片

45.泡泡叶杜鹃（中国高等植物图鉴）图452

Rhododendron edgeworthii Hook.f.（1851）

Rhododendron bullatum Franch.（1887）

灌木，高3米，少数高达6米。分枝极叉开，小枝密被黄褐色绵毛，散生的小鳞片为毛被所覆盖。叶革质，卵状椭圆形、长圆形或长圆状披针形，长4—12厘米，宽2—5厘米，先端锐尖或短渐尖，基部圆形，上面由于侧脉和网脉的强烈下陷而呈泡状隆起，幼时散生黄褐色小鳞片及少数卷曲柔毛，后变光滑，下面密被松软的黄褐色厚绵毛，鳞片为毛被覆盖、小、淡黄褐色，脉纹突起，或为毛被所遮蔽；叶柄长0.6—2厘米，密被绵毛。花序顶生有1—3花；花梗长1.2—1.8厘米，密被绵毛；花冠乳白色带粉红，芳香，短钟形，5裂，长4—6厘米，外面有鳞片；雄蕊10，不等长，不超出花冠；子房5—6室，密被绵毛，花柱伸长，与花冠近等长，基部被鳞片和黄褐色绵毛。蒴果长圆状卵形或近球形，长1—2厘米，密被绵毛，有宿存萼。

产宾川、景东、凤庆、大理、漾濞、洱源、鹤庆、丽江、维西、香格里拉、德钦、贡山、福贡、泸水、云龙、腾冲等地，生于海拔2400—3300米的针阔叶混交林内陡峭的岩石上或附生于铁杉、栎树等大树上。西藏东南部有分布；不丹、印度东北、缅甸东北部也有。

2.金叶子属 Craibiodendron W. W. Smith

灌木或小乔木。叶互生，具柄。花序圆锥状，顶生，规则排列，花梗短，具苞片和小苞片；花萼5浅裂，裂片覆瓦状排列，宿存；花冠短钟形，近革质，5齿裂，裂片直立；雄蕊10，内藏，花丝分离，近顶部下弯成屈膝状，基部宽扁；花药无芒，无附属物，顶孔开裂；子房球形，先端凹入，5室，每室有胚珠多数，花柱柱状，柱头平截；蒴果扁球形或卵形，顶端平，室背开裂；果瓣5，裂片通常与胎座分离，种子大，一侧有宽翅。

本属有7种，产亚洲东南部和南部。我国有5种，云南有4种。

分 种 检 索 表

1.叶先端渐尖；花序、萼片、花丝和子房无毛 ························1.金叶子 C. yunnanense
1.叶先端钝圆或微缺，花序、萼片，花丝和子房具毛 ··················2.假木荷 C. stellatum

1.金叶子（玉溪） 云南泡花树（中国高等植物图鉴）图453

Craibiodendron yunnanense W. W. Smith（1912）

灌木或小乔木，高达15米。幼枝细瘦，灰褐色，无毛。叶革质，椭圆状披针形，长4—8厘米，宽1.6—3厘米，先端渐尖，顶头钝，基部宽楔形，全缘，上面亮绿色，下面淡绿色并疏生黑褐色腺点，中脉在上面下陷，下面隆起，侧脉及网脉在两面可见；叶柄长2—6毫米，无毛。花序总状圆锥形，多花，序轴长达10厘米，无毛，花淡黄白色，花梗粗壮，长约2毫米，基部具一苞片，中部具一小苞片，小苞片长1.5—2毫米，无毛；花萼5深裂，长

图452 泡泡叶杜鹃 *Rhododendron edgeworthii* Hook. f.
1.花枝 2.叶下面 3.花 4.子房 5.雄蕊 6.蒴果

1—2毫米，无毛，裂片宽卵形；花冠钟形，长约4.5毫米，宽约2.5毫米，口部紧缩，浅裂，裂片5，直立，三角形，无毛；雄蕊10，长为花冠之半，花丝无毛，中部内弯，花药无附属物；子房上位，5室，花柱长1毫米，无毛。蒴果卵形，不为扁球形，长8—9毫米，宽6毫米，具5棱；种子小，一侧有翅，长5—6毫米，宽2—3毫米。花期4—7月；果期8—10月。

产昆明、玉溪、元江、新平、景东、大理、洱源、鹤庆、贡山、文山、砚山等地，生于海拔（1200）1600—3200米的干燥向阳灌木丛或疏林中。广西有分布。

叶入药，有毒，能舒筋活络、解表止痛，治风湿瘫痪、肌肉痛、关节痛、神经性皮炎；根入药治跌打损伤；树皮可提栲胶。

2.假木荷　泡花树（中国高等植物图鉴）图453

Craibiodendron stellatum（Pierre）W. W. Smith（1914）

Schima stellatum Pierre（1884）

小乔木，高达8米；幼枝无毛。叶厚革质，椭圆形，长6—10厘米，宽3.5—5厘米，先端钝圆或微缺，基部楔形或近圆形，全缘，稍反卷，两面无毛，下面疏生黑色微小腺体，中脉在上面下陷，在下面隆起，侧脉14—18对，平行，在上面明显，下面隆起；叶柄粗短，长约5毫米。花序圆锥状，顶生，序轴长15（20）厘米，被灰色微毛；花白色，有香气；花萼5深裂，裂片基部略合生，宽卵形，有毛；花冠钟形，长4—5毫米，有毛，5浅裂，裂片直立；雄蕊10，长几等于花冠，花丝有疏毛，中部内弯，花药不具附属物；子房具毛。蒴果扁球形，宽达12毫米，室背开裂，果瓣呈放射状展开。花期7—10月；果期10月至翌年4月。

产新平、元江、峨山、普洱、西双版纳、屏边、蒙自、富宁、砚山等地，生于海拔420—2000米的向阳山坡。广东、广西、贵州有分布；越南、柬埔寨、泰国、缅甸北部也有。

3.米饭花属 Lyonia Nutt.

常绿或落叶灌木，少为小乔木。冬芽阔椭圆形，有2至数鳞片。叶互生，具短柄，全缘或有锯齿，有时有鳞片。花序多为腋生，总状或集合成顶生圆锥状；花萼5裂，很少4—8裂，裂片分离；花冠壶状或圆柱状钟形，裂片短，雄蕊10，很少8—16，花丝近顶部有一对附属物或无，花药钝形，无附属物，顶孔开裂。蒴果近球形或宽椭圆形，纵裂，裂缝明显加厚；种子细小，锯屑状。

本属约30种，产亚洲东部至喜马拉雅、美洲北部至中美洲诸岛。我国有9种，产东部至西南部。云南有6种，6变种。

分 种 检 索 表

1.叶下面无毛或几无毛，先端急尖或短渐尖；花冠管状钟形 ············· 1.米饭花 L. ovalifolia

1.叶下面被黄棕色短柔毛，先端圆形；花冠椭圆形 ··············· 2.圆叶米饭花 L. doyonensis

图453 金叶子和假木荷

1—5.金叶子 *Craibiodendron yunnanense* W. W. Smith

1.花枝 2.雌蕊 3.雄蕊 4.蒴果 5.种子

6—8.假木荷 *Craibiodendron stellatum*（Pierre）W. W. Smith

6.果枝 7.雌蕊 8.雄蕊

1.米饭花（云南植物志） 南烛（中国高等植物图鉴） 珍珠花（植物名实图考）图454

Lyonia ovalifolia（Wall.）Drude（1897）

Andromeda ovalifolia Wall.（1820）

落叶灌木或小乔木，高达8米。枝无毛。叶坚纸质，椭圆形或卵形，长5—12厘米，宽2.7—8厘米，急尖或短渐尖，基部常为圆形，少为心形，全缘，边缘略反卷，上面绿色，有光泽，无毛，下面脉上多少有柔毛，或无毛，主脉在下面隆起，侧脉6—8对；叶柄粗壮，长4—10毫米，无毛。花序总状腋生，长4—10厘米，具微柔毛，下面常有数片小叶，每花序上有花15—25；花梗长3—4毫米，下弯，疏被柔毛；花萼5裂，披针状三角形，长2—3毫米，疏被柔毛：花冠椭圆形，长7—10毫米，白色，有香气，外面被微柔毛，5浅裂，裂片三角状卵形，微反折；雄蕊10，花丝纤细，长约8毫米，弯曲，具白色柔毛，顶端有2距，花药顶孔开裂；子房球形，直径约2毫米，花柱长约9毫米，伸出花冠，无毛。蒴果球形，直径4—5毫米，室背开裂，缝线加厚。花期6—7月；果期8月。

产全省各地，生于向阳山坡疏林中。台湾、广西、贵州、四川、西藏等地有分布；尼泊尔、印度、不丹以及中南半岛也有。

全株含马醉木毒素，牲畜食后易中毒；树皮含单宁。

2.圆叶米饭花 圆叶南烛（中国高等植物图鉴）图454

Lyonia doyonensis Hand.-Mazz.（1936）

落叶灌木至小乔木，高达5米。树皮灰白色。幼枝无毛，灰褐色；芽粗大，椭圆形，芽鳞革质，深棕色，无毛。叶坚纸质，椭圆形或圆形，长6—12厘米，宽5—11厘米，先端圆形，具一短尖头，基部圆形，或为浅心形，全缘，上面无毛，下面具黄棕色短柔毛，中脉在上面下陷，在下面橙黄色，极隆起，侧脉7—10对，横隔脉弯弓形，多而密，连同网脉在下面橙红色，明显凸起。花序总状单生，长9—15厘米，序轴粗壮，基部有2—3片小叶；花梗带红色，长3—4毫米，具白色疏柔毛；花萼红色，长约2厘米，三角形，具白色疏柔毛花冠白色，管状钟形，长10—13毫米，具白色柔毛；雄蕊10，花丝顶端有2个小钻形附属物，花丝被毛，基部较多；子房无毛，花柱与花冠等长。蒴果球形，直径约4毫米，无毛。花期7月；果期8—10月。

产贡山、福贡、维西、泸水、景东等地，生于海拔2100—3100米的灌木林中。

4.吊钟花属 Enkianthus Lour.

落叶灌木或小乔木，枝轮生；冬芽圆形。叶互生，全缘或具锯齿，常聚生于小枝顶部。花序顶生，下垂，伞形或伞形总状，或为单花，花梗细长，花时常下弯，果时直立或上弯，基部具苞片；花萼5裂，裂片宿存；花冠钟状或壶状，5短裂；雄蕊10，分离，通常内藏，花丝短，基部渐粗扁，常具毛，花药卵形，顶端通常呈"羊角"状叉开，每室顶端具1芒，有时基部具附属物，顶孔开裂；子房5室，每室有胚珠数枚。蒴果椭圆形，5棱，室

图454 米饭花和圆叶米饭花

1—4.米饭花 *Lyonia ovalifolia*（Wall.）Drude

1.花枝　2.花　3.雌蕊　4.雄蕊

5—6.圆叶米饭花 *Lyonia doyonensis* Hand.-Mazz.

5.果枝　6.果

背开裂为5果瓣，果梗上弯或直立；种子少数，长椭圆形，常有翅或有角。

本属约有13种，分布于喜马拉雅至日本。我国有9种；云南有6种。

分 种 检 索 表

1.花梗、叶柄及叶无毛或近无毛，即使有毛也绝非平伏粗柔毛；药室顶端的芒与花药不等长
·· **1.吊钟花 E. chinensis**

1.花梗、叶柄及叶下面常被毛；叶下面脉上及脉腋密被平伏粗柔毛；药室顶端的芒与花药等
长 ·· **2.毛叶吊钟花 E.deflexus**

1.吊钟花　灯笼树（四川峨眉图志）、灯笼花（中国高等植物图鉴）图455

Enkianthus chinensis Franch.（1895）

落叶灌木至小乔木，高达6米，有时达10米。幼枝灰绿色，老枝深灰色，无毛。芽柱状，长8—10毫米，芽鳞宽披针形，长约5毫米，宽1.5毫米，微红色，先端有小凸尖头，边缘具缘毛。叶常聚生枝顶，纸质，长圆形至长圆状椭圆形，长3—4（5）厘米，宽2—2.5厘米，先端钝尖，有短凸尖头，基部钝圆或楔形，边缘具钝锯齿，两面无毛，主脉在上面下陷，侧脉和网脉在下面明显；叶柄长0.8—1（15）毫米，具槽，无毛。花多数，下垂，花序总状伞形；花梗纤细，长2.5—4厘米，无毛；花萼三角形，长2.5毫米，具缘毛；花冠宽钟状，长宽各1厘米，肉红色，5浅裂，边缘微红色；雄蕊10，着生于花冠基部；花丝长4.5毫米，中部以下膨大，被微柔毛；花药2裂，长1.5毫米，芒长1毫米；子房球形，具5纵裂，被极疏白色短毛，花柱长5.5毫米，被稀疏微毛。蒴果卵状圆形，径6—7毫米，室背开裂为5果瓣，果瓣长6毫米，宽3.2毫米，果瓣中间微具纵槽；种子长6毫米，微亮，具翅。花期5月；果期6—10月。

产丽江、维西、德钦、景东，生于海拔900—3600米的杂木林及灌丛中。长江以南各省均有分布。

2.毛叶吊钟花（方文培）图455

Enkianthus deflexus（Griff.）Schneid.（1911）

Rhodora deflexa Griff.（1882）

落叶灌木至小乔木，高达8米。幼枝及鳞芽红色，老枝暗红色，幼时有短柔毛。叶纸质，椭圆形、倒卵形或长圆状披针形，长3.5—7厘米，宽2—3厘米，先端渐尖或钝，有凸尖头，基部钝圆或楔形，边缘有细锯齿，上面无毛，下面疏被黄色柔毛，在主脉和侧脉较密，且具平伏粗柔毛，主脉在上面微隆起，红色，同侧脉在两面明显；叶柄长2—2.5厘米，红色，具短绒毛。花序总状伞形，多数，序轴细长，可达7厘米，同小花梗密被锈色绒毛；花萼5，披针状三角形，长2.5毫米，有缘毛；花冠宽钟状，长7—8（15）毫米，宽达1.2厘米，带黄红色，具有较深色的脉纹，5裂；雄蕊10，着生于花瓣基部，花丝扁平，长2毫米，中部以下膨大；花药长2毫米，芒与花药等长；花柱长2.5毫米，无毛；子房球形，长2.5毫米。蒴果卵圆形，长约7毫米，室背开裂；果梗向上弯；种子小，长约2.5毫米，三棱

图455　吊钟花和毛叶吊钟花

1—3.吊钟花 *Enkianthus chinensis* Franch.

1.花棱　2.雌蕊　3.雄蕊

4—6.毛叶吊钟花 *Enkianthus deflexus*（Griff.）Schneid.

4.果枝　5.前果　6.叶下面毛被

形或扁平，表面蜂窝状，具2—3翅。花期4—5月；果期6—10月。

产昭通、巧家、永善、景东、大理、丽江、维西、香格里拉、德钦、贡山、腾冲等地，生于海拔1400—3700米的灌丛或疏林中。分布于湖北、四川、西藏；印度、不丹、尼泊尔也有。

5. 马醉木属 Pieris D. Don

常绿灌木或小乔木。冬芽有鳞片。叶互生，很少对生，无柄，有锯齿或钝齿，很少全缘。花序圆锥状，顶生，很少退化为小总状。花萼分离；花冠壶状，有5个短裂片；雄蕊10，内藏，花药背面有一对下弯的反折芒。蒴果近球形，室裂为5果瓣，花柱及花萼宿存；种子小，多数，纺锤形。

本属约10种，分布于北美、东亚及喜马拉雅地区。我国有6种；云南有1种，1变种。

美丽马醉木（中国高等植物图鉴） 兴山马醉木（中国树木分类学）图456

Pieris formosa（Wall.）D. Don（1834）

Andromeda formosa Wall.（1820）

灌木或小乔木，高达6米。幼枝圆柱形，老枝灰绿色，有时有纵纹，无毛；芽褐色，芽鳞卵形，小，无毛。叶革质，常聚生枝顶，披针形、椭圆状披针形或椭圆状长圆形，长5—12厘米，宽1.5—3（4）厘米，先端渐尖，基部渐狭或稍圆，边缘具锯齿，两面无毛，主脉明显，在两面均隆起，侧脉和网脉在上面明显，下面显著；叶柄粗壮，长6—8毫米，无毛，上面具槽，黑红色。花序圆锥状，顶生，疏松或紧密排列，序轴长12—15厘米，少有达20厘米，幼时有微毛；花梗粗壮，长2毫米，无毛，苞片线状三角形，长1.8毫米，背面有微柔毛，边缘有缘毛，2小苞片常着生于小花梗中部两侧；花下垂，花萼深裂，革质，长卵形或卵状披针形，长1.8毫米，先端渐尖，花冠白色或淡红色，壶形，长6—7毫米，短而钝的5浅裂；雄蕊10，内藏，长3.5毫米，花丝长3毫米，向基部渐宽，被白色柔毛；花药顶孔开裂，背部有2下弯的芒；子房球形，径约1.5毫米，无毛，基部具蜜腺10，长约0.7毫米，5室，每室有数个胚珠，花柱长5.5毫米，比花冠短，无毛。蒴果近球形，径约5.5毫米，无毛，具5棱，花柱及花萼宿存；种子细小，纺锤形，长2—2.5毫米，常有5棱，褐色，悬垂于中轴上。

除滇南部分地区外，其他各地均有分布，生于海拔（800）1500—2800米的向阳干燥山坡或疏林灌木丛中。广东、广西、四川、贵州有分布；不丹也有。

6. 白珠树属 Gaultheria Kalm ex Linn.

常绿灌木，茎直立或卧地，少为小乔木。叶互生，具短柄，边缘有锯齿；花序总状、聚伞状或圆锥状，或为单生，多为腋生，少有顶生；花萼5深裂；花冠钟形或坛形，5裂；雄蕊10，花丝粗短，下部增粗；花药卵形，钝尖，或每室顶端具2—4芒，顶孔开裂；果为

图456　美丽马醉木 *Pieris formosa*（Wall.）D. Don
1.花枝　2.果枝　3.花　4.花瓣　5.雌蕊　6.雄蕊　7.蒴果　8.种子

浆果状蒴果，5瓣裂，包藏于肉质的花萼内。

本属有100—200种，分布于太平洋周围，西至喜马拉雅西部和印度北部；2种在北美东部；8种以上在巴西。我国24种，主要分布于云南、四川、西藏，以及长江以南各省区。云南19种，7变种。

分 种 检 索 表

1.叶下面密被锈色腺点，先端锐尖 ·· 1.地檀香 G. forrestii

1.叶下面被褐色斑点，先端尾状长渐尖 ······························ 2.尾叶白珠 G. griffithiana

1.地檀香（中国高等植物图鉴） 老雅果（龙陵）、岩子果（丽江）图457

Gaultheria forrestii Diels（1912）

灌木或小乔木，高达6米；树皮灰黑色，有香味，枝粗糙。叶革质，芳香，长圆形、狭卵形或披针状椭圆形，长4—7.5（11）厘米，宽2—4厘米，先端锐尖，基部楔形，两面无毛，上面亮绿色，下面色淡，微苍白或干后成淡肉桂色，密被锈色腺点，边缘具疏锯齿，主脉在上面微下陷，侧脉约5对，弧形上举，在下面隆起；叶柄粗短，长2—3（5）毫米，上面具槽，褐色，无毛，花序总状，腋生，多而密，细长，长2—3（5）厘米，序轴密被细柔毛；花梗粗而极短，长可达2.5毫米，被白色细柔毛，小苞片2，对生，位于花萼下1.5毫米处，宽三角形，长2.5毫米，最宽处2.5毫米，背有脊，无毛，腹面被白色绒毛，有缘毛；花白色，长4.5毫米；花萼5，三角状卵形，长2.8毫米，先端具硬尖头，外面无毛，内面被白色柔毛，边缘具缘毛：花冠坛形，长4.5毫米，两面无毛，5浅裂，裂片开展；雄蕊10，花丝长1.5毫米，下部宽扁，被白色微毛，花药每室顶端具2芒，芒长0.5毫米，无毛；子房球形，直径约1毫米，被白色微毛；花柱长2毫米，无毛，柱头略大。浆果状蒴果球形，径约4.5毫米，成熟时深暗蓝色。花期4—7月；果期8—11月。

产大理、兰坪、维西、香格里拉、福贡、元江、广南、马关等地，生于海拔（600）1500—3000（3640）米的阳坡灌丛或林中。四川有分布。

枝叶提取芳香油供制食品、医药用品；根入药，祛风除湿，治风湿瘫痪、风湿冻疮。

2.尾叶白珠（中国高等植物图鉴）图457

Gaultheria griffithiana Wight（1847）

灌木或小乔木，高达6米。树皮灰黑带紫色。枝条细长，常左右曲折，无毛，常有纵纹，淡褐色。叶厚革质，长圆形或椭圆形，少为卵状长圆形，长8—15厘米，宽3.5—4.5厘米，先端尾状长渐尖，尾尖长1（1.5）厘米，基部钝圆或楔形，边缘具细密锯齿，无毛，下面被褐色密斑点或疏斑点，中脉在上面凹入，下面隆起，侧脉5—8对，同网脉在两面明显；叶柄粗短，长5—6毫米。花序总状，腋生，长5—7（9）厘米，疏生多花，序轴被短柔毛；花梗长5毫米，少数达8毫米，被柔毛；苞片卵形，径约1.5毫米，急尖，具缘毛；小苞片2，对生或近对生，着生于花梗中部以下，卵形，长1毫米，具微缘毛；花萼5，卵状三角形，长2毫米，疏被微缘毛；花冠白色，卵状坛形，先端收缩，具5裂片，外面无毛；雄蕊10，花丝长约1毫米，下部宽，被毛，花药每室具2芒；子房密被白色绒毛，柱头不规则4

图457 地檀香和尾叶白珠

1—4.地檀香 *Gaultheria forrestii* Diels

1.花枝 2.花 3.雌蕊 4.雄蕊

5—6.尾叶白珠 *Gaultheria griffithiana* Wight

5.果枝 6.果

裂。浆果状蒴果球形，径约7毫米，黑色或紫黑色。花期5月开始；果期10月。

产景东、凤庆、漾濞、丽江、维西、香格里拉、贡山、泸水等地，生于海拔（1300）2400—3600米的杂木林中。西藏、四川有分布；不丹、缅甸、印度也有。

216.越橘科 VACCINIACEAE

常绿或落叶，灌木，稀乔木，少为附生灌木或葡萄半灌木，叶互生，有时聚生枝顶，有锯齿或全缘，无托叶。花两性，单生或组成总状花序，顶生或腋生；花梗有苞片或无；花萼4—5裂，脱落或宿存；花冠合生，裂片4—5，覆瓦状排列；雄蕊通常为花冠裂片的2倍，内藏不抱花柱或外露抱花柱；花药2室，顶孔开裂，背部有距状或芒状附属物或无；子房下位，少为半下位，2—10室，胚珠多数，生于中轴胎座上；果为浆果或浆果状核果，顶端常冠以宿存的萼齿；种子不具翅。

本科约22属，400种，广布于亚洲、欧洲、北美，主产温带，我国有6属，约80多种，南北均有分布，大部分属种产西南部的云南、西藏、四川等省（区）。云南有4属，约60多种，多数分布于西部和南部。本志记载1属，6种。

越橘属 Vaccinium Linn.

常绿或落叶，灌木、小乔木。叶革质，少为纸质，花两性；花梗下无苞片或有较大的苞片；花萼4—5裂；花冠坛状、筒状、钟状，雄蕊内藏，8—10，花丝通常粗短，少为细长，被毛或无；花药2室，顶端成长筒状或无；顶孔开裂，背部有距状、芒状附属物或无；子房下位，4—5室，每室有胚珠数颗，生于中轴胎座上。果为浆果，通常球形，顶端常冠以宿存萼齿；种子不具翅。

本属300种，分布于北温带，我国约有60多种，南北均有分布，大部分种产西南部的云南、西藏、四川等省（区）。云南约有40多种，多数分布于西部和南部。

分 种 检 索 表

1.花冠钟状，口部张开；花药管直立。
　　2.叶边缘不具半透明软骨质，基部不下延于柄；两侧无翅。
　　　3.叶上面脉不下凹或稍下凹，不呈泡泡状，长可达14厘米。
　　　　4.花序细长，长达15厘米；叶基部圆形至近心形，柄极短 ··· 1.长穗越橘 V. dunnianum
　　　　4.花序粗短，长达10厘米；叶基部楔形，有明显的柄 ······ 2.樟叶越橘 V. dunalianum
　　　3.叶上面脉强度下凹，呈泡泡状，长可达20厘米 ·············· 3.泡泡叶越橘 V. bullatum
　　2.叶边缘具半透明软骨质，基部下延于柄，两侧有狭翅 ·····4.软骨边越橘 V. gaultheriifolium
1.花冠坛状或筒状，口部狭缩；花药管左右弯曲。
　　5.叶两面中脉或侧脉有毛；花药背面有2距 ························ 5.黄背越橘 V. iteophyllum
　　5.叶两面中脉通常无毛；花药背面有2芒 ···················· 6.米饭越橘 V. mandarinorum

1.长穗越橘（中国高等植物图鉴）图458

Vaccinium dunnianum Sleumer（1941）

常绿灌木或小乔木，高可达5米，小枝灰褐色，左右弯曲，全株无毛。叶厚革质，长圆状卵形，长10—20厘米，宽2.5—5厘米，先端逐渐变狭长渐尖，基部圆形或近心形，全缘，叶上面脉下凹，下面隆起。花序总状腋生，多而疏细长，可达15厘米或超过叶长；花偏向一侧，花梗长7—14毫米，基部有小苞片，顶端有关节；花萼紫色，5裂，狭三角形；花冠白色，近钟形，长约5毫米，裂片三角形，微反卷；雄蕊不伸出花冠，花丝有毛，花药管状顶部背面有2距；子房下位。浆果球形，直径约5毫米，紫红色。

产蒙自、屏边、红河，生于海拔1300—1720米的热带灌丛中。广西有分布。

2.樟叶越橘　图458

Vaccinium dunalianum Wight（1847）

常绿灌木，高可达3米，枝条有棱，幼枝灰褐色，全株无毛。叶革质，椭圆状披针形，长6.5—11.5厘米，中部宽2—4厘米，先端急渐尖近尾状条形，基部楔形，全缘，边缘反折，中脉和侧脉两面凸起；叶柄长5—10毫米。花序总状，腋生，单一，长4—10厘米，序轴和花无毛；花梗长5—10毫米，粗状，开展；花萼裂片5，三角形，锐尖，花冠宽坛状，长8毫米，乳白色带粉红；雄蕊花丝无毛，花药背面有距；子房下位。浆果球形，直径5—6毫米，黑色微带白粉。

产蒙自、屏边、元江、云龙、腾冲、贡山等地，生于海拔1500—3100米的灌丛或疏林中。西藏有分布。

3.泡泡叶越橘（中国高等植物图鉴）图460

Vaccinium bullatum（Dop）Sleumer（1941）

常绿灌木，高达4米。枝条粗状，灰色，有钝棱，皮孔棕色，椭圆形较明显；全株无毛或近无毛。叶革质，较大，长圆形至椭圆状长圆形，长14—20厘米，中部宽6—10厘米，先端急渐尖，基部近圆形，边缘有极狭的密横纹，全缘，叶上面呈泡泡状突起，脉强度下陷，下面强度隆起，具有离基三出脉，粗状；叶柄长5—10毫米。花序总状，腋生，长2—4厘米，少花，基部有苞片，宽卵形，长约10毫米，钝尖，花梗中部以上有对生小苞片，长约10毫米，倒披针形；花梗粗状，长约10毫米，顶端有关节；花萼长5毫米，5裂片，狭三角形，长2—3毫米，渐尖；花冠红色，长约6毫米，口部深裂。浆果球形，直径5—7毫米，紫红色。

产文山、西畴、广南、勐海，生于1100—1500米的热带疏林或灌丛中。广西有分布；越南也有。

4.软骨边越橘（中国高等植物图鉴）图459

Vaccinium gaultheriifolium（Griff.）Hook. f. ex C. B. Clarke（1882）
Thibaudia gaultheriifolia Griff.（1848）

常绿灌木，高达4米，枝条褐色，稍扁，有棱形成纵沟，有皮孔微凸，全株近于无毛。

图458　长穗越橘和樟叶越橘

1—2.长穗越橘 *Vaccinium dunnianum* Sleumer

1.果枝　2.果

3—4.樟叶越橘 *Vaccinium dunalianum* Wight

3.果枝　4.果

叶薄革质，椭圆形，长9—14厘米，中部宽4—5厘米，先端渐尖，基部近圆形，有翅下延于叶柄，边缘有软骨质半透明淡黄色边，全缘，有时先端有少数细疏锯齿；上面灰白色，中脉和侧脉隆起，下面中脉隆起比侧脉明显；叶柄粗壮，长6—10毫米；花序总状，腋生、短于叶；苞片早落；花梗长5—10毫米，顶端有关节；花萼5裂，三角状卵形；花冠淡红色，卵状坛形，里面有毛；雄蕊花丝和药隔有毛，花药背面有距；子房下位，花柱有毛。浆果深蓝色，有白粉。

产贡山，生于海拔1600—2500米的疏林中。西藏有分布；不丹、印度东北部、缅甸北部也有。

5.黄背越橘（中国高等植物图鉴）图459

Vaccinium iteophyllum Hance（1862）

常绿灌木至小乔木，高达7米，小枝有锈色短柔毛，老枝灰褐色无毛。叶革质，椭圆状披针形，长5—8厘米，宽2—3厘米，先端渐尖，基部宽楔形，边缘有疏锯齿或近全缘，上面中脉基部疏生锈色短毛，下面中脉和侧脉疏生锈色毛，干后黄棕色；叶柄长3—5毫米，下面有较密短柔毛。花序总状，腋生，长4—8厘米，序轴、花梗和花萼有短柔毛；花梗长3—5毫米；苞片和小苞片披针形，早落；花萼长2—3毫米，裂片三角形；花冠白色或带粉红，筒状，长7—8毫米，外面无毛，口部浅5裂；雄蕊花丝有毛，花药背面下部有2距，顶部伸长成2长管；子房下位，有毛，花柱无毛。浆果球形，直径4—7毫米，紫红色，稍有毛。

产普洱、西畴、文山，生于海拔700—1800米的热带灌丛或杂木林中。分布于长江以南各省（区），西至四川、西藏。

6.米饭越橘（拟称）　米饭花（中国高等植物图鉴）图460

Vaccinium mandarinorum Diels（1900）

Vaccinium sprengelii（D. Don）Sltumer（1941）

常绿灌木至小乔木，高达6米，小枝通常无毛。叶厚革质，卵状椭圆形、卵状披针形，长5—9.5厘米，宽2—3.5厘米，中部最宽，先端短渐尖至渐尖，基部宽楔形或稍圆形，边缘有细锯齿，下面干后呈淡黄棕色，通常无毛，有时中脉被疏柔毛；叶柄长3—5毫米。花序总状，腋生，长3—8厘米，通常数枚集生于枝条顶部，无毛或有微毛；苞片披针形，早落；花梗长3—10毫米；花萼钟状，5浅裂，宽三角形，无毛；花冠水红色至白色，筒状，下垂，长约9毫米，无毛；雄蕊花丝有柔毛，花药背面有2芒；子房下位。浆果球形，无毛，直径4—5毫米，深紫色。

产大理、宾川、丽江，生于海拔1900—2500米的灌丛或疏林中。分布于长江流域各省，东至台湾，西至西藏；不丹、尼泊尔、印度也有。

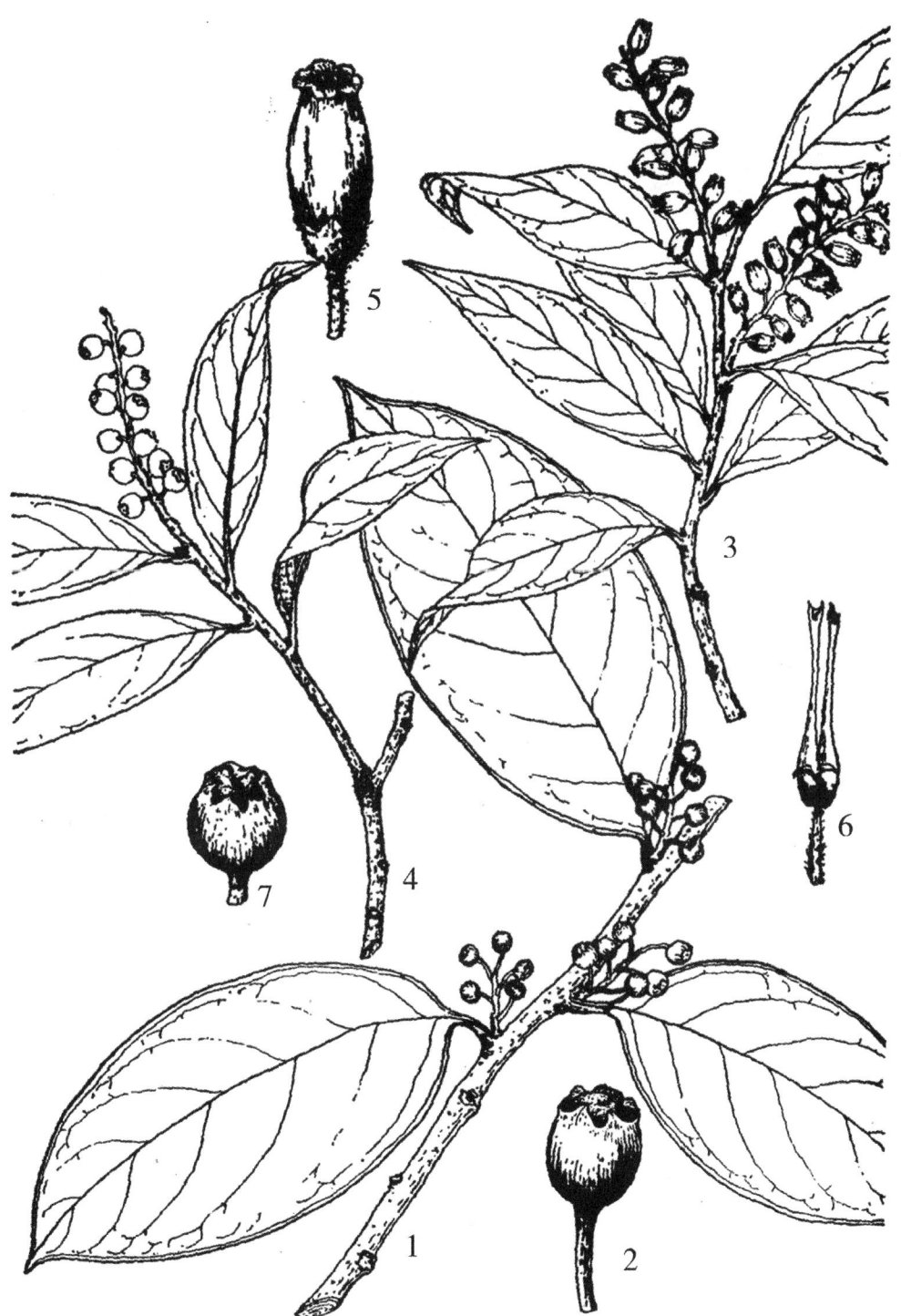

图459 软骨边越橘和黄背越橘

1—2.软骨边越橘 *Vaccinium gaultheriifolium*（Griff.）Hook. f. ex C. B. Clarke

1.果枝 2.果

3—7.黄背越橘 *Vaccinium iteophyllum* Hance

3.花枝 4.果枝 5.花 6.雄蕊 7.果

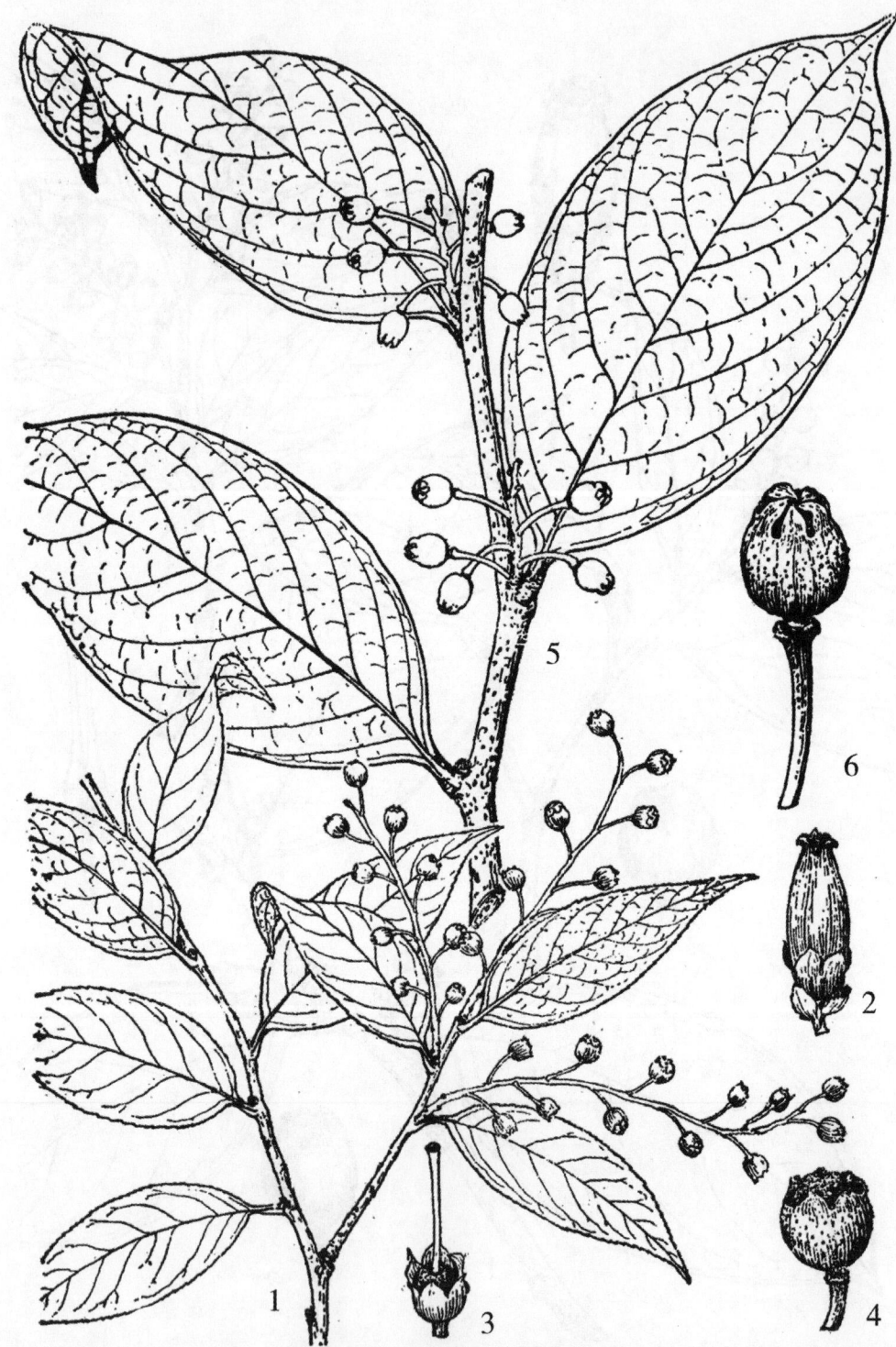

图460　米饭越橘和泡泡叶越橘

1—4.米饭越橘 *Vaccinium mandarinorum* Diels

1.果枝　2.花　3.雌蕊　4.果

5—6.泡泡叶越橘 *Vaccinium bullatum*（Dop）Sleumer

5.果枝　6.果

223.紫金牛科 MYRSINACEAE

灌木、乔木或攀援灌木，稀藤本或亚草本。单叶互生，稀对生或近轮生，通常具腺点或脉状腺条纹，稀无，全缘或具各式齿，齿间有时具边缘腺点，无托叶。总状花序、伞房花序、聚伞花序、伞形花序或上述花序组成的圆锥花序，花簇生、顶生、侧生或腋生花枝顶端，或生于具覆瓦状排列的苞片的小短枝顶端；具苞片，有的具小苞片；花通常为两性或杂性，稀单性，有时雌雄异株或杂性异株，辐射对称，覆瓦状或镊合状排列，或螺旋状排列，4或5数，稀6数；花萼基部连合或近分离，与子房合生，通常具腺点，宿存；花冠通常仅基部连合或成管，稀近分离，裂片各式，通常具腺点或脉状腺条纹；雄蕊与花冠裂片同数，对生，着生于花冠上，分离或基部连合，花丝长、短或几无；花药2室，纵裂，或者室内具横隔（蜡烛果属Aegiceras，云南省不产），在雌花中常退化；雌蕊1，子房上位，稀半下位或下位（杜茎山属Maesa），1室，中轴胎座或特立中央胎座（有时为基底胎座）；胚珠多层或1轮，通常埋藏于多分枝的胎座中；倒生或半弯生，常仅1枚发育，稀多数发育（杜茎山属）；花柱1，长或短；柱头点尖或分裂，流苏状、腊肠形或扁平。浆果，核果状，外果皮肉质或微肉质，或坚脆，内果皮坚脆，有种子1至多数；种子具丰富的肉质或角质胚乳；胚圆柱形，通常横生。

本科32—35属，1000余种，主要分布于南北半球热带和亚热带地区（非洲南部及新西兰也有）。我国有6属，主要分布于长江以南各省；我省有5属，82种。本志收载5属67种，1变种，1变型。

分 属 检 索 表

1.子房半下位或下位；花萼基部或花梗上具1对小苞片；叶通常具明显或不甚明显的脉状腺条纹，稀为圆形腺点；种子多数，有棱角 ┄┄┄┄┄┄┄┄ 1.杜茎山属 Maesa
1.子房上位；花萼基部或花梗上无小苞片；叶有或无腺点，腺点为圆形，稀为脉条状；种子1，球形。
  2.伞房、伞形、聚伞花序，或由上述花序组成圆锥花序，腋生、侧生或着生于侧生特殊花枝顶端；花冠螺旋状排列，花两性 ┄┄┄┄┄┄┄ 2.紫金牛属 Ardisia
  2.总状、伞形花序或花簇生、顶生、腋生或着生于具覆瓦状排列的小苞片的小短枝顶端；花冠镊合状排列或覆瓦状排列，花杂性。
   3.总状花序，通常为攀援灌木，稀攀援藤本 ┄┄┄┄┄┄ 3.酸藤子属 Embelia
   3.伞形花序或花簇生，着生于具覆瓦状排列的苞片的小短枝顶端，灌木或小乔木。
    4.花通常簇生，基部具1轮苞片，花柱柱头流苏状或扁平，稀点尖，叶缘常具齿 ┄
    ┄┄┄┄┄┄┄┄┄┄┄┄┄┄┄┄ 4.铁仔属 Myrsine
    4.花通常为伞形花序或簇生，着生于具覆瓦状排列的小短枝顶端，花柱柱头伸长，腊肠形、圆柱形或中部以上扁平呈舌状；叶全缘 ┄┄┄┄┄ 5.密花树属 Rapanea

1. 杜茎山属 Maesa Forssk.

灌木、大灌木，稀小乔木，通常多分枝。叶全缘或具各式齿或锯齿，无毛或被毛，常具脉状腺条纹或腺点。总状花序或圆锥花序，腋生、稀近顶生或侧生（我国不产），苞片小，通常卵形或披针形；小苞片2，常紧贴于花萼基部，或着生于花梗上；花5数，两性或杂性，通常长2—4毫米；花萼漏斗状，萼管与子房合生，包子房下半部或更多；萼片镶合状排列，常具脉状腺条纹或腺点，宿存；花冠钟形或管状钟形，花冠管为全长的1/2—4/5，通常具脉状腺条纹；裂片较花冠管短或等长；雄蕊着生于花冠管上，与裂片对生，内藏；花丝分离，通常与花药等长或略短；花药卵形至肾形，2室，纵裂；雌蕊具半下位或下位子房；花柱圆柱形，通常不超过雄蕊；柱头点尖或微裂，或3—5浅裂；胚珠多数，着生于球形中央特立胎座上。肉质浆果或干果，球形或卵形，通常具坚脆的果皮（干果），顶端具宿存花柱或花柱基部，宿存萼包果的一半以上，通常具脉状腺条纹或纵行肋纹；种子小，多数，有棱角，镶于空心的胎座内。

本属约200余种，主要分布于东半球热带地区，少数分布于大洋洲和太平洋诸岛，非洲约4种。我国28种，分布于长江以南各省，云南19种，主要分布于滇中以南，以滇东南较多。

分 种 检 索 表

1.叶通常全缘，或具极不明显的波状齿。

　2.叶膜质或略厚；果梗长（3）4—6毫米，与果序轴几垂直 ……………………………
………………………………………………… 1.米珍果 M. acuminatissima

　2.叶坚纸质或近革质；果梗长2—3毫米，与果序轴成锐角 ……… 2.称秆树 M. ramentacea

1.叶边缘具各式齿，明显。

　3.花冠裂片与花冠管等长或略长。

　　4.叶上面无毛；小枝无毛或被微柔毛。

　　　5.嫩枝、花序被微柔毛或疏柔毛。

　　　　6.叶广椭圆形或近圆形；花萼无腺点 ………………… 3.圆叶杜茎山 M. subrotunda

　　　　6.叶椭圆状卵形至披针形等，非圆形或广椭圆形。

　　　　　7.叶椭圆状或长圆状披针形，或卵形，宽3—7（9）厘米 …………………………
……………………………………………………… 4.金珠柳 M. montana

　　　　　7.叶椭圆状卵形至披针形，宽通常为1—2.3厘米 …… 5.小叶杜茎山 M. parvifolia

　　　5.嫩枝、花序通常无毛。

　　　　8.叶宽5厘米以上。

　　　　　9.叶广椭圆状卵形至广椭圆形，先端急尖至渐尖，叶上面无皱纹，平滑。

　　　　　　10.花序多分枝，上、下部均有；叶膜质或近坚纸质。

　　　　　　　11.叶椭圆状卵形或椭圆形。

　　　　　　　　12.叶椭圆状卵形；花萼与果均明显具密的脉状腺条纹 ……………………
………………………………………… 6.纹果杜茎山 M. striata var. opaca

　　　12.叶椭圆形；花萼及果的脉状腺条纹不甚明显 ……………………
　　……………………………… 7.隐纹杜茎山 M. manipurensis
　　11.叶广椭圆状卵形或广椭圆形 ……………8.腺叶杜茎山 M. membranacea
　　10.花序通常少分枝，若分枝通常仅在基部；叶坚纸质或近革质 …………
　　…………………………………………………… 9.包疮叶 M. indica
　　9.叶广倒卵形，先端平截或微凹，叶上面粗糙，有皱纹 ……………………
　　……………………………………………… 10.皱叶杜茎山 M. rugosa
8.叶宽4厘米以下。
　　13.叶椭圆形，先端短渐尖；果序腋生，果直径约2.5毫米 …………………
　　……………………………………… 7.隐纹杜茎山 M. manipurensis
　　13.叶长圆形或椭圆状倒披针形，先端短急尖；果序生于无叶茎上叶腋，果直径
　　3—4毫米，略肉质 …………………………… 11.灰叶杜茎山 M. chisia
4.叶上面脉上及下面被毛；小枝密被长硬毛或短柔毛。
　　14.叶两面被长硬毛，广椭圆状卵形至椭圆形，先端急尖或突然渐尖 …………
　　………………………………………………… 12.鲫鱼胆 M. pcrlarius
　　14.叶两面仅脉上密被糙伏毛，其余极疏或几无，长圆状卵形或长圆状披针形，先端
　　通常渐尖或尾状渐尖，稀急尖；分布于滇西北 …… 13.毛脉杜茎山 M. marionae
3.花冠裂片较花冠管短或仅有花冠管的1/3。
15.叶宽通常7厘米以下，长为宽的2倍以上。
16.小枝无毛；叶两面无毛。
　　17.花序为总状或圆锥状，单1或2—3腋生，长1—4厘米；叶宽2—5厘米，非广倒卵
　　形，下面脉上无泡状突起；灌木。
　　18.叶革质；果直径4—5毫米，有时达6毫米，肉质 ……… 14.杜茎山 M. japonica
　　18.叶膜质或坚纸质；果直径约4毫米，坚脆，非肉质 …………………………
　　…………………………………………… 15.细梗杜茎山 M. macilenta
　　17.花序为球状总状花序，长约1.5厘米，腋生；叶宽7—14厘米，广倒卵形，下面
　　脉上具小泡状突起；小乔木或乔木 …… 16.网脉杜茎山 M. reticulata
16.小枝被毛；叶下面通常被毛（仅薄叶杜茎山 M.macilentoides无毛）。
19.果无毛；小枝被柔毛或细微柔毛。
　　20.小枝被柔毛，叶上面脉上被柔毛，其余几无毛，下面被微柔毛及柔毛 ……
　　……………………………………… 17.银叶杜茎山 M. argentea
　　20.小枝被细微柔毛，叶两面无毛 …… 18.薄叶杜茎山 M. macilentoides
19.果被长硬毛；小枝被长硬毛。
　　21.叶广椭圆形至椭圆状或长圆状广倒卵形，长（12）20—31厘米，宽（6）12—
　　20厘米，叶上面无小突起，下面密被柔毛或硬毛；茎髓部空 ………………
　　…………………………………………… 19.毛杜茎山 M. permollis
　　21.叶椭圆状卵形至倒卵形，长12—19厘米，宽5—7厘米，叶上面无毛，具密小
　　突起，下面被长硬毛；茎髓部实心 …………20.坚髓杜茎山 M. ambigua

1.米珍果（河口）图461

Maesa acuminatissima Merr.（1923）

灌木，高达4米。小枝纤细，无毛。叶膜质或略厚，披针形或广披针形，长9—17厘米，宽2—5厘米，先端渐尖或尾状渐尖，常镰状，基部钝或近圆形，全缘或具极浅的波状齿，两面无毛，无腺点，侧脉4—6对，弯曲上升，不连成边缘脉；叶柄长约1厘米。圆锥花序，多分枝，顶生和腋生，长5—8厘米，下部的分枝长达4厘米；苞片钻形，长不到1毫米；花梗纤细，长4—5毫米；小苞片披针形，紧贴花萼或略远；萼片卵形，长约0.5毫米，先端急尖或钝，无腺点；花冠白色，钟状，裂片与花冠管等长，卵形，边缘具不整齐的细波状齿，无腺点；雄蕊在雌花中退化；雌蕊具短花柱；柱头微裂。果球形或近卵形，直径约3毫米，绿白色，无腺点，无毛；宿存萼几全部包果，或顶端微露；果梗长（3）4—6毫米，与轴几垂直，明显地长于果的直径。花期2—4月；果期4—5月或11月。

产河口，生于海拔120—620米的路旁灌木丛中湿润处。广东、海南、广西有分布；越南也有。

2. 称杆树（屏边）　冷饭果（屏边）图461

Maesa ramentacea（Roxb.）A. DC.（1844）

Baeobotrys ramentacea Roxb.（1824）

大灌木，稀小乔木，高达5米。分枝多且长，外倾或攀援状，小枝红褐色，具条纹，皮孔小而显著，无毛。叶坚纸质或近革质，卵形、卵状披针形或椭圆状披针形，长8—16厘米，宽2.5—5.5厘米，先端长渐尖、近尾状渐尖或急尖，基部广钝、圆形或急尖（Walker的描述有心形），全缘或极浅的波状齿，两面无毛，下面中脉明显，侧脉5—8对，弯曲上升，不互相联结成边缘脉；细脉不明显；叶柄长约1厘米。总状圆锥花序腋生或近顶生，长4—10厘米，仅1次分枝，无毛；苞片卵形，小；花梗长1—1.5毫米，无毛；小苞片广卵形或三角状卵形，具疏缘毛，紧贴萼基部；花长约1.5毫米，萼片卵形或广卵形，先端钝或圆形，具缘毛，无毛和无腺点；花冠白色，短钟状，长约1.5毫米，裂片与花冠管等长或略长，肾形或半圆形，无毛，无腺点（Walker描述具细褐色线纹），先端圆形，具微波状齿；雄蕊在雌花中退化或几消失，在雄花中着生于花冠管上部，内藏；花丝细，花药近半圆形或肾形，无腺点；雌蕊不超出花冠，具短而粗的花柱；柱头微4裂。果球形，直径2—2.5毫米，黄白色，具纵行肋纹；宿存萼片几全包顶部；果梗长2—3毫米。花期通常为1—3月，也有4、5月或12月；果期通常为8—10月，也有12月或4、5月。

产西双版纳及滇东南等地，生于海拔400—1600米的疏林下、林缘、路旁、沟边阳坡的灌木丛中。广西有分布。不丹、印度东北部经中南半岛、马来半岛、印度尼西亚（苏门答腊、爪哇、加里曼丹）至菲律宾也有。

3. 圆叶杜茎山（云南植物志）　得意旦（河口）

Maesa subrotunda C. Y. Wu et C. Chen（1977）*

产景洪、金平及河口等地，生于海拔240—550米的河岸灌丛中。

图461 米珍果和称杆树

1—2.米珍果 *Maesa acuminatissima* Merr.

1.果枝 2.果

3—7.称杆树 *M. ramentacea*（Roxb.）A. DC.

3.果枝 4.花 5.花去花冠 6.花冠展开 7.果

本种与越南北方至我国广西南部和广东、海南分布的中越杜茎山（*M.balansae* Mez）极近，但该种叶一般较大且长，齿疏而浅，有时近全缘；叶柄偏长；花序远较大，萼齿为卵形，先端钝或圆形可以区别。

4.金珠柳（四川） 观音茶、"阿我吐都西"（彝族语）图463

Maesa montana A. DC.（1844）

灌木或小乔木，高达5米，稀10米。小枝纤细，圆柱形，通常被疏长硬毛或柔毛，有时几无毛老时转暗红褐，疏生皮孔。叶儿膜质至坚纸质，椭圆状或长圆状披针形或卵形，稀广卵形，长7—14（23）厘米，宽3—7（9）厘米，先端急尖或渐尖，基部楔形或钝，边缘具粗锯齿或疏波状齿，齿尖具腺点，叶上面无毛，下面几无毛或有时被疏硬毛，尤以脉上常见，侧脉8—12对，尾端直达齿尖，细脉极不明显，通常无腺条纹；叶柄长1—1.5厘米。总状花序或圆锥花序，常于基部分枝，腋生，长2—7（10）厘米，被疏硬毛，尤以苞片较多；苞片披针形，长约1毫米；花梗长1—2（3）毫米；小苞片披针形或卵形，着生于萼基部；花长约2毫米，萼片卵形或长圆状卵形，先端钝，全缘，有时具疏缘毛，通常无腺点，无毛；花冠钟形，白色，长约2毫米，具褐色脉状腺条纹，裂片与花冠管等长或略长，卵形，先端钝或圆形，全缘或微波状齿；雄蕊在雄花中着生于花冠管中部，内藏；花丝极细，与花药等长；花药圆形或肾形；雌蕊不超过雄蕊；花柱细；柱头微裂或半裂。果球形或近椭圆形，直径约3毫米，幼时褐红色，成熟时白色，多少具脉状腺条纹；宿存萼片包果达中部略上，即果长的2/3。花期2—4月；果期10—12月。

产彝良、会泽、永胜、贡山、福贡、景东、滇西南、西双版纳、蒙自、建水至滇东南等地，昆明可露地栽培，多见于海拔500—2800米的杂木林下或疏林下。台湾至西南各省均有分布；印度东北部、缅甸、老挝、泰国、越南也有。

四川用叶代茶，又用于制蓝色染料。

5.小叶杜茎山（海南植物志）

Maesa parvifolia A. DC.（1910）

产滇东南，生于海拔1000—1650米的林下或开阔的山坡灌丛中，多生于湿润的地方。广东、广西有分布；越南北部也有。

海南民间用叶制成一种美味的茶，称小种茶。

6.纹果杜茎山（云南植物志）图462

Maesa striata Mez var. opaca Pitard（1930）

灌木，高达5米。小枝直而纤细，有时外倾，无毛，具棱角和极细条纹，淡黄褐色。叶膜质至坚纸质，椭圆状卵形，常中部以下较宽，长8—14.5厘米，宽3.3—6厘米，先端长渐尖，微弯，基部短急尖、圆形或钝，稀近截形，边缘具浅或深波状齿，齿尖近腺状，边反卷，两面无毛，下面中、侧脉微隆起，侧脉7—10对，尾端直达齿尖，细脉不明显，具极多似叶脉的脉状腺条纹；叶柄长1—2厘米。圆锤花序，腋生和顶生，多分枝，开展，疏花，长约6厘米；苞片披针形，长约0.5毫米；花梗长约1.5毫米，无毛；小苞片卵形，全缘，具

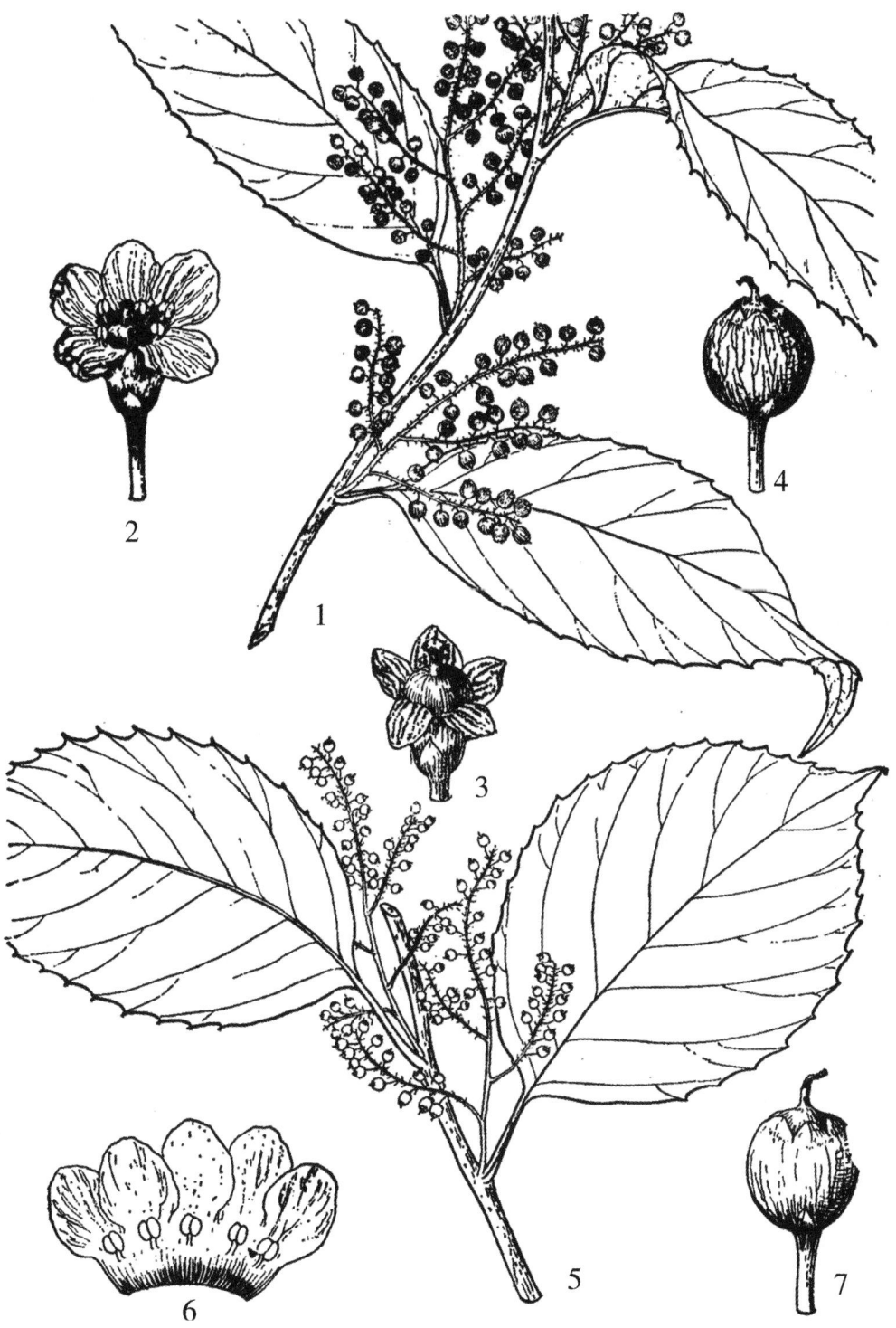

图462 纹果杜茎山和腺叶杜茎山

1—4.纹果杜茎山 *Maesa striata* Mez var. *opeca* Pitard

1.果枝 2.花 3.花去花冠 4.果

5—7.腺叶杜茎山 *M. membranacea* A. DC.

5.果枝 6.花冠展开 7.果

脉状腺条纹，紧贴萼基部；花长约2毫米，萼片卵形，与萼管等长，无毛，具黑色脉状腺条纹；花冠白色，钟状，裂片与花冠管等长或略长，广卵形或近肾形，先端圆形，边缘微波状，具极细小齿，具黑色脉状腺条纹；雄蕊达裂片中部，着生于花冠管中部；花丝与花药等长；花药广卵形或肾形，均无毛；雌蕊较雄蕊短，具脉状腺条纹；花柱圆柱形，短，柱头略扁，微裂。果球形，直径约3毫米，黄白色，密生黑色脉状腺条纹；宿存萼包果近顶端，具宿存花柱。花期2—3月；果期8—11月。

产屏边、西畴、麻栗坡及广南，生于海拔1300—1800米的密林中及山坡和湿润的地方。越南中部有分布。

7.隐纹杜茎山（云南植物志）

Maesa manipurensis Mez（1902）

产龙陵、芒市，生于海拔1550—1980米的沟谷、山坡疏林下或开阔的疏林下。印度有分布。

8.腺叶杜茎山（海南植物志）图462

Maesa membranacea A. DC.（1841）

大灌木，高达5米。分枝多，外倾，无毛，具角棱，老时变圆柱形。叶膜质或近坚纸质，广椭圆状卵形或广椭圆形，长10—17（24）厘米，宽5—11.5厘米，先端突然渐尖或急尖，基部广楔形或近钝，稀圆形，边缘具疏浅波状小齿，齿尖具腺点，边缘反卷，两面无毛，下面中脉隆起，侧脉6—9（10）对，弯曲上升，尾端直达齿尖，脉间具脉状腺条纹；细脉不明显；叶柄长2—3（4）厘米，无毛。总状圆锥花序，腋生和顶生，长（2）7厘米，分枝多，无毛；苞片披针形或三角状卵形，长约1毫米；花梗长约2毫米，无毛；小苞片卵形，紧贴花萼基部；花长约2毫米，萼片广卵形，先端钝或圆形，全缘或具不整齐的细波状齿，具细而疏的缘毛或无，多少具脉状腺条纹；花冠钟状，裂片与花冠管几等长，广卵形，先端圆，具细波状齿边缘和脉状腺条纹；雄蕊内藏（可能是在雄性花中），小，着生于花冠管下部；花丝较花药短，雌蕊在雌花中具略厚花柱；柱头裂片不明显。果球形，成熟时白色，直径约3毫米，多少具细脉状腺条纹；宿存萼包果的上部或近顶端。花期12月至翌年1月；果期11—12月。

产勐腊、元江、金平、麻栗坡等地，海拔（340）720—1500米的密林下、坡地或沟边湿润的地方。广西、广东、海南有分布；越南、柬埔寨也有。

9.包疮叶　大白饭果（河口）、小姑娘茶（普洱）、"甲满"（傣族语）图463

Maesa indica（Roxb.）A. DC.（1834）

Baeoborys indica Roxb.（1824）

大灌木，高达5米。分枝多，略粗状，无毛，幼时具深槽，以后呈圆柱形，具纵条纹，密被突出的皮孔，老时不甚显著。叶坚纸质至近革质，卵形至广卵形或长圆状卵形，长8—17（21）厘米，宽5—9（11）厘米，先端急尖，突然渐尖或渐尖，基部楔形或近圆形，边缘具波状齿、疏细齿或粗齿，两面无毛，下面中脉隆起，侧脉约12对；细脉不甚明显，与侧脉几成直角，相互平行，具明显的黑色脉状腺条纹；叶柄长1—2.5（4）厘米。总状花序或圆锥花序，通常仅基部具2—3分枝，腋生和近顶生，长3—5厘米，几无毛或无毛；苞片三角状卵形或近披针形，无毛；花梗长1—2毫米，无毛；小苞片广卵形，紧贴花萼基部；花长约2毫米，萼片广卵形，较萼管略长或近等长，具疏缘毛，无腺点，无毛；花冠钟形，白色或淡黄绿色，长约2毫米，具不明显的脉状腺条纹；裂片与花冠管等长或略长，广卵形，先端圆形，边缘微波状；雄蕊在雄花中着生于花冠管中部，内藏，花丝较花药略长或近等长；花药圆形，无腺点；雌蕊不超过雄蕊；花柱短且厚；柱头微裂。果卵形或近球形，直径约3毫米，白色微带红色，具纵行肋纹；宿存萼片包果顶部。花期4—5月；果期9—11月或4—7月。

产富宁、河口、屏边、西双版纳、普洱、临沧、耿马等地，生于海拔500—2000米的林下、山坡或沟底阴湿处，有时也出现于山坡阳处。广州有栽培；印度，越南也有。

全株入药，性凉，味苦，有清热解毒之功，用于治急性黄疸型肝炎（配伍）；叶捣碎敷疮。在印度将叶用于毒鱼。

本种与金珠柳（*M.montana* A. DC.）极相似，但幼枝具深沟槽，密被皮孔，小枝无毛；叶下面密被明显的黑色脉状腺条纹；花序几无毛，萼片略具缘毛，分布偏南，在同一地方出现时，一般海拔偏低易于区别。

10.皱叶杜茎山（云南植物志）

Maesa rugosa C. B. Clarke（1882）

Measa rugosa C. B. Clarke var. *griffiihii* C. B. Clarke（1882）

M. indica（Roxb.）A. DC. var. *retusa* Hand.-Mazz.（1936）

产贡山（怒江边），生于海拔2350—2800米的杂木林或灌木丛中、沟边阴湿处。西藏东南部（察隅）有分布；印度也有。

11.灰叶杜茎山（云南植物志） "乔极"（景颇族语译音）

Maesa chisia D. Don（1825）

产腾冲、龙陵、芒市、瑞丽等地，生于海拔约1880米的山坡疏林下灌木丛中阳处。尼泊尔、不丹、印度东北部、缅甸南部有分布。

12. 鲫鱼胆（两广） 冷饭果（屏边）

Maesa perlarius（Lour.）Merr.（1935）

Dartus perlarius Lour.（1790）

Maesa sinensis A. DC.（1841）

产西双版纳、屏边及文山州各地，生于海拔420—1350米的山坡、路边疏林或灌木丛中湿润的地方。台湾至贵州以南沿海各省均有分布；泰国、越南也有。

全株入药，用以治跌打刀伤、肺病及疔疮等。越南用叶调味。

图463 包疮叶和金珠柳

1—4.包疮叶 *Maesa indica*（Roxb.）A. DC.

1.花枝 2.花 3.花去花冠 4.花冠展开

5—8.金珠柳 *M. montana* A. DC.

5.果枝 6.花 7.花去花冠 8.花冠展开

13.毛脉杜茎山（云南植物志）图464

Maesa marionae Merr.（1941）

直立灌木，高达5米。小枝纤细，被柔毛及硬毛，略具棱角，老时圆柱形，具细条纹，几无毛。叶坚纸质或近膜质，长圆状椭圆形或长圆状披针形，长6—14厘米，宽2.5—4.8厘米，稀长15.5厘米，宽3.5厘米，先端通常渐尖或尾状渐尖，或稀急尖，基部广钝或近圆形，边缘近基部全缘，以上具不规则的疏浅齿或粗锯齿，齿尖具腺点，两面脉上密被糙伏毛，其余极疏或几无，中脉及侧脉在叶上面平整，下面隆起，侧脉7—8对，尾端成不明显的边缘脉或达齿尖，细脉不明显，具明显或不明显的脉状腺条纹；叶柄长0.7—1.2厘米，被柔毛及硬毛。圆锥花序腋生，长3—5厘米，多花，被柔毛及硬毛，分枝少，下部的分枝长约2厘米；苞片线状披针形，先端渐尖，被微柔毛，长约1毫米；花梗长1.2—1.5毫米，被微柔毛；小苞片长圆状卵形或卵形，长0.6—0.8毫米，先端急尖或渐尖，被微柔毛，具缘毛；花直径约4毫米，外面无毛或近无毛（原描述：被短柔毛），具极短的缘毛和脉状腺条纹（原描述：具2行）；花冠白色，针形，管长约1.2毫米，裂片广圆状卵形或半圆形，与花冠管儿等长，边缘具细啮蚀状，具线状脉，脉3条，明显；花丝长约1毫米，无毛；花药椭圆形，长0.5毫米；子房直径约1毫米，花柱极短。果球形或卵形，直径3—4毫米，略肉质，具纵行肋纹；宿存萼包果达中部略上，即约1/3处。花期4月；果期10—11月。

产贡山及泸水，生于海拔1250—1800米的山坡、山谷或江边阔叶林下或林缘。缅甸北部（郎章）有分布。

14.杜茎山（图经本草）　白花茶（云南）

Maesa japonica（Thunb.）Moritzi ex Zoll.（1855）
Doraena japonica Thunb.（1783）
产文山州各地，生于海拔800—2000米的石灰山杂林下、阳处或路旁灌丛中。从我国东南（包括台湾）至西南部各省均有分布；日本、越南北部也有。

果可食，微甜，可充饥；全株有祛风寒、消肿的功效，用于治腰痛、头痛、心燥烦渴、眼目晕眩等症；根与白糖煎服治皮肤风毒，也治妇女崩带；茎叶外敷治跌打损伤、止血。

15.细梗杜茎山（云南植物志）

Maesa macilenta Walker（1939）
产普洱及河口等地，生于海拔320—600米的林下。

16.网脉杜茎山（云南植物志）

Maesa reticulata C. Y. Wu ex C. Chen（1977）*
产金平、麻栗坡、河口等地，生于海拔240—400米的沟谷林中。越南北部有分布。

图464 毛脉杜茎山和银叶杜茎山

1—3.毛脉杜茎山 *Maesa marionae* Merr.

1.果枝 2.果 3.叶片下面一小部分

4—8.银叶杜茎山 *argentea*（Wall.）A. DC.

4.果枝 5.花去花冠 6.花冠展开 7.花 8.果

17.银叶杜茎山（云南植物志）图464

Maesa argentea（Wall.）A. DC.（1841）

Baeobotrys argentea Wall.（1824）

产宾川、永胜、腾冲、龙陵、永平、漾濞、滇西南及滇中等地，生于海拔1700—2900米林中及沟谷、山坡、水边等阴湿的地方。四川有分布；印度、尼泊尔也有。

果可食，微甜。

18.薄叶杜茎山（云南植物志）

Maesa macilentoides C. Chen（1977）*

产勐海、普文，生于海拔760—1280米的山谷林中阳处或坡地灌丛中。

19.毛杜茎山（云南植物志）图465

Maesa permollis Kurz（1871）

灌木或大灌木，高常达3米，稀达6米。老枝具纵纹，幼嫩部分密被暗褐色硬毛。叶坚纸质，广椭圆形至椭圆状或长圆状广倒卵形，长（12）20—31厘米，宽（6）12—20厘米，先端突短渐尖，稀急尖或钝，基部广楔形、圆形或钝，边缘具锯齿或疏细齿，叶上面通常无毛，下面密被暗褐色柔毛或硬毛，尤以脉上为多，毛基部通常稍膨大，中脉明显，隆起，侧脉约10对，尾端直达齿尖；细脉不明显；叶柄长2—3（5）厘米，密被暗褐色长硬毛。球形总状花序、总状花序至亚圆锥花序，较叶柄短，长稀达4厘米密被长柔毛或硬毛；苞片卵形，长约1毫米，密被硬毛；小苞片2，着生于花萼基部，极小，密被硬毛；花长约3毫米，萼片与萼管等长，卵形，急尖，密被长柔毛或硬毛，边缘具缘毛；花冠淡黄色或白色，钟形，长2—2.5毫米，无毛，花冠管长1—1.5毫米，裂片长0.5—1毫米，卵形或半圆形，先端圆形，具脉状腺条纹；雄蕊着生于花冠管中部，内藏；花丝与花药等长；花药广卵形；雌蕊较雄蕊略短；花柱粗壮；柱头裂片不明显，具细褐色脉状腺条纹。果卵形，直径4—5毫米，粉红色或黄色，密被褐色长硬毛；宿存萼片包果顶端。花期约3月；果期11—12月。

产宁洱、普洱、西双版纳、澜沧、西盟、孟定及怒江河谷，生于海拔450—1600米的山坡、沟谷杂木林下、阴湿处、水旁或沟边。缅甸、泰国、老挝有分布。

20.坚髓杜茎山（云南植物志）图465

Maesa ambigua D. Y. Wu et C. Chen（1977）*

灌木，高达4米。小枝纤细，密被长硬毛；髓部实心。叶坚纸质，椭圆状卵形至倒卵形，长12—19厘米，宽5—7厘米，先端长渐尖或尾状渐尖，基部圆形或偏斜，边缘具粗锯齿或三角状锯齿，叶上面无毛，具密小突起，粗糙，下面被长硬毛，毛基部略膨大，中脉和侧脉隆起，侧脉约10对，中部以下分歧，尾端直达齿尖；叶柄长5—10毫米，密被长硬毛。短总状花序，腋生，长不超过1厘米，花序梗、苞片、花梗、小苞片及花萼均密被长硬毛；苞片钻形，长约1毫米；花梗长0.5—1毫米；小苞片狭卵形，通常着生于花梗中部，也

图465 毛杜茎山和坚髓杜茎山

1—5.毛杜茎山 *Maesa permollis* Kurz

1.果枝 2.花 3.花去花冠 4.花冠展开 5.果

6—9.坚髓杜茎山 *M. ambigua* C. Y. Wu et C. Chen

6.花枝 7.花 8.花去花冠 9.花冠展开

有少数紧贴于萼基部；花长约2.5毫米，萼片与萼管等长或略长，三角状卵形，长约1.5毫米，腺点不明显；花冠黄白色，长钟形，长约2.5毫米，裂片为花冠管长的1/2，半圆形，具脉状腺条纹，无毛；雄蕊在雌花中退化，在雄花中内藏，着生于花冠管上部；花丝细，较花药略长；花药广卵形，无腺点；雌蕊不超过雄蕊；花柱柱状；柱头微裂。果球形，直径约5毫米，白色，被长硬毛，纵行肋不明显；宿存萼片包果顶端，具宿存花柱。花期约3月，果期7月或10月。

产屏边、文山、西畴等地，生于海拔900—1500米的潮湿沟谷密林下。越南北方有分布。

本种外形极似毛穗杜茎山（M. insignis Chun），但本种叶较厚，叶上面无毛，有的植株叶柄略长：花序较短且分枝，花梗及果梗均较短；亲缘与直穗杜茎山较远，与毛杜茎山（M, permol lis Kurz）则较近，但小枝圆柱形，较纤细，有条纹，稀具浅槽，髓部实心；叶较狭小，先端渐尖至尾状渐尖，绝不平截或钝，叶柄远较短，区别均较明显。

2. 紫金牛属 Ardisia Swartz

小乔木、灌木或亚灌木近草本。叶互生，稀对生或近轮生，通常具腺点，全缘或具波状圆齿，或具锯齿，具边缘腺点或无。聚伞或亚聚伞花序、伞形或亚伞形花序，或由上述花序组成的圆锥花序，或"金字塔"形大型圆锥花序，稀总状花序，顶生、腋生或侧生，或者着生于特殊侧生或腋生的花枝顶端；两性花，通常5数，极稀4数（我国不产）；花萼通常基部多少连合，稀分离，萼片镊合状或覆瓦状排列，通常具腺点；花瓣基部短连合，稀连合达全长的1/2，通常为右旋螺状排列，花时外反或开展，稀直立，无毛，稀里面基部被微柔毛，通常具腺点；雄蕊着生于花瓣基部，不超出花瓣或超出花瓣（我国不产）；花丝极短，稀与花药等长或较长（我国不产），基部宽；花药几与花瓣等大，2室，纵裂，稀孔裂；雌蕊常为球形、卵形或"金字塔"形；花柱丝状，有时长出花瓣，柱头点尖；胚珠3—12或更多，1轮或数轮。浆果核果状球形，具坚脆的或近骨质的内果皮，常红色和具腺点，有时具纵肋，顶端常冠以宿存花柱，或由花柱基部形成的小尖头，宿存萼包果或反卷，具种子1；种子被胎座的膜质残余物所盖，球形，基部内凹；胚乳丰富，胚圆柱形，横生或直立。

本属约400种，分布于热带美洲、太平洋群岛、印度及亚洲东部至南部，少数分布于大洋洲，非洲不产。我国有69种，主要分布于长江流域以南；云南有36种。

分 种 检 索 表

1.叶全缘、近全缘或具微波状齿，无边缘腺点或在微波状齿间具极不明显的边缘腺点。
  2.叶全缘，无边缘腺点；由各式花序组成圆锥花序，长6厘米以上（狗骨头 A. aberrens长约1厘米），分枝多，有花50以上。
   3.萼片宽，广卵形或圆形，若为卵形则花瓣基部连合达全长的1/2以上。
    4.复亚伞形花序至复总状花序的圆锥花序，长6厘米以上，花梗长1厘米以上，花瓣基部微微连合。
     5.花梗粗约2毫米，花序梗更粗；花长约1厘米 ·················· **1.酸苔菜 A.solanacea**

5.花梗及花序梗粗约1毫米；花长5—7毫米 ············· 2.小乔木紫金牛 A. garrettii

4.复聚伞花序的圆锥花序，长约1厘米，花梗长约3毫米；花瓣基部连合达全长的1/2以上 ·· 3.狗骨头 A. aberrans

3.萼片狭，卵形至三角状披针形，若为广卵形则叶下面被星状毛或柔毛。

　6.小枝、花序、叶下面被锈色星状毛、长柔毛或柔毛。

　　7.叶倒披针形；叶柄长约5毫米；小枝密被锈色具柄的星状毛或绒毛 ·············· ·· 4.星毛紫金牛 A.nigropilosa

　　7.叶倒卵形或长圆状披针形；叶柄长约1厘米；小枝密被卷曲长柔毛和毛上部分枝的长柔毛 ································· 5.折梗紫金牛 A.curvula

　6.小枝、花序、叶下面被鳞片、微柔毛或无毛。

　　8.花梗长约5毫米；花瓣里面无毛。

　　　9.花瓣粉红色，具腺点；萼片卵形至椭圆状卵形 ····· 6.南方紫金牛 A. thyrsiflora

　　　9.花瓣白色，无腺点；萼片三角状卵形至近披针形 ···7.滇紫金牛 A. yunnanensis

　　8.花梗长约10毫米；花瓣里面近基部被微柔毛 ············· 8.细柄罗伞 A. tenera

2.叶全缘或具微波状齿，微波状齿间具不明显的边缘腺点；花序为聚伞花序、伞形花序或亚伞形花序，稀复伞形花序，长6厘米以下，分枝少或不分枝，有花20以下。

　10.侧脉极多，20对以上；小枝被鳞片或微柔毛。

　　11.果球形；叶压干后呈黄褐色 ····························· 9.圆果罗伞 A. depressa

　　11.果扁球形，呈钝5棱；叶压干后呈灰蓝色 ·············· 10.罗伞树 A. quinquegona

　10.侧脉不明显；小枝无鳞片或无毛。

　　12.叶下面被锈色鳞片；萼片三角状卵形，长约1毫米，先端急尖，具缘毛 ············ ·· 11.柳叶紫金牛 A. hypargyrea

　　12.叶下面无鳞片；萼片广卵形，长3—4毫米，先端钝，无缘毛 ···················· ·· 12, 剑叶紫金牛 A. ensifolia

1.叶缘具各式圆齿，齿间具边缘腺点，或边缘具锯齿或啮蚀状细齿。

　13.叶缘具各式圆齿或极浅齿，齿间具边缘腺点，稀全缘具边缘腺点不明显（如九管血 *A.brevicaulis* Diels，但边缘脉远离边缘），花序小，不呈金字塔状，长10厘米以下。

　　14.叶革质或坚纸质，坚纸质者长3.5厘米以上，宽1.5厘米以上。

　　　15.花梗无毛；萼片卵形至圆形。

　　　　16.花序着生于侧生特殊花枝顶端；叶最长约17厘米，宽5厘米。

　　　　　17.侧脉7—9对，连成近边缘的边缘脉，又于中部再次连结；叶无腺点··· ······ ·· 13.显脉紫金牛 A. alutacea

　　　　　17.侧脉15—30对，连成紧靠边缘的边缘脉；叶下面通常具密腺点 ·········· ·· 14.纽子果 A. virens

　　　　16.花序侧生或腋生，无特殊花枝；叶长达28厘米，宽10厘米 ················ ·· 15.粗梗紫金牛 A. crassipes

　　　15.花梗被柔毛；萼片长圆状卵形，稀卵形或披针形。

　　　　18.叶椭圆形至倒卵状披针形，边缘具浅圆齿，叶下面通常被疏鳞片。

19.萼片里面被红色微柔毛；花药背部无腺点 ………… **16.珍珠伞 A. maculosa**
19.萼片里面无毛；花药背部有腺点。
　　20.植株高约1米，茎无毛；叶缘具皱波状或波状齿，具明显的边缘腺点；鲜根横切面有1淡橙红色的环 ……………… **17.硃砂根 A. crenata**
　　20.植株高10—20厘米，常具匍匐茎，茎幼时被微柔毛；叶近全缘，具不明显的边缘腺点；鲜根横切面有数点血红色液汁渗出 …………………………………… **18.九管血 A. brevicaulis**
18.叶片椭圆状披针形、长圆状倒披针形至倒披针形，边缘具细圆齿，叶下面被卷曲的疏柔毛或柔毛。
　　21.复伞形花序的每个伞形花序序梗长1—2厘米；花具密腺点 ……………………… **19.伞形紫金牛 A. corymbifera**
　　21.复伞房状圆锥花序的每个伞房花序序梗长2.5—5厘米；花的腺点疏且不明显 ………………… **20.散花紫金牛 A. conspersa**
14.叶膜质或坚纸质，坚纸质者长不超过3.5厘米，宽不超过1.5厘米。
　　22.叶的腺点疏且圆；花瓣广卵形，粉红色，具密腺点；花梗被微柔毛 ……………………… **21.尾叶紫金牛 A. caudata**
　　22.叶的腺点密，伸长呈条纹状；花瓣卵形或卵状披针形，白色，腺点不明显或无；花梗无毛 ……………… **22.瑞丽紫金牛 A. shweliensis**
13.叶缘具啮蚀状细齿，无边缘腺点；大型金字塔状或总状圆锥花序，长20—30厘米或更长 ……………………… **23.走马胎 A. gigantifolia**

1.酸苔菜（云南南部）　"帕累"（傣族语）图466

Ardisia solanacea Roxb.（1795）

灌木或乔木，高6米以上。小枝厚，无毛，光滑，以后具大叶痕和皱纹。叶坚纸质，椭圆状披针形或倒披针形，长12—20厘米，宽4—7厘米，先端急尖，钝或几圆形，基部急尖或狭窄下延，全缘，两面无毛，具腺点，侧脉约20对，明显，与中脉呈60°—80°角；细脉网状；叶柄长1—2厘米。复总状花序，腋生，花序梗长5—10（-14）厘米，粗壮，花梗长1—3厘米，粗壮，二者均无毛；花长约1厘米；花萼基部连合或几分离，萼片宽卵形至肾形，长约3毫米，先端圆形，具密腺点，几全缘或具微波状缘毛，边缘几膜质；花瓣粉红色，宽卵形，长约9毫米，急尖或钝，具密腺点，厚，两面无毛；雄蕊与花瓣近等长；花丝极短，不及花药的1/2；花药长圆状披针形，背部具密且大的腺点；雌蕊与花瓣几等长，具密腺点，无毛。果扁球形，直径7—9毫米，紫红色或带黑色，无毛，密布腺点。花期2—3月；果期8—11月，也有花开时果亦同时成熟的情况。

产西双版纳、滇东南等地，生于海拔400—1550米的疏、密林中或林缘灌木丛中。广西（隆斯）有分布；从斯里兰卡至新加坡均有。

嫩叶、茎经烫软、漂洗处理，可作蔬菜，是云南省傣族常食用的野菜之一。

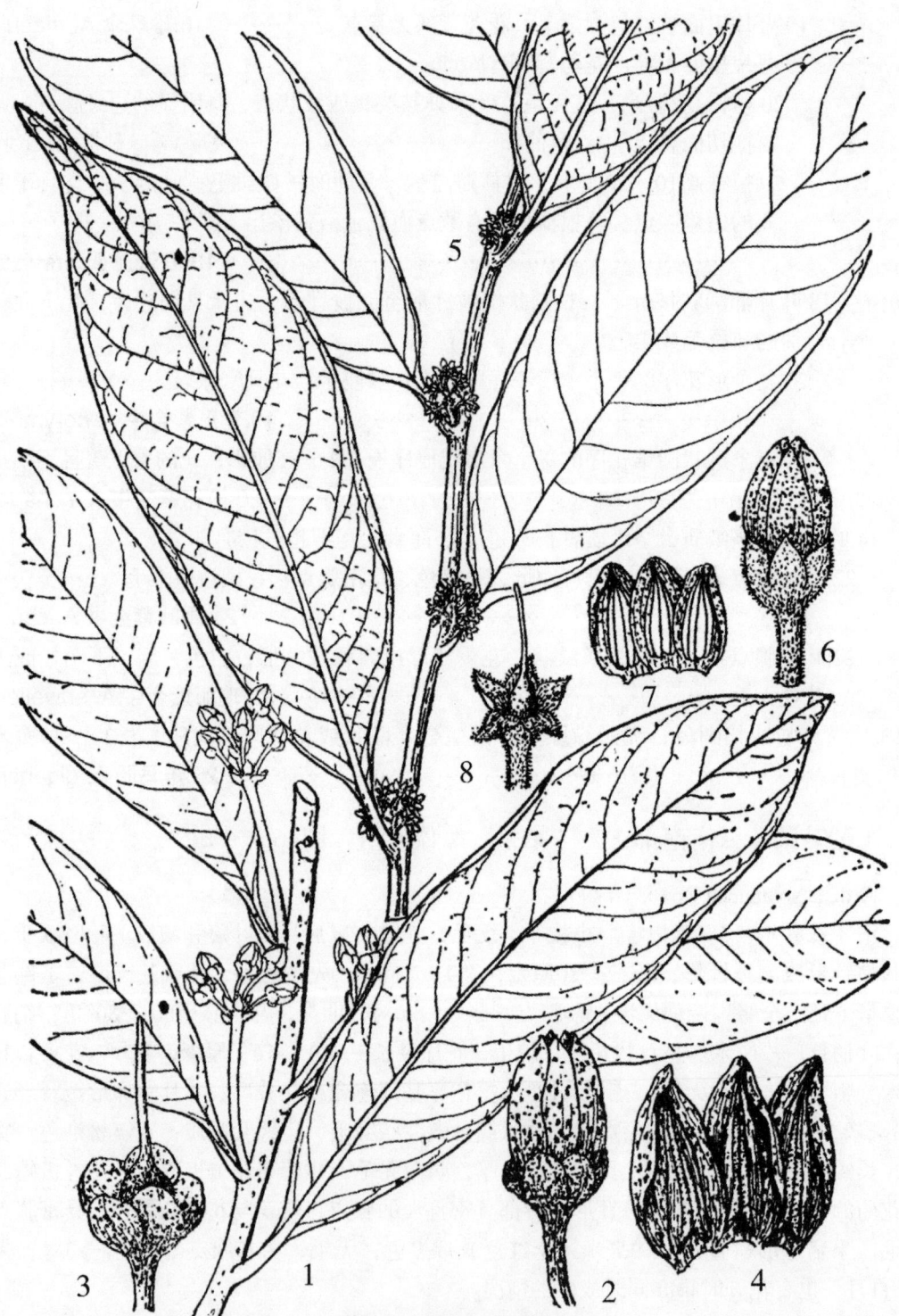

图466 酸苔菜和狗骨头

1—4.酸苔菜 *Ardisia solanacea* Roxb.

1.花枝 2.花 3.花去花冠 4.部分花冠展开

5—8.狗骨头 *A. aberrans*（Walker）C. Y. Wu et C. Chen

5.花枝 6.花 7.部分花冠展开 8.花去花冠

2.小乔木紫金牛（中国植物志） 石狮子（广西、云南植物志误用）图467

Ardisia garrettii Fletcher（1937）

Ardisia arborescens Wall. ex A. DC.（1834）

灌木或小乔木，高2—5米，稀达8米。小枝细，无毛。叶坚纸质，倒披针形，长9—19厘米，宽2—5厘米，先端渐尖，基部楔形，全缘，两面无毛，无腺点，侧脉14—20对，斜上，通常与中脉呈30度角，细脉网状；叶柄长0.5—1厘米。亚伞形花序或总状花序，稀呈复聚伞花序，有花6—12，腋生，花序梗长2—6厘米，花梗长1.3—2厘米，二者均细，无毛；花长5—7毫米；花萼基部稍连合，萼片广卵形，长约2毫米，先端钝或圆，基部近耳形，边缘近膜质，具缘毛和腺点；花瓣白色，极稀红色，有紫红色腺点，基部稍连合，广卵形，长5—7毫米，先端急尖，无毛，全缘，具腺点；雄蕊较花瓣略短，着生于花瓣基部；花丝短，长不及花药的1/2；花药披针形，锐尖至渐尖，背部具腺点；雌蕊与花瓣等长，无毛。果直径7毫米，紫红色或带黑色，具密腺点，具宿存花柱，宿存萼反折。花期2—4月，稀于12月；果期9—11月。

产西双版纳、金平、元江、临沧等地，生于海拔350—1400米的石灰山林中或山坡疏林灌木丛中。贵州（罗甸）、广西有分布；缅甸、越南、泰国均有。

全株可用药。

3.狗骨头（屏边）图466

Ardisia aberrans（Walker）C. Y. Wu et C. Chen（1977）

Embelia aberrans Walker（1940）

灌木，高达2米，通常无分枝，被锈色微柔毛，以幼嫩部分最密。叶坚纸质，椭圆形至椭圆状倒披针形，长17—23厘米，宽5—9厘米，先端渐尖，基部楔形或钝，近圆形，全缘，上面无毛，下面被极细的微柔毛，侧脉18—23对，于下面明显隆起，至边缘连结成不规则的边缘脉；细脉网状，其中具小腺点；叶柄长6—10毫米。复聚伞花序腋生，常下垂，长约1厘米，被锈色微柔毛；花梗长约3毫米，被微柔毛；花长约3毫米花萼基部连合，萼片卵形，长约1毫米，外面被细微柔毛，具缘毛，里面无毛，具小腺点；花瓣两面无毛，基部连合达全长的1/2，裂片广卵形，先端钝，全缘，具小腺点；雄蕊较花瓣略短；花药卵形或广披针形，背部具腺点；雌蕊与花瓣等长，无毛。果球形，直径约5毫米（未成熟），具腺点。花期约4月；果期约9月。

产屏边（模式产地），生于海拔1100—1300米的山谷疏林中潮湿的地方。

4.星毛紫金牛（云南植物志）

Ardisia nigropilosa Pitard（1930）

Ardisia stellata Walker（1939）

产元江、金平等地，生于海拔约475米的林下或水边荫处。

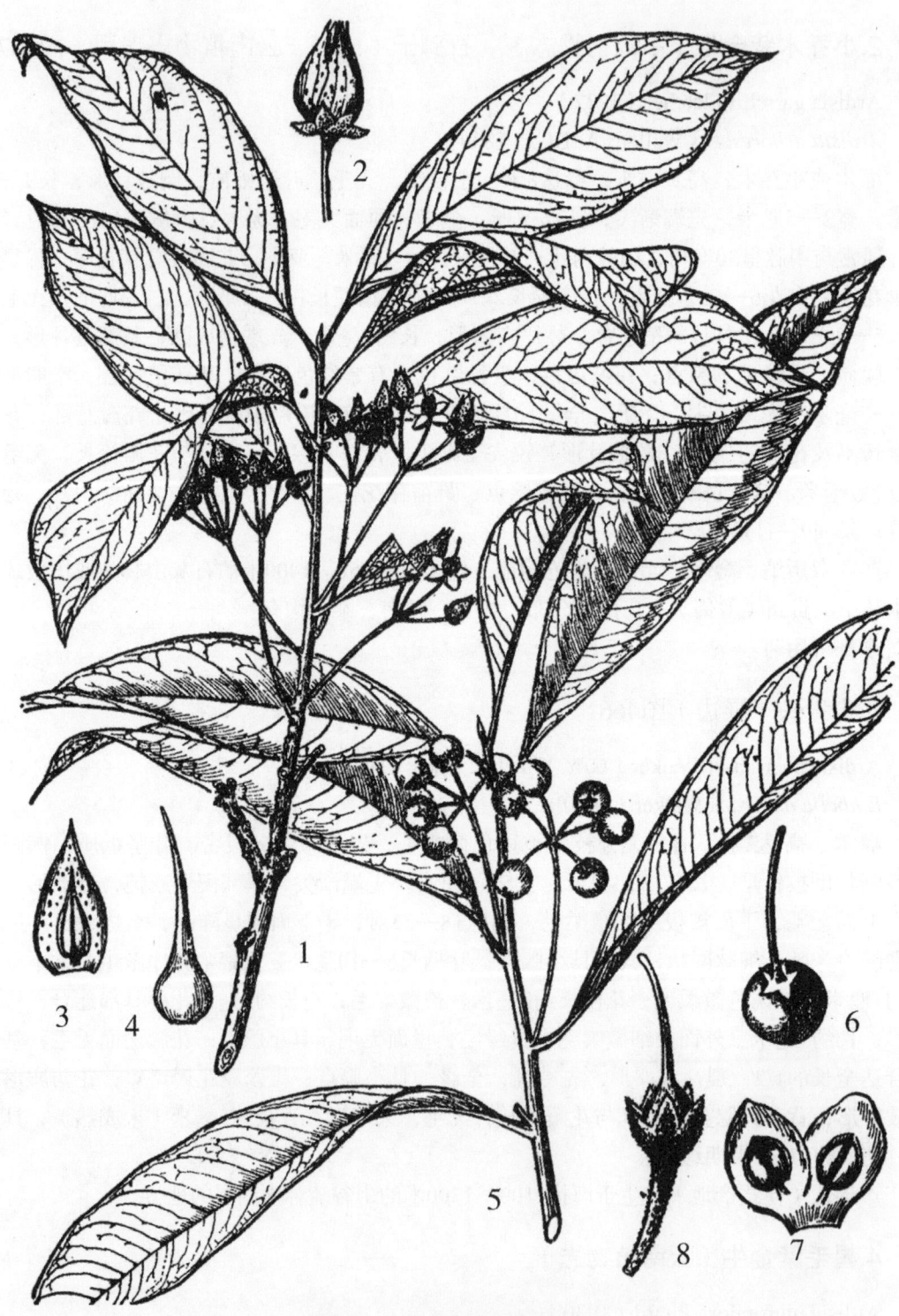

图467 小乔木紫金牛和细柄罗伞

1—4.小乔木紫金牛 *Ardisia garrettii* Fletcher

1.花枝 2.花 3.花瓣及雄蕊 4.雌蕊

5—8.细柄罗伞 *Ardisia tenera* Mez

5.果枝 6.果 7.花瓣及雄蕊 8.花萼及雌蕊

5.折梗紫金牛（中国植物志）

Ardisia curvula C. Y. Wu et C. Chen（1977）*
产河口，生于河拔150—250米的山林间。

6.南方紫金牛（中国植物志）图468

Ardisia thyrsiflora D. Don（1825）

A. neriifolia Wall. ex A. DC.（1834）

A. austroasiatica Walker（1942）

灌木或小乔木，高1.5—5米。嫩枝、花序、花梗和叶柄密被锈色微柔毛。叶坚纸质，狭长圆状披针形至倒披针形，长12—20厘米，宽2—6厘米，先端渐尖，基部楔形或下延，全缘，两面无毛，下面幼时被细小的鳞片，以后渐疏，腺点不明显，侧脉多敬，多于20对，细，不明显，与中脉几呈直角，末端弯曲上升，不连成边缘脉；叶柄长约1厘米。复亚伞形花序又组成圆锥花序，侧生或呈顶生"金字塔"状圆锥花序，长10—20厘米，被锈色微柔毛和鳞片；花梗长约5毫米；苞片线形，长达7毫米，具缘毛，早落；花长4毫米，花萼基部稍短连合或几分离，萼片卵形至椭圆状卵形，长约1.5毫米，先端急尖或钝，里面被短柔毛，具缘毛和密腺点；花瓣粉红色或红色，卵形，长约6毫米，两面无毛，腺点通常聚于顶端；雄蕊长达花瓣的2/3；花丝短，长不及花药的1/2；花药卵形至披针形，顶端突然急尖，背部腺点不明显；雌蕊与花瓣等长或较长，无毛。果球形，直径约4毫米，紫红色，密生小腺点，有时具纵肋，宿存萼片反卷。花期3—5月；果期10月左右。

产景东、凤庆、勐海等地，生于海拔1250—1800米的山谷、溪边密林中阴湿处。缅甸、尼泊尔、印度等地均有分布。

7.滇紫金牛（云南植物志）图468

Ardisia yunnanensis Mez（1902）

乔木，高达12米。嫩枝、花序、花梗及叶柄多少被锈色微柔毛。叶坚纸质，长圆状披针形至倒披针形，长12—22厘米，宽3—4.5厘米，先端渐尖，基部楔形，全缘，两面无毛，腺点不明显，下面具极小的锈色鳞片，侧脉多数，多于20对，细，平展与中脉几成直角，近末端向上弯，连成不明显的边缘脉，细脉不明显；叶柄长约1.5厘米。复亚伞形花序或聚伞花序，顶生，长5—9厘米，花梗长约5毫米，苞片不明显，披针形至钻形，长约1毫米，具缘毛，早落；花长约3毫米，花萼基部连合达1/3，萼片三角状卵形至近披针形，长1（1.5）毫米，里面具短柔毛，具缘毛，无腺点；花瓣白色，卵形，急尖，两面无毛，无腺点；雌蕊与花瓣近等长；花丝短；花药卵形，钝或急尖，渐尖，背部无腺点；雌蕊与花瓣等长或略长，无毛。果球形，直径约7毫米，紫红色，纵肋、腺点不明显。果期10—12月。

产西双版纳、凤庆、双江等地，生于海拔1400—2400米的山谷林中、坡边或阴湿处。广西、贵州有分布；印度、越南也有。

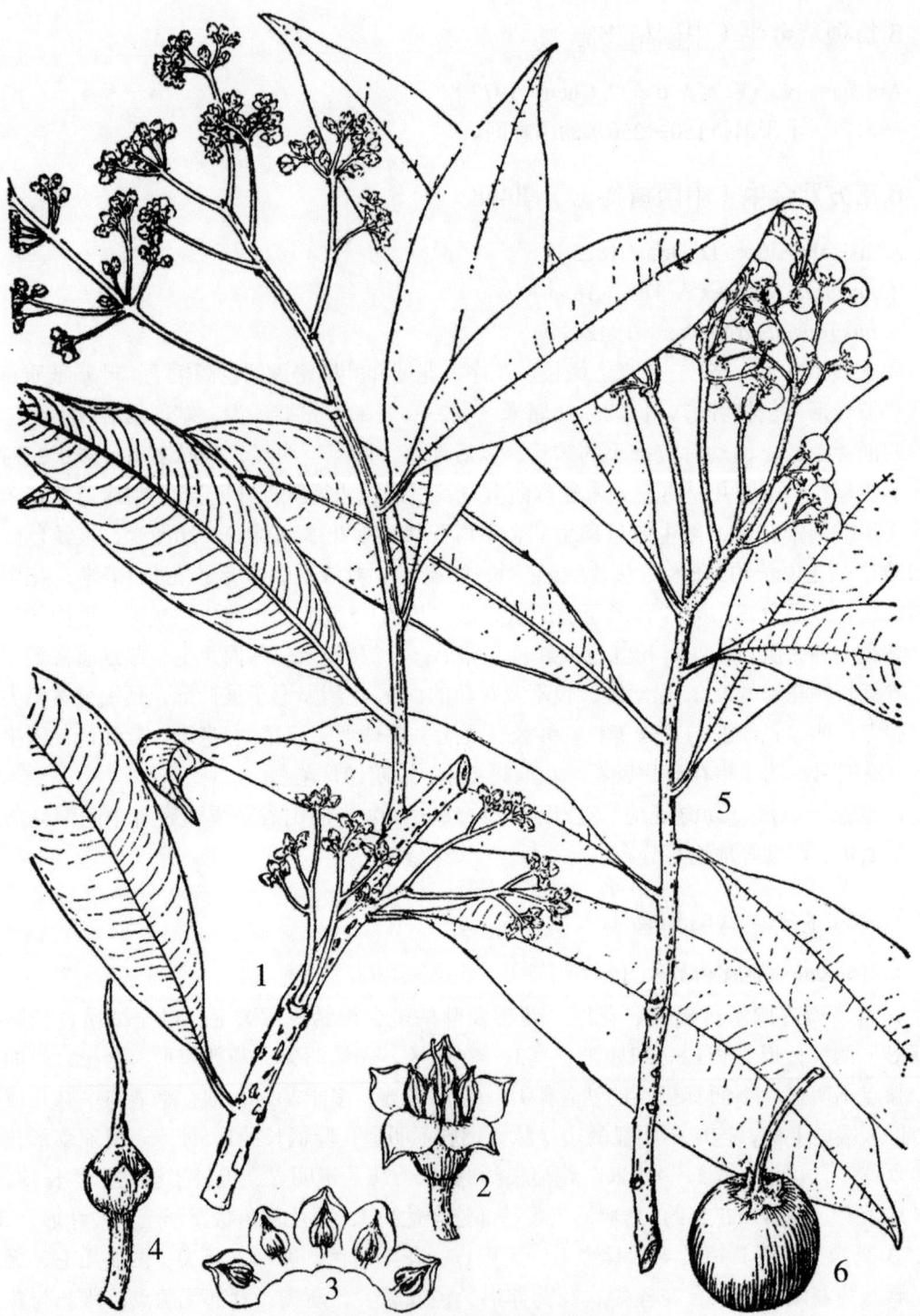

图468 南方紫金牛和滇紫金牛

1—4.南方紫金牛 *Ardisia thyrsiflora* D. Don

1.花枝 2.花 3.花冠展开 4.花去花冠

5—6.滇紫金牛*A. yunnanensis* Mez

5.果枝 6.果

8.细柄罗伞（中国植物志）图467

Ardisia tenera Mez（1902）

小灌木或小乔木，高达5米。小枝细，幼嫩时被褐色鳞片或微柔毛（Mcz的检索表中无毛），以后灰黄色，无毛。叶坚纸质，椭圆状披针形或稀为狭椭圆状卵形或倒卵形，长10—14（18）厘米，宽2—4厘米，先端急尖或渐尖，基部楔形，全缘，两面无毛，下面密被锈色鳞片，侧脉多数，细，不明显，边缘脉和腺点不明显；叶柄长1—1.5厘米，或略长。聚伞花序或复伞形花序，腋生，多花，长约6厘米，被疏细微柔毛花序梗长约4厘米，花梗长约1厘米；花长约4毫米，花萼基部连合，萼片三角状卵形稀椭圆状卵形，急尖，长约1.5厘米，具缘毛，无毛或被疏微柔毛；花瓣粉红色，卵形先端急尖或钝，腺点不明显，里面近基部被微柔毛；雄蕊长达花瓣的2/3，花药卵形顶端急尖，背部无腺点（Mcz的检索表中有腺点）；雌蕊与花瓣等长或超过。果球形，直径约6毫米，深红色或带黑色，无毛，无腺点，有纵肋但不明显，宿存萼片反卷。果期4—6月。

产普洱、勐腊、河口，生于海拔200—1500米的密林下灌木丛中或山谷、沟边的灌木丛中。广西、贵州有分布。

9.圆果罗伞（云南植物志） 拟罗伞树（中国高等植物图鉴）图469

Ardisia depressa C. B. Clarke（1882）

多枝灌木或大灌木，高达4米，稀达8米。小枝细，嫩时被锈色鳞片和微柔毛。叶坚纸质，椭圆状披针形或近倒披针形，长8—12厘米，宽2—3.5（5.5）厘米，先端渐尖，基部楔形，全缘，两面无毛，下面具细小的鳞片，侧脉多数，细，不甚明显，与中脉几呈直角，末端直达边缘，连成边缘脉，细脉不明显；叶柄长约1厘米。聚伞花序或复伞形花序，腋生或着生于侧枝顶端，长2—4厘米，被锈色细鳞片，花梗长约5毫米；花长约3毫米；花萼基部稍少连合，萼片三角状卵形，先端急尖，长约1毫米，具缘毛，无点，两面无毛；花瓣白色或粉红色，卵形，先端急尖，两面无毛，无腺点；雄蕊与花瓣几等长；花丝极短，花药卵形；背部无腺点或具少数腺点；雌蕊与花瓣等长或超过，无毛。果球形，直径5（7）毫米，暗红色，具纵肋和不明显的腺点，有时具疏细小的鳞片，宿存萼片反卷。花期3—5月，果期8—11月。

产滇东南及西双版纳等地，生于海拔350—1300（1600）米的密林中阴湿处或沟谷林中。广西、四川、贵州有分布；印度至越南均有。

10.罗伞树（海南）图469

Ardisia quinquegona Bl.（1825）

灌木或灌木状小乔木，高达6米。小枝细，无毛，有纵纹，嫩时被锈色鳞片。叶坚纸质，长圆状披针形、椭圆状披针形至倒披针形，长8—16厘米，宽2—4厘米，先端渐尖，基部楔形，全缘，两面无毛，下面多少具鳞片，侧脉多数，细，不明显，连合成一边缘脉；叶柄长5—10毫米，幼时具鳞片。聚伞花序或亚伞形花序腋生，或着生于侧枝顶端，长3—5厘米，稀8厘米，多少具鳞片；花梗长5—8毫米，多少具鳞片；花长约3毫米或略短；花萼

图469　圆果罗伞和罗伞树

1—2.圆果罗伞 *Ardisia depressa* C. B. Clarke
1.果枝　2.果
3—4.罗伞树 *A. quinquegona* Bl.
3.果枝　4.果

基部连合，萼片三角状卵形，长1毫米，具疏微缘毛，具密腺点或几无，两面无毛；花瓣白色，广椭圆状卵形，先端急尖或钝，具小腺点，外面无毛里面近基部被细微柔毛；雄蕊与花瓣几等长；花丝短；花药卵形至肾形，背部多少具腺点；雌蕊通常超过花瓣，无毛。果扁球形，具5棱，稀棱不明显，直径5—7毫米，无纵肋，无腺点，宿存萼片反卷。果期10—12月。

产富宁、金平、麻栗坡等地，生于海拔200—1000米的山坡林中、溪边阴湿处。台湾、福建、广东、广西有分布；从琉球群岛南部至马来半岛均有。

全株入药，消肿、清热解毒，治跌打；也作兽用药，治跌打肿痛、骨折创伤、脚软无力。

11.柳叶紫金牛（云南植物志）

Ardisia hypargyrea C. Y. Wu et C. Chen（1977）*

Ardisia salicifolia Walker（1939）*，non. A. DC.（1844）

产蒙自、西畴、广南等地，生于海拔约1200米的水边或林下。模式标本采于蒙自。

12.剑叶紫金牛（云南植物志）

Ardisia ensifolia Walker（1940）

产富宁，生于海拔约700米的密林下石缝间。广西有分布。

13.显脉紫金牛（云南植物志）

Ardisia alutacea C. Y. Wu et C. Chen（1977）

产马关、麻栗坡等地，生于海拔1500—1700米的山谷杂林中荫蔽湿润的地方。

14.纽子果（屏边） 扣子果、拗子果（屏边）、米汤果（陇川）、绿叶紫金牛（中国高等植物图鉴）、圆齿紫金牛（海南植物志）图470

Ardisia virens Kurz（1877）

灌木，高达3米。主茎，无毛。叶坚纸质或略厚，椭圆状或长圆状披针形或倒卵形，长9—17厘米，宽3—6.5厘米，先端渐尖或有时突然渐尖，基部楔形，边缘具皱波状或近细圆齿，齿间具边缘腺点，两面无毛，下面通常具密腺点，尤以叶缘为多，有时或具疏鳞片状物，侧脉15—30对或较多，直达边缘呈紧靠边缘的边缘脉，细脉网脉，不甚明显；叶柄长1（1.5）厘米。复伞房花序或复伞形花序，着生于特殊侧生花枝顶端，花枝长约30厘米，无毛，每单花序序梗长3—7厘米；花梗长1.5—3厘米；苞片通常为广椭圆形，早落，两面无毛；具密腺点，花长6—8毫米；花萼基部稍稍连合，萼片长圆状卵形至圆形，先端钝或圆形，长2.5—3.5厘米，全缘，具密腺点；花瓣初时白色或淡黄色，以后至开放时呈粉红色，卵形至广卵形，先端急尖，具腺点，两面无毛或有时仅里面基部具疏微柔毛；雄蕊与花瓣几等长或仅为花瓣的2/3；花丝短；花药披针形或近卵形，背部具明显的腺点；雌蕊与花瓣等长或略短，子房具腺点。果球形，直径7—9毫米，有时达1厘米，红色，具密腺点，无毛；果梗、花序梗均具腺点。花期5—7月；果期10—12月或翌年1月。

图470 纽子果和伞形紫金牛

1—5.纽子果 Ardisia virens Kurz

1.果枝 2.果 3.花 4.雄蕊及花瓣 5.雌蕊

6—9.伞形紫金牛 corymbifera Mez

6.花枝 7.花 8.雄蕊及花瓣 9.雌蕊

产滇东南至滇西南及普洱以南的地区，为密林中常见的灌木，生于海拔760—2700米阴湿土壤肥厚的地方。广东至台湾各省均有分布；印度至印度尼西亚（苏门答腊）也有。

15.粗梗紫金牛（云南植物志）

Ardisia crassipes C. Y. Wu et C. Chen（1977）
产河口（泊甲），生于海拔530米的山坡路边。

16.珍珠伞（云南）　山豆根（富宁）、天青地红（临沧）、紫绿果（根）、紫背绿（保山）

Ardisia maculosa Mez（1902）
产滇东南及普洱等地，生于海拔1200—1600（1900）米的沟谷林下潮湿的地方。越南有分布。模式标本采于普洱。
全株治骨折、跌打、白喉、胃溃疡、咽咳肿痛、急性肠炎、风湿等。

17.硃砂根（广东）　山豆根（文山、西畴）、八爪金龙（景东、红河、保山）、豹子眼睛果（普洱）、凉伞遮金珠（植物名实图考）、平地木（花镜）

Ardisia crenata Sims（1818）
产滇西北（贡山以南）、滇西南及滇东南等地，玉溪也有发现，昆明可以露天栽培，生于海拔1000—2400米的林下、萌湿的灌木丛中。东从台湾至西藏东南部，北从湖北至广东皆有分布；日本、印度尼西亚、中南半岛、马来半岛、缅甸至印度均有分布。
根煎水服治腹痛。根、叶可祛风除湿、散瘀止痛、通经活络；治跌打肿痛、外伤骨折、风湿骨痛、消化不良、胃痛、咽喉炎、牙痛及月经不调等症；果可食，榨油可制肥皂，土榨出油率达20%—25%。
根的切面有血红色小点，故名"硃砂根"。

17a.红凉伞（变型）　绿天红地、铁伞（植物名实图考）

f. hortensis（Migo）W. Z. Fang et K. Yao（1979）
Ardisia bicolor Walker（1940）*
A. crenata Sims var. *bicolor*（Walker）C. Y. Wu et C. Chen（1977）
产地与硃砂根同。本变型与原变型的区别在于本变型的叶下面通常为淡紫就色至紫红色。
药用性质基本与硃砂同，紫红色愈深，其药效也愈高。

18.九管血（江西）　山豆根（砚山）

Ardisia brevicaulis Diels（1900）
产西畴、砚山等地，生于海拔1000—1280米的密林下。东从台湾至西南各省，北从湖北至广东（海南除外）均有分布。
果可食；全株药用，可除风湿、解热毒，治风湿筋骨痛、痹伤咳嗽、喉蛾、无名肿毒、蛇咬伤等。

19.伞形紫金牛（云南植物志） 不待劳（河口），"毛高"（傣族语），西南紫金牛（中国高等植物图鉴）图470

Ardisia corymbifera Mez（1902）

灌木，高达5米，除幼嫩部分外，无毛。叶坚纸质，狭长圆状倒披针形或倒披针形长11—13厘米，宽2—3厘米，先端渐尖或近尾尖，基部广楔形，全缘或具细波状齿，稀圆齿状，具边缘腺点，上面无毛，下面被卷曲的疏柔毛或多少被疏柔毛，具密腺点，中脉隆起，侧脉约15对，不成边缘脉，细脉不明显；叶柄长5—8毫米，常被微柔毛。复伞形花序，着生于特殊侧生花枝顶端，花枝上部被微柔毛，以下无毛；花序梗长1—2厘米，花梗长1—1.5厘米，常被微柔毛；花长6—8毫米，花萼基部连合达1/3或略短，萼片卵形或有时近长圆形，先端急尖或钝，长2.5—3毫米，两面无毛，全缘，具腺点；花瓣近白色，粉红至红色，广卵形，急尖，具密腺点，外面无毛，里面近基部被微柔毛；雄蕊长为花瓣的2/3，花药卵形或广披针形，背部多腺点；雌蕊与花瓣等长，无毛。果球形，直径约8毫米，鲜红色，具腺点，宿存萼强烈展开，通常呈长圆形，具腺点。花期4—5月；果期11—12月，有时也在4—5月。

产滇东南至滇西南及景东等地，生于海拔700—1500（1800）米的林下，潮湿或略干燥的地方。广西有分布；越南也有。

用途与硃砂根相似。

20.散花紫金牛（云南植物志）图474

Ardisia conspersa Walker（1939）

灌木，高达5米，除特殊侧生花枝外，不分枝，花枝多，常集中于植株上部。叶膜质或近坚纸质，倒披针形至狭长圆状倒披针形，或椭圆状披针形，长7—11厘米，宽2—3厘米，先端突然渐尖或近尾状渐尖，基部楔形或狭，全缘或具不明显的圆齿，具边缘腺点，上面无毛，下面被疏柔毛，有时毛卷曲，尤以中脉为多，腺点疏，侧脉约15对，细而不明显，不成边缘脉；叶柄长5—8毫米，被疏微柔毛。圆锥状复伞房花序，被微柔毛，着生于侧生枝顶端，花枝通常于中部以上具叶，长30—50厘米，纤细；花序梗长2.5—5厘米，花梗长1—1.5厘米，二者均密被微柔毛；花长约6毫米，花萼基部连合，萼片长圆状卵形，长约3毫米，先端急尖或钝，全缘，无腺点或腺点不甚明显且疏，外面近基部多少被微柔毛；花瓣粉红色，长圆状卵形或卵形，长约6毫米，外面无毛，里面中部以下密被微柔毛，无腺点或腺点极不明显；雄蕊长为花瓣长的2/3；花药披针形，背部具明显的腺点，常两列（Walker的描述无腺点）；雌蕊与花瓣等长，无毛。果球形，直径约6毫米，红色，无毛，具腺点。花期约6月；果期约11月。

产蒙自、屏边等地，生于海拔850—1400米的心谷林下阴湿处。广西有分布；越南亦有。

21. 尾叶紫金牛（云南植物志）　峨眉紫金牛（中国高等植物图鉴）

Ardisia caudata Hemsl.（1889）

产滇东南各地，生于海拔1100—2200米的山谷密林下、阴湿处。广东、贵州、四川有分布。

22. 瑞丽紫金牛　麂子扣甘树（临沧）

Ardisia shweliensis W. W. Smith（1920）

产瑞丽、镇康、临沧等地，生于海拔1700—2300米的林下。

23. 走马胎（广东）（本草纲目拾遗）

Ardisia gigantifolia Stapf（1906）

产景洪、勐海、河口等地，生于海拔1300米的山谷密林下湿润荫处或山坡阴湿处。广东、广西、江西、福建有分布；越南北部也有。

根及全株供药用，有祛风补血、活血散瘀、消肿止痛的功效。也作兽药，主治风湿痛、风痰壅塞、气促鼻煽、跌打、便秘等。

3. 酸藤子属 Embelia Burm. f.

攀援灌木或藤木，稀直立或乔木状。单叶互生或二列或近轮生，全缘或具齿，具柄稀无柄或几无柄。总状花序、圆锥花序、伞形花序或聚伞花序，顶生、腋生或侧生，基部常具苞片；花通常单性，同株或异株，4或5数；花萼通常仅基部连合；花瓣分离或仅基部连合，稀呈管状，呈覆瓦状、螺旋状或双盖覆瓦状排列，里面和边缘常具乳头状突起；雄蕊在雄花中通常超出花瓣，在雌花中内藏，退化，与花瓣互生，着生于花瓣基部，稀分离；花丝分离；花药2室，直裂，稀孔裂（我国不产），通常背部具腺点，稀呈瘤状；雌蕊在雄花中退化，子房极小，花柱也短缩，在雌花中子房呈球形或卵形；花柱伸长，常超过花瓣；柱头点尖、盘状或头状，有时微裂；胚珠少数，1轮。浆果球形或扁球形，有时有纵肋，有种子1，内果皮坚脆，稀骨质；种子近球形，胎座被膜质剩余物，基部多少凹入；胚乳嚼烂状；胚圆柱形，横生。

本属约140余种，分布于太平洋诸岛，亚洲南部和非洲等热带及亚热带地区，少数种分布于大洋洲。我国20种，从东南至西南部各省均有；云南有18种，主要分布于滇中以南的地区。

分 种 检 索 表

1.叶全缘。
　2.花被5数。
　　3.圆锥花序，顶生或腋生；序梗长4厘米以上。
　　　4.叶椭圆状卵形或长圆状椭圆形；花序顶生，被微柔毛。

5.花无梗或几无梗，长1毫米以下；叶下面无白粉 ⋯ 1.短梗酸藤子 E. sessiliflora

5.花梗长1毫米以上；叶下面常被白粉 ⋯⋯⋯⋯⋯⋯⋯⋯⋯ 2.白花酸藤子 E. ribes

4.叶披针形或长圆状披针形；花序腋生；稀顶生，几无毛 ⋯ 3.多花酸藤子 E. floribunda

3.总状、伞形或聚伞花序，腋生；序梗长4厘米以下。

6.总状花序，序梗长2.5—4厘米；花序基部无苞片；叶非二列，长15厘米以上 ⋯⋯⋯ ⋯⋯⋯⋯⋯⋯⋯⋯⋯⋯⋯⋯⋯⋯⋯⋯⋯⋯⋯⋯⋯⋯ 4.皱叶酸藤子 E. gamblei

6.伞形至聚伞花序，序梗长1厘米以下；花序基部多少具苞片；叶二列，长2.5厘米左右或更短。

7.花瓣背面、子房及果均无毛 ⋯⋯⋯⋯⋯⋯⋯⋯⋯⋯ 5.当归藤 E. parviflora

7.花瓣背面、子房及果均被长柔毛或短柔毛 ⋯⋯⋯⋯ 6.艳花酸藤子 E. pulchella

2.花被4数。

8.果直径1.5厘米以上，通常有纵肋，果梗粗1—1.5毫米。

9.叶椭圆形至长圆状椭圆形 ⋯⋯⋯⋯⋯⋯⋯⋯⋯ 7.平叶酸藤子 E. undulata

9.叶倒卵形至椭圆状倒卵形至倒披针形。

10.叶倒卵形或倒卵状椭圆形，宽3.5—6.5厘米；花序长3—5厘米 ⋯⋯⋯⋯⋯⋯ ⋯⋯⋯⋯⋯⋯⋯⋯⋯⋯⋯⋯⋯⋯⋯⋯⋯ 8.大叶酸藤子 E. subcoriacea

10.叶倒披针形至长圆状倒卵形，宽通常3厘米以下；花序长1厘米以下。

11.叶宽2—3厘米；花序长约1厘米；果直径1—1.5厘米 ⋯⋯⋯⋯⋯⋯⋯ ⋯⋯⋯⋯⋯⋯⋯⋯⋯⋯⋯⋯⋯⋯⋯⋯⋯ 9.长叶酸藤子 E. longifolia

11.叶宽1.5厘米以下；花序长3—8毫米；果直径约5毫米⋯⋯ 10.酸藤子 E. laeta

8.果直径约2.7厘米，肉质，光滑，果梗粗约3毫米 ⋯ 11.肉果酸藤子 E. carnosisperma

1.叶缘具齿。

12.总状花序，基部无苞片，序梗长1厘米以上。

13.叶缘具细或密锯齿，齿几达基部。

14.细脉网状，明显，隆起，其间腺点不明显且疏；花药背部具腺点 ⋯⋯⋯⋯⋯⋯ ⋯⋯⋯⋯⋯⋯⋯⋯⋯⋯⋯⋯⋯⋯⋯⋯⋯ 12.网脉酸藤子 E. rudis

14.细脉不明显，其间腺点两面隆起；花药背部通常无腺点 ⋯⋯⋯⋯⋯⋯⋯⋯ ⋯⋯⋯⋯⋯⋯⋯⋯⋯⋯⋯⋯⋯⋯⋯⋯⋯ 13.密齿酸藤子 E. vestita

13.叶缘具粗齿或上半部具粗齿，稀全缘。

15.叶通常为长圆状卵形成椭圆状披针形，侧脉10—15对或更多；萼片广卵形或菱形，花丝无毛 ⋯⋯⋯⋯⋯⋯⋯⋯⋯⋯⋯14.多脉酸藤子 E. oblongifolia

15.叶通常为长椭圆形或椭圆形，侧脉10对左右或稀10对以下；萼片三角形，花丝基部具微柔毛 ⋯⋯⋯⋯⋯⋯⋯⋯⋯⋯⋯⋯15.瘤皮孔酸藤子 E.scandens

12.伞形、亚伞形或聚伞花序，基部通常多少具苞片，序梗长1厘米以下 ⋯⋯⋯⋯⋯ ⋯⋯⋯⋯⋯⋯⋯⋯⋯⋯⋯⋯⋯⋯⋯⋯⋯⋯⋯⋯⋯ 16.毛果酸藤子 E. henryi

1.短梗酸藤子（云南植物志）　西洋粪果（景东）、酸藤子（芒市）、脆叶果（元江）、麂子素李果（保山、施甸）、酸苔果（勐仑）、酸苔树（易武）、酸鸡藤（屏边）、野猫酸（麻栗坡）、枪子拐、小莲角（宁洱）

Embelia sessiliflora Kurz（1871）

产滇西南及西双版纳等地，生于海拔1400—2800米的林内、林缘及路边灌木丛中。贵州有分布；印度、缅甸、泰国也有。

果可食，味甜。嫩尖可生食，味酸，也可作蔬菜。

2.白花酸藤子（广州植物志）　酸藤、黑头果（河口）、碎米果、香胶藤（蒙自）、蓑衣果（保山）、水淋果、枪子果（普洱），"马桂郎"（傣族语）图471

Embelia ribes Burm. f.（1768）*

攀援灌木或藤木，长达9米。幼枝无毛，老枝具皮孔。叶坚纸质，倒卵状椭圆形或长圆状椭圆形，长5—8（10）厘米，宽约3.5厘米，先端钝渐尖，基部楔形或圆形，全缘，两面无毛，下面有时被一层薄粉，腺点不明显，中脉隆起；叶柄长5—10毫米，上面有沟，两侧具翅，有时折皱。圆锥花序生于小枝顶端，长5—15厘米，稀达30厘米，花序枝最初斜出，以后呈辐射开展，与主轴垂直，被疏乳头状突起或密被微柔毛；花5数，稀4数，具梗，梗长1.5毫米以上；小苞片小，钻形或三角形，长约1毫米，外面被疏微柔毛，里面无毛，通常宿存；花萼基部连合，长为萼长的1/2，萼齿三角形，先端急尖或钝，外面被细柔毛，有时被乳头状突起，具腺点，里面无毛；花瓣分离，淡绿色或白色，椭圆形或长圆形，长1.5—2毫米，先端急尖，外面被疏微柔毛，边缘和里面密被乳头状突起，近基部无毛，具褐色腺点；雄蕊在雄花中着生于花瓣中部，在雌花中着生于花瓣近基部，较花瓣短；花药卵珠形或长圆形，与花丝等长，顶端急尖，背部具瘤状腺点；雌蕊在雄花中退化，柱头呈不明显的微裂，在雌花中呈卵形，子房无毛；花柱与花瓣等长或略短；柱头头状或盾形。果球形或卵形，直径3—4毫米，稀达5毫米，红色或深紫色，无毛，干时具皱纹或突起的小斑点或腺点，具长柄。花期5—7月，果期9—12月。

产滇东南至滇西南，生于海拔1200—2000米或更低一些的地区。贵州、广东、广西、福建有分布；东自印度尼西亚、东南亚至印度南部也有。

根可治急性肠胃炎、赤白痢、腹泻、刀枪伤、外伤出血、毒蛇咬伤等；叶煎水，可作外科洗药；果可食，味甜；嫩尖可生食，味酸，也可作蔬菜。

3.多花酸藤子（云南植物志）图471

Embelia floribunda Wall.（1824）

攀援灌木或藤本，长5米以上。枝条长而细，下垂，皮因多皮孔而粗糙，幼枝无毛。叶坚纸质或近革质，披针形或长圆状披针形，长7—13（16）厘米，宽2—3.5（5）厘米，先端渐尖，基部圆形，全缘，两面无毛，下面尤其是干时顶端和边缘密布腺点；叶柄长1—1.5厘米，具狭翅。圆锥花序腋生或顶生，长7—11厘米，稀达15厘米，被极细的微柔毛或几

图471 白花酸藤子和多花酸藤子

1—5.白花酸藤子 *Embelia ribes* Burm. f.

1.花枝 2.花 3.花瓣及雄蕊 4.雌蕊 5.果

6—9.多花酸藤子 Embelia floribunda Wall.

6.花枝 7.花 8.雄蕊及花瓣 9.雌蕊

无毛；小苞片钻形；花5数，长3毫米或较短；花梗粗壮，与花等长，被疏乳头状突起或柔毛；花萼基部连合长约0.5毫米，萼片卵形或卵状三角形，先端急尖，边缘薄或近干膜质，具缘毛，中部厚而具腺点；花瓣分离，白色，披针形或倒披针形，长3毫米，外面疏被乳头状突起或无毛，边缘和里面密被乳头状突起，有时顶端具腺点；雄蕊等于或略长于花瓣，基部与花瓣合生，合生部分为其长度的1/4或1/3；花药卵形，背部有时具瘤状腺点；雌蕊具球形或卵形子房，无毛，柱头细尖，当花瓣脱落后，柱头呈头状或盾形。果球形，顶端细尖，直径4—5毫米，红色，具网状皱纹，有时有小突起。花期2—3月，有时在12月；果期10—12月。

产滇西及滇西北，生于海拔1500—2800米的林中或路旁灌木丛中。印度、缅甸、尼泊尔等地有分布。

4. 皱叶酸藤子（云南植物志）图472

Embelia gamblei Kurz ex C. B. Clarke（1882）

攀援灌木、灌木或有时几为小乔木，长8米以上，幼嫩时被锈色绒毛。小枝粗壮，皮皱褶，具皮孔，无毛，老枝具明显的皮孔。叶坚纸质至近革质，卵形至椭圆形，或长圆状广披针形，长15—30厘米，宽5.5—9厘米，先端急尖，基部近圆形或楔形，全缘，上面中脉下陷，网脉明显并隆起，下面中脉隆起，网脉内有明显的腺点和细鳞片状物，幼时被锈色绒毛，侧脉约20对；叶柄长1.5—2厘米。总状花序侧生，长2.5—4厘米，被微柔毛或几无毛；小苞片狭披针形，长1.5毫米；花梗长2—4毫米，被微柔毛；花5数，有时4数，长2—3毫米；花萼仅基部连合，萼片卵形至长圆形，急尖，长约萼长之半，边缘具缘毛，密生淡红色腺点，两面无毛；花瓣暗黄绿色，基部微微合生，椭圆形或倒卵形，长2.5毫米，外面无毛，里面具极细的微柔毛，具多腺点，边缘密生缘毛；雄蕊着生于花瓣基部，花丝长约0.5毫米扁平；花药卵形，背部无腺点；雌蕊在雄花中退化，瓶形，在雌花中具卵形子房，无毛；花柱上部弯曲，多少具腺点，柱头扁平。果球形，直径约3毫米，具细长的宿存花柱，柱头多少膨大，红色，具黑色腺点，宿存萼反卷。花期5—6月；果期约10月。

产福贡、片马、腾冲等地，生于海拔2400—2700米的沟谷常绿阔叶林中或岩石灌丛中。缅甸、印度有分布。

5. 当归藤（广西） 纽子树（屏边）、虎尾草（普洱）、"他枯"（河口依语）、小花酸藤子（云南植物志）

Embelia parviflora Wall. ex A. DC.（1834）

产滇东南、西双版纳、景东及贡山等地，生于海拔1100—1800米的丛林和灌木丛中。浙江、福建、安徽、广东、广西、贵州均有分布；缅甸、印度及苏门答腊也有。

根与老藤供药用，配伍治不孕症、月经不调、白带、萎黄病、腰痛腿痛等；也可接骨、散瘀活血。

图472　多脉酸藤子和皱叶酸藤子

1—3.多脉酸藤子 *Embelia oblongifolia* Hemsl.

1.花枝　2.花　3.雌蕊及花萼

4—7.皱叶酸藤子 *Embelia gamblei* Kurz ex C. B. Clarke

4.花枝　5.雄花　6.雌蕊及花萼　7.果

6.艳花酸藤子（云南植物志）

Embelia pulchella Mez（1902）

产滇东南至西南及景东等地，生于海拔600—1200米的丛林中和林缘灌木丛中。广西有分布；印度、缅甸、泰国及越南也有。

7.平叶酸藤子（云南植物志）图473

Embelia undulata（Wall.）Mez（1902）

Myrsine undulata Wall.（1824）

攀援灌木、藤本或小乔木，高达4米。小枝无毛，通常无皮孔，稀有皮孔。叶纸质至坚纸质，椭圆形或长圆状椭圆形，长4—9.5厘米，宽2—4厘米，先端急尖或渐尖，基部楔形，两面无毛，网脉间密布不甚明显的腺点，侧脉多数，形成不甚明显的边缘脉；叶柄长1—1.5厘米。总状花序侧生或腋生，着生于去年无叶的枝条上，长1—2厘米，被微柔毛，基部具覆瓦状排列的苞片；花梗长1.5—3毫米；小苞片三角状卵形，具缘毛；花4数，长2—3毫米；花萼基部连合达1/3，萼片卵形或三角状卵形，急尖，具疏缘毛，多腺点，外面几无毛，里面无毛；花瓣淡黄色或绿白色，分离，椭圆形至卵形，先端钝或急尖，长约2.5毫米，外面无毛，密布腺点，里面和边缘密被乳头状突起；雄蕊在雌花中较花瓣短，退化，在雄花中长过花瓣，基部与花瓣合生；花药背部具腺点；雌蕊在雄花中退化。果球形或扁球形，直径6—8毫米，有明显的纵肋及腺点，果梗长约5毫米，宿存萼紧贴于果。花期4—6月；果期9—11月。

产景东、凤庆、临沧、勐海等地，生于海拔1800—2500米的密林中潮湿处和山坡路边林缘灌木丛中。印度（阿萨姆）、尼泊尔有分布。

8. 大叶酸藤子（云南植物志） "阿林稀"（贡山怒族语）、近革质叶酸藤果（中国高等植物图鉴）图473

Embelia subcoriacea（C. B. Clarke）Mez（1902）

Embelia nagushia D. Don var. *subcoriacea* C. B. Clarke（1882）

攀援灌木或小乔木状，高达5米。枝条粗壮，多少具疣或皮孔。叶革质或坚纸质，倒卵形或倒卵状椭圆形，长8—15厘米，宽3.5—6.5厘米，先端急尖或骤然渐尖，基部楔形，全缘，两面无毛，具腺点，有时腺点伸长成碎发状，从中脉与侧脉平行向两侧放射，侧脉多数；叶柄长1—1.5厘米，上面有沟。总状花序着生于次年无叶小枝叶痕上，长3—5厘米，幼时被微柔毛，基部具一丛覆瓦状排列的苞片，花序梗和花梗粗壮，花梗长约5毫米；小苞片狭披针形或倒戟形；花4数，长约3毫米；花萼仅基部连合，萼片卵形至三角形，稀广卵形，先端急尖或钝，具缘毛，两面无毛，多少具腺点；花瓣分离，卵形或长圆状卵形，先端圆形或钝，外面无毛，里面密被微柔毛，具细缘毛，多少有腺点；雄蕊在雄花中花丝细长；花药背部具腺点，雌蕊退化。果扁球形，直径0.8—1厘米，稀达1.3厘米，深红色，多腺点，有多条纵肋；宿存花萼反卷。花期4—5月，也有8月，果期9—12月。

产滇西北、滇西南、西双版纳至滇东南，生于海拔1400—2300米的丛林或疏林中。广

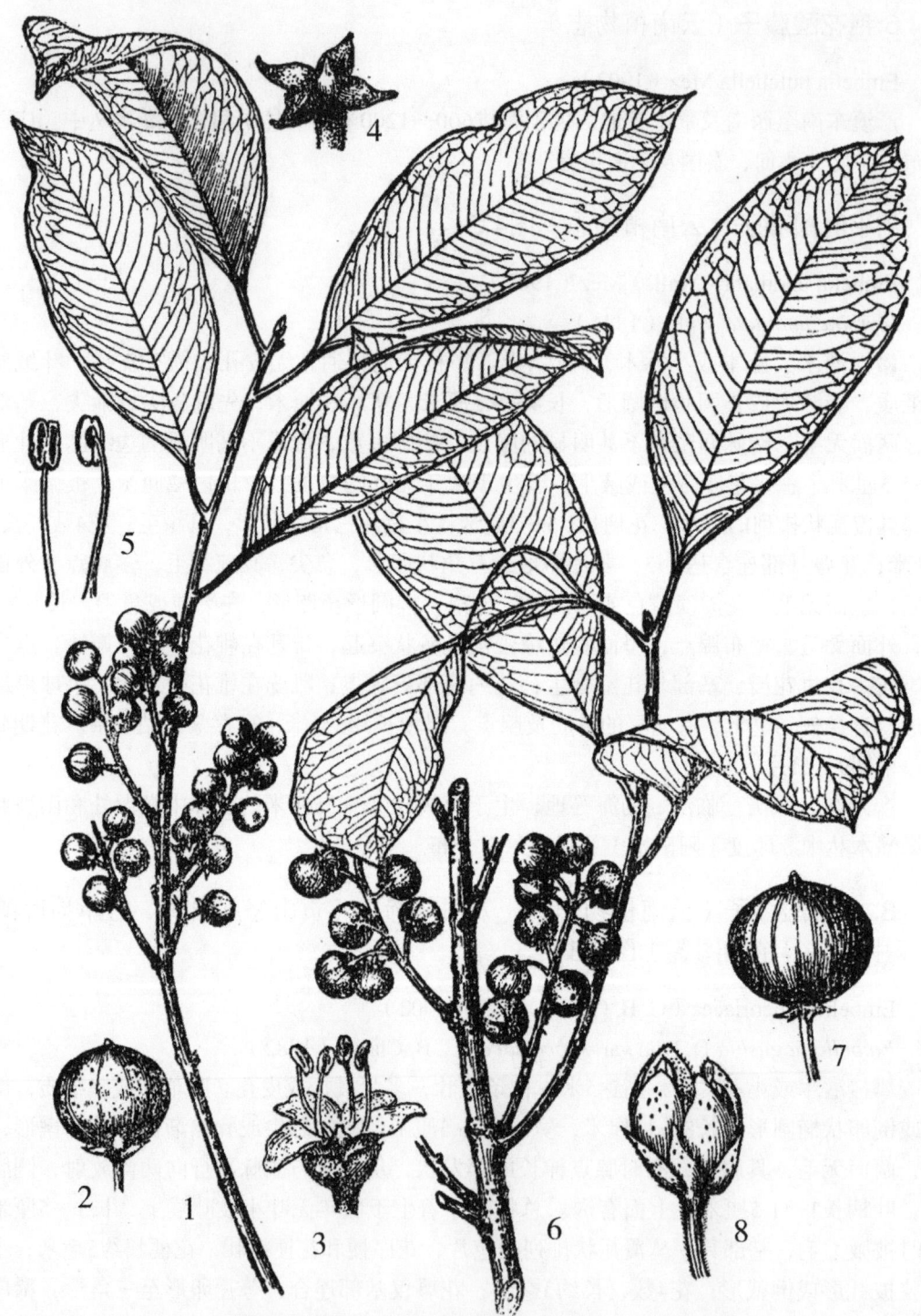

图473 平叶酸藤子和大叶酸藤子

1—5.平叶酸藤子 *Embelia undulata*（Wall.）Mez

1.果枝　2.果　3.雄蕊　4.除去花冠（示雌蕊）　5.雄蕊

6—8.大叶酸藤子 *Embelia subcoriacea*（C. B. Clarke）Mez

6.果枝　7.果　8.花

西、贵州有分布；印度、泰国、越南、老挝、柬埔寨也有。

果可生食，有驱蛔虫效果。

9.长叶酸藤子（海南植物志）　"没归息"（景颇语、陇川）、"木桂拾"（景颇语、芒市）

Embelia longifolia（Benth.）Hemsl.（1889）

Samara longifolia Benth.（1861）

产滇西至滇西南和滇东南，生于海拔1200—1300米，稀达2800米的丛林中、疏林中或路旁灌木丛中。江西、福建、广东、广西、四川、贵州有分布。

果可食、味酸，有驱蛔作用。全株治产后腹痛。

10.酸藤子（广州植物志）

Embelia laeta（Linn.）Mez（1902）

Samara laeta Linn.（1771）

产凤庆、西双版纳、西畴及富宁等地，生于海拔750—1500（1850）米的山坡上林中或疏林林缘灌木丛中。广东、广西、江西、福建、台湾有分布。越南、泰国、老挝、柬埔寨也有。

根、叶可散瘀止泻、收敛止痛，治跌打肿痛、肠炎腹泻、咽喉炎、胃酸少、痛经闭经等。果可食，强壮补血。兽医用根、叶治牛伤食臌胀、热病口渴。

11.肉果酸藤子（云南植物志）

Embelia carnosisperma C. Y. Wu et C. Chen（1977）*

产屏边（马尾），生于海拔1240—1400米的林中潮湿处。

12.网脉酸藤子（云南植物志）　白木浆果（玉溪）、老鸦果、山胡椒（华宁）、红杨梅（江川）

Embelia rudis Hand.-Mazz.（1922）

产滇东南和龙陵等地，生于海拔1200—1600米的丛林中或灌木丛中；华东（包括台湾）至西南各省区均有。

根、茎有清凉解毒、滋阴补肾的作用，可治月经不调、闭经、风湿。全株含挥发油，可提香精原料。

13. 密齿酸藤子（云南植物志）　打虫果、米汤果（龙陵）、白蜡树（杞麓）

Embelia vestita Roxb.（1824）

产滇东南及宾川、漾濞、凤仪等地，生于海拔1000—1700米多石的丛林中。尼泊尔、缅甸、印度有分布。

果可生食，酸甜，与红糖或酸果子拌食，有驱蛔作用。

14. 多脉酸藤子（海南植物志） 秕糠果、纽子果、日头果（屏边）、"马桂花"（傣族语）图472

Embelia oblongifolia Hemsl.（1882）

攀援灌木或藤本，稀小乔木（高13米），长10米以上。小枝细弱，无毛或被微柔毛，具皮孔。叶坚纸质，长圆状卵形至椭圆状披针形，长6—9厘米，宽2—2.5厘米，稀长达16厘米，宽约5.3厘米，先端急尖或渐尖或钝，基部圆形或微心形，边缘通常上半部具疏粗锯齿，极少近全缘，两面无毛，无腺点，侧脉15—20对，与中脉几成直角；叶柄长5—8毫米，上面具沟，两侧微微具翅。总状花序腋生，长1—3厘米，被锈色微柔毛；花梗长2—3毫米，通常与总轴成直角；小苞片长1毫米，钻形，具缘毛，外面被微柔毛，里面无毛，通常宿存；花5数，长2.5—3毫米；花萼基部连合，萼片广卵形或菱形，先端钝或急尖，具缘毛，里外无毛或几无毛，具腺点；花瓣分离，长圆形或椭圆状披针形，先端圆形，微凹，全缘，无缘毛，外面无毛，里面密被乳头状突起，具腺点；雄蕊在雌花中极短，在雄花中长超过花瓣，与花瓣基部连合达2/5；花药卵形或长圆形，背部无腺点或极少具腺点；雌蕊在雄花中极退化或几无，在雌花中具卵形无毛子房；花柱通常不超出花瓣，柱头膨大或头状或盾形。果球形，直径7—9毫米，红色，多少具腺点，宿存花萼反卷。花期10月至翌年2月；果期11月至翌年3月。

产滇东南及西双版纳等地，生于海拔700—1900米的山谷、溪边、河边的密林中。广东、广西、贵州有分布；越南也有。

15.瘤皮孔酸藤子（云南植物志）

Embelia scandens（Lour.）Mez（1902）

Calispermum scandens Lour（1790）

产金平、麻栗坡、勐仑、景洪、小勐养等地，生于海拔400—850（1300）米的林中或疏灌木丛中。广东、广西有分布；越南、老挝、泰国、柬埔泰等也有。

16.毛果酸藤子（云南植物志）

Embelia henryi Walker（1939）*

产滇东南等地，生于海拔1000—1700米的丛林、疏林中。广西有分布；越南也有。模式标本采于蒙自。

4.铁仔属 Myrsine Linn.

矮小灌木至乔木，直立，被毛或无毛。叶通常具锯齿，稀全缘，无毛，有时具腺点；叶柄通常下延至小枝上，使小枝成一定的棱角。伞形花序或花簇生，侧生或生于无叶的老枝叶痕上，每花基部具1苞片；花4—5数，两性或杂性，小，长2—3毫米；花萼近分离或连合达全长的1/2，萼片覆瓦状排列，通常具缘毛和腺点，宿存；花瓣几分离，稀连合达全长的1/2，通常具缘毛和腺点，雄蕊着生于花瓣中部以下，与花瓣对生；花丝明显，分离或基部连合；花药卵形或肾形，2室，纵裂；雌蕊无毛或几无毛，子房卵形或近椭圆形；花柱短，圆柱形；柱头点尖、扁平、流苏状或锐裂；胚珠少数，1轮。浆果核果状，球形或近卵形，具坚脆的内果皮，具种子1；胚乳坚硬，嚼烂状，胚圆柱形，横生。

本属约5（7）种，分布从亚速尔群岛经非洲、马达加斯加、阿拉伯、巴基斯坦、阿富汗、印度北部至我国西南部及中部等亚热带地区。我国有4种，分布于长江流域以南和西南各省；云南有3种。

分 种 检 索 表

1.叶长1—2（3）厘米，宽1厘米以下；小枝幼时被微柔毛 ……………… **1.铁仔 M. africana**
1.叶长5厘米以上，宽1.5厘米以上；小枝无毛。

  2.花通常5数；叶下面具小窝孔，边缘全缘或有时中部以上具1—2对齿 …………………
                             2.光叶铁仔 M. stolonifera
  2.花通常4数；叶下面无小窝孔，边缘中部以上具锐齿多对 … **3.针齿铁仔 M. semiserrata**

1.铁仔 簸赭子（植物名实图考）、万年青（绥江）、碎米果、碎米颗（丽江、楚雄）、铁扫把（香格里拉、蒙自）、连年果（丽江）、牙痛草（楚雄、昆明）、碎米枝（新平）、小铁子、炒米柴（云南）图475

Myrsine africana Linn.（1753）

灌木，高达1.5米。小枝圆柱形，叶柄下延而多少成棱角，幼嫩时被锈色微柔毛。叶革质或坚纸质，通常为椭圆状卵形，有时呈近圆形、倒卵形、长圆形或披针形，长1—2厘米，稀达3厘米，宽0.7—1厘米，先端广钝或近圆形，具短刺尖，基部楔形，边缘常从中部以上具锯齿，齿端常具短刺尖，两面无毛，下面常具小腺点，尤以边缘较多，侧脉很少，不明显，不连成边缘脉；叶柄短或几无，下延至小枝上。花簇生或近伞形花序，腋生；花梗长0.5—1.5毫米，无毛或被腺状微柔毛；花4数，长2—2.5毫米；花萼长约0.5毫米，基部短短连合或近分离，萼片广卵形至椭圆状卵形，两面无毛，具缘毛和腺点；花冠在雌花中长为萼的2倍或略长，花冠管为全长的1/2或更多，两面无毛，裂片卵形或广卵形，具缘毛和腺点，尤以顶端为多；雄蕊微微伸出花冠，花丝基部连合成管，与花冠管等长，基部与花冠管合生，上部分离，管口具缘毛，里面无毛；花药长圆形，与花冠裂片等大且略长；雌蕊长出雄蕊，具长卵形或圆锥形子房；花柱伸长，柱头点尖、微裂、二半裂或边缘流苏状，无毛；花冠在雄花中长为萼的1倍左右，花冠管为全长的1/2或略短，外面无毛，里面与花丝合生部分被微柔毛，裂片卵状披针形，具缘毛及腺点；雄蕊伸出花冠很多，花丝基部连合成管，与花冠管等长，且合生，上部分离，长为花药的1/2或略短，被微柔毛，花药长圆状卵形，伸出花冠约2/3；雌蕊退化。果球形，直径达5毫米，红色变紫黑色，光亮。花期2—3月，有时5—6月；果期10—11月，有时2或6月。

产滇西北、滇中及滇东南等地，生于海拔1100—3600米的石山坡、荒坡、疏林中，干燥向阳处。台湾、福建、江西、陕西、湖北、湖南、广西、贵州、四川、西藏有分布；从亚速尔群岛经非洲、阿拉伯半岛、印度也有。

枝、叶药用，治风火牙痛、咽喉痛、脱肛、子宫脱垂、肠炎、痢疾、红淋、风湿、虚劳等；叶捣碎外敷，治刀伤；皮、叶可提栲胶，皮含35%，叶含5%，种子可榨油，油可供工业用。

2.光叶铁仔（海南植物志） 匍匐铁仔（中国高等植物图鉴）、蔓竹杞（台湾植物志）图474

Myrsine stolonifera（Koidz.）Walker（1940）

Anamtia stolonifera Koidz.（1923）

灌木，高达2米。小枝多，纤细，无毛，叶柄下延不甚明显。叶坚纸质至近革质，椭圆状披针形，长6—8（10）厘米，宽1.5—2.5（3）厘米，先端渐尖或长渐尖，基部楔形，全缘或有时中部以上具1—2对齿，两面无毛，下面中脉隆起，侧脉及细脉不明显，仅边缘具腺点，其余密布小窝孔，叶柄长5—8毫米，下延不甚明显。伞形花序或花簇生，腋生或生于裸枝叶痕上，有花3—4，每花基部具1苞片，苞片戟形或披针形；花梗长2—3毫米；无毛，有时具腺点；花5数，长约2毫米；花萼分离或基部短短连合，无毛，萼片狭椭圆形或狭长圆形，长约1毫米；具明显的腺点，无缘毛，花冠基部连合成极短的管，外面无毛，里面除连合部分无毛外，其余被密乳头状突起，裂片长圆形，具腺点；雄蕊小，长为花冠裂片的1/2，基部与花冠管合生，上部分离，花丝与花药等长或略长；花药广卵形或肾形，背部有时具腺点；雌蕊在雌花中具卵形或椭圆形子房，无毛，具腺点，顶端渐尖成花柱和柱头，柱头点尖或微裂。果球形，直径约5毫米，红色变蓝黑色，无毛。花期4—6月；果期12月至翌年2月。

产滇东南等地，生于海拔1100—2100米的密林中湿润的地方。台湾、福建、浙江、广东、广西、贵州有分布。日本也有。

3.针齿铁仔（云南植物志） 齿叶铁仔（中国高等植物图鉴）图475

Myrsine semiserrata Wall.（1824）

大灌木或小乔木，高3—7米。小枝无毛，圆柱形，常具由于叶柄下延而成的棱角。叶坚纸质至近革质，椭圆形至披针形，有时呈菱形，长5—9厘米，宽2—2.5厘米，有时长达14厘米，宽达4厘米，先端长急尖或长渐尖，基部楔形，边缘通常于中部以上具刺状细锯齿，两面无毛，下面中脉隆起，侧脉弯曲上升，尾端连成边缘脉，网脉明显，具疏腺点，尤以边缘为密或几无；叶柄长约5毫米或略短。整形花序或花簇生，腋生，有花3—7，每花基部具1苞片，苞片卵形，具缘毛和腺点；花梗长约2毫米，无毛或被微柔毛；花4数，长约2毫米，花萼基部短短连合，达全长的1/3或略短，萼片卵形或三角形至椭圆形，外面常被疏微柔毛，先端急尖，钝或近圆形，具腺点和缘毛；花冠白色至淡黄色，长约2毫米，基部近连合或成短管，管通常为全长的1/3，裂片长椭圆形，长圆形或舌形，两面无毛，中部以上具显著的腺点，具缘毛，花时强烈展开；雄蕊与花冠等长或较长；花丝短，着生于花冠管上；花药与花冠裂片冈形，等大或较大，在雌花中退化；雌蕊在雄花中退化，被微柔毛，在雌花中较雄蕊短或略长，被微柔毛，子房卵形，花柱短，下部与子房不分开，略大，向上渐小；柱头2裂，流苏状。果球形，直径5—7毫米，红色变紫黑色，具密腺点。花期2—4月；果期10—12月。

图474 散花紫金牛和光叶铁仔

1—5.散花紫金牛 *Ardisia conspersa* Walker

1.花枝 2.花 3.花瓣 4.雄蕊 5.雌蕊

6—7.光叶铁仔 *Myrsine stolonifera*（Koidz.）Walker

6.果枝 7.果

图475　铁仔的针齿铁仔

1—3.铁仔 *Myrsine africana* Linn.
1.花枝　2.花　3.雄蕊
4—7.针齿铁仔 *M. semiserrata* Wall.
4.果枝　5.花　6.花去花冠　7.雄蕊

产滇西北、滇西、滇西南、滇中及滇东南等地，西双版纳仅在勐连发现，生于海拔1100—1700米的林内、山坡、路旁、石灰山上或沟边等。湖北、湖南、广东、广西、贵州、四川、西藏等有分布；印度至缅甸也有。

皮、叶可提栲胶；种子可榨油，油可供工业用。

5. 密花树属 Rapanea Aubl.

乔木或灌木，直立，无毛或被毛。叶全缘，稀具齿（我国不产），多少具腺点，无毛。伞形花序或花簇生，着生于具覆瓦状排列的苞片的短枝或瘤状物的顶端，短枝或瘤状物腋生或生于无叶的老枝干叶痕上；花4—5数（稀6数），两性或雌雄异株，花萼仅基部稍稍连合，萼片复瓦状或镊合状排列，通常边缘具乳头状突起，或近无毛，通常具腺点，宿存；花冠仅基部很短连合或成短管，花瓣通常为各式卵形，边缘和里面通常具乳头状突起，多少具腺点；雄蕊与花瓣对生，着生于花冠管喉部或花瓣基部；花丝极短或几无，花药卵形或箭头形，几与花瓣等大或较花瓣小，2室，纵裂，顶端有或无毛，雌蕊在雄花中退化，在雌花中具卵形子房；花柱极短或几无；柱头伸长成圆柱形或腊肠形，或中部以上扁平呈舌状；有时全部扁平，常弯曲，稀半裂。浆果核果状，卵形或近球形，具坚脆的或革质的内果皮，有种子1；种子基部空心，胚乳坚硬，不全部或将近成嚼烂状；胚横生，伸长。

本属约140（200）种，分布于南北半球的热带和亚热带地区。我国7种，分布于南部沿海各省；云南有6种，东南部种类较多。

分 种 检 索 表

1.叶小，长2.5厘米以上，宽9毫米以下。

  2.叶倒卵形，下面无小窝孔；叶通常多聚于小枝顶端。

    3.小枝密布小瘤；叶上面侧脉及细脉明显，隆起，下面不明显；花萼外面被细微柔毛
    ·· 1.瘤枝密花树 R. verruculosa

    3.小枝具纵皱纹；叶上面侧脉及细脉不明显，下面明显，隆起；花萼外面无毛·········
    ·· 2.多痕密花树 R. cicatricosa

  2.叶狭椭圆形，下面具小窝孔，叶分散于小枝上，不聚于小枝顶端·····························
  ·· 3.拟密花树 R. affinis

1.叶较大，长3厘米以上，宽1.2厘米以上。

  4.叶长通常不超过10厘米；小枝直径通常不超过4毫米；花梗短，长1—2毫米 ··········
  ·· 4.平叶密花树 R. faberi

  4.叶长通长8厘米以上；小枝略粗，直径5毫米以上。

    5.叶倒卵形，狭长圆状倒披针形或狭长圆形，长16厘米以上 ························
    ·· 5.广西密花树 R. kwangsiensis

    5.叶长圆状倒披针形至倒披针形，长17厘米以下 ·················· 6.密花树 R. neriifolia

1.瘤枝密花树（云南植物志）

Rapanea verruculosa C. Y. Wu ex C. Chen（1977）*
产西畴，生于海拔约1500米的石灰山开阔的林下。贵州（荔波）有分布。

2.多痕密花树（云南植物志）

Rapanea cicatricosa C. Y. Wu et C. Chen（1977）*
产麻栗坡，生于海拔约2000米的山顶、岩坡、灌木丛中。越南北部有分布。

3.拟密花树（海南植物志）　山花（海南）图476

Rapanea affinis（A. DC.）Mez（1902）
Myrsine affinis A. DC. in DC.（1844）

灌木或小乔木，高0.8—6米。小枝纤细，紫红色，被微柔毛。叶坚纸质，狭椭圆形，长2—4（5.8）厘米，宽7—11毫米，先端渐尖且钝，基部楔形，下延，全缘，两面无毛，中脉于上面微凹，下面隆起，侧脉及网脉两面隆起，连成边缘脉，下面密布小窝孔和腺点；叶柄极短或几无，不下延。花簇生，着生于具覆瓦状排列的苞片的小短枝顶端，小短枝通常着生于无叶的叶痕上，少腋生，有花1—3；苞片卵形，具缘毛，花梗极短或几无；花小，4数，长1—1.5毫米；花萼仅基部连合，无毛；萼片紫红色，卵形，长约0.5毫米，先端急尖，具缘毛和稀疏的腺点；花冠黄色，长1—1.5毫米；基部短短连合，裂片椭圆形，先端圆形，两面无毛，具疏腺点，边缘密被乳头状突起；雄蕊与花冠裂片几等长，着生于花冠连合处；花丝极短或几无，花药卵形，顶端具微柔毛；雌蕊无毛，花时柱头伸出花冠，子房卵形，柱头伸长，圆柱形或近腊肠形花期10月。

产富宁、麻栗坡等地，生于海拔1000米的山坡灌木林内干燥的地方。海南有分布；印度尼西亚也有。

4.平叶密花树（海南植物志）　小黑果（河口）、马木树（屏边）、小叶密花树（中国高等植物图鉴）图476

Rapanea faberi Mez（1902）

乔木，高达6米或更高。小枝纤细，无毛。叶坚纸质或近革质，椭圆形至披针形，长7—11厘米，宽1.5—3厘米，先端细急尖或渐尖，基部楔形，全缘，两面无毛，上面中脉下陷，下面中脉隆起，侧脉不明显，至边缘连成边缘脉，边缘多少具小腺点；叶柄长约1厘米。花簇生，着生于成覆瓦状排列的苞片的小短枝上，短枝腋生或在落叶的枝条上；苞片卵形，先端钝，边缘具疏乳头状突起，两面无毛；花梗长1—2毫米，无毛；花5数，长约3毫米，花萼基部连合，长1毫米或略短，萼片卵形，具腺点，边缘具细乳头状突起；花瓣淡绿色，长约3毫米，基部连合达1/3，裂片长圆形或卵形，具腺点，边缘和里面具乳头状突起，但于基部连合部分极少或无；雄蕊的花药较花瓣略小，顶端有时具微柔毛；雌蕊较花瓣略短，子房长圆状卵形，无毛；柱头伸长，舌状，顶端尖，与子房等长。果球形或卵形，直径4—5毫米，黑色，无毛，干时略有纵纹，无腺点。花期4—5月；果期10—12月。

图476 拟密花树和平叶密花树

1—4.拟密花树 *Rapanea affinis*（A. DC.）Mez

1.花枝 2.花 3.花去花冠 4.花冠展开

5—6.平叶密花树 *R. faberi* Mez

5.果枝 6.果

产马关、金平、屏边、河口及芒市等地，生于海拔1400—2000米的混交林或疏林中，沟边及阴湿处。四川、贵州、海南有分布。

5.广西密花树（云南植物志）图477

Rapanea kwangsiensis Walker（1931）

小乔木，高5—6米，小枝粗壮，无毛，有纵纹，叶革质，倒卵形，长16—21厘米，宽6—8厘米，先端广急尖或钝，基部楔形，全缘，边缘微微反卷，两面无毛，上面中脉扁平，下面中脉隆起，侧脉微微隆起，尾部连成边缘脉。伞形花序或花簇生，着生于具覆瓦状排列的苞片的小短枝上，小短枝腋生或侧生于无叶的枝上；苞片广卵形，两面无毛，具疏缘毛；花梗长4—6（8）毫米，无毛；花5（或6）数，长约4毫米，花萼基部连合达1/3—1/2，萼片卵形，长1（2）毫米，先端急尖，全缘；两面无毛，边缘有时具疏乳头状突起，腺点不明显；花瓣仅基部连合或连合达1/3，长约4毫米，长圆状披针形，具小腺点，两面无毛或里面具乳头状突起，具疏缘毛；雄蕊在雌花中花丝极短，花药与花瓣同形或略小；雌蕊具卵形或近球形子房，花柱极短，柱头微裂或近扁舌状，近顶端常具腺点。果球形，直径4—5毫米，紫色或紫红色，无毛，具纵行肋纹和纵行腺点。花期5月；果期约4月。

产富宁，生于海拔650—1000米的山谷混交林中或石灰山杂木林中。广西、西藏、贵州有分布。

5a.狭叶密花树（云南植物志）（变种）

var. lanceolata C. Y. Wu et C. Chen（1977）*

与前者的主要区别是，叶狭长圆状披针形或狭长圆形，长14—24厘米，宽3.5—5厘米，顶端渐尖，基部楔形。

产金平、屏边等地，生于海拔1200—1500米的石灰山杂木林中。

6.密花树 狗骨头（普洱）、"哈雷"（傣族语）图477

Rapanea neriifolia（Sieb. et Zucc.）Mez（1902）

Myrsine neriifolia Sieb. et Zucc.（1846）

大灌木或小乔木，高2—7米，可达12米。小枝无毛，具皱纹，暗褐色，有时具皮孔。叶革质，长圆状倒披针形至倒披针形，长7—17厘米，宽1.3—6厘米，先端急尖或钝，稀突然渐尖，基部楔形，多少微微下延，全缘，两面无毛，下面中脉隆起，侧脉不明显，多数；叶柄长约1厘米。伞形花序或花簇生，着生于具覆瓦状排列苞片的短枝上，短枝腋生或生于无叶老枝叶痕上，有花3—10；苞片广卵形，具疏缘毛；花梗长2—3毫米或略长，无毛，粗壮；花长（2）3—4毫米，花萼仅基部少少连合，萼片卵形，先端钝或广急尖，稀圆形，长约1毫米，具缘毛，有时具腺点；花瓣白色或淡绿色，有时为紫红色，基部联合达全长的1/4；花时反卷，长（2）3—4毫米，卵形或椭圆形，先端急尖或钝，具腺点，外面无毛，里面和边缘密被乳头状突起，中部以下无上述突起；雄蕊在雌花中退化，在雄花中着生于花冠中部；花丝极短，花药卵形，略小于花瓣，无腺点，顶端常具乳头状突起；雌蕊与花瓣等长或超过花瓣，具卵形或椭圆形子房，无毛；花柱极短，柱头伸长，顶端平扁，

图477　广西密花树和密花树

1—3.广西密花树 *Rapanea kwangsiensis* Walker

1.叶片　2.花　3.花去花冠

4—8.密花树*R. neriifolia*（Sieb. et Zucc.）Mez

4.花枝　5.花　6.花去花冠　7.花冠展开（部分）　8.果

基部圆柱形，长约为子房的2倍。果球形或近卵形，直径4—5毫米，灰淡绿色或紫黑色，有时具纵行线条纹或纵肋，冠以宿存花柱基部，果梗有时增长达7毫米。花期4—5月；果期10—12月。

产丽江、易门、玉溪、富宁等云南省大部分地区，生于海拔650—2400米的混交林中或苔藓林中，也出现于林缘、路旁等的灌木丛中。从西南各省、西藏、华东至台湾均有分布。日本、缅甸、越南也有。

心材和边材无差别，初伐下时色浅，淡褐色，具红褐色甚宽的射线，以后变为浅红褐色，质地硬重，易加工，切削面光滑，但收缩不匀，易开裂。可作室内装修及装饰工艺用材，也为极好的薪炭材。根煎水服，治膀胱结石；叶捣碎敷外伤；树皮含鞣质20.11%。

225.山矾科 SYMPLOCACEAE

灌木或乔木。单叶互生，叶缘具齿，腺齿、全缘；无托叶。花两性，稀杂性，辐射对称，排列成总状花序、穗状花序、圆锥花序或缢缩成团伞花序，稀单生，多腋生；苞片通常1，小苞片2（1）；花萼通常漏斗形，稀钟形，萼片5（3），呈镊合状或覆瓦状排列，通常宿存；花冠通常白色，5裂，极少3—11裂，仅基部微连合或稀连合达中部，覆瓦状排列；雄蕊15以上，极少12，长短不一，分离或多少连合，排成数轮和数束，花丝丝状，基部常与花冠微微连合，稀着生于花冠筒近中部，花药2室，近球形，纵裂；子房下位或半下位，顶端具花盘或腺点，通常3室，稀2—5室，花柱丝状，柱头点尖或2—5微裂；胚珠每室2—4，下垂。核果，顶端冠以宿存萼片，果皮薄；核光滑或有棱，1—5室，每室有种子1枚，种子胚乳丰富，胚直或弯曲；子叶小，线形。

本科1属，约300种，广布于热带、亚热带亚洲、大洋洲及美洲，非洲、欧洲不产。我国约77种，主要分布于西南部至东南部，东北部仅1种，西南部种类最多；云南约40种。本志记载39种2变种。

云南的种类，萼片与花瓣均为5枚。

山矾属 Symplocos Jacq.

属的形态特征及分布与科相同。

分 种 检 索 表

1.花瓣仅基部连合或微微连合；花萼漏斗形，萼片与萼筒约等长。
　2.总状花序或圆锥花序；花有梗或多少有梗。
　　3.总状花序。
　　　4.总状花序，基部无分枝。
　　　　5.小枝无毛，若被毛则叶长15厘米以上，果长1.4厘米以上。
　　　　　6.花序长12毫米以上；雄蕊50以下。
　　　　　　7.叶革质或近坚纸质，长14（18）厘米以下，宽4.5（5.5）厘米以下；果长1厘米以下。
　　　　　　　8.花序长6—9厘米，雄蕊40—50；果椭圆形，长7—10毫米；叶长7—14（18）厘米，宽2.5—4.5（5.5）厘米 …………… 1.坚木山矾 S. dryophila
　　　　　　　8.花序长2—4（6）厘米，雄蕊25—35；果圆柱状狭卵形或坛形，长8毫米以下；叶长12厘米以下，宽3.5厘米以下。
　　　　　　　　9.叶狭椭圆形或倒披针状椭圆形；花序长3—4（6）厘米，被微柔毛，苞片、花萼均被微柔毛，萼片半圆形；果圆柱状狭卵形，长6—7毫米，直径约3毫米 ………………………………… 2.海桐山矾 S. heishanensis

9.叶长圆状椭圆形、宽椭圆形、卵形或倒卵形，有时倒卵状披针形；花序长2—4厘米，被开展的长柔毛，苞片被毛，花萼无毛，萼片三角状卵形；果坛形，长7—8毫米，直径5—6毫米 … **3.总状山矾 S. botryantha**

7.叶坚纸质，长15—25厘米，宽5.5—10厘米；果长圆形或长圆状椭圆形，长1.4—2厘米。

10.幼枝、果序、叶下面脉上及叶柄均无毛 ………… **4.滇南山矾 S. hookeri**

10.幼枝、果序、叶下面脉上及叶柄均被绒毛 …………………………………

…………………… **4a.绒毛滇南山矾 S. hookeri var. *tomentosa***

6.花序长12毫米以下；雄蕊75以上。

11.叶椭圆形或狭椭圆形，长9—14厘米，宽3.5—4.5厘米；花序无毛，雄蕊约110，花盘有腺点；果纺锤形，长约3厘米，最宽处约1厘米 ………………

…………………………………… **5.木核山矾 S. xylopyrena**

11.叶长圆形或长圆状椭圆形，长15—20厘米或略长，宽5—9厘米；花序被紧贴的柔毛，雄蕊75—80，花盘无腺点；果长圆形，长约4.5厘米，直径2.3厘米 ……………………………………………… **6.蒙自山矾 S. henryi**

5.小枝被毛或略被毛。

12.花序长2—4厘米，被柔毛、无毛或长柔毛；叶两面均无毛；果卵状坛形或坛形。

13.小枝略被柔毛或无毛；叶片卵形、倒卵状椭圆形或狭倒卵形；花萼仅萼片被疏微柔毛；花瓣被微柔毛；果卵状坛形，长约10毫米 …………………

…………………………………… **7.山矾 S. sumuntia**

13.小枝被长柔毛；叶片宽卵形、椭圆状卵形或椭圆形至卵状披针形；花萼全部无毛；花瓣无毛；果坛形，长7—8毫米 ……… **8.坛果山矾 S. urceolaris**

12.花序长1—2厘米，被短柔毛、粗伏毛或柔毛、长柔毛；叶下面被毛；果瓶形、卵形、长圆形或长圆状卵形。

14.叶长5—12厘米，宽1.5—3.5厘米；果瓶形或卵形。

15.叶片狭椭圆形或长圆状椭圆形，长5—9厘米，宽1.5—3厘米；叶柄被柔毛；果瓶形，长约7毫米，直径4毫米以下 …**9.瓶核山矾 S. ascidiiformis**

15.叶长椭圆形、椭圆形、倒披针形至倒卵形，长6—12厘米，宽2—3.5厘米；叶柄无毛；果卵形，长约9毫米，直径6毫米 ……………………

………………………………… **10.微毛山矾 S. wikstroemiifolia**

14.叶长9—14（18）厘米，宽3—4.5（6）厘米，长圆状椭圆形、狭椭圆形或长圆状披针形；果长圆形或长圆状卵形，长8—10毫米 …………………

………………………………… **11.滇灰木 S. yunnanensis**

4.总状花序基部有分枝或有时有分枝。

16.小枝无毛，叶柄长约3毫米。………………… **12.铁山矾 S. pseudobarberina**

16.小枝被毛，叶柄长3毫米以上。

17.花序无毛；嫩枝、花序、苞片、花萼被秕糠状微柔毛；叶柄两侧有腺点 …

………………………………… **13.腺叶山矾 S. adenophylla**

17.花序有毛；嫩枝、花序、苞片、花萼非秕糠状微柔毛；叶柄无腺点（薄叶山矾 S. anomala叶柄有腺点，但小枝被粗伏毛）。

  18.花序长1—4厘米或更长；叶柄两侧无腺点。

    19.花序长6—8（12）厘米；小枝被柔毛；雄蕊约80 ┄┄┄┄┄┄┄┄

┄┄┄┄┄┄┄┄┄┄┄┄┄┄┄┄┄┄┄┄ **14.珠仔树 S. racemosa**

    19.花序长1—4厘米；小枝被平展的长硬毛或粗伏毛；雄蕊50以下。

      20.幼枝、叶下面脉上、叶柄及花序均被平展的长硬毛；叶椭圆形、狭椭圆形或长圆状椭圆形，长7—15厘米，宽2.5—5厘米；雄蕊40—50；花盘无腺点 ┄┄┄┄┄┄┄┄┄┄┄ **15.柔毛山矾 S. pilosa**

      20.幼枝被细粗伏毛，叶柄无毛，花序被短柔毛；叶椭圆状披针形或椭圆状卵形，长6—11（13）厘米，宽2—3.5（4.5）厘米；雄蕊30—40；花盘具5腺点 ┄┄┄┄┄┄┄ **16.多花山矾 S. ramosissima**

  18.花序长1—1.5（2.5）厘米，叶柄有腺点的下延的狭翅 ┄┄┄┄┄┄┄┄

┄┄┄┄┄┄┄┄┄┄┄┄┄┄┄┄┄┄┄┄ **17.薄叶山矾 S. anomala**

3.圆锥花序；叶薄纸质或纸质；果宽卵形或卵状球形 ┄┄┄┄┄ **18.白檀 S. paniculata**

2.穗状花序、花序基部有分枝，或花序短缩呈球状；花无梗。

  21.穗状花序或花序基部有1—5分枝。

  22.穗状花序，基部无分枝。

    23.花序长1—3（4）厘米；幼枝被柔毛；果近球形，直径约4毫米或略宽 ┄┄┄┄

┄┄┄┄┄┄┄┄┄┄┄┄┄┄┄┄┄┄┄ **19.光叶山矾 S. lancifolia**

    23.花序长1.5（2.5）厘米以下；幼枝被长硬毛或无毛；果非近球形，长6毫米以上，直径4毫米以上。

      24.小枝被长硬毛；果长圆状椭圆形或倒卵状长圆形，长6—8（9）毫米，直径约4毫米，被柔毛 ┄┄┄┄┄┄┄┄┄┄┄ **20.毛山矾 S. groffuu**

      24.小枝无毛；果椭圆形或椭圆形微倒卵形，长7—15毫米，直径6—10毫米，无毛。

        25.叶长6.5—13厘米，宽2.5—4厘米，有时长10厘米，宽2.5厘米；花序长约6毫米，直径约1厘米；雄蕊约35枚 ┄┄┄┄┄┄┄ **21.波缘山矾 S. setchuensis**

        25.叶长8—13（16）厘米，宽2—2.5（6）厘米；花序长1.5（2.5）厘米；雄蕊20—28枚 ┄┄┄┄┄┄┄┄┄┄┄┄┄ **22.茶叶山矾 S. theaefolia**

  22.穗状花序基部具1—2（5）分枝。

    26.花序长1.5厘米以下，果长圆形或卵状长圆形、长圆状卵形或狭卵形，长6—20毫米；花序基部通常1—2分枝。

      27.小枝无毛、几无毛或被疏粗伏毛；花序被细粗伏毛；果长6—10（12）毫米。

        28.叶先端急尖、短渐尖或渐尖；花萼无毛，萼片长圆形或近圆形；果长约10（12）毫米直径约6毫米；小枝无毛 ┄┄┄┄ **23.茶条果 S. ernestii**

        28.叶先端尾状渐尖；花萼被细粗伏毛，萼片卵形；果长6—8毫米，直径3—4毫米；小枝几无毛或被疏粗伏毛 ┄┄┄┄┄┄ **24.绿枝山矾 S. viridissima**

27.小枝及花序均被密短绒毛；果长1.5—2厘米，狭卵形⋯⋯25.羊舌树 S. glauca

26.花序长3—6（11）厘米，果扁球形、近球形或扁球状坛形，直径6—7毫米；花序基部有1—5分枝。

29.小枝无毛；长6—13厘米，宽2—4（5）厘米，两面无毛；花序长3—6厘米
⋯⋯⋯⋯⋯⋯⋯⋯⋯⋯⋯⋯⋯⋯⋯⋯⋯⋯⋯⋯⋯ 26.黄牛奶树 S.laurina

29.小枝被平展的硬毛或绒毛；叶长9—26（30）厘米，宽3—9（12）厘米，叶下面被平展的硬毛或绒毛；花序长6—11厘米 ⋯27.越南山矾 S. cochinchinensis

21.穗状花序短缩呈头状。

30.叶宽约为长的1/3，一般长约12厘米，宽约4厘米。

31.小枝无毛；果直径约3毫米，圆柱形，长8—10毫米 ⋯⋯28.铜绿山矾 S. aenea

31.小枝有毛；果直径4毫米以上。

32.叶长12—19厘米，宽5—8厘米，叶背密被绒毛；苞片边缘无腺点 ⋯⋯⋯⋯⋯
⋯⋯⋯⋯⋯⋯⋯⋯⋯⋯⋯⋯⋯⋯⋯⋯⋯⋯ 29.宿苞山矾 S. persistens

32.叶长8—12（17）厘米，宽2—4（6）厘米，叶下面无毛或偶有毛；苞片边缘有腺点。

33.叶片革质或坚纸质，椭圆形或倒卵形；叶柄'长15—25毫米，两侧无腺点；雄蕊50—60 ⋯⋯⋯⋯⋯⋯⋯⋯⋯⋯⋯⋯⋯⋯30.密花山矾 S. congesta

33.叶片坚纸质或纸质，椭圆形、椭圆状卵形或卵形；叶柄长8—15毫米，两侧有1排腺点；雄蕊20—30。

34.叶下面无毛，无腺点 ⋯⋯⋯⋯⋯⋯⋯⋯⋯ 31.腺柄山矾 S. adenopus

34.叶下面被柔毛及褐色腺点 ⋯ 31a.被毛腺柄山矾 S. adenopus var. vestita

30.叶宽约为长的1/4，一般长约17厘米，宽约4厘米。

35.叶柄长8—12毫米，两侧有1排腺点；叶长9—16（18）厘米，宽2—3.5（4）厘米
⋯⋯⋯⋯⋯⋯⋯⋯⋯⋯⋯⋯⋯⋯⋯⋯⋯⋯ 32.团花山矾 S. glomerata

35.叶柄长15毫米以上，两侧无腺点。

36.小枝无毛。

37.叶长14—21厘米，宽3.5—6.5厘米，全缘 ⋯⋯⋯⋯⋯⋯⋯⋯⋯⋯⋯⋯⋯
⋯⋯⋯⋯⋯⋯⋯⋯⋯⋯⋯⋯⋯ 33.无量山山矾 S. wuliangshanensis

37.叶长21—26厘米，宽6—7厘米，边缘中部以上具疏细齿 ⋯⋯⋯⋯⋯⋯⋯⋯
⋯⋯⋯⋯⋯⋯⋯⋯⋯⋯⋯⋯⋯ 34.倒披针叶山矾 S. oblanceolata

36.小枝有毛。

38.雄蕊不超过25。

39.叶纸质，花序着生于小枝叶腋；花萼长约4毫米，萼片卵形，较萼筒长
⋯⋯⋯⋯⋯⋯⋯⋯⋯⋯⋯⋯⋯ 35.文山山矾 S. wenshanensis

39.叶厚革质，花序着生于二年生枝的叶痕腋；花萼长约3毫米，萼片半圆形，短于萼筒 ⋯⋯⋯⋯⋯⋯⋯⋯⋯ 36.老鼠矢 S. stellaris

38.雄蕊30—40。

40.叶坚纸质或薄革质，叶柄长1.5—2厘米；花序着生于小枝叶腋；苞片椭

圆状卵形或卵形，长约2毫米 ················· **37.腺缘山矾 S. glandulifera**

40.叶革质，叶柄长2—3.5厘米；花序着生小枝叶腋或落叶老枝叶痕腋；苞
片宽倒卵形至圆形，直径3—3.5毫米·············· **38.大叶山矾 S. grandis**

1.花瓣基部连合成筒，筒长约为花瓣长的1/2；花萼钟形，萼片为萼筒的1/4或1/5 ············
··· **39.南岭山矾 S. confusa**

1.坚木山矾（中国植物志）图478

Symplocos dryophila C. B. Clarke（1882）

小乔木，高达8米；小枝无毛，黄绿色；芽外层鳞片无毛，内层常被柔毛。幼叶下面被柔毛，很快脱落，成熟叶革质，长圆形、椭圆状长圆形或椭圆状狭倒卵形，长7—14（18）厘米，宽2.5—4.5（5.5）厘米，全缘或上部有不明显的疏细锯齿，两面无毛，上面中脉及侧脉下凹或微微下凹，下面脉隆起；叶柄长1—2厘米，有槽。总状花序腋生，长6—9厘米，被开展的长粗毛；苞片圆形，小苞片披针形，各长约3毫米，均被短柔毛，早落；花萼漏斗形，长2—2.5毫米，几无毛，萼片三角状卵形，略短于萼筒或近等长；花瓣白色，椭圆形或宽椭圆形，长5—6毫米，仅基部连合；雄蕊40—50，不等长，与花冠等长或略长，基部微连合；花盘被微柔毛。核果椭圆形，无毛，长7—10毫米，直径4—5毫米，宿存萼片直立，略增大。花期4—6月；果期8—10月。

产全省大部分地区，生于海拔1600—3200米的山坡、山谷常绿阔叶林中或次生矮树灌丛中。西藏、四川有分布；尼泊尔、印度、印度、缅甸、越南、泰国也有。

2.海桐山矾（中国高等植物图鉴）图479

Symplocos heishanensis Hayata（1915）

Symplocos pittosporifoila Hand.-Mazz.（1943）

乔木，高达20米，胸径达50厘米；幼枝深褐色，以后黑褐色，无毛；芽被微柔毛或无毛。叶革质或近坚纸质，干后深褐黄绿色，狭椭圆形或倒披针状椭圆形，长6—12厘米，宽2—3厘米，先端渐尖或短渐尖，有时具钝头，基部楔形，边缘有疏浅波状齿或近全缘，上面有光泽，中脉下凹，侧脉微微隆起，两面无毛；叶柄长1—2厘米，有浅槽。总状花序腋生，长3—4（6）厘米，被微柔毛；苞片和小苞片半圆形至宽卵形，被微柔毛，宿存；花萼漏斗状，长约1.5毫米，被微柔毛，萼片半圆形，长为萼筒的1倍，萼筒无毛或略被疏柔毛；花瓣白色，椭圆形或宽卵形，长约4毫米，仅基部连合；雄蕊25—35，不等长，基部微连合；花盘无毛。核果圆柱状狭卵形，长6—7毫米，直径约3毫米，无毛，成熟时紫黑色，宿存萼片直立，不增大。花期3—4月；果期7—9月。

产滇东南，生于海拔1800—3926米的山坡、山谷常绿阔叶林中或疏林中；湖南、广西、广东、海南、浙江、江西、台湾有分布。

木材材质良好，为建筑、车船、家具等用材。

图478 多花山矾和坚木山矾

1—3.多花山矾 *Symplocos ramosissima* Wall. ex G. Don

1.果枝 2.花去部分花瓣 3.果

4—7.坚木山矾 *S. dryophila* C. B. Clarke

4.花枝 5.花瓣展开 6.花萼及雌蕊 7.果实

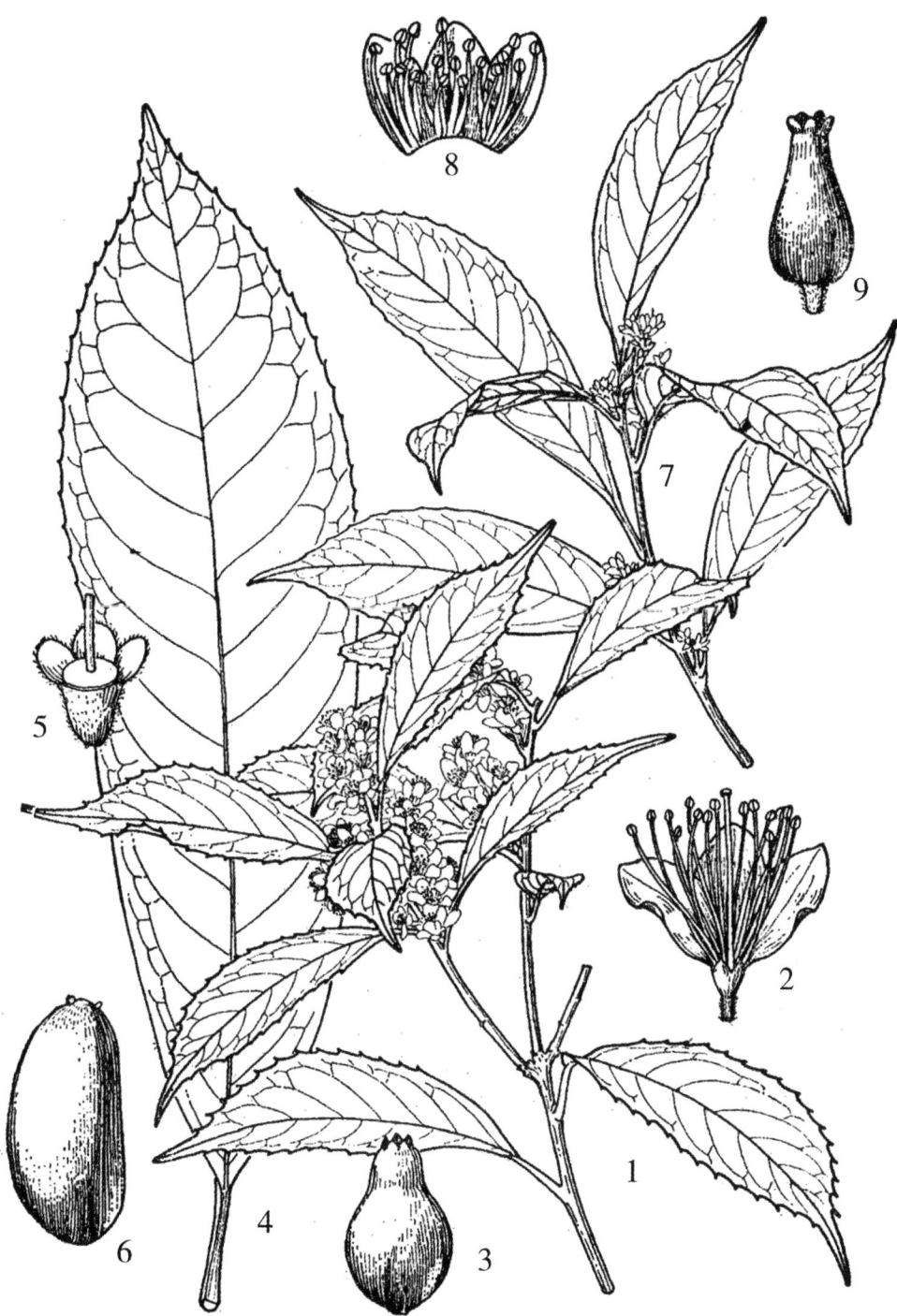

图479 总状山矾、倒披针叶山矾和海桐山矾

1—3.总状山矾 *Symplocos botryantha* Franch.

1.花枝　2.花去部分花瓣　3.果实

4—6.倒披针叶山矾 *S. oblanceolata* Y. F. Wu

4.叶　5.花去花冠（示雄蕊及部分萼片）　6.果实

7—9.海桐山矾 *S. heishanensis* Hayata

7.花枝　8.花冠展开　9.果实

3.总状山矾（中国高等植物图鉴）图479

Symplocos botryantha Franch.（1888）

乔木，高达8米；嫩枝无毛，略具棱，以后圆柱形。叶革质或近坚纸质，长圆状椭圆形、宽椭圆形、卵形或倒卵形，有时倒卵状披针形，长5—9厘米，宽2—3.5厘米，先端尾状渐尖，基部楔形或近钝，边缘具波状浅齿，齿先端常具腺点，两面无毛，中脉在上面下凹，侧脉不明显或在上面下凹，在下面略隆起；叶柄长8—12毫米，有槽。总状花序腋生，长2—4厘米，被开展的长柔毛，果时渐脱落；小苞片条状披针形，长3—5毫米，被毛；花萼漏斗状，无毛，长约3毫米；萼片三角状卵形长约0.7毫米；花瓣白色或淡黄色，长圆状椭圆形，仅基部微微连合；雄蕊25—30，呈不明显的5束，花丝基部与花冠稍结合；花盘无毛。核果坛形，上部渐缢缩，长7—8毫米，直径5—6毫米，无毛，宿存萼片不明显。果期8—10月。

产滇东北及腾冲等地，生于海拔1100—1650米的山坡、山谷阔叶林下或林内。四川、贵州、广西、湖北、湖南有分布。

4.滇南山矾（中国高等植物图鉴）图480

Symplocos hookeri C. B. Clarke（1882）

乔木，高达18米，胸径达35厘米；小枝无毛，略有棱；芽被微柔毛。叶坚纸质，倒卵形或长圆状倒卵形，长15—25厘米，宽5.5—10厘米，先端急尖或有时短渐尖，基部楔形或宽楔形，边缘具浅锯齿或锯齿，两面无毛，上面中脉及侧脉下凹或微凹，网脉微隆起，下面脉隆起，侧脉于近边缘处网结呈边缘脉；叶柄长1—2厘米，有细槽。总状花序腋生，长3—4厘米，密被柔毛；苞片及小苞片早落；花梗粗壮，长约3毫米，被毛；花萼漏斗形，长约3毫米，被毛，萼片近圆形，与萼筒几等长。核果长圆形或长圆状椭圆形，长1.4—2厘米，无毛，宿存萼片不增大，直立或内伏，干脆易断。果期5—8月。

产芒市、澜沧、勐海、易武、元阳、金平、屏边、富宁等地，生于海拔1100—2100的山坡、山谷常绿阔叶林中，水旁或土壤湿润、土层肥厚的地方。印度、缅甸、泰国、老挝、越南有分布。

4a.绒毛滇南山矾（植物分类学报）图484

var. tomentosa Y. F. Wu（1986）

本变种与种的主要区别是幼枝、果序、叶下面脉上及叶柄均被绒毛，幼果被柔毛。

产元阳、金平、屏边等地，生于海拔700—1290米的溪边、山坡常绿阔叶林中。模式标本采自金平。

5.木核山矾（植物分类学报）图480

Symplocos xylopyrena C. Y. Wu ex Y. F. Wu（1982）

小乔木，高达5米；小枝黄褐色，无毛；树皮灰褐色。叶片近膜质或纸质，椭圆形或狭椭圆形，长9—14厘米，宽3.5—4.5厘米，先端尾状渐尖，基部楔形，全缘，边缘膜质，

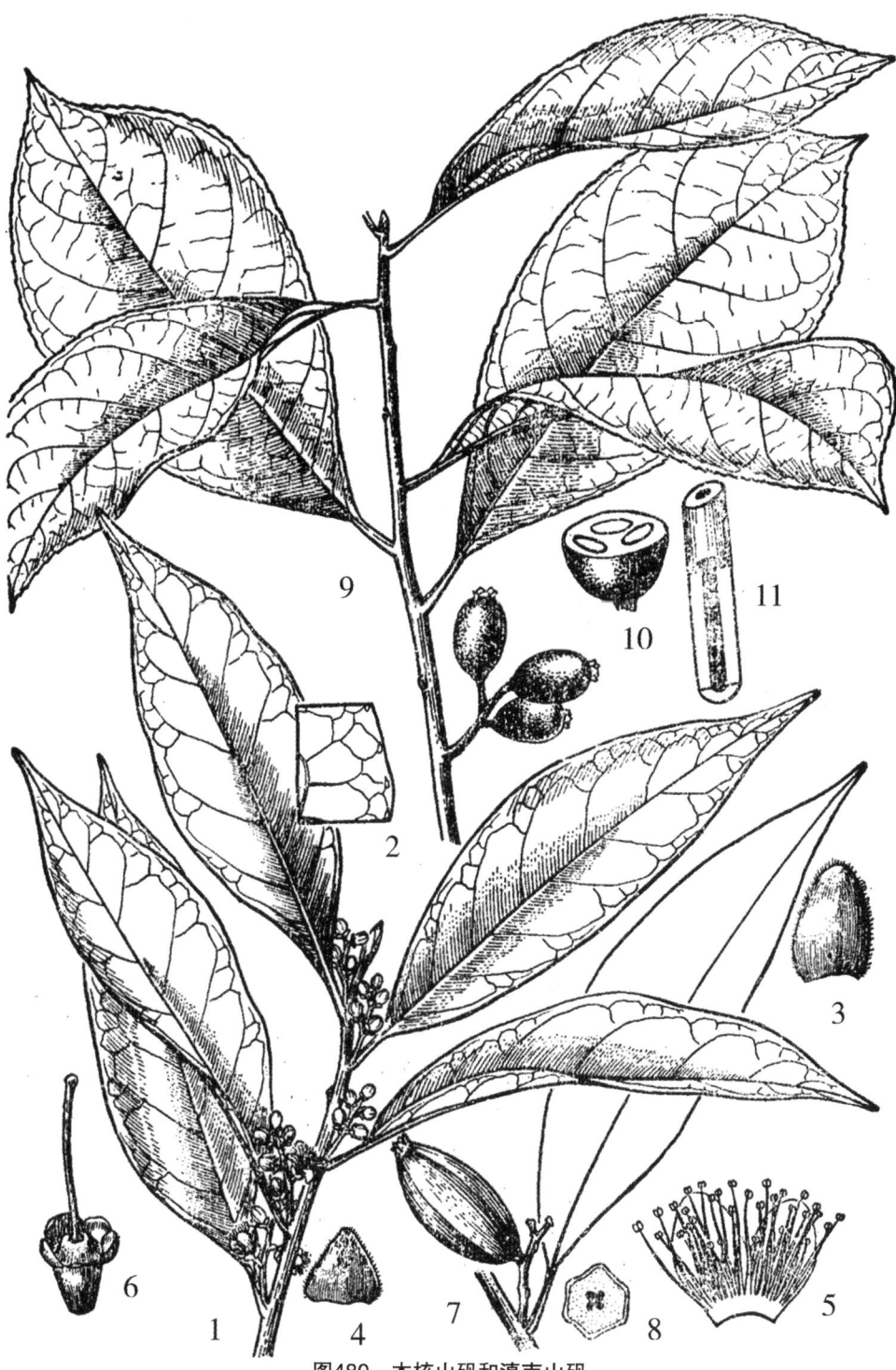

图480　木核山矾和滇南山矾

1—8.木核山矾 *Symplocos xylopyrena* C. Y. Wu ex Y. F. Wu

1.花枝　2.叶边缘放大示腺点　3.苞片　4.小苞片　5.花冠展开（示雄蕊）

6.花去花冠与雄蕊（示花萼、花盘与雌蕊）　7.果枝　8.核果横切面

9—11.滇南山矾 *Symplocos hookeri* C. B. Clarke

9.果枝　10.果实横切面　11.小枝部分纵剖（示髓心横隔状）

有时在中部以上，有疏细尖齿，两面无毛，上面中脉下凹，侧脉微凹；叶柄长8—10毫米，有槽。总状花序腋生，长8—12毫米，无毛；花梗短，苞片长圆形，长约2毫米，无毛，早落；小苞片三角状卵形，长约1毫米，边缘薄，具缘毛；花萼漏斗形，长约4毫米，无毛，萼片半圆形，长约1.5.毫米；花瓣白色，长约6毫米，椭圆形或长圆状椭圆形，仅基部连合；雄蕊约110，长短不一，略伸出花冠，基部与花冠合生；花盘有腺点。核果纺锤形，长约3厘米，直径最宽处约1厘米，无毛。花期约8月；果期12月。

产贡山，生于海拔1800—2000米的常绿阔叶林中。西藏有分布。

6.蒙自山矾（中国植物志） 蒙自茶条果（云南种子植物名录）图481

Symplocos henryi Brand（1901）

乔木，高达10米，胸径达25厘米。幼枝无毛，棱不明显，略扁圆。叶坚纸质或近纸质，长圆形或长圆状椭圆形，长15—20厘米或略长，宽5—9厘米，先端短渐尖，基部楔形或宽楔形，边缘具锯齿或齿不甚明显，有时呈疏重锯齿，齿尖常增厚，两面无毛但具密细小突起，有时突起不明显，中脉于上面下陷或略扁平，下面隆起，侧脉两面隆起；叶柄粗壮，长5—20毫米，上面微凹。总状花序，腋生，长达1厘米，花序梗与花梗被紧贴的柔毛；花萼漏斗状，长约3毫米，裂片近圆形或卵状圆形，密被紧贴的柔毛及缘毛，长约2毫米，萼管无毛；花瓣白色，长圆形，长约5毫米，宽3毫米，无毛，仅基部连合；雄蕊75—80，不等长；花盘无毛；柱头头状。核果长圆形，长约4.5厘米，直径2.3厘米，顶端冠以增大的宿存萼片。花期10—11月；果期9—10月。

产蒙自、屏边等地，生于海拔900—1700米的常绿阔叶林中。

7.山矾（中国高等植物图鉴）图491

Symplocos sumuntia Buch.-Ham. ex D. Don（1825）

Symplocos caudata Wall.（1831），nom. nud.，ex G. Don（1837）

小乔木，高达5米；嫩枝黑褐色，有时黄绿色，无毛或略被柔毛。叶坚纸质，卵形、倒卵状椭圆形或狭倒卵形，长3—7厘米，宽1.5—3厘米，先端通常长渐尖或渐尖，基部楔形或圆钝，边缘具浅锯齿或微波状齿，有时近全缘，两面无毛，中脉在上面下凹，侧脉及网脉两面均微隆起；叶柄长约1厘米，有槽。总状花序腋生，长2.5—4厘米，被开展的疏柔毛；苞片、小苞片早落，宽卵形至狭倒卵形，被柔毛；花萼漏斗形，长2—2.5毫米，萼筒无毛，萼片三角状卵形，与萼筒等长或略短，被疏微柔毛；花瓣白色，长圆状椭圆形或椭圆形，长（3）4—4.5毫米，仅基部微微连合，被微柔毛；雄蕊25—35，呈不明显的5束，基部微与花冠连合；花盘无毛。核果卵状坛形，长约10毫米，无毛，顶端冠以宿存萼片，萼片有时脱落。花期4—6月；果期8—10月。

产滇东南、滇东北等地，生于海拔600—1950米的常绿阔叶林内。从四川至江苏以南各省、区都有分布；尼泊尔、印度、不丹均有分布。

根、叶、花均作药用，有清热利湿，理气化痰的功效，用于黄疸、咳嗽、关节炎等症；叶鲜品捣汁可治急性扁桃体炎和鹅口疮。

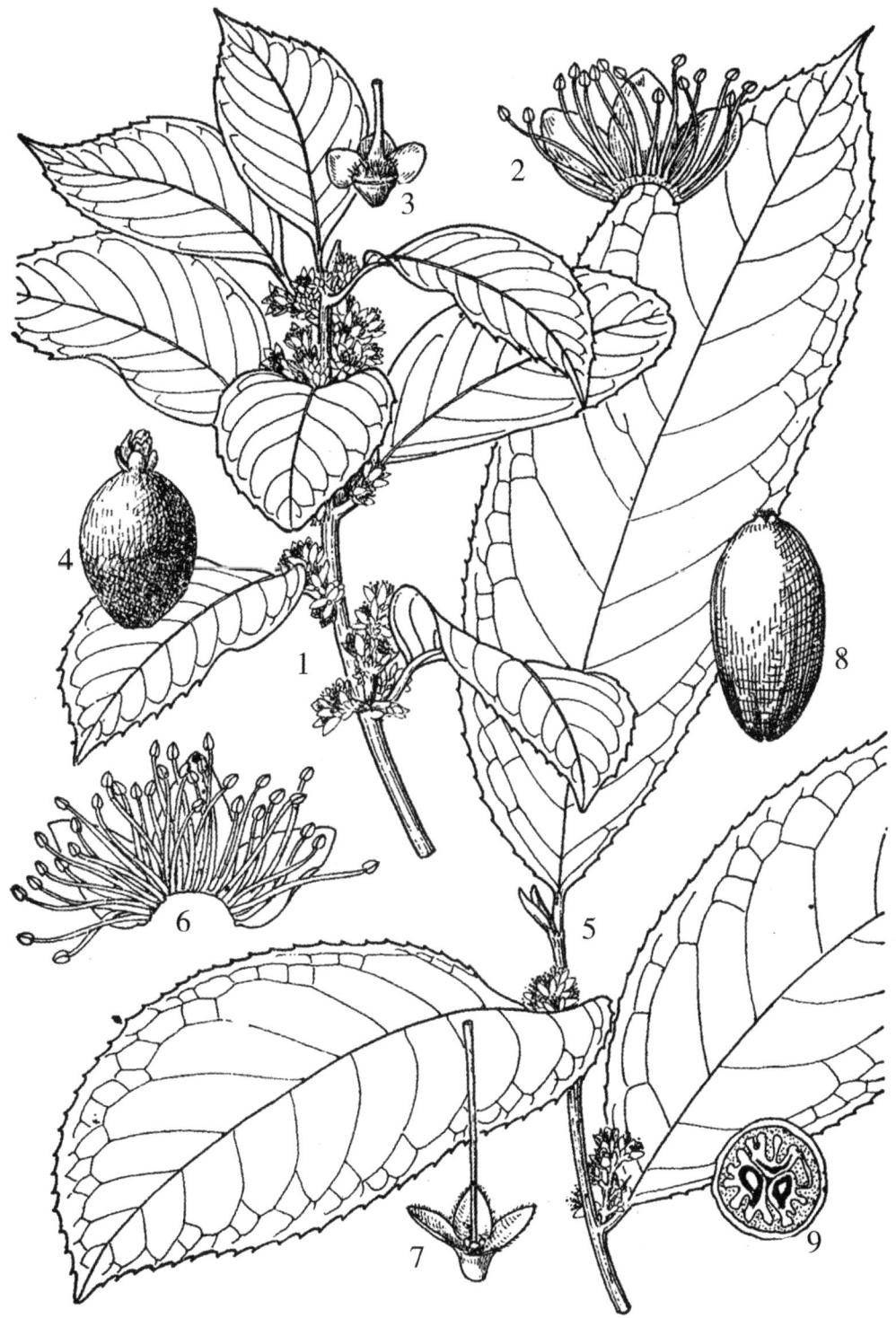

图481 茶叶山矾和蒙自山矾

1—4.茶叶山矾 *Symplocos theaefolia* D. Don

1.花枝 2.花冠展开（示雄蕊） 3.花去花冠及部分萼片（示雌蕊） 4.果

5—9.蒙自山矾 *S. henryi* Brand

5.花枝 6.花冠展开（示雄蕊） 7.花去花冠及部分萼片（示雌蕊） 8.果 9.果横切面

8.坛果山矾（中国高等植物图鉴）图482

Symplocos urceolaris Hance（1876）

小乔木，高达10米，胸径达15厘米。嫩枝干时黄褐色，有棱，被长柔毛，以后很快变暗褐色或黑褐色，毛被脱落。叶纸质或近坚纸质，宽卵形、椭圆状卵形或椭圆形至卵状披针形，长4—7（9）厘米，宽2—2.5（3.5）厘米，先端渐尖或尾状渐尖，基部楔形或钝，两面无毛，边缘具锯齿，有时齿略浅；中脉在上面下凹，侧脉及网脉明显，两面均隆起；叶柄长5—8毫米，幼时被微柔毛，很快脱落。总状花序腋生，长2—4厘米，有数至10余花，密被开展的柔毛；苞片宽卵形，小苞片卵形或狭卵形，均被紧贴的柔毛，常早落；花萼长约3毫米，无毛，萼片卵形或三角状卵形，长约1.5毫米，花瓣白色或白黄色，椭圆形或倒卵状椭圆形，长约4.5毫米，仅基部微连合，无毛；雄蕊长短不一，35—40，基部微连合，较花瓣略长；花盘无毛；子房3室。核果坛形，上半部略缢缩，长7—8毫米，直径4—5毫米，无毛，顶端冠以宿存萼片。花期10—12月；果期4—6月。

产滇东北、西双版纳、滇东南，生于海拔800—1500（1800）米的常绿阔叶林内。广东、海南、广西、福建、浙江、江西、四川、贵州等省（自治区）均有。

9.瓶核山矾（植物分类学报）

Symplocos ascidiiformis Y. F. Wu（1982）

小乔木，高约4米；嫩枝被微柔毛，后渐无毛，枝条红褐色；芽被微柔毛。叶纸质或略厚，狭椭圆形或长圆状椭圆形，长5—9厘米，宽1.5—3厘米，先端尾状渐尖，基部宽楔形，边缘膜质，有不明显的齿痕，上有小腺点，嫩时两面被微柔毛，后变无毛，上面中脉下凹，侧脉和网脉微隆起；叶柄长2—3毫米，被微柔毛，有槽。果序总状，长约2厘米，被短柔毛，果梗长2—2.5毫米；宿存小苞片三角状卵形，长不到1毫米。核果瓶形，长约7毫米，直径最粗部分约4毫米，无毛，宿存萼片三角状卵形，微张。果期8—9月。

产贡山，生于海拔约1200米的山坡、路旁常绿阔叶林中。西藏有分布。

10.微毛山矾（中国高等植物图鉴） 月桂叶灰木（台湾植物志）图483

Symplocos wikstroemiifolia Hayata（1915）

常绿小乔木，高达10米；幼枝密被粗伏毛至无毛，老枝树皮呈灰褐色，具皱纹。芽小，披针形，通常被粗伏毛。叶薄革质或坚纸质，干后橄榄色或黄绿色，长椭圆形、椭圆形、倒披针形至倒卵形，长6—12厘米，宽2—3.5厘米，先端渐尖或短尾状渐尖，稀急尖，基部楔形，有时微下延，边缘具不明显的细锯齿或几全缘，齿尖具小腺点，上起，侧脉离边缘约2毫米处呈不明显的网结；叶柄长5—8毫米，通常圆柱形，无槽。总状花序腋生，长1—2厘米，罕达7厘米，被粗伏毛，花梗极短，被粗状毛；小苞片1，卵形，被粗伏毛，具缘毛，早落；花萼漏斗状，长约2毫米，无毛或仅萼筒基部被粗壮毛，萼片卵形，较萼筒略长，顶端钝或急尖，具缘毛；花瓣白色，干后呈黄色，长圆形或倒卵形，长约4毫米，宽1.5毫米，基部连合长约1毫米的短管，无毛；雄蕊约15，5束，长短不一，微伸出花冠，基部与花冠微微连合；花盘被粗伏毛。核果卵形，长约9毫米，直径6毫米，近顶端缢缩，无

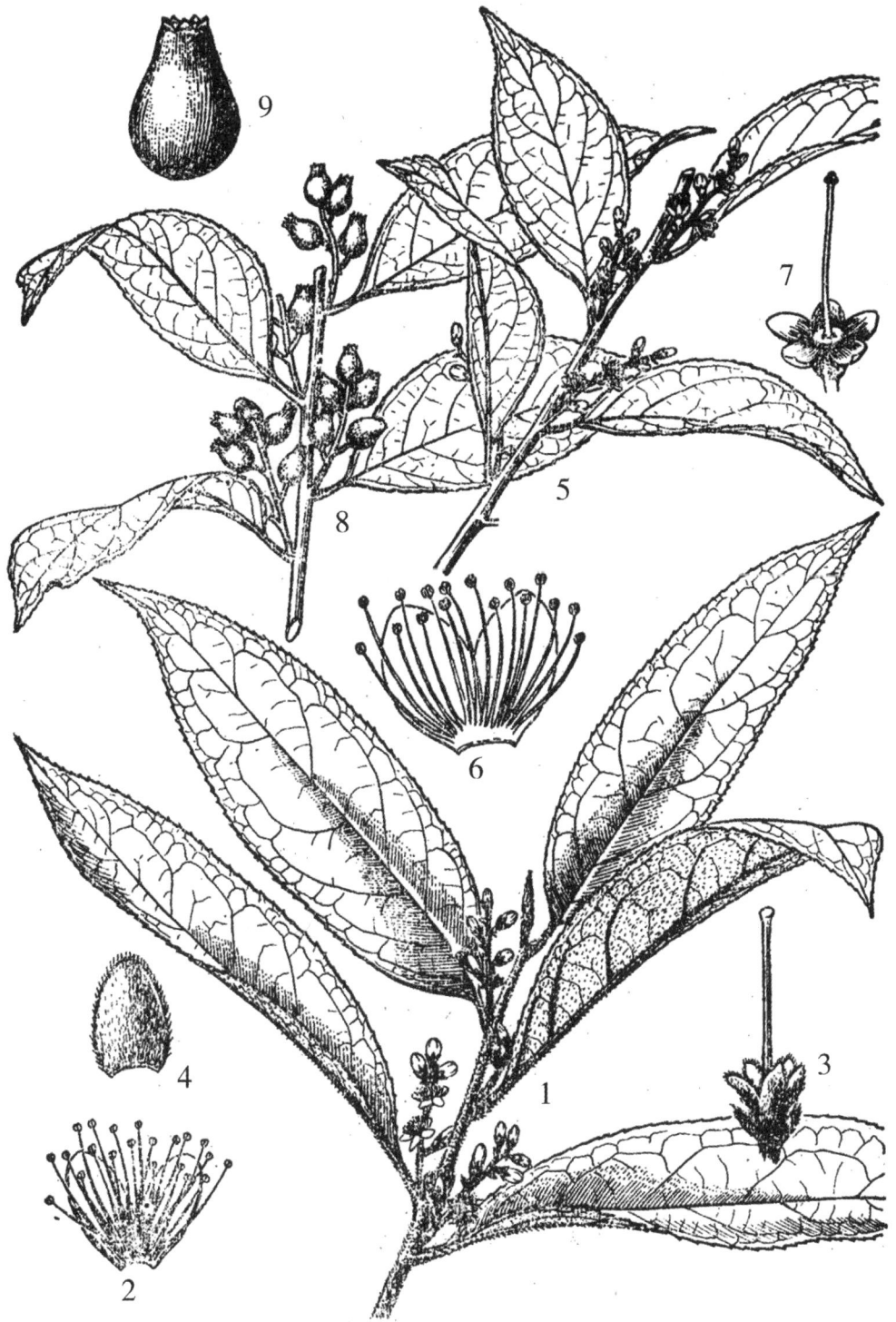

图482　柔毛山矾和坛果山矾

1—4.柔毛山矾 *Symplocos pilosa* Rehd.

1.花枝　2.花冠展开示雄蕊　3.花去花冠与雄蕊（示花萼，花盘与雌蕊）　4.苞片

5—9.坛果山矾 *Symplocos urceolaris* Hance

5.花枝　6.花冠展开（示雄蕊）　7.花去花冠与雄蕊（示花萼、花盘与雌蕊）　8.果枝　9.果实

图483 越南山矾和微毛山矾

1—4.越南山矾 *Symplocos cochinchinensis*（Lour.）S. Moore
1.果枝 2.花枝 3.果实 4.花瓣及雄蕊群
5—9.微毛山矾 *Symplocos wikstroemiifolia* Hayata
5.果枝 6.花枝 7.果实 8.花瓣及雄蕊群 9.花萼及雌蕊

毛，宿存萼片小，有时略被疏毛。花期3—5月；果期7—9月。有的地区花期10月至翌年2月；果期7—9月。

产金平、屏边、广南、文山、西畴、麻栗坡等地，生于海拔1000—2160米的山坡、山谷常绿阔叶林中。贵州、广西、广东、海南、湖南、浙江、福建、台湾有分布；越南至马来半岛也有。

种子可榨油，油可制肥皂；木材可作农具或小建筑。

11. 滇灰木（中国高等植物图鉴）图484

Symplocos yunnanensis Brand（1901）

小乔木，高达8米。小枝、叶下面、叶柄、花序、花萼及幼果均密被柔毛或有时为长柔毛。叶坚纸质，长圆状椭圆形、狭椭圆形或长圆状披针形，长9—14（18）厘米，宽3—4.5（6）厘米，先端渐尖，有时微弯呈镰刀状，基部楔形或圆钝，边缘具细锯齿，齿尖有不明显的腺点，上面中脉及侧脉下凹，网脉不明显，无毛，仅幼时中脉具柔毛，下面脉隆起；叶柄长5—7毫米。总状花序腋生，长1—2厘米；苞片倒卵形，长约3毫米，被毛；小苞片卵形，长约2毫米；花萼漏斗形，长约2.5毫米，萼片长圆形，与萼筒等长或略长；花瓣绿白色或白色，长圆状卵形，长约4毫米，仅基部微连合；雄蕊约30，不等长，基部微连合；花盘被毛。核果长圆形或长圆状卵形，长8—10毫米，宿存萼片直立或微展开。花期10—11月；果期3—5月。

产滇西南至滇东南，生于海拔1200—2300米的常绿阔叶林中及土壤潮湿、排水良好的地方。模式标本采自普洱。

12. 铁山矾（中国高等植物图鉴）图485

Symplocos pseudobarberina Gontsch.（1924）

小乔木，高达5米，胸径约8厘米。树皮灰白色；芽被粗伏毛；枝条无毛，黄绿色，老枝灰褐色。叶纸质，卵形、卵状椭圆形或倒卵状披针形，长6—8（10）厘米，宽2—3.5（4.5）厘米，先端尾状渐尖或渐尖，基部楔形或钝，边缘具疏浅波状齿或近全缘，两面无毛，上面中脉下凹，侧脉微隆起，远离叶缘呈明显的网结；叶柄长约3毫米，有槽。总状花序腋生，长2—3厘米通常无毛，常有1—2分枝或近基部有1—2花的花梗，长约1厘米，一般花梗长约3—5毫米；苞片与小苞片宽卵形至三角状卵形，几无毛或被毛，具缘毛，常宿存3花萼漏斗状，长约2毫米，被毛或毛被脱落，萼片宽三状卵形，略短于萼筒；花瓣白色，椭圆形或卵状椭圆形，长约4毫米，仅基部连合；雄蕊30—40，不等长，基部微连合；花盘无毛或有毛。核果长圆状卵形，成熟时紫黑色，长约8毫米，被紧贴的细粗伏毛，宿存萼不增大。花期3—5月；果期约8月。产滇东南及元阳等地，生于海拔1000—1700米的常绿阔叶林或灌丛中。湖南、广西、广东、海南、福建有分布；越南也有。

13. 腺叶山矾（中国高等植物图鉴）图486

Symplocos adenophylla Wall.（1844）

小乔木，高达10米；嫩枝、芽、花序、苞片及花萼均被秕糠状微柔毛，枝条红褐色。

图484 绒毛滇南山矾、宿苞山矾和滇灰木

1—3.绒毛滇南山矾 *Symplocos hookeri* C. B. Clarke var. *tomentosa* Y. F. Wu

1.果枝 2.果实 3.果横切

4—6.宿苞山矾 *S. persistens* Huang et Y. F. Wu

4.果枝 5.花 6.果实

7—9.滇灰木 *S. yunnanensis* Brand

7.叶片 8.花 9.果实

图485　绿枝山矾和铁山矾

1—5.绿枝山矾 *Symplocos viridissima* Brand

1.花枝　2.花冠展开（示雄蕊）　3.花去花冠及雄蕊（示花萼、花盘及雌蕊）　4.果枝　5.果实

6—10.铁山矾 *Symplocos pseudobarberina* Gontsch.

6.花枝　7.花冠展开（示雄蕊）　8.花去花冠与雄蕊（示花萼、花盘及雌蕊）　9.果枝　10.果实叶坚纸质或近革质，狭椭圆形、椭圆形或披针状狭椭圆形，长6—12厘米，宽1.6—3厘米，先端镰刀状尾状渐尖，具钝尖头，基部楔形，边缘具浅圆齿，齿间有腺点，两面无毛，上面中脉下凹，侧脉微凹，远离边缘网结；叶柄长约1厘米或略长，有槽，两侧具1排腺点。总状花序腋生，长3—4毫米，有时有1—3分枝，无毛；苞片及小苞片三角状卵形或略狭，无毛；花萼漏斗状，长2—2.5毫米，无毛，萼片半圆形，具缘毛，较萼筒短；花瓣白色，卵形，顶端圆形，长约3毫米，仅基部微连合；雄蕊30—35，不等长，基部微连合；花盘无毛。核果卵状椭圆形，长8—12毫米，直径约6毫米或略狭，无毛，宿存萼片紧闭呈1小锥体。花果期7—8月，常既开花又果熟。

产文山等地，生于海拔约2000米的常绿阔叶林中。广西、广东、海南、福建有分布；印度、越南、马来西亚、新加坡、印度尼西亚也有。

14.珠仔树（中国高等植物图鉴）图487

Symplocos racemosa Roxb.（1832）

小乔木，高达15米；嫩枝、芽、幼叶下面、叶柄均被柔毛。叶革质、卵形、长圆状卵形或长圆状椭圆形，长7—10（12）厘米，宽3—4.5（6）厘米，先端圆形、钝或急尖，基部圆形或宽楔形，全缘或具稀疏的浅锯齿，两面无毛，上面中脉下凹，侧脉、网脉隆起，下面脉均隆起；叶柄长4—10毫米，有浅宽槽。总状花序腋生，长6—8（12）厘米，密被柔毛，稀在基部有1—2分枝；苞片阔卵形或卵形，长3—4毫米，密被柔毛，早落；小苞片卵形，长约2毫米，密被柔毛；花萼漏斗形，长约4毫米，无毛，萼片半圆形或宽卵形，与萼筒等长，具缘毛；花瓣白色或浅黄色，长圆状卵形，长约6毫米，仅基部微连合；雄蕊约80，长短不一，基部微连合；花盘隆起，有5腺点，被柔毛。核果长圆形，长8—11毫米，直径约5毫米，无毛，宿存萼片微增大，直立。花期10—12月；果期3—5月。

产滇南、滇东南、滇西南，生于海拔500—1900米的常绿阔叶林中或林缘、灌丛中。四川、广西、广东、海南有分布；印度、缅甸、泰国、越南也有。

15.柔毛山矾（中国高等植物图鉴）图482

Symplocos pilosa Rehd.（1916）

小乔木，高达6米，胸径15厘米；幼枝、叶下面脉上、叶柄及花序均被平展的长硬毛，老枝渐无毛，黑褐色。叶坚纸质或纸质，椭圆形、狭椭圆形或长圆状椭圆形，长7—15厘米，宽2.5—5厘米，先端渐尖或尾状渐尖，基部钝或近圆形，边缘具细尖锯齿，上面无毛，中脉及侧脉下凹，下面被疏短硬毛；叶柄长5—8毫米，具细浅槽。总状花序腋生，长1—4厘米，基部常有短分枝；苞片长圆形，长约4毫米，具缘毛；小苞片披针形，长约2毫米，被柔毛，具缘毛；花萼漏斗形，长约3毫米，萼筒与萼片等长，被长硬毛，萼片长圆形或卵状长圆形，有时略被疏硬毛，具缘毛；花瓣白色或带黄色，长圆形或椭圆状卵形，长4—5毫米，仅基部微连合；雄蕊40—50，长短不一，基部微连合；花盘无毛。花期约5月；果期9—10月。

产蒙自、屏边、马关等地，生于海拔1500—2600米的常绿阔叶林中。模式标本采自蒙自。

图486　腺叶山矾和光叶山矾

1—8.腺叶山矾 *Symplocos adenophylla* Wall.

1.花枝　2.花　3.花去花冠、雄蕊（示花萼、花盘和雌蕊）　4.花冠展开（示雄蕊）

5.果枝　6.果　7.叶柄　8.叶片边缘（示腺点）

9—13.光叶山矾 *Symplocos lancifolia* Siep

9.花枝　10.花去花冠、雄蕊（示花萼、花盘和雌蕊）　11.花冠展开（示雄蕊）　12.果枝　13.果

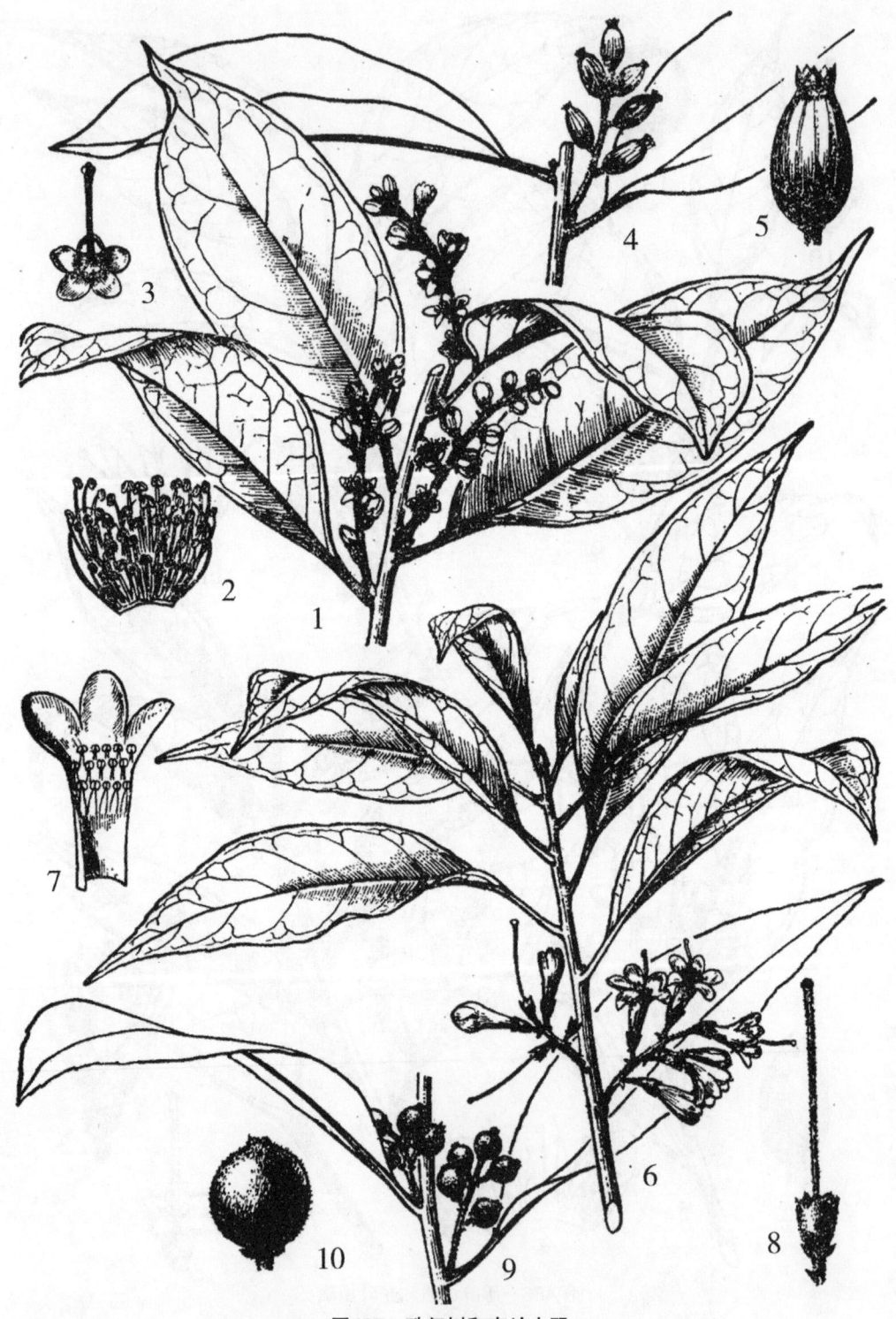

图487 珠仔树和南岭山矾

1—5.珠仔树 Symplocos racemosa Roxb.

1.花枝 2.花冠展开示雄蕊 3.花去花冠及雄蕊（示花萼、花盘和雌蕊） 4.果枝 5.果实

6—10.南岭山矾 Symplocos confusa Brand

6.花枝 7.花冠展开（示雄蕊） 8.花去花冠与雄蕊（示花萼、花盘与雌蕊） 9.果枝 10.果实

16. 多花山矾（中国高等植物图鉴）图478

Symplocos ramosissima Wall. ex G. Don（1873）

Symplocos stapfiana Lévl.（1911）

S. ramosissima Wall. var. *salwinensis* Hand.-Mazz.（1936）

小乔木，高达15米，胸径达25厘米；幼枝被细粗伏毛，以后渐脱落变无毛，老枝黑褐色。叶纸质或略薄，椭圆状披针形或椭圆状卵形，长6—11（13）厘米，宽2—3.5（4.5）厘米，先端尾状渐尖，基部楔形或圆钝，边缘具锯齿，齿尖有腺点，两面无毛，上面中脉下凹，侧脉微隆起，近边缘网结呈边缘脉；叶柄长约1厘米，有槽。总状花序腋生，长2—3厘米，被短柔毛，有时基部有分枝；苞片卵形，长约2毫米，被短柔毛，近稀无毛，近基部边缘有2腺点；小苞片三角状卵形，长约1.5毫米，被毛或几无毛；花萼漏斗形，长约3毫米，被短柔毛或几无毛，萼片宽卵形，顶端圆形，略短于萼筒；花瓣白色，长圆形或长圆状椭圆形，长约5毫米，仅基部稍连合；雄蕊30—40，不等长，稍伸出花冠，基部稍连合；花盘无毛，具5腺点。核果长椭圆形，长10—12毫米，直径5—6毫米，被微柔毛，成熟时蓝黑色或黑紫色，宿存萼片直立微张。花期4—6月；果期7—12月。

产全省大部分地区，生于海拔1200—2800米的灌木丛、常绿阔叶林中或林缘。西藏、四川、贵州、湖北、湖南、广西、广东有分布；尼泊尔、不丹、印度等地也有。

17. 薄叶山矾（中国高等植物图鉴）　玉山灰木（台湾植物志）图488

Symplocos anomala Brand（1900）

小乔木或乔木，高达20米；小枝初时密被粗伏毛，后变无毛，老时树皮棕红色，最后略木质化，有时皱褶。芽小，披针形，通常被粗伏毛。叶薄革质至革质，干后通常为橄榄绿色或黄绿色，狭椭圆形、卵形、长圆形或倒披针形，长（3）4.5—8.5（11.5）厘米，宽（1.2）2.5—3.5厘米，先端短尾状渐尖或渐尖，基部楔形，下延，边缘近全缘或具不明显的疏细锯齿，微反卷，齿尖常具小腺点，两面无毛，中、侧脉两面隆起；叶柄长3—6（8）毫米，具下延的狭翅，翅边缘具1—3对腺点，有时基部有毛。总状花序腋生，长1—1.5（2.5）厘米，密被粗伏毛或有时无毛，有1—3分枝；花梗短，被粗伏毛或有时无毛，长约1毫米；小苞片2，紧贴花萼基部，卵形，与萼筒等长，被粗伏毛或无毛；花萼漏斗形，长2—3.5毫米，萼筒与萼片等长或略长，无毛至萼筒密被粗伏毛，或全部密被粗伏毛；萼片卵形或近圆形，顶端钝或近圆形，具缘毛；花冠白色或带黄色，干后黄色，芳香，基部稍稍连合，花瓣长椭圆形或椭圆形，长约5毫米，顶端近圆形，无毛；雄蕊约50，长短不一，长约7毫米，呈不明显的5束，花丝仅基部与花冠连合，花药卵珠形；子房顶部5微裂，顶端被短柔毛；花柱丝状，与雄蕊等长或略长，无毛；柱头头状，微裂。核果长圆形，长1—1.2厘米，直径约6毫米，有数条纵棱，被疏短粗伏毛，顶端冠以宿存萼片，基部具宿存小苞片，2—3室。花期8—10（11）月；果期4—6月。

产福贡、临沧、凤庆、龙陵、腾冲、景东、双柏、彝良、马龙、蒙自、景洪、屏边、文山等地，生于海拔1700—2700米的常绿、落叶阔叶林内。分布于西藏、四川、贵州、广西、广东、湖南、湖北、江西、江苏、浙江、福建、台湾；缅甸、印度、泰国、越南、马来亚、印度尼西亚、琉球群岛也有。

木材坚韧，可作农具或小型家具。种子可榨油，出油率不高，油可作润滑油。

18.白檀（中国树木分类学）图488

Symplocos paniculata（Thunb.）Miq.（1867）

Prunus paniculata Thunb.（1784）

落叶小乔木，高达5米，胸径达12厘米；幼枝、花序均被柔毛或长柔毛，以后渐无毛。叶薄纸质或纸质，宽倒卵形、椭圆状倒卵形、倒披针形或卵形，长3—10（12）厘米，宽2—3（5）厘米，先端急尖或渐尖，基部楔形、宽楔形至近圆形，边缘具细锯齿，齿夹通常有干枯的腺点，上面无毛或被柔毛，中脉下凹，侧脉有时微隆起，网脉明显但不隆起，下面中脉、侧脉隆起，网脉有时微隆起，被柔毛或仅脉上被柔毛，侧脉于边缘不明显的网结；叶柄长3—5（8）毫米，被柔毛或几无毛，有槽。圆锥花序顶生和腋生，长4—8厘米，花梗长1—2毫米，被柔毛，苞片早落，狭三角形至条形，有时有腺点；花萼漏斗形，长2—3毫米，被疏柔毛至无毛，萼筒与萼片等长，萼片半圆形、长圆形或卵形，具缘毛；花冠白色，微香，椭圆形或椭圆状卵形，长4—5毫米，仅基部微连合；雄蕊40—60，通常略伸出花冠，不等长，基部微连合呈不甚明显的5束；花盘具5隆起腺点，无毛。核果宽卵形或卵状球形，直径5—8毫米，成熟时深蓝色，被微柔毛或无毛，宿存萼片直立。花期4—5月；果期8—10月。

产全省大部分地区，以滇中及其周围地区常见，生于海拔500—2200（2600）米的山坡、丘陵、路边等阳光充足的灌丛、疏林中，有时也见于密林下。东北、华北、华中、华南、西南各省区均有；朝鲜、日本、印度及中南半岛也有。

根可药用，用于急性肾炎；叶外敷疮疡、跌打损伤，干叶研末治水火烫伤、外伤出血；叶鲜汁冲酒服治蛇咬伤；种子可榨油。

本种形态各部，尤其是叶形及毛被变化极大，类型较多，但都有过渡类型，故不同意有的人分成若干种的见解。

19.光叶山矾（中国树木分类学）图486

Symplocos lancifolia Sieb. et Zucc.（1846）

Symplocos lancifolia Sicb. et Zucc. var. *fulvipes* C. B. Clarke（1882）

S.fulvipes（C. B. Clarke）Brand（1901）

小乔木，高达8米，胸径达20厘米；幼枝、芽、幼叶下面脉上及花序均被柔毛，小枝渐无毛，黑褐色。叶纸质，卵形或宽卵形至宽披针形，长3—6（9）厘米，宽1.0—2.5（3.5）厘米，先端尾状渐尖，基部宽楔形或近圆形，边缘具锯齿或疏浅波状齿，两面无毛或下面几无毛，上面中脉平坦，侧脉不甚明显，于近边缘呈不甚明显的网结；叶柄长约5毫米，有槽。穗状花序腋生，长1—3（4）厘米，花无梗；苞片椭圆状卵形，长约3毫米，被柔毛；小苞片狭卵形，长约1.5毫米，被柔毛，具缘毛；花萼漏斗形，长约2毫米，萼筒与萼片等长或略短，无毛，萼片卵形，被微柔毛，具缘毛；花瓣淡黄色或白色，椭圆形，长约3.5毫米或略短，仅基部稍连合；雄蕊约25，不等长，微呈5束，基部稍连合；花盘被毛。核果近球

图488　薄叶山矾和白檀

1—5.薄叶山矾 *Symplocos anomala* Brand

1.花枝　2.果枝　3.果实　4.花瓣及雄蕊　5.花萼及雌蕊

6—10.白檀 *Symplocos paniculata*（Thunb.）Miq.

6.花枝　7.果枝　8.果实　9.花瓣及雄蕊　10.花萼及雌蕊

形，直径约4毫米或略宽，宿存萼片直立。花果期3—12月，通常是既开花又果熟。

产西双版纳至滇东南，生于海拔500—1600米的常绿阔叶林中或林缘路边、灌木丛中。浙江、江西、福建、台湾、湖北、湖南、广西、广东、四川、贵州有分布；日本也有。

叶可做茶；根用于跌打损伤；又全株有和肝健脾、止血生肌的功效，用于治外伤出血、吐血咯血、疳积、眼结膜炎等症。

20.毛山矾（中国高等植物图鉴）图489

Symplocos groffii Merr.（1917）

小乔木，高达8米；小枝、叶柄、叶上面中脉、下面脉上及叶缘均被长硬毛。叶纸质或坚纸质，椭圆形、卵形或倒卵状长圆形、长5—8（13）厘米，宽2—3（5）厘米，先端渐尖或短渐尖，基部宽楔形，有时近圆形，全缘或具疏细锯齿，有时齿不明显，两面被微柔毛，上面中脉及侧脉微隆起，通常在近叶缘处网结；叶柄粗壮，长2—4毫米，槽不明显。穗状花序腋生，长约1厘米或短缩呈头状；苞片三角状宽卵形，小苞片略狭，均被柔毛和缘毛；花萼钟形，长约3毫米，被毛，裂片宽卵形或近半圆形，长约1毫米；花瓣仅基部稍连合，椭圆形或长圆状椭圆形，长5—6（7）毫米，无毛；雄蕊约50，呈不明显的5束，长短不一，长者略伸出花冠，花盘被毛；子房3室。核果长圆状椭圆形或倒卵状长圆形，长6—8（9）毫米，直径约4毫米，被柔毛，萼片宿存。花期10—12月；果期3—5月。

产滇东南，生于海拔800—2100米的常绿阔叶林中。湖南、广西、广东、江西等地有分布。

21.波缘山矾（中国高等植物图鉴）　四川山矾（江苏南部种子植物手册）图490

Symplocos setchuensis Brand（1900）
Symplocos sinuata Brand（1916）

乔木高达18米，胸径达40厘米；幼枝三棱形，后渐呈圆柱形，无毛，干后呈黄绿色或深黄色。叶坚纸质或近革质，长圆形、椭圆形、倒卵状披针形或倒披针形，有时狭椭圆形，长6.5—13厘米，宽2.5—4厘米，有时长10厘米，宽2.5厘米，光端渐尖，稀骤然渐尖，基部楔形，两面无毛，近全缘或具不明显的细疏锯齿，中脉、侧脉两面均隆起或于上面扁平；叶柄长1（1.5）厘米，有明显的槽，两侧卷合。头状穗状花序，腋生，长约6毫米，直径约1厘米；苞片及小苞片均被短粗壮毛，具缘毛；花萼钟形，长约3毫米，萼片近圆形，长约1.5毫米，脊上被短粗壮毛，具缘毛，萼管无毛；花瓣淡黄色或白色，倒卵状长圆形，长约6毫米，无毛，仅基部连合；雄蕊约35，不等长；花盘被白色粗壮毛，花柱基部略被毛。核果椭圆形或倒卵椭圆形，长约1.5厘米，直径约8毫米，深紫色或紫黑色，顶端宿存萼片不增大。花期12月至1月；果期9—12月。

产滇东南，生于海拔1200—2100米的常绿阔叶林中或林缘。广西、福建、台湾、湖南、江西、安徽、江苏、浙江均有。

根、茎、叶药用，有行水、定喘的功能，用于水湿胀满、咳嗽、喘逆等症。

图489 腺柄山矾和毛山矾

1—6.腺柄山矾 *Symplocos adenopus* Hauce

1.花枝 2.叶柄（示腺点） 3.花 4.花去花冠、雄蕊（示花萼和雌蕊） 5.果枝 6.果

7—11.毛山矾 *Symplocos groffii* Merr.

7.果枝 8.果 9.花枝 10.花（去雄蕊示花瓣、花萼、花盘和雌蕊） 11.雄蕊

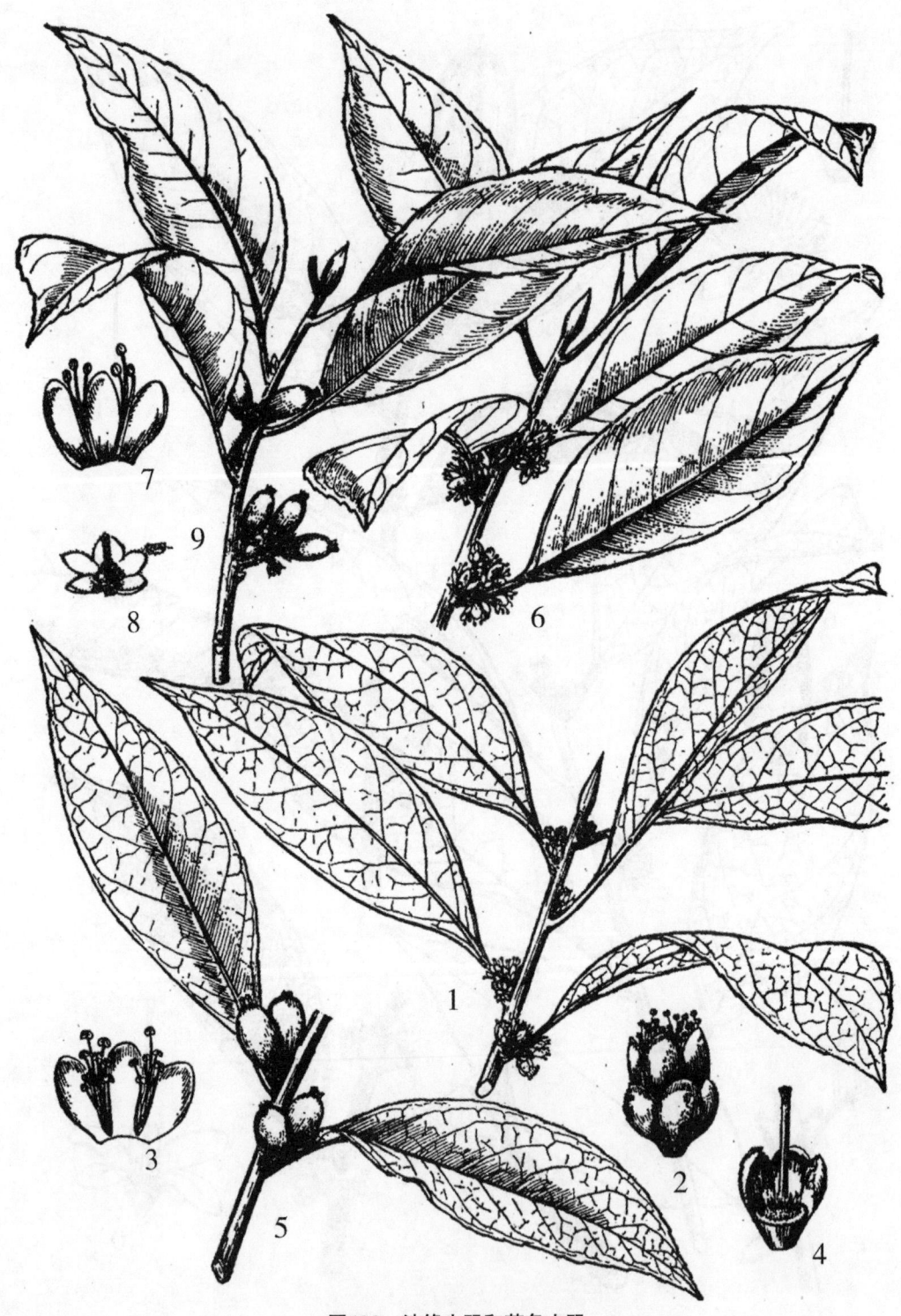

图490　波缘山矾和茶条山矾

1—5.波缘山矾 *Symplocos setchuensis* Brand

1.花枝　2.花　3.花冠展开（示雄蕊）　4.花去花冠、雄蕊（示花萼、花盘和雌蕊）　5.果枝

6—9.茶条果 *Symplocos ernestii* Dunn

6.花枝　7.展开的花冠之一部分（示雄蕊）　8.花蕊、花盘及雌蕊　9.果枝

22.茶叶山矾（中国植物志）　狭叶茶条果、叶萼茶条果（云南种子植物名录）图481

Symplocos theaefolia D. Don（1825）

Symplocos discolor Brand（1906）

小乔木，高达10米，小枝无毛，具不明显的棱角，干后通常呈黄绿色或黄褐色。叶革质，长圆形至披针形，或倒披针形，有时倒卵形，长8—13（16）厘米，宽2—2.5（6）厘米，顶端渐尖或长渐尖，基部楔形，两面无毛，全缘或具不明显或明显的细锯齿，齿通常于中部以上较明显，中脉两面均隆起或于上面扁平；叶柄长6—16毫米，无槽。短穗状花序，有时近头状，腋生、长1.5（2.5）厘米，被微柔毛，有时基部具1—2短枝；苞片及小苞片宽卵形或近圆形，被微柔毛或仅脊上被微柔毛，具缘毛；花萼无毛，萼片近圆形，长1.5—2毫米，顶端钝或近圆形，具微缘毛，萼管与萼片等长或略长；花冠黄色，倒卵状长圆形或倒卵状椭圆形，长约5毫米，无毛；雄蕊20—28；花盘密被长柔毛。核果椭圆形，长7—12毫米，直径6—10毫米，顶端冠以略增大的宿存萼片。花期5—6月或10—11月；果期9—11月或7—8月。

产滇西北、滇东北、滇中，常见于冷、铁、云杉林下或常绿阔叶林下，生于海拔1000—2800（3500）米的山谷、山坡土质肥润的地方。四川、贵州、广西、西藏有分布；尼泊尔、不丹、印度也有。

本种是本地区极为常见的植物，叶型及果实的大小变化极大，有的书中将本种在这一地区的一些类型定名为Symplocos phyllocalyx C. B. Clarke，但该种雄蕊40—50，经检查我们所掌握的材料，无上述现象，故该种本地区不产。

23.茶条果（中国高等植物图鉴）图490

Symplocos ernestii Dunn（1911）

Symplocos wilsonii Brand（1906），nom Hemsl.

常绿小乔木，高达8米，胸径达15厘米；幼枝无毛，略具棱，后呈圆柱形。叶坚纸质或革质，狭椭圆形、椭圆形或倒卵形，有时倒卵状披针形，长6—10（12）厘米，宽2—3.5（4）厘米，先端急尖、短渐尖或渐尖，基部楔形，边缘具波状浅锯齿，两面无毛，中脉两面均隆起，侧脉上面明显隆起，下面平，不甚明显；叶柄长7—15毫米，扁平，通常无槽，有时两侧内卷呈槽。穗状花序腋生，长不超过1厘米，通常基部有1—2短分枝，花序梗、花梗及苞片均被柔毛或短粗伏毛；苞片宽卵形或近圆形，有时仅脊上被毛，具缘毛；花萼无毛，长约3毫米；萼片长圆形或近圆形，长约2毫米或略短，具微缘毛，花瓣白色、黄色或黄绿色，长圆状椭圆形，长约5毫米，无毛，仅基部稍连合；雄蕊10—15，呈5束，不等长；花盘被白色长柔毛；花柱无毛。核果长圆形或卵状长圆形，长约10（12）毫米，直径约6毫米，顶端冠以宿存萼片，萼片微增大。花期2—3月或11月；果期8—9月。

产凤庆、富民等地，生于海拔850—2500（3200）米的阳坡及常绿阔叶林中。湖北、四川、贵州等地有分布。

茎皮有纤维，可代麻；种子可榨油，油可制肥皂。

本种从外形看与波缘山矾（*S.setchuensis* Brand）和茶叶山矾（*S.theaefolia* D. Don）很相似，但除雄蕊数目和花序有所区别外，本种叶柄扁平，通常无槽也可以区别。

24.绿枝山矾（中国植物志）图485

Symplocos viridissima Brand（1901）

小乔木，高达5米，树皮浅黄灰色，小枝黄绿色，几无毛或被疏粗伏毛。叶纸质或近膜质，长圆状椭圆形或宽椭圆形，长7—10厘米，宽2.5—3.5厘米，先端尾状渐尖，基部楔形或圆钝，边缘具疏细齿，齿尖常有腺点；两面无毛，上面中脉下凹，侧脉微隆起，远离边缘明显网结；叶柄长2—4毫米，有槽。穗状花序腋生，长8—12毫米或略长，被平贴细粗壮毛，有时基部有1—2分枝，有花3—5（8），有时仅1；苞片与小苞片均为卵形或三角状卵形，膜质，被微柔毛；花萼漏斗形，长约2毫米，被细粗壮毛，萼片卵形，短于萼筒；花瓣白色，椭圆形或宽椭圆形，长4—5毫米，仅基部稍连合；雄蕊30—40，长短不一，微伸出花冠，基部稍连合；花盘密被微柔毛。核果长圆状卵形，长6—8毫米，直径3—4毫米，近顶端缢缩，被微柔毛。花期3—5月；果期约8月。

在云南生于海拔（600）1000—1700米的常绿阔叶林中。贵州、广西、广东、海南有分布；印度、中南半岛也有。

25.羊舌树（中国树木分类学）

Symplocos glauca（Thunb.）Koidz.（1925）
Laurus glauca Thunb.（1784）

常绿乔木；芽、嫩枝、花序均被密短绒毛，二年生枝渐无毛，褐色。叶通常聚集于小枝顶端，叶长圆状椭圆形、狭椭圆形或倒披针形，长6—15厘米，宽2—4厘米，先端急尖或短渐尖，基部楔形，全缘，两面无毛，下面通常苍白色，干后变褐色，上面中脉下凹，侧脉、网脉微隆起，侧脉于近边缘处网结，叶柄长1—3厘米，有槽。穗状花序腋生，长1—1.5厘米，基部常有1—2分枝；苞片宽卵形，长约2毫米，被短绒毛；花萼漏斗状，长约3毫米，萼片卵形，与萼筒近等长，被短绒毛，萼筒无毛；花瓣椭圆形，长4—5毫米，仅基部稍连合；雄蕊30—40，基部稍连合；花盘无毛。核果狭卵形，中部微缢缩，长1.5—2厘米，无毛，宿存萼片直立，不增大。花期4—8月；果期8—10月。

产滇南，生于海拔600—1600米的林间。浙江、福建、台湾、广西、广东有分布；日本也有。

木材可供家具及板材等，树皮药用，治感冒。

26.黄牛奶树（中国树木分类学）图491

Symplocos laurina（Retz.）Wall.（1830），nom.；G. Don（1837），descr.
Myrtus laurina Retz.（1786）

小乔木，高达9米，胸径达15厘米；小枝黄绿色，无毛；芽被柔毛。叶革质或薄革质，椭圆形或倒卵状椭圆形，长6—13厘米，宽2—4（5）厘米，先端急尖或渐尖，基部楔形或宽楔形，边缘具细锯齿，两面无毛，上面中脉下凹，侧脉微隆起，网脉不明显，下面脉均隆起，网脉微隆起；叶柄长1—1.5厘米，具浅槽。穗状花序腋生，长3—6厘米，基部常有1—2（4）分枝，被柔毛，果时渐脱落；苞片宽卵形，长约2毫米，被柔毛，边缘有微腺点；小苞片卵形，长约1毫米，毛被与腺点同苞片；花萼漏斗形，长约2毫米，无毛，萼片半圆形，略短于萼筒，无缘毛；花瓣白色，卵形或椭圆状卵形，长约4毫米，仅基部微连合；雄蕊约30，长短不一，微伸出花冠，基部微连合；花盘无毛。核果近球形或扁球形，直径约6毫米，顶端微缢缩，宿存萼片不增大，直立。花期8—11月；果期3—5月。

产全省大部分地区，生于海拔1500—3000米的常绿阔叶林中或路边、村旁灌丛中，是云南常见的种类之一。西藏、四川、贵州、湖南、广东、广西、福建、台湾、江苏、浙江有分布；印度、斯里兰卡、越南等也有。

木材可作板材；树皮可作药，用于治感冒、伤风头昏，热邪口燥等症，有散寒清热的功效；种子可榨油。

27.越南山矾（海南植物志）　火灰树（海南、中国高等植物图鉴）图483

Symplocos cochinchinensis（Lour.）S. Moore（1914）

Dicalix cochinchinensis Lour.（1790）

乔木，高达15米，胸径达25厘米；幼枝、芽、叶下面、叶柄及花序均密被平展的硬毛或绒毛。叶纸质或坚纸质，椭圆形、狭椭圆形或倒卵状长圆形至倒卵形，长9—26（30）厘米，宽3—9（12）厘米，先端急尖或渐尖，基部楔形或宽楔形，边缘具细疏锯齿或几全缘，齿尖常具腺点，上面无毛，中脉下凹，侧脉微隆起，网脉有时不甚明显，下面脉均隆起，有时毛被略疏，毛基部微膨大；叶柄长1—2厘米，具狭槽。穗状花序或有2—5分枝呈圆锥状，长6—11厘米；苞片卵形，被绒毛，长约3毫米，密被绒毛；小苞片三角状卵形，长约2毫米，密被绒毛；花梗几无；花萼漏斗形或近短钟形，长约2毫米，密被绒毛，萼筒或萼片等长或略短，萼片宽卵形，具缘毛；花瓣白色或淡黄色，长圆形，长约3.5毫米，仅基部微连合；雄蕊60—80，略伸出花冠，不等长，基部微连合；花盘无毛。核果扁球状、坛形，直径约7毫米，近顶端缢缩，宿存萼片闭合成圆锥状，略增大，基部为宿存苞片所抱。花期8—10月；果期11—12月。

产西双版纳至滇东南，福贡也偶有生长，生于海拔600—1500（2000）米的常绿阔叶林中、林缘、溪边或路旁。西藏、广西、广东、海南、福建、台湾有分布。印度、中南半岛至印度尼西亚也有。

27a.微毛越南山矾（植物分类学报）

var. puberula Huang et Y. F. Wu（1986）

本变种与原种的主要区别是小枝和叶下面脉上被微柔毛。

产西双版纳，生于海拔约1100米的常绿阔叶林中；四川、广西、海南、浙江、江西有分布。模式标本采自勐遮。

图491 山矾和黄牛奶树

1—5.山矾 *Symplocos sumuntia* Buch.-Ham. ex D. Don

1.花枝 2.花冠展开（示雄蕊） 3.花去花冠及雄蕊（示花萼、花盘及雌蕊） 4.果枝 5.果实

6—10.黄牛奶树 *Symplocos laurina*（Retz.）Wall.

6.花枝 7.花冠展开（示雄蕊） 8.花去花冠与雄蕊（示花萼、花盘与雌蕊） 9.果枝 10.果实

28.铜绿山矾（中国高等植物图鉴）

Symplocos aenea Hand.-Mazz.（1943）

Dicalix pseudostellaris Migo（1943）

乔木，小枝粗壮，无毛，髓心横隔状。叶革质，干后上面铜绿色，下面赤褐色，狭椭圆形或倒披针形，长10—15厘米，宽3—5厘米，先端具骤狭而短尾状尖，基部楔形或近圆钝，边缘具疏离的腺齿；中脉在上面凹下，侧脉11—20对，偏斜直伸出，在离叶缘3—8毫米处分叉网结，网脉不明显；叶柄粗壮，具沟，长15—20毫米。花集成团伞花序（即穗状花序短缩），腋生；苞片质厚，褐色，阔卵形，长3—4毫米，边缘有大而透明的腺体；小苞片卵形，长1.5—2毫米，背面有中肋。被柔毛和缘毛；萼长约3毫米，5裂，裂片有缘毛，短于萼筒或等于萼筒，萼筒无毛；花冠白色，长4—6毫米，5深裂几达基部，雄蕊20—50，花丝伸出花冠，花柱粗壮，长5—6毫米；花盘平坦，无毛。核果圆柱形，长8—10毫米，直径约3毫米；核具棱。花期2—5月；果期6—9月。

产云南北部，生于海拔1000—1800米的林中。

29.宿苞山矾（植物分类学报）图484

Symplocos persistens Huang et Y. F. Wu（1986）

小乔木，高达5米；幼枝、芽、叶下面及叶柄均密被绒毛。叶坚纸质或近革质，长圆形、椭圆形、长圆状椭圆形或长圆状卵形，长12—19厘米，宽5—8厘米，先端尾状渐尖或渐尖，有时弯曲呈镰刀状，基部楔形、宽楔形或钝，边缘具细锯齿，上面中脉、侧脉下凹，网脉微隆起，下面脉均隆起；叶柄长6—10（12）毫米，有浅槽。穗状花序短缩呈球状，直径约1厘米（花时）；苞片长圆形，有时近圆形，长约3毫米，密被柔毛；小苞片长圆形，长约2毫米，被毛；花萼漏斗状，长约2毫米，密被柔毛，萼片狭长圆形，较萼筒略长；花瓣白色，长圆状椭圆形，长3—4毫米，仅基部稍连合；雄蕊约30，伸出花冠很多，基部微连合；花盘被毛。核果长圆形，长8—10毫米，直径约4毫米，密被柔毛，宿存萼片直立，小苞片宿存，抱果基部，果密集，果序梗极短。花期约11月；果期约9月，有既开花又果熟的现象。

产景东、元阳、滇东南等地，生于海拔1000—1900米的常绿阔叶林中或林缘、沟边。模式标本采自屏边。

30.密花山矾（中国高等植物图鉴）图492

Symplocos congesta Benth.（1861）

小乔木，高达10米，胸径达15厘米左右；幼枝及芽在新枝上密被绒毛，有时老枝的幼枝及芽无毛，小枝粗壮，无毛具栓皮，有纵棱。叶坚纸质或革质，椭圆形或倒卵形，长8—12（17）厘米，宽2—5（6）厘米，先端渐尖或急尖，基部楔形或宽楔形，全缘，两面无毛，上面略有光泽，中脉、侧脉下凹，网脉不明显，下面脉均隆起，网脉不甚明显，侧脉远离边缘网结呈边缘脉；叶柄15—25毫米，具狭浅槽。穗状花序短缩呈球状，着生于枝条顶端叶腋，有花4—5；苞片和小苞片均密被柔毛，常边缘有1—5腺点；花萼漏斗形，长3—

图492　老鼠矢和密花山矾

1—5.老鼠矢 *Symplocos stellaris* Brand

1.叶枝　2.花枝　3.部分花冠展开（示雄蕊）

4.花去花冠和雄蕊（示雌蕊、花萼内面及花盘）　5.果枝

6—11.密花山矾 *Symplocos congesta* Be nth.

6.花枝　7.部分花冠展开（示雄蕊）　8.花去花冠和雄蕊（示雌蕊和花萼）　9.苞片　10.果枝　11.果

4毫米，无毛，有纵条纹，略短于萼片，萼片卵形或宽卵形；花瓣白色，椭圆形，长5—6毫米，仅基部微连合；雄蕊50—60，仅基部微连合；花盘无毛。核果圆柱形，长8—13毫米，直径约4—5毫米，成熟时紫蓝色，无毛，宿存萼片直立。花期3—4月；果期约11月。

产广南、西畴、文山、麻栗坡等地，生于海拔1000—1300米的常绿阔叶林中。广西、广东、海南、福建、台湾、湖南、江西有分布。

根治跌打损伤。

31.腺柄山矾（中国高等植物图鉴）图489

Symplocos adenopus Hance（1883）

小乔木高达10米，胸径约15厘米；幼枝、芽、幼叶下面、幼叶柄均被柔毛。叶坚纸质或近纸质，椭圆形、椭圆状卵形或卵形，长8—12（16）厘米，宽2—4（6）厘米，先端急尖或短渐尖，基部楔形、宽楔形、稀近圆形，边缘具细锯齿或几全缘，齿尖具腺点或由腺点突起而形成的细齿，成熟后两面无毛，上面中脉及侧脉下凹，网脉不甚明显，下面脉均隆起，侧脉离边缘网结呈边缘脉，有时不甚明显；叶柄长8—15毫米，有槽，槽两侧有1排圆形或倒卵形腺点、穗状花序短缩呈球状，直径约1厘米；苞片近圆形，直径2—3毫米；小苞片椭圆形，长约2毫米或略小，与苞片均密被柔毛，边缘均具小腺点；花萼宽漏斗形，长2—3毫米，被柔毛，萼筒与萼片等长或略短，萼片半圆形，具缘毛，有条纹；花瓣白色，椭圆形或椭圆状卵形，长约4毫米，仅基部微连合；雄蕊20—30，不等长，略伸出花冠，基部微连合成束；花盘无毛。核果圆柱形，长8—10毫米，直径约4毫米，几无毛，宿存萼片闭合，不增大。花期3—4月；偶尔也有12月开花的；果期7—8月。

产滇东南，生于海拔1100—2200米的常绿阔叶林中或林缘。贵州、湖南、广西、广东、海南、福建有分布。

31a.被毛腺柄山矾（植物分类学报）

var. vestita Huang et Y. F. Wu（1986）

本变种与原种的主要区别是，成熟的叶下面被柔毛和具褐色腺点。

广西畴，生于海拔约1500米的常绿阔叶林中。模式标本采自西畴。

32.团花山矾（中国植物志）图493

Symplocos glomerata King ex Gamble（1878）

小乔木，高达8米，胸径达15厘米；幼枝黄绿色，无毛，以后暗褐色。叶纸质，倒披针形或狭椭圆状长圆形，长9—16（18）厘米，宽2—3.5（4）厘米，先端渐尖，基部楔形或宽楔形，边缘具细齿，齿尖具腺点，两面无毛，上面中脉、侧脉下凹，网脉不甚明显，下面脉均隆起，侧脉近边缘处网结呈不甚明显的边缘脉；叶柄长8—12毫米，有槽，槽两侧有1排腺点。穗状花序短缩呈球形，直径约1厘米，被柔毛；苞片卵状圆形，长约2毫米；小苞片卵形或宽卵形，长约1毫米，与苞片均多少被柔毛，边缘具腺点；花萼漏斗形，长约3毫米，萼筒无毛，有微小腺点，与萼片等长或略长，萼片卵状圆形，无毛；花瓣椭圆形或卵状椭圆形，长约5毫米，仅基部微连合；雄蕊约25，不等长，基部微连合成束；花盘无毛，有小腺点。核果圆柱形，长约10毫米，无毛，宿存萼片不增大，直立，微闭合。花期6—7月；果期9—10月。

产贡山、泸水、腾冲等地，生于海拔1500—3200米的常绿阔叶林中。西藏有分布。不丹、印度、缅甸、印度也有。

33.无量山山矾（植物分类学报）图494

Symplocos wuliangshanensis Huang et Y. F. Wu（1986）

小乔木，高达7米，嫩枝红褐色。无毛，有棱，老枝灰褐色。叶膜质或近纸质，椭圆状披针形或狭椭圆形，长14—21厘米，宽3.5—6.5厘米，先端渐尖，基部楔形，全缘具细腺点，两面几无毛，上面中脉下凹，侧脉及网脉微隆起，下面中脉隆起，侧脉及网脉微隆起；叶柄长1.5—2厘米，有槽。穗状花序短缩呈球状，直径不超过1厘米，着生于落叶的老茎叶痕腋；苞片近圆形直径约3毫米；小苞片长圆形，长约2毫米，与苞片均被微柔毛；花萼漏斗形，长约3毫米，无毛，萼片近圆形，短于萼筒；花盘无毛。核果圆柱形，长1—1.5厘米，直径约5毫米；核具10—12条纵棱。花果期4月，既开花又果熟。

产景东，生于海拔1800—2200米的山坡灌木林中。模式标本采自景东。

34.倒披针叶山矾（植物分类学报）图479

Symplocos oblanceolata Y. F. Wu（1986）

小乔木或乔木，高达11米；小枝粗壮，无毛，黑褐色。叶薄革质或近坚纸质，狭椭圆形或倒披针形，长21—26厘米，宽6—7厘米，先端渐尖，基部宽楔形或近圆形，边缘在中部以上具疏细齿，齿尖具腺点，两面无毛，上面中脉、侧脉及网脉均下凹，侧脉近边缘网结，下面脉隆起；叶柄长3—4厘米，具槽。花簇生呈球状，生于老枝无叶的叶痕腋；苞片与小苞片倒宽卵形或近宽菱形，厚，被绒毛，具缘毛；花萼长约3毫米，被绒毛，萼片近圆形，短于萼筒；花盘无毛，有腺点。核果长圆状卵形，长约1.5厘米，直径6毫米，无毛，宿存萼片不增大，略被毛。花果期约8月。

产滇东南，生于海拔约1500米的常绿阔叶林中。模式标本采自河口。

35.文山山矾（植物分类学报）图493

Symplocos wenshanensis Huang et Y. F. Wu（1986）

乔木，高达12米，胸径达15厘米；幼枝褐色，被短绒毛，老枝渐脱落变无毛。叶纸质，披针形或椭圆状披针形，长13—17厘米，宽2.5—3.5厘米，先端渐尖，基部楔形或宽楔形，边缘具细锯齿，齿尖具腺点，两面无毛，上面中脉及侧脉下凹，下面脉均隆起，侧脉近边缘处网结呈不甚明显的边缘脉；叶柄1.5—2厘米，具浅槽。穗状花序短缩呈球状，直径约1厘米，腋生；苞片倒卵形，长约3.2毫米，宽约2毫米；小苞片椭圆形，长约2.5毫米，宽约1毫米，与苞片均被长毛；花萼漏斗形，长约4毫米，无毛，萼筒略短于萼片，萼片卵形，具疏长柔毛状缘毛；花瓣白色，倒卵状椭圆形或椭圆形，长约5毫米，仅基部稍连合；雄蕊约25，长短不等，伸出花冠很多；花盘有小腺点。花期约9月。

产文山，生于海拔约2100米的常绿阔叶林中。模式标本采自文山。

图493　团花山矾和文山山矾

1—3.团花山矾*Samplocos glomerata* King ex Gamble

1.果枝　2.叶柄放大（示腺齿）　3.核果

4—6.文山山矾 *Symplocos wenshanensis* Huang et Y. F. Wu

4.花枝　5.花去花冠、雄蕊（示花萼、花盘和雌蕊）　6.花冠展开（示雄蕊）

图494 腺缘山矾和无量山山矾

1—5.腺缘山矾 *Symplocos glandulifera* Brand

1.花枝 2.果枝 3.花瓣及雄蕊 4.果实 5.叶缘放大（示腺点）

6—9.无量山山矾 *Symplocos wuliangshanensis* Huang et Y. F. Wu

6.果枝 7.果实 8.大苞片 9.小苞片

36.老鼠矢（中国树木分类学）图492

Symplocos stellaris Brand（1900）

乔木；芽、嫩枝、嫩叶柄，苞片和小苞片均被红褐色长绒毛；小枝粗壮，髓部中空，具横隔。叶厚革质，披针状椭圆形或狭长圆状椭圆形，长6—20厘米，宽2—5厘米，先端急尖或短渐尖，基部宽楔形或圆形，通常全缘，稀具细浅齿，齿尖有腺点，上面有光泽，中脉、侧脉及网脉下凹，下面灰褐色，脉均隆起；叶柄长1.5—2.5厘米，有槽。团伞花序（即穗状花序短缩）着生于二年生枝条的叶痕腋；苞片圆形，直径3—4毫米；小苞片与苞片均具红褐色长缘毛；花萼长约3毫米，萼片半圆形，长不到1毫米，具长缘毛；花冠白色，长（6）7—8毫米，5深裂几达基部，裂片长圆形，先端具长缘毛；雄蕊18—25，花丝基部合生呈5束；花盘无毛。核果狭卵状圆柱形或狭卵形，长约1厘米，宿存萼片直立，核有6—8纵棱。花期4—5月；果期6月。

产滇东北，生于海拔1100—1600米的山地、路旁疏林中。长江以南各省（区）均有分布。

木材可作器具；种子可榨油。

37. 腺缘山矾（中国高等植物图鉴）图494

Symplocos glandulifera Brand（1901）*

小乔木，高达10米，胸径达15厘米；幼枝、芽、幼叶下面、幼叶柄、苞片、小苞片、花萼及花序等均密被绒毛，以后除宿存萼片外，均渐脱落，叶坚纸质或薄革质，长圆形、狭椭圆状披针形或狭椭圆形，长12—20厘米，宽2.5—5.5厘米，先端渐尖，基部宽楔形或钝，边缘几全缘或具密细浅齿，齿尖具腺点，或因有腺点而呈细浅齿状，上面无毛，中脉、侧脉下凹，网脉明显，下面脉均隆起，成熟后几无毛或毛被脱落后，残留毛基部的细小痕迹，侧脉离边缘网结呈明显的边缘脉；叶柄长1.5—2厘米，具狭槽、穗状花序缢缩呈球状，腋生，直径约1厘米；苞片椭圆状卵形或卵形，长约2毫米，先端近圆形，小苞片卵形，长约1毫米；花萼浅漏斗形，长约2.5毫米，里面无毛，萼筒短于萼片，萼片椭圆状卵形，具缘毛；花瓣白色，椭圆形，长约4毫米，仅基部微连合；雄蕊约40，微伸出花冠，不等长，基部微连合；花盘略被毛或几无毛，核果长圆状椭圆形，长约1厘米，直径约5毫米，具纵条纹，成熟后毛被脱落，仅宿存萼片密被绒毛，宿存萼片直立，略增大，闭合呈圆锥状，花期10—11月；果期8—9月，有既开花又果成熟的现象。

产蒙自、金平、元阳、屏边、文山、西畴、马关、麻栗坡等地，生于海拔1100—2100米的常绿阔叶林中。广西有分布。模式标本采自蒙自。

38.大叶山矾（中国高等植物图鉴）

Symplocos grandis Hand.-Mazz.（1943）

乔木，高达15米，胸径达20厘米；幼枝、幼叶下面、幼叶柄、苞片、小苞片、萼片均被皱曲的绒毛，老枝变无毛，黑褐色。叶革质，椭圆形、卵状椭圆形或狭椭圆形，长10—25厘米，宽3.5—7（9）厘米，先端渐尖或急尖，基部圆形或宽楔形，全缘或上部具细齿，齿尖有腺点，上面中脉下凹，幼时有柔毛，侧脉离边缘处网结呈边缘脉；叶柄长2—3.5厘米，有槽、穗状花序短缩呈球状，腋生或着生于老枝落叶的叶痕腋，直径约1厘米；苞片宽倒卵形至圆形，直径3—3.5毫米；小苞片宽卵形，直径2—2.5毫米；花萼漏斗形，长2.5—3.8毫米，萼筒无毛，与萼片几等长，萼片长圆形，被绒毛；花瓣白色或浅黄色，长圆形，长3—5毫米，仅基部微连合；雄蕊30—40，长短不一，基部微连合呈不明显的5束；花盘被毛，核果圆柱形，长7—8毫米，宿存萼片直立。花期6—7月。

产滇西等地，生于海拔1000—1300米的杂木林中。广西有分布。模式标本采自瑞丽。

39.南岭山矾（中国树木分类学）图487

Symplocos confusa Brand（1901）

乔木，高达18米，胸径达40厘米；幼枝、芽、花序、苞片、小苞片均密被柔毛；小枝、老枝渐无毛，叶坚纸质或近革质，椭圆形、长圆状椭圆形、椭圆状卵形或卵形，有时倒卵状椭圆形，长5—12厘米，宽2—4（5）厘米，全缘或具细锯齿、疏细齿，两面无毛，上面中脉下凹，具疏柔毛，侧脉及网脉微隆起，下面脉均隆起；叶柄长8—12（20）毫米，幼时密被柔毛，具浅槽，槽内常具柔毛。总状花序腋生，长1（4.5）厘米，花梗长1—3（5）毫米，与花萼均密被微柔毛；苞片长圆状卵形，顶端圆形，长1.5—2毫米；小苞片卵形或狭卵形，顶端急尖，长约1毫米；花萼钟形，长3—5毫米，萼片宽三角状卵形，长约1毫米，具缘毛；花冠白色，长（5）8—12毫米，裂片椭圆形，裂达中部或中下部，花冠筒长2—5毫米；雄蕊40—50，不等长，着生于花冠筒上部或近喉部，通常不伸出花冠或微露出花冠；花盘被微柔毛，花柱与花冠等长或微伸出花冠，被疏微柔毛，柱头头状。核果长卵形，长约9毫米，直径约5毫米，密被微柔毛，顶端微平截，宿存萼片不增大，直立，闭合或微张。花期9—10月，果期12月至翌年1—2月。

产金平、普洱及怒江与独龙江分水岭处，生于海拔800—1700米的常绿阔叶林缘。贵州、广西、广东、福建、台湾、湖南、浙江、江西有分布；越南也有。

228.马钱科 LOGANIACEAE

灌木、乔木或草本，有时攀援状。单叶对生，稀互生或假轮生，全缘或具齿，具柄；托叶明显或退化。花通常两性，4—5数，辐射状，极少略左右对称，组成聚伞花序或由聚伞花序组成圆锥花序、总状花序、穗状花序或头状花序，稀单花或简单的聚伞花序；花萼通常钟状，齿深裂或裂至中部或上部；花冠基部连合成长、短管，钟形、喇叭形、漏斗形或高脚杯形；雄蕊与花冠裂片同数，互生，着生于花冠管基部至喉部，极少退化为1；子房上位，稀半下位（在姬苗属Mitrasacmo.中），通常2室，稀1或3—5室，中轴胎座或侧膜胎座（当为1室时），每室有胚珠1至多数；花柱单1，柱头单1或2裂，稀4裂。蒴果、浆果或核果；种子有时有极狭的翅边缘；胚小，直立，有胚乳；子叶小。

本科约35属，750种，分布于热带、亚热带地区，也有少数分布于温带地区。我国有9属，64种，从东部至西南部均有；云南7属，约39种，以滇南较多。本志记载了3属9种。

分 属 检 索 表

1.小枝及叶被绒毛或星状毛 ································· 1.醉鱼草属 Buddleja
1.小枝及叶无毛。
　2.小枝具卷须或钩状刺，叶脉基出3—5 ·················· 2.马钱属 Strychnos
　2.小枝无卷须或钩状刺，叶脉羽状 ··················· 3.灰莉属 Fagraea

1.醉鱼草属 Buddleja Linn.

灌木，稀呈小乔木。小枝圆柱形或四棱形，有时具狭翅，通常被毛或星状毛。叶对生，稀互生或簇生，常被各式毛，全缘或具各式齿；具各式托叶或托叶退化呈明显的托叶痕。总状花序、穗状花序或由聚伞花序组成的圆锥花序或圆柱状圆锥花序，有时呈假轮伞花序，通常被毛；苞片叶状或线形，小苞片不明显或线形；花4数，通常有香气，花萼通常钟形，具4齿，常被毛；花冠管状，漏斗形，高脚杯形或喇叭形，常被毛，有时尚夹有腺点，檐部4裂，裂片里面常无毛，花冠管里面常被毛；雄蕊4，着生于花冠管上或喉部，花丝与花冠管贴生；子房2室，胚珠多数；花柱长或短，被毛或无毛；柱头通常棒状，稀头状。蒴果室缝开裂，常冠以宿存花柱；种子多数，小，两端常有尾状狭翅，具胚乳，胚直立。

本属约100种，分布于热带或亚热带，以东亚为多。我国约40种，除东北及新疆外，其余各地均有；云南约23种，几乎遍布全省。

分 种 检 索 表

1.叶下面被绒毛；花白色 ····························· 1.驳骨丹 B. asiatica
1.叶下面被星状毛；花淡紫色、紫色，稀白色。

2.花序长12厘米以下；雄蕊着生于花冠管内中部以下；叶长10厘米以下。

　　3.花序长2—5厘米，圆柱状；花冠管外面及里面均被星状毛；雄蕊着生于花冠管下部，
　　　与子房顶部平齐 ·· 2.云南醉鱼草 B. yunnanensis

　　3.花序长5—12厘米，圆锥状；花冠管外面及里面均被柔毛；雄蕊着生于花冠管中部，
　　　较子房顶部高 ·· 3.密蒙花 B. officinalis

2.花序长20厘米以上；雄蕊着生于花冠管喉部；叶长10厘米以上。

　　4.花冠外面被星状毛及淡黄色腺点，里面下部被星状毛 ····························
　　　······························· 4.长穗醉鱼草 B. macrostachys

　　4.花冠外面被柔毛，里面被疏柔毛 ····················· 5.雪白醉鱼草 B.nivea

1. 驳骨丹（中国高等植物图鉴）　七里香、糯米香、染饭香

Buddleja asiatica Lour.（1790）

大灌木或小乔木，小枝幼时被白色或浅黄色绒毛。叶对生，披针形，上面无毛，下面密被白色或浅黄色绒毛；叶柄被绒毛。总状花序或构成有叶状苞片的圆锥花序，顶生或腋生，密被绒毛；花芳香，几无梗，花萼钟状，被绒毛；花冠白色，高脚杯状；蒴果卵形，为宿存萼所包；种子多数，无翅。花期10月至次年2月。

产易门、漾濞、丽江、维西、芒市、澜沧、镇康、西双版纳、河口、广南、盐津等地，生于海拔3200米以下的松林下、荒地、田埂等向阳的地方或灌草丛中。湖北、广东、广西、四川、贵州、福建、台湾有分布；印度、中南半岛、不丹、菲律宾等地也有。

全株有清热止咳、渗湿利水的功效；花可治百日咳、咳喘、肺结核，肝炎等症，也可提取芳香油；根可治风湿、感冒、牙痛、胃痛、膀胱炎、尿道炎、尿闭等；叶及嫩尖外用治跌打损伤、散瘀活血、无名肿毒等；枝叶还可作农药，可防治作物害虫。花也有用作染黄色的染料。

2.云南醉鱼草（云南植物志）图495

Buddleja yunnanensis Gagnep.（1911）

灌木或大灌木，高1—3（4）。小枝四棱形，具狭翅，常棕红色，密被绒毛状星状毛。叶对生，卵形至卵状长圆形，长4—6厘米，宽2—3厘米，先端渐尖，钝头，基部楔形，上面被疏星状毛，下面星状毛极密，边缘具粗锯齿或微波状；叶柄长4—6毫米，被星状毛，通常于中部有2线形托叶。花密集呈聚伞状圆柱形的圆锥花序，顶生，长2—5厘米，直径约2厘米，序梗短，被星状毛；花萼钟形，长约5毫米，密被星状毛，檐部4裂，裂片狭三角形，长约2.5毫米；花冠紫色或浅紫色，喇叭形，长约1厘米，密被星状毛，檐部4裂，裂片三角形，长约1.5毫米，里面无毛，花冠管里面被星状毛，以喉部为密；雄蕊4，着生于花冠管下部，与子房的顶部平齐，雄蕊以下花丝贴生的花冠管（即与子房等长的花冠管）无毛；子房椭圆形，上部被毛，长约3毫米；花柱长约1毫米。蒴果卵形，长3—4毫米，为宿存萼所包。花期8—9月；果期9—11月。

产景东、普洱、西双版纳等地，生于海拔800—1500米的林缘、路旁开旷的灌草丛中。

图495 云南醉鱼草和密蒙花

1—4.云南醉鱼草 *Buddleja yunnanensis* Gagnep.

1.花枝 2.花 3.雌蕊 4.花冠展开（示雄蕊及花冠内部）

5—8.密蒙花 *B. officinalis* Maxim.

5.花枝 6.花 7.雌蕊 8.花冠展开

3.密蒙花（云南，开宝本草） 蒙花、米汤花、羊耳花、染饭花、酒药花、羊耳朵（滇南本草）图495

Buddleja officinalis Maxim.（1880）

灌木或大灌木，高达5米；小枝略呈四棱形，密被灰白色星状毛及绒毛。叶对生，长圆状披针形或狭披针形，长5—10厘米，宽1—2.5厘米，先端渐尖，基部楔形，全缘或具细锯齿，上面被疏绒毛及疏星状毛，下面密被灰白色或浅黄色星状毛及绒毛；叶柄长约7毫米或略长。聚伞状圆锥花序顶生，长5—12厘米，密被灰白色柔毛及少数星状毛；花芳香，花萼钟形，密被灰白色柔毛及少数星状毛，萼齿4，狭三角形；花冠淡紫色或白色，檐部4裂，裂片宽倒卵形或几圆形，长约5毫米，顶部圆形，花冠管长10—12毫米，直径约2—3毫米，两面均被柔毛，管内呈黄色；雄蕊4，若生于花冠管中部或中上部，花丝与管贴生；子房卵形，上部被微柔毛，花柱细长，柱头不裂。蒴果卵形，长约5毫米，2瓣裂；种子小，多数，无翅。花期12月至翌年3月；果期2—5月。

产全省各地，生于海拔600—2800米的山坡、荒地、田埂、灌丛中或河边，有时见于疏林下或杂木林下。陕西、甘肃、湖北、湖南、广东、广西、四川、贵州有分布。

花供药用，用于清热利湿、明目退翳、止咳，可治翳障红肿，羞明畏光，眼目热痛等症，又是民间常用的黄色食品染料，也可提取芳香油；根可治黄疸水肿；枝叶还可作兽药，用于治牛红白痢。

4. 长穗醉鱼草（云南植物志） 羊巴巴叶 图496

Buddleja macrostachys Wall. ex Benth.（1835）

Buddleja cylindrostachya Kranzl.（1913）

灌木或大灌木，高达4米。小枝钝四棱形，幼枝具狭翅，密被绒毛状星状毛，以后渐脱落。叶对生，纸质，长圆状披针形或长椭圆形，长达28厘米，宽7厘米，先端渐尖，基部楔形，边缘具细锯齿，上面无毛，下面密被灰白色绒毛状星状毛，叶柄极短或几无，托叶叶状。密集的聚伞状圆锥花序，圆柱状，顶生或间有腋生，长达33厘米，密被绒毛状星状毛；花萼钟形，长4—6毫米，密被星状毛，檐部具4齿，齿三角形，长2—2.5毫米；花冠紫色，喇叭形，喉部橙黄色，长9—13毫米，被绒毛状星状毛及淡黄色腺点，檐部4裂，裂片近圆形，长2—4毫米，里面无毛，花冠管里面下部被星状毛；雄蕊4，着生于花冠管喉部，花丝与管贴生；子房卵形，密被柔毛；花柱基部被柔毛，柱头无毛，棒状。蒴果卵形，长7—10毫米，直径3—4毫米，被毛。花期8—10月；果期12月至翌年2月。

产全省，生于1000—2800米的灌草丛中。印度、喜马拉雅东部、缅甸、泰国、柬埔寨、越南有分布。

5.雪白醉鱼草（云南植物志） 金沙江醉鱼草（云南植物研究）图496

Buddleja nivea Duthie（1905）*

B. stenostachya Rehd. et Wils.（1913）

灌木，高达5米。小枝四棱形，具狭翅，密被棕红色短绒毛。叶对生，纸质或坚纸质，

图496　长穗醉鱼草和雪白醉鱼草

1—4.长穗醉鱼草 *Buddleja macrostachys* Wall. ex Benth.

1.花枝　2.花　3.雌蕊　4.花冠展开

5—8.雪白醉鱼草 *B. nivea* Duthie

5.花枝　6.花　7.雌蕊　8.花冠展开

卵状披针形或披针形，长10—26厘米，宽2.5—11厘米，先端渐尖，基部宽楔形或钝，边缘具粗齿，上面无毛，下面密被灰白色星状毛；叶柄长约1厘米，密被星状毛。聚伞状圆锥花序，圆柱形，顶生，长达20厘米，密被星状毛；苞片线形，被毛；花萼钟形，长2.5—3毫米，密被星状毛，檐部具4齿，齿狭三角形；花冠长喇叭形，淡紫色，长1.1—1.3毫米，被柔毛，檐部4裂，裂片近圆形，长约2毫米，里面无毛，花冠管里面被疏柔毛；雄蕊4，着生于花冠管喉部，花丝与花冠管贴生；子房椭圆形，长约2毫米，被柔毛，花柱长达4毫米，柱头棒状。蒴果卵形，长7—8毫米，直径约3毫米，密被柔毛，具宿存花柱。花期7—8月；果期1—3月。

产滇西北及龙陵、景东等地，生于海拔2000—2400米的杂木林缘或路边灌草丛中。四川有分布。

2. 马钱属 Strychnos Linn.

灌木、小乔木或木质藤本、攀援灌木。小枝圆柱形或四棱形，常具变态的卷曲状的钩或刺状，有缠绕作用。叶对生，全缘，3—5基出脉，当小枝退化为钩或刺时，其下的叶退化为鳞片状；具柄及托叶，有时托叶退化呈毛。聚伞花序或组成聚伞状圆锥花序，顶生或腋生，苞片鳞片状；花4—5数，花萼钟状，齿深裂；花冠高脚杯状或喇叭状，有时近钟状，白色或黄绿色，管通常较长，为裂片的4—5倍，裂片呈镊合状排列，喉部常具毛，雄蕊通常着生于花冠管喉部，花丝极短或几无，花药2室，纵裂；子房2室，每室有胚珠数枚；花柱丝状，细长；柱头头状或2裂。浆果球形或椭圆形，果皮坚硬，木质或脆壳质，无毛或有小突起瘤；种子1至数枚，通常呈圆形或近圆形的透镜状；具胚乳。

本属约200种，分布于热带及亚热带地区。我国约9种，从南部至西南部均有；云南4种。

分 种 检 索 表

1.花序腋生，有10余朵；花冠管里面被毛，花柱无毛 ⋯⋯⋯⋯⋯⋯⋯⋯⋯1.马金长子 S. ignatii
1.花序顶生或生于小枝顶端叶腋，有20花以上；花冠管除喉部外，其余无毛。
  2.花序长4—8厘米；花冠长约18毫米；果直径达5厘米，有种子1—2；种子直径约2.5厘米 ⋯⋯⋯⋯⋯⋯⋯⋯⋯⋯⋯⋯⋯⋯⋯⋯⋯⋯⋯⋯⋯⋯⋯ 2.滇南马钱 S.nitida
  2.花序长3—4厘米；花冠长约15毫米；果直径3厘米，有种子2—7；种子直径约1.5厘米 ⋯⋯⋯⋯⋯⋯⋯⋯⋯⋯⋯⋯⋯⋯⋯⋯⋯⋯⋯⋯⋯⋯⋯⋯ 3.牛目椒 S. cathayensis

1.马金长子（屏边）　海南马钱（海南植物志）、云南马钱（云南经济植物）图497

Strychnos ignatii Bergius（1778）

S.hainanensis Merr. et Chun（1935）*

S.balansae Hill.（1917）

木质藤本或攀援大灌木，长5—20米，小枝节上具变态的卷曲单钩，有缠绕作用，茎皮灰褐色或略浅，光滑；小枝圆柱形，无毛。叶卵形至椭圆形，坚纸质或近革质，长6—17厘米，宽3.5—7厘米，先端急尖或短渐尖，基部宽楔形或钝，或近圆形，两面无毛而有光泽，三基出脉或离基三出脉，具边缘脉，侧脉平行；叶柄粗壮，无毛，长约1厘米。聚伞状圆锥花序腋生，长2.5—3厘米，有10余花，被短柔毛，序梗短；花5数，芳香，花萼钟状，长约1.5毫米，被短柔毛，齿卵形，长约1毫米，先端略钝；花冠高脚杯状，淡黄色或近白色，长1.2—1.7毫米，无毛，裂片长圆形或长圆状椭圆形，长4—5毫米，先端具乳头状突起，里面无毛，花冠管长8—12毫米，里面被疏微柔毛，以基部渐多；雄蕊具极短的花丝或几无，着生于花冠管喉部；子房卵形，无毛，长约1毫米，花柱长达1厘米，柱头头状。浆果球形，直径达8厘米，黄棕色，无毛，果皮脆壳质；种子近圆形，呈单而凸或两面凸透镜状，边缘角质，直径2—2.5厘米，被污色短柔毛。花期约5月；果期8—9月。

产滇东南，生于海拔400—600米左右的石灰岩地区常绿阔叶林中。海南有分布；越南、泰国、马来西亚、印度尼西亚、菲律宾也有。

本种种子可作马钱子的代用品，据分析有效成分较进口的马钱（Strychnos nuxvomica L.）种子还高。

2.滇南马钱（中国高等植物图鉴）图497

Strychnos nitida G. Don（1837）

Strychnos kerrii Hill.（1925）

Strychnos cheliensis Hu（1940）

木质藤本或攀援灌木，长4—5米。小枝节上具变态的卷曲双钩，可缠绕他物，无毛或略具疏毛；幼枝略呈四棱形，以后呈圆柱形，无毛而具纵行条纹。叶坚纸质或近革质，长圆形、长圆状披针形、椭圆形或宽卵形，长7—13.5厘米，宽3.5—6厘米，先端急尖、钝尖或渐尖，基部楔形或宽楔形，全缘，两面无毛，有光泽，离基三出脉，具边缘脉，侧脉平行，细且较密；叶柄长5—7毫米，无毛或略被疏微柔毛。复聚伞花序圆锥状顶生，长4—8厘米，宽6—11厘米，花序梗及花梗多少被毛，花梗长约3毫米；花5数，花萼钟状，长约1.5毫米，萼齿卵形，先端钝，长约1毫米，具缘毛；花冠高脚杯状或喇叭状，淡绿色或白色，长约18毫米，无毛，檐部5裂，裂片三角状卵形，长约2.5毫米，里面具小乳头状突起，花冠管仅喉部具柔毛；雄蕊着生于花冠管喉部的柔毛间，花丝极短或几无；子房卵形，长约1毫米，无毛；花柱细长，长约12毫米，中部以下被微柔毛；柱头头状，微2裂。浆果球形，直径达5厘米，外果皮木质；种子1—2。花期3—5月；果期9—10月。

产滇南、滇西南，生于海拔200—1800米的常绿阔叶林中或林缘路旁灌木丛中。印度、孟加拉国、中南半岛等地有分布。

种子药用，性寒味苦，有强壮兴奋、益脑健胃、舒经活血的功效，用于治疗手足麻木等症。

3.牛目椒（海南植物志） 三脉马钱（海南植物志）

Strychnos cathayensis Merr.（1934）

产河口、屏边、西双版纳，生于低海拔地区的常绿阔叶林中，土质肥厚的地方。广

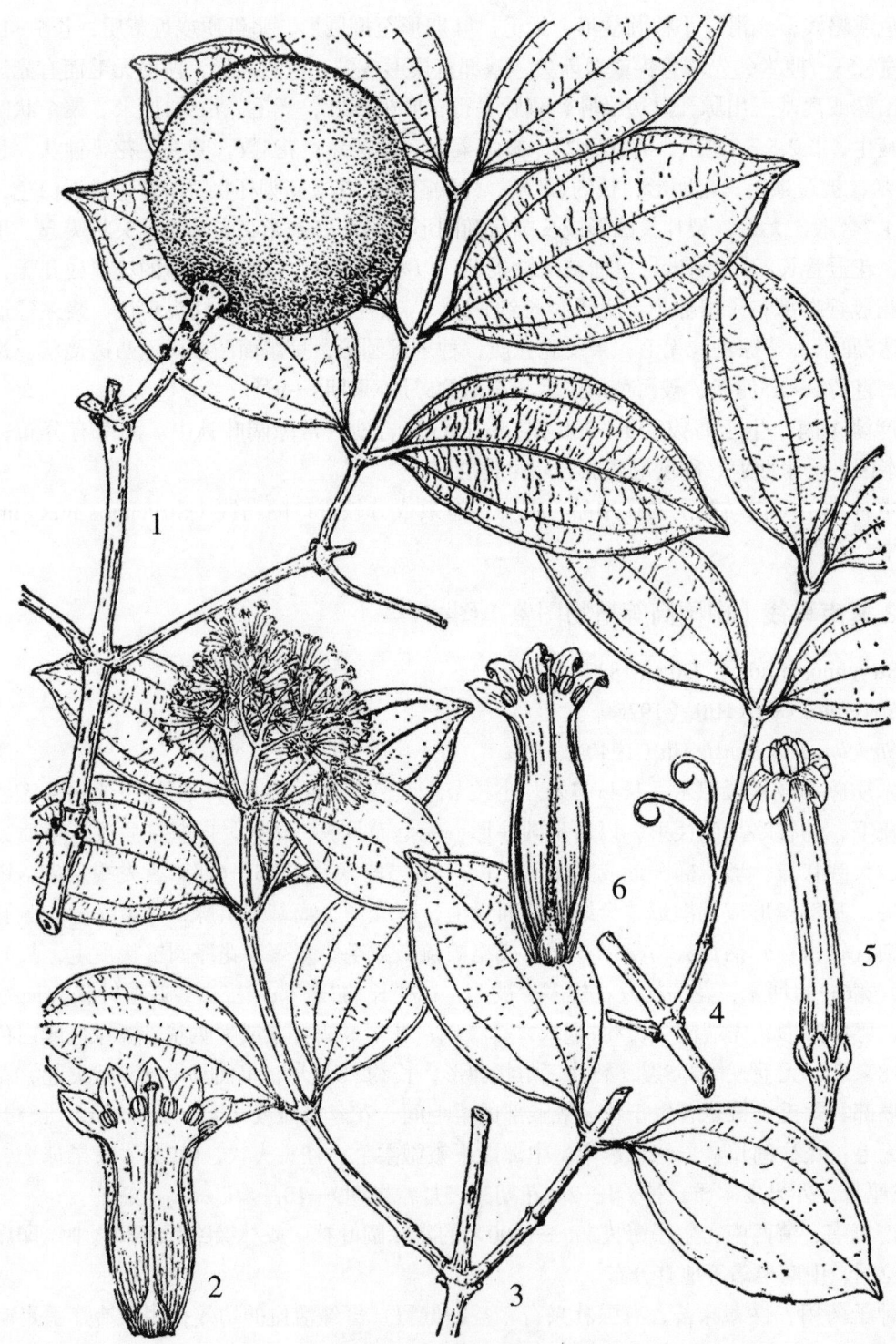

图497 马金长子和滇南马钱

1—2.马金长子 *Strychnos ignatii* Bergius

1.果枝 2.花纵剖

3—6.滇南马钱 *Strychnos nitida* G. Don

3.花枝 4.刺钩枝 5.花 6.花纵剖

西、广东、海南有分布；越南也有。

种子和根有解热止血的功效，用于治头痛、心气痛、疟疾、刀伤等。

3. 灰莉属 Fagraea Thunb.

乔木或灌木，有时呈攀援状。小枝通常圆柱形，无毛。叶对生，全缘，稀具齿；托叶合生呈鞘或裂开呈每叶具两个托叶。花常较大，圆锥花序或由聚伞花序组成圆锥花序，或聚伞花序，稀单花，顶生；苞片2，小，常着生于花萼基部；花5数，花萼钟形，檐部5裂，裂片常宽且厚；花冠管状，喇叭状或漏斗状，裂片5，有时略不等大，覆瓦状排列；雄蕊着生于花冠管上，花丝丝状，花药卵形，2室，纵裂；子房上位，1室，具2侧膜胎座，或为2室呈中轴胎座；胚珠多数；花柱单1，柱头头状、盾状。果肉质，不开裂；种子极多，种皮壳质，胚乳角质，胚小，直立。

本属约50种，分布于亚洲东部、南部，太平洋诸岛及澳大利亚北部。我国1种，产云南、广西、广东、海南及台湾。

灰莉（海南植物志） 箐黄果（云南东南部）图498

Fagraea ceilanica Thunb.（1782）

Fagraea obovata Wall.（1824）

F. chinensis Merr.（1923）

攀援灌木或小乔木，有时呈附生状，高可达15米；树皮灰色，光滑。小枝粗壮，圆柱形，直径达8毫米。叶对生，略肉质，干后近革质，椭圆形、长圆形至倒卵形，长7—25厘米，宽3—10厘米，先端渐尖、急尖或骤然短渐尖，基部楔形，全缘，两面无毛，侧脉不明显，4—8对；叶柄长1—4厘米，基部具由托叶形成的腋生鳞片，多少与叶柄合生。聚伞花序顶生，有1—3或9—13花，长6—12厘米，无毛；花梗长1—3厘米，粗壮，有棱，中部以上有宽卵形的小苞片2枚；花萼钟状，褐棕色，革质，无毛，长1.5—1.8厘米，萼齿卵形或宽卵形，长8—10毫米；花冠白色，芳香，长6—6.5厘米，喇叭状或宽漏斗状，无毛，管长3—3.5厘米，向上渐宽，裂片倒卵形，上部里面有深色斑纹，长2.5—3厘米，宽约2厘米；雄蕊着生于花冠管上部或近喉部，与裂片等高，花丝丝状；子房卵形，无毛；花柱细长，柱头略呈盾状的倒圆锥形。浆果宽卵形或近球形，直径达4厘米，顶端短尖，成熟时黄色，光滑，基部为宿存萼所包；种子椭圆状肾形，长3—4毫米。花期约5月；果期10—11月。

产绿春、镇康、西双版纳及文山、西畴、马关、麻栗坡，生于海拔1000—1800米的石灰岩地区常绿阔叶林中，土质肥润的地方。广西、广东、海南、台湾有分布；印度、斯里兰卡、中南半岛至马来西亚也有。

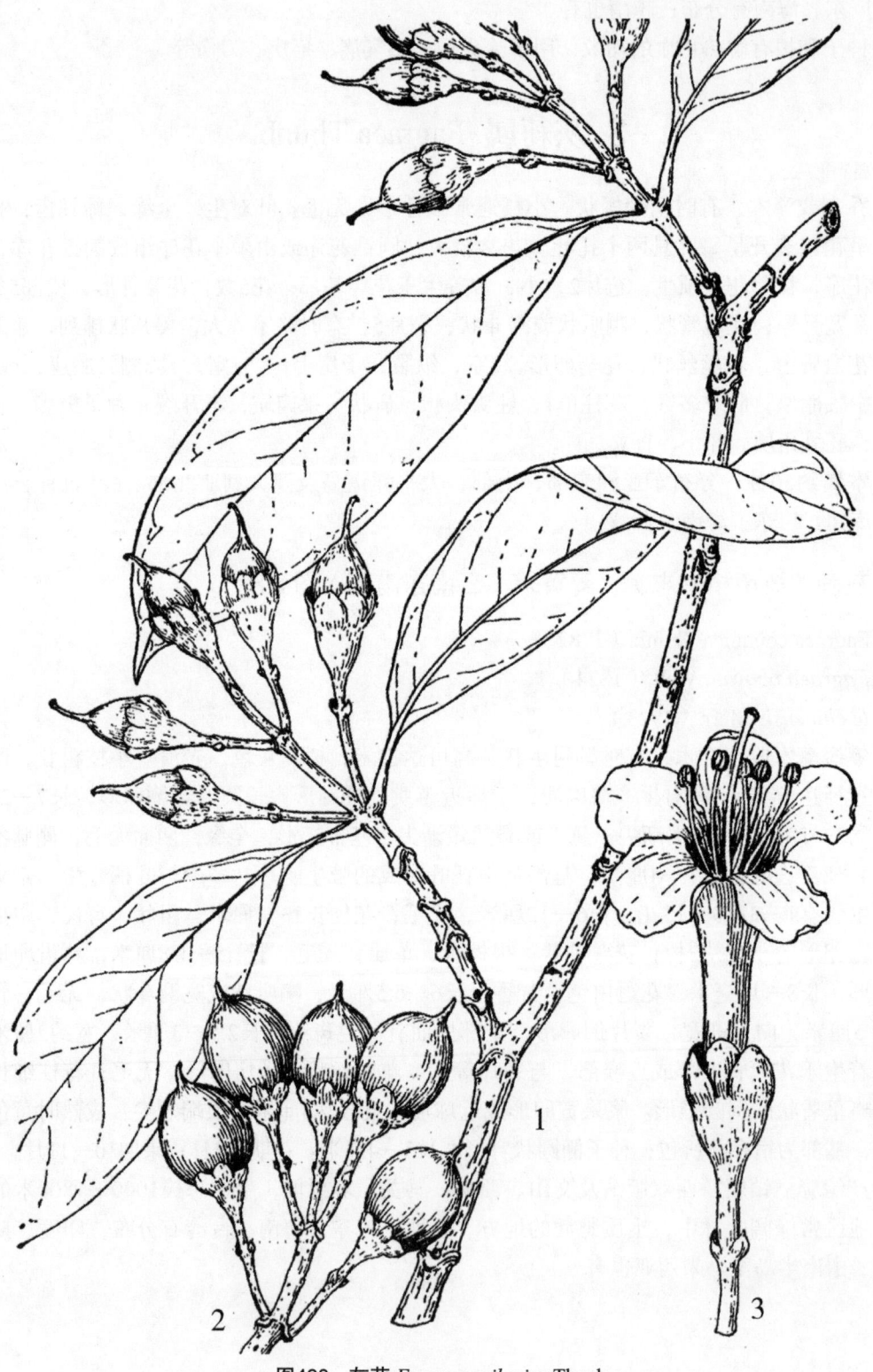

图498 灰莉 *Fagraea ceilanica* Thunb.
1.幼果枝 2.果序 3.花

232.茜草科 RUBIACEAE

乔木，直立或攀援灌木，藤本，直立或匍匐草本。叶为单叶，对生或轮生，通常全缘；在叶柄间、稀于叶柄内有托叶，有时托叶叶状，与普通叶无区别，宿存或脱落，很少缺。花单生或排成各式花序。花两性，稀单性，通常辐射对称；萼管与子房合生，萼檐为不明显的杯形或管形，顶端全缘或齿裂至分裂，有时其中1萼片扩大而成花瓣状；花冠管状、漏斗状、高脚碟状或辐状，内面无毛或有毛，顶部通常4—6裂，稀更多，裂片各式排列；雄蕊与花冠裂片同数，着生于冠管内或喉部，花药各式，通常线状长圆形，2室，纵裂，稀孔裂；花盘形状各式，有时分裂或腺状；子房下位，1—10室，通常2室，具中轴、顶生或基底胎座，稀1室而具侧膜胎座，花柱长或短，1—10裂，柱头全缘或2至多裂；胚珠每室1至多数，着生于或陷没于肉质的胎座中。果为蒴果，浆果或核果；种子有的具翅，多数具胚乳，胚直或弯曲。

本科约500属9000余种，分布于全世界热带和亚热带，少数产温带地区。我国产72属，450余种，多见于西南和东南部，少数分布于西北部和北部。云南有64属269种，本志记述木本植物34属，81种，7亚种。

分 属 检 索 表

1.花紧密集聚于一球状的花序托上，形成一球形头状花序。
  2.萼筒合生；果为一球状肉质体。
    3.子房2室。
      4.种子无假种皮；胚珠每室多数 ·············· 1.乌檀属 Nauclea
      4.种子有海绵质的假种皮；胚珠每室1 ·············· 2.风箱树属 Cephalanthus
    3.子房上部4室，下部2室，胚珠多数 ·············· 3.团花属 Anthocephallus
  2.萼筒彼此分离；果为蒴果。
    5.头状花序明显顶生。
      6.花序基部有2大型叶状苞片；柱头僧帽状，远伸出于花冠外 ·············
      ·············· 4.帽柱木属 Mitragyna
      6.花序基部苞片较小，不为大型叶状；柱头不为僧帽状。
        7.蒴果4瓣裂 ·············· 5.新乌檀属 Neonauclea
        7.蒴果假4瓣裂。
          8.顶芽不显著；托叶疏松包裹顶芽，深2裂达2/3以上；头状花序单生，稀7个排列为单聚伞圆锥花序，每室胚珠多数··········· 6.水团花属 Adina
          8.顶芽圆锥形或扁圆锥形；托叶三角形、窄三角形或长圆形，有时顶端浅凹缺；头状花序多数，通常7个以上，每室胚珠4—12。
            9.花萼裂片短、钝，被稠密长柔毛，花冠管密被短柔毛；头状花序3—9，有时1或13；侧生花序轴不分枝 ·············· 7.鸡仔木属 Sinoadina

9.花萼裂片三角形至椭圆状长圆形，不被稠密长柔毛，花冠管不密生短柔毛；头状花序多数，通常9个以上，侧生花序轴分枝，具若干头状花序 ……… …………………………………………………………… 8.黄棉木属 Metadina

　5.头状花序明显侧生或侧生占优势，有时顶生于短枝上 …………… 9.心叶树属 Haldina

1.花不紧密集聚于一球状花托上，不形成球形头状花序。

　10.萼檐裂片相等或不相等，有时其中一萼片扩大而成具柄叶状片。

　　11.果为一浆果 …………………………………………10.玉叶金花属 Mussaenda

　　11.果为一蒴果。

　　　12.成熟的果室背开裂；种子无翅，蒴果小，长1厘米左右 ……………………… ……………………………………………… 11.裂果金花属 Schizomussaenda

　　　12.成熟的果室间开裂；种子具翅；蒴果大，长4—4.5厘米…………………… …………………………………………… 12.香果树属 Emmenopterys

　10.萼裂片相等，无1枚扩大而成叶状片。

　　13.子房每室有胚珠2至多数。

　　　14.果为蒴果。

　　　　15.种子具翅。

　　　　　16.苞片叶片状；柱头纺锤形；蒴果近圆柱形或纺锤形，室背开裂；种子具宽翅 …………………………………………… 13.网膜籽属 Hymenodictyon

　　　　　16.苞片小，非叶片状。

　　　　　　17.花冠裂片镊合状排列，边缘被毛，萼裂片小，齿状 ……………… ………………………………………………… 14.金鸡纳属 Cinchona

　　　　　　17.花冠裂片覆瓦状排列，边缘无毛；萼裂片大，椭圆状 …15.滇丁香属 Luculia

　　　　15.种子无翅；花为顶生、密集圆锥花序式的聚伞花序 …16.水锦树属 Wendlandia

　　　14.果肉质，不为蒴果。

　　　　18.花冠裂片镊合状排列。

　　　　　19.花两性；苞片常有腺体；萼檐裂片4—6，通常有腺体；聚伞花序近顶生，长而疏散 …………………………………………… 17.腺萼木属 Mycetia

　　　　　19.花杂性；无苞片；萼檐裂片（4）5（7），无腺体；聚伞花序短或团伞状，腋生 ……………………………………………… 18.尖叶木属 Urophyllum

　　　　18.花冠裂片旋转状排列。

　　　　　20.柱头1，纺锤形或棒状。

　　　　　　21.子房2室，很少3—4室；胚珠着生于中轴胎座上；花中等大，4—5基数。

　　　　　　　22.花排成顶生、多花的伞房花序式的聚伞花序；无刺植物 ………… …………………………………………………… 19.乌口树属 Tarenna

　　　　　　　22.花单生或数花聚生，间有排成少花的聚伞花序，常腋生，很少顶生；有刺或无刺植物 …………………………………… 20.茜树属 Randia

　　　　　　21.子房1室；胚珠着生于2—6侧膜胎座上；花大型，5—12基量 ………… …………………………………………………… 21.栀子属 Gardenia

20.柱头2；子房2室。

 23.子房每室胚珠2，着生于一肉质胎座上，下垂 ……22.狗骨柴属 Tricalysia

 23.子房每室胚珠2以上。

  24.胚珠每室多数；聚伞花序排成圆锥花序式，与叶对生 …………………

  …………………………………………………… 23.短口树属 Brachytome

  24.胚珠不及10；花成束腋生。

   25.花冠筒状，粗而短；萼檐裂片长圆形，花药背部及基部有毛，内藏

   …………………………………………… 24.藏药木属 Hyptianthera

   25.花冠漏斗状或高脚碟状；萼檐近截平或5—4齿裂，花药无毛，伸出…

   ………………………………………………… 22.狗骨柴属 Tricalysia

13.子房每室有胚珠1。

 26.花序为聚合的头状花序；果为核果状或聚合果。

  27.萼筒彼此多少黏合；果为聚合果；子房2室或不完全4室 …… 25.巴戟天属 Morinda

  27.萼筒彼此分离；果为一核果；子房4—9室 …………… 26.粗叶木属 Lasianthus

 26.花序不为聚合的头状花序。

  28.子房4—9室；花聚生成束，生于叶腋内，花无梗或具极短的梗；核果直径6毫米

  以下 ………………………………………………… 26.粗叶木属 Lasianthus

  28.子房2室或不完全的4室。

   29.萼檐截平或为不明显的浅裂；花排成伞形花序式的花束；果浆果状，肉质，

   内有分核1—4 ………………………… 27.南山花属 Prismatomeris

   29.萼檐4—6裂。

    30.花冠裂片旋转状排列。

     31.花单生或为腋生的花束；种子角质 ………… 28.咖啡属 Coffea

     31.花排成伞房花序式、多花的聚伞花序。

      32.花通常4基数，花序顶生或腋生。

       33.小苞片厚而明显；花柱顶端2裂，裂片外弯 ……29.龙船花属 Ixora

       33.小苞片不存在或极不明显；花柱全缘或2裂，裂片直而粘贴 ……

       ………………………………………… 30.大沙叶属 Pavetta

      32.花5基数，花序有时由于一边的叶脱落而形成与叶对生，柱头近纺锤

      形，全缘 …………………………… 31.长柱山丹属 Duperrea

    30.花冠裂片镊合状排列。

     34.花排成顶生的伞房花序式或圆锥花序式的聚伞花序；花冠管长而弯 …

     ………………………………………… 32.弯管花属 Chassalia

     34.花腋生或顶生，单生或数朵簇生或排成聚伞花序。

      35.花全部腋生，数朵簇生或排列成伞房花序式的聚伞花序 …………

      ………………………………………… 33.鱼骨木属 Canthium

      35.花顶生或腋生，单生、簇生或排成具序梗的聚伞花序；花冠裂片边缘

      内曲或皱褶 ………………………… 34.染木树属 Saprosma

1. 乌檀属 Nauclea Linn.

乔木或灌木，有时攀援状。叶对生，近革质，具柄；托叶在叶柄间，中等大三角形或大而倒卵形，早落。花排成顶生、具花序梗的球形头状花序；相邻花萼管彼此融合，萼檐5—6裂，裂片宿存或早落；花冠管漏斗状，喉部无毛，檐部5—6裂，裂片覆瓦状排列；雄蕊5—6，无花丝，花药着生于冠管喉部；花盘不明显；子房2室，花柱线形，柱头头状，长椭圆形或纺锤形；胚珠多数，着生于由室顶倒垂的胎座上。果序球形，由很多具2室的小坚果融合而成；种子每室数个，很小，覆瓦状排列，无翅，种皮脆壳质，胚乳肉质，胚根短，下向。

本属约30种，分布于热带地区。我国产1种，分布于云南、广东、广西。

药乌檀 胆木 图499

Nauclea officinalis（Pierre ex Pitard）Merr. et Chun（1940）

Sarcocephalus officinalis Pierre ex Pitard（1940）

乔木，高达12米。小枝纤细无毛。叶纸质，椭圆形，倒卵形，长7—9（11）厘米，宽3.5—5厘米，先端渐尖，基部楔形，干时上面深褐色，下面淡褐色，侧脉5—7对，斜向上，近边缘处彼此连结，两面略凸起；叶柄长10—15毫米；托叶倒卵形，早落，长6—10毫米，先端圆形。头状花序顶生，单生，球形；花序梗长1—3厘米，中部以下有早落的苞片。小坚果合生成一球状体，成熟时黄褐色，果序直径9—15毫米，表面粗糙；种子椭圆状，长1毫米，腹面平坦，背面拱起，种皮黑色有光泽，并有微小窝孔。果期夏季。

产景东等地，生于海拔2200米的常绿阔叶林中。分布于广东、海南、广西；越南、柬埔寨也有。

种子繁殖。果实堆置变软后搓洗取种，风干后保存。育苗造林。

木材黄橙色，有苦味，为良好的建筑及家具用材。茎含黄酮甙、酚类，入药有清热解毒、消肿止痛的功能，用于急性扁桃体炎、咽喉炎、乳腺炎等。

2. 风箱树属 Cephalanthus L.

直立灌木或小乔木。叶对生或3—4轮生，具短柄，托叶在叶柄内，短。花集成顶生或腋生的头状花序，有时头状花序再呈圆锥花序或总状花序式排列，无苞片或具小苞片；萼管长杯形，萼檐顶部为相等的4—5齿裂；花冠黄色或白色，冠管漏斗形，喉部无毛，顶部4裂，裂片在花蕾时覆瓦状排列；雄蕊4枚，着生于冠管喉部，花丝短，花药背着，药隔常外露；花盘不明显；子房2室，花柱线形，柱头头状或棒状，胚珠每室1，由室顶倒垂。果为一球形聚合果，由多数不开裂、革质的干果聚合而成；种子倒垂，有海绵质的假种皮，种皮膜质，有时有翅，胚乳近软骨质，子叶扁平，线形，胚根向上。

本属约18种，分布于亚洲热带、非洲和美洲。我国产1种，云南也有。

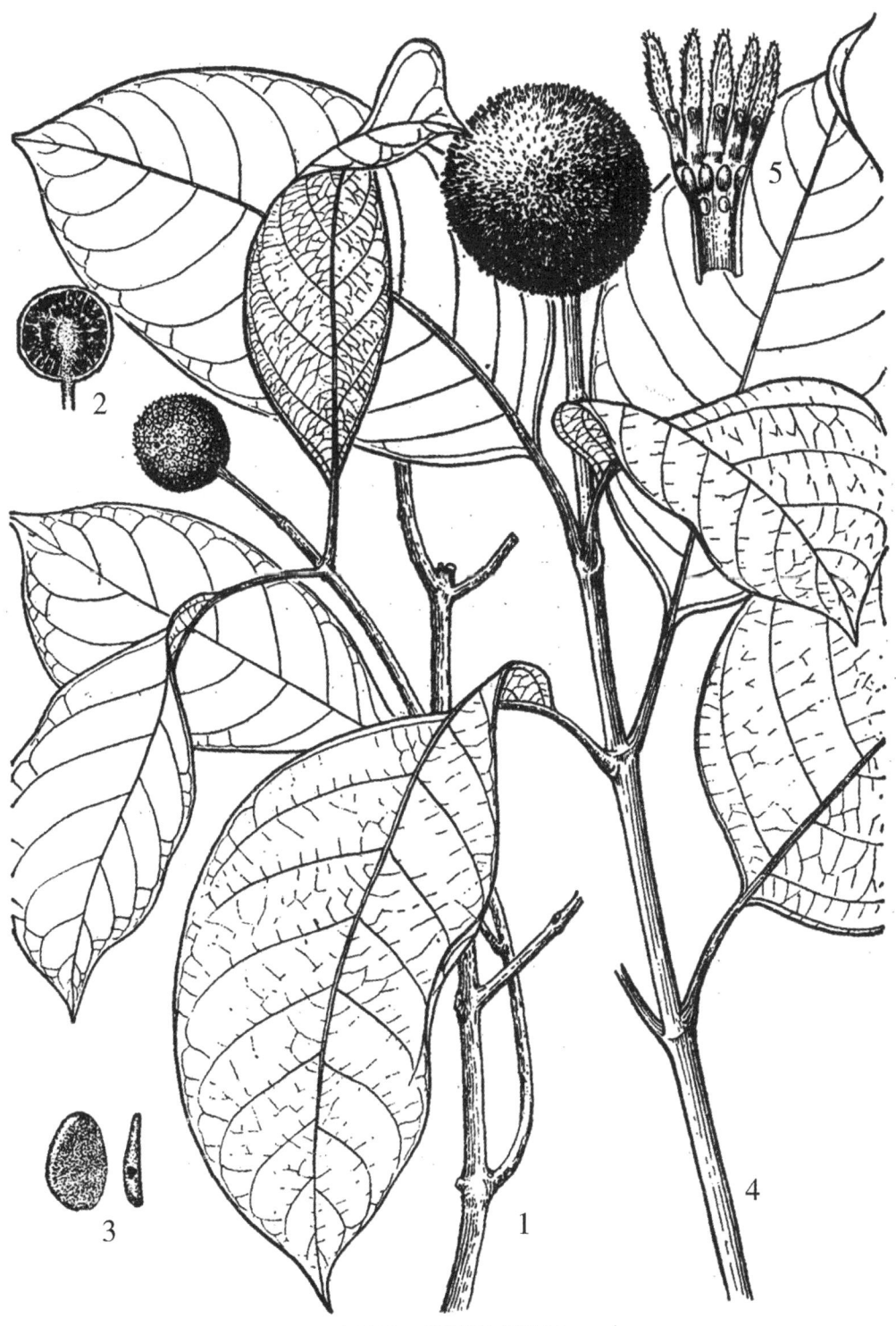

图499 药乌檀和团花树

1—3.药乌檀 *Nauclea officinalis*（Pierre ex Pitard）Merr. et Chun
1.果枝　2.果序纵剖　3.种子正侧面
4—5.团花树 *Anthocephallus chinensis*（Lam.）A. Rich. ex Walp.
4.花枝　5.花剖开

风箱树 图500

Cephalanthus occidentalis L.（1753）

灌木至小乔木，高达6米。小枝幼嫩时被柔毛，稍压扁，后呈圆柱形，变黑褐色，无毛。叶对生，稀3枚轮生，薄革质，椭圆形、长圆形至椭圆状披针形，长10—15厘米，宽5—8厘米，先端急尖、渐尖或钝，上面无毛或沿主脉上被毛，下面被毛，脉上毛被较密，侧脉10—12对，在下面凸起，弯拱向上，近边缘连结；叶柄长5—10毫米，被毛或近无毛；托叶三角形，长约4毫米，先端骤尖，常2裂，每一裂尖常常有一亮黑色的棒状腺体。头状花序球形，单生枝顶，或在枝上部叶腋生及顶生，排成总状花序式；花蕾时每球直径7—10毫米，盛花时2—2.5厘米（伸出的花柱在外）；花序梗长2.5—6厘米；小苞片刚毛状和线状匙形，被毛；萼管长1—1.5毫米；萼檐略扩大，4深裂，裂片被毛，顶端钝或截平，裂叉上常有黑色腺体；花冠白色，冠管纤细，长7—12毫米，外面无毛，里面被疏毛，裂片长约1.5毫米，在裂叉上有1粒状黑色腺体；花柱长12—15毫米，柱头棒槌形。干果稍扁，长4—5毫米，顶部冠以被微毛的萼檐；种子具翅。花期5月。

产普洱、勐腊和景洪，生于海拔540—1360米的潮湿疏林中，或者在沼泽地形成沼生木本植物群落。分布于贵州、广西、广东、海南、湖南、江西、浙江、福建、台湾；印度、中南半岛、马来西亚及北美中南部也有。

种子繁殖。因根系发达，又喜生于湿地，可栽植作河、湖的固岸树种。根和花序入药，有清热利湿、收敛止泻、祛痰止嗽之效，用于感冒发热、咽喉肿痛、肠炎腹泻等。

3. 团花属 Anthocephallus A. Rich.

乔木。叶对生，具柄；托叶大，生于叶柄间，早落。花小，5数，集成球形头状花序，有托叶状的苞片，无小苞片；萼檐管状，裂片覆瓦状排列；花冠漏斗形，冠管伸长，雄蕊着生于冠管喉部，花丝短，花药顶部细尖，基部叉开；花盘不明显；子房下位，上部4室，下部2室，有2个2裂的胎座从隔膜处向上伸进上部的室，在上部室内的胎座直立，在下部室内的倒垂；胚珠多数，花柱伸出喉外，柱头纺锤形；果聚合而成一球形头状体；种子多数，有棱，种皮粗糙，有肉质的胚乳。

本属约3种，分布于印度至马来西亚。云南产1种。

团花树 大叶黄梁木 图499

Anthocephallus chinensis（Lam.）A. Rich. ex Walp.（1834）

Cephalanthus chinensis Lam.（1785）

乔木，高达20米，有的可达30米，胸径60厘米；树皮灰白色或黄棕色。枝平展，幼时稍扁，褐色，老时变灰色、圆柱形，无毛。叶革质，椭圆形或长圆形，长15—25厘米，宽7—12厘米，先端骤狭后短渐尖，基部圆形或宽楔形，上面光亮无毛，下面无毛或被短而密的柔毛，侧脉9—10对；下面凸起；叶柄长2—3厘米；托叶披针形；长约12毫米，早落。头状花序单生枝顶，球形，直径4—5厘米；花序梗粗壮，长2—4厘米，无毛。花黄色，5数，

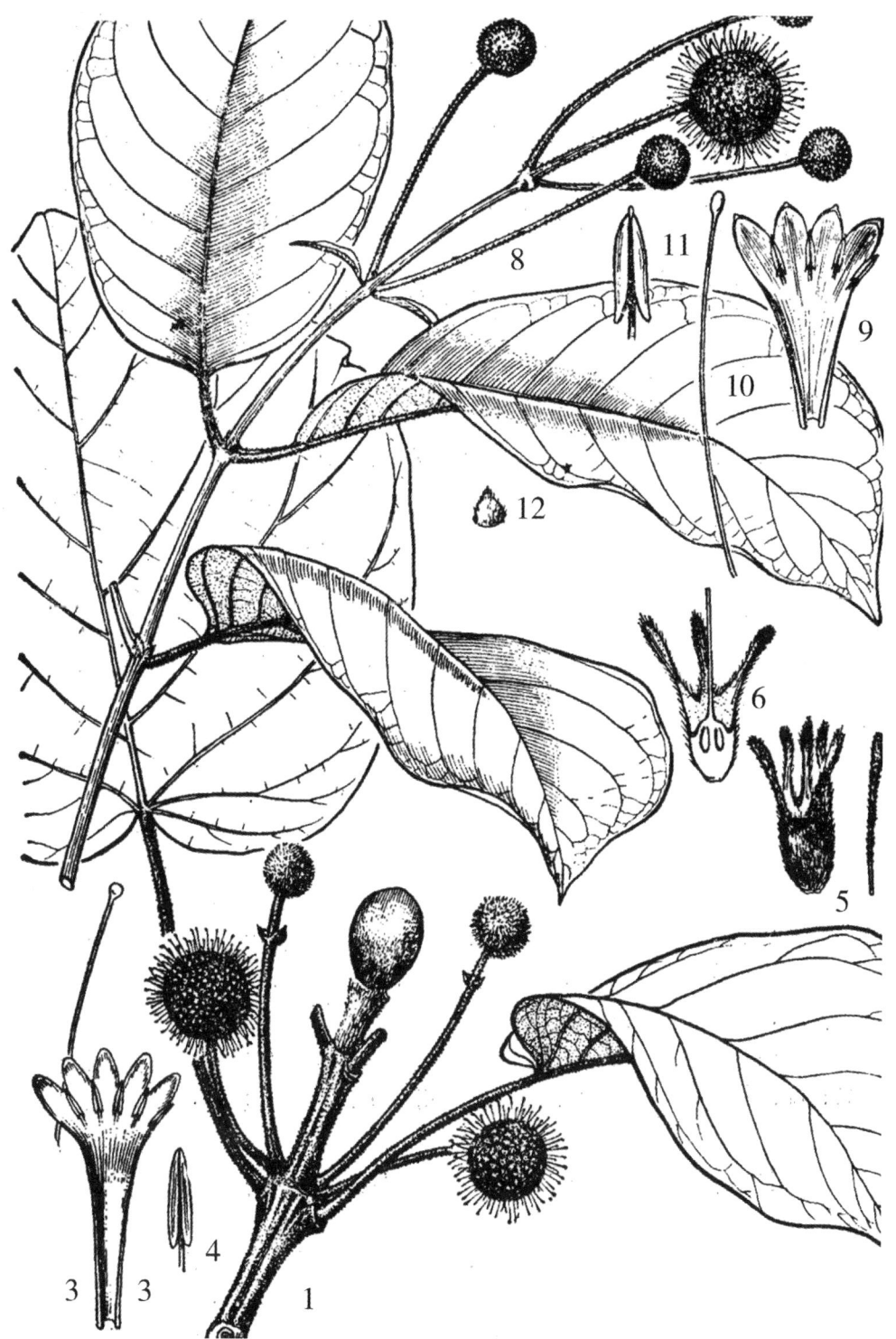

图500　心叶树和风箱树

1—7.心叶树 *Haldina cordifolia*（Roxb.）Ridsdale

1.花枝　2.花冠剖开　3.花柱和柱头　4.雄蕊　5.花萼　6.子房纵剖　7.小苞片

8—12.风箱树 *Cephalanthus occidentalis* L.

8.花枝　9.花冠剖开　10.花柱和柱头　11.蒴果　12.托叶

萼管长1.5毫米，无毛，裂片长圆形，长3—4毫米，被毛；花冠漏斗状，长约9毫米，无毛，冠管筒状，长4毫米，裂片5，线状披针形，长5毫米，无毛，内面中部疣状增厚。果序近球形，直径3.5—4厘米。花期7—8月；果期11—1月。

产沧源、盈江、勐海、景洪、勐腊，生于海拔240—1400米的石灰岩地区或江边河岸季雨林中。广西、广东有栽培。

阳性树种，要求终年基本无霜的气候环境。在适生条件下，10年左右可成材。

种子繁殖。种子细小，宜随采随播，为提高苗床温湿度，播种后及时架设塑料棚，并注意经常用喷雾器进行浇水，以提高苗木萌芽及成活率。

木材深黄色，结构细，纹理直，干缩中等，花纹色泽均美观，加工性能良好，耐腐抗虫，适宜于美工雕刻、模型及高级家具。叶可作饲料；树皮为清凉解毒解热药。

4. 帽柱木属 Mitragyna Korth.

灌木或乔木。叶对生；托叶大，早落。花组成紧密的头状花序，球形花序，排成顶生或腋生的聚伞花序式的圆锥花序；花序梗伸长、粗壮，各级聚伞花序的分叉处和头状花序基部均有2枚大型叶状苞片；萼管短，彼此分离，萼檐杯状、顶部截平或5齿裂；花冠漏斗状，裂片5，镊合状排列；雄蕊5；花盘环状；子房下位，2室，每室有胚珠多数生于下垂的胎座上；花柱长伸出，柱头1、僧帽状。果为蒴果；种子有翅。

本属约10种，分布于热带亚洲和非洲。我国1种，产云南。

帽柱木　图501

Mitragyna diversifolia（Wall. ex G. Don）Havil.（1897）

Nauclea divesifolia Wall.（1832 nom. nud. p. p.）ex G. Don（1832）

Mitragyna brunonis（Wall.）Craib（1914）（中国高等植物图鉴）

常绿乔木，高达20米；枝四棱形，具4条纵槽，灰色，有疏散的皮孔，幼嫩部分被微柔毛，老枝粗糙。叶卵形、圆形或倒卵形，长18—25厘米；宽18—20厘米，枝上部的叶往往宽度大于长度、呈扁圆形，先端圆形具三角形的小尖头，基部圆形或浅心形，上面光亮无毛，下面密被粗硬毛和柔毛；侧脉8—9对，其中2对近基出；叶柄长1.5—2.5厘米，密被毛；托叶卵形或倒卵形，长2.5—5厘米，宽1.7—3厘米，先端圆或钝，基部稍狭，被毛，早落。头状花序顶生，每3个排成聚伞花序，中间的花序无序梗，侧生的序梗长2.6—3.5厘米；聚伞花序具长2—5.5厘米的总序梗，再组合成聚伞花序式的圆锥花序；每头状花序的基部和聚伞花序的基部均有2叶状苞片，层层包住花序，花序梗外的苞片卵形或扁圆形，长1—1.5厘米，宽约1.2厘米，具长4—5毫米的柄；头状花序外的苞片卵形，长3.5厘米，宽约2.2厘米，无柄，开花前全脱落；每头状花序花开时直径2.5厘米（包括花柱）；花极香，5数，具小苞片，小苞片线形或匙形，长约2毫米；萼筒长1.5毫米，萼檐近截平或具5浅齿；花冠长约6.5毫米，冠管倒圆锥状，长约1毫米，外面无毛，内壁被长毛，裂片5，披针形或椭圆形，无毛，外展；雄蕊5，花丝长约1毫米，生于花冠裂片下部，花药线形，长约2毫米，伸出外露；花柱无毛，长约7.5毫米，柱头长约1.5毫米，僧帽状罩在花柱上。蒴果倒锥

图501　帽柱木和厚叶玉叶金花

1—7.帽柱木 *Mitragyna diversifolia* (Wall. ex G. Don) Havil.

1.花枝　2.花剖开　3.雄蕊　4.花柱和帽头　5.子房纵剖　6.顶枝示花序苞片　7.蒴果

8—12.厚叶玉叶金花 *Mussaenda erosa* Champ.

8.花枝　9.花冠剖开　10.雄蕊　11.花萼和雌蕊　12.子房纵剖

状楔形，长4—4.5毫米，有纵棱。

产耿马、镇康、勐海、景洪、勐腊，生于海拔590—2000米的雨林、季雨林或次生疏林、竹林中。分布于印度、缅甸、泰国、越南。

种子繁殖，宜随采随播。

散孔材。木材浅褐色，无心边材区别；生长轮略明显，宽度不均匀，略硬重，耐腐，抗酸性强，可作房建、室内装修、胶合板等用材。花极香，可作香料资源植物栽培。

5. 新乌檀属 Neonauclea Merr.

乔木或灌木。叶对生，无柄或有柄；托叶大，早落。花集成紧密的头状花序，花序单1或2—3排成聚伞花序式，顶生；苞片2，大，卵形，早落；花萼管分离，萼檐5裂，裂片匙状或棒状，脱落；花冠漏斗状，冠管长筒状，喉部无毛，裂片5，覆瓦状排列；雄蕊5，着生于冠管喉部，花丝短，花药背着，内藏；花盘不明显；子房下位，2室，每室有胚珠多数，花柱突出喉外，柱头头状。果为蒴果；种子多数，有翅。

本属约50种，分布于热带亚洲。我国西南、华南至台湾有4种；云南有3种。

分 种 检 索 表

1.叶无柄；叶片椭圆状长圆形，侧脉5—6对；花冠裂片背面密被银灰色长粗毛 ……………
……………………………………………………………1.无柄新乌檀 N. sessilifolia
1.叶具柄；花冠裂片背面无毛。
　2.叶柄短，粗壮，长0.8—1.5厘米，叶基楔形；叶下面脉腋菌穴无毛 ………………
…………………………………………………………………2.新乌檀 N. griffithii
　2.叶柄长1.5—4厘米，叶基圆形或楔形，叶下面脉腋菌穴有绒毛 ………………
………………………………………………………………3.具柄新乌檀 N. tsaiana

1.无柄新乌檀　图502

Neonauclea sessilifolia（Roxb.）Merr.（1915）

Nauclea sessilifolia Roxb.（1814 nom. nud. 1824）

常绿乔木，高达10米。幼枝灰色，四方柱形，有4条纵槽，有疏散的皮孔，老枝圆柱形，灰色，粗糙。叶革质，长圆形、椭圆状长圆形，长10—19厘米，宽6—11厘米，先端圆形，基部浅心形，侧脉7—8对，下面隆起，脉腋间的菌穴细小，无毛，叶柄不存在，托叶卵形，叶状，长达2.5厘米，宽1.2厘米，先端钝。头状花序顶生，球形，直径3—4厘米，通常3个排成聚伞花序式，也有单个独生的；花序梗长5—8厘米，粗壮；无毛；小苞片小，钻形，长8.0—10毫米，宿存；花白色，极香，5数；萼被银灰色绒毛，萼管倒圆锥形，长约2毫米，萼檐裂片棒状、长约6毫米；花冠漏斗状，长10毫米，冠管倒圆锥状，细长，长6毫米，无毛，裂片长圆形，长4毫米，背面密被银灰色长粗毛；雄蕊5，内藏；花柱长约14毫米，远伸出花冠之上，无毛，柱头头状，长约1毫米；果序球形，直径2.5—3厘米，果开裂脱落后，苞片仍留存；蒴果楔形，长8—10毫米，无毛，种子多数，长圆形，扁，长约1毫

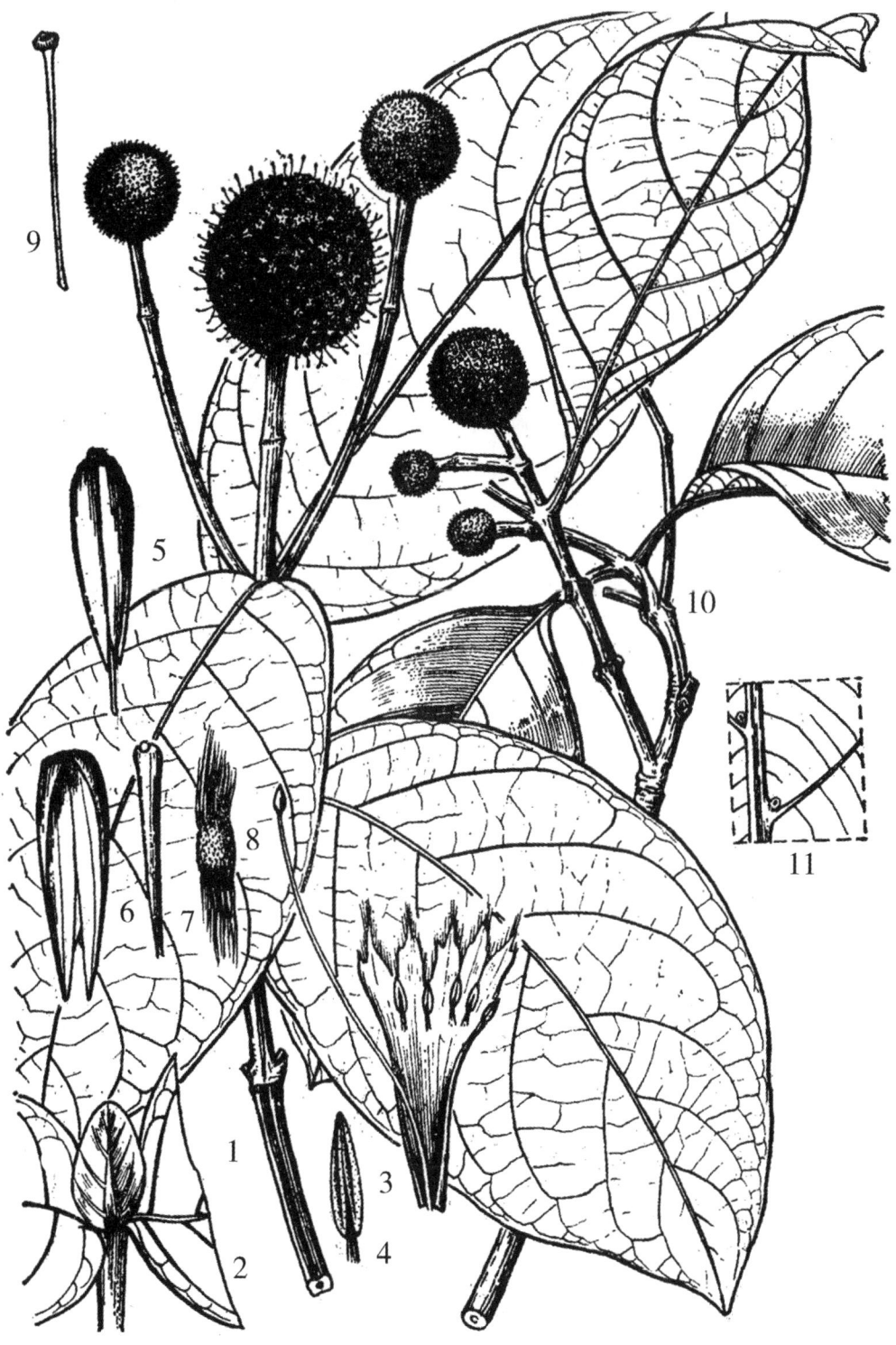

图502　无柄新乌檀和新乌檀

1—9.无柄新乌檀 *Neonauclea sessilifolia*（Roxb.）Merr.

1.花枝　2.幼枝示托叶　3.花剖开　4.雄蕊　5.蒴果　6.果开裂后的果皮

7.苞片　8.种子　9.蒴果弄裂后的中轴

10—11.新乌檀 *Neonauclea griffithii*（Hook. f.）Merr.

10.果枝　11.叶面一部分（示脉腋菌穴）

米，两头具膜翅，种子连翅呈梭形。花期8—10月，果翌年5月开裂。

产景洪和勐腊，生于海拔510—800米的热带季雨林及其次生灌丛中。分布于中南半岛、孟加拉国。

2.新乌檀 图502

Neonauclea griffithii（Hook. f.）Merr.（1915）

Adina griffithii Hook. f.（1880）

乔木，高达15米。幼枝扁，无毛，老枝圆柱形，灰色，具皱纹或条纹。叶革质，倒卵形，椭圆状长圆形，长10—15厘米，宽5—8厘米，先端骤狭后急尖，基部楔形，两面毛，侧脉5—7对，下面脉腋菌穴明显而无毛；叶柄粗壮，长8—10毫米，无毛；托叶大，倒卵形，长约15毫米，宽8—10毫米，先端圆形，具脉，早落。头状花序球形，直径3—4厘米，顶生，单1或3排成聚伞花序式，花序梗粗壮，长2—2.5厘米；小苞片小，针状，短于萼，果期伸长但仍短于果，此时长5—6毫米；花白色、黄绿色，5数，萼管陀螺状，密被灰白色绒毛，萼檐裂片伸长，棒状，长约4毫米，疏被绒毛；花冠管细长，筒状，长约7毫米，无毛，裂片5，卵状长圆形，椭圆形，长1.5毫米，无毛；雄蕊内藏；花柱长约10毫米，无毛，柱头头状，粗糙。果序球形，直径2厘米，蒴果倒圆锥状，长3—4毫米，顶部冠以具毛的萼檐，比宿存的苞片短，从基部向上2瓣裂；种子多数，连两头的翅呈狭棱形，总长1.5毫米。花期10月；果4月开裂。

产普文、景洪、富宁，生长于海拔500—1200米的河谷或河岸密林及灌丛中。印度有分布。

种子繁殖。

散孔材。木材鲜黄色，心边材区别不明显，有光泽，生长轮明显，管孔分布不均匀；纹理直，结构细，材质中，干缩小，易干燥，少开裂，耐腐性中，心材抗菌，抗虫力强，材色美丽。可作美术工艺品、雕刻、镶嵌、房建、家具等用材。

3.具柄新乌檀 图503

Neonauclea tsaiana S. Q. Zou（1988）

大乔木，高达40米，胸径达1米；基部具板根；树皮粗糙。幼枝灰色，略呈方柱形，无毛，老枝圆柱形，粗糙。叶革质，卵形，宽椭圆形，长12—24厘米，宽6—13厘米，先端钝或渐尖，基部圆形或宽楔形，上面发亮，下面色淡，两面无毛，唯下面脉腋菌穴被绒毛，侧脉7—8对，下面凸起，叶柄长1.5—4厘米；托叶卵形或卵形状椭圆形，长12—24毫米，宽8—14毫米，早落。头状花序球形，直径10—18毫米（花蕾时）至25—30毫米（包括花冠），单1或4—5生于枝顶，每球有苞片2，早落；小苞片倒圆锥形，长0.7—1米，果时伸长；花萼长0.8—1毫米，被微柔毛，萼檐裂片5，倒圆锥形，长3—4毫米，外面被短柔毛，内面无毛；花冠漏斗状，长7—9毫米，黄白色，无毛，裂片长圆形，长2.5毫米，宽1.2毫米；雄蕊5，着生于花冠管上部，花丝长0.4毫米，无毛，花药基着，长圆形，长1毫米，宽1.4毫米；花柱长12—15毫米，远伸出喉外，柱头球形。果序直径15—20毫米；蒴果倒圆锥形，长6—7毫米，无毛，顶部宿存萼檐有毛，室背和室间开裂；种子多数，扁，狭长梭

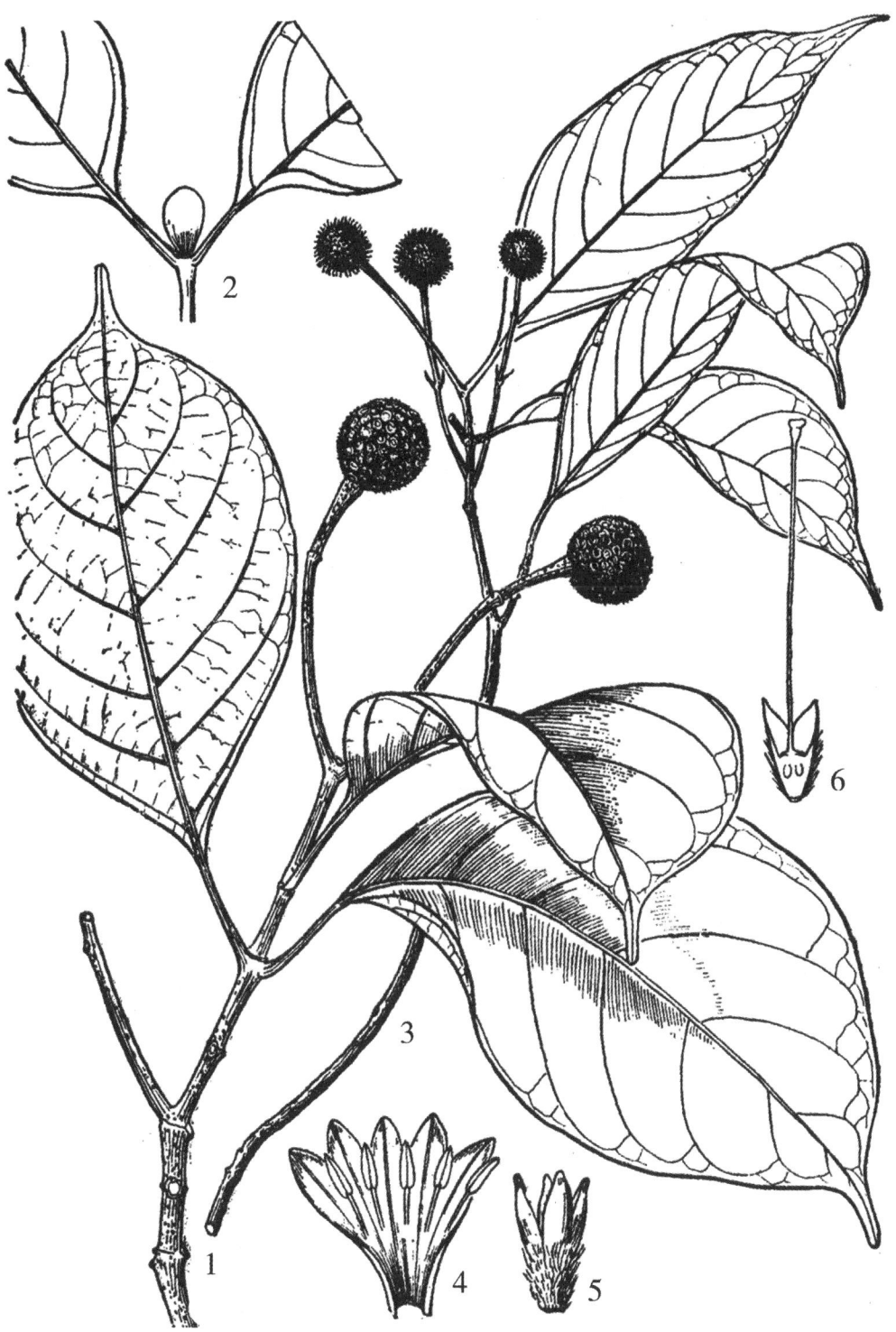

图503　具柄新乌檀和黄棉木

1—2.具柄新乌檀 *Neonauclea tsaiana* S. Q. Zou

1.果枝　2.幼枝（示托叶）

3—6. 黄棉木 *Metadina trichotoma*（Zoll. et Mor.）Bakh. f.

3.花枝　4.花剖开　5.花萼　6.雌蕊纵剖

形，两头具翅。花期10月；果4月开裂。

产景东、景洪和勐腊，生于海拔540—1700米的季雨林或常绿阔叶林中，常见于江边和水边潮湿地。模式标本采自景洪。

种子繁殖。

6. 水团花属 Adina Salisb.

乔木或灌木。叶对生，具柄；托叶窄三角形，深2裂，常宿存，花密集成球形的头状花序，花序轴1—3，顶生和腋生；花5数，花托有毛，花间小苞片条形至条状匙形；花托筒相互分离；萼管有棱，萼檐5裂；花冠管漏斗状，伸长，喉部无毛，管檐裂片5，芽时镊合状排列；雄蕊5，着生于花冠喉部，花丝短；花药背着，花盘杯状；子房2室，花柱伸出花冠之外，柱头球形；胚珠每室多数，着生于隔膜上部1/3处的胎座上。果为蒴果，内果皮硬，自基部至顶部室背、室间开裂为4果瓣；残存花萼不脱离果壁，留附于子房隔膜形成的中轴上；种子扁，顶部略具翅。

本属3种，大都分布于日本、越南及中国。我国有2种，云南有1种。

水团花 图504

Adina pilulifera（Lam.）Franch. ex Drake（1895）

Cephalanthus pilulifera Lam.（1879）

小乔木，高达5米。小枝近无毛。叶薄纸质，倒披针形或长圆倒披针形，长5—12厘米，宽1.5—3厘米，先端渐尖或长渐尖，基部楔形，两面无毛或下面脉腋内有束毛，侧脉8—10对；叶柄长3—10毫米，无毛；托叶2深裂，裂片狭披针形，长5—7毫米，无毛。头状花序单生，腋生或顶生，直径约10毫米，花序梗纤细，长2.5—4.5厘米，被粉末状微毛；苞片小，数枚轮生于花序梗的中部；小苞片丝状；萼长1.5—2毫米，被毛，萼檐5裂，裂片近匙形，约与萼管等长，裂片间有披针形、被毛的附属体；花冠白色，长3—4毫米，无毛，顶部5（4）裂，裂片宽卵形；花药稍突出，比花丝长；花柱长7—8毫米，远伸出于花冠之外。蒴果楔形，长2—3毫米，有明显的纵棱，顶部冠以宿存的萼片，开裂后中轴不脱落。花期6—7月。

产屏边、文山等地，生于海拔1300米以下的沟谷林内。分布于广东、广西、湖南。

种子繁殖。

木材黄白色，纹理密致，可作雕刻及农具的把柄和小玩具用材。根含生物碱、黄酮甙、氨基酸等。各部均可做药，有清热解毒、散瘀止痛之效；根用于感冒发热、上呼吸道炎、腮腺炎；花果用于痢疾，急性胃肠炎；叶外敷跌打扭伤、骨折等。

7. 鸡仔木属 Sinoadina Ridsdale

小乔木至中乔木。托叶狭三角形，跨褶，早落。叶对生。头状花序通常7—11，顶生，

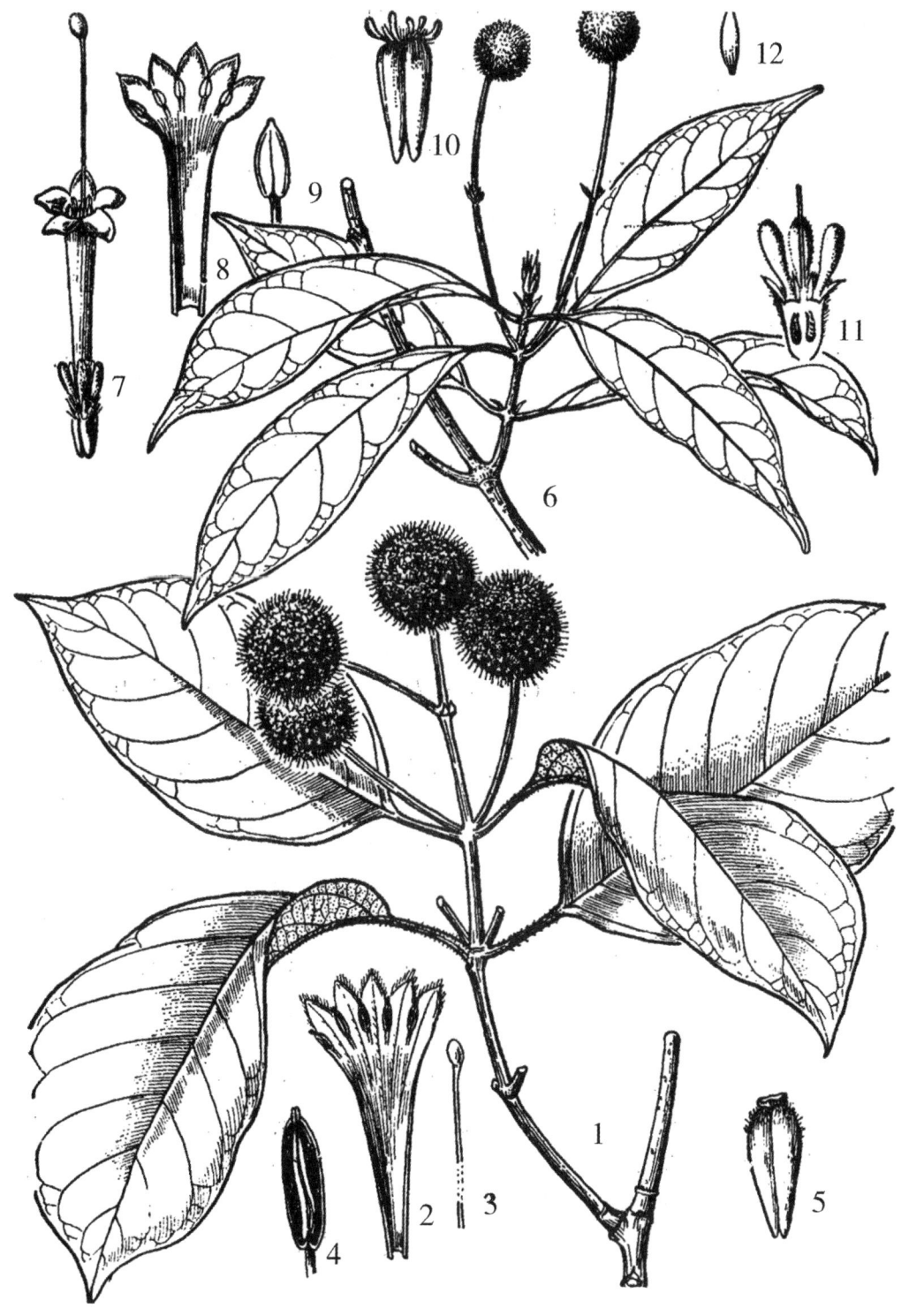

图504　鸡仔木和水团花

1—5.鸡仔木 *Sinoadina racemosa* (Sieb. et Zucc.) Ridsdale

1.花枝　2.花剖开　3.柱头　4.雄蕊　5.花托筒和萼管

6—12.水团花 *Adina pilulifera* (Lam.) Franch. ex Drake

6.花枝　7.花　8.花冠剖开　9.雄蕊　10.蒴果　11.子房纵剖　12.种子

花序轴1，罕有3，分枝为单聚伞圆锥花序，节上托叶苞片状。花5数，近无柄；花托有毛，花间小苞片条形至条状棍棒形，花托筒彼此分离；花萼管短，花萼裂片钝，宿存，无脱落的顶部；花冠高脚碟状的窄漏斗形，花冠裂片镊合状，但顶端近覆瓦状；雄蕊着生于花冠管的上部，花丝短，无毛，花药基着，内向，突露喉外；花柱突伸，柱头倒卵圆状，光滑；子房2室，胎座位于隔膜上部1/3，每室胚珠4—12。果序中蒴果疏松。果的内果皮硬，自基部至顶部室背和室间4裂，残存花萼通常不与果壁分离，留附于中轴上，中轴暂存，后来分离；种子三角形或具三棱角，两侧略压扁，无翅。

本属1种，分布于我国长江以南各省区。

鸡仔木　水冬瓜　图504

Sinoadina racemosa（Sieb. et Zucc.）Ridsdale（1978）

Nauclea racemosa Sieb. et Zucc.（1946）

Adina racemosa Miq.（1867）

半常绿或落叶乔木，高达18米。未成熟顶芽金字塔形或圆锥形。托叶2裂，裂片近圆形；叶亚革质，宽卵形至卵状长圆形，长9—15厘米，宽5—10厘米，上面无毛，或有稀疏的毛，下面无毛或有短柔毛，先端急尖至渐尖，基部心形或钝，有时偏斜，侧脉6—12对，无毛或有稀疏的毛，脉腋窝巢无毛或有稠密的毛；叶柄长3—6厘米，无毛或有短柔毛。头状花序3—10排成顶生的聚伞圆锥花序式；头状花序直径4—7毫米，有花间小苞片；花托筒被稠密的苍白色长柔毛；花萼密被细柔毛；花冠淡黄色，密被苍白色微柔毛，花冠裂片三角状。果序直径11—15毫米；蒴果倒卵状楔形，长5毫米，有疏毛。花期5月。

种子繁殖。

产泸水、景东、景洪、勐腊、大姚、双柏、富宁，生于海拔700—1800米的石灰岩山疏林、沟谷疏林或灌丛中。分布于四川、广西、贵州、广东、湖南、江西、江苏、浙江、安徽、福建、台湾。

散孔材。心材黄，边材灰；年轮可见；结构细，纹理直，材质中，可作房建、家具等用材。树皮纤维为制麻袋、绳索及人造棉等原料。

8. 黄棉木属　Metadina Bakh. f.

中乔木或大乔木。顶芽金字塔形或圆锥形。托叶三角状至狭三角形，早落；叶对生。头状花序顶生，多数，花序轴1—3，每分枝为一复聚伞圆锥花序，节上有托叶状苞片；花5数，近无柄，花托有毛，花间小苞片条形至棍棒形，花托筒彼此分离；萼管短，萼裂片椭圆状长圆形，宿存，无脱落的顶部；花冠高脚碟状或狭漏斗状，花冠裂片芽时镊合状，但顶端近复瓦状；雄蕊着生于花冠管的上部，花丝短，无毛，花药基着，内向，突出喉部；花柱外伸，柱头球形至棍棒形，光滑；子房2室，胎座位于隔膜的上部1/3处，每室胚珠4—12，悬垂。果序疏松。蒴果内果皮硬，自基部至顶部室背和室间4裂。宿存花萼留附于由子房隔膜形成的中轴上，通常不与果壁分离；种子三角形，两侧略压扁，不具翅。

本属1种，分布于我国及越南。

黄棉木 白斧把（屏边）图503

Metadina trichotoma（Zoll. et Mor.）Bakh. F.（1970）

Adina polycephala Benth.（1861）

Nauclea trichotoma Zoll. et Mor.（1846）

乔木，高达20米。叶椭圆形，长圆形，长圆披针形，长8—14厘米，宽3—6厘米，先端渐尖，基部楔形，无毛或下面脉上被短绒毛，侧脉7—8对；叶柄长2—10毫米。顶生聚伞圆锥花序具头状花序10余。头状花序连花冠直径1.5厘米，花冠白色，花柱远远伸出于花冠管外，柱头棒头状。头状果序直径约1厘米，黄色。花期3月；果12月成熟。

产景洪、勐腊、屏边、西畴、文山，生于海拔600—2000米的常绿阔叶林、山坡疏林或灌丛中。分布于贵州、广西、广东、江西、湖南；越南也有。

种子繁殖。

散孔材。边材灰黄色，宽，心材黄色，窄，有光泽；生长轮明显；木材纹理直，结构细，硬重，强度大，干燥时稍有开裂，旋切性能好。可作玩具、文具、纹管、雕刻、木梭、木梳、工农具柄等用材。

9. 心叶树属 Haldina Ridsdale

大乔木。顶芽扁平。托叶卵状长圆形，全缘，紧贴。叶对生。头状花序侧生，每节2—4，有时10，花序轴单一，不分枝，节上托叶苞片状；花5数，近无柄；花托有毛；花间小苞片匙形或匙状棒形，花托筒相互分离；萼管短，裂片长圆形，宿存，无脱落的顶部；花冠高脚碟状，花冠裂片镊合状，顶部成覆瓦状；雄蕊着生于花冠管的上部。花丝短，无毛；花药基着，内向，突露花喉，花柱突伸，柱头卵形至近球形；子房2室，胎座位于隔膜上部1/3，胚珠多数，悬垂。果序中的蒴果疏松。蒴果具硬内果皮，自基部至顶部室背室间4裂，残存花萼通常不脱离果壁，留附于中轴上，暂存，后脱离；种子卵状球形，两侧略压扁，具短翅。

本属1种。分布于南亚、中南半岛至我国云南。

心叶树 黄木树（元阳、个旧）图500

Haldina cordifolia（Roxb.）Ridsdale（1978）

Nauclea cordifolia Roxb.（1795）

落叶乔木，高达30米。树干基部常有板状和沟槽。树皮淡红褐色，内皮暗红色或棕色。幼树水平分枝，成龄树明显分枝，小枝有明显的叶柄痕。托叶长10—12毫米，宽5—12毫米，有显著龙骨，具短柔毛；叶宽卵形，长8—16厘米，宽8—16厘米，亚革质，干标本上面通常赭棕色，疏被长硬毛，下面通常苍白至浅黄绿色，密被短柔毛，先端急尖，基部心形；侧脉6—10对；脉腋巢窝有毛；叶柄长2—1.2厘米，密被短柔毛。花序轴2—6，有时为10，长达10厘米；成熟头状花序（连花萼）直径5—8毫米，淡黄色。花间小苞片顶部肿胀，具短柔毛；花托筒具密毛；花萼管短或无，裂片基部卵形，渐窄成线状塔尖，顶部线状长圆形或棒形；花冠管外表面密被细毛，内面略具疣；花柱突伸，柱头卵状球形至亚球形。果序直径10—15毫米；蒴果长4—5毫米，被短柔毛；神子卵状球形至三棱形，两面扁平，基部具短翅，顶部有2短爪状突起。花期5—7月。

产蒙自、个旧、元阳、河口、金平、元江，生于海拔330—1000米的稀树草坡、灌丛、疏林和荒地；现广植于元阳至河口一带的公路两旁。分布于印度、印度、泰国、越南。

种子繁殖。

10. 玉叶金花属 Mussaenda L.

灌木或亚灌木，攀援或直立。叶对生或轮生，无柄或具柄；托叶在叶柄间，单生或成对，常脱落。花通常具花梗、组成顶生、各式排列的聚伞花序；苞片和小苞片早落；萼管倒圆锥状或陀螺形，萼檐5裂，裂片脱落或宿存，有的花具1扩大、白色、具长柄的花瓣状裂片；花冠漏斗状、高脚碟状，冠管长，外面常被毛，内面或喉部有长柔毛，顶部5裂，裂片镊合状排列；雄蕊5，着生于冠管喉部或筒部，花丝极短，花药背着，内藏；花盘环形或肿胀；子房2室，胚珠多数，着生于从中轴外凸的盾状胎座上，花柱丝状，柱头棒状、纺锤形或线形，常2裂。果肉质、不开裂，球形或椭圆形，顶部有环纹或冠以宿存的萼裂片；种子多数，极小，种皮有窝孔或细小疣突；胚乳肉质。

本属210余种，分布非洲、南亚、东南亚、大洋洲。我国有32种以上，云南有20余种。

本属植物大部分种类可供园林观赏。

分 种 检 索 表

1.叶两面无毛；果无明显的皮孔；花萼近无毛，萼裂片狭披针形，长4—5毫米，花冠管长约
1.5厘米，向上逐渐扩大··· 1.厚叶玉叶金花 M.erosa
1.叶两面被毛。
  2.叶长达25厘米，叶柄长1—6厘米。
    3.萼裂片叶状，椭圆形，长12毫米，宽4毫米，密被长硬毛；果被伸展的长柔毛和硬毛
      ··2.大叶玉叶金花 M. macrophylla
    3.萼裂片非叶状，狭披针形、线形，长约2毫米，宽0.2毫米，密被短硬毛；果近无毛或
      疏被短柔毛 ······································3.墨脱玉叶金花 M. decipiens
  2.叶长在15厘米以下，叶柄长0.5—2厘米。
    4.花冠管内壁全被紧密的黄色长毛；花萼裂片三角形，长3—4毫米；叶卵形，卵状圆
      形、宽椭圆形，长5—10厘米，宽3.5—6厘米，两面密被短柔毛，中脉不为红色···
      ··4.玉叶金花 M. simpliciloba
    4.花冠管内壁除喉口有粉末状黄毛外无毛，花萼裂片三角锥形，长约2毫米；叶长圆
      形或椭圆形，长达14厘米，上面中脉、下面全部密被柔毛和硬毛，中脉常为红色···
      ··5.红脉玉叶金花 M. treutleri

1.厚叶玉叶金花　图501

Mussaenda erosa Champ.（1852）

常绿攀援灌木，长达5米。小枝无毛，干后有明显的皮孔。叶纸质至坚纸质、长圆形、卵形至长圆状椭圆形，长6—12厘米，宽3.5—5厘米，先端短或长渐尖，基部楔形，两面均无毛或近无毛，侧脉4—6对，明显；叶柄长1—1.5厘米；托叶为伸长的三角形，长约8毫米，无毛或被短粗毛，先端2深裂。花序顶生，为伞房花序式的三歧聚伞花序；苞片线状披针形，长约3—4毫米，近无毛，花具短梗；萼管椭圆形，无毛，裂片狭披针形，比萼管短，外面疏散的短粗毛；常有1花瓣状裂片广椭圆形，顶部圆形或急尖，基部骤狭，柄长2厘米；花冠深黄色，盛开时长达2厘米，外面密被伏毛，裂片卵形，长约4毫米，宽与长近相等，上面有乳头状小凸点。果近球形或广长圆形，长10—13毫米，粗8—10毫米；果梗长3—4毫米。花期9—10月。

产贡山、蒙自、绿春、红河，生于海拔600—2000米的疏林、林缘或灌丛中。分布于四川、贵州、广西、广东、海南；琉球群岛也有。

2.大叶玉叶金花　图505

Mussaenda macrophylla Wall.（1824）

灌木，直立或攀援，高达4米。小枝、叶下面和聚伞花序均被棕色长硬毛或长柔毛。叶椭圆形，纸质或膜质，长达25厘米，宽达12厘米，先端急尖，基部宽楔形，常下延；上面被伏贴的短硬毛，下面疏被短硬毛，脉上密被长柔毛或硬毛；叶柄长2—6厘米，被毛；托叶锐尖、大、常反析。复合聚伞花序顶生，2—3次分叉，花疏，花序序梗长3—4厘米，苞片大，叶状，密被棕色长硬毛，披针形；萼管近卵形，长3—4毫米，被长硬毛；萼裂片绿色，宽椭圆形，长1.3—1.8厘米，宽约4毫米，被棕色长硬毛，边缘有密的黄色长硬毛，花瓣状萼裂片卵状披针形，长达8厘米，具长达4厘米的柄；花冠黄色，冠管筒状，长2厘米，外被长硬毛，喉部具黄色长柔毛；花冠裂片橙黄色，圆形具小尖头，长、宽约3毫米。果卵状球形；径约1厘米，被长柔毛。花期9—10月；异年花蒴果成熟。

产贡山、景东、临沧至景洪一带，生于海拔1350—1500米的林内或灌丛中。分布于四川、广西、台湾；尼泊尔、印度、缅甸、马来西亚、菲律宾、印度尼西亚也有。

3.墨脱玉叶金花　图505

Mussaenda decipiens H. Li（1985）

灌木，高达3米。小枝圆柱形，绿褐色，被长柔毛。叶对生，纸质，椭圆形，先端渐尖，基部狭楔形，下延，长10—15厘米，宽6—7.5厘米，上面近无毛，下面被硬毛，中脉和侧脉下面密被硬毛，侧脉7—9对；叶柄长1—5厘米，密被长毛；托叶狭披针形，长1.5—2厘米，2深裂，密被长毛。复合聚伞花序顶生，3—4次分枝，松散，宽达10厘米，被长毛，后渐无毛。花近无梗，萼管陀螺状，长约5毫米，疏被短伏毛，裂片5，线形，长3—4毫米，一些花的一枚裂片扩大成叶状（花瓣状），白色，椭圆形，长7.5厘米，宽4厘米，有5条基出脉；花冠管筒状，粗2毫米，腰部略膨大，密被淡黄色长伏毛，内面全部被白色须状长

图505 大叶玉叶金花和墨脱玉叶金花

1—4.大叶玉叶金花 *Mussaenda macrophylla* Wall.

1.花枝 2.花 3.花冠剖开 4.花柱和柱头

5—8.墨脱玉叶金花 *M.decipiens* H. Li

5.花枝 6.花 7.花冠展开 8.花柱和柱头

毛，裂片5，肉质，黄色，卵状披针形，长6毫米，宽3毫米，先端长渐狭成尾状，外被疏长毛，内面密生橘红色乳凸；雄蕊5，花丝长约1.5毫米，着生于冠管内壁中下部，花药线形，长6毫米，2室，侧向纵裂；子房2室，花柱长8.5毫米，柱头棒状，2深裂。蒴果球形，径约6毫米，近无毛，冠以宿存萼齿；种子多数，细小，亮黑色，有隆起的网纹。花期7—8月。

产贡山，生于海拔1350—1700米的沟谷灌丛、山坡常绿阔叶林中和林缘，西藏墨脱有分布。

4.玉叶金花　图506

Mussaenda simpliciloba Hand.-Mazz.（1936）

落叶攀援灌木。小枝红褐色，有灰白细小皮孔，幼时灰绿色，密被曲柔毛和粗毛，后渐无毛。叶宽卵形或椭圆状卵形，长5—11厘米，宽3—6厘米，先端急尖，基部宽楔形或圆形，常下延，两面被短刺毛，下面脉上除刺毛外还被柔毛；侧脉6—7对；叶柄长1—1.5厘米，密被柔毛，托叶卵状三角形，长约6毫米，绿色，密被长柔毛，先端锐尖或浅2裂，反折。花序顶生，2—3次分歧的聚伞花序，花疏散，密被短刺毛；花序梗极短；苞片线形，密被柔毛，花大都无梗；萼管陀螺状，长约2毫米，疏被短伏毛；萼裂片披针形，绿色，长约3毫米，密被柔毛，花瓣状萼裂片白色，卵形，长5—6厘米，宽4—5厘米，具长1—2厘米的柄；花冠橙黄色，冠管长达2.5厘米，筒状，下部1/3粗约1毫米，上部2/3粗2毫米，外面被微柔毛或近无毛，内面上部2/3或更长的管壁上密被金黄色长柔毛；裂片圆形，长宽约4毫米，上面有极细小的疏毛。果近球形，无毛也无皮孔。花期6—7月。

产漾濞、大理至永胜一带。生于海拔1200—2000米的江边灌丛、阔叶林中。四川渡口、德昌、米易有分布。

5.红脉玉叶金花　图506

Mussaenda treutleri Stapf（1909）

披散灌木，高达6米。小枝被棕色硬毛或柔毛，疏生灰白色线形和椭圆形皮孔。叶卵状长圆形、卵状椭圆形或卵形，先端短渐尖，基部楔形至钝圆形，长10—14厘米，宽4—6厘米；两面脉上特别是下面中脉被硬毛，上面疏被和下面密被柔毛，侧脉6—7对，呈红色，叶柄长0.5—2厘米，密被硬毛和柔毛；托叶三角形，长约5毫米，先端2裂，密被上伏的硬毛。花序顶生，为2—3次分枝的聚伞花序，花密集；花序、苞片、花萼和花冠均密被长硬毛；苞片三角形至披针形，花序下部的宽，上部的萼片状，花梗极短或不存在；萼管倒卵形，长3毫米；裂片三角锥形、线状披针形，长2—2.5毫米；花瓣状萼裂片白色或浅黄色，卵形、菱形，长4.5—5.5厘米，宽2.8—3.8厘米，两面被短硬毛，具长1—1.5厘米的粗柄；花冠管长约2厘米，长漏斗状，除喉部具金黄色粉末状毛环外，内壁无毛；花冠裂片深黄色，卵形，上面有乳头状凸点，雄蕊生花冠管喉部以下；花柱纤细，长6毫米，柱头纺锤形，长约6毫米。浆果近球形，径1—1.2厘米，近无毛，常有凸起的苍白色小皮孔。花期4—5月。

产滇西北怒江河谷地区，生于海拔900—1250米的江边或路旁灌丛中。分布于尼泊尔、印度、不丹。

图506 玉叶金花和红脉玉叶金花

1—4.玉叶金花 *Mussaenda simpliciloba* Hand. -Mazz.

1.花枝 2.花剖开 3.花柱和柱头 4.花药

5—9.红脉玉叶金花 *M. treutleri* Stapf

5.花枝 6.花剖开 7.花柱和柱头 8.花药 9.果实

11. 裂果金花属 Schizomussaenda Li

乔木，有时为灌木状。叶对生；托叶深2裂达中部至近基部。花序顶生，由蝎尾状花序排成数次分叉的聚伞花序式的圆锥花序，宽大而多花，花时密集，花后伸长而稍松散；花5数，萼小，一些花的萼裂片之一扩大成叶状；花冠喉部渐扩大；雄蕊着生于花冠管喉部，内藏，花丝极短；花柱伸长，柱头2，子房2室，每室胚珠多数，着生于中轴胎座上。蒴果。

本属1种，产我国南部和西南部及中南半岛；云南也有。

裂果金花　大树甘草、"当郎"（傣名）图507

Schizomussaenda dehiscens（Craib）Li（1943）

Mussaenda dehiscens Craib（1916）

乔木，高达8米。小枝多少呈方形，淡褐色，散生皮孔，幼嫩时密被伏毛。叶纸质，椭圆状长圆形，长10—20厘米，宽4—6厘米，先端长渐尖，基部楔形或钝圆形，上面疏被长柔毛，下面脉上密被长柔毛，侧脉约10对；叶柄长0.5—1厘米，被毛；托叶2深裂，裂片尾状渐尖，密被长柔毛。花序长宽达10厘米，和苞片被长柔毛，苞片线状披针形，长5—15毫米；花近无梗或具短梗，金黄色，每花序约有4花具扩大的白色叶状萼片；叶状萼片卵形，卵状椭圆形，先端急尖，基部圆形，长8—12厘米，宽4—7厘米，5—7脉，脉上被疏柔毛，柄长2—3厘米，正常的萼片狭三角形，长1—1.5毫米，宽约1毫米，被毛；花冠管长约2厘米，上半部扩大成杯状，外面密被绢毛，内面被柔毛；裂片三角状卵形，先端骤狭而具长尾，边缘内卷，红黄色，长3.2毫米，宽2.5毫米；花丝长约1毫米，花药长3毫米。蒴果黑褐色，陀螺状或长圆卵状，长1厘米，粗约5毫米，顶部室背开裂；种子细小，淡黄色，表面有细凸纹。花期8—9月；果期10—11月。

产孟连、普洱、西双版纳、金平、河口、麻栗坡等地，生于海拔200—1100米的常绿阔叶林、疏林中。广西、广东有分布；越南北部也有。

叶状萼片宽大，白色，果期宿存，为美丽的观赏树种。根、茎入药，有清热解毒、消炎利尿之功。

12. 香果树属 Emmenopterys Oliv.

落叶大乔木。叶对生，具柄，宽椭圆形或椭圆状披针形；托叶早落。花白色，排成顶生的伞房花序或圆锥花序；萼管卵状或陀螺状，萼檐5裂，脱落，裂片覆瓦状排列或其中一裂片扩大，具长柄，花瓣状，初白色，果时常变为粉红色而宿存；花冠漏斗形，5裂；雄蕊5，着生于冠管喉部稍下，花丝纤细，花药背着，内藏；花盘环状；子房下位，2室，每室有胚珠多数。蒴果木质，长椭圆状卵形至圆柱形，长达4.5厘米；种子多数，具翅。

本属1种，我国西南部至东部；云南也有。

图507 裂果金花和香果树

1—3.裂果金花 *Schizomussaenda dehiscens*（Craib）Li

1.花枝　2.花　3.蒴果

4—8.香果树 *Emmenopterys henryi* Oliv.

4.花枝　5.花冠剖开　6.花柱　7.花萼和子房纵剖　8.蒴果

香果树　小冬瓜（镇雄）图507

Emmenopterys henryi Oliv.（1889）

落叶大乔木，高达30米。小枝粗壮，具皮孔。叶革质至纸质，宽椭圆形至宽卵形，长10—20厘米，宽5—10厘米，先端急尖或骤狭后急尖，基部宽楔形、圆形，上面无毛，下面中脉、侧脉和脉腋内有淡黄色柔毛或有时全面被毛；叶柄长3—4厘米；托叶大，三角状披针形，长约1.5厘米，无毛，早落。聚伞花序排成大型顶生圆锥花序，常松散，长达24厘米，宽约23厘米；花大，黄色，5数；花梗长3—5毫米，被黄色长柔毛；花萼无毛，萼管长3—4毫米，萼檐盆状，裂片圆形，长约3毫米，宽约4毫米，先端截圆形，具小睫毛；花瓣状萼片白色，长圆形、卵形，长约4厘米，宽2.5—3.5厘米；柄长2.5—3厘米，宿存；花冠漏斗状，长约2厘米，外被绒毛，裂片复瓦状排列。蒴果近纺锤形，长3—5厘米，有纵棱，室间开裂为2果瓣；种子多数，小，有宽翅。花期7—8月。

产武定、安宁、楚雄、彝良、镇雄，生于海拔700—1600米的河边疏林、山坡常绿阔叶林中。分布于四川、贵州、广西、湖南等省（区）。

喜光，幼时稍耐阴，生于肥湿疏松的酸性土壤。

种子或分蘖繁殖。9—10月蒴果呈红色时采集。采回稍晾干，连果干藏。圃地宜疏松肥沃。因种子细小，圃地应精耕细整。3月开沟条播，播种沟垫盖干细黄土。种子拌和草木灰后播种，每亩播0.5—0.8千克。播后盖草。发芽揭草后，及时搭盖荫棚，加强除草抚育工作，一年生苗高30—40厘米。选择肥沃湿润的山地，以2米×3米的株行距离栽植。

散孔材。木材黄白至黄褐色，心边材无区别，有光泽，生长轮略明显，宽度不均匀，结构细，软而轻，干燥易，不翘裂，切面光滑，胶粘容易；握钉力弱。可作箱、盒、机模、家具、文具等用材。树皮纤维细柔，可作蜡纸、人造棉原料。花序顶生，宿存萼片由白色变红，形状奇特，宜用作观赏树种。

13. 网膜籽属 Hymenodictyon Wall.

落叶乔木或灌木，分枝粗壮，树皮带苦味。叶对生，具柄；托叶在叶柄间，有腺体状的锯齿，早落。花小，排成穗状，总状或圆锥花序；花序腋生或顶生，下垂；苞片1—2，叶状，大，具网纹，宿存。萼管卵形或近球形，裂片5—6，卵形或锥形，脱落；花冠漏斗状或钟状，内面无毛，裂片5，短，芽时镊合状；雄蕊5，着生于花冠管喉部以下，花丝短，向上延伸为膨大的药隔；花药线形，基着；子房2室；花柱线形，外伸很长，柱头棒状；胚珠多数，着生于贴生于隔膜上的柱状胎座上。蒴果近圆柱形或近纺锤形，有2槽，室间开裂为2果瓣；种子多数，由下至上叠生，边缘具阔翅，胚小。

约20种，分布于热带亚洲和非洲，我国云南、广西产2种。云南有2种。

分 种 检 索 表

1.叶卵状椭圆形，两面密被细柔毛；总状花序排成广展的圆锥花序，长达30厘米；果梗伸长，平伸或稍下垂 ·················· **1.高网膜籽 H. excelsum**

1.叶椭圆形或倒卵形，两面无毛或仅在背面脉上被微柔毛；总状花序单生，或簇生，长不过 15厘米；果梗短（不及3毫米），反拆 …………………………………… 2.网膜籽 H. flaccidum

1.高网膜籽　猪肚树（屏边）图508

Hymenodictyon excelsum（Roxb.）Wall.（1824）

Cinchona excelsa Roxb.（1798）

落叶乔木，高达25米。小枝粗状，灰褐色，无毛。叶卵状椭圆形、圆形，纸质，长10—17厘米，宽7—10厘米，先端骤狭具尖头，基部圆形，两面密被细柔毛，侧脉6—7对；同一对叶的叶柄不等长，短者1—2厘米，长者8—12厘米，被毛。圆锥花序顶生，长达30厘米，分枝总状花序式；最下的分枝长约10厘米，向上的渐短；总花梗长3—7厘米，被柔毛；叶状苞片生总花梗上部，长8—15厘米，网脉细密，具长柄，果期脱落，花小，白色、黄绿色，具长3—5毫米的梗，簇生于总状花序轴上；萼长约2毫米；花冠长约4.5毫米，花柱伸出花冠之外4毫米，柱头头状。蒴果黄褐色，短纺锤形，长1—1.5厘米，外面散生少数凸起的皮孔，室间从上向下开裂；种子每室5—6枚，小，椭圆形，扁，长约2毫米，周围具宽翅，种子连翅呈菱状，长8毫米，宽4—5毫米，两侧及先端具齿；胎座披针形，扁，长1—1.3厘米，果开裂时连同种子从隔膜上脱落。果梗长达8毫米，平伸或稍下垂。花期7—8月；果期10—12月。

产勐海、景洪、勐腊、蒙自、红河、屏边、河口；生于海拔178—860米的季雨林，常绿阔叶林及河谷稀树草坡。分布于印度、喜马拉雅、尼泊尔、中南半岛、马来西亚、菲律宾、爪哇。

2.网膜籽　土连翘、红丁木　图508

Hymenodictyon flaccidum Wall.（1824）

落叶乔木，高达10米，树皮苦涩。叶对生，常聚生于枝顶；叶片纸质；倒卵形，倒披针形，有时宽椭圆形，长8—18厘米，宽6—9.5厘米，顶端骤狭具短的尖头，基部楔形；两面无毛或有时背面被疏柔毛；侧脉7—8对；同一对叶柄不等长，长2—5厘米，无毛。托叶膜质，长圆形，长达2厘米，常反拆，边缘有腺齿。总状花序簇生于枝顶，不分枝，长达15厘米，下垂，总梗长3—5厘米，无毛，其上部有1（—2）叶状苞片；叶状苞片长圆披针形，长6—10厘米，宽2.5—2.8厘米，先端渐尖，基部阔楔形，下延，侧脉7—8对，网脉细密，幼果期两面明显隆起；果熟脱落。花小，白色，5数，花梗长0—1.5毫米；萼长约2毫米，裂片5，披针形；花冠长约4毫米。蒴果褐色圆筒形至纺锤形；长1—1.3毫米，有淡褐色的皮孔凸起，果梗长1—2.5毫米，反拆；种子约12枚，卵圆形，扁，长约1.5毫米，周围具膜翅（两侧的翅极狭，两端的甚长），连翅呈狭椭圆形，长达8毫米，宽约1.7毫米，两头长渐尖，上端常撕裂成二，边缘有明显的细齿；胎座扁棒状，长1.2厘米，果开裂与种子一起脱落。花期4—5月；果9月成熟。

产丽江、孟连、景洪、楚雄、金平、河口，生于怒江、澜沧江、金沙江、红河及其支流的江边的常绿阔叶林、石灰岩地疏林、稀树草坡。分布于四川冕宁、盐边，广西龙州；喜马拉雅地区及越南也有。

图508　高网膜籽和网膜籽

1—2.高网膜籽 *Hymenodictyon excelsum*（Roxb.）Wall.

1.花枝　2.花

3—5.网膜籽 *Hymenodictyon flaccidum* Wall.

3.果枝　4.花　5.种子

14. 金鸡纳属 Cinchona L.

常绿灌木或小乔木。叶对生，常具柄；托叶生叶柄间，早落。花白色或粉红色，芳香，组成顶生的圆锥花序；萼小，5齿裂，宿存；花冠管伸长，裂片5，短，芽时镊合状排列，边缘有毛；雄蕊5，内藏；子房2室，每室胚珠多数，生于中轴胎座上。蒴果膜质；种子小、扁平、极多数，周围有翅。

本属约40种，产南美安第斯山。我国引种3—4种，云南栽培主要有2种。

金鸡纳树　图509

Cinchona ledgeriana Moens.（1881）

常绿小乔木，高达4米。幼枝四棱形，被褐色短柔毛。叶长圆披针形或椭圆形，长7—16厘米，宽3—6厘米，先端钝或短尖，基部楔形，除下面沿脉有短柔毛外、余无毛；叶柄长1—1.5厘米；托叶早落，具条形痕迹。聚伞花序排成圆锥花序，顶生和腋生，与花梗被同样的灰褐色短柔毛；花序梗长6—7厘米。花5数，有强烈的气味，被浅褐色短绒毛，萼管陀螺形，长约2毫米，裂片三角形；花冠白色，花冠管长达1厘米，裂片披针形，长为冠管的1/2，边缘被白色长柔毛。蒴果纺锤形，长约12毫米，由基部向上室间开裂；种子多数，扁，周围具宽翅，菱形，椭圆形，翅缘啮蚀状。花期7—8月。

栽培于德宏、西双版纳、河口等地。原产南美，我国台湾也有种植。

本种适于冬温夏凉、终年基本无霜地区。年平均温度16—24℃，最冷月平均温度10—14℃，极端最低温度0—10℃，最热月平均温度19—24℃，极端最高32—37℃；年降雨量1400—2200毫米，春季降雨量约200毫米；年平均相对湿度80%，最干时相对湿度60%；雾日100天左右；土层深厚的常绿阔叶林；海拔500—1230米。

种子繁殖，定植密度为每亩440株，3年后可进行修枝（枝皮可加工奎宁）；到树高达1.8米左右可以开始间伐，间伐后的萌枝留1—2枝继续生长。一般在9—15年内连根拔除全株利用。

根皮及树皮含多种生物碱。云南省所种的金鸡纳平均含总生物碱量为3%—5%，其中奎宁型生物碱为2%—4%，辛可宁型生物碱1%左右。部分植株的奎宁型生物碱也有高达10%的。

奎宁和金鸡纳碱用于治疟疾，并有镇痛解热及局部麻醉功效。

红金鸡纳树 C.succirubra Pav. ex Klotz.（1858）（图11）比金鸡纳树的叶较宽大，长达20厘米，宽达11厘米，基部圆形，果较细长，生活习性比较耐寒。西双版纳有少量种植，也可提取奎宁。

15. 滇丁香属 Luculia Sweet

灌木。叶对生，具柄；托叶凸尖，早落。花粉红色或白色、芳香，排成顶生、多花的聚伞花序；苞片早落；萼裂片5，伸长，相等，线状长圆形、椭圆形，脱落；花冠高脚碟

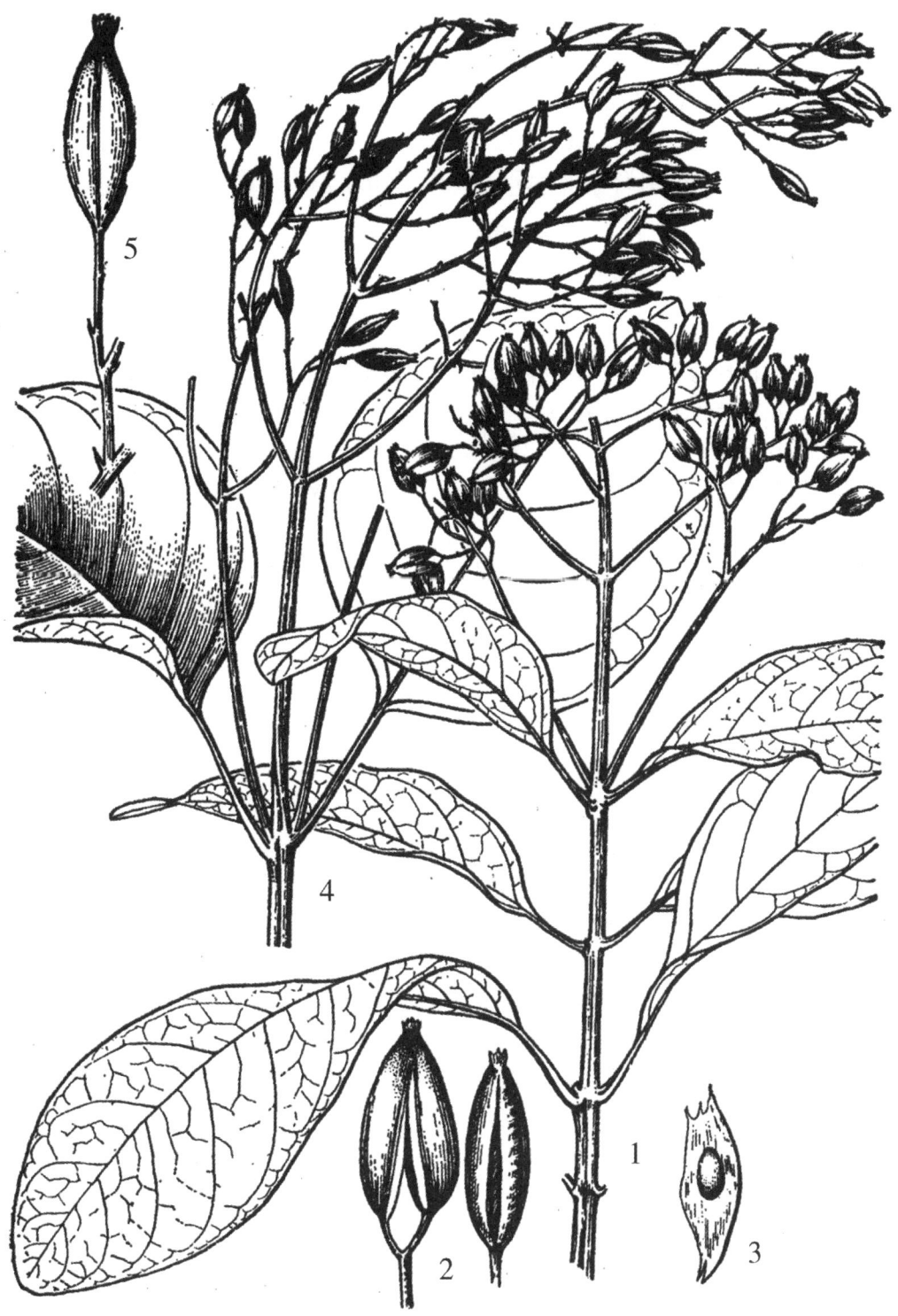

图509　金鸡纳树和红金鸡纳树

1—3.金鸡纳树 *Cinchona ledgeriana* Moens.

1.果枝　2.果　3.种子

4—5.红金鸡纳树 *C. succirubra* Pav. ex Klotz.

4.果枝　5.果

状，冠管长；裂片5，基部有2附属体或否，蕾时覆瓦状排列；雄蕊5，生花冠管基部，中部或喉部，花丝短，花药线形或长圆形；子房2室，花柱细长，柱头2，线形、内藏；胚珠多数，着生于每室内侧纵长的胎座上。蒴果近木质，室间开裂为2瓣；种子多数，覆瓦状排列，周围有翅，翅具齿；胚小，藏于肉质的胚乳内。

本属4种，分布于喜马拉雅地区至我国西藏、云南、广西。云南有4种。

分 种 检 索 表

1.花冠裂片有附属物。
  2.萼管无毛；蒴果无毛。
    3.花冠裂片的裂弯下方有一片状附属物（与花冠裂片互生），附属物横生，边缘啮齿状，在花冠管喉部圈成副花冠状 ·············1.中型滇丁香 L. intermedia
    3.花冠裂片基部（裂弯两侧）有1对条形突起物 ···········2.滇丁香 L.pinceana
  2.萼管密被浅黄色茸毛；蒴果有毛；花冠裂弯下方有一V形鸡冠状突起物 ··········
    ···················3.鸡冠滇丁香 L. yunnanensis
1.花冠裂片无附属物；萼管无毛；叶除下面脉腋具簇毛外均无毛 ··············
    ···················4.馥郁滇丁香 L. gratissima

1.中型滇丁香　图510

Luculia intermedia Hutch.（1916）

灌木，高达5米。小枝褐色，有细小的黄色皮孔，无毛。叶坚纸质、长圆形至长圆披针形，渐尖、基部楔形，长10—15厘米，宽2.5—6厘米，全缘，上面无毛，下面沿中脉和侧脉密被黄色柔毛、余被疏短毛或近无毛而有乳突；中脉下而隆起；侧脉9—12对，与中脉成45°锐角，伸至边缘弧形上升，网脉细弱；叶柄长约1厘米，被疏柔毛至近无毛，托叶卵状披针形，无毛。花序为顶生的松散聚伞花序，无毛，序梗长1—2厘米，最后的分枝具花3—4；苞片线形，长1—1.5厘米，宽1—1.5厘米，无毛；花梗长0.5毫米；萼管陀螺状，长5—6毫米，无毛，裂片5，绿色，椭圆形，两头渐尖，长达2.2厘米，宽达9毫米；花冠粉红色，冠管长3厘米，无毛，有纵条纹，裂片5，长圆形，长1.5厘米，宽1.2厘米，裂片叉基部有一片状附属物与之互生；雄蕊花丝短，生花冠管喉部以下，花药半外露；子房2室，花柱长2厘米，柱头2，长约1厘米，棒状。蒴果长陀螺形，长1.5厘米，有10条纵棱，种子两端具翅。花期7—8月。

产云南西北部、西部、西南部、南部、中部和东南部，生于海拔2000—2600米的常绿阔叶林内或次生灌丛中。广西、西藏东南部有分布；缅甸也有。

种子繁殖。

根、花、果入药，可治百日咳、慢性支气管炎、肺结核、月经不调、痛经、风湿疼痛、偏头痛、尿路感染、尿道结石；外用可治毒蛇咬伤。

花大，美丽，可引种为园林观赏树种。

图510　中型滇丁香和滇丁香

1—4.中型滇丁香 *Luculia intermedia* Hutch.

1.花枝　2.花冠剖开　3.花柱和柱头　4.花萼和子房纵剖

5.滇丁香 *L. pinceana* Hook.果枝

2.滇丁香（植物名实图考） 藏丁香（西藏植物志）图510

Luculia pinceana Hook. f.（1880）

灌木，高达5米，无毛。叶革质，椭圆状披针形，长5—15厘米，宽3—5厘米，基部楔形，侧脉8—14对，斜伸；叶柄长6—15毫米；托叶三角形，长细尖，长8—10毫米，顶生聚伞花序排成伞形花序式，无毛；花淡红色，萼裂片宽披针形，长10—12毫米，宽2—2.5毫米，绿色；萼筒倒圆锥形，具纵条纹；花冠管长2.5—3.5厘米，裂片卵状长圆形，长13—15毫米，宽9—12毫米，基部裂叉两侧有1对条形疣状突起物；雄蕊内藏；花柱长3.5—4厘米，柱头2，长8毫米。

产泸水、保山、大理、大姚、宾川，生于海拔1550—1660米的常绿阔叶林下和灌丛中。分布于西藏南部；印度东北部、越南南部也有。

种子繁殖。

3.馥郁滇丁香（中国高等植物图鉴）图511

Luculia gratissima（Wall.）Sweet（1826）
Cinchona gratissima Wall.（1824）

小乔木，高达5米；树皮浅褐色，薄。枝对生，幼嫩时被柔毛。叶椭圆形，先端急尖，基部宽楔形，全缘，长10—15厘米，宽4—5厘米，上面无毛，下面沿中脉被疏柔毛；叶柄长0.8—2厘米；托叶披针形，早落。聚伞花序伞房花序式排列，顶生，被毛，有早落的苞片；花5数，极芳香；萼筒陀螺状，长约5毫米，有卷曲的柔毛，萼檐裂片披针形，长约1厘米，具脉；花冠粉红色，高脚碟状，长5—5.5厘米，直径3—3.5厘米，裂片圆形；雄蕊着生于花冠管内，花药稍外露。蒴果倒卵状长圆形。

产丽江、大理、泸水、普洱等地，生于海拔1350—2000米的常绿阔叶林及次生杂木林中。西藏东南部、广西有分布；尼泊尔、印度、不丹、印度、孟加拉国、缅甸、越南也有。

种子繁殖。

4.鸡冠滇丁香（中国高等植物图鉴）图511

Luculia yunnanensis S. Y. Hu（1951）

灌木，高达3.5米。小枝明显具皮孔，被柔毛。叶倒披针形，长9—18厘米，先端长渐尖，基部稍下延，下面沿中脉和侧脉被短曲毛，脉腋内有时具束毛；叶柄稍扁，长1—1.5厘米；托叶早落，卵状披针形。聚伞花序伞房花序式排列，顶生，被毛，有早落、条形苞片；花5数，芳香，具被毛的花梗；萼筒陀螺状，长5—6毫米，密被茸毛，裂片倒披针形，长12—15毫米，具脉，沿脉和边缘被柔毛；花冠高脚碟状，长5—6厘米，直径约4厘米，裂片倒卵形，长1.3—1.5厘米，在裂叉基部的每一侧有一鸡冠状的附属物；雄蕊着生于花冠管内，稍伸出外露。蒴果被毛，长圆状倒卵形，长2厘米，粗8毫米，具12条纵棱。

产贡山、福贡等地，生于海拔2300—2500米的林下。

种子繁殖。

图511 鸡冠滇丁香和馥郁滇丁香

1—4.鸡冠滇丁香 *Luculia yunnanensis* S. Y. Hu

1.花枝　2.花冠剖开　3.花萼和子房纵剖　4.花柱和柱头

5—8.馥郁滇丁香 *L.gratissima*（Wall.）Sweet

5.花枝　6.花冠剖开　7.花萼及子房纵剖　8.花柱和柱头

16. 水锦树属 Wendlandia Bartl. ex DC.

灌木、小乔木，通常常绿。叶对生，很少3叶轮生，具柄或近无柄；托叶三角形，锥尖或上部扩大呈圆形而反折，脱落或宿存。花小，无花梗或具短花梗，排列成顶生、稠密、多花的圆锥花序式的聚伞花序，有苞片；萼管近球形，萼檐5裂，裂片宿存；花冠管状、高脚碟状或短漏斗状，冠管喉部无毛或被毛，顶部5裂，裂片广展，先端钝，覆瓦状或稀旋转排列；雄蕊5，着生于花冠的裂片间，突出或稍内藏；花盘环状；子房2（3）室；花柱纤细，柱头2裂，稀全缘而成棒槌状；胚珠每室多数。蒴果小，球形，脆壳质，室背开裂，稀室间开裂为2果瓣；种子扁，种皮膜质，有网纹，有时有狭翅，胚乳肉质。

本属约70种，分布于印度、东南亚至昆士兰。我国有24种，分布于西南部至东南部；云南有16种。

分 种 检 索 表

1.花丝稍长，花药线状披针形或线状长圆形，长1—2毫米，伸出。
  2.托叶三角形，直伸。
    3.花无梗，花冠很短，长3—5毫米，冠管略长于裂片 ……………………………………
    …………………………………… 1.短花水金京 W. formosana subsp. breviflora
    3.花梗长3—6毫米 ………………… 2.长梗水锦树 W. longipedicellata
  2.托叶上部扩大呈圆形、反折；花柱有白色长毛 ………… 3.美丽水锦树 W. speciosa
1.花丝甚短，花药椭圆形，长在1毫米以下，稍伸出。
  4.托叶先端锥状细尖，直伸；萼管比萼裂片长 ……………… 4.染色水锦树 W. tinctoria
  4.托叶先端非锥状细尖头，反折；萼管与萼裂片近等长
    5.托叶圆形或近圆形。
      6.花萼密被灰白色长硬毛；叶下面密被黄褐色毛 ……………… 5.水锦树 W.uvariifolia
      6.花萼被疏柔毛；叶下面有极疏的短柔毛或近无毛 … 6.屏边水锦树 W. pingpienensis
    5.托叶横肾形，叶下面密被柔毛 ………………… 7.糙叶水锦树 W. scabra

1.短花水金京　图512

Wendlandia formosana Cowan（1934）subsp. breviflora How（1948）

常绿小乔木或灌木，高1.5—8米。小枝被柔毛。叶长圆形至披针形，长10—15厘米，宽3—5厘米，无毛或近无毛；侧脉7—9对；叶柄长1—2厘米；托叶三角形，宿存。圆锥花序顶生，被柔毛；花近无梗，常单生；花萼钟状，无毛，4—5裂，裂片椭圆形，被缘毛；花冠短，长3毫米，无毛，裂片4—5，反折，长与冠管相等或较短；喉部有毛；雄蕊4—5，生花冠喉口；雄蕊线状长圆形；花柱伸出喉外，柱头2裂；子房2室，胚珠多数。蒴果2瓣裂，径2—3毫米；种子多数，具翅。果期12月。

产西畴、河口，生于海拔200—1000米的河谷灌丛中。分布于广西；越南也有。

原亚种分布于台湾和琉球群岛。本亚种与原亚种的主要区别是花较短，长仅3毫米，叶

侧脉较多，达7—9对。

2.长梗水锦树　图512

Wendlandia longipedicellata How（1948）

灌木至小乔木，高达8米。小枝纤细，暗褐色，被锈色伏柔毛。叶纸质，椭圆形，披针状椭圆形，长5—8厘米，宽1.5—2厘米，先端渐尖，基部狭楔形，除下面脉上疏被微柔毛外无毛；侧脉5—6对，两面不明显；叶柄细，长约8毫米，无毛或近无毛；托叶三角形，先端急尖，长约1毫米，宽2毫米，常早落。圆锥花序顶生，花疏，被锈色伏柔毛，长达30厘米，宽达25厘米；下部的苞片叶状，长圆形，长2厘米，宽4毫米，上部的小；花具长梗；小苞片小、线形，被柔毛；花梗细，长3—6毫米，被小的伏柔毛或近无毛；萼长约1.5毫米，疏被柔毛或近无毛；裂片三角形，锐尖，长为萼管的1/2或稍长；花冠长约5毫米，裂片长圆形，花开放后反折，先端钝圆，外被疏柔毛；花药线状披针形，基部叉开，花丝甚短；花柱线形，疏被柔毛，柱头2裂，裂肢披针形。花期12—2月。

产芒市、景东、龙陵，生于海拔1000—1550米的常绿阔叶林中。模式标本采自潞西。

3.美丽水锦树　图513

Wendlandia speciosa Cowan（1932）

乔木，高达5米。幼枝淡褐色，被疏伏毛至无毛。叶纸质，椭圆形，稀卵状椭圆形，急尖，基部宽楔形，长7—15厘米，宽3—6.5厘米；上面无毛，下面脉上被短伏毛，侧脉7—8对，和中脉下面隆起，细脉密集，不明显；叶柄长0.5—2厘米，疏被短伏毛；托叶薄、圆形，长约8毫米，先端反折。花序顶生和腋生，圆锥状，长达15厘米，密被灰色伏柔毛；苞片线状长圆形，叶状，长1—1.5厘米，疏被伏毛，小苞片披针形；花白色，无梗或具短梗，常簇生；花萼密被棕色伏毛，长约2毫米；裂片短，线形；花冠管无毛，筒状，长约4毫米，上部扩大为漏斗状。蒴果近球形、黄绿色，径约2毫米，被伏毛，冠以线形宿存萼齿；种子薄，具翅，翅有齿，种皮有网纹。花期1—2月；8—9月果熟。

产龙陵、盈江、腾冲、泸水、福贡、贡山，生于海拔1800—2400米的山坡阔叶林、林缘和灌丛中。分布于西藏；缅甸、不丹也有。

4.染色水锦树

Wendlandia tinctoria（Roxb.）DC.（1830）
Rondeletia tinctoria Roxb.（1814）

小乔木，叶对生，椭圆状卵形或倒卵形，先端渐尖，基部渐狭，长10—20厘米，宽5—10厘米，下面无毛或被柔毛；叶柄长1.2—2厘米；托叶大，伸直，先端锥状细尖。圆锥花序顶生，开展，被疏柔毛或茸毛；花无梗，簇生，白色，长约5.1毫米；萼裂片卵形；花冠管细长，裂片圆形或长圆形，短于冠管；花药短，外露；柱头长圆形。

分布于印度、不丹、尼泊尔、孟加拉国、缅甸、泰国。我国不产。

我国有7个亚种，均见于云南，其特征检索如下。

图512 短花水金京和长梗水锦树

1—6.短花水金京 *Wendlandia formosana* Cowan subsp. *breviflora* How

1.花枝 2.花 3.花冠剖开 4—5.花柱和柱头 6.花萼和子房纵剖

7—8.长梗水锦树 *W. longipedicellata* How

7.花枝 8.花放大 9.枝叶

图513 美丽水锦树和粗毛水锦树

1—2.美丽水锦树 Wendlandia speciosa Cowan

1.花枝 2.果

3—4.粗毛水锦树 W. tinctoria (Roxb.) DC. subsp. barbata Cowan

3.花枝 4.花放大

染 色 水 锦 树 分 亚 种 检 索 表

1.花序无毛或有微柔毛；花萼无毛或有极稀疏的短柔毛。

  2.花冠裂片外面无毛 ················· 4a.东方水锦树 W.tinctoria subsp. orientalis

  2.花冠裂片外面有毛 ·················4b.多花水锦树 W. tinctoria subsp.floribunda

1.花序密被毛。

  3.萼管和萼裂片均被毛。

    4.花冠裂片外面无毛。

      5.花萼被密硬毛 ···············4c.厚毛水锦树 W. tinctoria subsp. callitricha

      5.花萼被疏柔毛或疏硬毛 ···········4d.麻栗水锦树 W.tinctoria subsp. handelii

    4.花冠裂片外面有毛 ··············· 4e.毛冠水锦树 W. tinctoria subsp. affinis

  3.萼管无毛或近无毛，萼裂片无毛或有疏柔毛。

    6.花冠裂片外面无毛 ·················· 4f.红皮水锦树 W. tinctoria subsp. intermedia

    6.花冠裂片外面有毛 ··················4g.粗毛水锦树 W.tinctoria subsp. barbata

4a.东方水锦树

Wendlandia tinctoria（Roxb.）DC. subsp. orientalis Cowan（1932）

    产泸西、龙陵、元江、蒙自、屏边，生于海拔1100—1800米的山坡疏林或灌丛中。分布于广西；印度、缅甸、泰国也有。

4b.多花水锦树

Wendlandia tinctoria（Roxb.）DC. subsp. floribunda（Craib）Cowan（1932）

W. glablata DC. var. *floribunda* Craib.（1911）

    产孟连。分布于缅甸、泰国。

4c.厚毛水锦树

Wendlandia tinctoria（Roxb.）DC. subsp. callitricha（Cowan）W. C. Chen（1983）

W. tinctoria（Roxb.）DC. var. *callitricha* Cowan（1934）

    产贡山、沧源、保山、普洱、勐腊、双柏、屏边、富宁，生于海拔400—2000米的山坡云南松林、江边阔叶林和灌丛中。分布于广西；缅甸也有。

4d.麻栗水锦树

Wendlandia tinctoria（Roxb.）DC. subsp. handelii Cowan（1932）

    产蒙自、景东。分布于广西、贵州。

4e.毛冠水锦树

Wendlandia tinctoria（Roxb.）DC. subsp. affinis How ex W. C. Chen（1983）

    产耿马、景东、勐海、景洪、勐腊、师宗、屏边，生于海拔600—1700米的常绿阔叶林、疏林、常绿灌丛中。广西龙州有分布。

4f.红皮水锦树

Wendlandia tinctoria（Roxb.）DC. subsp. intermedia（How）W. C. Chen（1983）

Wendlandia tinctoria var. *intermedia* How（1948）

产龙陵、普洱、屏边，生于海拔1400—1550米的林内及灌丛中。

4g.粗毛水锦树　图513

Wendlandia tinctorla subsp. barbata Cowan（1932）

本亚种与红皮水锦树subsp. *intermedia*比较接近，但花冠裂片外面有长粗毛。

产景洪、勐腊、普洱、景东、龙陵、墨江、元江、屏边，生于海拔400—1800米的干山坡疏林或灌丛中。分布于广西；越南也有。

5.水锦树　图514

Wendlandia uvariifolia Hance（1870）

灌木至乔木，高达12米，在西双版纳偶有高达20米的。小枝暗褐色，被锈色粗毛。叶对生，纸质，长椭圆形或倒卵形，间有近圆形的，长9—18（20）厘米，宽5—8（10）厘米，先端短渐尖，基部楔形，干后上面变黑褐色而粗糙，被稀疏的短粗毛或近无毛，下面被黄褐色，稍广展的粗毛，沿中脉较密，侧脉8—12对；叶柄粗壮，长1—2厘米，密被锈色短粗毛；托叶圆形，绿色，外反，具短而阔的柄。花序为广阔的圆锥花序式排列的聚伞花序，被灰褐色粗毛，分枝广展；小苞片线状披针形，被毛；花无梗1一数朵聚生于花序上；萼钟形，长约1.5毫米，密被灰毛，裂片卵状三角形，先端钝，长约1.5毫米；花冠白色，高脚碟形，长3.5—4毫米，冠管喉部有白色的粗毛，裂片覆瓦状排列，长圆形，长圆状卵形，短于冠管，先端圆，开放后外反；花药稍外露；花柱与花冠近等长，柱头2裂。蒴果球形，径约1.5毫米，被短柔毛。花期11—12月；果期1—5月。

产勐腊、普洱、蒙自、西畴等地，生于海拔600—1350米的山坡或沟谷常绿阔叶林中，也见于溪边岩石上。分布于广西、广东和海南。

散孔材。木材黄红色，无心边材区别，有光泽；生长轮明显；木材纹理直，结构细，材质中，为一般家具等用材。叶、根入药，有活血散瘀之效，根治跌打损伤，风湿骨痛，叶治崩痛。

6.屏边水锦树　图514

Wendlandia pingpienensis How（1948）

小乔木或灌木，高达7米。小枝带褐色，无毛。叶纸质，椭圆状长圆形、倒披针形，长12—18厘米，宽4.5—6厘米，先端急尖，稍钝，上面光亮，仅中脉上散生柔毛，下面中脉和侧脉均有毛，侧脉多达13对；叶柄长1—2.5厘米；托叶宽大，近圆形，具短柄，反折。圆锥花序顶生，具锈色伏柔毛，长达15厘米，宽达20厘米；小苞片线状披针形，比萼短，花白色，无柄，常1—5花簇生；花萼被疏毛，长1—1.3毫米，裂片5，钝三角形，与萼管近等长

图514　水锦树和屏边水锦树

1—2.水锦树 *Wendlandia uvariifolia* Hance

1.花枝　2.花放大

3—7.屏边水锦树 *W. pingpienensis* How

3.花枝　4.花冠剖开　5.花柱和柱头　6.雄蕊　7.花萼和子房纵剖

或稍短，花冠管细筒状，向上稍扩大，长5—6毫米，外面无毛，内面上部1/3具毛，裂片5，短、卵形，长约1.5毫米；雄蕊5，花药椭圆状长圆形，长约1毫米，生于花冠喉部，外露；花柱细长，长于花冠，柱头远立于花冠之上，2裂，裂肢椭圆状。蒴果近球形，径约1.5—2毫米，有纵糟，无毛；种子细小，多数。花期6—7月。

产屏边、河口一带，生于海拔1200—1300米的疏林中。

7.糙叶水锦树　卖子木（景洪）图515

Wendlandia scabra Kurz（1872）

Wendlandia zooi How（1948）

灌木或乔木，高达8米，偶有高达12米。小枝常四方形，被黄褐色的直伸的展毛，叶纸质、卵形，宽椭圆形，长8—13.5厘米，宽4.5—6.5厘米，先端钝，渐尖，基部宽楔形，上面沿中脉被微柔毛，余粗糙，下面脉上被灰色伏毛，余被微柔毛；侧脉8—9对；叶柄长约1.3厘米，密生伏毛；托叶横肾形，基部扩大，被伏毛和微柔毛。圆锥花序顶生和腋生，多分枝，分枝远离；长、宽达20厘米；密被灰色茸毛；下部的苞片叶状，长圆披针形，倒披针形，长4—10毫米，先端圆形或钝。花无梗，密集；花萼长1.5毫米，被细伏毛，裂片长圆形或椭圆形，先端圆形或钝，与萼筒近等长，疏被柔毛；花冠长3—3.5毫米，裂片近圆形，长约为冠管长的1/5。蒴果近球形，被微柔毛，冠以宿存的萼齿。花期4—5月。

产盈江、芒市、泸水、大理、景洪、蒙自、金平、马关等地，生于海拔650—1400米的常绿阔叶林、疏林或路边灌丛中。分布于广西、贵州；印度、孟加拉国、缅甸、泰国、越南也有。

17.腺萼木属　Mycetia Reinw.

小灌木。枝脆弱，有苍白色、纸质的外皮。叶对生，稍膜质，具柄，通常多脉；托叶宿存或脱落，叶状，有具柄的腺体或无腺体。花通常具梗，排成顶生或腋生、分枝的聚伞花序；苞片常有腺体，萼管球形或半球形，萼檐4—6裂，裂片线形至披针形，全缘或有腺齿，宿存；花冠管状，内面被毛，顶部4—6裂，裂片短而外向，镊合状排列；雄蕊4—6，着生于花冠管内面中部或近中部，花丝短，花药背着，内藏；花盘肿胀；子房2—5室，花柱短或稍延长，无毛或被毛，内藏，柱头2—5；胚珠每室多数，着生于肉质的胎座上。浆果小，球形，革质或肉质，不开裂或顶部室背开裂；种子微小，种皮暗色，有斑点；胚乳肉质。

本属约25种，分布于亚洲热带地区，我国产10种，分布于西南部至东南部。云南有7种。

毛腺萼木　图515

Mycetia hirta Hutch.（1916）

灌木，高达5米；茎和老枝均有海绵质的外皮。幼枝钝四棱形，被曲柔毛。叶柄长1—3厘米，被曲柔毛；叶椭圆形至倒披针形，长7—17厘米，宽3—7厘米，先端长渐尖，基部楔形，全缘；上面被贴生的疏长毛，下面密被短的曲柔毛，侧脉13—17对，下面隆起，网脉

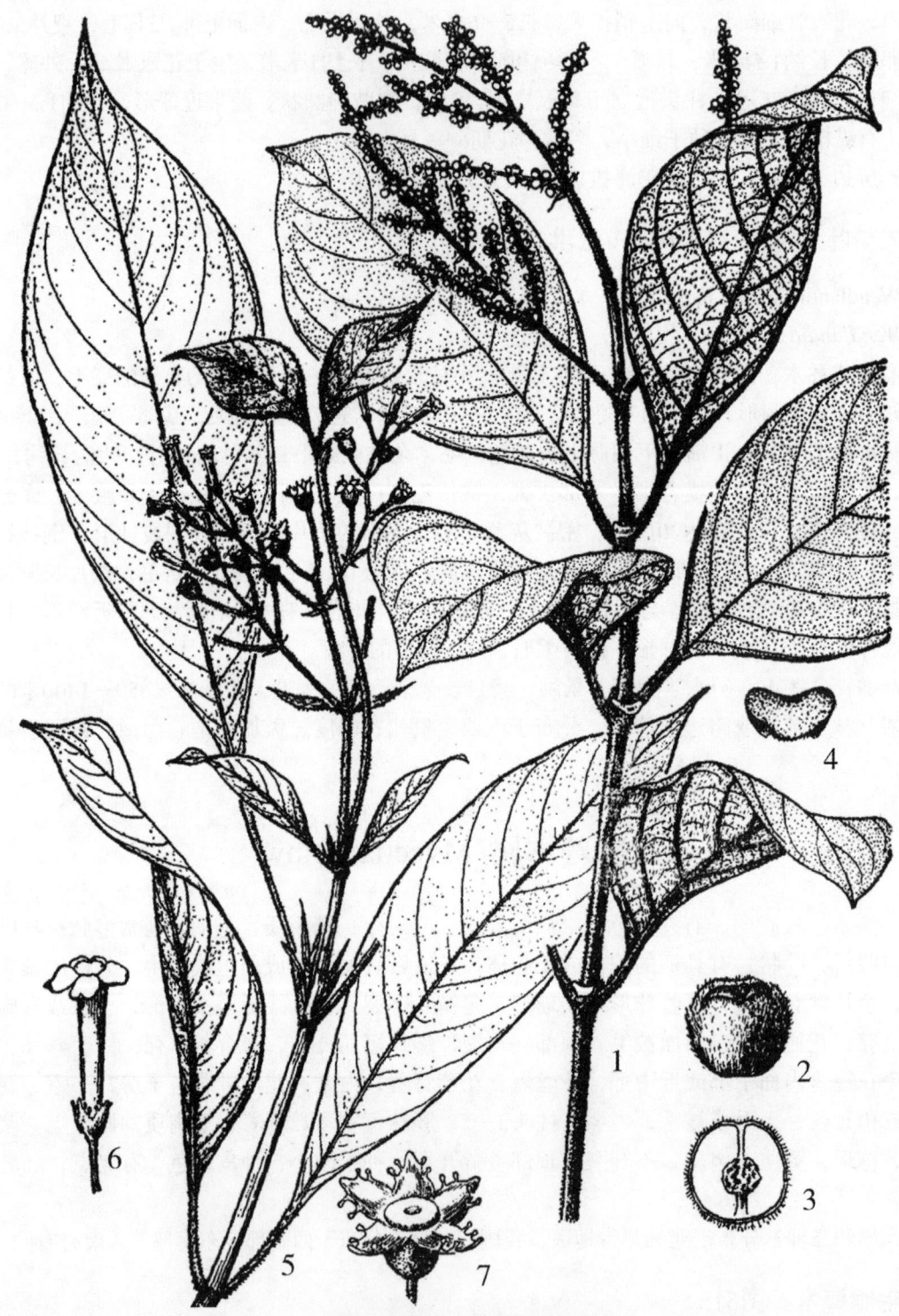

图515 糙叶水锦树和毛腺萼木

1—4.糙叶水锦树 *Wendlandia scabra* Kurz

1.花枝 2.果 3.果横切 4.托叶

5—7.毛腺萼木 *Mycetia hirta* Hutch.

5.花枝 6.花放大 7.花萼放大示腺齿

细弱不显；托叶长椭圆形，长1—2厘米，被疏长毛。花序顶生，3—5回三歧分枝；花序和花梗密被长而曲的柔毛；苞片卵形，具有柄腺体，花梗长2—4毫米；萼管倒卵形，被污褐色曲柔毛，萼齿5，三角形，长约2.5毫米，边缘撕裂，裂片先端具腺齿；花冠黄色，长约6毫米，被污黄色曲柔毛，裂片5，三角形，先端钝；雄蕊5，生花冠管基部；花柱与花冠近等长，柱头2，披针形，子房2室。果近球形、绿色，径3—4毫米，粗糙，近无毛，有宿存具腺萼片。果期8—9月。

产勐海、景洪、勐腊、普洱、景东、屏边、河口、文山，生于海拔600—1420米的常绿阔叶林或疏林中。分布于西藏、海南；印度北部、孟加拉国、中南半岛、马来西亚、印度尼西亚也有。

18. 尖叶木属 Urophyllum Wall.

乔木或灌木。叶对生，常尾状渐尖；叶间托叶阔而长。花小，两性或单性，组成腋生的头状或伞房花序式的聚伞花序；萼管各式，萼檐5（4—7）裂，裂片宿存；花冠革质，辐状、管状或漏斗状，裂片5（4—7），镊合状排列；雄蕊5（4—7），着生于冠管喉部，花丝短、花药背着，基部2裂；花盘环状，有槽；子房下位，5（4—7）室，每室有胚珠多数；花柱短。果为一浆果；种子近球形，种皮脆壳质，具网孔，有肉质的胚珠。

本属约150种，分布于热带亚洲和非洲。我国两广和云南有3种，云南产1种。

尖叶木　图516

Urophyllum chinense Merr. et Chun（1934）

灌木或小乔木，高达7米。枝条扁而有纵槽，无毛。叶对生，纸质，长圆形，长圆披针形或椭圆形，稀卵形，长8—18厘米，宽2.6—5厘米，先端尾状渐尖，常具长1—2厘米的长尾，基部宽楔形，上面无毛，下面疏被毛，脉上较密被棕褐色的柔毛和伏毛，侧脉8—13对，两面多少凸起，网脉细密，明显；叶柄长8—10毫米；托叶大，披针状长圆形，长1—1.7厘米，宽3毫米，先端渐尖，被短伏毛。伞形花序具少数花，常2—3簇生于叶腋；花序梗和花梗长3—5毫米，被短毛或近无毛；花白色、芳香，5数；花萼杯状，长约3毫米，无毛，截平或具浅齿；花冠小，长约4毫米，近革质，裂片三角形，与冠管近等长，镊合状排列；喉部有密集直立的长毛；雄蕊花丝短；子房5室。浆果近球形，径约8毫米，红色或橙黄色；种子多数，小，表面有窝点。花期5月；12月见稍成熟的果。

产景洪、勐腊、金平，生于海拔800—1470米的沟谷密林或山沟疏林中。分布于广西、广东；越南也有。

种子繁殖。果实去肉洗净、晾干后播种。

19. 乌口树属 Tarenna Gaertn.

乔木或灌木。叶对生，具柄；托叶生于叶柄内，卵状三角形，基部常合生，脱落。花组成顶生、多花或数花各式排列的聚伞花序，常具小苞片；萼管各式形状，萼檐不明显，

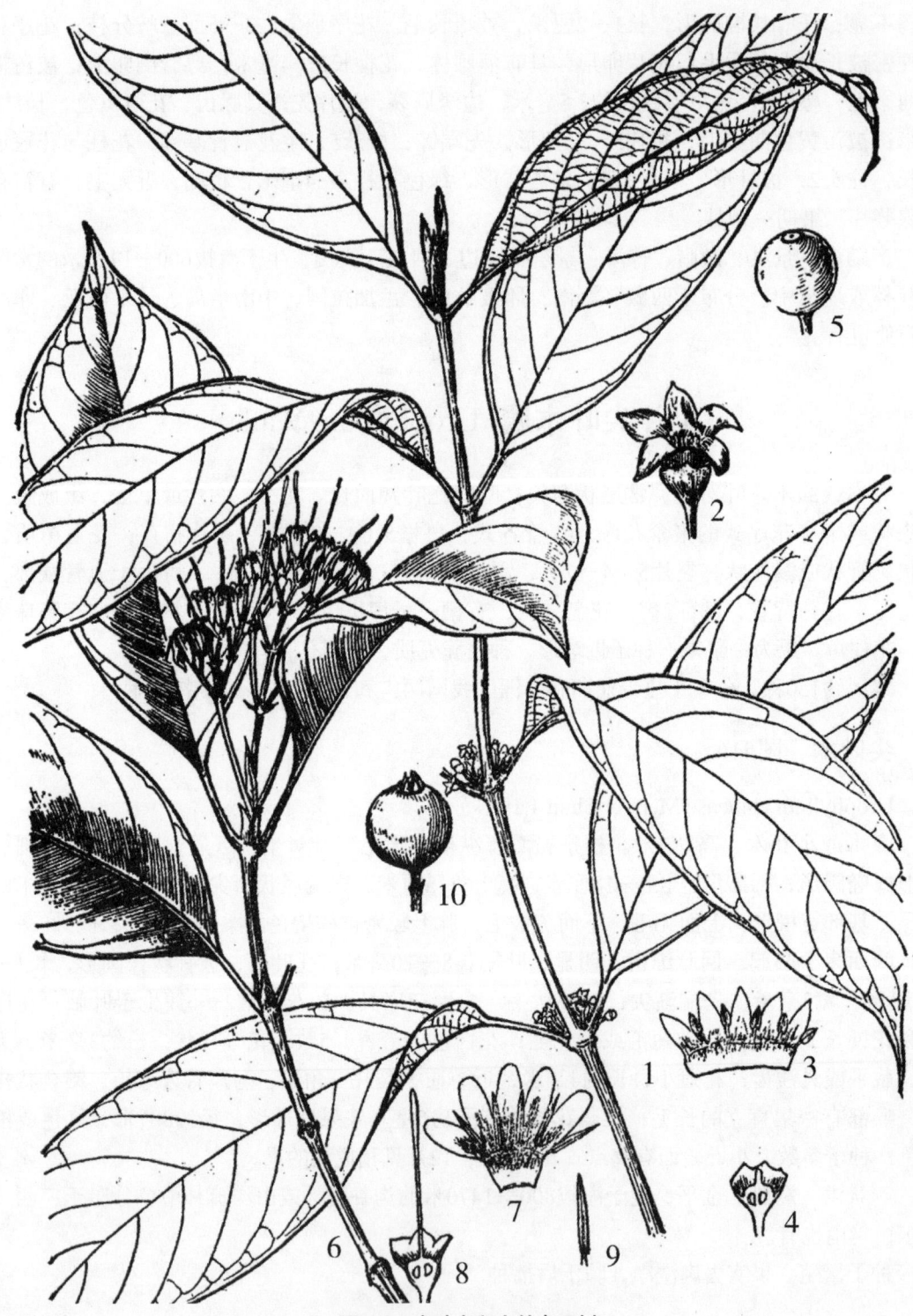

图516 尖叶木和小林乌口树

1—5.尖叶木 *Urophyllum chinense* Merr. et Chun

1.花枝　2.花放大　3.花冠剖开　4.花萼和子房纵剖　5.果实

6—10.小林乌口树 *Tarenna sylvestris* Hutch.

6.花枝　7.花冠剖开　8.雌蕊纵剖　9.雄蕊　10.果实

顶部5裂，裂片小，脱落，很少宿存的；花冠漏斗状或高脚碟形，冠管短或延伸，喉部无毛或被毛，顶部5（4）裂，裂片长于或短于冠管，广展或外反、旋转排列；雄蕊与花冠裂片同数，着生于冠管喉部，花丝短或缺，花药背着；花盘环状；子房2室，花柱延伸，柱头纺锤形，有槽纹，长突出；环珠每室1至多数，很少仅2（1），沉没或半沉没于肉质的中轴胎座上。浆果革质或肉质；种子平凸或凹陷，很少具棱，种皮膜质至脆壳质，胚乳肉质或硬骨质。

本属120余种，分布于热带非洲、热带亚洲至波利尼西亚。我国产17种，分布于西南部和南部、东部；云南有5种。

分 种 检 索 表

1.胚珠每室1。

　　2.小枝灰黑色；叶椭圆形、倒披针状椭圆形；托叶卵状披针形，长约1厘米 …………………………………………………………………… 1.小林乌口树 T. sylvestris

　　2.小枝白色；叶椭圆形或卵形；托叶三角状卵形，长4—5毫米 ……………………………………………………………………2.白皮乌口树 T. depauperata

1.胚珠每室4以上。

　　3.叶长椭圆形，对生两叶极不等大，长（4.5）10—25厘米，宽（1.5）4.5—9.5厘米，下面密被稍带绢质的柔毛，上面疏被短糙毛 ……………………… 3.白花苦灯笼 T.mollissima

　　3.叶披针形或倒披针状长圆形，对生的两叶近相等，长12—29厘米，宽4.5—10，5厘米，除下面脉上被微柔毛外，无毛 ……………………………… 4.长叶乌口树 T.wangii

1.小林乌口树　图516

Tarenna sylvestris Hutch.（1916）

常绿灌木至小乔木，高达6米。小枝黑灰色，无毛。叶坚纸质，椭圆形至倒披针状椭圆形，长5—15厘米，宽3—6.5厘米，侧脉8—9对，下面稍凸起，全缘，无毛；叶柄长1—2厘米，无毛；托叶卵状披针形，尾状渐尖，长1厘米，革质，无毛。聚伞花序具多花，顶生，长4—5厘米，苞片三角状披针形，长渐尖，长约7毫米；花梗长约2毫米；萼管钟状，被细柔毛；萼齿5，卵形，长2毫米；花冠白色，管短，长约1.5毫米，外面无毛，喉部具密集的白色长毛，裂片5，长圆披针形，先端钝，长8—9毫米，宽3毫米，边缘稍膜质；花药长6毫米，外露；子房2室，每室胚珠1，花柱细棒状，无毛，长1厘米。果球形，干时黑色，径约8毫米；种子2，半球形，黑色，有细小瘤状凸起。花期4—5月；果11月成熟。

产西双版纳和蒙自、金平等地，生于海拔800—1100米的石灰岩山常绿阔叶林和疏林中。

种子繁殖。果实去肉洗净晾干后播种。

2.白皮乌口树　图517

Tarenna depauperata Hutch.（1916）

常绿灌木，高达5米。小枝白色，光亮，常有膨大的节；当年生的嫩枝干时变黑色。

叶对生，纸质至薄革质，椭圆形或卵形，有时倒卵状椭圆形，先端渐尖，基部楔形，长6—12厘米，宽3—6.5厘米，无毛，侧脉通常6—7对，两面略隆起；叶柄长约1厘米；托叶三角状卵形，长4—5毫米，短尖，早落。聚伞花序顶生，伞房状，少花或多花，花序梗明显，被微柔毛；花梗长约3毫米；萼管无毛，萼齿卵圆形，长0.75毫米，外被微柔毛，有缘毛；花冠白色；冠管与裂片近等长，长4毫米，外面无毛，内被长柔毛；裂片5，长圆形，先端钝圆，内面基部被毛；花药外露，长4毫米，花柱棒状，下部被微柔毛。果球形，径约8毫米，内有种子1。花期4—5月；果期10—11月。

产江城、蒙自、金平、河口、元阳、砚山、富宁等地，生于海拔350—1500米的石灰岩山疏林、灌丛和石隙中。分布于广西、广东、贵州、湖南。

种子繁殖。

种子含油29.86%，油可供药用，也可做肥皂及润滑油。

3. 白花苦灯笼 图517

Tarenna mollissima (Hook. et Arn.) Robins. (1910)

Cupia mollissima Hook. et Arn. (1833)

灌木或小乔木，高达6米。小枝密被灰褐色柔毛，干后黄褐色，叶对生，长椭圆形，对生的两叶极不等大，长（4.5）10—25厘米，宽（1.5）4.5—9.5厘米，先端渐尖，基部楔形，上面被短而较疏的硬糙毛，下面密被稍带绢质的柔毛；托叶、叶柄、花序均密被柔毛，叶柄长1—2厘米；托叶卵状三角形，仅基部合生，长5—8毫米。聚伞花序顶生，伞房状，花多而密；花白色，具短梗，梗果延伸长达1.2厘米；花萼和花冠均密被绢质柔毛；花冠长约1厘米，裂片4—5，长圆形，反折，长约5毫米。浆果近球形，黑色，径5—6毫米，被短柔毛；种子4—6，仅1—2发育。果期11月。

产富宁，生于海拔500—600米的箐沟林下。广布于广西、广东、海南、贵州、湖南、江西、福建、浙江。

种子繁殖。

根、叶入药，有清热解毒、消肿止痛之效，治肺结核咳血、感冒发热、咳嗽、热性胃痛、急性扁桃体炎等。

4. 长叶乌口树 图518

Tarenna wangii Chun et How ex W. C. Chen (1984)

灌木至小乔木，高达5米。小枝扁或近四方形，灰黑色，无毛。叶纸质或膜质，披针形或倒披针状长圆形，长12—29厘米，宽4.5—10.5厘米，先端急渐尖，上面无毛，下面仅脉上被微柔毛；侧脉9—11对；叶柄扁，长1—3厘米，近无毛；托叶卵状三角形，长3—4毫米。花序顶生，伞房花序式，长、宽约5厘米；花序梗扁，被短柔毛，长8—10毫米，侧枝长3—5厘米，花梗长3—4毫米，与花萼被微柔毛；小苞片细小，早落；萼管倒圆锥状，长约2.5毫米；萼檐几截平或具不明显的齿；花冠管长约5毫米，外被短柔毛，内被长柔毛，裂片线状长圆形，长7—8毫米，外面无毛，内面基部被疏长毛，花药线形，长6—7毫米；花柱长约15毫米，中部以下被长柔毛；胚珠每室4。浆果球形，径8—10毫米，有种子2。花期

图517 白皮乌口树和白花苦灯笼

1—4.白皮乌口树 *Tarenna depauperata* Hutch.

1.花枝 2.花冠剖开 3.雌蕊纵剖 4.果实

5—7.白花苦灯 *T. mollissima*（Hook. et Arn.）Robins.

5.果枝 6.花 7.果实

图518　长叶乌口树和山石榴

1.长叶乌口树 *Tarenna wangii* Chun et How ex W. C. Chen花枝

2—4.山石榴 *Randia spinosa*（Thuab.）Poir.

2.花枝　3.花纵剖　4..果枝

5—6月。

产勐海、景洪、勐腊，生于海拔650—950米的热带季雨林中。

种子繁殖。

20. 茜树属（山黄皮属）Randia L.

灌木或乔木，有刺或无刺，刺腋生或腋上生。叶对生或在短枝上簇生，承托花序的叶有时退化；托叶在叶柄间，分离或基部合生。花白色或黄色，单一或排成聚伞花序，腋生、与叶对生或顶生；萼管筒状或倒卵状，裂片4—5，叶状，宿存或脱落；花冠漏斗状、钟状或高脚碟状，冠管长或短，喉部有毛或无毛，裂片4—5，蕾时旋转排列；雄蕊4—5，花药近无柄，线形，背着，生喉部，花盘环状；子房2室，稀3—4室，花柱短或纤细，柱头有时纺锤形，全缘或2裂；胚珠每室多数，沉没于隔膜上的肉质胎座上。浆果多汁，球形、椭圆形或卵形，2室，种子多数；种子常与果肉胶结，具棱。

本属约230种，或云100种（台湾志），分布于热带地区，以热带亚洲和非洲为主。我国西南部至东南部，有18种；云南产12种。

分 种 检 索 表

1.植株具对生的刺。
  2.叶对生或簇生于短枝上，倒卵形，花单生或2—3簇生具叶短枝的顶部，浆果大、球形或卵形，直径2—4厘米 ·· 1.山石榴 R. spinosa
  2.叶非簇生；花序为伞形花序、聚伞花序，具3花以上；浆果小，直径1厘米以下。
    3.枝条具明显对生而平展的短枝；刺粗状，近平伸或稍下弯，长4—5毫米；聚伞花序具极多数的花，常生于短枝的顶部 ···························· 2.鸡爪簕 R. sinensis
    3.枝条不具对生的短枝；刺纤细，直伸或斜举，长6—13毫米；聚伞花序具较疏散的花，腋生、与叶对生或生无叶的节上 ···················· 3.普洱茜树 R. griffithii
1.植株无刺。
  4.叶无毛或近无毛。
    5.花序顶生或生于近顶部叶腋；托叶大，卵形，长达1.5厘米；花小，花冠全长8—9毫米 ··· 4.岭罗麦 R. wallichii
    5.花序生叶腋、与叶对生或生于无叶的节上，不为顶生；托叶小，长不及10毫米。
      6.花簇生于叶腋，不组成多分枝的聚伞花序；花梗长5—7毫米；花冠全长约8毫米，裂片反折；托叶钻状披针形，长5—7毫米 ················· 5.滇茜树 R. yunnanensis
      6.聚伞花序腋生、与叶对生或生无叶的节上。
        7.聚伞花序具少数的花，1—2次分枝，花序梗常不存在。
          8.花萼无毛；花梗短，长2—3毫米，柱头线形；托叶狭三角形，长7—8毫米 ··· 6.鄂西茜树 R. henryi
          8.花萼疏被贴生的短柔毛；花梗长6—10毫米；托叶宽三角形，长2—4毫米 ···
          ··· 7.香楠 R. canthioides

7.聚伞花序具多花，为3次分枝的松散的圆锥花序式；花序梗长3—5毫米；托叶披针形，长5毫米 ·· **8.茜树 R.cochinchinensis**

4.叶被毛。

9.叶下面、托叶、花序及花萼均密被棕色短柔毛；花序与叶对生，3—4次分叉；花大，冠管长仅4毫米，无毛；柱头棍棒状 ·················· **9.毛叶茜树 R.acuminatissima**

9.叶下面脉上较密被硬毛，脉腋具簇毛，余粗糙或密被绒毛；托叶，花序及花萼多少被柔毛；花大，冠管长达3厘米，外面密被淡黄色绢毛；柱头纺锤形 ·················· ······································· **10.绢冠茜 R. sericantha**

1.山石榴　图518

Randia spinosa（Thunb.）Poir.（1819）

Gardenia spinosa Thunb.（1780）

落叶有刺小乔木，高达8米，有时为灌木状。枝条红褐色，幼树小枝有毛，侧生短枝枝丫内具刺，刺粗壮，斜伸，长达3厘米，通常在花枝和果枝上无刺。叶纸质，对生，在短枝顶部密集成簇，通常倒卵形或匙形，长2.5—8厘米，宽1.5—3厘米，先端钝圆，基部楔形，通常无毛或仅在下面脉上或叶缘有微柔毛；叶柄长3—8毫米；托叶卵形，先端芒尖。花白色，较大，单1或2—3簇生短枝之顶，有极短的花梗；花萼长约4毫米，被柔毛；花冠外面被短柔毛和绢毛，冠筒粗短，长约3毫米，裂片5，卵圆形，幅状展开，长达7毫米，宽6毫米，雄蕊5，花药线形，长约3毫米；柱头头状或近球形，稍出露于喉外。浆果大，近球形、卵形，直径2—4厘米，常有宿存并增大的萼檐。花期4—5，果12月成熟。

产河口至西双版纳，生于海拔110—1200米的疏林、灌丛、田边、路旁。分布于广西、广东、海南、台湾；东非、印度、斯里兰卡、印度尼西亚、越南也有。

种子繁殖。

木材密致坚硬，可为农具、手杖以及雕刻用材；树皮、根及果实入药治跌打、除风湿；未成熟果可以毒鱼，有些地区栽培作绿篱。

2.鸡爪簕　图519

Randia sinensis（Lour.）Schult.（1927）

Oxyceros sinensis Lour.（1790）

有刺常绿灌木、直立或攀援状，高达6米，枝条粗壮，黄灰色，具对生、平伸、长5—6厘米的短枝，和叶柄被污色短硬毛；刺生短枝叶腋，粗壮，长5—6毫米，平伸或常稍下弯。叶对生，纸质至薄革质，长圆形，椭圆形，长8—11厘米，宽2.5—4.5厘米，先端急尖、钝，基部钝圆形，侧脉6对，上面无毛下面被疏柔毛或仅脉上或脉腋具柔毛；叶柄长5—8毫米；托叶宽三角形，长2—3毫米，具钻状尖凸，密被短毛。聚伞花序生于短侧枝之顶，稠密而多花，花序梗粗壮，长不过1厘米，被毛。花大，白色，有短梗；萼管长4—5毫米，萼齿5，三角形，密被短毛；萼管长达10毫米，无毛；裂片5，椭圆形，长7毫米，先端钝；花药宽线形，外露，长5毫米，柱头椭圆状，长达5毫米。浆果近球形，径达1厘米。花期4—5月；果9—10月成熟。

产景洪、勐腊，生于海拔500—700米的疏林或常绿阔叶林中。分布于广东、广西、海南、台湾。广东、广西常栽培于村旁作绿篱。

3.普洱茜树　图519

Randia griffithii Hook. f.（1880）

有刺或无刺常绿小乔木，有时攀援状，高达8米。小枝暗灰色，无毛，仅幼时被曲柔毛，叶腋生直刺，刺长6—13毫米，有时无刺。叶纸质，长圆形或椭圆形，长5—10厘米，宽2.3—4.2厘米，先端渐尖，基部楔形，两面无毛，侧脉4—5对，下面带红色并稍隆起，上面不明显，叶柄长3—4毫米，被柔毛；托叶锥状三角形，长2—3毫米，被柔毛。聚伞花序簇生叶腋，与叶对生或生于无叶的节上；花序近无梗，具1—3花，和花梗、苞片、花萼被短柔毛；苞片卵形，长约1毫米，常对生于花梗基部；花梗纤细，长约2毫米，花萼管漏斗状，长2.5毫米，萼檐杯状，萼齿浅，圆形具尖凸；花冠白色，内外无毛，冠管长近5毫米，裂片5，长圆形，先端渐尖，长6毫米，花开时从喉部反折；雄蕊5，花丝短，着生于冠管喉部，花药线形，长约5毫米，外露并反折；花柱和柱头长8毫米，柱头膨大呈纺锤形，长约3毫米。浆果球形，径约5毫米；种子少数、光滑。花期4月；果期6—8月。

产景东、普洱、勐海、勐腊、江城，生于海拔820—1320米的热带疏林中。印度东北部至中南半岛也有分布。

4.岭罗麦　图520

Randia wallichii Hook. f.（1880）

常绿乔木，高达25米。枝粗壮，无刺，表皮皮屑状分裂。叶革质，上面亮绿色，下面深绿色，长圆形，倒披针状长圆形，长8—28厘米，宽3.5—9厘米，先端急尖，基部楔形，两面无毛或在下面脉上和脉腋内被微柔毛，侧脉7—9对，在上面平坦而有光泽，下面凸起；叶柄长1—2.5厘米；托叶大，卵形，长1.5厘米，无毛。花序顶生或生于近顶部的叶腋，聚伞花序排成疏散的圆锥花序式，长4—10厘米，分枝互生，被小柔毛；苞片和小苞片丝状，长2—3毫米；花黄绿色，有浓郁的香气；花梗长不及1毫米，被毛；萼管钟形，长约2毫米，无毛，萼齿5，短三角形；冠管长3—4毫米，除喉部具毛环外无毛，裂片5，长圆形、椭圆形，长约4毫米，急尖，开放时外展并不反折；雄蕊5，花药椭圆形，长约1毫米；花柱和柱头长约3毫米，柱头头状。果球形，直径8—12毫米，有种子1—4。花期4月；果翌年花时成熟。

产贡山、鹤庆、凤庆、景东、西双版纳、新平、石屏、红河等地，生于海拔700—1600米的江边或山坡常绿阔叶林、次生疏林或灌丛中。分布于四川、贵州、广西、广东、海南；印度、缅甸、菲律宾和印度尼西亚也有。

种子繁殖。

木材坚韧而重，适作造船、水工、桥梁、建筑材料；群众多用作家具和板料。

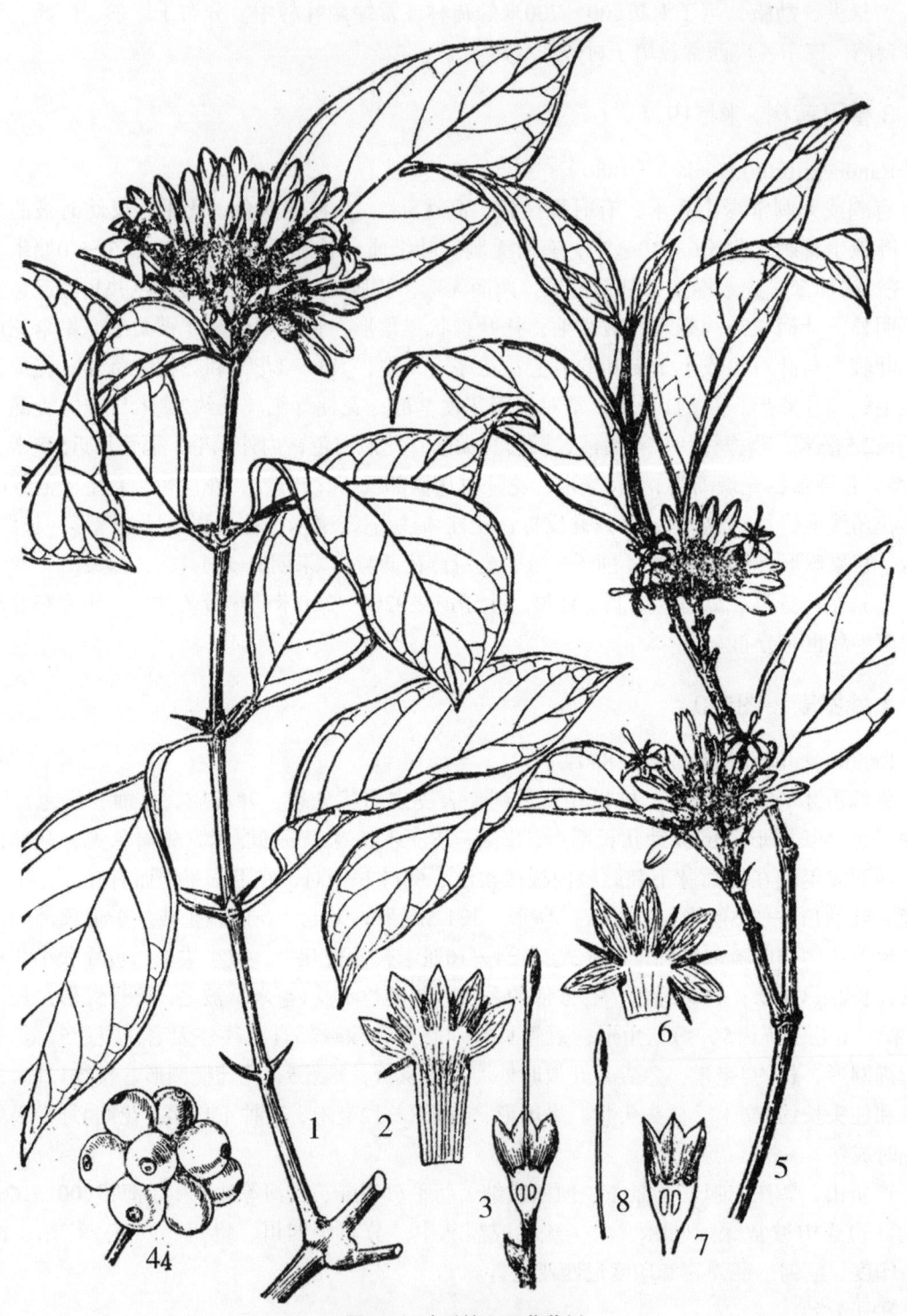

图519 鸡爪簕和思茅茜树

1—4.鸡爪簕 *Randia sinensis*（Lour.）Schult.

1.花枝 2.花冠剖开 3.雌蕊纵剖、花萼和小苞片 4.果序

5—8.思茅茜树 *Randia griffithii* Hook. f.

5.花枝 6.花冠剖开 7.子房纵剖 8.花柱和柱头

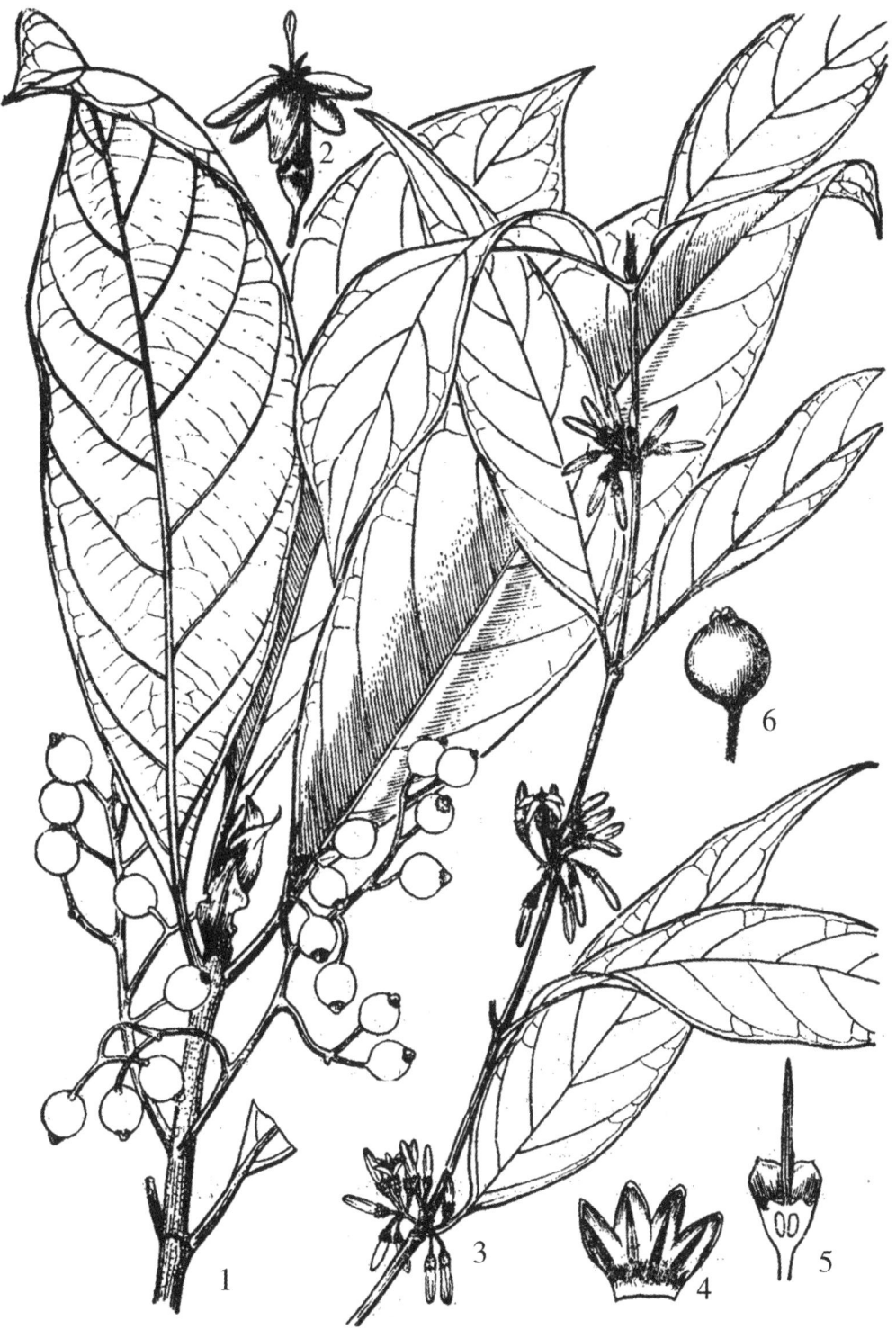

图520 岭罗麦和滇茜树

1—2.岭罗麦 *Randia wallichii* Hook. f.

1.果枝　2.花

3—6.滇茜树 *R. yunnanensis* Hutch.

3.花枝　4.花冠展开　5.子房纵剖　6.果实

5.滇茜树　图520

Randia yunnanensis Hutch.（1916）

常绿无刺灌木或小乔木，高达8米。小枝无毛。叶纸质，椭圆状披针形，先端长渐尖，基部楔形，长10—15厘米，宽2.5—5厘米，除中脉下面有疏柔毛外，无毛；侧脉7—8对，在下面隆起，上面平坦或下凹；叶柄长4—5毫米，无毛；托叶钻状披针形，尖，长5—7毫米，无毛。花腋生，成簇，具短梗，梗长5—7毫米，具柔毛。萼管狭漏斗状，被柔毛，长2毫米，萼檐杯状，长1毫米，被柔毛，具4卵状三角形浅齿（长约0.75毫米）；花冠白色、黄白色，除喉内被长柔毛外无毛，冠管略呈坛状，长3毫米，裂片4—5，长圆形，长5毫米，先端钝而内卷，由基部向外反折；花药线形，长5毫米，外露，花柱和柱头长1厘米，花柱细，长约2毫米，柱头棍棒状，长8毫米。浆果球形，径7毫米；种子细小，多数，三角体状。花期4月；果8—9月成熟。

产普洱、景洪、勐海、勐腊、江城，生于海拔600—1640米的热带森林、江边疏林中。

本种与鄂西茜树Randia henryi相近，小枝和叶无毛，托叶狭三角形或钻状披针形，但本种花萼被柔毛，柱头棍棒状，花常簇生而不集成明显分枝的聚伞花序，可以区别。

6.鄂西茜树　图521

Randia henryi E. Pritzel（1901）

常绿乔木或灌木，高达10米。小枝无毛、叶坚纸质至革质，长圆形至椭圆形，长7—14厘米，宽3.2—4.7厘米，先端渐尖或尾状，基部楔形，全缘无毛，侧脉8—9对，下面稍凸起，上面平坦；叶柄长5—6毫米，托叶狭三角形，向上细尖成芒状，长7—8毫米，早落。聚伞花序腋生、与叶对生或生于小枝无叶的节上，分叉少，具8—10余或20余花，花序梗儿不存在，花梗长2—3毫米，无毛，基部有长约2—3毫米的小三角形苞片，均无毛；花白色，萼管漏斗状，长3毫米，萼檐长2毫米，裂齿4，三角形，无毛；花冠管长漏斗状，长4毫米，裂片5，长圆形，长8毫米，宽3毫米，先端急尖，无毛，从喉部反折；喉部有密生的毛环，雄蕊5，花丝短，生喉部，花药线形，长7—8毫米，外露；花柱连同线形状柱头长1.5厘米，直立。浆果近球形，径约5毫米。花期4—5月；果10月成熟。

产富宁、屏边，生于海拔1400—1500米的常绿阔叶林中。四川、湖北、贵州也有。

7.香楠　台北茜草树（台湾植物志）图521

Randia canthioides Champ.ex Benth.（1852）

常绿无刺灌木或小乔木，高达8米。小枝棕褐色，无毛。叶对生，坚纸质，长圆状椭圆形，长7—17厘米，宽3.5—7.5厘米，先端渐尖，基部阔楔形，全缘，两面无毛，侧脉4—8对，在下面隆起；叶柄长0.5—2厘米；托叶宽三角形，长2—4毫米；基部合生，先端凸尖，脱落。花序近伞形，腋生，具3—10余花，花序梗不存在或极短；苞片和小苞片卵形，基部合生成干小杯状体；花梗长6—10毫米，无毛；萼管陀螺形，长约3毫米，疏被贴生的短柔毛；萼檐杯形，长约3毫米，5裂，裂片长约1毫米；花冠黄绿色，高脚碟状，冠管长8—10毫米，外面无毛，喉部有长柔毛，冠檐裂片5，卵状长圆形，长4—5毫米，花后外折；花药

图521 鄂西茜树和香楠

1—5.鄂西茜树 *Randid henryi* E. Pritzel

1.果枝 2.花 3.花冠剖开 4.子房纵剖 5.花柱

6—8.香楠 *R. canthioides* Champ. ex Benth.

6.花、果枝 7.花 8.花蕾

伸出，长约3毫米；子房2室，花柱长10毫米，柱头纺锤形，长约2毫米。浆果球形，直径5—6毫米，冠以环状宿萼檐；种子6—7，压扁，有棱。花期4—6月；果期10—11月。

产河口，生于海拔180米的热带雨林中。分布于广西、广东、福建、台湾；越南、琉球群岛也有。

本种与茜树Randia cochinchinensis相近，但本种花序近无总花梗，而花梗在果期伸长；托叶宽三角形而非细长披针形。

散孔材。木材淡黄白，年轮可见，纹理直，结构细，材质重，可作家具、工农具柄等用村。

8.茜树 山黄皮（中国高等植物图鉴）图522

Randia cochinchinensis（Lour.）Merr.（1936）

Aidia cochinchinensis Lour.（1790）

常绿小乔木，高达15米，有时灌木状。小枝无刺也无毛；叶对生，坚纸质至革质，椭圆形，长圆形或长圆披针形，长10—18厘米，宽3.5—5.5厘米，先端骤尖至急尖而具长1—2厘米的长尾，基部宽楔形至狭楔形，侧脉9—10对，两面多少隆起；叶柄长5—7毫米；托叶尖披针形，长约5毫米，早落。聚伞花序多分叉，腋生、与叶对生或生于无叶的节上，有花多数，花序梗粗短，长仅3—5毫米；花白色、黄白色，有短梗；萼管钟状，裂齿5，尖三角形；花冠管长2毫米，筒状，喉部有长柔毛，裂片4或5，长圆形，长7—8毫米，反折，雄蕊5，花丝长约2毫米，花药线形，长约8毫米，外露于喉部之上，花柱和柱头长约12毫米，柱头棍棒状。浆果近球形，径5—6毫米，紫黑色。花期5—6月；果9—10月成熟。'

产贡山、西双版纳、屏边、河口、文山、砚山、麻栗坡等地，生于海拔1100—2000米的沟边或山坡常绿阔叶林中。分布于广西、广东、台湾；中南半岛、日本、波利尼西亚均有。

9.毛叶茜树 图522

Randia acuminatissima Merr.（1919）

无刺常绿灌木或小乔木，高达10米。小枝密被棕色柔毛。叶纸质，长椭圆形或长圆状披针形，长10—20厘米，宽4—8厘米，先端长渐尖，基部楔形，上面无毛，下面密被棕色短柔毛；侧脉10—12对；叶柄长5—8毫米，被柔毛，托叶线状披针形，长8—10毫米，密被柔毛。聚伞花序，花梗、苞片、花萼均密被棕色短柔毛。花序与叶对生，3—4次分叉；花序梗长5—12毫米；苞片和小苞片线状披针形，长2—4毫米；花梗极短；萼管陀螺状，长2—2.5毫米，萼檐具5齿，齿线状披针形，长1.5—2毫米；花冠白色，冠管长约4毫米，除喉部具疏长毛外无毛，裂片5，长圆形，长7—9毫米，宽2—2.5毫米，急尖，开放时外展而不反折；花药线状披针形，长约7毫米；花柱和柱头长约10毫米，柱头棍棒状，有槽纹，长约5毫米，子房2室。浆果球形，直径6—8毫米。花期4月；果期11—12月。

产麻栗坡、富宁，生于海拔500—1300米河边灌丛或稀树干草坡。分布于广西、广东、海南；越南也有。

图522 茜树和毛叶茜树

1—5.茜树 *Randia cochinchinensis*（Lour.）Merr.

1.果枝 2.花冠剖开 3.花柱 4.子房纵剖 5.果实

6—8.毛叶茜树 *R. acuminatissima* Merr.

6.花枝 7.花 8.果实

10.绢冠茜　图523

Randia sericantha W. C. Chen（1987）

灌木或乔木，高达8米。小枝常被锈色柔毛。叶对生，纸质，椭圆形或倒卵状长圆形，长5.5—16厘米，宽2—5厘米，先端渐尖，基部楔形，两面散生糙伏毛，通常在下面中脉和侧脉上被较密的硬毛，脉腋有簇毛，侧脉8—12对，在下面凸起；叶柄长3—15毫米，被毛或无毛；托叶披针形，长约1厘米，先端渐尖，基部合生，被毛或无毛，早落。聚伞花序腋生，被伏毛，1—3花；苞片长约3毫米；花白色，直径约2.2厘米；花梗长约1.5厘米；花萼两面被锈色柔毛，萼管钟状，长5—6毫米，宽4.5毫米，裂片5，卵状披针形，长6.5毫米，宽3毫米；花冠漏斗状，外面密被淡黄色绢毛，冠管圆柱状，长约3厘米，宽3.5毫米，喉部无毛，内面中部有一毛环，裂片5（6），卵状椭圆形，内面无毛，长1.25厘米，宽6毫米，雄蕊5，花药线状长圆形，长6毫米，花丝很短；花柱长3厘米，被柔毛，柱头纺锤形，长4毫米。果近球形，直径9—15毫米，被疏柔毛，种子约4，花期6月。

产屏边、西畴、麻栗坡，生于海拔800—1000米的常绿阔叶林林缘。分布于广西。

21.栀子属 Gardenia J. Ellis

灌木或乔木，无刺或很少具刺。叶对生，很少3叶轮生或与花序对生的叶退化；托叶生于叶柄内，通常基部合生。花大，单生于叶腋，稀顶生或偶有排成伞房花序；萼管卵形或倒圆锥形，萼檐管状或佛焰苞状，顶部分裂，裂片宿存；花冠高脚碟形、漏斗形或钟形，顶部5—12裂，裂片广展或外弯，花蕾时旋转排列；雄蕊与花冠裂片同数，着生于冠管喉部，花丝极短或缺，花药背着，内藏或稍伸出；花盘通常环状或圆锥形；子房1室，花柱粗壮，柱头棒形或纺锤形；胚珠多数，着生于2—6侧膜胎座上。果通常大，卵形、长椭圆形至球形，平滑或具纵棱，革质或肉质，不规则开裂，种子多数，常与肉质胎座胶结而成一球状体，种皮革质至膜质；胚乳角质。

本属约250种，分布于热带和亚热带地区。我国产6—7种，分布于云南、广西、广东、海南和台湾。云南有4种。

分 种 检 索 表

1.灌木，通常高达3米；叶长5—14厘米，宽2—7厘米；花白色；果长2—4厘米，有5—9翅状纵棱，萼片宿存 ·· 1.栀子 G. jasminoides
1.乔木，高7米以上；叶长26厘米，宽14厘米；花黄色；果长6厘米，无翅状纵棱，萼片脱落 ·· 2.大黄栀子 G. sootepensis

1.栀子　图524

Gardenia jasminoides Ellis（1761）

灌木，高达3米。小枝圆柱形，灰色。叶对生或3叶轮生，革质，长椭圆形或长圆状披针形，有时为椭圆形或倒卵状长圆形，长5—10（14）厘米，宽2—4（7）厘米，先端渐尖

图523 绢冠茜和狗骨柴

1—4.绢冠茜 *Randia sericantha* W. C. Chen

1.花枝 2.花冠展开 3.花柱和柱头 4.花萼和子房纵剖

5—9.狗骨柴 *Tricalysia dubia*（Lindl.）Ohwi

5.果枝 6.一段枝（示托叶） 7.花 8.花冠剖开 9.雌蕊纵剖

或短渐尖而钝，基部宽楔形或楔形，两面无毛，侧脉7—12对；叶柄长2—4毫米；托叶鞘状，膜质。花单生于枝顶，芳香，直径5—7厘米；萼筒倒圆锥状，长8—10毫米，裂片线状披针形，长10—20毫米，果期增长，宿存；花冠高脚碟形，冠管长3—4.5厘米，裂片5或更多，广展，倒披针形至倒卵状长圆形，长2—3厘米，先端钝，白色，后渐变为浅黄色；花丝极短，花药线形，长约1.5厘米，伸出；花柱长约3厘米，柱头棒状，长约1厘米。果卵形或长椭圆形，长2—4厘米，直径1.5—2厘米，有6—9翅状纵棱，顶部有增长的宿萼。花期4—5月。

产富宁、文山、河口，生于杂木林下。分布于四川、广西、贵州、安徽、江西、江苏、浙江、福建、台湾、广东、海南；日本也有。各地常有栽培。

扦插或压条繁殖。插条长约10厘米，带叶三片，剪去叶的上半部，用0.0025%—0.005%吲哚丁酸处理24小时成活较好。压条选3年生母树进行，20—30天即可生根。

花大，洁白，芳香；叶常绿，各地庭园普遍栽培供观赏，出现了许多栽培种，并有重瓣；果作黄色染料，也作药用，有消炎、解毒、止血的功能。

2.大花黄栀子　图524

Gardenia sootepensis Hutch.（1911）

落叶乔木，高达10米。小枝粗壮，灰色，枝皮环状脱落。叶对生，宽椭圆形，纸质，先端骤狭急尖，基部钝圆常不等侧，长10—25厘米，宽5—15厘米，上面光亮无毛，下面密被短茸毛，侧脉13—17对，下面明显凸起；叶柄长3—6毫米，密被短茸毛；托叶宽三角形，膜质，先端长渐尖，长约3厘米，易脱落。花单生近枝顶叶腋，常先叶开放，芳香，排成总状花序式，萼管倒圆锥状，长1.2厘米，密被柔毛，萼檐筒状，长1.5厘米裂片三角形，长约6毫米；花冠管长达6.5厘米，粗4毫米，上部稍扩大，内外无毛，花冠裂片金黄色，卵状椭圆形，先端急尖，长3.5厘米，宽2.5厘米，无毛；花药线状长圆形，长1.2厘米，稍露出喉外；花柱长约6厘米，柱头棒头状，长约6毫米，2裂。果长圆形，长达6厘米，直径3厘米，外皮无毛，有6—9不甚明显的纵棱及多数细小的凸点（皮孔）。花期4—5月；果于翌年花期成熟。

产孟连、澜沧、勐海、景洪、勐腊，生于海拔480—1530米的雨林、季雨林、刺竹林及热带次生灌丛中。

花大、芳香，傣族妇女多爱采摘，插在头上。

22.狗骨柴属 Tricalysia A. Rich.

直立或攀援灌木，或者为小乔木。叶对生，具短柄；托叶在叶柄内，基部合生。花小，杂性，具短梗或无梗，腋生，通常数花簇生或排成短的聚伞花序；苞片与小苞片基部合生；萼管短，陀螺形或半球形，萼檐顶部截平或4—5齿裂或近佛焰苞状；花冠管状漏斗形，冠管短，里面被毛，顶部5—8裂（稀4裂），裂片先端钝，花蕾时旋转排列；雄蕊（4）5—8，着生于花冠喉部，花丝短或伸长，花药背着，伸出；花盘环形；子房2室，花柱线形，柱头2，长圆形或线形；胚珠每室2或更多，着生于肉质的胎座上。浆果革质；种

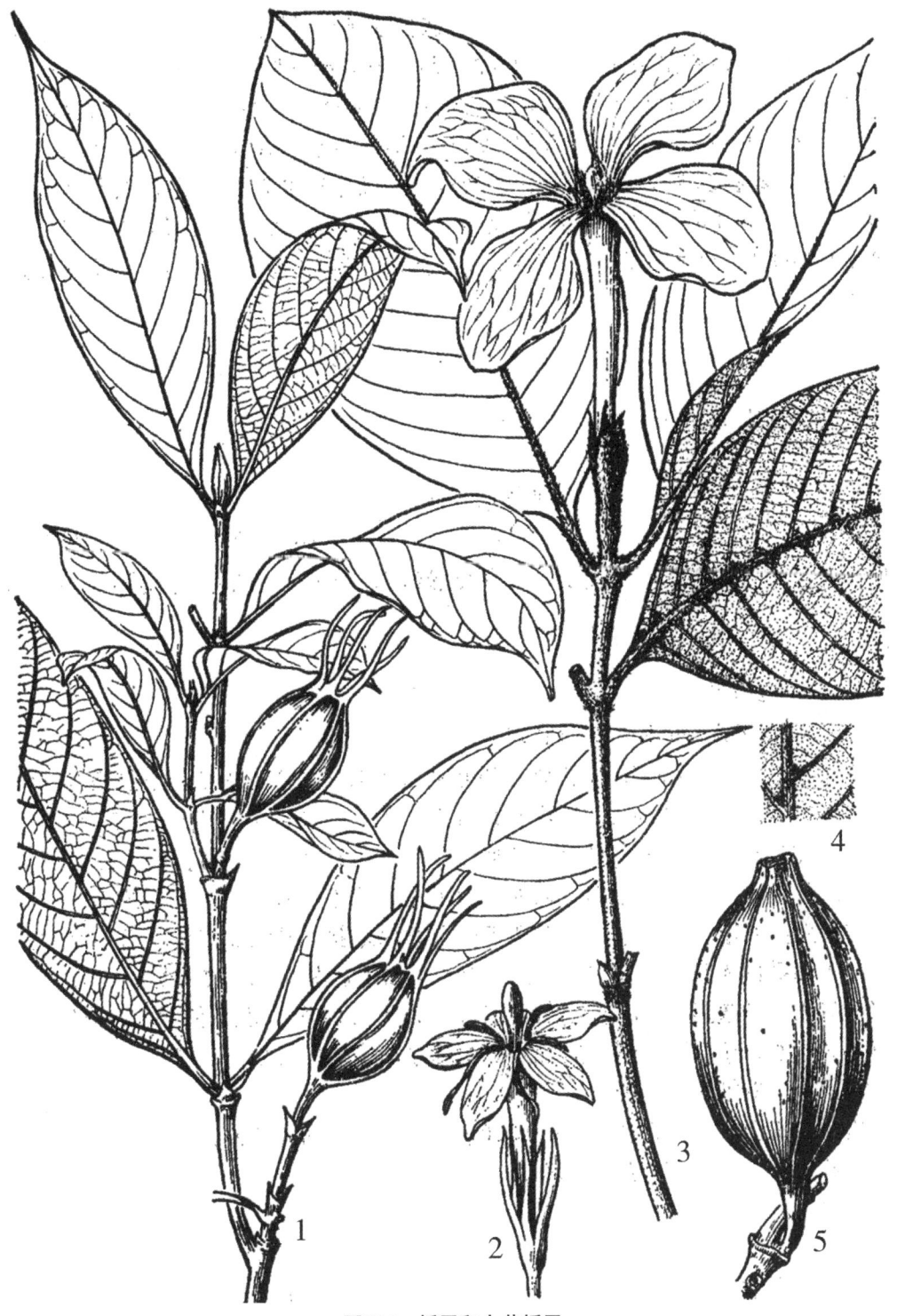

图524　栀子和大黄栀子

1—2.栀子 *Gardenia jasminoides* Ellis

1.果枝　2.花

3—5. 大黄栀子 *G. sootepensis* Hutch.

3.花枝　4.叶下面一部分（示毛被）　5.果实

子有不明显的棱，种皮半纤维质，胚乳肉质，胚小，胚根圆柱形，向上。

本属约100种，分布于非洲和热带亚洲。我国产3种，分布于西南部至东部。云南3种都有。

分 种 检 索 表

1.叶两面无毛，花黄色 ………………………………………………… 1.狗骨柴 T.dubia
1.叶下面被毛。
　　2.叶上面中脉、下面中脉和侧脉被柔毛，或者下面全部散生柔毛 …………………………
　　………………………………………………………… 2.毛脉狗骨柴 T. fruticosa
　　2.叶上面中脉被微柔毛，余无毛，下面密被绒毛 ……………… 3.多毛狗骨柴 T.mollissima

1.狗骨柴　图523

Tricalysia dubia（Lindl.）Ohwi（1941）

Canthium dubium Lindl.（1826）

灌木至小乔木，高达8米，除花萼及托叶被微柔毛外，全部无毛。小枝浅灰色，具棱，后为圆柱形。叶近革质长圆形，卵状披针形，长6—12厘米，宽3.5—6厘米，先端急尖，基部宽楔形，侧脉7—12对，两面凸起，叶柄长3—6毫米，托叶三角形，长5—8毫米，基部合生，先端钻形，内面被白毛。花簇生叶腋或集成稠密的聚伞花序腋生，花序梗短，长不及8毫米，被短柔毛；萼管陀螺状，长约1毫米，萼檐稍扩大，被微柔毛，不明显的4浅裂；花冠白色，干后变黄白色，冠管长约3毫米，裂片椭圆形，约与冠管等长，开放后外卷，先端急尖或钝；花丝长2毫米，花药线形，与花丝近等长，胚珠每室2—5。浆果近球形，直径4—6毫米，成熟时橙红色，干后黑色，顶部有环形的萼檐残迹。花期6—7月。

产富宁、砚山，生于海拔1000—1300米的林内。广西、广东，海南、湖南、江西、浙江、福建、台湾有分布；越南也有。

种子繁殖。

2.毛脉狗骨柴　图525

Tricalysia fruticosa（Hemsl.）K. Schum. ex Pritz.（1901）

Diplospora fruticosa Hemsl.（1888）

乔木，高达8米。小枝细长，苍白色，后渐变褐红色，上部有毛。叶纸质，椭圆形，倒披针状长圆形，长10—15厘米，宽4—6厘米，先端骤狭后渐尖或急尖，基部宽楔形，上面除中脉被毛外无毛，下面全部散生柔毛或仅中脉和侧脉被毛，侧脉7—8对，下面凸起；叶柄长约5毫米；托叶基部合生。花白色，排成腋生的伞房状聚伞花序，多花，花稍密；花序梗短；萼小，杯状，长约2.5毫米，萼檐不明显4裂；花冠长6—7毫米，裂片长圆形，长于冠管，外反；雄蕊外露。核果近球形，径约6（9）毫米，成熟时红色或橙红色，花期5—6月。

产普洱、西双版纳、红河、文山，生于海拔1500—1800米的季雨林、常绿阔叶林或路旁疏林中。分布于广西、广东、湖南、湖北、贵州。

种子繁殖。

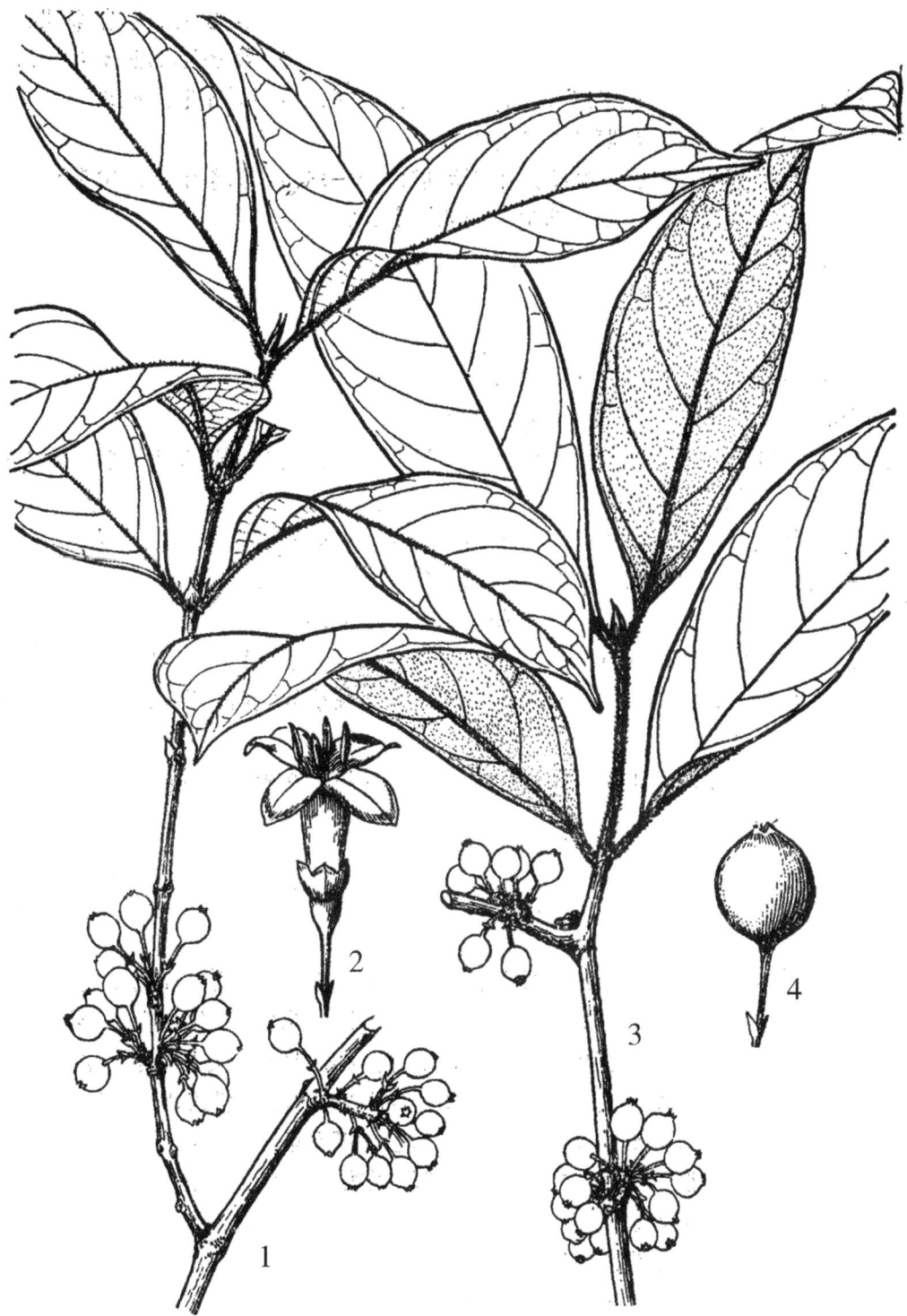

图525 毛脉狗骨柴和多毛狗骨柴

1—2.毛脉狗骨柴 *Tricalysia fruticosa*（Hemsl.）K. Schum.

1.果枝 2.花

3—4.多毛狗骨柴 *T. mollissima*（Hutch.）Hu

3.果枝 4.果实

3.多毛狗骨柴 图525

Tricalysia mollissima（Hutch.）Hu

Diplospora mollissima Hutch.（1916）

乔木，高达6米。小枝伸长，近圆柱形，被绒毛或微柔毛。叶纸质，椭圆形至长圆形，先端急尖成尾状，基部宽楔形，长10—20厘米，宽3—7厘米；上面中脉被微柔毛，余无毛，下面密被绒毛，侧脉7—9对；叶柄长0.8—1厘米，被绒毛；托叶长0.8—1厘米，基部合生。花近梗，在叶腋集成团状；苞片小；花萼被微柔毛，萼檐杯状，高1.25毫米，具波状浅齿；花冠管长3毫米，无毛，裂片4、长圆椭圆形，先端钝，长3.5毫米，宽2毫米；雄蕊外露，花丝长1.5毫米，着生于花冠管内壁上，无毛；花药长3毫米；花柱无毛，柱头2。果红色，近球形，具细小的疣凸，直径约7毫米，疏被微柔毛。花期6—7月。

产普洱、勐腊、勐海，生于海拔1100—1640米的沟谷季雨林或疏林中。模式标本采自普洱。

23.短口树属 Brachytome Hook. f.

灌木、小乔木。叶对生，具柄，膜质；托叶在叶柄间，三角形。花小，杂性异株，具细长的花梗，排成腋生或与叶对生的圆锥花序式的聚伞花序，花有小苞片，萼管长圆形、倒圆锥形或长卵形，萼檐杯状，5齿裂，宿存；花冠管状漏斗形、筒状，冠管喉部和内面均无毛，上部5裂，裂片短，花蕾时旋转排列；雄蕊5，生花冠管喉部，内藏，花丝极短，花药线状长圆形，于中部背着，在雌花中常不完整，花盘在雌花中的细小，环形，在雄花中则大，杯形，子房2室，花柱线形，在雄花中短，柱头2裂，裂片短，长圆形，顶端钝，胚珠每室多数，着生于盾状胎座轴上。浆果小，长椭圆形，有种子多数；种子楔形、扁平，种皮薄，有网纹；胚乳肉质，胚小，近圆柱形。

本属4种。我国产2种；云南有2种。

短口树 图526

Brachytome wallichii Hook. f.（1871）

灌木至小乔木，高达5米，全体无毛。小枝灰色，柔弱而广展。叶纸质至膜质，长圆形至椭圆形，长8—15厘米，宽3—6.5厘米，先端长渐尖，基部楔形，全缘，干时上面暗绿色，下面红棕色或黄绿色，侧脉8—9对，中脉下面隆起，侧脉纤细，弧曲上升；叶柄长5—10毫米；托叶三角形，基部宽4—6毫米，向上细狭为芒状。聚伞花序生小枝上，腋生或与叶对生，长2—3厘米，宽4—6厘米，有少数分枝；花序梗几不存在；苞片对生，三角形，长0.5—1毫米；花梗长5—10毫米；雄花长约4毫米；萼管倒圆锥形；花冠白色，近筒状，有线形小斑纹；雌花长约8毫米，萼筒长卵形，花冠近漏斗形。浆果近圆柱形，绿色，长达1.4厘米，径5—6毫米，顶部有宿存的近杯状萼檐。种子多数，细小，黑色，略扁，不规则的楔形，长宽约1.5毫米。果期8月。

产滇西北、滇南，生于海拔1500—2250米的山坡常绿阔叶林中。海南有分布；印度至

图526 短口树和狭叶巴戟

1—2.短口树 *Brachytome wallichii* Hook. f.
1.果枝　2.种子

3—5.狭叶巴戟 *Morinda angustifolia* Roxb.
3.花枝　4.花冠剖开　5.花柱和柱头

中南半岛也有。

24. 藏药木属 Hyptianthera Wight et Arn.

灌木或小乔木。小枝圆柱形。叶对生,具短柄;托叶三角形,宿存。花小,白色,簇生于叶腋,具苞片;萼管短,陀螺形,裂片5,锐尖,宿存;花冠管短,内面被毛,裂片4—5、展开、旋转排列;花药4—5,无花丝,长圆形,基部和背面被柔毛;花盘环状;子房2室;花柱短,内藏,2裂,被毛,胚珠每室6—10,从室顶胚座上下垂。浆果卵形或球形;种子悬垂,复瓦状排列,扁、种皮厚,有皱褶;胚小,胚乳肉质。

本属2种,分布于印度至越南,云南2种均有。

分 种 检 索 表

1.叶较狭长,宽1.5—2厘米;种子瓢状,长约3毫米·························· 1.藏药木 H. stricta
1.叶较宽大,宽3.5—4.5厘米;种子多少为匙形,长约4毫米 ······ 2.具苞藏药木 H. bracteata

1.藏药木　野柴姜(河口)图527

Hyptianthera stricta(Roxb.)Wight et Arn.(1834)
Randia stricta Roxb.(1814 nom. nud.1824)

灌木或小乔木,高达6米,除花部外全株无毛。叶长圆形至长圆状椭圆形,长7—15厘米,宽1.5—2厘米,先端渐尖,基部楔形,侧脉6—9对;叶柄长4—6毫米;托叶三角形,长渐尖。花小,白色,芳香,5数,数花簇生叶腋;花梗长不及1毫米;小苞片2—3,有睫毛;花萼陀螺状,长约1毫米,裂片三角形;花冠长约3毫米,裂片卵形;花药背面和基部有毛,药隔宽,顶部凸出,微凹头。浆果淡黄色,卵状球形,长约7毫米;种子叠生,瓢状,长约3毫米,因叠置而压扁并具棱凸,表面有细皱纹。花期5—7月。

产盈江、景洪、勐腊、绿春、河口,生于海拔200—950米的杂木林或疏林中。分布于尼泊尔、印度及中南半岛。

2.具苞藏药木　图527

Hyptianthera bracteata Craib(1911)

灌木或小乔木,高达8米。小枝细长,无毛。叶椭圆形,常膜质,长5—12厘米,宽3.5—4.5厘米,先端渐尖,常具细长的尖尾,基部宽楔形,侧脉5—6对;叶柄长5—6毫米;托叶三角形,边缘膜质。花小,簇生于叶腋,苞片卵形,具睫毛,先端具芒尖。果绿色,卵状球形,长6—7毫米;种子匙形,扁,长约4毫米,叠生于室顶的肉质胎座上。花期5月;果期8—12月。

产西双版纳,生于海拔450—1000米的密林、竹林或灌丛中。中南半岛有分布。

本种与藏药木的区别在于叶较宽大,种子较狭长。两者的中间类型很多,很可能为同一种植物。

图527　藏药木和具苞藏药木

1—2.藏药木 *Hyptianthera stricta*（Roxb.）Wight et Arn.

1.果枝　2.果实

3—4.具苞藏药木 *H. bracteata* Craib

3.果枝　4.果实

25. 巴戟天属　Morinda L.

直立或攀援灌木，乔木。叶对生，有的3叶轮生，托叶合生成一鞘。花腋生或顶生，单生或排成圆锥花序式或伞形花序式的头状花序；萼管壶形或半球形，彼此多少黏合，萼檐短、截平或浅齿裂；花冠管通常短，筒状，顶部稍扩大，喉部无毛或有毛，上部5（4—7）裂，裂片镊合状排列；雄蕊与花冠裂片同数，着生于冠管喉部，花丝短，花药中部背着；花盘环形；子房2室或不完全4室，每室有直立或上举的胚珠1，花柱纤细，柱头2。果为一聚合果，由肉质扩大、合生的花萼组成，内含具一种子的小核数个，或有时小核合生而为一个2—4室的核，稀为离生核果；种子倒卵形或肾形，种皮膜质，胚乳肉质或骨质，胚圆柱形，胚根向下。

本属约80种，分布于热带地区。我国产8种。云南有3—4种，其中1种为乔木或灌木。

狭叶巴戟　图526

Morinda angustifolia Roxb.（1814 nom. nud. 1815）

直立灌木或小乔木，高达6米。叶长圆形、椭圆形，长8—24厘米，宽4—8.5厘米，先端渐尖具长0.5—2厘米的尾尖，基部渐狭为长1—3厘米的柄，全缘，两面无毛，侧脉10—15对，在下面隆起；托叶宽三角形，长达1厘米，无毛，有时2裂。花白色，多数集成头状花序。花序梗长1.5—4厘米，单生于枝顶与最后一叶对生，稀2—3顶生；花芳香，萼管半球形，截平，无毛或被疏柔毛；花冠管长达3厘米，冠檐裂片5，椭圆形，长达1厘米，展开，先端钝。核果陀螺状，分离，黑色。花期4—6月。

产瑞丽、勐腊、景洪、勐海，生于海拔540—1350米的密林中。尼泊尔、印度、不丹、印度、缅甸有分布。

26. 粗叶木属　Lasianthus Jack

灌木或小乔木，常具臭味。叶对生，二列，具短柄，有明显的横脉，先端常长渐尖；托叶在叶柄间，宿存或脱落。花腋生，单生，簇生或排成聚伞花序或头状花序，具花序梗或无花序梗；萼管近球形、卵形、长圆形或钟形，萼檐短或延长，顶部3—6裂，裂片宿存，花冠漏斗形或高脚碟形，冠管短或稍伸长，喉部被长柔毛，顶部4—6裂，裂片广展，镊合状排列；雄蕊4—6，着生于冠管喉部，花丝短，花药背着，内藏或稍突出，线形或卵状长圆形，药隔常具细尖头；花盘肿胀；子房4—9室，花柱短或延长，无毛或被长毛，顶部4—9裂，裂肢短而钝，胚珠每室1，线形。果为一核果，有小核4—9，小核软骨质或脆壳质，三棱形，有时在背面具脊或翅；种子线状长圆形，微弯，种皮膜质，胚乳肉质，胚圆柱形；子叶短而钝，胚根向下伸延。

本属约180种，分布于热带地区。我国产20余种；云南有11种。

分 种 检 索 表

1.花序具花序梗。

  2.花序梗较粗，长1厘米以上，果直径1厘米 ·····················1.梗花粗叶木 L.biermannii

  2.花序梗较细，长5—7毫米；果直径5毫米 ·················2.小花粗叶木 L. micranthus

1.花簇生，无花序梗。

  3.小枝、叶下面中脉、侧脉和横脉密被金黄色硬伏毛；叶长13—19厘米，宽3—7厘米 ···
  ···3.大叶粗叶木 L. hookeri

  3.枝、叶不被金黄色硬伏毛。

    4.小枝和叶下面，苞片密被污黄色长硬毛；花长1.3厘米以上；苞片多数，披针形长达
    1.4厘米；叶长10—16厘米·····················4.上思粗叶木 L. tsangii

    4.小枝、叶脉下面被极疏的柔毛；花长约5毫米；苞片小，不明显，叶长6—11厘米
    ···5.罗浮粗叶木 L. fordii

1.梗花粗叶木　图528

Lasianthus biermannii King ex Hook. f.（1880）

灌木，高2—3米；除枝、叶柄、花序被短伏毛外，其他部分无毛或近无毛。叶纸质，长圆形或长圆披针形，长15—17厘米，宽3—6.5厘米，尾状渐尖或骤狭具长2—3厘米的尾尖；除中肋下面被疏短伏毛外，余无毛，侧脉5—6对，横脉细密，均在下面隆起；叶柄长6—12毫米；托叶三角形，长3—4毫米、被毛。聚伞花序腋生；花序梗长10—13毫米；花2—5，具长3—5毫米的梗；苞片线形或钻形，长2—3毫米；萼筒被短伏毛，长1.5—2毫米，裂片5，披针形，比萼筒稍短；花冠长8—12毫米，裂片5—6，被毛，雄蕊与花冠裂片同数。核果近球形，深蓝色，直径约1厘米。花期8月。

产贡山、福贡、泸水、腾冲、龙陵、景东、临沧，生于海拔1500—2400米的常绿阔叶林中。分布于西藏、贵州；印度东北部也有。

种子繁殖。

2.小花粗叶木　图528

Lasianthus micranthus Hook. f.（1880）

灌木，高达3米。小枝纤细，无毛或微被硬伏毛，褐色。叶纸质，干时黄绿色，长圆披针形、椭圆形，长7—11厘米，宽3—4厘米，先端长渐尖，基部宽楔形至圆形，上面无毛，下面脉上被锈色伏毛，侧脉5—6对，在两面稍凸起；叶柄长2—3毫米，密被暗褐色伏毛；托叶短三角形，被伏毛腋生聚伞花序具长5—7毫米的细柄，被伏毛；花无梗；苞片极小，被伏毛；花极小，白色，萼管倒圆锥形，被伏毛，长1.5毫米，萼齿6，三角状锥形，长约1毫米。果小，直径约5毫米。花期5月。

产砚山、西畴、金平、河口，生于海拔340—1600米的雨林和常绿阔叶林中。分布于西藏南部。

种子繁殖。

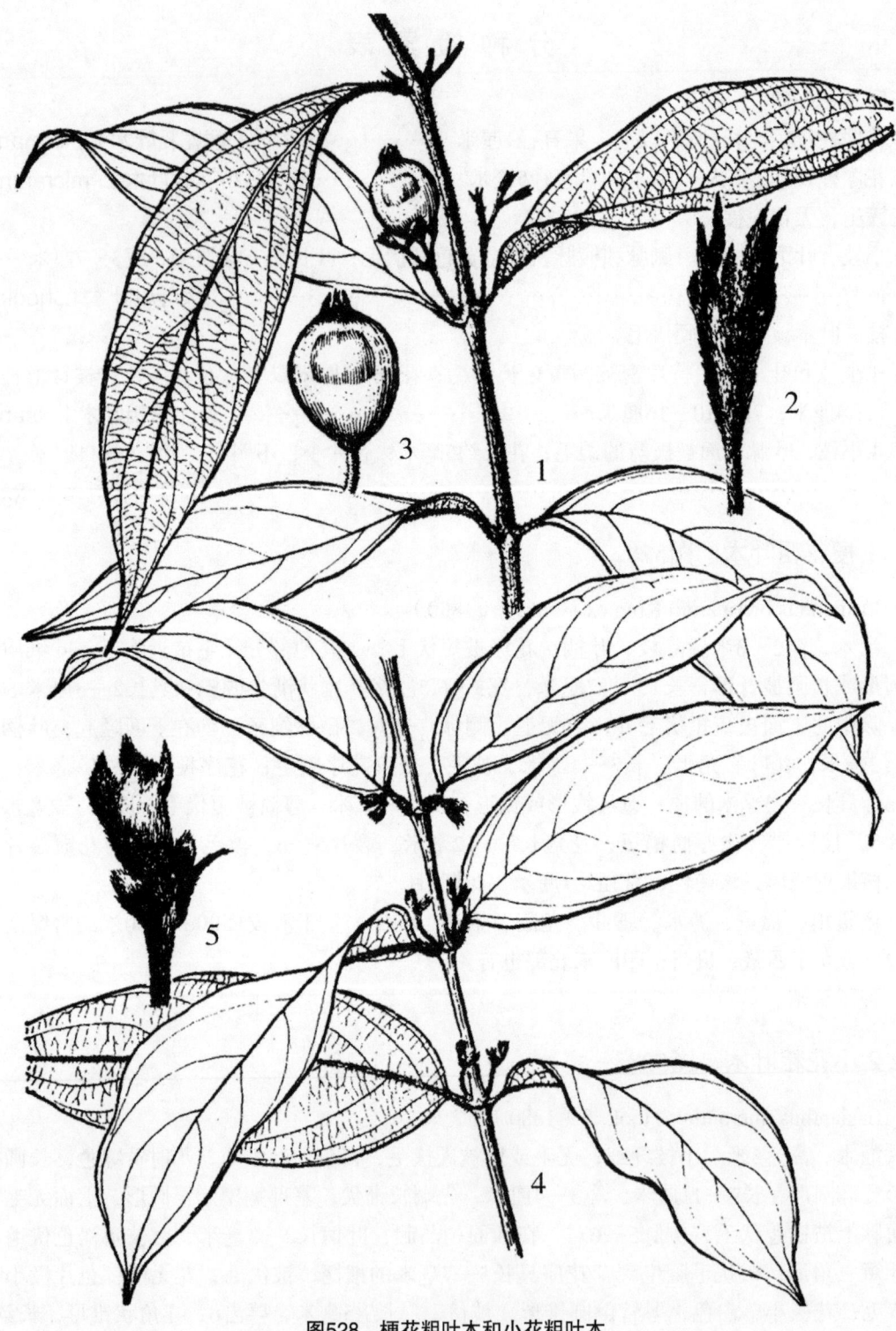

图528 梗花粗叶木和小花粗叶木

1—3.梗花粗叶木 *Lasianthus biermannii* King ex Hook. f.

1.果枝 2.花萼 3.果实

4—5.小花粗叶木 *L. micranthus* Hook. f.

4.花枝 5.花序在花蕾时

3.大叶粗叶木　无苞粗叶木（西藏植物志）图529

Lasianthus hookeri C. B. Clarke ex Hook. f.（1880）

灌木或小乔木，高达6米；枝、叶脉下面均被金黄色糙伏毛和细柔毛。叶干时金黄色，或上面黑褐色下面黄色，纸质，椭圆披针形，长圆形，长达20厘米，宽达6.5厘米，先端长渐尖成尾状，基部楔形或圆形，全缘但具粗伏毛，侧脉5—6对；叶柄长3—4毫米，被毛；托叶宽三角形，长3—4毫米，密被金色伏硬毛。花白色，3—8簇生叶腋，无梗；苞片极小或缺；花萼被糙毛，萼齿披针形，直立；花冠被毛。核果绿色，卵形，冠以宿存萼齿，小核6。花期4—6月。

产勐海、景洪、勐腊，生于海拔550—1300米的沟谷雨林或季雨林中。分布于西藏南部、广西、广东；印度东北部也有。

4.上思粗叶木　图529

Lasianthus tsangii Merr. ex Li（1943）

灌木，高1.5—4米，也有高达5米的。小枝伸长，圆柱形，密被黄褐色长柔毛。叶纸质，干后灰绿色，长圆披针形，长10—16厘米，宽2.8—4厘米，先端长渐尖，基部宽楔形至圆形，上面无毛，背面密被黄褐色长柔毛，侧脉7—8对，和横脉在下面凸起；叶柄长8—10毫米，密被毛；托叶早落。花无梗，数花簇生于叶腋；苞片大，披针形，长达1.2厘米，密被黄褐色长柔毛及短伏毛。花白色，花萼陀螺状，无毛，裂齿披针形，具芒尖，边缘具白色长毛；花冠长约1厘米，无毛，裂片披针形，略反折。核果蓝色，近球形，径约5毫米。花期12月。

产景洪、勐腊、普洱、西畴、马关、麻栗坡、富宁，生于海拔500—1300米的山坡疏林、常绿阔叶林中。分布于广西、广东。

种子繁殖。

5.罗浮粗叶木　图530

Lasianthus fordii Hance

灌木，高达3米。小枝黑褐色，无毛。叶纸质，椭圆形至长圆披针形，长6—11厘米，宽1.7—3.5厘米，先端长渐尖具长尾，基部楔形，两面无毛或下面脉上有极疏的柔毛，侧脉6—7对，横脉细密，明显；叶柄长3—4毫米，被毛；托叶线状披针形，被毛，早落。花白色，无梗，多数簇生于叶腋；萼无毛，宽杯状，长约1毫米，裂齿5，正三角形；花冠管长约4毫米，坛状，无毛，喉部具短毛，裂片披针形；雄蕊生冠管喉部，露出于喉外；花柱伸长，露出喉外，柱头棒状。核果蓝色，球形，径约6毫米。花期10—11月。

产富宁，生于海拔500—1100米的林内。分布于广西、广东。

种子繁殖。

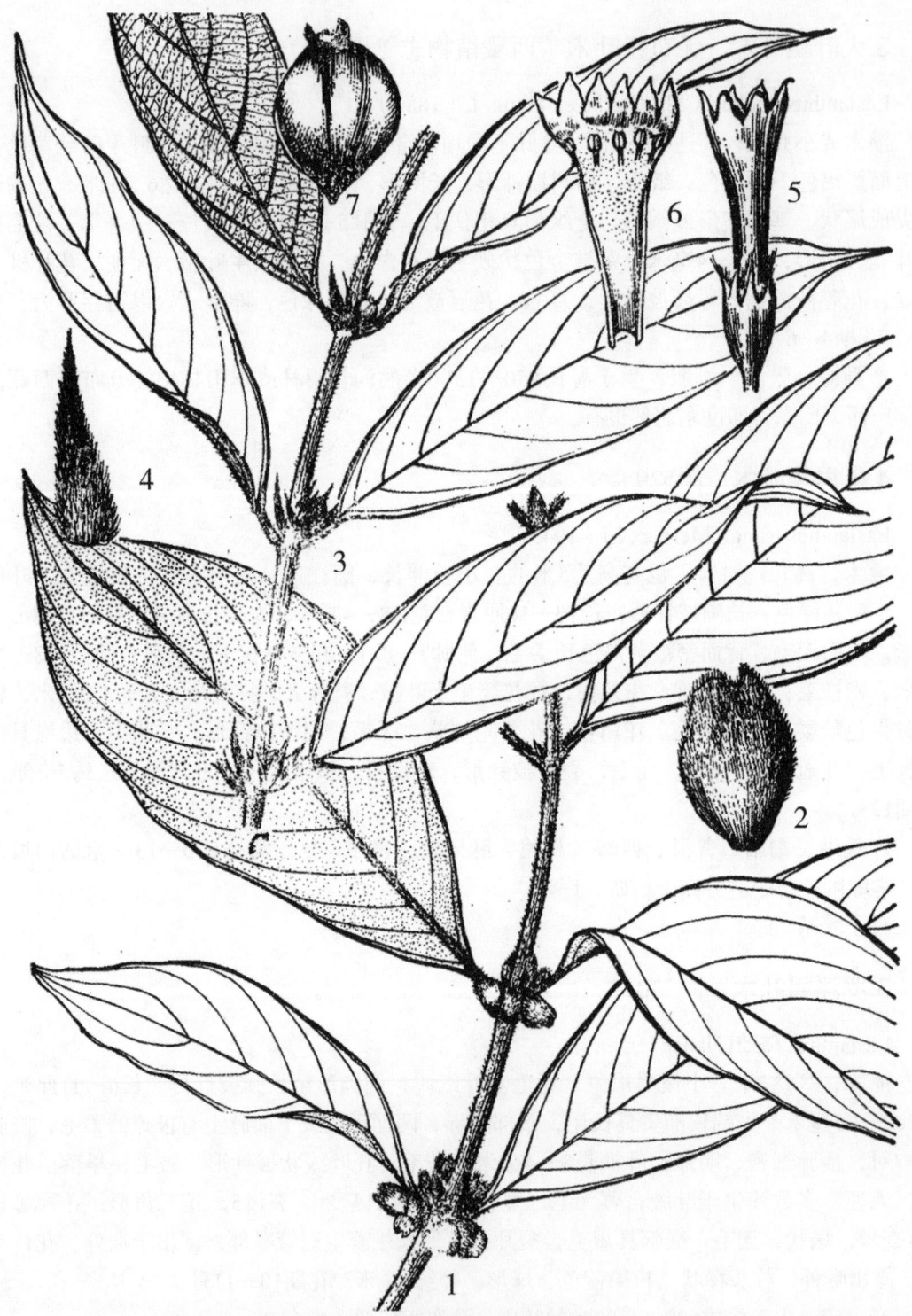

图529 大叶粗叶木和上思粗叶木

1—2.大叶粗叶木 *Lasianthus hookeri* C. B. Clarke ex Hook. f.

1.果枝 2.托叶

3—7.上思粗叶木 *L. tsangii* Merr. ex Li

3.果枝 4.托叶 5.花 6.花冠剖开 7.果实

图530　罗浮粗叶木 *Lasianthus fordii* Hance
1.花枝　2.花　3.花冠剖开　4.花柱和柱头　5.果实

27. 南山花属 Prismatomeris Thw.

灌木，枝扁四棱柱形。叶对生，具短柄；托叶阔，顶部1—2裂，分裂部分锐尖。花单性，具花梗，排成腋生和顶生近伞形花序式的花束，雌花少数，雄花较多，雄花的萼管小，陀螺形，雌花的倒卵形，萼檐杯形，顶部截平或5浅裂，裂片宿存；花冠高脚碟形，冠管喉部无毛，顶部4—5裂，裂片延伸而广展，镊合状排列；雄蕊与花冠裂片同数，着生花冠管内，花丝短，花药近基部背着，内藏；花盘垫形；子房2室，花柱线形，柱头纺锤形，顶部2裂；胚珠每室1，着生于隔膜中部以上。浆果球形或倒卵形，肉质，1—2室，有种子1（2）；种子近球形，腹部深凹陷，种皮膜质，胚乳肉质或角质，胚小，胚根向下。

本属约10种，分布于印度、马来西亚至我国南部。我国产4种；云南有2种。

分 种 检 索 表

1.叶薄革质，宽椭圆形，长7—11厘米，宽3.2—5厘米；伞形花序具多花；花冠长达2.5厘米 ……………………………………………………………………… 1.南山花 P. tetrandra

1.叶纸质，狭披针形，长4—10.5厘米，宽1—2.5厘米；伞形花序具1—3花；花冠长约1.4厘米 …………………………………………………………………… 2.滇南山花 P. henryi

1.南山花 三角瓣花 图531

Prismatoneris tetrandra（Roxb.）K. Schum.（1891）

Coffea tetrandra Roxb.（1832）

灌木或乔木，高达8米。小枝四棱柱形，有光泽，无毛。叶薄革质，宽椭圆形、长椭圆形，长7—11（18）厘米，宽（2.5）3.5—5厘米，先端渐尖，渐尖部分常弯曲，基部宽楔形，两面无毛而有光泽；中脉两面凸起，侧脉纤细，5—7对，离边缘2—3毫米处彼此连结，在叶两面均明显；叶柄长5—10毫米，上面有槽；托叶三角形，长2—3毫米，先端急尖。伞形花序具5—20花，花序梗长0—5毫米；花芳香，具长梗，梗长15—30毫米；萼管长2.5—3毫米，萼檐顶部截平或具4—5不明显的浅齿；花冠白色，冠管狭长，长15—20毫米；裂片5（4），披针形，长5—10毫米，广展，先端急尖或渐尖；花柱长1.2—1.6厘米。核果球形，直径8毫米，成熟时紫黑色，有小核2，常有1小核不发育。花期4—5月。

产景洪和勐腊，生于海拔500—1200米的热带季雨林中。分布于广西、广东、海南；印度、斯里兰卡、中南半岛、马来西亚、菲律宾有分布。

种子繁殖。

2.滇南山花 图531

Prismatomeris henryi（Lévl.）Rehd.（1935）

Canthium henryi Lévl.（1914）

灌木或乔木，高达10米。小枝纤细，灰褐色，有细槽，叶纸质，狭披针形或长圆披针形，长4—10.5厘米，宽1—2.5厘米，先端渐尖，基部楔形或近圆形，无毛，侧脉纤弱，

图531 南山花和滇南山花

1—6.南山花 *Prismatomeris tetrandra*（Roxb.）K. Shum.

1.花枝 2.花 3.花冠剖开 4.花柱和柱头 5.子房纵剖 6.果序

7—11.滇南山花 *P. henryi*（Lévl.）Rehd.

7.果枝 8.花冠剖开 9.花柱和柱头 10.子房纵剖 11.果实

4—5对，离边缘1—2毫米处彼此连接；叶柄长2—4毫米；托叶小，宽三角形，长约2毫米，急尖。伞形花序具1—3花，花序梗极短，大都不存在。花小，花梗无毛，纤细，长2—4毫米；萼管长1.5毫米，萼檐极短，具4—5尖齿；花冠白色，冠管狭漏斗形，长约1厘米，外面无毛，内被微柔毛，裂片5，长圆披针形，先端钝，长约4毫米；花柱长约1.4厘米，无毛，柱头头状；雄蕊生于花冠管喉部以下，核果球形，紫红色，直径6毫米；种子2，肾形，花期8—9月。

产蒙自、河口、文山、西畴等地，生于海拔1500—2100米的常绿阔叶林中。

种子繁殖。

28. 咖啡属 Coffea L.

灌木或小乔木；枝略呈圆柱形，顶部扁。叶对生，极少3叶轮生，膜质或薄革成，无柄或具柄；托叶宽，生叶柄间，宿存。花通常芳香，具短梗或无梗，簇生于叶腋内，排成球形或少花的聚伞花序，有时单生；苞片通常合生；萼管管状或陀螺状，萼檐短，顶部截平或4—6裂，里面常有腺体，宿存；花冠白色或淡黄色，稀略呈玫瑰红色，高脚碟状或漏斗状，冠管喉部无毛或被长柔毛，顶部5—6裂，稀4裂，裂片展开，旋转排列；雄蕊4—8，着生于冠管喉部，花丝短或无，花药近基部背着，线形，突出或内藏；花盘肿胀；子房2室，花柱线形或略粗大，柱头2裂，线形或钻形；胚珠每室1。浆果球形或长圆形，干燥或肉质，具2小核；小核革质或膜质，背面凸起，如为革质、腹面有纵槽，膜质则无纵槽；种子腹面凹陷或有纵槽，胚乳角质，胚根向下。

本属约70种，分布于亚洲和非洲热带地区。我国仅西藏有2种野生，引入栽培的5—6种。云南引种的主要有3种。

分 种 检 索 表

1.叶较小，长6—14厘米，宽3.5—5厘米；浆果红色，长12—16毫米，直径10—12毫米……
…………………………………………………………………………………… 1.小果咖啡 C. arabica
1.叶大，长15—30厘米，宽6—12厘米，顶端急尖或阔急尖。
  2.叶下面脉腋内无小窝孔或具无毛的小窝孔；果卵状球形，长和宽近相等，均为10—12毫米 …………………………………………………………………… 2.中果咖啡 C. canephora
  2.叶下面脉腋内有小窝孔，窝孔常具短丛毛；果宽椭圆形，长19—21毫米，直径15—17毫米 …………………………………………………………………… 3.大果咖啡 C.liberica

1.小果咖啡　图532

Coffea arabica L.（1753）

灌木或乔木，高达8米，基部常多分枝。老枝灰白色，节膨大，幼枝扁，无毛。叶薄革质，卵状披针形或披针形，长6—14厘米，宽3.5—5厘米，先端长渐尖，基部楔形或略钝，边全缘或呈浅波状，两面无毛，下面脉腋内有或无小窝孔，侧脉7—13对；叶柄长8—15毫米，托叶宽三角形，长3—6毫米。聚伞花序簇生于叶腋内，每聚伞花序有花2—5，无花序梗或具极短的花序梗；花芳香，花梗长0.5—1.5毫米；苞片基部多少合生、二型，其中2枚托叶状，长和宽近相等，另2枚披针形，长为宽的2倍，叶状；萼管筒状，长2.5—3毫米，萼檐截平或具5小齿；花冠白色，一般长10—18毫米，上部常5裂，稀4或6裂，裂片常长于花冠管，先端通常钝；花药伸出于花冠管外，长6—8毫米；花柱长12—14毫米，柱头2裂，长3—4毫米。浆果成熟时宽椭圆形，红色，长12—16毫米，直径10—12毫米，外果皮硬膜质，中果皮肉质，有甜味；种子背面凸起，腹面平坦，有纵槽，长8—10毫米，直径5—7毫米。花期3—4月。

栽培于保山、西双版纳等地。原产东非，现广植于全世界热带地区。

本种栽培品种甚多，品质最好。由于它抗寒力强，可耐短期低温，在热带地区可生长的海拔达2100米，但不耐旱，枝条较脆弱，不耐强风，抗病力较弱。

种子作饮料，加工后味香醇和，含咖啡因成分较低。含咖啡碱，在医药上为镇静剂，兴奋剂。

2.中果咖啡　图532

Coffea canephora Pierre ex Froehn.（1897）

灌木或小乔木，高达8米。侧枝长而下垂，基部平滑，表皮灰白色，幼枝无毛，扁。叶纸质，椭圆形、卵状长圆形或披针形，长15—30厘米，宽6—12厘米，先端急尖，基部楔形，边全缘或呈浅波状，两面均无毛，下面脉腋内无窝孔或具无缘毛的小窝孔；侧脉10—12对；叶柄长10—20毫米。托叶三角形，长7毫米，初时基部合生。聚伞花序1—3生于叶腋内，每聚伞花序有花3—6，具极短的花序梗，苞片基部多少合生，二型，其中2枚宽三角形，长和宽近相等，托叶状，另2枚披针形或长圆形，长约为宽的3倍，叶状，花后增大；萼管短，筒状，萼檐截平或具不明显的小齿；花冠白色，有时微红色，长20—26毫米，冠管在花蕾时较短，盛开时延长，顶部5—7裂，稀4或8裂；花药伸出冠管外，长8—10毫米；花丝短；花柱突出，长12—17毫米，柱头2裂，长约6毫米。浆果近球形，径10—12毫米，顶端冠以隆起的花盘；外果皮薄，有2纵槽和极纤细的纵条纹；种子腹面平坦，背面隆起，长9—11毫米，宽7—9毫米。花期4—6月。

栽培于景洪、保山、河口等地。原产刚果。

喜荫蔽，不耐强光，耐寒力也较强，但根系浅，不耐旱；枝条脆弱，不耐强风，抗病力强，结果期早。

种子加工后作饮料，所含咖啡因较高，香味较弱。

3.大果咖啡

Coffea liberica Bull ex Hiern（1876）

栽培于景洪等地。原产萨拉热窝、刚果、利比亚、安哥拉。现广植于各热带地区。

种子加工后作饮料。

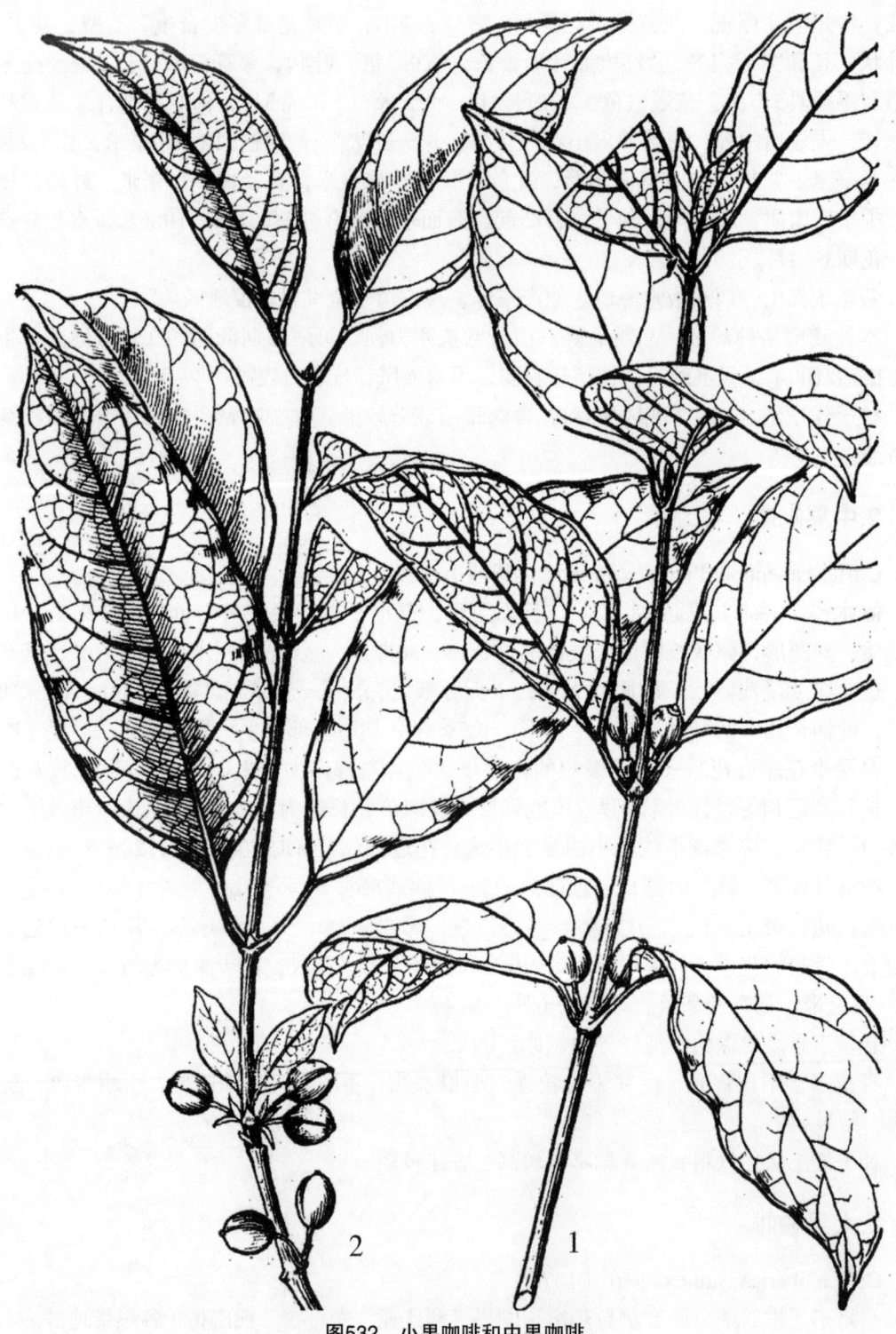

图532　小果咖啡和中果咖啡

1.小果咖啡 *Coffea arabica* L.果枝

2.中果咖啡 *C. canephora* Pierre ex Froehn.果枝

29. 龙船花属 Ixora L.

灌木或小乔木。叶对生或很少3叶轮生，具柄或无柄；托叶在叶柄间，基部阔，常合生成一鞘，顶部延长或芒尖，脱落或宿存。花具梗或无梗，排成顶生、伞房花序式、三歧分枝的聚伞花序，常具苞片和小苞片，小苞片厚而明显；萼筒卵形，萼檐短，顶部4（5）浅裂，裂片短或延长；花冠高脚碟状，冠管纤细，圆柱形，喉部无毛或有髯毛，顶部4（5）裂，裂片短于冠管，旋转排列；雄蕊与花冠裂片同数，着生于冠管喉部，花丝极短或缺，花药背着，突出或半突出，花盘肉质，肿胀；子房2室，花柱线形，柱头2，短，外弯；胚珠每室1。核果球形或稍呈压扁状，有2纵槽，革质或肉质，有小核2；小核革质，平凸或腹面下陷；种子与小核同形，种皮膜质，胚乳软骨质，胚根圆柱形，向下。

本属约400种，大部分布于热带亚洲和非洲，少部分布于美洲和大洋洲。我国产11种，云南有5种，其中3种为乔木或高灌木。

分 种 检 索 表

1.叶多少具柄，基部楔形或圆形。
  2.叶长13—21厘米，宽3.3—6.5厘米；花白色，花冠管长1.3厘米 ……………………
  …………………………………………………………… **1.美龙船花 I. spectabilis**
  2.叶长4—15厘米，宽2—4.5厘米；花白色或红色，花冠管长3—3.5厘米 ………………
  ……………………………………………………………**2.小龙船花 I. henryi**
1.叶无柄，基部心形抱茎；花红色，花窓管长1.5厘米…………**3.抱茎龙船花 I. amplexicaulis**

1.美龙船花　图533

Ixora spectabilis Wall.（1832. nom. nud.）ex G. Don（1834）

常绿小乔木，高达6米，全体无毛。幼枝灰褐色。叶纸质，椭圆状长圆形，长13—21厘米，宽3.3—6.5厘米，先端渐尖，钝头，基部楔形，侧脉9—12对；叶柄长0.8—1.2厘米；托叶宽三角形，先端刺芒状，伞房花序式的聚伞花序顶生，长达8.5厘米，径8厘米，花序梗长0.5—3.5厘米，基部具1对小型的叶状苞片，卵状长圆形，长1厘米，宽6毫米，无柄，侧脉8—9对，明显；小苞片狭披针形，长2—3毫米，花4数，白色，无梗，萼无毛，萼齿狭三角形，比萼筒短；花冠管纤细，长约1.3厘米，裂片线形，长4—5毫米，反折，雄蕊4，花丝短，长约2毫米，着生于冠管的喉部，花药线形，长5毫米，完全伸出花冠喉部之上，花柱丝状，长约1.5厘米，柱头棒状，长约3毫米，2深裂，远突出于花冠之上。核果球形，径约6毫米，花期4月。

产景洪、勐腊，生于海拔700—950米的季雨林中。分布于中南半岛。

种子繁殖。

图533　美龙船花和小龙船花

1—3.美龙船花 *Ixora spectabilis* Wall. ex G. Don

1.花枝　2.花　3.花冠裂片和雄蕊

4—8.小龙船花 *I. henryi* Lévl.

4.花枝　5.花　6.花柱和柱头　7.雄蕊　8.子房纵剖

2.小龙船花　小仙丹花（云南种子植物名录）图533

Ixora henryi Lévl.（1914）

常绿灌木或小乔木，高达5米，全体无毛。幼枝黄褐色，无毛。叶薄纸质，长圆形或卵状披针形，长4—15厘米，宽2—4.5厘米，先端渐狭成尾状，基部近圆形，侧脉8—10对，不明显；叶柄长3—7毫米；托叶宽三角形，长5—7毫米，中部骤狭成一长芒尖。花序常在侧生短枝上顶生，长约5厘米，花序梗长5—15毫米，基部苞片狭披针形，丝状，长15—20毫米，小苞片小，短三角形。花4数，红色或白色，芳香，萼筒长约2毫米，裂片短三角形，短于萼管；花冠管长3—3.5厘米，裂片披针形，长5—6毫米，先端短尖，花后反扩；雄蕊4，露出于花冠喉部；花柱伸长，柱头头状。核果橄榄球形，长约9毫米，宿存萼齿偏生于一侧。花期3—4月。

产耿马、龙陵、西双版纳、普洱、富宁，生于海拔800—2000米的疏林、常绿阔叶林中。分布于广东、广西；越南也有。

种子繁殖。

3.抱茎龙船花　图534

Ixora amplexicaulis C. Y. Wu（1984. nom. nud.）

常绿小乔木，高达5米。幼枝紫褐色，无毛。叶对生，纸质，长圆形，长圆椭圆形，长9—20厘米，宽3—8厘米，先端骤狭急尖，基部浅心形，抱茎，无柄，侧脉9—10对，在下面稍凸起，两面无毛。花序顶生，长10厘米，径达12厘米，花序梗长3.5—4.5厘米，苞片2，对生于花序梗基部，卵状披针形，长1厘米，先端渐尖，基部心形，背面有隆起的中肋，苞片间有一对长三角形托叶，长约8毫米，近革质，花红色，具梗，梗长2—3毫米，上部有一对卵形小苞片，花4数，萼筒杯状，长约1.5毫米，萼齿三角形，长约0.5毫米；花冠管长1.5厘米，裂片长圆形，长约4毫米，先端急尖，外展，花药长约3毫米，全伸出喉外；花柱长1.6厘米，柱头2裂。花期4月、10月。

产勐腊、普文，生于海拔550—700米的热带雨林下。

30. 大沙叶属 Pavetta L.

灌木或乔木。叶对生，很少3叶轮生，常具小疣体；托叶在叶柄内，常合生成鞘状。花具梗，无小苞片，排成伞房花序式的聚伞花序，有托叶状的苞片；萼管钟形或陀螺形，萼檐4裂，稀5裂，裂片短或长，脱落或宿存；花冠白色，少有红色，高脚碟形，冠管纤细，喉部被毛或无毛，顶部4裂，裂片旋转排列；雄蕊4，很少5，着生于冠管喉部或稍高些，花丝短或延伸或缺，花药背着，内藏或突出，线形、长圆形或钻形，劲直或开花时旋扭；花盘肿胀；子房2室，花柱纤细，通常长突出，柱头纺锤形或棒形，全缘或2裂，裂片直而粘贴；胚珠每室1，着生于肉质胎座上（胎座着生于隔膜的中部以上或顶部），很少2并生和沉没于其中。浆果球形，肉质，有小核2，背面凸起，腹面凹陷或平；种子与小核同形，种皮膜质，胚乳角质，胚背生，内弯，子叶叶状，胚根向下。

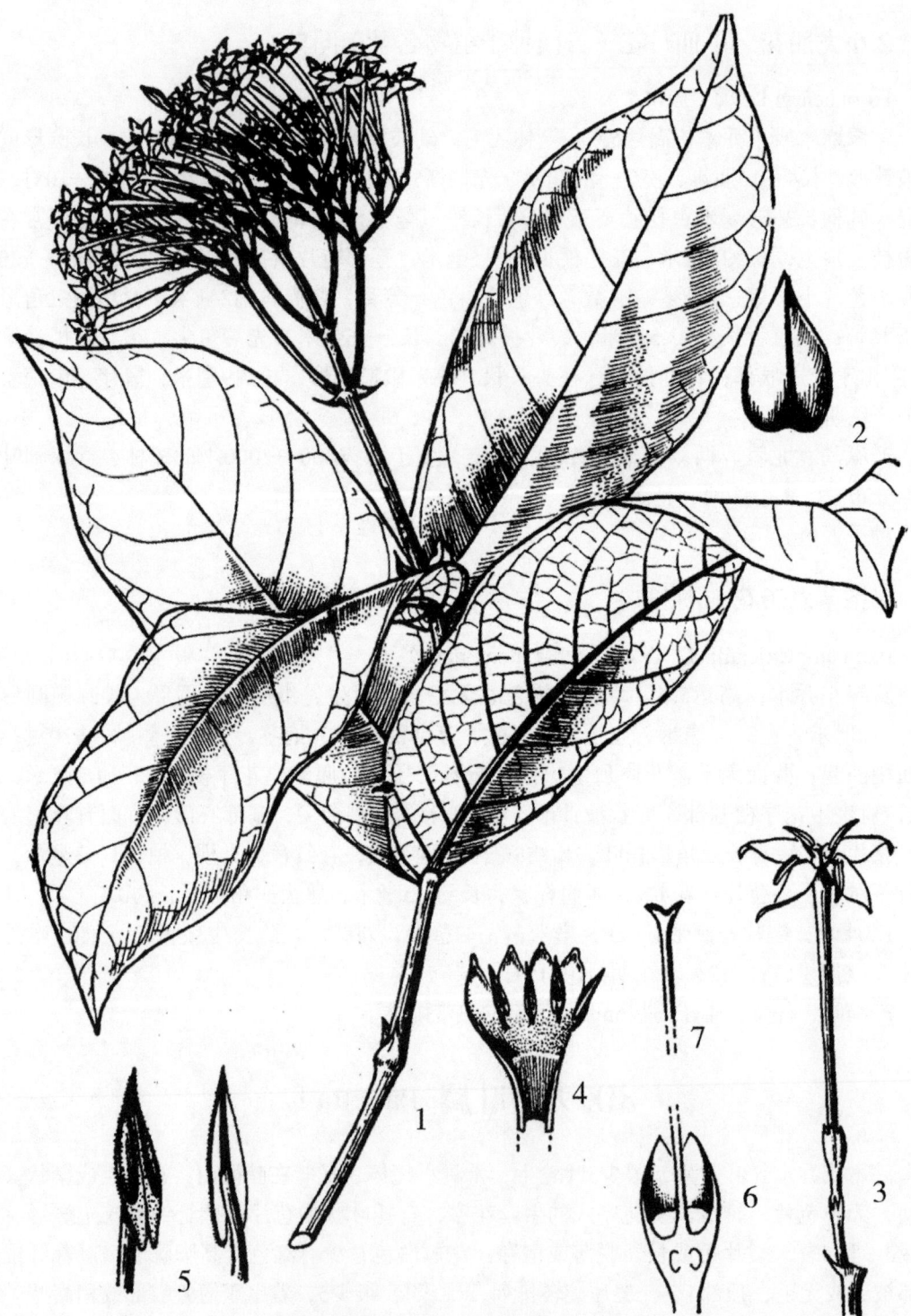

图534 抱茎龙船花 *Ixora amplexicaulis* C. Y. Wu
1.花枝 2.托叶 3.花 4.花冠剖开 5.雄蕊正面和背面观 6.雌蕊纵剖 7.花柱及柱头

本属约400种，广布于非洲南部、亚洲热带地区和澳大利亚北部。我国产6种，分布于西南部至南部。云南有4种。

分 种 检 索 表

1.叶下面密被黄褐色短柔毛，上面无毛或粗糙 ························· 1.糙叶大沙叶 P. scabrifolia
1.叶下面除脉和脉腋被短柔毛外无毛，上面光亮无毛。
  2.花序、花梗、花萼无毛或近无毛 ·················· 2.香港大沙叶 P. hongkongensis
  2.花序、花梗和花萼均密被短柔毛 ······················· 3.多花大沙叶 P. polyantha

1.糙叶大沙叶　图535

Pavetta scabrifolia Bremek.（1934）

小乔木或灌木，高达7米。小枝淡灰色或黑褐色，无毛。叶对生，薄膜质，倒披针形，长圆形至狭椭圆形，长11—21厘米，宽3.5—6.5厘米，先端骤狭具尾尖，基部狭楔形，侧脉7—11对，上面无毛或稍粗糙，下面较密被黄褐色短柔毛，果时两面常满布黑色的菌瘤；叶柄长1—2厘米，密被短柔毛；托叶在叶柄内侧，鞘状，裂片2，短卵状三角形，长5—6毫米，先端骤狭，具芒状尖头，被毛。伞房花序式的聚伞花序生侧枝顶端，此侧枝伸长，因叶常退化而仅具1—2对托叶，或仅在花序基部生一对正常叶；花序梗极短或不存在，花序基部具一对托叶状苞片，各级分枝都有卵形苞片但渐小，小苞片细小或不存在；花序、苞片、花梗和花萼都密被淡黄色短柔毛；花梗长2—3毫米；萼管杯状，萼齿4，短三角形，常不明显，花冠白色；冠管长2—2.3厘米，无毛，裂片4，匙形或倒披针形，长5—6毫米；花药4，线形，长约4毫米，外露；花柱细长，长达4.5厘米，远伸出于花冠喉外，柱头棒头状，不裂。果球形，直径9—10毫米。花期5月。

产勐腊、普洱、西畴、马关，生于海拔800—1300米箐沟疏林中。

2.香港大沙叶　满天星（中国高等植物图鉴）图535

Pavetta hongkongensis Bremek.（1934）

灌木或乔木，高达8米。小枝无毛。叶对生，膜质，椭圆形或长圆形，长8—20厘米，宽3—7厘米，先端渐尖，基部楔形，上面无毛，常有点状菌瘤，下面脉上和脉腋被短柔毛，侧脉5—7对，在下面凸起，叶柄长1—1.5厘米；托叶宽卵状三角形，长约3毫米，外面无毛。花序、花梗和花萼均无毛。花序在侧枝上顶生，尤明显的花序梗，多花，长5—6厘米，径约7厘米；花梗纤细，长3—6毫米；萼管杯形，长约1.5毫米，萼齿4，三角形，长不到1毫米；花冠白色，冠管长15—16毫米，无毛，裂片4，卵形，长4—5毫米，外面无毛，内面基部有疏柔毛；花丝极短，花药线形，长约4毫米，突出于喉外，花柱长达35毫米，柱头棒形，全缘。果球形，直径约6毫米。花期5月。

产景洪、勐腊、元江、西畴、马关，生于海拔600—1300米的石灰岩山常绿阔叶林中或箐沟灌丛。

全株入药，有清热解毒、活血化瘀之效；用于感冒发热、中暑、肝炎、跌打损伤。

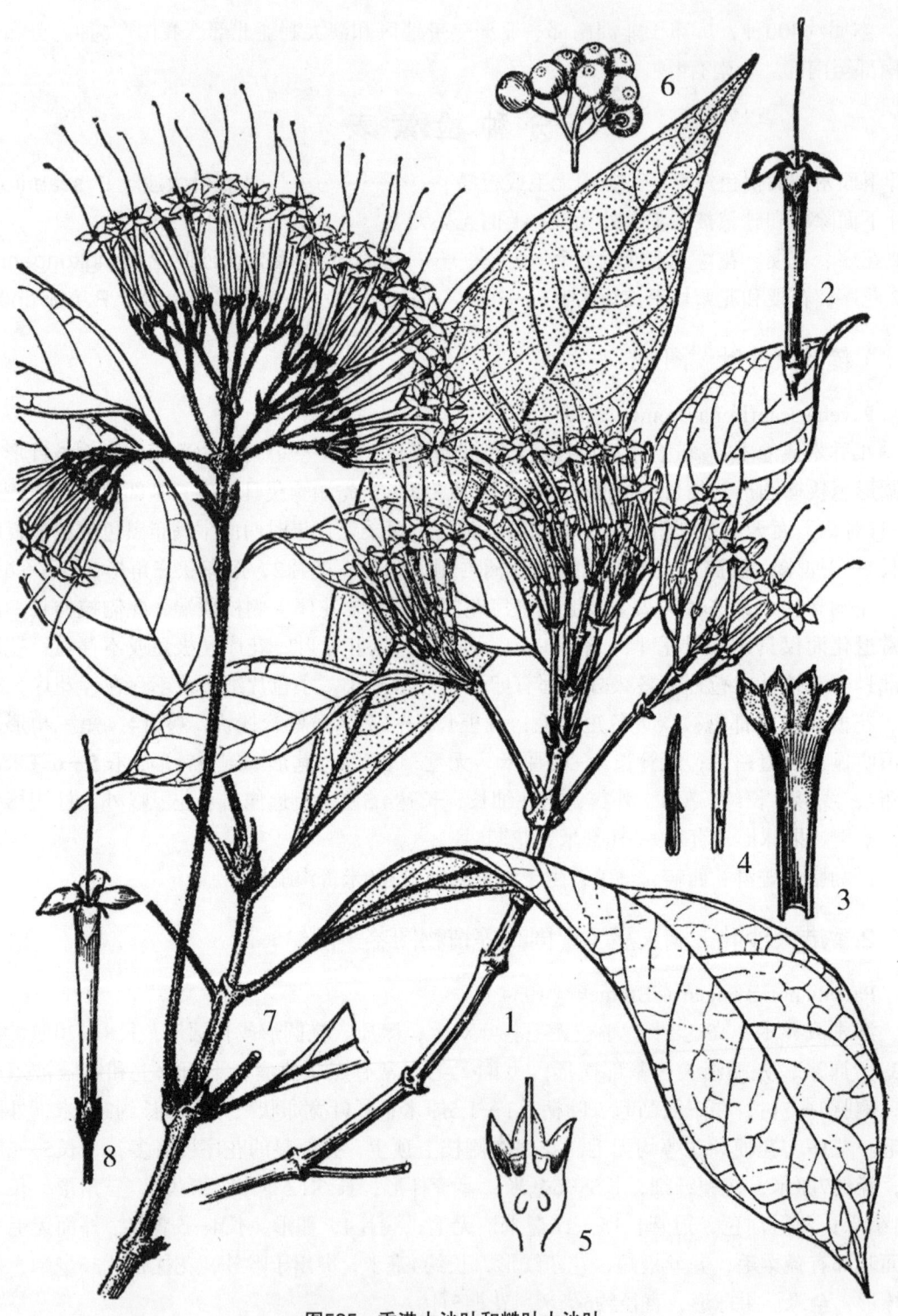

图535 香港大沙叶和糙叶大沙叶

1—6.香港大沙叶 *Pavetta hongkongensis* Bremek.

1.花枝 2.花 3.花冠剖开 4.雄蕊 5.子房纵剖 6.果序

7—8.糙叶大沙叶 *P. scabrifolia* Bremek.

7.花枝 8.花

3.多花大沙叶 图536

Pavetta polyantha R. Br.（1828. nom. nud.）Bremek.（1934）

小乔木，高达5米。小枝灰褐色，无毛。叶对生，膜质，椭圆形，长8—12厘米，宽3—3.5厘米，先端长渐尖，基部楔形；叶柄长约5毫米，上面无毛，下面脉上被微柔毛；托叶卵形，近革质，长约5毫米。花序顶生，长4厘米，宽8厘米，无柄，与花梗、萼筒及苞片均被短柔毛；苞片圆形，长约4毫米，宽5—6毫米，各级分枝的苞片卵形，较小，小苞片不明显；花梗长3—4毫米；萼筒杯状，萼檐三角形；花冠白色，冠管长1.3厘米，无毛，裂片卵形，长约5毫米，展开；花柱长约3厘米，柱头棒状，全缘。花期7月。

产西双版纳、景东、蒙自，生于海拔900—1200米的林下。分布于广西、广东；中南半岛也有。

31. 长柱山丹属 Duperrea Pierre ex Pitard

灌木至小乔木。叶对生，膜质；托叶在叶柄间，基部合生成鞘状。聚伞花序组成顶生和腋生的伞房花序，有时因一边的叶脱落而为与叶对生；萼管倒圆锥形，萼檐5（6）裂，裂片线形，比萼管长数倍；花冠高脚碟形，冠管狭而延长，外面被毛，顶部5裂，裂片卵形或倒卵形，花蕾时旋转排列；雄蕊5，着生于冠管喉部，花丝缺，花药一半露出喉外，基部2裂；花盘环形，肿胀；子房2室，每室有胚珠1，着生于盾形的胎座上，花柱伸出，柱头不分裂。浆果肉质，近球形，2室，室间有浅槽；种子每室1，腹面内凹，有角质的胚乳，胚小，子叶卵形，胚根向下。

本属2种，分布于印度、中南半岛和我国西南部、南部。我国产1种，云南也有。

长柱山丹 图536

Duperrea pavettaefolia（Kurz）Pitard（1924）

Mussaenda pavettaefolia Kurz（1877）

直立灌木至小乔木，高达6米。小枝稍扁，被淡黄色、紧贴的短粗毛。叶长圆形、椭圆形或长圆状披针形至倒披针形，长7—20（25）厘米，宽3—7厘米，先端长渐尖或短渐尖，基部楔形，上面无毛或近无毛，下面有乳突状微柔毛、脉上密被柔毛；侧脉7—12对，在下面凸起；叶柄长3—6毫米，被紧贴的短粗毛；托叶膜质，卵状长圆形，长达10毫米，先端芒尖，下面被贴生的短粗毛。花序为3—4次分叉的聚伞花序，长5—7厘米，径4—8厘米，密被锈黄色伸展的短粗毛；花序梗长仅3—8毫米；苞片线形，被毛；花梗长3—5毫米，被毛；萼管长约2毫米，疏被锈黄色、紧贴的短粗毛，萼檐稍扩大，裂片线形，展开，长4—5毫米，外面被毛，里面无毛，先端渐尖；花冠白色，外面密被锈黄色、紧贴的短粗毛；冠管细长，筒状，长16—18毫米，裂片卵形，广椭圆形，长4—5毫米，先端凸尖；花药线状长圆形，长约3毫米，药隔稍凸出；花柱细长，长约3厘米，中部被疏毛，柱头粗大，短纺锤形，长达3毫米，粗约2毫米，露于花冠之外。浆果近球形，略扁，长7—10毫米，直径10—12毫米，顶部有环状的宿存萼檐；种子2，半球形，腹面内凹。花期6—7月；10月果成熟。

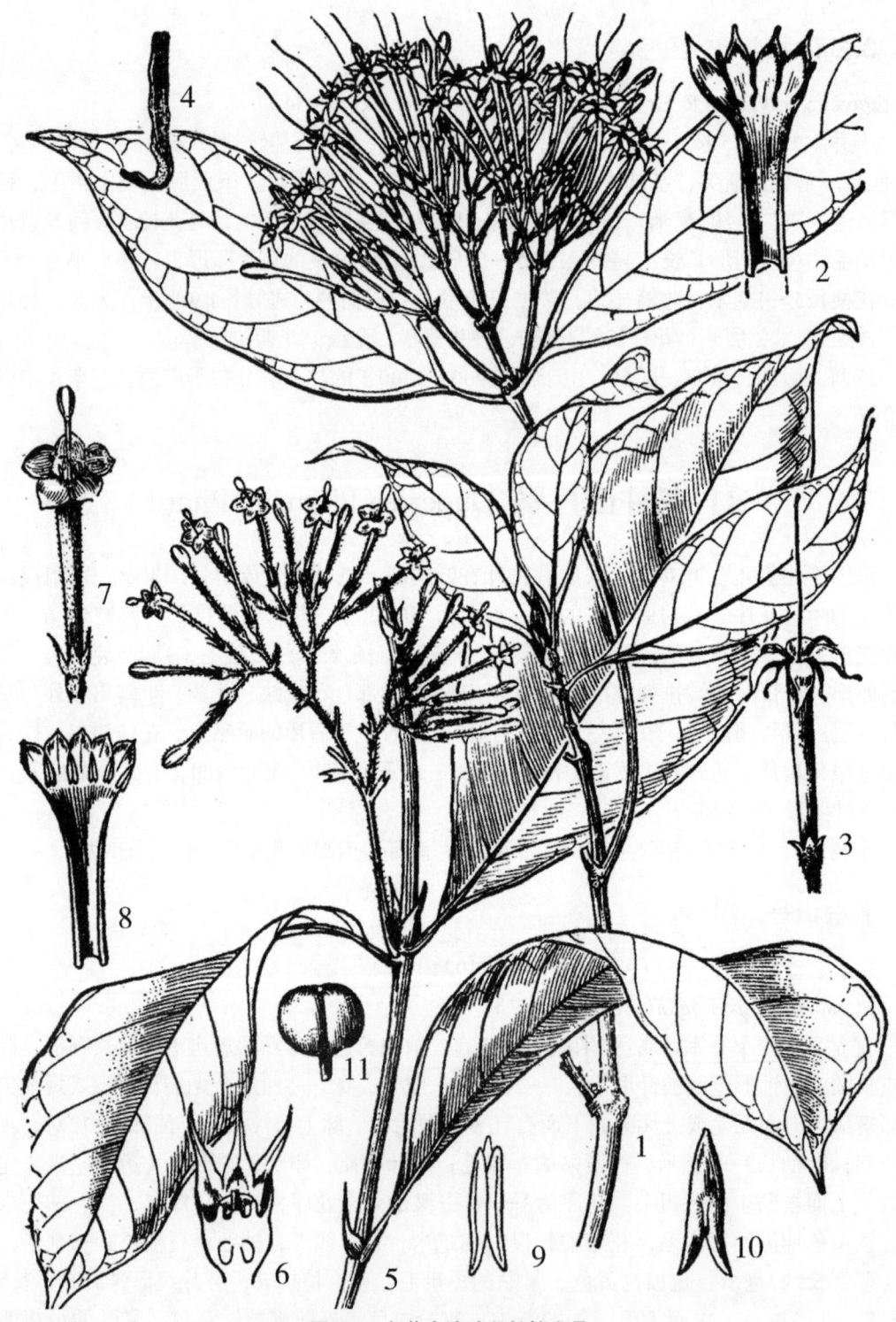

图536 多花大沙叶和长柱山丹

1—4.多花大沙叶 *Pavetta polyantha* R. Br. ex Bremek.

1.花枝 2.花冠剖开 3.花 4.花药

5—11.长柱山丹 *Duperrea pavettaefolia* (Kurz) Pitard

5.花枝 6.子房纵剖 7.花 8.花冠剖开 9.雄蕊正面 10.雄蕊背面 11.果实

产勐海、勐腊、屏边、河口、西畴、麻栗坡、富宁，生于海拔200—1000米的热带雨林、常绿阔叶林和湿地疏林中。分布于广西、海南；缅甸、老挝、泰国、柬埔寨、越南也有。

种子繁殖。种子洗净阴干收藏于布袋，春播。

32. 弯管花属 Chassalia Comm. ex Poir.

灌木或小乔木。叶对生或3叶轮生，具柄；托叶在叶柄间，全缘或2裂，分离或合生成一鞘。花排成各式的聚伞花序；萼管卵形、近球形或倒卵形，顶部截平或5齿裂，裂片急尖或钝；花冠管延长，圆筒形，常弯曲，喉部无毛或有髯毛，顶部5裂，裂片稍短，镊合状排列；雄蕊5、着生于冠管内，花丝短或缺，花药背着，线形，内藏或突出；花盘环形；子房2室、每室有基生、直立的胚珠1，花柱纤细，有分枝2。果为核果，稍肉质，有小核2，小核半球形，背面平滑，腹面凹陷；种子圆形，呈压扁状，背面凸起，腹面凹陷，胚乳角质，胚根圆柱形，向下。

本属约42种，广布于热带亚洲和非洲。我国有1种，产西南部和南部；云南也有。

弯管花　图537

Chassalia curviflora Thwait.（1859）

直立小灌木，高达2米，无毛。叶膜质，长圆状椭圆形或倒披针形，长10—20厘米，宽2.5—7厘米，先端渐尖或长渐尖，基部楔形；侧脉8—10对；叶柄长1—4厘米；托叶宿存，近革质，宽卵形或三角形，长约4毫米。花序顶生，长3—7厘米，常呈紫红色；苞片小，披针形；花无梗或近无梗，三型；花药外露而柱头内藏，柱头外伸而花药内藏或二者皆内藏；萼管倒卵形，长1—1.5毫米；萼裂片5，极小，长不及0.5毫米，先端急尖；花冠管弯曲，长10—15毫米，内外均无毛，裂片4—5，卵状三角形，长约2毫米，顶部肿胀，具浅槽，向内弯；花丝长2—3毫米，花药长约2.5毫米，基部稍叉开；花柱无毛。果多少肉质，扁球形，长6—7毫米，平滑或在小核间有浅槽；小核脆壳质，有种子1。花期4—5月。

产蒙自、河口等地，生于海拔180—830（1640）米的雨林、季雨林或次生林内。分布于广西、广东、云南和西藏。

种子繁殖。

33. 鱼骨木属 Canthium L.

灌木或乔木，有刺或无刺。叶对生，具短柄；托叶在叶柄内，三角形，基部合生。花小，腋生，簇生或排成伞房花序式的聚伞花序；萼管短，倒圆锥形或半球形，萼檐极短，顶部截平或4—5浅裂，常脱落；花冠管短或稍延长，瓮形、近国形或漏斗形，里面常有一环倒生的毛，顶部4—5裂，裂片卵状三角形，镊合状排列，开放后外弯；雄蕊与花冠裂片同数，着生于冠管喉部，花丝短或缺，花药近基部背着；花盘环状；子房2室，每室有倒垂的胚珠1，花柱粗厚，内藏或突出，柱头全缘或2裂。核果近球形，有时孪生，或因其中1心

图537 弯管花和染木树

1—3.弯管花 *Chassalia curviflora* Thwait.

1.花枝 2.花 3.果实

4—6.染木树 *Saprosma ternatum* Hook. f.

4.果枝 5.花 6.雌蕊纵剖

皮的发育受抑制而呈肾形；小核1—2，骨质或脆壳质；种子长椭圆形、圆柱形或平凸形，种皮膜质，胚乳肉质，胚根向上。

本属200种，广布于亚洲、非洲和大洋洲的热带地区。我国产5种，云南有4种。

分 种 检 索 表

1.植株无刺；核果稍呈压扁状。
  2.叶革质，卵形、椭圆形至卵状披针形，长4—10厘米，宽1.5—4厘米；聚伞花序梗极短或不存在，核果长8—10毫米，直径6—8毫米 ……………………… 1.鱼骨木 C. dicoccum
  2.叶纸质，卵状长圆形，长9—13厘米，宽4.5—6.5厘米，聚伞花序梗明显，长5—10毫米；核果长10—15（20）毫米，直径9—15毫米 ………………2.大叶鱼骨木 C. simile
1.植株有刺；核果卵形、近球形。
  2.刺细长、劲直；叶下面或两面被粗毛；果小 ………………… 3.猪肚木 C. parvifolium
  2.刺粗短，弯钩状；叶下面被柔毛或粗毛；果大 ………………4.大果猪肚木 C. horridum

1.鱼骨木（广东）图538

Canthium dicoccum（Gaertn.）Teysm. et Binnedijk（1866）
Psydrax dicoccum Gaertn.（1788）

无刺乔木，高达15米，全体近无毛。小枝初时呈压扁状或四棱形，后变黑褐色而呈圆柱形。叶革质，椭圆形至卵状披针形，长4—10厘米，宽2.5—4厘米，先端长渐尖或钝急尖，基部楔形，干后两面发亮，黄绿色或茶褐色，边全缘或微波状，稍背卷，侧脉3—5对，两面稍隆起，网脉稀疏；叶柄长3—5毫米；托叶长3—5毫米，基部宽，上部收缩而成急尖或长尖。聚伞花序短于叶，有时被微柔毛；苞片极小或缺；花芳香，梗纤细，长3—10毫米，被微柔毛；萼筒倒圆锥形，长1—1.2毫米；萼檐顶部截平或为不明显的5浅裂；花冠绿色、淡黄色、冠管长约3毫米，喉部有绒毛，顶部5（4）裂，裂片近长圆形，稍较冠管为短，先端急尖，开放后外反；花丝短，花药长圆形，长约1.5毫米；花柱伸出，无毛，柱头全缘而粗厚。核果倒卵形或倒卵状椭圆形，稍扁，多少孪生，长8—10毫米，直径6—8毫米；小核有皱纹。花期8月。

产于云南南部、东南部和东北部，生于海拔540—1400米的疏林或灌丛中。西藏（墨脱）、广西、广东有分布；斯里兰卡、印度、尼泊尔、中南半岛、马来半岛、印度尼西亚、菲律宾、澳大利亚也有。

种子繁殖，但种子不耐久藏。

木材暗红棕色，坚硬而重、纹理密致，适作工业用材或雕刻。

2.大叶鱼骨木 串皮黄（屏边）图538

Canthium simile Merr. et Chun（1934）

常绿乔木，高达24米，无毛，无刺。小枝具白色细小皮孔。叶纸质、卵状长圆形，长9—15厘米，宽4.5—7厘米，先端短渐尖，两面无毛而稍有光泽，侧脉6—8对，在上面平坦，下面微凸起；细脉不明显；叶柄长5—8毫米；托叶卵状三角形，基部宽，上部骤收狭

图538 鱼骨木和大叶鱼骨木

1—5.鱼骨木 *Canthium dicoccum*（Gaertn.）Teysm. et Binnedijk

1.花枝 2.花 3.花冠剖开 4.子房纵剖 5.果实

6—7.大叶鱼骨木 *C. simile* Merr. et Chun

6.果枝 7.花

而急尖，长约5毫米。花序腋生，为不规则伞房花序式的聚伞花序，长约2—3厘米，宽约2.5厘米，花序梗长5—10毫米；苞片微小或缺；花近无梗或具短梗；萼管倒圆锥形，长1—1.5毫米，裂片5、三角形、极短；花冠淡绿色，冠管长约1.5毫米，喉部有倒生髯毛，顶部5裂，裂片宽卵状三角形，先端急尖；花丝极短，花药椭圆形，稍伸出，花柱无毛，伸出；柱头卵形，粗糙。核果倒卵形，背腹压扁状，长10—20毫米，直径9—11（15）毫米，具两条深槽使果呈孪生状，顶端近截平，有杯状萼檐的疤痕，基部钝，小核平凸；果梗长6—10毫米或更长、蜿蜒状。花期3—4月；果翌年花期成熟。

产耿马、盈江、勐海、景洪、勐腊，生于海拔580—1450米的沟谷雨林、山坡疏林中。分布于广西、广东、海南。

种子繁殖。

3.猪肚木　图539

Canthium parvifolium Roxb.（1814）

具刺灌木，高2—3米。小枝圆柱形，被紧贴的土黄色柔毛，刺对生，长3—30毫米，劲直而锐尖。叶对生，纸质，卵形，卵状长圆形或椭圆形，长2—3（5）厘米，两面无毛或在下面沿中脉被疏长毛，叶柄长2—3毫米，微被柔毛；托叶长2—3毫米，被毛，花具短梗或无梗；单生或数花簇生于叶腋；长约8毫米，直径约5毫米，有杯状小苞片承托；萼管倒圆锥形，长1—1.5毫米，萼檐顶部具木明显的波状小齿，花冠白色带黄色，近瓮形，冠管短，长约2毫米，外面无毛，喉部有倒生髯毛，顶部5裂，裂片长圆形，长约3毫米，先端锐尖；花丝短，花药内藏或略突出，花柱突出，长约5毫米，基部被柔毛，柱头榄角形，粗糙。核果卵形，单生或孪生，长15—25毫米，直径10—20（35）毫米，冠以宿存的萼檐；小核1—2，核有明显的小瘤体。花期4—6月。

产勐海、景洪、勐腊、金平、河口，生于海拔650米左右的雨林林缘、疏林或灌丛中。分布于广东、广西、海南；印度、中南半岛、马来群岛也有。

种子繁殖，随采随播。

木材坚硬，纹理密致，适作雕刻材。成熟的果可食。根入药，可以利尿。

4.大果猪肚木

Canthium horridum Blume（1826）

产于云南南部；分布于缅甸、马来半岛、新加坡、印度尼西亚、菲律宾。

34.染木树属　Saprosma Blume

灌木或小乔木，有臭味，枝叶通常无毛。叶对生或3—4叶轮生，膜质至纸质，无柄或具短柄；托叶生于叶柄间，常合生，急尖或3浅裂，脱落。花小，单生、簇生或排成具花序梗的聚伞花序；苞片和小苞片微小，常合生，萼管倒圆锥形，萼檐膨大或钟状，顶部4裂或不等的4—6浅裂，宿存，花冠钟形或漏斗形，冠管喉部有长柔毛，顶部4—5（6）裂，裂片先端钝，花蕾时镊合状排列，有内弯、平坦或具皱纹的边缘；雄蕊与花冠裂片同数，着

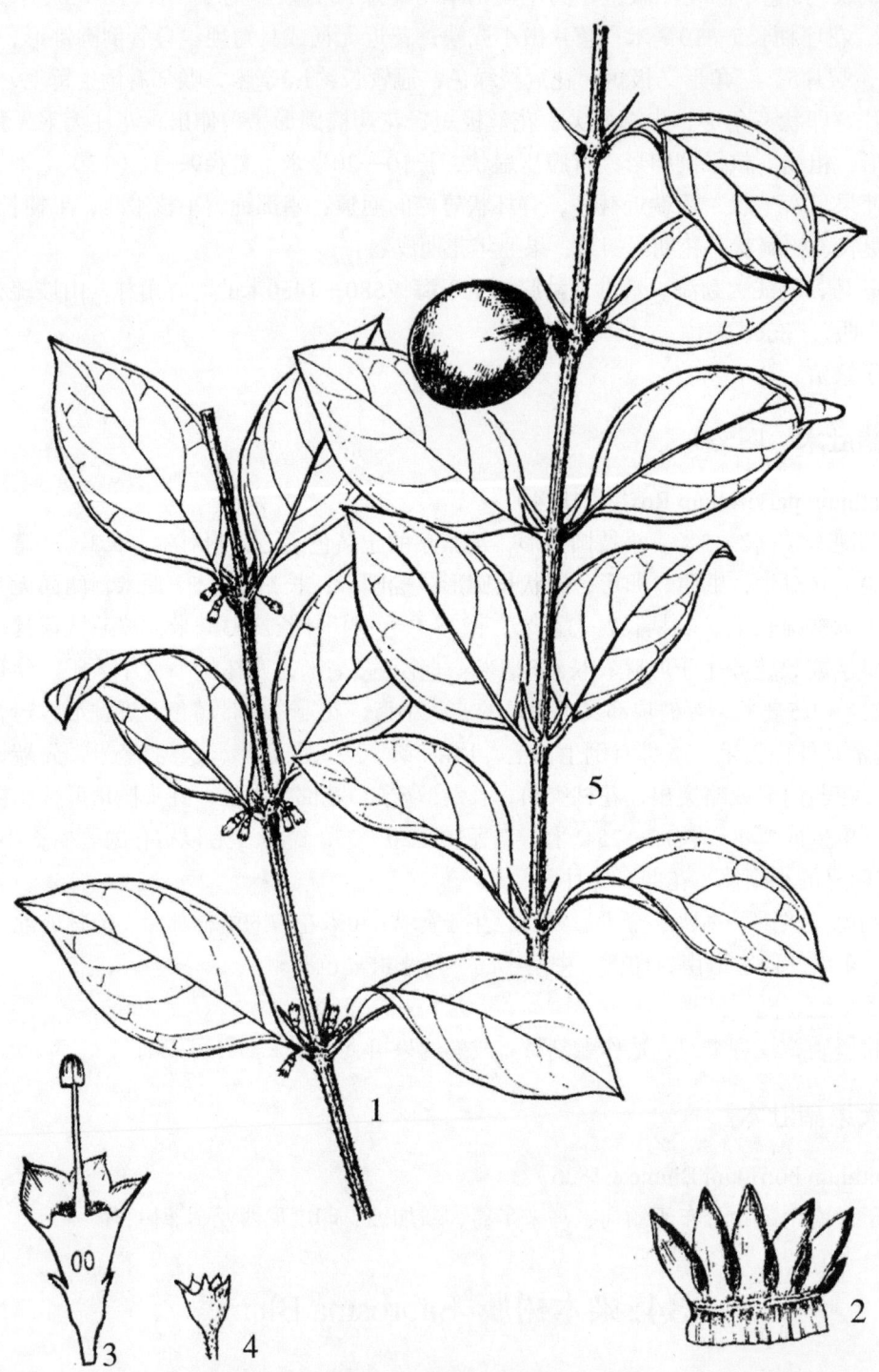

图539 猪肚木 *Canthium parvifolium* Roxb.
1.花枝 2.花冠剖开 3.子房纵剖 4.杯状小苞片 5.果枝

生于冠管喉部，花丝短或缺，花药线形或长圆形；子房2室，每室有基生、直立的胚珠1，花柱线形，柱头2裂。核果小，有小核1—2；种子单生、椭圆形，或2而为平凸形，种皮膜质；子叶小，叶状，胚根向下。

本属约25种，分布于亚洲热带地区。我国产3种，分布于云南、西藏和广东。云南有1种。

染木树　图537

Saprosma ternatum Hook. f.（1873）

Paederia ternata Wall.（1830）

灌木或小乔木，高达6米。小枝有棱，后变平滑而成圆柱形，表皮浅灰色或褐色。叶3叶轮生或对生，纸质，长圆状披针形或长圆状椭圆形，长8—15厘米，宽3—6.5厘米，先端短渐尖，基部宽楔形，两面无毛；侧脉5—8对，两面均凸起；叶柄长5—10毫米；托叶披针形，长10—12毫米，早落，先端撕裂成2—10芒状尖齿。聚伞花序单生或丛生叶腋，疏散，长3—6厘米；花序梗长1—3毫米；苞片和小苞片三角形，长1—2毫米；花梗长2—10毫米；萼管长约2毫米，无毛，萼檐稍扩大，不明显的4—5浅裂；花冠白色，冠管长3—4毫米；外面密被暗褐便的粉状微毛，喉部被柔毛；裂片通常4，椭圆形，长2—3毫米；花丝短或缺，花药长圆形，上约2.5毫米；花柱无毛。浆果近球形，短椭圆形，直径4毫米左右。花期5月。

产澜沧、景洪、勐腊、普洱、屏边、富宁，生于海拔650—1300米的沟谷雨林中。分布于西藏南部、海南；不丹、印度、缅甸、越南、马来半岛也有。

种子繁殖。

233.忍冬科 CAPRIFOLIACEAE

灌木，稀为小乔木或草本，有时为木质藤本。枝条木质松软，有时中空。叶对生，稀轮生，单叶或羽状复叶，通常无托叶。花两性，辐射对称或两侧对称；聚伞花序或轮伞花序组成各种复合花序，或退化为单花；花萼4—5裂；花冠辐状、漏斗形，钟状或筒状，4—5裂，稀2裂，覆瓦状排列，稀镊合状排列；雄蕊4—5，着生于花冠筒上，与花冠裂片互生，花药1—2室，纵裂；子房下位，2—6室，稀8或1室，胚珠每室1至多数，倒生；花柱单一，伸长或短，柱头头状，先端2—5浅裂。果为浆果或核果，稀蒴果。种子呈压扁状、具沟槽或角棱，有时具翅，种皮骨质，胚乳丰富，胚直，通常小或线形。

本科15属，400多种，主要分布于北半球温带地区。我国有12属，200多种，南北均有分布。云南有8属或9属（*Weigela* Thunb.为栽培）约120种。

分属检索表

1.叶为奇数羽状复叶 ···1.接骨木属 Sambucus
1.叶为单叶。
　2.花冠辐射对称，通常辐状，若为钟状或筒状，则花柱极短 ··········· 2.荚蒾属 Viburnum
　2.花冠通常两侧对称，若为辐射对称，则花柱较长。
　　3.2花并生于一梗，两花的萼筒多少合生 ·····························3.忍冬属 Lonicera
　　3.1至数花组成聚伞花序或有时形成圆锥花序。
　　　4.花冠檐部2唇形；核果包藏于盾状苞片内 ·······················4.双盾属 Dipelta
　　　4.花冠檐部4—5等裂；瘦果顶端具宿萼·······················5.六道木属 Abelia

1.接骨木属 Sambucus Linn.

灌木或小乔木，稀为多年生草本。叶对生，奇数羽状复叶；小叶具锯齿或分裂；具托叶与小托叶或无托叶。花小，通常两性，5数，排成顶生的复聚伞花序或圆锥花序；花萼裂片小；花冠辐状，裂片3—5，覆瓦状排列，稀镊合状排列；雄蕊5，着生于花冠管基部，花丝短，直立；子房下位，3—5室，每室有胚珠1，自先端悬垂；花柱短，3—5裂。果为浆果状核果，内有3—5分核；分核软骨质，内有1种子，种子长椭圆形，呈压扁状。

本属约20种，遍布全世界温带和亚热带地区。我国有5种，其中野生4种，引种栽培1种；云南约有3种。

接骨木　图540

Sambucus williamsii Hance（1866）
落叶灌木或小乔木，高达6米。老枝有皮孔，髓心淡黄棕色。奇数羽状复叶；小叶3—11，椭圆形或长圆状披针形，长5—12厘米，宽1.2—7厘米，先端尖至渐尖，基部常不对

图540　接骨木和云南双盾木

1—2.接骨木 *Sambucus williamsii* Hance

1.花枝　2.花外形

3—4.云南双盾 *Dipelta yunnanensis* Franch.

3.果枝　4.果外形

称，边缘具细锯齿，揉碎后有臭味，上而深绿色，初时被疏短毛，后渐变无毛，下面淡绿色，无毛。聚伞圆锥花序顶生，长5—11厘米，宽4—14厘米，无毛；花萼筒杯状，长约1毫米，萼齿三角状披针形，稍短于萼筒；花冠辐状，长约2毫米，裂片5；雄蕊5，约与花冠等长；花柱短，3裂。浆果状核果，近球形，直径3—5毫米，红色或紫黑色；核2—3，卵形至椭圆形，长2.5—3.5毫米，略有皱纹。花期4—5月。果期6—10月。

产滇东北至西北部。生于海拔1100—2400米较湿润的灌丛或林内。吉林、辽宁、河北、山西、陕西、甘肃、江苏、安徽、河南、湖北、湖南、广东、四川有分布。

种子繁殖。

茎皮、根皮及叶供药用，具舒筋活血、生肌长骨、镇痛、止血、清热解毒之功效。主治骨折、跌打损伤、烫伤等。

2. 荚蒾属 Viburnum Linn.

灌木或小乔木，常被簇状毛；冬芽裸露或具鳞片。单叶，对生，稀轮生，托叶微小或脱落，全缘或有齿，有时掌状分裂。花小，排成顶生的圆锥花序或伞形花序式的聚伞花序，有时具大型白色不孕性边花；萼有5微齿，花冠辐射状或钟状，稀管状，裂片5，开展；雄蕊5；子房下位，1室，有胚珠1至多数；花柱极短，柱头头状或浅2—3裂。果为核果，有1种子；核常压扁。

本属约200种，分布于温带和亚热带。我国约74种；云南50多种，全省均有分布。

分 种 检 索 表

1.冬芽裸露；果实成熟时由红色转为黑色。
　　2.植株各部及叶下面均被锈色小鳞片 …………………………… 1.鳞斑荚蒾 V. punctatum
　　2.植株各部被簇状毛而无鳞片。
　　　　3.花序有总梗；果核有2背沟和3腹沟 …………………… 2.球花荚蒾 V. glomeratum
　　　　3.花序无总梗；果核有1背沟和1深腹沟 ………………… 3.心叶荚蒾 V. cordifolium
1.冬芽有1—2对（稀3或多数）鳞片。
　　4.果核球形，有1极细的腹沟；果成熟时由蓝黑色转为黑色；羽状叶脉 …………………
　　　　………………………………………………………… 4.蓝黑果荚蒾 V. atrocyaneum
　　4.果核压扁状，有背腹沟。
　　　　5.叶不分裂。
　　　　　　6.圈锥花序由总状花序组成，或因圆锥花序的主轴缩短而近似伞房式。
　　　　　　　　7.花冠漏斗形，裂片短于筒 ……………………… 5.横脉荚蒾 V. trabeculosum
　　　　　　　　7.花冠辐射状。
　　　　　　　　　　8.圆锥花序尖塔形。
　　　　　　　　　　　　9.叶革质；果核卵状球形 ……………… 6.珊瑚树 V. odoratissimum
　　　　　　　　　　　　9.叶厚纸质；果核压扁状 ……………… 7.腾冲荚蒾 V. tengyuehense
　　　　　　　　　　8.圆锥花序因主轴不充分伸长而呈圆顶，近似伞房式 ……………………………

·· 8.伞房荚蒾 V. corymbiflorum

　6.圆锥花序由聚伞花序组成或为复聚伞花序。

　　10.花序为复聚伞花序。

　　　11.叶的侧脉在近缘处网结而不直达齿端；花序生于有1至多对叶的小枝顶。

　　　　12.冬芽有1对鳞片。

　　　　　13.花冠钟状，裂片短而直立；叶上面被蜡质 ······ 9.水红木 V. cylindricum

　　　　　13.花冠辐射状。

　　　　　　14.叶通常3枚轮生；托叶2；花序不具序梗 ······ 10.三叶荚蒾 V. ternatum

　　　　　　14.叶对生；托叶缺或早落；花序具总梗。

　　　　　　　15.叶下面被短柔毛或仅脉上有毛；萼筒无毛。

　　　　　　　　16.叶上面仅中脉疏被短柔毛，无凸起细点，下面无腺点 ············

　　　　　　　　·· 11.光果荚蒾 V. leiocarpum

　　　　　　　　16.叶上面全被簇状短柔毛，有凸起细点，下面有腺点 ············

　　　　　　　　·············11a.斑点光果荚蒾 V. leiocarpum var. punctatum

　　　　　　　15.叶下面被簇生厚绒毛；萼筒被簇生长柔毛 ············

　　　　　　　·· 12.厚绒荚蒾 V. inopinatum

　　　　12.冬芽有2对鳞片。

　　　　　17.花冠外无毛；萼筒有毛和微细腺点 ············13.桦叶荚蒾 V. betulifolium

　　　　　17.花冠外面被密或疏的簇状短毛。

　　　　　　18.花冠裂片比筒长；雄蕊与花冠等长或略高出；果核长6—7.5毫米；叶

　　　　　　　先端短尖 ···14.南方荚蒾 V. fordiae

　　　　　　18.花冠裂片与筒近等长；雄蕊短于花冠；果核长4—6毫米；叶先端短尾

　　　　　　　尖 ·· 15.西域荚蒾 V. mullaha

　　　11.叶的侧脉全部或至少部分直达齿端；花序生于有1对叶的侧生短枝顶；幼枝、

　　　　叶柄、花序均被簇状污黄色绒毛 ···············16.宽叶荚蒾 V. amplifolium

　　10.花序为由聚伞花序组成的尖塔形圆锥花序 ········ 17.塔序荚蒾 V. pyramidatum

　5.叶掌状3—5裂·· 18.甘肃荚蒾 V. kansuense

1.鳞斑荚蒾　图541

Viburnum punctatum Buch.-Ham. ex D. Don（1825）

小乔木，高达10米。幼枝密被锈色鳞片。叶革质，椭圆状披针形至披针形，长5—13厘米，宽3—6厘米，先端骤尖，基部楔形，上面光滑，下面有锈色鳞片；侧脉5—7对，于近叶缘处网结。复聚伞花序伞形状，直径7—10厘米，具锈色鳞片：第一级辐射枝4—5，花芳香；花萼和花冠均被鳞片，萼筒长约1.5毫米；花冠白色，辐射状，直径约4毫米；雄蕊5，与花冠近等长。果椭圆形，长约10毫米，先红后黑；核扁，有2浅背沟，3腹沟。花期5—6月。果期7—9月。

产昆明、富民、禄丰、易门、双柏、漾濞、景东、澜沧、蒙自、富宁，生于海拔800—1700米的林下、阴湿沟谷。分布于贵州、四川；尼泊尔至印度也有。

图541 伞房荚蒾和鳞斑荚蒾

1—2.伞房荚蒾 *Viburnum corymbiflorum* P. S. Hsu et S. C. Hsu

1.花枝 2.花冠展开

3—4.鳞斑荚蒾 *Viburnum punctatum* Buch.-Ham. ex D. Don.

3.花枝 4.花外形

2.球花荚蒾　图542

Viburnum glomeratum Maxim.（1880）

Viburnum veitchii C. H. Wright（1903）

灌木，高达4米。幼枝有星状毛；冬芽无鳞片。叶卵形至卵状椭圆形，稀宽卵形，长4—12厘米，宽2—6厘米，先端钝或稍尖，基部宽楔形或近圆形，边缘有细齿，上面疏生，下面密生星状毛；侧脉5—7对，延伸至齿端，上面凹陷，下面凸起；叶柄长1—2厘米。复伞形花序，直径3—6厘米；花序梗长1—2.5厘米，第一级辐射枝4—9；萼筒长约2.5毫米，被星状毛；萼齿5，卵形，长1—2毫米；花冠白色，辐射状，长3—4毫米，冠筒长1—1.5毫米，裂片5，卵圆形，与筒部等长；雄蕊5，着生花冠筒近基部，稍长于花冠。果椭圆形，长5—7（9）毫米，先红后黑；核扁，具2浅背沟和3浅腹沟。花期4—5月。果期6—8月。

产丽江、维西、香格里拉，生于海拔2000—2700米的山坡林下或水沟边。分布于陕西、甘肃、宁夏、河南、湖北、四川；缅甸也有。

喜温凉湿润生境，用种子、分株或扦插繁殖均可。

3.心叶荚蒾　图542

Viburnum cordifolium Wall. ex DC.

灌木或小乔木，高达6米。幼枝具鳞片状短簇毛，老枝无毛。叶卵形至宽卵形，稀长圆形，长5—12厘米，宽3—11厘米，先端渐尖，稀圆钝，基部心形或圆形，边缘具钝锯齿，两面均被灰白色星状鳞片，下面沿叶脉毛被密集。聚伞花序顶生或腋生，无序梗，直径5—15厘米，第一级辐射枝5—7，花生于第二、三级辐射枝上，无大型不育边花；花萼筒状钟形，长1.5毫米，裂片5，卵形；花冠白色，辐射状，径10—12毫米，裂片5，卵状长圆形，大小不相等，其长度通常为花冠筒的2倍；雄蕊5，着生花冠基部；花柱极短，柱头3裂。果卵状圆形，长约8毫米，由红变黑；核扁，有背腹沟各1。花期4—5月。果期7—8月。

产漾濞、丽江、维西、香格里拉、贡山、绥江，生于海拔2800—3400米林缘或灌丛中。分布于广西、四川、西藏；尼泊尔、印度、不丹、印度、缅甸、越南北部也有。

4.蓝黑果荚蒾

Viburnum atrocyaneum C. B. Clarke（1882）

Viburnum calvum Rehd.（1912）

产滇西北、滇中、南至镇康，东至蒙自，生于海拔1900—3200米林下或灌丛中。分布于贵州、四川、西藏；印度北部、不丹、缅甸、泰国也有。

5.横脉荚蒾

Viburnum trabeculosum C. Y. Wu（1979）

产金平、绿春，生于海拔2000—2400米的山坡常绿阔叶林下。

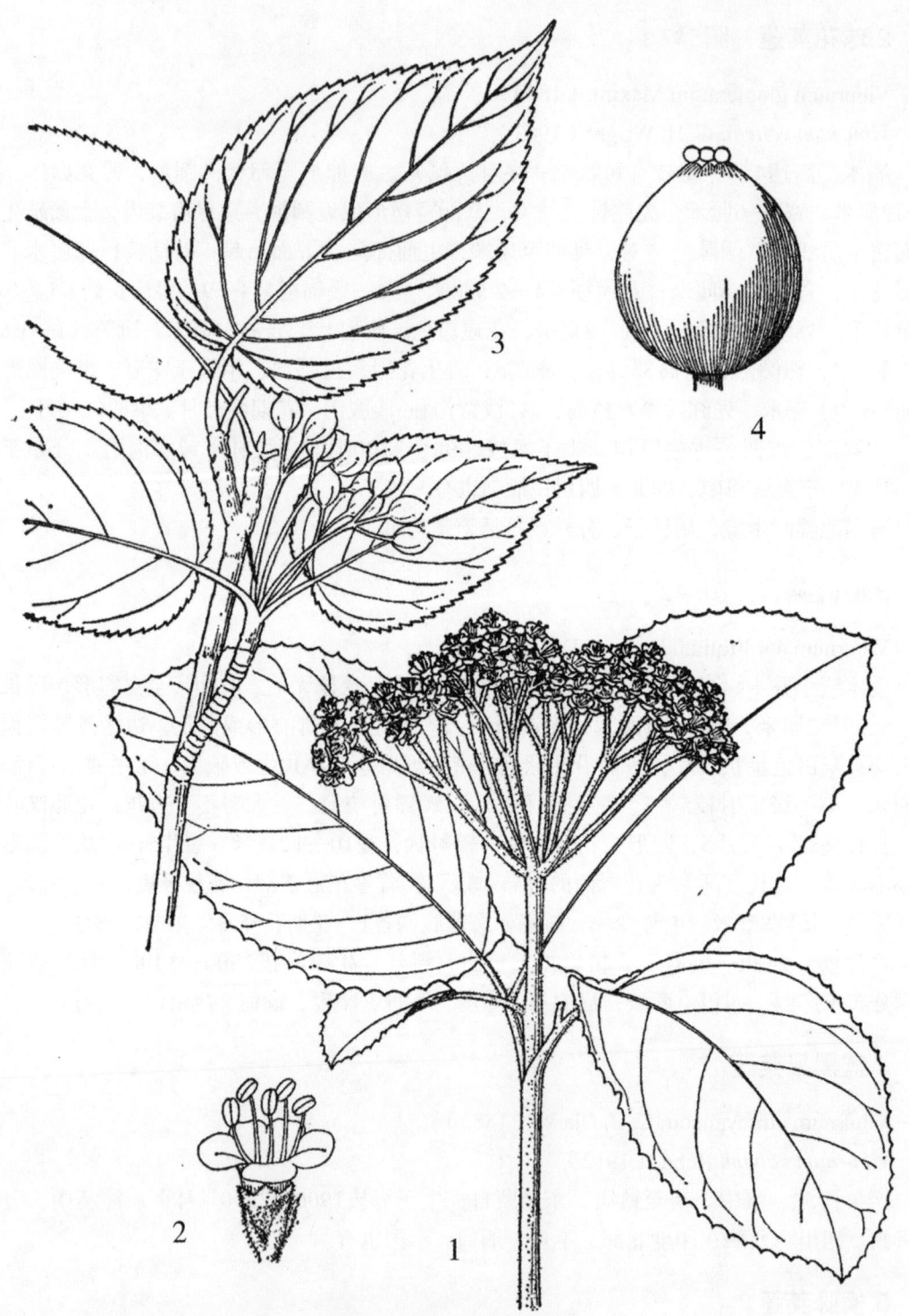

图542　球花荚蒾和心叶荚蒾

1—2.球花荚蒾 *Viburnum glomeratum* Maxim.
1.花枝　2.花外形

3—4.心叶荚蒾 *Viburnum cordifolium* Wall.ex DC.
3.果枝　4.果外形

6.珊瑚树　图543

Viburnum odoratissimum Ker.（1820）

常绿灌木或小乔木，高达10米；树皮赤色或灰褐色。小枝无毛或微被黄褐色簇状毛。叶革质，椭圆形至椭圆状长圆形，稀倒卵形或圆形，长7—18厘米，宽4—8厘米，先端急尖或钝，基部宽楔形，全缘或有疏齿，上面深绿色，光亮，下面淡绿色，两面无毛或有时下面脉腋有束毛；侧脉5—6对，近叶缘处网结；叶柄长1—2厘米，无毛或被毛。圆锥花序顶生，长（4）6—12厘米，无毛或散生束毛；萼筒状钟形，长2—2.5毫米，裂片宽三角形；花冠白色或淡黄色，辐射状；直径约7毫米，裂片卵圆形，反折，长约3毫米。果卵状椭圆形，成熟时由红变黑色，长约8毫米，宽5—6毫米；核椭圆形，长约7毫米，有背、腹沟各1。花期4—5月；果期7—9月。

产滇东至东南部，生于海拔560—1000米的山坡林缘及灌丛。分布于湖北、湖南、江西、福建、台湾、广东、广西、贵州；印度尼西亚、菲律宾、越南、马来西亚和印度东部也有。

嫩叶、枝及树皮、根药用，土治感冒、风湿、跌打肿痛、刀伤、蛇伤、作兽药可治牛、猪感冒、风湿。

7.腾冲荚蒾　图543

Viburnum tengyuehense（W. W. Smith）P. S. Hsu（1966）

Viburnum brachybotryum Hemsl. var. *tengyuehense* W. W. Smith（1915）

灌木或小乔木，高达7米。小枝黄白色，簇生绒毛。叶纸质，椭圆形、卵状长圆形或倒卵状长圆形，长7—11厘米，宽2.5—5厘米，先端渐尖，基部圆形或宽楔形，边缘具尖锯齿，上面暗绿色，无毛或近无毛，下面白绿色，在脉腋内有黄色柔毛，侧脉5—6对，于近叶缘处网结；叶柄长1—2厘米，被簇状柔毛。圆锥花序顶生，长2.5—3厘米，宽3—3.5厘米，被黄色簇状绒毛；花序梗长1.5—2厘米；花萼裂片三角形，长约0.7毫米；花冠白色，辐射状，直径约4.5毫米，裂片卵圆形，长约2毫米，宽1.8毫米。果红色，椭圆形，长约7毫米；核压扁，具1不明显的背沟和1明显的腹沟。花期4—6月。果期7—8月。

产双柏、巍山、漾濞、腾冲、瑞丽、屏边，生于海拔1000—1450米的林下。

8.伞房荚蒾　图541

Viburnum corymbiflorum P. S. Hsu et S. C. Hsu（1966）

小乔木，高达5米。小枝黄白色，平滑。叶纸质，长圆形，长6—10厘米，宽3—4厘米，先端骤渐尖，基部圆形或宽楔形，边缘具少数尖齿，上面深绿色，光亮，下面绿白色，两面均无毛，侧脉4—5对，于近叶缘处网结；叶柄长1厘米。伞房状圆锥花序，顶生，长3—4厘米，宽4—5.5厘米，无毛或被簇状柔毛；花序梗长2—4.5厘米；花萼裂片椭圆状卵形，长约1毫米；花冠白色，辐射状，直径约8毫米，裂片长圆形，长约3.5毫米；雄蕊5，较花冠短，长约1.5毫米。果红色，椭圆状球形，长8毫米，宽5—6毫米；核倒卵状球形，长6毫米，具1明显的股沟。花期5—6月。果期7—9月。

图543　珊瑚树和腾冲荚蒾

1—3.珊瑚树 *Viburnum odoratissimum* Ker.

1.花枝　2.花外形　3.果外形

4—5.腾冲荚蒾 *Viburnum tengyuehense*（W. W. Smith）P. S. Hsu

4.果枝　5.果外形

产镇雄、广南，生于海拔1500—1800米的林下。浙江、福建、江西、湖南、广东、广西、四川、贵州有分布。

9.水红木　图544

Viburnum cylindricum Buch.-Ham. ex D. Don（1825）

常绿灌木至小乔木，高达7米。小枝红色或灰褐色，无毛或初时被短柔毛；冬芽具1对鳞片，极少裸露。叶革质，椭圆形至卵状长圆形，长5—15厘米，宽2—7厘米，先端短尖或渐尖，基部楔形，边全缘或上部疏生浅齿，上面暗绿色，被灰白色蜡质，下面色浅，散生细小腺点，近基部两侧各有1至数腺体；侧脉3—5对，弧形，于近叶缘处网结；叶柄长1—3.5厘米，无毛或被短柔毛。复聚伞花序伞形状，直径4—10厘米；花序梗长1—6厘米；第一级辐射枝通常7，花通常生于第三级辐射枝上；萼筒长约1.5毫米，具细小腺点；萼齿不明显；花冠筒状钟形，白色或带粉红色，长4—6毫米，裂片5，卵圆形，直立，长约1毫米；雄蕊5，伸出花冠。果卵状球形，长约5毫米，先红后紫黑色；核扁，具1腹沟和2背沟。花期6—8月；果期10—12月。

产滇中、滇西及西北和南部，生于海拔1100—2900米的阳坡疏林或灌丛中，常与栎类及漆树类植物混生。陕西、甘肃、湖南、湖北、广东、广西、四川、贵州、西藏有分布；印度、尼泊尔、缅甸、泰国和中南半岛也有。

叶、树皮、花和根供药用。叶和树皮能清热解毒，外用洗脓疮；花能润肺止咳；根治风湿跌打、筋骨酸痛。树皮和果实可提制栲胶；种子可榨油，供制皂用。

10.三叶荚蒾　图544

Viburnum ternatum Rehd.（1907）

小乔木，高达10米。小枝圆柱形，微被柔毛。叶近革质，通常3叶轮生，椭圆形或倒卵状长圆形，长10—16厘米，宽4—7厘米，先端短尖，基部楔形，边缘中上部具疏尖齿，上面深绿色，沿叶脉被淡黄色柔毛，下面绿白色，沿中脉及侧脉被稀疏长柔毛，其余密被白色簇状柔毛；侧脉5—6对，横脉近于平行，均于上面凹陷，下面凸起；叶柄淡紫红色，长3—4厘米，被短柔毛。果序复伞形状，被短柔毛；第一级辐射枝6—7；无花序梗。果卵状球形，直径约3毫米，红色；核有背腹沟各1。果期8—10月。

产镇雄、盐津，生于海拔1020—1040米的山谷林下。四川西南部、贵州东南部、湖南、湖北有分布。

11.光果荚蒾　图545

Viburnum leiocarpum P. S. Hsu（1966）

灌木或小乔木，高达15米。枝条圆柱形，无毛，树皮有灰褐色皮孔。叶纸质，椭圆形至倒卵状长圆形，长10—18（25）厘米，宽4.5—8（9）厘米，先端短尖，基部狭或钝，全缘，上面深绿色，沿中脉疏被短柔毛，下面色淡，除沿中脉及侧脉被疏柔毛外，其余无毛，基部两侧各具腺体；侧脉5—7对，下面明显突出；叶柄长2.5—5厘米，疏被柔毛。伞形状聚伞花序，直径约9厘米，疏被黄色簇生柔毛；花序梗长1.5—3厘米；第一级辐射枝4—

图544 水红木和三叶荚蒾

1—3.水红木 *Viburnum cylindricum* Buch.-Ham. ex D. Don

1.果枝 2.花外形 3.果

4—5.三叶荚蒾 *Viburnum ternatum* Rehd.

4.花枝 5.果

5，长2—3厘米；花萼裂片三角形；花冠白色，辐射状，直径约3.5毫米，裂片卵状圆形，长约1毫米；雄蕊长长地伸出花冠；果红色，卵状球形，长5—7毫米，直径约5毫米；核扁，有2背沟，3腹沟。花期5—6月。果期7—9月。

产蒙自、屏边、马关、富宁，生于海拔1000—1500米的林下。

11a.斑点光果荚蒾（变种）

var. punctatum P. S. Hsu（1966）

产金平、屏边、绿春、西畴、麻栗坡，生于海拔1000—1600米的林下。

12.厚绒荚蒾　图545

Viburnum inopinatum Craib（1911）

灌木至小乔木，高达10米。幼枝密被星状毛。叶近革质，椭圆形至椭圆状披针形，长10—18厘米，宽6—8厘米，先端急尖至渐尖，下面密被厚绒状簇状毛，基部两侧各有1至数腺体；侧脉5—7对，近叶缘处网结。伞形状聚伞花序，直径达10厘米；第一级辐射枝6—7，被星状毛；萼筒长约1.5毫米，密被长柔毛状簇状毛；花冠白色，辐射状，直径约2.5毫米；雄蕊5，长5—7毫米。果红色，椭圆形，长约5毫米；核扁，有2背沟，3条腹沟。花期4—6月。果期7—10月。

产西双版纳、金平、屏边、西畴、麻栗坡、富宁，生于海拔700—1300米林中或河边灌丛。分布于广西；越南、老挝、泰国、缅甸也有。

13.桦叶荚蒾　图546

Viburnum betulifolium Batal.（1894）

灌木或小乔木，高达10米。小枝紫褐色，幼时被微柔毛，老时变无毛，叶卵形、宽卵形至卵状长圆形或近菱形，长3—8厘米，宽2—6厘米，先端尾尖或渐尖，基部宽楔形，边缘具齿，上面无毛或仅中脉被短柔毛，下面被短伏毛；侧脉4—6对，伸达齿端；叶柄长1—2.5厘米。伞形状聚伞花序，直径5—11厘米，无毛或具星状毛；花序梗长约1厘米；第一级辐射枝通常7；萼筒长约1.5毫米，具腺体或密被星状毛，萼齿小，具缘毛；花冠白色，辐射状，外面无毛或具星状毛，裂片5，卵状圆形，比筒部长；雄蕊5，稍短或稍长于花冠。果近球形，直径约6毫米，红色；核扁，背具2、腹具1浅沟。花期6—7月。果期9—10月。

产滇西北及滇东北，生于海拔1750—2800米的林下或灌丛中。陕西、甘肃、湖北、四川、贵州有分布。

14.南方荚蒾　图546

Viburnum fordiae Hance（1883）

灌木至小乔木，高达4米。幼枝密被星状毛。叶卵形至长圆状卵形，长4—8厘米，宽2.5—5厘米，先端短尖至渐尖，基部宽楔形，边缘通常有锯齿，稀齿不明显，上面无毛或被疏毛，下面毛被较密，近基部两侧各具少数腺体；侧脉5—7对，延伸至齿端；叶柄长5—12毫米，密被星状毛，伞形状聚伞花序，直径4—7厘米，密被星状毛；第一级辐射枝5—

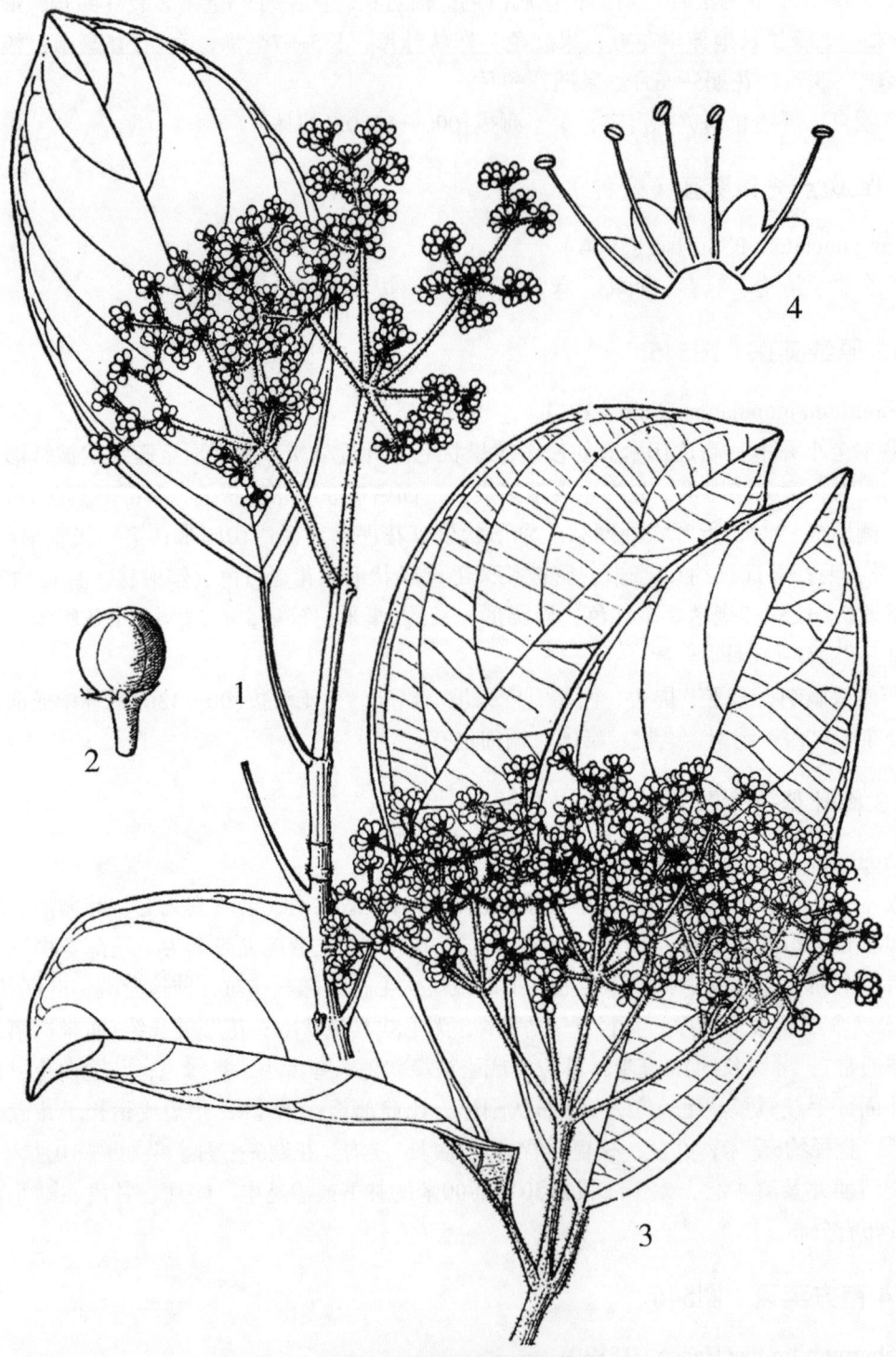

图545　光果荚蒾和厚绒荚蒾

1—2.光果荚蒾 *Viburnum leiocarpum* P. S. Hsu

1.花枝　2.花蕾

3—4.厚绒荚蒾 *Viburnum inopinatum* Craib

3.花枝　4.花冠展开

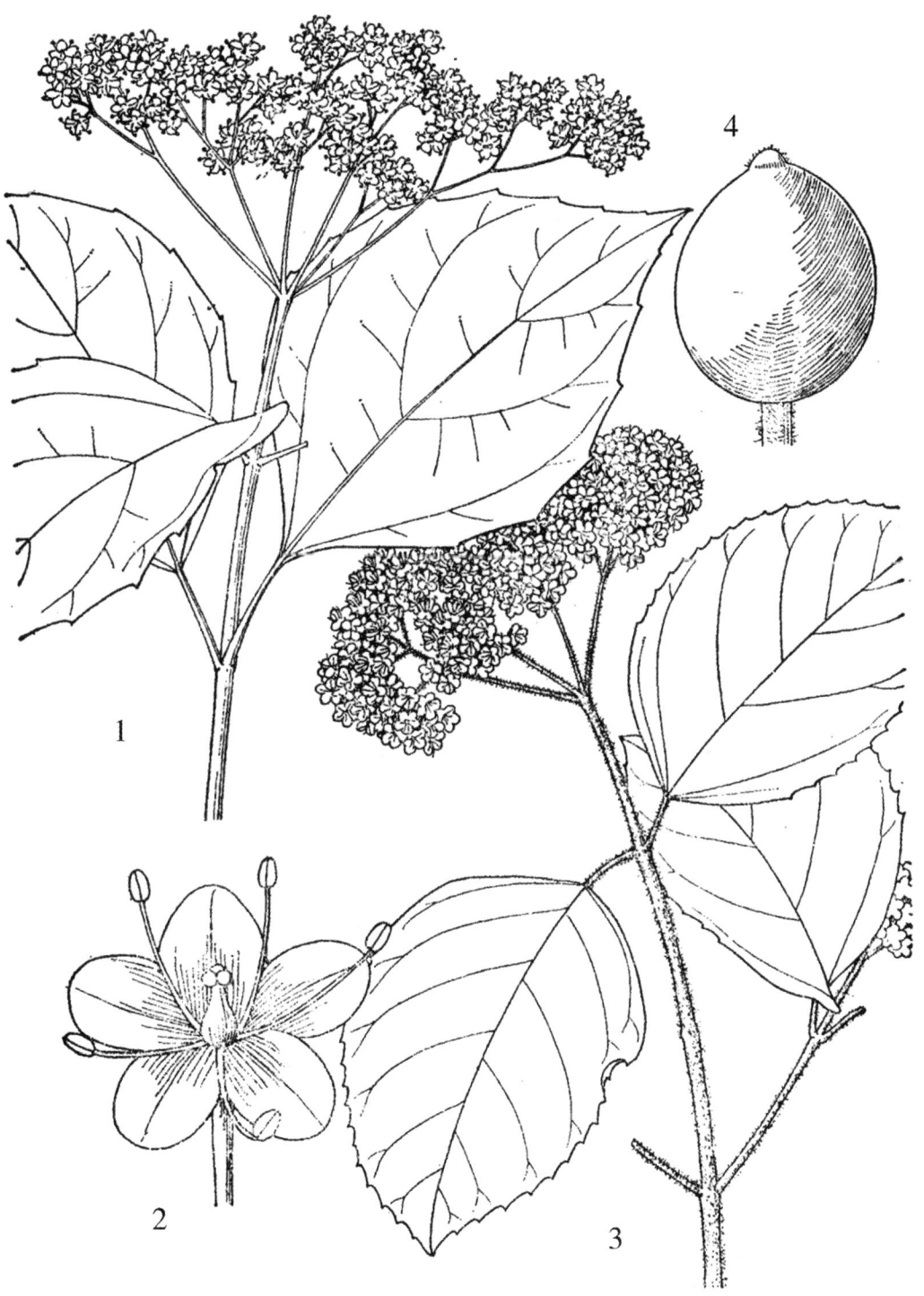

图546 桦叶荚蒾和南方荚蒾

1—2.桦叶荚蒾 *Viburnum betulifolium* Batal.

1.花枝 2.花外形

3—4.南方荚蒾 *Viburnum fordiae* Hance

3.花枝 4.果

7；萼筒长约1毫米，萼齿5，均被星状毛；花冠白色，辐射状，长约2.5毫米，疏被星状毛，裂片5，长圆形，较冠筒长；雄蕊5，与花冠近等长或稍长。果红色，卵状球形，长6—7毫米；核扁，长约6毫米，有1背沟，2腹沟。花期4—5月。果期6—8月。

产富宁，生于海拔700—800米的山坡林下。台湾、福建、安徽、江西、湖南、广东、广西有分布。

15.西域荚蒾　图547

Viburnum mullaha Buch.-Ham. ex D. Don（1825）

灌木或小乔木，高达4米。当年生小枝略四棱形，密被绒毛状簇状短毛，二年生小枝深紫褐色，无毛。叶卵形至卵状披针形，长6—14厘米，宽3—8厘米，先端短尾尖，基部宽楔形至圆形或微心形，边缘疏生锯齿，上面散生分叉毛或仅沿中脉被毛，下面密被绒毛状簇状短毛；侧脉5—8对，直达齿端。伞形状聚伞花序，顶生，直径4—10厘米，密被黄褐色簇状毛；花序梗长1.5—2.5厘米；第一级辐射枝5—7；花萼钟形，长约1.5毫米，萼齿5，三角形，外面密被短簇毛；花冠白色，辐射状，直径约3.5毫米，外面密被短簇毛；雄蕊5，与花冠裂片近等长。果红色；核扁，有背腹沟各1。花期6—8月。果期9—10月。

产贡山，生于海拔2300米的山坡阔叶林中。分布于西藏；印度、印度、尼泊尔也有。

16.宽叶荚蒾　图547

Viburnum amplifolium Rehd.（1908）

灌木或小乔木，高达8米。幼枝密被锈色簇状毛，老时脱落变疏。叶卵形至卵状椭圆形，长7.5—13厘米，宽5—7厘米，先端急尖或渐尖，基部宽楔形，边缘具锯齿，上面深绿色，被贴伏毛，下面色淡，被簇状毛，沿叶脉毛被较密；侧脉5—7对，达齿端；叶柄长1—1.5厘米，密被锈色簇毛。伞形状聚伞花序，生于具1对叶的侧枝顶，径3—6厘米；花序梗纤细，长3—5.5厘米，第一级辐射枝6—7，均密被锈色簇毛；萼筒无毛，裂片狭卵形，疏被簇状毛；花冠白色，辐射状，径约3毫米，裂片卵圆形，长约1毫米；雄蕊5，与花冠近等长。果红色，卵状球形，直径约3毫米；核压扁，有背腹沟各1。花期5—6月。果期7—10月。

产屏边、西畴、马关、蒙自、丽江，生于海拔1100—1700（2000）米的林下或灌丛中。

17.塔序荚蒾　图548

Viburnum pyramidatum Rehd.（1908）

灌木，高达5米。幼枝密被污黄色簇状毛，老时变稀。叶椭圆形，长8—14厘米，宽4—6厘米，先端短尖，基部楔形，边缘具浅齿，上面深绿色，仅沿中脉被稀疏的簇状毛，其余无毛，下面色较淡，密被簇状毛及短绒毛；侧脉4—5对，近叶缘处网结，叶柄长1—1.5厘米。密被黄色柔毛。复聚伞花序组成尖塔形圆锥花序，长5—6厘米，各级花梗均密被黄色绒毛；萼筒长约1毫米，被长柔毛，裂片5，三角形，具缘毛；花冠辐射状，直径3毫米，裂片长圆形，长约2.5毫米；果红色，卵状球形，长4毫米；核扁，有背腹沟各1。花期2—4月。果期5—6月。

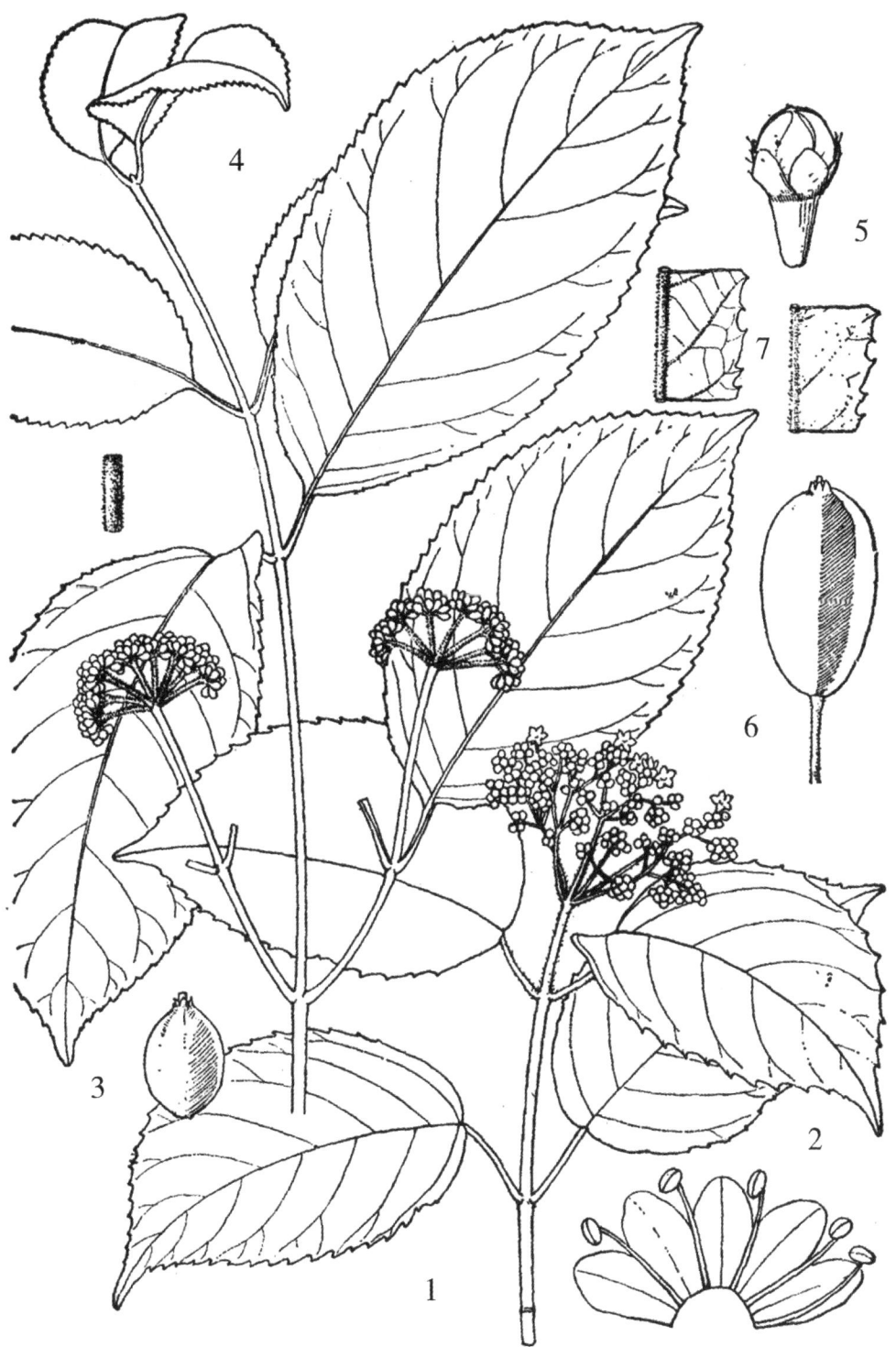

图547　西域荚蒾和宽叶荚蒾

1—3.西域荚蒾 *Viburnum mullaha* Buch.-Ham. ex D. Don

1.花枝　2.花冠展开　3.果

4—7.宽叶荚蒾 *Viburnum amplifolium* Rehd.

4.花枝　5.花蕾　6.果　7.叶背腹面示毛被

产金平、屏边、河口、西畴，生于海拔640—1500米的林下。分布于广西；越南北部也有。

18.甘肃荚蒾　图548

Viburnum kansuense Batal.（1894）

灌木，高达3米。当年生小枝微四棱形，二年生小枝近圆柱形，灰色或灰褐色，散生小皮孔。叶宽卵形、长圆状卵形或倒卵形，长3—6厘米，宽2—5厘米，3—5裂，顶生裂片最大，先端渐尖或急尖，基部平截，近心形或宽楔形，各裂片均具不规则粗齿，上面疏生短柔毛，下面脉上和脉腋被柔毛；掌状3—5脉；叶柄长1—3厘米，无毛。复聚伞花序伞形状，直径约2厘米；花序梗长2.5—3.5厘米；第一级辐射枝5—7，花生于第二或三级辐射枝上；花萼筒长约2毫米，无毛；萼齿近三角形；花冠辐射状，粉红色，裂片近圆形，稍长于筒部；雄蕊比花冠稍长。果椭圆形，长8—10毫米，红色；核扁，具2背沟和3腹沟。花期6—7月。果期8—10月。

产鹤庆、丽江、维西、德钦、香格里拉、泸水，生于海拔2700—3600米的林下或灌丛中。陕西、甘肃、四川、西藏有分布。

3.忍冬属　Lonicera Linn.

攀援或直立灌木，落叶，稀半常绿或常绿；树皮老时呈纵条剥落。冬芽具2至数鳞片。单叶对生，具柄或无柄或基部合生，通常无托叶，全缘。稀分裂，聚伞花序通常有2花，稀3花，腋生或顶生；花5数，稍呈两侧对称，成对着生，每对的下方具苞片2和小苞片4；花萼5裂，裂片短，大小不相等；花冠白色或淡红色，将凋萎时呈黄色，管状漏斗形或钟状，冠管基部常一边膨大呈浅囊状，冠檐偏斜或唇状，很少为整齐的5裂；雄蕊5，着生花冠管部，常伸出花冠外，花盘枕状；子房2—3室，很少5室，每室具多数胚珠。浆果肉质，内有种子3—8，种皮脆骨质，胚乳肉质。

本属约200种，分布于亚洲和美洲。我国有98种，南北各省区均有分布，但以南部为多。云南有约50种。

分 种 检 索 表

1.小枝髓部白色而充实。
　2.花冠筒基部一侧不隆起，也无袋囊；花柱短，柱头藏于花冠内 … **1.越橘忍冬 L.myrtillus**
　2.花冠筒基部一侧多少隆起或有明显的袋囊。
　　3.冬芽有数对至多对外鳞片；小苞片分离或连合，有时缺失，如合生成杯状，则外面不具腺毛。
　　　4.花冠具5枚近相等的裂片，如为唇形，则冬芽具四棱角，内芽鳞在小枝上伸长后不增大，也不反折。
　　　　5.花药藏于花冠筒内或最多达花冠裂片基部。
　　　　　6.幼枝无毛或具2列小卷毛；叶无毛或具纤状缘毛；花冠无毛 ……………………

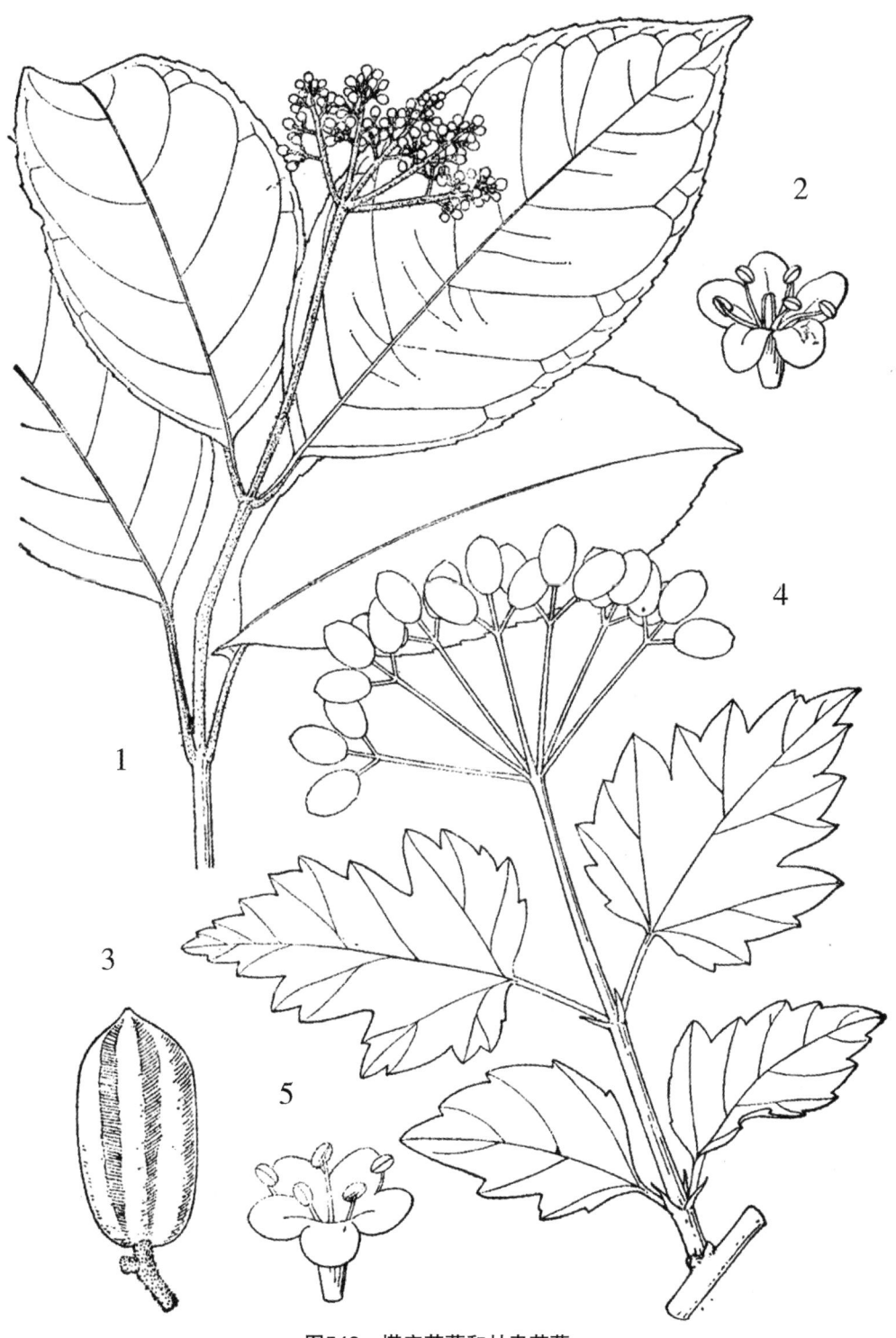

图548 塔序荚蒾和甘肃荚蒾
1—3.塔序荚蒾 *Viburnum pyramidatum* Rehd.
1.花枝 2.花外形 3.果
4—5.甘肃荚蒾 *Viburnum kansuense* Batal.
4.果枝 5.花外形

······························· 2.陇塞忍冬 L. tangutica

　　6.幼枝密生柔毛；叶两面或至少下面密被柔毛；花冠上部具柔毛 ·················
······························· 3.杯萼忍冬 L. inconspicua

　5.花药伸出或明显超过花冠筒，有时超过花冠裂片；小枝和叶无毛 ·················
······························· 4.四川忍冬 L. szechuanica

　4.花冠二唇形，唇瓣一般比筒长；内芽鳞在小枝伸长后增大，且反折，若芽鳞不反
　折，则冬芽具4棱角。
　　7.冬芽不具4棱角，内芽鳞在小枝伸长时增大且反折；小苞片条形，分离；浆果红
　　色；叶两面具腺毛 ························· 5.华西忍冬 L. webbiana
　　7.冬芽具4棱角，内芽鳞在小枝伸长时增大而不反折；小苞片卵形，联合至中部以
　　上，浆果黑色 ·························· 6.柳叶忍冬 L.lanceolata
　3.冬芽具1对外鳞片，如有多对外鳞片，小苞片合生成坛状或杯状，外生多数腺毛。
　　8.花丝极短，着生花冠筒下部；雄蕊完全内藏；花柱长约为花冠筒之半；花冠长7—
　　12毫米；叶缘波状至不规则浅裂 ················· 7.齿叶忍冬 L. setifera
　　8.花丝着生花冠筒上部，雄蕊长超过花冠筒；花冠长1.5—3.5厘米；叶全缘，两面无
　　毛或仅下面脉上被刚刺毛 ··················· 8.刚毛忍冬 L. hispida
1.小枝髓部黑褐色，后变空心。
　9.萼檐5齿，齿宽三角形或披针形，先端急尖 ·········· 9.金银忍冬 L. maackii
　9.萼檐全裂为两瓣或近一侧撕裂，具极短的三角形萼齿 ····· 10.毛花忍冬 L. trichosantha

1.越橘忍冬　图549

Lonicera myrtillus Hook. f. et Thoms.（1858）

灌木，高达3米。小枝紫褐色，通常无毛，稀被柔毛。叶的大小，形状变化较大，通常
倒卵形，长圆状倒卵形或椭圆形，长0.5—1.5厘米，宽0.2—0.3厘米，先端圆，基部楔形，
上面亮绿色，下面淡绿色；网脉明显；叶柄长约0.2厘米。花序梗长2—5毫米，苞片长圆状
披针形，小苞片不同程度联合或分离；相邻2萼筒联合至中部以上，萼齿微小，卵状三角
形；花冠白色或粉红色，筒状钟形，内生柔毛，裂片5，宽卵形；雄蕊着生花冠筒中部；
花柱极短，长约为花冠筒的1/2。果橘红色，近球形，直径约6毫米。花期6—7月；果期8—
10月。

产大姚、丽江、鹤庆、维西、德钦、贡山，生于海拔2400—3800米的松林下或灌丛
中。四川、西藏有分布；阿富汗、印度、不丹、印度北部和缅甸北部也有。

扦插或播种繁殖。扦插用休眠枝和半熟枝均可。休眠枝扦插在春季2—3月进行，选一
年生粗壮枝，插入土中2/3；半熟枝于6—7月进行，插穗具2—3节。播种繁殖，种子堆放后
擦去果皮，洗净阴干，湿砂层积储藏冬播。

2.陇塞忍冬　图549

Lonicera tangutica Maxim.（1877）

灌木，高达4米。幼枝无毛或具2列小卷毛。叶纸质，倒披针形、长圆形、倒卵形或椭

图549 越橘忍冬和陇塞忍冬

1—4.越橘忍冬 *Lonicera myrtillus* Hook. f. et Thoms.

1.花枝 2.花外形 3.花冠展开 4.果

5—8.陇塞忍冬 *Lonicera tangutica* Maxim.

5.花枝 6.花外形 7.花冠展开 8.果

圆形，长1—4厘米，宽0.5—1.4厘米，先端钝或微尖，基部楔形，全缘，具缘毛，两面光滑或被稍弯曲的糙毛。花序梗细长而弯垂，长达4厘米，被糙毛或无毛；苞片钻形至披针形，比萼筒短或稍长；相邻2萼筒中部以上或全部合生；花冠白色或淡红色，筒状漏斗形，长1—1.2厘米，裂片5，卵圆形，管基部一侧肿胀至具浅囊，外面无毛或有时疏被糙毛，内面被柔毛；雄蕊5，着生冠筒中部；花柱伸出花冠外。果红色，球形，直径5—7毫米。花期5—6月，果期7—9月。

产丽江、维西、鹤庆、香格里拉、德钦。生于海拔2700—3300米的林缘或杂木林中。陕西、甘肃、宁夏、青海、湖北、四川、西藏有分布。

3.杯萼忍冬　图550

Lonicera inconspicua Batal.（1895）

灌木，高达4米。分枝细长而开展，小枝淡紫褐色，密被柔毛。叶倒卵形或倒披针形，长1—4厘米，宽0.7—1厘米，先端钝，基部楔形，两面被白色柔毛。花腋生，花序梗纤细，长1—4厘米；苞片披针形，长2—3毫米，小苞片分离，圆形，宿存或脱落；相邻两萼筒1/2以上或全部联合，萼檐具5浅齿；花冠黄白色或淡紫红色，管状钟形，长1—1.2厘米，外面上部具疏柔毛或变无毛，基部一侧微隆起；雄蕊5，内藏；花柱明显伸出花冠外，浆果红色，球形，直径6—7毫米。花期5—6月，果期8—9月。

产丽江、香格里拉、德钦，生于海拔2600—3400米的云杉和杂木林下或山坡灌丛中。四川、甘肃、西藏有分布。

4.四川忍冬　图550

Lonicera szechuanica Batal.（1895）

灌木，高达3米。幼枝无毛。叶纸质，倒卵形或长圆形，长1—3厘米，宽0.5—1.5厘米，先端钝圆或具小尖头，基部楔形，上面黄绿色，下面绿白色，两面均无毛；叶脉纤细，于下面明显；叶柄长1—3毫米。花序梗长2—5毫米；苞片短，钻形、卵状披针形，较萼筒短或等长；相邻2萼筒2/3或全部合生，长1.5—2毫米，萼齿微小，花冠白色或淡黄白色，筒状或筒状漏斗形，长8—13毫米，基部一侧具囊或稍偏肿，裂片5，近相等，长约为筒的1/4；雄蕊5，伸出花冠筒；花柱明显伸出花冠外，无毛。果红色，球形。花期5—6月，果期7—9月。

产维西、香格里拉、德钦，生于海拔3700—4000米的冷杉林下。湖北、四川、陕西、甘肃、西藏有分布。

5.华西忍冬　图551

Lonicera webbiana Wall. ex DC.（1830）

灌木，高达4米。小枝无毛。内芽鳞在小枝伸长后增大并反折。叶卵状椭圆形至卵状披针形，在4—12厘米，宽2—6厘米，先端渐尖或长渐尖，基部圆形、微心形或宽楔形，边缘通常具不规则的浅波状或浅裂，具睫毛，花序梗长2.5—5厘米；相邻两花的萼筒分离，无毛或有腺毛，萼齿微小；花冠紫色，唇形，长约1.2厘米，外面疏生短柔毛和腺毛或无毛，花

图550 四川忍冬和杯萼忍冬

1—2.四川忍冬 *Lonicera szechuanica* Batal.

1.花枝 2.花冠展开

3—4.杯萼忍冬 *Lonicera inconspicua* Batal.

3.花枝 4.花外形

冠筒短，基部较细，向上突然扩大而具浅囊；雄蕊5，花丝下部具柔毛；花柱下部有柔毛。果红色，球形，直径约1厘米，种子椭圆形，长5—6毫米，有细小凹点。花期5—6月，果期7—9月。

产丽江、鹤庆、香格里拉、德钦，生于海拔2400—3700米的林下或灌丛中。山西、陕西、甘肃、青海、西藏、湖北、四川有分布；阿富汗、不丹也有。

6.柳叶忍冬　图551

Lonicera lanceolata Wall.（1824）

灌木，稀为小乔木，高达4米。幼枝具微腺毛。叶卵形至卵状披针形，长3—8厘米，宽2—5厘米，先端渐尖，基部圆形或楔形，两面疏生柔毛和腺毛。花序梗长1—2厘米；苞片线形或钻形，短于或与萼筒近等长；相邻两花的小苞片合生，长为花冠筒之半或稍短于花冠筒，萼齿三角形；花冠淡紫色，长约1.2厘米，唇形，基部具囊，里面具柔毛，唇瓣反折；雄蕊5，与唇瓣近等长；花柱密生长柔毛。果黑色，球形，直径6—7毫米。花期6—7月，果期8—9月。

产丽江、香格里拉、贡山，生于海拔2800—3600米的杂木林下，分布于四川、西藏；尼泊尔、不丹、印度东北部也有。

7.齿叶忍冬

Lonicera setifera Franch.（1896）

产大理、洱源、鹤庆、丽江、宁蒗、德钦、香格里拉，生于海拔2900—3200米的杂木林下。四川、西藏有分布。

8.刚毛忍冬

Lonicera hispida Pall. ex Roem. et Schult.

产香格里拉、德钦，生于海拔2900—3300米的林下或灌丛中。分布于新疆、甘肃、青海、宁夏、陕西、山西、河北、四川、西藏；蒙古、俄罗斯中亚地区至印度北部也有。

花蕾代金银花用，能清热解毒。

9.金银忍冬　图552

Lonicera maackii（Rupr.）Maxim.（1859）

Xylosteum maackii Rupr.（1857）

灌木，高达3米。小枝灰褐色，被微毛，髓部黑褐色，后变空心。叶卵状椭圆形至卵状披针形或倒卵状椭圆形，长5—7厘米，宽2—3厘米，先端急尖，有时具小尖头，基部圆形或宽楔形，两面均被细柔毛；叶柄长2—7毫米，具柔毛和腺毛。花序梗长约2毫米；苞片线形，与萼筒等长或较短，密被长柔毛和腺毛；小苞片长圆形，1/3以下联合，长达萼筒的1/3；相邻两萼筒分离，下部具1与萼近等长的柄；萼钟状，具5裂齿，萼齿有缘毛；花冠先白色，后变黄，二唇形，长1.5—2厘米，外被柔毛，基部一侧微囊状；雄蕊与花柱下部密生长柔毛。果暗红色，球形，直径5—6毫米。花期5—6月，果期7—9月。

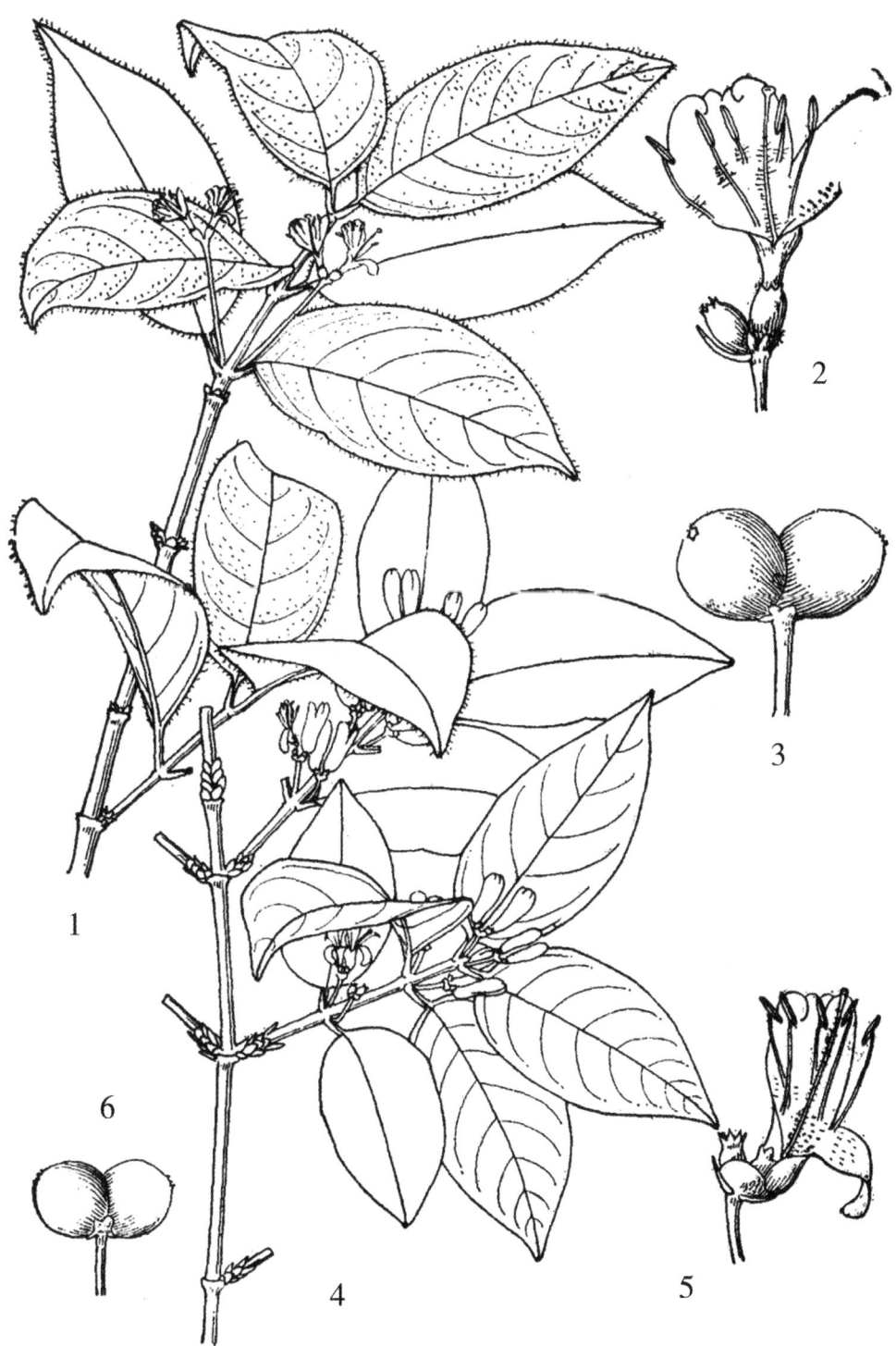

图551 华西忍冬和柳叶忍冬

1—3.华西忍冬 *Lonicera webbiana* Wall. ex DC.

1.花枝　2.花展开　3.果

4—6.柳叶忍冬 *Lonicera lanceolata* Wall.

4.花枝　5.花展开　6.果

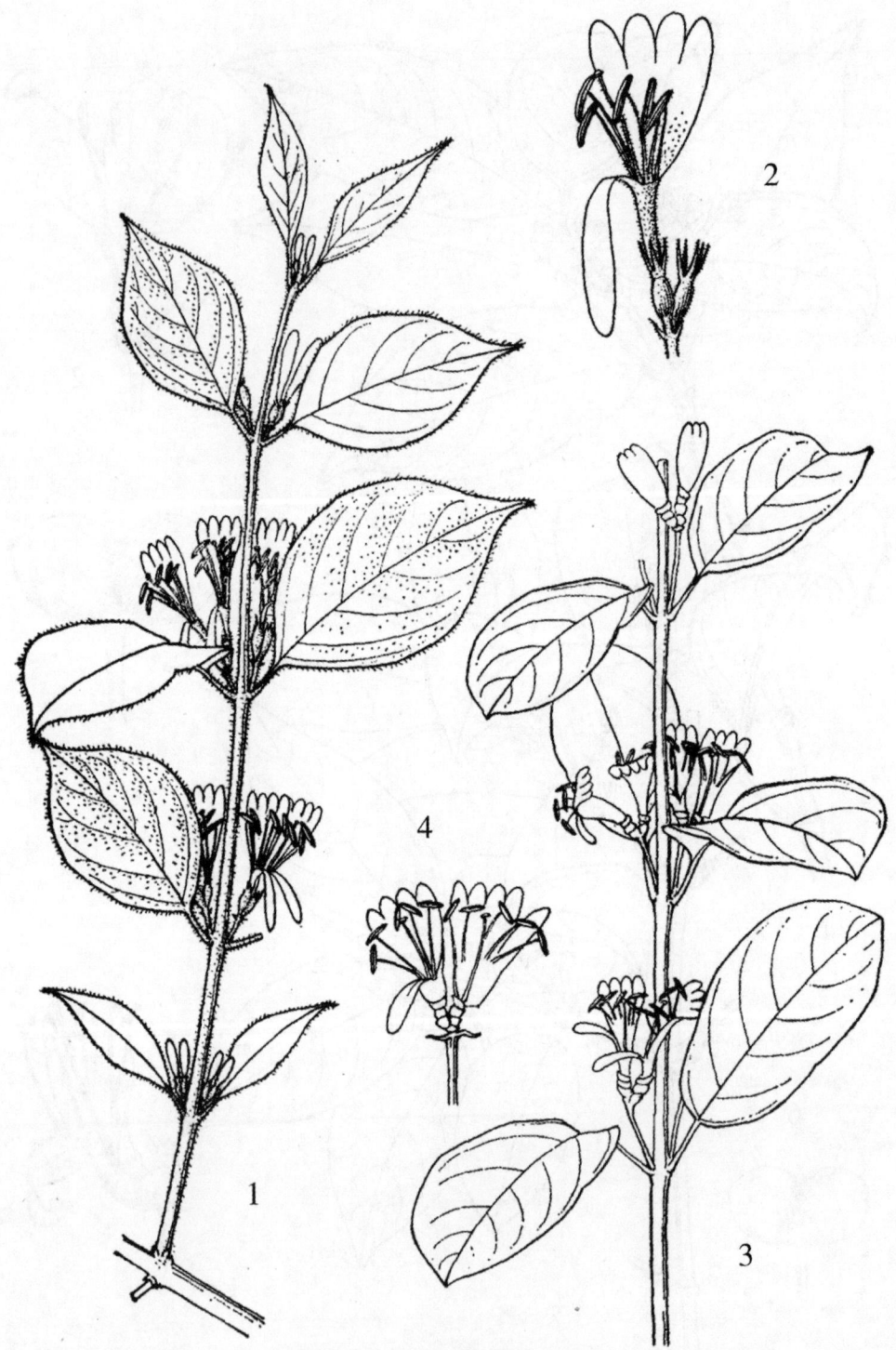

图552 金银忍冬和毛花忍冬

1—2.金银忍冬 Lonicera maackii（Rupr.）Maxim.

1.花枝 2.花展开

3—4.毛花忍冬 Lonicera trichosantha Bur. et Franch.

3.花枝 4.花展开

产嵩明、昆明、沾益、蒙自、广南、漾濞、剑川、丽江、维西，生于海拔2300—3000米的林缘或灌木丛中。分布于陕西、甘肃、西藏以及华东、华北各省（区）；日本也有。

扦插或分株繁殖。扦插多于雨季进行，取当年生粗壮枝条作插穗，入土2/3即可。

茎皮制人造棉；种子榨油可制皂；叶浸汁可杀棉蚜虫；花可代替金银花用。全株入药，能祛风解毒，消肿止痛；也可作庭园和城市绿化，观赏树种。

10.毛花忍冬　图552

Lonicera trichosantha Bur. et Franch.（1891）

灌木，高达4米。小枝纤细，无毛或被微柔毛，髓部黑褐色，后中空。叶纸质，通常长圆形，卵状长圆形或倒卵状长圆形，有时卵圆形，长2.5厘米，宽1.5—2.5厘米，先端钝而常具凸尖，基部圆形或截形，上面淡绿色，无毛或疏生柔毛，下面灰绿色，被疏柔毛或至少沿脉密生开展的毛，稀无毛；叶柄长4—6毫米，密被长柔毛和腺毛。花序梗比叶柄略短，具柔毛和腺毛；苞片线形，长约4毫米；小苞片倒卵形，与萼近等长，下部联合、相邻两花的萼筒分离，无毛，萼檐全裂为2瓣或1侧撕裂，顶部具不等浅齿；花冠淡黄色，二唇形，长1.2—1.5厘米，筒部向1侧偏斜，外面被柔毛，唇瓣长为筒的2—3倍；花丝和花柱下面密生长柔毛。果红色，球形。花期5—6月，果期8—9月。

产香格里拉、德钦，生于海拔2900—4000米的灌丛中。陕西、甘肃、四川、西藏有分布。

4. 双盾属 Dipelta Maxim.

落叶灌木，冬芽由数枚鳞片组成。单叶，对生，具柄，无托叶，全缘或有小齿。花单生或由4—6花组成带叶的聚伞花序，基部有不等大且明显的苞片4；花萼裂片5，线形或披针形；花冠筒状钟形，檐部呈2唇形；雄蕊4，2强，内藏，上面较长的1对，着生于花冠筒中部以下，下面较短的1对，着生于花冠筒基部；花柱细长，略短于花冠，子房下位，长形，4室，其中2室各有发育的胚珠1颗，其他2室有不发育的胚珠数颗。核果，包藏于增大，通常盾状的苞片内。

我国特有属，3种，产我国西南部和西北部。云南有1种。

云南双盾木　图540

Dipelta yunnanensis Franch.（1891）

小乔木，高达5米，冬芽具3—4对鳞片。叶椭圆形至宽披针形，长5—10厘米，宽2—4厘米，先端渐尖至长渐尖，基部钝至近圆形，边缘具睫毛，上而疏被微柔毛，下面沿脉被白色柔毛；叶脉上面凹陷，下面凸起；叶柄长约5毫米。伞房状聚伞花序，生短枝顶部叶腋；花梗纤细，被柔毛；苞片4，不等大，2枚较小者为卵形，2枚较大者为肾形；花萼筒密被柔毛，长4—5毫米，裂片披针形；花冠白色至粉红色，钟状，长2—4厘米，基部1侧有浅囊，喉部具柔毛及黄色块状斑纹；花柱较雄蕊长，不伸出。果实卵形，被柔毛，具宿存苞片和小苞片，小苞片半圆状肾形，以其弯曲部分贴生于果实，长达2.5厘米。花期5—6月，果期7—10月。

产大理、鹤庆、兰坪、丽江、维西、德钦、贡山、泸水，生于海拔1700—3000米的杂木林中。陕西、甘肃、四川、贵州也有。

种子或扦插繁殖。种子堆腐去肉，洗净阴干后播种。扦插于雨季进行。

根药用，能散寒发汗，民间治麻疹，痘毒，湿热，植株可供观赏。

5. 六道木属 Abelia R. Br.

落叶灌木；冬芽小，卵圆形，具数对鳞片。叶对生，稀3叶轮生，具短柄，无托叶，全缘或有齿缺。具单花、双花或多花组成聚伞式圆锥花序；苞片2或4；萼筒狭，与子房贴生，裂片2—5，宿存，果期增大；花冠白色或淡玫瑰色，管状、钟状或高脚蝶状，4—5裂；雄蕊4，等长或2强；子房3室，仅1室发育。果为瘦果状，顶端冠以宿存的萼片。

本属约30种，分布于亚洲及墨西哥。我国有约10种，主要分布于华北、西北、西南等地。云南有7种。

分 种 检 索 表

1.叶柄基部连合；枝节膨大；花冠漏斗形 ························· 1.南方六道木 A.dielsii
1.叶柄基部不连合；枝节不膨大；花冠狭钟形；叶先端急尖，边缘反卷 ·······················
·························· 2.小叶六道木 A. parvifolia

1.南方六道木　图553

Abelia dielsii（Graebn.）Rehd.（1911）

Linnaea dielsii Graebn.（1900）

灌木，高达3米。幼枝密被倒生的刺刚毛，老时脱落，并留下黑色斑点，枝节膨大。叶椭圆形或卵状披针形，长2—6厘米，宽0.8—2厘米，先端渐尖，基部楔形，全缘或具1—6对牙齿，边缘具纤毛，幼时上面散生柔毛，下面除脉基部被白色粗硬毛外，其余无毛；侧脉不显；叶柄长4—8毫米，基部膨大，连合，散生硬毛，双花生于侧枝顶部叶腋；花序梗长约1.2厘米，花梗极短；花萼筒长约8毫米，散生硬毛，裂片4，卵状披针形或倒卵形；花冠淡黄色，漏斗形，内外均被毛；雄蕊2强，花丝极短，内藏；花柱与花冠筒等长，柱头不伸出冠筒外。果实长约1厘米，微弯，顶部冠以宿存而增大的萼片。花期5—6月，果期8—9月。

产大姚、大理、宁蒗、丽江、香格里拉、德钦，生于海拔2400—3200米杂木林下或灌丛中。山西、陕西、甘肃、宁夏、安徽、浙江、福建、河南、湖北、江西、四川、贵州、西藏等省（区）均有分布。

播种或扦插繁殖。种子成熟后晒干去杂收藏，春播，播后盖草，幼苗出土后搭棚遮荫。扦插于雨季进行为好。

2.小叶六道木　图553

Abelia parvifolia Hemsl.（1888）

灌木，高达3米。幼枝红褐色，被微柔毛。叶革质，卵形或狭卵形，长1—2.5厘米，宽

图553 南方六道木和小叶六道木

1—2.南方六道木 *Abelia dielsii*（Graebn.）Rehd.

1.花枝　2.花外形

3—5.小叶六道木 *Abelia parvifolia* Hemsl.

3.花枝　4.花外形　5.果

0.5—1厘米，先端急尖或钝，基部圆形至宽楔形，边缘有不明显的圆齿或近全缘，反卷，两面疏被硬毛，下面沿中脉基部密被白色长柔毛，侧脉不显；叶柄长约3毫米，基部不连合。单花生于侧枝顶部叶腋；花萼筒被短柔毛，裂片2，椭圆形、倒卵形或长圆形，长5—7毫米；花冠狭钟形，外面被短柔毛及腺毛，裂片5，近圆形；雄蕊4，花丝疏被柔毛；花柱细长，柱头达花冠喉部。果长约6毫米，被短柔毛，顶部冠以略增大的宿存萼片2枚，花期5—6月，果期7—9月。

产东川、大姚、昆明、邓川、宾川，生于海拔2000—2600米的林下或灌丛中。陕西、甘肃、湖北、四川、贵州有分布。

249a.厚壳树科 EHRETIACEAE

灌木或乔木。叶互生，全缘或具齿，具柄。由聚伞花序或总状花序组成的圆锥花序或伞房花序，顶生或腋生，花两性，或者有时花柱或柱头退化出现单性花，白色、黄色、橙色或红色，花萼管状、钟状或圆筒状，3—5裂，果时宿存，增大或不增大，花冠管钟状，圆筒状或漏斗状，5裂，稀4—8裂，裂片直立或反折，雄蕊5，着生于花冠管上，伸出或内藏，子房不分裂，2—4室，每室1—2胚珠，花柱顶生，2裂或2次2裂，各有1柱头，柱头头状、棒状或匙状。核果或坚果，种子1—4。

本科约300种，分布于热带或亚热带地区。我国有2属，16种，云南有2属，11种，本志收载2属，4种。

分属检索表

1.花柱2次2裂，各有1柱头；花萼果时增入 ································ 1.破布木属 Cordia
1.花柱1次2裂，各有1柱头；花萼果时不增大 ······················ 2.厚壳树属 Ehretia

1.破布木属 Cordia L.

灌木或小乔木。花两性，或单性，聚伞花序常排成伞房状，花萼3—5裂，果时宿存且增大，花冠5裂，稀4—8裂，雄蕊与花冠裂片同数，花丝基部常被毛，子房不分裂，4室，花柱着生子房顶端，2次2裂，各有1柱头，柱头棒状、匙状或头状。核果或坚果，具骨质内果皮，种子1—4，常仅1。

本属约250种，分布于热带及亚热带地区。我国有5种，云南产2种。

二叉破布木（云南植物志）图554

Cordia furcans Johnst.（1951）

灌木或小乔木，高达15米。叶厚纸质，卵形、宽卵形或近圆形，长5—20厘米，宽3—15厘米，先端钝或圆，基部圆形或宽楔形，稀浅心形，上面密被稀疏的硬毛，常早落，留下乳突状的基部，粗糙，下面密被疏或密的细绒毛，侧脉3—5对，斜生，全缘；叶柄粗壮，长2—8厘米。花白色或淡黄色，聚伞花序顶生于主枝上或生于节间，2歧分枝，疏散，长2—8厘米，宽2—9厘米，被细绒毛，花二型，有时花柱或柱头退化出现单性型，花萼钟状，长3—5毫米，萼齿不等长，花冠钟状，长7—9毫米，花瓣长圆形，反折；雄蕊5，着生于花冠管的上部，花丝长1—1.5毫米，子房球形，无毛，花柱线形，柱头2次2裂。核果球形，绿色，熟时红色，径5—9毫米，基部托以钟状宿存萼，种子1—2。花期10—12月，果期1—4月。

产元江、禄劝、富宁、河口、金平、普洱、普洱、西双版纳、临沧、耿马，生于海拔（120）800—1700米的山坡，林下或灌丛中。分布广东、广西；越南、印度、缅甸、泰

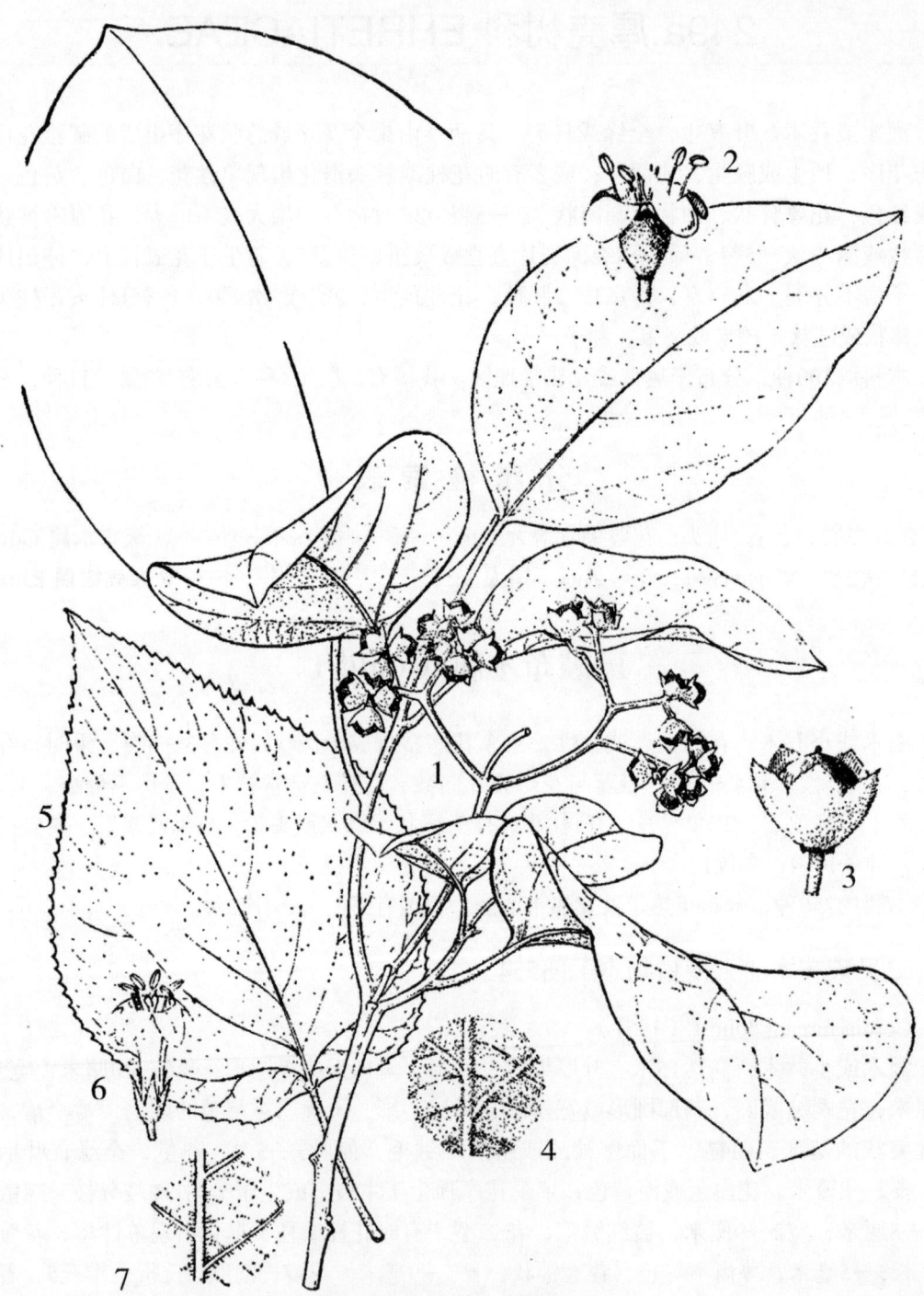

图554 二叉破布木和滇厚朴

1—4.二叉破布木 *Cordia furcans* Johnst.

1.果枝 2.花 3.果 4.叶背毛被放大

5—7.滇厚朴 *Ehretia corylifolia* C. H. Wright

5.叶形 6.花 7.叶背毛被放大

国、老挝、柬埔寨也有。

随采随播。

2.厚壳树属 Ehretia L.

小乔木或灌木。叶互生，全缘或具齿，具柄。由聚伞花序或总状花序组成的圆锥花序或伞房花序，花小，白色或黄色，花萼5深裂，果时宿存，但不增大，花冠5裂，雄蕊5，花丝细长，子房不分裂，2室，每室2胚珠，花柱2裂，各有1柱头，柱头头状或棒状。核果球形，成熟时裂为各具2种子的2分核或各具1种子的4分核。

本属约50种，多分布于东半球热带。我国有11种，云南产9种。

分 种 检 索 表

1.叶有锯齿；核果成熟时裂为各具2种子的2分核 ………………………… **1.滇厚壳 E. corylifolia**
1.叶全缘；核果成熟时裂为各具1种子的4分核。
  2.花序具极稀疏的短柔毛；花冠外面及下面无毛 ………………… **2.疏毛厚壳树 E. tsangii**
  2.花序、花萼及花冠外面、叶下面均密被锈色短绒毛 ………… **3.云贵厚壳树 E. dunniana**

1.滇厚朴（植物名实图考） 豆浆果、黄杆楸、西南秕糠树（中国高等植物图鉴）图554

Ehretia corylifolia C. H. Wright（1896）

小乔木，高达18米。小枝深褐色，嫩枝、叶柄、叶下面、花萼及花序密被柔软且弯曲的细绒毛，老时多少脱落。叶厚纸质，宽卵形至椭圆形，长7—15（18）厘米，宽4—10（12）厘米，先端短尖或渐尖，基部圆形或浅心形，上面绿色，密被糙伏毛，粗糙，下面灰绿色，侧脉6—8对，向上斜展，细网脉明显，边缘具细齿；叶柄粗壮，长1—3厘米。顶生圆锥花序，长3—9厘米，宽3—8厘米；花白色，稀淡红或淡黄色，芳香，萼片三角状披针形，长2—3毫米，花冠管细长，长9—12毫米，花瓣卵形，长约3毫米，反折，雄蕊伸出花冠管外，花药椭圆形，"丁"字着生，花丝线形，长约5毫米，着生于花冠管中部，子房球形，被毛，花柱细长，线形，柱头2浅裂。核果球形，绿色，表面光滑，径5—7毫米，成熟时分裂成为各具2种子的2分核。花、果期4—9月。

产昆明、大理、丽江、昭通、蒙自等地，生于海拔（800）1300—2600（3000）米，生长于山坡林下、林缘或灌丛中。

分布四川、贵州。

种子繁殖，育苗造林。

木材供建筑用；嫩叶及果可食；叶可喂猪。

2.疏毛厚壳树（云南植物志）图555

Ehretia tsangii Johnst.（1951）

乔木，高达18米。小枝深褐色，全植株近光滑无毛，花序、花梗及花萼被极稀疏的短柔毛，老则多少脱落。叶厚纸质，椭圆形或椭圆状倒卵形，长10—20厘米，宽5—11厘米，先端短尖，基部楔形，稀近圆形，两面无毛，侧脉5—7对，细网脉明显，全缘；叶柄粗壮，长1—4厘米。伞房状圆锥花序，2歧，顶生或腋生，长6—10厘米，宽5—6厘米，花白色，芳香，花柄长1—3毫米，花萼绿色，长约2毫米，5裂至中部，花冠管长7—8毫米，5裂至近中部，花瓣三角状披针形，反折，雄蕊伸出花冠外很多，花药椭圆形，"丁"字着生，花丝线形，长3—4毫米，子房球形，花柱细长，长6—7毫米，柱头2浅裂或不裂。核果球形，绿色转紫色，径7—10毫米，成熟时分裂成各具1种子的4分核，花期3—4月，果期8—9月。

产富宁、河口、普洱、西双版纳、双江、耿马，生于海拔200—500（1600）米的林下或灌丛中。分布广西、贵州。

种子繁殖。

木材心边材区别不明显，有光泽，生长轮明显，宽度不均匀，纹理直，结构中，材质软，强度中；耐腐，切削容易，切面光滑，容易胶粘，握钉力中等。可作房屋建筑，一般家具，农具等用材。树冠浓郁，可用作园林绿化树种。

3.云贵厚壳树（中国高等植物图鉴）图555

Ehretia dunniana Lévi.（1912）

乔木，高达15米。小枝深褐色，具白色圆形皮孔，嫩枝叶、花序、花柄、花萼及花冠外面密被极细锈色短绒毛，叶纸质，椭圆形或卵状椭圆形，长6—12厘米，宽4—7厘米，先端渐尖或急尖，基部楔形或近圆形，老叶无毛或沿脉疏被短绒毛，侧脉6—8对，细网脉明显，全缘；叶柄粗壮，长1—3厘米。伞房状圆锥花序，着生于老枝（无叶）的叶痕腋，长3—8厘米，宽2—5厘米，花梗长1—5毫米，花白色，花萼钟状，长2—3毫米，5深裂至中部，花冠漏斗状，长9—10毫米，5深裂至花冠的1/3处，花瓣三角状卵形，反折，雄蕊伸出花冠外很多，花药椭圆形，花丝线形，长4—5毫米，着生于花冠中部，子房球形，花柱线形，细长，长9—10毫米，柱头2浅裂或不裂。核果球形，绿色，熟时红色，径7—8毫米，分裂成各具1种子的4分核。花、果期4—8月。

产屏边、红河、蛮耗、景东、普洱，生于海拔（200）800—1400米的山坡、林缘或林下。分布于贵州。

种子繁殖，育苗造林。

经济用途与疏毛厚壳树略同。

图555 疏毛厚壳树和云贵厚壳树

1—3.疏毛厚壳树 *Ehretia tsangii* Johnst.

1.果枝 2.花外形 3.果形

4—5.云贵厚壳树 *E. dunniana* Lévl.

4.花外形 5.叶形

313.龙舌兰科 AGAVACEAE

多年生草本，有时呈木质根茎的灌木或多年生粗壮草本；茎木质或草质，短或高大，有时无。叶常聚生于茎的顶端或基生；通常狭窄，厚或肉质，边全缘或有刺。花两性，杂性或雌雄异株；辐射对称或左右对称，组成穗状，总状或圆锥花序，有时组成大型聚伞圆锥花序，分枝托以苞片；花被管短或长，裂片近相等或不等；雄蕊6，着生于花被管上或花被裂片的基部；花丝丝状至粗厚，分离，花药线形，2室；子房上位或下位，3室，每室有胚珠1—多数。果为蒴果或浆果。

本科20属，约670种，主产热带、亚热带地区，澳大利亚也有分布。我国南部原产约2属，云南包括栽培的有6属。

龙血树属 Dracaena Vand. ex Linn.

乔木或灌木状，茎上常残留有叶痕。叶革质，剑形，倒披针形，常聚生于茎或枝的上部。花两性，组成顶生的总状花序，圆锥花序或头状花序；花被钟状或漏斗状；裂片6，淡绿色或黄色；雄蕊6，着生于花被裂片的基部或花被管的喉部，花药背着，常"丁"字状；子房上位，3室，每室具胚珠1—2，柱头头状。浆果球形，通常1—2（稀3）种子。

本属约40种，分布于东半球热带和亚热带地区。我国有5种。产云南、海南和台湾。云南连同引种栽培的有7种，引种4种。

分 种 检 索 表

1.圆锥花序长30—50厘米，花序轴具乳头状短柔毛，叶宽2—4厘米，长25—50厘米 ………
………………………………………………………… 1.小花龙血树 D. cochinchinensis
1.圆锥花序长1—1.5米，花序轴无毛，叶宽5—8厘米，长60—100厘米…………………………
………………………………………………………………… 2.岩棕 D. cambodiana

1.小花龙血树（海南植物志）　剑叶龙血树（中国植物志）图556

Dracaena cochinchinensis（Lour.）S. C. Chen（1984）

Aletris cochinchinensis Lour.（1790）

乔木状，高达20米。茎粗，多分枝，树皮灰白色。叶聚生于分枝的顶端，无柄，线状披针形，长25—50厘米，宽2—4厘米，顶端长渐尖，向基部略变窄而后扩大，抱茎。顶生圆锥花序长30—50厘米，花序轴密生乳头状短柔毛；花2—5簇生，淡黄绿色，花梗长2—4毫米；顶端具关节；花被管短，长约2毫米，裂片披时形，长约5毫米；雄蕊6，着生于裂片基部，花丝扁平，橘红色，长约2毫米；花药黄色，长约1.5毫米；子房椭圆形，长约3.5毫米，3室，每室具1胚珠，花柱长约3毫米。浆果球形，橘红色，径6—8毫米，具1种子，或三棱状卵形而有3种子。花期3月，果期7—8月。

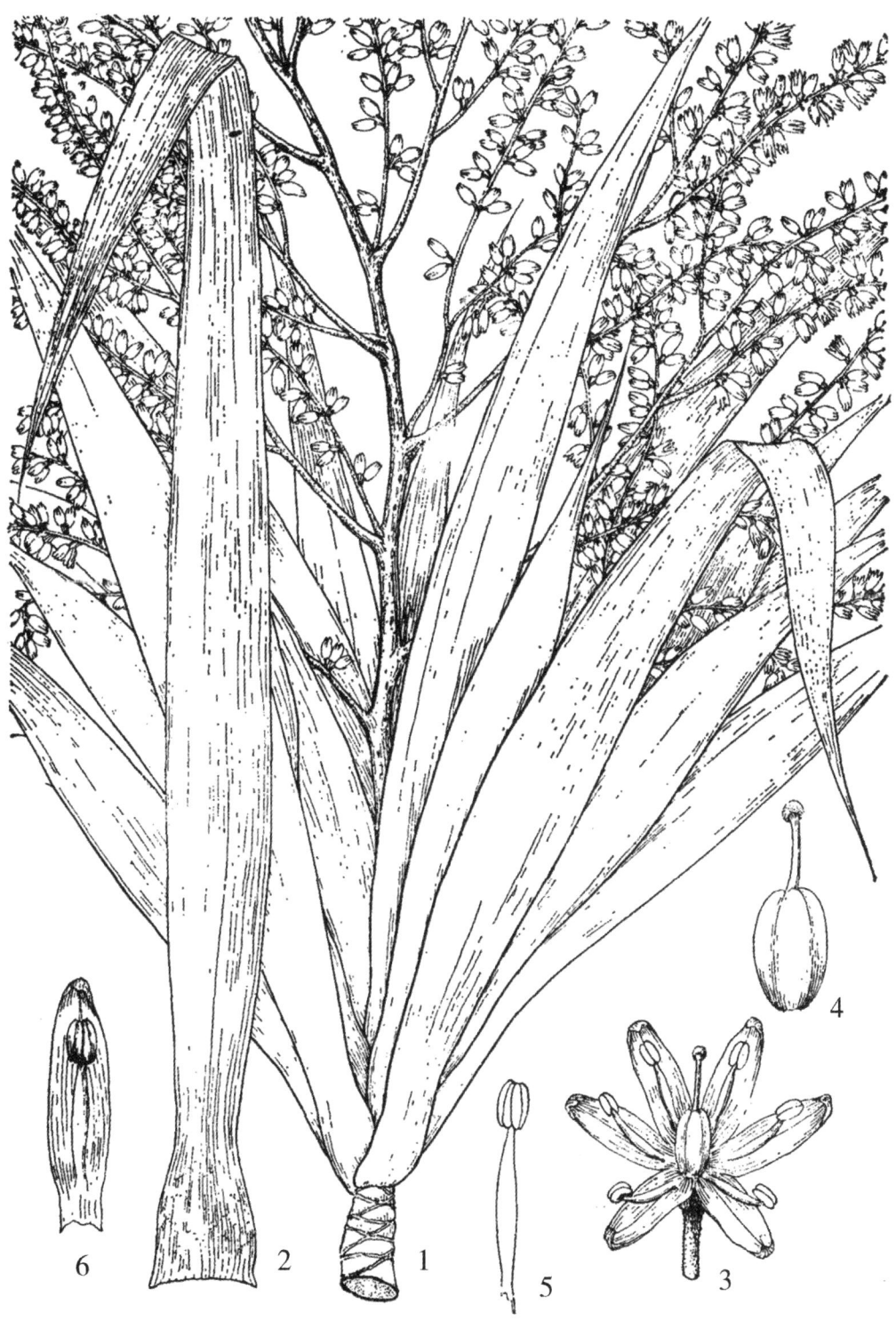

图556　小花龙血树 *D. cochinchinensis*（Lour.）S. C. Cher
1.花枝　2.叶　3.花　4.雌蕊　5.雄蕊　6.花瓣

产勐腊、景洪、孟连、普洱、镇康、沧源、景谷等地，分布于石灰岩山季雨林中。广西有分布；也产越南、柬埔寨。

种子繁殖，砂床育苗。

树脂药用，可提取中医传统用的内外伤科用药"血竭"，有止血、活血、生肌、行气之效。治跌打损伤，心腹猝痛，内、外伤出血。

2.岩棕　海南龙血树（中国植物志）图557

Dracaena cambodiana Pierre ex Gagnep.（1934）

灌木或乔木状，高达6米或更高。茎不分枝或少分枝，树皮灰褐色，有叶痕形成的环；叶聚生于茎、枝先端，剑形，革质，无明显主脉，长60—100厘米，宽5—8厘米，向基部略变窄而后扩大，抱茎，无柄。大型圆锥花序腋生，基径约3厘米，分枝很多，长1—1.5米，花序轴无毛或近无毛；花淡黄绿色，3—5簇生；花梗长3—6毫米，关节位于上部1/3处；花被片长6—7毫米，下部1/5—1/4合生成短筒；花丝扁平；花药长约1.2毫米；花柱略短于子房。浆果球形，直径约10毫米。

产勐腊、孟连、普洱、镇康，石灰岩山石缝中常成群生长为优势种，是耐旱嗜钙树种。广东海南岛也产。分布于越南、柬埔寨。

树脂亦可药用，药效较小花龙血树稍差。

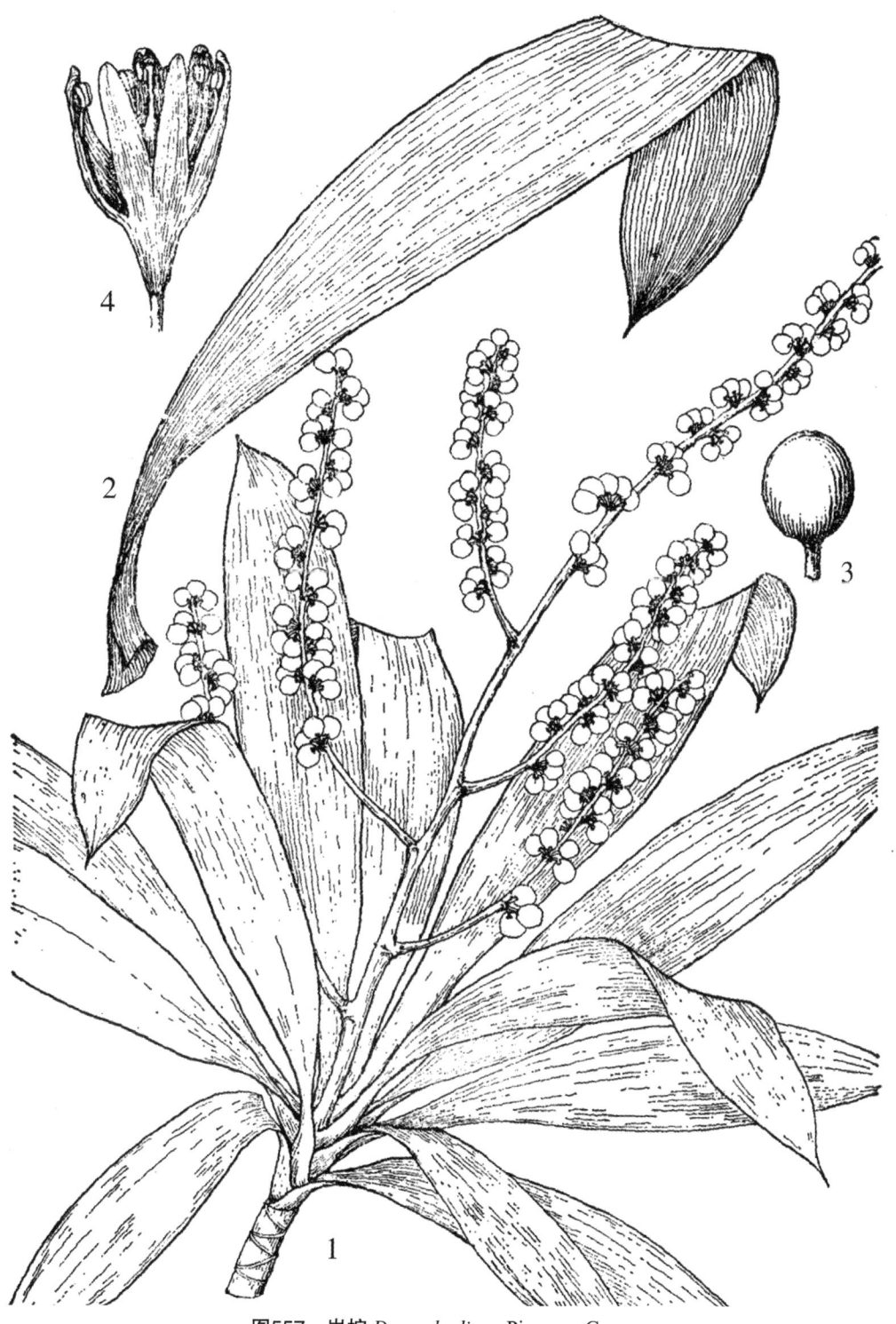

图557 岩棕 *D. cambodiana* Pierre ex Gagnep
1.果枝　2.叶片　3.果实　4.花

314.棕榈科 PALMAE

灌木、藤本或乔木，茎通常不分枝，单生成丛生，表面平滑或粗糙，或有刺，或被残存老叶柄的基部或叶痕，稀被短柔毛。叶互生，在芽时折叠，羽状或掌状分裂，稀为全缘或近全缘；叶柄基部通常扩大成具纤维的鞘。花小，单性或两性，雌雄同株或异株，有时杂性，组成分枝或不分枝的佛焰花序（或肉穗花序），花序通常大型多分枝，被1或多个鞘状或管状的佛焰苞所包围；花萼和花瓣各3，分离或合生，覆瓦状或镊合状排列；雄蕊通常6，2轮排列，稀多数或更少，花药2室，纵裂，基着或背着；退化雄蕊通常存在或稀缺；子房1—3室或3心皮分离或于基部合生，柱头3，通常无柄；每心皮内有1—2胚珠。果实为核果或硬浆果，1—3室或具1—3心皮；果皮光滑或有毛、有刺、粗糙或被以覆瓦状鳞片；种子通常1，有时（2）3—10，与外果皮分离或黏合，被薄的或有时是肉质的外种皮，胚乳均匀或嚼烂状，胚顶生、侧生或基生。

本科约210属2800种，分布于热带、亚热带地区，主产热带亚洲和美洲，少数产于非洲。我国连长期栽培的种类约28属100余种，产西南至东南部各省区。云南有20属40余种，主要分布于西部、南部至东南部。本志记载20属44种。

分亚科、族、属系统检索表

1.心皮3，离生或不完全合生，受精后分离成1—3单独发育的光滑浆果；叶掌状或羽状分裂，裂片（或羽片）通常内向折叠 ·················· **Ⅰ.贝叶棕亚科 Coryphoideae**
  2.雌雄异株，花序由1佛焰苞完全包着；心皮离生；叶羽状深裂，下部羽片变成针刺状
  ·· **（1）刺葵族 Phoeniceae**
  ··· **1.刺葵属 Phoenix**
  2.花两性或单性同株或异株、杂性，花序由几个或多个佛焰苞近完全包着或仅花序梗被包着；叶掌状分裂 ·································· **（2）贝叶棕族 Corypheae**
    3.花单性，杂性心皮离生，每心皮各具花柱或柱头；外果皮光滑；胚位于种子的中部或基部；叶中等大小
      4.花单性同株裂片呈整齐的单脉辐射对称；种子通常阔肾形，种脊上有1大凹穴 ···
      ······································· **2.棕榈属 Trachycarpus**
      4.花单性异株裂片在叶的主脉之间不等宽的辐射状深裂；种子球形或近球形，在种脐附近有大的球形的海绵组织（珠被）侵入，胚位于种脊对面 ······ **3.棕竹属 Rhapis**
    3.花两性心皮完全合生或几合生，具共同合生的三棱状的花柱或子房；外果皮光滑或木栓质；叶通常较大。
      5.花序顶生；果基部具柱头残留物，胚位于种子顶端 ············· **4.贝叶棕属 Corypha**
      5.花序腋生；果顶端具柱头残留物，浆果核果状；种脊顶端有囊肿状或裂片状的珠被侵入。
        6.花丝顶端分离，基部合生，在花冠的喉部形成一个隆起的肉质环 ·············

·· 5.轴榈属 Licuala

  6.花丝分离，在基部与花冠稍合生成肉质环 ······················· 6.蒲葵属 Livistona

1.心皮3，合生

  7.心皮完全合生，花为苞片所包被。

    8.心皮光滑，每心皮发育成1种核，种子表面粗糙，贴生于木质内果皮的内侧；叶掌状分裂，内向折叠 ····················· II.糖棕亚科 Borassoideae

      只一族······················· （1）糖棕族 Borasseae

      雄花着生于粗的圆柱状花枝的深凹穴里；果多数具3种核 ······· 7.糖棕属 Borassus

    8.心皮被鳞片，通常只有1心皮发育成1种子和具薄的或木质的内果皮的鳞果；叶通常羽状分裂，外向折叠 ····················· III.鳞果亚科 Lepidocaryoideae

      我国有1族，羽片通常具皮刺，花杂性、两性或雌雄异花 ····· （1）省藤族 Calamae

      1亚族，子房不完全3室····················· ①省藤亚族 Calaminae

      9.茎直立，丛生；叶顶端无纤鞭；果1—3种子，胚基生，并由基部深穿孔到胚乳 ···

      ····················· 8.蛇皮果属 Salacca

      9.茎多为攀援状，叶轴顶端常延伸为纤鞭（无纤鞭者则其花序轴顶端延伸为纤鞭）

        10.小穗为苞片状佛焰苞所掩盖；植株开花结实一次后死去 ··············

        ····················· 9.钩叶藤属 Plectocomia

        10.小穗不为佛焰苞所包藏，植株多次开花结实。

          11.花序轴上的佛焰苞管状，不包藏花序，花序较长，一般有钩刺 ··············

          ····················· 10.省藤属 Calamus

          11.花序轴上的佛焰苞舟状，开花前包藏着花序，后脱落，花序较短，一般无钩刺 ····················· 11.黄藤属 Daemonorops

  7.心皮稍合生，花的苞片退化，子房3—2—1室，心皮及果实不被鳞片；叶羽状分裂，羽片内向折叠或外向折叠 ····················· IV.槟榔亚科 Arecoieae

    12.果为浆果，由3合生的或仅在受精后彼此分离的完全发育的心皮组成（浆果由纤维状木质内果皮组成的除外），种子1—3 ····················· （1）槟榔族 Areceae

      13.子房2—3室，浆果具种子1—3，果顶端具柱头残留物；花序具几个管状的不完全包围的佛焰苞；叶片为非整齐成对的羽状分裂，羽片内向折叠 ··············

      ····················· ①鱼尾葵亚族 Caryotinae

        14.雌雄同株同序，3花（2雄1雌）聚生；胚乳嚼烂状；叶二回羽状分裂，羽片鱼尾状 ····················· 12.鱼尾葵属 Caryata

        14.雌雄同株异序或异株；胚乳均匀；叶一回羽状分裂。

          15.雄花萼片分离，雄蕊（6）多数；浆果具1—3种子 ··········13.桄榔属 Arenga

          15.雄花萼片合生成圆筒状（管状），雄蕊（3）6（15），贴生于花冠基部，浆果具1—2（3）种子 ····················· 14.瓦理棕属 Wallichia

      13.子房1室，浆果由3心皮，1种子组成，具薄的或罕为木质的内果皮；花序具1—3完全的佛焰苞 ····················· ②槟榔亚族 Arecinae

        16.胚乳均匀。

17.雄花花萼圆形，子房1室，具短的花柱和粗的柱头，果略为陀螺形 …………
…………………………………………………… 15.散尾葵属 Chrysalidocarpus

17.雄花花萼近圆形，子房1室或3室，柱头无柄，果近球形至椭圆形 …………
…………………………………………………………… 16.王棕属 Roystonea

16.胚乳嚼烂状；胚珠离生，由子房室的基部长出；雌雄花3朵聚生于分枝花序上
…………………………………………………………… 17.山槟榔属 Pinanga

12.果为核果，由3合生的，受精后共同发育的心皮组成；多数具1种子，稀为2—3 …
…………………………………………………………… （2）都子族 Cocoeae

18.乔木或灌木；花序生于叶丛之下 …………………… 18.槟榔属 Areca

18.乔木；花序生于叶丛之中。

19.花着生于花枝上的深凹穴里；萌发孔在种核的顶端附近 ……………………
………………………………………………①油棕亚族 Elaeidinae

我省热区栽培1属；茎有宿存的叶茎；花雌雄同株异序；果较小，径不及5厘米
…………………………………………………………… 19.油棕属 Elaeis

19.花着生于花枝的浅凹穴处或在突起的无柄的齿状体里；萌发孔隐藏在纤维下面
的种核基部 ………………………………………②贝蒂棕亚族 Butiinae

我省热区栽培1属；茎有环状叶痕；花雌雄同株同序；果大，径10厘米以上…
…………………………………………………………… 20.椰子属 Cocos

人 为 分 属 检 索 表

1.叶掌状或扇状分裂，裂片多为内向折叠。

2.叶柄两侧无刺或具细齿或锯齿，叶为掌状叶或扇形叶（即叶柄顶端不延伸为中肋）。

3.茎细小，植株灌木状；叶裂片先端通常钝而具数个细尖齿 ………… 3.棕竹属 Rhapis

3.茎中等粗（直径10—20厘米），通常为小乔木状（龙棕除外）；叶裂片先端通常稍尖
而具2浅裂 …………………………………………………… 2.棕榈属 Trachycarpus

2.叶柄两侧具刺（至少近基部有刺）或具粗壮的齿状刺，叶为掌状叶或具肋掌状叶（即叶
柄顶端延伸为中肋）。

4.灌木；叶为掌状叶，裂片楔形，先端平截或斜截，有数个啮蚀状小裂片，裂片深裂几
达基部或浅裂使整个叶片呈圆形的外观 ……………………… 5.轴榈属 Licuala

4.乔木；叶为具肋掌状叶，裂片披针形。

5.花序腋生，多次开花结实，花序较短。

6.叶裂片狭长，较软，先端渐尖并分裂为2小裂片；花两性，花序稍长，多分枝；
果小，近球形至椭圆形，具1种子 ………………… 6.蒲葵属 Livistona

6.叶裂片较宽而长，硬挺，先端钝2齿裂；雌雄异株；花序较短，简单分枝；果
大，具3种子 ………………………………………… 7.糖棕属 Borassus

5.花序顶生，大型，直立，高达数米，多分枝，花两性，一次开花结实后即死去，果
实较小，近球形，具1种子 …………………………………4.贝叶棕属 Corypha

1.叶羽状分裂。

7.羽片内向折叠。

 8.叶轴近基部的羽片退化为针刺状，羽片线状披针形；雌雄异株；花序梗长而扁平，为1佛焰苞完全包着 ………………………………………… 1.刺葵属 Phoenix

 8.叶轴下部的羽片不为针刺状，羽片形状各式，边缘具不整齐的啮蚀状齿；雌雄同株或杂性异株。

  9.叶一回羽状分裂；胚乳均匀。

   10.羽片为不规则的菱形或线状披针形，基部楔形，无耳垂；雄蕊（3）6（15），果具1—2（3）种子 ………………………… 14.瓦理棕属 Wallichia

   10.羽片线形至不整齐的波状椭圆形或近菱形，基部通常有1—2耳垂；雄蕊（6）多数；果具1—3种子 …………………………… 13.桄榔属 Arenga

  9.叶二回羽状全裂，羽片鱼尾状；胚乳嚼烂状 ………… 12.鱼尾葵属 Caryota

7.羽片外向折叠。

 11.叶鞘通常有刺；果被鳞片。

  12.茎短或几无茎，丛生；佛焰苞宿存；果被钻状披针形（国产种）或平展的鳞片 …………………………………………………… 8.蛇皮果属 Salacca

  12.茎攀援（罕为直立）；果通常被平展的鳞片。

   13.小穗为苞片状的佛焰苞所掩盖，一次开花结实后死去 ……………………………………………………………… 9.钩叶藤属 Plectocomia

   13.小穗不为宿存的佛焰苞所包藏，多次开花结实。

    14.花序轴上的佛焰苞（即一级佛焰苞）管状，不包藏花序；花序较长，一般有钩刺 ………………………………………… 10.省藤属 Calamus

    14.花序轴上的佛焰苞舟状，开花前包藏着花序，后脱落；花序较短，一般无钩刺 ………………………………………… 11.黄藤属 Daemonorops

 11.叶鞘通常无刺；果无鳞片；茎通常直立。

 15.花序生于叶腋间；叶的羽片成2列整齐排列。

  16.雌花序为密集头状花序，佛焰苞纤维状；果较小（直径约3厘米），皮薄 … ……………………………………………………………… 19.油棕属 Elaeis

  16.花序圆锥状（雌雄花同序）；果大（直径达15厘米以上），外果皮厚，纤维质 ……………………………………………………… 20.椰子属 Cocos

 15.花序生于叶鞘下；叶的羽片呈2列或4列排列。

  17.胚乳均匀。

   18.植株高大，乔木状，树干圆柱形或在基部和中部膨大；羽叶呈2列或4列排列；果近球形或椭圆形 ………… 16.王棕属 Roystonea

   18.植株较矮小，丛生灌木状；羽片整齐2列；果陀螺形 …………………… ………………………………………… 15.散尾葵属 Chrysalidocarpus

  17.胚乳嚼烂状。

   19.茎丛生，灌木状；雌雄花3朵（2雄1雌）聚生于分枝花序上；果较小 …… ………………………………………………………… 17.山槟榔属 Pinanga

19.茎通常单生，罕为丛生，植株高大；雌花着生于不分枝或分枝的花序基部，雄花着生于花序的上部；果较大 ······················· **18.槟榔属 Areca**

1.刺葵属 Phoenix L.

灌木或乔木，单生或丛生。具老叶柄的基部或脱落的叶痕。叶为羽状全裂，羽片狭披针形或线形，最下部的羽片退化成刺状。佛焰花序生于叶丛中；佛焰苞鞘状，革质；单性异株；雄花花萼杯状，花瓣3，镊合状排列，雄蕊6或3（9），花丝几无；雌花花萼花后膨大，花瓣3，覆瓦状排列，退化雄蕊6，心皮3，离生，每室具1单生的直立胚珠，无花柱。果长圆形或近圆形，外果皮肉质，内果皮薄膜质；种子1，腹面具纵沟，胚乳稍嚼烂状。

本属约17种，分布于亚洲和非洲的热带与亚热带地区。我国有2种，产云南、广西、广东、海南及台湾。云南产2种，引种栽培数种。

分 种 检 索 表

1.果大，长达6.5厘米；叶长达6米，羽片线状披针形 ···············**1.海枣 P. dactylifera**
1.果小，长达2厘米；叶长达2米，羽片线形。
  2.羽片2列排列，背脉秕糠秕状鳞秕；雌花分枝花序长而纤细，成不明显的"之"字形；花萼顶端具三角状齿；果熟时枣红色，具枣味 ················**2.江边刺葵 P. roebelenii**
  2.羽片4列排列，背脉不具秕糠状鳞秕；雌花分枝花序短而粗状，成明显的"之"字形；花萼顶端不具三角状齿；果熟时紫黑色，非枣味 ················**3.刺葵 P. hanceana**

1.海枣（南方草木状） 伊拉克枣 图558

Phoenix dactylifera L.（1753）

乔木，高达35米；茎具宿存的叶柄基部。上部的叶斜生，下部的叶下垂，形成一个较稀疏的头状树冠。叶长达6米，叶柄长而纤细，扁平；羽片线状披针形，长18—40厘米，先端短渐尖，灰绿色，2或3聚生，被毛。佛焰苞长、大而肥厚：佛焰花序为密集的圆锥花序；雄花长圆形或卵形，具短柄，花萼杯状，顶端具3钝齿，花瓣3，斜卵形，雄蕊6，花丝极短；雌花近球形，具短柄，花萼与雄花相似，但花后增大，短于花冠1—2倍，花瓣近圆形，退化雄蕊6。果长圆形由长圆状椭圆形，长3.5—6.5厘米，成熟时深橘黄色，外果皮厚肉质；种子扁平，两端锐尖。花期3—4月；果期9—10月。

栽培于元谋、昆明及滇南各地；福建、广东、广西等省（区）有引种。亚洲与非洲南部地区有分布，且有大面积栽培，尤以伊拉克为多，占全世界1/3。

多用种子繁殖。

果香甜可口；茎作建筑材料与水槽；花序液汁提取糖；叶可造纸；树形华丽，常作观赏植物栽培。

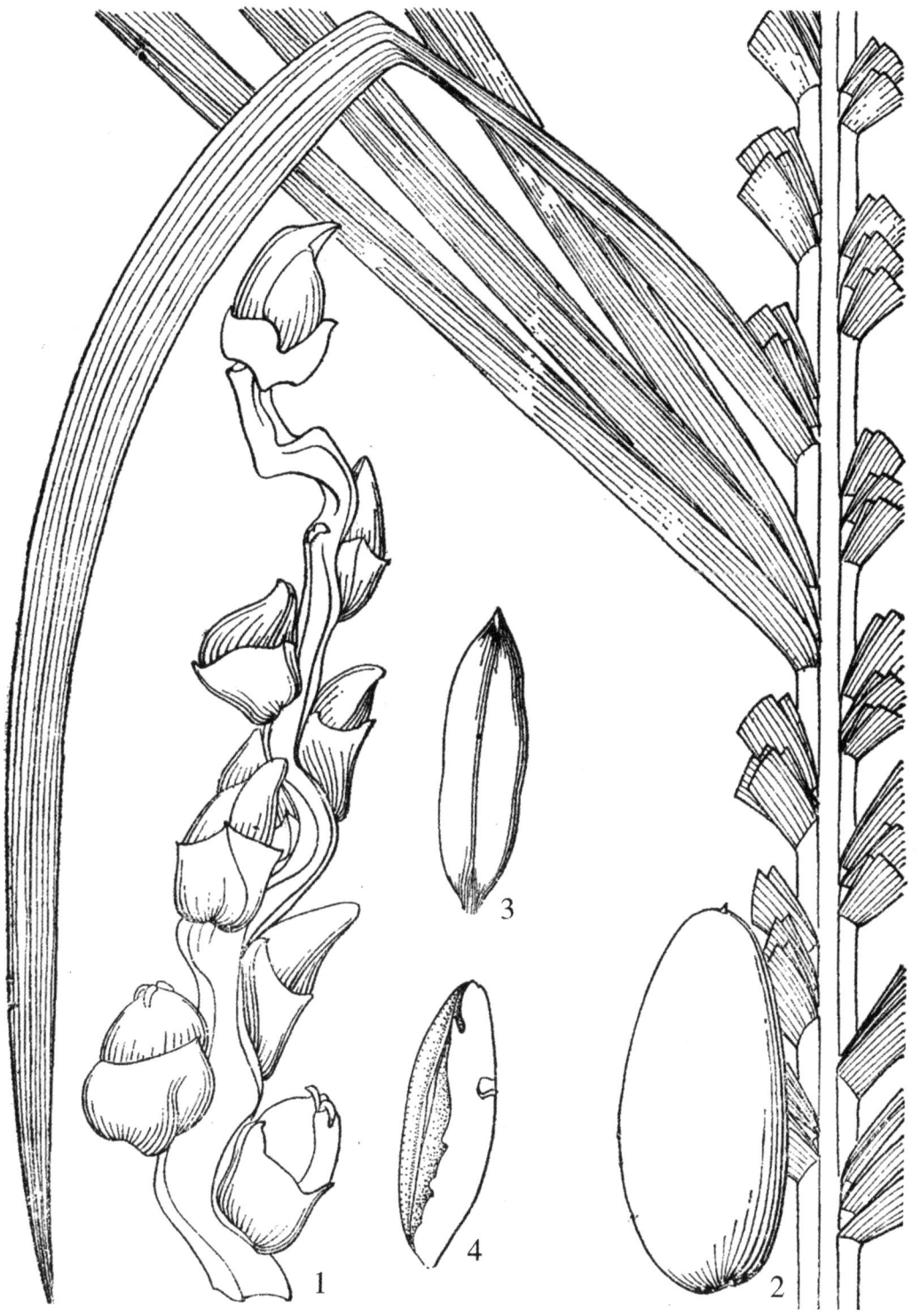

图558 海枣 *Phoenix dactylifera* L.
1.雌花序的分枝花序　2.果实　3.种子　4.示胚的位置

2.江边刺葵　软叶刺葵　图559

Phoenix roebelenii O'Brien.（1889）

茎丛生，栽培时单生，高达4米，稀更高，直径达15厘米，稀更粗，具宿存的三角状的叶柄基部。叶长1—1.5（2）米，下垂；羽片线形，长20—30（40）厘米，宽5—10（15）毫米，两面深绿色，背脉被灰白色秕糠状鳞秕，2列排列。佛焰苞长30—50厘米，上部裂成2瓣；佛焰花序等长于佛焰苞，但雌花序短于佛焰苞，分枝稀疏而纤细，不成明显的"之"字形，长达20厘米；雄花花萼长约1毫米，顶端具三角状齿，花瓣3，披针形，长约9毫米，先端渐尖，雄蕊6；雌花近卵形，花萼顶端具明显的三角状齿。果长圆形，长1.4—1.8厘米，直径6—7毫米，顶端具短尖头，成熟时枣红色，肉薄，具枣味。花期4—5月；果期6—9月。

产云南中南部与西南部，生于海拔480—900米的江、河两岸或两岸近区。缅甸、越南、印度有分布。

种子或分株繁殖。

树形美丽，多作庭园植物栽培。

3.刺葵（中国高等植物图鉴）图559

Phoenix hanceana Naud.（1879）

丛生或单生，高达5米，稀更高，直径达30厘米。叶长达2米；羽片线形，长15—35厘米，宽10—15毫米，单生或2—3聚生，4列排列。佛焰苞长15—20厘米，褐色，不分裂为2舟状瓣；佛焰花序梗长达60厘米以上，雌花序分枝短而粗壮，成明显的"之"字形，长7—15厘米，稀更长，雄花近白色，芳香，花萼长1—1.5毫米，顶端具3齿，花瓣3，长圆形，长4—5毫米，宽1.5—2毫米，雄蕊6；雌花花萼长约1毫米，顶端不具三角状齿，花瓣圆形，直径约2毫米，心皮3，卵形，长约15毫米，宽8毫米。果长圆形，长1.5—2厘米，成熟时紫黑色，基部具宿存的杯状花萼。花期4—5月；果期6—10月。

产云南中南部至西南部，生于海拔800—1500米的阔叶或针阔叶混交林中。广东、海南、广西、台湾等省（区）有分布。

耐干旱。种子或分蘖繁殖。

幼叶作菜食；果香甜可食。树形美观，可作庭园栽培植物。

2. 棕榈属 Trachycarpus H. Wendl.

乔木状或灌丛状，树干被覆永久性的下悬的枯叶或部分裸露；叶鞘解体成网状的粗纤维，抱住树干并在顶端延伸成一个细长的干膜质的褐色舌状附属物。叶呈半圆或近圆形，具辐射状深皱褶多裂的裂片，叶柄两侧具微粗糙的瘤突或细圆齿状的齿，顶端有明显的戟突。花雌雄同株或杂性；花序粗壮，生于叶间，雌雄花序相似，多次分枝或2次分枝；佛焰苞数个，包着花序梗和分枝，花2—4簇生，罕为单生；雄花花萼3深裂或几分离，花冠大于花萼，雄蕊6，花丝分离，花药背着；雌花花萼与花冠如雄花，雄蕊6，具不育的箭头形花

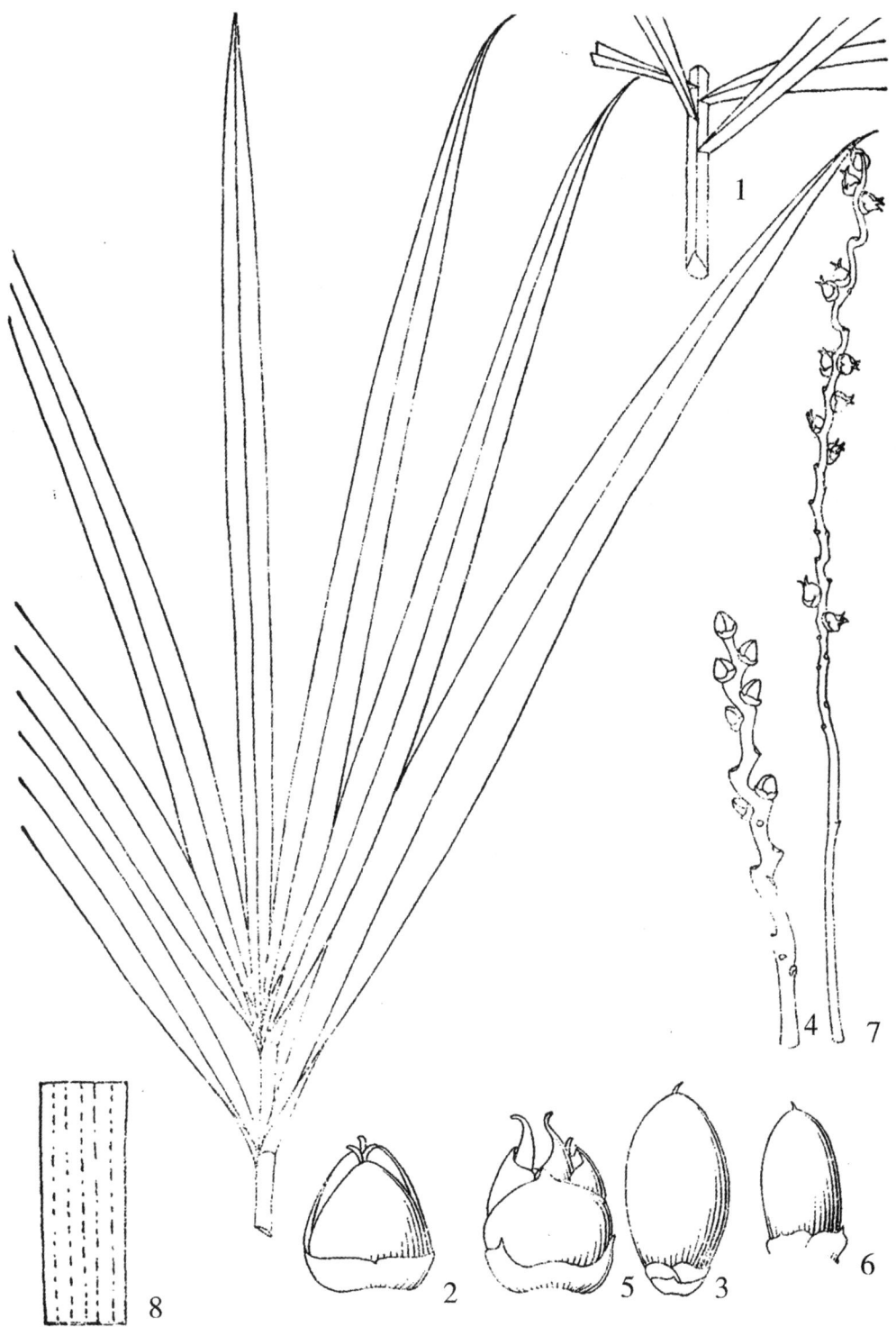

图559　刺葵和江边刺葵

1—4.刺葵 *Phoenix hanceana* Naud.

1.叶　2.雌花　3.果实　4.雌花序的分枝花序

5—8.江边刺葵 *P. roebelenii* O'Brien.

5.雌花　6.果实　7.雌花序的分枝花序　8.示裂片下面秕糠状鳞秕（放大）

药，心皮3，分离，有毛，卵形，顶端变狭成1短圆锥状花柱，胚珠基生。果球状肾形或椭圆形，有脐或在腹面稍具沟槽，外果皮膜质，中果皮稍肉质，内果皮膜质贴在种子上；种子形如果实，胚乳均匀，角质，在种脊面有一个稍大的珠被侵入，胚约位于种脊对面的中央（或背生）。

本属约8种。我国约3种，云南有2种。

分 种 检 索 表

1.乔木状，花序粗壮，多次分枝，从叶间伸出 …………………………………… 1.棕榈 T. fortunei
1.灌丛状，无地上茎，花序从地面直立伸出，较短小，二次分枝 ………… 2.龙棕 T. nana

1.棕榈（中国树木分类学）　拼榈（本草纲目）、棕树　图560

Trachycarpus fortunei（Hook. f.）H. Wendl.（1861）

Chamaerops fortunei Hook. f.（I860）

乔木状，高达10米或更高，树干圆柱形，被不易脱落的老叶柄基部和密集的网状纤维，除非人工剥除，否则不能自行脱落，裸露树干直径10—15厘米甚至更粗。叶呈3/4圆形或近圆形，深裂成30—50具皱褶的线状剑形、宽2.5—4厘米、长60—70厘米的裂片，裂片先端具短2裂或2齿，硬挺不下垂；叶柄长75—80厘米或更长，两侧具细圆齿，顶端有明显的戟突（或舌状体）。花序一般有3—5个，粗壮，通常是雌雄异株。雄花序与雌花序相似，但较短而分枝密集；雄花序长约40厘米，具2—3分枝，雄花无梗，每2—3花密集着生于小穗上，也有单生的，黄绿色，卵球形，钝三棱，萼片3，几分离，花冠约2倍长于花萼，雄蕊6；雌花序长80—90厘米，有4—5分枝，每分枝又2—3回分枝，雌花淡绿色，通常2—3聚生，花无梗，球形，着生于短瘤突上，花萼3裂，花瓣长于萼片1/3，退化雄蕊6，心皮被银色毛。果球状肾形，有脐，宽11—12毫米，高7—9毫米，成熟时由淡黄变为淡蓝色，有白粉，柱头残留在侧面附近；胚乳均匀，角质，胚位于种脊对面的中央。花期4月；果期12月。

云南各地普遍栽培。

种子繁殖，育苗造林，随采随播或翌年春季播种。播前可用草木灰液浸泡3—5天后搓去种子外层的蜡质。每亩用种子40—75千克。播后盖土并盖稻草，幼苗出土后除去稻草，第二年换床移植，至第三年即可出圃定植。

叶鞘纤维为绳索、蓑衣、棕垫、地毯、棕刷和沙发的填充材料等。嫩叶经漂白可编扇和草帽，花苞可供食用；棕皮及叶柄、果实、叶、花、根等均可入药，果皮可提取棕蜡。此外，树形美观，可作庭园绿化树种。

2.龙棕（植物分类学报）图560

Trachycarpus nana Becc.（1910）

T. dracocephalus Ching et Hsu（1954）

灌木，高0.5—0.8米；无地上茎，地下茎节密集，多须根，弯曲回环，犹如龙状，故名龙棕。叶簇生于地面，形状如棕榈叶，但较小和更深裂，裂片线状披针形，长25—55厘

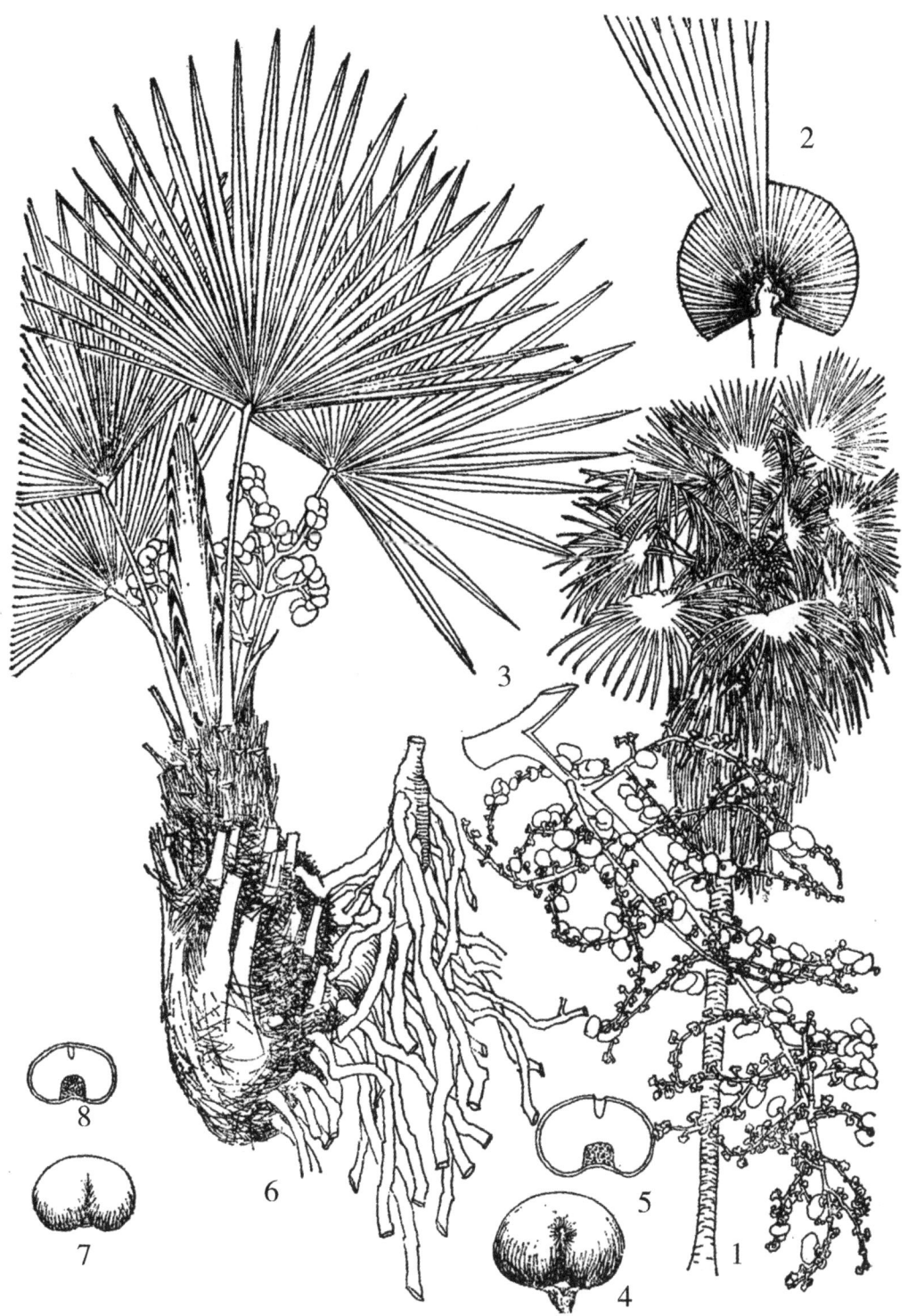

图560 棕榈和龙棕

1—5.棕榈 *Trachycarpus fortunei*（Hook. f.）H. Wendl.

1.植株形态　2.叶基部形态　3.一分枝果序　4.果实　5.果实纵剖面

6—8.龙棕 *T. nana* Becc.

6.植株形态　7.果实　8.果实纵剖面

米，宽1.5—2.5厘米，先端浅2裂，上面绿色，下面苍白色；叶柄长25—35厘米，两侧有或无密齿。花序直立，长40—48厘米，通常2次分枝，花雌雄异株，雄花序比雌花序的花密集；雄花球形，黄绿色，无毛，萼片3，几分离，花瓣2倍长于萼片，发育雄蕊6，退化雄蕊3；雌花淡绿色，球状卵形，花瓣稍长于花萼，心皮3，被银色毛，胚珠3，只有1颗发育。果实肾形，蓝黑色，宽10—12毫米，高6—8毫米；胚乳均匀角质，胚侧生，偏向种脐。花期4月；果期10月。

我国特有种，仅见于大姚、宾川、永仁、永胜等地，生于海拔1900—2300米的灌丛中。已列为国家重点保护植物之一。

未成熟种子可食，叶用于制作扫帚。植株低矮，适宜做盆景观赏和庭园绿化材料。

3. 棕竹属 Rhapis Linn. f. ex Ait.

丛生灌木，茎小，直立，上部被以网状纤维的叶鞘。叶聚生于茎顶，叶片内向折叠，掌状深裂几达基部，裂片几片至多数，线形或线状椭圆形或披针形，上部变狭，先端短锐裂，边缘具微齿，叶脉及横小脉明显；叶柄两面凸起或上面扁平无凹槽，边缘无刺或具微锯齿，顶端有小戟突，背面不延伸成叶轴。花雌雄异株，花序生于叶间，雌、雄花序相似，多少具梗，基部有2—3完全的佛焰苞，2—3次分枝，花无梗，单生和螺旋状着生于小花枝周围；雄花花萼杯状，3齿裂，花冠倒卵形或棍棒形，浅3裂，裂片短而宽，镊合状排列，雄蕊6，2轮，花丝贴生于花冠上，花药短，圆形，背着；雌花的花萼与花冠近似于雄花的，但花萼多少具肉质的实心基部，子房由完全分离的3心皮组成，背面凸起，花柱短，每心皮具胚珠1，基生，退化雄蕊6。果通常由1心皮发育而成，球形或卵形，顶端具柱头残留物，外果皮表膜质，干时具细的颗粒状，中果皮肉质，稍具纤维，内果皮薄，壳质或颗粒状近木质，易碎；种子单生，球形或近球形，种脐线状长圆形，种脊不明显，胚乳均匀，近种脐处有大的球状海绵组织（珠被）侵入物，胚位于种脊对面，近基生或侧生。

本属约12种，分布于亚洲东部及东南部。我国约有6种，分布于西南部至南部，云南常见栽培2种。

分 种 检 索 表

1.叶鞘分解成粗糙而硬的马尾状的网状纤维，叶裂片上部稍狭而呈近截状的有稍深裂的多对小裂片的顶端 ··· 1..棕竹 Rh. excelsa
1.叶鞘分解成均一的有次序的丝状的网状纤维，叶裂片上部明显变狭成近渐尖的具短2齿的顶端 ··· 2.矮棕竹 Rh. humilis

1.棕竹（中国高等植物图鉴）图561

Rhapis excelsa（Thunb.）Henry ex Rehd.（1930）

Chamearops excelsa Thunb.（1784）

丛生灌木，高2—3米。茎圆柱形，有节，直径1.5—3厘米，上部被叶鞘，但分解成稍松散的马尾状淡黑色粗糙而硬的网状纤维。叶掌状深裂，裂片4—10，不均等，具2—5肋脉，在基部（即叶柄顶端）1—4厘米处连合，长20—32厘米或更长，宽1.5—5厘米，宽线形或线状椭圆形，先端宽，截状而具多对稍深裂的小裂片，边缘和上面的肋脉具稍锐利的锯齿，横脉多而明显；叶柄两面凸起或上而稍扁平，边缘微粗糙，宽约4毫米，顶端的小戟突略呈半圆形或钝三角形，被毛。花序长约30厘米，花序梗及分枝花序基部各有1佛焰苞包着，密被褐色弯卷绒毛；2—3分枝花序，其上有1—2次分枝小花穗，花枝近无毛，花螺旋状着生于小花枝上。雄花在花蕾时为卵状长圆形，具顶尖，在成熟时花冠管伸长，在开花时为棍棒状长圆形，长5—6毫米，花萼杯状，深3裂，裂片半卵形，花冠3裂，裂片三角形，花丝粗，上部膨大具龙骨突起，花药心形或心状长圆形，顶端钝或微缺；雌花短而粗，长4毫米。果球状倒卵形，直径8—10毫米；种子球形，胚位于种脊对面近基部。花期6—7月。

产我国西南部至南部。云南有栽培。日本有分布。

可用种子或分株繁殖。

树形优美，是庭园绿化的好材料。

2.矮棕竹（中国高等植物图鉴）图561

Rhapis humilis Bl.（1836）

Chamaerops excelsa Thunb. var. *humilior* Thunb.（1784）

丛生灌木，高1米或更高。茎圆柱形，有节，上部被紧密的网状纤维的叶鞘，纤维毛发状（或丝状），深褐色。叶掌状深裂，裂片7—10（20）片，15—25厘米，宽0.8—2厘米，具1—2（3）条肋脉，横脉稀疏，边缘及肋脉具细锯齿，先端短2—3裂，稍渐尖；叶柄约与叶等长，较细，宽2—2.5毫米，两面凸起，边缘平滑，顶端小戟突呈卵状圆形。雄花序长25—30厘米，具3—4分枝花序，花序梗及每分枝基部为1个佛焰苞包着，佛焰苞除顶尖被毛外，其余部分无毛，具条纹脉；小花枝纤细，长3—5厘米或更长，枝条各部分被锈色鳞秕状绒毛，雄花很紧密地互生或螺旋状着生于小花枝上，花蕾时为卵形；花萼杯状钟形，具不整齐的3裂，充分成长时整个花为棍棒形，长约6毫米；花冠4—5倍长于花萼，短3裂，向下渐狭成管状，在基部1/3处是实心的；雄蕊6，花丝贴生于花冠管上，圆柱形，顶端变狭，花药圆形，两端具微缺。果球形，直径约7毫米，宿存花冠为实心柱状体；种子球形，直径约4.5毫米。花期7—8月。

产我国西南部至南部。云南常见栽培。

树形优美，可作庭园绿化观赏。

4. 贝叶棕属 Corypha Linn.

高大，乔木，一次开花结实后死去。叶很大，圆形或半月形，扇状分裂，裂片具1粗壮中肋和许多横向小脉，先端具2裂或2齿；叶柄边缘具刺，上面具深沟槽，下而凸圆，顶端延伸为外弯的叶轴。花序顶生，大型，半球形或圆锥形或金字塔形，佛焰苞多数，管状，包围着花序轴，由佛焰苞抽出许多一级分枝，分枝上也具有管状的较短的佛焰苞，包着二级分枝的基部，二级分枝上着生小花枝；花小，两性，成团集聚伞状着生于小花枝上，每花具很小的鳞片状小苞片，花无梗，但有时从花萼基部延伸成一个实心的梗状部分；花萼

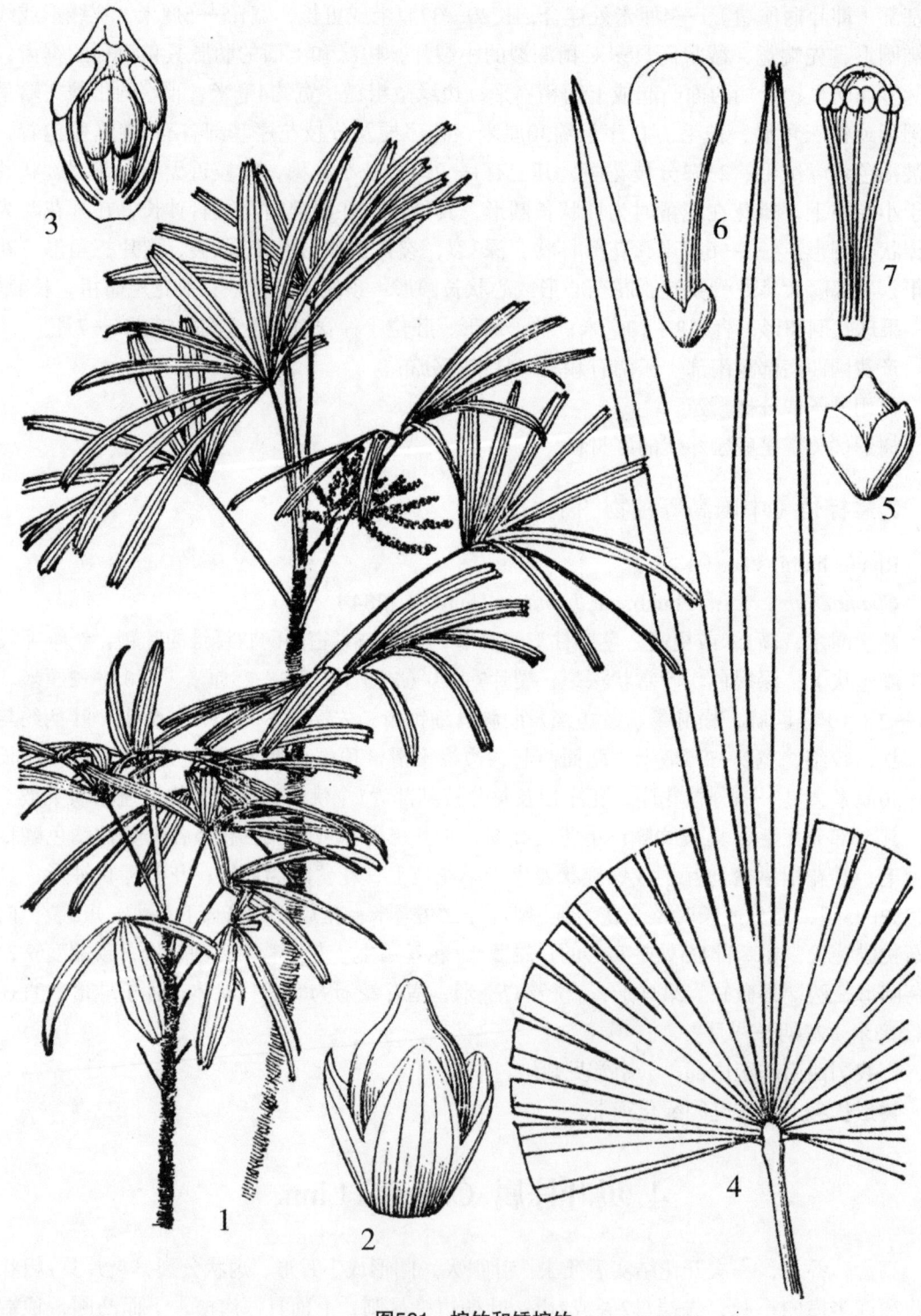

图561　棕竹和矮棕竹

1—3.棕竹 *Rhapis excelsa*（Thunb.）Henry ex Rehd.

1.植株形态　2.雄花花蕾时形状　3.雄花解剖（示雄蕊形状和1花瓣）

4—7.矮棕竹 *Rh. humilis* Bl.

4.叶形　5.雄花花蕾时形状　6.雄花成长时形状　7.雄花解剖（示雄蕊形状和1花瓣）

杯状，3裂，花瓣3，雄蕊6，花丝基部邻接，其余部分为钻状，顶部弯曲，花药背着；子房3室，由3愈合的具单胚珠的心皮组成，花柱短，钻形，柱头3。果1—3着生一起，球形，基部具花柱残留物和2小瘤状突起（即不育心皮的残留物）；种子球形或略为卵形或长圆形；胚乳均匀，中央具小孔穴；胚顶生或近顶生。

本属约8种，分布于亚洲热带至澳洲北部。我国南部有栽培。云南栽培1种。

贝叶棕（西双版纳植物名录）图562

Corypha umbraculifera Linn.（1753）

植株高大粗壮，乔木，高达25米，直径50—60厘米，最大可达90厘米，具较密的环状叶痕。叶扇状近半月形，长1.5—2米，宽约2.5—3.5米，裂片80—100，裂至中部，剑形，先端浅2裂，长60—100毫米，宽7—9厘米；叶柄长2.5—3米，粗壮，宽7—10厘米，上面有沟槽，边缘具短齿，顶端延伸成下弯的中肋状叶轴，长约70—90厘米。花序顶生，大型，直立，圆锥形，高4—5米或更高，序轴上由多数佛焰苞所包被，初为纺锤形，后裂开，分枝花序从裂缝中抽出，有30—35分枝，由下而上渐短，下部分枝长3.5米，上部的约1米，多级分枝，最末一级分枝上螺旋状着生几个长15—20厘米的小花枝上面着生花；花小，两性，乳白色，有异味。果球形，直径3.2—3.5厘米，干时果皮产生龟裂纹；种子近球形或卵形，直径1.8—2.0厘米；胚乳均匀，角质，中央有小孔穴；胚顶生。只开花结果一次后即死去，其生命周期约有35—60年。花期2—4月；果期翌年5—6月。

栽培于西双版纳、孟连、金平、耿马傣族村寨的寺院旁。原产印度、斯里兰卡等亚洲热带国家，随着佛教的传播而被引入我国，已有700多年的历史。

除了作为一种宗教信仰的标记植物外，还有重要的经济价值。其树形美观，是很好的绿化观赏植物，可用于盖屋、编席子、帽子、篮子、烟盒等日用品，晒干切成长方形的片条，可代纸作书写材料，用尖铁笔在上面刻写文字，在印度和我国云南的傣族有用贝叶刻写佛经的，俗称"贝叶经"；叶柄也可作编织材料。从花序割取的汁液含糖分可制一种棕榈酒或制醋或熬制成糖。幼嫩的种仁可用糖浆煮成甜食（注意：成熟种仁有毒不能吃！）树干的髓心捣碎经水浸提得淀粉，可食用。根的汁液可治腹泻；咀嚼根可止咳。幼株的水煎剂可治热感冒等。

5. 轴榈属 Licuala Thunb.

灌木，茎丛生或单生，具环状叶痕。叶多少呈圆形或扇形，折叠状，掌状深裂，罕为全缘，裂片先端截平或有齿；叶柄边缘具刺，叶鞘纤维质。花序生于叶丛中，分枝或不分枝，被管状、革质、宿存的佛焰苞；花小，两性；苞片或小苞片很小或不明显；花萼杯状或管状，3齿裂或近全缘；花冠3深裂，镊合状排列；雄蕊6，花丝基部合生成一环，花药心形，背着；子房由3分离的或近分离的心皮组成，具直立，近基生的胚珠1，花柱丝状，柱头呈3小齿状或短3裂。核果小球形至椭圆形，罕为狭长形；外果皮膜质，平滑，中果皮肉质，内果皮薄木质，顶端具宿存的花柱；种子球形，腹面常有凹穴，胚乳角质，均匀，胚约位于种脊面的中部。

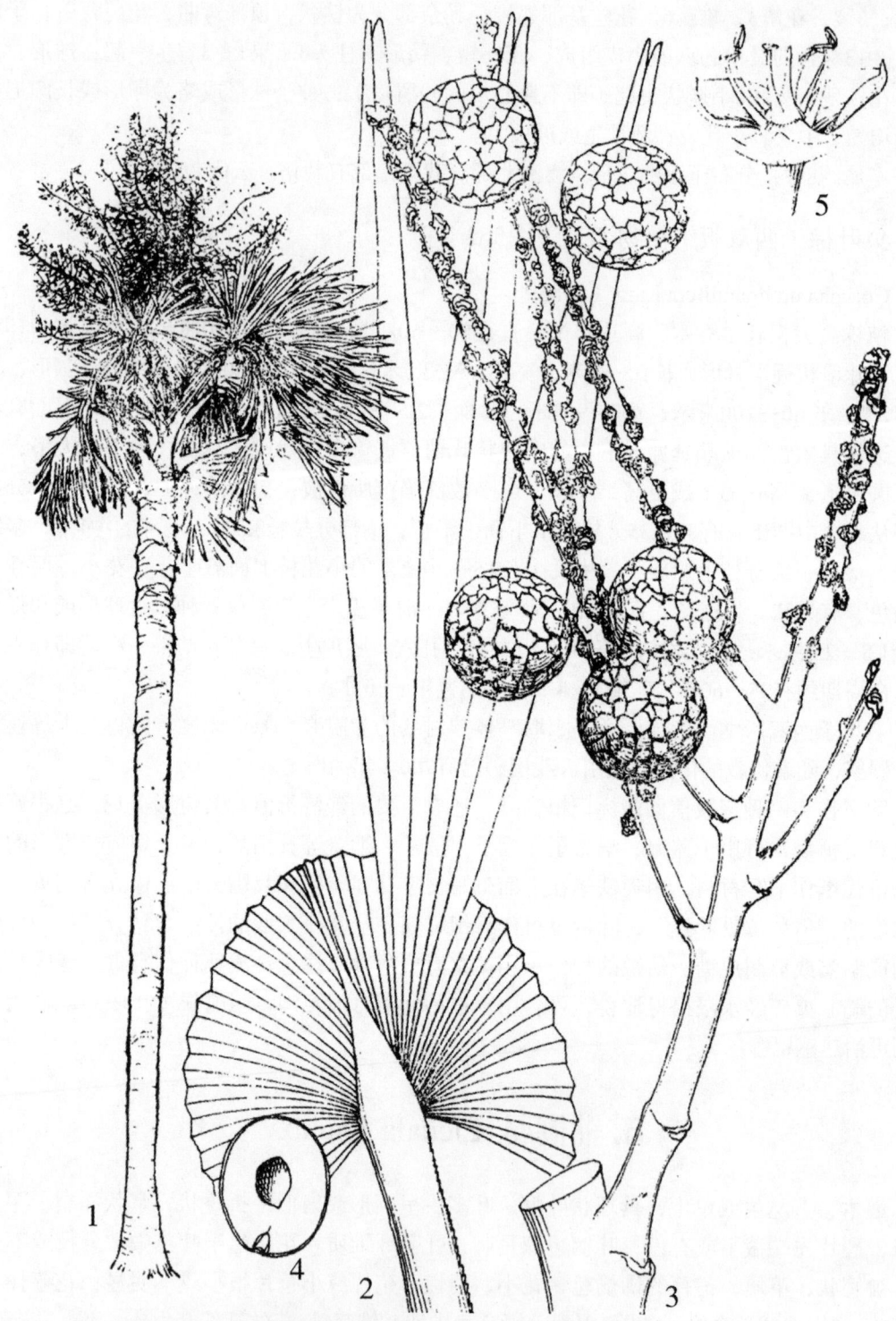

图562　贝叶棕 *Corypha umbraculifera* Linn.

1.植株形态（示顶生花序）　2.叶（示部分裂片）　3.果序一部分，带果实　4.果实纵剖面　5.花

本属约100种，分布于热带亚洲、澳大利亚和太平洋群岛。我国有3种，产南部及西南部。云南产1种。

毛花轴榈（中国植物志）图563

Licuala dasyantha Burret（1941）

灌木状，高达2米，直径2—3厘米。叶呈2/3圆形，蓝绿色，折叠状，深裂达基部成7—9楔形裂片，有多条及顶肋脉，横脉细，波状；中央的裂片长达45厘米，先端宽达50厘米，截形，具微缺，约有25及顶的突起的肋脉，其余裂片斜截，较短和较狭，先端具较深的缺刻，最边缘的裂片明显地变短而狭，呈斜楔形，长约25厘米，先端宽约5厘米；叶柄长约60厘米，基部两侧有稀疏短刺，下面被褐色鳞秕。花序具2分枝小穗，序梗长4—10厘米，由1或2佛焰苞包着；佛焰苞外面密被深褐色鳞秕，分枝小穗由佛焰苞内伸出，长8—14厘米，粗壮，呈圆柱状，直径为4—4.5毫米；序轴及花均密被深褐色的鳞毛；花在小穗轴上成8—10直列着生于小突瘤上，每花有1披针形的苞片衬托着；花萼浅3裂，密被深褐色鳞毛，花冠稍长于花萼，具条纹脉。花期4—5月。

产河口。广西西南部也有分布。为我国特有种。

种子繁殖。

树形美观，可作庭园绿化树种。

6. 蒲葵属 Livistona R. Br.

乔木状，直立，有环状叶痕，叶大，宽肾状扇形或几圆形，扇状折叠，辐射状（或掌状）分裂成许多具单折或单肋脉（罕为多折）的裂片，裂片先端具2浅裂或2深裂；叶鞘具网状纤维；叶柄长，两侧无刺或多少具刺，顶端的上面有明显的戟突，背面略延伸为细长的叶轴。花序生于叶腋，具有几个管状佛焰苞，多分枝，结果时下垂；花小，两性，单生或在小花枝上成小的团集聚伞花序，花萼深3裂或几为3萼片，花冠分裂几达基部，裂片3，雄蕊6，花丝顶端钻形，基部合生，花药直立，背着；子房由3心皮组成，每心皮内有直立、基生胚珠1，花柱短，分离或合生，柱头3。果通常由1心皮形成，球形、卵形或椭圆形，柱头残留于顶端，果皮平滑；种子椭圆形或球形或卵形，腹面有凹穴，胚乳均匀，胚位于种脊的对面（背生）。

本属约30种，分布于亚洲及澳洲的热带地区。我国有3种，分布于西南部至东南部。其中蒲葵在我国南部广为栽培。云南产1种，常见栽培1种。

分 种 检 索 表

1.每裂片顶部再分裂成2片细长渐尖成丝状下垂的小裂片；叶柄下部两侧有下弯的淡褐色的刺；果椭圆形，长18—22毫米，宽10—12毫米，黑褐色 ················· **1.蒲葵** L. chinensis

1.每裂片顶部具2浅裂，不下垂；叶柄两侧具较密的强壮的黑褐色的刺；果倒卵形，长20—25毫米，宽15—20毫米 ·· **2.美丽蒲葵** L. speciosa

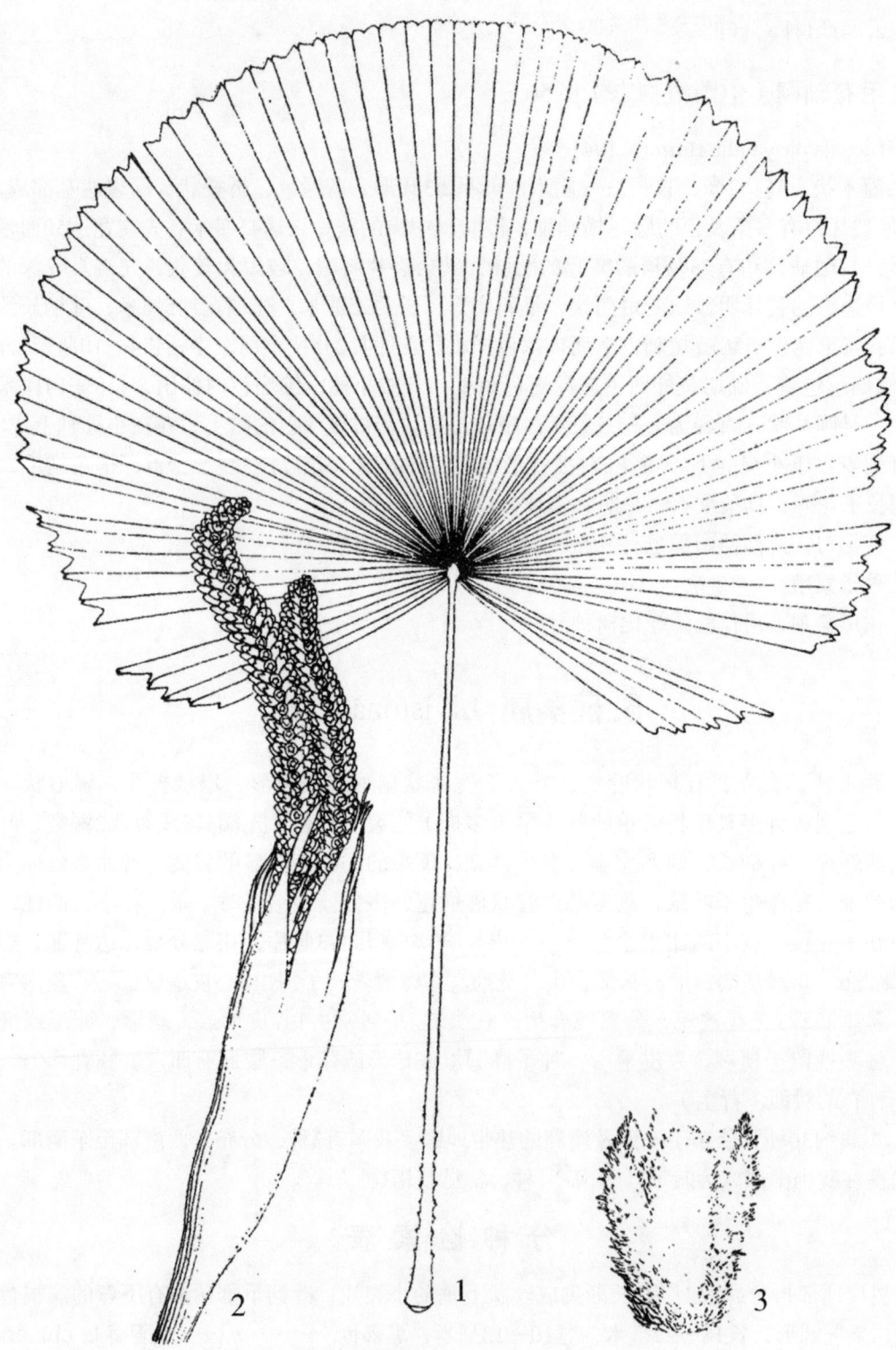

图563 毛花轴榈 *Licuala dasyantha* Burret
1.叶 2.花序 3.花外观

1.蒲葵（南方草本状）图564

Livistona chinensis（Jacq.）R. Br.（1810）

Latania chinensis Jacq.（1809）

乔木状，高达20米，直径20—30厘米，基部常膨大。叶宽肾状卵形，直径达1米余，掌状深裂至中部，裂片线状披针形，基部宽4—4.5厘米，顶部长渐尖，深2裂成长达50厘米的丝状下垂的小裂片，两面绿色。叶柄长1—2米，下部两侧有下弯的短刺。花序呈圆锥状，粗壮，长约1米，花序梗上有6—7佛焰苞，约6分枝花序，长达35厘米，每分枝花序基部有1佛焰苞，分枝花序具2次或3次分枝，小花枝长10—20厘米；花小，两性，长约2毫米，花萼裂至近基部成3宽三角形近急尖的裂片，裂片有宽的干膜质的边缘；花冠约2倍长于花萼，裂至中部成3个半卵形急尖的裂片；雄蕊6，其基部合生成杯状并贴生于花冠基部，花丝稍粗，宽三角形，突变成短钻状的尖头，花药阔椭圆形，子房的心皮上面有深雕纹，花柱突变成钻形。果椭圆形（如橄榄状），长18—22毫米，宽10—12毫米，黑褐色；种子椭圆形，长15毫米，宽9毫米，胚约位于种脊对面的中部稍偏下。花果期4月。

产我国南部。中南半岛有分布。云南南部有栽培。

嫩叶制葵扇；老叶制蓑衣等，叶裂片的肋脉可制牙签；果实及根入药。

喜高温多湿气候。种子繁殖。

2.美丽蒲葵（中国植物志）图564

Livistona speciosa Kurz（1874）

乔木状，粗壮，高达20米或更高，树干直径30—40厘米或更粗。叶大型，叶片外观为3/4圆形或近圆形，上面深绿色，下面稍苍白，有1大的不分裂的中心部分，周围分裂成多数向先端渐狭的裂片，每裂片先端短2裂，小裂片长3—5厘米，中央的裂片从叶柄顶部的戟突至裂片顶端长1—1.2米，宽3—4.5厘米，裂片较短，其余裂片较长；叶柄粗壮，长1.5—2米，两侧特别在下部具强壮的稍扁平的黑褐色下弯的刺，刺的顶端呈镰刀状向上弯，下部的最大的刺长2厘米，基部宽达1厘米。花序腋生，粗壮，长达1.3米，具4—6分枝花序，长30—50厘米，每分枝花序从各自的佛焰苞口伸出，具2—3次分枝，小花枝长10—15厘米，花着生于小花枝上的螺旋状排列的小突瘤上，花5—6（花枝下部）或2—3（上部）聚生，黄绿色，未开放时为宽卵形，急尖，长约2毫米；花萼约裂至中部而成3个宽的半卵形近急尖的裂片，边缘薄膜质近透明；花冠2倍长于花萼，约裂至中部成3个正三角形急尖的裂片；雄蕊6，在基部合生成杯状，部分与花冠基部黏合，上部分离部分具宽的基部并突变成狭钻状稍细长的尖头，花药近圆形；子房的心皮上面具深雕纹。果倒卵形，顶部圆形，基部变狭，长20—25毫米，宽15—20毫米，外果皮薄，浅蓝色；种子椭圆形或略卵形，长15—18毫米，宽10—14毫米，胚位于种脊对面的中部偏下。花果期10月。

产屏边，也常见栽培。缅甸有分布。

种子繁殖。

本种过去一直误定为海南产的那种大叶蒲葵*L.saribus*（Lour.）Morr. ex A.Chcv. 根据观察和核对有关文献，大叶蒲葵的果实为椭圆形，而本种为倒卵形，容易区别。

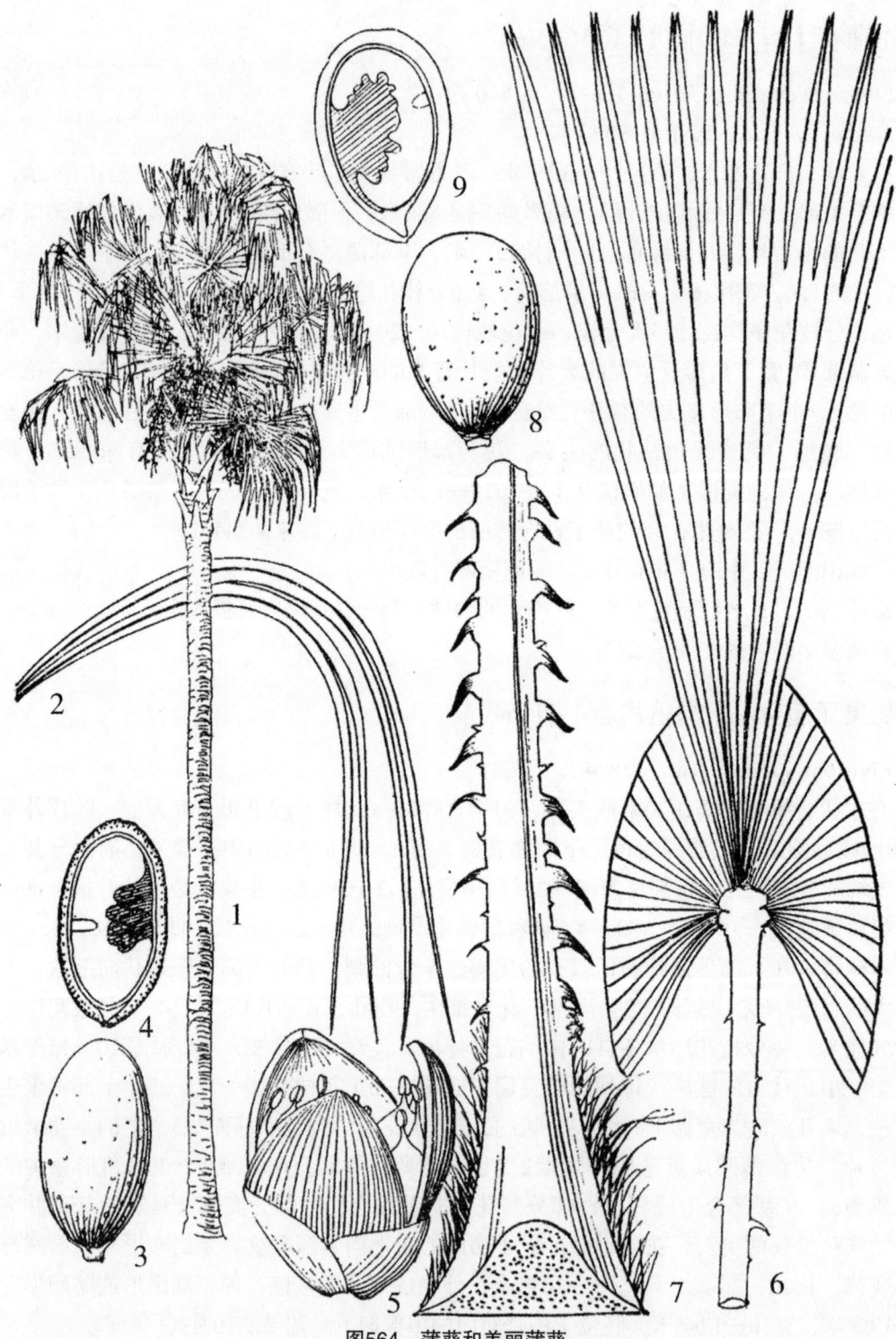

图564 蒲葵和美丽蒲葵

1—5.蒲葵 Livistona chinensis（Jacq.）R. Br.

1.植株形态 2.叶裂片（示顶端细长2小裂片） 3.果实 4.果实纵剖面 5.花

6—9.美丽蒲葵 L. speciosa Kurz

6.叶（正面）（示裂片形状） 7.叶柄基部（示粗壮的刺） 8.果实 9.果实纵剖面

7. 糖棕属 Borassus Linn.

茎直立，粗壮，无刺，乔木状，高达30米。叶生于茎顶，大型掌状分裂，具肋，扇形，具皱褶，多浅裂，叶柄粗壮具刺，叶舌短。花雌雄异株，花序大，生于叶腋，简单分枝，花序梗被几个张开的佛焰苞包着；雄花序具粗的圆柱形的分枝小穗，上面密被覆瓦状排列的鳞片状苞片，花小，着生在苞片的凹穴里，萼片3，覆瓦状排列，花瓣短于萼片，覆瓦状排列，雄蕊6，花药大，近无梗；雌花序分枝少，着生少数星散单生的花，花较大，球形，花被肉质膨大，萼片肾形，覆瓦状排列；花瓣较小，纵卷，退化雄蕊6—9；子房球形，近三棱状，全缘或深裂成3—4部分，3—4室，柱头3，无梗，弯曲，胚珠基生，直立。果实大，近球形，有1—3倒心形具纤维的果核，果皮薄肉质，柱头顶生；种子长圆形，顶端3裂，种皮粘着在果核上，胚乳均匀，中空，胚近顶生。

本属约8种，产热带亚洲和非洲，其中糖棕普遍栽培于泰国、印度、缅甸、斯里兰卡、马来西亚等热带地区，是产糖制酒的重要原料；我国云南南部有零星引种栽培。

糖棕（西双版纳植物名录）图565

Borassus flabellifer Linn.（1753）

高大乔木，高达20米（最高达33米），直径一般45—60厘米（最粗可达90厘米）。叶大型，扁形，近圆形，直径达1—1.5米，最宽可达3米，裂片60—80，裂至中部，线状披针形渐尖，先端2裂；叶柄粗壮，长约1米，基部开裂，边缘具齿状刺，顶端延伸为中肋直至叶的中部。雄花序可长达1.5米，3—5分枝，分枝小穗长约25厘米，花小，多数，黄色；雌花序长约80厘米，约4个分枝小穗，长30—50厘米，8—16花，螺旋状排列，花的直径约2.5厘米。果大，近球形，压扁，直径10—15（20）厘米，外面光滑，黑褐色，里面有许多纤维，种子即包在里面；种子通常3，心形；胚乳均匀，软骨质，胚近顶生。花果期春季。

云南西双版纳有零星栽培。广泛栽培于亚洲热地区，如泰国、印度、缅甸、斯里兰卡、马来西亚等国。用种子繁殖。可用塑料袋育苗或直播于定植地。由于种子发芽时具粗而长的直根，移栽或定植时千万注意不要损伤直根，否则影响成活。

糖棕有很高的经济价值。在主产国大量利用其粗壮的花序梗割取汁液制糖，酿酒，制醋和饮料。叶子和贝叶棕的叶子一样，可以用来刻写文字（参见贝叶棕），还可盖屋顶，编席子和篮子，也可以作绿肥（将叶子埋在水田里腐烂）。果实未熟时，在种子里面有一层凝胶状胚乳和少量清凉的水可食和饮用。胚乳约含93%的水，在其固态部分以葡萄糖为主，蔗糖次之。种子萌发出的嫩芽和肉质根可供食用。树干外面木质坚硬部分可用来做椽子，木桩和围栏，做输水管、水槽等。在泰国东北部，糖棕成片广植于稻田间，形成特殊的稻田—糖棕人工植被景观。

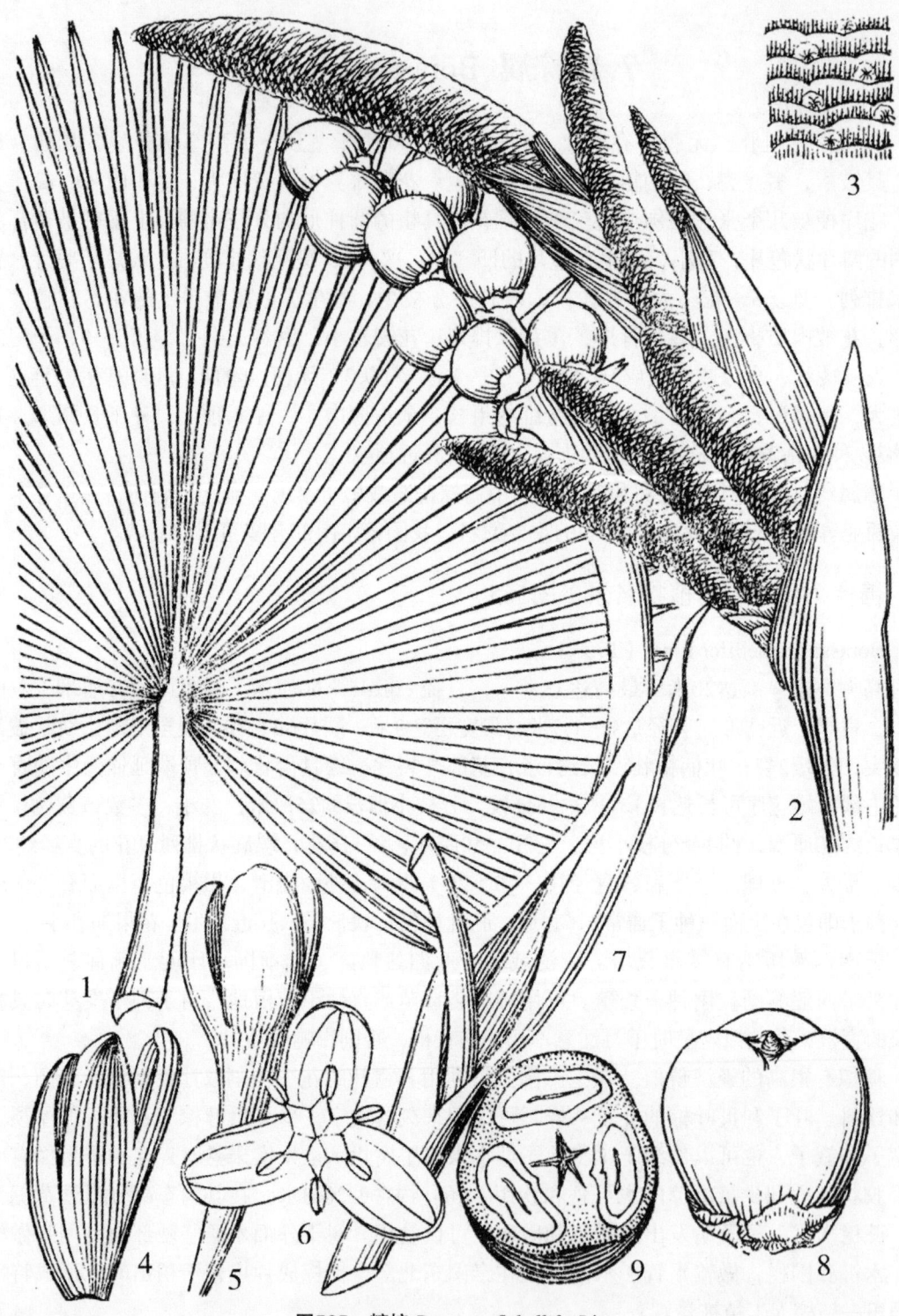

图565 糖棕 *Borassus flabellifer* Linn.

1.叶　2.雄花序一分枝　3.雄花在穗轴上着生情况　4.雄花花萼　5.雄花花瓣
6.雄花开放（正视图）　7.一分枝果序　8.果实　9.果实横剖面

8. 蛇皮果属 Salacca Reinw.

植株丛生，直立，短茎或几无茎，有刺；雌雄异株。叶羽状全裂，羽片披针形或线状披针形，稍呈S字形或镰刀状渐尖。花序生于叶间；雌雄花序异型；雄花序具分枝，着生几个柔荑状圆柱形穗状花序；总花序梗及分枝被包于宿存的佛焰苞内。雄花成对着生于小佛焰苞（苞片）的腋部，通常伴随有毛的小苞片；花萼和花冠管状，3裂；雄蕊6，着生于花冠的喉部；花丝长圆形；退化雄蕊细小；雌花序分枝比雄的少，但穗状花序较大；雌花成对着生或单生，比雄花大；苞片2；中性花伴随着雌花，只有1个苞片；花萼膜质，3裂；花冠革质，约与花萼等长或稍长，上部3裂，退化雄蕊6，子房3室，具鳞片或粗毛，花柱短，柱头3。果实球形、陀螺形或卵形，外果皮薄，被覆瓦状、向下的软骨质直鳞片，中果皮厚，肉质；种子1—3，长圆形、球形或钝三棱形，带有从顶端孔穴深深侵入的珠被，胚乳均匀、坚硬、胚基生。

约15种，我国有1种，分布于云南西部。

滇西蛇皮果（西双版纳植物名录）图566

Salacca secunda Griff.（1844）

植株直立丛生，几无茎。叶长约6米，叶轴下部背面有针刺，上部无刺；羽片整齐排列，披针形，长50—75厘米，宽5—8厘米，顶部的渐短，两面绿色，具3肋脉，上面有刚毛，边缘具稀疏的稍短刚毛。雄花序具粗壮的序轴，上面有几个着生穗状花序的分枝；一级佛焰苞被锈色的脱落性的鳞秕，基部的管状，上部的披针形渐尖并部分抱合；二级佛焰苞基部管状，上部为披针形渐尖撕裂状；穗状花序从二级佛焰苞口伸出，长6—7（14）厘米，粗1.4厘米，具稍细的为几个三级佛焰苞所包藏的梗；雄花成对着生，长8毫米，几乎全伸出于小佛焰苞；花萼深3裂；花冠3裂，稍长于花萼；花药线状长圆形；花苞片线形，具鳞毛。雌花序也具粗壮序轴，有几个短而粗的着生穗状花序的分枝；基部的一级佛焰苞具短的抱茎的基部和在一侧延伸为长渐尖的尖，上面具少数针状刺；二级佛焰苞与雄的相似，但较宽而短；穗状花序稍粗，长6—9厘米，具短梗；小佛焰苞基部合生，上部具极宽的钝三角形的分离部分；每小佛焰苞包着1雌花和1中性花，花的小苞片短，密被长柔毛状纤毛。果球状陀螺形，顶部稍圆，基部短渐狭，形状依种子多少而有变化，由球形（含1种子），近双生形（含2种子）至近三棱形（含3种子），直径6—6.5厘米，果皮壳质，易碎，密被钻状披针形的暗褐色有光泽的长8—10毫米的鳞片；残留柱头呈不明显的短尖头；种子球形、半球形至钝三棱形，直径2.5—3厘米，暗褐色，无光泽，顶端有深的小孔穴延伸至胚乳的一半，内含珠被侵入物；胚乳角质、坚硬，胚近侧生，靠近基部。花果期9—10月。

产盈江西部，生于海拔270—1000米的热带森林中。印度、缅甸有分布。

为我国稀有植物，可用分株和种子繁殖。已列为国家重点保护植物，由于分布的范围较狭窄，从保护种质资源和遗传育种观点来说具有重要意义。

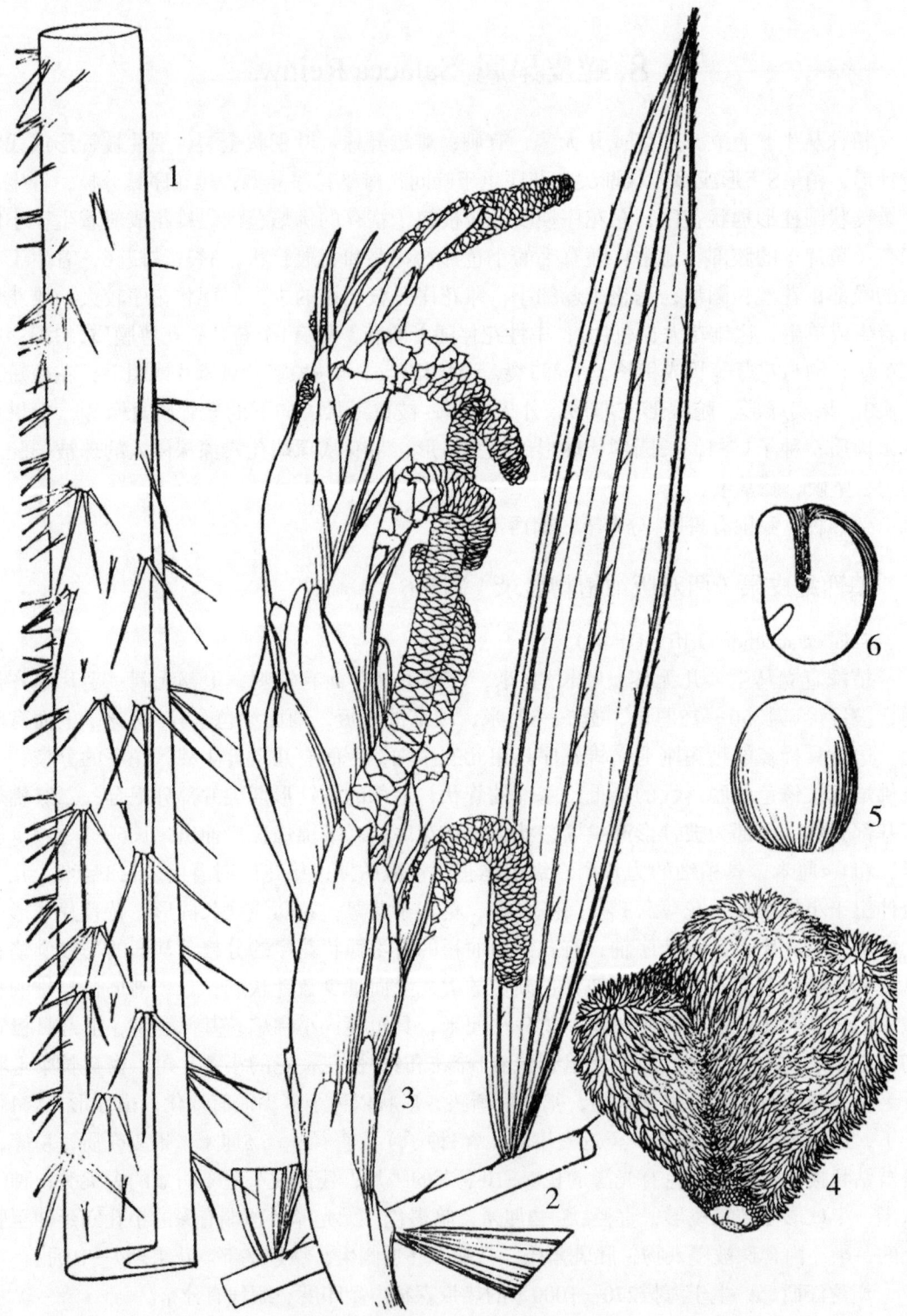

图566　滇西蛇皮果*Salacca secunda* Griff.
1.叶柄下部　2.叶中部（示羽片）　3.雄花序下部及小穗　4.果实　5.种子外观　6.种子纵剖面

9. 钩叶藤属 Plectocomia Mart. et Bl.

攀援藤本，一次结实后即死去。叶鞘管状，不具囊状凸起，有针状刺；叶羽状全裂，叶轴顶端延伸为具爪状刺的纤鞭，羽片披针形或线状披针形，渐尖，无刺，两面绿色或下面白色；无托叶鞘。雌雄异株，雌雄花序相似，从最上部的退化叶腋中伸出，二回分枝，穗状，下垂；一级佛焰苞管状，二级佛焰苞为内凹的苞片状，苞片遮掩着小穗（状花序）；雄小穗花较多，雌小穗花较少，均具小苞片；雄花每2朵并生于小穗轴上的每个凹痕处，花萼3齿裂，花冠几倍长于花萼，深裂为3个锯合状排列的花瓣，雄蕊6，花药直立，具平行的药室；雌花大于雄花，花萼深3裂，花冠长于花萼，退化雄蕊6，基部合生；子房球形或卵状球形，被鳞片，3室，每室有1胚珠，通常只有1室发育，花柱很短，柱头钻形，果球形，果皮薄，易碎，被许多小鳞片；种子球形或凹陷的扁球形，胚乳均匀，胚基生。

本属约有14种，分布于热带亚洲及大洋洲。我国约4种。云南产3种，分布于南部及西部。

分 种 检 索 表

1. 羽片两面绿色，先端具丝状尖；二级佛焰苞外而具细绒毛；果顶端圆形，无乳头状突起，鳞片无流苏状边缘；种子扁球形，顶端中央略凹陷 ………… 1. 高地钩叶藤 P. himalayana
1. 羽片上面绿色，下面具白粉，先端急尖或渐尖；二级佛焰苞外面无毛；果外面稍粗糙，顶端稍具乳头状突起，鳞片边缘具细而密的纤毛，顶端具细纤毛状流苏；种子球形 ………
…………………………………………………………………… 2. 钩叶藤 P. kerrana

1. 高地钩叶藤（植物分类学报1988）图567

Plectocomia himalayana Griff.（1845）

P. montana Hook f. et Thoms.（1893）

攀援藤本。叶的羽片部分长约2.2米，先端具长约1米的纤鞭，叶轴下面具单生或2—3合生的爪；羽片通常2—3成组着生，狭长披针形，向基部渐尖或急尖，向上部极渐尖成丝状的顶尖，长30—50厘米，宽3.5—5.5厘米，上部的羽片渐变小，两面绿色，具细的中脉及每侧2—3几等粗的二级脉，无刺，边缘不变厚，具纤毛状微刺；叶鞘上具整齐斜列篦齿状针状刺。花序顶生；雌花序长1—2米，有5—6穗状花序（分枝花序），弓形，下垂，长45—60厘米或更长；花序梗上的佛焰苞（一级佛焰苞）管状漏斗形；分枝花序具6—8厘米长的梗部，其上有1—2管状漏斗形的二级佛焰苞，梗部以下的二级佛焰苞为苞片状，长圆状倒楔形，外面被细绒毛，在其上部1/3—1/4部分为三角形急尖，长4—5.5厘米，宽2厘米；穗轴被褐色绒毛，有20多个小穗，每小穗被一苞片状的佛焰苞掩盖着，小穗约有5—10花，着生于小穗轴的深凹痕处。果被扁平，果球形，直径1.5—2.2厘米，顶端圆形，具花柱残留物，鳞片很小，约45纵列，淡黄褐色带发亮的淡黑色，具齿状边缘和钝尖，稍粗糙；种子正面略圆形，压扁，背面中央略凹陷，直径10—15毫米，厚6—7毫米；胚乳均匀，胚基生。果期12月。

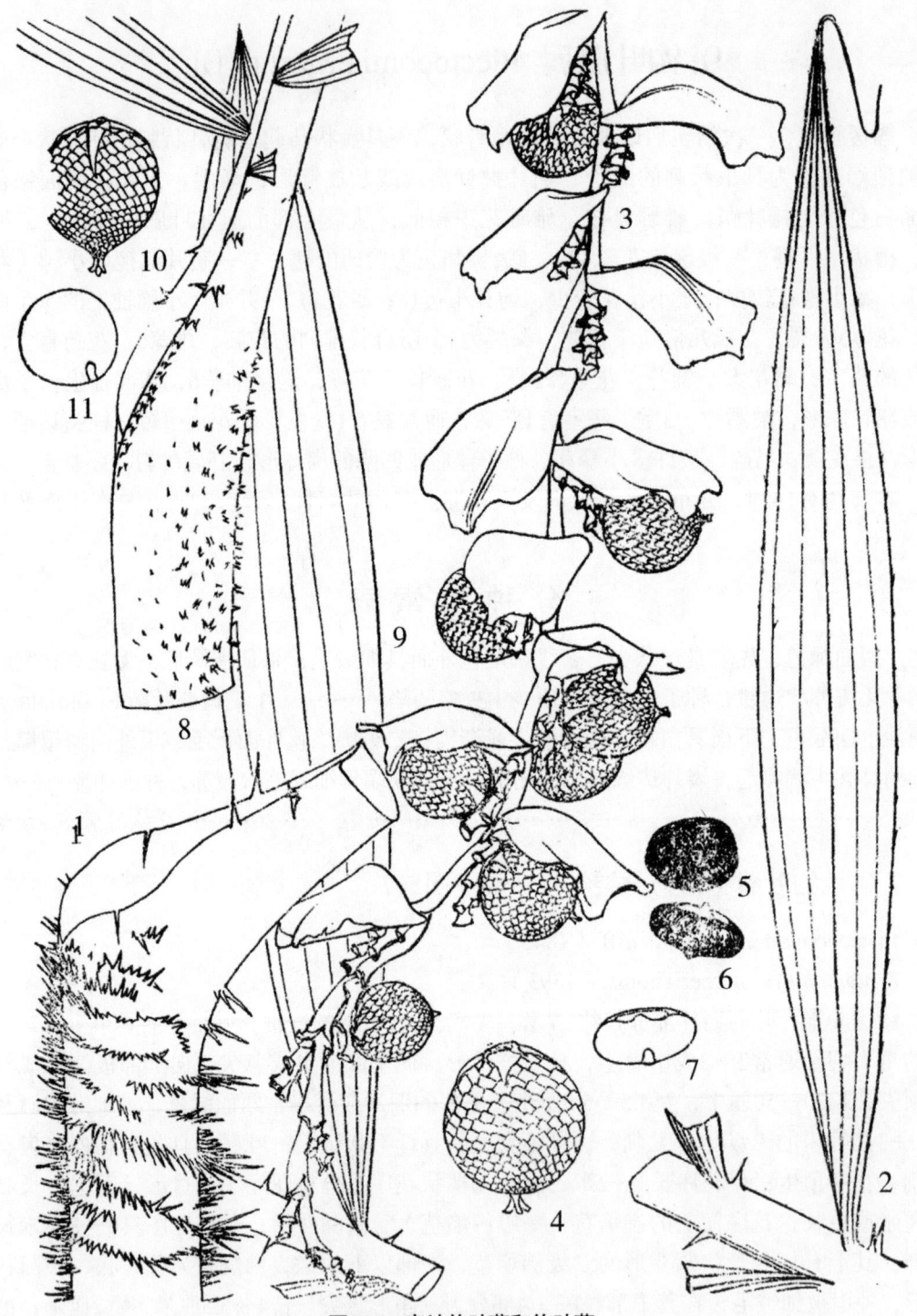

图567 高地钩叶藤和钩叶藤

1—7.高地钩叶藤 *Plectocomia himalayana* Griff.

1.叶鞘及叶柄基部　2.叶的一段（示羽片）　3.雌分枝花序（带果穗）

4.果实　5.种子正面观　6.种子侧面观　7.种子纵剖面

8—11.钩叶藤 *Plectocomia kerruna* Becc.

8.叶鞘及叶柄　9.叶的一段（示羽片）　10.果实　11.种子纵剖面

产勐腊、景洪、沧源等地，生于海拔1600—1800米的山地常绿阔叶林中。印度有分布。

由于植株只开花结实一次后即死亡，如果不加以适当的保护，很可能造成种群大量减少以致最后绝灭的危险，目前已列为国家重点保护植物。

种子繁殖；另外，由于其茎节着地后能萌发生根并长出新的植株，又可用无性繁殖。

藤茎质地较粗糙，可用于编织较粗糙的藤器或扎栏之用。

2.钩叶藤（西双版纳植物名录）图567

Plectocomia kerrana Becc.（1921）

攀援藤本。叶的羽片部分长约2米，顶端具纤鞭，叶轴下面具稀疏单生的爪，两侧具一些小刺，羽片2—4近生，不等距排列，披针形，长50—55厘米，宽5—6厘米，先端渐尖成钻状稍硬的尖，上面绿色，下面白色，边缘肋脉稍比中脉强壮，边缘具稀疏微刺或几无刺；叶鞘具淡灰色短绒毛和苍白色常常簇生的细长刺。雌花序上的穗状花序（分枝花序）长约50—56厘米，穗轴较粗壮，锈色粗糙，其上的佛焰苞具细条纹脉，基部楔形，顶端急尖，长4.5厘米，宽2.5厘米，结果时撕裂状；小穗长2—2.5厘米，约有8花，具很短粗的三棱状锈色粗糙的梗。果球形，直径2厘米，稍具乳状突起和短的花柱残留物，鳞片多，约45纵列，平扁，中央有模糊的沟槽，发亮，深草黄色，具淡红褐色的狭边，边缘具细而密的纤毛，顶端稍延伸，稍钝，具细纤毛状流苏，微粗糙；种子球形，直径15毫米；胚乳均匀，胚基生。果被扁平，花萼很小，具3个三角形急尖或渐尖的齿，花瓣披针形渐尖，稍镰刀状，几倍长于花萼。花期2月；果期翌年5—6月。

产勐腊、麻栗坡，生于海拔800—1400米的常绿阔叶林中。泰国西北部有分布。

由于具有和高地钩叶藤相似的生长结果习性，容易造成濒危状态，应加以适当保护。

种子繁殖。

10. 省藤属 Calamus Linn.

攀援藤本或直立灌木，丛生或单生。叶鞘通常为圆筒形，常具刺；叶柄具刺或无刺，基部常膨大呈膝曲（囊状凸起）；叶轴具刺，顶端延伸为带爪状刺的纤鞭或无纤鞭；叶羽状全裂，羽片（或称小叶）单片或数片成组着生于叶轴两侧，线形、披针形、剑形、卵形或椭圆形，基部变狭，先端渐尖或急尖，常具刚毛；托叶鞘宿存或凋落。雌雄异株，雌雄花序同型或异型，顶端常延伸成纤鞭或尾状附属物；一级佛焰苞（即着生于花序主轴上的佛焰苞）长管状或鞘状，有刺或无刺，稀为纵裂的扁平状或薄片状，二级佛焰苞（即着生于花序分枝上的）较小，与一级佛焰苞相似；雄花序通常三回分枝，稀二回分枝，分枝上着生小穗（状花序），雄花着生在小佛焰苞里，总苞杯状，花萼管状或杯状，3裂，花冠3裂，雄蕊6；雌花序通常二回分枝或稀为一回分枝，小穗通常较粗而长，每小佛焰苞里除了1个杯状的总苞外，总苞外面还套着1个外总苞称之为总苞托；总苞外侧还有1个半月形的凹穴称之为小窠，里面着生中性花；雌花单生或成对着生于每小佛焰苞内，花萼管状，3裂，花冠通常长于花萼，3裂，花萼与花冠（两者称统花被）宿存，结果时的花被（简称果被）

裂开成扁平状或基部不裂稍膨大成梗状；退化雄蕊6，花丝下部形成一杯状体；子房被鳞片，3室，每室有胚珠1；花柱短或圆锥状，柱头3。果球形，卵形或椭圆形，顶端具短的宿存花柱，外果皮薄壳质，被以紧贴的覆瓦状排列的鳞片；种子1或极少为2—3，长圆形、近球形或稀为棱角形或扁形，表面平滑或具洼点或具沟，在合点处常凹入或成小孔穴，里面充满肉质珠被；胚乳均匀或嚼烂状，胚基生或近基生，稀为侧生。

　　本属约300种。我国50余种和变种，分布于西南部至东南部各省区。云南约占一半的种类，分布于西部至东南部，尤其以西双版纳州和德宏州为最多。

分 种 检 索 表

1.叶轴顶端不延伸为具爪的纤鞭；茎直立或攀援。
　2.叶的羽片线形或剑形，等距或近等距排列。
　　3.羽片较大，剑形；果大，椭圆形至阔卵形，鳞片12纵列
　　　4.茎直立；叶鞘在腹面张开（不完全管状），具密集不整齐或近成列的长刺，叶柄近圆柱形；果椭圆形至卵状椭圆形，长27—35毫米，直径18毫米 ……………………
　　　　…………………………………………………… 1.直立省藤 C. erectus
　　　4.茎攀援；叶鞘管状，具单生或有时合生的近成列的刺，叶柄非圆柱形；果阔卵形
　　　　………………………………………………………… 2.长鞭藤 C. flagellum
　　3.羽片较小，线形，果小，鳞片15—18纵列，叶鞘及叶柄上密被成列的长短不等的黑褐色长刺，其间混有较短的刚毛状黑刺；花序长鞭状，果椭圆形，草黄色 ……………
　　　…………………………………………………… 3.杖藤 C. rhabdocladus
　　　果近球形，暗褐色……………………………… 3a.弓弦藤 var. globulosus
　2.叶的羽片椭圆状披针形或倒披针形，不等距或数片成组排列
　　5.羽片2—4（5）成组排列，倒披针形或椭圆状披针形至狭披针形；果球形或卵状椭圆形；鳞片（16）18—21纵列。
　　　6.羽片狭披针形，不在同一平面（即指向不同方向）；果球形，草黄色；胚乳均匀
　　　　…………………………………4a.勐捧省藤 C. viminalis var. fasciculatus
　　　6.羽片倒披针形或椭圆状披针形，在同一平面上；果卵状椭圆形，新鲜时橙红色；胚乳嚼烂状 ……………………………………… 5.小省藤 C. gracilis
　　5.羽片不成组不等距排列，椭圆状披针形或倒披针形；果椭圆形至近球形，鲜时橙红色，干时红褐色，鳞片15—18纵列；胚乳嚼烂状 ………… 6.云南省藤 C.yunnanensis
1.叶轴顶端延伸为具爪的纤鞭；茎攀援。
　7.叶的羽片披针形，不成组不等距排列；果被（结果时的花被片）略具梗状（即花萼分裂不完全到达基部），鳞片19—21纵列 ………… 7.大藤 C.wailong
　7.叶的羽片披针形，披针状剑形或长圆形及倒披针形，2或2—4成组排列；果被明显梗状（即花萼下部连合成管状，上部浅裂不达中部），鳞片18或21纵列。
　　8.果较大，鳞片21纵列。
　　　9.雌花序较长（达1—1.2米）。
　　　　10.羽片2—4成组排列，果近球形至椭圆形

1.直立省藤（植物分类学报）图568

Calamus erectus Roxb.（1832）

C. macrocarpus Griff.（1850）

茎直立，粗壮，丛生，不带叶鞘的茎（裸茎）粗5—6厘米，高5米以上。叶羽片全裂，顶端不具纤鞭，长2.5—3.5米；叶轴下面由下部向上部其半轮生至单生的刺；羽片等距排列，剑形，钻状渐尖至急尖，基部下面深弯摺，中脉粗壮突起，两面具刺状刚毛，边缘具稀疏微刺，顶端具稍密的刚毛，最大羽片长60—75厘米，宽3.5—6厘米，上部的羽片渐短而狭；叶柄近圆柱形，长，具轮生或半轮生的长刺，叶鞘在腹面张开（不完全的管状），具密集而不整齐的或近成列的长刺；托叶鞘很大，在成龄叶的腹面纵裂成2个大的长耳状，上面密被成横列的黑色短刚毛。雌雄花序异型，雄花序基部三回分枝，上部二回分枝，长约3米，具4—5分枝花序，不具或具短纤鞭，下部的分枝花序最大，长30—50厘米，二次分枝，每侧约有10小穗，长15厘米，每侧约有15—20花；大小佛焰苞均被褐色鳞秕，一级佛焰苞由管状纵裂成纤维状，多少具刺，二级佛焰苞漏斗状，一侧延伸为撕裂状的尖，小佛焰苞为不对称漏斗形；总苞杯状，几乎包在小佛焰苞内；雄花几乎完全伸出小佛焰苞，长约9毫米，直径3毫米；花萼钟形，3裂；花冠长于花萼2倍，3深裂；雌花序长约1.3米，二回分枝，顶端成1退化的小穗或纤弱的短尾状附属物，具7—8分枝花序，每侧有7—10小穗，下部的长15厘米，每侧有10—15花，一级与二级佛焰苞与雄的相似，小佛焰苞漏斗形；总苞托侧生于小佛焰苞近底部，总苞杯状，不超出或稍超出总苞托；中性花的小窠明显新月形；雌花宽圆锥状，长约6毫米；花萼圆锥状，3齿裂；花冠稍长于花萼，3裂片。果被扁平；果椭圆形或卵状椭圆形，长27—35毫米，直径18毫米，基部圆形和几不具梗，顶端具短喙状乳突，鳞片12纵列，中央具宽的沟槽；种子长卵形，长约20—24毫米，直径12—15毫米，两端稍圆形，基部较宽，横断面近圆形，表面具稍细的洼点，胚乳嚼烂状；胚基生，偏斜。花果期12月。

产盈江，生于海拔270—500米的热带森林中。为我国稀有植物，已列为我国重点保护植物。印度、缅甸有分布。

种子繁殖。

另有滇缅省藤Calamus erectus Roxb. var. birmanicus Becc.比原种的雌花序更细长，并延伸为纤鞭，而且果实较小。产盈江及孟连；分布到缅甸。

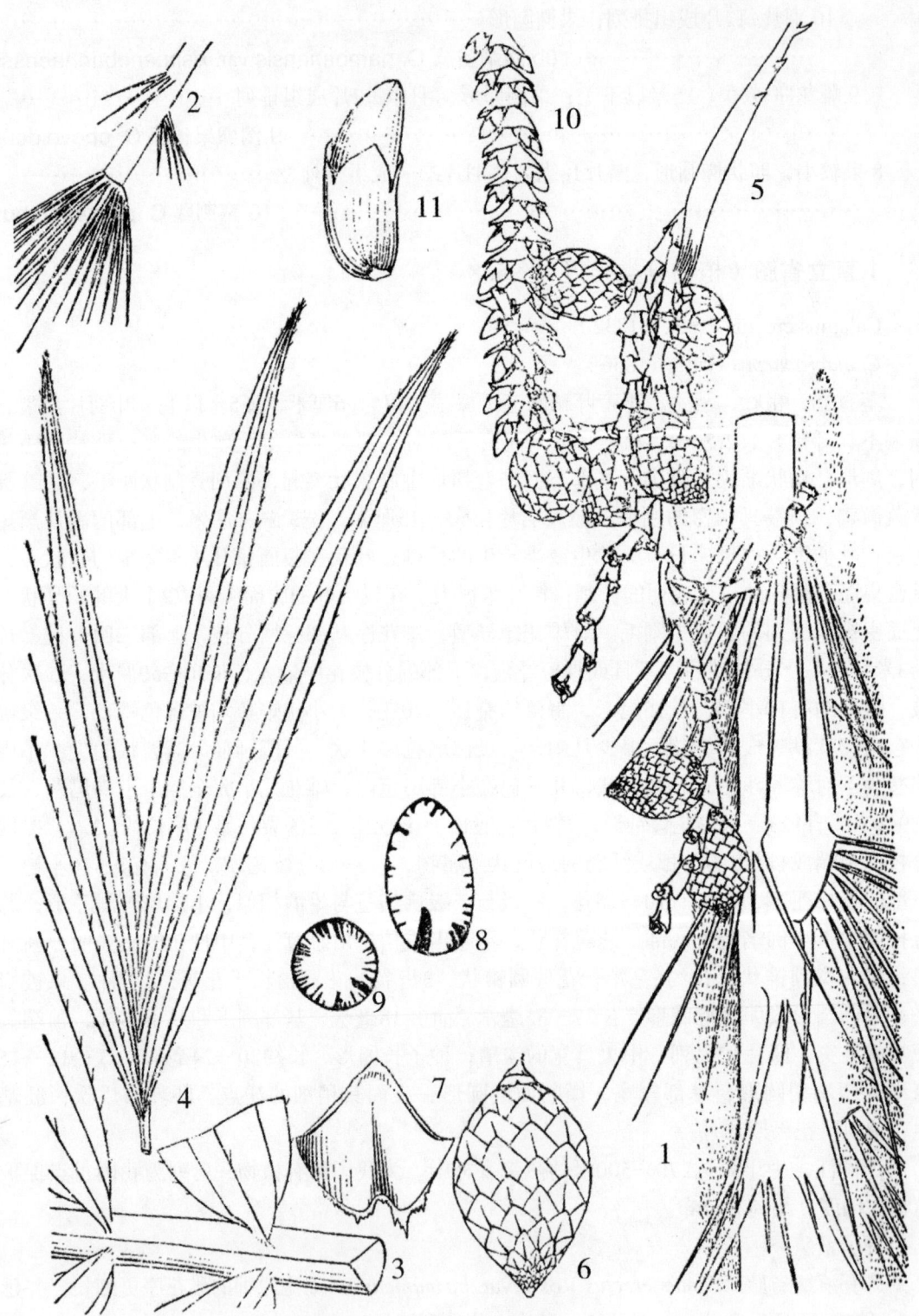

图568 直立省藤 *Calatmus erectus* Roxb.

1.叶鞘及叶柄基部（示刺的排列及托叶鞘） 2.叶柄下部 3.叶轴中部一段 4.叶顶部
5.果序一段 6.果实 7.果实鳞片 8.种子纵剖面 9.种子横切面 10.雄花小穗一段 11.雄花

2.长鞭藤（西双版纳植物名录）图569

Calamus flagellum Griff.（1850）

攀援藤本，丛生，带鞘茎4—5厘米，裸茎径2—3厘米。叶羽状全裂，长约2.5米，顶端无纤鞭；叶轴下面中央具一列单生的爪；羽片在叶轴上等距或近等距排列，阔剑形，中脉粗壮，两面具刺状刚毛；叶柄粗壮，托叶鞘凋存；叶鞘上具极不相等的密集单生或有时合生的薄片状渐尖的近成列的刺。雌雄花序同型或异型，长达4—5米或更长，二回分枝（雄花序基部有部分三回分枝），顶端具长的爪状鞭；一级佛焰苞长管状，多少具爪，纵裂并在顶端撕裂成纤维状，有几个分枝花序，长70—80厘米，每侧有3—4小穗；二级佛焰苞狭管状漏斗形，斜截，一侧延伸为三角形的尖并成撕裂状；小穗长10—25厘米（雌小穗稍长），之字形弯曲，每侧有15花；小佛焰苞为不对称的宽漏斗形（雄的）或漏斗形（雌的）；雄花总苞杯状，稍短于各自的小佛焰苞，雄花长8—10毫米，宽3毫米，外弯并半伸出于小佛焰苞，花萼3裂至中部，花冠长不及花萼的2倍，几3全裂；雌花的总苞托为单侧杯状，几乎伸出于小佛焰苞，总苞杯状，几乎全陷入总苞托中；中性花的小窝明显半月形；雌花圆锥状卵形，急尖，长约7厘米，花萼卵形，短3齿裂，花冠披针形，急尖，稍于长花萼。果被平扁，果长约3—3.8厘米，直径2—2.2厘米，宽卵形，基部稍圆，具急尖的短喙；鳞片12纵列，中央有沟槽，有不明显的草黄色或暗的内缘线，具啮蚀状的边；种子卵形，基部稍圆，顶端钝，横断而近圆形，长2—2.2厘米，直径1.3厘米，表面有细洼点，合点孔穴浅而不明显，胚乳深嚼烂状，胚基生。花期5—6月；果期12—1月。

产西双版纳，生长于热带森林中。印度东北亦有分布。

种子或分株繁殖。

当地群众常用来编织藤器。

在西双版纳的勐腊县还有一种和本种相似的勐腊鞭藤Calamus karinensis（Becc.）S. J. Pei et S. Y. Chen其与本种不同之处在于叶鞘上的刺更明显成横列；果鳞片边缘不具暗色线，中央具较深的沟槽；叶轴背面具下弯的2—3合生刺（而非单列的爪）。

3.杖藤（西双版纳植物名录） 华南省藤（海南植物志）图570

Calamus rhabdocladus Burret（1930）

攀援藤本，丛生，带叶鞘茎径3—4厘米，裸茎径1.5—2.5厘米。叶羽状全裂，长1.2—1.8米，顶端不具纤鞭；叶轴具成列的直刺或单生的爪；羽片整齐排列，等距或稍有间隔，线形，长45—50厘米，宽1—2厘米，先端渐尖，具明显的3条肋脉，两面及边缘和顶端均有刚毛状刺；叶柄长25—35厘米，具整齐排列的长短不等的长黑刺；叶鞘口的刺长达5—10厘米或更长，叶鞘上也密被成列的与叶柄上相似的黑褐色的刺，长刺之间混有较短的刚毛状黑刺。雌雄花序异型。雄花序长鞭状，长达8米，三回分枝，具3—4分枝，长40厘米，顶端有尾状附属物，分枝上约有20二级分枝，长7—15厘米，其上约有长约1厘米的小穗20，每侧有5—10花；下部的一级佛焰苞长管状，具成列或轮生的刺，二级佛焰苞管状或管状漏斗形，三级佛焰苞管状漏斗形，小佛焰苞为不对称漏斗形，以上各级佛焰苞均具条纹脉；总苞稍伸出于小佛焰苞，不规则杯状；雄花长圆形，长约5毫米，钝三棱，花萼管3齿裂，花

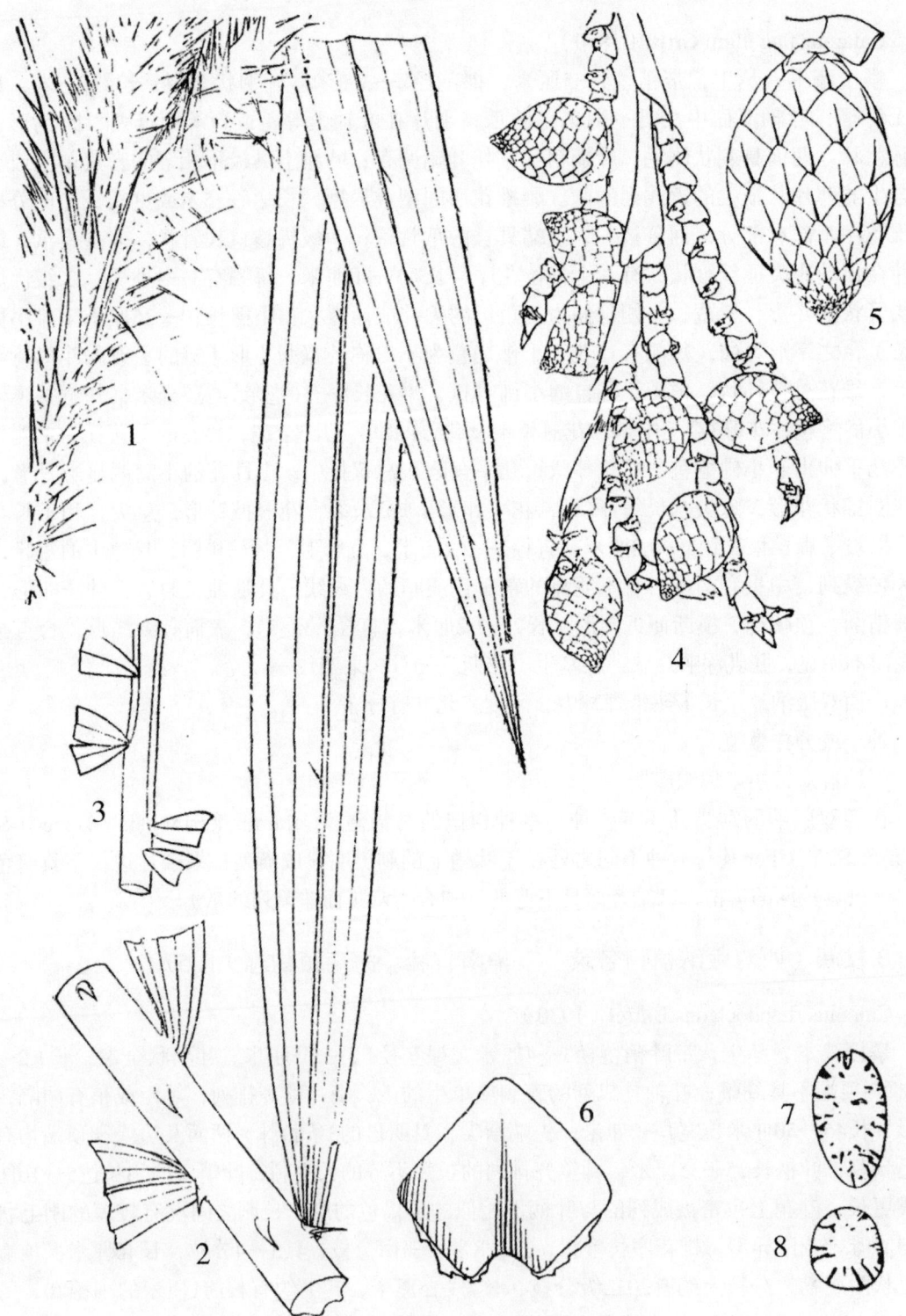

图569 长鞭藤 *Calamusflagellum* Griff.
1.叶鞘一段，带叶柄 2.叶的一段（示羽片及叶轴背面的刺） 3.叶轴一段（正面）
4.果序一段 5.果实 6.果实鳞片 7.种子纵剖面 8.种子横剖面

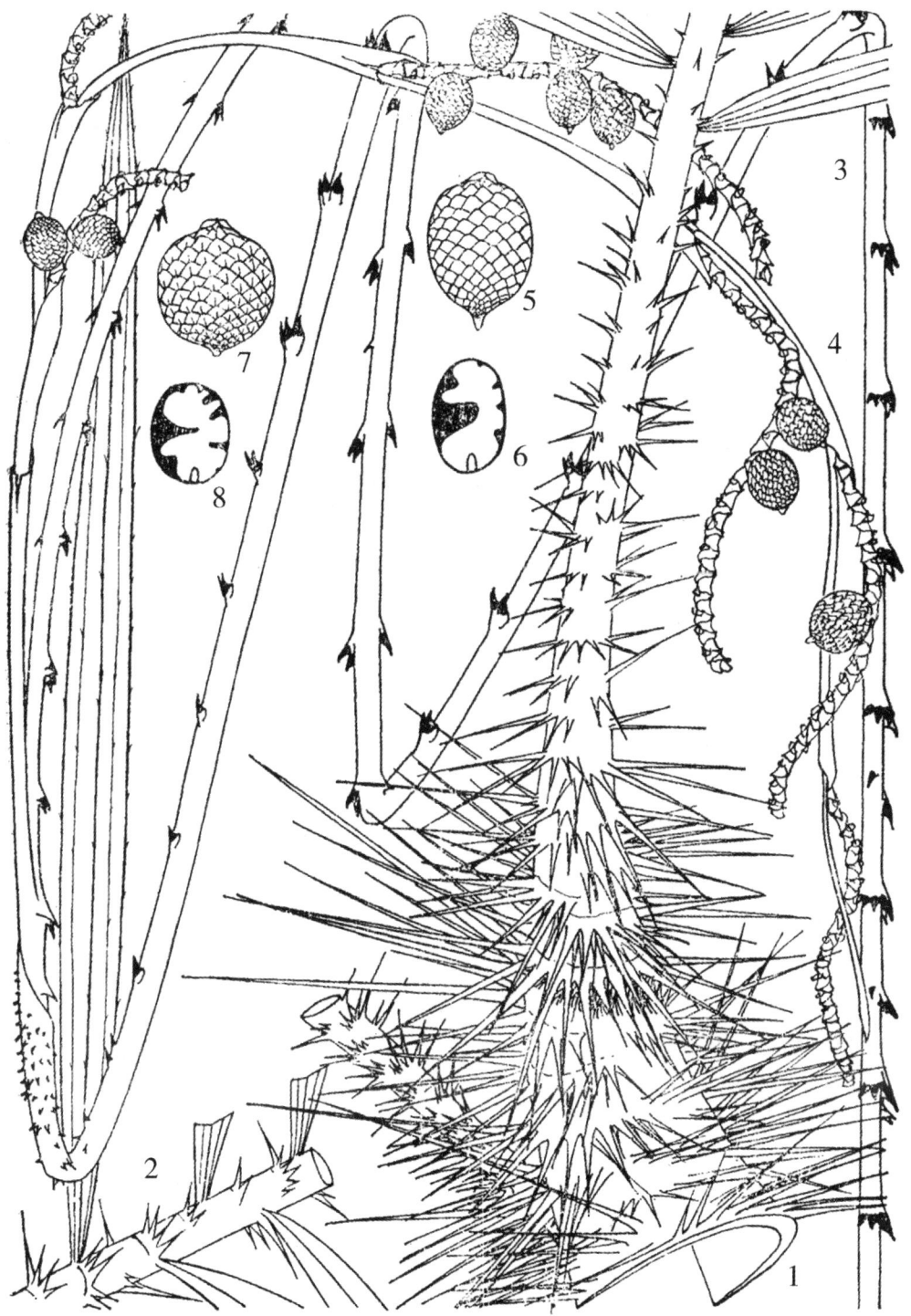

图570 杖藤和弓弦藤

1—6.杖藤 *Calamus rhabdocladus* Burret

1.叶鞘及叶柄　2.叶轴中部一段（背面）（示刺及羽片）　3.花序轴及其爪鞭状的佛焰苞

4.一分枝花序（带带穗）　5.果实　6.种子纵剖面

7—8.弓弦藤 *Calamus rhabdocladus* Burret var. *globulosus* S. J. Pei et S. Y. Chen

7.果实　8.种子纵剖面

冠长于花萼2倍。雌花序二回分枝，长约7—8米，顶端具纤鞭，有7分枝花序，长70—85厘米，顶端有尾状附属物，每侧有5—10小穗，长13—20厘米，每侧有20—25花；一级、二级及小佛焰苞与雄的相似，总苞托半杯状，总苞半伸出总苞托，杯状，中性花的小窠深凹，卵形。果被扁平；果实椭圆形，长1—1.2厘米，直径7—8毫米，顶端具喙状尖头，鳞片15纵列，草黄色，中央有不明显的浅沟槽；种子宽椭圆形，略扁，长8毫米，宽6毫米，厚5毫米，表面有瘤突，胚乳浅嚼烂状，胚基生。花果期4—6月。

产云南南部；贵州、广西、广东、海南及福建均有分布。

种子繁殖。

藤茎坚硬，质地中等，适宜作藤器的支柱，也可作手杖。

3a.弓弦藤（西双版纳植物名录）　（植物分类学报）（变种）图570

Calamus rhabdocladus Burret var. globulosus S. J. Pei et S. Y. Chen（1988）

本变种与原种的主要区别在于果实为近球形，鳞片暗褐色，边缘稍浅色干膜质啮蚀状；具黑色内缘线；雄花序的小穗较短，花较少。花果期及藤茎的质地、用途同原种。

产勐腊自然保护区。当地傣族群众称此藤为"歪筛弓"，即"弓弦藤"的意思，因其质地坚韧，群众用它来做弹棉花的弓弦。

4.柳条省藤

Calamus viminalis Willd.（1799）

产印度尼西亚的爪哇，中国不产。

4a.勐捧省藤（植物分类学报）（变种）图571

Calamus viminalis Wills. var. fasciculatus（Roxb.）Becc.（1892）

C. fasciculatus Roxb.（1832）

攀援藤本，丛生，带叶鞘茎径2—3厘米，裸茎径约1.5厘米，叶羽状全裂，长1—1.5米，顶端不具纤鞭；叶轴具长1—4厘米的单生或2—3聚生的水平或外折的直刺，羽片2—4成组着生，指向不同方向，狭披针形，长15—40厘米，宽1.5—2.8厘米，中脉尖突，次级脉较细，两面及边缘均具微刺，叶柄长10—20厘米，两侧具长短不等的直刺；叶鞘具囊状凸起；托叶鞘很短。雌花序二回分枝，长约3米，顶端具长的带爪纤鞭，有4分枝花序，长30—40厘米，每侧有10—15小穗，长2.5—13厘米；一级佛焰苞长管状，具散生的爪状短刺；二级佛焰苞管状漏斗形，小佛焰苞为短宽的漏斗形；总苞托极短，近盘状，被小佛焰苞支撑和包围着，总苞近盘状或浅杯状；中性花的小窠为凹陷的新月形。果被扁平；果实小，如豌豆状，球形或稍压扁，有时近陀螺形，直径8—9毫米，顶端具明显的狭圆柱形的喙，鳞片16—18纵列，草黄色，有光泽，中央有浅沟槽，边缘浅灰色，顶端褐色，全缘或稍具细的啮蚀状；种子近球形，压扁，宽约6毫米，厚4毫米，背面具凸起和深的洼穴，种脊面稍平扁，中央有一圆的合点孔穴；胚乳均匀，胚基生。

产勐腊及盈江等地，在勐腊县的傣族村寨中常见栽培。印度、孟加拉国及中南半岛有分布。

种子繁殖。

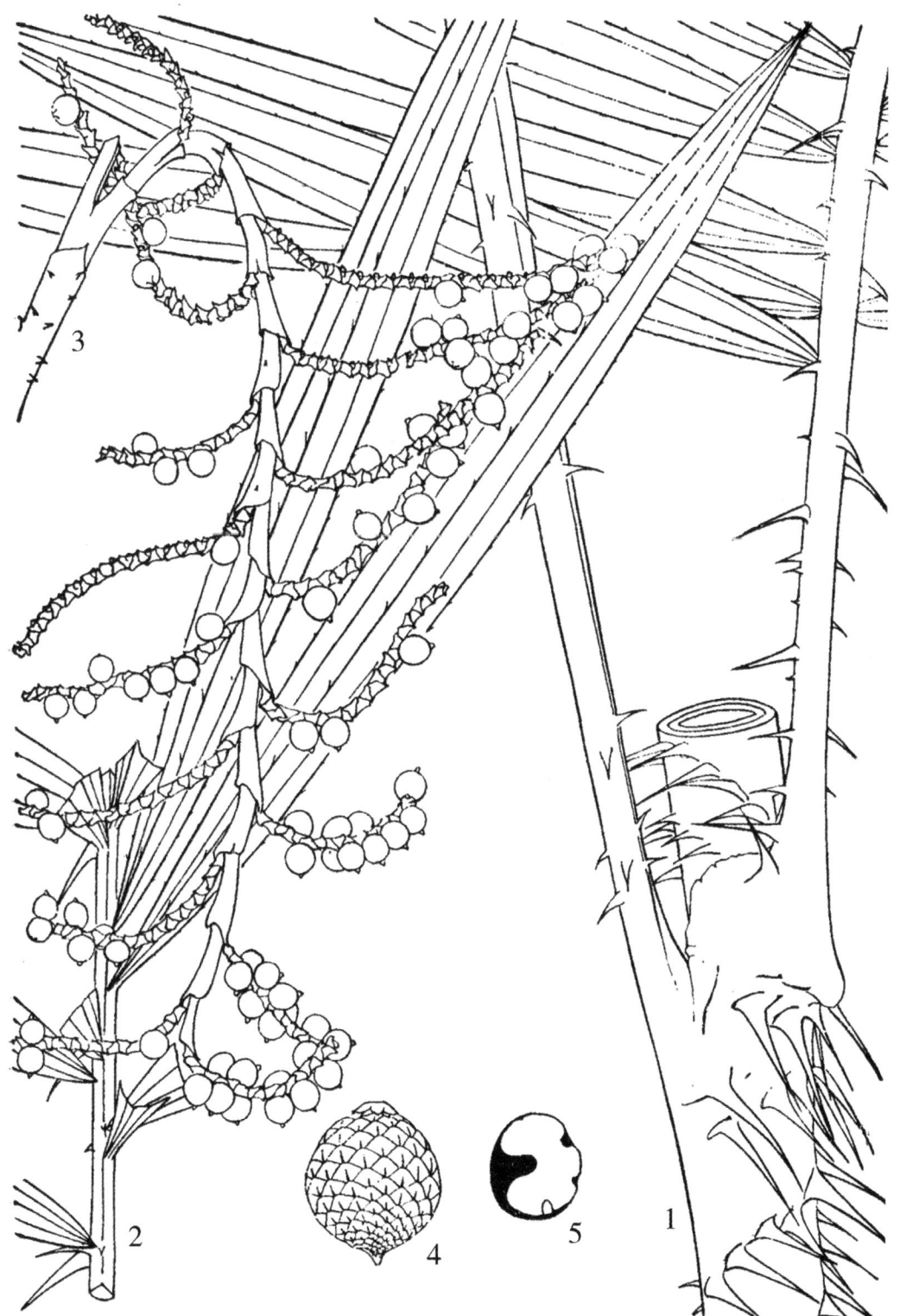

图571 勐捧省藤 *Calamus viminalis* Willd. var. *fasciculatus*（Roxb.）Becc.
1.叶鞘及叶基部　2.叶中部（示羽片）　3.雌分枝花序（带果实）　4.果实　5.种子纵剖面

藤茎质地中等，可以加工利用。

5.小省藤（西双版纳植物名录） 细茎省藤（广西植物）图572

Calamus gracilis Roxb.（1832）

C. hainaensis Chang et Xu（1981）

攀援藤本，丛生或只萌生少数几条茎，带叶鞘茎径1.5—2厘米，裸茎径0.5—1.2厘米。叶羽状全裂，长30—45厘米，顶端不具纤鞭；叶轴被暗褐色鳞秕，两侧及下面具单生或2—3合生的爪；羽片每（2）3—5成组着生，基部偶有单生的，叶轴每侧有4—5组羽片对生，绿色，倒披针形或椭圆状披针形，向基部渐狭，向顶部渐尖或具刚毛状纤毛的尖，具3—5（7）条细的肋脉，中脉稍粗，所有肋脉上面具微刺，下面只有中脉具稀疏微刺或几无刺，边缘具紧贴微刺，羽片长15—35厘米，宽（1.5）2—2.5厘米；叶柄很短；叶鞘上密被脱落性暗褐色的鳞秕状物，囊状突起不明显，幼株叶鞘上具细长纤鞭；托叶鞘不明显。雄花序二回分枝或基部为三回分枝，长约1.1米，顶端具纤弱的纤鞭，约有7分枝花序，最下部的长15—20厘米，其下部有5二级分枝，每侧有4—6长1—1.5厘米或更长的小穗，每侧约有6花；一级佛焰苞管状，具稀疏的爪，二级佛焰苞管状漏斗形，以上佛焰苞均被暗褐色鳞秕和条纹脉；小佛焰苞宽漏斗形或苞片状（指三回分枝上的小佛焰苞）；总苞近半杯状，雄花卵形，急尖，宽约2毫米，花萼钟形，浅3齿裂；雌花序二回分枝，长约50—80厘米，顶端具纤弱的纤鞭，具5—7分枝花序，最下部的长10—20厘米，每侧有3—5小穗，长4—6厘米，每侧有5—7花；一级和二级佛焰苞与雄的相似，但常具较密集的爪，小佛焰苞管状漏斗形；总苞托在小佛焰苞口的外面，几扁平，盘状，总苞圆形，盘状浅碟形或几扁平；中性花的小窠凹陷，近半月形。雌花长约3.5毫米，花萼短圆柱形，浅3齿裂，花冠深裂成3裂片，稍长于花萼。果被明显梗状；果卵形椭圆状，长2.5—3厘米，直径1.4—1.7厘米，鳞片19—21纵列，草黄色，具狭的边缘，中央有深沟槽；种子几为整齐的椭圆形，稍扁，长1.2—1.8厘米，宽1.1—1.4厘米，表面具细的洼点，合点孔穴小，胚乳深嚼烂状，胚侧生。花果期5—6月。

产于云南南部，生长于较低海拔的热带森林中。海南有分布；印度、孟加拉国也有。

种子繁殖。

藤茎质地优良，是编织藤器的好原料。

6.云南省藤（植物分类学报）图573

Calamus yunnanensis S. J. Pei et S. Y. Chen（1989）

攀援藤本，茎单生，带叶鞘茎径约（1.5）2—2.5厘米，裸茎径1—1.3厘米。叶羽状全裂，长约90厘米：叶轴顶端不延伸为纤鞭；羽片在叶轴每侧6—8或多达11，不等距，椭圆状披针形或倒披针形，长30—35厘米，宽4.5—5厘米，有明显的6—8脉，上面具稀少微刺或无，下面无刺，边缘有稀疏微刺，顶端具纤毛状尖；叶柄长5—10厘米，周围具直刺或爪状刺；叶鞘略具囊状凸起，被秕糠状灰褐色斑点，具长短大小不等的水平或向上的近半圆锥状的刺，靠叶鞘口的刺较密集；托叶鞘很短，具细刺。雌雄花序同型，二回至部分三回分枝，长约1.5—1.8米，顶端具纤鞭，有7—9分枝花序，顶端具短纤鞭；一级佛焰苞长管状

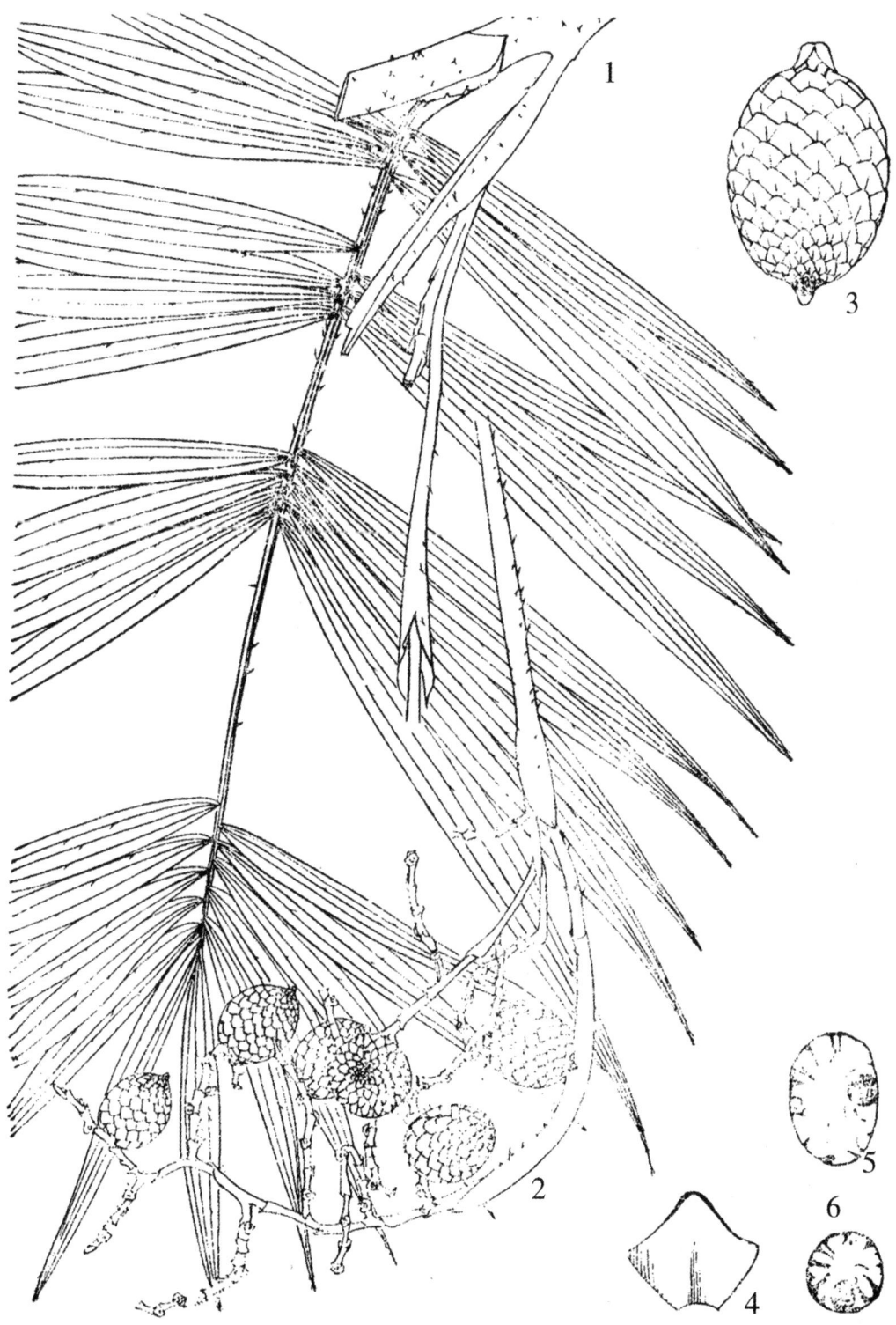

图572 小省藤 *Calamus gracilis* Roxb.
1.叶鞘及叶片 2.果序一部分 3.果实 4.果实鳞片 5.种子纵剖面 6.种子横剖面

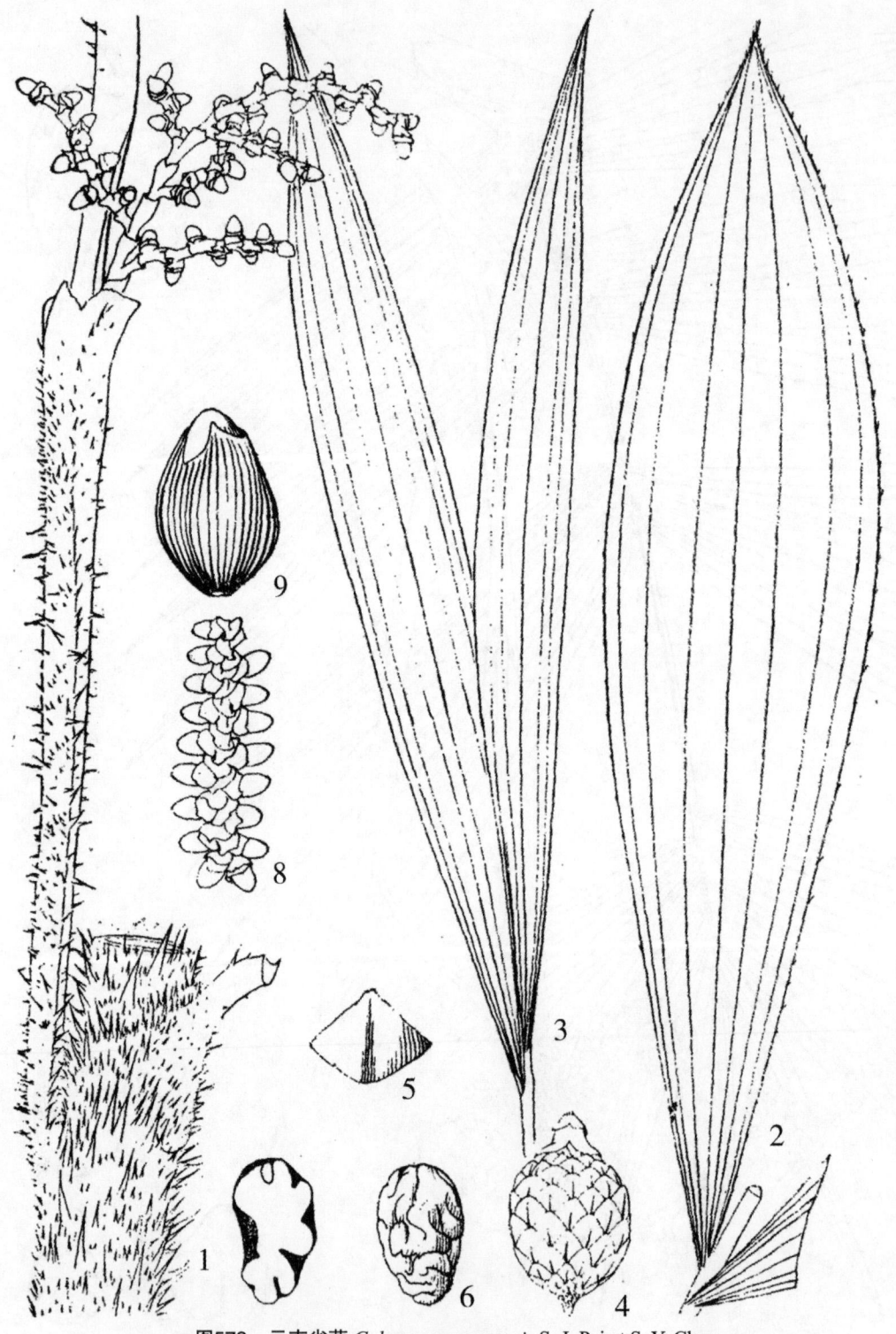

图573 云南省藤 *Calamus yunnanensis* S. J. Pei et S. Y. Chen

1.叶鞘及雌花序基部的一分枝花序 2.叶一段（中部）（示羽片） 3.叶顶部分羽片
4.果实 5.鳞片 6.种子外观 7.种子纵剖面 8.雄花小穗 9.雄花

至圆柱形，具少数单生的爪或针刺；二级佛焰苞管状漏斗形；小佛焰苞为不对称漏斗形；大小佛焰苞均具条纹脉；下部分枝花序长12—25厘米，近蝎尾状，每侧有4—7小穗，长4—6厘米，每侧有10—15花；雄花总苞近深杯状，伸出于小佛焰苞外，雄花卵形，钝三棱，长4毫米，花萼钟状，3浅裂，花冠裂片比花萼略长；雌花卵形，长5毫米，总苞托着生于小佛焰苞口的外面，浅杯状或近盘状，总苞杯状，中性花的小窠近新月形。果被梗状，果实椭圆形至近球形，长1.8厘米，直径1.5—1.7厘米，鳞片15—18纵列，中央有浅沟槽，干时红褐色，新鲜时橙红色，边缘具啮蚀状的浅黄褐色带；种子长圆形，长12—14毫米，宽9—11毫米，厚7毫米，表面具瘤状突起，胚乳嚼烂状，胚基生。花果期12—2月。

产景洪及勐腊，生于海拔1500—1800米的山地阔叶林中，也常见栽培。

种子繁殖。

由于本种萌生力差，基本上是单生的，偶见丛生者，因此在栽种时每植穴可栽苗2—3株，以增加单位面积的株数和产量。

藤茎质地中上等，是编织藤器的好原料。

7.大藤（植物分类学报） "歪聋"（傣名）图574

Calamus wailong S. J. Pei et S. Y. Chen（1989）

攀援藤本，粗壮，带叶鞘茎径4厘米，裸茎径约2厘米。叶大，羽片全裂，羽片部分长达1.5—2.5米，顶端纤鞭长1.5—2.5米；叶轴上面及两侧具直刺或爪状刺，下面沿中央具单生或2—3聚生的爪，顶端具半轮生的爪状纤鞭；羽片不等距排列，披针形，长50—55厘米，宽5—7厘米，基部变狭，先端具急尖的刚毛状的尖，具5—7肋脉，无刺边缘具紧贴的微刺；叶柄具刺；叶鞘具囊状凸起，具零星的刺，其余部分具三角状披针形的单生或合生的长约5厘米的刺，其间还有同形的水平或微向上的小刺；托叶鞘很短。雌雄花序异型，大型粗壮；雄花序三回分枝，长3米以上，雌花序较短，二回分枝，长1.5米；雄花序约有10二级分枝，长80—90厘米，约有8长30厘米的三级分枝，分枝上有12—26长约2—6厘米的小穗，小穗每侧密生13—14花；雌花序约有9分枝花序，长40—70厘米，每侧约有12小穗，下部的长约10厘米，顶生一个长约2厘米的带皮刺的尾状附尾物；一级佛焰苞长管状至近圆柱形，二级佛焰苞管状；三级佛焰苞短管状漏斗形，以上级佛焰苞均具爪状刺；雄小佛焰苞近苞片状，总苞短于小佛焰苞，半杯状，半包在小佛焰苞内；雄花卵形，钝三棱，长4毫米，花萼浅3齿裂，花冠几为花萼长的2倍；雌小佛焰苞为不对称漏斗形，总苞托伸出于小佛焰苞一半，浅杯状，总苞套在总苞托内，浅杯状；中性花的小窠新月形；雌花（未开放）长3毫米，卵形，花萼浅裂或裂至中部成3钝齿。果被略具梗状；果实卵状椭圆形至椭圆形，长约17毫米，直径11毫米，鳞片19—21纵裂，中央有浅沟槽，草黄色；种子卵形，长10—11毫米，宽7—8毫米，稍扁，具瘤突和洼穴，胚乳稍嚼烂状，胚基生。花期4月；果期11—12月。

产勐腊，生于海拔600—950米的热带森林中。

种子繁殖。

藤茎质地中上等，是编织的良好原料。

产地群众通常和另外2种即泽生藤C.palustris Griff.和宽刺藤C.platyacanthus Warb. ex

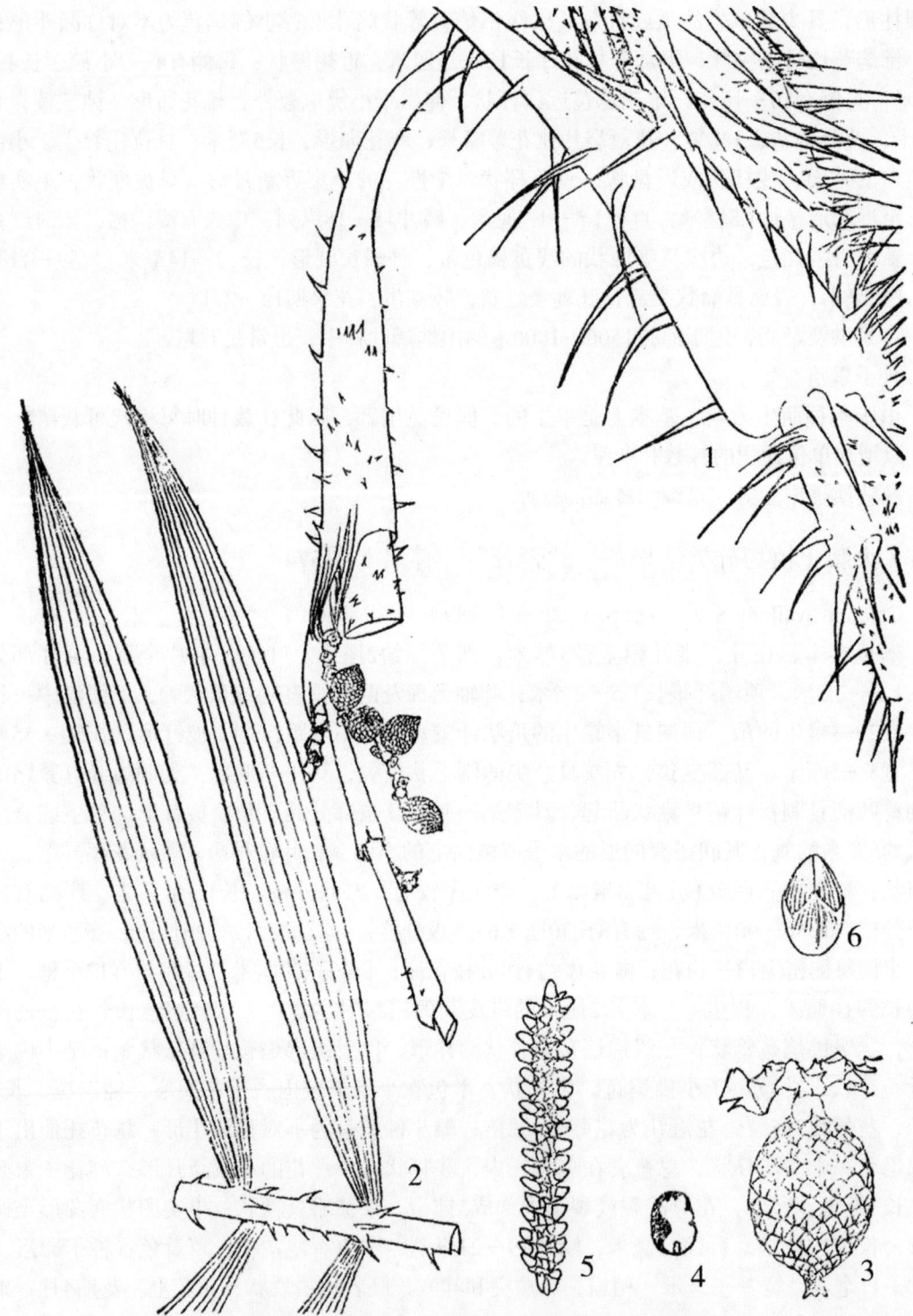

图574　大藤 Calamus wailong S. J. Pei et S. Y. Chen
1.叶鞘及雌花序基部（带分枝花序基部的一小果穗）　2.叶一段（示羽片）
3.果实（带果穗轴）　4.种子纵剖面　5.雄花小穗　6.雄花

Becc.相混淆而统称为"歪聋"，即大藤的意思。

8.南巴省藤

Calamus nambariensis Becc.（1908）
产印度，中国不产。

8a.盈江省藤（植物分类学报）（变种）图575

var. yingjiangensis S. J. Pei et S. Y. Chen（1989）

攀援藤本，丛生，带叶鞘茎径3—4厘米，裸茎径2—3厘米。叶羽状全裂，羽片部分长约3米，顶端纤鞭长约1米；叶轴上面具小刺或爪，下面具单生或3个合生至半轮生的爪；羽片2—4成组排列（而不像原种为近等距排列），基部及顶部单片着生，披针形或披针状剑形，渐尖成带刚毛的尖，具3—5肋脉，中脉稍粗，边缘具紧贴微刺，最大羽片长50—60厘米，宽（3.5）4—5.5厘米；叶柄很短，上面和边缘多少具刺；叶鞘上面具明显囊状突起及与原种相似的刺，即具单生或多少合生长2—3厘米近成列的刺，大刺之间有许多长1—5毫米向上的微刺；托叶鞘很短。雌雄花序异型；雄花序三回分枝，长约1.3米，顶端具5—6厘米长的尾状附属物，每侧有6—7分枝，下部分枝长45厘米，基部有3—4长约12—15厘米的二级分枝，上有20长1—2.5厘米的小穗，向上部则为不分枝的20小穗；一级佛焰苞管状，具少数爪状刺，二级佛焰苞管状漏斗形，三级佛焰苞为不对称漏斗形，以上佛焰苞均具条纹脉，小佛焰苞苞片状；总苞稍伸出于小佛焰苞，近杯状；雄花阔卵形，直径约2毫米，花萼卵状，3浅裂，花冠约与花萼等长（未开放）；雌花序二回分枝，长约1米，约有4—5分枝花序，顶端具皮刺的尾状附属物；分枝花序弓形，长35—40厘米，每侧有6—7小穗，弓形，长7—8厘米，每侧约有6—7花，小穗轴强烈之字形弯曲；一级和二级佛焰苞与雄的相似，小佛焰苞漏斗形；总苞托近杯状，半伸出于小佛焰苞，总苞杯状；中性花小窠新月形。果被明显梗状；果实近球形或椭圆形，长2.8—3厘米，直径约2.5厘米，鳞片21列，肉桂褐色，中央有深沟槽，顶端暗色，边缘近于膜质，啮蚀状，具狭的内缘线；种子近圆形或椭圆形，稍扁，长1.6—1.7厘米，宽1.2—1.5厘米，厚1.1—1.2厘米，表面具明显的瘤突和洼穴，合点孔穴椭圆形，胚乳嚼烂状，胚基生稍偏离，花果期12—1月。

产盈江铜壁关，生于海拔1350—1450米的中山常绿阔叶林中。

藤茎质地中上，是较好的编织原料。

种子繁殖。

8b.版纳省藤（西双版纳植物名录）　（植物分类学报）（变种）图575

var. xishuangbannaensis S. J. Pei et S. Y. Chen（1989）

本变种与原种及盈江省藤的雌花序的长度相近（约1.2米长），但分枝花序上的小穗较多；羽片通常为2片成组排列而非近等距排列；叶鞘上的刺较狭窄而稍密，大刺之间的小刺极长，呈水平状或微向上。其余特征与盈江省藤相似。果期2月。

产景洪勐龙，生于海拔1550米的中山常绿阔叶林中。

种子繁殖。

图575 盈江省藤和版纳省藤

1—5.盈江省藤 *Calamus nambariensis* Becc. var. *yingjiangensis* S.J.Pei et S. Y. Chea

1.叶鞘　2.叶中部（示羽片）　3.果序一部分（示小果穗）　4.果实　5.种子纵剖面

6—7.版纳省藤*Calamus nambariensis* Becc. *xishuangbannaensis* S.J.Pei et S. Y. Chen

6.叶稍及叶基部　7.种子纵剖面

藤茎质地中上等，是较好的编织材料。值得发展人工栽培。

9.倒卵果省藤（植物分类学报）图576

Calamus obovoideus S. J. Pei et S. Y. Chen（1989）

茎攀援，带鞘茎径3厘米，裸茎径约1.3—1.5厘米。叶的羽片部分长约2米，顶端纤鞭长约1.4米；叶轴上面及边缘有稀疏单生的短刺，下面具稀疏单生下弯的刺至2—3合生或半轮生的爪；羽片通常2成组着生，基部和顶端均为单生，披针形，长30—35厘米，宽4.5—6.5厘米，中部较宽，几乎均匀地向两端变狭，先端突然收缩成稍具刚毛的尖，5肋脉，两面无刺，边缘有稀疏微刺；叶柄短，长约10厘米，下面无刺，上面边缘有稀疏直立短刺；叶鞘的囊状凸起部分无刺，其余部分具1—2.5厘米长的刺，刺基部有一细横纹线，大刺之间有散生的水平或微向上的短刺；托叶鞘很短。雌花序二回分枝，长约50厘米，有4—5分枝花序，长30厘米；分枝花序每侧约有5小穗，弓形，小穗长7—8厘米，每侧有5—6果实；一级佛焰苞有零星爪状刺，顶端为干枯撕裂状，二级佛焰苞长管状漏斗形，开口附近偶有几个短皮刺，小佛焰苞为不对称漏斗形；总苞托伸出于小佛焰苞外，半杯状；总苞深杯状，具3钝齿。果被梗状，长约4毫米，具3浅裂的钝圆齿；果倒卵形，长约3.4厘米，直径最宽处2.2厘米，新鲜时黄白色，干时淡黄色或草黄色，鳞片21纵列，中央有稍宽的沟槽，边缘具细的褐色线，顶端变宽，稍啮蚀状；种子长圆状卵形，长2.2厘米，宽1.4厘米，表面具洼穴，胚乳嚼烂状，胚基生。花果期11—12月。

产景洪勐龙，生于海拔1600米的中山常绿阔叶林中。

种子繁殖。

藤茎质地中上等，是较好的编织材料。

本种与南巴省藤（C. nambariensis Becc.）近缘，特别与版纳省藤相似，但雌花序约短一半，果实倒卵形。

10.宽刺藤（西双版纳植物名录）　宽刺省藤（广西植物）图577

Calamus platyacanthus Warb. et Becc.（1908）

攀援藤本，带叶鞘茎径3—4厘米或更粗，裸茎径1.5—2厘米。叶羽状全裂，顶端具纤鞭，叶的羽片部分长约2.5米，顶端纤鞭长1米以上；叶轴两侧具刺，下面具单生或2—3合生的爪；羽片2—4成组着生，长圆形或倒披针形，长35—42厘米，宽5—8.5厘米，绿色，下面稍苍白，向基部变狭，先端急尖成带刚毛状微刺的尖，肋脉5，无刺，边缘具紧贴微刺；叶柄具刺；叶鞘具囊状凸起，具单生或合生成列或近轮生的基部宽达1.2—1.5厘米的长刺，大刺之间有较小向上的刺；托叶鞘短。雄花序二回分枝，长约75—100厘米，每侧有3—5分枝花序，长约25厘米，每侧有8—10小穗，长约2—4厘米，每侧约有9—15花；一级佛焰苞管状，具爪状刺，二级佛焰苞管状漏斗形，小佛焰苞近苞片状，深凹；总苞半伸出于小佛焰苞，近半杯状；雄花长圆形，花萼3裂，花冠长于花萼2倍；以上大小佛焰苞及花萼、花冠均具条纹脉。雌花序二回分枝，长60—100厘米，约有4—5分枝花序，长约30厘米，每侧有6—7小穗，长6—8厘米，顶生短的带皮刺的附属物，每侧有10—12花；一级和二级佛焰苞与雄的相似，小佛焰苞为不对称漏斗形，边缘具睫毛状鳞毛；总苞托浅杯状，半伸出于

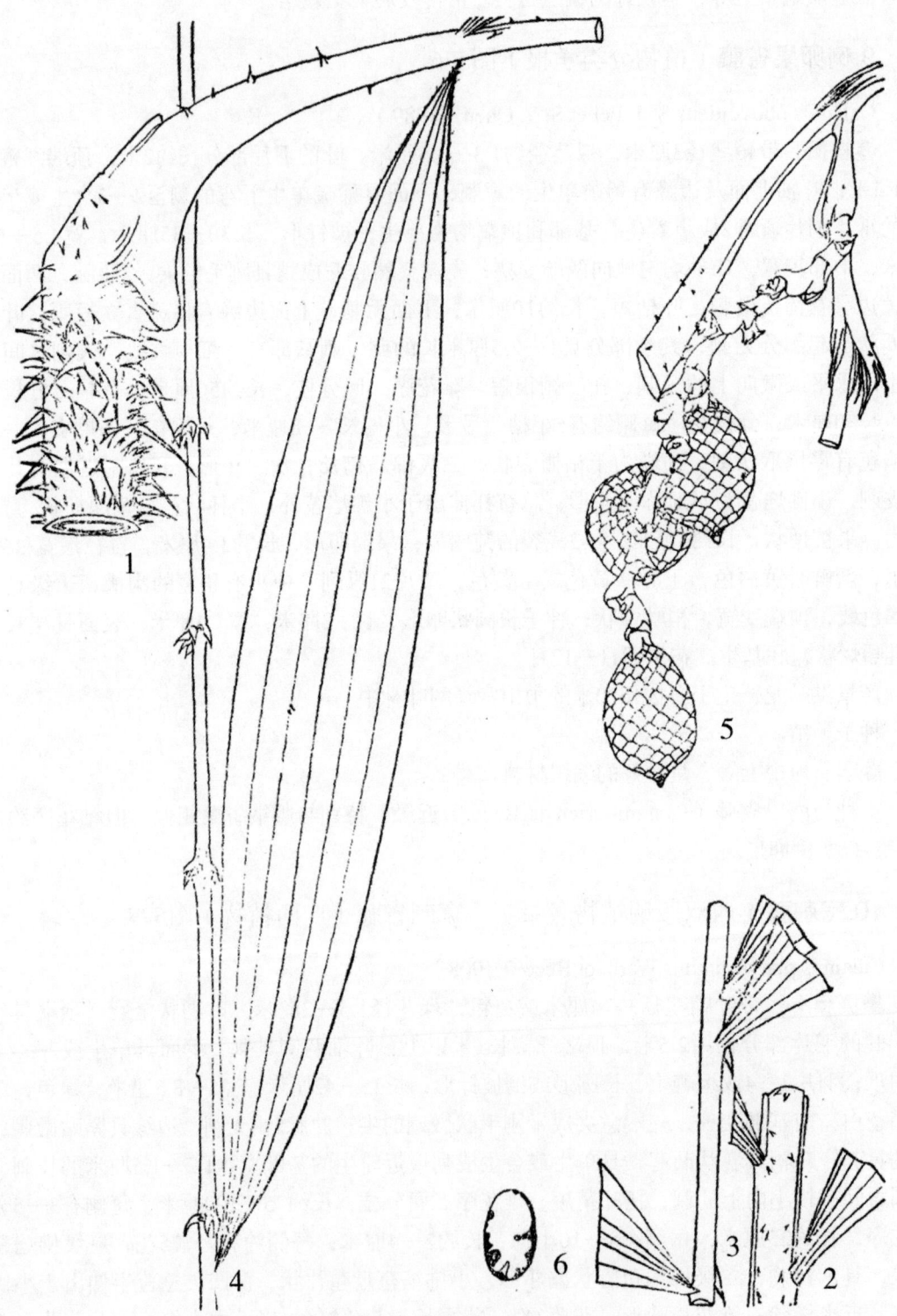

图576 倒卵果省藤 *Calamus obovoideus* S. J. Pei et S. Y. Chen

1.叶鞘及叶柄　2.叶基部（叶轴正面）　3.叶中部　4.叶顶部（示羽片及纤鞭）

5.果序一部分，带一小果穗　6.种子纵剖面

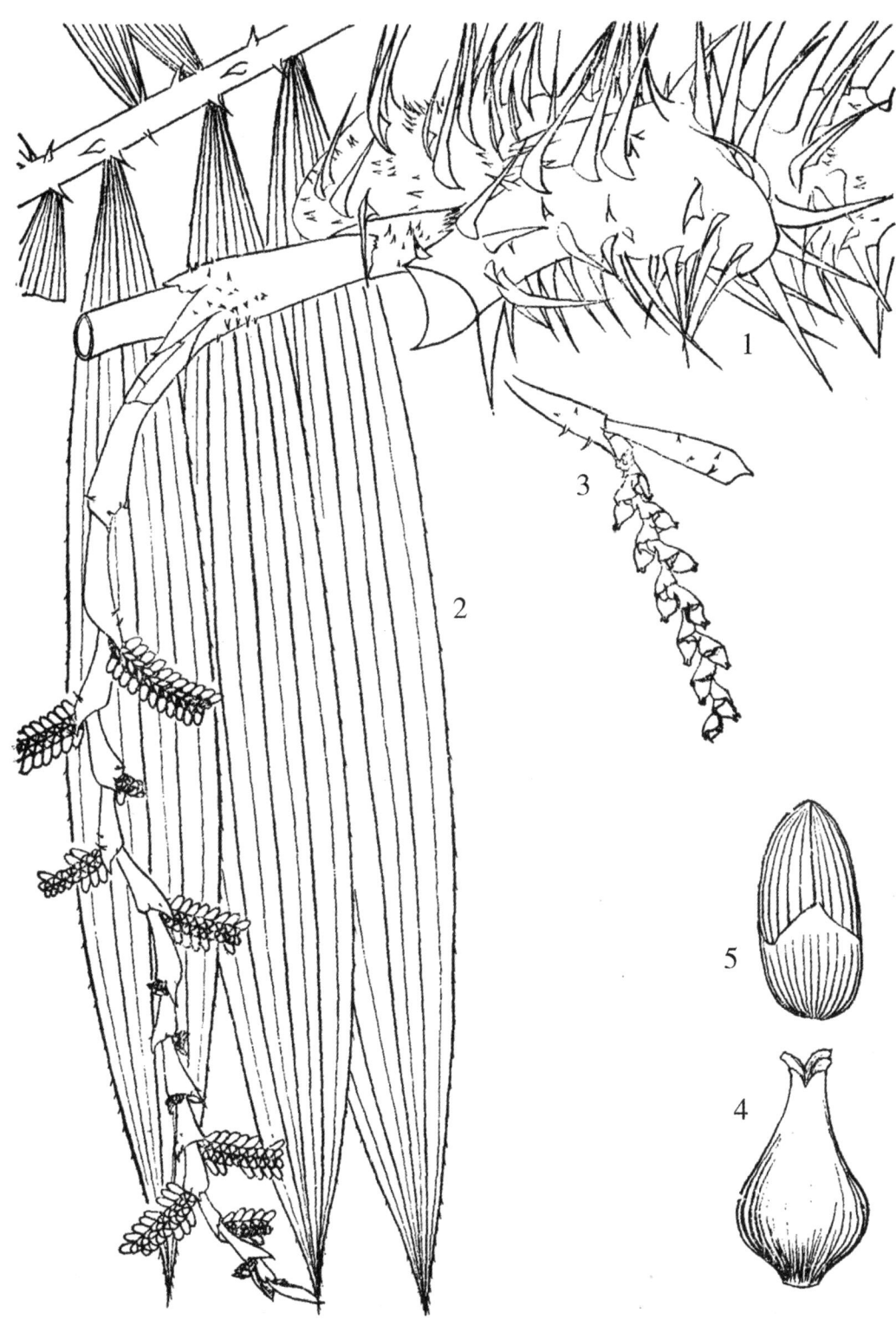

图577　宽刺藤 *Calamus platyacanthus* Warb. ex Becc.

1.叶鞘及雄花序基部一分枝花序　2.叶中部一段（示羽片）　3.雌花小穗　4.雌花　5.雄花

小佛焰苞，总苞几乎套在总苞托内，稍伸出，浅杯状；中性花的小窝新月形；雌花近卵状圆锥形，花萼3浅裂，花冠与花萼等长。果被明显梗状；果实卵状椭圆形，长约2.2厘米，直径1.3—1.4厘米；鳞片18纵列，中央有深沟槽，淡黄褐色，边缘细啮蚀状；种子卵状长圆状，长1—1.2厘米，直径0.7厘米，具明显瘤突和洼穴，合点孔穴狭长；胚乳稍嚼烂状；胚基生。花期4—5月。'

产西双版纳及西畴，越南也有分布。生于海拔800—900米的热带森林中，少数分布可达海拔1500米。

种子繁殖。

藤茎质地中等，可用于编织。

11. 黄藤属 Daemonorops Bl.

茎直立或攀援，单生或丛生，多次开花（罕为一次开花）结实。叶羽状全裂，羽片多数，狭长，叶轴顶端常延伸为具爪刺的纤鞭；叶鞘圆筒形，不具纤鞭，有散生或成横列的刺。雌雄异株。雌雄花序外表相似，开花前为纺锤形或圆筒形，大佛焰苞（即着生在花序总梗上的佛焰苞）初时舟状或圆筒状，外面具直刺，开花后纵向劈裂或张开成扁平状并常脱落；分枝上的二级佛焰苞具不明显的极短的或近漏斗状瓣片；雄花序开花时在舟状佛焰苞组的种类中呈密集圆锥状，在早落佛焰苞组（我国不产）的种类中呈延长状、狭长而直的花序，罕为铺散状；雄小穗通常具互生二列的花，小佛焰苞鳞片状，总苞不明显，雄花单生于小佛焰苞里，花萼小，近杯状，具3齿或甚至圆筒状，花冠长于花萼，几乎裂至基部成3片，雄蕊6；雌花序圆锥状，常密集，或多少有些铺散，小穗的每朵雌花常伴随着1朵中性花，具短的环状小佛焰苞，极少为漏斗形；总苞托梗状，截平，或几乎没有瓣片，顶端着生总苞；总苞通常截平或很少为杯状；中性花的小窠明显；雌花大于雄花，卵形，花萼截平或浅3齿，花冠长于花萼，退花雄蕊6在基部合生成环状，子房具鳞片，3室，花柱短或圆锥状，柱头3，胚珠3，倒生，基生，直立。果球形，卵形或椭圆形，顶端多少具喙并冠以外弯的柱头，外果皮薄，被紧贴外折的鳞片；种子通常1，球形或稍压扁，被一层或薄或厚的或甜或酸的浆果皮（环被），胚乳深嚼烂状，胚基生。

本属约110多种。我国有1种，分布于南部沿海岛屿和海南岛、广东东南部及广西西南部，云南西双版纳有引种栽培。

本属中有些种类（约10余种）的果实能分泌出红褐色树脂，可作染料和制成中药用"血竭"，如龙血藤D. draco Bl.（产印度尼西亚）、双叶黄藤D. didymophylla Bccc.、小刺黄藤D. microcantha Becc.、短穗黄藤D. brachystachys Furtado（以上三种产马来西亚）等，值得引种栽培。

黄藤（中国高等植物图鉴） 红藤（海南）图578

Daemonorops margaritae（Hance）Becc.（1902）

Calamus margaritae Hance（1874）

茎初时直立，后攀援。叶羽状全裂，羽片部分长1—2.5米，顶端延伸为具爪刺的纤鞭；

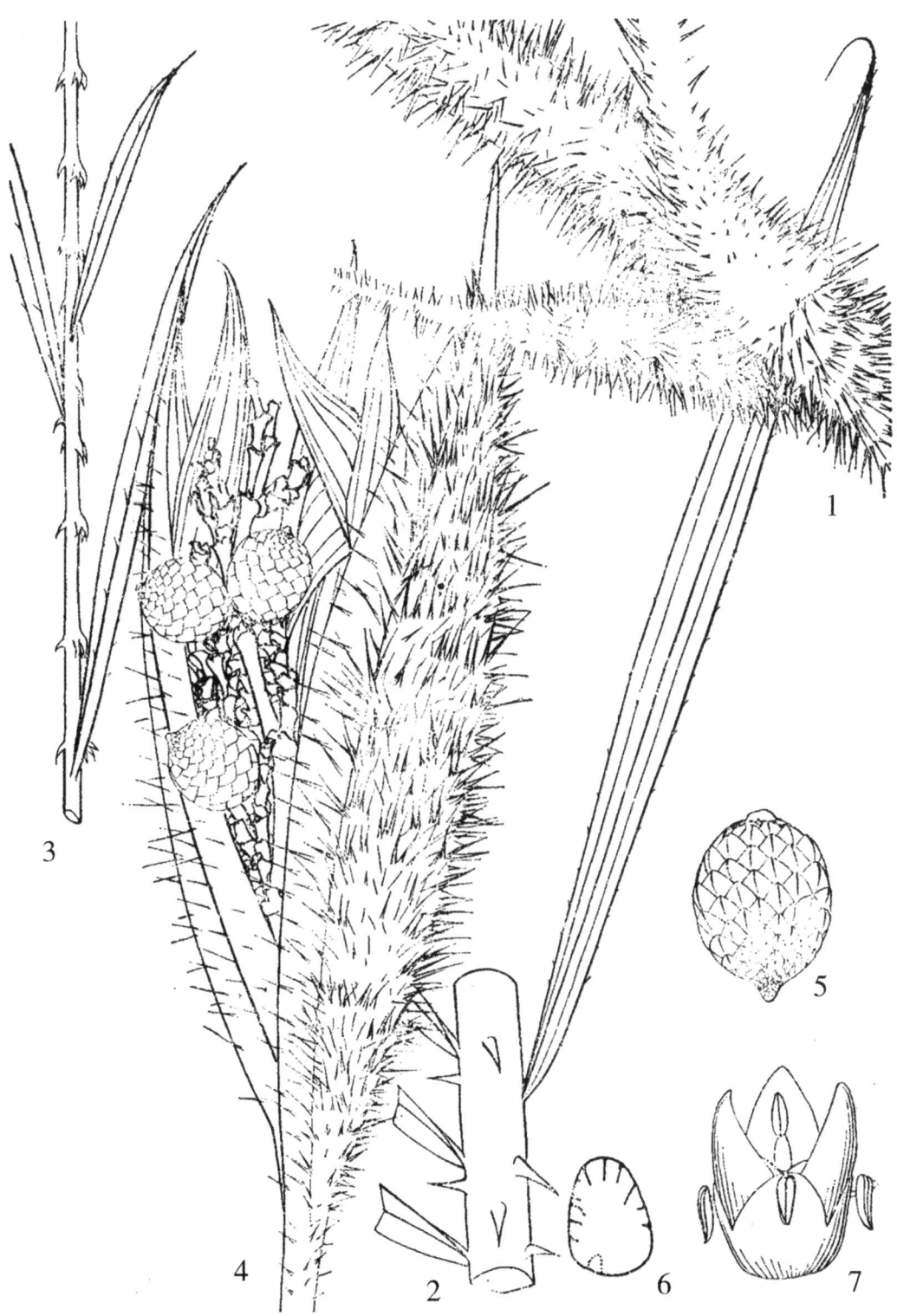

图578 黄藤 *Daemonorops margaritae*（Hance）Becc.

1.叶鞘、叶柄基部和未开放的花序（为舟状佛焰苞所包被） 2.叶中段（下面）（示羽片）
3.叶顶部（示羽片和一段纤鞭） 4.雌花序（示舟状佛焰苞和果序） 5.果实
6.种子纵剖面 7.雌花

叶轴下部的上面密生直刺，叶轴下面沿中央具单生的，向上部为2—5合生的刺而在顶端的纤鞭则呈半轮生的爪；叶柄下面凸起，具稀疏的刺，上面具密集的短的常常是合生的直刺；叶鞘具囊状凸起，被早落的红褐色的鳞秕状物和许多细长、扁平、成轮状排列的长约2.5厘米的刺，大刺之间着生许多较小的针状刺；羽片多，等距排列，稍密集，两面绿色，线状剑形，顶端极渐尖为钻状和具刚毛状的尖，长30—45厘米，宽1.3—1.8厘米，具3（5）肋脉，上而具刚毛，下面仅中肋具稀疏刚毛，边缘具细密的纤毛。雌雄异株，花序直立，开花前为佛焰苞包着，呈纺锤形，并具短喙，长约25—30厘米，外面的佛焰苞舟状，两端几乎均匀地渐狭，上面具长短不一的平扁的、常常是片状的直刺，里面的佛焰苞少刺或无刺；开花结果后佛焰苞脱落；花序分枝上的二级佛焰苞及小佛焰苞均为苞片状，阔卵形，渐尖；雄花序上的小穗密集，长约3厘米，花密集，长圆状卵形，长5毫米，花萼杯状，浅3齿，花冠3裂，约2倍长于花萼，总苞浅杯状；雌小穗长约2—4厘米，穗轴明显之字形弯曲，每侧有4—7花；总苞托苞片状，包着总苞的基部，总苞为略深苞状；中性花的小窠稍凹陷，明显半圆形，上面边缘膨大；果被平扁；花冠裂片2倍长于花萼，披针形，稍急尖。果球形，直径1.7—2厘米，顶端具短粗的喙，鳞片18—20纵列，中央有宽的沟槽，具光泽和暗草黄色带淡色的边缘和较暗的内缘线；种子球状近肾形，胚乳深嚼烂状，胚近基生。花期5月；果期6—10月。

栽培于西双版纳。产我国沿海岛屿、广东东南部和广西西南部。

藤茎质地中等，可供编织。

12. 鱼尾葵属 Caryota L.

小乔木或大乔木，茎单生或丛生，裸露或被叶鞘，具环状叶痕。叶聚生于干顶，二回羽状全裂；羽片菱形，楔形或披针形，先端极偏斜而有不规则的齿缺，状如鱼尾；叶柄基部膨大；叶鞘纤维质。佛焰花序腋生，有长而下垂的分枝花序，稀不分枝；佛焰苞3—5，管状；花单性，雌雄同株，常3花聚生，中间一朵较小的为雌花；雄花萼片3，分离，覆瓦状排列，花瓣3，镊合状排列，雄蕊9至多数，花丝短，花药线形；雌花萼片3，覆瓦状排列，花瓣3，镊合状排列，子房3室，柱头2—3裂。果近球状，有种子1—2；种子直立，胚乳嚼烂状。

本属约12种，分布于亚洲南部与东南部至澳大利亚热带地区。我国有4种，产南部至西南部。云南有4种。

分 种 检 索 表

1.丛生小乔木；雄花萼片顶端全缘；果熟时紫黑色。
  2.茎不被微白色的毯状绒毛；花序不分枝，稀从基部分出1短枝，雄花萼片边缘不具缘毛；果直径2.5—3.5厘米 ·················· **1.单穗鱼尾葵 C. monostachys**
  2.茎被微白色的毡状绒毛；花序分枝多而密集；雄花萼片边缘具密集的缘毛；果直径1.2—1.5厘米 ·················· **2.短穗鱼尾葵 C.mitis**
1.单生大乔木；雄花萼片顶端非全缘；果熟时红色。

3.茎绿色，被微白色的毡状绒毛；雄花萼片与花瓣不被脱落性的黑褐的毡状绒毛；覆盖萼片小于被盖的侧萼片，表面具疣，边缘不具半圆齿 ……………3.鱼尾葵 C. ochlandra

3.茎褐黑色，不具微白色的毡状绒毛；雄花萼片与花瓣被脱落性的黑褐色的毡状绒毛，覆盖萼片大于被盖的侧萼片，表面不具疣，边缘具半圆齿 ……………4.董棕 C. urens

1.单穗鱼尾葵（西双版纳植物名录）图579

Caryota monostachya Becc.（1910）

丛生小乔木，高达4米；茎纤细，不被微白色的毡状绒毛。叶长2.5—3.5米；羽片楔形或斜楔形，长11—18（27）厘米，宽4—8厘米，基部不对称，幼叶软而脆，老叶近革质，外缘常笔直，内缘上部弧曲成不规则的齿缺，且延伸成尾尖；叶柄长1—1.25米，近圆柱形；叶鞘边缘具黑褐色的网状纤维。佛焰苞管状，长20—30厘米，套接，被褐色的毡状绒毛；佛焰花序长40—80厘米，不分枝，稀从基部分出1短枝，无毛；雄花萼片宽卵形，长4—5毫米，宽7—8毫米，先端全缘，不具缘毛，花瓣长圆形，长9—11毫米，宽5—6毫米，紫红色，雄蕊90—130，花药线形，长约8毫米，黄色，花丝短，近白色；雌花萼片宽卵形，长3—4毫米，先端全缘或微凹，无毛，花瓣狭卵形，长5—7毫米，宽2—3毫米，先端具尖头，紫红色，子房卵形，柱头无柄，退化雄蕊线形，与花瓣互生。果球状，直径2.5—3.4（4）厘米，成熟时紫黑色，具2种子；胚乳稍嚼烂状。花期3—5月，果期7—10月。

产云南西南部至东南部，生于海拔130—1600米的山坡或沟谷林中。广东、广西、贵州等省（区）有分布；越南、老挝也有。

种子繁殖，或者从林中挖苗移栽。

树形美丽，可作庭园植物。

2.短穗鱼尾葵（中国高等植物图鉴）图579

Caryota mitis Lour.（1790）

丛生小乔木，高5—8米；茎被微白色的毡状绒毛。叶长3—4米，下部羽片较小于上部羽片；羽片楔形或斜楔形，外缘笔直，内缘1/2以上弧曲成不规则的齿缺，先端延伸成短尖或短渐尖；幼叶薄而脆，老叶近革质；叶柄被褐黑色的毡状绒毛；叶鞘边缘具网状的棕黑色纤维。佛焰花序与佛焰苞具秕糠状的鳞秕；花序短而密集，长25—40厘米；雄花萼片宽倒卵形，长约2.5毫米，宽4毫米，先端全缘，边缘具缘毛，花瓣狭长圆形，长约11毫米，宽2.5毫米，雄蕊15—20（25），花丝几无；雌花萼片宽倒卵形，长约为花瓣的1/3倍，先端钝圆，花瓣卵状三角形，长3—4毫米，退化雄蕊3，长约为花瓣的1/2（1/3）倍。果球状，直径1.2—1.5厘米，成熟时紫黑色，具1种子。花期4—7月；果期8—11月。

栽培于西双版纳植物园。海南、广西等省（区）有分布；越南、缅甸、印度、菲律宾、马来西亚、爪哇也有。

种子繁殖。

茎的髓心含淀粉；花序液汁含糖，可制糖或制酒；树形华丽，可作观赏植物。

图579　单穗鱼尾葵和短穗鱼尾葵

1—4. 单穗鱼尾葵 *Caryota monostachya* Becc.

1.佛焰苞与佛焰花序　2.叶片　3.果实　4.雄花

5—6.短穗鱼尾葵 *C. mitis* Lour.

5.果实　6.雄花

3. 鱼尾葵（中国高等植物图鉴） 青棕 图580

Caryota ochlandra Hance（1879）

乔木，高10—15（20）米，直径15—30厘米，绿色，被微白色的毡状绒毛，具环状叶痕。叶长3—4米；幼叶近革质，老叶厚革质；羽片长15—50厘米，宽3—10厘米，互生，稀顶部近对生，最上面的一羽片大，楔形，先端2—3裂，侧裂片小，菱形，外缘笔直，内缘上半部或1/4以上弧曲成不规则的齿缺，顶端延伸成短尖或尾尖。佛焰苞与佛焰花序无秕糠状的鳞秕；花序长3—3.5米，分枝花序长1.5—2.5米；雄花花萼与花瓣不被脱落性的黑褐色的毡状绒色，萼片宽圆形，长约5毫米，宽6毫米，覆盖萼片小于被盖的侧萼片，且具疣状凸起；边缘不具半齿，无毛，花瓣椭圆形，长约2厘米，宽8毫米，雄蕊（31）50—111，花药线形，黄色，花丝近白色；雌花萼片长约3毫米，宽5毫米，先端全缘，花瓣长约5毫米，宽4毫米，退化雄蕊3，钻状，长为花冠的1/3倍，子房近倒卵状三棱形，柱头2裂。果球，直径1.5—2厘米；种子1，稀2。花期5—7月；果期8—11月。

产云南西南部至东南部，生于海拔450—700米的山坡或沟谷林中。福建、广东、海南、广西等省（区）有分布；业洲热带地区也有。

种子繁殖。

树形美丽，多作行道树；茎含淀粉，可作光椰粉的代用品。

4.董棕（云南）图580

Caryota urens L.（1753）

乔木，高5—20米，直径25—45厘米；茎褐黑色，膨大或不膨大成花瓶状，不被微白色的毡状绒毛，具明显的环状叶痕。叶长5—7米，宽3—5米，下垂；羽片宽楔形或狭的斜楔形，长15—29厘米，宽5—20厘米；幼叶近革质，老叶厚革质，最下面的羽片紧贴于分枝叶轴的基部，最顶端的羽片宽楔形，先端2—3裂，基部以上的羽片渐狭成狭楔形，外缘笔直，内缘弧曲成不规则的齿缺，且延伸成尾状渐尖；叶柄圆柱形，上面凹，长1.3—2米，基部直径约5厘米，被脱落性的棕黑色的毡状绒毛；叶鞘边缘具网状的棕黑色纤维。佛焰苞长30—45厘米；佛焰花序长1.5—2.5米，分枝花序长1—1.8米，花序梗圆形，直径5—7.5厘米，具密集覆瓦状排列的叶鞘；雄花花萼与花瓣被脱落性的黑褐色的毡状绒毛，萼片近圆形，覆盖萼片大于被盖的侧萼片，表而不具疣状凸起，边缘具半圆齿，花瓣3，长圆形，紫红色，雄蕊80—100，花丝短，花药线形；雌花与雄花近似，但萼片稍宽，花瓣稍短，退化雄蕊3，子房倒卵状三棱形，柱头无柄，2裂。果球状，直径1.2—1.5厘米，熟时红色；种子1，稀2；胚乳嚼烂状。花期6—10月，果期1—5月。

产于云南西南部至东南部，生于海拔370—2000米的山坡或沟谷林中。广西有分布；缅甸、印度、孟加拉国、印度也有。

种子繁殖。

树形美丽，多作观赏植物；木质坚硬，可作水槽或水车；髓含淀粉，可代西米；花序液汁可提取棕榈糖；叶作工业用纤维。

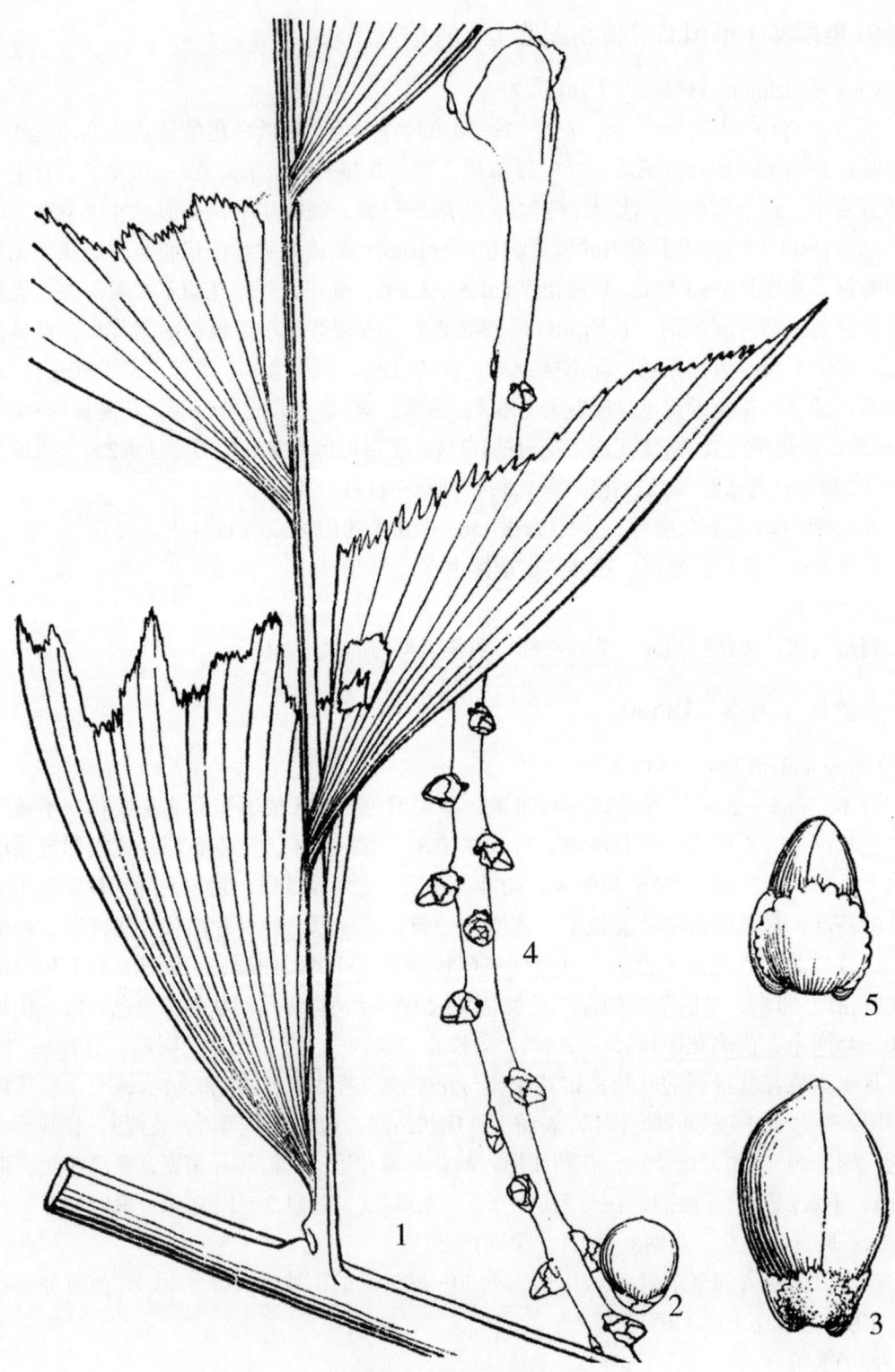

图580　鱼尾葵和董棕

1—4.鱼尾葵 *Caryota ochlandra* Hance

1.叶　2.果实　3.雄花　4.花序

5.董棕 *C. urens* L. 雄花

13. 桄榔属 Arenga Labill.

乔木或灌木状。茎上密被黑色的纤维状叶鞘。叶通常为奇数羽状全裂，罕为扇状不分裂，羽片近线形至不整齐的波状椭圆形或近菱形，基部楔形，在一侧或两侧常呈耳垂状，先端通常不整齐的啮蚀状。花雌雄同株或极罕见为雌雄异株，多次开花结实或一次开花结实；花序着生于叶腋或脱落的叶腋处，直立或下垂，花序梗为多个佛焰苞所包被，多分枝或不分枝；花两性或单性，花单生或3花聚生即2雄花之间有1雌花；雄花萼片3，圆形，覆瓦状排列，花冠在极基部合生，具3片卵形至长圆状三角形顶尖的裂片，镊合状排列，雄蕊罕为6—9，通常多至15以上，花丝短，花药伸长，药隔有时延伸成一个顶尖；无退化雌蕊；雌花通常球形，花萼与花冠在花后膨大，萼片3，圆形，覆瓦状排列；花瓣3，合生至中部，顶部三角形，镊合状排列；退化雄蕊3—0；子房3室，能育室2—3，柱头2—3。果球形至椭圆形，常具三棱，顶端具柱头残留物；种子1—3，平凸或扁形，胚乳均匀。

本属约18种，分布于亚洲南部、东南部至澳洲热带地区。我国有4种，产云南、广西、广东、海南、福建、台湾等省（区）。云南产1种。

桄榔（南方草木状）图581

Arenga pinnata（Wurmb.）Merr.（1917）

Saguerus pinnatus Wurmb.（1779）

乔木，茎较粗壮，高达10余米，直径15—30厘米，有疏离的环状叶痕。叶簇生于茎顶，长5—6米或更长，羽状全裂，羽片呈2列排列，线形或线状披针形，长80—150厘米，宽2.5—6.5厘米或更宽，基部两侧常有不均等的耳垂，先端呈不整齐的啮蚀状齿或2裂，上面绿色，下面苍白色；叶鞘具黑色强壮的网状纤维和刺状纤维。花序腋生，长90—150厘米，花序梗粗壮下弯，分枝多，长达1.5米，佛焰苞多个；雄花萼片3，花瓣3，雄蕊多达100以上；雌花萼片及花瓣各3，花后膨大。果近球形，具三棱，顶端凹陷，灰褐色；种子3，黑色，卵状三棱形，胚乳均匀，胚位于背面。花期6月。

产云南西部至东南部。广西、海南有分布；中南半岛及东南亚一带也有。

本种在过去的文献中，常把真正原产于东南亚一带的砂糖椰子（Arenga sacchariferaLabill.）包括进去，但据我们观察和对照较老的文献认为两者之间有明显区别：砂糖椰子的羽片呈4—5列排列，指向不同方向，羽片也较宽；另外，果长圆形，淡黄色。我国广东、海南及福建等省的园林单位有引种栽培。

以上两种均有较高的经济价值，其花序的汁液可制糖；树干髓心含淀粉，可供食用。

14. 瓦理棕属 Wallichia Roxb.

灌木或小乔木，丛生或单生。叶羽状全裂，螺旋状排列或2列排列于茎上，羽片内向折叠，线状披针形、不规则的菱形或深裂，上部边缘啮蚀状或不规则的齿缺，基部楔形，

图681 枕榔 *Arenga pinnata* (Wurmb.) Merr.
1.植株形态及果序 2.果实 3.种子 4.种子横剖面 5.叶中段(示羽片)

无耳垂，上面无毛，下面通常密被苍白色的毛被和星散的褐色鳞片带，具一中脉和多数扇状脉。花序生于叶间，雌雄同株或杂性异株，一次开花结实，雄花序多分枝而密集，雌花序分枝较稀疏；佛焰苞多数，基部管状，上部劈裂，包被着花序梗，密被褐色鳞片或绒毛；雄花成对着生，有时中间有1不育雌花，或单性，花萼圆筒状或杯状，截平，通常具3裂或3齿；花冠长于花萼，近基部圆筒状，深3裂，裂片长圆形，镊合状排列；雄蕊（3）6（15），花丝基部合生成柱状，部分或完全贴生于花冠管上，有时贴生在花冠裂片上，花药线形，顶端钝或急尖；无退化雌蕊；雌花单生，螺旋状排列；萼片3，圆形，覆瓦状排列，多少分离或在基部短合生；花瓣3，由基部合生至中部，镊合状排列；退化雄蕊3—0；子房2—3室，柱头圆锥形，胚珠2—3，着生于基部，半倒生。果小，卵状长圆形，顶端具柱头残留物；种子1—2（3），椭圆形或平凸，胚乳均匀，胚背生或侧生。

　　本属约9种，分布于东喜马拉雅至中国南部及中南半岛。我国约有6种，主要分布于云南、广西两省（区）。云南有5种，分布于西部、南部至东南部。

<h2 style="text-align:center">分 种 检 索 表</h2>

1.茎很短或几无茎，高2—4米；雄花花萼圆筒状，近全缘，雄蕊6 ……………………………
…………………………………………………………1.密花瓦里棕 W. densiflora
1.灌木状，丛生，高2.5—3米；雄花花萼宽浅杯状，3浅裂，雄蕊6—9………………………
……………………………………………………………… 2.瓦里棕 W. chinensis

1.密花瓦理棕（中国植物志）　密花小堇棕（植物分类学报）图582

Wallichia densiflora Mart.（1823）

　　茎很短或几无茎，株高2—4米。叶鞘被长柔毛，叶鞘边缘分解成强壮的纤维；叶长2—4米，羽片多，互生或下部2—4聚生，长圆形，长30—60厘米，基部楔形，边缘具不规则的常常为深波状的裂片，具明显的啮蚀状齿，上面绿色，下面稍白色。雌雄花序同株；雄花序开花前被包在大的覆瓦状排列的深紫色的带黄色条斑的佛焰苞里，而后伸出密集成丛的花序，雄花小，淡黄色，单生或在下部的每2雄花间有1不育雌花，花萼圆筒形，近全缘，花冠与花萼等长，3深裂，雄蕊6；雌花序较粗壮，长达80厘米，其中序轴长达50厘米，分枝多，长达35—40厘米，螺旋状排列于序轴上，雌花球形，密集地成多列着生于分枝穗轴上，花萼短，半裂成3个阔圆齿，花冠3半裂，裂片钝，子房2室。果长圆形，长1.3厘米，污紫色；种子2粒。花期11月。

　　产盈江拉帮坝，生于海拔300米的热带森林中。印度（阿萨姆）、孟加拉国（吉大港）有分布。

　　种子繁殖。

　　本种由于分布较局限，已列为国家重点保护植物之一。此外，树形美观，可作庭园绿化树种。

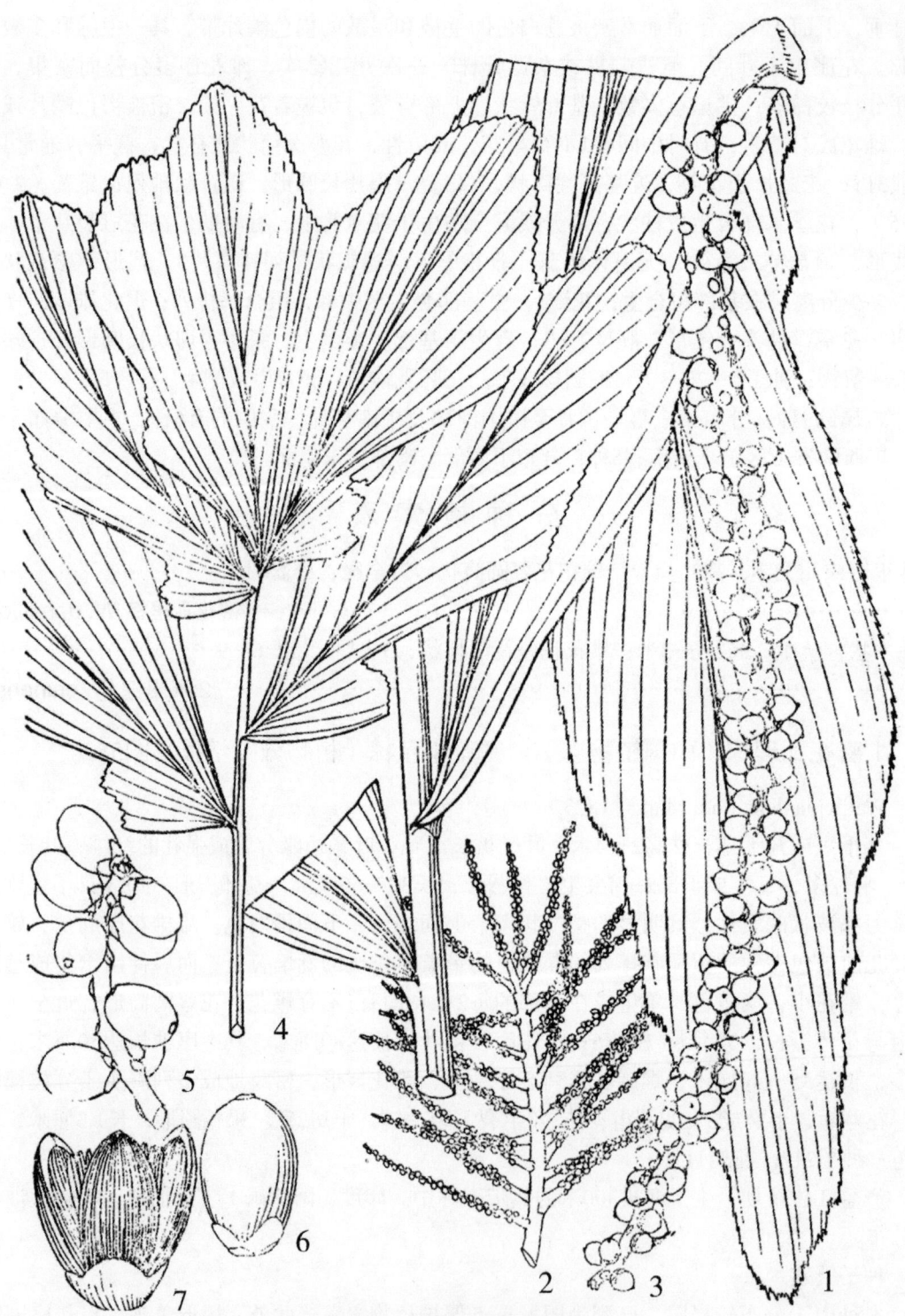

图582 密花瓦理棕和瓦理棕

1—3.密花瓦理棕 *Wallichia densiflora* Mart.

1.叶一段（示羽片） 2.整个花序外观 3.一果穗（幼果）

4—7.瓦理棕 *Wallichia chinensis* Burret

4.叶顶部（示羽片） 5.一小果穗 6.果 7.雄花

2.瓦理棕（中国植物志）　小菫棕（中国高等植物图鉴）图582

Wallichia chinensis Burret（1937）

丛生灌木，高2—3米。叶羽状全裂，羽片长20—35（—45）厘米，最宽处达10厘米甚至更宽，下部为宽楔形，中部及上部具深波状缺刻，顶部略钝，具锐齿，顶端羽片通常具波状3裂，边缘具不规则的钝齿，上面绿色，下面稍苍白色；叶鞘边缘网状抱茎。花序生于叶间，雌雄同株；佛焰苞5或更多，包着花序梗，外面被污褐色鳞秕，有密集的条纹脉；分枝多，密集，长约8厘米；雄花左右对称，中间有1雌花；雄花长圆形，长约5.5毫米，顶端稍圆，花萼浅杯状，高2毫米，浅3裂，裂片阔圆形，裂片之间波状弯曲，花瓣长圆形，两面有密集条纹脉，雄蕊6（—9）；雌花小，近球形，长约2毫米，萼片圆形，花瓣三角形。果卵状椭圆形，稍弯，长约14毫米，直径约7—10毫米；种子1—2，长圆形，长约12毫米，胚乳均匀，胚位于种脊面的中部。花期6月；果期8月。

产普洱、景洪、勐腊，生于海拔600—1500米的林中。广西和湖南等省（区）有分布。种子繁殖。

可作绿化树种。

15. 散尾葵属 Chrysalidocarpus H. Wendl.

单生或丛生灌木，茎具环状叶痕。叶羽状全裂，羽片多数，线形或披针形，外向折叠。花序生于叶间或叶鞘下，多分枝；花雌雄同株，多次开花结实；雄花花萼和花瓣各3，分离，雄蕊6，花丝分离，钻状，花药背着，少丁字着，退化子房圆锥状，三棱，顶端多少3裂；雌花萼片与花瓣各3，分离；子房球状卵形，柱头3，在花蕾时三角形，靠合，受精时展开；退化雄蕊6，齿状。果略为陀螺形或长圆形，近基部具柱头残留物，外果皮光滑，中果皮具网状纤维；种子胚乳均匀，胚侧生或近基生。

本属约20种，主产于马达加斯加。我国常见栽培的有1种，云南南部有栽培。

散尾葵（中国高等植物图鉴）图583

Chrysalidocarpus lutescens H. Wendl.（1878）

丛生灌木，高达5米，茎径约4—5厘米，基部略膨大。叶羽状全裂，平展而稍下弯，长约1.5米，有羽片40—60对，2列，黄绿色，表面有白粉，披针形，长35—50厘米，宽1.2—2厘米，先端长尾状渐尖并具不等长的短2裂，顶端的羽片渐短，长约10厘米；叶柄及叶轴光滑，黄绿色，下面凸圆，上面有凹槽；叶鞘长而略膨大，通常黄绿色，初时被白粉，有纵向沟纹。花序生于叶鞘下，呈圆锥花序式，长约0.8米，具2—3次分枝，分枝花序长20—30厘米，有8—10小穗，长12—18厘米，花雌雄同株，花小，卵球形，金黄色，螺旋状着生于小花穗上，雄花萼片和花瓣各3，上面具条纹脉，雄蕊6，花药丁字着生；雌花的萼片和花瓣与雄花略同，子房1室，具短的花柱和粗的柱头。果略为陀螺形成倒卵形，长约15—18毫米，宽8—10毫米，鲜时土黄色，干时紫黑色，外果皮光滑，中果皮具网状纤维，种子略为倒卵形，胚乳均匀，中央有狭长的空腔，胚侧生。花期5月；果期8月。

图583 散尾葵 *Chrysalidocarpus lutescens* H. Wendl.

1.植株形态 2.叶一段（示羽片） 3.分枝花序一部分 4.一果穗（示果形） 5.果纵剖面 6.雄花

原产马达加斯加。云南南部热区常见栽培于园林单位和庭园中，是很好的庭园绿化植物。种子和分株繁殖。

16. 王棕属 Roystonea O. F. Cook

茎直立，乔木状，高达10—40米。叶羽状全裂，羽片呈2列或数列，多数，狭长，先端削尖，中脉突出，中脉背面常被鳞片；叶鞘形成一大的"冠状茎"。花雌雄同株，多次开花结实；花序着生于叶下冠状茎叶鞘的基部，多分枝，花序梗短，具2大的佛焰苞；花着生于直的或波状弯曲的小穗轴上，花3朵聚生（2雄1雌），顶部则着生成对或单生的雄花；雄花萼片3，分离，三角形，很短；花瓣3，分离，卵状椭圆形或卵形，大大长于萼片；雄蕊6—12，花丝钻状，在花蕾时直立，花药丁字着，基部箭头状；退化雄蕊短，近球形或3裂；雌花近圆锥形至短卵形，萼片3，分离，短，圆形；花瓣3，卵形，近基部合生；退化雄蕊6，合生成6裂的杯状，贴生于花冠基部；子房近球形，1室，1胚珠。果倒卵形至长圆状椭圆形或近球形，宿存柱头在近基部；种子椭圆形，胚乳均匀，胚近基生。

本属约17种，原产中美洲、西印度群岛及南美洲。我国引进栽培2种。云南南部热区常见栽培1种。

王棕（中国种子植物科属词典） 大王椰子（台湾木本植物志）图584

Roystonea regia（H. B. K.）O. F. Cook（1905）

Oreodoxa regia H. B. K.（1815）

茎直立，乔木状，高达12米；茎幼时基部膨大，老时近中部不规则地膨大，向上部渐狭。叶羽状全裂，弓形并常下垂，长约4—5米，羽轴每侧羽片多达250片，羽片呈4列排列，线状披针形，渐尖，先端浅2裂，中部羽片长约90—100厘米，宽3—5厘米，顶端羽片较短而狭，在突出的中脉的每侧具粗壮的叶脉。花序长达1.5米，多分枝，佛焰苞在开花前像1根垒球棒；花小，雌雄同株，雄花长6—7毫米，雄蕊6，与花瓣等长，雌花长约为雄花之半。果近球形至倒卵形，长约1.1—1.3厘米，直径约0.9—1厘米，暗红色至淡紫色；种子为歪的倒卵形，一侧压扁，胚乳均匀，胚近基生。花期3—4月；果期10月。

云南南部热区有引种栽培。我国南部热带地区有栽培，被广泛栽培作行道树和庭园观赏。原产古巴，现已广泛栽培于世界热带地区。

本种除作绿化树种外，果实含油，可作猪饲料。

17. 山槟榔属 Pinanga Bl.

茎直立，灌木状，有环状叶痕。叶羽状全裂，上部的羽片合生或罕为单叶。花序生于叶丛之下，佛焰苞单生，花雌雄同序，每3花（2雄花之间有1雌花）沿花序轴上聚生，排成2—4或6纵行；雄花斜三棱形，萼片急尖，具龙骨突起，镊合状排列，花瓣卵形或披针形，镊合状排列，雄蕊6或更多，花药近无柄，底着，直立；雌花远比雄花小，卵形或球形，萼片和花瓣圆形，覆瓦状排列，子房1室，柱头3，胚珠1，基生，直立。果卵形，椭圆形或近

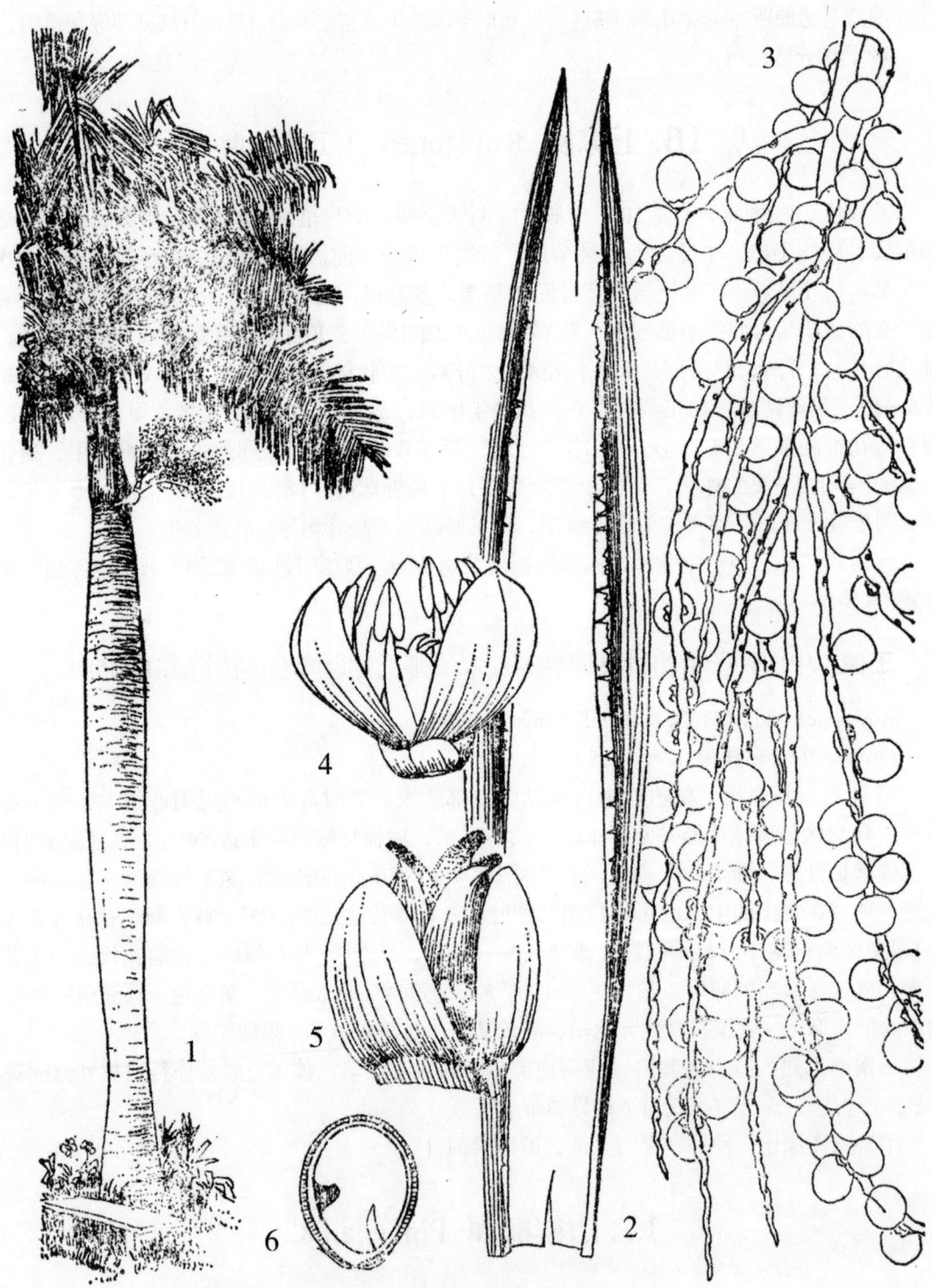

图584 王棕 *Roystonea regia* (H. B. K.) O. F. Cook
1.植株形态 2.佛焰苞片 3.果序一部分 4.雄花 5.雌花 6.果纵剖面

纺锤形，外果皮纤维质。胚乳嚼烂状，胚基生。

本属约100多种。我国有8种，分布于西南至华南、海南和台湾。云南产5种，分布于西部至东南部。

本属的多数种树形美观，可作为庭园绿化树种栽培；茎基可作手杖。据文献记载多数种类的种子可作槟榔的代用品。

分 种 检 索 表

1.花（或果）成2列排列于穗轴上。
  2.花序长达25—34厘米，分枝4—5或更多，穗轴直而不弯曲 … 1.长枝山竹 P. macroclada
  2.花序较短，长10—18厘米，分枝2—4，穗轴曲折。
    3.花序长10—12厘米；叶上面绿色，下面灰白色，具密集的纵向小脉，叶脉上具稍粗糙的乳头状突起 ················· 2.华山竹 P.chinensis
    3.花序长15—18厘米。
      4.叶上面深绿，下面灰白色，叶下面及叶脉上具苍白色鳞毛和褐色点状鳞片，脉上散布着淡褐色的线状鳞片 ··············· 3.变色山槟榔 P. discolor
      4.叶两面绿色，下面具淡褐色的鳞片和淡色细柔毛，小脉稍苍白 ········· ················· 4.绿色山槟榔 P.viridis
1.花（或果）成6列排列于花序轴上，花序单生不分枝，长14—18厘米或更长 ·············· ················· 5.六列山槟榔 P.hexasticha

1.长枝山竹（云南种子植物名录）图585

Pinanga macroclada Burret（1936）

丛生灌木，高达5米，直径约2—2.2厘米或更粗；茎秆上密被深褐色或紫褐色的垢状斑点，间有淡色的斑点。叶鞘及叶柄上有深褐色的鳞秕，叶轴上的鳞秕一般早落；叶羽状全裂，长约1.3米，约有10对羽片，阔线形，顶端一对羽片长30厘米，宽约5厘米，有6—7脉，先端截形，有短齿，微2裂；以下的羽片稍狭，长达45厘米，宽3—4厘米，具3—4脉，稍微S字形弯曲，向上部镰刀状渐尖，或先端具披针形的齿，浅2裂，向基部渐狭；上面深绿色，下面灰白色，细脉多，稍苍白，具淡褐色鳞片。花序分枝4—5或更多，下弯，长25—34厘米，穗轴直而不左右弯曲，明显压扁，果实整齐2列。果幼时连果被长16毫米，狭圆柱形，直径4毫米，稍成长后近纺锤形，顶端稍狭。连果被可长达18毫米，直径5毫米，具纵沟纹。萼片阔圆形，具短尖，有纤毛，花瓣几与萼片同形和等长。果期5月。

产景洪、勐海，生于海拔600—1700米的热带与亚热带森林中。越南有分布。

种子繁殖。可作庭园绿化树种栽培。

2.华山竹（云南种子植物名录）图585

Pinanga chinensis Becc.（1905）

丛生灌木，高约2米，直径约1.2厘米或更粗，有深褐色头垢状斑点，间有淡色斑点。叶鞘、叶柄、叶轴上均有褐色鳞秕；叶羽状全裂，长约55厘米，约有10对整齐排列的羽片，

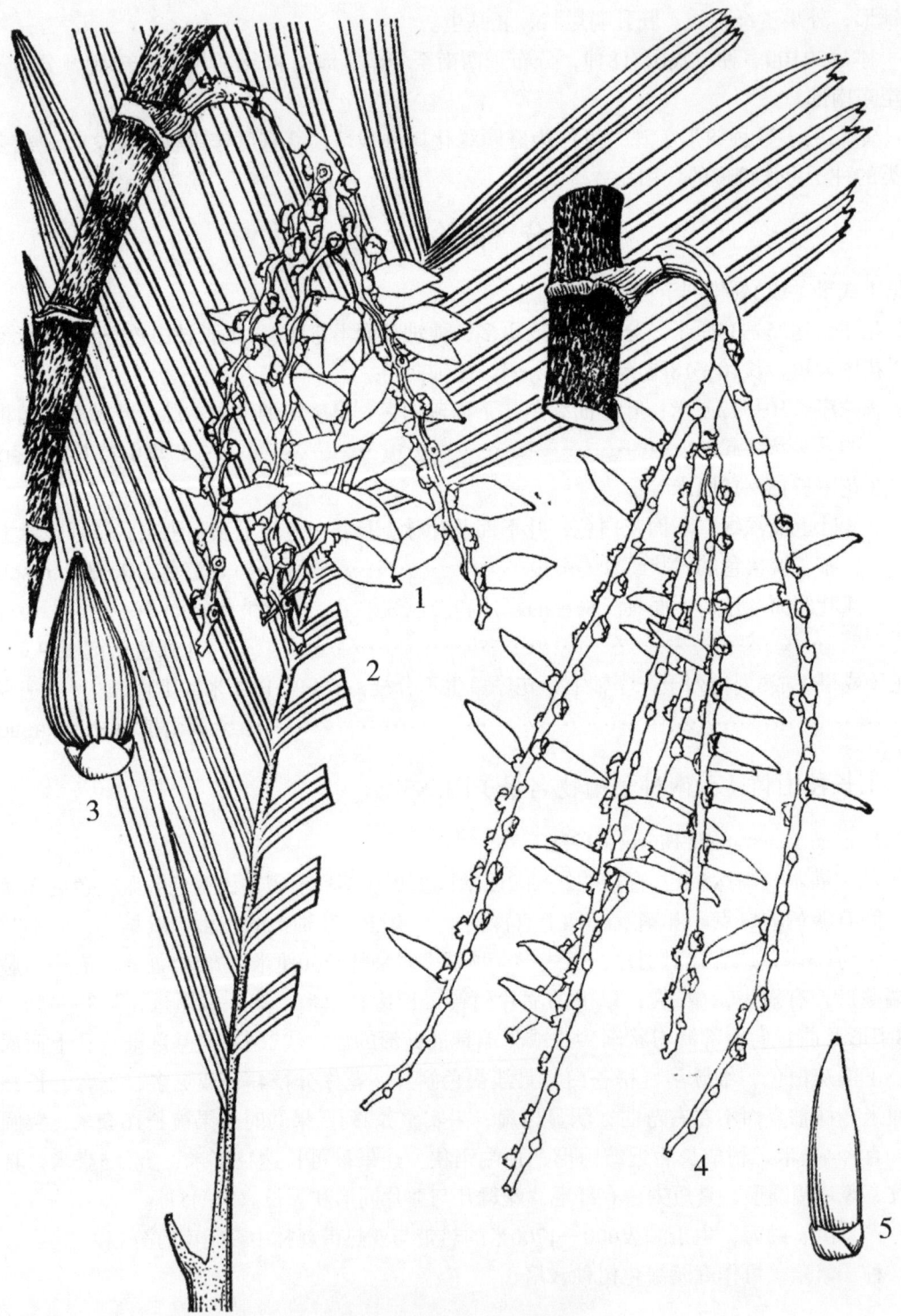

图585 华山竹和长枝山竹

1—3.华山竹 *Pinanga chinensis* Becc.

1.果序，带茎一段　2.叶子　3.果实

4—5.长枝山竹 *Pinanga macroclada* Burret

4.果序，带一段茎　5.果实

阔线形，顶部一对羽片稍短，长约18厘米，宽2.5—3厘米，先端截状，具二锐裂的齿，以下的羽片稍长，约25—30厘米，宽度与上部的相近，除上部几对羽片先端截状具齿外，下部的羽片向先端渐尖略成镰刀状，向基部略为变狭，具明显的脉2—4，上面深绿，下面灰白色，具密集的纵向脉纹（即小叶脉），脉上具稍粗糙的乳头状突起。花序约有4分枝，下弯，长约12厘米，穗轴曲折，明显压扁，果实整齐2列。果幼时为近圆柱形，顶端渐狭，成长时为近纺锤形，连果被长约17—18毫米，直径约6毫米，向顶部稍渐狭，顶端钝，表面具纵条纹。花萼和花瓣边缘圆形，顶端具微尖。果期5—6月。

产于云南南部至西南部。分布于海拔800—1200米的热带与亚热带森林中。

种子繁殖。可作为庭园绿化树种。

3.变色山槟榔（中国高等植物图鉴）图586

Pinanga discolor Burret（1936）

Pinanga baviensis auct. non Becc.：Merr（1927）

从生灌木，高3米或更高，直径1.5—2厘米，密被深褐色头垢状斑点，间有浅色斑纹。叶鞘，叶柄及叶轴具深褐色头垢状斑点；叶羽状，长65 -100厘米，约有7—10对对生的羽片，顶部一对或二对羽片较宽，先端截形具不等的锐齿裂，长约30厘米，宽5—7厘米，具9—10脉，以下的羽片稍S字形弯曲，向上镰刀状渐尖，向基部变狭，具4—5脉，上面深绿色，下面灰白色，大小叶脉之间及脉上具苍白色鳞毛和褐色点状鳞片，叶脉上散布着淡褐色的线状鳞片。花序2—4分枝，下弯，长约15—18厘米，穗轴曲折，压扁，花2列。果近纺锤形，长约2—2.5厘米，直径7—9毫米，有纵条纹。果期约在10月。

产于云南南部，生于海拔700—1700米的森林中。广西、广东、海南有分布。

种子繁殖。可作庭园绿化树种。

4.绿色山槟榔

Pinanga viridis Burret（1936）

本种与变色山槟榔极为相似，但本种羽片两面绿色，下面的小叶脉稍苍白，整个叶下面具淡褐色的鳞片和淡色细柔毛，顶端一对羽片的先端具短2裂的钝齿。果期10月。

产于云南南部，生于海拔600—1200米的森林中。广西西南部及广东中部有分布。

种子繁殖。可作庭园绿化树种。

5.六列山槟榔 图587

Pinanga hexasticha Scheff.（18?）

Areca hexasticha Kurz（1874）

从生灌木，高达4米或更高，直径1.5厘米或更粗，布满淡褐色的小斑点。叶鞘、叶柄和叶轴上密被褐色的斑点状鳞秕；叶长70—95厘米甚至更长，顶端一对羽片较宽，宽约8厘米，长约20厘米，具8—9脉，以下的羽片较狭而长，宽约3.5—6厘米，长30—35厘米，具2—4脉，上部羽片先端截状，具钝齿，除顶端1对羽片外，其余羽片先端微镰刀形，下部的羽片较狭，向上部渐尖，镰刀形，向基部稍变狭，稍S形弯曲，上面深绿色。下面淡绿或灰

图586　变色山槟榔 *Pinanga discolor* Barret
1.植株形态　2.叶一段（示羽片）　3.整个果序及茎一段

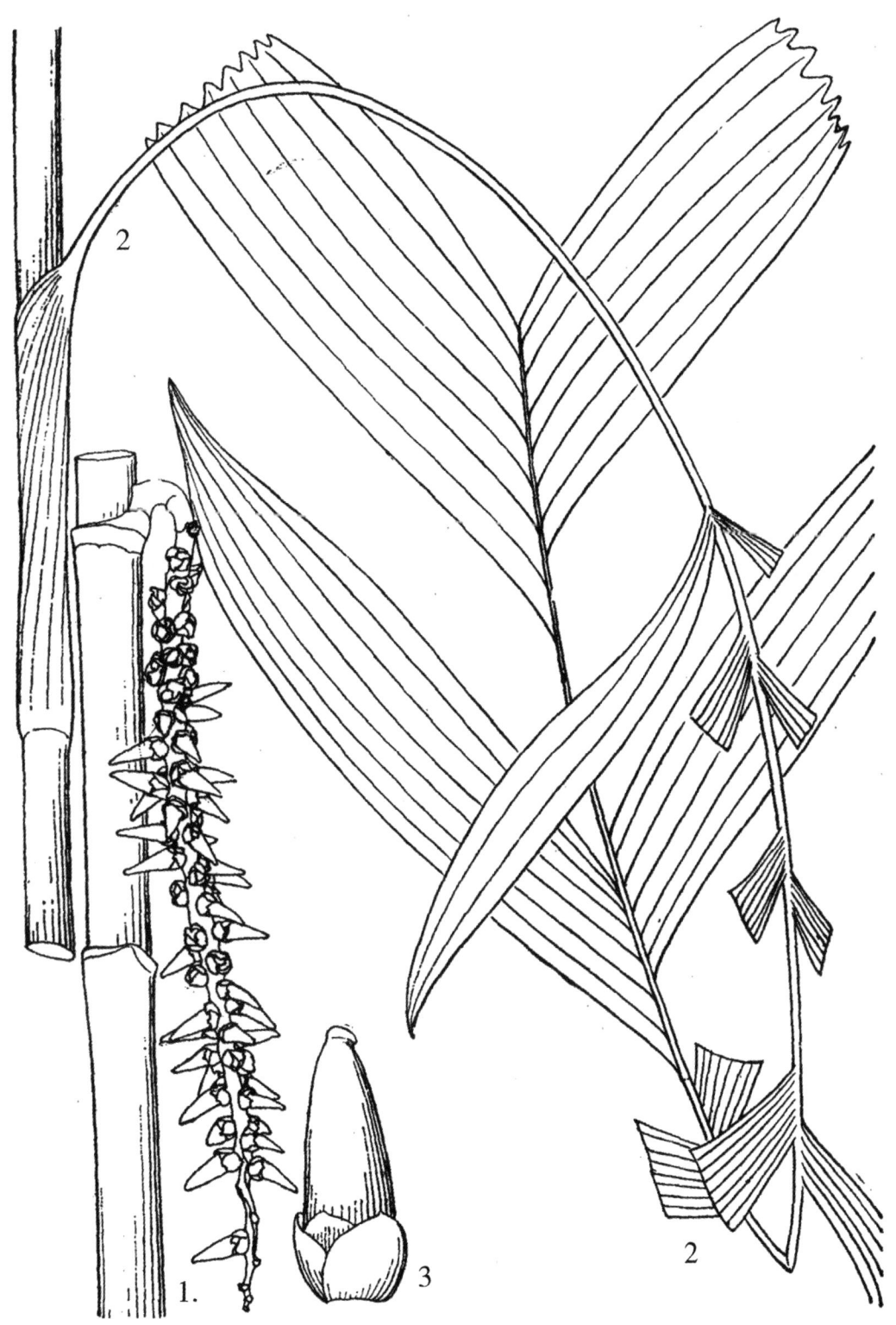

图587 六列山槟榔 *Pinanga hexasticha* Scheff.
1.果序（带茎一段） 2.叶及叶鞘 3.果实

绿色，叶脉灰白，大小叶脉和整个叶下面密被淡褐色的点状鳞片或小乳突。花序单生不分枝，下弯，较粗壮，稍压扁，长14—18厘米或更长，花在穗轴上螺旋状排列成5—6列。萼片和花瓣几同形，阔卵形，先端钝或稍钝，长约3毫米。未熟果近纺锤形，连果被长约13—14毫米，直径约3毫米，顶端较狭，条纹脉不明显。果期冬季。

产盈江低海拔的热带森林中。缅甸有分布。

种子繁殖。可作庭园绿化树种。

18. 槟榔属 Areca Linn.

直立乔木状或丛生灌木状，茎有环状叶痕。叶簇生于茎顶，羽状全裂，羽片多数，叶轴顶端的羽片合生。花序生于叶丛之下，佛焰苞早脱落；花单性，雌雄同序；雄花多，单生或2花聚生，生于花序分枝上部或整个分枝上，萼片3，小，花瓣3，镊合状排列，雄蕊3或6，花丝短或无，花药基着；雌花大于雄花，少，萼片3，覆瓦状排列，花瓣3，镊合状排列；子房1室，柱头3，无柄，胚珠1，基生，直立。果卵形或长圆形，顶端具宿存柱头；种子卵形或纺锤形，胚乳嚼烂状，胚基生。

本属约54种。我国1种，产于云南南部、海南及台湾等地，另引进栽培1种。

分 种 检 索 表

1.茎单生，乔木状；雄蕊6；果实较大，卵状球形，熟时橙黄色 ············1.槟榔 A. cathecu
1.茎丛生，较矮小；雄蕊3；果实较小，卵状纺锤形，熟时深红色 ··· 2.山药槟榔 A .triandra

1.槟榔　图588

Areca cathecu Linn.（1753）

茎直立，乔木状，高10多米，最高可达30米，有明显的环状叶痕。叶簇生于茎顶，长1.3—2米，羽片多数，两面无毛，狭长披针形，长30—60厘米，宽2.5—4厘米，上部的羽片合生，先端有不规则齿裂。花雌雄同株，花序多分枝，花序轴粗壮压扁，分枝曲折，长25—30厘米，上部纤细，着生1列或2列的雄花，而雌花单生于分枝的基部。雄花小，无梗，通常单生，很少成对着生，萼片卵形，长不到1毫米，花瓣长圆形，长4—6毫米，雄蕊6，花丝短，退化雌蕊3，线形；雌花较大，萼片卵形，花瓣近圆形，长1.2—1.5厘米，退化雄蕊6，合生；子房长圆形。果卵状球形或长圆形，长3—6厘米，橙黄色，中果皮纤维质；种子卵形，基部截平，胚乳嚼烂状，胚基生。花果期3—4月。

云南南部热区有栽培。

种子繁殖。适宜温暖多雨的湿热地区生长。在种植时应注意有适当的荫蔽环境，避免完全暴露阳光照射之下，造成日灼损伤树干甚至引起死亡。

果实是一种重要的中药材，虽然在我国南部一些热区发展了人工栽培，目前仍不能满足国内需要，槟榔果除供药用外，在云南南部地区的少数民族将槟榔果作为一种咀嚼嗜好品的主要原料。

2.山药槟榔（西双版纳植物名录）图588

Areca triandra Roxb.（1814）

茎丛生，高达4米或更高，直径2.5—4厘米，具明显的环状叶痕。叶羽状全裂，长1米或更长，约17对羽片，顶端1对合生，羽片长35—60厘米或更长，宽4.5—6.5厘米，具2—6肋脉，下部和中部的羽片披针形，镰刀状渐尖，上部及顶端羽片较短而稍钝，具齿裂；叶柄长10厘米或更长。花序和花的形态与槟榔相似，只是雄花只有3雄蕊。果比槟榔小，卵状纺锤形，长3.5厘米，直径1.5厘米，顶端截状变狭，果熟时由黄色变深红色；种子形如果实，胚乳嚼烂状，胚基生。果期8—9月。

云南热区有栽培；广东、台湾等地也有栽培。

19. 油棕属 Elaeis Jacq.

直立，通常乔木状。叶簇生于茎顶，羽状全裂，裂片外向折叠，线状披针形，叶轴下部的羽片退化为针刺。花单性，雌雄同株，但生于不同的花序上；花序腋生，分枝短而密，花序梗短，为疏松，覆瓦状排列的苞片状佛焰苞所承托；雄花序由几个呈指状排列的穗状花序组成，其上密生雄花，穗轴突起呈尖头状；雄花萼片3，分离，长圆形或披针形，内凹，覆瓦状排列，花瓣3，分离，长圆形，镊合状排列，雄蕊6，花丝基部合生成坛状，顶端分离；雌花序近头状，雌花下着生2个急尖或具刺尖的小苞片，萼片和花瓣各3，卵形或卵状长圆形，覆瓦状排列，花后增大；子房卵形或近圆柱形，3室，但通常有1—2室不发育，花柱短，柱头3，线形。核果卵形或倒卵形，外果皮光滑，中果皮厚，肉质，含油分，具纤维，内果皮骨质，坚硬，顶端有3萌发孔；种子1—3，胚乳均匀，胚近顶侧生。

本属2种，其中1种原产非洲热带，广泛作为油料作物栽培。我国海南、云南及台湾等热区有栽培。

油棕 图589

Elaeis guineensis Jacq.（1763）

直立乔木状，高达10米或更高，直径达50厘米。叶多，羽状全裂，簇生于茎顶，长3—4.5米，羽片外向折叠，线状披针形，长70—80厘米，宽2—4厘米，下部的退化成针刺状，叶柄宽。雄花序由多个指状的穗状花序组成，穗状花序长4—12厘米，直径1厘米，上面着生密集的花，穗轴的顶端呈突出尖头状，苞片长圆形，顶端为刺状小尖头；雄花萼片与花瓣长圆形，长4毫米，宽1毫米，先端急尖；雌花序近头状，密集，长20—30厘米，苞片大，长2厘米，顶端的刺长7—30厘米，雌花萼片与花瓣卵形或卵状长圆形，长5毫米，宽2.5毫米；子房长约8毫米。果卵形或倒卵形，长4—5厘米，宽3厘米，熟时橙红色；种子近球形或卵形。花期6月；果期9月。

栽培于西双版纳。

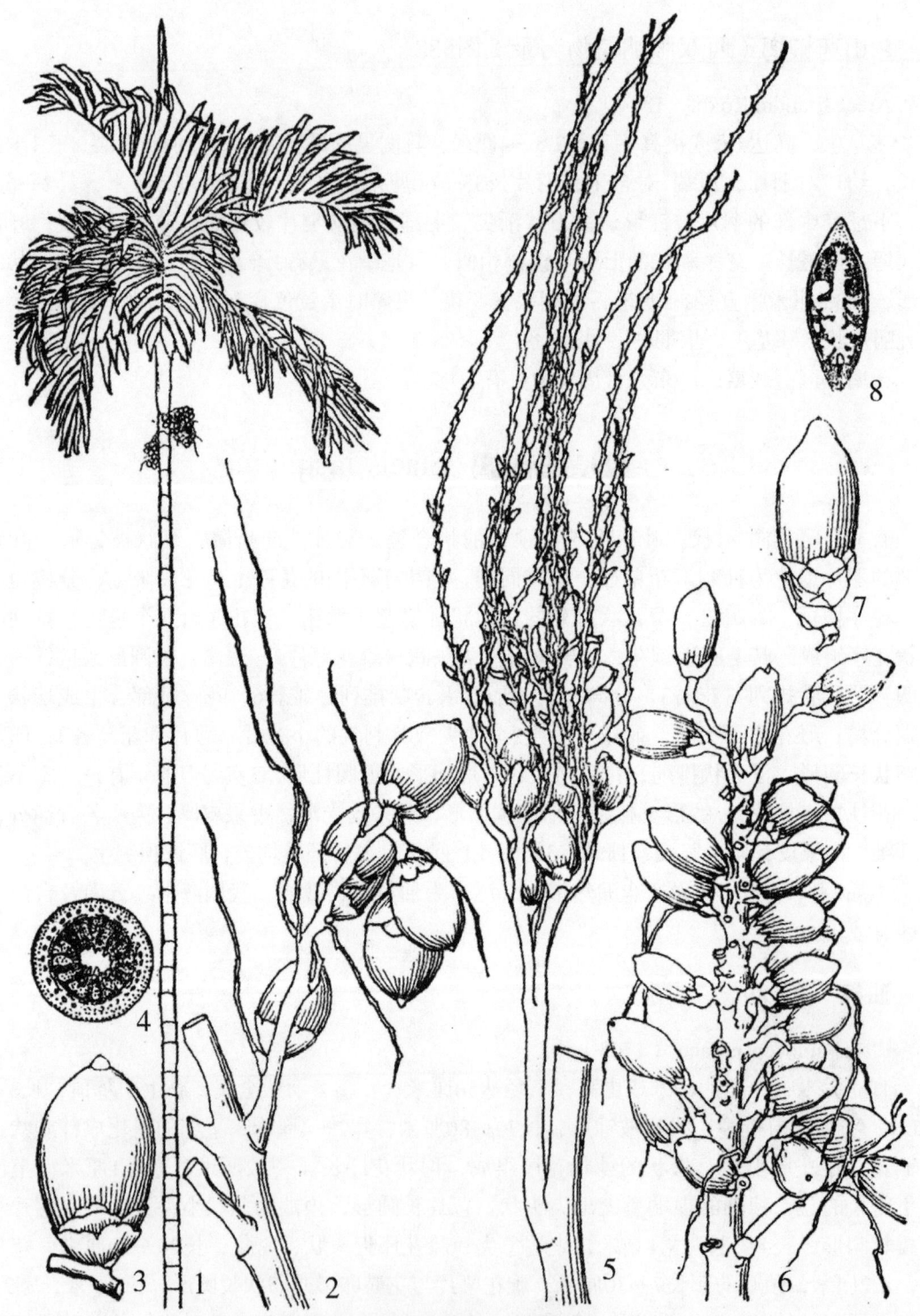

图588 槟榔和山药槟榔

1—5.槟榔 *Areca cathecu* Linn.

1.植株形态 2.果序一部分 3.果实 4.果横剖面 5.一分枝花序

6—8.山药槟榔 *Areca triandra* Roxb.

6.果序一部分 7.果 8.果纵剖面

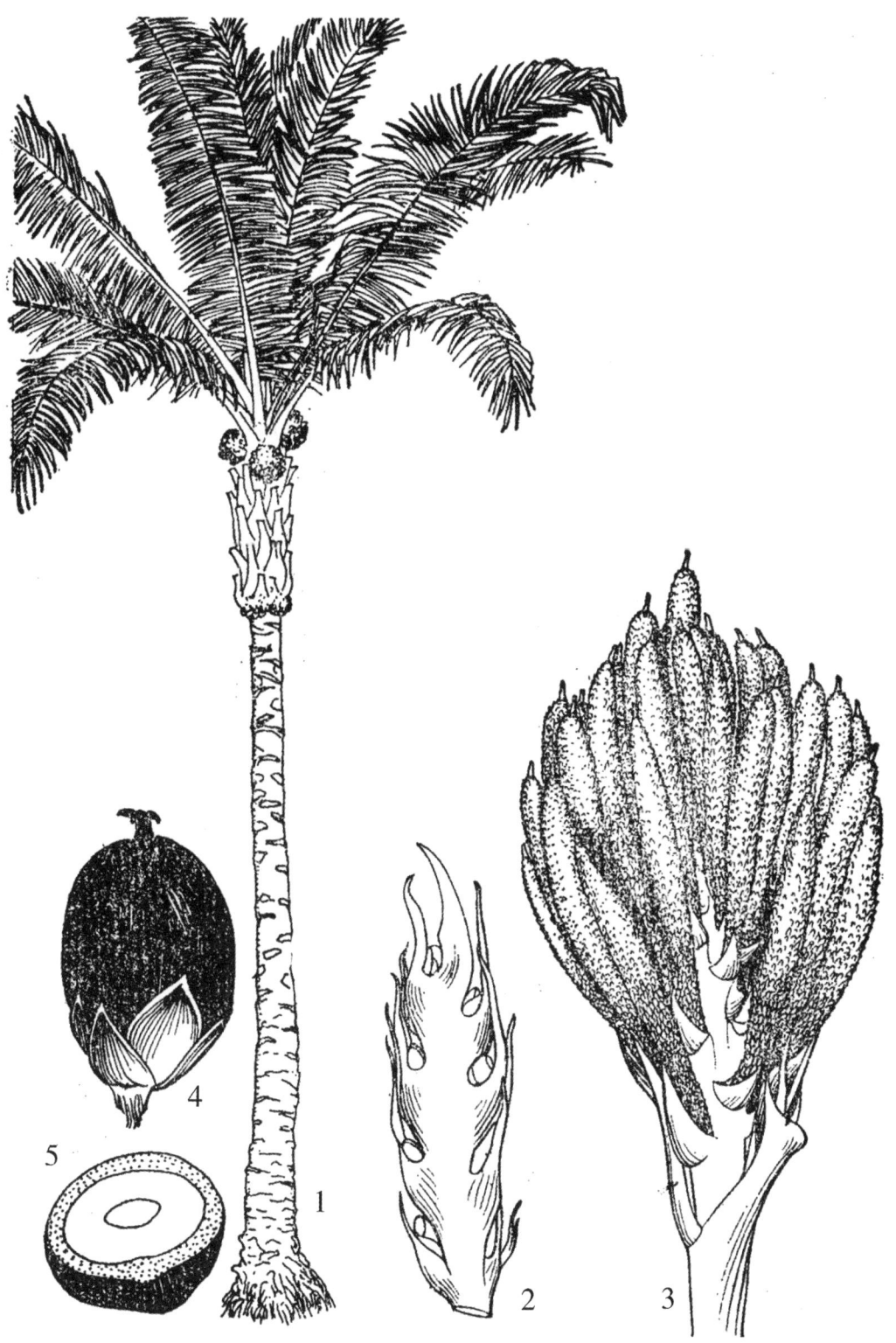

图589 油棕 *Elaeis quineensis* Jacq.
1.植株形态　2.雌花小穗　3.雄花序　4.果　5.果横剖面

20. 椰子属 Cocos Linn.

直立乔木状，茎有明显的环状叶痕。叶羽状全裂，簇生于茎顶，裂片多数，明显地外向折叠。花序生于叶丛中，圆锥花序式，佛焰苞2，长而木质化；花单性，雌雄同株，雄花小，多数，聚生于花序分枝的上部，雌花大，少数，生于分枝下部或有时雌雄花混生；雄花萼片3，覆瓦状排列，花瓣3，较萼片大，镊合状排列，雄蕊6内藏，花丝粗，退化雌蕊极小或缺；雌花的萼片和花瓣各3，卵形，覆瓦状排列；子房3室，每室有胚珠1，但通常仅1室发育，花柱短，柱头3，外弯。核果宽卵状，具三棱或不明显，外果皮光滑，中果皮厚而纤维质，内果皮骨质，坚硬，近基部有3个萌发孔；种子1，与内果皮粘着，胚乳坚实或一层衬贴着内果皮，中间有1个空腔，内藏丰富的浆液，胚基生，与其中的1萌发孔相对。

本属1种，我国广东沿海岛屿、海南及台湾等热带地区有分布或栽培。云南南部热区有栽培。

椰子（本草纲目）图590

Cocos nucifera Linn.（1753）

高大乔木，高达30米，茎粗壮，有环状叶痕，基部增粗，常有簇生小根。叶羽状全裂，长3—4米；裂片多数，外向折叠，革质，线状披针形，长65—100厘米或更长，宽3—4厘米，先端渐尖；叶柄粗壮，长达1米以上。花序腋生，长1.5—2米，多分枝；佛焰苞纺锤形，厚木质，最下部的长60—100厘米或更长，老时脱落；雄花萼片3，鳞片状，长3—4毫米，花瓣3，卵状长圆形，长1—1.5厘米，雄蕊6，花丝长1毫米，花药长3毫米；雌花基部有小苞片数枚，萼片阔圆形，宽约2.5厘米，花瓣与萼片相似，但较小。果卵状或近球形，顶端微具三棱，长约15—25厘米，外果皮薄，中果皮厚纤维质，内果皮木质坚硬，基部有3孔，其中的1孔与胚相对，胚萌发时即由此孔穿出，其余2孔坚实，果腔内含有胚乳（即"果肉"或种仁），胚和汁液（椰子水）。花果期主要在秋季。

云南南部主要是西双版纳有栽培，适宜生长于高温多雨的低海拔湿热地区。广东南海诸岛及雷州半岛、海南岛、台湾广泛栽培。

种子繁殖。将果置于荫处，待发芽后种植。

椰子具有极高的经济价值，全株各部分都有用途。未成熟胚乳"果肉"可作为热带水果食用；椰子水是一种可口的清凉饮料；成熟的椰肉含脂肪达70%，可榨油，还可加工成各种糖果，糕点，椰壳可作成各种器皿和工艺品，也可制活性炭；椰纤维可制毛刷，地毯，缆绳等；树干可作建筑材料；叶子可盖屋顶或编织；根可入药；椰子水除饮用外，因含有生长物质，是组织培养的很好促进剂。还因其树姿优美，是热带地区绿化美化环境的重要树种。

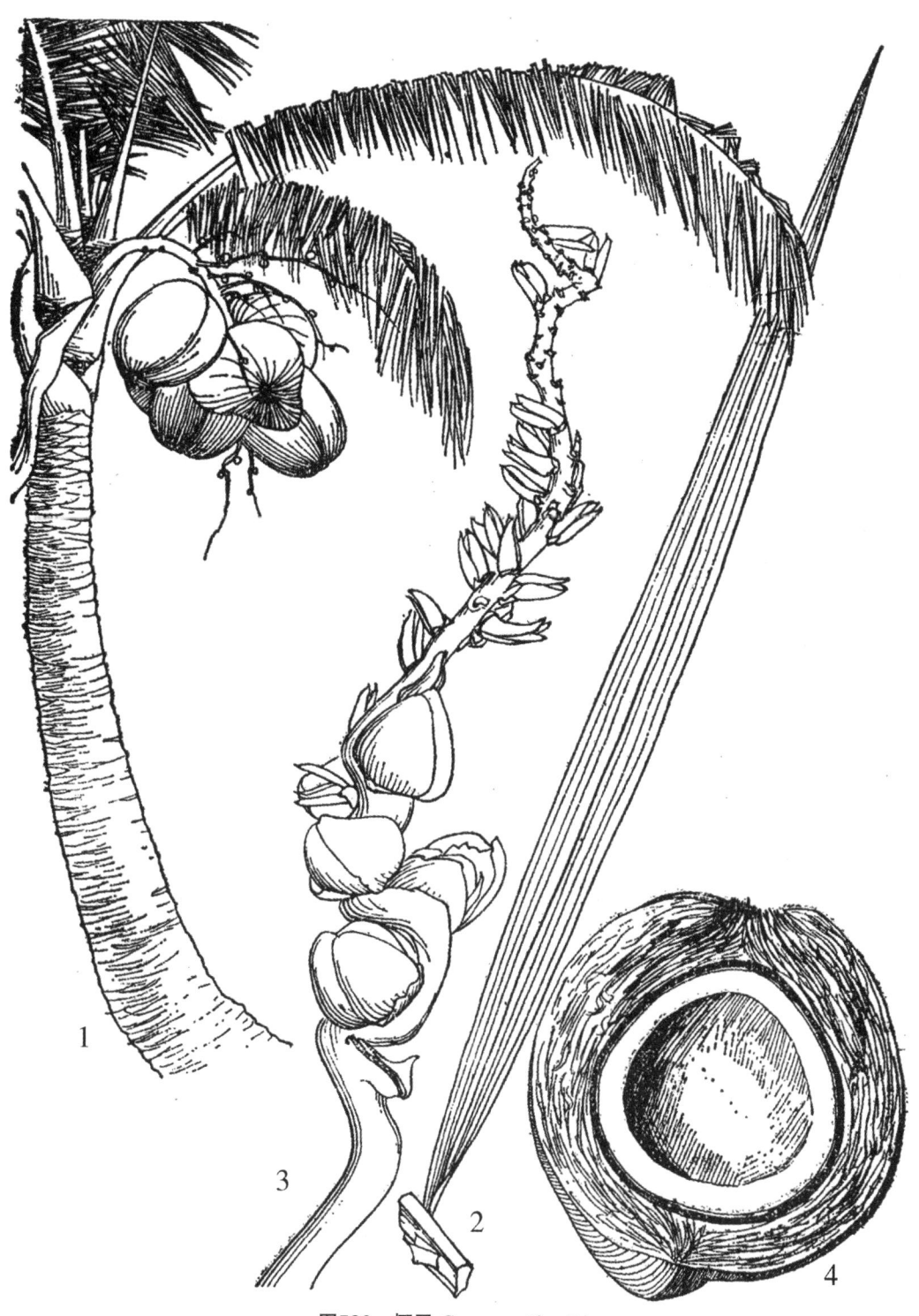

图590　椰子 *Cocos nucifera* Linn.
1.植株形态　2.叶一段（示羽片）　3.花序一分枝（小穗）　4.果实纵剖面

315.露兜树科 PANDANACEAE

常绿乔木或灌木，有时攀援状，具明显的气根或支柱根。叶3—4列或螺旋状排列，聚生于枝或主干顶端，条形或带形，狭长，基部有鞘，边缘和下面中脉上具刺。花单性异株，组成顶生或腋生的穗状、头状、总状或圆锥花序，花序外面为叶状的佛焰苞所包围；花被、苞片和小苞片缺；雄花雄蕊多数，花丝分离或合生，花药直立，基着，退化雌蕊缺或不明显；雌花无退化雄蕊或具极小的退化雄蕊，心皮多数，分离或与邻近心皮黏合，子房上位，1室；花柱极短或不明显，柱头分离或合生；胚珠单生，直立或多颗呈侧膜胎座式。果为一球形、扁球形或圆柱形的聚合果，由多数分离或联合、木质或肉质的核果组成；种子小，胚乳硬肉质。

本科有3属，分布于东半球的温带和热带地区。我国有2属，产东南沿海至西南部。云南有1属，主要分布于南部和西南部的热带低山沟谷雨林下，是热带林的代表树种之一。

露兜树属 Pandanus Parkins.

乔木或灌木，主干通常具气根或支柱根。叶革质、无柄、狭长，聚生于主干或分枝顶部，边缘和下面中脉上有锯齿状刺。花单性异株，无花被；雄花雄蕊多数，着生于穗轴上或簇生于柱状体的顶端；雌花无退化雄蕊，心皮多数，分离或合生成束，子房1室，具近基生的胚珠1，柱头明显。果为球形，扁球形或卵状球形的聚合果，由多数木质的核果组成，柱头宿存，乳头状或刺状；种子卵形或纺锤形，具条纹。

约600余种，广布东半球热带地区。我国约7种，产西南、华南至台湾。云南有4种。

分 种 检 索 表

1.聚合果卵状球形或扁球形，直径达20厘米；小核果倒圆锥形，顶端宿存柱头乳头状或马蹄状 …………………………………………… 1.露兜树 P. tectorius Sol. ex Parkins.
1.聚合果球形或椭圆状球形，直径约10厘米；小核果近圆筒形，顶端宿存柱头二歧刺状或角形刺状。
　2.聚合果近椭圆状球形，小核果宿存柱头二歧刺状 …………2.山菠萝 P. furcatus Roxb.
　2.聚合果球形，小核果宿存柱头角形刺状 …………3.小果山菠萝 P. tonkinensis Martelli

1.露兜树（高等植物图鉴）　露兜簕（海南植物志、云南种子植物名录）图591

Pandanus tectorius Sol. ex Parkins.（1773）

小乔木，高达4米，主干有分枝，通常具气根。叶聚生于主干或分枝顶端，革质，带状，长1—2.5米，宽3—5厘米，先端渐狭成一长尾尖，边缘和下面中脉上有锐齿。雄花序长约25厘米，由数个穗状花序组成，穗状花序无花序梗，长6—13厘米；佛焰状苞片白色，宽披针形，长12—25厘米，宽2—4.5厘米，先端尾尖，边缘具锐刺；雄花密集，有强烈香气，雄蕊10枚以上，簇生于柱状体顶端，长约3毫米，花药条形，顶端有小尖头。聚合果卵状球形或扁球形悬垂，长25—30厘米，径达20厘米，由50—80小核果组成，成熟时暗红色，小核果倒圆锥形，长5—6厘米，宽2—2.5厘米，4—12室，花柱不显，宿存柱头突起，成乳头状或马蹄状。花期5—6期，果期10—11月。

产滇西和滇南热带地区，海拔550—1600米的低、中山沟谷雨林或常绿季风阔叶林下，村寨附近或园圃偶见栽培；分布于广东、福建、台湾、广西。亚洲热带的其他地区和澳大利亚南部也有。

叶片可编制席、篮和斗笠等手工艺品；根、果和叶供药用。鲜花含芳香油。

2. 山菠萝（云南种子植物名录） 分叉露兜（中国高等植物图鉴） 啰金堆（西双版纳傣语）图591

Pandanus furcatus Roxb.（1814）

小乔木，高达10米，通常顶端二歧分枝，基部有粗壮的气生根和支柱根。叶革质，带状，长1—4米，宽3 10厘米，先端具长尾尖，尾尖长达15厘米，边缘和下面中脉上有锐刺。雄花序由数个圆筒状穗状花序组成，长10—16厘米，小花密集，不具香气，佛焰状苞片金黄色，长约50厘米，宽约10厘米，先端具3条有锐刺的脉；雄蕊3—5簇生于柱状体顶端，花丝短，花药线形，长约5毫米，顶端具长而弯的芒。聚合果通常单生，椭圆状球形，成熟时橙红色，长15—18厘米，直径约10厘米；小核果圆筒形，长3—4厘米，宽约1厘米，有棱角，花柱明显突出，高约1厘米，宿存柱头二歧刺状。花期8—9月，果期3—4月。

产西双版纳各县及屏边等地区，海拔600—1500米的低、中山沟谷雨林或季风常绿阔叶林下或小溪边潮湿处；分布于广西。自印度经中南半岛至马来半岛均有。

根、果民间供药用。

3.小果山菠萝（云南种子植物名录）

Pandanus tonkinensis Marte Hi（1937）
产河口、屏边、马关等地。

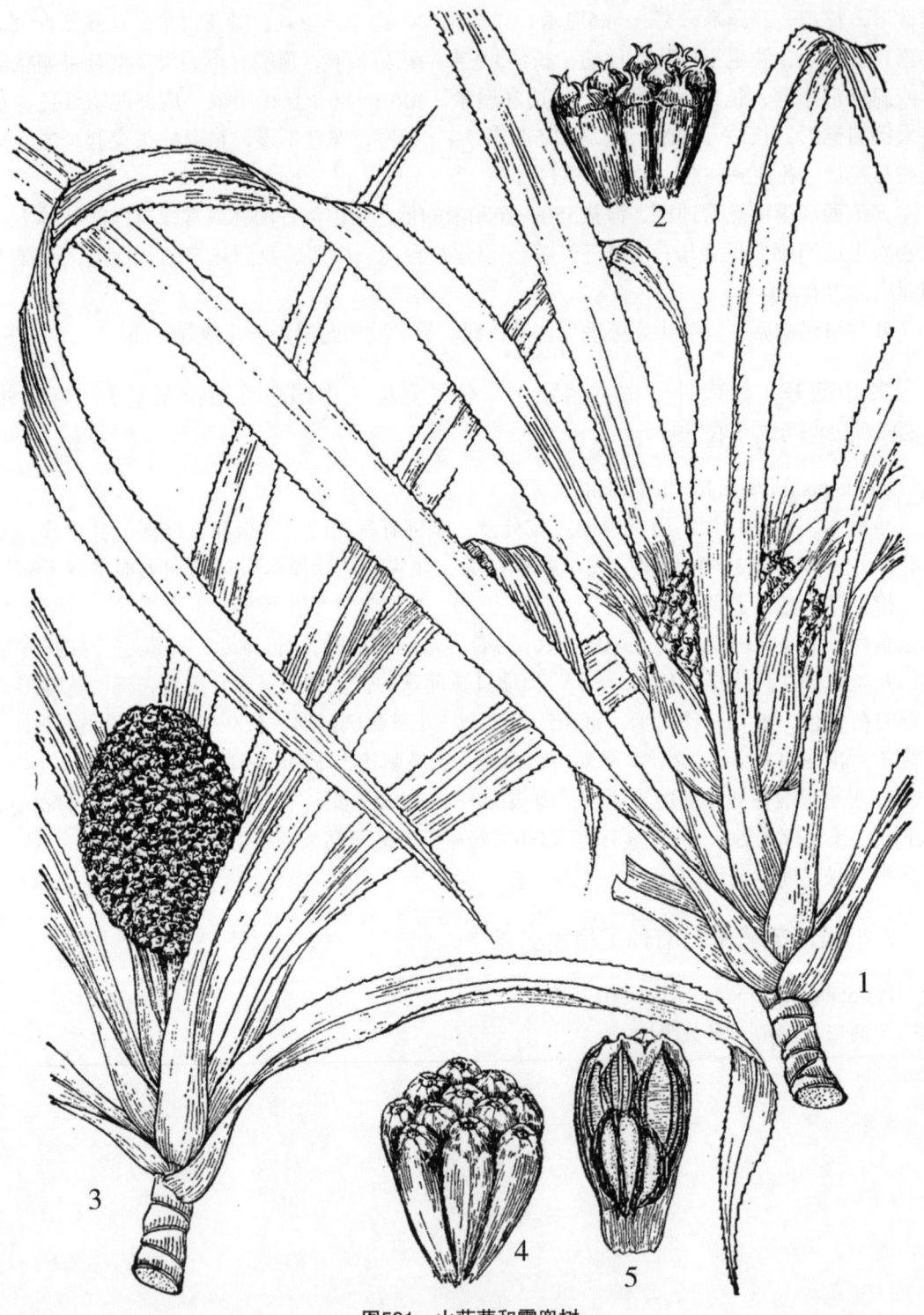

图591 山菠萝和露兜树

1—2.山菠萝 *P. furcatus* Roxb.

1.果枝 2.聚合果（部分示宿存柱头）

3—5.露兜树 *P. tectorius* Sol. ex Park.

3.果枝 4.部分聚合果 5.果纵剖面

332.禾本科 GRAMINEAE（POACEAE）

竹亚科 Bambusoideae Nees

乔木或灌木，稀藤本。具合轴，单轴或复轴型地下茎。秆由秆柄、秆基和秆茎三部分组成。具节，常中空并于节内具横隔板，稀近实心或实心；节上1至多分枝。叶二型；变态叶称秆箨，着生于秆之各节，纸质或革质，由箨鞘，箨耳，箨舌和箨片组成；营养叶绿色，着生于节的小枝上，由叶鞘、叶耳、叶舌、叶柄和叶片组成。叶鞘包小枝节间，常闭合但不连生；叶片披针形至狭披针形，叶脉平行并具小横脉。常为多年生一次性开花植物，花由小穗组成穗状、头状、总状或圆锥花序；小穗含1至数花，排列于小穗轴上，基部由2不孕苞片包被，称为颖或空颖；花两性，单性或中性，通常小，被外稃及内稃，小花的构造：鳞被（或称浆片）通常3，着生于子房周围，形小，透明，为退化的花被瓣；雄蕊1—6，花丝细长，丁字着药；雌蕊由2—3心皮构成。子房上位，1室，胚珠1，柱头2—3，羽毛状。常为颖果，稀为坚果或浆果。

约70—80属，1000余种，主产亚洲、美洲和非洲的热带和亚热带的气候湿热地区，但在暖温带和亚热带高海拔湿润地区也有分布，东南亚，尤以我国云南中部和南部地区最多。中国约产35属，近500种。云南产25属200余种。

分 属 检 索 表

1.地下茎合轴型；秆丛生或秆柄延长形成假鞭而呈散生或混生状。
  2.秆丛生；秆柄短，不为假鞭状。
    3.秆具横延而与其等粗的主枝而呈藤本状，或于秆上部纤细下垂常攀援于相邻之植株而呈半攀援状。
      4.秆葡伏呈藤本状。节膨大偏斜；节间呈"之"字形曲折；箨鞘坚脆宿存；叶大型；小穗含花2；果实大型，梨果状 ················· **1.梨藤竹属** Melocalamus
      4.秆直立（悬竹属有的种葡伏）呈半攀援状。
        5.秆壁薄，表面粗糙；箨环秃净；箨鞘基部一侧具耳状延伸物 ······················
          ································· **2.薄竹属** Leptocanna
        5.秆壁厚，表面光滑，具纵向细线纹；箨环具一圈鞘基残留物；不具耳状延伸物
          ································· **3.悬竹属** Ampelocalamus
    3.秆直立或倾斜，但不呈藤本状或半攀援状。
      6.节间甚长，常为50厘米以上；秆壁薄；秆环平；分枝多数，主枝不明显。
        7.节间表面粗涩；箨片外卷 ················· **4.总笋竹属** Schizostachyum
        7.节间表面光滑；箨片直立 ················· **5.空竹属** Cephalostachyum

6.节间长在50厘米以下（唯慈竹与粉单竹例外）；秆壁厚；秆环平至隆起，主枝通常明显。

8.秆箨宿存，不具箨耳，叶片小型。

9.秆丛密集；叶片小横脉不明显 ·· 6.泰竹属 Thyrsostachys

9.秆丛稀疏；小横脉清晰 ·· 7.箭竹属 Fargesia

8.秆箨脱落性；具或不具箨耳；叶型多样。

10.通常多为小型竹类，叶片狭披针形，小横脉明显 ················· ·· 8.香竹属 Chimonocalamus

10.通常多为大型竹类，叶片宽披针形，小横脉不明显。

11.秆梢劲直或微弯；箨耳通常发达显著；叶片较小，基部常呈心形 ········ ··· 9.刺竹属 Bambusa

11.秆梢弯曲至下垂；箨耳显著或不显著；叶片常大型，基部常呈楔形。

12.箨片通常外卷；箨耳不明显；花丝分离。

13.小穗轴具关节；外稃先端钝；鳞被存在 ··· 10.慈竹属 Neosinocalamus

13.小穗轴不具关节；外稃先端尖或具芒；鳞被缺 ··· 11.牡竹属 Dendrocalamus

12.箨片直立，箨耳明显；花丝连合成管状 ········ 12.巨竹属 Gigantochloa

2.秆散生或混生；具横向延伸的秆柄（即假鞭）。

14.秆梢劲直；秆壁较厚或近实心；箨片较小，披针形。

15.合轴散生，由秆基延伸的假鞭粗短，常为2枚，秆上各节分枝均为多数 ············ ·· 7.箭竹属 Fargesia

15.合轴混生（散生兼丛生），由秆基延伸的假鞭细长，通常仅有1枚，秆下部各节分枝1—3枚 ·············· 13.玉山竹属 Yushania

14.梢梢细长下垂，常呈半攀援状；秆壁极薄；箨片三角状与箨鞘等长 ········ ·· 14.泡竹属 Pseudostachyum

1.地下茎单轴型或复轴型，即具各节着生有芽的竹鞭；秆散生或呈混生状。

16.秆节分枝：1或2。

17.节间圆筒形，不具沟槽；分枝1。

18.地下茎复轴型；分枝斜展；颖果 ··············· 15.箬竹属 Indocalamus

18.地下茎单轴型；分枝直立；梨果状 ··············· 16.铁竹属 Ferrocalamus

17.节间于分枝一侧扁平，并具沟槽；分枝2 ··············· 17.刚竹属 Phyllostachys

16.秆节分枝3至多数。

19.分枝3或因次生枝的出现而为多数。

20.地下茎复轴型；箨片退化呈锥状；节间较短，多在20厘米以下。

21.秆之下部各节具一圈刺状气生根；分枝萌发时贴秆生长 ·············· ·· 18.方竹属 Chimonobambusa

21.秆不具刺状气生根；分枝萌发时不贴秆生长 ·········· 19.筇竹属 Qiongzhuea

20.地下茎单轴型；箨片披针形；节间长超过20厘米 ·········· 20.大节竹属 Indosasa

19.分枝多数；箨片具一圈木栓质鞘基残留物；节下常具白粉或污垢 ·····················
··· 21.苦竹属 Pleioblastus

1.梨藤竹属 Melocalamus Benth

攀援状竹类。地下茎合轴型，秆丛生；节膨大而偏斜，常呈之字形曲折；分枝多数，简短而等长，但常有1主枝极发达常可代替主干横向延伸而呈藤本状。秆箨宿存或迟落，箨鞘坚硬，箨片与箨鞘近等长或更长。叶片大型。假花序由多枚小穗聚集成头状并簇生于花序轴各节；小穗微小，具2花；小穗轴延伸于完全花之后，顶端具1退化小花；颖2；外稃与颖片相似，内稃具2脊；鳞被3；雄蕊6；花丝分离；子房无毛，柱头2—3，羽毛状。坚果近球形，梨果状，果皮坚硬，具1肥大种子。

本属4种，分布于缅甸、泰国及中国与其毗邻地区。我国均产，除1种产西藏外，其余3种产于云南南部。本志记载1种。

梨藤竹实心竹（沧源）、"格吗"（江城哈尼语）、"喔勐"（沧源佤语）图592

Melocalamus compactiflorus Benth

秆长达30米，径1—2.5厘米；节间长40—50厘米，实心或近实心，幼时具白粉，秆环隆起，箨环具木栓质。秆箨迟落，箨鞘质脆而坚硬，光滑或具白色贴伏毛；鞘口截平，基部开展；箨片发达、直立，基部收缩为圆形；箨片不发达，着生易落之缝毛；箨舌低矮，全缘。每节分枝多数，侧生小枝一般无次级分枝，常具1枚发达主枝，可代替主干生长；每小枝具叶5—10。叶鞘具条纹；幼时具白色伏毛，老时脱落；叶耳不发达；叶舌狭窄、全缘；叶片大型、长15—25厘米，宽3—3.5厘米，侧脉8—9对。大型圆锥花序；小穗形小，簇生于花枝各节上。无毛，具2能育小花，并在延长的小穗轴顶端着生1败育小花；空颖宽椭圆形，一面凸出，具一短尖头；内稃与外稃等长；鳞被3；雄蕊数不定，花丝短，花药淡黄色，先端急尖；子房无毛，卵球形，花柱粗短，柱头2—3，羽毛状。颖果大、近球形，径2.5—3厘米，顶端压平，基部具宿存颖片，果皮厚约0.1—0.25厘米。

产沧源、勐腊、江城，生于海拔1000—1100米的湿热沟谷、季风常绿阔叶林内。分布于西藏、广西；印度、缅甸也有。

2.薄竹属 Leptocanna Chia et H. L. Fung

合轴丛生竹类，秆中型，秆梢长下垂，常呈攀援状；节间圆筒形，壁薄，甚长，具硅质而粗糙；秆环平，箨环因具鞘基残留物而明显隆起；分枝多数，簇生，近相等。秆箨脱落性，箨鞘近顶端部分向外突出成一道横向圆形拱凸，外侧边缘的基部向下延伸成一道半圆形下延物；箨片直立，基部两侧外延而成极狭的线形箨耳，鞘口刚毛不发育，箨舌低矮。假圆锥花序纤细，生于叶枝顶端，花序及其分枝的基部均托以抱茎的鞘状苞片；假小穗纺锤形，少数簇生于花序分枝的节上，原叶具不等长的两脊；小穗纺锤形，含孕性小花1

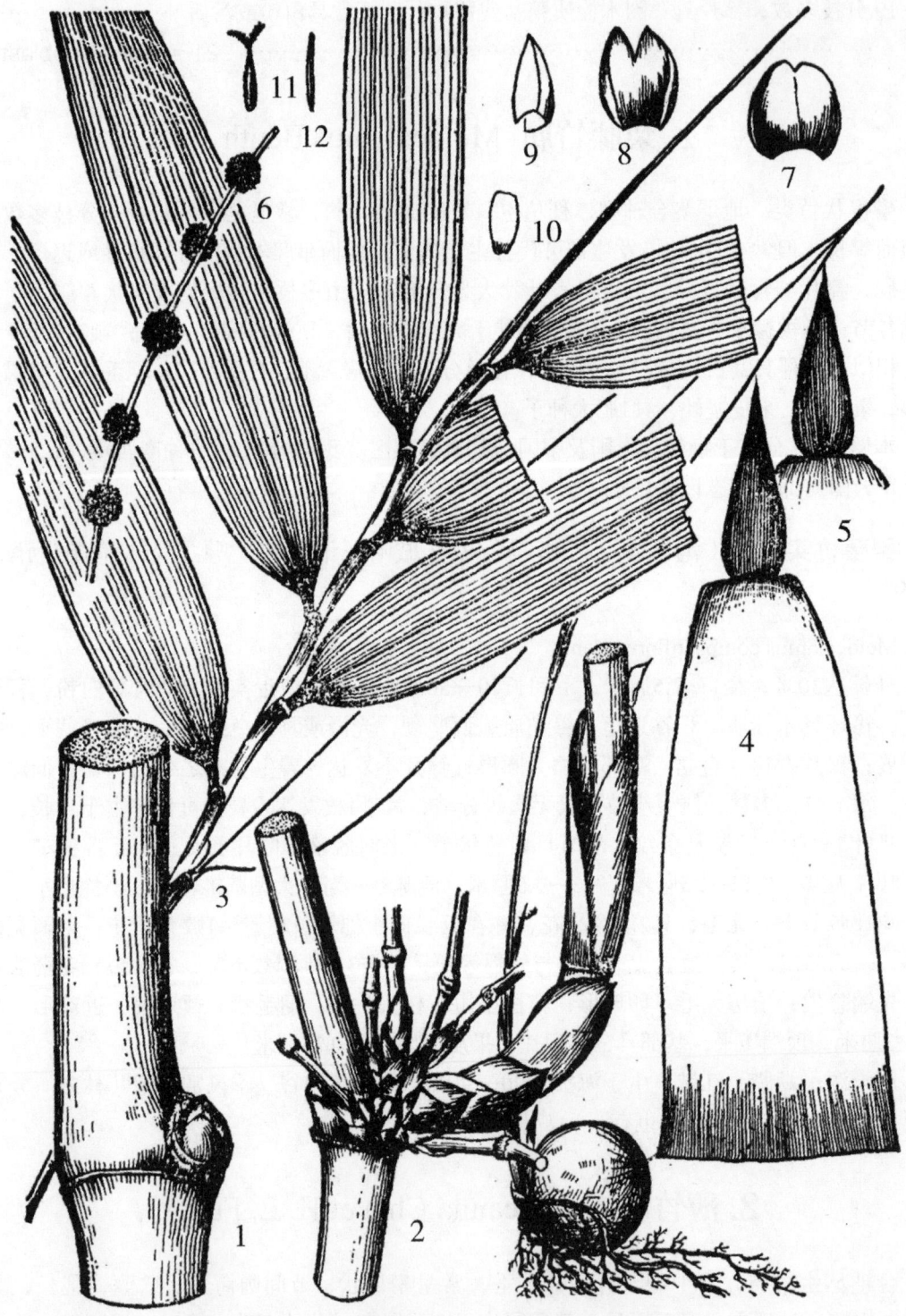

图592 梨藤竹 *Meloclaamus compactiflorus* Benth
1.秆的一段 2.秆及分枝 3.小枝及叶片 4.秆箨背面 5.秆箨腹面 6.假花序
7.颖片 8.外稃 9.内稃 10.鳞片 11.雌蕊 12.雄蕊 13.种子及幼苗

枚；小穗脱节于第二颖之下和不孕外稃之下，并延伸于孕性小花之后呈刺芒状，其顶端具一残留小花；颖2；外稃先端常具锐利短尖头，内稃先端钝，背面近顶端于中槽内满布短刺毛；鳞被3；雄蕊6，花丝分离；子房近棒状，花柱狭长，二羽毛状柱头。

本属仅一种，产云南。

薄竹（蒙自）　"箫竹"（新平）图593

Leptocanna chinensis（Rendle）Chia et H. L. Fung（1981）

Schizostachyum chinensis Rendle（1904）

秆高达8米，径2—3厘米，壁厚2—3毫米；节间长达45厘米或更长，新秆上半部疏被白色柔毛，老则脱落，因具硅质而糙涩；分枝多数，近平展。秆箨长约为节间的一半，幼时紫红色；箨鞘近梯形，顶端近截形或两侧向中央斜形下凹，背面初时被白色小刺毛，老时脱落，具硅质而稍粗糙；箨片宽线形，边缘内卷，基部宽为鞘口的1/3，基部两侧外延而成极狭的箨耳；箨舌高约1毫米，近全缘。叶鞘无毛；叶耳缺；叶舌近截形，高约1毫米；叶片披针形或长圆状披针形，长15—26厘米，宽3—4.5厘米，先端长渐尖而具扭曲、粗糙的尖头，侧脉7—9对；叶柄无毛，带紫红色。圆锥花序长35—40厘米；花序轴细，无毛，节间长3—6厘米；分枝长5—10厘米，基部托以鞘状苞片。假小穗先端渐尖；原叶线状披针形，长6—8毫米；苞片全具芽，长7—11毫米。小穗长达14毫米，先端渐尖；颖卵状披针形至宽披针形，长7—9毫米，先端急尖而具锐利尖头至截形；不孕外稃卵状披针形，长9—10毫米；孕性小花的外稃具15脉，宽披针形，长10—11毫米，背具中脊；内稃具6脉，长9—12毫米；鳞被透明质，长0.5—2毫米，边缘微被纤毛，脉不明显，前方2片倒披针形，先端钝，后方1片近卵形，先端急尖；花药长4—9毫米，基部不等长的二分裂长可达1毫米；雌蕊无毛，花柱狭长，顶端具2羽毛状柱头。

产蒙自、金平、屏边、新平等地，生于海拔1500—2500米的山地常绿阔叶林中。

秆壁较薄，用于编织或材用；也可作园林观赏用竹。

3. 悬竹属 Ampelocalamus S. L. Chen，T. H.Wen et C. Y. Sheng

地下茎合轴型，秆丛生直立；上部细长呈攀援状或倾斜而呈匍伏状，有些种则因具横向延伸的主枝而呈藤本状；节间圆筒形，通常具纵向细线棱；箨环因具一圈木栓质而显著隆起；每节具单芽，但原叶内包有3芽或多芽，以后又形成多分枝，分枝纤细近等长，或者可具1枚发达的主枝。箨迟落，箨鞘短于节间，厚纸质，边缘变薄而近膜质，箨耳通常明显，易落，常具放射状长繸毛；箨舌低矮，上缘常齿裂呈流苏状；箨片狭长线状披针形，外翻；叶耳常明显，具繸毛；叶舌截平，坚硬，边缘具流苏状繸毛；叶片小横脉不明显。圆锥花序疏松，着生于纤细的叶枝顶端，小穗柄有微毛，每小穗含花2—7，排列疏松，顶生小花不发育，小穗轴长为小花的二分之一，易断落；颖片2，质薄，第一颖1—3脉，第二颖3—5脉；外稃纸质，7—9脉，内稃与外稃近等长或较长，具2脊，脊上部和顶端被微毛；鳞被3，上部和边缘具纤毛；雄蕊3，纵长裂开；花柱2，基部连合，柱头羽毛状。颖果卵状

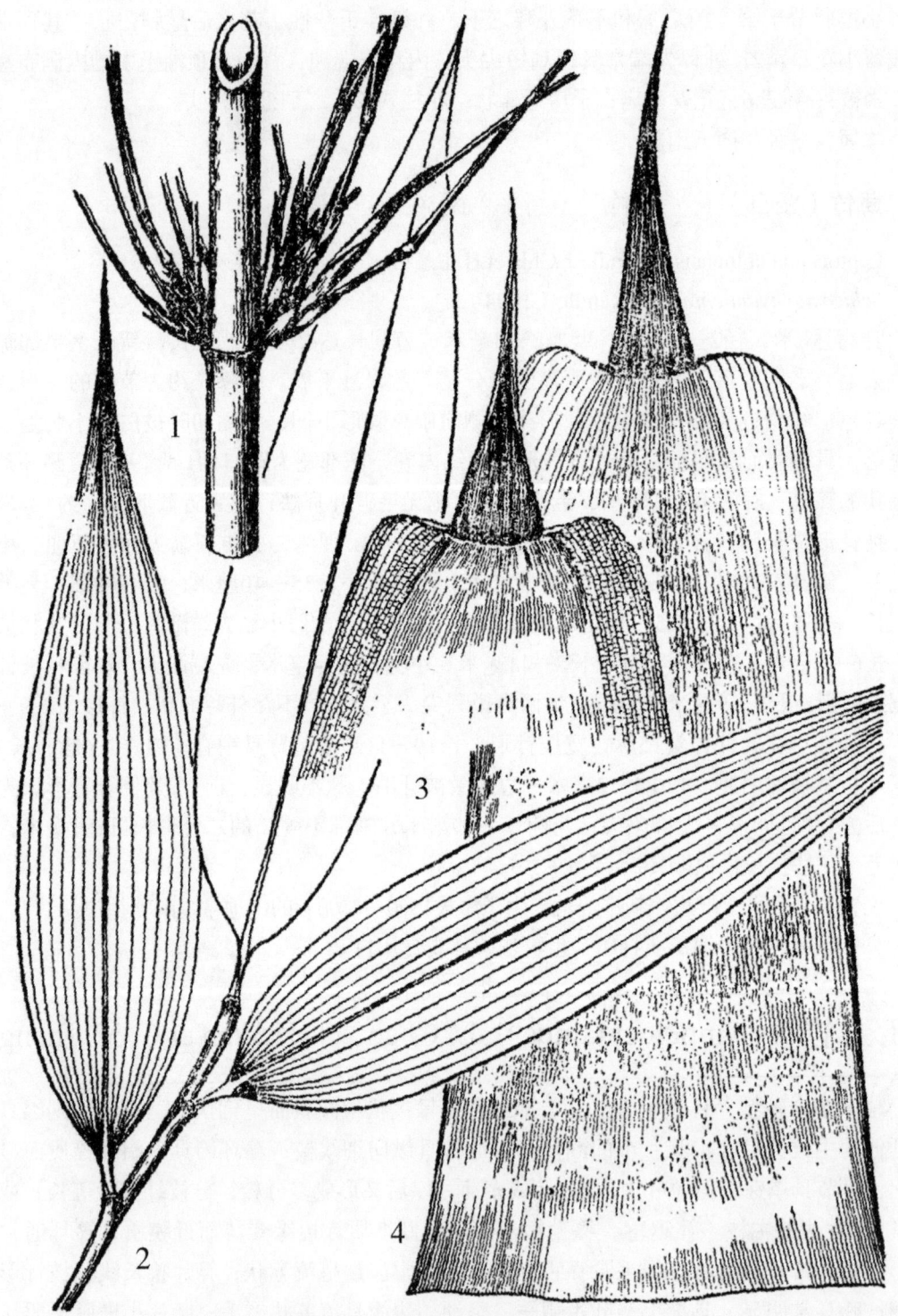

图593　薄竹 *Leptocanna chinensis*（Rendle）Chia et Fung
1.秆及分枝　2.枝叶　3.秆箨腹面　4.秆箨背面

长圆形，光滑无毛。

本属5种，中国特产。云南2种，分布于滇东北及与其毗邻的四川、贵州部分地区。

1.羊竹子　"岩竹子"（四川）图594

Ampelocalamus saxatilis（Hsueh et Yi）Hsu eh et Yi（1985）

Sinocalamus saxatilis Hsueh et Yi（1982）

秆小型，高达6米，径5—15毫米，壁厚1.5—2毫米，顶端在幼时作弧形下垂，抽枝放叶后竹株则斜倚而不直立；节间长22—53厘米，圆筒形，微粗糙，具多数紧密相靠的细线棱纹；秆环平；箨环隆起而呈一木质圆环；秆箨迟落，长约为节间之半，有时在箨鞘之上部具紫色晕斑，厚纸质，背面具纵脉纹，无毛或有时具稀疏之棕黑色小刺毛，略显光泽，边缘膜质，上部具纤毛，顶端截平形；箨耳缺；箨舌截平或中央微凹，高约1毫米；箨片外翻，微小，线形或线状披针形，无毛，具多数纵脉纹，先端渐尖，基部收缩，与箨鞘顶端略有关节相连结，易从该处脱落，边缘内卷；秆芽扁桃形，芽鳞灰褐色，无毛；通常第6节开始分枝，枝条（6）10—15簇生，倾斜而下垂，主枝通常1，无次级分枝；叶在最后小枝上4—10，叶鞘光滑，边缘具纤毛，长3—8毫米；叶耳明显，具多数灰黄色或紫色长3—8毫米放射状继毛；叶舌极发达，顶端具不整齐细裂，并作继毛状；叶片长披针形，纸质，长8—18厘米，宽1—2.2厘米，先端渐尖，基部略呈阔楔形，两而均无毛，次脉4—6对，边缘具小锯齿而粗糙。笋期8月底至9月。

产威信，生于海拔1000—1200米的野生于山区陡岩上。四川有分布。

2. 永善悬竹　"扒毛竹"（永善）图595

Ampelocalamus yongshanensis Hsueh et D. Z. Li（1987）

秆高3米，径5—10毫米，直立，上部悬垂下挂；节间长15—19厘米，圆筒形，纵肋明显，幼时微被白粉；秆环微隆起；箨环显著，具一圈木栓质物，疏被棕色短绒毛；节内宽3—5毫米。秆箨早落，厚纸质，长三角形，长9—14厘米，背面纵肋明显，被稀疏棕色刺毛；箨耳缺；箨舌高约1毫米，具毛；箨片外翻，长0.5—3厘米，内面具毛。芽扁桃形，芽鳞被疏毛。枝条纤细，每节分枝5—15，主芽常不发育；每小枝具叶2—10，叶鞘被稀疏小刺毛；叶耳缺；叶舌截平，高1毫米；叶片长9—17厘米，宽1—2.5厘米，背面疏被白色短丝状毛，侧脉3—6对。笋期8—9月。

产永善桧溪后山，生于海拔660米。

4. 簕笋竹属 Schizostachyum Nees

乔木或灌木状竹类，地下茎合轴型。秆丛生，直立、倾斜或呈攀援状，秆壁薄；节间圆筒状，表面具硅质而有糙涩感，并常被贴生易脱落之小刺毛；秆环平，箨环因常留有箨鞘基之残余物而微突起；分枝多数，簇生，主枝通常不明显，有时亦可增粗伸长呈攀援状。秆箨迟落，箨鞘背面微具硅质而糙涩，并常被微毛，质地硬脆，鞘口刚毛发达；箨耳退化或甚微小；箨舌截平，边缘常呈细齿状或具流苏状毛；箨片外翻，披针形。假小穗密

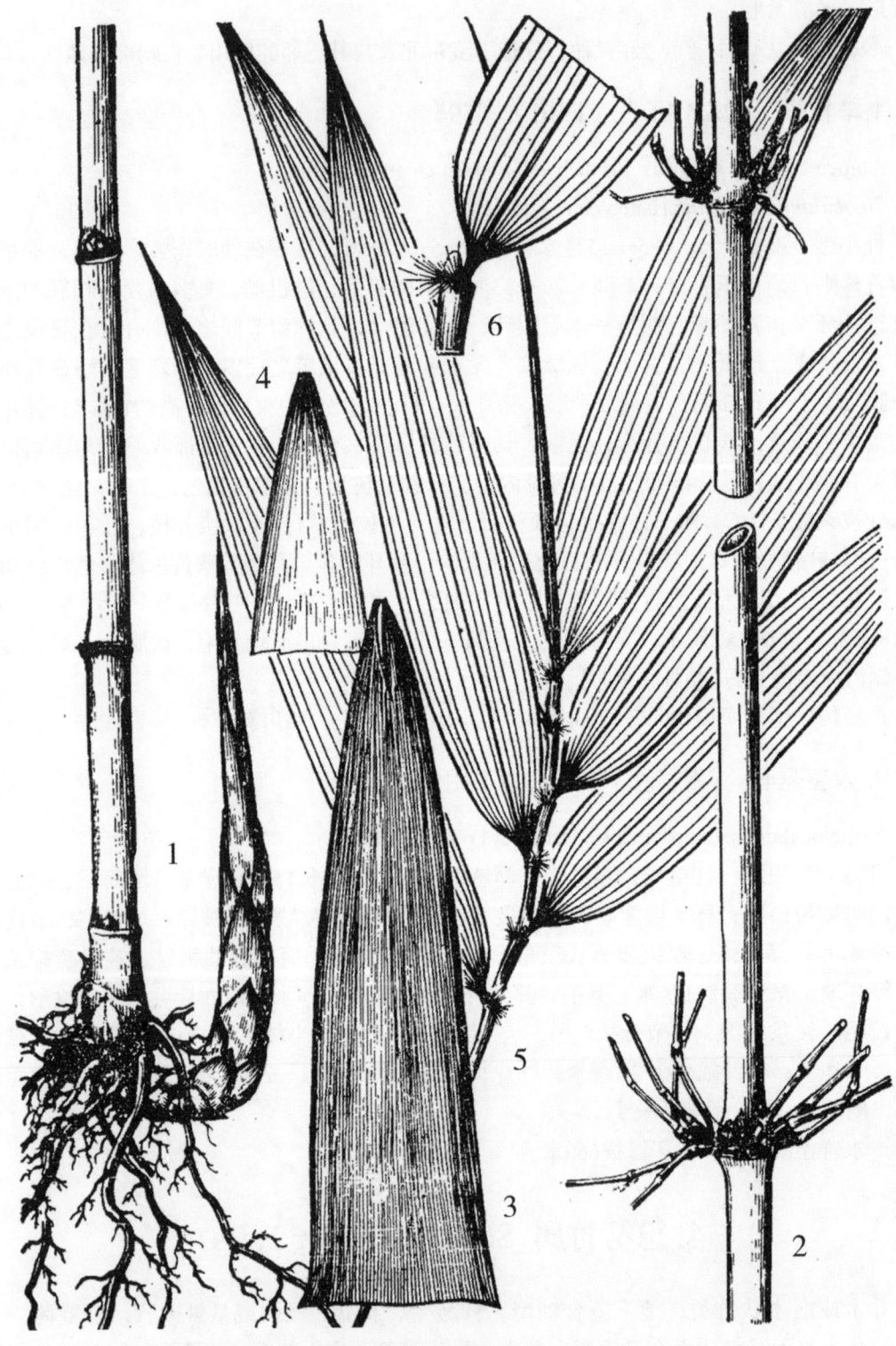

图594　羊竹子 *Ampelocalamus saxatilis*（Hsueh et Yi）Hsueh et Yi
1.地下茎、笋及秆的一段　2.秆与分枝　3.秆箨背面　4.秆箨腹面的一部分　5.小枝及叶
6.叶鞘与叶的一部分（示较发达的叶舌及叶耳放射状继毛）

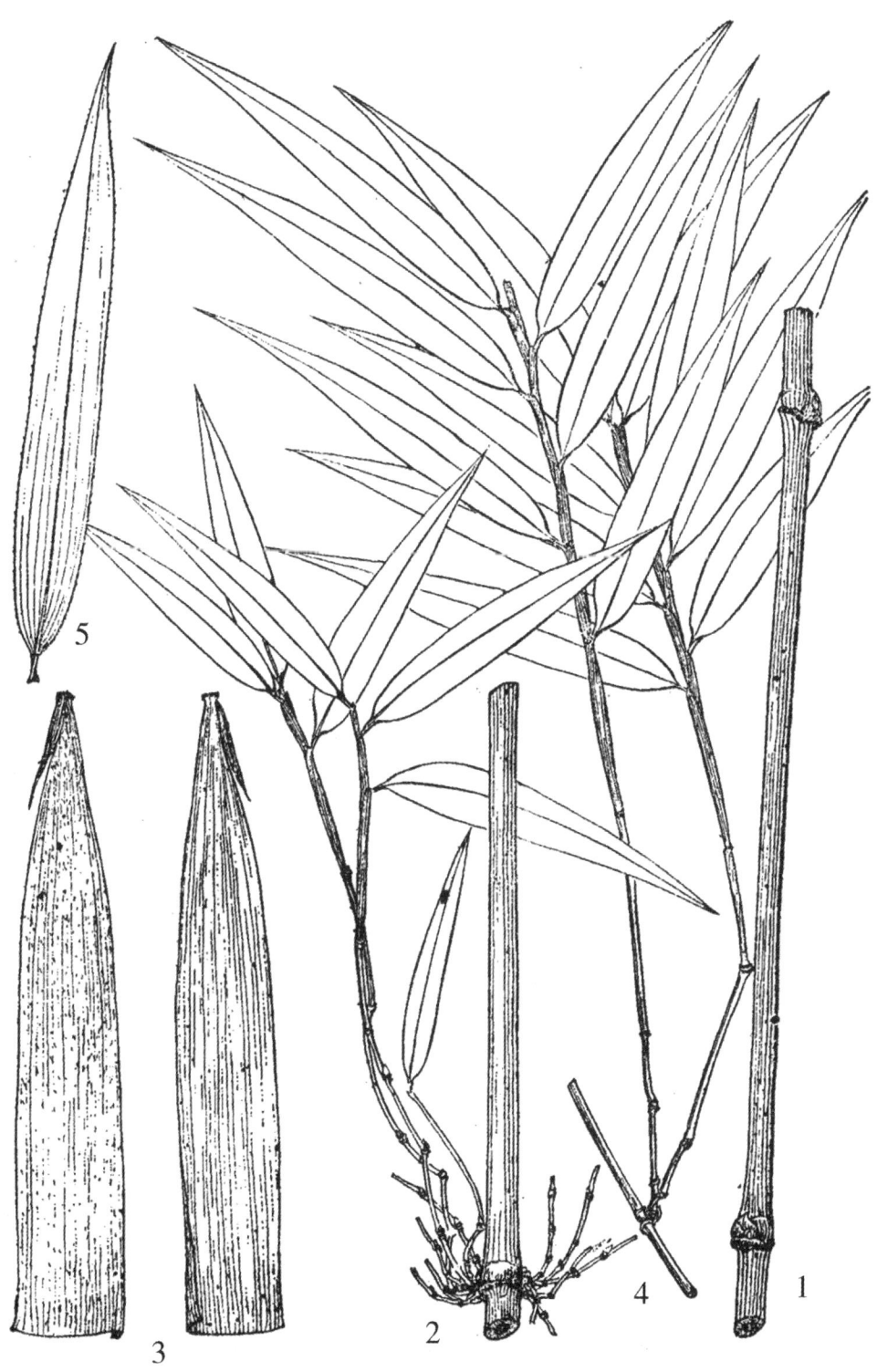

图595　永善悬竹 *Ampelocalamus yongshanensis* Hsueh et D. Z. Li
1.秆　2.秆和分枝　3.秆箨之背面和腹面　4.枝叶　5.叶片

集或呈球状簇生于花枝各节；小穗无柄，含2—4花，基部有具腋芽之鳞片；小穗轴逐节折断；颖片1—2或缺；成熟花的外稃圆卷；内稃稍长于外稃，具2脊或无；鳞被缺；雄蕊6，花丝扁平，分离或仅部分连合；子房狭窄，无毛，具柄；花柱单一，细长而中空，柱头2—3裂，极短，羽毛状。果实纺锤形，顶端具喙。

　　本属约60余种，均为热带性较强的竹类，主要分布于东南亚的热带及亚热带地区，以及新几内亚和非洲马尔加什。我国约8种，产云南、广西、广东、海南及江西南部。云南主要分布于南部热带及南亚热带地区。

分 种 检 索 表

1.箨环因具鞘基木栓质残留物而显著隆起或下翻，其上密被一圈发达的深棕色毛环 ……………………………………………………………………………… 1.毛环篌笋竹 S. annulatum
1.箨环微隆起，不下翻，其上不具毛环。鞘口具发达缝毛。
　2.梢头微弯曲，但不下垂成攀援状；箨舌边缘为割裂状或不规则流苏状；鞘口缝毛基部粗糙 ……………………………………………………………… 2.沙罗单竹 S. funghomii
　2.梢头下垂甚长，呈就援状；箨舌边缘为整齐之流苏状；鞘口缝毛平滑 ………………………………………………………………………………… 3.篌笋竹 S. pseudolima

1.毛环篌笋竹（竹子研究汇刊）　　"凤尾竹、薄竹"（罗平）图596

Schizostachyum annulatum Hsueh et W. P. Zhang（1986）

　　乔木状中型竹。秆丛生，挺直，梢头微弯，高达12米，径3—5厘米，壁厚2—4厘米；节间长60—80厘米，最长者达1米，圆筒形，深绿色，表面具细纵条，并被稀疏白色短刺毛，幼时可见白粉，尤以节下为明显；秆环不明显，箨环因具箨鞘基部残留物形成的木栓质环而显著隆起或下翻，其上密被一圈向下倒伏的深棕色长绒毛，形成宽约6—8毫米的毡状毛环。箨鞘呈梯形，厚革质，长25—30厘米，基部宽15—20厘米，先端宽4—5厘米，两肩稍隆起，基部一侧稍外延，背面密被棕色刺毛；鞘口略呈弧形隆起，缝毛发达，长10毫米，光滑整齐；箨耳缺；箨舌低矮，高约2毫米；箨片直立或外翻，披针形至三角状披针形，中上部边缘内卷，顶端呈锥状，纵脉明显。分枝高，枝条多数，呈半轮状着生，主枝不明显；小枝具10—13叶，平展；叶鞘长6—7.5厘米，无毛，纵脉明显，鞘口无缝毛；叶耳缺；叶舌低矮，高1—1.5毫米；叶片长15—18厘米，宽2—2.5厘米，先端渐尖，基部楔形，上面粗糙，下面光滑，侧脉5—6对，小横脉不明显。

　　产罗平芭蕉箐，生于海拔1000米左右的地带。

　　秆材纤维长，韧性好，为优良的编织用材。笋供食用。因其秆挺直，分枝很高，枝平展，风姿优雅而具较高的观赏价值。

2.沙罗单竹（中国主要植物图说·禾本科）"篌笋竹"（云南森林）、"大薄竹"（云南植被）、"大泡竹"（普洱、西双版纳、德宏）、"埋嘿"（傣语）图597

Schizostachyum funghomii McClure（1935）

　　乔木状大型竹，为国内本属中秆形最大者。地下茎短缩，竹篼重叠；地上秆密集丛

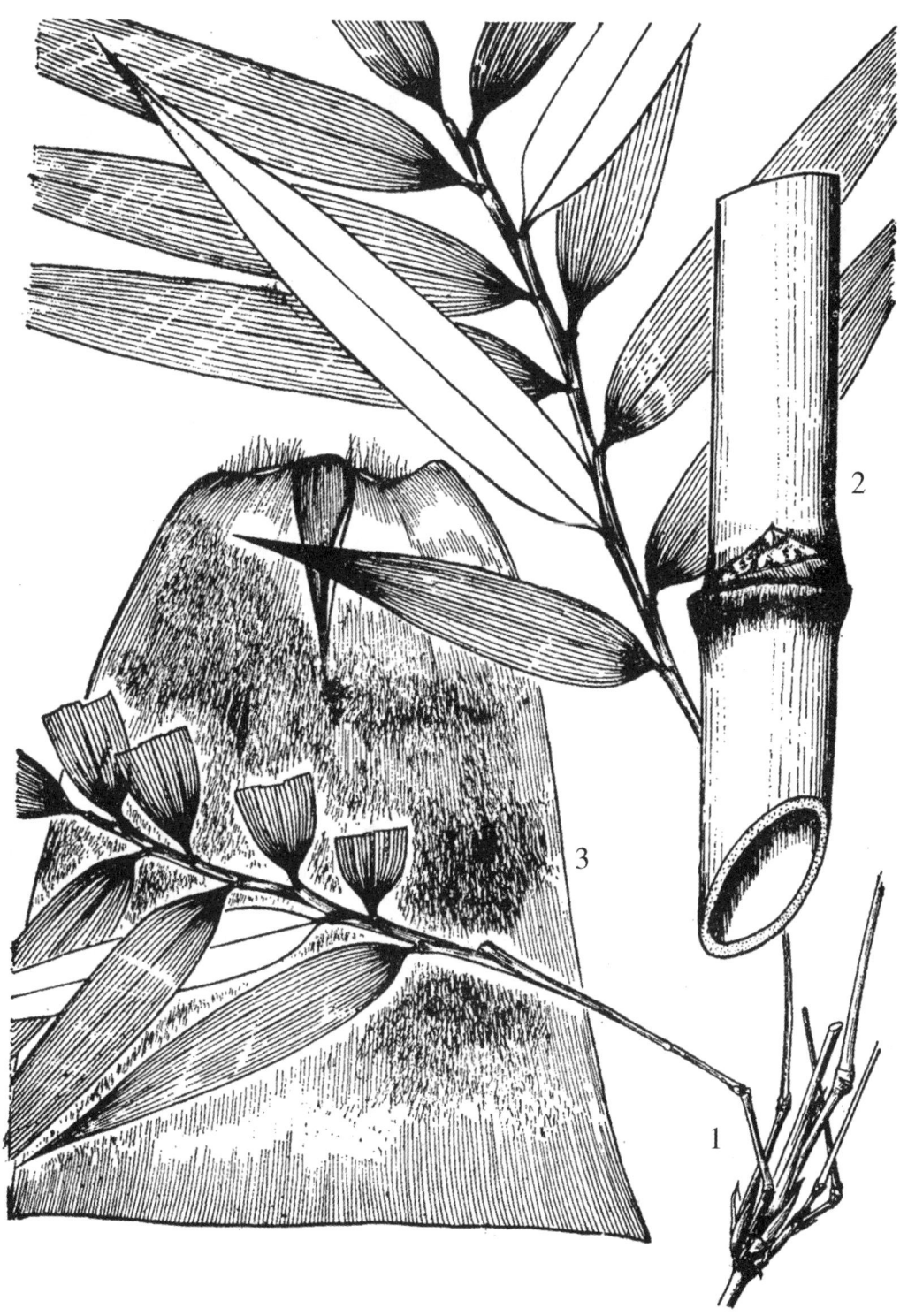

图596　毛环箣笋竹 *Schizostachyum annulatum* Hsueh et W. P. Zhang

1.小枝及叶　2.秆的一段　3.秆箨的背面

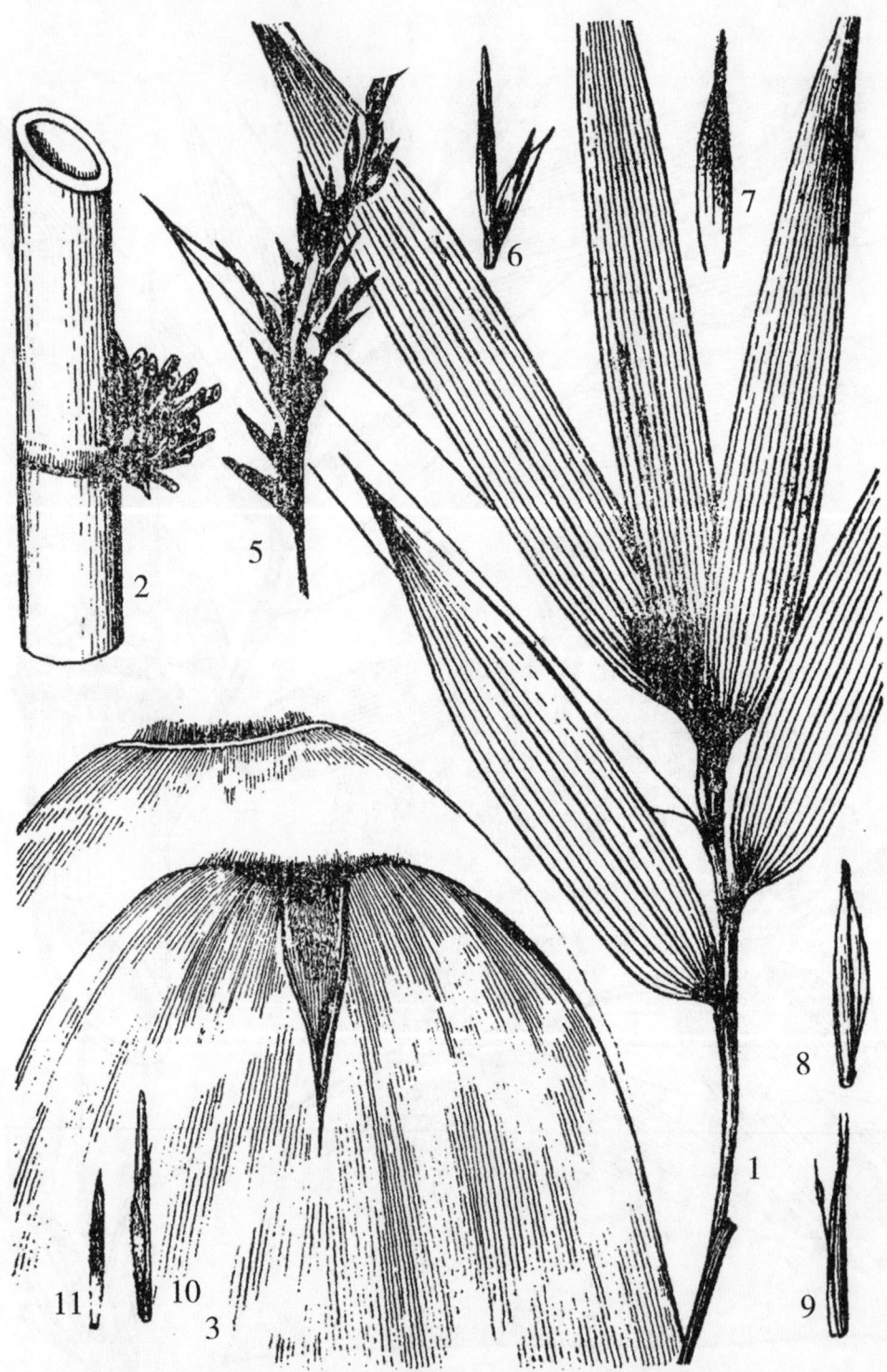

图597 沙罗单竹 *Schizostachyum funghomii* McClure

1.枝叶 2.秆及分枝 3.秆箨背面 4.秆箨腹面 5.花枝 6.假小穗 7.假小穗的苞片

8.除去外稃的两性花（展示内稃的边缘及小穗轴的纤细延伸之部）

9.除去外稃的雄花（示其小穗轴延伸部顶端的不育花） 10.两性花 11.雄花

生，直立或略向外倾，一般高14—18米，最高达24米，径7—9厘米，最粗16厘米，但秆壁甚薄，一般胸高壁厚为3—5毫米；节间圆筒状，较长，一般60—70厘米，最长达130厘米，表面暗绿色，具硅质而糙涩，幼时贴生白色小刺毛，其后渐脱落而留有小瘤状突起；秆环平滑，箨环微隆起，节下常具白粉环；分枝较高，多数簇生，近相等。秆箨迟落，淡黄色，质硬而脆，箨鞘背面密生白色小刺毛；箨耳退化；鞘口截平或微凹，密生一列长5毫米之棕色缝毛；箨舌高1.5毫米，边缘为割裂状或不规则流苏状；箨片外翻，长披针形，背面无毛，腹面贴生小刺毛，基部粗糙。小枝具7—9叶；叶鞘长5—6厘米；叶耳退化，鞘口具长5毫米的劲直缝毛；叶舌微弱；叶片长卵状披针形，质薄，长15—30（40）厘米，宽2.5—4.0（6.0）厘米，下面被疏生的白色细柔毛，侧脉8—12对，小横脉不明显。花序长2.5—4.5厘米，由枝节上抽出，所有花被除外稃外，其余均有硬毛；小穗含2成熟花；颖片缺失；花长22毫米，圆筒状，先端渐尖；外稃长20毫米，呈螺旋状扭转；内稃硬化，向内卷曲，长18毫米；花轴延长，几与外稃相等；无鳞被；雄蕊6，不向外伸出，花药长5毫米；雌蕊长9毫米，子房无毛，花柱1，柱头3，呈羽毛状。果实纺锤形。花期4—5月，果期7—8月。

产德宏、临沧、西双版纳、河口、屏边、金平、文山，生于海拔800米以下湿热的沟谷地带，多呈大片天然纯林或竹木混交林，常见的混生树种有番龙眼、白颜树、四数木、垂穗金刀木、野树菠萝、小叶红光树、木奶果等。广东南部、广西西江流域有分布；越南北部也有。

秆材纤维甚长，具优良的物理性质，材质细致，韧性好，为上等编织用竹。其头青、二青很易剥离，可供编织各类竹制品，在编织上较其他竹种为优，更是优良的造纸原料，同时用其制作水烟筒，因秆壁薄、节间长，加工时不需挡节，成品轻巧美观，深受人们喜爱，已销往川、黔、湘、藏等省（区）。笋质极嫩，无苦涩，味道佳，最宜鲜食，还可制成笋罐头、笋干等，是一种十分难得的笋用竹。

3. 葱笋竹 "薄竹"（滇南）图598

Schizostachyum pseudolima McClure（1940）

乔木状中型竹。地下茎密集成丛。秆直立或微向外倾斜，梢头下垂或具攀援性，秆高达15米，径3—5厘米，壁厚2—4毫米；节间长50—60厘米，深绿色，表面具硅质而粗糙，幼时贴生易脱落之白色小刺毛；节平，秆环不明显，箨环微突起，其下常有一圈白粉及白色细柔毛；分枝较高，多数簇生，近于等长。秆箨迟落，革质，初时橄榄色，干后枯草色，鞘背贴生脱落性白色细刺毛，幼时边缘有白色短睫毛，鞘口微凹，具长10—12毫米浅棕色平滑缝毛；箨耳退化；箨舌高1毫米，边缘流苏状；箨片长披针形，外翻，背面无毛，腹面密被向上生长的白色细刺毛，边缘内卷。小枝具5—9叶；叶鞘长5—7厘米，鞘背被硬毛，脱落后留有瘤状小疣点；叶耳极小，鞘口两肩具长5—6毫米的淡黄色缝毛，叶舌微弱，先端有睫毛；叶片大型，长15—30厘米，宽2—3.5厘米，上面无毛，下面具脱落性细柔毛。总状花序，长8—15厘米，花轴有节；小穗仅具1花，花长22毫米；外稃长18—20毫米，具多脉，先端芒状伸出；内稃较长，基部扭曲，先端具二短芒；雄蕊6，长8—10毫米，花药长6—8毫米；子房狭小，平滑；花柱细长，柱头3裂。笋期7—8月。

产马关、金平、勐海等地，多生于海拔1000米以下的低山下部、沟谷地带及热带湿润

图598 篾笋竹 *Schizostachyum pseudolima* McClure
1.枝叶 2.秆的一段 3.秆箨 4.外稃 5.内稃 6.花柱 7.雄蕊

的丛林中。广东、广西、海南有分布；越南北部也有。

节间甚长，可制作笛、笙，全秆劈开后可编竹壁，因秆材柔韧，劈篾性好，通常用作编织凉席、筛、箩等竹器，并为优良的造纸原料。笋味苦，但经漂洗后方能食用。

5.空竹属 Cephalostachyum Munro.

乔木或少为灌木状竹类。地下茎合轴型；秆丛生，直立，梢头常下垂；秆壁较薄；节间较长，光滑；节平，具多数分枝，主枝常不显著。秆箨薄或厚；箨片直立或外翻；箨片常明显。假小穗组成球形头状花序，单生于小枝顶端或簇生于花序轴各节上，基部托以数枚苞片，小穗含1小花，小穗轴顶端延伸至着花部位以上；颖2—3，膜质，顶端具长芒；外稃薄膜质，先端具短芒，内稃具2脊，多脉，先端具2短尖头。鳞被3，膜质，披针形，边缘具纤毛，雄蕊6，花丝分离；子房卵状圆形，具柄，先端延伸成粗而中空的花柱，柱头2—3，羽毛状。果椭圆形，光滑无毛，顶端具喙，果皮坚脆而易与种子分离。

本属10余种，分布于东南亚、南亚次大陆及非洲马尔加什岛。我国4种，仅见于云南西部至西南部。

分 种 检 索 表

1.秆箨厚革质，背面栗棕色，有光泽，被脱落性黑色刺毛；小穗密被浅色硬毛 ……………
………………………………………………………………………… 1.香糯竹 C.pergracile
1.秆箨厚纸质至革质，背面暗黄色，无光泽，被复物不为脱落性黑色刺毛。
　2.秆箨三角形，密被金黄色或棕色贴生刚毛 …………………………2.金毛空竹 C.virgatum
　2.秆箨长圆形，被疏柔毛或浅色长毛。
　　3.箨鞘口中部深下凹，两肩耸起 …………………………………… 3.空竹 C. fuchsianum
　　3.箨鞘口微隆起呈弧形状，两肩不耸起 ………………………… 4.小空竹 C. pallidum

1.香糯竹　"糯米香竹"（西双版纳）、"埋邦"（傣族）图599

Cephalostachyum pergracile Munro（1868）

秆直立，梢头下垂，高达12米，直径4—7厘米，基部秆壁厚0.9—1.4厘米；节间长30—45厘米，幼时密被白色贴生短柔毛，后渐脱落；秆环微隆起；箨环具箨鞘残留物。秆箨厚革质，脱落性；箨鞘长约为节间之半，顶端宽约为底部的1/2，鞘口截平或稍隆起，背面栗棕色，光亮，密被脱落性黑色硬毛；箨片直立，三角形，内面密被向上的棕色刺毛，尤以下部为甚，背面基部两侧疏被棕色刺毛；箨耳波状条形，常部分外翻，两面被棕色刺毛，边缘具弯曲的长繸毛，长达1.4厘米；箨舌高2—3毫米，浅齿裂。分枝常较低，主枝不甚明显；小枝具叶7—9；叶鞘边缘具纤毛；叶片狭披针形至卵状披针形，长13—35厘米，宽2—4厘米，先端钻状渐尖并具小尖头，基部圆形或楔形，两面粗糙，下面浅灰色；叶耳不明显，繸毛易脱；叶舌低平。花序圆锥状或穗状；小穗丛常托以显著的舟形总苞片，小穗丛间距3—5厘米；小穗长1.5—2厘米，宽约2毫米，密被浅色长硬毛；外稃长1.3—1.8厘米，窄卵状披针形，具短尖头；内稃长等于或长于外稃，先端二裂为二小尖头状；鳞被披针形，

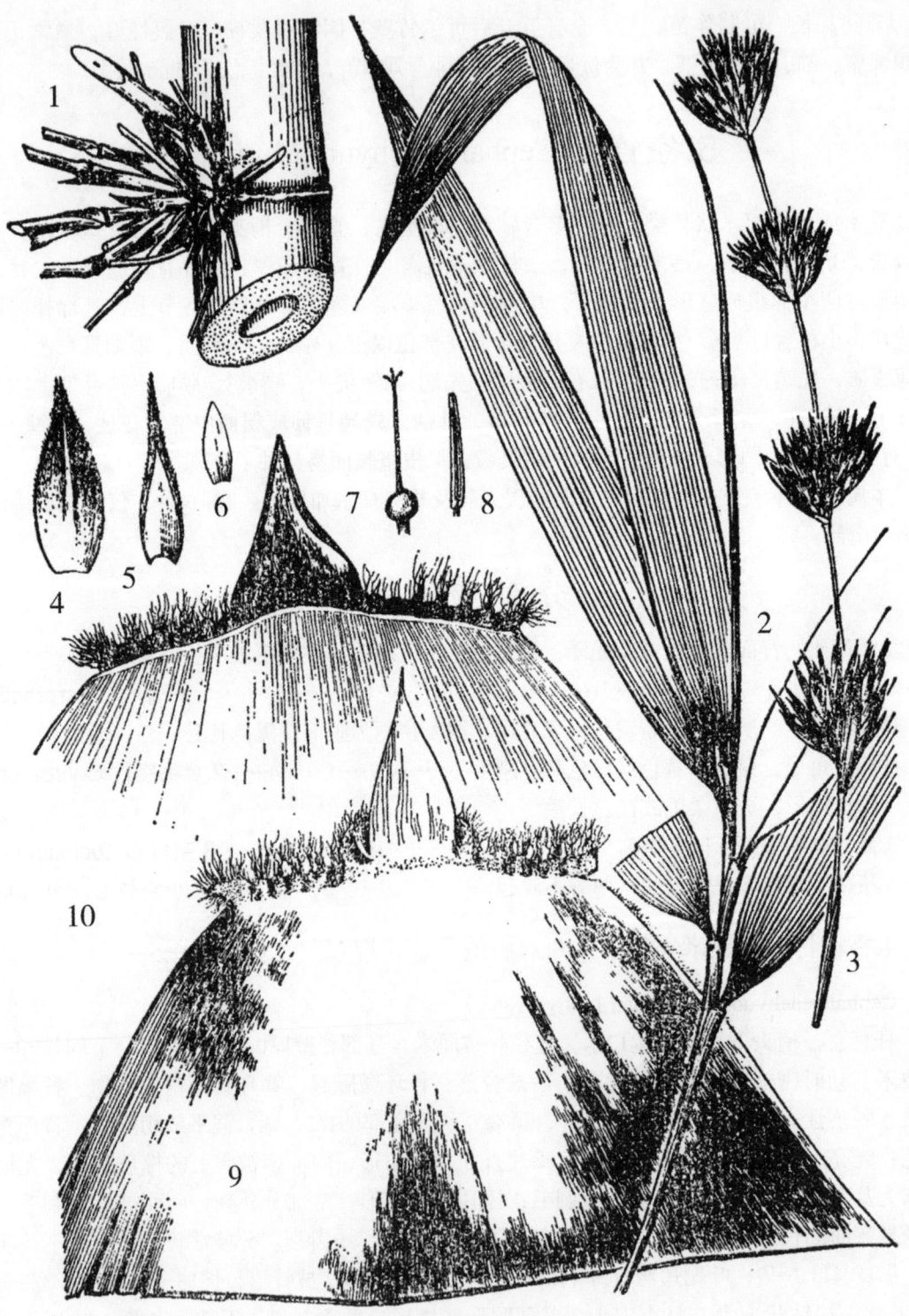

图599 香糯竹 *Cephalostachyum pergracile* Munro
1.秆和分枝 2.叶 3.花枝 4.内稃 5.外稃 6.鳞被 7.雌蕊 8.雄蕊
9.秆箨的背面 10.秆箨的腹面

顶端钝尖；花药棕色至紫色；柱头3裂。

天然分布于德宏、临沧、普洱、西双版纳等地区，村寨附近、房前屋后常有栽培。缅甸、老挝、泰国有分布。

产区的少数民族，尤其是傣族常将本种的杆截断用于代锅煮饭，用它煮出的糯米饭清香可口，故有糯米香竹之称。此外也常作围篱、盖房之用。

2.金毛空竹　图600

Cephalostachyum virgatum Kurz.（1887）

秆直立，梢头微弯曲，高达15米，直径5—10厘米，幼时具白色贴生刺毛并被白粉；节间长45—60（90）厘米；秆壁较薄，厚4—7毫米；秆环平。箨环稍隆起并具箨鞘残留物。秆箨薄革质，早落，幼时绿色，干后黄色；箨鞘三角形，较短宽，长15—20厘米，基部宽20—36厘米，鞘口微下凹或截平，宽8—12厘米，背面贴生金黄色刺毛，无光泽；箨片直立或外翻，狭三角形，基部不收缩或微收缩，宽约为鞘口的1/3，背面略被短绒毛，内面贴生向上的刺毛，尤以基部为甚；箨耳狭条形，高约3毫米，纵褶明显，具长1厘米左右的弯曲继毛；箨舌高约1毫米。分枝多而低，枝条较平伸，主枝不明显，小枝具叶6—8。叶鞘无毛；叶片披针形，长18—28厘米，宽1.5—3厘米，先端渐尖，具小尖头，基部圆形至楔形收缩为长0.6—1厘米之叶柄，两面粗糙；叶耳不明显，继毛发达，易落；叶舌极低矮。假小穗簇生于无叶花序轴各节，每节具假小穗多枚，托以若干苞片；小穗长13—15毫米，被白色刚毛，能育或否，能育小穗上部为1发育花，下部为1—2不育花；颖卵形，具小尖头；外稃卵形，长约1厘米，疏被白毛；内稃长约1.2厘米，被毛更少，先端具2小尖头，2脊不显著；鳞被3，披针形，长3—4基米，边缘具短纤毛；雄蕊6，花药长5—6毫米，先端钝；花柱长约1.5厘米，柱头羽毛状，2浅裂；子房具短柄，无毛。

产芒市、瑞丽等地。印度、缅甸、泰国、柬埔寨、老挝及越南有分布。

秆作房椽，篾供编织。

3.空竹（盈江）图601

Cephalostachyum fuchsianum Gamble（1896）

秆直立，梢头可为攀援状，高达15米，直径3—6厘米；节间圆形，长50—70（100）厘米，初被白粉，光滑；秆壁薄；秆环平滑；箨显著具箨鞘残留物，其下具白粉环。秆箨迟落，厚纸质，边缘膜状；箨鞘狭长形，鲜时边缘和上部常为淡紫色，背面具浅棕色至紫色短柔毛，先端中部下凹，深1—2厘米，宽1.5—2厘米，鞘口两肩耸起，有时具长继毛；箨片外翻，狭披针形，内面贴生浅灰色向上的短刺毛，背面无毛；箨耳缺失；箨舌极低矮。分枝稍低，枝条多数，无主枝，小枝具叶7—11。叶鞘无毛；叶片卵状披针形，长12—26（35）厘米，宽2—5（10）厘米，先端渐尖并延伸为长2—4厘米的芒，基部圆形，下面疏被短绒毛，上面粗糙；叶柄显著，长可达1厘米；鞘口耸起或平，具继毛；叶舌极低。假穗状花序集成头状生于具叶小枝的顶端，其直径可达5厘米，第一枚苞片叶状，叶鞘部分较叶片部分显著，以后各苞片仅有鞘部；小穗无毛，长约2.5厘米，能育花仅一朵；外颖长约2.3厘米，内颖长约1.8厘米，均具芒；外稃似颖，长约2厘米，具芒；内稃较薄，稍长于外稃，

图600 金毛空竹 *Cephalostachyum virgatum* Kurz.

1.枝叶 2.秆的一段（示分枝） 3.花序 4.秆箨 5.外颖 6.内颖 7.内稃

8.鳞被 9.雌蕊 10.雄蕊

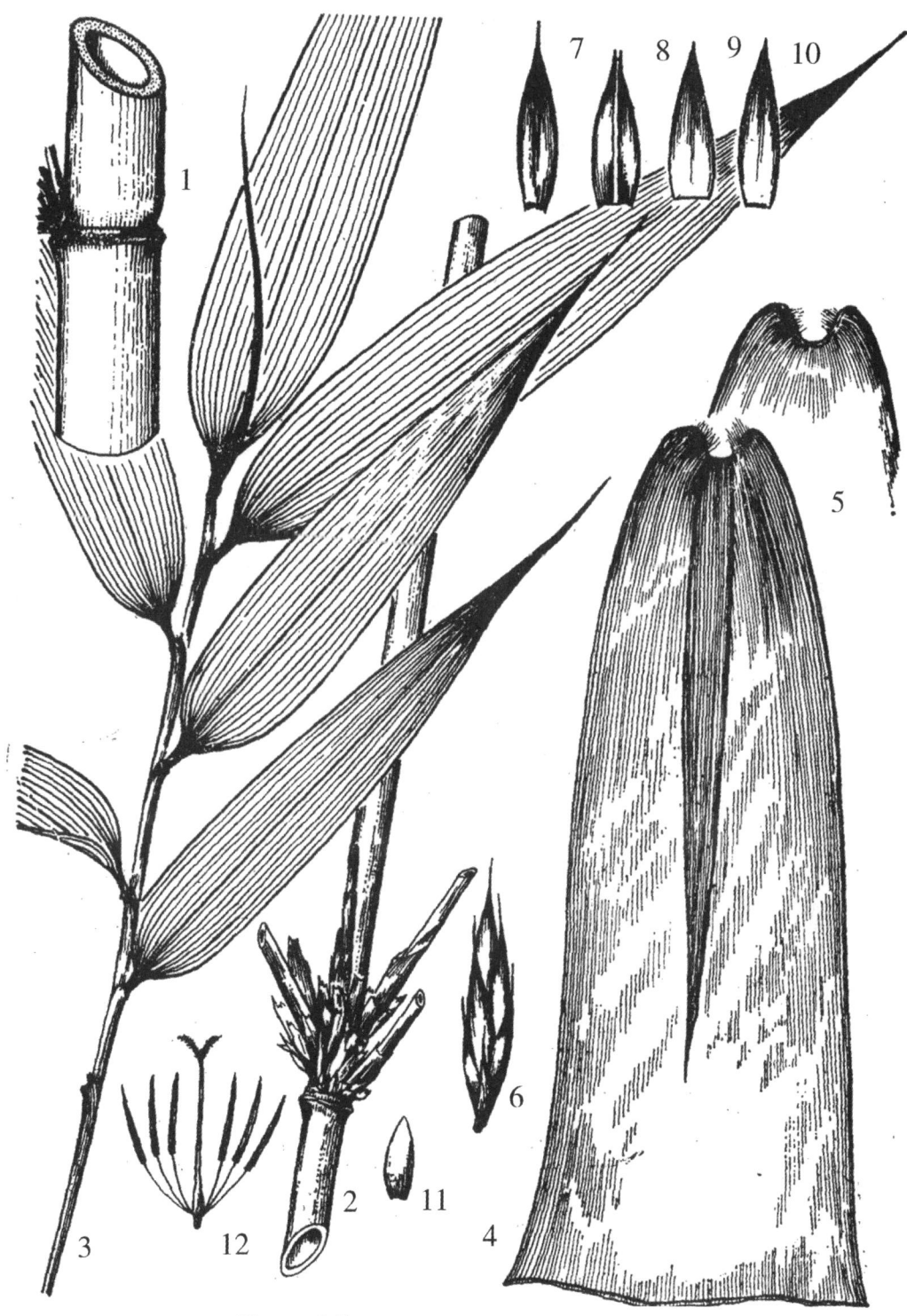

图601　空竹 *Cephalostachyum fuchsianum* Gamble
1—2.秆的一段（示分枝）　3.枝叶　4.秆箨背面　5.秆箨腹面　6.小穗　7.外颖
8.内颖　9.外稃　10.内稃　11.鳞被　12.雌蕊及雄蕊

2脊紧靠，不甚明显；鳞被3，披针形，长约1.2厘米，近全缘，具5—7脉；雄蕊6，长约1.5厘米，花丝线状，可伸长达1厘米；子房卵状，无毛，花柱细，长2.3厘米，柱头2裂，羽毛状。

产盈江及勐海布朗山，生于海拔1200—2000米的常绿阔叶林内。印度至东喜马拉雅地区有分布。

节间长，秆壁薄，当地傣族常用作竹楼楼板和墙壁，也可破篾作编织之用。

4. 小空竹　"空竹"（龙陵、芒市）图602

Cephalostachyum pallidum Munro（1868）

秆下部直立，上部可为攀援状，高达15米，直径1.5—2.5厘米；节间圆形，长50—80（100）厘米，光滑，秆壁薄；秆环平；箨环具显著的箨鞘残留物，其下具一圈白粉环。秆箨厚纸质，早落；箨鞘狭长，先端稍圆形隆起，鞘口两肩常具长继毛，背而被毛极稀少；箨片狭三角形至长披针形，基部稍收缩，外翻，背面无毛，内面贴生向上的浅色小刺毛，基部较密；箨耳缺失；箨舌极低矮。分枝较低，枝条极多数，长约40—60厘米，辐射状散开，无主枝，小枝具叶5—9。叶鞘无毛；叶片卵状披针形，长12—25厘米，宽2—4厘米，先端尾状尖，芒长约2.5厘米，基部楔形，一侧较宽，上面无毛，较光滑，下面粗糙有时并具疏绒毛；叶柄长0.4—0.7厘米；叶耳较明显，具继毛；叶舌低矮。假小穗集成头状生于具叶小枝顶端，直径可达2.5厘米；苞片先端具芒；小穗长1.5—1.8厘米，无毛；颖卵形，具短芒，外颖长约0.7厘米，内颖长约0.9厘米；外稃似颖，长约1.1厘米，具芒，内稃与外稃近等长，二脊明显，外面被短柔毛，脊部较密；鳞被3，披针形，长约6毫米，近全缘，具3脉；雄蕊6，花药长约8毫米；花柱细，长约1.5厘米，柱头2，羽毛状。果径约1厘米，果皮厚约0.6毫米；种子富含淀粉。

产芒市、龙陵和盈江等地，生于海拔1200—2000米的阔叶林内。印度、缅甸有分布。

节间长，秆壁光滑而薄，当地常用于制笛，破篾供编织和槌打成纤维制草鞋。

6.泰竹属 Thyrsostachys Gamble

乔木状竹类。地下茎合轴型；秆丛生，直立；分枝多数。秆箨厚纸质，宿存；箨舌低；箨耳缺；箨片直立。假小穗簇生于花序轴各节上，基部具显著苞片；小穗松散，含花3—4，最上一花退化，生于延长的小穗轴上；小穗轴具关节，被毛；颖1—2，纵脉明显；外稃与颖相近，内稃膜质，长于外稃，2深裂，具2脊，脊上被纤毛，唯顶生不孕花的内稃全缘不具脊；鳞被缺或2—3；雄蕊6，花丝分离；子房圆柱形，具柄，上部膨大无毛，花柱细长，柱头2—3，羽毛状；颖果圆柱形，一侧具沟槽，无毛，顶端具长喙。

本属2种，分布于印度、泰国、缅甸、老挝、马来西亚及我国。云南南部均有。

分 种 检 索 表

1.秆径通常大于5厘米，壁薄；芽的宽度大于长度 ……………………………………………………………………………………………………… 1.大泰竹 T. oliveri

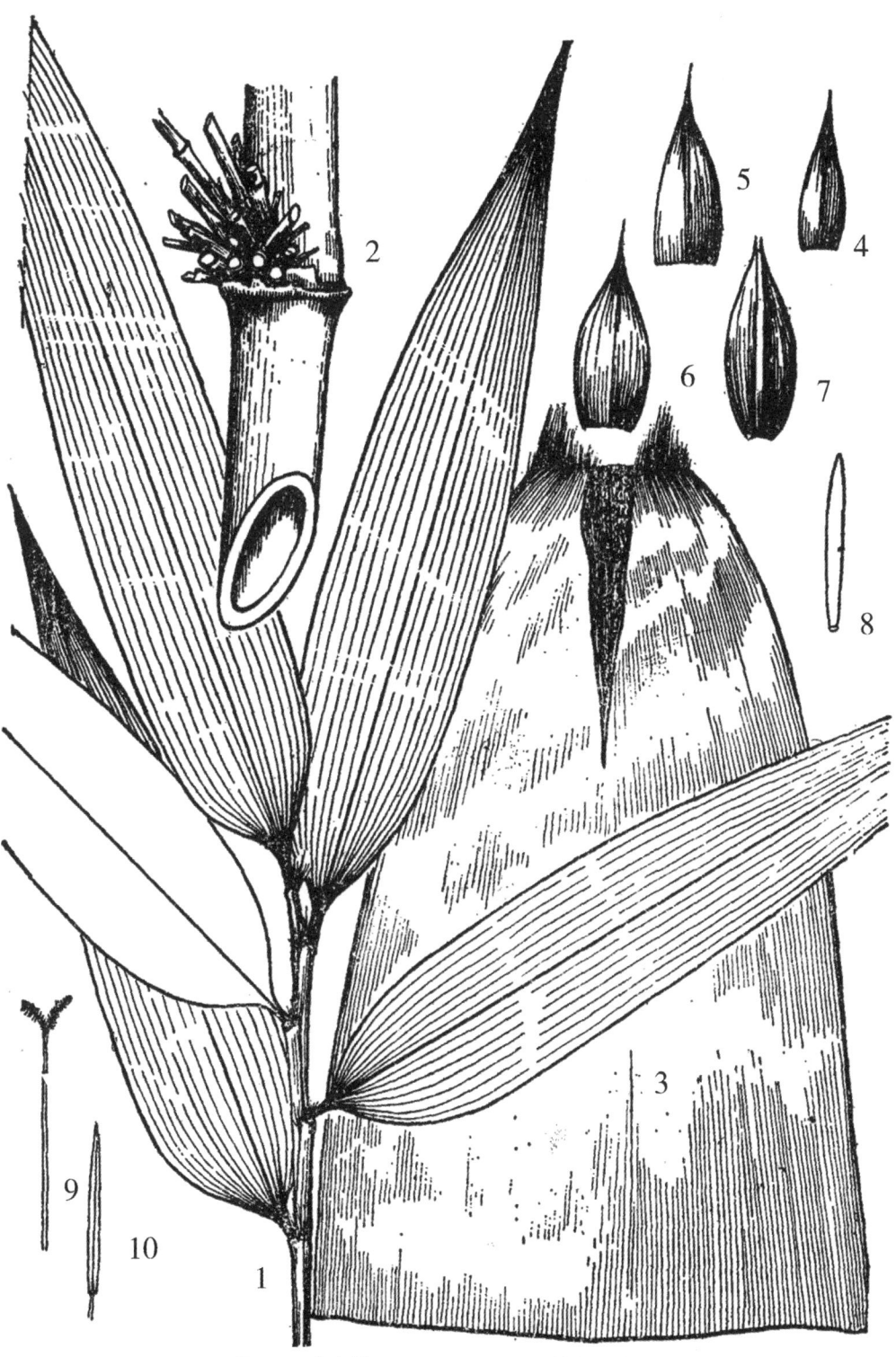

图602　小空竹 *Cephalostachyum pallidum* Munro
1.枝叶　2.秆的一段（示分枝）　3.秆箨　4.外颖　5.内颖　6.外稃　7.内稃
8.鳞被　9.雌蕊　10.雄蕊

1.秆径较小，多在6厘米以内，壁厚，基部近于实心；芽的长度大于宽度 ······················
·· 2.泰竹 T. siamensis

1.大泰竹　图603

Thyrsostachys oliveri Gamble（1896）

秆直立，梢头直或微弯，高10—18米，直径5—10厘米，幼时亮绿色，老后暗绿色；
节间长30—45（60）厘米；秆壁薄，厚0.5—1.5厘米；秆环稍隆起；箨环多具箨鞘残留物。
秆箨迟落至宿存，幼时绿色，干后枯草色；箨鞘背面贴生浅棕色短柔毛，边缘具短纤毛，
鞘口顶端截平或中部微隆起而呈山字形；箨片直立，长钻形，基部稍收缩，两面疏被短刚
毛；箨片不明显；箨舌低矮，顶端具不规则齿裂。分枝较高，枝条短而细，有时1或3主枝
稍明显；小枝具叶5—9；叶鞘疏被白色柔毛；叶片狭披针形，长8—16厘米，宽1—1.8厘
米，先端渐尖，基部楔形，下面具极短的绒毛；叶耳不明显，繸毛易落；叶舌极低。笋期
8—9月。

仅西双版纳勐腊县少数村寨有栽培。缅甸、泰国、印度均有分布。

秆为竹梯、椽子和编织用材。枝叶细柔，可作观赏竹种。

2.泰竹　"条竹"（勐海）、"埋呵"（傣族）图604

Thyrsostachys siamensis（Kurz.）Gamble（1897）

Bambusa siamensis Kurz.（1868）

秆挺直，梢头劲直，高7—15米，直径3—5厘米；节间长20—30厘米，幼时密被白色柔
毛；秆壁厚，基部近于实心；秆环平；箨环下具宽约5毫米的白毛环。秆箨宿存，厚纸质；
箨鞘等长于或长于节间，背面具突起的细纵脉纹并贴生白色短刺毛，鞘口窄，宽约2—3厘
米，中部稍隆起略呈山字形；箨片狭三角形，上部边缘内卷，基部稍收缩，两面近无毛；
箨耳缺失；箨舌低矮，边缘具稀疏短纤毛。分枝高，枝条短而细，上部3主枝稍明显。小枝
具叶7—11；叶鞘无毛，叶片狭披针形，长7—16厘米，宽0.6—1.2厘米，先端渐尖，基部截
平至楔形；叶柄长约0.6厘米；叶耳不明显，繸毛易落；叶舌低平。笋期7—9月。

常栽培于云南南部至西南部傣族地区房前屋后或村寨附近。广东、福建有少量引种，
称南洋竹；缅甸、泰国、印度有分布。

秆粗细均匀，壁厚而节间较短，强度大，多为工具柄、棚栏、椽子及编织用材；秆丛
密，分枝高，枝细，叶小，为优良观赏竹种。

7. 箭竹属 Fargesia Franchet

地下茎合轴型。秆柄粗短，前端直径大于后端，节间长在5毫米以内，实心，在解剖上
通常无气道；鳞片正三角形，排列紧密；秆直立，灌木状稀乔木状，丛生或近散生，节间
圆筒形，中空、实心或近于实心，秆环平至微隆起，通常较箨环为低矮，秆维管束呈开放
型或半开放型；秆芽长卵形，贴生，或明显多芽组成半圆形，不贴秆；每节分枝数枚至10
数枚，斜展或直立，近等粗，枝环较平。秆箨宿存或迟落，稀早落，革质或厚纸质，具刺

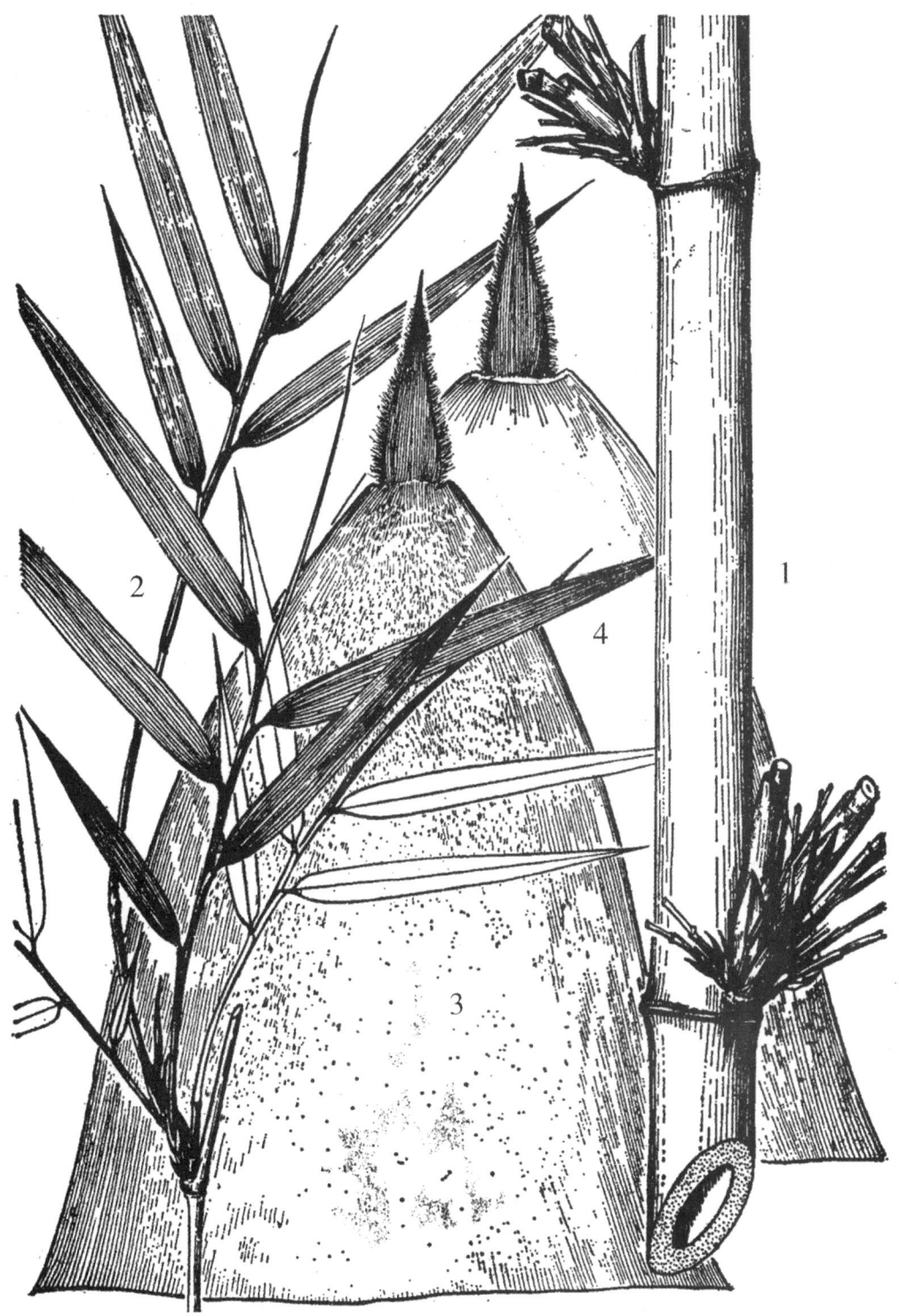

图603 **大泰竹** *Thyrsostachys oliveri* Gamble
1.秆的一段 2.小枝和叶 3.秆箨背面 4.秆箨腹面

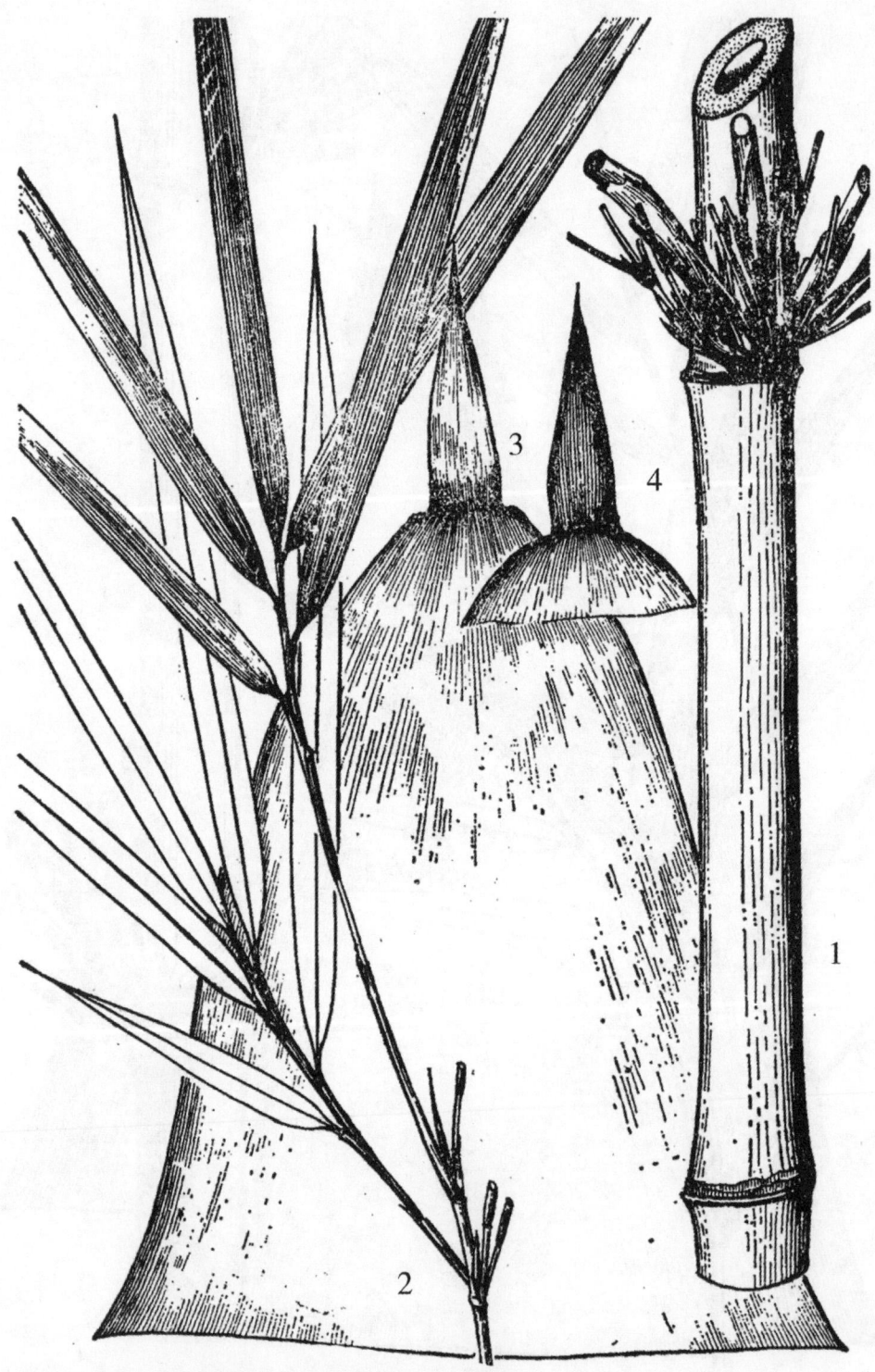

图604　泰竹 *Thyrsostachys siamensis* (Kurz.) Gamble

1.秆及侧枝　2.小枝和叶　3.秆箨背面　4.秆箨腹面一部分

毛或近无毛；箨耳缺失或明显；箨舌圆弧形或截平形；箨片三角状披针形或带状，脱落性或稀宿存。小枝具叶数枚，叶片小型至中型，具小横脉。真花序圆锥状或总状，着生于顶生和侧生的具叶小枝顶端，花序下具一组由叶鞘扩大的或大或小的佛焰苞，致使花序开初由佛焰苞开口一侧露出；小穗细长，具长柄；颖2枚；外稃先端具小尖头或芒状，具数脉，小横脉通常明显；内稃等长或略短于外稃，背部具2脊，先端具2齿裂；鳞被3，具缘毛；雄蕊3，花丝分离，花药黄色；子房椭圆形，花柱1或2，柱头2—3。颖果细长。

本属79种，分布于亚洲东部。集中分布于我国亚热带中山至亚高山地区。云南产44种。

分 种 检 索 表

1.秆芽半圆形，肥厚，由明显的数芽乃至多芽组成复合芽；秆环通常高于箨环；秆略呈之字形曲折；枝条纤细，直径1—1.5毫米（组1.圆芽箭竹组 Sect. Sphaerigemma Yi）……………………………………………………………………… 1.扫把竹 F. fractiflexa

1.秆芽长卵形，扁平，由不明显的少数芽组成复合芽，紧贴主秆；秆环通常低于箨环；佛焰苞大型，花序简短紧缩，二者长度近相等，花序由佛焰苞开口一侧露出，或佛焰苞小型，花序大型开展，位于佛焰苞之上方（组2.箭竹组 Sect. Fargesia）。

  2.箨鞘长圆形或长圆状椭圆形，先端圆形、近圆形，稀呈山字形，与基部等宽或近等宽，背面无毛或具极稀疏小刺毛。

    3.箨片外翻。

      4.秆节间长达32厘米，幼时节下有灰白色小刺毛；箨鞘迟落，背面被稀疏淡黄色短刺毛；小枝具叶1（2）；叶片次脉2—3对 ……………… 2.凋叶箭竹 F. filgidis

      4.秆节间长达40厘米，无毛；箨鞘宿存，无毛；小枝具叶（2）3，叶片次脉3（4）对…………………………………………………………… 3.矩鞘箭竹 F. orbiculata

    3.箨片直立或至少在秆中部以下者直立。

      5.箨片三角形或带状披针形，基部下延，与箨鞘顶端等宽或近等宽。………………………………………………………………………… 4.黑穗箭竹 F. melanostachys

      5.箨片三角状锥形或长三角形或带状披针形，窄于箨鞘顶端。

        6.箨鞘顶端两肩微作短三角状圆形；箨舌截平形 ………… 5.秃鞘箭竹 F. similaris

        6.箨鞘顶端两肩高起而略呈山字形；箨舌山字形或弧形突出 …… 6.伞把竹 F. utilis

  2.箨鞘长三角形或长圆状三角形，先端三角形或带形，远较基部为狭窄，背面密被刺毛或稀无毛。

    7.箨鞘远长于或略长于节间长度，超包节间。

      8.箨鞘革质，先端呈短三角形，狭窄部分在箨鞘长度1/5以上。

        9.叶片下面有灰白色柔毛。

          10.秆中空；叶耳三角形或近镰形，边缘具放射状继毛… 7.德钦箭竹 F. sylvestris

          10.秆实心或几实心；叶耳缺失，鞘口两肩具直立继毛 ………… 8.马斯箭竹 F. dura

        9.叶片无毛。

          11.秆中空。

            12.幼秆节间无毛，长达39厘米；箨鞘长达37厘米或更长；叶片宽达2.3厘米

‥‥‥‥‥‥‥‥‥‥‥‥‥‥‥‥‥‥‥‥‥ 9.灰竹 F. tenuilignea

12.幼秆节间有灰白色至淡黄色小刺毛，或至少在节下有小刺毛。

 13.秆劲直，节间长达26厘米；箨鞘宿存；叶鞘长达3.5厘米；叶片次脉2—3对

 ‥‥‥‥‥‥‥‥‥‥‥‥‥‥‥‥‥‥‥‥ 10.大姚箭竹 F. mairei

 13.秆略呈之字形曲折，节间长达35厘米；箨鞘早落；叶鞘长达6.6厘米；叶

  片次脉4—5对 ‥‥‥‥‥‥‥‥‥‥ 11.曲秆箭竹 F.subflexuosa

11.秆实心或近于实心，如有小的中空，其中空直径较秆壁厚度为小。

 14.秆直径达6厘米，节间初时被小刺毛；叶片长10—18厘米，宽1.6—2.3厘米

 ‥‥‥‥‥‥‥‥‥‥‥‥‥‥‥‥‥‥‥ 12.云龙箭竹 F.papyrifera

 14.秆直径达2厘米，节间无毛；叶片长在9.5厘米以内，宽在1.2厘米以内。

  15.鞘口两肩有直立缝毛；箨舌近截平形；箨片外翻；叶片宽达12毫米 ‥

  ‥‥‥‥‥‥‥‥‥‥‥‥‥‥‥‥ 13.片马箭竹 F.albo–cerea

  15.鞘口两肩缝毛缺失；箨舌突出；箨片直立；叶片宽达7毫米 ‥‥‥‥‥

  ‥‥‥‥‥‥‥‥‥‥‥‥‥‥‥‥‥‥‥ 14.腾冲箭竹 F.solida

8.箨鞘下半部革质，上半部纸质，先端带形或三角状带形，狭窄部分在箨鞘长度

 1/3—1/2以上。

 16.叶片下面至少基部有灰白色或灰褐色短柔毛。

  17.箨鞘背面密被紫褐色斑点；髓丰富，海绵状；叶鞘长4—7.5厘米；叶耳微

   小，易脱落；叶片次脉4对 ‥‥‥‥‥‥‥‥ 15.棉花竹 F.fungosa

  17.箨鞘背面无斑点；髓呈锯屑状。

   18.秆之节间纵细线棱纹明显；秆节间长达30厘米；叶鞘长3—5厘米，无毛；

    叶片次脉3对 ‥‥‥‥‥‥‥‥‥‥ 16.马亨箭竹 F.communis

   18.秆之节间平滑，通常无纵细线棱纹。

    19.箨鞘黄色，背面密被棕色较长的刺毛；秆节间长达40厘米；叶鞘两肩具

     少数缝毛；叶片次脉4—5对 ‥‥‥‥‥ 17.空心箭竹 F. edulis

    19.箨鞘紫褐色间淡黄色，背面具稀疏棕色刺毛。

     20.秆节间中空；叶鞘长2.2—3厘米；叶片次脉3—4对，小横脉清晰‥‥

     ‥‥‥‥‥‥‥‥‥‥‥‥ 18.贡山箭竹 F.gongshanensis

     20.秆节间实心或近于实心；叶鞘长2.8—4.5厘米；叶片次脉3对，小横脉

      不清晰 ‥‥‥‥‥‥‥‥‥‥‥‥19.带鞘箭竹 F. contracta

16.叶片无毛。

 21.秆节间中空，秆壁厚度薄于或远薄于中空直径，其下部节间的中空直径在4毫

  米以上。

  22.秆之直径达3.5—6厘米。

   23.箨片直立；叶片宽达6毫米，次脉2—3对 ‥‥‥ 20.佤箭竹 F . sagittatinea

   23.箨片外翻；叶片宽达11—13毫米，次脉3—4（5）对。

    24.秆节间长达60厘米；箨鞘早落，紫褐色，有时有深紫褐色斑块，鞘口

     两肩常略高起，通常有缝毛 ‥‥‥‥‥‥‥‥ 21.船竹 F. altior

24.秆节间长达30（38）厘米；箨鞘宿存，黄色或黄褐色，无斑块。

    25.幼秆节间有薄白粉，上部有小刺毛；箨片宽2—3毫米；叶鞘两肩有宿存缝毛；叶片长达12厘米，宽达2.2厘米 …22.美丽箭竹 F. concinna

    25.幼秆节间仅节下有一圈白粉，无毛；箨片宽4—5毫米；叶鞘两肩缝毛易脱落；叶片长达16.5厘米，宽达1.3厘米 ……… 23.弩刀箭竹 F.praecipua

  22.秆直径1.2—2（2.5）厘米。

    26.秆节间初时微有白粉，无毛；箨鞘背面无毛或上半部有稀疏棕色小刺毛，有时具紫色斑块；叶鞘长达5厘米 ……… 24.白竹 F.semicoriacea

    26.秆节间初时密被厚白粉，有时节下有灰黄色小刺毛；箨鞘背面被黄色至棕色瘤基刺毛，无斑块；叶鞘长达7.1厘米 … 25.喜湿箭竹 F. hygrophila

21.秆节间实心或近于实心，如有小的中空，其秆壁厚度超过中空直径，其下部节间的中空直径通常1—3毫米。

  27.秆节间幼时节下有白粉；箨片直立；叶鞘两肩缝毛发达 ……………………………………………………… 26.元江箭竹 F. yuanjiangensis

  27.秆节间幼时无白粉；箨片外翻。

    28.箨耳缺失或微小；叶鞘上部纵脊明显，鞘口两肩缝毛微弱；叶片次脉5—6对 …………………………………… 27.超包箭竹 F. perlonga

    28.箨耳由箨鞘顶端两肩卷曲而成；叶鞘上部纵脊不明显，鞘口两肩缝毛发达；叶片次脉3—5对 …………………… 28.卷耳箭竹 F. circinata

7.箨鞘长度较节间为短或近相等。

  29.箨片外翻（玉龙山箭竹位于秆下部者直立为例外）。

    30.秆节间中空，秆壁较薄，其厚度小于或远小于中空直径。

      31.叶片下面至少基部有柔毛或微毛。

      32.幼秆密被白粉；秆节间长达60厘米；箨鞘黄色或黄褐色；叶片次脉2—3（4）对 ……………………………… 29.少花箭竹 F. pauciflora

      32.幼秆无白粉；秆节间长达40厘米；箨鞘棕红色；叶片次脉3—4对 …………………………………………… 30.红壳箭竹 F. porphyrea

31.叶片无毛。

  33.幼秆无白粉；叶片长圆状披针形，宽（9）12—16毫米 ……………………………………………………… 31.雪山箭竹 F. lincangensis

  33.幼秆密被白粉；叶片狭披针形，宽达4—9（10）毫米。

    34.幼秆节间无毛；箨鞘宿存，背面除基部密被一圈淡黄色瘤基刺毛外其余被稀疏贴生瘤基刺毛 ……………… 32.无量山箭竹 F. wuliangshanensis

    34.幼秆节间上部具灰白色小刺毛，节下常密被棕色刺毛。

      35.秆节间长达45厘米；箨鞘背面密被贴生黄褐色刺毛或小刺毛，纵脉纹不甚明显，边缘常有黄褐色刺毛；叶舌高1—1.5毫米………………… …………………………………………………… 33.玉龙山箭竹 F. yulongshanensis

35.秆之节间长达32厘米；箨鞘背面基部有一圈灰色密刺毛，纵脉纹明显，边缘通常无纤毛；叶舌高约0.5毫米 ………… **34.粗毛箭竹 F.strigosa**

30.秆之节间实心、近实心或至少基部数节间近实心，如为后者则中空直径1—3毫米，其秆壁厚度超过中空直径。

36.叶片下面有柔毛或基部较密。

37.秆中上部斜倚而似蔓生，直径0.5—0.8（1）厘米，节间纵细线棱级极为明显；叶片次脉3—4对 ………… **35.斜倚箭竹 F. declivis**

37.秆直立，直径（1）3—5（6）厘米，节间纵细线棱纹不明显；叶片次脉4—5（6）对。

38.箨环在初时被棕色向下之刺毛；笋无白粉；箨鞘背面密被棕色或棕黑色刺毛，纵脉纹明显；箨片两面纵脉纹明显；叶片小横脉清晰 …………
………………………… **36.尖削箭竹 F. acuticontracta**

38.箨环无毛；笋常有白粉；箨鞘背面无毛，或有时初时疏生、块状紧密贴生棕色小刺毛，纵脉纹不发育或仅在上部可见；箨片纵脉纹不甚明显；叶片小横脉不清晰 ………… **37.昆明实心竹 F. yunnanensis**

36.叶片无毛。

39.幼秆节间有稀疏灰白色小刺毛，无白粉；箨鞘平直；小枝具叶4—8（15）1.25厘米 ………… **38.薛氏箭竹 F. hsuehiana**

39.幼秆节间无毛，密被白粉；箨鞘上部两侧皱褶，小枝具叶（1）2（3）…………
………………………… **39.皱壳箭竹 F. pleniculmis**

29.箨片直立，至少在秆之中下部者直立。

40.叶耳长椭圆形，直立，长约1.5毫米；箨鞘宿存，幼时背面密被灰色至淡黄色瘤基小刺毛 ………… **40.密毛箭竹 F. plurisetosa**

40.叶耳缺失。

41.分枝节间基部不扁平，无浅沟槽；箨舌高约0.5毫米；小枝具叶（3）7—9；叶鞘两肩具繸毛 ………… **41.景谷箭竹 F. caduca**

41.分枝节间基部扁平或具一浅沟槽；箨舌高1—1.5毫米；小枝具叶3—5；叶鞘两肩无繸毛 ………… **42.泸水箭竹 F. lushuiensis**

1. 扫把竹（竹子研究汇刊） "山竹"（洱源）、"岩竹"（大姚）、"岩金竹"（香格里拉）、"苦竹"（宾川）、"阿闷"（纳西语）图605

Fargesia fractiflexa Yi（1985）

秆柄长3—20厘米，直径7—20毫米，节间长1—10毫米；秆丛生，高达4.5米，直径6—12毫米；全秆21—36节，略呈之字形曲折，节间长12—15（20）厘米，表面绿色或紫色，幼时常被白粉，老时黄色或黄绿色，纵细线棱纹不甚明显，近实心，髓呈锯屑状；箨环隆起，褐色无毛；秆环隆起至显著隆起，幼时常为紫色，节内宽1—3毫米，无毛。秆芽5—11组合为复合芽，半圆形，贴生，表面微粗糙，边缘具白色短纤毛。枝条每分枝节5—17，斜展，纤细，长13—14厘米，直径1—1.5毫米，具3—9节，节间长0.5—11厘米，无毛，幼时

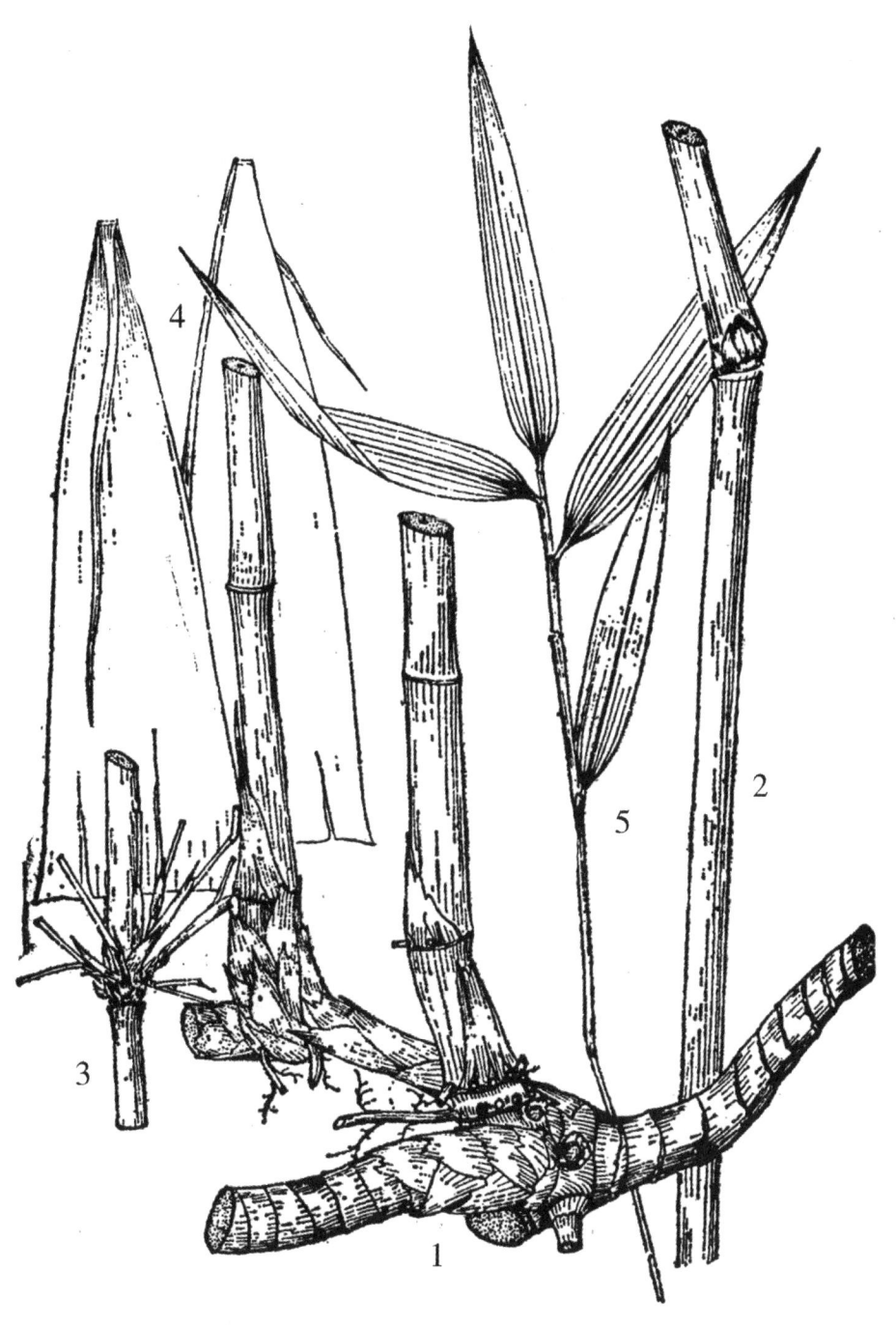

图605 扫把竹 *Fargesia fractiflexa* Yi
1.地下茎及秆之基部 2.秆之一段（示秆芽） 3.秆之一段（示分枝） 4.秆箨 5.具叶小枝

常有白粉，节上一般不再分次生枝。笋紫红色，具黄褐色刺毛；箨鞘早落至迟落，暗紫色至淡黄白色，薄革质，长三角形，长11—25厘米，宽2—5厘米，顶端宽2—4毫米，背面具稀疏的黄褐色刺毛，纵脉纹显著，小横脉在上半部不甚明显或明显；箨耳及鞘口两肩继毛缺失；箨舌显著，深紫色至暗褐色，无毛，口部常为小裂缺，高1—3毫米；箨片线状披针形，外翻，长2—8厘米，宽1—1.5毫米，先端渐尖，纵脉纹在两面均显著，边缘，常内卷。小枝具叶3—5；叶鞘长2—3厘米，淡绿色或暗紫色，纵脉纹及上部纵脊明显，边缘通常具黄褐色短纤毛；叶耳缺失；叶舌截平形或圆弧形，高1—1.5毫米；叶片狭披针形，长（5）7—13厘米，宽5—12毫米，先端长渐尖，基部楔形，上面绿色，下面灰绿色，均无毛，次脉3—4对，小横脉不清晰，边缘一侧具小锯齿。笋期7—9月。

产香格里拉、宁蒗、丽江、永胜、华坪、洱源、宾川、大姚、巧家，生于海拔1380—2600米，生于荒山坡地之沟谷纯林或灌丛中，也见栽培。四川西南部有分布。

母竹移植。选秆基芽眼肥大，须根发达者挖掘。造林时间选1—3月竹子"休眠"期进行。秆供制作扫把、编织背篓和撮箕。偶见大熊猫于冬季取食。

2. 凋叶箭竹 "雪竹、扫把竹"（均漾濞）

Fargesia frigidis Yi（1988）

产漾濞，生于海拔3100—3700米。模式标本采自漾濞点苍山西坡。

3. 矩鞘箭竹（竹子研究汇刊） "闷"（纳西语）图606

Fargesia orbiculata Yi（1988）

秆柄长5—10厘米，直径1—2.5厘米，具10—15节，节间长3—6毫米；秆丛生，梢端微倾斜，高达6米，直径1—2.5厘米；全秆18—25节，节间长约28（40）厘米，圆筒形，绿色，无毛，幼时密被厚白粉，老时常变为黑垢，纵细线棱纹明显，中空，秆壁厚2—3毫米，髓呈锯屑状；箨环隆起，淡黄色至褐色，无毛；秆环平，无毛，幼时有白粉；节内宽2—3毫米，幼时密被白粉。秆芽细瘦，长卵形，贴生，有白粉，边缘具灰黄色短纤毛。枝条每分枝节5—18，纤瘦，长20—70厘米，具5—8节，节间长2—15厘米，直径1—1.5毫米，无毛，密被白粉，具纵细线棱纹，近实心。笋淡绿色至紫绿色，无毛；箨鞘宿存，灰黄色至黄褐色，革质，长圆形，约为节间长的2/5—1/2，长11—18厘米，宽4—6厘米，先端圆形稀弧形，背面无毛，纵脉纹明显，小横脉不发育；箨耳缺失，鞘口两肩常无继毛；箨舌圆弧形，紫色，无毛，高约1毫米；箨片线状披针形，外翻，长1.2—8厘米，宽1.5—3.5毫米，远较箨鞘顶端为窄，无毛，常内卷，纵脉纹明显，基部有关节与箨鞘顶端相连接，易脱落。小枝具叶（2）3；叶鞘长3.1—2.2厘米，紫色或紫绿色，无毛，纵脉纹及上部纵脊明显；叶耳及鞘口两肩继毛缺失；叶舌圆弧形或截平形，高约1毫米；叶片披针形，长5—8厘米，宽8—13毫米，先端渐尖，基部近圆形，上面绿色，下面淡绿色，均无毛，次脉3（4）对，小横脉清晰，边缘一侧具小锯齿。笋期7月。

产宁蒗、丽江、永胜，生于海拔3100—3850米，在垂直分布的下段，生于红桦、树五加、花楸、槭、长苞冷杉、高山栎、高山松及杜鹃等组成的针阔叶混交林下，在其上段则生于冷杉、红杉、丽江云杉等组成的针叶林下。模式标本采自丽江玉龙山。

笋味淡，供食用；秆供制作家具。

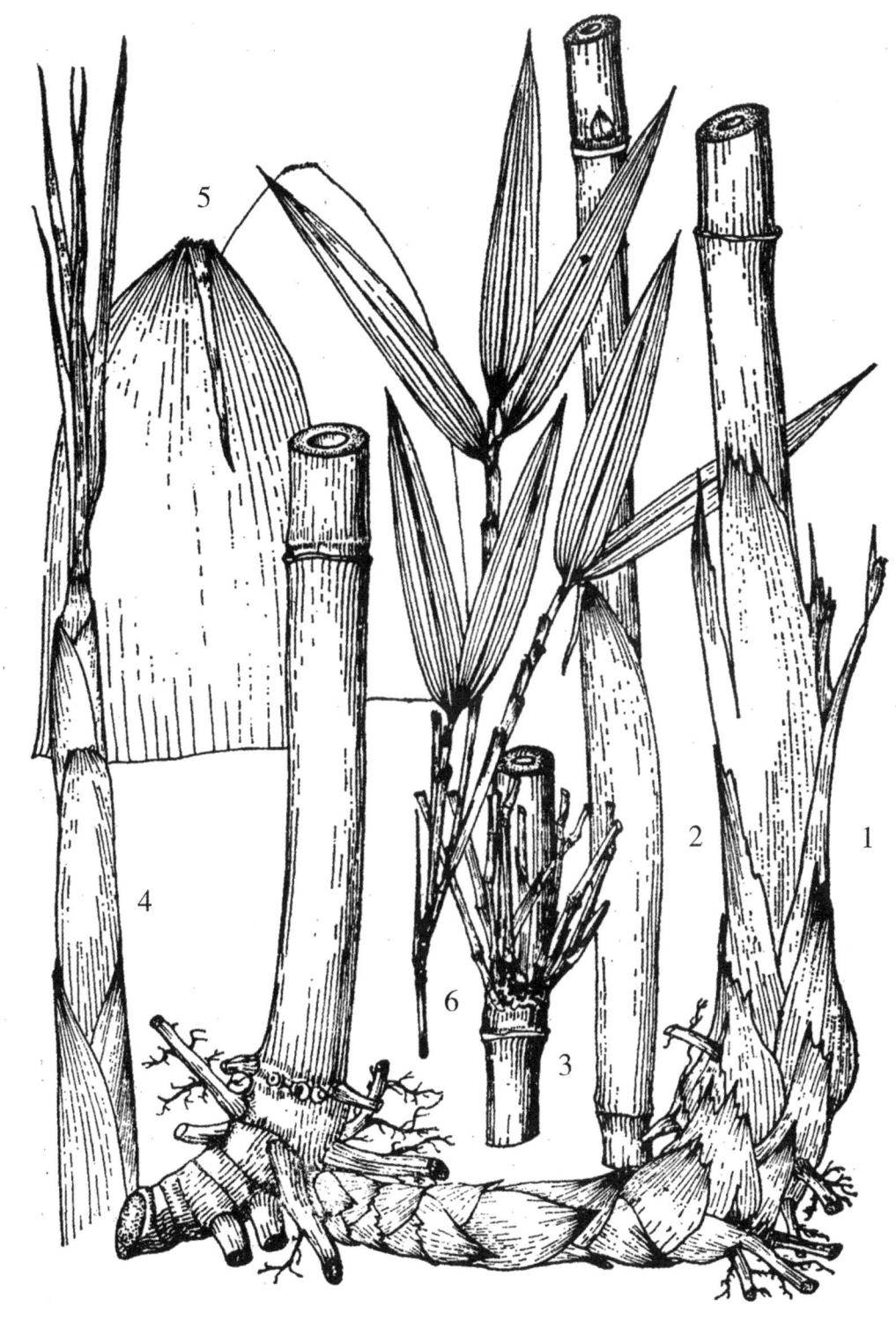

图606 矩鞘箭竹 *Fargesia orbiculata* Yi

1.地下茎及秆之基部 2.秆之一段（示秆芽） 3.秆之一段（示分枝） 4.笋 5.秆箨 6.具叶小枝

4.黑穗箭竹（竹子研究汇刊） "空心竹"（维西）, "尼赛" "牛麻"（德钦藏语）、"马斯（维西藏语）" 图607

Fargesia melanostachys（Hand.-Mazz.）Yi（1983）

Arundinaria melanostachys Hand.-Mazz.（1924）

秆柄长5—10厘米，直径1.1—4厘米，具12—20节，节间长4—9毫米。秆丛生，高达6米，直径1—3厘米，梢端直立；全秆20—28节，节间长26—28（40）厘米，圆筒形或有时在分枝节间基部微扁平并有纵脊，浊绿色，幼时密被白粉，无毛，平滑，纵细线棱纹不发育，老秆常有黑垢，中空，秆壁厚2—5毫米，髓呈锯屑状；箨环隆起，淡黄色至褐色，无毛；秆环平或微隆起，幼时有白粉；节内宽1.5—4毫米，幼时具白粉；秆芽长卵形，贴生，边缘密生灰黄色纤毛；通常第6—8节开始分枝，枝条每节3—11，长25—65厘米，具4—8节，节间长2—11厘米，直径1—1.5毫米，无毛，幼时有白粉，老后有黑垢，实心或几实心。笋紫黑色，常疏生灰白色小刺毛；箨鞘宿存，黄褐色至紫褐色，长圆形至三角状长圆形，约为节间长的1/2—3/5，长10—19厘米，先端圆弧形，背面无毛或上部偶具灰白色小刺毛，纵脉纹明显，小横脉不发育，边缘纤毛后脱落；箨耳及鞘口两肩繸毛缺失；箨舌三角状，紫红色，无毛，高约1毫米；箨片直立或稀在秆之上部者稍外倾，三角形或长三角形，长1.4—9厘米，基部两侧下延，宽1—2.2厘米，与箨鞘顶端等宽，幼时绿色或边绿深紫色，无毛，纵脉纹明显，平直，不内卷，基部与箨鞘顶端无关节相连接，不脱落。小枝具叶2—3；叶鞘长3—4厘米，紫色或紫绿色，无毛，纵脉纹及上部纵脊明显；叶耳及鞘口两肩繸毛缺失；叶舌圆弧形稀截平形，高约1毫米；叶片披针形，长3.5—7.5厘米，宽7—14毫米，先端渐长，基部楔形，上面绿色，下面淡绿色，均无毛，次脉3对，小横脉不甚清晰，边缘一侧具小锯齿。总状花序或简单圆锥花序，顶生，具2—8小穗，排列疏松，长3—12厘米，无毛，序轴下部有时具白粉，通常于分枝基部具1披针形的苞片；小穗柄细长，平滑，长6—35毫米，微弯曲；小穗紫色或深紫色，含3—8花，长18—50毫米，各花作覆瓦状排列，顶生一花不发育；小穗轴节间长4—5毫米，扁平，向顶端具逐渐较密的灰白色短柔毛和小纤毛；颖先端渐尖，无毛，小横脉不发育，第一颖长6—12毫米，具3—5脉，第二颖长8—14毫米，具5—7脉；外稃卵状披针形，先端渐尖，背面疏生短柔毛，具7脉，小横脉不发育，边缘具易脱落之纤毛，第一外稃长12—15毫米；内稃长10—12毫米，膜质，狭窄，先端具2齿裂，背部具2脊，脊间宽约1毫米，脊上具纤毛；鳞被3，前方2枚呈披针形，后方1枚呈卵状披针形，长约1.5毫米，上部边缘有纤毛；雄蕊3，花药黄色，长7—8毫米；子房椭圆形，无毛，长约1.5毫米，花柱2，长约1毫米，顶生柱头3，白色，羽毛状，长约2毫米。笋期7—8月。

产贡山、德钦、维西，生于海拔3050—3800米的云杉、冷杉林下。模式标本采自贡山。秆为制作马鞭竿及钓鱼竿之上等材料。

5.秃鞘箭竹

Fargesia similaris Hsueh et Yi（1988）

产云南。

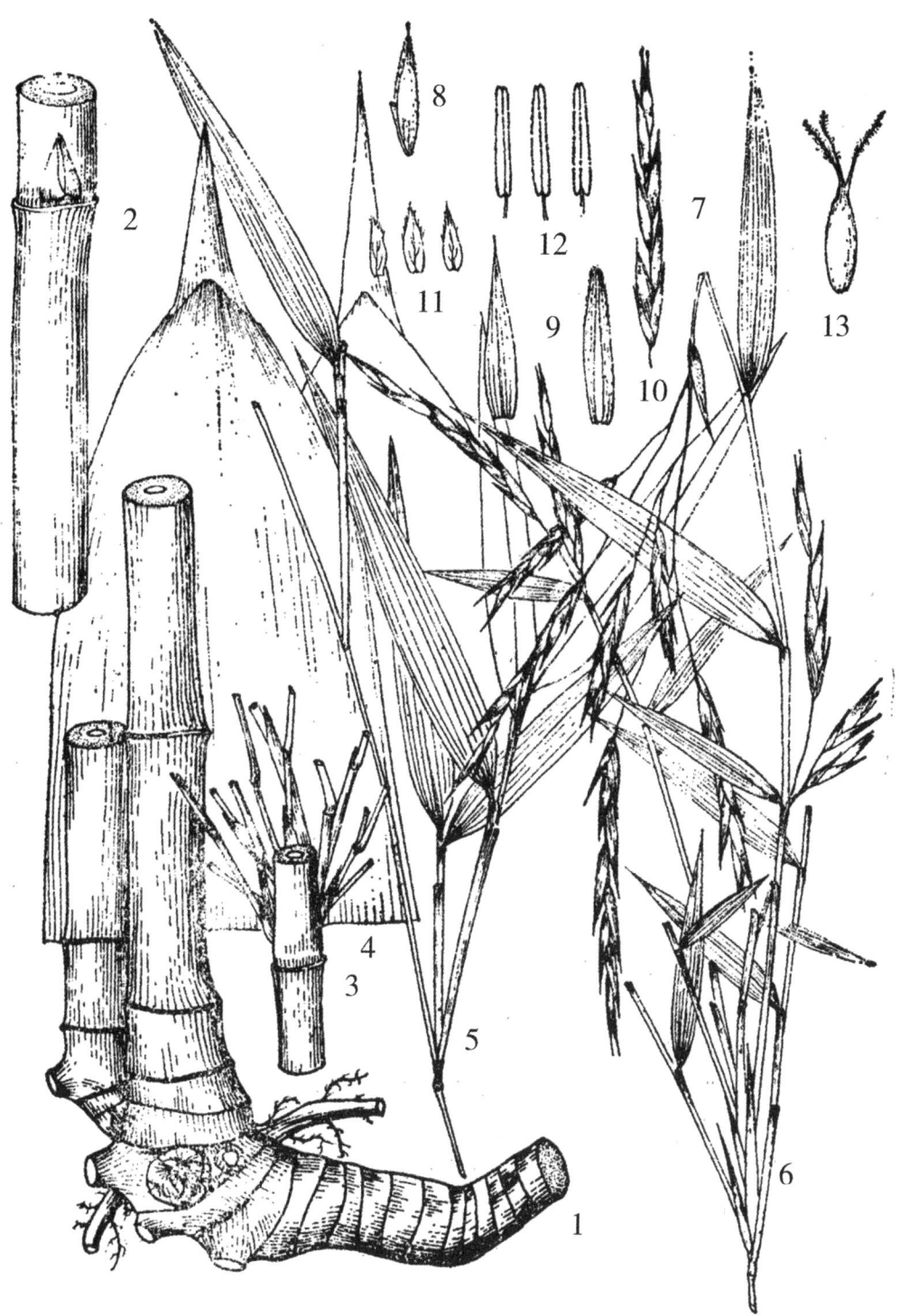

607 黑穗箭竹 *Fargesia melanostachys*（Hand.-Mazz.）Yi
1.地下茎及秆之基部 2.秆之一段（示秆芽） 3.秆之一段（示分枝） 4.秆箨 5.具叶小枝
6.花枝 7.小穗 8.小花 9.外稃 10.内稃 11.鳞被 12.雄蕊 13.雌蕊

6.伞把竹（竹子研究汇刊） "大节竹"（东川）图608

Fargesia utilis Yi（1988）

秆柄长5—10厘米，直径1.8—2.5厘米，具15—24节，节间长2.5—8毫米；秆丛生，直立，高达4米，直径1.5—2.5厘米；全秆32—35节，节间长15—17（20）厘米，圆筒形，表面淡绿色或有时紫色，以后变为黄色，无毛，无白粉或幼时微被白粉，无纵细线棱纹，中空，秆壁厚2.5—5毫米；箨环隆起，褐色；秆环较平或在分枝节上隆起。节内宽2—3毫米，有时微被白粉，颜色较节间为淡绿。秆芽三角状卵形，贴生，灰褐色至暗褐色，表面具小硬毛，边缘具纤毛。枝条每分枝节（3）7—18，长30—50厘米，具6—10节，节间长5—100毫米，直径1—1.5毫米，紫色，无毛。笋紫色，具极稀疏的黄褐色或灰黄色刺毛，微被白粉；箨鞘宿存，长于节间，黄褐色，革质，长圆形，长15—26厘米，宽3—9厘米，两肩常微高起而略呈山字形，顶端宽1.5—2厘米，背面有时微被白粉和极稀疏的黄褐色刺毛或小刺毛，纵脉纹明显；箨耳及鞘口两肩繸毛缺失；箨舌略呈山字形，常不对称，黄褐色，无毛，高不及1毫米；箨片长三角形至带状披针形，薄革质，在秆之下部者直立，上部者外翻，长3—14厘米，宽3—14毫米，窄于箨鞘顶端之宽度，基部不收缩，无毛，纵脉纹仅在内面明显，常平展而不内卷。小枝具叶（1）2；叶鞘长1.5—3.5厘米，暗紫色，无毛，纵脉纹及上部纵脊均不甚明显；叶耳及鞘口两肩繸毛缺失；叶舌截平形，高不及1毫米；叶片狭披针形，无毛，长4—10厘米，宽5—10毫米，上面深绿色，下面淡绿色，先端长渐尖，基部阔楔形，次脉2（3）对，小横脉不甚清晰，边缘具小锯齿而稍粗糙。笋期8月。

产东川，生于海拔2700—3650米，野生或栽培。模式标本采自东川。

笋可食用；秆材较脆，一般不用于编织器具，仅以圆竹扎作楼面用。

7.德钦箭竹

Fargesia sylvestris Yi（1988）

产德钦，生于海拔3250米。模式标本采自德钦白马雪山。

8. 马斯箭竹 "马斯"（傈僳语）、"实心竹、二实心"（维西）

Fargesia dura Yi（1988）

产维西，生于海拔3200米。模式标本采自维西永春。

9.灰竹（竹子研究汇刊） "泡竹"（镇康）、"黄竹"（凤庆）图609

Fargesia tenuilignea Yi（1988）

秆柄长5.5—10.5厘米，直径1.5—3厘米，具18—25节，节间长2.5—8毫米。秆高达8米，直径1—3厘米，直立；全秆22—27节，节间长20—25（39）厘米，圆筒形，淡绿色，无毛，幼时无白粉或微有白粉，老秆节下有黑垢，纵细线棱纹不发育，中空，秆壁厚2—3毫米，髓呈锯屑状；箨环较窄，隆起，褐色，初时有棕色刺毛，有时具箨鞘基部之残留物；秆环平或在分枝节上微隆起；节内宽4—6毫米，平滑，有光泽。秆芽长卵形，贴生，枝条每分枝节（5）8—11，长30—80厘米，具5—9节，节间长1—17厘米，直径1.5—3毫米，中

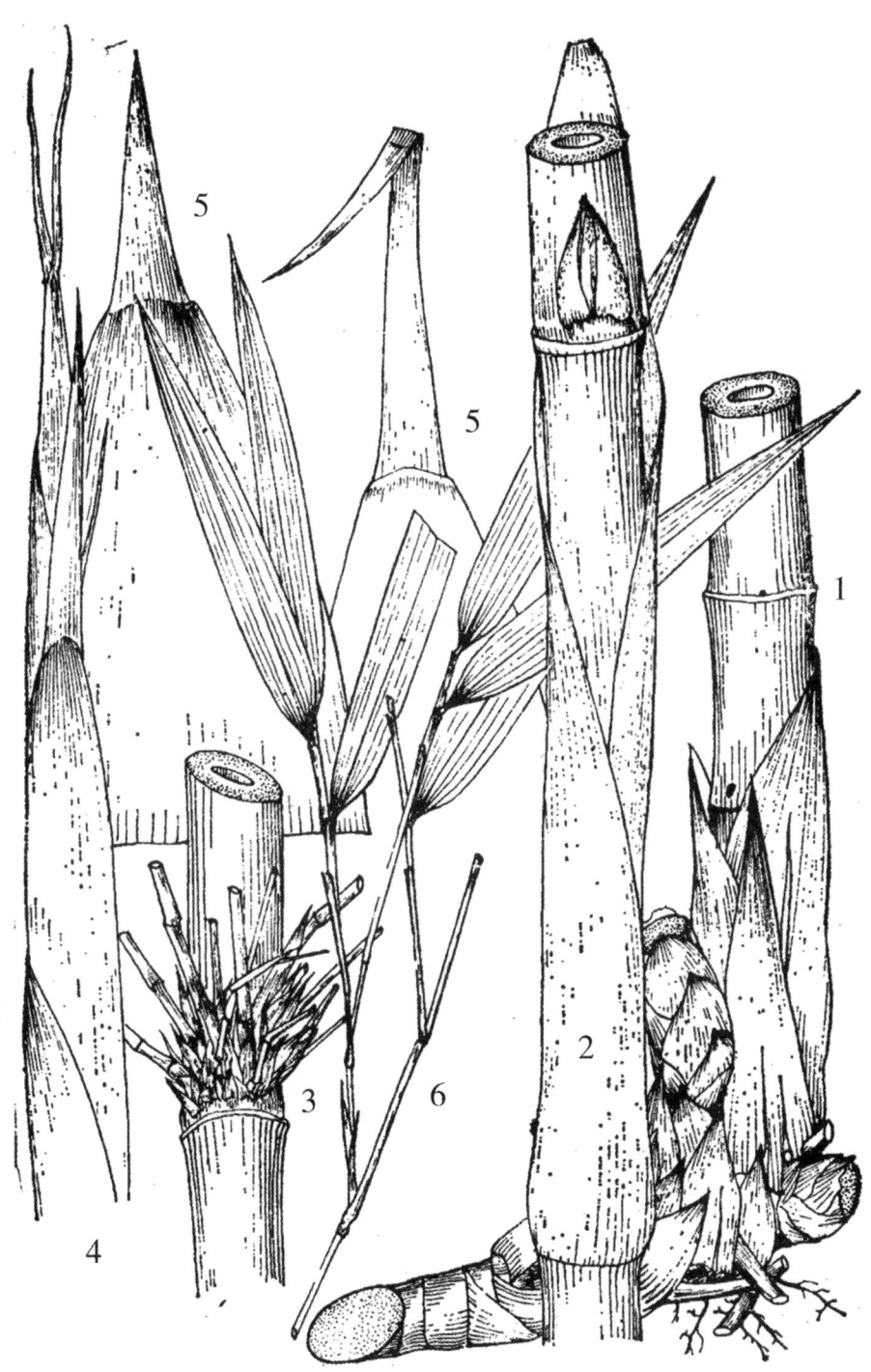

图608　伞把竹 *Fargesia utilis* Yi

1.地下茎及秆之基部　2.秆之一段（示宿存秆箨及秆芽）　3.秆之一段（示分枝）
4.笋　5.秆箨　6.具叶小枝

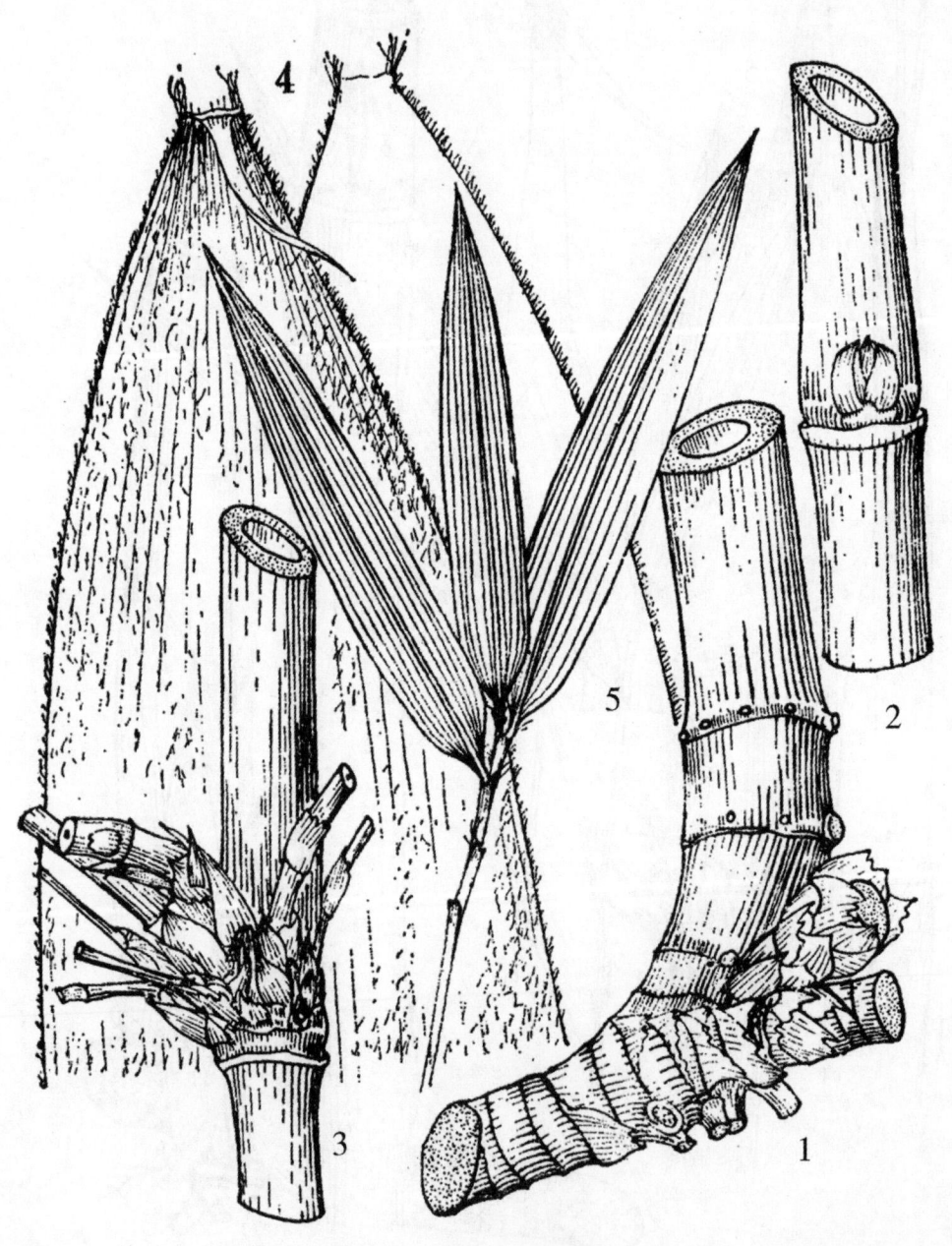

图609　灰竹 *Fargesia tenuilignea*　Yi

1.地下茎及秆之基部　2.秆之一段（示秆芽）　3.秆之一段（示分枝）　4.秆箨　5.具叶小枝

空。笋紫红色，密被棕色刺毛；箨鞘宿存，黄褐色，三角状矩形，等于或于节间，长12—37厘米或过之，宽6.5—10厘米，顶端宽7—9毫米，背面或仅上半部被密生黄褐色刺毛，纵脉纹明显，小横脉不发育，边缘上部有棕色纤毛；箨耳缺失，鞘口两肩各具4—6长2—8毫米黄褐色继毛；箨舌截平形，紫色，无毛，高2—5毫米，口部有时具继毛；箨片线状披针形，外翻，长5—6.5厘米，宽3—4.5毫米，背面无毛，内面基部被微毛，纵脉纹明显，较箨鞘顶端窄，有关节相连接，容易脱落，常内卷。小枝具叶2—4（5）；叶鞘长3—7厘米，无毛，初时上部有白粉，纵脉纹及上部纵脊明显，边缘初时有纤毛；叶耳缺失，鞘口两肩各具4—7长3—11毫米灰黄色继毛；叶舌截平形，高约1毫米；叶片披针形，长（6）13—18厘米，宽（1）1.3—2.3厘米，干后常皱褶，先端长渐尖，基部楔形，上面绿色，无毛，下面淡绿色，无毛或基部沿中脉两侧偶有柔毛，次脉4—5对，小横脉清晰，边缘一侧小锯齿明显而整齐，另一侧较稀疏而不整齐。笋期8月。

产凤庆、镇康，生于海拔2400—3100米，林下生长普遍。模式标本采自凤庆雪山。

笋食用；秆供造纸或劈蔑供编织竹器。

10. 大姚箭竹　毛竹（大姚）

Fargesia mairei（Hack.）Yi（1988）

Arundinaria mairei Hack. ex Hand.-Mazz.（1926）

产大姚，生于海拔2950—3600米。模式标本采自大姚白盐井。

11. 曲秆箭竹（竹子研究汇刊）　　"大节疤竹"（漾濞）图610

Fargesia subflexuosa Yi（1988）

秆柄长5—10厘米，直径1.5—2厘米，具11—19节，节间长4—9毫米。秆丛生，直立，略呈之字形曲折，高达6米，直径1.5—3厘米；全秆23—25节，节间长22—25（35）厘米，圆筒形，灰绿色，幼时有白粉及灰白色小刺毛（节下密被黄色小刺毛），纵细线棱纹明显，中空，秆壁厚3—5毫米，髓呈锯屑状；箨环隆起，木质，灰褐色，无毛；秆环较粗大，与箨环近等高；节内宽3—6毫米，幼时有白粉，无毛，具纵棱。秆芽长卵形，贴生，近边缘灰色至灰黄色，有短硬毛，边缘有灰黄色纤毛。通常第3—5节开始分枝，枝条每节2—7，直立或上举，长30—95厘米，具4—9节，节间长1—18厘米，直径2—4（5）毫米，紫色或紫绿色，节下有白粉，无毛，近实心。箨鞘早落，三角状矩形或长三角形，黄色或黄褐色，长于节间，长15—33厘米，宽5—7厘米，先端短三角形，顶端宽5—12毫米，背面有稀疏贴生黄色瘤基刺毛，基部的较长而向上生长，纵脉纹明显，小横脉不发育，边缘无纤毛或有黄褐色纤毛；箨耳及鞘口两肩继毛缺失；箨舌截平形、斜截平形或微凹，紫色，无毛，高1—2毫米；箨片外翻，三角形或线状披针形，无毛，长1—9厘米，宽2.5—3.5（6）毫米，纵脉纹明显，基部较箨鞘顶端窄，易脱落。小枝具叶（2）3—5；叶鞘长5—6.6厘米，紫绿色，无毛，纵脉纹及上部纵脊明显；叶耳缺失或不明显，鞘口两肩各有2—4分叉黄褐色斜展长1.5—3毫米的继毛；叶片披针形，长12—16厘米，宽2—3厘米，先端渐尖，基部楔形或阔楔形，上面绿色，下面淡绿色，均无毛，干后常曲皱，次脉4—5对，小横脉稍明显，边缘一侧具毛状小锯齿。笋期9月。

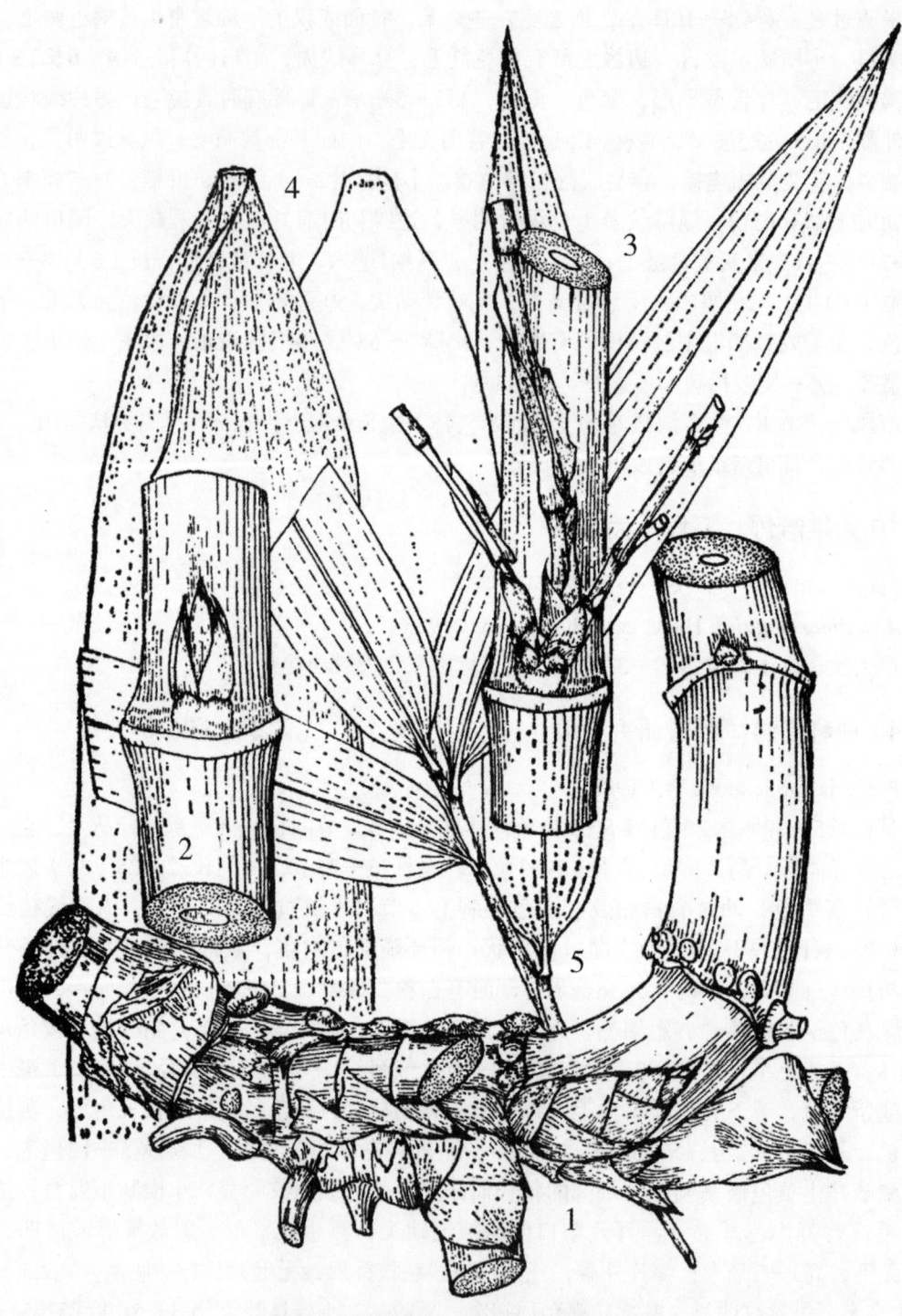

图610　曲秆箭竹 *Fargesia subflexuosa* Yi
1.地下茎及秆之基部　2.秆之一段（示秆芽）　3.秆之一段（示分枝）　4.秆箨　5.具叶小枝

产漾濞，生于海拔2920—3250米的山箐阔叶林下。模式标本采自漾濞。

秆劈篾作编织用。

12.云龙箭竹（竹子研究汇刊）　"实心竹"（云龙）图611

Fargesia papyrifera Yi（1988）

秆柄长5—12厘米，直径3—6厘米，具14—28节，节间长3—10毫米。秆丛生，尖削度较大，高达8米，直径2—6厘米；全秆25—32节，节间一般长22—28（40）厘米，圆筒形，或基部微扁及具不明显的浅沟槽，表而幼时为灰绿色或灰色，密被厚白粉，具灰色、灰褐色至黄褐色小刺毛，愈往节间上部毛的颜色愈深而更密集，纵细线棱纹较明显，近于实心；箨环显著隆起，高于秆环，初时具棕色刺毛；秆环微隆起，初时被白粉；节内初时密被白粉，无毛，宽3—5毫米。秆芽阔卵形，贴生，黄色，有光泽，近边缘有白粉及小硬毛，边缘密生黄褐色纤毛。通常第11—17节开始分枝，枝条每节（3）5，粗壮，长16—120厘米，直径（1.5）3—5毫米，具8—12节，节间长1—22厘米，被白粉，无毛，纵细线棱纹通常较明显。笋红紫色，密被棕色刺毛；箨鞘早落，灰褐色，革质至厚革质，三角状矩形，长25　45厘米，宽7—15厘米，基部两侧作耳状外延，顶端宽1.5—2厘米，背面被黄褐色刺毛（近顶端部分尤密），纵脉纹显著，边缘通常密生棕色刺毛；箨耳缺失，鞘口两肩不等称，有时耸起，各具数枚繸毛；箨舌微凹至凹入很深，稀截平形，黑紫色，高2—3毫米，口部初时有灰褐色整齐繸毛；箨片带状披针形，外翻，新鲜时带紫红色，后变灰褐色，长4—17厘米，宽4—10毫米，先端长渐尖，下半部平直，上半部通常内卷而微皱，无毛，纵脉纹显著，边缘具小锯齿。小枝具叶3—5；叶鞘长4.5—9.5厘米，无毛，纵脉纹明显，背部纵脊明显而几贯穿整个叶鞘，边缘纤毛通常早落；叶耳缺失，鞘口两肩具数枚的繸毛；叶舌截平形或圆弧形，高不及1毫米；叶片披针形，长10—18厘米，宽1.6—2.3厘米，先端渐尖，基部楔形，上面绿色，下面灰绿色，均无毛，次脉5（6）对，小横脉清晰，边缘有小锯齿。笋期8—9月。

产云龙，生于海拔2750—3600米的单优纯林或蒙自杞木、木兰、石栎、青冈林下。模式标本采自云龙漕涧。

笋食用；秆供造纸、编织、船竿和各种手柄用。

13.片马箭竹

Fargesia albo-cerea Hsueh et Yi（1988）

产泸水，生于海拔2860米。模式标本采自泸水至片马途中。

14.腾冲箭竹（竹子研究汇刊）　"刚竹"（腾冲）图612

Fargesia solida Yi（1988）

秆柄长2.2—12.5厘米，直径0.6—1.8厘米，具14—30节，节间长2—6毫米。秆丛生，高达5米，直径1—1.5（2）厘米，梢头直立；全秆28—35节，节间长13—16（22）厘米，圆柱形，粉绿色，无毛，密被厚白粉，纵细线棱纹稍明显至明显，实心；箨环隆起，常呈一木质环，无毛；秆环微隆起，较箨环为低；节内宽2—3毫米，光亮。秆芽长卵形，贴生，

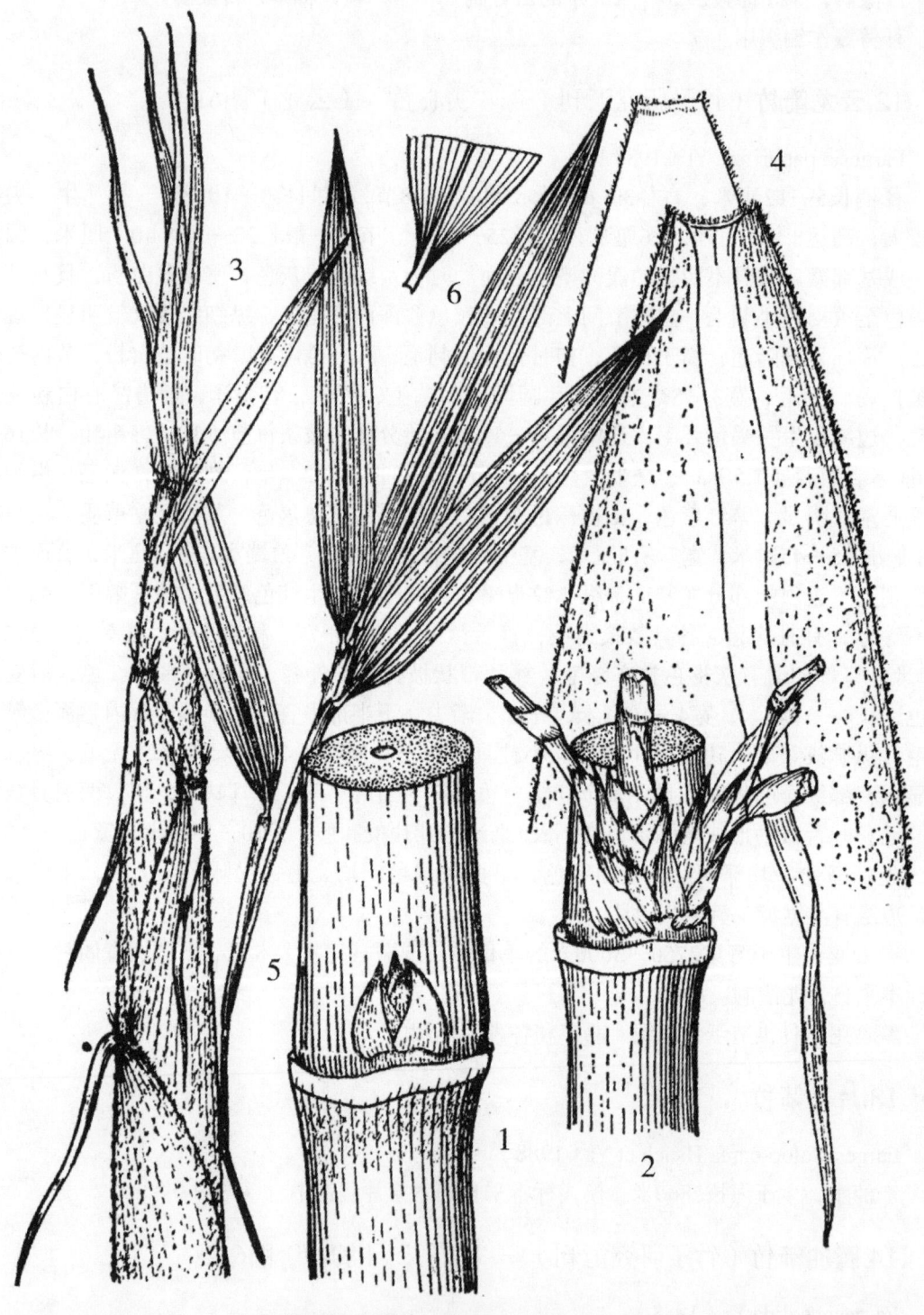

图611 云龙箭竹 *Fargesia papyrifera* Yi
1.秆之一段（示秆芽） 2.秆之一段（示分枝） 3.笋 4.秆箨 5.具叶小枝 6.叶片基部（放大）

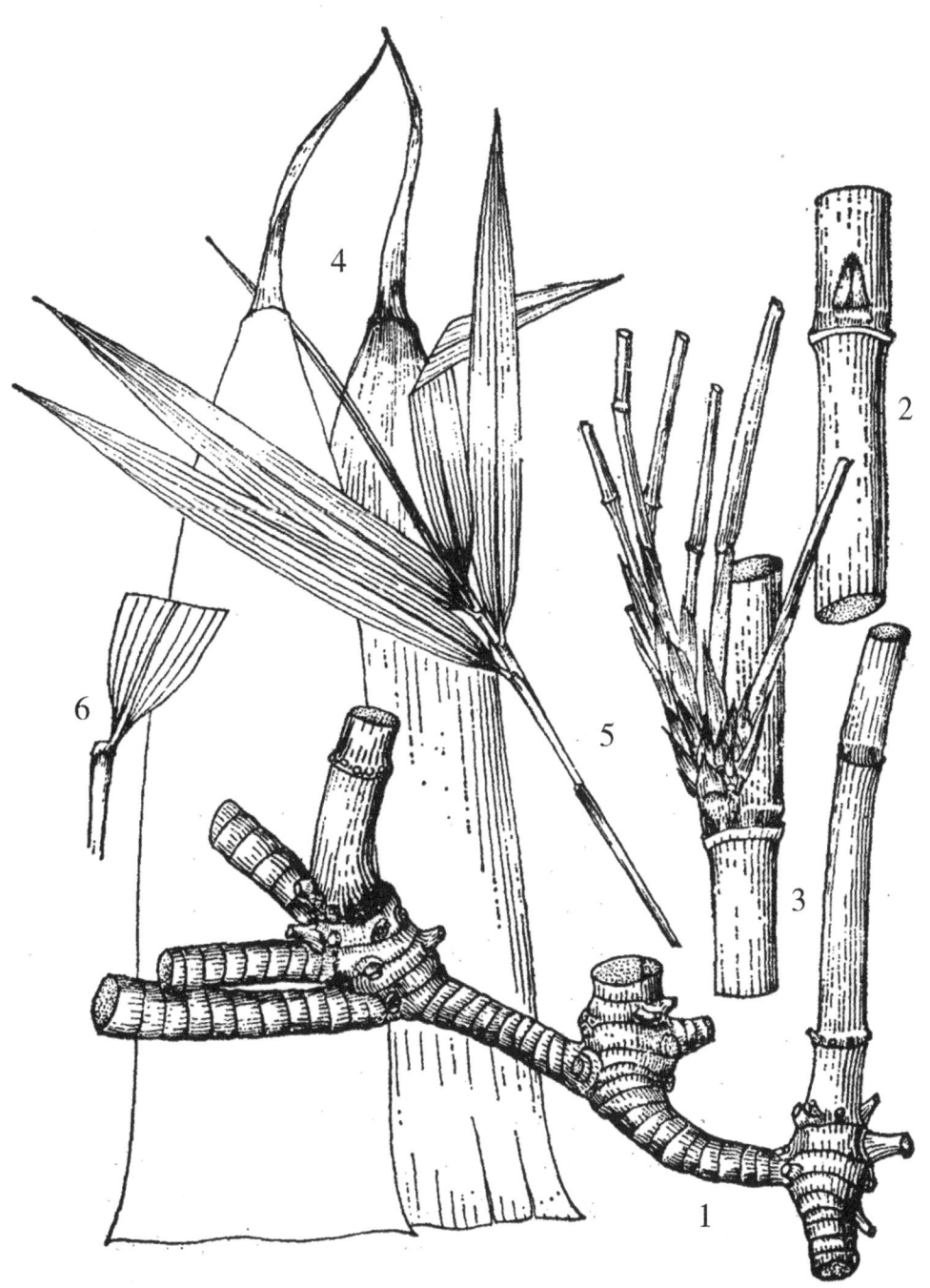

图612　腾冲箭竹 *Fargesia solida* Yi

1.地下茎及秆之基部　2.秆之一段（示秆芽）　3.秆之一段（示分枝）　4.秆箨
5.具叶小枝　6.叶鞘顶端及叶片基部

近边缘有小硬毛及白粉，边缘有黄褐色纤毛。第8—10节开始分枝，枝条每节4—9，斜展，长23—50厘米，具5—13节，节间长0.5—8厘米，直径1—2.5毫米，常有白粉，近实心。笋紫色，被稀疏刺毛；箨鞘宿存，长圆状三角形，黄褐色，长于节间，长9.5—17厘米，宽3.5—5.5厘米，顶端宽5—8毫米，背面被淡黄色贴生瘤基刺毛，在基部稍密，纵脉纹明显，小横脉不明显，边缘有淡黄色长纤毛；箨耳及鞘口两肩继毛缺失；箨舌突出，无毛，高约1毫米；箨片直立，三角形或线状三角形，绿紫色，无毛，长0.5—4.5厘米，宽2—4毫米，纵脉纹明显，基部远较箨鞘顶端为窄，宿存性。小枝具叶（1）3—5；叶鞘长2—2.5（3.5）厘米，淡绿色，无毛，纵脉纹及上部纵脊明显；叶耳及鞘口两肩继毛缺失；叶舌作弧形突出，高约0.5毫米；叶片狭披针形，长4—9.5厘米，宽4—7毫米，先端长渐尖，基部楔形，上面绿色，下面淡绿色，均无毛，次脉（2）3（4）对，小横脉略明显，边缘一侧有密的毛状小锯齿。笋期7月。

产腾冲，生于海拔2300—2500米，常见于溪边阔叶林下。模式标本采自腾冲。

秆作围篱和豆架。

15.棉花竹（植物研究）　　"船竹、蒇竹、丛竹、大节竹"（东川）图613

Fargesia fungosa Yi（1985）

秆柄长5—11厘米，直径1.8—2.5厘米，具10—17节，节间长3—7毫米。秆丛生，高达6米，直径1.5—2.5厘米；全秆32—35节，节间长20—23（36）厘米，圆筒形，无毛，幼时被白粉，纵细线棱纹不甚明显，中空，初时常为海绵状髓心填塞，秆壁厚3—6毫米；箨环隆起，灰褐色，初时常具黄褐色小刺毛，有时具箨鞘基部之残留物；秆环微隆起至隆起，初为紫色；节内宽2—4毫米，颜色较节间为淡绿。秆芽阔卵形，边缘具白色纤毛。枝条每分枝节9—25，斜展，长15—65厘米，具3—8（10）节，节间长1—10厘米，直径1—3毫米，初时常有白粉。笋紫色至紫红色，密被棕黑色刺毛；箨鞘宿存，长三角状矩形，黄褐色，长25—45厘米，宽5—8厘米，先端逐渐变狭窄，背面具棕黑色刺毛（中部以下最多）纵脉纹较显著，小横脉不清晰，边缘有时具棕黑色刺毛，常内卷；箨耳缺失，鞘口两肩各具数枚棕色长1—4毫米劲直易脱落的继毛；箨舌截平形，黄褐色，无毛，高1—1.5毫米，口部常有裂缺；箨片线状披针形，外翻，长1—14厘米，宽1.5—4.5毫米，无毛，纵脉纹明显，边缘具微锯齿，常内卷。小枝具叶（2）3—4（6）；叶鞘长4—7.5厘米，淡绿色或紫绿色，无毛，纵脉纹及上部纵脊明显，边缘初时具灰白色至灰褐色纤毛；叶耳微小，镰形，边缘具继毛；叶舌暗紫色，圆弧形，高不及1毫米；叶片披针形，长（7）10—46厘米，宽1—1.7厘米，先端渐尖，基部楔形，上面绿色，下面灰绿色，基部具灰白色柔毛，次脉4对，小横脉不甚清晰，边缘一侧具小锯齿。总状花序长4.5—8厘米，细瘦而紧缩，生于具叶小枝顶端，从略扩大呈佛焰苞的叶鞘一侧伸出，具（1）3—7小穗，各小穗有时全偏向一侧，该叶鞘上的叶片显著缩小，长3.5—6厘米，宽2.5—4毫米，叶柄亦缩短；花序下部的1—2分枝的基部常托以1枚三角形或线状披针形灰色膜质长1—2毫米的苞片，腋间不具瘤状突起，序轴具灰色或灰黄色硬毛；小穗柄短而粗直，内侧扁平，具灰色或灰黄色硬毛，长1—2毫米（顶生者可长达5毫米）；小穗长2.5—4.3厘米，绿色、紫绿色或紫色，含3—7花，顶生1花不发育；小穗轴节间长3—4毫米，扁平，绿色，具灰白色硬毛，顶端边缘密生灰白色纤毛；颖

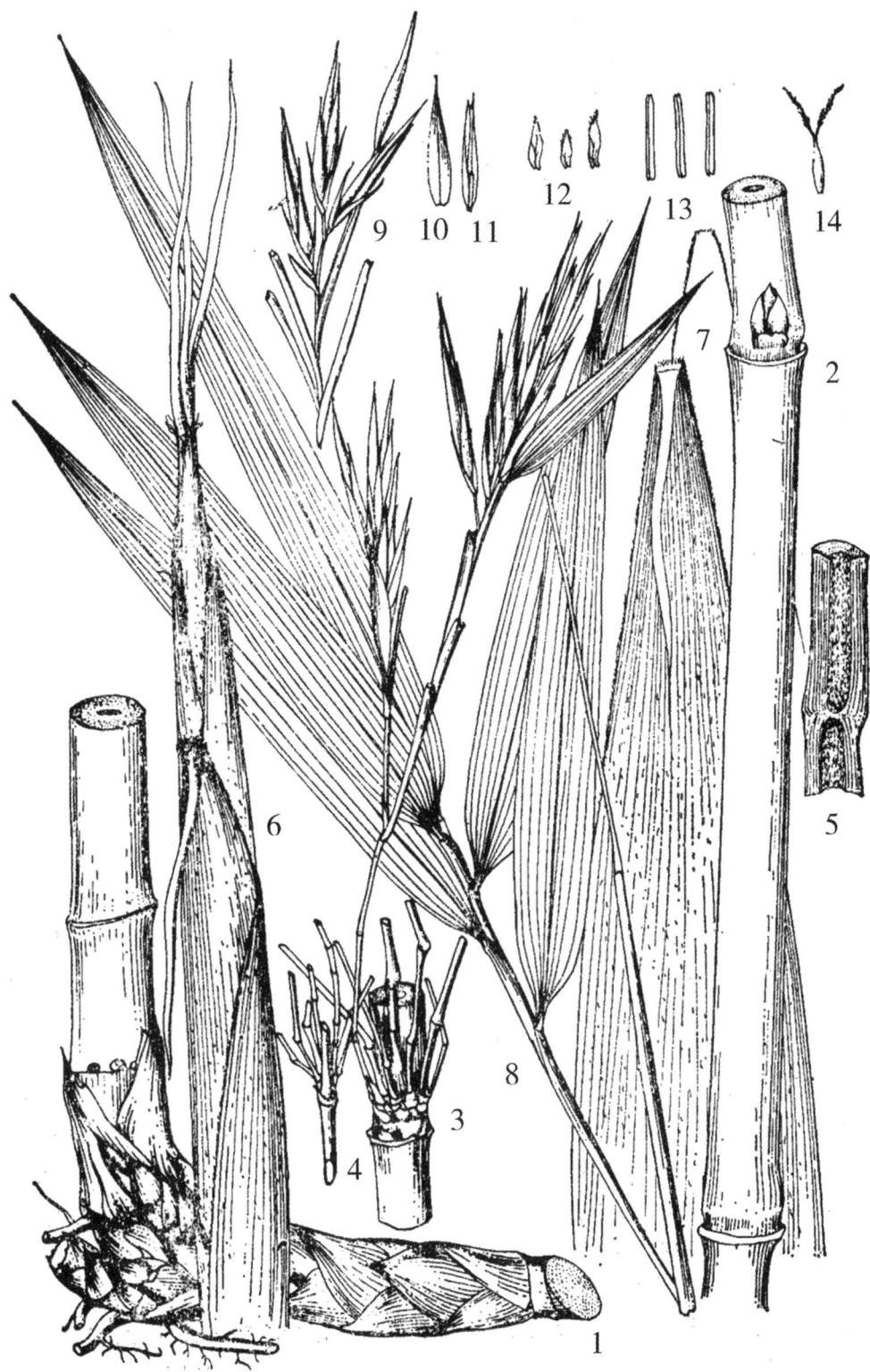

图613　棉花竹 *Fargesia fungosa* Yi

1.地下茎及秆之基部　2.秆之一段（示秆芽）　3.秆之一段（示分枝及花枝）
4.秆上部之节（示分枝）　5.秆之纵剖（示丰富之秆髓）　6.笋　7.秆箨　8.具叶小枝
9.花序之展开（放大）　10.外稃　11.内稃　12.鳞被　13.雄蕊　14.雌蕊

纸质，披针形，先端渐尖，被短硬毛，中脉上有硬毛，小横脉不明显，边缘具纤毛，第一颖长1.1—1.5厘米，宽约2毫米，具不明显的5脉，第二颖长1.4—1.8厘米，宽约3毫米，具5—7脉；外稃卵状披针形，纸质，长（1.2）1.7—2厘米，宽约3毫米，具7脉，背面密生灰白色短硬毛，边缘具纤毛；内稃长9—14毫米，纸质，先端具2尖齿，背部具2脊，脊间宽1—1.5毫米，具2脉，脊上有灰白色硬毛；鳞被3，披针形，膜质透明，白色，前方2片长约3毫米，后方7片长约2毫米，纵脉纹明显，边缘具白色纤毛；雄蕊3，花药紫色，长约1毫米，基部箭镞形；子房椭圆形，长约1毫米，无毛，花柱2，长约1毫米，无毛，柱头白色，羽毛状，长3—4毫米。笋期7—8月。

产会泽、东川、宜良，生于海拔1800—2700米的樟科、壳斗科、山茶科、木兰科树种组成的常绿阔叶林下，也多见栽培。四川西南部有分布。模式标本采自东川青龙山。

笋味甜，供食用；秆材篾质富韧性，最适合编织家具、农具。

16.马亨箭竹（竹子研究汇刊） "马亨"（维西傈僳语）图614

Fargesia communis Yi（1988）

秆柄长3—10厘米，直径1—2.3厘米，具7—18节，节间长3—12毫米。秆丛生，梢端直立，高达8米，直径1—3厘米；全秆25—35节，节间一般长20—25（30）厘米，圆筒形，淡绿色，被白粉，无毛或幼时有黄褐色小刺毛，纵细线棱纹明显，中空，秆壁厚2—4毫米，髓呈锯屑状；箨环微隆起，黄褐色，无毛；秆环平或在分枝节上微隆隆起；节内宽2—4毫米，平滑，秆芽长卵形，贴生，边缘密生灰色纤毛。枝条每分枝节4—10，近等粗，长（20）60—120厘米，具8—12节，节间长1—20厘米，直径1—2毫米，无毛，有白粉，近实心。笋紫色或紫红色，被稀疏棕色小刺毛；箨鞘宿存，红褐色，长三角形，上半部显著变狭窄而为带状和内卷，远较节间长，长23—48厘米，宽4—7.5厘米，顶端宽2—5毫米，背面被稀疏棕色贴生瘤基刺毛，纵脉纹明显，上半部及两侧小横脉清晰，初时边缘密生棕色纤毛；箨耳缺失，鞘口两肩各具直立黄褐色繸毛；箨舌截平形，紫色，无毛，高约1毫米；箨片外翻，线状披针形，绿色或紫绿色，长2—13厘米，宽1.5—3毫米，无毛，纵脉纹明显，较箨鞘顶端稍窄，与箨鞘顶端有关节相连接，易掉落，边缘常有小锯齿。小枝具叶4—5；叶鞘长3—5厘米，淡绿色，无毛，纵脉纹及上部纵脊明显，边缘密被灰黄色纤毛；叶耳缺失，鞘口两肩各具3—7直立长2—4毫米淡黄褐色繸毛；叶舌截平形，高约0.6毫米；叶片披针形，长8.5—12（16）厘米，宽5—10（14）毫米，先端渐尖，基部楔形，上面绿色，无毛，下面淡绿色，基部有灰白色柔毛，次脉3对，小横脉不甚明显，边缘具小锯齿。笋期7—8月。

产维西，生于海拔2600—3250米，林下常见。模式标本采自维西永春。

秆为造纸原料，圆竹作扫把或劈篾供编织各种竹器。

17.空心箭竹（竹子研究汇刊） "空心竹"（云龙、泸水）、"黄竹"（云龙、保山）、"灰竹"（云龙）、"马亨"泸水傈僳语 图615

Fargesia edulis Hsueh et Yi（1988）

秆柄长6—10厘米，直径2—3厘米，具8—14节，节间长3—8毫米。秆丛生，高达8米，

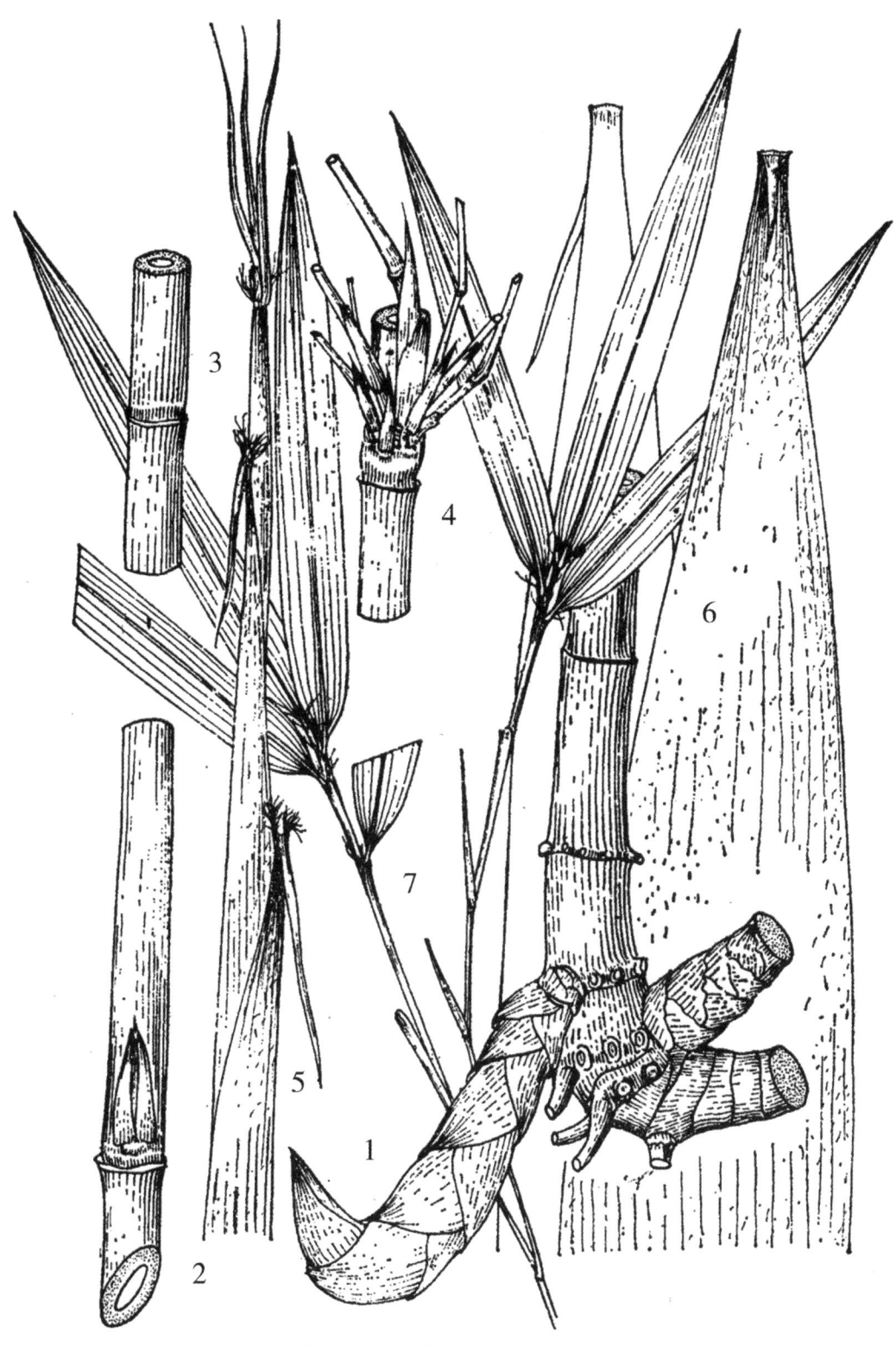

图614 马亨箭竹 *Fargesia communis* Yi
1.地下茎及秆之基部 2.秆之一段（示秆芽） 3.秆之一段（示秆环）
4.秆之一段（示分枝） 5.笋 6.秆箨 7.具叶小枝

图615　空心箭竹 *Fargesia edulis* Hsueh et Yi
1.秆之一段（示宿存秆箨及秆芽）　2.秆之一段（示分枝）　3.秆箨　4.具叶小枝
5.花枝　6.小穗柄和颖　7.外稃　8.内稃　9.鳞被　10.雄蕊　11.雌蕊

直径2—4厘米；全秆28—35节，节间长约28（40）厘米，圆筒形，绿色，密被白粉，纵细线棱纹不发育，中空，秆壁厚2—4毫米，髓呈锯屑状；箨环隆起，褐色，无毛或初时具直出棕色易脱落的长刺毛；秆环平或微隆起，有光泽；节内宽2—6毫米，无毛，有光泽。秆芽长卵形或偶为半圆形，贴生，黄白色，边缘密生长刺毛。通常第5—10节开始分枝，枝条每节4—7，长40—47厘米，具5—8节，节间长1—22厘米，直径2—4毫米，绿色或带紫色，无毛，初时常有白粉，纵细线棱纹不明显。笋紫色，密被棕色长刺毛；箨鞘迟落，黄褐色，较脆硬，上半部强烈收缩变窄，长34—45厘米，宽5—12厘米，顶端宽2—5毫米，背面密被棕色至棕黑色长刺毛，纵脉纹在上半部显著，小横脉不明显，边缘上部密生棕色长刺毛；箨耳缺失，鞘口两肩微高起而呈箨耳状，具褐色或灰褐色易脱落的繸毛，箨舌截平形至下凹，紫色，无毛，高约1毫米，口部常有细裂缺；箨片披针形至线状披针形，直立，先端常内卷，长1—9厘米，宽1—3毫米，无毛，纵脉纹略明显，边缘具小锯齿。小枝具叶5—7；叶鞘长4.5—6厘米，无毛，纵脉纹及上部纵脊明显；叶耳缺失，鞘口两肩各具繸毛或无繸毛；叶舌截平形，高约1毫米，口部具浅裂齿；叶片披针形，长10—15（20）厘米，宽1—1.4（2.2）厘米，先端渐尖，基部楔形，上面绿色，下面灰绿色，基部被稀疏柔毛或有时无毛，次脉4—5对，小横脉较明显，边缘具小锯齿。总状花序顶生，长4.5—7厘米，下部被包藏，具4—7小穗，从最上部扩大成佛焰苞状的叶鞘开口一侧伸出；小穗柄直立，长1.5—2毫米，无毛；小穗含3—4花，长2.5—3.2厘米，淡黄绿色；小穗节间长4—5毫米，无毛或向顶端具白色短柔毛；颖纸质，无毛，先端刚毛状渐尖，第一颖长12—20毫米，具3—5脉，第二颖长18—25毫米，具9—11脉；外稃狭披针形，先端刚毛状渐尖，长18—26毫米，具9—11脉，无毛或有时上部具贴生疏硬毛，基盘具白色柔毛，边缘有时具纤毛；内稃长11—13毫米，先端2裂，脊之上部生短纤毛，脊间上部具微毛；鳞被3，披针形，上部边缘具纤毛，长约2毫米；雄蕊3，花药长7—9毫米；子房椭圆形，顶端膨大，黄褐色，无毛，长约1毫米，花柱2，柱头线形。笋期7月。

产泸水、云龙、保山，生于海拔1900—2800米的冬青、樟楠类、木荷等组成的常绿阔叶林下，伴生灌木有柳树、杜鹃、水红木等。模式标本采自昆明栽培竹丛。

笋食用；秆供编织和造纸用。

18. 贡山箭竹　"马兹比"（贡山傈僳语）

Fargesia gongshanensis Yi（1988）
产贡山，生于海拔1450米。模式标本采自贡山向阳。

19. 带鞘箭竹（竹子研究汇刊）　"马赛"（泸水傈僳语）图616

Fargesia contracta Yi（1988）
秆柄长5—6厘米，直径1.7—2.5厘米，具13—17节，节间长1.5—5毫米。秆丛生，高达5米，直径1—2.5厘米；全秆25—33节，节间长18—22（35）厘米，圆柱形，粉绿色至灰黄色，初时密被白粉，无毛或初时节下具黄褐色刺毛，纵细线棱纹不发育或在分枝节间明显，实心或近实心；箨环隆起，暗褐色，初时具淡黄色小刺毛；秆环平或微隆起，偶有白粉；节内宽2—4毫米。秆芽阔卵形至长卵形，淡黄色至褐色，贴生，近边缘粗糙，边缘

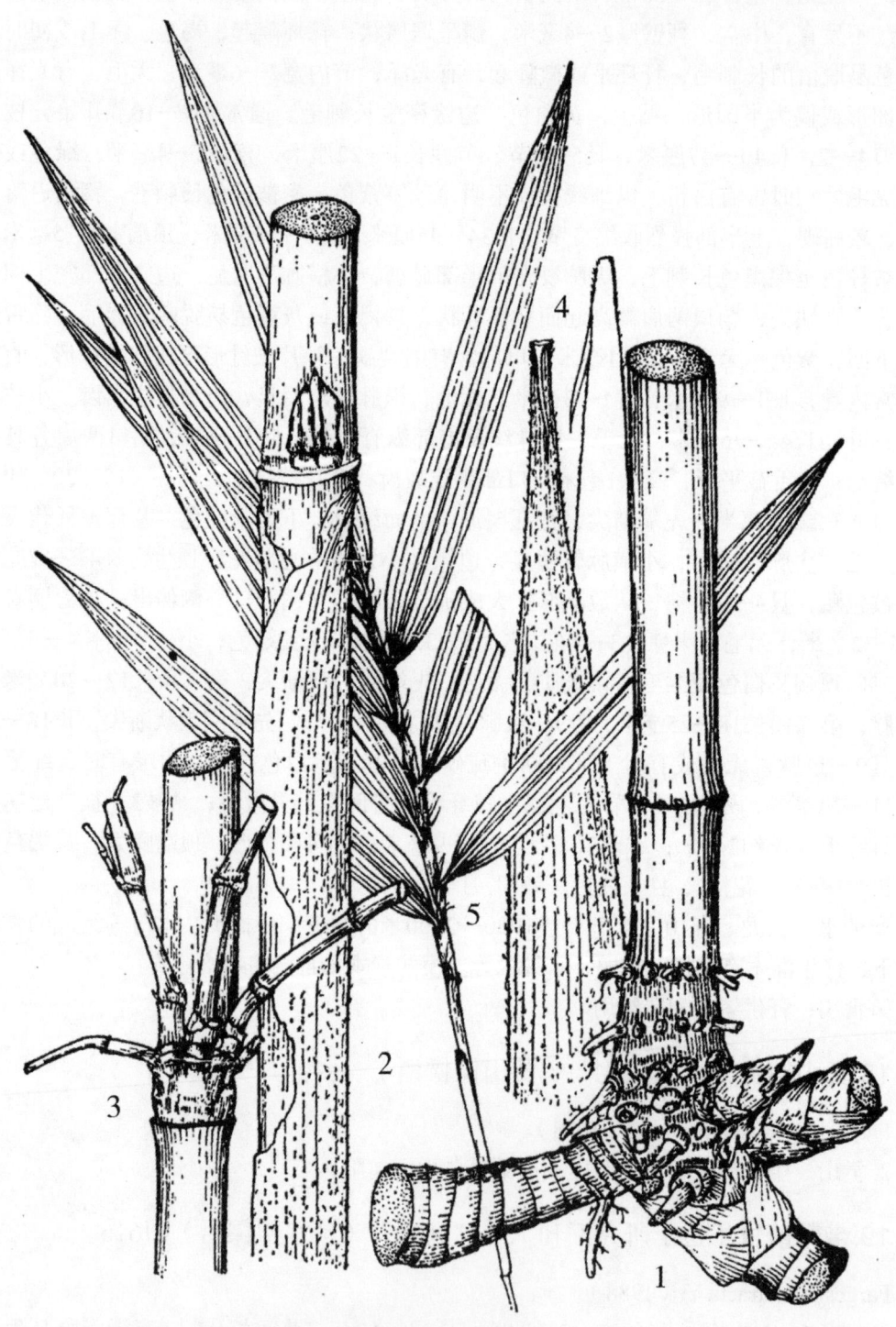

图616 带鞘箭竹 *Fargesia contracts* Yi
1.地下茎及秆之基部　2.秆之一段（示宿存秆箨及秆芽）　3.秆之一段（示分枝）
4.秆箨　5.具叶小枝

具灰色至灰褐色纤毛。枝条每分枝节3—6，长45—120厘米，具13—17节，节间长1—18厘米，直径1—3毫米，无毛，初时被白粉，纵细线棱纹稍明显。笋紫红色，疏生灰色或淡黄色刺毛；箨鞘宿存，紫褐色间灰色或淡黄色，长28—50厘米，宽5—8厘米，中部以上显著收缩变窄而呈带状，顶端宽3—5毫米，背面被极稀疏的黄褐色刺毛，纵脉纹极显著，小横脉在中部以上显著至极显著，干后中上部通常内卷，边缘通常密生灰色至黄褐色刺毛；箨耳缺失，鞘口两肩各具1—4缝毛；箨舌截平形，褐色，无毛，高不及1毫米，口部具不整齐的细裂缺；箨片线状披针形，直立，灰褐色，不易脱落，长1—5厘米，宽1—1.5毫米，无毛，纵脉纹较明显，平直或微内卷，边缘通常平滑。小枝具叶（4）5—7（8）；叶鞘长2.8—4.5厘米，淡绿色或此绿色，无毛，纵脉纹及上部纵脊明显，边缘具灰白色纤毛；叶耳缺毛，鞘口两肩各具6—8；叶舌截平形或微呈圆弧形，高约1毫米；叶片狭披针形，长（5）9—13厘米，宽5—9毫米，先端渐尖，基部楔形，上面绿色，无毛，下面灰绿色，疏生灰白色柔毛（近基部尤密），次脉3对，小横脉不清晰，边缘一侧具小锯齿。笋期4—5月。

产泸水、保山，生于海拔2000—3000米的常绿阔叶林或冷杉林下。模式标本采自保山白花岭林场。

秆作编织或围篱用。

19a.空心带鞘箭竹（变型）

f. evacuata Yi
本变型与原变型的区别在于秆之节间中空。
产泸水，生于海拔2200米。模式标本采自泸水高黎贡山。

20.佤箭竹（竹子研究汇刊）　　"佤"（贡山独龙语）图617

Fargesia sagittatinea Yi（1988）
秆柄长5—8厘米，直径3—6厘米，具10—15节，节间长3—6毫米。秆丛生，高达9米，直径3—6厘米，梢端直立；全秆45—50节，节间长5—20（28）厘米；圆筒形，墨绿色，初时被白粉，无毛，微显纵细线棱纹，中空，秆壁厚3—7毫米，髓呈锯屑状；箨环微隆起，褐色，通常无毛；秆环平；节内宽3—4毫米，颜色较节间浓，平滑。秆芽卵形或长卵形，贴生，边缘密生淡黄色纤毛。通常第25节开始分枝，枝条每节7—10，长30—40厘米，具6—11节，节间长1—10厘米，直径1—2毫米，无毛，近实心。笋紫红色，被稀疏棕色刺毛；箨鞘宿存，黄色至黄褐色，长三角形，远长于节间，长30—50厘米，宽13—15厘米，先端三角状，顶端宽6—10毫米，背面被稀疏棕色短刺毛，纵脉纹较横脉明显，边缘密生棕色纤毛；箨耳缺失，鞘口两肩各具7—14黄褐色缝毛；箨舌下凹或截平形，紫色，无毛，高约1毫米；箨片直立，线状披针形，长1.5—7厘米，宽2—3毫米，纵脉纹明显，常微皱褶。小枝纤细，具叶（2）3；叶鞘长2.3—3厘米，绿色，无毛，纵脉纹明显，上部纵脊不明显，边缘无纤毛；叶耳缺失，鞘口两肩各具2—3缝毛；叶舌截平形或微作圆弧形，高约1毫米，外叶舌密生灰色直立之长柔毛；叶片狭披针形，薄纸质，长5—10.5厘米，宽3—6毫米，先端渐尖，基部楔形，上面绿色，下面淡绿色，均无毛，次脉2—3对，小横脉可觅，边缘一

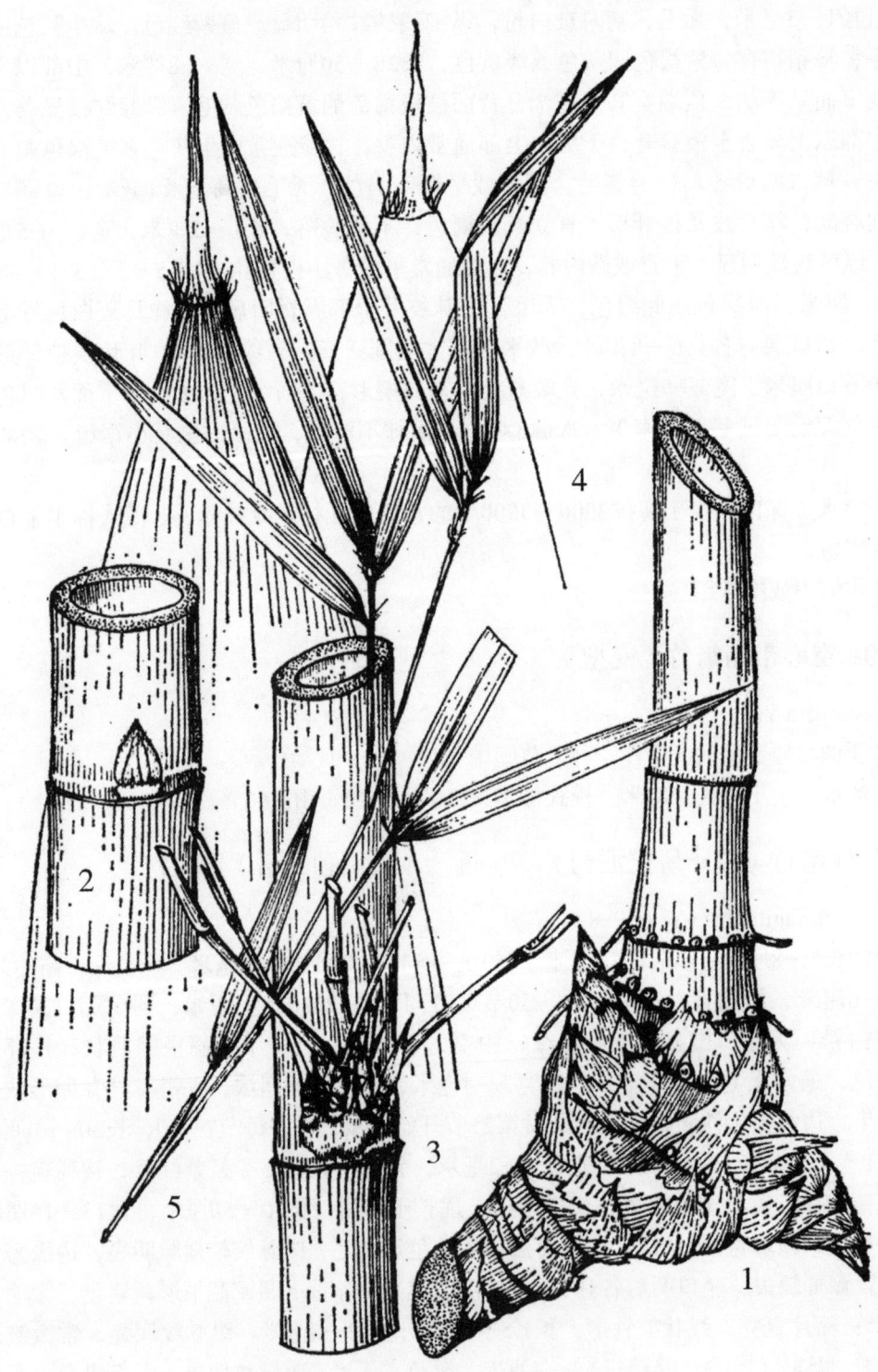

图617 佤箭竹 *Fargesia sagittatinea* Yi
1.地下茎及秆之基部　2.秆之一段（示秆芽）　3.秆之一段（示分枝）　4.秆箨　5.具叶小枝

侧具小锯齿。笋期8月。

产贡山，生于海拔2450—2900米的常绿阔叶林下。模式标本采自贡山独龙。

秆系制作弩箭箭刀之佳品。

21. 船竹（竹子研究汇刊）图618

Fargesia altior Yi（1988）

秆柄长6—8.5厘米，直径2—5厘米，具14—21节，节间长2—8毫米。秆丛生，乔木状或灌木状，梢端直立，高达15米，直径1.3—3.5（6）厘米；全秆30—40节，节间一般长22—45（60）厘米，圆筒形，无毛，幼时有白粉，纵细线棱纹稍明显，中空，秆壁厚4.5—8毫米，髓呈锯屑状；箨环隆起，褐色，无毛；秆环与箨环近等高；节内宽4—10毫米，初时有白粉。秆芽长卵形，贴生，边缘有黄色短纤毛。第8—15节开始分枝，枝条每节5—15，斜展，长30—92厘米，具5—12节，节间长0.5—18厘米，直径1—3毫米，紫色，光亮，近实心。笋紫色，疏生棕色刺毛，有时有紫褐色斑块；箨鞘早落，三角形，紫褐色，长于节间，长22—51厘米，宽5.5—11厘米，上部三角状渐狭，顶端宽5—7厘米，背面疏生黄褐色贴生刺毛，有时有深紫褐色斑块，纵脉纹较横脉明显；箨耳缺失，鞘口两肩常略高起，通常各有3—4缝毛；箨舌下凹，紫色，无毛，高1—1.5毫米，箨片外翻，线状披针形或带形，淡绿色，无毛，长1.5—11厘米，宽2.5—4毫米，纵脉纹明显。小枝具叶3—6；叶鞘长2.3—4厘米，淡绿色和紫色，无毛，纵脉纹及上部纵脊明显，边缘无纤毛；叶耳缺失，鞘口两肩有时稍高起；叶舌截平形，高约0.5毫米；叶片狭披针形，长6—14厘米，宽5.5—11毫米，先端渐尖，基部楔形，上面绿色，下面淡绿色，均无毛，次脉3（4）对，小横脉不甚明显，边缘一侧有小锯齿。笋期8月。

产腾冲，生于海拔2300—2500米的坡脚小溪边。模式标本采自腾冲。

秆破篾供编织各种家具、农具，圆竹作扁担等用。

22. 美丽箭竹（云南植物研究）　　"白竹"（景东）图619

Fargesia concinna Yi（1988）

秆柄长4—6厘米，直径1.8—3.5厘米，具15—20节，节间长1.5—5毫米。秆密丛生，高达10米，直径2—5厘米，劲直；全秆30—35节，节间长28—33（38）厘米，圆筒形，较坚硬，灰绿色，上部有灰色或灰黄色小刺毛，纵细线棱纹稍可见，中空，秆壁厚4—8毫米，髓呈锯屑状；箨环稍隆起，灰色，无毛；秆环稍隆起或在分枝节上稍肿起，淡黄绿色至紫色，无毛；节内宽3—7毫米，初时多为紫色。秆芽长圆形至卵形，灰黄色，近边缘常有白粉及小硬毛，边缘有灰黄色纤毛。通常第11—15节开始分枝，枝条每节（3）6—13，斜展，长32—80厘米，具5—15节，节间长0.8—13厘米，直径2—4.5毫米，初时紫色，后期变为黄色，节下幼时有灰黄色短硬毛。箨鞘宿存，黄褐色，长三角状矩形，远长于节间，长30—50厘米，宽7—11厘米，先端三角形，背面有稀疏黄色或黄褐色贴生瘤基刺毛，纵脉纹显著隆起，上部小横脉明显，边缘初时有黄色短纤毛；箨耳缺失，鞘口两肩无缝毛或初时有缝毛；箨舌斜截平形或下凹，褐色，粗糙，高1—6毫米，箨片长三角形或线状披针形，常弯曲，外翻，长1—9厘米，宽2—3毫米，无毛，纵脉纹明显，内卷，边缘有小锯齿。小

图618 船竹 *Fargesia altior* Yi
1.地下茎及秆之基部 2.秆之一段（示秆芽） 3.秆之一段（示分枝）
4.秆箨 5.具叶小枝

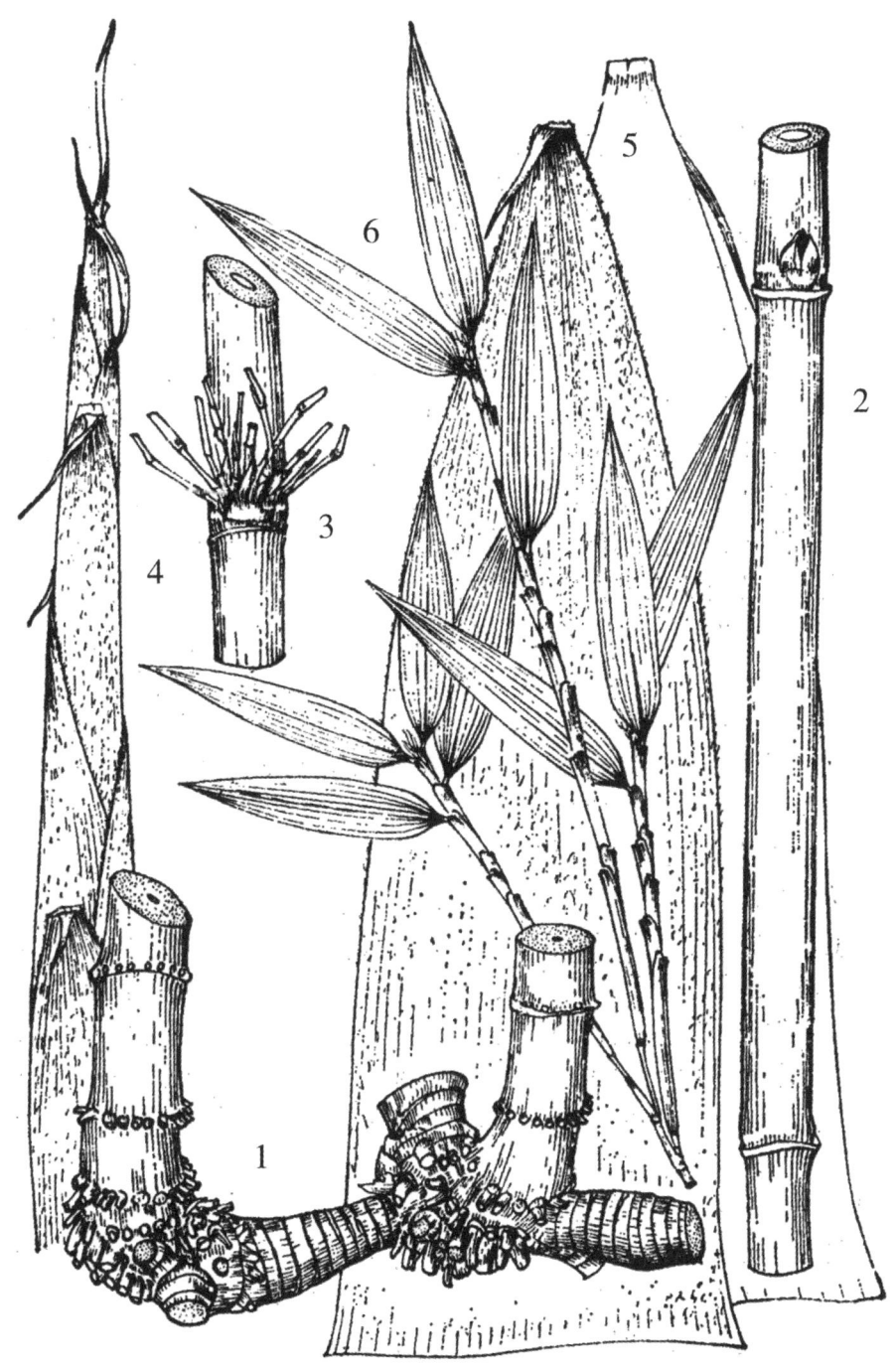

图619 美丽箭竹 *Fargesia concinna* Yi
1.地下茎及秆之基部　2.秆之一段（示节间及秆芽）　3.秆之一段（示分枝）
4.笋　5.秆箨　6.具叶小枝

枝具叶3—6；叶鞘长4—4.7厘米，无毛，有时上部有白粉；叶耳缺失，鞘口两肩无繸君或初时具繸毛；叶舌斜截平形或下凹，高约1毫米；叶片披针形，长6—12厘米，宽1.3—2.2厘米，先端渐尖，基部楔形或阔楔形，上面绿色，下面灰绿色，两面均无毛，次脉4（5）对，小横脉及再次脉清晰，边缘有小锯齿。笋期8月。

产景东，生于海拔2900—3100米的常绿阔叶林下。模式标本采自景东无量山。

秆为造纸原料，材质硬性，不柔韧，编织器具少见，而常以圆竹作晒衣竿。

23.弩刀箭竹（竹子研究汇刊） "什朗"（贡山独龙语）图620

Fargesia praecipua Yi（1988）

秆柄长4—8厘米，直径1.5—3厘米，具8—20节，节间长3—8毫米。秆丛生，先端直立，高达8米，直径2—5厘米；全秆30—35节，节间长约22（30）厘米，圆筒形，绿色，无毛，幼时节下具白粉一圈，微显纵细线棱纹，中空，秆壁厚2—4毫米，髓呈锯屑状；箨环微隆起至隆起，黄褐色，无毛；秆环平或微隆起；节内宽2—4毫米，无毛，微显纵细线棱纹。秆芽阔卵形或卵状圆形，贴生，常有白粉，边缘具淡黄色纤毛。枝条每分枝节6—12，长30—80厘米，具8—11节，节间长1—11厘米，直径1—4毫米，绿色，无毛，近实心。笋紫红色，被棕色刺毛；箨鞘宿存，黄色至黄褐色，革质，长三角状矩形，远较节间为长，长27—54厘米，宽6—9.5厘米，先端三角状，顶端宽7—9毫米，背面无毛或上半部具稀疏棕色刺毛，纵脉纹比横脉明显；箨耳及鞘口两肩繸毛缺失；箨舌近截平，口部无繸毛，高约1毫米；箨片外翻，线状披针形或线形，长4—15厘米，宽4—5毫米，无毛，纵脉较横脉明显，基部与箨鞘顶端有关节相连接，易脱落，平直或内卷，边缘通常平滑。小枝具叶4—10；叶鞘长0.5—5.5厘米，紫色，无毛，纵脉纹明显，上部纵脊微明显，边缘通常无纤毛；叶耳缺失，鞘口两肩各具1—4繸毛，易脱落；叶舌弧形或截平形，高约1毫米，叶片披针形，长8.5—16.5厘米，宽8—13毫米，先端长渐尖，基部楔形，上面绿色，下面灰绿色，均无毛，次脉3—5对，小横脉清晰，边缘一侧具小锯齿。笋期8月。

产贡山，生于海拔1850—2600米的狭谷之坡地常绿阔叶林下。模式标本采自贡山独龙。

秆为制作弩箭箭刀的上等材料。

24. 白竹 "苦竹" "小苦竹" "实心竹"（均东川）

Fargesia semicoriacea Yi（1988）
产东川，生于海拔2000—3000米。

25. 喜湿箭竹（竹子研究汇刊） "水竹"（大姚）图621

Fargesia hygrophila Hsueh et Yi（1988）

秆柄长3—11厘米，直径1.1—2.3厘米，具10—25节，节间长2—7毫米。秆丛生，高达5米，直径1—2（2.5）厘米，全秆25—35节，节间长15—18（24）厘米，圆筒形或分枝一侧基部有时具沟槽，淡绿色，初时密被厚白粉，无毛或有时在节下有灰黄色小刺毛，纵细线棱纹微明显，中空，秆壁厚2.5—6毫米，髓呈锯屑状；箨环隆起，黄褐色；无毛；秆环平；

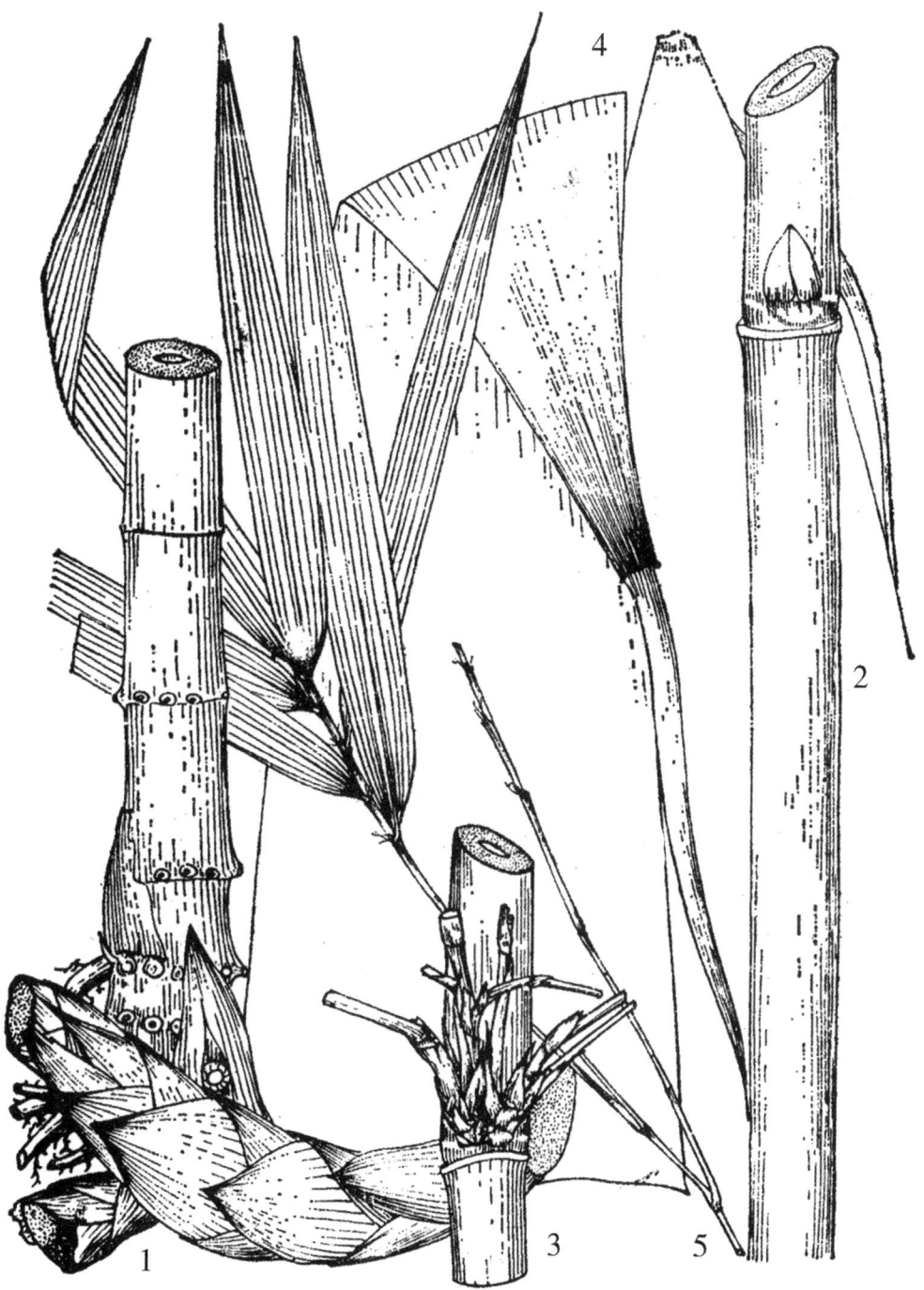

图620　弩刀箭竹 *Fargesia praecipua* Yi
1.地下茎及秆之基部　2.秆之一段（示秆芽）　3.秆之一段（示分枝）
4.秆箨　5.具叶小枝

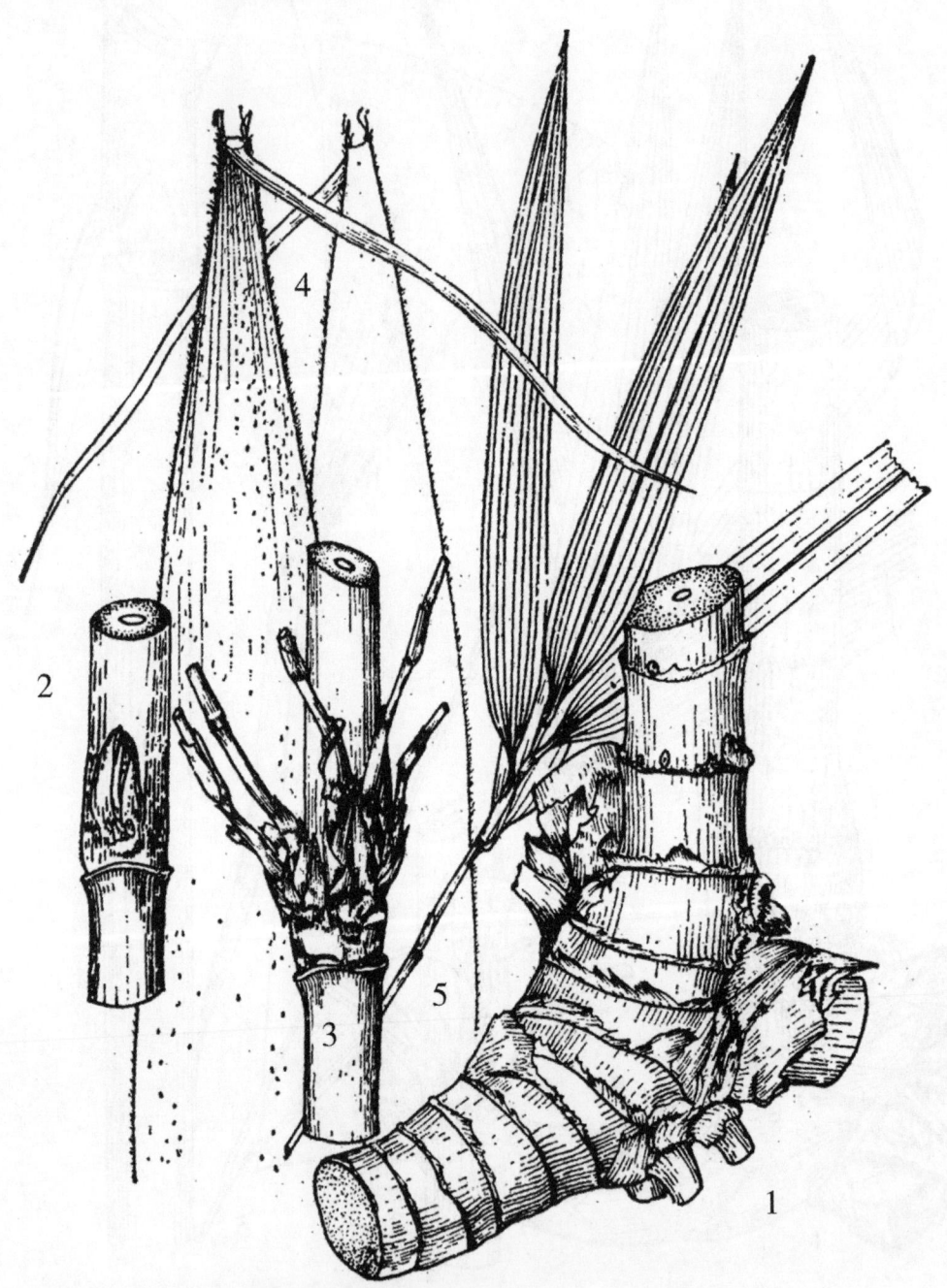

图621 喜湿箭竹 *Fargesia hygrophila* Hsuch et Yi

1.地下茎及秆之基部　2.秆之一段（示秆芽）　3.秆之一段（示分技）　4.秆箨　5.具叶小枝

节内宽4.5—8毫米，平滑，无毛，初时被白粉。秆芽长卵形，贴生，边缘密生黄褐色纤毛。枝条每分枝节5—14，上举，长10—55厘米，具5—11节，节间长0.5—10厘米，直径1—2.5毫米，无毛，节下有白粉，微有纵细线棱纹。笋淡绿色，有时具紫色斑点；箨鞘宿存，长三角形，黄褐色，远长于节间，长26—47厘米，宽7.5—9厘米，先端长三角状渐狭，顶端宽3—5毫米，背面被黄色至棕色瘤基刺毛，纵脉较横脉明显，上部内卷；箨耳缺失，鞘口两肩无繸毛或偶有1—2繸毛；箨舌截平形，无毛，高约1毫米；箨片外翻，线状披针形，长2.5—7厘米，宽1.5—2.5毫米，无毛，纵脉纹明显，较箨鞘顶端为窄，常内卷，边缘平滑。小枝具叶（2）3—5（9）；叶鞘长2.8—7.1厘米，紫色或淡绿色，无毛，纵脉纹明显，上部纵脊不明显，边缘无纤毛；叶耳缺失，鞘口两肩各具1—6繸毛，后脱落；叶舌圆弧形，高约0.5毫米；叶片披针形，长6—14厘米，宽6—13.5毫米，先端长渐尖，基部楔形，上面绿色，下面灰白色，均无毛，次脉3—4对，小横脉可见，边缘一侧具小锯齿。笋期8月。

产大姚，生于海拔1600—3000米的高山栲、高山栎、大果铁杉、杜鹃、山茶花林下，常见于阴湿沟谷坡地，红壤或棕壤。模式标本采自大姚白草岭。

秆劈篾供编织各种竹器。

26.元江箭竹

Fargesia yuanjiangensis Hsueh et Yi（1988）
产元江。

27.超包箭竹

Fargesia perlonga Hsueh et Yi（1988）
产云南中部。模式标本采自昆明云南省林业科学研究院栽培竹丛。

28.卷耳箭竹

Fargesia circinata Hsueh et Yi（1988）
产云南。

29.少花箭竹（竹子研究汇刊）　　"长节箭竹"（竹子研究汇刊）、"谷箩竹"（永善）图622

Fargesia pauciflora（Keng）Yi（1985）
Arundinaria pauciflora Keng（1936）
Sinarundinaria longiuscula Hsueh et Y. Y. Dai（1987）

秆柄长4—8厘米，直径1—3厘米，具10—18节，节间长1—5毫米。秆丛生，梢端直立或微弯，高达6米，直径1—3（4）厘米；全秆18—25节，节间长35—40（60）厘米，圆筒形或分枝一侧基部微扁，中空，秆壁厚2—4（6）毫米，表面无毛，幼时密被白粉，纵细线棱纹明显，髓呈锯屑状；箨环隆起，初时密被黄褐色刺毛，后脱落，常有箨鞘基部之残留物；秆环平或在分枝节上微隆起，颜色较节间淡；节内宽4—12毫米，幼时有白粉。秆芽长卵形，淡绿色至浅灰色，贴生，近边缘贴生灰色至灰褐色小硬毛，边缘密生纤毛。第4—

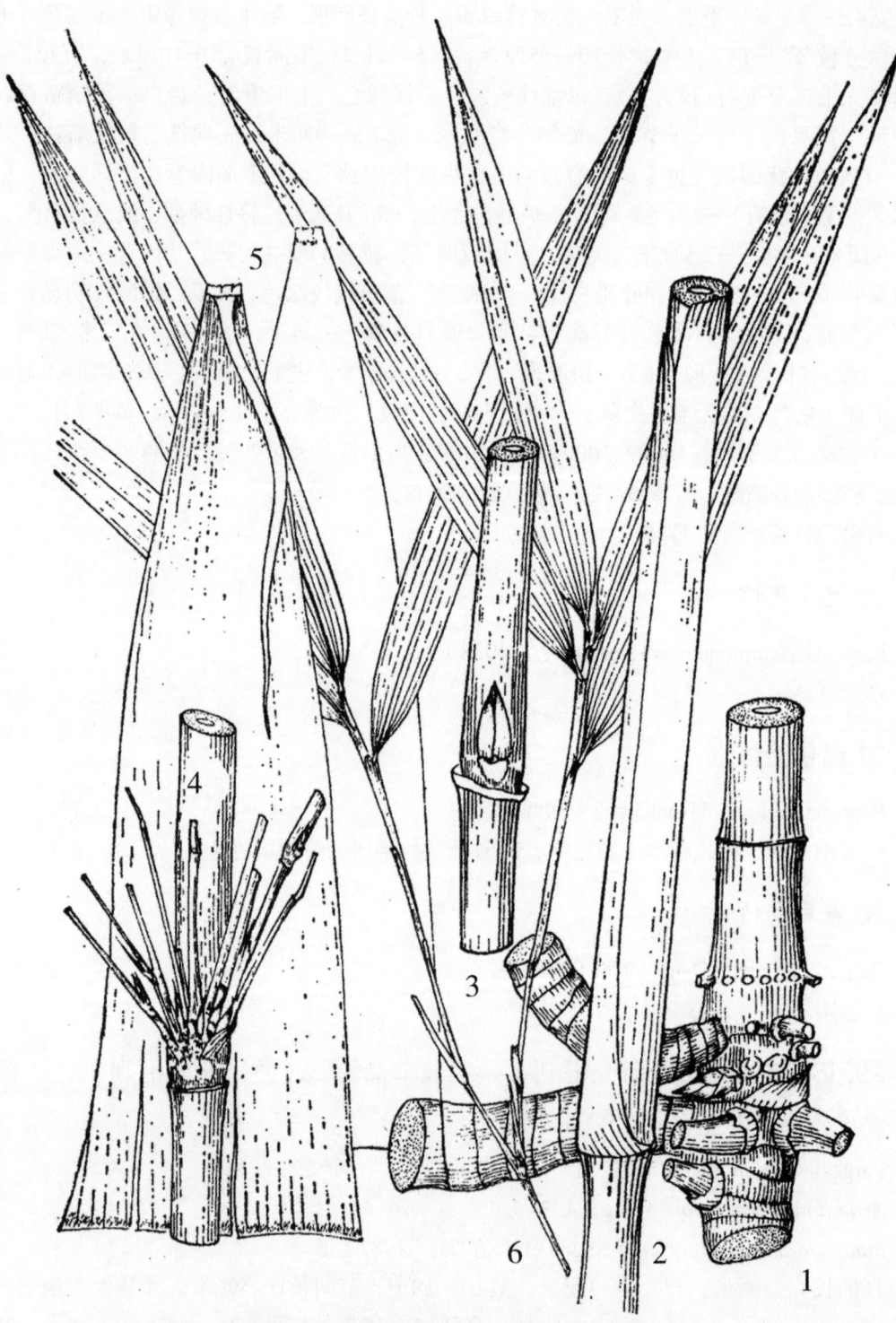

图622 少花箭竹 *Fargesia paucifiora*（Keng）Yi
1.地下茎及秆之基部　2.秆之一段（示宿存秆箨）　3.秆之一段（示秆芽）
4.秆之一段（示分枝）　5.秆箨　6.具叶小枝

6节开始分枝，枝条每节6—10，长25—100厘米，具4—8节，节间长1—25厘米，直径1—2.5毫米，紫色，无毛，初时微被白粉，但在节下之一圈白粉最为显著。笋紫红色，疏生棕色刺毛；箨鞘宿存或迟落，黄褐色革质，三角状矩形，短于节间，长15—34厘米，基部宽5.5—10厘米，顶端宽8—10毫米，背面无毛或有极稀疏的黄褐色刺毛，纵脉纹较明显，边缘密生黄褐色刺毛；箨耳缺失，鞘口两肩无繸毛；箨舌截平形或圆弧形，口部具微裂齿；箨片线状披针形，淡绿色，外翻，长1—13（15）厘米，宽1.5—4.5毫米，无毛，纵脉纹较显著，边缘常具小锯齿，微内卷。小枝具叶2—3；叶鞘长（1.5）3—4.5厘米，淡绿色，稀紫绿色，无毛，纵脉纹及上部纵脊明显，边缘通常无纤毛；叶耳缺失，鞘口两肩无繸毛；叶舌圆弧形或截平形，高不及1毫米；叶片狭披针形，长（6.5）9—14厘米，宽7—12毫米，先端渐尖，基部楔形，两面均为绿色，下面基部具灰色或灰褐色柔毛，次脉2—3（4）对，小横脉不甚清晰，边缘具小锯齿。

总状花序不外露或最后短伸出，长2—3厘米，常含3小穗。小穗柄直立，无毛，长2—4毫米，常托以长2—3毫米之颖状苞片；小穗含4—5花，长16—21毫米，略呈紫色；小穗轴节间粗大，长2.5—4毫米，背面贴生短柔毛，顶端边缘具纤毛；颖不等大，无毛或有时向顶端具小纤毛，第一颖卵形，急尖，长3—4毫米，具1—3脉，第二颖突尖，长6—7.5毫米，具7—9脉；外稃卵状披针形，渐尖，具7—9脉，有网脉，无毛或在脉上有微毛，在最下部的长8—12毫米，基盘被白色短柔毛；内稃狭窄，长7—8毫米，在上部脊上具纤毛；鳞被3，卵形，长1.5—2毫米，具缘毛；花药3，长约5毫米，最后露出；柱头2—3，羽毛状，长2—3毫米。笋期5月下旬至7月。

产永善，生于海拔1480米；四川西南部也产。

笋食用；秆材供编织筲箕、撮箕或作刷把。在四川雷波、马边、美姑等地系大熊猫主食竹种之一，其海拔分布可达3200米。

30.红壳箭竹（竹子研究汇刊）　"薄竹"（文山）、"滑竹""大滑竹"（马关）图623

Fargesia porphyrea Yi（1988）

秆柄长2.5—4厘米，直径1—2厘米，节间长2—3毫米。秆丛生，高3—5米，直径1—2.5厘米，梢端直立；全秆16—25节，节间长28—35（40）厘米，圆筒形，深绿色或老时黄色，幼时上部具灰白色小硬毛，后变无毛，无白粉，纵细线棱纹明显，中空，秆壁厚2—3毫米，髓初时海绵状，后变为锯屑状；箨环隆起，褐色，略具光泽，无毛；秆环微隆起或隆起；节内宽3—4毫米，无毛。秆芽矩形，贴生，密被淡棕色或灰色小刺毛，边缘密生灰色纤毛。第5—10节开始分枝，枝条每节5—11，上举或斜展，长40—80厘米，具6—8节，节间长1—18厘米，直径1—2毫米，无毛。笋紫红色，被贴生棕色刺毛；箨鞘宿存，棕红色，矩形或三角状矩形，短于节间，长7—30厘米，宽5—9厘米，上部三角形或弧形，顶端宽6—10毫米，背面下半部被伏贴的棕色刺毛，上半部具疏刺毛，略有光泽；纵脉纹仅在上半部及两侧较明显；箨耳及鞘口两肩繸毛缺失；箨舌截平形或稀微凹，紫褐色，高1—1.5毫米，口部初时密生繸毛；箨片外翻，线状披针形，灰褐色至棕红色，两面纵脉纹明显，小横脉不清晰，长1.5—11厘米，宽2—3毫米，较箨鞘顶端为窄，常变曲，边缘内卷，基部

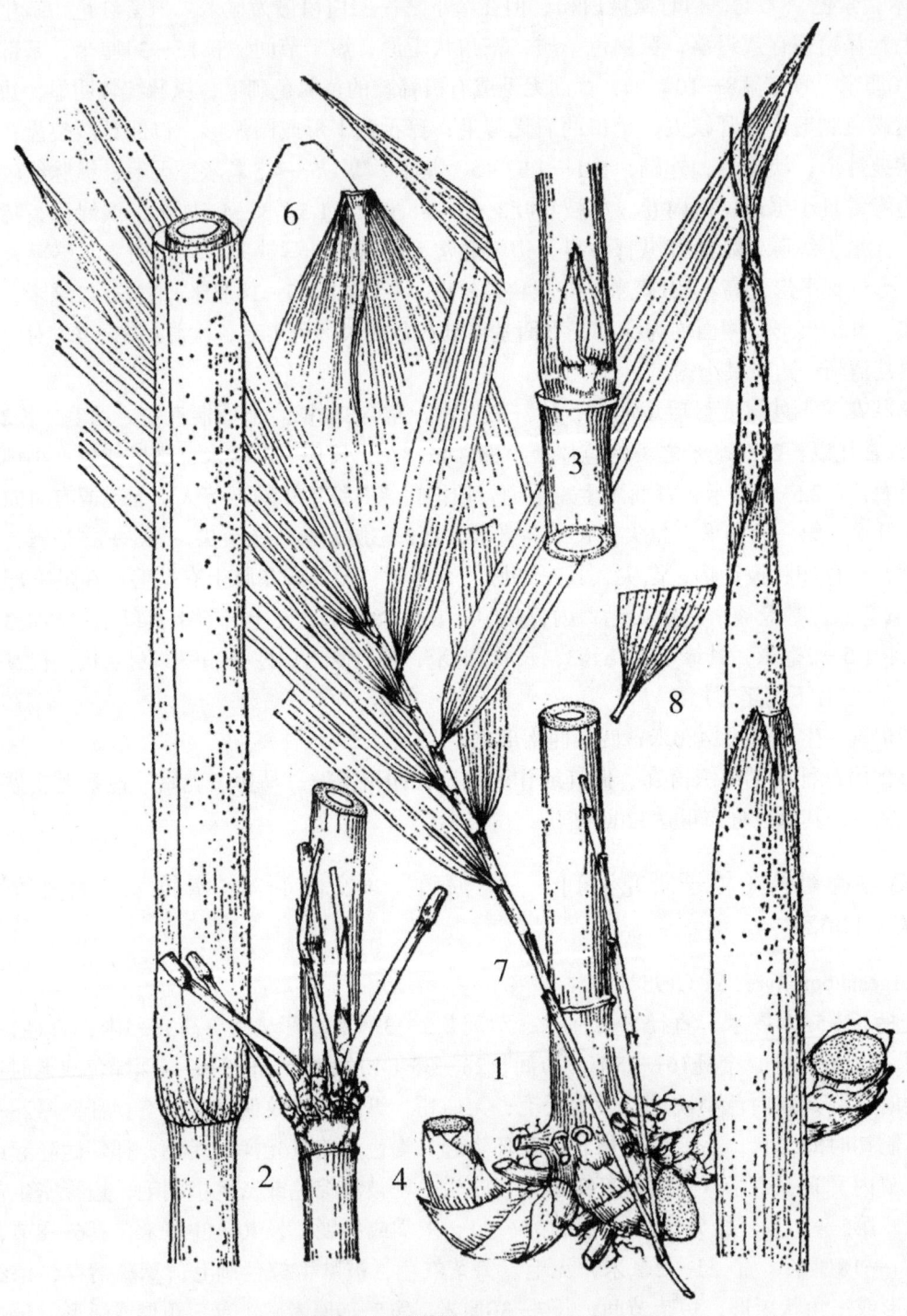

图623　红壳箭竹 *Fargesia porphyrea* Yi

1.地下茎及秆之基部　2.秆之一段（示宿存秆箨）　3.秆之一段（示秆芽）
4.秆之一段（示分枝）　5.笋　6.秆箨　7.具叶小枝　8.叶片基部

与箨鞘顶端有关节相连接，易脱落。小枝具叶（3）4—7（10）；叶鞘长5.5—7.5厘米，绿色或干后有时棕红色，无毛，上部纵脉纹及纵脊明显；叶耳缺失，鞘口两肩初时有繸毛；叶舌截平形，高约1毫米；叶片线状披针形，长（6）9—19厘米，宽7—17毫米，先端长渐尖，基部楔形，上面绿色，基部有具灰白色短毛，下面灰绿色，具灰白色长柔毛，尤以基部中脉两侧较密，次脉3—4对，小横脉不明显，边缘具小锯齿。笋期8—9月。

产文山、马关、屏边，生于海拔1250—2500米的石栎、含笑、桦木等组成的阔叶混交林下。模式标本采自文山。

笋可食用；秆作竹笛。

31.雪山箭竹（竹子研究汇刊） "黄竹"（临沧）图624

Fargesia lincangensis Yi（1988）

秆柄长5—9厘米，直径1.8—2.7厘米，具15—21节，节间长2—8毫米，秆丛生，略作之字形曲折，梢头直立，高4—8米，直径2—4（5）厘米；全秆20—25节，节间长25—32（45）厘米，圆筒形，淡绿色，无毛，无白粉，纵细线棱纹不发育或微明显，中空，秆壁厚3.5—6毫米，髓呈锯屑状；箨环隆起，常有箨鞘基部之残留物；秆环隆起，通常在具芽或分枝一边隆起尤甚，使秆略作之字形曲折；节内宽3—5毫米，光亮。秆芽卵形至长卵形，贴生，近边缘有小硬毛，边缘有短纤毛。第7—10节开始分枝，枝条每节3—8（18），斜展，长40—100厘米，具7—11节，节间长1—20厘米，直径1—5毫米，侧枝很短，无毛，中空度很小。笋淡绿色或紫色，被深紫红色刺毛；箨鞘迟落至宿存，长三角形，淡黄色，短于节间长度，长17—22厘米，基部宽6.5—10厘米，顶端宽8—17毫米，背面被黄色或黄褐色刺毛，基部尤为密集且较长，纵脉级较横脉明显，边缘有长纤毛；箨耳缺失或为矩形，鞘口两肩具黄色繸毛，直立，长4—12毫米；箨舌下凹或近截平形，深紫色，有短硬毛，口部有黄色繸毛；箨片线状披针形，外翻，波绿色，无毛或内面基部有短柔毛，长1.3—6.5厘米，宽3—5.5毫米，纵脉纹明显，易脱落。小枝具叶2—3（4）；叶鞘长3.2—5厘米，淡绿色，无毛，纵脉纹及上部纵脊明显，边缘无纤毛或初时有微弱纤毛；叶耳缺失或不明显，鞘口两肩各具3—5黄色繸毛；叶舌截平形，高约0.5毫米；叶片矩圆状披针形，长（4.7）7—10厘米，宽（9）12—16毫米，先端渐尖，基部阔楔形，上面绿色，下面灰绿色，均无毛，次脉（3）4—5对，小横脉稍明显，边缘近于平滑。笋期9月，

产临沧，生于海拔2960—3200米的箐沟铁杉、石栎、杜鹃林下。模式标本采自临沧大雪山。

笋可食用；秆劈篾供编织用。

32. 无量山箭竹（云南植物研究） "苦竹"（景东）图625

Fargesia wuliangshanensis Yi（1988）

秆柄长4—8厘米，直径1.3—2厘米，具13—19节，节间长3—7毫米。秆丛生，梢端直立，高达7米，直径1.5—2.5厘米；全秆20—25节，节间长26—30（44）厘米，圆筒形，绿色，无毛，幼时有白粉（节下一圈白粉尤厚），老时常具黑垢，纵细线棱纹不甚明显，中空至近实心，秆壁厚4—8毫米，髓初时为环状，后变为锯屑状；箨环隆起，初时紫色，

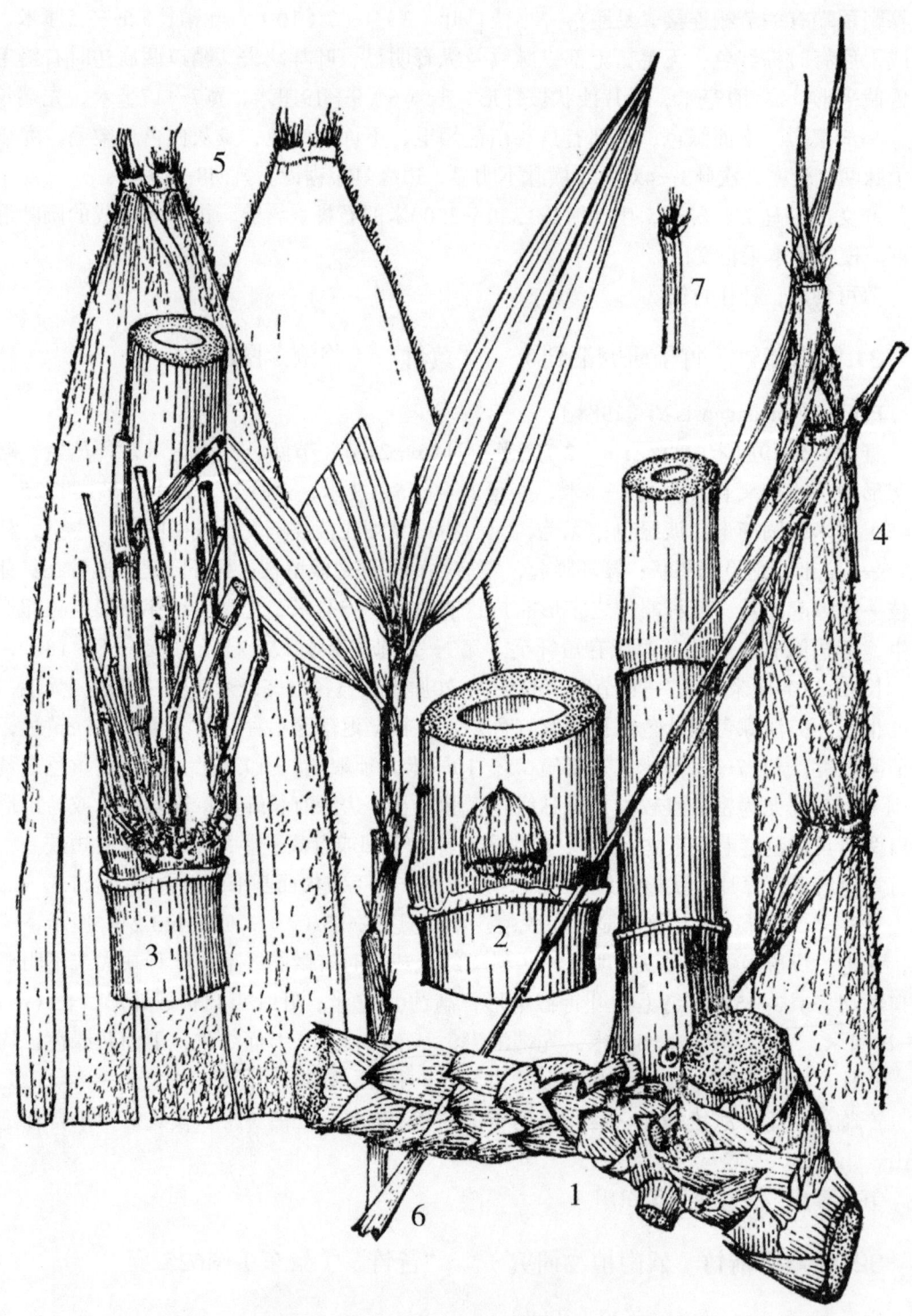

图624　雪山箭竹 *Fargesia lincangensis* Yi
1.地下茎及秆之基部　2.秆之一段（示秆芽）　3.秆之一段（示分枝）
4.笋　5.秆箨　6.具叶小枝　7.叶鞘顶端

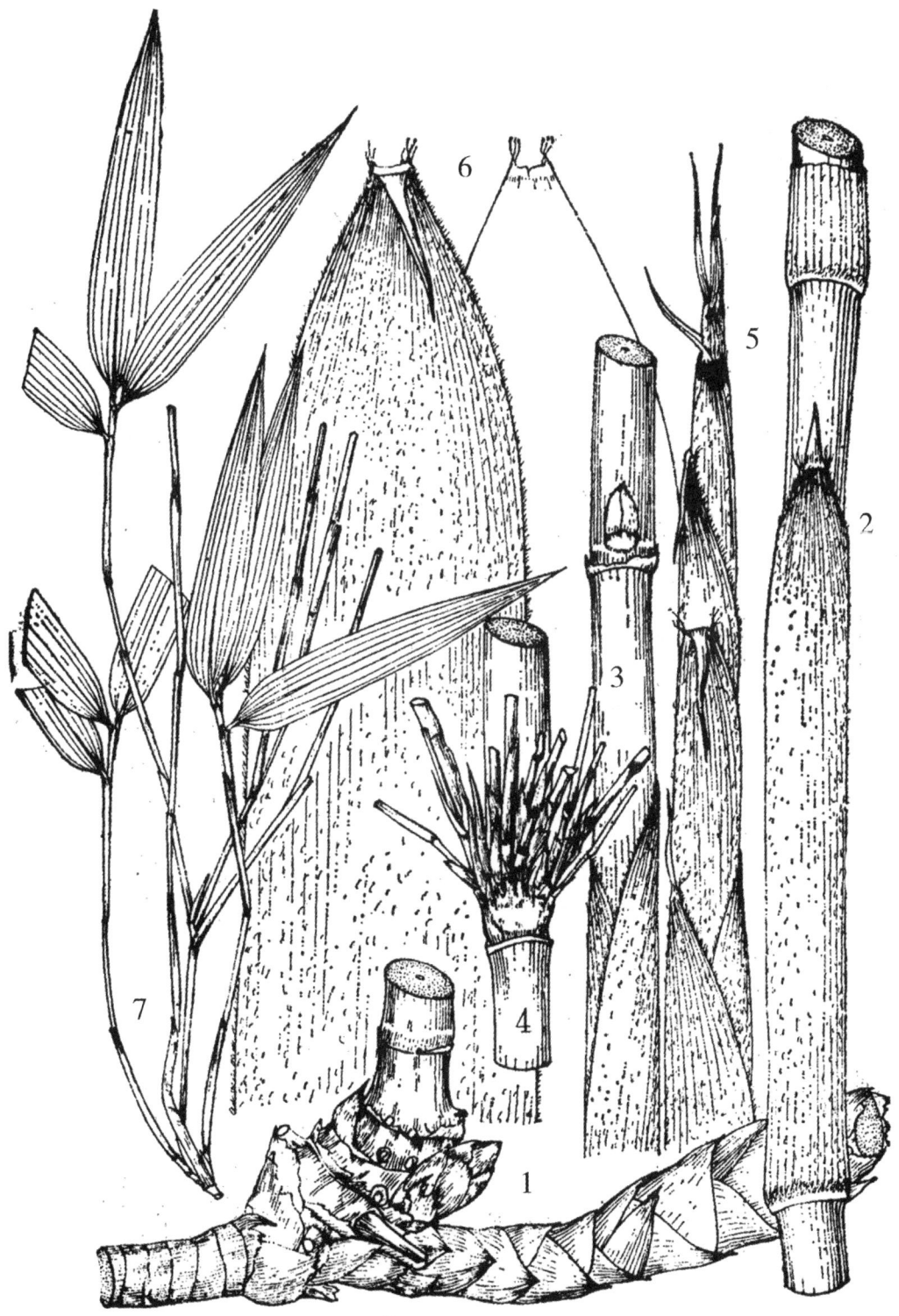

图625 无量山箭竹 *Fargesia wuliangshanensis* Yi
1.地下茎及秆之基部　2.秆之一段（示宿存秆箨及节间）　3.秆之一段（示秆芽）
4.秆之一段（示分枝）　5.笋　6.秆箨　7.具叶小枝

后变为黄褐色或褐色，初有淡黄色刺毛，最后无毛；秆环平或在分枝节上肿起，初时淡黄色；节内宽3—5毫米。秆芽长圆形至卵形，边缘有纤毛。第8—10节开始分枝，枝条每节4—15（23），斜展，长20—60厘米，具6—10节，节间长0.5—17厘米，直径1—4毫米，有黑垢。箨鞘宿存，三角状矩形，淡黄褐色，坚硬，稍短于节间（约为节间长度的3/5），长18—28厘米，宽4.5—7.5厘米，先端短三角形，背面基部密被黄色刺毛，纵脉纹较横脉显著，边缘密生淡黄色纤毛；箨耳缺失或微小，鞘口两肩各具2—4淡黄色繸毛；箨舌下凹，黄褐色或褐色，无毛，高1—3毫米；箨片外翻，长三角形，无毛，长1.5—3.5厘米，宽3.5—4.5毫米，上部边缘常内卷。小枝具叶3—4；叶鞘长2.8—3.8厘米，紫绿或紫色，无毛，纵脉纹明显，上部纵脊不明显，边缘无纤毛；叶耳缺失，鞘口两肩各具3—5灰色繸毛；叶舌下凹，高约0.5毫米；叶片线状披针形，长（4）5—9.5厘米，宽（5）7.5—12毫米，先端渐尖，基部楔形，上面绿色，下面灰绿色，两面均无毛，次脉3—4对，小横脉清晰，边缘有毛状小锯齿。笋期8月。

产景东，生于海拔3000—3100米的山坳常绿阔叶林下，常见于棕壤土上。模式标本采自景东无量山。

笋味苦，不堪食；秆剖篾作编织竹器用。

33. 玉龙山箭竹（竹子研究汇刊）图626

Fargesia yulongshanensis Yi（1988）

秆柄长6—12厘米，直径1.4—2.1厘米，具10—20节，节间长4—8毫米。秆丛生，高达7米，直径1—2.5（3）厘米；全秆20—25节，节间长约35（45）厘米，圆筒形或在一侧基部微扁，绿色，幼时被白粉，节下有棕色刺毛，节间上部具灰白色小刺毛，纵细线棱纹不明显或分枝节间较明显，中空，秆壁厚2—4毫米；箨环隆起，暗褐色，初时具黄褐色刺毛；秆环平或在分枝节上微隆起，颜色较节曲淡，具光泽；节内宽3—5毫米，初时有白粉，无毛。秆芽长卵形，贴生，黄白色至褐色，近边缘有小硬毛，边缘具灰色纤毛。枝条每分枝节多数，长30—50厘米，具7—8节，节间长1—18厘米，直径1—2.5毫米，无毛或初时在基部节同上部具灰褐色小刺毛，淡绿色或紫色，常有白粉。笋新鲜时淡紫色或紫绿色，密被贴生棕色刺毛；箨鞘迟落至宿存，灰黄色，三角状矩形，长18—33厘米，基部宽3—6厘米，顶端宽4—7毫米，背面密被贴生黄褐色刺毛或小刺毛，纵脉纹不甚明显，边缘通常具黄褐色刺毛；箨耳缺失，鞘口两肩各具6—10繸毛；箨舌截平形或微凹，新鲜时淡绿色，干后变为暗褐色，无毛，高1—2毫米，口部初时具纤毛；箨片线状披针形，在秆之下部者直立，上部者外翻，淡绿色，长2—11厘米，宽3—4毫米，无毛，纵脉纹明显，边缘近于平滑，常微内卷。小枝具叶（2）3（5）；叶鞘长2—3.5厘米，通常带紫色，无毛，纵脉纹及上部纵脊较明显，边缘无纤毛；叶耳及鞘口两肩繸毛缺失；叶舌发达，作圆弧形突出，高1—1.5毫米；叶片狭披针形，长5—8厘米，宽4—9毫米，先端渐尖，基部阔楔形，上面绿色下面淡绿色，均无毛，次脉（2）3（4）对，小横脉清晰，边缘具细锯齿。笋期6—7月。

产丽江，生于海拔3050—4200米的丽江云杉林下。模式标本采自丽江玉龙山。

笋略带苦味，可食用；秆劈篾作编织家具、农具，圆竹作围篱。

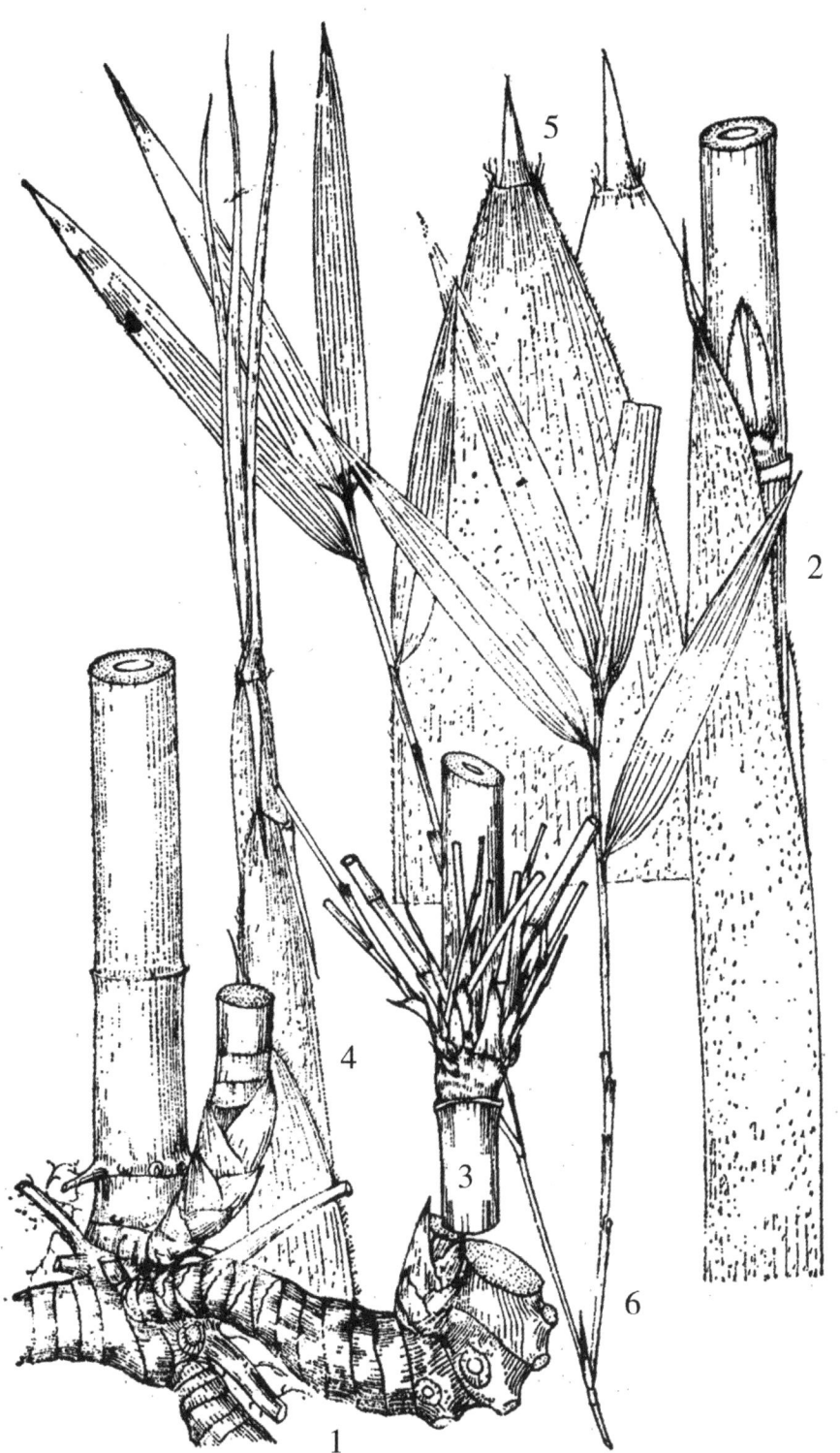

图626　玉龙山箭竹 *Fargesia yulongshanensis* Yi
1.地下茎及秆基　2.秆之一段（示秆芽）　3.秆之一段（示分枝）
4.笋　5.秆箨　6.具叶小枝

34.粗毛箭竹（竹子研究汇刊） "黄竹"（临沧）图627

Fargesia strigosa Yi（1988）

秆柄长3—5厘米，直径1—2厘米，具11—17节，节间长1.5—5毫米。秆丛生，直立，高2.5—6米，直径1—2.5厘米；全秆25—32节，节间长22—28（32）厘米，圆筒形，幼时密被厚白粉，节下有灰白色小刺毛，纵细线棱纹密而明显，中空，秆壁厚3.5—6毫米，髓呈锯屑状；箨环隆起，褐色，无毛；秆环微隆起，较箨环为低；节内宽2—3.5毫米，初时有白粉。秆芽长卵形，贴生，近边缘有白粉，边缘有白色小纤毛。枝条每分枝节5—10，斜展，长25—40厘米，具6—8节，节间长1—10.5厘米，直径1—2.5毫米，近于实心。笋紫红色，具稀疏灰白色小刺毛；箨鞘宿存，长三角形，黄褐色，短于节间，长14—26厘米，宽3.5—7.5厘米，先端三角状，顶端宽3.5—8毫米，背面基部有一圈灰色密刺毛，纵脉纹较横脉明显；箨耳缺失，鞘口两肩有时稍高起，无繸毛或有1—3黄色繸毛；箨舌弧形或斜截平形，紫色，无毛，高1—2毫米；箨片外翻，线状披针形，紫绿色或淡绿色，无毛，长2—9.5厘米，宽1.5—3毫米，纵脉纹明显。小枝具叶（2）3—4；叶鞘长2.6—4厘米，淡绿色或紫色，无毛，纵脉纹及上部纵脊明显，边缘无纤毛；叶耳及鞘口两肩繸毛缺失；叶舌低矮，弧形或斜截平形，高约0.5毫米；叶柄长2—2.5毫米，无毛；叶片狭披针形，长4—8.5厘米，宽6—8毫米，先端长渐尖，基部楔形，上面绿色，下面淡绿色，均无毛，次脉3—4对，小横脉略明显，边缘近于平滑或一侧有小锯齿。笋期8月底至9月初。

产临沧，生于海拔2900米的铁杉、石栎林下。模式标本采自临沧大雪山。

秆破篾供编织竹器用。

35.斜倚箭竹 "日归"（贡山独龙语）

Fargesia declivis Yi（1988）

产贡山，生于海拔2450米。模式标本采自贡山独龙江。

36.尖削箭竹（竹子研究汇刊） "实心竹"（维西）、"马斯达"（维西傈僳语）、"马九匹"（贡山傈僳语）图628

Fargesia acuticontracta Yi（1988）

秆柄长5—15（20）厘米，直径1—5厘米，具10—25节，节间长3—12毫米。秆丛生，高达7米，直径1—5厘米，秆之基部粗大，往上则强烈变小而尖削；全秆15—22节，节间一般长30—50（60）厘米，圆柱形，极坚硬，幼时墨绿色，节下具一圈棕色刺毛，偶有微白粉，纵细线棱纹不明显或在分枝间上可见，实心；箨环隆起，初时被棕色向下之刺毛，暗褐色至黑褐色；秆环平或在分枝节上微隆起；节内宽2—4毫米，无毛，有光泽，颜色较节间淡，常具斜的纵细线棱纹。秆芽卵形至长卵形，贴生，淡黄色，近边缘具灰黄色小刺毛，边缘密生淡黄色至黄褐色纤毛。第7—8节开始分枝，枝条每节3—11，长40—80厘米，具6—8节，节间长1.5—20厘米，直径1—2.5毫米，无毛，常有黑垢。笋墨绿色，密被棕色刺毛；箨鞘宿存，灰褐色至黑褐色，长三角形，革质至软骨质，较坚硬，短于节间，长12—25厘米，基部宽3—12厘米，顶端宽5—11毫米，背面密被棕色或棕黑色刺毛，纵脉纹

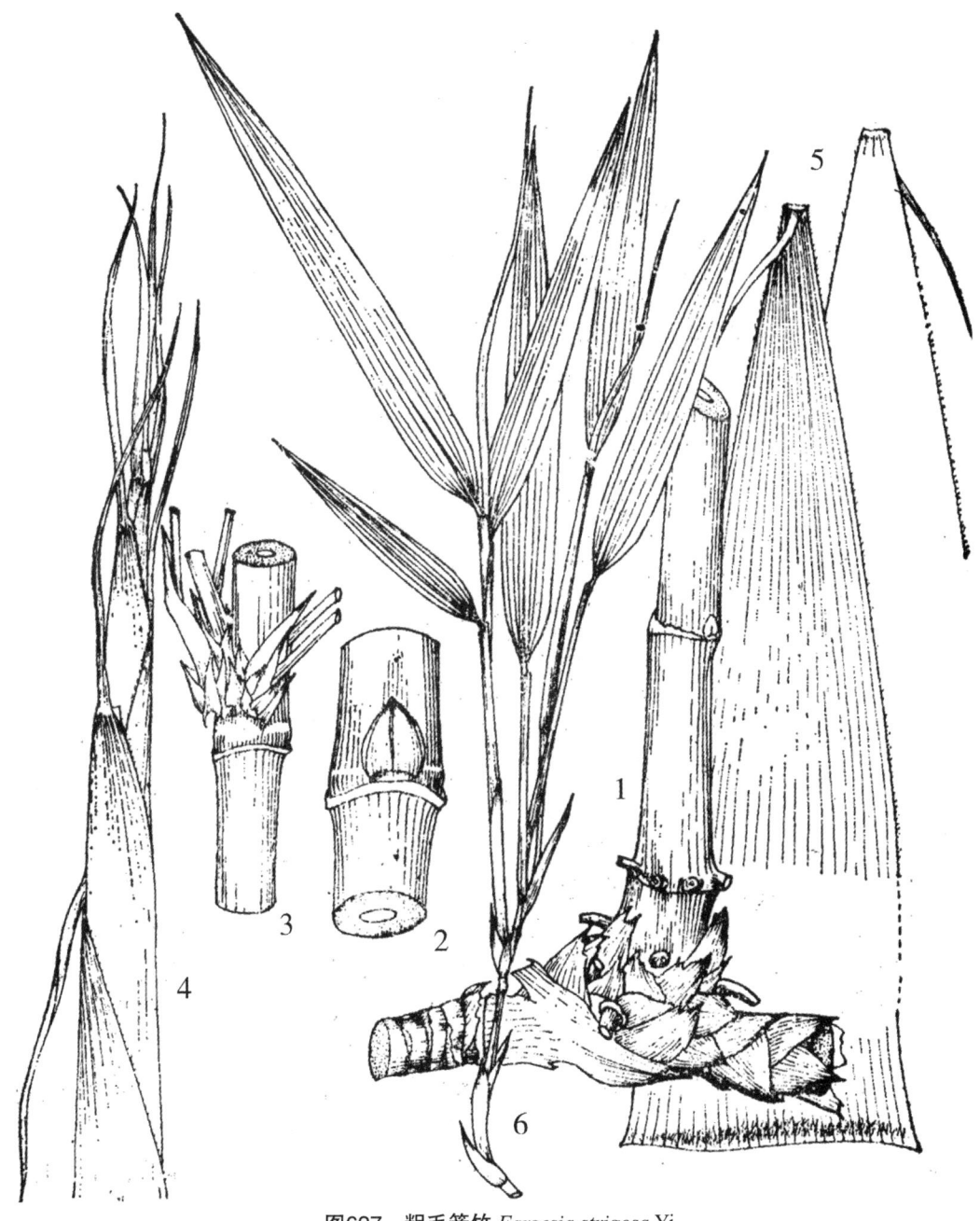

图627　粗毛箭竹 *Fargesia strigosa* Yi
1.地下茎及秆之基部　2.秆之一段（示秆芽）　3.秆之一段（示分枝）
4.笋　5.秆箨　6.具叶小枝

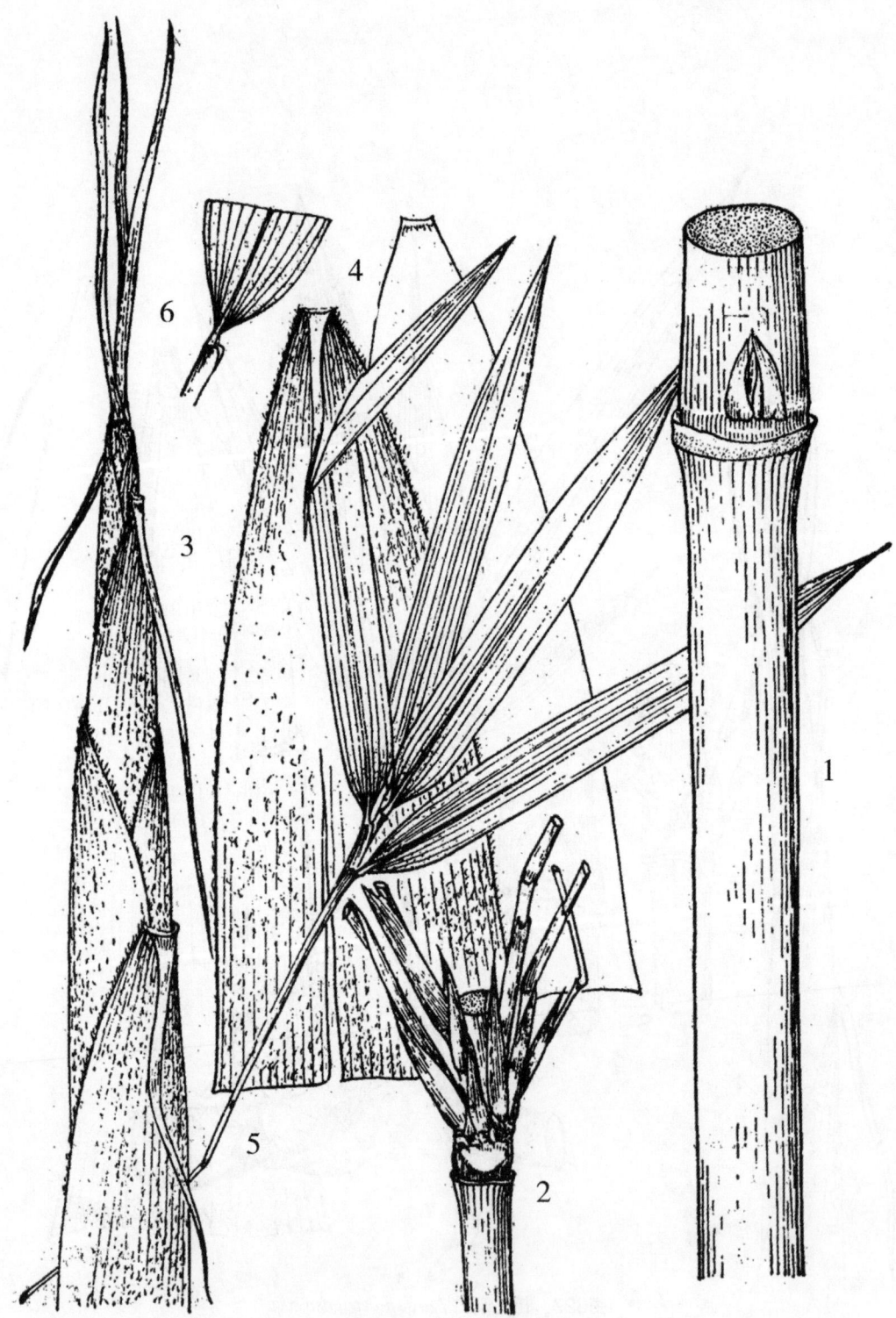

图628　尖削箭竹 *Fargesia acuticontracta* Yi
1.秆之一段（示秆芽）　2.秆之一段（示分枝）　3.笋
4.秆箨　5.具叶小枝　6.叶鞘顶端及叶片基部

较横脉明显，边缘密生棕色刺毛；箨耳缺失，鞘口两肩各具3—5缝毛；箨舌圆弧形或截平形，褐色，高约1毫米，口部初时密生棕色缝毛，以后渐脱落而口部有裂缺；箨片线状披针形，淡绿色，外翻，长1.3—15厘米，宽2—5.5毫米，无毛，纵脉纹明显，边缘通常无小锯齿，常内卷。小枝具叶3—6；叶鞘长4.5—7厘米，淡绿色或绿带紫色，无毛，纵脉纹及上部纵脊明显；叶耳缺失，鞘口两肩各具2—4易脱落的缝毛；叶舌截平形，高不及1毫米；叶片披针形，长12—21厘米，宽1.1—2.1厘米，先端渐尖，基部楔形，上面深绿色，无毛，下面淡绿色，初时基部具灰色柔毛，次脉4—6对，小横脉清晰，边缘具小锯齿。笋期7—8月。

产贡山、维西，生于海拔2000—3200米的沟谷中由青冈、木荷等组成的常绿阔叶林下。模式标本采自维西。

笋不可食用，食后会引起头晕；秆作撑船竿、马鞭竿、钓鱼竿或制作毛衣针，也可编织各种竹器。

37.昆明实心竹（植物研究） "实心竹"（昆明、丽江）、"香笋竹""东波竹"（宾川、洱源）、"南京竹"（凤庆）、"苦竹"（大姚）图629

Fargesia yunnanensis Hsueh et Yi（1985）

Sinarundinaria yunnanensis（Hsueh et Yi）Hsueh et D. Z. Li（1987）

Yushania yunnanensis（Hsueh et Yi）Keng f. et Wen（1987）

秆柄长12—35厘米，直径2.5—7厘米，具18—30节，节间长5—16毫米。秆丛生或近散生，高达10米，直径3—5（6）厘米；全秆19—32节，节间长28—36（50）厘米，圆筒形或分枝一侧基部微扁平，初时淡绿色，无白粉或微被白粉，无毛或于节下疏生棕色刺毛，纵细线棱纹不发育，老后灰绿色，基部节间实心，向上则中空度逐渐增大，髓呈锯屑状，箨环隆起至显著隆起，灰褐色，无毛，常有箨鞘基部之残留物；秆环平或微隆起，有光泽；节内宽2—4毫米，无毛，有光泽或有时具黑垢。秆芽长卵形，贴生，淡黄色，近边缘密被灰黄色小硬毛，边缘密生灰黄色纤毛。通常第3—6节开始分枝，枝条每节6—25，长40—160厘米，具6—15节，节间长1.5—26厘米，直径1.5—5（10）毫米，微被白粉后变为黑垢，纵细线棱纹不发育。笋灰绿色，有紫色条纹，常被白粉，疏生或块状密被贴生棕色刺毛，边缘常密生棕色刺毛；箨鞘宿存，淡黄色或黄白色，三角状矩形，新鲜时常有紫色条纹，略短于节间，长20—42厘米，基部宽7—15毫米，顶端宽5—11毫米，背面无毛或偶有块状密集贴生的棕色小刺毛，纵横脉纹均不明显，边缘通常无纤毛；箨耳缺失，鞘口两肩无缝毛；箨舌截平形，紫色，无毛，高1—2毫米，口部常有不整齐的细缺齿；箨片线状披针形，外翻，紫绿色或绿色而边缘带紫色，长4—12厘米，宽2.5—5.5毫米，两面均无毛，内面基部微粗糙，纵脉纹不甚明显，边缘平滑，有时内卷。小枝具叶（3）4—6（7）；叶鞘长4.5—6厘米，淡绿色或有时带紫色，无毛，偶于顶端微被白粉，纵脉纹不甚明显，上部纵脊显著；叶耳缺失，鞘口两肩无缝毛；叶舌截平形，高约1毫米；叶片披针形，长（8）13—19厘米，宽（0.8）1.2—1.8厘米，先端渐尖，基部楔形，背面灰白色，基部中脉两侧被灰色柔毛，次脉4—5对，小横脉不清晰，边缘具小锯齿而粗糙。花枝具叶，长达23厘米，节上可再分具花小枝；圆锥花序顶生，开展，由13—23小穗组成，长7—12.5厘米，

图629　昆明实心竹 *Fargesia yunnanensis* Hsueh et Yi
1.地下茎及秆之基部　2.秆之一段（示秆芽）　3.秆之一段（示分枝）
4.秆箨　5.花枝　6.颖　7.外稃　8.内稃　9.鳞被　10.雄蕊　11.雌蕊

基部伸出或略为叶鞘所包藏，序轴有时具微毛或短柔毛，基部节上有长柔毛，分枝有时具微毛或短柔毛，腋间有瘤状腺体及长柔毛，下部分枝基部托有具长纤毛或向上则变为多数纤毛的苞片，各分枝具2—6小穗。小穗柄无毛或有时具微毛，长1—12毫米，基部被长纤毛或向上则变为纤毛状的小苞片；小穗含4—5花，长1.6—2.5厘米，粗约3毫米，紫色或紫绿色，小穗轴节间长约4毫米，宽0.5—0.8毫米，扁平，向先端有白色贴生小硬毛，顶端边缘密生纤毛；颖披针形，无毛，先端渐尖，第一颖长9—10毫米，具5—7脉及稀疏小横脉，第二颖长10—12毫米，具7—9脉，脉间具小横脉；外稃披针形，纸质，无毛，先端渐尖，长8—12毫米，具7—9脉，有小横脉，基盘具白色长纤毛；内稃长7.5—11.5毫米，先端具钝的浅2齿裂，脊间有时向前端具贴生的白色小硬毛，脊上向前端有白色纤毛，两侧各具3脉；鳞被3，倒卵状披针形，白色，上部边缘有纤毛，前方2片长1—1.5毫米，后方1片长0.5—1毫米；雄蕊3，花药黄色，长4.5—6.5毫米，两侧及先端有短柔毛，花丝有微毛；子房椭圆形，淡黄色，无毛，长约0.5毫米，花柱1，长约1毫米，顶生2白色羽毛状长2—3毫米柱头。笋期7—9月。

产昆明、宁蒗、丽江、洱源、永仁、宾川、大姚、凤庆、双江等地，生于海拔1700—2430米的山箐湿润的云南松林或阔叶林下，在分布区内农村房前屋后栽培极为普遍，为箭竹属种类中栽培最广泛的竹种；四川西南部也产。模式标本采自丽江大研镇栽培竹丛。

笋味鲜美，在昆明蔬菜市场上称甜笋，系食用佳品；秆作抬杠和各种农具柄。

38.薛氏箭竹（竹子研究汇刊）　　"冬竹"（金平）图630

Fargesia hsuehiana Yi（1988）

秆柄长3—6厘米，直径0.8—2厘米，具13—18节，节间长1.5—5毫米。秆丛生，高3—7米，直径1—3厘米，直立；全秆23—28节，节间长18—25（50）厘米，圆筒形，绿色，初时有灰白色稀疏小刺毛（节下被向下的棕色刺毛），无白粉，纵细线棱纹明显，中空，秆壁厚3—5毫米，髓呈海绵状；箨环隆起，初时密被向下贴生的黄褐色长刺毛，后脱落变无毛；秆环微隆起或在分枝节上肿大；节内宽5—7毫米，无毛。秆芽阔卵形，贴生。第6—8节开始分枝，枝条每节6—9，长20—80（100）厘米，具4—9节，节间长0.5—28厘米，直径1—3毫米，无毛，枝箨环偶见白色小刺毛，枝环隆起。箨鞘宿存，三角状矩形，黄褐色，革质，短于节间，长15—27厘米，基部宽3—7厘米，先端三角形，顶端宽3—4.5毫米，背面被棕色刺毛（基部为毡状毛），纵脉纹仅在两侧及上半部明显，小横脉在上部两侧可见，边缘常无纤毛；箨耳及鞘口两肩缝毛缺失；箨舌截平形，高约0.7毫米；箨片外翻，线状披针形，脱落性，长达4厘米，宽1—2厘米，纵脉纹明显，先端内卷。小枝具叶4—8（15）；叶鞘长2.8—4.2厘米，淡绿色，老后红棕色，无毛，纵脉纹及上部纵脊明显，上部近边缘的小横脉微可见；叶耳缺失，鞘口两肩各具5—8黄褐色缝毛；叶舌圆弧形或近截平形，高约1毫米；叶片狭披针形，长6—14厘米，宽0.7—1.25厘米，先端长渐尖，基部楔形，上面绿色，无毛，下面淡绿色无毛，次脉3—4对，小横脉不清晰，边缘一侧具小锯齿。花枝长约15（24）厘米；总状花序顶生，下部内藏，从稍膨大呈佛焰苞状的叶鞘开口一侧露出，该叶鞘顶端具正常或稍缩小的叶片，具5—11偏向于一侧的小穗，排列较为疏松，长4.5—7.5厘米，序轴有灰白色小硬毛。小穗柄直立，长2—6毫米（顶生者可长达17毫米），被灰

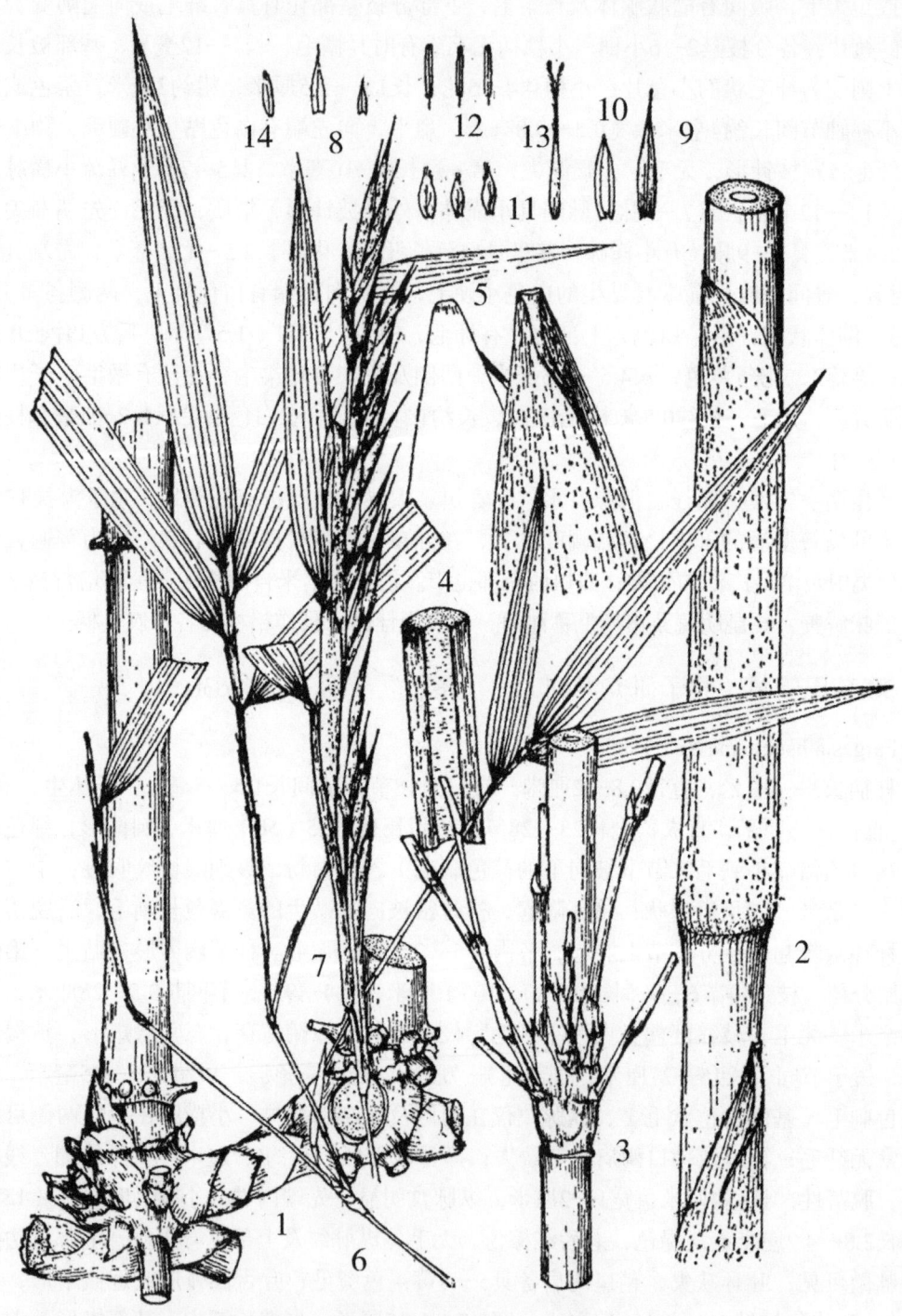

图630 薛氏箭竹 *Fargesia hsuehiana* Yi
1.地下茎及秆之基部 2.秆之一段（示宿存秆箨） 3.秆之一段（示分枝）
4.秆之纵剖（示丰富之秆髓） 5.秆箨 6.具叶木枝 7.花枝 8.颖
9.外稃 10.内稃 11.鳞被 12.雄蕊 13.雌蕊 24.颖果

白色小硬毛，下方各有1枚边缘密生长纤毛的小苞片；小穗含（4）5花，长2.5—3.4（4.2）厘米，绿色；小穗轴节间长2.5—5（6）毫米，扁平，具灰白色小硬毛；颖纸质，无毛，先端刚毛状渐尖，第一颖线状披针形，长9—15毫米，具5脉，第二颖披针形，长18—23毫米，具7脉；外稃卵状披针形，先端刚毛状渐尖，无毛，长17—27毫米，具9—11脉，有小横脉，上部直或稀弯曲，基盘在初时密生灰白色小硬毛，边缘有短纤毛；内稃长9—16毫米，脊上生纤毛，脊间宽0.5—1毫米，先端具2长尖头；鳞被3，披针形，长约1.2毫米，上部边缘密生长纤毛；雄蕊3，花药黄色，长4.5—6（8）毫米；子房长椭圆形，淡黄色，无毛，长约1毫米，花柱1，柱头2，白色，羽毛状，长约1.5毫米；颖果卵状长椭圆形，深褐色，长9—10毫米，直径1.2—1.6毫米，具长约0.5毫米宿存花柱，有明显腹沟。笋期9月。

产金平，生于海拔约2000米的常绿阔叶林下。模式标本采自金平。

39.皱壳箭竹（竹子研究汇刊） "登马"（贡山独龙语）图631

Fargesia pleniculmis（Hand.-Mazz.）Yi（1988）

Arundinaria pleniculmis Hand.-Mazz.（1936）

秆柄长4—10厘米，直径2—3厘米，具8—22节，节间长3—6毫米。秆丛生，高达8米，直径1—3厘米；全秆30—35节，节间长24—30（45）厘米，圆筒形，幼时密被白粉，后常变为黑垢，无毛，纵细线棱纹明显，中空，秆壁厚4—5毫米，髓呈锯屑状；箨环隆起，初时具黄褐色向上之刺毛，后脱落变为无毛而常敷黑垢；秆环平或微隆起，老后常有黑垢；节内宽2—3毫米，初时被白粉，后变为黑垢，无毛。秆芽卵形至长卵形，贴生，近边缘微粗糙，边缘密生灰白色纤毛。枝条每分枝节7—15，较纤细，长40—60厘米，具8—13节，节间长1—2厘米，直径1—2毫米，无毛，初时被白粉，以后常变为黑垢，略显纵细线棱纹。笋紫红色，疏生灰黄色刺毛；箨鞘宿存，黄褐色，三角状矩形，长17—33厘米，宽4.5—11厘米，先端微波状皱褶，顶端宽5—8毫米，背面略有光泽，具极稀疏的黄褐色刺毛或偶无毛，纵脉纹较横脉显著，边缘初时密生黄褐色小刺毛，后脱落；箨耳缺失，鞘口两肩各具少数黄褐色继毛；箨舌截平形或圆弧形，棕褐色，无毛，高1—2毫米，口部初时密生黄色继毛，以后脱落而有微裂缺；箨片披针形或三角状披针形，外翻或直立，灰褐色，长1.5—5.5厘米，宽2—4毫米，无毛，纵脉纹较明显，边缘通常无小锯齿，微内卷。小枝具叶（1）2（3）；叶鞘长1.5—3.5厘米，淡绿色，无毛，纵脉纹及上部纵脊明显；叶耳及鞘口两肩继毛缺失；叶舌截平形，高不及1毫米；叶片狭披针形，薄纸质，长（4）6—8厘米，宽5—8毫米，先端渐尖，基部楔形，上面绿色，下面淡绿色，均无毛，次脉2—3对，小横脉较清晰，边缘具小锯齿而略粗糙。笋期8月。

产贡山，生于海拔2500—3000（3820）米的峡谷坡地上部之云杉、冷杉林下。模式标本采自贡山。

笋可食用。

40.密毛箭竹

Fargesia plurisetosa Wen（1984）

产勐海，生于海拔1500米。模式标本采自勐海勐往。

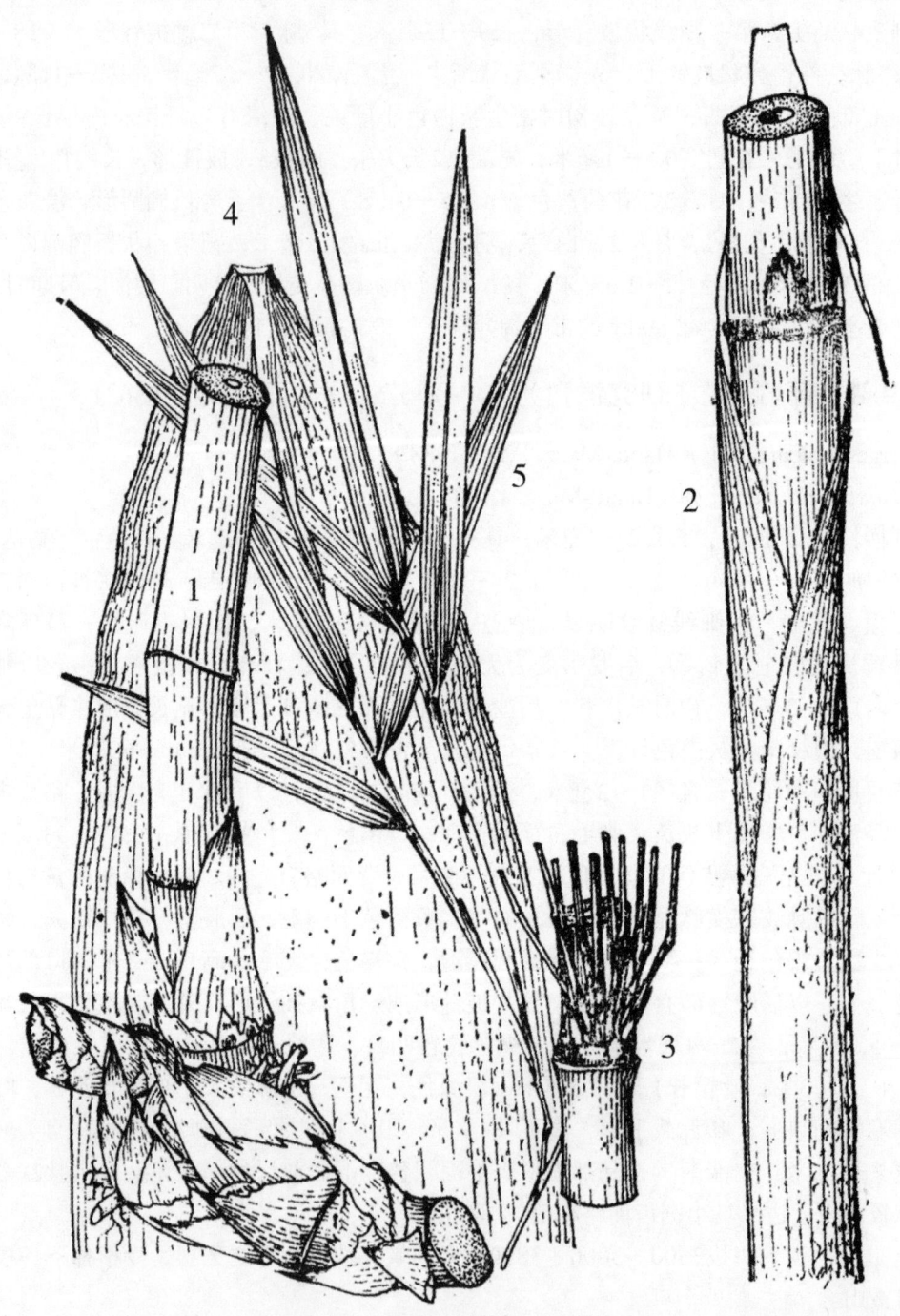

图631 皱壳箭竹 *Fargesia pleniculmis*（Hand.-Mazz.）Yi
1.地下茎及秆之基部　2.秆之一段（示宿存秆箨及秆芽）　3.秆之一段（示分枝）
4.秆箨　5.具叶小枝

41.景谷箭竹（竹子研究汇刊）　　"滑竹"（景谷）图632

Fargesia caduca Yi（1988）

秆柄长6—18（23）厘米，直径1—2厘米，具14—25节，节间长5—10毫米。秆丛生，直立，高达5米，直径1—1.5厘米；全秆22—28节，节间长21—25（30）厘米，圆筒形，绿色，幼时有白粉，以后有时具黑垢，无毛，平滑或稍具纵细线棱纹，中空，秆壁厚1.5—2（2.5）毫米，髓呈锯屑状；箨环隆起，较窄，褐色，无毛；秆环平或微隆起，较箨环低；节内宽2—4毫米，有时具黑垢。秆芽长卵形，贴生，较瘦弱，近边缘有灰褐色小硬毛，边缘有灰褐色纤毛。第6—8节开始分枝，枝条每节10—18，近等粗，斜展，长（5）15—25（45）厘米，具3—5节，节间长0.5—13厘米，直径1—1.5毫米，节上少有次生枝。笋淡绿色，疏生刺毛；箨鞘早落，长三角形，黄褐色，短于节间，长14—27.5厘米，宽2.5—4厘米，先端渐狭为长三角状，顶端宽2—4毫米，背面疏生灰黄色或黄色贴生小刺毛，纵脉纹细，上部显著而下部微明显，小横脉在上部稍可见，边缘无纤毛；箨耳缺失，鞘口两肩常无繸毛；箨舌三角形或截平形，紫色，无毛，高约0.5毫米；箨片直立，三角形或线状披针形，淡绿色，无毛，纵脉纹明显，长1—6厘米，宽2—3毫米，基部稍窄于箨鞘顶端，宿存性。小枝具叶（3）7—9；叶鞘长2—4.3厘米，无毛，纵脉纹明显，上部纵脊不甚高起；叶耳缺失，鞘口两肩各有5—7繸毛；叶舌低矮，截平形，高约0.5毫米；叶片狭披针形，较硬，长5—13厘米，宽5.5—11毫米，先端长渐尖，基部楔形，上面绿色，无毛，下面淡绿色，基部中脉两侧初时有灰白色短柔毛，次脉3—4对，小横脉所织成的网格较小，稍可见，边缘一侧具小锯齿。笋期9月。

产景谷，生于海拔约1830米的阔叶林下。模式标本采自景谷凤山。

42.泸水箭竹

Fargesia lushuiensis Hsueh et Yi（1988）

产泸水，生于海拔1780米。模式标本采自泸水鲁掌。

8. 香竹属 Chimonocalamus Hsueh et Yi

中小型竹类，合轴丛生，梢头直，秆之中下部节内均具一圈刺状气根，节间圆筒形，分枝一侧微扁，具纵脊与沟槽，稀浑圆，秆壁空腔内常具芳香油液；秆环微隆起至隆起。秆箨早落，纸质至革质，鞘口狭窄，呈舌状突出或下凹；箨耳通常不显，箨舌显著，箨片线形至披针形，直立或外翻。常为三分枝，主枝下部节上也可具刺状气根。叶片常狭小，先端收缩成芒状长尖头，侧脉2—4对，小横脉清晰；叶耳微小或缺；叶舌低矮，鞘口繸毛常发达。圆锥花序简短，位于具叶小枝顶端，花序分枝基部常具须毛与小苞片；小穗具柄，含花4—12，排列疏松，最上1花为不孕性，常呈芒状；小穗柄及小穗轴内侧扁平，具浅沟槽，顶端膨大呈棒状，密被白色须毛；颖2，第一颖较小，具3—5脉，第二颖具7脉；外稃具7—9脉，小横脉通常明显，先端钝尖，边缘具纤毛；内稃略长于外稃，背部具二脊，被纤毛；鳞被3，倒卵形，先端齿裂呈流苏状，其中一枚较小；雄蕊3，不伸出稃外；子房无

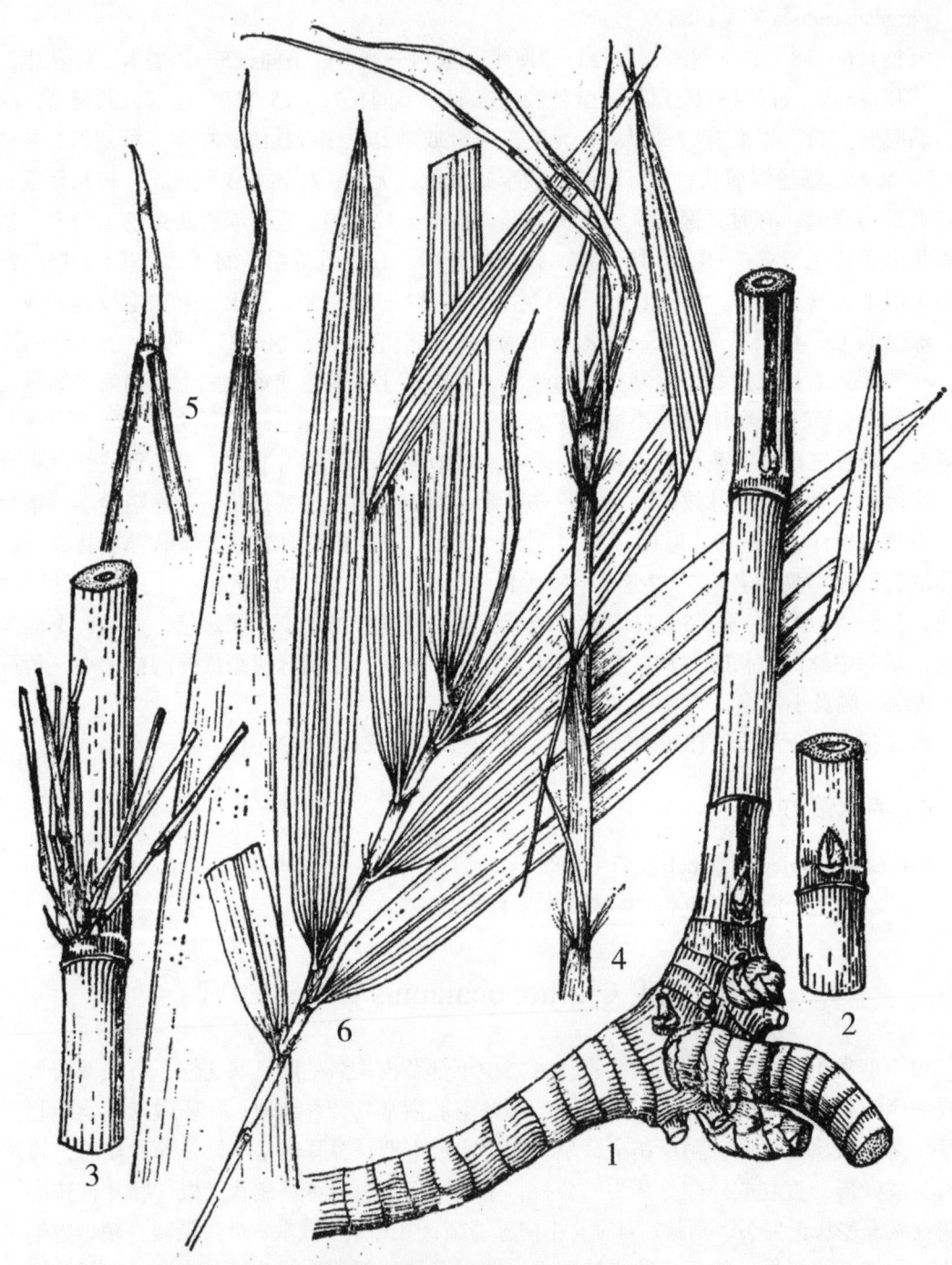

图632 景谷箭竹 *Fargesia caduca* Yi
1.地下茎及秆之基部　2.秆之一段（示秆芽）　3.秆之一段（示分枝）
4.笋　5.秆箨　6.具叶小枝

毛，花柱2简短，或单一，柱头2呈羽毛状。果为颖果，细长纺锤形，光滑，具腹沟。笋期夏季至秋季。

本属现知11种1变种，其中2种产印度，1种产西藏东南部，其余8种及1变种均为云南南亚热带山区所特有。

分 种 检 索 表

1.秆高3米以上，直径1—6厘米；节间子分枝一侧微扁，长16厘米以上；箨鞘底部宽于4厘米。

 2.箨鞘口宽2—4厘米，顶端显著呈舌状突出；箨片基部宽约1—2厘米，无毛；气生刺根短而分离，仅见于秆之中下部各节。

  3.秆略呈方形，幼时紫褐色，具粗糙之疣基；箨鞘背面密被棕褐色毡状刺毛，鞘口，肩部偏斜，不对称；叶片背面灰绿色，鞘口繸毛发达 ……………………1.香竹 Ch. delicatus

  3.秆圆筒形，幼秆被灰粉而呈灰绿色，光滑；箨鞘背面刺毛不密集成毡状，鞘口两肩对称；叶片两面同色，鞘口繸毛缺或偶具1—2条 ………………… 2.灰香竹 Ch. pallens

 2.箨鞘口狭窄，宽在1.5厘米以内，顶端平截，微隆起或下凹；箨片细长，基部宽不及1厘米，常被微毛；气生刺根密集靠接或分离，亦常见于主枝下部各节上（长节香竹例外）。

  4.箨鞘背面常具褐色斑块，鞘口显著下凹；箨舌极发达全高在10毫米以上，或顶端呈流苏状分裂，裂片高5—8毫米

   5.气生刺根中下部常靠接；箨舌流苏状分裂， …………… 3.流苏香竹 Ch. fimbriatus

   5.气生刺根分离；箨舌不分裂为流苏状 ………………… 4.长舌香竹 Ch. longiligulatus

  4.箨鞘不具斑块（可有条纹），鞘口顶端不为显著下凹；箨舌不甚发达，顶端裂片高不超过5毫米。

   6.箨鞘背面与边缘密被疣基状易落之刺毛，鞘口平截或微凹，两侧具长1—2厘米刚毛数条；气生刺根短而钝，常彼此靠接 ………………………… 5.山香竹 Ch. mantanus

   6.箨鞘刺毛稀疏，不具疣基，鞘口平截或微隆起，两侧不具刚毛；气生刺根较长，彼此分离。

    7.秆箨鞘口宽11—13毫米；箨舌高7—12毫米，箨环被毛，气生刺根较密，且见于主枝下部各节上；3分枝明显 ……………………6.马关香竹 Ch. makuanensis

    7.秆箨鞘口宽约4毫米；箨舌高不超过1.5毫米；箨环秃净；气生刺根稀疏，不见于主枝上；3分枝不甚明显而呈多分枝 ……………… 7.长节香竹 Ch. longiusculus

1.秆高3米以下，直径0.5—1.5厘米；节间浑圆，长16厘米以内；箨鞘底宽3—4厘米。

 8.气生刺根5—10；秆箨鞘口呈弧形，向上突出，小枝常呈紫色 … 8.小香竹 Ch. dumosus

 8.气生刺根多在10以上；秆箨带口近于平截；小枝为绿色 … 8a.耿马小香竹 var. pygmaeus

1.香竹（云南植物研究）　　"黑灰竹"（金平）图633

Chimonocalamus delicatus Hsueh et Yi（1979）

秆高达10米，直径4—8厘米；节间长20—22（30）厘米；秆环呈窄脊状隆起；秆箨革质，质脆易破裂，长20—45厘米，底部宽约14厘米，上部收缩变窄，宽约2—4厘米，背面

密被毡状棕褐色光亮小刺毛，鞘口呈舌状向上突出，高7—12毫米，肩部狭窄而微外倾，位于同一高度；箨耳缺；箨舌呈不规则齿裂，中央部分高4毫米，向两侧延伸至鞘口肩部变宽，外露于箨片基部两侧，形似箨耳；箨片带状披针形，长5—17厘米，基部宽1.3—2.5厘米，直立；主枝3，枝环较为隆起，呈扣盘状。小枝具叶4—8，叶舌高不及1毫米，鞘口具直立缱毛数条；叶片长披针形，长10—16厘米，宽6—13毫米，先端具长约5—10毫米边缘内卷的芒尖，上面绿色，下面灰绿色，无毛，次脉3—4对，小横脉清晰。圆锥花序位于具叶小枝顶端，长6—12厘米，分枝处具须毛；小穗柄长约1厘米，基部具白色须毛；小穗长2.7—4.5厘米，含花5—8，排列疏松，最上一花不孕，呈芒柱状，小穗轴节间长4—6毫米，密被淡棕色须毛；颖2，不等大；外稃两缘上端密被纤毛，先端钝尖，内稃先端及脊上均具纤毛，先端钝或呈二齿裂；鳞被3，膜质，脉纹不明显，顶端分裂成流苏状；雄蕊3，花药黄色；子房瓶状，光滑，花柱单一，柱头二裂，羽毛状。笋期6—7月。

产金平，生于海拔1400—2000米，常与阔叶树混生，或组成天然纯林，也有少量人工栽培。

材质较硬，不易虫蛀，大量用于盖房和编织。笋味佳，为产区主要笋用竹种。

2.灰香竹（金平）图633

Chimonocalamus pallens Hsueh et Yi（1979）

秆高达8米，直径2—5厘米，节间长12—29厘米，新秆被淡灰色粉质而呈灰绿色；壁厚3—4毫米，中空较大；秆环呈窄脊状隆起；箨环于新秆时具残留物，与节下均被微毛；节内宽约4毫米；气生刺根位于分枝以下各节，彼此分离；箨鞘薄革质，自底部向上约于3/4处开始收缩，先端变窄，背面纵脉明显，遍布淡棕色小刺毛与淡褐色小斑块，基底密被微柔毛，鞘口中央部分呈舌状显著突出，高达1.5厘米，两侧肩部不等高，内倾，鞘口呈山字形；箨舌位于舌状突出的顶端部分常向上突出，高3—13毫米，边缘呈不规则波状齿裂，具宽扁易落缱毛，肩部上端增大，形似箨耳；箨片带状披针形，边缘常内卷，基部呈钳形镶嵌状，易脱落；秆芽桃形，前叶先端与边缘密被淡棕色毡状毛，内含3芽；分枝较高。小枝具叶多为6，叶片长约13厘米，宽1.5厘米，基部楔形，先端芒尖头长约3毫米，两面均为绿色，次脉3—4对，小横脉明显；叶舌高1.5毫米，鞘口缱毛缺或偶具1—2条。笋期6—7月。

产金平、元阳，常在村旁栽培。

3.流苏香竹（云南植物研究） "灰竹"（临沧）图634

Chimonocalamus fimbriatus Hsueh et Yi（1979）

秆高达8米，直径2—5厘米，壁厚3—6毫米，节间长20—36厘米，鲜时被白色易落稀疏小刺毛与微毛；箨环与秆环微隆起；气生刺根长7—14毫米，多达30余枚，密集排列，中下部常靠接；箨鞘薄革质，早落，背面常具褐色斑块，贴生棕色刺毛，鞘口呈弧形下凹，两肩高耸外倾，具1—3极易脱落的刚毛；箨舌发达，顶端分裂成流苏状缱毛，高10—13毫米；箨片直立或外翻，长6—16厘米；分枝3或多数。小枝具叶3—5；叶耳微小，具长5—12毫米的发达缱毛；叶舌高约1毫米；叶片长5—15厘米，宽5—11毫米，次脉3—4对。笋期9月。

产耿马、芒市、瑞丽、盈江等地，也有栽培。为香竹属中分布最广的一种。

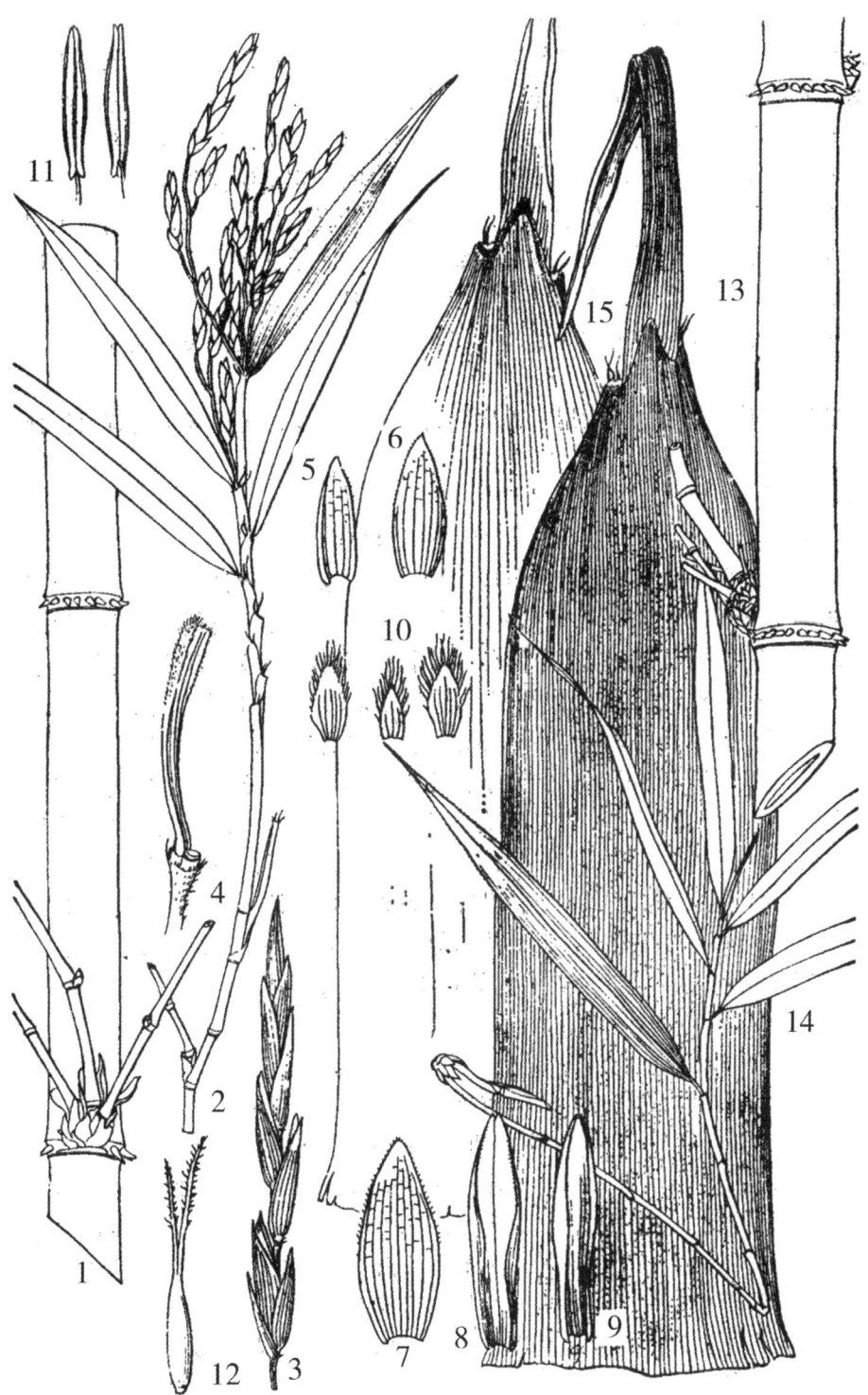

图633 香竹和灰香竹

1—12. 香竹 *Chimonocalatnus delicatus* Hsueh et Yi

1.秆（示分枝） 2.花枝 3.小穗 4.小穗轴 5.第一颖 6.第二颖 7.外稃

8—9.内稃 10.浆片 11.雄蕊 12.雌蕊

13—15.灰香竹 *Chimonocalatmus Pallens* Hsueh et Yi

13.秆的一段 14.枝叶 15.秆箨

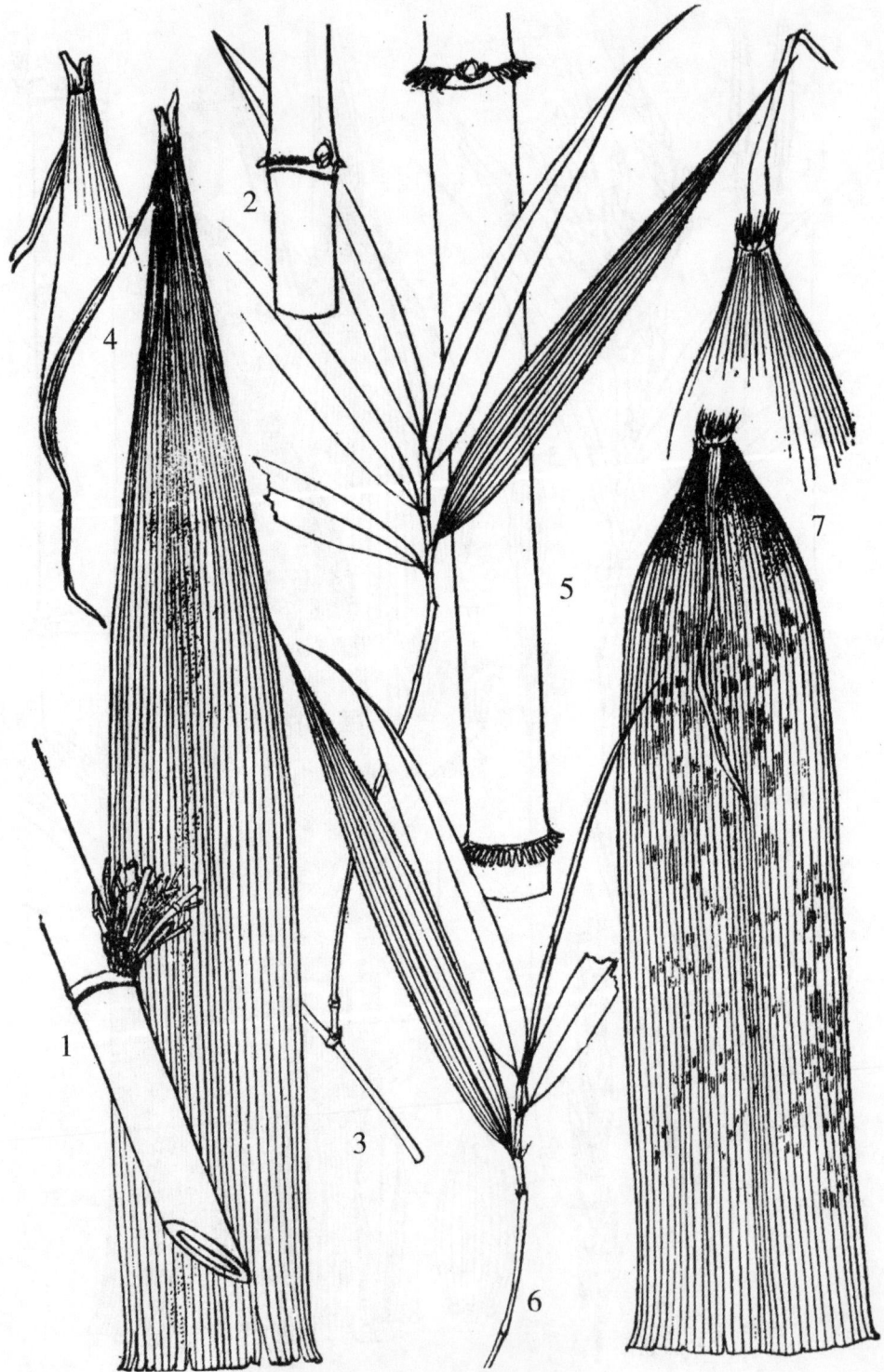

图634　长舌香竹和流苏香竹

1—4.长舌香竹 *Chi monocalamus longiligulatus* Hsueh et Yi

1—2.秆的一段（示分枝）　3.枝叶　4.秆箨

5—7.流苏香转 *Chimonocalamus fimbricatus* Hsueh et Yi

5.秆的一段　6.小枝　7.秆箨

笋食用。

4. 长舌香竹（植物分类学报）　"刺竹"（江城、绿春）图634

Chimonocalamus longiligulatus Hsueh et Yi（1979）

秆高达8米，直径1—2厘米；节间长14—21厘米；秆环与箨环微隆起；气生刺根长2—4毫米，离生；箨鞘薄革质，早落，两底外延，背面无明显斑块，贴生棕色小刺毛，鞘口下凹，两肩耸起常无毛；箨舌发达，高10—13毫米，但无流苏状缝毛；箨舌直立或外翻，长约15厘米；分枝3或多数。每小枝具叶2—6，叶片长10厘米，宽8—12毫米，侧脉3—4对；叶耳缺；叶舌高约1毫米。

产绿春、江城，生于海拔1100—1300米山坡或山脊，有成片天然林。

笋味佳，宜食用。

5.山香竹（云南植物研究）图635

Chimonocalamus montanus Hsuch et Yi（1979）

秆高达5米，直径1.5厘米，壁厚3毫米；节间长约33厘米，光滑无毛；箨环微隆起，无毛；秆环呈脊状隆起；气生刺根达分枝数节上，长约5毫米，相互靠接；箨鞘背面密被具疣基易脱落的深褐色刺毛，鞘口截平或微凹，两缘具易落肩毛数条；箨片细长披针形，基部呈波状延伸至鞘口即侧并密被绒毛；箨舌高约2毫米，顶端具长1—4毫米缝毛；分枝3。小枝具叶2—4，一侧边缘具纤毛，鞘口被微毛与长达1厘米肩毛；叶舌高1毫米；叶片长14厘米，宽1厘米，基部狭窄，次脉常3对。

产腾冲高黎贡山，生于海拔1740米。

6. 马关香竹（云南植物研究）　"香竹"（马关）图635

Chimonocalamus makuanensis Hsueh et Yi（1979）

秆高达6米，粗1.5—2.5厘米，壁厚4—6毫米；节间长10—27厘米，幼时被褐色小刺毛，后变光滑；箨环具残存物，密被淡棕色绒毛；秆环呈脊状隆起，微被毛；气生刺根高达分枝各节，也见于主枝下部，长约1厘米，基部膨大，呈锥状，排列较密；秆箨早落，鲜时多具黄色条纹，由基部向上延伸至3/4处呈弧形外展，继又收缩变窄，背面贴生褐色针状刺毛，基部被微柔毛，鞘口呈弧形隆起或较平缓；落片直立，长约10厘米，基部较鞘口为窄，内面基部被锈毛；箨舌高7—12毫米，顶端膜质，呈流苏状分裂，裂片长约2毫米；分枝3，枝环外侧膨大，呈扣盘状，小枝具叶3—4。叶舌高约1.5毫米，叶片长9—13厘米，宽9—13毫米，下面灰绿色，次脉4对。笋期春季至秋季。

产马关，生于海拔约1700—1900米的山顶或山腰，常绿阔叶疏林中。

笋味佳，可食用。

7.长节香竹（云南植物研究）　"香竹"（西畴）图636

Chimonocalamus longiusculus Hsueh et Yi（1979）

秆高达6米，粗1—2厘米，壁甚厚，基部数节为实心；节间长达37厘米，分枝一侧基部

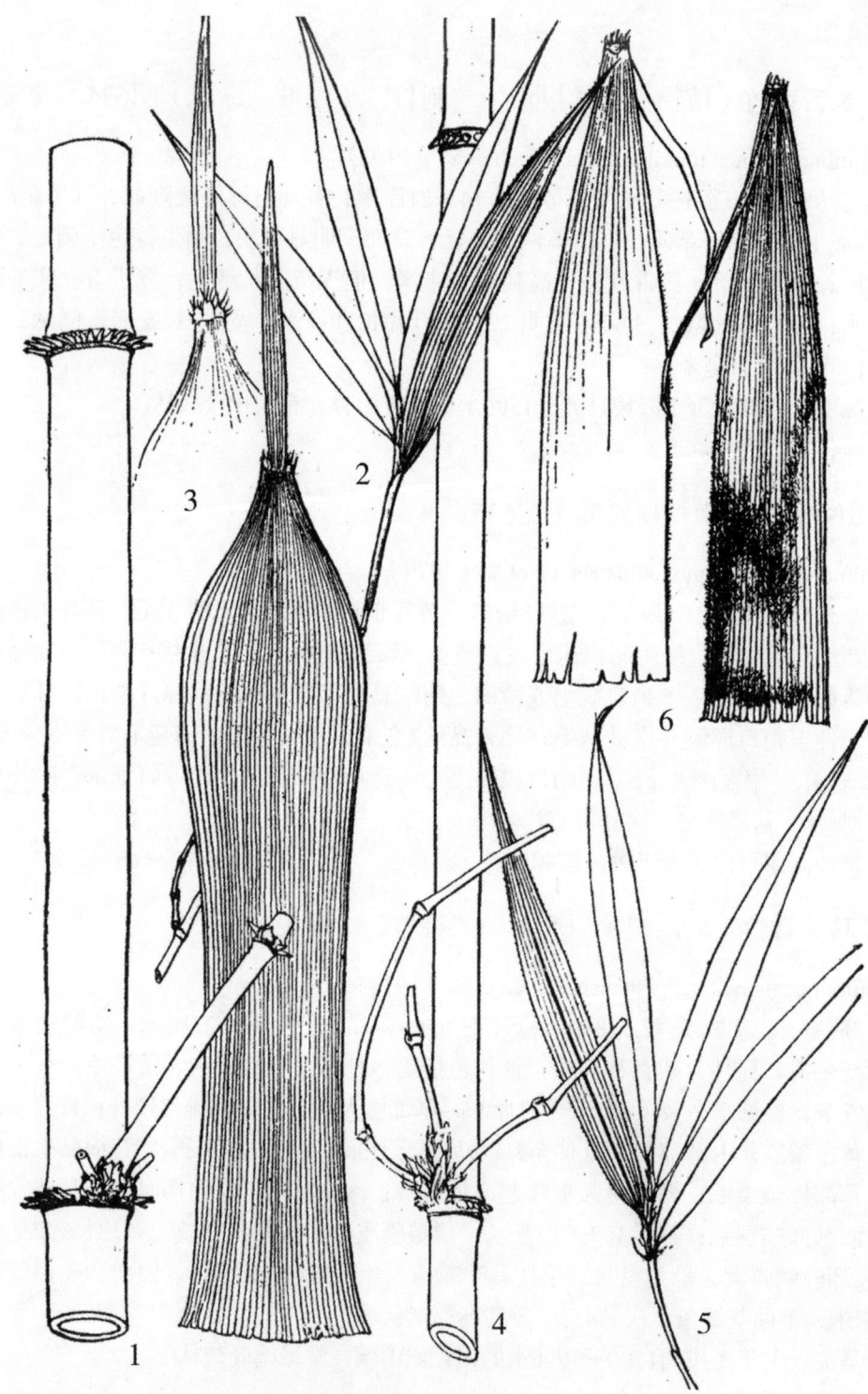

图635　马关香竹和山香竹

1—3.马关香竹 *Chimonocalamus makuanensis* Hsueh et Yi

1.秆及分枝　2.小枝及叶　3.秆箨背腹面

4—5.山香竹 *Chimonocalamus montanus* Hsuet et Yi

4.秆的一段　5.小枝及叶　6.秆箨背腹面

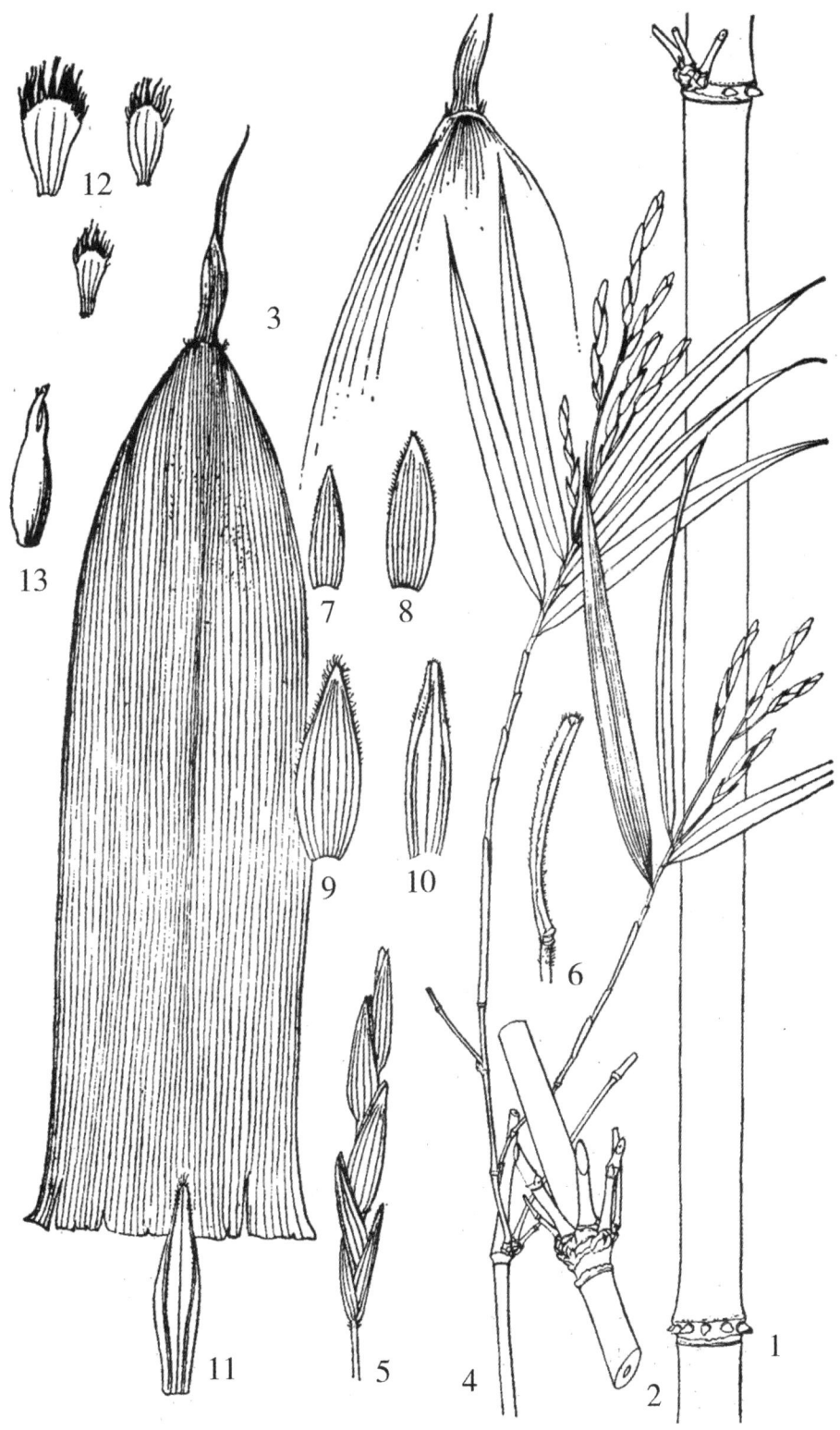

图636　长节香竹 *Chimonocalamus longiusculus* Hsueh et Yi
1.秆（示气生刺根）　2.秆的一段（示分枝）　3.秆箨　4.花枝　5.小穗　6.小穗轴
7—8.颖　9.外稃　10—11.内稃　12.浆片　13.雌蕊

微扁，具一中央纵沟；箨环具箨基残存物，无毛；秆环显著隆起；气生刺根多在10以内，粗钝，排列不均，少数下弯或横向利生于秆；秆箨迟落，厚纸质，背面上端被微毛，其余部分被贴生棕黄色小刺毛；箨耳较小，不对称，或常缺；箨片线形，直立或外展；箨舌高1—1.5毫米；每分枝节具4—5枝，主枝2—3，其上再分小枝3—5；小枝具叶3—5，鞘口具数条易落缝毛。叶舌高1毫米；叶片线形，长5—14厘米，宽5—9毫米，两缘药具细锯齿，次脉3对。圆锥花序长6—9厘米，由4—10小穗组成，最下一分枝常为叶鞘所包，花序轴及其分枝被灰黄色绒毛（下部分枝尤密），基部分枝处常具一长约2毫来三角状被毛之苞片，其余分枝处之苞片微小或缺；小穗侧生者柄长3—5毫米，顶生者达2厘米；小穗长2.5—4厘米，含花（3）4—5（7），排列疏松，小穗轴节间长约4.5毫米，腹面扁平，具纵脊与沟槽；颖2，不等大，先端钝或锐尖，边缘具纤毛；外稃披针形，上部具微毛；内稃略长，先端钝，具微毛；鳞被3，紧抱子房，倒卵形，先端齿裂呈流苏状，其中一枚微小；雄蕊3；花柱2，简短，柱头羽毛状厂子房纺锤形，无毛。笋期4月下旬至5月。

产西畴，生于海拔1650米的杂木林中。

秆坚韧，当地用于代替木板铺楼房。笋味甚佳，为优良蔬食。

8.小香竹（云南植物研究） "刺竹、香竹"（西畴）

Chimonocalamus dumosus Hsueh et Yi（1979）

分布于西畴县，生于海拔1500米，为成片天然林。

8a.耿马小香竹（云南植物研究） "小刺竹"（耿马）

var. pygmaeus Hsueh et Yi（1979）

产耿马。

9.刺竹属 Bambusa Schreber

乔木状竹类，少数可呈灌木状。地下茎合轴型，秆丛生，节具多数分枝，有些种类的小枝短缩成刺。秆箨早落至宿存；箨鞘厚革质至硬纸质；箨舌存在；箨耳常发达；箨片三角形至卵状三角形，常直立。叶片无小横脉；叶耳存在或缺失。假小穗簇生于花序轴各节上，小穗含数至多花，小穗轴于小花间具关节而易逐节脱落；颖1—4，腋部常具芽；各花的外稃近等长，具多脉；内稃等长或稍长于外稃，具2脊；鳞被常3，稀1或2；雄蕊6，花丝常分离；子房顶端被毛，花柱单一，柱头1—3，羽毛状。颖果矩圆形或长矩圆形，易与外稃和内稃相分离。

本属约100余种，分布于亚洲、非洲和大洋洲热带至亚热带地区。我国60种以上，主产华南和西南。云南约14种，集中分布于南部地区。

分 种 检 索 表

1.具枝刺。

2.箨鞘背面密生黑色至棕色小刺毛；箨片外翻；箨耳波状，向外翻转，密被缝毛 ………
………………………………………………………………………………… 1.刺竹 B. blumeana

2.刺鞘除基部外无毛或毛极少；箨片直立。

  3.箨耳近相等；箨片内面密被黑色刺毛 ………………………… 2.车筒竹 B.sinospinosa

  3.箨耳明显不相等。

    4.箨片宽约为箨鞘顶端的1/3；较大的箨耳常下延；叶片下面被绒毛 ﹒﹒﹒﹒﹒ 3.木竹 B. rutila

    4.箨片宽为箨鞘顶端的1/2以上；两箨几同高；叶片下面无毛 ﹒﹒ 4.油勒竹 B.lapidea

1.无枝刺。

  5.箨耳极显著。

    6.秆密被宿存白色绢毛；秆箨宿存 ……………………………… 5.友秆竹 B.polymorpha

    6.秆无宿存白色绢毛；秆箨脱落性。

      7.箨鞘无毛或毛极稀少且易脱落 ……………………………… 6.硬头黄竹 B.rigida

      7.箨鞘显著被毛且不易脱落。

        8.箨鞘两肩明显隆起，箨耳斜向上伸展；叶下面无毛。

          9.节间正常，不膨大。

            10.秆绿色，不具条纹 ……………………………………… 7.龙头竹 B. vulgaris

            10.秆和枝黄色，并间有绿色纵条纹 ﹒﹒﹒ 7a.黄金间碧玉 B. vulgaris cv. Vittata

          9.节间短缩，且中下部显著膨大 ……………… 7b.佛肚竹 B. vulgaris cv. Wamin

        8.箨鞘两肩不隆起，箨耳平或下延；叶片下面具短绒毛。

          11.箨鞘具黑色刺毛，箨片背面无毛 …………………………… 8.缅竹 B. burmnica

          11.箨鞘具黑色刺毛及棕色绒毛，箨片背面被棕色绒毛 ……… 9.府竹 B. nutans

  5.箨耳不显著或缺失。

    12.箨片直立或仅上部者外翻，其基部宽于箨鞘顶宽的1/2。

      13.箨耳存在。

        14.箨片宽超过箨鞘顶端的4/5；叶下面银灰色 ………………… 10.大薄竹 B.pallida

        14.箨片宽显著小于箨鞘顶端的4/5；叶下而不呈银灰色。

          15.箨鞘无毛，先端略隆起至截平 ……………………………11.青皮竹 B. texitilis

          15.箨鞘被棕色至黄色刺毛，先端凹陷或略呈山字形 ………12.绵竹 B. intermedia

      13.箨耳缺失或稀甚小而具纤毛 ………………………………13.孝顺竹 B. multiplex

    12.箨片外翻，基部窄于箨鞘顶宽的1/2。秆具显著白粉 ………14.粉单竹 B. Chungii

1.刺竹 图637

Bambusa blumeana Schult.（1830）

B. stenostchya Hack（1899）

秆直立，高15—20米，直径8—15厘米。节间圆筒形，幼时被白粉，长25—40厘米，秆壁甚厚，基部者近于实心；箨片明显隆起，基部数节常有气生根。箨鞘广三角形或长三角形，先端截平或中央微隆起，革质，幼时黄绿色，背部密生黑色至棕色刺毛，上部者被毛渐少；箨片卵状三角形，基部明显收缩，常外翻，背面无毛，内面中央密生黑色向上的

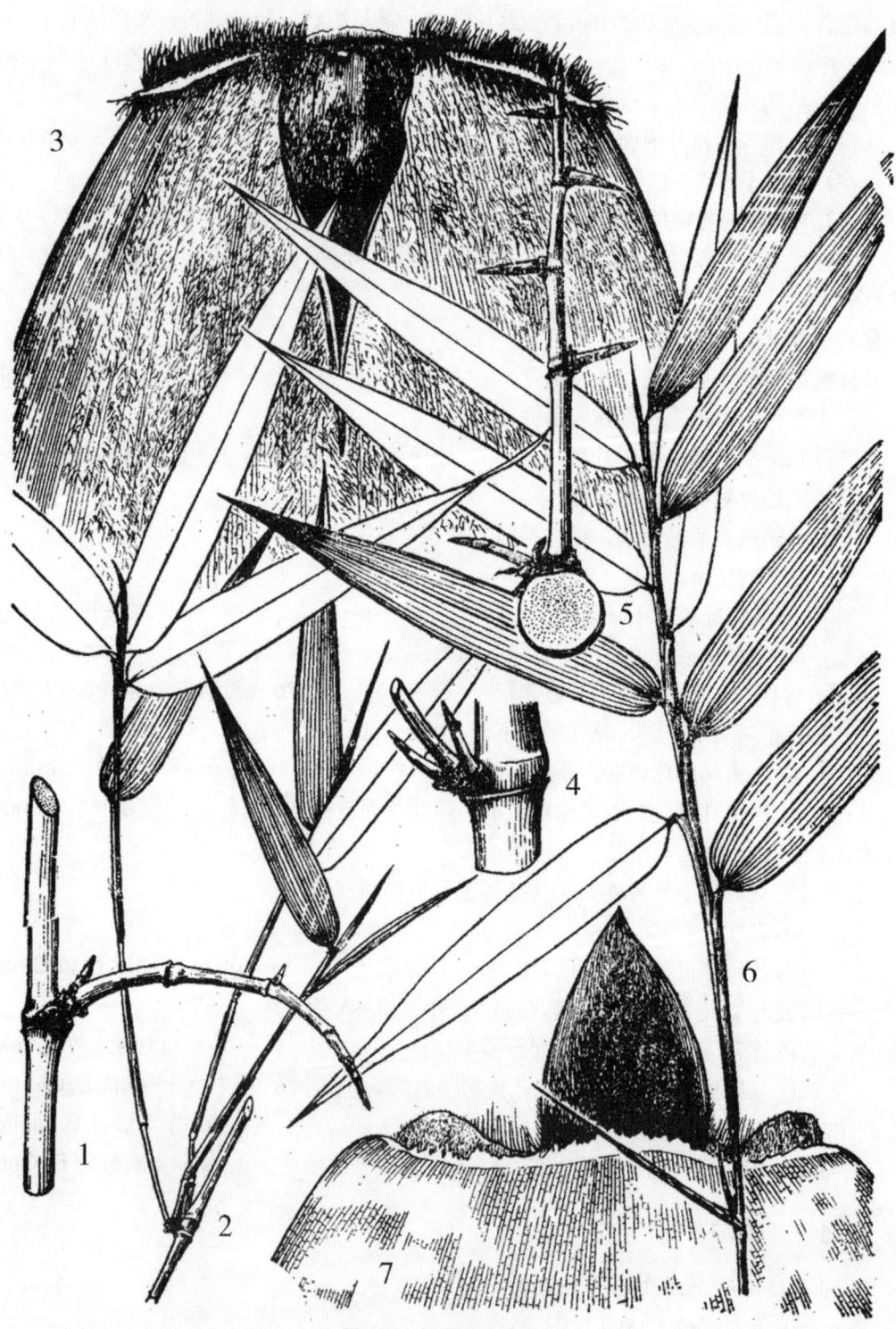

图637 刺竹和车筒竹

1—3.刺竹 *Bambusa blumeana* Schult.

1.枝刺 2.小枝和叶 3.秆箨

4—6.车筒竹 *B. sinospinosa* McClure

4—5.枝刺 6.叶 7.秆刺

刚毛；箨耳显著，左右近相等，向外翻转，边缘密生褐色繸毛，箨舌高约5毫米，边缘撕裂状。分枝低，下部主枝常为1，上部可为3，平伸；部分侧枝和次生枝短缩为刺。叶5—12生于具叶小枝上，叶鞘无毛；叶片披针形，长6—18厘米，宽1.1—2.0厘米，基部圆或截平，下面沿中脉具白色短绒毛，次脉4—6对；叶耳较明显并具繸毛；叶舌低，截平或细齿状。笋期7—8月。

产勐腊、元阳、金平、河口，以至东部的罗平等县，多栽培于路边和村寨附近。广东、广西、福建和台湾也多栽培。

秆形高大，秆壁厚实，材质坚硬，常作梁柱、扁担及家具之用；笋味苦，不宜鲜食。

2.车筒竹　图637

Bambusa sinospinosa McClure（1940）

秆直立，高10—24米，直径5—15厘米；节间绿色，无毛，长约30厘米，分枝一侧稍扁，秆壁厚1.5—3厘米；节隆起，箨环密生棕色刺毛。秆箨脱落；箨鞘长三角形或略作矩形状，厚革质，背面基部具少量刺毛，鞘口截平或微凹；箨片卵状三角形，下部者直立，上部者外翻，背面无毛，内面密生向上的黑色刺毛；箨耳显著，左右相等，长半卵圆形，内面常密生浅棕色短刺毛，边缘具繸毛；箨舌高3—6毫米，具长约4毫米的纤毛。分枝低，三主枝明显，侧枝和次生枝短缩为硬刺。叶6—11生于小枝上；叶鞘无毛；叶片线状披针形，长8—20厘米，宽1—2厘米，先端渐尖，基部截平至楔形，叶柄长1.5—3毫米；叶耳不明显，有时具繸毛；叶舌低矮。笋期7—9月。

产德宏、西双版纳、红河、文山、昭通等地区，散见于村寨附近，盈江羯平河沿岸有较大面积竹林。广东、广西、贵州和四川等省（区）均有分布。

秆高径粗，壁厚坚韧，多用于建筑、护墙围篱；笋味苦，可腌食。

3.木竹　图638

Bambusa rutila McClure（1940）

秆直立，高6—10米，直径4—7厘米；节间于分枝一侧稍扁，长25—33厘米，幼时表面疏生红棕色小刺毛，秆壁厚，基部者近实心；秆环稍隆起，箨环具箨鞘残留物。秆箨迟落，革质，长约为节间的2/3；箨鞘稍短宽，鞘口宽为底部的1/2—1/3，一肩较窄稍抬升，另一肩较宽稍下延，使整个鞘口呈偏斜状，背面无毛或有时两侧沿纵肋疏生棕色刺毛；箨片直立，三角形至狭卵状三角形，宽约为鞘口的1/3，背面几无毛，内面中下部贴生浅棕色向上的小刺毛；箨耳极显著，不等大，卵形，常有纵褶，边缘具向外弯曲的繸毛；箨舌高3—5毫米，深锯齿状。分枝低，1或3主枝显著；主枝基部两侧及其次级分枝的基部两侧常具数枚硬刺；小枝具叶5—9。叶鞘无毛；叶片长披针形，长10—25厘米，宽1.5—3厘米，下面疏生短绒毛；叶柄不显著；叶耳不明显，有时具繸毛。笋期7—9月。

滇东南地区河边、荒坡常有栽培，亦见于广东和贵州。

秆壁厚，材质坚韧，常用以制作扁担、椽子和竹绳；笋味苦，不宜鲜食。

图638 木竹和油簕竹

1—3.木竹 *Bambusa rutila* McClure

1.叶 2.秆箨 3.枝和枝刺

4—5.油簕竹 *B. lapidea* McClure

4.枝和枝刺 5.秆箨

4.油箭竹　"绵竹"（普洱）图638

Bambusa lapidea McClure（1940）

秆直立，高6—10米，直径5—9厘米，下部通直，上部略作"之"字形；秆壁厚；节间圆筒形，长25—35厘米，无毛，幼时青绿色，以后变黄；节隆起，无毛。秆箨厚革质，脱落性，最下部者迟落；箨鞘较短宽，鞘口截平或中部稍隆起，其宽超过底宽的1/2，背面无毛，幼时绿色，干后枯草色；箨片直立，宽卵状三角形，基部圆形收缩，其宽达鞘口的1/2以上，背面几无毛，内面贴生向上的棕色刺毛；箨耳发达，左右极不相等，或有时位于基部者近相等，卵形，常具纵褶，内面具棕色绒毛，边缘缝毛易脱；箨舌高3—4毫米，边缘具细齿或纤毛。分枝低，3主枝显著，部分侧枝和次生枝退化为较短的硬刺和软刺，小枝具叶3—12。叶鞘无毛，光亮；叶片线状披针形，长10—25厘米，宽1—3厘米，先端渐尖，基部圆形或心形，两面无毛；叶柄短；叶耳常不存在，缝毛易落；叶舌低矮。笋期6—8月。

产德宏、临沧、西双版纳、普洱、大理、楚雄等地。广东、广西多栽培。

秆材壁厚、坚实，多用作梁柱、椽子、脚手架、扁担、围篱，极少用于编织。笋可腌食。

5.灰秆竹　图639

Bambusa polymorpha Munro（1868）

秆直立，梢头微弯，高12—20米，直径7.5—15厘米，全秆密被宿存的白色绢毛，节间圆筒形，长30—45厘米；秆环平。秆箨宿存，革质；箨鞘短宽，长约为节间的1/2，鞘口宽可达20厘米以上，中部隆起，两肩稍下延，背面密被宿存的白色和浅棕色两种绢毛；箨片宽卵状三角形，上部边缘内卷或内折，下部——圆形具刚毛，基部下延成显著的箨耳；箨耳等大，条形，长2—5厘米，宽1—1.5厘米，具较细密的纵皱褶，边缘具长1厘米以上的坚脆刚毛，背面连同箨片背面均密被浅棕色绢毛，内面较少。分枝高，枝细短而密，无主枝或仅1枝稍粗长。叶7—12生于小枝顶端；叶鞘无毛；叶片狭披针形，长9—14厘米，宽1—1.5厘米，两面粗糙；叶柄不明显，长约1毫米；叶耳小，有缝毛。笋期7—8月。

产勐腊县，生于季雨林地区，也有少量栽培。缅甸、泰国和印度等国有分布。

材质较柔软，不易破裂，多用于制作锅刷、扎篾、竹绳，也可用于编织。

6.硬头黄竹　图640

Bambusa rigida Keng et Keng f.（1946）

秆直立，梢头微弯，高5—12米，直径3—8厘米，基部秆壁厚1—2厘米；节间圆筒形，长25—35（50）厘米，无毛，有白色蜡粉；秆环平；箨环稍具箨鞘残留物。秆箨迟落；箨鞘长宽相近或稍狭长，长约为节间长的1/2，鞘口中部圆弧状隆起，幼时浅绿色，背面具白粉，无毛或仅两侧被易落的棕色小刺毛；箨片直立，三角形至狭三角形，基部较少作圆形收缩，背面无毛，内面疏生向上的灰色刺毛，下部边缘具短纤毛；箨耳显著，半圆形，不等大，较大者常明显下延，两面无毛，边缘具长约8毫米的缝毛，缝毛易落；箨舌高2—4毫米，边缘具短纤毛。分枝较低，小枝多数，主枝1或3，较平伸。叶5—12生于小枝顶端；叶

图639 灰秆竹和龙头竹

1—2.灰秆竹 *Bambusa polymorpha* Munro

1.小枝和叶 2.秆箨

3—5.龙头竹 *B. vulgaris* Schrader ex Wendland

3.枝 4.小枝和叶 5.秆箨

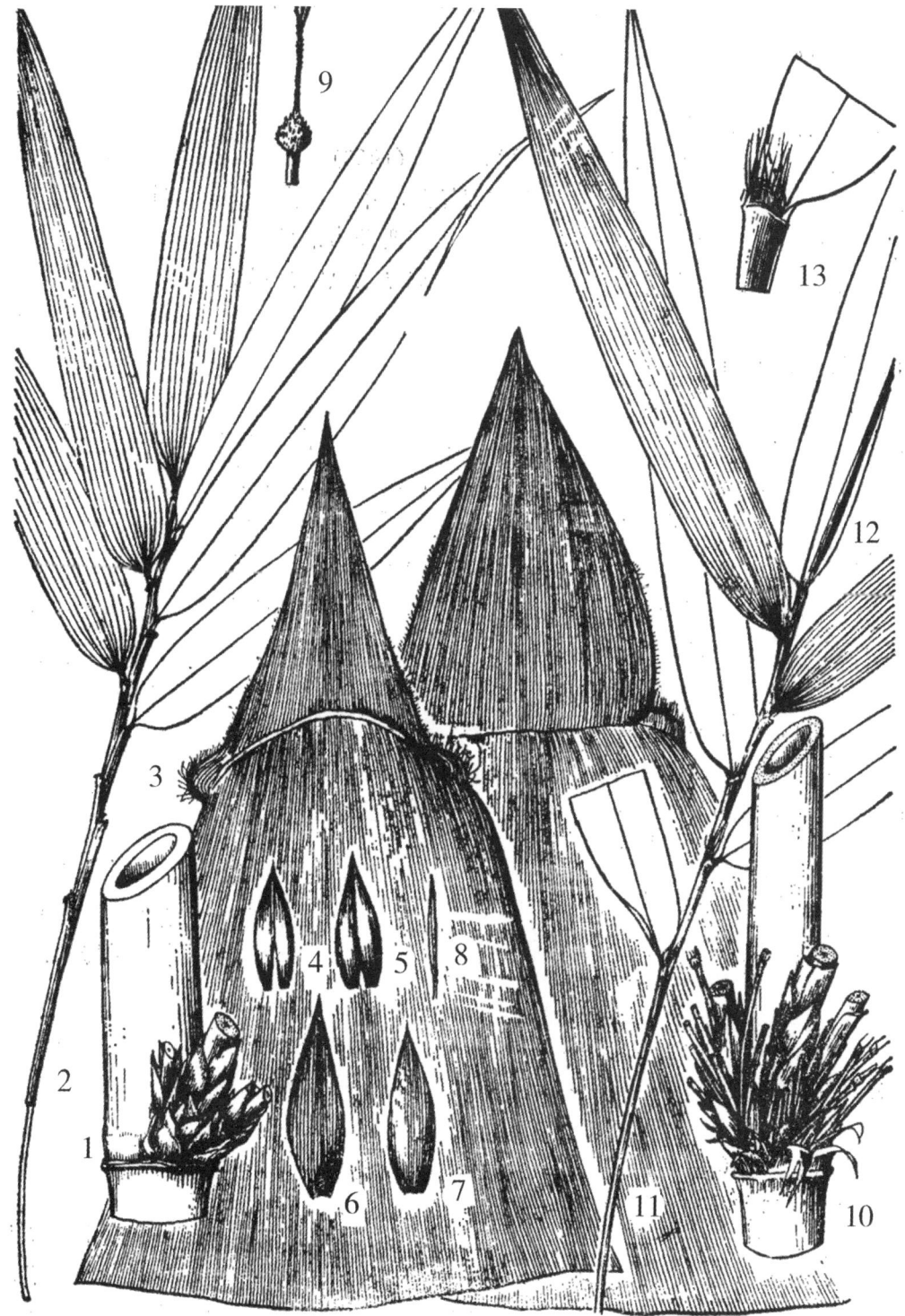

图640 硬头黄竹和大薄竹

1—9.硬头黄竹 *Bambusa rigida* Keng et Keng f.

1.秆的一段 2.小枝和叶 3.秆箨 4.第一颖 5.第二颖 6.外稃 7.内稃 8.雄蕊 9.雌蕊

10—13.大薄竹 *B. pallida* Munro

10.秆的一段 11.秆箨 12.小枝和叶 13.叶耳及繸毛

鞘无毛；叶片狭披针形，长12—24厘米，宽1.2—1.8（2.6）厘米，下面稍被短绒毛；叶柄长2—3毫米；叶耳不明显，具少量繸毛；叶舌极低矮。假小穗簇生于花枝各节；颖卵形，短于7毫米，无毛；小穗具花5，无毛；外稃披针形，长约1.2厘米，内稃膜质，长约1厘米，具二脊；雄蕊6，花药长约5毫米，花丝长1—2毫米；子房微被毛，柱头3裂，羽毛状。笋期7—8月。

产屏边、广南和麻栗坡，散见栽培。广东、广西、贵州和四川等省（区）有分布。

秆壁较厚，幼竹常用于抽竹麻，秆作担架、滑竿、农具柄，少用于编织。

7.龙头竹　"牛角竹"（金平）图639

Bambusa vulgaris Schrader ex Wendland（1810）

秆直立，下部直，中上部微呈之字形，高8—12米，直径6—10厘米；节间长20—30（45）厘米，青绿色，无毛；秆壁较厚；秆环微隆起。秆箨早落，革质；长约节间之半，幼时绿色；箨鞘短宽，鞘口宽约为底部的1/2或稍狭，两肩明显隆起，中央稍作圆弧状隆起，背面密被黑色向上的刺毛；箨片直立，三角形，基部稍收缩，背面无毛或近于无毛，内面基部贴生向上的棕色刺毛，下部边缘常具硬、脆的长刚毛；箨耳极显著，等大或稍不等大，条形至卵形，斜向上伸展，边缘具硬、脆的长刚毛；箨舌高约1—2.5毫米，边缘具细锯齿。分枝低，主枝常为1，稀为3，小枝具叶7—9。叶鞘无毛；叶片披针形，小枝下部者较短宽，上部者渐狭长，基部心形至楔形，长13—24厘米，宽1.6—3.5厘米，两面无毛；叶柄长3—5毫米；叶耳较明显，常无繸毛。笋期7—8月。

勐腊、普洱和金平等县有少量栽培。广东栽培较广。缅甸、泰国有分布。

秆壁较厚，多用作担架、椽子、围篱，也可用于编织。

7a.黄金间碧玉　"埋罕"（泰语）图641

Bambusa vulgaris cv. Vittata（A. et C. Riviere）Chia（1988）

B. vulgaris var. *vittata* A. et C. Riviere（1878）

B. vulgaris var. *striata* Gamble（1896）

与原变种区别在于秆和枝金黄色而具绿色纵条纹，叶绿色而常具黄条纹。

滇西、滇南、滇东以至滇中地区均广为栽培。也常见于四川、贵州、广西、广东、福建等省（区）。缅甸、泰国、越南有分布。

秆、枝、叶黄绿条纹相间，具有很高的观赏价值，适应性也较强，是优良的庭园绿化和观赏种竹。

7b.佛肚竹　图642

Bambusa vulgaris cv. Wamin McClure（1966）

与原变种区别在于秆和部分枝条的节间短缩，中部膨大，形如佛肚。

栽培于西双版纳和普洱部分地区。广东、广西较为常见。

秆型奇特，是著名的庭园观赏竹种，多作成盆景供室内观赏。

图641　黄金间碧玉和府竹

1—3.黄金间碧玉 *Bambusa vulgaris* cv. Viitata Chia

1.秆枝　2.秆箨的一部分　3.小枝和叶

4—5.府竹 *B. nutans* Wall.

4.小枝和叶　5.秆箨

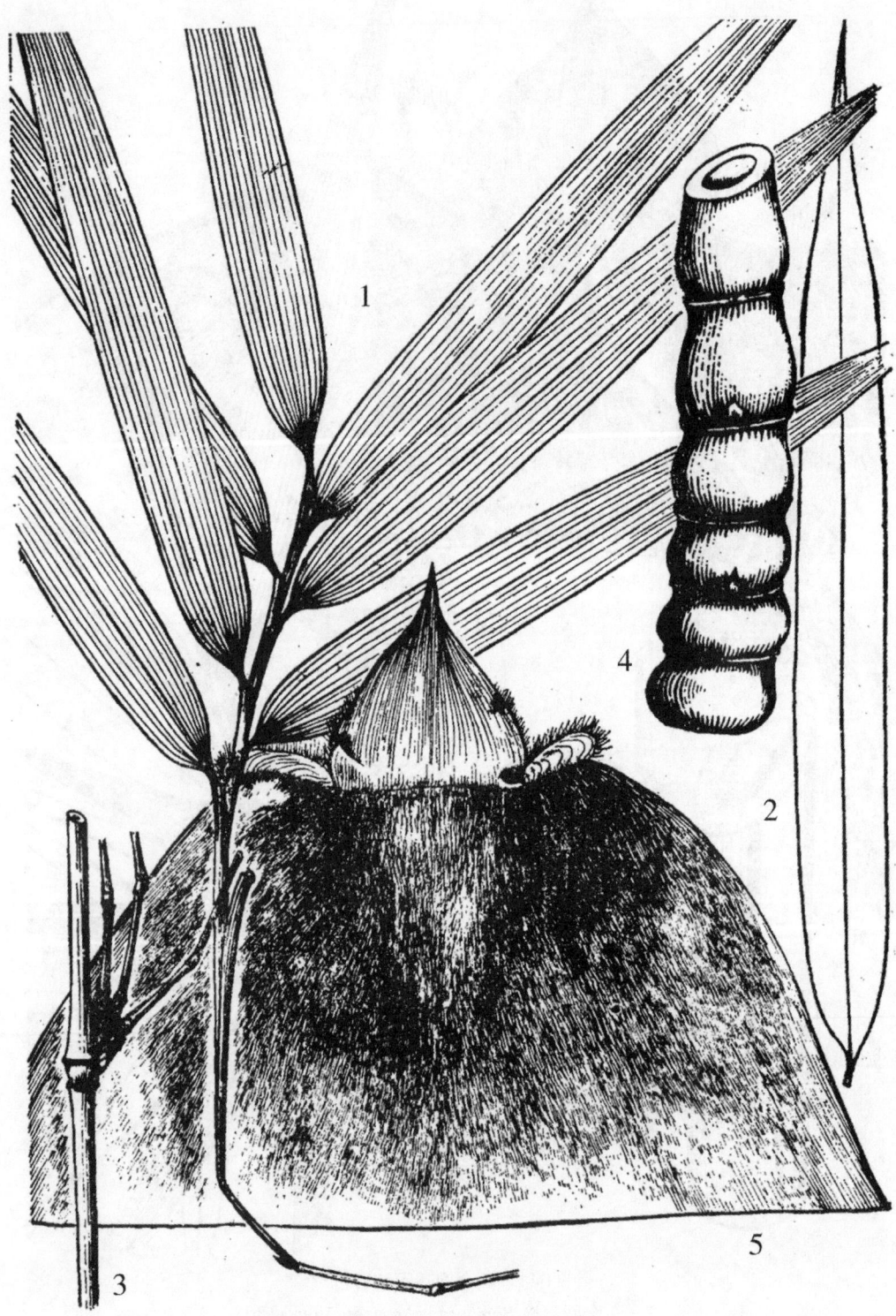

图642　佛肚竹 *Bambusa vulgaris* cv. Wamin
1.小枝和叶　2.叶（示完整的形态）　3.枝　4.秆　5.秆箨

8.缅竹　图643

Bambusa burmanica Gamble（1896）

秆直立，梢头微弯曲，高8—15米，直径7—12厘米；节间圆筒形，长35—45（60）厘米，幼时被白粉；秆壁厚1—2.5厘米；秆环稍隆起。秆箨早落，革质，长约为节间的1/2，幼时绿色；箨鞘较短宽，鞘口圆三角状隆起，宽为基部的1/2或更宽，背面被黑色刺毛，两侧较密，毛脱落后，留下点状痕迹；箨片直立，宽卵状三角形，上部稍急尖，基部圆形，收缩，背面无毛，内面贴生向上的棕色小刺毛，基部边缘常具有少量短纤毛；箨耳显著，条形至半圆形，宽3—5厘米，高1.5—2厘米，边缘具长达1厘米的弯曲繸毛，箨舌高1—2毫米，边缘细齿裂。分枝低，3主枝显著；小枝具叶7—9。叶鞘无毛；叶片披针形，长12—24厘米，宽1.8—3厘米，先端渐尖，基部截平至楔形，背面被白色短绒毛，叶柄长2—4毫米；叶鞘口两肩耸起成叶耳状，繸毛早落；叶舌高约1毫米，截平。假小穗簇生于无叶花枝各节，圆形，长3—4厘米，具花4—5朵，颖4—5，无毛，自下而上增大，渐同于外稃，下面各颖的腋部具一极小的潜伏芽，最上面一颖此潜伏芽常不存在或几不可见；外稃黄绿色，多脉，无毛，长15—16毫米；内稃膜质，枯草色，长10—12毫米，于两脊上微具短柔毛；鳞被3，膜质，长约1毫米，上部具短纤毛；雄蕊6，长约8.5毫米，花丝极短，长约1毫米；子房上部被毛，花柱1，柱头3裂。

盈江、陇川、瑞丽等地栽培于村寨附近。印度、缅甸有分布。

秆直、径粗，当地多用以建房、围篱，也可破篾编织。

9.府竹　图641

Bambusa nutans Wall.（1868）

秆直立，稍头弯曲，高7—12米，直径6—10厘米；节间长28—40厘米，幼时被白粉；秆壁厚；秆环平，节内及箨环下具双毛环。秆箨早落，革质，初时绿色，干后暗黄色；箨鞘短宽，长约为节间之半，鞘口截平或稍弧形隆起，宽超过基部的1/2，背面除一侧密生向上的黑色刺毛外，其余常密或疏被暗棕色绒毛，毛脱落后，表而平滑，基部具一卷棕色刚毛环；箨片直立，宽卵状三角形，先端渐尖，基部圆形而较少收缩，宽为鞘口宽的8/10，内面贴生向上的棕色小刺毛，背面贴生棕色小刺毛和绒毛；箨耳极显著，半圆形，近等大，具皱褶，背面被暗棕色绒毛，边缘具弯曲的繸毛，箨舌高4—7毫米，边缘具纤毛。分枝稍低，枝条多数，3主枝明显，小枝具叶7—13。叶鞘无毛；叶片狭披针形，长12—20厘米，宽1.2—1.8厘米，上面无毛，下面稍被灰色短绒毛；叶柄不明显；叶耳常缺失，繸毛易落；笋期7—8月。

产耿马，栽培于村寨附近。缅甸、泰国有分布。

秆壁厚，材质坚韧，常用于建房、围篱、扁担等。

10.大薄竹　图640

Bambusa pallida Munro（1868）

秆直立，梢头弯曲，高6—10米，直径6—8厘米。节间长30—50（57）厘米，光滑，幼

图643 缅竹 *Bambusa burmanica* Gamble
1.秆和分枝 2.小枝和叶 3.秆箨的腹面 4.秆箨的背面 5.小穗 6.外秤
7.内秤的背、腹面 8.鳞被 9.雌蕊 10.雄蕊

时绿色，被白粉，秆壁较薄；秆环平，基部各节具气生根。秆箨早落，短于节间，幼时绿色，被白粉；箨鞘鞘口截平，宽达基部的1/2以上，背面无毛或贴生极少量的棕色刺毛；箨片直立，三角形，长常大于宽，基部稍收缩，宽达鞘口宽的8—10以上，两面无毛或内面贴生少量小刺毛；箨耳小，肾形至半圆形，近等大，宽约1厘米，高约0.5厘米，边缘具弯曲繸毛，长达1厘米；箨舌高约1.5厘米，近全缘。分枝较高，枝条多，细而短，上部3主枝稍明显，小枝具叶7—9。叶鞘无毛；叶片狭披针形，长12—23厘米，宽1.3—2.2厘米，先端稍急尖，基部楔形，上面无毛，背面密被银灰色短绒毛；叶柄不明显；叶耳显著，肾形，具繸毛；叶舌极低。笋期6—8月。

产盈江、芒市，村寨附近散见栽培。缅甸、泰国有分布。

秆通直，壁薄，节平，是较好的篾用竹。笋可食用。

11. 青皮竹　图644

Bambusa texitilis McClure（1941）

秆直立，梢头微弯，高8—10米，直径5—6厘米；节间圆筒形，长30—55厘米，幼时被白粉和少量倒生刺毛，以后逐渐脱落；秆壁薄，厚3—5毫米；秆环平；箨环具鞘基残留物。秆箨早落，革质，长约节间之半，幼时深绿色，干后枯草色；箨鞘稍狭长，箨口宽约为基部的1/2，中部稍弧形隆起，背面无毛；箨片略狭三角形，先端渐尖，基部稍收缩，背面无毛，内面疏被短刺毛；箨耳较小，椭圆形，常不等，较大者稍下延，边缘具短繸毛；箨舌低，高约2毫米，疏生纤毛。分枝较高，枝下各节具或不具休眠芽；枝条密，细而短，无主枝或2—3枝略粗长。叶4—8生于小枝顶端；叶鞘无毛；叶片狭披针形，长10—25厘米，宽1.5—2.5厘米，先端尖锐，基部楔形，背面疏被短绒毛；叶耳常较显著，镰刀形，具辐射状繸毛；叶舌极低矮。笋期6—8月。

产文山及西双版纳等地，少见栽培。广东、广西栽培广泛。

发笋多，生长快，竹丛密，秆通直，壁薄，节平，材质柔韧，劈篾性极好，是华南地区普遍栽培的最好的篾用竹种之一，适宜于我省南部地区推广种植。

12. 绵竹　图645

Bambusa intermedia Hsueh et Yi（1984）

秆直立，稍头劲直或微弯，高7—12米，直径3—7（10）厘米，节间圆筒形，长30—45（55）厘米，幼时深绿色，有时具紫褐色纵条纹，微被白粉及稀疏白色小刺毛，老后光滑；秆壁厚可达2厘米；秆环平；箨环稍隆起，具鞘基残留物，节内幼时被白色绒毛。秆箨早落，短于节间；箨鞘革质，稍狭长，顶端微凹或略呈山字形，背面贴生棕色至黄色刺毛；箨片卵状披针形，外翻或基部者立，基部收缩，宽约为鞘口宽的1/3，内面贴生小刺毛；箨耳不显著，常具繸毛；箨舌高3—5毫米，具繸毛。分枝较高，1或3主枝显著。叶5—12生于小枝顶部；叶鞘无毛；叶片长披针形，长7—18厘米，宽1—2.5厘米，基部心形、截平，较少为楔形，背面具绒毛；叶柄长达5毫米；叶耳明显，具直立繸毛；叶舌低矮。假花序；小穗簇生于无叶小枝各节上，稍扁，长2—4厘米，着花约10，各花近2列排列；小穗轴具关节，易折断；小穗无毛；颖2—5，自下而上增大，最内一枚长约6毫米；外稃长约9毫

图644 青皮竹和孝顺竹

1—2.青皮竹 *Bambusa texitilis* McClure

1.叶 2.秆箨

3—5.孝顺竹 *B. multiplex*（Lour）Raeuschel

3.叶 4.秆 5.秆箨

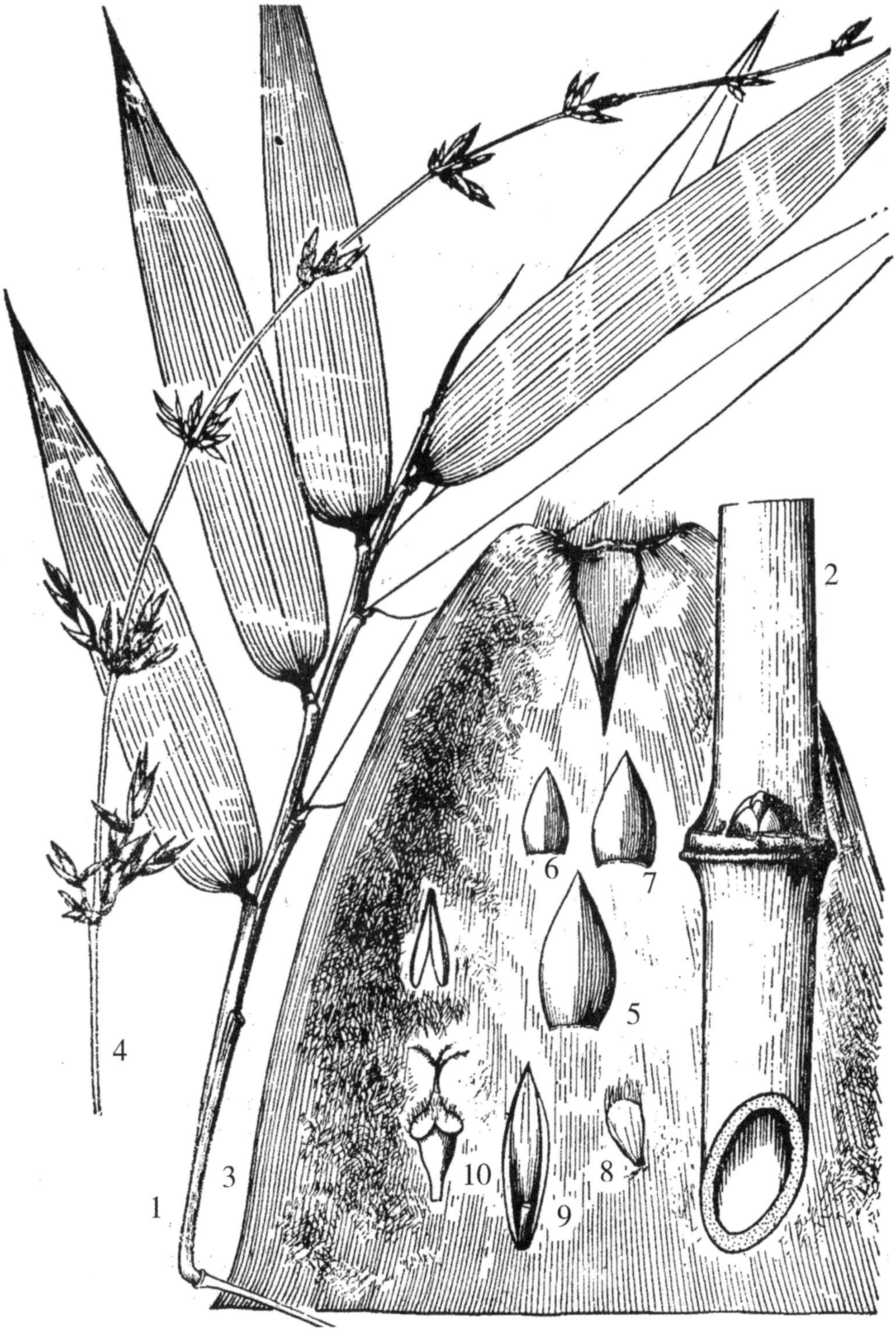

图645　绵竹 *Bambusa intermedia* Hsueh et Yi
1.叶　2.秆的一般　3.秆箨　4.花枝　5.外稃　6.颖　7.内颖
8.鳞被　9.内稃　10.雌蕊　11.雄蕊

米，先端具小尖头；内稃稍长于外稃，具2脊，相距较宽，先端尖，背面端部具微毛；鳞被3，倒卵形，长约2毫米，具纤毛，雄蕊6，花药长约4.5毫米，花丝丝状，成熟后长约6毫米；子房上部被白毛，稍具柄；柱头3，羽毛状。笋期7—8月。

滇西、滇中、滇东南、滇东以至滇东北，常于村寨附近小片栽培，禄丰市罗川河沿岸有较大面积的竹林。贵州、四川等省（区）较常见。与慈竹（Sinocalamus affinis）相比，更能适应较为干热的生境，是云南干热坝区较理想的造林竹种。

秆壁厚，材质坚韧，破篾性好，多用于编织，也可做中小型杆材使用。

13.孝顺竹　"凤凰竹"（竹林培育）图644

Bambusa multiplex（Lour.）Raeuschel（1797）

秆直立，高4—6米，直径2—4厘米；节间圆筒形，基部数节较长，可达40厘米；秆壁较薄，幼时绿色，具白粉，上部疏被黑色刺毛，毛脱落后留下麻点状痕迹；秆环平；秆箨早落，硬脆，革质，长为节间的1/4—3/4；鞘口半圆形，一侧较偏斜，宽为基部的1/2以上，背面无毛；箨片狭三角形，先端渐尖，基部与鞘口同宽，背面无毛，内面上部常疏被短刺毛；箨耳缺失或稀甚小而具纤毛；箨舌不显著，高约1.2毫米，全缘。分枝较高，枝条多数，主枝不显著，小枝具叶9—11。叶鞘无毛；叶片狭披针形，长8—18厘米，宽1—1.5厘米，先端渐尖，基部截平至楔形，上面无毛，下面稍具短绒毛；叶柄不明显；叶耳显著，具直立缝毛；叶舌极低矮。笋期7—8月。

滇西、滇南、滇东、滇中及滇东北各地均有栽培。长江以南各省区也较常见。是竹类植物中分布最广、适应性最强的种类之一。

中小型竹类，秆丛密，枝叶茂盛，各地多作庭园绿化和观赏之用；竹秆节间较长，节平，材质坚韧，也可用于编织。

14.粉单竹　图646

Bambusa Chungii McClure（1936）

Lingnania Chungii（McClure）McClure（1930）

秆直立，梢头微弯曲，高8—10（18）米，直径.6—8（10）厘米；节间圆筒形，长40—60（100）厘米，幼时被白色蜡粉，无毛；秆壁薄，厚3—5毫米。秆环平，最初密生一圈向下倒生的棕色刺毛，以后则渐脱落；箨环具一圈鞘基残留物。秆箨早落，革质，坚脆；箨鞘较狭长，鞘口微凹，宽约为基部宽的1/2，两侧边缘常呈薄膜状，背面疏被金黄色至棕色刺毛并具白粉；箨片外翻，狭卵状三角形，边缘内卷，基部明显收缩，背面无毛，内面贴生小刺毛；箨耳不显著或稀可为狭条状，具长约1厘米的坚脆刚毛；箨舌高约2.5毫米，边缘细齿裂。分枝较高，主枝不明显，小枝多数，细短而近相等。叶6—8生于小枝顶端；叶鞘无毛；叶片长披针形，长12—20厘米，宽1.5—3厘米，先端渐尖，基部楔形不对称，背面稍具短绒毛；叶柄长1—2毫米；叶耳显著，镰刀形，缝毛放射状；叶舌低平。笋期6—8月。

产文山州各县，村寨附近散见栽培。广东、广西及湖南等省（区）较为常见。

秆直，壁薄，节平，节间长，物质坚韧，为优良的篾用竹种之一。

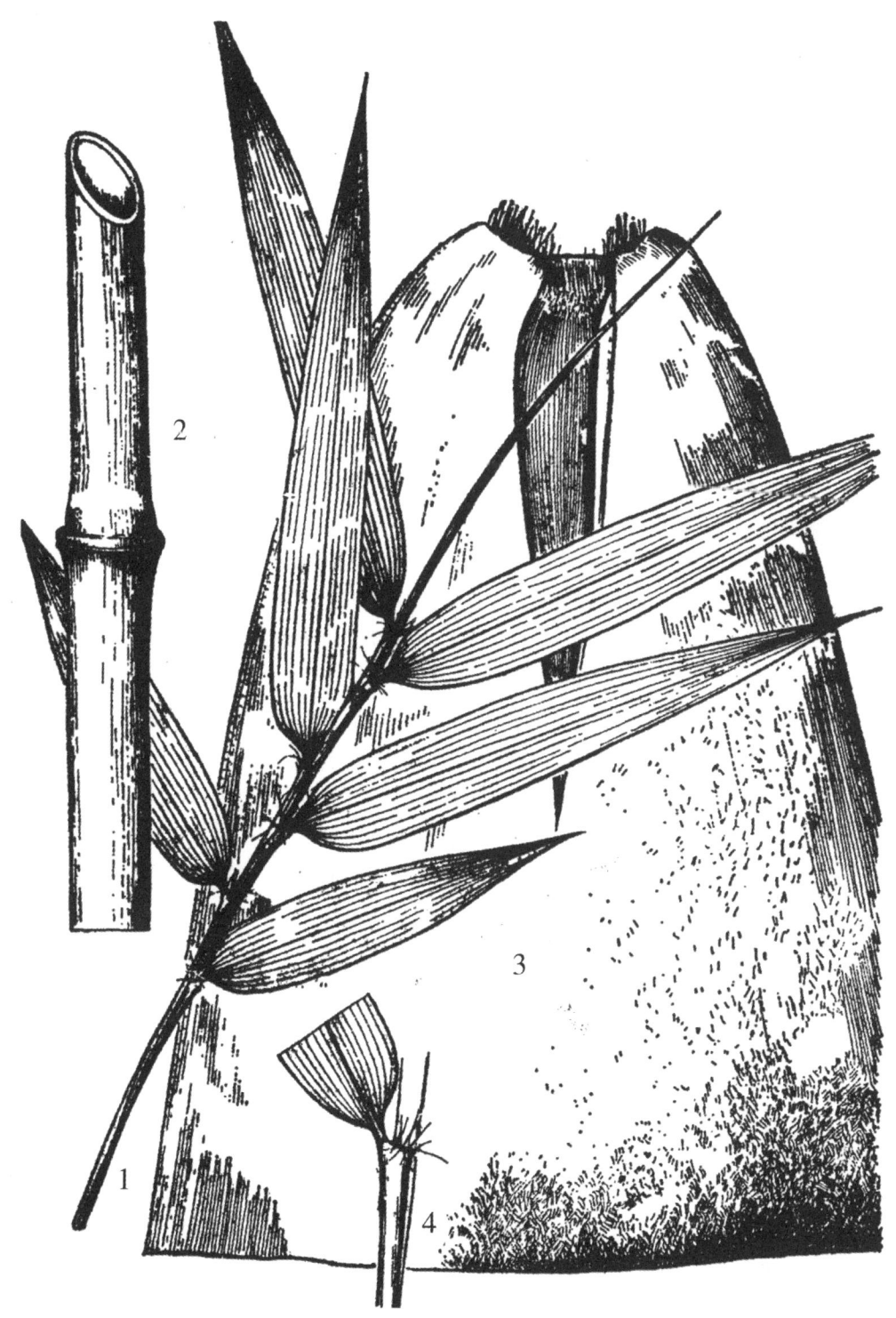

图646　粉单竹 *Bambusa Chungii* McClure
1.叶　2.秆　3.秆箨　4.叶鞘

10. 慈竹属 Neosinocalamus Keng f.

地下茎合轴丛生。秆中型,梢头纤细,下垂;节间较长,秆壁薄,中空大,秆环平。箨鞘长圆形,革质,内面光亮,背面密被贴生棕色刺毛;箨片卵状披针形,直立或外翻,箨耳缺;箨舌较发达。分枝多数,呈半轮生状,主枝通常不发达。叶在小枝上数枚至10余枚,叶鞘光滑,叶质薄。小穗无柄,簇生于花枝各节上,小穗轴具关节但不脱落,成熟时整个小穗脱落;每小穗含4—5花,上部花退化不育;颖片2至多枚;外稃宽卵形,顶端具小尖头,边缘生纤毛;内稃较外稃狭,背部具二脊;鳞被3;雄蕊6,花丝分离;子房被柔毛,花柱1,柱头2—3,羽毛状。颖果。笋期6—9月。

本属仅1种,我国特有。广泛栽培于四川、贵州、云南、广西、湖南、湖北西部、陕西南部,甘肃、广东、福建、江西、浙江等省也有栽培。

慈竹(高等植物图鉴)　"钓鱼慈"(昆明)图647

Neosinocalamus affinis(Rendle)Keng f.(1983)
Sinocalamus affinis(Rendle)McClure(1940)
Dendrocalamus affinis Rendle(1904)

秆高达15米,顶端细长作弧形下垂,呈钓丝状;节间圆筒形,初时贴生灰白色或褐色小刺毛,后脱落,节间长20—45(60)厘米,径3—6厘米,壁厚3—5毫米;秆环平;箨环微隆起,具鞘基残存物;节内长1厘米,上下各有一圈毡状白色绒毛。箨鞘长28厘米,宽22厘米,鞘顶呈山字形,稀平截;箨舌高约3毫米,顶端呈齿状,并具长3—5毫米的繸毛;箨片长22厘米,宽4厘米,基部略收缩且在腹面密被棕色刺毛,背面粗糙,疏生灰白色小刺毛,纵脉清晰。分枝多数,通常平展,有时具不太显著之主枝。叶鞘无毛;鞘口有时具1至数枚白色繸毛;叶舌高约1毫米,边缘具锯齿;叶耳缺;叶片披针形,长10—30厘米,宽1—3厘米,边缘具细锯齿,侧脉6—9对,小横脉不明显。花枝常成束生于节上,有时具叶;小穗2—4簇生于花枝各节,长卵形,紫色,长约1厘米;小穗轴节间长约2毫米,体扁,微糙;颖片2或更多,向上渐大,长2—6毫米;外稃长7毫米,宽4毫米,具13—15脉;内稃略短于外稃,脊上着生小纤毛;鳞被通常为卵状圆形,透明,边缘呈纤毛状;雄蕊6,花丝分离;子房被白柔毛,花柱1,或长或短,柱头2—3,羽毛状。果实为囊果状,纺锤形,上部具微毛,腹沟较宽,果皮质薄,黄棕色,易与种子分离。

栽培于滇中、滇西及滇东北海拔900—2400米的地区;在南部仅见于普洱、文山和红河州北部。

喜温凉湿润,有较强的耐寒和抗旱能力,在适当蔽荫和潮湿的地方生长良好。多采用母竹移植和埋杆(节)育苗繁殖造林。

秆壁薄,节间长,材质柔韧,为优良篾用竹,多用于编制农具、家具、工艺品等;其纤维细长,是造纸和人造丝的优良原料,并用于制作竹索、竹缆等;竹茹、竹叶心用作中药,有清凉解热的功效;此外,也是庭园绿化、行道树和固堤的上乘竹种。

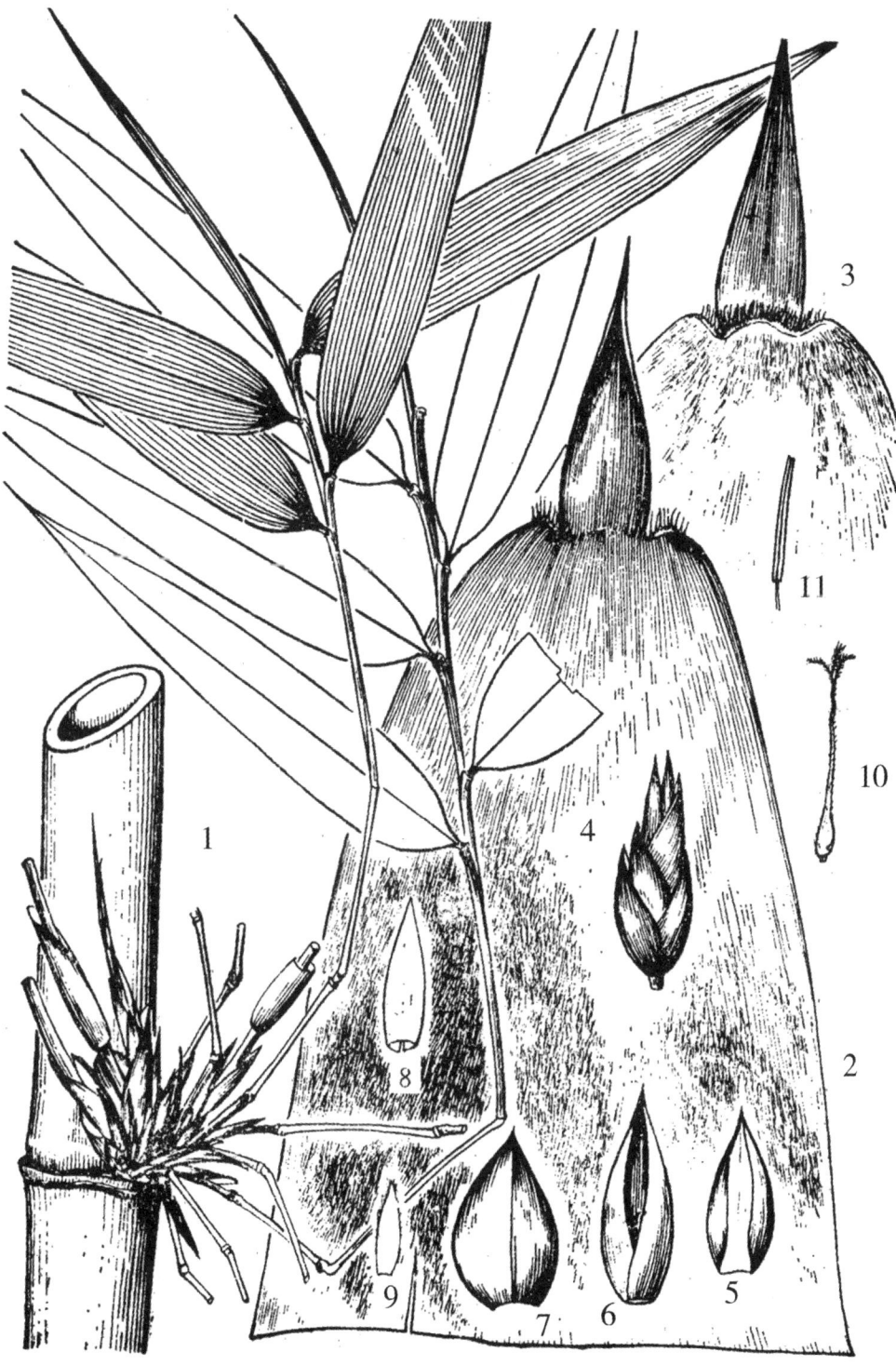

图647 慈竹 *Neosinocalamus affinis*（Rendle）Keng f.
1.秆的一段及枝叶 2.秆箨的背面 3.秆箨的腹面 4.小穗 5.颖片 6.外稃的腹面
7.外稃的背面 8.内稃 9.鳞片 10.雌蕊 11.雄蕊

11. 牡竹属 Dendrocalamus Nees（1834）

乔木状竹类。地下茎合轴型。秆丛生，常直立，梢头常下垂；节间圆筒型；每节多分枝，主枝发达或有时不发育。秆箨脱落性，革质；箨耳不明显或缺如；箨舌明显；箨片常外翻。叶耳常不发育；叶片通常较宽大，基部楔形或宽楔形。小穗无柄，数枚至数10枚簇生状生于花枝各节上，具3至多花，顶生花常不发育或退化；小穗轴极短缩，不具关节；颖1至数枚，卵圆形，多脉；外稃似颖，向小穗顶端依次变狭长，有时先端具刺芒状尖头；内稃于下部花者具二脊，于最上一完全小花或仅具1花者无脊而圆卷，或梢具脊而脊上无毛；鳞被缺如；雄蕊6，花丝分离；子房卵形，被毛，具短柄；花柱长而背毛，柱头单一，羽毛状。颖果小，果皮硬壳状。笋期6~10月。

本属约43种，分布于热带亚洲。我国29种，分布于西南至华南、福建、台湾。云南产23种，分布于全省，主产南部地区。

分 种 检 索 表

1.梢头常弯曲；分枝较矮，三主枝发达；叶片常狭窄；小穗先端常具刺状尖头。
　2.小穗常排列成头状；箨片外翻。
　　3.秆箨鞘口缝毛不发达，箨片基部被小刺毛。
　　　4.秆箨长于节间；节间被白粉；箨舌高1厘米 ………… 1.黄竹 D. membranaceus
　　　4.秆箨短于节间；节间被绒毛；箨舌高0.4—0.5厘米 …… 2.缅甸龙竹 D. birmanicus
　　3.秆箨鞘口及箨片基部密被淡棕色鬃状毛。……………… 3.小叶龙竹 D. barbatus
　2.小穗不排列成头状；箨片直立 ……………………………… 4.椅子竹 D. bambusoides
1.梢头长下垂；分枝较高，主枝不明显或仅有1主枝；叶片较宽大；小穗常无刺状尖头。
　5.秆高常在15米以上，径10厘米以上；箨舌先端具锯齿或全缘，稀具流苏状纤毛。
　　6.小穗渐尖，含5—8花，成熟时各花间不张开或略张开。
　　　7.箨耳不明显或缺如；叶耳缺如，或有时极小。
　　　　8.箨片直立；内稃先端尖锐。
　　　　　9.秆幼时被白粉。
　　　　　　10.叶耳小，具数枚长0.5—0.7厘米之缝毛；叶下面具柔毛；外稃较长 ………
　　　　　　………………………………………………… 5.福贡龙竹 D. fugongensis
　　　　　　10.叶耳缺如；叶下面无毛；外稃较短 …………… 6.西藏龙竹 D. tibeticus
　　　　　9.秆被银白色柔毛 …………………………………… 7.美穗龙竹 D.calostachyus
　　　　8.箨片外翻或近直立；内稃先端2裂或凹陷。
　　　　　11.秆基部数节常畸形；秆箨宿存，箨片近直立；小穗长达3.5厘米 ……………
　　　　　………………………………………………………… 8.歪脚龙竹 D. sinicus
　　　　　11.秆节间正常秆箨早或退落；箨片外翻；小穗长1—1.5厘米…………………
　　　　　………………………………………………………… 9.龙竹 D. giganteus
　　　7.箨耳明显，其上密被鬃状缝毛；叶耳明显 ………… 10.印度龙竹 D. sikkimensis

6.小穗先端钝或截平，含2—8花，成熟时各花向两侧开展。

  12.秆箨背面无毛或具早落之小刺毛；小穗较宽大。

   13.秆节间幼时被小刺毛，微具白粉。

    14.箨鞘口平截或略成山字形隆起；箨舌高2—4毫米；花枝节间密被灰白色绒毛 ························ **11.建水龙竹 D.jianshuiensis**

    14.箨鞘口凹下；箨舌高5—8毫米；花枝节间密被黄褐色柔毛 ························ **12.云南龙竹 D. yunnanicus**

   13.秆节间幼时无毛，密被白粉。

    15.叶舌高1—2毫米；小穗长1.2—1.5厘米 ········ **13.麻竹 D. latiflorus**

    15.叶舌高3—5毫米；小穗长1.7—2.4厘米 ········ **14.粗穗龙竹 D. pachystachyus**

  12.秆箨背面常具刺毛，有时兼有绒毛；小穗较短小。

   16.小穗密集成球状排列，直径达2.5—3.2厘米。

    17.叶舌高1毫米；花枝节间无毛 ········ **15.巴氏龙竹 D. parishii**

    17.叶舌高3—5毫米；花枝节间被柔毛 ········ **16.野龙竹 D.semiscandens**

   16.小穗球径小于2厘米。

    18.箨舌高1—2毫米；箨片直立 ········ **17.版纳甜龙竹 D. hamiltonii**

    18.箨舌高5—12毫米；箨片外翻。

     19.秆节间幼时被棕色刺毛。

      20.箨鞘背面具刺毛或绒毛 ········ **18.金平龙竹 D. peculiaris**

      20.箨鞘背面仅被刺毛 ········ **19.马来甜龙竹 D. asper**

     19.秆节间幼时被白色绒毛。

      21.小穗长0.7—0.9厘米；秆疏被绒毛 ········ **20.勃氏甜龙竹 D. brandisii**

      21.小穗长0.55厘米；秆密被绒毛 ········ **21.毛龙竹 D. tomentosus**

5.秆高15米以下，径4—8厘米；箨舌先端常具纤毛。

 22.箨环处宿存一圈木栓质盘状物；箨鞘边缘具梳状膜质物；叶舌具长纤毛 ························ **22.碟环慈竹 D.patellaris**

 22.箨环处无木栓质盘状物；叶舌无长纤毛 ········ **23.大叶慈竹 D. farinosus**

1.黄竹（竹子研究汇刊） "埋桑"（西双版纳傣族语）、牡竹（禾本科图说误用）图648

Dendrocalamus membranaceus Munro（1868）

秆高达15米，径7—10厘米，梢头弯曲。节间长34—42厘米，幼时被白粉；三主枝明显，有时仅见三主枝（即每节3分枝）。秆箨早落，厚纸质至革质，长30—50厘米，常较相应的节间长，背面被白粉及早落的黑褐色刺毛；箨耳不明显，波状，被少数长0.5—1厘米繸毛；箨舌高0.8—1厘米，具齿或深裂；箨片外翻，长30—40厘米。叶耳小，具数枚早落繸毛；叶长13—25厘米，宽1—2厘米。花枝各节集生多数小穗而形成一小穗球，直径2.5—5厘米；小穗近无毛，长1—1.3厘米，宽0.25—0.5厘米，初为黄绿色，干后淡黄色，具2—4花；颖2至数枚，先端具刺状尖头；外稃似颖，长0.8—0.9厘米，宽0.5—0.6厘米，先端具长

图648 黄竹 *Dendrocalamus membranaceus* Munro
1.秆 2.秆箨 3.花枝 4.叶枝 5.小穗 6.外稃 7.内稃 8.雄蕊 9.雌蕊

1毫米芒状尖头；内稃膜质，长0.7—0.8厘米，宽0.14厘米，先端钝或凹缺；花丝长，花药黄色，或紫色；子房卵形，花柱长0.5—0.6厘米，柱头单一。颖果具宿存花柱。

产耿马、景洪，生于海拔1000米以下低山河谷，常与高山榕、暗罗、八宝树、牛肋巴、红锥等组成竹阔混交林，也可成大面积单优群落。缅甸、越南、老挝、泰国有分布。

繁殖用母竹移栽、带蔸埋秆、埋节、枝条扦插均可。母竹移栽法用一年生母竹，挖取时用利刀或利锄靠竹丛方向砍断，注意保护母竹两侧秆基的笋芽。母竹倒下后切秆，包扎或湿润根部、防止根系干燥。母竹秆高可留0.8—1米。埋节法有节省竹种的优点，但以育苗后上山造林为好。

秆形较大，材质坚硬，是民用建筑的好材料，也大量用于制作竹筷和扁担。其笋漂制后可作笋丝，色味均佳。其造纸性能良好，是重要的优质造纸原料，景洪造纸厂每年约用7000—8000吨其竹材造纸。

1a.花秆黄竹（变型）

f. striatus Hsueh et D. Z. Li（1988）
与原变型区别在于秆节间具黄色条纹，有时秆箨短于节间，箨舌先端流苏状。
产景洪、勐腊。模式标本采自勐腊。
秆节间金黄色，间有碧绿色条纹，是极好的庭园观赏竹种。

1b.毛秆黄竹（变型）

f. pilosus Hsueh et D. Z. Li（1988）
与原变型区别在于秆节间被黄褐色小刺毛。
产景洪、勐腊。模式标本采自景洪。

1c.流苏黄竹（变型）

f. fimbriligulatus Hsueh et D. Z. Li（1988）
与原变型区别在于秆箨短于节间，箨舌先端深裂作流苏状，继毛长0.5—1厘米。
产勐腊。模式标本采自勐腊。

2.缅甸龙竹（竹子研究汇刊） "埋桑"（德宏傣族语）、白麻竹（腾冲） 图649

Dendrocalamus birmanicus A. Camus（1932）
秆高达15米，径8厘米；梢头弯曲；节间长20—28厘米，幼时密被灰白色绒毛；节内宽8毫米；枝下高0.2—0.5米。秆箨早落，厚纸质至革质，背面被暗棕色贴生刺毛；箨耳不发育；箨舌高0.3—0.4厘米，先端具锯齿或有时呈继毛状；箨片外翻，长6—10厘米，宽2—3厘米，腹面具刺毛。叶鞘略具白粉，无毛；叶耳缺如，叶片长16—20厘米，宽1.5—2.5厘米。花枝节间密被锈色绒毛；每节具小穗5—25，小穗具微毛，长0.7—0.8厘米，宽0.2—0.3厘米，具2—3花；颖长0.4厘米，宽0.45厘米；外稃似颖，长0.55—0.7厘米，宽0.4—0.5厘米，先端尖头长0.2—0.5毫米；内稃与外稃近等长、脊间2—3脉，先端钝；花药长3—4毫

图649　小叶龙竹和缅甸龙竹

1—10.小叶龙竹 *Dendrocalamus barbatus* Hsueh et D. Z. Li

1.秆　2.秆箨　3.小枝　4.花枝　5.小穗　6.外稃　7.内稃　8.花　9.雄蕊　10.雌蕊

11—13.缅甸龙竹 *Dendrocdlamus birmanicus* A. Camus

11.秆　12.秆箨　13.花枝

米，伸出花外；花柱细长，柱头单一。笋期7—10月。

产德宏，生于海拔800—1000米低山坝区。缅甸有分布。

3.小叶龙竹（竹子研究汇刊）　"埋桑郎"（西双版纳傣族语）、"埋桑"（金平傣族语）图649

Dendrocalamus barbatus Hsueh et D. Z. Li（1988）

秆高达20米，径10—15厘米，梢头弯曲至下垂；节间深绿色，长26—32厘米；节内及箨环下各具一圈白色绒毛；枝下高0.5—1米。秆箨早落，初为黄棕色，长25—28厘米；箨耳波状，与下延之箨片相连，高0.2—0.3厘米，密被长1厘米之鬓状毛；箨舌高0.5—0.8厘米，先端齿裂；箨片外翻，长10—30厘米。叶耳极小且早落；叶片长10—15厘米，宽1—2厘米。花枝节间之沟槽内密被黄棕色柔毛，长1.5—2.8厘米；每节集生小穗10—25；小穗倒卵形，近无毛，长0.6—0.85厘米，宽0.2—0.4厘米，黄绿色，具2花；颖2—3；外稃长0.6—0.65厘米，宽0.4—0.5厘米，先端具长0.8—1毫米之刺芒状尖头；内稃长0.5—0.6厘米，脊间3脉；花丝长0.6厘米，花药黄色或有时干后带紫色，长0.6厘米；雌蕊长0.6—0.75厘米，柱头单一。笋期7—9月。

产云南西南部、南部至东南部，生于海拔360—1100米地带。模式标本采自勐腊。

良好的材用竹和观赏用竹。

3a.毛脚龙竹（变种）

var. internodiiradicatus Hsueh et D. Z. Li（1988）

本变种外形似原变种，主要区别在于秆基部数节节间密生气根；箨片基部及箨耳几无鬓状毛；叶常较大；小穗含2—3花。

产勐腊，生于海拔600—1000米地带。模式标本采自勐腊。

4.椅子竹（玉溪）图650

Dendrocalamus bambusoides Hsueh et D. Z. Li（1987）

秆高达15米，径6—9厘米，梢头微弯；节间长26—34厘米，无毛，被白粉，有时基部数节具黄色条纹；枝下高1—1.5米。秆箨早落，或于下部节间迟落，厚纸质至革质，常具黄色条纹或晕斑，背面被淡黄色小刺毛，或无毛，长20—26厘米，鞘口略呈山字形；箨耳缺如；箨舌高2毫米；箨片直立。叶片长（5）14—17厘米，宽0.8—1.6厘米，下面具白色柔毛。花序各节具小穗2—7，下方托以1枚箨状大苞片，长1.3—1.8厘米，早落；小穗长0.8—1.6厘米，宽0.3—0.5厘米，先端渐尖，成熟时各花间略开展，含3—4花；颖1—2，长0.5—0.7厘米，宽0.5厘米，背面略具白色短丝状毛，边缘具睫毛；外稃似颖，长0.7—13厘米，宽0.4—0.7厘米，先端略具短尖头；内稃长0.6—1.4厘米，与相应的外稃等长或略长，脊间5脉，有时3脉，先端深裂；鳞被常缺，有时可见1枚退化鳞被，长1.5毫米，白色透明，先端具毛；花丝长2厘米，花药黄色，先端紫色，长0.4—0.6厘米；雌蕊长1.3—1.7厘米，柱头单一。

产元阳、建水、玉溪、昆明等地，生于海拔200—1900米的山坡坝区。模式标本采自玉溪。

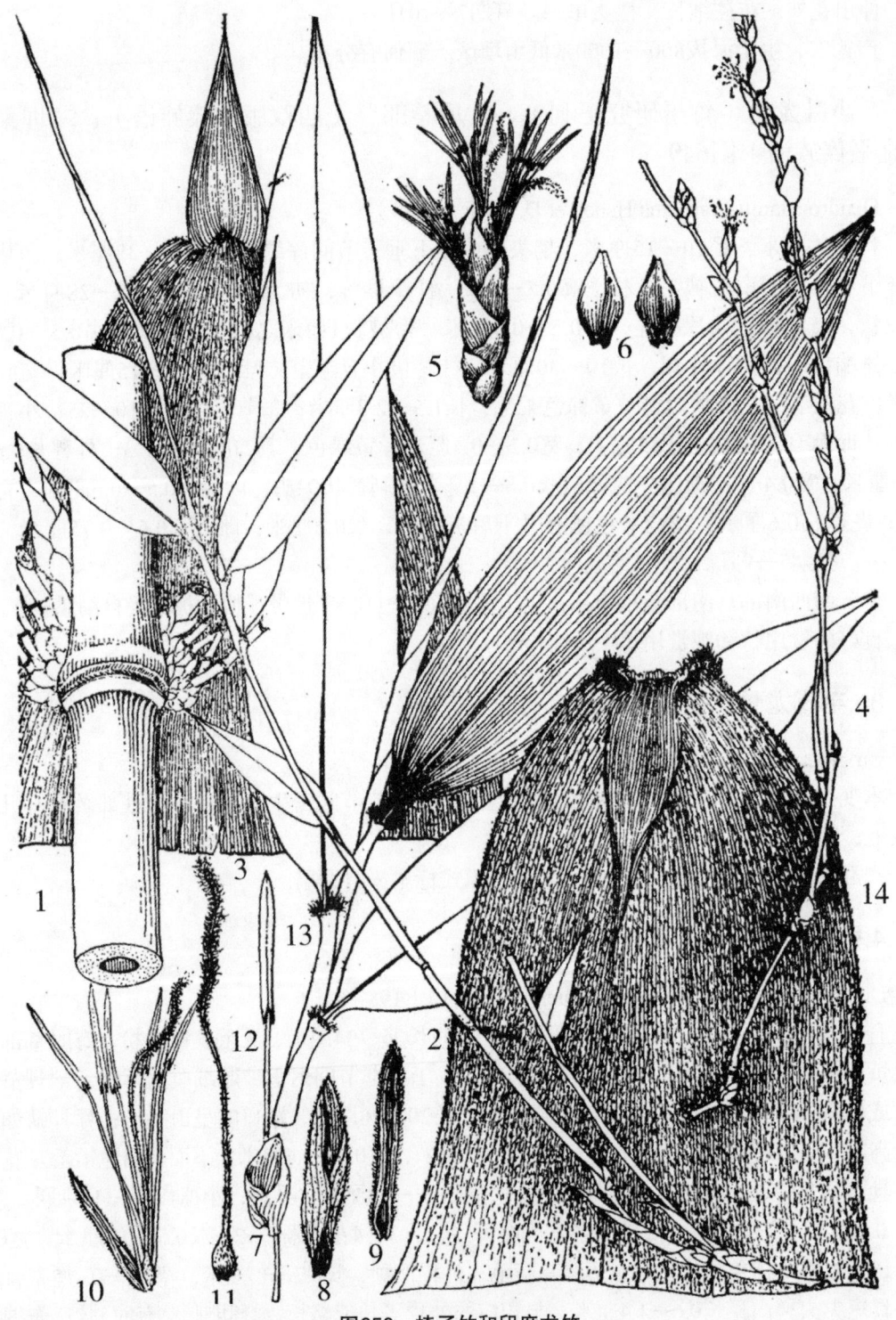

图650　椅子竹和印度龙竹

1—12.椅子竹 *Dendrocalamus bambusoides* Hsueh et D. Z. Li

1.秆及分枝　2.枝叶　3.秆箨　4.花枝　5.小穗　6.苞片　7.颖片　8.外稃

9.内稃　10.花　11.雌蕊　12.雄蕊

13—14.印度龙竹 *Dendrocalamus sikkimensis* Gamble

13.枝叶　14.秆箨

壁厚质坚为良好的材用竹，也具较高的庭园观赏价值。

5.福贡龙竹（竹子研究汇刊）图651

Dendrocalamus fugongensis Hsueh et D. Z. Li（1988）

秆高达20米，径10—15厘米，梢头下垂；节间长35—46厘米，幼时被白粉。秆箨早落，干时棕黄色，长30—34厘米；箨舌高3毫米，先端具锯齿；箨片直立，长10—18厘米。叶耳小，具数枚长0.5—0.7厘米繸毛，早落；叶片长18—25厘米，宽3—4.2厘米，下面基部被黄棕色柔毛。花枝每节具6—14小穗，下方托以2—4与小穗等长的苞片；小穗长1—1.3厘米，宽0.3—0.4厘米，几无毛，棕褐色，先端渐尖，含4花，成熟时各花间略张开；颖1至数枚，长0，8—1厘米，宽0.6—0.8厘米，先端具短尖头；外稃长1—1.2厘米，宽0.5—0.6厘米，先端具长1毫米之刺状尖头，内稃长0.7—0.9厘米，先端渐尖，脊间2—5脉；花药黄色或略带紫色；花柱长0.6—0.7厘米，柱头单一。

产福贡、维西，生于海拔1200—1800米的山坡河谷。模式标本采自福贡。

用途同西藏龙竹，也是怒江流域的重要经济竹种。

6.西藏龙竹（竹子研究汇刊）　毛竹（泸水）图651

Dendrocalamus tibeticus Hsueh et Yi（1983）

秆高达25米，径12—18厘米，壁厚1.2—2厘米，梢头下垂；节间长40—45厘米，无毛；节内及节下各具1圈灰白色至灰褐色绒毛；1主枝明显。秆箨早落，暗黄褐色，长33—40厘米，先端宽6—8厘米；箨舌高2—4毫米，具长1—5毫米之纤毛；箨片直立，长5—28厘米。叶片长10—32厘米，宽2.2—4.5厘米，基部宽楔形，两面无毛。花枝各节着生2—10小穗，基部托以2—3紫褐色，与小穗近等长之苞片；小穗长1—1.2厘米，宽0.3—0.4厘米，紫褐色，具微毛，含3—4花；颖1，长7毫米，宽5毫米，先端具短尖；外稃长6—8毫米，宽4—6毫米；内稃长5—7毫米，脊间5脉，先端尖；花药长5—6毫米；花柱长5—8毫米，具毛，柱头单一。

产泸水，生于海拔1200—1700米的低山河谷。西藏有分布；印度也有。

笋可食，秆作建筑材料。是怒江流域重要的造林竹种。

7.美穗龙竹（竹子研究汇刊）　美穗竹（南京大学学报）图652

Dendrocalamus calostachyus（Kurz）Kurz（1877）

Bambusa calostachya Kurz（1873）

Sinocalmus calostachyus（Kurz）Keng f.（1962）

大型竹。秆节间贴生银白色小刺毛。秆箨背面被棕褐色贴生刺毛；箨舌高1—2毫米，先端具齿；箨片直立。叶片长25厘米，宽3厘米，下面具柔毛。花枝具灰白色柔毛，沟槽内尤甚；每节具1—4小穗，基部托以2—3黄棕色小苞片；小穗紫绿色，长1—1.5厘米，宽0.5厘米，具微毛，先端尖，含4—5花；颖2—3；外稃长0.9—1.1厘米，宽0.6—0.7厘米，先端微具短尖头；内稃先端尖，长0.6—0.7厘米，花药黄色，长0.55厘米；雌蕊长1.1厘米，柱头单一。

产西双版纳，生于海拔800—1400米地带。缅甸也产，印度有栽培。

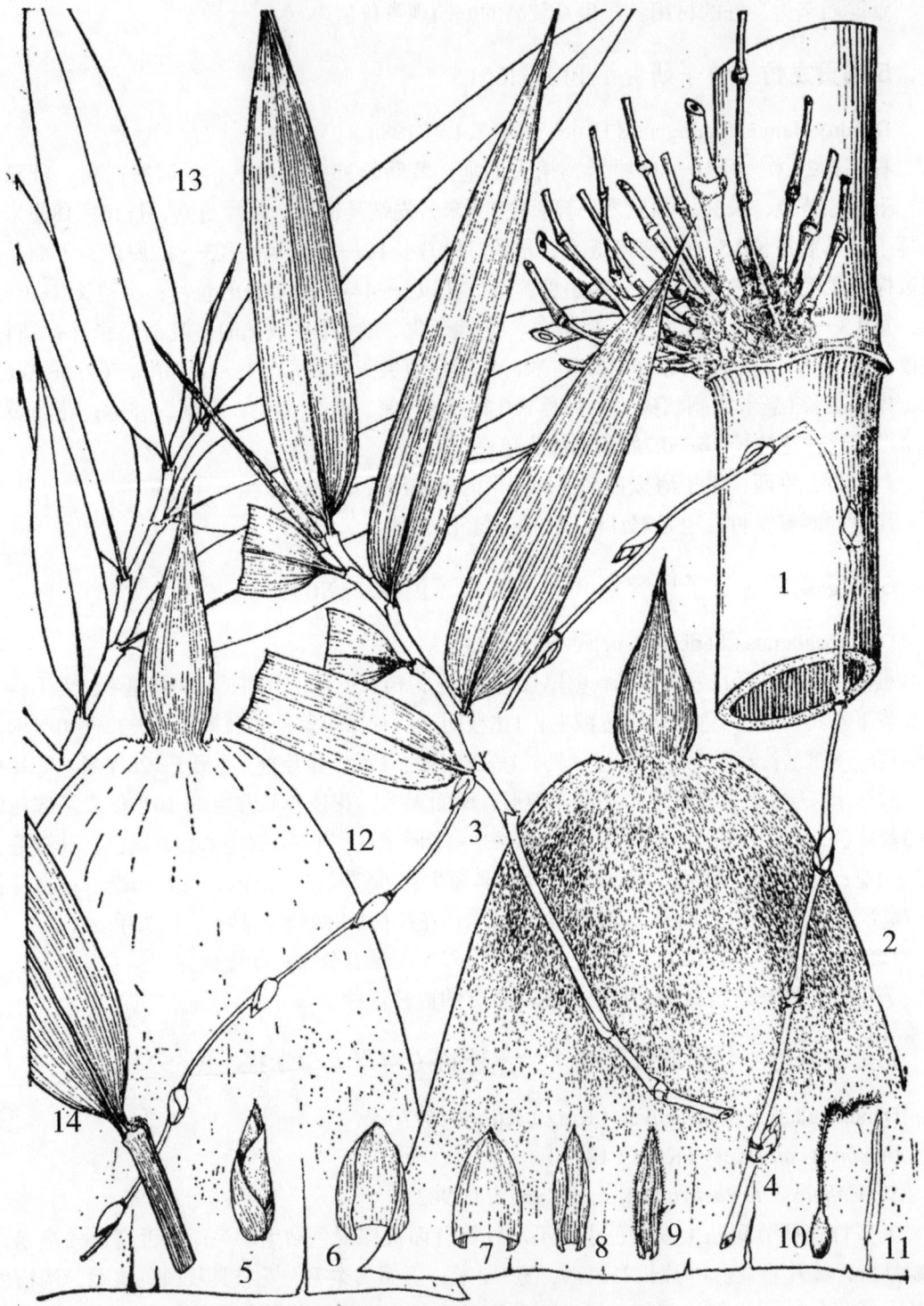

图651　西藏龙竹和福贡龙竹

1—11.西藏龙竹 *Dendrocalamus tibeticus* Hsueh et Yi

1.秆及分枝　2.秆箨　3.枝叶　4.花枝　5.小穗　6.第一颖　7.第二颖　8.外稃

9.内稃　10.雌蕊　11.雄蕊

12—14.福贡龙竹 *Dendrocalamus fugongensis* Hsueh et D. Z. Li

12.秆箨　13.枝叶　14.叶片（局部）

图652 麻竹和美穗龙竹

1—8.麻竹 *Dendrocalamus latiflorus* Munro

1.秆箨 2.叶枝 3.果枝 4.小穗 5.外稃 6.内稃 7.雌蕊 8.雄蕊

9—11.美穗龙竹 *Dendrocalamus calostachyus*（Kurz）Kurz

9.叶枝 10.花枝 11.小穗

8.歪脚龙竹（竹子研究汇刊） 巨龙竹（竹类研究）、"埋博"（西双版约傣族语）图653

Dendrocalamus sinicus Chia et J. L. Sun（1982）

秆高达30米；径20—30厘米；梢头下垂；节间圆筒形，基部数节间常一面臌胀而使各节斜交，下部节间长17—22厘米，幼时密被白粉；节内具一圈宽3—4毫米黄棕色绢毛；枝下高2—3米。秆箨于分枝以下各节迟落至宿存，厚革质，初为黄绿色，长于节间，相互包裹，背面疏被呈束状排列的褐色贴生刺毛；箨片近直立，稍外展。叶片长20—40厘米，宽4—6.5厘米。花枝各节着生1至数枚小穗，小穗略压扁，长3—3.5厘米，宽0.65—0.75厘米，先端渐尖，含5—6花，顶生花仅具外稃；颖2，长1.2—1.5厘米；外稃长1.7—2.5厘米；内稃脊间5脉，先端2裂；花丝长1.5—3厘米，分离或有时基部黏合成一易分离之管，花药长8—12毫米；花柱甚长，柱头单一。

产耿马、沧源、孟连、勐海、景洪、勐腊，生于海拔600—1000米坝区河谷。模式标本采自勐腊。本种秆形甚大，是我国境内最大的竹种。秆材常用于建筑及引水管道。

9.龙竹（云南通称） 大麻竹（植物学大辞典）、"埋波"（云南傣族通称）图653

Dendrocalamus giganteus（Wall. nom. nud.）Munro（1868）
Sinocalamus giganteus（Wall.）Keng f.（1957）

高达30米，径20—30厘米；梢头下垂至长下垂；节间长38—41厘米，幼时覆有一层白色蜡粉；每节多分枝，主枝常不发育。秆箨早落，或于分枝以下迟落，长36—50厘米，背面具暗褐色贴生刺毛；箨耳不明显，与下延之箨片相连，长5毫米，宽1—2毫米；箨舌高6—12毫米；箨片外翻，长13—38厘米。叶片长圆状披针形，大小变异较大，长可达51厘米，宽可达10厘米，基部楔形，幼时下面具毛。花枝各节簇生4—12（25）小穗，具锈色柔毛；小穗长1.2—1.5厘米，宽0.3—0.4毫米，平时带紫色，先端尖，含5—8花，成熟时各花间不开裂，顶生1花不育；颖2，长0.3—0.4厘米；外稃长0.95厘米，宽1厘米，先端微具尖头；内稃长0.9厘米，脊间2脉，先端钝或凹缺；花丝长1厘米，花药长6.5毫米，渐尖；花柱长，柱头单一。果长7—8毫米，上部具毛。

主产滇南、滇西南，生于海拔500—1500米的低山、坝区；在滇西北怒江和澜沧江上游以及滇中金沙江河谷多栽培。常与刺栲、印度栲、移依、云南樟、秕糠柴、木荷等树种伴生。台湾有栽培；东南亚热带国家广泛栽培。

本种是云南省栽培最为广泛的大型材用竹种。是良好的建筑、篾用竹种。笋味苦，不宜鲜食，漂洗蒸煮后可作笋丝，色泽淡黄，也是云南笋丝和玉兰片的主要来源。

10.印度龙竹（竹子研究汇刊） 大眼竹、野龙竹（河口）图650

Dendrocalamus sikkimensis Gamble（1888）

秆高达18米，径10—13（18）厘米，梢头下垂；节间长46—56厘米，幼时被白色贴生小刺毛，呈绒毛状；秆环基部数节有气根；节内及节下各具一圈黄褐色绒毛；1主枝发达

图653　龙竹和歪脚龙竹

1—9.龙竹 *Dendrocalamus giganteus* (Wall.) Munro

1.箨　2.叶枝　3.花枝　4.小穗　5.颖　6.外稃　7.内稃　8.雄蕊　9.雌蕊

10—12.歪脚龙竹 *Dendrocalamus sinicus* Chia et J. L. Sun

10.箨　11.花枝　12.小穗

或主芽不发育，枝下高1—3米。秆箨早落，长30—50厘米，被早落、棕褐色贴生刺毛；箨耳较明显，外翻，长0.5—2厘米，宽0.2—0.5厘米，密被长1—2.5厘米鬃状缝毛；箨舌高0.5厘米，先端具齿；箨片外翻，长10—18厘米，腹面基部密被刺毛。叶耳明显，其上缝毛长0.5厘米，早落；叶舌高1毫米，先端具流苏状毛；叶片长15—30厘米，宽3.8—7厘米，次脉10—12对。

产西双版纳、金平、河口，生于海拔130—600米的山坡竹阔混交林中。印度、不丹、印度、斯里兰卡也产。

笋色、味均佳。秆作建筑用材。

11.建水龙竹（竹子研究汇刊） 红竹（建水）图654

Dendrocalamus jianshuiensis Hsueh et D. Z. Li（1988）

秆高达18米，径10—12厘米，梢头下垂；节间长25—27属米，幼时被白粉及小刺毛；1主枝发达，长1.5米，从第8—9节起开始分枝。秆箨早落，厚革质，与节间近等长，先端截平形，鞘口宽6—11厘米；箨耳不明显，长0.5—2厘米，宽1毫米；箨舌高1—4毫米，具齿；箨片外展，长10—20厘米，宽3.5—7.5厘米。叶鞘口具数枚直立缝毛；叶片长20—38厘米，宽3.5—8.5厘米。花枝密被银白色至淡黄褐色绒毛；每节着生1至数枚小穗，小穗长1—1.8厘米，宽0.5—1厘米，棕褐色，带有紫色，含6—7花，成熟时先端钝，各花间开展；颖1—3，长0.5—0.8厘米，宽0.5—0.8厘米，先端具短尖头；外稃长0.7—1.2厘米，宽0.5—1厘米；内稃长0.6—0.9厘米，脊间3—4脉，先端凹缺；有时具1枚退化鳞被，长1毫米；花丝长1—1.4厘米，花药黄色，长4—6毫米；雄蕊长1—1.5厘米，全体具毛，柱头单一。

产元阳、建水，生于海拔800—1500米地带。模式标本采自建水。

秆形高大，可作建筑用材。

12.云南龙竹（竹子研究汇刊） 大挠竹（罗平）、大竹（红河州及文山州）图654

Dendrocalamus yunnanicus Hsueh et D. Z. Li（1988）

秆高达25米，径11—18厘米，梢头下垂；节间长42—52厘米，幼时被白色小刺毛，略被白粉，节下具一圈棕色绒毛；1主枝发达，枝下高2米。秆箨早落，革质至厚革质，长34—38厘米，背面疏被棕色贴生小刺毛，鞘口窄，下凹，宽3.5—7厘米；箨耳波状，长0.5厘米，宽0.1厘米，具数枚早落缝毛；箨舌高0.5—0.8厘米，先端具齿；箨片外翻，长9—18厘米，宽3—9厘米。叶片长25—35厘米，宽4.5—6.5厘米。花枝密被灰褐色柔毛；每节具1至数枚小穗；小穗长1—1.6厘米，宽0.5—0.7厘米，黄褐色，先端渐尖，含5—7花，成熟时各花间开展；颖2至数枚，长0.2—0.4厘米，宽0.3—0.6厘米，先端尖；外稃长0.5—0.9厘米，宽0.5—0.8厘米，先端芒状尖头长0.2—0.4毫米；内稃长0.4—0.8厘米，脊间2脉，有时4—5脉，先端凹缺；花丝长1厘米，花药黄色，长0.3—0.4厘米，先端紫色，渐尖；花柱长0.4厘米，柱头单一。

产元阳、金平、个旧、河口、罗平，生于海拔80—800米。越南北部有分布。模式标本采自河口。

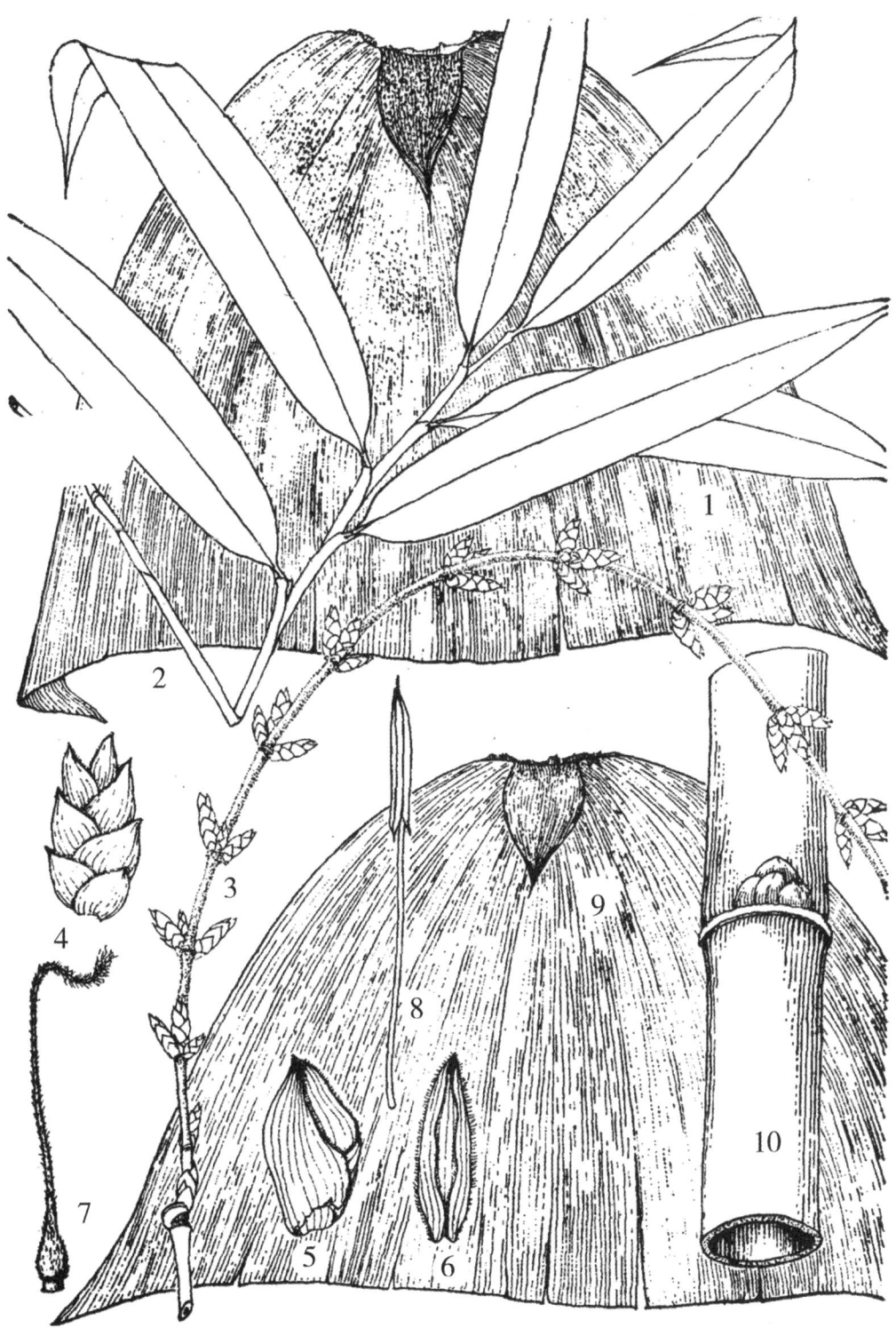

图654 云南龙竹和建水龙竹

1—8.云南龙竹 *Dendrocalamus yunnanicus* Hsueh et D. Z. Li

1.箨 2.叶枝 3.花枝 4.小穗 5.外稃 6.内稃 7.雌蕊 8.雄蕊

9—10.建水龙竹 *Dendrocalamus jinshuiensis* Hsueh et D. Z. Li

9.箨 10.秆

竹材可作建筑、竹筏、水管、一般家具等用器外，也可作建筑工程中的脚手秆、跳板等。笋体粗大，味佳，可作蔬菜。

13.麻竹（李衎竹谱详录） 甜竹（广东）图652

Dendrocalamus latiflorus Munro（1868）

Sinocalamus latiflorus（Munro）McClure（1940）

秆高达25米，径15—25厘米，梢头长不垂；节间长45—60厘米，幼时被白粉；节内具一圈棕色绒毛；每节多分枝，主枝常不发达。秆箨早落，厚革质，长38—43厘米，背面初时略被刺毛，后无毛，先端广圆形，鞘品极窄，约3厘米；箨耳不明显；箨舌高1—3毫米，先端具锯齿；箨片外翻，长6—16厘米，宽3—5厘米。叶片长20—35厘米，宽2.5—7厘米，有时长50厘米，宽13厘米。花枝每节生1—7小穗，节间密被黄褐色柔毛；小穗卵形，长1.2—1.5厘米，宽0.7—1.3厘米，暗紫色，先端钝，含6—8花；颖2至数枚，长5毫米。宽4毫米；外稃长1.2—1.3厘米，宽0.7—1.2厘米；内稃长0.7—1厘米，脊间2—3脉，先端2裂；花丝细长，花药黄色，长5—6毫米；子房腹面具一凹槽，花柱长1—1.1厘米，柱头单一。果实卵状球形，长0.8—1.2厘米，径0.4—0.6厘米，果皮薄，淡褐色。笋期5—10月。

产河口、马关、西畴，西双版纳及昆明有少量栽培，生于海拔150—600米坝区。四川、贵州、广西、广东、福建、台湾有分布；缅甸、越南也有。

为我国南部栽培最广的牡竹属竹种。

除材用外，竹笋常制成罐头或笋干远销国外。

14.粗穗龙竹（竹子研究汇刊）图655

Dendrocalamus pachystachyus Hsueh et D. Z. Li（1989）

秆高达12米，粗达10厘米；梢头稍弯曲或略下垂；节间长39—47厘米，幼时被厚层显著白粉；1主枝常发达，枝下高2—3米。秆箨早落，革质至厚革质，初为黄绿色，背面纵肋不明显，笋期略具早落疏刺毛，后无毛；箨舌高3毫米，有齿；箨片外翻，长6—12厘米。叶舌高3—5毫米；叶片长可达40厘米，宽12厘米，下面有绒状短毛。花枝被锈色绒毛；每节具1至多枚小穗，下方托以黄褐色小苞片；小穗长卵形，密被银白色微毛，带紫色，长1.7—2.4厘米，宽0.5—1厘米，先端渐尖，含花（5）7—8，成熟时各花间略张开；颖2—3，先端具短尖头；外稃革质，长0.75—1.25厘米，先端芒状尖头长0.4毫米；内稃与外稃等长或略长，脊间4—5脉，先端2裂；花丝长0.7—1.1厘米，花药黄色，长0.6—0.7厘米；雌蕊长1.2—1.7厘米，柱头单一。

产元阳、金平、新平、澄江、富民、文山，生于海拔1000—1600米。模式标本采自澄江。

良好的笋用竹之一，也有"甜竹"和"粉竹"之称。

15.巴氏龙竹（竹子研究汇刊）图656

Dendrocalamus parishii Munro（1868）

秆高达10米，径约10厘米。秆箨未见。叶舌高1毫米；叶片长17厘米，宽3厘米，两面

图655 毛龙竹和粗穗龙竹

1—11.毛龙竹 *Dendrocalamus tomentosus* Hsueh et D. Z. Li

1.秆 2.小枝 3.秆箨 4.花枝 5.小穗 6.花 7.雄蕊 8.雌蕊 9.颖片 10.外稃 11.内稃

12—15.粗穗龙竹 *Dendrocalamus pachysfachyus* Hsueh et D. Z. Li

12.枝叶 13.秆箨 14.花枝 15.小穗

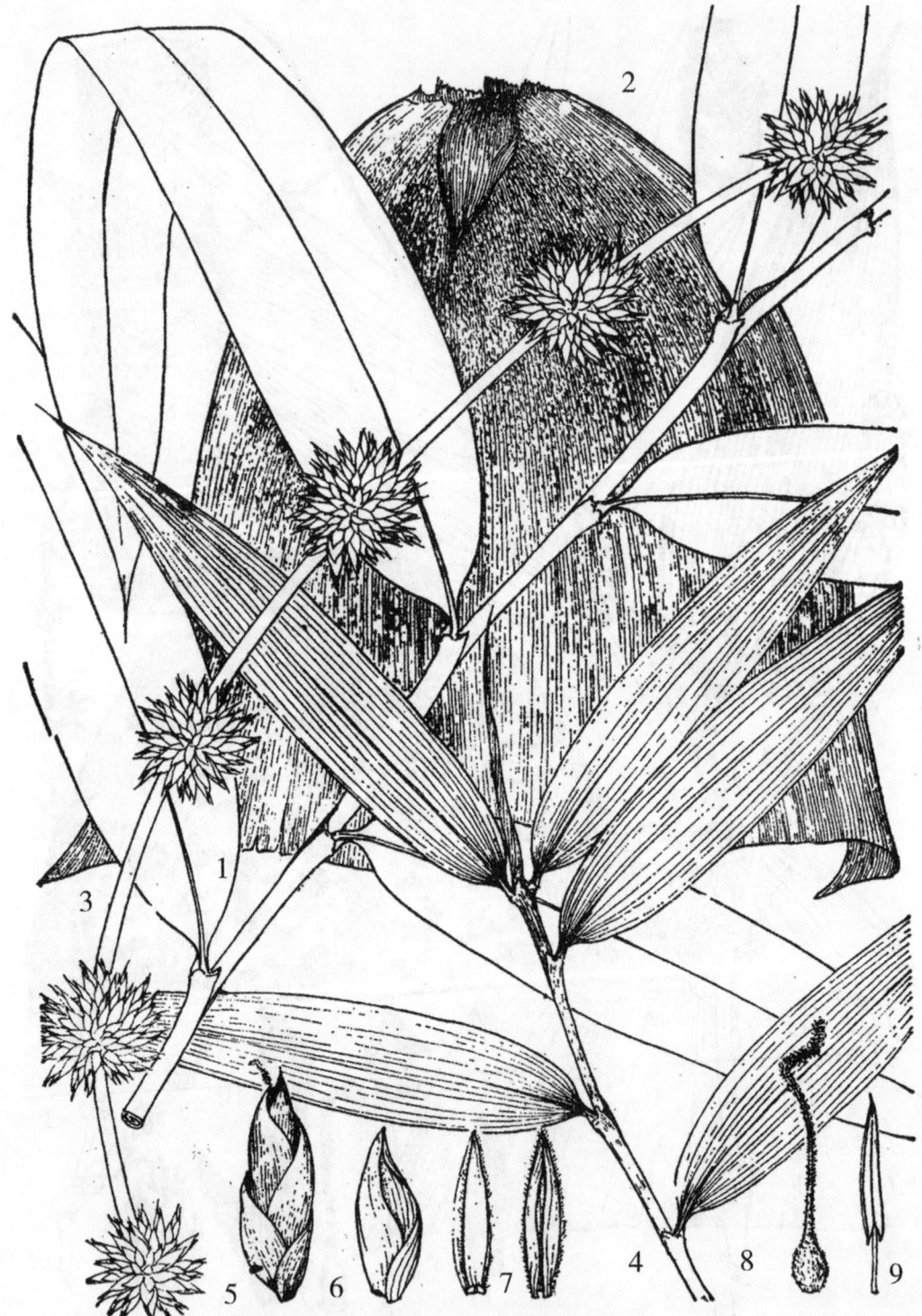

图656　巴氏龙竹和马来甜龙竹

1—2.马来甜龙竹 *Dendrocalamus asper*（Schult.）Backer ex Heyne

1.枝叶　2.秆箨

3—9.巴氏甜龙竹 *Dendrocalamus parishii* Munro

3.花枝　4.叶枝　5.小穗　6.外稃　7.内稃　8.雌蕊　9.雄蕊

无毛。花枝不具沟槽，每节着生20—35小穗，小穗球径2.5—3.2厘米；小穗卵状圆形，无毛，略压扁，紫褐色，长1.3厘米，宽0.5厘米，具2—3花，各花间略张开；颖2，先端具尖头；外稃长1—1.2厘米，宽0.75—0.85厘米，先端略具芒状尖头；内稃长0.5—0.9厘米，脊间2—5脉，先端钝；花药长0.3—0.5厘米，先端锐尖，具笔毫状毛；雌蕊长0.8—1厘米，柱头单一，有时2裂。

产福贡，生于海拔1300米处。印度、巴基斯坦也产。

16.野龙竹（竹子研究汇刊）图657

Dendrocalamus semiscandens Hsueh et D. Z. Li（1989）

秆高8—18米，粗10—15厘米，直立或斜倚；梢头长下垂，有时呈半攀援状；节间长29—35厘米，幼时密被银白色绒毛；节内及节下各具一圈厚层白色绒毛；主枝1枚，常与主秆近等粗并取代主秆形成团状密集的竹丛，枝下高0.5米。秆箨早落，长16—27厘米，背面被绒毛与棕褐色小刺毛，箨舌高1毫米，近全缘，箨片直立。叶舌高3—5毫米；叶片长25—35厘米，宽3—4.5厘米，下面有时具柔毛。花枝一侧扁平或具沟槽，其内被早落黄棕色柔毛；各节集生30—40小穗，其径1.9—3.2厘米；小穗倒卵状三角形，枯草色，无毛，柔软，长1—1.3厘米，宽0.4—0.75厘米，含花4—5；颖1—3，长0.7厘米，宽0.4厘米；外稃纸质，长0.85—0.95厘米，宽0.5—0.6厘米，先端刺芒状尖头长0.5毫米；内稃长0.7—0.8厘米，脊间2—3脉，先端微凹；花丝长0.7厘米，花药黄色，长0.37厘米；花柱紫色，长0.6厘米，柱头单一。果实下半部无毛，上半部具白色短丝状毛，金黄色，长1.5厘米。

产云南西南部至南部，海拔900—1300米的山地、沟谷两侧，常形成小面积钝林。

笋味鲜美，是可供开发利用的笋用竹。秆材常不通直，不堪材用。

17.版纳甜龙竹（竹子研究汇刊） 甜竹、甜龙竹（西双版纳）、"埋弯"（西双版纳傣族语）图657

Dendrocalamus hamiltonii Mees et Arn. ex Munro（1868）

秆直立或有时外倾，高12—18米，粗9—13厘米；梢头长下垂；节间长30—50厘米，幼时被灰白色条状排列之绒毛；基部数节生有气根；节内及节下各具一圈浓密的灰白至黄褐色绒毛；主枝1枚发达或不发育，侧枝纤细，后翻包秆。秆箨早落，长40—46厘米，干时淡黄色，被绒毛及易落刺毛；箨舌高1毫米，先端具波状齿；箨片直立，长3—7厘米。叶舌高1.5—2毫米；叶片大小变异较大，长可达38厘米，宽达7厘米。花枝节间沟槽内密被黄褐色绒毛，其余部分无毛；各节簇生10—25小穗，球径1—2厘米，下方托以数枚黄褐色具光泽小苞片；小穗近无毛，略压扁，长0.8—1厘米，宽0.3—0.5厘米，黄褐色，先端钝，具能育花4—5；颖1—2；外稃长0.5—0.7厘米，宽0.6—0.7厘米，先端芒状尖头长0.3—0.5毫米；下部内稃几与外稃等长，先端二裂；花丝长，花药黄色，长0.3—0.4厘米；雌蕊全体具毛，花柱长0.45厘米，柱头单一。

产云南西双版纳，生于海拔580—900米。印度、缅甸、老挝有分布；尼泊尔、印度有栽培。

西双版纳地区最常用的笋用竹。其笋无苦味，鲜食甚佳，故有"甜竹"之称。

图657 版纳甜龙竹和野龙竹

1—9.版纳甜龙竹 *Dendrocalamus hdmiltonii* Nees et Ara. ex Munro

1.秆及分枝 2.枝叶 3.秆箨 4.花枝 5.小穗 6.外稃 7.内稃 8.雌蕊 9.雄蕊

10—13.野龙竹 *Dendrocalamus semiscandens* Hsueh et D. Z. Li

10.小枝 11.秆稃 12.花枝 13.秆(示芽)

18.金平龙竹（竹子研究汇刊）图658

Dendrocalamus peculiaris Hsueh et D. Z. Li（1989）

秆高达18米，粗10—15厘米；梢头下垂；节间长36—43厘米，被白色或棕色贴生小刺毛；秆环基部4—5节有气根；节内与节下各具一圈白色至棕褐色绒毛；主枝1，或有时主芽不发育。秆箨早落，或于基部数节迟落，鲜时黄棕色至栗褐色，背面密被白色至淡棕色绒毛及黑褐色刺毛；箨舌高0.6—1厘米，先端齿裂；箨片外翻，稀近直立。叶片长25—40厘米，宽3—5.5厘米。花枝节间密被黄褐色柔毛；每节具2—15小穗，基部托以2—4小苞片；小穗倒卵状三角形，长1—1.2厘米，宽0.5—0.8厘米，棕褐色，几无毛，先端钝，具4—5花；颖2；外稃长0.7—1.1厘米，宽0.7—0.8厘米，边缘褶皱，先端具短尖头；内稃长0.6—0.8厘米，脊间宽0.15毫米，2脉，先端尖；花药黄色，长3—3.5毫米，先端紫色，尖锐，伸出花外；雌蕊长1—1.2厘米，柱头单一。

产金平，生于海拔1000—1200米。模式标本采自金平。

材用、观赏价值亦较高。

19.马来甜龙竹（竹子研究汇刊）图656

Dendrocalamus asper（Schult.）Backer ex Heyne（1927）

Gigantochloa aspera（Schult.）Kurz（1876）

秆高达20米，径6—10（12）厘米；梢头长下垂；节间长30—50厘米，幼时贴生灰褐色小刺毛及少量白粉；秆环基部数节具气根；节内及节下均具一圈灰褐色绒毛；1主枝发达，分枝始于第9节。秆箨早落，鲜时黄绿色，长30—40厘米，贴生褐色小刺毛；箨舌小，波状，长2厘米，宽7毫米，具数枚长3—5毫米之纤毛；箨片外翻。叶片长20—30厘米，宽3—5厘米。

产云南西南部。香港有分布；缅甸、老挝、泰国、爪哇、马来西亚也有。

主要作笋用，也有一定观赏价值。

20.勃氏甜龙竹（竹子研究汇刊）　甜竹、甜龙竹（金平及新平）图658

Dendrocalamus brandisii（Munro）Kurz（1877）

秆高达15米，径10—12厘米；梢头下垂至长下垂；节间长34—43厘米，幼时被条状排列之白色绒毛；秆环于2米以下具气根；节内与节下各具1圈白色至棕色绒毛；1主枝发达，或有时不发育，侧枝纤细，后翻包秆。秆箨早落，红棕色至鲜黄色，背面具白色绒毛；箨舌高1厘米，先端齿裂；箨片外展。叶片长23—30厘米，宽2.5—5厘米，下面具柔毛。花枝密被锈色柔毛；每节5—25小穗；小穗卵状圆形，略具微毛，长0.7—0.9厘米，宽0.4—0.5厘米，紫褐色，先端钝，具花3—4；颖1—2，长0.4厘米，宽0.35厘米；外稃长0.5—0.6厘米；内稃脊间3脉，先端钝；花药长0.3厘米；雌蕊全体紫色，花柱长0.3厘米，柱头单一。果实近球形，径0.2厘米。

产德宏、临沧、普洱、红河、玉溪等地区，生于海拔600—1300米；昆明曾有栽培。缅甸、老挝、越南、泰国有分布；印度有栽培。

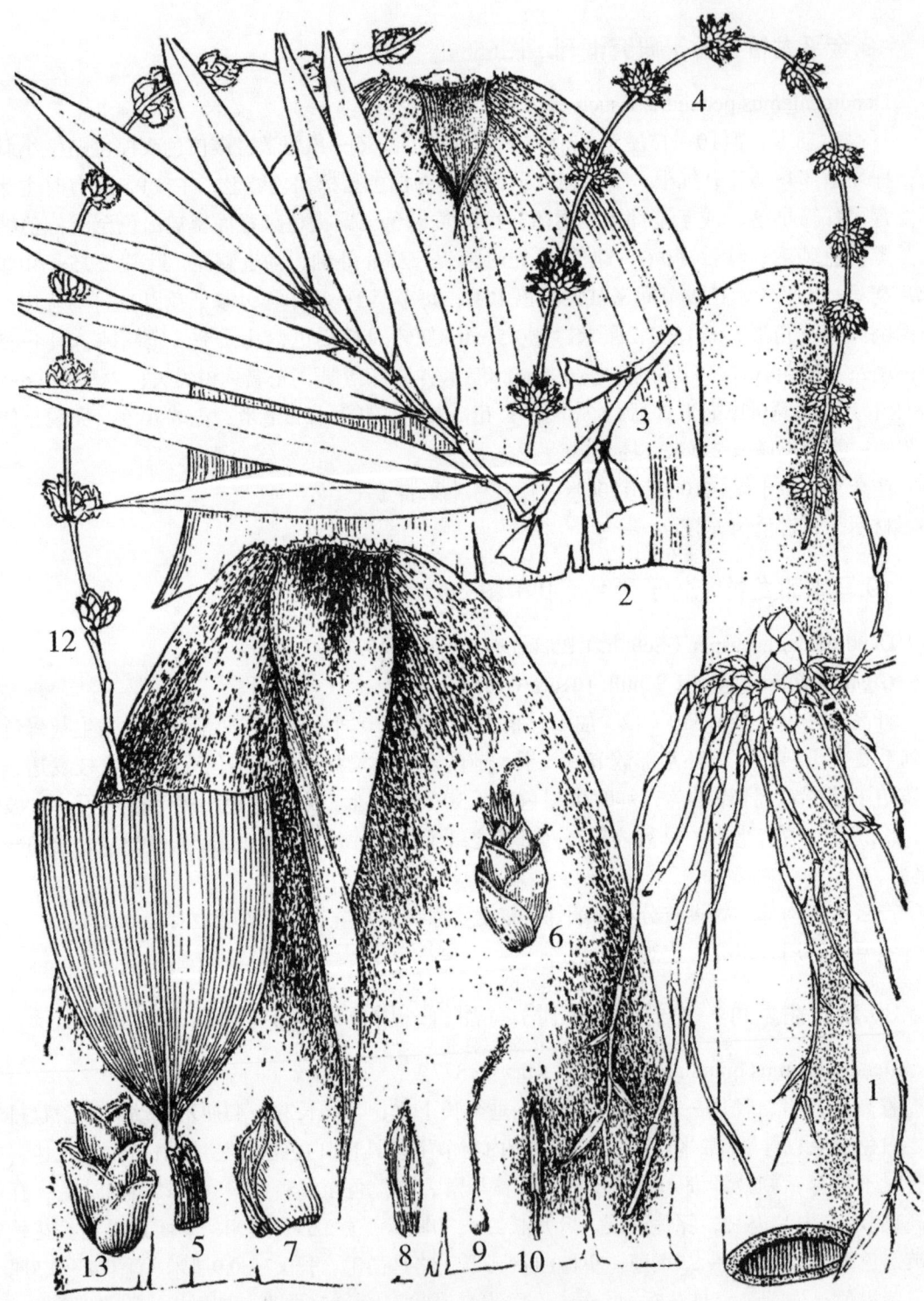

图658 勃氏甜龙竹和金平龙竹

1—10.勃氏甜龙竹 Dendrocalamus brandisii（Munro）Kurz

1.秆和分枝 2.秆箨 3.枝叶 4.花枝 5.叶片（基部） 6.小穗 7.外稃 8.内稃 9.雌蕊 10.雄蕊

11—13.金平龙竹 Dendrocalamus peculiaris Hsueh et D. Z. Li

11.秆箨 12.花枝 13.小穗

良好的笋用竹，尤宜鲜食。秆做建筑用材，制作竹筷，但篾用价值较低。

21.毛龙竹（竹子研究汇刊）图655

Dendrocalamus tomentosus Hsueh et D. Z. Li（1989）

秆直立，或有时攀附于相邻树木上，高20米，径9—12厘米，梢头下垂；节间长29—42厘米，微呈屈膝状，幼时密被棕色毡状绒毛，继转银白色；秆环基部8节具一圈气根；节内具毛环；1主枝发达，长5—6米，枝下高2米。秆箨早落，革质，初时下部绿色，上部呈黄褐色，背面密被绒毛，疏被刺毛，在黑褐色绒毛块中间因有银白色绒毛块而呈豹斑状；箨舌高5—7毫米，背面有黑褐色刺毛；箨片外翻。叶片长25—34厘米，宽2.5—4.2厘米。花枝密被灰白色绒毛；每节具6—18小穗，下方托以数枚棕褐色小苞片；小穗宽卵形，长0.55厘米，宽0.45厘米，先端钝，具4—5花；颖1—2；外稃长4—5毫米，宽4—6毫米；内稃长4毫米，先端钝或凹缺；花丝短，花药黄色，长2.5—3毫米；雌蕊长0.6厘米，柱头单一。

产沧源，生于海拔850米季节雨林或常绿阔叶林内。模式标本采自沧源。

22.碟环慈竹（竹子研究汇刊） 麻竹（盈江）、"满朵"（盈江傈僳族语）图659

Dendrocalamus patellaris Gamble（1897）

秆高达10米，径2.5—6厘米，壁厚0.5厘米；梢头下垂；节间长38—46厘米，暗绿色，纵肋明显，疏被棕色贴生小刺毛；箨环处具一圈木栓质碟盘状宿存物；分枝多数、主枝不明显，枝下高2米。秆箨迟落，长25—32厘米，疏被棕褐色贴生刺毛，边缘具膜质、苍白色之翅状物，宽0.8—1厘米，鞘口具长繸毛；箨舌具长纤毛；箨片叶状，绿色，外翻，长7—18厘米，宽1.4—4厘米。叶鞘口具长繸毛；叶舌上具长纤毛；叶片长19—24（41）厘米，宽2.5—3.5（10）厘米。

产盈江、耿马、绿春、元阳、建水，生于海拔1400—1800米的阔叶林下。印度、缅甸、老挝也产。

作篾用、建材。

23.大叶慈竹（竹子研究汇刊） 大叶竹（禄劝）、瓦灰竹（武定）、梁山慈（华盛顿期刊）图659

Dendrocalamus farinosus（Keng et Keng f.）Chia et H. L. Fung（1980）
Sinocalamus farinosus Keng et Keng f.（1946）

秆高达12米，径4—6厘米；梢头弯曲或略下垂；节间长34—45厘米，幼时被白粉；多分枝，1主枝略明显。秆箨早落，厚纸质至革质，长19—28厘米，背面被棕色贴生刺毛；箨耳不发育；箨舌发达，高0.4—1厘米，先端具长0.5厘米纤毛；箨片外翻，长4—12厘米，宽5—12毫米，基部收缩。叶片长10—26（35）厘米，宽2.5—5（8）厘米。花枝密被黄褐色绒毛；每节具7—20小穗，下方托以数枚深褐色、密被黄棕色柔毛的苞片；小穗矩状倒卵形，几无毛，长0.8—1.2厘米，宽0.4—0.6厘米，具3—5花；颖2至多枚，长0.4—0.7厘米；外稃长0.7—0.9厘米，宽0.6—0.8厘米；内稃长0.7厘米，脊间2—3脉，先端凹缺。花丝长0.8—

图659 碟环慈竹和大叶慈竹

1—3.碟环慈竹 *Dendeocalamus patellaris* Gamble

1.秆 2.秆箨 3.枝叶

4—7.大叶慈竹 *Dendrocalamus farinosus*（Keng et Keng f.）Chia et H. L. Fung

4.枝叶 5.秆箨 6.花枝 7.小穗

12厘米，花药黄色，长0.3—0.45厘米；花柱长0.6厘米，柱头单一。果顶端具喙，黄色，光滑。

产富民、禄劝、武定、罗平，生于海拔1800—2000米坝区、山地，西双版纳热带植物园有栽培。四川、贵州、广西有分布。

12. 巨竹属 Gigantochloa Kurz ex Munro

乔木状大型竹类。地下茎合轴型。秆直立或斜依，梢头常弯曲，有时下垂或具攀援性；节间圆筒形，常被毛，基部数节有时具黄色条纹；分枝较高，每节具多数分枝。秆箨早落，厚革质，背面常被毛；一般不具箨耳；箨舌显著；箨片直立，有时外翻，常狭长。每小枝具叶多枚；叶耳无；叶舌常发达；叶片大型可为中型，基部常为楔形。花枝大型，无叶或有时具叶，每节着生少至多数小穗，形成一小穗球。小穗含数花，顶生者常为完全花；小穗轴缩短，不具关节；颖片1—3；外稃卵形，伸长，边缘常被纤毛；内稃具二脊或于上部花者圆卷、微具二脊或无；鳞被缺，或有时具2—3退化鳞被；雄蕊6，花丝愈合成或长或短的管状，初时厚而短，后变薄而长；子房卵形，花柱长，柱头1—3裂；颖果通常伸长，狭圆形或窄线形，果皮膜质。

本属约30余种，全为热带性较强的种类，分布于缅甸、越南、马来西亚、印度尼西亚、菲律宾和中国等东南亚热带季风区域及热带非洲。我国有6种，均产于云南西双版纳热带地区。

分 种 检 索 表

1.大型叶（稀为中型叶），叶舌发达，高3毫米以上；箨片直立。
  2.叶舌高3毫米，先端截平形；叶片纵长细脉之间具成行的透明微点 …………………………………………………………………………………………1.南峤滇竹 G.parviflora
  2.叶舌多高于3毫米，先端凹缺或呈二裂状；叶片纵长细脉之间无透明微点。
    3.秆壁较厚，通常达16毫米；叶鞘无毛；叶舌高6—10毫米 …… 2.长舌巨竹 G. ligulata
    3.秆壁较薄，通常不到10毫米；叶鞘被毛；叶舌高不及6毫米。
      4.小穗含4完全花；秆箨鞘口先端呈三角状突起；箨舌不显著，高仅1毫米，先端截平形 …………………………………………………………………………3.滇竹 G.felix
      4.小穗含1—2完全花；秆箨鞘口先端微凸起，但不为三角状；箨舌显著，高于2毫米，先端不规则齿裂。
        5.小穗宽1毫米，外稃边缘具白色纤毛；箨鞘背面疏被棕黑色贴生刺毛；鞘口两肩等高；箨舌高10—13毫米；箨片宽卵状三角形 …………4.白毛巨竹 G. albociliata
        5.小穗宽2—3毫米，外稃边缘具深色纤毛；箨鞘背面密被棕黑色贴生刺毛；鞘口一肩高耸；箨舌高2—4毫米；箨片长三角形 ………… 5.黑毛巨竹 G. nigrociliata
1.中型叶；叶舌低矮，高仅1毫米；箨片外翻 …………………………… 6.毛笋竹 G. levis

1.南峤滇竹（中国主要植物图说·禾本科）图660

Gigantochloa parviflora（Keng f.）Keng f.（1984）

Oxytenanthera parviflora Keng f.（1957）

秆大至中型；节间上端表面粗糙；秆环平或微隆起，箨环明显；每节生多枝。每小时枝具8叶或更少，叶鞘长约7厘米，淡绿色，无毛，背部上端具脊；叶舌显著，高约3毫米，截平形，近全缘，无毛；无叶耳及繸毛；叶片长圆状披针形，质薄，长16—28厘米，宽3—4厘米，先端长渐尖，具一短尖头，基部圆形或楔形，上面暗绿色无毛，下面灰绿色，具向上之微毛而粗糙，侧脉7—8对，在纵长细脉间，可见成行透明微点。花枝无叶，多数簇生于秆之一节而成半轮生状，主枝长达1.3米，节间长6—9厘米，无毛而具纵长皱纹；多数小穗簇生于各节而成球状，球径达4厘米；每小穗呈细长圆锥形，长10—15毫米，深黄绿色，先端尖而带紫色，含3花；颖片2，阔卵形，先端圆而有小尖头，无毛；外稃矩圆状卵形，长8—14毫米，顶生花者圆卷甚紧，中部花者宽松；内稃窄，与外稃近等长，下部花者具2脊，3脉，顶端花者圆卷；鳞被缺；雄蕊6，花丝管透明质，长8毫米，花药黄色，长4—6毫米，先端具小尖头，成熟时伸出花外；子房连同花柱及柱头长15毫米，散生微毛。

产勐海县勐遮，生于海拔1460米的山谷中。

2.长舌巨竹（竹类研究）　　"埋霍罕"（傣语）图661

Gigantochloa ligulata Gamble（1896）

植株各部分常具黄色条纹。秆微倾斜；梢头下垂，高达15米，径6—12厘米，壁较厚，达16毫米；节间长25—50厘米，幼时密被白色绒毛，老后渐落；分枝多数较高，有时具一粗大主枝。秆箨早落，革质，梯形，鞘高28—35厘米，底宽30—34厘米，先端宽5—7厘米，背面被棕黑色贴生刺毛，先端较密，边缘具灰白色短纤毛；箨耳缺；箨舌发达，高6—12毫米，边缘呈不规则分裂状；箨片直立，长三角形，高6—10厘米，底宽3—5厘米，腹面被疏生之小刺毛。小枝具8—10叶，叶鞘长15—18厘米，背面无毛；叶舌极发达，高6—12厘米，先端常有一凹缺口；叶片大型，长35—40厘米，宽5—6厘米，常具一黄色条纹，上面无毛，下面被白色细刺毛，侧脉11—14对，小横脉于下面明显。笋期7—8月。

产勐腊、景洪等地，生于海拔450—800米的热带湿性季节雨林中，常与常绿阔叶树种形成竹木混交林。印度、泰国有分布。

秆壁厚实、坚韧，抗虫性强，为优良的建筑和家具用材；竹篾可编织箩筐等农具。竹笋味美可口，既宜鲜食，又可制成优质笋干。因植物体均具黄色条纹，梢头弯曲悬垂，叶大而茂密，竹姿婆娑秀丽，具独特风趣，适于宅旁、路边种植，既供观赏，又利生产。

3.滇竹（中国主要植物图说·禾本科）图662

Gigantochloa felix（Keng）Keng f.（1984）

Oxytenanthera felix Keng（1940）

秆直立，高9—13米，径4—6厘米，壁厚5—6毫米；节间长20—38厘米，绿色，幼时被均匀茸毛，在近秆环及箨环处形成一脱落性毛环；分枝较低，多数，展开，长约90厘

图660 南峤滇竹 *Gigantochloa parviflora*（Keng f.）Keng f.

1.主秆顶部之一节、花枝和具叶小枝　2.叶鞘顶端（示叶舌的歪斜突起）　3.小穗

4.外稃侧面　5.内稃腹面　6.未成长和已成熟的雄蕊（示花丝筒）

7.未成熟的雌蕊（示柱头一枚而不分枝）

图661 长舌巨竹 *Gigantochloa ligulata* Gamble
1.枝叶 2.秆箨腹面 3.秆箨背面

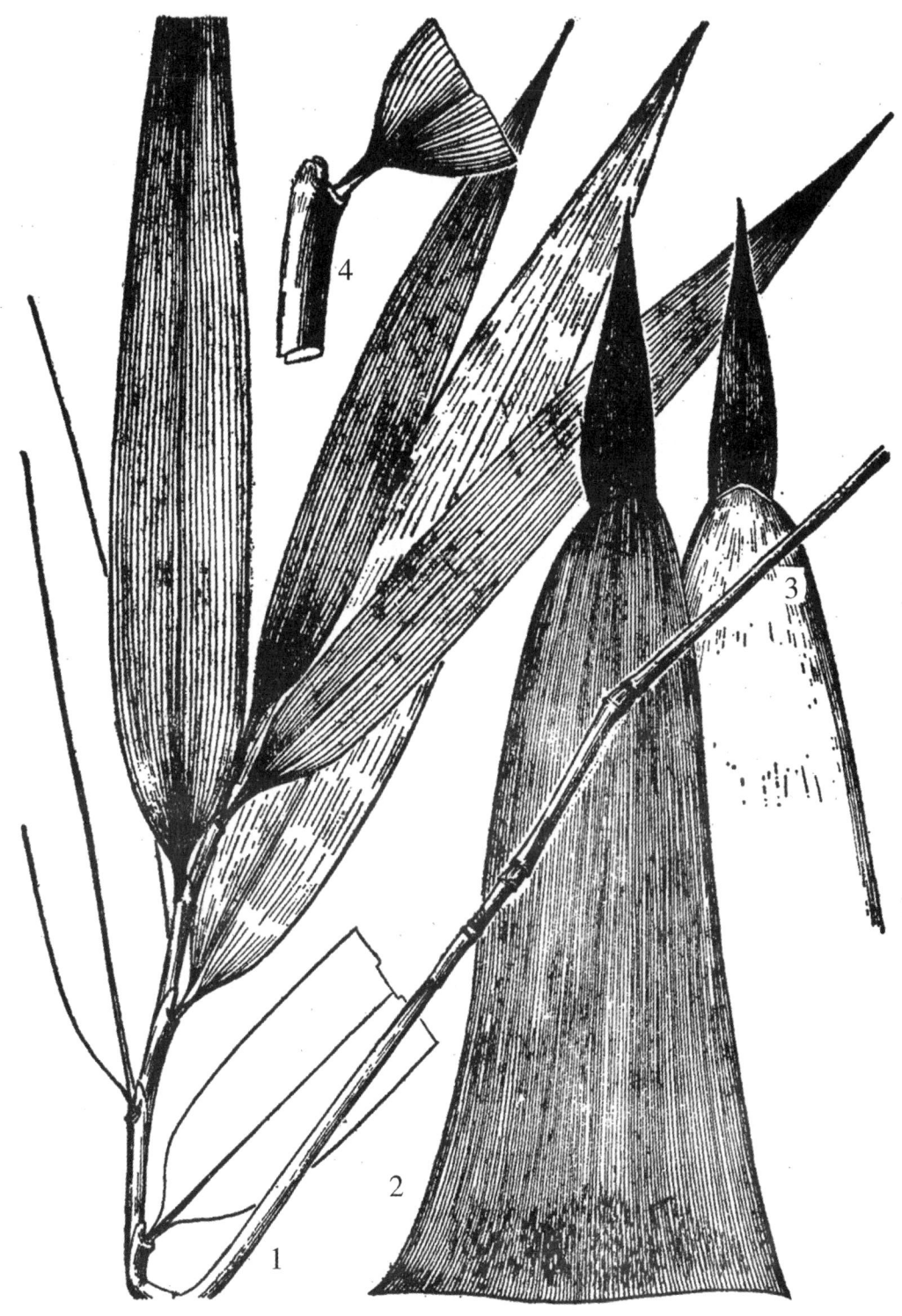

图662　滇竹 *Gigantochloa felix* (Keng) Keng f.
1.枝叶　2.秆箨背面　3.秆箨腹面　4.叶片基部及叶鞘

米，近相等，但主枝较粗壮。秆箨早落，革质，鞘背被脱落性棕黑色贴生刺毛，上部较为集中；鞘口先端呈三角状突起，无毛；箨耳缺；箨舌不显著，高1毫米，先端截平；箨片直立，长三角形，先端边缘内卷，腹面基部密生棕黑色伏贴刺毛。小枝具6—10叶；叶鞘彼此覆盖紧密，长可达12厘米，背面幼时被贴生小刺毛，后无毛；叶舌显著，高3—4毫米，先端常二裂或有时下凹；叶片大型，长30—45厘米，宽4—6厘米，下面具柔毛，侧脉10—13对，小横脉不显。花枝无叶，单生，长达2.5米，下部节间绿色；每节密集簇生多数小穗而形成球状，球径可达5厘米。小穗长16—20毫米，含4花；颖片1—3，阔卵形，向上渐尖，长3—9毫米，多脉，无毛或边缘具小纤毛；外稃卵状披针形，长11—17毫米，多脉，上部花者常圆卷，具锐利之小尖头，无毛或上部边缘有纤毛；内稃较窄，最上花者圆卷，下部花者具二脊；鳞被缺；雄蕊6，花丝管透明质，长1.5毫米，花药长4—7毫米，先端具小尖头；子房细长形或成熟时基部稍膨大，具柄，被毛，先端收缩为约10毫米之花柱，顶端具一羽毛状柱头，长约9毫米。笋期7—9月。

产勐海及其邻近地区，生于海拔1160—1350米的河谷平地及低丘、台地。

材性较硬，可作为建筑和家具用材，用于脚手架、锄把、竹梯、竹椅、房椽等；劈篾后编篱笆，扎篾片，但不适于编制器具。笋可食，但味欠佳。

4. 白毛巨竹（中国植物志）　白缘毛硕竹（拉汉英种子植物名称）、白纤毛滇竹（云南种子植物名录）、版纳龙竹（热带植物研究）、"埋赖"（傣语）图663

Gigantochloa albociliata（Munro）Kurz（1877）

Oxytenanthera albociliata Munro（1868）

Dendrocalamus albociliata（Munro）J. L. Sun（1984）

秆密集，高6—10米，径3—6厘米，壁厚5—10毫米，梢头下垂；节间长20—40厘米，淡绿色，幼时密被白色粗硬毛；秆环不明显，箨环具木栓质残留物而微隆起，节内宽5—7毫米；分枝多数，斜举，主枝不明显。秆箨早落，革质，梯形，鞘高14—20厘米，底宽10—18厘米，背面纵筋不明显，疏被脱落性之棕黑色伏贴刺毛；箨耳不显著；箨舌发达，高10—13毫米，先端不规则齿裂；箨片直立，卵状三角形，先端边缘内卷成锥状尖头，基部收缩，腹面被短柔毛，背面近无毛，两面纵筋明显。小枝具8—10叶，叶鞘背面被易脱落之浅棕色至灰黄色刺毛；叶舌高3—4毫米，先端常下凹；叶片长20—30厘米，宽2—3.5厘米，两面无毛，侧脉6—9对，小横脉不显著。花枝无叶，大型，节间长2—5厘米，无沟槽，无毛；每节具多数小穗簇生。小穗纤细，长15—18毫米，宽1—1.5毫米，常弯曲，含1—2花；颖片2—3，卵形，先端尖锐；外稃长椭圆形，圆卷，多脉，外稃及颖片边缘均密被白色纤毛；内稃远短于外稃，下部花之内稃常具2脊，脊上密生纤毛，先端钝，上部花者圆卷，仅先端具毛；雄蕊长，伸出，花丝管幼时短而厚，后渐变为白色、膜质之长管，花药先端尖锐；子房卵形，被毛，花柱细长，柱头单一。笋期7—9月。

产勐海、勐腊等地，生于海拔500—800米的低山下部、盆地边缘、旷野及季雨林内与其他树种混生。缅甸有分布，印度、泰国等地有栽培。

材质致密，材性好，不易劈裂，冬季所伐秆材不遭虫蛀。秆材多用于制作竹凳、竹

图663 白毛巨竹 *Gigantochloa albociliata*（Munro）Kurz
1.枝叶 2.秆箨背面 3.秆箨腹面 4.花枝

椅、房椽、栏杆以及犁耙、水车、锄把等农具，也可用于编织。竹笋味佳，可供鲜食或制酸笋及笋干。秆密集、挺拔，枝叶繁茂，梢头悬垂，竹姿秀丽，可作观赏竹种。

5.黑毛巨竹（竹类研究） 黑毛滇竹（西双版纳植物名录）、"埋刷"（傣语）图664

Gigantochloa nigrociliata（Buse）Kurz（1875）

Bambusa nigrociliata Buse

Oxytenanthera nigrociliata（Buse）Munro（1868）

G. andamanica Kurz（1877）

G. hasskarliana（Kurz）Backer ex Heync（1927）

秆斜依，梢头下垂，高达15米，径8—12厘米，壁厚2.5—4毫米；节间长40—70厘米，具黄色条纹和棕色贴生刺毛；秆环微隆起，基部数节具气生根，分枝多数，主枝不明显。秆箨早落，革质，箨高20—26厘米，底宽8—16厘米，背面密被棕黑色贴伏刺毛，箨口微凸起呈弧形，常一肩隆起而显著高于另一肩；箨耳不明显；箨舌高2—4毫米，边缘常呈不规则齿状；箨片直立，长三角形，高5—6厘米，底宽3—4厘米，基部不收缩，背面被棕色绒毛，腹面无毛。小枝具4—10叶，叶鞘背面初被白色刺毛；叶舌高3—6毫米；叶片大型，长25—40厘米，宽3.5—7厘米，上面无毛，下面被白色柔毛，侧脉10—14对，小横脉不明显。花枝无叶，大型，节间长2—6厘米，一侧具沟槽，幼时被柔毛，后无毛，每节密集着生多数小穗而成一球状；小穗窄，圆锥形，长1—1.2厘米，宽2—3毫米，含2花；颖片2—4，卵形，多脉，先端具短尖头，边缘具纤毛；外稃披针形，渐尖，先端具长尖头，上部边缘具深色纤毛；内稃较外稃短窄，先端钝；雄蕊伸长，花丝筒初时短而厚，其后伸长变薄成膜质，花药先端尖锐；子房窄卵形，渐尖，被毛，花柱纤细，柱头单一，羽毛状。笋期7—9月。

产勐腊、景洪、勐海，天然分布于海拔500—800米的热带季雨林边缘及低山下部缓坡、河边和局部沟谷地带，常形成竹木混交林或呈零散生长。印度、泰国、缅甸均有分布。

秆材性软，劈篾性好，为产地常用的篾用竹之一。竹青用于编织饭盒、烟盒、晒盘等；竹黄编织篮、箩及扎篾片等；竹秆可作房椽、栏杆及围篱；竹材纤维还是制纸浆的优质原料。竹笋可供食用，笋味亦佳。秆具黄色条纹，分枝多而纤细，叶大密集而下垂，别具风韵，可为庭园绿化优良竹种。

6.毛笋竹（拉汉英种子植物名称）图665

Gigantochloa Lévis（Blanco）Merr.（1916）

Bambusa Lévis Blanco（1837）

秆直立或斜依，梢头下垂，高达15米，径9—13厘米，壁薄，厚约2.5毫米；节间长30—45厘米，幼时密被棕色至白色绒毛；分枝多数较高，主枝不明显。秆箨早落，厚革质，箨鞘宽扇形，高22—28厘米，底宽45—55厘米，先端窄，鞘口宽2—4厘米，背面纵筋不明显，密被向上贴生的棕色刺毛；箨耳显著，呈波状折皱，边缘具长5—7毫米的棕色缝毛；箨舌发达，高6—15毫米，先端深裂为流苏状；箨片外翻，卵状三角形，先端渐尖成锥状尖头，基部收缩，长9—13厘米，基部宽3—4厘米，两面基部密被棕色短刺毛。小枝具6—10叶，叶鞘背面密生长约1.5毫米的灰白色刺毛；叶舌不发达，高约1毫米；叶片中型，长15—

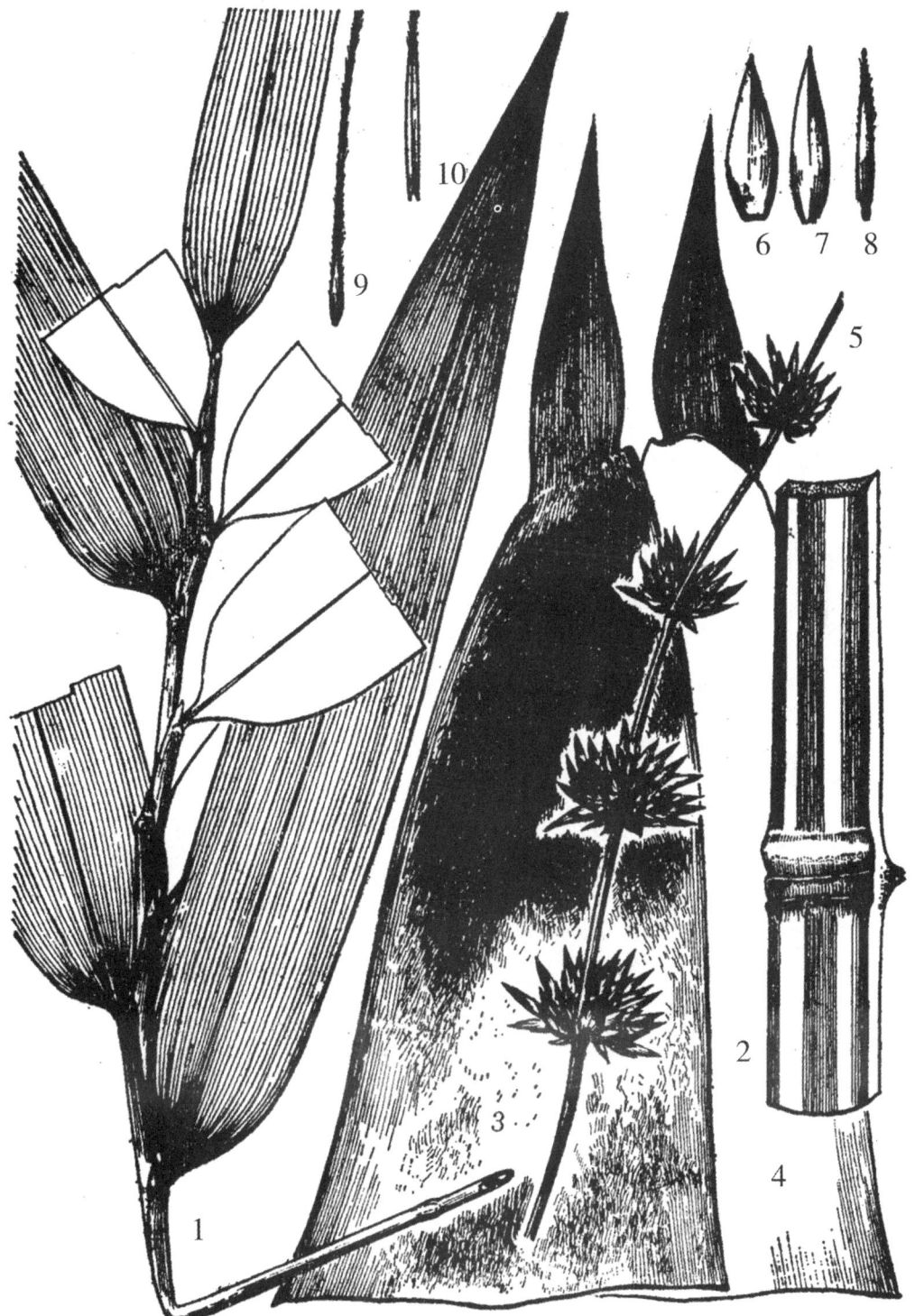

图664　黑毛巨竹 *Gigantochloa nigrociliata*（Buse）Kurz
1.枝叶　2.秆壁的一段（示表面条纹）　3.秆箨背面　4.秆箨腹面　5.小穗　6.颖片
7.外稃　8.内稃　9.雌蕊　10.雄蕊

图665 毛笋竹 *Gigantochloa Lévis* (Blanco) Merr.
1.枝叶 2.叶柄和叶鞘放大 3.秆箨背面

25厘米，宽1.8—3厘米，上面秃净，下面被白色柔毛，侧脉6—7对，小横脉不明显。笋期8—9月。

产西双版纳，生于海拔500—1000米的低山中下部及沟谷地带。台湾有栽培；菲律宾、马来西亚也有。

秆壁薄，材质软，主要编织各种竹编器具及围篱、扎篾等。竹笋味佳，可供鲜食或腌制酸笋、加工笋干等。又以分枝密集、细短，叶狭长，多而平展，风姿卓雅，栽培供观赏，甚为美观。

13. 玉山竹属 Yushania Keng f.

灌木状竹类。地下茎合轴型，秆柄细长，前后两端粗细近一致，长20—50厘米，直径在1厘米以内，节间长5—12毫米，实心或少数为中空，在解剖上常有气道。秆散生或混生，直立稀斜倚，节间圆筒形，但在分枝的一侧基部有时微扁平；箨环隆起；秆环不明显或微隆起；髓呈锯屑状。秆每节分枝1或数枚，如为1枚时，其直径与主秆近等粗，如为数枚时，则较主秆细弱，且各分枝近相等，有时秆下部分枝1枚，上部为数枚。箨鞘宿存或迟落，革质或软骨质。小枝具叶数枚至十余枚。叶片小型或大型，小横脉通常明显。总状或圆锥花序，生于具叶小枝顶端，花序分枝腋间常具瘤状腺体，下方通常有一微小的苞片；小穗柄细长，有时腋间也具瘤状腺体，基部有时有苞片；小穗含2—8（14）花，圆柱形，紫色或紫褐色，顶端的花常不孕；小穗轴脱节于颖之上及各花之间，其节间有短粗毛，并在顶端膨大，且边缘具纤毛；颖2枚，第一颖较小，1—5脉，第二颖披针形或卵状披针形，3—9脉；外稃卵状披针形，先端锐尖或渐尖，7—11脉；内稃等长或略短于外稃，背部具2脊，先端裂成2小尖头或微凹；鳞被3，膜质，边缘具纤毛；雄蕊3，花丝细长，花药黄色；子房纺锤形或椭圆形，花柱很短，柱头2，稀3，羽毛状。颖果长椭圆形，有腹沟，顶端微凹或具宿存花柱。

本属约54种，分布亚洲东部及非洲。我国51种，分布于西南部及东南部中山至亚高山地带。云南产22种。

分 种 检 索 表

1.秆上各节分枝为多数（组1.鄂西组 Sect. Confusac Yi）。
  2.箨耳明显存在。
    3.节间在分枝一侧无沟槽，偶有淡黄色条纹，无白粉；箨鞘近等长或稍长于节间叶耳缺失 ……………………………………………… ……1.长肩毛玉山竹 Y. vigens
    3.节间在分枝一侧下半部具纵脊和沟槽，无条纹，节下被厚白粉；箨鞘约为节间长度之半；叶耳发达 ……………………………………………… 2.粉竹 Y. falcatiaurita
  2.箨耳缺失。
    4.秆柄实心。
      5.箨鞘稍长于或近等于节间，最短不短于节间长度的3/5。
        6.幼秆节间或节间上部有小刺毛。

7.秆高达2米；节间纵细线棱纹明显；箨鞘两肩缝毛发达，长达8毫米；叶鞘两肩
缝毛微弱，长达2.5毫米；叶片次脉（2）3对 ……… 3.紫秆玉山竹 Y.vioiascens

7.秆高达5米，节间平滑，无纵线棱纹。

8.秆节间无白粉，秆环隆起或在分枝节上肿起；箨鞘背面小横脉不发育；叶鞘
两肩缝毛长达3毫米；叶片次脉2—4对 ……… 4.粗柄玉山竹 Y. crassicollis

8.秆节间初时密被白粉，秆环平或在分枝节上微隆起；箨鞘背面小横脉明显；
叶鞘两肩缝毛长达6毫米；叶片次脉4—5对 ……… 5.金平玉山竹 Y. bojieiana

6.幼秆节间无毛；箨鞘背面密被弯曲贴生棕色刺毛 ……… 6.弯毛玉山竹 Y. flexa

5.箨鞘长在间的1/2以内，最长不超过节间长度的3/5。

9.幼秆节间上部或至少在节下有刺毛或小硬毛。

10.箨鞘背面有紫褐色斑点，无毛或基部疏生棕色小刺毛，鞘口两肩有发达劲直
缝毛 ……… 7.斑壳玉山竹 Y.maculata

10.箨鞘背面无斑点；有或疏或密的黄褐色刺毛。

11.幼秆节下有一圈白粉，节间纵细线棱纹明显；小枝具叶2—4；叶片次脉4—
5对 ……… 8.蒙自玉山竹 Y. longiuscula

11.幼秆无白粉，节间无纵细线棱纹；小枝具叶4—6；叶片次脉2—3对 ……
……… 9.藤冲玉山竹 Y.elev ata

9.幼秆节间无毛。

12.叶片背面有毛，至少幼叶下面沿中脉两侧有毛。

13.幼秆节间无白粉，有紫色小斑点 ………… 10.独龙江玉山竹 Y. farcticaulis

13.幼秆节间节下有白粉一圈，或其余部分也微被白粉，无紫色斑点。

14.节间分枝一侧下部微扁平；箨鞘长达17厘米，箨片长达5.5厘米；叶片次
脉4—5对 ……… 11.隔界竹 Y. menghaiensis

14.节间分枝一侧圆筒形；箨鞘长达6.2厘米，箨片长达2厘米；叶片次脉3—
4对 ……… 12.绿春玉山竹 Y. brevis

12.叶片下面无毛。

15.枝条每节30（45）；箨鞘无淡黄色条纹 ……… 13.多枝玉山竹 Y.multiramea

15.枝条每节不及15；箨鞘有时有淡黄色条纹 ……… 14.光亮玉山竹 Y.Levigata

4.秆柄中空。

16.秆高2米；箨鞘背面具稀疏黄褐色贴生向上之小刺毛；箨片外翻；叶片无毛 ……
……… 15.竹扫子 Y. weixiensis

16.秆高不及0.6米；箨鞘背面密被灰黄色向下之小刺毛；箨片直立，叶片上面常有灰
白色疏柔毛 ……… 16.海竹 Y.piaojiaensis

1.枝条每节分枝1，或下部1，中部以上3（5）（组2.玉山竹组 Sect. Yushania）。

17.箨耳明显存在。

18.幼秆节下有灰色至灰黄色小硬毛。

19.节间长37厘米；箨鞘背面被黄褐色刺毛；叶鞘密被黄褐色小刺毛；叶片下面被灰
白色柔毛 ……… 17.滑竹 Y. polytricha

19.节间长18厘米；箨鞘无毛；叶鞘无毛；叶片无毛 …… **18.草丝竹** Y. andropogonoides
18.幼秆节间无毛。

20.箨鞘背面无毛；箨片直立；叶鞘无毛；叶片次脉7—8对，小横脉不清晰 ………
…………………………………………………………………… **19.马六竹** Y.oblonga

20.箨鞘背面密被黄褐色瘤基刺毛；箨片外翻；叶鞘密被黄色瘤基长刺毛；叶片次脉
7—11对，小横脉清晰 …………………………… **20.阔叶玉山竹** Y.megalothyrsa
17.箨耳缺失。

21.幼秆节间无毛，无纵细线棱纹；箨鞘背面具水平射出的灰色（基部为黄褐色）刺
毛；叶片次脉4—6对 ………………………… **21.少枝玉山竹** Y.pauciramificans

21.幼秆节间上部有微毛，有纵细线棱纹至少在节间上部显著；箨鞘背面无毛或偶见淡
黄色小刺毛；叶片次脉（3）4—10对 ……………… **22.盈江玉山竹** Y. glandulosa

1.长肩毛玉山竹（竹子研究汇刊）　实竹（保山）图666

Yushania vigens Yi（1986）

秆柄长达50厘米；秆高达7米，直径1.2—3厘米；节间长20—23（28）厘米，圆柱形，绿色，偶有淡黄色条纹，平滑，近实心；箨环明显，有时具箨鞘基部残存物；秆环平，较箨环为低，或在分枝节上与箨环等高；节内宽4—5毫米，光亮。秆芽卵状三角形，贴生，两侧有硬毛，边缘密生黄褐色纤毛。每分枝节生枝5—9，上举或斜展，长达60厘米，直径1—2.5毫米。笋紫红色或紫色，密被棕黑色刺毛；箨鞘宿存，长三角形，黄色或黄褐色，长（16）22—34厘米，宽3—7.5厘米，近等长或稍长于节间，背面下部密被棕色或棕黑色刺毛（被覆盖的三角形小区无毛），中上部疏生棕色刺毛，纵脉纹明显，边缘初时密生棕色小刺毛；箨耳深紫色，三角形或椭圆形，边缘密生向上且弯曲之继毛；箨舌深紫色，圆弧形，下延，口部初时有继毛，宽约3毫米；箨片直立或外倾，线状披针形，长2.5—10厘米，宽3—4毫米，纵脉纹明显，边缘近于平滑，常内卷。小枝具叶3—5；叶鞘长3.8—4.7厘米，无毛，纵脉纹及上部纵脊明显；叶耳缺失，鞘口两肩各具7—9淡黄色继毛；叶舌微作弧形，高约0.5毫米；叶片线状披针形，长8.5—19厘米，宽1—1.6厘米，无毛，先端渐尖，基部楔形，次脉5对，小横脉不清晰，边缘有针芒状锯齿。笋期7—8月。

产保山，海拔1950—2500米，生于樟科、壳斗科、山茶科等乔木树种组成的常绿阔叶林下。模式标本采自保山白花岭林场。

秆材柔韧，可编织竹器。

2.粉竹（竹子研究汇刊）图667

Yushania falcatiaurita Hsueh et Yi（1986）

秆柄节间长2.5—15毫米，直径5—7毫米，实心；秆高达3.5米，直径8—12（15）毫米；全秆18—20节，节间长约20（28）厘米，在具芽或分枝之一侧下半部扁平并有纵脊和沟槽，节下被厚白粉，无毛，平滑或微有纵细线棱纹，秆壁厚，中空度小或近于实心；箨环隆起，常有箨鞘基部之残留物；秆环平或在分枝之节上微隆起；节内宽3—6毫米，有光泽。秆芽长圆形，贴生，两侧有白粉，边缘有淡黄色纤毛。第5—7节开始分枝，枝条每节

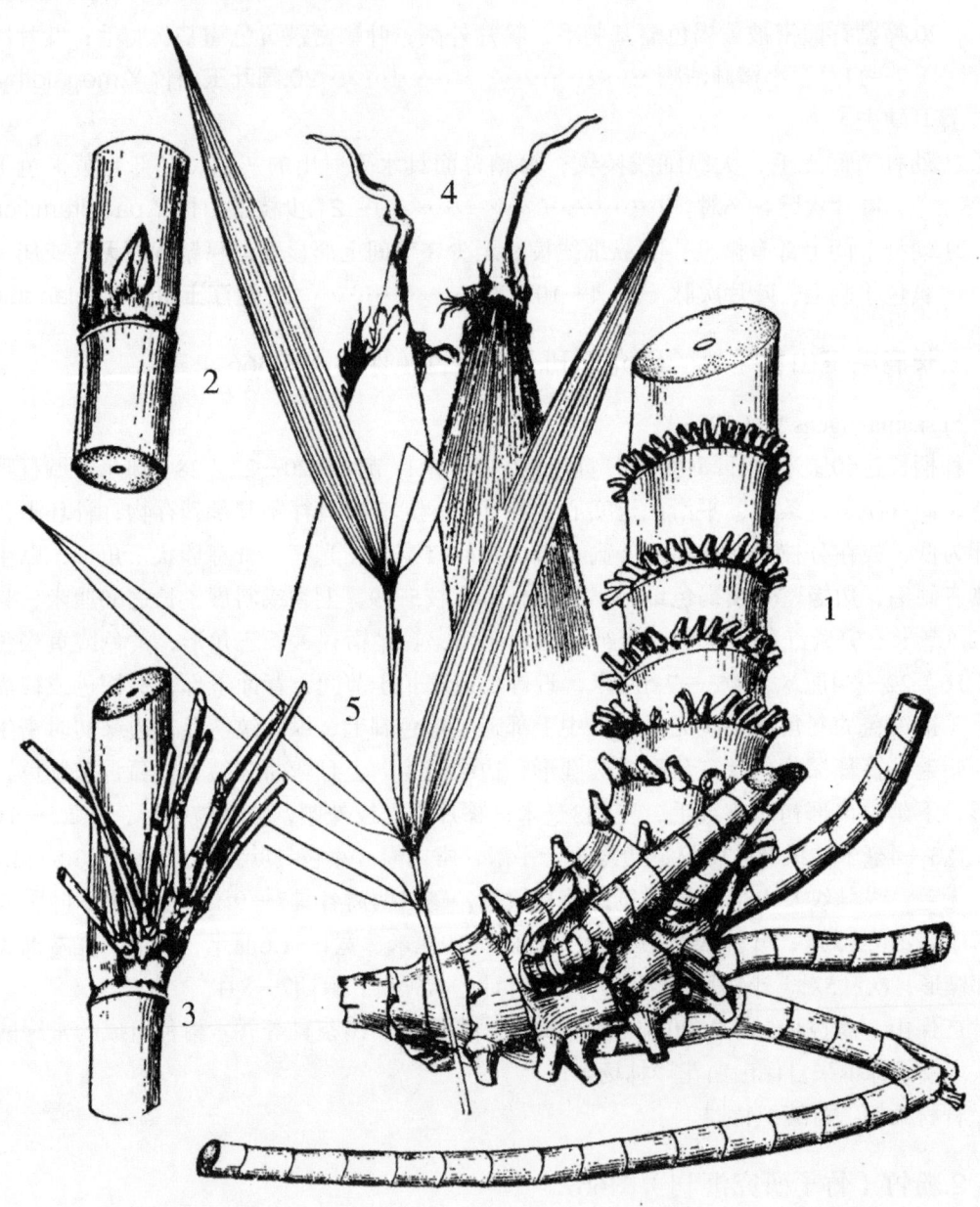

图666 长肩毛玉山竹 *Yushania vigens* Yi
1.地下茎及秆之基部 2.秆之一段（示秆芽）
3.秆之一段（示分枝） 4.秆箨 5.具叶小枝

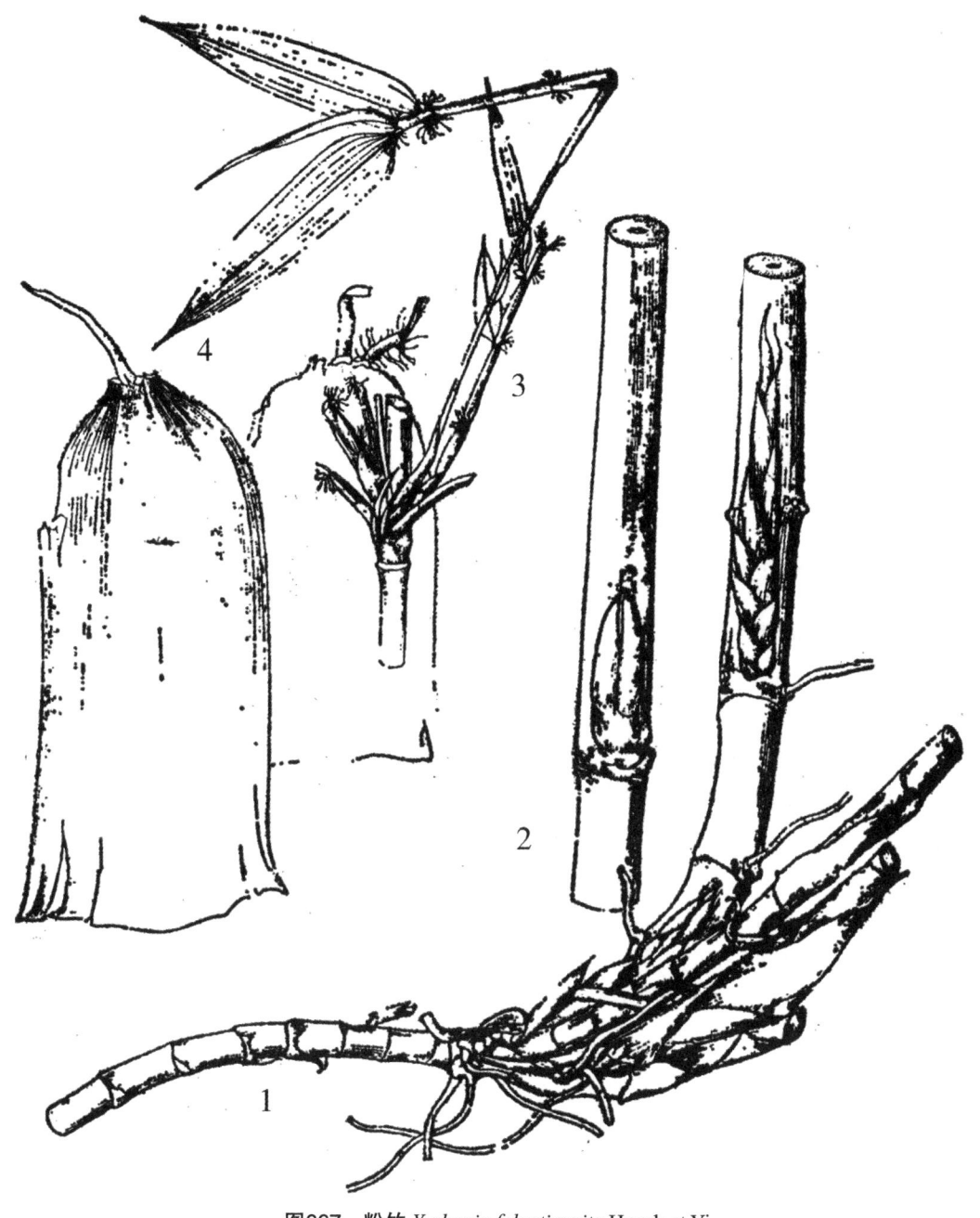

图667 粉竹 *Yushania falcatiaurita* Hsueh et Yi
1.地下茎及秆之基部　2.秆之一段（示秆芽）
3.秆之一段（示分枝及具叶小枝）　4.秆箨

5—15，斜展，最长达60厘米，直径1—4毫米。箨鞘迟落，黄色或灰褐色，软骨质，约为节间长度之半，长6—11厘米，宽4.5—6厘米，先端圆弧形，顶端宽8—10毫米，背面有灰色至灰黄色小刺毛，纵脉纹较横脉明显，尤其上半部，边缘密生黄褐色小刺毛；箨耳镰形，不等大，边缘具长2—7毫米黄褐色繸毛；箨舌低矮，微下凹或微圆弧形，紫色，高0.5—1毫米；箨片外倾，线状披针形，长0.8—3厘米，宽1.5—2.5毫米，无毛，边缘平滑。小枝具叶2—4；叶鞘长2.8—4.5厘米，边缘密生灰黄色纤毛；叶耳发达，镰形，紫色，边缘具繸毛；叶舌截平形或近圆弧形，高0.5—0.7毫米；叶片披针形，长（2）4—8.5厘米，宽5—13毫米，先端渐尖，基部近圆形或阔楔形，无毛，次脉3—5对，小横脉稍明显，边缘具小锯齿而略粗糙。笋期5—6月。

产腾冲，生于海拔1710米处。模式标本采自腾冲市古永。

秆可劈篾。

3.紫秆玉山竹　扫把竹（丽江）

Yushania violascens（Keng）Yi（1986）

Arundinaria violascens Keng（1936）

产丽江、鹤庆、漾濞。生于海拔2440—3400米。四川西部有分布。模式标本采自鹤庆。

4.粗柄玉山竹（植物研究）　花斑竹、实心竹（新平）图668

Yushania crassicollis Yi（1988）

秆柄长26—62厘米；秆散生，直立，高达5米，直径1—2.5厘米；全秆18—26节，节间长15—20（24）厘米，圆柱形，表面绿色，无白粉，初时具灰色或淡黄色瘤基小刺毛，无纵细线棱纹，实心或有时具小的中空；箨环隆起，灰褐色，初时密生黄色或灰色向下生长的刺毛；秆环隆起或在分枝节上肿起，有光泽；节内宽2—3毫米，光滑。秆芽1，长圆状卵形或长卵形，贴生，边缘具纤毛。第8—11节开始分枝，枝条每节6—11，上举，长25—123厘米，具5—11节，节间长0.5—20厘米，直径1—5毫米，有明显的粗壮枝1—3，节上可再分次生枝，绿色，幼时节间上部有明显的灰色小硬毛而粗糙，实心，枝箨环有向下灰色小刺毛。笋绿色，但后期为暗紫色，密被灰色或紫色不规则贴生瘤基刺毛，边缘有淡黄色刺毛；箨鞘宿存，长于节间，长三角形，淡黄色或紫色，长15—31厘米，宽3.8—7厘米，先端长三角形，宽2—3毫米，背面密被黄色或黄褐色不规则贴生瘤基刺毛（基部更密，且向上生长），脱落后具瘤基，纵脉纹较横脉明显，内面光亮，边缘有黄褐色刺毛；箨耳缺失，鞘口两肩常高起，各具3—7直立繸毛；箨舌下凹，新鲜时淡绿色，高约0.5毫米；箨片外翻或直至，新鲜时绿色或紫色，线状披针形，长1—8厘米，宽1—3.5毫米，纵脉纹明显，常内卷和皱褶，边缘有小锯齿。小枝具叶3—6；叶鞘长2—4厘米，淡绿色而顶端常为紫色，无毛，上部纵脊及纵脉纹明显；叶耳缺失，鞘口两肩有3—5灰色繸毛；叶舌低矮，截平形，高约0.1毫米；叶片披针形，长3—11厘米，宽5—13毫米，先端渐尖，基部楔形或阔楔形，上面绿色，下面淡绿色，两面均无毛，次脉2—4对，小横脉组成长方形，明显，边缘具小锯齿而粗糙。笋期8月。

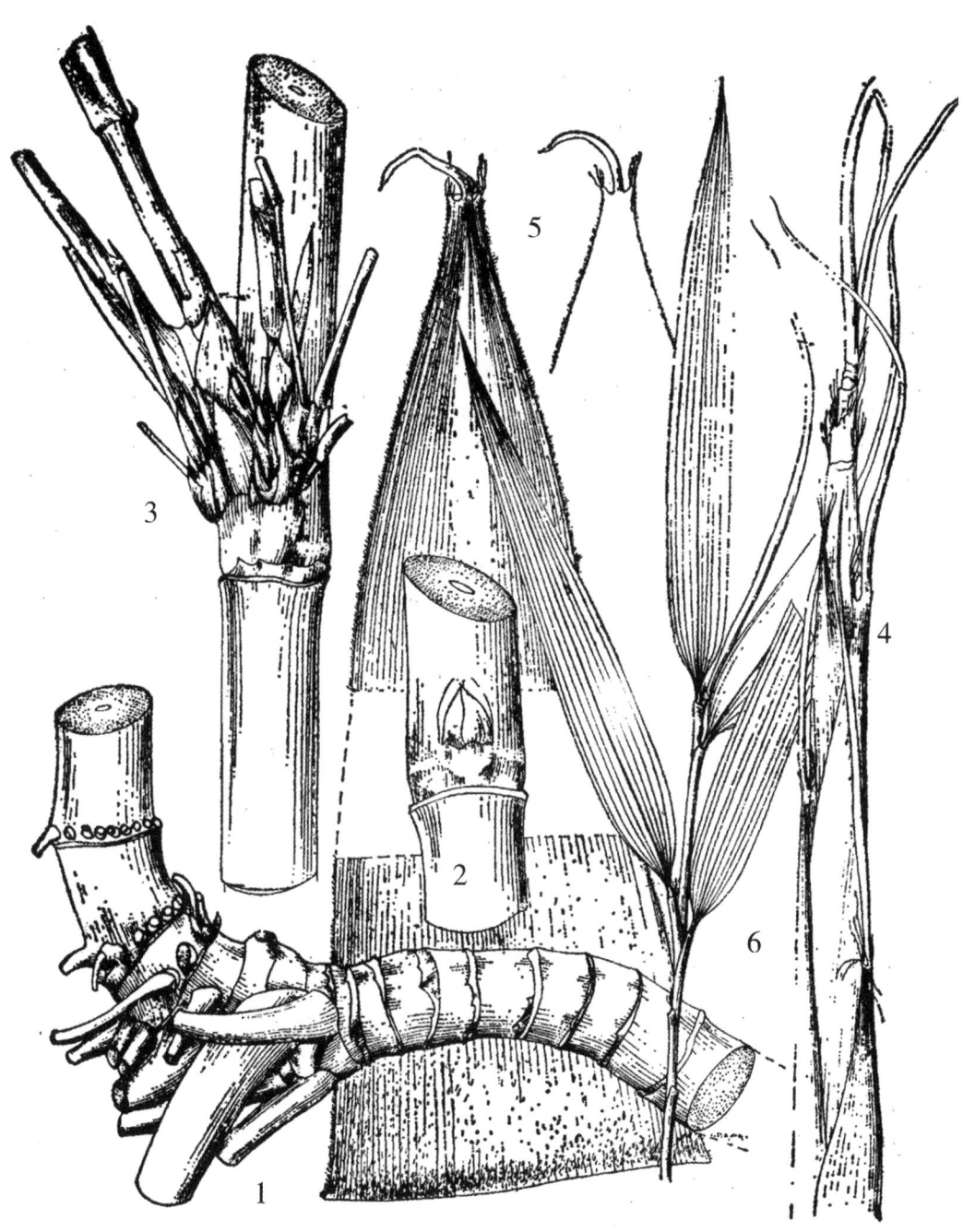

图668　粗柄玉山竹 *Yushania crassicollis* Yi
1.地下茎及秆之基部　2.秆之一段（示秆芽）　3.秆之一段（示分枝）
4.笋　5.秆箨　6.具叶小枝

产新平，生于海拔2450—2600米的常绿阔叶林下，为灌木层中优势种。模式标本采自新平哀牢山。

笋可食用；秆材作编织用。

5.金平玉山竹（竹子研究汇刊） 毛竹、滑竹（金平）图669

Yushania bojieiana Yi（1986）

秆柄长15—50厘米；秆散生，高达5米，直径1—1.5厘米，直立；全秆24—30节，节间长23—25（32）厘米，圆柱形，淡黄绿色，幼时密被白粉及节下有棕色刺毛，平滑，无纵细线棱纹，秆壁厚，中空直径1.5—4（5）毫米，髓呈锯屑状；箨环明显；秆环平或在分枝节上微隆起；节内宽3—6毫米。枝条每分枝节6—8，长达100厘米，直径1—4毫米，无毛，节下初时有白粉。笋紫红色，疏生黄色刺毛；箨鞘宿存，稍短于节间，淡黄褐色，长三角形，长（11）16—24厘米，宽4—6厘米，先端三角形，背面基部密被黄色或黄褐色刺毛，其余疏生黄色刺毛，纵脉纹极明显，小横脉明显，边缘上部密生黄色或黄褐色刺毛；箨耳缺失，鞘口两肩常无繸毛；箨舌截平形，高约1毫米；箨片线形或线状披针形，外翻，长1.7—4.5厘米，宽1—3毫米，无毛。小枝具叶3—6；叶鞘长2—5厘米，常无毛；叶耳缺失，鞘口两肩具3—7（9）灰黄色繸毛；叶舌截平形，高约0.5毫米；叶片长圆形或披针形，长4.3—9.2厘米，宽1—1.5厘米，基部阔楔形或近圆形，下面灰绿色，无毛，次脉4—5对，小横脉稍清晰，边缘一侧具小锯齿。笋期9月。

产金平，生于海拔2150—2300米的缓坡地，常绿阔叶林下。模式标本采自金平。

6.弯毛玉山竹（植物分类学报） 滑竹（绿春）图670

Yushania flexa Yi（1987）

秆柄长超过37厘米；秆散生，直立，高达5米，直径1—2.5厘米；全秆20—28节，节间长25—30（40）厘米，圆柱形，无毛，幼时节下有一圈厚白粉，纵细线棱纹稍明显，近于实心；箨环隆起，较狭窄，褐色，秆环微隆起或在分枝节上稍隆起；节内宽4—6毫米，有光泽。秆芽卵状长圆形，贴生，近边缘有灰色至灰黄色小硬毛，边缘有纤毛。枝条每分枝节5—8，上举，长30—100厘米，具4—9节，节间长0.5—17厘米，直径1—4毫米。笋淡黄绿色，密被弯曲贴生瘤基刺毛；箨鞘宿存，三角状长圆形，灰褐色，短于节间，长12—20厘米基部宽3.5—7厘米，上部短三角形，顶端两肩有时高起，宽6—10基米，背面密被贴生弯曲棕色瘤基刺毛，纵脉纹较横脉明显，边缘无纤毛；箨耳缺失，鞘口两肩常无繸毛；箨舌下凹或斜截平形，深紫色，口部两侧有时具少数繸毛，高（1）2—3毫米；箨片外翻，新鲜时淡绿色，线状披针形，无毛，长1.5—7.5厘米，宽2—4毫米，纵脉纹明显，基部较箨鞘顶端为窄，边缘有小锯齿，易脱落。小枝具叶4—6，叶鞘长4.5—7厘米，紫色或紫绿色，无毛，纵脉纹明显，上部纵脊稍明显；叶耳缺失，鞘口两肩无繸毛；叶舌弧形，高1—2毫米；叶片披针形，干后微皱，长7.5—15.5厘米，宽1.2—2.1厘米，上面绿色，下面淡绿色，均无毛，基部楔形，次脉3—5对，小横脉稍明显，边缘一侧有小锯齿。笋期8—9月。

产绿春，生于海拔2100—2250米的山顶部常绿阔叶林下。模式标本采自绿春。

秆劈篾供编织竹器。

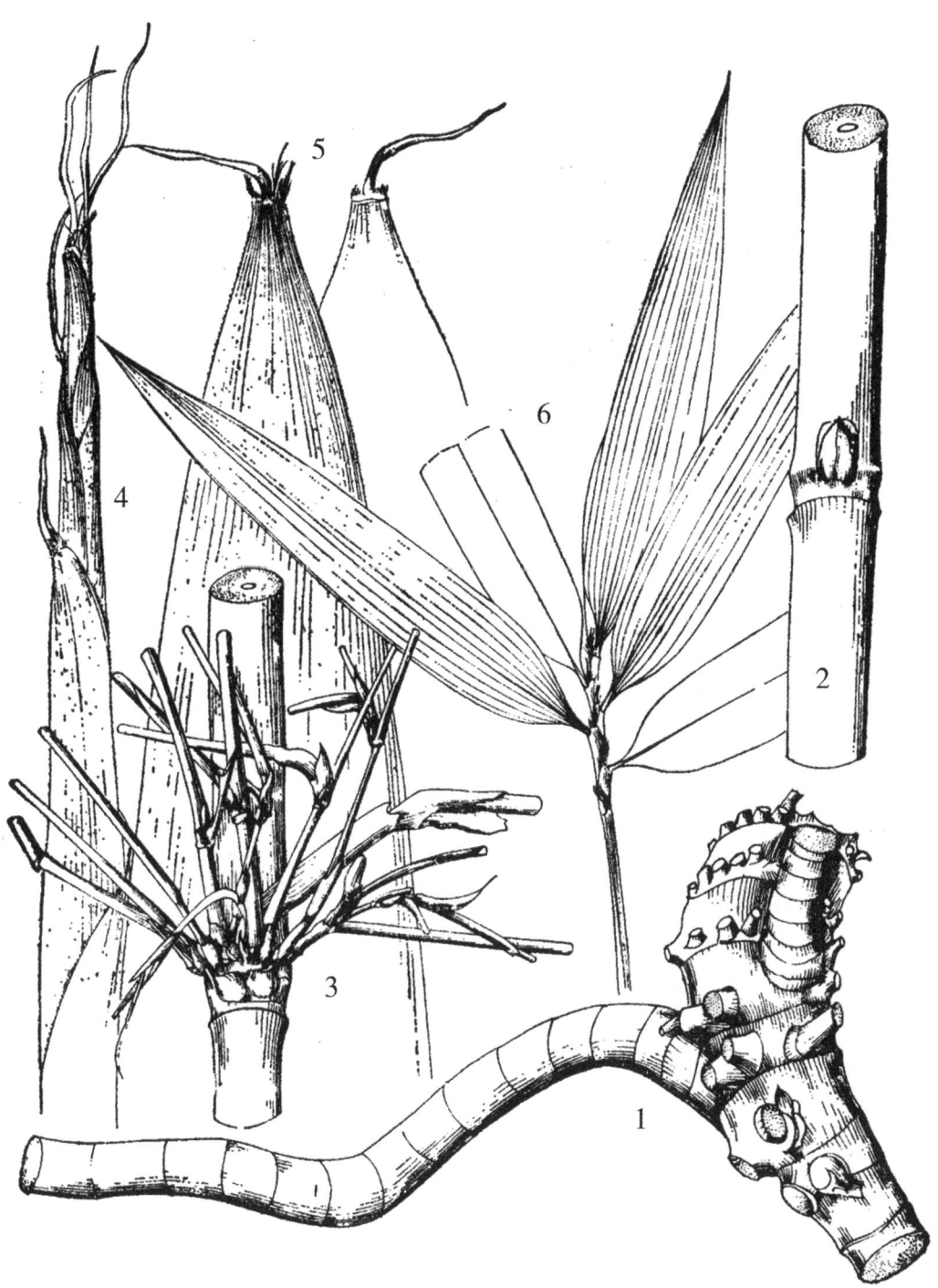

图669　金平玉山竹 *Yushania bojieiana* Yi
1.地下茎及秆之基部　2.秆之一段（示秆芽）　3.秆之一段（示分枝）
4.笋　5.秆箨　6.具叶小枝

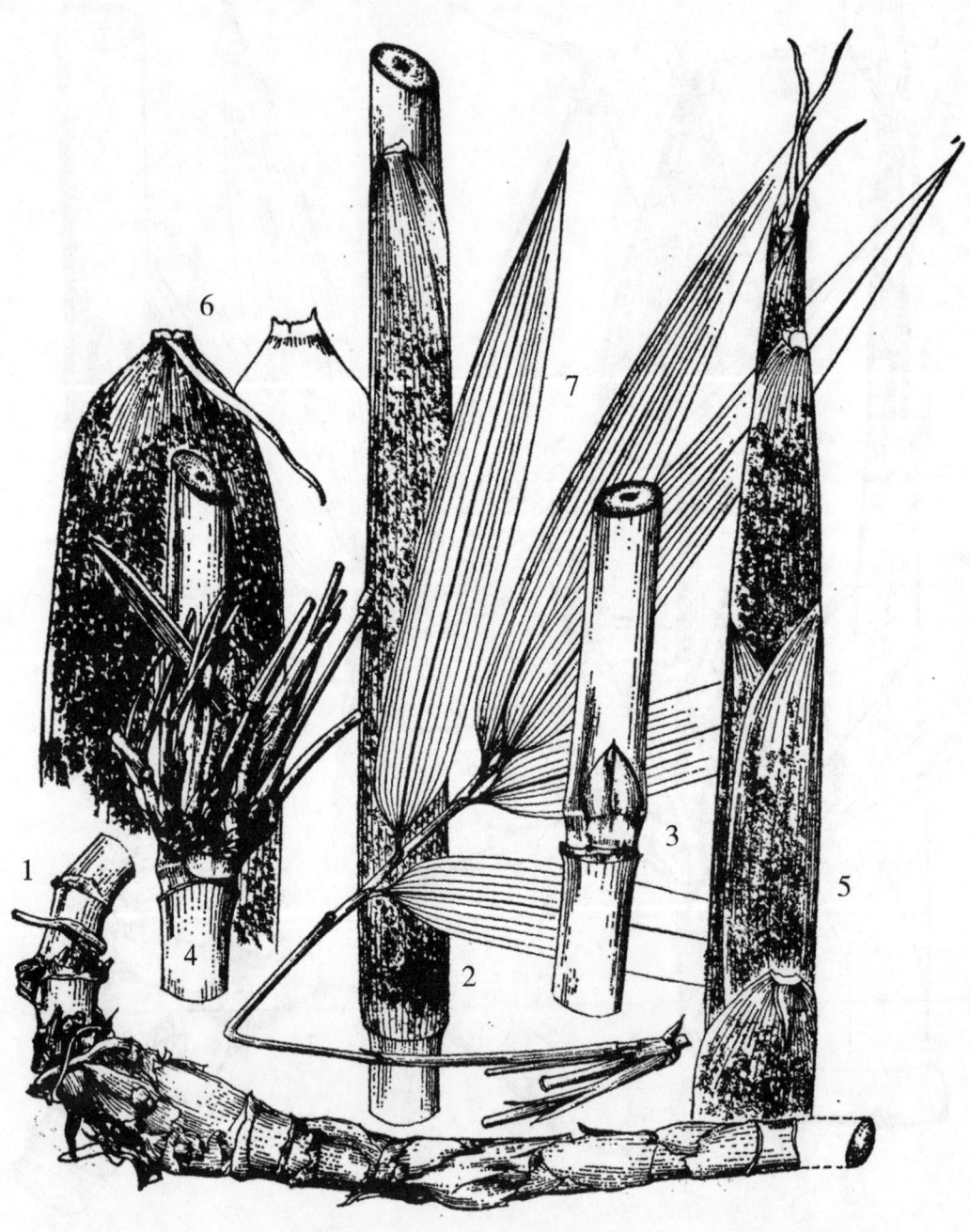

图670 弯毛玉山竹 *Yushania flexa* Yi
1.地下茎及秆之基部 2.秆之一段（示秆箨） 3.秆之一段（示秆芽）
4.秆之一段（示分枝） 5.笋 6.秆箨 7.具叶小枝

7.斑壳玉山竹

Yushania maculata Yi（1986）

产东川，生于海拔1800—2700米。四川西南部有分布。

8.蒙自玉山竹（竹子研究汇刊）　大滑竹（蒙自）图671

Yushania longiuscula Yi（1986）

秆柄长达47厘米；秆高达5米，直径1—2厘米；节间长32—35（45）厘米，圆柱形，幼时上半部具稀疏灰色小硬毛，节下有一圈厚白粉，纵细线棱纹明显，近实心；箨环隆起，无毛；秆环微隆起或在分枝节上隆起，与箨环近等高；节内宽5—6毫米，有光泽。秆芽长圆形，贴生，两侧有短柔毛，边缘有灰黄色纤毛。第3—5节开始分枝，枝条每节8—13，上举，长达100厘米，直径1.5—3毫米，节下有白粉，基部节间微作三角形。笋紫色；箨鞘宿存，淡黄褐色，长圆状三角形，革质，长15—21厘米，为节间长度的1/2或以下，宽2.5—4.7厘米，顶端平直或偏斜，背面具稀疏棕黄色至棕黑色刺毛，纵脉纹比横脉明显，边缘上部具黄褐色小刺毛；箨耳缺失或微小，鞘口继毛早落；箨舌截平形或两侧高起而中央下凹，高约1毫米；箨片线状披针形，外翻，易脱落，长3—8.5厘米，宽2—3.5毫米，无毛。小枝具叶2—4；叶鞘长5.5—7厘米，初时上部有白粉，边缘通常无纤毛；叶耳缺失，鞘口两肩各具1—3黄色继毛；叶舌截平形或两侧高起而为下凹，高约1毫米；叶片披针形，长7.2—19厘米，宽1.5—2厘米，无毛，先端长渐尖，基部楔形，次脉4—5对，小横脉清晰，边缘一侧具较稀疏小锯齿。

圆锥花序，顶生，排列疏松，长7—10厘米，无毛，分枝基部的腋间有小瘤状腺体，下方具1分裂而边缘有纤毛易脱落的小型苞片。小穗柄微呈波状，无毛，有棱，长1.8—5厘米；小穗紫红色，含4—10花，长2—4厘米，直径3.5—5毫米，顶生1花不孕；小穗轴节间长3.5—5毫米，上部有灰白色短柔毛，顶端杯状，边缘有灰白色纤毛；颖长圆状三角形，纸质，无毛，先端渐尖，第一颖长4—8毫米，具明显的3—5脉，第二颖长8—12毫米，具明显的5—7脉；外稃长圆状三角形，宽大，先端渐尖，无毛，第一外稃长10—14（16）毫米；内稃短于外稃，长6—9毫米，背部具2脊，脊上有纤毛，脊间宽1—1.5毫米，无毛，先端钝而微2裂；鳞被3，披针形，边缘初时有纤毛；雄蕊3，花药黄色，长4—6毫米；子房椭圆形或倒卵状椭圆形，无毛，长1—2毫米，花柱1，顶生2羽毛状柱头。笋期8月。

产蒙自，海拔2100—2800米，生长在石栎属、栲属树林下。模式标本采自蒙自。

9.腾冲玉山竹（竹子研究汇刊）　滑竹（腾冲）图672

Yushania elevata Yi（1986）

秆柄长达70厘米；秆直立，高达7米，直径1.4—3（6）厘米，秆具28—35节，节间长24—43（60）厘米，圆筒形，但在分枝一侧基部扁平并具纵脊，幼时节下有时具棕色刺毛，有光泽，中空度较小，秆壁厚4—8毫米，但分枝的节间常近于实心，髓呈锯屑状；箨环初时有向下之棕色刺毛，后脱落；秆环微隆起至隆起；节内宽3—4毫米，向下逐渐变细。秆芽卵形，贴生，两侧及边缘密生灰色小刺毛。每分枝节有枝条10—20，长达120厘

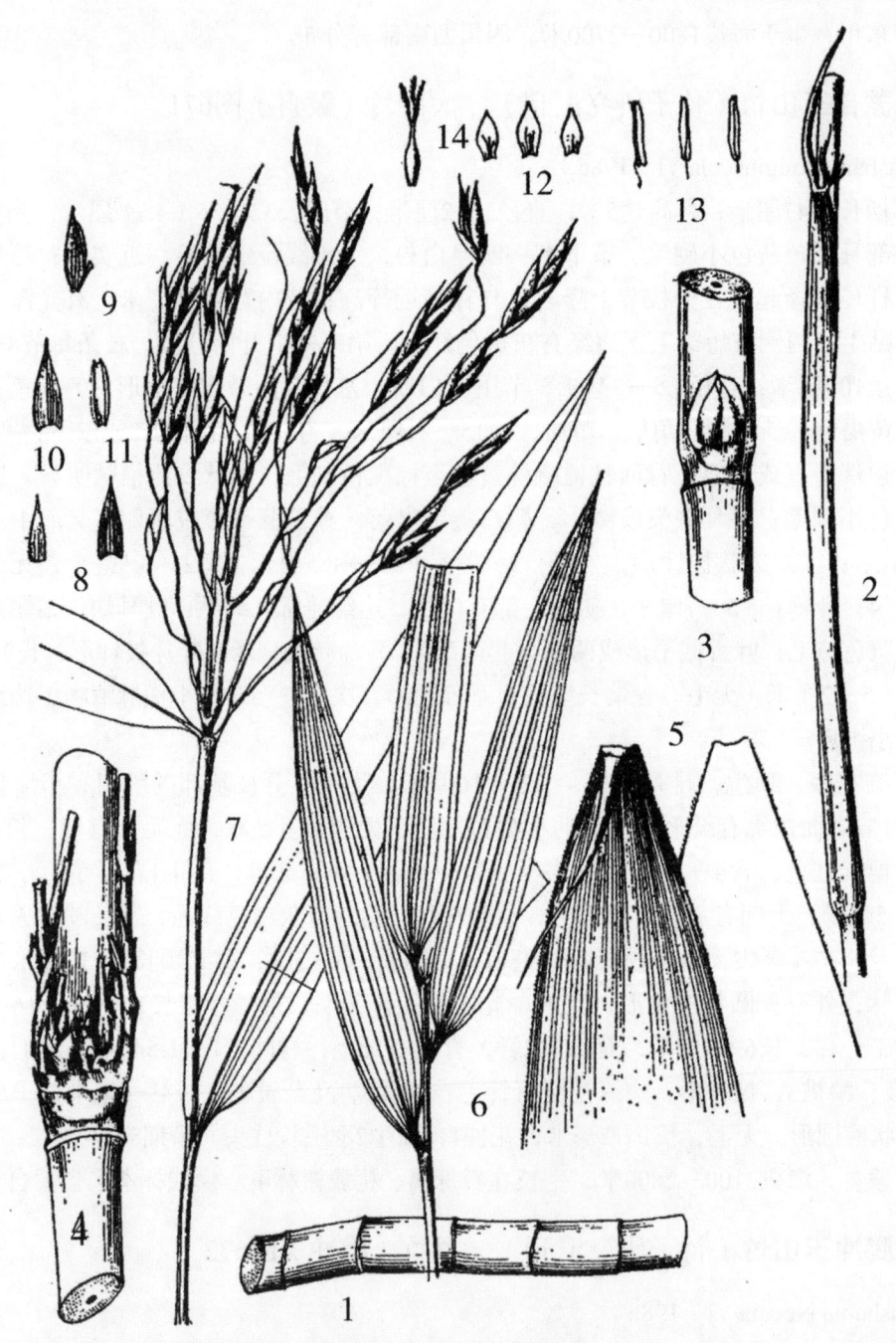

图271　蒙自玉山竹 *Yushania longiuscula* Yi
1.地下茎之一段　2.秆之一段（示宿存秆箨）　3.秆之一段（示秆芽）　4.秆之一段（示分枝）
5.秆箨　6.具叶小枝　7.花枝　8.颖　9.小花　10.外稃　11.内稃
12.鳞被　13.雄蕊　14.雌蕊

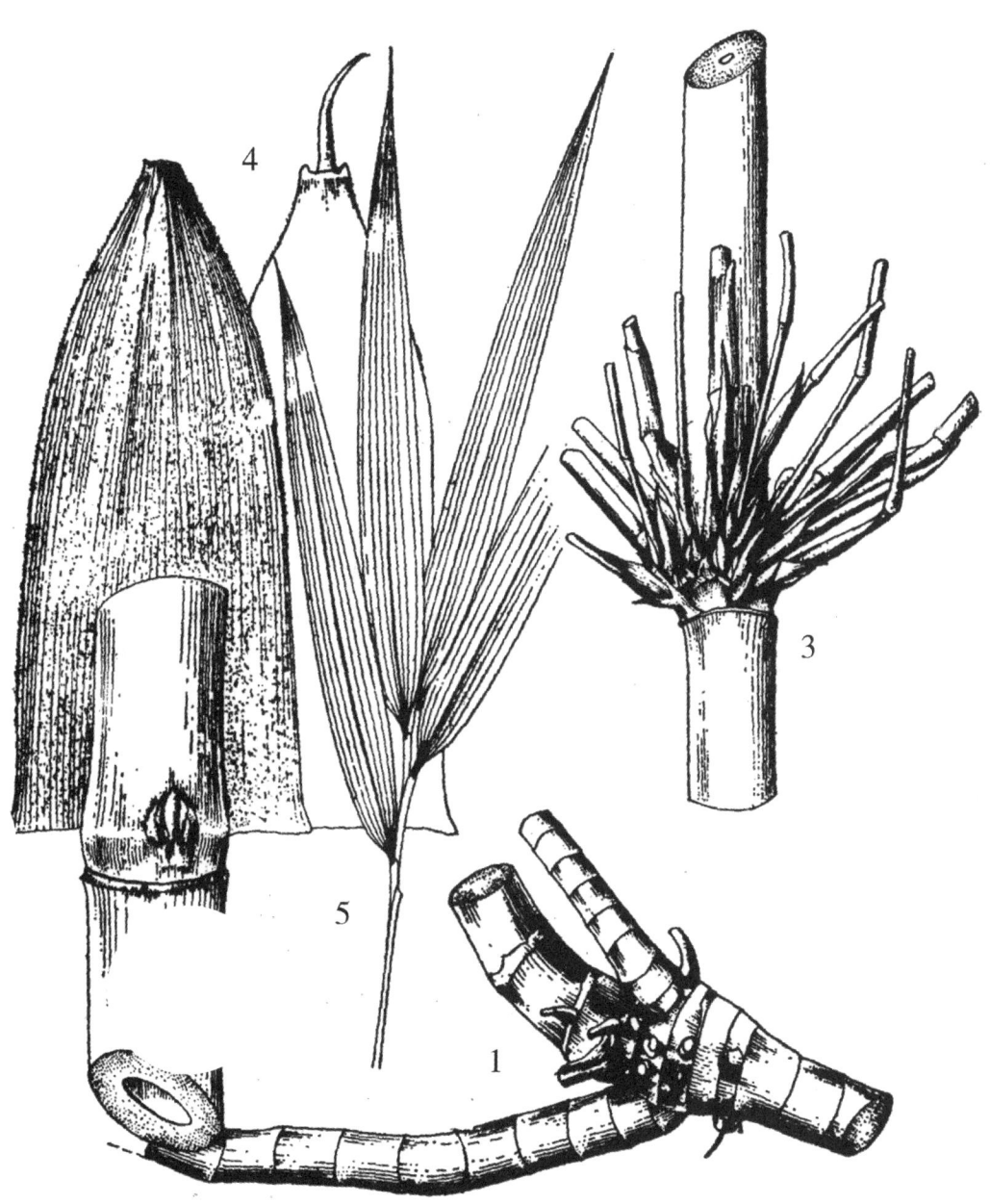

图672　腾冲玉山竹 *Yushania elevata* Yi
1.地下茎及秆之基部　2.秆之一段（示秆芽）　3.秆之一段（示分枝）
4.秆箨　5.具叶小枝

米，斜展，直径1—3毫米，近实心。笋绿紫色，密被棕色刺毛；箨鞘迟落，长三角形，黄色，革质至软骨质，短于节间，长16—23厘米，宽6—11厘米，背面除被覆盖的三角形小区外，密被黄褐色毡状刺毛（基部尤密），纵脉纹比横脉明显，边缘密生棕色刺毛；箨耳缺失，有时箨鞘两肩耸起而呈箨片状，鞘口两肩初时有繸毛；箨舌下凹，紫色，无毛，高约1毫米；箨片外翻，线状披针形，无毛，长2—6厘米，宽1.5—3.5毫米，纵脉纹明显，边缘近于平滑。小枝具叶4—6；叶鞘长2—5.5厘米，纵脉纹及上部纵脊明显，边缘平滑无毛；叶耳缺失，鞘口两肩无繸毛或偶有繸毛；叶舌下凹，高约0.5毫米；叶片狭披针形，长4.5—9.5厘米，宽4.5—9毫米，先端渐尖，基部楔形，无毛，次脉2—3对，小横脉清晰，边缘一侧具小锯齿。笋期7月。

产腾冲，生于海拔2000—2300米的沟谷阔叶林下或云南松林下。模式标本采自腾冲。秆作篱笆用。

10.独龙江玉山竹（竹子研究汇刊） "斯满"（独龙语）图673

Yushania farcticaulis Yi（1986）

秆柄长20—70厘米；秆散生，高达7米，直径1—2厘米，直立；全秆约20节，节间长32（45）厘米，圆柱形，近实心，淡绿色，老后黄色，有光泽，干后常有紫色小斑点，平滑，无纵细线棱纹；箨环隆起，灰褐色至褐色，初时有黄棕色刺毛；秆环平或隆起；节内宽2—5毫米，无毛，有光泽，淡绿色或有时变为紫褐色。秆芽卵形至长卵形，贴生，长1—1.5厘米，宽5—11毫米，灰黄色至黄褐色，近边缘及边缘具灰黄色至黄褐色小刺毛；第5—8节开始分枝，枝条细瘦，多数簇生于每节上，全长25—45厘米，具4—8节，节间长1—10厘米，直径1—2（2.5）毫米，绿色，无毛，无白粉。笋墨绿色，密被棕色刺毛，边缘密生棕色小刺毛；秆箨宿存，箨鞘约为节间长度的1/2—3/5，黄褐色至暗褐色，三角状矩形，长14—22厘米，基部宽5—6.5厘米，顶端三角状渐尖，背面密被棕色至棕黑色刺毛，纵脉纹较横脉明显，内面，纵脉纹及上半部小横脉明显，边缘密生黄褐色小刺毛；箨耳缺失；鞘口两肩具少数黄褐色繸毛；箨舌圆弧形或截平形或偶微凹，紫色，无毛，高约1毫米，口部幼时具纤毛，以后具微裂缺；箨片线状披针形，外翻，长2—6厘米，宽2—4毫米，背面纵脉纹明显，无毛，内面纵脉纹不明显，无毛，基部微粗糙，边缘具小锯齿。小枝具叶4—6；叶鞘长3.2—4.2厘米，淡绿色或绿紫色，有时具灰褐色小刺毛，纵脉纹及上部纵脊明显；叶耳缺失，鞘口两肩各具2—3易脱落繸毛；叶舌截平形或稀圆弧形，高通常不及1毫米；叶片披针形，长（5）9—15厘米，宽（6）9—12毫米，先端渐尖，基部楔形，上面绿色，无毛，背面灰绿色，具稀疏的灰白色柔毛（沿中脉较密），次脉3—4对，小横脉在背面较清晰，边缘具毛状小锯齿。笋期8月。

产贡山，生于海拔1900—2800米的沟谷湿润阔叶林下。模式标本采自贡山独龙。

笋不能食用；秆材柔韧而坚实，常用作制毛衣针。

11.隔界竹（云南植物研究） "阿卡"（傣语）图674

Yushania menghaiensis Yi（1988）

秆柄长（7）18—55厘米；秆散生，高达3.5米，直径1—1.3厘米，梢端直立；全秆15—

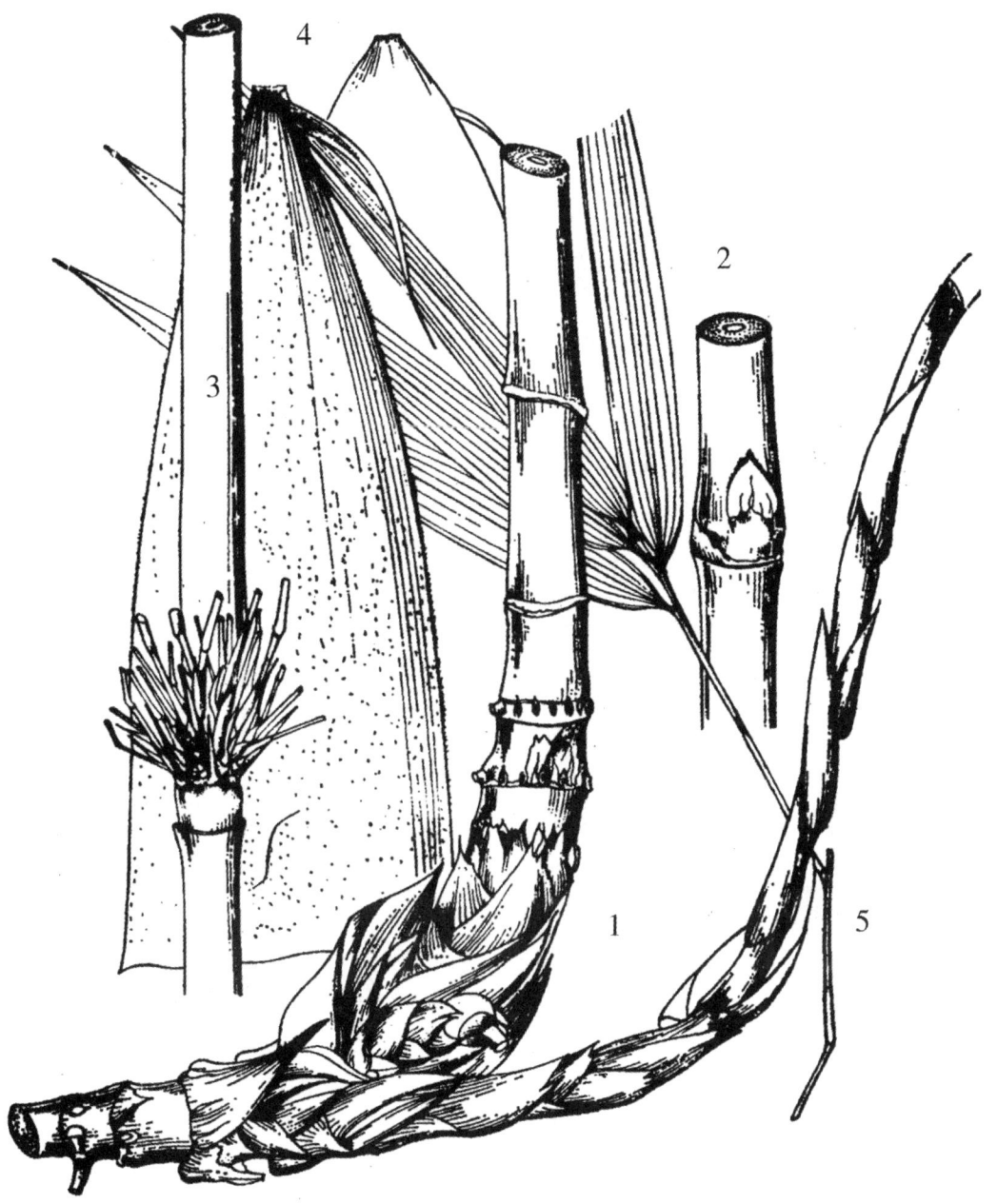

图673　独龙江玉山竹 *Yushania farcticaulis* Yi
1.地下茎及秆之基部　2.秆之一段（示秆芽）　3.秆之一段（示分枝）
4.秆箨　5.具叶小枝

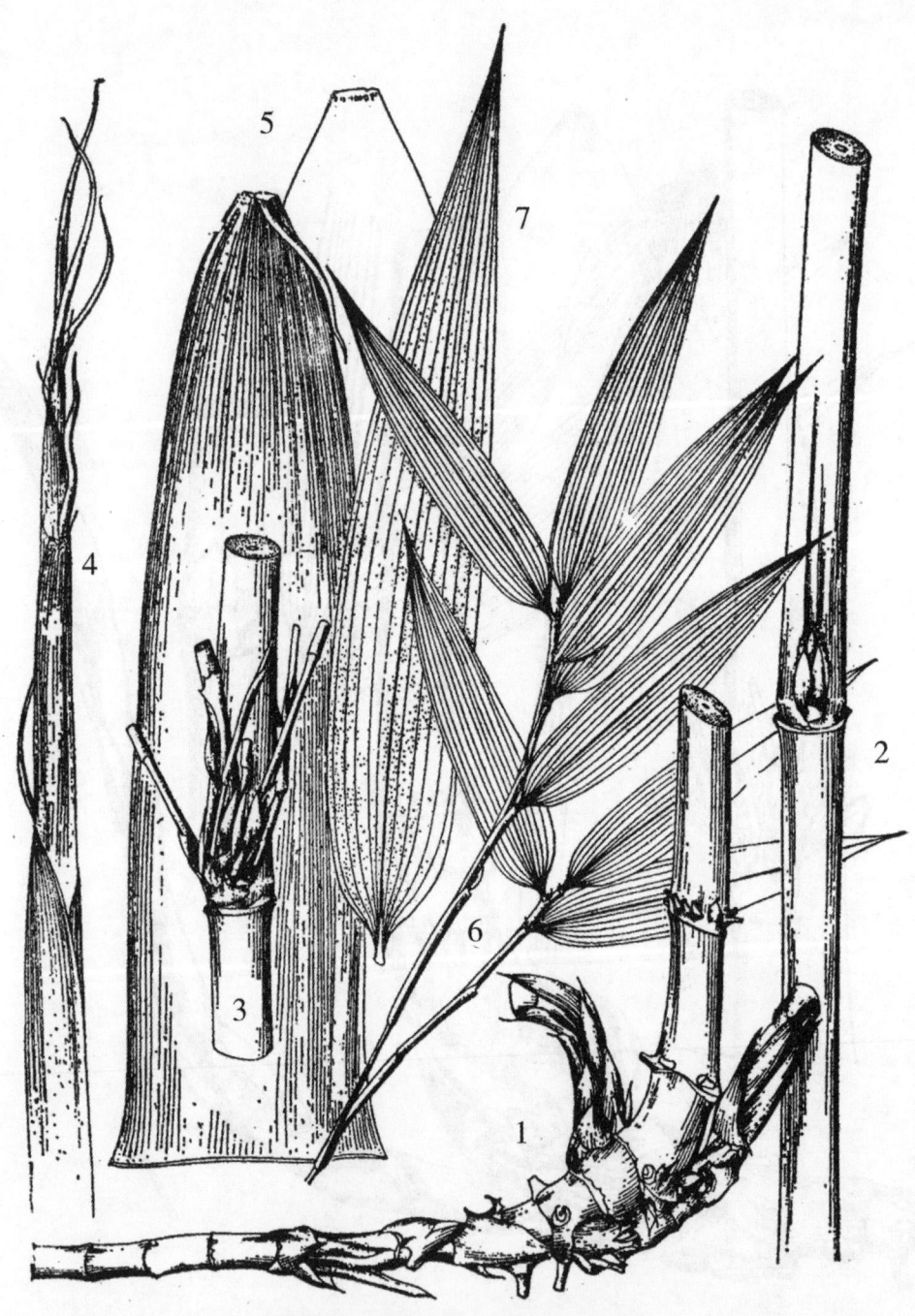

图674 隔界竹 *Yushania menghaiensis* Yi
1.地下茎及秆之基部 2.秆之一段（示秆芽） 3.秆之一段（示分枝） 4.笋
5.秆箨 6.具叶小枝 7.叶片（示背面之毛被）

20节，节间长23—26（32）厘米，圆筒形或在分枝一侧下部微扁平，绿色，光亮，幼时微有白粉，但节下一圈白粉较厚，无纵细线棱纹，中空度小，秆壁厚2—5毫米，髓锯屑状；箨环隆起，较宽，灰黄色，无毛；秆环平，但在分枝节上隆起；节内宽2—4毫米。秆芽卵形至长卵形，贴生，近边缘有黄褐色硬毛，边缘密生纤毛。第6—7节开始分枝，枝条每节5—20，直立至斜展，长30—95厘米，直径1.5—2毫米，具4—7节，节间长1—24厘米，有光泽。箨鞘宿存，淡黄色，薄革质，三角状矩形，短于节间（约为节间长度的1/3—1/2），长7—17厘米，宽4.5—5.5厘米，先端短三角形，常不对称，宽6—8毫米，背面被棕色或黄色贴生瘤基小刺毛，纵脉纹显著，小横脉仅在上部稍明显，边缘初时有短纤毛；箨耳缺失，鞘口两肩初时有1—2灰色缝毛，后脱落；箨舌截平形或微凹，灰褐色，无毛，高约1毫米；箨片三角状线形或线形，外翻，常弯曲，初为紫色，无毛，长1—5.5厘米，宽1.5—2.2毫米，内卷。小枝具叶4—7；叶鞘长2.7—5厘米，绿色或紫绿色，无毛，纵脉纹及上部纵脊明显；叶耳缺失或微小，鞘口两肩常有3—4缝毛；叶舌近截平形，高约0.6毫米；叶片披针形，长（3）10—24厘米，宽（8）14—23（31）毫米，先端渐尖，基部楔形，上面绿色，无毛，下面灰绿色，密被灰色柔毛，次脉4—5对，小横脉不甚清晰，边缘具小锯齿。笋期9月。

产勐海，生于海拔2300米的常绿阔叶林下。模式标本采自勐海。

12. 绿春玉山竹　小竹子（绿春）

Yushania brevis Yi（1986）
产绿春，生于海拔2000米。模式标本采自绿春。

13. 多枝玉山竹　黑竹（新平）

Yushania multiramea Yi（1988）
产新平，生于海拔2320—2550米。模式标本采自新平哀牢山。

14. 光亮玉山竹（竹子研究汇刊）　实心竹（临沧）、实竹（凤庆）、滑竹（景谷）、"若"（拉祜语）图675

Yushania Lévigata Yi（1986）
秆柄长达62厘米；秆高达6米，直径1—2（3）厘米，梢端直立；全秆20—30节，节间长16—25（40）厘米，圆柱形，幼时有白粉或仅节下有白粉，平滑，实心或中空度极小；箨环明显；秆环平或微隆起，较箨环为低，或在分枝节上等高于或高于箨环；节内宽3—5.5毫米。秆芽卵形或长圆状卵形，贴生，边缘密生纤毛。枝条每分枝节（3）4—15，直立或上举，长达30（55）厘米，直径1—2.5毫米。笋淡绿色或紫绿色，有时具淡黄色条纹，无毛或偶见有稀疏灰色小硬毛；箨鞘宿存，软骨质，长三角形或长圆状三角形，长（7）10—18厘米，常为节间长度的2/5—1/2，宽4—6厘米，背面暗紫色，有时显现淡黄色条纹，无毛或偶见基部有黄褐色贴生小刺毛，纵脉纹比横脉明显，边缘初时密生短纤毛；箨耳及鞘口两肩缝毛缺失；箨舌截平形或下凹，无毛，高0.5—0.8毫米；箨片外翻，线状披针形，淡

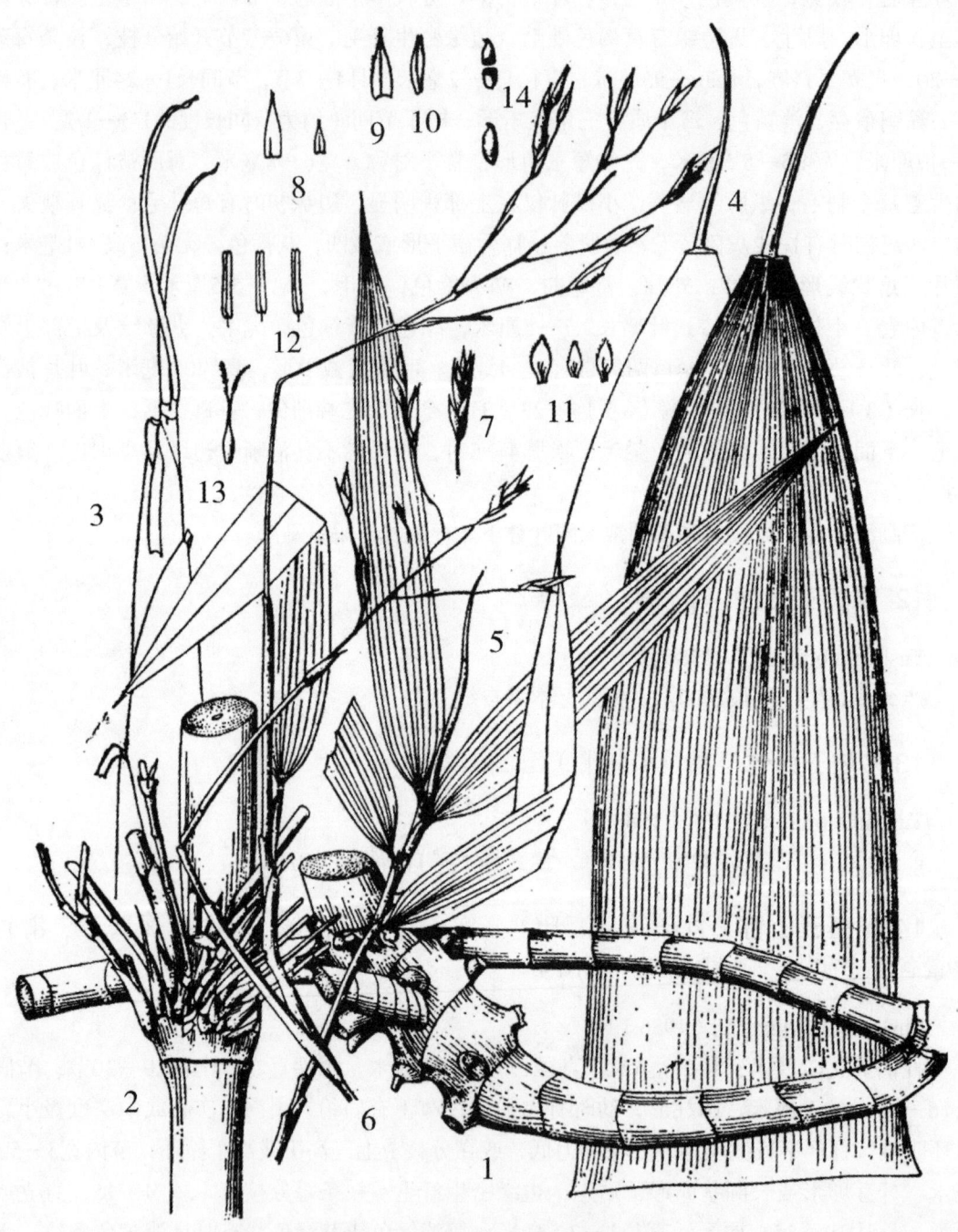

图675 光亮玉山竹 *Yushania Lévigata* Yi

1.地下茎及秆之基部　2.秆之一段（示分枝）　3.笋　4.秆箨　5.具叶小枝　6.花枝　7.小穗
8.颖　9.外稃　10.内稃　11.鳞被　12.雄蕊　13.雌蕊　14.颖果

绿色或紫绿色，无毛，长1.5—5厘米，宽1.5—3毫米，边缘初时有微锯齿。叶每小枝3—5；叶鞘长2.5—3.6厘米，无毛，纵脉纹及上部纵脊明显，边缘无纤毛或初时有微弱纤毛；叶耳缺失，鞘口两肩常无繸毛；叶舌近于截平形，高约0.5毫米；叶片披针形或线状披针形，长（3）7—10（12.5）厘米，宽（6.5）9—12.5（19）毫米，先端长渐尖，基部楔形或阔楔形，无毛，次脉（3）4（5）对，小横脉在扩大镜下清晰，边缘一侧具小锯齿。

花枝长6.5—31厘米，总状或圆锥花序，顶生，由2—12小穗组成，长2.2—7厘米，开展，下部分枝的腋间有瘤状腺体，分枝下方无苞片或偶在下部1—2分枝处有小型苞片，主轴及各分枝均无毛。小穗柄长5—14毫米，直立或开展，通常微波曲，无毛，腋间无瘤状腺体或在总状花序的下部小穗柄腋间有瘤状腺体；小穗深紫色，含4—9花，长1.5—3厘米，直径1—3毫米；小穗轴节间长3—4毫米，近顶端有时具小硬毛，顶端膨大而在其边缘通常密生短纤毛；颖无毛，先端芒状长渐尖，第一颖狭披针形，长约4毫米，具3—5脉，第二颖披针形，长5—9.5毫米，具7—9脉；外稃卵状披针形，长5—10毫米，具7—9脉，先端芒状渐尖，近边缘有小硬毛或无毛；内稃稍短于外稃，长4—8毫米，顶端2齿裂，有笔毫状毛，背部具2脊，脊间宽0.5—0.8毫米，具小硬毛，脊上生短纤毛；鳞被3，上部边缘具纤毛，前方2片菱状卵形，长0.5—0.8毫米，后方1片很小；雄蕊3，花药紫色或淡黄色，长3—4毫米；子房椭圆形，无毛，花柱1，顶生2白色羽毛状柱头。颖果长椭圆形，紫色，具腹沟，长3—4毫米，直径0.8—1.2毫米，有宿存花柱；胚乳白色。笋期9月。

产凤庆、临沧、景谷、澜沧，生于海拔2160—3000米的常绿阔叶林下、林缘或灌丛中。模式标本采自临沧大雪山。

笋不能食用；秆是主要造纸原料，也用作编织器具。

15. 竹扫子（竹子研究汇刊）图676

Yushania weixiensis Yi（1986）

秆柄长20—50厘米；秆散生，直立，高达2米，直径3—10毫米；全秆11—15节，节间长约18（25）厘米，中空，圆筒形或在分枝一侧基部微扁平，绿色或灰绿色，老后变黄色，有时具黑垢，幼时微被白粉，具灰白色小刺毛，无纵细线棱纹或极不明显，秆壁厚约2毫米，髓呈锯屑状；箨环隆起，淡黄褐色至褐色，有时在初时具黄褐色向下生长的刺毛；秆环平或在分枝节上微隆起，节内宽2—4毫米，光亮，有时具黑垢。秆芽1，长卵形，淡绿色，贴生，长4—6毫米，宽2—3毫米，边缘具灰白色纤毛。第3—4节开始分枝，枝条每节3—5（7），梢端微下垂，基部贴于主秆，长10—30厘米，具5—13节，节间长1—8厘米，直径约1毫米，无毛，几实心。笋紫红色，无毛或稀具小刺毛；箨鞘宿存，矩形，长6—11厘米，基部宽1.5—2.7厘米，顶端宽2.5—4毫米，背面无毛或极稀具黄褐色小刺毛，纵脉纹及在上部的小横脉明显，内面光亮，上半部纵脉纹及小横脉均明显，边缘通常平滑；箨片缺失，鞘口两肩无繸毛；箨舌截平形或圆弧形突出，紫色，无毛，高约0.5毫米；箨片外翻，锥形或线状披针形，紫绿色，长3.5—25毫米，宽1—1.5毫米，不易脱落，较箨鞘顶端为窄，无毛，纵脉纹明显，小横脉不发育，边缘平滑，干后微内卷。小枝具叶3—4（5）；叶鞘长1.2—2.7厘米，淡绿色或紫绿色，无毛，纵脉纹及上部纵脊明显；叶耳缺失，鞘口两肩具3—5长1—2（4）毫米淡黄色至黄褐色弯曲繸毛；叶舌截平形或弧形突出，高约1毫

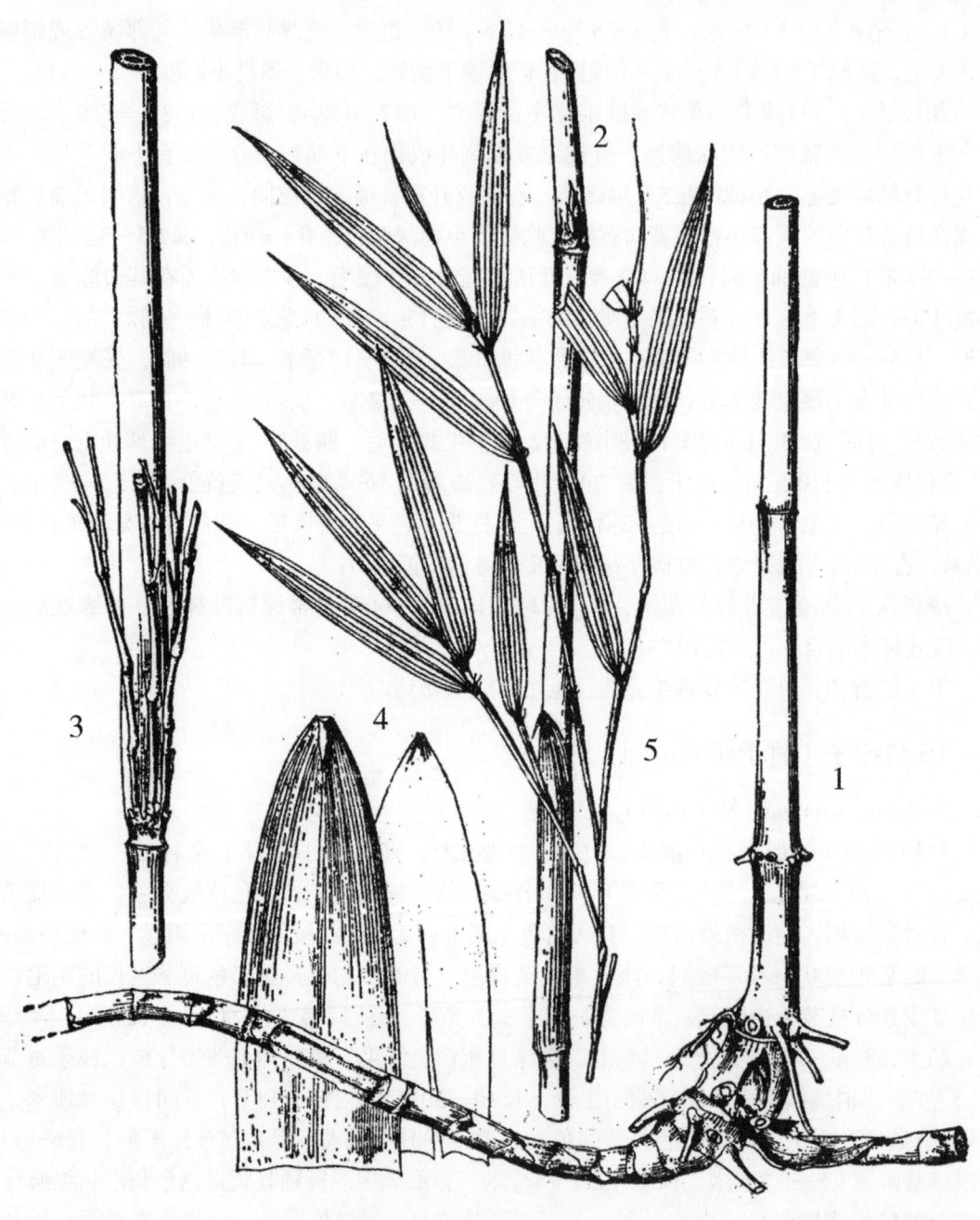

图676 竹扫子 *Yushania weixiensis* Yi
1.地下茎及秆之下部 2.秆之一段（示节间、宿存秆箨和秆芽）
3.秆之一段（示分枝） 4.秆箨 5.具叶小枝

米；叶片狭披针形，无毛，长3.4—7厘米，宽3—6毫米，上面绿色，下面灰绿色，先端渐尖，基部阔楔形，次脉2—3对，小横脉微明显，边缘平滑。笋期7月。

产维西，生于海拔2200—3200米的沟边云南松、高山栎林下。模式标本采自维西。

16.海竹（竹子研究汇刊）图677

Yushania qiaojiaensis Hsueh et Yi（1986）

秆柄长15—40厘米；秆散生，直立，高达0.6米，直径达0.4厘米；节间最长达11厘米，圆筒形，但在分枝一侧基部扁平，无毛，幼时被白粉，纵细线棱纹较明显，中空，秆壁厚1—1.5毫米，髓呈笛膜状；箨环明显，褐色，无毛；秆环平或在分枝节上微突起而与箨环等高；节内宽约1.5毫米，向下逐渐收缩变细瘦，有光泽。枝条每分枝节5—6，直立，下部数节间常有角棱，无毛，直径1—1.5毫米。箨鞘早落，黄褐色，厚纸质，长三角形，短于节间，长6—7.2厘米，基部宽1.8—2.3厘米，顶端宽约2毫米，背面被灰黄色向下之小刺毛（基部尤密），纵脉纹明显，小横脉不发育；箨耳缺失；箨舌近截平形，紫色，无毛，高约0.5毫米；箨片直立，线状三角形，长约7毫米，宽1.5毫米，无毛，纵脉纹明显。每小枝具叶（1）2—3；叶鞘长1.2—3厘米，绿紫色，无毛，纵脉纹及上部纵脊明显；叶耳缺失，鞘口两肩初时各具（1）3—5劲直或弯曲长1—2毫米灰黄色繸毛；叶舌截平形或有不整齐的裂缺，高约0.5毫米；叶片披针形或线状披针形，长（1）1.7—3.2（5）厘米，宽3—5（6）毫米，先端渐尖，基部阔楔形或近圆形，上面有灰白色疏柔毛，下面灰白色，无毛，次脉2—3对，小横脉较清晰，边缘一侧小锯齿细密，另一侧小锯齿稀疏而近于平滑。笋期5月。

产巧家，生于海拔3100米的地下水位很高的高山草甸土上。模式标本采自巧家。

本种为垫状灌木，在高山水土保持上起着非常重要的作用。

17.滑竹　山竹（昆明）、油竹、实竹（保山）

Yushania polytricha Hsueh et Yi（1986）

产昆明、保山、腾冲，生于海拔1900—2360米。模式标本采自昆明筇竹寺。

18.草丝竹　毛竹子、毛叶子竹（罗平）

Yushania andropogonoides（Hand.-Mazz.）Yi（1986）

Indocalamus andropogonoides Hand.-Mazz.（1925）

产罗平，生于海拔2050米。模式标本采自罗平白蜡山。

19. 马六竹（竹子研究汇刊）　薄竹（文山）图678

Yushania oblonga Yi（1986）

秆柄长8—40厘米；秆散生，膝状曲折，高达4.5米，直径1—2厘米；全秆10—13节，节间长28—35（40）厘米，圆筒形或在分枝一侧下半部微扁平，紫绿色，无毛，光亮，幼时被白粉（节下一圈白粉较厚而尤明显），纵细线棱纹不发育，中空，秆壁较薄，厚约2毫米，髓呈锯屑状；箨环隆起显著，无毛，黄褐色或褐色，常有箨鞘基部之残留物；秆环平或在分枝节上微隆起，无毛，有光泽；节内宽5—10毫米，初时微有白粉，颜色较节间淡。

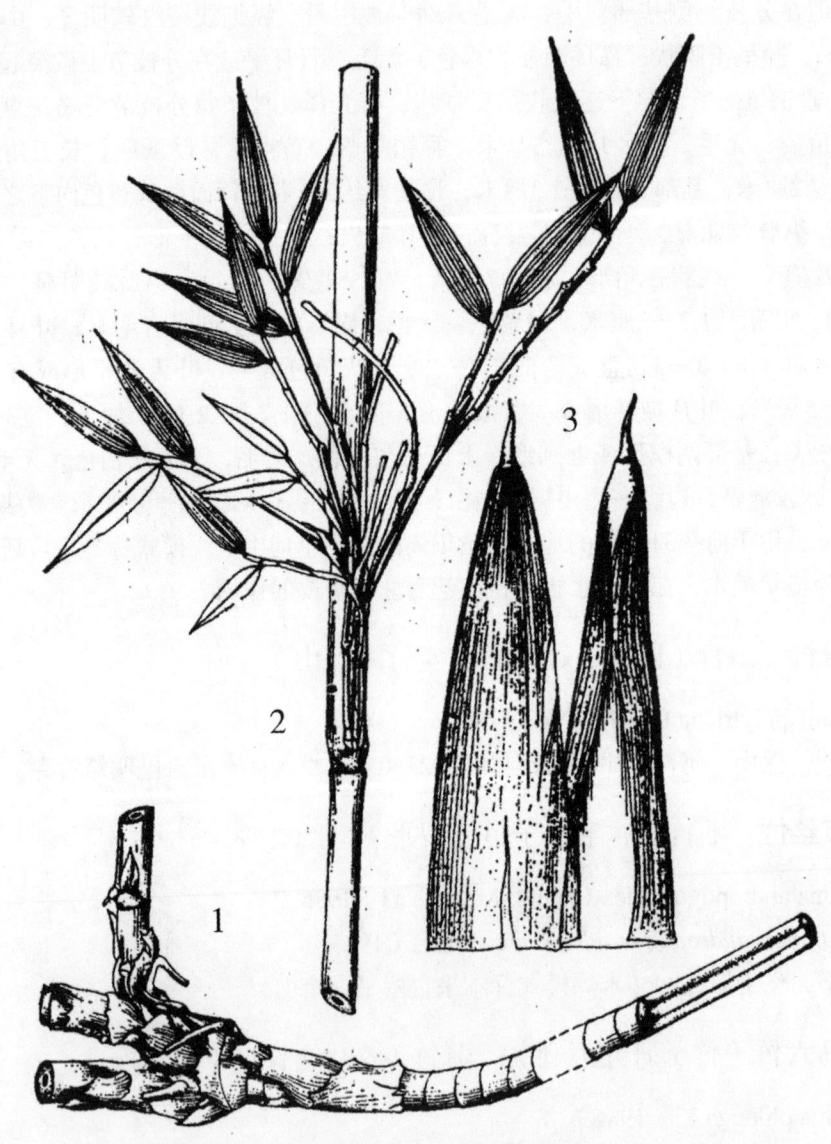

图677　海竹 *Yushania qiaojiaensis* Hsueh et Yi
1.地下茎及秆之基部　2.秆之一段（示分枝及具叶小枝）　3.秆箨

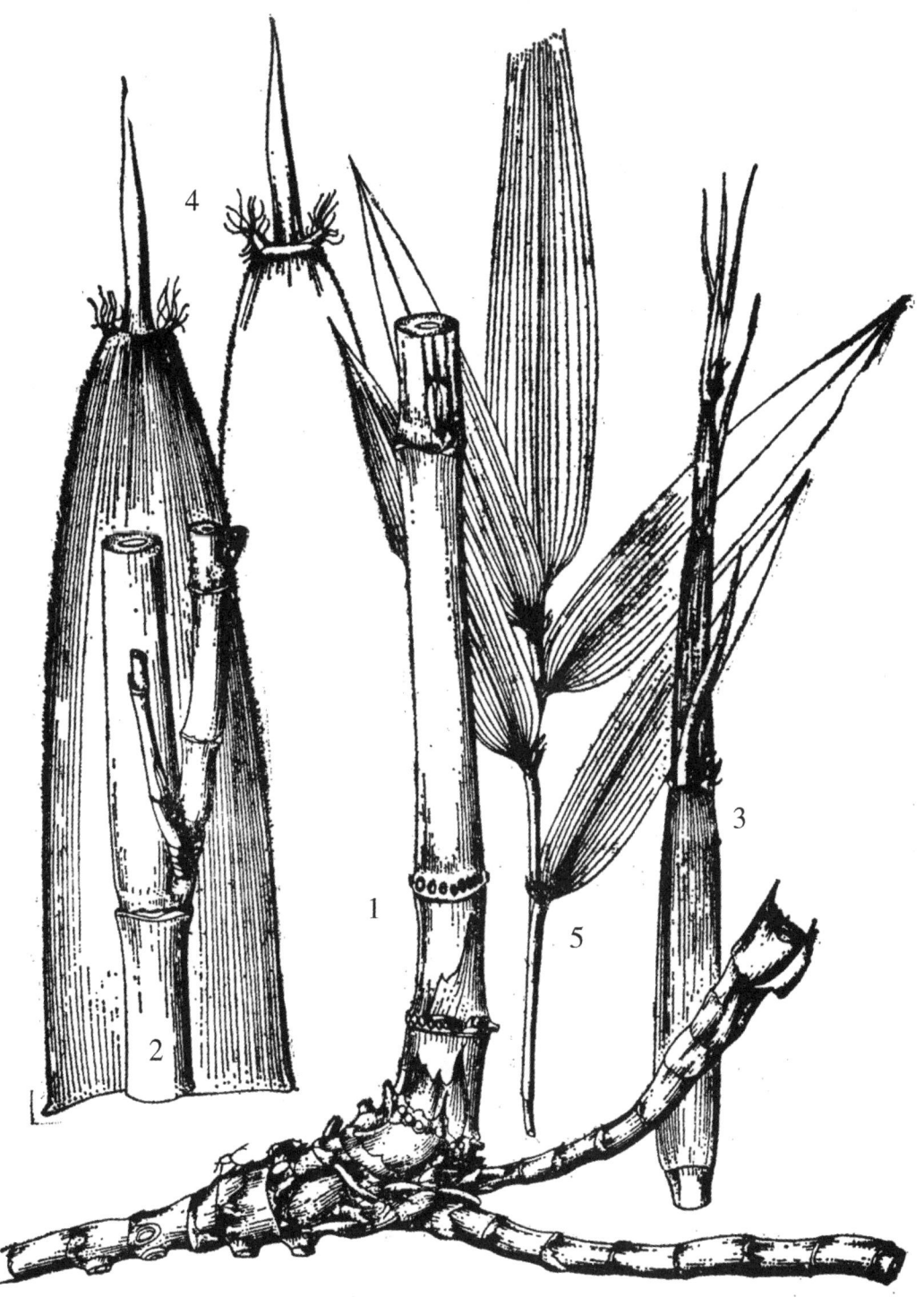

图678 马六竹 *Yushania oalonga* Yi

1.地下茎及秆之下部　2.秆之一段（示分枝）　3.笋　4.秆箨　5.具叶小枝

秆芽长圆形或椭圆形，贴生，长1—1.5厘米，宽6—8毫米，黄褐色，无毛，通常无光泽，干后有纵脉纹，边缘密生淡黄色纤毛。第1—5节开始分枝，枝条每节1—3（5），常有1枚较粗壮，长50—100厘米，具5—6节，节间长1—25厘米，直径3—10毫米，中空，无毛，幼时被白粉。箨鞘宿存，淡黄色，软骨质，坚硬，略呈矩形，长10—17厘米（约为节间长度的2/3），基部宽4—6.5厘米，顶端宽1.2—2.3厘米，纵脉纹比横脉稍明显，两面无毛，边缘常密生淡黄色或黄褐色小刺毛；箨耳长椭圆形，紫色，边缘具5—8黄色至黄褐色弯曲长5—10毫米繸毛；箨舌截平形，紫色，无毛，高约1毫米；箨片线状披针形，直立，粉白色至紫绿色，长2—7厘米，宽2.5—5.5毫米，有时被白粉，无毛，纵脉纹明显，平直，边缘具不明显的小锯齿。小枝具叶（3）5—7；叶鞘长8—9厘米，无毛，初时被白粉，纵脉纹不明显，上部纵脊较显著；叶耳微小，椭圆形，边缘具5—12枚淡黄色繸毛；叶舌截平行；叶片长圆状披针形，厚纸质，长14—17厘米，宽3.6—4厘米，先端渐尖，基部圆形收缩，上面绿色，下面淡绿色，均无毛；次脉7—8对，小横脉不清晰，边缘具不明显小锯齿。笋期8—9月。

产文山，生于海拔2600—3000米的缓坡地，常组成纯林。模式标本采自文山。

笋味鲜美，为晒制笋干之佳品；秆供编织器具或制作箫、笛。

20.阔叶玉山竹　"拉沙"（独龙语）

Yushania megalothyrsa（Hand.-Mazz.）Wen（1987）
Arundinaria megalothyrsa Hand.-Mazz.（1936）
产贡山，生于海拔1300—2150米。模式标本采自贡山独龙。

21.少枝玉山竹　白竹、滑竹（新平）

Yushania pauciramificans Yi（1988）
产新平，生于海拔2510米。模式标本采自新平。

22.盈江玉山竹（植物研究）图679

Yushania glandulosa Hsueh et Yi（1988）
秆柄长（8.5）14.5—23厘米；秆散生，高达3米，直径4—5毫米，略呈之字形曲折；全秆12—16节，节间长约20（23）厘米，圆柱形，但分枝一侧最下部微扁平，绿色，幼时上部有微毛而粗糙，节下有宽约2厘米的白粉一圈，纵细线棱纹显著或至少在节间上部显著，近于实心；箨环隆起，黄色至黄褐色；秆环隆起或在分枝节上肿胀；节内宽2—4毫米，向下逐渐变细而较节间直径为小，平滑，光亮。秆芽长卵形，贴生。第5—6节开始分枝，枝条下部节1，上部可达3，后者常有1粗壮主枝，长达73厘米，直径达4毫米，直立或上举，初时节下有白粉一圈（后期变为黑垢），节间上部有微毛。箨鞘宿存，革质，淡黄色或浅黄褐色，三角状矩形，短于节间，长8.5—9厘米，宽1.2—1.7厘米，先端短三角形，顶端宽2.5—3毫米，背面无毛或偶见浅黄色小刺毛，纵脉纹明显或至少在上半部明显，小横脉不发育，边缘无纤毛或有时具淡黄色纤毛；箨耳及鞘口两肩繸毛缺失；箨舌下凹或近截平形，褐色，无毛或口部有时具纤毛，高约0.5毫米；箨片外翻或直立，线状披针形，长1.5—2厘米，宽约1.5毫米，无毛，纵脉纹明显，边缘平滑，微内卷。小枝具叶1—3；叶

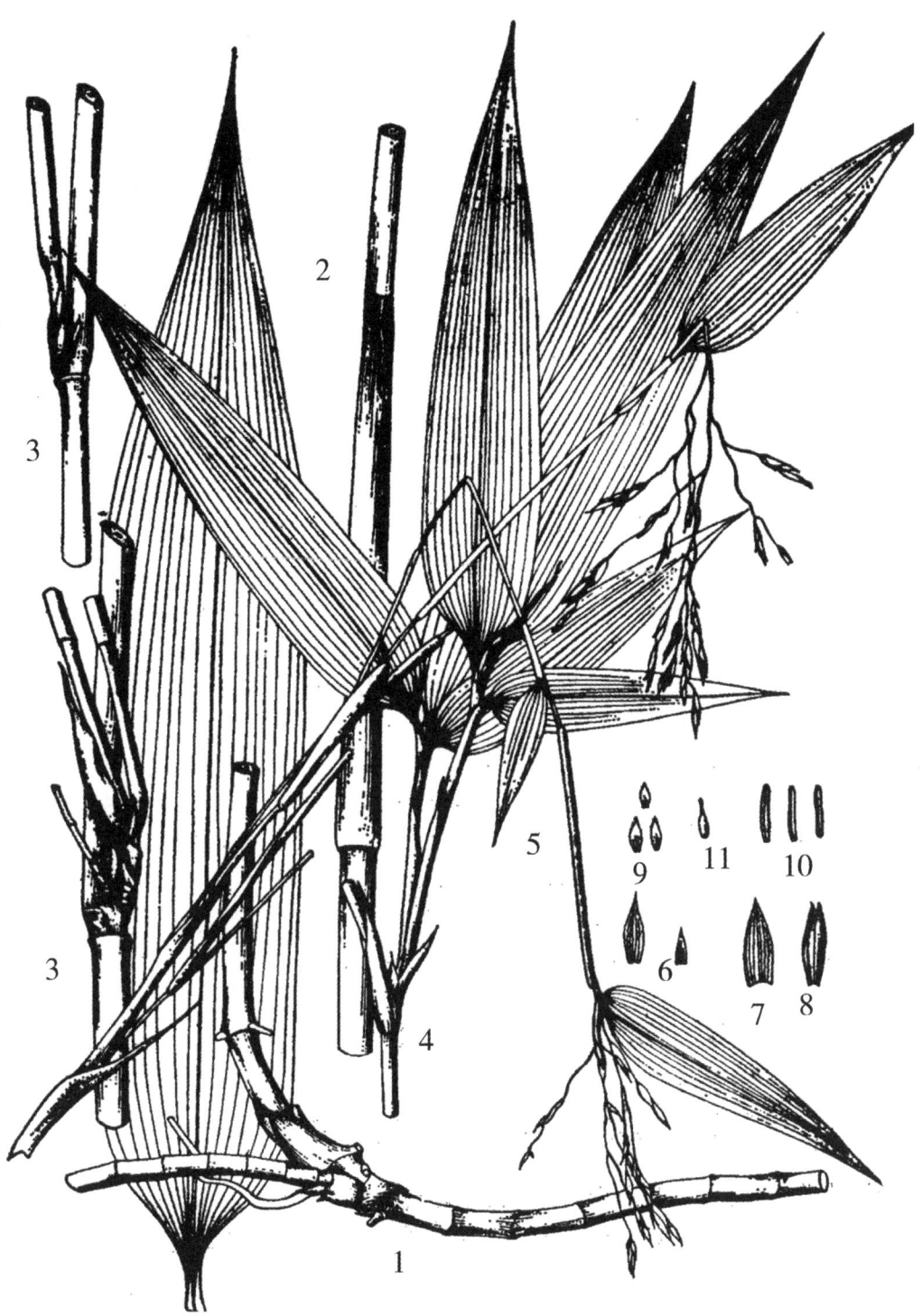

图679 盈江玉山竹 *Yushania glandulosa* Hsueh et Yi
1.地下茎及秆之基部　2.秆之一段（示宿存秆箨）　3.秆之一段（示分枝）　4.叶枝
5.花枝　6.颖　7.外稃　8.内稃　9.鳞被　10.雄蕊　11.雌蕊

鞘长4—9厘米，淡绿色，无毛，纵脉纹明显或至少在上部明显，上部纵脊显著；叶耳及鞘口两肩缝毛缺失；叶舌近圆弧形，高0.5—0.8（4）毫米；叶片长圆状披针形，厚纸质，干后微皱，长（3.5）8—19（27）厘米，宽（1）1.8—5（7.4）厘米，先端渐尖，基部近圆形或阔楔形，上面绿色，下面灰绿色，两面均无毛，次脉（3）4—10对，小横脉明显，近方形，边缘有小锯齿而粗糙。花枝长8—30厘米，下部节上可再分具花小枝；圆锥花序，顶生，长（4）6—12厘米，由（6）13—33小穗组成，开展，下部分枝的腋间有瘤状腺体，分枝下方无苞片或偶在最底部一分枝处有膜质小形苞片，主轴及各分枝均无毛。小穗柄长5—20毫米，开展或直立，通常波曲，无毛，腋间具瘤状腺体；小穗紫色，含3—5花，长1.2—2.5厘米，直径1.5—2毫米；小穗轴节间长3—3.5毫米，具白色或淡黄色小硬毛，顶端膨大而边缘密生短纤毛，颖先端渐尖，在上部中脉及顶端有硬毛，第一颖三角状披针形，长1.2—2毫米，具1—3脉，第二颖披针形，具5脉，长3.5—5毫米；外稃披针形，长4.5—8毫米，具5—7脉，无毛或先端有小硬毛，基盘有灰白色纤毛，顶端芒状渐尖；内稃近等长或稍短于外稃，先端钝而微2裂，有小硬毛，背部具2脊，脊上有小硬毛，脊间宽0.4—0.7毫米，有微毛；鳞被3，披针形，长1—1.5毫米，边缘有纤毛；雄蕊3，花药黄色，长3.5—4毫米；子房长椭圆形，无毛，长约1毫米，花柱1，顶生2羽毛状柱头。

产盈江，生于海拔1800米。模式标本采自盈江。

14. 泡竹属 Pseudostachyum Munro

中小型竹类。地下茎合轴散生，秆柄细长，可横向延伸1—2米；秆直立，梢头下垂，常呈半攀援状。节间短，圆筒形，光滑，秆壁极薄。分枝多数，近等长，主枝不明显。秆箨早落，箨片直立，背面基部明显膙胀隆起。假花序，小穗小，具鳞被；雄蕊6；花柱1、柱头2。颖果。

本属1种，产亚洲西部至东部，我国西藏、云南、广东、广西均有分布。

泡竹（广西植物）"阿摆"（傈尼族语）　"埋包"（傣族语）图680

Pseudostachyum polymorphum Munro.（1868）

秆高可达10米，上部悬垂。节间长15—30厘米，径2—3.5厘米，秆环平滑，新秆节下具白粉，秆壁厚1.5—3毫米。分枝通常在基部第4节以上，主枝不明显，分枝6—15。秆箨短于节间，早落，长9厘米，宽13厘米；箨鞘先端弧形下凹或截平，背面贴生棕色刺毛；箨片直立，易落，与箨鞘几等长，基部与箨鞘顶端近等宽；箨耳微小，具卷曲刚毛数枚；箨舌高1—3毫米，具齿状缝毛。叶片长圆状披针形，长20—25厘米，宽2.5—3厘米，先端细尖，基部圆至楔形，两面无毛；叶鞘幼时具柔毛，后脱落；叶耳微小；叶舌不明显，鞘口具细长纤毛。花序渐次发生，小穗轴细长，每节具一带佛焰苞之小穗，仅含1花，顶生花退化；颖片通常1枚，较宽，具小尖头；外稃与颖片相似；内稃薄纸质，背部具2脊；鳞被3—5，较大；雄蕊6，花丝分离，花药具小尖头；子房无毛，花柱1，柱头2。颖果扁球形。笋期5—9月。

产景洪、勐腊、勐海、普洱、江城、瑞丽、罗平；生于海拔1000—1400米土壤肥沃、

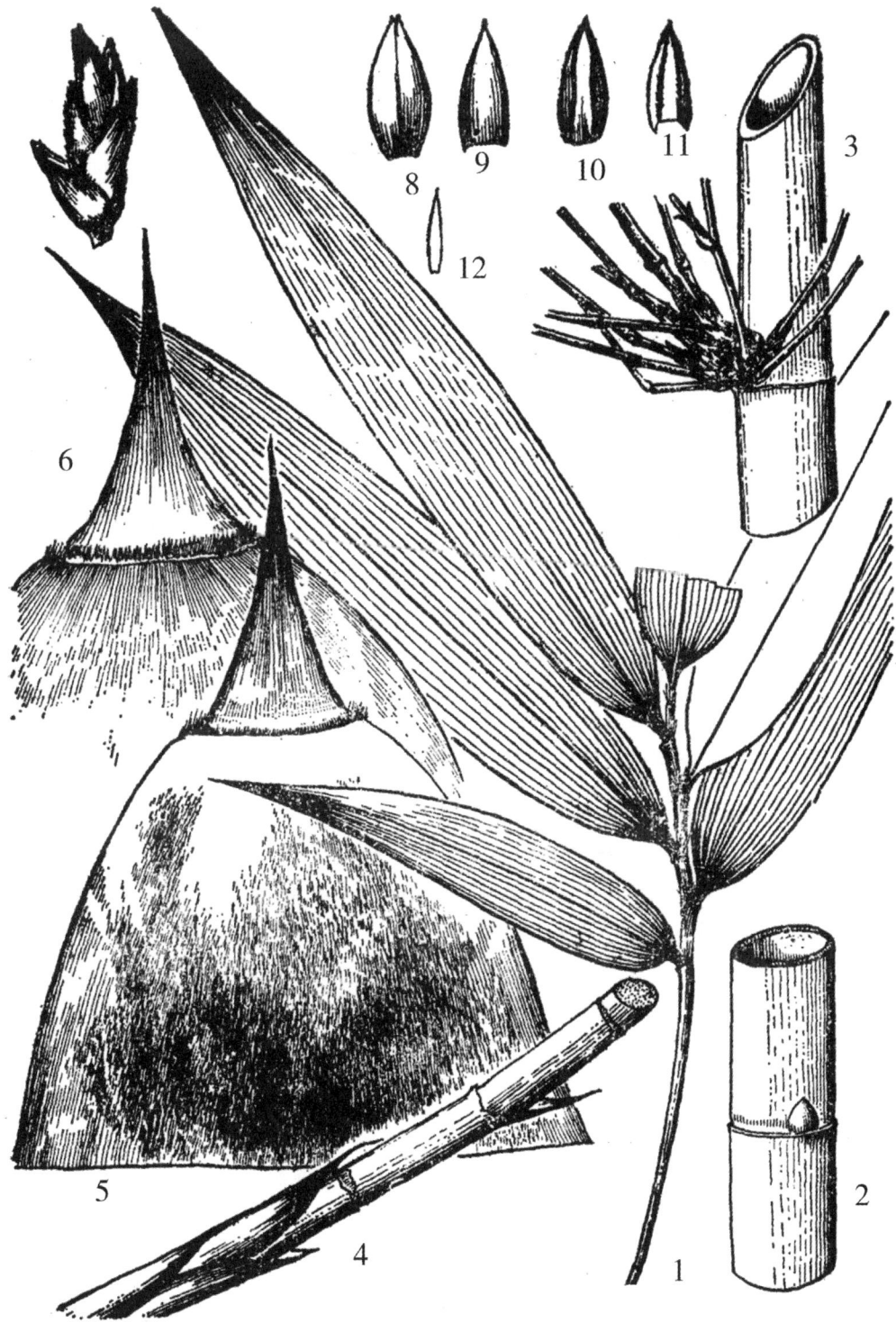

图680 泡竹 *Pseudostachyum polymorphum* Munro

1.枝叶 2.秆的一段 3.秆及分枝 4.地下茎的一段 5.秆箨背面 6.秆箨腹面 7.小穗

8.第一颖背面 9.第二颖背面 10.外稃腹面 11.内稃背面 12.鳞被

湿润而疏松的箐边及常绿阔叶林下。广东、广西、西藏有分布；印度、孟加拉国、尼泊尔、不丹、缅甸也有。

用母竹移栽造林。移栽时应选1—2年生秆基具芽的做母竹。挖掘时注意带宿土并用稻草等包捆。雨季造林。

假鞭色白、质好、韧性极强，商品名叫"泡竹强"常代藤箍刀把、编用具和工艺品，沿海省区在渔业上用于编制鱼筛和鱼箔，坚韧，耐水浸渍，伸缩度小，经久耐用，为渔业生产的优良用材；笋可食用。

15. 箬竹属 Indocalamus Nakai

灌木状竹类。地下茎复轴型。秆散生或复丛生，直立，节间圆筒形，无沟槽，秆环平或微隆起；节内较宽，每节1分枝，与主秆近等粗，稀多分枝。秆箨宿存，箨耳通常显著。叶片大型，侧脉多数，小横脉明显。圆锥花序顶生，小穗具柄，每小穗含花多数，颖通常2，卵形或披针形，先端渐尖或呈尾状，常具微毛并在锥状尖头上生有小刺毛；外稃矩形或披针形，疏松排列于小穗轴上；内稃稍短于外稃，稀可与之等长或较长，先端通常2裂，背面具2脊，脊上沿生稀疏微毛；鳞被3，近等长；雄蕊3；子房无毛，花柱通常2，分离或基部连合，柱头羽毛状。颖果。

本属约20种，产东亚；我国约15种，主要分布于长江以南低海拔地区，云南产1种。

箬叶竹（禾本科图说）图681

Indocalamus longiauritus Hand.-Mazz.（1925）

秆高1.5米。节间长10—30厘米，圆筒形，中空，壁厚1—1.5毫米，被棕色小刺毛，节下尤密；秆环线形微隆起；箨环具箨鞘残存物；节内长7毫米，光滑，下部较细。分枝通常1，稀3枚，直立或上举。箨鞘厚纸质，长6—12厘米，外面贴生棕色刺毛，内面光亮；箨片直立，三角形或长三角形，先端渐尖，基部圆形收缩，长0.8—5厘米，宽3—9毫米，纵肋明显；箨耳发达，脱落性，通常呈镰形，高1毫米，宽5毫米，具流苏状继毛，长4—12毫米；箨舌截平，高0.5—1毫米，先端具1—3毫米长继毛，呈流苏状。叶鞘质硬，幼时贴生棕色小刺毛，后脱落，外缘具纤毛，纵肋明显；叶耳显著，镰形，具长约1厘米流苏状继毛数枚；叶舌高1—3毫米，中间凹下；叶片长12—30厘米，宽2.5—5厘米，先端长渐尖，基部狭窄成长3—8毫米之叶柄，叶面无毛，背面疏生白色小纤毛，边缘粗糙，其一缘靠基部平滑，中脉金黄色，在背面极突出，次脉10—11对，小横脉清晰。

产西畴，生于山坡、林下或灌丛中，贵州、湖南、四川、广西有分布。

16. 铁竹属 Ferrocalamus Hsueh et Keng f.

小乔木状；地下茎单轴散生。秆直立，梢头劲直或微弯；节间长，秆壁坚厚，基部近实心；秆环明显隆起；1分枝，与主秆近等粗且和主秆平行向上伸展，秆的上部有时为3—5

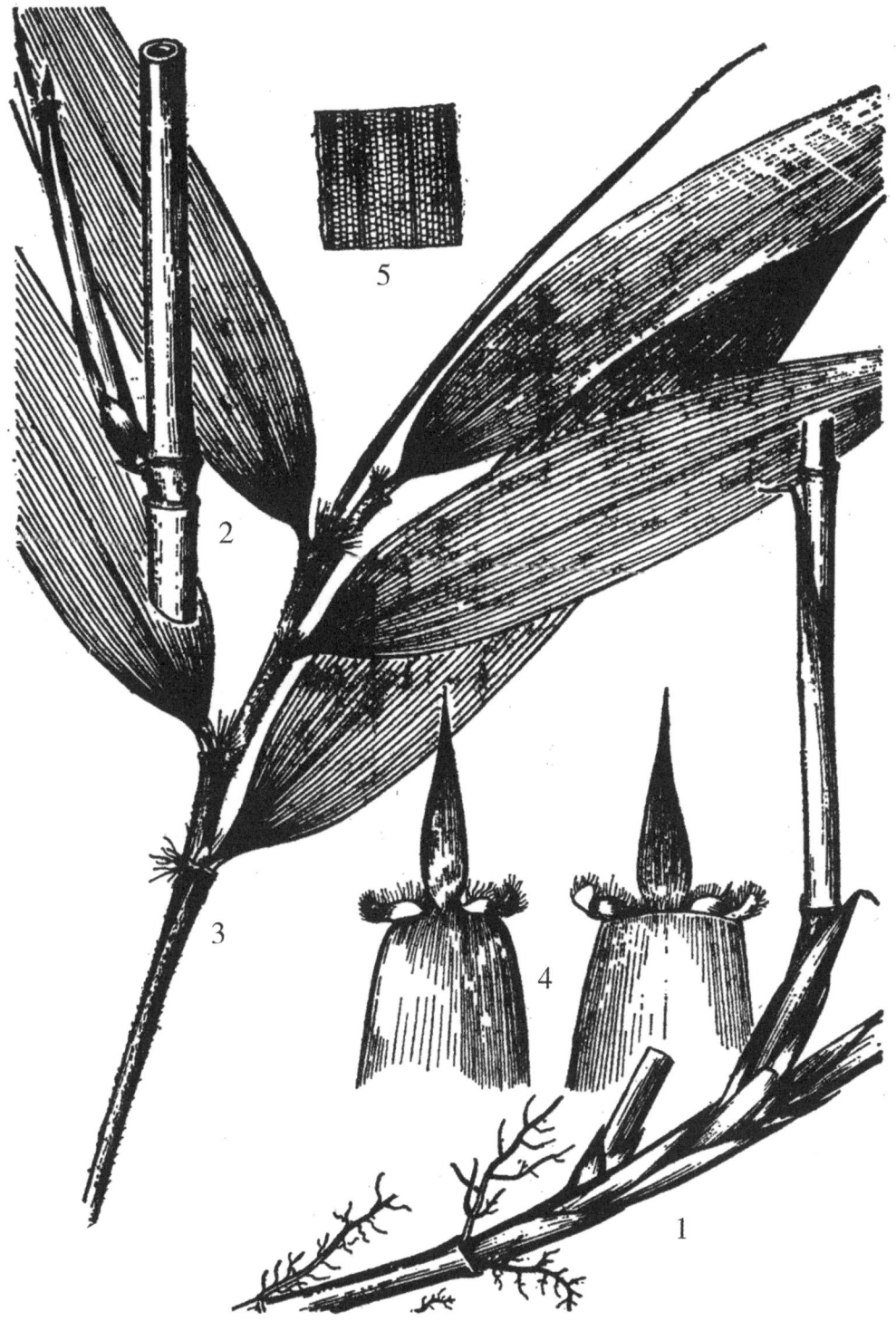

图681 箬叶竹 *Indocalamus longiauritus* Hand.-Mazz
1.地下茎（示其单辐散生情形） 2.秆的一段及其分枝 3.枝叶
4.秆箨的顶端（左：背面观；右：腹面观） 5.叶缘及小横脉

分枝。秆箨迟落或宿存,革质,背面密被棕褐色刺毛和白绒毛,箨片直立或外展,叶状;叶大型。顶生圆锥花序,小穗多花,具柄;鳞被3,雄蕊3,柱头2。果实肉质,扁球形。

本属1种,仅云南红河州有少量分布。

铁竹(竹子研究汇刊)图682

Ferrocalamus strictus Hsueh et Keng f.(1982)

地下茎节间长约5.5厘米,直径约1厘米。秆高5—10,节间长60—80(130)厘米,径2—3.5(5)厘米,个别植株节间内壁具与节间等长的线状附属物,秆壁厚8—10毫米,基部近实心;节内长2—3厘米,光亮;秆环在分枝以上膨大如花瓶状,节下具一圈白粉;分枝1,(秆顶端3—5)与主秆平行向上且等粗,分枝下部一节或数节缩短,基部膨大。箨鞘长椭圆形,长30—40厘米,宽7—12厘米,革质,秆下部者较厚,质硬,干后皱裂卷曲,背面密被棕褐色刺毛与白绒毛,基部刺毛淡黄色;箨片叶状披针形,长4—15厘米,宽1—2厘米,基部收缩,易落;箨耳缺;箨舌低矮,平截,顶端具长约1毫米的纤毛;鞘口具1—2厘米长缝毛10余枚。叶片长35—60厘米,宽6—11厘米,先端急长尖,基部楔形,主脉在背面凸起,金黄色,次脉10—12对,小横脉在两面明显;叶鞘长15—24厘米,革质,被白柔毛及棕色小刺毛;叶耳小,具长1—2厘米缝毛10余枚;叶舌截平。顶生圆锥花序,穗轴粗壮,无毛,小穗两侧压扁,淡紫色,长1.5—2厘米,位于分枝顶端可长达2.5厘米,每小穗具花3—10,通常3,最上一小花细长,不育,小穗柄长约1厘米,颖2枚,长3—5毫米,具微毛;外稃披针形,长7毫米,具脉7条,先端钝尖,被微毛;内稃背部具2脊,脊间呈沟槽状,先端钝,被微毛;鳞被3,雄蕊3,花丝分离;花柱单一,柱头2,羽毛状。果实肉质,扁球形,宽约2厘米。3—5月发笋。

产金平、绿春,生于海拔1000米箐沟和山脊。分布区主要为花岗岩;伴生植物有小叶伞罗夷、露兜树、大叶紫珠、秋海棠、桫椤等。缅甸有分布。

秆外壁极坚硬,当地少数民族用于制作弩箭,又因叶大,常用叶代瓦盖房。由于分布狭窄,数量少且破坏大,应加以保护。

17. 刚竹属 Phyllostachys Siebold et Zuccarini

乔木、灌木或亚灌木状竹种。地下茎单轴散生。秆节间圆筒形,但于分枝一侧略扁平,并具沟槽;秆箨革质,早落,箨鞘背面常具褐色斑块,箨舌隆起,其上常着生纤毛,箨耳无或有时甚发达,边缘常有缝毛,箨片披针形或带状披针形;2分枝;叶片披针形或线状披针形,纵脉和小横脉均很明显并呈方格状。假花序,呈圆锥状;小穗基部具覆瓦状排列3佛焰苞片,含小花2—6枚,聚成筒短穗状或头状,小穗轴于小花间折断;颖1—3枚,顶端小穗常缺如,第一颖形似苞片,3—5脉,第二、三颖相似外稃然较之为短;外稃纸质或近革质,先端锐尖,有毛或无毛;内稃背具2脊,先端凹裂而具2尖头,等长或略短于外稃;鳞被3枚,披针形或卵状披针形,顶端呈流苏状;雄蕊3,花药成熟后悬于长伸的花丝上而露出小花外;子房无毛,具柄,花柱3,基部连合,柱头羽毛状;颖果,果皮有时增厚而颇坚硬。

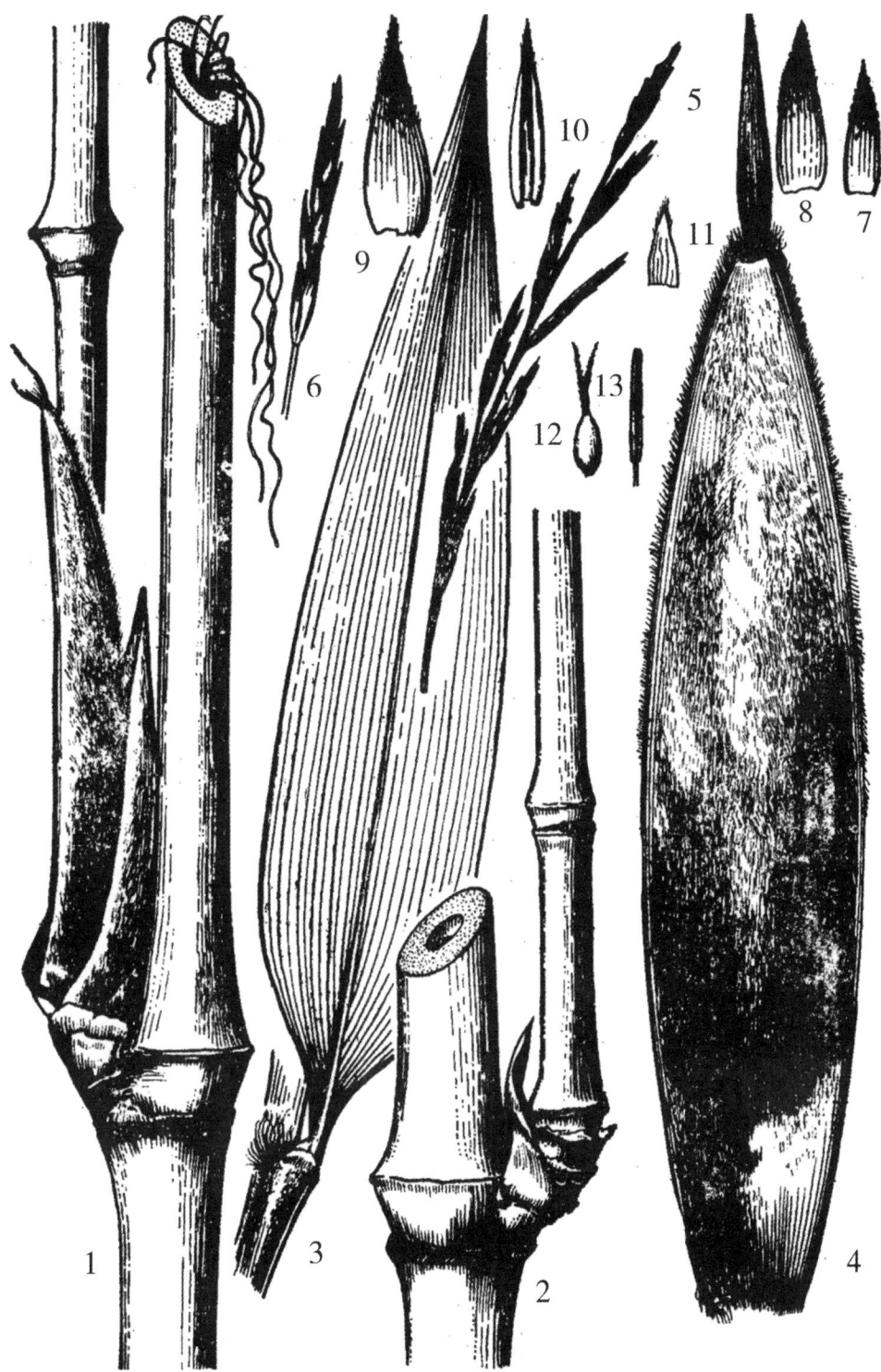

图682　铁竹 *Ferrocalamus sirictus* Hsueh et Keng f.

1—2.秆及分枝　3.叶片及叶鞘先端形态　4.秆箨背面　5.花枝　6.小穗（放大）

7.第一颖　8.第二颖　9.外稃　10.内稃　11.鳞被　12.雌蕊　13.雄蕊

本属现有50—70种，主要分布于亚洲东部（印度、喜马拉雅地区、中国、日本、朝鲜、西伯利亚等）；除少数种外，我国几全有，以长江流域为其分布中心；云南现约有14种2变种，以引种栽培为多。

分 种 检 索 表

1.箨鞘背面具斑点，箨片常呈带状，外翻，常皱曲；秆节之节内长约3毫米；假花序呈穗状（刚竹组 phyllostachys）。
  2.秆箨无箨耳和鞘口繸毛，箨鞘背面常无毛。
   3.新秆之箨环上有1毛环，箨鞘底也有毛环。
    4.秆中下部节间不正常，极为缩短并呈不对称肿胀 ………… 1.罗汉竹 Ph. aurea
    4.秆之节间正常不短缩 ………… 2.毛环竹 Ph. meyeri
   3.新秆之箨环及秆箨之鞘底无毛环。
    5.箨舌上有暗褐色或白色长纤毛，箨舌暗褐色或带绿 ………… 3.甜竹 Ph. fiexuosa
    5.箨舌上着生白色细短纤毛。
     6.箨片略皱，箨舌先端截平或弧形
      7.新秆无斑纹，老秆有斑纹
       8.箨鞘无白粉；箨舌截平，暗紫色
        9.秆之节间无紫褐色斑点 ………… 4a.淡竹 Ph. glauca
        9.秆之节间被紫褐色斑点 ………… 4b.筠竹 Ph. glauca f. yunzhu
       8.箨鞘有白粉；箨舌弧形，淡褐色 ………… 5.早园竹 Ph. propinque
      7.新秆下部有紫色斑纹，老秆无斑纹………6.石绿竹 Ph. arcana
     6.箨片强烈皱曲，箨舌甚为隆起，两侧下延。
      10.中部节间最长者25厘米以上，新秆绿色，微被白粉，节不呈紫色 ………… 7.乌哺鸡竹 Ph. vivax
      10.中部节间最长不达25厘米，新秆厚被白粉，节紫色 …… 8.早竹 Ph. praecox
  2.秆箨有箨耳和鞘口繸毛，箨鞘背面被毛
   11.箨耳小或不明显，鞘口繸毛发达，箨舌上纤毛发达，分枝以下秆环不明显 ……… 9.毛竹 Ph. pubescens
   11.箨耳发达，呈镰形，箨舌上纤毛短。
    12.新秆箨环上有毛环，箨舌强隆起
     13.秆为紫色 ………… 10a.紫竹 Ph. nigra
     13.秆绿色，不为紫色 ………… 10b.金竹 Ph. nigra var. henonis
    12.新秆箨环上无毛环，箨舌弧形
     13.箨鞘背部无毛，无斑点或略被细小斑点箨耳与箨片相连 … 11.美竹 Ph. decora
     13.箨鞘背面被疏毛，被褐色斑块，箨耳与集片不相连 ………… 12.桂竹 Ph. bambusoides
1.箨鞘背面不具斑点，箨片呈三角形，直立，平坦；秆之节之节内长约5毫米；假花序紧缩呈头状（水竹组 Heteroclada）

14.箨耳宽大，镰状或三角形；最后小枝常具叶1枚，偶2枚 ……… **13.箬竹 Ph. nidularia**

14.箨耳小；最后小枝具叶2—5枚 …………………………… **14.水竹 Ph. heteroclada**

1.罗汉竹　人面竹　图683

Phyllostachys aurea Carr. ex A. C. Riviere（1878）

秆高5—8米，粗2—3厘米，下部及中部以下其节间作不规则短缩呈畸形肿胀，以至节间交互歪斜；新秆之箨环上有1圈白色毛环；正常节间长16—26厘米，光滑无毛，秆环微隆起，箨环几与秆环同高；秆箨淡蓝绿色或淡玫瑰黄色，散生褐色小斑点，除箨鞘底部有1圈纤毛外光滑；箨舌甚矮，先端微凸，边缘具纤毛，箨耳及鞘口繸毛缺如，箱片披针形，向外翻折；叶鞘上叶耳和繸毛发达或缺如，叶舌甚矮，叶片长10—12厘米，宽约1厘米，先端锐尖，基部圆形。4—6月出笋。

分布于昆明、安宁、通海、罗平、云龙等地，生于海拔1200—1900米。我国各地广泛栽培，多见于庭园、庙宇和公园；现世界各地也广泛引种，日本、北非、欧洲和美洲均有栽培。

秆形奇特，观赏价值极高，竹秆干燥后坚硬如骨，可加工成手杖、伞柄、旱烟管等，笋可供食用。

2.毛环竹　淡竹　图684

Phyllostachys meyeri McClure（1949）

秆高8—10米，粗2—4厘米；秆绿色，节下略被白粉，光滑；节较平，秆环略隆起，箨环与秆环同高，箨环上有1圈柔毛；秆箨淡绿黄毛，被褐色斑点和小斑块，微被白粉，鞘底部着生1行纤毛，箨舌隆起，中央突起，呈波峰状，先端先有毛而后脱落；箨耳和鞘口繸毛缺如，箨片披针形或狭带状，略具波折或微皱曲。小枝多为2—3叶，叶舌隆起，疏生纤毛，叶耳缺如，鞘口有时具流苏状繸毛；叶片长14厘米以上，宽约2厘米，叶背面基部密生柔毛。4—5月出笋。

分布于昆明、安宁、西畴、马关等地，生于海拔1300—1800米。我国浙江、安徽和湖南有分布；美国从我国引种成功。

该种是本属最优美、最坚硬的竹种之一，秆可作海船帆蓬横档、出口伞骨、竹器和编织品等；笋可食。

3.甜竹　曲秆竹　图685

Phyllostachys flexuosa A. et C. Riviere（1878）

秆高5—8米，粗2—4厘米；秆基部常作"之"字形曲折或端直，节间长7—24厘米，绿色，节下略具白粉，新秆略被白粉；节隆起，秆环与箨环几等高；秆等淡绿褐色，被褐色斑点、斑块及褐色条纹，无毛，箨舌发达，弧形隆起，深褐色，先端着生纤毛，箨耳和鞘口繸毛缺如，箨片翻转，披针形或带形，先端皱曲。小枝具2叶，叶舌显著隆起，叶耳缺如，鞘口着生稀疏短繸毛或无，叶片长7—16厘米，背面密生绒毛或略具毛。出笋4—5月。

云南现仅发现西畴县有分布。我国在黄河流域及长江流域有分布；现美国、法国和北

图683 罗汉竹 *Ph. aurea* Carr. ex A. et C. Riviere
1.秆基部节间 2.秆箨（背面） 3.秆箨（腹面） 4.枝叶

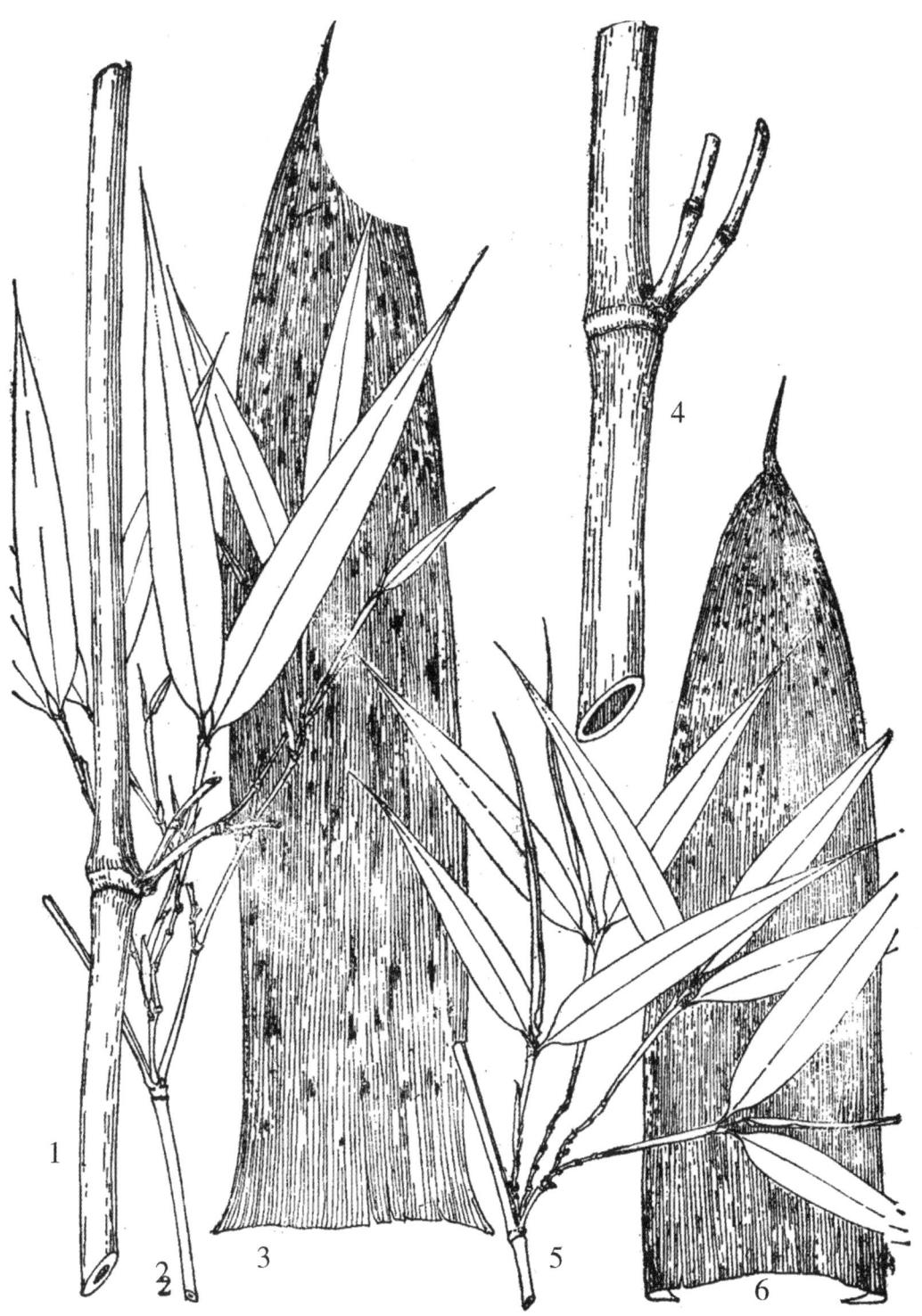

图684　毛环竹和早园竹

1—3.毛环竹 *Ph. meyeri* McClure

1.秆　2.枝叶　3.秆箨

4—6.早园竹 *Ph. propinqua* McClure

4.秆　5.枝叶　6.秆箨

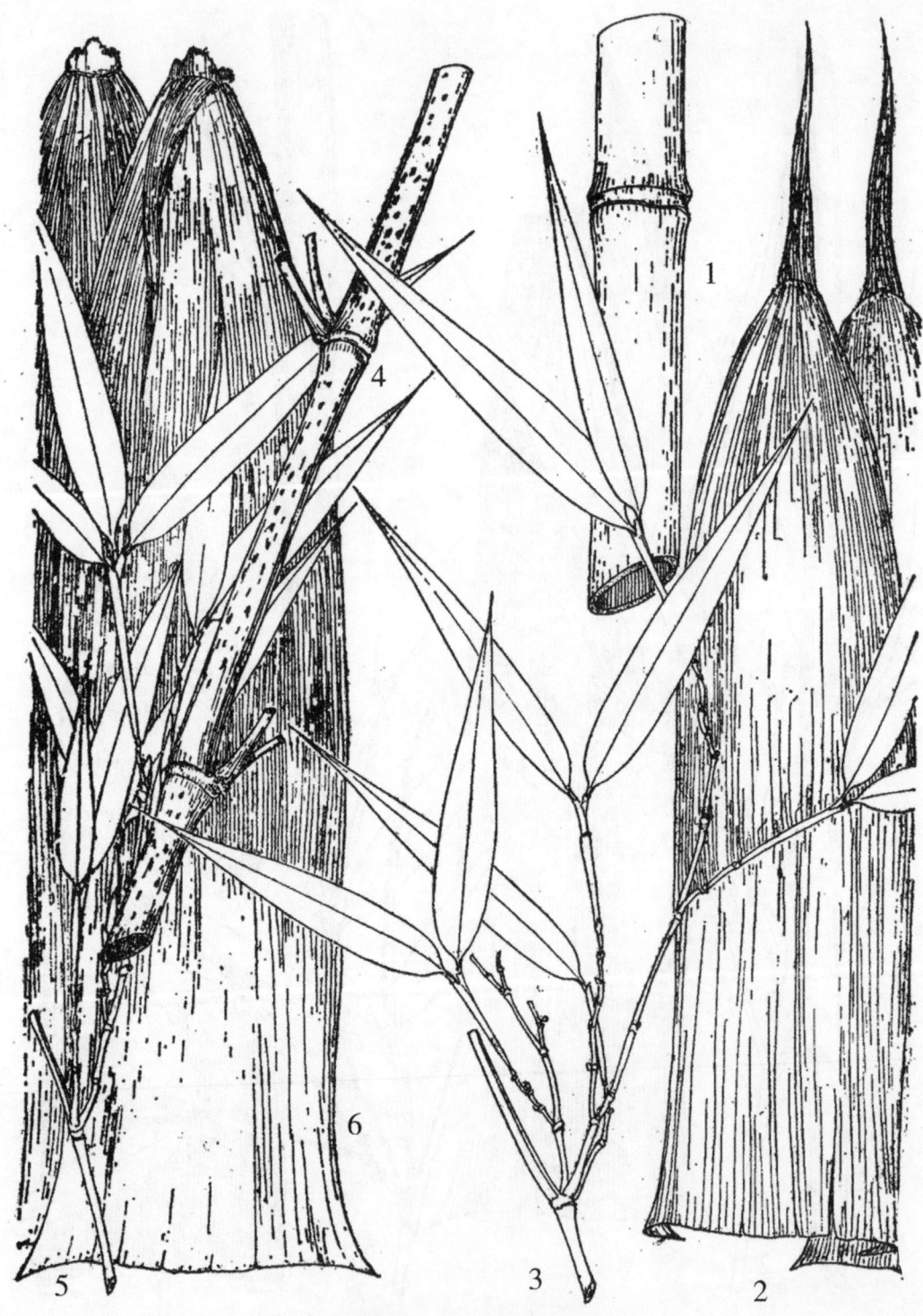

图685 甜竹、淡竹和筠竹

1—3.淡竹 *Ph. glauca* McClure

1.秆 2.秆箨 3.枝叶

4—5.筠竹 *Ph. glauca* McClure f. yunzhu J. L. Lu

4.秆 5.枝叶

6.甜竹 *Ph. flexuosa* A. et C. Re Rivers 秆箨

非均有引种栽培。

该种秆壁较薄，篾性好，用于编织；笋味甜美，系优良的笋用竹种。

4a.淡竹　图685

Phyllostachys glauca McClure（1956）

秆高达8米，粗达4厘米；秆绿色，无毛，初被白粉，端直或基部有时微弯；节间长5—22厘米，秆环和箨环微隆起；秆箨绿色，淡红色或黄褐色，无毛，被少数褐色小斑点或有时无，箨舌黑色，宽而矮，顶端截平或微具波状，先端具纤毛，偶尔具流苏状毛，箨片不发达，箨片披针形或带形，翻转。叶舌较发达，初时紫色，叶耳缺如，叶片长约12厘米，宽2厘米。4—5月出笋。

云南仅发现分布于玉溪，生于海拔2200米。我国河南、山顶和华东地区有分布；现已引种栽培于美国。

竹材篾性好，可用编织各种竹器，秆材也可用于农具。笋可食。

4b.筠竹　图685

Phyllostachys glauca McClure f. yunzhu J. L. Lu（1976）

与原变种的区别在于筠竹秆之节间有紫褐色斑点或斑纹。

现仅知昆明有栽培，海拔2000米。分布于河南、山西。

竹秆劲直，柔韧，用于编织各种竹器和工艺品；笋可食。

5.早园竹　图684

Phyllostachys propinqua McClure（1945）

秆高达6米，粗2—3厘米，绿色，初略具白色，无毛；节间长7—18厘米；秆环隆起，箨环与秆环几等高；秆箨淡绿色，散生褐色小斑点，箨舌不甚发达，中央突起，先端无毛或微具纤毛，箨耳和鞘口繸毛缺如，箨片绿色，披针形或带状，反转。叶鞘鞘口有繸毛或无，叶舌强烈隆起，中央突起，先端有纤毛，叶耳有或缺如，叶片长7—13厘米，宽约2—2.5厘米。4—5月出笋。

现仅知昆明有栽培，海拔1900米。河南、江苏、浙江、安徽和广西有分布；美国有栽培。

竹材坚韧，篾性良好，可用于编织竹器和工艺品，秆可作农具用；笋甜美，是良好的笋用竹种。

6.石绿竹　老竹　图686

Phyllostachys arcana McClure（1945）

秆高达7米，粗2厘米，秆基部常歪曲，绿色，密被毛状白粉；节间长8—22厘米，秆环隆起，箨环较秆环隆起；秆箨淡灰色或淡紫褐色，纵肋呈绿色，秆之下部秆箨具紫色斑块，初被白粉后脱落，上部之秆箨通常无斑点，箨舌很发达，中央强隆起，先端波状或有时有纤毛，两侧强下延，箨耳缺如，箨片狭长，披针形或带状，外转。叶鞘鞘口无繸毛，叶舌显著，圆弧形，叶耳缺如，叶片长约10厘米，宽1.5—2厘米，光滑。4月出笋。

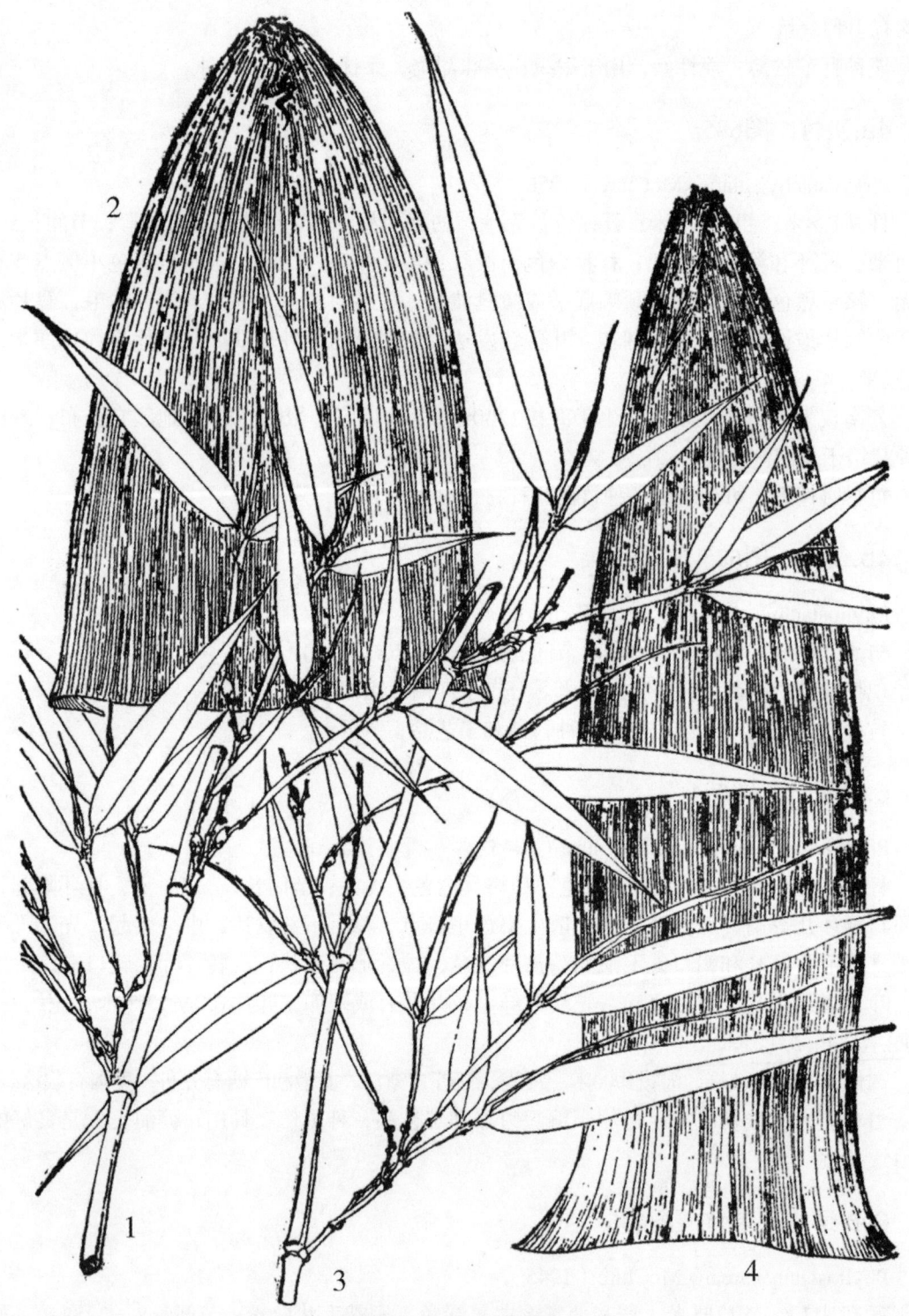

图686　石绿竹和乌哺鸡竹

1—2.乌哺鸡竹 *Ph. arcana* McClure

1.枝叶　2.秆箨

3—4.石绿竹 *Ph. vivax* McClure

3.枝叶　4.秆箨

产于呈贡、寻甸、蒙自和马关等地，生于海拔1500—2000米。分布于甘肃、陕西、江苏、浙江、安徽、四川等地；美国有栽培。

竹材坚硬，多制作农具；笋可食。

7.乌哺鸡竹　雅竹　图686

Phyllostachys vivax McClure（1945）

秆高达12米，粗6—10厘米，秆直立，然节间明显曲折，绿色，节下有明显的白粉圈；节间长25—35厘米，秆环微隆起，且常一侧较隆起，箨环高于秆环；秆箨淡黄褐色，被白粉，且密被褐色斑点，箨舌低矮，两侧下延，中夹隆起，先端着生纤毛或小刺毛，箨耳缺如，箨片狭长三角形或带状，外翻，先端颇为皱曲。叶舌略隆起，叶耳缺如，叶片长10—15厘米，宽1.5—2厘米，无毛。4月出笋。

现仅知昆明西山有栽培。分布于河南、江苏、浙江等；美国有栽培。

秆较粗，多用于农用；笋味鲜美，为优良的笋用竹种。

8.早竹

Phyllostachys praecox C. D. Chu et C. S. Chao（1980）

仅知昆明西山有栽培。分布于江苏、浙江。

笋鲜美，出笋早且出笋时间长，是优良的笋用竹种。

9.毛竹　楠竹　图687

Phyllostachys pubescens Mazel ex H de Lehaie（1906）

秆高12—15米，粗10—15厘米，甚者达20厘米，端直，梢头下弯，淡绿色，初密被白粉层并密生绒毛，后脱落，仅于节下有1白粉环；间节长10—20厘米，节较平，秆环分枝以下不明显，箨环初被1圈睫毛状绒毛；秆箨黄褐色，革质，密被黑褐色斑点和斑块，并密生棕色刺毛，两缘着生纤毛，箨舌高耸，中央窄突起，紫色或褐色，先端着生粗长的黑色刚毛，箨耳甚发达，镰刀形，着生有粗长的卷曲缝毛，箨片披针形或带状，绿色。叶舌低矮，叶耳和鞘口缝毛常缺如或仅有2—3根缝毛，叶片小，长5—8厘米，宽1厘米左右，3—5月出笋。花序穗状；小穗基部具复瓦状排列的苞片，小穗含1枚完全花和1枚退化花；颖1枚，苞片状，长13—16毫米；外稃长22—24毫米，先端锐尖；内稃略短于外稃，背具2脊，脊上有纤毛，先端凹裂；鳞被3，膜质，矩状披针形或卵状；花丝细长，花药棕黄色；柱头3，羽毛状；子房具柄，纺绣状；颖果棒状。

分布于威信、昭通，生于海拔1450米。分布于秦岭、汉水流域至长江流域海拔1000米以下的广大地区，最南缘到广东、广西；现日本、法国和美国等均有栽培。

秆形高大，坚韧，广泛用于建筑、造纸、家具、胶合板、渔具、农具等，篾性好，可编织各种竹器和工艺品；笋供食用、可加工笋干、玉兰片和笋衣等，其冬笋、春笋、鞭笋均为佳品。

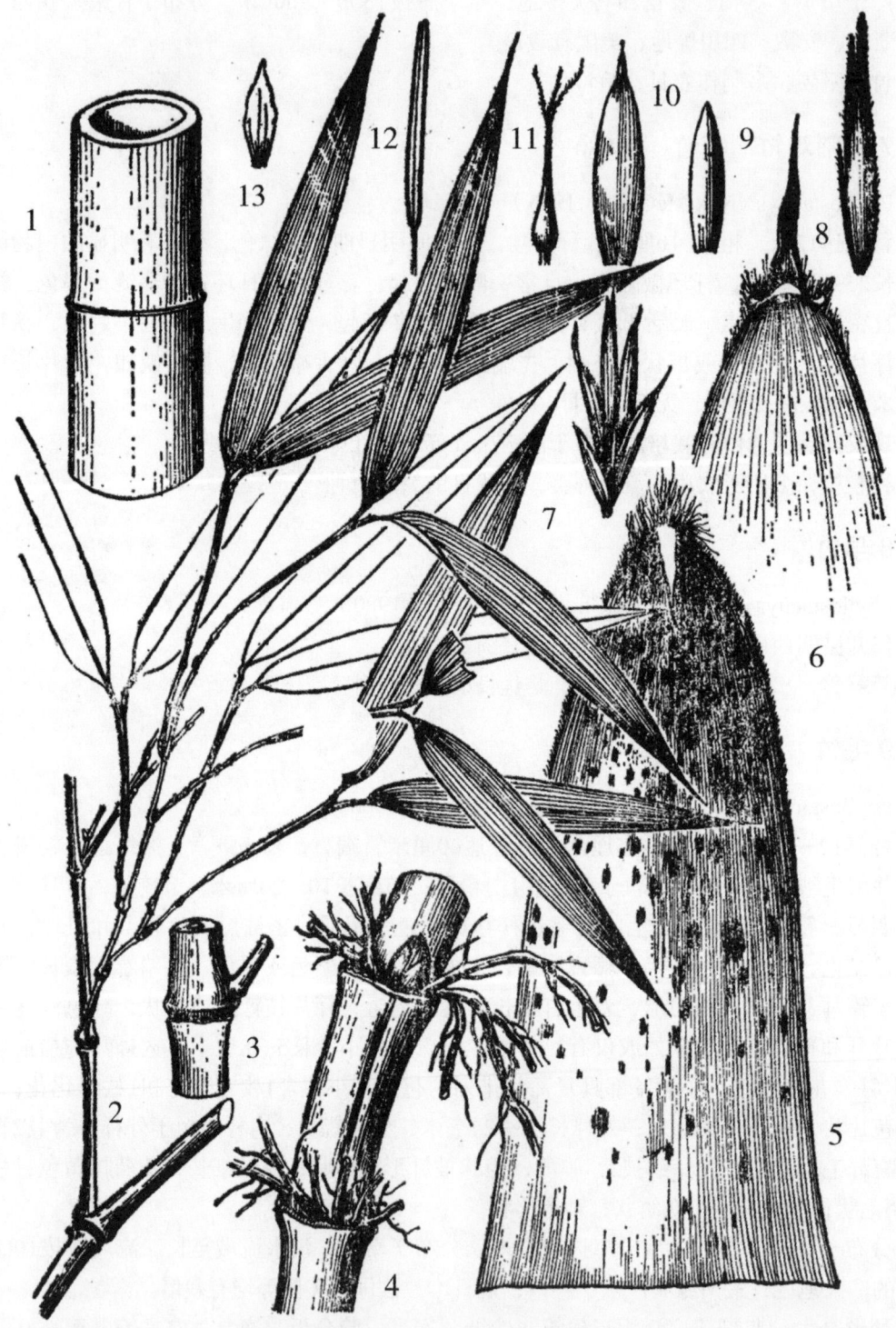

图687 毛竹 *Ph. pubescens* Mazel ex H de Lehaie

1.秆（基部） 2.枝叶 3.小枝 4.竹鞭 5.秆箨（背） 6.秆箨（腹） 7.小穗

8.小花 9.前出叶 10.颖 11.雌蕊 12.雄蕊 13.鳞被

10a.紫竹　黑竹　图688

Phyllostachys nigra Munro var. nigra（1868）

秆高3—5米，粗2—4厘米，秆动时绿色，后变棕紫色或紫黑色；节间长10—15厘米，幼时节下具白粉环，秆环和箨环略隆起，箨环上初具一圈睫毛状绒毛；秆箨绿黄色、淡黄色或红褐色，无斑点，疏被小刺毛，箨舌弧形隆起，箨耳深紫色，并着生长而粗之紫色䍁毛，箨片短小，三角形，略有皱曲。枝条黑色或淡墨色。小枝具叶2—3枚；叶鞘鞘口初具䍁毛，叶舌低矮，弧形，先端具纤毛，叶耳缺如，叶片长6—10厘米，宽1—1.5厘米，正面无毛，背面疏生或密生柔毛。4—5月出笋。具花小枝基部托以1组苞片，含小穗2—4枚；小穗含小花3—4；颖1—2枚，顶端尖，背被微毛；外稃长13—16毫米，被微毛，先端锐尖，内稃短于外稃，被微毛，背具2脊，先端凹裂；鳞被3枚，卵状；花丝细长；子房圆锥形，具柄，花柱1，柱头3，羽毛状。

产于永善、丽江、昆明、勐海、广南、罗平、马关、景洪等地，生于海拔880—1800米。我国各地广泛引种栽培，常见于公园、庭园和花园等，现日本、俄罗斯、朝鲜、印度及美国等均有引种栽培。

本种秆色奇特，姿态优美，具极高的观赏价值；秆壁薄而坚韧，可制作笛子、烟杆、手杖、钓鱼杆和其他工艺品。

10b.金竹　淡竹　图689

Phyllostachys nigra Munro var. henoois（Mitf.）Stapf. ex Rendle（1904）

本变种区别原变种在于秆绿色至灰绿色，秆形高大，可达7—18米，秆壁较厚，达5毫米。

分布于永善、威信、昆明、安宁、盈江、元阳、文山、广南、个旧、绿春、普洱、腾冲、泸西等地，生于海拔1200—1800米。广泛分布于长江流域及其以南地区；日本、朝鲜、美国有栽培。

秆形粗大，可用作建筑材料，篾性较好，可编织各种竹器；笋可食用。

11.美竹　黄苦竹　图690

Phyllostachys decora McClure（1956）

秆高5—8米，粗2—4厘米，绿色；节同长7—12厘米，节下初有白粉，秆环和箨环均略隆起；秆箨先端宽截形或圆弧形，光滑，无斑点或散生细小斑点，顶端暗绿色，边缘紫色，箨舌低矮，宽，先端微有波状并着生流苏状毛，箨耳1—2，或缺如，窄镰刀形，黑色，边缘有流苏状䍁毛，常与箨片相连，箨片宽披针形或带状，外翻，略有皱曲。叶舌低矮，叶耳通常小或不发达，略具䍁毛，叶片长10—15厘米，宽1—2厘米，背面略粗糙。4—5月出笋。

分布于昆明、安宁、富民、禄劝、寻甸、罗平、盈江、个旧、勐海、腾冲、河口等，生于海拔500—1800米。长江流域及黄河流域广泛分布，西藏有栽培；美国也有栽培。

竹材坚韧，篾性好，可编织；出笋多，造林快，常作纸浆林；笋可食用。

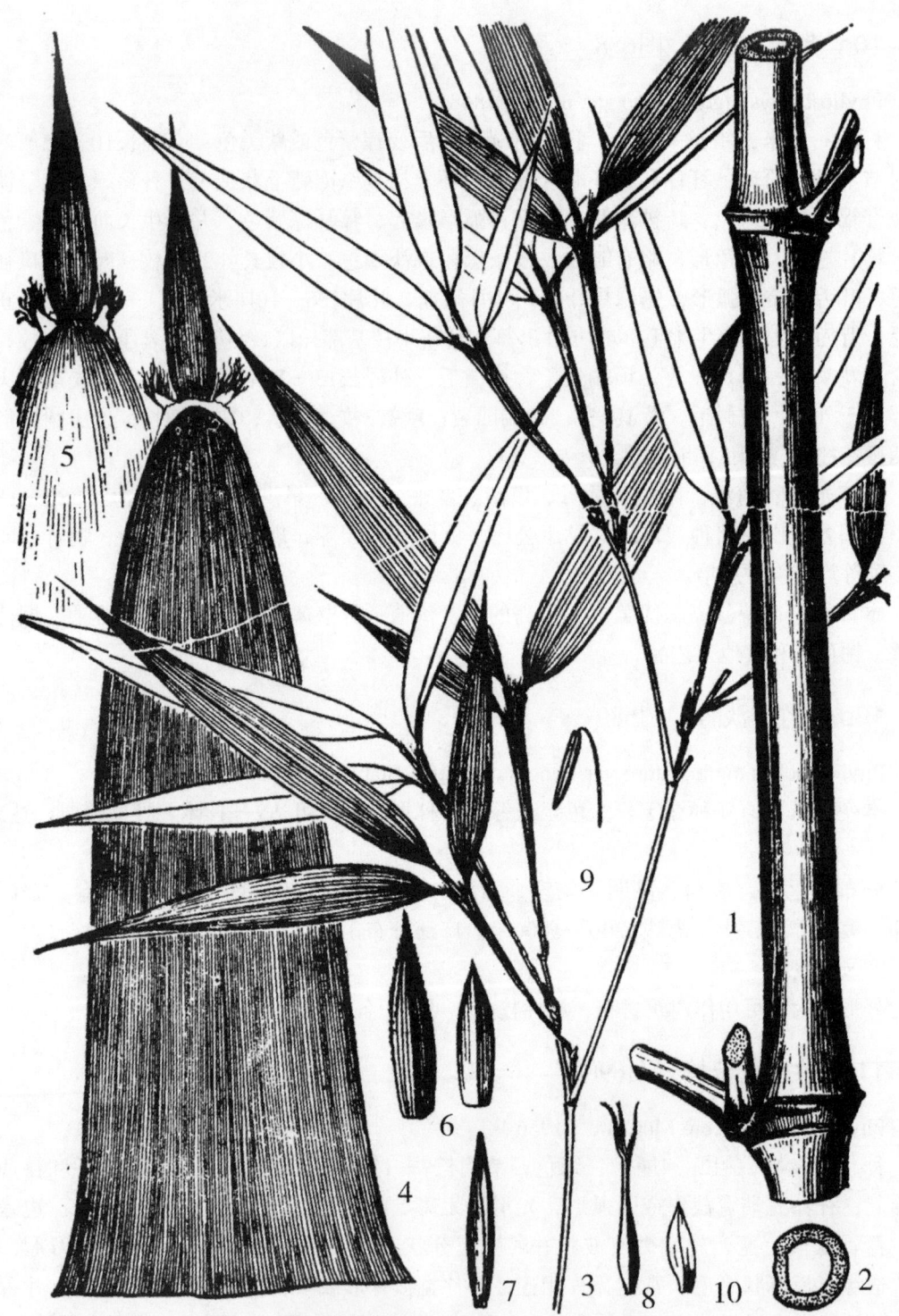

图688 紫竹 *Ph. nigra* Munro var. nigra

1.秆（纵观） 2.秆（横切） 3.枝叶 4.秆箨（背） 5.秆箨（腹） 6.颖片
7.内稃、外稃 8.雌蕊 9.雄蕊 10.鳞被

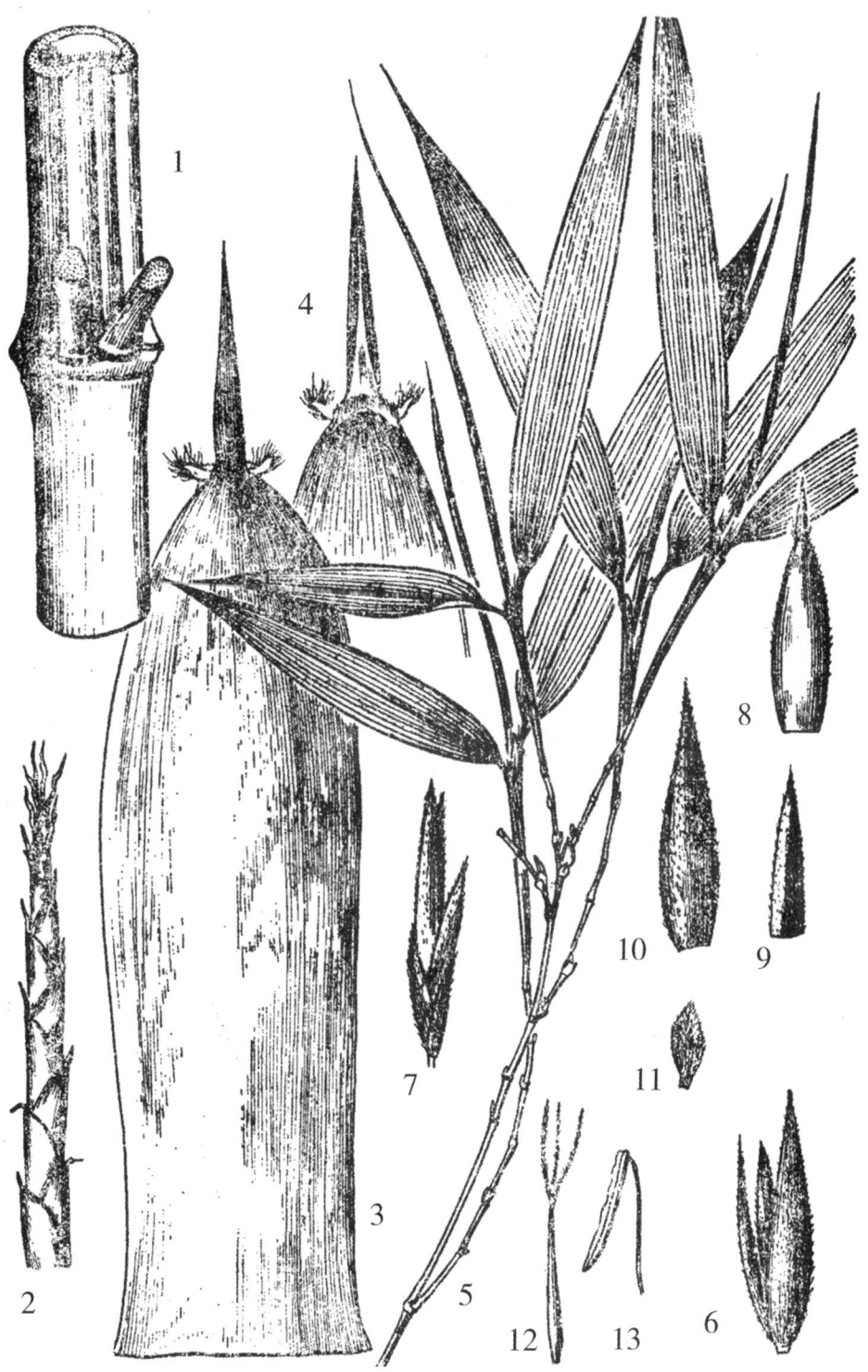

图689 金竹 *Ph. nigra* var. *henonis*（Mitf.）Stapf. ex Rendle
1.秆及分枝 2.笋体 3.秆箨（背） 4.秆箨（腹） 5.枝、叶 6.小花 7.小穗
8.佛焰苞 9.第一颖 10.第二颖 11.鳞被 12.雌蕊 13.雄蕊

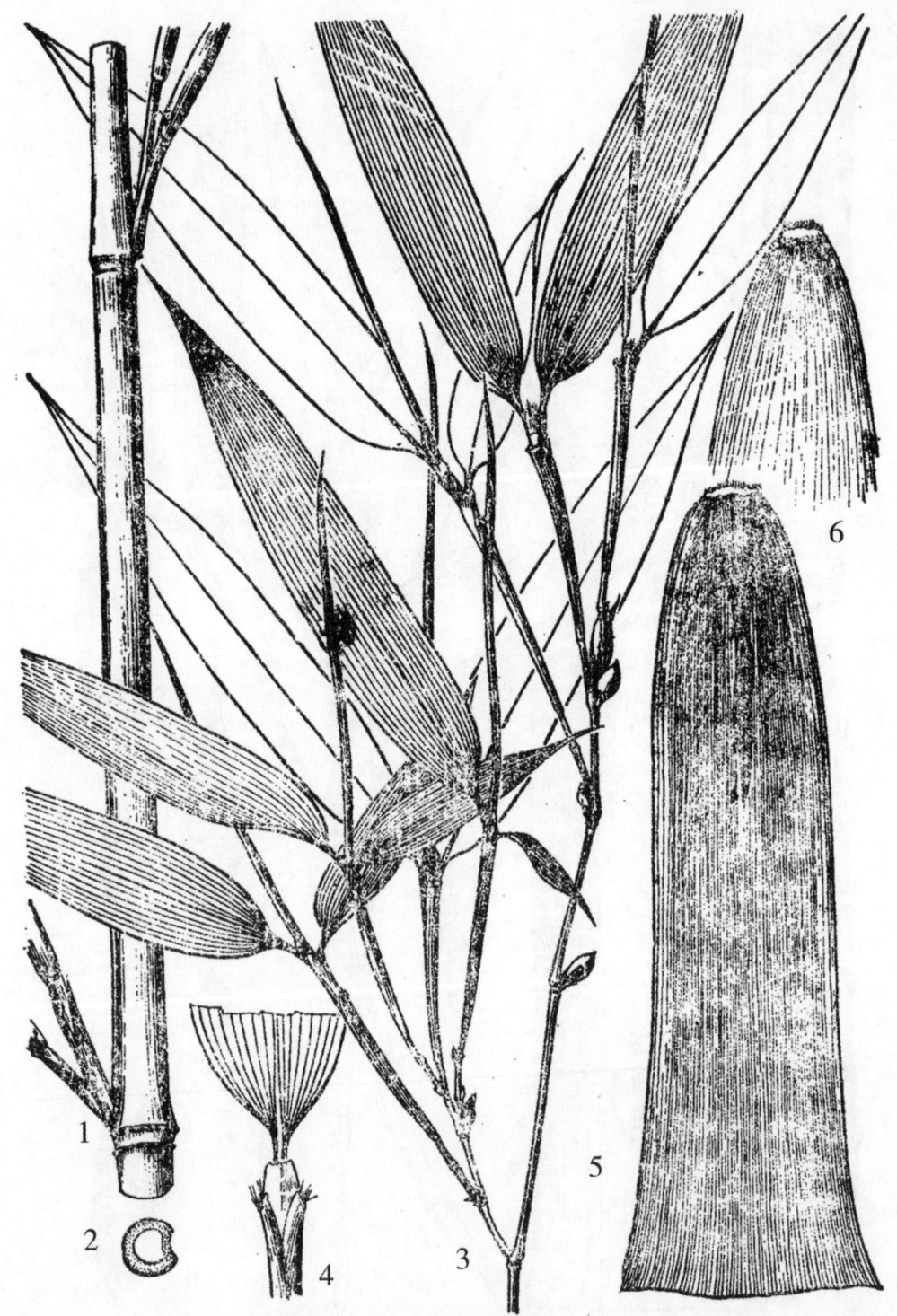

图690　美竹 *Ph. decora* McClure

1.秆（纵观）　2.秆（横切面）　3.枝叶　4.叶鞘　5.秆箨（背）　6.秆箨（腹面）

12.桂竹　刚竹　图691

Phyllostachys bambusoidea Sieb. et Zucc.（1843）

秆高10—15米，高者达20米，粗3—8厘米，绿色，初时略被白粉；节间长10—25厘米，节平；秆箨淡绿色至红褐色，密被不规则的黑褐色斑点或斑块，有时被白粉，箨舌隆起，中央山峰状，先端着生纤毛，箨耳于基部数节无或仅有1枚外，两箨耳发达，卵形或镰刀形，缝毛发达，常卷曲，箨片披针形至带状，外翻，先端皱曲，箨片中央绿色，两缘紫红色或淡黄色。小枝具叶3—5，鞘口缝毛发达，长10—13毫米，叶舌发达，先端具纤毛，叶耳显著，叶片披针形，长10—17厘米，宽1—2厘米，疏被柔毛或无毛。3—5月出笋。小穗含小花2—3枚；颖1枚，长15毫米，背被柔毛；外稃长18—23毫米，先端锐尖，疏生柔毛；内稃较短于外稃，背具2脊，先裂凹裂，背被柔毛；雄蕊3，花丝细长；子房卵状，具短柄，花柱1，柱头1—2。

分布于永善、昭通、大关、个旧等地，生于海拔1150—1700米。广泛分布于长江流域，北至河北、河南、陕西，西至四川、云南，南至两广；日本、朝鲜、欧洲和美国有栽培。

秆高大，竹材坚硬，用于建筑、造纸、制作竹器等；笋可食用。

13.篌竹　花竹　图692

Phyllostachys nidularia Munro（1876）

秆野生状态高仅2—3米，粗约1厘米，栽培状态下高可达9米，粗2—3厘米，绿色被白粉；节间长5—17厘米，甚者达35厘米，节下疏生刺后，后脱落，秆环隆起，箨环初具毛；秆棒淡绿色或白色，疏被白粉或无，鞘底疏生硬毛及棕褐色粗毛，两缘有纤毛，箨舌低矮，先端着生白色纤毛，箨片甚发达，鼓出，折合，阔镰刀形，鞘口有稀疏缝毛，箨片大，直立，三角形，两侧下延入箨耳。叶舌甚矮，叶耳不发达，鞘口缝毛不发达或缺如，叶片单生小枝上，偶尔2枚，长8—10厘米，宽1.5厘米。4—5月出笋。

分布于永善。长江流域及以南各省均有分布，多为自然状态；现已引种到美国。

秆材毛用于农用；笋可食。

14.水竹　图692

Phyllostachys heteroclada Oliver（1894）

秆高达7米，野生状态下仅2—3米，粗3—5厘米；节间长10—15（30）厘米，节下初有白粉，秆环隆起；秆箨暗绿色，夹杂紫红色，无毛，箨舌低矮，先端密生白色纤毛，箨耳2或1或有时缺如，鞘口有时着生缝毛，箨片阔三角形，基部与箨舌同宽，直立略波折。小枝具叶3—5；叶舌甚矮，叶耳不发达，鞘口有时有缝毛，叶片长8—10厘米，宽1—2厘米。4—5月出笋。小穗集成头状，基部托一佛焰苞；小穗基部有一组苞片，含小花3—6枚；颖2，第一颖似苞片，第二颖似外稃；外稃先端锐尖，背被小刺毛；内稃略短于外稃，背具二脊，先端凹裂，被小刺毛；鳞被3或2枚，膜质，边缘具纤毛；花丝细长；子房无毛，具柄，柱头2，羽毛状。

图691　桂竹 *Ph. bambusoides* Sieb. et Zucc.

1.秆及分枝　2.秆（横切）　3.枝、叶　4.叶鞘叶　5.秆箨（背）　6.秆箨（腹）　7.小穗
8.颖片　9.外稃　10.内稃　11.雌蕊　12.雄蕊　13.鳞被

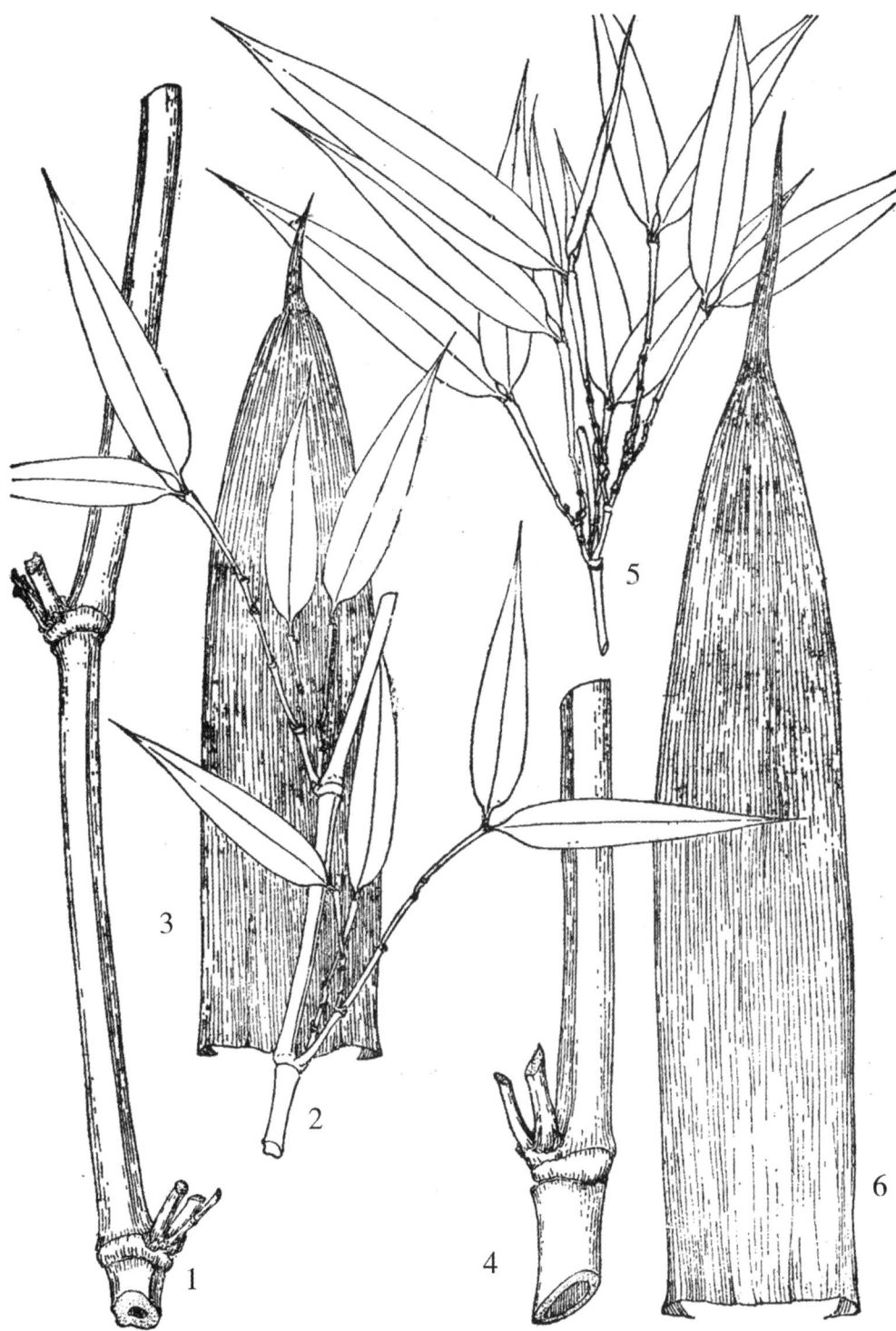

图692　篌竹和水竹

1—3.篌竹 *Phyllostachys nidularia* Munro

1.秆　2.枝叶　3.秆箨

4—6.水竹 *Phyllostachys heteroclad a* Oliver

4.秆　5.枝叶　6.秆箨

产勐海，生于海拔1200米。我国自黄河流域、长江流域及以南均有分布；美国有栽培。

材质坚韧，篾性很好，可用编织各种竹器，加工工艺品；笋可食用。

18. 方竹属 Chimonobambusa Makino

小型或少数为中型竹种。地下茎复轴型。秆直立，节间圆筒形或略呈方形，通常较短，一般在20厘米以内，且于分枝一侧扁平，具沟槽；中部以下数节或近基部节上有刺锥状或瘤状气生根；秆环平或隆起；箨环上常有秆箨残留物和毛环；秆箨薄纸质或厚纸质，宿存、迟落或早落；箨鞘背面被刺毛或无毛，具斑纹或无，边缘常具纤毛；箨耳通常缺如；鞘口平滑或具繸毛；箨舌不显著，平截或圆弧形；箨片退化缩小，长不及10毫米，三角状锥形或钻状，基部与箨鞘顶端连接处不具关节或略具关节。芽抽长时紧贴秆。3分枝，或因次生枝的发生而为多分枝，枝环通常隆起呈脊状。最后小枝具叶（1）2—5，叶鞘光滑或边缘有纤毛；叶耳不发育；叶舌低矮；鞘口繸毛通常发达；叶片先端长渐尖，基部楔形，中脉上面下陷，下面隆起，小横脉清晰，呈方格状。花枝重复分枝，呈总状或圆锥状花序；具花小枝基部常覆以一组由下向上逐渐增大的苞片；小穗无柄或偶具短柄或顶生小穗具假柄；基部颖片1—3，多为2；含小花少数或多数；外稃纸质、卵圆形，先端尖，具7—9脉；内稃薄纸质，与外稃近等长或较短，背部具2脊，先端圆钝或微凹；鳞被3，膜质近透明，边缘具白色纤毛，靠外稃一侧的2枚明显比靠内稃一侧的1枚大；雄蕊3，花丝细长，花药箭镞状着生；花柱极短，近基部分裂为2，柱头羽毛状；子房椭圆形；颖果较大，果皮增厚或有时略薄，胚乳组织易与果皮（含种皮）分离，柱头多残留于果上。

本属约有19种2变种，分布于中国、日本、越南、印度、缅甸；我国有19种，变种，主要分布于西南部山地湿润常绿阔叶林区。云南为本属的主要产区，现知有8种。

分 种 检 索 表

1.秆箨宿存，薄纸质，长于节间，节间幼时被纵向排列的白色柔毛 ……………………………………
…………………………………… 1.短节方竹 Chimonobambusa brevinoda
1.秆箨早落或迟落，厚纸质，短于节间，或少数长于节间，节间如具柔毛或刺毛则不呈条状纵列，后者脱落后留有疣基。
  2.箨鞘背面具灰白色斑块。
    3.1—3年生秆密被白色柔毛；箨环上白色绒毛环宿存 ………………………………………
    …………………………………… 2.金佛山方竹 Chimonobambusa utilis
    3.秆仅于幼时疏被黄褐色刺毛，后即脱落；箨环初具黄褐色绒毛环，后脱落而变光滑
    …………………………………… 3.刺竹子 Chimonobambusa pachystachys
  2.箨鞘背面不被斑块。
    4.秆节下无绒毛环；箨片易脱落；叶下面有白色柔毛 …………………………………………
    …………………………………… 4.小花方竹 Chimonobambusa. microfloscula
    4.秆节下有绒毛环，箨片不易脱落；叶下面无毛。

5.秆箨通常长于节间，鞘口两肩具繸毛，箨舌隆起 ……………………………………………
…………………………………………… 5.缅甸方竹 Chimonobambusa armata

5.秆箨短于节间，鞘口通常无繸毛，箨舌平截。

  6.箨鞘背面密被发达硬刺毛，部分毛脱落后留有残基 ………………………………………
………………………………………… 6.毛箨方竹 Chimonobambusa tuberculata

  6.箨鞘背面仅有小刺毛，毛脱落后无残基。

    7.叶长30—35厘米；秆灌木状，节间圆筒形 …………………………………………………
………………………………………… 7.大叶方竹 Chimonobambusa grandifoli

    7.叶长20—23厘米；秆小乔木状，节间略呈方形 …………………………………………
………………………………………… 8.云南方竹 Chimonobambusa yunnanensis

1.短节方竹（竹子研究汇刊）图693

Chimonobambusa brevinoda Hsuch et W. P. Zhang（1988）

灌木状。秆高达3米，径1—1.5厘米。秆壁甚厚，实心或近实心；节问略呈方形，长7—8厘米，幼时具纵向排列的白色柔毛，后脱落；秆环隆起；箨环平或微隆起，具鞘基残留物，并着生1圈棕色或暗红色密毛环；中部以下各节具发达刺状气生根5—6，向下微弯；秆箨宿存，薄纸质，长三角形，长于节间；箨鞘背面具锈褐色斑点并被稀疏易落的紫褐色硬刺毛，基部密被1圈浅褐色绒毛，边缘具淡黄褐色纤毛，小横脉明显；箨舌不甚明显，密生黄褐色纤毛；箨片缩小呈锥状，长不过1毫米，基部与箨鞘顶端连接处不具关节。分枝初时为3，后多数；枝条圆筒形，实心；枝环极为隆起。小枝具叶3—5；叶鞘长3.5厘米，光滑，纵脉明显；鞘口两肩繸毛发达；白色，长达13毫米；叶舌低矮；叶片披针形，上面深绿色，下面灰绿色，长13—16厘米，宽约1厘米，先端长渐尖，基部楔形，侧脉3—4对。笋期10月。

产麻栗坡、马关、西畴，生于海拔1500—2100米常绿阔叶林下。

笋可食用；秆作小型农具，用作篱笆等。

2.金佛山方竹 图694

Chimonobambusa utilis（Keng）Keng f.（1948）

小乔木状。秆高达7米，径2—3.5（5）厘米；秆壁厚6毫米；节间略呈四方形或圆筒形，长20—25厘米，幼时被白色刺毛，并可宿存2—3年，后脱落而略粗糙；秆环较平；箨环具宿存绒毛；中部以下各节具发达刺状气生根；秆箨厚纸质或薄革质，早落或迟落，短于节间；箨鞘背面黄褐色，具灰白色圆斑，无毛，纵肋明显，两缘具淡黄色纤毛；箨舌低矮，1—1.2毫米，略呈圆弧形；箨片三角锥状，长约7毫米，基部与箨鞘顶端无明显关节。3分枝；分枝节明显隆起。小枝具叶1—3；叶鞘光滑；鞘口两肩具少数粗硬繸毛；叶舌低矮；叶片披针形，先端长渐尖，基部楔形，长14—16厘米，宽2—2.5厘米，上面深绿色，下面灰绿色，侧脉6—7对。花枝有正常叶1—2，具花小枝基部覆以5枚一组由下往上逐渐增大的苞片，节间被白色纤毛；小穗柄极短近无或顶生小穗具长3—5毫米的假柄，颖3，纵脉明显；小穗含小花4—7；外稃，卵状三角形，纵脉7—9；内稃，几与外，等长，背具2脊，

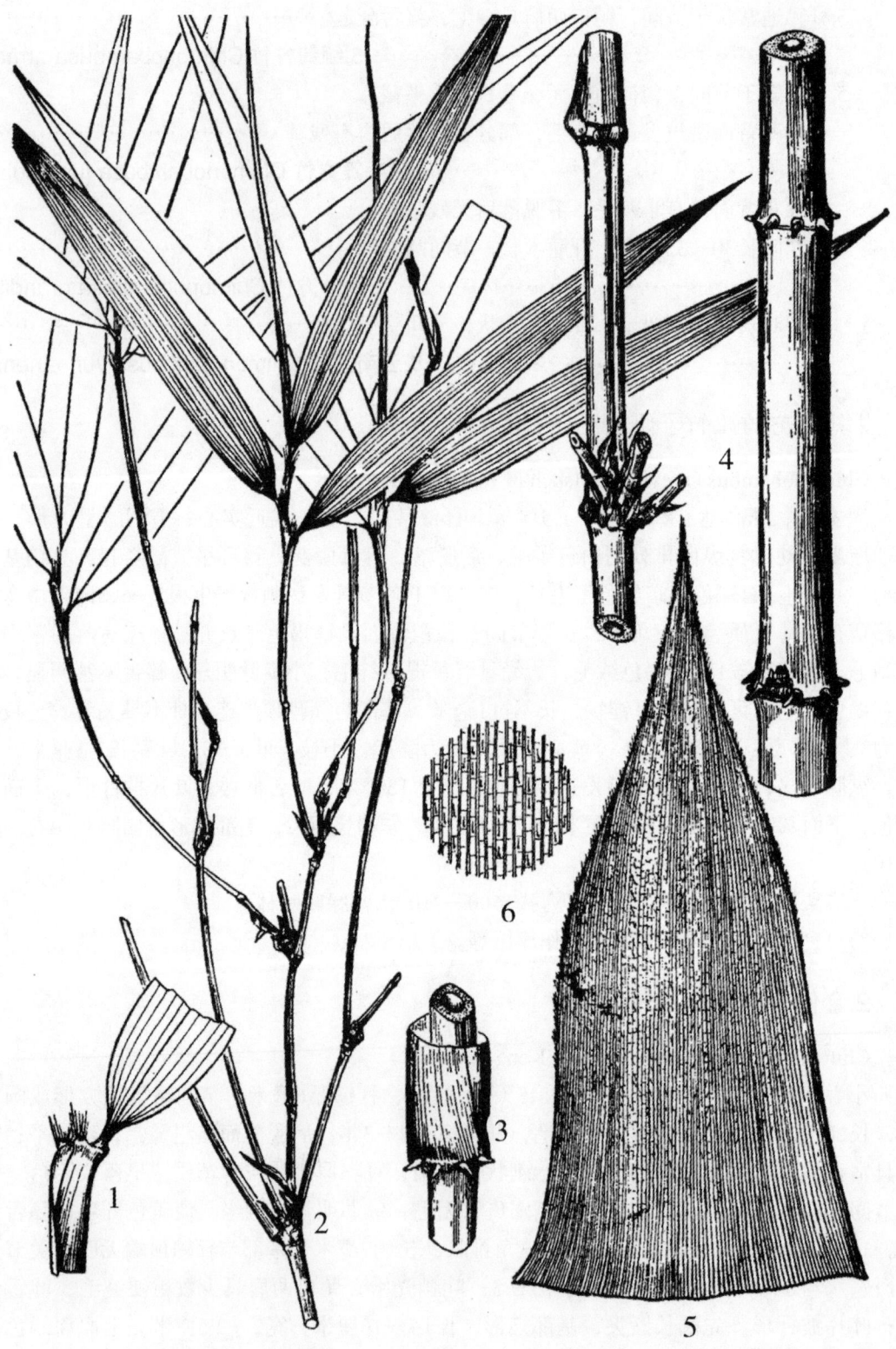

图693　短节方竹 *Chimonobambusa brevinoda* Hsueh et W. P. Zhang
1.叶鞘　2.枝、叶　3.宿存秆箨　4.秆及分枝　5.秆箨　6.秆箨部分放大

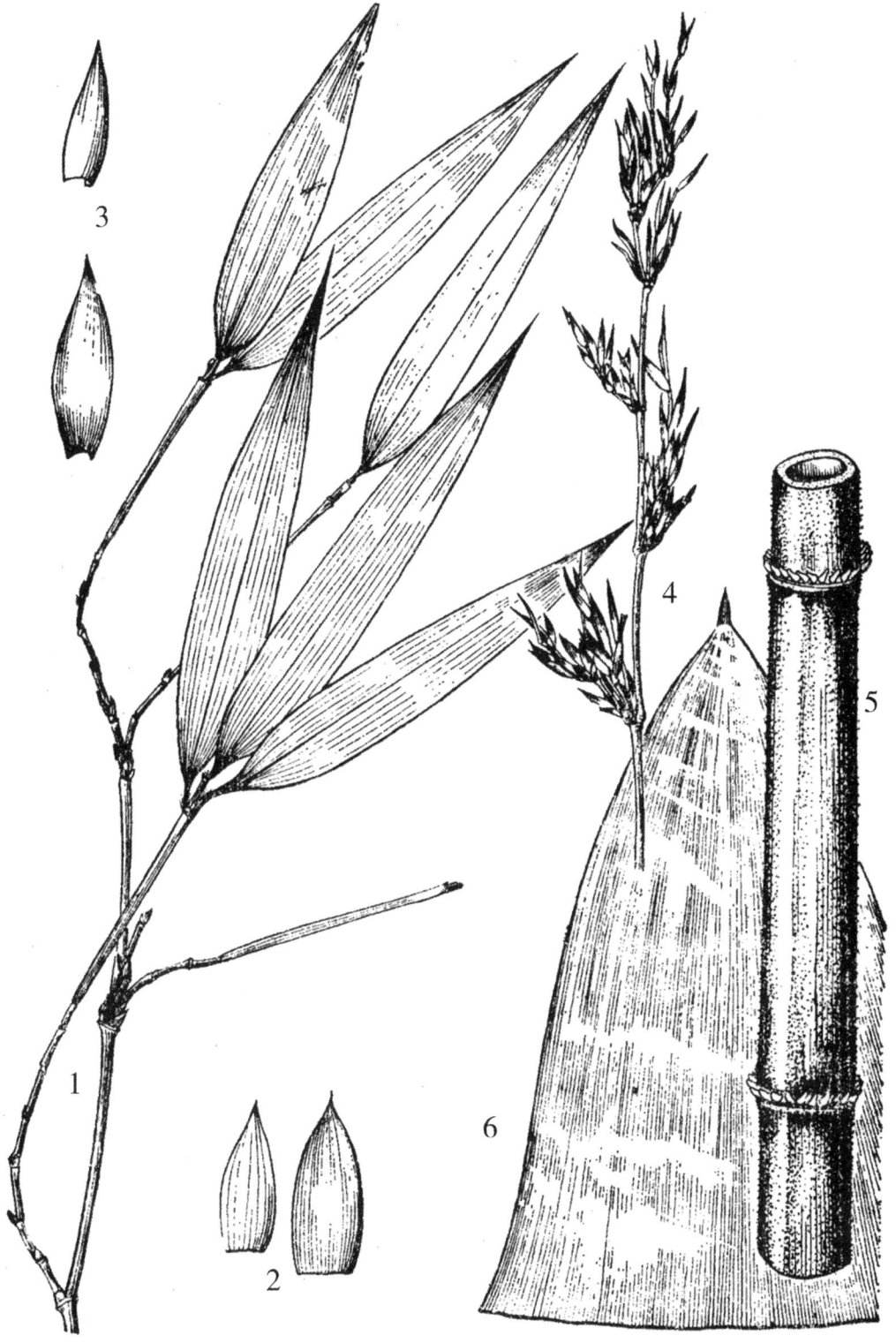

图694　金佛山方竹 *Chimonobambusa utilis* (Kong) Keng f.
1.枝叶　2.颖片　3.内稃、外稃　4.花枝　5.秆（示刺状气生根）　6.秆箨

先端圆钝或微凹；鳞被3；花丝细长，花药呈箭镞状；花柱极短，近基部分裂为2，柱头羽毛状；子房卵状或圆柱状。颖果，长10—15毫米，直径6—8毫米，果皮增厚，约1.5—2.5毫米，似坚果状。

产彝良，生于海拔1800米的阔叶林下，四川、贵州有分布。

利用于造纸：笋可鲜食，也可加工成笋干和盐渍笋罐头。也是理想的观赏竹种。

3.刺竹子（云南林学院学报）图695

Chimonobambusa pachystachys Hsueh et Yi（1982）

秆高达6米，径1—3厘米；节间圆筒形或基部数节略呈方形，初密被黄褐色绒毛后脱落，节间中上部初被小刺毛，后脱落留有疣基而粗糙，长15—22厘米；秆环平或在分枝节稍隆起；箨环被黄褐色小刺毛；中部以下各节着生10—18刺状气生根；秆箨纸质或厚纸质，迟落，短于节间，箨鞘背面黄褐色，具灰白色圆斑，并被黄褐色稀疏刺毛或有时刺毛脱落；箨舌截平，高约1毫米；箨片锥状，长3—4毫米，基部与箨鞘连接处几无关节。分枝3，最后小枝具叶1—3。叶鞘光滑无毛；鞘口两肩着生数根易落缝毛叶舌截平；叶片披针形，先端长渐尖，基部圆形或宽楔形，长10—18厘米，宽1.1—1.2厘米，侧脉4—6对。花枝具正常叶1—2或无；具花小枝呈簇生状，基部常覆以4—5枚一组由下向上增大的苞片，节间上部被柔毛，小穗2—3着生于具花小枝上，无柄或顶生小穗具假柄；颖3；小穗含小花4—6；外稃纸质，先端锐尖，背面无毛或有时具微毛；内稃薄纸质，略短于外稃，先端圆钝，背具2脊，无毛；鳞被3；膜质透明，靠外稃一侧的2枚较大，卵状披针形，雄蕊3，花药紫色，基部箭镞状；花柱极短，近基部作分裂状，柱头2，羽毛状；子房倒卵圆形，无毛。颖果，倒卵状椭圆形。

产彝良、富民，生于900—2000米的阔叶林下。四川有分布。

秆用作农具、造纸；笋可食用；也为园林观赏植物。

4.小花方竹（岭南大学学报）图696

Chimonobambusa microfloscula McClure（1940）

灌木状。秆高达5米，径1.5—2厘米；秆壁较薄；节间圆筒形，长14—20厘米，中上部被初刺毛，后脱落，留有疣基而粗糙；秆环在分枝节上隆起呈脊状；箨环平，有时略有鞘基残留物；基部数节具刺状气生根；秆箨早落，短于节间；箨鞘背面无毛或有时具极稀疏刺毛，纵脉明显，边缘着生黄褐色纤毛；箨舌高约1毫米，先端着生纤毛；箨片钻状，易落，基部略具关节。分枝3，枝节极为隆起，小枝具叶3—5。叶鞘近革质，边缘具纤毛；鞘口两肩着生长达12毫米的白色缝毛；叶片长圆状披针形，先端长渐尖，基部楔形，长9—20厘米，宽0.7—1.5厘米，下面被白色绒毛，侧脉4—5对。花序圆锥状，着生于小枝顶端，长8—24厘米，含小穗5；小穗无柄或极短；颖2；外稃长7—9毫米，膜质，小脉紫色，无毛，先端锐尖；内稃几与外稃等长，背具2脊，顶端圆钝，光滑无毛。

产金平，生于海拔1400—1800米的阔叶林下。越南有分布。

秆材作篱笆，笋可食用。

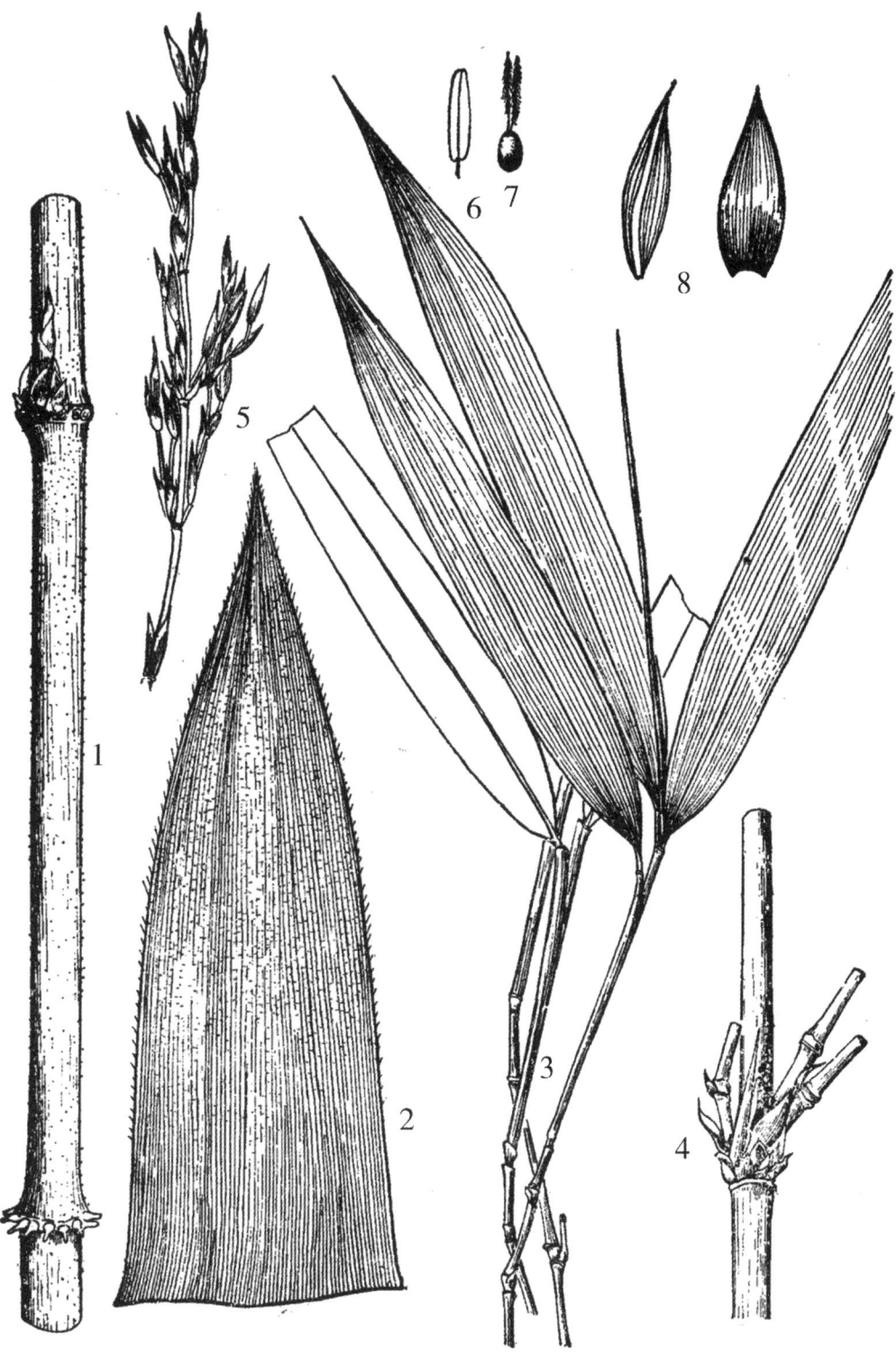

图695　刺竹子 *Chimonobambusa pachysiachys* Hsceh et. Yi
1.秆及刺状气生根　2.秆箨　3.枝叶　4.秆及分枝　5.花枝
6.雄蕊　7.雌蕊　8.内稃、外稃

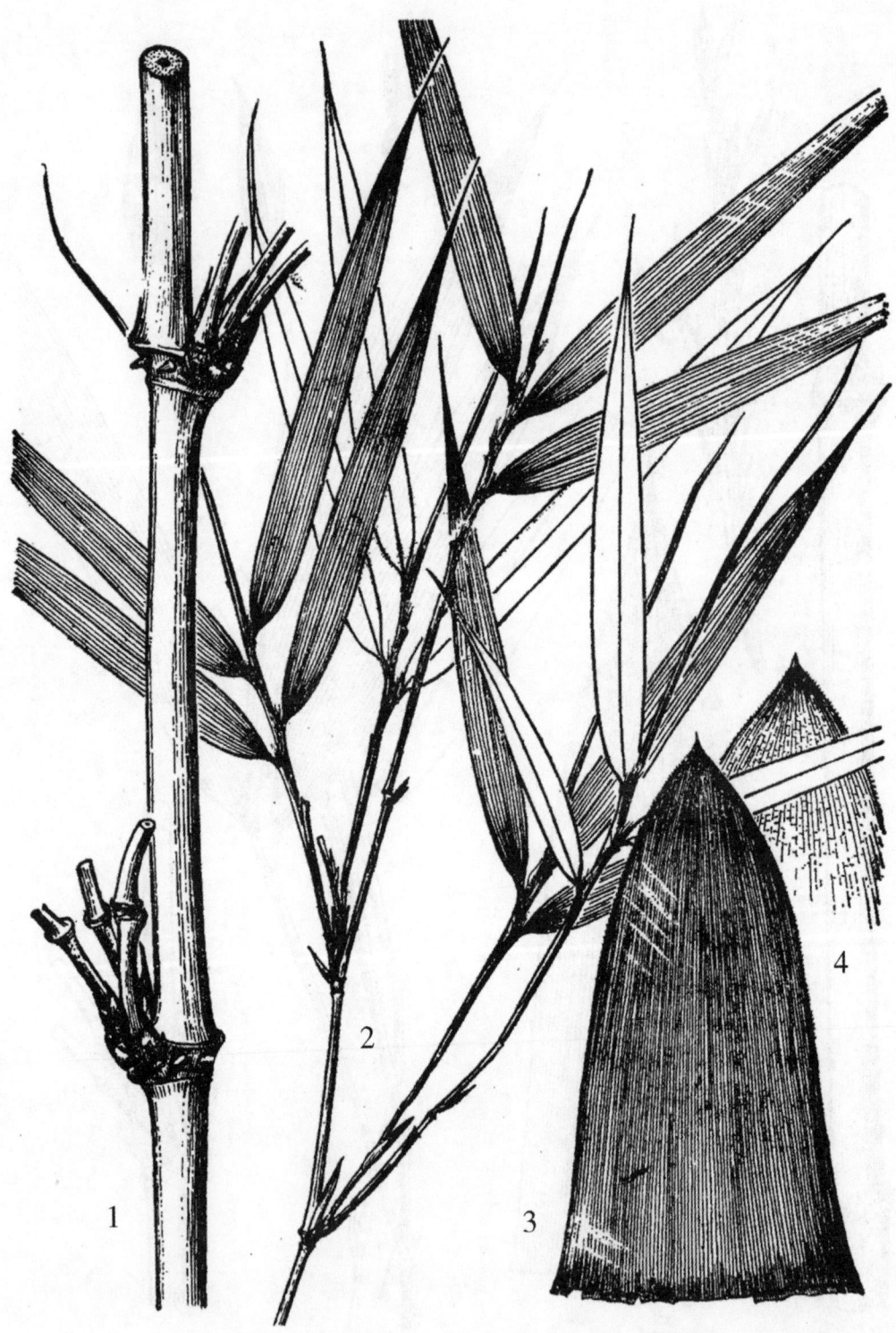

图696　小花方竹 *Chimonobambusa microfloscula* McClure
1.枝秆（示分枝）　2.枝叶　3.秆箨背面　4.秆箨腹面

5.缅甸方竹（竹子研究汇刊）图697

Chimonobambusa armata（Gamble）Hsuch et Yi（1983）

灌木或小乔木状。秆高达5米，有时高达10余米，径1—4厘米。秆壁较薄；节间光滑或有时中上部具疣基而粗糙，长12—14厘米；秆环隆起；箨环具鞘基残留物，且密生1圈黄褐色长绒毛；中下部各节着生1圈刺状气生根；秆箨迟落，质脆，明显长于节间，箨鞘背面密被黄褐色易落刺毛，脱落后留有褐色疣基，两缘具明显纤毛；鞘口两肩着生黄褐色发达缝毛；箨舌较发达，高2—3毫米；箨片缓状披针形，长达1厘米。分枝3，最后小枝具叶3—5。叶鞘光滑，纵脉明显，长约7厘米，略具叶耳；鞘口两肩缝毛发达；叶舌不甚发达；叶片纸质至薄纸质，长约20厘米，宽1.5厘米，侧脉4—5对。具花小枝于花枝节上簇生，长7—9厘米；小穗簇生于具花小枝上，长5—8厘米；小穗柄极短近无；颖3—4，枯黄色，卵状长三角形，薄纸质，内有前出叶和潜伏芽；小穗轴无毛，节间长约6毫米，含花7—10；外稃纸质，卵状长三角形，先端尖，长8—9毫米，纵脉7—9；内稃薄纸质，几与外稃等长，先端圆钝或浅凹裂，背面明显具2脊；鳞被3，膜质近透明，边缘均具明显的白色纤毛，不等大，靠外稃一侧的2枚较大，近内稃一侧的1枚较小；雄蕊3，花药条状，基部呈箭镞状，花丝纤细；花柱极短，近基部分裂为2；柱头2，羽毛状；子房卵状椭圆形。颖果。

产福贡、贡山、泸水，生于海拔1500—2000米的阔叶林下。西藏有分布；印度、缅甸也有。

笋食可用。

6.毛箨方竹（竹子研究汇刊）图698

Chimonobambusa tuberculata Hsueh et L. Z. Gao（1988）

秆高达5米，径2.5—3厘米；秆壁厚3—5毫米；节间圆筒形或略呈方形，密被疣基而甚粗糙，长15—20厘米；秆环于分枝以下各节不明显，在分枝节则明显隆起；箨环上具鞘基残留物，并有一圈褐色绒毛；中下部各节均具刺状气生根；秆箨迟落，纸质；箨鞘背面密被黄褐色刺毛，并向上伏贴，脱落后基部残留呈疣状，纵肋明显，小横脉清晰，两缘被纤毛；箨舌低矮，不甚明显；箨片极为缩小，由箨鞘顶端向上收缩而成，高仅1—2毫米，基部无关节。芽3枚，紧贴秆。分枝初为3，后有时呈多分枝状，小枝具叶3—4。叶鞘光滑，近革质，纵肋明显，边缘路具纤毛；鞘口两肩具稀疏易脱落缝毛；叶舌低矮，高约1毫米；叶片矩圆状披针形，先端渐尖呈尾状，基部楔形，长20—25厘米，宽2—3厘米，侧脉4—6对。

产盐津、永善、威信；生于海拔1400米左右的常绿阔叶林下。

笋可食用。

7.大叶方竹（竹子研究汇刊）图699

Chimonobambusa grandifolia Hsueh et W. P. Zhang（1988）

秆高达4米，径1—1.5厘米；秆壁甚厚，节间圆筒形，中上部幼时贴生棕色小刺毛，脱落后留下疣基而粗糙，长20—25（35）厘米；秆环显著隆起，呈脊状，光亮；箨环被发达的绒毛；基部数节具刺状气生根；秆箨迟落，短于节间，仅为节间长的1/3—1/2；箨鞘背面

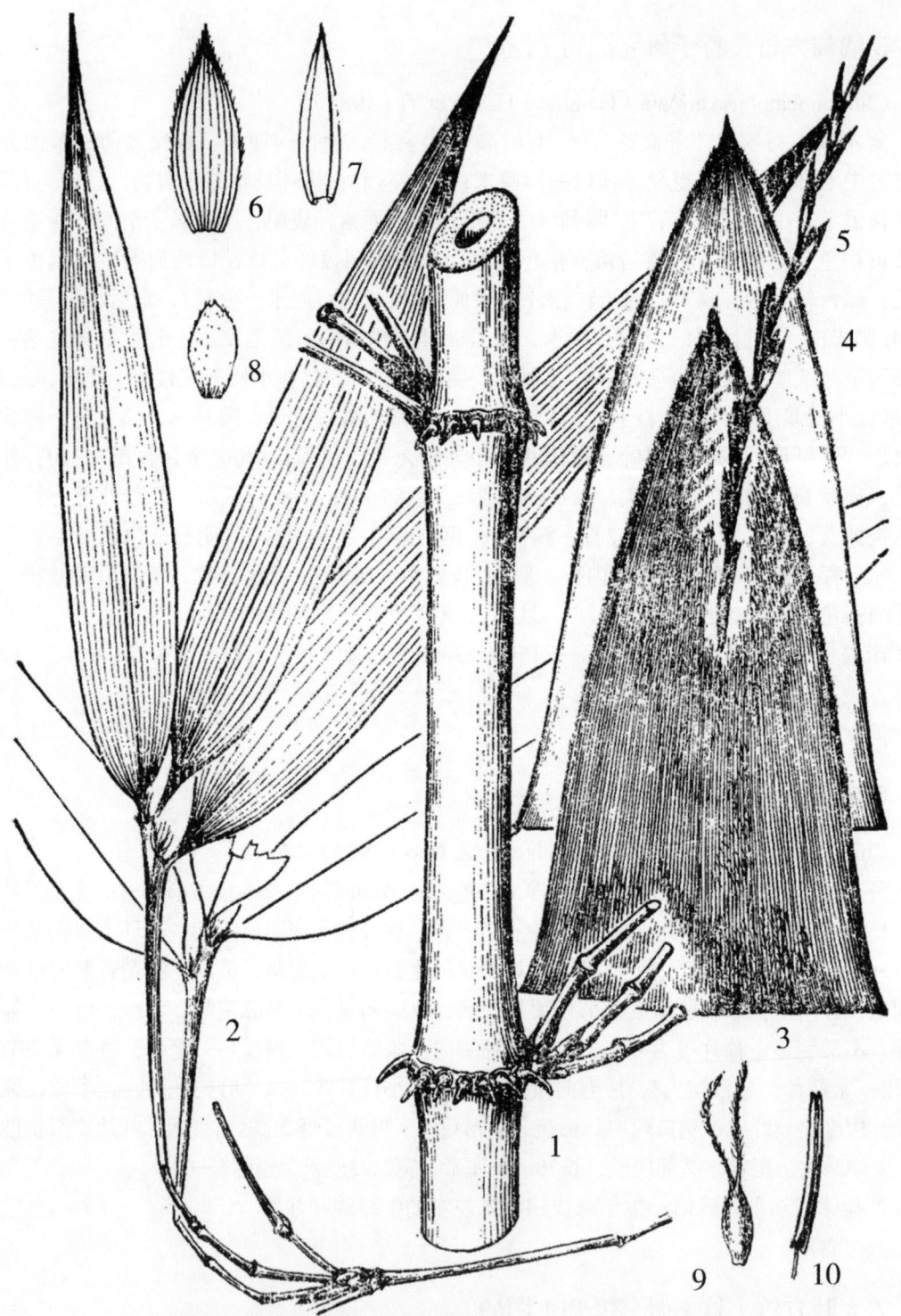

图697 缅甸方竹 *Chimonphambusa armata*（Gamble）Hsueh et Yi
1.枝秆（示分枝与气根） 2.枝叶 3.秆箨背面 4.秆箨腹面 5.花序 6.外稃
7.内稃 8.鳞被 9.雌蕊 10.雄蕊

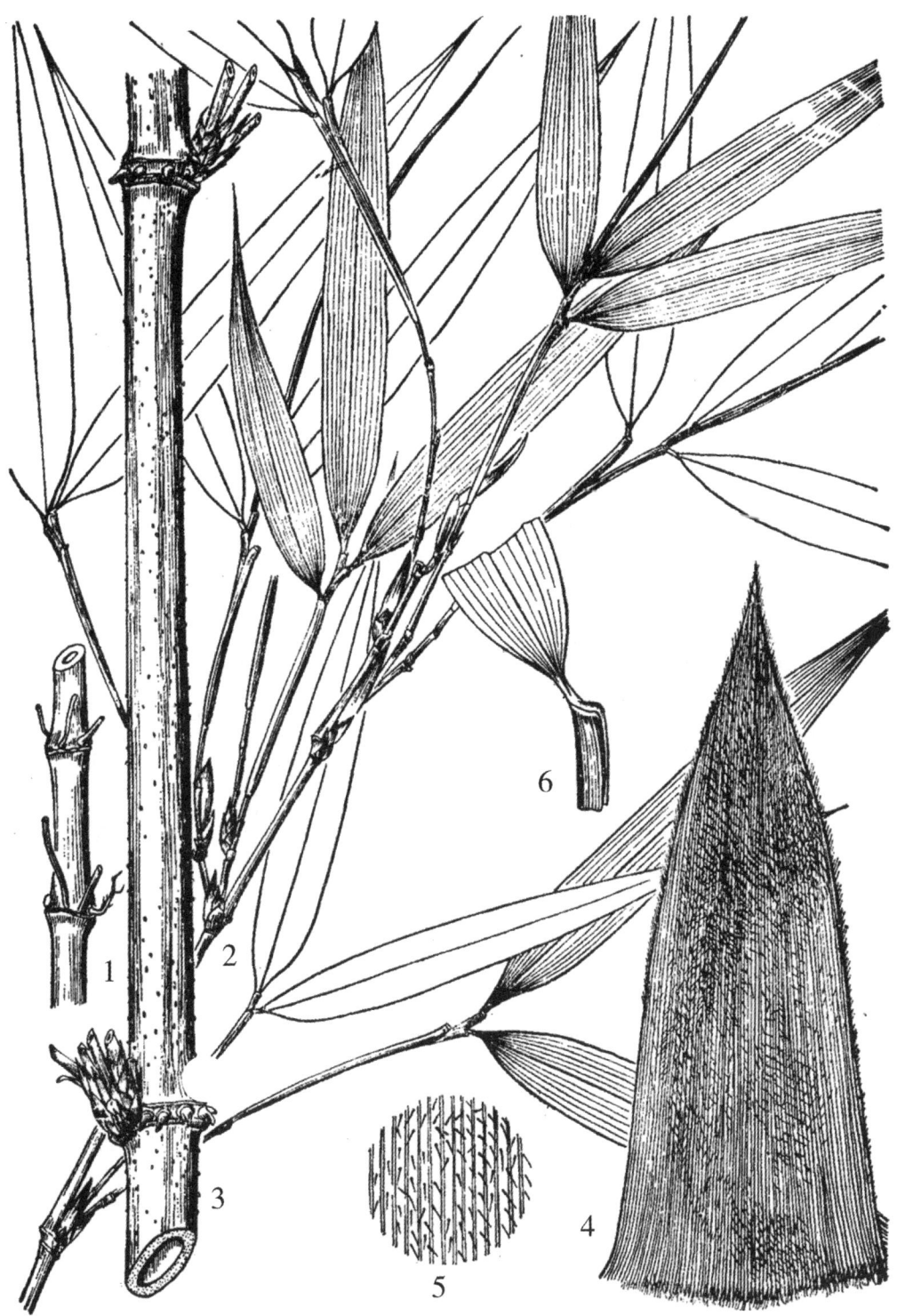

图698　毛箨方竹 *Chimonobambusa tuberculaia* Hsueh et L．Z．Gao

1.地下茎（鞭）　2.枝、叶　3.秆（示刺状气根）　4.秆箨　5.部分秆箨放大

图699　大叶方竹 *Chimonobambusa grandifolia* Hsueh et W. P. Zhang
1.枝叶　2.叶鞘　3.秆箨　4.秆及分枝　5.秆与秆箨

疏被褐色向上伏贴小刺毛，基部尤密，纵肋明显，边缘具黄褐色纤毛；箨舌低矮；高约1毫米；箨片三角形，长5—7毫米，基部与箨鞘顶端连接处略具关节，易脱落。芽由密被绒毛的芽鳞包被，抽长时紧贴秆。分枝3；小枝具叶6—8。叶鞘光滑，边缘具白色纤毛；鞘口两肩缝毛发达，粗硬劲直，长达15毫米；叶舌高约2毫米；叶片较大，长30—35厘米，宽约2.5厘米，矩圆状披针形，先端尾状渐尖，基部楔形，侧脉7—8对。

产屏边，生于海拔1500米左右的常绿阔叶林下。

笋可食用；秆形优美，为良好的园林观赏植物。

8.云南方竹（竹子研究汇刊）图700

Chirnonobambusa yunnanensis Hsueh et W. P. Zhang（1988）

小乔木状。秆高10米，径约2.5厘米；秆壁较薄，3—4毫米；节间呈四方形或有时近圆筒形，长约20厘米，初被伏贴刺毛，后脱落留有印痕和疣基；秆环较平或于分枝节上隆起；箨环上有箨鞘残留物，并有一圈紫褐色绒毛；中部以下各节均具发达的刺状气生根，刺下弯；秆箨早落，厚纸质，短于节间；箨鞭背面被淡黄褐色小刺毛，纵脉明显，两缘具黄褐色纤毛；箨耳缺如；箨舌不甚明显；箨片由箨鞘顶端向上收缩而成，三角状钻形，高约3毫米，基部无关节。分枝3；小枝具叶3。叶鞘近革质，光滑；鞘口两肩有数根白色缝毛，长4—5毫米；叶舌高1毫米；叶长披针形，先端长渐尖，基部楔形，长20—23厘米，宽1.5—1厘米，侧脉4—5对。花枝具1—2正常叶或缩小叶；具花小枝长10—16厘米，基部覆以5枚一组由下往上增大之苞片，着生小穗4—5；小穗长4—6厘米，含小花4—7；颖2，长5—7毫米；小穗柄无或极短；外稃纸质，印状三角形，长8—9毫米，宽3—4毫米，7—9脉；内稃薄纸质，短于外样，长约7毫米，先端凹裂，背具2脊，并被白色细柔毛；鳞被3，膜质近透明，卵状三角形，靠外稃一侧的两枚较大，近内稃一侧的一枚较小，边缘着生细长白色纤毛；雄蕊3，花丝白色，细长，花药条状，黄色，基部呈箭镞状；子房卵状圆形，花柱极短，近基部分裂为2，柱头2，羽毛状。颖果，果皮略薄，花柱多残留于果上。

产威信、新平、丘北、广南、个旧、元阳、绿春、腾冲、凤庆、芒市、盈江、芒市、保山、昌宁、勐海等地，生于海拔1600—2200米的阔叶林中或单独形成纯林。

秆用于搭棚、围篱笆、造纸；笋可鲜食，也可加工成笋干或笋罐头。秆形优美，可用于园林观赏。

19. 筇竹属 Qiongzhuea Hsueh et yi

灌木状竹类。地下茎复轴型。秆直立；节间呈圆筒形或基部数节略呈方形，分枝一侧基部扁平；秆环平或极度隆起并具脊；秆箨早落，厚纸质。分枝通常3。叶片披针形至狭披针形，小横脉清晰。花枝有时混杂具叶小枝；花序轴各节具1大型苞片，并着生1至数分枝，顶端具1小穗，下部为1组小苞片所包被，形似小穗柄（假柄）；小穗含花3—8；小穗轴脱节于颖之上及诸小花之间，扁平，无毛，基部微被白粉；鳞被3，上部边缘具纤毛；雄蕊3；子房呈倒卵形或椭圆形，无毛，花柱1，柱头2，羽毛状。坚果，厚皮质。

本属约6种1变种，我国西南地区特产。云南1种，分布滇东北。

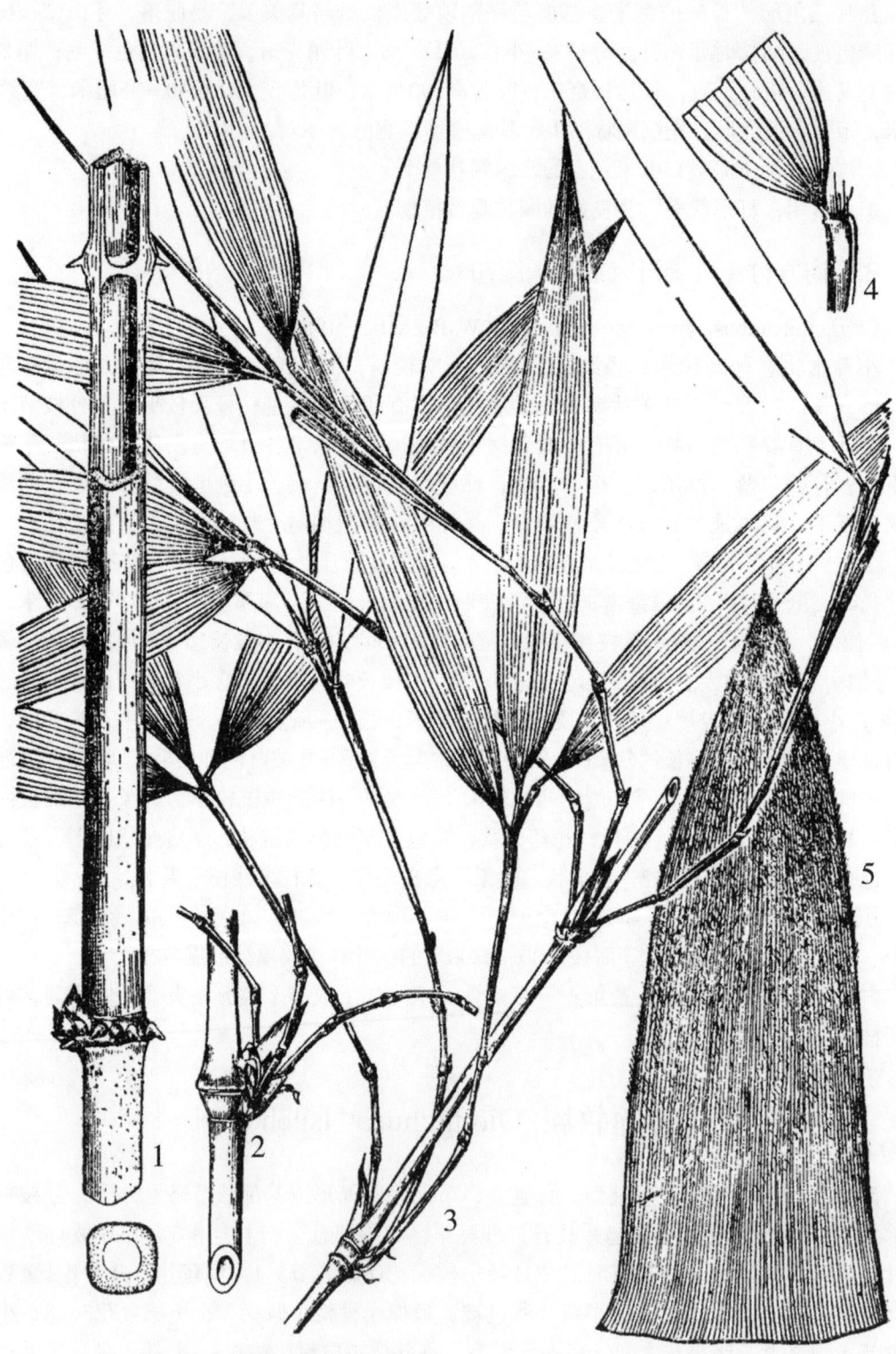

图700 云南方竹 *Chimonobambusa yunnanensis* Hsueh et W. P. Zhang
1.秆示刺状气根 2.秆（示分枝） 3.枝、叶 4.叶鞘 5.秆箨

筇竹（竹谱）　罗汉竹（威信、彝良、绥江、镇雄）、宝塔竹、算盘竹（四川）图701

Qiongzhuea tumidinoda Hsueh et Yi（1980）

秆高可达6米，径1—3厘米；节间圆筒形；分枝一侧扁平，节间长15—25厘米（基部数节10—15厘米），光滑无毛，无蜡粉，基部数节几近实心，往上则逐渐中空，秆壁甚厚；秆环极为隆起而呈1显著圆脊，状如2盘相扣合，中有环形缝线之关节；箨环具箨鞘残留物，幼时被棕色刺毛，后变无毛；笋箨紫红色或紫带绿色；秆箨早落，厚纸质，较节间短，长矩形，近基部微收缩而后向两侧呈耳状延伸，背面脉间具棕色疣状刺毛，两侧上部边缘密生长纤毛，鞘口两侧具长2—3毫米的棕色缝毛；无箨耳；箨舌高1—1.3毫米，圆弧形，具密生小纤毛；箨片较小，长5—17毫米，直立，脱落性。枝条通常3枚生于一节，有时亦生纤细的次生枝。叶鞘边缘具纤毛，鞘口缝毛数枚；叶耳缺；叶舌极矮，小枝具叶2—4，叶片狭披针形，长5—14厘米，宽6—12毫米。花枝无叶或有混杂具叶小枝；苞片薄纸质，卵状披针形；小穗生于主枝或小枝上部各节上，微作两侧压扁，含花3—8；颖片2，薄纸质，无毛；外稃长卵形，无毛；内稃短于外稃，背部具2脊；鳞被3，两侧2片菱状卵形，后方1片倒披针形，上部边缘具小纤毛；雄蕊3，花药紫色，伸出花外；子房倒卵形，柱头2，羽毛状。坚果，倒卵状长椭圆形或阔椭圆形，长10—12毫米，直径约6毫米，光滑无毛，顶端具宿存花柱。笋期4月。

产大关、绥江、威信、彝良，生于海拔1600—2200米，常与刺栲、硬斗石栎、青冈、昌宜润楠、贵州琼楠、木荷等伴生。四川、贵州有分布。

笋用竹种，由于肉厚，质脆，味美，干笆具光泽，因此产区每年有大量笋干外销。因其节极度隆起，枝柔叶细，具有很高的观赏价值，同时是制作手杖和竹制工艺品的上等材料。据《汉书》记载，筇竹手杖远在汉唐时代就运销至印度、中亚、欧洲等地。

20. 大节竹属 Indosasa McClure

中小型竹类，少数可呈乔木状。地下茎单轴型。秆直立；节间圆筒形，但分枝一侧基部微扁，略呈3沟槽，并常达节间的1/2；髓心片状或海绵状，秆壁较厚；秆环极隆起成1圆脊，常高于箨环。秆芽单生。3分枝，中间一枝较粗长，两侧略细短，常以锐角展开。秆箨易脱落，箨鞘革质，背面通常被硬刺毛；箨片三角形或三角状披针形，外翻或直立，箨耳通常发达并具缝毛。叶片披针形或矩圆状披针形，小横脉明显。花序续次发生形成小穗丛，假小穗近圆柱形，无梗，常以1—3枚簇生于开花小枝之各节上；小穗轴具关节，粗厚；颖片2至数枚；小花多数，上、下两端小花常不发育；外稃宽大，革质，多脉，光端钝圆或具微尖头；内稃较窄，与外稃近等长或较短，具2脊，光端钝；鳞被3，近相等，前方2片常连合；雄蕊6，花丝分离，线形；子房纺锤形或长椭圆形，无毛，花柱1，柱头3裂，羽毛状。颖果卵状椭圆形，毛柱宿存。

本属约20余种，主要分布于中国，也见于越南。我国已发表18种，产于南亚热带地区的广西、广东、云南南部和东南部及贵州、湖南南部。云南约7种，主要分布于东南部的红

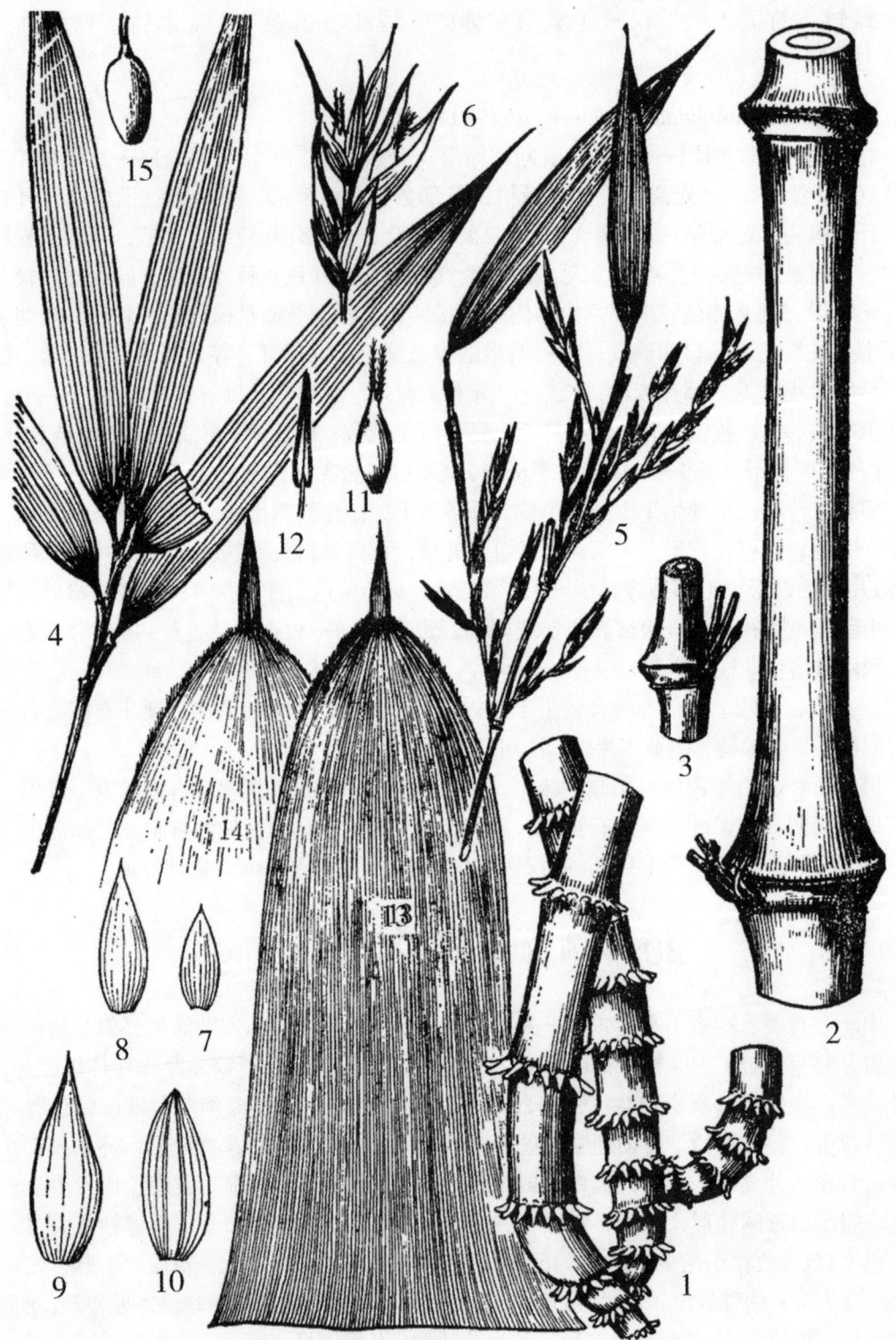

图701 筇竹 *Qiongzhuea tumidinoda* Hsueh et Yi

1.地下茎 2—3.秆的一段 4.枝叶 5.花枝 6.小穗 7.第一颖 8.第二颖 9.外稃
10.内稃 11.雌蕊 12.雄蕊 13.秆箨的背面 14.秆箨腹面的上部 15.果实

河、文山州和南部的普洱、西双版纳及邻近地区。

分 种 检 索 表

1.秆箨无箨耳。

  2.箨鞘鞘口无毛；箨舌截平或微凹；箨片卵状三角形至长三角形 …1.**粗穗大节竹** I. ingens

  2.箨鞘鞘口具缝毛或刚毛；箨舌圆弧形或略呈三角形；箨片长披针形至线状披针形。

    3.鞘口具长5—10毫米的劲直缝毛；箨舌圆弧形；箨片线状披针形，外翻 …………
    ………………………………………………………………… 2.**五爪竹** I. triangulata

    3.鞘口具长1毫米的刚毛；箨舌略呈三角形；箨片长披针形，直立 …………………
    …………………………………………………………… 3.**马关大节竹** I.purpurea

1.秆箨具箨耳。

  4.秆大型，高14—18米；秆箨箨耳较小；箨片三角形，两面基部均密生棕色硬刺毛……
  ………………………………………………………………… 4.**中华大节竹** I. sinica

  4.秆中小型；秆箨箨耳较大；箨片披针形，两面无毛。

    5.秆高3米；幼秆密生小刺毛，脱落后节间表面留有细小槽痕；箨耳缝毛粗糙；箨片直
    立，两面无毛 ……………………………………………… 5.**浦竹仔** I.hispida

    5.秆高5—7米；幼秆被细柔毛，节间表面无槽痕；箨耳缝毛平滑；箨片外翻，表面具绒
    毛 ……………………………………………… 6.**单穗大节竹** I.singulispicula

1.粗穗大节竹（云南植物研究）　苦竹（马关）图702

hdosasa ingens Hsuth et Yi（1983）

中小型竹类。秆高达6米，直径1—3（5）厘米，节间长30—40厘米，深绿色或紫绿色，上部被贴生的黄褐色细刺毛；秆环于分枝各节显著隆起成脊，箨环微隆起，节下具5—10毫米宽之黑粉质污垢；3分枝，枝节膨大。秆箨早落，矩圆形，革质，长12—24厘米，底宽8—15厘米，光端宽3—5厘米，背面密被黄褐色刺毛，纵筋明显；鞘口微凹，无箨耳及缝毛；箨舌截平或微凹，边缘整齐，高1—1.5毫米；箨片外翻，卵状三角形至长三角形，长2—5厘米，宽0.8—2厘米，背面秃净，内面稍粗糙。小枝具5—9叶；叶鞘边缘幼时呈流苏状；无叶耳；叶舌截平，高1毫米，秃净；叶片披针形或矩状披针形，光滑，长12—24厘米，宽2.5—4.5厘米，侧脉6—7对，小横脉较明显。花枝有时具叶，幼时被稀疏的刚毛，长6—26厘米；小穗1—3生于花枝各节，粗而坚硬，长4.5—20厘米，粗5—8毫米，密被白粉，每小穗合5—10花；颖片2，革质，无毛；外稃极宽，长14—18毫米，光端具短尖头，多脉，内而无毛；内稃短于外稃，背面呈龙骨状突起，幼时具短纤毛，先端钝，具纤毛；鳞被3，分离，上部边缘具刚毛，多脉；雄蕊6，药长6—10毫米；子房纺锤形，无毛，长1.5毫米；花柱1，长约3毫米，柱头3，紫红色，羽毛状，长约2毫米。笋期4—5月。

产马关，生于海拔900—1600米的荒山溪沟地。

竹秆在产地多用于菜园搭架、围篱和供编织等。鲜笋味苦，但清水漂后或制成笋干可食用。

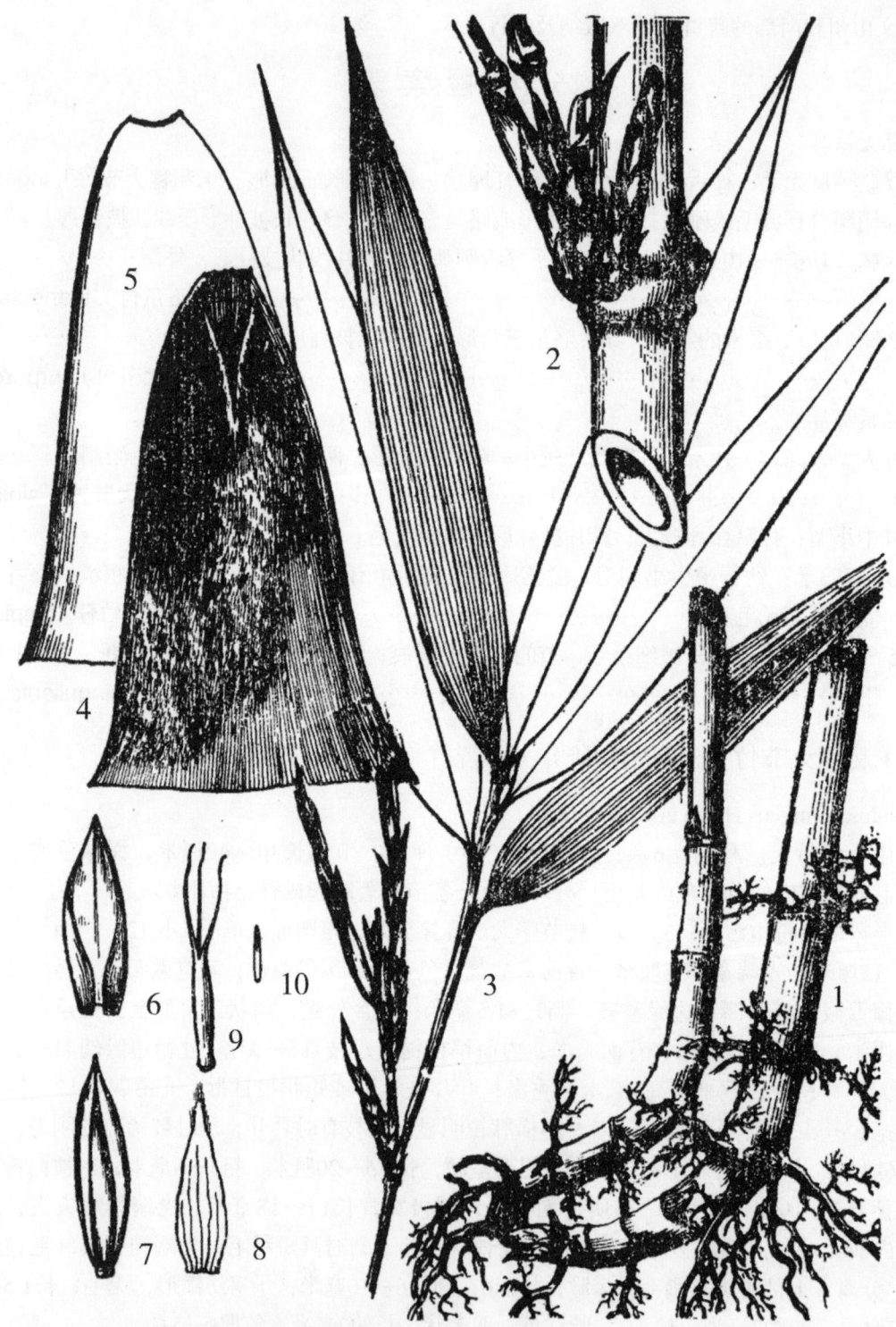

图702　粗穗大节竹 *Indosasa ingens* Hsueh et Yi

1.地下茎及秆基　2.秆之一段　3.枝叶及花枝　4.秆箨背面　5.秆箨腹面　6.外稃

7.内稃　8.鳞被　9.雌蕊　10.雄蕊

2.五爪竹（云南植物研究） 羊竹（马关）图703

Indosasa triangulata Hsueh et Yi（1983）

中小型竹类。秆高达5米，直径1—2.5厘米，节间长10—30厘米，圆筒形，但分枝一侧基部微扁，绿色，无毛，幼时被白粉，具明显的纵细线棱纹；秆环于分枝各节显著隆起，光滑，箨环木栓质，较隆起，常留有鞘基之残余物，并具向上的黄褐色刚毛；节内宽3—5毫米，有时具黑粉质污垢；分枝3（5），基部微呈不规则三角状，长30—45厘米，主枝较明显。秆箨早落，淡黄色，长三角形，革质，长21—22厘米，底宽5—10厘米，光端宽6—10毫米，鞘背具稀疏易脱落之黄褐色刺毛，基部尤为密集，纵筋明显，边缘幼时密生细硬毛；无箨耳，但鞘口两肩具长5—10毫米之灰黄色劲直繸毛；箨舌圆弧形，高1毫米，边缘整齐，无毛；箨片外翻，线状披针形，易脱落，长3—10厘米，宽2—4毫米，无毛，纵脉明显，边缘内卷。小枝具3—5叶，叶鞘长5.5—7厘米；无叶耳；叶舌圆弧形或截平，紫色，高1—2毫米；叶片披针形至狭披针形，硬纸质，秃净，长9—19厘米，宽1.2—2.5厘米，下面灰白色，侧脉5—7对，小横脉稍明显，边缘具稀疏的细锯齿。

产马关，多生于海拔1200米以下的低山山脊或坡地。

秆坚硬，用于搭制田间室棚、菜架或围篱，当地群众用带竹篼的秆基部制作烟斗管。鲜笋味苦，但经煮漂后仍可食用。

3. 马关大节竹（植物分类学报） 甜竹（马关、河口、屏边、元阳、缘春、金平、麻栗坡等）图704

Indosasa purpurea Hsueh et Yi（1983）

中型竹类。秆高达15米，径2—8厘米，通直；节间长25—40厘米，稀达75厘米，圆筒形，但分枝一侧基部具小沟槽，光滑，无毛，淡绿色或向阳面略带紫褐色，壁厚3—9毫米，髓心发达，呈海绵状。秆环显著隆起呈一圆脊，箨环微隆起，幼时被棕色小刺毛，节上和节内常具白色粉环，节下具黑粉质污垢。分枝稍高，3分枝，主枝明显，枝环膨大。秆箨早落，革质，长三角形，鞘背具簇状棕色刺毛，纵筋明显，近边缘处常呈紫褐色，先端呈三角状突起；无箨耳，但生有长1毫米之棕色刚毛；箨舌略呈三角状，高1—2毫米，边缘具棕色短刺毛；箨片直立，长披针形，无毛。小枝具4—7叶，叶鞘无毛；叶耳缺，偶有2—3枚黄褐色繸毛；叶舌发达，高1.5—4毫米，无毛；叶片披针形，纸质，侧脉5—7对，小横脉明显，背面无毛或疏生短毛，边缘仅一侧具小锯齿。花枝顶生或侧生，顶生者为总状花序，含小穗1—3，侧生者为2—3；小穗微扁，紫色，长1.8—9.2厘米，直径3—7毫米，含3—15花；小穗轴节间密被小刺毛；颖片2，先端渐尖，背面有小刺毛；外稃具多脉，长15—20毫米，背面有小刺毛；内稃狭窄，长6—11毫米，脊上及顶端具纤毛；鳞被3；雄蕊6，花药黄色，长4—5毫米；子房椭圆形，无毛；花柱1，柱头3，羽毛状。笋期4—5月。

产马关、麻栗坡、河口、屏边、金平、元阳和绿春等地，生于海拔1000—1700米的中低山缓坡地带，伴生树种有潺槁树、蜡质水冬哥、黄毛五月茶、树蕨、木瓜榕、岗柃等。

母竹移植法造林。母竹以2—3年生最适宜，挖掘时留来鞭30厘米，去鞭45—60厘米。雨季造林。

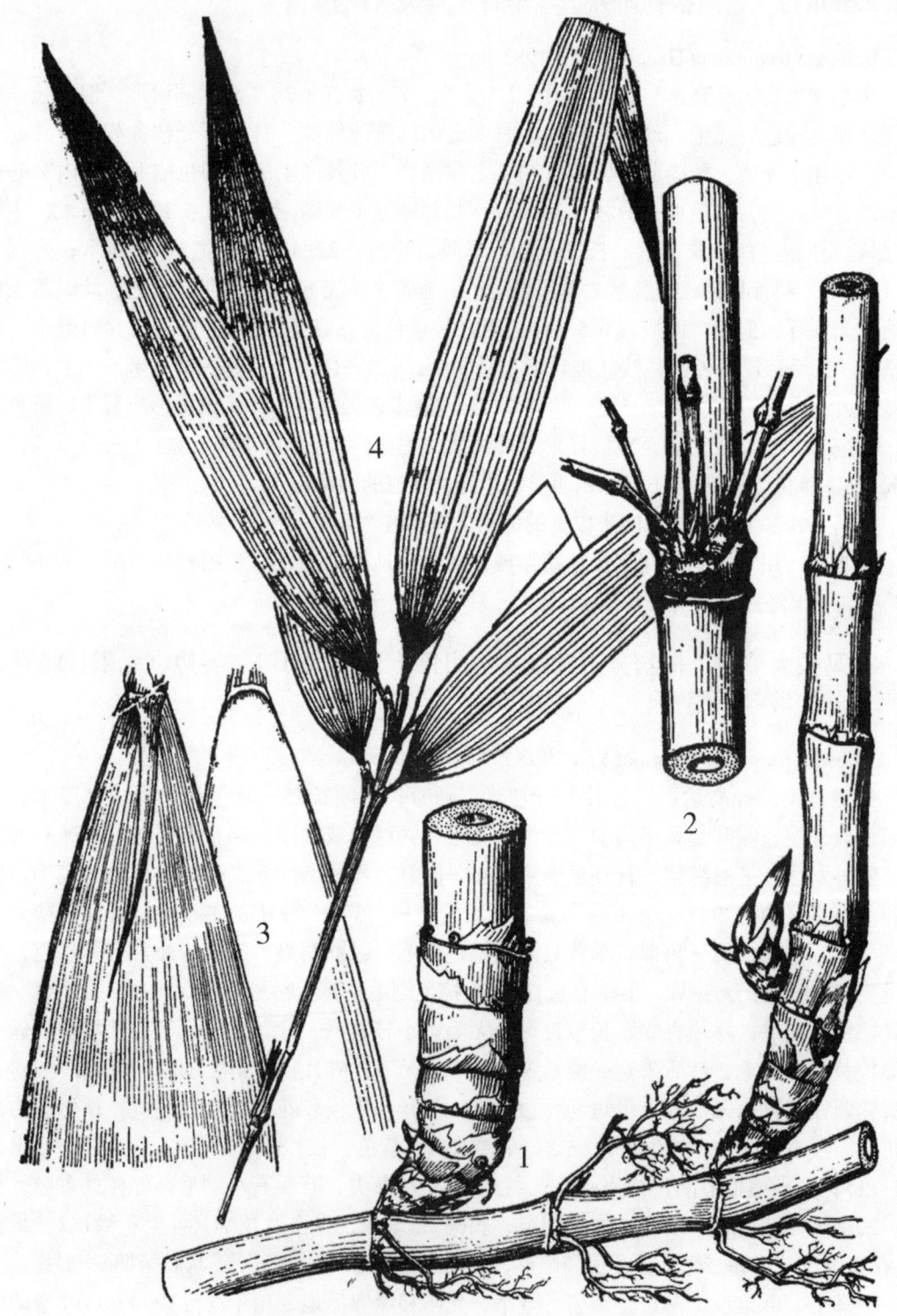

图703　五爪竹 *Indosasa triangulata* Hsueh et Yi
1.地下茎及秆基　2.秆的一段（示分枝）　3.秆箨　4.具叶小枝

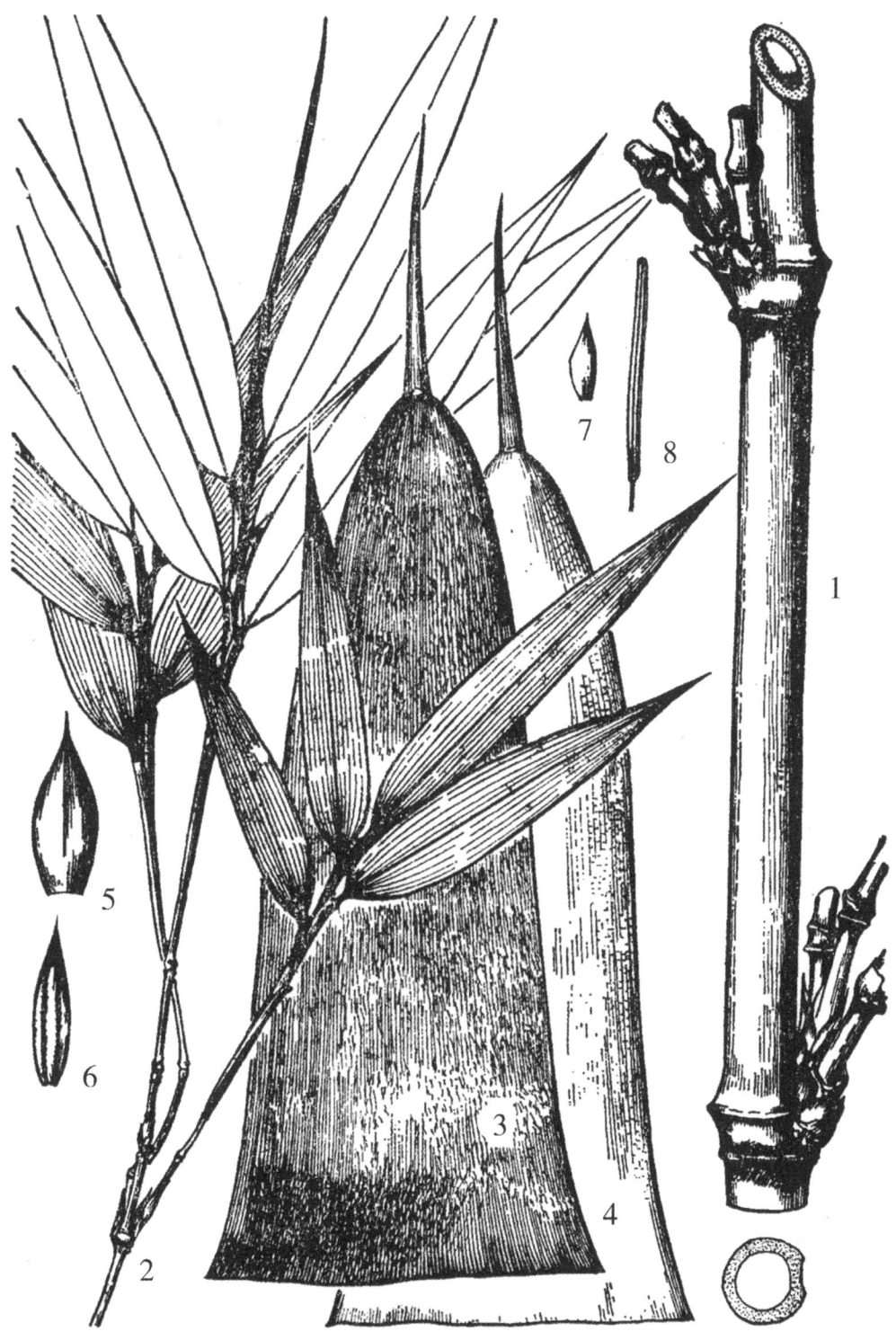

图704　马关大节竹 *Indosasa purpurea* Hsueh et Yi

1.秆及分枝　2.枝叶　3.秆箨背面　4.秆箨腹面　5.外稃　6.内稃　7.鳞被　8.雄蕊

秆均称、通直，强度较高，韧性较好，不易断裂，是理想的搭架、围篱材料，也为上等编织用材。笋味鲜美，可供鲜食或制笋干及酸笋，品质甚佳，产地群众以甜竹相称。

4. 中华大节竹（植物分类学报） 大苦竹（滇南）图705

Indosasa sinica C. D. Chu et C. S. Chao（1983）

秆大型，为本属中秆形最大者，一般秆高14—18米，最高可达26米，径5—10（20）厘米，壁厚1—1.5厘米。节间长40—60厘米，幼时因密被白蜡粉和硬刺毛而粗糙，老后光滑。秆环微隆起至极隆起；箨环因具木栓质残留物而隆起，节内或节下常附有粉质垢状物。每节3分枝，主枝明显粗壮而长。秆箨金黄色，迟落，厚革质，宽卵形，长20—30厘米，底宽25—35厘米，先端宽6—10厘米，鞘背密被簇状红棕色硬刺毛，纵筋显著；箨耳小，两肩具长10—15毫米棕色缝毛；箨舌高2—4毫米，先端微呈弧形，边缘具短纤毛；箨片三角形，外翻，两面基部密生棕色硬刺毛。小枝具3—9叶，叶鞘长5—7厘米，叶耳小或不发育，鞘口两肩具长4—7毫米易脱落之淡紫色缝毛；叶片长15—25（35）厘米，宽2.5—3.5（5）厘米，侧脉6—9对，小横脉明显，边缘具锯齿。花序常生于具叶小枝的下部，假小穗粗壮，2—3聚生，有时单生于基部节上，长4.5—13厘米，直径6—10毫米；颖片2；小花多数，外稃近革质，密被白粉，无毛，长12—15毫米，先端急尖，多脉；内稃较外稃窄短，先端钝形，具龙骨突起，纵脉不明显；鳞被3，上部透明膜质，下部白色肉质；雄蕊6，花药紫色，长7毫米；花柱单一，透明，柱头3裂。颖果深褐色，卵状长椭圆形，无毛，先端常留有宿存柱头。

产红河、文山、普洱、西双版纳、临沧、德宏等地，多生于海拔400—1500米的中低山地带，伴生树种有滇树菠萝、肉实树、山杜英、野荔枝、苦梓含笑、锯叶竹节树等。广西、贵州南部有分布；越南北部也产。

材质具有致密、坚韧、弹性好、力学强度大等优良的物理力学性质，能与江南的毛竹相媲美，是优良的建筑、家具用材，也是编织、制筷和造纸的重要原料。发笋率很高，笋头粗壮，产量大，鲜笋味稍苦，但经漂洗或制成笋干后味道尚佳，是一种经济价值很高的多用途竹种。

5. 浦竹仔（中国主要植物图说·禾本科） 蒲竹（西双版纳植物名录）、小野苦竹（勐腊、景洪）图706

Indosasa hispida McClure（1940）

灌木状小型竹。秆高约3米，直径1.5—2厘米，壁厚1.5—2.5蜜米，髓膜片状；节间长20—30厘米，淡绿色，幼时密生白色或淡黄色小刺毛，后渐脱落而留有细小槽痕；秆环极隆起成一圆脊，光滑，箨环微隆起；节内宽6—7毫米，无毛；节下常具白粉。分枝较高，3分枝，直立或展开，主枝较明显。秆箨迟落，厚纸质，长圆状披针形，箨鞘长12—22厘米，宽2.5—4.5厘米，背而纵筋明显，被有贴生之棕色刺毛，基部刺毛密集，边缘具易落之睫毛；鞘口截平或略呈弧形，箨耳发达，呈镰刀状，边缘具长5—7毫米被有绒毛之棕色缝毛；箨舌圆弧形，高1—1.5毫米，边缘具短缘毛；箨片披针形，长1—3厘米，宽2—4毫米，腹面被细绒毛，外翻。每小枝5—7叶，叶鞘无毛；叶耳发达，发生有长5—10毫米之棕色

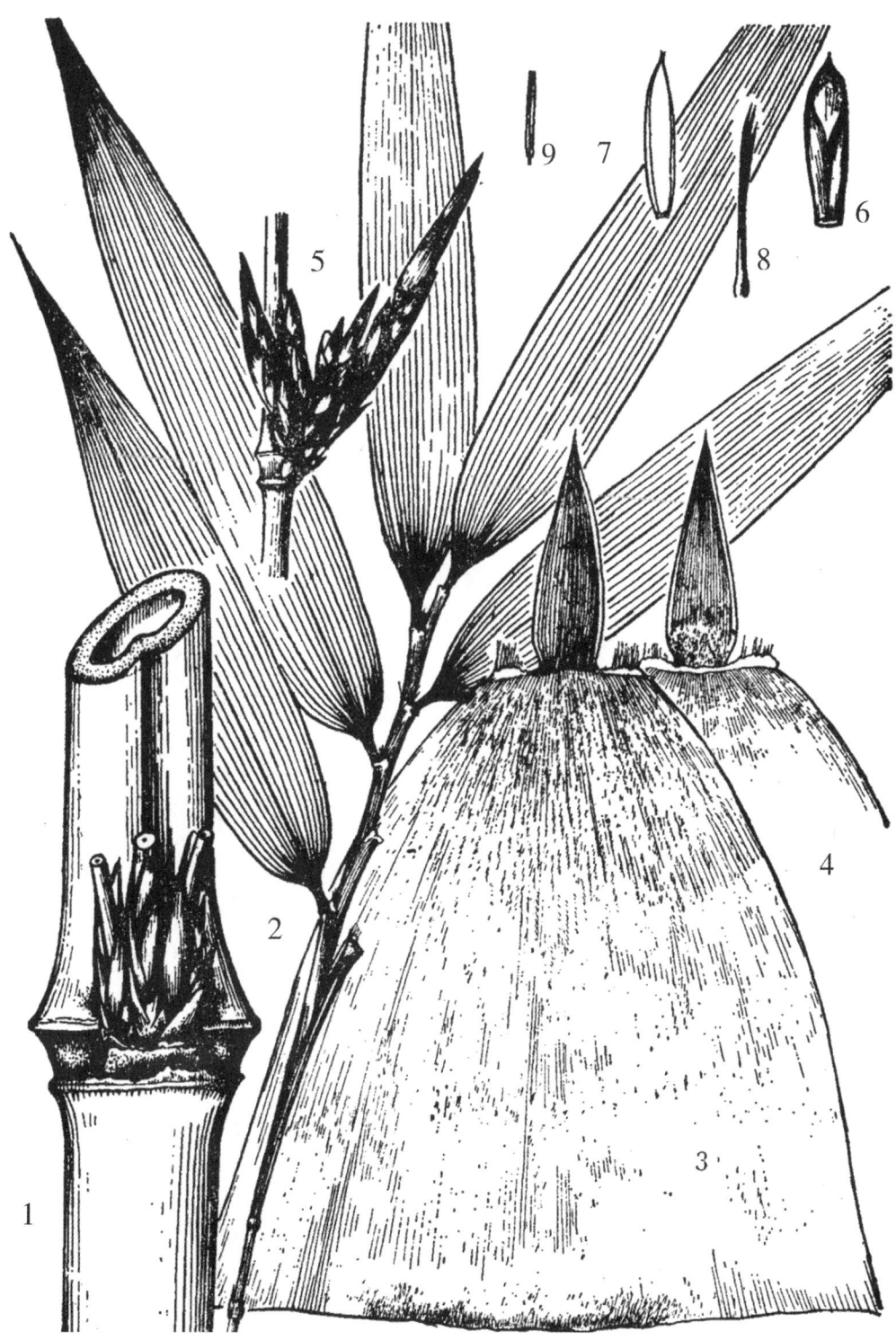

图705　中华大节竹 *Indosasa sinica* C. D. Chu et C. S. Chao
1.秆（示分枝）　2.枝叶　3.秆箨背面　4.秆箨腹面　5.花枝　6.外稃
7.内稃　8.花柱及柱头　9.雄蕊

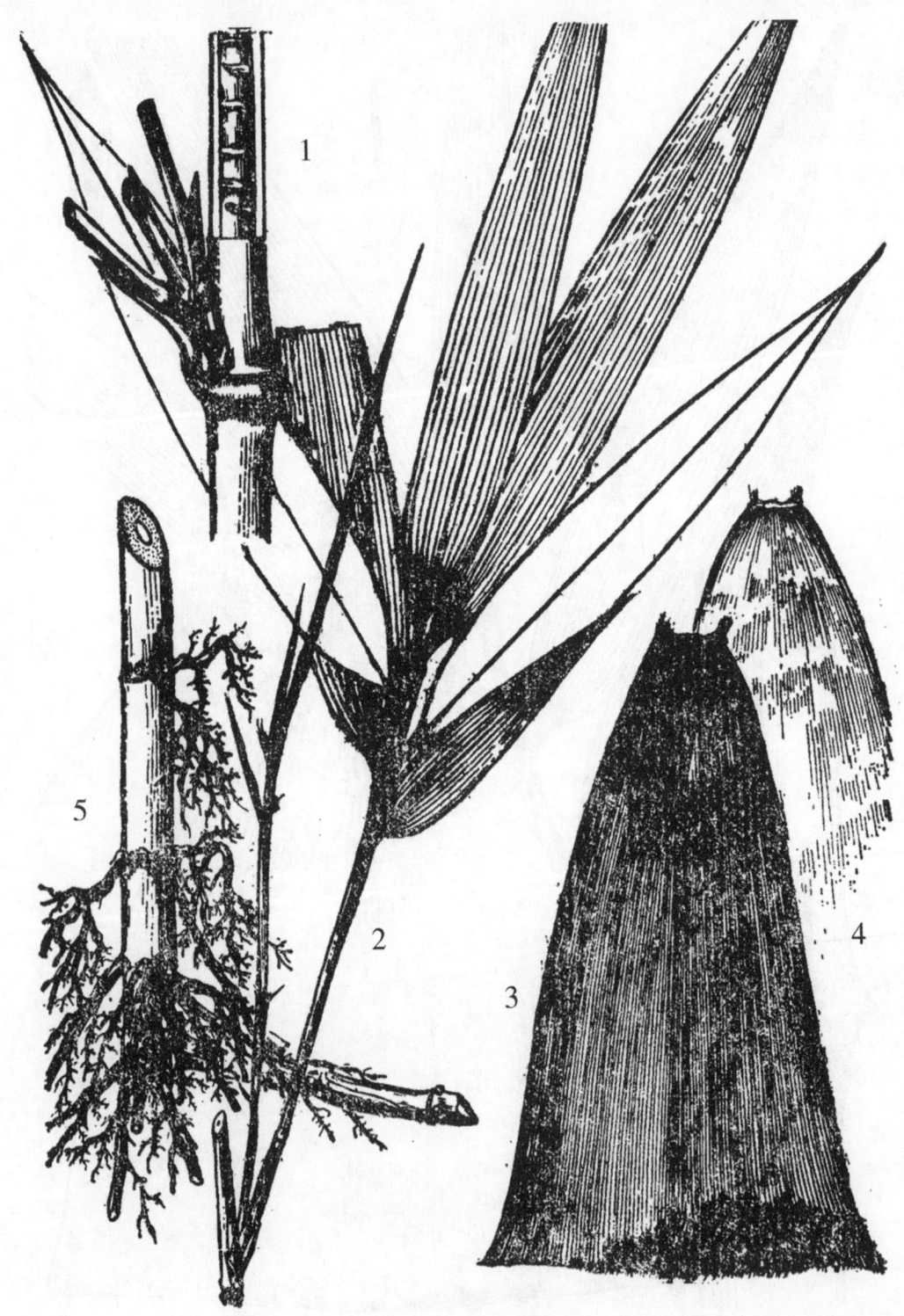

图706　浦竹仔 *Indosasa hispida* McClure
1.秆及分枝　2.枝叶　3.秆箨背面　4.秆箨腹面　5.地下茎及秆基

缝毛；叶舌高约1毫米；叶片披针形至长椭圆状披针形，长10—24厘米，宽1.5—3厘米，上面无毛，下面具柔毛，侧脉6—7对，小横脉极明显。开花小枝通常含3小穗，全长6—12厘米，着生小穗之各节均托有一佛焰苞；小穗长3—4厘米，约含6花；颖片2，多脉，背部有小刺毛；外稃长12—14毫米，背部密生向上之小刺毛，多脉，内稃较外稃短窄；鳞被3，披针形，背面无毛；雄蕊6，花药金黄色，长4毫米；子房及花柱均无毛，共长3毫米，柱头2或4，长2毫米，羽毛状。笋期3—4月。

产景洪（勐养）和勐腊（勐捧、勐仑）等地，以海拔1000米以下地带较为常见，在一些低山、丘陵上部，坡面或林地边缘可见成片分布。广东有分布；越南北部也产。

6.单穗大节竹（竹子研究汇刊） "埋烘"（傣语）图707

Indosasa singulispicula Wen（1988）

中小型竹类。秆高达7米，径2—3厘米；节间长25—40厘米，淡绿色，圆筒形，幼时被细柔毛；秆环显著隆起成脊，箨环木栓质，微隆起；节内宽6—9毫米，节内及秆环常留有黑色垢状物，节下具白粉环；3分枝，主枝明显，枝环膨大。秆箨迟落，厚纸质，淡绿色，箨鞘两面纵筋明显，背面被棕褐色易脱落之刺毛并具白粉，基底密生棕色犟毛，边缘具浅棕色睫毛；箨耳明显，呈镰刀状，被紫褐色粗毛，边缘具棕色缝毛；箨舌高2毫米，先端具紫色纤毛；箨片披针形，直立，两面无毛。小枝具5—7叶，叶鞘边缘具纤毛；叶耳发达，边缘具长6—13毫米直立的棕色缝毛；叶舌高1—1.5毫米；叶片披针形至长椭圆形，长13—25厘米，宽2.2—3.5厘米，两面无毛，边缘具明显锯齿，侧脉6—7对，小横脉明显。花序顶生或侧生；小穗长11厘米，直径4毫米；颖片2，革质，具网脉；小穗含8—13花，外稃长17—19毫米，具网脉，先端渐尖，具微毛；内稃短于外稃，具2脊；鳞被3；雄蕊6；子房卵形，无毛，花柱甚短，柱头3，羽状。笋期3—4月。

产勐腊，生于海拔650米以下的低山、丘陵和沟谷地带，呈星散分布。

秆材为优良的搭架和围篱材料，也能用于编织。鲜笋味稍苦，经漂洗后可食用。

21.苦竹属 Plaioblastus Nakai

地下茎复轴型。秆中等大小；节间圆筒形，或者节间下部于分枝一侧扁平，具白粉；每节3—7分枝；秆环常隆起，箨环具1圈残存物；秆箨迟落，箨鞘厚革质，箨片锥形兼披针形。总状花序为数枚小穗所组成，着生在叶枝下部之各节上；小穗具柄含数至多花；小穗轴具关节；颖2—5，外稃近革质或厚纸质，顶端具小尖头；内稃具2脊，顶端常2裂；鳞被3；雄蕊3，花丝分离；子房无毛，花柱简短，柱头3，羽毛状。颖果椭圆形。

本属约20种，分布于东亚，以日本最多。中国产10余种，产长江流域以南各省。云南已知2种，各地栽培。

1.苦竹（禾本科图说）图708

Pleioblastus amarus（Keng）Keng f.（1948）

竹秆直立，高达7米，胸径2—5厘米；节间长一般25—40厘米，最长50厘米，节间圆

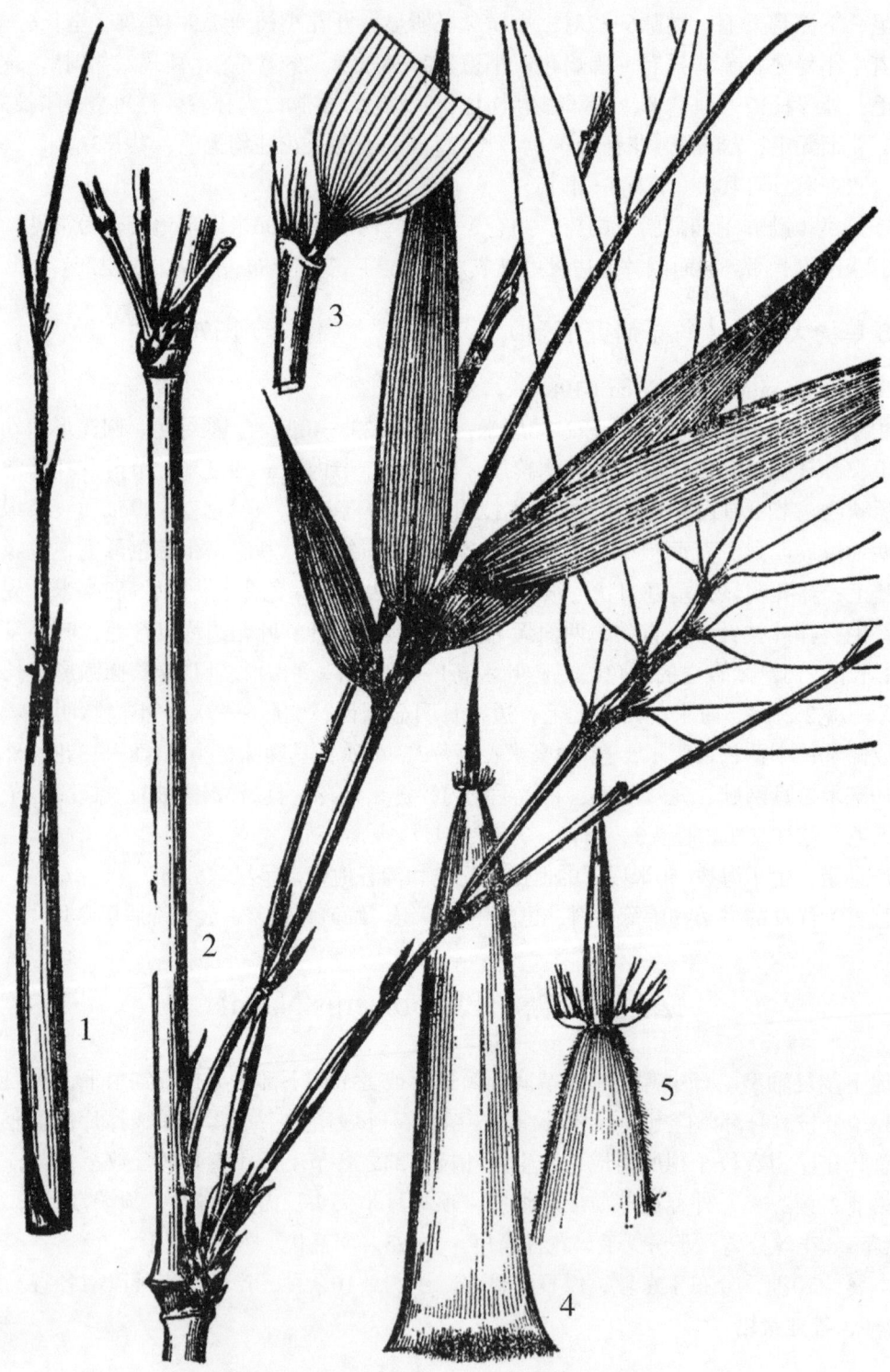

图707 单穗大节竹 *Indosasa singulis picula* Wen
1.幼秆梢部　2.秆及分枝、枝叶　3.叶鞘及叶耳（局部放大）　4.秆箨
5.秆箨局部放大（示镰刀状箨耳及缝毛）

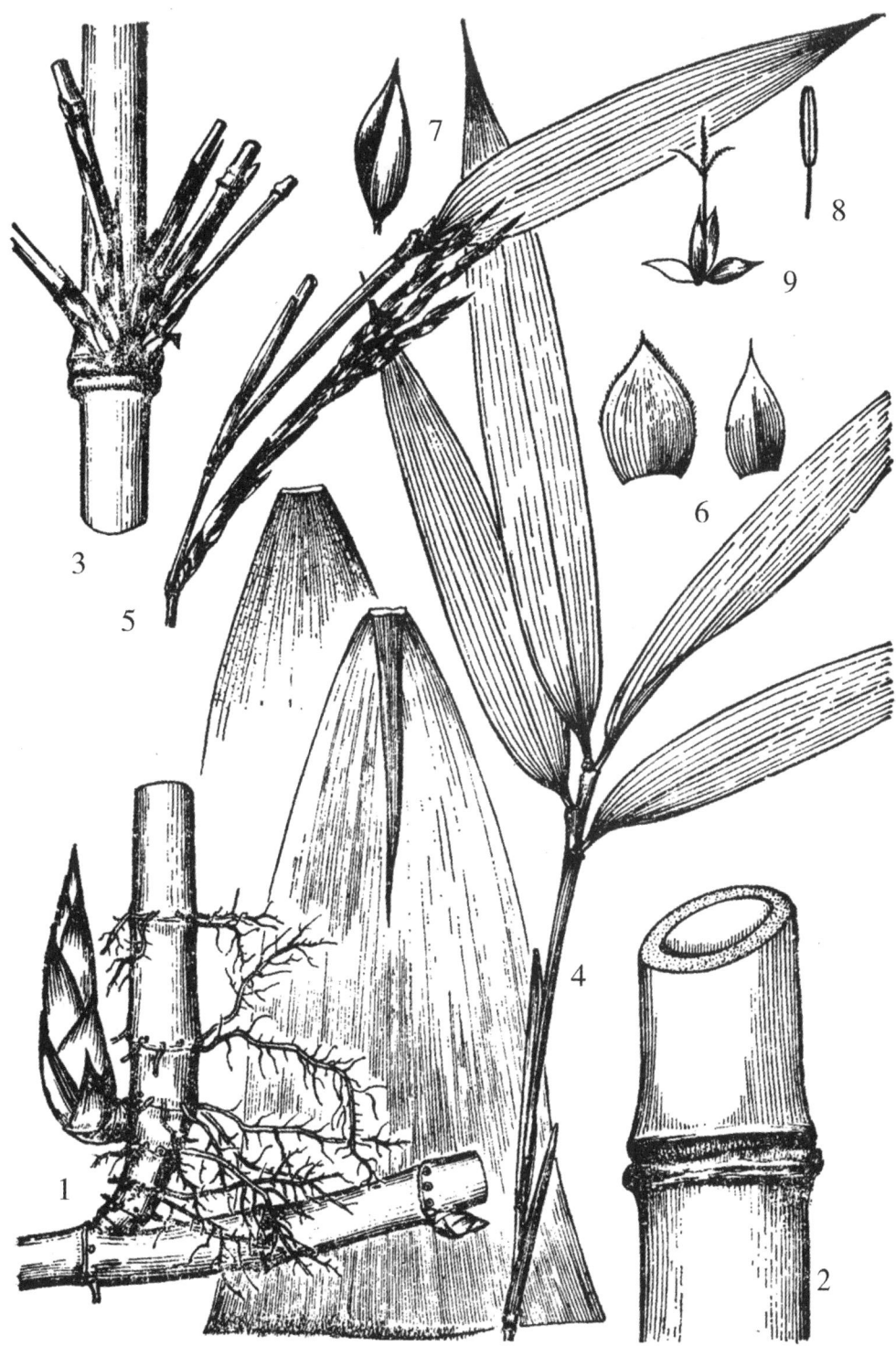

图708　苦竹 *Pleioblastus amarus amarus*（Keng）Keng F.
1.秆基及地下茎　2.秆的一段　3.秆的一段（示分枝）　4.枝叶　5.花枝
6.第一颖和第二颖　7.小花及小穗轴节间　8.雄蕊　9.雌湾

筒形，分枝一侧稍扁平，幼时被白粉，箨环下尤为明显；秆环微隆起，箨环具木栓质，显著隆起。秆箨宿存至迟落，箨鞘革质至厚纸质，短于节间，背面有棕色或白色小刺毛，中部尤甚，基部密生棕色刺毛，内面光滑，边缘密生黄色纤毛；箨耳小，深褐色，并有直立繸毛；箨舌截平，高1—2毫米；箨片细长披针形，有波曲，内面无毛，背面粗糙、内卷。分枝3—5，直立或上举，上部较开展，枝条基部有鳞片包围。小枝具叶1—3，叶鞘无毛，有纵脉，长2.5—7.5厘米，鞘口无繸毛；叶舌坚韧，截形，高0.5—2毫米；叶片质地坚韧，长8—20厘米，宽1—2.8厘米，次脉4—8对，有小横脉，叶端尖，基部楔形，叶柄长2—7毫米。花枝基部为苞片所包围，总状花序，有时下部分枝含2小穗成圆锥花序；小穗含花8—12，长4—6厘米，绿色或淡紫色；雄蕊3，花药长5—6毫米，淡黄色；子房狭，无毛，花柱短，3裂，呈羽毛状。笋期5—8月。

云南有栽培。分布较广，长江流域至西南各省均有。适应性强，在低山、丘陵、平坝或山地均能生长良好。

移蔸造林，也可采用埋节繁殖。

笋味苦，且常有臭味。秆可作伞柄、帐竿，也可供造纸或篾用。

2.油苦竹

Pleioblastus oleosus Wen

昆明等地栽培。分布于浙江、福建、江西。

中 文 名 索 引

（按笔画顺序排列）

六　画

七　画

十三画

拉 丁 名 索 引

E

F

Q

R

R. semialata Murr. ……………………… （734）

R. theezans L. …………………………… （513）

Randia acuminatissima Merr. ……………… （1106）

Randia canthioides Champ.ex Benth. ……… （1104）

Randia cochinchinensis （Lour.） Merr. …… （1106）

Randia griffithii Hook. f. ………………… （1101）

Randia henryi E. Pritzel ………………… （1104）

Randia sericantha W. C. Chen …………… （1108）

Randia sinensis （Lour.） Schult. ………… （1100）

Randia spinosa （Thunb.） Poir. ………… （1100）

Randia stricta Roxb. （1814 nom. nud.1824）

…………………………………… （1116）

Randia wallichii Hook. f. ………………… （1101）

Randia yunnanensis Hutch. ……………… （1104）

Rapanea affinis （A. DC.） Mez ………… （998）

Rapanea cicatricosa C. Y. Wu et C. Chen* … （998）

Rapanea faberi Mez ……………………… （998）

Rapanea kwangsiensis Walker …………… （1000）

Rapanea neriifolia （Sieb. et Zucc.） Mez …… （1000）

Rapanea verruculosa C. Y. Wu ex C. Chen*

…………………………………… （998）

Rhamnella laui Chun. …………………… （516）

Rhamnella martinii （Lévi.） Schneid. …… （533）

Rhamnus hemsleyana Schneid. …………… （516）

Rhamnus henryi Schneid. ………………… （516）

Rhamnus martinii Lévl. ………………… （533）

Rhamnus thea Osbeck …………………… （513）

Rhamphocarya integrifoliolata K. Z. Kuang

…………………………………… （766）

Rhapis excelsa （Thunb.） Henry ex Rehd. … （1192）

Rhapis humilis Bl. ……………………… （1193）

Rhododendron agastum Balf. f. et W. W. Smith （915）

Rhododendron anthosphaerum Diels ……… （886）

Rhododendron araiophyllum Balf. f. et W. W. Smith

…………………………………… （915）

Rhododendron argyrophyllum Franch. ……… （915）

Rhododendron basilicum Balf. f. et W. W. Smith

…………………………………… （902）

Rhododendron beesianum Diels …………… （918）

Rhododendron brevistylum Franch. ……… （934）

Rhododendron bullatum Franch. ………… （936）

Rhododendron calophytum Franch. ……… （886）

Rhododendron coriaceum Franch. ………… （899）

Rhododendron coryphaeum Balf. f. et Forrest （906）

Rhododendron cyanocarpum （Franch.） W. W. Smith

…………………………………… （893）

Rhododendron davidii Franch. …………… （886）

Rhododendron decorum Franch. ………… （890）

Rhododendron delavayi Franch. ………… （921）

Rhododendron denudatum Lévl. ………… （913）

Rhododendron desquamatum Balf. f. et Forrest

…………………………………… （934）

Rhododendron edgeworthii Hook.f. ……… （936）

Rhododendron eriogynum Balf. f. et W. W. Smith

…………………………………… （921）

Rhododendron excellens Hemsl. & Wilson … （928）

Rhododendron facetum Balf. f. et Ward …… （921）

Rhododendron fictolacteum Balf. f. ……… （899）

Rhododendron floribundum Franch. ……… （913）

Rhododendron fovcolatum Rehd. et Wils. …… （899）

Rhododendron fulvum Balf. f. et W. W. Smith …… （909）

Rhododendron glischrum Balf. f. et W. W. Smith

…………………………………… （924）

Rhododendron haematodes Franch. ……… （924）

Rhododendron hancockii Hemsl. ………… （881）

Rhododendron heliolepis Franch. ………… （934）

Rhododendron irroratum Franch. ………… （893）

Rhododendron lacteum Franch. ………… （918）

Rhododendron leptothrium Balf. f. & Forrest …… （880）

Rhododendron liliiflorum Lévl. ………… （928）

Rhododendron megacalyx Balf. f. & Ward …… （931）

Rhododendron mengtszense Balf. f. et W. W. Smith

…………………………………… （893）

W

X

Y